Herbert Posser, Kurt Faßbender (Hrsg.)
Praxishandbuch Netzplanung und Netzausbau
De Gruyter Praxishandbuch

Praxishandbuch Netzplanung und Netzausbau

Die Infrastrukturplanung der Energiewende in Recht und Praxis

Herausgegeben von
Dr. iur. **Herbert Posser**, Rechtsanwalt und Fachanwalt für Verwaltungsrecht, Freshfields Bruckhaus Deringer LLP, Düsseldorf
Prof. Dr. iur. **Kurt Faßbender**, Universität Leipzig

Bearbeitet von
Dr. iur. **Andreas Bala**, Rechtsanwalt, Open Grid Europe GmbH, Essen; Dr. iur. **Gunhild Becker**, LL.M., Richterin am Verwaltungsgericht, Lüneburg; Prof. Dr. iur. **Kurt Faßbender**, Universität Leipzig; Ass. iur. **Anne-Christin Gläß**, LL.M.Eur, Universität Leipzig; Prof. Dr. iur. **Nikolaus Herrmann**, Bundesaufsichtsamt für Flugsicherung, Langen; Prof. Dr. iur. **Tobias Leidinger**, Rechtsanwalt und Fachanwalt für Verwaltungsrecht, Gleiss Lutz Rechtsanwälte, Düsseldorf; Dr. iur. **Herbert Posser**, Rechtsanwalt und Fachanwalt für Verwaltungsrecht, Freshfields Bruckhaus Deringer LLP, Düsseldorf; **Stefan Rappen**, Rechtsanwalt und Fachanwalt für Verwaltungsrecht, CBH Rechtsanwälte, Köln; Dr. iur. **Tassilo Schiffer**, Rechtsanwalt und Fachanwalt für Verwaltungsrecht, CBH Rechtsanwälte, Köln; Dr. iur. **Hans-Jörg Schulze**, LL.M., Rechtsanwalt, Freshfields Bruckhaus Deringer LLP, Düsseldorf; Dr. iur. **Thomas Wagner**, Rechtsanwalt, Freshfields Bruckhaus Deringer LLP, Frankfurt am Main; Dr. iur. **Jens Willbrand**, Rechtsanwalt, RWE Power AG, Essen

DE GRUYTER

Zitiervorschlag: Posser/Faßbender/*Bearbeiter*, Kap. 3 Rn 20.

Hinweis:
Alle Angaben in diesem Werk sind nach bestem Wissen unter Anwendung aller gebotenen Sorgfalt erstellt worden. Trotzdem kann von dem Verlag und den Autoren keine Haftung für etwaige Fehler übernommen werden.

ISBN 978-3-11-027750-0
e-ISBN 978-3-11-027758-6

Bibliografische Information der Deutschen Nationalbibliothek
Die Deutsche Nationalbibliothek verzeichnet diese Publikation in der Deutschen Nationalbibliografie; detaillierte bibliografische Daten sind im Internet über http://dnb.d-nb.de abrufbar.

Datenkonvertierung/Satz: jürgen ullrich typosatz, 86720 Nördlingen
Druck: Hubert & Co. GmbH & Co. KG, Göttingen
♾ Gedruckt auf säurefreiem Papier
Printed in Germany

www.degruyter.com

Vorwort

Das Planungsrecht für Energieleitungsnetze befindet sich in einem grundlegenden Wandel. Nicht zuletzt ausgelöst durch die Ereignisse in Fukushima und den Ausstieg aus der Kernenergie hat der deutsche Gesetzgeber im Sommer 2011 überaus schnell – womöglich zu schnell – den infrastrukturplanungsrechtlichen Regelungsrahmen für grenz- und länderüberschreitende Höchstspannungsleitungen von Grund auf verändert. Leitmotive waren sowohl eine Beschleunigung der Planungsverfahren als auch eine stärkere Einbindung der Öffentlichkeit zur Schaffung von Transparenz und Akzeptanz.

Ob die mit den Neuregelungen vom Gesetzgeber beabsichtigten Effekte eintreten werden, erscheint indes zweifelhaft – das zeigt bereits eine erste Zwischenbilanz zwei Jahre nach der eingeleiteten „Energiewende". Denn das nunmehr in die drei Teilschritte Bundesbedarfs- und -fachplanung sowie anschließende Planfeststellung unterteilte Regelungsregime bewirkt nicht aus sich heraus eine Beschleunigung der Planungsprozesse. Zwar werden die einzelnen Planungsstadien voneinander getrennt, wodurch eine Entschlackung der jeweils nachfolgenden Stufe, insbesondere des konkreten Planfeststellungsverfahrens erreicht wird. Unberührt bleibt jedoch das – nunmehr auf unterschiedlichen Ebenen zu absolvierende – materiell-rechtliche Prüfungsprogramm. Schnittstellen- und Abgrenzungsfragen kommen hinzu. Verstärkt wird dieser Befund durch die substantiell intensivierte, mehrfache Beteiligung der Öffentlichkeit auf jeder Ebene und die vom Gesetzgeber vorgesehene Konzentration des Rechtsschutzes auf die letzte planungsrechtliche Stufe der individuellen Ausbaumaßnahme. Dies alles führt dazu, dass die sich im Rahmen des Netzausbaus ergebenden rechtlichen Fragen eher mehr denn weniger geworden sind.

Darüber hinaus hat auch der Grad an Komplexität deutlich zugenommen. Diese Komplexität wird durch das EU-Recht weiter vergrößert, das die nationalen Planungsprozesse bislang vor allem über das Umweltrecht beeinflusst hat. Mit der vor kurzem verabschiedeten Verordnung (EU) Nr. 347/2013 zu Leitlinien für die transeuropäische Energieinfrastruktur verfolgt der europäische Gesetzgeber nunmehr das weitergehende Ziel, unmittelbare Vorgaben für die Genehmigung von Energieleitungsvorhaben von gemeinsamen Interesse zu statuieren.

Das vorliegende Praxishandbuch greift diese Fragen umfassend auf, führt sie in einer praxisgerechten Darstellung zusammen und berücksichtigt dabei schon weitgehend die zuvor genannte EU-Verordnung. Die einzelnen Kapitel geben im Wesentlichen den Rechtsstand vom 31. Mai 2013 wieder. Später veröffentlichte Literatur und Rechtsprechung konnten nur noch punktuell einbezogen werden. Dies gilt auch für das Gesetz zur Verbesserung der Öffentlichkeitsbeteiligung und Vereinheitlichung von Planfeststellungsverfahren (BGBl. I S. 1399), das teilweise am 7. Juni 2013 in Kraft getreten ist, sowie das bei Drucklegung noch nicht verkündete Zweite Gesetz über Maßnahmen zur Beschleunigung des Netzausbaus Elektrizitätsnetze.

Ein besonderer Schwerpunkt wurde bei der Bearbeitung auf die „neuen" Instrumente der Bundesbedarfs- und Bundesfachplanung gelegt. Zudem wird aber auch der umwelt-, raumordnungs- sowie der planfeststellungsrechtliche Rahmen eingehend erörtert. Im abschließenden Rechtsschutzkapitel werden die Erkenntnisse der vorstehenden Abschnitte verarbeitet und in die jeweiligen Rechtsschutzkonstellationen eingeordnet. Den Rechtsanwendern aus den Bereichen Justiz, Behörden, Unternehmen und Anwaltschaft soll damit ein verlässliches Rüstzeug für die praktische Arbeit an die Hand gegeben werden.

Die Herausgeber und Autoren dieses Praxishandbuchs sind Vertreter aus Wissenschaft und Praxis, die sich alle seit vielen Jahren mit planungsrechtlichen Fragestellungen befassen. Die Spiegelung des Adressatenkreises in der Auswahl der Autoren soll dazu dienen, ein für die tägliche Arbeit hilfreiches Werk vorzulegen, das auf die besonderen Bedürfnisse der Leserschaft eingeht. Dabei geben die Autoren ausschließlich ihre persönlichen Auffassungen wieder, eine verbindlich vorgegebene „Praxishandbuchmeinung" gibt es nicht.

Herausgeber und Autoren danken allen Mitarbeiterinnen und Mitarbeitern für die wertvolle Unterstützung bei der Erarbeitung dieses Werkes. Besonderer Dank ist auch dem Verlag De Gruyter geschuldet, hier insbesondere Herrn Ulrich Wittek und Frau Jessica Gutsche sowie den Mitarbeiten in den Bereichen Lektorat und Druck. Unser Buchprojekt wurde jederzeit tatkräftig unterstützt.

Wir wünschen eine fruchtbare Lektüre und sind für Anregungen und Diskussionsbeiträge dankbar. Sie erreichen uns unter:

Dr. iur. Herbert Posser – herbert.posser@freshfields.com

Prof. Dr. iur. Kurt Faßbender – fassbender@uni-leipzig.de

Düsseldorf und Leipzig, im Juli 2013 Herbert Posser und Kurt Faßbender

Inhaltsübersicht

Kapitel 5
Planfeststellung

Kapitel 6
Beteiligte am Planungsprozess

Kapitel 7
Netzplanung und räumliche Gesamtplanung

Kapitel 8
Umweltprüfungen in der Netzplanung

Kapitel 9
Verwaltungsverfahrensrechtliche Planungsanforderungen

Kapitel 10
Planrechtfertigung und Planungsleitsätze

Inhaltsverzeichnis

Kapitel 2
Stufen und Arten der Netzplanung im Überblick

Kapitel 3
Bedarfsplanung

Kapitel 4
Bundesfachplanung nach §§ 4 ff. NABEG

Kapitel 6
Beteiligte am Planungsprozess

Kapitel 7
Netzplanung und räumliche Gesamtplanung

Kapitel 9
Verwaltungsverfahrensrechtliche Planungsanforderungen

Kapitel 10
Planrechtfertigung und Planungsleitsätze

Kapitel 11
Abwägung und Alternativenprüfung

Kapitel 12
Planumsetzung

Kapitel 13
Rechtsschutz

Literaturverzeichnis

Akademie für Raumforschung und Landesplanung, Grundriss der Raumordnung und Raumentwicklung, Hannover 2011 (zit.: Akademie für Raumforschung und Landesplanung/*Bearbeiter*)

App, Michael/Wettlaufer, Arno, Praxishandbuch Verwaltungsvollstreckungsrecht, 5. Aufl., Köln 2011 (zit.: *App/Wettlaufer*)

Aust, Manfred/Jacobs, Rainer/Pasternak, Dieter, Die Enteignungsentschädigung, 6. Aufl., Berlin 2007 (zit.: Aust/Jacobs/Pasternak/*Bearbeiter*)

Bader, Johann/Funke-Kaiser, Michael/Stuhlfauth, Thomas/von Albedyll, Jörg, Verwaltungsgerichtsordnung, 5. Aufl., Heidelberg 2011 (zit.: Bader/Funke-Kaiser/Stuhlfauth/von Albedyll/*Bearbeiter*)

Bader, Johann/Ronellenfitsch, Michael, Verwaltungsverfahrensgesetz, Kommentar, München 2009 (zit.: Bader/Ronellenfitsch/*Bearbeiter*)

Bamberger, Heinz Georg/Roth, Herbert, Kommentar zum Bürgerlichen Gesetzbuch, 3. Aufl., München 2012 (zit.: Bamberger/Roth/*Bearbeiter*)

Barchewitz, Paul, Ausbausteuerung im Energieregulierungsverbund am Beispiel der Verbindungsleitungen, Baden-Baden 2012 (zit.: *Barchewitz*)

Bartram, Gesa, Die Ziele der Raumordnung, Baden-Baden 2012 (zit.: *Bartram*)

Bartsch, Michael/Röhling, Andreas/Salje, Peter/Scholz, Ulrich, Stromwirtschaft: Ein Praxishandbuch, 2. Aufl., Köln 2008 (zit.: Bartsch/Röhling/Salje/Scholz/*Bearbeiter*)

Battis, Ulrich, Öffentliches Baurecht und Raumordnungsrecht, 5. Aufl., Stuttgart 2006 (zit.: *Battis*)

Battis, Ulrich/Krautzberger, Michael/Löhr, Rolf-Peter, Baugesetzbuch, Kommentar, 11. Aufl., München 2009 (zit.: Battis/Krautzberger/Löhr/*Bearbeiter*)

Bauer, Rainer/Heckmann, Dirk/Ruge, Kay, Schallbruch, Martin, Verwaltungsverfahrensgesetz, Wiesbaden 2012 (zit.: Bauer/Heckmann/Ruge/Schallbruch/*Bearbeiter*)

Baur, Jürgen/Salje, Peter/Schmidt-Preuß, Matthias, Regulierung in der Energiewirtschaft, Köln 2011 (zit.: Baur/Salje/Schmidt-Preuß/*Bearbeiter*)

Baur, Jürgen/Sandrock, Otto/Scholtka, Boris/Shapira, Amos, Festschrift für Gunther Kühne zum 70. Geburtstag, Frankfurt/Main 2009 (zit.: *Bearbeiter*, in: FS Kühne)

Berendes, Konrad/Frenz, Walter/Müggenborg, Hans-Jürgen, Wasserhaushaltsgesetz, Berlin 2011 (zit.: Berendes/Frenz/Müggenborg/*Bearbeiter*)

Berkemann, Jörg/Gaentzsch, Günter/Halama, Günter/Heeren, Helga/Hien, Eckart/Lemmel, Hans-Peter, Festschrift für Otto Schlichter zum 65. Geburtstag, München 1995 (zit.: *Bearbeiter*, in: FS Schlichter)

Berkemann, Jörg/Halama, Günter, Handbuch zum Recht der Bau- und Umweltrichtlinien der EU, 2. Aufl., Berlin 2011 (zit.: Berkemann/Halama/*Bearbeiter*)

Bielenberg, Walter/Runkel, Peter/Spannowsky, Willy, Raumordnungs- und Landesplanungsrecht des Bundes und der Länder, Loseblatt, Berlin, Stand: 2012 (zit.: Bielenberg/Runkel/Spannowsky/*Bearbeiter*)

Blümel, Willi, Bedarfsplanung – Planfeststellung – Immissionsschutz, Speyerer Forschungsberichte Nr. 65, 3. Aufl., Speyer 1989 (zit.: Blümel/*Bearbeiter*)

Bogs, Eckhard, Die Planung transeuropäischer Verkehrsnetze, Berlin 2002 (zit.: *Bogs*)

Bohnert, Joachim, OWiG, Kommentar, 3. Aufl., München 2010 (zit.: *Bohnert*)

Börner, Bodo, Planungsrecht für Energieanlagen, Hannover 1973 (zit.: *Börner*)

Brechmann, Winfried, Die richtlinienkonforme Auslegung, München 1994 (zit.: *Brechmann*)

Breuer, Rüdiger, Entwicklungen des europäischen Umweltrechts – Ziele, Wege und Irrwege, Berlin 1993 (zit.: *Breuer*)

Britz, Gabriele/Hellermann, Johannes/Hermes, Georg, EnWG, Kommentar, 2. Aufl., München 2010 (zit.: Britz/Hellermann/Hermes/*Bearbeiter*)

Brügelmann, Hermann, Baugesetzbuch, Kommentar, Loseblatt, Stuttgart, Stand: 84. EGL September 2012 (zit.: Brügelmann/*Bearbeiter*)

Büchs, Heribert, Handbuch des Eigentums- und Entschädigungsrechts, Stuttgart 1996 (zit.: *Büchs*)

Büdenbender, Ulrich, Energierecht, Berlin 1999 (zit.: *Büdenbender*)

Burchard, Friedrich von/Eckert, Lutz, Natural Gas and EU Energy Law, Baden-Baden 1995 (zit.: Burchard/Eckert/*Bearbeiter*)

Calliess, Christian/Ruffert, Matthias, EUV/AEUV, 4. Aufl., München 2011 (zit.: Calliess/Ruffert/*Bearbeiter*)
Cholewa, Werner/Dyong, Hartmut/von der Heide, Hans Jürgen/Arenz, Willi, Raumordnung in Bund und Ländern, Kommentar, Loseblatt, Stuttgart, Stand: September 2009 (zit.: Cholewa/Dyong/von der Heide/Arenz/*Bearbeiter*)
Cremer, Wolfram/Pielow, Johann-Christian, Probleme und Perspektiven im Energieumweltrecht, Stuttgart 2010 (zit.: Cremer/Pielow/*Bearbeiter*)
Czychowski, Manfred/Reinhard, Michael, Wasserhaushaltsgesetz Kommentar, 10. Aufl., München 2010 (zit.: *Czychowski/Reinhard*)
Danner, Wolfgang/Theobald, Christian, Energierecht, Loseblatt, München, Stand: 76. EGL März 2013 (zit.: Danner/Theobald/*Bearbeiter*)
de Witt, Siegfried/Durinke, Peter/Kause, Harriet, Die Planung der Übertragungsnetze: Bedingung der Energiewende, Berlin 2012 (zit.: *de Witt/Durinke/Kause*)
de Witt, Siegfried/Scheuten, Frank-Jochen, NABEG, Kommentar, München 2013 (zit.: de Witt/Scheuten/*Bearbeiter*)
Detterbeck, Steffen, Streitgegenstand und Entscheidungswirkungen im Öffentlichen Recht, Tübingen 1995 (zit.: *Detterbeck*)
Dreier, Horst, Grundgesetz, Kommentar, 2. Aufl., Tübingen 2006 (zit.: Dreier/*Bearbeiter*)
Durner, Wolfgang, Konflikte räumlicher Planungen, Tübingen 2005 (zit.: *Durner*)
Ehlers, Dirk/Fehling, Michael/Pünder, Hermann, Besonderes Verwaltungsrecht, 3. Aufl., Heidelberg 2012 (zit.: Ehlers/Fehling/*Bearbeiter*)
Ehricke, Ulrich, Energierecht im Wandel – Perspektiven und neue Vorgaben, Baden-Baden 2010 (zit.: Ehricke/*Bearbeiter*)
Engelhardt, Hanns/App, Michael, Verwaltungsvollstreckungsgesetz, Verwaltungszustellungsgesetz, 9. Aufl., München 2011 (zit.: Engelhardt/App/*Bearbeiter*)
Epping, Volker/Hillgruber, Christian, Grundgesetz, München 2009 (zit.: Epping/Hillgruber/*Bearbeiter*, Beck-OK GG)
Erbguth, Wilfried, Planung: Festschrift für Werner Hoppe zum 70. Geburtstag, München 2000 (zit.: *Bearbeiter*, in: FS Hoppe)
Erbguth, Wilfried/Schink, Alexander, Gesetz über die Umweltverträglichkeitsprüfung, München 1995 (zit.: *Erbguth/Schink*)
Erbguth, Wilfried/Schlacke, Sabine, Umweltrecht, 4. Aufl., Baden-Baden 2012 (zit.: *Erbguth/Schlacke*)
Erbguth, Wilfried/Schoeneberg, Jörg, Raumordnungs- und Landesplanungsrecht, 2. Aufl., Köln 1992 (zit.: *Erbguth/Schoeneberg*)
Erichsen, Hans-Uwe/Ehlers, Dirk, Allgemeines Verwaltungsrecht, 14. Aufl., Berlin 2010 (zit.: Erichsen/Ehlers/*Bearbeiter*)
Ernst, Werner/Zinkahn, Willy/Bielenberg, Walter/Krautzberger, Michael, BauGB, Loseblatt, 106. Aufl., München 2013 (zit.: Ernst/Zinkahn/Bielenberg/Krautzberger/*Bearbeiter*)
Evers, Hans-Ulrich, Das Recht der Energieversorgung, 2. Aufl., Baden-Baden 1983 (zit.: *Evers*)
Eyermann, Erich, Verwaltungsgerichtsordnung, Kommentar, 13. Aufl., München 2010 (zit.: Eyermann/*Bearbeiter*)
Faßbender, Kurt, Die Umsetzung von Umweltstandards der Europäischen Gemeinschaft, Köln u.a. 2001 (zit.: *Faßbender*)
Fehling, Michael/Kastner, Berthold, Verwaltungsrecht, Handkommentar, 2. Aufl., Baden-Baden 2010 (zit.: Fehling/Kastner/*Bearbeiter*)
Fehling, Michael/Kastner, Berthold/Störmer, Rainer, Verwaltungsrecht, Kommentar, 3. Aufl., Baden-Baden 2013 (zit.: Fehling/Kastner/Störmer/*Bearbeiter*)
Fehling, Michael/Ruffert, Matthias, Regulierungsrecht, Tübingen 2010 (zit.: Fehling/Michael/*Bearbeiter*)
Fickert, Hans Carl, Planfeststellung für den Straßenbau, Stuttgart 1997 (zit.: *Fickert*)
Finkelnburg, Klaus/Ortloff, Karsten-Michael/Kment, Martin, Öffentliches Baurecht, Bd. 1: Bauplanungsrecht, 6. Aufl., München 2011 (zit.: *Finkelnburg/Ortloff/Kment*)
Franssen, Everhardt/Redeker, Konrad/Schlichter, Otto, Bürger. Richter. Staat: Festschrift für Horst Sendler zum Abschied aus seinem Amt, München 1991 (zit.: *Bearbeiter*, in: FS Sendler)
Frenz, Walter/Müggenborg, Hans-Jürgen, Bundesnaturschutzgesetz, Kommentar, Berlin 2011 (zit.: Frenz/Müggenborg/*Bearbeiter*)
Friesecke, Albrecht, Bundeswasserstraßengesetz, Kommentar, 6. Aufl., Köln 2009 (zit.: *Friesecke*)
Gärdlitz, Klaus Ferdinand, VwGO, Kommentar, Köln 2013 (zit.: Gärditz/*Bearbeiter*)

Gassner, Erich, UVPG, Kommentar, Heidelberg 2006 (zit.: Gassner/*Bearbeiter*)
GDMB Gesellschaft für Bergbau, Metallurgie, Rohstoff- und Umwelttechnik e.V., Energieleitungen. 12. KBU-Kolloquium zu Wirtschaft- und Umweltrecht, Clausthal-Zellerfeld 2012 (zit.: GDMB/*Bearbeiter*)
Geiger, Rudolf/Khan, Daniel-Erasmus/Kotzur, Markus, EUV/AEUV, Kommentar, 5. Aufl., München 2010 (zit.: Geiger/Khan/Kotzur/*Bearbeiter*)
Gelzer, Konrad/Bracher, Christian-Dietrich/Reidt, Olaf, Bauplanungsrecht, 7. Aufl., Köln 2004 (zit.: Gelzer/Bracher/Reidt/*Bearbeiter*)
Giegerich, Thomas, Herausforderungen und Perspektiven der EU, Berlin 2012 (zit.: Giegerich/*Bearbeiter*)
Giesberts, Ludger/Reinhardt, Michael, Beck´scher Online-Kommentar Umweltrecht, München 2007 (zit.: Giesberts/Reinhardt/*Bearbeiter*)
Göhler, Erich, Gesetz über Ordnungswidrigkeiten: OWiG, Kommentar, 16. Aufl., München 2012 (zit.: Göhler/*Bearbeiter*)
Grabitz, Eberhard/Hilf, Meinhard/Nettesheim, Martin, Das Recht der Europäischen Union, Loseblatt, 49. Aufl., München 2013 (Grabitz/Hilf/Nettesheim/*Bearbeiter*)
Heckmann, Dirk/Schenke, Ralf/Sydow, Gernot, Verfassungsstaatlichkeit im Wandel: Festschrift für Thomas Würtenberger zum 70. Geburtstag, Berlin 2013 (zit.: *Bearbeiter*, in: FS Würtenberger)
Heidmann, Maren, Die Alternativenprüfung bei Planungsentscheidungen, Frankfurt/Main 2012 (zit.: *Heidmann*)
Hendler, Reinhard/Marburger, Peter/Reiff, Peter/Schröder, Meinhard, Energieversorgung und Umweltschutz – 25. Trierer Kolloquium zum Umwelt- und Technikrecht vom 30. August bis 1. September 2009, Berlin 2010 (zit.: Hendler/Marburger/Schröder/*Bearbeiter*)
Hermes, Georg, Staatliche Infrastrukturverantwortung: Rechtliche Grundstrukturen netzgebundener Transport- und Übertragungssysteme zwischen Daseinsvorsorge und Wettbewerbsregulierung am Beispiel der leitungsgebundenen Energieversorgung in Europa, Tübingen 1998 (zit.: *Hermes*)
Hoffmann-Riem, Wolfgang/Schmidt-Aßmann, Eberhard/Voßkuhle, Andreas, Grundlagen des Verwaltungsrechts, Bd. II, München 2008 (zit.: Hoffmann-Riem/Schmidt-Aßmann/Voßkuhle/*Bearbeiter*)
Hömig, Dieter, Grundgesetz für die Bundesrepublik Deutschland, Kommentar, 9. Aufl., Baden-Baden 2010 (zit.: Hömig/*Bearbeiter*)
Hoppe, Werner/Beckmann, Martin, UVPG, Kommentar, 4. Aufl., Köln 2012 (zit.: Hoppe/Beckmann/*Bearbeiter*)
Hoppe, Werner/Schlarmann, Hans/Buchner, Reimar/Deutsch, Markus, Rechtsschutz bei der Planung von Verkehrsanlagen und anderen Infrastruktureinrichtungen, 4. Aufl., Berlin 2011 (zit.: *Hoppe/Schlarmann/Buchner/Deutsch*)
Hoppenberg, Michael/de Witt, Siegfried, Handbuch des öffentlichen Baurechts, Loseblatt, 34. Aufl., München 2012 (zit.: Hoppenberg/de Witt/*Bearbeiter*)
Höppner, Thomas, Die Regulierung der Netzstruktur, Baden-Baden 2009 (zit.: *Höppner*)
Horstmann, Karl-Peter, Anforderungen an den Bau und Betrieb von Energieversorgungsleitungen in Deutschland, Münster 2000 (zit.: *Horstmann*)
Hufen, Friedhelm, Verwaltungsprozessrecht, 8. Aufl., München 2011 (zit.: *Hufen*)
Immenga, Ulrich/Mestmäcker, Ernst-Joachim, Wettbewerbsrecht: GWB, Bd. 2, 4. Aufl., München 2007 (zit.: Immenga/Mestmäcker/*Bearbeiter*)
Isensee, Josef/Kirchhof, Paul, Handbuch des Staatsrechts, Bd. VIII, Grundrechte: Wirtschaft, Verfahren, Gleichheit, Heidelberg 2010 (zit.: HStR/*Bearbeiter*, Bd. VIII)
Jäde, Henning/Dirnberger, Franz/Weiss, Josef, Baugesetzbuch, Baunutzungsverordnung, Kommentar, 6. Aufl., Stuttgart 2010 (zit.: Jäde/Dirnberger/Weiss/*Bearbeiter*)
Jarass, Hans, BImSchG, Kommentar, 9. Aufl., München 2012 (zit.: *Jarass*)
Jarass, Hans, Europäisches Energierecht, Berlin 1996 (zit.: *Jarass*, 1996)
Jarass, Hans/Pieroth, Bodo, Grundgesetz, 12. Aufl., München 2012 (zit.: *Jarass/Pieroth*)
Jauernig, Othmar, Bürgerliches Gesetzbuch, Kommentar, 14. Aufl., München 2011 (zit.: Jauernig/*Bearbeiter*)
Johlen, Heribert/Oerder, Michael, Münchener AnwaltsHandbuch Verwaltungsrecht, 3. Aufl., München 2012 (zit.: Johlen/Oerder/*Bearbeiter*)
Keilich, Christian, Das Recht der Änderung in der Fachplanung, Baden-Baden 2001 (zit.: *Keilich*)
Klees, Andreas/Gent, Kai, Energie – Wirtschaft – Recht, Festschrift für Peter Salje zum 65. Geburtstag, Köln 2013 (zit.: *Bearbeiter*, in: FS Salje)
Knack, Hans/Hennecke, Hans-Günter, Verwaltungsverfahrensgesetz, Kommentar, 9. Aufl., Köln 2010 (zit.: Knack/Hennecke/*Bearbeiter*)

Koch, Hans-Joachim, Umweltrecht, 3. Aufl., München 2010 (zit.: Koch/*Bearbeiter*)
Koch, Hans-Joachim/Hendler, Reinhard, Baurecht, Raumordnungs- und Landesplanungsrecht, Kommentar, 5. Aufl., Stuttgart 2009 (zit.: *Koch/Hendler*)
Kodal, Kurt, Straßenrecht, 7. Aufl., München 2010 (zit.: Kodal/*Bearbeiter*)
König, Eberhard/Meins, Jürgen, Verwaltungsverfahrensgesetz des Freistaates Bayern, München 1998 (zit.: *König/Meins*)
Kopp, Ferdinand/Ramsauer, Ulrich, VwVfG, Kommentar, 13. Aufl., München 2012 (zit.: *Kopp/Ramsauer*)
Kopp, Ferdinand/Schenke, Wolf-Rüdiger, Verwaltungsgerichtsordnung, Kommentar, 18. Aufl., München 2012 (zit.: *Kopp/Schenke*)
Kotulla, Michael, Wasserhaushaltsgesetz, Kommentar, 2. Aufl., Stuttgart 2011 (zit.: *Kotulla*)
Kramer, Urs, Kommentar zum Allgemeinen Eisenbahngesetz, in: Das Deutsche Bundesrecht, Loseblatt, Baden-Baden, Stand: 2010 (zit.: *Kramer*)
Krebs, Walter, Liber amoricum Hans-Uwe Erichsen, Köln 2004 (zit.: *Bearbeiter*, in: Liber amoricum Hans-Uwe Erichsen)
Kügel, J. Wilfried, Der Planfeststellungsbeschluß und seine Anfechtbarkeit, Berlin 1985 (zit.: *Kügel*)
Kühling, Jürgen/Herrmann, Nikolaus, Fachplanungsrecht, 2. Aufl., Neuwied 2000 (zit.: *Kühling/Herrmann*)
Landmann, Robert von/Rohmer, Gustav, Umweltrecht, Loseblatt, 66. Aufl., München 2012 (zit.: Landmann/Rohmer/*Bearbeiter*)
Langen, Eugen/Bunte, Hermann-Josef, Kommentar zum deutschen und europäischen Kartellrecht, Kommentar, 11. Aufl., Köln 2010 (zit.: Langen/Bunte/*Bearbeiter*)
Lechner, Hans/Zuck, Rüdiger, Bundesverfassungsgerichtsgesetz, Kommentar, 6. Aufl., München 2011 (zit.: *Lechner/Zuck*)
Leidinger, Tobias, Energieanlagenrecht, Stuttgart 2007 (zit.: *Leidinger*)
Lenz, Carl Otto, EG-Vertrag, Köln 1994 (zit.: Lenz/*Bearbeiter*)
Lenz, Christopher/Hansel, Ronald, Bundesverfassungsgerichtsgesetz, Baden-Baden 2013 (zit.: *Lenz/Hansel*)
Loewenheim, Ulrich/Meessen, Karl/Riesenkampff, Alexander, Kartellrecht, Kommentar, 2. Aufl., München 2009 (zit.: Loewenheim/Meessen/Riesenkampff/*Bearbeiter*)
Löwer, Wolfgang, Bonner Gespräch zum Energierecht, Bd. 5, Bonn 2010 (zit.: Löwer, 2010/*Bearbeiter*)
Löwer, Wolfgang, Bonner Gespräch zum Energierecht, Bd. 6, Bonn 2012 (zit.: Löwer, 2012/*Bearbeiter*)
Lütkes, Stefan/Ewer, Wolfgang, Kommentar zum Bundesnaturschutzgesetz, München 2011 (zit.: Lütkes/Ewer/*Bearbeiter*)
Mangoldt, Hermann von/Klein, Friedrich/Starck, Christian, Grundgesetz, Kommentar, 6. Aufl., München 2010 (zit.: Mangoldt/Klein/Starck/*Bearbeiter*)
Marschall, Ernst, Bundesfernstraßengesetz, Kommentar, 6. Aufl., Köln 2012 (zit.: Marschall/*Bearbeiter*)
Maunz, Theodor/Dürig, Günter, Grundgesetz, Loseblatt, 67. Aufl., München 2013 (zit.: Maunz/Dürig/*Bearbeiter*)
Maunz, Theodor/Schmidt-Bleibtreu, Bruno/Klein, Franz/Bethge, Herbert, Bundesverfassungsgerichtsgesetz, Loseblatt, 39. Aufl., München 2013 (zit.: Maunz/Schmidt-Bleibtreu/Klein/Bethge/*Bearbeiter*)
Maurer, Hartmut, Allgemeines Verwaltungsrecht, 18. Aufl., München 2011 (zit.: *Maurer*)
Meyer, Hans/Borgs, Hermann, Verwaltungsverfahrensgesetz, Köln 1982 (zit.: *Meyer/Borgs*)
Mirbach, Tobias, Marktsimulationsverfahren zur Untersuchung der Preisentwicklung im europäischen Strommarkt, Aachen 2009 (zit.: *Mirbach*)
Molodovsky, Paul/Bernstorff, Sven von, Enteignungsrecht in Bayern, Loseblatt, Heidelberg, Stand: 43. EGL November 2011 (zit.: *Molodovsky/Bernstorff*)
Müller, Henrik, Verfahrensartfehler, Baden-Baden 2005 (zit.: *Müller, H.*)
Müller, Hermann/Schulz, Gerhard, Bundesfernstraßengesetz, Kommentar, München 2008 (zit.: Müller/Schulz/*Bearbeiter*)
Müller, Philipp, Abschied von der Planrechtfertigung, Berlin 2005 (zit.: *Müller, P.*)
Münchener Kommentar zum Bürgerlichen Gesetzbuch, Bd. 6, 5. Aufl., München 2009 (zit.: MüKo-BGB/*Bearbeiter*)
Obermayer, Klaus, Kommentar zum Verwaltungsverfahrensgesetz, 3. Aufl., Köln 1999 (zit.: Obermayer/*Bearbeiter*)
Palandt, Otto, Bürgerliches Gesetzbuch, 70. Aufl., München 2011 (zit.: Palandt/*Bearbeiter*)
Peters, Heinz-Joachim/Balla, Stefan, UVPG, Handkommentar, 3. Aufl., Baden-Baden 2006 (zit.: *Peters/Balla*)
Pfeifer, Martin, Der Grundsatz der Konfliktbewältigung in der Bauleitplanung, Münster 1988 (zit.: *Pfeifer*)
Posser, Herbert/Wolf, Heinrich Amadeus, Verwaltungsgerichtsordnung, Kommentar, München 2008 (zit.: Posser/Wolf/*Bearbeiter*)

Redeker, Konrad/von Oertzen, Hans-Joachim, Verwaltungsgerichtsordnung, 15. Aufl., Stuttgart 2010 (zit.: *Redeker/von Oertzen*)
Rosin, Peter/Pohlmann, Mario/Gentzsch, Andrees/Metzenthin, Andreas/Böwing, Andreas, Praxiskommentar zum EnWG, Loseblatt, Frankfurt/Main 2011 (zit.: Rosin/Pohlmann/Gentzsch/Metzenthin/Böwing/*Bearbeiter*)
Sachs, Michael, Grundgesetz, 5. Aufl., München 2009 (zit.: Sachs/*Bearbeiter*)
Säcker, Franz Jürgen, Berliner Kommentar zum Energierecht, 2. Aufl., München 2010 (zit.: BK-EnR/*Bearbeiter*)
Säcker, Franz Jürgen, Der beschleunigte Ausbau der Höchstspannungsnetze als Rechtsproblem, Frankfurt/Main 2009 (zit.: *Säcker*)
Sadler, Gerhard, Verwaltungs-Vollstreckungsgesetz, 8. Aufl., Heidelberg 2011 (zit.: *Sadler*)
Salje, Peter, Energiewirtschaftsgesetz, Kommentar, Köln 2006 (zit.: *Salje*, EnWG)
Schlacke, Sabine, Gemeinschaftskommentar zum Bundesnaturschutzgesetz, Köln 2012 (zit.: Schlacke/*Bearbeiter*)
Schlaich, Klaus/Korioth, Stefan, Das Bundesverfassungsgericht, 9. Aufl., München 2012 (zit.: *Schlaich/Korioth*)
Schlichter, Otto/Stich, Rudolf/Driehaus, Hans-Joachim/Paetow, Stefan, Berliner Kommentar zum Baugesetzbuch (BauGB), Loseblatt, Stand: 22. EGL November 2012 (zit.: Schlichter/Stich/Driehaus/Paetow/*Bearbeiter*)
Schmidt-Bleibtreu, Bruno/Hofmann, Hans/Hopfauf, Axel, Kommentar zum Grundgesetz, 11. Aufl., Köln 2008 (zit.: Schmidt-Bleibtreu/Hofmann/Hopfauf/*Bearbeiter*)
Schneider, Jens-Peter/Theobald, Christian, Recht der Energiewirtschaft, 3. Aufl., München 2011 (zit.: Schneider/Theobald/*Bearbeiter*)
Schoch, Friedrich/Schneider, Jens-Peter/Bier, Wolfgang, Verwaltungsgerichtsordnung, Loseblatt, 24. Aufl., München 2012 (zit.: Schoch/Schneider/Bier/*Bearbeiter*)
Scholz, Rupert/Langer, Stefan, Europäischer Binnenmarkt und Energiepolitik, Berlin 1992 (zit.: *Scholz/Langer*)
Schrödter, Hans, Baugesetzbuch, Kommentar, 7. Aufl., München 2006 (zit.: Schrödter/*Bearbeiter*)
Schumacher, Jochen/Fischer-Hüftle, Peter, Bundesnaturschutzgesetz, Kommentar, 2. Aufl., Stuttgart 2011 (zit.: Schumacher/Fischer-Hüftle/*Bearbeiter*)
Schwarze, Jürgen, EU-Kommentar, 3. Aufl., Baden-Baden 2012 (zit.: Schwarze/*Bearbeiter*)
Senge, Lothar, Karlsruher Kommentar zum Gesetz über Ordnungswidrigkeiten, 3. Aufl., München 2006 (zit.: Senge/*Bearbeiter*)
Sieder, Frank/Zeitler, Herbert, Wasserhaushaltsgesetz, Abwasserabgabengesetz: WHG, Loseblatt, 44. Aufl. 2012 (zit.: Siedler/Zeitler/*Bearbeiter*)
Sodann, Helge/Ziekow, Jan, Verwaltungsgerichtsordnung, Großkommentar, 3. Aufl., Baden-Baden 2010 (zit.: Sodann/Ziekow/*Bearbeiter*)
Spannowsky, Willy, Strategische Umweltprüfung bei räumlichen Plänen mit landes- und staatsgrenzenüberschreitenden Umweltauswirkungen, Kaiserslautern 2011 (zit.: *Spannowsky*)
Spannowsky, Willy/Runkel, Peter/Goppel, Konrad, Raumordnungsgesetz, Kommentar, München 2010 (zit.: Spannowsky/Runkel/Goppel/*Bearbeiter*)
Spannowsky, Willy/Uechtritz, Michael, Baugesetzbuch, München 2009 (zit.: Spannowsky/Uechtritz/*Bearbeiter*)
Spiecker, Margarete, Raumordnung und Private, Berlin 1999 (zit.: *Spiecker*)
Steinbach, Armin, NABEG/EnLAG/EnWG, Kommentar, Berlin 2013 (zit.: Steinbach/*Bearbeiter*)
Steinberg, Rudolf/Berg, Thomas/Klößner, Bernd, Fachplanung: Das Recht der Fachplanung unter Berücksichtigung des Nachbarschutzes und der Umweltverträglichkeitsprüfung, 2. Aufl. Baden-Baden 1993 (z.B.: *Steinberg/Berg/Klößner*)
Steinberg, Rudolf/Wickel, Martin/Müller, Hendrik, Fachplanung, 4. Aufl., Baden-Baden 2012 (zit.: *Steinberg/Wickel/Müller*)
Stelkens, Paul/Bonk, Heinz/Sachs, Michael, Verwaltungsverfahrensgesetz, Kommentar, 7. Aufl., München 2011 (zit.: Stelkens/Bonk/Sachs/*Bearbeiter*)
Storm, Peter-Christoph/Bunge, Thomas, Handbuch der Umweltverträglichkeitsprüfung, Loseblatt, Berlin 2013 (zit.: *Storm/Bunge*)
Streinz, Rudolf, EUV/AEUV, Kommentar, 2. Aufl., München 2012 (zit.: Streinz/*Bearbeiter*)
Stüer, Bernhard, Handbuch des Bau- und Fachplanungsrechts, 4. Aufl., München 2009 (zit.: *Stüer*)
Tausch, Felix, Gestufte Bundesfernstraßenplanung: Unter besonderer Berücksichtigung der Richtlinie über die strategische Umweltprüfung, Hamburg 2011 (zit.: *Tausch*)
Thomé-Kozmiensky, Karl J./Beckmann, Michael, Erneuerbare Energien – Strategien und Forschung, Energierecht und -wirtschaft, Netze und Speicher, Neuruppin 2011 (zit.: Thomé-Kozmiensky/Beckmann/*Bearbeiter*)
Ule, Carl Hermann/Laubinger, Hans-Werner, Verwaltungsverfahrensrecht, 3. Aufl., Köln 1995 (zit.: *Ule/Laubinger*)

von Münch, *Ingo*/*Kunig*, *Philip*, Grundgesetz-Kommentar, 6. Aufl., München 2012 (zit.: von Münch/Kunig/*Bearbeiter*)
Vrana, *Nina*, Interkonnektoren im Europäischen Binnenmarkt, Baden-Baden 2012 (zit.: *Vrana*)
Wiedemann, *Gerhard*, Handbuch des Kartellrechts, 2. Aufl., München 2008 (zit.: Wiedemann/*Bearbeiter*)
Wolff, *Hans*/*Bachof*, *Otto*/*Stober*, *Rolf*/*Kluth*, *Winfried*, Verwaltungsrecht, Bd. I, München 2010 (zit.: *Wolff*/*Bachof*/*Stober*/*Kluth*)
Ziekow, *Jan*, Praxis des Fachplanungsrechts, Neuwied 2004 (zit.: *Ziekow*)
Ziekow, *Jan*, Verwaltungsverfahrensgesetz, Kommentar, 2. Aufl., Stuttgart 2010 (zit.: Ziekow/*Bearbeiter*)

Abkürzungsverzeichnis

%	Prozent
€	Euro
§	Paragraph
°C	Grad Celsius
µT	Mikrotesla
a.A.	andere Ansicht
a.a.O.	am angegebenen Ort
a.E.	am Ende
a.F.	alte Fassung
AbfallR	Zeitschrift für das Recht der Abfallwirtschaft
ABl.	Amtsblatt
Abs.	Absatz/Absätze
AC	Alternating Current (Wechselstrom)
ACER	Agency for the Cooperation of Energy Regulators
AEG	Allgemeines Eisenbahngesetz
AEUV	Vertrag über die Arbeitsweise der Europäischen Union
AG	Aktiengesellschaft; Amtsgericht
Alt.	Alternative
amtl.	amtlich
Anm.	Anmerkung
ÄndVO	Änderungsverordnung
ARegV	Anreizregulierungsverordnung
arg.	argumentum
Art.	Artikel
Ast.	Außenstelle
AT	Österreich
AtG	Atomgesetz
AVV-Baulärm	Allgemeine Verwaltungsvorschrift zum Schutz gegen Baulärm
AWZ	Ausschließliche Wirtschaftszone
Az.	Aktenzeichen
bar	Druckeinheit
BauGB	Baugesetzbuch
BauNVO	Baunutzungsverordnung
BauO NRW	Bauordnung Nordrhein-Westfalen
BauR	Baurecht (Zeitschrift)
BayBO	Bayerische Bauordnung
BayLplG	Bayerisches Landesplanungsrecht
BayVBl.	Bayerische Verwaltungsblätter
BayVerfGH	Bayerischer Verfassungsgerichtshof
BayVwVfG	Bayerisches Verwaltungsverfahrensgesetz
BayVwZVG	Bayerisches Verwaltungszustellungs- und Vollstreckungsgesetz
BBergG	Bundesberggesetz
BbgNatSchG	Brandenburgisches Naturschutzgesetz
BBPlG	Bundesbedarfsplangesetz
Bd.	Band
BeckRS	Beck-Rechtsprechung
BEGTPG	Gesetz über die Bundesnetzagentur für Elektrizität, Gas, Telekommunikation, Post und Eisenbahnen
ber.	berichtigt
Beschl.	Beschluss

BfS	Bundesamt für Strahlenschutz
BGB	Bürgerliches Gesetzbuch
BGBl.	Bundesgesetzblatt
BImSchG	Bundes-Immissionsschutzgesetz
BImSchV	Bundes-Immissionsschutzverordnung
BMU	Bundesministerium für Umwelt, Naturschutz und Reaktorsicherheit
BMWi	Bundesministerium für Wirtschaft und Technologie
BNatSchG	Bundesnaturschutzgesetz
BNetzA	Bundesnetzagentur
BRD	Bundesrepublik Deutschland
BR-Drucks.	Bundesrat-Drucksache
BremWG	Bremisches Wassergesetz
BSH	Bundesamt für Seeschifffahrt und Hydrographie
BT-Drucks.	Bundestag-Drucksache
BT-PlPr.	Plenarprotokoll Bundestag
BUND	Bund für Umwelt und Naturschutz Deutschland
BVerfGE	Entscheidungen des Bundesverfassungsgerichts
BVerfGG	Gesetz über das Bundesverfassungsgericht
BVerwG	Bundesverwaltungsgericht
BVerwGE	Bundesverwaltungsgerichtsentscheidung
BWaldG	Bundeswaldgesetz
bzw.	beziehungsweise
CDU	Christlich Demokratische Union
CEF	Continuous Ecological Functionality-measures (Maßnahmen zur dauerhaften Sicherung der ökologischen Funktion)
CEP	Centrum für Europäische Politik
CH	Schweiz
CSU	Christlich-Soziale Union
d.h.	das heißt
DB	Deutsche Bahn
dB	Dezibel
DC	Direct Current (Gleichstrom)
DE	Deutschland
dena	Deutsche Energie-Agentur GmbH
DIN	Deutsche Industrienorm
Diss.	Dissertation
DNotZ	Deutsche Notar-Zeitschrift
DÖV	Die Öffentliche Verwaltung (Zeitschrift)
DSchVO	Deichschutzverordnung
DtZ	Deutsch-Deutsche Rechtszeitschrift
DUH	Deutsche Umwelthilfe
DVBl.	Deutsches Verwaltungsblatt
E-BBPlG	Entwurf des Bundesbedarfsplangesetzes
EEG NRW	Enteignungs- und -entschädigungsgesetz Nordrhein-Westfalen
EEG	Erneuerbare-Energien-Gesetz
EG	Europäische Gemeinschaft
EGL	Ergänzungslieferung
EGV	Vertrag zur Gründung der Europäischen Gemeinschaft
Einf.	Einführung
Einl.	Einleitung
EltRL	Elektrizitätsbinnenmarktrichtlinie
EnBW	Energie Baden-Württemberg

endg.	endgültig
EnLAG	Energieleitungsausbaugesetz
EnSG	Energiesicherungsgesetz
ENTSO Strom	Europäischer Verbund der Übertragungsnetzbetreiber Strom
ENTSO-E	European Network of Transmission System Operators for Electricity
EnWG	Energiewirtschaftsgesetz
EnWG-E	Drittes Gesetz zur Neuregelung energiewirtschaftsrechtlicher Vorschriften
EnWZ	Zeitschrift für das gesamte Recht der Energiewirtschaft
ER	EnergieRecht (Zeitschrift)
et	Energiewirtschaftliche Tagesfragen (Zeitschrift)
etc.	et cetera
EU	Europäische Union
EuGH	Europäischer Gerichtshof
EuR	Europarecht (Zeitschrift)
EurUP	Zeitschrift für Europäisches Umwelt- und Planungsrecht
EUV	Vertrag über die Europäische Union
EuZW	Europäische Zeitschrift für Wirtschaftsrecht
EVU	Energieversorgungsunternehmen
EWS	Europäisches Wirtschafts- und Steuerrecht (Zeitschrift)
f./ff.	folgende/fortfolgende
FAZ	Frankfurter Allgemeine Zeitung
FDP	Freie Demokratische Partei
FFH	Flora-Fauna-Habitat
FlurbG	Flurbereinigungsgesetz
Fn	Fußnote
FR	Frankreich
FS	Festschrift
FStrAbG	Fernstraßenausbaugesetz
FStrG	Bundesfernstraßengesetz
GasHDrLtgV	Gashochdruckleitungsverordnung
GBl.	Gesetzblatt für Baden-Württemberg
GBO	Grundbuchordnung
GDMB	Gesellschaft für Bergbau, Metallurgie, Rohstoff- und Umwelttechnik
gem.	gemäß
Gerichtsbeschl.	Gerichtsbeschluss
GewArch	Gewerbearchiv (Zeitschrift)
GG	Grundgesetz
ggf.	gegebenenfalls
GHz	Gigahertz
GIL	Gasisolierte Leiter
GmbH	Gemeinschaft mit beschränkter Haftung
GMBl.	Gemeinsames Ministerialblatt
GmS-OGB	Gemeinsamer Senat der obersten Gerichtshöfe des Bundes
GROVerfV	Gemeinsame Raumordnungsverfahrensverordnung
GRWG	Gesetz über die Gemeinschaftsaufgabe „Verbesserung der regionalen Wirtschaftsstruktur“
GV. NRW.	Gesetz- und Verordnungsblatt Nordrhein-Westfalen
GVBl.	Gesetz- und Verordnungsblatt
GVOBl.	Gesetz- und Verordnungsblatt
GW	Gigawatt
h.M.	herrschende Meinung
ha	Hektar

HessStGH	Staatsgerichtshof des Landes Hessen
HessVerwVfG	Hessisches Verwaltungsverfahrensgesetz
HessVGH	Hessischer Verwaltungsgerichtshof
HGÜ	Hochspannungs-Gleichstrom-Übertragung
HLPG	Hessisches Landesplanungsgesetz
HRB	Handelsregister Abteilung B
Hs.	Halbsatz
HTLS	High Temperature Low Sag
Hz	Hertz
i.d.F.	in der Fassung
i.E.	im Ergebnis; im Erscheinen
i.e.S.	im engeren Sinne
i.H.v.	in Höhe von
i.S.d.	im Sinne der/des
i.V.m.	in Verbindung mit
I+E	Zeitschrift für Immissionsschutzrecht und Emissionshandel
IAEW	Institut für elektrische Anlagen und Energiewirtschaft
ICNIRP	International Commission on non-ionizing radiation protection
IED	Richtlinie über Industrieemissionen
IHK	Industrie- und Handelskammer
InfraStrPlanVBeschG	Gesetz zur Beschleunigung von Planungsverfahren für Infrastrukturvorhaben
IRPA	International Radiation Protection Association
IVU	Integrierte Vermeidung und Verminderung der Umweltverschmutzung
jurisPR-BVerwG	juris PraxisReport Bundesverwaltungsgericht (Zeitschrift)
JuS	Juristische Schulung (Zeitschrift)
JustG NRW	Justizgesetz Nordrhein-Westfalen
JZ	JuristenZeitung (Zeitschrift)
KG	Kammergericht
Kl.	Kläger
km	Kilometer
KommJur	Kommunaljurist (Zeitschrift)
KraftNAV	Kraftwerks-Netzanschlussverordnung
KrW-/AbfG	Kreislaufwirtschafts- und Abfallgesetz
KrWG	Kreislaufwirtschaftsgesetz
kV	Kilovolt
kV/m	Kilovolt pro Meter
KWKG	Kraft-Wärme-Kopplungsgesetz
Kz.	Kennziffer
LAI	Länderausschuss für Immissionsschutz
LBP	Landschaftspflegerischer Begleitplan
Lfg.	Lieferung
LG	Landgericht
lit.	literatura
LKRZ	Zeitschrift für Landes- und Kommunalrecht Hessen
LKV	Landes- und Kommunalverwaltung (Zeitschrift)
LNatSchG Rh.-Pf.	Landesnaturschutzgesetz Rheinland-Pfalz
LNG	Liquefied Natural Gas (Flüssigerdgas)
LplG BW	Landesplanungsrecht Baden-Württemberg
LplG MV	Landesplanungsgesetz Mecklenburg-Vorpommern
LplG NRW	Landesplanungsgesetz Nordrhein-Westphalen
LplG RP	Landesplanungsgesetz Rheinland-Pfalz

LplG LSA	Landesplanungsgesetz Sachsen-Anhalt
LplG SH	Landesplanungsrecht Schleswig-Holstein
Ls.	Leitsatz
LuftVG	Luftverkehrsgesetz
LWaldG BW	Landeswaldgesetz für Baden-Württemberg
m	Meter
m.w.N.	mit weiteren Nachweisen
m.z.w.N.	mit zahlreichen weiteren Nachweisen
m^2	Quadratmeter
MBPlG	Magnetschwebebahnplanungsgesetz
Mio.	Million/-nen
mm	Millimeter
Mrd.	Milliarde/-n
MW	Megawatt
n.F.	neue Fassung
NABEEG	Gesetz über Maßnahmen zur Beschleunigung des Netzausbaus Elektrizitätsnetze
NABEG	Netzausbaubeschleunigungsgesetz Übertragungsnetz
NABU	Naturschutzbund Deutschland e.V.
NatLandEingrV	Landesverordnung über die Bestimmung von Eingriffen in Natur und Landschaft
NatSchAG M-V	Naturschutzausführungsgesetz Mecklenburg-Vorpommern
NatSchG BW	Naturschutzgesetz Baden-Württemberg
NatSchGBln	Naturschutzgesetz Berlin
NDG	Niedersächsisches Deichgesetz
Nds. BauO	Niedersächsische Bauordnung
Nds. ErdkabelG	Niedersächsisches Erdkabelgesetz
Nds. GVBl.	Niedersächsisches Gesetz- und Verordnungsblatt
NdsVBl.	Niedersächsisches Verwaltungsblatt
NEP	Netzentwicklungsplan
NJOZ	Neue Juristische Online Zeitschrift
NJW	Neue Juristische Wochenschrift
NN	Normalnull
NordÖR	Zeitschrift für Öffentliches Recht in Norddeutschland
NOVA	Netz Optimieren vor Verstärken vor Ausbauen
Nr./Nrn.	Nummer/-n
NROG	Niedersächsisches Raumordnungsgesetz
NRW	Nordrhein-Westfalen
NStZ	Neue Zeitschrift für Strafrecht
NStZ-RR	Neue Zeitschrift für Strafrecht - Rechtsprechungsreport
NuR	Natur und Recht (Zeitschrift)
NVwZ	Neue Zeitschrift für Verwaltungsrecht
NVwZ-Beil.	Neue Zeitschrift für Verwaltungsrecht-Beilage
NVWZ-RR	Neue Zeitschrift für Verwaltungsrecht-Rechtsprechungsreport
NZBau	Neue Zeitschrift für Baurecht und Vergaberecht
o.ä.	oder ähnliches
o.g.	oben genannt
OLG	Oberlandesgericht
O-NEP	Offshore-Netzentwicklungsplan
OVG	Oberverwaltungsgericht
OWiG	Gesetz über Ordnungswidrigkeiten
PBefG	Personenbeförderungsgesetz
PL	Polen

PlfB	Planfeststellungsbeschluss
PlVereinhG	Gesetz zur Verbesserung der Öffentlichkeitsbeteiligung und Vereinheitlichung von Planfeststellungsverfahren
RAS-Q	Richtlinien für die Anlage von Straßen – Querschnitt
RdE	Recht der Energiewirtschaft (Zeitschrift)
re. Sp.	rechte Spalte
RGBl.	Reichsgesetzblatt
RL	Richtlinie
Rn	Randnummer
ROG	Raumordnungsgesetz
RoV	Raumordnungsverordnung
Rspr.	Rechtsprechung
RuR	Raumforschung und Raumordnung (Zeitschrift)
RWTH	Rheinisch-Westfälische Technische Hochschule
S.	Satz/Sätze; Seite/-n
s.o.	siehe oben
s.u.	siehe unten
SächsBO	Sächsische Bauordnung
SächsLplG	Sächisches Landesplanungsgesetz
SächsNatSchG	Sächsisches Naturschutzgesetz
SächsStrG	Sächsisches Straßengesetz
SächsVBl.	Sächsische Verwaltungsblätter
SächsWaldG	Sächsisches Waldgesetz
SächsWG	Sächsisches Wassergesetz
SchlHA	Schleswig-Holsteinische Anzeigen
SEA	Strategic Enviromental Assessment (Strategische Umweltprüfung)
SeeAnlV	Seeanlagenverordnung
SFV	Solarenergie-Förderverein Deutschland
Slg.	Sammlung
SLPG	Saarländisches Landesplanungsgesetz
sm	Seemeile
sog.	sogenannte/-r
SpurVerkErprG	Gesetz über den Bau und den Betrieb von Versuchsanlagen zur Erprobung von Techniken für den spurgeführten Verkehr
SRU	Sachverständigenrat für Umweltfragen
SRÜ	Seerechtsübereinkommen
st. Rspr.	ständige Rechtsprechung
StPO	Strafprozessordnung
StromNEV	Stromnetzentgeltverordnung
SUP	Strategische Umweltprüfung
t	Tonne
TA Lärm	Technische Anleitung zum Schutz gegen Lärm
TA Luft	Technische Anleitung zur Reinhaltung der Luft
TEN-E-Leitlinie	Transeuropäische Energienetze-Leitlinie
ThürLplG	Thüringer Landesplanungsgesetz
ThürNatG	Thüringisches Naturschutzgesetz
ThürOLG	Thüringisches Oberlandesgericht
TYNDP	Ten-Year Network Development Plan
u.	und
u.ä.	und ähnlich
u.a.	unter anderem

u.U.	unter Umständen
UAbs.	Unterabsatz
UCTE	Union for the Co-ordination of Transmission of Electricity
UMID	Umwelt und Mensch - Informationsdienst
UmwRG	Umwelt-Rechtsbehelfsgesetz
ÜNB	Übertragungsnetzbetreiber
UNECE	United Nations Economic Commission for Europe
UPR	Umwelt- und Planungsrecht (Zeitschrift)
URG	Urheberrechtsgesetz
Urt.	Urteil
usw.	und so weiter
UVP	Umweltverträglichkeitsprüfung
UVPG	Gesetz über die Umweltverträglichkeitsprüfung
UVPVwV	Allgemeine Verwaltungsvorschrift zur Ausführung des Gesetzes über die Umweltverträglichkeitsprüfung
V	Volt
v.	von/vom
VBlBW	Verwaltungsblätter für Baden-Württemberg
VDI	Verein Deutscher Ingenieure
VerkPBG	Verkehrswegeplanungsbeschleunigungsgesetz
VerwArch	Verwaltungsarchiv (Zeitschrift)
VerwRspr	Verwaltungsrechtsprechung (Zeitschrift)
VG	Verwaltungsgericht
VGH	Verwaltungsgerichtshof
VGI	Vorhaben von gemeinsamem Interesse
vgl.	vergleiche
VO	Verordnung
Vorb.	Vorbemerkung
Vorlagebeschl.	Vorlagebeschluss
VR	Verwaltungsrundschau (Zeitschrift)
VRS	Verkehrsrechtssammlung (Zeitschrift)
VwGO	Verwaltungsgerichtsordnung
VwVfG BW	Verwaltungsverfahrensgesetz für Baden-Württemberg
VwVfG SH	Verwaltungsverfahrensgesetz Schleswig-Holstein
VwVfG	Verwaltungsverfahrensgesetz
VwVG	Verwaltungs-Vollstreckungsgesetz
WaldG LSA	Waldgesetz für das Land Sachsen-Anhalt
WaStrG	Bundeswasserstraßengesetz
WHG	Wasserhaushaltsgesetz
WM	Zeitschrift für Wirtschafts- und Bankrecht
WRP	Wettbewerb in Recht und Praxis (Zeitschrift)
z.B.	zum Beispiel
z.T.	zum Teil
ZfBR	Zeitschrift für deutsches und internationales Bau- und Vergaberecht
ZG	Zeitschrift für Gesetzgebung
Ziff.	Ziffer
zit.	zitiert
ZNER	Zeitschrift für Neues Energierecht
ZNR	Zeitschrift für Neuere Rechtsgeschichte
ZPO	Zivilprozessordnung
ZUR	Zeitschrift für Umweltrecht
Zwischenurt.	Zwischenurteil

Bearbeiterverzeichnis

Andreas Bala, Dr. iur., Jg. 1968; Studium der Rechtswissenschaften in Münster, Repetitor für Öffentliches Recht; Rechtsanwalt seit 1998; 2001–2007 Leiter Baurecht/Bauprojekte (West) der Deutschen Bahn AG; 2007–2010 Leiter Allgemeines Energie- und Wirtschaftsrecht, Wegerecht der E.ON Ruhrgas AG; seit 2010 Leiter Liegenschafts- und Planungsrecht der Open Grid Europe GmbH (vormals E.ON Gastransport GmbH).

Gunhild Becker, Dr. iur., LL.M., Jg. 1974; Studium der Rechtswissenschaften in Passau, Lausanne (CH), Münster und Nottingham (UK); von 2001 bis 2003 wissenschaftliche Mitarbeit und Promotion bei Prof. Dr. Jarass am Zentralinstitut für Raumplanung in Münster; von 2005 bis 2006 Rechtsanwältin bei Freshfields Bruckhaus Deringer LLP im Bereich Umwelt, Planung und Regulierung; seit 2006 Richterin am Verwaltungsgericht Lüneburg; 2007 LL.M. in Environmental, Planning and Regulatory Law; seit 2012 stellvertretende Vorsitzende.

Kurt Faßbender, Prof. Dr. iur., Jg. 1968; Studium an der Universität Trier, 1999 Promotion zum Dr. iur.; nach dem Zweiten Juristischen Staatsexamen Tätigkeit als Rechtsanwalt, dann als wissenschaftlicher Assistent; 2006 Habilitation an der Universität Bonn, Erteilung der Lehrbefugnis für Öffentliches Recht, Europarecht und Völkerrecht; 2008/2009 Lehrstuhlvertretungen an den Universitäten Köln und Leipzig; seit 1.10.2009 Professor für Öffentliches Recht, insbesondere Umwelt- und Planungsrecht an der Universität Leipzig; seit 2010 zudem Geschäftsführender Direktor des Instituts für Umwelt- und Planungsrecht der Universität Leipzig.

Anne-Christin Gläß, Ass. iur., LL.M.Eur, Jg. 1983; Studium an der Universität Leipzig, Aufbaustudiengang „Recht der Europäischen Integration" in Leipzig und Groningen; Referendariat in Leipzig, Chemnitz und Lausanne; seit Dezember 2009 wissenschaftliche Hilfskraft am Lehrstuhl für Öffentliches Recht, insbesondere Umwelt- und Planungsrecht sowie Assistentin der Geschäftsführung des Instituts für Umwelt- und Planungsrecht der Universität Leipzig.

Nikolaus Herrmann, Prof. Dr. iur., Jg. 1957; Studium in Frankfurt am Main und Hamburg; Promotion 1988; 1988–1990 Dozent an der University of East Anglia, Norwich, Großbritannien; 1991–1993 Referatsleiter im Sächsischen Ministerium für Umwelt und Landesentwicklung; 1993–2002 zunächst Dozent, seit 2000 Professor an der Fachhochschule für Sächsische Verwaltung, Meißen; 2002–2005 Knowledge Management Lawyer, Freshfields Bruckhaus Deringer LLP, Frankfurt am Main; 2005–2008 Referatsleiter im Hessischen Ministerium für Wirtschaft, Verkehr und Landesentwicklung; seit 2008 zunächst Leiter des Aufbaustabes für das Bundesaufsichtsamt für Flugsicherung, seit 2009 Direktor des Bundesaufsichtsamtes für Flugsicherung.

Tobias Leidinger, Prof. Dr. iur., Jg. 1964; Studium der Rechtswissenschaften in Freiburg, Münster und Speyer; Rechtsanwalt und Fachanwalt für Verwaltungsrecht, Gleiss Lutz Rechtsanwälte, Düsseldorf; Honorarprofessor an der Ruhr-Universität Bochum, Direktor des Instituts für Berg- und Energierecht der Ruhr-Universität Bochum; spezialisiert auf Fragen des Energie-, Infrastruktur-, Umwelt- und Planungsrechts; Fachbuchautor (u.a. Energieanlagenrecht, Stuttgart 2007; Kommentar zum UVPG – Hoppe/Beckmann (Hrsg.), 4. Aufl. Köln 2012), zahlreiche Veröffentlichungen zum Energie- und Umweltrecht; langjährige Erfahrungen in leitender Stellung in der Energiewirtschaft bei der Planung, Genehmigung, Bau und Betrieb von Energieanlagen und Infrastruktureinrichtungen.

Herbert Posser, Dr. iur., Jg. 1962; Studium in Münster und Göttingen; 1988–1992 wissenschaftlicher Mitarbeiter am Institut für öffentliches Wirtschaftsrecht (Universität Münster); seit 1993 Rechtsanwalt, 1993 Promotion über ein verfassungsrechtliches Thema (Universität Münster); Rechtsanwalt, Fachanwalt für Verwaltungsrecht und Partner bei Freshfields Bruckhaus Deringer LLP im Bereich Umwelt, Planung, Regulierung; zahlreiche Veröffentlichungen zu umwelt- und planungsrechtlichen sowie verwaltungsprozessualen Themen; Lehrbeauftragter für Umweltrecht an der Heinrich-Heine-Universität Düsseldorf.

Stefan Rappen, Jg. 1961; Studium der Rechtswissenschaften an der Universität zu Köln; Rechtsanwalt und Fachanwalt für Verwaltungsrecht; seit 1993 Rechtsanwalt bei den CBH Rechtsanwälten Köln als einer der verantwortlichen Partner im Fachbereich Bauen und Infrastruktur. Der Schwerpunkt seiner Tätigkeit liegt in der öffentlich rechtlichen Betreuung von Genehmigungsverfahren für trassengebunde Projekte – Energieleitungen, Produktenleitungen, Straßen- und U-Bahntrassen. Herr Rappen begleitet mit seinem Team die Genehmigungsverfahren von Beginn der Planung bis zur Genehmigungsentscheidung und betreut im Nachgang die Umsetzung der Vorhabens in den erforderlichen Enteignungs- und Besitzeinweisungsverfahren.

Tassilo Schiffer, Dr. iur., Jg. 1975; Studium der Rechtswissenschaften an der Universität zu Köln sowie der Manchester Metropolitan University, Großbritannien; Rechtsanwalt und Fachanwalt für Verwaltungsrecht; mehrjährige Beratungspraxis im Bau- und Fachplanungsrecht, Partner der Kanzlei CBH Rechtsanwälte, Köln.

Hans-Jörg Schulze, Dr. iur., LL.M., Jg. 1974; Studium in Leipzig und Wien, seit 2001 Rechtsanwalt; 2006 Promotion über ein verfassungsrechtliches Thema (Universität Leipzig); 2007 LL.M. in Environmental, Planning and Regulatory Law (Nottingham Trent University). Rechtsanwalt und Counsel bei Freshfields Bruckhaus Deringer LLP im Bereich Umwelt, Planung, Regulierung. Lehrbeauftragter für Umweltrecht an der Hochschule Rhein-Waal.

Thomas Wagner, Dr. iur., Jg. 1960; Studium in Gießen, 1988–1991 wissenschaftlicher Mitarbeiter am Lehrstuhl für Öffentliches Recht, Völker- und Europarecht an der Justus-Liebig-Universität Gießen; 1991 Promotion mit einem europarechtlichen Thema; Rechtsanwalt und Partner bei Freshfields Bruckhaus Deringer, LLP mit Schwerpunkten im Fachplanungsrecht, Anlagenzulassungsrecht, Infrastruktur und Immobilien; Lehrbeauftragter für Öffentliches Recht an der Universität Gießen.

Jens Willbrand, Dr. iur., Jg. 1974; Studium der Rechtswissenschaften in Bochum und Passau; Rechtsanwalt seit 2003; 2004 Promotion zu Betriebs- und Geschäftsgeheimnissen im Umweltrecht (Universität Bochum); 2003 bis 2011 Rechtsanwalt bei Freshfields Bruckhaus Deringer im Bereich Umwelt, Planung & Regulierung; seit 2011 Syndikusanwalt in der Rechtsabteilung der RWE Power AG im Bereich Umweltrecht und Anlagengenehmigungsrecht.

Kapitel 1
Einführung und Rechtsquellen

A. Einführung

I. Der Gegenstand des vorliegenden Handbuchs

Gegenstand des vorliegenden Handbuchs ist **die Planung und der Ausbau der Energieversorgungsnetze**. Der Begriff der Energieversorgungsnetze umfasst gem. § 3 Nr. 16 EnWG nicht nur die Elektrizitätsversorgungsnetze aller Spannungsebenen mit Ausnahme von Kundenanlagen,[1] sondern auch die Gasversorgungsnetze, die wiederum in § 3 Nr. 20 EnWG näher definiert werden. Dabei geht es im vorliegenden Zusammenhang jedoch schon aus begrifflichen Gründen allein um die Fernleitungsnetze[2] und Gasverteilernetze. 1

Der **Schwerpunkt der Darstellung** liegt indessen eindeutig auf einer Darstellung und Analyse der Vorgaben, die für die Planung und den Ausbau der **Leitungen des Übertragungsnetzes** gelten. Hierunter fallen wiederum in Anlehnung an die Definition in § 3 Nr. 32 EnWG die Leitungen, die dem Transport von Elektrizität über ein Hoch- und Höchstspannungsnetz dienen. Wenn in diesem Handbuch also von Netzplanung und Netzausbau die Rede ist, so sind in aller Regel **die Planung und der Ausbau des Hoch- und Höchstspannungsnetzes** gemeint. 2

II. Tatsächlicher und rechtlicher Hintergrund

Diese Schwerpunktsetzung ist in tatsächlicher Hinsicht den enormen **Herausforderungen** geschuldet, die sich aus **der geplanten Energiewende** für die Planung und den Ausbau der Leitungen des Übertragungsnetzes ergeben.[3] 3

1. Energiepolitischer Hintergrund

Energiepolitisch stand das Thema Bedarfsplanung und Netzausbau jedoch bereits seit den **Netzstudien der Deutschen Energie-Agentur (dena)** von 2005 und 2010 im Fokus. So hat die dena bereits im Jahre 2005 einen beschleunigten Ausbau des Stromnetzes zur Anbindung und Integration der steigenden Strommengen aus Windkraftanlagen gefordert.[4] Während die dena-I-Netzstudie 2005 einen Ausbaubedarf von 850 km an neuen Leitungstrassen bis 2015 im deutschen Übertragungsnetz ermittelt hatte, kam die 2010 veröffentlichte dena-II-Netzstudie[5] zu dem Schluss, dass bei der Verwendung der etablierten 380 kV-Freileitungstechnik nicht 850 km, sondern 3.600 km Höchstspannungstrassen bis zum Jahr 2020 neu gebaut werden müssen.[6] 4

1 Diese werden in § 3 Nr. 24a und 24b EnWG näher definiert.
2 Diese dienen gem. § 3 Nr. 19 EnWG dem Transport von Erdgas durch ein Hochdruckfernleitungsnetz.
3 Vgl. dazu zuletzt auch *Calliess/Dross*, JZ 2012, 1002 ff.; *Glaser*, DVBl. 2012, 1238; *Franke*, in: FS Salje, S. 121 ff.; *Wagner*, DVBl. 2011, 1453 f.
4 Vgl. *dena*, Energiewirtschaftliche Planung für die Netzintegration von Windenergie in Deutschland an Land und Offshore bis zum Jahr 2020, Köln 2005; ebenfalls in dieser Richtung und unter Hinweis auf die Anforderungen aus dem europäischen Verbundnetz *de Witt*, RdE 2006, 141 ff.
5 „Integration erneuerbarer Energien in die deutsche Stromversorgung im Zeitraum 2015 bis 2020 mit Ausblick auf 2025" dena-II-Netzstudie, abrufbar unter: http://www.dena.de/index.php?id=935.
6 *BNetzA*, Bericht gem. § 63 Abs. 1 EnWG zur Auswertung der Netzzustands- und Netzausbauberichte der deutschen Elektrizitätsübertragungsnetzbetreiber, S. 20.

5 Auch aus dem **Energiekonzept der Bundesregierung** vom September 2010 ergaben sich Folgerungen für eine forcierte Netzplanung.

Praxistipp
Das Energiekonzept der Bundesregierung von September 2010 ist online abrufbar unter: http://www.bundesregierung.de/Content/DE/StatischeSeiten/Breg/Energiekonzept/dokumente.html.

---

6 Danach soll der Anteil der Stromerzeugung aus erneuerbaren Energien am Bruttostromverbrauch bis 2020 bereits 35% betragen und danach eine weitere Erhöhung von 50% bis 2030, 65% bis 2040 und 80% bis 2050 angestrebt werden.[7] Dafür ist ein engpassfreier Transport des Stroms innerhalb Deutschlands Voraussetzung, weil nur so die **Integration des Stroms aus erneuerbaren Energien** erreicht werden kann. Ein besonderes Problem stellt dabei die **geographische Entkopplung von Verbrauchs- und Erzeugungsschwerpunkten** dar, die schon für sich genommen einen erheblichen und zügigen Ausbau des Hoch- und Höchstspannungsnetzes erforderlich macht.[8]

7 Unterstrichen wurde im Energiekonzept der Bundesregierung aber auch, dass im Hinblick auf den **grenzüberschreitenden Stromaustausch** die Erfordernisse an den Netzausbau weiter angestiegen sind. Als zentrales Stromtransitland in Europa hat Deutschland eine besondere Rolle, was weitere Ausbaumaßnahmen und Netzverstärkungen erfordert. Schließlich ergeben sich gesteigerte Anforderungen für die Netzausbauplanung auch unter dem Aspekt der Versorgungssicherheit. Aufgrund der Anforderungen für den europäischen Elektrizitätsaustausch wird der Ausbau des deutschen Netzes für die Erhaltung der Systemstabilität in den angrenzenden Staaten als besonders relevant betrachtet.[9]

8 Das Energiekonzept der Bundesregierung von 2010 wurde schließlich als Reaktion auf die Reaktorkatastrophe in Fukushima im Frühjahr 2011 weiter überarbeitet und in Richtung einer grundlegenden „Energiewende“ ergänzt, sodass die Dringlichkeit eines beschleunigten und bedarfsgerechten Netzausbaus noch stärker offenbar wurde.

9 Das im Juni 2011 dazu aufgelegte **Maßnahmenprogramm der Bundesregierung**[10] umfasste u.a. die Vorgabe, ein bundesweites „Zielnetz 2050“ zu entwickeln, das alle wesentlichen Bereiche des notwendigen Netzausbaus beinhaltet. Diese strategische Planung soll insbesondere die weitere Entwicklung des Bestandsnetzes, die Planung für neue „Stromautobahnen“ von Norden nach Süden, die Netzanbindung für Offshore-Windparks und die Integration des deutschen Netzes in den europäischen Verbund enthalten. Zur Konkretisierung des „Zielnetzes 2050“ sollten die Netzbetreiber zu einer gemeinsamen, zehnjährigen Netzausbauplanung verpflichtet werden. In einem zweiten Schritt sollte eine Bundesfachplanung für die Übertragungsnetze eingeführt werden.

10 Diese energiepolitischen Vorgaben sind im Hinblick auf die Bedarfs- und Netzausbauplanung in den Vorschriften der **§§ 12a–e EnWG** durch das Gesetz zur Neuregelung energiewirtschaftlicher Vorschriften vom 26.7.2011 umgesetzt worden.[11] Hierdurch wurden gleichzeitig auch Vorgaben des sog. 3. Binnenmarktpakets[12] in nationales Recht umgesetzt.

---

7 Vgl. Energiekonzept der Bundesregierung, S. 5, abrufbar unter: http://www.bmu.de/files/pdfs/allgemein/application/pdf/energiekonzept_bundesregierung.pdf. Dieses Ziel wurde später dann auch im EEG normativ fixiert; vgl. unten Rn 107.

8 Vgl. Steinbach/*Steinbach*, Einleitung Rn 2; zum Problem auch Löwer, 2010/*Bettzüge*, S. 14 ff.

9 BT-Drucks. 16/10491, S. 9.

10 Eckpunktepapier der Bundesregierung zur Energiewende vom 6.6.2011, abrufbar unter: http://www.bmu.de/themen/klima-energie/energiewende/beschluesse-und-massnahmen/der-weg-zur-energie-der-zukunft-sicher-bezahlbar-und-umweltfreundlich.

11 Gesetz zur Neuregelung energiewirtschaftsrechtlicher Vorschriften vom 26.7.2011 (BGBl. I S. 1554).

12 Näher dazu unten Rn 46 ff. sowie ausführlich Kap. 3 Rn 227 ff.

2. Defizite im Planungsrecht

Neben den unionsrechtlichen Vorgaben und energiepolitisch indizierten Gründen für eine grundlegende Novellierung der Netzplanung waren es schließlich auch **Defizite im bestehenden Planungsrecht**, die eine umfassende Reform der Regelungen zur Netzplanung bewirkt haben. So hat die EU-Kommission in ihrem Ende 2010 vorgelegten „Konzept für ein integriertes europäisches Energienetz" kritisiert, dass nationale Netzausbaumaßnahmen einer **großen Komplexität** in Bezug auf Planungs- und Genehmigungsverfahren unterliegen und von einem einheitlichen und bedarfsgerechten Planungs- und Realisierungsprozess nicht gesprochen werden könne.[13] 11

Auch der Sachverständigenrat für Umweltfragen (SRU) beklagte in seinem Sondergutachten von Januar 2011 die Defizite des **zersplitterten Zulassungssystems** für Netzausbauvorhaben und forderte eine weitere Reform auf Gesetzesebene.[14] Nach Auffassung des Sachverständigenrates ist als zentrale Schwäche des bisherigen Rechtsrahmens der **Zeitverlust** anzuprangern, der durch zersplitterte Verfahren in Form von **Doppelprüfungen** auf der Ebene der Raumplanung einerseits und der energiewirtschaftlichen Fachplanung im Rahmen des Planfeststellungsverfahrens gem. §§ 43ff. EnWG andererseits erfolge. Weitere Komplexität und zeitliche Dauer[15] erlange das Raumordnungsverfahren schließlich durch das auf dieser Ebene vorgesehene integrierte Verfahren über die Durchführung einer strategischen Umweltprüfung.[16] Damit verliere das Raumordnungsverfahren seinen ursprünglichen Charakter als rein behördeninternes Abstimmungsverfahren und wandle sich zu einem detailbezogenen, quasi fachplanerischen Verfahren, dessen Unterscheidung zum abschließenden Planfeststellungsverfahren für Außenstehende kaum nachvollziehbar sei. 12

Diese Kritik hat der Gesetzgeber in Bezug auf die Netzplanung aufgenommen und damit zugleich den energiepolitischen Forderungen nach einem neuen Konzept für die Bedarfs- und Netzplanung entsprochen. Das im Juli 2011 vom Bundestag verabschiedete Gesetzespaket zur Energiewende führte zum einen zu einer Novellierung des Energiewirtschaftsgesetzes (EnWG), in das nunmehr Regelungen über die Bedarfsplanung aufgenommen wurden (§§ 12a ff. EnWG),[17] und zum anderen zum Erlass des Netzausbaubeschleunigungsgesetzes Übertragungsnetz (NABEG),[18] das an die Feststellungen im Bundesbedarfsplan anknüpft und eine Bundesfachplanung – anstelle von Raumordnungsverfahren – für den Netzausbau einführt. 13

13 Die „Mitteilung der Kommission zu Infrastrukturprioritäten bis 2020 und danach – ein Konzept für ein integriertes europäisches Energienetz" vom 17.11.2010 nennt komplexe Planungs- und Genehmigungsverfahren als Hauptgrund für die meisten Verzögerungen bei den Leitungsausbauvorhaben von europäischem Interesse, vgl. KOM (2010), 677 S. 15.

14 Vgl. Sondergutachten des Sachverständigenrates für Umweltfragen „Wege zur 100% erneuerbaren Stromversorgung", vom 18.2.2011, BT-Drucks. 17/4890, S. 306. Trotz der Beschleunigungselemente im Infrastrukturplanungsbeschleunigungsgesetz vom 9.12.2006 (BGBl. I S. 2833) waren noch immer Verzögerungen auf der Ebene der Planungs- und Genehmigungsverfahren und bei der Realisierung des Leitungsausbaus zu konstatieren; vgl. BT-Drucks. 17/6073, S. 18; *Moench/Ruttloff*, NVwZ 2011, 1040; *Calliess/Dross*, JZ 2012, 1002, 1003f.

15 Raumordnungsverfahren dauern bis zu 27 Monate und allein die Vorbereitung von Planfeststellungsverfahren kann mehr als 4 Jahre betragen, vgl. Steinbach/*Steinbach*, Einleitung Rn 43ff.

16 *Appel*, UPR 2011, 406, 407; zudem Sondergutachten des Sachverständigenrates für Umweltfragen vom 18.2.2011 „Wege zur 100% erneuerbaren Stromversorgung", BT-Drucks. 17/4890, S. 307.

17 Vgl. das Gesetz zur Neuregelung energiewirtschaftsrechtlicher Vorschriften vom 26.7.2011 (BGBl. I S. 1554).

18 Art. 1 des Gesetzes über Maßnahmen zur Beschleunigung des Netzausbaus Elektrizitätsnetze (NABEEG) vom 28.7.2011 (BGBl. I S. 1690).

B. Rechtsquellen und Rechtsetzungskompetenzen

I. Kein einheitliches „Netzplanungsrecht"

14 Diese Entwicklungen haben im Verbund mit dem Erlass des Energieleitungsausbaugesetzes (EnLAG) am 21.8.2009[19] dazu beigetragen, dass es bis heute kein einheitliches Netzplanungsrecht gibt. Denn seither sind selbst die speziellen energiewirtschaftsrechtlichen Grundlagen für die Planung und den Ausbau des Übertragungsnetzes nicht nur im EnWG, sondern ggf. auch im EnLAG oder im NABEG zu suchen. Hinzu kommen spezielle Rechtsgrundlagen für die Planung und den Ausbau von Energieversorgungsleitungen in der AWZ der BRD sowie für die Leitungen des Bahnstromnetzes.[20] Nicht unerwähnt bleiben dürfen überdies die allgemeinen rechtlichen Vorgaben, insbesondere des Raumordnungsrechts und des Umweltrechts, die auch sonst bei raumbedeutsamen Vorhaben zu beachten sind. Dies ist wiederum mitursächlich dafür, dass die Rechtsquellen der Netzplanung und des Netzausbaus nicht nur auf der Ebene des nationalen Rechts, sondern auch auf der Ebene des Europa- und Völkerrechts zu suchen sind.

II. Vorgaben des Völkerrechts

15 Auf der Ebene des Völkerrechts sind zumindest die folgenden völkerrechtlichen Verträge zu erwähnen:

1. Vertrag über die Energiecharta

16 Spezielle völkerrechtliche Regelungen für den Energiebereich enthält der Vertrag über die Energiecharta vom 17.12.1994,[21] der nach seinem Art. 2 den rechtlichen Rahmen für die Förderung langfristiger Zusammenarbeit im Energiebereich auf der Grundlage der gegenseitigen Ergänzung und des gegenseitigen Nutzens schaffen soll. Der Energiechartavertrag ist ein multilateraler völkerrechtlicher Vertrag mit zurzeit **51 Unterzeichnerstaaten und der EU**.[22]

17 Ein zentrales Element des Vertrags bilden seine **Vorschriften zum Energietransit**. Danach sind die Vertragsstaaten u.a. verpflichtet, den Transit von Primärenergieträgern und Energieerzeugnissen – z.B. mittels Pipelines oder Elektrizitätsleitungen[23] – im Einklang mit dem Grundsatz der **Transitfreiheit** und ohne Unterscheidung hinsichtlich des Ursprungs, der Bestimmung oder des Eigentums zu erleichtern, ohne unangemessene Verzögerungen, Beschränkungen oder Abgaben aufzuerlegen.[24] Ferner sollen die Vertragsparteien die zuständigen Stellen zur **Zusammenarbeit** in folgenden Bereichen ermutigen:
- Modernisierung der Energiebeförderungseinrichtungen, die zum Transit von Primärenergieträgern und Energieerzeugnissen erforderlich sind;
- Entwicklung und Betrieb von Energiebeförderungseinrichtungen, mit denen das Gebiet von mehr als einer Vertragspartei versorgt wird;

19 Näher dazu unten Kap. 2 Rn 16, Kap. 3 Rn 203 ff. und Kap. 10 Rn 14 ff.
20 Vgl. zum Ganzen den Überblick in Kap. 2 Rn 58 ff. und 67 ff.
21 BGBl. II 1997 S. 5.
22 Näher dazu Danner/Theobald/*Danner/Theobald*, Annex. Vertrag über die Energiecharta, Rn 1.
23 Danner/Theobald/*Danner/Theobald*, Annex. Vertrag über die Energiecharta, Rn 27.
24 Vgl. Art. 7 Abs. 1 sowie die Konkretisierung in Art. 7 Abs. 3 des Vertrags über die Energiecharta.

- Maßnahmen zur Milderung der Auswirkungen von Ausfällen bei der Versorgung mit Primärenergieträgern und Energieerzeugnissen;
- Erleichterung des Verbundes von Energiebeförderungseinrichtungen.[25]

Die Vertragsparteien sind allerdings nicht verpflichtet, den **Bau oder die Änderung von Energiebeförderungseinrichtungen** oder einen neuen oder zusätzlichen Transit durch bestehende Energiebeförderungseinrichtungen zu gestatten, wenn gegenüber den anderen Vertragsparteien der Nachweis erbracht wird, dass dies die Sicherheit und Effizienz ihrer Energienetze einschließlich der Versorgungssicherheit gefährden würde.[26] 18

Schon bald nach Inkrafttreten des Energiechartavertrags im Jahre 1998 kamen die Vertragsparteien überein, die bestehenden Transitbestimmungen weiter auszubauen.[27] Ein erstes Ergebnis war die Ausarbeitung sog. **Modell-Transitverträge**. Demgegenüber konnten die Verhandlungen zum sog. Transitprotokoll bislang noch nicht zum Abschluss gebracht werden. 19

Weitere zentrale Bestandteile des Vertrags sind die **Vorschriften zum Investitionsschutz**, die ausländischen Investoren u.a. einen Anspruch auf Inländerbehandlung, Meistbegünstigung sowie faire und gerechte Behandlung gewähren, sowie die Vorschriften über die **Streitschlichtung**, die nicht nur auf Streitigkeiten zwischen den Vertragsparteien, sondern auch auf Streitigkeiten zwischen Investoren und Gaststaaten Anwendung finden.[28] 20

2. Seerechtsübereinkommen

Das Seerechtsübereinkommen der Vereinten Nationen (SRÜ) vom 10.12.1982[29] ist am 16.11.1994 in Kraft getreten und teilt das Meer in **verschiedene Zonen** ein, in denen den Küstenstaaten auch jenseits der zum Hoheitsgebiet zählenden Küstengewässer mit abnehmender Tendenz bestimmte hoheitliche Befugnisse zugestanden werden.[30] Danach erstrecken sich die Befugnisse der Anrainerstaaten in der AWZ gem. Art. 58 Abs. 1 SRÜ auch auf die **Verlegung unterseeischer Kabel und Rohrleitungen**, die den Staaten in Art. 87 Abs. 1 lit. c) SRÜ, vorbehaltlich des Teils VI, auch auf der Hohen See ausdrücklich erlaubt ist.[31] 21

3. Umweltvölkerrechtliche Verträge

Von den zahlreichen völkerrechtlichen Verträgen, die auf dem Gebiet des Umweltrechts geschlossen wurden,[32] ist im hier interessierenden Zusammenhang zunächst das **Kyoto-Protokoll** vom 11.12.1997[33] zur Klimarahmenkonvention zu nennen, weil es mit seiner konkreten Verpflichtung, die Treibhausgas-Emissionen um mindestens 5% gegenüber dem Niveau von 1990 zu reduzieren, gleichsam den völkerrechtlichen Anstoß für die zuvor beschriebene Energiewende 22

25 Vgl. Art. 7 Abs. 2 des Vertrags über die Energiecharta.
26 Vgl. Art. 7 Abs. 5 des Vertrags über die Energiecharta.
27 Näher dazu Danner/Theobald/*Danner/Theobald*, Annex. Vertrag über die Energiecharta, Rn 28 ff.
28 Vgl. Art. 10–17 und 28–28 des Vertrags über die Energiecharta. Näher dazu Danner/Theobald/*Danner/Theobald*, Annex. Vertrag über die Energiecharta, Rn 11 ff. und 34 ff.
29 BGBl. II 1994 S. 1798.
30 Näher dazu sowie zur Umsetzung und zur rechtlichen Bedeutung des SRÜ in der BRD Landmann/Rohmer/*Faßbender*, § 3 WHG Rn 31 ff. und 44b ff.
31 Näher zur konkreten Bedeutung dieser Vorschriften unten Kap. 10 Rn 77 ff.
32 Vgl. dazu hier nur Koch/*Buck/Verheyen*, § 1 Rn 41 ff.
33 BGBl. II 2002 S. 967.

gegeben hat. Das Kyoto-Protokoll ist allerdings Ende 2012 ausgelaufen und das Ringen um ein neues globales Klimaschutzübereinkommen dauert noch an.[34]

23 Die sog. **Aarhus-Konvention** über den Zugang zu Informationen, die Öffentlichkeitsbeteiligung an Entscheidungsverfahren und den Zugang zu Gerichten in Umweltangelegenheiten vom 8.8.2007[35] zielt, wie sich bereits an der Bezeichnung ablesen lässt, u.a. darauf ab, die Öffentlichkeitsbeteiligung an Entscheidungsverfahren und den Zugang zu Gerichten in Umweltangelegenheiten zu verbessern. Dies wirkt sich in Deutschland vor allem auf die Rechtsschutzmöglichkeiten von anerkannten (Umwelt-) Vereinigungen aus.[36]

24 Schließlich ist wegen der erheblichen Bedeutung der Umweltverträglichkeitsprüfung für Netzplanung und Netzausbau noch auf das sog. **Espoo-Übereinkommen über die Umweltverträglichkeitsprüfung im grenzüberschreitenden Rahmen vom 25.2.1991**[37] hinzuweisen.[38]

III. Die Kompetenzen auf EU-Ebene

25 Die Frage der primärrechtlichen Kompetenzen stellt sich auf EU-Ebene in sehr grundsätzlicher Hinsicht. Denn nach dem in Art. 5 Abs. 1 S. 1 und Abs. 2 S. 2 EUV normierten **Prinzip der begrenzten Einzelermächtigung** darf die EU nur innerhalb der Grenzen der Zuständigkeiten tätig werden, die die Mitgliedstaaten ihr in den Verträgen zur Verwirklichung der darin niedergelegten Ziele übertragen haben. Dies hat, wie Art. 5 Abs. 2 S. 2 EUV ausdrücklich klarstellt, zur Folge, dass alle der Union nicht in den Verträgen übertragenen Zuständigkeiten bei den Mitgliedstaaten verbleiben.

1. Allgemeines

26 Ein zentrales **Ziel der EU-Energiepolitik** war und ist es, die Realisierung des Binnenmarkts (Art. 26 Abs. 2 AEUV) auch im Energiesektor voranzutreiben. Art. 194 Abs. 1 AEUV verpflichtet die Union ausdrücklich zu einer Energiepolitik, die das **Funktionieren des Energiemarkts** sicherstellt und die **Interkonnektion der Energienetze** in der Union fördert.[39] Erst eine leistungsfähige, europaweit kompatible und vernetzte Infrastruktur auch auf dem Gebiet der Energieversorgung kann die Vorteile eines liberalisierten Binnenmarkts voll zur Geltung bringen. Anderenfalls verkümmern die Grundfreiheiten der Art. 34ff. AEUV zu einem **nudum ius.**[40]

27 Vor diesem Hintergrund hat die Energiepolitik der Kommission seit ihrem Binnenmarkt-Weißbuch von 1985 in einer Vielzahl von Dokumenten die Bedeutung moderner, europaweit abgestimmter Infrastrukturnetze für die Entfesselung der Binnenmarktkräfte wiederholt betont.[41] Der **Auf- und Ausbau transeuropäischer Netze** im Bereich der Energieinfrastruktur zur Verwirklichung einer sicheren, nachhaltigen und wettbewerbsfähigen Energieinfrastruktur gehört mithin zu den **Kernzielen** europäischer Energiepolitik, die die Union seit Jahrzehnten durch ihre Institutionen auf unterschiedlichsten Wegen fordert und fördert.[42] Mit der im Jah-

---

34 Näher dazu *Falke*, ZUR 2013, 182, 187.
35 BGBl. II S. 1392. Instruktiv zu Inhalten und (ersten) Konsequenzen *von Danwitz*, NVwZ 2004, 272ff.
36 Näher dazu *Leidinger*, NVwZ 2011, 1345ff.; *Durner/Paus*, NuR 2012, 325ff.; *Ekardt*, NVwZ 2012, 530ff.; *Kment*, NVwZ 2012, 325ff. sowie unten Kap. 13 Rn 319.
37 BGBl. II 2002 S. 1406.
38 Vgl. dazu unten Kap. 8 Rn 7.
39 Baur/Salje/Schmidt-Preuß/*Schmidt-Preuß*, Kap. 10 Rn 8.
40 Ähnlich Streinz/*Schäfer/Schröder*, Art. 170 AEUV Rn 7.
41 Streinz/*Schäfer/Schröder*, Art. 170 AEUV Rn 7.
42 Calliess/Ruffert/*Calliess*, Art. 170 AEUV Rn 2.

re 2008 erfolgten Verschärfung ihrer Umweltziele – 20% Verringerung der Treibhausgasemissionen, 20% Verbesserung der Energieeffizienz und 20% Erhöhung des Anteils der erneuerbaren Energien am Energieendverbrauch bis 2020 – ist der politische Druck auf die Verwirklichung eines **vollständig integrierten Energiebinnenmarkts** mit einer funktionierenden europäischen Netzinfrastruktur noch weiter gestiegen.[43]

Im Bereich des Unionsrechts existiert auf Vertragsebene mit Art. 194 AEUV nunmehr ein be- 28
sonderer Kompetenztitel für die Energiepolitik und ihre Ziele, es fehlen aber explizite Vorgaben für eine **im Verhältnis der Mitgliedstaaten koordinierte Prüfung und Planung des Bedarfs** in Bezug auf Energieversorgungsnetze. Art. 194 AEUV normiert das Ziel, nicht aber den Weg zu einer verbesserten Netzplanung und einem koordinierten Netzausbau in Europa (näher dazu im Folgenden unter 2., Rn 29 ff.). Die Bestimmungen über den Auf- und Ausbau transeuropäischer Netze in Art. 170 ff. AEUV enthalten Rahmenregelungen, die der Förderung ihres Ausbaus dienen. Ein konkretes Verfahren für die eigentliche Bedarfsermittlung und Bedarfsprüfung ist indes nicht vorgegeben (näher dazu im Folgenden unter 3., Rn 33 ff.). Schließlich ist auf die Kompetenzen im Bereich der Umweltpolitik hinzuweisen (näher dazu im Folgenden unter 4., Rn 42).

2. Der (neue) Kompetenztitel „Energiepolitik" (Art. 194 AEUV)

Der am 1.12.2009 in Kraft getretene Vertrag von Lissabon enthält in Art. 194 AEUV **erstmals eine** 29
eigenständige Ermächtigungsgrundlage,[44] die zudem die vier Kernziele der EU-Energiepolitik definiert.[45] Sie zielt darauf ab, im Geiste der Solidarität zwischen den Mitgliedstaaten im Rahmen des Binnenmarkts und unter Beachtung des Umweltschutzes, funktionierende Energiemärkte sicherzustellen, die Energieversorgungssicherheit in der Union zu gewährleisten, Energieeffizienz und Energieeinsparungen sowie neue und erneuerbare Energiequellen sowie die Interkonnektion der Energienetze zu fördern. Die Kompetenz zur Förderung der Interkonnektion der Energienetze wird als weitere notwendige Unionszuständigkeit auf dem Weg zur Verwirklichung eines funktionierenden Energiebinnenmarkts betrachtet, d.h. sie ist unabdingbare Voraussetzung zur Verwirklichung der anderen in Art. 194 Abs. 1 AEUV genannten Ziele.[46] Inhaltlich geht die in Art. 194 Abs. 1 AEUV nunmehr explizit normierte Unionskompetenz zur Förderung der Interkonnektion der Energienetze indes nicht über die bereits vor Inkrafttreten des Lissabon-Vertrags bestehenden Unionskompetenzen in diesem Sektor hinaus.[47]

Praktisch bedeutsam ist die Frage, ob neben Art. 194 AEUV noch Raum für die Heranzie- 30
hung der fortbestehenden „energieneutralen" Kompetenznormen des Art. 114 AEUV (Harmonisierungskompetenz), des Art. 122 AEUV (wirtschaftspolitische „Notkompetenz") oder des Art. 192 AEUV (umweltpolitische Kompetenz) bzw. der Abrundungskompetenz des Art. 352 AEUV bleibt. Die Frage ist im Ergebnis zu verneinen, da Art. 194 AEUV insoweit als **lex specialis** anzusehen ist.[48]

---

43 Vgl. Erwägungsgrund 6 der Entscheidung 1364/2006/EG des Europäischen Parlaments und des Rates vom 6.9.2006 zur Festlegung von Leitlinien für die transeuropäischen Energienetze und zur Aufhebung der Entscheidung 96/391/EG und der Entscheidung Nr. 1229/2003/EG.

44 Baur/Salje/Schmidt-Preuß/*Schmidt-Preuß*, Kap. 10 Rn 6. Zur Reichweite der Energiekompetenz der EU aus Art. 194 AEUV vgl. EuGH, Urt. v. 6.9.2012 – C-490/10 – EnWZ 2012, 29 ff.

45 Baur/Salje/Schmidt-Preuß/*Schmidt-Preuß*, Kap. 10 Rn 7.

46 Streinz/*Bings*, Art. 194 AEUV Rn 29.

47 Auch die zuvor von der Kommission herangezogenen primärrechtlichen Kompetenznormen, insbesondere die allgemeine Rechtsgrundlage zur Harmonisierung des Binnenmarkts in Art. 95 EGV (jetzt Art. 114 AEUV) und der Grundsatz der geteilten Kompetenzen im Energiesektor (jetzt Art. 4 Abs. 2 lit. i) AEUV), berechtigten die Union auch bislang schon, ihre energiepolitischen Ziele umzusetzen.

48 Baur/Salje/Schmidt-Preuß/*Schmidt-Preuß*, Kap. 10 Rn 13; *Kahl*, EuR 2009, 601, 617 f.

31 Art. 194 Abs. 2 AEUV enthält eine **Rechtsetzungskompetenz** der Union zur Verwirklichung der Ziele aus Abs. 1, d.h. insbesondere auch zur Förderung der Interkonnektion der Energienetze. Die gem. Art. 4 Abs. 2 lit. i) und h) AEUV konkurrierende Kompetenz der Union im Energiesektor und das in Art. 194 Abs. 1 AEUV ausdrücklich normierte Gebot, im Geiste der Solidarität zwischen den Mitgliedstaaten zu handeln, unterstreicht den Koordinierungsbedarf, der insbesondere beim Ausbau länderübergreifender Infrastrukturnetze entsteht.[49]

32 Insoweit ist festzuhalten, dass das Primärrecht eine **Kompetenzgrundlage für einen koordinierten Planungsprozess** auch im Bereich der Interkonnektion der Energienetze bereithält, d.h., ein zwischen Union und Mitgliedstaaten abgestimmtes Vorgehen erlaubt. Voraussetzung dabei ist, dass der Vorbehalt der zwischen Union und Mitgliedstaaten geteilten Kompetenzen sowie die Kompetenzabgrenzung zu anderen Vertragsregelungen gewahrt bleibt und dass im Geist der Solidarität der Mitgliedstaaten gehandelt wird.

3. Der Kompetenztitel „Transeuropäische Netze“ (Art. 170–172 AEUV)

33 Daneben enthalten die Art. 170–172 AEUV mit den Bestimmungen über die Beiträge der Union zum Auf- und Ausbau der transeuropäischen Netze **spezielle Kompetenznormen** in Bezug auf die Energieinfrastruktur, die dem allgemeinen Kompetenztitel für die EU-Energiepolitik in Art. 194 AEUV vorgehen, soweit es um konkrete Maßnahmen zur Verbesserung der Versorgungssicherheit oder die Interkonnektion der Energienetze geht.[50] Während Art. 170 AEUV die Ziele und Grundsätze der europäischen Netzpolitik beschreibt, nennt Art. 171 AEUV mögliche Instrumente zu ihrer Umsetzung. Art. 172 AEUV regelt schließlich das Rechtsetzungsverfahren in diesen Fällen.

34 Die Art. 170–172 AEUV unterstreichen die Notwendigkeit, durch grenzüberschreitende Planung die bisher vorherrschende, in nationalen Räumen denkende Infrastrukturpolitik zu überwinden und einen **Verbund** zu **errichten.**[51] Allerdings ist die Kompetenz der Union im Bereich der transeuropäischen Netze keine ausschließliche, sondern gem. Art. 4 Abs. 2 lit. h) AEUV – wie im Bereich der Energiepolitik – eine zwischen der Union und ihren Mitgliedstaaten **geteilte Zuständigkeit.**[52] Überdies spricht Art. 170 Abs. 1 AEUV ausdrücklich davon, dass die Union zum Auf- und Ausbau der Netze „beiträgt“, also **keine originäre, von nationaler Planung losgelöste Infrastrukturpolitik** betreiben darf.[53]

35 Tatbestandlich beziehen sich die Regelungen in den Art. 170–172 AEUV auf transeuropäische Netze.[54] Entsprechend der Vorgabe eines „Beitrags“ sind die **Instrumente** der Union zur Verwirklichung der Ziele aus Art. 170 AEUV auf den Erlass von Leitlinien, Aktionen zur Harmonisierung technischer Normen und finanzielle Unterstützung begrenzt.

a) Leitlinien und „Aktionen“ gem. Art. 171 Abs. 1 AEUV

36 Laut Art. 171 Abs. 1 S. 1, 1. Spiegelstrich AEUV stellt die Union zur Erreichung der Ziele des Art. 170 AEUV eine Reihe von **Leitlinien** auf, in denen die Ziele, die Prioritäten und die Grund-

49 Geiger/Khan/Kotzur/*Kotzur*, Art. 194 AEUV Rn 7.

50 Vgl. Streinz/*Schäfer/Schröder*, Art. 170 AEUV Rn 9; a.A. Calliess/Ruffert/*Calliess*, Art. 171 AEUV Rn 14; differenzierend *Kahl*, EuR 2009, 601, 618. Offengelassen wird die Frage von Schwarze/*Hirsbrunner*, Art. 194 AEUV Rn 26, der freilich zutreffend darauf hinweist, dass mit Blick auf das Rechtsetzungsverfahren keine Unterschiede bestehen.

51 Streinz/*Schäfer/Schröder*, Art. 170 AEUV Rn 5.

52 Calliess/Ruffert/*Calliess*, Art. 170 AEUV Rn 3.

53 Streinz/*Schäfer/Schröder*, Art. 170 AEUV Rn 29.

54 Der Terminus „transeuropäisch“ im Gegensatz zu „gemeinschaftlich“ macht deutlich, dass die Netzentwicklung über die Außengrenze der Union auch die benachbarten Drittstaaten erreichen soll, vgl. Streinz/*Schäfer/Schröder*, Art. 170 AEUV Rn 5.

züge der im Bereich der transeuropäischen Netze in Betracht gezogenen Aktionen erfasst werden. In diesen Leitlinien können auch Vorhaben von gemeinsamem Interesse ausgewiesen werden, was Rechtsfolgen für ihre weitere Planung und Finanzierung auszulösen vermag.[55]

Die Rechtsnatur dieser Leitlinien ist im Einzelnen umstritten.[56] Entscheidend ist aber, dass diese Leitlinien einerseits **rechtlich unmittelbar verbindlich** sind, weshalb ihnen auch im nationalen Recht eine **planungsleitende Wirkung** zukommt.[57] Andererseits dürfen sie die Planungshoheit der Mitgliedstaaten, wie sich bereits aus dem Begriff „Leitlinien" ergibt, nicht durch Detailvorgaben allzu sehr beschränken,[58] zumal sich auch die Leitlinien auf einen „Beitrag" zur Verwirklichung des Energiebinnenmarkts beschränken müssen. Daher kann sich aus Leitlinien zwar ein **grober Flächenkorridor** für mögliche Trassen anhand bestimmter Fixpunkte ergeben, nicht aber kann eine grundstücksscharfe Vorgabe auf dieser Basis erfolgen. 37

Prioritär sind Vorhaben dann, wenn sie zur Beseitigung von Engpässen und Lücken in den nationalen Netzen vordringlich und dabei technisch, organisatorisch und finanziell so ausgereift sind, dass ihr Bau in unmittelbarer Zukunft beginnen kann.[59] Projekte dienen dem **„gemeinsamen Interesse"**, wenn sie den Zielen des Art. 170 AEUV besonders förderlich sind, vor allem der Verwirklichung des Binnenmarkts mit dem effizienteren Verbund der einzelstaatlichen Netze.[60] Sie gelten als genuin europäisch, wenn sie sowohl der Union als auch den einzelnen Mitgliedstaaten nutzen, wofür die sprachliche Fassung „gemeinsam", in Unterschied zu „gemeinschaftlich" spricht.[61] 38

Neben den Leitlinien eröffnet Art. 171 Abs. 1 S. 1, 2. Spiegelstrich AEUV auch die Möglichkeit, die Interoperabilität der europäischen Netze durch **weitere „Aktionen"**, insbesondere im Bereich der Harmonisierung technischer Normen, zu fördern. Hierbei handelt es sich, wie sich aus Art. 172 Abs. 1 AEUV ergibt, um eine **eigenständige Ermächtigungsgrundlage zur Harmonisierung technischer Normen** der Energieinfrastruktur. Daher kann die EU auf dieser Grundlage auch Richtlinien oder Verordnungen erlassen,[62] und zwar ohne vorher entsprechende Leitlinien aufstellen zu müssen.[63] 39

b) Koordinierung von Maßnahmen gem. Art. 171 Abs. 2 AEUV

Neben der Kompetenzgrundlage für Instrumente zur Förderung des Ausbaus transeuropäischer Netze enthält Art. 171 Abs. 2 AEUV eine ausdrückliche Regelung im Hinblick auf die **Koordinierung** von nationalen Maßnahmen einerseits und Maßnahmen auf der EU-Ebene andererseits.[64] Diese Koordinierungsregelung ist Ausdruck der Erkenntnis, dass unionale und nationale Maßnahmen zum Auf- und Ausbau der transeuropäischen Netze nur dann einen Mehrwert erzielen 40

55 Vgl. Art. 171 Abs. 1 S. 1, 3. Spiegelstrich AEUV, wonach dann besondere finanzielle Fördermöglichkeiten durch die Union bestehen.
56 Dazu ausführlich Kap. 3 Rn 31 ff.
57 Vgl. ausführlich Kap. 10 Rn 52 ff. zur Frage, wie sich die auf dieser Grundlage erlassenen TEN-E-Leitlinien auf die Planrechtfertigung bei der Planfeststellung auswirken.
58 Streinz/*Schäfer/Schröder*, Art. 170 AEUV Rn 6.
59 Streinz/*Schäfer/Schröder*, Art. 170 AEUV Rn 11.
60 Streinz/*Schäfer/Schröder*, Art. 170 AEUV Rn 12.
61 Streinz/*Schäfer/Schröder*, Art. 170 AEUV Rn 12.
62 Streinz/*Schäfer/Schröder*, Art. 170 AEUV Rn 29 f.
63 Vgl. EuGH, Urt. v. 26.3.1996 – C-271/94 – Slg. 1996, I-1689 Rn 26 f.
64 Art. 171 Abs. 2 AEUV lautet: *„Die Mitgliedstaaten koordinieren untereinander in Verbindung mit der Kommission die einzelstaatlichen Politiken, die sich erheblich auf die Verwirklichung der Ziele des Artikels 170 auswirken können. Die Kommission kann in enger Zusammenarbeit mit den Mitgliedstaaten alle Initiativen ergreifen, die dieser Koordinierung förderlich sind."*

können, wenn alle beteiligten Ebenen eng und vertrauensvoll zusammenarbeiten.[65] Dies gilt umso mehr, als dass die **Mitgliedstaaten die Herren der maßgeblichen Planungsverfahren** bleiben.[66]

41 Trotz der gemeinsamen Koordinierungspflicht enthält auch Art. 171 Abs. 2 AEUV **keine spezifischen Vorgaben für** einen **harmonisierten Planungsprozess**, der beginnend mit der Ermittlung des Bedarfs dafür Methoden und Verfahren festlegt und sodann Vorgaben für die Umsetzung der Planung beschreibt. Einzige Vorgabe ist die Förderung des Binnenmarkts. Insofern hat die Kommission auch kein einseitiges Bestimmungsrecht, denn nach Art. 171 Abs. 2 S. 2 AEUV kann sie *„zur Förderung der Koordinierung"* Initiativen lediglich *„in enger Abstimmung mit den Mitgliedstaaten"* ergreifen. Das bedeutet indes im Gegenschluss, dass ein **harmonisierter Planungsprozess** unter Einschluss einer Bedarfsprüfung auch nach Art. 171 Abs. 2 AEUV grundsätzlich möglich und zulässig ist.

4. Der Kompetenztitel „Umwelt" (Art. 191–193 AEUV)

42 Schließlich ermächtigt Art. 192 AEUV die EU, mit den Mitteln des Sekundärrechts eine eigenständige Umweltpolitik zu betreiben, die sich wiederum an den umweltpolitischen Zielen und Grundsätzen des Art. 191 AEUV auszurichten hat. Dabei ist zu beachten, dass der Rat gem. Art. 192 Abs. 2 S. 1 AEUV abweichend von dem gem. Abs. 1 grundsätzlich anwendbaren ordentlichen Gesetzgebungsverfahren einstimmig entscheiden muss, wenn er Maßnahmen beschließen möchte, welche die Wahl eines Mitgliedstaats zwischen verschiedenen Energiequellen und die allgemeine Struktur seiner Energieversorgung erheblich berühren. Diese Vorgabe wird in der Rechtsetzungspraxis indessen zurückhaltend gehandhabt.[67] In allen Fällen gilt, dass die Mitgliedstaaten gem. Art. 193 AEUV unter den dort genannten Voraussetzungen die Befugnis behalten, verstärkte Schutzmaßnahmen zum Schutz der Umwelt beizubehalten oder zu ergreifen.

IV. Die wichtigsten Rechtsakte des sekundären EU-Rechts

43 Die wichtigsten Rechtsakte, die die EU auf der Grundlage der zuvor beschriebenen Kompetenzgrundlagen erlassen hat,[68] sind die Leitlinien für transeuropäische Netze (1.), die Richtlinien für den Energiebinnenmarkt (2.) und die Regelungen zum Umweltrecht (3.).

1. Die Leitlinien für transeuropäische Netze

44 Für den Bereich des Auf- und Ausbaus der transeuropäischen Netze hat die Union auf der Grundlage der Vorgängerregelungen zu den Art. 170–172 AEUV[69] bereits im Jahr 1996 die **Entscheidung Nr. 1254/96/EG über Leitlinien betreffend die transeuropäischen Netze im Energiebereich** erlassen.[70] Diese erste sog. TEN-E-Leitlinie bezieht sich – ebenso wie die später

65 Streinz/*Schäfer*/*Schröder*, Art. 170 AEUV Rn 42.

66 Streinz/*Schäfer*/*Schröder*, Art. 170 AEUV Rn 46. Diese Koordinierungspflicht im Hinblick auf gemeinsame Auf- und Ausbaumaßnahmen ist Ausdruck der allgemeinen Loyalitätsverpflichtung, wie sie in Art. 4 Abs. 3 AEUV auch in Bezug auf die Netze allgemein dargelegt ist.

67 Vgl. Streinz/*Schäfer*/*Kahl*, Art. 192 AEUV Rn 35.

68 Hier spricht man von sekundärem Unionsrecht oder einfach nur von Sekundärrecht.

69 Dies waren zunächst die Art. 129b ff. EGV und nach dem Inkrafttreten des Vertrags von Amsterdam am 1.5.1999 die Art. 154 ff. EGV.

70 Entscheidung Nr. 1254/96/EG des Europäischen Parlaments und des Rates vom 5.6.1996 (ABl. EG Nr. L 161 S. 147). Näher zu ihr und zur Genese *Hermes*, S. 408 ff.

erlassenen Leitlinien[71] – auf Hochspannungsleitungen für den interregionalen und internationalen Elektrizitätstransport.[72]

45 Über diesen begrenzten Ansatz geht die vor kurzem erlassene **Verordnung (EU) Nr. 347/ 2013 zu Leitlinien für die transeuropäische Energieinfrastruktur**[73] in mehrfacher Hinsicht hinaus. Denn sie enthält zum einen erstmals konkrete Bestimmungen, die das Planungs- und Genehmigungsverfahren für bestimmte Energieinfrastrukturvorhaben betreffen. Zum anderen werden aber auch Fragen der Regulierung und der Finanzierung der Vorhaben unmittelbar in der Verordnung geregelt.[74]

2. Die Regelungen zum Energiebinnenmarkt

46 Neben den TEN-E-Leitlinien enthielten die zunächst maßgebenden Richtlinien für den Energiebinnenmarkt praktisch keine Regelungen für die Netzplanung auf europäischer Ebene. Substanzielle Regelungen zu diesen Themen wurden vielmehr erst mit dem sog. 3. Binnenmarktpaket von 2009 geschaffen. Bis dahin legten die einschlägigen Richtlinien Ausbauverpflichtungen für Netzbetreiber nur äußerst rudimentär fest. **Verbindliche Vorgaben für eine koordinierte Bedarfsprüfung und Planung für den Netzausbau fehlten.**[75]

a) Entwicklung bis zum 3. Binnenmarktpaket

47 So beschränkte sich die **erste Elektrizitätsbinnenmarktrichtlinie von 1996** noch auf die Normierung einer allgemeinen Verpflichtung der Verteilernetzbetreiber, in ihrem Gebiet ein sicheres, zuverlässiges und leistungsfähiges Stromverteilernetz unter Beachtung des Umweltschutzes zu unterhalten.[76]

48 Diese Pflichten wurden zwar durch die **zweite Elektrizitätsbinnenmarktrichtlinie** von 2003[77] konkretisiert und erweitert, indem etwa eine ausdrückliche Pflicht zur Bereitstellung von Informationen an andere Betreiber normiert wurde, um den koordinierten Ausbau und die Interoperabilität des Verbundnetzes sicherzustellen.[78] Im Übrigen verharrte die Regelung aber inhaltlich weiterhin auf einem hohen Abstraktionsniveau. Erwähnenswert ist ferner, dass die RL 2003/54/EG erstmals in Art. 20 Abs. 2 S. 3 eine – wenngleich vage – Pflicht der Mitgliedstaa-

71 Entscheidung Nr. 1229/2003/EG des Europäischen Parlaments und des Rates vom 26.6.2003 zur Festlegung von Leitlinien für die transeuropäischen Netze im Energiebereich und zur Aufhebung der Entscheidung Nr. 1254/96/EG (ABl. EU Nr. L 176 S. 11); Entscheidung Nr. 1364/2006/EG des Europäischen Parlaments und des Rates vom 6.9.2006 zur Festlegung von Leitlinien für die transeuropäischen Energienetze und zur Aufhebung der Entscheidung 96/391/ EG und der Entscheidung Nr. 1229/2003/EG (ABl. EU Nr. L 262 S. 1).

72 Ausführlich zum Ganzen unten Kap. 3 Rn 26 sowie unten Kap. 10 Rn 52ff. zu den Rechtsfolgen für die Genehmigung nach nationalem Recht.

73 VO (EU) Nr. 347/2013 des Europäischen Parlaments und des Rates vom 17.4.2013 zu Leitlinien für die transeuropäische Energieinfrastruktur und zur Aufhebung der Entscheidung Nr. 1364/2006/EG und zur Änderung der VO (EG) Nr. 713/2009, (EG) Nr. 714/2009 und (EG) Nr. 715/2009, ABl. EU Nr. L 115 S. 39.

74 Siehe dazu ausführlich Kap. 3 Rn 41ff. sowie unten Kap. 10 Rn 60ff. und 124 zu den Rechtsfolgen.

75 Vgl. auch Löwer, 2012/*Kühling*, S. 30.

76 Vgl. Art. 11 Abs. 1 der RL 96/62/EG des Europäischen Parlaments und des Rates vom 19.12.1996 betreffend gemeinsame Vorschriften für den Elektrizitätsbinnenmarkt (ABl. EG Nr. L 27 S. 20).

77 Vgl. Art. 9 der RL 2003/54/EG des Europäischen Parlaments und des Rates vom 26.6.2003 über gemeinsame Vorschriften für den Elektrizitätsbinnenmarkt und zur Aufhebung der RL 96/92/EG (ABl. EU Nr. L 176 S. 37).

78 Vgl. Art. 9 der RL 2003/54/EG des Europäischen Parlaments und des Rates vom 26.6.2003 über gemeinsame Vorschriften für den Elektrizitätsbinnenmarkt und zur Aufhebung der RL 96/92/EG (ABl. EU Nr. L 176 S. 37).

ten normierte, sicherzustellen, dass die Netzbetreiber bei einer Transportverweigerung aufgrund unzureichender Kapazitäten Informationen bereitstellen, aus denen hervorgeht, welche Maßnahmen zur Verstärkung des Netzes erforderlich wären.

49 Auch Art. 6 der **RL 2005/89/EG** über Maßnahmen zur Gewährleistung der Sicherheit der Elektrizitätsversorgung und von Infrastrukturinvestitionen[79] verpflichtete die Mitgliedstaaten nur dazu, einen gesetzlichen Rahmen zu schaffen, von dem sowohl für Übertragungsnetzbetreiber als auch für Verteilernetzbetreiber **Investitionssignale** ausgehen, um diese zum Ausbau ihrer Netze zu veranlassen. Zugleich wurden die Mitgliedstaaten angehalten, dafür zu sorgen, dass die Entscheidung über Investitionen in Verbindungsleitungen in enger Abstimmung zwischen den relevanten Übertragungsnetzbetreibern getroffen wird.

50 Weder die RL 2003/54/EG noch die RL 2005/89/EG sahen aber vor, dass der prinzipiell statuierten Ausbauverpflichtung der Netzbetreiber die Pflicht korrespondiert, **vorlaufend konkrete Planungen zum Netzausbaubedarf vorzunehmen** und diese im Einzelnen untereinander abzustimmen.[80] Durch die Vorgaben des Sekundärrechts entstand daher keine institutionalisierte Zusammenarbeit in Bezug auf die gemeinschaftsweite oder nationale Bedarfs- und Netzausbauplanung, und zwar weder aufseiten der Regulierungsbehörden noch auf der Seite der Übertragungsnetzbetreiber. Bedarfsplanung und Netzausbau waren also allein dem unternehmerischen Verantwortungsbereich der jeweiligen Übertragungsnetzbetreiber überantwortet.

b) Das 3. Binnenmarktpaket von 2009

51 Konkrete Vorgaben in Bezug auf die Planung und den Ausbau der Übertragungsnetze enthält erstmals das sog. 3. Binnenmarktpaket aus dem Jahre 2009.[81] Für den Stromsektor sieht das Regelungspaket mit der RL 2009/72/EG über gemeinsame Vorschriften für den Elektrizitätsbinnenmarkt,[82] der VO Nr. 714/2009/EG über Netzzugangsbedingungen für den grenzüberschreitenden Stromhandel[83] und der VO Nr. 713/2009/EG zur Gründung einer Agentur für die Zusammenarbeit der Energieregulierungsbehörden[84] Regelungen vor, die teils mittelbar, teils unmittelbar Pflichten sowohl für die Netzbetreiber als auch für die staatlichen Stellen in Bezug auf die Bedarfsfeststellung, die Netzplanung und die Umsetzung von Netzvorhaben begründen.[85]

52 Die **RL 2009/72/EG** verfolgt als eines ihrer Hauptziele den Aufbau eines wirklichen Elektrizitätsbinnenmarkts auf der Grundlage eines gemeinschaftsweiten Verbundnetzes.[86] Daher enthält sie – neben der an den Grad der rechtlichen und wirtschaftlichen Entflechtung des Netzbetreibers anknüpfenden Ausbaupflicht aufseiten der Netzbetreiber[87] – noch weitergehende

---

79 RL 2005/89/EG des Europäischen Parlaments und des Rates vom 18.1.2006 (ABl. EU Nr. L 33 S. 119).

80 Diese Vorgaben wurden auf nationaler Ebene vor allem durch die Verordnung zur Regelung des Netzanschlusses von Anlagen zur Erzeugung von elektrischer Energie (KraftNAV) vom 26.7.2007 (BGBl. I S. 1187) umgesetzt.

81 Näher zu diesem *Gundel/Germelmann*, EuZW 2009, 763 ff.; *Ludwigs*, ZG 2010, 222 ff.

82 RL 2009/72/EG des Europäischen Parlaments und des Rates vom 13.7.2009 über gemeinsame Vorschriften für den Elektrizitätsbinnenmarkt und zur Aufhebung der RL 2003/54/EG (ABl. EU Nr. L 211 S. 55).

83 VO Nr. 714/2009/EG des Europäischen Parlaments und des Rates vom 13.7.2009 über die Netzzugangsbedingungen für den grenzüberschreitenden Stromhandel und zur Aufhebung der VO Nr. 1228/2003/EG (ABl. EU Nr. L 211 S. 15).

84 VO Nr. 713/2009/EG des Europäischen Parlaments und des Rates vom 13.7.2009 zur Gründung einer Agentur für die Zusammenarbeit der Energieregulierungsbehörden (ABl. EU Nr. L 211 S. 1).

85 So auch Löwer, 2012/*Kühling*, S. 33.

86 Vgl. Erwägungsgrund 59 der RL 2009/72/EG.

87 Unabhängig vom Status der Entflechtung sind die Übertragungsnetzbetreiber nach der RL 2009/72/EG dafür verantwortlich, sichere, zuverlässige und leistungsfähige Übertragungsnetze auszubauen. Die eigentumsrechtlich entflochtenen Netzbetreiber und die Unabhängigen Netzbetreiber werden vonseiten des Unionsrechts aber keiner

Pflichten der Übertragungsnetzbetreiber und Regulierungsbehörden.[88] Diese Regelungen betreffen sowohl die **Planungsaktivität der Netzbetreiber** als auch die **Aufsichts- und Kontrollpflichten der Regulierungsbehörden**. Hervorzuheben ist dabei vor allem Art. 22 der RL 2009/72/EG, der die Übertragungsnetzbetreiber dazu verpflichtet, ihrer Regulierungsbehörde jedes Jahr einen zehnjährigen **Netzentwicklungsplan** vorzulegen.[89]

Durch die bereits erwähnte VO Nr. 714/2009/EG über den grenzüberschreitenden Stromhandel werden die Übertragungsnetzbetreiber verpflichtet, ein **Europäisches Netz der Übertragungsnetzbetreiber (ENTSO Strom bzw. ENTSO-E[90])** zu gründen und in diesem Netzwerk auf Gemeinschaftsebene zusammenzuarbeiten, um die Vollendung und das Funktionieren des Elektrizitätsbinnenmarkts sowie des grenzüberschreitenden Handels zu fördern und die optimale Verwaltung, den koordinierten Betrieb und die sachgerechte technische Weiterentwicklung des europäischen Stromübertragungsnetzes zu gewährleisten.[91] Auf diese Weise wurde ein neuer, privatrechtlich organisierter Akteur zur Weiterentwicklung des europäischen Stromübertragungsnetzes geschaffen. ENTSO-E umfasst zurzeit 42 Übertragungsnetzbetreiber aus 34 europäischen Staaten, d.h. auch Netzbetreiber aus Drittstaaten jenseits der EU sind einbezogen. Zu den wesentlichen Aufgaben von ENTSO Strom gehört die Schaffung von **technischen Netzcodizes,**[92] durch die der grenzüberschreitende Stromtransport technisch erleichtert werden soll, und die Entwicklung eines **gemeinschaftsweiten Netzentwicklungsplans.**[93] 53

Praxistipp
Die Aktivitäten von ENTSO Strom werden im Internet – allerdings nur in englischer Sprache – dokumentiert unter https://www.entsoe.eu.

Geprüft wird der von ENTSO Strom erarbeitete gemeinschaftsweite Netzentwicklungsplan von der **Agentur für die Zusammenarbeit der Energieregulierungsbehörden (ACER[94])**, die wiederum auf der Grundlage der zuvor erwähnten VO Nr. 713/2009/EG gegründet wurde und die im Übrigen auch die Umsetzung dieser Pläne zu überwachen hat.[95] Darüber hinaus wurde ACER gegründet, um die Regulierungsbehörden dabei zu unterstützen, die in den Mitgliedstaaten wahrgenommenen Regulierungsaufgaben auf Gemeinschaftsebene zu erfüllen und – soweit erforderlich – die Maßnahmen dieser Behörden zu koordinieren.[96] 54

Praxistipp
Auch zu ACER gibt es mit http://www.acer.europa.eu/Pages/ACER.aspx eine Internetseite, auf der die Aktivitäten der Agentur – allerdings ebenfalls nur in englischer Sprache – dokumentiert werden.

besonderen Ausbaupflicht ausgesetzt. Bedarfsermittlung und Investitionsentscheidung liegen nach dieser Grundkonzeption noch immer in der Eigenverantwortung dieser Netzbetreiber. In Bezug auf die Verpflichtung zum Netzausbau hat der deutsche Gesetzgeber auf die in der Richtlinie bestimmte Differenzierung nach dem Grad der Entflechtung des Netzbetreibers verzichtet und sie unabhängig davon verpflichtet, die Netze auszubauen; vgl. § 11 Abs. 1 EnWG.

88 Vgl. Art. 6, 12, 22, 36 und 37 der RL 2009/72/EG.
89 Näher dazu Kap. 3 Rn 106 ff.
90 Dies ist die Abkürzung für **E**uropean **N**etwork of **T**ransmission **S**ystem **O**perators for **E**lectricity.
91 Vgl. Art. 4 und 5 der VO 714/2009/EG.
92 Vgl. Art. 6 Abs. 6 der VO 714/2009/EG.
93 Näher dazu Kap. 3 Rn 111 ff. und 160 ff.
94 Dies ist die Abkürzung für **A**gency for the **C**ooperation of **E**nergy **R**egulators.
95 Vgl. Art. 6 Abs. 3, 4 und 8 der VO Nr. 713/2009/EG.
96 Vgl. Art. 1 Abs. 2 der VO Nr. 713/2009/EG.

3. Wichtige Regelwerke zum Umweltrecht

55 Schließlich hat die EU eine ganze Reihe von Richtlinien zum Umweltrecht erlassen, die bei der Netzplanung und auch beim konkreten Netzausbau zu beachten sind. Hervorzuheben sind dabei zum einen die sog. **Vogelschutzrichtlinie**[97] und die sog. **FFH-Richtlinie**,[98] aus denen – nicht zuletzt aufgrund der strengen Auslegung durch die Rechtsprechung – weitreichende naturschutzrechtliche Anforderungen an die Planung und den Bau von Energieleitungsnetzen erwachsen.[99] Zum anderen resultiert aus der sog. **UVP-Richtlinie**[100] und aus der sog. **SUP-Richtlinie**[101] eine Verpflichtung, einen Großteil der Netzplanungen einer Umweltprüfung zu unterziehen, in der die Umweltauswirkungen des Plans oder Vorhabens verfahrensbezogen und medienübergreifend ermittelt, beschrieben und bewertet werden.[102]

V. Die Rechtsetzungskompetenzen auf nationaler Ebene

56 Die Vorgaben des Unionsrechts sind auch von der BRD normativ und administrativ umzusetzen. Dabei verbleiben dem deutschen Gesetzgeber teilweise, insbesondere bei der Ausgestaltung des Planungsrechts, weitreichende Gestaltungsmöglichkeiten. In allen Fällen stellt sich erneut die Frage nach den Rechtsetzungskompetenzen.

1. Allgemeines

57 Auf der Ebene des nationalen Rechts stellt sich diese Frage freilich – anders als auf EU-Ebene – nicht in dem Sinne, ob eine Regelung überhaupt erlassen werden darf. Im Vordergrund steht vielmehr die **Frage, wie die Rechtsetzungskompetenzen zwischen Bund und Ländern verteilt sind**. Dabei ist zwar im Grundsatz davon auszugehen, dass die Länder das Recht der Gesetzgebung haben und der Bund nur dann zuständig ist, soweit das Grundgesetz ihm entsprechende Gesetzgebungsbefugnisse verleiht (Art. 70 Abs. 1 GG). Es ist indessen unbestritten, dass der Bund auf der Grundlage seiner konkurrierenden Gesetzgebungskompetenz für das Recht der Wirtschaft (Art. 74 Abs. 1 Nr. 11 GG) wegen der expliziten Erwähnung der Energiewirtschaft in weitem Umfang Regelungen zur Netzplanung und zum Netzausbau erlassen kann.[103]

---

97 RL 2009/147/EG des Europäischen Parlaments und des Rates vom 30.11.2009 über die Erhaltung der wildlebenden Vogelarten (kodifizierte Fassung) (ABl. EU Nr. L 20 S. 7). Dabei handelt es sich um die Neufassung der ursprünglichen RL 79/409/EWG des Rates vom 2.4.1979 über die Erhaltung der wildlebenden Vogelarten (ABl. EG Nr. L 103 S. 1).

98 RL 92/43/EWG des Rates vom 21.5.1992 zur Erhaltung der natürlichen Lebensräume sowie der wildlebenden Tiere und Pflanzen (ABl. EG Nr. L 206 S. 7).

99 Ausführlich dazu Kap. 10 Rn 72, 77, 81 ff. und passim.

100 RL 85/337/EWG des Rates vom 27.6.1985 über die Umweltverträglichkeitsprüfung bei bestimmten öffentlichen und privaten Projekten (ABl. EG Nr. L 175 S. 40).

101 RL 2001/42/EG des Europäischen Parlaments und des Rates vom 27.6.2001 über die Prüfung der Umweltauswirkungen bestimmter Pläne und Programme (ABl. EG Nr. L 197 S. 30).

102 Ausführlich dazu Kap. 8 Rn 5 ff. und passim.

103 Vgl. *Durner*, DVBl. 2011, 853, 855, und *Schulte/Apel*, DVBl. 2011, 862, 865 und 869, die feststellen, *„dass die Zuständigkeit des Bundes [...] für den Leitungsbau im Grundsatz außer Frage steht"*.

2. Die Gesetzgebungskompetenz für die Bundesfachplanung

Umstritten ist hingegen, ob auch die 2011 durch das NABEG[104] eingeführte sog. **Bundesfachplanung** auf diese Kompetenz gestützt werden kann[105] oder ob es sich hierbei nicht im Schwerpunkt um eine besondere Form der Raumordnung handelt.[106] Nimmt man Letzteres an, müsste man weiter prüfen, ob sich die Kompetenz des Bundes aus der konkurrierenden Gesetzgebungskompetenz für die Raumordnung (Art. 74 Abs. 1 Nr. 31 GG) oder aber aus einer ungeschriebenen, dem Bund kraft Natur der Sache zustehenden Kompetenz für die Raumordnung des Gesamtstaats ergibt.[107] 58

Wenngleich dem Bund danach so oder so die Gesetzgebungskompetenz für die §§ 4ff. NABEG zukommt, können diese Fragen aus verfassungsrechtlichen Gründen **nicht dahingestellt bleiben,**[108] weil nur bei einem Rückgriff auf Art. 74 Abs. 1 Nr. 11 GG eine Erforderlichkeit für eine bundesgesetzliche Regelung nach Art. 72 Abs. 2 GG gegeben sein müsste. Handelte es sich hingegen um eine besondere Form der Raumordnung, dann müsste wiederum geklärt werden, ob und inwieweit eine Abweichungsmöglichkeit der Länder nach Art. 72 Abs. 3 S. 1 Nr. 4 GG besteht. 59

Im Ergebnis handelt es sich auch bei den Regelungen in den §§ 4ff. NABEG jedenfalls **im Schwerpunkt** um **(energie-) wirtschaftsrechtliche Regelungen i.S.d. Art. 74 Abs. 1 Nr. 11 GG.** Denn entscheidend ist, dass die Bundesfachplanung ein eigenständiges Verfahren ist, das allein bei den in § 4 NABEG genannten Höchstspannungsleitungen durchzuführen ist.[109] Es handelt sich also um ein **fachplanungsrechtliches Verfahren**. Schon aus diesem Grund unterfallen die §§ 4ff. NABEG – ungeachtet der Tatsache, dass die Bundesfachplanung in der Tat Elemente der Raumordnung enthält[110] – nicht der Kompetenz für die Raumordnung. Es darf nämlich seit dem sog. Baurechtsgutachten des BVerfG[111] als geklärt gelten, dass sich die Gesetzgebungskompetenz für die Raumordnung allein auf **überörtliche und überfachliche** Planungen erstreckt. Dementsprechend müssen Regelungen zur Fachplanung auf den Kompetenztitel für die jeweilige Sachmaterie gestützt werden.[112] Dies ist wiederum aus den zuvor genannten Gründen die Gesetzgebungskompetenz des Bundes für das Recht der Wirtschaft. 60

Damit muss für das NABEG ebenso wie für das EnLAG und für die jüngsten Änderungen des EnWG eine **Erforderlichkeit für eine bundesgesetzliche Regelung nach Art. 72 Abs. 2 GG** gegeben sein. Ob das der Fall ist, ist nach dem grundlegenden Urteil des BVerfG zum Altenpflegegesetz[113] verfassungsgerichtlich im Wesentlichen vollumfänglich überprüfbar.[114] Eine solche 61

---

104 Art. 1 des Gesetzes über Maßnahmen zur Beschleunigung des Netzausbaus Elektrizitätsnetze (NABEEG) vom 28.7.2011 (BGBl. I S. 1690).

105 So etwa *Durner*, DVBl. 2011, 853, 855f.; Steinbach/*Steinbach*, Einleitung Rn 59ff.; ebenso in der Tendenz, im Ergebnis aber unentschieden *Grigoleit/Weisensee*, UPR 2011, 401, 402.

106 So insbesondere *Erbguth*, NVwZ 2012, 326, 328ff.; *Moench/Ruttloff*, NVwZ 2011, 1040, 1041.

107 Umstritten ist überdies die hier nicht zu vertiefende Frage, ob der Bund der BNetzA die Zuständigkeit für die Bundesfachplanung übertragen durfte; näher dazu unten Kap. 4 Rn 40.

108 Hierauf weist *Erbguth*, NVwZ 2012, 326, 329 f., zu Recht hin.

109 Näher dazu unten Kap. 2 Rn 40ff. und Kap. 4 Rn 13ff.

110 Dies bestreitet auch Steinbach/*Steinbach*, Einleitung Rn 59ff., nicht; er weist aber auch zu Recht darauf hin, dass sich die Bundesfachplanung substanziell von einem Raumordnungsverfahren unterscheidet. Ebenso *Appel*, ER 2012, 3, 4f.

111 BVerfG, Rechtsgutachten v. 16.6.1954 – 1 PBvV 2/52 – BVerfGE 3, 407, 425f.

112 Vgl. auch *Durner*, DVBl. 2011, 853, 855 sowie *Schulte/Apel*, DVBl. 2011, 862, 865, die zutreffend feststellen, dass die bundesrechtlichen Regelungen zur Energieleitungsplanung zwar in die Raumordnung hineinwirkten. Dies ändere aber nichts daran, dass die Kompetenz zur Raumordnung keine inhaltliche Befugnis für Vorgaben der Fachplanung biete.

113 BVerfG, Urt. v. 24.10.2002 – 2 BvF 1/01 – BVerfGE 106, 62.

114 Näher dazu *Faßbender*, JZ 2003, 332ff.

Erforderlichkeit wurde aber in den jeweiligen Gesetzgebungsverfahren überzeugend begründet. Sie wird denn auch, soweit ersichtlich, jedenfalls beim NABEG **nicht (mehr) bestritten**.[115]

3. Verbleibende Regelungsmöglichkeiten der Länder

62 Die Zuordnung dieser planungsrechtlichen Materien zur konkurrierenden Gesetzgebungskompetenz des Bundes für das Recht der Wirtschaft hat wiederum zur Folge, dass von vornherein **keine Abweichungsmöglichkeit** der Länder **nach Art. 72 Abs. 3 S. 1 Nr. 4 GG** besteht. Dies bedeutet indessen nicht, dass den Ländern im Umkehrschluss jegliche Regelung zur Netzplanung versagt wäre. **Stattdessen ist** gem. **Art. 72 Abs. 1 GG** in jedem Einzelfall **zu prüfen**, ob und inwieweit der Bund mit seinen Regelungen in abschließender Weise von seiner Gesetzgebungskompetenz Gebrauch gemacht hat. Welche Konsequenzen sich daraus beispielsweise für die Zulässigkeit landesrechtlicher Regelungen über die Ausführung von Stromleitungen als Erdkabel sowie über deren Planung und Genehmigung ergeben, ist umstritten, kann hier aber aus Raumgründen nicht geklärt werden.[116]

VI. Die wichtigsten Rechtsgrundlagen des nationalen Rechts

63 Bevor die wichtigsten spezialgesetzlichen Regelungen des nationalen Rechts zu Netzplanung und Netzausbau in den nachfolgenden Kapiteln eingehend dargestellt werden, soll einleitend ein Überblick zu drei für das Gesamtverständnis wichtigen Themenaspekten erfolgen: Um die aktuelle Situation der Gesetzgebung zu verstehen, ist die Entwicklung der spezifischen Regelungen für die Netzplanung und zum Netzausbau seit 1935 in Deutschland im Überblick nachzuzeichnen (1.). Sodann sind die wesentlichen energiewirtschaftlichen Regelungen zur Entgeltregulierung und zur Kostentragung zu benennen, die aktuell einen nicht zu unterschätzenden Einfluss auf die Investitionen der Netzbetreiber in Netzplanung und Netzausbau haben (2.). Schließlich soll ein kurzer Überblick über die sonstigen Rechtsgrundlagen gegeben werden, die zwar nicht nur für die Netzplanung und den Netzausbau gelten, in der energiewirtschaftlichen Praxis aber eine besondere Rolle spielen (3.).

1. Die Entwicklung der spezifischen Regelungen zur Netzplanung und zum Netzausbau

64 Betrachtet man die Entwicklung der Regelungen zur Netzplanung auf nationaler Ebene,[117] so ist festzustellen, dass die (bedarfsgerechte) Planung und der Bau von Energieleitungen trotz der bereits früher erkannten Bedeutung[118] **jahrzehntelang** und bis in die jüngste Vergangenheit hinein **keine eigenständige und spezifische Regelung** erfahren hat.

a) Energiewirtschaftsgesetz 1935

65 Das **Gesetz zur Förderung der Energiewirtschaft aus dem Jahre 1935**[119] beinhaltete weder ein eigenes Planungsrecht für Energieleitungen noch Regelungen über die Feststellung des Bedarfs

---

115 Näher zum Ganzen und m.w.N. Steinbach/*Steinbach*, Einleitung Rn 64 ff.
116 Vgl. dazu demnächst *Leidinger*, DVBl. 2013; ferner *Lecheler*, RdE 2010, 41 ff.; *Schulte/Apel*, DVBl. 2011, 862, 865 ff.
117 Vgl. dazu ausführlich *Hermes*, S. 410 ff.
118 Vgl. BVerfG, Urt. v. 28.3.1984 – 1 BvL 28/82 – BVerfGE 66, 248, 258, wo das Gericht davon spricht, dass der Bau von Energieleitungen als Teil der Daseinsvorsorge *„eine Aufgabe von größter Bedeutung"* sei.
119 Energiewirtschaftsgesetz 1935 vom 13.12.1935 (RGBl. I S. 1451).

für ihren Bau. § 4 EnWG 1935 enthielt lediglich eine Vorschrift über die Investitionsaufsicht, wonach Energieversorgungsunternehmen den Bau, die Erneuerung, die Erweiterung oder die Stilllegung von Energieanlagen anzeigen und die zur Information erforderlichen Unterlagen und Erläuterungen an die Wirtschaftsministerien übermitteln mussten. Auf Basis dieser Informationen konnte die Behörde die angezeigten Vorhaben freigeben oder, wenn es aus Gründen des Gemeinwohls erforderlich war, untersagen.

Diese sog. **Investitionskontrolle** entsprach funktional einem aufsichtlichen Korrektiv, d.h., 66
es konnte nur im Nachhinein, bezogen auf ein konkretes Projekt, wie es sich als das Ergebnis einer vorangegangenen Planung des jeweiligen Energieversorgungsunternehmens darstellte, behördlicherseits reagiert werden. Weder enthielt § 4 EnWG 1935 einen materiell-rechtlichen noch einen verfahrensrechtlichen Rahmen für die Feststellung des energiewirtschaftlichen Bedarfs oder für die Einführung und Prüfung von Planungsalternativen.

b) Gesetz zur Neuregelung des Energiewirtschaftsgesetzes 1998

Auch das **Gesetz zur Neuregelung des Energiewirtschaftsgesetzes von 1998**[120] enthielt kei- 67
nerlei normative Vorgaben für eine dezidierte Netzplanung auf Bundesebene. Enthalten war in dem am 29.4.1998 in Kraft getretenen Gesetz lediglich die in § 12 EnWG 1998 normierte Regelung zur Enteignung. Sie sollte zulässig sein, wenn sie für Vorhaben zum Zwecke der Energieversorgung erforderlich ist. Die Regelung über die Investitionskontrolle aus dem Energiewirtschaftsgesetz 1935 wurde ersatzlos abgeschafft. Leitungsbauprojekte bedurften damit einer Vielzahl behördlicher Genehmigungs- und Anzeigepflichten.[121] Ein „Leitverfahren" für den Stromnetzausbau existierte lange Zeit nicht, obwohl *„das systemwidrige Fehlen einer Planfeststellung oder eines sonstigen Instruments der Fachplanung"* immer wieder im Schrifttum moniert wurde.[122]

c) EnWG-Novelle 2001

Dies änderte sich erst durch das Artikelgesetz vom 27.7.2001 zur Umsetzung der UVP-Ände- 68
rungsrichtlinie, der IVU-Richtlinie und weiterer EG-Richtlinien zum Umweltschutz,[123] mit dem in § 11a Abs. 1 EnWG **erstmals ein Planfeststellungsverfahren für** die Errichtung, den Betrieb sowie die Änderung von **Hochspannungsfreileitungen** mit einer Nennspannung von 110 kV oder mehr eingeführt wurde.[124] Hintergrund dafür war die Tatsache, dass bei der Umsetzung der UVP-Änderungsrichtlinie nicht an ein geeignetes Genehmigungsverfahren für Leitungsbauvorhaben angeknüpft werden konnte, das als Trägerverfahren für die Umweltverträglichkeitsprüfung in Betracht kam. Für Elektrizitäts- und Gasversorgungsleitungen wurde eine sektorspezifische Regelung in Form eines Planfeststellungsverfahrens eingeführt, für die sonstigen Leitungsvorhaben blieb es indessen bei den Regelungen des allgemeinen Umweltrechts.[125] Netzausbauvorhaben, die keiner UVP-Pflicht unterfallen, bedurften gem. § 11a Abs. 1 Nr. 1 und 2 EnWG 2001 lediglich der Plangenehmigung, sonst der Planfeststellung. Rechtsfolge des Plan-

---

120 Gesetz zur Neuregelung des Energiewirtschaftsrechts 1998 (BGBl. I S. 730).
121 Vgl. den Überblick bei *Horstmann*, S. 117 ff., 335 ff.; BK-EnR/*Pielow*, § 43 EnWG Rn 5 ff.
122 So etwa *Hermes*, S. 432; ähnlich *Evers*, S. 246 f.
123 Gesetz zur Umsetzung der UVP-Änderungsrichtlinie, der IVU-Richtlinie und weiterer EG-Richtlinien zum Umweltschutz vom 27.7.2001 (BGBl. I S. 1950).
124 Vgl. dazu und zum Anwendungsbereich dieser Vorschriften über die Planfeststellung und Plangenehmigung *Leidinger*, S. 332 f., 335 ff.
125 Vgl. §§ 20 ff. UVPG.

feststellungsbeschlusses und der Plangenehmigung war u.a. die enteignungsrechtliche Vorwirkung zulasten der durch das Vorhaben betroffenen Grundstücke.

69 **Regelungen für eine** gesonderte, der Planfeststellung vorausgehende **Ermittlung des Netzausbaubedarfs wurden** indes im Rahmen der Novellierung des Energiewirtschaftsrechts von 2001 **nicht eingeführt**. Verantwortlich für die Ermittlung des Ausbaubedarfs blieben damit allein die Energieversorgungsunternehmen. Zwar gab es schon länger Forderungen nach einem auf das ganze Bundesgebiet bezogenen, die Gesamtzusammenhänge von Raumanspruch und Energieversorgung umfassenden, Alternativen zu einzelnen Vorhaben einbeziehenden Planungsprozess.[126] Derartige Forderungen waren aber augenscheinlich nicht durchsetzbar.

d) Die Rolle der Raumplanung

70 Bis dahin übernahm die Raumplanung zumindest **eine gewisse Koordinierungsfunktion**. Der Staat beschränkte sich darauf, die vorhandenen und die von den Energieversorgungsunternehmen eigenständig geplanten Anlagen zusammenhängend darzustellen.[127] Insoweit waren Raumordnungsberichte[128] lediglich in der Lage, die für die Bundesregierung relevanten Fakten zusammenzutragen, um zu bereits durchgeführten und geplanten Maßnahmen einen informatorischen Orientierungsrahmen zu liefern. Mangels Verpflichtungs- oder Lenkungswirkung der Raumordnungsberichte konnte von einem echten Planungsinstrument keine Rede sein.[129]

71 Für die Netzplanung kam der Raumordnungs- und Landesplanung die Funktion zu, den raumbezogenen Planungsbedarf der Energienetze abzubilden.[130] Selbst wenn die Pläne über die Raumordnung und Landesplanung Festsetzungen für Kraftwerksstandorte und Leitungstrassen auswiesen, um den Geländeverbrauch zu minimieren und eine landschaftsschonende Trassenführung zu erreichen, handelte es sich insoweit **lediglich** um **eine „Freihalte- oder Angebotsplanung“**.[131] Damit war eine Vorentscheidung über den Bedarf oder die Zulässigkeit des Vorhabens nicht verbunden.[132]

72 Die Frage der tatsächlichen Nutzung der so angebotenen Standorte und Trassen verblieb ausschließlich im **Verantwortungsbereich der Energieversorgungsunternehmen**, die auch nicht gehindert waren, andere als die raumplanerisch freigehaltenen Trassen und Standorte zu projektieren.[133] Die Prüfung und Feststellung der energiewirtschaftlichen Erforderlichkeit des jeweiligen Vorhabens erfolgte mithin erst im Rahmen der fachgesetzlichen Vorhabensgenehmigung.[134] Dabei ist festzuhalten, dass die speziellen Genehmigungstatbestände des Fachrechts, z.B. aus dem Immissionsschutz- und Naturschutzrecht, ein gesondertes Prüfprogramm im Hinblick auf den Bedarf des jeweiligen Vorhabens nicht aufweisen. Die in der Praxis lange Zeit vorherrschende Standortvorsorgeplanung lässt sich daher im Ergebnis nur als **Verlegenheitslösung** ohne wirklichen planerischen Gehalt und Einfluss charakterisieren.[135]

126 Vgl. *Evers*, S. 246, m.w.N. in Anmerkung 41; *Hermes*, S. 408.
127 Vgl. *Hermes*, S. 410.
128 Auf der Grundlage von § 11 ROG 1998.
129 *Hermes*, S. 411.
130 *Hermes*, S. 414; *Leidinger*, S. 348; *de Witt*, RdE 2006, 141, 142; zur Bedeutung des Raumordnungsverfahrens für die Energieversorgung *Börner*, S. 21 f.
131 So *Evers*, S. 247.
132 *Hermes*, S. 415f; sowie *Evers*, S. 247.
133 *Hermes*, S. 413.
134 *Büdenbender*, Rn 995; *Franke*, in: FS Salje, S. 121 f.
135 *Hermes*, S. 432.

e) EnWG-Novelle 2005

Regelungen mit indirekten Wirkungen in Bezug auf die Netzplanung der Netzbetreiber sind im Zuge der Novellierung des EnWG im Jahre 2005,[136] ausgehend von den Vorgaben der RL 2003/54/EG,[137] mit den Vorschriften über die Netzausbau-, Abstimmungs- und Informationspflichten der Netzbetreiber in §§ 11 und 12 EnWG 2005 eingeführt worden. 73

Mit der Neufassung des § 11 EnWG hat der Gesetzgeber Art. 9 lit. a)–d) und Art. 14 Abs. 1, 3 und 7 der RL 2003/54/EG entsprochen, wonach die Netzbetreiber für die Vorhaltung und den bedarfsgerechten Ausbau des Netzes verantwortlich sind.[138] Die seither nach § 11 Abs. 1 EnWG bestehende **Pflicht zum Netzausbau** erfasst dabei alle Erweiterungen der vorhandenen Netzkapazität in quantitativer Hinsicht. Sie umfasst damit sowohl räumliche Netzerweiterungen als auch Erhöhungen der Kapazitäten im vorhandenen Netz.[139] § 11 Abs. 1 EnWG enthält indessen ebenso wenig wie die Richtlinie[140] Aussagen dazu, welches Maß an (Versorgungs-) Sicherheit, Zuverlässigkeit und Leistungsfähigkeit Energieversorgungsnetze haben müssen. Die daraus resultierenden Ausbaupflichten sind daher allein unter Rückgriff auf die in § 1 EnWG festgelegten Gesetzesziele weiter zu konkretisieren, d.h., die Netzausbauplanung hat insbesondere dem Ziel der Versorgungssicherheit Rechnung zu tragen.[141] 74

§ 12 Abs. 2 EnWG verpflichtet die Übertragungsnetzbetreiber entsprechend der RL 2003/54/EG dazu, den Betreibern benachbarter Netze die **notwendigen Informationen** für einen sicheren, effizienten Betrieb und für den koordinierten Ausbau **bereitzustellen.** Nach § 12 Abs. 3 sind die Übertragungsnetzbetreiber verpflichtet, die Fähigkeit des Netzes sicherzustellen, die Nachfrage nach Übertragung von Elektrizität zu befriedigen und durch Übertragungskapazität zur Versorgungssicherheit beizutragen. 75

Schließlich wurden die Übertragungsnetzbetreiber gem. § 12 Abs. 3a EnWG zur regelmäßigen **Berichterstattung** verpflichtet. Sie haben seit dem 1.2.2006 alle zwei Jahre einen Bericht über den Netzzustand und die Netzausbauplanung zu erstellen und diesen der BNetzA auf Verlangen vorzulegen. Die BNetzA veröffentlicht ihrerseits gem. § 63 Abs. 4a EnWG unter Berücksichtigung eigener Erkenntnisse alle zwei Jahre eine Auswertung der Netzzustands- und Netzausbauberichte der deutschen Übertragungsnetzbetreiber.[142] 76

Trotz der im §12 Abs. 2 EnWG ausdrücklich normierten Verpflichtungen der benachbarten Übertragungsnetzbetreiber, die erforderlichen Informationen über ihre Ausbauplanungen und ihre Bedarfsprognosen bereitzustellen, fehlte auf gesetzlicher Ebene ein Instrument für eine staatlich koordinierte, einheitliche Bedarfsprüfung und -feststellung für den Netzausbau. Im Gegenteil betont die Gesetzesbegründung zu §11 Abs. 1 EnWG 2005, dass die **unternehmerische Eigenverantwortlichkeit der Netzbetreiber für Investitionsentscheidungen** nach wirtschaftlichen Kriterien **unberührt** bleibt.[143] Damit unterstellt das Gesetz von 2005, dass den Netzbetreibern auch die zeitlich vorgelagerte Bedarfsplanung obliegt. Im Rahmen ihrer unternehmerischen Eigenverantwortung sind sie für die Feststellung des Ausbaubedarfs und 77

---

136 Vgl. das Zweite Gesetz zur Neuregelung des Energiewirtschaftsrechts vom 12.7.2005, BGBl. I S. 1963.
137 Siehe oben Rn 48.
138 Vgl. Begründung zum Entwurf eines zweiten Gesetzes zur Neuregelung des Energiewirtschaftsrechts, BT-Drucks. 15/3917, S. 56.
139 *Scherer*, NVwZ 2010, 1321, 1323.
140 Siehe oben Rn 48.
141 Näher dazu Hendler/Marburger/Schröder/*Hermes*, S. 89, 97 ff.
142 Download unter: http://www.bundesnetzagentur.de/DE/Sachgebiete/ElektrizitaetGas/Sonderthemen/BerichtAuswertungNetzzustand/BerichtAuswertungNetzzustand_node.html.
143 Vgl. Begründung zum Entwurf eines zweiten Gesetzes zur Neuregelung des Energiewirtschaftsrechts, BT-Drucks. 15/3917, S. 56.

der erforderlichen Investitionsentscheidungen in Bezug auf ihr jeweiliges Netz verantwortlich.[144]

78 Mit der in § 12 Abs. 3 EnWG enthaltenen Vorgabe, dauerhaft die Nachfrage nach Übertragung von Elektrizität zu befriedigen, verlangte das Gesetz **erstmals eine Prognose zur zukünftigen Nachfrage** nach Transportkapazitäten. Dabei ist zu berücksichtigen, inwieweit ein Bedarf auch nach weiteren grenzüberschreitenden Verbindungskapazitäten besteht. Im zweiten Schritt ist sodann zu prüfen, welche Maßnahmen zur Befriedigung des prognostizierten Bedarfs erforderlich sind.

79 Der individuellen Bedarfsplanungs- und Ausbauverpflichtung der Netzbetreiber korrespondierte indes **keine spezifische Befugnis der Regulierungsbehörde**, auf den Planungs- und Ausbauprozess Einfluss zu nehmen. Zwar hat die Regulierungsbehörde die Pflicht, die Aufsicht auch über die Einhaltung der Pflichten nach § 11 und § 12 EnWG auszuüben. Die punktuelle Durchsetzung einer Netzausbauverpflichtung aus § 11 EnWG im Wege hoheitlichen Zwangs stellte indes kein taugliches Mittel dar, um die Bedarfs- und Ausbauplanung in Bezug auf die Netzinfrastruktur insgesamt sicherzustellen.

80 Vor dem Hintergrund des dem Netzbetreiber zustehenden großen Gestaltungsspielraums bei der Erfüllung seiner Pflichten aus § 11 EnWG ist überdies umstritten, ob die Regulierungsbehörde, gestützt auf § 30 Abs. 2 S. 2 i.V.m. Abs. 1 S. 2 EnWG, **wegen missbräuchlichen Verhaltens** eines Netzbetreibers eine ganz bestimmte Ausbaumaßnahme zwangsweise durchsetzen kann.[145] Dem Netzbetreiber wird z.T. eine Einschätzungsprärogative zugestanden, die nicht überprüfbar sei, sodass eine staatliche Zwangsdurchsetzung ausscheide.[146] Ferner wird gegen Ausbauverfügungen wegen Verstoßes gegen § 11 Abs. 1 EnWG eingewendet, dass eine hinreichend konkrete Tenorierung eines Verwaltungsakts nicht möglich sei. Nur die Unternehmensleitung könne über konkrete Investitionen entscheiden.[147]

81 Auch die **allgemeine Anordnungsbefugnis der Regulierungsbehörde** nach § 65 Abs. 2 EnWG, wonach gegenüber einem Unternehmen Maßnahmen zur Einhaltung der Verpflichtungen nach dem EnWG angeordnet werden können, wenn den Verpflichtungen nach dem EnWG nicht nachgekommen wird, kann eine staatlich koordinierte Bedarfsplanung nicht ersetzen. Nach § 65 Abs. 2 EnWG kann der betroffene Übertragungsnetzbetreiber lediglich dazu angehalten werden, über die Netzausbauplanung Bericht zu erstatten.[148]

82 Im **Ergebnis** ist festzuhalten, dass mit den 2005 in §§ 11 und 12 EnWG normierten Pflichten zwar erstmals differenzierte Anforderungen an die Netzbetreiber in Bezug auf den Netzausbau (und damit zu ihrer vorlaufenden Planung) gestellt wurden. Diese blieben aber teilweise vage. Überdies fehlte es nach wie vor an einem inhaltlich koordinierten, staatlich gesteuerten Gesamtplanungsprozess in Bezug auf den Netzausbau.

f) Das Infrastrukturplanungsbeschleunigungsgesetz von 2006

83 Daran änderte sich auch nichts durch das **Gesetz zur Beschleunigung von Planungsverfahren für Infrastrukturvorhaben vom 9.12.2006**,[149] da dieses Gesetz lediglich die Regelungen

144 Britz/Hellermann/Hermes/*Bourwieg*, § 11 Rn 31.
145 *Höppner*, S. 204.
146 Britz/Hellermann/Hermes/*Stötzle*, § 11 Rn 37.
147 *Salje*, EnWG, § 11 Rn 34.
148 *Scherer*, NVwZ 2010, 1321, 1323. Die weiter spezifizierte Befugnis der Behörde, dem Betreiber von Transportnetzen die Durchführung einer bestimmten Investition aufzugeben (§ 65 Abs. 2a EnWG), wurde erst 2011 in das EnWG eingeführt; vgl. dazu im Einzelnen Kap. 3 Rn 491 ff.
149 BGBl. I S. 2833, 2847. Näher zu diesem *Otto*, NVwZ 2007, 379 ff.

über die Planfeststellung in §§ 43ff. EnWG weiter ergänzte und modifizierte. Die Erwartungen, dass sich hierdurch und durch die Einführung eines mit Konzentrationswirkung versehenen Planfeststellungsverfahrens die Zulassung von Energieleitungen wesentlich beschleunigen lässt, haben sich im Ergebnis kaum erfüllt. Dies liegt u.a. darin begründet, dass ein verfahrensbezogener Beschleunigungsansatz wirkungslos bleibt, wenn Verzögerungen aus der Unsicherheit resultieren, ob die materiellen Zulassungsvoraussetzungen erfüllt sind.[150]

g) Die jüngsten Neuregelungen zum Energieleitungsausbau

Vor diesem Hintergrund hat sich bereits vor der Energiewende gezeigt, dass die zuvor skizzierten Rechtsgrundlagen geändert bzw. zumindest ergänzt werden mussten, um den Netzausbau zu beschleunigen.[151] Eine erste (Re-) Aktion des Bundesgesetzgebers war der Erlass des **EnLAG vom 21.8.2009,**[152] das für bestimmte Ausbauvorhaben eine gesetzliche Bedarfsfeststellung einführte.[153] Durch **das (erste) Gesetz zur Neuregelung energiewirtschaftsrechtlicher Vorschriften vom 26.7.2011**[154] wurde dann eine übergeordnete, **bundesweite Bedarfsplanung** für das Festland in das EnWG **eingeführt.**[155] Nur zwei Tage später wurde das NABEG[156] erlassen, das eine sog. Bundesfachplanung normiert und die Vorschriften des EnWG über die Planfeststellung modifiziert hat.[157] Schließlich führte das **Dritte Gesetz zur Neuregelung energiewirtschaftsrechtlicher Vorschriften vom 20.12.2012**[158] u.a. dazu, dass die Bedarfsplanung auf die AWZ und das Küstenmeer erstreckt wurde.[159] 84

Bei Abschluss der Arbeiten an diesem Kapitel standen kurz vor ihrer Verkündung das Zweite Gesetz über Maßnahmen zur Beschleunigung des Netzausbaus Elektrizitätsnetze, das in seinem Art. 1 **das erste Bundesbedarfsplangesetz** enthält,[160] **und eine auf § 2 Abs. 2 NABEG gestützte Rechtsverordnung**, die vorsieht, dass die BNetzA künftig für Planfeststellungsverfahren nach diesem Gesetz zuständig ist.[161] 85

h) Sonderregelungen für Seeleitungen, für das Bahnstromnetz und für Gasleitungen

Bei alledem ist zu beachten, dass für bestimmte Energieversorgungsleitungen Sonderregelungen gelten. 86

Dies gilt namentlich **für die Planung und Genehmigung von Stromleitungen in der AWZ** der BRD[162] und damit für Seekabel, die in diesem Bereich verlegt werden sollen. Denn für diese gelten zwar die Regelungen des EnWG über den Bundesfachplan Offshore und den Offshore- 87

150 *Franke*, in: FS Salje, S. 121, 123f. Auch *Durner*, DVBl. 2011, 853, 859, weist zu Recht auf die verbreitete *„Überbewertung der Beschleunigungspotentiale des Verfahrensrechts"* hin.
151 So dezidiert *de Witt*, RdE 2006, 141ff.
152 BGBl. I S. 2870.
153 Näher dazu unten Kap. 3 Rn 203ff. und Kap. 10 Rn 14ff.
154 BGBl. I S. 1554.
155 Näher dazu unten Kap. 3 Rn 225ff. und Kap. 10 Rn 14ff.
156 Art. 1 des Gesetzes über Maßnahmen zur Beschleunigung des Netzausbaus Elektrizitätsnetze (NABEEG) vom 28.7.2011 (BGBl. I S. 1690).
157 Näher dazu unten Kap. 4 Rn 1ff. und Rn 39ff.
158 BGBl. I S. 2730.
159 Näher dazu unten Kap. 2 Rn 58ff. und Kap. 3 Rn 325ff.
160 Näher zu dem Inhalt des zugrunde liegenden Entwurfs Kap. 3 Rn 511ff. und passim.
161 Der Bundesrat hat am 7.6.2013 dem Verordnungsentwurf der Bundesregierung zugestimmt (BR-Drucks. 333/13) und das Bundesbedarfsplangesetz (BT-Drucks. 17/3258) gebilligt (BR-Drucks. 363/13).
162 Diese Unterscheidung geht auf das oben in Rn 21 erwähnte Seerechtsübereinkommen zurück.

Netzentwicklungsplan.[163] Die konkrete Genehmigung von Seekabeln in der AWZ richtet sich indes weder nach den Vorschriften des EnWG noch nach denen des NABEG, sondern vielmehr nach den speziellen **Vorschriften der Seeanlagenverordnung**.[164] Diese Verordnung wurde auf der Grundlage des Seeaufgabengesetzes[165] erlassen.

88 Und **für die Errichtung und den Betrieb von Transit-Rohrleitungen und Unterwasserkabeln in oder auf dem deutschen Festlandsockel**, der sich freilich geographisch im Wesentlichen mit der AWZ deckt,[166] enthält das **Bundesberggesetz**[167] eine Sonderregelung, die wiederum gem. § 1 Abs. 2 S. 2 SeeAnlV Vorrang genießt.[168]

89 Sonderregelungen gelten ferner für **Bahnstromfernleitungen**. Denn § 3a EnWG ordnet zwar die Geltung des Gesetzes auch für die Versorgung von Eisenbahnen mit leitungsgebundener Energie an. Allerdings werden speziell Bahnstromfernleitungen in § 43 EnWG von der dort geregelten Planfeststellungsbedürftigkeit ausdrücklich ausgenommen (vgl. § 43 S. 1 Nr. 1 sowie S. 7 EnWG). Daher richtet sich die Planfeststellung dieser Bahnstromfernleitungen grundsätzlich nach dem **AEG**.[169]

90 Schließlich sind bei den nach EnWG nicht planfeststellungsbedürftigen Gasleitungen, die als Energieanlagen i.S.d. § 3 Nr. 15 EnWG anzusehen sind und bei denen der maximal zulässige Betriebsdruck bei über 16 bar liegt, die speziellen Regelungen der **Gashochdruckleitungsverordnung**[170] zu beachten, die wiederum auf der Verordnungsermächtigung des § 49 Abs. 4 EnWG beruht.[171]

2. Regelungen zur Entgeltregulierung und zur Kostenverteilung

91 Neben planungs- und genehmigungsrechtlichen Vorgaben enthält das Energiewirtschaftsrecht auch Regelungen zur Entgeltregulierung und zur Kostentragung, die einen nicht zu unterschätzenden Einfluss auf die Investitionen der Netzbetreiber in die Netzplanung und in den Netzausbau haben.

a) Regelungen zur Entgeltregulierung

92 Maßgebend für die Netzplanung und Investitionsentscheidung aufseiten des Netzbetreibers ist u.a. die Frage, ob und inwieweit er getätigte Investitionen auf die Netznutzer umlegen kann.[172] Denn mit der Novellierung des EnWG im Jahre **2005**[173] hat der Gesetzgeber die Grundlage für eine **umfassende Regulierung der Netzentgelte** geschaffen.[174] Seither bedürfen Netzentgelte gem. § 23a Abs. 1 Hs. 1 EnWG grundsätzlich einer Genehmigung. Ab dem 1.1.2009 wurde die in

163 Näher dazu unten Kap. 2 Rn 59 ff.
164 Verordnung über Anlagen seewärts der Begrenzung des deutschen Küstenmeeres v. 23.1.1997 (BGBl. I S. 57). Näher dazu unten Kap. 2 Rn 63 ff.
165 Gesetz über die Aufgaben des Bundes auf dem Gebiet der Seeschifffahrt i.d.F. der Bekanntmachung vom 26.7.2002 (BGBl. I S. 2876).
166 Vgl. Landmann/Rohmer/*Faßbender*, § 3 WHG Rn 44c.
167 I.d.F. der Bekanntmachung vom 13.8.1980 (BGBl. I S. 1310).
168 Näher dazu unten Kap. 2 Rn 66.
169 Vom 27.12.1993 (BGBl. I S. 2378, 2396). Näher dazu unten Kap. 2 Rn 67 ff.
170 Verordnung über Gashochdruckleitungen (GasHDrLtgV) vom 18.5.2011 (BGBl. I S. 928).
171 Näher dazu unten Kap. 10 Rn 276.
172 Allgemein zum systematischen Zusammenhang zwischen Netzausbaupflichten und den Regelungen, nach denen sich die Verteilung der Kostenlast für Netzausbauvorhaben bestimmt, Hendler/Marburger/Schröder/*Hermes*, S. 89, 101 f.
173 Siehe oben Rn 73 ff.
174 Vgl. ausführlich hierzu und zum Folgenden Schneider/Theobald/*Theobald*/*Zenke*/*Lange*, § 17 Rn 2 ff.

§ 23a Abs. 1 Hs. 2 EnWG vorgesehene Ausnahme zum Regelfall. Den Hintergrund bildete die auf der Grundlage des § 21a Abs. 6 und des § 24 EnWG erlassene **Anreizregulierungsverordnung (ARegV),**[175] die in ihrem § 1 Abs. 1 vorschreibt, dass die Bestimmung der Entgelte für den Zugang zu den Energieversorgungsnetzen ab dem 1.1.2009 im Wege der Anreizregulierung erfolgt.

Das System der Anreizregulierung beruht gem. § 21a Abs. 2 EnWG auf der **Vorgabe von Obergrenzen,** die in der Regel für eine grundsätzlich fünfjährige Regulierungsperiode[176] für die Höhe der Netzzugangsentgelte oder die Gesamterlöse aus Netzzugangsentgelten gebildet werden. Diese begrenzt die zulässigen Einnahmen aus Netzentgelten. Die Höhe der Erlösobergrenze wird auf der Grundlage einer Kostenprüfung des jeweiligen Netzbetreibers für jedes Kalenderjahr der gesamten Regulierungsbehörde bestimmt und jährlich nach vorgegebenen Kriterien angepasst.[177] 93

Laut § 21a Abs. 4 S. 1 EnWG sind bei der Ermittlung von Obergrenzen die durch den jeweiligen Netzbetreiber **beeinflussbaren und** die von ihm **nicht beeinflussbaren Kostenanteile** zu **unterscheiden,** weil die in § 21a Abs. 5 EnWG vorgesehenen Effizienzvorgaben nach § 21a Abs. 1 S. 6 EnWG nur auf den beeinflussbaren Kostenanteil zu beziehen sind. Daher hat der Netzbetreiber nur bei Investitionen, die als nicht beeinflussbare Kostenanteile anzusehen sind, die Sicherheit, dass sie in vollem Umfang bei der Festsetzung und Anpassung der Obergrenze berücksichtigt und so im Ergebnis auf die Netzentgelte umgelegt werden können. 94

Eine Aufzählung der Kosten, die von Rechts wegen als nicht beeinflussbare Kostenanteile gelten, findet sich in § 11 Abs. 2 ARegV. Von besonderer Bedeutung ist dabei im vorliegenden Zusammenhang S. 1 Nr. 6, wonach **genehmigte Investitionsmaßnahmen nach § 23 ARegV** als *„dauerhaft nicht beeinflussbare Kostenanteile"* anzusehen sind, soweit sie dem Inhalt der Genehmigung nach durchgeführt wurden sowie in der Regulierungsperiode kostenwirksam sind und die Genehmigung nicht aufgehoben worden ist. 95

Nach § 23 Abs. 1 S. 1 ARegV genehmigt die BNetzA **Investitionsmaßnahmen für die Erweiterung oder Umstrukturierung der Übertragungs- und Fernleitungsnetze,** soweit diese Investitionen zur Stabilität des Gesamtsystems, für die Einbindung in das nationale oder internationale Verbundnetz oder für einen bedarfsgerechten Ausbau des Energieversorgungsnetzes nach § 11 EnWG notwendig sind.[178] Dies umfasst insbesondere die in § 23 Abs. 1 S. 1 ARegV genannten Investitionen wie beispielsweise Investitionen, die vorgesehen sind für 96

- die Integration von Anlagen, die dem EEG und dem KWKG unterfallen,
- Leitungen zur Anbindung von Offshore-Anlagen nach § 17d Abs. 1 und § 43 S. 1 Nr. 3 EnWG,
- Erweiterungsinvestitionen zur Errichtung von Hochspannungsleitungen auf neuen Trassen mit einer Nennspannung von 110 kV als Erdkabel, soweit die Gesamtkosten für Errichtung und Betrieb des Erdkabels die Gesamtkosten der technisch vergleichbaren Freileitung den Faktor 2,75 nicht überschreiten und noch kein Planfeststellungs- oder Genehmigungsverfahren für die Errichtung einer Freileitung eingeleitet wurde, sowie
- für Erdkabel nach § 43 S. 4 EnWG[179] und § 2 Abs. 1 EnLAG.

175 Verordnung über die Anreizregulierung der Energieversorgungsnetze vom 29.10.2007 (BGBl. I S. 2529).
176 Vgl. § 21a Abs. 2 EnWG i.V.m. § 3 Abs. 2 ARegV.
177 Vgl. im Einzelnen § 4 ff. ARegV.
178 Vgl. hierzu und zum Folgenden *Weyer/Mann/Schneider*, BMU-Studie „Ökologische Auswirkungen von 380-kV-Erdleitungen und HGÜ-Erdleitungen", Bd. 4, S. 23 ff., abrufbar unter: http://www.efzn.de/index.php?id=238&no_cache=1&tx_wiwiprojekte_pi4[showUid]=80.
179 In § 23 Abs. 1 S. 2 Nr. 6 ARegV selbst wird – ebenso wie in § 21a Abs. 1 S. 3 EnWG – S. 3 statt S. 4 genannt. Dabei handelt es sich jedoch erkennbar um einen redaktionellen Fehler.

97 Hieraus folgt jedoch nicht, dass **alle anderen Investitionen oder Mehrkosten**, die beispielsweise für die Errichtung eines Erdkabels anfallen, bei der Berechnung der Netzentgelte von vornherein außen vor bleiben müssten. Sie haben aber für den Netzbetreiber jedenfalls bei einer betriebswirtschaftlichen Betrachtungsweise **gewisse Nachteile**, da sie zum einen als beeinflussbare Kosten von der BNetzA einem Effizienzvergleich nach §§ 12ff. ARegV unterzogen werden und in der Folge aus Effizienzgründen gekürzt werden können. Zum anderen ist eine Anpassung der Erlösobergrenze bei den vom Netzbetreiber beeinflussbaren Kosten – anders als bei den nicht beeinflussbaren Kosten – nur unter eingeschränkten Voraussetzungen möglich.[180]

b) Sonderregelungen zur Kostenverteilung bei der Erdverkabelung und bei der Anbindung von Offshore-Anlagen

98 Bei alledem werden die Kosten der Netzplanung und des Netzausbaus vom jeweiligen Netzbetreiber auf seine Netzentgelte umgelegt. Sie wirken sich daher grundsätzlich nur innerhalb seiner Regelzone aus. Etwas anderes gilt jedoch für die Mehrkosten der Erdverkabelung im Falle der vier EnLAG-Pilotvorhaben und für die Kosten der Anbindung von Offshore-Anlagen, weil der Gesetzgeber für diese in § 2 Abs. 4 EnLAG bzw. § 17d Abs. 4 S. 1 EnWG eine **bundesweite Ausgleichsregelung** vorsieht, sodass diese Netzausbaukosten auf die Netznutzer in allen Regelzonen verteilt werden.[181]

99 Darüber hinaus sind die Betreiber von Übertragungsnetzen gem. § 17d Abs. 4 S. 2 EnWG zum **Ersatz der Aufwendungen** verpflichtet, die die Betreiber von Offshore-Anlagen für die Planung und Genehmigung der Netzanschlussleitungen bis zum 17.12.2006 getätigt haben, soweit diese Aufwendungen den Umständen nach für erforderlich anzusehen waren und den Anforderungen eines effizienten Netzbetriebs nach § 21 EnWG entsprechen.

100 Schließlich sehen die durch das Dritte Gesetz zur Neuregelung energiewirtschaftsrechtlicher Vorschriften vom 20.12.2012[182] neu in das EnWG eingefügten §§ 17eff. EnWG **bei Störung oder Verzögerung der Anbindung** von betriebsbereiten Offshore-Anlagen eine **Entschädigung der Betreiber** vor, die wiederum unter den Übertragungsnetzbetreibern abhängig vom eigenen Verschuldensgrad auszugleichen ist. Überdies stellt das Gesetz klar, dass die Netzbetreiber berechtigt sind, die Kosten für geleistete Entschädigungszahlungen, soweit diese dem Belastungsausgleich unterliegen und nicht erstattet worden sind, und für Ausgleichszahlungen ab dem 1.1.2013 in näher bestimmtem Umfang als Aufschlag auf die Netzentgelte gegenüber Letztverbrauchern geltend zu machen.[183]

3. Sonstige relevante Regelungen

a) Verwaltungsverfahrensgesetze

101 Fragt man nach weiteren Rechtsgrundlagen, die zwar nicht nur für die Netzplanung und den Netzausbau gelten, hier aber eine besondere Rolle spielen, so sind zunächst die Verwaltungsverfahrensgesetze des Bundes[184] und der Länder[185] zu erwähnen, weil die Errichtung und der Betrieb einer Reihe von Energieanlagen, insbesondere die für den überregionalen Netzausbau

180 Vgl. im Einzelnen § 4 Abs. 2–5 ARegV.
181 *Weyer/Mann/Schneider*, BMU-Studie „Ökologische Auswirkungen von 380-kV-Erdleitungen und HGÜ-Erdleitungen", Bd. 4, S. 24, abrufbar unter: http://www.efzn.de/index.php?id=238&no_cache=1&tx_wiwiprojekte_pi4[showUid]=80, wo freilich noch auf den seinerzeit geltenden § 17 Abs. 2a S. 7 EnWG hingewiesen wird.
182 Siehe oben Rn 84.
183 Näher dazu und zu den Hintergründen *Wiederholt/Bode/Reuter*, NVwZ 2012, 1207 ff.
184 Verwaltungsverfahrensgesetz (VwVfG) i.d.F. der Bekanntmachung vom 1.7.2004 (BGBl. I S. 718).
185 Vgl. zu diesen die Übersicht bei *Maurer*, § 5 Rn 17 ff.

bedeutsamen Höchst- und Hochspannungsfreileitungen, einer vorherigen Planfeststellung bedürfen und das **Planfeststellungsverfahren allgemein** in den §§ 72ff. VwVfG bzw. in den parallelen Regelungen der Verwaltungsverfahrensgesetze der Länder **geregelt** ist. Diese Regelungen kommen freilich nur zur Anwendung, wenn und soweit die einschlägigen spezialgesetzlichen Vorschriften keine abweichende Regelung enthalten.[186]

b) Raumordnungs- und Baurecht

Angesichts der Tatsache, dass die zuvor bereits erwähnten Instrumente und Vorgaben des Raumordnungsrechts[187] bei der Netzplanung von EnLAG-Vorhaben und Vorhaben nach §§ 43ff. EnWG nach wie vor eine große Rolle spielen,[188] ist an dieser Stelle auch auf das **Raumordnungsgesetz (ROG)**[189] und auf die **Raumordnungsverordnung (RoV)**[190] hinzuweisen, die wiederum durch die Landesplanungsgesetze und weitere **landesrechtliche Regelungen zur Raumordnungsplanung** ergänzt und teilweise auch modifiziert werden.[191] 102

Vorgaben für die Planung und den Ausbau von Energieleitungen können sich auch aus der kommunalen Bauleitplanung und dem (sonstigen) Bauplanungsrecht ergeben. Geregelt sind diese Materien vor allem im **Baugesetzbuch (BauGB)**[192] und in der **Baunutzungsverordnung (BauNVO).**[193] Weitere Anforderungen sowie Regelungen zu den Zuständigkeiten und zum Verfahren, insbesondere zum Baugenehmigungsverfahren, finden sich in den **Bauordnungen der Länder.**[194] 103

c) Umweltrecht

Es wurde bereits im Zusammenhang mit dem EU-Recht darauf hingewiesen, dass sich aus dem Umweltrecht weitreichende Anforderungen ergeben, die bei der Netzplanung und auch beim konkreten Netzausbau zu beachten sind.[195] Die wichtigsten bundesrechtlichen Regelungen finden sich im **Bundesnaturschutzgesetz (BNatSchG)**[196] und im **Gesetz über die Umweltverträglichkeitsprüfung (UVPG),**[197] in denen auch die zuvor genannten Umweltrichtlinien der EU in nationales Recht umgesetzt wurden. Weitere Anforderungen können sich aus dem **Bundes-Immissionsschutzgesetz (BImSchG)**[198] und dem **Wasserhaushaltsgesetz (WHG)**[199] ergeben. 104

---

186 Näher dazu Kap. 5 Rn 1ff.; ferner instruktiv zur Ermittlung des anzuwenden Verfahrensrechts *Steinberg/Wickel/Müller*, § 1 Rn 175ff.
187 Siehe oben Rn 70ff.
188 Näher dazu Kap. 2 Rn 29ff. sowie ausführlich Kap. 7 Rn 4ff.
189 Vom 22.12.2008 (BGBl. I S. 2986).
190 Vom 13.12.1990 (BGBl. I S. 2766).
191 Vgl. dazu die ausführliche Darstellung bei *Koch/Hendler*, § 5 Rn 1ff.
192 I.d.F. der Bekanntmachung vom 23.9.2004 (BGBl. I S. 2414). Näher dazu unten Kap. 7 Rn 144ff.
193 Verordnung über die bauliche Nutzung der Grundstücke i.d.F. der Bekanntmachung vom 23.1.1990 (BGBl. I S. 132).
194 Näher zum Ganzen unten Kap. 2 Rn 75 und Kap. 7 Rn 148.
195 Siehe oben Rn 55.
196 Gesetz über Naturschutz und Landschaftspflege (Bundesnaturschutzgesetz – BNatSchG), verkündet als Art. 1 des Gesetzes zur Neuregelung des Rechts des Naturschutzes und der Landschaftspflege vom 29.7.2009 (BGBl. I S. 2542). Näher dazu unten Kap. 10 Rn 71ff.
197 I.d.F. der Bekanntmachung vom 24.2.2010 (BGBl. I S. 94). Näher dazu unten Kap. 8 Rn 34ff.
198 Gesetz zum Schutz vor schädlichen Umwelteinwirkungen durch Luftverunreinigungen, Geräusche, Erschütterungen und ähnliche Vorgänge i.d.F. der Bekanntmachung vom 26.9.2002 (BGBl. I S. 3830). Näher dazu unten Kap. 10 Rn 221ff.
199 I.d.F. der Bekanntmachung vom 31.7.2009 (BGBl. I S. 2585). Näher dazu unten Kap. 10 Rn 250ff.

105 Diese Bundesgesetze werden wiederum durch **entsprechende Landesgesetze** konkretisiert und ergänzt. Teilweise enthalten diese Landesgesetze aber auch auf der Grundlage des Art. 72 Abs. 3 GG erlassene abweichende Regelungen. Von besonderer Bedeutung für Netzplanung und Netzausbau sind auf der untergesetzlichen Ebene zum einen die **Verordnung über elektromagnetische Felder (26. BImSchV)**[200] und zum anderen mit Blick auf die Entladungs- bzw. „Koronageräusche" der Höchstspannungsfreileitungen die **Technische Anleitung zum Schutz gegen Lärm (TA Lärm).**[201]

106 Neben diesen Regelwerken, aus denen sich konkrete Anforderungen an Netzplanung und Netzausbau ergeben, sollten das **Erneuerbare-Energien-Gesetz (EEG)**[202] und das **Atomgesetz (AtG)**[203] zumindest erwähnt werden, weil sie **wesentliche rechtliche Bausteine der eingangs erwähnten Energiewende** sind und damit den Netzausbau zumindest mittelbar erheblich beeinflussen.

107 Das **EEG** verfolgt auf der einen Seite gem. § 1 Abs. 2 das Ziel, den Anteil erneuerbarer Energien an der Stromversorgung spätestens bis zum Jahr 2020 auf mindestens 35% zu erhöhen, diesen Anteil Schritt für Schritt spätestens bis zum Jahr 2050 auf 80% zu steigern und diese Strommengen in das Elektrizitätsversorgungssystem zu integrieren. Kernelemente des Gesetzes sind die gesetzlich garantierten Mindestvergütungen für den so erzeugten Strom (Einspeisetarife) sowie Pflichten der Netzbetreiber, Strom aus erneuerbaren Energien anzuschließen, abzunehmen und zu verteilen.

108 Das **AtG** sieht auf der anderen Seite seit dem 13. Änderungsgesetz[204] eine Beendigung des Leistungsbetriebs der letzten Kernkraftwerke bis zum 31.12.2022 und damit einen erheblich beschleunigten Ausstieg aus der Nutzung der Kernenergie vor.[205] Dies führt wiederum im Ergebnis dazu, dass das bei der Stromversorgung ohnehin bestehende Nord-Süd-Gefälle zwischen Angebot und Nachfrage weiter verstärkt wird. Damit ist das insoweit geänderte Atomgesetz ebenfalls ein „Treiber des Netzausbaus".[206]

d) Sonstiges

109 Sonstige Erfordernisse, die unmittelbar bei der Netzplanung und auch beim konkreten Netzausbau zu beachten sind, können sich – last but not least – aus den straßen-, forst- und denkmalschutzrechtlichen Bestimmungen des Bundes und der Länder ergeben.[207]

---

200 26. Verordnung zur Durchführung des Bundes-Immissionsschutzgesetzes (Verordnung über elektromagnetische Felder – 26. BImSchV) vom 16.12.1996 (BGBl. I S. 1966). Näher dazu unten Kap. 10 Rn 230 ff.

201 6. Allgemeine Verwaltungsvorschrift zum Bundes-Immissionsschutzgesetz vom 26.8.1998 (GMBl. S. 503); dazu *Weidemann/Ruttloff*, DVBl. 2012, 1203 ff.; *Engelen/Fischer/Hettig u.a.*, Lärmbekämpfung 2012, S. 166 ff.; näher auch unten Kap. 10 Rn 227 ff.

202 Gesetz für den Vorrang Erneuerbarer Energien vom 25.10.2008 (BGBl. I S. 2074).

203 I.d.F. der Bekanntmachung vom 15.7.1985 (BGBl. I S. 1565), zuletzt geändert am 24.2.2012 (BGBl. I S. 212).

204 Vom 13.7.2011 (BGBl. I S. 1704).

205 Vgl. dazu aus verschiedenen Blickwinkeln *Ewer*, NVwZ 2011, 1035 ff.; *Kloepfer/Bruch*, JZ 2011, 377 ff.; *Sellner/Fellenberg*, NVwZ 2011, 1025 ff.; *Degenhart*, DVBl. 2013, 207 ff.; *Schwarz*, BayVBl. 2013, 65 ff.

206 Vgl. Steinbach/*Steinbach*, Einleitung Rn 3.

207 Näher dazu unten Kap. 10 Rn 275 ff. sowie *Horstmann*, S. 138 ff., 289 ff. und 301 ff.

Kapitel 2
Stufen und Arten der Netzplanung im Überblick

A. Entwicklung der Rechtslage

Das BVerfG hat bereits in seinem Urteil vom 20.3.1984 darauf hingewiesen, dass der Bau von Energieleitungen als Teil der Daseinsvorsorge *„eine Aufgabe von größter Bedeutung“* ist.[1] Dennoch fehlte es lange Zeit an einer dieser Bedeutung angemessenen Regelung zur Planung und Genehmigung entsprechender Vorhaben. So gab es bis zum Inkrafttreten des EnLAG, des NABEG und der §§ 12aff. EnWG und damit bis in das Jahr 2009 bzw. 2011 hinein für Energieleitungsvorhaben – anders als bei der Planung von Bundesfernstraßen und Transeuropäischen Netzen auf EU-Ebene[2] – keine hoheitliche Bedarfsplanung.[3] Stattdessen wurden die hierfür benötigten Trassen durch Raumordnungspläne der Länder gesichert und anschließend wurde auf der Grundlage von § 1 Nr. 14 RoV ein Raumordnungsverfahren nach § 15 ROG durchgeführt.[4] 1

Darüber hinaus fehlte es bis in das Jahr 2001 hinein an einem „echten“ bundesrechtlichen Zulassungserfordernis für Energieleitungsvorhaben.[5] Dies änderte sich für Hochspannungsleitungen erst durch das Gesetz vom 27.7.2001,[6] das im Jahre 2001 zu einer durch das EU-Recht angestoßenen[7] Änderung des EnWG führte. Danach war ein Planfeststellungsverfahren u.a. für Hochspannungsfreileitungen ab 110 kV durchzuführen, allerdings nur, soweit nach dem UVPG[8] eine Umweltverträglichkeitsprüfung erforderlich war.[9] Durch eine Reihe nachfolgender Gesetzesänderungen wurde das Planfeststellungserfordernis für Energieleitungen dann nach und nach erweitert. Im Jahre 2006 wurden durch Art. 7 des Infrastrukturplanungsbeschleunigungsgesetzes[10] die neuen §§ 43–45a EnWG eingefügt. § 43 EnWG schreibt auch in seiner aktuellen Fassung vor, in welchen Fällen entsprechende Leitungen der Planfeststellung bedürfen. Hinzu kommen für bestimmte Fälle einer Erdverkabelung die Regelungen in § 2 Abs. 3 EnLAG und § 18 Abs. 1 i.V.m. § 2 Abs. 1 NABEG.[11] 2

B. Ausgangsbefund und Überblick

Insgesamt hat sich das Recht eher diffus entwickelt, sodass es bis heute kein einheitliches Netzplanungsrecht gibt.[12] Die rechtlichen Regelungen, die bei der Planung und Genehmigung von 3

---

1 Vgl. BVerfG, Urt. v. 28.3.1984 – 1 BvL 28/82 – BVerfGE 66, 248, 258, wo das Gericht zugleich klargestellt hat, dass aus diesem Grund auch Enteignungen zugunsten privater Energieversorgungsunternehmen verfassungsrechtlich zulässig sein können.

2 Näher dazu unten Kap. 3 Rn 22ff.

3 Vgl. hier nur *Moench/Ruttloff*, NVwZ 2011, 1040, 1041; GDMB/*Pielow*, S. 9, 11.

4 Vgl. zum Rechtszustand in „Vor-NABEG-Zeiten“ *Erbguth*, DVBl. 2012, 326ff. sowie oben Kap. 1 Rn 70ff.

5 Vgl. Ziekow/*Durner*, Rn 2511 m.w.N.

6 Gesetz zur Umsetzung der UVP-Änderungsrichtlinie, der IVU-Richtlinie und weiterer EG-Richtlinien vom 27.7.2001 (BGBl. I S. 1950).

7 Siehe dazu Kap. 8 Rn 7.

8 Gesetz über die Umweltverträglichkeitsprüfung in der Fassung der Bekanntmachung vom 24.2.2010 (BGBl. I S. 94), zuletzt geändert durch Art. 6 des Gesetzes vom 8.4.2013 (BGBl. I S. 734).

9 Näher zu dieser Entwicklung Ziekow/*Durner*, Rn 2511ff.

10 Gesetz zur Beschleunigung von Planungsverfahren für Infrastrukturvorhaben vom 9.12.2006 (BGBl. I S. 2833).

11 Für die Ausführung als Erdkabel ist insgesamt nur in wenigen Fällen ein Planfeststellungsverfahren vorgesehen; siehe unten Rn 53.

12 Siehe dazu auch oben Kap. 1 Rn 14ff.

Energieleitungen zu beachten sind, zeichnen sich daher aufgrund der teilweise weitverzweigten Rechtsquellen, des häufig nur punktuellen Zugriffs des Gesetzgebers und diverser Überlagerungen durch **große Unübersichtlichkeit** aus.

4 So existieren infolge der diversen Gesetzesänderungen und Maßnahmen zur Beschleunigung des Netzausbaus **allein für Energieleitungen der Hoch- und Höchstspannungsebene** je nach Zählweise **bis zu sechs verschiedene „Varianten“** des Planungsverfahrens, die sich im Hinblick auf den Ablauf und die Verfahrensabschnitte z.T. erheblich unterscheiden.[13] Diese Unterschiede haben auch Auswirkungen auf die jeweils zu beachtenden materiell-rechtlichen Vorgaben.

5 So sind für das **Übertragungsnetz**

1. die 24 Vorhaben gemäß dem EnLAG,[14]
2. länderübergreifende und grenzüberschreitende Leitungen nach § 2 Abs. 1 NABEG sowie
3. alle sonstigen Leitungen des Übertragungsnetzes

zu unterscheiden.

Für die EnLAG-Vorhaben gilt der Bedarfsplan nach § 1 Abs. 1 EnLAG; es ist zudem ein Raumordnungsverfahren nach § 15 ROG[15] sowie das Planfeststellungsverfahren nach den §§ 43ff. EnWG durchzuführen. Für die Leitungen nach § 2 Abs. 1 NABEG gilt demgegenüber der Bundesbedarfsplan nach § 12e EnWG und es ist sowohl die Bundesfachplanung wie auch das Planfeststellungsverfahren nach dem NABEG durchzuführen, dagegen kein Raumordnungsverfahren. Für alle übrigen Leitungen des Übertragungsnetzes gilt zwar ebenfalls der Bundesbedarfsplan nach § 12e EnWG. Es findet jedoch auch § 15 ROG Anwendung und das Planfeststellungsverfahren richtet sich nach den §§ 43ff. EnWG statt nach den Vorschriften des NABEG.

6 Neben den verschiedenen Regelungen für das Übertragungsnetz bestehen besondere Vorgaben für die **Leitungen des Bahnstromnetzes**: Diese können entweder in Fernstromleitungen in Zusammenhang mit Leitungen nach dem NABEG oder nach dem AEG[16] geplant werden.

7 Für alle **sonstigen Hochspannungsfreileitungen**, d.h. Leitungen der 110 kV-Ebene, existiert kein Bedarfsplan; es ist in diesen Fällen ein Raumordnungsverfahren nach § 15 ROG sowie ein Planfeststellungsverfahren nach den §§ 43ff. EnWG durchzuführen.

8 Hinzu kommen künftig nach dem Inkrafttreten der **VO (EU) Nr. 347/2013 zu Leitlinien für die transeuropäische Energieinfrastruktur**[17] besondere verfahrensrechtliche Vorgaben für die sog. Vorhaben von gemeinsamem Interesse. Zu diesen Vorhaben können gem. Anhang II Nr. 1 lit. a) der Verordnung im Strombereich auch Hochspannungsfreileitungen gehören, sofern sie für eine Spannung von mindestens 220 kV ausgelegt wurden, sowie Erd- und Seekabel, sofern sie für eine Spannung von mindestens 150 kV ausgelegt wurden. Da die Vorhaben von gemeinsamem Interesse aber erst noch nach Maßgabe der Verordnung festgelegt werden müssen und angesichts des Umstands, dass die genauen Inhalte der Verordnung in diesem Handbuch an

13 Vgl. *Schmitz/Jornitz*, NVwZ 2012, 332, 333ff. Darüber hinaus kann auch das neue Modell nach NABEG und EnWG 2011 in sechs Stufen unterteilt werden; vgl. *Durner*, NuR 2012, 369, 370ff.

14 Gesetz zum Ausbau von Energieleitungen (Energieleitungsausbaugesetz – EnLAG) vom 21.8.2009 (BGBl. I S. 2870), geändert durch Art. 5 des Gesetzes vom 7.3.2011 (BGBl. I S. 338).

15 Raumordnungsgesetz vom 22.12.2008 (BGBl. I S. 2986), zuletzt geändert durch Art. 9 des Gesetzes vom 31.7.2009 (BGBl. I S. 2585).

16 Allgemeines Eisenbahngesetz vom 27.12.1993 (BGBl. I S. 2378, 2396), zuletzt geändert durch Art. 5 Abs. 4 des Gesetzes vom 26.6.2013 (BGBl. I S. 1738).

17 VO (EU) Nr. 347/2013 des Europäischen Parlaments und des Rates vom 17.4.2013 zu Leitlinien für die transeuropäische Energieinfrastruktur und zur Aufhebung der Entscheidung Nr. 1364/2006/EG und zur Änderung der VO (EG) Nr. 713/2009, (EG) Nr. 714/2009 und (EG) Nr. 715/2009, ABl. EU Nr. L 115 S. 39. Die Verordnung ist gem. Art. 24 am 20. Tag nach ihrer Veröffentlichung in Kraft getreten und gilt mit Ausnahme der Art. 14 und 15 ab dem 1.6.2013.

anderer Stelle mehrfach aus verschiedenen Blickrichtungen beleuchtet werden,[18] sollen die diesbezüglichen Vorgaben der Verordnung an dieser Stelle aus Gründen der Übersichtlichkeit außen vor bleiben.

C. Verfahrensrechtliche Unterscheidungen

Vor diesem Hintergrund werden im Folgenden einige verfahrensrechtliche Unterscheidungen 9 vorgenommen und Kriterien benannt, die darüber entscheiden, welche Energieleitungen im Einzelfall welche Planungs- und Genehmigungsverfahren durchlaufen müssen.

Zunächst erscheint es trotz der nicht seltenen Überlagerungen und Modifizierungen nach 10 wie vor sinnvoll, zwischen den **verschiedenen Verfahrensarten** zu differenzieren, die durchlaufen werden müssen.[19] Auf der ersten Ebene stand in der Vergangenheit bei vielen Netzbaumaßnahmen die **übergeordnete Raumplanung**, die in Raumordnungsplänen dargestellt und später in bestimmten Fällen im Rahmen eines Raumordnungsverfahrens vorhabenbezogen konkretisiert wurde. Beim Ausbau des Übertragungsnetzes wird dieser übergeordneten Planung neuerdings eine **Bedarfsplanung** vorgeschaltet, an die sich wiederum bei bestimmten Leitungen eine **Bundesfachplanung** anschließt, die ihrerseits zu Modifizierungen bei der überörtlichen Gesamtplanung führt. Daran schließt sich bei der Genehmigung der meisten großräumigen Infrastrukturprojekte und so auch bei einer Reihe von Energieleitungen auf einer weiteren Stufe ein **Planfeststellungsverfahren** an.

Welche Energieleitungen im Einzelfall welche Planungs- und Genehmigungsverfahren 11 durchlaufen müssen, hängt bei den Leitungen des Elektrizitätsversorgungsnetzes zumeist von der jeweiligen **Netzspannung** ab. Demgegenüber kommt es bei den Leitungen des Gasversorgungsnetzes in erster Linie auf den **Durchmesser** der Leitung an.

Sodann ist **in räumlicher Hinsicht** entscheidend, ob es um eine Energieversorgungsleitung 12 **an Land oder** um eine Leitung geht, die „offshore" **in der deutschen AWZ oder im Bereich des deutschen Festlandsockels** verlegt werden soll. Denn während sich die Planung und Genehmigung von Energieleitungen, die an Land oder auch an und vor den Küsten in der 12-Seemeilen-Zone verlegt werden sollen, nach den zuvor erwähnten Regelungen richten, gelten für die Planung, die Errichtung und den Betrieb von Anlagen in der AWZ und im Bereich des deutschen Festlandsockels besondere Vorschriften. Sie werden daher separat behandelt.[20]

Besondere Regelungen sind ferner, wie bereits angedeutet wurde, bei der Planung und 13 Genehmigung von **Leitungen des Bahnstromnetzes** zu beachten. Eine differenzierende Betrachtung erscheint überdies bei der Verlegung von **Gasversorgungsnetzen** i.S.d. § 3 Nr. 20 EnWG und **Erdkabeln** angezeigt.

Schließlich sollte nicht unerwähnt bleiben, dass auch nach den jüngsten Änderungen des ein- 14 schlägigen Fachrechts **Energieleitungsvorhaben** verbleiben, **für die weder das Energierecht noch das Raumordnungsrecht ein Planungs- oder Genehmigungserfordernis vorschreiben.**[21] Auch § 4 Abs. 1 EnWG, wonach die **Aufnahme des Betriebs** eines Energieversorgungsnetzes einer Genehmigung bedarf, stellt kein solches „netzbezogenes" Genehmigungserfordernis für die Planung und den Bau von Energieleitungen dar. Dies ergibt sich bereits aus dem Umstand, dass Tätigkeiten, die lediglich die Aufnahme des Netzbetriebs ermöglichen sollen, wie etwa die Planung oder Errichtung von Anlagen, die Genehmigungspflicht nach § 4 Abs. 1 EnWG anerkanntermaßen

18 Siehe Kap. 3 Rn 41 ff. und passim, Kap. 6 Rn 58, 99 und 145 ff., Kap. 8 Rn 12 f. sowie Kap. 10 Rn 60 ff. und 124.
19 Vgl. auch Kap. 5 Rn 71 ff.
20 Siehe unten Rn 58 ff.
21 Siehe unten Rn 72 ff.

noch nicht auslösen.[22] Darüber hinaus verdeutlicht die Regelung der entsprechenden Versagungsgründe in § 4 Abs. 2 EnWG, dass in diesem Zusammenhang einzig personen- bzw. unternehmensbezogene Gründe zu prüfen sind, die einer Zulassung des Netzbetriebs entgegen stehen könnten,[23] nicht aber leitungsbezogene Gründe wie etwa solche des Planungs- oder Umweltrechts.

D. Allgemeine Stufen und Arten der Netzplanung

I. Bedarfsplanung

15 Wie bereits erwähnt, gab es bis vor wenigen Jahren für Energieleitungsvorhaben – anders als bei der Bundesfernstraßenplanung und der Planung Transeuropäischer Netze auf EU-Ebene – keine hoheitliche Bedarfsplanung. Die Bedarfsbeurteilung oblag vielmehr zunächst einmal dem jeweiligen Unternehmen der Energiewirtschaft.[24] Daher erfolgte eine „externe" Bedarfsprüfung, wenn überhaupt, erst im Planfeststellungsverfahren bei der nach fachplanungsrechtlichen Grundsätzen durchzuführenden Überprüfung der Planrechtfertigung.[25]

1. Das EnLAG als „erster Schritt"

16 Einen „ersten Schritt" in Richtung einer (vorgeschalteten) hoheitlichen Bedarfsplanung[26] unternahm das EnLAG vom 21.8.2009, indem es **eine gesetzliche Bedarfsfeststellung** normierte.[27] Denn der dem Gesetz als Anlage beigefügte „Bedarfsplan" enthält 24 Vorhaben im Bereich der Höchstspannungsnetze mit einer Nennspannung ab 380 kV, die durch ihre Anfangs- und Endpunkte (also ohne konkrete Linienbestimmung) bezeichnet werden. Dabei bestimmt § 1 Abs. 2 EnLAG, dass für die in den Bedarfsplan aufgenommenen Vorhaben die energiewirtschaftliche Notwendigkeit sowie der vordringliche Bedarf feststehen und dass diese Feststellungen für die Planfeststellung und die Plangenehmigung verbindlich sind. Das EnLAG selbst enthält jedoch keine Verpflichtung der Netzbetreiber zum Netzausbau, sondern erleichtert und beschleunigt lediglich die Durchführung.

2. Die Bedarfsplanung für die Übertragungsnetze

17 Durch die **EnWG-Novelle 2011**[28] ist erstmalig eine **übergeordnete, bundesweite Bedarfsplanung** im EnWG geschaffen worden, die wesentlich umfassender ist als die bisher bereits in § 2 Abs. 2 EnLAG für bestimmte Höchstspannungsleitungen bestehende gesetzliche Bedarfsregelung.[29] Diese neue bundesweite Bedarfsplanung nach den §§ 12a–12g EnWG **gilt für den künfti-**

---

22 Vgl. hier nur Schneider/Theobald/*Franke*, § 3 Rn 7; Britz/Hellermann/Hermes/*Hermes*, § 4 Rn 10.
23 Danner/Theobald/*Theobald*, § 4 EnWG Rn 15.
24 GDMB/*Pielow*, S. 9, 11.
25 Siehe dazu ausführlich unten Kap. 10 Rn 26 ff.
26 So GDMB/*Pielow*, S. 9, 11; ähnlich *Moench/Ruttloff*, NVwZ 2011, 1040, 1041.
27 Näher dazu unten Kap. 10 Rn 14 ff. Vgl. aus dem sonstigen Schrifttum etwa *Scherer*, NVwZ 2010, 1321, 1324; siehe auch Britz/Hellermann/Hermes/*Bourwieg*, § 11 Rn 37; *Lecheler*, RdE 2010, 41; *Hermanns/Austermann*, NdsVBl. 2010, 175, 176 ff.
28 Gesetz zur Neuregelung energiewirtschaftsrechtlicher Vorschriften v. 26.7.2011 (BGBl. I S. 1554), das am 4.8.2011 im Bundesgesetzblatt verkündet wurde und seit dem 5.8.2011 in Kraft ist; siehe zum Gesetzgebungsverfahren *Grigoleit/Weisensee*, UPR 2011, 401; *Kment*, RdE 2011, 341, 342; *Scholtka/Helmes*, NJW 2011, 3185, 3185 f.; *Durner*, DVBl. 2011, 853.
29 Vgl. *Moench/Ruttloff*, NVwZ 2011, 1040, 1041; *Sellner/Fellenberg*, NVwZ 2011, 1025, 1031.

gen Ausbau des gesamten Übertragungsnetzes, d.h. „an sich" in Anlehnung an die Definitionen in § 3 Nr. 10 und 32 EnWG für sämtliche Leitungen, die dem Transport von Elektrizität über ein Höchstspannungs- und Hochspannungsnetz dienen. Gleichwohl werden die Begriffe Übertragungsnetz und Übertragungsnetzbetreiber sowohl in der rechtswissenschaftlichen Literatur[30] als auch in der Praxis allein mit dem **Höchstspannungsnetz** in Verbindung gebracht, also mit den Stromleitungen mit einer Nennspannung von 220–380 kV. Im Einklang damit steht die Höchstspannungsebene auch im Zentrum der neuen bundesrechtlichen Bedarfsplanung.

Dabei sieht die Bedarfsplanung einen **dreistufigen Planungsmechanismus** vor: 18

1. Auf der ersten Stufe steht der **Szenariorahmen** (a).
2. Aus ihm werden in einem zweiten Schritt die **Netzentwicklungspläne** entwickelt (b).
3. Diese dienen wiederum als Entwurf für den **Bundesbedarfsplan**, der letztlich durch den Bundesgesetzgeber als Bundesgesetz erlassen wird (c).[31]

a) Szenariorahmen

§ 12a Abs. 1 S. 1 EnWG bestimmt, dass die **Übertragungsnetzbetreiber** jährlich einen **gemeinsamen Szenariorahmen** erarbeiten, der die Grundlage für die Erarbeitung des Netzentwicklungsplans nach § 12b EnWG sowie nunmehr auch des Offshore-Netzentwicklungsplans nach § 17b EnWG[32] ist. Der Szenariorahmen umfasst mindestens drei Entwicklungspfade (Szenarien), die für die nächsten zehn Jahre die Bandbreite wahrscheinlicher Entwicklungen im Rahmen der mittel- und langfristigen energiepolitischen Ziele der Bundesregierung abdecken.[33] Zu diesen energiepolitischen Zielen der Bundesregierung soll das mit dem Energiekonzept im September 2011 angekündigte „Zielnetz 2050" gehören, dem die Leitidee einer vollständigen Stromerzeugung aus erneuerbaren Energien in 40 Jahren zugrunde liegt.[34] Eines der Szenarien muss zudem die wahrscheinliche Entwicklung für die nächsten 20 Jahre darstellen.[35] Damit soll gewährleistet werden, dass lang- und mittelfristig erforderliche Netzausbaumaßnahmen möglichst in Einklang gebracht werden.[36] Die Übertragungsnetzbetreiber haben dabei angemessene Annahmen für die jeweiligen Szenarien zu Erzeugung, Versorgung, Verbrauch von Strom sowie dessen Austausch mit anderen Ländern zugrunde zu legen und geplante Investitionsvorhaben der europäischen Netzinfrastruktur zu berücksichtigen.[37] Ein Entwurf des Szenariorahmens wird sodann durch die Übertragungsnetzbetreiber der Regulierungsbehörde übermittelt.[38] Diese macht ihn öffentlich bekannt, gibt der Öffentlichkeit Gelegenheit zur Äußerung[39] und berücksichtigt die Ergebnisse der Öffentlichkeitsbeteiligung bei der anschließenden Genehmigung des Szenariorahmens.[40] 19

30 Vgl. etwa *Durner*, NuR 2012, 369, 370; Danner/Theobald/*Theobald*, § 12 EnWG Rn 1.
31 Siehe ausführlich zu den verfahrensrechtlichen Anforderungen der Bundesbedarfsplanung Kap. 3 Rn 250 ff.
32 Dazu sogleich noch unter Rn 59 ff.
33 § 12a Abs. 1 S. 2 EnWG; siehe auch Steinbach/*Heimann*, § 12a EnWG Rn 13 ff.
34 Vgl. BT-Drucks. 17/3049, S. 10.
35 § 12a Abs. 1 S. 3 EnWG.
36 BT-Drucks. 17/6072, S. 68.
37 § 12a Abs. 1 S. 2–4 EnWG; siehe auch Steinbach/*Heimann*, § 12a EnWG Rn 18 ff.; nach *Grigoleit/Weisensee*, UPR 2011, 401, 404, kann die Vorgabe, dass die Annahmen „angemessen" sein müssen, sowohl als Schutz als auch als Verpflichtung der Übertragungsnetzbetreiber verstanden werden: Schutz davor, abwegige, unrealistische oder ideologische Parameter zugrunde legen zu müssen und Verpflichtung, die Gemeinwohlzwecke des § 1 EnWG einzuhalten.
38 Dies geschah erstmalig am 19.7.2011. Im Juli 2012 wurde der Entwurf eines zweiten Szenariorahmens vorgelegt, siehe http://www.netzausbau.de.
39 Die Stellungnahmen können eingesehen werden unter http://www.netzausbau.de.
40 § 12a Abs. 2, 3 EnWG; der Szenariorahmen 2011 wurde am 20.12.2011 durch die BNetzA genehmigt; siehe *BNetzA*, Genehmigung des Szenariorahmens für die Netzentwicklungsplanung nach § 12a Abs. 3 EnWG 2011; siehe zum Rechtscharakter der Genehmigung Steinbach/*Heimann*, § 12a EnWG, Rn 32.

b) Netzentwicklungspläne

20 Der genehmigte Szenariorahmen ist sodann Grundlage für die Erstellung des nationalen Netzentwicklungsplans, der als Investitionsrahmenplan die energiewirtschaftsrechtlichen Grundlagen für die weiteren Planungs- und Genehmigungsentscheidungen zum Stromleitungsbau enthält.[41] Auch der Netzentwicklungsplan ist nach der gesetzlichen Zuständigkeitsregelung **gemeinsam durch die Übertragungsnetzbetreiber zu entwickeln** und sodann jährlich, erstmalig ab dem 3.6.2012, der **Regulierungsbehörde** zur **Bestätigung** vorzulegen.[42]

21 Bevor der Entwurf des Netzentwicklungsplans der Regulierungsbehörde vorgelegt wird, müssen die Übertragungsnetzbetreiber diesen auf ihren **Internetseiten veröffentlichen** und der Öffentlichkeit, einschließlich tatsächlicher oder potenzieller Netznutzer, den nachgelagerten Netzbetreibern sowie den Trägern öffentlicher Belange und den Energieaufsichtsbehörden der Länder Gelegenheit zur Äußerung geben.[43] Die Betreiber von Elektrizitätsverteilernetzen sind dabei gesetzlich verpflichtet, mit den Übertragungsnetzbetreibern in dem Umfang zusammenzuarbeiten, der erforderlich ist, um eine sachgerechte Erstellung des Netzentwicklungsplans zu gewährleisten.[44] Die Ergebnisse dieser Beteiligungen und ihre Berücksichtigung im Netzentwicklungsplan sowie eine Darstellung der Gründe, warum der Netzentwicklungsplan **nach Abwägung** mit den geprüften, in Betracht kommenden anderweitigen Planungsmöglichkeiten gewählt wurde, haben die Übertragungsnetzbetreiber dem Netzentwicklungsplan in einer **zusammenfassenden Erklärung** beizufügen.[45]

22 Der Entwurf des Netzentwicklungsplans ist anschließend unverzüglich der Regulierungsbehörde vorzulegen,[46] die sodann überprüft, ob die in § 12b Abs. 1, 2 und 4 EnWG enthaltenen Vorgaben eingehalten wurden; ggf. kann sie Änderungen verlangen.[47] Zugleich erstellt sie einen Umweltbericht nach § 14g UVPG;[48] die Übertragungsnetzbetreiber haben ihr dazu die erforderlichen Informationen zur Verfügung zu stellen.[49]

23 Nach Abschluss dieser Prüfung beteiligt die Regulierungsbehörde unverzüglich die Behörden, deren Aufgabenbereich berührt wird, sowie die Öffentlichkeit nach den in § 12c Abs. 3 EnWG näher geregelten Maßgaben.[50] Anschließend bestätigt die Regulierungsbehörde den jährlichen Netzentwicklungsplan *„mit Wirkung für die Betreiber der Übertragungsnetze"*.[51] Dies bedeutet, dass die Bestätigung nur **für die Übertragungsnetzbetreiber verbindlich und durch Dritte nicht anfechtbar** ist.[52] Darüber hinaus kann die Behörde bestimmen, welcher Übertragungsnetzbetreiber für die Durchführung einer im Netzentwicklungsplan enthaltenen Maßnahme verantwortlich ist.[53] Ist ein Netzentwicklungsplan erstmalig bestätigt, kann sich die Öffentlichkeitsbeteiligung in den nächsten zwei Jahren auf die Änderungen gegenüber dem

---

41 Vgl. *Appel*, UPR 2011, 406, 412.
42 § 12b Abs. 1 S. 1 EnWG; siehe auch *Grigoleit/Weisensee*, UPR 2011, 401, 404 m.w.N.
43 § 12b Abs. 3 S. 1 EnWG; dies geschah erstmalig im Mai 2012. Die Stellungnahmefrist lief vom 30.5. bis zum 10.7.2012; siehe http://www.netzentwicklungsplan.de.
44 § 12b Abs. 3 S. 2 EnWG.
45 § 12b Abs. 4 EnWG.
46 Dies geschah erstmalig am 15.8.2012, siehe http://www.netzausbau.de.
47 § 12b Abs. 5, § 12c Abs. 1 S. 1, S. 2 EnWG.
48 Einzelheiten zur Strategischen Umweltprüfung in Kap. 8 Rn 34 ff.
49 § 12c Abs. 2 EnWG.
50 Siehe dazu im Einzelnen Steinbach/*Heimann*, § 12c EnWG, Rn 1 ff. Die BNetzA hat den Plan geprüft und die Ergebnisse in einem Begleitdokument zusammengestellt; dieses wurde zusammen mit dem Netzentwicklungsplan bis zum 17.10.2012 öffentlich ausgelegt; Stellungnahmen konnten bis zum 2.11.2012 abgegeben werden; siehe im Einzelnen http://www.netzausbau.de.
51 § 12c Abs. 4 S. 1 EnWG.
52 Siehe auch BT-Drucks. 17/6072, S. 69.
53 § 12c Abs. 4 S. 3 EnWG; Einzelheiten dazu in Kap. 6 Rn 23 ff.

Vorjahr beschränken; mindestens alle drei Jahre ist jedoch ein vollständiges Verfahren durchzuführen.[54]

Daneben bestimmt § 17b Abs. 1 S. 1 EnWG, dass die Übertragungsnetzbetreiber der Regulierungsbehörde gemeinsam mit dem nationalen Netzentwicklungsplan nach § 12b EnWG auch einen **Offshore-Netzentwicklungsplan** zur Bestätigung vorlegen.[55] Diese Regelung wurde durch die dritte Änderung des EnWG[56] im Jahr 2012 eingefügt und gilt erstmals für das Jahr 2013. Für die Erstellung des Plans gelten die Regelungen des § 12b Abs. 3–5 EnWG, insbesondere zur Veröffentlichung des Entwurfs und zur Öffentlichkeitsbeteiligung, nach § 17b Abs. 3 EnWG entsprechend. Der Offshore-Netzentwicklungsplan ist nach § 17c EnWG durch die Regulierungsbehörde in Abstimmung mit dem BSH zu prüfen und zu bestätigen, wobei die Bestimmungen der §§ 12c und 12d EnWG über den nationalen Netzentwicklungsplan ebenfalls entsprechende Anwendung finden. 24

c) Bundesbedarfsplan

Sind die beiden Netzentwicklungspläne von der Regulierungsbehörde bestätigt, werden sie von dieser mindestens alle drei Jahre der Bundesregierung als Entwurf für einen Bundesbedarfsplan übermittelt.[57] In dem Entwurf der Regulierungsbehörde kennzeichnet diese die länderübergreifenden und grenzüberschreitenden Höchstspannungsleitungen.[58] Die Bundesregierung legt den Entwurf des Bundesbedarfsplans mindestens alle drei Jahre dem Bundesgesetzgeber vor, der den Bundesbedarfsplan dann als **Bundesgesetz** erlässt. Aufgrund der Souveränität des Gesetzgebers ist dieser bei Erlass des Bundesbedarfsplans nicht an die Vorgaben des Netzentwicklungsplans und den Gesetzentwurf der Bundesregierung gebunden.[59] 25

Mit Erlass des Bundesgesetzes steht gem. § 12e Abs. 4 EnWG für die im Plan enthaltenen Vorhaben die **energiewirtschaftliche Notwendigkeit** und der **vordringliche Bedarf** fest.[60] Zugleich sind die im Bundesbedarfsplan enthaltenen Feststellungen für die Planfeststellung und die Plangenehmigung nach den §§ 43–43d EnWG und den §§ 18–24 NABEG **verbindlich**. Diese Vorgabe entspricht der Regelung des § 1 Abs. 2 S. 2 und S. 3 EnLAG.[61] Anders als im EnLAG ist in § 12e Abs. 4 S. 2 EnWG zudem ausdrücklich normiert, dass die im Bundesbedarfsplan enthaltenen Feststellungen **auch für die Übertragungsnetzbetreiber verbindlich** sind. Dieser Regelung kommt insbesondere im Hinblick auf die Sanktionsmöglichkeit nach § 65 Abs. 2a EnWG sowie für die Fristsetzung zur Antragstellung nach § 6 S. 2 NABEG Bedeutung zu.[62] 26

3. Die Bedarfsplanung für die (Gas-) Fernleitungsnetze

Nach § 15a EnWG haben die Betreiber von Fernleitungsnetzen i.S.v. § 3 Nr. 5 EnWG jährlich nach dem dort geregelten Verfahren einen gemeinsamen nationalen Netzentwicklungsplan zu erstel- 27

54 § 12d EnWG.
55 Dieser wiederum ist nicht zu verwechseln mit dem in § 17a EnWG geregelten Bundesfachplan Offshore. Zu beiden Plänen sogleich noch näher unter Rn 59 ff. sowie ausführlich Kap. 3 Rn 301 und 325 ff.
56 Die Änderung erfolgte durch Art. 1 des Dritten Gesetzes zur Neuregelung energiewirtschaftsrechtlicher Vorschriften vom 20.12.2012 (BGBl. I S. 2730).
57 § 12e Abs. 1 S. 1 EnWG.
58 § 12e Abs. 2 S. 1 EnWG; siehe dazu Steinbach/*Heimann*, § 12e EnWG Rn 12 f.
59 *Moench/Ruttloff*, NVwZ 2011, 1040, 1042; *Appel*, UPR 2011, 406, 408; Steinbach/*Heimann*, § 12e EnWG Rn 8; kritisch *Durner*, NuR 2012, 369, 371.
60 Näheres dazu in Kap. 3 Rn 533 ff., Kap. 10 Rn 14 ff. sowie bei Steinbach/*Heimann*, § 12e EnWG Rn 23 ff.; siehe zur verfassungsrechtlichen Unbedenklichkeit einer gesetzlichen Bedarfsplanung *Appel*, UPR 2011, 406, 413.
61 Vgl. *Sellner/Fellenberg*, NVwZ 2011, 1025, 1031; *Moench/Ruttloff*, NVwZ 2011, 1040, 1042.
62 Vgl. Steinbach/*Heimann*, § 12e EnWG Rn 31.

len und der Regulierungsbehörde unverzüglich vorzulegen, erstmals zum 1.4.2012.[63] Dieser muss nach § 15a Abs. 1 S. 2 EnWG alle wirksamen Maßnahmen zur bedarfsgerechten Optimierung, zur Verstärkung und zum bedarfsgerechten Ausbau des Netzes sowie zur Gewährleistung der Versorgungssicherheit enthalten, die in den nächsten zehn Jahren netztechnisch für einen sicheren und zuverlässigen Netzbetrieb erforderlich sind.

28 Der Netzentwicklungsplan der Fernleitungsnetzbetreiber ist jedoch gem. § 15a Abs. 3 S. 7 EnWG – anders als der auf dem Netzentwicklungsplan für die Übertragungsnetze aufbauende Bundesbedarfsplan – **nur für die Betreiber** von Fernleitungsnetzen **verbindlich**. Deshalb ist auch bei Ausbauvorhaben, die in den Netzentwicklungsplan der Fernleitungsnetzbetreiber Aufnahme gefunden haben, die Planrechtfertigung eigenständig zu prüfen.[64] Das schließt freilich nicht aus, dass der Aufnahme in diesen Netzentwicklungsplan bei der Prüfung der Planrechtfertigung ein herausgehobener Stellenwert zugemessen wird.

II. Räumliche Gesamtplanung

29 Laut § 1 Abs. 1 S. 1 ROG sind der Gesamtraum der Bundesrepublik Deutschland und seine Teilräume durch zusammenfassende, überörtliche und fachübergreifende Raumordnungspläne, durch raumordnerische Zusammenarbeit und durch Abstimmung raumbedeutsamer Planungen und Maßnahmen zu entwickeln, zu ordnen und zu sichern.[65] Dabei können sich zum einen konkrete Vorgaben für die Planung und Genehmigung von Energieleitungen aus Raumordnungsplänen ergeben. Zum anderen soll die Raumverträglichkeit von bestimmten Energieleitungen in einem Raumordnungsverfahren geprüft werden. Diese allgemeinen Vorgaben werden indessen bei Stromleitungen, die dem NABEG unterfallen, in der noch näher zu skizzierenden Weise modifiziert.[66]

1. Raumordnungspläne

30 **Zuständig** für die Aufstellung der Raumordnungspläne sind grundsätzlich die Länder, die wiederum verpflichtet sind, landesweite Raumordnungspläne und Regionalpläne aufzustellen.[67] Etwas anderes gilt im hier interessierenden Kontext nur für die deutsche AWZ, für die das Bundesministerium für Verkehr, Bau und Stadtentwicklung gem. § 17 Abs. 3 ROG einen Raumordnungsplan als Rechtsverordnung aufzustellen hat.[68]

31 **Zentrales Steuerungsinstrument** der Raumordnungsplanung ist die **Festsetzung von Zielen und Grundsätzen** der Raumordnung.[69] Einer der grundlegenden **Unterschiede** zwischen den Zielen und den Grundsätzen der Raumordnung besteht dabei **in ihrer Bindungswirkung**: Während Ziele der Raumordnung eine verbindliche Vorgabe darstellen, denen grundsätzlich eine Bindungswirkung für die nachgelagerten Planungen und Entscheidungen zukommt, sind

63 Der Netzentwicklungsplan ist neben anderen Informationen im Internet abrufbar unter: http://www.netzentwicklungsplan-gas.de.
64 Siehe unten Kap. 10 Rn 26 f.
65 Näheres zur Bedeutung der räumlichen Gesamtplanung auch in Kap. 7 Rn 10 ff.
66 Siehe unten Rn 40 ff. sowie ausführlich Kap. 4 Rn 1 ff. und Kap. 7 Rn 113 ff.
67 Sonderregelungen gelten für die Länder Berlin, Bremen, Hamburg und Saarland; siehe § 8 ROG; Einzelheiten dazu bei Spannowsky/Runkel/Goppel/*Runkel*, § 8 Rn 1 ff. sowie in Kap. 7 Rn 52 f.
68 Näher dazu Spannowsky/Runkel/Goppel/*Runkel*, § 17 Rn 35 ff. sowie Kap. 7 Rn 138.
69 Siehe § 7 Abs. 1 ROG.

Grundsätze der Raumordnung lediglich in Abwägungs- oder Ermessensentscheidungen zu berücksichtigen.[70]

Zu den Grundsätzen der Raumordnung gehört kraft Gesetzes u.a. die Versorgung mit Dienstleistungen und Infrastrukturen der Daseinsvorsorge;[71] zudem ist den räumlichen Erfordernissen für eine kostengünstige, sichere und umweltverträgliche Energieversorgung einschließlich des Ausbaus von Energienetzen Rechnung zu tragen.[72] Als Ziele der Raumordnung[73] können **auch Trassen für Energieversorgungsleitungen** festgelegt werden.[74] Diese können insbesondere durch die Festlegung eines Vorranggebiets[75] gesichert werden, weil dadurch andere raumbedeutsame Nutzungen in diesem Gebiet ausgeschlossen werden, soweit sie mit dem Bau der Leitungstrasse unvereinbar sind. 32

Häufig sind allerdings in den Raumordnungsplänen auch **andere Nutzungen und Zwecke** wie z.B. zum Schutz von Natur und Landschaft vorgesehen, aus denen sich dann Konkurrenzen ergeben können. In diesem Fall ist sorgfältig zu prüfen, welchem Zweck die Festlegung dient und ob die Nutzungen tatsächlich unvereinbar sind. Ferner kommt es auch hier darauf an, ob es sich um ein Ziel oder einen Grundsatz der Raumordnung handelt.[76] 33

Adressaten der jeweiligen Bindungswirkung sind dabei vor allem die öffentlichen Stellen und damit **insbesondere Behörden** des Bundes und der Länder,[77] die wiederum die Ziele und Grundsätze der Raumordnung bei (weiteren) raumbedeutsamen Planungen und Maßnahmen sowie bei späteren Planfeststellungsverfahren zu beachten bzw. zu berücksichtigen haben.[78] Hieraus resultieren zunächst und vor allem die Bindungswirkungen der Erfordernisse der Raumordnung für spätere Planfeststellungsverfahren nach dem EnWG, dem EnLAG und dem NABEG. 34

Nach § 4 Abs. 1 S. 2 ROG können aber auch **Personen des Privatrechts** an die Erfordernisse der Raumordnung gebunden sein, wenn diese in Wahrnehmung öffentlicher Aufgaben raumbedeutsame Planungen und Maßnahmen durchführen und öffentliche Stellen an den Personen des Privatrechts mehrheitlich beteiligt sind oder die Vorhaben überwiegend mit öffentlichen Mitteln finanziert werden. Ob nach dieser Vorschrift auch Energieversorgungsunternehmen an die Erfordernisse der Raumordnung gebunden sein können, wird unterschiedlich beurteilt.[79] Dafür spricht jedenfalls, dass die Übertragungsnetzbetreiber die öffentliche Aufgabe der Energieversorgung wahrnehmen.[80] Fraglich ist aber, ob auch zumindest eine der weiteren Voraussetzungen des § 4 Abs. 1 S. 2 ROG gegeben ist.[81] Dies wird man zumindest bei der TransnetBW GmbH bejahen können, da an diesem Übertragungsnetzbetreiber öffentliche Stellen mehrheitlich beteiligt sind.[82] 35

70 Siehe § 3 Abs. 1 Nr. 2 und 3, § 4 Abs. 1 ROG. Näheres dazu bei Spannowsky/Runkel/Goppel/*Goppel*, § 4 Rn 1 ff. sowie in Kap. 7 Rn 36 ff., 47 und 49.
71 Siehe § 2 Nr. 3 S. 1 ROG.
72 § 2 Nr. 4 S. 5 ROG.
73 Siehe dazu die Legaldefinition in § 3 Abs. 1 Nr. 2 ROG.
74 Siehe § 8 Abs. 5 S. 1 Nr. 3b ROG; vgl. auch Britz/Hellermann/Hermes/*Hermes*, § 43 Rn 7.
75 Siehe § 8 Abs. 7 S. 1 Nr. 1 ROG.
76 Vgl. etwa zum Konflikt zwischen Windenergienutzung und Energieleitungsausbau OVG Schleswig, Urt. v. 1.7. 2011 – 1 KS 20/10 – NuR 2012, 424.
77 Vgl. Legaldefinition in § 3 Abs. 1 Nr. 5 ROG. Danach zählen zu den öffentlichen Stellen auch kommunale Gebietskörperschaften, bundesunmittelbare und der Aufsicht eines Landes unterstehende Körperschaften, Anstalten und Stiftungen des öffentlichen Rechts.
78 Siehe § 4 Abs. 1 S. 1 ROG.
79 Schneider/Theobald/*Hermes*, § 7 Rn 55 m.w.N.; vgl. auch Spannowsky/Runkel/Goppel/*Goppel*, § 4 Rn 63 ff.
80 Vgl. oben Rn 1 mit Fn 1. Näheres zu den Aufgaben der Übertragungsnetzbetreiber in Kap. 6 Rn 40.
81 Tendenziell bejahend Schneider/Theobald/*Hermes*, § 7 Rn 55.
82 Siehe dazu Kap. 3 Rn 251 Fn 227 und Kap. 4 Rn 11 Fn 40.

Praxistipp
Auch wenn diese Frage umstritten ist, sollten die Übertragungsnetzbetreiber die Erfordernisse der Raumordnung von sich aus frühzeitig in gebührender Weise beachten, da sich jedenfalls entgegenstehende Ziele der Raumordnung in der Regel spätestens im Planfeststellungsverfahren durchsetzen.

2. Raumordnungsverfahren

36 Selbst wenn in einem Raumordnungsplan eine Leitungstrasse als Ziel der Raumordnung ausgewiesen ist, fehlt es in der Regel an der erforderlichen Präzision, um eine hinreichende Grundlage für die Beurteilung der raumordnungsrechtlichen Zulässigkeit eines konkreten Netzausbauprojekts zu bieten. Zudem stellt eine derartige Standortvorsorgeplanung lediglich eine Freihalte- oder Angebotsplanung dar, die keine Vorentscheidung für die Zulässigkeit des Vorhabens enthält.[83] Hieraus erklärt sich die erhebliche praktische Bedeutung des Raumordnungsverfahrens,[84] das zwischen der Ebene der übergeordneten Raumplanung und der projektbezogenen abschließenden Zulassungsentscheidung angesiedelt ist.[85]

37 Nach § 15 Abs. 1 S. 1 ROG i.V.m. § 1 Nr. 14 RoV soll **für Hochspannungsfreileitungen** mit einer Nennspannung von mindestens 110 kV ebenso wie **für Gasleitungen mit einem Durchmesser von mehr als 300 mm** ein Raumordnungsverfahren zur Prüfung der Raumverträglichkeit dieser Leitungen durchgeführt werden.[86] **Erdkabel** werden von § 1 Nr. 14 RoV nicht erfasst, doch können die Länder nach § 1 S. 2 RoV auch für diese die Durchführung eines Raumordnungsverfahrens anordnen. Fehlt eine solche Anordnung, spielen Erdkabel im Raumordnungsverfahren dann eine Rolle, wenn eine Alternativenprüfung der verschiedenen Ausbauvarianten vorgenommen wird.[87]

38 Im Rahmen des Raumordnungsverfahrens werden die **raumbedeutsamen Auswirkungen** einer Leitungstrasse und die fachlichen Belange einschließlich der Umweltauswirkungen ermittelt, beschrieben und bewertet, wobei insbesondere auch Trassen- und Standortalternativen geprüft werden.[88] Das Raumordnungsverfahren schließt mit den Feststellungen ab, ob das Vorhaben mit den Erfordernissen der Raumordnung übereinstimmt. Inhaltlich wird dabei in der Regel nicht eine bestimmte Trasse, sondern ein **Trassenkorridor** bestimmt, innerhalb dessen der Netzbetreiber die Feintrassierung für die Erarbeitung der Planfeststellungsunterlagen vornimmt.[89]

39 Das **Ergebnis des Raumordnungsverfahrens** stellt dabei ein „sonstiges Erfordernis der Raumordnung" i.S.v. § 3 Nr. 4 ROG dar. Dies hat zunächst zur Folge, dass das Ergebnis des Raumordnungsverfahrens gem. § 4 Abs. 1 S. 1 ROG in Abwägungs- oder Ermessensentscheidungen „zu berücksichtigen" ist. Dem Ergebnis des Raumordnungsverfahrens kommt also in späte-

---

83 Schneider/Theobald/*Hermes*, § 7 Rn 59.
84 Siehe dazu ausführlich Kap. 7 Rn 81 ff. Weitere Hinweise finden sich bei *Erbguth*, NVwZ 2012, 326; *Moench/Ruttloff*, NVwZ 2011, 1040, 1042.
85 Schneider/Theobald/*Hermes*, § 7 Rn 13.
86 Näher dazu Kap. 7 Rn 88 ff. und *Weyer*, Netzausbau in Deutschland. Rechtlicher Rahmen und Handlungsbedarf, Arbeitspapier 05/2011 des Sachverständigenrates zur Begutachtung der gesamtwirtschaftlichen Entwicklung, S. 13, abrufbar unter: http://www.sachverstaendigenrat-wirtschaft.de/publikationen.html.
87 BMU-Studie „Ökologische Auswirkungen von 380-kV-Erdleitungen und HGÜ-Erdleitungen" (1.10.2009–31.12.2011), Bd. 4: Bericht der Arbeitsgruppe Recht, S. 80, abrufbar unter: http://www.efzn.de/index.php?id=238&no_cache=1&tx_wiwiprojekte_pi4[showUid]=80.
88 Vgl. Danner/Theobald/*Missling*, vor §§ 43 ff. EnWG Rn 5.
89 Vgl. Danner/Theobald/*Missling*, vor §§ 43 ff. EnWG Rn 5.

ren Planfeststellungsverfahren der Charakter eines in die Abwägung einzustellenden Belangs zu, der nach Maßgabe seines materiellen Gewichts Geltung beansprucht.[90]

3. Modifizierungen durch die Bundesfachplanung nach dem NABEG

Diese raumordnerische Steuerung wird nunmehr durch das NABEG modifiziert. In den **Anwendungsbereich** des NABEG fallen nach § 2 Abs. 1 NABEG jedoch nur die Errichtung und Änderung **länderübergreifender oder grenzüberschreitender Höchstspannungsleitungen**, die im Bundesbedarfsplangesetz nach § 12e EnWG als solche gekennzeichnet wurden, sowie nach § 2 Abs. 3 NABEG auch der Neubau von **Hochspannungsleitungen** mit einer Nennspannung von mindestens 100 kV und **Bahnstromfernleitungen**, soweit diese mit einer Höchstspannungsleitung i.S.v. § 2 Abs. 1 NABEG auf einem Mehrfachgestänge geführt werden und die Einbeziehung ohne wesentliche Verfahrensverzögerung möglich ist. Leitungen im Anwendungsbereich des EnLAG sind dagegen nach § 2 Abs. 4 NABEG ausdrücklich vom Anwendungsbereich ausgenommen. 40

Für diese Stromleitungen schließt sich nun an die Bundesbedarfsplanung nach § 12e EnWG[91] das neue Verfahren der sog. **Bundesfachplanung** nach den §§ 4ff. NABEG an.[92] Im Rahmen der Bundesfachplanung werden nach § 5 Abs. 1 NABEG Trassenalternativen geprüft, Trassenkorridore für die jeweilige Leitung festgelegt und diese auch auf ihre Raumverträglichkeit hin überprüft. So prüft die BNetzA nach § 5 Abs. 1 S. 3 NABEG insbesondere die Übereinstimmung mit den Erfordernissen der Raumordnung und die Abstimmung mit anderen raumbedeutsamen Planungen und Maßnahmen.[93] 41

Die abschließende **Entscheidung** der BNetzA **über die Bundesfachplanung** enthält sodann gem. § 12 Abs. 2 S. 1 NABEG den Verlauf eines raumverträglichen Trassenkorridors und die Länderübergangspunkte, eine Bewertung der Umweltauswirkungen gem. §§ 14kf. UVPG[94] zu diesem Trassenkorridor sowie das Ergebnis der Prüfung von alternativen Trassenkorridoren. Diese Entscheidung ist gem. § 15 Abs. 1 NABEG nicht nur **für das anschließende Planfeststellungsverfahren verbindlich**; sie **hat** auch **grundsätzlich Vorrang vor Landesplanungen**.[95] Umgekehrt ersetzt die Entscheidung über die Bundesfachplanung aber laut § 15 Abs. 3 NABEG ausdrücklich noch nicht die Entscheidung über die Zulassung eines Leitungsbauvorhabens; ihr kommt danach auch keine unmittelbare Außenwirkung zu und sie ist lediglich zusammen mit der noch erforderlichen Zulassungsentscheidung anfechtbar. 42

Korrespondierend mit diesen Bestimmungen über die Bundesfachplanung, in der nun bereits die Raumverträglichkeit des Trassenkorridors für die geplante Leitung geprüft wird, stellt § 28 NABEG klar, dass für die davon erfassten Höchstspannungsleitungen zumindest während 43

90 Schneider/Theobald/*Hermes*, § 7 Rn 66; vgl. auch Britz/Hellermann/Hermes/*Hermes*, § 43 Rn 8; *Spreen*, UPR 2005, 288, 291.

91 Siehe dazu bereits Rn 25f. sowie ausführlich Kap. 3 Rn 236ff. und 250ff.

92 Hierzu ausführlich Kap. 4; ferner *Appel*, UPR 2011, 406, 408f.; *Appel*, ER 2012, 3ff. Auf den Streit um die Verfassungsmäßigkeit des Gesetzes im Hinblick auf die Kompetenzen des Bundes soll an dieser Stelle nicht eingegangen werden.

93 Vgl. die Begründung der übereinstimmenden Gesetzentwürfe der Bundesregierung sowie der Fraktionen der CDU/CSU und FDP vom 6.6.2011, BR-Drucks. 342/11, S. 43 und BT-Drucks. 17/6073, S. 27 (im Folgenden lediglich zitiert nach BT-Drucks. 17/6073).

94 Zu der nach § 5 Abs. 2 NABEG erforderlichen Strategischen Umweltprüfung siehe Kap. 3 Rn 366ff. und Kap. 8 Rn 19ff.

95 Welche Konsequenzen dies für das Verhältnis zu den Vorgaben der Raumordnung, und hier insbesondere zu den Zielen in Raumordnungsplänen hat, ist umstritten; siehe dazu Kap. 4 Rn 5ff. sowie 21ff. und Kap. 7 Rn 117ff.

der 10- bis maximal 15-jährigen Geltungsdauer der Entscheidung über die Bundesfachplanung nach § 15 Abs. 2 NABEG **kein Raumordnungsverfahren** nach § 15 ROG **mehr durchzuführen** ist.

III. Planfeststellung

44 Auf der Ebene der konkreten Vorhabenszulassung ist die verfahrensrechtliche Zulässigkeit eines größeren Netzausbauprojekts in der Regel im Rahmen eines Planfeststellungsverfahrens zu ermitteln. Für das EnWG bestimmt § 43 S. 1 EnWG, dass die Errichtung, der Betrieb sowie die Änderung[96] von bestimmten Energieversorgungsleitungen planfeststellungsbedürftig sind. Für diese Maßnahmen bedient sich das EnWG mit der Planfeststellung der zentralen Entscheidungsform der vorhabenbezogenen Fachplanung.[97] Auf diese Weise werden die in § 43 EnWG aufgeführten Leitungsvorhaben planungsrechtlich auf die gleiche Stufe gestellt wie Straßen-, Schienen- und andere Infrastrukturprojekte.[98]

45 Der Planfeststellungsbeschluss hat dabei die Funktion einer **Standortplanungs- sowie einer Zulassungsentscheidung**.[99] Denn neben der Gestattungswirkung kommt dem Planfeststellungsbeschluss[100] die sog. **Konzentrationswirkung** zu, d.h., durch die Planfeststellung wird die Zulässigkeit des Vorhabens im Hinblick auf alle von ihm berührten öffentlichen Belange festgestellt; zusätzliche andere behördliche Entscheidungen sind nicht erforderlich.[101] Durch die Planfeststellung werden somit alle öffentlich-rechtlichen Beziehungen zwischen dem Träger des Vorhabens und den durch den Plan Betroffenen rechtsgestaltend geregelt.[102]

46 Der **Kreis der planfeststellungsbedürftigen Vorhaben** ergibt sich zum einen aus § 43 S. 1 EnWG und umfasst Hochspannungsfreileitungen mit einer Nennspannung von 110 kV oder mehr, Gasversorgungsleitungen mit einem Durchmesser von mehr als 300 mm, Hochspannungsleitungen, die zur Netzanbindung von Offshore-Anlagen im Küstenmeer als Seekabel und landeinwärts als Freileitung oder Erdkabel bis zu dem technisch und wirtschaftlich günstigsten Verknüpfungspunkt des nächsten Übertragungs- und Verteilernetzes verlegt werden sollen, sowie grenzüberschreitende Gleichstrom-Hochspannungsleitungen. Zum anderen kann sich das Erfordernis einer Planfeststellung aus dem NABEG, aus der SeeAnlV[103] und aus dem AEG[104] ergeben.[105]

47 Jenseits dieser Regelungen und damit insbesondere unterhalb der 110 kV-Ebene bedarf der Netzausbau keiner Planfeststellung.[106] Aus diesem Grund wird sich die in § 43h EnWG normierte **gesetzliche Verpflichtung**, Leitungen unter den dort genannten Voraussetzungen **als Erdkabel auszuführen**, wenn überhaupt, nur bei Leitungen mit einer Nennspannung von 110 kV, nicht aber bei Leitungen im Bereich der Mittel- und Niederspannung hinreichend

---

96 Näheres zu diesen Begriffen bei Danner/Theobald/*Missling*, § 43 ff. EnWG Rn 18 ff. sowie Schneider/Theobald/*Hermes*, § 7 Rn 80.
97 Vgl. Danner/Theobald/*Missling*, vor §§ 43 ff. EnWG Rn 2.
98 Britz/Hellermann/Hermes/*Hermes*, § 43 Rn 1.
99 Näher zu den Funktionen der Planfeststellung Kap. 5 Rn 4 ff.
100 Gleiches gilt für die Plangenehmigung, siehe § 43b EnWG i.V.m. § 74 Abs. 6 VwVfG.
101 § 43c EnWG i.V.m. § 75 Abs. 1 VwVfG; siehe auch Schneider/Theobald/*Hermes*, § 7 Rn 76.
102 Siehe § 43c S. 2 EnWG i.V.m. § 75 Abs. 1 VwVfG.
103 Näher dazu unten Rn 63 ff.
104 Näher dazu unten Rn 67 ff.
105 Eine vollständige Übersicht findet sich in Kap. 5 Rn 3.
106 *Greinacher*, ZUR 2011, 305, 307; zu dem dann maßgeblichen Rechtsrahmen siehe unten Rn 72 ff.

sicher durchsetzen lassen, weil es hier zumeist am Erfordernis einer behördlichen Zulassung fehlt.[107]

IV. Zusammenfassung

Fasst man diese verschiedenen Stufen und Arten der Netzplanung und Netzgenehmigung unter Berücksichtigung der zuvor genannten Unterscheidungskriterien zusammen, dann ergibt sich Folgendes: 48

1. Leitungen des Übertragungsnetzes

Für die Planung und Genehmigung von Leitungen des Übertragungsnetzes, d.h. in Anlehnung an die Definitionen in § 3 Nr. 32 EnWG derjenigen **Leitungen, die dem Transport von Elektrizität über ein Hoch- und Höchstspannungsnetz dienen**, kommen grundsätzlich drei verschiedene Verfahrensvarianten in Betracht:[108] 49

Für die Leitungen, die dem EnLAG unterfallen, wird zunächst ein Raumordnungsverfahren nach § 1 Nr. 14 RoV, § 15 ROG und anschließend ein Planfeststellungsverfahren nach § 43 S. 1 Nr. 1 EnWG durchgeführt. 50

Für das übrige Übertragungsnetz wird eine Bedarfsplanung nach den §§ 12a ff. EnWG durchgeführt, die sich in der Praxis auf die Leitungen des Höchstspannungsnetzes beschränkt. Werden die Leitungen im Bundesbedarfsplan als länderübergreifende oder grenzüberschreitende Leitungen gekennzeichnet, dann schließt sich noch eine Bundesfachplanung nach den §§ 4 ff. NABEG an. 51

In allen anderen Fällen wird zunächst „nur" ein Raumordnungsverfahren nach § 1 Nr. 14 RoV, § 15 ROG und anschließend ein Planfeststellungsverfahren nach § 43 S. 1 Nr. 1 EnWG durchgeführt. 52

2. Besonderheiten bei Erdkabeln

Aufgrund der Beschränkung in § 43 S. 1 Nr. 1 EnWG auf Hochspannungsfreileitungen findet trotz einer Nennspannung von mindestens 110 kV **grundsätzlich kein Planfeststellungsverfahren** statt, wenn die Leitung als Erdkabel ausgeführt wird.[109] **Etwas anderes** gilt nur dann, wenn es sich um eine Leitung zur Netzanbindung von Offshore-Anlagen gem. § 43 S. 1 Nr. 3 EnWG, eine grenzüberschreitende Gleichstrom-Hochspannungsleitung i.S.d. § 43 S. 1 Nr. 4 EnWG oder um eine Leitung handelt, die dem Anwendungsbereich des NABEG unterfällt. Ferner kann gem. § 43 S. 4 EnWG für Erdkabel im Küstenbereich oder für ein Pilotvorhaben gem. § 2 Abs. 3 EnLAG fakultativ ein Planfeststellungsverfahren durchgeführt werden. Sodann kann auch in allen anderen Fällen auf Antrag des Vorhabensträgers nach § 43 Abs. 1 S. 7 EnWG ein Planfeststellungsverfahren durchgeführt werden, wenn das Erdkabel mit einer Nennspannung von mindestens 110 kV betrieben werden soll. Weitere Möglichkeiten der Planfeststellung eröffnet das Niedersächsische Erdkabelgesetz für die Errichtung und den Betrieb von Hochspannungsleitungen mit einer Nennspannung von mehr als 53

107 Vgl. unten Rn 72. Dessen ungeachtet ist es überzogen, wenn *Elspaß/Schwoon*, NVwZ 2012, 1066, 1068, die Regelung *„als inhaltlich und systematisch missglückt"* bezeichnen.

108 Vgl. Steinbach/*Steinbach*, Einleitung Rn 10.

109 Siehe dazu *Elspaß/Schwoon*, NVwZ 2012, 1066, 1067 ff. Auch § 1 Nr. 14 RoV nennt im Übrigen ausdrücklich nur Freileitungen der Spannungsebene von mindestens 110 kV, sodass für Erdkabel danach kein Raumordnungsverfahren durchzuführen ist, wenn nicht das jeweils einschlägige Landesrecht gem. § 1 S. 2 RoV eine entsprechende Regelung enthält. Siehe dazu bereits oben Rn 37.

110 kV, die in der Erde verlegt werden.[110] Schließlich ist daran zu erinnern, dass die in § 1 Nr. 14 RoV normierte Soll-Pflicht, ein Raumordnungsverfahren durchzuführen, nicht für Erdkabel gilt.

3. Besonderheiten bei Gasversorgungsnetzen

54 Bei Gasversorgungsnetzen ist zunächst zu beachten, dass die in § 3 Nr. 5 EnWG genannten Betreiber von Fernleitungsnetzen nach § 15a EnWG jährlich einen eigenständigen Netzentwicklungsplan aufzustellen haben. Anschließend bzw. im Übrigen wird für Gasleitungen mit einem Durchmesser von mehr als 300 mm zunächst ein Raumordnungsverfahren nach § 1 Nr. 14 RoV, § 15 ROG und anschließend ein Planfeststellungsverfahren nach § 43 S. 1 Nr. 2 EnWG durchgeführt.

55 Dabei ist zu beachten, dass vorgelagerte Rohrleitungsnetze i.S.v. § 3 Nr. 39 EnWG und damit auch Leitungen, die dazu dienen, **Gas aus anderen Ländern** zu einem Terminal auf deutschem Hoheitsgebiet zu leiten, in § 3 Nr. 19 EnWG ausdrücklich vom Begriff der Fernleitung ausgenommen werden und damit auch nicht als Gasversorgungsnetze i.S.v. § 3 Nr. 20 EnWG anzusehen sind. Aus diesem Grund findet § 43 S. 1 Nr. 2 EnWG auf solche Gasleitungen keine Anwendung.[111] In diesen Fällen kann sich aber eine Planfeststellungs- oder Genehmigungspflicht aus § 20 UVPG i.V.m. Nr. 19.4 oder 19.5 der Anlage 1 ergeben.[112]

56 Das zuletzt Gesagte gilt schließlich auch für alle sonstigen Gasleitungen, die dem **Befördern von verflüssigten Gasen** dienen und die zwar nicht unter Nr. 19.2, wohl aber unter Nr. 19.4 der Anlage 1 zum UVPG fallen, weil der Vorrang der Nr. 19.2 für Energieanlagen ausdrücklich nur in Nr. 19.5 angeordnet wird.[113]

57 In allen anderen Fällen sind allein die im Folgenden unter G (Rn 72 ff.) und hier vor allem unter III (Rn 80 ff.) genannten Vorgaben zu beachten.

E. Die Planung und Genehmigung von Energieleitungen in der AWZ und im Bereich des deutschen Festlandsockels

58 Während sich die Planung und Genehmigung von Energieleitungen, die an und vor den Küsten in der 12-Seemeilen-Zone verlegt werden sollen, nach den allgemeinen, zuvor beschriebenen Regelungen richtet, gelten für die Planung, Errichtung und den Betrieb von Anlagen in der AWZ und im Bereich des deutschen Festlandsockels[114] besondere Vorschriften.

I. Der Offshore-Netzentwicklungsplan und der Bundesfachplan Offshore

59 **Seit 2011**[115] sah das EnWG in § 17 Abs. 2a S. 3 vor, dass das BSH im Einvernehmen mit der BNetzA und in Abstimmung mit dem Bundesamt für Naturschutz und den Küstenländern jährlich einen **Offshore-Netzplan** für die AWZ der BRD erstellt, in dem die Offshore-Anlagen identifiziert wer-

---

110 Vgl. im Einzelnen das Niedersächsische Gesetz über die Planfeststellung für Hochspannungsleitungen in der Erde vom 13.12.2007 (Nds. GVBl. S. 709).

111 So auch *Leidinger*, S. 336; *Wolf*, ZUR 2007, 24, 30; a.A. Danner/Theobald/*Missling*, § 43 EnWG Rn 9.

112 So auch *Wolf*, ZUR 2007, 24, 30.

113 So auch Hoppe/Beckmann/*Beckmann*, § 20 Rn 22; a.A. *Steinberg/Wickel/Müller*, § 1 Rn 168 mit Fn 457.

114 Siehe näher zu diesen Begriffen und zum völkerrechtlichen Kontext Landmann/Rohmer/*Faßender*, § 3 WHG Rn 31 ff. und 446 ff.

115 Änderung des § 17 EnWG durch Art. 2 Nr. 3 des Gesetzes über Maßnahmen zur Beschleunigung des Netzausbaus Elektrizitätsnetze vom 28.7.2011 (BGBl. I S. 1690).

den, die für eine Sammelanbindung nach § 17 Abs. 2a S. 2 EnWG geeignet sind. Dieser Offshore-Netzplan sollte gem. § 17 Abs. 2a S. 4 EnWG a.F. auch die **Festlegung der notwendigen Trassen für die Anbindungsleitungen**, Standorte für die Konverterplattformen und grenzüberschreitende Stromleitungen sowie Darstellungen zu möglichen Verbindungen untereinander, die zur Gewährleistung der Systemsicherheit beitragen können und mit einem effizienten Netzausbau vereinbar sind, enthalten.

Seit der erneuten Änderung des Gesetzes im Jahr 2012[116] sind für den Offshore-Bereich nunmehr **zwei Pläne** zu unterscheiden: der Bundesfachplan Offshore des BSH gem. § 17a EnWG sowie der Offshore-Netzentwicklungsplan der Übertragungsnetzbetreiber nach § 17b EnWG.[117] Während in den **Offshore-Netzentwicklungsplan** gem. § 17b EnWG – vergleichbar dem Netzentwicklungsplan nach § 12b EnWG für den Bereich an Land – alle wirksamen Maßnahmen zur bedarfsgerechten Optimierung, Verstärkung und zum Ausbau der Offshore-Anbindungsleitungen während der nächsten zehn Jahre, verbunden mit einem Zeitplan für die Durchführung dieser Maßnahmen, aufzunehmen sind, enthält der **Bundesfachplan Offshore** gem. § 17a Abs. 1 S. 2 EnWG – wie der bisherige Offshore-Netzplan – u.a. Festlegungen zu den für Sammelanbindungen geeigneten Offshore-Anlagen, Standorten von Konverterplattformen oder Umspannanlagen sowie Trassen bzw. Trassenkorridoren für Anbindungsleitungen für Offshore-Anlagen, grenzüberschreitenden Stromleitungen und Verbindungen der genannten Anlagen und Trassen untereinander. 60

Was die **Bindungswirkungen** des Bundesfachplans Offshore betrifft, bestimmt § 17a Abs. 5 S. 1 EnWG zwar, dass der Plan keine Außenwirkungen entfaltet und nicht selbstständig durch Dritte anfechtbar ist. Nach § 17a Abs. 5 S. 2 EnWG ist er jedoch ausdrücklich für Planfeststellungs- und Genehmigungsverfahren nach der SeeAnlV verbindlich. Zusätzlich ist der jeweils aktuell geltende Bundesfachplan Offshore gem. § 17b Abs. 1 S. 2 EnWG bei der Erstellung des Offshore-Netzentwicklungsplans zu berücksichtigen. Gleiches gilt nach § 5 Abs. 1 S. 2 NABEG für die Bundesfachplanung für Anbindungsleitungen von den Offshore-Windpark-Umspannwerken zu den Netzverknüpfungspunkten an Land. Diese Anbindungsleitungen sind gem. § 12e Abs. 2 S. 1 EnWG auch bereits im Entwurf für den Bundesbedarfsplan zu kennzeichnen. 61

Schließlich sollen die fertiggestellten Bundesfachpläne Offshore in die Raumordnungspläne für die deutsche AWZ der Nord- und Ostsee aufgenommen werden.[118] Dort können dann die Inhalte der Offshore-Netzpläne auch über den bereits erwähnten § 4 ROG Bindungswirkungen für nachfolgende Planfeststellungsverfahren entfalten, wenn sie als Ziele der Raumordnung ausgewiesen werden. 62

Praxistipp
Nähere Informationen zum Verfahrensstand sowie einschlägige Entwürfe, Berichte und Stellungnahmen zu den Offshore-Netzplänen können auf den Internetseiten des BSH (www.bsh.de) abgerufen werden.

116 Durch Art. 1 des Dritten Gesetzes zur Neuregelung energiewirtschaftsrechtlicher Vorschriften vom 20.12.2012 (BGBl. I S. 2730).

117 Siehe bereits oben Rn 24 sowie ausführlich Kap. 3 Rn 301 und 325 ff.

118 Vgl. etwa den auf den Internetseiten des BSH abrufbaren Entwurf für einen Bundesfachplan Offshore für die deutsche AWZ der Nordsee 2012 vom 22.2.2013, S. 8.

II. Die Zulassung nach der Seeanlagenverordnung

63 Für die **konkrete Genehmigung** von Seekabeln in der AWZ gelten weder die Vorschriften des EnWG noch des NABEG,[119] sondern die speziellen **Vorschriften der SeeAnlV.**[120] Hier hat die Novellierung der SeeAnlV Anfang 2012 einige grundsätzliche Änderungen mit sich gebracht. Denn diese unterlagen bis dahin einer bloßen Genehmigungspflicht. Dabei hatte der Antragsteller dann, wenn dem Vorhaben keine Vorschriften entgegenstanden, einen Anspruch auf Genehmigungserteilung.[121]

64 **Seit Anfang 2012**[122] **bedürfen** die Errichtung und der Betrieb von Anlagen zur Übertragung von Energie aus Wasser, Strömung und Wind, zu denen auch und gerade **Seekabel** gehören, nach § 2 Abs. 1 SeeAnlV – unabhängig von der jeweiligen Netzspannung – **der Planfeststellung**. Zuständige Behörde ist freilich weiterhin das BSH,[123] dem indessen neuerdings, wie auch sonst bei Planfeststellungen, selbst dann ein Planungsermessen zusteht, wenn alle zwingenden Vorschriften erfüllt sind.[124]

65 Daneben hat die Novellierung der SeeAnlV von 2012 auch **in verfahrensrechtlicher Hinsicht einige Änderungen** gebracht.[125] Zu beachten ist schließlich, dass die SeeAnlV in ihrem § 5 Abs. 6 **zwingende materiell-rechtliche Vorgaben** enthält, die neben den allgemein geltenden zwingenden Vorschriften zu beachten sind.[126]

66 Mit Blick auf die Errichtung und den Betrieb von Transit-Rohrleitungen und Unterwasserkabeln in oder auf dem **deutschen Festlandsockel**, der sich freilich geographisch im Wesentlichen mit der AWZ deckt,[127] enthält § 133 BBergG eine Sonderregelung, die wiederum gem. § 1 Abs. 2 S. 2 SeeAnlV Vorrang genießt. Nach § 133 Abs. 1 BBergG sind für entsprechende Energieleitungen **zwei Genehmigungen erforderlich**: In bergbaulicher Hinsicht bedarf es einer Genehmigung der zuständigen Landesbehörde und hinsichtlich der Ordnung und Benutzung der Gewässer über dem Festlandsockel einer Genehmigung des BSH.[128] Die Genehmigungen dürfen nur unter den in § 133 Abs. 2 BBergG genannten Voraussetzungen versagt werden. Das BSH beschränkt indessen den Anwendungsbereich des § 133 BBergG auf **Transit-Unterwasserkabel**, also Kabel, die durch den Festlandsockel hindurchführen. Damit gilt für Seekabel, die Anlagen auf dem Festlandsockel bzw. in der AWZ mit dem deutschen Festland verbinden, in der Praxis allein die SeeAnlV.[129]

---

119 *Weyer*, Netzausbau in Deutschland. Rechtlicher Rahmen und Handlungsbedarf, Arbeitspapier 05/2011 des Sachverständigenrates zur Begutachtung der gesamtwirtschaftlichen Entwicklung, S. 31, abrufbar unter: http://www.sachverstaendigenrat-wirtschaft.de/publikationen.html.

120 Verordnung über Anlagen seewärts der Begrenzung des deutschen Küstenmeeres v. 23.1.1997 (BGBl. I S. 57), zuletzt geändert durch Art. 11 des Gesetzes v. 21.1.2013 (BGBl. I S. 95). Kritisch zu den damit einhergehenden geteilten Zuständigkeiten *Spreen*, NVwZ 2005, 653, 645 f.

121 Vgl. *Büllesfeld/Koch/v. Stackelberg*, ZUR 2012, 274, 277; *Spieth/Uibeleisen*, NVwZ 2012, 321, 322.

122 Siehe im Einzelnen die Übergangsregelung in § 17 SeeAnlV.

123 Siehe § 2 Abs. 2 SeeAnlV.

124 *Spieth/Uibeleisen*, NVwZ 2012, 321, 322. Vgl. auch die Hinweise in Kap. 5 Rn 13.

125 Näher dazu *Büllesfeld/Koch/v. Stackelberg*, ZUR 2012, 274, 277; *Zabel*, NordÖR 2012, 263, 267; *Spieth/Uibeleisen*, NVwZ 2012, 321, 322.

126 Siehe dazu Kap. 10 Rn 283 ff.

127 Vgl. Landmann/Rohmer/*Faßbender*, § 3 WHG Rn 44c.

128 *Weyer*, Netzausbau in Deutschland. Rechtlicher Rahmen und Handlungsbedarf, Arbeitspapier 05/2011 des Sachverständigenrates zur Begutachtung der gesamtwirtschaftlichen Entwicklung, S. 20, abrufbar unter: http://www.sachverstaendigenrat-wirtschaft.de/publikationen.html.

129 Näher zum Ganzen m.w.N. aus der Genehmigungspraxis *Pfeil/Töpfer*, NordÖR 2011, 373, 377 f.

F. Besonderheiten bei Leitungen des Bahnstromnetzes

§ 3a EnWG ordnet zwar die Geltung des Gesetzes auch für die Versorgung von Eisenbahnen mit leitungsgebundener Energie an. Allerdings werden speziell Bahnstromfernleitungen in § 43 EnWG von der dort geregelten Planfeststellungsbedürftigkeit ausdrücklich ausgenommen (vgl. § 43 S. 1 Nr. 1 sowie S. 7 EnWG). Daher richtet sich die Planfeststellung dieser Bahnstromfernleitungen grundsätzlich nach dem **AEG.**[130] Etwas anderes gilt nach § 2 Abs. 3 NABEG unter den dort genannten Voraussetzungen für Bahnstromfernleitungen, die mit einer dem NABEG unterfallenden Energieleitung i.S.d. EnWG gemeinsam auf einem Mehrfachgestänge geführt werden.[131] 67

Nach § 18 S. 1 AEG dürfen Bahnstromfernleitungen nur gebaut oder geändert werden, wenn der Plan vorher festgestellt ist. Dabei ist zu beachten, dass Bahnstromfernleitungen nicht die unmittelbar am Gleis verlaufenden Oberleitungen sind, sondern Leitungen, die der Versorgung des Bahnstromnetzes mit Elektrizität dienen.[132] 68

Das **Verfahren der Planfeststellung** richtet sich gem. § 18 S. 3 AEG nach den §§ 72ff. VwVfG, soweit das AEG keine Sonderregelungen enthält. Solche existieren beispielsweise für das Anhörungsverfahren (§ 18a AEG),[133] die Möglichkeit der Erteilung einer Plangenehmigung (§ 18b AEG) sowie Rechtsschutzfragen (§ 18e AEG). Das AEG enthält in den §§ 19ff. auch Regelungen zur Veränderungssperre, vorzeitiger Besitzeinweisung und Enteignung. 69

In materieller Hinsicht enthält das AEG – ähnlich wie das EnWG – zwar bestimmte allgemeine Anforderungen im Hinblick auf die Sicherheit der Eisenbahninfrastruktur (vgl. z.B. § 4 AEG), doch keine besonderen materiellen Anforderungen an die Planfeststellung, sodass insoweit wieder auf die allgemeinen Grundsätze zurückzugreifen ist.[134] Daher ist auch hier beispielsweise die Planrechtfertigung zu prüfen.[135] Im Übrigen stellt § 18 S. 2 AEG ausdrücklich klar, dass eine Abwägung der betroffenen öffentlichen und privaten Belange einschließlich der Umweltverträglichkeit zu erfolgen hat. 70

Mit Blick auf die Erforderlichkeit eines **Raumordnungsverfahrens** ist schließlich darauf hinzuweisen, dass sich § 1 Nr. 14 RoV auch auf Bahnstromleitungen erstreckt. Demzufolge gilt die Soll-Pflicht zur Durchführung eines Raumordnungsverfahrens auch für Bahnstromleitungen mit einer Nennspannung von 110 kV oder mehr. 71

G. Sonstige Energieleitungsvorhaben

Es wurde bereits erwähnt, dass auch nach den jüngsten Änderungen des einschlägigen Fachrechts Energieleitungsvorhaben verbleiben, für die weder das Energierecht noch das Raumord- 72

130 Allgemeines Eisenbahngesetz v. 27.12.1993 (BGBl. I S. 2378, 2396), zuletzt geändert durch Art. 5 Abs. 4 des Gesetzes v. 26.6.2013 (BGBl. I S. 1738).
131 Siehe dazu Steinbach/*Bourwieg*, § 2 NABEG Rn 16 ff.
132 *Kramer*, § 2 AEG Rn 6.
133 Siehe dazu *Stüer*, Rn 3393 sowie *Kramer*, § 18a AEG.
134 Insoweit nur beispielhaft zum Immissionsschutzrecht: Es gilt auch hier die 26. BImSchV, deren Anwendungsbereich sich nach § 1 Abs. 2 Nr. 2 lit. b) der Verordnung ausdrücklich auf die dort genannten Bahnstromfern- und -oberleitungen erstreckt. Die speziellen Regelungen des § 41 BImSchG für Straßen und Schienenwege ist dagegen auf Bahnstromfernleitungen nicht anwendbar; vgl. *Jarass*, § 41 BImSchG Rn 16a. Strittig ist dies dagegen für Bahnstromoberleitungen; vgl. einerseits *Jarass*, § 41 BImSchG Rn 16a, andererseits Landmann/Rohmer/*Bracher*, § 41 BImSchG Rn 23, jeweils m.w.N.
135 Dazu *Stüer*, Rn 3380 f. sowie *Kramer*, § 18 AEG Rn 3.

nungsrecht ein netzbezogenes Planungs- oder Genehmigungserfordernis vorschreiben.[136] Dies betrifft – wie sich im Umkehrschluss aus dem bereits dargestellten Anwendungsbereich des § 43 EnWG ergibt – alle **Energieleitungen mit einer Nennspannung von weniger als 110 kV sowie Gasleitungen mit einem Durchmesser von maximal 300 mm.**[137] Weiterhin findet für Hochspannungsleitungen trotz einer Nennspannung von mindestens 110 kV außer den zuvor genannten Fällen[138] auch dann kein Planfeststellungsverfahren statt, wenn sie als **Erdkabel** ausgeführt werden.[139]

73 Aber selbst wenn das Energierecht und das Raumordnungsrecht weder ein Planungs- oder Genehmigungserfordernis noch ein Raumordnungsverfahren vorschreiben, sind für Energieleitungsvorhaben doch bestimmte rechtliche Vorgaben zu beachten.

I. Baurecht

74 So sind Energieanlagen, die nicht der Planfeststellung oder Plangenehmigung bedürfen,[140] grundsätzlich auch an den **bauplanungsrechtlichen Vorgaben der §§ 29 ff. BauGB** zu messen.[141] Danach richtet sich die bauplanungsrechtliche Zulässigkeit entweder nach einem bestehenden Bebauungsplan[142] oder nach den planersetzenden Vorschriften der §§ 34 und 35 BauGB. Existiert ein Bauleitplan, ist dieser gem. § 1 Abs. 4 BauGB den Zielen der Raumordnung anzupassen; insofern besteht eine Verzahnung mit der (übergeordneten) Raumplanung.[143] Existiert kein Bebauungsplan, richtet sich die bauplanungsrechtliche Zulässigkeit in der Regel[144] nach den in § 35 BauGB enthaltenen Vorgaben für den Außenbereich. Nach § 35 Abs. 1 Nr. 3 BauGB sind u.a. Vorhaben, die der öffentlichen Versorgung mit Elektrizität, Gas und Wärme dienen, privilegiert, soweit diese Anlagen nicht gem. § 35 Abs. 3 S. 3 BauGB durch Darstellungen im Flächennutzungsplan oder als Ziele der Raumordnung an anderer Stelle ausgewiesen sind.[145]

75 Es ist allerdings zu beachten, dass diese Vorschriften **zumeist nicht in einem präventiven behördlichen Verfahren geprüft** werden. Denn zum einen bedürfen Energieleitungen in der Regel nach den Landesbauordnungen keiner Baugenehmigung. Zum anderen fordern die Zulassungserfordernisse, die sich aus dem sonstigen Fachrecht ergeben können, zumeist keine umfassende Prüfung der Rechtmäßigkeit des Vorhabens.[146]

---

136 Siehe oben Rn 14.
137 Wie ebenfalls bereits erwähnt, sind diese Größen bei Nennspannung bzw. Durchmesser auch entscheidend für die Frage, ob ein Raumordnungsverfahren durchgeführt werden muss. Siehe oben Rn 37.
138 Siehe oben Rn 53.
139 Siehe dazu *Elspaß/Schwoon*, NVwZ 2012, 1066, 1067 ff. Auch § 1 Nr. 14 RoV nennt im Übrigen ausdrücklich nur Freileitungen der Spannungsebene von mindestens 110 kV, sodass für Erdkabel danach kein Raumordnungsverfahren durchzuführen ist, wenn nicht das jeweils einschlägige Landesrecht gem. § 1 S. 2 RoV eine entsprechende Regelung enthält. Siehe dazu bereits oben Rn 37.
140 Anderenfalls gilt § 38 BauGB; näher dazu Kap. 7 Rn 149 ff.
141 *Horstmann*, S. 128 ff.
142 Siehe §§ 30–33 BauGB.
143 Siehe dazu oben Rn 29.
144 Der Vorschrift des § 34 BauGB – die das Bauen im unbeplanten Innenbereich regelt – kommt dabei beim Netzausbau lediglich eine geringe Praxisrelevanz zu; vgl. Schneider/Theobald/*Hermes*, § 7 Rn 127.
145 Schneider/Theobald/*Hermes*, § 7 Rn 128; siehe auch Battis/Krautzberger/Löhr/*Krautzberger*, § 35 Rn 28 ff. und Rn 74 ff.
146 Näher zum Ganzen oben Rn 14 sowie zu Ausnahmen unten Kap. 7 Rn 152 ff.

II. Zulassungsverfahren nach sonstigem Fachrecht

Fachrechtliche Zulassungserfordernisse können sich insbesondere aus den straßen-, wasser-, naturschutz-, forst- und denkmalschutzrechtlichen[147] Bestimmungen ergeben. Hervorzuheben sind insbesondere die Anforderungen, die das **Naturschutzrecht** vorsieht. Die Vorschriften zum Schutz von FFH- und Vogelschutzgebieten, Regelungen über Schutzgebiete nach nationalem Recht sowie artenschutzrechtliche Bestimmungen enthalten wesentliche materiell-rechtliche Vorgaben und erfordern ggf. die Erteilung einer Abweichungsentscheidung nach § 34 Abs. 3–5 BNatSchG bzw. einer Ausnahme oder Befreiung nach den Bestimmungen des BNatSchG.[148] Ferner müssen Eingriffe in Natur und Landschaft i.S.d. § 14 BNatSchG,[149] die nicht von einer Behörde durchgeführt werden und keiner behördlichen Zulassung oder Anzeige nach anderen Rechtsvorschriften bedürfen, gem. § 17 Abs. 3 S. 1 BNatSchG von der für Naturschutz und Landschaftspflege zuständigen Behörde genehmigt werden. 76

Neben dem Naturschutzrecht ist vor allem zu prüfen, ob eine **wasserrechtliche Genehmigung** für eine Gewässerbenutzung oder eine Anlage in, an, über oder unter oberirdischen Gewässern gem. § 36 S. 2 Nr. 2 WHG erforderlich ist[150] bzw. ob ggf. bestimmte Verbote eine Befreiung oder die Erteilung einer Ausnahmegenehmigung erfordern.[151] Auch wird u.U. eine strom- und schifffahrtspolizeiliche Genehmigung benötigt. 77

Mit Blick auf das **Straßenrecht** ist zu prüfen, ob das Vorhaben die Erteilung einer Sondernutzungserlaubnis oder einer Ausnahme von straßenrechtlichen Anbauverboten erfordert.[152] Schließlich kann mit dem Vorhaben auch eine genehmigungspflichtige **Waldumwandlung** einhergehen.[153] 78

Mit Blick auf das **Immissionsschutzrecht** ist zu beachten, dass es sich bei Energieleitungen nicht um genehmigungsbedürftige Anlagen i.S.d. § 4 BImSchG handelt.[154] Nach § 7 Abs. 2 der 26. BImSchV sind aber die vom Anwendungsbereich dieser Verordnung erfassten Niederfrequenzanlagen – und damit auch bestimmte Freileitungen und Erdkabel[155] – der zuständigen Behörde bei Vorliegen bestimmter Voraussetzungen mindestens zwei Wochen vor Inbetriebnahme **anzuzeigen**. Dies gilt für Anlagen, die auf einem Grundstück im Geltungsbereich eines Bebauungsplans, innerhalb eines im Zusammenhang bebauten Ortsteils oder auf einem mit Wohngebäuden bebauten Außenbereichsgrundstück belegen sind bzw. ein solches überqueren, sofern die immissionsschutzrechtlichen Belange nicht schon im Rahmen eines anderen behördlichen Verfahrens berücksichtigt werden. Auch kann ggf. eine Ausnahmeentscheidung nach § 8 der 26. BImSchV erforderlich werden. 79

III. Spezielle Regelungen für Gasleitungen i.S.d. EnWG

Für die nach dem EnWG nicht planfeststellungsbedürftigen Gasleitungen, bei denen es sich ebenfalls um Energieanlagen gem. § 3 Nr. 15 EnWG handelt, sind die speziellen Regelungen der 80

147 Näher dazu *Horstmann*, S. 301 ff.; siehe zur rechtlichen Einordnung auch Kap. 10 Rn 275.
148 Ausführlich zum Naturschutz Kap. 10 Rn 71 ff.
149 Siehe dazu im Einzelnen Kap. 10 Rn 188 ff.
150 Näher dazu in Kap. 10 Rn 254 ff.
151 Siehe dazu Kap. 10 Rn 265 ff.
152 Siehe dazu Kap. 10 Rn 277 ff.
153 Siehe Kap. 10 Rn 280 ff.
154 Siehe dazu Kap. 10 Rn 221.
155 Zum Anwendungsbereich siehe Kap. 10 Rn 230 ff.

Gashochdruckleitungsverordnung[156] zu beachten, sofern deren maximal zulässiger Betriebsdruck bei über 16 bar liegt. Für die Errichtung solcher Gasleitungen schreibt § 5 der Verordnung ab einer Länge von 1.000 m ein **Anzeigeverfahren** vor. Entsprechendes gilt nach § 8 der Verordnung auch für eine wesentliche Änderung oder Erweiterung einer solchen Gasleitung.

81 Zudem bestimmt die Gashochdruckleitungsverordnung in § 6 Abs. 1 Nr. 1, dass alle von ihr erfassten Leitungen – unabhängig von ihrer Länge – vor Inbetriebnahme einer sachverständigen Prüfung und einer sog. **Vorabbescheinigung** bedürfen. Auch muss der Behörde die Erfüllung der in der Verordnung geregelten Anforderungen an den Betrieb solcher Gasleitungen nachgewiesen werden (§ 6 Abs. 1 Nr. 2 GasHDrLtgV). Schließlich ist die Inbetriebnahme der Leitung der Behörde ebenfalls gem. § 6 Abs. 3 S. 2 der Verordnung anzuzeigen.

82 Neben den für die Errichtung einer Leitung erforderlichen Zulassungs- bzw. Anzeigeverfahren ist zu beachten, dass im Hinblick auf die Einhaltung der materiell-rechtlichen Anforderungen auch **spätere Aufsichtsmaßnahmen** der zuständigen Behörde möglich sind. Dies gilt sowohl nach der Gashochdruckleitungsverordnung (vgl. nur §§ 9 und 10 GasHDrLtgV) wie auch allgemein für Energieanlagen nach dem EnWG, beispielsweise gem. § 49 Abs. 5 EnWG, oder nach dem einschlägigen Fachrecht.

156 Verordnung über Gashochdruckleitungen (GasHDrLtgV) v. 18.5.2011 (BGBl. I S. 928), zuletzt geändert durch Art. 5 des Gesetzes v. 31.5.2013 (BGBl. I S. 1388). Die Verordnung beruht auf der Verordnungsermächtigung des § 49 Abs. 4 EnWG.

Kapitel 3
Bedarfsplanung

A. Bedarfsplanung im Spannungsfeld von staatlicher Infrastrukturverantwortung und Netzbetreiberpflichten

Die bedarfsgerechte Verfügbarkeit von Energieversorgungsnetzen ist eine Aufgabe, die sich im Spannungsfeld unternehmerischen Handelns der Netzbetreiber und staatlicher Infrastrukturverantwortung bewegt. 1

I. Bedarfsplanung als Aufgabe und Pflicht der Netzbetreiber

Nach § 11 Abs. 1 S. 1 EnWG sind die Betreiber von Energieversorgungsnetzen im Rahmen des wirtschaftlich Zumutbaren verpflichtet, ein sicheres, zuverlässiges und leistungsfähiges Energieversorgungsnetz diskriminierungsfrei zu betreiben, zu warten und bedarfsgerecht zu optimieren, zu verstärken und auszubauen.[1] 2

Damit tragen die Netzbetreiber die unmittelbare **Systemverantwortung** für den Betrieb und den bedarfsgerechten Ausbau des Netzes in ihrer jeweiligen Regelzone. 3

Mit der Pflicht zum bedarfsgerechten Netzausbau wird nicht nur die **Versorgungssicherheit** gewährleistet, sondern auch der **Wettbewerb** auf der Produzentenseite erst ermöglicht. Entsprechend der wettbewerbsorientierten Zielsetzung des § 1 EnWG muss allen Wettbewerbern die Netznutzung offenstehen.[2] 4

Demgemäß sind auch die individuellen Ansprüche der Anlagenbetreiber auf Netzanschluss und Zugang zum Energieversorgungsnetz ausgestaltet,[3] während die Pflichten des Netzbetreibers, diese Ansprüche zu erfüllen, erst an der Grenze zur **Unzumutbarkeit** enden.[4] Diese Schranke ist Ausprägung grundrechtlicher Verhältnismäßigkeitserwägungen, wobei sie als ausnahmsweise Durchbrechung der grundsätzlich bestehenden Anschlusspflicht restriktiv auszulegen ist.[5] 5

Den Schwierigkeiten, das Optimum in Bezug auf ein **bedarfsgerechtes Netz** über die Befriedigung von punktuellen Netzanschluss- und -ausbaupflichten gegenüber individuellen Anschlussnehmern hinaus konkret zu ermitteln, begegnet das EnWG mit spezifischen Vorgaben für eine koordinierte Bedarfs- und Netzausbauplanung in Bezug auf die Übertragungsnetze. 6

Zunächst ergaben sich Ansätze einer Ausbauplanung nur aus dem alle zwei Jahre von den Übertragungsnetzbetreibern zu erstellenden und der Regulierungsbehörde vorzulegenden Bericht über den Netzzustand und die Netzausbauplanung gem. § 11 Abs. 1 S. 1 EnWG 2005. Er diente überwiegend der wechselseitigen Information, ein koordinierter Bedarfsplanungsprozess der Netzbetreiber lag ihm nicht zugrunde. 7

---

1 Britz/Hellermann/Hermes/*Bourwieg*, § 11 Rn 31 ff.; *Kühling/Pisal*, ZNER 2011, 13, 14 f.; Ehricke/*Hermes*, S. 75, 78 ff.; *Säcker*, RdE 2009, 305 f.; *Weyer*, ZNER 2009, 210 f.

2 Vgl. *Säcker*, S. 101; Britz/Hellermann/Hermes/*Groebel*, § 21 Rn 2.

3 Vgl. § 17 Abs. 1 EnWG.

4 Vgl. § 17 Abs. 2 EnWG; zum Netzanschluss und Netzzugangsrecht vgl. BK-EnR/*Säcker/Boesche*, § 17 EnWG Rn 3 ff. sowie § 20 EnWG Rn 50 ff.

5 Die Kapazitätserweiterung ist in der Regel technisch, rechtlich und wirtschaftlich möglich, vgl. OLG Düsseldorf, Beschl. v. 25.6.2008 – VI-3 Kart 210/07 – ZNER 2008, 238, 239. Dies folgt bereits aus dem Regel-Ausnahme-Verhältnis zwischen § 17 Abs. 1 und § 17 Abs. 2 EnWG, vgl. Britz/Hellermann/Hermes/*Bourwieg*, § 17 Rn 23.

8 Mit der Umsetzung der Vorgaben des 3. EU-Energiebinnenmarktpakets[6] hat das EnWG diese Ansätze zu einer nationalen Netzentwicklungsplanung fortentwickelt. Sie verfolgt einen doppelten Zweck: Zum einen zeigt sie den Bedarf an Netzausbaumaßnahmen auf Ebene der Übertragungsnetze auf, zum anderen dient sie der Kontrolle des Ausbaufortschritts.[7]

9 Nach dem EnWG obliegt die Netzentwicklungsplanung den Übertragungsnetzbetreibern.[8] Sie verläuft in einem gestuften Verfahren: Nach § 12a EnWG müssen die Übertragungsnetzbetreiber jährlich einen **Szenariorahmen** erstellen, der in mindestens drei Entwicklungspfaden für die nächsten zehn Jahre die Bandbreite wahrscheinlicher Entwicklungen abdeckt. Nach der Genehmigung durch die Regulierungsbehörde wird auf seiner Grundlage anschließend der Entwurf des **Netzentwicklungsplans** gem. § 12b EnWG erarbeitet. Mit seiner Bestätigung durch die Regulierungsbehörde wird der Plan gegenüber den Übertragungsnetzbetreibern verbindlich. Damit sind die Ausbaupflichten der Übertragungsnetzbetreiber vorhabenscharf konkretisiert.

10 Erfolgt der Netzausbau nicht entsprechend den zeitlichen und sachlichen Festsetzungen des Netzentwicklungsplans, d.h., ist ein Netzbetreiber mit den durchzuführenden Maßnahmen in Verzug aus Gründen, die er zu vertreten hat, kann die BNetzA Maßnahmen nach § 65 Abs. 2a EnWG ergreifen und den Netzausbau zwangsweise bewirken.

11 Gleichzeitig ist der bestätigte Netzentwicklungsplan Grundlage für eine weitere Entscheidungsstufe mit planungsrechtlichem Charakter: den **Bundesbedarfsplan**. Mindestens alle drei Jahre übermittelt die Regulierungsbehörde den Netzentwicklungsplan als Entwurf für einen Bundesbedarfsplan, der durch den Bundestag als **Gesetz** beschlossen wird. Dadurch werden für die darin enthaltenen Vorhaben die energiewirtschaftliche Notwendigkeit und der vordringliche Bedarf mit Bindungswirkung auch für die nachfolgenden Zulassungsverfahren festgestellt.[9]

12 Bedarfs- und Netzentwicklungsplanung ist damit zunächst Teil **unternehmerischer**, in der Regel in Privatrechtsform vollzogener **Eigenverantwortung** für Infrastrukturinvestitionsentscheidungen, die sich für den Bereich der Übertragungsnetze indes in einem engen gesetzlichen Rahmen unter regulierungsrechtlicher **Aufsicht und Einflussnahme** vollzieht.[10]

II. Bedarfsplanung als Teil staatlicher Infrastrukturverantwortung

13 Die Gewährleistung eines leistungsfähigen und bedarfsgerechten Energieversorgungsnetzbetriebs ist nicht nur Teil der gesetzlichen Pflichten aufseiten der Netzbetreiber, sondern stellt sich zugleich als Teil und **Aufgabe staatlicher Infrastrukturverantwortung** dar. Im Bereich der Energiewirtschaft gehört die Bereitstellung der erforderlichen Energieversorgungsinfrastruktur, wozu vor allem die Energienetze zählen, zum zentralen Bereich der **staatlichen Gewährleistungsverantwortung.**[11] Diese resultiert sowohl aus Vorgaben des Unionsrechts (1.) wie des nationalen Rechts (2.).

---

6 RL 2009/72/EG des Europäischen Parlaments und des Rates vom 13.7.2009 über gemeinsame Vorschriften für den Elektrizitätsbinnenmarkt und zur Aufhebung der RL 2003/54/EG (ABl. EU C 211 S. 23 ff.).
7 *Franke*, in: FS Salje, S. 121, 127.
8 Vgl. § 12b Abs. 1 S. 1 EnWG.
9 Vgl. § 12e Abs. 4 EnWG.
10 Britz/Hellermann/Hermes/*Bourwieg*, § 11 Rn 6, 31; Ehlers/Fehling/Pünder/*Pielow*, § 22 Rn 57; *Kment*, RdE 2011, 341, 343.
11 Schneider/Theobald/*Hermes*, § 6 Rn 5; dazu gehört u.a. auch, sicherzustellen, dass es beim Auftreten von Störungen nicht zu einem Zusammenbruch der Energieversorgungsnetze kommt, vgl. *Ehricke*, ZNER 2004, 211, 212.

1. Vorgaben des Unionsrechts

Auf der Ebene des Unionsrechts enthält das Primärrecht in seinen zentralen Regelungen über 14
die Energiepolitik (Art. 194 AEUV) und insbesondere über den Auf- und Ausbau transeuropäischer Netze (Art. 170–174 AEUV) verbindliche Vorgaben, die die Union und ihre Mitgliedstaaten verpflichten, aktive Beiträge im Hinblick auf den Netzausbau zu leisten. Dadurch soll das zentrale Ziel europäischer Energiepolitik, einen funktionierenden, länderübergreifenden **Energiemarkt** herzustellen, erreicht werden.[12] In diesem Bestreben hat die Union inzwischen eine Vielzahl von Rechtsakten erlassen. Zentrale Inhalte davon zielen insbesondere auf den Auf- und Ausbau der Netzinfrastrukturen ab. So legt bereits die **RL 2005/89/EG** vom 18.1.2006[13] fest, dass die Mitgliedstaaten eine hohe Sicherheit der Elektrizitätsversorgung gewährleisten, indem sie die zur Förderung eines stabilen Investitionsklimas erforderlichen Maßnahmen ergreifen, wozu auch die Erneuerung der Übertragungs- und Verteilungsnetze sowie die Notwendigkeit der Gewährleistung ausreichender Übertragungs- und Erzeugungskapazitätsreserven für einen stabilen Betrieb gehören.[14] Das Unionsrecht weist den Mitgliedstaaten die Gewährleistungsverantwortung für die Elektrizitätsnetze mithin ausdrücklich zu.[15]

Noch weiter konkretisierte Vorgaben in Bezug auf die bedarfsgerechte Planung und den 15
Ausbau der Netzinfrastrukturen ergeben sich aus der **RL 2009/72/EG**[16] als Teil des 3. EU-Energiebinnenmarktpakets. Entsprechend der Zielsetzung dieser Richtlinie, die Wettbewerbsbedingungen auf den Energiemärkten weiter zu verbessern und die Integration der Märkte in Europa zu unterstützen,[17] werden erstmals sowohl für die europäische Ebene, aber auch für die Mitgliedstaaten konkrete Vorgaben für die Planung der Elektrizitätsversorgungsnetze festgelegt: Auf europäischer Ebene haben die Netzbetreiber zehnjährige, **gemeinschaftsweite Netzentwicklungspläne** aufzustellen, auf **nationaler Ebene** besteht die Pflicht der Übertragungsnetzbetreiber, jährliche **Netzentwicklungspläne** auf Basis eines Szenariorahmens vorzulegen.[18] Eine **Koordinierung** zwischen beiden Ebenen ist vorgesehen.

2. Vorgaben des nationalen Rechts

Auf der Ebene des nationalen Rechts **fehlt** es in Bezug auf die Gewährleistungsverantwortung 16
des Staats für die Energieinfrastruktur – anders als für andere Infrastrukturbereiche – an einer ausdrücklichen **Regelung im Grundgesetz**. Für ähnliche Netzinfrastrukturen wie den Ausbau und Erhalt des Eisenbahnschienennetzes sowie der Bundesautobahnen und Bundeswasserstraßen gibt es spezielle Festlegungen in der Verfassung.[19] Zur Begründung der staatlichen Gewährleistungsverantwortung im Bereich der Energieversorgung wird daher z.T. auf den Gedanken der

12 Schwarze/*Voet van Vormizeele*, Art. 170 AEUV Rn 2. Denn der Binnenmarkt wird in Art. 26 Abs. 2 AEUV als *„Raum ohne Binnengrenzen"* verbindlich definiert. Ein solcher Binnenmarkt, in dem der freie Verkehr von Waren, Personen, Dienstleistungen und Kapital gemäß den Bestimmungen der Verträge gewährleistet wird, setzt voraus, dass die Raumüberwindung der Menschen und des Verkehrs, der Telekommunikation und der Energie im Gesamtgebiet der Union auch über größere Entfernungen problemlos verläuft.

13 RL 2005/89/EG des Europäischen Parlaments und des Rates vom 18.1.2006 über Maßnahmen zur Gewährleistung der Sicherheit der Elektrizitätsversorgung und von Infrastrukturinvestitionen (ABl. EU Nr. L 33 S. 119 ff.).

14 Vgl. Erwägungsgründe 1, 7, 10 und 14 der RL 2005/89/EG.

15 So auch Schwarze/*Voet van Vormizeele*, Art. 170 AEUV Rn 2.

16 RL 2009/72/EG des Europäischen Parlaments und des Rates vom 13.7.2009 über gemeinsame Vorschriften für den Elektrizitätsbinnenmarkt und zur Aufhebung der RL 2003/54/EG (ABl. EU Nr. L 211 S. 55).

17 Vgl. Erwägungsgründe 19, 25, 58 sowie Art. 1 der RL 2009/72/EG.

18 Vgl. Art. 22 der RL 2009/72/EG.

19 Eine normative Zuweisung der bundesstaatlichen Gewährleistungsverantwortung findet sich diesbezüglich in Art. 87e Abs. 4 S. 1 GG (Schienennetze) sowie in Art. 87f Abs. 1 GG (Post und Telekommunikation).

Daseinsvorsorge abgestellt.[20] Das BVerfG lässt indes ausdrücklich offen, ob die Energieversorgung nach den EnWG-Reformen von 1998 und 2005 aufgrund der partiellen Überwälzung und ihren Liberalisierungszielen noch als staatliche Daseinsvorsorge gelten kann.[21] Unbestritten ist indes, dass die Sicherheit der Energieversorgung *„ein Gemeinschaftsinteresse höchsten Ranges"* und ihre Sicherstellung durch geeignete Maßnahmen, wie die Errichtung oder Erweiterung von Energieanlagen, eine *„öffentliche Aufgabe von größter Bedeutung"* sind.[22]

17 Neben diesen Aussagen in der Verfassungsjudikatur finden sich mannigfaltige Anhaltspunkte dafür, dass staatliche Gewährleistungsverantwortung im Bereich der Energieversorgungsinfrastruktur inzident vom Gesetzgeber vorausgesetzt wird. § 1 Abs. 2 EnWG betont, dass die Regulierung der Elektrizitätsversorgungsnetze neben dem Ziel der Sicherstellung eines wirksamen und unverfälschten Wettbewerbs auch der Sicherung eines langfristig angelegten leistungsfähigen und zuverlässigen Betriebs von Energieversorgungsnetzen dient. Im Raumordnungsgesetz definiert § 2 Abs. 2 Nr. 5 den Grundsatz der Raumordnung, dass *„den räumlichen Erfordernissen für eine kostengünstige, sichere und umweltverträgliche Energieversorgung, einschließlich des Ausbaus von Energienetzen, Rechnung zu tragen ist"*. Nach § 12b EnWG erhält der Netzentwicklungsplan seine Verbindlichkeit erst durch die Bestätigung der BNetzA, was voraussetzt, dass er *„alle wirksamen Maßnahmen zur bedarfsgerechten Optimierung, Verstärkung und zum Ausbau des Netzes"* enthält, die in den nächsten zehn Jahren für einen sicheren und zuverlässigen Netzbetrieb erforderlich sind. Schließlich zeigt sich die staatliche Gewährleistungsverantwortung in den **Befugnisnormen des EnWG**[23] und **Regelungen des NABEG** auch zur Durchsetzung der Netzplanungs- und Netzausbaupflichten der Netzbetreiber.[24] Und auch die Vorschriften des Energiesicherungsgesetzes,[25] die für den Fall der Gefährdung oder Störung der Energieversorgung besondere Maßnahmen erlauben, damit der Staat die *„Deckung des lebenswichtigen Bedarfs an Energie"* sichern kann, unterstreichen diese Verantwortung.[26]

18 Seiner Gewährleistungsverantwortung für die Energieversorgung wird der Staat durch verschiedene Maßnahmen gerecht: Zum einen wird er als **Regulierungs- und Genehmigungsinstanz** tätig, um die vonseiten der Netzbetreiber vorzulegenden Daten und Pläne für den Ausbau des Energieversorgungsnetzes zu prüfen und ihre inhaltliche Kongruenz auch mit den Plänen auf europäischer Ebene festzustellen.[27] Als **Aufsichts- und Kontrollinstanz** trifft den Staat darüber hinaus die Pflicht, Maßnahmen erforderlichenfalls selbst zu ergreifen und durchzusetzen. Dazu gehören auch Maßnahmen zur Instandhaltung, Optimierung, Verstärkung oder des Ausbaus der Netze, insbesondere die in § 65 Abs. 2a EnWG ausdrücklich normierte Befugnis der BNetzA, die Netzausbaupflicht der Netzbetreiber durchzusetzen.[28] Hat ein Netzbetreiber aus an-

---

20 Vgl. Danner/Theobald/*Danner/Theobald*, § 1 EnWG Rn 12; zudem BVerfG, Beschl. v. 20.3.1984 – 1 BvL 28/82 – BVerfGE 66, 248, 258; sowie Stellungnahme des Bundesrates zu § 36 Abs. 2 EnWG-E, BT-Drucks. 15/3917, S. 89.

21 BVerfG, Urt. v. 10.9.2008 – 1 BvR 1914/02 – Tz 24, WM 2009, 422. Ohne ausdrückliche Aussage auch BVerfG, Beschl. v. 9.9.1999 – 2 BvR 1646/98 – NVwZ-RR 2000, 16.

22 *Weyer*, in: FS Kühne, S. 424; zudem BVerfG, Beschl. v. 16.3.1971 – 1 BvR 665/66 – BVerfGE 30, 292, 323 f. sowie BVerfG, Beschl. v. 20.3.1984 – 1 BvL 28/82 – BVerfGE 66, 248, 258.

23 Vgl. § 65 Abs. 2a EnWG; vgl. dazu im Einzelnen Rn 491 ff.

24 Vgl. § 6 Abs. 1 S. 2 NABEG, wonach die BNetzA nach Aufnahme eines Vorhabens in den Bundesbedarfsplan die nach den §§ 11 und 12 EnWG verpflichteten Vorhabensträger durch Bescheid auffordern kann, innerhalb einer zu bestimmenden angemessenen Frist den erforderlichen Antrag für die Bundesfachplanung zu stellen.

25 Energiesicherungsgesetz 1975 vom 20.12.1974 (BGBl. I S. 3681), das zuletzt durch Art. 164 der Verordnung vom 31.10.2006 (BGBl. I S. 2407) geändert worden ist.

26 Vgl. § 1 Abs. 1 EnSG.

27 Vgl. § 12a Abs. 2 S. 1 sowie §§ 12c Abs. 1 S. 1 i.V.m. 12b Abs. 1 S. 4 und Abs. 2 EnWG.

28 § 65 Abs. 2a EnWG dient der Umsetzung von Art. 22 Abs. 7 der RL 2009/72/EG. Bezüglich der materiellen Durchsetzung der Ausbaupflicht durch die BNetzA geht § 65 Abs. 2a EnWG über die unionsrechtliche Vorgabe hinaus, indem die Ausbaupflicht auf Transportnetzbetreiber ausgedehnt wird, welche eigentumsrechtlich entflochten oder

deren als zwingenden, von ihm nicht zu beeinflussenden Gründen, eine Investition, die nach dem Netzentwicklungsplan in den folgenden drei Jahren nach Eintritt seiner Verbindlichkeit durchgeführt werden musste, nicht umgesetzt, fordert die BNetzA ihn mit Fristsetzung dazu auf, sofern die Investition unter Zugrundelegung des jüngsten Netzentwicklungsplans noch relevant ist. Nach Fristablauf kann die Maßnahme ausgeschrieben werden.

Schließlich kann sich die staatliche Gewährleistungsverantwortung in der **Bereitstellung finanzieller Mittel** niederschlagen: entweder dadurch, dass unmittelbar staatliche Fördermittel zur Schaffung einer bedarfsgerechten Netzinfrastruktur bereitgestellt werden, oder aber ein Regulierungsmechanismus greift, durch den im Wege einer Umlagefinanzierung die finanzielle Absicherung von Investitionen in Netzinfrastrukturen durch die Netzbetreiber sichergestellt wird. Mit dem im deutschen Energierecht etablierten System der **Netzentgelt- und Anreizregulierung** ist eine Steuerungsmöglichkeit in Bezug auf Investitionen in Netzinfrastrukturen eröffnet, die Investitionen in den Netzausbau ausdrücklich anerkennt und fördert.[29] 19

Zusammenfassend lässt sich die **Bedarfsplanung** im Bereich der Energieversorgungsnetze als **Teil und Ausprägung staatlicher Infrastrukturverantwortung** begreifen. Der Staat wird seiner Gewährleistungsverantwortung gerecht, indem er als Genehmigungs-, Regulierungs-, Aufsichts- und Kontrollinstanz den Rechtsrahmen verbindlich bestimmt, innerhalb dessen private Netzbetreiber eine bedarfsgerechte Netzinfrastruktur planen, ausbauen und betreiben. 20

Durch die staatlich regulierte Bedarfsplanung im Bereich der Netzinfrastruktur wird schließlich auch makroökonomischen Interessen Rechnung getragen: Eine volkswirtschaftlich schädliche **Mittel-Fehlallokation im Bereich natürlicher Monopole** lässt sich dadurch vermeiden. Da es sich bei leitungsgebundenen Netzen um Monopole handelt, die mangels Nichtduplizierbarkeit keinem Substitutionsgüterwettbewerb ausgesetzt sind, findet staatliche Regulierung in Form einer gesteuerten Bedarfsplanung auch unter diesem Gesichtspunkt ihre Rechtfertigung. 21

B. Bedarfsplanung für Elektrizitätsnetze auf europäischer Ebene

I. Entwicklung der Bedarfsplanung auf europäischer Ebene

Fragt man vor dem Hintergrund der durch das europäische Primärrecht eröffneten Kompetenznormen aus Art. 194 AEUV (Energiepolitik)[30] und Art. 170 AEUV (Auf- und Ausbau transeuropäischer Netze)[31] nach der Entwicklung der Bedarfsplanung auf europäischer Ebene, so zeigt sich ein differenziertes Bild. 22

Zunächst war die Prüfung und Feststellung des Ausbaubedarfs sowie die Investitionsentscheidung für ein konkretes Netzausbauvorhaben auch mit Bezug auf die länderübergreifenden Netze **Sache allein der Netzbetreiber** in ihrem jeweiligen mitgliedstaatlichen Rechtsrahmen. In Bezug auf die Erfordernisse eines grenzüberschreitenden Netzausbaus hat die Union allerdings schon relativ früh Elemente zur Bedarfsfeststellung und Förderung des transeuropäischen Netzausbaus durch Leitlinien etabliert (1.), die nunmehr durch eine neue Verordnung abgelöst wurden (2.). Mit der weiteren Verstärkung des regulatorischen Rechtsrahmens im Zuge des 3. EU-Energiebinnenmarktpakets auch und gerade in Bezug auf den Netzbereich, u.a. durch 23

---

als unabhängige Systembetreiber organisiert sind, vgl. *Glaser*, DVBl. 2012, 1283, 1285 f.; zu den Anforderungen im Einzelnen vgl. Rn 492 ff.

29 Zu den Auswirkungen von nach § 23 ARegV genehmigten Investitionen auf die Erlösobergrenzen vgl. im Einzelnen Rn 500 ff.

30 Ausführlich dazu Kap. 1 Rn 29 ff.

31 Ausführlich dazu Kap. 1 Rn 33 ff.

Schaffung weitreichender Kompetenzen neuer Akteure wie **ACER** und **ENTSO-E**, hat das Thema Bedarfsplanung auf europäischer Ebene an Relevanz und zugleich an Konturen gewonnen (3.).

Praxistipp
Die Internetpräsenz von ACER ist unter http://www.acer.europa.eu zu finden; ENTSO-E unter http://www.entsoe.eu.

---

1. TEN-E-Leitlinien

a) Entwicklung der TEN-E-Leitlinien

24 Für den Bereich des Auf- und Ausbaus der transeuropäischen Netze hat die Union basierend auf den einschlägigen Kompetenztiteln des Primärrechts[32] bereits in 1990er Jahren mehrere aufeinanderfolgende **Leitlinien** erlassen, um Netzvorhaben, die für das Funktionieren sowohl des Binnenmarkts als auch des Strommarkts in Verbindung mit Drittstaaten von entscheidender Bedeutung sind, besonders zu fördern.

25 In ihrer Mitteilung an den Rat von 1992 zu **„Infrastrukturen für den Transport von Elektrizität und Erdgas in der Gemeinschaft“**[33] legte die Kommission eine Bestandsaufnahme und ein Gesamtkonzept für die weitere Entwicklung der Energietransportnetze vor, welche als Hemmnis für einen funktionierenden Energiebinnenmarkt hervorhebt, dass noch nicht alle Mitgliedstaaten an ein gemeinsames Elektrizitätsnetz angeschlossen sind und der bisherige Stromaustausch nicht im Wege eines echten Markts geschehe.

26 Vor diesem Hintergrund folgten 1994 Vorschläge der Kommission für eine (erste) Entscheidung des Europäischen Parlaments und des Rates **über „Leitlinien für die Ausgestaltung der transeuropäischen Netze im Energiebereich“**.[34] Die dann im Jahr 1996 ergangene **„Entscheidung Nr. 1254/96/EG über die Leitlinien betreffend die transeuropäischen Netze im Energiebereich“**[35] bezieht sich – ebenso wie die später erlassenen Entscheidungen[36] – auf Hochspannungsleitungen für den interregionalen und internationalen Elektrizitätstransport. Entsprechend ihren Zielen[37] enthielt diese Entscheidung erstmals eine indikative Liste mit **„Vorhaben von gemeinsamem Interesse“**, für die eine finanzielle Förderung der Gemeinschaft geleistet werden kann. Denn die Entscheidung 1254/96/EG ermächtigte die Kommission ausdrücklich zur **finanziellen Förderung** von Aktionen zur Schaffung günstiger Rahmenbedingungen für den Ausbau der transeuropäischen Netze. Erstmals wurde auch die Aufgabe formuliert, dass im Zusammenwirken mit einem Ausschuss aus Vertretern der Mitgliedstaaten Initiati-

---

32 Art. 170–172 AEUV, zuvor Art. 154 ff. EGV.

33 Mitteilung der Kommission „Infrastrukturen für den Transport von Elektrizität und Erdgas in der Gemeinschaft“ vom 27.3.1992, SEK (92) 553 endg. (entspricht BR-Drucks. 289/92).

34 Mitteilung der Kommission an das Europäische Parlament und an den Rat über Leitlinien der Gemeinschaft für die Ausgestaltung der transeuropäischen Energienetze vom 19.1.1994, KOM(93) 658 endg.

35 Entscheidung Nr. 1254/96/EG des Europäischen Parlaments und des Rates vom 5.6.1996 über eine Reihe von Leitlinien betreffend die transeuropäischen Netze im Energiebereich (ABl. EU L 161 S. 147 ff.).

36 Entscheidung Nr. 1229/2003/EG des Europäischen Parlaments und des Rates vom 26.6.2003 über eine Reihe von Leitlinien betreffend die transeuropäischen Netze im Energiebereich und zur Aufhebung der Entscheidung Nr. 1254/96/EG (ABl. EU L 176 S. 11 ff.); Entscheidung Nr. 1364/2006/EG des Europäischen Parlaments und des Rates vom 6.9.2006 zur Festlegung von Leitlinien für die transeuropäischen Energienetze und zur Aufhebung der Entscheidung 96/391/EG und der Entscheidung Nr. 1229/2003/EG (ABl. EU L 262 S. 1 ff.).

37 Als Ziele dieser Leitlinien werden neben der Verwirklichung des Binnenmarkts einschließlich der Förderung rationeller Energieerzeugung, Verteilung und Nutzung sowie Erschließung erneuerbarer Energiequellen die Förderung des wirtschaftlichen und sozialen Zusammenhalts sowie die Sicherheit der Energieversorgung insbesondere durch Zusammenarbeit mit Drittländern festgelegt. Unter den Prioritäten steht die Anbindung bislang isolierter Netze an den europäischen Verbund an erster Stelle.

ven zu ergreifen sind, um Maßnahmen im Interesse *„günstiger Rahmenbedingungen für den Ausbau der Netze“* zu koordinieren.[38]

Bei diesen Maßnahmen handelt es sich um die Förderung von Vorhaben der technischen Zusammenarbeit zwischen den für die transeuropäischen Energienetze zuständigen Stellen und von Kooperationen zwischen den Mitgliedstaaten bei den konkreten Genehmigungsverfahren. 27

Die im Anhang der Leitlinien von 1996 in einer indikativen Liste aufgeführten **Netzausbauvorhaben** von gemeinsamem Interesse wurden durch die zeitlich nachfolgende **Entscheidung 1229/2003/EG**[39] und schließlich durch die **Entscheidung 1364/2006/EG**[40] weiter spezifiziert. Die jeweils im Anhang aufgelisteten Projekte werden nach Maßgabe materieller Kriterien in der Leitlinie je nach Zielen und Prioritäten in eine Rangfolge gebracht.[41] 28

In den TEN-E-Leitlinien von 2006 wurden 550 Projekte in den Bereichen Strom- und Gasinfrastruktur aufgeführt, die für eine finanzielle EU-Förderung in Betracht kommen. Inzwischen regelt die **Finanzierungsverordnung Nr. 680/2007**[42] die Bedingungen für die Kofinanzierung von TEN-E-Vorhaben. Sie umfasst im Zeitraum von 2007 bis 2013 Fördergelder in Höhe von (nur) 155 Mio. €. Das ist vor dem Hintergrund der milliardenschweren Investitionserfordernisse beim Netzausbau in Europa ein sehr geringer Betrag. 29

Die Bestimmung und Priorisierung der Vorhaben in den TEN-E-Leitlinien erfolgte indes **nicht** auf Basis eines **koordinierten Bedarfsplanungsprozesses**, der von länderübergreifend abgestimmten Annahmen (Szenarien) für den zukünftigen Transportbedarf ausgeht, klar definierte Methoden, wie z.B. eine Kosten-Nutzen-Analyse für die Priorisierung von Vorhaben einsetzt und auf ein europaweit koordiniertes Gesamtkonzept für einen länderübergreifenden Netzausbau abzielt. 30

b) Rechtsnatur der TEN-E-Leitlinien

Der Begriff der „Leitlinien“ wird u.a. in Art. 170 Abs. 1 AEUV verwendet, ist im Vertrag aber nicht definiert.[43] Vom Katalog der Rechtsakte in Art. 288 AEUV werden Leitlinien dem Wortlaut nach nicht explizit erfasst. In Betracht kommt, sie als Rechtsakte **sui generis** zu verstehen,[44] d.h. von einer nicht abschließenden Aufzählung von Handlungsformen in Art. 288 AEUV auszugehen. Sie können aber auch als **Unterfall der dort genannten Handlungsformen** begriffen werden, wofür spricht, dass Leitlinien nach der ausdrücklichen Anordnung in Art. 172 AEUV im ordentlichen Gesetzgebungsverfahren ergehen.[45] Sie wären daher vor Inkrafttreten des Vertrages von Lissabon am 1.12.2009 als Entscheidung, danach als Beschluss oder Verordnung i.S.v. Art. 288 Abs. 4 AEUV zu verstehen. 31

38 Vgl. Erwägungsgrund 9 der Entscheidung Nr. 1254/96/EG.

39 Entscheidung Nr. 1229/2003/EG des Europäischen Parlaments und des Rates vom 26.6.2003 über eine Reihe von Leitlinien betreffend die transeuropäischen Netze im Energiebereich und zur Aufhebung der Entscheidung Nr. 1254/96/EG (ABl. EU L 176 S. 11ff.).

40 Entscheidung Nr. 1364/2006/EG des Europäischen Parlaments und des Rates vom 6.9.2006 zur Festlegung von Leitlinien für die transeuropäischen Energienetze und zur Aufhebung der Entscheidung Nr. 96/391/EG und der Entscheidung Nr. 1229/2003/EG (ABl. EU L 262 S. 1ff.).

41 Vgl. dazu im Einzelnen unten Rn 120ff.

42 VO 680/2007/EG des Europäischen Parlaments und des Rates vom 20.6.2007 über die Grundregeln für die Gewährung von Gemeinschaftszuschüssen für transeuropäische Verkehrs- und Energienetze (ABl. EU L 162 S. 1ff.).

43 Zur Begrifflichkeit und Abgrenzung von Leitlinien zu anderen Rechtsakten der Union vgl. *v. Graevenitz*, EuZW 2013, 169ff.

44 Calliess/Ruffert/*Calliess*, Art. 171 AEUV Rn 3.

45 Giegerich/*Nettesheim*, S. 77, 98ff.

32 In der Rechtspraxis spielt indes die Frage, inwieweit den TEN-E-Leitlinien rechtliche **Verbindlichkeit** zukommt, die wichtigere Rolle.

33 Vereinzelt wird die Ansicht vertreten, mit dem Begriff der „Leitlinien" verbinde sich keine Aussage über die Verbindlichkeit, daher seien sie unverbindlich.[46] Mit Verweis auf den Grundsatz des effet utile sowie die Tatsache, dass eine Veröffentlichung der Leitlinien im Amtsblatt für europäische Rechtsakte erfolgt,[47] wird hingegen von ihrer rechtlichen Verbindlichkeit ausgegangen.[48]

34 Für die Verbindlichkeit ihres Inhalts spricht, dass anderenfalls nicht von einer infrastrukturpolitischen Kompetenz der Union gesprochen werden könnte, die die Aufnahme eines spezifischen Titels für „Transeuropäische Netze" in den Vertrag rechtfertigen könnte. Darüber hinaus wäre es der Union sonst nicht möglich, der ihr gem. Art. 171 Abs. 1, 1. Spiegelstrich AEUV explizit übertragenen Aufgabe, *„Grundzüge der geplanten Aktionen festzulegen"*, aktiv nachzukommen. Die Kompetenztitel aus Art. 170–172 AEUV liefen damit praktisch leer, was einer vertragskonformen Auslegung einer Kompetenzbestimmung schwerlich entsprechen dürfte.

35 Die TEN-E-Leitlinien enthalten mithin verbindliche Vorgaben für die Mitgliedstaaten im Hinblick auf den länderübergreifenden Netzausbau. Die Verbindlichkeit beschränkt sich aber auf die Benennung und Klassifizierung von Ausbaubedarfen. Spezifische Maßgaben für die weitere Netzplanung auf Ebene der Mitgliedstaaten enthalten die Leitlinien nicht. Insbesondere ergeben sich daraus keine Vorgaben für räumlich-planerische Festlegungen zum Verlauf von Trassenkorridoren und konkreten Trassen oder die Durchführung des Genehmigungsverfahrens.

c) Bewertung

36 Die auf den Kompetenztitel zum Auf- und Ausbau der transeuropäischen Netze basierenden Leitlinien für den Energiesektor[49] können als verbindliche Rechtsakte auf europäischer Ebene bezeichnet werden, die auf einen Auf- und Ausbau transeuropäischer Netze abzielten.

37 Gegenstand der TEN-E-Leitlinien ist die **Feststellung und Klassifizierung von Netzausbaubedarfen auf europäischer Ebene**. Ein transparentes Verfahren für die Prüfung oder Feststellung dieses Bedarfs, im Sinne eines koordinierten Vorgangs zwischen den betroffenen Übertragungsnetzbetreibern, ist indes nicht vorgesehen. Im Vordergrund steht der Aspekt finanzieller Unterstützung für den Aus- und Aufbau transeuropäischer Netze.

38 Auch die Zuteilung finanzieller Mittel basiert nicht auf einem unionsweit abgestimmten Prioritätenplan, sondern bezieht sich vor allem auf punktuell als vordringlich eingestufte Projekte. Aus der Anerkennung oder Einstufung eines Vorhabens als „Vorhaben von gemeinsamem Interesse" im Sinne der TEN-E-Leitlinien folgt indes nicht, dass eine finanzielle Beteiligung der Gemeinschaft oder die eines Mitgliedstaats präjudiziert wird. Rechtsfolge ist vielmehr, dass die Mitgliedstaaten verpflichtet werden, *„alle von ihnen für erforderlich gehaltenen Maßnahmen zu treffen, um die Verwirklichung dieser Vorhaben zu erleichtern, zu beschleunigen und um Verzögerungen so gering wie möglich zu halten"*. Dabei handelt es sich aber nur um **programmatische Aussagen** und nicht um vollziehbare Vorgaben für die Zulassung der Vorhaben.

39 Die Ausweisung von „Vorhaben von gemeinsamem Interesse" auf Basis der TEN-E-Leitlinien mag auf europäischer Ebene einen Bedarf für den Netzausbau indizieren,[50] **von einer sys-**

---

46 So *Jarass* 1996, S. 16 Rn 18; zudem *Lenz/Rambow* 1994, Art. 192c EGV Rn 2.

47 Laut Art. 172 Abs. 1 AEUV gilt für den Erlass der Leitlinien das Verfahren nach Art. 294 AEUV.

48 *Bogs*, S. 152; *Scholz/Langer*, S. 236 ff.; Schwarze/*Voet van Vormizeele*, Art. 171 AEUV Rn 6; *Frenz/Ehlers*, IR 2010, 173 ff.; *Armbrecht*, DVBl. 2013, 479, 482 f.

49 Entscheidung Nr. 1254/96/EG vom 5.6.1996, Entscheidung Nr. 12/29/2003/EG vom 26.6.2003, ABl. EU L 176 S. 11, Entscheidung Nr. 1364/2006/EG vom 6.9.2006, ABl. EU L 262 S. 1.

50 Ähnlich de *Witt/Durinke/Kause*, Rn 84.

tematischen und methodisch einheitlich vollzogenen Bedarfsprüfung und -planung kann indes keine Rede sein. Als weiteres Defizit ist auf die fehlende Einbeziehung der Öffentlichkeit im Rahmen der Bestimmung und Klassifizierung der Vorhaben hinzuweisen.[51]

Trotz ihres verbindlichen Rechtscharakters handelt es sich bei den bisherigen TEN-E-Leitlinien im Kern um **politische Maßgaben auf europäischer Ebene**. Die TEN-E-Leitlinien haben einen positiven Beitrag geleistet, indem sie spezifischen Ausbaubedarf sichtbar machten. Den Leitlinien fehlte es indes an **Fokussierung und Stringenz**, um die bestehenden Infrastrukturlücken im europäischen Stromnetz zu schließen.[52] Von einem auf Durchsetzungsfähigkeit und konkrete Ergebnisse ausgerichteten Instrument für den Ausbau der transeuropäischen Netze, einem Instrument zur systematischen Bedarfsermittlung und Netzplanung auf europäischer Ebene kann in Bezug auf die TEN-E-Leitlinien daher nicht gesprochen werden. 40

2. Verordnung (EU) Nr. 347/2013 zu Leitlinien für die transeuropäische Energieinfrastruktur

Vor dem Hintergrund der dargestellten Kritik an den bisherigen TEN-E-Leitlinien und der auch auf europäischer Ebene erkannten Notwendigkeit für eine noch stärkere Abstimmung und Koordinierung im Bereich der Planung und des Ausbaus der Netzinfrastruktur[53] hat die Europäische Kommission am 19.10.2011 den **Entwurf einer Verordnung zu Leitlinien für die transeuropäische Energieinfrastruktur**[54] vorgelegt. Hiermit kam die Kommission der Aufforderung des Europäischen Rates vom 4.2.2011 nach, eine europäische Energieinfrastrukturpolitik zur europaweiten Koordination und Optimierung der Energienetze zu entwickeln, damit die energie- und klimapolitischen Ziele sowie die Verwirklichung des europäischen Energiebinnenmarkts erreicht werden können. Nach Erörterung und Überarbeitung des Kommissionsentwurfs im Europäischen Rat und nach Beteiligung der zuständigen Ausschüsse hat das Europäische Parlament der Verordnung in der überarbeiteten Fassung am 12.3.2013 zugestimmt.[55] Die neue Verordnung ist unter dem Titel **„Verordnung (EU) Nr. 347/2013 zu Leitlinien für transeuropäische Energieinfrastruktur und zur Aufhebung der Entscheidung Nr. 1364/2006/EG und zur Ände-** 41

51 Kritisch auch *Weyer*, Netzausbau in Deutschland. Rechtlicher Rahmen und Handlungsbedarf, Arbeitspapier 05/2011 des Sachverständigenrates zur Begutachtung der gesamtwirtschaftlichen Entwicklung, S. 7, abrufbar unter: http://www.sachverstaendigenrat-wirtschaft.de/publikationen.html. Praktisch hielt sich die Förderung von Vorhaben mit Unionsmitteln in Grenzen: So beliefen sich die Fördermittel im Jahr 2008 laut der Europäischen Kommission (KOM(2008) 1360) auf lediglich ca. 20 Mio. €. Insgesamt beträgt das Budget im Energiebereich im Zeitraum von 2007 bis 2013 155 Mio. €, vgl. Art. 18 Abs. 1 VO 680/2007/EG des Europäischen Parlaments und des Rates vom 20.6.2007 über die Grundregeln für die Gewährung von Gemeinschaftszuschüssen für transeuropäische Verkehrs- und Energienetze, ABl. EU 2007 Nr. L 162, S. 1 ff. Der neue Verordnungsvorschlag KOM(2011) 658 endg. sieht ein deutlich höheres Budget i.H.v. 9,1 Mrd. € vor. Ein Überblick über sämtliche aufgrund der TEN-E-Leitlinien gewährten Gemeinschaftszuschüsse ist online abrufbar unter: http://ec.europe.eu/energy/infrastructure/ten_e/financial_aid_en.htm.

52 Vgl. Erwägungsgrund 5 der Entscheidung Nr. 1364/2006/EG.

53 Selbstkritisch heißt es im Erwägungsgrund 5 des Verordnungsentwurfs, der bisherigen TEN-E-Politik fehle es an *„Vision, Fokussierung und Flexibilität"*, um die Mängel der Energieinfrastruktur zu beseitigen. Die erforderlichen Investitionen werden nicht getätigt oder verzögert aufgrund von langwierigen und ineffizienten Genehmigungsverfahren, Widerständen in der Bevölkerung, fehlender Ausrichtung auf europäische Infrastrukturprioritäten und begrenzten Finanzierungskapazitäten sowie ungeeigneten Finanzierungsinstrumenten.

54 Vorschlag für eine Verordnung des Europäischen Parlamentes und des Rates zu Leitlinien für die transeuropäische Energieinfrastruktur und zur Aufhebung der Entscheidung Nr. 1364/2006/EG vom 19.10.2011, KOM(2011) 658.

55 Vgl. „Standpunkt des Europäischen Parlaments festgelegt in erster Lesung am 12. März 2013 im Hinblick auf den Erlass einer Verordnung (EU) Nr. .../2013 des Europäischen Parlaments und des Rates zu Leitlinien für die transeuropäische Energieinfrastruktur und zur Aufhebung der Entscheidung Nr. 1364/2006/EG und zur Änderung der Verordnungen (EG) Nr. 713/2009, (EG) Nr. 714/2009 und (EG) Nr. 715/2009", EU-Parlaments-Dok. EP-PE-TC1-COD(2011)0300.

rung der Verordnungen (EG) Nr. 713/2009, (EG) Nr. 714/2009 und (EG) Nr. 715/2009" am 25.4.2013 im Amtsblatt der EU veröffentlicht worden[56] und gilt ab dem 1.6.2013.[57]

a) Ermächtigungsgrundlage

42 Die zuvor geltende Entscheidung Nr. 1364/2006/EG basierte auf der Leitlinienkompetenz der Art. 170 ff. AEUV. Als Handlungsform für die neuen „TEN-E-Leitlinien" soll nun nicht mehr nur eine an die Mitgliedstaaten gerichtete „Entscheidung" dienen, sondern eine **Verordnung**. Dennoch soll ausweislich des Kommissionsentwurfs der Verordnung von 2011 Art. 172 AEUV als Rechtsgrundlage dienen.[58] Zur Begründung heißt es, dass das Instrument der „Verordnung" ein notwendiges Rechtsinstrument zur Durchsetzung gewisser Infrastrukturprioritäten sei.[59]

43 Nach Art. 172 AEUV ist der Handlungsspielraum der Union auf einen **„Beitrag"** beschränkt. Denn entsprechend dem unionsrechtlichen **Subsidiaritätsprinzip** gilt für Rechtsake der EU auf dem Gebiet der Energiepolitik, dass diese nicht unter die ausschließliche Zuständigkeit der Union fallen.

44 Vor diesem Hintergrund ist **umstritten, welche Rechtsgrundlage** für den Erlass der Verordnung heranzuziehen ist.

45 **Teilweise** wird geltend gemacht, der Erlass als Verordnung sei „rechtswidrig".[60] Denn die **primäre Zuständigkeit** für den Auf- und Ausbau transeuropäischer Netze liege aufgrund der **begrenzten Koordinierungskompetenz aus Art. 170 ff. AEUV bei den Mitgliedstaaten**. Verordnungen würden jedoch „unmittelbar" und „allgemein" in jedem Mitgliedstaat gelten (Art. 288 AEUV) und bedürften keiner eigenen Umsetzung durch die Mitgliedstaaten.[61] Art. 172 eröffne keine Kompetenz für eine selbstständige, autarke Infrastrukturpolitik der Union.[62] Als Rechtsgrundlage für den Erlass der neuen „TEN-E-Leitlinien" kämen Art. 170 ff. AEUV mithin nicht in Betracht.[63]

46 **Andere wollen** als Kompetenzgrundlage **Art. 194 Abs. 2 i.V.m. Abs. 1 lit. d) AEUV heranziehen.**[64] Hiernach sind der Europäische Rat und das Parlament ermächtigt, Maßnahmen zur

---

56 ABl. EU 2013 Nr. L 115 S. 39 ff.

57 Vgl. Art. 24 der VO (EU) Nr. 347/2013.

58 Vgl. KOM(2011) 658, S. 9. Auch in der endgültig am 12.3.2013 vom Europäischen Parlament verabschiedeten Fassung der Verordnung wird einleitend ausdrücklich auf Art. 172 AEUV abgestellt.

59 Vgl. KOM(2011) 658, S. 9.

60 Analyse des Centrum für Europäische Politik (cep) vom 30.1.2012, S. 4; abrufbar unter: http://www.cep.eu/fileadmin/user_upload/Kurzanalysen/TEN-E/KA_TEN-E.pdf; ähnlich die Auffassung des Bundesrates zur Entwurfsfassung der Kommission, der die Ermächtigungsgrundlage im konkreten Fall als nicht ausreichend erachtet, vgl. BR-Drucks. 653/1/11, S. 4. Ausführlich zum ursprünglichen Verordnungsentwurf aber ohne Stellungnahme zur Kompetenzfrage *Fischerauer*, EnWZ 2013, 56, 57; *Armbrecht*, DVBl. 2013, 479 u. 482 f.: Kompetenznormen aus Art. 171, 172 sind *„zulässigerweise"* einschlägig, als Rechtsform wäre – anstelle einer Verordnung – eine Richtlinie in Erwägung zu ziehen, am *passendsten* erscheine aber ein Beschluss; indifferent zur Frage der Gesetzgebungskompetenz auch *Vogt/Maaß*, RdE 2013, 151, 158 f.

61 Bei unionsrechtlichen Vorgaben zu Behördenzuständigkeiten und Verwaltungsverfahren ist – insbesondere bei föderal organisierten Mitgliedstaaten wie der Bundesrepublik Deutschland – ein hinreichend großer Umsetzungsspielraum zu fordern. Nach dem Grundgesetz liegt die Verwaltungskompetenz grundsätzlich bei den Ländern (Art. 30 GG).

62 Burchard/Eckert/*von Burchard*, S. 71, 77.

63 *Reichert/Voßwinkel*, IR 2012, 98, 100.

64 Cremer/Pielow/*Callies*, S. 20 (40); differenzierend: *Gundel*, EWS 2011, 25, 30, wonach allgemeine Regelungen zur Verbesserung der Planungsbedingungen (z.B. Planungspflichten der Netzbetreiber) auf Art. 194 AEUV zu stützen wären, während konkrete Vorhabenplanungen und Prioritätseinstufungen Art. 170 ff. AEUV als lex specialis unterfallen sollen; allgemein zur Reichweite der Energiekompetenz der Europäischen Union aus Art. 194 AEUV EuGH, Urt. v. 6.9.2012 – C-490/10 – EnWZ 2012, 29 ff.

Interkonnektion der Energienetze zu erlassen. Diese Kompetenznorm gehe in ihrer Reichweite über Art. 170ff. AEUV hinaus und erweitere in den Grenzen des Subsidiaritätsprinzips des Art. 5 Abs. 3 EUV die Befugnis der EU auch in den Bereich planerischer Maßnahmen hinein.[65] Die Förderung der durch die Verordnung angestrebten Interoperabilität könne als ein Unterfall der Interkonnektion i.S.v. Art. 194 Abs. 2 AEUV verstanden werden.[66] Das in Art. 194 AEUV angestrebte Ziel der Interkonnektion umfasse die Interoperabiliät der einzelstaatlichen Energienetze (Art. 172 AEUV).

Bei **genauer Betrachtung** ist indes festzustellen, dass Art. 194 Abs. 2 AEUV die Union aus- 47
drücklich nur zu Maßnahmen ermächtigt, um das Ziel der Interkonnektion von Energienetzen zu erreichen. Von Interoperabilität ist dagegen im Einzelnen allein in Art. 170 und Art. 172 AEUV die Rede. **Wortlaut** und **Systematik sprechen** mithin **dagegen, Art. 194 AEUV** insoweit **als lex specialis im Verhältnis zu Art. 172 AEUV zu verstehen.**[67] Eher verhält es sich umgekehrt: die detaillierteren, alle Netze umfassenden Regelungen zur Interoperabilität im XVI. Titel des Vertrags, „Transeuropäische Netze", sind lex specialis zu den allgemeineren Regelungen des Art. 194 AEUV, der die Ziele der Energiepolitik abstrakt bestimmt. Im Übrigen käme es bei einem Vorgehen nach Art. 194 Abs. 2 AEUV zu einer **Umgehung** des **gebietsbezogenen Vorbehalts** einer mitgliedstaatlichen „Billigung" aus Art. 172 AEUV, was auch dem Sinn und Zweck der Regelung über den Erlass von Leitlinien widerspricht.[68]

Richtig ist zunächst, dass Unsicherheit über die Rechtsnatur der „Leitlinien" als Handlungs- 48
form schon vor Erlass der EU-Verordnung Nr. 347/2013 bestand. Sieht man die Leitlinien indes nicht als eigenständige Rechtsform neben den in Art. 288 AEUV geregelten Handlungsformen („sui generis"), sondern als besondere Form der dort geregelten Typen an, ergibt sich ein schlüssiges Konzept:

Vor Inkrafttreten des Lissabon-Vertrags ist eine Leitlinie als „Entscheidung" einzuordnen 49
gewesen. Dem entsprach das bisherige Vorgehen: Die Leitlinie vom 6.9.2006 ist als „Entscheidung Nr. 1364/2006/EG" ergangen. Nach dem Inkrafttreten des Lissabon-Vertrags am 1.12.2009 läge die Handlungsform des Beschlusses nahe. Dafür, dass Leitlinien in einer der in Art. 288 AEUV genannten Handlungsform ergehen müssen, spricht Art. 172 AEUV: Dort ist ausdrücklich vorgesehen, dass „Leitlinien" im **ordentlichen Gesetzgebungsverfahren** erlassen werden. Art. 289 Abs. 1 S. 1 AEUV formuliert eindeutig, dass dieses Verfahren *„in der gemeinsamen Annahme einer Verordnung, einer Richtlinie oder eines Beschlusses"* besteht. Da diese Verfahrensvorschriften nicht disponibel sind, können weitere Akte im ordentlichen Gesetzgebungsverfahren nicht erlassen werden.

Folgt man dieser Sichtweise,[69] können **Leitlinien** – als **Unterfall der in Art. 288 AEUV ge-** 50
nannten Handlungstypen – nicht nur als „Beschluss", sondern auch als **„Verordnung"** ergehen. Wie der Wortlaut in Art. 171 Abs. 1 AEUV zeigt, sollen „Leitlinien" unmittelbar geltende

65 Zur Entwicklung einer eigenen europäischen Raumordnungspolitik im Wege der „offenen Methode der Koordinierung" gem. Art. 5 und 6 AEUV, vgl. *Parejo Navaja*, EurUP 2003, 64ff.

66 Calliess/Ruffert/*Calliess*, Art. 194 Rn 17; dem folgend *Ludwigs*, ZG 2010, 222, 229 sowie de Witt/Scheuten/*Geismann*, Einleitung Rn 20f.

67 Aus den gleichen Überlegungen scheidet auch eine kompetenzmäßige Anknüpfung an Art. 114 AEUV (Rechtsangleichung im Binnenmarkt) aus. Art. 114 Abs. 1 AEUV bestimmt, dass das Europäische Parlament und der Rat gemäß dem ordentlichen Gesetzgebungsverfahren die Maßnahmen zur Angleichung der Rechts- und Verwaltungsvorschriften der Mitgliedstaaten erlassen, welche die Errichtung und das Funktionieren des Binnenmarkts zum Gegenstand haben. Diesem Ziel dient auch die Verordnung, vgl. KOM(2011) 658, S. 2. Gleichwohl sind Art. 170ff. AEUV lex specialis gegenüber den allgemeineren Regelungen auch in Art. 114 AEUV, vgl. EuGH, Urt. v. 26.3.1996 – C-271/94 – Slg. I 1996, 1689.

68 *Gundel*, EWS 2011, 25, 30.

69 Giegerich/*Nettesheim*, S. 77, 98ff.

Wirkung haben, also gesetzesgleich ausgestaltet sein. Dem entspricht neben dem Beschluss auch die Handlungsform der Verordnung. Es sollen nach Art. 171 Abs. 1 AEUV auch nicht nur „Ziele" und „Prioritäten" festgelegt werden, sondern auch „Grundzüge".

51 Ob der Grad an Konkretheit, den die VO (EU) Nr. 347/2013 nunmehr vorsieht, über eine solche „Grundzügeregelung" hinausgeht, mag man infrage stellen können.[70] Nach der Dogmatik des Unionsrechts existieren dazu keine festen Regeln. **Es ist** aber **nicht anzunehmen, dass der EuGH** im Zweifelsfall eine **einschränkende Auslegung** der Kompetenzvorgaben aus Art. 171 AEUV **vornehmen wird.**

52 **Im Ergebnis kommt** daher die Heranziehung von **Art. 171 Abs. 1, 1. Spiegelstrich AEUV** als **Kompetenzgrundlage** für die neue VO (EU) Nr. 347/2013 **in Betracht.**[71] Entscheidend für die Praxis dürfte die Erkenntnis sein, dass die Verordnung jedenfalls nicht an der Kompetenzgrundlage scheitern wird.

b) Gegenstand und Ziel

53 Die VO (EU) Nr. 347/2013 zielt auf einen europaweit koordinierten Ausbau des transeuropäischen Strom- und Gasnetzes in vorrangigen Infrastrukturkorridoren und -gebieten. Dazu sollen Vorhaben von gemeinsamem Interesse (VGI)[72] umgesetzt werden, die zuvor in einem Bedarfsermittlungsverfahren bestimmt und anschließend nach Vorgaben der Verordnung durch die nationalen Behörden genehmigt werden.

54 Die Energieinfrastrukturkorridore und -gebiete sind im Anhang I der Verordnung aufgelistet.[73] Dadurch sollen die energiepolitischen Ziele der Union erreicht werden.[74] Hierzu gehören ein funktionierender **Energiebinnenmarkt, Versorgungssicherheit** innerhalb der Union sowie die Förderung eines **Energienetzverbundes** aber auch die Steigerung von **Energieeffizienz** und die Entwicklung neuer und **erneuerbarer Energieformen.**[75]

55 Zu den Energieinfrastrukturkorridoren gehören nicht nur Übertragungs- und Fernleitungsnetze, sondern auch Erdöl- und CO_2-Infrastrukturen. Innerhalb dieser Infrastrukturkorridore gehören in Bezug auf den **Stromsektor** gemäß Anhang II Ziff. 1. lit. a) u.a. **Hochspannungsleitungen** mit einer Nennspannung von mindestens 220 kV sowie Erd- und Seekabel mit einer Nennspannung von mindestens 150 kV zu den zu entwickelnden Kategorien.

56 Ergänzt werden soll das neue Regelwerk durch eine Verordnung **„Fazilität Connecting Europe"**, die von 2014 bis 2020 für die Energieinfrastruktur EU-Fördergelder von 9,1 Mrd. € vorsieht und damit dem großen Umfang des erforderlichen Netzausbaus erstmals annähernd Rechnung trägt.[76]

---

70 So auch Giegerich/*Nettesheim*, S. 77, 99; *Giesberts/Tiedge*, NVwZ 2013, 836, 840.

71 Die VO (EU) Nr. 347/2013 enthält dazu eine Reihe von Vorgaben, so z.B. für die Überwachung des Vorhabenfortschritts (Art. 5 Abs. 4) und die Benennung eines „Europäischen Koordinators" durch die Kommission (Art. 6), wenn bei der Durchführung eines Vorhabens Schwierigkeiten auftreten. Zudem enthält Art. 10 konkrete Vorgaben für die Genehmigungsverfahren für „Vorhaben von gemeinsamem Interesse", u.a. zur Öffentlichkeitsbeteiligung. Danach ist die Stufung des Verfahrens in ein „Vorantragsverfahren" und ein „formales Genehmigungsverfahren" vorgesehen.

72 Vgl. dazu die Legaldefinition in Art. 2 Nr. 4 VO (EU) Nr. 347/2013.

73 Vgl. Art. 1 Abs. 1 VO (EU) Nr. 347/2013.

74 Dazu gehört u.a. bis 2020 die Verringerung der Treibhausgasemissionen um 20%, die Verbesserung der Energieeffizienz um 20% und die Steigerung des Anteils erneuerbarer Energien am Endenergieverbrauch um 20% und schließlich die Energieinfrastruktur langfristig auf eine „Dekarbonisierung" des EU-Energiesystems bis 2050 vorzubereiten.

75 Vgl. Erwägungsgrund 2 der VO (EU) Nr. 347/2013.

76 KOM(2011) 665 Vorschlag vom 19.10.2011 für eine Verordnung des Europäischen Parlaments und des Rates zur Schaffung einer Fazilität „Connecting Europe", S. 7. Bislang sah die die bisherigen Leitlinien in Form der Entschei-

Im Einzelnen enthält die VO (EU) Nr. 347/2013 zu Leitlinien für die transeuropäische Energieinfrastruktur **drei Regelungsschwerpunkte**: Zum einen legt sie **Infrastrukturprioritäten** fest, bei denen ein Handeln der Union am stärksten gerechtfertigt ist. Diese Prioritäten werden durch die „Vorhaben von gemeinsamem Interesse“ umgesetzt (c). Sodann enthält sie Vorgaben für schnellere und transparente **Genehmigungsverfahren** (d). Schließlich schreibt sie erstmals vor, dass eine Methode für die Erstellung einer energiesystemweiten **Kosten-Nutzen-Analyse** zur Festlegung der „Vorhaben von gemeinsamem Interesse“ zu entwickeln ist (e). 57

c) Infrastrukturprioritäten

Die Verordnung sieht vor, dass zwölf strategischen transeuropäischen Energieinfrastrukturkorridoren und -gebieten Priorität gewährt wird, davon beziehen sich sechs auf den Strombereich.[77] 58

In Anhang I sind vier vorrangige Stromkorridore und zwei thematische Gebiete festgelegt. 59 Bei den vier Stromkorridoren handelt es sich um das

- Offshore-Netz der nördlichen Meere („NSOG“),
- die Nord-Süd-Stromverbindungsleitungen in Westeuropa („NSI West Electricity“),
- die Nord-Süd-Stromverbindungsleitungen in Mittelosteuropa und Südosteuropa („NSI East Electricity“) sowie
- den Stromverbundplan für den Energiemarkt im Ostseeraum („BEMIP Electricity“).[78]

Um die festgelegten Stromkorridore umzusetzen, werden „Vorhaben von gemeinsamem Interesse“ (VGI) definiert und gem. Art. 3 Abs. 1 in einer unionsweiten Liste zusammengefasst, die alle zwei Jahre **überprüft und aktualisiert** wird.[79] Die erste Liste wird gem. Art. 3 Abs. 4 spätestens zum 31.9.2013 verabschiedet. Projekte, die nicht den Status eines VGI erlangt haben, werden hinsichtlich ihrer Zulassung und Genehmigung allein nach nationalem Recht bewertet. Die Regelungen der neuen TEN-E-Verordnung gelten insoweit nicht.[80] 60

Das eigentliche Bedarfsermittlungsverfahren ist in Art. 3 geregelt und gliedert sich in mehrere Schritte: Zunächst wird für die Erstellung der Liste für jeden der vorgesehenen Infrastrukturkorridore eine **regionale Gruppe** eingesetzt, die die Vorhaben identifizieren soll. Diese Gruppe setzt sich u.a. aus Vertretern der Mitgliedstaaten, der Netzbetreiber, der Vorhabensträger und der Kommission zusammen. Sie erarbeitet eine Vorschlagsliste.[81] Dazu nimmt ACER innerhalb von drei Monaten nach Erhalt Stellung und bewertet, ob die materiellen Kriterien für die 61

dung Nr. 1364/2006/EG flankierende Finanzierungsverordnung (EG) Nr. 680/2007 für den Zeitraum von 2007 bis 2013 Fördergelder von lediglich 155 Mio. € vor.

77 Die Umsetzung dieser zwölf Infrastrukturprojekte sei für das Erreichen der Energie- und Klimapolitikziele der Union unerlässlich, vgl. Erwägungsgrund 20, VO (EU) Nr. 347/2013.

78 Die im Einzelnen durch die vorrangingen Stromkorridore betroffenen Mitgliedstaaten werden in der Verordnung angeführt, vgl. Anhang I, 1. zur VO (EU) Nr. 347/2013.

79 Nach Erwägungsgrund 23 der VO (EU) Nr. 347/2013 sollte – um sicherzustellen, dass die Unionsliste auf Vorhaben beschränkt ist, die den größten Beitrag zur Realisierung der vorrangigen strategischen Energieinfrastrukturkorridore und -gebiete leisten – die Befugnis zur Festlegung und Überprüfung der Unionsliste der Kommission gem. Art. 290 AEUV übertragen werden. Von der Kommission wird die Zahl solcher Vorhaben im Stromsektor auf ca. 100 und im Gassektor auf ca. 50 geschätzt. Die Gesamtzahl der Vorhaben von gemeinsamem Interesse sollte nicht erheblich über 220 liegen.

80 *Fischerauer*, EnWZ 2013, 56, 57.

81 Das Verfahren zur Erarbeitung der Vorschlagsliste ist im Einzelnen in Art. 3 Abs. 3 und Anhang III, Ziff. 2. der VO (EU) Nr. 347/2013 geregelt: Zunächst ist ein Antrag des Vorhabenträgers (definiert in Art. 2 Nr. 6) auf Auswahl seines Infrastrukturprojekts als VGI notwendig. Dies erfordert eine Begründung, warum die Voraussetzungen erfüllt sein sollen. Für die Entscheidung über die Liste gelten die Regeln der delegierten Rechtsetzung (Art. 290 AEUV).

Auswahl der Vorhaben eingehalten wurden. Innerhalb eines Monats nach Vorlage der Stellungnahme durch ACER und unter Berücksichtigung dieser Stellungnahme verabschieden die regionalen Gruppen die regionale Liste mit VGI-Vorhaben. Schließlich hat die Kommission eine unionsweite Liste der VGI-Projekte zu erstellen und zu veröffentlichen, die alle zwei Jahre zu überprüfen und zu aktualisieren ist.[82]

62 Soweit ein vorgeschlagenes Infrastrukturvorhaben das Hoheitsgebiet eines Mitgliedstaats berührt, ist zwingend die **Genehmigung** des betroffenen Mitgliedstaats einzuholen.[83] Die Aufnahme des Projekts in die unionsweite VGI-Liste bedeutet indes nicht zugleich seine Genehmigung im Sinne einer Zulassungsentscheidung. Dafür bleibt der jeweilige Mitgliedstaat zuständig, der dem Projekt im Genehmigungsverfahren jeweils „höchstmögliche Priorität" einzuräumen hat.

63 Die materielle Bewertung eines Vorhabens als ein „Vorhaben von gemeinsamem Interesse" richtet sich nach Art. 4 der Verordnung, der zwischen **allgemeinen** (Abs. 1) und besonderen, d.h. **vorhabenspezifischen** (Abs. 2) **Kriterien** unterscheidet. Erfüllt ein Vorhaben eines der allgemeinen oder besonderen Auswahlkriterien nicht, kann es den VGI-Status nicht erhalten. Die Verordnung gilt dann auch im Übrigen nicht, da ihre Regelungen nur anwendbar sind, wenn das Projekt VGI-Status hat.

64 Um die **allgemeinen Anforderungen** gem. Art. 4 Abs. 1 zu erfüllen, muss das Vorhaben **kumulativ drei Bewertungskriterien** entsprechen:

1. Es muss für die Realisierung der definierten Energieinfrastrukturkorridore und -gebiete **erforderlich** sein (Art. 4 Abs. 1 lit. a).
2. Der potenzielle **Gesamtnutzen** des Vorhabens muss die **Kosten** für dessen Realisierung auch langfristig **übersteigen** (Art. 4 Abs. 1 lit. b).[84]
3. Zudem müssen an dem Vorhaben **mindestens zwei Mitgliedstaaten beteiligt** sein, entweder dadurch, dass es die Grenze eines Mitgliedstaats oder mehrerer Mitgliedstaaten direkt quert, oder dadurch, dass es sich im Hoheitsgebiet eines Mitgliedstaats befindet und erhebliche **grenzüberschreitende Auswirkungen** i.S.v. Anhang IV, Punkt 1 hat, oder dadurch, dass es die Grenze von mindestens einem Mitgliedstaat und einem Staat des Europäischen Wirtschaftsraums quert (Art. 4 Abs. 1 lit. c), i)–iii)).

65 Ein Vorhaben mit erheblichen grenzüberschreitenden Auswirkungen ist **zwingend** anzunehmen, sofern es die Übertragungskapazität des Netzes an der Grenze dieses Mitgliedstaats zu einem oder mehreren anderen Mitgliedstaaten oder an jeder anderen relevanten Stelle desselben Übertragungskorridors um mindestens 500 MW gegenüber der Situation ohne Inbetriebnahme des Vorhabens verändert.[85]

66 Nach den vorhabenspezifischen Kriterien in Art. 4 Abs. 2 müssen Vorhaben im Strombereich z.B. einen Beitrag zur *„Marktintegration"*, zur *„Nachhaltigkeit"* (u.a. durch die Einspeisung erneuerbarer Energien) oder zur *„Versorgungssicherheit"* leisten, um den VGI-Status zu erlangen.

---

82 Art. 3 Abs. 1 i.V.m. Anhang III VO (EU) Nr. 347/2013.

83 Vgl. Art. 3 Abs. 3 VO (EU) 347/2013. Zur Sicherstellung eines breiten Konsens sollen die regionalen Gruppen für eine enge Zusammenarbeit zwischen den Mitgliedstaaten, nationalen Regulierungsbehörden, Projektentwicklern und relevanten betroffenen Kreisen sorgen, vgl. Erwägungsgrund 22 der VO (EU) Nr. 347/2013.

84 Art. 4 Abs. 1 lit. b) VO-Entwurf (KOM(2011) 658) verlangte hier noch einen Nachweis der *„wirtschaftlichen, ökologischen und sozialen Tragfähigkeit"* des Vorhabens. Dieser Nachweis wäre – z.B. bei Auswirkungen auf den Strompreis – nur schwerlich erreichbar gewesen. Diese Anforderungen sind in der endgültig verabschiedeten Fassung der Verordnung entfallen; vgl. dazu *Fischerauer*, EnWZ 2013, 56, 57.

85 Vgl. Anhang IV, Ziff. 1, lit. a) VO (EU) Nr. 347/2013.

Ob dies im Einzelfall zu bejahen ist, wird anhand der in Anhang IV, Punkte 2–5 genannten Kriterien geprüft.[86]

Die danach als „Vorhaben von gemeinsamem Interesse“ vorgeschlagenen Projekte sollen Teil des letzten verfügbaren zehnjährigen gemeinschaftsweiten Netzentwicklungsplans sein, damit sie in die zweite und die folgenden Unionslisten aufgenommen werden können.[87] 67

Hat ein Vorhaben den VGI-Status erhalten, gelten zunächst die in Art. 5 normierten **Durchführungs- und Überwachungsvorschriften**. 68

Danach hat der Vorhabensträger einen Durchführungsplan zu erstellen, der einen Zeitplan für Machbarkeits- und Auslegungsstudien, die Genehmigung durch die nationale Regulierungsbehörde, den Bau und die Inbetriebnahme sowie den Genehmigungsplan gem. Art. 10 Abs. 4 lit. b) enthält. Der Projektfortschritt des Vorhabens ist regelmäßig in Jahresberichten zu dokumentieren.[88] 69

Die regionalen Expertengruppen der Übertragungsnetzbetreiber und ACER sind mit der Überwachung und der Bewertung der Durchführung der „Vorhaben von gemeinsamem Interesse“ betraut.[89] Sie können dafür Informationen anfordern und die Agentur ersuchen, Maßnahmen zur Erleichterung der Durchführung zu ergreifen. Auch bestehen regelmäßige Berichtspflichten des Vorhabensträgers. 70

Gravierend können die Folgen ausfallen, wenn eine Verzögerung bei einem Vorhaben ohne hinreichende Begründung eintritt: In diesem Fall sieht Art. 5 Abs. 7 u.a. vor, dass der Vorhabensträger gezwungen werden kann, Investitionen von dritter Seite zu „akzeptieren“. Dieser Eingriff wird durch zwei Maßgaben abgesichert: 71

Zum einen muss der Netzbetreiber, in dessen Gebiet das Vorhaben umzusetzen ist, sämtliche dafür erforderlichen Informationen dem realisierenden Investor zur Verfügung stellen, die Netzanbindung der neuen Anlage bewirken sowie die Umsetzung der Investition ebenso unterstützen wie die Sicherheit des Betriebs. 72

Zum anderen hat die Kommission das Recht, eine Aufforderung zur Abgabe von Vorschlägen zu veröffentlichen, um einer dritten Partei den (Weiter-)Bau des Projekts nach einem vereinbarten Zeitplan zu ermöglichen. 73

Dieser Eingriff begegnet im Hinblick auf die grundrechtlich geschützten Freiheiten unternehmerischer Tätigkeit erheblichen Bedenken.[90] Es fehlen auch hinreichend bestimmte prozedurale Maßgaben für einen solch gravierenden Vorgang. Schließlich bleibt unklar, wie ein Interessen- und Kostenausgleich der Beteiligten untereinander ausfallen soll. 74

Schließlich kann die Kommission für „Vorhaben von gemeinsamem Interesse“, bei denen es Schwierigkeiten während der Durchführung gibt, **Europäische Koordinatoren** benennen.[91] Dem Koordinator kommt allerdings – wie schon die Bezeichnung sagt – nur eine unterstützende Funktion zu. Selbstständige Befugnisse hat er nicht. 75

Der Koordinator soll das Vorhaben und den grenzüberschreitenden Dialog fördern, die Parteien bei der Konsultation und dem Erhalt der Genehmigungen unterstützen, die Unterstützung der betroffenen Mitgliedstaaten sicherstellen und jährlich über den Projektfortschritt und etwaigen Hindernissen gegenüber der Kommission berichten.[92] 76

---

86 Vgl. Art. 4 Abs. 3 VO (EU) Nr. 347/2013.

87 Erwägungsgrund 21 der VO (EU) Nr. 347/2013. Zum gemeinschaftsweiten Netzentwicklungsplan vgl. im Einzelnen Rn 112ff.

88 Vgl. Art. 5 Abs. 1–3 VO (EU) Nr. 347/2013.

89 Vgl. Art. 5, insbesondere Abs. 3 VO (EU) Nr. 347/2013.

90 Giegerich/*Nettesheim*, S. 77, 90; *Fischerauer*, EnWZ 2013, 56, 58.

91 Vgl. Art. 6. VO (EU) 347/2013.

92 Vgl. Art. 6 Abs. 2 e) VO (EU) Nr. 347/2013.

77 Als Koordinator soll eine Person durch die Kommission benannt werden, die im Zusammenhang mit dem in Rede stehenden Projekt zweckgerichtet fungieren kann und mit den Mitgliedstaaten während der auf maximal drei Jahre befristeten Tätigkeit zusammenarbeitet. Ein spezifisches Anforderungsprofil für die Person des Koordinators ist nicht definiert, er *„wird aufgrund seiner Erfahrung mit den spezifischen Aufgaben ... ausgewählt.“*

78 Nach Art. 6 Abs. 2 lit. c) hat er die Vorhabensträger auch hinsichtlich der Finanzierung des Vorhabens zu beraten.

79 Entscheidungsbefugnisse im Verhältnis zu den Behörden der Mitgliedstaaten oder gegenüber der Kommission kommen dem Koordinator indes nicht zu. Dies ist angesichts der nach Art. 170 ff. AEUV zwischen Union und Mitgliedstaaten geteilten Regelungskompetenzen konsequent, zumal auch die Durchführung der Genehmigungsverfahren und die Erteilung von Genehmigungen den Mitgliedstaaten vorbehalten ist.

80 Im Hinblick auf die Erteilung der Genehmigungen für das Vorhaben bestimmt **Art. 7 Abs. 1** der Verordnung als **weitere Rechtsfolge** der Definition eines „Vorhabens von gemeinsamem Interesse“, dass *„die Annahme der Unionsliste für Entscheidungen im Rahmen der Genehmigungsverfahren die Erforderlichkeit dieser Vorhaben in energiepolitischer Hinsicht“* begründet.

81 Diese Geltungsanordnung präzisiert die Vorgaben der bisherigen TEN-E-Leitlinien. Gleichwohl ist sie unscharf.[93] Sie lässt sich zum einen dahingehend verstehen, dass der **energiewirtschaftlich vordringliche Bedarf** für Netzausbauvorhaben der Höchstspannungsebene i.S.v. **§ 1 Abs. 1 EnLAG** oder **§ 12e EnWG** als **gegeben** gilt. **Gleichzeitig** kann sie so verstanden werden, dass die Realisierung von VGI-Vorhaben i.S.v. **§ 1 S. 3 NABEG** aus **„Gründen eines überragenden öffentlichen Interesses erforderlich“** ist.[94]

82 Der Anwendungsbereich des NABEG ist indes gem. § 2 Abs. 1 NABEG nur eröffnet, wenn die Vorhaben zuvor in einem Gesetz über den Bundesbedarfsplan nach § 12e Abs. 4 S. 1 EnWG besonders gekennzeichnet sind. Insofern bestimmt Art. 3 Abs. 6 der Verordnung, dass die in die Unionsliste aufgenommenen Vorhaben von gemeinsamem Interesse *„... zu einem festen Bestandteil ... der nationalen Zehnjahresnetzentwicklungspläne ...“* werden.

83 Im Hinblick auf andere Entscheidungen, wie den Trassenkorridor, den konkreten Trassenverlauf, den Standort von Masten und Nebeneinrichtungen sowie zu der zu verwendenden Technik ergibt sich indes aus der Rechtsfolgenanordnung des Art. 7 der Verordnung keine Vorfestlegung.[95] Diese Festlegungen werden – nach Maßgabe der nationalen Regelungsregimes – in Deutschland also im Verfahren der Bundesfachplanung und der anschließenden Planfeststellungsverfahren – getroffen. Das gilt auch für die Entscheidung über die zu verwendenden Übertragungstechnologien (z.B. HGÜ- oder Erdkabeltechnik).

d) Genehmigungsverfahren

84 „Vorhaben von gemeinsamem Interesse“ sollen nach der Verordnung Auswirkungen auch auf das nationale Zulassungsverfahren haben. In der Praxis erfordert dies Änderungen und Anpassungen des nationalen Zulassungsrechts, jedenfalls aber der Vollzugspraxis, um zu schlüssigen Ergebnissen zu gelangen.

85 Konkret bedeutet dies, dass eine **nationale Stelle** innerhalb eines jeden Mitgliedstaats **besondere Zuständigkeiten** für die **Koordinierung** und **Aufsicht** über das Genehmigungsverfah-

93 Giegerich/*Nettesheim*, S. 77, 93 zum Text in der Fassung des Kommissionsentwurfs der Verordnung KOM(2011) 658.
94 *Schmitz/Jornitz*, NVwZ 2012, 322, 337; zur Änderung des deutschen Rechts *Giesberts/Tiedge*, NVwZ 2013, 836, 839.
95 Vgl. auch Erwägungsgrund Nr. 40 VO (EU) Nr. 347/2013.

ren für VGI-Vorhaben erhält,[96] Mindestanforderungen an die **Transparenz und die Beteiligung der Öffentlichkeit** festgelegt werden und eine **maximal zulässige Dauer** für das Genehmigungsverfahren festgesetzt wird.[97]

Die Verordnung greift insoweit verfahrensrechtliche Beschleunigungselemente auf, die in Deutschland in den Bestimmungen des NABEG bereits umgesetzt wurden.[98] **86**

In den Grenzen der Vorgaben des Art. 8 Abs. 2 der Verordnung steht es den Mitgliedstaaten frei, ihre eigenen Zulassungsverfahren gemäß ihren nationalen Rechtssystemen zu konzipieren, um die Anforderungen der Verordnung zu erfüllen.[99] Nachdem das ursprünglich noch im Verordnungsentwurf der Kommission von 2011 vorgesehene Prinzip des „one-stop-shop" bei den Mitgliedstaaten auf erhebliche Bedenken gestoßen war, sind nunmehr nach Art. 8 Abs. 3 drei Regelungsmodelle möglich, um die Behördenverantwortlichkeiten innerhalb des Genehmigungsverfahrens zu strukturieren und ihr Verhältnis zueinander festzulegen.[100] **87**

In Deutschland sind die Voraussetzungen für eine integrierte Vorgehensweise i.S.v. Art. 8 Abs. 2 lit. a) gegeben: Als zuständige nationale Stelle kommt die **BNetzA in ihrer Funktion als Genehmigungsbehörde** in Betracht. Die BNetzA ist nicht nur für die Bundesfachplanung, sondern zukünftig auch für die Planfeststellungsverfahren der länderübergreifenden und grenzüberschreitenden Höchstspannungsleitungen zuständig. Die dafür erforderliche Rechtsverordnung gem. § 2 Abs. 2 NABEG ist Mitte 2013 in Kraft getreten. **88**

Art. 7 Abs. 8 legt zur Erleichterung der materiellen Genehmigungsfähigkeit fest, dass die als VGI-Projekte ausgewiesenen Vorhaben kraft Gesetzes im überwiegenden öffentlichen Interesse i.S.d. FFH-Richtlinie 92/43/EG und der Wasser-Rahmenrichtlinie 2000/60/EG liegen.[101] Gleichwohl sollen die Bestimmungen des Wasser- und FFH-Rechts aber zur Anwendung kommen und eingehalten werden. Damit sind praktische Schwierigkeiten und rechtliche Unsicherheiten vorprogrammiert. Sinnvoll – im Interesse einer zügigen Realisierbarkeit der Vorhaben – wäre hier eine grundlegende Überarbeitung schon der europarechtlichen Richtlinienanforderungen. **89**

Art. 10 Abs. 1 enthält schließlich verfahrensrechtliche Vorgaben für das **nationale Genehmigungsverfahren**. Es soll in **zwei Stufen** verlaufen: Das **Vorantragsverfahren** erfasst den Zeitraum zwischen dem Beginn des Verfahrens und der Annahme der eingereichten Antragsunterlagen (einschl. Umweltbericht). Es soll maximal zwei Jahre dauern, wobei eine Verlängerung der Frist um maximal neun Monate möglich sein soll.[102] Anschließend folgt das **formale Ge-** **90**

---

96 Vgl. Art. 8 VO (EU) Nr. 347/2013.

97 Die Dauer des Verfahrens soll insgesamt auf drei Jahre und sechs Monate begrenzt sein; es gliedert sich in zwei Abschnitte, vgl. Art. 10 Abs. 1a (Vorantragsverfahren: max. zwei Jahre) und Art. 10 Abs. 1b (Genehmigungsverfahren: max. ein Jahr und sechs Monate). Eine Verlängerung ist gemäß der Vorgaben des Art. 10 Abs. 2 um bis zu neun Monate für beide Abschnitte insgesamt möglich.

98 Vgl. *Schmitz/Jornitz*, NVwZ 2012, 332, 333.

99 Die VO (EU) Nr. 347/2013 differenziert hier zwischen einer „Integrierten Regelung" (Art. 8 Abs. 2 a), einer „Koordinierten Regelung" (Art. 8 Abs. 2 b) und einer „kooperativen Regelung" (Art. 8 Abs. 2 c). Zu letzterer ausführlich *Fischerauer*, EnWZ 2013, 56, 59.

100 Nach Art. 8 Abs. 3 VO (EU) Nr. 347/2013 ist zwischen einem integrierten Schema (Abs. 3 lit. a), einem koordinierten Schema (Abs. 3 lit. b) und einem kooperativen Schema (Abs. 3 lit. c) zur Ermöglichung der umfassenden Genehmigungsentscheidung zu unterscheiden. Während nach dem integrierten Schema nur eine Behörde nach außen handelt, können nach den anderen beiden Modellen mehrere Behörden rechtsverbindliche Entscheidungen treffen, diese werden aber durch eine Behörde koordiniert. Zudem besteht die Möglichkeit, dass die koordinierende Behörde Entscheidungen für eine andere Behörde trifft (koordiniertes Schema).

101 Vgl. dazu auch Erwägungsgrund 28 VO (EU) Nr. 347/2013.

102 Die Fristverlängerung von neun Monaten bezieht sich gem. Art. 10 Abs. 2 VO (EU) Nr. 347/2013 auf beide Teile des Verfahrens, d.h. bei der Bestimmung der Verlängerung der Frist für das Vorantragsverfahren muss bereits antizipiert werden, ob auch Verzögerungen im eigentlichen Genehmigungsverfahren zu erwarten sind.

nehmigungsverfahren, das höchstens ein Jahr (und sechs Monate) dauert und mit einer umfassenden Entscheidung der zuständigen Behörde endet.[103]

91 Bereits vor Einreichung der endgültigen und vollständigen Antragsunterlagen muss gem. Art. 9 Abs. 4 eine **Konsultation der Öffentlichkeit** durch den Vorhabensträger oder die zuständige Behörde durchgeführt werden. Diese Konsultation soll dazu beitragen, die am besten geeignete Trasse sowie den Untersuchungsrahmen festzulegen.[104] Insoweit ist festzustellen, dass – je nach Lesart – Konfliktpotenzial oder eine Lücke in Bezug auf die Regelungen für die Bundesfachplanung in §§ 7 ff. NABEG und die Planfeststellung in §§ 18 ff. besteht, wonach eine solche frühe Konsultation der Öffentlichkeit im Hinblick auf die Trassenwahl nicht vorgesehen ist.

92 Nach Art. 9 Abs. 3 hat der Vorhabensträger drei Monate nach Beginn des formalen Genehmigungsverfahrens ein Konzept für eine Beteiligung der Träger öffentlicher Belange und der Öffentlichkeit vorzulegen. Diese Beteiligung umfasst auch die **Umweltverträglichkeitsprüfung**,[105] wobei Art. 7 Abs. 4 und 5 von der Maßgabe spricht, dass diese Prüfung „zu straffen" sei, um das Genehmigungsverfahren fristgerecht zum Abschluss zu bringen.[106] Was dies in der Praxis bedeutet, bedarf näherer Konkretisierung, die auf europäischer Ebene durch einen bis zum 16.8.2013 von der Kommission zu erlassenden Leitfaden geleistet werden soll. Im Ergebnis sind hier vor allem verfahrensbezogene Maßgaben zu erwarten, z.B. zur detaillierten Abstimmung oder gemeinsamen Durchführung einer erforderlichen Umweltverträglichkeitsprüfung durch mehrere Mitgliedstaaten.

93 Zum **Rechtsschutz** verhält sich die Verordnung nur sehr allgemein: Art. 10 Abs. 6 bestimmt, dass die für das Genehmigungsverfahren in Art. 10 bestimmten Fristen, die für behördliche Rechtsbehelfs- oder Gerichtsverfahren maßgebenden Fristen des nationalen Rechts unberührt lassen.

94 In Deutschland gilt im NABEG das Prinzip des nachgelagerten Rechtsschutzes, d.h., Rechtsmittel können grundsätzlich nur gegen die abschließende Planfeststellungsentscheidung, nicht aber gegen Entscheidungen der Bundesfachplanung oder der Bedarfsplanung erhoben werden. Insoweit ergibt sich aus den Vorgaben der Verordnung kein unmittelbarer Anpassungsbedarf.[107]

e) Kosten-Nutzen-Analyse

95 Kapitel IV der Verordnung (Art. 11–16) enthält Regelungen zur grenzüberschreitenden Kostenaufteilung und zu risikobezogenen Investitionsanreizen, d.h. klassische Regulierungsinstrumente.

96 Art. 11 bestimmt erstmals auf europäischer Ebene die Festlegung einer Methode und eines Verfahrens für die Erstellung einer **harmonisierten, energiesystemweiten Kosten-Nutzen-Analyse im Stromsektor**, um damit die „Vorhaben von gemeinsamem Interesse" zu identifizieren. Damit wird ein **Element der Bedarfsplanung auf Unionsebene** eingeführt.

97 Vorgesehen ist, dass der europäische Betreiberverbund ENTSO-E, die EU-Energieagentur ACER und die Kommission die Methoden zur Netz- und Marktmodellierung nach einem vorherigen Konsultations- und Abstimmungsprozess, auch für die Netz- und Marktmodellierung bei der

103 Nach Art. 9 Abs. 1 VO (EU) Nr. 347/2013 ist zu jedem Genehmigungsverfahren ein Verfahrenshandbuch zu veröffentlichen, welches mindestens die in Anhang VI Punkt 3 angegebenen Informationen enthalten muss, wozu z.B. Angaben zu Beteiligten, Informationen über Umfang, Gliederung und Detailgrad der Unterlagen gehören. Zum Verfahren im Einzelnen *Fischerauer*, EnWZ 2012, 56, 60.

104 Vgl. *Schmitz/Jornitz*, NVwZ 2012, 332, 337.

105 Vgl. *Schmitz/Jornitz*, NVwZ 2012, 332, 337.

106 Die nach Art. 8 Abs. 4 der Verordnung von der Kommission zu veröffentlichenden Leitlinien sollen „*die Mitgliedstaaten bei der Festlegung von ... Maßnahmen zur Straffung der Umweltverträglichkeitsprüfungen unterstützen und dafür sorgen, dass ...* (sie) ... *kohärent durchgeführt werden*".

107 In diesem Sinne unter Verweis auf die durch § 15 Abs. 3 S. 2 NABEG beabsichtigte Rechtsschutzkonzentration *Schmitz/Jornitz*, NVwZ 2012, 332, 338.

Ausarbeitung und Bewertung der gemeinschaftsweiten Netzentwicklungspläne, anwenden (Art. 11 Abs. 1–6). Darüber hinaus haben ENTSO-E der Kommission und der Agentur bis zum 31.12.2016 ein schlüssiges Strom- und Verbundnetzmodell zu übermitteln, das die Stromübertragungsinfrastruktur, die vorrangigen Energieinfrastrukturkorridore und -gebiete abdeckt und dabei die Vorgaben der Verordnung in Anhang V beachtet (vgl. Art. 11 Abs. 8).

Nach § 12 Abs. 4 sollen die nationalen Regulierungsbehörden und ACER für die Aufteilung 98 der Kosten der „Vorhaben von gemeinsamem Interesse" in den einzelnen Sektoren zuständig sein, d.h., die Aufteilung der Kosten auf die Mitgliedstaaten erfolgt in Abhängigkeit von dem Nutzen, den die Vorhaben direkt oder indirekt für die betroffenen Mitgliedstaaten haben.[108]

Schließlich sollen die nationalen Regulierungsbehörden durch die von ihnen genehmigten 99 Tarife geeignete Anreize für die Netzbetreiber zur Durchführung von „Vorhaben von gemeinsamem Interesse" setzen, insbesondere wegen der damit einhergehenden Risiken.[109]

Laut Art. 12 Abs. 1 sind die Investitionskosten, die im Zusammenhang mit einem „Vorhaben 100 von gemeinsamem Interesse" entstehen, zunächst von den Netzbetreibern derjenigen Mitgliedstaaten zu tragen, für die das jeweilige Vorhaben von Vorteil ist („positive Nettowirkung"). Die Aufteilung ist durch die jeweils betroffenen Regulierungsbehörden vorzunehmen. Sodann stellen die nationalen Regulierungsbehörden sicher, dass diese Kosten über die Netzentgelte an die Netznutzer weitergegeben werden können. Das setzt voraus, dass die Investitionskosten denen eines effizienten und strukturell vergleichbaren Netzbetreibers entsprechen. Eine Entscheidungszuständigkeit der EU-Energieagentur ACER ist für den Fall vorgesehen, dass sich die nationalen Regulierungsbehörden nicht über die Kostenaufteilung einigen können oder sie die Agentur auffordern, über die Kostenaufteilung und die Berücksichtigung in den Netzentgelten zu entscheiden (§ 12 Abs. 6).[110]

f) Folgen bei Verzögerungen

Die Verordnung differenziert zwischen einer **Verzögerung im Genehmigungsverfahren** und 101 einer **Verzögerung bei der praktischen Umsetzung** eines Vorhabens von gemeinsamem Interesse.

Überschreitet das Genehmigungsverfahren die zulässige Dauer, bestimmt Art. 10 Abs. 2, 102 dass die zuständige Genehmigungsbehörde die betroffene regionale Gruppe informiert und ihr diejenigen Maßnahmen vorlegt, die getroffen wurden oder noch zu treffen sind, damit das Genehmigungsverfahren mit der geringstmöglichen Verzögerung zum Abschluss gebracht werden kann.[111] Die Behörde ihrerseits kann ersucht werden, über die Fortschritte im Genehmigungsverfahren regelmäßig zu berichten. Die Entscheidung über die Genehmigung des Vorhabens verbleibt weiterhin bei der zuständigen Genehmigungsbehörde.

Sofern eine Verzögerung bei der Realisierung des Vorhabens eintritt, die außerhalb des Ge- 103 nehmigungsverfahrens liegt, besteht die Möglichkeit für die Kommission, entweder in Absprache mit dem betroffenen Mitgliedstaat einen Koordinator zu bestimmen[112] oder, sofern die Ver-

108 Vgl. Art. 12 Abs. 4 VO (EU) Nr. 347/2013 i.V.m. den in Anhang IV festgelegten Kriterien. Eine vergleichbare Bestimmung enthielt die Entscheidung Nr. 1364/2006/EG nicht.

109 Vgl. 13 VO (EU) Nr. 347/2013.

110 Kritisch hierzu *Reichert/Voßwinkel*, IR 2012, 98, 100.

111 Es sind indes keine besonderen Handlungsbefugnisse zugunsten der jeweiligen regionalen Gruppe vorgesehen. Art. 10 Abs. 2 gewährt ihr lediglich einen Anspruch auf Berichterstattung gegenüber der Genehmigungsbehörde.

112 Vgl. Art. 6 Abs. 1–5 VO (EU) Nr. 347/2013.

zögerung länger als zwei Jahre dauert, dem Vorhabensträger die Vorhabenrealisierung zu entziehen, um sie – nach Ausschreibung – einem anderen Investor zu übertragen.[113]

g) Bewertung

104 Die Ermittlung und Überwachung von „Vorhaben von gemeinsamem Interesse“ nach Art. 3 bis 6 der neuen VO (EU) Nr. 347/2013 führt – im Vergleich zu den bisherigen Maßgaben aus der Entscheidung Nr. 1364/2006/EG – dazu, dass bereits auf der Stufe ihrer Feststellung aber auch bei der Bedarfsermittlung ein **transparenteres Verfahren mit einer nachvollziehbaren Methodik** zur Anwendung kommt. Die präzisierte Evaluierung von Vorhaben mit grenzüberschreitendem Bezug führt zu einem kohärenten, besser und enger abgestimmten Netzausbau in der Union, was dem Ziel eines harmonisierten Energiebinnenmarkts dient. Die verfahrensrechtlichen Regelungen der Verordnung zeigen deutliche Parallelen zum NABEG. Auch hier findet eine **Konzentration der Zuständigkeit** bei einer Stelle statt. Das ist im Sinne einer koordinierten, inhaltlich abgestimmten und zügigen Entscheidungsfindung zu begrüßen.

105 Die Regelungen zum Genehmigungsverfahren zeigen darüber hinaus, dass die Verordnung auf Durchsetzungsfähigkeit angelegt ist. Die Fristvorgaben erscheinen allerdings eher unrealistisch. Eine ganze Reihe von Fragen zum Vorgehen und Verfahren bedürfen noch der Konkretisierung.[114] Anpassungen im EnWG und NABEG sind infolge des Inkrafttretens der Verordnung zu erwarten. Rechtlich problematisch sind die gravierenden Eingriffsbefugnisse der Kommission im Fall von Verzögerungen, die Realisierung des Projekts dem ursprünglichen Vorhabensträger zu entziehen, um sie durch andere Investoren zu bewirken.

3. Netzplanung durch Netzbetreiber, ENTSO und ACER

106 Neben den TEN-E-Leitlinien, die in der Fassung der Entscheidung Nr. 1364/2006/EG bis zum Inkrafttreten der neuen VO (EU) Nr. 347/2013 zu Leitlinien für die transeuropäische Energieinfrastruktur am 1.6.2013[115] galten, enthielten die zunächst maßgebenden Richtlinien für den Elektrizitätsbinnenmarkt praktisch keine Regelungen für die Feststellung des Netzausbaubedarfs und die Netzplanung auf europäischer Ebene. Dies hatte zur Folge, dass Bedarfsplanung und Netzausbau ursprünglich allein dem unternehmerischen Verantwortungsbereich der jeweiligen Übertragungsnetzbetreiber in ihrem Mitgliedsland überantwortet waren. Behördliche Kompetenzen zur Durchsetzung von Netzausbauvorhaben fehlten. Was als bedarfsgerechter Ausbau der Netze galt und wie er sicherzustellen war, blieb individuell den Netzbetreibern überlassen.

107 Konkrete Vorgaben in Bezug auf die Planung und den Ausbau der Übertragungsnetze enthält erstmals das sog. 3. EU-Energiebinnenmarktpaket aus dem Jahre 2009.

108 Hierdurch werden erstmals konkrete Anforderungen auf europäischer Ebene für die Bedarfsplanung und die Befugnis zum Erlass von Investitionsentscheidungen auf nationaler Ebene getroffen, die sich in der Verpflichtung zur Aufstellung eines nationalen Netzentwicklungsplans in den Mitgliedstaaten (a) und eines gemeinschaftsweiten Netzentwicklungsplans auf europäischer Ebene niederschlagen (b).

113 Vgl. Art. 5 Abs. 7 lit. a), b) und c); dazu bereits oben Rn 69 ff.
114 Insofern hat das Europäische Parlament ergänzende Vorschläge unterbreitet, vgl. Bericht über den Vorschlag für eine Verordnung des Europäischen Parlaments und des Rates zu Leitlinien für die transeuropäische Energieinfrastruktur und zur Aufhebung der Entscheidung Nr. 1364/2006/EG, Plenarsitzungsdokument A7-0036/2013 vom 8.2.2013, beschlossen in der Sitzung des Europäischen Parlaments am 12.3.2013.
115 Vgl. ABl. EU 2013 Nr. L 115, S. 39 ff.

a) Nationaler Netzentwicklungsplan

In Bezug auf die Bedarfs- und Netzausbauplanung in den Mitgliedstaaten enthält **Art. 22** der **RL 2009/72/EG** über gemeinsame Vorschriften für den Elektrizitätsbinnenmarkt die maßgebende Regelung. Danach sind die Übertragungsnetzbetreiber dazu verpflichtet, ihrer Regulierungsbehörde **jedes Jahr einen zehnjährigen Netzentwicklungsplan vorzulegen**, der sich auf die derzeitige Lage und die Prognosen im Bereich von Angebot und Nachfrage stützt. Dieser zehnjährige Netzentwicklungsplan soll insbesondere Angaben darüber liefern, welche Übertragungsinfrastrukturen in den nächsten zehn Jahren errichtet oder ausgebaut werden müssen, alle bereits beschlossenen Investitionen auflisten und neue Investitionen bestimmen, die in den nächsten drei Jahren durchgeführt werden müssen und einen Zeitplan für sämtliche Investitionsprojekte vorgeben.[116] Die nationale Regulierungsbehörde prüft den Netzentwicklungsplan.[117] Sie kann Änderungen der Planung verlangen. Die Netzbetreiber sind verpflichtet, die im Netzentwicklungsplan vorgesehenen Maßnahmen fristgerecht umzusetzen. 109

Aufseiten der Regulierungsbehörden wurde ihre Kontrollfunktion verstärkt: Sie haben nunmehr die Befugnis, im Netzentwicklungsplan vorgesehene Investitionen zwangsweise durchsetzen zu können. Damit erhält die Regulierungsbehörde nicht nur Aufsichts- und Kontrollbefugnisse im Hinblick auf die Netzplanung, sondern auch ein Instrument, um Investitionen in Netze gegenüber Netzbetreibern erzwingen zu können.[118] 110

b) Gemeinschaftsweiter Netzentwicklungsplan

Art. 8 Abs. 2 lit. b) der VO (EU) Nr. 714/2009/EG verpflichtet den Verbund der Europäischen Übertragungsnetzbetreiber (ENTSO-E),[119] alle zwei Jahre einen **nicht bindenden gemeinschaftsweiten zehnjährigen Netzentwicklungsplan** einschließlich einer europäischen **Prognose** zur Angemessenheit der Stromerzeugung vorzulegen. 111

Der gemeinschaftsweite Netzentwicklungsplan beinhaltet die Modellierung des integrierten Netzes, die Entwicklung von Szenarien, eine europäische Prognose zur Angemessenheit der Stromerzeugung und eine Bewertung der Belastbarkeit des Systems.[120] Er soll dabei die in den Leitlinien für die transeuropäischen Energienetze gemäß der Entscheidung Nr. 1364/2006/EG enthaltenen gemeinschaftlichen Aspekte der Netzplanung berücksichtigen.[121] 112

Die Vorhaben des gemeinschaftsweiten Netzentwicklungsplans werden regelmäßig hinsichtlich ihres Anfangs- und Endpunktes durch Angabe einer Stadt oder einer Ortschaft definiert. 113

Der vonseiten ENTSO-E erarbeitete gemeinschaftsweite Zehnjahresplan zur Netzentwicklung wird auf europäischer Ebene von der Energie-Agentur (**ACER**) geprüft. Die Agentur ist auf Grundlage der ACER-Verordnung[122] zeitgleich mit den anderen Maßnahmen im Rahmen des sog. 3. EU-Elektrizitätsbinnenmarktpakets gegründet worden. Allerdings **fehlt** neben der Möglichkeit, in einer Stellungnahme Änderungsvorschläge machen zu können,[123] ein **konkretes Entscheidungs- oder Vetorecht** im Hinblick auf den Zehnjahresplan. Die Stellungnahme von ACER ist **ohne Bindungswirkung** und Rechtsfolgen. 114

---

116 Vgl. Art. 22 Abs. 2, Buchstaben a) bis e) der RL 2009/72/EG.
117 Vgl. Art. 22 Abs. 5 der RL 2009/72/EG.
118 Art. 22 Abs. 7 der RL 2009/72/EG; in Deutschland wurde diese Vorgabe in § 65 Abs. 2a EnWG umgesetzt; kritisch dazu unten Rn 494 ff.
119 Näher dazu Kap. 1 Rn 53.
120 Vgl. Art. 8 Abs. 10 VO (EU) Nr. 714/2009/EG.
121 Vgl. Art. 8 Abs. 10 lit. a) VO (EU) Nr. 714/2009/EG.
122 VO (EU) Nr. 713/2009/EG des Europäischen Parlaments und des Rates vom 13.7.2009 zur Gründung einer Agentur für die Zusammenarbeit der Energieregulierungsbehörden (ABl. EU Nr. L 211 S. 1).
123 Vgl. Art. 8 Abs. 11 VO (EU) Nr. 714/2009/EG.

II. Leitlinien für transeuropäische Netze (Entscheidung Nr. 1364/2006/EG)

115 Die dargestellte Entwicklung im Bereich der Netzplanung zeigt, dass auf europäischer Ebene bislang nur zwei Instrumente existierten, die Elemente der Bedarfsplanung für den Netzbereich enthalten und daher für die Praxis der Netzplanung von besonderer Bedeutung sind: die **Leitlinien für transeuropäische Netze** (in der Fassung der **Entscheidung Nr. 1364/2006/EG**)[124] und der **gemeinschaftsweite Netzentwicklungsplan**.

116 Gestützt auf den primärrechtlichen Kompetenztitel zum Auf- und Ausbau transeuropäischer Netze,[125] enthalten die Leitlinien für transeuropäische Netze von 2006[126] Aussagen zum grenzüberschreitenden Leitungsausbaubedarf sowohl zwischen den Mitgliedstaaten als auch zu Drittstaaten.

117 **Ziel** der Leitlinien gem. Art. 3 ist es, den **Verbund, die Interoperabilität und den Ausbau der transeuropäischen Energienetze** sowie den Zugang zu diesen im Einklang mit dem geltenden Gemeinschaftsrecht zu **fördern**, um ein effektives **Funktionieren des Binnenmarkts**, die **Entwicklung benachteiligter Gebiete** und Inselregionen zu erleichtern, die **Sicherheit** der Energieversorgung zu verbessern und schließlich einen **Beitrag zur nachhaltigen Entwicklung und zum Umweltschutz** zu leisten.[127] Insbesondere sollen die Planung und der Bau von Verbindungsleitungen gefördert und beschleunigt sowie Anreize für private Investoren geschaffen werden.[128]

1. Anwendungsbereich und Maßnahmeprioritäten

118 Der **Anwendungsbereich der TEN-E-Leitlinien** bezieht sich gem. Art. 2 Ziff. 1 im Bereich der Elektrizitätsnetze auf **zwei Bereiche**: Erfasst sind zum einen Hochspannungsleitungen (mit Ausnahme derjenigen in Verteilernetzen) und die unterseeischen Verbindungen, soweit diese Leitungen der interregionalen oder internationalen Übertragung oder Verbindung dienen. Zum anderen ist der Anwendungsbereich für Ausrüstungen und Anlagen eröffnet, die für den reibungslosen Betrieb des betreffenden Systems unentbehrlich sind, einschließlich der Schutz-, Überwachungs- und Regulierungssysteme.

119 Entsprechend ihrer Zielsetzung werden in Art. 4 der Leitlinien **Maßnahmeprioritäten** definiert, die dazu dienen sollen, Vorhaben als vorrangig für den Netzausbau zu identifizieren. Für den Bereich der Elektrizitätsnetze lauten diese Prioritäten wie folgt:

1. Anpassung der Energienetze zur Unterstützung eines funktionierenden Energiebinnenmarkts, insbesondere die Lösung von Problemen durch Engpässe, vor allem grenzüberschreitende Engpässe, Überlastung und fehlende Teilstücke sowie die Berücksichtigung der Erfordernisse, die sich aus der Funktionsweise des Binnenmarkts für Elektrizität sowie der Erweiterung der EU ergeben;
2. Errichtung von Energienetzen in Inselregionen, abgelegenen Regionen und Regionen in Randlage;

124 Die Leitlinien sind durch die „Verordnung (EU) Nr. 347/2013 zu Leitlinien für die transeuropäische Energieinfrastruktur und zur Aufhebung der Entscheidung Nr. 1364/2006/EG und zur Änderung der Verordnungen (EG) Nr. 713/2009, (EG) Nr. 714/2009 und (EG) Nr. 715/2009" (ABl. EU Nr. L 115 S. 39 ff. v. 25.4.2013), abgelöst worden, vgl. dazu im Einzelnen oben Rn 41 ff.

125 Vormals Art. 154 EGV, jetzt Art. 170 AEUV.

126 Entscheidung Nr. 1364/2006/EG des Europäischen Parlaments und des Rates vom 6.9.2006 zur Festlegung von Leitlinien für die transeuropäischen Energienetze und zur Aufhebung der Entscheidung 96/391/EG und der Entscheidung Nr. 1229/2003/EG (ABl. EU L 262 S. 1).

127 Art. 3 lit. a)–d) der Entscheidung Nr. 1364/2006/EG.

128 Vgl. Art. 3 Entscheidung Nr. 1364/2006/EG.

3. die Anpassung und Entwicklung von Netzen zur Erleichterung der Integration und des Anschlusses der Stromerzeugung aus erneuerbaren Energiequellen und schließlich
4. die Interoperabilität der Elektrizitätsnetze innerhalb der Gemeinschaft sowie mit den Netzen der Beitritts- und Bewerberländer und anderer Länder Europas und des Mittelmeers sowie Schwarzmeerraums.

2. Vorhabenkategorien und Rechtsfolgen

Entsprechend der Zielsetzung der Leitlinien (Art. 3) und unter Berücksichtigung der genannten Prioritäten (Art. 4) sind konkrete (förderfähige) Vorhaben in **drei unterschiedliche Kategorien** eingeteilt. 120

Die Kategorisierung der Vorhaben erfolgt anhand der in den Richtlinien zu jeder Kategorie im Einzelnen aufgeführten materiellen Kriterien. Als Kategorien sind „Vorhaben von gemeinsamem Interesse" (Art. 6), „vorrangige Vorhaben" (Art. 7) und „Vorhaben von europäischem Interesse" (Art. 8) zu unterscheiden. 121

a) Vorhaben von gemeinsamem Interesse

„Vorhaben von gemeinsamem Interesse" müssen **kumulativ die Voraussetzungen des Art. 6 Abs. 1 lit. a)–c)** erfüllen. Dementsprechend muss das Vorhaben in den Anwendungsbereich der Leitlinien (Art. 2) fallen, den Zielen (Art. 3) und Maßnahmeprioritäten (Art. 4) entsprechen sowie potenziell wirtschaftlich tragfähig sein. 122

Die Bewertung der wirtschaftlichen Tragfähigkeit stützt sich dabei auf eine **Kosten-Nutzen-Analyse**, die alle Kosten und Nutzen sowie Effekte berücksichtigt, auch die Mittel und/oder langfristigen, und solche, die mit Umweltaspekten, der Versorgungssicherheit und dem Beitrag zum wirtschaftlichen und sozialen Zusammenhalt zusammenhängen.[129] 123

Zusätzliche Kriterien zur Ermittlung der „Vorhaben von gemeinsamem Interesse" enthält **Anhang II der Leitlinien über „Transeuropäische Energienetze"**.[130] Dazu gehören u.a. das Kriterium des *„Aufbaus von Elektrizitätsnetzen in Inselregionen, abgelegenen Regionen und Regionen in Randlage"*, des *„Ausbaus eines Stromverbunds zwischen Mitgliedstaaten für das Funktionieren des Binnenmarkts zur Gewährleistung eines sicheren und zuverlässigen Betriebs der Stromnetze"* und der *„Aufbau eines Stromverbundes mit Nichtmitgliedstaaten, insbesondere mit beitrittswilligen Ländern"*. 124

Diese Kriterien lassen indes eine hinreichende Konturenschärfe vermissen und erlauben so eine weitreichende Interpretation und Subsumtion der Vorhaben im jeweiligen Sinne. 125

Die den Vorgaben des Art. 6 und den zusätzlichen Kriterien in Anhang II der Leitlinien entsprechende Anzahl von Netzen und Netzverbindungen, also die Gesamtheit der „Vorhaben von gemeinsamem Interesse" ist in **Anhang III** der Leitlinien festgelegt. 126

In allen Fällen werden nur der **geographische Anfangs- und Endpunkt** benannt, eine konkrete Benennung von Trassenflächen oder -räumen oder die Festlegung des spezifischen Verlaufs ist damit nicht verbunden. 127

Mit der Festlegung eines Vorhabens als „Vorhaben von gemeinsamem Interesse" sind **zwingende Rechtsfolgen** nach den Leitlinien **nicht verbunden**. Lediglich eine **Förderungs-** 128

129 Vgl. Art. 6 Abs. 1 der Entscheidung Nr. 1364/2006/EG.
130 Vgl. Art. 6 Abs. 2 der Entscheidung Nr. 1364/2006/EG; zur Änderung dieser zusätzlichen Kriterien des Anhangs II bedarf es eines Verfahrens nach Art. 294 AEUV. Zu den einzelnen Verfahrensschritten des ordentlichen Gesetzgebungsverfahrens Streinz/*Gellermann*, Art. 294 AEUV Rn 8 ff.

möglichkeit wird normiert.[131] Dies gilt sowohl in Bezug auf die finanzielle Beteiligung der Gemeinschaft an der Förderung als auch in Bezug auf die eigentliche Planung und den Bau des Vorhabens.

129 Ist ein „Vorhaben von gemeinsamem Interesse" festgestellt und in Anhang III genannt, so kann ein **Gemeinschaftszuschuss entsprechend der VO (EG) Nr. 2236/95**[132] gewährt werden.

130 Gleichzeitig trifft die Mitgliedstaaten die Verpflichtung, alle von ihnen für erforderlich angesehenen Maßnahmen, um die Verwirklichung der „Vorhaben von gemeinsamem Interesse" zu erleichtern und zu beschleunigen.[133] Erforderliche Genehmigungsverfahren müssen rasch abgeschlossen werden.

131 In der Praxis haben sich diese Vorgaben indes als zu unscharf und damit nicht vollzugstauglich erwiesen.

b) Vorrangige Vorhaben

132 Auch die Einordnung eines Vorhabens als **„vorrangiges Vorhaben"** i.S.d. **Art. 7** ist Kriterien abhängig. Demzufolge formuliert Art. 7 Abs. 4 für vorrangige Vorhaben drei zielorientierte Anforderungen, die alternativ vorliegen müssen – aber kumulativ vorliegen können.

133 In die Kategorie der „vorrangigen Vorhaben" fallen solche, die wesentliche Auswirkung auf das Funktionieren des Wettbewerbs im Binnenmarkt haben und/oder die Versorgungssicherheit der Gemeinschaft stärken und/oder zu einer verstärkten Nutzung erneuerbarer Energien führen.

134 Ist dies der Fall und handelt es sich zugleich um „Vorhaben von gemeinsamem Interesse", die unter die in Anhang I aufgeführten Achsen für „vorrangige Vorhaben" fallen, haben sie in Bezug auf die Gewährung eines **Gemeinschaftszuschusses gem. VO (EG) Nr. 2236/95** Vorrang.[134] Die Mitgliedstaaten trifft die Pflicht, die erforderlichen Schritte in Bezug auf diese grenzüberschreitenden Investitionsvorhaben zu unternehmen.[135]

c) Vorhaben von europäischem Interesse

135 Schließlich werden **„Vorhaben von europäischem Interesse"** definiert. Sie zeichnen sich gem. **Art. 8 Abs. 1** dadurch aus, dass sie grenzüberschreitend sind oder erhebliche Auswirkungen auf die grenzüberschreitenden Kapazitäten haben.

136 Die „Vorhaben von europäischem Interesse" sind in **Anhang I** der Entscheidung Nr. 1364/2006/EG aufgelistet. Auch hier besteht eine **Vorrangregelung für die Förderung**. „Vorhaben von europäischem Interesse" wird gem. Art. 8 Abs. 2 entsprechend der VO (EG) Nr. 2236/95 angemessener Vorrang eingeräumt.[136]

137 Weitere Rechtsfolge der Klassifizierung als „Vorhaben von europäischem Interesse" ist, dass die Mitgliedstaaten geeignete Maßnahmen zur Gewährleistung eines regelmäßigen Austausches relevanter Informationen und ggf. gemeinsame Koordinierungssitzungen unternehmen.[137] Auch

---

131 So auch *Weyer*, Netzausbau in Deutschland. Rechtlicher Rahmen und Handlungsbedarf, Arbeitspapier 05/2011 des Sachverständigenrates zur Begutachtung der gesamtwirtschaftlichen Entwicklung, S. 7, abrufbar unter: http://www.sachverstaendigenrat-wirtschaft.de/publikationen.html.

132 VO (EG) Nr. 2236/95 des Rates vom 18.9.1995 zur Festsetzung der allgemeinen Regeln für die Gewährung von Gemeinschaftszuschüssen für die transeuropäischen Netze (ABl. L 228 S. 1). Die Verordnung galt ausdrücklich nur bis zum 18.2.2010.

133 Vgl. Art. 6 Abs. 5 der Entscheidung Nr. 1364/2006/EG.

134 Art. 7 Abs. 1 der Entscheidung Nr. 1364/2006/EG.

135 Art. 7 Abs. 2 der Entscheidung Nr. 1364/2006/EG.

136 Art. 8 Abs. 3 der Entscheidung Nr. 1364/2006/EG.

137 Art. 8 Abs. 6 der Entscheidung Nr. 1364/2006/EG.

kann ein europäischer Koordinator seitens der Kommission im Einvernehmen mit den betroffenen Mitgliedstaaten ernannt werden, um diese Vorhaben bei Verzögerungen oder Schwierigkeiten – auch im Zusammenhang mit Drittstaaten – besonders zu fördern.[138] Ein europäischer Koordinator war z.B. für die Salzburgleitung und die Pyrenäen-Leitung tätig.

d) Umsetzung der Vorgaben der TEN-E-Leitlinien (Entscheidung Nr. 1364/2006/EG)

Im Ergebnis sind auf Basis der TEN-E-Leitlinien 314 Infrastrukturprojekte als „Vorhaben von gemeinsamem Interesse" definiert worden, deren Fertigstellung beschleunigt werden soll. Davon sind insgesamt 32 Vorhaben im Elektrizitätssektor als „Vorhaben von europäischem Interesse" eingeordnet, d.h., sie haben die höchste Priorität, weil sie grenzüberschreitend sind oder erhebliche Auswirkungen auf die grenzüberschreitende Übertragungs- und Fernleitungskapazität haben. 138

aa) Vorhaben nach den TEN-E-Leitlinien in Deutschland

Unter den nach Maßgabe der bislang geltenden TEN-E-Leitlinien definierten Vorhaben befinden sich aktuell die folgenden Projekte in bzw. mit Bezug zu Deutschland: 139

„Vorhaben von gemeinsamem Interesse" gemäß Anhang III der TEN-E-Leitlinien: 140
- Verbindungsleitung Vigy (FR)-Uchtelfangen (DE) (Nr. 2.5 Anhang III),
- 2.20 Verbindungsleitung St. Peter (AT)-Isar (DE) (Nr. 2.20 Anhang III),
- 2.22 Verstärkung der Verbindungen zwischen Dänemark und Deutschland, z.B. Verbindungsleitung Kassø-Hamburg (Nr. 2.22 Anhang III),
- Verbindungsleitung Hamburg (DE)-Region Schwerin (DE) (Nr. 3.48 Anhang III),
- 3.49 Verbindungsleitung Region Halle/Saale (DE)-Region Schweinfurt (DE) (Nr. 3.49 Anhang III),
- 3.50 Neue Verbindungen zu Offshore- und Onshore-Windkraftanlagen in Deutschland (Nr. 3.50 Anhang III),
- Ausbau des 380-kV-Netzes in Deutschland für die Anbindung von Offshore-Windkraftanlagen,
- Verbindungen und Nahtstelle zwischen dem UCTE-Netz und Weißrussland, Russland und der Ukraine einschließlich der Verlegung der früheren Gleichstromkonverter zwischen Österreich und Ungarn, Österreich und der Tschechischen Republik sowie Deutschland und der Tschechischen Republik (Nr. 4.19 Anhang III),
- Obermoorweiler (DE)-Meiningen (AT)-Bonaduz (CH): Kapazitätsausbau (Nr. 4.28 Anhang III).

„Vorhaben von europäischem Interesse" gemäß Anhang I der TEN-E-Leitlinien: 141
- Projekte als Teil der Verbindung Deutschland-Polen-Tschechische Republik-Slowakei-Österreich-Ungarn-Slowenien
  - Neuenhagen (DE)-Vierraden (DE)-Krajnik (PL) (125 km)
  - Neuer Verbund zwischen Deutschland und Polen (65 km)
- Projekte als Teil des Dänemark-Deutschland-Ostseerings
  - Kassø (DK)-Hamburg/Dollern (DE)
  - Hamburg/Krümmel (DE)-Schwerin (DE) (75 km)
  - Halle-Saale (DE)-Schweinfurt (DE) (210 km)
  - Ausbau der Stromverbundkapazitäten und mögliche Einbeziehung von Offshore-Windkraftanlagen.

---

138 Art. 7 Abs. 4 der Entscheidung Nr. 1364/2006/EG.

142 Als Adressaten der Entscheidung Nr. 1364/2006/EG sind die **Mitgliedstaaten an die jeweilige Qualifizierung der Vorhaben gebunden.**[139] Gleichwohl können die Leitlinien nicht über die Definition der Vorhaben anhand abstrakt benannter Fixpunkte hinausgehen. Denn die mitgliedstaatliche Planungshoheit darf nicht durch unionale Detailvorgaben gegenstandslos werden.[140]

143 Die nach Maßgabe der Leitlinien identifizierten Projekte im Rang der „Vorhaben von europäischem Interesse" (Anhang I) gehören in Deutschland zugleich zu den bereits im Rahmen der **dena-I-Netzstudie** vom 24.2.2005 identifizierten Netzausbauprojekten für den Transport der Windenergie.[141] Ihre Umsetzung sollte auch durch die Aufnahme in den sog. **Vorrangigen Verbundplan** („Priority Interconnection Plan"), einem Sachstandsbericht der Europäischen Kommission vom 23.3.2007 über die „Vorhaben von europäischem Interesse", gerichtet an den Europäischen Rat und das Europäische Parlament, politisch besonders gefördert und überwacht werden.[142]

bb) Energieleitungsausbaugesetz 2009

144 Der deutsche Gesetzgeber hat die Vorgaben der bisherigen TEN-E-Leitlinien – zusammen mit Erkenntnissen zum Netzausbaubedarf aus der dena-I-Netzstudie – durch Erlass des EnLAG im Jahre 2009 umgesetzt.[143]

145 Im EnLAG-Bedarfsplan, der als Anhang zu diesem Gesetz verabschiedet wurde, sind in den Ziff. 1, 3, 4, 9 und 12 die o.g. TEN-E-Vorhaben berücksichtigt.[144] Laut § 1 Abs. 2 EnLAG entsprechen diese Vorhaben den Zielsetzungen des § 1 EnWG. Zugleich stehen damit die **energiewirtschaftliche Notwendigkeit** und der **vordringliche Bedarf** fest, wobei diese Feststellungen für die **Planfeststellung** und die **Plangenehmigung** nach den §§ 43 bis 43d EnWG verbindlich sind.

i **Praxistipp**
Die BNetzA dokumentiert kontinuierlich den aktuellen Stand der zu diesen Vorhaben laufenden Genehmigungsverfahren. Aktuelle Informationen zum „EnLAG-Monitoring" sind in der Kategorie „Netzausbau" unter http://www.netzausbau.de abrufbar.

139 Vgl. *Säcker*, S. 110.
140 Vgl. dazu Streinz/*Schäfer*/*Schröder*, Art. 171 AEUV Rn 6.
141 *dena*, Energiewirtschaftliche Planung für die Netzintegration von Windenergie in Deutschland an Land und Offshore bis zum Jahr 2020, Köln 2005, abrufbar unter: http://www.dena.de/publikationen/energiesysteme/dena-netzstudie-i.html.
142 Mitteilung der Kommission an den Rat und das Europäische Parlament vom 10.1.2007 „Vorrangiger Verbundplan", KOM(2006) 846 endg./2. Der Vorrangige Verbundplan von 2007 dokumentierte den Stand der Verwirklichung der „Vorhaben von europäischem Interesse" im Elektrizitäts- und Erdgassektor. Er wies auf die nach wie vor bestehenden ganz erheblichen Defizite beim Ausbau der Netzinfrastrukturen hin und machte vor allem die komplexen Genehmigungsverfahren, nicht harmonisierte Planungsverfahren in gleichzeitig betroffenen Mitgliedsländern, Finanzierungsschwierigkeiten und mangelnde Investitionsanreize für die festzustellenden Projektverzögerungen verantwortlich.
143 EnLAG vom 21.8.2009 (BGBl. I S. 2870), das durch Art. 5 des Gesetzes vom 7.3.2011 (BGBl. I S. 338) zuletzt geändert worden ist. Eine weitere Anpassung erfolgt durch Art. 3 des Zweiten Gesetzes über Maßnahmen zur Beschleunigung des Netzausbaus Elektrizitätsnetze, vgl. BR-Drucks. 819/12, S. 6 (danach wird das Vorhaben zu Nr. 22 – Leitung Weier-Villingen – gestrichen, nachdem es bereits im Netzentwicklungsplan 2012 nicht mehr berücksichtigt worden ist. Hintergrund dafür sind Topologieänderungen. Die Änderung des EnLAG vollzieht insofern den energiewirtschaftlich nicht mehr gegebenen Bedarf für diese Leitung nach.
144 Nr. 1: Neubau Höchstspannungsleitung Kassø (DK) – Hamburg Nord – Dollern, Nennspannung 380 kV; Nr. 3: Neubau Höchstspannungsleitung Neuenhagen – Bertikow/Vierraden – Krajnik (PL), Nennspannung 380 kV; Nr. 4: Neubau Höchstspannungsleitung Lauchstädt – Redwitz (als Teil der Verbindung Halle/Saale – Schweinfurt), Nennspannung 380 kV; Nr. 9: Neubau Höchstspannungsleitung Hamburg/Krümmel – Schwerin, Nennspannung 380 kV; Nr. 12: Neubau Interkonnektor Eisenhüttenstadt – Baczyna (PL), Nennspannung 380 kV.

3. Verfahren

Die TEN-E-Leitlinien (zuletzt Entscheidung Nr. 1364/2006/EG) sind im sog. **Mitentscheidungsverfahren** durch das Europäische Parlament und den Rat ergangen. Darüber hinaus bedürfen die Leitlinien und die nach ihren Vorgaben identifizierten „Vorhaben von gemeinsamem Interesse“, die das Hoheitsgebiet eines Mitgliedstaats betreffen, der **Billigung** des betroffenen Mitgliedstaats. 146

Dieses Zustimmungserfordernis folgt aus Art. 173 Abs. 2 AEUV.[145] Die Zustimmung selbst ist an keine bestimmte Form gebunden und kann daher auch konkludent durch ein entsprechendes Abstimmungsverhalten im Rat erfolgen, was der Praxis entspricht. 147

Inhaltliche Vorgaben für einen auf europäischer Ebene koordinierten **Bedarfsplanungsprozess** (Prüfung und Feststellung des Bedarfs für den Netzausbau im Einzelnen), die dafür anzuwendende Methodik und Bestimmungen über die Beteiligung der Öffentlichkeit waren **nicht** in den TEN-E-Leitlinien enthalten. 148

Art. 14 der Entscheidung Nr. 1364/2006/EG sah allein ein **Ausschussverfahren** vor, um weitere Projekte entsprechend den materiellen Kriterien der Leitlinien den einzelnen Vorhabenkategorien zuordnen zu können. Dieser Ausschuss ist auch beim Erlass von Durchführungsmaßnahmen beizuziehen. Dabei geht es zum einen um die Anpassung der in Anhang III der Entscheidung identifizierten transeuropäischen Energienetze im Hinblick auf technische Aktualisierung, Änderung der Trassenführung oder der Lage des Vorhabens (Art. 6 Abs. 4), zum anderen um Kommissionsmaßnahmen zur Förderung günstiger Rahmenbedingungen für den zügigen Ausbau und die Interoperabilität transeuropäischer Netze (Art. 11 Abs. 3). Schließlich wird der Ausschuss unterstützend einbezogen bei der Berichterstattung der Kommission zu Abschluss und Fortschritt bei Vorhaben von europäischem Interesse (Art. 8 Abs. 5 und Art. 9 Abs. 2). 149

4. Bewertung

Die bisherigen TEN-E-Leitlinien haben sich **in der Praxis nicht bewährt**. Trotz ihres verbindlichen Rechtsgeltungsanspruchs in allen europäischen Mitgliedstaaten[146] war ihre normative Steuerungswirkung in Bezug auf den konkreten Netzausbau gering. 150

Zwar haben die Mitgliedstaaten nach den Leitlinien *„auf deren Umsetzung hinzuwirken“*,[147] diese Vorgabe ist indes nicht näher konkretisiert und daher **nicht geeignet, Projekte gezielt zu fördern**. Die verpflichtende Wirkung der Leitlinien bezieht sich nicht auf die konkrete Realisierung und Fertigstellung von Vorhaben, sondern sie adressiert nur das **Bemühen** um den entsprechenden Erfolg. Kurz: Die Leitlinien sind **handlungsorientiert, nicht erfolgsorientiert** ausgerichtet. 151

Die fehlende Ergebnisorientierung der Leitlinien zeigte sich vor allem daran, dass der Kommission zur Durchsetzung der Beschleunigungs- und Koordinierungspflichten der Mitgliedstaaten **kein Sanktionsinstrumentarium** zur Verfügung steht. Im Fall einer Verzögerung eines „Vorhabens von europäischem Interesse“ sieht Art. 8 Abs. 4 als Folge lediglich die Mitteilung der Gründe für die Verzögerung an die Kommission vor. Weitere Sanktionen im Fall einer Verfahrensverzögerung können durch die Kommission nicht verhängt werden. 152

Es gibt auch keine Bestimmungen zu konkreten Regulierungsmaßnahmen, die einen Ausbau erleichtern sollen; ebenso fehlt es an einer Ausbauaufsicht, die für die Förderung von ein- 153

145 Vgl. dazu Streinz/*Schäfer*/*Schröder*, Art. 170 AEUV Rn 25.
146 Vgl. *Säcker*, S. 110.
147 Vgl. dazu Streinz/*Schäfer*/*Schröder*, Art. 171 AEUV Rn 6; vgl. auch Art. 1 Abs. 2 S. 1 des Beschl. Nr. 661/2010/EU des Europäischen Parlaments und des Rates vom 7.7.2010 über Leitlinien der Union für den Aufbau eines transeuropäischen Verkehrsnetzes, ABl. EU L 204/1.

zelnen Netzvorhaben notwendig wäre.[148] Auch bei den durch die Leitlinien definierten „Vorhaben von gemeinsamem Interesse“ und ihrer Qualifikation als „vorrangige Vorhaben“ fehlt es in Bezug auf die betroffenen Netzbetreiber ebenso wie für den jeweiligen Mitgliedstaat an einer konkreten Bauverpflichtung.

154 Mit den TEN-E-Leitlinien wurde zwar das **verstärkte Interesse** an der Verwirklichung bestimmter Netzvorhaben im europäischen Interesse deutlich gemacht, **es fehlte aber an einer koordinierten, länderübergreifenden Bedarfs- und Netzausbauplanung** und auch an den für eine erfolgreiche Umsetzung erforderlichen Instrumenten.

155 Die Kommission hat zunächst in ihrem 2010 veröffentlichten Bericht über die Umsetzung des TEN-E-Rahmens im Zeitraum 2007 bis 2009 selbstkritisch festgestellt,[149] dass die einschlägige Politik zwar einen positiven Beitrag zu den durch die Leitlinien definierten Projekten geleistet habe, indem sie diese politisch sichtbar gemacht habe, dass es ihr jedoch an Fokussierung, Flexibilität und einem top-down-Ansatz fehlt.[150] Da sich auch die europäischen energiepolitischen Rahmenbedingungen dramatisch geändert haben, sei eine gründliche Überprüfung des bisherigen Rechtsrahmens in Form der Leitlinien erforderlich.[151] Vor dem Hintergrund einer auf ehrgeizige Ziele und verbindliche Zielvorgaben sowohl für die Treibhausgasemissionen als auch für Energie aus erneuerbaren Quellen ergäben sich neue Anforderungen für den Ausbau der Energieinfrastruktur.[152] Das TEN-E-Programm habe zu langsam auf die Bewährungsproben der letzten Jahre reagiert und verfüge nur über unzureichende Instrumente für die Bewältigung der anstehenden energiepolitischen Herausforderungen.[153]

156 Noch deutlicher hat die Kommission ihre Kritik 2011 formuliert und ausgeführt, dass es der *„bisherigen TEN-E-Politik an Vision, Fokussierung und Flexibilität (fehle), um die Mängel der Energieinfrastruktur zu beseitigen. Die erforderlichen Investitionen werden nicht getätigt oder verzögert aufgrund von langwierigen und ineffizienten Genehmigungsverfahren, Widerständen in der Bevölkerung, fehlender Ausrichtung auf europäische Infrastrukturprioritäten und begrenzten Finanzierungskapazitäten sowie ungeeigneten Finanzierungsinstrumenten.“*[154]

157 Diese Erkenntnis war schließlich die Triebfeder für die zum 1.6.2013 erfolgte Ablösung der Leitlinien durch die „Verordnung (EU) Nr. 347/2013 des Europäischen Parlamentes und des Rates zu Leitlinien für die transeuropäische Energieinfrastruktur und zur Aufhebung der Entscheidung Nr. 1364/2006/EG und zur Änderung der Verordnungen (EG) Nr. 713/2009, (EG) Nr. 714/2009 und (EG) Nr. 715/2009“.[155]

158 Wie dargestellt,[156] wird durch diese Verordnung ein neuer Rechtsrahmen für den transeuropäischen Netzausbau etabliert, der nicht nur die prioritären Netzvorhaben mit europäischem Bezug abstrakt definiert, sondern auch Vorgaben und Instrumente mit Bezug auf ihre Genehmigung und die Realisierung in den Mitgliedstaaten enthält.

---

148 Die Möglichkeit der Einsetzung eines Europäischen Koordinators gem. Art. 10 der Entscheidung Nr. 1364/2006/EG erscheint vor dem Hintergrund des begrenzten Kompetenzkatalogs aus Art. 10 Abs. 4 wenig effizient.

149 Bericht der Kommission an das Europäische Parlament, den Rat, den Europäischen Wirtschafts- und Sozialausschuss und den Ausschuss der Regionen über die Realisierung der transeuropäischen Energienetze im Zeitraum 2007–2009 gem. Art. 17 der VO 680/2007/EG sowie Art. 9 Abs. 2 und Art. 15 der Entscheidung Nr. 1364/2006/EG vom 4.5.2010, KOM(2010) 203 endg.

150 Zur mangelnden Flexibilität KOM(2010) 203, S. 10.

151 KOM(2010) 203, S. 10.

152 KOM(2010) 203, S. 9.

153 KOM(2010) 203, S. 9.

154 Vgl. Erwägungsgrund 5 des Entwurfs der Verordnung, KOM(2011) 658.

155 Der erste Entwurf der Verordnung datierte vom 19.10.2011, KOM(2011) 658, die vom Rat anschließend überarbeitete Entwurfsfassung wurde schließlich am 12.3.2013 vom Europäischen Parlament mit Änderungen beschlossen und am 25.4.2013 im Amtsblatt der EU veröffentlicht (ABl. EU Nr. L 115 S. 39 ff.).

156 Vgl. dazu ausführlich oben Rn 41 ff.

Die neue Verordnung löst aber zunächst Änderungs- und Anpassungsbedarf in Bezug auf die verfahrens- und genehmigungsrechtlichen Regelungen des NABEG und EnWG aus, bevor sie ihre Rechtswirkungen in vollem Umfang entfalten kann. 159

III. Der gemeinschaftsweite Netzentwicklungsplan

1. Hintergrund und Ziele

Die Energieversorgung in der EU soll – entsprechend dem Zieldreieck der Energiepolitik auch auf europäischer Ebene – auf Dauer wirtschaftlich und sicher sein, gleichzeitig soll im Sinne des Klimaschutzes und zur Verringerung der Importabhängigkeit der Umbau zu einem nachhaltigen Energiesystem erfolgen. Die beiden zentralen Maßnahmen zur Zielerreichung sind die Schaffung eines gemeinsamen EU-Energiebinnenmarkts und der weitere Ausbau erneuerbarer Energien. Beide Maßnahmen erfordern den Ausbau der Übertragungsnetze in Europa und vor allem der Grenzkuppelstellen, die transnationale Verbindungen ermöglichen. 160

Ein wichtiges **Instrument** für den Ausbau des europäischen Übertragungsnetzes ist der **gemeinschaftsweite Netzentwicklungsplan.** Die Pflicht zur Entwicklung und Aufstellung des gemeinschaftsweiten Netzentwicklungsplans („Ten Year Net Development Plan" – **TYNDP**) stellt eine der neuen Aufgaben dar, die durch die VO (EG) Nr. 714/2009 als Teil des 3. EU-Energiebinnenmarktpakets an den europäischen Verbund der Netzbetreiber, **ENTSO-E**, übertragen wurde.[157] Der gemeinschaftsweite Netzentwicklungsplan ist nicht mit dem gem. §§ 12b, 17b EnWG von den deutschen Übertragungsnetzbetreibern zu erstellenden Netzentwicklungsplan und dem Offshore-Netzentwicklungsplan zu verwechseln. 161

ENTSO-E ist der europäische Verbund der Übertragungsnetzbetreiber für Elektrizität. Dieser privatrechtlich organisierte Verband wurde im Dezember 2008 gegründet und vertritt 42 nationale Übertragungsnetzbetreiber aus 34 Ländern. ENTSO-E führt u.a. die Aufgaben der bisher für den zentraleuropäischen Synchronverbund zuständigen UCTE[158] fort. Deren Arbeit zur Koordination des Systembetriebs liegt nunmehr bei ENTSO-E im System Operations Committee, Regional Group Continental Europe. Gleichzeitig sorgt ENTSO-E durch den paneuropäischen Ansatz für eine engere Vernetzung und Abstimmung zwischen den einzelnen Synchronverbünden.[159] 162

Nach **Art. 8 Abs. 3 lit. b) der VO (EG) Nr. 714/2009** *„verabschiedet ENTSO-E **alle zwei Jahre** einen **nicht verbindlichen** gemeinschaftsweiten Zehn-Jahres-Netzentwicklungsplan, der eine europäische Prognose zur Angemessenheit der Entwicklung beinhaltet."* Er kann als zukunftsorientierter Vorschlag für Investitionen in die Infrastruktur für die Stromübertragung in 34 europäischen Ländern verstanden werden. 163

Der gemeinschaftsweite Netzentwicklungsplan verfolgt **drei Ziele**: es soll – auf Basis des aufgezeigten Bedarfs an Leitungskapazitäten – ein Vorschlag für **zukünftige Investitionen** 164

157 Art. 8 Abs. 3 lit. b) sowie Erwägungsgrund 9 VO (EG) Nr. 714/2009.

158 Union for the Coordination of Transmission of Electricity (Union für die Koordinierung des Transports von Elektrizität) war für die Koordinierung des Betriebs und die Erweiterung des europäischen Netzverbundes zuständig. Mitglieder waren zuletzt 34 Übertragungsnetzbetreiber aus 22 Ländern. Seit dem 1.7.2009 werden die organisatorischen Aufgaben der UCTE vom übergeordneten Verband Europäischer Übertragungsnetzbetreiber ENTSO-E übernommen.

159 Die für alle Mitglieder im ehemaligen UCTE-Gebiet verbindlichen Prinzipien und Regeln für eine sichere Systemführung sowie ergänzende Empfehlungen sind im sog. Operation Handbook der Regional Group Continental Europe zusammengefasst. Dieses Handbuch umfasst u.a. Richtlinien zu Aspekten wie der Leistungs-Frequenz-Regelung, zu betrieblichen Sicherheitskriterien wie dem (n-1)-Kriterium, zur Spannungshaltung, zum Datenaustausch und zur Kommunikations-Infrastruktur.

entwickelt werden; es soll die **politische Entscheidungsfindung** für Netzentwicklungsvorhaben auf regionaler Ebene **erleichtert** und schließlich die **europaweite** und **regionale Zusammenarbeit** beim Netzausbau **verstärkt** werden.

2. Gegenstand und Inhalt

165 Inhaltlich zeigt der gemeinschaftsweite Netzentwicklungsplan den **Bedarf an Leitungskapazitäten** auf, die erforderlich sind, um eine **optimale Elektrizitätsversorgung des europäischen Binnenmarkts** zu gewährleisten.[160] Er soll Planungen für realisierbare Elektrizitätsübertragungsnetze und die für den Handel und die Versorgungssicherheit notwendigen regionalen Verbindungen für einen Zeitraum von etwa zehn Jahren darstellen.

166 Konkret muss er gem. **Art. 8 Abs. 10 S. 2 VO (EG) Nr. 714/2009**
- die **Modellierung** des integrierten Netzes,
- die Entwicklung von **Szenarien**,
- eine europäische **Prognose** zur Angemessenheit der Stromerzeugung und
- eine Bewertung der **Belastbarkeit des Systems**

enthalten.

167 Um diese Anforderungen für die **Ermittlung des Netzentwicklungsbedarfs** auf europäischer Ebene zu erfüllen, wird bei der Planerstellung eine von ENTSO-E erarbeitete **Methodik** eingesetzt.[161] Diese sieht zunächst eine Definition von Szenarien vor, die anschließend anhand von Markt- und Netzstudien evaluiert werden (sog. Market Studies to Derive Economic Balances sowie sog. Network Studies to Assess Grid Transfer Capability). Ziel ist eine daraus resultierende finale Projektidentifizierung und -bewertung. Auf Basis dieser Ergebnisse wird der ermittelte Bedarf für Netzentwicklung den aktuellen und geplanten Ausbauvorhaben entgegengestellt, woraus sich potenzielle Investitionslücken ergeben. Konkret wird der Netzentwicklungsbedarf in vier Stufen ermittelt:

168 Zunächst werden mindestens zwei europaweite Szenarien zum voraussichtlichen Kapazitätsbedarf erstellt. Das Basis-Szenario orientiert sich an den von der Union und den Mitgliedstaaten vorgegebenen politischen Zielen, d.h., hier wird ein top-down-Ansatz gewählt. Das Szenario B geht indes von den bekannten Zielen der aktuellen Marktteilnehmer im Strommarkt aus (bottom-up-Ansatz).

169 In einem zweiten Schritt wird zu jedem Szenario eine Marktstudie erstellt, die die Frage beantwortet, welche Erzeugung (welcher Art an welchem Ort) erforderlich ist, um die jeweils erwartete lokale Nachfrage in der Zukunft zu befriedigen. Dabei werden sämtliche relevante Faktoren berücksichtigt und abgebildet (z.B. Brennstoffkosten, geopolitische Entwicklungen, meteorologische Bedingungen, Entwicklung von Speicherkapazitäten etc.). Um die Spezifika der regionalen Märkte besser berücksichtigen zu können, werden parallel zu den Hauptstudien Marktstudien für die in sechs europäische Regionen aufgeteilten Märkte erstellt. Die Ergebnisse der Studien werden miteinander abgeglichen; sich überschneidende Resultate werden als besonders belastbar und robust betrachtet. Die so gewonnenen Ergebnisse werden in regionalen Investitionsplänen zusammengefasst.

170 In einem dritten Schritt geht es um die Erstellung von Netzstudien, die den Nachweis erbringen sollen, ob die auf Basis der Marktstudien ermittelte Nachfrage durch die Leitungen des Übertragungsnetzes jederzeit so erbracht werden kann, dass die Systemsicherheit gewähr-

---

160 Baur/Salje/Schmidt-Preuß/*Baur*, Kap. 12 Rn 106.

161 Vgl. dazu im Einzelnen: ENTSO-E, Ten Year Network Development Plan 2012, S. 33–37.

leistet ist. Dabei zeigt sich, ob, wo und in welchem Umfang Defizite im europäischen Übertragungsnetz bestehen und daher konkreter Ausbaubedarf vorhanden ist.

Abschließend wird der so ermittelte Netzentwicklungsbedarf vorhabenscharf anhand eines aus mehreren Kriterien bestehenden Anforderungs- und Bewertungsprofils einer kritischen Gesamtbewertung unterzogen. Dabei werden vor allem die technischen und die finanziellen Auswirkungen eines jeden Projekts in Bezug auf seinen Beitrag zur Steigerung der Übertragungskapazität dargestellt und bewertet. 171

Die inhaltlichen Aussagen im gemeinschaftsweiten Netzentwicklungsplan beruhen maßgeblich auf den jeweiligen nationalen Investitions- und Netzentwicklungsplänen, die den Bedarf im jeweiligen Mitgliedsland ausweisen (unter Berücksichtigung vorhandener regionaler Investitionspläne gem. Art. 12 VO (EG) Nr. 714/2009 und der TEN-E-Leitlinien gem. Entscheidung Nr. 1364/2006/EG).[162] 172

Vorgaben zu Trassenkorridoren ergeben sich aus dem gemeinschaftsweiten Netzentwicklungsplan nicht. Da auf Unionsebene keine Kompetenzzuweisung im Bereich der Raumordnung besteht, kann eine räumliche Festlegung von Korridoren durch den Inhalt des gemeinschaftsweiten Netzentwicklungsplans nicht erfolgen. Die Festlegung der Trassenkorridore und der konkreten Trassenverläufe geschieht allein nach Maßgabe der nationalen Regelungen in den jeweiligen Zulassungsverfahren. 173

Trotz der inhaltlichen Bezugnahme aufeinander sind der gemeinschaftsweite und der jeweilige nationale Netzentwicklungsplan **unabhängig** voneinander. Der gemeinschaftsweite Netzentwicklungsplan ist **ausdrücklich nicht bindend**, d.h., er entfaltet weder Bindungswirkung für die nationalen Netzentwicklungspläne noch gegenüber nationalen Behörden oder den Netzbetreibern. 174

Anders als die nationalen Netzentwicklungspläne nach §§ 12b, 17b EnWG begründen seine Inhalte für die Netzbetreiber also keine konkreten Netzausbaupflichten. Der nationalen Regulierungsbehörde stehen auch keine Befugnisse zu, seine Inhalte gegenüber den Netzbetreibern durchzusetzen. Der gemeinschaftsweite Plan kann insbesondere aufgrund des abweichenden Zeitpunkts seiner Erstellung (zweijähriger Rhythmus) und etwaiger aktueller Entwicklungen im nationalen Umfeld von den Vorgaben des nationalen Netzentwicklungsplans abweichen. 175

Der 2012 von ENTSO-E verabschiedete zweite gemeinschaftsweite Netzentwicklungsplan[163] stellt fest, dass ein Drittel der im ersten gemeinschaftsweiten Netzentwicklungsplan von 2010 vorgestellten Projekte aufgrund von langen Genehmigungsprozessen verzögert sind. Demgemäß wird der Vorschlag der Kommission, prioritäre Infrastrukturprojekte zu identifizieren und innerhalb von engen Zeitgrenzen zu realisieren, auch von ENTSO-E unterstützt. 176

Praxistipp

Der aktuelle gemeinschaftsweite Netzentwicklungsplan ist online abrufbar unter: http://www.entsoe.eu/major-projects/ten-year-network-devleopment-plan/tyndp-2012.

Der gemeinschaftsweite Netzentwicklungsplan 2012 kommt zu dem Ergebnis, dass Investitionen in Höhe von 104 Mrd. € (hiervon entfallen rund 30 Mrd. € auf Deutschland) – aufgeteilt in 100 Projekte – für die Modernisierung oder den Ausbau der europäischen Übertragungsnetze erforderlich sind. 80% dieser Projekte betreffen Engpässe, die direkt oder indirekt aufgrund 177

162 Vgl. Art. 8 Abs. 10 lit. a) der VO (EG) Nr. 714/2009.

163 Vgl. ENTSO-E, Ten Year Network Development Plan 2012, S. 31, abrufbar unter: http://www.entsoe.eu/major-projects/ten-year-network-development-plan/tyndp-2012.

der Marktintegration erneuerbarer Energien, wie Wind und Sonne, entstehen. Bis 2022 sollen 28.000 km neue Drehstromleitungen und 11.000 km neue Gleichstromleitungen in Europa realisiert werden.

178 Die Verwirklichung von Projekten „von gemeinsamem Interesse" kann dabei einen Beitrag zur CO_2-Ersparnis in Höhe von 170 Mio. t erbringen, wobei 150 Mio. t an CO_2 durch die Ausweitung erneuerbarer Energien und 20 Mio. t CO_2-Ersparnis aufgrund der weiteren Marktintegration der erneuerbaren Energien ermöglicht werden.

179 Der gemeinsame nationale Netzentwicklungsplan 2012 gem. § 12b EnWG berücksichtigt nach § 12b Abs. 1 S. 5 EnWG die im TYNDP 2012 festgehaltenen, relevanten Netzausbauplanungen der europäischen Übertragungsnetzbetreiber, insbesondere die Angaben zu installierten Leistungen, zur Last und zum Verbrauch in anderen europäischen Ländern entsprechend dem „Scenario Outlook & Adequacy Forecast 2011", der auch der Planung des TYNDP 2012 zugrunde liegt.[164]

3. Verfahren

180 Der gemeinschaftsweite Netzentwicklungsplan wird von ENTSO-E erarbeitet[165] und sodann der europäischen Regulierungsbehörde ACER vorgelegt.[166] Nach **Art. 10 Abs. 1 der VO (EG) Nr. 714/2009** gehen dem eigentlichen Aufstellungsverfahren **Konsultationen** von ENTSO-E voraus, die umfassend, frühzeitig und auf offene und transparente Weise alle betroffenen Marktteilnehmer und insbesondere die Organisationen, die diese Akteure vertreten, einbeziehen sollen. Dazu gehören auch die nationalen Behörden, Versorgungs- und Erzeugungsunternehmen, Netznutzer, Verteilernetzbetreiber, relevante Branchenverbände, technische Gremien, Foren der Interessengruppen und Kunden.[167]

181 **Ziel** dieser Konsultationen ist es, die für die Erarbeitung des gemeinschaftsweiten Netzentwicklungsplans maßgebende Standpunkte und Vorschläge aller relevanten Kreise einzuholen.[168]

182 Diese Vorgaben werden auf Seiten von ENTSO-E durch die **Arbeitsgruppe TYNDP** (The Ten Year Network Development Plan) umgesetzt, die mit der Entwicklung und Veröffentlichung des Plans federführend beauftragt ist.

183 Aufgrund der Komplexität des Planungsprozesses sind neben der Arbeitsgruppe TYNDP auch andere ENTSO-E-Arbeitsgruppen einbezogen (z.B. Arbeitsgruppe Systemadäquanz und Marktmodell). Es findet eine intensive Zusammenarbeit statt mit dem Ziel, zunächst eine für die Planung geeignete europaweite Marktdatenbasis zu gewinnen, in Zusammenarbeit mit der „Arbeitsgruppe Netzwerkmodell und Daten" ein europaweites Netzmodell zu erarbeiten und unter Konsultation der „Arbeitsgruppe europäische Planungsstandards" Kriterien für die Überprüfung der Vorteile neuer Übertragungsleitungen zu entwickeln.

184 Ergänzend zur Arbeitsgruppe TYNDP und den anderen ENTSO-E-Arbeitsgruppen werden ferner **sechs regionale Gruppen** gebildet, um die Herausforderungen für die Netzentwicklung und die Integration neuer Erzeugungsanlagen, insbesondere im Bereich der erneuerbaren Energien, auf einer regionalen Ebene so zu strukturieren, dass den regionalen Teilbereichen und Erfordernissen reflektiert Rechnung getragen werden kann.

185 Im Rahmen der Planaufstellung 2012 erfolgte eine über achtwöchige Konsultation durch ENTSO-E. Als Teil dieser Konsultation hat ENTSO auch einen Stakeholder-Workshop durchge-

164 Vgl. 2. überarbeiteter Entwurf des Netzentwicklungsplans 2012 vom 15.8.2012, S. 6 ff.
165 Vgl. zum Verfahren der Aufstellung im Einzelnen Baur/Salje/Schmidt-Preuß/*Baur*, Kap. 12 Rn 106–115.
166 Vgl. *Vrana*, S.169; ebenso Baur/Salje/Schmidt-Preuß/*Baur*, Kap. 12 Rn 108.
167 Art. 10 Abs. 1 S. 2 der VO (EG) Nr. 714/2009.
168 Art. 10 Abs. 1 S. 3 der VO (EG) Nr. 714/2009.

führt. Noch vor der internetbasierten Konsultation der Öffentlichkeit hatte ENTSO bereits eine Serie von Regional-Workshops und eine öffentliche Konsultation zu den Szenarien des gemeinschaftsweiten Netzentwicklungsplans veranstaltet, die bereits im Februar/März 2011 stattgefunden haben.

Im Ergebnis kann durch den Konsultationsprozess, insbesondere mit den EU-weit beteiligten Stakeholdern eine Verbesserung und Präzisierung der Datenbasis und ein **Mehr an Transparenz** erreicht werden, was sich letztlich positiv auch auf die Qualität der Planinhalte auswirken dürfte. 186

Der für 2014 angekündigte nächste zehnjährige gemeinschaftsweite Entwicklungsplan soll sechs regionale Investitionspläne und eine Systemvorausschau und Adäquanzvorhersage neben dem europaweiten Entwicklungsplan enthalten. 187

Je detaillierter und genauer die Planinhalte auf Gemeinschaftsebene im Laufe der Zeit werden, umso eher ist zu erwarten, dass der gemeinschaftsweite Netzentwicklungsplan für die Entscheidungsfindung für Investitionen in die Übertragungsnetze auch auf nationaler Ebene an Bedeutung gewinnen wird.[169] 188

Der von ENTSO-E erarbeitete und konsultierte gemeinschaftsweite Netzentwicklungsplan wird schließlich **ACER vorgelegt.**[170] Die europäische Regulierungsbehörde prüft den Plan innerhalb einer **Frist von zwei Monaten** nach seinem Eingang, gibt eine mit Gründen versehene **Stellungnahme** dazu ab und kann **Empfehlungen** an ENTSO-E richten. Empfehlungen hat sie insbesondere dann auszusprechen, wenn der Entwurf des gemeinschaftsweiten Netzentwicklungsplans nicht im hinreichenden Umfang zum wirksamen Wettbewerb, zum effizienten Funktionieren des Markts oder zu grenzüberschreitenden Verbindungsleitungen, zu denen Dritte Zugang haben, beiträgt.[171] Damit sind freilich sehr **weitmaschige Beurteilungskriterien** vorgegeben, die weite Spielräume bei der Bewertung lassen, ob und mit welchem Inhalt eine Empfehlung ausgesprochen werden soll. 189

Derartige Empfehlungen von ACER haben indes **keine bindende Wirkung**. Dies folgt bereits aus dem Wortlaut der Art. 6 Abs. 4 ACER-VO[172] und Art. 9 Abs. 2 VO (EG) Nr. 714/2009. Danach hat ACER in kompetenzieller Hinsicht lediglich flankierende, nicht mit Sanktionen verbundene Einflussnahmemöglichkeiten, d.h., ACER kann Stellungnahmen und Empfehlungen abgeben, denen eine Beobachtungspflicht vorausgeht.[173] 190

ACER kann Änderungen des gemeinschaftsweiten Netzentwicklungsplans mithin einseitig weder gegenüber den Netzbetreibern noch im Verhältnis zu den jeweiligen nationalen Regulierungsbehörden durchsetzen. Eine einseitige Durchsetzungsbefugnis von ACER stünde im Widerspruch zur Vorgabe in Art. 172 Abs. 2 AEUV, wonach Vorhaben zum Auf- und Ausbau der transeuropäischen Netze der Billigung des betroffenen Mitgliedstaats bedürfen. Diese Vorgabe würde umgangen, könnte ACER ohne Zustimmung des Mitgliedstaats mit Auswirkungen auf dessen nationalen Netzentwicklungsplan und den Ausbau im jeweiligen Mitgliedsland selbstständig Vorgaben durchsetzen. 191

4. Bewertung

Vor dem Hintergrund, dass der gemeinschaftsweite Netzentwicklungsplan **keine Bindungswirkung gegenüber Netzbetreibern und nationalen Regulierungsbehörden** entfaltet, ist die 192

169 Vgl. hierzu die weiteren Erläuterungen unter: http://www.entsoe.eu/system-development/tyndp.
170 Vgl. Art. 9 Abs. 2 der VO (EG) Nr. 713/2009.
171 Vgl. Art. 6 Abs. 2 lit. a) der VO (EG) Nr. 713/2009, welcher auf Art. 9 Abs. 2 der VO (EG) Nr. 714/2009 verweist.
172 VO (EG) Nr. 713/2009.
173 Vgl. auch Art. 7 Abs. 7 der VO (EG) Nr. 713/2009.

Position von ACER im Hinblick auf die Steuerung des Netzausbaus als relativ schwach zu beurteilen. Die Funktion von ACER liegt in der **Koordinierung** im Hinblick auf das Verfahren und in der **Abgabe von Empfehlungen** zu den vorgeschlagenen Planinhalten bzw. Änderungsvorschlägen dazu.

193 Befugnisse, um einzelne Maßnahmen vorzuschreiben oder konkrete Vorhaben durchzusetzen, stehen ACER nicht zu. Das unterscheidet die Stellung von ACER wesentlich von der der nationalen Regulierungsbehörde, die solche Befugnisse zur Durchsetzung von Vorhaben hat.

194 Es sind daher weniger originär rechtliche, als vielmehr faktische, tatbestandliche Wirkungen, die durch den zehnjährigen gemeinschaftsweiten Netzentwicklungsplan entstehen. Trotz der auf europäischer Ebene festgelegten Koordinierungs- und Regulierungsbefugnisse von ACER **verbleibt die eigentliche Bedarfs- und Netzplanung primär in der Verantwortung der Übertragungsnetzbetreiber und ihres europäischen Verbandes ENTSO-E.** Aufgrund der im Vergleich zum nationalen Netzentwicklungsplan ähnlichen methodischen Vorgehensweise bei der Bedarfsermittlung und -feststellung und der inhaltlichen Bezüge zwischen dem gemeinschaftsweiten und dem jeweiligen nationalen Netzentwicklungsplan ist zu erwarten, dass sich im Laufe der Zeit ein **immer stärker harmonisiertes Bild zum Netzausbaubedarf** auf beiden Ebenen ergibt.

195 Im Übrigen obliegt es den nationalen Regulierungsbehörden, im Rahmen ihrer gesetzlich definierten Prüf- und Aufsichtspflichten darauf hinzuwirken, dass ein Abgleich zwischen den beiden Planungsebenen erfolgt und sich der Netzausbau auf nationaler Ebene unter Berück-sichtigung der Erkenntnisse und Inhalte aus dem europäischen Bedarfsplanungsprozess vollzieht. Insoweit wird es letztlich auf die Qualität und Performance des nationalen Gesetzesvollzugs ankommen, wenn es darum geht, die im Rahmen des europäischen Bedarfsplanungsprozesses erkannten Notwendigkeiten für den Netzausbau wirksam in die Realität umzusetzen.

C. Bedarfsplanung für Elektrizitätsnetze auf nationaler Ebene

196 Bedarfsplanung, verstanden als die Ermittlung und Feststellung des Netzentwicklungsbedarfs, ist **Teil der Netzausbauplanung.**[174] Es geht um die Ermittlung der energiewirtschaftlichen Notwendigkeit neuer Transportkapazitäten oder von Netzverstärkungsmaßnahmen zwischen verschiedenen Punkten in einem räumlich definierten Gebiet, ohne dass damit bereits über die Trassenkorridore, den Trassenverlauf oder die technische Ausgestaltung im Detail entschieden wäre.[175]

197 Damit ist die Ebene der **Bedarfsplanung** der Ebene, auf der über die Verwirklichung eines Netzausbauvorhabens, im Sinne der **Festlegung der Trassenkorridore** (Raum- oder Fachplanung) und der **konkreten Genehmigung von Trassen** (Planfeststellung) entschieden wird, **vorgelagert**. Zusammengefasst bilden diese Ebenen die Netzausbauplanung, für die den Staat die Gewährleistungsverantwortung trifft.[176] Denn ohne funktionierende Netzinfrastruktur ist die Sicherstellung der Energieversorgung als einer wesentlichen öffentlichen Aufgabe nicht möglich.

---

174 Vgl. *Franzius*, GewArch 2012, 225.

175 *Weyer*, Netzausbau in Deutschland. Rechtlicher Rahmen und Handlungsbedarf, Arbeitspapier 05/2011 des Sachverständigenrates zur Begutachtung der gesamtwirtschaftlichen Entwicklung, S. 6, abrufbar unter: http://www.sachverstaendigenrat-wirtschaft.de/publikationen.html.

176 Vgl. dazu ausführlich oben Rn 13 ff. In diesem Sinne auch *de Witt*/*Durinke*/*Kause*, Rn 3.

Die bundesweite Bedarfsplanung für Übertragungsnetze ist erst mit der umfassenden Novellierung des EnWG im Jahr 2011 gesetzlich verankert worden, zurückgehend auf Vorgaben des 3. EU-Energiebinnenmarktpakets. Die Entwicklung der Bedarfsplanung in Deutschland lässt bis dahin vor allem Defizite erkennen (I.), denen zunächst durch das EnLAG von 2009 begegnet werden sollte (II.). Erst durch die Novellen des EnWG von 2011 und 2012 wurde die Bedarfsplanung als eigenständiger Teil des Netzplanungs- und Ausbauprozesses etabliert (III.). 198

I. Entwicklung der Bedarfsplanung auf nationaler Ebene

Betrachtet man die Entwicklung der Bedarfsplanung auf nationaler Ebene,[177] so ist festzustellen, dass die bedarfsgerechte Planung und der Bau von Energieleitungen jahrzehntelang und bis in die jüngste Vergangenheit hinein **kein Thema staatlichen Handelns** war. Besondere Verfahren und Regelungen zur Bedarfsermittlung und -feststellung im Energieinfrastrukturbereich existierten praktisch nicht.[178] 199

Weder das EnWG von 1935[179] noch die grundlegende Novelle dieses Gesetzes von 1998[180] kannten explizite Regelungen zur Bedarfsplanung. Während für andere Infrastrukturbereiche, so namentlich im Bereich des Fernstraßen- und Eisenbahnrechts Regelungen in Form von Bundesverkehrswegeplänen[181] etabliert waren, sind gesetzliche Feststellungen zum Ausbaubedarf im Bereich der Stromnetze für die Höchstspannungsebene (380 kV) erstmals mit dem EnLAG 2009 getroffen worden. Erst im Zuge des sog. Energiepakets 2011 wurde der Rechtsrahmen für den Ausbau der Höchst- und Hochspannungsnetze so verändert, dass die Bedarfsplanung nunmehr ein fester Bestandteil des Planungsvorgangs ist. 200

Für die Netzplanung kam bis dahin der Raumordnungs- und Landesplanung die Funktion zu, den raumbezogenen Planungsbedarf der Energienetze abzubilden.[182] Selbst wenn die Pläne über die Raumordnung und Landesplanung Festsetzungen für Kraftwerksstandorte und Leitungstrassen auswiesen, um den Geländeverbrauch zu minimieren und eine landschaftsschonende Trassenführung zu erreichen, handelte es sich insoweit lediglich um eine „Freihalte- oder Angebotsplanung".[183] Damit war eine Vorentscheidung über den Bedarf oder die Zulässigkeit des Vorhabens nicht verbunden.[184] 201

Die Frage der tatsächlichen Nutzung der so angebotenen Standorte und Trassen verblieb ausschließlich im Bereich der Energieversorgungsunternehmen, die auch nicht gehindert waren, andere als die raumplanerisch freigehaltenen Trassen und Standorte zu projektieren.[185] Die Prüfung und Feststellung der energiewirtschaftlichen Erforderlichkeit des jeweiligen Vorhabens erfolgte mithin erst im Rahmen der fachgesetzlichen Vorhabensgenehmigung.[186] Dabei ist festzuhalten, dass die speziellen Genehmigungstatbestände des Fachrechts, z.B. aus dem Immissionsschutz- und Naturschutzrecht, ein gesondertes Prüfprogramm im Hinblick auf den Bedarf 202

177 Vgl. dazu ausführlich *Hermes*, S. 410 ff. und oben Kap. 1 Rn 64 ff.
178 Vgl. *Hermes*, S. 411.
179 Vgl. dazu oben Kap. 1 Rn 65 f.
180 Vgl. dazu oben Kap. 1 Rn 67.
181 Ausführlich hierzu online unter: http://www.bmvbs.de/DE/VerkehrUndMobilitaet/Verkehrspolitik/Infrastrukturplanung/Bundesverkehrswegeplan/bundesverkehrswegeplan_node.html.
182 *Leidinger*, S. 348; *de Witt*, RdE 2006, 141, 142; *Hermes*, S. 414; zur Bedeutung des Raumordnungsverfahrens für die Energieversorgung *Börner*, S. 21 f.
183 So *Evers*, S. 247.
184 *Hermes*, S. 415 f.; sowie *Evers*, S. 247.
185 *Hermes*, S. 413.
186 *Franke*, in: FS Salje, S. 121 f.; *Büdenbender*, Rn 995.

des jeweiligen Vorhabens nicht aufweisen. Die in der Praxis lange Zeit vorherrschende Standortvorsorgeplanung lässt sich daher im Ergebnis nur als Verlegenheitslösung ohne wirklichen planerischen Gehalt und Einfluss charakterisieren.[187]

II. Bedarfsfeststellungen nach Maßgabe des EnLAG 2009

203 Durch das Gesetz zur Beschleunigung des Ausbaus der Höchstspannungsnetze von 2009 (EnLAG)[188] erfolgte in Deutschland **erstmals eine gesetzlich bestimmte Bedarfsfeststellung** für als besonders dringlich qualifizierte Netzausbauvorhaben. Um ein höheres Maß an Rechtssicherheit bei der Bedarfsfrage und zugleich eine Verfahrensbeschleunigung zu erreichen, orientiert sich das EnLAG am Modell der Bedarfsgesetze des Verkehrswegerechts.

1. Gegenstand und Inhalt

204 Das EnLAG enthält in seinem Anhang einen **„Bedarfsplan"** mit 24 Vorhaben im Bereich der Höchstspannungsnetze mit einer Nennspannung ab 380 kV, die genehmigungsrechtlich §§ 43 ff. EnWG unterfallen. Für diesen Ausschnitt an Vorhaben stellt **§ 1 Abs. 2 EnLAG** die **energiewirtschaftliche Notwendigkeit** und den **vordringlichen Bedarf** für Zwecke der Planfeststellung und für die Plangenehmigung nach den §§ 43 bis 43d EnWG verbindlich fest.

205 Mit dieser Bedarfsfeststellung soll u.a. sichergestellt werden, dass bis zum Jahr 2015 im Höchstspannungsübertragungsnetz **sechs neue Trassen** (EnLAG-Vorhaben Nr. 1–6) zum Nord-Süd-Transport in Betrieb gehen können, um geplante Offshore-Windenergieanlagen optimal und ohne Beeinträchtigung des Netzbetriebs in das bestehende Netz zu integrieren.[189] Insgesamt umfassen die EnLAG-Vorhaben 1.834 km an neu zu errichtenden Höchstspannungsleitungen. Tatsächlich waren bis Ende 2012 davon allerdings nur 249 km (was weniger als 14% entspricht) realisiert.[190]

206 Für die ausgewählten Vorhaben gelten bestimmte Sonderregelungen, die der **Beschleunigung** dienen sollen. So ist der Rechtsweg auf eine Instanz beim BVerwG verkürzt[191] und das Planfeststellungsverfahren nach § 43b Nr. 1 EnWG modifiziert.

207 Für vier der im Bedarfsplan genannten Vorhaben gestattet das Gesetz **in § 2 EnLAG** den Einsatz von Erdkabeln auf geeigneten Teilabschnitten[192] und trifft nähere Regelungen zur Umlage der Mehrkosten für die Erdverkabelung auf alle Übertragungsnetzbetreiber.

---

187 *Hermes*, S. 432.

188 Gesetz zur Beschleunigung des Ausbaus der Höchstspannungsnetze vom 21.8.2009, BGBl. I S. 2870, geändert durch Art. 5 des Gesetzes vom 7.3.2011 (BGBl. I S. 338). Eine weitere Anpassung erfolgt durch Art. 3 des Zweiten Gesetzes über Maßnahmen zur Beschleunigung des Netzausbaus Elektrizitätsnetze, vgl. BR-Drucks. 819/12, S. 6 (danach wird das Vorhaben zu Nr. 22 – Leitung Weier-Villingen – gestrichen, nachdem es bereits im Netzentwicklungsplan 2012 nicht mehr berücksichtigt worden ist. Hintergrund dafür sind Topologieänderungen. Die Änderung des EnLAG vollzieht insofern den energiewirtschaftlich nicht mehr gegebenen Bedarf für diese Leitung nach.

189 Vgl. „Bericht nach § 3 des Energieleitungsausbaugesetzes" (2012), BT-Drucks. 17/11871, S. 1 und Anlage 4 (mit Feststellungen zum Realisierungsstand der einzelnen EnLAG-Vorhaben).

190 In 2013 erwarten die Netzbetreiber einen Ausbau von insgesamt weiteren 165 km. Die EnLAG-Vorhaben Nr. 8, Nr. 10, Nr. 18 und Nr. 23 sollen in Betrieb gehen, vgl. „Bericht nach § 3 des Energieleitungsausbaugesetzes" (2012), BT-Drucks. 17/11871, S. 2.

191 Vgl. § 50 Abs. 1 Nr. 6 VwGO.

192 Nach dem „Bericht nach § 3 des Energieleitungsausbaugesetzes" (2012), BT-Drucks. 17/11871, S. 3, konnte bis Ende 2012 noch keine der vier im EnLAG benannten Pilotstrecken für Erdkabel fertiggestellt werden. Eine verfahrensbeschleunigende Wirkung kann – nach den bisher vorliegenden Erfahrungen mit Erdkabel-Projekten – durch

2. Vorhabenauswahl

Die ursprüngliche Auswahl der EnLAG-Vorhaben erfolgte im Wesentlichen auf Basis der Ergebnisse der dena-I-Netzstudie (a) und nach Maßgabe der Festlegungen in den TEN-E-Leitlinien der Europäischen Kommission (b). Im Ergebnis gibt es hier inhaltliche Überschneidungen (c). 208

a) dena-I-Netzstudie

Die Erkenntnis, dass der zügige Ausbau des Anteils erneuerbarer Energien an der Stromerzeu- 209
gung, der verstärkte grenzüberschreitende Stromhandel und neue konventionelle Kraftwerke den raschen Bau neuer Höchstspannungsleitungen in Deutschland dringend erforderlich machen, galt bereits seit Ende der 1990er Jahre als unbestritten.[193]

Als Vorstufe einer dieser Erkenntnis folgenden Bedarfsplanung, die bereits bestimmte Sze- 210
narien für den Netzausbaubedarf zugrunde liegt, kann die **dena-I-Netzstudie**[194] **von 2005** gelten, die von der dena in Auftrag gegeben wurde.

Ziel der Studie war die Schaffung einer möglichst optimalen Planungsgrundlage zur effi- 211
zienten Integration von Windenergieleistungen in das elektrische Verbundsystem unter Einbeziehung der beteiligten Netzbetreiber.[195]

Grundlagen der Studie sind einzelne Szenarien einer verstärkten Nutzung der Windenergie 212
unter einer differenzierten Abbildung des Ausbaus der Windenergie für die Jahre 2007, 2010 und 2015.[196] Für diese Jahre wurden die Auswirkungen auf die Übertragungsnetze und den bestehenden Kraftwerkspark analysiert, Schwachstellen aufgezeigt und Lösungen erarbeitet. Die BNetzA sah die in der dena-I-Netzstudie getroffenen Aussagen als **wichtige Grundlage für die Netzausbauplanung** im Zeitraum bis 2015 an.

Im **Ergebnis** wurden **sechs neue 380 kV-Trassen** zum Nord-Süd-Transport in der dena-I- 213
Netzstudie als vordringlich eingestuft. Darüber hinaus wurden auch bestimmte Netzoptimierungsmaßnahmen, wie der Bau von Querreglern, die Erweiterung und Ertüchtigung von Schaltanlagen, die Bereitstellung von Anlagen zur Blindleistungskompensation, der Bau neuer Transformatoren zur Umwandlung auf das 110 kV-Netz und schließlich die Umstellung bestimmter Stromkreise auf eine höhere Spannungsebene als prioritär eingestuft.

b) TEN-E-Leitlinien

Ein weiterer Beweggrund für den Erlass des EnLAG und die damit verbundene Feststellung des 214
Ausbaubedarfs bestimmter Trassen resultierten aus den verbindlichen Vorgaben der unionsrechtlichen **TEN-E-Leitlinien**.[197] Im Anhang III der TEN-E-Leitlinien Nr. 1364/2006/EG sind europaweit 314 Infrastrukturprojekte für Strom- und Gasnetze als **„Vorhaben von gemeinsamem Interesse“** klassifiziert, deren Ausbau und Fertigstellung erleichtert und beschleunigt werden soll. 42 dieser Vorhaben sind in die höchste Prioritätsklasse als Vorhaben von **„europäischem**

den Einsatz von Erdkabeln nicht erreicht werden. Aussagekräftige Erfahrungen mit Erdkabeln auf den EnLAG-Pilotstrecken liegen noch nicht vor.

193 Vgl. *Schirmer*, DVBl. 2010, 1349.

194 Online abrufbar unter: http://www.dena.de/index.php?id=1323.

195 Vgl. Bericht der BNetzA gem. § 63 Abs. 4a EnWG zur Auswertung der Netzzustands- und Netzausbauberichte der deutschen Elektrizitätsübertragungsnetzbetreiber, 14.3.2011, S. 19 f.

196 Vgl. Bericht der BNetzA gem. § 63 Abs. 4a EnWG zur Auswertung der Netzzustands- und Netzausbauberichte der deutschen Elektrizitätsübertragungsnetzbetreiber, 14.3.2011, S. 19 f.

197 Entscheidung Nr. 1364/2006/EG vom 6.9.2006, ABl. EU L 262 S. 1; dazu ausführlich oben Rn 24 ff.

Interesse" eingeordnet und daher in den Anhang I der TEN-E-Leitlinien aufgenommen worden.

215 Unter Hinweis auf das europäische Interesse an einem länderübergreifenden Netzausbau und ihrer Wichtigkeit für das Funktionieren des europäischen Binnenmarkts hat der Bundesgesetzgeber die Vorhaben der TEN-E-Leitlinien unmittelbar im EnLAG-Bedarfsplan berücksichtigt.[198] Ausdrücklich heißt es in der Gesetzesbegründung, dass die energiewirtschaftliche Notwendigkeit der in den TEN-E-Leitlinien genannten Vorhaben verbindlich festgestellt sei und daher **das „Ob" der energiewirtschaftlichen Notwendigkeit nicht mehr infrage stehe.**[199]

c) Inhaltliche Überschneidungen

216 Im Ergebnis zeigt sich, dass nur ein Teil der durch die dena-I-Netzstudie als prioritär erachteten Vorhaben gleichzeitig auch als vordringlich nach Maßgabe der TEN-E-Leitlinien gelten.[200] Dazu gehören die Verbindungsleitung Halle/Saale-Schweinfurt, die Verbundleitung Hamburg/Nord-Dollern und die Verbundleitung Neuenhagen-Bertikow/Vierraden.[201] Die übrigen Vorhaben des EnLAG-Bedarfsplans gehen mithin allein auf die dena-I-Netzstudie zurück, d.h., insofern hat der Gesetzgeber über die Vorgaben der TEN-E-Leitlinien hinaus konkreten Ausbaubedarf im Übertragungsnetz festgestellt. Für sämtliche im Bedarfsplan nach § 1 EnLAG aufgeführten Vorhaben wurde der Bedarf in der Gesetzesbegründung im Einzelnen konkret begründet.[202]

217 Gleichwohl wurde die Auswahl der 24 EnLAG-Vorhaben u.a. wegen der Beschränkung auf die Höchstspannungsebene kritisiert[203] und weil im Gesetz nicht berücksichtigte Vorhaben dadurch nicht die erforderliche Aufmerksamkeit und Unterstützung erhielten.[204]

218 Die Rechtsprechung folgt dieser Kritik nicht und hat gegen das Gesetz und die Vorhabenauswahl auch unter verfassungsrechtlichen Gesichtspunkten keine Einwände erhoben.[205]

3. Bewertung

219 Das EnLAG 2009 folgt mit seinen Feststellungen und der enumerativen Aufführung von Vorhaben in einem für die nachgeordneten Planungsträger verbindlichen Bedarfsplan rechtstechnisch dem **Vorbild der Bedarfsplanung für Bundesfernstraßen und Schienenwege**.

220 § 3 EnLAG bestimmt, dass der Bedarfsplan, der nicht abschließend ist, alle drei Jahre durch das Wirtschaftsministerium im Einvernehmen mit dem Umwelt- und Verkehrsministerium zu

198 Vgl. Gesetzesbegründung zum EnLAG, BT-Drucks. 16/10491 S. 11, 12.
199 Gesetzesbegründung zum EnLAG, BT-Drucks. 16/10491 S. 12.
200 Gesetzesbegründung zum EnLAG, BT-Drucks. 16/10491 S. 12.
201 Gesetzesbegründung zum EnLAG, BT-Drucks. 16/10491 S. 12.
202 Vgl. BT-Drucks. 16/10491, S. 9 ff. und 17 f. Durch Art. 3 des Zweiten Gesetzes über Maßnahmen zur Beschleunigung des Netzausbaus Elektrizitätsnetze (Gesetzentwurf der Bundesregierung vom 21.12.2012, BR-Drucks. 819/12, S. 6) wird das Vorhaben zu Nr. 22 – Leitung Weier-Villingen – gestrichen, nachdem es bereits im Netzentwicklungsplan 2012 nicht mehr berücksichtigt worden ist. Hintergrund dafür sind Topologieänderungen. Die Änderung des EnLAG vollzieht insofern den energiewirtschaftlich nicht mehr gegebenen Bedarf für diese Leitung nach.
203 *Bischof*, Öffentliche Anhörung des Ausschusses für Wirtschaft und Technologie des Deutschen Bundestages vom 15.12.2008, Protokoll Nr. 16/78, S. 21 f.; Danner/Theobald/*Missling*, Vor §§ 43 ff. EnWG Rn 34.
204 *Meller*, Öffentliche Anhörung des Ausschusses für Wirtschaft und Technologie des Deutschen Bundestages vom 15.12.2008, Protokoll Nr. 16/78, S. 5.
205 BVerwG, Beschl. v. 22.7.2010 – 7 VR 4/10 – NVwZ 2010, 1486; die Entscheidung des BVerwG in der Hauptsache, durch Gerichtsbescheid v. 21.9.2010 – 7 A 7/10 – abrufbar bei juris.

überprüfen und dem Bundestag hierüber ein Bericht vorzulegen ist, erstmals zum 1.10.2012.[206] Damit ist das EnLAG grundsätzlich auf **Erweiterung und Fortschreibung** angelegt.[207]

Im Hinblick auf die inhaltlichen Feststellungen ist zu konstatieren, dass es eine **vorhergehende umfassende Ermittlung und Prüfung des bundesweiten Netzausbaubedarfs** unter Einbindung der BNetzA als Regulierungsbehörde und unter Beteiligung der Öffentlichkeit **nicht gegeben** hat. Es wurde auch keine Strategische Umweltverträglichkeitsprüfung unter Einbeziehung der Öffentlichkeit nach den Bestimmungen des Gesetzes über die Umweltverträglichkeitsprüfung durchgeführt.[208] Damit weist das EnLAG unter Akzeptanzgesichtspunkten **Defizite** auf. Auch wenn das EnLAG die in seiner Anlage aufgelisteten Vorhaben ausdrücklich als „Bedarfsplan" zusammenfasst, **beinhaltet das Gesetz keine umfassende gesamtdeutsche Netzausbauplanung**. Es greift lediglich **punktuelle**, als besonders dringlich angesehene Vorhaben auf. 221

Auch **verpflichtet** das EnLAG die Übertragungsnetzbetreiber **nicht zur Durchführung der Netzausbaumaßnahmen**, sondern erleichtert und beschleunigt lediglich deren Durchführung, indem es die Bedarfsfeststellung von Gesetzes wegen trifft und die erstinstanzliche Zuständigkeit des BVerwG anordnet. 222

Das EnLAG ist daher von seinem Charakter her als eine **„Variante der Beschleunigungsgesetzgebung"** zu bewerten, kann aber **nicht** als **Grundlage für eine umfassende hoheitliche Bedarfsplanung** betrachtet werden. Mit dem EnLAG-Bedarfsplan hat der Gesetzgeber einen ersten Schritt in Richtung einer fachlichen Bedarfsplanung unternommen, ohne diesen Ansprüchen in allen Punkten zu genügen.[209] 223

Die erhoffte Beschleunigungswirkung ist nur z.T. eingetreten. Das spricht nicht gegen eine vorgelagerte Bedarfsfeststellung durch Gesetz, zeigt aber, dass über die Frage des energiewirtschaftlichen Bedarfs hinaus weitere materiell-rechtliche Fragestellungen, insbesondere in Bezug auf den Trassenverlauf, die Dauer der Planungs- und Genehmigungsverfahren wesentlich bestimmen.[210] 224

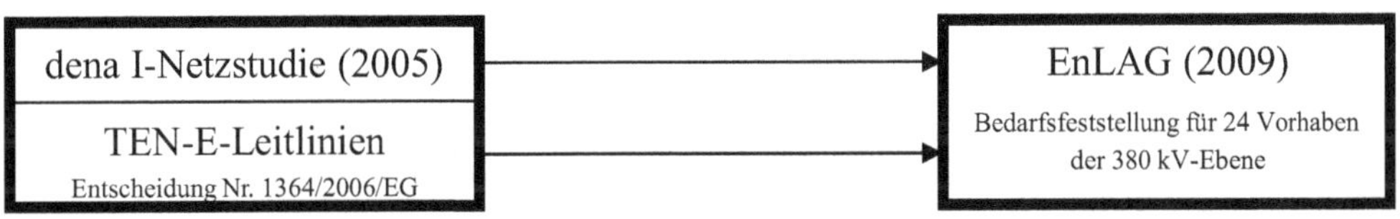

Bedarfsfeststellung nach dem EnLAG 2009

---

206 Vgl. den „Bericht nach § 3 des Energieleitungsausbaugesetzes" des BMWi vom 4.12.2012, BT-Drucks. 17/11871.

207 Ausweislich des „Berichts nach § 3 Energieleitungsausbaugesetz", BT-Drucks. 17/11871, S. 4 besteht vor dem Hintergrund des inzwischen erlassenen NABEG allerdings *„kein Bedarf zur Aufnahme neuer Vorhaben in den Anwendungsbereich des EnLAG."* Es ist daher auch nicht zu erwarten, dass sich dies ändert, wenn die Verordnung zu Leitlinien für die transeuropäische Energieinfrastruktur (Entwurf vom 19.10.2011, KOM(2011) 658) in Kraft tritt.

208 Die Durchführung einer Strategischen Umweltprüfung wurde seitens der Bundesregierung mit dem Argument abgelehnt, weil für den EnLAG-Bedarfsplan abweichend von § 2 Abs. 5 S. 1 UVPG keine Pflicht zur Aufstellung aufgrund von Rechts- oder Verwaltungsvorschriften bestehe. Dagegen lässt sich anführen, dass die Voraussetzungen des Art. 3 der SUP-Richtlinie (Richtlinie des Europäischen Parlaments und des Rates über die Prüfung der Umweltauswirkungen bestimmter Pläne und Programme, RL 2001/42/EG, ABl. EU Nr. L 197 S. 30) erfüllt waren.

209 *Weyer*, in: FS Kühne, S. 423, 429; Britz/Hellermann/Hermes/*Hermes*, § 43 Rn 6; BMU-Studie „Ökologische Auswirkungen von 380-kV-Erdleitungen und HGÜ-Erdleitungen" (1.10.2009–31.12.2011), Bd. 4: Bericht der Arbeitsgruppe Recht, S. 56 ff., abrufbar unter: http://www.efzn.de/index.php?id=238&no_cache=1&tx_wiwiprojekte_pi4[showUid]=80.

210 *Franke*, in: FS Salje, S. 121, 125.

III. Aktueller Rechtsrahmen der Bedarfsplanung: EnWG 2011/2012

225 Mit dem **Gesetz zur Neuregelung energiewirtschaftlicher Vorschriften** vom 26.7.2011[211] sind erstmals umfassende Regelungen über die Bedarfs- und Netzentwicklungsplanung in das EnWG aufgenommen worden. Sie wurden **2012** durch das **Dritte Gesetz zur Regelung energiewirtschaftsrechtlicher Bestimmungen** auf den Bereich der Netzplanung für den Offshore-Bereich ausgedehnt[212] und sollen **2013** durch das **Zweite Gesetz über Maßnahmen zur Beschleunigung des Netzausbaus Elektrizitätsnetze** weiter ergänzt werden.[213]

226 Die Vorschriften über die Bedarfs- und Netzentwicklungsplanung in den §§ 12a–e EnWG gehen auf europäische Richtlinienvorgaben zurück (1.). Die Notwendigkeit für eine bundesweit einheitlich abgestimmte Bedarfsplanung im Bereich Netze ergibt sich zugleich aber auch aus energiepolitischen Erwägungen und bestehenden Defiziten im Recht der Netzplanung, was im Ergebnis zum Erlass des „Energiepakets 2011" geführt hat (2.).

1. Europarechtliche Vorgaben

227 Als Teil des sog. 3. EU-Energiebinnenmarktpakets fordert **Art. 22 der RL 2009/72/EG** die jährliche Erstellung **eines zehnjährigen Netzentwicklungsplans** durch die Übertragungsnetzbetreiber des jeweiligen Mitgliedslandes, der sich auf die derzeitige Lage und Prognosen im Bereich von Angebot und Nachfrage stützt.

228 Der europäische Richtliniengeber versteht die Pflicht zur Aufstellung von nationalen Netzentwicklungsplänen als Instrument der Regulierung, denn die Richtlinie sieht diese Pflicht nur vor, wenn das Entflechtungsmodell des Unabhängigen Netzbetreibers (ITO) gewählt wurde.[214] Damit soll ein bedarfsgerechter Netzausbau unabhängig von nicht netzbezogenen Interessen im Konzernbereich gewährleistet werden.[215]

229 Der deutsche Gesetzgeber hat die Pflicht zur Netzentwicklungsplanung indes nicht mit der Entscheidung für ein bestimmtes Entflechtungsmodell verknüpft, sondern ihr sämtliche Übertragungsnetzbetreiber unabhängig vom Status der Entflechtung unterworfen.

230 Die **Netzentwicklungsplanung** hat nach den europäischen Vorgaben einen **doppelten Zweck**: Es geht um die **Bedarfsfeststellung** und die **Kontrolle des Ausbaufortschritts**.

231 Durch die **Darstellung des energiewirtschaftlichen Netzausbaubedarfs** soll den Marktteilnehmern Angaben darüber geliefert werden, welche wichtigen Übertragungsinfrastrukturen in den nächsten zehn Jahren errichtet oder ausgebaut werden müssen. Ferner sind alle bereits beschlossenen Investitionen aufzulisten und die neuen Investitionen zu bestimmen, die in den nächsten drei Jahren durchgeführt werden müssen. Durch die Konsultation der Markteilnehmer und die Befugnis der Regulierungsbehörde, Änderungen zu verlangen, soll gewährleistet werden, dass sich die Planung am energiewirtschaftlichen Bedarf orientiert und nicht durch andere Interessen beeinflusst wird.[216]

---

211 BGBl. I 2011 S. 1554.

212 Drittes Gesetz zur Neuregelung energiewirtschaftsrechtlicher Vorschriften vom 20.12.2012, BGBl. I S. 2730.

213 Gesetzentwurf der Bundesregierung vom 21.12.2012, BR-Drucks. 819/12; Gegenstand dieses Artikelgesetzes ist neben dem Erlass des Gesetzes über den Bundesbedarfsplan (BBPlG) (Art. 1) auch eine Änderung der VwGO in § 50 Abs. 1 Nr. 6 (Art. 4), wodurch der Rechtsschutz für Streitigkeiten nach dem BBPlG auf eine Instanz beim BVerwG begrenzt wird (vgl. § 4 BBPlG).

214 Vgl. Art. 22 RL 2009/72/EG.

215 *Glaser*, DVBl. 2012, 1283, 1284 f.; *Gärditz/Rubel*, NuR 2010, 194, 195 f.

216 *Franke*, in: FS Salje, S. 121, 127.

Für die Erarbeitung des Netzentwicklungsplans sind angemessene Annahmen über die Entwicklung der Erzeugung, der Versorgung, des Verbrauchs und des Stromaustauschs mit anderen Ländern unter Berücksichtigung der Investitionspläne für regionale und gemeinschaftsweite Netze zugrunde zu legen. Konkrete Vorgaben für einen Szenariorahmen, die Methodik zur Ermittlung des Bedarfs und die konkrete Ausgestaltung des Bedarfs- und Netzentwicklungsplans enthält die Richtlinie indes nicht. Insofern konnte der Bundesgesetzgeber bei der Umsetzung der unionsrechtlichen Vorgaben über die Bedarfsplanung im EnWG **erhebliche Spielräume** nutzen. 232

Die Netzentwicklungsplanung soll aber auch der **Kontrolle des Ausbaufortschritts** dienen. 233
Deshalb ist für alle Vorhaben ein Zeitplan vorzugeben, der bestimmt, welche Maßnahmen in den nächsten drei Jahren durchgeführt werden müssen. Daran anknüpfend hat die Regulierungsbehörde zu entscheiden, ob Maßnahmen zur Durchsetzung von Netzausbaumaßnahmen erforderlich sind. Das setzt den Verzug der Netzbetreiber aus Gründen, die sie nicht zu vertreten haben, voraus. Ausdrücklich enthält die Art. 22 Abs. 7 RL 2009/72/EG dafür eine Regelungsgrundlage, die § 65 Abs. 2a EnWG 2011 im nationalen Recht umsetzt.

2. Zentrale Inhalte des „Energiepakets" 2011

Wesentliche Treiber für eine grundlegende Neuregelung des Bedarfs- und Netzplanungsrechts 234
im Jahre 2011 waren die aktuellen energiepolitischen Entwicklungen und die bestehenden Defizite im Netzplanungsrecht. Energiepolitisch stand das Thema Bedarfsplanung und Netzausbau bereits seit den dena-Netzstudien von 2005 und 2010 im Fokus. Die Notwendigkeit dafür wurde erneut im Energiekonzept der Bundesregierung von 2010 unterstrichen und schließlich durch die von ihr im Frühjahr 2011 eingeleitete „Energiewende" nochmals verstärkt.[217] Als zentrale Schwäche des bisherigen Planungsrechts hatte sich u.a. der durch Doppelprüfungen entstehende Zeitverlust gezeigt. Das Raumordnungsverfahren war zu einem quasi fachplanerischen Verfahren ohne Verbindlichkeit mutiert, gefolgt von einer energiewirtschaftlichen Fachplanung im Rahmen der anschließenden Planfeststellungsverfahren.[218]

Vor diesem Hintergrund verfolgt der Gesetzgeber mit den Regelungen des „Energiepakets" 235
2011 einen grundlegenden Neuansatz: Für die Übertragungsnetze sollen die Bedarfs- und Netzentwicklungsplanung (a) und die anschließenden Zulassungsverfahren (b) aus einer Hand durchgeführt und bei der BNetzA gebündelt werden.[219]

a) Bedarfsplanung

Mit den Regelungen in den **§§ 12a bis 12e EnWG** hat der Bundesgesetzgeber erstmals eine **bun-** 236
desweite Bedarfs- und Netzentwicklungsplanung für die Übertragungsnetze eingeführt. Durch das Dritte Gesetz zur Neuregelung energiewirtschaftsrechtlicher Vorschriften vom 20.12.2012[220] sind die Regelungen zur Bedarfs- und Netzentwicklungsplanung auf den **Offshore-Bereich** ausgeweitet worden.

Die Bedarfsplanung gem. §§ 12a bis 12e EnWG gliedert sich in drei große Stufen: Zunächst 237
sind die Übertragungsnetzbetreiber verpflichtet, den **Szenariorahmen** zu erarbeiten, der Grund-

217 Vgl. dazu ausführlich Kap. 1 Rn 3 ff.
218 Vgl. dazu ausführlich Kap. 1 Rn 11 und 67 ff.
219 BT-Drucks. 17/6073 S. 1 sowie BT-Drucks. 17/6072 S. 1 f.; dazu eingehend Steinbach/*Steinbach*, Einleitung Rn 47 ff.; *Moench/Ruttloff*, NVwZ 2011, 1040, 1041.
220 BGBl. I S. 2730.

lage für den Netzentwicklungsplan und den Offshore-Netzentwicklungsplan ist (§ 12a Abs. 1 EnWG). Der Szenariorahmen ist sodann von der BNetzA zu genehmigen (§ 12a Abs. 3 EnWG).

238 Auf Basis des genehmigten Szenariorahmens wird auf der zweiten Stufe jährlich der **Netzentwicklungsplan** und erstmals am 3.3.2013 der **Offshore-Netzentwicklungsplan** durch die Übertragungsnetzbetreiber erstellt (§ 12b Abs. 1 EnWG), der jeweils nach Konsultation mit der Öffentlichkeit sowie Durchführung einer Strategischen Umweltprüfung durch die BNetzA bestätigt wird (§ 12b Abs. 1 und 5, § 12c EnWG).

239 Der von der BNetzA bestätigte Netzentwicklungsplan und Offshore-Netzentwicklungsplan dient als **Entwurf des Bundesbedarfsplans**, den sie der Bundesregierung mindestens alle drei Jahre vorlegt. Dieser bezieht sich inhaltlich auf die in den nächsten drei Jahren zu verwirklichenden Vorhaben im gesamten Bundesgebiet.

240 Auf der dritten Stufe erlässt der Bundestag dem ihn durch die Bundesregierung übermittelten **Bedarfsplan als Gesetz** (§ 12e Abs. 1, Abs. 4 EnWG).

---

i **Praxistipp**
Eine interaktive Darstellung der verschiedenen Prozessphasen findet sich unter http://www.netzentwicklungsplan.de/content/prozessphasen.

---

b) Zulassungsverfahren

241 Das **Gesetz über den Bundesbedarfsplan** ist die **energiewirtschaftliche Grundlage** für das weitere Zulassungsverfahren. Dieses Zulassungsverfahren gliedert sich in den Bereich der **Bundesfachplanung** und das **abschließende Planfeststellungsverfahren.**[221] Für die im Bundesbedarfsplan als länderübergreifend oder grenzüberschreitend gekennzeichneten Höchstspannungsleitungen tritt die anschließende Bundesfachplanung an die Stelle der zuvor länderbezogen durchzuführenden Raumordnungsverfahren.

242 Die **Bundesfachplanung** richtet sich nach den Vorschriften des **NABEG**. Hier wird auf Antrag des Übertragungsnetzbetreibers geprüft, ob der Verwirklichung des Vorhabens in einem Trassenkorridor überwiegende öffentliche oder private Belange entgegenstehen. Die Behörde prüft dabei die Übereinstimmung mit den Erfordernissen der Raumordnung und die Abstimmung mit anderen raumbedeutsamen Planungen und Maßnahmen.[222] Die Prüfung etwaiger ernsthaft in Betracht kommender **Alternativen** für Trassenkorridore ist ebenso Gegenstand der Bundesfachplanung wie die Durchführung der erforderlichen **Strategischen Umweltprüfung.**[223]

243 Die Bundesfachplanung schließt ab mit der Entscheidung über den Verlauf eines raumverträglichen Trassenkorridors mit einer Breite von in der Regel 500–1.000 m, die Übergangspunkte an den Ländergrenzen, die Bewertung der Umweltauswirkungen und mit dem Ergebnis der geprüften Alternativtrassen.[224] Diese Entscheidung hat binnen sechs Monaten nach Vorliegen der vollständigen Unterlagen zu ergehen.[225] Sie hat gem. § 15 Abs. 1 S. 1 NABEG Bindungswirkungen für die nachfolgende Planfeststellung, die gemäß den spezialgesetzlichen Regelungen der §§ 18–28 NABEG durchzuführen ist.

---

221 Zu den Anforderungen an die Antragsunterlagen des Vorhabensträgers für die Verfahren der Bundesfachplanung und Planfeststellung vgl. *Leidinger*, et 2013, 89 ff.; näher zur Bundesfachplanung Kap. 4 Rn 39 ff., zur Planfeststellung Kap. 5 Rn 1 ff.
222 Vgl. § 5 Abs. 1 S. 2 und 3 NABEG.
223 BT-Drucks. 17/6073 S. 24.
224 BT-Drucks. 17/6073 S. 19.
225 § 11 Abs. 1 NABEG.

Nach § 2 Abs. 4 NABEG sind von seinem Anwendungsbereich die im Bedarfsplan zum EnLAG festgestellten Netzausbauvorhaben ausdrücklich ausgenommen. Insoweit handelt es sich in Bezug auf beide Gesetze um **exklusive Regelungsregimes**. 244

c) Bewertung

Mit der Einführung der Regelungen über die Bedarfsplanung im EnWG und dem gleichzeitigen Erlass des NABEG kann in Bezug auf die Netze der Übertragungsnetzebene erstmals von einem in sich **geschlossenen energiewirtschaftlichen Fachplanungsprozess** gesprochen werden, der die vorgelagerte Stufe der Bedarfsplanung einbezieht und über die Bündelung der Verfahren bei einer Behörde auf eine Beschleunigung von Netzausbauvorhaben abzielt. Das gestufte Verfahren zur Bedarfsermittlung ist einer fachbehördlichen Kontrolle unterworfen. Sowohl bei der Genehmigung des Szenariorahmens als auch bei der Bestätigung des Netzentwicklungsplans hat die BNetzA entscheidenden Einfluss. Gleichwohl ist mit der Einführung der Netzentwicklungsplanung keine grundsätzlich neue Rollenverteilung zwischen Netzbetreibern und Regulierungsbehörde eingetreten.[226] Im Ausgangspunkt beruht die Ermittlung des Ausbaubedarfs auf einer unternehmerischen Entscheidung, die Kontroll- und Regulierungsbefugnisse der Behörde dienen vor allem ihrer Umsetzung mit dem Ziel, der staatlichen Gewährleistungsverantwortung für einen sicheren, zuverlässigen und leistungsfähigen Betrieb der Energieversorgungsnetze nachzukommen. 245

Von einer vollständigen Bereinigung der unterschiedlichen Planungs- und Zulassungsrechtsregimes in Bezug auf den Netzausbau in Deutschland kann allerdings keine Rede sein: Neben den im Bedarfsplan nach § 12e EnWG gekennzeichneten länderübergreifenden und grenzüberschreitenden Höchstspannungsleitungen enthält das nach wie vor **parallel anwendbare EnLAG** die konstitutiven Feststellungen zum Ausbaubedarf für die dort bestimmten Netzvorhaben der Höchstspannungsebene. Da diese Vorhaben indes gem. § 2 Abs. 4 NABEG **nicht der Bundesfachplanung** nach dem NABEG unterfallen, bleiben insoweit **Raumordnungsverfahren auf Länderebene und anschließende Planfeststellungsverfahren nach den §§ 43 ff. EnWG erforderlich**. 246

Der Fortbestand des EnLAG ist damit zu erklären, dass sich die dort bestimmten 24 Vorhaben überwiegend schon in laufenden Raumordnungs- und Planfeststellungsverfahren befanden, als das NABEG am 5.8.2011 in Kraft getreten ist. Auf diese Weise sollte ein Wechsel im Genehmigungsregime vermieden werden. 247

Soweit es um die Zulassung von Leitungsvorhaben nach § 43 S. 1 Nr. 1–4 EnWG geht, ist auch insoweit der Weg über die Planfeststellung eröffnet. Die maßgebenden Regelungen finden sich in den §§ 43 ff. EnWG sowie ergänzend in den Verwaltungsverfahrensgesetzen der Länder. Da es sich hier regelmäßig um raumbedeutsame Vorhaben handelt, ist die vorherige Durchführung eines Raumordnungsverfahrens in den jeweils betroffenen Bundesländern erforderlich. In der Praxis trifft dies insbesondere für die 110 kV-Hochspannungsleitungen der **Verteilnetzebene** zu. 248

In der Gesamtschau zeigt sich, dass drei unterschiedliche Regelungsregimes für die Planung und die Zulassung von Netzvorhaben in Deutschland maßgebend sind. Schematisch lässt sich das wie folgt darstellen: 249

226 A.A. *Glaser*, DVBl. 2012, 1283, 1289, der von einer *„Indienstnahme Privater für den Netzausbau"* spricht.

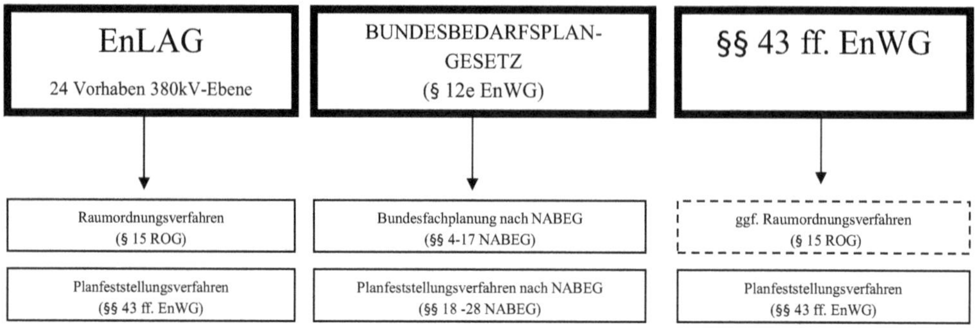

D. Instrumente der Bedarfsplanung im EnWG

250 Die energiewirtschaftliche Bedarfsplanung gem. §§ 12a ff. EnWG vollzieht sich in einem gestuften Prozess, der durch drei Instrumente bestimmt wird:
- Szenariorahmen (I.),
- Netzentwicklungsplan/Offshore-Netzentwicklungsplan (II.) sowie
- Gesetz über den Bundesbedarfsplan (III.).

Diese Instrumente sind jeweils im Hinblick auf ihren Inhalt und die materiellen Anforderungen, das Verfahren und ihre Rechtswirkungen im Einzelnen näher zu charakterisieren.

Praxistipp
Sämtliche Vorgänge und Dokumente zu den jeweils aktuellen und den bereits abgeschlossenen Bedarfsplanungsprozessen sind dokumentiert unter: http://www.netzausbau.de/cln_1932/DE/Bedarfsermittlung/bedarfsermittlung_node.html.

I. Szenariorahmen für die Netzentwicklungsplanung

1. Inhalt und Anforderungen

a) Rechtscharakter

251 Der jährlich gemeinsam von den Übertragungsnetzbetreibern[227] zu erarbeitende Szenariorahmen ist der Ausgangspunkt für die gesetzliche Bedarfsplanung. Seinem Rechtscharakter nach handelt es sich um ein gesetzlich – hinsichtlich Inhalt und Verfahren – definiertes Planungsinstrument zur Erarbeitung der Netzentwicklungspläne.[228]

227 § 3 Nr. 10 EnWG definiert, wer Übertragungsnetzbetreiber ist. In Deutschland erfüllen zurzeit die Unternehmen 50Hertz GmbH, Amprion GmbH, TenneT TSO GmbH und Transnet BW GmbH diese Anforderungen.
228 Die davon zu unterscheidende behördliche Genehmigung des Szenariorahmens gem. § 12a Abs. 3 EnWG ergeht in der Rechtsform eines Verwaltungsakts i.S.v. § 35 S. 1 VwVfG, da sie regelnden, d.h. gestattenden Charakter gegenüber den Übertragungsnetzbetreibern hat und ihr insoweit auch Außenwirkung zukommt, vgl. Steinbach/*Heimann*, § 12a EnWG Rn 32.

b) Inhalt

Inhaltlich umfasst der Szenariorahmen gem. **§ 12a Abs. 1 S. 2 EnWG** mindestens **drei Entwicklungspfade (Szenarien),** die für die nächsten zehn Jahre die Bandbreite möglicher Entwicklungen im Rahmen der mittel- und langfristigen energiepolitischen Ziele der Bundesregierung abdecken. Eines der Szenarien muss weiterhin die wahrscheinliche Entwicklung für die nächsten zwanzig Jahre darstellen.[229] Durch die Aufnahme eines langfristigen Szenarios wird gewährleistet, dass lang- und mittelfristig erforderliche Netzausbaumaßnahmen in Einklang gebracht werden.[230] 252

Der Szenariorahmen mit seinen Entwicklungspfaden muss sich an den mittel- und langfristigen **energiepolitischen Zielen** der Bundesregierung orientieren („im Rahmen"). Damit wird der **Planungsvorgang** der Übertragungsnetzbetreiber **politisch-inhaltlich determiniert**, ohne dass die Ziele selbst gesetzlich verfasst sein müssen. Politische Präferenzen für eine bestimmte Ausrichtung der Energiepolitik können den Planungsvorgang mithin konkret beeinflussen; die Planung findet nicht losgelöst und autark statt, sondern hat die erklärten Ziele der Politik ihrerseits als Richtschnur und Rahmen zu beachten. 253

In der bisherigen Planungspraxis erfolgte diese Zielorientierung anhand des Energiekonzepts der Bundesregierung vom 28.9.2010,[231] das durch ihr Eckpunktepapier zur Energiewende vom 6.6.2011[232] ergänzt wurde. Die wesentlichen Ziele sind danach die Minderung der Treibhausgasemissionen, die Senkung des Primärenergieverbrauchs, die Erhöhung des Anteils der Stromerzeugung aus erneuerbaren Energien und aus Kraft-Wärme-Kopplung, die Erhöhung der Offshore-Windleistung, die Minderung des Stromverbrauchs und die Beendigung der Stromerzeugung durch Kernkraft bis zum Jahre 2022. 254

Durch das Dritte Gesetz zur Neuregelung energiewirtschaftsrechtlicher Vorschriften vom 20.12.2012[233] ist die Regelung über den Szenariorahmen in §12a EnWG auch auf den **Offshore-Netzbereich** ausgeweitet worden. Um die Synchronität bei der Planung und Realisierung zwischen dem Netz an Land und den Offshore-Anbindungen sicherzustellen, sollen die Offshore-Windenergieanlagen mit ihren Netzanbindungspunkten in die Bundesbedarfsplanung einbezogen werden. Dadurch soll gewährleistet werden, dass die der Netzentwicklungsplanung zugrunde liegenden Szenarien auch den Rahmen für die Erstellung des Offshore-Netzentwicklungsplans beachten und umgekehrt der Offshore-Netzentwicklungsplan mit den Vorgaben des Netzentwicklungsplans abgestimmt ist. Den Entwurf des ersten Offshore-Netzentwicklungsplans haben die Übertragungsnetzbetreiber zum 3.3.2013 vorgelegt. 255

Ein **Szenario** ist als **Entwicklungspfad** zu verstehen, an dem sich die Netzentwicklungsplanung orientiert. Bei einem Szenario handelt es sich um die **Beschreibung einer zukünftigen Situation**, d.h. die Beschreibung der Entwicklung eines konsistenten Systemgesamtzusammenhangs von heute in die Zukunft. Ein Szenario darf nicht mit einer Prognose, d.h. der Voraussage der Zukunft basierend auf deren Eintrittswahrscheinlichkeit, verwechselt werden.[234] Bezogen auf einen Zielzeitpunkt werden Erzeugung, Versorgung und Verbrauch von Strom im Vergleich zu einem Referenzzeitpunkt (Referenz- oder Basisjahr) dargestellt. 256

Dabei sind für alle Szenarien **angemessene Annahmen für** die jeweiligen **Entwicklungen von Erzeugung, Versorgung, Verbrauch von Strom** sowie dessen **Austausch** mit **anderen** 257

---

229 § 12a Abs. 1 S. 3 EnWG.
230 Hierzu auch BT-Drucks. 17/6072, S. 68.
231 BT-Drucks. 17/6071, S. 1.
232 *Bundesregierung*, Der Weg zur Energie der Zukunft – sicher, bezahlbar und umweltfreundlich, 2011.
233 BGBl. I S. 2730.
234 Missverständlich insoweit Steinbach/*Heimann*, § 12a EnWG Rn 13.

Ländern zugrunde zu legen und **geplante Investitionsvorhaben der europäischen Netzinfrastruktur** zu berücksichtigen.[235] Die Identifikation der Variablen, die die Energieentwicklung im Hinblick auf Erzeugung und Verbrauch bestimmen, ist dabei die entscheidende Voraussetzung für die Berechnung der Anforderungen an das Übertragungsnetz.

258 Der **Szenariorahmen**, der aus den ermittelten Szenarien besteht, beschreibt – ausgehend vom jeweiligen Referenzjahr – die Bandbreite wahrscheinlicher Entwicklungen innerhalb der unterschiedlichen Szenarien. Drei Szenarien bilden die unterschiedlich denkbaren Entwicklungen in einem Zieljahr ab bezogen auf den Zeitpunkt in zehn Jahren nach dem Referenzjahr. Ein viertes Szenario bezieht sich auf den Zeitpunkt zwanzig Jahre nach dem Referenzjahr. Insoweit kann man von einem „Szenariotrichter" sprechen. Seine Bandbreite lässt erkennen, ob der aus den Szenarien abgeleitete Netzentwicklungsbedarf an ein spezifisches Szenario gebunden ist oder ob er sich im Hinblick auf veränderte Rahmenbedingungen als robust erweist. Es geht also um die **Ermittlung des Transportbedarfs**. Dafür haben die Übertragungsnetzbetreiber Angebot und Nachfrage in den verschiedenen Szenarien gegenüberzustellen. Für den mengenmäßigen Transportbedarf kommt es auf die in einem Gebiet nachgefragte, nicht die dort bereitgestellte Elektrizität an.

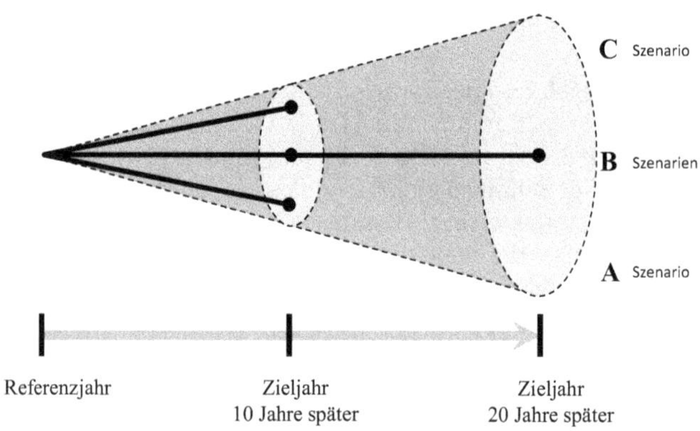

Szenariotrichter

259 Die in der Praxis bekannte und in Fachkreisen anerkannte Methodik zur Bestimmung des zukünftig erforderlichen Netzentwicklungsbedarfs beruht auf einer **Modellierung der zukünftig erwarteten Last- und Einspeisesituation** mit einer darauf basierenden Ermittlung der Netzauslastung und des Netzausbaubedarfs.

235 § 12a Abs. 1 S. 4 EnWG. Zu den geplanten Investitionsvorhaben der europäischen Netzinfrastruktur enthalten neben dem gemeinschaftsweiten Netzentwicklungsplan bislang die TEN-E-Leitlinien auf Basis der Entscheidung Nr. 1364/2006/EG die maßgebenden Vorgaben. Zukünftig wird an deren Stelle die bereits im Entwurf vorliegende „Verordnung zu Leitlinien für transeuropäische Energieinfrastruktur, zur Aufhebung der Entscheidung Nr. 1364/2006/EG und zur Änderung der VO (EG) Nr. 714/2009 und 715/2009" treten, vgl. Ratskompromiss v. 29.11.2012, Ratsdokument 16563/12, der ursprüngliche Verordnungsentwurf der Kommission datiert vom 19.10.2011, KOM(2011) 658.

Diese Vorgehensweise, die die BNetzA als **Stand der Technik** bezeichnet,[236] besteht aus 60
fünf Schritten, die sich schematisch wie folgt darstellt:

Ermittlung des Netzentwicklungsbedarfs

1. Erstellung des Szenariorahmens

- Festlegung des Kraftwerkparks
- Bestimmung der Jahreshöchstlast und des Verbrauchs

2. Regionalisierung

- Zuordnung von Einspeisungen und Abnahmen auf Netzknoten

3. Marktmodellierung

- Bestimmung der tatsächlichen Kraftwerkseinspeisungen
- Ermittlung der relevanten Netznutzungsfälle

4. Netzberechnung

- Mit Hilfe einer Modellierung des deutschen Übertragungsnetzes werden in den ermittelten Netznutzungsfällen Schwachstellen des Netzes bestimmt

5. Ermittlung des bedarfsgerechten Netzausbaus

- Innerhalb des Modells aus Schritt vier werden Maßnahmen ausfindig gemacht, um die ermittelten Schwachstellen zu beseitigen

Quelle: BNetzA

c) Erstellung des Szenariorahmens

Die Bestimmung des erforderlichen Netzausbaubedarfs im Übertragungsnetz richtet sich nach 261
der **zu erwartenden Netzbelastung**. Netzbereiche mit gleichbleibender oder geringerer Netzbe-

236 Vgl. *BNetzA*, Genehmigung des Szenariorahmens zum NEP 2012, Az. 8121-12/Szenariorahmen 2011, S. 25, abrufbar unter: http://www.bundesnetzagentur.de/DE/Sachgebiete/ElektrizitaetGas/Konsultationen/Abgelaufene Konsultationen/SzenariorahmenStrom2012_Basepage.html.

lastung müssen nicht erweitert werden. Hier besteht kein Bedarf für eine Erhöhung der Transportfähigkeit. Netzbereiche mit einem hohen Transportbedarf, welcher die gegenwärtigen Transportkapazitäten überschreitet, müssen dagegen bedarfsgerecht erweitert oder ausgebaut werden.

262 Für die Ermittlung des Netzentwicklungsbedarfs sind die **Einspeisungen** des Kraftwerksparks in das und die **Entnahmen** (Jahreshöchstlast und Verbrauch) aus dem Übertragungsnetz in den zu betrachtenden Zieljahren maßgeblich.[237]

263 Für den 2011 erstmals erstellten Szenariorahmen für den Netzentwicklungsplan 2012 waren dies die Zieljahre 2022 und 2032.[238] Die drei Szenarien bilden unterschiedliche Entwicklungspfade der deutschen Energielandschaft ab. Im Netzentwicklungsplan 2012 beinhaltet das Szenario A einen moderaten Anstieg der Erneuerbaren Energien und eine durch Kohleverstromung geprägte konventionelle Erzeugung (Konservatives Szenario). Szenario B, das für die weiteren Berechnungen als Leitszenario gilt, beinhaltete einen mittleren Ausbau der Erneuerbaren Energien, der sich an den real schon beobachteten Zubauraten orientierte sowie eine im Vergleich zu Szenario A stärker auf Gas als Primärenergieträger gestützte konventionelle Erzeugung (Realitätsnahes Szenario). Das Szenario B wurde sodann für zehn weitere Jahre fortgeschrieben, wobei hier – im Unterschied zum Leitszenario B – sämtliche geplanten Gaskraftwerke, aber kein weiterer Zubau von Braun- oder Steinkohlekraftwerken unterstellt wurde. Im Szenario C wurde ein besonders hoher Anteil an Strom aus Windkraft angenommen, der auf Zieldaten der Bundesländer zum Ausbau der Erneuerbaren Energien beruht (Ambitioniertes Szenario).

264 Der Szenariorahmen zum Netzentwicklungsplan 2013[239] führt den Szenariorahmen zum Netzentwicklungsplan 2012 fort. Das grundsätzliche Vorgehen zur Erstellung der Szenarien wurde beibehalten.

265 Für jedes Szenario des Szenariorahmens bestimmen die Übertragungsnetzbetreiber den **notwendigen Netzentwicklungsbedarf**. Dabei berücksichtigen sie u.a. Annahmen zur räumlichen Verteilung der Versorgungskapazitäten, den Energiebedarf und die Kraftwerke. Um die Einspeisungen in den Zieljahren zu bestimmen, muss die installierte **Erzeugungsleistung**, d.h. der maßgebende Kraftwerkspark, in diesen Jahren prognostiziert werden.[240] Auszugehen ist von den Erzeugungsanlagen, die zu diesem Zeitpunkt am Netz sind, d.h. sowohl die bereits stillgelegten Altanlagen als auch der erwartete Zubau von Neuanlagen ist zu berücksichtigen. Auch ist zwischen den verschiedenen Erzeugungstechnologien zu differenzieren.

266 Neben der Erzeugungsleistung, die die Einspeisung in das Netz bestimmt, ist auch die **Stromentnahme** für die Netzbelastung maßgeblich. Die Entnahme muss ebenfalls näherungsweise für die Zieljahre ermittelt werden.[241]

267 Der Szenariorahmen enthält auch die zu erwartende Entwicklung der Offshore-Windenergie, d.h., es existiert ein einheitlicher Szenariorahmen unter Einbeziehung der On- und Offshore-Windenergieentwicklung; gem. **§ 17b Abs. 1 EnWG** wird für die Offshore-Windenergie indes ein gesonderter Offshore-Netzentwicklungsplan erstellt.

268 Laut **§ 12a Abs. 1 S. 4 EnWG** sind bei der Erstellung des Szenariorahmens auch die auf europäischer Ebene geplanten Investitionsvorhaben zum Austausch von Energie mit anderen Ländern zu berücksichtigen. Insoweit sind die Entwicklungen der Last und der Erzeugungslandschaft in Europa relevant. Über den europäischen Verbund der Übertragungsnetzbetreiber

---

237 *BNetzA*, Genehmigung des Szenariorahmens zum NEP 2012, Az. 8121-12/Szenariorahmen 2011, S. 25.

238 Vgl. Szenariorahmen zum Netzentwicklungsplan 2012, Stand 18.7.2011, S. 3. Zu den Inhalten und zur Konzeption dieses Plans im Einzelnen vgl. *Moser/Linnemann/Kraemer*, et 2012, 52 ff.

239 Vgl. Szenariorahmen zum Netzentwicklungsplan 2013, Stand 17.7.2012, S. 6 ff.

240 *BNetzA*, Genehmigung des Szenariorahmens zum NEP 2012, Az. 8121-12/Szenariorahmen 2011, S. 25.

241 *BNetzA*, Genehmigung des Szenariorahmens zum NEP 2012, Az. 8121-12/Szenariorahmen 2011, S. 26.

ENTSO-E werden alle 34 Länder dieses Netzverbundes bei der Bestimmung der zukünftigen Transportaufgabe auf Basis einer Simulation des zukünftigen Energiemarkts mit einbezogen. Dabei sind für das deutsche Übertragungsnetz besonders die zukünftig grenzüberschreitenden Handelsflüsse relevant, die sich aus den zur Verfügung stehenden Übertragungskapazitäten sowie den installierten Leistungen und Nachfrageentwicklungen in Europa ergeben.[242] Die zukünftigen Investitionsvorhaben auf europäischer Ebene werden im Rahmen des gemeinschaftsweiten Netzentwicklungsplans (Ten Year Network Development Plan) abgebildet.[243]

Die durch die TEN-E-Leitlinien (Entscheidung Nr. 1364/2006/EG) als „Vorhaben von europäischem Interesse" sowie „Vorhaben von gemeinsamem Interesse" im Sinne dieser Leitlinien bestimmten Vorhaben[244] sind durch § 1 Abs. 2 EnLAG verbindlich bedarfsfestgestellt. Insoweit sind sie bei den Szenarien als bereits vorhanden zu berücksichtigen. Den Angaben des Bundesbedarfsplans gem. § 12e EnWG kommt insoweit nur deklaratorische Wirkung zu.[245] 269

d) Regionalisierung

Der Szenariorahmen enthält keine Aussagen zur räumlichen Zuordnung von Ein- und Ausspeiseleistung, sondern enthält lediglich Daten zur Erzeugungsleistung nach Energieträgern und zur Last. Eine **regionale Zuordnung** ist aber Voraussetzung dafür, um feststellen zu können, welche Teile des Netzes im jeweiligen Zieljahr Strom **an welcher Stelle** zum Verbraucher transportieren müssen. Für die Bestimmung der Netzauslastung ist daher eine **Zuordnung von Einspeisungen und Abnahmen auf die regional verteilten einzelnen sog. Netzknoten des Übertragungsnetzes** (ca. 450) erforderlich.[246] Soweit die Standorte der Netzknoten bekannt sind, werden diese berücksichtigt, im Übrigen erfolgt die Zuordnung im Wege der **Modellierung**. Im Rahmen der Regionalisierung werden Aussagen zu bestehender und zuzubauender Erzeugungsleistung getroffen. 270

e) Modellierung der Stromeinspeisung/Marktsimulation

Nach **§ 12b Abs. 1 S. 4 EnWG** haben die Übertragungsnetzbetreiber eine geeignete und für den sachkundigen Dritten nachvollziehbare **Modellierung des deutschen Übertragungsnetzes** zu nutzen. Ebenso wie der Anspruch auf Datenherausgabe nach § 12f EnWG dient diese Anforderung der **Transparenz** der Netzplanung.[247] 271

Ist die regionale Zuordnung auf einzelne Netzknoten des Übertragungsnetzes erfolgt, ist die Einspeisung der Erzeuger in das Stromnetz näher zu bestimmen. Dies erfolgt danach differenziert, ob es sich um **Anlagen** handelt, die gemäß EEG einen **Einspeisevorrang** genießen oder um Anlagen, deren **Einsatz marktgetrieben** erfolgt, die also dann eingesetzt werden, wenn der Strompreis höher als die Produktionskosten des Kraftwerks sind.[248] Auch bei nicht nach dem KWKG geförderten Anlagen kann durch die Wärmeauskopplung eine besondere Berücksichtigung in der Marktmodellierung erforderlich werden, wenn diese Anlagen auch bei hohen Brenn- 272

---

242 Vgl. Szenariorahmen für den Netzentwicklungsplan Strom 2013 – Entwurf vom 17.7.2012, S. 7; online unter http://www.netzausbau.de.
243 Dazu ausführlich oben Rn 160 ff.
244 Die konkreten Vorhaben sind aufgelistet in den Anlagen zur Entscheidung Nr. 1364/2006/EG.
245 Unklar insoweit *de Witt/Durinke/Kause*, Rn 8.
246 *BNetzA*, Genehmigung des Szenariorahmens zum NEP 2012, Az. 8121-12/Szenariorahmen 2011, S. 27; *BNetzA*, Bestätigung Netzentwicklungsplan Strom 2012, 25.11.2012, S. 17.
247 Steinbach/*Heimann*, § 12b EnWG Rn 10.
248 *BNetzA*, Genehmigung des Szenariorahmens zum NEP 2012, Az. 8121-12/Szenariorahmen 2011, S. 27.

stoffpreisen und niedrigen Strompreisen wegen der Wärmeauskopplung laufen müssen oder Renditen erzielen. Die klassischen konventionellen Erzeugungsanlagen werden immer dann Strom in das Netz einspeisen, wenn der Strompreis höher als die Produktionskosten der Kraftwerke ist.

273 Die Modellierung erfolgt über eine sog. **Marktsimulation**, bei der auf Basis historischer Wetterdaten zunächst eine für die jeweiligen Zieljahre zu erwartende Einspeisung aus erneuerbaren Energien bestimmt wird. Die Differenz dieser Menge zur voraussichtlichen Verbrauchslast[249] wird von im Markt befindlichen Kraftwerken gedeckt, deren Einsatz nach der sog. **Merit-Order**, also nach Maßgabe der Produktionskosten erfolgt.[250]

274 Auf dieser Basis lässt sich für jeden Netzknoten ein Wert für die voraussichtliche Einspeise- oder Entnahmeleistung bestimmen. Die relevanten Netznutzungsfälle lassen sich so ermitteln.[251] Auf diese Weise können die Höhe des Transportbedarfs und die dadurch entstehenden Anforderungen an das in zehn Jahren (Zieljahr) benötigte Netz abgeschätzt werden.

f) Bestimmung der Netzbelastung/Netzberechnung

275 Aus dem Zusammenspiel der Einspeisung aus erneuerbaren Energien, der Einspeisung aus konventionellen Kraftwerken und der Verbraucherlast ergibt sich die **Netzbelastung**.[252] Sie wird rechnergestützt auf Basis einer betriebsmittelscharfen Nachbildung des Übertragungsnetzes mit den Einspeisungen und Entnahmen an den einzelnen Netzknoten ermittelt.[253] Hierbei werden stationäre Netzanalysen (Lastflussberechnungen) sowie Stabilitätsuntersuchungen durchgeführt. Die Ausbauplanung beruht einerseits auf den Planungsgrundsätzen der Übertragungsnetzbetreiber[254] und andererseits auf der Startnetztopologie. Die Planungsgrundsätze der Übertragungsnetzbetreiber beinhalten die Erfüllung der (n-1)-Sicherheit, die Erfüllung ausgewählter relevanter (n-2)-Fälle und das Freileitungsmonitoring als Bedingungen für einen sicheren Netzausbau.[255] Das Startnetz, das den Berechnungen des Netzentwicklungsplans zugrunde gelegt wird, besteht aus dem jeweils aktuell vorhandenen Übertragungsnetz und wird ergänzt durch sich bereits in konkreter Planung oder im Bau befindliche Maßnahmen, bei denen der energiewirtschaftliche Bedarf (insbesondere durch das EnLAG oder durch einen Planfeststellungsbescheid) schon festgestellt ist.

276 Im Ergebnis ergibt sich aus der Netzberechnung für jede Leitung eine Strombelastung und für jeden Netzknoten ein Spannungswert. Auf der Grundlage der so ermittelten Netznutzungs-

---

249 Sog. Residuallast.

250 *BNetzA*, Genehmigung des Szenariorahmens zum NEP 2012, Az. 8121-12/Szenariorahmen 2011, S. 27. Entscheidende Rahmenparameter sind demnach beispielsweise die Höhe der Brennstoffkosten, der CO_2-Kosten, der Brennstofftransportkosten oder die Wirkungsgrade der Kraftwerke. Ebenso zu berücksichtigen sind Parameter, die den Kraftwerksbetrieb beeinflussen (z.B. Mindeststillstandszeiten, Mindestlaufzeiten oder eingeschränkte Flexibilitäten).

251 *BNetzA*, Genehmigung des Szenariorahmens zum NEP 2012, Az. 8121-12/Szenariorahmen 2011, S. 27. Die Annahmen der Übertragungsnetzbetreiber im Entwurf zum Szenariorahmen 2011 zu Brennstoff- und CO_2-Preisen sind nicht Gegenstand der Genehmigung des Szenariorahmens gewesen. Dementsprechend wurden diese auch keiner eingehenden Prüfung unterworfen. Die BNetzA schließt jedoch nicht aus, dass künftige Netzentwicklungspläne Brennstoff- und CO_2-Preise als Teil der Genehmigung ausweisen könnten („*wird zu überdenken sein*").

252 *BNetzA*, Genehmigung des Szenariorahmens zum NEP 2012, Az. 8121-12/Szenariorahmen 2011, S. 28.

253 *BNetzA*, Genehmigung des Szenariorahmens zum NEP 2012, Az. 8121-12/Szenariorahmen 2011, S. 28.

254 *50Hertz/Amprion/TenneT/Transnet BW*, Grundsätze für die Planung des deutschen Übertragungsnetzes, Stand März 2012 (aufbauend auf den Regelungen des TransmissionCode 2007 – Netz- und Systemregeln der deutschen Übertragungsnetzbetreiber, VDN (August 2007)).

255 *BNetzA*, Genehmigung des Szenariorahmens zum NEP 2012, Az. 8121-12/Szenariorahmen 2011, S. 28; *BNetzA*, Bestätigung Netzentwicklungsplan Strom 2012, 25.11.2012, S. 18.

fälle zeigen sich die potenziellen Schwachstellen des Netzes, aus denen sich der Netzentwicklungsbedarf ableiten lässt.

g) Bestimmung des Netzentwicklungsbedarfes

Auf Basis der ermittelten Schwachstellen werden Maßnahmen definiert, um die Defizite im Netz zu beseitigen. Die Summe dieser Maßnahmen repräsentieren die Erfordernisse für den bedarfsgerechten Netzausbau, d.h., daraus wird der **Netzentwicklungsbedarf** abgeleitet.[256] Wie aufgezeigt, muss dabei – unter Einbeziehung der Null-Variante – nach dem **NOVA-Prinzip** (Netzoptimierung vor Verstärkung vor Ausbau) verfahren werden. Erst wenn das Verstärkungspotenzial ausgeschöpft ist, sind Netzausbaumaßnahmen im engeren Sinne zulässig, also z.B. der Neubau von Hochspannungstrassen. 277

2. Verfahren

Das **Verfahren zur Erstellung des Szenariorahmens** unterteilt sich in **zwei Abschnitte**: Zunächst obliegt es den Netzbetreibern, den Szenariorahmen auf Basis der von ihnen ermittelten oder von dritter Seite herangezogenen Daten gemeinsam zu entwerfen.[257] Insofern trifft sie eine besondere Kooperationspflicht.[258] Unter Beachtung der Vorgaben aus § 12a Abs. 1 S. 2 EnWG können dabei auch ihre unternehmerischen Investitionsziele berücksichtigt werden. Ist der Entwurf des gemeinsamen Szenariorahmens abgestimmt und fertiggestellt, wird er durch die Übertragungsnetzbetreiber der BNetzA zugeleitet.[259] Mit dieser Zuleitung beginnt der behördliche Teil des Verfahrens. 278

a) Zuständigkeit

Die **Zuständigkeit für** die **Genehmigung des Szenariorahmens** liegt gem. **§ 12a Abs. 3 EnWG** bei der **Regulierungsbehörde**. Grundsätzlich handelt sie gem. § 59 Abs. 1 S. 1 EnWG durch ihre Beschlusskammern, bei Aufgaben im Zusammenhang mit den Vorgaben aus §§ 12a–f EnWG entscheidet jedoch gem. § 59 Abs. 1 S. 2 EnWG abweichend der Präsident der BNetzA. 279

b) Konsultation

Laut **§ 12a Abs. 2 S. 2 EnWG** macht die Regulierungsbehörde den Entwurf des Szenariorahmens zunächst auf ihrer Internetseite **öffentlich bekannt**. Eine andere Form der Bekanntmachung ist gesetzlich nicht vorgesehen. Damit wird unterstellt, dass sämtliche Interessenten über Internetzugang verfügen, was indes nicht der Realität entsprechen wird. **Fristvorgaben** sowohl für den Beginnzeitpunkt als auch für die Dauer der Bekanntmachung **fehlen**.[260] Im Rahmen dieser ersten von insgesamt drei Konsultationen hat die Öffentlichkeit **Gelegenheit zur Äußerung**, einschließlich der tatsächlichen und potenziellen Netznutzer, die nachgelagerten Netzbetreiber 280

---

256 *BNetzA*, Genehmigung des Szenariorahmens zum NEP 2012, Az. 8121-12/Szenariorahmen 2011, S. 28.
257 § 12a Abs. 1 S. 1 EnWG.
258 § 12a Abs. 1 S. 1 EnWG spricht dem Wortlaut nach nur von einem „gemeinsamen“ Plan, was aber notwendig voraussetzt, dass die Netzbetreiber kooperieren.
259 § 12a Abs. 3 S. 1 EnWG.
260 Der für den NEP 2012 entworfene Szenariorahmen wurde am 18.7.2011 bei der BNetzA vorgelegt und einen Monat später auf ihrer Internetseite (http://www.bundesnetzagentur.de) öffentlich bekannt gemacht. Gelegenheit zur Stellungnahme bestand bis zum 29.8.2011, d.h. über einen Zeitraum von einem Monat und zehn Tagen.

sowie die Träger öffentlicher Belange.[261] Sämtliche Stellungnahmen veröffentlicht die BNetzA auf ihrer Internetseite.

281 **Äußerungsberechtigt** ist gem. § 12a Abs. 2 S. 2 EnWG **jedermann**, d.h., es kommt auf eine **besondere Betroffenheit oder Rechtstellung nicht an**. Inhalt und Gegenstand der Äußerungen sind lediglich auf den Szenariorahmen und seine Grundlagen, d.h. die Ermittlung des Bedarfs für den Netzausbau, zu beziehen.

282 Aufgrund fehlender gesetzlicher Fristvorgaben und Regelungen zur Präklusion tritt eine **formelle oder materielle Präklusionswirkung** für Personen, die sich nicht zum Szenariorahmen äußern, nicht ein.

283 Die bisherige Praxis hat gezeigt, dass sich die Äußerungen zum überwiegenden Teil auf die Annahmen des Szenariorahmens bezogen, d.h. auf die unmittelbar für seinen Inhalt relevanten Aspekte,[262] es waren aber auch Einwände mit z.T. politischen Inhalt zu registrieren.[263]

c) Genehmigung

aa) Prüfungsmaßstab

284 Der von den Übertragungsnetzbetreibern erarbeitete Szenariorahmen ist gem. **§ 12b Abs. 3 EnWG** durch die BNetzA unter Berücksichtigung der Ergebnisse der Öffentlichkeitsbeteiligung zu **genehmigen**.

Praxistipp

Die Internetpräsenz der BNetzA ist unter http://www.bundesnetzagentur.de zu erreichen. Sämtliche Vorgänge zur Bedarfsplanung sind unter http://www.netzausbau.de eingestellt. Sitz der BNetzA ist Bonn (Tulpenfeld 4, 53113 Bonn).

---

285 Die **materiellen Genehmigungsvoraussetzungen** ergeben sich aus **§ 12a Abs. 1 S. 2–4 EnWG**. Die mindestens drei Entwicklungspfade (Szenarien) müssen für die nächsten zehn Jahre die Bandbreite wahrscheinlicher Entwicklungen im Rahmen der mittel- und langfristigen energiepolitischen Ziele der Bundesregierung abdecken. Eines der Szenarien muss die wahrscheinliche Entwicklung für die nächsten zwanzig Jahre darstellen. Die zugrunde gelegten Annahmen zu Erzeugung, Versorgung und Verbrauch von Strom müssen angemessen sein, den Austausch mit anderen Ländern zugrunde legen und geplante Investitionsvorhaben der europäischen Netzinfrastruktur berücksichtigen.

286 Die BNetzA ist bei der Genehmigung des Szenariorahmens an diese gesetzlichen Vorgaben gebunden. Vor dem Hintergrund der in den **Genehmigungsvoraussetzungen** verwendeten **unbestimmten Rechtsbegriffe mit prognostischem Inhalt** („Bandbreite wahrscheinlicher Entwicklungen", „mittel- und langfristige Ziele der Bundesregierung", „angemessene Annahmen"), deren Bestimmung eine Vielzahl einzelner Berechnungs- und Bewertungsvorgänge voraussetzt,[264] und der Tatsache, dass die Genehmigung unter Änderungen der BNetzA erfolgen

---

261 An der Konsultation des Szenariorahmens für den NEP 2012 beteiligten sich über 70 Institutionen und Unternehmen, darüber hinaus eine Vielzahl von Privatpersonen. Ein Workshop fand am 6.10.2011 statt. Die Ergebnisse wurden den Übertragungsnetzbetreibern von der BNetzA erläutert, um die im Workshop aufgeworfenen Fragen zu klären. Im Ergebnis wurde der Szenariorahmen durch weitere Informationen und Daten ergänzt.

262 Zu nennen sind hier beispielhaft die Anforderungen an die Ausgestaltung der Szenarien, Einwände zu konkreten Einzelbewertungen aus dem Szenariorahmen sowie Einwände zu den angenommenen Verbrauchs- und Lastannahmen.

263 Zu den verschiedenen Einwänden vgl. die Zusammenfassung der Stellungnahmen in *BNetzA*, Genehmigung des Szenariorahmens zum NEP 2012, Az. 8121-12/Szenariorahmen 2011, S. 9 ff.

264 Vgl. in Bezug auf den ähnlichen Begriff des „Ermittelns" *Martini*, JuS 2012, 126, 129.

kann,[265] ist von einem **Beurteilungsspielraum der BNetzA** im Rahmen der Prüfung der Genehmigungsvoraussetzungen auszugehen.[266] Es handelt sich um einen **planungsähnlichen Gesamtvorgang unter Berücksichtigung prognostischer Elemente**,[267] nicht aber um Rechtsvollzug am Maßstab konditionaler Rechtssätze.

Die Anknüpfung an die „Bandbreite wahrscheinlicher Entwicklungen" und „energiepolitische Ziele" birgt Auslegungs- und Prognosespielräume, die einen **Beurteilungsspielraum** eröffnen. Die zur Anwendung gelangten Eingangsdaten, Annahmen, Methoden und Ergebnisse sind im Rahmen einer **nachvollziehenden Kontrolle überprüfbar**. Soweit die Erarbeitung fachlich und methodisch **vertretbar** ist („Stand der Technik"), d.h., insbesondere auf nachvollziehbaren, transparenten Eingangsdaten beruht und methodisch in sich schlüssig und widerspruchsfrei ist, wird man sie nicht als „falsch" oder „rechtswidrig" bewerten können. Eine Hinzuziehung externer Gutachter kommt – insbesondere zu Fragen der Methodik – in Betracht. 287

Der bestehende Beurteilungsspielraum muss im Rahmen einer etwaigen **gerichtlichen Überprüfung** berücksichtigt werden, bei dem der genehmigte Szenariorahmen und seine Inhalte entscheidungserheblich sind. Der Gesetzgeber hat sich in den §§ 12a ff. EnWG für ein differenziertes, gestuftes Konzept zur Ermittlung des Netzentwicklungsbedarfs entschieden. Zur Bewältigung dieser komplexen Aufgabe hat er den prozeduralen Rahmen für einen iterativen, wiederkehrenden Planungsprozess zwischen Netzplanern und Fachbehörde – unter Berücksichtigung der Ergebnisse der Öffentlichkeitsbeteiligung – bestimmt, nicht aber selbst für den Einzelfall maßgebende inhaltliche Festlegungen getroffen, aus denen ganz konkrete Ergebnisse für einen bestimmten Netzausbaubedarf zu einem definierten Zeitpunkt ableitbar sind. Dies verbietet sich angesichts der Komplexität eines Übertragungsnetzes und der Dynamik äußerer Faktoren, die seine zukünftige Entwicklung maßgebend beeinflussen. Dementsprechend hat sich die **gerichtliche Kontrolle** dieses prognostischen Planungsprozesses und seiner Feststellungen auf eine **nachvollziehende Prüfung** zu **beschränken**, die die Einschätzungsprärogative der Planer und die der BNetzA wahrt und sich nicht an deren Stelle setzt. 288

Die gerichtliche Kontrolle ist daher begrenzt auf die Frage der **fehlerfreien Ermittlung der Tatsachengrundlagen**, die **Vertretbarkeit angewendeter Methoden**, das **Verfahren** und die **Plausibilität des Ergebnisses**.[268] 289

In ihrer Genehmigung des Szenariorahmens für den Netzentwicklungsplan 2012 vom 20.12. 2011 hat sich die BNetzA ausführlich mit den Einzelnen für die Erstellung des Szenariorahmens erforderlichen Schritten und den Genehmigungsvoraussetzungen unter Einbeziehung der in der Konsultation mit der Öffentlichkeit vorgetragenen Aspekte auseinandergesetzt. Im Ergebnis hat sie den von den vier Übertragungsnetzbetreibern am 18.7.2011 gemeinsam erarbeiteten und ihr zur Genehmigung vorgelegten Szenariorahmen genehmigt, dabei allerdings einige **Nebenbestimmungen** verfügt. Dazu gehört u.a. die Verpflichtung der Übertragungsnetzbetreiber, spezifische Werte in Bezug auf das dem Szenariorahmen zugrundeliegende Marktmodell zu benennen.[269] 290

---

265 Nach § 12a Abs. 3 EnWG hat sie insbesondere die Ergebnisse der Öffentlichkeitsbeteiligung zu berücksichtigen, aber auch Nebenbestimmungen gem. § 36 VwVfG sind denkbar, vgl. Steinbach/*Heimann*, § 12a EnWG Rn 35 f.

266 Insoweit kommen die Grundsätze zur Anwendung, wie sie das BVerwG in st. Rspr. zum Planungsrecht entwickelt hat und anwendet, vgl. grundlegend BVerwG, Urt. v. 5.7.1974 – IV C 50/72 – NJW 1975, 70; zuletzt BVerwG, Urt. v. 29.4.2010 – 4 CN 3/08 – NVwZ 2010, 1430.

267 Vgl. allgemein für das Planungsrecht *Hoppe/Schlarmann/Buchner/Deutsch*, Rn 1001.

268 Das gilt auch sonst im Zusammenhang mit planungsrechtlichen Vorgängen, vgl. *Hoppe/Schlarmann/Buchner/Deutsch*, Rn 985 ff.

269 Dazu gehören Werte in Bezug auf die Bestimmung der Netzbelastung, Angaben zum Anteil der unterstellten Kraft-Wärme-Kopplungsanlagen bei Sensitivitätsbetrachtungen sowie in Bezug auf Annahmen für den voraussichtlichen Primärenergieeinsatz und voraussichtliche Treibhausgasemissionsmengen, um die wahrscheinliche Stromerzeugungsmenge zu benennen.

291 Die vier Übertragungsnetzbetreiber haben in ihrem Entwurf des Szenariorahmens für den Netzentwicklungsplan 2013[270] die von der BNetzA in ihrer Genehmigung des Szenariorahmens vom 20.12.2011 akzeptierte Methodik beibehalten. Es konnten aber weitere Verbesserungen erreicht werden, da auf eine bessere Datenbasis, besonders für den Bereich der konventionellen Kraftwerke zurückgegriffen werden konnte. Zudem sind die Erfahrungen aus dem erstmaligen Entwicklungsprozess eingeflossen. Auch die große Anzahl dezentraler Kraft-Wärme-Kopplungsanlagen mit geringer Leistung konnten nunmehr erfasst werden.[271]

bb) Form

292 Die eigentliche Genehmigung des Szenariorahmens durch die BNetzA ergeht gem. **§ 12a Abs. 3 EnWG** als **Verwaltungsakt i.S.v. § 35 S. 1 VwVfG** gegenüber den beteiligten Übertragungsnetzbetreibern. Vor Erteilung der Genehmigung sind die Übertragungsnetzbetreiber gem. § 67 Abs. 1 EnWG anzuhören.[272]

293 Neben dem Haupttenor, der sich auf die Genehmigung des in Szenarien gegliederten Szenariorahmens mit detaillierten Angaben zu den einzelnen Szenarien verhält, können auch einschränkende Nebenbestimmungen, z.B. in Form von Auflagen erlassen werden.[273] Auf diese Art und Weise können u.a. die Ergebnisse der Öffentlichkeitsbeteiligung in die Genehmigung einfließen.[274]

294 In seinem begründenden Teil ist im Genehmigungsbescheid im Einzelnen darzulegen, dass und warum die Tatbestandsvoraussetzungen gem. § 12a Abs. 1 S. 2, 3 und 4 EnWG erfüllt sind.

295 Schließlich ist die Genehmigung des Szenariorahmens durch die BNetzA mit einer Rechtsmittelbelehrung zu versehen und den Übertragungsnetzbetreibern zuzustellen.

3. Rechtswirkungen

296 Der von der Regulierungsbehörde genehmigte Szenariorahmen ist **die Grundlage des Netzentwicklungsplans[275] und des Offshore-Netzentwicklungsplans.**[276] Mit Eintritt der Bestandskraft der Genehmigung des Szenariorahmens wird das **Entwicklungsgebot** der Übertragungsnetzbetreiber für den Netzentwicklungsplan und den Offshore-Netzentwicklungsplan **ausgelöst**. Das ist neben der **Feststellung** des geprüften Szenariorahmens die wesentliche **Rechtswirkung** der

270 Szenariorahmen für den Netzentwicklungsplan Strom 2013, Entwurf vom 17.7.2012, online unter http://www.netzausbau.de.

271 In allen drei Szenarien für den NEP 2013 zeigt sich in der Tendenz ein Rückgang der installierten Leistung konventioneller Kraftwerke. Zugleich werden die hohen Zuwachsraten für Photovoltaik in Höhe von 7,1 GW bis 2023 und ein moderater Zuwachs für Wind (Land) von 2,0 GW berücksichtigt. Trotz der im EEG definierten Fördergrenze von 52 GW bei Photovoltaikanlagen gehen die Übertragungsbetreiber davon aus, dass derartige Anlagen aufgrund von sinkenden Herstellungspreisen auch über diese Fördergrenze hinaus zugebaut werden.

272 A.A. Steinbach/*Heimann*, § 12a EnWG Rn 34, der auf § 28 VwVfG abstellt. Den Übertragungsnetzbetreibern hat die BNetzA mit Schreiben vom 29.11.2011 Gelegenheit zur Stellungnahme zur beabsichtigten Genehmigung bis zum 3.12.2011 gegeben, die sie am 2.12.2011 in einer gemeinsamen Stellungnahme genutzt haben. Darin begrüßen sie ausdrücklich den Konsultationsprozess der BNetzA, vgl. *BNetzA*, Genehmigung des Szenariorahmens zum NEP 2012, Az. 8121-12/Szenariorahmen 2011, S. 24.

273 In Betracht kommen z.B. Auflagen, mit denen zur Durchführung von Sensitivitätsbetrachtungen verpflichtet wird, vgl. *BNetzA*, Genehmigung des Szenariorahmens zum NEP 2012, Az. 8121-12/Szenariorahmen 2011, S. 84 ff.

274 Bezüglich des Szenariorahmens für den NEP 2012 bezogen sich die einschränkenden Nebenbestimmungen darauf, die Übertragungsnetzbetreiber zu verpflichten, zu einzelnen Werten, die bei der Bestimmung der Szenarien maßgebend waren, Angaben zu Herleitungen, Methodik und Datenquellen zu machen sowie weitere errechnete oder geschätzte Werte, die im Rahmen der Szenarienerstellung maßgebend waren, zu veröffentlichen.

275 Vgl. § 12a Abs. 1 S. 1 EnWG.

276 Vgl. § 12b Abs. 1 S. 1 EnWG.

Genehmigung des Szenariorahmens.[277] Durch die Genehmigung der Regulierungsbehörde erfährt der Szenariorahmen seine **Rechtsverbindlichkeit**. Sie wird ausschließlich gegenüber den Übertragungsnetzbetreibern erteilt.

4. Rechtsschutz

Die Genehmigung des Szenariorahmens gegenüber den Übertragungsnetzbetreibern erfolgt durch die BNetzA als Verwaltungsakt i.S.d. § 35 S. 1 VwVfG.[278] 297

Nach § 75 Abs. 1 EnWG ist dagegen das Recht der **Beschwerde zum Oberlandesgericht** eröffnet. Erstinstanzlich zuständig ist gem. § 75 EnWG das OLG Düsseldorf. Das Rechtsmittel der Beschwerde hat keine aufschiebende Wirkung (§ 76 Abs. 1 EnWG). 298

Beschwerdebefugt sind gem. § 66 Abs. 2 EnWG die am Verfahren Beteiligten. Auf eigene Rechte – i.S.v. § 42 Abs. 2 VwGO – kommt es hier nicht an. Allerdings wird einschränkend ein besonderes Rechtsschutzbedürfnis in Form einer formellen Beschwer gefordert, um den großen Kreis der danach potenziell Beschwerdebefugten sinnvoll einzugrenzen.[279] Diese Beschwer ist gegeben, wenn die Entscheidung vom Antrag oder dem mit dem Verfahren verfolgten Ziel zurückbleibt.[280] 299

Als Adressaten der Genehmigung sind die Übertragungsnetzbetreiber beschwerdebefugt. Im Übrigen wird bei der Beurteilung der Beschwerdebefugnis von am Verfahren Beteiligter oder zu Unrecht nicht Beteiligter zu berücksichtigen sein, dass sich der Szenariorahmen nicht auf die Zulässigkeit eines bestimmten Projekts oder einer konkreten Einzelmaßnahme bezieht. Aufgrund seines hohen Abstraktionsgrads kann er konkrete Rechtspositionen Dritter unmittelbar nicht betreffen.[281] Die Genehmigung betrifft eine erforderliche, aber noch sehr allgemeine Vorstufe zur weiteren Planung des energiewirtschaftlichen Netzentwicklungsbedarfs in der Bundesrepublik Deutschland.[282] 300

II. Netzentwicklungsplan und Offshore-Netzentwicklungsplan

1. Inhalt und Anforderungen

Netzentwicklungsplan und Offshore-Netzentwicklungsplan sind energiewirtschaftliche Bedarfspläne.[283] Es wird der Netzentwicklungsbedarf an Land und auf See unter energiewirtschaftlichen Gesichtspunkten dargelegt und begründet. Mit seiner Bestätigung durch die Regulierungsbehörde erfährt der jeweilige Plan Verbindlichkeit gegenüber den Übertragungsnetzbetreibern und konkretisiert deren Ausbaupflichten; diese Regulierungsentscheidung hat indes keine rechtliche Bindungswirkung für die Zulassung der einzelnen Netzentwicklungsvorhaben. Gleichwohl ist der Netzentwicklungsplan nach seiner Bestätigung zugleich Grundlage auch für die weitere Entscheidungsstufe, den Bundesbedarfsplan, der einen planungsrechtlichen Charakter aufweist. Insoweit kann man in Bezug auf Netzentwicklungsplan/Offshore-Netzentwicklungsplan von einem **Instrument mit einer Doppelfunktion** sprechen, einerseits mit regulierungsrechtlichem Inhalt, andererseits mit planungsrechtlicher Funktion.[284] 301

---

277 Vgl. *de Witt/Durinke/Kause*, Rn 11.
278 Zum Rechtsschutz vgl. im Einzelnen, Kap. 13 Rn 10 ff.
279 Britz/Hellermann/Hermes/*Hanebeck*, § 75 Rn 6.
280 BK-EnR/*Stockmann*, § 75 EnWG Rn 8.
281 Steinbach/*Heimann*, § 12a EnWG Rn 39.
282 Die Genehmigung des Szenariorahmens kann auch nicht einem bestimmten Vorhabensträger bereits als Teil einer späteren Vorhabensgenehmigung zugerechnet werden.
283 *Appel*, UPR 2011, 406, 412 spricht von einem Investitionsrahmenplan.
284 *Franke*, in: FS Salje, S. 121, 128.

Praxistipp
Die von den Übertragungsnetzbetreibern erarbeiteten Dokumente und Vorgänge im Rahmen der Netzentwicklungsplanung sind im Internet auf der von ihnen gemeinsam unterhaltenen Seite unter http://www.netzentwicklungsplan.de veröffentlicht.

a) Netzentwicklungsplan

aa) Inhalt

302 **Inhalt** des gemeinsamen nationalen Netzentwicklungsplans sind gem. § 12b EnWG alle **wirksamen Maßnahmen** zur bedarfsgerechten **Optimierung**, **Verstärkung** und zum **Ausbau** des Netzes, die in den nächsten **zehn Jahren** für einen **sicheren und zuverlässigen Netzbetrieb** erforderlich sind.[285] Darüber hinaus enthält er weitere Angaben, insbesondere welche der benannten Netzausbaumaßnahmen in den nächsten **drei Jahren ab Bestätigung** des Netzentwicklungsplans durch die BNetzA für einen sicheren und zuverlässigen Netzbetrieb erforderlich sind.[286]

303 Er enthält ferner einen **Zeitplan** für sämtliche Maßnahmen,[287] Angaben zur zu verwendenden **Übertragungstechnologie** und geeigneten **Pilotprojekten** für eine verlustarme Übertragung (HGÜ-Technologie) und für den Einsatz von Hochtemperaturleiterseilen (HTLS-Technologie).

304 Als **Netzentwicklungsmaßnahmen**, die Gegenstand des Netzentwicklungsplans sind, können neben den Leitungen auch **weitere Betriebseinrichtungen und Nebenanlagen** verstanden werden.[288] Ihre Aufnahme in den Plan bedeutet indes keine Entscheidung über ihren konkreten Standort.[289] Auch wenn es sich aufgrund der vorgesehenen Übertragungstechnik um zwingend erforderliche Nebenanlagen handelt (z.B. Konverterstationen für HGÜ-Leitungen, um Gleichstrom in Wechselstrom umzuwandeln), wird über ihren konkreten Standort erst in den der Bedarfsfeststellung nachfolgenden Zulassungsverfahren entschieden.[290]

305 Der Netzentwicklungsplan bildet ein mögliches **zukünftiges Netz** ab, das bei den vorausgesetzten Anforderungen und Prämissen den benötigten Übertragungsbedarf sicherstellt. Er bestimmt aber nicht konkrete Trassenverläufe oder Standorte für Betriebseinrichtungen und Nebenanlagen, sondern dokumentiert allein den notwendigen Übertragungsbedarf zwischen technisch definierten Netzknoten (Anfangs- und Endpunkte der Leitungsverbindungen).[291]

306 Der Netzentwicklungsplan kann auch Netzanschlüsse für geplante Großkraftwerke und Windparks, für Speicher oder Großabnehmer abbilden und damit frühzeitig aufzeigen, inwieweit energiewirtschaftliche Gründe bestimmte Netzausbauvorhaben in einem bestimmten Bereich erfordern. Auf diese Art und Weise gibt der Plan wichtige Informationen kund, die eine

285 Vgl. § 12b Abs. 1 S. 2 EnWG.
286 Vgl. § 12b Abs. 1 S. 3 Nr. 1 EnWG.
287 Vgl. § 12b Abs. 1 S. 3 Nr. 2 EnWG.
288 *Antweiler*, ZNER 2012, 586, 587.
289 Unzutreffend *Antweiler*, ZNER 2012, 586, 587, der aus dem – zutreffend – weit verstandenen Begriff der „Netzausbaumaßnahme" fälschlich ableitet, dass dann schon auf der Stufe des Netzentwicklungsplans auch über den Standort aller Betriebseinrichtungen und Nebenanlagen bestimmt werden müsse. Das steht im Widerspruch zur Konzeption des nach dem Gesetz gestuften Planungsprozesses, wonach über den konkreten Standort von Anlagen und Einrichtungen (z.B. Konverterstationen für HGÜ-Leitungen) weder im Netzentwicklungsplan noch im Bundesbedarfsplan, sondern erst in den nachfolgenden Planungs- und Genehmigungsverfahren entschieden wird.
290 So ausdrücklich auch die Gesetzesbegründung zu § 1 BBPlG, BR-Drucks. 819/12, S. 16.
291 So auch Steinbach/*Heimann*, § 12b EnWG Rn 6.

Abwägung bei der Bestimmung der Trassenkorridore im Rahmen der späteren Bundesfachplanung erleichtern können.[292]

Die Netzentwicklungspläne müssen bestimmten materiellen Anforderungen entsprechen, um das **Ziel** der Netzentwicklungsplanung erreichen zu können. Über die dargestellten Schritte der Regionalisierung, Marktsimulation und Bestimmung der Netzbelastung[293] geht es um die Ermittlung der Ergebnismaßnahmen, d.h. um die Feststellung des **konkreten Netzentwicklungsbedarfs**. 307

Maßgebend für die Planung sind die von den Übertragungsnetzbetreibern gemeinsam erarbeiteten, auf langjährigen praktischen Erfahrungen beim Netzausbau beruhenden technischen **Planungsgrundsätze.**[294] Dabei handelt es sich zwar um kein gesetzlich bestimmtes oder hoheitlich autorisiertes Regelwerk,[295] gleichwohl dürfte den darin enthaltenden Aussagen und Grundsätzen normative Kraft zukommen. Dieses Regelwerk enthält die in der Fachwelt allgemein anerkannten technischen Planungsgrundsätze, die den „Stand der Technik" bei der Netzplanung repräsentieren. Als durch das EnWG zur Stromnetzplanung ausdrücklich gemeinsam Verpflichtete haben die Übertragungsnetzbetreiber diese Planungsgrundsätze im Rahmen der ihnen dadurch zugewiesenen Normungsautonomie erstellt. Inhaltlich bauen sie auf bereits langjährig verwendeten, in der Praxis bewährten technischen Richtlinien auf.[296] 308

Zu den wichtigsten Planungsgrundsätzen gehören danach u.a. die Anwendung des NOVA-Prinzips (bb), die Berücksichtigung des (n-1)-Kriteriums (cc) und die Beachtung weiterer technischer Maßgaben (dd). 309

Praxistipp
50Hertz, Amprion, TenneT und TransnetBW haben die von ihnen verwendeten Planungsgrundsätze für die mittel- bis langfristige Netzplanung online verfügbar gemacht unter: http://www.50hertz.com/de/file/2012.03.30_ Planungsgrundsaetze.pdf.

---

bb) NOVA-Prinzip

Das sog. **NOVA-Prinzip** (Netz-Optimierung vor Verstärkung vor Ausbau) bedeutet, dass zunächst versucht wird, den Netzbetrieb in sich zu optimieren, bevor Netzverstärkungsmaßnahmen überlegt werden oder gar ein Ausbau erwogen wird. Optimierungsmaßnahmen können durch die Regelung des Lastflusses mittels Querreglern oder die Nutzung der Netzreserven durch Einsatz eines Leitungsmonitorings erfolgen. Auch durch zusätzliche Kühlungsmaßnahmen können sich erhöhte Nutzungspotenziale von Leiterseilen ergeben.[297] Insoweit handelt es sich um Maßnahmen, die durch eine veränderte Betriebsführung ohne Veränderung des Netzes erfolgen können. 310

---

292 Vgl. BMU-Studie „Ökologische Auswirkungen von 380-kV-Erdleitungen und HGÜ-Erdleitungen" (1.10.2009–31.12.2011), Bd. 4: Bericht der Arbeitsgruppe Recht, S. 63, abrufbar unter: http://www.efzn.de/index.php?id=238&no_cache=1&tx_wiwiprojekte_pi4[showUid]=80.

293 Vgl. oben Rn 270 ff.

294 *50Hertz/Amprion/TenneT/Transnet BW*, Grundsätze für die Planung des deutschen Übertragungsnetzes, Stand März 2012.

295 Die BNetzA hat die Verwendung zwar im Vorhinein nicht besonders „genehmigt", in ihrer Bestätigung zum Netzentwicklungsplan Strom 2012 aber unmissverständlich festgestellt, dass *„die Übertragungsnetzbetreiber richtigerweise ihre Planung entsprechend den vorgenannten Planungsgrundsätzen ausgerichtet"* haben, vgl. *BNetzA*, Bestätigung Netzentwicklungsplan Strom 2012, 25.11.2012, S. 102.

296 Die „Grundsätze für die Planung des deutschen Übertragungsnetzes" basieren auf den Regelungen des TransmissionCode 2007 – Netz- und Systemregeln der deutschen Übertragungsnetzbetreiber, VDN (August 2007).

297 Die Nutzung eines Leiterseils wird unter Normwitterungsbedingungen, z.B. 35 °C, definiert. Bei zusätzlichen Kühlungseffekten – beispielsweise durch Wind – können die Leiterseile eine höhere Belastbarkeit aufweisen.

311 Erst wenn die Optimierung der Netze nicht ausreicht, kommen Verstärkungsmaßnahmen in Betracht. Hier sind neben dem Austausch (z.B. durch Hochtemperaturleiterseile) oder der Zubeseilung auf vorhandenem Gestänge auch die Erneuerung von Schaltanlagen oder der Austausch von Geräten denkbar. Diese Maßnahmen dienen der Erhöhung der Übertragungskapazität von Stromkreisen bei Nutzung bestehender Trassen. Falls weder eine Verstärkung noch eine Optimierung ausreicht, ist ein Neubau von Leitungen durchzuführen. Zu den Ausbaumaßnahmen gehört der Zubau von 380 kV-Leitungen, die Errichtung von zusätzlichen Schaltanlagen oder eines HGÜ[298]-Overlay-Netzes.

312 Für den Fall, dass Verstärkungen oder Ausbau unumgänglich sind, ist anzugeben, von welchen Anfangspunkten die neuen Leitungen zu welchen Endpunkten führen sollen.[299]

cc) (n-1)-Kriterium

313 Das **(n-1)-Kriterium** stellt einen Maßstab für die Bestimmung der **Netzsicherheit** dar. Es besagt, dass in einem Netz bei prognostizierten maximalen Übertragungs- und Versorgungsaufgaben die Netzsicherheit auch dann gewährleistet bleibt, wenn eine Komponente, etwa ein Transformator oder ein Stromkreis, ausfällt oder abgeschaltet wird. Das bedeutet, es darf in diesem Fall nicht zu unzulässigen **Versorgungsunterbrechungen** oder einer **Ausweitung der Störung** kommen. Außerdem muss die Spannung innerhalb der zulässigen Grenzen bleiben und die verbleibenden Betriebsmittel dürfen nicht überlastet werden. In besonders empfindlichen Bereichen des Übertragungsnetzes wird sogar ein über das (n-1)-Kriterium hinausgehender Maßstab angelegt, etwa, wenn besonders sensible Kunden, wie Werke der Chemie- oder Stahlindustrie, versorgt werden oder wenn ein Ausfall eine großflächigere Störung oder eine Gefahrensituation nach sich ziehen würde. Hier wird das Netz so ausgelegt, dass auch bei betriebsbedingter Abschaltung eines Elements und zeitgleichem Ausfall eines weiteren ((n-2)-Fall) die Netzsicherheit gewährleistet bleibt.

dd) Weitere inhaltliche Maßgaben

314 Bei der Netzplanung ist weiterhin zu berücksichtigen, dass sie nicht vollständig neu beginnt, sondern auf dem jeweils aktuellen Übertragungsnetz aufsetzt (sog. **Ist-Netz**). Bereits laufende oder konkret absehbare Ausbau- und Verstärkungsmaßnahmen,[300] für die der Planfeststellungsbeschluss vorliegt oder deren Verwirklichung aufgrund der Vorgaben im EnLAG feststehen, werden im Rahmen des Startnetzes berücksichtigt, was sich entsprechend auf den Planinhalt auswirkt.

315 Anforderungen an den Inhalt des Netzentwicklungsplans ergeben sich auch in Bezug auf die Angaben zur **Übertragungstechnologie**. Laut § 12b Abs. 1 S. 3 Nr. 3 EnWG sind neben den Pilotprojekten für HGÜ-Technik und für Hochtemperaturleiterseile[301] gem. Nr. 5 auch Angaben

298 Hochspannungs-Gleichstrom-Übertragungstechnik dient der Energieübertragung mittels Gleichstrom über weite Entfernungen. Dies sind Entfernungen von rund 750 km aufwärts. HGÜ-Technik weist ab bestimmten Entfernungen trotz der zusätzlichen Konverterverluste in Summe geringere Übertragungsverluste als die herkömmliche Übertragung mit Dreiphasenwechselstrom auf.

299 Dabei geht es nicht um die Bestimmung eines spezifischen Trassenverlaufs, sondern eben nur um die Bestimmung von deren möglichen Anfangs- und Endpunkten.

300 Nicht ausreichend dafür ist indes die Beantragung einer Investitionsmaßnahme nach § 23 ARegV, so auch Steinbach/*Heimann*, § 12b EnWG Rn 8.

301 Hochtemperaturleiterseile haben einen Karbonkern, einen sog. Kohlefaserverbundkern. Dadurch wird die Übertragungsleistung gegenüber herkömmlichen Leiterseilen erhöht. Sie können Betriebstemperaturen bis zu 175 °C aushalten und damit deutlich mehr Strom aufnehmen als herkömmliche Leiterseile.

zur Verwendung der in Betracht kommenden Übertragungstechnologien für die einzelnen ermittelten Netzausbaumaßnahmen erforderlich.[302]

Bei den Übertragungstechnologien[303] kann u.a. differenziert werden zwischen konventionellen 380 kV-Drehstromfreileitungen, Drehstromfreileitungen mit höheren Spannungen, erdverlegten 380 kV-Drehstromkabeln, Hochspannungsgleichstromübertragung auf Basis von Freileitungen (HGÜ), erdverlegten HGÜ-Kabeln, Gasisolierten Leitern (GIL) und Hochtemperaturleiterseilen (HTLS). 316

Die Regelung in **§§ 12b Abs. 1 S. 3 Nr. 3 EnWG lit. a) und lit. b) EnWG** (zu Angaben für Pilotprojekte in HGÜ- und HTLS-Technik) bezieht sich nach Wortlaut und Systematik ausdrücklich auf den **Inhalt des Netzentwicklungsplans** und nicht auf den des Bundesbedarfsplans. Während sich im Netzentwicklungsplan Angaben sowohl zur zu verwendenden Übertragungstechnik als auch zu den Pilotprojekten für HGÜ- und HTLS-Technik finden müssen, sieht der Bundesbedarfsplan in § 12e Abs. 3 S. 1 EnWG eine Festlegung ausdrücklich nur für Erdkabel, und zwar zukünftig für *„zwei Pilotprojekte"* vor.[304] Das kann aber nicht die Annahme begründen, dass die Angaben zur Übertragungstechnik im Netzentwicklungsplan im Übrigen im Fall der Übernahme in den Bundesbedarfsplan nicht mit Gesetzeskraft versehen werden.[305] Da der Bundesbedarfsplan auf dem Inhalt des Netzentwicklungsplans beruht, kann er neben den ausdrücklich in § 12e Abs. 3 S. 1 EnWG genannten Angaben zu HGÜ-Erdkabelmaßnahmen[306] auch andere Feststellungen zur Ausführungstechnik enthalten. 317

Für die Planungspraxis ist maßgebend, dass die verbindliche Entscheidung über die Art und Weise der technischen Ausführung nicht im Rahmen der Netzentwicklungsplanung und der Bedarfsfeststellung durch Gesetz erfolgt, sondern erst im Rahmen des nachfolgenden Zulassungsverfahrens.[307] 318

---

302 Vgl. § 12b Abs. 1 S. 3 Nr. 3 lit. a) und b) EnWG.

303 Vgl. dazu die systematische und instruktive Darstellung der *dena*, Übersicht Stromübertragungstechnologien auf der Höchstspannungsebene, Stand 19.6.2012, abrufbar unter: http://www.effiziente-energiesysteme.de.

304 § 12e Abs. 3 S. 1 EnWG wurde durch Art. 2 des Zweiten Gesetzes über Maßnahmen zur Beschleunigung des Netzausbaus Elektrizitätsnetze geändert (zur Begründung vgl. BR-Drucks. 819/12, S. 31). Bislang hat § 12e Abs. 3 S. 1 EnWG a.F. nur *„ein einzelnes Pilotprojekt"* für die Erdverkabelung vorgesehen.

305 A.A. offensichtlich BMU-Studie „Ökologische Auswirkungen von 380-kV-Erdleitungen und HGÜ-Erdleitungen" (1.10.2009–31.12.2011), Bd. 4: Bericht der Arbeitsgruppe Recht, S. 66, abrufbar unter: http://www.efzn.de/index.php?id=238&no_cache=1&tx_wiwiprojekte_pi4[showUid]=80.

306 Der Wortlaut in § 12b Abs. 1 S. 3 Nr. 3 lit. a) erwähnt die Erdkabeloption für HGÜ-Leitungen dem Wortlaut nach nicht. Dagegen spricht § 12e Abs. 3 S. 1 EnWG ausdrücklich von *„kann"* im Hinblick auf die Ausführung als Erdkabel, d.h., die endgültige Entscheidung fällt erst im Zulassungsverfahren. Bei den als mögliche Erdkabel-Pilotprojekte vorgesehenen Vorhaben handelt es sich um die Vorhaben Höchstspannungsleitung Wilster-Grafenrheinfeld und Höchstspannungsleitung Oberzier-Bundesgrenze.

307 So auch Steinbach/*Heimann*, § 12b EnWG Rn 26. In Bezug auf den Einsatz von Hochtemperaturleiterseilen bestimmt § 2 Abs. 3 BBPlG, dass die insoweit in der Anlage zu § 1 Abs. 1 des BBPlG mit Buchstaben D gekennzeichneten Vorhaben unter Einsatz von Hochtemperaturleiterseilen zu errichten und zu betreiben *sind*. Hier wird also – unter Verweis auf die bereits im Rahmen der Netzentwicklungsplanung erfolgte Prüfung – zur Art und Weise der Ausführung eine konkrete Festlegung getroffen. Weitere HTLS-Vorhaben *können* gem. § 2 Abs. 3 S. 2 BBPlG von der für die Zulassung des Vorhabens zuständigen Behörde genehmigt werden, wenn dies *„technisch und wirtschaftlich effizient ist."* Insoweit weicht die Regelung in § 2 Abs. 3 BBPlG zum Einsatz von HTLS-Technik von § 12b Abs. 1 S. 3 Nr. 3 lit. b) EnWG ab, denn dort ist ausdrücklich – und im Unterschied zu lit. a) – im Singular von einem Pilotprojekt für HTLS-Technik die Rede. Insoweit wird der Anwendungsbereich für den Einsatz von HTLS-Technik durch § 2 Abs. 3 BBPlG erweitert. Für die Möglichkeit der deutschlandweiten Vollverkabelung im Bereich der NABEG-Vorhaben hat sich der Bundesrat ausgesprochen. In seiner Stellungnahme vom 1.2.2013 zum Entwurf des BBPlG (BR-Drucks. 819/12, S. 6) wird eine Aufhebung der Beschränkung und eine weitergehende Ermöglichung von Erdkabeltechnik gefordert (Ersetzung der in der Gesetzesinitiative vorgesehenen „zwei Pilotprojekte" in § 12e Abs. 3 S. 1 EnWG durch das Wort „Pilotprojekte"). Der Bundestag hat sich mit Beschl. v. 25.4.2013 jedoch dem Gesetzentwurf

319 **Weitere inhaltliche Vorgaben** können sich für den Netzentwicklungsplan aus dem gem. § 12b Abs. 1 S. 5 EnWG zu berücksichtigenden **gemeinschaftsweiten Netzentwicklungsplan**[308] nach Art. 8 Abs. 3 der VO (EG) Nr. 714/2009 ergeben.

320 Die Vorgaben des **gemeinschaftsweiten Netzentwicklungsplans** sind im Rahmen der relevanten Planungsschritte, d.h. bereits bei den Eingangsdaten für das Marktmodel, der Marktsimulation und den Feststellungen zum Ergebnisnetz, einzubeziehen.[309]

321 Da die Gesetzesformulierung lediglich ein „Berücksichtigen" vorsieht, kann der nationale Netzentwicklungsplan vom gemeinschaftsweiten Plan auch abweichen. Eine solche Abweichung kann sogar geboten sein, wenn sich seit dem letzten gemeinschaftsweiten Netzentwicklungsplan grundlegende Annahmen wesentlich geändert haben.[310]

322 Bestehen später aufseiten der Behörde Zweifel, ob der nationale Netzentwicklungsplan mit dem gemeinschaftsweiten Netzentwicklungsplan in Einklang steht, kann die Regulierungsbehörde im Rahmen ihrer Prüfung, d.h. vor der Bestätigung des Netzentwicklungsplans, die europäische Agentur für die Zusammenarbeit der Energieregulierungsbehörden (ACER) konsultieren.[311] Dieser stehen im Hinblick auf den nationalen Plan indes keine Eingriffs- oder Änderungsbefugnisse zu. Sie kann lediglich Empfehlungen aussprechen.[312]

323 Schließlich muss der Netzentwicklungsplan den **Stand der Umsetzung** des vorhergehenden Netzentwicklungsplans und **im Falle von Verzögerungen** die dafür **maßgeblichen Gründe** angeben.

324 Der im August 2012 von den Übertragungsnetzbetreibern der BNetzA erstmals zur Bestätigung vorgelegte Entwurf des Netzentwicklungsplans Strom 2012[313] weist noch keine Aussagen zum Stand der Umsetzung auf. Er schließt mit dem Fazit, dass Netzoptimierungs- und -verstärkungsmaßnahmen gegenüber Ausbaumaßnahmen priorisiert und die Integration erneuerbarer Energien ebenso wie die Entwicklung des europäischen Strommarkts unter den festgesetzten energiewirtschaftlichen Rahmenbedingungen berücksichtigt wurden.

b) Offshore-Netzentwicklungsplan

325 Der **Offshore-Netzentwicklungsplan** der Übertragungsnetzbetreiber bezieht sich gem. § 17b Abs. 1 S. 1 EnWG **räumlich** auf die AWZ[314] der BRD und das Küstenmeer bis einschließlich der Netzanknüpfungspunkte an Land.

326 **Gegenständlich** enthält er alle wirksamen Maßnahmen zur bedarfsgerechten Optimierung, Verstärkung und zum Ausbau der Offshore-Anbindungsanleitungen, die für einen schrittweisen,

der Bundesregierung (BT-Drucks. 17/12638 v. 6.3.2013 und 17/13258 v. 24.4.2013) angeschlossen, sodass § 12e Abs. 3 S. 1 EnWG von „zwei Pilotprojekten" spricht.

308 Vgl. zu den Inhalten im Einzelnen ausführlich oben Rn 160 ff.

309 § 12b Abs. 1 S. 5 EnWG.

310 Steinbach/*Heimann*, § 12b EnWG Rn 29.

311 Vgl. § 12c Abs. 1 S. 4 EnWG.

312 Vgl. dazu im Einzelnen oben Rn 114.

313 2. überarbeiteter Entwurf der Übertragungsnetzbetreiber vom 15.8.2012, abrufbar unter: http://www.netz-entwicklungsplan.de. Nach Auffassung der Übertragungsnetzbetreiber besteht erheblicher Entwicklungsbedarf, vor allem bei leistungsstarken Nord-Süd-Verbindungen. Im Leitszenario B 2022 sind Netzverstärkungen und -optimierungen in vorhandenen Trassen auf einer Länge von 4.400 km erforderlich. Der Trassenneubau beläuft sich auf 1.700 km. Die Übertragungskorridore haben eine Länge von ca. 2.100 km und eine Übertragungskapazität in Nord-Süd-Richtung von 10 GW. Die für den Ausbau des Übertragungsnetzes erforderlichen Gesamtinvestitionen werden für die nächsten zehn Jahre auf ca. 20 Mrd. € taxiert.

314 Als AWZ wird nach Art. 55 des Seerechtsübereinkommens der Vereinten Nationen das Gebiet jenseits des Küstenmeeres bis zu einer Erstreckung von 200 sm (= 370,4 km) ab der Basislinie (Küste) bezeichnet (daher auch 200-Meilen-Zone).

bedarfsgerechten und wirtschaftlichen Ausbau sowie einen sicheren und zuverlässigen Betrieb der Offshore-Anbindungsleitungen in den nächsten zehn Jahren erforderlich sind. Er ist jährlich zum 3.3., erstmals zum 3.3.2013 von den Übertragungsnetzbetreibern vorzulegen.[315]

Mit der Einführung der Bestimmungen über den Offshore-Netzentwicklungsplan durch das Dritte Gesetz zur Neuregelung energiewirtschaftsrechtlicher Vorschriften vom 20.12.2012[316] soll die Errichtung von Netzanbindungen und Offshore-Windparks besser miteinander koordiniert werden.[317] Dies zielt auf eine Erhöhung der Planungssicherheit ab und soll den effizienten Ausbau des Offshore-Netzes sicherstellen.[318] Während sich nach der bisherigen Rechtslage die Errichtung der Netzanbindung durch den jeweiligen Übertragungsnetzbetreiber danach bestimmte, zu welchem Zeitpunkt der jeweilige Windpark betriebsbereit war, funktioniert das **neue System** umgekehrt: Die **Errichtung** der Offshore-Anschlussleitung **bestimmt** sich nun nach den **Vorgaben des Offshore-Netzentwicklungsplans.** Die Vorgaben des Plans treten an die Stelle des bisherigen individuellen Netzanbindungsanspruchs des Offshore-Windparkbetreibers gem. § 17 Abs. 2a EnWG a.F. Für Offshore-Anlagen wird der bisherige individuelle Anbindungsanspruch gegenüber dem Übertragungsnetzbetreiber durch einen Anbindungsanspruch im Rahmen der diskriminierungsfrei zugeteilten Kapazität ab dem Fertigstellungszeitpunkt der Anbindungsleitung ersetzt.[319] 327

Zu unterscheiden und inhaltlich abzugrenzen ist der Offshore-Netzentwicklungsplan gem. § 17b EnWG vom **Bundesfachplan Offshore** gem. § 17a EnWG. 328

Der Bundesfachplan Offshore regelt nicht den energiewirtschaftlichen Bedarf, sondern die **räumliche Ordnung der Nutzungsinteressen in der AWZ.** Mögliche Nutzungskonkurrenzen zwischen Schifffahrtswegen, militärischen Übungsgebieten, Pipelines und Seekabeln können so koordiniert werden und der Trassenknappheit bei der Anbindung an Land durch eine vorausschauende Planung und effiziente Nutzung der verfügbaren Trassen besser Rechnung getragen werden.[320] Seinem Charakter nach kann der Bundesfachplan Offshore als **Fachplanung mit Raumverträglichkeitsprüfung** bezeichnet werden. Er wird jährlich durch das BSH im Einvernehmen mit der BNetzA und in Abstimmung mit dem Bundesamt für Naturschutz und den Küstenländern erstellt. Damit beinhaltet § 17a EnWG eine Regelung entsprechend dem bisherigen Offshore-Netzplan nach § 17 Abs. 2a S. 3 und 4 EnWG a.F.[321] 329

Der **Bundesfachplan Offshore** entfaltet **keine Außenwirkungen** und ist **nicht selbstständig durch Dritte anfechtbar.**[322] Er ist gem. § 17a Abs. 9 EnWG für die Planfeststellungs- und Genehmigungsverfahren nach den Bestimmungen der Seeanlagenverordnung verbindlich. 330

Der Offshore-Netzentwicklungsplan gem. § 17b EnWG ist indes – wie der gemeinsame nationale Netzentwicklungsplan nach § 12b EnWG – ein energiewirtschaftlicher **Bedarfsplan**, der unter Berücksichtigung der räumlichen Festlegungen des jeweils aktuellen Bundesfachplans 331

315 Vgl. Offshore-Netzentwicklungsplan 2013, Erster Entwurf, vorgelegt am 3.3.2013 von den Übertragungsnetzbetreibern; online abrufbar unter: http://www.netzentwicklungsplan.de.

316 BGBl. I S. 2730, in Kraft getreten am 28.12.2012. Im Überblick dazu *Ruge*, EnWZ 2013, 3 ff.

317 So ausdrücklich die Gesetzesbegründung in BT-Drucks. 17/10754, S. 27.

318 BT-Drucks. 17/10754, S. 2.

319 Vgl. BT-Drucks. 17/10754, S. 19. Zu den damit verbundenen Haftungsfragen vgl. *Thole*, RdE 2013, 53 ff., 57 f.; im Überblick *Ruge*, EnWZ 2013, 3, 5 ff.

320 BT-Drucks. 17/10754, S. 27.

321 Der Bundesfachplan Offshore enthält u.a. planerische Festlegungen zu Offshore-Anlagen i.S.d. § 3 Nr. 9 des EEG, Trassen oder Trassenkorridoren für Anbindungsleitungen für Offshore-Anlagen, den Orten, an denen die Anbindungsleitungen die Grenze zwischen der AWZ und dem Küstenmeer überschreiten, Standorten von Konverterplattformen und Trassen oder Trassenkorridoren für grenzüberschreitende Stromleitungen. Zum Offshore-Netzplan vgl. *Spieth/Uibeleisen*, NordÖR 2012, 519 ff.

322 *Spieth/Uibeleisen*, NordÖR 2012, 519, 520 (noch zur alten, inhaltlich nicht veränderten Rechtslage).

Offshore, mit einer **zeitlichen Staffelung** alle **Maßnahmen**, die in den **nächsten zehn Jahren** für einen **schrittweisen**, **bedarfsgerechten** und **wirtschaftlichen Ausbau** sowie einen **sicheren und zuverlässigen Betrieb** der **Offshore-Anbindungsleitungen** erforderlich sind, ausweist. Es sind also Festlegungen zu den in der Sache erforderlichen Ausbaumaßnahmen und zur zeitlichen Staffelung ihrer Realisierung erforderlich.

332 **Methodisch** entspricht die Vorgehensweise zur Ermittlung des in der Sache erforderlichen Ausbaubedarfs für den Offshore-Netzentwicklungsplan grundsätzlich der Methodik, die bei der Erstellung des nationalen Netzentwicklungsplans gem. § 12b EnWG zur Anwendung kommt:

333 **Ausgangsbasis** ist hier das **Start-Offshore-Netz**, das sich aus den in Betrieb befindlichen sowie denjenigen noch zu errichtenden Netzanbindungssystemen für Offshore-Windparks zusammensetzt, für die eine gültige Netzanbindungszusage durch die Übertragungsnetzbetreiber vorliegt.[323]

334 Maßgebende **Grundlage** auch für den Offshore-Netzentwicklungsplan ist der genehmigte **Szenariorahmen** gem. § 12a EnWG, der die Randbedingungen der künftigen Netznutzung auch in Bezug auf das Offshore-Netz beschreibt und wesentliche Angaben zur zukünftigen Erzeugungsleistung und zum Verbrauch enthält.[324]

335 Sodann wird im Offshore-Netzplan die **Aufteilung** der zu erwartenden installierten **Erzeugungsleistung aus Offshore-Windenergie** aus dem Szenariorahmen auf die einzelnen Cluster unter Berücksichtigung der räumlich-planerischen Vorgaben des Bundesfachplans Offshore vorgenommen.[325] Der Szenariorahmen gibt somit gemeinsam mit dem jährlich aktualisierten Bundesfachplan Offshore das Mengengerüst für den Offshore-Netzentwicklungsplan vor und ist damit eine zentrale Eingangsgröße.

336 Anschließend wird die im Szenariorahmen für die Nord- und Ostsee ausgewiesene installierte Erzeugungsleistung aus Offshore-Windenergie unter Berücksichtigung der im Übertragungsnetz zur Verfügung stehenden Transportkapazität und der Belastbarkeit der technischen Anlagen einzelnen Netzverknüpfungspunkten zugeordnet. Dabei werden die im Netzentwicklungsplan gem. § 12b EnWG ausgewiesenen Maßnahmen zur Netzoptimierung, Netzverstärkung und zum Netzausbau bereits berücksichtigt.[326]

337 Schwierigkeiten gab es bei der erstmaligen Erstellung des Offshore-Netzentwicklungsplans 2013 im Hinblick auf die Bestimmung der voraussichtlichen Errichtungskapazitäten und ihre Entwicklung in den nächsten zehn bzw. zwanzig Jahren. Zu solchen – nur begrenzt zur Verfügung stehenden – Kapazitäten gehören u.a. AC- und DC-Netzanbindungssysteme, Kabelverlegeequipment, Spezialschiffe, Stahlbauten und besonders geschultes Personal. Wie sich der Markt für solche Leistungen entwickelt, ist schwer absehbar. Engpässe können Auswirkungen auf die Realisierung von Netzanbindungssystemen haben. Für diese Einflussgröße ist daher noch eine geeignete Methodik zu entwickeln.[327]

---

323 Vgl. dazu im Einzelnen Offshore-Netzentwicklungsplan 2013, Erster Entwurf, S. 27 f.

324 Vgl. Offshore-Netzentwicklungsplan 2013, Erster Entwurf, S. 25 f.

325 Im jährlich zu erstellenden Bundesfachplan Offshore werden für den Bereich der AWZ die Trassen für Netzanbindungssysteme, Standorte für Umspann- und Konverterplattformen, standardisierte Technikvorgaben und Planungsgrundsätze festgeschrieben. Die AWZ und das Küstenmeer zusammen mit dem Festland bilden zwei eigenständige Genehmigungsabschnitte. Zur Verzahnung der beiden Genehmigungsabschnitte wurden im Bundesfachplan Offshore Grenzkorridore, sog. Gates, an der Grenze zwischen AWZ und Küstenmeer definiert, durch die die Trassen der Netzanbindungssysteme geführt werden, vgl. Offshore-Netzentwicklungsplan 2013, Erster Entwurf, S. 20 f.

326 Die Netzverknüpfungspunkte und die für die einzelnen Szenarien an den Netzverknüpfungspunkten ausgewiesene Netzanschlusskapazität sind Ergebnis der im Rahmen des NEP durchgeführten Netzanalysen und werden als Eingangsgrößen in den Offshore-Netzentwicklungsplan übernommen, vgl. Offshore-Netzentwicklungsplan 2013, Erster Entwurf, S. 21.

327 Vgl. Offshore-Netzentwicklungsplan 2013, Erster Entwurf, S. 21.

Das im Rahmen der Erstellung des Netzentwicklungsplans gem. § 12b EnWG verwendete **NOVA-Prinzip** spielt für die Ausbauplanung des Offshore-Netzes bislang keine entscheidende Rolle, da sich dieses Netz noch im Aufbau befindet. Hier geht es um Ausbau-, nicht aber um Verstärkungsmaßnahmen. 338

Im Ergebnis wird der Offshore-Netzentwicklungsbedarf also unter Berücksichtigung der Vorgaben des Szenariorahmens und des damit bereits weitgehend vorgegebenen Umfangs des bedarfsgerechten Ausbaus von Offshore-Netzanbindungssystemen einerseits und unter Berücksichtigung der durch den Bundesfachplan Offshore vorgegebenen geographischen Verhältnisse und technischen Standards sowie der im Netzentwicklungsplan gem. § 12b EnWG festgelegten verfügbaren Netzverknüpfungspunkte andererseits ermittelt.[328] 339

Die so festgestellten, für einen schrittweisen, bedarfsgerechten und wirtschaftlichen Offshore-Netzausbau erforderlichen Maßnahmen sind im Offshore-Netzentwicklungsplan nicht nur der Sache nach zu bestimmen, sondern gem. § 17b Abs. 1 S. 2 EnWG auch in eine **geeignete zeitliche Staffelung** zu bringen. Dadurch soll eine Synchronisierung mit der Errichtung der Offshore-Windparks ermöglicht und zugleich gewährleistet werden, dass die Kapazitäten zur Aufnahme der Offshore-Windenergie wirtschaftlich und bedarfsgerecht errichtet werden. 340

Laut § 17b Abs. 2 EnWG enthält der Offshore-Netzentwicklungsplan für alle Maßnahmen **Angaben zum geplanten Zeitpunkt der Fertigstellung** und sieht **verbindliche Termine** für den **Beginn der Umsetzung** vor. Es wird also festgelegt, mit dem Bau welcher Leitungen (in der Regel als Sammelanbindung mit größtmöglicher Kapazität) zu welchem Zeitpunkt begonnen wird und bis zu welchem Zeitraum diese Anbindungsleitung voraussichtlich fertiggestellt wird.[329] 341

Die **zeitliche Reihenfolge der Maßnahmen** und **Errichtung der Anschlussmöglichkeiten** ist nach **objektiven Kriterien** festzulegen. Kriterien für die zeitliche Abfolge der Umsetzung können gem. § 17b Abs. 2 S. 3 EnWG insbesondere die räumliche Nähe zur Küste sowie die geplante Inbetriebnahme der Konverterstation und des Netzanknüpfungspunkts an Land sein. Nach § 17b Abs. 2 S. 4 EnWG sind bei der Aufstellung des Offshore-Netzentwicklungsplans weitgehend technische Standardisierungen unter Beibehaltung des technischen Fortschritts zu berücksichtigen. 342

Die in § 17b Abs. 2 EnWG genannten Aspekte können als beispielhafte, nicht abschließende Kriterien für die zeitliche Priorisierung verstanden werden. In Betracht kommen auch die Berücksichtigung von Herstellerkapazitäten, Planungs- und Genehmigungszeiträume und schließlich die Ziele der Bundesregierung für den Ausbau der Offshore-Windenergie.[330] 343

Die Wertungen, die von den Übertragungsnetzbetreibern im Offshore-Netzentwicklungsplan insoweit getroffen werden, unterliegen dabei der **Überprüfung durch die BNetzA.**[331] 344

In Anlehnung an diese Kriterien sind im Entwurf des Offshore-Netzentwicklungsplans 2013 Vorschläge für die Reihenfolge der Maßnahmen und darauf aufbauend eine zeitliche Staffelung für die Errichtung der Offshore-Netzanbindungssysteme ermittelt und im Einzelnen begründet worden.[332] Eine erneute Überprüfung und ggf. Anpassung erfolgt im Rahmen des nachfolgen- 345

328 Vgl. Offshore-Netzentwicklungsplan 2013, Erster Entwurf, S. 58 ff.
329 Vgl. BT-Drucks. 17/10754, S. 28.
330 Vgl. BT-Drucks. 17/10754, S. 28; *Ruge*, EnWZ 2013, 3, 5.
331 Vgl. BT-Drucks. 17/10754, S. 28.
332 Vgl. Offshore-Netzentwicklungsplan 2013, Erster Entwurf, S. 66 ff. Dabei wurde beachtet, dass die Realisierungszeiten von Netzanbindungssystemen in der Regel über denen von Offshore-Windparks liegen. Zu dem Zeitpunkt, an dem mit der Planung und Realisierung eines Netzanbindungssystems begonnen werden muss, kann der Realisierungszeitpunkt einzelner Windparks – bei einem Planungshorizont von zehn bzw. zwanzig Jahren – nicht hinreichend belastbar bestimmt werden. Daher wurden im Entwurf des Offshore-Netzentwicklungsplans 2013 die Ausbaumaßnahmen zunächst unter dem Gesichtspunkt der Effizienz anhand windparkunspezifischer Kriterien ermittelt.

den, jährlich zu überarbeitenden Offshore-Netzentwicklungsplans. Dabei sind jeweils der aktualisierte Szenariorahmen und die tatsächliche Entwicklung der Offshore-Windenergie zu berücksichtigen.

346 Dem Offshore-Netzentwicklungsplan sind ferner Angaben zum Stand der Umsetzung des vorhergehenden Offshore-Netzentwicklungsplans und im Falle von Verzögerungen die dafür maßgeblichen Gründe der Verzögerung beizufügen.[333]

347 Der Entwurf des Offshore-Netzentwicklungsplans muss gem. § 17b Abs. 2 S. 6 EnWG im Einklang stehen mit dem Entwurf des nationalen Netzentwicklungsplans nach § 12b EnWG und hat ebenso auch den gemeinschaftsweiten Netzentwicklungsplan nach Art. 8 Abs. 3b der VO (EG) Nr. 714/2009 zu berücksichtigen.

2. Abwägungsentscheidung

348 Der Inhalt des Netzentwicklungsplans und des Offshore-Netzentwicklungsplans beruht auf **einer Abwägungsentscheidung der planenden Übertragungsnetzbetreiber**, die der Erstellung des Entwurfs vorausgehen muss. Die Übertragungsnetzbetreiber ermitteln zunächst, welches Szenario oder welche Kombination der verschiedenen Szenarien auf Basis des genehmigten Szenariorahmens die zukünftige Entwicklung abbildet, setzen sich **mit anderweitigen Planungsmöglichkeiten** auseinander und definieren die Netzentwicklungsmaßnahmen, die für einen sicheren und zuverlässigen Netzbetrieb in den nächsten zehn Jahren erforderlich sind.

349 Eine Abwägungsentscheidung setzt einen **bewertenden Ausgleich von durch die Planung berührten Interessen untereinander und gegeneinander** voraus.[334] Daraus resultiert auch die Obliegenheit, schonenderen Alternativen nachzugehen.

350 Die Anforderungen an die Berücksichtigung von Interessen und Belangen, die Prüfung von Alternativen, den Abwägungsvorgang und die Abwägungsentscheidung müssen bei einem **gestuften Planungsprozess** wie hier, dem Abstraktionsgrad der jeweiligen Planungsstufe und deren Zielsetzung, ihrem Entscheidungsinhalt und -horizont entsprechend angemessen sein. Es ist eine **ebenenspezifische Abwägung** vorzunehmen.[335]

351 Die Erstellung der Netzentwicklungspläne dient der energiewirtschaftlichen Bedarfsplanung für die gesamte Bundesrepublik, aufgeteilt für den Offshore-Bereich und das Festland. Nicht über Trassenverläufe oder Standorte von Einzelmaßnahmen wird hier entschieden, sondern es geht um die Definition des energiewirtschaftlichen Netzentwicklungsbedarfs zur Gewährleistung der Versorgungssicherheit auf gesamtstaatlicher Ebene. Dabei sind (netz-) technische und physikalische Gesetzmäßigkeiten, Belange der Versorgungssicherheit und der technischen Machbarkeit besonders zu beachten. Belange, die offensichtlich nicht die Frage des energiewirtschaftlichen Bedarfs, sondern andere Aspekte betreffen, wie z.B. private (Grundstücks-) Rechte, sind erst auf der Ebene der späteren Zulassungsverfahren in die Abwägung einzustellen und bei der Entscheidung zu berücksichtigen.

352 Dementsprechend vermag der **Trennungsgrundsatz aus § 50 S. 1 BImSchG** auf der Ebene der energiewirtschaftlichen Bedarfsplanung, d.h. bei der Erstellung der Netzentwicklungspläne, seine steuernde **Wirkung kaum zu entfalten**. Es fehlt an einem entsprechend konkretisierten Sachverhalt.

353 Fragen der Raumverträglichkeit sind Gegenstand der Bundesfachplanung gem. §§ 4 ff. NABEG. Selbst wenn man davon ausgeht, dass es sich bei der Netzentwicklungsplanung um eine

333 § 17b Abs. 2 S. 5 EnWG.
334 Vgl. dazu im Einzelnen ausführlich Kap. 11 Rn 12, 14 ff.
335 Vgl. dazu Kap. 11 Rn 10.

„raumbedeutsame" Planung i.S.v. § 50 BImSchG handelt, weil dieser Begriff und der Anwendungsbereich der Norm weit ausgelegt wird,[336] geht der Hinweis auf die Parallele zur Linienbestimmung im Fernstraßenrecht fehl.[337] Eine verbindliche Linienbestimmung von Trassen oder Trassenkorridoren erfolgt auf der Stufe der Netzentwicklungsplanung gerade nicht. Sie ist der nachgelagerten Stufe der Bundesfachplanung vorbehalten. Lediglich die Anfangs- und Endpunkte werden – ohne weitere konkrete flächenmäßige Angaben – benannt. Nur hohe Raumwiderstände werden hier berücksichtigt. Es geht also nicht um die *„Zuordnung für eine bestimmte Nutzung vorgesehener Flächen"* i.S.v. § 50 S. 1 BImSchG, sondern allein um den energiewirtschaftlichen Bedarf für die geprüften Maßnahmen. Fehlt es aber an einer Definition von Trassenkorridoren, Trassen oder konkreten Standorten für energiewirtschaftlich relevante Maßnahmen, kann – anders als im Rahmen der Bundesfachplanung nach dem NABEG und der anschließenden Planfeststellung – dem Trennungsgrundsatz aus § 50 S. 1 BImSchG keine besondere materielle Steuerungswirkung zukommen.[338]

Überspannte Anforderungen an die Abwägung und Alternativenprüfung bei der energiewirtschaftlichen Bedarfsplanung sind aufgrund der außerordentlichen Komplexität der Netzplanung und der Interdependenz der Einzelmaßnahmen fehl am Platz. Eine Pflicht, jeweils mehrere vollständige alternative Netzentwicklungspläne zu erstellen, ist nicht normiert, im Übrigen kann die Sinnhaftigkeit und Notwendigkeit einer Alternativenprüfung bei Einzelmaßnahmen nur im Einzelfall beurteilt werden. 354

Schließlich ist zu berücksichtigen, dass sich der Bedarfsplanungsprozess jährlich wiederholt und damit Planaussagen auch in zeitlicher Hinsicht eine überschaubare Aussagekraft haben. 355

Nach der erforderlichen Abwägung, die mit der finalen Abwägungsentscheidung endet, haben die Übertragungsnetzbetreiber gem. § 12b Abs. 4 EnWG in einer **zusammenfassenden Erklärung**, die dem jeweiligen Plan beizufügen ist,[339] zu erklären, aus welchen Gründen der Netzentwicklungsplan nach Abwägung mit den geprüften, in Betracht kommenden anderweitigen Planungsmöglichkeiten, so wie geschehen, gewählt wurde. Darüber hinaus ist darzulegen, auf welche Art und Weise die Ergebnisse aus der Konsultation des Planentwurfs durch die BNetzA nach § 12a Abs. 2 S. 2 und aus der Konsultation durch die Übertragungsnetzbetreiber gem. § 12b Abs. 3 S. 1 EnWG berücksichtigt wurden. 356

Die Anforderungen an diese Erklärung sind überschaubar. Dem Umfang nach ist sie auf eine **Zusammenfassung** beschränkt, sodass eine detaillierte Darstellung aller Einzelvorgänge – sei es im Zusammenhang mit den Konsultationen,[340] sei es im Zusammenhang mit der Abwägung – nicht erforderlich ist. Es genügt, wenn die letztlich entscheidungserheblichen Aspekte benannt werden. 357

3. Verfahren

Der Netzentwicklungsplan ist gem. **§ 12b Abs. 1 S. 1 EnWG** jedes Jahr neu von den Übertragungsnetzbetreibern zu erarbeiten und zum 3.3. vorzulegen. Das gilt auch für den Offshore- 358

336 Landmann/Rohmer/*Hansmann*/*Röckinghausen*, § 50 BImSchG Rn 27 m.w.N.

337 Unzutreffend insoweit *Antweiler*, ZNER 2012, 586, 588.

338 Es ist daher verfehlt, die Verletzung von § 50 BImSchG – wegen angeblichen Abwägungsausfalls – in Bezug auf die angeblich feststehenden Standorte von Konverteranlagen für HGÜ-Leitungen im Netzentwicklungsplan Strom 2012 zu rügen, so aber *Antweiler*, ZNER 2012, 586, 588. An einer hinreichend räumlichen Konkretisierung fehlt es, weil über sie erst auf der Ebene der nachfolgenden Zulassungsverfahren entschieden wird. Davon geht ausdrücklich auch der Gesetzgeber aus, vgl. BR-Drucks. 819/12, S. 16.

339 § 12b Abs. 4 findet aufgrund der Verweisung in § 17b Abs. 3 EnWG auch auf den Offshore-Netzentwicklungsplan Anwendung.

340 Steinbach/*Heimann*, § 12b EnWG Rn 34.

Netzentwicklungsplan gem. **§ 17b Abs. 1 EnWG**, der erstmals am 3.3.2013 zur Bestätigung vorgelegt wurde.

a) Kooperationspflicht

359 Bei der Erarbeitung der Netzentwicklungspläne sind die Betreiber der Übertragungsnetze zunächst untereinander **zur Kooperation verpflichtet.** Die Betreiber von Elektrizitätsverteilernetzen sind gem. § 12b Abs. 3 S. 3 EnWG im Rahmen der Erstellung des Netzentwicklungsplans zur Zusammenarbeit und zur Informationsherausgabe gegenüber den Übertragungsnetzbetreibern verpflichtet.[341] Denn ein sicheres Netz kann nur geplant werden, wenn die maßgeblichen Informationen der vor- bzw. nachgelagerten Netze vorliegen.[342] **Inhalt der Zusammenarbeitspflicht** kann insbesondere sein, dem vorgelagerten Netzbetreiber die notwendigen **Informationen** über die voraussichtliche Entwicklung von Angebot und Nachfrage im Verteilernetz **mitzuteilen.**[343] Dies ist insbesondere erforderlich, weil die Übertragungsnetzbetreiber keinen Einfluss auf Erzeugung und Verbrauch haben, ihr Netz aber darauf ausrichten müssen.

b) Konsultation

360 Ist der Entwurf des jeweiligen Plans schließlich erstellt, ist er gem. **§ 12b Abs. 3 S. 1, § 17c Abs. 3 EnWG** auf der Internetseite der Netzbetreiber **zu veröffentlichen,**[344] um der Öffentlichkeit damit **Gelegenheit zur Äußerung** zu geben, einschließlich tatsächlicher oder potenzieller Netznutzer, nachgelagerter Netzbetreiber sowie den Trägern öffentlicher Belange und den Energieaufsichtsbehörden der Länder.[345]

361 Auf der Stufe der Erarbeitung des Netzentwicklungsplans und des Offshore-Netzentwicklungsplans findet die Beteiligung der Öffentlichkeit somit unter der Regie und unmittelbaren **Steuerung der privaten Übertragungsnetzbetreiber** statt, was ein Novum im Fachplanungsrecht darstellt.[346]

362 Die Beteiligung der Öffentlichkeit durch die Übertragungsnetzbetreiber im Rahmen der Erarbeitung des Netzentwicklungsplans und des Offshore-Netzentwicklungsplans ist die zweite von insgesamt drei Stadien der Öffentlichkeitsbeteiligung. Während die erste Beteiligung durch die Regulierungsbehörde in Bezug auf den Szenariorahmen gem. § 12a Abs. 2 EnWG erfolgt, bezieht sich die dritte Stufe der Beteiligung auf den durch die BNetzA gem. § 12c Abs. 3 und § 17c EnWG zu bestätigenden Netzentwicklungsplan und Offshore-Netzentwicklungsplan. Damit ist eine **kontinuierliche Partizipation der Öffentlichkeit** ohne Einschränkung auf einen spezifi-

341 Dies sind gem. § 3 Nr. 3 EnWG *„natürliche oder juristische Personen oder rechtlich unselbständige Organisationseinheiten eines Energieversorgungsunternehmens, die die Aufgabe der Verteilung von Elektrizität wahrnehmen und verantwortlich sind für den Betrieb, die Wartung sowie erforderlichenfalls den Ausbau des Verteilernetzes in einem bestimmten Gebiet und gegebenenfalls der Verbindungsleitungen zu anderen Netzen."*

342 Diesem Zweck dient auch die Vorschrift des § 12 Abs. 2 EnWG, wonach die Übertragungsnetzbetreiber notwendige Informationen bereitstellen, um den sicheren und effizienten Betrieb, den koordinierten Ausbau und den Verbund sicherzustellen.

343 Steinbach/*Heimann*, § 12b EnWG Rn 12.

344 Die Internetseite der Netzbetreiber ist unter http://www.netzentwicklungsplan.de abrufbar.

345 Die (mehrmalige) Beteiligung der Öffentlichkeit im Rahmen des Planungsprozesses ist u.a. Folge der Erfahrungen mit den dena-Netzstudien, bei denen der Vorwurf mangelnder Nachvollziehbarkeit erhoben wurde.

346 Für den Entwurf des Netzentwicklungsplans 2012 wurde die Konsultation gem. § 12b Abs. 3 EnWG durch die Netzbetreiber vom 30.6. bis zum 10.7.2012 durchgeführt. Die schriftlich oder online über die Konsultationsmaske sowie via E-Mail übersandten Äußerungen wurden nach Abschluss dieses Verfahrens auf der Internetseite der Netzbetreiber veröffentlicht.

schen Personenkreis auf jeder Stufe bis zur Verabschiedung des Bundesbedarfsplangesetzes gewährleistet.

Hinzu kommt die gesonderte **Beteiligung der Öffentlichkeit im Rahmen der Strategischen Umweltprüfung**, die sich auf den fertiggestellten Entwurf des Netzentwicklungsplans und des Offshore-Netzentwicklungsplans gem. **§ 12c Abs. 3, § 17c** EnWG bezieht. 363

Ist die Konsultation des Entwurfs des Netzentwicklungsplans und des Offshore-Netzentwicklungsplans durch die Übertragungsnetzbetreiber abgeschlossen, kann eine Überarbeitung des Entwurfs unter Berücksichtigung der Ergebnisse der Konsultation erfolgen. Dem endgültig zwischen den Übertragungsnetzbetreibern abgestimmten Entwurf des jeweiligen Plans ist abschließend die zusammenfassende Erklärung der Übertragungsnetzbetreiber gem. § 12b Abs. 4 EnWG beizufügen.[347] 364

Mit der **Vorlage des Entwurfs**[348] des Netzentwicklungsplans und des Offshore-Netzentwicklungsplans **bei der Regulierungsbehörde beginnt** das behördliche **Prüfungsverfahren.**[349] Für die Vorlage besteht keine exakte Fristvorgabe. Sie hat unverzüglich, d.h. ohne schuldhaftes Zögern zu erfolgen.[350] 365

4. Strategische Umweltprüfung

Schon während des Verfahrens zur Erstellung der Netzentwicklungspläne hat die BNetzA gem. **§ 12c Abs. 2 S. 1 EnWG** eine **Strategische Umweltprüfung** durchzuführen und einen Umweltbericht anzufertigen. Die Strategische Umweltprüfung dient der Vorbereitung des Bundesbedarfsplans nach § 12e EnWG. 366

Die rechtliche Vorgabe zur Durchführung einer Strategischen Umweltprüfung ergibt sich aufgrund der gesetzlichen Bestimmung in Ziff. 1.10 der Anlage 3 zum UVPG. Es handelt sich bei der nach § 12e Abs. 2 S. 1 EnWG durchzuführenden Umweltprüfung also um eine obligatorische Umweltprüfung i.S.v. § 14b Abs. 1 Nr. 1 UVPG.[351] 367

Die Strategische Umweltprüfung für den Offshore-Netzentwicklungsplan bezieht sich räumlich auf die Maßnahmen und Vorhaben von der Grenze des Küstenmeers bis zu den Netzverknüpfungspunkten an Land. Für den Bereich der AWZ erfolgt die Durchführung der Strategischen Umweltprüfung gem. § 17a Abs. 3 EnWG indes im Rahmen der Erstellung des Bundesfachplans Offshore durch das BSH. 368

a) Erforderlichkeit

Ein Umweltbericht und die vorausgehende Umweltprüfung sind **erforderlich**, wenn der Netzentwicklungsplan und Offshore-Netzentwicklungsplan als Entwurf für einen Bundesbedarfsplan 369

347 Vgl. dazu bereits oben Rn 356.

348 Vgl. zum Rechtsschutz gegen Maßnahmen, die auf einer Verletzung der Vorlagepflicht gründen, Kap. 13 Rn 31 ff.

349 Der Netzentwicklungsplan 2012 wurde von den Netzbetreibern auf Basis der Äußerungen im Rahmen der Konsultation noch einmal überarbeitet und erst in dieser 2. Fassung der BNetzA am 15.8.2012 zur Prüfung und Bestätigung vorgelegt. Gleichzeitig wurde dieser Entwurf durch die Netzbetreiber erneut im Internet eingestellt. Die überarbeitete Fassung des Netzentwicklungsplans 2012 legt in einer zusammenfassenden Erklärung am Anfang eines jeden Kapitels dar, in welcher Form die Stellungnahmen in die überarbeitete Entwurfsfassung eingeflossen sind. Der Netzentwicklungsplan 2012 hat somit bereits vor der Prüfung durch die BNetzA eine inhaltliche Überarbeitung erfahren.

350 Kommen die Übertragungsnetzbetreiber ihren Verpflichtungen zur Vorlage nicht nach, kann die Regulierungsbehörde Aufsichtsmaßnahmen nach § 65 EnWG ergreifen oder ein Bußgeld gem. § 95 Abs. 1 Nr. 3b EnWG verhängen.

351 Hoppe/Beckmann/*Leidinger*, § 14b Rn 4 und Anlage 3 Rn 28.

an die Bundesregierung weitergeleitet wird. Das ist mindestens **alle drei Jahre** oder bei **wesentlichen Änderungen** des Netzentwicklungsplans der Fall.[352] Sofern der jährliche Netzentwicklungsplan und Offshore-Netzentwicklungsplan indes nicht in ein Bundesbedarfsplangesetz mündet, sind eine Strategische Umweltprüfung und der Umweltbericht nicht zu erstellen.

370 Ist eine Strategische Umweltprüfung durchzuführen, ist sie gem. § 12c Abs. 2 EnWG von der Regulierungsbehörde parallel zur materiell-rechtlichen Prüfung des jeweiligen Netzentwicklungsplans vorzunehmen. Sie zielt auf die rechtzeitige Beachtung potenzieller Umweltbeeinträchtigungen, um den tangierten Belangen schon innerhalb des Planungsprozesses Rechnung zu tragen.[353]

b) Untersuchungsgegenstand

371 Von ihrem **Untersuchungsgegenstand** her bezieht sich die Strategische Umweltprüfung auf die **Vorhaben und ihre Auswirkungen**, die in den Bundesbedarfsplan aufgenommen werden sollen. Das sind die im Entwurf des Netzentwicklungsplans und des Offshore-Netzentwicklungsplans von den Übertragungsnetzbetreibern beschriebenen **Projekte und Netzentwicklungsmaßnahmen**, gleich ob Ausbauvorhaben (im Zusammenhang mit schon bestehenden Leitungen) oder Neubauvorhaben.

372 Bei den Netzentwicklungsplänen handelt es sich – angesichts der Vielzahl und Ausdehnung potenzieller Vorhaben – um räumlich weit ausgreifende Pläne auf hohem Abstraktionsniveau. Die Netzentwicklungspläne und der Bundesbedarfsplan beziehen sich nicht auf abschließend konkretisierte Trassen, final definierte Offshore-Anbindungsleitungen oder spezifische Grundstücke für die Verwirklichung von Einzelmaßnahmen, sondern sie stellen nur den energiewirtschaftlichen Bedarf der jeweiligen Vorhaben und Maßnahmen fest. In Bezug auf die Leitungen sind lediglich die Netzverknüpfungspunkte gekennzeichnet. Durch die so gekennzeichneten Projekte ergeben sich **Punktepaare**, zwischen denen Netzverstärkungsmaßnahmen oder Neubauten realisiert werden sollen.

c) Untersuchungsrahmen

373 Vor der eigentlichen Durchführung der Strategischen Umweltprüfung ist zunächst die vorläufige **Festlegung des Untersuchungsrahmens** zu veranlassen. Diese obliegt gem. **§ 14f Abs. 1 UVPG i.V.m. § 12c Abs. 2 EnWG** der **BNetzA** als Regulierungsbehörde. Die Behörden, deren umwelt- und gesundheitsbezogener Aufgabenbereich durch den Bundesbedarfsplan berührt wird, sind gem. § 14f Abs. 4 UVPG bei der Festlegung des Untersuchungsrahmens sowie des Umfangs und des Detaillierungsgrads der in den Umweltbericht aufzunehmenden Angaben zu beteiligen, wodurch ein zusätzlicher Informationsgewinn aufseiten der Regulierungsbehörde angestrebt wird.[354]

374 Grundsätzlich gilt gem. § 14g UVPG, dass die voraussichtlichen erheblichen Umweltauswirkungen der Durchführung des Plans sowie vernünftige Alternativen zu ermitteln, zu beschreiben und zu bewerten sind.[355] Die Übertragungsnetzbetreiber haben der Regulierungsbehörde

352 Im Fall der Änderung des Bundesbedarfsplans richtet sich die Pflicht zur Strategischen Umweltprüfung nach § 12e Abs. 5 EnWG i.V.m. § 14d S. 1 UVPG. Danach ist bei einer geringfügigen Änderung des Plans eine SUP nur dann durchzuführen, wenn eine Vorprüfung des Einzelfalls ergibt, dass der Plan oder das Programm voraussichtlich erhebliche Umweltauswirkungen hat.

353 Hoppe/Beckmann/*Leidinger*, § 14a Rn 1.

354 Vgl. § 14f Abs. 4 S. 4 UVPG.

355 Vgl. dazu im Einzelnen Hoppe/Beckmann/*Kment*, § 14g Rn 11 ff.

gem. § 12c Abs. 2 S. 2 EnWG die hierfür erforderlichen Informationen zur Verfügung zu stellen.[356]

375 Die **inhaltlichen Anforderungen** an den von der BNetzA zu erstellenden Umweltbericht ergeben sich aufgrund des Verweises aus § 12c Abs. 2 S. 1 EnWG aus dem Gesetz über die Umweltverträglichkeitsprüfung. Maßgebend ist insoweit die Regelung in **§ 14g UVPG** über den Umweltbericht.[357]

376 Hier ist zu berücksichtigen, dass es sich um einen **mehrstufigen Planungsprozess** handelt, bei dem sowohl auf der Ebene der Bundesbedarfsplanung als auch der nachfolgenden Ebene der Bundesfachplanung (also bei der Festlegung der Trassenkorridore) eine Strategische Umweltprüfung gesetzlich vorgesehen ist. Eine vorhabenbezogene Prüfung der Umweltverträglichkeit des konkreten Projekts erfolgt schließlich im Rahmen des abschließenden Planfeststellungsverfahrens.[358]

377 Bei derart **gestuften Planungsprozessen** soll gem. **§ 14f Abs. 3 UVPG** zur Vermeidung von Mehrfachprüfungen schon bei der Festlegung des Untersuchungsrahmens bestimmt werden, auf welcher Stufe des Prozesses bestimmte Umweltauswirkungen schwerpunktmäßig geprüft werden sollen. Diese Abschichtung von Prüfungsinhalten zielt auf eine **Reduktion der Komplexität des Planungsprozesses** und damit zugleich auf eine **Beschleunigung des Verfahrensgangs**. Dementsprechend befassen sich die Umweltprüfungen auf den nachfolgenden Stufen mit solchen zusätzlichen oder weiteren Umweltauswirkungen sowie mit erforderlichen Aktualisierungen und Vertiefungen, die auf der vorausliegenden Stufe noch nicht betrachtet worden sind.

378 Sinnvoll ist die inhaltliche Abschichtung von Umweltauswirkungen bei der Umweltprüfung in gestuften Planungsprozessen in Abhängigkeit und nach Maßgabe der materiellen Steuerungsfunktion der jeweiligen Planungsstufe: Auf der Ebene des Bundesbedarfsplans erfolgt die Bestimmung des energiewirtschaftlichen Bedarfs, in der Bundesfachplanung oder Raumplanungsverfahren werden die Trassenkorridore festgelegt und erst in der Planfeststellung geht es um die Zulassung des konkreten Vorhabens. Dementsprechend sind auch der Umfang und der Detaillierungsgrad der Umweltprüfung auszugestalten.

379 Kurz: **je konkreter die Festlegungen** in der Sache sind, **umso detaillierter** erfolgt die **Betrachtung der** dadurch **berührten Umweltschutzbelange**.[359] Umgekehrt bedeutet dies, dass auf der Ebene der Bedarfsprüfung, die keine räumlichen, sondern energiewirtschaftliche Festlegungen trifft, ein **großräumiges, abstraktes Betrachtungsniveau ausreichend** ist.

380 Dies heißt konkret, dass der Untersuchungsraum großzügig abgegrenzt werden kann und eine differenzierte Betrachtung einzelner Wirkfaktoren auf dieser Ebene noch nicht erfolgen muss. Es genügt die Beschreibung und Analyse der Raumempfindlichkeit des maßnahmespezifischen Betrachtungsraums und eine summarische Betrachtung der auf dieser Betrachtungsebene wesentlichen Schutzgüter (Mensch, Tiere, Pflanzen, Landschaft) und deren Wechselwirkungen.

381 Diesen Grundsätzen folgend wurde in der Strategischen Umweltprüfung für den Netzentwicklungsplan 2012 zum Bundesbedarfsplan der Untersuchungsraum so bestimmt, dass er sämtliche infrage kommenden Trassenverläufe zwischen den definierten Anfangs- und Endpunkten von Netzvorhaben umfasst, ohne dadurch eine Begrenzung bei der Bestimmung des möglichen Trassenverlaufs darzustellen. Der jeweilige Untersuchungsraum besitzt daher die Form einer

---

356 Diese Informationspflicht steht neben der Verpflichtung der Übertragungsnetzbetreiber aus § 12c Abs. 1 S. 3 EnWG.
357 Zu seinen Inhalten im Einzelnen Hoppe/Beckmann/*Kment*, § 14g Rn 15 ff.
358 Vgl. dazu auch Kap. 8 Rn 19 sowie Kap. 5 Rn 62 f.
359 In diesem Sinne auch Steinbach/*Heimann*, § 12c EnWG Rn 18.

Ellipse um das Punktepaar, das aus Anfangs- und Endpunkt besteht. Als Längsachse dient dabei die Linie zwischen Anfangs- und Endpunkt, die auf beiden Seiten um jeweils weitere 10 km verlängert wird. Die Nebenachse misst die Hälfte der Hauptachse, d.h., an ihrer breitesten Stelle entspricht die Ellipse der Hälfte ihrer Länge. Damit ergeben sich Teiluntersuchungsräume in elliptischer Form, die lediglich den Anfangs- und Endpunkt fixieren, nicht aber einen konkreten Trassenverlauf zwischen diesen Punkten festlegen.[360]

382 Die eigentliche Prüfung der Umweltbelange erfolgt sodann **zweistufig**: Im ersten Schritt werden in Teiluntersuchungsräumen die voraussichtlichen Anfangs- und Endpunkte von Netzausbau und -verstärkungsmaßnahmen untersucht. Im zweiten Schritt werden die voraussichtlichen erheblichen Umweltauswirkungen des Gesamtplans beschrieben und bewertet.

383 Auf der Ebene der Strategischen Umweltprüfung prüft die BNetzA auch, welche Übertragungstechnologien für die Vorhaben in Betracht kommen und welche Auswirkungen sich daraus auf die Umwelt ergeben können. Diese Prüfung ist technologieoffen, d.h. eine Präjudizierung, welches Vorhaben später konkret durch Erdkabel oder Hochspannungsgleichstromübertragung ausgeführt wird, erfolgt dadurch nicht.

d) Alternativenprüfung

384 Nach § 14g Abs. 1 S. 2 UVPG sind durch die Behörde im Rahmen der Strategischen Umweltprüfung auch **vernünftige Alternativen** zu betrachten.[361]

385 Vernünftige Alternativen sind sämtliche Lösungsmöglichkeiten, die voraussichtlich geeignet sind, gleichermaßen wie die ursprünglich beabsichtigte Planaussage die grundlegenden Ziele der Planung zu erreichen.[362]

386 Entscheidend für die Auswahl vernünftiger Alternativen ist mithin die vom Gesetzgeber im Bundesbedarfsplan intendierte Zielsetzung (sog. **Planzielkonformität**).[363] Nur solche Alternativen sind zu erwägen, die der Verwirklichung des Planungsziels – auf der jeweiligen Planungsstufe – nicht völlig entgegenlaufen.[364] Als Alternative ist nicht die Betrachtung des Einsatzes verschiedener möglicher Stromgewinnungstechniken (z.B. Windkraft, Photovoltaik, Wasserkraft etc.) an verschiedenen Orten zu verstehen. Dieser Kontext wird im Szenariorahmen gem. § 12a EnWG – für verschiedene, alternative Szenarien – erarbeitet und dient als Grundlage neben der Regionalisierung und Modellierung für die Erstellung des Entwurfs des Netzentwicklungsplans.[365] Das Ziel des Netzentwicklungsplans und des darauf aufbauenden Bundesbedarfsplans liegt vielmehr darin, den Bedarf an Netzoptimierungs-, -verstärkungs- und -ausbaumaßnahmen zu bestimmen – vor allem an Höchstspannungsleitungen.[366]

387 **Prüftiefe und Ermittlungsaufwand der Alternativenprüfung** bestimmen sich nach den Umständen des Einzelfalls, insbesondere unter Berücksichtigung des räumlichen Abstraktions-

---

360 Vgl. *BNetzA*, Zusammenfassung des Umweltberichts – Auszug aus dem Entwurf des Umweltberichts zum Bundesbedarfsplan – Entwurf 2012, 6.9.2012, S. 3.

361 Die grundsätzliche Pflicht zur Alternativenprüfung entspringt der unionsrechtlichen Vorgabe des Art. 5 Abs. 1 S. 1 RL 2001/42/EG des Europäischen Parlaments und des Rates vom 27.6.2001 über die Prüfung der Umweltauswirkungen bestimmter Pläne und Programme (ABl. EU L 197 S. 30 ff.).

362 Vgl. Hoppe/Beckmann/*Kment*, § 14g Rn 21 ff.

363 Ebenso Steinbach/*Heimann*, § 12c EnWG Rn 24.

364 *Spannowsky*, UPR 2005, 401, 405; Hoppe/Beckmann/*Kment*, § 14g Rn 25.

365 Das verkennt *Callies/Dross*, NVwZ 2013, 76, 79. Den unterschiedlichen Szenarien des Szenariorahmens liegen sehr wohl unterschiedliche, d.h. alternative Annahmen z.B. zum angenommenen Ausbau der erneuerbaren Energien, zugrunde.

366 *BNetzA*, Umweltbericht zum Bundesbedarfsplan 2012, S. 19, abrufbar unter: http://www.netzausbau.de/cln_1932/SharedDocs/ExterneLinks/DE/NEP-UB%202012/Umweltbericht.html?nn=240676.

grads der jeweiligen Planungsstufe. Alternativen gem. § 14f Abs. 2 S. 2 UVPG müssen immer mit zumutbarem Aufwand ermittelt werden können. Die Grenze der Zumutbarkeit ist erreicht, wenn der Aufwand nicht mehr verhältnismäßig ist,[367] d.h. insbesondere, wenn ein Missverhältnis zwischen Untersuchungsaufwand und Nutzen entsteht.[368]

Von einem derart **unverhältnismäßigen Aufwand** in Bezug auf die Alternativenprüfung – sowohl für mehrere alternative Netzentwicklungspläne als auch im Hinblick auf Alternativen zu einzelnen Vorhaben – ist die BNetzA bei der Strategischen Umweltprüfung für den Bundesbedarfsplan 2012 ausgegangen.[369] 388

Zwar sei es grundsätzlich vorstellbar, dass für die zu lösende Gesamtaufgabe eines sicheren und zuverlässigen Netzbetriebs im Referenzjahr 2022 zwei oder mehr unterschiedliche Netzentwicklungspläne entwickelt und dann energiewirtschaftlich und hinsichtlich ihrer erheblichen Umweltauswirkungen miteinander verglichen würden. Allerdings wäre der Aufwand für mehrere alternative Netzentwicklungsplan-Entwürfe **unzumutbar** hoch. Die Konsequenz, zwei Gesamt-Bundesbedarfsplan-Alternativen und damit verbunden zwei deutschlandweite Strategische Umweltprüfungen durchzuführen und gegenüberzustellen, wäre – wegen der **erheblichen Komplexität der energiewirtschaftlichen Bedarfsermittlung** – mit einem unverhältnismäßigen Aufwand verbunden. Der Komplexitätsgrad sei einzigartig und nicht vergleichbar mit anderen Plänen, die einer Strategischen Umweltprüfung bedürfen. Die Übertragungsnetzbetreiber seien erstmals verpflichtet gewesen, innerhalb von wenigen Monaten den gemeinsamen Entwurf eines Netzentwicklungsplans zu erstellen. Angesichts der gesetzlichen Fristen und der Komplexität der Aufgabe sei es ihnen nicht zumutbar gewesen, mehrere alternative Netzentwicklungspläne vorzulegen. 389

Auch bei **Alternativen zu einzelnen Punktepaaren** im Entwurf des Bundesbedarfsplans, also räumlichen Alternativen zu den einzelnen Vorhaben, wäre der damit verbundene Aufwand **nicht zumutbar** gewesen. Würde ein einzelnes Punktepaar und seine jeweiligen Alternativen betrachtet, müsste in der Regel der gesamte Planentwurf für alle Szenarien neu berechnet werden.[370] Dies liege in der engen Vermaschung der Elektrizitätsnetze in Deutschland begründet, woraus starke wechselseitige Abhängigkeiten resultierten. Die Veränderung eines Vorhabens führe regelmäßig zu Veränderungen bei einer Vielzahl weiterer Vorhaben. Hierdurch würde eine vollständige Neuberechnung des Netzentwicklungsplans erforderlich werden.[371] 390

Die von der BNetzA angeführten Begründungen zur Unzumutbarkeit der Alternativenprüfung sind im Ergebnis als rechtlich nachvollziehbar, praxisgerecht und damit vertretbar zu bewerten. § 14g Abs. 1 S. 2 UVPG verpflichtet lediglich dazu, **vernünftige** Alternativen zu ermitteln. Das ist Ausdruck des auch unionsrechtlich anerkannten Verhältnismäßigkeitsgebots. Insoweit ist auch der geographische Anwendungsbereich und Abstraktionsgrad des jeweiligen Plans zu berücksichtigen. Eine Argumentation, die indes abstrakt auf die Vorgaben der Richtlinie über die Umweltverträglichkeitsprüfung zur Alternativenprüfung abstellt,[372] überzeugt in diesem Zusammenhang nicht.[373] Angesichts des extrem großräumigen, praktisch das gesamte Bundesgebiet umfassenden Planungshorizonts und Untersuchungsraums einerseits und der 391

367 Vgl. Hoppe/Beckmann/*Kment*, § 14f Rn 23.
368 *Wulfhorst*, NVwZ 2011, 1099, 1102.
369 *BNetzA*, Umweltbericht zum Bundesbedarfsplan 2012, S. 19, abrufbar unter: http://www.netzausbau.de/cln_1932/SharedDocs/ExterneLinks/DE/NEP-UB%202012/Umweltbericht.html?nn=240676.
370 Ebenso Steinbach/*Heimann*, § 12c EnWG Rn 33.
371 BNetzA, Umweltbericht zum Bundesbedarfsplan 2012, S. 8, abrufbar unter: http://www.netzausbau.de/cln_1932/SharedDocs/ExterneLinks/DE/NEP-UB%202012/Umweltbericht.html?nn=240676.
372 Dazu im Einzelnen Hoppe/Beckmann/*Kment*, § 14g Rn 23 m.w.N.
373 So aber *Callies/Dross*, ZUR 2013, 76, 77; nicht hinreichend differenzierend auch *Wulfhorst*, NVwZ 2011, 1099 ff.

hohen technischen Interdependenz der einzelnen Maßnahmen untereinander andererseits wird man das Absehen von einer Alternativenprüfung mangels Zumutbarkeit als gesetzeskonform bewerten können. Das Missverhältnis zwischen Aufwand und Nutzen einer Alternativenprüfung (sei es in Form der Erstellung mehrerer alternativer Netzentwicklungspläne, sei es durch Zugrundelegung alternativer Punktepaare für in Betracht kommende Netzverbindungen) auf der Ebene einer bundesweit orientierten energiewirtschaftlichen Bedarfsplanung ist hier – jedenfalls bei Anlegung eines realistischen Maßstabs – offensichtlich.

392 Die Alternativenprüfung und -bewertung denkbarer Standorte von **konkreten Trassen** und **Konverterstationen** ist bei richtigem Gesetzesverständnis ebenfalls kein Gegenstand der Strategischen Umweltprüfung mit Bezug auf den Bundesbedarfsplan.[374] Sie ist auf den nachfolgenden konkretisierenden Planungsstufen (Bundesfachplanung und Planfeststellung) – im Rahmen der dort separat erfolgenden Umweltprüfungen – anzustellen. Durch die großflächigen Untersuchungsräume der Strategischen Umweltprüfung auf Bedarfsplanebene verbleiben auf den nachfolgenden Planungsebenen regelmäßig mehrere Varianten für diese Standorte. Die Alternativenprüfung hat unter Berücksichtigung des Abstraktionsgrades der jeweiligen Planungsstufe und des Planziels zu erfolgen, wenn die dadurch intendierte Zielsetzung nach dem Gesetz über die Umweltverträglichkeitsprüfung erreicht werden soll. Dem entspricht eine Alternativenprüfung „ins Blaue hinein" offensichtlich nicht.[375]

e) Voraussichtliche Umweltauswirkungen und ihre Bewertung

393 Der **Umweltbericht** besteht gem. § 14g Abs. 2 UVPG aus einem deskriptiven und gem. § 14g Abs. 3 UVPG aus einem bewertenden Teil. Zum deskriptiven Teil gehört insbesondere die Beschreibung der voraussichtlichen erheblichen Auswirkungen auf die Umwelt nach § 2 Abs. 4 S. 2 i.V.m. § 2 Abs. 1 S. 2 UVPG, also die unmittelbaren und mittelbaren Auswirkungen auf die Schutzgüter und die Wechselwirkungen zwischen den Schutzgütern.[376]

394 Angesichts der Größe des Untersuchungsrahmens für die einzelnen Vorhaben und ihren unterschiedlichen Auswirkungen auf unterschiedliche Schutzgüter ist die Erfassung und Bewertung der voraussichtlichen Umweltauswirkungen auf der Ebene der Strategischen Umweltprüfung für den Bundesbedarfsplan methodisch eine Herausforderung. Ebenso wie die vorhabenbezogene Umweltprüfung stellt auch die Strategische Umweltprüfung kein „Suchverfahren" dar, in dem alle nur erdenklichen Auswirkungen eines Vorhabens auf Umweltgüter und deren Wertigkeit bis in alle Einzelheiten und feinsten Verästelungen zu untersuchen wären; und auch Antworten auf in der Wissenschaft bisher noch ungeklärte Fragen müssen hier nicht gefunden werden.[377] Ausreichend ist vielmehr, wenn bei der Untersuchung **anerkannte Prüfmethoden** zur Anwendung gelangen, die zu **nachvollziehbaren Bewertungen und Aussagen** führen.[378]

---

374 Fehlgehend insoweit *Antweiler*, ZNER 2012, 586, 588, der eine Alternativenprüfung in Bezug auf die in Betracht kommenden Standorte der Endpunkte von HGÜ-Trassenkorridoren und Konverterstationen für HGÜ-Leitungen schon auf der Ebene der Strategischen Umweltprüfung für den Bundesbedarfsplan fordert, obwohl auf dieser Planungsebene die Anfangs- und Endpunkte dieser Leitungen noch nicht exakt verortet sein müssen, jedenfalls aber der genaue Standort der Konverterstationen regelmäßig noch nicht festliegt.

375 Es ist daher verfehlt, in Bezug auf die zur Vorbereitung des Bundesbedarfsplans 2012 durchgeführte Umweltverträglichkeitsprüfung von einem „Abwägungsausfall" zu sprechen, weil Alternativen für die Standorte von HGÜ-Konverterstationen nicht ermittelt, beschrieben und bewertet worden seien, so aber *Antweiler*, ZNER 2012, 586, 587 f.

376 Vgl. dazu im Einzelnen Steinbach/*Heimann*, § 12c EnWG Rn 35 f.

377 BVerwG, Urt. v. 21.3.1996 – 4 C 19/94 – BVerwGE 100, 370, 377.

378 Vgl. Hoppe/Beckmann/*Kment*, § 14f Rn 29 m.w.N.

Zur **Ermittlung** und **Bewertung von Umweltauswirkungen** im Rahmen der Strategischen Umweltprüfung zur Vorbereitung des Bedarfsplans kann ein **mehrstufiges Verfahren** eingesetzt werden.[379] 395

In einem ersten Schritt sind dabei die sog. **Wirkfaktoren**, d.h. die Wirkungen des Ausbaus von Höchstspannungsleitungen auf Mensch und Umwelt, zu ermitteln, zu beschreiben und zu bewerten. Netzverstärkungsmaßnahmen sind genauso zu betrachten wie Neubaumaßnahmen. Diese Betrachtung erfolgt zunächst abstrakt, d.h. ohne Raumbezug. Als Wirkfaktoren kommen der Bau der Anlage, die Anlage selbst und ihr Betrieb in Betracht. Die Wirkungen von Ausbaumaßnahmen auf die Umwelt sind höchst unterschiedlich. Daher ist zunächst das Vorhandensein verschiedener Landschaftsnutzungen (z.B. Siedlungen, Vogelschutzgebiete) kartographisch zu erfassen. Der gegenwärtige Umweltzustand, der sog. Ist-Zustand, dient dabei als Grundlage. Zudem sind die derzeit geltenden nationalen und internationalen Umweltziele für die einzelnen Schutzgüter zu berücksichtigen. 396

Die verschiedenen Flächen können – je nach Empfindlichkeit der Gebiete gegenüber dem Leitungsbau – zwei Kategorien zugeordnet werden. Zusammenhängende Siedlungsflächen mit mehr als 10 Anwesen sind beispielsweise der Empfindlichkeitsklasse „hoch" zuzuordnen. In der Kategorie mit „mittlerer Empfindlichkeit" befinden sich die Einzelanwesen und sonstige Siedlungsflächen. 397

Die Beschreibung und Bewertung der Umweltauswirkungen erfolgt sodann für jede Maßnahme in einem „Steckbrief" anhand von beschriebenen einheitlichen Bewertungsklassen. Dabei erfolgt zunächst eine Bewertung der voraussichtlichen erheblichen Umweltauswirkungen bezogen auf die unterschiedlichen Kriterien, gefolgt von einer zusammenfassenden Bewertung für jedes Schutzgut. Abschließend wird eine schutzgutübergreifende Bewertung für jede Maßnahme mit einer Bewertungsklasse vorgenommen. Eine Bewertungsklasse besteht dabei aus einem Buchstaben und ggf. einem Symbol. Der Buchstabe markiert, ob eine Maßnahme Bereiche hoher Empfindlichkeit aufweist, die sich voraussichtlich nicht umgehen lassen (einen sog. Riegel). Dies können z.B. Siedlungsflächen oder Natura 2000-Gebiete sein, welche sich über die gesamte Breite des Untersuchungsraums erstrecken. Im Ergebnis konnten so potenzielle Konflikte ermittelt und bewertet werden. 398

Zutreffend ist die BNetzA davon ausgegangen, dass die Bewertungsergebnisse in den Kontext des hier noch relativ abstrakten Planungsstadiums einzuordnen sind. Belastbare Aussagen im Hinblick auf die tatsächliche Machbarkeit der Vorhaben sind damit noch nicht möglich. Es ergibt sich lediglich eine **Indikation für eine intensivere Prüfung auf den nachfolgenden Planungsstufen**, auf denen dann spezifische Umweltbelange und technische oder räumliche Alternativen in den Blick zu nehmen sind und auch Aussagen zu Ausgleichs- und Ersatzmaßnahmen getroffen werden müssen. 399

Schließlich ist denkbar, dass ein Teil der ermittelten Konfliktlagen in den nachfolgenden Planungsstufen mit zunehmender Konkretisierung der einzelnen Maßnahmen vermieden werden kann oder sich die Zahl der Konflikte zumindest deutlich verringern lassen wird.[380] 400

Im Hinblick auf die Betroffenheit von **Natura 2000-Gebieten** (Netz von Vogelschutzgebieten und Fauna-Flora-Habitaten) ist im Rahmen der Strategischen Umweltprüfung auf der Ebene der Bedarfsplanung ebenfalls nur eine indikative Prüfung möglich und sinnvoll.[381] Zum einen fehlt es auf der Ebene der Bedarfsplanung mangels hinreichender Präzision der Planung 401

379 So auch das Vorgehen der BNetzA, Umweltbericht zum Bundesbedarfsplan 2012, S. 33 ff., abrufbar unter: http://www.netzausbau.de/SharedDocs/Downloads/DE/NEP_UB_2012/ZF%20Umweltbericht%202012.pdf?__blob=publicationFile.

380 *BNetzA*, Umweltbericht zum Bundesbedarfsplan 2012, S. 9 f.

381 *Hennig/Krappel*, UPR 2013, 133, 135 m.w.N.

an den für eine Natura 2000-Verträglichkeitsprüfung erforderlichen Bezugspunkten. Zum anderen wirken Bedarfspläne monothematisch – hier auf energiewirtschaftliche Erfordernisse beschränkt – nur über die Planrechtfertigung auf die Entscheidung der Planfeststellungsbehörde ein. Damit enthalten sie grundsätzlich kein relevantes Beeinträchtigungspotenzial für Natura 2000-Gebiete, wie § 34 Abs. 1 S. 1 BNatSchG und Art. 6 Abs. 3 FFH-Richtlinie es zur Bedingung für eine Rechtspflicht zur Durchführung einer Natura 2000-Verträglichkeitsprüfung machen.

402 Vor diesem Hintergrund – die Planungsebene ist zu diesem Zeitpunkt noch sehr abstrakt und die jeweiligen Erhaltungsziele der FFH- und Vogelschutzgebiete sind nicht im Einzelnen zu betrachten – kann nur eine grobe Abschätzung erfolgen, die keine Verträglichkeits- bzw. FFH-Vorprüfung im engeren Sinne darstellt. Es daher zulässig, wenn hier zunächst eine kategoriale Bewertung der Gebiete vorgenommen wird, und zwar in Abhängigkeit von der Wahrscheinlichkeit, ob mit der Maßnahme ein Schutzgebiet – zunächst nur in seiner Gebietsabgrenzung – beeinträchtigt wird.[382]

403 Für alle nach den gebildeten Kategorien eingeteilten Vorhaben ist dann auf den nachfolgenden Planungsebenen im Einzelnen zu prüfen, ob der Energieleitungsbau zu erheblichen Beeinträchtigungen von Natura 2000-Gebieten in ihren für die Erhaltungsziele oder den Schutzzweck maßgeblichen Bestandteilen durch direkte oder indirekte Wirkungen führen kann.[383]

404 Nach gleichem Muster ist auch die Betroffenheit des Natura 2000-Netzes für den Gesamtplan abzuschätzen. Fragen der Kohärenz sind erst im Rahmen einer Abweichungsprüfung zu klären,[384] die aufgrund des groben Maßstabs abgeschichtet werden kann.

405 Demzufolge war in Bezug auf den Bundesbedarfsplan 2012 keine abschließende Feststellung zur Kohärenz (-wahrung) des Schutzgebietsnetzwerks möglich. Dementsprechend ist auf den folgenden Planungsebenen zu gewährleisten, dass die zur Sicherung des Zusammenhangs des Netzes Natura 2000 notwendigen Maßnahmen vorgesehen werden.

f) Verfahren zur Erstellung des Umweltberichts

406 Das **Verfahren zur Erstellung des Umweltberichts** richtet sich nach den Bestimmungen des Gesetzes über die Umweltverträglichkeitsprüfung, soweit nicht speziellere Vorgaben im EnWG festgelegt sind.

407 Für die **Beteiligung der anderen Behörden** bestimmt **§ 12c Abs. 3 S. 1 EnWG**, dass sie unverzüglich einzubeziehen sind, sobald die materielle Prüfung des Netzentwicklungsplans gem. § 12c Abs. 1 S. 1 EnWG abgeschlossen ist. Mangels näherer Bestimmung gehören dazu die Behörden gem. § 14f Abs. 3 S. 1 UVPG, deren umwelt- und gesundheitsbezogener Aufgabenbereich berührt wird.

408 Laut § 12c Abs. 3 S. 4 EnWG wird der Umweltbericht zeitgleich mit dem Entwurf des Netzentwicklungsplans für eine Frist von sechs Wochen am Sitz der Regulierungsbehörde ausgelegt und darüber hinaus auf ihrer Internetseite veröffentlicht.

409 Die **„betroffene Öffentlichkeit“** kann sich gem. § 12c Abs. 3 S. 5 EnWG zum Entwurf des Netzentwicklungsplans und zum Umweltbericht bis zwei Wochen nach Ende der Auslegung äußern. Zur „betroffenen Öffentlichkeit“ gehören gemäß der Legaldefinition in § 2 Abs. 6 UVPG einzelne oder mehrere natürliche oder juristische Personen, deren Belange durch den Plan be-

---

382 Im Rahmen der Prüfung der BNetzA wurde nach drei Kategorien unterschieden: 1. erhebliche Beeinträchtigungen wahrscheinlich, 2. Beeinträchtigungen nicht ausgeschlossen, 3. wahrscheinlich keine erheblichen Beeinträchtigungen.

383 Vgl. dazu eingehend *Hennig/Krappel*, UPR 2013, 133, 135 ff.

384 Vgl. § 34 Abs. 5 BNatSchG.

rührt werden.[385] Der Begriff der Belange ist **weit auszulegen**. Es genügt, wenn anerkennenswerte Rechte oder Interessen der Person oder Vereinigung in Rede stehen.[386]

Die **Behördenbeteiligung** richtet sich nach **§ 14h UVPG**, wobei die Frist für behördliche Einwendungen mindestens einen Monat beträgt.[387] Sofern der Plan potenziell geeignet ist, erhebliche Umweltauswirkungen in einem anderen Staat auszulösen, sind die in § 14j UVPG enthaltenen Sonderregelungen bezüglich der grenzüberschreitenden Behörden- und Öffentlichkeitsbeteiligung zu berücksichtigen.[388] 410

Nach Abschluss der Behörden- und Öffentlichkeitsbeteiligung **überprüft** die Regulierungsbehörde gem. § 14k UVPG die **Darstellungen und Bewertungen des Umweltberichts unter Berücksichtigung der eingegangenen Stellungnahmen**. Das Ergebnis der Überprüfung ist im Verfahren zur Aufstellung oder Änderung des Netzentwicklungsplans und des Offshore-Netzentwicklungsplans zu berücksichtigen. Die Umweltprüfung dient auch dazu, die Entscheidung über die Bestätigung des Netzentwicklungsplans vorzubereiten, wenn dieser abschließend den Entwurf des Bundesbedarfsplans bilden soll.[389] 411

Da die Strategische Umweltprüfung gem. § 2 Abs. 4 UVPG ein **unselbstständiger Teil des behördlichen Verfahrens im Rahmen der Prüfung und Bestätigung des Netzentwicklungsplans** und des Offshore-Netzentwicklungsplans ist, besteht gem. § 44a VwGO **keine selbstständige Anfechtbarkeit** in Bezug auf das Verfahren oder die Inhalte der Strategischen Umweltprüfung.[390] **Rechtsschutz** kann insoweit nur inzident im Rahmen der Anfechtung des abschließenden Planfeststellungsbeschlusses erlangt werden. 412

5. Bestätigung der Netzentwicklungspläne durch die BNetzA

Bevor der Netzentwicklungsplan und der Offshore-Netzentwicklungsplan durch die BNetzA gegenüber den Übertragungsnetzbetreibern **bestätigt** wird, ist sein jeweiliger Inhalt gem. § 12c Abs. 1/§ 17c Abs. 1 EnWG am Maßstab der Anforderungen des § 12b Abs. 1, 2 und 4 EnWG (Netzentwicklungsplan) und § 17b EnWG (Offshore-Netzentwicklungsplan) im Einzelnen zu **überprüfen**. 413

Beim Offshore-Netzentwicklungsplan hat die Prüfung in Abstimmung mit dem BSH zu erfolgen. 414

Nur wenn den jeweiligen materiellen Anforderungen des Gesetzes entsprochen ist, kann die Bestätigung erfolgen. 415

Gegenüber dem Planungsauftrag der Übertragungsnetzbetreiber ist die Prüfung durch die BNetzA weiter gefasst. Sie hat den jeweiligen Plan nicht nur auf Einhaltung der gesetzlichen Anforderungen zu überprüfen, sondern muss darüber hinaus gem. § 12c Abs. 4 EnWG die Ergebnisse der Behörden- und Öffentlichkeitsbeteiligung berücksichtigen.[391] 416

---

385 Nach Ansicht der Rechtsprechung sind anerkannte Naturschutzvereinigungen Verwaltungshelfer für den Naturschutz, die in Bezug auf einen betroffenen Naturschutzbelang der betroffenen Behörde in besonderen Einzelfällen gleichgestellt sind, vgl. BVerwG, Urt. v. 12.12.1996 – 4 C 19/95 –; Urt. v. 6.11.1997 – 4 A 16/97 –.

386 Vgl. Hoppe/Beckmann/*Appold*, § 2 Rn 112.

387 Vgl. dazu im Einzelnen Hoppe/Beckmann/*Wagner*, § 14h Rn 11 ff.

388 Vgl. Hoppe/Beckmann/*Wagner*, § 14j Rn 3 ff.

389 Vgl. Steinbach/*Heimann*, § 12c EnWG Rn 44.

390 Der EuGH hat zur Frage der isolierten Anfechtbarkeit einer fehlerhaft durchgeführten Strategischen Umweltprüfung noch keine Entscheidung getroffen. Nur im Fall einer gänzlich unterbliebenen Prüfung soll die Behördenentscheidung unheilbar rechtswidrig sein, vgl. zuletzt EuGH, Urt. v. 24.11.2011 – C-404/09 – ZUR 2012, 163.

391 In ihrem Begleitdokument zur Konsultation des überarbeiteten Netzentwicklungsplans 2012 vom 3.9.2012 gab die BNetzA bekannt, dass sie die Vorgaben aus § 12b EnWG 2012 für erfüllt erachtet. In der am 25.11.2012 erteilten Bestätigung des Netzentwicklungsplans 2012 hat sie im Ergebnis 51 der ursprünglich insgesamt 74 von den Übertragungsnetzbetreibern vorgeschlagenen Maßnahmen bestätigt.

a) Prüfungsmaßstab

417 Als Maßstab für die behördliche Prüfung der einzelnen Maßnahmen sind gem. § 12b Abs. 1 S. 2 und § 17b Abs. 1 S. 2 EnWG zunächst die Kriterien der **„Wirksamkeit“**, **„Bedarfsgerechtigkeit“** und **„Erforderlichkeit“** heranzuziehen. Diese Kriterien beziehen sich für den Netzentwicklungsplan auf den Netzbetrieb, für den Offshore-Netzentwicklungsplan auf den Betrieb der Offshore-Anbindungsleitungen. Insoweit handelt es sich um unbestimmte Rechtsbegriffe, für die ein untergesetzliches (technisches) Regelwerk zur Konkretisierung im Einzelnen nicht existiert. Insofern ist ein mit Wortlaut, Systematik sowie Sinn und Zweck des Gesetzes vereinbares Begriffsverständnis bei der Prüfung im Einzelnen zugrunde zu legen.

aa) Wirksamkeit

418 Eine **Maßnahme** (zur Optimierung, Verstärkung und Ausbau) gilt nach den technischen Planungsgrundlagen der Übertragungsnetzbetreiber als **wirksam**, wenn sie eine drohende Überlastsituation vermeidet. Insofern kommen verschiedene Konstellationen in Betracht:

419 Wird unter Zugrundelegung des Startnetzes bei der Netzmodellierung festgestellt, dass sich in Bezug auf das Zieljahr unzulässige Betriebszustände, z.B. in Form einer drohenden Überlastsituation, einstellen, sind Maßnahmen notwendig, um im Zieljahr den stabilen Netzbetrieb zu gewährleisten.

420 Zusätzlich muss nach dem **(n-1)-Kriterium** gewährleistet sein, dass das Übertragungsnetz den Ausfall eines Betriebsmittels kompensieren kann. In Bezug auf die Offshore-Anbindungsleitungen gilt das (n-1)-Kriterium indes nicht uneingeschränkt.[392]

421 Eine Maßnahme gilt auch dann als **wirksam**, wenn sie drohende Überlastsituationen im unterlagerten 110 kV-Netz verhindert und die Überlastsituationen nicht oder nur mit unverhältnismäßigem Aufwand durch Ausbaumaßnahmen in der 110 kV-Ebene behoben werden können.

422 Weiterhin ist eine Maßnahme als **wirksam** einzustufen, wenn sie dem Ziel der Stärkung des europäischen Stromhandels dient. Die Erhöhung der grenzüberschreitenden Transportkapazitäten zur Intensivierung des europäischen Strombinnenmarkts entspricht dem Zweck des § 1 Abs. 3 EnWG. Dies ist offensichtlich bei grenzüberschreitenden Leitungsbauvorhaben der Fall, kann aber auch bei grenznahen innerdeutschen Maßnahmen der Fall sein.

423 Eine Maßnahme ist auch dann als **wirksam** einzustufen, wenn sie ungeplante physikalische Stromflüsse durch das europäische Ausland, sog. Ringflüsse, vermeidet oder deutlich reduziert. Bei Ringflüssen handelt es sich um grenzüberschreitende Lastflüsse, welche aufgrund von Engpässen im deutschen Übertragungsnetz über benachbarte Übertragungsnetze fließen und diese Übertragungsnetze belasten.

424 **Zusammengefasst** kann daher von einer wirksamen Maßnahme i.S.v. § 12b Abs. 1 S. 2 EnWG ausgegangen werden, wenn sie

- den (n-1)-sicheren Betrieb des Übertragungsnetzes sicherstellt oder
- unverhältnismäßigen Aufwand zur Behebung von Überlastungen in unterlagerten Netzebenen vermeidet oder
- zu einer gewollten Erhöhung der grenzüberschreitenden Transportkapazität führt oder
- ungewollte physikalische Ringflüsse über das europäische Ausland merklich reduziert.

---

392 Vgl. *50Hertz/Amprion/TenneT/Transnet BW*, Grundsätze für die Planung des deutschen Übertragungsnetzes, Stand März 2012, S. 5, Fn 3. Der Grund liegt darin, dass im Offshore-Bereich häufig überhaupt nur ein Leitungsstrang zur Verbindung von zwei Netzpunkten vorhanden ist. Dessen Ausfall kann daher nicht nach Maßgabe des (n-1)-Kriteriums kompensiert werden.

bb) Bedarfsgerechtigkeit

425 Maßnahmen des Netzentwicklungsplans und des Offshore-Netzentwicklungsplans müssen nicht nur wirksam, sondern auch **bedarfsgerecht i.S.v. § 12b Abs. 1 S. 2/§ 17b Abs. 1 S. 2 EnWG** sein, um von der Netzagentur bestätigt werden zu können.

426 Das Tatbestandsmerkmal der „Bedarfsgerechtigkeit" wird auch in § 11 EnWG verwendet. Danach umfasst der bedarfsgerechte Ausbau des Energieversorgungsnetzes Maßnahmen, die sowohl durch die Reaktion auf eine veränderte Nachfrage als auch durch die Prognose zu erwartender zukünftiger Nachfrageänderungen begründet sind.

427 Da der Bedarf im Sinne der Netzentwicklungsplanung sich durch die Ergebnisse der Marktmodellierung für das Übertragungsnetz abbildet, können die Auswirkungen des Bedarfs (Ergebnisse der Marktmodellierung) auf das Übertragungsnetz als zu quantifizierende Größe festgehalten werden.

428 Eine Maßnahme bedient demnach einen Bedarf, wenn sich für die Maßnahme eine **zulässige Auslastung** ergibt und sie **einer konkreten Veränderung in der Erzeugungs- und Verbrauchsstruktur Rechnung trägt**. Die (rechnerisch zu ermittelnde) Auslastung stellt dar, in welchem Umfang die Leitung beansprucht wird. Je höher die Beanspruchung einer Leitung ist, umso stärker ist die Entlastung des umgebenden Netzes. Je stärker das Netz durch eine Maßnahme entlastet wird, desto höher ist ihr Nutzen für das Gesamtsystem.

429 Vor diesem Hintergrund hat die BNetzA im Rahmen ihrer Maßnahmenprüfung für den Netzentwicklungsplan 2012 die Feststellung der Auslastung einzelner Maßnahmen vorgenommen. Für einzelne Maßnahmen wurden in den jeweiligen, von den Übertragungsnetzbetreibern übermittelten Netznutzungsfällen, die entsprechenden Auslastungen im Grundlastfall berechnet.[393]

cc) Erforderlichkeit

430 Das **„Erforderlichkeitskriterium"** in **§ 12b Abs. 1 S. 2/§ 17b Abs. 1 S. 2 EnWG** bezieht sich gesetzessystematisch auf den „sicheren" und „zuverlässigen" Betrieb. Die Maßnahmen des Plans müssen wirksam zur bedarfsgerechten Optimierung dienen und in den nächsten zehn Jahren für den sicheren und zuverlässigen Netzbetrieb/Betrieb der Offshore-Anbindungsleitungen „erforderlich" sein.

431 Angesichts des bei der Planung betrachteten Zeitraums von zehn Jahren, der einerseits einem noch üblichen Planungshorizont entspricht, andererseits aber im Grenzbereich zu einer strategischen Netzplanung liegt, geht die **BNetzA** in Bezug auf den Netzentwicklungsplan von einer **besonderen, strengen Erforderlichkeitsprüfung** aus. Insoweit weicht sie von den technischen Planungsgrundsätzen, die die Übertragungsnetzbetreiber bei der Erstellung des Netzentwicklungsplans angelegt haben, ab.[394]

432 Nach Ansicht der BNetzA sollen Maßnahmen gegenüber einer möglichst großen Anzahl von Szenarien und auch gegenüber Veränderungen von gesetzlichen oder anderweitigen Rahmen-

393 *BNetzA*, Bestätigung Netzentwicklungsplan Strom 2012, 25.11.2012, S. 108.
394 Nach den Planungsgrundsätzen (*50Hertz/Amprion/TenneT/Transnet BW*, Grundsätze für die Planung des deutschen Übertragungsnetzes, Stand März 2012) gilt ein Netz als sicher geplant, wenn es das (n-1)-Kriterium erfüllt, d.h., wenn das Netz auch im Falle des Ausfalls eines Betriebsmittels (-1) die Versorgung sicherstellen kann. Eine nach dem n-1-Kriterium als notwendig ermittelte Maßnahme ist bedarfsgerecht, wenn sie sowohl durch die Reaktion auf eine veränderte Nachfrage als auch durch die Prognose zu erwartender zukünftiger Nachfrageänderungen begründet ist. Aufgrund der geltenden Rechtslage und aus fachlich guten Gründen berücksichtigen die Übertragungsnetzbetreiber bei ihrer Netzplanung ausdrücklich keine marktbezogenen Maßnahmen, wie Redispatch von Kraftwerken, Einspeisemanagement von EEG-Anlagen oder Lastabschaltungen.

bedingungen stabil sein, um nicht unnötig Ressourcen zu verbrauchen. Eine Maßnahme wird danach als **„erforderlich"** betrachtet, wenn sie nicht nur bedarfsgerecht, sondern auch gegenüber Veränderungen der Netzentwicklungsplanung in einem gewissen Maße „widerstandsfähig" und damit **„robust"** ist.[395] Denn der bestätigte Netzentwicklungsplan soll schon aus Gründen der **Verhältnismäßigkeit** nur Maßnahmen enthalten, deren Umsetzung auch angesichts der bestehenden Ungewissheiten über die energiewirtschaftliche Entwicklung angemessen ist.[396]

433 Die zu bestätigenden **Maßnahmen** weisen eine **hinreichende Robustheit** auf, wenn sie auch unter verschiedensten Bedingungen einen hinreichenden Nutzen generieren, da ansonsten Prognoseveränderungen, wie sie sich z.B. aus der jährlichen Erarbeitung des Szenariorahmens ergeben, dazu führen können, dass die vormals bestätigten Maßnahmen nicht mehr bestätigt werden können.

434 Nach Ansicht der BNetzA ist daher ein vernünftiger Ausgleich zwischen der einerseits bestehenden generellen Notwendigkeit eines Netzausbaus sowie der derzeit rechtlich und planerisch bestehenden uneingeschränkten Verpflichtung zum Netzausbau auch bei nur geringem Bedarf und der andererseits existierenden Ungewissheit über die Entwicklung der Planungsgrundlagen und möglicher unnötiger Folgekosten für nicht oder nicht mehr wie im geplanten Maße erforderliche Maßnahmen zu finden.[397]

435 Damit legt die BNetzA das Tatbestandsmerkmal der „Erforderlichkeit" aus § 12b Abs. 1 S. 2 EnWG unter Berücksichtigung des zeitlichen Horizonts der Planung, der Tatsache ihrer regelmäßigen Wiederholung sowie der bestehenden Ungewissheiten in Bezug auf künftige Entwicklungen einschränkend aus.

436 Ein solches, teleologisch reduziertes Begriffs- und Gesetzesverständnis ist im Ergebnis vertretbar.

437 Zum einen differenziert das Gesetz bereits im Wortlaut zwischen den im Netzentwicklungsplan *„für die nächsten zehn Jahre enthaltenen"*, und den *„Angaben zu den in den nächsten drei Jahren ab Feststellung des Netzentwicklungsplans"* erforderlichen Maßnahmen. Wortlaut und Systematik des Gesetzes lassen damit erkennen, dass dem Kriterium der Erforderlichkeit eine besondere Bedeutung zukommt. Dies legt eine differenzierte, kritische Sichtweise bei der Prüfung nahe. Auch der Gesichtspunkt der Planungssicherheit und der Verhältnismäßigkeit spricht für eine enge Auslegung des „Erforderlichkeitskriteriums". Angesichts der sich in kurzen Abständen wiederholenden Bedarfsplanung und -prüfung wäre es weder für die Übertragungsnetzbetreiber noch für die von ihren Maßnahmen betroffenen Dritten von Vorteil, wenn Vorhaben für die Zukunft erst großzügig als „erforderlich" bestätigt werden, um sie möglicherweise schon ein Jahr später insoweit anders, d.h. negativ, zu bewerten, z.B. weil sich die zugrundeliegenden Szenarien geändert haben.

438 Bei der Prüfung der Erforderlichkeit von Maßnahmen ist im Einzelfall zu berücksichtigen, dass eine Grenze für die Bestimmung der Auslastung einer Leitung nicht zu hoch gewählt sein darf, um im späteren Netzbetrieb auch bei betriebsbedingten Abschaltungen oder anderen Vorkommnissen für den Fehlerfall gerüstet zu sein. Eine hohe Auslastung in diesem Sinne ist schon bei einem Wert von deutlich über 50% anzunehmen. Denn bei einem Ausfall so hoch ausgelaste-

---

395 *BNetzA*, Bestätigung Netzentwicklungsplan Strom 2012, 25.11.2012, S. 109.

396 *BNetzA*, Bestätigung Netzentwicklungsplan Strom 2012, 25.11.2012, S. 103: Eine Maßnahme, für welche derzeit die planerische Wirksamkeit und Bedarfsgerechtigkeit nicht festgestellt werden kann und welche somit derzeit nicht erforderlich und bestätigungsfähig ist, kann in künftigen Jahren entsprechend der Entwicklungen als wirksam und bedarfsgerecht anzusehen sein. Umgekehrt ist es jedoch auch möglich, dass eine heute als wirksam und bedarfsgerecht eingestufte Maßnahme in künftigen Jahren nicht mehr erforderlich und genehmigungsfähig ist. Es ist sogar denkbar, dass sich die Bestätigungsfähigkeit einer Maßnahme in den kommenden Jahren mehrfach ändert.

397 *BNetzA*, Bestätigung Netzentwicklungsplan Strom 2012, 25.11.2012, S. 108.

ter Leitungen ergeben sich in der Praxis regelmäßig grenzwertige Belastungen für das umgebende Netz. Außerdem sind hoch ausgelastete Leitungen kaum in der Lage, ihrerseits den Ausfall anderer Betriebsmittel abzusichern. Gleichzeitig darf eine Auslastungsgrenze auch nicht zu niedrig gewählt sein, damit die Maßnahme bei veränderten Rahmenbedingungen nicht unnötig wird, d.h., nicht mehr als erforderlich gelten kann.

Vor diesem Hintergrund wird von der BNetzA eine Auslastung einer Leitung im Bereich 439 von 20% als Robustheitsindikator in Betracht gezogen. Eine solche Auslastung indiziert einen Grenzbereich, weil unterhalb einer Auslastung von 20% technisch gesehen auch eine 110 kV-Leitung zur Bewältigung des Transportbedarfs infrage kommt. Es ist daher angezeigt, im Rahmen der Erforderlichkeitsprüfung einer Maßnahme relativ zum umgebenden Netz eine maximale Auslastung von 20% anzusetzen.

Die Leitungsauslastungen werden somit unter der Berücksichtigung der Auslastungen des 440 umgebenden Netzes (Entlastungsgedanke), der Gewährleistung der (n-1)-Sicherheit und etwaigen Revisionen bewertet.

dd) Wirtschaftlichkeit

§ 17b Abs. 1 EnWG enthält für den Ausbau der Offshore-Anbindungsleitungen im Offshore- 441 Netzentwicklungsplan – über die Kriterien der Wirksamkeit, Bedarfsgerechtigkeit und Erforderlichkeit hinaus, die auch für den Netzentwicklungsplan gem. § 12b Abs. 1 EnWG gelten – die Anforderung der **„Wirtschaftlichkeit."** Ein Maßstab für die Bestimmung der Wirtschaftlichkeit wird vom Gesetz nicht vorgegeben. Insoweit wird es in der Praxis vor allem auf vergleichende Betrachtungen verschiedener Maßnahmen und ihrer technischen Varianten und Kosten im Einzelnen ankommen, um eine Festlegung insoweit bewerten zu können.

ee) Prüfung des Gesamtkonzepts

Über die Prüfung der Einzelmaßnahmen des Netzentwicklungsplans auf ihre Wirksamkeit, Be- 442 darfsgerechtigkeit und Erforderlichkeit i.S.v. § 12b Abs. 1 EnWG hinaus stellt die BNetzA zusätzlich auf eine **„Prüfung des Gesamtkonzepts"** ab.[398] Sie begründet dies mit dem Argument, dass der Netzentwicklungsplan 2012 einen Bedarf an Übertragung großer Leistungen über weite Strecken feststelle, der durch HGÜ-Leitungen und flankierende NOVA-Maßnahmen gedeckt werden solle. Das vorgeschlagene Gesamtkonzept mit vier HGÜ-Korridoren, die insgesamt sieben Trassen beinhalten, zusammen mit dem zusätzlich erforderlichen notwendigen Drehstromausbau und der weitgehenden Anhebung des Spannungsniveaus auf 380 kV, sei daher auch insgesamt konzeptionell zu prüfen.

Ziel der Prüfung des Gesamtkonzepts ist es dabei festzustellen, dass das Gesamtkonzept des 443 Netzentwicklungsplans „nachvollziehbar und wissenschaftlich begründbar" ist.

Richtig ist zunächst die Überlegung, dass aus der Prüfung von Einzelmaßnahmen noch 444 nicht deutlich wird, ob eine bestimmte Anzahl von Maßnahmen nicht durch effizientere Lösungsansätze, z.B. durch einen anders gestalteten Netzaus- und -umbau, ersetzt werden könnte. Es ist z.B. denkbar, dass drei geplante einzelne Maßnahmen durch eine vierte, neue Maßnahme überflüssig werden. Es ist daher gut nachvollziehbar über die Einzelmaßnahmen hinaus, auch den Gesamtplan und sein Konzept sowie potenzielle Alternativen dazu näher zu betrachten und zu prüfen. Diese Überlegungen sind auch bei der Erstellung des Offshore-Netzentwicklungsplans zu beachten.

398 *BNetzA*, Bestätigung Netzentwicklungsplan Strom 2012, 25.11.2012, S. 111.

445 Für eine solche Vorgehensweise spricht auch, dass das Höchstspannungsnetz ein Gesamtsystem darstellt, bei dem „Alles mit allem zusammenhängt." Lokale Veränderungen der Ein- oder Ausspeisung können im vermaschten Netz weiträumige Auswirkungen haben, es sind die europäischen Transitflüsse zu beachten, geplante und ungeplante Nichtverfügbarkeiten von Kraftwerken sowie geplante und ungeplante Nichtverfügbarkeiten von Netzbetriebsmitteln einzubeziehen.

446 Anders als die auf ihr jeweiliges Übertragungsnetz begrenzte Verantwortung der Übertragungsnetzbetreiber hat die BNetzA die Funktion des Gesamtsystems im Auge zu behalten und zu überwachen. Wenn sie den Netzentwicklungsplan daher auch auf sein Gesamtkonzept hin prüft, kann das – rechtlich betrachtet – als Konkretisierung der von ihr wahrzunehmenden staatlichen Gewährleistungsverantwortung für das nationale Höchstspannungsnetz verstanden werden. Nur wenn das Gesamtkonzept zum Netzausbau in sich schlüssig ist, können die Einzelmaßnahmen zu seiner Optimierung ihre Berechtigung haben.

447 Methodisch hat sich die BNetzA zur Prüfung des Gesamtkonzepts des Netzentwicklungsplans 2012 eines Gutachtens der Technischen Universität Graz bedient.[399] Es untersucht und prüft verschiedene Varianten zur Lösung des sich aus den Szenarien des genehmigten Szenariorahmens ergebenden energiewirtschaftlichen Transportbedarfs in Deutschland und vergleicht diese Varianten anhand geeigneter Kenngrößen miteinander. Dabei wurde bewusst eine andere methodische Vorgehensweise als die der Übertragungsnetzbetreiber gewählt.[400] Dadurch soll sichergestellt werden, dass es sich bei den am Ende übereinstimmenden Lösungswegen mit größter Wahrscheinlichkeit um die technisch und energiewirtschaftlich angemessenen Lösungen handelt.

448 Im Ergebnis kommen die Ansätze des Gutachtens der Technischen Universität Graz und die der Übertragungsnetzbetreiber im Netzentwicklungsplan 2012 zu strukturell sehr ähnlichen Lösungen. Daher hat die BNetzA das Gesamtkonzept des Netzentwicklungsplans 2012 im Ergebnis für nachvollziehbar und wissenschaftlich begründbar befunden.

b) Prüfung des Zeitplans und der verbindlichen Termine

aa) Zeitplan des Netzentwicklungsplans

449 Die BNetzA hat gem. § 12c Abs. 1 S. 1 i.V.m. § 12b Abs. 1 S. 3 Nr. 2 EnWG auch die Angaben über den **Zeitplan** für die von den Übertragungsnetzbetreibern im Netzentwicklungsplan benannten Netzausbauvorhaben zu prüfen.

450 Insofern kann sie lediglich feststellen, dass überhaupt ein Inbetriebnahmedatum, z.B. ein Jahr oder ein Zeitraum von mehreren Jahren, benannt ist und diese Angabe – gemessen an der jeweiligen Maßnahme – als **plausibel und nachvollziehbar** erscheint. Da der exakte Zeitpunkt des Bedarfs einer Maßnahme als auch die Länge der vorher zu absolvierenden Planverfahren nur schwer zu prognostizieren sind, ist eine **exakte Überprüfung der Richtigkeit der Inbetriebnahmejahre nicht möglich**.

---

399 „Gutachten zur Ermittlung des erforderlichen Netzausbaus im deutschen Übertragungsnetz" – (kurz *NEMO II*) Oktober 2012, abrufbar unter: http://www.netzausbau.de.

400 Unter Verwendung der Datensätze der Übertragungsnetzbetreiber wurde auf Basis eines von der BNetzA beauftragten Gutachtens unter dem Titel „Regionalisierung eines nationalen energiewirtschaftlichen Szenariorahmens zur Entwicklung eines Netzmodells" (NEMO), *Consentec GmbH, Aachen* (*NEMO I*) eine eigenständige Berechnung vorgenommen, dabei eine abweichende Netzberechnungssoftware verwendet (NEPLAN statt INTEGRAL); die Prüfung wurde anhand von acht auslegungsrelevanten Netznutzungsfällen vorgenommen (nicht nur für den Fall maximaler Belastung) und es wurde ein eigenes Netzmodell verwendet, abrufbar unter: http://www.netzausbau.de.

Vor diesem Hintergrund hat die BNetzA im Rahmen der Prüfung des Netzentwicklungsplans 2012 im Hinblick auf den Zeitplan der bestätigten Maßnahmen ausgeführt, dass das Bestreben der Übertragungsnetzbetreiber, Netzausbaumaßnahmen sinnvoll zeitlich zu synchronisieren, erkennbar sei und offensichtliche Inkonsistenzen bei den angestrebten Inbetriebnahmejahren nicht zu erkennen seien.[401] 451

bb) Verbindliche Termine im Offshore-Netzentwicklungsplan

Die Vorgaben in § 17b Abs. 2 EnWG für die **zeitlichen Festlegungen im Offshore-Netzentwicklungsplan** fallen wesentlich konkreter aus als für den Netzentwicklungsplan in § 12b Abs. 1 S. 3 Nr. 2 EnWG. 452

Der Offshore-Netzentwicklungsplan muss für alle Maßnahmen **Angaben zum geplanten Zeitpunkt der Fertigstellung** enthalten und sieht verbindliche Termine für den Beginn der Umsetzung vor. Damit kommt es zur Festlegung einer zeitlichen Staffelung der **Maßnahmen**, d.h., es ist festzulegen, mit dem Bau welcher Leitung zu welchem Zeitpunkt begonnen wird und wann sie fertiggestellt ist.[402] 453

Der BNetzA obliegt es im Rahmen ihrer Prüfung, die von den Übertragungsnetzbetreibern getroffenen Festlegungen zur Bestimmung der zeitlichen Prioritäten nachzuvollziehen und ggf. gem. § 12c Abs. 1 S. 2 EnWG Änderungen zu verlangen, wenn sie die Festlegungen für nicht vertretbar erachtet. Insoweit hat die Behörde einen Beurteilungsspielraum. 454

c) Pilotprojekte

Beim Netzentwicklungsplan prüft die BNetzA gem. § 12c Abs. 1 S. 1 i.V.m. § 12b Abs. 1 S. 3 Nr. 3 EnWG auch die Angaben über geplante **Pilotprojekte**. Dazu gehören gem. § 12b Abs. 1 S. 3 Nr. 3 lit. a) EnWG zunächst Projekte für eine verlustarme Übertragung hoher Leistungen über große Entfernungen (z.B. HGÜ-Technologie oder 550 kV-AC-Technologie). HGÜ-Vorhaben können dabei gem. § 12e Abs. 3 S. 1 EnWG auf einem Teilabschnitt jeweils als Erdkabel ausgeführt werden.[403] Als Pilotprojekt kommt ferner der Einsatz von Hochtemperaturleitern gem. § 12b Abs. 1 S. 3 Nr. 3 lit. b) EnWG in Betracht (HTLS-Technologie). In allen Fällen ist eine **Bewertung der technischen Durchführbarkeit und Wirtschaftlichkeit** des jeweiligen Pilotprojekts erforderlich. 455

aa) HGÜ-Technologie

Nach § 12b Abs. 1 S. 3 Nr. 3 lit. a) EnWG kommen mehrere Pilotprojekte für die Verwendung von **HGÜ-Technologie** in Betracht. Außer den Vorgaben der **„technischen Durchführbarkeit und Wirtschaftlichkeit“** sind bislang keine spezifischen Kriterien definiert, nach denen die Bestimmung der Zahl und die Auswahl der Vorhaben zu erfolgen hat. Von der Möglichkeit, auch inso- 456

---

401 *BNetzA*, Bestätigung Netzentwicklungsplan Strom 2012, 25.11.2012, S. 334.

402 Vgl. dazu im Einzelnen oben Rn 341.

403 Dies gilt für zwei Vorhaben, vgl. § 12 Abs. 3 S. 1 EnWG. Zuvor war im Gesetz ausdrücklich nur ein einzelnes Pilotprojekt zur Erdverkabelung vorgesehen. Der Bundesrat hat in seiner Stellungnahme vom 1.2.2013 zum Entwurf des BBPlG (BR-Drucks. 819/12, S. 6) eine rechtlich unbeschränkte Ermöglichung von Erdkabeltechnik gefordert (vgl. BR-Drucks. 819/12 – Beschl. v. 1.2.2013, S. 6f. und 8f.). Der Bundestag ist diesem Vorschlag im weiteren Gesetzgebungsverfahren indes nicht gefolgt (vgl. BT-Drucks. 17/12638 v. 6.3.2013 und 17/13258 v. 24.4.2013), sodass es bei der Erweiterung auf „zwei Pilotprojekte“ in § 12e Abs. 3 S. 1 EnWG geblieben ist.

weit nähere Bestimmungen zum Inhalt des Netzentwicklungsplans i.S.v. § 12c Abs. 6 EnWG zu treffen, hat die BNetzA bislang noch keinen Gebrauch gemacht.[404]

457 Unter Hinweis auf die bislang fehlenden verlässlichen Betriebserfahrungen mit selbstgeführten HGÜ-Anlagen, den auch von den Übertragungsnetzbetreibern gesehenen Problemen und weiterem Untersuchungsbedarf[405] hat die BNetzA in ihrer Bestätigung zum Netzentwicklungsplan 2012 zunächst drei der von den Übertragungsnetzbetreibern vorgeschlagenen vier großen HGÜ-Projekte akzeptiert.[406]

bb) HGÜ-Technologie als Erdkabel

458 Die HGÜ-Vorhaben gem. § 12e Abs. 3 S. 1 EnWG, die zugleich auf einem Teilabschnitt als Erdkabel ausgeführt werden können, müssen **weitere Anforderungen** erfüllen. Zunächst muss der Einsatz von **Erdkabel** auf diesem Abschnitt **„technisch und wirtschaftlich effizient"** sein. Diese Prüfung erfolgt abschließend nicht im Zusammenhang mit der Aufstellung des Netzentwicklungsplans, sondern **durch die Genehmigungsbehörde im Rahmen des Planfeststellungsverfahrens.**[407] Die weitere Genehmigungsfähigkeit im Zulassungsverfahren richtet sich auch danach, ob die **Voraussetzungen gem. § 2 Abs. 2 S. 1 Nr. 1 oder 2 EnLAG**, d.h., insbesondere die Abstandsvorschriften von einer Wohnbebauung eingehalten sind.[408]

cc) HTLS-Technologie

459 Mit der in § 12b Abs. 1 S. 3 Nr. 3 lit. b) EnWG vorgesehenen Regelung über den Einsatz **von Hochtemperaturleiterseil-Technologie** (HTLS-Technologie) verfolgt der Gesetzgeber die **Intention**, die verlustarme Übertragung per HTLS-Technologie zukünftig auch im realen Wirkbetrieb weiter zu untersuchen. **Erforderlich** ist neben der Angabe des Projekts im Netzentwicklungsplan die **Bewertung der technischen Durchführbarkeit und Wirtschaftlichkeit**. Weitere Kriterien definiert das EnWG nicht, behördliche Vorgaben fehlen insoweit.

460 **Durch § 2 Abs. 3 BBPlG**[409] **hat die Regelung über die Verwendung von HTLS-Technik bei Pilotprojekten eine Konkretisierung erfahren**. Zum einen spricht das Bundesbedarfsplangesetz in § 2 Abs. 3 nun ausdrücklich von einer **Mehrzahl** von möglichen HTLS-Vorhaben, während § 12b Abs. 1 S. 3 Nr. 3 lit. b) dem Wortlaut nach nur **ein Pilotprojekt** erfasst. Zum anderen differenziert das Gesetz in § 2 Abs. 3 BBPlG nach zwingend als HTLS-Vorhaben durchzuführenden Pilotprojekten, die im Bundesbedarfsplan bereits durch Kennzeichnung festgelegt sind (S. 1)[410] und solchen HTLS-Vorhaben, die erst auf der Ebene des Zulassungsverfahrens durch die zuständige Behörde genehmigt werden können, **soweit dies technisch und wirtschaftlich**

---

404 Zum Rechtsschutz gegen eine behördliche Bestimmung gem. § 12c Abs. 6 EnWG vgl. Kap. 13 Rn 28.

405 Beispielsweise sind die weiträumigen Auswirkungen von Netzfehlern an den Enden der HGÜ-Übertragungsstrecken noch nicht hinreichend untersucht worden. Außerdem sind bislang nicht erprobte Regelkonzepte insbesondere zur Beherrschung von (n-2)-Fehlern in AC/DC-Gesamtsystemen zu entwickeln und zu testen, vgl. *BNetzA*, Bestätigung Netzentwicklungsplan Strom 2012, 25.11.2012, S. 338.

406 Der HGÜ-Korridor B (Maßnahme M04 im Netzentwicklungsplan Strom 2012: Wehrendorf – Urberach) wurde 2012 nicht von der BNetzA als energiewirtschaftlich notwendig bestätigt, vgl. *BNetzA*, Bestätigung Netzentwicklungsplan Strom 2012, 25.11.2012, S. 5.

407 Davon geht auch die Begründung zu § 2 Abs. 2 S. 1 BBPlG, BR-Drucks. 819/12, S. 17, aus.

408 Vgl. dazu im Einzelnen Steinbach/*Lecheler*, § 2 EnLAG Rn 160 ff.

409 Gesetz über den Bundesbedarfsplan, (Entwurf) BR-Drucks. 819/12, S. 1. Nach der Zustimmung durch den Bundesrat (BR-Drucks. 363/13 v. 7.6.2013) steht das Gesetz kurz vor der Verkündung.

410 In der Anlage 1 zum BBPlG wird mit dem Buchstaben D – als Kennzeichen für HTLS-Pilotprojekte – nur ein Vorhaben bezeichnet. Es handelt sich um das Vorhaben Nr. 21 Höchstspannungsleitung Daxlanden-Bühl/Kuppenheim-Eichstetten.

effizient ist (S. 2). Das bedeutet, dass auch bei einer unterbliebenen oder nicht hinreichenden Prüfung im Rahmen der Netzentwicklungsplanung, ob HTLS-Technologie eingesetzt werden soll, eine **Prüfung und Entscheidung dahingehend noch im späteren behördlichen Zulassungsverfahren möglich ist.**

Hintergrund für diese Regelung mag die Tatsache sein, dass die BNetzA in Bezug auf die im Netzentwicklungsplan 2012 enthaltenen Angaben zum Einsatz von Hochtemperaturleiterseilen moniert hat, dass es z.T. an der Betrachtung der Wirtschaftlichkeit und technischen Durchführbarkeit der konkret vorgeschlagenen HTLS-Pilotprojekte fehle.[411] 461

d) Nachvollziehbarkeit der Netzmodellierung

Gegenstand der **Prüfung durch die BNetzA** im Rahmen der Bestätigung des Netzentwicklungsplans ist auch, ob dabei seitens der Übertragungsnetzbetreiber ***„eine geeignete und für einen sachkundigen Dritten nachvollziehbare Modellierung des deutschen Übertragungsnetzes"*** verwendet worden ist, wie § 12b Abs. 1 S. 3 EnWG vorgibt. 462

Das von den deutschen Übertragungsnetzbetreibern im Rahmen der Erarbeitung des Netzentwicklungsplans 2012 verwendete Marktmodell zur Modellierung des Strommarkts basiert auf einer Methodik des IAEW[412] der RWTH Aachen. Diese wurde über Jahre entwickelt, ist öffentlich zugänglich und umfangreich dokumentiert.[413] 463

Die BNetzA stellt daher in Bezug auf den Netzentwicklungsplan 2012 – unter Hinweis auf die einzelnen Schritte dieser Methodik – fest, dass das Vorgehen bei der Modellierung des Übertragungsnetzes für fachkundige Dritte nachvollziehbar sei.[414] 464

e) Gemeinschaftsweiter Netzentwicklungsplan und Offshore-Netzpläne

Die BNetzA hat im Rahmen der Bestätigung des Netzentwicklungsplans und des Offshore-Netzentwicklungsplans auch zu prüfen, inwieweit er die **Vorgaben des gemeinschaftsweiten Netzentwicklungsplans nach Art. 8 Abs. 3b der VO (EG) Nr. 714/2009** berücksichtigt. Der Netzentwicklungsplan gem. § 12b EnWG muss darüber hinaus **vorhandene Offshore-Netzpläne** berücksichtigen, der Offshore-Netzentwicklungsplan seinerseits gem. § 17b Abs. 2 S. 6 EnWG mit dem jeweiligen Entwurf des Netzentwicklungsplans nach § 12b EnWG in Einklang stehen. 465

aa) Gemeinschaftsweiter Netzentwicklungsplan

Die **Berücksichtigung des nationalen und des europäischen Netzentwicklungsplans** hat bei der Prüfung durch die BNetzA **auf zwei Ebenen** zu erfolgen: Zunächst hat ein **Abgleich der Eingangsparameter für die Netzberechnungen**, d.h. der Szenarien (Annahmen zum Kraftwerkspark und zur Last) und der grenzüberschreitenden Transportkapazitäten, zu erfolgen. So- 466

411 *BNetzA*, Bestätigung Netzentwicklungsplan Strom 2012, 25.11.2012, S. 339; allerdings seien diese Angaben wohl auch aus öffentlich zugänglichen Quellen oder den allgemeinen Betrachtungen zum Hochstrombetrieb zu entnehmen.

412 Institut für Elektrische Anlagen und Energiewirtschaft an der RWTH Aachen.

413 Vgl. *Mirbach*, Marktsimulationsverfahren zur Untersuchung der Preisentwicklung im europäischen Strommarkt, Aachen 2009.

414 *BNetzA*, Bestätigung Netzentwicklungsplan Strom 2012, 25.11.2012, S. 341 ff. Sie bemängelt indes, dass die Konsequenzen, die aus den angestellten Untersuchungen zu ziehen sind, nicht überall im Detail dargestellt worden sind.

dann ist abzugleichen, ob die ermittelten Maßnahmen inklusive Kostenannahmen und erwarteten Inbetriebnahmedaten der beiden Pläne **nicht in Widerspruch** zueinander stehen.

467 Bestehen **Zweifel**, ob der Netzentwicklungsplan mit dem Inhalt des gemeinschaftsweiten Netzentwicklungsplans vereinbar ist, konsultiert die Regulierungsbehörde gem. **§ 12c Abs. 1 S. 4, § 17c EnWG** ACER, d.h. die Europäische Agentur für die Zusammenarbeit der Energieregulierungsbehörden. **ACER** kann in diesem Fall eine **Empfehlung zur Änderung** des nationalen zehnjährigen Netzentwicklungsplans oder ggf. des gemeinschaftsweiten Netzentwicklungsplans aussprechen.[415] Eine Anordnungsbefugnis kommt ACER insoweit nicht zu.

468 Der für die Prüfung des Netzentwicklungsplans 2012 maßgebende gemeinschaftsweite Netzentwicklungsplan (TYNDP 2012)[416] war im Zeitpunkt der Erarbeitung des Netzentwicklungsplans 2012 noch nicht endgültig verabschiedet. Er wurde erst am 5.7.2012 publiziert. Gleichwohl ist er von der BNetzA zur Prüfung des Netzentwicklungsplans 2012 herangezogen worden, denn der vorherige Netzentwicklungsplan von 2010 beruhte – mangels Inkrafttreten der VO (EG) Nr. 714/2009 – noch nicht auf der nach dem EnWG maßgebenden Ermächtigungsgrundlage.

469 Die BNetzA stellt vor diesem Hintergrund in der Bestätigung des Netzentwicklungsplans 2012 fest, dass der überarbeitete Entwurf des deutschen Netzentwicklungsplans vom 15.7.2012 anhand der Projektliste des am 5.7.2012 veröffentlichten TYNDP 2012 **überprüft und für ausreichend befunden** wurde. Die Deutschland betreffenden Projekte des TYNDP 2012 fänden sich im Netzentwicklungsplan 2012 wieder. Auch ließe sich für die Projekte, welche in beiden Plänen enthalten sind, eine weitgehende Konsistenz bezüglich der geplanten Inbetriebnahmedaten und auch in Bezug auf die Kostenangaben feststellen.[417]

470 Die Übertragungsnetzbetreiber haben die zum jeweiligen Zeitpunkt aktuellsten verfügbaren Daten aus dem TYNDP 2012 hinsichtlich der Erzeugungs- und Netzinfrastruktur des europäischen Auslands verwendet. Ebenso sei im Netzentwicklungsplan eine Berücksichtigung des TYNDP 2012 auf Ebene der Maßnahmen erfolgt. Den Anforderungen des §12b Abs. 1 S. 4 EnWG sei daher entsprochen.[418]

bb) Offshore-Netzpläne

471 Der Netzentwicklungsplan soll nach §12b Abs. 1 S. 5 EnWG **vorhandene Offshore-Netzpläne berücksichtigen**. Der Bundesfachplan Offshore gem. § 17a EnWG[419] (vormals Offshore-Netzplan i.S.v. § 17 Abs. 2a EnWG a.F.) legt in der AWZ der Nord- und Ostsee die Trassen und Korridore für die Seekabelsysteme und Konverterplattformen für die Anbindung der Offshore-Windparks an die Stromnetze fest. Darüber hinaus erhält der Plan auch Darstellungen zu einer Vermaschung des Netzes, durch die sichergestellt wird, dass auch bei Ausfall einzelner Trassen das Netzwerk weiter funktioniert. Der Plan enthält daneben Trassen für Stromkabel, die den internationalen Stromaustausch ermöglichen.

472 Eine Berücksichtigung von vorhandenen Offshore-Netzplänen bei der Erstellung des Netzentwicklungsplans 2012 war nicht möglich, da das Verfahren zur Erstellung des ersten Offshore-

415 Vgl. Art. 8 Abs. 11 der VO (EG) Nr. 714/2009.

416 Download unter: http://www.entsoe.eu/system-development/tyndp/tyndp-2012-new. Zu den Inhalten im Einzelnen, vgl. oben Rn 160 ff.

417 *BNetzA*, Bestätigung Netzentwicklungsplan Strom 2012, 25.11.2012, S. 348 ff.

418 *BNetzA*, Bestätigung Netzentwicklungsplan Strom 2012, 25.11.2012, S. 351.

419 § 17a EnWG über den Bundesfachplan Offshore des Bundesamtes für Seeschifffahrt und Hydrographie ist durch das Dritte Gesetz zur Neuregelung energiewirtschaftsrechtlicher Vorschriften vom 20.12.2012, BGBl. I S. 2730 in das EnWG eingefügt worden.

Netzplans nach § 17 Abs. 2a EnWG a.F. im Zeitpunkt der Prüfung durch die BNetzA noch nicht abgeschlossen war.

Daher haben die Übertragungsnetzbetreiber auch in der überarbeiteten Fassung des Netzentwicklungsplans 2012 keine Offshore-Anbindungen ausgewiesen. Die Stromeinspeisung der Offshore-Windparks haben sie indes über die Anlandungspunkte berücksichtigt. Für das Übertragungsnetz stellen diese Anlandungspunkte normale Einspeisepunkte dar. Die Festlegung der Anbindungspunkte erfolgte aufgrund der Planungsgrundsätze der Übertragungsnetzbetreiber. 473

Existiert ein Plan, bedeutet dies materiell, dass sich die Auslegung der Korridore im Netzentwicklungsplan nicht ausschließlich an der Einspeisung der Windenergie, sondern ebenfalls **an den im Plan gekennzeichneten Onshore-Einspeisungen oder Interkonnektoren zu orientieren hat.** 474

cc) Übereinstimmung des Offshore-Netzentwicklungsplans mit dem Entwurf des Netzentwicklungsplans

Laut § 17b Abs. 2 S. 6 EnWG ist durch die BNetzA auch die **Übereinstimmung des Offshore-Netzentwicklungsplans mit dem Entwurf des Netzentwicklungsplans nach § 12b EnWG zu prüfen. Zweck** der Vorschrift ist es, durch den Abgleich der Netzentwicklungsplanung für den Onshore- und Offshore-Bereich ein **größtmögliches Maß an Übereinstimmung** herzustellen. 475

Dementsprechend hat ein Abgleich sowohl in Bezug auf **die den Planungen zugrundeliegenden Eingangsparameter** (z.B. Annahmen zu Einspeisepunkten und zur Last) als auch in Bezug auf **geplante Maßnahmen** zu erfolgen. Dabei dürfte insbesondere die Abstimmung in zeitlicher Hinsicht eine genauere Prüfung erfordern, da die Festlegungen zu Zeitpunkten der Fertigstellung und Terminen für die Umsetzung im Offshore-Netzentwicklungsplan gem. § 17b Abs. 2 EnWG sehr detailliert erfolgen. 476

f) Betrachtung anderweitiger Planungsmöglichkeiten

Die BNetzA prüft im Rahmen der Bestätigung des Netzentwicklungsplans und des Offshore-Netzentwicklungsplans, ob den **Vorgaben gem. § 12b Abs. 4 EnWG** entsprochen ist, d.h., die Übertragungsnetzbetreiber im Netzentwicklungsplan dargelegt haben, *„aus welchen Gründen der Netzentwicklungsplan nach Abwägung mit den geprüften, in Betracht* ***kommenden anderweitigen Planungsmöglichkeiten*** *gewählt wurde“.* 477

Bei dieser **materiellen Prüfung der BNetzA** sind die Maßgaben zu beachten, die bei der Abwägung auf dieser Ebene der Bedarfsplanung Geltung beanspruchen, d.h., es ist ein ebenenspezifischer Maßstab anzulegen.[420] 478

Bei der Überprüfung der anderweitigen Planungsmöglichkeiten ist insbesondere zu berücksichtigen, dass es für die Beseitigung von im Netz identifizierten Schwachstellen in der Regel eine Vielzahl von Möglichkeiten gibt und die Auswahl der zu präferierenden Lösung aus allen Varianten sich in der Regel nach Maßgabe der **technischen Planungsgrundsätze** und dem **NOVA-Prinzip** ergibt. 479

Wird – nach sorgfältiger Abwägung – eine Möglichkeit ausgewählt, wirkt sich diese sowohl auf die Schwachstelle als auch auf das restliche Netz aus. Die weitere Netzplanung erfolgt unter Berücksichtigung der gewählten Möglichkeit, die die weiteren Planungsoptionen beeinflusst. Aufgrund dieser Abhängigkeiten der verschiedenen Maßnahmen untereinander ist es **in der Regel nicht möglich, in späteren Planungsstufen eine vorher verworfene Möglichkeit ge-** 480

420 Dazu im Einzelnen oben Rn 350 ff.

gen die Gewählte zu tauschen. Diese passt nicht ins Gesamtkonzept und gewährleistet nicht den sicheren und zuverlässigen Netzbetrieb zusammen mit den anderen Maßnahmen. Folglich können Einzelmaßnahmen des Gesamtplans nicht gegen während der Planung betrachtete Möglichkeiten getauscht werden.

481 In Bezug auf den Netzentwicklungsplan 2012 hat die BNetzA festgestellt, dass durch die Berücksichtigung der drei Szenarien des Szenariorahmens, verschiedener Regionalisierungen sowie Varianten des Gesamtkonzepts den Anforderungen des § 12b Abs. 4 EnWG entsprochen wurde. Zugleich wurde festgestellt, dass die Übertragungsnetzbetreiber auch die Ergebnisse der Konsultationen aus § 12a Abs. 2 S. 2 und § 12b Abs. 3 S. 1 EnWG bei der Erstellung des Netzentwicklungsplans 2012 anforderungsgerecht berücksichtigt haben.[421]

g) Änderungen am Plan und Zeitrahmen der Prüfung

482 Hält die Regulierungsbehörde aufgrund ihrer Erkenntnisse bei der Prüfung des Netzentwicklungsplans oder Offshore-Netzentwicklungsplans **Änderungen des Plans** für angezeigt, kann sie diese gem. § 12c Abs. 1 S. 2, § 17c EnWG durch Verwaltungsakt verlangen, bevor die Bestätigung erfolgt. Die **Übertragungsnetzbetreiber sind verpflichtet,** die **Änderungen vorzunehmen** und den **geänderten Plan erneut zur Prüfung und Bestätigung** bei der BNetzA **vorzulegen.** Gegen das Änderungsverlangen der Behörde ist gem. §§ 75 ff. EnWG die Anfechtungsbeschwerde statthaft.[422]

483 Ein gesetzlich definierter **Zeitrahmen** für die Prüfung und ggf. Änderung der Netzentwicklungspläne ist für die Regulierungsbehörde nicht vorgegeben. Insbesondere im Fall einer erforderlichen Abstimmung mit ACER oder umfangreichen Änderungen im Plan ist nicht auszuschließen, dass sich der Abschluss so verzögern kann, dass das Verfahren zur Erstellung des Entwurfs des Netzentwicklungsplans für das nächste Jahr bereits läuft, bevor das Verfahren in Bezug auf den zu prüfenden Plan mit der Bestätigung abgeschlossen ist.

6. Rechtswirkungen

484 Der Netzentwicklungsplan und der Offshore-Netzentwicklungsplan entfalten ihre **Rechtswirkungen** mit der **Bestätigung** durch die Regulierungsbehörde. Die Bestätigung erfolgt durch **Bescheid in Form eines Verwaltungsakts** i.S.v. § 35 S. 1 VwVfG gegenüber den Übertragungsnetzbetreibern.

a) Bindungswirkung für die Übertragungsnetzbetreiber

485 Soweit die **Bestätigung des Netzentwicklungsplans** und des **Offshore-Netzentwicklungsplans** durch die BNetzA erfolgt, hat sie **bindende Wirkung für die Betreiber der Übertragungsnetze.** Als **Verwaltungsakt** ist sie **ausschließlich** durch die **Übertragungsnetzbetreiber selbstständig angreifbar,**[423] **nicht** aber durch **Dritte.**

486 Durch die Bestätigung wird die **Pflicht** des jeweiligen Übertragungsnetzbetreibers **aus § 11 EnWG** zur bedarfsgerechten Bereitstellung und zum Ausbau des Übertragungsnetzes **konkretisiert.** Denn die Bestätigung der Agentur bezieht sich auf einzelne im Netzentwicklungsplan als erforderlich beschriebene Maßnahmen.

---

421 *BNetzA*, Bestätigung Netzentwicklungsplan Strom 2012, 25.11.2012, S. 355 f.
422 Zum Rechtsschutz im Einzelnen vgl. Kap. 13 Rn 34 ff.
423 Steinbach/*Heimann*, §12c EnWG Rn 49. Zur Gleichsetzung von Verwaltungsakt (§ 35 VwVfG) und Entscheidung (§ 75 Abs. 1 S. 1 EnWG) vgl. Britz/Hellermann/Hermes/*Hanebeck*, § 73 Rn 6.

Die Bindungswirkung tritt nicht gegenüber demjenigen Übertragungsnetzbetreiber ein, der die Bestätigung der BNetzA über die Anfechtungs- oder Verpflichtungsbeschwerde rechtzeitig innerhalb der Monatsfrist nach § 78 Abs. 1 EnWG anficht. 487

Keine Bindungswirkung hat der durch die Regulierungsbehörde bestätigte Plan **gegenüber der Planfeststellungsbehörde**. Für sie ist allein das Gesetz über den Bundesbedarfsplan mit den vom Gesetzgeber bestimmten Inhalten maßgebend. Dies ist in Bezug auf die Bedarfsfeststellung konsequent, da der Netzentwicklungsplan und der Offshore-Netzentwicklungsplan auch nach ihrer Bestätigung durch die Regulierungsbehörde noch durch die Bundesregierung und im Rahmen des Gesetzgebungsverfahrens **geändert** werden können. 488

b) Bestimmung der Verantwortlichkeit

Durch die Bestimmung der Regulierungsbehörde gem. § 12c Abs. 4 S. 3 EnWG[424] kann festgelegt werden, welcher Übertragungsnetzbetreiber eine von der Behörde bestätigte Maßnahme durchzuführen hat und dafür verantwortlich ist. Damit wird die **energiewirtschaftliche Verantwortung und Pflichtenstellung** der Übertragungsnetzbetreiber aus § 11 Abs. 1 S. 1 EnWG **personenscharf konkretisiert**. Ob diese Investitionsbestimmung allein im Rahmen der Bestätigung oder zeitlich später auch losgelöst davon, d.h. als gesonderter Verwaltungsakt, ergehen kann, ist dem Gesetzeswortlaut nicht zu entnehmen. Ausgeschlossen erscheint dies nicht, auch wenn der Gesetzeszweck, der auf einen effizienten Vollzug gerichtet ist, gegen eine isolierte Anordnungsmöglichkeit spricht. Im Fall einer eigenständigen Anordnung wäre dagegen die Anfechtungsbeschwerde gem. §§ 75 EnWG statthaft, ansonsten ist Rechtsschutz im Zusammenhang mit der Beschwerde gegen die Bestätigung möglich. 489

7. Rechtsschutz

Die Bestätigung des Netzentwicklungsplans und des Offshore-Netzentwicklungsplans ist gem. § 12c Abs. 4 S. 2 EnWG ausdrücklich nur durch die Übertragungsnetzbetreiber und nicht durch Dritte anfechtbar.[425] Je nach Begehren – Kassation oder Aufnahme einer Maßnahme in den Plan – ist die Anfechtungs- oder Verpflichtungsbeschwerde statthaft. Erstinstanzlich zuständig für dieses Rechtsmittel ist gem. § 75 Abs. 4 EnWG das OLG Düsseldorf. 490

8. Durchsetzbarkeit von Maßnahmen gem. § 65 Abs. 2a EnWG

Über die Bestimmung des verantwortlichen Netzbetreibers für einzelne Vorhaben hinaus kann die Regulierungsbehörde den Übertragungsnetzbetreiber gem. § 65 Abs. 2a EnWG zur **„Durchführung von Investitionen"** aus dem nach Bestätigung verbindlich gewordenen Netzentwicklungsplan **auffordern**. Laut § 17d Abs. 6 EnWG gilt § 65 Abs. 2a EnWG entsprechend, wenn eine nach dem **Offshore-Netzentwicklungsplan** zu errichtende Leitung nicht errichtet wird. 491

Voraussetzung für ein Vorgehen nach § 65 Abs. 2a EnWG ist, dass der Netzbetreiber eine im Plan festgesetzte Investition aus anderen als zwingenden, von ihm nicht zu beeinflussenden Gründen auch drei Jahre nach Eintritt der Verbindlichkeit des Netzentwicklungsplans, d.h. nach Eintritt der Bestandskraft der Bestätigung durch die BNetzA, nicht durchgeführt hat und diese Investition auch nach Maßgabe des jüngsten Netzentwicklungsplans noch relevant ist. 492

424 Zum Rechtsschutz gegen Bestimmungen nach § 12c Abs. 4 S. 3 EnWG vgl. Kap. 12 Rn 48 ff.
425 Zum Rechtsschutz gegen die Bestätigung gem. § 12 Abs. 4 EnWG vgl. im Einzelnen Kap. 13 Rn 37 ff.

493 Die Regelung stellt eine weitreichende **Eingriffsbefugnis der BNetzA** dar, die den Rechtskreis der Übertragungsnetzbetreiber empfindlich betrifft. Sie wirft daher zunächst grundsätzliche Fragen im Hinblick auf ihre Vereinbarkeit mit Grundrechten auf, stellt aber auch für die Vollzugspraxis und den Rechtsschutz eine Herausforderung dar.

a) Vereinbarkeit mit europäischen Grundrechten

494 § 65 Abs. 2a EnWG dient der Umsetzung von Art. 22 Abs. 7 RL 2009/72/EG.[426] Seine Vereinbarkeit ist daher zunächst am Maßstab der **europäischen Grundrechte** zu messen. Eine Verletzung von Art. 16 Grundrechte-Charta, wonach die unternehmerische Freiheit nach dem Gemeinschaftsrecht, den einzelstaatlichen Rechtsvorschriften und Gepflogenheiten anerkannt wird, scheidet im Ergebnis aus, da die Netzausbaupflicht der **Verwirklichung des Binnenmarkts** (Art. 194 Abs. 1 AEUV) und darüber hinaus der Gewährleistung der Energieversorgungssicherheit (Art. 194 Abs. 1 AEUV) dient.[427] Insoweit handelt es sich um anerkannte, dem Gemeinwohl dienende Zielsetzungen i.S.v. Art. 52 Abs. 1 S. 2 Grundrechte-Charta, die geeignet sind, Eingriffe in die unternehmerische Freiheit zu legitimieren. Im Übrigen ist die Verhältnismäßigkeit auch deshalb gewahrt, weil die im Zuge der Durchsetzung der Ausbaupflicht entstehenden Kosten für die umzusetzende Investition durch die Regelungen über die Entgeltregulierung erfasst werden.

b) Vereinbarkeit mit deutschen Grundrechten

495 Da die im EnWG angeordnete Netzausbaupflicht über den unionsrechtlichen Mindeststandard hinausgeht,[428] stellt sich auch die Frage nach der Vereinbarkeit mit dem **deutschen Grundrechtsstandard**. Im Ergebnis ist sie mit ähnlicher Argumentation wie in Bezug auf das Unionsrecht zu bejahen. Zwar greift eine ggf. auch zwangsweise durchsetzbare Verpflichtung zum Netzausbau als Berufsausübungsregelung in die Berufsfreiheit der Übertragungsnetzbetreiber (Art. 19 Abs. 3 i.V.m. Art. 12 Abs. 1 S. 1 GG) ein.[429] Insoweit kommen aber das **Umweltstaatsprinzip** (Art. 20a GG) und die im Sozialstaatsprinzip zu verortende **Versorgungssicherheit** (Art. 20 Abs. 3 GG) als Rechtfertigungsgründe und legitime Zwecke für den Grundrechtseingriff in Betracht.[430] Kritisch zu beurteilen ist die Norm wegen ihrer **mangelnden Bestimmtheit**.

c) Anforderungen an die Vollzugspraxis

496 § 65 Abs. 2a EnWG knüpft ausdrücklich an den **Netzentwicklungsplan**, nicht an das Gesetz über den Bundesbedarfsplan gem. § 12e EnWG oder die nachfolgenden Schritte der Bundesfachplanung und Planfeststellung nach dem NABEG an. Der Netzentwicklungsplan enthält gem. § 12b Abs. 1 S. 3 EnWG zwar Aussagen zu den einzelnen für einen sicheren und zuverlässigen Netzbetrieb erforderlichen Netzausbauvorhaben, er legt indes **keine Trassen oder die dafür konkret erforderlichen Maßnahmen** fest. Eine Verfügung nach § 65 Abs. 2a EnWG kann daher

---

426 RL 2009/72/EG des Europäischen Parlaments und des Rates vom 13.7.2009 über gemeinsame Vorschriften für den Elektrizitätsbinnenmarkt und zur Aufhebung der RL 2003/54/EG (ABl. EU C 211 S. 23 ff.).
427 *Glaser*, DVBl. 2012, 1283, 1286. Entsprechend zur Berufsfreiheit BK-EnR/*Schmidt-Preuß*, Einl. B Rn 150.
428 Die Netzausbaupflicht in § 11 EnWG unterscheidet – wie auch die Befugnisnorm zu ihrer Durchsetzung in § 65 Abs. 2a EnWG – nicht nach dem Grad der rechtlichen und wirtschaftlichen Entflechtung des Netzbetreibers von der Erzeuger- und Versorgerebene; sämtliche Netzbetreiber sind jeweils erfasst. Art. 22 Abs. 7 RL 2009/72/EG privilegiert indes den eigentumsrechtlich unabhängigen Netzbetreiber, der danach nicht der Netzausbaupflicht unterliegt.
429 Britz/Hellermann/Hermes/*Bourwieg*, § 11 Rn 31.
430 *Glaser*, DVBl. 2012, 1283, 1286.

– bei richtigem Verständnis der Norm – nur darauf gerichtet sein, den Übertragungsnetzbetreiber dazu anzuhalten, die für die weitere Verwirklichung der jeweiligen „Investition" erforderlichen **nächsten Schritte** einzuleiten.[431] Das sind aber – auf Basis des Netzentwicklungsplans – nicht die „Errichtung" von konkreten Masten einer noch gar nicht trassierten Strecke, sondern zunächst die für die jeweils in Rede stehende Maßnahme („Investition") erforderliche **Stellung des Antrags in der Bundesfachplanung gem. § 6 NABEG**. Insofern sieht § 6 S. 2 NABEG allerdings eine speziellere Anordnungsbefugnis der BNetzA vor.[432] Das gilt auch für die Stellung des späteren Antrags auf Planfeststellung gem. § 12 Abs. 2 S. 3 NABEG.[433] In der Praxis dürfte die **Anordnungsbefugnis nach § 65 Abs. 2a EnWG in der gegenwärtigen Fassung daher keine große Bedeutung erlangen**, ganz abgesehen von der Frage, ob eine darauf gestützte Anordnung im Einzelfall **hinreichend bestimmt** und damit wirklich **vollstreckbar** ausfallen könnte.[434]

d) Rechtsschutz gegen Ausbauverfügungen

Eine nach § 65 Abs. 2a EnWG ergehende Ausbauverfügung ist als Entscheidung der BNetzA mit der **Anfechtungsbeschwerde gem. § 75 Abs. 1 S. 1 EnWG** durch den Übertragungsnetzbetreiber angreifbar.[435] 497

Hat der Netzentwicklungsplan aufgrund der erfolgten Bestätigung durch die Regulierungsbehörde gegenüber den Übertragungsnetzbetreibern **Bestandskraft** erlangt, können die der jeweiligen Ausbauverfügung zugrundeliegenden Vorgaben des Netzentwicklungsplans durch den betroffenen Übertragungsnetzbetreiber **nicht mehr angegriffen** werden. **Mit der Bestätigung des Plans entfaltet sein Inhalt Bindungswirkung im Hinblick auf die festgesetzten Maßnahmen.**[436] Daraus folgt, dass im Rahmen der Anfechtungsbeschwerde gegen eine Verfügung gem. § 65 Abs. 2a EnWG nicht mehr argumentiert werden kann, das die durchzusetzende Ausbaumaßnahme als solche nicht erforderlich sei. Etwas anderes gilt nur dann, wenn der Übertragungsnetzbetreiber rechtzeitig das Rechtsmittel der Anfechtungsbeschwerde auch gegen die den maßgebenden Netzentwicklungsplan betreffende Bestätigung durch die BNetzA eingelegt hat.[437] 498

9. Auswirkungen von genehmigten Investitionen auf die Erlösobergrenze

Die behördliche Bestätigung des Netzentwicklungsplans und des Offshore-Netzentwicklungsplans führt zu dessen Verbindlichkeit im Verhältnis zu den Übertragungsnetzbetreibern. Damit wird die in § 11 EnWG allgemein umschriebene Netzausbaupflicht vorhabenscharf und in Bezug auf den jeweils verpflichteten Übertragungsnetzbetreiber sowie den Zeitplan konkretisiert. Diese Pflichtenkonkretisierung hat **Auswirkungen auch für die Genehmigung von Investitions-** 499

---

431 Das nach § 65 Abs. 2a EnWG „unklare Verfahren" beklagt auch Steinbach/*Bourwieg*, § 3 NABEG Rn 13.
432 Vgl. dazu Steinbach/*Nebel*/*Riese*, § 6 NABEG Rn 39.
433 Vgl. dazu Steinbach/*Nebel*/*Riese*, § 12 NABEG Rn 86 ff.
434 Fraglich ist auch, wie die nach § 65 Abs. 2a S. 2 EnWG vorgesehene behördliche „Ersatzvornahme", d.h. der Weg über das Ausschreibungsverfahren zur Durchführung der betreffenden Investition, aussehen soll. Richtigerweise dürfte diese Ausschreibung allein darauf gerichtet sein, einen neuen „Verpflichteten" hinsichtlich der im Netzentwicklungsplan festgestellten Maßnahme zu bestimmen. Im Hinblick auf die eigentliche Umsetzung der Maßnahme bleiben indes auch dann die nach §§ 6 und 12 NABEG erforderlichen Anträge erforderlich.
435 Zu dem im Gesetz nicht erwähnten Begriff der „Anfechtungsbeschwerde" Baur/Salje/Schmidt-Preuß/*Hilzinger*, Kap. 55 Rn 11; BK-EnR/*Stockmann*, § 75 EnWG Rn 3; Schneider/Theobald/*Theobald*/*Zenke*/*Lange*, § 20 Rn 17.
436 *Glaser*, DVBl. 2012, 1283, 1287.
437 *Glaser*, DVBl. 2012, 1283, 1287.

maßnahmen nach § 23 Abs. 1 ARegV[438] sowie bei der **Anrechnung der Kosten in die Erlösobergrenze** des jeweiligen Übertragungsnetzbetreibers nach **§§ 4 und 11 ARegV**.

a) System der Anreizregulierung

500 Die **Anreizregulierung** sieht eine Erlösobergrenze für jeden Netzbetreiber vor, die bestimmt, wie hoch die Einnahmen aus den Netzentgelten für den fünfjährigen Zeitraum einer Regulierungsperiode sein dürfen (Revenue-Cap-Verfahren).[439] Die **Erlösobergrenze** ist als Summe der maximal erlaubten Einnahmen zur Deckung aller Ausgaben inklusive angemessener Eigenkapitalverzinsung definiert. Der Anreiz für das Unternehmen liegt darin, mit den Erlösen die Kosten zu decken und die Kosten weiter zu senken, da diese **Kostensenkungen als zusätzlicher Gewinn beim Netzbetreiber verbleiben**.

b) Auswirkungen auf die Erlösobergrenze

501 Würden die durch den Netzentwicklungsplan und Offshore-Netzentwicklungsplan als bedarfsgerecht festgestellten Investitionen in den Netzausbau nicht adäquat im Rahmen der Anreizregulierung berücksichtigt, würden sich dafür dauerhaft keine Investoren finden. Daher sieht das System der Anreizregulierung vor, dass die für den Zeitraum der jeweiligen Regulierungsperiode an sich feststehende Erlösobergrenze für „notwendige" neue Investitionsmaßnahmen nach oben angepasst werden kann.

502 Laut § 23 Abs. 1 ARegV genehmigt die BNetzA Investitionsmaßnahmen für Erweiterungs- und Umstrukturierungsinvestitionen in die Übertragungs- und Fernleitungsnetze, soweit diese Investitionen zur Stabilität des Gesamtsystems, für die Einbindung in das nationale oder internationale Verbundnetz oder für einen bedarfsgerechten Ausbau des Energieversorgungsnetzes notwendig sind.

503 Ist die Investition genehmigt, können die Betriebs- und Kapitalkosten – und zwar vorab auf Basis von Plankosten – geltend gemacht werden. Diese Kosten gelten als nicht beeinflussbare Kostenanteile, unterliegen damit keinem Effizienzpfad und erhöhen so – ohne Zeitverzug – unmittelbar die Erlösobergrenze.[440]

504 Unter **Erweiterungsinvestitionen** sind Maßnahmen zu verstehen, die das bestehende Netz vergrößern. Dabei beschränkt sich die Vergrößerung nicht allein auf die physikalische Netzlänge, sondern umfasst auch die Maßnahmen zur Schaffung von größerem Kapazitätsvolumen bzw. Transportmengenvolumen.[441]

505 Unter **Umstrukturierungsinvestitionen** sind Maßnahmen zu verstehen, die der Netzbetreiber durchführt, um das bestehende Netz an geänderte Anforderungen anzupassen. Geänderte Anforderungen können sich aus nachfrageorientierten (z.B. Veränderungen von Lastflüssen), technischen (z.B. DIN oder technischen Regelwerken) oder rechtlichen Gründen ergeben.[442]

---

438 Verordnung über die Anreizregulierung der Energieversorgungsnetze in der ab dem 22.3.2012 geltenden Fassung (BGBl. I S. 489).

439 Grundlegend zum System der Anreizregulierung Baur/Salje/Schmidt-Preuß/*Weyer*, Kap. 75 Rn 5 ff.

440 Die Anpassung der Erlösobergrenze nimmt der Übertragungsnetzbetreiber gem. § 4 Abs. 3 Nr. 2 i.V.m. § 11 Abs. 2 S. 1 Nr. 6, 6a ARegV selbst vor. Die Kostenhöhe ist nicht Gegenstand der Genehmigung, d.h., der Netzbetreiber ermittelt die Kapital- und Betriebskosten selbstständig, vgl. *BNetzA*, Kalkulationshilfe zu § 23 ARegV (Stand 2012).

441 *BNetzA*, Leitfaden Investitionsbudgets 2010, Ziff. 4.1, S. 3. (zu der bis zum 22.3.2012 geltenden Fassung des § 23 Abs. 1 ARegV).

442 *BNetzA*, Leitfaden Investitionsbudgets 2010, Ziff. 4.1, S. 3 f. (zu der bis zum 22.3.2012 geltenden Fassung des § 23 Abs. 1 ARegV).

Zu den genehmigungsfähigen Investitionen gehören gem. § 23 Abs. 1 S. 2 ARegV u.a. auch Leitungen zur **Netzanbindung von Offshore-Anlagen**, neue Trassen mit **Erdkabel** (wobei die Gesamtkosten den Faktor 2,75 im Vergleich zu einer technisch vergleichbaren Freileitung nicht überschreiten dürfen), **Hochtemperatur-Leiterseile** (HTLS-Technologie) und **Hochspannungsgleichstrom-Übertragungssysteme** (HGÜ-Technologie) und -Verbindungsleitungen (jeweils als Pilotprojekte). 506

c) Verfahren

Der Genehmigungsantrag gem. § 23 Abs. 1 ARegV des durch die Feststellungen des Netzentwicklungsplans zur Investition verpflichteten Übertragungsnetzbetreibers muss nach **§ 23 Abs. 3 S. 2 ARegV** eine **Analyse des ermittelten Investitionsbedarfs enthalten**. Dazu kann der jeweilige Netzentwicklungsplan als Grundlage dienen. Der **Antrag** auf Genehmigung der Investitionsmaßnahme ist **neun Monate** vor Beginn des Kalenderjahrs, in dem die Investition erstmals ganz oder teilweise **kostenwirksam** werden soll, bei der BNetzA zu stellen. Er kann für mehrere Regulierungsperioden gestellt werden. 507

d) Genehmigung durch die BNetzA

Die beantragte Investition ist zu genehmigen, wenn und soweit das Investitionsvorhaben die gesetzlichen Voraussetzungen des § 23 Abs. 1 ARegV erfüllt. Aufgrund der in § 23 Abs. 1 S. 2 Nr. 1–9 ARegV genannten Regelbeispiele bedarf es in diesen Fällen **keiner besonderen Prüfung**. In allen Fällen ist die Feststellungswirkung des jeweils aktuellen, durch die BNetzA bestätigten Netzentwicklungsplans zu berücksichtigen. Dadurch sind die **Spielräume zur Versagung oder Einschränkung einer Investitionsgenehmigung eng**. 508

Dieser Sichtweise entspricht auch die bisherige Praxis der BNetzA bei der Genehmigung von Investitionskostenbudgets nach Maßgabe von § 23 ARegV a.F.[443] Liegt für das jeweilige Vorhaben bereits eine Planfeststellungsentscheidung vor, ist das Vorhaben in der dena-I-Netzstudie oder im Anhang der TEN-E-Leitlinien oder im Bedarfsplan des EnLAG genannt, ging die BNetzA bislang davon aus, dass die Notwendigkeit i.S.v. § 23 Abs. 1 S. 1 ARegV gegeben ist.[444] 509

Ist ein den Tatbestandsvoraussetzungen des § 23 Abs. 1 S. 2 ARegV entsprechendes Vorhaben im aktuellen, durch die BNetzA bestätigten Netzentwicklungsplan enthalten, ist die Genehmigung des Investitionsantrags zu erteilen. Denn mit der Verbindlichkeit des Netzentwicklungsplans gegenüber den nach § 11 EnWG zum Netzausbau verpflichteten Übertragungsnetzbetreibern steht ihnen gegenüber die energiewirtschaftliche Notwendigkeit der Planvorhaben fest. Daraus ergibt sich – im Regelfall – ein Anspruch auf Erteilung der Genehmigung gem. § 23 Abs. 1 S. 1 ARegV.[445] 510

443 Nach § 23 Abs. 1 ARegV in der bis zum 22.3.2012 geltenden Fassung waren Investitionsbudgets dem Grunde und der Höhe nach zu genehmigen. Nach der aktuellen Fassung des § 23 ARegV werden die Investitionen indes nur noch dem Grunde nach genehmigt.

444 *BNetzA*, Leitfaden Investitionsbudgets 2010, Ziff. 4.2. (zu der bis zum 22.3.2012 geltenden Fassung des § 23 Abs. 1 ARegV).

445 Kritisch *Glaser*, DVBl. 2012, 1283, 1286 f., der aufgrund der Rückwirkung der Genehmigungspraxis auf die Strompreishöhe ein eher zögerliches Vorgehen der BNetzA erwartet.

III. Bundesbedarfsplan und Gesetz über den Bundesbedarfsplan

1. Inhalt und Anforderungen

511 **Inhalt des Bundesbedarfsplans,** der schließlich als **Bundesgesetz** ergeht, sind die Netzentwicklungs- und Ausbauvorhaben, die in den nächsten drei Jahren nach seinem Erlass als energiewirtschaftlich notwendig und vordringlich bewertet werden.[446] Im Unterschied zum Netzentwicklungsplan beschränkt sich der Bundesbedarfsplan also von vornherein auf die Feststellung derjenigen Netzausbau- und -optimierungsmaßnahmen, die vorrangig und notwendig zur Sicherstellung der Energieversorgung sind. Der Bundesbedarfsplan enthält mithin allein die **positiven Ergebnismaßnahmen** des von der BNetzA bestätigten Netzentwicklungsplans und Offshore-Netzentwicklungsplans.

512 Inhaltlich kennzeichnet die Regulierungsbehörde in dem von ihr zu erstellenden Entwurf des Bundesbedarfsplans gem. § 12e Abs. 2 S. 1 EnWG zunächst die länderübergreifenden und grenzüberschreitenden Höchstspannungsleitungen sowie die Anbindungsleitungen von den Offshore-Windpark-Umspannwerken zu den Netzverknüpfungspunkten an Land. Diese Kennzeichnung erfolgt entsprechend auch im Gesetz über den Bundesbedarfsplan (BBPlG).[447]

513 Mit der **Kennzeichnung dieser Leitungen** im Gesetz über den Bundesbedarfsplan wird der **Anwendungsbereich** des **NABEG** nach § 2 Abs. 1 NABEG eröffnet, der auf diese Leitungen beschränkt ist. Länderübergreifende Leitungen sind solche, die in mindestens zwei Bundesländern verlaufen. Grenzüberschreitend sind sie, wenn die Außengrenzen der Bundesrepublik Deutschland überschritten werden. Soweit Leitungen im Bundesbedarfsplan aufgeführt sind, diese Anforderungen aber nicht erfüllen, bedürfen sie eines Raumordnungsverfahrens gem. § 15 ROG, dem eine Planfeststellung nach §§ 43ff. EnWG folgt.

514 Da die **AWZ** nicht zum Staatsgebiet der Bundesrepublik gehört, sind als grenzüberschreitende Leitungen auch die Anbindungsleitungen von den Offshore-Windpark-Konverterstationen auf See zu den Netzverknüpfungspunkten an Land zu bewerten, sofern diese Leitungen bis in die AWZ verlaufen. Auch diese Leitungen sind im Bundesbedarfsplan zu kennzeichnen. Allerdings ist im Hinblick auf die Anwendbarkeit der Bundesfachplanung zu differenzieren: Nach der 2012 erfolgten Änderung des NABEG[448] fallen Anbindungsleitungen von den Offshore-Windpark-Umspannstationen zu den Netzverknüpfungspunkten an Land im Bereich der 12-Seemeilen-Zone in den Anwendungsbereich der Bundesfachplanung. Planung und Zuständigkeit in der AWZ richten sich indes nach der Seeanlagenverordnung und nach Maßgabe des Bundesfachplans Offshore gem. § 17a Abs. 1 EnWG.[449]

515 Inhalt des Bundesbedarfsplans sind auch Aussagen zu möglichen **Pilotprojekten** und zu den zu verwendenden **Übertragungstechnologien**. Das gilt gem. § 12e Abs. 3 S. 1 EnWG ausdrücklich zunächst für die HGÜ-Pilotprojekte, die auf einem Teilabschnitt als Erdkabel errichtet und betrieben werden können.[450] Darüber hinaus können auch die übrigen in den Netzentwicklungsplan aufgrund der Vorgaben in § 12b Abs. 1 S. 3 Nr. 3 lit. a) (HGÜ-Pilotprojekte) und lit. b)

---

446 Vgl. §§ 12e Abs. 1 S. 2, Abs. 2 S. 3, Abs. 4 S. 1 EnWG.

447 Vgl. den Gesetzentwurf vom 21.12.2012 zu § 2 Abs. 1 BBPlG i.V.m. der Anlage zu § 1 Abs. 1 nebst Gesetzesbegründung, BR-Drucks. 819/12, S. 16.

448 Vgl. § 2 Abs. 1 NABEG in der Fassung des Dritten Gesetzes zur Neuregelung energiewirtschaftsrechtlicher Vorschriften vom 20.12.2012, BGBl. I S. 2730.

449 Vgl. die Gesetzesbegründung zur Änderung von § 2 Abs. 1 lit. a) NABEG, BT-Drucks. 17/10754, S. 39.

450 § 12e Abs. 3 S. 1 EnWG a.F. hat nur „ein einzelnes Pilotprojekt" für die Erdverkabelung vorgesehen. Für Leitungen mit anderer Übertragungstechnologie enthält der Bundesbedarfsplan keine Aussage dazu, ob Leitungen über- oder unterirdisch verlaufen. Der Bundesrat forderte eine weitergehende Ermöglichung von Erdkabeltechnik (BR-Drucks. 819/12).

(HTLS-Pilotprojekte) nach Prüfung und Bewertung aufgenommenen und bestätigten Pilotvorhaben im Bundesbedarfsplan bezeichnet werden.

Das Gesetz über den Bundesbedarfsplan differenziert – unter Hinweis auf die im Zusammenhang mit der vorausgehenden Netzentwicklungsplanung bereits erfolgte Prüfung und Bewertung[451] – im Hinblick auf die **Festlegungen zu den Pilotprojekten**: Nach § 2 Abs. 2 S. 1 BBPlG **können** die in der Anlage zu § 1 Abs. 1 BBPlG mit dem Buchstaben B gekennzeichneten Vorhaben als HGÜ-Pilotprojekte errichtet und betrieben werden.[452] Die endgültige Entscheidung darüber ist in den nachfolgenden Zulassungsverfahren zu treffen. Gleiches gilt für die durch den Buchstaben C in der Anlage gekennzeichneten HGÜ-Erdkabel-Pilotprojekte,[453] was den Vorgaben in § 12e Abs. 3 S. 1 EnWG entspricht.[454] 516

In Bezug auf den **Einsatz von Hochtemperaturleiterseilen** bestimmt § 2 Abs. 3 BBPlG indes, dass die insoweit in der Anlage mit Buchstaben D gekennzeichneten Vorhaben unter Einsatz von Hochtemperaturleiterseilen zu errichten und zu betreiben **sind**.[455] Hier wird – unter Verweis auf die bereits im Rahmen der Netzentwicklungsplanung erfolgte Prüfung – zur Art und Weise der Ausführung bereits eine konkrete Festlegung getroffen. **Weitere HTLS-Vorhaben können** gem. § 2 Abs. 3 S. 2 BBPlG von der für die Zulassung des Vorhabens zuständigen Behörde genehmigt werden, wenn dies *„technisch und wirtschaftlich effizient ist"*. Insoweit weicht die Regelung in § 2 Abs. 3 BBPlG zum Einsatz von HTLS-Technik von § 12b Abs. 1 S. 3 Nr. 3 lit. b) EnWG ab. Denn dort ist ausdrücklich – und im Unterschied zu lit. a) – im Singular von einem Pilotprojekt für HTLS-Technik die Rede. Insoweit hat der Gesetzgeber **den Anwendungsbereich für den Einsatz von HTLS-Technik durch § 2 Abs. 3 BBPlG erweitert**. 517

Grundsätzlich fällt also die **endgültige Entscheidung** über die **Art und Weise der technischen Ausführung eines Vorhabens nicht** auf der **Ebene der Bedarfsplanung und Bedarfsfeststellung durch Gesetz**, sondern erst im Rahmen des nachfolgenden **Zulassungsverfahrens**.[456] Insoweit enthält das Gesetz über den Bundesbedarfsplan keine festlegenden, die nachfolgenden Planungsstufen bindenden Feststellungen, sondern nur weiter auf ihre Realisierbarkeit hin zu prüfende Angaben. 518

2. Verfahren

Zuständig ist zunächst die **BNetzA**. Sie übermittelt den Netzentwicklungsplan und den Offshore-Netzentwicklungsplan als Entwurf für den Bundesbedarfsplan an die Bundesregierung, § 12e Abs. 1 S. 1 EnWG. Diese nicht besonders verständlich formulierte Regelung bedeutet, dass die BNetzA den bestätigten Netzentwicklungsplan und Offshore-Netzentwicklungsplan samt einer 519

451 Vgl. Begründung des Gesetzentwurfs zu § 2 BBPlG, BR-Drucks. 819/12, S. 16.

452 Es handelt sich um die Vorhaben-Nr. 1, 2, 3, 4, 5, 29, 30 und 33 (vgl. Anlage zu § 1 Abs. 1 BBPlG).

453 Ihre Zulässigkeit hängt von weiteren in § 12e Abs. 3 S. 1 EnWG durch Verweis auf § 2 Abs. 2 S. 1 Nr. 1 oder Nr. 2 EnLAG in Bezug genommenen Voraussetzungen ab. Danach ist erforderlich, dass die Leitung entweder in einem Abstand von weniger als 400 m zu Wohngebäuden errichtet werden soll, die im Geltungsbereich eines Bebauungsplans oder im unbeplanten Innenbereich i.S.v. § 34 BauGB liegt, falls diese Gebiete vorwiegend dem Wohnen dienen, oder in einem Abstand von weniger als 200 m zu Wohngebäuden errichtet werden soll, die im Außenbereich i.S.d. § 35 des BauGB liegen.

454 Der Wortlaut in § 12e Abs. 3 S. 1 EnWG spricht ausdrücklich von *„kann"* im Hinblick auf die Ausführung als Erdkabel, d.h., die endgültige Entscheidung fällt erst im Zulassungsverfahren. Bei den als mögliche Erdkabel-Pilotprojekte vorgesehenen Vorhaben handelt es sich um die Vorhaben-Nr. 4: Höchstspannungsleitung Wilster-Grafenrheinfeld und Vorhaben-Nr. 30: Höchstspannungsleitung Oberzier-Bundesgrenze (vgl. Anlage 1 zum BBPlG).

455 Es handelt sich um das Vorhaben Nr. 21: Höchstspannungsleitung Daxlanden-Bühl/Kuppenheim-Eichstetten (vgl. Anlage 1 zum BBPlG).

456 Steinbach/*Heimann*, § 12b EnWG Rn 26.

Aufstellung der von ihr bestätigten Maßnahmen an die Bundesregierung übermittelt. Dabei handelt es sich um die im Rahmen der Prüfung des jeweiligen Netzentwicklungsplans als „energiewirtschaftlich notwendig“ befundenen Maßnahmen, für die „vordringlicher Bedarf“ besteht. **Auf dieser Basis wird das Gesetz über den Bundesbedarfsplan erarbeitet**. Federführend zuständig ist das BMWi. Dabei können einzelne, bestätigte Maßnahmen als ein Vorhaben zusammengefasst werden. Die Vorhaben können in einer Anlage zum Gesetz tabellarisch aufgelistet werden.[457]

520 Nach der Erstellung des Gesetzentwurfs der anschließenden Ressortabstimmung erfolgt die Kabinettsbefassung und im Anschluss an den Kabinettsbeschluss die Überleitung in das reguläre Gesetzgebungsverfahren.

521 Der Verlauf des Verfahrens hängt im Übrigen davon ab, ob der Bundesbedarfsplan neu erstellt (a) oder aufgrund von Änderungen im Netzentwicklungsplan geändert werden soll (b).

a) Erstellung des Bundesbedarfsplans

522 Alle drei Jahre ist die BNetzA verpflichtet, der Bundesregierung den Entwurf des Bundesbedarfsplans neu vorzulegen. Dies geschieht auf Basis des zuletzt bestätigten Netzentwicklungsplans und Offshore-Netzentwicklungsplans, der Ergebnisse der Strategischen Umweltprüfungen und den dazu geführten Konsultationen.[458]

523 Die **Feststellungen** der Regulierungsbehörde **im Entwurf des Bundesbedarfsplans binden** die **Bundesregierung formell und materiell nicht**. Sie kann also – ebenso wie die Beteiligten im anschließenden Gesetzgebungsverfahren – Änderungen im Bundesbedarfsplan vornehmen.[459]

524 Solche Änderungen begegnen indes unter fachlichen Gesichtspunkten durchaus Bedenken. Da der Entwurf des Bundesbedarfsplans auf einem komplexen, mehrstufigen, von mehreren Konsultationen und einer Strategischen Umweltprüfung begleiteten Verfahren und einem fachlich und inhaltlich überprüften Abwägungsvorgang beruht, kann die Überzeugungskraft seiner planerischen Aussagen vor allem im Hinblick auf das Gesamtkonzept, das der Planung zugrunde gelegt wurde, jedenfalls durch substanzielle Änderungen, erheblich eingeschränkt werden.[460] Bei Ergänzungen von Vorhaben, die nicht schon Gegenstand des bestätigten Netzentwicklungsplans waren, kann sich auch die Frage stellen, ob und inwieweit die Strategische Umweltprüfung erneut durchzuführen ist.

b) Änderungen des Bundesbedarfsplans

525 Wird der jährliche Netzentwicklungsplan **wesentlich** im Vergleich zum Netzentwicklungsplan des Vorjahres **geändert**, ist die Regulierungsbehörde gem. § 12e Abs. 1 S. 3 EnWG verpflichtet,

---

457 Mehrere, in der Bestätigung des Netzentwicklungsplans angeführte Netzentwicklungsmaßnahmen (gleich ob als Ausbau- oder Verstärkungsmaßnahme zu realisieren) werden z.B. unter Berücksichtigung ihres örtlichen Zusammenhangs als Teilabschnitte zu einem Vorhaben i.S.d. Bundesbedarfsplans zusammengefasst. Das BBPlG soll aktuell 36 Vorhaben, von denen 21 als länderübergreifend oder grenzüberschreitend gekennzeichnet sind, enthalten, vgl. BR-Drucks. 819/12.

458 Vgl. § 12e Abs. 5 S. 2 i.V.m. § 12c Abs. 2 EnWG.

459 Vgl. *Mönch/Ruttloff*, NVwZ 2011, 1040, 1042; *Appel*, NVwZ 2011, 408; *Sellner/Fellenberg*, NVwZ 2011, 1025, 1031.

460 Vgl. *Weyer*, Netzausbau in Deutschland. Rechtlicher Rahmen und Handlungsbedarf, Arbeitspapier 05/2011 des Sachverständigenrates zur Begutachtung der gesamtwirtschaftlichen Entwicklung, S. 40, abrufbar unter: http://www.sachverstaendigenrat-wirtschaft.de/publikationen.html. Kritisch zudem *Durner*, NuR 2012, 369, 371.

einen diese Änderung berücksichtigenden Entwurf des Bundesbedarfsplans der Bundesregierung auch vor Ablauf der Drei-Jahres-Frist erneut zuzuleiten.

Wann eine **Änderung als wesentlich** zu charakterisieren ist, kann nur im **Einzelfall** beurteilt werden.[461] Von einer wesentlichen Abweichung wird insbesondere auszugehen sein, wenn eine größere Zahl von zusätzlichen, neuen, energiewirtschaftlich notwendigen Vorhaben hinzukommt, die – gemessen am Inhalt des vorherigen Netzentwicklungsplans – ein anderes Gesamtbild im Hinblick auf den Netzausbaubedarf ergeben. 526

Ob im Fall einer wesentlichen Änderung eine **erneute Strategische Umweltprüfung** durchzuführen ist, bestimmt sich nach Maßgabe von § 12e Abs. 5 EnWG i.V.m. § 14d S. 1 UVPG. Danach gilt, dass eine Strategische Umweltprüfung nur dann erneut erforderlich ist, wenn im Fall einer **geringfügigen Änderung** des Plans eine Vorprüfung des Einzelfalls i.S.v. § 14b Abs. 4 UVPG ergibt, dass der Plan – trotz dieser Geringfügigkeit – erhebliche Umweltauswirkungen hat. Bezugspunkt der Geringfügigkeit sind die Änderungen des Plans, nicht die Umweltauswirkungen.[462] Die denkbaren Wechselwirkungen zwischen dem Umfang der Änderung und der Erheblichkeit der Umweltauswirkungen sind aber nur anhand des jeweiligen Einzelfalls zu beurteilen. Eine allgemeingültige Definition geringfügiger Änderungen gibt es nicht. 527

Ergibt die Prüfung des Einzelfalls, dass die Änderung nicht mehr als geringfügig i.S.v. § 14d S. 1 UVPG beurteilt werden kann, ist gem. § 12c Abs. 2 EnWG die Strategische Umweltprüfung **bezogen auf die Änderungen** erneut durchzuführen. Die Ergebnisse der erneuten Strategischen Umweltprüfung sind sodann bei der Erstellung des Entwurfs des zu ändernden Bundesbedarfsplans seitens der Regulierungsbehörde zu berücksichtigen. 528

Der **Bundestag** beschließt den **Bundesbedarfsplan** oder eine Änderung dazu **als Gesetz**. Dem Entwurf ist eine **Begründung** beizufügen, aus der sich ergibt, dass und warum die im Plan gekennzeichneten Vorhaben den Zielsetzungen von § 1 EnWG entsprechen. Diese Begründung muss nicht identisch sein mit der von der BNetzA im Rahmen ihrer Bestätigung des Netzentwicklungsplans oder Offshore-Netzentwicklungsplans abgegebenen Beurteilung der energiewirtschaftlichen Notwendigkeit der Vorhaben, gleichwohl kann sich die Gesetzesbegründung daran orientieren oder inhaltliche Aussagen daraus genauso oder zusammengefasst übernehmen. Denn der Gesetzgeber kann sich die fachlichen Aussagen und Bewertungen zu eigen machen.[463] 529

Die **Gesetzgebungskompetenz** für das Gesetz über den Bundesbedarfsplan ergibt sich aus Art. 74 Abs. 1 Nr. 11 GG (Recht der Energiewirtschaft) i.V.m. Art. 72 Abs. 2 GG (konkurrierende Gesetzgebung des Bundes). Die Voraussetzungen des Art. 72 Abs. 2, d.h. für eine Regelung durch den Bund, lassen sich vor dem Hintergrund der Sachmaterie – Bedarfsplanung für das länderübergreifende Stromübertragungsnetz – begründen. Dies rechtfertigt im Sinne der Wahrung der Wirtschaftseinheit und Rechtseinheit eine bundeseinheitliche Regelung.[464] 530

Beim Gesetz über den Bundesbedarfsplan handelt es sich um ein sog. **Einspruchsgesetz**, d.h., die Zustimmung des Bundesrates zum Gesetz über den Bundesbedarfsplan i.S.v. § 12e EnWG ist mangels ausdrücklicher Aufnahme dieses Gesetzes in den Kanon der Zustimmungsgesetze nicht erforderlich.[465] 531

Nach der Ausfertigung und Verkündung im Bundesgesetzblatt ist das Gesetz über den Bundesbedarfsplan Mitte 2013 in Kraft getreten. 532

---

461 So auch Steinbach/*Heimann*, § 12e EnWG Rn 33.
462 Hoppe/Beckmann/*Leidinger*, § 14b Rn 8 m.w.N.
463 So ausdrücklich die Begründung zu Art. 1 BBPlG, BR-Drucks. 819/12, S. 15.
464 Vgl. Gesetzesbegründung des Zweiten Gesetzes über Maßnahmen zur Beschleunigung des Netzausbaus Elektrizitätsnetze vom 21.12.2012, BR-Drucks. 819/12, S. 11 f.
465 Steinbach/*Heimann*, § 12e EnWG Rn 7.

3. Rechtswirkungen

533 Vom Gesetz über den Bundesbedarfsplan gehen mit seinem Inkrafttreten unterschiedliche Rechtswirkungen aus.

a) Feststellung der energiewirtschaftlichen Notwendigkeit

534 Gegenüber den Übertragungsnetzbetreibern und den im Einzelfall für die nachfolgende Planfeststellung/Plangenehmigung zuständigen Behörden steht mit dem Inkrafttreten des Gesetzes über den Bundesbedarfsplan fest, dass die darin festgestellten Vorhaben **energiewirtschaftlich notwendig** sind und der **vordringliche Bedarf** dafür besteht.[466] Die Vorhaben entsprechen den Zielsetzungen des § 1 EnWG.

535 Damit kann über den Bedarf eines Vorhabens – unabhängig von der Art der Ausführung als Optimierung, Verstärkung oder Ausbau – als solches nicht mehr erfolgreich gestritten werden. **Der Vortrag**, das **Vorhaben** sei **energiewirtschaftlich nicht notwendig**, da noch Netzreserven vorhanden seien,[467] **wird nicht gehört**. Das **gilt auch im** nachfolgenden **gerichtlichen Verfahren**.[468]

536 Nebenanlagen von Leitungen, wie notwendige Betriebseinrichtungen oder Umspannwerke (Konverterstationen), nehmen gem. § 1 Abs. 2 BBPlG an der Bedarfsfeststellung teil. In welchem Umfang sie ihrerseits der Zulassung bedürfen, richtet sich indes nach dem einschlägigen Fachrecht, z.B. § 18 Abs. 2 NABEG.

537 Definiert sind durch die Angabe der Netzverknüpfungspunkte auch die Anfangs- und Endpunkte der Vorhaben für die **nachfolgenden Zulassungsverfahren**. Dabei kann es sich um bereits bestehende, zu erweiternde oder neu zu errichtende Punkte handeln. Dagegen ist der **konkrete Standort** von Anlagen und Betriebseinrichtungen mit der Bedarfsfeststellung noch **nicht festgelegt**. Er wird erst in den **nachfolgenden Planungs- und Genehmigungsverfahren** bestimmt. Dies gilt insbesondere auch für den Standort von Konverteranlagen.

538 Mit der Aufnahme eines Vorhabens in das Gesetz über den Bundesbedarfsplan und seiner Kennzeichnung als länderübergreifend oder grenzüberschreitend besteht zugleich nach **§ 6 S. 2 NABEG** die Möglichkeit für die BNetzA, den zum Ausbau verpflichteten Vorhabensträger durch Bescheid aufzufordern,[469] innerhalb einer zu bestimmenden angemessenen Frist, den Antrag nach § 6 NABEG auf Bundesfachplanung zu stellen. Gegen diesen belastenden Verwaltungsakt kann verwaltungsgerichtlicher Rechtsschutz gesucht werden.[470]

b) Positive Feststellungswirkung

539 Die Regelung in § 12e Abs. 4 EnWG entspricht im Grundsatz der Anordnung in § 1 EnLAG für die in der Anlage zum EnLAG festgestellten Vorhaben. Vergleichbare Regelungen sind aus dem Fernstraßenausbaugesetz[471] und dem Bundesschienenwegeausbaugesetz[472] bekannt, weshalb

---

466 Vgl. § 12e Abs. 4 S. 1 und 2 EnWG.

467 Vgl. *Schneller*, DVBl. 2007, 529, 536 f.; *Schirmer*, DVBl. 2010, 1349, 1351.

468 Für den Bereich des Fernstraßenausbaugesetzes BVerwG, Urt. v. 19.5.1988 – 4 C 11/96 –; BVerwG Urt. v. 17.1. 2007 – 9 A 20/05 –; BVerwG, Urt. v. 30.1.2008 – 9 A 27/06 –; zu Netzausbauvorhaben nach EnLAG *Holznagel/Nagel*, DVBl. 2010, 669, 673.

469 Vgl. dazu im Einzelnen Heimann/Nebel/*Riese*, § 6 NABEG Rn 31 ff.

470 Zum Rechtsschutz gegen Verfügungen gem. § 6 S. 2 NABEG vgl. Kap. 13 Rn 66 ff.

471 Vgl. § 1 Abs. 2 S. 1 des Gesetzes über den Ausbau der Bundesfernstraßen vom 20.1.2005, BGBl. I 2005 S. 201.

472 Vgl. § 1 Abs. 2 des Gesetzes über den Ausbau der Schienenwege des Bundes vom 15.11.1993, BGBl. I 1993 S. 1874.

die insoweit ergangene Rechtsprechung grundsätzlich auch für die energiewirtschaftliche Bedarfsfeststellung heranzuziehen ist.

540 Die **Feststellung der Planrechtfertigung** durch Gesetz ist nach ständiger Rechtsprechung des BVerfG und des BVerwG sowie nach Auffassung des Schrifttums, die in Bezug auf die Bedarfsplanung im Bereich des Fernstraßenrechts entwickelt worden ist, grundsätzlich **zulässig und mit dem Grundgesetz vereinbar**.[473]

541 Während das BVerwG zunächst davon ausging, dass es sich bei der Bedarfsplanung von Fernstraßen lediglich um ein Instrument der Finanzplanung handele, dass nur haushaltsrechtliche Wirkungen erzeuge und für die Frage der Planrechtfertigung allenfalls indizielle Bedeutung habe,[474] steht seit Neufassung des Fernstraßenausbaugesetzes 1990 fest,[475] dass die in den Bedarfsplan aufgenommen Bau- und Ausbauvorhaben den Zielsetzungen des § 1 Abs. 1 FStrG entsprechen.[476]

542 **Verfassungsrechtlich** bestehen **keine Bedenken** gegen die Bedarfsfestlegung durch den Gesetzgeber, auch nicht unter dem Gesichtspunkt der Gewaltenteilung.[477] Verfassungsrechtlich ist Planung nicht eindeutig der Exekutive zugewiesen, sie kann auch von der Legislative wahrgenommen werden. Dabei handelt es sich bei der energiewirtschaftlichen Bedarfsplanung gem. §§ 12a ff. EnWG nicht um eine Legalplanung im eigentlichen Sinne, denn es wird nicht über die Verwirklichung von Vorhaben entschieden, sondern nur über ihre energiewirtschaftliche Notwendigkeit. Allein die Bedarfsfrage regelt das Gesetz über den Bundesbedarfsplan. Über die weiteren Zulassungsvoraussetzungen und Bedingungen des Vorhabens und die damit möglicherweise verbundene Betroffenheit Einzelner und ihre eigentumsrechtlichen Belange wird erst im Rahmen des nachfolgenden Verfahrens der Bundesfachplanung und im Planfeststellungsverfahren verbindlich entschieden.

543 Wie beim Bedarfsplan gem. § 1 Abs. 2 S. 2 FStrG handelt es sich auch beim Bundesbedarfsplan gem. § 12e EnWG nur um ein grobmaschiges Konzept ohne Detailgenauigkeit.[478] Der Bundesbedarfsplan lässt den nachfolgenden Verfahren genügend Umsetzungsspielraum in räumlicher und technischer Hinsicht.[479] Die Festlegungen haben nur einen **geringen Konkretisierungsgrad**. Die konkrete Trassenführung wird nicht durch den Bundesbedarfsplan, sondern allein durch die Festlegungen auf den nachfolgenden Planverwirklichungsstufen bestimmt.

---

473 Vgl. BVerwG, Urt. v. 22.3.1985 – 4 C 15/83 – BVerwGE 71, 166, 169; Urt. v. 6.12.1985 – 4 C 59/82 – BVerwGE 72, 282, 287; Urt. v. 24.11.1989 – 4 C 41/88 – BVerwGE 84, 123, 131; zur älteren Rechtsprechung vgl. ausführlich Blümel/*Springbob*, S. 81 ff., 89 ff., 96 ff.; *Durner*, S. 426.

474 Vgl. BVerwG, Urt. v. 22.3.1985 – 4 C 15/83 – BVerwGE 71, 166, 169; Urt. v. 6.12.1985 – 4 C 59/82 – BVerwGE 72, 282, 287; Urt. v. 24.11.1989 – 4 C 41/88 – BVerwGE 84, 123, 131; zur älteren Rechtsprechung vgl. ausführlich Blümel/*Springbob*, S. 81 ff., 89 ff., 96 ff.

475 Neugefasst durch Art. 27 des 3. Rechtsbereinigungsgesetzes vom 28.8.1990, BGBl. I 1990 S. 1221.

476 BVerwG, Urt. v. 21.3.1996 – 4 C 19/94 –. Dementsprechend geht auch § 1 Abs. 2 S. 2 Fernstraßenausbaugesetz davon aus, dass die Feststellung des Bedarfs für die Linienbestimmung nach § 16 des FStrG und für die Planfeststellung nach § 17 des FStrG verbindlich ist. Die Verbindlichkeit erstreckt sich auch auf das gerichtliche Verfahren. Ein Gericht kann die Planrechtfertigung unter dem Aspekt, ob ein Verkehrsbedarf vorhanden ist, nur dann verneinen, wenn es einen Verfassungsverstoß des Gesetzgebers feststellt, der eine Vorlage an das BVerfG im Wege einer Normenkontrolle gem. Art. 100 Abs. 1 GG erzwingt. Die gerichtliche Prüfung hätte sich dann auf die Frage zu beschränken, ob der Gesetzgeber mit der Bedarfsfeststellung für das konkrete Vorhaben die Grenzen seines gesetzgeberischen Ermessens überschritten hat. Davon ist nur dann auszugehen, wenn die Feststellung des Bedarfs evident unsachlich ist, vgl. *Blümel*, DVBl. 1997, 205, 215.

477 Vgl. BVerfG, Beschl. v. 17.7.1996 – 2 BvF 2/93 – BVerfGE 95, 1 ff. (Südumfahrung Stendal); *Appel*, UPR 2011, 406, 413.

478 *Franzius*, GewArch 2012, 225.

479 Steinbach/*Heimann*, § 12e EnWG Rn 6.

544 Der Umstand des durch Gesetz festgestellten Bedarfs ist im Rahmen der nachfolgenden, auf die Bestimmung der Trasse und schließlich auf die Zulassung des Vorhabens gerichteten Verfahren in die **Abwägung** einzustellen.[480] Dort kann ein im Bedarfsplan als energiewirtschaftlich notwendig festgestelltes Vorhaben gleichwohl **noch an überwiegenden entgegenstehenden Belangen scheitern**.[481]

545 Mit der Aufnahme eines Vorhabens in den gesetzlichen Bedarfsplan ist mithin nur über **eine** der tatbestandlichen Zulassungsvoraussetzungen entschieden, den positiven, energiewirtschaftlichen Bedarf des Vorhabens. Exekutive und Judikative ist es daher verwehrt, die Bedarfsfrage anders als vom Gesetzgeber bestimmt zu beurteilen.[482]

546 **Angaben zur Ausführungstechnik** im BBPlG in Bezug auf bestimmte Vorhaben, z.B. ihre Ausführung als HGÜ-Leitung,[483] bedeuten für die weiteren Zulassungsverfahren grundsätzlich keine Festlegung, die die nachfolgenden Behörden bei der von ihnen zu treffenden endgültigen Genehmigungsentscheidung bindet.[484] Denn die Entscheidung über die Art und Weise der technischen Ausführung eines Vorhabens fällt nicht auf der Ebene der Bedarfsplanung und Bedarfsfeststellung durch Gesetz, sondern erst im Rahmen des nachfolgenden Zulassungsverfahrens, wenn sämtliche für die Verwirklichung des Vorhabens maßgebenden Umstände und Belange bekannt sind.[485]

547 Auch wenn die **BNetzA funktional zugleich als Planfeststellungsbehörde** fungiert[486] und daher die Errichtung einer HGÜ-Leitung als Erdkabel auf einem Teilabschnitt unter den in § 12e Abs. 3 S. 2 EnWG bestimmten Voraussetzungen ergänzend **verlangen kann**, ist diese **Entscheidung erst im Rahmen der Planfeststellung** – nach Abwägung **aller auf dieser Ebene zu berücksichtigenden Belange** – und nicht bereits auf der Ebene des Bundesbedarfsplans möglich. Denn die Frage, ob die Abstandsvorgaben gem. § 2 Abs. 2 S. 1 Nr. 1 oder Nr. 2 EnLAG erfüllt sind, kann nur beantwortet werden, wenn der genaue Verlauf der Trasse bekannt ist. Das ist erst im Stadium des Planfeststellungsverfahrens der Fall.

---

480 So in Bezug auf die Bedarfsplanung im Fernstraßenrecht im BVerwG, Urt. v. 19.3.2003 – 9 A 33/02 – NVwZ 2003, 1120.

481 So BVerwG, Urt. v. 21.3.1996 – 4 C 9/95 – BVerwGE 100, 380 in Bezug auf die Bedarfsfeststellung nach dem Fernstraßenausbaugesetz; *Stüer*, Rn 3288.

482 Vgl. BVerfG, Beschl. v. 19.7.1995 – 2 BvR 2397/94 – NVwZ 1996, 261; BVerwG, Urt. v. 10.4.1997 – 4 C 5/96 – NVwZ 1998, 508; Beschl. v. 22.7.2010 – 7 VR 4/10 – NVwZ 2010, 1486, 1487 in Bezug auf die Bedarfsfeststellung durch das EnLAG.

483 Die Bestätigung des Netzentwicklungsplans 2012 sieht für die drei als energiewirtschaftlich erforderlich bewerteten Korridore Niedersachsen – NRW – BaWü (A), Schleswig-Holstein – Niedersachsen – BaWü – Bayern (C) und Sachsen-Anhalt – Bayern (D) HGÜ-Technologie vor, vgl. *BNetzA*, Bestätigung des Netzentwicklungsplans Strom 2012, 25.11.2012, S. 119, 135 und 148. Diese Vorgaben werden auch im Gesetz über den Bundesbedarfsplan berücksichtigt, vgl. Anlage zu § 1 Abs. 1 BBPlG (BR-Drucks. 819/12), z.B. Vorhaben-Nr. 3 und Nr. 4 entsprechen dem Korridor (C) im Sinne des bestätigten Netzentwicklungsplans 2012.

484 Eine Ausnahme ergibt sich in Bezug auf den Einsatz von Hochtemperaturleiterseilen aus § 2 Abs. 3 BBPlG (BR-Drucks. 819/12). Danach ist das in der Anlage zu § 1 Abs. 1 BBPlG mit Buchstaben D gekennzeichnete Vorhaben unter Einsatz von Hochtemperaturleiterseilen zu errichten und zu betreiben. Hier wird – unter Verweis auf die bereits im Rahmen der Netzentwicklungsplanung erfolgte Prüfung – zur Art und Weise der Ausführung bereits eine konkrete Bestimmung der und Festlegung zur Ausführungstechnik getroffen. Weitere HTLS-Vorhaben können gem. § 2 Abs. 3 S. 2 BBPlG von der für die Zulassung des Vorhabens zuständigen Behörde genehmigt werden, wenn dies *„technisch und wirtschaftlich effizient ist."* Zur Genehmigung von Hochspannungs-Gleichstromleitungen vgl. *Spieler*, NVwZ 2012, 1139 ff.

485 So auch Steinbach/*Heimann*, § 12b EnWG Rn 26; dazu ausführlich bereits oben Rn 318 und 518.

486 Ihre Zuständigkeit ergibt sich aus der auf § 2 Abs. 2 NABEG beruhenden Rechtsverordnung, nach der die BNetzA auch die Planfeststellungsverfahren für Vorhaben gem. § 1 NABEG durchführt. Zur Kompetenzfrage unter verfassungsrechtlichen Gesichtspunkten vgl. *Durner*, DVBl. 2011, 853 ff.; *Moench/Ruttloff*, NVwZ 2011, 1040, 1041; *Grigoleit/Weisensee*, UPR 2011, 1453 ff.; *Callies/Dross*, JZ 2012, 1002 ff.

Aus den Angaben des Bundesbedarfsplans zur Ausführungstechnik folgt daher richtigerweise nur, dass die **nachfolgenden Behörden** diesen Aspekt **prüfend aufzunehmen** und **im Rahmen der** von ihr vorzunehmenden **Abwägung zu berücksichtigen und zu bewerten haben**. Ergeben sich dabei zwingende Gründe oder überwiegende andere Belange, die der intendierten technischen Ausführung des Vorhabens entgegenstehen, ist eine andere Entscheidung zur technischen Ausführung möglich. 548

c) Keine negative Feststellungswirkung

Eine **negative Feststellungswirkung** und Bindung der Behörden in dem Sinne, dass für einen vom Bedarfsplan abweichenden Ausbau des Übertragungsnetzes oder ein Vorhaben, das nicht im Bedarfsplan festgestellt ist, kein Bedarf besteht, **kommt dem Gesetz über den Bedarfsplan nicht zu.**[487] Es enthält nur eine „Positiv-Liste" der Vorhaben, besagt also nichts über den nicht gegebenen Bedarf nicht genannter Projekte oder Einzelmaßnahmen. 549

Es ist daher denkbar, unter sachgerechter Abwägung im Einzelfall ermessensfehlerfrei zu **einem vom Bedarfsplan abweichenden Ausbau oder Ausbau ohne Feststellung im Bedarfsplan** zu gelangen, wenn die energiewirtschaftliche Notwendigkeit des Vorhabens und seine Vereinbarkeit mit den Zielen aus § 1 EnWG gegeben ist. Ein Verstoß gegen den Grundsatz der Gewaltenteilung liegt darin nicht. Auch das diese Vorgehensweise billigende Verwaltungsgericht handelt nicht rechtswidrig, wenn es ein solches Vorgehen für rechtmäßig erachtet.[488] 550

Allerdings dürfte die **praktische Relevanz** eines solchen Falls **eher gering** sein. Denn der Netzentwicklungsplan wird jedes Jahr neu erstellt, geprüft und bestätigt. Die Bedarfsplanung wird kontinuierlich fortgeschrieben, Ergänzungen und Korrekturen des Netzentwicklungsplans oder Offshore-Netzentwicklungsplans und auch des Bedarfsplans sind in sehr überschaubaren Zeiträumen möglich und gesetzlich vorgesehen. 551

Ist ein Vorhaben gänzlich nicht im Gesetz über den Bundesbedarfsplan berücksichtigt worden, ist gem. § 2 Abs. 1 NABEG der Anwendungsbereich des NABEG und seiner Vorschriften über die Bundesfachplanung gem. §§ 4 ff. NABEG von vornherein nicht eröffnet. Dann ist für das Vorhaben zunächst die Durchführung von separaten Raumordnungsverfahren erforderlich, bevor die Planfeststellung beantragt werden kann. Damit kann auch die vom NABEG intendierte Bündelung von Zuständigkeiten nicht erreicht werden, da für Raumordnungs- und Planfeststellungsverfahren unterschiedliche Behörden zuständig wären. Unter prozeduralen Gesichtspunkten bestehen daher kaum Anreize für ein derartiges Vorgehen. 552

In jedem Fall wird **erhöhter Begründungsaufwand** ausgelöst, wenn die Bedarfsfeststellung nicht oder nicht so wie beantragt bereits durch Gesetz erfolgt ist. Hat sich die BNetzA in der Bestätigung des Netzentwicklungsplans unter eingehender Begründung darauf festgelegt, dass der energiewirtschaftliche Bedarf eines bestimmten Vorhabens (jedenfalls vorerst) nicht besteht und es daher in die Liste der nicht-bestätigten Vorhaben übernommen,[489] dürfte eine gleichwohl beantragte Zulassung dieses Vorhabens wenig Aussicht auf Erfolg haben. Der Feststellung, dass (vorerst noch) kein Bedarf besteht, wird man in solchen Fällen eine negative Indizwirkung zu- 553

---

487 Davon geht auch der Gesetzgeber in seiner Begründung zum BBPlG aus, vgl. BR-Drucks. 819/12, S. 16: *„Der Bundesbedarfsplan ist nicht abschließend. [... Es] können auch weiterhin Vorhaben realisiert werden, die nicht oder noch nicht Gegenstand des Bundesbedarfsplans oder des Bedarfsplans nach dem Energieleitungsausbaugesetz sind.*"; dieser Grundsatz galt auch schon bislang in Bezug auf das EnLAG, vgl. *Schirmer*, DVBl. 2010, 1349, 1352; *Weyer*, in: FS Kühne, S. 423, 434.

488 BVerwG, Beschl. v. 26.8.1996 – 4 B 67/96 – NVwZ-RR 1997, 84.

489 *BNetzA*, Bestätigung des Netzentwicklungsplans Strom 2012, 25.12.2012, S. 5 f. enthält neben der Positiv-Liste von bestätigten Vorhaben auch eine Liste mit (vorerst noch) nicht bestätigten Vorhaben.

messen können, die dadurch verstärkt wird, wenn auch das Bundesbedarfsgesetz das Vorhaben nicht berücksichtigt. Differenzierter kann der Fall zu beurteilen sein, wenn ein an sich bestätigtes Vorhaben abweichend oder anders als im Netzentwicklungsplan und im Gesetz über den Bundesbedarfsplan angegeben, ausgeführt werden soll. Die Darlegungs- und Beweislast für die Begründung abweichend behaupteten energiewirtschaftlichen Bedarfs liegt beim Vorhabenträger.

d) Verbindlichkeit bei Änderungen der Grundlagen

554 Tatsächliche Änderungen der für die Bedarfsfeststellung maßgeblichen Grundlagen zum Netzausbau (Szenariorahmen und Netzentwicklungspläne) **lassen die Verbindlichkeit des geltenden Bedarfsplangesetzes nicht entfallen.** Es ist auch im Rahmen der energiewirtschaftlichen Bedarfsplanung Sache des Gesetzgebers, auf solche Änderungen zu reagieren, wie sich aus § 12e Abs. 1 S. 3 EnWG unmissverständlich ergibt.[490]

555 Vor dem Hintergrund, dass der Bundesbedarfsplan mindestens alle drei Jahre erneut als Gesetz zu erlassen ist und Änderungen des Gesetzes auch innerhalb dieses Zeitraums jederzeit möglich sind, ist der Fall, dass sich die Frage der Verbindlichkeit des Bedarfsplans wegen sich substanziell ändernden Grundlagen und der daraus resultierenden, fehlenden Erreichbarkeit des ursprünglich angestrebten Planungsziels stellt, praktisch kaum vorstellbar.[491]

4. Rechtsschutz gegen das Gesetz über den Bundesbedarfsplan

556 Da der Bundesbedarfsplan in Form eines Bundesgesetzes ergeht, ist dagegen **Rechtsschutz zu den Verwaltungsgerichten nicht eröffnet.**[492]

557 Eine **Individualverfassungsbeschwerde nach Art. 93 Abs. 1 Nr. 4a GG** unmittelbar gegen das Gesetz über den Bundesbedarfsplan scheitert offensichtlich an der fehlenden Unmittelbarkeit der Rechtswirkungen für Dritte und der fehlenden Gegenwärtigkeit ihrer Betroffenheit.[493]

558 Auch eine **inzidente Normenkontrolle** gem. Art. 100 Abs. 1 S. 1 GG i.V.m. §§ 13 Nr. 11, 80ff. BVerfGG im Rahmen eines gerichtlichen Verfahrens über ein planfestgestelltes Vorhaben, dessen Bedarf im Gesetz über den Bundesbedarfsplan festgestellt ist, ist nicht erfolgversprechend.[494] Eine solche Inzidentkontrolle im Rahmen eines verwaltungsgerichtlichen Streitverfahrens ist zwar grundsätzlich denkbar, wenn der spätere Planfeststellungsbeschluss mit der Begründung angegriffen wird, dass durch ein rechtswidriges Bundesbedarfsgesetz auch die Planfeststellungsentscheidung als rechtswidrig bewertet werden müsste.

---

490 So in Bezug auf den Bedarfsplan für die Bundesfernstraßen ausdrücklich BVerwG, Beschl. v. 26.8.1996 – 4 B 67/96 – NVwZ-RR 1997, 84.

491 Im Fachplanungsrecht ist anerkannt, dass ein Fall fehlender Verbindlichkeit des Bedarfsplans in Betracht kommen kann, wenn aufgrund einer nachträglichen Veränderung der Planungsgrundlage, die so gravierend ist, dass das angestrebte Planungsziel unter keinen Umständen auch annähernd noch erreicht werden kann, vgl. *Hoppe/Schlarmann/Buchner/Deutsch*, Rn 47; BVerwG, Beschl. v. 14.7.2005 – 9 VR 20.04 – juris Rn 5; Urt. v. 15.1.2004 – 4 A 11.02 – BVerwGE 120, 1 = NVwZ 2004, 732, 734.

492 Vgl. zum Rechtsschutz gegen das Gesetz über den Bundesbedarfsplan im Einzelnen Kap. 13 Rn 55ff.

493 *Appel*, UPR 2011, 406, 413; *de Witt/Durinke/Kause*, Rn 26. Mangels örtlicher Festsetzungen ergeben sich insbesondere keine eigentumsrechtlichen Vorwirkungen.

494 *Appel*, UPR 2011, 406, 413; Steinbach/*Heimann*, § 12e EnWG Rn 35. Aufgrund der Rechtsnatur als Gesetz hat das Verwaltungsgericht keine Verwerfungskompetenz im Hinblick auf den Bedarfsplan. Vorzulegen hat es das Gesetz über den Bundesbedarfsplan nur, wenn es von seiner Verfassungswidrigkeit überzeugt ist und es bei der von ihm zu fällenden Entscheidung auf dieses Gesetz ankommt.

Die Rechtsprechung räumt dem Gesetzgeber im Rahmen der gesetzlichen Bedarfsplanung indes einen **weiten Gestaltungs- und Prognosespielraum** ein.[495] Dieser weite Gestaltungs- und Prognosespielraum ist erst überschritten, wenn die Bedarfsfeststellung **evident unsachlich** ist und an **gravierenden Fehlern** leidet.[496] 559

Es müsste also festgestellt werden, dass bereits die dem Szenariorahmen und/oder den Netzentwicklungsplänen zugrunde liegenden Annahmen mit den im Zeitpunkt ihrer Erstellung verfügbaren Erkenntnismitteln unter Missachtung der für sie erheblichen Umstände nach einer fachlich nicht vertretbaren Methodik und damit evident nicht sachgerecht erarbeitet worden sind, um von einer Überschreitung des gesetzgeberischen Handlungsspielraums ausgehen zu können. 560

Die **gerichtliche Kontrolle** des mehrstufigen, prognostischen Planungsprozesses bis hin zum Gesetz über den Bedarfsplan und seine Feststellungen ist dabei auf eine **nachvollziehende Prüfung** zu beschränken. 561

Auch wenn sich die **Prognosebasis**, die der Gesetzgeber im Zeitpunkt seiner Entscheidung über den Bedarfsplan gegenüber dem Zeitpunkt, in dem über die Rechtmäßigkeit dieser Prognose entschieden wird, **maßgeblich geändert** hat, **führt** diese Änderung der Prognosebasis **nicht zur Verfassungswidrigkeit des Gesetzes**, sondern begründet lediglich eine **Anpassungspflicht des Gesetzgebers**. 562

Die Erfolgsaussichten einer gegen die Feststellungen des Bundesbedarfsplans gerichteten Argumentation sind vor diesem Hintergrund als sehr gering zu prognostizieren. 563

5. Rückwirkungen des Bundesbedarfsplans auf andere Planungen

Fraglich ist, ob sich aus dem Gesetz über den Bundesbedarfsplan **direkte Rückwirkungen auf die kommunale Bauleitplanung** oder andere **raumwirksame Fachplanungen** ergeben können. Diese Frage stellt sich z.B. dann, wenn die Gemeinde einen Bebauungsplan für ein Gebiet aufstellen oder ändern will, obwohl unter Berücksichtigung des aktuellen Bundesbedarfsplans nicht auszuschließen ist, dass ein Nutzungskonflikt mit einem Netzausbauvorhaben eintreten kann. Ein Zusammentreffen potenziell kollidierender Nutzungsinteressen unterschiedlicher Planungen ist eine in der Praxis nicht selten anzutreffende Problematik. 564

Die Planung unterschiedlicher Planungsträger in Bezug auf das gleiche Gebiet birgt stets die Gefahr **inkongruenter, kollidierender Planungsinhalte**. 565

Für den Fall der Kollision zwischen den Interessen kommunaler Bauleitplanung einerseits und Feststellungen des Bedarfsplans für den Ausbau der Fernstraßen andererseits hat die Rechtsprechung dem **Grundsatz** nach **entschieden**, dass derjenigen Planung der Vorrang einzuräumen ist, die **zeitlich eher als die andere verfestigt** ist. Maßgeblicher Zeitpunkt für die Annahme **„planerischer Verfestigung"** eines Vorhabens ist im Rahmen der Fachplanung grundsätzlich der Zeitpunkt der **Auslegung der Planunterlagen**.[497] 566

Abweichendes gilt jedoch bei **gestuften Planungsvorgängen mit verbindlichen Vorgaben**, wie bei der Bedarfsfeststellung für den Fernstraßenausbau. Im Einzelfall kann hier bereits vor Einleitung des Planfeststellungsverfahrens eine Verfestigung bestimmter fachplanerischer 567

---

495 BVerfG, Beschl. v. 17.7.1996 – 2 BvF 2/93 – BVerfGE 95, 1, 23; Beschl. v. 8.6.1998 – 1 BvR 650/97 – NVwZ 1998, 1060.

496 BVerfG, Beschl. v. 17.7.1996 – 2 BvF 2/93 – BVerfGE 95, 1, 23, 100, 238, 254 (Südumfahrung Stendal); BVerwG, Beschl. v. 24.5.2012 – 7 VR 4.12 – ZNER 2012, 417, 418f. (Rn 18ff.) in Bezug auf den Planfeststellungsbeschluss für eine 380 kV-Leitung.

497 BVerwG, Beschl. v. 5.11.2009 – 9 VR 14/02 – NVwZ 2003, 207.

Ziele eintreten.[498] Die Gemeinde muss die aufgrund der Feststellungen im Bedarfsplan für den Fernstraßenausbau ausgelösten Erschwernisse oder einen planerischen Anpassungsbedarf hinnehmen, wenn sie mit ihrer kommunalen Bauleitplanung auf eine schon zuvor konkretisierte und verfestigte Fachplanung trifft.[499] Es gilt also der **Prioritätsgrundsatz.**[500]

568 Die **Übertragung** dieser für die Fernstraßen-Bedarfsplanung **entwickelten Maßgaben auf den Bundesbedarfsplan** gem. § 12e EnWG **scheidet** indes im Ergebnis **aus.**

569 Anders als im Fernstraßenrecht ist die **Linienbestimmung** für eine Trasse oder ein Vorhaben nicht Teil der Bedarfsplanung gem. §§ 12aff. EnWG, sondern der sich erst zeitlich später anschließenden Bundesfachplanung nach Maßgabe des NABEG. Dagegen wird bei der Verkehrswegeplanung im Rahmen des gem. **§ 16 FStrG** durchzuführenden **Linienbestimmungsverfahrens** durch das Bundesverkehrsministerium im Benehmen mit den betroffenen Landesplanungsbehörden die Linienführung von Bundesfernstraßen abgestimmt. Die Linienbestimmung ist eine Entscheidung der Fachplanung, bei der die Ergebnisse vorliegender Raumordnungsverfahren zu berücksichtigen sind.

570 **Beim Netzausbau erfolgt die Festlegung von Trassenkorridoren** (im Sinne eines Flächenkorridors) erst **im Rahmen der Bundesfachplanung gem. §§ 4–17 NABEG.** Der Bundesbedarfsplan enthält dazu keine konkreten Aussagen, er benennt lediglich Anfangs- und Endpunkte der energiewirtschaftlich notwendigen Vorhaben ohne räumlich konkretisierte Festlegung. Erst durch die Bundesfachplanung erfolgt die räumliche Bestimmung der Trassenkorridore,[501] wobei diese noch nicht so genau ausfällt wie im Rahmen der späteren Planfeststellung für das konkrete Trassenbauwerk.

571 **Erst im Rahmen der Bundesfachplanung** wird daher von einer **Verfestigung** der **Planung** auszugehen sein, die ihrerseits bei der kommunalen Bauleitplanung und anderen raumwirksamen Fachplanungen Berücksichtigung verlangt, was praktisch bedeutet, dass ihre Feststellungen im Rahmen der Abwägung als Belang einzustellen und zu berücksichtigen sind.[502]

E. Kritik und Ausblick

572 Mit der gesetzlichen Etablierung der energiewirtschaftlichen **Bedarfsplanung für Übertragungsnetze** und **Offshore-Anbindungsleitungen** im 2011 und 2012 novellierten EnWG ist ein **wesentlicher Schritt für mehr Transparenz und Rationalität** im Bereich des Energienetzausbaus in Deutschland vollzogen: Hinsichtlich der von der Neuregelung erfassten Leitungen und Vorhaben kann von einem inhaltlich **klar strukturierten, rationalen Planungsprozess** gesprochen werden, der über die Stufen Szenariorahmen, Netzentwicklungsplan/Offshore-Netzentwicklungsplan, Bundesbedarfsplan – unter Einbeziehung von Übertragungsnetzbetreibern, Öffentlichkeit, BNetzA und Bundesgesetzgeber – **transparent und nachvollziehbar** darlegt, **warum** der jeweilige **Bedarf** für eine Netzentwicklungsmaßnahme an Land und im Offshore-Bereich **gegeben ist.** Mit den anschließenden Zulassungsverfahren gemäß NABEG liegt damit von der Bedarfsplanung, über die Bundesfachplanung und Planfeststellung bis hin zur Verwirklichung des Vorhabens ein in sich stimmiges Konzept für den bedarfsgerechten Ausbau der län-

---

498 BVerwG, Beschl. v. 5.11.2009 – 9 VR 14/02 – NVwZ 2003, 207.

499 BVerwG, Beschl. v. 5.11.2009 – 9 VR 14/02 – NVwZ 2003, 207.

500 BVerwG, Urt. v. 22.5.1987 – 4 C 33 – BVerwGE 77, 285; Urt. v. 22.3.1985 – 4 C 63/80 – BVerwGE 71, 150, 156; Urt. v. 19.3.1996 – 1 C 34/93 – BVerwGE 100, 338, 394.

501 Der Gesetzgeber beschreibt die Trassenkorridore als Flächenkorridore mit einer Breite von 500 m bis höchstens 1.000 m, vgl. BR-Drucks. 342/11, S. 37 (zu § 3 NABEG).

502 Zum Verhältnis von Bundesfachplanung und Ortsplanungen Kap. 4 Rn 112f.

derübergreifenden und grenzüberschreitenden Übertragungsnetze und Offshore-Anbindungsleitungen in Deutschland vor.

Aufgrund des sich zeitlich in engen Abständen wiederholenden Bedarfsplanungsprozesses ist gewährleistet, dass die Grundlagen und Annahmen für den Szenariorahmen, die Feststellungen in den Netzentwicklungsplänen und den darauf aufbauenden Regelungen des Bundesbedarfsplans einer **regelmäßigen Überprüfung und einem kritischen Abgleich mit der energiewirtschaftlichen Realität** ausgesetzt bleiben, einschließlich des **Abgleichs** mit den Entwicklungen und Vorgaben auf **europäischer Ebene**. 573

Inhalt und Umfang der Planung unterliegen damit einem **ständigen Überprüfungs- und Präzisierungsprozess**, was sich qualitativ positiv auswirken und den Einwand des „fehlenden oder so nicht gegebenen Bedarfs" weiter erschweren dürfte, sollte die Frage des Bedarfs zum Gegenstand gerichtlicher Prüfung erhoben werden. Dieser Umstand und der prognostische Charakter der energiewirtschaftlichen Bedarfsplanung rechtfertigen es im Besonderen, die auf den verschiedenen Stufen des Planungsprozesses vorhandenen **Gestaltungs- und Prognosespielräume** zu respektieren und die gerichtliche Kontrolldichte konsequent auf eine **nachvollziehende Überprüfung zu beschränken**. 574

Als **kritischer Befund** in Bezug auf die Bedarfsplanung ist festzuhalten, dass die Netzausbauvorhaben nach dem **EnLAG**, die aufgrund der TEN-E-Leitlinien (Entscheidung Nr. 1364/2006) und der Vorgaben der dena-I-Netzstudie bereits 2009 mit dem Prädikat des „vordringlichen Bedarfs" durch den Gesetzgeber in § 1 Abs. 2 EnLAG festgestellt wurden, eine dem aktuellen Standard des EnWG entsprechende **Bedarfsprüfung nicht durchlaufen** haben. Weder die Ermittlung der Grundlagen noch das eigentliche Verfahren für die Bestimmung der „EnLAG-Vorhaben" war für die nicht unmittelbar Beteiligten transparent gestaltet. Eine Öffentlichkeitsbeteiligung hat es insoweit nicht gegeben. 575

Das Nebeneinander von EnLAG-Vorhaben, Vorhaben gem. BBPlG nach § 12e EnWG und solchen nach §§ 43ff. EnWG, wozu insbesondere die Hochspannungsleitungen der Verteilnetzebene gehören, mit jeweils unterschiedlichen Maßgaben und Verfahren in Bezug auf die Bedarfsermittlung und -feststellung, aber auch bei der weiteren Umsetzung der Vorhaben ergibt in der Zusammenschau **kein konsistentes Gesamtsystem der Stromnetzplanung** in Deutschland. 576

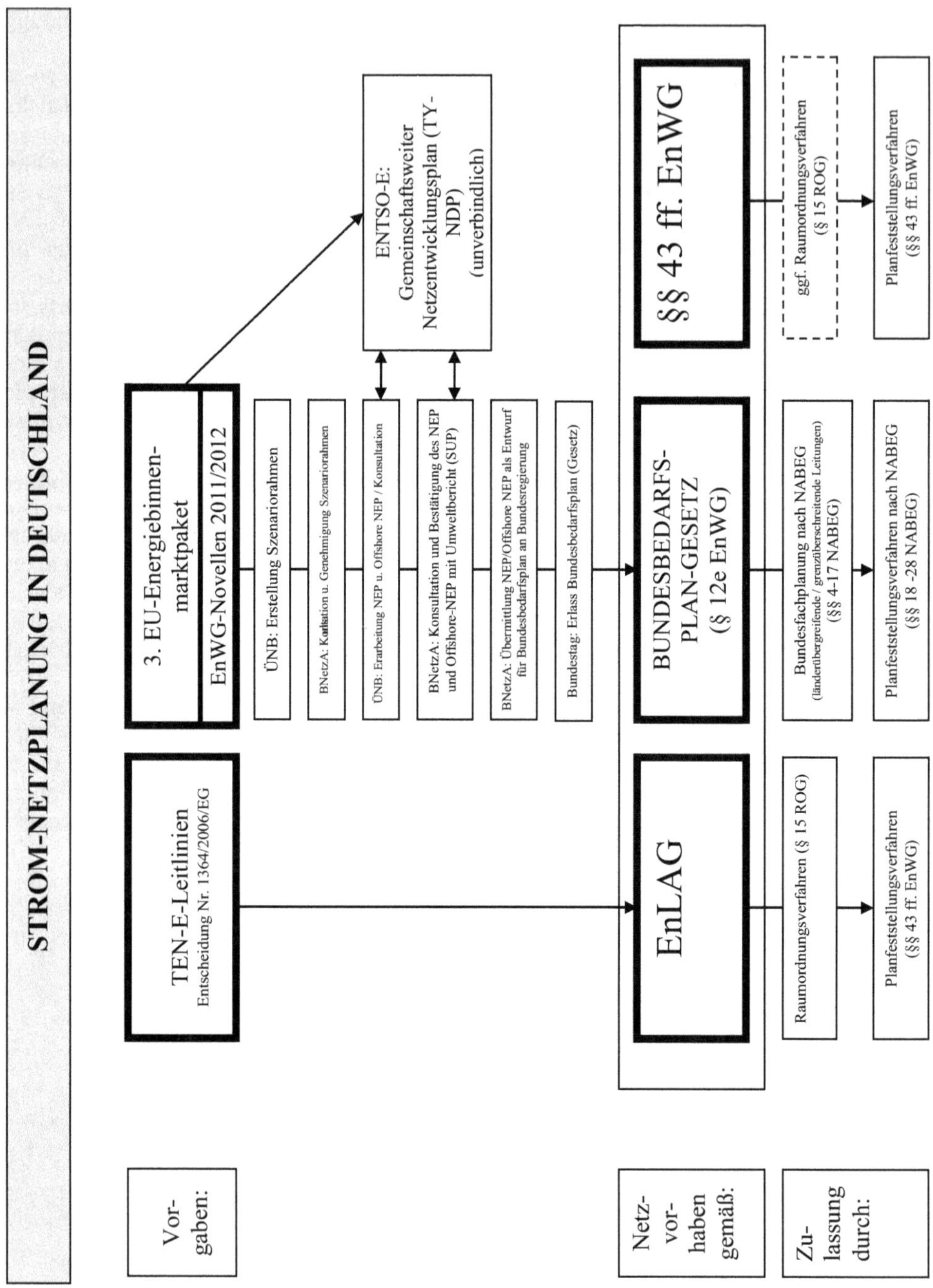
STROM-NETZPLANUNG IN DEUTSCHLAND
Vor-gaben:
TEN-E-Leitlinien
Entscheidung Nr. 1364/2006/EG
3. EU-Energiebinnen-marktpaket
EnWG-Novellen 2011/2012
ÜNB: Erstellung Szenariorahmen
BNetzA: Konsultation u. Genehmigung Szenariorahmen
ÜNB: Erarbeitung NEP u. Offshore NEP / Konsultation
BNetzA: Konsultation und Bestätigung des NEP und Offshore-NEP mit Umweltbericht (SUP)
BNetzA: Übermittlung NEP/Offshore NEP als Entwurf für Bundesbedarfsplan an Bundesregierung
Bundestag: Erlass Bundesbedarfsplan (Gesetz)
ENTSO-E: Gemeinschaftsweiter Netzentwicklungsplan (TY-NDP) (unverbindlich)
Netz-vor-haben gemäß:
EnLAG
BUNDESBEDARFS-PLAN-GESETZ (§ 12e EnWG)
§§ 43 ff. EnWG
Zu-lassung durch:
Raumordnungsverfahren (§ 15 ROG)
Bundesfachplanung nach NABEG (länderübergreifende / grenzüberschreitende Leitungen) (§§ 4-17 NABEG)
ggf. Raumordnungsverfahren (§ 15 ROG)
Planfeststellungsverfahren (§§ 43 ff. EnWG)
Planfeststellungsverfahren nach NABEG (§§ 18 -28 NABEG)
Planfeststellungsverfahren (§§ 43 ff. EnWG)

Kapitel 4
Bundesfachplanung nach §§ 4ff. NABEG

A. Hintergrund und Zweck der Bundesfachplanung

I. Zweck der Bundesfachplanung

Die Bundesfachplanung soll für die im Bundesbedarfsplan nach § 12e Abs. 4 EnWG gekennzeichneten länderübergreifenden oder grenzüberschreitenden Höchstspannungsleitungen sowie die Anbindungsleitungen von den Offshore-Windpark-Umspannwerken zu den Netzanknüpfungspunkten an Land Trassenkorridore bestimmen, welche die Grundlage für das nachfolgende Planfeststellungsverfahren bilden. Mit der Bundesfachplanung soll also der im Bundesbedarfsplan abstrakt festgestellte energiewirtschaftliche Bedarf in einen **räumlich-konkretisierten Ausbaubedarf** überführt werden, der schließlich in den Bundesnetzplan mündet.[1] Die Bundesfachplanung stellt damit in der gestuften Vorgehensweise zur Umsetzung eines Leitungsvorhabens einen Zwischenschritt dar, um in einer bundeseinheitlichen Prüfung den **großräumigen Trassenverlauf** der länderübergreifenden oder grenzüberschreitenden Leitungsvorhaben sowie der Anbindungsleitungen von den Offshore-Windpark-Umspannwerken zu den Netzanknüpfungspunkten an Land auf Raum- und Umweltverträglichkeit zu untersuchen und festzulegen.[2] Auf diese Weise wird zum einen die früher auf landesrechtlicher Ebene erforderliche Durchführung von Raumordnungsverfahren entbehrlich. Die Trassenführung erfolgt zentral auf Bundesebene, sodass insbesondere auch die bei länderübergreifenden Planungen auf Länderebene möglichen Abstimmungsschwierigkeiten vermieden werden. Zum anderen soll die nachfolgende Planungsstufe – das Planfeststellungsverfahren – entlastet und so das Verfahren insgesamt beschleunigt werden.[3] Damit geht die Bundesfachplanung weit über ein bloßes Raumordnungsverfahren hinaus.[4] Der Gesetzgeber bezeichnet die Bundesfachplanung entsprechend als fachplanerisches Verfahren sui generis.[5] 1

II. Raumordnungsrechtliche Einstufung

Da der Gesetzgeber der Bundesfachplanung durch die Trassenfestlegung über das Raumordnungsverfahren hinausgehend eine eigenständige **raumordnerische Funktion** zuweist, ist für die raumordnerische Rechtswirkung dieser neuen Art der Fachplanung relevant, ob und wie sie sich in die Systematik des Raumordnungsrechts und dessen Bindungswirkungen zwischen unterschiedlichen Planungsebenen und -instrumenten einordnet. 2

1. Einstufung der Bundesfachplanung

Dabei ist für etwaige raumordnungsrechtliche Wechselwirkungen der Bundesfachplanung mit anderen Landesplanungen oder Fachplanungen insbesondere von Bedeutung, ob die Bundesfachplanung aufgrund ihrer raumordnerischen Funktion bereits eigenständig ein Erfordernis 3

1 BR-Drucks. 342/11, S. 38.
2 BR-Drucks. 342/11, S. 28.
3 BR-Drucks. 342/11, S. 28 f., 43 f.
4 *Schmitz/Jornitz*, NVwZ 2012, 332, 334.
5 BR-Drucks. 342/11, S. 30; siehe auch *Appel*, ER 2012, 3, 5.

der Raumordnung i.S.v. § 3 Abs. 1 Nr. 1 ROG darstellt und insofern **raumordnungsrechtliche Wirkungen** entfalten kann. Erfordernisse der Raumordnung können nach § 3 Abs. 1 Nr. 1 ROG Ziele der Raumordnung, Grundsätze der Raumordnung und sonstige Erfordernisse der Raumordnung sein. Ziele und Grundsätze der Raumordnung können nach den Definitionen gem. § 3 Abs. 1 Nr. 2 und 3 ROG aber nur als Festlegungen in Raumordnungsplänen oder – im Fall von Grundsätzen – durch Gesetz erfolgen. Raumordnungspläne sind nach § 3 Abs. 1 Nr. 7 ROG indes nur solche Pläne, die als zusammenfassende, überörtliche und fachübergreifende Pläne nach §§ 8 und 17 ROG aufgestellt werden. Die Bundesfachplanung unterfällt aber weder der Landesplanungsregelung des § 8 ROG noch einer der speziellen und abschließend geregelten Fälle[6] der Bundesraumordnungsplanung nach § 17 ROG und hat als Bundesfachplanung für bestimmte Netzausbauvorhaben auch keinen fachübergreifenden Charakter.[7] Festlegungen einer Bundesfachplanung sind daher schon mangels eines raumordnungsplanrechtlichen Inhalts von sich aus kein Ziel oder Grundsatz der Raumordnung.[8] Die Bundesfachplanung ist aber auch kein sonstiges Erfordernis der Raumordnung i.S.v. § 3 Abs. 1 Nr. 1 Alt. 3 ROG. Nach der abschließenden Aufzählung[9] des § 3 Abs. 1 Nr. 4 ROG können solche sonstigen Erfordernisse nur in Aufstellung befindliche Ziele der Raumordnung, Ergebnisse förmlicher landesplanerischer Verfahren (wie des Raumordnungsverfahrens) und landesplanerische Stellungnahmen sein. Die insoweit für Leitungsbauvorhaben üblicherweise einschlägige Variante eines vorab durchzuführenden Raumordnungsverfahrens ist für die Bundesfachplanung indes nicht einschlägig, da die Bundesfachplanung nunmehr gewollt kein landes-, sondern ein bundes(fach-)planerisches Verfahren ist. Landesplanerische Verfahren i.S.v. § 3 Abs. 1 Nr. 4 ROG sind nur solche der §§ 8 bis 16 ROG,[10] zu denen die Bundesfachplanung aber nicht gehört. Die Bundesfachplanung ist daher **kein Erfordernis der Raumordnung** im Sinne des ROG. Im Ergebnis kann die Bundesfachplanung direkte raumordnungsrechtliche Wirkungen daher nur aufgrund von spezialgesetzlichen Vorgaben des NABEG entfalten.[11]

4 Die Bundesfachplanung stellt aber aufgrund ihrer überörtlichen Ausdehnung und daher möglichen Auswirkungen für die räumliche Entwicklung[12] der von einem Ausbauvorhaben betroffenen Regionen eine **raumbedeutsame Planung** i.S.d. § 3 Abs. 1 Nr. 6 ROG dar. Im Gegensatz zu einem Raumordnungsverfahren ist die Bundesfachplanung nicht lediglich eine behördliche gutachterliche Äußerung zur Raumverträglichkeit eines geplanten Vorhabens,[13] sondern aufgrund der Verbindlichkeit der Trassenfestlegung eine der Planfeststellung vorgelagerte, **eigenständige konzeptionelle Planungsebene**, mit der raumbedeutsame, großräumige Zusammenhänge geregelt werden sollen.[14] Die Bundesfachplanung ist dementsprechend ein von den Erfordernissen der Raumordnung grundsätzlich erfasstes Objekt.

2. Bindungswirkungen für die Bundesfachplanung

5 Inwieweit die Bundesfachplanung **raumordnungsrechtlichen Bindungswirkungen** von (bestehenden) Erfordernissen der Raumordnung – etwa Zielen und Grundsätzen der Raumordnung

6 Bielenberg/Runkel/Spannowsky/*Runkel*, § 3 ROG Rn 275a.
7 Vgl. dazu Cholewa/Dyong/von der Heide/Arenz/*Hendler*, § 3 ROG Rn 108.
8 Vgl. Steinbach/*Nebel/Riese*, § 5 NABEG Rn 34.
9 Cholewa/Dyong/von der Heide/Arenz/*Hendler*, § 3 ROG Rn 64; Bielenberg/Runkel/Spannowsky/*Runkel*, § 3 ROG Rn 186.
10 Bielenberg/Runkel/Spannowsky/*Runkel*, § 3 ROG Rn 194.
11 Vgl. zu §§ 5 Abs. 1 und 15 Abs. 1 NABEG unter Rn 41ff.
12 Vgl. Bielenberg/Runkel/Spannowsky/*Runkel*, § 3 ROG Rn 238.
13 Vgl. dazu Kap. 2 Rn 29ff.
14 Vgl. zu der insoweit „schwächeren“ Linienbestimmung nach § 16 WaStrG: *Friesecke*, § 16 Rn 6, 12.

in bestehenden Landesplanungen – unterliegt, ist aufgrund der Besonderheiten des neuen Planungsinstruments „Bundesfachplanung" allerdings schwieriger zu beurteilen. Dabei hat diese Abgrenzung für die Bundesfachplanung und die darin durchzuführende Ermittlung und Abwägung unterschiedlicher Trassenkorridore durchaus eine erhebliche Relevanz, da sie insbesondere für die Frage entscheidend ist, ob eine Bundesfachplanung bei der Trassenkorridorfindung bestehende Ziele der Raumordnung beispielsweise aus Landesplanungen grundsätzlich zu beachten[15] oder nur zu berücksichtigen hat.[16]

Für die Bundesfachplanung als raumbedeutsame Planungen können sich raumordnungsrechtliche Bindungswirkungen zunächst grundsätzlich aus den allgemeinen raumordnungsrechtlichen Bindungsvorgaben der §§ 4, 5 ROG ergeben. In den in § 4 geregelten Varianten hängt der Umfang der Bindungswirkung insbesondere davon ab, wer als Träger der Bundesfachplanung einzustufen ist und/oder ob die Bundesfachplanung aufgrund vergleichbarer Rechtswirkungen mit einer Planfeststellung gleichzustellen ist. Soweit die Bundesfachplanung als **Planung einer öffentlichen Stelle** i.S.d. § 4 Abs. 1 Nr. 1 ROG[17] oder als **Entscheidung** i.S.d. § 4 Abs. 1 Nr. 3 ROG[18] zu qualifizieren wäre, wären bestehende Ziele der Raumordnung von der Bundesfachplanung zu beachten und nicht nur zu berücksichtigen.[19] Soweit die Bundesfachplanung allerdings als sonstige **Entscheidung über die raumbedeutsame Planung** einer Person des Privatrechts i.S.d. § 4 Abs. 2 NABEG einzustufen wäre, wären Erfordernisse der Raumordnung vorbehaltlich von anderweitigen fachrechtlichen Vorgaben des NABEG nur zu berücksichtigen. 6

Obwohl sich die Bundesfachplanung aufgrund ihrer planungsrechtlichen Besonderheiten von den bislang üblichen Planungsinstrumenten abhebt und daher nicht eindeutig in die bekannte Systematik einordnen lässt, sprechen im Ergebnis die überwiegenden Gründe dafür, dass sich die raumordnungsrechtlichen Bindungswirkungen für eine Bundesfachplanung nicht nach §§ 4 Abs. 1, 5 Abs. 1 ROG, sondern nach § 4 Abs. 2 ROG[20] und dem für die Entscheidung einschlägigen Fachrecht – also etwaigen speziellen raumordnungsrechtlichen Bindungsregelungen im NABEG – richten.[21] 7

Denn die Bundesfachplanung ist nicht als raumbedeutsame Planung einer öffentliche Stelle i.S.d. § 4 Abs. 1 Nr. 1 ROG,[22] sondern als eine **Entscheidung der BNetzA über die Planung des Übertragungsnetzbetreibers** als Vorhabensträger zu qualifizieren. Es handelt sich nicht um eine (vollständig eigenständige) Planung der BNetzA. Antragsteller und Vorhabensträger der Bundesfachplanung ist vielmehr der jeweilige Netzbetreiber, der eine **Person des Privatrechts** ist und den Netzausbau in Wahrnehmung eigener Aufgaben[23] durchführt.[24] Zudem liegt das **wirtschaftliche Risiko**, das Investitionsrisiko und die Verantwortung für die Netzausbaumaß- 8

15 Dies würde wiederum die Frage nach Abweichungsmöglichkeiten aufwerfen.
16 Vgl. zu den unterschiedlichen Auswirkungen Rn 21 ff.
17 So Bielenberg/Runkel/Spannowsky/*Runkel*, § 4 ROG Rn 377; ebenso Kap. 7 Rn 129 ff.
18 So *Sellner/Fellenberg*, NVwZ 2011, 1025, 1031.
19 In diesem Fall käme es darauf an, ob das NABEG spezielle Raumordnungsklauseln enthält, welche den Bindungswirkungen nach §§ 4, 5 ROG vorgehen. Vgl. dazu Rn 23 ff.
20 So auch Steinbach/*Sangenstedt*, § 15 NABEG Rn 27; *Appel*, ER 2013, 3, 6 f.; *Appel*, NVwZ 2013, 457, 459 f.; de Witt/Scheuten/*de Witt*, § 5 Rn 22, § 15 Rn 33.
21 § 4 Abs. 2 ROG hat hinsichtlich einer weitergehenden Bindungswirkung keinen eigenständigen Regelungsgehalt und ist insofern eine Verweisungsnorm; vgl. Bielenberg/Runkel/Spannowsky/*Runkel*, § 4 ROG Rn 243, 289. Vgl. zu §§ 5 Abs. 1 und 15 Abs. 1 NABEG unter Rn 23 ff.
22 Vgl. zur Gegenansicht das nachfolgende Kap. 7 Rn 129 ff. Zu den Voraussetzungen einer Planung nach § 4 Abs. 1 Nr. 1 ROG siehe Bielenberg/Runkel/Spannowsky/*Runkel*, § 4 ROG Rn 75 ff.
23 Dabei handelt es sich aber auch um eine öffentliche Aufgabe, da eine sichere Versorgung mit Energie Teil der Daseinsvorsorge ist; vgl. BVerfG, Beschl. v. 20.3.1984 – 1 BvL 28/82 – NJW 1984, 1872, 1873.
24 *Appel*, NVwZ 2013, 457, 458 f.

nahmen und damit auch für die Bundesfachplanung beim Netzbetreiber[25] und nicht bei der BNetzA.[26] Auch der Gesetzesbegründung ist zu entnehmen, dass der Gesetzgeber die Bundesfachplanung als **Teil des Ausbauvorhabens** des Übertragungsnetzbetreibers ansieht.[27]

9 Dem lässt sich nicht entgegenhalten, dass die Bundesfachplanung der Einflussmöglichkeit des Netzbetreibers als Antragsteller im Vergleich zu Netzausbauvorhaben außerhalb des NABEG stärker entzogen ist[28] – etwa weil der Netzbetreiber zu einer Antragstellung gezwungen werden[29] oder die BNetzA vom Antrag und den vom Netzbetreiber beantragten und geprüften Trassen (-alternativen) abweichen kann.[30] Die Möglichkeit, einen Netzbetreiber zur Durchführung von Netzausbaumaßnahmen und damit zu einer Antragstellung zu zwingen, besteht nach § 65 Abs. 2a EnWG grundsätzlich auch für Netzausbaumaßnahmen außerhalb des NABEG. Auch die Möglichkeit der BNetzA, von dem vom Netzbetreiber beantragten Trassenkorridor abzuweichen (vgl. § 7 Abs. 3 S. 2 NABEG), führt nicht dazu, dass die Bundesfachplanung im Gegensatz zu Ausbauvorhaben außerhalb des NABEG als eine Planung der BNetzA einzustufen wäre. Denn die der BNetzA im Rahmen der Bundesfachplanung zustehende **planerische Gestaltungsfreiheit** unterscheidet sich nicht wesentlich von derjenigen planerischen Gestaltungsfreiheit in Planfeststellungsverfahren für Ausbauvorhaben außerhalb des NABEG.[31] Auch einer Planfeststellungsbehörde steht für die mit der Planfeststellung insbesondere hinsichtlich des Trassenverlaufs verbundene Raumnutzungsentscheidung eine eigenständige planerische Gestaltungsfreiheit zu.[32] Zudem hat auch die Planfeststellungsbehörde aufgrund des Abwägungsgebots unabhängig vom Antrag des Vorhabensträgers grundsätzlich alle ihr bekannten oder sich ernsthaft anbietenden Trassenalternativen zu prüfen und eigenständig abzuwägen.[33] Dabei ist die Planfeststellungsbehörde im Rahmen der von ihr zu treffenden Planungsentscheidung nicht darauf beschränkt, bei der Antragsplanung des Vorhabensträgers lediglich die Beachtung der äußeren Schranken des Abwägungsgebots zu kontrollieren.[34] Jedenfalls dann, wenn es um die Abwägung zwischen verschiedenen Standort- bzw. Trassenvarianten geht, bei der jede Trasse das Planungsziel gleichermaßen gut erfüllt, obliegt es der Planfeststellungsbehörde, die **für und gegen die jeweiligen Alternativen sprechenden Gründe** abzuwägen und dabei auch noch nicht vom Vorhabensträger berücksichtigte, abwägungsrelevante Gesichtspunkte

25 *Appel*, NVwZ 2013, 457, 459; vgl. *Kment*, RdE 2011, 341, 343ff.; *Weyer*, ZNER 2009, 210, 210; *Lecheler*, DVBl. 2007, 713, 718.

26 Die BNetzA erhebt nach § 30 Abs. 1 Nr. 1, 2 NABEG auch entsprechende Gebühren für die Bundesfachplanung.

27 So wird in der Gesetzesbegründung zu § 6 NABEG klargestellt, dass die Bundesfachplanung von einem Antrag des verantwortlichen Übertragungsnetzbetreibers abhängt, vgl. BT-Drucks. 17/6073, S. 24. Auch zur Pflicht des Netzbetreibers zur Vorlage geeigneter Unterlagen nach § 8 NABEG führt die Gesetzesbegründung aus, dass diese Pflicht Ausdruck des Verursacherprinzips sei. Der Netzbetreiber als „Verursacher" der Netzausbaumaßnahme und damit auch der Bundesfachplanung ist zur Vorlage geeigneter Informationen verpflichtet, vgl. BT-Drucks. 17/6073, S. 25. Dem widerspräche aber, wenn man die Bundesfachplanung als eine Planung der BNetzA auffasste.

28 Vgl. *Kment*, RdE 2011, 341, 344.

29 Vgl. dazu Rn 44; zum Rechtsschutz Kap. 13 Rn 66ff.

30 Vgl. dazu Rn 50.

31 Letztere werden aber eindeutig nicht als Planung einer öffentlichen Stelle i.S.v. § 4 Abs. 1 Nr. 1 ROG, sondern vielmehr von der speziellen Regelung des § 4 Abs. 1 Nr. 3 ROG erfasst.

32 Diese planerische Gestaltungsfreiheit besteht auch unbeschadet des Umstandes, dass die Behörde häufig nicht originär selbst plant, sondern nur die Antragsplanung des Vorhabensträgers abwägend nachvollzieht; vgl. BVerwG, Urt. v. 17.1.1986 – 4 C 6/7.84 – NVwZ 1986, 471, 471; Urt. v. 24.11.1994 – 7 C 25/93 – NVwZ 1995, 598, 600 = BVerwGE 97, 143, 148f.; OVG Koblenz, Urt. v. 6.2.2013 – 8 C 10943/12.OVG – juris Rn 25.

33 BVerwG, Beschl. v. 24.4.2009 – 9 B 10/09 – NVwZ 2009, 986, 986; OVG Koblenz, Urt. v. 6.2.2013 – 8 C 10943/12.OVG – juris Rn 24; BVerwG, Beschl. v. 20.12.1988 – 7 NB 2/88 – NVwZ 1989, 458, 460.

34 Vgl. BVerwG, Urt. v. 24.11.1994 – 7 C 25/93 – NVwZ 1995, 598, 600; OVG Koblenz, Urt. v. 6.2.2013 – 8 C 10943/12.OVG – juris Rn 27; VGH Mannheim, Urt. v. 10.11.2011 – 5 S 2436/10 – juris Rn 49ff.

einzubeziehen.[35] Auch für die Planfeststellungsbehörde besteht daher – vergleichbar der Regelung von § 7 Abs. 3 S. 2 NABEG zur Bundesfachplanung – keine zwingende „Bindung“ an den vom Vorhabensträger beantragten Trassenverlauf oder dessen geprüfte Alternativen.[36]

Die planerische Gestaltungsfreiheit der Planfeststellungsbehörde wird andererseits aber auch u.a. durch den aus dem Abwägungsgebot folgenden Anspruch des Vorhabensträgers auf **fehlerfreie Ausübung des Planungsermessen** begrenzt, sodass der Planfeststellungsbehörde – etwa hinsichtlich eines vom Antrag abweichenden Trassenverlaufs – jenseits der planerischen Abwägung **kein eigenständiges Versagungsermessen** mehr zusteht.[37] Die Planfeststellungsbehörde ist also aufgrund des auch dem Vorhabensträger zugute kommenden Abwägungsgebots nicht vollkommen frei in ihrer Planungsentscheidung, sondern insoweit auf die vom Vorhabensträger beantragte Variante „fokussiert“. Diese im Planfeststellungsrecht geltende Begrenzung des Planungsermessens wird – trotz der Sonderregelung von § 7 Abs. 3 S. 2 NABEG – letztlich auch für die Bundesfachplanung gelten müssen, da die Bundesfachplanung eine Abwägungsentscheidung[38] ist und insofern auch der Übertragungsnetzbetreiber in der Bundesfachplanung einen Anspruch auf fehlerfreie Abwägung und Ausübung des Planungsermessens hat. Bundesfachplanung und Trassenentscheidung in einer Planfeststellung unterscheiden sich hinsichtlich eines planerischen Gestaltungsspielraums daher im Wesentlichen nur dahingehend, dass eine Planfeststellungsbehörde nicht einen zum Antrag des Vorhabensträgers divergierenden Aliud-Trassenverlauf festsetzen kann, sondern den Antrag letztlich ablehnen müsste,[39] während die BNetzA in der Bundesfachplanung auch vom Antrag des Vorhabensträgers abweichende Trassenvarianten festlegen kann (vgl. § 7 Abs. 3 S. 2 NABEG).[40] Dadurch wird die Bundesfachplanung im Vergleich zu Planfeststellungen von Ausbauvorhaben außerhalb des NABEG aber nicht zu einer Planung der BNetzA als öffentliche Stelle i.S.v. § 4 Abs. 1 Nr. 1 ROG. Sie unterscheidet sich vielmehr immer noch substanziell von einer eigenverantwortlichen Planung öffentlicher Stellen wie etwa der Bauleitplanung einer Gemeinde. Die Bundesfachplanung ist damit als eine Entscheidung der BNetzA über die Planung des für den Ausbau verantwortlichen Vorhabensträgers einzustufen. 10

Eine Bindungswirkung des § 4 Abs. 1 Nr. 1 ROG ist für die meisten Übertragungsnetzbetreiber auch nicht nach **§ 4 Abs. 1 S. 2 ROG** entsprechend anzuwenden. Derzeit sind die meisten Übertragungsnetzbetreiber weder **mehrheitlich** in der Hand von öffentlichen Stellen[41] noch wird der durch das NABEG geregelte Netzausbau überwiegend aus **öffentlichen Mitteln** finanziert.[42] 11

35 OVG Koblenz, Urt. v. 6.2.2013 – 8 C 10943/12.OVG – juris Rn 26; vgl. auch BVerwG, Urt. v. 24.11.1994 – 7 C 25/93 – NVwZ 1995, 598, 600; Beschl. v. 24.4.2009 – 9 B 10/09 – NVwZ 2009, 986, 986.

36 Anderenfalls wäre auch keine gerechte und ergebnisoffene Abwägungsentscheidung der durch ein Vorhaben betroffenen öffentlichen und privaten Belange durch die Planfeststellungsbehörde denkbar.

37 Vgl. BVerwG, Urt. v. 24.11.1994 – 7 C 25/93 – NVwZ 1995, 598, 600; OVG Koblenz, Urt. v. 6.2.2013 – 8 C 10943/12.OVG – juris Rn 25.

38 Vgl. dazu Rn 36 ff.

39 Dies kommt in der Praxis regelmäßig aber nicht vor, da der Vorhabensträger bei einem sich aufdrängenden, besseren und von seinem Antrag abweichenden Trassenverlauf vorher seinen Antrag anpassen würde.

40 Auch eine solche Abweichung wird allerdings erfordern, dass der Übertragungsnetzbetreiber vorher entsprechende Unterlagen gem. § 8 NABEG vorlegt und dadurch seinen Antrag letztlich modifiziert.

41 An der TransnetBW GmbH sind derzeit hingegen mehrheitlich öffentliche Stellen beteiligt, weil das Unternehmen eine Tochter der EnBW Energie Baden-Württemberg AG ist, die wiederum mehrheitlich in der Hand von Unternehmen ist, welche im Eigentum öffentlicher Stellen wie beispielsweise dem Land Baden-Württemberg stehen. Da eine sichere Versorgung mit Energie als Teil der Daseinsvorsorge und damit als Wahrnehmung öffentlicher Aufgaben einzustufen ist, unterlägen deren Planungen nach § 4 Abs. 1 S. 2 ROG grundsätzlich den Bindungen des § 4 Abs. 1 Nr. 1 ROG, soweit man dem NABEG keine spezielle, abweichende Bindungsregelung entnehmen will. Vgl. dazu Rn 23 ff.

42 Auch wenn die Netznutzungsentgelte der Übertragungsnetzbetreiber einer umfassenden Regulierung (StromNEV, ARegV etc.) unterliegen, wird man das daraus resultierende Aufkommen zur Finanzierung von Netzaus-

12 Darüber hinaus kann die Bundesfachplanung auch nicht unter **§ 4 Abs. 1 Nr. 3 ROG** subsumiert werden, da diese Regelung auf Planfeststellungen und Genehmigungen mit der Rechtswirkung von Planfeststellung beschränkt ist.[43] Die Bundesfachplanung ist trotz ihres konstitutiven Charakters für die Bestimmung eines Trassenkorridors[44] aber weder eine Planfeststellung noch hat sie deren Rechtswirkungen.[45] Die Bundesfachplanung entfaltet nach § 15 Abs. 2 NABEG schon **keine Außenwirkung** und ersetzt auch nicht die Entscheidung über die Zulässigkeit der Ausbaumaßnahme. Daher unterfällt die Bundesfachplanung im Ergebnis (lediglich) den raumordnungsrechtlichen Bindungswirkungen nach § 4 Abs. 2 ROG.[46]

B. Anwendungsbereich und Inhalt der Bundesfachplanung

I. Anwendungsbereich

13 Die Bundesfachplanung ist nach § 2 Abs. 1 NABEG vorrangig für die Errichtung oder Änderung von länderübergreifenden oder grenzüberschreitenden **Höchstspannungsleitungen**, die in einem Gesetz über den Bundesbedarfsplan nach § 12e Abs. 4 EnWG als solche gekennzeichnet sind, einschlägig. Der Begriff Höchstspannungsleitung ist gesetzlich nicht definiert. Regelmäßig werden darunter allerdings Leitungen der höchsten Spannungsebene zur Großraumversorgung und überregionalen Energieübertragung und daher mit einer Nennspannung von mindestens 220 kV verstanden.[47] Die früher auf dieser Spannungsebene übliche Nennspannung von 220 kV wird allerdings zunehmend durch 380 kV verdrängt.

14 Darüber hinaus erweitert § 2 Abs. 3 NABEG den Anwendungsbereich auch auf den Neubau von **Hochspannungsleitungen** mit einer Nennspannung von mindestens 110 kV sowie für **Bahnstromfernleitungen**, sofern diese Leitungen zusammen mit einer Höchstspannungsleitung im vorgenannten Sinne nach § 2 Abs. 1 NABEG auf einem Mehrfachgestänge geführt werden können und die Planung so rechtzeitig beantragt wird, dass die Einbeziehung ohne wesentliche Verfahrensverzögerung für die Bundesfachplanung oder Planfeststellung möglich ist. Die Hochspannungs- oder Bahnfernstromleitung selbst braucht keine länderübergreifende oder grenzüberschreitende Bedeutung zu haben.[48] Ausreichend ist daher, wenn eine ggf. auch nur abschnittsweise Bündelung mit einer entsprechenden Höchstspannungsleitung erfolgen soll. Leitungen der Hochspannungsebene bzw. Bahnfernstromleitungen werden aber im Vergleich zur Höchstspannungsebene regelmäßig von unterschiedlichen Betreibern betrieben, sodass bei einer gemeinsamen Verfahrensführung ein hoher und zur Vermeidung einer Verzögerung ent-

---

baumaßnahmen nicht als öffentliche Mittel einstufen können. Nur die Zulässigkeit der Netznutzungsentgelte unterliegt staatlicher Kontrolle, die für die Durchleitung erhobenen Entgelte der Übertragungsnetzbetreiber werden aber weder unmittelbar noch mittelbar Teil des öffentlichen Haushalts, sodass daraus finanzierte Ausbauvorhaben der Übertragungsnetzbetreiber auch weder unmittelbar noch mittelbar den Staatshaushalt belasten. Vgl. Bielenberg/Runkel/Spannowsky/*Runkel*, § 4 ROG Rn 150; siehe auch EuGH, Urt. v. 13.3.2001 – C-379/98 – EuR 2001, 405, 413; Urt. v. 13.12.2007 – C-337/06 – EuZW 2008, 80, 82 f.

43 Vgl. auch Bielenberg/Runkel/Spannowsky/*Runkel*, § 4 ROG Rn 114.

44 Vgl. dazu Rn 105 ff.

45 Steinbach/*Nebel/Riese*, § 5 NABEG Rn 36; *Appel*, ER 2013, 3, 7; *Appel*, NVwZ 2013, 457, 459.

46 Vgl. zu den möglichen Raumordnungsklauseln des NABEG unter Rn 23 ff.

47 In § 1 Abs. 1 EnLAG wird der Anwendungsbereich ausdrücklich auf Nennspannungen von mindestens 380 kV begrenzt. Dass der Gesetzgeber damit allgemeingültig die Höchstspannungsebene für mehr als 380 kV definieren wollte (so andeutend *Spieler*, NVwZ 2012, 1139, 1140) erschließt sich nicht. In der Gesetzesbegründung zum NABEG wird vielmehr auch schon 220 kV der Höchstspannung zugerechnet, vgl. BR-Drucks. 342/11, S. 26.

48 Vgl. BR-Drucks. 342/11, S. 37.

sprechend frühzeitiger Koordinierungs- und Abstimmungsbedarf besteht – von der Verteilung und Abgrenzung der Betreiberverantwortlichkeiten[49] bis zur baulichen Realisierung.

Für die **technische Ausgestaltung** des Leitungsvorhabens enthält der Anwendungsbereich 15
des NABEG grundsätzlich keine Begrenzung. Begrifflich ist dieser – beispielsweise im Gegensatz zu § 43 Nr. 1 EnWG – nicht nur auf Höchstspannungs**frei**leitungen begrenzt, sondern gilt allgemein für Höchstspannungsleitungen. Umfasst sind daher alle Arten der Höchstspannungsübertragung wie Wechsel-, Gleich- oder Drehstromhöchstspannungsleitungen[50] als auch unterschiedliche (abschnittsweise) bautechnische Ausgestaltungsmöglichkeiten als Freileitungen oder Erdkabel.[51]

Der Anwendungsbereich des NABEG wurde nachträglich auch auf die im Bundesbedarfs- 16
plan gekennzeichneten **Anbindungsleitungen** von den Offshore-Windpark-Umspannwerken zu den Netzanknüpfungspunkten auf dem Festland ausgedehnt. Insgesamt ausgeschlossen vom Anwendungsbereich des NABEG sind nach § 2 Abs. 4 NABEG jedoch die Leitungsvorhaben, die dem Energieleitungsausbaugesetz[52] unterfallen. Zudem sind nach § 2 Abs. 5 NABEG Leitungsabschnitte ausgenommen, die in den Anwendungsbereich der Verordnung über Anlagen seewärts der Begrenzung der Küstenmeere (SeeAnlV) fallen.

II. Inhalt der Bundesfachplanung

Mit der Bundesfachplanung bestimmt die BNetzA nach § 5 Abs. 1 NABEG Trassenkorridore für 17
die im Bundesbedarfsplan entsprechend gekennzeichneten Höchstspannungsleitungsvorhaben. Trassenkorridore sind nach der Definition des § 3 Abs. 1 NABEG Gebietsstreifen, innerhalb derer die Trasse einer Stromleitung verläuft und für die die Raumverträglichkeit festgestellt werden soll oder festgestellt ist. Die festzulegenden **Trassenkorridore** sollen dem gesetzgeberischen Willen nach auf dieser Planungsebene eine Breite von 500 bis 1.000 m haben. Bei bestehenden Konfliktlagen kann der Trassenkorridor aber auch verändert werden[53] – beispielsweise um durch eine Verringerung der Trassenkorridorbreite mögliche Auswirkungen auf ein nahegelegenes Natura 2000-Gebiet schon im Rahmen der Bundesfachplanung ausschließen zu können. Die Festlegung eines konkreten Verlaufs der Leitungstrasse innerhalb dieses Korridors mit den entsprechenden baulichen Maßnahmen wie Mastbauten soll aber erst im nachfolgenden Planfeststellungsverfahren erfolgen. Die Gesetzesbegründung bezeichnet den in der Bundesfachplanung festzulegenden Trassenkorridor daher auch als „Flächenkorridor".[54] Die Bundesfachplanung dient damit der **großräumigen Trassenbestimmung**. Dazu muss die BNetzA überprüfen, ob der Verwirklichung des Vorhabens überwiegende öffentliche oder private Belange entgegenstehen, indem sie insbesondere im Rahmen einer Raumverträglichkeitsstudie die betroffenen raumordnerischen Belange und im Rahmen einer Strategischen Umweltprüfung die Umwelt-

49 Trotz der gemeinsamen Verfahrensführung bestehen diesbezüglich bei unterschiedlichen Betreibern verschiedene Optionen für eine gemeinsame Planung, z.B. gemeinsame Betreiberverantwortlichkeit für die gesamte Leitung (auch über eine Projektgesellschaft) oder getrennte Betreiberverantwortlichkeit der jeweiligen Leitungsstränge. Selbst im letzten Fall bestehen aber aufgrund Leitungsführung auf einem Gestänge stets auch gemeinsame Pflichten.

50 Vgl. *Spieler*, NVwZ 2012, 1139, 1141; *Lang/Rademacher*, RdE 2013, 145, 147 ff.

51 Vgl. *Elspaß/Schwoon*, NVwZ 2012, 1066, 1068 f.; zur Diskussion eines allgemeinen Erdkabelverbots aufgrund des EnLAG: *Henning/Lühmann*, UPR 2012, 81, 82 f. m.w.N.

52 Siehe die Auflistung in der Anlage zu § 1 EnLAG.

53 BR-Drucks. 342/11, S. 29.

54 BT-Drucks. 17/6073, S. 23.

auswirkungen des gewählten Trassenkorridors und etwaiger ernsthaft in Betracht kommender Alternativen ermittelt und in einer Abwägung bewertet.[55]

18 Dabei muss der gesamte im Bundesbedarfsplan betrachtete Untersuchungsraum für die Korridorfindung zugrunde gelegt werden, um möglichst alle sinnvollen und vorstellbaren Trassenverläufe erfassen zu können. Andererseits ist die in der Bundesfachplanung zu leistende inhaltliche Prüfung stets im Zusammenhang mit den vor- und nachgelagerten Planungsstufen des Bundesbedarfsplans und der Planfeststellung zu sehen. Die Bundesfachplanung soll einerseits auf die im Bundesbedarfsplan durchgeführte, inhaltlich grobmaschigere Strategische Umweltprüfung aufsetzen, soll andererseits aber auch keine der nachfolgenden Planfeststellung vorbehaltene Detailprüfung vorwegnehmen. Trotz dieser inhaltlich grundsätzlich **abgeschichteten Planungsstufen** darf aber nicht verkannt werden, dass die Bundesfachplanung durch die Auswahl und verbindliche Vorgabe eines bestimmten Trassenkorridors die erste Planungsstufe ist, auf der eine wesentliche Vorentscheidung für die im Planfeststellungsverfahren konkretisierten Eingriffe und Betroffenheiten in Rechte Dritter sowie Umweltauswirkungen getroffen wird.

---

i **Praxistipp**

Daher sollte der Prüfungsumfang in der Bundesfachplanung eher weit gezogen und nicht zu früh abgeschichtet werden, schon um der Gefahr unerwarteter Hindernisse oder Schwierigkeiten auf Ebene der Planfeststellung vorzubeugen. An erkennbar schwierigen oder neuralgischen Punkten – etwa in Bereichen von unumgänglichen FFH-Gebieten – sollte zur Planungssicherheit im Zweifel der Planfeststellung vorgegriffen und eine tiefergehende Detailprüfung vorgenommen werden.

---

1. Raumverträglichkeit

19 In der Bundesfachplanung ist nach § 5 Abs. 1 NABEG zu prüfen, ob das Vorhaben und insbesondere dessen gewählter Trassenkorridor mit den Erfordernissen der Raumordnung nach § 3 Abs. 1 Nr. 1 ROG übereinstimmt und mit anderen raumbedeutsamen Planungen und Maßnahmen i.S.v. § 3 Abs. 1 Nr. 6 ROG abgestimmt ist. Die dafür regelmäßig erforderliche **Raumverträglichkeitsstudie** muss die betroffenen **raumordnerischen Belange** wie insbesondere betroffene Ziele und Grundsätze der infrage kommenden Raumordnungspläne und -programme, sonstige Erfordernisse der Raumordnung wie in Aufstellung befindliche Pläne sowie kommunale Bauleitplanungen ermitteln und bewerten.

a) Zweck der Raumverträglichkeitsprüfung

20 Die Bundesfachplanung hat daher – vergleichbar einem gewöhnlichen Raumordnungsverfahren nach § 15 ROG – grundsätzlich die Aufgabe, eine Kongruenz zwischen der vorhabenbezogenen, überörtlichen Bundesfachplanung und der Landesplanung herbeizuführen. Auch die Bundesfachplanung ist dementsprechend ein **Instrument der Plansicherung** und nicht der landesplanerischen Gestaltung, sodass bestehende Erfordernisse der Raumordnung zwar ausgelegt, konkretisiert und ausgefüllt, aber neue Erfordernisse nicht – zumindest nicht unmittelbar – geschaffen werden dürfen.[56] Die Bundesfachplanung dient insoweit – wie ein Raumordnungsverfahren – lediglich der **projektbezogenen Zielkonkretisierung**, wobei die Bundesfachpla-

---

55 Vgl. zur Abwägung im Detail Kap. 11 Rn 10ff., zur Alternativenprüfung bezüglich des Trassenkorridors insbesondere Rn 68ff.

56 Vgl. BVerwG, Urt. v. 20.1.1984 – 4 C 43/81 – NVwZ 1984, 367, 369; Bielenberg/Runkel/Spannowsky/*Runkel*, § 15 ROG Rn 30; Cholewa/Dyong/von der Heide/Arenz/*Cholewa*, § 15 ROG Rn 19; zu den besonderen Auswirkungen aufgrund der in § 15 Abs. 1 NABEG angeordneten Vorrangfunktion siehe Rn 24f., 108ff.

nung aber nicht zu einer allgemeingültigen Änderung von Raumordnungszielen führen kann. Zudem soll die Bundesfachplanung das Ausbauvorhaben mit anderen raumbedeutsamen Planungen und Maßnahmen aufeinander und untereinander abstimmen und koordinieren, um wie im Raumordnungsverfahren mögliche Nutzungskonflikte mit gegenläufigen Fach- und Einzelplanungen frühzeitig zu identifizieren, zu vermeiden oder zu lösen.[57]

b) Bindungswirkungen von bestehenden Erfordernissen der Raumordnung

Eine zentrale Frage für die in der Bundesfachplanung zu leistende Raumverträglichkeitsprüfung ist aber, inwieweit die Bundesfachplanung die in geltenden Landesplanungen vorhandenen **Ziele der Raumordnung** zu beachten hat[58] und insofern an diese strikt gebunden ist, oder Ziele der Raumordnung nur wie Grundsätze der Raumordnung lediglich zu berücksichtigen sind und daher im Rahmen der Abwägung auch überwunden werden können.[59] Diese Abgrenzung hat einerseits erhebliche Auswirkungen für die eigentliche Trassenkorridorfindung,[60] ist anderseits aber auch für die Notwendigkeit etwaiger weiterer, außerhalb der Bundesfachplanung durchzuführender Verfahrensschritte[61] bestimmend, wenn der in einer Bundesfachplanung festzulegende Trassenkorridor gegen ein Ziel der Raumordnung verstoßen müsste. Diese Abgrenzung betrifft damit letztendlich die Wirksamkeit der vom Gesetzgeber mit dem NABEG verfolgten Beschleunigung des Netzausbaus. 21

Nach der hier vertretenen Auffassung sind bestehende **Erfordernisse der Raumordnung** in der Bundesfachplanung nach § 4 Abs. 2 ROG aber grundsätzlich nur entsprechend den fachrechtlichen Vorgaben des NABEG zu **berücksichtigen**, falls sich keine abweichenden oder weitergehenden raumordnungsrechtlichen Bindungswirkungen aus speziellen Raumordnungsklauseln im NABEG ergeben, die eine über die Berücksichtigungspflicht hinausgehende Bindungswirkung an Ziele der Raumordnung anordnen. Wenn man der Auffassung folgte, dass die Bundesfachplanung eine Planung einer öffentlichen Stelle ist und daher von § 4 Abs. 1 Nr. 1 ROG erfasst wird, wäre zu prüfen, inwieweit das NABEG speziellere Raumordnungsregelungen enthält, welche die an Ziele der Raumordnung bindenden Vorgaben des ROG verdrängen könnten. Als mögliche Regelungen mit materiellem raumordnungsrechtlichen Gehalt kommen §§ 5 Abs. 1 und 15 Abs. 1 S. 2 NABEG in Betracht, deren Inhalt und Rechtsfolge durch Auslegung zu ermitteln sind. Schon jetzt sei allerdings vorweggenommen, dass sich ein eindeutiges Auslegungsergebnis angesichts der – wahrscheinlich der Eile des Gesetzgebungsverfahrens geschuldeten – ungenauen Regelungen schwierig gestaltet und das NABEG insofern eine nicht unerhebliche Rechtsunsicherheit birgt. 22

aa) § 5 NABEG: Prüfung der Übereinstimmung

§ 5 Abs. 1 S. 4 NABEG entspricht weitestgehend der Regelung zum Raumordnungsverfahren nach § 15 Abs. 1 S. 2 ROG. Versteht man diese Regelung innerhalb des NABEG als **materielle Raumordnungsklausel**, würde durch den Wortlaut „übereinstimmen“, der dem allgemeinen Sprachgebrauch nach Deckungsgleichheit fordert und daher sogar noch strikter und enger als „beachten“ wäre, eine sehr weitgehende Bindungswirkung der Bundesfachplanung an beste- 23

57 Vgl. Bielenberg/Runkel/Spannowsky/*Runkel*, § 15 ROG Rn 31; Cholewa/Dyong/von der Heide/Arenz/*Cholewa*, § 15 ROG Rn 23.
58 So *Sellner/Fellenberg*, NVwZ 2011, 1025, 1031; Bielenberg/Runkel/Spannowsky/*Runkel*, § 4 ROG Rn 377.
59 So Steinbach/*Sangenstedt*, § 15 NABEG Rn 30.
60 *Appel*, NVwZ 2013, 457, 458.
61 Wie etwa ein Widerspruchs- oder Zielabweichungsverfahren.

hende Erfordernisse der Raumordnung angeordnet – zumal dieses Übereinstimmungserfordernis nicht nur für Ziele der Raumordnung, sondern für (alle) Erfordernisse der Raumordnung und damit auch für Grundsätze gälte. Dass der Gesetzgeber für den durch das NABEG zu beschleunigenden Netzausbau derart beschränkende, raumordnerische Bindungswirkungen anordnen wollte, ist kaum denkbar. Im Vergleich zu Raumordnungsklauseln anderer Fachgesetze zeigt sich auch, dass eine solche Formulierung als materielle Raumordnungsklausel eher den Ausnahmefall darstellt.[62] Insofern ist davon auszugehen, dass die Regelung – auch aufgrund der systematischen Stellung – lediglich die **verfahrensrechtlichen Anforderungen** für Inhalt und Umfang der Raumverträglichkeitsprüfung,[63] nicht hingegen eigenständige materielle Bindungsvorgaben für Erfordernisse der Raumordnung enthält.[64]

bb) § 15 NABEG: Vorrang vor Landesplanungen

24 In § 15 Abs. 1 S. 2 NABEG wird angeordnet, dass Bundesfachplanungen grundsätzlich Vorrang vor Landesplanungen haben. Regelungsgegenstand dieser Raumordnungsklausel sind dementsprechend nur von der Bundesfachplanung ausgehende **Bindungswirkungen für Landesplanungen**, nicht hingegen eine über § 4 Abs. 2 ROG hinausgehende Bindungswirkung der Bundesfachplanung an Landesplanungen. Soweit man nach hiesiger Auffassung die Bundesfachplanung unter § 4 Abs. 2 ROG subsumiert, wird durch § 15 Abs. 1 S. 2 NABEG also keine über die in § 4 Abs. 2 ROG geregelte **Berücksichtigungspflicht hinausgehende Bindungswirkung** an bestehende Ziele der Raumordnung angeordnet. Ob die Vorrangregelung des § 15 Abs. 1 S. 2 NABEG nicht nur für die der Bundesfachplanung nachfolgenden, sondern auch für die bei Erlass der Bundesfachplanung **bestehenden Landesplanungen** gilt, sodass § 15 Abs. 1 S. 2 NABEG eine Bindung der Bundesfachplanung an Ziele der Raumordnung in bestehenden Landesplanungen ausschließt,[65] kann daher grundsätzlich dahinstehen. Entscheidend wird diese Frage allerdings dann, soweit man – entgegen der hiesigen Auffassung – für die Bundesfachplanung generell die Bindungswirkung des § 4 Abs. 1 ROG für einschlägig erachtet[66] oder wenn an dem Netzbetreiber als Vorhabensträger öffentliche Stellen mehrheitlich beteiligt sind und daher § 4 Abs. 1 S. 2 ROG anwendbar ist.

25 Dem Wortlaut der Regelung, der denen von §§ 16 Abs. 3 FStrG und 13 WaStrG ähnelt, ist eine Differenzierung zwischen bei der Bundesfachplanung vorhandenen und zukünftigen Landesplanungen und darin enthaltenen entgegenstehenden Zielen der Raumordnung in der Tat nicht

62 Vgl. beispielweise § 2 Abs. 2 GRWG. Üblicherweise verwendet der Gesetzgeber jedoch entsprechend § 4 ROG die Differenzierung „beachten" und „berücksichtigen"; vgl. die Auflistung von Raumordnungsklauseln bei Bielenberg/Runkel/Spannowsky/*Runkel*, § 4 ROG Rn 248 ff.

63 So auch *Appel*, NVwZ 2013, 457, 459.

64 Auch in einem Raumordnungsverfahren nach § 15 ROG entfaltet die in § 15 Abs. 1 S. 2 ROG zu § 5 Abs. 1 S. 4 NABEG entsprechend formulierte Übereinstimmungsprüfung letztlich keine materiellen raumordnungsrechtlichen Bindungswirkungen. Das Raumordnungsverfahren ist nach h.M. lediglich ein Gutachten zur Raumverträglichkeit der raumbedeutsamen Planung oder Maßnahme, das im eigentlichen Zulassungsverfahren der Planung oder Maßnahme auch keine strikte Bindungswirkung entfaltet. Die materiellen raumordnungsrechtlichen Bindungswirkungen, denen die Planung oder Maßnahme im Zulassungsverfahren unterliegt, richten sich daher nicht nach § 15 ROG, sondern nach § 4 ROG (bzw. etwaigen speziellen materiellen Raumordnungsklauseln im jeweiligen Fachrecht) – andernfalls würde beispielsweise § 4 Abs. 2 ROG leerlaufen. Dementsprechend kann man auch nicht aus der in § 15 ROG für das Raumordnungsverfahren geregelten Raumverträglichkeitsprüfung auf eine materielle Raumordnungsbindungsregelung in § 5 Abs. 1 S. 4 NABEG schließen. Vgl. zur Gegenansicht Kap. 7 Rn 129 ff.

65 Steinbach/*Nebel*/*Riese*, § 5 NABEG Rn 73; Steinbach/*Sangenstedt*, § 15 NABEG Rn 26; *Appel*, NVwZ 2013, 457, 460.

66 So Kap. 7 Rn 129 ff.; *Sellner*/*Fellenberg*, NVwZ 2011, 1025, 1031; Bielenberg/Runkel/Spannowsky/*Runkel*, § 4 ROG Rn 377.

zu entnehmen. Die systematische Stellung im Kontext mit dem nachfolgenden Planfeststellungsverfahren spricht hingegen eher für eine Regelung, die lediglich einen Vorrang für nachfolgende Landesplanungen umfasst. Hätte der Gesetzgeber eine grundsätzliche Vorrangregelung bezweckt, die auch bestehende Ziele der Raumordnung erfassen soll, wäre eine Regelung im Zusammenhang mit § 5 NABEG naheliegender gewesen. Der Sinn und Zweck des NABEG zur Beschleunigung des Netzausbaus spricht demgegenüber für den Entfall einer Bindungswirkung, da dann die Bundesfachplanung im Fall von potenziellen Zielkonflikten kein zeitaufwändiges Konfliktbereinigungsverfahren durchführen muss. In der Begründung des Gesetzentwurfes zu § 15 NABEG wurde aber das ursprünglich vom Gesetzgeber bezweckte Verhältnis zwischen §§ 5 Abs. 1 und 15 Abs. 1 S. 2 NABEG und damit dessen Inhalt näher konkretisiert. Der gesetzgeberischen Intention nach sollte die Vorrangregelung des § 15 NABEG die durch eine Bundesfachplanung festgelegte Trasse gegenüber nachträglichen Landesplanungen der Länder schützen, während bestehenden Raumordnungsbelangen der Länder durch § 5 Abs. 1 NABEG Rechnung getragen werden sollte.[67] Der Gesetzgeber wollte ursprünglich offenbar bewusst zwischen § 5 Abs. 1 NABEG für bestehende Planungen und § 15 Abs. 1 S. 2 NABEG für nachfolgende Planungen differenzieren. Im damaligen Entwurf bezog sich die Vorrangregelung des § 15 Abs. 1 S. 2 NABEG aber lediglich auf „Landes**fach**planungen" und wurde erst nachträglich auf „Landesplanungen" erweitert. Ob die vom Gesetzgeber bezweckte Unterscheidung zwischen bestehenden und nachträglichen Landesfachplanungen durch die später im Gesetzgebungsverfahren eingeführte Erweiterung auf „Landesplanungen" hinfällig werden sollte,[68] ist jedoch zweifelhaft. Auch die der späteren Änderung zugrundeliegende Begründung stellt eher darauf ab, dass die Länder in späteren Raumordnungsplänen keine Festlegungen treffen können sollen, die der Bundesfachplanung widersprechen.[69] Schließlich ist auch ein Vergleich zu der als Vorlage für § 15 Abs. 1 S. 2 NABEG herangezogenen[70] Vorrangregelung in § 16 Abs. 3 S. 3 FStrG[71] nicht in der Lage, den vom Gesetzgeber gewollten Regelungsgehalt näher zu konkretisieren. Auch bei § 16 Abs. 3 S. 3 FStrG ist nicht abschließend geklärt, ob dieser Vorrang gegenüber bestehenden Landes- oder Ortsplänen gilt.[72] Eine Übertragung dieses Diskussionsstandes auf das NABEG wird zusätzlich dadurch erschwert, dass die neueren Regelungen der §§ 4, 5 ROG die ältere Vorrangregelung des § 16 FStrG verdrängen könnten.[73]

cc) Fazit: Keine Bindungswirkung von bestehenden Zielen der Raumordnung

Stuft man mit der hiesigen Auffassung die Bundesfachplanung als Entscheidung einer öffentli- 26
chen Stelle über die raumbedeutsame Planung einer Person des Privatrechts nach § 4 Abs. 2 ROG ein,[74] kommt es für die Bindungswirkung von Zielen der Raumordnung auf den Regelungsgehalt

67 *„Die Regelung des Absatzes 1 schafft einen Ausgleich zwischen der Wechselwirkung der Planungshoheit der Länder, die ihren Ausdruck in raumordnerischen Plänen findet, und dem Anliegen des Ausbaus des Übertragungsnetzes. Während durch § 5 Absatz 1 sichergestellt wird, dass der Bund präexistenten oder konkret in Erscheinung befindlichen landesplanerischen Maßnahmen Rechnung trägt, geht es bei Absatz 1 umgekehrt im Kern darum, dass die Länder die Ergebnisse der Bundesfachplanung als verbindlich hinnehmen."* in BR-Drucks. 342/11, S. 43.

68 So Steinbach/*Sangenstedt*, § 15 NABEG Rn 29.

69 BT-Drucks. 17/6366, S. 19.

70 Siehe BT-Drucks. 17/6366, S. 19

71 Ähnlich auch § 13 Abs. 3 S. 1 WaStrG.

72 Vgl. *Friesecke*, § 13 Rn 12, 16; Kodal/*Leue*, Kap. 35 Rn 20.1; Marschall/*Ronellenfitsch*, § 16 Rn 44 ff., 71, welche für die Linienbestimmung trotz Vorrangregelung eine Bindungswirkung nach §§ 4, 5 ROG anwenden; a.A. wohl VGH München, Urt. v. 19.4.2005 – 8 A 02/40058 – NJOZ 2006, 4253, 4256; *Durner*, RuR 2010, 271, 274 f.; offengelassen: BVerwG, Urt. v. 20.10.1989 – 4 C 12/87 – NJW 1990, 925, 927.

73 Vgl. Kodal/*Leue*, Kap. 35 Rn 20.1.

74 Mit Ausnahme von Netzbetreibern, an denen mehrheitlich öffentliche Stellen beteiligt sind, vgl. dazu Rn 11.

der Vorrangregelung nach § 15 Abs. 1 S. 2 NABEG letztlich nicht an,[75] da bei solchen privaten Vorhaben – mangels weitergehender Raumordnungsregelungen im NABEG – alle Erfordernisse der Raumordnung (nur) als **Abwägungsbelange** zu berücksichtigen sind und damit landesplanerische **Ziele der Raumordnung** auch überwunden werden können.[76] Etwaige entgegenstehende landesplanerische Ziele der Raumordnung sind aber aufgrund ihrer Bedeutung mit einem entsprechend hohen Gewicht in die Abwägung einzustellen.

27 Durch die Verselbstständigung der Trassenkorridorfestlegung in einer von der Planfeststellung getrennten Bundesfachplanung hat der Gesetzgeber also erreicht, dass die Bundesfachplanung nicht strikt an Ziele der Raumordnung gebunden ist und daher im Falle eines Konflikts auch **kein Widerspruchsverfahren** durchgeführt werden muss. Ob dieser „Sonderweg" zur Umgehung der sonst im föderativen Raumordnungssystem auch für Planungen des Bundes erforderlichen Koordinierungs- und Abstimmungspflichten mit entsprechend erforderlichen Verfahrensschritten vom Gesetzgeber bewusst gewählt und von den Ländern akzeptiert wurde, ist angesichts der Gesetzgebungsgeschwindigkeit fraglich. Er dürfte jedenfalls das größte Beschleunigungspotenzial besitzen – allerdings u.U. zulasten der Länder und ihren bestehenden Landesplanungen.

28 Angesichts der uneindeutigen Regelungen und der dadurch bewirkten Rechtsunsicherheit erscheint es allerdings zweifelhaft, dass dieses Beschleunigungspotenzial auch wirklich realisiert werden kann. Da die Bundesfachplanung keine Außenwirkung entfalten soll, dürfte diese **Rechtsunsicherheit** gerichtlich auch erst in einem späteren Planfeststellungsverfahren geklärt werden – je nach Ausgang mit entsprechenden (zeitlichen) Rückwirkungsfolgen für alle bis dahin erfolgten Bundesfachplanungen.

29 Wenn der Gesetzgeber den raschen Netzausbau auf der Stufe der Bundesfachplanung nicht gefährden will, sollte er das Verhältnis der Bundesfachplanung zu bestehenden Zielen der Raumordnung eindeutig regeln und klarstellen. Vorhabensträgern[77] kann man bis dahin lediglich empfehlen, einen Zielkonflikt im Rahmen der Trassenfindung möglichst zu vermeiden oder vorsorglich zusätzlich ein Konfliktbereinigungsverfahren nach § 5 ROG durchzuführen.

2. Umweltauswirkungen

30 Nach § 5 Abs. 2 NABEG ist für die Bundesfachplanung ferner eine **Strategische Umweltprüfung** nach dem UVPG durchzuführen, um die möglichen Umweltauswirkungen eines Vorhabens innerhalb des Trassenkorridors und ernsthaft in Betracht kommender Alternativen zu ermitteln und zu bewerten.

31 Die Betrachtung der Umweltauswirkungen umfasst auch eine auf die Grobtrassierung beschränkte Verträglichkeitsprüfung möglicher Auswirkungen auf **Natura 2000-Gebiete** nach § 34 BNatSchG.[78] Denn nach § 36 Nr. 2 BNatSchG ist § 34 Abs. 1 bis 5 BNatSchG zur Überprüfung der Verträglichkeit von Projekten mit den Erhaltungszielen eines Natura 2000-Gebietes auch auf Pläne anzuwenden, die bei behördlichen Entscheidungen zu beachten oder zu berücksichtigen sind. Schon aufgrund der in § 15 Abs. 1 S. 1 NABEG angeordneten Bindungswirkung der Bundes-

75 Anders hingegen, wenn die Bundesfachplanung als Planung einer öffentlichen Stelle von § 4 Abs. 1 Nr. 1 ROG erfasst würde und daher Ziele der Raumordnung grundsätzlich zu beachten wären. Dann käme es entscheidend auf den Regelungsgehalt von dem u.U. spezielleren Vorrang des § 15 Abs. 1 S. 2 NABEG an.

76 Im Ergebnis so auch: *Moench/Ruttloff*, NVwZ 2011, 1040, 1041; Steinbach/*Sangenstedt*, § 15 NABEG Rn 29; de Witt/Scheuten/*de Witt*, § 15 Rn 36; wohl auch *Grigoleit/Weisensee*, UPR 2011, 401, 402.

77 Insbesondere solchen, an denen öffentliche Stellen mehrheitlich beteiligt sind.

78 de Witt/Scheuten/*de Witt*, § 5 Rn. 6. A.A. *Durner*, NuR 2012, 369, 372, der offenbar eine Regelung wie in § 7 Abs. 6 ROG für erforderlich hält.

fachplanungsentscheidung für das nachfolgende Planfeststellungsverfahren ist die Bundesfachplanung als Plan i.S.d. § 36 Nr. 2 BNatSchG aufzufassen.[79]

Eine **Artenschutzprüfung** zur Einhaltung der Artenschutzbestimmungen nach §§ 44 ff. BNatSchG ist für die Ebene der Bundesfachplanung aus naturschutzrechtlicher Sicht nicht direkt vorgegeben, da nicht die Bundesfachplanung, sondern erst die nachfolgende Planfeststellung einen möglichen, konkreten Eingriff in geschützte Arten und entsprechende Verbotstatbestände bewirken würde.[80] Allerdings ist es sinnvoll, trotzdem bereits auf der Ebene der Bundesfachplanung zumindest anhand vorhandener oder verfügbarer Daten über Artenschutzbestände eine Vorabschätzung möglicher Konflikte durchzuführen. 32

Denn die Bundesfachplanung legt den Trassenkorridor für das nachfolgende Planfeststellungsverfahren verbindlich fest.[81] Stellt sich erst im Rahmen der Detailplanung auf Ebene der Planfeststellung heraus, dass in dem vorgegebenen Trassenkorridor geschützte Arten vorhanden und – auch bei Ausschöpfung aller Vermeidungsmöglichkeiten – **Verbotstatbestände** erfüllt werden könnten, könnte das Vorhaben nur aufgrund einer **Ausnahme** nach § 45 Abs. 7 BNatSchG zugelassen werden. Dafür ist aber u.a. erforderlich, dass **keine zumutbaren Alternativen** bestehen, was auch mögliche Trassenalternativen umfasst. Die insofern erforderliche Gesamtabwägung großräumiger Trassenvarianten ist jedoch Aufgabe der Bundesfachplanung. Ein Ausweichen auf eine mögliche Trassenalternative bedürfte dementsprechend deren vorheriger Änderung.[82] 33

Praxistipp
Zur Vermeidung der Vollzugsunfähigkeit einer Bundesfachplanung und der mit einer Änderung verbundenen Verfahrensverzögerung sollte daher zumindest eine überschlägige Artenschutzprüfung zur Identifizierung möglicher artenschutzrechtlicher Hindernisse bereits auf Ebene der Bundesfachplanung erfolgen.[83] i

3. Trassenvarianten und Abschnittsbildung

In der Bundesfachplanung sind etwaige, ernsthaft in Betracht kommende **Alternativen von Trassenkorridoren** zu prüfen. Im Gegensatz zum Raumordnungsverfahren ist die BNetzA nicht auf die Prüfung der seitens des Vorhabensträgers vorgebrachten Alternativen beschränkt,[84] sondern hat auch **eigenständig** ernsthaft in Betracht kommende Trassenvarianten zu ermitteln und zu bewerten.[85] Für die insoweit erforderliche gerichtsfeste Alternativenermittlung und -be- 34

79 Für Bedarfspläne des Bundes: Landmann/Rohmer/*Gellermann*, § 36 BNatSchG 2012 Rn 6; *Lambrecht*, NuR 2002, 267 ff.

80 Vgl. aber die Rspr. zur Planungsschranke der (absoluten) Vollzugsunfähigkeit, wenn eine nachfolgende genehmigungsrechtliche Zulassung des Vorhabens an fachrechtlichen Anforderungen scheitern würde oder vor unüberwindbaren Hindernissen steht: BVerwG, Urt. v. 21.3.2002 – 4 CN 14/00 – NVwZ 2002, 1509, 1510 m.w.N.; Urt. v. 16.3. 2006 – 4 A 1075/04 – NVwZ-Beil. 2006, 1, 12.

81 Vgl. dazu Rn 105 ff.

82 Vgl. dazu Rn 80 ff.

83 Vgl. *BNetzA*, Leitfaden zur Bundesfachplanung, 2012, S. 22.

84 Im Rahmen einer Planfeststellungsentscheidung – etwa über ein Ausbauvorhaben außerhalb des NABEG – ist diese Beschränkung hinsichtlich anderer Trassenverläufe aber ohnehin stark reduziert, da eine Planfeststellungsbehörde aufgrund des Abwägungsgebots ohnehin alle ihr bekannten oder bekannt werdenden und über den Antrag hinausgehenden alternativen Trassenverläufe zu prüfen und in der Abwägung zu berücksichtigen hat; vgl. BVerwG, Urt. v. 17.1.1986 – 4 C 6/7.84 – NVwZ 1986, 471, 471; Urt. v. 24.11.1994 – 7 C 25/93 – NVwZ 1995, 598, 600; OVG Koblenz, Urt. v. 6.2.2013 – 8 C 10943/12.OVG – juris Rn 25.

85 Vgl. BR-Drucks. 342/11, S. 38; *Grigoleit*/*Weisensee*, UPR 2011, 401, 403; letztlich wird es aber die Aufgabe des Übertragungsnetzbetreibers als Vorhabensträger sein, die aus Sicht der BNetzA in Betracht kommenden Alternativtrassen im Rahmen der Antragsunterlagen (nachträglich) zu untersuchen und darzustellen. Die von de Witt/Scheu-

wertung wird man auf die rechtlichen Maßstäbe zurückgreifen können, die das BVerwG im Rahmen seiner Rechtsprechung an eine sachgerechte planerische Abwägung von zur Verfügung stehenden Vorhabensvarianten insbesondere bei Linienvorhaben entwickelt hat. Danach sind grundsätzlich nicht jegliche Trassenvarianten zu betrachten, sondern nur solche, die sich nach Lage der Dinge aufdrängen und daher ernsthaft in Betracht kommen.[86] Zudem besteht die Möglichkeit, Trassenalternativen im Rahmen einer **Grobprüfung** beispielsweise aufgrund bereits früh identifizierter, schwerwiegender raumordnerischer oder umweltrelevanter Hindernisse auszuschließen und insofern eine gestufte Bewertung vorzunehmen.[87]

35 Darüber hinaus darf die BNetzA nach § 5 Abs. 3 NABEG die Bundesfachplanung in **einzelnen Abschnitten** der Trassenkorridore durchführen.[88] Dies gilt auch, wenn der Vorhabensträger keinen entsprechenden Antrag gestellt hat, und ist damit gegen den Willen des Vorhabensträgers möglich.

4. Gesamtabwägung

36 Trotz des in § 5 Abs. 1 NABEG prüfungsbezogenen Regelungsgehalts hat die BNetzA zur Entscheidung über die Festlegung einer Bundesfachplanung eine **(Gesamt-)Abwägung** der vom Trassenkorridor und ernsthaft in Betracht kommenden Alternativen betroffenen öffentlichen und privaten Belange zu treffen.[89]

37 Teilweise wird vertreten, dass § 5 Abs. 1 S. 3 NABEG für die zu treffende Abwägung eine gesetzliche **Gewichtungsvorgabe** regelt, die dem Belang zur Realisierung des Leitungsvorhabens grundsätzlich einen Vorrang einräumt und daher nur überwiegende öffentliche oder private Belange in der Lage sind, dem entgegenstehen zu können.[90] Diese Auslegung ist allerdings abzulehnen, da sie weder durch den Wortlaut noch durch die Gesetzesbegründung gedeckt wird. Der Wortlaut stellt eindeutig auf das von der BNetzA im Rahmen der Bundesfachplanung zu leistende Prüfungsprogramm, nicht aber auf materiell-rechtliche Abwägungsanforderungen zur Zulässigkeit des Trassenkorridors ab.[91] Auch die Gesetzesbegründung führt aus, dass nach den Vorgaben des seinerzeitigen § 5 Abs. 1 S. 2 NABEG *„zu ermitteln"* ist, inwieweit die Trassenkorridore mit den Erfordernissen der Raumordnung übereinstimmen.[92] Es spricht daher mehr dafür, die Regelung des § 5 Abs. 1 S. 3 NABEG als **verfahrensrechtliche Regelung** zu verstehen, welche die im NABEG beabsichtigten, abgeschichteten Planungs- und dementsprechend auch Prü-

---

ten/*de Witt*, § 4 Rn 46 vertretene Auffassung, die Alternativenprüfung sei nur auf den kleinräumigen Bereich begrenzt, dürfte dem Abwägungsgebot nicht gerecht werden und birgt die Gefahr von Ermittlungs- und Abwägungsdefiziten.

86 Vgl. BR-Drucks. 342/11, S. 38; zu den Maßstäben der st. Rspr. vgl. BVerwG, Beschl. v. 22.7.2010 – 7 VR 4/10 – NVwZ 2010, 1486, 1488; Urt. v. 12.8.2009 – 9 A 64/07 – BVerwGE 134, 308, 332; Urt. v. 9.6.2004 – 9 A 11/03 – Buchholz 406.400 § 61 BNatSchG 2002 Nr. 5 S. 41.

87 BVerwG, Urt. v. 9.7.2008 – 9 A 14/07 – NVwZ 2009, 302, 317; Urt. v. 25.1.1996 – 4 C 5/95 – BVerwGE 100, 238, 250; Urt. v. 8.7.1998 – 11 A 53/97 – BVerwGE 107, 142, 149; vgl. zur Alternativenprüfung im Detail Kap. 11 Rn 68 ff.

88 Vgl. zu rechtlichen Rahmenbedingungen einer Abschnittsbildung Rn 43 sowie Kap. 11 Rn 65 ff.

89 de Witt/Scheuten/*de Witt*, § 5 Rn 9, 31; *Appel*, ER 2012 3, 6; a.A. offenbar *Grigoleit/Weisensee*, UPR 2011, 401, 403; vgl. dazu Kap. 11 Rn 10 ff.

90 Vgl. zu § 5 Abs. 1 S. 2 NABEG a.F. Steinbach/*Nebel/Riese*, § 5 NABEG Rn 71; wohl auch Bielenberg/Runkel/Spannowsky/*Runkel*, § 4 ROG Rn 376, der aber an der rechtlichen Zulässigkeit einer solchen pauschalen Gewichtungsvorgabe – zu Recht – Zweifel äußert; a.A. auch de Witt/Scheuten/*de Witt*, § 5 Rn 10.

91 Insofern hätte der Gesetzgeber – etwa wie in § 35 Abs. 1 BauGB – auf die Zulässigkeit des Trassenkorridors abstellen müssen (z.B. „Das Vorhaben ist zulässig, wenn überwiegende öffentliche oder private Belange nicht entgegenstehen").

92 Vgl. zu § 5 Abs. 1 S. 2 a.F. BR-Drucks. 342/11, S. 38; durch die nachfolgenden Änderungen des Ausschusses für Wirtschaft und Technologie wurden keine inhaltlichen Änderungen beabsichtigt, BT-Drucks. 17/6366, S. 19.

fungsebenen widerspiegelt. § 5 Abs. 1 S. 3 NABEG konkretisiert dementsprechend lediglich den auf der Ebene der Bundesfachplanung anzulegenden, eher weiten Prüfungsumfang. Da in der Bundesfachplanung als konzeptionelle Planungsebene zur Linienführung nur der grundsätzliche Trassenverlauf zwischen Anfangs- und Endpunkt des Ausbauvorhabens festgelegt werden soll, soll sich auch das Prüfungsprogramm vorrangig auf die Identifizierung möglicher (schwerwiegender) Raumhindernisse beschränken. Dabei ist die Prüfung und Abwägung aber nicht nur auf raumordnerische oder umweltfachliche Belange beschränkt, sondern erfasst gem. § 5 Abs. 1 S. 4 NABEG grundsätzlich alle erkennbaren öffentlichen und privaten Belange, die einer Realisierung des Leitungsvorhabens im Trassenkorridor entgegenstehen oder widersprechen könnten.[93] Eine Detailprüfung und dementsprechend auch Abwägung aller Belange soll aber prinzipiell erst in der nachfolgenden Planfeststellung erfolgen, die dann auch Rechts- und Außenwirkung entfaltet.

Praxistipp
Unabhängig davon sollte aber auch bereits in der Bundesfachplanung tendenziell ein engerer – denn ein zu weiter – Prüfungsumfang angelegt werden, da etwaige, erst im Rahmen der Planfeststellung identifizierte Raumhindernisse eine Änderung der Bundesfachplanung bedingen, was zu erheblicher Verfahrensverzögerung führen kann.[94]

Allerdings ist im Rahmen der Abwägung mit entsprechendem Gewicht zugunsten des Leitungs- 38
vorhabens zu berücksichtigen, dass nach § 1 S. 3 NABEG die Realisierung der Stromleitungen, die in den Anwendungsbereich des NABEG fallen, aus Gründen eines überragenden öffentlichen Interesses erforderlich sind.[95]

C. Verfahren

I. Bundesbedarfsplan

Ausgangspunkt für die Bundesfachplanung ist der Bundesbedarfsplan. Für die durch ein Gesetz 39
über den Bundesbedarfsplan nach § 12e Abs. 4 S. 1 EnWG als länderübergreifend oder grenzüberschreitend gekennzeichneten Höchstspannungsleitungen sollen durch die Bundesfachplanung als nächste Planungsebene geeignete Trassenkorridore zwischen den durch den Bundesbedarfsplan vorgegebenen und **zu verbindenden Netzknoten** bestimmt werden. Voraussetzung für eine Bundesfachplanung eines bestimmten Leitungsvorhabens ist also immer eine entsprechende Ausweisung eines Leitungsbedarfs im Bundesbedarfsplan.

II. Zuständigkeit der BNetzA

Zuständig für das Verfahren und die Entscheidung über die Bundesfachplanung ist nach §§ 5 bis 40
12, 31 Abs. 1 NABEG die BNetzA. Die Zuständigkeitszuweisungen des NABEG an die BNetzA als eine Bundesbehörde haben in der rechtswissenschaftlichen Literatur zu einer intensiven Diskussion geführt.[96] Ausgangspunkt ist dabei insbesondere die Frage, ob der Bundesgesetzgeber

93 *Appel*, ER 2012 3, 6.
94 Vgl. dazu Rn 80.
95 Vgl. dazu auch Kap. 11 Rn 49.

neben einer ausreichenden und gesicherten Gesetzgebungskompetenz[97] für die raumordnungsrechtlichen Belange des NABEG auch über eine ausreichende **Verwaltungskompetenz** für die der BNetzA zugewiesenen Aufgaben verfügt. Da das Grundgesetz insoweit keine ausdrückliche Verwaltungskompetenz regelt, bleibt zur Begründung einer Verwaltungskompetenz des Bundes in Abweichung von der Regelzuständigkeit der Länder nach Art. 83, 30 GG nur der Rückgriff auf Art. 87 Abs. 3 S. 1 GG.[98] Danach können für Angelegenheiten, für die dem Bund die Gesetzgebung zusteht, selbstständige Bundesoberbehörden durch Bundesgesetz errichtet werden.[99] Soweit die Einhaltung der Voraussetzung einer Errichtung der Bundesbehörde „durch Bundesgesetz" im Hinblick auf die in § 2 Abs. 2 NABEG enthaltene Rechtsverordnungsermächtigung für die Planfeststellungszuständigkeit der BNetzA nicht unproblematisch ist,[100] wird man eine ausreichende Verwaltungskompetenz jedenfalls für den Bereich der Bundesfachplanung schwerlich verneinen können. Aus dem Begriff der **selbstständigen Bundesoberbehörde** und einem Vergleich von Art. 87 Abs. 3 S. 1 GG mit Art. 87 Abs. 1 und Abs. 3 S. 2 GG ergibt sich, dass eine solche Behörde nur für Aufgaben errichtet werden darf, die der Sache nach für das ganze Bundesgebiet von einer Oberbehörde ohne Mittel- und Unterbau und ohne Inanspruchnahme der Länder – außer für reine Amtshilfe – wahrgenommen werden können.[101] Damit zieht Art. 87 Abs. 3 S. 1 GG der Begründung einer Verwaltungszuständigkeit durch den Bund auch insofern eine Grenze, als nur bestimmte Sachaufgaben zur **zentralen Erledigung** geeignet sind. Für Aufgaben, die eines Verwaltungsunterbaus bedürfen, der die Verwaltungszuständigkeit der Länder in erheblichem Umfang verdrängt, kann hingegen eine bundeseigene Verwaltung nur durch Zustimmungsgesetz errichtet werden.[102] Die Regelung einer Bundesfachplanung zur Trassenkorridorplanung von grenz- und länderüberschreitenden Höchstspannungsleitungen ist eine Aufgabe, die aufgrund ihrer überregionalen Bedeutung und insofern erforderlichen Koordinierung der länderübergreifenden Belange das gesamte Bundesgebiet betrifft und insofern zur zentralen Erledigung auch durch eine Bundesbehörde ohne Behördenunterbau geeignet ist.[103] Die BNetzA nimmt durch die Bundesfachplanung länderübergreifende (raumordnerische) Vollzugsaufgaben wahr.[104] Einer daher ausreichenden Verwaltungskompetenz in Bezug auf die Bundesfachplanung kann man auch nicht eine unzureichende Gesetzgebungskompetenz entgegenhalten, soweit man den Ländern aufgrund der konkurrierenden Gesetzgebungskompetenz im Bereich der Raumordnung ein **nachträgliches Abweichungsrecht** zubilligen wollte.[105] Jedenfalls die bloße Abweichungsmöglichkeit der Länder steht einer Errichtung selbstständiger Bundesbehörden und der Zuweisung entsprechender Vollzugsaufgaben nicht entgegen.[106]

---

96 Vgl. u.a. *Appel*, UPR 2011, 406, 411; *Appel*, NVwZ 2012, 343, 344 ff.; *Grigoleit/Weisensee*, UPR 2011, 401, 402; *Moench/Ruttloff*, NVwZ 2011, 1040, 1041, *Erbguth*, NVwZ 2012, 326, 328 ff.; *Durner*, NuR 2012, 369, 373 ff.

97 Vgl. dazu Kap. 1 Rn 85 ff.

98 BT-Drucks. 17/6703, S. 32.

99 Vgl. zu der Gesetzgebungskompetenz des Bundes: *Erbguth*, NVwZ 2012, 326, 327 f.

100 Vgl. dazu Kap. 13 Rn 173 ff.

101 BVerfG, Beschl. v. 12.11.2008 – 1 BvR 2456/06 – NVwZ 2009, 171, 174; *Erbguth*, NVwZ 2012, 326, 330 f.; *Schmitz/Jornitz*, NVwZ 2012 332, 334.

102 BVerfG, Beschl. v. 12.11.2008 – 1 BvR 2456/06 – NVwZ 2009, 171, 174; Beschl. v. 3.3.2004 – 1 BvF 3/92 – BVerfGE 110, 33, 49.

103 So auch *Grigoleit/Weisensee*, UPR 2011, 401, 402; *Moench/Ruttloff*, NVwZ 2011, 1040, 1041; *Schmitz/Jornitz*, NVwZ 2012, 332, 334; *Erbguth*, NVwZ 2012, 326, 330; *Ewer*, SchlHA 2012, 281, 282 f.

104 Vgl. *Moench/Ruttloff*, NVwZ 2011, 1040, 1041; *Erbguth*, NVwZ 2012, 326, 330; *Wagner*, DVBl. 2011, 1453, 1456; so nun auch *Durner*, NuR 2012, 369, 376.

105 Vgl. *Moench/Ruttloff*, NVwZ 2011, 1040, 1041; diesem Abweichungsrecht wird man allerdings schon die ungeschriebene Raumordnungskompetenz des Bundes für den Gesamtstaat entgegenhalten können, vgl. dazu Kap. 11 Rn 174.

106 Maunz/Dürig/*Ibler*, Art. 87 Rn 237 m.w.N.; a.A. Dreier/*Hermes*, Art. 87 Rn 81.

III. Antrag des Vorhabensträgers

Die Bundesfachplanung beginnt nach § 6 S. 1 NABEG mit dem Antrag des Vorhabensträgers. Der Antrag soll Angaben enthalten, welche die **Festlegung des Untersuchungsrahmens** im nachfolgenden Scoping ermöglichen. Dazu muss der Antrag nach § 6 S. 6 NABEG gewisse Mindestanforderungen erfüllen. Dies umfasst einen Vorschlag für den beabsichtigten Verlauf des für die Ausbaumaßnahme erforderlichen Trassenkorridors sowie eine Darstellung von infrage kommenden Alternativen, Erläuterungen zur Auswahl der infrage kommenden Alternativen unter Berücksichtigung der erkennbaren Umweltauswirkungen und der zu bewältigenden Konflikte und – soweit nach § 11 NABEG ein vereinfachtes Verfahren angestrebt wird – die Darlegung der dazu erforderlichen Voraussetzungen. 41

Obwohl der Antrag grundsätzlich (nur) der Vorbereitung der nachfolgenden Antragskonferenz zur Festlegung des Untersuchungsrahmens dienen soll, muss er bereits zum Zeitpunkt der Antragstellung – schon aufgrund der inhaltlichen Mindestvorgaben – eine **erhebliche Detailtiefe** aufweisen. Zudem sieht das NABEG im weiteren Verfahrensverlauf auch keine erneute Antragstellung für die eigentliche Fachplanung vor. Der Vorhabensträger hat nach § 8 S. 1 NABEG lediglich die für die raumordnerische Beurteilung und Strategische Umweltprüfung erforderlichen Unterlagen vorzulegen.[107] 42

Praxistipp i

Ein Vorhabensträger sollte aber – trotz des im Verfahren grundsätzlich angelegten iterativen Erkenntnisprozesses – auch bereits aus wirtschaftlichen und (Verfahrens-) Effizienzgründen zum Zeitpunkt der Antragstellung die wesentlichen Aspekte zur Fachplanung des Leitungsvorhabens vorgeprüft und beurteilt haben, um einen entsprechend fundierten und erfolgsversprechenden Vorschlag für einen Trassenkorridor unterbreiten zu können.

Zur Erleichterung und Verfahrensbeschleunigung kann der Vorhabensträger den Antrag nach § 6 S. 4 NABEG auch auf **einzelne angemessene Abschnitte** von Trassenkorridoren beschränken. Ob eine Abschnittsbildung auf Ebene der Bundesfachplanung ein geeignetes Beschleunigungsvehikel ist, das sich gerade bei besonders dringlichen Abschnitten anbietet,[108] erscheint allerdings zweifelhaft. Eine Abschnittsbildung dürfte in den meisten Fällen nur dann beschleunigend wirken, wenn der jeweilige Abschnitt als Teil eines Gesamtleitungsvorhabens aufgrund einer eigenständigen Verbindung zweier Knoten- oder Netzanschlusspunkte auch einen eigenständigen Leitungsbedarf erfüllt. Anderenfalls dürfte eine Abschnittsbildung keinen wesentlichen Beschleunigungseffekt haben, da der Vorhabensträger und auch die BNetzA bei ihrer Entscheidung – so sie sich nicht der Gefahr eines Planungstorsos aussetzen will – nicht nur den jeweiligen Abschnitt, sondern auch den **gesamten Leitungsverlauf** hinsichtlich möglicher rechtlicher wie tatsächlicher Schwierigkeiten oder Hindernisse betrachten muss. Wie bei einer Linienbestimmung müssen auch auf Ebene der Bundesfachplanung trotz der noch minderen Plangenauigkeit alle auf dieser Ebene erkennbar einschlägigen Belange in die Abwägung eingestellt werden. Durch eine Aufspaltung in verschiedene Planungsverfahren darf der Zweck der Entscheidung, einen sachgerechten Ausgleich zwischen den durch die Planung betroffenen Belangen herbeizuführen, nicht verfehlt oder umgangen werden. Die gesetzlich ermöglichte Verfahrensstufung und Abschnittsbildung soll es nur ermöglichen, einen Teil des Problemstoffs 43

107 Anders beispielsweise im allgemeinen UVP-Vorhabenszulassungsrecht, in dem nach dem sog. Scoping-Papier zur Durchführung des UVP-Scoping-Termins gem. § 5 UVPG der eigentliche Antrag gestellt wird. Das Scoping-Papier zur Vorbereitung des Scoping-Termins bleibt in diesen Fällen inhaltlich weit hinter dem eigentlichen Antrag zurück.
108 So die Begründung des Gesetzentwurfs BT-Drucks. 17/6073, S. 24.

abzuschichten, der im Rahmen der Gesamtplanung zu bewältigen ist. Sie darf aber nicht als Mittel dafür dienen, den Blick gerade auch auf die nachteiligen Folgen, die das Gesamtvorhaben mit sich bringt, zu verstellen.[109] Wird eine Abwägung und Entscheidung in verschiedenen Verfahrensabschnitten vorgenommen, so muss die Summe der in den einzelnen Verfahren in der Abwägung berücksichtigten Belange mit der Summe der Belange übereinstimmen, die in die Abwägung einzustellen gewesen wären, wenn nur eine Abwägung in einem einzigen Verfahren stattgefunden hätte.[110] Insoweit muss auch bei einer Abschnittsbildung eine über den jeweiligen Abschnitt hinausgehende Ermittlung und wenigstens **prognostische Bewertung** der betroffenen Belange erfolgen, um zumindest Raumwiderstände, die das Gesamtvorhaben bzw. dessen konkreten Trassenverlauf infrage stellen können, außerhalb des verfahrensgegenständlichen Abschnitts zu identifizieren und ausschließen zu können.[111] Der für den Vorhabensträger erforderliche Vorbereitungs- und Arbeitsaufwand bleibt von einer Abschnittsbildung also weitestgehend unberührt. Dessen ungeachtet kann eine Abschnittsbildung eines Gesamtvorhabens in verfahrenstechnischer Hinsicht aber auch bereits auf Ebene der Bundesfachplanung sinnvoll sein, um bei sehr langen Leitungsvorhaben den Verfahrensgegenstand auf einen angemessenen Umfang zu begrenzen und aufzuteilen, die Behörden- und Öffentlichkeitsbeteiligung auf regionale und damit im näheren Umfeld des Abschnitts betroffene Bereiche aufzuteilen, konfliktträchtige Bereiche zu trennen oder zur Durchführung von vereinfachten Verfahren für Teilabschnitte.[112]

44 Nach Aufnahme eines Leitungsvorhabens in den Bundesbedarfsplan kann die BNetzA nach § 6 S. 2 NABEG die nach §§ 11, 12 EnWG verpflichteten Vorhabensträger auch **durch Bescheid auffordern**, innerhalb einer zu bestimmenden angemessenen Frist den erforderlichen Antrag zu stellen.[113] Die Fristsetzung zur Antragstellung kann die BNetzA gem. § 34 NABEG nach den für die Vollstreckung von Verwaltungsmaßnahmen geltenden Vorschriften durchsetzen und ein Zwangsgeld von bis zu 250.000 € festsetzen. Was eine **„angemessene Frist“** ist, hängt insbesondere von äußeren Faktoren wie dem Umfang des Leitungsvorhabens,[114] aber auch den geographischen Gegebenheiten und dem Verlauf möglicher Trassenkorridore und deren Lage im jeweils betroffenen Raumordnungsgefüge ab. Andererseits kann auch die Dringlichkeit und Priorität der Realisierung eines bestimmten Leitungsabschnitts für die Fristbemessung relevant sein. In Anbetracht der Tatsache, dass die Antragsunterlagen bereits zu diesem Zeitpunkt schon nach den rechtlichen Anforderungen – aber auch aus praktischen Gesichtspunkten – eine hohe Detailtiefe aufweisen müssen und daher ein Vorhabensträger nicht umhin kommt, Trassenverlaufsalternativen für das Vorhaben in rechtlicher wie in tatsächlicher Hinsicht zu prüfen, dürfte eine kurze Frist – etwa von sechs Monaten – bei vollständigen Neubauprojekten trotz der Dringlichkeit des Ausbaubedarfs regelmäßig nur in Ausnahmefällen und bei sehr kurzen Leitungsabschnitten noch angemessen sein.

---

109 Vgl. BVerwG, Beschl. v. 22.7.2010 – 7 VR 4.10 – ZUR 2010, 533, 535; Gerichtsbescheid v. 3.7.1996 – 11 A 64/95 – NVwZ 1997, 391, 392; Beschl. v. 26.6.1992 – 4 B 1-11/92 – NVwZ 1993, 572; Beschl. v. 5.6.1992 – 4 NB 21/92 – NVwZ 1992, 1093, 1094.

110 Vgl. BVerwG, Urt. v. 10.4.1997 – 4 C 5/96 – NVwZ 1998, 508, 512.

111 Vgl. BVerwG, Beschl. v. 22.7.2010 – 7 VR 4/10 – ZUR 2010, 533, 535; Urt. v. 10.4.1997 – 4 C 5/96 – NVwZ 1998, 508, 512f.; Urt. v. 28.2.1996 – 4 A 27/95 – NVwZ 1996, 1011, 1012.

112 Vgl. *BNetzA*, Leitfaden zur Bundesfachplanung, 7.8.2012, S. 8.

113 Eine fristgerechte Antragstellung gehört aber grundsätzlich auch zu den erforderlichen Maßnahmen der Übertragungsnetzbetreiber aus ihrer Verpflichtung zu einem bedarfsgerechten Netzausbau, die von der BNetzA bereits nach § 65 Abs. 2a EnWG durchgesetzt werden kann; vgl. BT-Drucks. 17/6073, S. 24.

114 BT-Drucks. 17/6073, S. 24.

IV. Antragskonferenz/Scoping

Nach Einreichung des Antrags führt die BNetzA nach § 7 Abs. 1 NABEG unverzüglich eine Antragskonferenz – das sog. Scoping – durch, in der Gegenstand und Umfang der für die Trassenkorridore vorzunehmenden Bundesfachplanung erörtert werden sollen. 45

Das **Scoping** dient dazu, frühzeitig die für das Vorhaben auf der Planungsstufe der Bundesfachplanung maßgeblichen Belange und möglichen Betroffenheiten durch den beantragten sowie mögliche alternative Trassenkorridore zu eruieren, um den für das Fachplanungsverfahren relevanten **Untersuchungsrahmen** festzulegen. Insbesondere soll erörtert werden, inwieweit Übereinstimmung mit den Erfordernissen der Raumordnung der betroffenen Länder besteht oder hergestellt werden kann und in welchem Umfang sowie Detaillierungsgrad Angaben in den Umweltbericht nach § 14g UVPG aufzunehmen sind. Inhaltlich wird die Festlegung des Untersuchungsrahmens im Wesentlichen durch die für die Bundesfachplanung entscheidungserheblichen Aspekte der Raumordnung und des Umweltberichts begrenzt; bei erkennbaren, weiteren betroffenen öffentlichen oder privaten Belangen werden diese aufgrund der bei der Entscheidung zu leistenden Gesamtabwägung allerdings auch aufzunehmen sein. Zudem wird man entsprechend § 14f Abs. 2 UVPG bezüglich des Umweltberichts nur solche Angaben verlangen können, die mit zumutbarem Aufwand ermittelt werden können. Dabei sind der gegenwärtige Wissensstand, allgemein anerkannte Prüfungsmethoden sowie die der Behörde bekannten Äußerungen der Öffentlichkeit zu berücksichtigen. Darüber hinaus werden bei der Festlegung des Untersuchungsrahmens entsprechend § 14f Abs. 3 UVPG die im NABEG angelegten abgestuften Planungsebenen zu berücksichtigen sein. Zur Vermeidung von Mehrfachprüfungen sollte daher bestimmt werden, auf welcher Stufe bestimmte Umweltauswirkungen schwerpunktmäßig geprüft werden sollen. Dies kann sich im Detail allerdings äußerst schwierig gestalten, da bei einer auf Bundesfachplanungsebene vorgesehenen Grobtrassierung und einer entsprechenden Schwerpunktbildung stets die Gefahr von Unsicherheiten über die (mögliche) Relevanz von Umweltauswirkungen oder von Prüfungslücken besteht. 46

Praxistipp

Insofern sollte der Untersuchungsraum aufgrund des frühen Planungsstadiums eher weit festgelegt und etwaige Erheblichkeitsschwellen eher niedrig angesetzt werden. Dies gilt insbesondere bei möglichen Betroffenheiten im Bereich des Naturschutzes und von Natura 2000-Gebieten.[115]

Um dem Scoping als Verfahrensinstrument zur Ermittlung des erforderlichen Prüfungsumfangs zur größtmöglichen Effektivität zu verhelfen, sind zur Antragskonferenz nach § 7 Abs. 2 NABEG neben dem Vorhabensträger auch alle (möglicherweise) durch das Vorhaben betroffenen **Träger öffentlicher Belange**, deren Aufgabenbereich berührt ist, und **Vereinigungen** i.S.d. § 3 Abs. 2 NABEG einzuladen. Auf diese Weise soll schon zu Beginn des Verfahrens ein möglichst breites Fachwissen aktiviert werden. Bereits bei der Frage, welche Träger öffentlicher Belange und Vereinigungen betroffen sein können und daher einzuladen sind, verdeutlicht sich jedoch die in der Praxis regelmäßig eintretende Schwierigkeit eines Scopings: Während einerseits das Scoping möglichst ergebnisoffen gestaltet werden muss, um alle denkbaren relevanten Belange und Betroffenheiten zur Abgrenzung des Untersuchungsrahmens zu ermitteln, gebietet andererseits schon die Verfahrenseffizienz, dass die BNetzA für das Scoping gewisse Rahmenbedingungen wie beispielsweise regionale Abgrenzungen vorauswählen muss. Im Rahmen der Beteiligung hat die BNetzA daher auch eine Auswahl hinsichtlich der Träger 47

115 Vgl. dazu im Detail Kap. 10 Rn 84 ff., 93.

öffentlicher Belange und Vereinigungen zu treffen, deren (Fach-)Gebiete durch das Vorhaben und die möglichen Trassenalternativen betroffen sein können. Denn trotz des vordergründig begrenzten Regelungsgegenstandes der Bundesfachplanung auf Raumordnung und Umweltprüfung können – gerade bei mehreren Alternativen – eine Vielzahl von Behörden, Verbänden und sonstigen Institutionen als Träger öffentlicher Belange tangiert sein. Das NABEG selbst nennt beispielhaft die Landesplanungsbehörden. Darüber hinaus kommen aber auch eine Vielzahl weiterer Träger öffentlicher Belange in Betracht wie z.B. kommunale Planungsträger, Naturschutzbehörden, Denkmalschutzbehörden, Forstämter, Straßenbau- und -verkehrsträger (Bundes-, Landes-, Kreisstraßen), Schienenverkehrsträger, Wasserstraßenträger, zivile Luftverkehrs- und Flugsicherungsträger, Landwirtschaftskammern, Industrie- und Handelskammern etc.

48 Die Antragskonferenz ist – im Unterschied zu den üblichen Scoping-Verfahren des UVPG – **öffentlich**. Da aber in diesem Verfahrensschritt keine eigenständige Öffentlichkeitsbeteiligung vorgeschrieben ist,[116] kann die Öffentlichkeit zwar als Zuhörer teilnehmen, hat aber grundsätzlich kein Beteiligungs- und daher auch **kein Rederecht**. Ein öffentlicher Scoping-Termin erhöht zwar die Transparenz der Planungsstufen zum Netzausbau, die beabsichtigte Wirkung einer besseren Akzeptanz dürfte allerdings nicht erreicht werden. Scoping-Termine haben regelmäßig ein hohes fachliches Niveau, sodass der Erkenntnisgewinn für die Öffentlichkeit in diesem Verfahrensstadium – abgesehen von möglichen Trassenverläufen – gering sein dürfte.[117] Verfahrensleitung und -durchführung der Antragskonferenz obliegt der BNetzA, der für die Gestaltung der Antragskonferenz mangels spezieller Regelungen ein verfahrensrechtliches Ermessen zukommt.[118]

49 Die Antragskonferenz ist von der BNetzA nach § 7 Abs. 1 S. 1 NABEG *„unverzüglich“* – also **ohne schuldhaftes Zögern** – nach Einreichung des Antrags durch den Vorhabenträger durchzuführen. Antrag in diesem Sinne dürfte aber nur ein Antrag sein, der die gesetzlichen Anforderungen nach § 6 S. 6 NABEG erfüllt. Insofern wird man der BNetzA zumindest ein Recht auf **Vollständigkeitsprüfung** und die Möglichkeit zur Zurückweisung eines unvollständigen Antrags einräumen müssen. Ist der Antrag hingegen vollständig, wird realiter zwischen Antrag und Antragskonferenz – trotz der geforderten Unverzüglichkeit – regelmäßig ein nicht unerheblicher Zeitbedarf liegen, da die BNetzA zunächst die zu ladenden Träger öffentlicher Belange und Vereinigungen ermitteln, diesen ausreichend Gelegenheit zur Prüfung des Antrags einräumen und auch geeignete Räumlichkeiten für eine öffentliche Veranstaltung organisieren muss. Bei (allerdings nicht öffentlichen) UVPG-Scoping-Terminen von Vorhabenszulassungen ist ein Zeitraum von sechs Wochen nicht unüblich. Je nach Umfang des Leitungsvorhabens kann aber auch ein längerer Zeitraum erforderlich sein.

50 Länder, auf deren Gebiet ein Trassenkorridor voraussichtlich verlaufen wird, haben nach § 7 Abs. 3 NABEG das Recht, einen **eigenen Vorschlag** für einen Trassenverlauf in das Verfahren einzubringen. Die BNetzA ist allerdings weder an den Antrag des Vorhabensträgers noch an Vorschläge der Länder gebunden. Die BNetzA kann damit auch unabhängig vom Antrag des Vorhabensträgers einen eigenen Trassenkorridor und einen eigenen Untersuchungsrahmen festlegen. Im Gegensatz zum herkömmlichen Raumordnungsverfahren[119] ist die Auswahl von Trassenalternativen also nicht vom Vorhabensträger abhängig, sondern in das **gestalterische Planungsermessen** der BNetzA gestellt.

116 *Moench/Ruttloff*, NVwZ 2011, 1040, 1042.

117 Es besteht daher die Gefahr, dass das fehlende Beteiligungsrecht der Öffentlichkeit eine entsprechende ablehnende Haltung fördert.

118 Vgl. *Kment*, RdE 2011, 341, 346.

119 Vgl. Spannowsky/Runkel/Goppel/*Goppel*, § 15 Rn 36.

Ihrem **rechtlichen Charakter** nach wird man daher die Festlegung des Untersuchungsrahmens durch die BNetzA im NABEG von den herkömmlichen Scoping-Verfahren des UVPG unterscheiden müssen. Im Gegensatz zur Festlegung bei einer Strategischen Umweltprüfung nach § 14f UVPG ist Adressat der Festlegung nicht die Behörde selbst, sondern ein (privater) Vorhabensträger, der auf dieser Basis die für die Bundesfachplanung erforderlichen Unterlagen erstellen soll. Im Unterschied zum Scoping bei einer Umweltverträglichkeitsprüfung nach § 5 UVPG wird die BNetzA gegenüber dem Vorhabensträger auch nicht nur beratend tätig, sondern legt den Untersuchungsrahmen – u.U. auch abweichend vom Antrag und damit gegen den Willen des Vorhabensträgers – nach pflichtgemäßem Ermessen fest. Beachtet der Vorhabensträger diese Festlegung nicht und legt anschließend vom Ergebnis der Antragskonferenz abweichende Unterlagen nach § 8 NABEG vor, besteht nach § 33 Abs. 1 Nr. 1 NABEG sogar die Gefahr einer Ordnungswidrigkeit. Insofern wird man der Festlegung des Untersuchungsrahmens durch die BNetzA eine Außenwirkung und auch eine rechtliche Regelungs- und Bindungswirkung[120] nicht absprechen können. Aufgrund ihrer Feststellungswirkung wird sie daher als **Verwaltungsakt** in Form einer verfahrensrechtlichen (Teil-)Entscheidung zur Vorbereitung der Bundesfachplanung zu qualifizieren sein.[121] 51

Praxistipp
Möchte der Vorhabensträger vom festgelegten Untersuchungsrahmen – beispielsweise aufgrund bei der Detailprüfung erlangter, neuerer Erkenntnisse – abweichen, sollte er diese Abweichung vorher mit der BNetzA abstimmen und formal eine Änderung der Festlegung begehren. i

Erkennt die BNetzA während des Fachplanungsverfahrens eigenständig, dass der Untersuchungsrahmen nicht ausreichend ist, kann sie ihre verfahrensrechtliche Entscheidung auch **nachträglich anpassen** und Unterlagen nachfordern. 52

Die Festlegungen sollen innerhalb einer **Frist von zwei Monaten** nach Antragstellung abgeschlossen sein. Diese laut Gesetzentwurf als weiteres *„Beschleunigungsinstrument"* gedachte, allerdings im Fall einer Verzögerung folgenlose Fristregelung dürfte für die BNetzA – zumindest bei großen Vorhaben – äußerst ambitioniert sein. Der Gesetzgeber wird schlicht übersehen haben, dass bereits eine wirksame Beteiligung der öffentlichen Träger entsprechend Zeit benötigt und insofern der Zeitraum von zwei Monaten ab Antragstellung nur schwer umzusetzen sein wird. 53

Eine Antragskonferenz kann nach § 7 Abs. 7 NABEG unterbleiben, wenn die Fachplanung in einem vereinfachten Verfahren erfolgen soll. 54

V. Vorlage der Unterlagen für raumordnerische Beurteilung und Strategische Umweltprüfung

Nach Abschluss der Antragskonferenz und Festlegung des Untersuchungsrahmens hat der Vorhabensträger nach § 8 NABEG für die in Betracht kommenden Trassenkorridore die Unterlagen zur raumordnerischen Beurteilung und Strategischen Umweltprüfung zu erstellen und der BNetzA vorzulegen. 55

---

120 Anders bei der Strategischen Umweltprüfung des UVPG, bei der der Festlegung des Untersuchungsrahmens – trotz des Wortlauts – keine rechtliche Bindungswirkung zugeordnet wird: vgl. *Peters/Balla*, UVPG, § 14f Rn 3; Landmann/Rohmer/*Gärditz*, § 14f UVPG Rn 2; Gassner/*C. F. Müller*, § 14f Rn 6.
121 A.A. Steinbach/*Sangenstedt*, § 7 NABEG Rn 142; de Witt/Scheuten/*Durinke*, § 7 Rn 38; vgl. zum Rechtsschutz Kap. 13 Rn 76 ff.

1. Inhalt der Unterlagen

56 Für die raumordnerische Beurteilung muss der Vorhabensträger im Wesentlichen eine **Raumverträglichkeitsstudie** des jeweiligen Trassenkorridors durchführen. Dabei muss geprüft werden, inwieweit die Trasse zielkonform mit den Vorgaben der Landes- und Regionalplanung ist oder von diesen abweichen muss, aber auch, ob Konflikte mit Ausweisungen auf Ebene der Bauleitplanung bestehen. Maßgebliche Grundlage für die Raumverträglichkeitsstudie sind daher die vom Vorhaben betroffenen Landes- und Regionalpläne, aber auch Flächennutzungs- und Bauleitpläne sowie sonstige Fachpläne wie beispielsweise Landschaftspläne oder die Planungen bzw. Planfeststellungen anderer, insbesondere raumbedeutsamer Vorhaben wie Straßen, Flughäfen etc. Auf dieser Grundlage müssen die **raumrelevanten Auswirkungen** des Vorhabens in Bezug auf unterschiedliche Raumfaktoren wie Entwicklung des Gesamtraums, Freiraum, Siedlungswesen, Gewerbe und Industrie, Rohstoffabbau, Verkehr, Ver- und Entsorgung sowie Verteidigung[122] in der jeweiligen Variante untersucht und dargestellt werden. Da die Länder in ihrer Landesplanung durchaus unterschiedliche Raumordnungssysteme und -kategorien verwenden und insofern bei länderüberschreitenden Vorhaben des NABEG unterschiedliche Landesplanungsstufen, Gebietsfestlegungen, Ausweisungen und Begrifflichkeiten aufeinandertreffen können, empfiehlt sich regelmäßig eine klare Zuordnung der jeweiligen Raumbelange zu den in der Raumverträglichkeitsstudie gewählten Kategorien.[123] Werden bei dieser Untersuchung und Erfassung der raumordnerischen Ausgangslage **Betroffenheiten** festgestellt, muss dargelegt werden, welche konkreten Auswirkungen zu erwarten sind und ob ein Konflikt mit Zielen oder Grundsätzen der Landes- oder Regionalplanung besteht oder mit den Ausweisungen eines Bebauungsplans vorliegt. Schließlich sind die Betroffenheiten mit Blick auf das Vorhaben einer Bewertung zu unterziehen.

57 Für den zur Strategischen Umweltprüfung erforderlichen **Umweltbericht** verweist § 8 NABEG auf die inhaltlichen Vorgaben des § 14g Abs. 3 und 4 UVPG. Aber auch darüber hinausgehend wird man auf die im UVPG für die Strategische Umweltprüfung allgemein in den §§ 14e bis 14n UVPG festgelegten Vorgaben entsprechend zurückgreifen können.[124] Der Umweltbericht ist das **zentrale Dokument** zur Erfassung, Beschreibung und Bewertung der vom Vorhaben im jeweiligen Trassenkorridor betroffenen Umwelt und der voraussichtlichen erheblichen Umweltauswirkungen durch das Vorhaben. Die Strategische Umweltprüfung fungiert dabei als Trägerverfahren für die Ermittlung und Bewertung der **Auswirkungen auf die Umwelt**, in der auch etwaige besondere Anforderungen aus dem Natura 2000-Gebiets- und Artenschutz[125] zu behandeln sind.

58 Der wichtigste Teil der vorzulegenden Unterlagen ist allerdings die auf Grundlage der raumordnerischen Beurteilung und Strategischen Umweltprüfung vorzunehmende, vergleichende Beurteilung und Bewertung der Trassenalternativen. Dabei hat eine **Alternativenprüfung** nicht nur räumliche Verlaufsvarianten zu betrachten, sondern grundsätzlich auch mögliche technische (Teil-)Alternativen (z.B. Erdkabel) sowie Konzeptalternativen (z.B. Um- und Aufrüstung vorhandener Leitungstrassen, Kombination von Drehstromtrassen mit Gleichstromübertragung etc.), da die jeweiligen Alternativen – u.U. auch in Kombination miteinander – unterschiedliche Auswirkungen auf die Raumordnung und die Umwelt haben können und erst auf Ebene der Bundesfachplanung eine gebietsspezifische konkrete Betroffenheit der Umwelt ermittelt und bewertet werden kann.

---

122 Vgl. die Auflistung der *BNetzA*, Leitfaden zur Bundesfachplanung, 7.8.2012, S. 10.

123 Die BNetzA rät diesbezüglich zu der Erstellung einer projektbezogenen Bewertungsmatrix der raumordnerischen Festlegungen; *BNetzA*, Leitfaden zur Bundesfachplanung, 7.8.2012, S. 10.

124 So *BNetzA*, Leitfaden zur Bundesfachplanung, 7.8.2012, S. 11.

125 Vgl. zur Notwendigkeit einer entsprechenden Verträglichkeitsprüfung Kap. 10 Rn 148ff.

Bestandteil der Unterlagen muss ferner eine allgemein **verständliche Erläuterung** sein, nach der Dritte insbesondere abschätzen können sollen, ob und in welchem Umfang sie von den raumbedeutsamen Auswirkungen des Vorhabens betroffen sein können. 59

2. Vorlagefrist

Die Vorlage hat innerhalb einer von der BNetzA festzulegenden, **angemessenen Frist** zu erfolgen. Für eine angemessene Fristsetzung wird die BNetzA insbesondere zu berücksichtigen haben, ob die Festlegung des Untersuchungsrahmens weitestgehend dem Antrag des Vorhabensträgers entspricht und dieser daher bei der Erstellung der Unterlagen auf bereits geleistete Vorarbeiten zurückgreifen kann, oder ob beispielsweise durch Vorschläge der Länder oder Abweichungen seitens der BNetzA selbst neue Trassenalternativen zu prüfen sind oder der Untersuchungsrahmen ausgeweitet wurde. 60

VI. Behörden- und Öffentlichkeitsbeteiligung

Nach Vorlage der vollständigen Unterlagen hat die BNetzA nach § 9 NABEG eine Behörden- und Öffentlichkeitsbeteiligung durchzuführen. 61

1. Behördenbeteiligung

Die BNetzA hat nach §§ 9 Abs. 1 und 2 NABEG **Träger öffentlicher Belange** und **Behörden** spätestens innerhalb von zwei Wochen nach Vorlage vollständiger Unterlagen zu einer Stellungnahme aufzufordern. Den beteiligten Trägern öffentlicher Belange und Behörden ist eine Frist zur Stellungnahme von maximal drei Monaten zu setzen. 62

Der Gesetzeswortlaut spricht allerdings ungenau einerseits in § 9 Abs. 1 NABEG von *„Behörden"* nach § 14h UVPG und andererseits in § 9 Abs. 2 NABEG von *„Trägern öffentlicher Belange"*. Diese Begrifflichkeiten sind jedoch nicht synonym zu verwenden, da verfahrensrechtlich im Rahmen einer Behördenbeteiligung unter „Behörden" regelmäßig nur Behörden i.S.d. § 1 Abs. 4 VwVfG verstanden werden.[126] Privatrechtssubjekte, die öffentliche Aufgaben erfüllen, sind aber nur als Träger öffentlicher Belange, nicht aber als Behörden zu qualifizieren.[127] Da Abs. 1 aber auf Abs. 2 verweist und das Gesetzgebungsverfahren stets auf die Erzielung einer größtmöglichen Transparenz ausgerichtet war,[128] ist nicht von einer bewussten Differenzierung des Gesetzgebers auszugehen, sodass – vergleichbar der Beteiligung nach § 4 Abs. 1 BauGB – sowohl **Behörden** als auch **Träger öffentlicher Belange** zu beteiligen sind. Nicht umfasst sind allerdings Vereinigungen i.S.d. § 3 Abs. 2 NABEG, die weder Behörde noch Träger öffentlicher Belange sind. Diese sind vielmehr im Rahmen der allgemeinen Öffentlichkeit zu beteiligen und dementsprechend auch einwendungsberechtigt.[129] Städten, Gemeinden und Landkreisen, die regelmäßig schon aufgrund ihrer räumlichen Betroffenheit zu beteiligen sind, kommt allerdings eine **Doppelrolle** zu, was zu unterschiedlich zu behandelnden Beteiligungsrechten führen kann. Zum 63

126 Vgl. Bader/Ronellenfitsch/*Kämper*, § 73 Rn 16; Stelkens/Bonk/Sachs/*Bonk*/*Neumann*, § 73 Rn 36; *Peters*/*Balla*, § 14h Rn 3.

127 Insoweit werden beispielsweise in § 4 Abs. 1 BauGB beide Begriffe parallel verwendet.

128 Die Begründung des Gesetzentwurfs spricht daher auch nur von Trägern öffentlicher Belange, BT-Drucks. 17/6073, S. 25.

129 Daher auch die ausdrückliche Nennung in § 9 Abs. 6 NABEG; vgl. auch Stelkens/Bonk/Sachs/*Bonk*/*Neumann*, § 73 Rn 36.

einen nehmen Gebietsköperschaften aufgrund ihrer Eingliederung in den staatlichen Verwaltungsaufbau an der Behördenbeteiligung teil. Eine etwaige Betroffenheit eigener, subjektiv-öffentlicher Rechte wie die verfassungsrechtlich gewährleistete kommunale Selbstverwaltung oder körperschaftliches Eigentum müssen Städte, Gemeinden und Landkreise zum anderen allerdings im Rahmen der allgemeinen Öffentlichkeitsbeteiligung nach § 9 Abs. 3 NABEG geltend machen.[130]

64 Entsprechend § 14h UVPG sind alle Behörden und Träger öffentlicher Belange zu beteiligen, deren **Aufgabenbereich** durch das Vorhaben und die möglichen Trassenkorridore berührt werden können. Dazu gehören insbesondere alle diejenigen Fachbehörden, deren Entscheidung von der Konzentrationswirkung des der Bundesfachplanung nachfolgenden Planfeststellungsbeschlusses erfasst würden.[131]

65 Stellungnahmen, die nach Ablauf der von der BNetzA gesetzten **Frist** eingehen, werden nach § 9 Abs. 2 S. 3 NABEG zur Verfahrensbeschleunigung nicht mehr berücksichtigt, es sei denn, die vorgebrachten Belange sind für die Rechtmäßigkeit der Bundesfachplanung von Bedeutung. Soweit die Ausnahmevoraussetzungen nicht vorliegen, steht die **Präklusion** behördlicher Stellungnahmen nicht im Ermessen der BNetzA, sondern ist zwingend vorgeschrieben und hat damit – zumindest für das Bundesfachplanungsverfahren – materielle Präklusionswirkung.[132] Die geregelte Ausnahme dürfte allerdings dazu führen, dass die Behördenpräklusion weitestgehend leerläuft, da bereits bei fehlender Berücksichtigung abwägungserheblicher Belange die Gefahr eines Abwägungsfehlers besteht, der die Rechtswidrigkeit der Bundesfachplanung bzw. der nachfolgenden Planfeststellung zur Folge haben kann.[133] Auf die Entscheidungserheblichkeit des Belangs kommt es hingegen nicht an.[134]

2. Öffentlichkeitsbeteiligung

66 Ebenfalls zwei Wochen nach Vorlage vollständiger Unterlagen hat die BNetzA eine allgemeine **Beteiligung der Öffentlichkeit** nach § 14i UVPG und den Maßgaben des § 9 Abs. 3 bis 6 NABEG durchzuführen. § 14i UVPG verweist für die Öffentlichkeitsbeteiligung auf die Regelung des § 9 Abs. 1 UVPG, der wiederum im Wesentlichen auf die Beteiligungsregelung des Planfeststellungsrechts in § 73 Abs. 3 S. 1, Abs. 4 bis 7 VwVfG verweist. Dabei unterliegen die in Bezug genommenen Regelungen durch die speziellen Vorgaben des NABEG allerdings durchaus relevanten Änderungen:

67 **Auszulegende Unterlagen** sind nach dem in Bezug genommenen § 14i Abs. 2 UVPG der Entwurf der Bundesfachplanung, der Umweltbericht sowie weitere Unterlagen, deren Einbeziehung die BNetzA für zweckmäßig hält. Dies können beispielsweise Gutachten und (vorzeitig) eingegangene Stellungnahmen Träger öffentlicher Belange oder Behörden sein. Auch die (nochmalige) Auslage von Unterlagen zur Festlegung des Untersuchungsrahmens kann sinnvoll sein. Da die Behörden- und die allgemeine Öffentlichkeitsbeteiligung im NABEG aus Beschleunigungsgründen allerdings zwingend zeitgleich stattzufinden haben, dürfte die beteiligte Öffent-

130 Vgl. BVerwG, Urt. v. 9.2.2005 – 9 A 62/03 – NVwZ 2005, 813, 815; Urt. v. 12.2.1997 – 11 A 62/95 – BVerwGE 104, 79, 81.

131 Vgl. dazu Rn 47.

132 Vgl. Stelkens/Bonk/Sachs/*Bonk/Neumann*, § 73 Rn 41; *Ziekow*, § 73 Rn 24; Bader/Ronellenfitsch/*Kämper*, § 73 Rn 26; Fehling/Kastner/Störmer/*Wickel*, § 73 VwVfG Rn 40; *Kopp/Ramsauer*, § 73 Rn 33f.; a.A. Obermayer/*Allesch/Häußler*, § 73 Rn 41.

133 Vgl. Knack/Henneke/*Dürr*, § 73 Rn 30; *Kopp/Ramsauer*, § 73 Rn 33; Fehling/Kastner/Störmer/*Wickel*, § 73 VwVfG Rn 38.

134 Vgl. Stelkens/Bonk/Sachs/*Bonk/Neumann*, § 73 Rn 44; Fehling/Kastner/Störmer/*Wickel*, § 73 VwVfG Rn 40; *Steinberg/Müller/Wickel*, § 2 Rn 81.

lichkeit von Stellungnahmen öffentlicher Träger jedoch regelmäßig keine (vorzeitige) Kenntnis erlangen.[135]

68 Die Unterlagen sind nach § 9 Abs. 3 NABEG für die Dauer von einem Monat am Sitz der BNetzA und deren Außenstellen, die den Trassenkorridoren nächstgelegen sind, auszulegen. Im Gegensatz zur Strategischen Umweltprüfung nach dem UVPG wird die **Auslegungszeit** zwingend auf einen Monat begrenzt.[136] Die Auslegung sowie grundlegende Informationen zum Vorhaben sind vorher im Internet, dem Amtsblatt der BNetzA und örtlichen Tageszeitungen, welche im durch das Vorhaben betroffenen Gebiet (-en) verbreitet sind, bekanntzumachen. Die **Bekanntmachung** soll spätestens eine Woche vor Beginn der Auslegung erfolgen. Verkürzungen – etwa zur Verfahrensbeschleunigung besonders dringlicher Vorhaben – oder Verlängerungen dieser Frist sind daher möglich.[137] Neben der Auslegung der Unterlagen in körperlicher Form ist nach § 9 Abs. 4 NABEG eine zeitgleich zu erfolgende, elektronische Veröffentlichung sowie vorherige Bekanntmachung im Internet vorgeschrieben.

69 Innerhalb eines Monats nach Ablauf der Veröffentlichungsfrist kann sich jede Person, einschließlich der Vereinigungen i.S.d. § 3 Abs. 2 NABEG, schriftlich oder zur Niederschrift bei einer Auslegungsstelle zu den beabsichtigten Trassenkorridoren äußern. Dem Wortlaut entsprechend ist für eine **Äußerungsbefugnis** keine Betroffenheit in einem Recht oder ein rechtliches Interesse erforderlich (**Jedermann-Beteiligung**).[138]

70 Für die Rechtswirkung von Äußerungen, die erst nach Ablauf der einmonatigen Äußerungsfrist eingehen, erklärt § 9 Abs. 6 S. 2 NABEG den in Abs. 2 S. 3 geregelten Ausschluss verspäteter Stellungnahmen im Rahmen der Behördenbeteiligung für entsprechend anwendbar. § 9 Abs. 6 S. 3 NABEG legt darüber hinaus fest, dass Rechtsansprüche durch die Einbeziehung der Öffentlichkeit nicht begründet werden und die Verfolgung von Rechten im nachfolgenden Zulassungsverfahren unberührt bleiben. Damit trifft das NABEG auf Ebene der Bundesfachplanung auch zu einer **Beteiligtenpräklusion** eine Sonderregelung. Verspätet eingegangene Äußerungen Dritter müssen im Verfahren zur Bundesfachplanung nicht mehr berücksichtigt werden, es sei denn, die vorgebrachten Belange sind für deren Rechtmäßigkeit von Bedeutung. Da die Verfolgung von Rechten im nachfolgenden Verfahren nach § 9 Abs. 6 S. 3 Hs. 2 NABEG ausdrücklich unberührt bleiben, kann ein Dritter, dessen verspätete Äußerung mangels Relevanz für die Rechtmäßigkeit für die Bundesfachplanung zurückgewiesen wird, seine Belange später und auch noch gerichtlich im Rahmen einer Klage gegen den nachfolgenden Planfeststellungsbeschluss geltend machen. Das NABEG regelt also im Gegensatz zur Öffentlichkeitsbeteiligung in den §§ 14i, 9 UVPG[139] und § 74 VwVfG[140] für die Bundesfachplanung **keine materielle Präklusion**, welche auch in einem gerichtlichen Verfahren zum Ausschluss präkludierter Einwendungen führt.[141] Vielmehr beinhaltet der Verweis auf § 9 Abs. 2 S. 3 NABEG lediglich eine (begrenzte) **formelle**

135 Anders beispielsweise im UVPG, wonach auch eine zeitlich gestaffelte Beteiligung möglich ist, sodass bei der Öffentlichkeitsbeteiligung auch bereits behördliche Stellungnahmen vorliegen und daher der Öffentlichkeit eine über den Antrag hinausgehende, breitere Informationsbasis zur Verfügung steht.

136 § 14i Abs. 2 UVPG enthält insoweit nur eine Mindestvorgabe.

137 Vgl. insoweit zur parallelen Vorschrift im BImSchG: *Jarass*, § 10 Rn 63; Landmann/Rohmer/*Dietlein*, § 10 BImSchG Rn 89.

138 Anders in §§ 14i Abs. 1, 9 Abs. 1 UVPG oder § 73 Abs. 4 VwVfG, welche für die Einwendungsbefugnis eine Betroffenheit voraussetzen; ebenso *Wagner*, DVBl. 2011, 1453, 1455; de Witt/Scheuten/*de Witt*, § 5 Rn 40.

139 Für das UVPG ist eine materielle Präklusionswirkung allerdings umstritten: Bejahend, Gassner/*Müller*, § 14i Rn 15; wohl auch *Peters/Balla*, § 9 Rn 7; a.A. Landmann/Rohmer/*Gärditz*, § 14i UVPG Rn 19.

140 Vgl. Stelkens/Bonk/Sachs/*Bonk/Neumann*, § 73 Rn 87 ff. m.w.N.

141 Im Umkehrschluss zu den insoweit ausdrücklichen Regelungen einer materiellen Präklusion beispielsweise in § 73 Abs. 6 VwVfG oder § 10 Abs. 3 BImSchG und den entsprechenden Bekanntmachungspflichten der Behörde hätte es in § 9 NABEG einer ausdrücklichen Regelung zu einer materiellen Präklusion bedurft.

Präklusion, da verspätet eingegangene Äußerungen, die von der BNetzA auch mangels Relevanz für die Rechtmäßigkeit der Bundesfachplanung zurückgewiesen werden, (nur) zum Verlust des Anspruchs auf Berücksichtigung im weiteren Verfahren der Bundesfachplanung – etwa der Teilnahme und Erörterung im nachfolgenden Erörterungstermin – führen.[142]

71 Wenn die Voraussetzungen für ein **vereinfachtes Verfahren** nach § 11 NABEG vorliegen, kann nach § 9 Abs. 7 NABEG sowohl eine Öffentlichkeitsbeteiligung als auch die Beteiligung von Behörden und Träger öffentlicher Belange unterbleiben. Diese im Ermessen der BNetzA stehende Verfahrenserleichterung birgt aber die Gefahr eines Verstoßes gegen die Vorgaben der europäischen Richtlinie zur Strategischen Umweltprüfung.[143] Auf die Beteiligung von Behörden und Träger öffentlicher Belange, die üblicherweise über besonderes Fachwissen regionaler Besonderheiten verfügen, sollte daher allenfalls in besonders einfach gelagerten Fällen und nicht vollständig verzichtet werden.

VII. Erörterungstermin

72 Die BNetzA hat nach § 10 S. 1 NABEG einen Erörterungstermin durchzuführen, auf dem die rechtzeitig erhobenen Einwendungen mit dem Vorhabensträger und den jeweiligen Einwendern erörtert werden. Der Erörterungstermin ist daher grundsätzlich zwingend vorgeschrieben.[144] Er findet ausnahmsweise nicht statt, wenn nach § 10 Nr. 1 bis 4 NABEG Einwendungen nicht oder nicht rechtzeitig erhoben wurden, rechtzeitig erhobene Einwendungen zurückgenommen wurden, die erhobenen Einwendungen ausschließlich auf privatrechtlichen Titeln beruhen oder alle Einwender auf einen Erörterungstermin verzichten.

73 Der Erörterungstermin ist **nicht öffentlich.**[145] Dies verwundert zwar, da das Gesetzgebungsverfahren des NABEG und die Ausgestaltung der verfahrensrechtlichen Regelungen neben einem Beschleunigungsziel auch stark von einem Transparenzgebot geprägt waren.[146] Der Gesetzeswortlaut ist allerdings eindeutig auf den Personenkreis der berechtigten Einwender, dem Vorhabensträger und der BNetzA beschränkt.[147] Im Gegensatz zur Antragskonferenz fehlt es in § 10 NABEG auch an einer dem § 7 Abs. 2 S. 3 NABEG vergleichbaren gesetzlichen Anordnung. Berechtigte Einwender haben ein Recht auf Teilnahme am Erörterungstermin, aber keine Anwesenheitspflicht.

74 Das NABEG trifft keine Regelung zum verfahrensrechtlichen Ablauf des Erörterungstermins.[148] Der BNetzA als Verfahrens- und Verhandlungsleiterin des Erörterungstermins steht insoweit ein verfahrensrechtliches Ermessen zu, welches sich aber zweckmäßigerweise an den

---

142 A.A. offenbar: Steinbach/*Nebel*/*Riese*, § 9 NABEG Rn 70, die die in § 22 Abs. 2 S. 2 NABEG für das Planfeststellungverfahren geregelte besondere Präklusion für (behördliche) Stellungnahmen, welche schon zur Bundesfachplanung abgegeben werden konnten, auch auf Einwendungen privater und juristischer Personen sowie Vereinigungen nach § 22 Abs. 6 NABEG anwenden wollen.

143 Siehe dazu Rn 98.

144 Ebenso wie im allgemeinen Planfeststellungsrecht nach § 73 Abs. 6 VwVfG. In zahlreichen Fachgesetzen von Vorhabenszulassungen wird in Abweichung von diesem Grundsatz allerdings der Behörde die Möglichkeit eingeräumt, auf die Durchführung eines Erörterungstermins zu verzichten, vgl. § 18a Nr. 5 AEG, § 17a Nr. 5 FStrG, § 14a Nr. 5 WaStrG.

145 A.A.: Steinbach/*Nebel*/*Riese*, § 10 NABEG Rn 11.

146 Vgl. nur BT-Drucks. 17/6073, S. 2.

147 Vgl. insoweit auch § 73 Abs. 6 VwVfG, anders ausdrücklich beispielsweise § 18 Abs. 1 9. BImSchV.

148 Vgl. beispielsweise für das Planfeststellungsverfahren § 73 Abs. 6 S. 6 VwVfG, der im Übrigen auf die verwaltungsverfahrensrechtlichen Regelungen zur mündlichen Verhandlung verweist.

bewährten immissionsschutz- oder planfeststellungsrechtlichen Detailregelungen[149] zum Ablauf eines Erörterungstermins orientieren sollte.

VIII. Abschluss und Bekanntgabe der Bundesfachplanung

1. Abschlussentscheidung

Nach § 12 Abs. 1 NABEG ist die Bundesfachplanung seitens der BNetzA binnen sechs Monaten nach Vorliegen der vollständigen Unterlagen bei der BNetzA abzuschließen. Bedenkt man, dass innerhalb dieser vorgegebenen Frist die gesamte Öffentlichkeits- und Behördenbeteiligung einschließlich des Erörterungstermins mit ggf. anschließender, aufgrund von Einwendungen erforderlicher nochmaliger Anpassung der Planung zu erfolgen hat, kann diese zur Beschleunigung[150] eingeführte zeitliche Vorgabe für die BNetzA gerade bei größeren Leitungsabschnitten äußerst anspruchsvoll sein. Die Frist ist mangels abweichender Regelung grundsätzlich nicht verlängerbar,[151] ein Verstoß aber auch nicht unmittelbar mit rechtlichen Folgen verbunden. 75

a) Inhalt

Die inhaltlichen Anforderungen an den Abschluss der Bundesfachplanung ergeben sich aus § 12 Abs. 2 NABEG, wobei sich anhand dieser Vorgaben zugleich das von der BNetzA zu leistende Überprüfungs- und Abwägungsprogramm ableiten lässt: 76

Die Entscheidung hat nach § 12 Abs. 2 Nr. 1 NABEG den **raumverträglichen Trassenkorridor**, der in den Bundesnetzplan aufgenommen werden soll, einschließlich der Länderübergangspunkte (auch kartographisch) darzustellen. Unter Berücksichtigung der im Rahmen der Behörden- und Öffentlichkeitsbeteiligung eingegangenen Stellungnahmen und Äußerungen ist die Raumverträglichkeit dabei im Einzelnen aufzuzeigen und zu begründen. 77

Die **Umweltauswirkungen** des aufzunehmenden Trassenkorridors sind nach § 12 Abs. 2 Nr. 2 NABEG gem. § 14k UVPG zu bewerten. Danach hat die BNetzA den Umweltbericht der Strategischen Umweltprüfung, der während der Behörden- und Öffentlichkeitsbeteiligung ausgelegt wurde, insbesondere anhand der im Rahmen der Beteiligung eingegangenen (behördlichen) Stellungnahmen und Einwendungen Dritter sowie den Erkenntnissen aus dem Erörterungstermin zu überprüfen, sich mit den vorgetragenen Aspekten inhaltlich auseinanderzusetzen und einer finalen Bewertung zuzuführen. Das Ergebnis dieser Überprüfung, welche sich in diesem Schritt vorrangig auf die Umweltbelange bezieht, ist zu dokumentieren und es sind, soweit sich daraus Änderungen des bis dahin nur vorläufigen Umweltberichts ergeben, die Änderungen entsprechend zu ergänzen.[152] Die Ergebnisse der finalen Bewertung sind als Umweltbelange bei der Abwägung der unterschiedlichen Trassenvarianten zu berücksichtigen. Dementsprechend ist nach § 12 Abs. 2 Nr. 3 NABEG auch das Ergebnis der Prüfung alternativer Trassenkorridore darzulegen. Damit wird die eigentlich maßgebliche **Abwägungsentscheidung** der BNetzA zwischen den jeweiligen Trassenalternativen und den dadurch betroffenen raumordnerischen Belangen und den Umweltbelangen transparent. 78

149 Siehe §§ 14 ff. 9. BImSchV oder § 76 Abs. 6 VwVfG.

150 BT-Drucks. 17/6073, S. 26.

151 Vgl. beispielsweise insoweit die abweichende Regelung in § 10 Abs. 6a BImSchG, welche ausdrücklich eine Verlängerungsoption vorsieht.

152 Vgl. insoweit zum UVPG: BT-Drucks. 15/3441, S. 34; Landmann/Rohmer/*Wulfhorst*, § 14k UVPG Rn 16 f.; *Peters/Balla*, § 14k Rn 4.

79 Nach § 12 Abs. 2 Nr. 2 NABEG ist zudem entsprechend § 14l UVPG eine **zusammenfassende Erklärung** der Umweltauswirkungen vorzunehmen. In dieser ist nach § 14l Abs. 2 Nr. 2 UVPG aufzuzeigen, wie die Umwelterwägungen in die Planung einbezogen wurden, wie der Umweltbericht und die dazu eingegangenen Stellungnahmen und Äußerungen aus der Behörden- und Öffentlichkeitsbeteiligung berücksichtigt wurden und aus welchen Gründen der aufzunehmende Trassenkorridor als Ergebnis der Bundesfachplanung nach Abwägung mit den geprüften Alternativen ausgewählt wurde. Die zusammenfassende Erklärung der Strategischen Umweltprüfung erfüllt damit eine übergreifende Informationsfunktion, um Betroffenen oder unbeteiligten Dritten einen Überblick über die maßgeblichen Entscheidungsinhalte und -grundlagen zu geben. Üblicherweise ist eine zusammenfassende Erklärung daher auch nicht Teil der Entscheidungsbegründung, sondern ein eigenständiges Dokument oder zumindest ein eigenständiger Abschnitt der Entscheidung.

b) Verfahren für nachträgliche Anpassungen

80 Schwierig gestaltet sich in diesem Verfahrensstadium die in der Praxis häufig relevante Frage, in welchen Fällen aufgrund von nachträglich erforderlichen **Anpassungen der Bundesfachplanung** – etwa aufgrund von neuen Erkenntnissen aus der Behörden- und Öffentlichkeitsbeteiligung – vor Abschluss eine erneute Auslegung sowie Behörden- und Öffentlichkeitsbeteiligung zu erfolgen hat. Das NABEG als vorrangiges Fachrecht trifft dazu keinerlei Regelung.[153] Im Rahmen des aufgrund der im NABEG enthaltenen Verweisungen entsprechend heranziehbaren UVPG wird dies für Änderungen am Umweltbericht unterschiedlich beurteilt.[154] Im Ergebnis wird eine **erneute Auslegung** aber jedenfalls dann unumgänglich sein, wenn sich Änderungen inhaltlich auf die Bundesfachplanung auswirken und – beispielsweise aufgrund von Verschiebungen des beantragten oder favorisierten Trassenkorridors – neue oder nachteiligere Betroffenheiten entstehen können. Soweit die erforderlichen Anpassungen lokal oder thematisch begrenzt sind, kann auch die Möglichkeit einer entsprechend räumlich oder thematisch begrenzten erneuten Beteiligung bestehen. Bloße inhaltliche Ergänzungen des Umweltberichts oder der Raumverträglichkeitsstudie ohne Auswirkungen auf die Planung dürften regelmäßig keine erneute Auslegung erfordern, wenn und soweit der mit der Beteiligung bezweckten Anstoßfunktion bereits durch die bei der ursprünglichen Auslegung vorhandenen Informationen ausreichend Rechnung getragen wurde.[155]

c) Frist zum Antrag auf Planfeststellung

81 Zur Beschleunigung des weiteren Verfahrensablaufs ist die BNetzA nach § 12 Abs. 2 S. 3 NABEG mit Abschluss der Bundesfachplanung berechtigt, den nach §§ 11 und 12 EnWG verpflichteten Vorhabensträger **durch Bescheid** aufzufordern, innerhalb einer zu bestimmenden angemessenen Frist den erforderlichen Antrag auf Planfeststellung zu stellen. Die zuständigen obersten Landesbehörden der Länder, auf deren Gebiet der Trassenkorridor verläuft, sind von der Frist zu benachrichtigen. Die Aufforderung ist ein eigenständiger **Verwaltungsakt** außerhalb der eigentlichen Bundesfachplanung und insoweit seitens des betroffenen Vorhabensträ-

---

153 Anders beispielsweise § 4a Abs. 3 BauGB, § 10 Abs. 1 ROG, § 18 Nr. 2 ROG oder § 73 Abs. 8 VwVfG; dieses Regelungsdefizit ist gerade vor dem Hintergrund der für die BNetzA laufenden Entscheidungsfrist misslich.

154 Vgl. zum Diskussionsstand u.a.: Landmann/Rohmer/*Wulfhorst*, § 14k UVPG Rn 18.

155 Vgl. BVerwG, Urt. v. 27.10.2000 – 4 A 18/99 – juris Rn 22ff.; Urt. v. 24.11.2004 – 9 A 42/03 – juris Rn 26ff.; OVG Münster, Urt. v. 1.12.2011 – 8 D 58/08.AK – juris Rn 545f.

gers – etwa hinsichtlich der Angemessenheit der Fristsetzung – eigenständig gerichtlich anfechtbar.[156]

2. Bekanntgabe

Die Entscheidung ist allen nach § 13 Abs. 1 NABEG beteiligten Behörden und Trägern öffentlicher Belange schriftlich oder elektronisch zu übermitteln. Aufgrund der Bezugnahme gilt diese **Bekanntgabeverpflichtung** unabhängig davon, ob die Beteiligten eine (fristgemäße) Stellungnahme abgegeben haben. 82

Darüber hinaus ist nach § 13 Abs. 2 NABEG die Entscheidung an allen gem. § 9 Abs. 3 NABEG bestimmten Auslegungsorten für die Dauer von sechs Wochen zur Einsicht auszulegen und auf der Internetseite der BNetzA zu veröffentlichen. **Auslegung** und **Veröffentlichung** sind mindestens eine Woche vorher in den betroffenen Gebieten verbreiteten Tageszeitungen, im Amtsblatt der BNetzA sowie auf ihrer Internetseite bekanntzumachen. 83

Eine gesetzliche Verpflichtung zur persönlichen Übermittlung der Entscheidung an Einwender aus der Öffentlichkeitsbeteiligung ist hingegen nicht vorgesehen. Entgegen der sonst bei der Entstehung des NABEG zugrunde gelegten Transparenzoffensive sind diese vielmehr auf die allgemeine Auslegung angewiesen, soweit die BNetzA nicht freiwillig den Kreis der direkten Bekanntgaben erweitert. 84

IX. Einwendungsrecht der Länder

Die von einer Bundesfachplanung – etwa durch den Verlauf des Trassenkorridors – betroffenen Bundesländer haben nach § 14 NABEG ein besonderes Einwendungsrecht. Innerhalb einer Frist von einem Monat nach Übermittlung der Entscheidung der BNetzA können betroffene Länder zu begründende **Einwendungen gegen die Bundesfachplanung** erheben.[157] Die BNetzA hat innerhalb einer Frist von erneut einem Monat nach Eingang der Einwendungen dazu Stellung zu nehmen. 85

Der Sinn und Zweck dieser Regelung erschließt sich nicht. Laut Begründung zum Gesetzentwurf soll diese Einwendungsbefugnis angesichts der durch § 15 NABEG angeordneten Bindungswirkung den besonderen **Interessen der Länder** und ihrer **Planungshoheit** Rechnung tragen. Die BNetzA soll ihre Entscheidung erneut im Lichte etwaiger Einwendungen prüfen und rechtfertigen müssen.[158] Dass ein Bundesland nach Abschluss der Bundesfachplanung über die erforderliche Beteiligung im Rahmen des Bundesfachplanungsverfahrens[159] hinausgehend neue oder andere Belange vortragen kann, welche die BNetzA zu einer Änderung der Bundesfachplanung veranlassen, dürfte unrealistisch sein. 86

Mangels entsprechender gesetzlicher Anordnung hat das Einwendungsrecht weder eine aufschiebende Wirkung noch im Fall der Verfristung oder der Nichtausnutzung durch die Länder eine Präklusionswirkung.[160] Da die BNetzA die Einwendungen auch (lediglich) prüfen und 87

156 Vgl. zum Rechtschutz Kap. 13 Rn 66 ff.

157 Bei der Bestimmung des Fristbeginns kann es aufgrund des ungenauen Gesetzeswortlauts allerdings zu Schwierigkeiten kommen: Eine „Übermittlung" der Entscheidung ist nach § 13 Abs. 1 NABEG nur an die Beteiligten nach § 9 Abs. 1 NABEG, nicht hingegen unmittelbar an die Vertretung der betroffenen Bundesländer vorgesehen.

158 BT-Drucks. 17/6073, S. 27.

159 Siehe das Vorschlagsrecht nach § 7 Abs. 3 NABEG und die Behördenbeteiligung nach § 9 Abs. 1 NABEG.

160 *Erbguth*, NVwZ 2012, 326, 327 f.

dazu Stellung nehmen muss, ist das Einwendungsrecht der Länder faktisch nichts anderes als ein (erweitertes) **fristgebundenes Petitionsrecht** ohne relevante Rechtsfolgen.[161]

X. Vereinfachtes Verfahren

88 Zur Beschleunigung des Verfahrens kann die Bundesfachplanung nach § 11 NABEG unter bestimmten Voraussetzungen auch in einem vereinfachten Verfahren durchgeführt werden. Soweit ein Vorhaben abschnittsweise geplant wird, kann sich das vereinfachte Verfahren auch auf einzelne Abschnitte, bei denen die Voraussetzungen vorliegen, beziehen.

1. Voraussetzungen für ein vereinfachtes Verfahren

89 Für die Zulässigkeit eines vereinfachten Verfahrens muss eine Strategische Umweltprüfung nach § 14d S. 1 UVPG nicht erforderlich und eine der in § 11 Abs. 1 Nr. 1 bis 3 NABEG genannten Fallkonstellationen einschlägig sein.

90 Eine Strategische Umweltprüfung ist nach § 14d S. 1 UVPG nicht durchzuführen, wenn ein Plan oder Programm nur geringfügig geändert wird oder nur die Nutzung kleiner Gebiete auf lokaler Ebene festgelegt wird. Zudem muss eine Vorprüfung des Einzelfalls i.S.v. § 14b Abs. 4 UVPG ergeben, dass der Plan oder das Programm voraussichtlich **keine erheblichen Umweltauswirkungen** hat. Auch wenn § 11 NABEG dem Wortlaut nach auf den gesamten § 14d S. 1 UVPG Bezug nimmt, dürfte sich die Rechtsgrundverweisung nach Sinn und Zweck sowie gesetzgeberischem Willen nicht auf die sachverhaltsbezogenen Voraussetzungen einer geringfügigen Planänderung oder die Nutzung kleiner Gebiete auf lokaler Ebene beziehen.[162] Diesbezüglich trifft § 11 NABEG mit den in Nr. 1 bis 3 genannten **Fallgruppen** eine **speziellere Regelung.**[163] Soweit demgegenüber zusätzlich auch die sachverhaltsbezogenen Voraussetzungen des § 14d UVPG vorliegen müssten, wäre der Anwendungsbereich für ein vereinfachtes Verfahren sehr begrenzt, sodass die vom Gesetzgeber intendierte Beschleunigung allenfalls in Ausnahmefällen genutzt werden könnte. Dementsprechend stellt auch die Begründung zum Gesetzentwurf nur auf die nach § 14d UVPG erforderliche Vorprüfung der Umweltauswirkungen im Einzelfall ab und greift dessen sachverhaltsbezogene Voraussetzungen nicht auf.[164] Für ein vereinfachtes Verfahren muss daher nach §§ 14d i.V.m. 14b Abs. 4 UVPG im Rahmen einer **Vorprüfung des Einzelfalls** unter Berücksichtigung der in Anlage 4 UVPG genannten Kriterien ermittelt werden, ob

---

161 Ähnlich *Erbguth*, NVwZ 2012, 326, 327 f.; a.A. offenbar *Moench/Ruttloff*, NVwZ 2011, 1040, 1043, die auf Basis des § 14 NABEG trotz § 15 Abs. 3 NABEG die Zulässigkeit einer Bund-Länder-Streitigkeit nach § 50 Abs. 1 Nr. 1 VwGO sehen; dies erscheint jedoch zweifelhaft, da es bei einem solchen Verfahren weniger um eine für § 50 Abs. 1 Nr. 1 VwGO erforderliche Abgrenzung gegenseitiger hoheitlicher Befugnisse geht, sondern sich ein Land gegen die Verwaltungsentscheidung der BNetzA als Bundesbehörde richtet; letzteres ist aber grundsätzlich nicht Gegenstand einer Bund-Länder-Streitigkeit nach § 50 Abs. 1 Nr. 1 VwGO, vgl. BVerwG, Beschl. v. 1.7.2004 – 7 VR 1/04 – NVwZ 2004, 1124, 1124; Beschl. v. 16.12.2003 – 4 A 14/03 – NVwZ 2004, 484, 485; zu Rechtsschutzmöglichkeiten der Länder im Detail vgl. Kap. 13 Rn 105 ff.

162 So auch *BNetzA*, Leitfaden zur Bundesfachplanung, 7.8.2012, S. 26.

163 A.A. *Appel*, ER 2013, 3, 8, der aber zur Lösung des dann ggf. leerlaufenden Anwendungsbereichs die zum Netzausbau herangezogene Bestandsleitung aufgrund ihrer im Rahmen der Zulassung geltenden Pflicht zur Umweltverträglichkeitsprüfung als einen SUP-pflichtigen Plan oder Programm auffassen will. Eine solche Argumentation ist aber schon deswegen schwierig, weil eine Vielzahl der vorhandenen Übertragungsleitungen zu einer Zeit genehmigt und errichtet wurden, in der das UVPG noch nicht existierte und daher auch keine Umweltverträglichkeitsprüfung durchgeführt wurde (teilweise noch nicht einmal ein Planfeststellungsverfahren); i.E. auch de Witt/Scheuten/*Durinke*, § 11 Rn 22.

164 BT-Drucks. 17/6073, S. 26.

die Planung voraussichtlich erhebliche Umweltauswirkungen hat oder mangels solcher Auswirkungen eine Strategische Umweltprüfung nicht erforderlich ist.[165] Diese Anforderung ist nicht zu unterschätzen. So dürfte sich beispielsweise die Zulässigkeit eines vereinfachten Verfahrens für den Ausbau oder die Erweiterung einer bestehenden Trasse insbesondere dann schwierig gestalten, wenn diese durch oder im Nahbereich von Naturschutz- oder Natura 2000-Gebieten verläuft. Denn auch bei Vorhaben, die nach § 11 Abs. 1 Nr. 1 bis 3 NABEG qualifiziert sind, können erhebliche Umweltauswirkungen etwa schon durch die Bauausführung entstehen, sodass eine Betrachtung dieser zur Projektrealisierung erforderlichen, wenn auch temporären Eingriffe in eine Strategische Umweltprüfung regelmäßig nicht unterbleiben kann. Gleiches gilt aber auch für den Ausbau von Hochspannungsleitungen in oder im Nahbereich von Wohngebieten und die insofern mögliche höhere elektromagnetische Belastung.[166]

Darüber hinaus muss kumulativ eine der in § 11 Abs. 1 Nr. 1 bis 3 NABEG genannten **Fallgruppen spezifischer Ausbaumaßnahmen** vorliegen. Daher muss die Ausbaumaßnahme 91
- in der Trasse einer bestehenden Hoch- oder Höchstspannungsleitung erfolgen und die Bestandsleitung ersetzen oder ausbauen, oder
- unmittelbar neben der Trasse einer bestehenden Hoch- oder Höchstspannung errichtet werden, oder
- innerhalb eines Trassenkorridors verlaufen, der in einem Raumordnungsplan i.S.v. § 3 Abs. 1 Nr. 7 ROG oder im Bundesnetzplan ausgewiesen ist.

Mit dieser Fokussierung des vereinfachten Verfahrens auf bestimmte Sachverhalte soll mittels 92
der Option auf eine Verfahrensbeschleunigung zugleich ein Anreiz gegeben werden, bei der Wahl der Trassen möglichst dem **Prinzip der Leitungsbündelung** zu folgen und auf vorhandene Trassen oder ausgewiesene Trassenkorridore zurückzugreifen.[167] Die Parallelführung zu vorhandenen Trassen oder deren Ausbau sind regelmäßig mit den geringsten Eingriffen, insbesondere in Natur und Landschaft, verbunden.[168] Dies bedeutet aber auch, dass in einem vereinfachten Verfahren abweichend vom allgemeinen Zweck der Bundesfachplanung kein breiter Trassenkorridor festgelegt wird, sondern bereits eine Fokussierung auf eine vorhandene konkrete Trasse erfolgt.

Soweit ein vereinfachtes Verfahren durchgeführt werden soll, hat der Vorhabensträger die 93
Voraussetzungen innerhalb des Antrags zur Bundesfachplanung nach § 6 Nr. 3 NABEG darzulegen. Die Entscheidung über ein vereinfachtes Verfahren liegt aber im **Ermessen** der BNetzA.

2. Prüfung der Raumverträglichkeit und Gesamtabwägung

Im vereinfachten Verfahren stellt die BNetzA die **Raumverträglichkeit** der Ausbaumaßnahmen 94
nach § 11 Abs. 2 NABEG **im Benehmen** mit den zuständigen Landesbehörden fest. Insofern hat auch im vereinfachten Verfahren eine Prüfung der Raumverträglichkeit bezogen auf den Trassenkorridor der auszubauenden Bestandsleitung zu erfolgen. Benehmen als Form der Mitwirkung erfordert im Gegensatz zum Einvernehmen keine Willensübereinstimmung,[169] sodass die BNetzA auch von der Auffassung einer Landesbehörde abweichen kann. Andererseits ist ein Benehmenserfordernis auch mehr als eine bloße Anhörungs- oder Beteiligungspflicht. Insoweit

165 Vgl. zu den inhaltlichen Anforderungen der Vorprüfung unter Kap. 8 Rn 102ff.
166 Vgl. BVerwG, Beschl. v. 22.7.2010 – 7 VR 4/10 – NVwZ 2010, 1486, 1487.
167 BT-Drucks. 17/6073, S. 26.
168 Vgl. BT-Drucks. 17/6073, S. 26; BVerwG, Urt. v. 15.9.1995 – 11 VR 16/95 – NVwZ 1996, 396, 398; Beschl. v. 22.7.2010 – 7 VR 4.10 – ZUR 2010, 533, 536; Beschl. v. 24.5.2012 – 7 VR 4.12 – ZUR 2012, 499, 500.
169 Vgl. BVerwG, Beschl. v. 31.10.2000 – 11 VR 12/00 – NVwZ 2001, 90, 91.

obliegt der BNetzA über die Gelegenheit zur Stellungnahme hinausgehend die Pflicht, sich zumindest um die Herstellung eines Einvernehmens zu bemühen.[170]

95 Die im vereinfachten Verfahren für eine Bundesfachplanung zu leistende Prüfung und Abwägung ist allerdings nicht auf die Raumverträglichkeit und fehlende erhebliche Umweltauswirkungen begrenzt.[171] Vielmehr muss auch im vereinfachten Verfahren eine umfassende Prüfung und **Gesamtabwägung** aller erkennbaren öffentlichen und privaten Belange erfolgen.[172] Trotz des vereinfachten Verfahrens bleibt die Bundesfachplanung eine **Planungsentscheidung** für den Trassenverlauf der Ausbaumaßnahme, sodass sich schon aus dem Wesen einer rechtsstaatlichen Planung auch ohne gesetzliche Positivierung ein **Abwägungsgebot** ergibt.[173] Dabei gilt es zu berücksichtigen, dass auch eine im vereinfachten Verfahren ergehende Bundesfachplanung eine hinsichtlich des Trassenverlaufs bindende Entscheidung trifft, die durch den nachfolgenden Planfeststellungsbeschluss die Grundlage für Eingriffe in Rechte Dritte – u.U. durch Enteignung – bietet.[174] Dieser Ausgangspunkt ist gerade im Rahmen des vereinfachten Verfahrens relevant, da im Gegensatz zur normalen Bundesfachplanung kein breiter Trassenkorridor festgelegt wird, der eine konkrete Rechtsbetroffenheit einzelner Grundstücke noch nicht bestimmt oder erkennen lässt. Vielmehr wird im vereinfachten Verfahren aufgrund der Fallkonstellationen der §§ 11 Abs. 1 Nr. 1 bis 3 NABEG schon ein Bezug zu einer konkreten Trasse hergestellt. Diese Fokussierung auf einen bestimmten Trassenverlauf führt aber per se auch zu einer – im Vergleich zur normalen Bundesfachplanung – stärkeren Konkretisierung der vom Vorhaben erkennbar betroffenen Belange. Eine Beschränkung des § 11 Abs. 2 NABEG auf eine reine Raumverträglichkeitsprüfung ohne Abwägung sonstiger auf dieser Planungsstufe erkennbarer öffentlicher und privater Belange würde dementsprechend dazu führen, dass die für das nachfolgende Planfeststellungverfahren verbindliche bundesfachplanerische Festlegung des Trassenkorridors – allerdings bezogen auf eine vorhandene konkrete Trasse – regelmäßig an einem relevanten Abwägungsfehler leidet. Dieser Fehler würde auch auf die Planfeststellung durchschlagen, die dann hinsichtlich des durch die Bundesfachplanung vorbestimmten Trassenverlaufs beispielsweise auch nicht den verfassungsrechtlichen Anforderungen für einen Eingriff in Eigentumsrechte Dritter genügen könnte.[175]

96 Vor diesem Hintergrund muss auch in einem vereinfachten Verfahren eine Prüfung und Abwägung etwaiger zur beabsichtigten Leitungsbündelung ernsthaft in Betracht kommender **Trassenalternativen** erfolgen.[176] Dies folgt bereits aus dem auch im vereinfachten Verfahren zu beachtenden **Abwägungsgebot.**[177] Es liegt auf der Hand, dass eine gerechte Abwägung der durch den Trassenverlauf betroffenen öffentlichen und privaten Belange nicht erfolgen kann, wenn Vorhabensträger und BNetzA andere ernsthaft in Betracht kommende Trassenalternati-

---

170 *Appel*, ER 2013, 3, 9; vgl. etwa auch Landmann/Rohmer/*Beckmann*, § 31 KrWG Rn 17.

171 Dies könnte der insoweit auf die Prüfung der Raumverträglichkeit begrenzte Wortlaut nahelegen.

172 *Appel*, ER 2013, 3, 9; de Witt/Scheuten/*Durinke*, § 11 Rn 39.

173 Vgl. zur Plangenehmigung: VGH München, Urt. v. 5.7.2005 – 8 B 04.356 – juris Rn 40, 43; BVerwG, Urt. v. 22.3. 1995 – 11 A 1/95 – NVwZ 1996, 392, 392; BVerwG, Beschl. v. 31.10.2000 – 11 VR 12.00 – ZfBR 2001, 206.

174 Dies gilt insbesondere in Fällen des § 11 Abs. 1 Nr. 2 NABEG, in denen die Ausbaumaßnahme unmittelbar neben einer bestehenden Trasse verlaufen muss. Schon die dafür erforderlichen Mastbauten, aber auch die Ausweitung der mit einem Leitungsverlauf verbundenen Schutzstreifen erfordern einen Eingriff in die Eigentumsrechte der betroffenen Grundstücke.

175 Vgl. dazu unter Kap. 13 Rn 163 ff.

176 de Witt/Scheuten/*Durinke*, § 11 Rn 44. A.A. wohl *Appel*, ER 2013, 3, 9, der dies für kleinräumige Alternativen hingegen wieder einschränkt.

177 Vgl. BVerwG, Beschl. v. 9.4.2003 – 9 A 37/02 – NVwZ 2003, 1393, 1393; Beschl. v. 20.12.1988 – 7 NB 2/88 – NVwZ 1989, 458, 460 m.w.N.

ven[178] mit womöglich geringeren Betroffenheiten schlicht ausblenden könnten. Denn auch wenn eine Leitungsbündelung häufig aufgrund der Vorbelastung die insbesondere in Bezug auf den Eingriff in Landschaft und Natur günstigste Lösung darstellt, ist nicht auszuschließen, dass es entgegenstehende öffentliche oder private Belange gibt, die gegen eine weitere Belastung eines durch Leitungsbündelung bereits vorbelasteten Gebiets sprechen.[179] Soweit zur Begründung einer fehlenden Alternativenprüfungspflicht systematisch und lediglich formalrechtlich auf § 12 Abs. 3 NABEG verwiesen wird, wonach beim Abschluss der Bundesfachplanung für die im vereinfachten Verfahren ergangenen Bundesfachplanungsentscheidungen nur die bestehenden bzw. ausgewiesenen Trassen aufzunehmen seien,[180] überzeugt dies nicht. Denn dem Wortlaut des § 12 Abs. 3 NABEG ist nicht eindeutig zu entnehmen, ob sich diese Spezialregelung auch auf das Ergebnis der Alternativenprüfung nach § 12 Abs. 2 Nr. 3 NABEG, oder nur auf den nach § 12 Abs. 2 Nr. 1 NABEG darzustellenden Trassenkorridor bezieht.[181] Zudem könnte man dieser Argumentation formalrechtlich entgegenhalten, dass auch in einem vereinfachten Verfahren seitens der BNetzA eine Antragskonferenz durchgeführt werden kann, in der dann auch seitens der Länder nach § 6 Abs. 3 NABEG alternative Trassenverläufe vorgeschlagen werden können.[182] Dieses Recht würde aber leerlaufen, wenn die BNetzA eine Prüfung und Abwägung dieser Vorschläge mit dem Argument ablehnen könnte, dass im vereinfachten Verfahren eine Alternativenprüfung nicht stattfände. Im Ergebnis sprechen aber insbesondere die materiell-rechtlichen Anforderungen an eine gerechte Abwägungsentscheidung dafür, dass auch in einem vereinfachten Verfahren alle ernsthaft in Betracht kommenden Alternativen in die Abwägung mit einzubeziehen sind.[183]

3. Besonderheiten des Verfahrens

Bei einem vereinfachten Verfahren steht die Durchführung einer Antragskonferenz nach § 7 Abs. 7 NABEG im Ermessen der BNetzA. 97

Zudem kann nach § 9 Abs. 7 NABEG auch die Durchführung einer Behörden- und Öffentlichkeitsbeteiligung unterbleiben. Allerdings legt § 11 Abs. 2 NABEG fest, dass die BNetzA die Raumverträglichkeit der Ausbaumaßnahme in einem vereinfachten Verfahren im Benehmen mit den zuständigen Landesbehörden feststellt und diese daher entsprechend zu beteiligen sind. Soweit diese Sonderregelungen dem Wortlaut entsprechend nur auf die **notwendige Beteiligung** solcher Landesbehörden bezogen würde, zu deren Zuständigkeitsbereich (auch) Belange der Raumordnung gehören, sodass beispielsweise Behörden mit dem Zuständigkeitsbereich Umwelt nicht beteiligt werden, bestünde aber die Gefahr eines Verstoßes gegen die Vorgaben der europäischen Richtlinie zur Strategischen Umweltprüfung.[184] Denn nach Art. 3 Abs. 6 SUP- 98

---

178 Wie beispielsweise die Bündelung mit einer anderen bereits vorhandenen Leitungstrasse oder ggf. der Ausbau einer bestehenden Leitung nach § 11 Abs. 1 Nr. 1 im Vergleich zu einer Erweiterung einer bestehenden Trasse nach § 11 Abs. 1 Nr. 2.

179 Dies dürften aber regelmäßig keine Umweltbelange sein. Bei derart gewichtigen Umweltbelangen wird schon eine SUP-Pflicht bestehen und insofern ein vereinfachtes Verfahren unzulässig sein.

180 In dieser Richtung argumentierend *Appel*, ER 2013, 3, 9.

181 Für einen auf § 12 Abs. 2 Nr. 1 NABEG begrenzten Bezug könnte angeführt werden, dass § 12 Abs. 3 NABEG nur von „aufnehmen" spricht, was dem Wortlaut nach eher auf eine Spezialregelung für die sonst erforderliche (kartographische) Darstellung des in den Bundesnetzplan aufzunehmenden Trassenkorridorverlaufs deutet. Demgegenüber dürfte das „Ergebnis der Prüfung von alternativen Trassen" regelmäßig bloß eine textliche Erörterung sein.

182 Dies dürfte gerade dann der Fall sein, wenn ein Benehmen mit den Landesplanungsbehörden nicht hergestellt werden kann.

183 Aufgrund der im vereinfachten Verfahren erzielten Leitungsbündelung dürften alternative Trassenverläufe (insbesondere neue Trassen) aber regelmäßig schneller verworfen werden können.

184 RL 2001/42/EG v. 27.6.2001, ABl. EG Nr. L 197 S. 30.

Richtlinie sind auch bei einer Einzelfallprüfung zur Feststellung der (nicht bestehenden) Pflicht zu einer Strategischen Umweltprüfung die im **umweltbezogenen Aufgabenbereich** betroffenen Behörden zu beteiligen. Dementsprechend sind in einem vereinfachten Verfahren nicht nur die im Aufgabenbereich der Raumordnung betroffenen Landesbehörden, sondern auch andere Behörden und öffentliche Träger – insbesondere diejenigen im Bereich Umwelt und Gesundheit – zu beteiligen.[185]

99 Soweit eine Beteiligung der Öffentlichkeit gem. § 9 Abs. 7 NABEG unterblieben ist, ist auch kein **Erörterungstermin** gem. § 10 NABEG durchzuführen.[186] Zwar sehen §§ 10, 11 NABEG insoweit keine ausdrückliche Ausnahme für das vereinfachte Verfahren vor, der Erörterungstermin dient aber der Diskussion der rechtzeitig erhobenen Einwendungen (also grundsätzlich nicht der behördlichen Stellungnahmen), welche aber ohne eine formale Beteiligung der Öffentlichkeit nicht vorliegen (können).[187] Die Annahme eines obligatorischen Erörterungstermins auch in einem vereinfachten Verfahren widerspräche auch der damit bezweckten **Beschleunigungswirkung** und würde die Einhaltung der in § 11 Abs. 3 NABEG vorgesehenen Frist für die BNetzA äußerst schwierig gestalten.

100 Die gesetzlich zur Beschleunigung vorgesehene Frist zum Abschluss der Bundesfachplanung wird durch § 11 Abs. 3 S. 1 NABEG von sechs auf drei Monate nach Vorliegen der vollständigen Unterlagen verkürzt. Hat eine Behörden- und Öffentlichkeitsbeteiligung stattgefunden, verlängert sich die Frist auf insgesamt vier Monate.

101 Für Bekanntmachungen der in einem vereinfachten Verfahren ergangenen Bundesfachplanung sieht das NABEG keine abweichenden Sonderregelungen vor. Um den Anforderungen an Art. 3 Abs. 7 SUP-Richtlinie gerecht zu werden, muss die BNetzA zusätzlich auch das **Ergebnis der Vorprüfung** des Einzelfalls zur Unterlassung einer Strategischen Umweltprüfung dokumentieren, in inhaltlich nachvollziehbarer Weise begründen und durch **Bekanntgabe der Öffentlichkeit** zugänglich machen.[188] Dies sollte durch eine eigenständige Bekanntmachung vor Abschluss der Bundesfachplanung, kann aber auch erst mit Bekanntmachung der Bundesfachplanung erfolgen,[189] da eine vorherige Bekanntmachung von der SUP-Richtlinie nicht gefordert wird und gegen diese Entscheidung ohnehin keine gesonderten Rechtsschutzmöglichkeiten bestehen.[190]

XI. Bundesnetzplan

102 Die durch die Bundesfachplanung festgelegten Trassenkorridore werden nach § 17 NABEG zu **Informationszwecken** nachrichtlich in einem Bundesnetzplan aufgenommen, der bei der BNetzA geführt wird und einmal jährlich im Bundesanzeiger zu veröffentlichen ist.

185 Dies ergibt sich letztlich auch über die Verweisungskette der §§ 11 Abs. 1 S. 1 NABEG, 14d S. 1, 14b Abs. 4 S. 3 UVPG.
186 *Appel*, ER 2013, 3, 9.
187 Insofern kann das Unterbleiben eines Erörterungstermins auch auf § 10 Nr. 1 NABEG gestützt werden.
188 Vgl. *Peters/Balla*, § 14a Rn 7; *Hendler*, NVwZ 2005, 977, 981; *Bundesumweltministerium/Umweltbundesamt*, Leitfaden zur Strategischen Umweltprüfung, 2010, S. 8.
189 Vgl. BVerwG, Urt. v. 20.8.2008 – 4 C 11.07 – ZfBR 2008, 790, 794 f.; a.A. Landmann/Rohmer/*Gärditz*, § 14a UVPG Rn 14, der eine vorherige Bekanntmachung für erforderlich hält.
190 Vgl. *Peters/Balla*, § 14a Rn 8; Landmann/Rohmer/*Gärditz*, § 14a UVPG Rn 15 f.

D. Rechtswirkungen der Bundesfachplanung

Der Festlegung eines Trassenkorridors durch die Bundesfachplanung kommen verschiedene Rechtwirkungen zu. 103

I. Bindungswirkung

Der Bundesfachplanung wird durch § 15 Abs. 1 NABEG gesetzlich eine Bindungswirkung zugeordnet. 104

1. Planfeststellungsverfahren

Die Entscheidung der BNetzA nach § 12 NABEG ist für das nach §§ 18 ff. NABEG nachfolgende Planfeststellungsverfahren **verbindlich**. Damit soll die enge Verzahnung zwischen Bundesfachplanung und dem nachfolgenden Planfeststellungsverfahren zum Ausdruck gebracht werden. Die Raum- und Umweltverträglichkeit des Trassenkorridors soll für das Planfeststellungsverfahren verbindlich festgestellt werden und es dadurch erheblich entlasten.[191] Damit ist die Planfeststellung insbesondere an den durch die Bundesfachplanung vorgegebenen großräumigen Trassenverlauf gebunden und kann im Rahmen der durch die Bundesfachplanung festgelegten Korridorbreite nur noch eine kleinräumige Detailplanung der konkreten Trasse sowie von Maststandorten oder sonstigen Bauflächen vornehmen.[192] 105

Stellt sich aber etwa aufgrund dieser Detailbetrachtung erst auf der Ebene der Planfeststellung heraus, dass in dem von der Bundesfachplanung vorgegebenen Trassenkorridor unüberwindbare Raumwiderstände oder Umweltbelange betroffen sind, kann die Planfeststellung nicht von dem festgelegten Korridor abweichen.[193] Obwohl dafür – schon aus Beschleunigungsgründen – gerade bei möglicherweise zur Umgehung eines Raumhindernisses ausreichenden kleinräumigen Abweichungen[194] aus Sicht der Praxis ein hohes Bedürfnis bestehen dürfte, hat der Gesetzgeber eine **uneingeschränkte Bindungswirkung** angeordnet. Für eine zulässige Abweichung der Planfeststellung fehlt es insofern schon an einer gesetzlichen Grundlage.[195] Dadurch unterscheidet sich die Bundesfachplanung von der fernstraßenrechtlichen Linienbestimmung nach § 16 Abs. 1 FStrG.[196] Zwar kommt auch der Bundesfachplanung keine Außenwirkung zu, der Gesetzgeber hat aber ausdrücklich eine Bindungswirkung u.a. mit dem Ziel einer Entlastung der 106

191 BR-Drucks. 342/11, S. 43.

192 *Appel*, UPR 2011, 406, 409; *Appel*, ER 2012, 3, 5; *Durner*, NuR 2012, 369, 373; de Witt/Scheuten/*de Witt*, § 15 Rn 21.

193 de Witt/Scheuten/*de Witt*, § 15 Rn 29. A.A. anscheinend *Moench/Ruttloff*, NVwZ 2011, 1040, 1043; *Wagner*, DVBl. 2011, 1453, 1456.

194 Beispielsweise eine Abweichung von wenigen Kilometern etwa zur Umgehung eines FFH-Gebiets.

195 So auch *Durner*, NuR 2012, 369, 373; a.A. *Wagner*, DVBl. 2011, 1453, 1458; ähnlich *Sellner/Fellenberg*, NVwZ 2011, 1025, 1032. Soweit die Zuständigkeit zur Planfeststellung für das konkrete Vorhaben nicht gem. § 2 Abs. 2 NABEG auf die BNetzA übertragen wurde, sondern seitens einer Landesbehörde durchgeführt wird, wäre eine Abweichung von der Trassenvorgabe auch kompetenzrechtlich zweifelhaft.

196 Da die Linienbestimmung nur eine vorbereitende Grundentscheidung mit verwaltungsinterner Bedeutung ist, ist sie weder formelle noch materielle Voraussetzung der Planfeststellung und entbindet die Planfeststellungsbehörde nicht von einer eigenständigen Prüfung und Abwägung der Trassenvarianten. Ein Planfeststellungsbeschluss ist daher nicht rechtswidrig, wenn er von einer vorgegebenen Linie abweicht. OVG Münster, Urt. v. 13.4.2011 – 11 D 37/10.AK – juris Rn 36 f.; BVerwG, Urt. v. 12.8.2009 – 9 A 64/07 – UPR 2010, 193, 194; a.A. noch OVG Lüneburg, Urt. v. 20.10.1993 – 7 K 3677, 3678/91 – DVBl. 1994, 770, 771 f.; BVerwG, Beschl. v. 17.2.1969 – IV B 223/68 – VRS 37, 154, 156.

Planfeststellungsbehörde angeordnet.[197] Von der Bundesfachplanung soll daher eine vorentscheidende Wirkung hinsichtlich des Trassenkorridors ausgehen.[198] Bundesfachplanung und Planfeststellung als unterschiedliche Planungsstufen sind daher zwar sachlich und verfahrenstechnisch miteinander verzahnt, weisen aber – im Gegensatz zur Linienbestimmung – jeweils einen eigenständigen Regelungsbereich auf.[199] Das Verhältnis zwischen Bundesfachplanung und nachfolgender Planfeststellung ist daher nicht das einer vertikalen Planungshierarchie, sondern – vergleichbar der Landesplanung und luftverkehrsrechtlicher Fachplanung – das einer **arbeitsteiligen Aufgabenstruktur** u.U. mehrerer Planungsträger,[200] deren aufgabenspezifische Kompetenzen und Gestaltungsspielräume durch rechtliche Bindungen miteinander verschränkt sind.[201] Soweit die NABEG-Planfeststellung neben der Bundesfachplanung eine erneute und eigenständige Prüfung sowie Abwägung auch der großräumigen Trassenabwägung durchzuführen hätte,[202] würde die gesetzgeberisch verfolgte Entlastung und damit einhergehende Beschleunigung des Planfeststellungsverfahrens verfehlt.[203] Mit der vom Gesetzgeber verfolgten Trennung und der angeordneten Bindungswirkung geht – mangels gesetzlicher Ausnahme – aber auch einher, dass die Gestaltungsfreiheit der Planfeststellungsbehörde hinsichtlich des zur Verfügung stehenden Korridors durch die Bundesfachplanung begrenzt ist. Die Planfeststellung kann bei nachträglich festgestellten, unüberwindbaren Raumwiderständen daher nur das Verfahren aussetzen und muss darauf hinwirken, dass der Trassenkorridor durch eine Änderung der Bundesfachplanung verlegt wird, oder den Antrag ablehnen.[204] Gleiches gilt, soweit die durch die Bundesfachplanung erfolgte Entscheidung über die großräumige Trassenwahl an erheblichen, aber u.U. heilbaren **Mängeln** leidet[205] und dies erst während des Planfeststellungsverfahrens festgestellt wird. Auch in diesem Fall muss die Planfeststellung das Verfahren aussetzen und auf eine Heilung der Fehler durch die Bundesfachplanung hinwirken. So wünschenswert eine Heilungsmöglichkeit beispielsweise etwaiger Ermittlungsdefizite der Bundesfachplanung[206] durch die Planfeststellung schon aus Beschleunigungsgründen wäre, hat der Gesetzgeber eine entsprechende Durchgriffsmöglichkeit der Planfeststellung nicht geregelt. Im Gegenteil: der in § 15 Abs. 3 S. 3 NABEG nachträglich eingefügte Verweis auf eine entsprechende Anwendbarkeit des in § 43e Abs. 4 EnWG geregelten Grundsatzes der Planerhaltung mit den entsprechenden **Heilungsmöglichkeiten**[207] für die Bundesfachplanung bestätigt, dass der Ge-

197 BR-Drucks. 342/11, S. 43.

198 Vgl. BR-Drucks. 342/11, S. 30. Dass die Bundesfachplanung diesbezüglich weiter geht als eine bloße Linienbestimmung, zeigt sich auch an der Möglichkeit zum Erlass einer Veränderungssperre nach § 16 NABEG, welche sogar grundstücksscharf die Grobtrassierung der Bundesfachplanung besichern soll.

199 Zur Abgrenzung vgl. BVerwG, Beschl. v. 22.6.1993 – 4 B 45/93 – juris Rn 12.

200 Insbesondere wenn der BNetzA nach § 2 Abs. 2 NABEG nicht auch die Zuständigkeit zum Planfeststellungsverfahren eingeräumt wird. Selbst bei einer einheitlichen Zuständigkeit der BNetzA handelt es sich jedoch um unterschiedliche Planungs- und Verfahrensstufen mit abgegrenzter Aufgabenverteilung.

201 Vgl. BVerwG, Urt. v. 16.3.2006 – 4 A 1075/04 – NVwZ-Beil. 2006, 1, 4.

202 So *Wagner*, DVBl. 2011, 1453, 1458.

203 So auch *Appel*, ER 2012 3, 5. Die Eigenständigkeit der Bundesfachplanungsentscheidung wird auch durch den nachträglich angefügten § 15 Abs. 3 S. 3 NABEG bestätigt. Einer solchen Regelung hätte es nicht bedurft, wenn in der Planfeststellung eine nochmalige Prüfung und Abwägung der Belange der Bundesfachplanung zu erfolgen hätte.

204 Vgl. BVerwG, Urt. v. 16.3.2006 – 4 A 1075/04 – NVwZ-Beil. 2006, 1, 5f.

205 Vgl. dazu Rn 132ff.

206 Es ist zu befürchten, dass die im NABEG zwischen Bundesfachplanung und Planfeststellung angelegte, abgestufte und inhaltlich grundsätzlich abgeschichtete Prüfung sowie Abwägung der relevanten Belange den in Gerichtsverfahren zum Leitungsbau ohnehin schon üblichen Vorwurf eines Ermittlungsdefizits bei der großräumigen Trassenwahl überproportional ansteigen lassen wird.

207 Vgl. dazu Rn 134ff.

setzgeber offensichtlich eine Heilung nicht durch das Planfeststellungsverfahren beabsichtigt hat, sondern dies eigenständig im Bundesfachplanungsverfahren für erforderlich hält.[208]

Je nachdem in welchem Verfahrensstadium sich das Planfeststellungsverfahren befindet und was für eine Heilung der defizitären Bundesfachplanung erforderlich ist, besteht aber u.U. die Möglichkeit, beide Verfahren parallel weiterzuführen. Da die in der Bundesfachplanung zu treffende großräumige Trassenwahl aber Grundlage für das nachfolgende Planfeststellungsverfahren ist, stößt eine parallele Vorgehensweise auch inhaltlich auf Grenzen – beispielsweise wenn die Planfeststellung für die Detailplanung weiterhin den (fehlerhaft) bestimmten großräumigen Trassenverlauf zugrunde legen muss und insofern einer neuen ergebnisoffenen Abwägung auf Ebene der Bundesfachplanung vorgreifen würde. 107

2. Landesplanungen

Neben der Bindungswirkung für die nachfolgende Planfeststellung hat die Bundesfachplanung nach § 15 Abs. 1 S. 2 NABEG auch grundsätzlich **Vorrang vor Landesplanungen**. Die Länder haben daher in ihren Landesplanungen das in der Bundesfachplanung festgelegte raumordnerische Ergebnis als verbindlich hinzunehmen.[209] 108

Der Begriff Landesplanung wird durch das NABEG gesetzlich nicht näher definiert. Die Landesplanungsgesetze der Länder konkretisieren diesen Begriff teilweise als Landesaufgabe, den Gesamtraum des Landes und dessen Teilräume aufgrund einer fachübergreifenden Koordinierung unter den Gesichtspunkten der Raumordnung näher zu entwickeln, zu ordnen und zu sichern.[210] Vor dem Hintergrund der landesrechtlich allgemein geregelten Zuweisung der Landesplanung als Landesaufgabe wird man die **Landesplanung** des NABEG – auch begrifflich – von der **Kommunalplanung** unterscheiden müssen. Kommunalplanung wird durch Art. 28 Abs. 2 GG ausschließlich den Gemeinden und ihrer Selbstverwaltungshoheit zugeordnet, sodass eine entsprechende Bindungswirkung auch für die kommunale Planungshoheit einer gesetzlich eindeutigen Regelung bedurft hätte. Mangels einer solchen Regelung erfasst die nach § 15 Abs. 1 S. 2 NABEG angeordnete Bindungswirkung also nur Landesplanungen wie Landesentwicklungs- oder Regionalpläne, nicht hingegen kommunale Planungen wie Flächennutzungs- oder Bauleitpläne.[211] 109

a) Vorrang vor Landesplanungen

Wie oben dargestellt ist die Bundesfachplanung raumordnungsrechtlich aufgrund ihrer überörtlichen Funktion die Festlegung einer raumbedeutsamen Planung i.S.d. § 3 Abs. 1 Nr. 6 ROG. Mangels eines eigenständigen raumordnungsrechtlichen Ziel- oder Grundsatzcharakters kommt der Bundesfachplanung grundsätzlich auch keine eigenständige raumordnungsrechtliche Bindungswirkung zu. Aufgrund der gesetzlichen Vorrangregelung des § 15 Abs. 1 S. 2 NABEG entfaltet die Bundesfachplanung jedoch gegenüber Landesplanungen einen **bindenden Zielcharakter**, der seitens der Länder in ihren Landesplanungen nicht zu überwinden ist.[212] 110

---

208 Soweit für die Planfeststellung auch nicht die BNetzA zuständig ist, bestünde auch ein kompetenzrechtliches Hindernis für eine Heilung von Fehlern der Bundesfachplanung durch die Planfeststellung.

209 Zu Rechtsschutzschutzmöglichkeiten der Länder siehe Kap. 13 Rn 105 ff.

210 Vgl. Art. 1 Abs. 1, 4 BayLplG; § 1 LplG SH, § 1 LplG BW; § 2 LplG NRW.

211 Vgl. demgegenüber § 16 Abs. 3 S. 3 FStrG, der ausdrücklich zwischen Orts- und Landesplanungen differenziert. Da der Gesetzgeber gerade diese Regelung als Vorbild für § 15 Abs. 1 S. 2 NABEG genommen (vgl. BT-Drucks. 17/6366, S. 19), aber den Begriff „Ortsplanung" nicht übernommen hat, wird man die Begrenzung auf Landesplanung auch nicht als planwidrige Regelungslücke ansehen können. A.A. Steinbach/*Nebel*/*Riese*, § 5 NABEG Rn 76.

212 Vgl. BR-Drucks. 342/11, S. 43.

111 Dementsprechend sind die Länder aber auch gehalten, das durch die Bundesfachplanung festgelegte „fachliche Ziel“ eines Trassenkorridors zur Energieversorgung als Ziel in ihre Raumordnungsplanungen zu übernehmen und dadurch auch raumordnungsrechtlich zusätzlich zu sichern. Trotz der auf der Ebene der Bundesfachplanung noch groben Trassenkorridorbestimmung ist der auch kartographisch auszuweisende Korridor zur Aufnahme auf Ebene einer Raumordnungsplanung der Länder geeignet und zur Koordinierung von anderen Raumansprüchen auch erforderlich. Zudem kann eine Trassenfestlegung auch als **Ziel der Raumordnung** gesichert werden. In einer Raumordnungsplanung kann der Trassenkorridor aber nur nach den im Raumordnungsrecht geltenden Abwägungsgrundsätzen, also als Ergebnis einer eigenständigen gerechten und abschließenden Gesamtabwägung i.S.d. § 7 Abs. 2 ROG übernommen werden.[213] Aufgrund der in der Bundesfachplanung insofern „vorgeleisteten“ Raumverträglichkeitsprüfung und Abwägung raumordnerischer Belange wird eine solche Gesamtabwägung in Bezug auf den Trassenkorridor aber häufig nur aus einer „nachvollziehenden Abwägung“ bestehen. Diese muss aber die fach- und vorhabensbezogene Abwägung der Bundesfachplanung regelmäßig in das Verhältnis zum betroffenen Gesamtraum setzen und dadurch im Vergleich zur Bundesfachplanung ggf. weitere öffentliche oder private Belange einbeziehen.[214] Wird auf dieser Basis das Ergebnis einer Bundesfachplanung auch als Ziel eines Raumordnungsplans der Länder ausgewiesen, entfaltet die ausgewiesene Trasse auch unmittelbar raumordnungsrechtliche Wirkungen für andere (Orts-)Planungen.

b) Wirkung für Ortsplanungen

112 Da sich die Vorrangregelung des § 15 Abs. 1 S. 2 NABEG nur auf Landesplanungen, nicht jedoch auf Ortsplanungen erstreckt und eine Bundesfachplanung als solche keine darüber hinausgehenden raumordnungsrechtlichen Bindungswirkungen entfaltet, insbesondere von sich aus kein Ziel der Raumordnung darstellt, sind Ortsplanungen wie **Flächennutzungsplanung** und **Bauleitplanungen** der Gemeinden an das Ergebnis einer Bundesfachplanung grundsätzlich nicht gebunden.[215] Auch eine Bindungswirkung nach § 1 Abs. 4 BauGB würde erst dann vorliegen, wenn das Ergebnis einer Bundesfachplanung durch die Landesplanung übernommen wird und die zu sichernde Trasse eigenständig als Ziel der Raumordnung ausweist.

113 Diese Begrenzung der Vorrangregelung auf Landesplanungen bedeutet jedoch nicht, dass kommunale Planungen von den Festlegungen einer im gemeindlichen Gebiet verlaufenden Bundesfachplanung vollständig unberührt blieben. Die Gemeinden haben das Ergebnis einer Bundesfachplanung als **öffentlichen Belang** mit dem entsprechenden Gewicht in die bauplanungsrechtliche Abwägung nach § 1 Abs. 6, 7 BauGB einzustellen und zu berücksichtigen. Er ist aber innerhalb der zu beachten Abwägungsgrundsätze grundsätzlich überwindbar, sodass die Gemeinde auch eine der Bundesfachplanung entgegenstehende Bauleitplanung beschließen könnte.[216] Will die BNetzA dies ver- oder zumindest behindern, könnte sie vor Einleitung eines

213 Dies gilt auch, obwohl die durch die Bundesfachplanung getroffene Trassenbestimmung für den Träger der Raumordnungsplanung als verbindlich hinzunehmen ist.

214 Vgl. Bielenberg/Runkel/Spannowsky/*Runkel*, § 3 ROG Rn 83.

215 Eine dennoch angenommene Bindungswirkung widerspräche aufgrund der möglichen, unmittelbaren Auswirkungen für die kommunale Planungshoheit auch der Anordnung des § 15 Abs. 3 S. 1 NABEG. So auch *Appel*, ER 2012 3, 9; a.A. *Kment*, RdE 2011, 341, 344 ff.

216 Vgl. aber die Rspr. zur Rücksichtnahmepflicht der Gemeinde bei einer prioritären Fachplanung, auch wenn noch kein Planfeststellungsverfahren eingeleitet wurde, sich das fachplanerische Ziel aber schon verfestigt hat: BVerwG, Beschl. v. 5.11.2002 – 9 VR 14/02 – NVwZ 2003, 207, 208; Beschl. v. 14.11.2012 – 4 BN 5.12 – juris Rn 8; dies dürfte auf die Bundesfachplanung übertragbar sein, sodass eine der Bundesfachplanung entgegenstehende wirksame Bauleitplanung allenfalls in Ausnahmefällen möglich sein dürfte.

der Bundesfachplanung nachfolgenden Planfeststellungsverfahrens für den von der Bauleitplanung betroffenen Bereich nur eine Veränderungssperre erlassen.[217] Diese kann aber aufgrund ihrer auf tatsächliche Veränderungen oder Wertsteigerungen begrenzten Untersagungswirkung nur eingeschränkt einer der Bundesfachplanung zuwider laufenden Bauleitplanung entgegenstehen.[218] Letztlich muss die Lösung des Konflikts einer nachträglich zuwiderlaufenden Ortsplanung aber auf Ebene der nachfolgenden Planfeststellung erfolgen.[219]

II. Keine Außenwirkung

Die Bundesfachplanung hat nach § 15 Abs. 3 S. 1 NABEG keine unmittelbare Außenwirkung und 114
ersetzt nicht die Entscheidung über die Zulässigkeit der Maßnahme. Laut der Begründung zum Gesetzentwurf soll die Bundesfachplanung nur **verwaltungsinterne Bedeutung** gegenüber der nachfolgenden Planfeststellung und den Landesplanungen der Länder entfalten.[220] Wie oben jedoch festgestellt, resultiert diese verwaltungsinterne Bedeutung durchaus in einer **Bindungswirkung für die Länder** und damit in einer Beschränkung deren eigenständigen Planungshoheit. Auch für kommunale Planungsträger hat eine Bundesfachplanung insofern eine unmittelbare Außenwirkung, dass diese Planung als öffentlicher Belang in eine bauplanungsrechtliche Abwägung einzustellen ist. Für den Vorhabensträger hat eine Bundesfachplanung zwar keine unmittelbare, aber zumindest eine mittelbare Außenwirkung, da der nachfolgende Antrag auf Planfeststellung nur für den in der Bundesfachplanung festgelegten Trassenkorridor gestellt werden kann.[221] Insofern ist der Begriff der fehlenden unmittelbaren Auswirkungen für die jeweiligen beteiligten Betroffenen durchaus differenziert zu betrachten. Aufgrund der gesetzlichen Anordnung des § 15 Abs. 3 S. 2 NABEG bestehen für Dritte wie auch für Beteiligte des Bundesfachplanungsverfahrens aber grundsätzlich keine direkten Rechtsschutzmöglichkeiten gegen die Bundesfachplanungsentscheidung.[222] Die Bundesfachplanung kann nur im Rahmen eines Rechtsbehelfsverfahrens gegen die Zulassungsentscheidung und damit die Planfeststellung der jeweiligen Ausbaumaßnahme überprüft werden.[223] Vergleichbar der fernstraßenrechtlichen Linienbestimmung fließt das Ergebnis der Bundesfachplanung in die Planfeststellung ein und erlangt erst dadurch eine unmittelbare rechtliche Außenwirkung.

III. Geltungsdauer

Die Bundesfachplanungsentscheidung ist nach § 15 Abs. 2 NABEG für **zehn Jahre** gültig. Der 115
Gesetzgeber geht davon aus, dass sich nach zehn Jahren regelmäßig die der Fachplanungsbeurteilung maßgeblichen rechtlichen und tatsächlichen Verhältnisse geändert haben und daher eine neue Raumverträglichkeitsstudie und Strategische Umweltprüfung erforderlich ist.[224] Eine

217 *Appel*, ER 2012 3, 5. Vgl. zur insoweit vergleichbaren Linienbestimmung im Fernstraßenrecht: Ernst/Zinkahn/Bielenberg/Krautzberger/*Runkel*, BauGB, § 38 Rn 131.
218 Vgl. dazu unter Rn 120 ff.
219 Beispielsweise aufgrund §§ 38 oder 7 BauGB; vgl. dazu Kap. 5 Rn 88 f.
220 Vgl. BR-Drucks. 342/11, S. 44.
221 Zum Rechtsschutz siehe Kap. 13 Rn 94 ff.
222 Zum Rechtsschutz siehe Kap. 13 Rn 95.
223 Zur verfassungsrechtlichen Zulässigkeit eines solchen Verweises auf eine Inzidentkontrolle vgl. *Appel*, UPR 2011, 406, 413; *Erbguth*, DVBl. 2012, 327; *Schmidt*, ZUR 2012, 210, 214 f.; *Durner*, NuR 2012, 369, 372; a.A. *Moench/Ruttloff*, NVwZ 2011, 1040, 1043.
224 BR-Drucks. 342/11, S. 44.

Fristverlängerung ist allerdings um weitere fünf Jahre zulässig und soll erfolgen, wenn sich die für die Beurteilung maßgeblichen rechtlichen und tatsächlichen Verhältnisse nicht geändert haben.

IV. Veränderungssperre

116 Die BNetzA kann nach § 16 NABEG mit Abschluss der Bundesfachplanung oder auch nachträglich für einzelne Abschnitte der Trassenkorridore Veränderungssperren erlassen, soweit für diese Leitungen ein vordringlicher Bedarf im Sinne des Bundesbedarfs festgestellt worden ist. Diese Regelung, welche dem Wortlaut nach an bestehende Fachregelungen zu Veränderungssperren wie in § 14 BauGB angelehnt ist, wirft jedoch erhebliche Fragen, auch nach ihrer verfassungsrechtlichen Zulässigkeit auf.

1. Anwendungsbereich und Rechtsform

117 Der Anwendungsbereich der Veränderungssperre soll für solche Bundesfachplanungen eröffnet sein, soweit für deren Leitungsvorhaben ein **vordringlicher Bedarf** im Sinne des Bundesbedarfs festgestellt worden ist. Sinn und Zweck dieser anscheinend als einschränkende Voraussetzung gedachten Regelung erschließen sich hingegen nicht.[225] Denn eine Bundesfachplanung zur Festlegung von Trassenkorridoren ist nach §§ 2 Abs. 1, 4 Abs. 1 NABEG ohnehin nur für solche Vorhaben zulässig, die als länderübergreifend oder grenzüberschreitend im Bundesbedarfsplan nach § 12e Abs. 4 S. 1 EnWG gekennzeichnet sind. Für alle im Bundesbedarfsplan enthaltenen Vorhaben wird aber nach § 12e Abs. 4 S. 1 EnWG mit dessen Erlass der *„vordringliche Bedarf"* festgestellt,[226] sodass die Einschränkung in § 16 Abs. 1 S. 1 Hs. 2 NABEG dem Wortlaut nach weitestgehend leerläuft. Für eine vom Gesetzgeber möglicherweise bezweckte Prüfung eines **besonders vordringlichen Bedarfs**, der über § 12e Abs. 4 S. 1 EnWG hinausgeht, findet sich jedoch weder in der gesetzlichen Regelung des NABEG noch im Bundesbedarfsplan ein Anknüpfungspunkt.

118 Eine Veränderungssperre kann frühestens mit **Abschluss der Bundesfachplanung** erlassen werden. Im Gegensatz zur bauplanungsrechtlichen Veränderungssperre oder der gesetzlich angeordneten Veränderungssperre nach § 44a EnWG ist eine Absicherung zu Beginn oder während des Bundesfachplanungsverfahrens damit noch nicht zulässig.

119 Der Gesetzgeber hat die Rechtsform der von der BNetzA zu erlassenden Veränderungssperre nicht näher konkretisiert.[227] Aufgrund der Zuständigkeit der BNetzA als Bundesoberbehörde dürfte eine Veränderungssperre aber als Allgemeinverfügung nach § 35 S. 2 VwVfG einzustufen sein.[228]

2. Inhalt und Wirkung einer Veränderungssperre

120 Für die von einer Veränderungssperre betroffenen Bereiche gelten zwei nach § 16 Abs. 1 S. 2 NABEG gesetzlich angeordnete Beschränkungen:

---

225 Vgl. BR-Drucks. 342/11, S. 44, wonach bei Trassenkorridoren ohne vordringlichen Bedarf mit einer Veränderungssperre zu stark in die kommunale Planungshoheit und private Rechte eingegriffen würde.

226 Vgl. zum Bundesbedarfsplan Kap. 3 Rn 511 ff., 533 ff.

227 Im Gegensatz zu §§ 86 WHG, 16 BauGB, 9g AtG.

228 So auch *Sellner/Fellenberg*, NVwZ 2011, 1025, 1031 Fn 62; *Appel*, UPR 2013, 207, 208; vgl. auch zum ähnlich geregelten § 10 SeeAnlV: Danner/Theobald/*Schmälter*, § 10 SeeAnlV Rn 4.

Zum einen dürfen keine Vorhaben oder baulichen Anlagen verwirklicht werden, die einer Verwirklichung der jeweiligen Stromleitung entgegenstehen. Das damit geregelte **Bauverbot** gilt aber nur für solche Bauvorhaben, die insbesondere ihrer Art, dem Maß oder der Nutzung nach der Realisierung einer Stromleitung widersprechen. 121

Zum anderen dürfen an einem Grundstück oder darauf befindlichen baulichen Anlagen keine sonstigen erheblichen oder wesentlich wertsteigernden Veränderungen durchgeführt werden **(Veränderungsverbot)**. Umfasst sind damit zwei unterschiedliche Tatbestände: die erhebliche Veränderung und die wesentlich wertsteigernde Veränderung. Eine **wesentliche Wertsteigerung** liegt vor, wenn sich der Verkehrswert des Grundstücks durch die Veränderung mehr als nur geringfügig erhöht.[229] Dies kann beispielsweise auch durch die Errichtung von baulichen Anlagen erfolgen,[230] die nicht der Verwirklichung einer Stromleitung entgegenstehen und daher vom Verbot des § 16 Abs. 1 Nr. 1 NABEG nicht erfasst würden. Wesentlich wertsteigernd können aber auch landwirtschaftliche Veränderungen wie die Umwandlung einer Wiese in eine Obstkultur oder die Aufforstung sein. **Erhebliche Veränderungen** sind nur Maßnahmen tatsächlicher Art, nicht jedoch rechtlicher Art wie Veräußerung oder Belastungen des Grundstücks. Für die erhebliche Veränderung ist insoweit irrelevant, ob sie wertsteigernd oder wertmindernd ist.[231] In beiden Varianten (erhebliche oder wesentlich wertsteigernde Veränderung) kommt es nicht darauf an, ob und inwieweit sich diese Veränderungen auf die Verwirklichung einer Stromleitung auswirken. 122

Die durch eine Veränderungssperre bewirkten Bau- und Veränderungsverbote sind **gesetzlich angeordnete Rechtswirkungen**. Im Gegensatz zur bauplanungsrechtlichen Veränderungssperre steht der BNetzA beim Erlass einer Veränderungssperre insoweit grundsätzlich kein Ermessensspielraum zu, die Verbote zu verändern oder zu beschränken.[232] 123

Der Erlass einer Veränderungssperre steht regelmäßig auch einer **bauleitplanerischen Veränderung** durch die gebietsbetroffene Gemeinde entgegen, wenn und soweit die Bau- und Veränderungsverbote eine Realisierung der mit der neuen oder geänderten Bauleitplanung verfolgten städtebaulichen Entwicklung unterbinden.[233] Ein Bebauungsplan, der aufgrund rechtlicher oder tatsächlicher Hindernisse nicht in angemessener Zeit verwirklicht werden kann, mangelt am notwendigen Planungsbedürfnis nach § 1 Abs. 3 BauGB und ist daher unwirksam.[234] 124

Aufgrund dieser Rechtswirkungen insbesondere für einzelne Grundstücke oder Vorhaben muss die erlassene Veränderungssperre **parzellenscharf** bestimmen, welche Grundstücke von der Veränderungssperre betroffen sind.[235] 125

3. Gültigkeitsdauer und Aufhebung

Die Gültigkeit der Veränderungssperre ist auf einen Zeitraum von **fünf Jahren** zu befristen. Wenn **besondere Umstände** es erfordern, kann die Frist um weitere fünf Jahre verlängert wer- 126

229 Danner/Theobald/*Missling*, § 44a EnWG Rn 12.
230 Vgl. Ernst/Zinkahn/Bielenberg/Krautzberger/*Stock*, § 14 Rn 79; Gelzer/Bracher/Reidt/*Reidt*, Rn 2324.
231 Vgl. Ernst/Zinkahn/Bielenberg/Krautzberger/*Stock*, § 14 Rn 77; BVerwG, Urt. v. 11.5.1973 – IV C 9/72 – NJW 1973, 1711, 1712.
232 A.A. *Appel*, UPR 2013, 207, 211; vgl. zur insoweit nur eingeräumten Aufhebungsmöglichkeit nach § 16 Abs. 2 NABEG unter Rn 127.
233 Danner/Theobald/*Missling*, § 44a EnWG Rn 22.
234 Vgl. BVerwG, Beschl. v. 21.1.1993 – 4 B 206/92 – NVwZ 1993, 884, 887; Ernst/Zinkahn/Bielenberg/Krautzberger/*Söfker*, § 1 Rn 37.
235 Vgl. *Appel*, UPR 2013, 207, 209; de Witt/Scheuten/*Durinke*, § 16 Rn 9; Ernst/Zinkahn/Bielenberg/Krautzberger/*Stock*, § 16 Rn 12; Danner/Theobald/*Missling*, § 44a EnWG Rn 10; VGH München, Urt. v. 11.7.2000 – 26 N 99.3185 – NVwZ-RR 2001, 288, 289.

den. Die der bauplanungsrechtlichen Veränderungssperre entlehnten unbestimmten Rechtsbegriffe der „besonderen Umstände“ werden in dem dortigen Zusammenhang so verstanden, dass das Verfahren durch außergewöhnliche Schwierigkeiten gekennzeichnet ist und sich durch Besonderheiten des Umfangs, des Schwierigkeitsgrads oder des Verfahrensablaufs von üblichen Vorhaben abhebt.[236]

127 Die Veränderungssperre ist nach § 16 Abs. 2 S. 1 NABEG aufzuheben, wenn die auf dem Trassenkorridor vorgesehene Ausbaumaßnahme anderweitig oder endgültig nicht mehr verwirklicht wird, da insoweit das **Besicherungsbedürfnis** entfällt. Die Aufhebung hat von Amts wegen zu erfolgen und steht nicht im Ermessen der BNetzA. Ferner sieht § 16 Abs. 2 S. 2 NABEG vor, dass die Veränderungssperre auf Antrag aufzuheben ist, wenn **überwiegende Belange** von Betroffenen entgegenstehen. Gegenstand und Rechtsfolge eines solchen Antrags kann dem Wortlaut und der systematischen Stellung nach nur die Aufhebung der gesamten Veränderungssperre sein, nicht hingegen eine individuelle Ausnahme von einer ansonsten weitergeltenden Veränderungssperre.[237] Ein solcher Antrag ist dem Wortlaut nach auch nur dann begründet, wenn durch die Veränderungssperre überwiegende Belange einer Vielzahl von Betroffenen entgegenstehen. Insofern reicht offenbar nicht eine Betroffenheit eines Einzelnen, sondern es kommt auf über ein einzelnes Grundstück hinausgehende, zumindest örtliche oder regionale Auswirkungen an.

128 Die Regelung des § 16 NABEG sieht, im Gegensatz zu zahlreichen anderen fachrechtlichen Veränderungssperren, **keine Entschädigungsregelung** vor. Dabei handelt es sich um keine planwidrige Regelungslücke, sondern offenbar um eine bewusste Entscheidung des Gesetzgebers, denn die vom Bundesrat insoweit geäußerten Bedenken wurden im weiteren Gesetzgebungsverfahren nicht aufgegriffen.[238]

4. Verfassungsrechtliche Zulässigkeit

129 Vor diesem Hintergrund bestehen aber erhebliche Bedenken, ob diese gesetzliche Ausgestaltung der Veränderungssperre des § 16 NABEG verfassungsrechtlichen Anforderungen – insbesondere der **Eigentumsgarantie** nach Art. 14 GG – genügen kann. Veränderungssperren sind nach h.M. als Inhalts- und Schrankenbestimmungen des Eigentums zu qualifizieren.[239] Eigentümer haben solche Inhalts- und Schrankenbestimmungen grundsätzlich entschädigungslos hinzunehmen.[240] Nach der ständigen Rechtsprechung des BVerfG hat der Gesetzgeber aber bei **Inhalts- und Schrankenbestimmungen** sowohl der grundgesetzlichen Anerkennung des Privateigentums als auch dem Sozialgebot in gleicher Weise Rechnung zu tragen. Er hat dabei die schutzwürdigen Interessen der Beteiligten in einen gerechten Ausgleich und in ein ausgewogenes Verhältnis zu bringen. Eigentumsbindungen müssen daher stets verhältnismäßig sein und dürfen, gemessen am sozialen Bezug und an der sozialen Bedeutung des Eigentumsobjekts sowie im Hinblick auf den Regelungszweck, insbesondere nicht zu einer übermäßigen Belastung führen und den Eigentümer im vermögensrechtlichen Bereich unzumutbar treffen. Diese vom Gesetzgeber bei der Bestimmung des Eigentumsinhalts zu wahrenden Grenzen gelten auch, wenn – wie hier –

---

236 Vgl. BVerwG, Urt. v. 10.9.1976 – IV C 39/74 – BVerwGE 51, 121, 138 f.; Ernst/Zinkahn/Bielenberg/Krautzberger/*Stock*, § 17 Rn 35 ff.

237 Vgl. demgegenüber die eindeutig formulierten Ausnahmemöglichkeiten in § 9a Abs. 5 FStrG.

238 Vgl. BT-Drucks. 17/6249, S. 14; BT-Drucks. 17/6249, S. 18; insofern scheidet auch die von *Appel*, UPR 2013, 207, 214 vertretene analoge Anwendung von § 9a Abs. 3 FStrG aus.

239 Vgl. BVerwG, Urt. v. 10.9.1976 – IV C 39/74 – BVerwGE 51, 121, 136; Ernst/Zinkahn/Bielenberg/Krautzberger/*Stock*, § 14 Rn 143; Danner/Theobald/*Missling*, § 44a EnWG Rn 4.

240 BVerfG, Beschl. v. 2.3.1999 – 1 BvL 7/91 – NJW 1999, 2877, 2878 f.

ein formelles Gesetz zum Erlass inhaltsbestimmender Regelungen ermächtigt.[241] Kann eine Inhalts- und Schrankenbestimmung des Eigentums im Einzelfall zu einer unverhältnismäßigen Belastung des Eigentums führen, die auch nicht durch Übergangsvorschriften sowie Befreiungs- oder Ausnahmetatbestände vermieden werden kann,[242] hat der Gesetzgeber grundsätzlich eine **kompensatorische Ausgleichsregelung** vorzusehen, um einen verfassungswidrigen Eingriff zu vermeiden.[243]

Ob die Veränderungssperre des § 16 NABEG, der keinerlei Entschädigungs- oder Übergangs- 130
regelung sowie nur ein eingeschränktes Aufhebungsrecht vorsieht,[244] diesen verfassungsrechtlichen Anforderungen gerecht wird, ist mehr als zweifelhaft. Dies ergibt sich schon aus einem Vergleich mit den Veränderungssperren aus anderen Fachgesetzen, die stets eine Ausgleichsregelung enthalten und diese schon bei einer Sperre von länger als vier bis maximal fünf Jahren zugestehen.[245] § 16 NABEG räumt im Gegensatz zu zahlreichen anderen Parallelvorschriften auch keine individuellen Ausnahmemöglichkeiten für einzelne Betroffene ein. Zudem gibt es keine sonst in Veränderungssperren üblichen Übergangsregelungen für bereits begonnene oder genehmigte Veränderungen sowie Unterhaltungsmaßnahmen,[246] sodass selbst bestands- und werterhaltende Veränderungen betroffen sind. Der Erlass einer Veränderungssperre nach § 16 NABEG kann bei einer längstens zulässigen Dauer von insgesamt zehn Jahren also **erhebliche Belastungen** für einzelne Grundstücke entfalten, die auch nicht mit der Energiewende und der dementsprechend erforderlichen beschleunigten Zulassung von grenz- und länderüberschreitenden Leitungsvorhaben ohne ausreichende Härtefallklausel oder entschädigungslos zu rechtfertigen sein dürften.[247]

Zur Lösung dieses für die BNetzA und die beschleunigte Umsetzung des Netzausbaus nicht 131
unerheblichen gesetzgeberischen Defizits wäre zu erwägen, den Aufhebungsanspruch des § 16 Abs. 2 S. 2 NABEG im Wege **verfassungskonformer Auslegung** auch als **Ausnahmeanspruch** für Einzelfälle anzuwenden. Angesichts des insoweit eindeutig begrenzten Wortlauts ist allerdings fraglich, ob eine solche Umdeutung nicht auch die Grenzen verfassungskonformer Auslegung überschreitet.[248] Zudem könnten die Aufhebungstatbestände des § 16 Abs. 2 NABEG im Wege verfassungskonformer Auslegung als **negative Tatbestandsmerkmale** aufgefasst werden, die von der BNetzA bereits bei Erlass der Veränderungssperre zu prüfen und einzuhalten wären.[249] Die BNetzA hätte dann beispielsweise aufgrund von § 16 Abs. 2 S. 2 NABEG bereits zum Erlass einer Veränderungssperre im Detail zu ermitteln, ob und inwieweit es in dem von der Veränderungssperre betroffenen Bereich zu unzumutbaren Belastungen kommen kann und daher überwiegende Belange von Betroffenen entgegenstehen. Ob die Einbeziehung der Aufhebungstatbestände als negative Tatbestandsmerkmale dem Bedürfnis nach einer ausreichenden Besicherungsmöglichkeit des Korridors gerecht werden kann, erscheint aber fragwürdig. Denn wenn

241 BVerfG, Beschl. v. 14.7.1981 – 1 BvL 24/78 – NJW 1982, 633, 634 m.w.N.
242 BVerfG, Beschl. v. 15.9.2011 – 1 BvR 2232/10 – NVwZ 2012, 429, 430.
243 Vgl. BVerfG, Beschl. v. 14.7.1981 – 1 BvL 24/78 – NJW 1982, 633, 634; Beschl. v. 30.11.1988 – 1 BvR 1301/84 – NJW 1989, 1271, 1272; BVerwG, Urt. v. 15.2.1990 – 4 C 47/89 – NJW 1990, 2572, 2573; BGH, Urt. v. 7.7.1994 – III ZR 5/93 – NJW 1994, 3283; Beschl. v. 15.12.1994 – III ZB 49/94 – NJW 1995, 964, 965; Maunz/Dürig/*Papier*, Art. 14 Rn 378c ff.
244 Mangels eines Verweises oder einer planwidrigen Regelungslücke kann für eine Entschädigung auch nicht auf § 44a Abs. 2 EnWG zurückgegriffen werden, der eine Entschädigung für eine länger als vier bzw. fünf Jahre dauernde Veränderungssperre bei Planfeststellungsverfahren vorsieht.
245 Vgl. § 44a Abs. 2 EnWG, § 19 Abs. 2 AEG; § 18 Abs. 1 BauGB; § 9g Abs. 5 AtG; § 9a Abs. 2 FStrG; § 15 Abs. 2 WaStrG.
246 Vgl. § 44a Abs. 1 EnWG, § 19 Abs. 1 AEG; § 14 Abs. 2, 3 BauGB; § 9a Abs. 1 FStrG.
247 Vgl. BGH, Urt. v. 25.6.1959 – III ZR 220/57 – NJW 1959, 2156, 2158, der unter der damaligen Rechtsauffassung einen Übergang zur entschädigungspflichtigen Enteignung bereits nach Ablauf von drei Jahren annahm.
248 Vgl. dazu BVerfG, Beschl. v. 19.9.2007 – 2 BvF 3/02 – NVwZ 2007, 1396, 1401.
249 Vgl. dazu Kap. 13 Rn 123.

die BNetzA bei einer Detailprüfung[250] individueller Betroffenheiten mögliche Härtefälle feststellt, müsste sie zumindest bezüglich der betroffenen Grundstücke vom Erlass einer Veränderungssperre Abstand nehmen. Die BNetzA kann mangels entsprechender gesetzlicher Regelung weder nur eine in den Rechtswirkungen eingeschränkte Veränderungssperre erlassen noch auf eine Entschädigung verweisen. Das mit der Veränderungssperre bezweckte **Besicherungsbedürfnis** könnte daher mit dieser Lösung gerade für die Grundstücke, die womöglich für eine Realisierung des Leitungsvorhabens essenziell sind, u.U. überhaupt nicht erreicht werden. Vor diesem Hintergrund ist die in anderen fachrechtlichen Veränderungssperren vorgesehene Entschädigungsregelung nicht nur aus verfassungsrechtlicher Sicht geboten, sondern auch für die planende Behörde zweckmäßig, da selbst bei u.U. schwerwiegenden Belastungen für einzelne Grundstücke die Option einer längerfristigen, aber wirksamen Besicherung erst ermöglicht wird. Daher ist der Gesetzgeber auch insoweit berufen, die gesetzliche Regelung zur Veränderungssperre nachzubessern.

E. Fehlerfolgen und Heilungsmöglichkeiten

132 Da die Bundesfachplanung nach § 15 NABEG grundsätzlich keine Außenwirkung entfaltet und das Ergebnis für das nachfolgende Planfeststellungsverfahren bindend ist, wirken sich etwaige Fehler der Bundesfachplanung auf das nachfolgende Planfeststellungsverfahren aus und können insofern auch Gegenstand gerichtlicher Überprüfung sein.[251]

I. Erheblichkeit von Mängeln der Bundesfachplanung

133 Durch den nachträglich eingefügten § 15 Abs. 3 S. 3 NABEG wird der in § 43a Abs. 4 EnWG normierte Grundsatz der Planerhaltung auch für die Bundesfachplanung für entsprechend anwendbar erklärt. Danach sind **Mängel bei der Abwägung** der vom Vorhaben berührten öffentlichen und privaten Belange nur dann erheblich, wenn die Mängel **offensichtlich** und auf das **Abwägungsergebnis von Einfluss** gewesen sind. Offensichtlich ist ein Mangel, wenn er der „äußeren Seite“ des Abwägungsvorgangs zuzurechnen ist und daher konkrete, objektiv erfassbare Umstände auf einen solchen Mangel hindeuten.[252] Mängel auf der sog. inneren Seite der Abwägung, d.h. im Bereich der Motive und Vorstellungen, sind hingegen nicht in dem genannten Sinne offensichtlich und deshalb für den Bestand der Planung ohne Belang. Ein Mangel ist für das Abwägungsergebnis von Einfluss gewesen, wenn die konkrete (nicht nur abstrakte) Möglichkeit besteht, dass die Planung ohne den Mangel anders ausgefallen wäre.[253] Dazu wird vielfach die nähere Prüfung geeignet sein, ob insbesondere anhand der Planunterlagen erkennbar ist, dass der festgestellte Fehler auf die Entscheidung der behandelten und abgelehnten Planungsalternativen bei realistischer Betrachtungsweise von Einfluss hätte sein können.[254]

---

250 Was insbesondere bei großflächigen Veränderungssperren und in Ballungszentren schon bei der praktischen Umsetzung zu erheblichen Schwierigkeiten führen dürfte.
251 Vgl. dazu Kap. 13 Rn 234 f.
252 Vgl. BVerwG, Beschl. v. 29.1.1992 – 4 NB 22/90 – NVwZ 1992, 662, 663; Stelkens/Bonk/Sachs/*Bonk*/*Neumann*, § 75 Rn 40; Danner/Theobald/*Missling*, § 43e EnWG Rn 16.
253 Vgl. BVerwG, Beschl. v. 29.1.1992 – 4 NB 22/90 – NVwZ 1992, 662, 663; Beschl. v. 20.1.1992 – 4 B 71/90 – NVwZ 1992, 663, 664; Urt. v. 21.1.1996 – 4 C 19/94 – NVwZ 1996, 1016, 1019; Danner/Theobald/*Missling*, § 43e EnWG Rn 16.
254 Vgl. BVerwG, Urt. v. 21.1.1996 – 4 C 19/94 – NVwZ 1996, 1016, 1019; Urt. v. 21.8.1981 – 4 C 57/80 – BVerwGE 64, 33, 39 f.; Beschl. v. 20.1.1992 – 4 B 71/90 – NVwZ 1992, 663, 664.

II. Planergänzung und ergänzendes Verfahren

Solche erheblichen Mängel bei der Abwägung sowie eine Verletzung von Verfahrens- oder Formvorschriften bei der Bundesfachplanung führen aber nach § 43e Abs. 4 S. 2 EnWG nur dann zur Aufhebung des Planfeststellungsbeschlusses, wenn sie nicht durch Planergänzung oder ein ergänzendes Verfahren geheilt werden können.[255] Für die Abgrenzung zwischen den Heilungsinstrumenten der Planergänzung und des ergänzenden Verfahrens sowie den jeweiligen verfahrensrechtlichen Anforderungen wird man mangels gesetzlicher Regelung[256] auf die im Planfeststellungsrecht zu § 75 Abs. 1a VwVfG entwickelten, aber in der Rechtsprechung nicht immer eindeutig differenzierten Grundsätze zurückgreifen können. 134

Eine **Planergänzung** kommt danach für solche Fehler in Betracht, die durch den Erlass **nachträglicher (ergänzender) Anordnungen** wie beispielsweise Schutzauflagen beseitigt werden können.[257] Für das dazu durchzuführende Verfahren können die verfahrensrechtlichen Anforderungen des § 76 VwVfG als Grundlage entsprechend herangezogen werden.[258] 135

Für Fehler, die ausschließlich der Bundesfachplanungsentscheidung zuzuordnen sind, dürfte aber aufgrund des gröberen Prüf- und Entscheidungsmaßstabs der Bundesfachplanung regelmäßig nur das **ergänzende Verfahren** einschlägig sein. Mit dem ergänzenden Verfahren kann das Verfahren der Bundesfachplanung wieder an dem Punkt aufgegriffen werden, an dem der Fehler begangen worden ist und muss – nach Behebung des Fehlers – erneut bis zum Ende geführt werden.[259] Soweit beispielsweise in der Bundesfachplanung abwägungserhebliche Belange nicht ermittelt und berücksichtigt wurden, kann dies in einem ergänzenden Verfahren nachgeholt werden. Auf Grundlage des nachträglich ergänzten, gesamten Abwägungsmaterials ist dann von der BNetzA eine neue, **ergebnisoffene Entscheidung** zu treffen, die in einem dann zu erlassenden Bundesfachplanungsergänzungsbeschluss zu einer geänderten Entscheidung oder auch zur Bestätigung der vorherigen Entscheidung führen kann. Trotz der gesondert ergehenden Planergänzungsentscheidung „verschmilzt" diese inhaltlich mit der (fehlerhaften) Entscheidung zu einer einheitlichen Bundesfachplanung.[260] 136

Die im ergänzenden Verfahren möglichen **heilbaren Fehler** sind in der insbesondere zur Planfeststellung ergangenen Rechtsprechung zunehmend ausgeweitet worden. Heilbar sind danach alle Mängel der Abwägung, bei denen die Möglichkeit besteht, dass die entscheidende Behörde nach erneuter fehlerfreier Abwägung an der getroffenen Entscheidung festhält.[261] Hierzu können auch Mängel bei der Alternativenprüfung oder Fehler gehören, die darauf beruhen, dass die planende Behörde durch Abwägung nicht überwindbare Schranken des strikten Rechts verletzt hat. Im ergänzenden Verfahren nicht behoben werden können hingegen Mängel bei der Abwägung, die von solcher Art und Schwere sind, dass sie die Planung als Ganzes von vornherein infrage stellen.[262] 137

---

255 Vgl. zum Rechtschutz auch Kap. 13 Rn 235.
256 Da § 15 Abs. 3 NABEG lediglich auf § 43e Abs. 4 EnWG verweist, ist die spezielle Verfahrensregelung des § 43d EnWG im NABEG nicht anwendbar.
257 Stelkens/Bonk/Sachs/*Bonk*/*Neumann*, § 75 Rn 46.
258 Vgl. BVerwG, Urt. v. 9.11.2006 – 4 A 2001/06 – NVwZ 2007, 445, 451; Stelkens/Bonk/Sachs/*Bonk*/*Neumann*, § 75 Rn 46; a.A. Knack/Henneke/*Dürr*, § 75 Rn 30; Fehling/Kastner/Störmer/*Wickel*, § 75 VwVfG Rn 58 f.
259 Vgl. Stelkens/Bonk/Sachs/*Bonk*/*Neumann*, § 75 Rn 48 f.; *Ziekow*, § 75 Rn 22.
260 Vgl. BVerwG, Beschl. v. 4.7.2012 – 9 VR 6/12 – NVwZ 2012, 1126, 1128; Beschl. v. 17.9.2004 – 9 VR 3/04 – NVwZ 2005, 330, 331.
261 BVerwG, Beschl. v. 5.12.2008 – 9 B 28/08 – NVwZ 2009, 320, 322.
262 BVerwG, Beschl. v. 5.12.2008 – 9 B 28/08 – NVwZ 2009, 320, 322; Urt. v. 1.4.2004 – 4 C 2/03 – NVwZ 2004, 1114, 1116.

138 Das Verfahren zur Durchführung eines ergänzenden Verfahrens richtet sich nicht nach § 76 VwVfG, sondern wird als ein **unselbstständiger Abschnitt** des vorherigen Planungsverfahrens gesehen.[263] Die erforderlichen Verfahrensschritte dieses ergänzenden Fehlerbehebungsverfahrens richten sich daher nach dem im Einzelfall zu bestimmenden, **wiederaufzugreifenden Verfahrenspunkt**, an dem der Fehler begangen wurde. Da die Abwägung der entscheidungserheblichen Belange zum Ende des Verfahrens erfolgt, ist eine Fehlerbehebung in diesem Stadium nicht zwingend mit einer (erneuten) Öffentlichkeitsbeteiligung verbunden. Soweit aber das Abwägungsmaterial erweitert wird und/oder sich neue bzw. veränderte Betroffenheiten ergeben können, kann auch eine erneute Beteiligung der insoweit betroffenen Träger öffentlicher Belange als auch der Öffentlichkeit erforderlich sein.[264]

139 Darüber hinaus wird durch § 43e Abs. 4 EnWG ausdrücklich klargestellt, dass die **allgemeinen Regelungen** zu **Verfahrensfehlern** nach §§ 45, 46 VwVfG unberührt bleiben. Die Aufhebung einer Planfeststellung kann daher nicht unter Verweis auf Verfahrens- oder Formverstöße im Rahmen der Bundesfachplanung verlangt werden, wenn die Verfahrenshandlungen – neben einer Planergänzung oder einem ergänzenden Verfahren – etwa auch durch Nachholung während des laufenden gerichtlichen Verfahrens noch geheilt werden können.[265]

263 Vgl. BVerwG, Urt. v. 12.12.1996 – 4 C 19/95 – NVwZ 1997, 905, 906; Urt. v. 14.11.2002 – 4 A 15/02 – NVwZ 2003, 485, 486.
264 BVerwG, Urt. v. 12.12.1996 – 4 C 19/95 – NVwZ 1997, 905, 906 f.
265 Danner/Theobald/*Missling*, § 43e EnWG Rn 18.

Kapitel 5
Planfeststellung

A. Planfeststellung und Planung

I. Planfeststellungsbedürftige Vorhaben

Eine Reihe von Energieanlagen, insbesondere die für den überregionalen Netzausbau bedeutsamen Höchst- und Hochspannungsfreileitungen, dürfen nur nach vorheriger **Planfeststellung** errichtet und betrieben werden. Planfeststellungsbedürftig sind auch länderübergreifende Höchstspannungserdkabel, Seekabel und Bahnstromfernleitungen. Für weitere Anlagen kann auf Antrag des Vorhabensträgers ein Planfeststellungsverfahren durchgeführt werden,[1] namentlich für andere Höchst- und Hochspannungserdkabel[2] sowie für Umspannanlagen und Netzverknüpfungspunkte.[3] 1

Die Regelungen des Planfeststellungserfordernisses sind über die einzelnen Fachgesetze (EnWG, SeeAnlV, NABEG, EnLAG, AEG sowie als derzeit einzige landesrechtliche Regelung das Niedersächsische Erdkabelgesetz) verteilt. Diese Regelungen enthalten auch verfahrensrechtliche Ergänzungen zu den für die Planfeststellung grundsätzlich anzuwendenden **Verwaltungsverfahrensgesetzen** des Bundes und der Länder. Darüber hinaus finden für Hochspannungsfreileitungen abhängig von Länge und Nennspannung sowie für Bahnstromfernleitungen auch die Regelungen des Gesetzes über die **Umweltverträglichkeitsprüfung** Anwendung. 2

Die planfeststellungsbedürftigen Vorhaben sind im Einzelnen in der nachstehenden Tabelle aufgeführt. 3

Planfeststellungsbedürftige Energieleitungen

Ausführung	Spannung	Einschränkungen	Rechtsgrundlage	Durchführung	Zuständigkeit
Freileitung	Höchstspannung	länderübergreifend oder grenzüberschreitend und im Gesetz über den Bundesbedarfsplan gekennzeichnet	§ 18 i.V.m. § 2 Abs. 1 Alt. 1 NABEG	obligatorisch	soweit in VO nach § 2 Abs. 2 NABEG aufgeführt: BNetzA; im Übrigen: Landesbehörden
Freileitung	Hochspannung (≥ 110 kV)		§ 43 S. 1 Nr. 1 EnWG	obligatorisch	Landesbehörden
Freileitung	Hochspannung	Anbindung von Offshore-Anlagen bis zu dem technisch und wirtschaftlich günstigsten Verknüpfungspunkt des nächsten Übertragungs- oder Verteilernetzes	§ 43 S. 1 Nr. 3 EnWG	obligatorisch	Landesbehörden

1 Vgl. dazu OVG Schleswig-Holstein, Urt. v. 12.2.2008 – 4 KS 5/07 – juris Rn 36 zu § 43 S. 3 EnWG a.F. (heute § 43 S. 4 EnWG); Steinbach/*Nebel*/*Riese*, § 43 EnWG Rn 28.
2 Vgl. § 43 S. 4 EnWG; Danner/Theobald/*Missling*, § 43 EnWG Rn 16; *Schneller*, DVBl. 2007, 529, 535.
3 Vgl. § 43 S. 2 EnWG; Steinbach/*Nebel*/*Riese*, § 43 EnWG Rn 24.

Planfeststellungsbedürftige Energieleitungen

Ausführung	Spannung	Einschränkungen	Rechtsgrundlage	Durchführung	Zuständigkeit
Freileitung	Gleichstrom-Hochspannung	Anbindung von grenzüberschreitenden Seekabeln bis zu dem technisch und wirtschaftlich günstigsten Verknüpfungspunkt des nächsten Übertragungs- oder Verteilernetzes	§ 43 S. 1 Nr. 4 EnWG	obligatorisch	Landesbehörden
Freileitung	Hochspannung (≥ 110 kV)	auf Mehrfachgestänge mit Höchstspannungsleitung	§ 2 Abs. 3 NABEG	obligatorisch	soweit in VO nach § 2 Abs. 2 NABEG aufgeführt: BNetzA; im Übrigen: Landesbehörden
Freileitung	Bahnstrom		§ 18 AEG	obligatorisch	EBA
Freileitung	Bahnstrom	auf Mehrfachgestänge mit Höchstspannungsleitung und Planung so rechtzeitig beantragt, dass Einbeziehung ohne wesentliche Verfahrensverzögerung für Bundesfachplanung oder Planfeststellung möglich	§ 2 Abs. 3 NABEG	obligatorisch	soweit in VO nach § 2 Abs. 2 NABEG aufgeführt: BNetzA; im Übrigen: Landesbehörden
Erdkabel	Höchstspannung	länderübergreifend oder grenzüberschreitend und im Gesetz über den Bundesbedarfsplan gekennzeichnet	§ 18 NABEG	obligatorisch	soweit in VO nach § 2 Abs. 2 NABEG aufgeführt: BNetzA; im Übrigen: Landesbehörden
Erdkabel	Höchstspannung	Vorhaben nach § 2 Abs. 1 EnLAG	§ 2 Abs. 3 EnLAG	fakultativ	Landesbehörden
Erdkabel	Hochspannung (110 kV)	Küstenbereich (bis 20 km landeinwärts)	§ 43 S. 4 EnWG	fakultativ	Landesbehörden
Erdkabel	Hochspannung (110 kV)		§ 43 S. 7 EnWG (vgl. auch § 43h EnWG)	fakultativ	Landesbehörden
Erdkabel	Hochspannung (> 110 kV)	(Niedersachsen)	§§ 1, 2 Nds. ErdkabelG	fakultativ	Landesbehörde (Niedersachsen)
Erdkabel	Hochspannung	Anbindung von Offshore-Anlagen bis zu dem technisch und wirtschaftlich günstigsten Verknüpfungspunkt des nächsten Übertragungs- oder Verteilernetzes	§ 43 S. 1 Nr. 3 EnWG	obligatorisch	Landesbehörden

Planfeststellungsbedürftige Energieleitungen					
Ausführung	**Spannung**	**Einschränkungen**	**Rechts-grundlage**	**Durch-führung**	**Zuständigkeit**
Erdkabel	Gleichstrom-Hochspannung	Anbindung von grenzüberschreitenden Seekabeln bis zu dem technisch und wirtschaftlich günstigsten Verknüpfungspunkt des nächsten Übertragungs- oder Verteilernetzes	§ 43 S. 1 Nr. 4 EnWG	obligatorisch	Landesbehörden
Erdkabel	Bahnstrom		§ 18 AEG	obligatorisch	EBA
Seekabel	Hochspannung	Küstenmeer; Anbindung von Offshore-Anlagen	§ 43 S. 1 Nr. 3 EnWG	obligatorisch	Landesbehörden
Seekabel	Gleichstrom-Hochspannung	Küstenmeer; grenzüberschreitend	§ 43 S. 1 Nr. 4 EnWG	obligatorisch	Landesbehörden
Seekabel		AWZ	§ 1 Abs. 2 S. 1 Nr. 2, § 2 SeeAnlV	obligatorisch	Bundesamt für Seeschifffahrt und Hydrographie
Seekabel		Hohe See, sofern der Eigentümer Deutscher mit Wohnsitz im Geltungsbereich des Grundgesetzes ist	§ 1 Abs. 2 S. 1 Nr. 2, § 2 SeeAnlV	obligatorisch	Bundesamt für Seeschifffahrt und Hydrographie
Anbindungsleitungen von Offshore-Windpark-Umspannwerken zu Netzverknüpfungspunkten an Land		im Gesetz über den Bundesbedarfsplan gekennzeichnet	§ 18 i.V.m. § 2 Abs. 1 Alt. 2 NABEG	obligatorisch	soweit in VO nach § 2 Abs. 2 NABEG aufgeführt: BNetzA; im Übrigen: Landesbehörden
Umspannanlagen und Netzverknüpfungspunkte		soweit für den Betrieb von nach EnWG planfeststellungsbedürftigen Energieleitungen notwendig	§ 43 S. 2 EnWG	fakultativ	Landesbehörden
Umspannanlagen und Netzverknüpfungspunkte		soweit für den Betrieb von nach NABEG planfeststellungsbedürftigen Energieleitungen notwendig	§ 18 Abs. 2 NABEG	fakultativ	soweit in VO nach § 2 Abs. 2 NABEG aufgeführt: BNetzA; im Übrigen: Landesbehörden
Rohrleitung	Gas (Ø > 300 mm)		§ 43 S. 1 Nr. 2 EnWG	obligatorisch	Landesbehörden

Tabelle 1: Planfeststellungsbedürftige Energieleitungen

II. Funktion der Planfeststellung

4 Mit der Planfeststellung wird die Ausführung eines konkreten Vorhabens öffentlich-rechtlich zugelassen. Gegenüber anderen öffentlich-rechtlichen Entscheidungen über die **Zulassung von Vorhaben** zeichnet sich die Planfeststellung dadurch aus, dass der verfahrensabschließende Planfeststellungsbeschluss grundsätzlich auf eine **umfassende Regelung** aller Aspekte des Vorhabens angelegt ist.

5 § 75 Abs. 1 VwVfG regelt, dass durch die Planfeststellung
- die Zulässigkeit des Vorhabens im Hinblick auf alle von ihm berührten öffentlichen Belange festgestellt wird;
- alle öffentlich-rechtlichen Beziehungen zwischen dem Träger des Vorhabens und den durch den Plan Betroffenen rechtsgestaltend geregelt werden;
- neben der Planfeststellung andere behördliche Entscheidungen, insbesondere öffentlich-rechtliche Genehmigungen, Verleihungen, Erlaubnisse, Bewilligungen, Zustimmungen und Planfeststellungen nicht erforderlich sind;
- nicht nur das Vorhaben selbst erfasst wird, sondern auch alle notwendigen Folgemaßnahmen an anderen Anlagen.[4]

6 Ein gesetzliches Planfeststellungserfordernis ist grundsätzlich als präventives Verbot mit Erlaubnisvorbehalt anzusehen.[5] Ohne vorherigen Erlass eines Planfeststellungsbeschlusses darf der Vorhabensträger sein Vorhaben nicht ausführen.

7 Die für einige Energieanlagen eröffnete Möglichkeit einer **Planfeststellung auf Antrag** des Vorhabensträgers verlässt diesen Rahmen allerdings. Ihre Bedeutung erschließt sich nur aus dem umfassenden Regelungsgehalt der Planfeststellung. Ohne die Durchführung eines Planfeststellungsverfahrens bliebe der Vorhabensträger bei diesen Anlagen verpflichtet, die nach anderen öffentlich-rechtlichen Vorschriften erforderlichen Entscheidungen vor Verwirklichung des Vorhabens einzuholen. Derartige Zulassungsentscheidungen sieht die Rechtsordnung etwa vor, wenn es zur Verwirklichung des Vorhabens erforderlich ist, Wald zu roden, im Rahmen der Baumaßnahmen Grundwasser aufzuschließen, Nebenanlagen zu bauen oder im Wege stehende bauliche Anlagen abzureißen, Gewässer zu überbrücken, oder auch, wenn das Vorhaben in die Nähe von Flugplätzen oder Verteidigungsanlagen oder in ein Landschaftsschutzgebiet oder Wasserschutzgebiete gerät. Alle diese Zulassungsentscheidungen müssen vom Träger eines Vorhabens, das einem Planfeststellungsverfahren unterliegt, nicht eingeholt werden; die Zulassung des Vorhabens wird grundsätzlich umfassend in einer einzigen behördlichen Entscheidung, dem Planfeststellungsbeschluss, geregelt.[6]

8 Für den Vorhabensträger ergibt sich darüber hinaus aus der umfassenden rechtsgestaltenden Wirkung der Vorteil, dass ein im Wege der Planfeststellung zugelassenes Vorhaben nur mit Rechtsmitteln gegen den Planfeststellungsbeschluss, d.h. in der Regel nur mit der verwaltungsgerichtlichen Klage,[7] angegriffen werden kann. Auch der **verwaltungsgerichtliche Rechtsschutz** wird damit im Ergebnis in einem Verfahren **konzentriert**.[8]

---

4 Vgl. dazu im Einzelnen Kap. 9 Rn 29 ff.

5 Fehling/Kastner/Störmer/*Wickel*, § 75 VwVfG Rn 9; zu § 43 S. 1 EnWG Steinbach/*Nebel/Riese*, § 43c EnWG Rn 13; zu § 18 Abs. 1 S. 1 AEG: BVerwG, Urt. v. 21.5.2003 – 9 A 40/02 – NVwZ 2003, 1381, 1382; allgemein zum präventiven Verbot mit Erlaubnisvorbehalt *Maurer*, § 9 Rn 51 ff.

6 Stelkens/Bonk/Sachs/*Bonk/Neumann*, § 75 Rn 10; Knack/Henneke/*Dürr*, § 75 Rn 14; zu § 17 Abs. 1 FStrG: BVerwG, Urt. v. 29.6.1967 – IV C 36/66 – BVerwGE 253, 255; zu § 36 BBahnG a.F.: Urt. v. 14.4.1989 – 4 C 31/88 – NVwZ 1990, 561, 562.

7 *Kopp/Ramsauer*, § 75 Rn 59.

8 Vgl. zur dennoch denkbaren Klage auf Rücknahme eines bestandskräftigen Planfeststellungsbeschlusses BVerwG, Urt. v. 31.7.2012 – 4 A 7001/11 – NVwZ 2013, 297 ff.

Als öffentlich-rechtliche Zulassungsentscheidung verleiht der Planfeststellungsbeschluss nicht ohne Weiteres auch die Befugnis zur Ausführung des Vorhabens, wenn privatrechtliche Rechte Dritter, insbesondere Eigentumsrechte, entgegenstehen.[9] Energieleitungen können, wie andere linienförmige Vorhaben wie insbesondere Verkehrswege, in der Regel nur errichtet werden, wenn der Zugriff auf Grundstücke, die nicht im Eigentum des Vorhabensträgers stehen, möglich ist. Der Planfeststellungsbeschluss schließt zwar nach § 75 Abs. 2 VwVfG auch privatrechtliche Ansprüche auf Unterlassung des Vorhabens aus, regelt aber den konkreten **Zugriff auf fremdes Grundeigentum** nicht selbst. Hierfür ist ggf. die Durchführung eines Enteignungsverfahren erforderlich.[10] Die Frage allerdings, ob für das Vorhaben auf die von ihm betroffenen fremden Grundstücke zugegriffen werden darf, wird durch den Planfeststellungsbeschluss entschieden (sog. enteignungsrechtliche Vorwirkung),[11] sodass Gegenstand des Enteignungsverfahrens zuvörderst nur noch Art und Ausmaß der Entschädigung sind.[12] 9

Dieser umfassende Charakter des Planfeststellungsbeschlusses als verfahrensabschließende Entscheidung wird durch eine ebenso umfassende Ausgestaltung des Verwaltungsverfahrens abgesichert: Anders als etwa im Baugenehmigungsverfahren ist nicht nur der Vorhabenträger Verfahrensbeteiligter; vielmehr ist auch die Öffentlichkeit zu beteiligen. Dabei bestehen weitgehende **Informations- und Verfahrensrechte**, insbesondere die Möglichkeit, Einwendungen gegen das Vorhaben zu erheben. Weiterhin sind alle, deren Aufgabenbereich berührt wird, einzubeziehen, namentlich die Behörden, die an sich eine in Folge der Planfeststellung nicht mehr erforderliche Zulassungsentscheidung hätten treffen müssen. 10

Die Funktion der Planfeststellung erschöpft sich nicht in den Besonderheiten des Verfahrensrechts. Auch wenn dies in den gesetzlichen Regelungen nicht ohne Weiteres erkennbar ist, ist das Recht der Planfeststellung auch materielles Recht, das seinerseits wiederum Rückwirkungen auf Gegenstand, Inhalt und Umfang des durchzuführenden Verfahrens hat. 11

III. Planerischer Gestaltungsspielraum

Materielles Planfeststellungsrecht ist im Wesentlichen **Richterrecht**. Seine gesetzlichen Grundlagen sind recht schmal und beschränken sich regelmäßig darauf, die einem Planungsvorbehalt unterliegenden Vorhaben zu bezeichnen und im Übrigen für die Planfeststellung auf das Erfordernis der **Abwägung** betroffener öffentlicher und privater Belange zu verweisen. 12

Das gilt auch für Energieanlagen. § 43 S. 3 EnWG und § 18 Abs. 3 NABEG sehen ausdrücklich vor, dass bei der Planfeststellung die von dem Vorhaben berührten öffentlichen und privaten Belange im Rahmen der Abwägung zu berücksichtigen sind.[13] Die **SeeAnlV** enthält zwar keine ausdrückliche Regelung des Abwägungsgebots. Immerhin jedoch nimmt die Ermächtigungsgrundlage des § 1 Nr. 10a SeeAufgG ausdrücklich auf öffentliche und private Belange Bezug. Die SeeAnlV selbst rekurriert in § 3 Abs. 2 Nr. 2 für die Zulassung von Energieanlagen lediglich auf öffentliche Belange, während für die übrigen Anlagen in §§ 6, 7 auch private Belange einbezogen werden. Hieraus – und aus der bisherigen Zurückhaltung der Rechtsprechung beim Rechtsschutz zuguns- 13

9 BGH, Urt. v. 24.10.2003 – V ZR 424/02 – NVwZ 2004, 377, 378; Stelkens/Bonk/Sachs/*Bonk*/*Neumann*, § 75 Rn 26.

10 Fehling/Kastner/Störmer/*Wickel*, § 75 VwVfG Rn 35; Knack/Henneke/*Dürr*, § 75 Rn 102; vgl. zur Enteignungsbefugnis für Stromfreileitungen BVerwG, Urt. v. 11.7.2002 – 4 C 9/00 – NJW 2003, 230 ff.

11 Vgl. hierzu im Einzelnen Kap. 13 Rn 163.

12 BVerwG, Urt. v. 5.11.1997 – 11 A 54/96 – juris Rn 77; Stelkens/Bonk/Sachs/*Bonk*/*Neumann*, § 75 Rn 28; Knack/Henneke/*Dürr*, § 75 Rn 104.

13 Vgl. zur Abwägung im Einzelnen Kap. 11.

ten privater Belange[14] – kann jedoch nicht auf ein eingeschränktes Abwägungsgebot für Offshore-Energieanlagen geschlossen werden. Einerseits ergibt sich dies im Umkehrschluss aus § 16 Abs. 3 SeeAnlV, der eine Beseitigung von planfestgestellten Anlagen auch zugunsten privater Belange ermöglicht, andererseits sieht die Rechtsprechung das Abwägungsgebot als Kernelement aller Planfeststellungsverfahren an, auch wenn eine ausdrückliche Regelung fehlt.[15]

14 Diese gesetzliche Verpflichtung zur Abwägung aller öffentlichen und privaten Belange eröffnet einen **planerischen Gestaltungsspielraum**, dessen Ausfüllung behördliche Aufgabe ist und der nur einer eingeschränkten gerichtlichen Kontrolle unterliegt.[16] Die materiell-rechtliche Ausgestaltung und Begrenzung dieses Spielraums ist durch die Rechtsprechung entwickelt worden. Hierzu hat das BVerwG bereits im Jahre 1975[17] ein terminologisch eigenständiges Konzept entwickelt und – jedenfalls in den Grundzügen – seither an diesem Konzept festgehalten. Danach besteht zunächst eine **Bindung an Entscheidungen auf vorgelagerten Planungsstufen**, soweit das einschlägige Recht derartiges regelt. Zum Zweiten besteht eine Bindung an – inzwischen nicht mehr so genannte – **„Planungsleitsätze"**, d.h. an bestimmte, strikt einzuhaltende öffentlich-rechtliche Normen innerhalb und außerhalb des jeweiligen Fachrechts. Zum Dritten bedürfen fachplanerische Entscheidungen einer spezifischen **„Planrechtfertigung"**, die nur gegeben ist, wenn für das Vorhaben ein an den gesetzlichen Zielvorstellungen des jeweiligen Fachrechts zu messender „Bedarf" besteht. Vierte und in der Praxis zentrale Rechtmäßigkeitsbedingung ist die **Einhaltung des Abwägungsgebots**. Dieses verlangt, *„dass – erstens – eine Abwägung überhaupt stattfindet, dass – zweitens – in die Abwägung an Belangen eingestellt wird, was nach Lage der Dinge in sie eingestellt werden muss, und dass – drittens – weder die Bedeutung der betroffenen öffentlichen und privaten Belange verkannt noch der Ausgleich zwischen ihnen in einer Weise vorgenommen wird, die zur objektiven Gewichtigkeit einzelner Belange außer Verhältnis steht"*.[18]

15 Wesentlich ist dabei, dass gegen das Vorhaben sprechende Belange im Rahmen der Abwägung auch überwunden werden können, insbesondere, dass bestimmte öffentliche und private Interessen hintangestellt und dass Vorhaben auch gegen den Willen von Betroffenen verwirklicht werden können. Insbesondere darf auch aus Gründen des **Wohls der Allgemeinheit** zur Verwirklichung des Vorhabens auf privates Eigentum zugegriffen werden.[19] Aus dieser Zugriffsmöglichkeit des Vorhabensträgers auf fremdes Eigentum folgt allerdings auch eine materielle Gemeinwohlbindung des Vorhabens, die Ansprüche auf Verwirklichung ausschließt. Dem weiten Handlungsspielraum der zur Prüfung des Vorhabens berufenen Behörde korrespondiert damit eine gegenüber gebundenen Entscheidungen abgeschwächte Rechtsstellung des Vorhabensträgers, in der der Vorhabensträger keinen grundrechtlich abgesicherten Anspruch auf Realisierung seines Plans hat.[20]

16 Für die Zulassungsbehörde folgt aus ihrem planerischen Gestaltungsspielraum, dass sie das Vorhaben nicht nur daraufhin überprüft, ob der vom Vorhabensträger vorgelegte Plan den gesetzlichen Voraussetzungen entspricht, also insbesondere auch das Abwägungsgebot einhält. Vielmehr ist die Behörde auch befugt, über das Vorhaben selbst zu disponieren. Tatsächlich nimmt sie ihre Verantwortung für die Einhaltung des Abwägungsgebots meist in der Form wahr,

---

14 Vgl. BVerfG, Beschl. v. 26.4.2010 – 2 BvR 2179/04 – NVwZ-RR 2010, 555 ff.
15 Vgl. z.B. BVerwG, Beschl. v. 5.10.1990 – 4 B 249/89 – NVwZ-RR 1991, 118 ff.
16 Vgl. dazu im Einzelnen Kap. 13 Rn 209 ff. und Kap. 10 Rn 19.
17 Grundlegend BVerwG, Urt. v. 14.2.1975 – IV C 21/74 – NJW 1974, 1294 ff.
18 BVerwG, Urt. v. 14.2.1975 – IV C 21/74 – NJW 1974, 1294 ff.
19 Vgl. zur zwangsweisen Inanspruchnahme des Eigentums Dritter Kap. 12 Rn 73 ff. und zum Rechtsschutz dagegen Kap. 13 Rn 163 ff. sowie zur vorzeitigen Enteignung Kap. 13 Rn 396 ff.
20 Vgl. jedoch Kap. 13 Rn 272 ff. zum Anspruch des Vorhabensträgers auf Entscheidung im Planfeststellungsverfahren; vgl. ebenso Kap. 9 Rn 84.

dass sie die ihr vom Vorhabensträger vorgelegte Planung **„abwägend nachvollzieht"**.[21] Inhalt der Überprüfung des vom Vorhabensträger vorgelegten Plans ist also nicht nur, ob der Vorhabensträger selbst alle betroffenen Belange gerecht abgewogen hat, sondern ob bei Abwägung aller Belange durch die Zulassungsbehörde der vorgelegte Plan Bestand haben kann. Zur Entwicklung eigener Planungsalternativen oder zur detailgerechten Planung technischer Schutzvorkehrungen ist die Zulassungsbehörde jedoch gewöhnlich nicht in der Lage. Sie bleibt insofern auf den Vorhabensträger angewiesen, den sie zur Vorlage entsprechend geänderter oder ergänzter Unterlagen anhalten kann.

IV. Grundsatz der Planerhaltung

Das Recht der Planfeststellung ist grundsätzlich darauf ausgerichtet, komplexe Vorhaben **nicht** 17
an partiellen Individualinteressen scheitern zu lassen.[22] Von einem Vorhaben in ihren Rechten betroffene Dritte haben zwar einen durchsetzbaren Anspruch darauf, von dem Vorhaben nicht in ihren Rechten verletzt zu werden, können aber in der Regel das Gesamtvorhaben nicht verhindern.[23]

So ist zunächst das subjektive öffentliche Recht eines von einer Planung Betroffenen auf ge- 18
rechte Abwägung darauf beschränkt, dass (nur) dessen eigene Belange mit den entgegenstehenden Belangen gerecht abgewogen sind. Eine umfassende Planprüfung kann er nicht herbeiführen.[24]

Eine umfassende Prüfung kann zwar grundsätzlich von einem Enteignungsbetroffenen ver- 19
langt werden, da eine Enteignung nur zulässig ist, wenn sich das Vorhaben als in jeder Hinsicht rechtmäßig erweist.[25] Die Überprüfung ist aber auf solche Rechtsfehler beschränkt, die sich kausal auf die Inanspruchnahme des konkreten Eigentumsobjekts auswirken, umfasst also regelmäßig nicht mögliche Rechtsfehler an anderer Stelle einer längeren Trasse.[26]

Die Rechtswidrigkeit eines Planfeststellungsbeschlusses kann sich zwar auch aus der Ver- 20
letzung von Vorschriften über das Verwaltungsverfahren ergeben. **Verfahrensfehler** stellen aber nach § 46 VwVfG nur insoweit eine Rechtsverletzung dar, als sie sich auf das materielle Ergebnis zulasten der Kläger auswirkten.[27] Verfahrensfehler führen darüber hinaus nur dann zur Aufhebung, wenn sie nicht durch ein ergänzendes Verfahren behoben werden können.[28] Insbesondere können einzelne fehlerhafte Verfahrensschritte jederzeit auch von Amts wegen wiederholt werden, wie etwa eine unterbliebene oder unzureichende Anhörung der Umweltvereinigungen oder ein Erörterungstermin, auf den sich Einwender oder Behörden nicht haben ausreichend vorbereiten können.[29]

---

21 Vgl. BVerwG, Urt. v. 17.1.1986 – 4 C 6/84, 4 C 7/84 – BeckRS 1986, 05960 Rn 20; Beschl. v. 26.6.1994 – 1 B 189/93 – juris Rn 11; Beschl. v. 24.9.1997 – 4 VR 21/96 – NVwZ-RR 1998, 297; zur nachvollziehenden Abwägung vgl. auch Kap. 11 Rn 3 ff.

22 Vgl. zum Grundsatz der Planerhaltung BVerwG, Urt. v. 20.12.2011 – 9 A 31/10 – ZUR 2012, 303 ff.

23 Zum Rechtsschutz vgl. Kap. 13 Rn 141, 221 ff., 272 f., 278 f.

24 BVerwG, Urt. v. 14.2.1975 – IV C 21/74 – NJW 1974, 1294 ff.; *Kopp/Ramsauer*, § 75 Rn 66; Stelkens/Bonk/Sachs/*Bonk/Neumann*, § 74 Rn 271.

25 Vgl. dazu und zur enteignungsrechtlichen Vorwirkung Kap. 13 Rn 164 ff.

26 BVerwG, Urt. v. 12.8.2009 – 9 A 64/07 – BeckRS 2009, 37830 Rn 24; Urt. v. 21.3.1996 – 4 C 1/95 – NVwZ 1997, 493, 494.

27 So vor Inkrafttreten der derzeitigen Fassung von § 46 VwVfG bereits BVerwG, Beschl. v. 26.6.1992 – 4 B 1-11/92 – NVwZ 1993, 572 ff.; Beschl. v. 24.6.1993 – 4 B 114/93 – juris Rn 3; vgl. dazu auch Kap. 9 Rn 415 f. und Kap. 13 Rn 228.

28 BVerwG, Urt. v. 31.3.1995 – 4 A 1/93 – juris Rn 18; Stelkens/Bonk/Sachs/*Bonk/Neumann*, § 75 Rn 48; vgl. zum ergänzenden Verfahren Kap. 13 Rn 222 ff.

29 BVerwG, Urt. v. 31.3.1995 – 4 A 1/93 – juris Rn 18; Urt. v. 5.12.1986 – 4 C 13/85 – NVwZ 1987, 578, 580.

21 Auch **materielle Rechtsfehler**, durch die eine Rechtsverletzung bewirkt wirkt, führen nicht ohne Weiteres zu einem Anspruch auf Aufhebung eines Planfeststellungsbeschlusses.[30] Bei **Abwägungsfehlern** darf der Planfeststellungsbeschluss nach § 75 Abs. 1a VwVfG nur dann aufgehoben werden, wenn der Abwägungsmangel offensichtlich und auf das Abwägungsergebnis von Einfluss gewesen ist; und selbst dann ist eine Aufhebung ausgeschlossen, wenn ein solcher Mangel auch durch eine **Planergänzung** oder ein **ergänzendes Verfahren** behoben werden kann.[31] § 43e Abs. 4 EnWG enthält eine gleichlautende Parallelregelung. Ist danach ein Anspruch auf Aufhebung ausgeschlossen, so hat das Gericht nur die Rechtswidrigkeit und Nichtvollziehbarkeit des Planfeststellungsbeschlusses festzustellen.[32] Es ist dann Sache der Behörde, die entsprechenden Ergänzungen vorzunehmen. Tut sie dies nicht, so darf aufgrund eines rechtswidrigen Planfeststellungsbeschlusses das Vorhaben insoweit, als die Rechtswidrigkeit festgestellt wurde, nicht ausgeführt werden.

22 Auch wenn ein Planfeststellungsbeschluss abwägungsfehlerhaft ist, weil ihm eine Schutzauflage fehlt, sind Ansprüche auf (Teil-) Aufhebung grundsätzlich ausgeschlossen. **Schutzauflagen** sind stets vorrangig vor einer Versagung der Zulassungsentscheidung, sodass in einem solchen Fall nur einen Anspruch auf erneute Bescheidung besteht, da die konkrete Ausgestaltung der Schutzauflagen der Verwaltung überlassen bleiben muss.[33]

B. Zuständige Behörde

23 Die Durchführung von Planfeststellungsverfahren fällt grundsätzlich in die **Verwaltungskompetenz der Länder.**[34] Einzelne Bundesgesetze sehen allerdings auch die **Zuständigkeit von Bundesbehörden** vor. Die Einzelheiten sind in oben stehender Tabelle[35] dargestellt.

24 So ist das **BSH** nach § 2 Abs. 2 SeeAnlV zuständige Planfeststellungsbehörde für Anlagen auf See jenseits des – zum Hoheitsgebiet auch der betroffenen Länder gehörigen – Küstenmeeres. Das **Eisenbahnbundesamt** ist nach § 3 Abs. 1 Nr. 1 des Gesetzes über die Eisenbahnverkehrsverwaltung des Bundes (Bundeseisenbahnverkehrsverwaltungsgesetz – BEVVG) Planfeststellungsbehörde für Bahnstromleitungen bei Eisenbahnen des Bundes. Schließlich ermächtigt § 2 Abs. 2 NABEG die Bundesregierung, für länderübergreifende oder grenzüberschreitende Höchstspannungsleitungen eine Zuständigkeit der **BNetzA** vorzusehen. Die Zuständigkeit für 16 derartige Vorhaben, die im Gesetz über den Bundesbedarfsplan[36] dargestellt sind, wird der BNetzA durch die Planfeststellungszuweisungsverordnung (PlfZV) zeitgleich mit dem Inkrafttreten des Gesetzes über den Bundesbedarfsplan übertragen.[37]

---

30 Vgl. für Stromfreileitungen BVerwG, Beschl. v. 24.5.2012 – 7 VR 4/12 – ZUR 2012, 499, 500.

31 Vgl. Kap. 9 Rn 419 ff.

32 Grundlegend BVerwG, Urt. v. 21.3.1996 – 4 C 19/94 – juris Rn 13.

33 BVerwG, Urt. v. 27.10.1998 – 11 A 1/97 – NVwZ 1999, 644 ff.; Urt. v. 28.10.1998 – 11 A 3/98 – juris Rn 49; Urt. v. 17.11.1999 – 11 A 4/98 – juris Rn 57.

34 Vgl. zur für die Planfeststellung zuständigen Behörde auch Kap. 9 Rn 86 ff. und Kap. 13 Rn 12, 173 ff.

35 Siehe Rn 3.

36 Zweites Gesetz über Maßnahmen zur Beschleunigung des Netzausbaus Elektrizitätsnetze, zum Zeitpunkt der Drucklegung noch nicht verkündet, vom Bundestag am 25.4.2013 verabschiedet, Beschluss des Bundesrates vom 7.6.2013, BR-Drucks. 363/13 (B).

37 Verordnung über die Zuweisung der Planfeststellung für länderübergreifende und grenzüberschreitende Höchstspannungsleitungen auf die BNetzA (Planfeststellungszuweisungsverordnung – PlfZV), zum Zeitpunkt der Drucklegung noch nicht verkündet, Zustimmung des Bundesrates und Verordnungstext auf BR-Drucks. 333/13.

C. Das anzuwendende Verfahren

I. Planfeststellungsverfahren

1. Allgemeines

Das Planfeststellungsverfahren unterscheidet sich von den meisten anderen öffentlich-rechtlichen Vorhabenszulassungsverfahren sowohl nach seinem Gegenstand, der durch die Komplexität des Vorhabens geprägt ist, als auch nach seinem Ablauf als förmliches Verfahren mit Öffentlichkeitsbeteiligung und umfassender Beteiligung von Behörden und Naturschutz- und Umweltvereinigungen. 25

Geregelt ist das Verfahren allgemein in §§ 72ff. VwVfG. §§ 43aff. EnWG sowie §§ 19ff. NABEG enthalten z.T. ergänzende, z.T. abweichende Regelungen, die als solche nach § 1 Abs. 1 VwVfG den Vorschriften des VwVfG vorgehen.[38] 26

Das Verfahren ist zweistufig ausgestaltet. Einem „Anhörungsverfahren", in dem die **Öffentlichkeits-, Behörden- und Verbandsbeteiligung** stattfindet und das der umfassenden Sachverhaltsermittlung durch die „Anhörungsbehörde" dient, folgt ein Verfahrensabschnitt, in dem die „Planfeststellungsbehörde" die verfahrensabschließende Entscheidung über den Planfeststellungsbeschluss trifft. Auch wenn damit das VwVfG ein Modell regelt, in dem Sachverhaltsermittlung und abschließende Entscheidung verschiedenen Behörden zugewiesen sind, werden in der Praxis häufig beide Funktionen innerhalb derselben Behörde wahrgenommen. Ausdrücklich ist dies z.B. in § 2 Abs. 2 SeeAnlV für das BSH geregelt. 27

Die **möglichst vollständige Berücksichtigung der öffentlichen Belange** wird durch verfahrensrechtliche Regelungen abgesichert. Im Planfeststellungsverfahren sind alle Behörden zu beteiligen, deren Aufgabenbereiche durch das Vorhaben berührt werden. Die Stellungnahmen der zu beteiligenden Behörden sollen der Planfeststellungsbehörde die notwendigen Informationen zu den von der Planung berührten öffentlichen Interessen liefern. Gleiches folgt im Plangenehmigungsverfahren aus der Verpflichtung der Genehmigungsbehörde, mit den Trägern öffentlicher Belange das Benehmen herzustellen. Auch bei Entfallen von Planfeststellung und -genehmigung kann über das Vorliegen der Voraussetzung, dass öffentliche Belange nicht berührt sind, sachgerecht nur aufgrund einer Beteiligung der insoweit betroffenen Behörden entschieden werden. 28

Auch die **Ermittlung der privaten Belange** wird durch geeignete Verfahrensweisen erleichtert. Im Planfeststellungsverfahren wird dies durch den Verfahrensschritt der öffentlichen Anhörung gewährleistet; im Plangenehmigungsverfahren und auch bei Wegfall von Planfeststellung und -genehmigung bedarf es zumindest der Ermittlung der betroffenen Rechte Dritter sowie ggf. des Abschlusses von Vereinbarungen über die Inanspruchnahme dieser Rechte. 29

2. Verfahrensbeteiligte

Hauptbeteiligter des Planfeststellungsverfahrens ist der **Vorhabensträger.**[39] Nach §§ 73 Abs. 1 S. 1 VwVfG, 19 S. 1 NABEG wird das Planfeststellungsverfahren mit dem Einreichen des „Plans" 30

38 Vgl. dazu im Einzelnen Kap. 9 Rn 58ff. Dabei ist bereits an dieser Stelle darauf hinzuweisen, dass die §§ 43aff. EnWG zwar durch Art. 4 des Gesetzes zur Verbesserung der Öffentlichkeitsbeteiligung und Vereinheitlichung von Planfeststellungsverfahren (PlVereinhG) vom 31.5.2013 (BGBl. I S. 1388) eine Reihe von Änderungen erfahren haben. Diese Änderungen treten jedoch gem. Art. 16 PlVereinhG erst zum 1.6.2014 in Kraft. Bis dahin bleiben die §§ 43aff. EnWG also in der bislang geltenden und auch im Folgenden zitierten Fassung anwendbar.

39 Vgl. zum Rechtsschutz in der Planfeststellung allgemein Kap. 13 Rn 137ff. zu den Rechtsschutzmöglichkeiten der Verfahrensbeteiligten im Rahmen der Planfeststellung; konkret zum Rechtsschutz der Vorhabensträger Kap. 13 Rn 254ff.

des Vorhabensträgers bei der Anhörungsbehörde eingeleitet. Verfahrensrechtlich ist dieser Plan der Antrag des Vorhabensträgers auf Erlass des Verwaltungsakts Planfeststellungsbeschluss. Das „Planen" im Wortsinn ist dabei Sache des Vorhabensträgers, während der Planfeststellungsbehörde die Funktion einer Zulassungsbehörde zukommt.

31 Allerdings regelt § 12 Abs. 2 S. 3 NABEG auch **Planungspflichten**:[40] Betreiber von Energieversorgungsnetzen nach § 11 EnWG und von Übertragungsnetzen nach § 12 EnWG können – infolge ihrer in diesen Vorschriften geregelten Betreiberpflichten – durch Verwaltungsakt der BNetzA zur Stellung eines Antrags auf Planfeststellung für solche Vorhaben verpflichtet werden, für die die Bundesfachplanung nach § 12 NABEG abgeschlossen ist.[41]

32 Im Verfahren werden nach § 73 Abs. 2 VwVfG alle diejenigen Behörden beteiligt, deren Aufgabenbereich von dem Vorhaben berührt wird.[42] §§ 20, 22 NABEG erweitert dies auf eine Beteiligung aller **„Träger öffentlicher Belange"**. Dieser Begriff bezieht auch diejenigen Träger öffentlicher Belange mit ein, die nicht Behörden sind und daher nach VwVfG im Rahmen der öffentlichen Anhörung zu beteiligen wären, insbesondere privatrechtlich organisierte **Unternehmen der Daseinsvorsorge**.

33 Da planfeststellungsbedürftige Vorhaben in der Regel die Belange einer Vielzahl von Personen berühren, ist nach §§ 73 Abs. 3 und 5 VwVfG, 43a EnWG, 22 NABEG eine **Beteiligung der Öffentlichkeit** vorgesehen.[43] Die Unterlagen des Vorhabensträgers sind daher grundsätzlich in den Gemeinden, in denen sich das Vorhaben voraussichtlich auswirkt, für einen Monat öffentlich auszulegen; die **Auslegung** wird öffentlich bekanntgemacht. Für UVP-pflichtige Vorhaben schreibt auch § 9 UVPG eine Öffentlichkeitsbeteiligung vor; § 9 Abs. 1 S. 2 UVPG enthält insoweit eine Rückverweisung auf § 73 Abs. 3–7 VwVfG.

34 Die verfahrensrechtliche Stellung der von dem Vorhaben Betroffenen geht über ein reines Informationsrecht (Einsicht in die ausgelegten Unterlagen) weit hinaus. Sie können nach §§ 73 Abs. 4 VwVfG, 22 Abs. 6 NABEG **Einwendungen** erheben und sind gem. § 73 Abs. 6 VwVfG zu einem Erörterungstermin zu laden.

35 **Gemeinden** haben eine Doppelstellung.[44] Einerseits sind sie Behörden bzw. Träger öffentlicher Belange, deren Stellungnahme nach §§ 73 Abs. 2 VwVfG, 22 Abs. 2 NABEG einzuholen ist, andererseits können sie auch, soweit ihre Belange berührt sind, Einwendungen erheben.[45]

36 **Naturschutzvereinigungen** hat der Gesetzgeber in § 63 Abs. 1 Nr. 3 BNatSchG ein besonderes Beteiligungsrecht für Planfeststellungsverfahren über Vorhaben eingeräumt, die mit Eingriffen in Natur und Landschaft verbunden sind.[46] Im Übrigen sind sie sowie alle weiteren Umweltschutzvereinigungen nach §§ 43a Nr. 2 EnWG, 22 Abs. 1 NABEG im Anhörungsverfahren zu beteiligen.[47]

3. Erörterungsverfahren

37 Am Ende des Anhörungsverfahrens wird der Plan mit allen Beteiligten erörtert.[48] Dies sind gem. § 73 Abs. 6 VwVfG der Vorhabensträger, die beteiligten Behörden, die Betroffenen und alle Personen, die Einwendungen erhoben haben.

---

40 Zur verfassungsrechtlichen Zulässigkeit der Indienstnahme der Vorhabenträger vgl. Kap. 13 Rn 68, 264.
41 Vgl. zum Rechtsschutz der Vorhabenträger hinsichtlich der Aufforderung zur Antragstellung Kap. 13 Rn 264 ff.
42 Vgl. dazu im Einzelnen Kap. 9 Rn 155 ff. sowie 201 ff.
43 Hierzu im Einzelnen Kap. 9 Rn 132 ff. sowie zum Rechtsschutz Kap. 13 Rn 177 ff.
44 Vgl. zum Rechtsschutz der Gemeinden Kap. 13 Rn 287 ff.
45 BVerwG, Gerichtsbescheid v. 27.12.1995 – 11 A 24/95 – juris Rn 17; Urt. v. 9.6.1999 – 11 A 8/98 – juris Rn 29 ff.
46 Hierzu auch Kap. 9 Rn 197 f.
47 Zum Rechtsschutz anerkannter Vereinigungen Kap. 13 Rn 297 ff.
48 Vgl. im Einzelnen dazu Kap. 9 Rn 132 ff.

§§ 73 Abs. 6 VwVfG, 43a Nr. 5 EnWG, 10 NABEG trennen zwischen der Erörterung, die auf die erhobenen Einwendungen beschränkt ist, und der Beteiligung anerkannter Naturschutzvereinigungen nach § 63 BNatSchG. Dennoch werden in der Praxis regelmäßig auch die Umweltschutzvereinigungen, soweit sie im Verfahren Stellung genommen haben, zum Erörterungstermin eingeladen. 38

Das Erörterungsverfahren wird nach § 73 Abs. 9 VwVfG mit einer Stellungnahme der Anhörungsbehörde und der Abgabe des Verfahrens an die Planfeststellungsbehörde abgeschlossen. 39

Unter den Voraussetzungen von § 43a Nr. 5 S. 2 EnWG findet ein Erörterungstermin nicht statt. 40

4. Einwendungsbefugnis und Einwendungsausschluss

Betroffene können nach §§ 73 Abs. 4 VwVfG, 22 Abs. 6 NABEG bis zwei Wochen nach Ablauf der Auslegungsfrist **Einwendungen** erheben.[49] Einwendungen im Sinne dieser Vorschriften sind aber nicht jegliche Äußerungen Dritter, die sich gegen das Vorhaben wenden, sondern nur substanziiertes Gegenvorbringen, das sich auf eigene Rechte des Einwenders bezieht.[50] 41

Nicht oder verspätet vorgebrachte Einwendungen sind vom weiteren Verfahren ausgeschlossen.[51] Dieser **Einwendungsausschluss** („Präklusion“) wirkt sich entscheidend auf den gerichtlichen Rechtsschutz aus: Einwendungen, die nicht innerhalb der Frist erhoben worden sind, können auch in einem sich eventuell anschließenden Gerichtsverfahren nicht mehr geltend gemacht werden.[52] 42

Für Gemeinden gelten die materiellen Präklusionsvorschriften ebenfalls.[53] 43

Der Einwendungsausschluss gilt nach § 43a Nr. 7 S. 2 EnWG auch für Umweltschutzvereinigungen. Gleiches regelt im Übrigen auch § 2 Abs. 3 UmwRG. 44

5. Antragsunterlagen

Der „Plan“, d.h. die **Antragsunterlagen** des Vorhabensträgers, besteht nach §§ 73 Abs. 1 VwVfG, 21 Abs. 2 NABEG aus Zeichnungen und Erläuterungen, die das Vorhaben und seinen Anlass erkennen lassen; dazu gehört auch eine Aufstellung der von dem Vorhaben **betroffenen Grundstücke** und Anlagen, insbesondere derjenigen in fremdem Eigentum stehenden Grundstücke und grundstücksgleichen Rechte, auf die zur Verwirklichung des Vorhabens zugegriffen werden soll.[54] 45

Der Umfang der notwendigen Unterlagen richtet sich grundsätzlich nach dem Umfang der zu betrachtenden Belange. Er ist daher eher weit als zu eng zu bestimmen. In die Abwägung einzustellen und damit im Verfahren zu ermitteln sind – so das BVerwG – alle von der Planung berührten Belange, *„die schutzwürdig und nicht geringwertig sind. Hierzu gehören nicht nur die im Rahmen der Beteiligung der Bürger und der Träger öffentlicher Belange dem Planungsträger zur* 46

49 Dazu auch Kap. 9 Rn 216 ff.

50 BVerwG, Urt. v. 17.7.1980 – 7 C 101/78 – juris Rn 10 ff.; *Kopp/Ramsauer*, § 73 Rn 63; Stelkens/Bonk/Sachs/*Bonk/Neumann*, § 73 Rn 66.

51 Vgl. im Einzelnen Kap. 9 Rn 237 ff.

52 Grundlegend dazu BVerwG, Urt. v. 17.7.1980 – 7 C 101/78 – juris Rn 10 ff.; zum Einwendungsausschluss nach § 43a Nr. 7 S. 1 EnWG Sächsisches OVG, Beschl. v. 14.7.2010 – 4 B 460/09 – NVwZ-RR 2010, 873 ff.; OVG Nordrhein-Westfalen, Urt. v. 19.8.2010 – 11 D 26/08/AK – ZUR 2010, 548 ff.; hierzu im Einzelnen Kap. 13 Rn 193, 200 ff.

53 BVerwG, Gerichtsbescheid v. 27.12.1995 – 11 A 24/95 – NVwZ 1996, 895; Urt. v. 9.6.1999 – 11 A 8/98 – juris Rn 29 ff.

54 Vgl. hierzu Kap. 9 Rn 91 ff.; zum Rechtsschutz der Vorhabensträger Kap. 13 Rn 268 ff.

Kenntnis gelangten Belange, sondern auch die Belange, deren Aufklärung sich ihm nach Lage der Dinge und den verfügbaren Erkenntnismitteln aufdrängen musste.“[55]

47 Zu berücksichtigende **öffentliche Belange** lassen sich insbesondere (unterschiedlichsten) öffentlich-rechtlichen Regelungen entnehmen; soweit diese Regelungen für einzelne Belange auch spezifische Bewertungsvorschriften enthalten, bedarf es zur Bewertung eines solchen Belangs im Rahmen des Verfahrens keiner weiteren Unterlagen, insbesondere keiner Sachverständigengutachten. Namentlich gilt dies hier für die **Auswirkungen elektromagnetischer Felder** auf das Schutzgut menschliche Gesundheit, die durch die 26. BImSchV (Verordnung über elektromagnetische Felder) in Verbindung mit den Grenzwertempfehlungen der Internationalen Kommission zum Schutz von nichtionisierenden Strahlen grundsätzlich abschließend bewertet sind.[56]

48 Für UVP-pflichtige Vorhaben sieht § 6 UVPG vor, dass der Vorhabensträger *„die entscheidungserheblichen Unterlagen über die Umweltauswirkungen des Vorhabens“* vorzulegen hat. Für die Erstellung dieser Unterlagen hat die zuständige Behörde gem. § 5 S. 4 UVPG bei ihr vorhandene Informationen zur Verfügung zu stellen.[57]

49 Wesentliches Element der von der Behörde zu treffenden planerischen Abwägungsentscheidung ist auch die Beantwortung der Frage, ob das zur Entscheidung gestellte konkrete Vorhaben gegenüber möglichen **Alternativen** vorzugswürdig ist.[58] Die Planunterlagen müssen daher auch Auskunft über die vom Vorhabensträger untersuchten Alternativen geben. Dabei besteht allerdings keine Verpflichtung, alle denkbaren Möglichkeiten der Trassenführung einer gleich intensiven Prüfung zu unterziehen. Vielmehr kann in einem gestuften Planungsverfahren eine **schrittweise Reduzierung der Anzahl der Varianten** unter gleichzeitiger Intensivierung der Untersuchung erfolgen.[59]

50 Auch aus den Regelungen des Gesetzes über die Umweltverträglichkeitsprüfung ergibt sich nichts Gegenteiliges. Eine Prüfung von Vorhabensalternativen ist auch im Rahmen der Umweltverträglichkeitsprüfung nur nach Maßgabe des jeweiligen Fachrechts erforderlich; die vom Vorhabensträger geprüften Alternativen sind gem. § 6 Abs. 3 Nr. 5 UVPG in den UVP-Unterlagen darzustellen. Bei der Alternativenprüfung ist es der Planfeststellungsbehörde nicht verwehrt, die Umweltverträglichkeitsprüfung auf diejenige Variante zu beschränken, die nach dem aktuellen Planungsstand noch ernstlich in Betracht kommt.[60]

6. Verfahrensmanagement

51 Nach § 10 VwVfG ist das Verwaltungsverfahren einfach, zweckmäßig und zügig durchzuführen. Hierfür stehen der zuständigen Behörde verschiedene Instrumente zur Verfügung, die teilweise gesetzlich geregelt, teilweise in der Verwaltungspraxis entwickelt worden sind.

a) Vorberatungen

52 Bereits **vor Antragstellung** kann die Behörde mit dem Antragsteller Ablauf und Inhalte des Verwaltungsverfahrens erörtern. Für immissionsschutzrechtlich genehmigungsbedürftige Anlagen

55 BVerwG, Urt. v. 25.1.1996 – 4 C 5/95 – juris Rn 20.
56 Vgl. BVerwG, Gerichtsbescheid v. 21.9.2010 – 7 A 7/10 – juris Rn 17.
57 Vgl. im Einzelnen Kap. 8 zu den Umweltprüfungen im Rahmen der Netzplanung.
58 Vgl. Kap. 11 Rn 68 ff. zur Alternativenprüfung.
59 BVerwG, Beschl. v. 9.9.1996 – 11 VR 31/95 – NVwZ-RR 1997, 210, 211; Beschl. v. 30.12.1996 – 11 VR 25/95 – NVwZ-RR 1997, 525, 528.
60 BVerwG, Urt. v. 25.1.1996 – 4 C 5/95 – juris Rn 29; Beschl. v. 16.8.1995 – 4 B 92/95 – juris Rn 4 f.; Beschl. v. 20.12.1988 – 7 NB 2/88 – NVwZ 1989, 458, 459.

ist dies ausdrücklich in § 2 Abs. 2 9. BImSchV geregelt. Zwischenzeitlich enthielt auch das VwVfG entsprechende allgemeine Regelungen.[61] Soweit für das Vorhaben eine Umweltverträglichkeitsprüfung durchzuführen ist, sieht § 5 UVPG vor, dass auf Initiative des Vorhabensträgers oder der Behörde bereits vor Antragstellung eine Erörterung über die Umweltauswirkungen des Vorhabens stattfindet.

Zweck von derartigen Vorberatungen ist es vor allem, und auch über die Umweltauswirkungen des Vorhabens hinaus, einen **zügigen Ablauf** des Zulassungsverfahrens zu ermöglichen, indem u.a. Art und Umfang der Antragsunterlagen, die im Verfahren erforderlichen Gutachten und sonstige Möglichkeiten der **Vereinfachung** und des zügigen Ablaufs des Verfahrens geklärt werden. Zu den Vorberatungen können daher ganz allgemein auch andere Behörden und – jedenfalls mit Zustimmung des Vorhabensträgers – auch Dritte hinzugezogen werden. 53

Eine rechtliche **Bindungswirkung** etwa in der Art einer Zusage haben die Ergebnisse dieser Erörterungen aber nicht: Auch wenn etwa nach den Vorberatungen Art und Umfang der vorzulegenden Unterlagen festliegen, kann sich dennoch im Laufe des Verwaltungsverfahrens herausstellen, dass für die Prüfung des Antrags weitere Unterlagen erforderlich sind. 54

Vorberatungen zwischen Behörde und Vorhabensträger bergen allerdings auch das Risiko, dass für Dritte, insbesondere für die an den Vorberatungen nicht beteiligte Öffentlichkeit sowie für nicht beteiligte andere Behörden, der Anschein erweckt werden kann, dass Vorhabensträger und Behörde sich auf ein Vorhaben „einigen" und dieses Vorhaben „gemeinsam" gegen die Öffentlichkeit „durchsetzen" wollen. Auch bei Vorberatungen hat die Behörde daher das Gebot der Neutralität gegenüber den beteiligten Interessen zu wahren.[62] 55

b) Antragskonferenz

Während des laufenden Verwaltungsverfahrens kann – neben dem förmlich geregelten Erörterungstermin – die Anhörungs- bzw. Planfeststellungsbehörde **Besprechungen mit allen beteiligten Stellen und dem Antragsteller** zum weiteren Fortgang des Verfahrens (sog. Antragskonferenz) einberufen.[63] 56

Verpflichtend vorgesehen ist eine solche Antragskonferenz zu Beginn des Verfahrens in § 20 Abs. 1 NABEG. Nach § 20 Abs. 2 S. 2 ist die Antragskonferenz öffentlich; sie ist öffentlich bekanntzugeben. Ergebnis der Antragskonferenz ist nach § 20 Abs. 3 die Festlegung eines Untersuchungsrahmens für die Planfeststellung und die Bestimmung des erforderlichen Inhalts der vom Vorhabensträger einzureichenden Unterlagen. Damit reicht die Verbindlichkeit des Ergebnisses der Antragskonferenz über die Verbindlichkeit des „Scopings" in der Umweltverträglichkeitsprüfung hinaus; letzteres hat nach § 5 UVPG nur vorläufigen Charakter. 57

c) Verfahrensmanager

§§ 43g EnWG und 29 NABEG ermöglichen es der Anhörungs- bzw. Planfeststellungsbehörde, für die Vorbereitung und Durchführung bestimmter Verfahrensschritte einen Dritten als „Projektmanager" einzuschalten. Dies kann auch auf Vorschlag des Vorhabensträgers geschehen; seine Zustimmung ist in jedem Fall erforderlich. Die **Kosten** trägt der Vorhabensträger unmittelbar. 58

---

61 § 71c Abs. 2 VwVfG, eingefügt durch das Gesetz zur Beschleunigung von Genehmigungsverfahren (Genehmigungsverfahrensbeschleunigungsgesetz – GenBeschlG) v. 12.9.1996 (BGBl. I S. 1354); außer Kraft getreten mit Wirkung vom 18.12.2008 aufgrund des 4. VwVfÄndG v. 11.12.2008 (BGBl. I S. 2418).

62 BVerwG, Urt. v. 5.12.1986 – 4 C 13/85 – NVwZ 1987, 578, 582; Urt. v. 24.11.2011 – 4 A 23/10 – NVwZ 2012, 557, 559.

63 So ausdrücklich die zwischen 1996 und 2008 geltende Regelung des § 71e VwVfG; zum Rechtsschutz Kap. 13 Rn 179.

59 Die gesetzlichen Vorschriften nennen als mögliche **Aufgaben** des Projektmanagers in nicht abschließender Aufzählung die Verfahrensschritte

1. Erstellung von Verfahrensleitplänen unter Bestimmung von Verfahrensabschnitten und Zwischenterminen,
2. Fristenkontrolle,
3. Koordinierung von erforderlichen Sachverständigengutachten,
4. Entwurf eines Anhörungsberichts,
5. erste Auswertung der eingereichten Stellungnahmen,
6. organisatorische Vorbereitung eines Erörterungstermins und
7. Leitung des Erörterungstermins.

60 Auch ohne eine solche gesetzliche Regelung findet in der Praxis die Beauftragung Dritter zur Unterstützung der Behördentätigkeit in Planfeststellungsverfahren statt.[64] Diese haben jedoch als (bloße) **Verwaltungshelfer** gegenüber den Verfahrensbeteiligten keine eigenen Befugnisse; die Verantwortung für alle Handlungen eines Verwaltungshelfers, die dieser im Rahmen seines Auftrags vornimmt, trägt in vollem Umfang die Behörde.

61 Demgegenüber sind einzelne der möglichen Aufgaben des Projektmanagers wie insbesondere die Leitung des Erörterungstermins nicht ohne die Vornahme von Verfahrenshandlungen denkbar, die auch einen unmittelbaren Bezug zu den verfahrensrechtlichen Rechten der Beteiligten haben. Eine eigene Rechtsstellung als mit hoheitlichen Aufgaben **Beliehener**, insbesondere eine Passivlegitimation in Bezug auf von ihm vorgenommene **Verfahrenshandlungen**, kommt dem Projektmanager dennoch nicht zu. Zwar regeln EnWG und NABEG ausdrücklich nur, dass die Entscheidung über den Planfeststellungsantrag allein bei der zuständigen Behörde liegt. Hieraus im Umkehrschluss zu folgern, dass der Projektmanager zu eigenverantwortlichen Verfahrenshandlungen befugt sein soll, wäre allerdings verfehlt. Nach der Rechtsprechung des BVerwG erfassen die materiell-rechtlichen Anforderungen an die Planfeststellung, namentlich auch das Abwägungsgebot, sowohl „das Planen als Vorgang“ ebenso wie den „Plan als Produkt“. Rechtmäßigkeitsvoraussetzung des Plans ist danach die Fehlerfreiheit sowohl des Abwägungsvorgangs als auch des Abwägungsergebnisses.[65] Die Alleinverantwortung der Behörde für die „Entscheidung über den Planfeststellungsantrag“ schließt es damit aus, die Verantwortung für den Abwägungsvorgang einschließlich der sachgerechten Ermittlung des Sachverhalts an Dritte zu delegieren. Aus der Perspektive des Rechtsschutzes betrachtet, ergibt sich ohnehin nichts anderes: Verfahrenshandlungen sind nach § 44a VwGO nur im Rahmen eines gegen die verfahrensabschließende Entscheidung gerichteten Rechtsschutzverfahrens angreifbar.

7. Umweltverträglichkeitsprüfung

62 Für die in Nr. 14.7, 19.1 und 19.2 der Anlage zu § 3 UVPG aufgeführten Energieleitungen ist eine Umweltverträglichkeitsprüfung durchzuführen.[66] Gegenstand der Umweltverträglichkeitsprüfung ist die **Ermittlung, Beschreibung und Bewertung der Umweltauswirkungen** des Vorhabens, nicht aber die Entscheidung über die Zulassung des Vorhabens selbst. Die Umweltverträglichkeitsprüfung ist nicht als eigenständiges Verfahren ausgestaltet, sondern bildet nach § 2 Abs. 1 S. 1 UVPG einen unselbstständigen Teil der jeweiligen Zulassungsverfahren. Durch die UVP-Vorschriften wird das Planfeststellungsverfahren in besonderer Weise strukturiert; für die

64 Vgl. z.B. BVerwG, Urt. v. 21.2.2008 – 4 C 13/07 – NVwZ 2008, 791.

65 BVerwG, Urt. v. 14.2.1975 – IV C 21/74 – BVerwGE 48, 56, 64; Urt. v. 1.11.1974 – IV C 28/71 – NJW 1975, 841.

66 Vgl. im Einzelnen Kap. 8 zu den Umweltprüfungen im Rahmen der Netzplanung; zum Rechtsschutz Kap. 13 Rn 182 f., 324, 333 ff.

Ermittlung, Beschreibung und Bewertung von Umweltauswirkungen wird ein bestimmtes Verfahren verbindlich vorgeschrieben,[67] dessen Funktion insbesondere ist, in jedem Verfahrensschritt die Zulassungsbehörde zu einer besonderen Beachtung der Umweltauswirkungen des Vorhabens zu veranlassen.

Vor der Endentscheidung ist nach § 11 UVPG eine „zusammenfassende Darstellung" der Umweltauswirkungen zu erarbeiten, die nach § 11 S. 4 UVPG in der Begründung der Zulassungsentscheidung erfolgen kann. 63

II. Plangenehmigungsverfahren

Planfeststellungsbedürftige Vorhaben können statt durch Planfeststellung bei Vorliegen bestimmter gesetzlicher **Voraussetzungen** auch durch Plangenehmigung zugelassen werden.[68] 64

Nach § 74 Abs. 6 VwVfG ist Voraussetzung für eine Plangenehmigung, dass 65

1. Rechte anderer nicht beeinträchtigt werden oder die Betroffenen sich mit der Inanspruchnahme ihres Eigentums oder eines anderen Rechts schriftlich einverstanden erklärt haben und
2. mit den Trägern öffentlicher Belange, deren Aufgabenbereich berührt wird, das Benehmen hergestellt worden ist.

Das **energiewirtschaftliche Fachrecht** enthält hiervon teilweise abweichende Regelungen. So sieht § 43b Nr. 2 EnWG eine Plangenehmigung auf Antrag des Vorhabensträgers auch bei nicht UVP-pflichtigen Anlagen vor, sowie auch dann, wenn Rechte anderer zwar beeinträchtigt werden, aber nur unwesentlich. § 5 Abs. 1 SeeAnlV regelt das **Fehlen einer UVP-Pflicht** als kumulative Voraussetzung für eine Plangenehmigung zusätzlich zu den in § 74 Abs. 6 VwVfG genannten Voraussetzungen. Das NABEG enthält keine eigenständige Regelung, sondern verweist in § 18 Abs. 3 auf die Vorschriften des EnWG. 66

Das **Abwägungsgebot** gilt auch in Plangenehmigungsverfahren. Es fehlt aber an seiner umfassenden verfahrensrechtlichen Absicherung; gem. § 74 Abs. 6 S. 2 VwVfG finden die Vorschriften über das Planfeststellungsverfahren keine Anwendung. Insbesondere ist eine Öffentlichkeitsbeteiligung mit der Möglichkeit, Einwendungen zu erheben, nicht vorgesehen. Die Nichtanwendung der Vorschriften über die Behördenbeteiligung im Planfeststellungsverfahren wird hingegen durch das Erfordernis, mit den Trägern öffentlicher Belange das Benehmen herzustellen, kompensiert. 67

Eine **Beteiligung der Naturschutzvereinigungen** findet nicht statt. Nach § 63 BNatSchG anerkannte Naturschutzvereinigungen sind keine Träger öffentlicher Belange im Sinne dieser Vorschrift.[69] 68

III. Wegfall von Planfeststellung und Plangenehmigung

In **Fällen unwesentlicher Bedeutung** können Planfeststellung und Plangenehmigung gänzlich **entfallen**.[70] Auch hier stellt das VwVfG in § 74 Abs. 7 auf die berührten öffentlichen Belange und 69

67 BVerwG, Urt. v. 25.1.1996 – 4 C 5/95 – NVwZ 1996, 788, 790.
68 Vgl. im Einzelnen Kap. 9 Rn 331 ff.
69 BVerwG, Urt. v. 14.5.1997 – 11 A 43/96 – NVwZ 1998, 279, 280; Stelkens/Bonk/Sachs/*Bonk/Neumann*, § 74 Rn 241; OVG Lüneburg, Beschl. v. 12.10.2000 – 7 M 3440/00 – NVwZ-RR 2001, 435.
70 Vgl. hierzu im Einzelnen Kap. 9 Rn 348 ff.

die betroffenen Rechte Dritter ab: Voraussetzung ist einerseits, dass öffentliche Belange entweder nicht berührt sind oder darüber bereits eine positive Entscheidung getroffen worden ist, und andererseits, dass Rechte Dritter nicht beeinflusst werden oder mit diesen Vereinbarungen über die Inanspruchnahme ihrer Rechte geschlossen worden sind.

70 Das energiewirtschaftliche Fachrecht weicht hierbei ebenfalls von den allgemeinen Regelungen des VwVfG ab. Sowohl § 43f EnWG als auch § 25 NABEG regeln ebenso wie § 5 Abs. 1 SeeAnlV das Fehlen einer UVP-Pflicht als zusätzliche kumulative Voraussetzung. Nach EnWG und NABEG entfällt ein Verwaltungsverfahren nicht völlig, vielmehr bedarf es in Fällen unwesentlicher Änderungen oder Erweiterungen einer **Anzeige** des Vorhabensträgers bei der Planfeststellungsbehörde.

D. Verfahrensgegenstand und Prüftiefe bei abgestuften Entscheidungen

I. Planungsstufen und Planungsabschnitte

71 Größere Vorhaben, namentlich längere Energietrassen, lassen sich nur selten „in einem Zug" verwirklichen.[71] Häufig besteht daher ein Planungsvorgang aus **mehreren zeitlichen oder räumlichen Abschnitten**; auch können verschiedene Behörden oder Instanzen an ihm beteiligt sein. Dabei schreitet die Planung im Sinne einer zunehmenden Konkretisierung voran; die nachfolgenden Stufen oder Abschnitte nehmen die Ergebnisse der vorangegangenen auf.

72 Insbesondere die folgenden Abstufungen lassen sich unterscheiden:

- Typisch ist die Vorwegnahme der Frage, welche Vorhaben überhaupt realisiert werden sollen und – bei einer Vielzahl gleichartiger Projekte – in welcher Reihenfolge. Das energiewirtschaftliche Fachrecht hält hierfür im EnWG das Instrument der auf den Netzentwicklungsplänen der Übertragungsnetzbetreiber beruhenden **Bedarfsplanung** durch Bundesgesetz bereit. Eine eigenständige bundesgesetzliche Bedarfsplanung für Höchstspannungsnetze ist durch das EnLAG erfolgt.
- Auf der gesetzlichen Bedarfsplanung beruht das Instrument der **Bundesfachplanung** nach NABEG, mit dem Trassenkorridore festgelegt werden. Dieses Instrument ist zwar spezialgesetzlich eigenständig geregelt, weist aber weitestgehende strukturelle Ähnlichkeiten mit den Instrumenten der **Raumplanung** auf. Auch in Raumordnungsplänen nach ROG können Standorte und Trassenverläufe für Energieleitungen und -anlagen als Ziele der Raumordnung und Landesplanung festgelegt werden.
- Größere Vorhaben können schließlich, auch wenn ihre Realisierung insgesamt beabsichtigt ist, in zeitlich aufeinanderfolgenden **Abschnitten** verwirklicht werden.

73 Alle diese Abstufungen haben Auswirkungen auf die betroffenen Entscheidungen, namentlich, indem vorhergehende Entscheidungen den **Verfahrensgegenstand** und die **Prüftiefe** nachfolgender Verfahren prägen und auch, in materiell-rechtlicher Hinsicht, den Gestaltungsspielraum der Planungsbehörde beeinflussen und sich damit auch auf die Rechtsschutzmöglichkeiten der von der Planung Betroffenen auswirken.[72]

74 Die Rechtsprechung des BVerwG favorisiert dabei ein Modell, in dem Vorentscheidungen insbesondere die Funktion einer **Negativauswahl** haben: Aufgrund grober Kriterien sollen nicht in Betracht kommende Alternativen aus dem weiteren Planungsprozess ausgeschieden werden

---

71 So für Energieleitungen ausdrücklich auch BVerwG, Beschl. v. 24.5.2012 – 7 VR 4/12 – ZUR 2012, 499, 502.
72 Vgl. auch Kap. 13 Rn 210 ff.

können.[73] Andererseits muss die Möglichkeit einer Rückkoppelung bestehen: Vorentscheidungen, die keine außenwirksame rechtliche Verbindlichkeit haben, können im Rahmen der Überprüfung der Endentscheidung selbst überprüft werden, wie dies etwa für die Bundesfachplanung § 15 Abs. 3 S. 2 NABEG ausdrücklich anerkennt.

II. Bedarfsplanung

Der Ausbau der Höchst- und Hochspannungsnetze ist (ähnlich den Bundesfernstraßen und -schienenwegen) **Gegenstand parlamentarischer Beschlussfassung** in Form eines Bundesgesetzes.[74] Die gesetzlichen Bedarfspläne des Energierechts haben aber ebenso wie die gesetzlichen Bedarfspläne in den Fernstraßen- und Schienenwegeausbaugesetzen keine unmittelbare Außenwirkung. Sie binden aber die Planfeststellungsbehörde, wie dies §§ 12e Abs. 4 S. 2 EnWG, 1 Abs. 2 S. 3 EnLAG ausdrücklich regeln. Die an sich im Rahmen der **Planrechtfertigung** vorzunehmende Prüfung, ob für das Vorhaben gemessen an den gesetzlichen Planungszielen ein Bedarf besteht, wird dabei der Entscheidungsbefugnis der Verwaltung entzogen. Auch die Verwaltungsgerichte haben über die Planrechtfertigung nicht mehr selbst zu entscheiden; dies ist vielmehr dem BVerfG vorbehalten.[75] 75

Die gesetzliche Bedarfsfestlegung verbietet der Planfeststellungsbehörde zwar keine von der Bedarfsfestlegung **abweichende Planung**. Weder ist ein geringerer Ausbauzustand, als im Bedarfsplan festgelegt rechtswidrig, noch wird ein höherer Ausbauzustand verboten.[76] Dabei muss allerdings die Identität des Vorhabens gewahrt bleiben. Bei der Errichtung einer Leitung mit einer vom Bedarfsplan abweichenden Nennspannung dürfte dies zweifelhaft sein. 76

Die gesetzlichen Bedarfspläne des Energiewirtschaftsrechts stellen anders als bei Verkehrswegen **keine Trassenführung** dar, sondern beschreiben nur tabellarisch die Anfangs- und Endpunkte der Vorhaben sowie ggf. auch Anfangs- und Endpunkte von Teilvorhaben. Die Festlegung von räumlich verorteten Trassenkorridoren erfolgt erst auf der Ebene der Bundesfachplanung bzw. der Raumordnung. 77

III. Raumordnung

Die Planungsinstrumente des Raumordnungsrechts ermöglichen die Festlegung von zu sichernden Standorten und Trassen für die Infrastruktur.[77] Derartige Festlegungen können nach § 7 Abs. 2 Nr. 3 ROG in Raumordnungsplänen, die für ein Bundesland bzw. seine Teilregionen aufgestellt werden, erfolgen. 78

Festlegungen in **Raumordnungsplänen** können unterschiedliche Bindungswirkung haben: Zu unterscheiden ist zwischen sog. **Grundsätzen** und sog. **Zielen**. Grundsätze sind Festlegungen mit schwächerer Bindungswirkung, sie sind nach § 4 Abs. 2 ROG bei raumbedeutsamen Pla- 79

73 BVerwG, Beschl. v. 26.6.1992 – 4 B 1-11/92 – NVwZ 1993, 572, 575; Beschl. v. 10.10.1995 – 11 B 100/95 – NVwZ-RR 1997, 336; Urt. v. 12.12.1996 – 4 C 29/94 – NVwZ 1997, 908, 910; Beschl. v. 24.9.1997 – 4 VR 21/96 – NVwZ-RR 1998, 297; Urt. v. 26.3.1998 – 4 A 7/97 – juris Rn 19.

74 Vgl. dazu Kap. 3 und Kap. 13 Rn 5 ff., 189, 211.

75 Grundlegend BVerwG, Urt. v. 8.6.1995 – 4 C 4/94 – juris Rn 19 ff.; zur Bedarfsfestlegung im EnLAG ebenso BVerwG, Beschl. v. 24.5.2012 – 7 VR 4/12 – ZUR 2012, 499 ff.

76 BVerwG, Beschl. v. 2.2.1996 – 4 A 42/95 – NVwZ 1996, 905; Beschl. v. 26.8.1996 – 4 B 67/96 – NVwZ-RR 1997, 84.

77 Vgl. zu den raumordnerischen Fragen der Netzplanung nach dem NABEG Kap. 4 Rn 2 ff. und Kap. 7 sowie Kap. 13 Rn 184.

nungen und Maßnahmen in der Abwägung oder bei der Ermessensausübung zu „berücksichtigen"; Ziele hingegen sind nach § 4 Abs. 1 ROG zu „beachten", können also durch Abwägung nicht überwunden werden.

80 Drittschützende Wirkung haben die Ziele und Grundsätze der Raumordnung nicht.[78] Sie treffen grundsätzlich keine rechtlichen Regelungen mit **Außenwirkung** für den Bürger. Er kann deswegen gegen sie keinen gerichtlichen Rechtsschutz in Anspruch nehmen. Eine Inzidentkontrolle ist aber im Rahmen eines Klageverfahrens über die nachfolgende Vorhabenszulassungsentscheidung möglich.[79] **Gemeinden** hingegen werden in ihrer Planungshoheit durch hinreichend konkrete Ziele der Raumordnung gebunden und sind daher grundsätzlich klagebefugt.[80]

81 Die Bindungswirkung der Erfordernisse der Raumordnung gemäß den Vorschriften des ROG führt in der Regel nur zu einer **negativen Festlegung**: Nur mit den Erfordernissen der Raumordnung unvereinbare Alternativen werden aus dem weiteren Planungsprozess ausgeschieden. Die Planfeststellungsbehörde darf die vorangegangene raumordnerische Abwägung nicht durch eine eigene ergebnisoffene Abwägung der nach ihrer Auffassung maßgeblichen Standortanforderungen ersetzen, bestätigen oder korrigieren.[81] Eine positive Verpflichtung des Planungsträgers oder der Planungsbehörde zu einer ganz bestimmten Planung folgt daraus aber nicht.[82]

IV. Bundesfachplanung

82 Das Instrument der Bundesfachplanung nach § 4 ff. NABEG ist dem raumordnerischen Instrumentarium nachgebildet.[83] Das ROG selbst ermöglicht in § 17 Abs. 3 ROG zwar auch Raumordnungspläne des Bundes, aber nur für bestimmte Verkehrsanlagen und nicht für Energieleitungen.

83 Mit der Bundesfachplanung nach NABEG werden **Trassenkorridore** für länderübergreifende oder grenzüberschreitende Höchstspannungsleitungen bestimmt. § 4 S. 2 NABEG bestimmt dabei ausdrücklich, dass diese Trassenkorridore die Grundlage für die nachfolgenden Planfeststellungsverfahren sind.

84 Für die Bundesfachplanung ist nach § 5 Abs. 2 NABEG eine **Strategische Umweltprüfung** nach den Vorschriften des UVPG durchzuführen. Das Verfahren lehnt sich insgesamt an die UVP-Vorschriften an, enthält aber einige Maßgaben und Besonderheiten, so u.a. die verpflichtende Durchführung einer umfassenden Antragskonferenz nach § 7 NABEG.

85 Der Inhalt der verfahrensabschließenden Entscheidung nach § 12 NABEG entspricht inhaltlich weitestgehend einer **raumordnerischen Zielfestlegung**. Die in § 15 Abs. 1 S. 1 NABEG geregelte Bindungswirkung für die Planfeststellung führt ebenso wie eine raumordnerische Zielfestlegung zwar nicht zu einer positiven Verpflichtung der Planfeststellungsbehörde zum Erlass eines Planfeststellungsbeschlusses, wohl aber dazu, dass Trassenverläufe außerhalb des festgelegten Trassenkorridors bei der Alternativenprüfung im Planfeststellungsverfahren außer Betracht zu bleiben haben.

---

78 BVerwG, Beschl. v. 30.8.1994 – 4 NB 31/94 – juris Rn 8; Beschl. v. 7.11.1996 – 4 B 170/96 – juris Rn 11.
79 Vgl. BVerwG, Beschl. v. 7.11.1996 – 4 B 170/96 – juris Rn 11; Ernst/Zinkahn/Bielenberg/Krautzberger/*Runkel*, § 1 Rn 88; Spannowsky/Runkel/Goppel/*Goppel/Runkel*, § 4 Rn 96.
80 Vgl. BVerwG, Beschl. v. 1.7.2005 – 4 NB 26/05 – juris Rn 6, 12; Ernst/Zinkahn/Bielenberg/Krautzberger/*Runkel*, § 1 Rn 92.
81 BVerwG, Urt. v. 16.3.2006 – 4 A 1075/04 – juris Rn 72.
82 BVerwG, Urt. v. 16.3.2006 – 4 A 1075/04 – juris Rn 72.
83 Vgl. dazu Kap. 4 und Kap. 13 Rn 55 ff., 189.

§ 15 Abs. 3 NABEG regelt entsprechend dem Raumordnungsrecht ausdrücklich, dass die Bundesfachplanung keine Außenwirkung hat und nur im Rahmen eines Rechtsschutzverfahrens gegen die Zulassungsentscheidung für die jeweilige Ausbaumaßnahme (d.h. in der Regel im Rahmen einer gegen den Planfeststellungsbeschluss gerichteten Klage) überprüft werden kann. 86

V. Kollidierende Planungen

Gegenüber **Raumordnungsplänen der Länder** hat die Bundesfachplanung nach § 15 Abs. 1 S. 2 NABEG grundsätzlich Vorrang.[84] 87

Gegenüber der **örtlichen Bauleitplanung** hat die Planfeststellung nach § 38 S. 1 BauGB Vorrang. Insbesondere sind danach „privilegierte" Fachplanungen an Bebauungspläne nicht gebunden.[85] Darüber hinaus sind auch die Bauvorschriften für den unbeplanten Innenbereich (§ 34 BauGB) und den Außenbereich (§ 35 BauGB) nicht anwendbar. Im Gegenzug müssen Bauleitpläne der Gemeinden bei der Fachplanung als Abwägungsmaterial berücksichtigt werden.[86] 88

§ 7 BauGB unterwirft die Fachplanung grundsätzlich einer Pflicht zur Anpassung an den Flächennutzungsplan. Im Einzelfall kann sich daher aus „qualifizierten Standortzuweisungen" im Flächennutzungsplan eine recht weitgehende Festlegung etwa auch der Trasse einer Energieleitung ergeben.[87] Allerdings haben nur hinreichend konkrete Darstellungen Bindungswirkung; „Negativplanungen", mit denen die Gemeinde überörtliche Fachplanungen aus ihrem Gebiet zu verbannen sucht, binden den Fachplanungsträger nicht.[88] 89

VI. Abschnittsweise Planfeststellung

Die Planfeststellung von Energieleitungen kann in einzelne, aufeinanderfolgende **Abschnitte** aufgeteilt werden, und zwar auch außerhalb des ausdrücklichen Regelungsbereichs von §§ 19 S. 2 NABEG bzw. 5 Abs. 2 S. 1 SeeAnlV.[89] Für eine derartige abschnittsweise Planfeststellung gelten eine Reihe besonderer rechtlicher Bedingungen.[90] In materiell-rechtlicher Hinsicht ordnet das BVerwG diese Bindungen dem **Abwägungsgebot** zu. Verfahrensrechtlich führen diese Bindungen zu einer Beschränkung des Prüfungsumfangs bei den nachfolgenden Teilabschnitten. 90

Die von bestandskräftig festgestellten Abschnitten ausgehenden Bindungen sind für die nachfolgenden Abschnitte von der Planfeststellungsbehörde als tatsächliche Vorgaben hinzunehmen. Auch das Erfordernis eines Lückenschlusses wird dabei in der Rechtsprechung als zulässiges Argument angesehen.[91] Für die Planungsbehörden ergibt sich daraus zumindest objektiv die Versuchung, problematischen Teilstücken durch Einkreisung den Stempel der Unumgäng- 91

84 Vgl. dazu auch Kap. 4 Rn 24 ff.
85 Vgl. OVG Schleswig-Holstein, Urt. v. 26.5.2009 – 1 KN 22/08 – BeckRS 2010, 54067; Battis/Krautzberger/Löhr/*Löhr*, § 38 Rn 7; Spannowsky/Uechtritz/*Kraft*, § 38 Rn 23; Ernst/Zinkahn/Bielenberg/Krautzberger/*Runkel*, § 38 Rn 75.
86 BVerwG, Urt. v. 9.11.1984 – 7 C 15/83 – NVwZ 1985, 414; Urt. v. 4.5.1988 – 4 C 22/87 – BVerwGE 79, 318, 321 f.; Urt. v. 18.5.1990 – 7 C 3/90 – NVwZ 1991, 362, 363.
87 Vgl. zur vorsorglichen Planung der Trasse einer Bundesstraße durch Bebauungsplan BVerwG, Urt. v. 18.10.1985 – 4 C 21/80 – NJW 1986, 1826 ff.
88 BVerwG, Beschl. v. 18.1.2012 – 4 BN 25/11 – juris Rn 4; allgemein zur „Negativplanung" BVerwG, Beschl. v. 18.12.1990 – 4 NB 8/90 – NVwZ 1991, 875 ff.
89 BVerwG, Beschl. v. 24.5.2012 – 7 VR 4/12 – ZUR 2012, 499, 502.
90 Vgl. auch Kap. 9 Rn 101 ff. sowie Kap. 13 Rn 190 ff.
91 BVerwG, Urt. v. 6.12.1985 – 4 C 59/82 – NJW 1986, 1508, 1510.

lichkeit aufzudrücken. Durch eine Abschnittsbildung kann daher die Sachentscheidung zulasten einzelner Belange beeinflusst und der Rechtsschutz privater Betroffener verschlechtert werden.[92]

92 Um dies zu vermeiden, muss die Planungsbehörde bei jedem Teilabschnitt die Folgen mitbedenken, die für die Anschlussplanungen entstehen. Dies hat zunächst verfahrensrechtliche Konsequenzen: Die **Planauslegung** im Anhörungsverfahren muss grundsätzlich weiträumig erfolgen, damit sowohl für die Träger öffentlicher Belange als auch für die von der Fortsetzungsplanung betroffenen Bürger erkennbar ist, dass und in welchem Umfang ihre Interessen berührt werden.

93 In materieller Hinsicht folgt aus dem Abwägungsgebot, dass die Bildung von Teilabschnitten selbst das Ergebnis planerischer Abwägung sein muss. Dies ist nur dann der Fall, wenn der Planung ein **Gesamtkonzept** zugrunde liegt, aus dem heraus die Teilabschnitte entwickelt worden sind.[93] Die Planfeststellung eines Teilabschnitts entfaltet jedoch keine Bindungswirkung im Hinblick auf das Gesamtkonzept.[94]

94 Die gebildeten Teilabschnitte bedürfen darüber hinaus grundsätzlich nicht nur in Bezug auf das Gesamtkonzept, sondern vor diesem Hintergrund auch aus sich heraus einer eigenen sachlichen **Rechtfertigung.**[95] Insbesondere soll damit *„gewährleistet werden, dass die Bildung von Teilabschnitten auch dann noch planerisch sinnvoll ist und bleibt, wenn sich – aus welchen Gründen auch immer – die Verwirklichung der Gesamtplanung verzögert oder schließlich ganz aufgegeben werden sollte"*. Um in diesem Sinne das Entstehen eines **„Planungstorsos"** zu verhindern, verlangt das BVerwG, dass jedenfalls bei Straßen grundsätzlich nur solche Abschnitte gebildet werden, die auch ohne Verwirklichung der übrigen Teilabschnitte eine eigenständige Verkehrsbedeutung haben können. Einer solchen eigenständigen Verkehrsbedeutung steht dabei nicht entgegen, dass eventuell erforderliche **„Zwischenlösungen"** notwendigerweise aufwändig und kostenträchtig werden, sofern sich dies im Rahmen der Abwägung als „tragbar" erweist.[96] Abschnitte ohne eigene Verkehrsbedeutung können aber auch dann gebildet werden, wenn die Anschlussplanung zweifelsfrei gesichert ist.[97]

95 Rechtswidrig ist ein Planungsabschnitt erst, wenn der Planung in den folgenden Abschnitten „unüberwindliche Hindernisse" entgegenstehen.[98] Allerdings führt es noch nicht zwingend zur Rechtswidrigkeit, wenn die Streckenführung in nachfolgenden Abschnitten „lediglich unvernünftig" ist.[99]

96 Den von einem nachfolgenden Abschnitt Betroffenen gegenüber sind die bestandskräftig abgeschlossenen Planfeststellungen über vorangegangene Abschnitte verbindlich. Der von einem Teilabschnitt Betroffene wird daher bereits durch alle diejenigen vorangehenden Teilstücke in seinen Rechten berührt, die – im Sinne der Setzung eines **„Zwangspunkts"**[100] – Bindungen für die ihn unmittelbar belastende Entscheidung erzeugen. Besteht ein solcher Zusammenhang, kann ein Betroffener, um nachteilige Folgen zu vermeiden, auch die jeweils vorangehenden Planfeststellungen angreifen.

---

92 Vgl. BVerwG, Beschl. v. 24.5.2012 – 7 VR 4/12 – ZUR 2012, 499, 502.
93 BVerwG, Beschl. v. 2.11.1992 – 4 B 205/92 – NVwZ 1993, 887, 888 f.; Beschl. v. 24.5.2012 – 7 VR 4/12 – ZUR 2012, 499, 502.
94 BVerwG, Urt. v. 10.4.1997 – 4 C 5/96 – NZV 1997, 376 ff.
95 BVerwG, Beschl. v. 24.5.2012 – 7 VR 4/12 – ZUR 2012, 499, 502.
96 BVerwG, Beschl. v. 26.6.1992 – 4 B 1-11/92 – NVwZ 1993, 572, 573.
97 BVerwG, Urt. v. 25.1.1996 – 4 C 5/95 – NVwZ 1996, 788, 792; für Eisenbahnverbindungen hat das BVerwG ausdrücklich auf das Erfordernis einer eigenständigen Verkehrsbedeutung verzichtet, BVerwG, Beschl. v. 21.12.1995 – 11 VR 6/95 – NVwZ 1996, 896 ff.
98 BVerwG, Beschl. v. 24.5.2012 – 7 VR 4/12 – ZUR 2012, 499, 502; Urt. v. 12.8.2009 – 9 A 64/07 – juris Rn 115.
99 BVerwG, Urt. v. 24.5.1996 – 4 A 16/95 – NVwZ 1997, 491; Urt. v. 10.11.2000 – 4 B 47/00 – NVwZ 2011, 800.
100 BVerwG, Beschl. v. 26.6.1992 – 4 B 1-11/92 – NVwZ 1993, 572; Beschl. v. 2.11.1992 – 4 B 205/92 – NVwZ 1993, 887; Urt. v. 21.3.1996 – 4 C 1/95 – NVwZ 1997, 493; Urt. v. 24.5.96 – 4 A 16/95 – NVwZ 1997, 491.

Für **Energieleitungen** ergeben sich aus diesen Grundzügen der Rechtsprechung zumindest die folgenden Konsequenzen. Dem Erfordernis eines **Gesamtkonzepts**, das der **Abschnittsbildung** zugrunde liegt, wird für länderübergreifende und grenzüberschreitende Höchstspannungsleitungen durch die Bundesfachplanung nach NABEG Rechnung getragen. Für die sonstigen Leitungen sind die Netzentwicklungspläne der Übertragungsnetzbetreiber nach § 12b EnWG als ausreichende Darstellung eines Gesamtkonzepts anzusehen, sofern diese von der BNetzA bestätigt und die Einzelvorhaben aus diesen Plänen entwickelt worden sind. Für die Bildung von Teilabschnitten stellt § 19 S. 2 NABEG ein Kriterium der „Angemessenheit" auf. Hierfür – wie auch allgemein außerhalb des Anwendungsbereichs des NABEG – dürfte grundsätzlich die Funktion des Teilabschnitts im Übertragungsnetz von Bedeutung sein, wobei allerdings auch die Bildung anderer Teilabschnitte bei gesicherter Anschlussplanung zulässig sein dürfte. Zu beachten ist weiterhin, dass sowohl § 2 Abs. 2 EnLAG als auch § 12e Abs. 3 EnWG eigene Kriterien für die Bildung von Teilabschnitten in der Ausführung als Erdkabel vorsehen. 97

E. Planfeststellungsbeschluss

I. Allgemeines

Der Planfeststellungsbeschluss ergeht als **anfechtbarer Verwaltungsakt.**[101] Ein Widerspruchsverfahren ist nach §§ 74 Abs. 1 S. 2, 70 VwVfG ausgeschlossen.[102] 98

Der Planfeststellungsbeschluss ist nach §§ 74 Abs.1 S. 2, 69 Abs. 2 VwVfG zu begründen. Die Begründung muss i.S.v. § 39 Abs. 1 S. 3 VwVfG insbesondere die zentralen, die Abwägung tragenden Erkenntnisse und Ziele offenlegen. 99

Der Planfeststellungsbeschluss ist dem Träger des Vorhabens, den bekannten Betroffenen und denjenigen, über deren Einwendungen entschieden worden ist, zuzustellen.[103] Durch öffentliche Bekanntmachung kann ein Planfeststellungsbeschluss zugestellt werden, wenn sonst mehr als 50 Zustellungen vorzunehmen wären. Daneben ist eine öffentliche Bekanntmachung durch Auslegung und Hinweisbekanntmachung nach § 74 Abs. 4 VwVfG generell vorgeschrieben. 100

Eine Plangenehmigung hat nach § 47 Abs. 6 S. 2 VwVfG grundsätzlich dieselben Rechtswirkungen wie ein Planfeststellungsbeschluss. 101

II. Rechtswirkungen

1. Konzentrationswirkung

Der Planfeststellungsbeschluss gibt das Vorhaben umfassend frei. Nach § 75 Abs. 1 VwVfG sind andere „*behördliche Entscheidungen, insbesondere öffentlich-rechtliche Genehmigungen, Verleihungen, Erlaubnisse, Bewilligungen, Zustimmungen und Planfeststellungen [...] nicht erforderlich*".[104] 102

Diese **Konzentrationswirkung** ist nur verfahrensrechtlicher Natur: Lediglich die besonderen **Verfahrensvorschriften** für die nicht erforderlichen Zulassungsentscheidungen sind unbe- 103

---

101 Vgl. im Einzelnen zum Planfeststellungsbeschluss Kap. 9 Rn 324 ff., insbesondere zur Aufhebung Rn 415 ff. sowie insgesamt zum Rechtsschutz im Rahmen der Planfeststellung Kap. 13 Rn 137 ff.
102 Vgl. auch Kap. 13 Rn 139.
103 Dazu auch im Einzelnen Kap. 9 Rn 376 ff.; zur zeitlichen Geltung des Planfeststellungsbeschlusses Kap. 9 Rn 389 ff.
104 Im Einzelnen hierzu Kap. 9 Rn 36 ff.

achtlich.[105] **Materiell-rechtliche Vorschriften** werden in ihrer Geltung durch die Konzentrationswirkung des Planfeststellungsbeschlusses nicht berührt. Soweit das materielle Recht nicht selbst seine Geltung für bestimmte fachplanerische Vorhaben ausschließt, ist es uneingeschränkt auch bei der Entscheidung über planfestgestellte Vorhaben anzuwenden.[106] Von der Konzentrationswirkung erfasst werden auch **Befreiungen** oder Dispense, durch die im Einzelfall allgemein geltende Bestimmungen durchbrochen werden können. Der Dispens muss im Planfeststellungsbeschluss nicht ausdrücklich ausgesprochen werden; die materiell-rechtlichen Voraussetzungen der Befreiungsvorschriften sind jedoch zu beachten.[107]

104 Auch zwischenbehördliche Zustimmungen werden von der Konzentrationswirkung umfasst. Für Energieleitungen sind dies z.B. die Befreiung vom Anbauverbot an Bundesfernstraßen nach § 9 Abs. 2 FStrG oder die Errichtung von Freileitungen im Bauschutzbereich von Flugplätzen bzw. im Schutzbereich von Flugsicherungsanlagen nach §§ 12 Abs. 2, 17, 18a Abs. 1 LuftVG.

2. Gestaltungswirkung

105 Der Planfeststellungsbeschluss regelt gem. § 75 Abs. 1 S. 2 VwVfG **rechtsgestaltend** alle öffentlich-rechtlichen Beziehungen zwischen dem Träger des Vorhabens und den durch den Plan Betroffenen, einschließlich der betroffenen Behörden und Träger öffentlicher Belange.[108]

106 Die Gestaltungswirkung des Planfeststellungsbeschlusses ist nicht auf öffentlich-rechtliche Rechtsbeziehungen beschränkt. Mit dem Planfeststellungsbeschluss werden gem. § 75 Abs. 2 VwVfG auch **privatrechtliche Abwehrrechte** gegen das Vorhaben ausgeschlossen.

3. Enteignungsrechtliche Vorwirkung

107 Im Planfeststellungsverfahren wird in aller Regel abschließend über die Zulässigkeit einer Enteignung zugunsten des planfestgestellten Vorhabens entschieden.[109] Insoweit regelt § 45 Abs. 2 EnWG, dass es neben dem Planfeststellungsbeschluss einer weiteren Feststellung über die **Zulässigkeit** der Enteignung nicht bedarf. In einem nachfolgenden Enteignungsverfahren ist daher nur noch über die Eigentumsübertragung sowie über Art und Ausmaß der Entschädigung zu entscheiden.[110]

III. Folgemaßnahmen, Schutzvorkehrungen und Entschädigung

1. Folgemaßnahmen

108 Zum Regelungsinhalt des Planfeststellungsbeschlusses gehören auch die „Folgemaßnahmen" i.S.v. § 75 Abs. 1 VwVfG, die der Vorhabensträger durchführen muss, um Funktionsstörungen an anderen Anlagen zu vermeiden. Notwendig i.S.v. § 75 Abs. 1 VwVfG ist eine Folgemaßnahme nur dann, wenn Probleme von einer gewissen Tragweite zu bewältigen sind. Nicht jede Auswirkung auf andere Anlagen rechtfertigt schon deren Einbeziehung in die Planfeststellung.

---

105 BVerwG, Beschl. v. 26.6.1992 – 4 B 1-11/92 – NVwZ 1993, 572, 575.
106 BVerwG, Urt. v. 22.3.1985 – 4 C 73/82 – NJW 1986, 82f.; Beschl. v. 26.6.1992 – 4 B 1-11/92 – NVwZ 1993, 572, 575; Urt. v. 26.3.1998 – 4 A 7/97 – LKV 1999, 26ff.
107 BVerwG, Beschl. v. 26.6.1992 – 4 B 1-11/92 – NVwZ 1993, 572ff.; Urt. v. 26.3.1998 – 4 A 7/97 – LKV 1999, 26.
108 Hierzu auch im Einzelnen Kap. 9 Rn 51.
109 Vgl. im Einzelnen Kap. 9 Rn 52 und zum Rechtsschutz Kap. 13 Rn 163ff.
110 Vgl. BVerwG, Urt. v. 5.11.1997 – 11 A 54/96 – juris Rn 77.

Auch naturschutzrechtliche **Ausgleichs- und Ersatzmaßnahmen** sind notwendige Folgemaßnahmen, über die gem. § 17 Abs. 4 BNatSchG im Planfeststellungsbeschluss selbst oder in einem landschaftspflegerischen Begleitplan, der Teil des Planfeststellungsbeschlusses ist, entschieden werden muss.[111] 109

2. Schutzvorkehrungen

Das Abwägungsgebot ermöglicht es zwar, dass sich das Vorhaben gegen entgegenstehende private und öffentliche Belange durchsetzt. Dritte oder die Allgemeinheit dürfen jedoch durch das Vorhaben nicht in unzumutbarer Weise beeinträchtigt werden. Derartige Beeinträchtigungen dürfen **nicht ohne Ausgleich** hingenommen werden.[112] Nach § 74 Abs. 2 S. 2 VwVfG ist die Planfeststellungsbehörde daher verpflichtet, dem Vorhabensträger die zum Wohl der Allgemeinheit oder zur Vermeidung nachteiliger Wirkungen auf Rechte anderer erforderlichen Vorkehrungen aufzuerlegen.[113] 110

Bei Plangenehmigungen finden die Vorschriften des § 74 Abs. 2 S. 2 VwVfG über Schutzvorkehrungen jedoch keine Anwendung. Bewirkt ein im Wege der Plangenehmigung zugelassenes Vorhaben dennoch eine Beeinträchtigung von Rechten Dritter, so ist sie rechtswidrig. 111

3. Ausgleich in Geld

Der Anspruch der Betroffenen auf technische Schutzvorkehrungen verwandelt sich nach § 74 Abs. 2 S. 3 VwVfG in einen Anspruch auf Ausgleich in Geld, wenn *„solche Vorkehrungen untunlich oder mit dem Vorhaben unvereinbar"* sind.[114] 112

IV. Nachgelagerte Entscheidungen

1. Vorbehalt

An einen Planfeststellungsbeschluss können sich weitere Folgeentscheidungen anschließen. So können nach § 74 Abs. 3 VwVfG beim Erlass des Planfeststellungsbeschlusses Einzelfragen einer nachträglichen Regelung vorbehalten bleiben, soweit eine abschließende Entscheidung noch nicht möglich ist.[115] 113

Insbesondere können danach Details der **Ausführungsplanung** oder Einzelheiten des Ausgleichs von Eingriffen in Natur und Landschaft einer nachträglichen Regelung vorbehalten werden, während die grundsätzliche Frage, ob und in welchem Umfang Kompensationsmaßnahmen für solche Eingriffe erforderlich sind, im Planfeststellungsbeschluss oder in einem mit diesem verbundenen landschaftspflegerischen Begleitplan getroffen werden müssen. 114

2. Veränderungssperren

Auch die Durchführung des Vorhabens kann durch Folgeentscheidungen abgesichert werden. 115
Die in § 44a EnWG geregelte Veränderungssperre hat das Ziel, das geplante Vorhaben vor **nach-**

111 Vgl. z.B. BVerwG, Gerichtsbescheid v. 10.9.1998 – 4 A 35/97 – NVwZ 1999, 532.

112 Vgl. bereits BVerwG, Urt. v. 7.7.1978 – IV C 79/76 – juris Rn 61; Urt. v. 9.3.1979 – IV C 41/75 – juris Rn 32 f.

113 Vgl. Kap. 9 Rn 360 f. und zum Rechtsschutz Kap. 13 Rn 222, 233 ff.

114 Vgl. dazu z.B. BVerwG, Urt. v. 10.7.2012 – 7 A 11/11 – NVwZ 2012, 1393, 1401; Beschl. v. 7.5.2008 – 4 A 1009/07 – NVwZ 2008, 1007, 1009; siehe auch Kap. 9 Rn 369 ff.

115 Vgl. dazu im Einzelnen Kap. 9 Rn 362 ff.

teiligen Veränderungen der Grundstücksverhältnisse an und auf der geplanten Trasse zu bewahren: Bereits mit der Auslegung der Pläne im Planfeststellungsverfahren treten die Baubeschränkungen und Bauverbote für die angrenzenden Grundstücke in Kraft. Von demselben Zeitpunkt an dürfen wertsteigernde oder das Vorhaben erschwerende Veränderungen nicht mehr vorgenommen werden.

116 § 16 NABEG verlegt diesen Zeitpunkt nach vorne: Die BNetzA kann bereits nach Abschluss der Bundesfachplanung Veränderungssperren erlassen.[116]

3. Vorarbeiten

117 Zu den außenwirksamen Maßnahmen im Vorfeld der Planungsentscheidung gehört die Inanspruchnahme der Grundeigentümer zur Duldung von Vorarbeiten auf dem Grundstück nach § 44 EnWG. Zu dulden sind insbesondere Vermessung, Geländeaufnahmen, Boden- und Grundwasseruntersuchungen.

118 Die Betroffenen sind nach § 44 Abs. 2 EnWG vor der Inanspruchnahme zu **benachrichtigen**. Durch diese Bekanntgabe wird dann zugleich mit verbindlicher Wirkung für den Betroffenen die Inanspruchnahme seines Grundstücks festgelegt. Sie ist daher insoweit als belastender **Verwaltungsakt** anzusehen, der mit den üblichen Rechtsmitteln angefochten werden kann.

119 Mit der Ausführung des Vorhabens selbst darf grundsätzlich vor Wirksamkeit des Planfeststellungsbeschlusses oder der Plangenehmigung nicht begonnen werden.

4. Enteignungsverfahren und vorzeitige Besitzeinweisung

120 Sofern für ein planfestgestelltes Vorhaben auf fremden Grund und Boden zugegriffen werden muss, regelt der Planfeststellungsbeschluss nur die Zulässigkeit dieses Zugriffs. Kommt keine Vereinbarung mit dem jeweils betroffenen Grundeigentümer zustande, so wird ein einem (jeweils landesrechtlich geregelten) Enteignungsverfahren über die Einräumung oder **Übertragung von Eigentumsrechten** (Vollenteignung, Teilenteignung, Bestellung von Leitungsrechten[117] etc.) sowie über Art und Ausmaß der Entschädigung entschieden.[118]

121 Bereits nach Abschluss des Anhörungsverfahrens kann der Vorhabensträger nach §§ 44b Abs. 1a EnWG, 27 Abs. 1 NABEG vorzeitig – wenngleich unter der aufschiebenden Bedingung der Bestätigung durch den Planfeststellungsbeschluss – in den Besitz der benötigten Grundstücke eingewiesen werden.[119]

---

116 Vgl. dazu auch Kap. 13 Rn 112 ff.
117 Vgl. dazu Niedersächsisches OVG, Beschl. v. 29.6.2011 – 7 MS 69/11 – juris Rn 25.
118 Vgl. dazu Kap. 12 Rn 73 ff. und zum Rechtsschutz in diesem Zusammenhang Kap. 13 Rn 386 f., 401 ff.
119 Vgl. dazu Kap. 12 Rn 100 ff. und zum Rechtsschutz in diesem Zusammenhang Kap. 13 Rn 388 ff.

Kapitel 6
Beteiligte am Planungsprozess

An der Planung von komplexen Infrastrukturprojekten ist stets eine Vielzahl von Akteuren beteiligt. Zu den wichtigsten Verfahrensbeteiligten zählen dabei der **Vorhabensträger**, die **verfahrensführenden Behörden** und die **Betroffenen.** Welche Rolle die jeweils Beteiligten dabei einnehmen, ist sowohl durch die einschlägigen normativen (Verfahrens-) Vorgaben als auch durch ihre jeweiligen tatsächlichen rechtlichen und wirtschaftlichen Interessen und Möglichkeiten bestimmt. Im Hinblick auf die jeweils unterschiedlichen Interessen dieser Beteiligten kann man die von der Planung Betroffenen auch als Gegenspieler der Initiatoren ansehen und gleichsam als Puffer zwischen diesen beiden die Neutralen in Form der verfahrensführenden Behörden.[1] 1

Im Folgenden werden die unterschiedlichen Rollen der an der Planung Beteiligten beleuchtet. Dabei wird zunächst auf die **Initiatoren des Vorhabens** eingegangen (A). Sodann werden die Rolle der **verfahrensführenden Behörden** (B) und schließlich diejenige der vom Vorhaben **Betroffenen** dargestellt (C). 2

A. Initiatoren des Vorhabens

I. Die Rolle der Vorhabensträger

1. Der Begriff des Vorhabensträgers im Allgemeinen

Der **Begriff Vorhabensträger** bzw. Träger des Vorhabens wird vom Gesetzgeber an den verschiedensten Stellen genutzt,[2] jedoch **nur selten ausdrücklich definiert.**[3] In Bezug auf die fachgesetzlichen Planfeststellungsverfahren kann man sagen, dass der Vorhabensträger der Antragsteller ist, der das Vorhaben für eigene oder fremde Zwecke verwirklichen will. Er vertritt das planfestzustellende Projekt nach außen und ist verantwortlich für die Erstellung geeigneter, vollständiger, umfassender und genehmigungsfähiger Planfeststellungsunterlagen.[4] 3

Vorhabensträger kann dabei grundsätzlich jedes beteiligungsfähige[5] Rechtssubjekt des privaten oder öffentlichen Rechts sein.[6] Dabei ist auch eine Vertretung nach den allgemeinen Regeln möglich, d.h., der eigentliche Vorhabensträger kann sich z.B. zur Ausarbeitung und Einreichung eines Plans bzw. der Planunterlagen eines Dritten bedienen, wenn dieser im Namen und mit Vollmacht des Vorhabensträgers handelt.[7] 4

Soweit eine gesetzliche Definition im jeweiligen Fachrecht nicht vorhanden ist, ist die Frage der Vorhabensträgereigenschaft nach der Rechtsprechung des BVerwG ***„mit Blick auf das je-*** 5

---

1 Vgl. Ziekow/*Niederich*, S. 69 (Rn 238).
2 Siehe z.B. §§ 73 Abs. 1 S. 1, 74 Abs. 2 S. 2, Abs. 3 S. 1, Abs. 4 S. 1 VwVfG; §§ 43c Nr. 1, 44b Abs. 1 S. 1 EnWG; in § 15 ROG wird vom *„Träger der raumbedeutenden Planung"* gesprochen.
3 Siehe z.B. § 3 Abs. 3 NABEG; Einzelheiten dazu unten in Rn 23 ff.; für Vorhaben von gemeinsamem Interesse i.S.d. VO (EU) Nr. 347/2013 v. 17.4.2013 (ABl. EU L 115 S. 39 ff.) zu Leitlinien für die transeuropäische Energieinfrastruktur enthält Art. 2 Nr. 6 VO eine Begriffsbestimmung der „Vorhabensträger".
4 Ziekow/*Niederich*, S. 69 (Rn 238).
5 Siehe § 11 VwVfG.
6 Stelkens/Bonk/Sachs/*Bonk*/*Neumann*, § 73 Rn 16.
7 Vgl. BVerwG, Beschl. v. 25.7.2007 – 9 VR 19/07 – juris, zu einem Planfeststellungsverfahren nach AEG; vgl. auch Stelkens/Bonk/Sachs/*Bonk*/*Neumann*, § 73 Rn 16; siehe zur Rolle von externen Planern und Gutachtern sowie Projektmanagern auch unten Rn 43 ff.

weilige fachplanerische Regelungssystem zu bestimmen“.[8] Maßgeblich ist somit die Frage, wem der Fachgesetzgeber welche (verfahrensrechtlichen und materiell-rechtlichen) Aufgaben übertragen hat. Dieser Frage soll im Folgenden hinsichtlich der Planung und des Ausbaus des Energieversorgungsnetzes weiter nachgegangen werden.

2. Inhaber der Vorhabensträgereigenschaft bei der Netzplanung und dem Netzausbau

6 Die Kernpunkte des fachplanerischen Regelungssystems zur Netzplanung und zum Netzausbau sind im EnWG geregelt. Anhand dieser Vorschriften ist somit zu ermitteln, wer für die Planung und den Ausbau der Netze verantwortlich ist und welche Vorhaben welchen Planungsregularien unterliegen.

a) Aufgaben der Betreiber von Energieversorgungsnetzen nach den §§ 2, 11, 12 EnWG

7 Der auf der Umsetzung europäischer Vorgaben beruhende **§ 11 EnWG** normiert die **zentralen Aufgaben der Betreiber** von Energieversorgungsnetzen.[9] Diese Norm richtet sich damit an alle Netzbetreiber i.S.d. § 3 Nr. 27 EnWG, also Betreiber von Elektrizitäts- oder Gasversorgungsnetzen,[10] während die Anwendbarkeit für Betreiber von Objektnetzen gem. § 110 Abs. 1 EnWG ausgeschlossen ist. Im Strombereich betrifft § 11 EnWG Betreiber von Übertragungs- oder Elektrizitätsverteilernetzen[11] und im Gasbereich Betreiber von Fernleitungsnetzen, Gasverteilernetzen, LNG-Anlagen und Speicheranlagen.[12]

8 Nach § 11 Abs. 1 S. 1 EnWG sind Betreiber von Energieversorgungsnetzen verpflichtet, ein sicheres, zuverlässiges und leistungsfähiges Energieversorgungsnetz diskriminierungsfrei zu betreiben, zu warten und bedarfsgerecht zu optimieren, zu verstärken und auszubauen, soweit es wirtschaftlich zumutbar ist. Während sich die Verpflichtung zum sicheren, zuverlässigen und leistungsfähigen Betrieb der Energieversorgungsnetze auf bestehende Netze bezieht, geht die Pflicht zur Verstärkung und zum Ausbau darüber hinaus und bedeutet, dass die Energieversorgungsnetzbetreiber bei bestehendem Bedarf und der Ausschöpfung anderer, den Bedarf deckender Möglichkeiten in neue Energieversorgungsnetze investieren müssen.[13] § 11 Abs. 1 S. 1 EnWG konstituiert damit eine **gesetzliche Investitionspflicht** der Netzbetreiber, die im Falle der Nichtbefolgung ggf. von der Regulierungsbehörde gem. § 65 EnWG durchgesetzt werden kann.[14] Die Netzbetreiber tragen somit die **Systemverantwortung** für den **bedarfsgerechten Ausbau** des öffentlichen Netzes.[15]

9 Die in § 11 EnWG enthaltenen Aufgaben der Betreiber von Energieversorgungsnetzen ergänzen zudem die in § 2 EnWG normierten Aufgaben der Energieversorgungsunternehmen.[16] Nach

---

8 BVerwG, Beschl. v. 25.7.2007 – 9 VR 19/07 – juris, zu einem Planfeststellungsverfahren nach AEG; vgl. auch Stelkens/Bonk/Sachs/*Bonk/Neumann*, § 73 Rn 16.

9 Vgl. Danner/Theobald/*Theobald*, § 11 EnWG Rn 2; Schneider/Theobald/*Theobald/Zenke/Dessau*, § 15 Rn 109 ff.; Britz/Hellermann/Hermes/*Bourwieg*, § 11 Rn 1, jeweils m.w.N.

10 Siehe die Legaldefinition in § 3 Nr. 4 EnWG sowie dazu Britz/Hellermann/Hermes/*Hellermann*, § 3 Rn 14.

11 Siehe zu Letztgenannten die Legaldefinition in § 3 Nr. 2 EnWG sowie insgesamt Britz/Hellermann/Hermes/*Bourwieg*, § 11 Rn 6.

12 Siehe § 33 Nr. 6 und Nr. 20 EnWG sowie Britz/Hellermann/Hermes/*Bourwieg*, § 11 Rn 6; *Salje*, EnWG, § 11 Rn 5.

13 Britz/Hellermann/Hermes/*Bourwieg*, § 11 Rn 24; Danner/Theobald/*Theobald*, § 11 EnWG Rn 23 ff.

14 Britz/Hellermann/Hermes/*Bourwieg*, § 11 Rn 31, m.w.N. auch zur streitigen Frage der Grundrechtsfähigkeit der Netzbetreiber; zur Netzausbauverpflichtung *Salje*, EnWG, § 11 Rn 19 ff.

15 *Säcker*, RdE 2009, 305; vgl. auch Danner/Theobald/*Theobald*, § 12 EnWG Rn 3; Schneider/Theobald/*Theobald/Zenke/Dessau*, § 15 Rn 114; *Lecheler*, RdE 2010, 41, 42; *Weyer*, ZNER 2009, 210, 210 f.; Baur/Salje/Schmidt-Preuß/*Ruthig*, Kap. 91 Rn 14.

16 Danner/Theobald/*Theobald*, § 11 EnWG Rn 3; siehe auch BT-Drucks. 15/3917, S. 56.

§ 2 Abs. 1 EnWG sind Energieversorgungsunternehmen[17] im Rahmen der Vorschriften des EnWG zu einer Versorgung i.S.d. § 1 EnWG verpflichtet. Durch diese Vorschrift soll die **wirtschaftliche Eigenverantwortung** der Energieversorgungsunternehmen und ihre grundsätzliche Versorgungsverpflichtung appellativ hervorgehoben werden.[18] Insofern kann aus einer Gesamtschau der Regelungen der §§ 11, 2 und 1 EnWG gefolgert werden, dass die Energieversorgungsunternehmen insbesondere dem Ziel der **Versorgungssicherheit** nach § 1 Abs. 1 und 2 EnWG Rechnung tragen müssen.[19] Dieses Ziel lässt sich wiederum nur bei Verfügbarkeit ausreichender und qualitativ hochwertiger Leitungssysteme für Strom und Gas gewährleisten;[20] die Verpflichtung zur Gewährleistung der Versorgungssicherheit steht somit in einem engen Zusammenhang mit der Verpflichtung zum **bedarfsgerechten Ausbau** der Netze.

Zur Darlegung des **Bedarfs** haben die Betreiber von Energieversorgungsnetzen grundsätzlich eine Bedarfsprognose vorzulegen, die den allgemein für Prognosen geltenden rechtlichen Anforderungen[21] entsprechen muss.[22] Diese Bedarfsprognose wird dann im weiteren Planungsverfahren von der zuständigen Behörde überprüft.[23] Eine derartige Prognose ist nur dann entbehrlich, wenn ein besonders vordringlicher Bedarf bereits gesetzlich festgeschrieben ist, was z.B. für die im EnLAG-Bedarfsplan aufgeführten Vorhaben der Fall ist[24] und zukünftig für die im Bundesbedarfsplan[25] aufgeführten Vorhaben der Fall sein wird. 10

Besteht ein entsprechender Ausbaubedarf, entfällt die Ausbaupflicht nur dann, wenn sie **wirtschaftlich nicht mehr zumutbar** ist. Durch dieses Korrektiv sollen unverhältnismäßige Eingriffe in die Rechtsposition der Netzbetreiber verhindert werden.[26] Bei der Bewertung der Zumutbarkeit ist zu berücksichtigen, dass die Kosten für den bedarfsgerechten Netzausbau im Rahmen der Entgeltregulierung grundsätzlich erstattungsfähig sind.[27] Insofern ist die Frage der wirtschaftlichen Zumutbarkeit eng damit verknüpft, ob ein Netzbetreiber die Netzausbaukosten auf die Netznutzer umlegen kann oder nicht, was durch die BNetzA auf Grundlage der **ARegV**[28] geprüft wird.[29] 11

Nach § 11 Abs. 1 S. 2 EnWG haben Betreiber von Energieversorgungsnetzen zudem die Aufgaben nach den §§ 12 bis 16a EnWG zu erfüllen. Für Betreiber von Elektrizitätsverteilernetzen gelten die §§ 12 und 13 entsprechend, soweit sie für die Sicherheit und Zuverlässigkeit der Elektrizitätsversorgung in ihrem Netz verantwortlich sind.[30] 12

---

17 Der Begriff der Energieversorgungsunternehmen umfasst dabei auch die Betreiber von Energieversorgungsnetzen, siehe dazu die Legaldefinition in § 3 Nr. 18 EnWG sowie Britz/Hellermann/Hermes/*Hellermann*, § 3 Rn 34.
18 Britz/Hellermann/Hermes/*Hellermann*, § 2 Rn 2.
19 *Weyer*, ZNER 2009, 210; vgl. auch Britz/Hellermann/Hermes/*Bourwieg*, § 11 Rn 13 ff. m.w.N.
20 Britz/Hellermann/Hermes/*Bourwieg*, § 11 Rn 13.
21 Sie muss auf relevanten Tatsachen beruhen, Daten zur Bevölkerungsentwicklung und zur Entwicklung der Nachfrage enthalten und in sich schlüssig sein, vgl. Britz/Hellermann/Hermes/*Bourwieg*, § 11 Rn 35 ff. m.w.N.
22 Britz/Hellermann/Hermes/*Bourwieg*, § 11 Rn 35 ff.; *Scherer*, NVwZ 2010, 1321, 1323; vgl. allgemein zu den Anforderungen an die Bedarfsprognose auch *Schiller*, UPR 2009, 245, 246; Britz/Hellermann/Hermes/*Hermes*, § 43 Rn 18.
23 Vgl. *Antoni*, et 2011, 74, 75.
24 Siehe dazu Kap. 2 Rn 16 und Kap. 3 Rn 203 ff.
25 Siehe § 12e Abs. 4 S. 1 EnWG; Einzelheiten zu der Rolle der Netzbetreiber bei der Aufstellung des Bundesbedarfsplans unten Rn 21 f.; insgesamt zur Bedarfsplanung auch Kap. 3 Rn 1 ff.
26 Einzelheiten zur wirtschaftlichen Zumutbarkeit bei Danner/Theobald/*Theobald*, § 11 EnWG Rn 4 ff.
27 Britz/Hellermann/Hermes/*Bourwieg*, § 11 Rn 38 ff. m.w.N.
28 Verordnung v. 29.10.2007 (BGBl. I S. 2529), zuletzt geändert durch Art. 7 des Gesetzes v. 20.12.2012 (BGBl. I S. 2730).
29 Näheres dazu bei *Antoni*, et 2011, 74, 74 ff.
30 Siehe § 14 Abs. 1 S. 1 EnWG sowie dazu Baur/Salje/Schmidt-Preuß/*Ruthig*, Kap. 91 Rn 5.

13 Laut § 12 Abs. 1 EnWG haben Betreiber von Übertragungsnetzen[31] die Energieübertragung durch das Netz unter Berücksichtigung des Austauschs mit anderen Verbundnetzen[32] zu regeln und mit der Bereitstellung sowie dem Betrieb ihrer Übertragungsnetze im nationalen und internationalen Verbund zu einem sicheren und zuverlässigen Elektrizitätsversorgungssystem in ihrer Regelzone und damit zu einer sicheren Energieversorgung beizutragen.[33] Diese Aufgaben nimmt der Übertragungsnetzbetreiber jeweils ausschließlich innerhalb „seiner" **Regelzone,**[34] was durch die Formulierung, dass die Betreiber zu einer sicheren Energieversorgung lediglich „beizutragen" haben, klargestellt wird.[35] Aktuell ist Deutschland in **vier Regelzonen** eingeteilt, für die jeweils ein Übertragungsnetzbetreiber verantwortlich ist.[36] Trotz dieser regionalen Aufteilung arbeiten die Übertragungsnetzbetreiber in der Praxis eng zusammen,[37] wozu sie teilweise auch gesetzlich verpflichtet sind.[38]

14 Die in § 12 Abs. 1 EnWG erwähnte **Bereitstellungspflicht** wird in § 12 Abs. 3 EnWG weiter konkretisiert. Letztgenannte Vorschrift bestimmt, dass die Übertragungsnetzbetreiber dauerhaft die Fähigkeit des Netzes sicherzustellen, die Nachfrage nach Übertragung von Elektrizität zu befriedigen und insbesondere durch entsprechende Übertragungskapazität und Zuverlässigkeit des Netzes zur Versorgungssicherheit beizutragen haben. Auch diese Aufgaben können nur erfüllt werden, wenn und soweit die Netze ausreichend ausgebaut sind; insofern konstituiert auch § 12 Abs. 3 EnWG die Pflicht der Netzbetreiber, Netzausbauprojekte zu initiieren und umzusetzen.[39] Ausweislich der Gesetzesbegründung soll die unternehmerische Eigenverantwortlichkeit für Investitionsentscheidungen der Netzbetreiber nach wirtschaftlichen Kriterien gleichwohl unberührt bleiben.[40]

15 Mit Blick auf das fachplanerische Regelungssystem des EnWG kann somit zusammenfassend festgehalten werden, dass die **Betreiber von Energieversorgungsnetzen** (im Folgenden auch kurz: Netzbetreiber) aufgrund der ihnen obliegenden Netzausbauverpflichtung als **Vorhabensträger** anzusehen sind. Zur planerischen Umsetzung eines solchen Vorhabens sind in der Regel diverse Verfahrensstufen zu durchlaufen, wobei den Vorhabensträgern jeweils unterschiedliche Rollen zukommen.

b) Die Rolle der Netzbetreiber bei der Raumplanung

16 Im **Verfahren zur Aufstellung eines Raumordnungsplans**[41] beschränkt sich die Rolle der Netzbetreiber auf die in § 10 Abs. 1 S. 1 ROG vorgesehene **Öffentlichkeitsbeteiligung**. Nach die-

---

31 Siehe hierzu die Legaldefinition in § 3 Nr. 10 EnWG; welche Netze der Übertragung dienen, ergibt sich aus § 3 Nr. 32 EnWG; vgl. auch Britz/Hellermann/Hermes/*Bourwieg*, § 12 Rn 4.

32 Nach § 3 Nr. 35 EnWG ist ein Verbundnetz eine Anzahl von Übertragungs- und Elektrizitätsverteilernetzen, die durch eine oder mehrere Verbindungsleitungen miteinander verbunden sind.

33 Vgl. auch *Säcker*, RdE 2009, 305, 308 ff.

34 Nach der Legaldefinition des § 3 Nr. 30 EnWG ist eine Regelzone das Netzgebiet, für dessen Primärregelung, Sekundärregelung und Minutenreserve ein Betreiber von Übertragungsnetzen im Rahmen der Union für die Koordinierung des Transports elektrischer Energie (UCTE) verantwortlich ist. Bei der UCTE handelt es sich um einen Zusammenschluss von aktuell 34 europäischen Übertragungsnetzbetreibern aus 22 Ländern, vgl. Danner/Theobald/*Theobald*, § 12 EnWG Rn 4.

35 Baur/Salje/Schmidt-Preuß/*Ruthig*, Kap. 91 Rn 1.

36 Danner/Theobald/*Theobald*, § 3 EnWG Rn 46 und § 12 EnWG Rn 5; aktuell sind dies die 50Hertz Transmission GmbH, die Amprion GmbH, die Transnet BW und die TenneT TSO GmbH, siehe die gemeinsame Internetseite der Übertragungsnetzbetreiber: http://www.netzentwicklungsplan.de.

37 Vgl. die gemeinsame Internetseite der Übertragungsnetzbetreiber unter http://www.netzentwicklungsplan.de.

38 Siehe z.B. § 12b Abs. 1 S. 1 EnWG sowie dazu Steinbach/*Heinemann*, § 12a EnWG Rn 10.

39 Britz/Hellermann/Hermes/*Bourwieg*, § 12 Rn 31; *Antoni*, et 2011, 74.

40 BT-Drucks. 15/3917, S. 56; siehe dazu auch unten Rn 30 ff.

41 Näheres dazu oben Kap. 2 Rn 30 ff. und unten Kap. 7 Rn 50 ff.

ser Vorschrift sind die Öffentlichkeit sowie die in ihren Belangen berührten öffentlichen Stellen von der Aufstellung des Raumordnungsplans zu unterrichten; ihnen ist Gelegenheit zur Stellungnahme zum Entwurf des Raumordnungsplans und seiner Begründung zu geben. Die rechtzeitig[42] eingegangenen Stellungnahmen sind bei der Abwägung über den Plan zu berücksichtigen.[43] Daraus folgt, dass einzelne, von einem Netzbetreiber vorgebrachte Belange im Rahmen der Abwägung ggf. „weggewogen" werden können, wenn die Raumordnungsbehörde anderen, kollidierenden Belangen im Rahmen der Abwägung den Vorrang einräumt.

Bei der Aufstellung eines Raumordnungsplans wird somit im Rahmen des Beteiligungsver- 17
fahrens – anders als in anderen Rechtsgebieten[44] – nicht zwischen Behörden, Umweltverbänden, sonstigen Trägern öffentlicher Belange und Privatpersonen unterschieden. Vielmehr gelten für alle die gleichen Voraussetzungen und Rechtsfolgen.

Im **Raumordnungsverfahren**[45] ist der Netzbetreiber der „Träger der raumbedeutsamen Pla- 18
nung oder Maßnahme" und hat der zuständigen Landesbehörde die Verfahrensunterlagen vorzulegen, die notwendig sind, um eine Bewertung der raumbedeutsamen Planungen und Maßnahmen des Vorhabens zu ermöglichen.[46] Anders als auf anderen Planungsstufen[47] kann das Verfahren jedoch nicht nur durch seinen Antrag, sondern **auch von Amts wegen eingeleitet** werden.[48] Auch in einem solchen Fall sind vom Netzbetreiber erstellte oder zumindest von ihm autorisierte Projektunterlagen vorzulegen.[49] Liegen die notwendigen Unterlagen vor, entscheidet die zuständige Behörde binnen vier Wochen nach Einreichung der Unterlagen über das Erfordernis, ein Raumordnungsverfahren durchzuführen.[50] Nach § 15 Abs. 3 S. 3 ROG „kann" zudem die **Öffentlichkeit** in die Durchführung eines Raumordnungsverfahrens einbezogen werden.[51]

c) Die Rolle der Netzbetreiber bei der Planfeststellung nach den §§ 43 ff. EnWG

Bei der energiewirtschaftsrechtlichen Planfeststellung[52] kommt dem **Vorhabensträger** eine **ini- 19
tiierende Rolle** zu. Denn ein Planfeststellungsverfahren wird nur dann eingeleitet, wenn der Netzbetreiber bei der zuständigen Anhörungsbehörde[53] die Antragsunterlagen – ggf. auch sukzessive für einzelne Abschnitte[54] – einreicht.[55] Der Plan besteht aus den Zeichnungen und Erläuterungen, die das Energieleitungsvorhaben, seinen Anlass sowie die vom Vorhaben betroffenen Grundstücke und Anlagen erkennen lassen.[56] Diese Unterlagen müssen alle wesentlichen baulichen, technischen, ökologischen und sonstigen Aspekte des Vorhabens ansprechen.[57] Im weiteren Verfahrensverlauf wird ein Anhörungsverfahren gem. § 73 VwVfG i.V.m § 43a EnWG ein-

42 Siehe dazu Spannowsky/Runkel/Goppel/*Runkel*, § 10 ROG Rn 19.
43 Siehe § 7 Abs. 1 S. 2 ROG.
44 Siehe z.B. das Planfeststellungsverfahren und die Bauleitplanung; Einzelheiten dazu jeweils unten Rn 115 und 139 ff.
45 Näheres dazu oben Kap. 2 Rn 36 ff. und unten Kap. 7 Rn 81 ff.
46 Siehe § 15 Abs. 2 S. 1 ROG sowie § 1 RoV; Einzelheiten dazu in Kap. 7 Rn 96 f.
47 Siehe z.B. das Planfeststellungsverfahren nach § 43 ff. EnWG, welches nur auf Antrag des Vorhabensträgers eingeleitet wird; Einzelheiten dazu unten Rn 19.
48 Danner/Theobald/*Missling*, vor §§ 43 ff. EnWG Rn 5.
49 Spannowsky/Runkel/Goppel/*Goppel*, § 15 ROG Rn 46 ff.
50 Siehe § 15 Abs. 4 S. 1 ROG.
51 Einzelheiten dazu unten Rn 105 ff. sowie in Kap. 7 Rn 98.
52 Siehe dazu ausführlich Kap. 5 Rn 1 ff.
53 Siehe dazu unten Rn 76 ff.
54 Vgl. Steinbach/*Nebel*/*Riese*, § 43 EnWG Rn 172 ff.
55 Danner/Theobald/*Missling*, § 43 EnWG Rn 52.
56 § 73 Abs. 1 S. 2 VwVfG.
57 Vgl. Danner/Theobald/*Missling*, § 43 EnWG Rn 52.

geleitet.[58] Wird dabei ein Erörterungstermin durchgeführt,[59] ist der Vorhabensträger davon (individuell[60]) zu benachrichtigen; er nimmt zusammen mit den Behördenvertretern, den Einwendern, Vereinigungen und sonstigen Betroffenen am Erörterungstermin teil. Das Ergebnis des Anhörungsverfahrens wird von der Anhörungsbehörde in einer Stellungnahme zusammengefasst, die dann mit sämtlichen Unterlagen der Planfeststellungsbehörde zugeleitet wird. Diese nimmt die planerische Abwägung vor und stellt schließlich den Plan fest.[61]

d) Die Rolle der Netzbetreiber bei nicht planfeststellungspflichtigen Vorhaben

20 Will ein Netzbetreiber ein nicht planfeststellungspflichtiges Vorhaben verwirklichen, so muss er die nach dem jeweils einschlägigen Fachrecht erforderlichen Zulassungen beantragen[62] und die dafür erforderlichen Unterlagen vorlegen.

e) Aufgaben der Übertragungsnetzbetreiber bei der Bundesbedarfsplanung nach den §§ 12a–12g EnWG

21 Die bereits aufgrund der seit 2005 geltenden Regelungen der §§ 2, 11 und 12 EnWG bestehenden Pflichten der Energieversorgungsnetzbetreiber sind durch die **EnWG-Novelle 2011**,[63] welche u.a. zum Erlass der §§ 12a–12g EnWG geführt hat, insbesondere im Bereich der Netzplanung für die Übertragungsnetzbetreiber umfassend erweitert worden. Durch die neuen Regelungen ist erstmalig eine **übergeordnete, bundesweite Bedarfsplanung** im EnWG geschaffen worden, die wesentlich umfassender ist als die bisher bereits in § 2 Abs. 2 EnLAG für bestimmte Höchstspannungsleitungen bestehende gesetzliche Bedarfsregelung.[64] Den vier Übertragungsnetzbetreibern kommen im Rahmen dieser Bundesbedarfsplanung zentrale Aufgaben zu, die bereits an anderer Stelle beschrieben wurden.[65]

22 Ergänzend ist lediglich darauf hinzuweisen, dass den **Vorhabensträgern** bei der Erstellung des Netzentwicklungsplans, wie bei der Durchführung eines Planfeststellungsverfahrens nach den §§ 43 EnWG,[66] zunächst eine **initiierende Rolle** zukommt. Denn § 12a Abs. 1 S. 1 EnWG bestimmt, dass die Übertragungsnetzbetreiber jährlich einen gemeinsamen Szenariorahmen zu erarbeiten haben, der dann die Grundlage für die Erarbeitung des Netzentwicklungsplans nach § 12b EnWG ist. Darüber hinaus werden den Übertragungsnetzbetreibern bei der Erstellung des nationalen Bedarfsplans sowohl in verfahrensrechtlicher (bei der Durchführung der Öffentlichkeitsbeteiligung) als auch in materiell-rechtlicher Hinsicht (nämlich bei der planerischen Abwägung gem. § 12b Abs. 4 EnWG) Aufgaben übertragen, die originär den verfahrensführenden Behörden obliegen.[67] Zusammenfassend kann daher festgehalten werden, dass die Netzbetreiber

---

58 Siehe dazu Rn 115 ff. sowie Kap. 5 Rn 25 ff.
59 Siehe zu den Möglichkeiten, darauf zu verzichten, § 43a Nr. 5 S. 2 EnWG. Einzelheiten dazu unten Rn 86 ff.
60 Siehe dazu *Kopp/Ramsauer*, § 73 Rn 103.
61 Siehe § 74 VwVfG i.V.m. § 43b EnWG.
62 Siehe dazu oben Kap. 2 Rn 72 ff.; vgl. auch Kap. 7 Rn 152.
63 Gesetz zur Neuregelung energiewirtschaftsrechtlicher Vorschriften v. 26.7.2011 (BGBl. I S. 1554 ff.), das am 4.8.2011 im Bundesgesetzblatt verkündet wurde und seit dem 5.8.2011 in Kraft ist; siehe zum Gesetzgebungsverfahren *Grigoleit/Weisensee*, UPR 2011, 401; *Kment*, RdE 2011, 341, 342; *Scholtka/Helmes*, NJW 2011, 3185, 3185 f.; *Durner*, DVBl. 2011, 853.
64 Vgl. *Moench/Ruttloff*, NVwZ 2011, 1040, 1041; *Sellner/Fellenberg*, NVwZ 2011, 1025, 1031.
65 Siehe oben Kap. 2 Rn 15 ff. sowie Kap. 3 insbesondere Rn 2 ff.
66 Siehe oben Rn 19.
67 Ähnliche Vorgaben enthält auch Art. 9 der VO (EU) Nr. 347/2013 zu Leitlinien für die transeuropäische Energieinfrastruktur für Vorhaben von gemeinsamem Interesse, wonach der Vorhabensträger ein Konzept für die Beteiligung der Öffentlichkeit erstellt und, falls dies im nationalen Recht so festgelegt ist, eine Anhörung der Öffentlichkeit durch-

zwar den Inhalt des nationalen Bedarfsplans wesentlich mitgestalten können (und müssen). Ist der Plan jedoch erlassen, können sie sich seiner gesetzgeberischen Festschreibung und auch seinen Wirkungen nicht mehr entziehen, da § 12e Abs. 4 S. 2 EnWG ausdrücklich normiert, dass die im Bundesbedarfsplan enthaltenen Feststellungen **auch für die Übertragungsnetzbetreiber verbindlich** sind.[68]

f) Sonderregelungen im Anwendungsbereich des NABEG

23 Das erwähnte Gesetzespaket zur Umsetzung des Energiekonzepts der Bundesregierung, welches der Bundestag im Sommer 2011 beschlossen hat, umfasst auch den Erlass des NABEG.[69] Dieses Gesetz enthält eine **gesetzliche Definition des Begriffs des „Vorhabensträgers"**. Nach **§ 3 Abs. 3 NABEG** ist Vorhabensträger *„der nach § 12c Abs. 4 S. 3 EnWG verantwortliche Betreiber von Übertragungsnetzen"*.[70] Nach dieser in Bezug genommenen Vorschrift kann wiederum die Regulierungsbehörde bestimmen, welcher Betreiber von Übertragungsnetzen für die Durchführung einer im Netzentwicklungsplan enthaltenen Maßnahme verantwortlich ist.

24 Erstaunlich an dieser Konstruktion ist allerdings, dass es sich bei § 12c Abs. 4 S. 3 EnWG um eine **„Kann-Regelung"** handelt, d.h., die Regulierungsbehörde kann einen Übertragungsnetzbetreiber bestimmen, muss es aber nicht. Hintergrund dieser Formulierung ist wohl die Annahme, dass durch die Aufteilung des Netzgebiets in vier Regelzonen[71] in der Praxis kaum Zweifel auftreten dürften, dass jeweils derjenige Übertragungsnetzbetreiber in der Pflicht ist, auf dessen Regelzone sich die im Netzentwicklungsplan und im Bundesbedarfsplan enthaltene Maßnahme bezieht.[72] Andererseits handelt es sich bei § 3 Abs. 3 NABEG um eine **Legaldefinition**, sodass sich gleichwohl die Frage stellt, was für den Fall gilt, wenn die Regulierungsbehörde keine Bestimmung nach § 12c Abs. 4 S. 3 EnWG vornimmt – existiert dann auch kein Vorhabensträger i.S.d. NABEG? Oder ist § 12c Abs. 4 S. 3 EnWG vor diesem Hintergrund so auszulegen, dass die Regulierungsbehörde **in jedem Fall** zu bestimmen hat, welcher Übertragungsnetzbetreiber für die Durchführung einer im Netzentwicklungsplan enthaltenen Maßnahme verantwortlich ist?

25 Für diese Sichtweise spricht zunächst, dass der Gesetzgeber eine entsprechende Bestimmung für „erforderlich" gehalten hat. So ist in der Begründung des Gesetzentwurfs Folgendes ausgeführt:

> *„Da es sich bei dem Netzentwicklungsplan und dem Bundesbedarfsplan um gemeinsame Pläne aller ÜNB handelt, ist im EnWG eine Bestimmung über den konkret verpflichteten ÜNB erforderlich gewesen. Dieser ist dann auch Vorhabensträger im Sinne dieses Gesetzes."*[73]

26 Darüber hinaus ist zu beachten, dass die in § 65 Abs. 2a EnWG geregelte Möglichkeit der Regulierungsbehörde, einem Übertragungsnetzbetreiber eine verbindliche Frist zur Vornahme einer im Netzentwicklungsplan vorgesehenen Investition zu setzen und nach deren Ablauf ein Aus-

---

führt. Nach Art. 9 Abs. 4 der VO erstellt der Vorhabensträger zudem einen Bericht mit einer Zusammenfassung, die er der zuständigen Behörde zu übermitteln hat und die von dieser bei der umfassenden Entscheidung „gebührend berücksichtigt" wird.

68 *Kment*, RdE 2011, 341, 344.

69 Das Gesetz wurde als Art. 1 des Gesetzes über Maßnahmen zur Beschleunigung des Netzausbaus Elektrizitätsnetze v. 28.7.2011 (BGBl. I S. 1690 ff.) vom Bundestag beschlossen und ist am 5.8.2011 in Kraft getreten.

70 Siehe zur Definition des Begriffs der Übertragungsnetzbetreiber § 3 Nr. 10 EnWG sowie obige Ausführungen in Rn 13.

71 Siehe oben Rn 13.

72 Vgl. Steinbach/*Bourwieg*, § 3 NABEG Rn 12.

73 BT-Drucks. 17/6073, S. 23 f.

schreibungsverfahren durchzuführen, wohl eine Bestimmung nach § 12c Abs. 4 S. 3 EnWG voraussetzt.[74] Will sich die Regulierungsbehörde also bei Eintritt der Verbindlichkeit des Netzentwicklungsplans vorbehalten, ggf. drei Jahre später Vollstreckungsmaßnahmen auf der Grundlage des § 65a Abs. 2 EnWG durchzuführen, liegt es nahe, auch dann eine Bestimmung nach § 12c Abs. 4 S. 3 EnWG vorzunehmen, wenn zu diesem Zeitpunkt noch Klarheit und Einigkeit bestehen, welcher Übertragungsnetzbetreiber für die Durchführung der jeweiligen Maßnahme verantwortlich ist.

aa) Die Rolle der Netzbetreiber bei der Bundesfachplanung

27 Im Rahmen der nach dem NABEG durchzuführenden Bundesfachplanung kommt dem Vorhabensträger erneut – wie auch bei der Erstellung des Netzentwicklungsplans[75] – **grundsätzlich** eine **initiierende Rolle** zu. Denn die Bundesfachplanung beginnt in der Regel erst und nur dann, wenn der Vorhabensträger dies beantragt.[76] Welche inhaltlichen und formellen Angaben in dem Antrag enthalten sein sollen und müssen, ist im Einzelnen in § 6 S. 4–6 NABEG ausgeführt;[77] eine inhaltliche Bindung der BNetzA an den Antrag des Vorhabensträgers tritt dadurch jedoch nicht ein.[78]

28 Stellt der Übertragungsnetzbetreiber allerdings keinen (vollständigen) Antrag, hat die BNetzA nach Aufnahme eines Vorhabens in den Bundesbedarfsplan nunmehr die Möglichkeit, **die Betreiber von Energieversorgungsnetzen durch Bescheid aufzufordern**, innerhalb einer zu bestimmenden angemessenen Frist den **erforderlichen Antrag zu stellen**.[79] Eine derartige Anordnung kann sie gem. § 34 NABEG *„nach den für die Vollstreckung von Verwaltungsmaßnahmen geltenden Vorschriften* ***durchsetzen****“*.[80] Dabei kommt insbesondere die Festsetzung eines **Zwangsgeldes** in Betracht, dessen Höhe – abweichend von § 11 Abs. 3 VwVG – mindestens 1.000 € und höchstens 250.000 € beträgt. Ausweislich der Begründung des Gesetzentwurfs soll dadurch gewährleistet werden, dass die zügige Verwirklichung der im Bundesbedarfsplan aufgenommenen Leitungsvorhaben und damit der Ausbau des Übertragungsnetzes sichergestellt und eine Antragstellung nicht verzögert wird.[81] Ob und wenn ja in welchem Umfang die BNetzA zukünftig von dieser weitreichenden Befugnis Gebrauch machen wird, bleibt abzuwarten.[82]

bb) Die Rolle der Netzbetreiber bei der Planfeststellung nach den §§ 18–28 NABEG

29 Die konkrete Zulassungsentscheidung für ein Leitungsprojekt bedarf zudem der Durchführung einer **bundeseinheitlichen Planfeststellung** nach den §§ 18–28 NABEG. Zur Einleitung eines Planfeststellungsverfahrens ist grundsätzlich ein den Vorgaben des § 19 NABEG genügender

---

74 Für dieses Erfordernis spricht jedenfalls, dass § 65 Abs. 2a S. 1 EnWG Bezug nimmt auf Investitionen, die nach dem Netzentwicklungsplan *„nach § 12c Abs. 4 S. 1 und 3“* durchgeführt werden mussten.

75 Siehe dazu obige Ausführungen in Kap. 2 Rn 20 ff.

76 § 6 S. 1 NABEG.

77 Einzelheiten dazu bei Steinbach/*Nebel/Riese*, § 6 NABEG Rn 6 f. sowie Rn 16 ff.; vgl. auch *Grigoleit/Weisensee*, UPR 2011, 401, 405.

78 § 7 Abs. 3 S. 2 NABEG.

79 § 6 S. 2 NABEG; siehe zu der Frage, ob es sich bei diesen Anordnungen um *„befehlende Verwaltungsakte“* mit Regelungs- und Außenwirkung handelt *Beckmann*, VR 2011, 365, 367 f.

80 Siehe zu dieser Formulierung die kritischen Anmerkungen von *Beckmann*, VR 2011, 365, 368.

81 BT-Drucks. 17/6073, S. 24; dies ist allerdings in der Literatur auf Kritik gestoßen, siehe *Kment*, RdE 2011, 341, 344, der in der Verpflichtung zur Einleitung von Planungsverfahren sogar eine schleichende Wende des Energiesektors zu einem planwirtschaftlichen System sieht.

82 Zu Fragen des Rechtschutzes des Vorhabensträgers in einem solchen Fall siehe Steinbach/*Nebel/Riese*, § 6 NABEG Rn 52 ff.

Antrag des Vorhabensträgers erforderlich. Hinsichtlich der Antragstellung durch den Vorhabensträger enthält das NABEG – „versteckt“[83] in dem die Bundesfachplanung betreffenden § 12 NABEG in dessen Abs. 2 S. 3 – erneut eine Berechtigung der BNetzA, den **Vorhabensträger durch Bescheid aufzufordern**, innerhalb einer zu bestimmenden angemessenen Frist den erforderlichen Antrag auf Planfeststellung zu stellen. Damit setzt sich der bereits auf der Ebene der Bundesfachplanung etablierte Mechanismus, die Übertragungsnetzbetreiber notfalls durch Mittel der **Zwangsvollstreckung** zur Antragstellung zu bewegen, auf der Ebene der Planfeststellung fort.[84]

3. Gesetzesübergreifende Besonderheiten der Rolle der Vorhabensträger

Den bisherigen Ausführungen lässt sich bereits entnehmen, dass den Vorhabensträgern bei der Netzplanung und dem Netzausbau unter verschiedenen Gesichtspunkten und auf verschiedenen Planungsebenen eine **Sonderrolle** zukommt. Auch die neue **VO (EU) Nr. 347/2013** zu Leitlinien für die transeuropäische Energieinfrastruktur sieht für die nach dieser Verordnung zu bestimmenden Vorhaben von gemeinsamem Interesse vor, dass der Vorhabensträger ein Konzept für die Beteiligung der Öffentlichkeit erstellt und, falls dies im nationalen Recht so festgelegt ist, eine Anhörung der Öffentlichkeit durchführt. Nach Art. 9 Abs. 4 UAbs. 2 der VO erstellt der Vorhabensträger zudem einen Bericht mit einer Zusammenfassung, die er der zuständigen Behörde zu übermitteln hat und die von dieser bei der umfassenden Entscheidung „gebührend berücksichtigt“ wird. Darüber hinaus hat der Vorhabensträger nach Art. 5 Abs. 1 der VO einen Durchführungsplan für Vorhaben von gemeinsamem Interesse zu erstellen, der einen Zeitplan u.a. für zu fertigende Studien, die Genehmigung sowie Bau und Inbetriebnahme enthält. 30

Die den Vorhabensträgern damit nach nationalem und europäischen Recht zukommende Sonderrolle wird noch klarer erkennbar, wenn man ihre Rolle mit derjenigen der Vorhabensträger in anderen fachplanerischen Regelungssystemen vergleicht (a). Nähere Beachtung verdient auch das im Rahmen der **EnWG-Novelle 2011** eingeführte Novum, dass die Übertragungsnetzbetreiber bei der Bundesbedarfsplanung für die Durchführung von formellen und materiellen Verfahrensschritten verantwortlich sind (b). Auf der Ebene der Planfeststellung wird die Sonderstellung der Netzbetreiber zudem im Hinblick auf die herkömmliche Unterscheidung zwischen gemeinnützigen und privatnützigen Planfeststellungen deutlich (c). Letztlich werden die diversen Besonderheiten einer zusammenfassenden Bewertung unterzogen (d). 31

a) Vergleich mit anderen Fachplanungen

Vergleicht man die Rolle der Netzbetreiber mit derjenigen der Vorhabensträger in anderen fachplanerischen Regelungssystemen, werden **elementare Unterschiede** deutlich: So gibt es zwar auch in anderen Fachgesetzen (z.B. bei Bundesfern- und Bundeswasserstraßen sowie Bundesschienen) übergeordnete, der Planfeststellung vorgeschaltete (Bedarfs-) Planungen, bei deren Aufstellung die (späteren) Vorhabensträger mitwirken.[85] Der entscheidende Unterschied im Ver- 32

83 *Kment*, RdE 2011, 341, 344 spricht insoweit zutreffend von einer *„rechtssystematischen verunglückten Stelle“*.

84 Vgl. *Moench/Ruttloff*, NVwZ 2011, 1040, 1044; siehe zu der problematischen Frage der zuständigen Behörde unten Rn 94 ff.

85 Siehe z.B. § 16 FStrG und § 13 WaStrG sowie das Fernstraßenausbaugesetz i.d.F. der Bekanntmachung v. 20.1. 2005 (BGBl. I S. 201), zuletzt geändert durch Art. 12 des Gesetzes v. 9.12.2006 (BGBl. I S. 2833) sowie das Bundesschienenwegeausbaugesetz v. 15.11.1993 (BGBl. I S. 1874), zuletzt geändert durch Art. 309 der Verordnung v. 31.10. 2006 (BGBl. I S. 2407).

gleich zur Planung und zum Ausbau der Energienetze liegt jedoch darin, dass Netzbetreiber **private Wirtschaftsunternehmen** sind, während bei anderen Fachplanungen (z.B. dem Bau von Bundesfern- oder Bundeswasserstraßen) die Vorhabensträger selbst staatliche oder jedenfalls mit Steuermitteln finanzierte Institutionen sind.[86] Vor diesem Hintergrund kann man die Bedarfsplanung bei Bundesfernstraßen und Schienenwegen auch eher als eine gesetzliche Form der Ausgabenplanung für **steuerfinanzierte Infrastrukturnetze** sehen.[87] Die Finanzierung aus Steuermitteln versetzt den Bund in die Lage, seine Planungen auch dort umzusetzen, wo – wie z.B. bei der DB Netz AG – Träger der Netze ein (formell) privates Unternehmen ist.[88] Demgegenüber liegt im Energiesektor die **Finanzierungsverantwortung** trotz der Abwälzbarkeit der Netzausbaukosten[89] **bei den Netzbetreibern**. Da die Netzbetreiber zugleich im Rahmen ihrer Gesamtverantwortung für die Sicherheit und Funktionsfähigkeit des jeweiligen Netzes den zukünftigen Transportbedarf prognostizieren,[90] gerät die Regulierungsbehörde in die Gefahr, mangels eigener gesicherter Planungsgrundlagen die Planungen der Netzbetreiber mehr oder weniger ungeprüft übernehmen zu müssen.[91]

33 Zwar haben sowohl der Ausbau der Bundesfern- und -wasserstraßen sowie der Bundeseisenbahn als auch derjenige der Energieversorgungsnetze die Gemeinsamkeit, dass sie jeweils im öffentlichen Interesse erfolgen; ein beachtlicher Unterschied liegt allerdings darin, dass die **Straßen und Schienen öffentliche Güter**[92] sind, während die **Netze im Privateigentum** von Wirtschaftsunternehmen stehen. Auch die **Sozialpflichtigkeit des Eigentums** kann dabei nicht dazu führen, aus privatrechtlichem Vermögen ein Gut der Allgemeinheit zu machen. Ein Eingriff in die Eigentumsfreiheit kann somit nicht allein mit dem Verweis auf die Bedeutung der allgemeinen Energieversorgung gerechtfertigt werden, ohne die Interessen der Netzbetreiber angemessen zu berücksichtigen.[93] Vor diesem Hintergrund wird die Zuständigkeit der Netzbetreiber für die Ermittlung des Netzausbaubedarfs auch als Korrelat für ihre unternehmerische Eigenverantwortung bezüglich der Infrastrukturentscheidung gesehen.[94]

34 Soweit allerdings im Rahmen des Gesetzgebungsverfahrens zu § 12 Abs. 3 EnWG ausgeführt wurde, dass die Übertragungsnetzbetreiber zwar die Versorgungssicherheit zu gewährleisten haben, die unternehmerische Eigenverantwortlichkeit für Investitionsentscheidungen der Netzbetreiber nach wirtschaftlichen Kriterien aber unberührt bleibe,[95] ist dies nicht (mehr) vollumfänglich zutreffend. Denn die Regulierungsbehörde hat im Rahmen des EnWG beachtliche Möglichkeiten, gegenüber den Unternehmen „Maßnahmen zur Einhaltung der gesetzlichen Verpflichtungen anzuordnen".[96] Im Anwendungsbereich des NABEG hat die Regulierungsbehörde zudem die Option, die Übertragungsnetzbetreiber unter Anwendung von Verwaltungszwang zur Beantragung der Bundesfachplanung und/oder der Planfeststellung zu zwingen.[97] Durch derartige Befugnisse kann jedoch der **Entscheidungsspielraum**, den das Regulierungsrecht ideal-

86 Vgl. Schneider/Theobald/*Hermes*, § 7 Rn 46.
87 Schneider/Theobald/*Hermes*, § 7 Rn 46.
88 Schneider/Theobald/*Hermes*, § 7 Rn 46.
89 Siehe dazu oben Rn 11 sowie *Weyer*, ZNER 2009, 210, 213.
90 Siehe oben Rn 10 f.
91 Schneider/Theobald/*Hermes*, § 7 Rn 46; *Antoni*, et 2011, 74, 75 spricht in diesem Zusammenhang auch von einem unklaren Verhältnis zwischen Staat und privatrechtlich organisierten Energieversorgungsunternehmen.
92 Siehe für die Schienenwege Art. 87e Abs. 3 S. 2 GG.
93 Danner/Theobald/*Theobald*, § 11 EnWG Rn 7.
94 *Kment*, RdE 2011, 341, 343; *Weyer*, ZNER 2009, 210.
95 Stellungnahme des Bundesrates zum EnWG-E, BT-Drucks. 15/3917, S. 81.
96 Siehe § 65 Abs. 2 EnWG sowie dazu Schneider/Theobald/*Franke*, § 19 Rn 22 ff.
97 Siehe oben Rn 29.

typisch dem Wirtschaftsverhalten privater Akteure überlassen will, **erheblich eingeschränkt** und letztlich sogar partiell eliminiert werden.[98]

b) Durchführung einer planerischen Abwägung bei der Erstellung des Netzentwicklungsplans durch die Übertragungsnetzbetreiber

Im Bereich der **Bundesbedarfsplanung** geht die Übertragung originärer staatlicher Aufgaben bei der Erstellung des Netzentwicklungsplans sogar so weit, dass den Übertragungsnetzbetreibern nicht nur die Durchführung einer Öffentlichkeitsbeteiligung, sondern auch deren Auswertung und damit die Vornahme einer planerischen Abwägung auferlegt wird. So haben die Übertragungsnetzbetreiber nach § 12b Abs. 4 EnWG darzulegen, *„aus welchen Gründen der Netzentwicklungsplan* ***nach Abwägung*** *mit den geprüften, in Betracht kommenden anderweitigen Planungsmöglichkeiten gewählt wurde“*.[99] Die von den Übertragungsnetzbetreibern zu verfassende Erklärung ist also Produkt ihrer Einschätzung des Gewichts der erhobenen Einwendungen und damit **Ergebnis einer Abwägung**.[100] 35

Zwar gibt es auch an anderen Stellen (z.T. neue) gesetzliche Bestimmungen, auf deren Grundlage von der verfahrensführenden Behörde Unabhängige bei der Vorbereitung und Durchführung von Verfahrensschritten einbezogen werden können.[101] Dabei ist allerdings stets sichergestellt, dass die **eigentliche (Abwägungs-) Entscheidung bei der Behörde** verbleibt und keine originär hoheitlichen Tätigkeiten übertragen werden. Dies ist bei der Aufstellung des Netzentwicklungsplans durch die Übertragungsnetzbetreiber – soweit ersichtlich erstmalig in der deutschen Rechtsgeschichte – anders. Zwar hat sich der Gesetzgeber auch in diesem Zusammenhang Kontrollmechanismen vorbehalten, indem der von den Übertragungsnetzbetreibern aufzustellende Netzentwicklungsplan von der Regulierungsbehörde auf die Übereinstimmung mit den gesetzlichen Vorgaben hin zu überprüfen ist, bevor er von ihr unter Berücksichtigung einer erneuten Behörden- und Öffentlichkeitsbeteiligung bestätigt und letztlich Grundlage für ein Bundesgesetz wird.[102] Da den Übertragungsnetzbetreibern aber die Durchführung sowohl der Öffentlichkeitsbeteiligung als auch einer Abwägung übertragen wird, stellt sich die Frage, ob ihnen damit zugleich ein **planerischer Gestaltungsspielraum** eingeräumt wird, der von der Regulierungsbehörde (und ggf. von den Gerichten) nur eingeschränkt (auf Abwägungsfehler) überprüft werden kann.[103] Dessen ungeachtet bleibt jedenfalls festzustellen, dass die staatliche Regulierung der Netzplanung und des Netzausbaus (zumindest auch) von der Beurteilung der Unternehmen beeinflusst wird.[104] 36

Vor dem Hintergrund dieser systematisch weitgehenden Neuerungen verwundert es, dass darauf in den Materialien zum Gesetzgebungsverfahren relativ wenig eingegangen wird. Zwar 37

98 Vgl. *Kment*, RdE 2011, 341, 344.
99 Siehe dazu auch die Begründung des Gesetzentwurfs zu § 12b Abs. 2 EnWG: *„Die Entwicklung eines konkreten Ausbaubedarfs aus den Szenarien ist ein planerischer Abwägungsprozess“*, BT-Drucks. 17/6072, S. 68.
100 Vgl. Schneider/Theobald/*Hermes*, § 7 Rn 84 zur Stellungnahme der Anhörungsbehörde bei der Planfeststellung nach §§ 43, 43a EnWG i.V.m. § 73 VwVfG.
101 Siehe z.B. § 4b BauGB, § 43g EnWG und § 29 NABEG; Näheres dazu unten Rn 46 ff.; die neue VO (EU) Nr. 347/2013 des Europäischen Parlaments und des Rates vom 17.4.2013 zu Leitlinien für die transeuropäische Energieinfrastruktur, die mit Ausnahme der Art. 14 und 15 ab dem 1.6.2013 gilt, sieht in Art. 6 zudem die Benennung eines „Europäischen Koordinators“ vor: Einzelheiten dazu unten Rn 58 ff.
102 Siehe § 12c Abs. 1, 3 und 4 EnWG sowie obige Ausführungen dazu in Kap. 2 Rn 20 ff.
103 Ähnliche Fragen stellen sich auch im Hinblick auf § 9 Abs. 4 der VO (EU) Nr. 347/2013 zu Leitlinien für die transeuropäische Energieinfrastruktur, wonach der Vorhabensträger einen Bericht über die Durchführung der Öffentlichkeitsbeteiligung erstellt und diesen der zuständigen Behörde übermittelt, die „die betreffenden Ergebnisse“ bei der „umfassenden Entscheidung gebührend berücksichtigt“.
104 *Lecheler*, DVBl. 2007, 713, 718.

wird erkennbar, dass sich die am Gesetzgebungsverfahren Beteiligten bewusst waren, etwas Neues zu schaffen. So heißt es etwa in der Stellungnahme des Bundesrates zu der Neufassung der §§ 12a–12e EnWG schlicht: *„Mit den o.g. Vorschriften wird die Entwicklung des Übertragungsnetzes völlig neu geregelt. Planung und Ausbau des Übertragungsnetzes liegt in der Verantwortung des jeweiligen Netzbetreibers.“*[105] Die konkrete Tragweite der damit etablierten Neuerungen kommt damit allerdings höchstens andeutungsweise zum Ausdruck.

c) Gemeinnützige und privatnützige Planfeststellungen

38 Die soeben skizzierte Sonderstellung der Netzbetreiber kann darüber hinaus auf der Ebene der Planfeststellung noch anhand der folgenden Überlegungen weiter verdeutlicht werden: Ursprünglich ist die Planfeststellung das typische Verfahrensinstrument für wichtige Vorhaben der (Verkehrs-) Infrastruktur gewesen, die regelmäßig **im öffentlichen Interesse** zur Förderung des Allgemeinwohls verwirklicht wurden.[106] **Vorhabensträger und Initiatoren** derartiger Projekte waren in der Regel **Behörden** oder jedenfalls von der öffentlichen Hand beherrschte Unternehmen. Derartige Planfeststellungsverfahren werden dabei auch als **gemeinnützige Planfeststellungen** bezeichnet, denen dann die sog. privatnützigen Planfeststellungen gegenübergestellt werden.[107] Mit **privatnützigen Planfeststellungen** sind dabei solche Vorhaben gemeint, die im **überwiegend oder ausschließlich individuellen Interesse des Vorhabensträgers** verwirklicht werden.[108] Maßgeblich für die Unterscheidung zwischen gemeinnützigen und privatnützigen Planfeststellungsverfahren ist dabei allein, ob das Vorhaben einem **Zweck** dient, der im **öffentlichen Interesse** liegt. Das Vorhaben muss also unmittelbar einem Ziel dienen, für dessen Verwirklichung nach der Entscheidung des Gesetzgebers in dem jeweiligen Fachplanungsgesetz Gründe des Allgemeinwohls streiten.[109]

39 Unabhängig davon, ob man die Unterteilung in gemeinnützige und privatnützige Planfeststellungen für sinnvoll oder zeitgemäß hält,[110] verdeutlicht dieser Ansatzpunkt erneut eine Besonderheit der Energiewirtschaft: Einerseits sind die **Netzbetreiber als Vorhabensträger gesetzlich verpflichtet**, ein sicheres, zuverlässiges und leistungsfähiges Energieversorgungsnetz diskriminierungsfrei zu betreiben, zu warten und bedarfsgerecht zu optimieren, zu verstärken und auszubauen.[111] Somit liegt der Zweck der nach dem EnWG und dem NABEG planfeststellungspflichtigen Vorhaben eindeutig im öffentlichen Interesse. Entsprechende Planfeststellungsverfahren wären damit als **gemeinnützig** zu bezeichnen. Ein erheblicher Unterschied im Vergleich zu klassisch gemeinnützigen Vorhaben liegt jedoch darin, dass die Netzbetreiber trotz dieses eindeutig öffentlichen Interesses am Netzausbau Wirtschaftsunternehmen sind, die **eigene wirtschaftliche Interessen** verfolgen und ein **eigenes wirtschaftliches Risiko** zu tragen haben.[112] Insofern kommt den planfeststellungspflichtigen Netzausbaumaßnahmen gleichsam eine **„Zwitter-Rolle“** zu, da sie zugleich gemein- als auch privatnützig sind.

105 BT-Drucks. 17/6248, S. 13.
106 Stelkens/Bonk/Sachs/*Bonk/Neumann*, § 72 Rn 28.
107 Siehe zu dieser Unterscheidung Stelkens/Bonk/Sachs/*Bonk/Neumann*, § 72 Rn 28 ff. m.w.N.
108 Als Beispiel kann der Aufschluss des Grundwassers zum Abbau von Kiesen und Sanden als planfeststellungspflichtiger Ausbau eines Gewässers nach § 31 WHG genannt werden, siehe Stelkens/Bonk/Sachs/*Bonk/Neumann*, § 72 Rn 28 m.w.N.
109 Siehe insgesamt Stelkens/Bonk/Sachs/*Bonk/Neumann*, § 72 Rn 28 m.w.N.
110 Siehe zu kritischen Stimmen die weiteren Verweise bei Stelkens/Bonk/Sachs/*Bonk/Neumann*, § 72 Rn 28 sowie bei *Kopp/Ramsauer*, § 72 Rn 13.
111 Siehe §§ 2, 11 und 12 EnWG sowie dazu obige Ausführungen in Rn 8 ff.
112 Vgl. *Greinacher*, ZUR 2011, 305, 308; *Lecheler*, RdE 2010, 41, 42.

d) Zusammenfassende Bewertung

Diese „Zwitter-Rolle" der Netzbetreiber lässt sich auf den zentralen Ausgangspunkt zurückführen, dass die Netzbetreiber einerseits öffentliche Aufgaben wahrnehmen, dabei aber andererseits als private Wirtschaftsunternehmen eigene Mittel investieren und durch diese Investitionen Privateigentum begründen. Die bisherigen Ausführungen lassen erkennen, dass sich diese Ausgangslage faktisch auf alle Ebenen der Planung auswirkt, wenn auch jeweils in unterschiedlichen Nuancen. Es ergibt sich somit folgendes Bild: Im Rahmen des ROG kommt die **Sonderrolle der Übertragungsnetzbetreiber** dadurch zum Ausdruck, dass sie unter bestimmten Voraussetzungen **wie öffentliche Stellen** an die Erfordernisse der Raumordnung gebunden sein können.[113] Durch die Vorschriften des EnWG hat der Gesetzgeber den Netzbetreibern die **Systemverantwortung** für den **bedarfsgerechten Ausbau der Energieversorgungsnetze** übertragen und die **Regulierungsbehörde** zugleich mit **Sanktionsmechanismen** ausgestattet, falls die Unternehmen ihren Verpflichtungen nicht nachkommen. Auf der Ebene der Planfeststellung führt die Sonderstellung der Netzbetreiber zudem dazu, dass eine eindeutige Unterscheidung zwischen privatnützigen und gemeinnützigen Planfeststellungen nicht vorgenommen werden kann. Bei der **Bundesbedarfsplanung** ist sogar eine weitergehende Interdependenz zwischen staatlichen Behörden und Übertragungsnetzbetreibern erkennbar, denn Letztere erarbeiten nicht nur den Szenariorahmen, sondern führen bei der Erstellung des Netzentwicklungsplans auch eine **Öffentlichkeitsbeteiligung** sowie eine **Abwägung** durch. Im Anwendungsbereich des NABEG besteht zudem die Besonderheit, dass die Regulierungsbehörde die Netzbetreiber unter Anwendung von **Verwaltungszwang** zur Beantragung der Bundesfachplanung und/oder eines Planfeststellungsverfahrens verpflichten kann. Auf der Ebene der Bauleitplanung kommt die Sonderrolle der Netzbetreiber schließlich dadurch zum Ausdruck, dass sie als **Träger öffentlicher Belange** i.S.v. § 4 BauGB bei der Aufstellung von Bauleitplänen zu beteiligen sind.[114] 40

Insgesamt kann damit die Sonderrolle der Netzbetreiber auf den verschiedenen Planungsebenen wie folgt zusammengefasst werden: 41

ROG	§ 4 Abs. 1, Abs. 2 ROG: Übertragungsnetzbetreiber können ggf. wie öffentliche Stellen an die Erfordernisse der Raumordnung gebunden sein.
EnWG	§§ 2, 11, 12 EnWG: Netzbetreiber haben die Systemverantwortung für den bedarfsgerechten Ausbau der Netze. § 65 Abs. 2 EnWG: BNetzA hat Sanktionsmechanismen gegenüber den Netzbetreibern. § 12b Abs. 4 EnWG: Bei der Bundesbedarfsplanung führen die Übertragungsnetzbetreiber eine Öffentlichkeitsbeteiligung und eine Abwägung durch.
NABEG	§ 62 Abs. 2 EnWG, § 12 Abs. 3 S. 2 NABEG: BNetzA kann Netzbetreiber zur Beantragung der Bedarfsplanung und der Planfeststellung zwingen.
BauGB	§ 4 BauGB: Netzbetreiber sind bei der Aufstellung von Bauleitplänen als Träger öffentlicher Belange zu beteiligen.

113 Siehe oben Kap. 2 Rn 34 f.; zur Frage der Bindungswirkung von bestehenden Zielen der Raumordnung bei der Bundesfachplanung siehe auch Kap. 4 Rn 5 ff. und Rn 21 ff. sowie Kap. 7 Rn 129 ff.
114 Einzelheiten dazu unten in Rn 139 ff.

VO (EU) Nr. 347/ 2013	Art. 9 Abs. 3, Abs. 4 VO (EU) Nr. 347/2013: Vorhabensträger erstellen ein Konzept für die Öffentlichkeitsbeteiligung. Falls dies im nationalen Recht so festgelegt ist, führt der Vorhabensträger eine Anhörung der Öffentlichkeit durch; er erstellt einen Bericht, den er der zuständigen Behörde zusammen mit den Antragsunterlagen übermittelt. Die betreffenden Ergebnisse werden bei der umfassenden Entscheidung gebührend berücksichtigt.

42 Diese Zusammenfassung verdeutlicht somit, dass der Gesetzgeber den (Übertragungs-)Netzbetreibern im Vergleich zu anderen Personen des Privatrechts zwar einerseits mehr Rechte eingeräumt hat und sie sogar teilweise mit staatlichen Behörden gleichstellt. Andererseits obliegen den (Übertragungs-) Netzbetreibern aber auch umfassende Pflichten, deren Einhaltung ggf. von der Regulierungsbehörde zwangsweise – und damit unter erheblicher Beeinträchtigung der grundsätzlich autonomen Unternehmensentscheidungen – durchgesetzt werden kann.

II. Externe Planer und Gutachter

43 Aufgrund des Umfangs und der Komplexität von Infrastrukturplanungsvorhaben ist häufig eine Hinzuziehung von externen Planern und Gutachtern, die jeweils über spezifischen Sach- und Fachverstand verfügen, unumgänglich.

44 In der Regel beauftragt der Vorhabensträger **externe Ingenieurbüros**, häufig auch unter dem Dach eines **Generalplaners**. Dieser Generalplaner – so jedenfalls der Grundgedanke – fungiert als alleiniger **Ansprechpartner des Vorhabensträgers.**[115] Dabei ist jedoch zu bedenken, dass auch Ingenieur- und Planungsbüros in erster Linie Wirtschaftsunternehmen sind. Dies hat in der Regel zur Folge, dass die Beiträge dieser Büros von ihrem Aufwand her stets in einem wirtschaftlichen Verhältnis zur Honorierung durch den Vorhabensträger stehen: Während der Vorhabensträger als Auftraggeber an einer Leistungserfüllung zum geringsten möglichen Preis interessiert ist, möchte das Planungsbüro als Auftragnehmer für sein Honorar den geringsten möglichen Arbeitsaufwand betreiben.[116]

45 Ungeachtet dessen darf nicht verkannt werden, dass sich der Vorhabensträger durch externe Planer und Gutachter zwar erhebliche Entlastung schaffen kann; die ihm obliegende **Planungsverantwortung** „nach außen", also gegenüber den Behörden und den sonstigen Betroffenen, bleibt dadurch allerdings unberührt.[117]

III. Verfahrensmanager, Projektmanager und europäische Koordinatoren

46 Unabhängig von der Einschaltung von externen Planern und Gutachtern gibt es weitere Möglichkeiten, Dritte zu involvieren und dadurch die jeweils Zuständigen zu entlasten. Auf der Seite des Vorhabensträgers kommt dabei insbesondere die Einschaltung eines Verfahrensmanagers in Betracht (1.). Auf der Seite der verfahrensführenden Behörde besteht z.T. die Möglichkeit, externe Projektmanager einzuschalten (2.). Für Vorhaben von gemeinsamem Interesse i.S.d. VO (EU) Nr. 347/2013 zu Leitlinien für die transeuropäische Energieinfrastruktur kann die Kommission im

115 Ziekow/*Niederich*, Kap. 1 Rn 241.
116 Vgl. Ziekow/*Niederich*, Kap. 1 Rn 242.
117 Vgl. Ziekow/*Niederich*, Kap. 1 Rn 242; siehe zur Möglichkeit des Vorhabensträgers, sich vertreten zu lassen, auch obige Ausführungen in Rn 4.

Einvernehmen mit den betroffenen Mitgliedstaaten zudem einen europäischen Koordinator benennen (3.).

1. Verfahrensmanager

Unabhängig von der Einschaltung von externen Planern und Gutachtern steht es dem Vorha- 47
bensträger frei, einen **Verfahrensmanager** zu beauftragen, der die **Interessen des Vorhabensträgers** vertritt und diese gegenüber allen anderen Beteiligten durchzusetzen versucht. Ein derartiger Verfahrensmanager kann entweder innerhalb der Organisation des Vorhabensträgers angesiedelt sein oder von einer externen Stelle hinzugezogen werden.[118] Neben der Vertretung nach außen kommt einem Verfahrensmanager dabei auch die umfangreiche Aufgabe zu, zwischen den am Verfahren beteiligten unterschiedlichen Fachdisziplinen (Juristen, Betriebswirte, Ingenieure, Naturwissenschaftler etc.) sowie der betroffenen Öffentlichkeit **zu vermitteln.** Eine derartige Vermittlung kann dabei besonders effektiv sein, wenn sie bereits im Vorfeld des Verfahrens, also noch **vor der eigentlichen Antragstellung** durch den Vorhabensträger, stattfindet.[119] Im Kontakt mit der Öffentlichkeit können dabei auch Fragen erörtert werden, die sich nicht unmittelbar auf die Zulassung des Projekts auswirken, die aber gleichwohl von Bedeutung sind wie etwa Fragen der Finanzierung oder Aspekte der zukünftigen Entwicklungsoptionen etc.[120] Wenn sich ein Projektmanager für den Vorhabensträger frühzeitig und offensiv diesen Fragen stellt und die Öffentlichkeit einbindet, kann damit auch die allgemeine Akzeptanz des Vorhabens gesteigert werden.[121]

Aber auch **nach Einreichung der Planungsunterlagen** kann der Verfahrensmanager zur 48
Beschleunigung des Verfahrens beitragen, indem er einerseits die Planungen des Vorhabensträgers der Behörde und den anderen Betroffenen vermittelt und andererseits die Reaktionen der Behörde sowie die von anderen Betroffenen vorgebrachten Einwendungen in konfliktlösende Handlungsanweisungen für die Planer und Gutachter „übersetzt".[122]

2. Projektmanager

a) Grundsätzliche Intention und bisherige Einsatzmöglichkeiten

Während ein Verfahrensmanager auf der Seite des Vorhabensträgers anzusiedeln ist, ist das 49
Modell des sog. **Projektmanagers** bei der **zuständigen Behörde** verankert. Die Einschaltung eines Projektmanagers bezweckt dabei grundsätzlich die **Entlastung und Unterstützung der zuständigen Behörde.**[123] Entsprechende rechtliche Grundlagen existieren seit einigen Jahren z.B. in § 4b BauGB sowie in § 2 Abs. 2 Nr. 5 der 9. BImSchV.[124]

Nach **§ 4b BauGB** kann die Gemeinde zur Beschleunigung des Bauleitplanverfahrens die 50
Vorbereitung und Durchführung bestimmter nach §§ 2a–4a BauGB durchzuführender Verfahrensschritte einem Dritten übertragen. Aber auch wenn sich die Gemeinde für die Einschaltung eines Dritten entscheidet, behält sie die Verantwortung für die Rechtmäßigkeit der Verfahrensdurchführung und darf sich nicht etwa auf eine bloße abschließende Rechtmäßigkeitskontrolle

118 Ziekow/*Niederich*, Kap. 1 Rn 235.
119 Vgl. Ziekow/*Niederich*, Kap. 1 Rn 257.
120 Vgl. *Schink*, DVBl. 2011, 1377, 1379.
121 Vgl. *Schink*, DVBl. 2011, 1377, 1379; *Schink*, ZG 2011, 226, 243 f.
122 Ziekow/*Niederich*, Kap. 1 Rn 259 ff.
123 So auch Steinbach/*Riese*/*Nebel*, § 29 NABEG Rn 4.
124 Siehe dazu *Versteyl*, I+E 2011, 89, 92 f.

zurückziehen.[125] Im **Außenverhältnis** zum Bürger und zu den Trägern öffentlicher Belange bleibt somit die Verantwortung der Gemeinde uneingeschränkt bestehen. Der von der Gemeinde beauftragte Dritte ist dabei eher **Verwaltungshelfer**, nicht etwa ein beliehener Unternehmer.[126] Darüber hinaus wird teilweise noch verlangt, dass der Dritte einerseits neutral sowie unabhängig und andererseits an Weisungen der Gemeinde gebunden sein soll.[127]

b) § 43g EnWG und § 29 NABEG

51 Seit August 2011 ist die Möglichkeit, einen externen Projektmanager einzuschalten, in zwei weiteren Gesetzen eingeführt worden: § 43g EnWG und § 29 NABEG.[128] In diesen nahezu identischen Vorschriften ist geregelt, dass die jeweils zuständige Behörde **auf Vorschlag oder mit Zustimmung des Vorhabenträgers und auf dessen Kosten** einen „Dritten"[129] mit der **Vorbereitung und Durchführung** von bestimmten, in den jeweiligen Nrn. 1–7 näher aufgeführten **Verfahrensschritten** beauftragen kann. Zu diesen Verfahrensschritten gehören

- die Erstellung von Verfahrensleitplänen (Nr. 1),
- die Fristenkontrolle (Nr. 2),
- die Koordinierung von erforderlichen Sachverständigengutachten (Nr. 3),
- der Entwurf eines Anhörungsberichts (Nr. 4),
- die erste Auswertung der eingereichten Stellungnahmen (Nr. 5),
- die organisatorische Vorbereitung eines Erörterungstermins (Nr. 6) sowie
- die Leitung des Erörterungstermins (Nr. 7).

Diese Aufzählung ist allerdings nicht abschließend, da die aufgezählten Verfahrensschritte nur beispielhaft aufgeführt sind („*wie*"). Gleichwohl dürfte bei einer Übertragung von nicht explizit genannten Verfahrensschritten aufgrund des Ausnahmecharakters der Vorschrift Zurückhaltung geboten sein.[130] Zudem muss sichergestellt bleiben, dass die Entscheidung über die Bundesfachplanung bzw. den Planfeststellungsantrag, also die **materiell-rechtliche Abwägung**, allein bei der **zuständigen Behörde** liegt.[131]

52 In dem Eckpunktepapier des BMWi heißt es zu § 29 NABEG: „*Die Behörden sollen bei bürokratischen und formalisierten Vorgängen entlastet werden. Nach dem Vorbild des Baugesetzbuches werden die Behörden private Projektmanager bei formalisierten Vorgängen einschalten können. Das schafft Freiräume bei Behörden für zentrale Aufgaben.*"[132] In der Begründung des Gesetzentwurfs zu § 43g EnWG wird ebenfalls darauf hingewiesen, dass § 4b BauGB als Muster gedient habe. Ein von der Genehmigungsbehörde beauftragter und vom Vorhabenträger finanzierter Projektmanager könne alle notwendigen **Koordinierungsfunktionen** übernehmen, die nicht unmittelbar in den Kern des Abwägungsvorgangs vorstießen.[133] Durch S. 2 der Vorschrift werde noch einmal deutlich, dass die Projektmanager den Entscheidungsprozess unterstützen,

---

125 Battis/Krautzberger/Löhr/*Battis*, § 4b Rn 7.
126 Ernst/Zinkahn/Bielenberg/Krautzberger/*Krautzberger*, § 4b Rn 15.
127 Ernst/Zinkahn/Bielenberg/Krautzberger/*Krautzberger*, § 4b Rn 39 f.; vgl. auch Battis/Krautzberger/Löhr/*Battis*, § 4b Rn 6.
128 Siehe dazu auch Kap. 5 Rn 58 ff.
129 Die Begriffe „Dritter" und „Projektmanager" werden dabei synonym verwendet; inhaltliche Differenzen bestehen nicht, siehe Steinbach/*Riese/Nebel*, § 29 NABEG Rn 13.
130 Vgl. Steinbach/*Riese/Nebel*, § 29 NABEG Rn 17.
131 § 29 S. 2 NABEG und § 43g EnWG; vgl. auch Steinbach/*Riese/Nebel*, § 29 NABEG Rn 17.
132 BMWi, „Eckpunkte für ein Netzausbaubeschleunigungsgesetz (‚NABEG') – Verfahrensvereinfachung, Akzeptanz, Investitionen" v. 21.3.2011, S. 2.
133 BT-Drucks. 17/6073, S. 34.

aber nicht an den eigentlichen Entscheidungen mitwirken und **keine hoheitlichen Tätigkeiten** ausführen dürften.[134] Hinsichtlich der Vertraulichkeit und der Wahrung des Datenschutzes müsse im Innenverhältnis zwischen Behörde und beauftragtem Projektmanager sichergestellt werden, dass dieser wie die Behörde die Vorschriften einhält.[135]

Durch diese Ausführungen wird insgesamt deutlich, dass der Gesetzgeber durch die im Vergleich zur „Mustervorschrift" des § 4b BauGB weitergehenden gesetzlichen Bestimmungen sicherstellen wollte, dass die zu § 4b BauGB entwickelten Grundsätze auch für Projektmanager nach § 43g EnWG und § 29 NABEG gelten. 53

c) Anwendungsprobleme beim Netzausbau

Ob der Einsatz von Projektmanagern nach diesen neuen Vorschriften jedoch in der Praxis tatsächlich zu einer erheblichen Entlastung der Behörden führen kann, bleibt abzuwarten.[136] So findet sich selbst in der Begründung des Gesetzentwurfs zu § 43g EnWG der Hinweis, dass der zu erwartende **Beschleunigungseffekt** in realistischer Weise nur bei Auftragsvolumina zu verwirklichen sei, die noch keine Durchführung eines **Vergabeverfahrens** erforderlich machen.[137] 54

Unabhängig davon bleibt zu beachten, dass die dem Projektmanager ggf. übertragene Vorarbeit die **Behörde nicht von einer eigenen Prüfung bzw. Vorbereitung entbindet.**[138] Insofern bleibt fraglich, inwieweit die Einschaltung eines Projektmanagers tatsächlich zu einer Entlastung führen kann, oder ob dadurch nicht vielmehr **Doppelprüfungen** generiert werden. Zu bedenken ist auch, dass die Einschaltung eines Projektmanagers die **Anzahl der am Verfahren Beteiligten** weiter erhöht, wodurch zugleich mehr Abstimmungsbedarf generiert wird.[139] Hinsichtlich der in den jeweiligen Nrn. 7 vorgesehenen Möglichkeit, die Leitung des Erörterungstermins auf einen Projektmanager zu übertragen, werden in der Literatur zudem **rechtsstaatliche Bedenken** vorgebracht.[140] Andererseits wird auch vertreten, dass der Einsatz eines externen Projektmanagers gerade im Erörterungstermin konfliktmildernde und akzeptanzsteigernde Wirkung haben könne, da er über den Parteien und Einwendern stehe und so Neutralität und Objektivität sichere.[141] In jedem Fall ist ein Projektmanager nicht gleichzusetzen mit den in der Vergangenheit bei konfliktträchtigen Großprojekten z.T. später hinzugezogenen Mediatoren; ein Projektmanager dient somit **nicht als Mediator** à la Heiner Geißler und es bleibt zu hoffen, dass er im Falle eines Einsatzes nicht zu *„eine Art Thomas Gottschalk der Behörden"*[142] verkommt. 55

Ungeachtet dieser im Rahmen des Netzausbaus neu zu definierenden Rolle des Projektmanagers ist zu berücksichtigen, dass die Entscheidung über den Einsatz eines Projektmanagers zwar im **pflichtgemäßen Ermessen der Behörde** steht. Anders als im Bauplanungsverfahren ist es nach § 43g EnWG und § 29 NABEG jedoch erforderlich, dass der Vorhabensträger die Einschaltung eines Projektmanagers **vorschlägt** oder dieser zumindest **zustimmt.** Dieses Erfordernis korrespondiert damit, dass der Vorhabensträger auch die **Kosten** des Projektmanagers zu 56

134 BT-Drucks. 17/6073, S. 34; ähnlich auch *Moench/Ruttloff*, NVwZ 2011, 1040, 1044.
135 BT-Drucks. 17/6073, S. 34 f.
136 Kritisch auch Steinbach/*Riese/Nebel*, § 29 NABEG Rn 6.
137 BT-Drucks. 17/6073, S. 34; siehe zur vergaberechtlichen Fragestellung auch Näher dazu Steinbach/*Riese/Nebel*, § 29 NABEG Rn 30 ff.
138 Vgl. *Greinacher*, ZUR 2011, 305, 307; *Moench/Ruttloff*, NVwZ 2011, 1040, 1045.
139 Vgl. auch Steinbach/*Riese/Nebel*, § 29 NABEG Rn 6.
140 *Durner*, DVBl. 2011, 853, 859.
141 *Schink*, DVBl. 2011, 1377, 1380; vgl. auch *Versteyl*, I+E 2011, 89, 92 f.
142 Bund Deutscher Verwaltungsricher-Rundschreiben 02/2012, S. 112.

tragen hat. Sollte der Einsatz eines Projektmanagers somit ohne Zustimmung des Vorhabensträgers erfolgen, kann die Behörde auch keine entsprechenden Kosten geltend machen.[143]

57 Aufgrund dieser Kostentragungspflicht darf auch bezweifelt werden, ob die Netzbetreiber – ggf. neben den bereits in ihrer Sphäre eingeschalteten (kostenpflichtigen) Unterstützern[144] – bereit sind, ihre **Zustimmung** für die Einschaltung eines weiteren, **kostenpflichtigen behördlichen Unterstützers** zu erteilen, zumal sie auch ohne die Einschaltung eines zusätzlichen Projektmanagers schon erhebliche Verwaltungsgebühren für die Erteilung der Genehmigung zahlen müssen.[145]

3. Europäische Koordinatoren

58 Treten bei einem zukünftig nach der **VO (EU) Nr. 347/2013** des Europäischen Parlaments und des Rates vom 17.4.2013 zu Leitlinien für die transeuropäische Energieinfrastruktur zu bestimmenden Vorhaben von gemeinsamem Interesse „erhebliche Durchführungsschwierigkeiten" auf, kann die **Kommission im Einvernehmen mit den betroffenen Mitgliedstaaten** für einen Zeitraum von bis zu einem Jahr, der zweimal verlängerbar ist, einen **europäischen Koordinator** benennen. Auswahlkriterium sind dabei die *„Erfahrungen mit den spezifischen Aufgaben, mit denen er im Zusammenhang mit den jeweiligen Vorhaben betraut wird."*[146] Zu den **Aufgaben** des europäischen Koordinators gehören die **Förderung der Vorhaben** sowie der **grenzüberschreitende Dialog** zwischen den Vorhabensträgern und allen betroffenen Kreisen. Er **unterstützt alle Parteien** bei der Anhörung der betroffenen Kreise sowie beim Erhalt der für die Vorhaben erforderlichen Genehmigungen und berät die Vorhabensträger bei der Finanzierung des Vorhabens. Zudem stellt er eine **angemessene Unterstützung und strategische Leitung** durch die betroffenen Mitgliedstaaten für die Vorbereitung und Durchführung der Vorhaben sicher. Schließlich legt er jährlich und ggf. nach Ablauf seiner Amtszeit einen **Bericht an die Kommission** über die Fortschritte bei den Vorhaben und über etwaige Schwierigkeiten und Hindernisse, die voraussichtlich zu einer erheblichen Verzögerung bei der Inbetriebnahme der Vorhaben führen, vor. Dieser Bericht wird von der Kommission an das Europäische Parlament und an die betroffenen Gruppen weitergeleitet.[147]

59 Im Vergleich zu einem Projektmanager nach § 43g EnWG und § 29 NABEG[148] ist der Aufgabenbereich des europäischen Koordinators noch wesentlich offener formuliert. Wie und wodurch Vorhaben von gemeinsamem Interesse gefördert und alle Parteien unterstützt werden können, obliegt danach wohl der **Einschätzungsprärogative des Koordinators.** Bedenkt man zudem, dass ein europäischer Koordinator nur bei „erheblichen Durchführungsschwierigkeiten" benannt werden kann, stellt sich die Frage, welche konkreten Handlungsmöglichkeiten einem solchen Koordinator zur Verfügung stehen werden, um seinen Aufgaben erfolgreich nachzugehen. Anders als beim Projektmanager ist auch nicht ausdrücklich geregelt, wer die **Kosten** des europäischen Koordinators trägt. Ein weiterer Unterschied zum nationalen Projektmanager liegt darin, dass die Vorhabensträger zwar wie beim Projektmanager vom Einsatz des Koordinators profitieren sollen, jedoch anders als beim Projektmanager nicht beeinflussen können, ob ein Koordinator benannt wird. Somit bleibt auch hinsichtlich des europäischen Koordinators abzuwarten, ob und ggf. mit welchem Erfolg er zum Einsatz kommen wird.

---

143 Siehe zu den weiteren verfahrensrechtlichen Konsequenzen einer fehlenden Zustimmung Steinbach/*Riese*/*Nebel*, § 29 NABEG Rn 19 f.
144 Siehe oben Rn 43 ff.
145 Vgl. Steinbach/*Riese*/*Nebel*, § 29 NABEG Rn 29; kritisch auch *Wagner*, DVBl. 2011, 1453, 1459 f.
146 Art. 6 Abs. 3 VO (EU) Nr. 347/2013.
147 Art. 6 Abs. 2 VO (EU) Nr. 347/2013.
148 Siehe oben Rn 51 ff.

B. Verfahrensführende Behörden

I. Bei der Raumplanung

Verfahrensführende Behörde bei der **Aufstellung eines Raumordnungsplans** ist jeweils die nach **Landesrecht** zuständige **Raumordnungsbehörde.** 60

In Niedersachsen wird z.B. das Landes-Raumordnungsprogramm durch das zuständige Fachministerium als Verordnung aufgestellt und durch die Landesregierung beschlossen.[149] Das regionale Raumordnungsprogramm wird vom Träger der Regionalplanung, also von den Landkreisen und den kreisfreien Städten als Satzung beschlossen und bedarf der Genehmigung des zuständigen Fachministeriums.[150] 61

Ein **Raumordnungsverfahren** wird ebenfalls durch die für die Raumordnung zuständige Landesbehörde durchgeführt.[151] In Niedersachsen sind dies z.B. die Landkreise und kreisfreien Städte als untere Landesplanungsbehörden.[152] 62

II. Bei der Bundesbedarfsplanung nach den §§ 12a–12g EnWG

Verfahrensführende Behörde bei der Bundesbedarfsplanung ist die **Regulierungsbehörde.** Sie hat u.a. den Szenariorahmen zu genehmigen,[153] den jährlichen Netzentwicklungsplan zu bestätigen[154] und ihn der Bundesregierung zu übermitteln.[155] Zudem führt sie hinsichtlich des Szenariorahmens und des Entwurfs des Netzentwicklungsplans jeweils die Öffentlichkeitsbeteiligungen durch.[156] 63

1. Die Zuständigkeitsregelung des § 54 EnWG

Nach der Zuständigkeitsregelung des § 54 Abs. 1 EnWG werden die Aufgaben der Regulierungsbehörde von der **BNetzA** und nach Maßgabe des § 54 Abs. 2 EnWG von den **Landesregulierungsbehörden**[157] wahrgenommen. Da die in §§ 12a–12g EnWG geregelten Aufgaben nicht in § 54 Abs. 2 EnWG erwähnt sind, bleibt es somit für die **Bundesbedarfsplanung** nach § 54 Abs. 1 Hs. 1 EnWG bei der Zuständigkeit der **BNetzA.** 64

Ungeachtet dieser in § 54 Abs. 1 EnWG unterschiedlich zugewiesenen Zuständigkeiten haben sich beide Regulierungsbehörden bei der Wahrnehmung ihrer Aufgaben zu **unterstützen.**[158] Zudem soll der **Länderausschuss**[159] die Abstimmung zwischen den beiden Regulierungsbehörden dienen und den bundeseinheitlichen Vollzug sicherstellen.[160] 65

---

149 Siehe § 7 Abs. 1 S. 1, Abs. 3 i.V.m. § 24 Abs. 1 S. 1 NROG.
150 Siehe § 8 Abs. 1, 2, 6 i.V.m. § 24 Abs. 1 S. 1, 2 NROG.
151 Schneider/Theobald/*Hermes*, § 7 Rn 64.
152 Siehe § 25 Abs. 1 i.V.m. § 24 Abs. 1 S. 2 ROG.
153 § 12a Abs. 3 EnWG.
154 § 12c Abs. 4 S. 1 EnWG.
155 § 12e Abs. 1 S. 1 EnWG.
156 Siehe §§ 12a Abs. 2 und 12c Abs. 3 EnWG sowie Näheres zur Öffentlichkeitsbeteiligung unten Rn 109 ff.
157 Näheres dazu bei Danner/Theobald/*Theobald*/*Werk*, § 54 EnWG Rn 38 ff.
158 § 64a Abs. 1 S. 1 EnWG.
159 Nach § 8 des Gesetzes über die BNetzA für Elektrizität, Gas, Telekommunikation, Post und Eisenbahnen vom 7.7.2005 (BGBl. I S. 1970, 2009), zuletzt geändert durch Art. 2 des Gesetzes v. 26.7.2011 (BGBl. I S. 1554) – BEGTPG –, wird bei der BNetzA ein Länderausschuss gebildet, der sich aus je einem Vertreter der für die Wahrnehmung der Aufgaben nach § 54 EnWG zuständigen Landesregulierungsbehörden zusammensetzt.
160 § 60a Abs. 1 EnWG, siehe dazu Baur/Salje/Schmidt-Preuß/*Zeidler*, Kap. 36 Rn 24; vgl. auch Schneider/Theobald/*Theobald*, § 1 Rn 104 ff.

2. Organisationsstruktur der BNetzA

66 Die BNetzA ist eine **selbstständige Bundesoberbehörde** im Geschäftsbereich des BMWi mit Sitz in Bonn.[161]

67 In organisationsrechtlicher Hinsicht werden die Entscheidungen der BNetzA grundsätzlich von den **Beschlusskammern** getroffen, die in der Besetzung mit einem oder einer Vorsitzenden und zwei Beisitzern entscheiden.[162] Die Mitglieder der Beschlusskammern dürfen weder ein Unternehmen der Energiewirtschaft innehaben oder leiten, noch dürfen sie Mitglied des Vorstands oder Aufsichtsrates eines Unternehmens der Energiewirtschaft sein oder einer Regierung oder einer gesetzgebenden Körperschaft des Bundes oder eines Landes angehören.[163] Vorsitzende und Beisitzende müssen zudem Beamte sein und die Befähigung zum Richteramt oder für eine Laufbahn des höheren Dienstes haben.[164]

68 Die nähere Ausgestaltung der Binnenstruktur der BNetzA ist im **BEGTPG** geregelt, in dem u.a. die Organe der BNetzA bestimmt und ausführliche Regelungen zu den öffentlich-rechtlichen Amtsverhältnissen, dem Beirat sowie dem Länderausschuss getroffen werden.[165]

3. Weisungsgebundenheit der BNetzA

69 Die Frage, ob und in welcher Art und Weise das BMWi der BNetzA bzw. den Beschlusskammern Weisungen erteilen kann, ist sowohl vor dem Hintergrund des **Europarechts** als auch **verfassungsrechtlich** problematisch.[166] So hat die Europäische Kommission in ihrem Dritten Energiemarktpaket 2007 eine politische Unabhängigkeit der nationalen Regulierungsbehörden gefordert. [167] Auch die Elektrizitäts- und die Erdgasbinnenmarktrichtlinien lassen die Intention des Richtliniengebers erkennen, dass die Regulierungsbehörde gegenüber dem Mitgliedstaat weitgehend unabhängig sein soll.[168] Dies kommt u.a. darin zum Ausdruck, dass die Richtlinien die Möglichkeit der Einflussnahme der Mitgliedstaaten im Hinblick auf die Tarifregulierung auf ein bloßes Billigungs- und Ablehnungsrecht begrenzen.[169]

70 Um diesen Vorgaben zu entsprechen, wurden die Aufgaben der Regulierungsbehörde nicht direkt in das nationale Ministerium eingegliedert, sondern es wurde eine organisatorisch selbstständige Behördenform mit eigener **Personal-, Organisations- und Finanzhoheit** gewählt.[170] Damit wird einerseits eine weitgehende **Unabhängigkeit der Regulierungsbehörde von der Regierungspolitik** ermöglicht.[171] Andererseits fordert das grundgesetzlich verbürgte **Demokratieprinzip**, dass bei der Ausübung von Staatsgewalt grundsätzlich eine ununterbrochene Legi-

---

161 § 1 S. 2 BEGTPG.

162 § 59 Abs. 1 S. 1 und Abs. 2 S. 1 EnWG. In den in § 59 Abs. 1 S. 2 EnWG genannten Fällen, zu denen auch die Aufgaben nach den §§ 12a–12f EnWG gehören, entscheidet der Präsident der BNetzA.

163 § 59 Abs. 3 EnWG; damit werden zugleich die Vorgaben von Art. 23 EltRL umgesetzt; vgl. auch Danner/Theobald/*Theobald/Werk*, § 54 EnWG Rn 7 ff. sowie § 59 EnWG Rn 41 ff.

164 § 59 Abs. 2 S. 3 EnWG.

165 Näheres zur Organisationsstruktur auch bei Baur/Salje/Schmidt-Preuß/*Zeidler*, Kap. 35 Rn 8 ff.

166 Siehe dazu Danner/Theobald/*Theobald/Werk*, § 54 EnWG Rn 13 ff. sowie § 59 EnWG Rn 26 ff.; *Durner*, DVBl. 2011, 853, 856 f., jeweils m.w.N.

167 Vorschlag für eine Verordnung des Europäischen Parlaments und des Rates zur Gründung einer Agentur für die Zusammenarbeit der Energieregulierungsbehörden v. 19.9.2007, KOM(2007) 530 endg., S. 10.

168 Baur/Salje/Schmidt-Preuß/*Zeidler*, Kap. 35 Rn 16.

169 Siehe Art. 23 Abs. 3 RL 2003/54/EG v. 26.6.2003, ABl. EU Nr. L 176 v. 15.7.2003, S. 37 ff. und Art. 25 Abs. 3 der RL 2003/55/EG v. 26.6.2003, ABl. EU L 176 v. 15.7.2003, S. 57 ff.; siehe dazu auch Baur/Salje/Schmidt-Preuß/*Zeidler*, Kap. 35 Rn 16.

170 Baur/Salje/Schmidt-Preuß/*Zeidler*, Kap. 35 Rn 17; vgl. auch Danner/Theobald/*Theobald/Werk*, § 59 EnWG Rn 24.

171 Vgl. Baur/Salje/Schmidt-Preuß/*Zeidler*, Kap. 35 Rn 17.

timationskette vom Volk zu den von ihm betrauten Amtswaltern vorliegt.[172] Diese auch als widersprüchlich empfundenen Gegenpole[173] können allerdings dadurch aufgelöst bzw. „neutralisiert“ werden, dass man dem übergeordneten BMWi trotz der organisatorischen Selbstständigkeit der BNetzA jedenfalls die generellen Leitungs- und Einwirkungsrechte im Rahmen der **Rechts-, Fach- und Dienstaufsicht** einräumt.[174] In diesem Sinne dürfte auch § 61 EnWG zu verstehen sein.[175]

4. Besondere Befugnisse bei der Erstellung des Netzentwicklungsplans

Besondere Befugnisse kommen der BNetzA nach der Regelung des § 12c Abs. 6 EnWG zu, wonach die Regulierungsbehörde *„durch Festlegung* ***nähere Bestimmungen zu Inhalt und Verfahren der Erstellung des Netzentwicklungsplans sowie*** *zur Ausgestaltung des nach Abs. 3, § 12a Abs. 2 und § 12b Abs. 3 durchzuführenden Verfahrens* ***zur Beteiligung der Öffentlichkeit*** *treffen“* kann. Dadurch soll ausweislich der Gesetzesbegründung gewährleistet werden, dass die Verfahrensabläufe zügig an die gemachten Erfahrungen angepasst bzw. gänzlich neue Entwicklungen berücksichtigt werden können. Dies wurde von der Bundesregierung für notwendig erachtet *„da es sich bei dem Konzept des gemeinsamen, nationalen Netzentwicklungsplans auf Übertragungsnetzebene um ein neues Institut in Deutschland handelt und die Rahmenbedingungen daher lernfähig und flexibel sein müssen“*.[176] 71

Ob und in welchem Umfang diese Regelung eine (rechtmäßige) Grundlage dafür darstellen kann, dass die Regulierungsbehörde durch schlichte „Festlegung“ die gesetzlichen Vorgaben zur Öffentlichkeitsbeteiligung modifiziert, erscheint zumindest fragwürdig. Offen ist auch, in welcher **Rechtsform** eine solche „Festlegung“ erfolgen kann bzw. welche **verfahrensrechtlichen Anforderungen** bei Erlass einer – gesetzesmodifizierenden – „Festlegung“ zu beachten wären (vorherige Anhörung, Veröffentlichung, Begründungspflicht?). Die weitere Entwicklung bleibt abzuwarten. 72

III. Bei der Bundesfachplanung nach den §§ 4–17 NABEG

Für die auf Grundlage des NABEG durchzuführende Bundesfachplanung ist gem. § 31 Abs. 1 NABEG ebenfalls die BNetzA zuständig.[177] Hinsichtlich der Organisationsstruktur kann somit zunächst auf obige Ausführungen verwiesen werden.[178] 73

Darüber hinaus enthält das NABEG zwei weitere spezialgesetzliche Bestimmungen: Nach § 31 Abs. 3 NABEG ist die BNetzA verpflichtet, **dem BMWi sowie dem BMU** regelmäßig in nicht personenbezogener Form über den Verfahrensstand der Bundesfachplanung **zu berichten**. Zudem ist nach § 32 NABEG jeweils aus Vertretern der BNetzA, der Länder und der Bundesregierung ein **ständiger Bundesfachplanungsbeirat** zu bilden. Dieser Beirat hat die Aufgabe, die 74

172 Art. 20 Abs. 1 GG; siehe auch *Durner*, DVBl. 2011, 853, 856 f. m.w.N.
173 *Durner*, DVBl. 2011, 853, 857; vgl. auch *Erbguth*, NVwZ 2012, 326, 331, m.w.N. in Fn 79.
174 Ähnlich *Erbguth*, NVwZ 2012, 326, 331.
175 Danner/Theobald/*Theobald/Werk*, § 59 EnWG Rn 24 ff.; Baur/Salje/Schmidt-Preuß/*Zeidler*, Kap. 35 Rn 17; *Durner*, DVBl. 2011, 853, 856 f., die sich jeweils auch für ein (weitergehendes) Weisungsrecht im Einzelfall aussprechen; vgl. insgesamt auch Schneider/Theobald/*Franke*, § 19 Rn 20.
176 BT-Drucks. 17/6072, S. 69.
177 Kritisch zur Kompetenz dieser Behörde im Anwendungsbereich des NABEG *Kment*, RdE 2011, 341, 346 sowie *Moench/Ruttloff*, NVwZ 2011, 1040, 1045.
178 Siehe oben Rn 66 f.

BNetzA u.a. in Grundsatzfragen zur Bundesfachplanung zu beraten und soll regelmäßig in nicht öffentlichen Sitzungen zusammenkommen.[179]

75 Die **verfassungsrechtliche Verankerung** der damit der BNetzA übertragenen Verwaltungskompetenzen ist ausweislich der Gesetzesbegründung durch Art. 87 Abs. 3 S. 1 GG gewährleistet.[180] Nach dieser Vorschrift können für Angelegenheiten, für die dem Bund die Gesetzgebung zusteht, selbstständige Bundesoberbehörden und neue bundesunmittelbare Körperschaften und Anstalten des öffentlichen Rechts durch Bundesgesetze errichtet werden. Es ist allerdings umstritten, ob Art. 87 Abs. 3 S. 1 GG tatsächlich eine ausreichende Grundlage für entsprechende Kompetenzübertragungen an die BNetzA ist.[181] Ohne diese Diskussion hier weiter vertiefen zu können, spricht Überwiegendes dafür, dass jedenfalls für die Bundesfachplanung eine **Verwaltungskompetenz der BNetzA** mit dem verfassungsrechtlichen Kompetenzgefüge vereinbar ist.[182]

IV. Bei der Planfeststellung

76 Das Planfeststellungsverfahren im weiteren Sinne umfasst grundsätzlich das von der **Anhörungsbehörde** durchzuführende Anhörungsverfahren und die Planfeststellung im engeren Sinne, die von der eigentlichen **Planfeststellungsbehörde** vorgenommen wird.[183] Das **Anhörungsverfahren** ist dabei der eigentlichen Planfeststellung durch die Planfeststellungsbehörde **vorgeschaltet**; es ist kein selbstständiges Verwaltungsverfahren, sondern unselbstständiger Teil des Verfahrens vor der Planfeststellungsbehörde.[184] Allerdings nimmt die Anhörungsbehörde ihre Aufgaben in **eigener Zuständigkeit** und nicht etwa im Wege der Amtshilfe wahr.[185] Insofern geht der Gesetzgeber grundsätzlich von einer **Trennung von Anhörungs- und Planfeststellungsbehörde** sowie von Behörde und Vorhabensträger aus.[186]

77 Im Folgenden soll kurz dargestellt werden, wer diese Behörden jeweils sind und welche Rolle sie dabei im Fachplanungsrecht grundsätzlich innehaben (1). Anschließend wird auf die im Anwendungsbereich des NABEG bestehenden Sonderregelungen eingegangen (2).

1. Fachplanungen

a) Anhörungsbehörde

78 Grundlegende Regelung für die Durchführung eines Anhörungsverfahrens im Rahmen eines Planfeststellungsverfahrens ist **§ 73 VwVfG**. Welche **Landesbehörde** danach für die Durchführung des Anhörungsverfahrens zuständig ist, findet sich in der Regel in den entsprechenden Landesgesetzen; zulässig ist jedoch auch eine Bestimmung durch Rechtsverordnung oder Verwaltungsvorschrift.[187]

---

179 § 32 Abs. 3 NABEG; ausführlich dazu Steinbach/*Bourwieg*, § 32 NABEG Rn 1 ff.
180 BT-Drucks. 17/6073, S. 32.
181 Kritisch insbesondere *Durner*, DVBl. 2011, 853, 857 f.
182 So i.E. auch *Sellner/Fellenberg*, NVwZ 2011, 1025, 1032; *Appel*, UPR 2011, 406, 411 f. sowie *Kappel*, DVBl. 2013, 551, 557 f.; zwischen Bundesfachplanung und Planfeststellung differenzierend *Grigoleit/Weisensee*, UPR 2011, 401, 402; *Moench/Ruttloff*, NVwZ 2011, 1040, 1041; siehe zur behördlichen Zuständigkeit für die Planfeststellung nach §§ 18 – 28 NABEG auch unten Rn 94 ff.
183 Danner/Theobald/*Missling*, § 43 EnWG Rn 50; *Kopp/Ramsauer*, § 74 Rn 2.
184 *Kopp/Ramsauer*, § 73 Rn 13.
185 Vgl. BVerwG, Urt. v. 19.1.2000 – 11 C 6/99 – juris.
186 *Kopp/Ramsauer*, § 73 Rn 14 und Rn 16 m.w.N.; siehe auch Kap. 9 Rn 87 ff.
187 *Kopp/Ramsauer*, § 73 Rn 15; Knack/Hennecke/*Dürr*, § 73 Rn 13.

Ausgehend von der Vorschrift des § 73 VwVfG kann das Anhörungsverfahren grundsätzlich in **fünf Schritte** gegliedert werden:[188] 79

1. Einreichung des Plans bei der Anhörungsbehörde;
2. Einholung von Stellungnahmen anderer Behörden;
3. Öffentliche Auslegung des Plans mit der Möglichkeit, Einwendungen zu erheben;
4. Durchführung eines Erörterungstermins;
5. Weiterleitung der Materialien an die Planfeststellungsbehörde.

Während Einzelheiten zu diesem Verfahren in Kap. 9[189] dargestellt werden, soll im Folgenden lediglich näher auf die aktuellen Entwicklungen zu der Frage eingegangen werden, ob die Anhörungsbehörde bei fachgesetzlichen Planfeststellungen von der Durchführung eines Erörterungstermins absehen kann.[190] 80

aa) Möglichkeit des Erörterungsverzichts nach dem InfraStrPlanVBeschlG

Durch das InfraStrPlanVBeschlG vom 9.12.2006[191] wurden wesentliche Neuerungen hinsichtlich der **fachgesetzlichen Ausgestaltung des Erörterungstermins** vorgenommen.[192] Seit dem Inkrafttreten dieses Gesetzes ist nunmehr ausdrücklich normiert, dass die Anhörungsbehörde im Rahmen der eisenbahn-, fernstraßen-, bundeswasserstraßen- sowie magnetschwebebahnrechtlichen Planfeststellungen auf eine **Erörterung verzichten** kann.[193] Für den Fall, dass ein ausgelegter Plan geändert werden soll, bestimmen die Fachplanungsgesetze nunmehr sogar, dass „im Regelfall" von der Erörterung abgesehen werden kann.[194] 81

Ausweislich der **Gesetzesbegründung** des InfraStrPlanVBeschlG soll durch die der Anhörungsbehörde eingeräumte Möglichkeit, auf eine Erörterung zu verzichten, ein frühzeitiges Vorliegen aller Informationen sowie die Verringerung von Aufwand und Dauer des Verfahrens bezweckt werden.[195] Die Behörde könne auf eine Erörterung verzichten, wenn keine fristgerechten Einwendungen oder Stellungnahmen eingegangen seien oder wenn sie dieses Vorgehen ankündige und niemand innerhalb der gesetzlichen Frist widerspreche.[196] Anders als noch im Regierungsentwurf vorgesehen hat der Gesetzgeber jedoch davon abgesehen, der Behörde für diese Entscheidung **ermessenslenkende Maßnahmen** vorzugeben oder den Erörterungsverzicht ausdrücklich auf solche Verfahren zu beschränken, in denen niemand fristgerecht Einwendungen erhoben bzw. dem beabsichtigten Verzicht auf einen Erörterungstermin widersprochen hat.[197] 82

Diese damit der Anhörungsbehörde eingeräumte – lediglich anhand der allgemeinen Kriterien zur ordnungsgemäßen Ermessensausübung überprüfbare – Möglichkeit, auf die Durchführung eines Erörterungstermins zu verzichten, ist vielfältig **kritisiert** worden.[198] So wird z.B. 83

---

188 Vgl. Knack/Hennecke/*Dürr*, § 73 Rn 12.
189 Siehe dort Rn 132 ff.; siehe auch Kap. 5 Rn 25 ff.
190 Siehe zur Möglichkeit des Verzichts auf einen Erörterungstermin im Rahmen des VwVfG Kap. 9 Rn 254 ff.
191 BGBl. I S. 2833.
192 Einzelheiten zum Erörterungstermin nach § 73 Abs. 6 in Kap. 9 Rn 248 ff.
193 § 18a Nr. 5 S. 1 AEG; § 17a Nr. 5 S. 1 FStrG; § 14a Nr. 5 S. 1 WaStrG; § 2 Nr. 5 S. 1 MbPlG.
194 § 18a Nr. 6 S. 3 AEG; § 17a Nr. 6 S. 3 FStrG; § 14a Nr. 6 S. 3 WaStrG; § 2 Nr. 6 S. 3 MbPlG; § 43a Nr. 6 S. 3 EnWG; mit § 43b Nr. 1 EnWG ist zudem für bestimmte Konstellationen eine Sonderregelung getroffen worden, die für die bis zum Stichtag des 31.12.2010 beantragten Freileitungsvorhaben ein vereinfachtes Öffentlichkeitsbeteiligungsverfahren ermöglicht, siehe dazu *Lecheler*, DVBl. 2007, 713, 717 f.; *Schiller*, UPR 2009, 245, 252.
195 BT-Drucks. 16/54, S. 26.
196 BT-Drucks. 16/54, S. 26.
197 So sah es der Gesetzentwurf der Bundesregierung v. 4.11.2005 noch vor, siehe BT-Drucks. 16/54, S. 5 (§ 18a AEG), S. 8 f. (§ 17a FStrG), S. 12 (§ 14a WaStrG), S. 16 f. (§ 2 MbPlG), S. 19 (§ 11 EnWG).
198 Vgl. z.B. *Lecheler*, DVBl. 2007, 713, 717; *Otto*, NVwZ 2007, 379, 380; *Schneller*, DVBl. 2007, 529, 531.

zutreffend eingewandt, dass die Erschwerung der Beteiligungsmöglichkeiten auch zu **Defiziten bei der Informationsgewinnung** führen kann.[199] Zudem dienen die Beteiligungsrechte nicht nur der formellen Einbindung der Beteiligten, sondern tragen durch die Einbeziehung der subjektiven Perspektive der Betroffenen auch zur **Konfliktlösung und Akzeptanz** der Verwaltungsentscheidung bei.[200] Daher kann ein Verzicht auf den Erörterungstermin auch immer das Risiko einer **abwägungsfehlerhaften** und damit rechtswidrigen Entscheidung bedeuten.[201]

84 In der nunmehr in den jeweiligen Fachgesetzen bestehenden Möglichkeit, auf die Erörterung zu verzichten, wird teilweise zugleich die Option der Behörde gesehen, die **Erörterung zu beschränken**. So sei es nunmehr beispielsweise erlaubt, dass die Anhörungsbehörde nur bestimmte Personen zum Erörterungstermin einlade. Auf diese Weise könne die Behörde vermeiden, dass kategorische Vorhabensgegner den Erörterungstermin *„in einen Sinn und Zweck der Veranstaltung konterkarierenden Kampfplatz"* umwandeln.[202]

85 Es muss jedoch bezweifelt werden, ob ein derartiger Ausschluss von bestimmten Personen oder Gruppen mit dem grundgesetzlichen und europarechtlichen **Gleichbehandlungsgebot** und **Diskriminierungsverbot** vereinbar ist. Zudem erscheint es fraglich, ob es der öffentlichen Akzeptanz eines Vorhabens dienen kann, kategorische Vorhabensgegner vom Erörterungstermin auszuschließen; vielmehr ist spätestens anhand von „Stuttgart 21" deutlich geworden, dass Vorhabensgegner über vielfältige (mediale) Möglichkeiten verfügen, ihre Ansichten kundzutun. Dass es dabei einer Deeskalation dienen könnte, unbequeme Gegner von der Erörterung auszuschließen, erscheint wenig überzeugend.

bb) § 43a Nr. 5 S. 1 EnWG n.F.

86 Die damit hinsichtlich der (uneingeschränkten) Möglichkeit des Verzichts auf die Durchführung eines Erörterungstermins bestehenden Bedenken scheinen zwischenzeitlich auch bis zur Politik vorgedrungen zu sein. Denn in der **EnWG-Novelle 2011** ist die Möglichkeit des Verzichts auf einen Erörterungstermin – allerdings nur für das EnWG, nicht jedoch für die anderen vom InfraStrPlanVBeschlG erfassten Fachplanungen – deutlich **eingeschränkt** worden. So bestimmt § 43a Nr. 5 S. 1 EnWG n.F. nunmehr, dass die Anhörungsbehörde die rechtzeitig erhobenen Einwendungen mit dem Vorhabensträger und denjenigen, die Einwendungen erhoben haben, mündlich zu erörtern hat. Ein Erörterungstermin findet nach § 43a Nr. 5 S. 2 EnWG n.F. nur dann nicht statt, wenn

1. Einwendungen gegen das Vorhaben nicht oder nicht rechtzeitig erhoben worden sind,
2. die rechtzeitig erhobenen Einwendungen zurückgenommen worden sind,
3. ausschließlich Einwendungen erhoben worden sind, die auf privatrechtlichen Titeln beruhen oder
4. alle Einwender auf einen Erörterungstermin verzichten.

87 Damit hat der Gesetzgeber faktisch mit fünfjähriger Verspätung das umgesetzt, was z.T. bereits im Regierungsentwurf zum InfraStrPlanVBeschlG enthalten war.[203]

---

199 Schneider/Theobald/*Hermes*, § 7 Rn 85; *Holznagel*/*Nagel*, DVBl. 2010, 669, 671 m.w.N.
200 *Holznagel*/*Nagel*, DVBl. 2010, 669, 671 m.w.N.
201 Schneider/Theobald/*Hermes*, § 7 Rn 85.
202 *Otto*, NVwZ 2007, 379, 380.
203 Siehe dazu obige Ausführungen in Rn 81ff.

cc) Gesetz zur Verbesserung der Öffentlichkeitsbeteiligung und Vereinheitlichung von Planfeststellungsverfahren (PlVereinhG)

Nach knapp zweieinhalbjährigen kontroversen Beratungen ist am 31.5.2013 das Gesetz zur Verbesserung der Öffentlichkeitsbeteiligung und Vereinheitlichung von Planfeststellungsverfahren (PlVereinhG) in Kraft getreten.[204] Dieses Artikelgesetz ändert neben Bestimmungen im VwVfG und der VwGO auch zahlreiche Vorgaben in diversen Fachgesetzen.[205] Eine der relevantesten und (bisher) meistbeachtetsten Änderungen betrifft die **Einfügung eines zusätzlichen Absatzes 3 in § 25 VwVfG**. Danach wirkt die Behörde darauf hin,[206] dass der Träger bei der Planung von Vorhaben, die nicht nur unwesentliche Auswirkungen auf die Belange einer größeren Zahl von Dritten haben können, die betroffene Öffentlichkeit[207] frühzeitig über die Ziele des Vorhabens, die Mittel, es zu verwirklichen, und die voraussichtlichen Auswirkungen des Vorhabens unterrichtet (frühe Öffentlichkeitsbeteiligung, § 25 Abs. 3 S. 1 VwVfG). Die **frühe Öffentlichkeitsbeteiligung** soll möglichst bereits vor Stellung eines Antrags stattfinden (§ 25 Abs. 3 S. 2 VwVfG). Der betroffenen Öffentlichkeit soll Gelegenheit zur Äußerung und zur Erörterung gegeben werden (§ 25 Abs. 3 S. 3 VwVfG). Das Ergebnis der vor Antragstellung durchgeführten frühen Öffentlichkeitsbeteiligung soll der betroffenen Öffentlichkeit und der Behörde spätestens mit der Antragstellung, im Übrigen unverzüglich mitgeteilt werden (§ 25 Abs. 3 S. 4 VwVfG). Satz 1 gilt nicht, soweit die betroffene Öffentlichkeit bereits nach anderen Rechtsvorschriften vor der Antragstellung zu beteiligen ist.[208] **Beteiligungsrechte nach anderen Rechtsvorschriften** bleiben unberührt (§ 25 Abs. 3 S. 6 VwVfG). 88

Die in § 43a Nr. 5 EnWG geschaffene Möglichkeit, unter bestimmten Voraussetzungen auf die Durchführung eines Erörterungstermins verzichten zu können, bleibt allerdings auch nach dem Inkrafttreten des PlVereinhG erhalten; anders als ursprünglich vorgesehen, ist sie auch nicht in § 73 VwVfG übertragen worden. Auch die durch das InfraStrPlanVBeschlG in den Fachgesetzen eingeführte **Möglichkeit zum (vollständigen) Verzicht** auf eine Erörterung bleibt vom Inkrafttreten des PlVereinhG unberührt. 89

In jedem Fall ist zu erwarten, dass das Thema Öffentlichkeitsbeteiligung auch zukünftig Gegenstand weiterer Diskussionen sein wird.[209] 90

b) Planfeststellungsbehörde

Die Planfeststellungsbehörde ist vom Zeitpunkt der Antragstellung bis zum Erlass des Planfeststellungsbeschlusses **„Herrin des Verfahrens"**.[210] Ihr arbeiten – in unterschiedlichen Rollen und mit oft konträren Interessen – sowohl der Vorhabensträger[211] als auch die Anhörungsbehörde[212] zu. 91

---

204 BGBl. I 2013 S. 1388; siehe zum gestuften Inkrafttreten *Schmitz/Prell*, NVwZ 2013, 745, 753; vgl. zum Gesetzgebungsverfahren *Schütte*, ZUR 2011, 169; *Schmitz/Prell*, NVwZ 2013, 745; *Stüer*, DVBl. 2013, 700, 700 f.

205 Einzelheiten bei *Stüer*, DVBl. 2013, 700.

206 Siehe zu dieser Hinwirkenspflicht *Schmitz/Prell*, NVwZ 2013, 745, 747; *Ziekow*, NVwZ 2013, 754, 756 f.

207 Siehe zum Begriff der „betroffenen Öffentlichkeit" *Schmitz/Prell*, NVwZ 2013, 745, 746; *Ziekow*, NVwZ 2013, 754, 757.

208 Siehe dazu *Ziekow*, NVwZ 2013, 754, 755 f.; siehe insgesamt zur frühen Öffentlichkeitsbeteiligung auch Kap. 9 Rn 143 ff.

209 Siehe dazu auch *Schink*, ZG 2011, 226 ff.; *Durner*, ZUR 2011, 354 ff.; *Wulfhorst*, DÖV 2011, 581 ff.; *Schönenbroicher*, VBlBW 2010, 466 ff.; Mitteilung des Beirates Verwaltungsverfahrensrecht, NVwZ 2011, 859 f.; *Stüer*, UPR 2011, 335 ff.; *Gärditz*, GewArch 2011, 273 ff.; *Schink*, DVBl. 2011, 1377 ff.; *Versteyl*, I+E 2011, 89 ff.; *Krappel/Süßkind-Schwendi*, UPR 2012, 255, 256; *Stüer*, DVBl. 2013, 700, 707; *Füßner/Kindler*, UPR 2012, 168 ff. sowie unten Rn 100 ff.

210 Ziekow/*Niederich*, Kap. 1 Rn 246.

211 Siehe zu dessen Rolle ausführlich oben Rn 3 ff.

212 Siehe oben Rn 74 ff.

Im Gegensatz zum Anhörungsverfahren unterliegt die Entscheidungsfindung der Planfeststellungsbehörde keiner Fristenbindung.[213]

92 Kommt es zu einer Klage gegen den Planfeststellungsbeschluss, ist die Planfeststellungsbehörde die Beklagte, während der Vorhabensträger lediglich beigeladen wird; die **Anhörungsbehörde** ist aufgrund ihrer lediglich moderierenden Funktion im verwaltungsgerichtlichen Streitfall nicht beteiligt.[214]

93 Welche Behörde jeweils die Planfeststellungsbehörde ist, ist in den jeweiligen **Fachgesetzen**, oft unter Verweis auf landesgesetzliche Bestimmungen, geregelt.[215] Dabei sind teils Bundes-, teils Landesbehörden zuständig.[216] Anders als bei der Anhörungsbehörde kann die Zuständigkeit der Planfeststellungsbehörde jedoch nicht durch Verwaltungsvorschriften geregelt werden, sondern muss durch eine bundes- oder landesgesetzliche Regelung bestimmt werden.[217] Für das EnWG bestimmt § 43 S. 1 EnWG, dass *„die nach Landesrecht zuständige Behörde“* die Planfeststellungsbehörde ist; die in § 54 EnWG enthaltene allgemeine Zuständigkeitsvorschrift[218] wird somit durch die speziellere Regelung in § 43 S. 1 EnWG verdrängt.[219]

2. Sonderregelungen im Anwendungsbereich des NABEG

94 Bei der Planfeststellung nach den §§ 18–28 NABEG besteht zunächst die Besonderheit, dass der Gesetzgeber – wie bei der Raumordnung[220] und abweichend von den im VwVfG und den meisten Fachplanungen enthaltenen Bestimmungen – **nicht zwischen Anhörungs- und Planfeststellungsbehörde differenziert**. Vielmehr werden **beide Stufen der Öffentlichkeitsbeteiligung** (1. Antragskonferenz nach § 20 NABEG, 2. Anhörungsverfahren nach § 22 NABEG)[221] **durch die Planfeststellungsbehörde** durchgeführt.

95 Die Frage, welche Behörde für die Durchführung von Planfeststellungsverfahren nach den §§ 18–28 NABEG zuständig sein soll, gehörte im Gesetzgebungsverfahren zu den zwischen Bund und Ländern am meisten umstrittenen Fragen.[222] Ursprünglich war angedacht, dass die BNetzA auch für die Planfeststellungsverfahren nach dem NABEG zuständig sein sollte, was jedoch bei den Ländern auf Widerstand stieß.[223] Stattdessen hat man sich auf folgenden Kompromiss geeinigt: Abweichend von § 31 Abs. 1 NABEG obliegt die Durchführung des Planfeststellungsverfahrens gem. § 32 Abs. 2 NABEG den nach Landesrecht zuständigen Behörden, soweit nicht die Bundesregierung mit Zustimmung des Bundesrates in einer **Rechtsverordnung nach § 2 Abs. 2 NABEG** die **Zuständigkeit der BNetzA** festlegt.[224] Eine solche Verordnung sollte nach dem Wil-

---

213 Danner/Theobald/*Missling*, § 43 EnWG Rn 58.

214 Ziekow/*Niederich*, Kap. 1 Rn 246; näheres zum Rechtsschutz in Kap. 13 Rn 137 ff.

215 Vgl. z.B. § 22 FStrG.

216 Siehe z.B. einerseits die eisenbahnrechtliche Planfeststellung, bei der das Eisenbahnbundesamt zuständige Planfeststellungsbehörde ist sowie andererseits die fernstraßenrechtliche Planfeststellung, die in der Hoheit der jeweiligen Länder liegt.

217 Danner/Theobald/*Missling*, § 43 EnWG Rn 50.

218 Siehe dazu obige Ausführungen in Rn 64 f.

219 Siehe § 54 Abs. 3 EnWG sowie *Greinacher*, ZUR 2011, 305, 307; siehe auch Danner/Theobald/*Missling*, § 43 EnWG Rn 50.

220 Siehe dazu oben Rn 16 ff.

221 Näheres dazu unten in Rn 137 ff.

222 Vgl. *Grigoleit/Weisensee*, UPR 2011, 401, 405; *Appel/Eding*, NVwZ 2012, 343; Steinbach/*Steinbach*, Einleitung Rn 70 f.

223 BT-Drucks. 17/6248, S. 12; vgl. auch *Scholtka/Helmes*, NJW 2011, 3185, 3189; *Appel*, UPR 2011, 406, 409.

224 Siehe zu den verfassungsrechtlichen Aspekten der Rechtmäßigkeit der Verordnungsermächtigung umfassend *Appel/Eding*, NVwZ 2012, 343, 344 ff.; siehe auch Steinbach/*Bourwieg*, § 2 NABEG Rn 6 ff. sowie kritischer *Grigoleit/Weisensee*, UPR 2011, 401, 402 f.

len der Bundesregierung Ende 2012 auf den Weg gebracht werden.[225] Demgegenüber wird im Schrifttum teilweise unter Verweis auf **verfassungsrechtliche Bedenken** dafür plädiert, lieber keinen Gebrauch von der Verordnungsermächtigung zu machen.[226]

Sollte gleichwohl eine Verordnung erlassen werden, stellt sich die weitere Frage, ob die 96
Verordnung sich **auf ausgewählte Vorhaben beschränken** kann und wenn ja, anhand welcher Kriterien eine solche Differenzierung vorgenommen werden könnte. Eine entsprechende „Binnendifferenzierung" ist deshalb schwierig, weil Kriterien wie länder- bzw. grenzübergreifend[227] sowie energiewirtschaftliche Notwendigkeit und vordringlicher Bedarf[228] per se für alle Planfeststellungsverfahren nach den §§ 18–28 NABEG gelten. Insofern müssten andere, gleichwohl klare und **objektive Abgrenzungskriterien** gefunden werden, die auch dem verfassungsrechtlichen Erfordernis der **hinreichenden Bestimmtheit** des Art. 80 Abs. 1 S. 2 GG Rechnung tragen.[229] Dessen ungeachtet dürfte allerdings auch ein zentrales Ziel des NABEG – eine zügige und bundeseinheitliche Planung zu gewährleisten – dafür sprechen, dass alle Vorhaben aus dem Bundesbedarfsplan auch der Planfeststellung des Bundes zugeordnet werden.[230]

Im Übrigen würde durch eine einheitliche Zuständigkeit der BNetzA auch ein weiteres, an- 97
sonsten auftretendes **Folgeproblem** umgangen: Nach **§ 12 Abs. 2 S. 2 NABEG** darf nämlich nur die **BNetzA** den Vorhabensträger durch Bescheid zur Beantragung eines Planfeststellungsverfahrens auffordern.[231] Diese Ermächtigung bezieht sich nach ihrem Wortlaut ausdrücklich nur auf die BNetzA, nicht jedoch auf die nach Landesrecht zuständigen Behörden. Bis zum Erlass der entsprechenden Rechtsverordnung bzw. im Falle einer auf ausgewählte Vorhaben beschränkten Zuständigkeit der BNetzA erscheint es jedoch zweifelhaft, ob eine Landesplanfeststellungsbehörde eine Anordnung nach § 12 Abs. 2 S. 2 NABEG erlassen könnte. Zudem dürfte ein **Zwangsgeld** abweichend von § 34 S. 2 NABEG nicht auf Grundlage des Verwaltungsvollstreckungsgesetzes des Bundes, sondern von der jeweiligen Landesbehörde nach den entsprechenden landesgesetzlichen Vollstreckungsregelungen, einschließlich der dort für das Zwangsgeld enthaltenen (im Vergleich zu § 34 NABEG erheblich geringeren) Höchstsummen, durchzusetzen sein.[232] Auch dieser Aspekt legt es somit nahe, dass zeitnah eine Verordnung erlassen wird, die der BNetzA die Zuständigkeit für alle Planfeststellungsverfahren nach dem NABEG überträgt. Ob eine solche Verordnung allerdings angesichts der bereits vor Erlass des § 2 Abs. 2 NABEG geführten politischen Diskussionen die zum Erlass erforderliche Zustimmung im Bundesrat bekommen würde, bleibt abzuwarten.

V. Bei der Bauleitplanung

Träger der Bauleitplanung und damit verfahrensführende Behörde bei der Aufstellung eines 98
Bauleitplans sind die **Gemeinden**. Planungsbefugnis, Planungszuständigkeit und Planungspflicht der Gemeinden sind in § 1 Abs. 3 S. 1 und § 2 Abs. 1 S. 1 BauGB geregelt. Danach haben die Gemeinden die Bauleitpläne in eigener Verantwortung aufzustellen, sobald und soweit es für die städtebauliche Entwicklung und Ordnung erforderlich ist. Die Gemeinden haben danach die sog. Planungshoheit und können im Rahmen ihres planerischen Ermessens das „Ob" und das

225 Energiepolitische Informationen des BMWi 01/2012, S. 11; siehe auch Steinbach/*Bourwieg*, § 2 NABEG Rn 7.
226 *Durner*, NuR 2012, 369, 377; kritisch ebenfalls *Erbguth*, NVwZ 2012, 326, 330.
227 Siehe § 2 Abs. 2 NABEG.
228 Siehe § 12e Abs. 4 S. 1 EnWG.
229 Steinbach/*Bourwieg*, § 2 NABEG Rn 15 f.; offener *Appel/Eding*, NVwZ 2012, 347.
230 So i.E. auch Steinbach/*Bourwieg*, § 2 NABEG Rn 16; *Schmitz/Jornitz*, NVwZ 2012, 332, 334.
231 Siehe dazu obige Ausführungen in Rn 29.
232 Vgl. *Beckmann*, VR 2011, 365, 367 f.

„Wie" der Planung bestimmen.[233] Die Bauleitplanung ist dabei eine nicht an Weisungen staatlicher Stellen gebundene **Pflichtaufgabe der gemeindlichen Selbstverwaltung** und verfassungsrechtlich in Art. 28 Abs. 2 GG verankert.[234]

VI. Bei Vorhaben von gemeinsamem Interesse

99 Bei Vorhaben von gemeinsamem Interesse i.S.d. VO (EU) Nr. 347/2013 zu Leitlinien für die transeuropäische Energieinfrastruktur hat jeder Mitgliedstaat bis zum 16.11.2013 eine zuständige nationale Behörde zu benennen, die für die Erleichterung und Koordinierung des Genehmigungsverfahrens für Vorhaben von gemeinsamem Interesse verantwortlich ist.[235]

C. Die Betroffenen – gesetzliche Vorgaben zur Beteiligung

100 Auf der „Gegenseite" der Initiatoren des Vorhabens stehen in der Regel diejenigen, die von dem Vorhaben in rechtlicher und/oder tatsächlicher Hinsicht betroffen sind. Zu den Betroffenen zählen dabei insbesondere (die nicht verfahrensführenden Fach-) **Behörden, Kommunen, (Umwelt-) Verbände, Privatpersonen sowie sonstige Träger öffentlicher Belange**. Die Einbeziehung dieser Betroffenen in den Planungsprozess erfolgt in der Regel im Rahmen von gesetzlich geregelten **Anhörungsverfahren und/oder Erörterungsterminen**, in denen den von der Planung Betroffenen Gelegenheit zur Stellungnahme gegeben wird. Die jeweiligen Beteiligungsverfahren umfassen dabei – abhängig von dem jeweils einschlägigen Fachrecht – eine,[236] zwei[237] oder sogar drei[238] Stufen.

101 Im Folgenden sollen diejenigen Formen der **Öffentlichkeitsbeteiligung** dargestellt werden, die für die Netzplanung und den Netzausbau die größte Praxisrelevanz haben.

I. Bei der Raumplanung

102 Bei der Aufstellung eines **Raumordnungsplans** durch die Länder ist ein **Beteiligungsverfahren** nach Maßgabe des **§ 10 ROG** durchzuführen. Nach S. 1 dieser Vorschrift sind die Öffentlichkeit sowie die in ihren Belangen berührten öffentlichen Stellen von der Aufstellung des Raumordnungsplans zu unterrichten; ihnen ist **Gelegenheit zur Stellungnahme** zum Entwurf des Raumordnungsplans und seiner Begründung zu geben. Wird bei der Aufstellung des Raumordnungsplans eine Umweltprüfung durchgeführt, sind der Entwurf des Raumordnungsplans und die Begründung, der Umweltbericht sowie weitere, nach Einschätzung der Raumordnungsbehörde zweckdienliche Unterlagen für die Dauer von mindestens einem Monat öffentlich **auszulegen.**[239] Der Ort und die Dauer der Auslegung sind mindestens eine Woche vorher öffentlich bekanntzumachen. Dabei ist unter Angabe einer Frist, die mindestens der Auslegungsfrist ent-

---

233 Ernst/Zinkahn/Bielenberg/Krautzberger/*Krautzberger*, Vorb. §§ 1–13a Rn 17.
234 Siehe zu Einzelheiten der Bauleitplanung auch Kap. 7 Rn 144.
235 Art. 8 Abs. 1 VO (EU) Nr. 347/2013.
236 Siehe z.B. § 10 ROG; Einzelheiten dazu unten Rn 102 ff.
237 Siehe z.B. § 3 BauGB; Einzelheiten dazu unten Rn 139 ff.
238 Siehe z.B. § 83 Abs. 4 WHG bei wasserrechtlichen Bewirtschaftungsplanungen; vgl. auch *Gärditz*, GewArch 2011, 273, 274.
239 § 10 Abs. 1 S. 2 ROG.

spricht, darauf hinzuweisen, dass Stellungnahmen abgegeben werden können.[240] Die rechtzeitig[241] eingegangenen Stellungnahmen sind bei der Abwägung über den Plan **zu berücksichtigen.**[242] Diese „Berücksichtigungspflicht" ermöglicht es somit der Behörde, einzelne Belange im Rahmen der Abwägung ggf. hinter anderen Belangen zurücktreten zu lassen.[243]

Im Gegensatz zu einigen anderen Rechtsgebieten[244] ist das Beteiligungsverfahren bei der 103
Aufstellung eines Raumordnungsplans damit **einheitlich** und **einstufig** ausgestaltet, d.h., eine vorgeschaltete[245] frühzeitige Beteiligung der Öffentlichkeit findet ebenso wenig statt wie eine inhaltliche Differenzierung zwischen verschiedenen Beteiligten.[246]

Bei der Aufstellung eines **Raumordnungsplans des Bundes** gilt § 10 ROG sowie die in **§ 18** 104
ROG ergänzend aufgeführten Maßgaben. Bei diesen Maßgaben handelt es sich z.T. um Ergänzungen, z.T. um Abweichungen gegenüber § 10 ROG, die insgesamt zu einer stärkeren Annäherung der Beteiligungsvorschriften an die für kommunale Bauleitpläne geltenden Vorschriften der § 3ff. BauGB[247] führen.[248] § 18 Nr. 4 ROG bestimmt zudem, dass bei der Beteiligung elektronische Informationstechnologien ergänzend genutzt werden können. Diese Vorschrift setzt die sog. Aarhus-Konvention sowie die sog. Öffentlichkeitsbeteiligungsrichtlinie um und erscheint gerade bei der großräumigen Bundesplanung sinnvoll, um die öffentliche Auslegung an einem zentralen Ort zu ergänzen und die Unterlagen somit einer weitaus größeren Öffentlichkeit zugänglich zu machen.[249]

Wird ein **Raumordnungsverfahren** durchgeführt, sind in jedem Fall die in ihren Belangen 105
berührten[250] **öffentlichen Stellen**[251] zu beteiligen. Die Beteiligung erfolgt in einem Anhörungsverfahren, ggf. begleitet durch Erörterungstermine in Form von Stellungnahmen. Die Stellungnahmen sind durch die Raumordnungsbehörde zu gewichten und in die Schlussabwägung einzustellen.[252]

Hinsichtlich einer weitergehenden **Öffentlichkeitsbeteiligung**[253] enthält § 15 Abs. 3 S. 3 ROG 106
lediglich eine **„Kann-Regelung"**, d.h. die Entscheidung, ob die Öffentlichkeit in die Durchführung eines Raumordnungsverfahrens einbezogen wird, obliegt grundsätzlich dem pflichtgemäßen Ermessen der zuständigen Behörde. Zu beachten ist allerdings, dass alle Bundesländer unterschiedliche **landesrechtliche Vorschriften zur Öffentlichkeitsbeteiligung** beim Raumordnungsverfahren erlassen haben, die unter der Voraussetzung des § 28 Abs. 3 ROG ihre Gültigkeit behalten.[254] In den Ländern, die das Raumordnungsverfahren als erste Stufe der Umweltverträglichkeitsprüfung[255] vorgesehen haben, ist eine Öffentlichkeitsbeteiligung stets erforderlich.[256]

---

240 § 10 Abs. 1 S. 3 ROG.
241 Siehe dazu Spannowsky/Runkel/Goppel/*Runkel*, § 10 ROG Rn 19.
242 Siehe § 7 Abs. 1 S. 2 ROG.
243 Näheres zur raumordnerischen Abwägung bei Spannowsky/Runkel/Goppel/*Runkel*, § 7 ROG Rn 23ff.
244 Siehe z.B. §§ 3 und 4 BauGB sowie § 20 Abs. 1 NABEG.
245 Insofern kritisch Spannowsky/Runkel/Goppel/*Runkel*, § 10 ROG Rn 4.
246 Siehe auch obige Ausführungen in Rn 17.
247 Siehe dazu Battis/Krautzberger/Löhr/*Battis*, § 3 Rn 1ff. sowie unten Rn 139ff.
248 Spannowsky/Runkel/Goppel/*Runkel*, § 18 ROG Rn 1; vgl. auch Kap. 7 Rn 55ff.
249 Vgl. Spannowsky/Runkel/Goppel/*Runkel*, § 18 ROG Rn 13f.
250 Siehe zu diesem Merkmal Spannowsky/Runkel/Goppel/*Goppel*, § 15 ROG Rn 52f.
251 Siehe dazu auch obige Ausführungen in Rn 100.
252 Spannowsky/Runkel/Goppel/*Goppel*, § 15 ROG Rn 54f.
253 Öffentlichkeit bedeutet dabei jedermann, sodass sich eine gruppenbezogene, räumlich begrenzte oder eine auf Betroffene beschränkte Eingrenzung verbietet, Spannowsky/Runkel/Goppel/*Goppel*, § 15 ROG Rn 62.
254 Eine Aufzählung der jeweils landesrechtlichen Vorschriften findet sich bei Spannowsky/Runkel/Goppel/*Goppel*, § 15 ROG Rn 60.
255 Siehe zu Umweltprüfungen in der Netzplanung ausführlich Kap. 8 Rn 1ff.
256 Spannowsky/Runkel/Goppel/*Goppel*, § 15 ROG Rn 61, mit einer Aufzählung der jeweiligen Länder.

107 Wird die Öffentlichkeit beteiligt, so haben sich die Stellungnahmen ausschließlich auf die raumrelevanten Auswirkungen des Vorhabens zu beziehen; Stellungnahmen zu ausschließlich betroffenen privaten Belangen sind dem Raumordnungsverfahren nicht zugänglich und dem anschließenden fachlichen Zulassungsverfahren vorbehalten.[257]

108 Anders als bei den meisten Planfeststellungsverfahren[258] findet dabei auf der Ebene der Raumordnung **keine Trennung zwischen Anhörungs- und Planungsbehörde** statt. Die jeweiligen Beteiligungsverfahren werden vielmehr ausschließlich von der jeweils zuständigen[259] Raumordnungsbehörde durchgeführt.

II. Bei der Bundesbedarfsplanung

109 Im Rahmen der Bundesbedarfsplanung erhält die **Öffentlichkeit** insgesamt **drei Mal die Gelegenheit zur Äußerung**. Auf der ersten Stufe wird der **Entwurf des Szenariorahmens** von der BNetzA auf ihrer Internetseite öffentlich bekanntgemacht und gibt der Öffentlichkeit, einschließlich tatsächlicher und potenzieller Netznutzer, den nachgelagerten Netzbetreibern sowie den Trägern öffentlicher Belange **Gelegenheit zur Äußerung.**[260]

110 Der **Entwurf des Netzentwicklungsplans** wird der Öffentlichkeit sogar **zwei Mal** zugänglich gemacht: Zunächst sind die Übertragungsnetzbetreiber verpflichtet, den Entwurf des Netzentwicklungsplans **vor der Vorlage** bei der Regulierungsbehörde auf ihren **Internetseiten zu veröffentlichen** und der Öffentlichkeit Gelegenheit zur Äußerung zu geben.[261] Die Ergebnisse dieser Beteiligung sind mit dem Entwurf des Netzentwicklungsplans sodann der BNetzA zu übermitteln.[262] Nachdem die **BNetzA eine inhaltliche Prüfung**[263] vorgenommen und einen Umweltbericht erstellt hat, führt sie eine **erneute Öffentlichkeitsbeteiligung** nach Maßgabe des UVPG durch.[264] Die Unterlagen für die Strategische Umweltprüfung sowie der Entwurf des Netzentwicklungsplans werden für sechs Wochen an ihrem Sitz ausgelegt und auf ihrer Internetseite öffentlich bekanntgemacht.[265] Die **Ergebnisse** der Behörden- und Öffentlichkeitsbeteiligung sind bei der Bestätigung des jährlichen Netzentwicklungsplans **von der BNetzA** zu **berücksichtigen.**[266] Nach der erstmaligen Bestätigung des Netzentwicklungsplans kann die Beteiligung der Öffentlichkeit in den Folgejahren nach den Maßgaben des § 12d EnWG beschränkt werden.[267]

III. Bei der Bundesfachplanung

111 Die Öffentlichkeitsbeteiligung wird bei der Bundesfachplanung durch die BNetzA in einem **zweistufigen Verfahren** vorgenommen. Auf der ersten Stufe wird bereits „unverzüglich" nach

---

257 Spannowsky/Runkel/Goppel/*Goppel*, § 15 ROG Rn 64.
258 Eine Ausnahme bildet hier das Planfeststellungsverfahren nach §§ 18–28 NABEG, siehe dazu oben Rn 94 ff.
259 Siehe dazu oben Rn 60 ff.
260 § 12a Abs. 2 S. 2 EnWG; der Internetauftritt der BNetzA lautet http://www.bundesnetzagentur.de.
261 § 12b Abs. 3 S. 1 EnWG; der Internetauftritt der Übertragungsnetzbetreiber lautet http://www.netzentwicklungsplan.de.
262 § 12b Abs. 4 und Abs. 5 EnWG; die Übertragungsnetzbetreiber haben dabei eine eigene Abwägung vorzunehmen, siehe dazu obige Ausführungen in Rn 34 ff.
263 Geprüft wird die Übereinstimmung mit den Anforderungen des § 12b Abs. 1, 2 und 4; siehe § 12c Abs. 1 S. 1 EnWG; siehe dazu auch Kap. 3 Rn 285 ff.
264 § 12c Abs. 3 S. 2 EnWG.
265 § 12c Abs. 3 S. 4 EnWG.
266 § 12c Abs. 4 S. 1 EnWG.
267 Siehe zur Öffentlichkeitsbeteiligung bei der Bundesbedarfsplanung auch Kap. 3 Rn 280 ff.

Einreichung des Antrags durch den Vorhabensträger eine **Antragskonferenz** durchgeführt, in der Gegenstand und Umfang der für die Trassenkorridore vorzunehmenden Bundesfachplanung erörtert werden.[268] Anders als der herkömmliche Scoping-Termin ist die Antragskonferenz somit nicht auf Gegenstand, Umfang und Methoden der Umweltverträglichkeitsprüfung beschränkt, sondern erstreckt sich auf alle für das Planfeststellungsverfahren erhebliche Fragen.[269]

Teilnehmer der Antragskonferenz sind der Vorhabensträger, Vereinigungen sowie die betroffenen Träger öffentlicher Belange, zu denen insbesondere die für die Landesplanung zuständigen Landesbehörden gehören.[270] Den Ländern, auf deren Gebiet ein Trassenkorridor voraussichtlich verlaufen wird, steht zudem ein (unverbindliches) Vorschlagsrecht hinsichtlich der Auswahl der Trassenkorridore zu.[271] Die Antragskonferenz wird **öffentlich** abgehalten; die Öffentlichkeit wird über die **Internetseite der BNetzA**[272] sowie in örtlichen Tageszeitungen über Zeitpunkt, Ort und Gegenstand der Antragskonferenz informiert. 112

Ausweislich der Begründung des Gesetzentwurfs soll die Antragskonferenz eine vertrauensbildende und Akzeptanz steigernde Maßnahme darstellen, die zur Verfahrenstransparenz und Befriedung beiträgt und gleichzeitig der Beschleunigung des Planfeststellungsverfahrens dient.[273] 113

Aufgrund der Ergebnisse der Antragskonferenz legt die BNetzA nach pflichtgemäßem Ermessen einen Untersuchungsrahmen für die Bundesfachplanung fest und bestimmt den erforderlichen Inhalt der nach § 8 NABEG vom Vorhabensträger vorzulegenden Unterlagen. Spätestens zwei Wochen nach Vorlage der vollständigen Unterlagen führt die BNetzA eine **Behörden- und Öffentlichkeitsbeteiligung** nach Maßgabe des **§ 9 NABEG** durch. Im Anschluss findet – soweit nicht ein in § 10 S. 2 NABEG aufgeführter Fall vorliegt – ein **Erörterungstermin** statt. In diesem Termin erörtert die BNetzA mündlich die rechtzeitig erhobenen Einwendungen mit dem Vorhabensträger und denjenigen, die Einwendungen erhoben haben.[274] Bezüglich der weiteren Einzelheiten der Öffentlichkeitsbeteiligung wird auf Kap. 4 verwiesen.[275] 114

IV. Bei der Planfeststellung

Die Öffentlichkeitsbeteiligung bei der Planfeststellung wird grundsätzlich im Rahmen des in § 73 VwVfG geregelten **Anhörungsverfahrens** durchgeführt, wenn und soweit die jeweils einschlägigen Fachgesetze keine davon abweichenden Regelungen enthalten. Da diese Vorgaben des allgemeinen Verwaltungsrechts ausführlich in Kap. 9 dargestellt werden, wird im Folgenden schwerpunktmäßig darauf eingegangen, wie sich die **fachgesetzlichen Anforderungen** zum Beteiligungsverfahren **seit Inkrafttreten des InfraStrPlanVBeschlG geändert** haben. 115

1. Insbesondere: durch das InfraStrPlanVBeschlG eingeführte Neuerungen

Die im InfraStrPlanVBeschlG enthaltenen Änderungen gegenüber der bis Ende 2006 geltenden Regelungen sollen vor allem der **Verfahrensbeschleunigung** dienen.[276] Die Neuerungen betref- 116

268 § 7 Abs. 1 S. 1 und S. 2 NABEG.
269 So auch BT-Drucks. 17/6073, S. 28.
270 § 7 Abs. 2 S. 1 NABEG.
271 § 7 Abs. 3 NABEG; ausführlich und zugleich kritisch zum Umfang der Mitwirkung der Bundesländer bei der Sicherung von Trassenkorridoren *Erbguth*, NVwZ 2012, 326, 327 f.
272 Siehe http://www.bundesnetzagentur.de sowie http://www.netzausbau.de.
273 BT-Drucks. 17/6073, S. 28.
274 § 10 S. 1 NABEG; siehe dazu auch Steinbach/*Nebel*/*Riese*, § 10 NABEG Rn 1 ff.
275 Siehe dort Rn 61 ff.
276 Britz/Hellermann/Hermes/*Hermes*, § 43a Rn 1; Danner/Theobald/*Missling*, § 43a EnWG Rn 3, jeweils m.w.N.

fen – wenn auch in unterschiedlichem Ausmaß – fast alle Betroffenen, also Fachbehörden (a), Kommunen (b), (Umwelt-) Verbände (c) und Privatpersonen (d). Lediglich hinsichtlich der sonstigen Träger öffentlicher Belange enthält das InfraStrPlanVBeschlG keine Veränderungen (e).

a) Fachbehörden

117 Unter den Begriff der Fachbehörden fällt eine Vielzahl von Bundes-, Landes- und Kommunalbehörden der verschiedensten Aufgabenbereiche (z.B. Naturschutzbehörde, untere Wasserbehörde, Raumordnungsbehörde, Denkmalschutzbehörde etc.).[277]

118 Wird durch ein Vorhaben ein Aufgabenbereich dieser Behörden berührt, gilt hinsichtlich ihrer Beteiligung am Planfeststellungsverfahren grundsätzlich, dass sie innerhalb einer von der Anhörungsbehörde zu setzenden Frist, die drei Monate nicht überschreiten darf, ihre **Stellungnahmen abzugeben** haben.[278] Bis zum 6.6.2013 bestimmte § 73 Abs. 3a S. 2 VwVfG, dass Stellungnahmen, die nach dem Erörterungstermin eingehen, grundsätzlich nicht mehr berücksichtigt werden. Diese Regelung der **materiellen Präklusion**[279] ist jedoch durch das InfraStrPlanVBeschlG umfassend modifiziert worden. Nach den seit Inkrafttreten des InfraStrPlanVBeschlG für die betroffenen Fachgesetze geltenden Vorschriften[280] **können** auch die **nach Fristablauf** eingegangenen Stellungnahmen der Behörden noch **berücksichtigt werden**; sie **sind** stets **zu berücksichtigen**, wenn später von einer Behörde vorgebrachte öffentliche Belange der Planfeststellungsbehörde auch ohne ihr Vorbringen bekannt sind oder hätten bekannt sein müssen oder für die Rechtmäßigkeit der Entscheidung von Bedeutung sind. Durch diese Neuerung ist zum einen der Zeitpunkt der Annahme einer **Präklusion vorverlegt**; maßgeblicher Zeitpunkt ist nunmehr in den entsprechenden Fachgesetzen nicht mehr der Erörterungstermin, sondern die von der Anhörungsbehörde nach § 73 Abs. 3a S. 1 VwVfG gesetzte **Stellungnahmefrist.**[281] Zum anderen wird die materielle Präklusion im Rahmen des 1. Halbsatzes der jeweiligen Vorschriften in das **Ermessen der Anhörungsbehörde** gestellt, ohne dass der Gesetzgeber weitere Kriterien für diese Ermessensentscheidung formuliert hat.[282] Mit diesen Ausnahmen von der materiellen Präklusionswirkung soll sichergestellt werden, dass die Planfeststellungsbehörde über alle zwingend abwägungsrelevanten Informationen verfügt.[283]

119 Seit dem Inkrafttreten des PlVereinhG sind die dargestellten fachgesetzlichen Regelungen auch in § 73 Abs. 3a S. 2 VwVfG übernommen worden.

b) Kommunen

aa) Vielfältige Betroffenheit

120 Kommunen können auf vielfältige Art und Weise durch ein planfeststellungspflichtiges Vorhaben betroffen werden. So können sie z.B. durch den Bau einer Netztrasse in ihrem Hoheitsgebiet unmittelbar oder durch einen Bau in unmittelbarer Nachbarschaft zu ihrem Gebiet mittelbar betroffen sein. Innerhalb eines Planungsverfahrens können den Kommunen zudem unterschiedliche Rollen zukommen. So ist etwa ihre Betroffenheit bezüglich hoheitlicher kommunaler Aufgaben zu beachten, also insbesondere die **kommunale Planungshoheit** oder die Versorgungs-

277 Vgl. Ziekow/*Niederich*, Kap. 1 Rn 250.
278 § 73 Abs. 3a S. 1 VwVfG.
279 Siehe zu diesem Begriff Britz/Hellermann/Hermes/*Hermes*, § 43a Rn 15.
280 § 18a Nr. 7 S. 4 AEG; § 17a Nr. 7 S. 4 FStrG; § 14a Nr. 7 S. 4 WaStrG; § 2 Nr. 7 S. 4 MbPlG; § 43a Nr. 7 S. 4 EnWG.
281 Danner/Theobald/*Missling*, § 43a EnWG Rn 24.
282 Kritisch insofern Britz/Hellermann/Hermes/*Hermes*, § 43a Rn 17.
283 Danner/Theobald/*Missling*, § 43a EnWG Rn 24.

pflicht für die Bürgerschaft. Darüber hinaus können Kommunen von einem Vorhaben aber auch betroffen sein, indem ihre **Grundstücke beansprucht** werden oder aber, indem kommunale Behörden **als Fachbehörden**[284] **zu beteiligen** sind.[285] Wenn und soweit subjektive private Rechte der Gemeinde (wie z.B. Eigentum) betroffen sind, ist sie wie andere **private Betroffene** zu behandeln.[286] Ist eine Gemeinde demgegenüber in ihrer **Planungshoheit** betroffen, ist **umstritten**, ob sie dann als Behörde oder „nur" als sonstige Betroffene zu beteiligen ist.[287]

Nicht geregelt und dementsprechend umstritten ist die Konstellation, dass sich die Betroffenheit einer (weiteren) Gemeinde erst **nach einer erfolgten Auslegung** ergibt, etwa weil neue Erkenntnisse vorliegen oder die Trassenführung geändert werden soll. Stellt man dabei darauf ab, dass die Prognose bezüglich der voraussichtlichen Auswirkungen zum Zeitpunkt der (ersten) Auslegung zu treffen ist, ist die Prognose nicht zu beanstanden und eine später auftretende tatsächliche Betroffenheit könnte unberücksichtigt bleiben.[288] Eine derartige Sichtweise widerspricht jedoch dem Sinn und Zweck der Beteiligungsregeln im Planfeststellungsverfahren, allen von einem Vorhaben Betroffenen die Möglichkeit der Einflussnahme zu eröffnen. Insofern erscheint es naheliegender, in solchen Fällen den Plan – solange das Verfahren noch nicht beendet ist – **erneut** auch in den (nachträglich) betroffenen Gemeinden **auszulegen**; eventuell dadurch eintretende Verfahrensverzögerungen sind hinzunehmen.[289] 121

bb) § 38 BauGB

Laut § 38 BauGB besteht zudem eine **Vorrangwirkung der Fachplanung** vor den Festsetzungen der jeweiligen Bebauungspläne, die dann zum Tragen kommt, wenn es sich um Vorhaben von überörtlicher Bedeutung handelt und wenn die Gemeinden entsprechend den gesetzlichen Vorgaben beteiligt werden.[290] **Städtebauliche Belange** sind im Rahmen der planfeststellungsrechtlichen Abwägung gleichwohl zu **„berücksichtigen"**.[291] Durch diese Regelung ist sichergestellt, dass die Planfeststellungsbehörde die ortsplanerischen Belange und Anforderungen nicht einfach übergehen darf, sondern sie in die von ihr anzustellende Abwägung als öffentlichen Belang einbeziehen muss.[292] 122

cc) Besondere verfahrensrechtliche Aufgaben der Gemeinden

Unabhängig von der verfahrensrechtlichen Beteiligung der Gemeinden obliegt ihnen selbst die Wahrnehmung bestimmter verfahrensrechtlicher Aufgaben, wozu nach dem VwVfG insbesondere die **Pflicht zur Auslegung der Planunterlagen** gehört.[293] 123

Aufgrund der durch das InfraStrPlanVBeschlG eingeführten Änderungen erfolgt die Auslegung der Planfeststellungsunterlagen in den betroffenen spezialgesetzlich geregelten Verfahren nicht mehr in Gemeinden, in denen sich das Vorhaben auswirkt, sondern nur noch in sol- 124

284 Siehe dazu oben Rn 100.
285 Ziekow/*Niederich*, Kap. 1 Rn 248 f.
286 Zwar kann sich die Gemeinde als öffentlich-rechtliche Körperschaft nicht auf Art. 14 Abs. 1 GG berufen, ihr steht aber ein Schutzanspruch des Eigentums nach §§ 903, 1004 BGB zu, siehe Brügelmann/*Dürr*, § 38 Rn 38 m.w.N.
287 Vgl. *Kopp/Ramsauer*, § 73 Rn 29a m.w.N.
288 In diesem Sinne etwa *Schröder*, NuR 2007, 380, 381; *Schütz*, VBlBW 2007, 441, 444.
289 Danner/Theobald/*Missling*, § 43a EnWG Rn 7.
290 Danner/Theobald/*Missling*, § 43 EnWG Rn 53; vgl. auch Brügelmann/*Dürr*, § 38 Rn 38 ff. m.w.N.
291 § 38 S. 1 letzter Hs. BauGB.
292 Schneider/Theobald/*Hermes*, § 7 Rn 131.
293 Siehe § 73 Abs. 3 VwVfG sowie dazu Knack/Hennecke/*Dürr*, § 73 Rn 14; da es sich um gesetzlich übertragene Aufgaben handelt, liegt kein Fall der Amtshilfe vor, *Kopp/Ramsauer*, § 73 Rn 42.

chen, in denen es sich „**voraussichtlich**“[294] **auswirkt**. Die Einführung dieses zusätzlichen Kriteriums bewirkt, dass der **Anhörungsbehörde** eine **Einschätzungsprärogative** dahingehend eingeräumt wird, in welchen Gemeinden sich das Vorhaben – zum Zeitpunkt der Auslegung – voraussichtlich auswirkt.[295] Dabei sind alle tatsächlichen mittelbaren und unmittelbaren gebietsbezogenenen Auswirkungen zu berücksichtigen.[296] Seit dem Inkrafttreten des PlVereinhG[297] ist die in den Fachgesetzen enthaltene Regelung auch in § 73 Abs. 2 VwVfG übernommen worden. Damit ist diesbezüglich eine Vereinheitlichung der allgemeinen mit den fachgesetzlichen Vorgaben hergestellt worden.[298]

125 In zeitlicher Hinsicht hat die Auslegung in den jeweiligen Fachgesetzen abweichend von § 73 Abs. 3 S. 1 VwVfG innerhalb von **zwei Wochen nach Zugang des Plans** zu erfolgen. Dieser Unterschied (VwVfG: 3 Wochen, Fachgesetze: 2 Wochen) bleibt auch nach dem Inkrafttreten des PlVereinhG bestehen.[299]

dd) Sonderfall: „Köderprämie“ nach § 5 Abs. 4 StromNEV

126 Seit der im Sommer 2011 in Kraft getretenen Änderung der StromNEV[300] können zudem ***„Zahlungen an Städte oder Gemeinden,*** *auf deren Gebiet eine Freileitung auf neuer Trasse errichtet wird“*[301] bei tatsächlicher Inbetriebnahme einer nach § 43 Nr. 1 EnWG planfeststellungsbedürftigen Leitung einmalig mit **bis zu 40.000 €** als aufwandsgleiche Kostenposition bei der Berechnung der Netzkosten berücksichtigt werden. Unter diesen Voraussetzungen sind die Zahlungen zugleich nicht beeinflussbare Kostenteile, die daher nicht dem Effizienzvergleich im Rahmen der Anreizregulierung unterliegen.[302] Grundlage für eine Zahlung kann dabei eine individuelle Vereinbarung der Netzbetreiber mit den betroffenen Städten und Gemeinden oder eine allgemeine Vereinbarung mit Interessenverbänden der Städte und Gemeinden sein. Die konkrete Mittelverwendung verbleibt grundsätzlich in der Autonomie der begünstigten Gebietskörperschaft.[303]

127 Hinsichtlich dieser auch als „Köderprämie“ bezeichneten Zahlung an die Kommunen wird zutreffend darauf hingewiesen, dass solche Zahlungen nicht genutzt werden dürfen, um Kommunen ihre Bedenken gegen einen vorgesehenen Trassenverlauf „abzukaufen“. Im Unterschied zu privaten Eigentümern sind die Kommunen Träger öffentlicher Belange, die als solche nicht aus der planerischen Abwägung „ausgekauft“ werden dürfen.[304] Insofern ist auch der Hinweis im Gesetzentwurf der Bundesregierung, dass die Standortgemeinden – anders als bei anderen Infrastrukturvorhaben wie Straßen oder Schienen – keine eigenen Nutzen von dem Infrastrukturprojekt haben,[305] kaum ausreichend, um ihnen eine Art „**Leitungswegezoll**“ zuzubilligen.[306] Eine genaue rechtliche Bewertung potenzieller Zahlungen muss allerdings zunächst der weiteren konkreten Entwicklung in der Praxis vorbehalten bleiben.

---

294 Siehe § 18a Nr. 1 AEG; § 17a Nr. 1 FStrG; § 14a Nr. 1 WaStrG; § 2 Nr. 1 MbPlG; § 43a Nr. 1 EnWG.
295 *Schröder*, NuR 2007, 380.
296 Danner/Theobald/*Missling*, § 43a EnWG Rn 6; *Kopp/Ramsauer*, § 73 Rn 41a.
297 Siehe dazu oben Rn 88 f.
298 Vgl. *Stüer*, DVBl. 2013, 700, 704; *Schmitz/Prell*, NVwZ 2013, 745, 750.
299 Siehe § 18a Nr. 1 AEG; § 17a Nr. 1 FStrG; § 14a Nr. 1 WaStrG; § 2 Nr. 1 MbPlG; § 43a Nr. 1 EnWG.
300 Verordnung v. 25.6.2005 (BGBl. I S. 2225), zuletzt geändert durch Art. 4 des Gesetzes v. 28.7.2011 (BGBl. I S. 1690).
301 § 5 Abs. 4 StromNEV.
302 Siehe § 11 Abs. 2 S. 1 Nr. 8b der ARegV sowie *Sellner/Fellenberg*, NVwZ 2011, 1025, 1032 und BT-Drucks. 17/6073, S. 35; siehe zur ARegV auch oben Rn 11.
303 BT-Drucks. 17/6073, S. 35.
304 *Grigoleit/Weisensee*, UPR 2011, 401, 405 f.
305 BT-Drucks. 17/6073, S. 35.
306 *Grigoleit/Weisensee*, UPR 2011, 401, 406.

c) (Umwelt-)Verbände

Eine der bedeutendsten, im InfraStrPlanVBeschlG enthaltenen Änderungen betrifft die Beteiligung von Naturschutzverbänden. Diese ist seit dem Inkrafttreten des InfraStrPlanVBeschlG in den betroffenen Fachgesetzen **vereinheitlicht** und teilweise **erstmals ausdrücklich geregelt.**[307] Nunmehr sind auch *„sonstige Vereinigungen, soweit diese sich für den Umweltschutz einsetzen und nach in anderen gesetzlichen Vorschriften zur Einlegung von Rechtsbehelfen in Umweltangelegenheiten vorgesehenen Verfahren anerkannt sind (Vereinigungen)"*, zu beteiligen.[308] Insgesamt sind die Naturschutzverbände hinsichtlich der Beteiligungsrechte und Präklusionsvorschriften damit **den Bürgern gleichgestellt** worden.[309] 128

Nach den nunmehr geltenden Bestimmungen[310] benachrichtigt die Anhörungsbehörde innerhalb der Monatsfrist des § 73 Abs. 2 VwVfG die anerkannten Naturschutzvereinigungen und gibt ihnen **Gelegenheit zur Stellungnahme**. Anders als vor Inkrafttreten des InfraStrPlanVBeschlG, wo die Naturschutzverbände grundsätzlich individuell über das Vorhaben unterrichtet werden mussten,[311] erfolgt die Benachrichtigung nunmehr durch die **ortsübliche Bekanntmachung der Auslegung in den Gemeinden**, in denen sich das Vorhaben voraussichtlich auswirkt.[312] Damit ist die im Gesetzgebungsverfahren diskutierte[313] und an anderen Stellen bereits praktizierte[314] Bekanntgabe auf der Internetseite der zuständigen Anhörungsbehörde nicht Gesetz geworden. Es obliegt somit den Verbänden, sich über die ortsüblichen Bekanntmachungen zu informieren, was angesichts der oft überörtlichen Organisationsstrukturen der Vereinigungen für diese erheblichen Aufwand bedeuten kann.[315] 129

Darüber hinaus sind die Vorschriften des § 73 Abs. 4 und 6 VwVfG,[316] die u.a. die materielle Präklusion beinhalten und früher nur für Einwendungen Privater relevant waren, **auf die Vereinigungen ausgedehnt** worden.[317] Deshalb ist in der Benachrichtigung der Vereinigungen auch auf die Frist- und Präklusionsregelungen hinzuweisen.[318] Die Präklusion tritt darüber hinaus auch materiell hinsichtlich aller Einwendungen ein, die nicht im Anhörungsverfahren vorgetragen wurden.[319] Auch inhaltlich gehen die nunmehr im Infrastrukturplanungsrecht geltenden Regelungen über die Vorschrift des § 73 Abs. 4 S. 3 VwVfG hinaus, denn letztgenannte Vorschrift betrifft nur Einwendungen, die nicht auf besonderen privatrechtlichen Titeln beruhen, während das aktuelle Infrastrukturplanungsrecht diese Einschränkung nicht enthält. 130

Wenn die Vereinigungen fristgerecht Stellung genommen haben, sind sie auch **am Erörterungstermin zu beteiligen**. Die Benachrichtigung über die Durchführung des Erörterungstermins erfolgt dabei – anders als bei der Auslegung[320] – durch **individuelle Mitteilungen.**[321] 131

---

307 Vgl. die Gesetzesbegründung, BT-Drucks. 16/54, S. 24.
308 Siehe § 43a Nr. 2 S. 1 EnWG und § 18a Nr. 2 S. 1 AEG.
309 Vgl. *Holznagel/Nagel*, DVBl. 2010, 669, 671; *Schröder*, NuR 2007, 380, 382; *Otto*, NVwZ 2007, 379, 380; Danner/Theobald/*Missling*, § 43a EnWG Rn 11. Seit dem 7.6.2013 ist die Gleichstellung auch in § 73 VwVfG übernommen worden, vgl. dazu *Schmitz/Prell*, NVwZ 2013, 745, 750 f.
310 Siehe § 43a Nr. 2 S. 1 EnWG und § 18a Nr. 2 S. 1 AEG.
311 Siehe Danner/Theobald/*Missling*, § 43a EnWG Rn 9 m.w.N.
312 *Schütz*, VBlBW 2007, 441, 443 sieht dies als absichtliche Schlechtbehandlung der Verbände.
313 Siehe BT-Drucks. 16/54, S. 19.
314 Siehe z.B. § 12a Abs. 2 S. 2 EnWG sowie dazu obige Ausführungen in Kap. 2 Rn 21.
315 Vgl. Danner/Theobald/*Missling*, § 43a EnWG Rn 9.
316 Siehe dazu auch Kap. 9 Rn 213 ff. und 237 ff.
317 Siehe § 43a Nr. 3 EnWG und § 18a Nr. 3 AEG.
318 Siehe § 43a Nr. 7 S. 2 EnWG und § 18a Nr. 7 S. 3 AEG.
319 Siehe § 43a Nr. 7 S. 3 EnWG und § 18a Nr. 7 AEG.
320 Siehe dazu oben Rn 123.
321 Danner/Theobald/*Missling*, § 43a EnWG Rn 12; vgl. auch *Kopp/Ramsauer*, § 73 Rn 103.

132 Eine weitere Änderung betrifft die Beteiligung von Umweltverbänden bei Planänderungen. Dabei gilt nunmehr die in § 73 Abs. 8 S. 1 VwVfG enthaltene zweiwöchige Einwendungsfrist, nach deren Ablauf Präklusion eintritt, entsprechend.[322]

133 Ausweislich der Gesetzesbegründung soll durch die Ausweitung der Präklusionsvorschriften der frühzeitigen und **effektiven Interessenvertretung** gedient werden.[323] Kritiker wenden allerdings ein, dass die betroffenen Verbände, deren Beteiligung bisher nicht derart formalisiert war, die nunmehr gültigen Regelungen und insbesondere die kurze Einwendungsfrist de facto als **Beschneidung ihrer Rechte** empfänden.[324] Andere sehen in der Präklusionsregelung eines der effektiveren Instrumente zur Verfahrensbeschleunigung, da nunmehr gewährleistet sei, dass die Anhörungsbehörde nicht während der Erarbeitung ihrer Stellungnahme noch mit neuen Argumenten konfrontiert werde.[325]

d) Privatpersonen

134 Nach § 73 Abs. 4 S. 1 VwVfG kann **jeder, dessen Belange durch das Vorhaben berührt werden**, bis zu zwei Wochen nach Ablauf der Auslegungsfrist **Einwendungen** gegen den Plan erheben.[326] Mit Ablauf der Einwendungsfrist sind alle Einwendungen ausgeschlossen, die nicht auf besonderen privatrechtlichen Titeln beruhen.[327] Hierauf ist in der Bekanntmachung der Auslegung oder bei der Bekanntgabe der Einwendungsfrist hinzuweisen.[328]

135 Seit dem Inkrafttreten des InfraStrPlanVBeschlG müssen **nicht ortsansässig Betroffene**, deren Aufenthaltsort unbekannt ist, nicht mehr gesondert benachrichtigt werden. Dies kann jedenfalls einem Umkehrschluss der jeweiligen Regelungen[329] entnommen werden. Nach der Bestimmung des § 73 Abs. 5 S. 3 VwVfG müssen bzw. musste die Behörde eine „angemessene" Zeit lang versuchen, den Aufenthalt solcher Bürger zu ermitteln, was hinsichtlich des Eintritts der Präklusionswirkung zumindest für Unklarheit sorgte.[330] Nunmehr reicht es nach den fachgesetzlichen Vorgaben aus, dass die bekannten ortsansässigen Betroffenen benachrichtigt werden, während die unbekannten, nicht ortsansässigen Betroffenen auf die **ortsübliche Bekanntmachung** in der betroffenen Gemeinde zu verweisen sind. Somit wird einerseits Rechtsunsicherheit hinsichtlich des Ermittlungsaufwands der Anhörungsbehörde vermieden[331] und andererseits klar bestimmt, dass es nunmehr auch dem nicht ortsansässigen Grundstückseigentümer obliegt, sich über die Planungen **selbst zu informieren**, um der Gefahr einer Präklusion zu entgehen.[332]

322 Siehe § 43a Nr. 6 S. 1 EnWG und § 18a Nr. 6 S. 1 AEG.
323 Vgl. BT-Drucks. 16/54, S. 24.
324 So *Schröder*, NuR 2007, 380, 381; kritisch auch Danner/Theobald/*Missling*, § 43a EnWG Rn 11 sowie *Schütz*, VBlBW 2007, 441, 443.
325 *Schröder*, NuR 2007, 380, 381 mit Verweis auf die Gesetzesbegründung BT-Drucks. 16/54, S. 25; siehe auch Danner/Theobald/*Missling*, § 43a EnWG Rn 11.
326 Einzelheiten dazu bei *Kopp/Ramsauer*, § 73 Rn 63 ff. sowie in Kap. 9 Rn 216 ff.
327 § 73 Abs. 4 S. 3 VwVfG bzw. § 43a Nr. 7 S. 1 EnWG.
328 § 73 Abs. 4 S. 4 VwVfG bzw. § 43a Nr. 7 S. 3 EnWG.
329 Siehe § 18a Nr. 4 AEG; § 17a Nr. 4 FStrG; § 14a Nr. 4 WaStrG; § 2 Nr. 4 MbPlG; § 43a Nr. 4 EnWG.
330 Vgl. BT-Drucks. 16/54, S. 26; allerdings muss bzw. musste auch nach § 73 Abs. 5 S. 3 VwVfG kein unvertretbarer Aufwand zur Ermittlung betrieben werden, *Schütz*, VBlBW 2007, 441, 444.
331 So Danner/Theobald/*Missling*, § 43a EnWG Rn 13; *Schröder*, NuR 2007, 380, 381.
332 Vgl. *Otto*, NVwZ 2007, 379, 380; die Regelung in § 73 Abs. 5 S. 3 VwVfG bleibt vom Inkrafttreten des PlVereinhG unberührt.

e) Sonstige Träger öffentlicher Belange

Welche Träger öffentlicher Belange ansonsten betroffen sein können, lässt sich kaum abstrakt darstellen. In Betracht kommen z.B. die sog. Leitungsträger, also alle – privatrechtlich oder öffentlich-rechtlich organisierten – Betreiber von Elektrizitäts-, Wasser-, Abwasser-, Gas-, Fernwärme- und Telekommunikationsleitungen, deren Anlagen durch das Vorhaben betroffen sind oder betroffen sein können. Darüber hinaus kommen auch die Bundeswehr in Gestalt der jeweiligen Wehrbereichsverwaltungen, die Kirchen oder der Kampfmittelbeseitigungsdienst der Landespolizeien als sonstige Träger öffentlicher Belange in Betracht.[333] Das Beteiligungsverfahren bzw. die dem vorgeschaltete Frage der Einwendungsberechtigung[334] richtet sich dabei nach der allgemeinen Regelung des § 73 Abs. 4 VwVfG;[335] das InfraStrPlanVBeschlG enthält diesbezüglich keine Neuerungen. 136

2. Besondere Vorgaben des NABEG

Wie auf der Ebene der Bundesfachplanung[336] findet auch beim Planfeststellungsverfahren nach den §§ 18–28 NABEG ein **zweistufiges Beteiligungsverfahren** statt. Zunächst führt die Planfeststellungsbehörde unverzüglich nach Einreichung des Antrags eine **öffentliche**[337] **Antragskonferenz** mit dem Vorhabensträger sowie den betroffenen Trägern öffentlicher Belange und den Vereinigungen durch.[338] In dieser Antragskonferenz werden Gegenstand, Umfang und Methoden der Unterlagen sowie sonstige für die Planfeststellung erhebliche Fragen diskutiert.[339] Aufgrund der Ergebnisse der Antragskonferenz legt die Planfeststellungsbehörde einen Untersuchungsrahmen fest und bestimmt den erforderlichen Inhalt der vom Vorhabensträger einzureichenden Unterlagen.[340] Innerhalb von zwei Wochen nach Vorlage der vollständigen Unterlagen beteiligt die Planfeststellungsbehörde in einem **Anhörungsverfahren nach § 22 NABEG** die Träger öffentlicher Belange sowie die Vereinigungen. Die Unterlagen werden für einen Monat **öffentlich ausgelegt und im Internet veröffentlicht**. Innerhalb von zwei Wochen nach Ablauf der Auslegungsfrist kann **jede Person, deren Belange durch das Vorhaben berührt werden, Einwendungen erheben.**[341] Anschließend wird ein obligatorischer **Erörterungstermin** durchgeführt.[342] 137

Zu beachten ist allerdings, dass aufgrund der gesetzlichen Vorgaben der Bedarfsplanung und der verwaltungsinternen Verbindlichkeit der Bundesnetzplanung der **Gestaltungsspielraum** in der Planfeststellung **begrenzt** ist. Denn sowohl das Planungserfordernis als auch der Trassenverlauf im Rahmen des gem. § 15 Abs. 1 NABEG festgestellten Korridors stehen grundsätzlich fest.[343] Dementsprechend bestimmt auch § 22 Abs. 2 S. 2 NABEG, dass Angelegenheiten, welche die Bundesfachplanung betreffen und zu denen bereits in der Bundesfachplanung Stellung genommen werden konnte, nicht mehr Gegenstand der Stellungnahmen im Rahmen des 138

333 Ziekow/*Niederich*, Kap. 1 Rn 252.
334 Siehe dazu *Kopp/Ramsauer*, § 73 Rn 67 ff.
335 Siehe dazu oben Rn 134 sowie Kap. 9 Rn 217 ff.
336 Siehe dazu obige Ausführungen in Rn 111 ff. sowie in Kap. 4 Rn 61 ff.
337 Siehe § 20 Abs. 2 S. 3 NABEG.
338 § 20 Abs. 1 S. 1 NABEG.
339 § 20 Abs. 1 S. 2 NABEG.
340 § 20 Abs. 3 NABEG.
341 § 22 Abs. 6 S. 1 NABEG; *Wagner*, DVBl. 2011, 1453, 1455 verweist darauf, dass der Gesetzentwurf der Bundesregierung gegen eine *„Jedermann-Beteiligung"* spricht, während der Wortlaut des § 22 Abs. 6 S. 1 ebenso wie derjenige des § 9 Abs. 6 S. 1 NABEG *„wohl ungewollt"* von einer *„Jedermann-Beteiligung"* ausgeht.
342 § 22 Abs. 7 S. 1 NABEG.
343 *Grigoleit/Weisensee*, UPR 2011, 401, 405; *Moench/Ruttloff*, NVwZ 2011, 1040, 1044; inwieweit das von den Betroffenen akzeptiert werden wird, wird allerdings nachvollziehbar bezweifelt, siehe *Durner*, DVBl. 2011, 853, 860.

Planfeststellungsverfahrens sein können. Auch eine erneute Umweltverträglichkeitsprüfung kann gem. § 23 NABEG beschränkt werden. Für unwesentliche Änderungen oder Erweiterungen sieht § 25 NABEG zudem Verfahrenserleichterungen vor. Hinsichtlich der Präklusionsregelungen gelten gem. § 18 Abs. 3 S. 2 NABEG die Vorgaben des § 43a EnWG.

V. Bei der Bauleitplanung

139 In der Bauleitplanung findet ebenfalls ein **zweistufiges Beteiligungsverfahren** statt. In einem ersten Schritt ist **die Öffentlichkeit** nach § 3 Abs. 1 S. 1 BauGB **„möglichst frühzeitig"** durch Unterrichtung über die allgemeinen Ziele und Zwecke der Planung, unterschiedliche Lösungen und die voraussichtlichen Auswirkungen der Planung zu unterrichten, und ihr ist die Möglichkeit der Äußerung und Erörterung zu geben.[344] Nach § 4 Abs. 1 S. 1 BauGB sind auch die **Behörden** und **sonstigen Träger öffentlicher Belange**, deren Aufgabenbereich durch die Planung berührt werden kann, entsprechend § 3 Abs. 1 S. 1 Hs. 1 BauGB zu unterrichten und zur Äußerung aufzufordern. Von der vorgezogenen Behördenbeteiligung kann nur in den in §§ 13 Abs. 2 S. 1 Nr. 1, 13a Abs. 2 Nr. 1 BauGB, sowie von der vorgezogenen Öffentlichkeitsbeteiligung zusätzlich in den in § 3 Abs. 1 S. 2 BauGB geregelten Fällen abgesehen werden.

140 Auf der zweiten Stufe sind die **Entwürfe der Bauleitpläne** einschließlich ihrer Begründung gem. § 3 Abs. 2 S. 1 BauGB **öffentlich auszulegen**. Während der Dauer der Auslegung ist **jedermann berechtigt**, Stellungnahmen abzugeben. Zugleich holt die Gemeinde Stellungnahmen der **Behörden und sonstigen Träger öffentlicher Belange** zum Planentwurf und zur Begründung ein;[345] diese sind zur Abgabe einer **Stellungnahme verpflichtet**.[346]

141 Während der Kreis der Partizipationsberechtigten weder im vorgezogenen noch im regulären Beteiligungsverfahren nach § 3 Abs. 1 S. 1, Abs. 2 BauGB auf die von der Planung in ihren Rechten Betroffenen beschränkt ist, muss bei der Beteiligung der Behörden und der sonstigen Träger öffentlicher Belange ihr jeweiliger **Aufgabenbereich** sowohl bei der vorgezogenen als auch bei der regulären Beteiligung § 4 Abs. 1 S. 1, Abs. 2 BauGB **berührt werden können**. Maßstab für die Festlegung der zu beteiligenden Behörden und Träger öffentlicher Belange ist dabei die **Abwägungsrelevanz**, also die Frage, ob die jeweiligen Aufgabenbereiche durch die beabsichtigte Bauleitplanung berührt werden können.[347]

142 Zu Trägern öffentlicher Belange i.S.d. BauGB können z.B. die Straßenbau-, Wasser-, Umwelt- und Naturschutzbehörden, Nachbargemeinden, Kirchen und Träger funktionaler Selbstverwaltung (z.B. IHK) gehören.[348] In der Regel handelt es sich bei den Trägern öffentlicher Belange um öffentlich-rechtliche Rechtsträger; private Rechtsträger können nur dann Träger öffentlicher Belange sein, wenn ihnen durch Gesetz oder aufgrund eines Gesetzes die Wahrnehmung öffentlicher Belange übertragen wird.[349] Da die **Energieversorgungsunternehmen** nach den §§ 2, 1 EnWG dazu verpflichtet sind, die Allgemeinheit sicher, preisgünstig, verbraucherfreundlich, effizient und umweltverträglich mit Elektrizität und Gas zu versorgen,[350] ist ihnen durch Gesetz die Wahrnehmung öffentlicher Belange übertragen. Sie sind somit **als Träger öffentlicher Belange** i.S.v.

---

344 Siehe dazu insgesamt Ernst/Zinkahn/Bielenberg/Krautzberger/*Krautzberger*, Vorb. §§ 1–13a Rn 41 ff. sowie § 3 Rn 14 ff.
345 § 4 Abs. 2 S. 1 BauGB.
346 Ernst/Zinkahn/Bielenberg/Krautzberger/*Krautzberger*, § 4 Rn 40.
347 Ernst/Zinkahn/Bielenberg/Krautzberger/*Krautzberger*, § 4 Rn 31; Battis/Krautzberger/Löhr/*Battis*, § 4 Rn 3.
348 Schneider/Theobald/*Hermes*, § 7 Rn 123; Battis/Krautzberger/Löhr/*Battis*, § 4 Rn 3.
349 Battis/Krautzberger/Löhr/*Battis*, § 4 Rn 3.
350 Siehe dazu auch obige Ausführungen in Rn 7 ff.

§ 4 BauGB bei der Planaufstellung **zu beteiligen.**[351] Dadurch kommt zugleich die herausgehobene Bedeutung der Energieversorgung im Recht der Bauleitplanung zum Ausdruck.[352]

Die von der Öffentlichkeit vorgetragenen fristgerechten Einwendungen sind von der Gemeinde gem. § 3 Abs. 2 S. 4 BauGB zu prüfen; die von den Behörden und den Trägern öffentlicher Belange übermittelten Stellungnahmen gehen in die von der Gemeinde gem. § 1 Abs. 7 BauGB vorzunehmende Abwägung ein. Nicht rechtzeitig abgegebene Stellungnahmen können demgegenüber unberücksichtigt bleiben, sofern die Gemeinde deren Inhalte nicht kannte und nicht hätte kennen müssen und deren Inhalte für die Rechtmäßigkeit des Bauleitplans nicht von Bedeutung sind.[353] 143

Ist die Abwägung abgeschlossen, beschließt die Gemeinde den Bebauungsplan als **Satzung.**[354] Bei den in § 10 Abs. 2 BauGB aufgezählten Bebauungsplänen ist zudem die Genehmigung der höheren Verwaltungsbehörde einzuholen.[355] Abschließend ist die Erteilung der Genehmigung oder, soweit eine Genehmigung nicht erforderlich ist, der Bebauungsplan **ortsüblich bekanntzumachen.** In dieser ortsüblichen Bekanntmachung ist darauf hinzuweisen, wo der Bebauungsplan eingesehen werden kann. Dort ist er mit der Begründung und der zusammenfassenden Erklärung nach § 10 Abs. 4 BauGB zu jedermanns Einsicht bereitzuhalten; über den Inhalt ist auf Verlangen Auskunft zu geben. Mit der Bekanntmachung tritt der Bebauungsplan **in Kraft**; sie ersetzt zugleich die sonst für Satzungen vorgeschriebene Veröffentlichung.[356] 144

VI. Bei Vorhaben von gemeinsamem Interesse

Nach Art. 9 Abs. 1 i.V.m. Anhang VI der VO (EU) Nr. 347/2013 zu Leitlinien für die transeuropäische Energieinfrastruktur ist bis zum 16.5.2014 ein – nicht rechtsverbindliches – **Verfahrenshandbuch** für das für Vorhaben von gemeinsamem Interesse geltende Genehmigungsverfahren zu veröffentlichen. In diesem Verfahrenshandbuch sollen z.B. die einschlägigen Rechtsvorschriften, auf die sich Entscheidungen und Stellungnahmen für die verschiedenen Arten von relevanten Vorhaben von gemeinsamem Interesse stützen, die relevanten Entscheidungen und Stellungnahmen, die eingeholt werden müssen sowie die Phasen und Instrumente für die Beteiligung der Öffentlichkeit an dem Verfahren enthalten sein.[357] Zudem haben alle am Genehmigungsverfahren beteiligten Personen die in Anhang VI Nr. 3 aufgeführten **Grundsätze für die Beteiligung der Öffentlichkeit** zu befolgen.[358] Einer der im Anhang dargelegten Grundsätze besagt, dass die von einem Vorhaben von gemeinsamem Interesse betroffenen Kreise, darunter *„relevante nationale, regionale und lokale Behörden, Grundbesitzer und Bürger, die in der Nähe des Vorhabens leben, die Öffentlichkeit und deren Verbände, Organisationen oder Gruppen“*, umfassend informiert und frühzeitig auf offene und transparente Weise zu einem Zeitpunkt angehört werden, zu dem etwaige Bedenken der Öffentlichkeit noch berücksichtigt werden können.[359] Nach Nr. 3b) des Anhangs VI VO (EU) Nr. 347/2013 stellen die zuständigen Behörden 145

351 Schneider/Theobald/*Hermes*, § 7 Rn 123; siehe auch Battis/Krautzberger/Löhr/*Battis*, § 4 Rn 3.
352 Schneider/Theobald/*Hermes*, § 7 Rn 123; siehe dazu auch obige Ausführungen in Rn 40.
353 § 4a Abs. 6 S. 1 BauGB; siehe dazu Ernst/Zinkahn/Bielenberg/Krautzberger/*Krautzberger*, § 4 Rn 51 sowie § 4a Rn 60 ff.
354 § 10 Abs. 1 BauGB; siehe dazu Ernst/Zinkahn/Bielenberg/Krautzberger/*Krautzberger*, § 10 Rn 28 ff.
355 Einzelheiten dazu bei Battis/Krautzberger/Löhr/*Battis*, § 10 Rn 26 ff.
356 § 10 Abs. 3 BauGB; siehe dazu ausführlich Ernst/Zinkahn/Bielenberg/Krautzberger/*Krautzberger*, § 10 Rn 88 ff.; Battis/Krautzberger/Löhr/*Battis*, § 10 Rn 31 ff.
357 Siehe Anhang VI Nr. 1 VO (EU) Nr. 347/2013.
358 Art. 9 Abs. 2 VO (EU) Nr. 347/2013.
359 Anhang VI Nr. 2a) VO (EU) Nr. 347/2013.

sicher, dass die Verfahren für die Anhörung der Öffentlichkeit möglichst in Gruppen zusammengefasst werden. Jede Anhörung der Öffentlichkeit hat sich dann auf alle Themen zu erstrecken, die für die jeweilige Verfahrensphase relevant sind. Jedes Thema wird nur in einer Anhörung behandelt, die jedoch an mehreren geographischen Orten stattfinden kann. Kommentare und Einwände sind nur vom Beginn der Anhörung der Öffentlichkeit bis zum Auflauf der Frist zulässig.[360]

146 Besondere Bedeutung kommt im hiesigen Kontext ferner der **Verpflichtung der Vorhabensträger** zu, innerhalb von drei Monaten nach Beginn des Genehmigungsverfahrens, aber noch vor Einreichung der endgültigen und vollständigen Antragsunterlagen, ein – auf das konkrete Vorhaben zugeschnittenes – **Konzept für die Beteiligung der Öffentlichkeit** zu erstellen. Zudem ist vor dem Einreichen der Antragsunterlagen bei der zuständigen Behörde mindestens eine Öffentlichkeitsanhörung durch den Vorhabensträger oder die zuständige Behörde durchzuführen.[361] Hierin resultiert eine auch auf Verordnungsebene verankerte intensive (und frühzeitige) Öffentlichkeitsbeteiligung, die – gemeinsam mit der Zweiteilung des Genehmigungsverfahrens[362] – sicherstellt, dass nur solche Antragsunterlagen bei der zuständigen Behörde eingereicht werden, die der Öffentlichkeit bekannt sind.

147 Darüber hinaus bestimmt die Verordnung **Mindestanforderungen**, die bei der Anhörung der Öffentlichkeit zu beachten sind[363] und verpflichtet den Vorhabensträger bzw. die nationale Behörde, eine mit der Website der Kommission verlinkte Website mit relevanten – in Anhang VI Nr. 6 näher konkretisierten – Informationen über das Vorhaben einzurichten und regelmäßig zu aktualisieren.[364]

360 Anhang VI Nr. 2c) VO (EU) Nr. 347/2013.
361 Art. 9 Abs. 3 i.V.m. Abs. 4 VO (EU) Nr. 347/2013.
362 In einem Abschnitt bis zum Einreichen der Antragsunterlagen und dem nachfolgenden formalen Genehmigungsabschnitt vgl. Art. 10 Abs. 1 VO (EU) Nr. 347/2013.
363 Art. 9 Abs. 4 S. 3 i.V.m. Anhang VI Nr. 5 VO (EU) Nr. 347/2013.
364 Art. 9 Abs. 7 i.V.m. Anhang VI Nr. 6 VO (EU) Nr. 347/2013.

Kapitel 7
Netzplanung und räumliche Gesamtplanung

A. Einführung

Wie bereits an anderer Stelle ausgeführt wurde,[1] gab es bis zum Inkrafttreten des EnLAG, des NABEG und der §§ 12aff. EnWG keine bundesrechtlichen Vorschriften, die eine räumliche Planung und Steuerung der Netzplanung und des Netzausbaus ermöglichten. Diese Aufgabe kam vielmehr der Raumordnung zu.[2] Insofern kann man sagen, dass die Raumordnungsplanung eine erste Form oder Stufe der Netzplanung darstellt. Für manche Energieversorgungsnetze, die nicht unter die genannten Vorschriften fallen, ist sie dies auch heute noch. 1

Aus den auf dieser Stufe getroffenen Planungsentscheidungen können sich – auch heute noch – Bindungswirkungen für spätere Planfeststellungsverfahren ergeben, die dann ebenso wie die an anderer Stelle im Handbuch behandelten Erfordernisse der Planrechtfertigung,[3] der zwingenden materiell-rechtlichen Vorschriften (Planungsleitsätze)[4] und des Abwägungsgebots[5] von den Planfeststellungsbehörden zu berücksichtigen bzw. zu beachten sind. Diese Vorgaben werden indessen neuerdings durch das NABEG und das EnLAG modifiziert. 2

Daneben können sich aber auch aus der kommunalen Bauleitplanung Bindungen für spätere Planfeststellungsverfahren ergeben. Schließlich ist zu beachten, dass die Vorgaben der räumlichen Gesamtplanung und die Vorgaben des Bauplanungsrechts auch dort Bedeutung erlangen können, wo für den Bau einer Energieleitung kein Planfeststellungsverfahren durchzuführen ist. 3

B. Netzplanung und Raumordnung

Die Raumordnung kann wesentliche Vorgaben für den Verlauf des Trassenkorridors einer geplanten Energieleitung treffen. Dabei geht es noch nicht um die Bestimmung des genauen Trassenverlaufs. Mithilfe der Raumordnung kann allerdings nach einer groben Prüfung bereits ein Korridor ausgewählt werden, sodass sich die Planung der konkreten Trasse dann später grundsätzlich auf diesen Gebietsstreifen beschränken kann.[6] Die Raumordnungsplanung bietet dabei eine „Freihalte- oder Angebotsplanung",[7] ohne bereits verbindlich über Bau und Zulässigkeit einer Leitung zu entscheiden. 4

Doch stellt sich insofern die Frage, inwieweit dafür künftig noch Raum bleibt oder entsprechende Festlegungen nunmehr allein im Verfahren der Bundesfachplanung nach den §§ 4ff. NABEG[8] getroffen werden. Wegen der Unterschiede hinsichtlich der Zuständigkeiten und des Verfahrensablaufs ist eine trennscharfe Abgrenzung des Anwendungsbereichs beider Verfahren entscheidend. Das neu eingeführte Verfahren der Bundesfachplanung auf Bundesebene schließt 5

---

1 Siehe Kap. 1 Rn 54ff. sowie Kap. 2 Rn 1f.
2 Vgl. etwa Schneider/Theobald/*Hermes*, § 7 Rn 12ff. Zur Rolle der Raumplanung siehe auch bereits Kap. 1 Rn 70ff.
3 Siehe Kap. 10 Rn 9ff.
4 Siehe Kap. 10 Rn 66ff.
5 Siehe Kap. 11.
6 Vgl. *Weyer*, Netzausbau in Deutschland. Rechtlicher Rahmen und Handlungsbedarf, Arbeitspapier 05/2011 des Sachverständigenrats zur Begutachtung der gesamtwirtschaftlichen Entwicklung, S. 10, abrufbar unter: http://www.sachverstaendigenrat-wirtschaft.de/publikationen.html.
7 So *Hermes*, S. 413.
8 Zur Einordnung dieses Verfahrens vgl. Kap. 1 Rn 60 sowie Kap. 4 Rn 3f.

eine Durchführung des Raumordnungsverfahrens auf Landesebene gem. § 28 NABEG bis zum Ablauf der Geltungsdauer der Entscheidung über die Bundesfachplanung aus.[9]

I. Rechtsquellen des Raumordnungsrechts

6 Die Rechtsquellen des Raumordnungsrechts finden sich in der Bundesrepublik sowohl auf bundes- als auch auf landesrechtlicher Ebene.[10]

7 Auf der Stufe des Bundesrechts ist zuvorderst das Raumordnungsgesetz (ROG) vom 22.12.2008[11] zu nennen. Das bis dahin geltende Raumordnungsgesetz[12] wurde, auch infolge der mit der Föderalismusreform in Kraft getretenen kompetenziellen Neuaufteilung zwischen Bundes- und Landesgesetzgebung, umfassend überarbeitet.[13] Neben dem ROG enthalten weitere Gesetze raumordnungsrechtliche Bestimmungen,[14] die gem. § 4 Abs. 1 S. 3, Abs. 2 ROG neben dessen Vorgaben zu berücksichtigen sind.[15] Zu diesen sog. Raumordnungsklauseln zählen insbesondere die Vorschriften der § 1 Abs. 4 und § 35 Abs. 3 S. 2, 3 BauGB. Raumordnungsklauseln stellen die Berücksichtigung des Raumordnungsrechts im Anwendungsbereich des jeweiligen Fachgesetzes sicher. Schließlich regelt die Raumordnungsverordnung (RoV),[16] für welche Vorhaben ein Raumordnungsverfahren durchzuführen ist.

8 Auf landesrechtlicher Ebene gibt es, abgesehen von Berlin, Bremen und Hamburg, in allen Bundesländern zudem Landesplanungsgesetze.[17] In den Stadtstaaten wird dagegen nach § 8 Abs. 1 S. 2 ROG die Funktion der Landesplanung von den dortigen Flächennutzungsplänen abgedeckt.[18] Mit den Landesplanungsgesetzen haben die Landesgesetzgeber vor allem die verfahrensrechtlichen Vorgaben des Bundes konkretisiert. Wegen der weitreichenden gesetzlichen Änderungen von 2008 bedurfte es auch dort einer Anpassung.[19] Als erstes Bundesland hat überdies Bayern mit dem BayLplG vom 25.6.2012[20] von der durch die Föderalismusreform eingeführten Abweichungskompetenz im Raumordnungsrecht gem. Art. 72 Abs. 3 S. 1 Nr. 4 GG Gebrauch

9 Näher zum Verhältnis der Raumordnung zur Bundesfachplanung siehe unten Rn 117 ff.

10 Zu den Gesetzgebungskompetenzen und den diesbezüglichen Änderungen durch die Föderalismusreform im Bereich der Raumordnung siehe Cholewa/Dyong/von der Heide/Arenz/*Heide/Dahlhammer*, Einf. IV. Rn 1 ff.; Spannowsky/Runkel/Goppel/*Runkel*, § 1 Rn 1 ff.

11 Art. 1 des Gesetzes v. 22.12.2008 (BGBl. I S. 2986), zuletzt geändert durch Art. 9 des Gesetzes v. 31.7.2009 (BGBl. I S. 2585).

12 Art. 2 des Gesetzes v. 18.8.1997 (BGBl. I S. 2081, 2102), zuletzt geändert durch Art. 10 des Gesetzes v. 9.12.2006 (BGBl. I S. 2833, ber. 2007 S. 691).

13 Siehe dazu *Söfker*, UPR 2008, 161.

14 Vgl. beispielsweise § 11 Abs. 3 S. 1 Nr. 2 BauNVO, § 47 Abs. 3 S. 2 BImSchG, § 10 Abs. 1 S. 2, § 11 Abs. 1 S. 2 BNatSchG, § 16 Abs. 2 S. 1 FStrG, § 30 Abs. 5 KrWG, § 82 Abs. 1 S. 2 WHG.

15 Näher Spannowsky/Runkel/Goppel/*Runkel*, § 4 Rn 121 ff.

16 Verordnung v. 13.12.1990 (BGBl. I S. 2766), zuletzt geändert durch Art. 5 Abs. 35 des Gesetzes v. 24.2.2012 (BGBl. I S. 212), gilt gem. Art. 125b Abs. 1 S. 1 GG fort, Spannowsky/Runkel/Goppel/*Runkel*, § 23 Rn 10.

17 BayLplG v. 25.6.2012 (GVBl. S. 254); LplG BW v. 10.7.2003 (GBl. S. 385); HLPG v. 12.12.2012 (GVBl. I S. 590); LplG MV v. 5.5.1998 (GVOBl. S. 503, ber. S. 613); NROG v. 18.7.2012 (GVBl. S. 252); LplG NRW v. 3.5.2005 (GV. NRW. S. 430); LplG RP v. 10.4.2003 (GVBl. S. 41); SLPG v. 18.11.2010 (ABl. I S. 2599); SächsLplG v. 11.6.2010 (GVBl. S. 174); LplG LSA v. 28.4.1998 (GVBl. S. 255); LplG SH v. 10.2.1996 (GVOBl. S. 232); ThürLplG v. 11.12.2012 (GVBl. S. 450). In Berlin und Brandenburg nimmt diese Funktion nunmehr der zwischen diesen Ländern abgeschlossene Vertrag über die Aufgaben und Trägerschaft sowie Grundlagen und Verfahren der gemeinsamen Landesplanung zwischen den Ländern Berlin und Brandenburg – Landesplanungsvertrag in der Neufassung vom 1.11.2011 (Berlin: GVBl. 2012 S. 2; Brandenburg: GVBl. 2012 I Nr. 14 S. 1) wahr, näher dazu siehe unten unter Rn 27.

18 Battis/Krautzberger/Löhr/*Krautzberger*, Einl. Rn 9; zur Funktion regionaler Flächennutzungspläne siehe unter Rn 54.

19 *Jarass/Schnittker/Milstein*, JuS 2011, 215, 217.

20 GVBl. S. 254.

gemacht und mit dem vorgenannten Vollgesetz das alte BayLplG[21] und das ROG des Bundes mit Ausnahme der Vorschriften zur „Raumordnung im Bund“ ersetzt.[22]

Terminologisch verwendet das Bundesrecht durchgängig den Begriff der Raumordnung, wohingegen im Landesrecht überwiegend von Landesplanung gesprochen wird. Damit handelt es sich bei der Landesplanung begrifflich um Raumordnung in den einzelnen Bundesländern.[23] 9

II. Aufgaben und Träger der Raumordnung

1. Aufgaben

Die Aufgaben des Raumordnungsrechts sind gesetzlich in § 1 ROG abschließend festgehalten.[24] 10
So bestimmt § 1 Abs. 1 S. 1 ROG, dass der Gesamtraum der Bundesrepublik und seine Teilräume unter Inanspruchnahme der raumordnungsrechtlichen Instrumente[25] zu entwickeln, zu ordnen und zu sichern sind. Dadurch soll i.S.d. § 1 Abs. 2 ROG eine nachhaltige Raumentwicklung erreicht werden, die die sozialen und wirtschaftlichen Ansprüche an den Raum mit seinen ökologischen Funktionen in Einklang bringt und zu einer dauerhaften, großräumigen und ausgewogenen Ordnung mit gleichwertigen Lebensverhältnissen in den Teilräumen führt.[26] Unterschiedliche Anforderungen an den Raum sind aufeinander abzustimmen und die auf der jeweiligen Planungsebene auftretenden Konflikte auszugleichen. Ferner ist Vorsorge für einzelne Nutzungen und Funktionen des Raums zu treffen.

a) Das Gegenstromprinzip

Nach dem in § 1 Abs. 3 ROG niedergelegten Gegenstromprinzip sollen sich die einzelnen Teil- 11
räume in den Gesamtraum einfügen, wobei die Entwicklung, Ordnung und Sicherung des Gesamtraums wiederum die Gegebenheiten und Erfordernisse der Teilräume zu berücksichtigen haben. Das Gegenstromprinzip statuiert damit ein Gebot wechselseitiger Abstimmung der unterschiedlichen Ebenen der Raumplanung in vertikaler Richtung.

Da die kommunale Bauleitplanung nicht Teil der Raumordnungsplanung im Sinne des ROG 12
ist, aber dennoch eine Abstimmung auch mit dieser Ebene vom Gesetzgeber gewünscht ist, erstreckt § 8 Abs. 2 S. 2 ROG den Geltungsbereich des Gegenstromprinzips auch auf die städtebauliche Planung der Gemeinden.[27] So soll zum einen widersprechende Planung verhindert werden, zum anderen sollen die verschiedenen Nutzungsinteressen im Gesamtraum und den einzelnen Teilräumen harmonisiert und koordiniert werden.[28]

Eine Definition der Begriffe Gesamt- und Teilraum findet sich indes im Gesetz nicht. Ihr Ge- 13
halt ist abhängig von der Ebene der Betrachtung. So ist ein Bundesland im Verhältnis zum Gebiet der Bundesrepublik im Falle von § 8 Abs. 1 S. 1 Nr. 1 ROG lediglich als Teilraum zu qualifizie-

---

21 Gesetz v. 27.12.2004 (GVBl. S. 521).
22 Im Ganzen dazu *Schreiber*, BayVBl. 2012, 741.
23 *Jarass/Schnittker/Milstein*, JuS 2011, 215, 216; vgl. auch *Erbguth/Schoeneberg*, S. 45 ff.; BVerfG, Urt. v. 30.10.1962 – 2 BvF 2/60 u.a. – BVerfGE 15, 1, 16 fasste unter den Begriff der Raumordnung i.S.d. Art. 75 Nr. 4 GG a.F. allein die Planung im Bereich eines Landes.
24 Spannowsky/Runkel/Goppel/*Runkel*, § 1 Rn 46.
25 Dazu sogleich unter Rn 50 ff.
26 Ein Beispiel für mögliche Nutzungskonflikte siehe bei *Krautzberger*, LKV 1991, 366, 367.
27 Spannowsky/Runkel/Goppel/*Runkel*, § 1 Rn 108.
28 *Jarass/Schnittker/Milstein*, JuS 2011, 215, 216.

ren, wohingegen es aus der Perspektive der Regionalplanung i.S.d. § 8 Abs. 1 S. 1 Nr. 2 ROG selbst den Gesamtraum darstellt.[29]

b) Überörtliche und überfachliche Gesamtplanung

14 Wie sich § 1 Abs. 1 S. 1 ROG entnehmen lässt, ist das Raumordnungsrecht gekennzeichnet durch die Elemente der Zusammenfassung und der Übergeordnetheit, wobei Letzteres aus Ersterem folgt. Zusammenfassung im vorgenannten Sinne bedeutet eine querschnittsmäßige Koordinierung aller öffentlichen Planungen und Maßnahmen im Gesamtraum. Die Verwirklichung dieser Koordinierung setzt wiederum die Übergeordnetheit der Raumordnung voraus.[30] Bei der Raumordnung handelt es sich deshalb um eine Form der überörtlichen und überfachlichen Gesamtplanung.[31]

15 Überörtlichkeit der Planung in diesem Sinne ist in der Regel dann zu bejahen, wenn sich die Planung auf das Gebiet mindestens zweier Gemeinden erstreckt und sich tatsächlich auf diese auswirkt.[32] Das Kriterium ist gleichbedeutend mit dem der Raumbedeutsamkeit[33] und ermöglicht eine Abgrenzung der Raumordnung von der Bauleitplanung.[34]

16 Das Merkmal der Überfachlichkeit hingegen erlaubt eine Unterscheidung zwischen Raumordnung und fachspezifischer raumbezogener Planung sowie die Festlegung der jeweiligen Regelungsgegenstände.[35] Allerdings soll es das Raumordnungsrecht ermöglichen, die verschiedenen Fachplanungen aufeinander abzustimmen und sie miteinander in Einklang zu bringen.[36] Deswegen sind Gegenstand der Raumplanung nach Raumordnungsrecht ebenfalls zwingend solche Vorhaben, die auch im Anwendungsbereich der Fachplanung liegen. Die Grenze zwischen raumordnungsrechtlichen Regelungsgegenständen und solchen, die ausschließlich dem Fachplanungsrecht unterfallen, ist dann dort zu ziehen, wo bei objektiver Betrachtung das fachliche Problem keiner Einordnung in ein raumordnerisches Gesamtkonzept bedarf.[37] Die Raumordnung hat sich auf eine vorausschauende Prüfung zu beschränken, ob die spätere Fachplanung überhaupt in der Lage sein kann, die festgesetzten raumordnerischen Vorgaben umzusetzen.[38]

17 Überörtlichkeit und Überfachlichkeit als jeweilige Ausprägung der Übergeordnetheit begründen den rechtlichen Vorrang der Raumordnung vor Bauleitplanung sowie Fachplanung und gleichzeitig die rechtliche Beschränkung des Regelungsbereichs der Raumordnung in diesem Verhältnis. Der Vorrang der Raumordnung kommt in der Möglichkeit zum Ausdruck, einen verbindlichen Rahmen für die Bauleitplanung zu setzen, § 1 Abs. 4 BauGB, und verbindliche räumliche Entwicklungsziele für die Fachplanung aufzustellen.[39] Zugleich ist die Raumordnung im Hinblick auf die Bauleitplanung auf die planerische Rahmensetzung beschränkt, muss also die örtliche Planung den Gemeinden überlassen, und darf im Bereich der Fachplanung über eine

29 Spannowsky/Runkel/Goppel/*Runkel*, § 1 Rn 108.
30 *Erbguth/Schoeneberg*, S. 51 f.
31 BVerwG, Urt. v. 16.3.2006 – 4 A 1075/04 – BVerwGE 125, 116, 134 f.; *Appel*, ER 2012, 3, 5.
32 BVerwG, Urt. v. 4.5.1988 – 4 C 22/87 – BVerwGE 79, 318; zuvor dagegen noch BVerwG, Urt. v. 3.4.1981 – 4 C 11/79 – DVBl. 1981, 930.
33 BVerwG, Urt. v. 4.5.1988 – 4 C 22/87 – BVerwGE 79, 318.
34 *Lieber*, NVwZ 2011, 910, 911.
35 *Kment*, NuR 2010, 392, 393 m.w.N.
36 BVerfG, Gutachten v. 16.6.1954 – 1 PBvV 2/52 – BVerfGE 3, 407, 425.
37 BayVerfGH, Entsch. v. 15.7.2002 – 10-VII-00 u.a. – DÖV 2003, 78, 79 f.; instruktiv zum Verhältnis von Raumordnung und Fachplanung HessStGH, Beschl. v. 15.1.1982 – P. St. 947 – NJW 1982, 1141 zum Volksbegehren bzgl. der Startbahn West des Flughafens Frankfurt/Main; siehe auch *Deutsch*, NVwZ 2010, 1520, 1521 ff. zu diesem Verhältnis ebenfalls im Zusammenhang mit dem dortigen Bau einer neuen Landebahn.
38 Vgl. BVerwG, Urt. v. 16.3.2006 – 4 A 1075/04 – BVerwGE 125, 116, 167.
39 Dazu unter Rn 30 ff.

Koordinierung nicht hinausgehen.[40] Die Raumordnung darf sich daher nicht an die Stelle der Fachplanung setzen oder deren Aufgaben übernehmen.[41]

18 Aufgabe der Raumordnung ist es im Gegensatz zu Bauleitplanung und Fachplanung schließlich nicht, Regelungen mit unmittelbarer Außenwirkung gegenüber dem Bürger zu treffen. Erlaubt ist dies nur für den Fall, dass die Raumordnungsklauseln[42] eine derartige Wirkungserstreckung gestatten.[43] Die Raumplanung soll der Bauleitplanung der Kommunen sowie der Fachplanung grundsätzlich nur räumliche Entwicklungslinien in Form von Entwicklungsimpulsen vorgeben.[44]

c) Ordnungs- und Sicherungsaufgabe der Raumordnung

19 Die Harmonisierung und Koordinierung der Interessen der verschiedenen Raumnutzer verlangt eine Trennung unverträglicher Nutzungen auf der einen Seite, auf der anderen Seite eine Bündelung raumbedeutsamer Nutzungen in Standorten, die für diese Nutzungen geeignet sind und andere Nutzungsarten nicht beeinträchtigen, damit die übrigen Freiräume von Ersteren freigehalten werden können. Durch die Wahrnehmung dieser Ordnungsaufgabe soll eine ausgewogene Gesamtnutzung des Raumes ermöglicht werden.

20 Zu dem gleichen Zweck obliegt dem Raumordnungsrecht neben der Ordnungsaufgabe auch eine Sicherungsaufgabe hinsichtlich der unterschiedlichen Raumfunktionen. Insbesondere gefährdete Raumfunktionen, beispielsweise Natur, Landschaft oder Naherholung, sollen vor unverträglichen Nutzungen langfristig geschützt werden.[45]

2. Träger der Raumordnung

21 Wer Träger der Raumordnung ist, hängt von der jeweils betroffenen Planungsebene ab.[46] Maßgeblich sind zuvorderst die verfassungsrechtlichen Aufgabenzuweisungen im gesamtstaatlichen Gefüge, wonach sich zunächst die Trägerschaft von Bund oder Ländern ermitteln lässt. Dabei gilt die Regel des Art. 30 GG, wonach die Länder grundsätzlich als Teil der staatlichen Befugnisse auch alle Verwaltungsaufgaben wahrnehmen, soweit grundgesetzlich nichts Abweichendes geregelt ist. Eine besondere Zuweisung von Verwaltungsaufgaben im Bereich der Raumordnung findet sich in den maßgeblichen Art. 83ff. GG nicht. Demnach bleibt es bei der grundsätzlichen Zuständigkeit der Länder.

a) Der Bund als Träger der Raumordnung

22 Die Kompetenz des Bundes zum raumplanerischen Tätigwerden im Hinblick auf die Pläne des § 17 Abs. 1 bis 3 ROG hat im Grundgesetz zwar keine ausdrückliche Regelung gefunden. Jedoch ergibt sich eine solche in diesem eng begrenzten Bereich aus der Natur der Sache. Mit Blick auf den Grundsätze-Plan nach § 17 Abs. 1 ROG folgt dies aus dem Umstand, dass allein der Bund

---

40 *Erbguth/Schoeneberg*, S. 52f.

41 BVerwG, Urt. v. 16.3.2006 – 4 A 1075/04 – BVerwGE 125, 116, 134; zu den zunehmenden Abgrenzungsschwierigkeiten zwischen Raumordnung einerseits und Bauleit- und Fachplanung andererseits vgl. *Steinberg/Wickel/Müller*, § 7 Rn 53ff.

42 Siehe dazu oben Rn 7.

43 *Kment*, NuR 2010, 392, 393; *Steinberg/Steinwachs*, NVwZ 2004, 530, 535f.

44 Spannowsky/Runkel/Goppel/*Runkel*, § 1 Rn 48.

45 Spannowsky/Runkel/Goppel/*Runkel*, § 1 Rn 49f.

46 Zum Gesamtüberblick über den „Organisatorische[n] Aufbau der Raumordnung in der Bundesrepublik Deutschland (Stand November 2011)“ siehe Cholewa/Dyong/von der Heide/Arenz/*Dallhammer/Arenz*, Anhang § 8.

zu einer umfassenden räumlichen Gesamtansicht[47] der gesamträumlichen und europäischen Dimension in der Lage ist. Für die Standortkonzeptpläne ergibt sich die Zuständigkeit deshalb aus der Natur der Sache, weil dem Bund die Planungs- und Finanzierungskompetenz bezüglich der Bundesinfrastruktur zusteht, für die Raumpläne in der deutschen AWZ, weil Letztere nicht zu den Territorien der Länder gehört und daher die Raumplanung nur vom Bund wahrgenommen werden kann.[48]

23 Die Raumplanung des Bundes wird in erster Linie durch das Bundesministerium für Verkehr, Bau und Stadtentwicklung wahrgenommen, vgl. § 17 Abs. 1 bis 3 ROG. Vorbereitende Verfahrensschritte zur Aufstellung der Raumordnungspläne können mit Zustimmung desselben für den Grundsätze-Plan gem. § 17 Abs. 1 S. 2 ROG durch das Bundesamt für Bauwesen und Raumordnung, für die Pläne für die deutsche AWZ nach § 17 Abs. 3 S. 3 ROG durch das Bundesamt für Seeschifffahrt und Hydrographie vorgenommen werden. Nach § 17 Abs. 1 S. 1 und 3, Abs. 3 S. 4 ROG beteiligt das Bundesministerium für Verkehr, Bau und Stadtentwicklung die übrigen Bundesministerien an der Planung und stellt bei der Planaufstellung das Benehmen mit den Ländern und den angrenzenden Staaten her.

24 So gilt im Falle des Grundsätze-Plans außerdem die Beratungs- und Unterrichtungspflicht nach § 26 Abs. 1 und 4 ROG, wonach grundsätzlich Angelegenheiten mit den für die Raumordnung zuständigen obersten Landesbehörden im Rahmen der Ministerkonferenz für Raumordnung zu beraten (Abs. 1) sowie Bund und Länder verpflichtet sind, sich gegenseitig alle zur Durchführung der Aufgaben der Raumordnung erforderlichen Auskünfte zu erteilen (Abs. 4). Schließlich wirkt der Beirat für Raumentwicklung gem. § 24 ROG durch seine Beratung des Bundesministeriums für Verkehr, Bau und Stadtentwicklung an der Raumplanung des Bundes mit.

b) Die Länder als Träger der Raumordnung

25 Hinsichtlich der Planung auf Landesebene hängt die Trägerschaft maßgeblich von der Ausgestaltung der Organisation der Raumordnung durch die jeweiligen Landesplanungsgesetze ab. Hier kann wiederum zwischen der Landesplanung und der Regionalplanung unterschieden werden. Besonderheiten ergeben sich im Hinblick auf die drei Stadtstaaten Berlin, Bremen und Hamburg sowie das Saarland gem. § 8 Abs. 1 S. 2 und 3 ROG, da hier eine Landesplanung im vorgenannten Sinne bzw. eine Regionalplanung nicht geboten ist.[49]

26 Auf der Ebene der Landesplanung bedienen sich die Bundesländer eines bis zu dreistufigen Behördenaufbaus. An dessen Spitze steht jeweils das zuständige Landesministerium als oberste Landesplanungsbehörde.[50] In einigen Bundesländern wird dieses bei seiner Arbeit durch einen Landesplanungsbeirat unterstützt.[51] Den zuständigen Landesministerien nachgeordnet sind in einigen Bundesländern obere bzw. höhere Landesplanungsbehörden[52] und/oder teilweise untere Landesplanungsbehörden.[53]

27 Darüber hinaus besteht auch die Möglichkeit, dass mehrere Bundesländer Aufgaben der Landesplanung gemeinsam wahrnehmen. Dies geschieht beispielsweise in Zusammenarbeit der

47 Vgl. auch § 25 Abs. 1 S. 1 ROG.
48 Spannowsky/Runkel/Goppel/*Runkel*, § 17 Rn 6 ff.
49 Vgl. dazu bereits oben Rn 8.
50 Vgl. den „Organisatorische[n] Aufbau der Raumordnung in der Bundesrepublik Deutschland (Stand November 2011)" von Cholewa/Dyong/von der Heide/Arenz/*Dallhammer*/*Arenz*, Anhang § 8.
51 So in Bayern, vgl. Art. 13 BayLplG; in Mecklenburg-Vorpommern, vgl. § 11 LplG MV, und in Thüringen, vgl. § 16 ThürLplG.
52 Siehe § 30 Abs. 2 LplG BW; Art. 7 BayLplG; § 12 Abs. 2 HLPG; § 3 Nr. 2 LplG RP; § 19 Abs. 2 SächsLplG; § 16 Abs. 2 LplG LSA; § 13 Abs. 1 Nr. 2 ThürLplG.
53 Vgl. § 10 S. 3 LplG MV; § 18 Abs. 1 S. 2 NROG; § 3 Nr. 3 LplG RP; § 16 Abs. 3 LplG LSA.

Länder Berlin und Brandenburg auf der Grundlage des zwischen diesen geschlossenen Landesplanungsvertrages in Form einer gemeinsamen Landesplanung.[54] Möglich sind aber auch informellere Kooperationen wie die zwischen den Ländern Hamburg, Niedersachsen und Schleswig-Holstein für die Metropolregion Hamburg als freiwilliger Zusammenschluss auf der Basis gemeinsamer Kabinettsbeschlüsse mit eigenen Institutionen.[55]

c) Die Ebene der Regionalplanung

Auf der Ebene der Regionalplanung setzen die Landesplanungsgesetze häufig für mehrere innerhalb eines Landes bestehende Planungsregionen regionale Planungsgemeinschaften oder -verbände ein. Diese handeln als Körperschaften des öffentlichen Rechts, die sich wiederum aus den Gebietskörperschaften der jeweiligen Planungsregion zusammensetzen.[56] In einigen Bundesländern werden die Aufgaben der Regionalplanung aber auch durch eine Regionalversammlung oder einen Regionalrat wahrgenommen, in der die Gebietskörperschaften der Region vertreten sind.[57] Zum Teil werden auf dieser Ebene ebenfalls regionale Planungsbeiräte gebildet.[58] 28

Schließlich ist auch auf der Ebene der Regionalplanung, insbesondere vor dem Hintergrund des § 8 Abs. 3 ROG,[59] eine Zusammenarbeit zwischen mehreren Bundesländern möglich. Zu nennen sind hier als Beispiele die Zusammenarbeit zwischen Bayern und Baden-Württemberg aufgrund des Staatsvertrages über die Zusammenarbeit bei der Landesentwicklung und über die Regionalplanung in der Region Donau-Iller[60] und zwischen Baden-Württemberg, Hessen und Rheinland-Pfalz auf der Grundlage des Staatsvertrages über die Zusammenarbeit bei der Raumordnung und Weiterentwicklung im Rhein-Neckar-Gebiet.[61] 29

III. Erfordernisse der Raumordnung

Die Erfordernisse der Raumordnung haben ihre begriffliche Bestimmung in § 3 ROG gefunden. Laut § 3 Abs. 1 Nr. 1 ROG beinhalten sie Ziele, Grundsätze und die sonstigen Erfordernisse der Raumordnung. 30

Diese Begrifflichkeiten spielen eine entscheidende Rolle im Hinblick auf die raumordnerische Bindungswirkung. Nur Aussagen, die sich unter eine der drei Arten von Erfordernissen i.S.d. § 3 Abs. 1 Nr. 1 ROG subsumieren lassen, können überhaupt eine solche Bindungswirkung gem. § 4 ROG entfalten. Von der Bindungswirkung ausgeschlossen sind daher beispielsweise politische Absichtserklärungen, die Aufnahme in Raumordnungspläne finden. Ausgeschlossen 31

---

54 Vertrag über die Aufgaben und Trägerschaft sowie Grundlagen und Verfahren der gemeinsamen Landesplanung zwischen den Ländern Berlin und Brandenburg – Landesplanungsvertrag in der Neufassung vom 1.11.2011 (Berlin: GVBl. 2012 S. 2; Brandenburg: GVBl. 2012 I Nr. 14 S. 1).

55 Näher dazu http://www.ml.niedersachsen.de/portal/live.php?navigation_id=30983&article_id=4861&_psmand=7.

56 Siehe beispielsweise § 12 Abs. 2, 3 S. 1 LplG MV; § 13 Abs. 3 ThürLplG; § 14 Abs. 1, § 15 Abs. 1 S. 1 LplG RP.

57 So in Hessen § 14 HLPG und Nordrhein-Westfalen § 6 LplG NRW.

58 Vgl. § 15 Abs. 6 HLPG; § 14 Abs. 6 LplG MV; § 16 Abs. 2 ThürLplG.

59 Dazu Spannowsky/Runkel/Goppel/*Goppel*, § 8 Rn 36 ff.

60 Staatsvertrag zwischen dem Land Baden-Württemberg und dem Freistaat Bayern über die Zusammenarbeit bei der Landesentwicklung und über die Regionalplanung in der Region Donau-Iller v. 31.3.1973 (Baden-Württemberg: GBl. S. 129; Bayern: GVBl. S. 305).

61 Staatsvertrag zwischen den Ländern Baden-Württemberg, Hessen und Rheinland-Pfalz über die Zusammenarbeit bei der Raumordnung und Weiterentwicklung im Rhein-Neckar-Gebiet v. 26.7.2005 (Baden-Württemberg: GBl. S. 710; Hessen: GVBl. I S. 688; Rheinland-Pfalz: GVBl. S. 496).

sind auch die Begründungen von Raumordnungsplänen i.S.d. § 7 Abs. 5 ROG, die lediglich zur Auslegung planerischer Ziele und Grundsätze herangezogen werden können.[62]

32 Um vor diesem Hintergrund dem Adressaten der Bindungswirkung die notwendige Differenzierung auch zwischen den einzelnen Kategorien von Erfordernissen zu erleichtern, schreibt § 7 Abs. 4 ROG vor, dass Ziele und Grundsätze der Raumordnung in den Raumordnungsplänen als solche zu kennzeichnen sind. Allerdings gilt diese Kennzeichnung nur als wichtiges Indiz. Entscheidend ist, zu welcher Kategorie eine Zuordnung nach Maßgabe der nachfolgenden Kriterien erfolgen kann, also der materielle Gehalt einer Vorgabe.[63]

1. Ziele der Raumordnung

a) Begriff

33 § 3 Abs. 1 Nr. 2 ROG bestimmt, was unter Zielen der Raumordnung zu verstehen ist. Danach handelt es sich um verbindliche Vorgaben in Form von räumlich und sachlich bestimmten oder bestimmbaren, vom Träger der Raumordnung abschließend i.S.d. § 7 Abs. 2 ROG abgewogenen, textlichen und zeichnerischen Festlegungen in Raumordnungsplänen zur Entwicklung, Ordnung und Sicherung des Raums. Ihnen kommt in der Praxis die größte Bedeutung zu,[64] denn aufgrund des abschließenden Charakters der vorgenommenen Abwägung ist mit den Zielen der Raumordnung eine landesplanerische Letztentscheidung verbunden.[65]

34 Da der Bezeichnung im Raumordnungsplan, wie eben dargestellt,[66] allein Indizwirkung zukommt, sind Ziele der Raumordnung nur tatsächlich auf einer abschließenden Abwägung beruhende, schon hinreichend bestimmte, unmittelbare und verbindliche Letztentscheidungen. Der Einordnung als Ziel der Raumordnung steht allerdings nicht entgegen, dass für nachgeordnete Planungsstufen noch gewisse Spielräume verbleiben, die dann die Vorgaben des jeweiligen Ziels der Raumordnung weiter konkretisieren und ausgestalten. Allein die Tatsache, dass entsprechend Raum für eine solche weitere Konkretisierung verbleibt, stellt damit noch keine Verletzung des Bestimmtheitsgebots dar, die die Festlegung unwirksam machen würde.[67]

35 Voraussetzung für die sogleich noch näher zu betrachtende Bindungswirkung nach § 4 Abs. 1 ROG ist jedoch, dass die Bestimmung des Ziels der Raumordnung überhaupt wirksam ist. Ungültig und daher nicht bindend wäre ein Ziel der Raumordnung beispielsweise bei einer Verletzung des Abwägungsgebots.[68]

b) Bindungswirkung

36 Der Umfang der Bindungswirkung von Zielen der Raumordnung ergibt sich grundsätzlich aus § 4 Abs. 1 S. 1 ROG. Dieser bestimmt, dass bei **raumbedeutsamen Planungen und Maßnahmen öffentlicher Stellen**[69] sowie der **Entscheidung über die Zulässigkeit raumbedeutsamer Planungen und Maßnahmen von Personen des Privatrechts**, die der Planfeststellung oder der Genehmigung mit der Rechtswirkung der Planfeststellung bedürfen, die Ziele der Raumord-

---

62 Spannowsky/Runkel/Goppel/*Runkel*, § 3 Rn 5.

63 BVerwG, Urt. v. 18.9.2003 – 4 CN 20/02 – BVerwGE 119, 54, 59. So auch *Hoppe*, DVBl. 2001, 81, 86 f.; Ziekow/*Ziekow*, Rn 588 ff.

64 *Jarass/Schnittker/Milstein*, JuS 2011, 215, 218.

65 BVerwG, Urt. v. 20.11.2003 – 4 CN 6/03 – BVerwGE 119, 217, 223; BVerwG, Urt. v. 4.4.2012 – 4 C 8/09 u.a. – BVerwGE 142, 234, 319 f.; *Goppel*, BayVBl. 1998, 289.

66 Siehe oben Rn 32.

67 Siehe dazu nur Spannowsky/Runkel/Goppel/*Runkel*, § 3 Rn 21 f.; Ziekow/*Ziekow*, Rn 590 f.

68 Vgl. hier nur Ziekow/*Ziekow*, Rn 591.

69 Siehe dazu wiederum die Legaldefinitionen in § 3 Abs. 1 Nr. 5 und 6 ROG.

nung **zu beachten** sind. Hieraus resultieren zunächst und vor allem die Bindungswirkungen der Erfordernisse der Raumordnung für spätere **Planfeststellungsverfahren nach dem EnWG, dem EnLAG und dem NABEG.**[70]

37 Die Beachtenspflicht bedeutet dabei eine **strikte Bindung** an die Vorgabe des entsprechenden Ziels.[71] Adressat der Bindungswirkung sind die öffentlichen Stellen nach § 3 Abs. 1 Nr. 5 ROG,[72] wobei die Bindungswirkung in § 5 ROG für Maßnahmen des Bundes gewisse Einschränkungen erfährt.

38 Zu den der Beachtenspflicht unterliegenden raumbedeutsamen Planungen gehören nach § 3 Abs. 1 Nr. 6 ROG auch die **Raumordnungspläne**, sodass Ziele der Raumordnung auch bei deren Aufstellung zu beachten sind. Diese Pflicht geht damit weiter als die Pflicht aus § 8 Abs. 2 S. 1 ROG, die Regionalpläne aus dem Raumordnungsplan für das Landesgebiet zu entwickeln.[73]

39 § 4 Abs. 1 S. 2 ROG erstreckt diese Bindungswirkung auf raumbedeutsame Planungen und Maßnahmen, die Personen des Privatrechts in Wahrnehmung öffentlicher Aufgaben durchführen, wenn öffentliche Stellen an den Personen mehrheitlich beteiligt sind oder die Planungen und Maßnahmen überwiegend mit öffentlichen Mitteln finanziert werden. Diese Voraussetzungen dürften wohl nur bei der TransnetBW GmbH aufgrund der mehrheitlichen Beteiligung öffentlicher Stellen[74] zweifelsfrei gegeben sein.[75]

40 Bei Entscheidungen über die Zulassung raumbedeutsamer Planungen und Maßnahmen von (sonstigen) Personen des Privatrechts, die nicht der Planfeststellung oder der Genehmigung mit der Rechtswirkung der Planfeststellung bedürfen, gilt die Beachtenspflicht nicht. Die Ziele der Raumordnung sind hier gem. § 4 Abs. 2 ROG lediglich nach Maßgabe der einschlägigen Zulassungsvorschriften „zu berücksichtigen".

41 Besondere Vorgaben für die Bindungswirkung der Ziele der Raumordnung können sich schließlich in den Raumordnungsklauseln der jeweiligen Spezialgesetze finden.[76] Während im Fall des § 4 Abs. 1 ROG dessen S. 3 lediglich darüber hinausgehende – sog. qualifizierte – fachgesetzliche Raumordnungsklauseln unberührt lässt, verweist § 4 Abs. 2 ROG ganz allgemein auf die Bestimmungen des Fachrechts. Diese können für Ziele der Raumordnung ebenfalls eine strikte Bindungswirkung anordnen oder in Gestalt allgemeiner Gemeinwohlklauseln lediglich eine Berücksichtigungspflicht regeln.[77] Dass § 4 Abs. 2 ROG lediglich allgemein von „berücksichtigen" spricht, ist dem Umstand geschuldet, dass die Norm sich nicht allein auf Ziele der Raumordnung bezieht, sondern auf alle Erfordernisse der Raumordnung.[78]

42 Ausnahmen von der Bindungswirkung sind unter den Voraussetzungen des § 6 ROG zulässig. Planungen in Abweichung von festgelegten Zielen der Raumordnung sind danach (i.V.m. entsprechendem Landesrecht) zulässig, soweit der Raumordnungsplan selbst Ausnahmen vorsieht oder ein Zielabweichungsverfahren durchgeführt wurde. Entsprechende Zielabweichungsentscheidungen können ggf. mit dem Planfeststellungsbeschluss getroffen werden, weil sie von dessen Konzentrationswirkung umfasst werden.[79]

---

70 Zu Besonderheiten im Zusammenhang mit dem NABEG siehe noch unten Rn 113 ff.
71 Spannowsky/Runkel/Goppel/*Goppel*, § 4 Rn 22.
72 Zur Bindung von Privatpersonen durch Raumordnungsklauseln anderer Gesetze siehe beispielsweise BVerwG, Urt. v. 13.3.2003 – 4 C 4/02 – BVerwGE 118, 33.
73 Vgl. Spannowsky/Runkel/Goppel/*Goppel*, § 8 Rn 29 und 32.
74 Siehe dazu Kap. 4 Rn 11 Fn 40.
75 Näher dazu Kap. 2 Rn 35.
76 Beispiele finden sich oben unter Rn 7.
77 Siehe Spannowsky/Runkel/Goppel/*Goppel*, § 4 Rn 122 f. mit Beispielen für solche „allgemeinen Gemeinwohlklauseln" in Fachgesetzen.
78 Spannowsky/Runkel/Goppel/*Goppel*, § 4 Rn 122.
79 VGH Kassel, Urt. v. 28.6.2005 – 12 A 3/05 – BeckRS 2005, 29838.

2. Grundsätze der Raumordnung

43 Bei den Grundsätzen der Raumordnung handelt es sich gem. § 3 Abs. 1 Nr. 3 Hs. 1 ROG um Aussagen zur Entwicklung, Ordnung und Sicherung des Raumes als Vorgaben für nachfolgende Abwägungs- oder Ermessensentscheidungen. Nach § 3 Abs. 1 Nr. 3 Hs. 2 ROG können sie durch Gesetz oder als Festlegungen in einem Raumordnungsplan aufgestellt werden. Diese Erläuterung ist vor dem Hintergrund des § 2 Abs. 2 ROG zu sehen, der eine ganze Reihe von Grundsätzen der Raumordnung statuiert, die wiederum gem. § 2 Abs. 1 ROG im Sinne der Leitvorstellung einer nachhaltigen Raumentwicklung nach § 1 Abs. 2 ROG anzuwenden und durch Festlegungen in Raumordnungsplänen zu konkretisieren sind, soweit dies erforderlich ist.

44 Von besonderem Interesse für den Netzausbau ist hier zum einen § 2 Abs. 2 Nr. 4 S. 5 ROG. Danach ist den räumlichen Erfordernissen für eine kostengünstige, sichere und umweltverträgliche Energieversorgung einschließlich des Ausbaus von Energienetzen Rechnung zu tragen.

45 Zum anderen bestimmt § 2 Abs. 2 Nr. 6 S. 8 ROG, dass die räumlichen Voraussetzungen für den Ausbau erneuerbarer Energien zu schaffen sind. Welche Vorgaben der Gesetzgeber damit für den Netzausbau machen wollte, lässt sich der zugehörigen Gesetzesbegründung zur Neufassung des Raumordnungsgesetzes 2008[80] entnehmen: Es soll *„dem aktuellen Anliegen der Sicherung der Energieversorgung mit dem Aspekt des Ausbaus der Energienetze Rechnung tragen. Die gegenwärtigen Stromnetze orientieren sich bislang an den zentral ausgerichteten Strukturen der Stromwirtschaft. Strom aus erneuerbaren Energien wird jedoch zu einem großen Teil dezentral erzeugt und ist darauf angewiesen, dass die Stromnetze in der Lage sind, diesen Strom aufzunehmen.“*[81] Mit diesen Vorgaben erhalten Belange des Netzausbaus in der Raumordnung erhebliches Gewicht.[82]

46 Hervorhebung verdient auch der Grundsatz Nr. 8, der in S. 1 fordert, dass die räumlichen Voraussetzungen für den Ausbau und die Gestaltung der transeuropäischen Netze zu gewährleisten sind. Denn zu diesen Netzen gehören auch die in der Entscheidung Nr. 1364/2006/EG[83] aufgeführten transeuropäischen Energienetze.[84]

47 Mit Blick auf die Bindungswirkung der Grundsätze der Raumordnung ist maßgebend, dass diese bei raumbedeutsamen Planungen und Maßnahmen gem. § 4 Abs. 1 S. 1, Abs. 2 ROG nicht wie die Ziele der Raumordnung „zu beachten“ sind. Sie sind in allen Fällen lediglich in Abwägungsentscheidungen zu berücksichtigen und entfalten daher eine schwächere Bindungswirkung.[85] Es besteht allerdings die Möglichkeit, dass Grundsätze der Raumordnung eine derart weitgehende Einschränkung des Gestaltungsspielraums der nachgeordneten Planungsebenen bewirken, dass dieser annähernd auf Null reduziert wird.[86]

3. Sonstige Erfordernisse der Raumordnung

48 Unter sonstigen Erfordernissen der Raumordnung versteht § 3 Abs. 1 Nr. 4 ROG in Aufstellung befindliche Ziele der Raumordnung, Ergebnisse förmlicher landesplanerischer Verfahren wie des Raumordnungsverfahrens[87] und landesplanerische Stellungnahmen. Damit ist der Begriff

---

80 Dazu siehe oben Rn 7.

81 BT-Drucks. 16/10292, S. 21 f.

82 *Ewer*, SchlHA 2012, 281, 282.

83 Entscheidung Nr. 1364/2006/EG des Europäischen Parlaments und des Rates vom 6.9.2006 zur Festlegung von Leitlinien für die transeuropäischen Energienetze und zur Aufhebung der Entscheidung Nr. 96/391/EG und der Entscheidung Nr. 1229/2003/EG, ABl. EG Nr. L 262 S. 1.

84 Näher zu deren rechtlicher Bedeutung Kap. 3 Rn 24 ff. sowie 15 ff. und Kap. 10 Rn 52 ff.

85 Siehe dazu auch BVerwG, Urt. v. 4.4.2012 – 4 C 8/09 u.a. – BVerwGE 142, 234, 319 f.

86 BVerwG, Urt. v. 4.4.2012 – 4 C 8/09 u.a. – BVerwGE 142, 234, 320; kritisch *Deutsch*, NVwZ 2010, 1520, 1523 f.

87 Dazu sogleich unter Rn 61 ff.

der sonstigen Erfordernisse im Vergleich zu den Zielen und Grundsätzen der Raumordnung weit weniger präzise. Es handelt sich dabei eher um einen Sammelbegriff für mehrere unterschiedliche Aussageformen.[88]

Für die sonstigen Erfordernisse der Raumordnung gilt, dass auch diese im Vergleich zu den Zielen der Raumordnung gem. § 4 Abs. 1 S. 1, Abs. 2 ROG eine schwächere Bindungswirkung entfalten. So sind auch sie lediglich in Abwägungs- und Ermessensentscheidungen zu berücksichtigen. 49

IV. Raumordnungspläne

Von hervorgehobener Bedeutung innerhalb der planungsrechtlichen Instrumente sind die Raumordnungspläne. Das ROG versteht darunter gemäß seinem § 3 Abs. 1 Nr. 7 zusammenfassende, überörtliche und fachübergreifende Pläne i.S.d. §§ 8 und 17 ROG. Einige Landesplanungsgesetze sprechen im Hinblick auf dieses Planungsmittel von Programmen und/oder Plänen, wobei mit Programmen meist weitergefasste, abstrakte und verbal niedergelegte, mit Plänen konkretere, oft zeichnerisch festgehaltene Darstellungen gemeint sind, ohne dass diese Terminologie jedoch einheitlich verwendet würde.[89] 50

Raumordnungspläne finden sich sowohl auf Landes- und Regionalebene[90] als auch auf Bundesebene, wobei Letztere die Ausnahme darstellen. 51

1. Raumordnungspläne der Länder

§ 8 Abs. 1 S. 1 Nr. 1 ROG verpflichtet die Länder zur Aufstellung eines Raumordnungsplans für das gesamte Landesgebiet (**landesweiter Raumordnungsplan**). Eine Ausnahme von dieser Verpflichtung enthält § 8 Abs. 1 S. 2 ROG nur für die Stadtstaaten Berlin, Bremen und Hamburg, wonach dort der jeweilige Flächennutzungsplan i.S.d. § 5 BauGB die Funktion des landesweiten Raumordnungsplans übernehmen kann.[91] 52

Auch zum Erlass von Raumordnungsplänen für Teilräume innerhalb der Länder (**Regionalpläne**) besteht nach § 8 Abs. 1 S. 1 Nr. 2 ROG eine Verpflichtung. Eine Ausnahme davon ist nach § 8 Abs. 1 S. 3 ROG wiederum für die Länder Berlin, Bremen und Hamburg sowie für das Saarland vorgesehen, in denen aufgrund der jeweiligen Landesgröße eine Planung auf Regionalebene nicht zwingend erfolgen muss.[92] § 8 Abs. 2 S. 1 ROG enthält für die Regionalplanung ein Entwicklungsgebot, wonach die jeweiligen Regionalpläne aus den landesweiten Raumordnungsplänen zu entwickeln sind. Gleichzeitig sind bei ihrer Aufstellung gem. § 8 Abs. 2 S. 2 ROG die Flächennutzungspläne und die Ergebnisse der von den Gemeinden beschlossenen sonstigen städtebaulichen Planungen entsprechend § 1 Abs. 3 ROG im Rahmen der Abwägung nach § 7 Abs. 2 ROG zu berücksichtigen. Demnach dient die Regionalplanung als Bindeglied zwischen den Raumordnungsplänen für das gesamte Landesgebiet und kommunaler Bauleitplanung.[93] 53

88 Spannowsky/Runkel/Goppel/*Runkel*, § 3 Rn 8.
89 *Erbguth/Schoeneberg*, S. 69.
90 Zum Verhältnis dieser beider Ebenen zueinander und zur Bauleitplanung vgl. exemplarisch OVG Münster, Urt. v. 3.9.2009 – 10 D 121/07 – ZUR 2009, 597; bestätigt durch BVerwG, Beschl. v. 16.3.2010 – 4 BN 66/09 – NVwZ 2010, 1246.
91 Alle drei Länder haben von dieser Ausnahme Gebrauch gemacht; siehe dazu bereits unter Rn 25.
92 Spannowsky/Runkel/Goppel/*Goppel*, § 8 Rn 27.
93 *Jarass/Schnittker/Milstein*, JuS 2011, 215, 217.

54 Ein planungsrechtliches Element vergleichsweise neuerer Natur[94] stellen die **regionalen Flächennutzungspläne** dar. Sie sind im Bereich zwischen Raumordnungs- und Bauplanungsrecht zu verorten, wie die Vorschrift des § 8 Abs. 4 ROG illustriert. Danach kann ein Regionalplan bei Zusammenschlüssen von Gemeinden und Gemeindeverbänden zu regionalen Planungsgemeinschaften[95] zugleich die Funktion eines gemeinsamen Flächennutzungsplans nach § 204 BauGB übernehmen, wenn er den Vorschriften des zweiten Abschnitts des ROG und den Vorgaben des BauGB entspricht. Mit dem Instrument des regionalen Flächennutzungsplans werden so die Ebenen der Regionalplanung und der Flächennutzungsplanung zu einer neuen, von den zuvor getrennt handelnden Planungsträgern nunmehr gemeinsam zu bearbeitenden Planungsebene verschmolzen.[96] Aufgrund der Befürchtung einer Relativierung der klassischen Regionalplanung wird von der Möglichkeit zum Erlass regionaler Flächennutzungspläne jedoch eher zurückhaltend Gebrauch gemacht.[97]

2. Raumordnungspläne des Bundes

55 Die Überführung der früheren Rahmengesetzgebungszuständigkeit für die Raumordnung nach Art. 75 Abs. 1 Nr. 4 GG in die konkurrierende Gesetzgebung des Bundes (vgl. Art. 74 Abs. 1 Nr. 31 GG) durch die sog. Föderalismusreform I von 2006[98] hat dem Bundesgesetzgeber eine Chance zur grundlegenden Stärkung der Bundesraumordnung eröffnet.[99] Diese Chance hat er indessen bei der Novellierung des ROG im Jahre 2008 nur unzureichend genutzt.

56 So gibt es zwar auch Raumordnungspläne des Bundes. Allerdings sind diese nicht im Sinne eines den landesweiten Raumordnungsplänen übergeordneten Gesamtplans für das Bundesgebiet zu verstehen. Ein Verhältnis entsprechend dem der landesweiten Raumordnungspläne zu den Regionalplänen besteht zwischen Raumordnungsplänen des Bundes und denen der Landesplanung nicht. Verbindliche übergeordnete Raumordnungspläne des Bundes für das gesamte Bundesgebiet gibt es bisher nicht,[100] denn die Aufgabe nach § 1 Abs. 1 S. 1 ROG, den Gesamt-

94 Eingeführt durch das ROG v. 18.8.1997 (BGBl. I S. 2081, 2102) in dessen § 9 Abs. 6. Mit Ausnahme von Hessen, Nordrhein-Westfalen, Sachsen, Sachsen-Anhalt und Thüringen hatten aber die Länder von dieser ursprünglich rahmenrechtlichen Befugnis, den regionalen Flächennutzungsplan im Landesrecht einzuführen, keinen Gebrauch gemacht. Zur Rechtslage unter § 9 Abs. 6 ROG a.F. siehe *Hendler*, ZfBR 2005, 229.

95 Hierfür reicht wohl eine „im weiteren Sinne regional verfasste Regionalplanung" aus, Spannowsky/Runkel/Goppel/*Goppel*, § 8 Rn 45.

96 Cholewa/Dyong/von der Heide/Arenz/*Dallhammer*, § 9 ROG 1998, Rn 97, siehe auch Begründung der Bundesregierung BT-Drucks. 13/6392 zu Nr. 71.

97 Spannowsky/Runkel/Goppel/*Goppel*, § 8 Rn 52; bisher sind der regionale Flächennutzungsplan für den Ballungsraum „Frankfurt/Rhein-Main" gem. § 9 HLPG (Hess. Staatsanzeiger 42/2011 v. 17.10.2011) und der regionale Flächennutzungsplan „Städteregion Ruhr" (GV. NRW. v. 28.4.2010, S. 249) zu nennen. Die ausführliche Übersicht zu den landesrechtlichen Regelungen zur Raumordnung bei *Koch/Hendler*, § 5 (S. 63 ff.) führt dazu beispielhaft Bestimmungen des LplG NRW (a.a.O. § 5 Rn 114), des SächsLplG (a.a.O. § 5 Rn 155) sowie des ThürLplG (a.a.O. § 5 Rn 198) an. Doch inzwischen sind auch diese Angaben bereits überholt; im Zuge einer Änderung der Landesplanungsgesetze wurden die Bestimmungen zum regionalen Flächennutzungsplan weitgehend abgeschafft. § 2 Abs. 1 LplG NRW nennt den regionalen Flächennutzungsplan zwar noch als einen Raumordnungsplan, doch § 39 Abs. 1 LplG NRW bestimmt sodann lediglich noch, dass der nach bisherigem Recht erarbeitete regionale Flächennutzungsplan wirksam bleibt. Vorschriften über die Möglichkeit des Aufstellens regionaler Flächennutzungspläne existieren allerdings nach wie vor in Sachsen-Anhalt (§ 8 Abs. 3 und 5 LplG) und Hessen (der eben bereits genannte § 9 HLPG für den Ballungsraum Frankfurt/Rhein-Main).

98 Gesetz zur Änderung des Grundgesetzes vom 28.8.2006 (BGBl. I S. 2034).

99 Näher zum Ganzen *Durner*, NuR 2009, 373 ff.

100 *Jarass/Schnittker/Milstein*, JuS 2011, 215, 218; für die Einführung solcher raumordnerischer Kompetenzen des Bundes im Bereich der Energieversorgung siehe *Ewer*, SchlHA 2012, 218, 282; *Köck*, DVBl. 2012, 3, 9. Mit Erlass des NABEG ist dies teilweise im Hinblick auf den Übertragungsnetzausbau geschehen.

raum der Bundesrepublik und seine Teilräume durch zusammenfassende, überörtliche und fachübergreifende Raumordnungspläne zu entwickeln, zu ordnen und zu sichern, fällt gegenwärtig in die ausschließliche Zuständigkeit der Länder.[101] Im Bezug darauf kommt dem Bund nur die Rolle eines Verfahrensbeteiligten jedoch mit besonderen Rechten zu, vgl. § 5 ROG.[102]

§ 17 ROG ermöglicht drei verschiedene Arten von Raumordnungsplänen des Bundes: Zu ihnen gehören der Grundsätze-Plan nach Abs. 1, die Standortkonzeptpläne für See- und Binnenhäfen sowie Flughäfen gem. Abs. 2 und schließlich die Pläne für die deutsche AWZ i.S.d. Abs. 3.[103] Sie unterscheiden sich deutlich im Hinblick auf ihre Zielsetzung und Bindungswirkung. So übernehmen die beiden erstgenannten Planarten gegenüber anderen Planungen lediglich eine Service- und Vorlauffunktion, wohingegen die Pläne nach § 17 Abs. 3 ROG eine umfassende und abschließende Planung nur für die deutsche AWZ erlauben. Damit ähneln diese Pläne nach § 17 Abs. 3 ROG in Regelungsgegenstand und Bindungswirkung weitestgehend den klassischen Raumordnungsplänen i.S.d. § 8 ROG. Allerdings ist Gegenstand der raumordnerischen Planung bei ihnen das Meer.[104] 57

Der Grundsätze-Plan nach § 17 Abs. 1 ROG ähnelt der Form nach einem fachlichen Gutachten und ermöglicht es, die abstrakt gefassten öffentlichen Belange gem. § 2 Abs. 2 ROG räumlich zu konkretisieren. Mit den Standortkonzeptplänen i.S.v. § 17 Abs. 2 ROG kann der Bund länderübergreifende Standortkonzepte für See-, Binnen- und Flughäfen als Grundlage für die Bundesverkehrswegeplanung aufstellen. Auch diese Standortkonzepte bleiben jedoch für die Länder unverbindlich, da § 17 Abs. 2 S. 2 ROG ausdrücklich klarstellt, dass die entsprechenden Raumordnungspläne keine Bindungswirkung für raumbedeutsame Planungen und Maßnahmen der Länder entfalten. 58

3. Die Aufstellung von Raumordnungsplänen

Die Anforderungen an die Aufstellung der Raumordnungspläne sind grundsätzlich dem jeweilig anwendbaren Landesplanungsgesetz zu entnehmen.[105] Jedoch finden sich Verfahrens- und Formvorschriften auch in den §§ 9 bis 11 ROG. Als bedeutsame Verfahrensbestandteile sind hier die Umweltprüfung nach § 9 ROG[106] und die Beteiligung der Öffentlichkeit sowie bestimmter Behörden gem. § 10 ROG zu nennen. Für die Raumordnungspläne des Bundes finden sich die Verfahrens- und Formanforderungen in § 17 Abs. 5 und 6 sowie den §§ 18, 19 ROG. 59

Mit § 12 ROG gelten im Bereich des Raumordnungsrechts auch diesbezüglich die Grundsätze der Planerhaltung. Die Norm orientiert sich in Struktur und Inhalt im Wesentlichen an ihren Vorbildregelungen im Städtebaurecht, den §§ 214 f. BauGB.[107] Sofern sich ein nach § 12 Abs. 1 bis 5 ROG beachtlicher Fehler findet, kann nach § 12 Abs. 6 ROG ein ergänzendes Verfahren zur Fehlerbehebung stattfinden, um den ursprünglich fehlerhaften Raumordnungsplan noch rückwirkend in Kraft zu setzen. Mittels § 20 ROG gilt § 12 ROG auch für Raumordnungspläne des Bundes. 60

---

101 Von daher ist es zumindest missverständlich, wenn in der BMU-Studie „Ökologische Auswirkungen von 380-kV-Erdleitungen und HGÜ-Erdleitungen" (1.10.2009–31.12.2011), Bd. 4: Bericht der Arbeitsgruppe Recht, S. 68, abrufbar unter: http://www.efzn.de/index.php?id=238&no_cache=1&tx_wiwiprojekte_pi4[showUid]=80 ausgeführt wird, dass raumordnerische Planungen grundsätzlich bereits auf Bundesebene möglich seien.

102 Spannowsky/Runkel/Goppel/*Runkel*, § 17 Rn 1.

103 Zur Frage der Anwendbarkeit des NABEG im Bereich der deutschen AWZ unter Rn 142f.

104 Spannowsky/Runkel/Goppel/*Runkel*, § 17 Rn 3. Die Rechtsverordnung über die Raumordnung in der deutschen AWZ in der Nordsee vom 22.9.2009 (BGBl. I S. 3107) trat am 26.9.2009 in Kraft, die Rechtsverordnung über die Raumordnung in der deutschen AWZ in der Ostsee vom 10.12.2009 (BGBl. I S. 3861) am 19.12.2009. Dazu näher unter Rn 138.

105 Vgl. dazu den instruktiven Überblick bei *Koch/Hendler*, § 5 (S. 63 ff.).

106 Vgl. näher dazu im gesonderten Kap. 8 Rn 22 und 70 ff.

107 Spannowsky/Runkel/Goppel/*Spannowsky*, § 12 Rn 33.

4. Die Rechtsnatur von Raumordnungsplänen

61 Auch die Rechtsnatur der Raumordnungspläne ist abhängig von den jeweiligen landesplanungsrechtlichen Ausgestaltungen.[108] Teilweise kommt ihnen nach diesen Rechtsnormcharakter zu, allerdings je nach Landesrecht unterschiedlicher Art.

62 Die landesweiten Raumordnungspläne werden mehrheitlich rechtssatzförmig festgelegt, teilweise als Gesetze, teilweise aber auch als Rechtsverordnungen.[109] Die Regionalplanung erfolgt inzwischen wohl ebenfalls mehrheitlich in Rechtssatzform.[110] Handelt es sich bei Raumordnungsplänen nach Landesrecht nicht um untergesetzliche Rechtsnormen, so stellen sie jedoch nach einer in der Literatur vertretenen Auffassung „normähnliche hoheitliche Maßnahmen eigener Art" dar.[111]

63 Allerdings ist zu beachten, dass die vorgenannten gesetzlichen Einordnungen der verschiedenen Raumordnungspläne nicht zwingend mit der materiell-rechtlichen Qualifikation ihres Rechtscharakters übereinstimmen müssen.[112] Teilweise wird angenommen, für die Festlegung von Zielen der Raumordnung auf Landesebene bedürfte es jedenfalls der Rechtssatzform, wohingegen diese für die abgeleitete Planung nicht erforderlich sei.[113] Andere gehen grundsätzlich von einer freien Rechtsformenwahl aus.[114]

64 Die Standortkonzeptpläne des Bundes werden nach § 17 Abs. 2 S. 1 ROG, die Raumordnungspläne des Bundes für die deutsche AWZ nach § 17 Abs. 3 S. 1 ROG als Rechtsverordnungen erlassen.[115] Für den Grundsätze-Plan nach § 17 Abs. 1 ROG ist keine besondere Rechtsform vorgeschrieben.

5. Die Inhalte der Raumordnungspläne

65 In Raumordnungsplänen sind gem. § 7 Abs. 1 S. 1 ROG für einen bestimmten Planungsraum und einem regelmäßig mittelfristigen Zeitraum Festlegungen als Ziele und Grundsätze der Raumordnung zur Entwicklung, Ordnung und Sicherung des Raums, insbesondere zu seinen Nutzungen und Funktionen, zu treffen. Dabei ist wiederum gem. § 7 Abs. 2 S. 1 ROG das Abwägungsgebot zu beachten.

66 Raumordnungspläne setzen sich in der Regel aus textlichen und zeichnerischen Festlegungen sowie Karten und den zugehörigen Erläuterungen zusammen.[116] Nach § 7 Abs. 5 ROG sind ihre Inhalte zu begründen.

---

108 Laut BVerwG, Urt. v. 20.11.2003 – 4 CN 6/03 – BVerwGE 119, 217, 221 überlässt das ROG den Ländern die Wahl der Rechtsform.

109 Z.B. das Landesraumordnungsprogramm in Niedersachsen als Verordnung nach § 4 Abs. 2 S. 1 NROG, das Landesentwicklungsprogramm in Nordrhein-Westfalen als Gesetz nach § 16a S. 1 LplG NRW und der Landesentwicklungsplan als Rechtsverordnung nach § 17 Abs. 2 LplG NRW, das Landesentwicklungsprogramm in Rheinland-Pfalz gem. § 8 Abs. 1 S. 7 LplG RP als Rechtsverordnung, der Landesentwicklungsplan in Schleswig-Holstein als Rechtsverordnung nach § 9 Abs. 3 S. 1 LplG SH.

110 So z.B. in Baden-Württemberg, wo die Regionalpläne gem. § 12 Abs. 10 LplG als Satzung beschlossen werden. Gleiches gilt etwa für die regionalen Raumordnungsprogramme in Niedersachsen nach § 5 Abs. 5 S. 1 Hs. 1 NROG, die Regionalpläne in Schleswig-Holstein gem. § 10 Abs. 4 S. 1 LplG SH, die Regionalpläne in Sachsen nach § 7 Abs. 2 SächsLplG. Eine entsprechende Bestimmung fehlt allerdings beispielsweise im hessischen, im rheinland-pfälzischen und im nordrhein-westfälischen Landesplanungsgesetz.

111 *Koch/Hendler*, § 3 Rn 48 und § 9 Rn 4.

112 *Erbguth/Schoeneberg*, S. 105, 107.

113 So *Erbguth/Schoeneberg*, S. 114 f.

114 Cholewa/Dyong/von der Heide/Arenz/*Dallhammer*, § 8 ROG 1998, Rn 21. Siehe auch Spannowsky/Runkel/Goppel/*Runkel*, § 3 Rn 54 f. m.w.N.

115 Vgl. die Rechtsverordnung über die Raumordnung in der deutschen AWZ in der Nordsee vom 22.9.2009 (BGBl. I S. 3107) und die Rechtsverordnung über die Raumordnung in der deutschen AWZ in der Ostsee vom 10.12.2009 (BGBl. I S. 3861).

116 *Jarass/Schnittker/Milstein*, JuS 2011, 215, 218.

§ 8 Abs. 5 und 6 ROG bestimmt den Gegenstand der Raumordnungspläne näher. So sollen sie gem. § 8 Abs. 5 ROG Festlegungen der Raumstruktur enthalten, wozu insbesondere Vorgaben hinsichtlich der anzustrebenden Siedlungsstruktur (Abs. 5 Nr. 1) und zur anzustrebenden Freiraumstruktur (Abs. 5 Nr. 2) gehören. 67

Von besonderer Bedeutung für die Netzplanung ist in diesem Zusammenhang § 8 Abs. 5 S. 1 Nr. 3 lit. b) ROG. Danach **sollen** Raumordnungspläne auch **Festlegungen zu den zu sichernden Standorten und Trassen für** die Ver- und Entsorgungsinfrastruktur, und somit auch für **Energieleitungen und die zugehörigen Anlagen,**[117] enthalten. Diese Festlegungen können nach § 8 Abs. 7 S. 1 ROG auch dadurch erfolgen, dass Vorrang-, Vorbehalts- oder Eignungsgebiete für bestimmte Leitungstrassen und/oder bestimmte Standorte festgelegt werden.[118] In diesem Fall sind die **unterschiedlichen Bindungswirkungen** dieser Gebietskategorien zu beachten. 68

a) Vorrang-, Vorbehalts- und Eignungsgebiete

Die **Festlegung als Vorranggebiet** für bestimmte Funktionen oder Nutzungen – beispielsweise für den Energieleitungsbau als „Vorranggebiet Leitungstrasse“ – schließt nach § 8 Abs. 7 S. 1 Nr. 1 ROG andere Nutzungen in diesem Gebiet aus, soweit sie mit der vorrangigen Nutzung nicht vereinbar sind. Daher sind die entsprechenden Festlegungen als Ziele der Raumordnung anzusehen und somit verbindlich. Demgegenüber entfaltet die Bestimmung eines **Vorbehaltsgebiets** nach § 8 Abs. 7 S. 1 Nr. 2 ROG Wirkungen lediglich im Rahmen der Abwägung zwischen konkurrierenden Nutzungen, indem sie bestimmten Funktionen oder Nutzungen ein besonderes Gewicht beimisst. Die zugehörigen Festlegungen sind daher nach herrschender und zutreffender Meinung lediglich als Grundsätze der Raumordnung zu qualifizieren.[119] Dieser Einschätzung folgt auch die Planungspraxis.[120] 69

Eignungsgebiete sind nach der Definition in § 8 Abs. 7 S. 1 Nr. 3 ROG Gebiete, in denen bestimmten raumbedeutsamen Maßnahmen oder Nutzungen, die städtebaulich nach § 35 BauGB zu beurteilen sind, andere raumbedeutsame Belange nicht entgegenstehen, wobei diese Maßnahmen oder Nutzung an anderer Stelle im Planungsraum ausgeschlossen sind. Damit kommt den Eignungsgebieten eine doppelte Steuerungsfunktion zu.[121] Innergebietlich führt die Festlegung dazu, dass im Rahmen der Abwägung auf die für dieses Gebiet festgelegte Eignung Rücksicht zu nehmen ist, wobei andere Nutzungen dadurch nicht generell ausgeschlossen werden. Außergebietlich führt die Festlegung hingegen zu einem strikten Ausschluss der festgelegten Maßnahmen oder Nutzungen an einer beliebigen anderen Stelle des Planungsraums. 70

Schließlich besteht nach § 8 Abs. 7 S. 2 ROG auch die Möglichkeit, Vorranggebiete mit der Wirkung von Eignungsgebieten festzulegen, sodass vorrangige Nutzungen dann zugleich im übrigen Planungsraum ausgeschlossen sind. 71

Wird ein Vorranggebiet Leitungstrasse festgelegt und damit ein Trassenkorridor bereits als Ziel der Raumordnung in den Raumordnungsplan aufgenommen, so ist dies aufgrund der Bin- 72

117 Vgl. hier nur Schneider/Theobald/*Hermes*, § 7 Rn 57.

118 In der Praxis werden zumeist Vorranggebiete festgelegt; vgl. *Weyer/Mann/Schneider*, BMU-Studie Ökologische Auswirkungen von 380-kV-Erdleitungen und HGÜ-Erdleitungen (1.10.2009–31.12.2011), Bd. 4: Bericht der Arbeitsgruppe Recht, S. 18 und 68f., abrufbar unter: http://www.efzn.de/index.php?id=238&no_cache=1&tx_wiwiprojekte_pi4[showUid]=80. Weitere Beispiele aus der (früheren) Planungspraxis finden sich bei *Horstmann*, S. 104ff.

119 Vgl. etwa BVerwG, Urt. v. 13.3.2003 – 4 C 4/02 – BVerwGE 118, 33, 47f.; *Durner*, S. 90; *Hoppe*, DVBl. 1998, 1008, 1009; Bielenberg/Runkel/Spannowsky/*Spannowsky*, § 3 Rn 85.

120 Vgl. etwa den Regionalplan Oberes Elbtal/Osterzgebirge, 1. Gesamtfortschreibung 2009, S. 8f.

121 Vgl. hierzu und zum Folgenden etwa Spannowsky/Runkel/Goppel/*Goppel*, § 8 Rn 85ff.

dungswirkung von Zielen der Raumordnung für das nachfolgende Planfeststellungsverfahren[122] von wesentlicher Bedeutung. Zusätzlich kann eine solche Zielfestlegung, die nach § 3 Abs. 1 Nr. 2 ROG bereits eine abschließende Abwägung voraussetzt, die Durchführung eines Raumordnungsverfahrens entbehrlich machen.[123]

73 Häufig sind allerdings auch **Gebiete für andere Nutzungen** in Raumordnungsplänen vorgesehen, insbesondere für Windenergie, woraus sich Konkurrenzen zwischen Windenergieanlagen und der Planung der Energieleitungen ergeben können. Die Ausweisung eines entsprechenden Eignungsgebiets etwa für Windenergie bedeutet nach den dargelegten Grundsätzen jedoch nicht, dass damit Leitungstrassen dieses Gebiet nicht durchqueren dürften.[124] Vielmehr ist die Art der jeweiligen Ausweisung im Raumordnungsplan – als Ziel oder Grundsatz der Raumordnung, um welche Art von Gebiet es sich etwa handelt – für die mit ihr verbundenen Bindungswirkungen maßgeblich.

b) Trassierungsregeln

74 Weitere mögliche – und in der Praxis auch häufiger anzutreffende[125] – Festsetzungen in Raumordnungsplänen stellen sog. **Trassierungsregeln** dar. Infrage kommt insbesondere die Aufnahme eines Bündelungsgebotes mit anderen linearen Infrastrukturen oder das Gebot der Nutzung bestehender Trassen.[126] Eine Aufnahme in den Raumordnungsplan ist wiederum als Ziel oder als Grundsatz der Raumordnung möglich.

75 Für die Festsetzung solcher Trassierungsregeln sprechen einerseits naturschutzrechtliche Anforderungen,[127] aber auch einige der in § 2 Abs. 2 ROG geregelten Grundsätze der Raumordnung, die durch Festlegungen in Raumordnungsplänen zu konkretisieren sind, beispielsweise der Freiraumschutz (Nr. 2 S. 5), die weitestmögliche Vermeidung einer Zerschneidung der freien Landschaft sowie von Waldflächen und die Begrenzung der Flächeninanspruchnahme (Nr. 2 S. 6) oder die Rücksichtnahme auf den Schutz des Wasser- und Naturhaushalts sowie des Biotopverbundes (dazu ebenfalls die Bestimmungen der Nr. 6). Demgegenüber sind andere Grundsätze der Raumordnung auf die Versorgung aller Bevölkerungsgruppen mit den Infrastrukturen der Daseinsvorsorge, auch in dünn besiedelten Regionen (vgl. Nr. 3 S. 1 ROG), oder wettbewerbsfähige und ausgewogene Wirtschaftsstruktur mit wirtschaftsnaher Infrastruktur (Nr. 4 S. 1) ausgerichtet und könnten damit u.U. der Festlegung eines Bündelungsgebots oder der (ausschließlichen) Nutzung bereits bestehender Trassen entgegenstehen.[128]

---

122 Dazu ausführlich unter Rn 36 ff.

123 Vgl. *Weyer*, Netzausbau in Deutschland. Rechtlicher Rahmen und Handlungsbedarf, Arbeitspapier 05/2011 des Sachverständigenrats zur Begutachtung der gesamtwirtschaftlichen Entwicklung, S. 12 f., abrufbar unter: http://www.sachverstaendigenrat-wirtschaft.de/publikationen.html. Näher dazu unter Rn 93 f.

124 So jüngst ein vom OVG Schleswig zu entscheidender Fall: OVG Schleswig, Urt. v. 1.7.2011 – 1 KS 20/10 – NuR 2012, 424 ff. Dabei war dem Gericht zufolge im Rahmen der Abwägung dann u.a. auch zu berücksichtigen, dass die infrage stehende Leitung gerade im Hinblick auf die Weiterleitung von Windenergie erforderlich war.

125 So *Weyer*, Netzausbau in Deutschland. Rechtlicher Rahmen und Handlungsbedarf, Arbeitspapier 05/2011 des Sachverständigenrats zur Begutachtung der gesamtwirtschaftlichen Entwicklung, S. 12, abrufbar unter: http://www.sachverstaendigenrat-wirtschaft.de/publikationen.html.

126 Dazu *Weyer/Mann/Schneider*, BMU-Studie Ökologische Auswirkungen von 380-kV-Erdleitungen und HGÜ-Erdleitungen (1.10.2009–31.12.2011), Bd. 4: Bericht der Arbeitsgruppe Recht, S. 71 ff., abrufbar unter: http://www.efzn.de/index.php?id=238&no_cache=1&tx_wiwiprojekte_pi4[showUid]=80. Einen instruktiven Überblick über neuere Entwicklungen in diesem Bereich gibt *Gramlich*, LKV 2008, 530, 531.

127 Vgl. nur die Bestimmung des § 1 Abs. 5 S. 3 BNatSchG über die möglichst landschaftsgerechte Führung, Gestaltung und Bündelung von – u.a. – Energieleitungen. Ausführlich zum Naturschutzrecht siehe Kap. 10 Rn 71 ff.

128 Ausführlich zur Bedeutung dieser Grundsätze der Raumordnung und möglicher Festlegungen für die Netzplanung *Horstmann*, S. 68 ff. sowie 101 ff.

Dementsprechend spielen in der Praxis der Raumordnungspläne Trassierungsgrundsätze eine wichtige Rolle, die sich beispielweise mit den Vorgaben der naturschutzrechtlichen Eingriffsregelung für den Fall eines Eingriffs in Natur und Landschaft[129] durch den Bau von Energieleitungen befassen oder bestimmen, welche Landschaftsteile – soweit möglich – umgangen werden sollen. Infrage kommen auch Grundsätze, die zum Schutz vor elektromagnetischen Feldern einen Abstand von Hochspannungsleitungen zur Wohnbebauung vorsehen.[130] 76

Bei der Festsetzung von Trassierungsregeln wie dem Bündelungsgrundsatz oder dem Gebot der Nutzung bestehender Trassen ist im Einzelfall Raum für gewisse Abweichungen erforderlich. So kann es in Ausnahmefällen gegen die Nutzung einer bestehenden Trasse sprechen, dass – trotz der dort als schutzmindernd zu berücksichtigenden Vorbelastung – die Auswirkungen der zusätzlichen Belastung schwerer wiegen und die Grenze zur Unzumutbarkeit übersteigen würden, oder eine neue Trasse insgesamt – in naturschutzrechtlicher oder sonstiger Hinsicht – besser geeignet wäre.[131] Auch eine Bündelung mit anderen linearen Infrastrukturen ist nicht uneingeschränkt möglich, sei es aus (bau-) technischen Gründen, um den Schutz kritischer Infrastrukturen gem. § 2 Abs. 2 Nr. 3 S. 4 ROG zu gewährleisten oder da aufgrund gesetzlicher Regelungen u.U. bestimmte Abstände einzuhalten sind.[132] 77

c) Vorgaben zur Erdverkabelung

Ebenfalls in Betracht kommt die Aufnahme von Vorgaben zur Frage der Erdverkabelung geplanter neuer Energieleitungen. Insbesondere das Land Niedersachsen hat in dieser Hinsicht in seinem Landesraumordnungsprogramm weitreichende Vorgaben gesetzt, die allerdings umstritten sind.[133] Allgemein wird angesichts der Vielzahl der in dieser Hinsicht zu berücksichtigenden Aspekte zu Recht bezweifelt, ob eine konkrete Pflicht zur Erdverkabelung als Ziel der Raumordnung festgelegt, dementsprechend also im Verfahren der Aufstellung eines Raumordnungsplans bereits i.S.d. § 3 Abs. 1 Nr. 2 ROG abschließend abgewogen werden kann.[134] 78

---

129 Siehe dazu Kap. 10 Rn 188 ff.

130 Diese und weitere Beispiele finden sich bei *Horstmann*, S. 112 ff. Speziell zum Schutz vor elektromagnetischen Feldern siehe Kap. 10 Rn 230 ff.

131 Näher dazu *Weyer/Mann/Schneider*, BMU-Studie Ökologische Auswirkungen von 380-kV-Erdleitungen und HGÜ-Erdleitungen (1.10.2009–31.12.2011), Bd. 4: Bericht der Arbeitsgruppe Recht, S. 72 ff., abrufbar unter: http://www.efzn.de/index.php?id=238&no_cache=1&tx_wiwiprojekte_pi4[showUid]=80.

132 Vgl. auch hier *Weyer/Mann/Schneider*, BMU-Studie Ökologische Auswirkungen von 380-kV-Erdleitungen und HGÜ-Erdleitungen (1.10.2009–31.12.2011), Bd. 4: Bericht der Arbeitsgruppe Recht, S. 74 ff. und 78, abrufbar unter: http://www.efzn.de/index.php?id=238&no_cache=1&tx_wiwiprojekte_pi4[showUid]=80. Zu einigen solcher Abstandsregelungen siehe auch Kap. 10 Rn 279.

133 Siehe hierzu u.a. *Weyer*, ZNER 2009, 210, 212 sowie *Weyer*, Netzausbau in Deutschland. Rechtlicher Rahmen und Handlungsbedarf, Arbeitspapier 05/2011 des Sachverständigenrats zur Begutachtung der gesamtwirtschaftlichen Entwicklung, S. 15 f., abrufbar unter: http://www.sachverstaendigenrat-wirtschaft.de/publikationen.html.

134 Vgl. nur *Weyer*, Netzausbau in Deutschland. Rechtlicher Rahmen und Handlungsbedarf, Arbeitspapier 05/2011 des Sachverständigenrats zur Begutachtung der gesamtwirtschaftlichen Entwicklung, S. 15, abrufbar unter: http://www.sachverstaendigenrat-wirtschaft.de/publikationen.html sowie *Weyer/Mann/Schneider*, BMU-Studie Ökologische Auswirkungen von 380-kV-Erdleitungen und HGÜ-Erdleitungen (1.10.2009–31.12.2011), Bd. 4: Bericht der Arbeitsgruppe Recht, S. 100 ff., abrufbar unter: http://www.efzn.de/index.php?id=238&no_cache=1&tx_wiwiprojekte_pi4[showUid]=80. Danach sollte die Problematik zwar durchaus auf Ebene der Raumordnung betrachtet, allerdings noch keine abschließende Entscheidung darüber getroffen werden. Auch *Horstmann* führt Vorgaben zur Erdverkabelung lediglich als Beispiel für Trassierungsgrundsätze an, wobei die Verkabelung jeweils von bestimmten Voraussetzungen abhängig gemacht wird. Zu den vielfältigen Aspekten, die für die Entscheidung zwischen Freileitung und Erdverkabelung relevant werden, siehe Kap. 10 Rn 46 ff.

d) Grenzen der Raumordnungsplanung

79 Trotz der eben dargestellten Festsetzungen, die mit Blick auf den Bau von Energieleitungen in Betracht kommen, ist insgesamt doch festzuhalten, dass die Möglichkeiten der Raumordnungsplanung insofern beschränkt sind und dem Raumordnungsverfahren demgegenüber für die Netzplanung eine höhere Bedeutung zukommt. Dabei spielt neben der Tatsache, dass Raumordnungspläne eben oftmals noch keine hinreichend genauen, strikt verbindlichen Festlegungen treffen, auch das zeitaufwändige Verfahren ihrer Aufstellung bzw. Änderung eine Rolle, das eine kurzfristige Reaktion auf aktuellen Planungsbedarf häufig nicht zulässt.[135] So wird insbesondere bei umstrittenen Ausbauvorhaben die Beibehaltung der Durchführung eines Raumordnungsverfahrens empfohlen und auch die Festlegung eines Vorranggebietes zur Freihaltung eines Trassenkorridors dann lediglich nach Abschluss eines solchen Raumordnungsverfahrens für hilfreich erachtet.[136]

6. Die Durchsetzung der Raumordnungspläne durch landesplanerische Untersagung

80 § 14 ROG enthält das Instrument der landesplanerischen Untersagung. Er ermächtigt in § 14 Abs. 1 ROG die Raumordnungsbehörden, raumbedeutsame Planungen und Maßnahmen einschließlich der Entscheidung über deren Zulässigkeit gegenüber den in § 4 ROG genannten öffentlichen Stellen unbefristet zu untersagen, sofern ihnen Ziele der Raumordnung entgegenstehen. Nach Abs. 2 ist eine derartige Untersagung ebenso möglich, wenn sich ein Raumordnungsplan in Aufstellung befindet und zu befürchten ist, dass die Verwirklichung der vorgesehenen Ziele unmöglich gemacht oder wesentlich erschwert würde. Im Unterschied zu Abs. 1 handelt es sich bei Abs. 2 um eine befristete Untersagung, die nach § 14 Abs. 2 S. 2 ROG maximal zwei Jahre dauern und nach Abs. 2 S. 3 um ein weiteres Jahr verlängert werden kann. Nähere Bestimmungen zur landesplanerischen Untersagung finden sich in den Landesplanungsgesetzen.[137] Für die Raumordnungspläne des Bundes nach § 17 Abs. 2 und 3 ROG verweist § 22 ROG auf § 14 Abs. 2 und 3 ROG mit der Maßgabe, dass für die Untersagung das Bundesministerium für Verkehr, Bau und Stadtentwicklung zuständig ist. Systematisch kann man das Instrument der Untersagung raumbedeutsamer Planungen und Maßnahmen mit den Sicherungsinstrumenten der Bauleitplanung in §§ 14 f. BauGB vergleichen.[138]

V. Das Raumordnungsverfahren

81 Das Raumordnungsverfahren ist gem. § 3 Abs. 1 Nr. 4 ROG ein besonderes förmliches landesplanerisches Verfahren. Gegenstand ist nach § 15 Abs. 1 S. 1 ROG die Prüfung der Raumverträglichkeit raumbedeutsamer Planungen und Maßnahmen i.S.v. § 1 ROG durch die zuständige Landesbehörde. Neben den Raumordnungsplänen ist das Verfahren damit ein wesentliches Instrument der Raumordnung, um ihrer Koordinierungsaufgabe nach § 1 Abs. 1 ROG nachzu-

---

135 Dazu *Hermes*, S. 413 f. So auch die Einschätzung bei *Weyer/Mann/Schneider*, BMU-Studie Ökologische Auswirkungen von 380-kV-Erdleitungen und HGÜ-Erdleitungen (1.10.2009–31.12.2011), Bd. 4: Bericht der Arbeitsgruppe Recht, S. 17, 20 und insb. 69 f., abrufbar unter: http://www.efzn.de/index.php?id=238&no_cache=1&tx_wiwiprojekte_pi4[showUid]=80, die zusätzlich darauf hinweisen, dass insbesondere bei umstrittenen Ausbauvorhaben auch politische Gründe und Akzeptanzfragen eine Rolle spielen können.

136 *Weyer/Mann/Schneider*, BMU-Studie Ökologische Auswirkungen von 380-kV-Erdleitungen und HGÜ-Erdleitungen (1.10.2009–31.12.2011), Bd. 4: Bericht der Arbeitsgruppe Recht, S. 70, abrufbar unter: http://www.efzn.de/index.php?id=238&no_cache=1&tx_wiwiprojekte_pi4[showUid]=80.

137 So z.B. in § 16 HLPG, § 36 LplG NRW.

138 *Jarass/Schnittker/Milstein*, JuS 2011, 215, 218.

kommen.[139] Im Zusammenhang mit dem Ausbau der Energienetze kommt insbesondere dem Raumordnungsverfahren Bedeutung für die Auswahl einer raumverträglichen Leitungstrasse zu, wenn es auch kein verbindliches „Trassenfindungsverfahren" darstellt.[140]

1. Die Funktionen des Raumordnungsverfahrens

82 Das Raumordnungsverfahren erfüllt verschiedene Funktionen: Zunächst übernimmt es eine wichtige Prüfungs- sowie Koordinierungsaufgabe.[141] Denn in dem Verfahren sind gem. § 15 Abs. 1 S. 2 ROG die raumbedeutsamen Auswirkungen der Planung oder Maßnahme unter überörtlichen Gesichtspunkten zu prüfen, insbesondere die **Übereinstimmung mit den Erfordernissen der Raumordnung** und die **Abstimmung** mit anderen raumbedeutsamen Planungen und Maßnahmen (sog. Raumverträglichkeitsprüfung).[142]

83 Die überörtliche Raumbedeutsamkeit ist dann gegeben, wenn eine Planung oder Maßnahme über den belegenen Ort hinausreichend entweder Raum beansprucht oder die räumliche Entwicklung oder Funktion des Gebiets beeinflusst (vgl. § 3 Abs. 1 Nr. 6 ROG).[143] Zu den raumbedeutsamen Auswirkungen des Vorhabens zählen nicht nur die Belange, die als Erfordernisse der Raumordnung in § 3 Nr. 1 ROG als Ziele der Raumordnung, Grundsätze der Raumordnung und sonstige Erfordernisse der Raumordnung verfestigt sind, sondern sämtliche raumrelevante Belange.[144]

84 Auch im Rahmen eines Raumordnungsverfahrens, das gerade der Sicherung der Festlegungen der Raumordnung dient, sind Ziele der Raumordnung strikt zu beachten, Grundsätze und sonstige Erfordernisse der Raumordnung zu berücksichtigen.[145] Sind Raumordnungspläne sehr abstrakt und allgemein gehalten, fehlen landesplanerische Planwerke oder sind diese nicht sachlich und zeitlich aktuell, hat das Raumordnungsverfahren aber zugleich auch eine ergänzende Funktion.[146] Diese ist jedoch auf eine Konkretisierung von Zielen der Raumordnung oder Landesplanung beschränkt; sie darf nicht zu einer Aufstellung, Änderung oder Ergänzung dieser Ziele führen.[147] Als Ergebnis des Raumordnungsverfahrens kann nicht nur festgestellt werden, ob das betreffende Vorhaben raumverträglich oder raumunverträglich ist. Möglich ist auch die Feststellung, unter welchen Voraussetzungen Raumverträglichkeit bejaht werden kann.[148] Es können ggf. Vorgaben gemacht werden, um die Raumverträglichkeit erst herbeizuführen.[149]

85 Auch kann das Raumordnungsverfahren wegen seines nur vorbereitenden Charakters die Genehmigungen, Planfeststellungen oder sonstigen behördlichen Entscheidungen, derer es nach anderen Rechtsvorschriften ggf. bedarf, nicht ersetzen.[150] In späteren Planfeststellungs-, Zulassungs- und Genehmigungsverfahren können die in dem Raumordnungsverfahren gewon-

---

139 Spannowsky/Runkel/Goppel/*Goppel*, § 15 Rn 19; *Finkelnburg/Ortloff/Kment*, § 21 Rn 9.
140 Cholewa/Dyong/von der Heide/Arenz/*Bäumler*, § 15 ROG Rn 38; *Horstmann*, S. 55.
141 *Wahl*, in: FS Sendler, S. 199, 202; *Finkelnburg/Ortloff/Kment*, § 21 Rn 9.
142 Sieder/Zeitler/*Schenk*, § 31 a.F. Rn 247; *Battis*, 2. Teil, IV., 5.
143 Danner/Theobald/*Kohls*, XIII. B. 1. Rn 217; Cholewa/Dyong/von der Heide/Arenz/*Bäumler*, § 15 ROG Rn 18; Spannowsky/Runkel/Goppel/*Goppel*, § 15 Rn 24; siehe hierzu schon unter Rn 15.
144 Spannowsky/Runkel/Goppel/*Goppel*, § 15 Rn 31. Zu dem Begriff „Erfordernisse der Raumordnung" näher unter Rn 30 ff.
145 Bielenberg/Runkel/Spannowsky/*Schmitz*, § 15 ROG Rn 70; Akademie für Raumforschung und Landesplanung/*Höhnberg*, S. 501, 502. Siehe dazu auch unten unter Rn 126.
146 *Wahl*, in: FS Sendler, S. 199, 202; *Finkelnburg/Ortloff/Kment*, § 21 Rn 9.
147 *Wahl*, in: FS Sendler, S. 199, 202.
148 BVerwG, Urt. v. 5.11.2009 – 4 C 3/09 – BVerwGE 135, 209, 216 (Rn 25); Cholewa/Dyong/von der Heide/Arenz/*Bäumler*, § 15 ROG Rn 12 und 23.
149 *Horstmann*, S. 4.
150 BVerwG, Beschl. v. 30.8.1995 – 4 B 86/95 – NVwZ-RR 1996, 67, 67; *Stüer*, Rn 288; Cholewa/Dyong/von der Heide/Arenz/*Bäumler*, § 15 ROG Rn 24.

nenen Erkenntnisse jedoch bei gleichbleibender zeitlicher und sachlicher Aktualität – jedenfalls nach der Vorstellung des Gesetzgebers – zu einer wesentlichen Entlastung der betroffenen Behörden führen.[151]

86 Die fakultative bzw. obligatorische Beteiligung der Behörden sowie der Öffentlichkeit gem. § 15 Abs. 3 ROG hat zudem eine bedeutende Informationsfunktion.[152]

2. Prüfung von Trassenalternativen gem. § 15 Abs. 1 S. 3 ROG

87 Gegenstand der Prüfung im Raumordnungsverfahren sind gem. § 15 Abs. 1 S. 3 ROG auch die **vom Träger** der Planung oder Maßnahme **eingeführten Standort- oder Trassenalternativen**. Die Einführung durch den Planungs- oder Maßnahmenträger ist insofern zwingende Voraussetzung für die Einbeziehung entsprechender Alternativen in die Prüfung; die Behörde kann lediglich versuchen, auf eine solche hinzuwirken. Diese Einführungskompetenz des Trägers beinhaltet spiegelbildlich die Möglichkeit, die eingebrachte Alternative auch wieder zurückzuziehen, ohne dass die Behörde hierauf Einfluss nehmen kann. Denn ohne einen Projektträger ist es verwaltungsökonomisch nicht sinnvoll, ein zeit- und kostenintensives Alternativprüfungsverfahren durchzuführen.[153]

3. Anwendungsbereich des Raumordnungsverfahrens

88 Für welche Planungen und Maßnahmen ein Raumordnungsverfahren durchzuführen ist, regelt § 1 der auf der Grundlage von § 23 Abs. 1 ROG erlassenen RoV der Bundesregierung,[154] auf die § 15 Abs. 1 S. 1 ROG verweist. § 1 S. 1 RoV bestimmt, dass für die in dieser Vorschrift enumerativ aufgezählten Planungen und Maßnahmen ein Raumordnungsverfahren gem. § 15 ROG durchgeführt werden soll, wenn sie im Einzelfall raumbedeutsam sind und überörtliche Bedeutung haben. Die Befugnis der für die Raumordnung zuständigen Landesbehörden, weitere raumbedeutsame Planungen und Maßnahmen von überörtlicher Bedeutung nach landesrechtlichen Vorschriften in einem Raumordnungsverfahren zu überprüfen, bleibt gem. § 1 S. 2 RoV unberührt.

89 Zu den in § 1 RoV enumerativ aufgezählten Planungen und Maßnahmen gehört nach Nr. 14 auch die Errichtung von **Hochspannungsfreileitungen** mit einer Nennspannung von 110 kV oder mehr sowie von **Gasleitungen mit einem Durchmesser von mehr als 300 mm**. Die meisten Landesplanungsgesetze und Raumordnungsverfahrensverordnungen der Bundesländer enthalten insoweit gleichlautende oder jedenfalls ähnliche Regelungen.[155]

90 Die Kriterien der Raumbedeutsamkeit und Überörtlichkeit werden bei den Hoch- und Höchstspannungsleitungen regelmäßig gegeben sein, sofern es sich nicht im Einzelfall lediglich um ein sehr kleines Vorhaben handelt.[156]

91 **Erdkabel** werden von § 1 Nr. 14 RoV nicht erfasst, doch können Länder nach § 1 S. 2 RoV auch dafür die Durchführung eines Raumordnungsverfahrens anordnen. Ist dies nicht der Fall,

---

151 *Finkelnburg/Ortloff/Kment*, § 21 Rn 11.

152 *Finkelnburg/Ortloff/Kment*, § 21 Rn 11; Cholewa/Dyong/von der Heide/Arenz/*Bäumler*, § 15 ROG Rn 54; siehe hierzu näher sogleich Rn 97 f.

153 Spannowsky/Runkel/Goppel/*Goppel*, § 15 Rn 33 bis 37.

154 Raumordnungsverordnung vom 13.12.1990 (BGBl. I S. 2766), zuletzt geändert durch Art. 5 Abs. 35 des Gesetzes vom 24.12.2012 (BGBl. I S. 212); sie gilt gem. Art. 125b Abs. 1 S. 1 GG fort.

155 Siehe beispielsweise § 18 Abs. 1 S. 1 LplG BW; § 32 Abs. 1 LplG NRW.

156 *Weyer*, Netzausbau in Deutschland. Rechtlicher Rahmen und Handlungsbedarf, Arbeitspapier 05/2011 des Sachverständigenrats zur Begutachtung der gesamtwirtschaftlichen Entwicklung, S. 13, abrufbar unter: http://www.sachverstaendigenrat-wirtschaft.de/publikationen.html.

spielen Erdkabel im Raumordnungsverfahren dann eine Rolle, wenn eine Alternativenprüfung der verschiedenen Ausbauvarianten vorgenommen wird.[157] Die Beurteilung der Raumverträglichkeit kann für Erdkabel und Freileitung unterschiedlich ausfallen, da sie ganz unterschiedliche Auswirkungen auf andere Nutzungen nach sich ziehen und ggf. auch nur auf verschiedenen Trassen verwirklicht werden könnten.[158]

Ferner findet ein Raumordnungsverfahren nach § 28 S. 1 NABEG für die Errichtung oder die Änderung von Höchstspannungsleitungen, für die im Bundesnetzplan Trassenkorridore oder Trassen ausgewiesen sind, abweichend von § 15 Abs. 1 ROG i.V.m. § 1 Nr. 14 RoV nicht statt.[159] 92

4. Möglichkeit des Absehens vom Raumordnungsverfahren

§ 15 ROG enthält Sonderregelungen, nach denen ein Raumordnungsverfahren nicht notwendigerweise stattfindet. So kann nach § 15 Abs. 1 S. 4 Hs. 1 ROG von der Durchführung eines Raumordnungsverfahrens abgesehen werden, wenn bei den relevanten Planungen und Maßnahmen sichergestellt ist, dass ihre Raumverträglichkeit anderweitig geprüft wird. Hierzu bestimmen die Planungsgesetze der Länder Näheres.[160] Eine solche anderweitige Prüfung der Raumverträglichkeit kann zum einen in der Festlegung von Vorranggebieten für entsprechende Trassen im Raumordnungsplan liegen,[161] aber auch in den Fällen zu bejahen sein, in denen bereits bestehende Trassen genutzt werden.[162] 93

Schließlich kann von der Durchführung eines Raumordnungsverfahrens nach § 15 Abs. 1 S. 4 ROG auch abgesehen werden, wenn sich aus den Zielfestlegungen eines Raumordnungs- 94

157 BMU-Studie „Ökologische Auswirkungen von 380-kV-Erdleitungen und HGÜ-Erdleitungen" (1.10.2009–31.12.2011), Bd. 4: Bericht der Arbeitsgruppe Recht, S. 80, abrufbar unter: http://www.efzn.de/index.php?id=238&no_cache=1&tx_wiwiprojekte_pi4[showUid]=80; siehe auch *Weyer*, Netzausbau in Deutschland. Rechtlicher Rahmen und Handlungsbedarf, Arbeitspapier 05/2011 des Sachverständigenrats zur Begutachtung der gesamtwirtschaftlichen Entwicklung, S. 15, abrufbar unter: http://www.sachverstaendigenrat-wirtschaft.de/publikationen.html.

158 Vgl. *Weyer/Mann/Schneider*, BMU-Studie Ökologische Auswirkungen von 380-kV-Erdleitungen und HGÜ-Erdleitungen (1.10.2009–31.12.2011), Bd. 4: Bericht der Arbeitsgruppe Recht, S. 19, abrufbar unter: http://www.efzn.de/index.php?id=238&no_cache=1&tx_wiwiprojekte_pi4[showUid]=80. Zu den unterschiedlichen Auswirkungen, die später auch im Planfeststellungsverfahren relevant werden, siehe in Kap. 10 Rn 46 ff. sowie im Rahmen der Ausführungen zu den umweltrechtlichen Anforderungen in Kap. 10 insbesondere Rn 125, 146, 157, 188, 193, 231 ff., 249, 265 und 270.

159 Näher hierzu unter Rn 113 f. sowie in Kap. 4 Rn 13 ff.

160 Siehe beispielsweise Art. 24 Abs. 3 BayLplG; § 18 Abs. 4 LplG BW; § 11 HLPG; § 9 Abs. 2 NROG; § 15 Abs. 2 LplG LSA; § 15 Abs. 6 SächsLplG; § 10 Abs. 11 ThürLplG. Das Innenministerium Schleswig-Holsteins beispielweise strebt gemäß einer „Beschleunigungsvereinbarung" zum Netzausbau – einer Vereinbarung primär politischen Charakters – an, auf ein solches Raumordnungsverfahren zu verzichten, doch seien die entsprechenden Voraussetzungen noch in jedem Einzelfall zu prüfen. Vgl. GDMB/*Wasielewski*, S. 21, 30 f. (zum Inhalt der „Beschleunigungsvereinbarung") und 32 f. (speziell zur Frage der Erforderlichkeit eines Raumordnungsverfahrens).

161 Siehe *Weyer*, ZNER 2009, 210, 212. *Weyer/Mann/Schneider*, BMU-Studie Ökologische Auswirkungen von 380-kV-Erdleitungen und HGÜ-Erdleitungen (1.10.2009–31.12.2011), Bd. 4: Bericht der Arbeitsgruppe Recht, S. 69 f., abrufbar unter: http://www.efzn.de/index.php?id=238&no_cache=1&tx_wiwiprojekte_pi4[showUid]=80, weisen hier allerdings auf die im Ergebnis doch beschränkten Möglichkeiten der Raumordnungsplanung hin und empfehlen insbesondere für umstrittene Vorhaben die Durchführung eines Raumordnungsverfahrens. Siehe dazu auch oben Rn 79.

162 *Weyer*, Netzausbau in Deutschland. Rechtlicher Rahmen und Handlungsbedarf, Arbeitspapier 05/2011 des Sachverständigenrats zur Begutachtung der gesamtwirtschaftlichen Entwicklung, S. 13, abrufbar unter: http://www.sachverstaendigenrat-wirtschaft.de/publikationen.html. Insoweit einschränkend für den Fall der Nutzung älterer Trassen *Weyer/Mann/Schneider*, BMU-Studie Ökologische Auswirkungen von 380-kV-Erdleitungen und HGÜ-Erdleitungen (1.10.2009–31.12.2011), Bd. 4: Bericht der Arbeitsgruppe Recht, S. 77 f., abrufbar unter: http://www.efzn.de/index.php?id=238&no_cache=1&tx_wiwiprojekte_pi4[showUid]=80.

plans die Raumverträglichkeit oder Raumunverträglichkeit eines Vorhabens schon hinreichend klar ergibt, ohne dass eine Konkretisierung oder weitere Bewertung erforderlich ist.[163]

95 Nach § 15 Abs. 6 S. 1 ROG ist die Durchführung des Raumordnungsverfahrens für die drei Stadtstaaten Berlin, Bremen und Hamburg nicht obligatorisch. Werden von diesen aber allein oder gemeinsam mit anderen Ländern Rechtsgrundlagen für das Raumordnungsverfahren geschaffen, sind sie ebenso wie die anderen Bundesländer nach § 15 Abs. 6 S. 2 ROG zur Einhaltung der Anforderungen des § 15 Abs. 1 bis 5 ROG verpflichtet. Hierzu zählt die auf Grundlage von § 16 Abs. 4 S. 1 des Landesplanungsvertrages erlassene Gemeinsame Raumordnungsverfahrensverordnung der Länder Berlin und Brandenburg.[164]

5. Ablauf des Raumordnungsverfahrens

96 Der genaue Verfahrensablauf wird in § 15 Abs. 2 bis 5 ROG bestimmt. Nach § 15 Abs. 2 ROG hat der Planungs- oder Maßnahmeträger der zuständigen Landesbehörde die Verfahrensunterlagen vorzulegen, die notwendig sind, um eine Bewertung der raumbedeutsamen Auswirkungen des Vorhabens zu ermöglichen. Hierzu zählen beispielsweise Karten, Pläne, Projektbeschreibungen, Auswirkungsanalysen und Darlegungen von Umweltauswirkungen.[165] Die Bundesländer können hierzu ergänzende Regelungen treffen.[166] Aufgrund des Charakters des Raumordnungsverfahrens als Vorverfahren sind an die Detailliertheit und den Umfang dieser Unterlagen nicht so hohe Anforderungen wie in dem späteren fachlichen Zulassungsverfahren zu stellen.[167]

97 § 15 Abs. 3 S. 1 ROG schreibt die Beteiligung der in ihren Belangen berührten öffentlichen Stellen zwingend vor. Eine Berührung kann sich unmittelbar aus dem Standort des Vorhabens oder mittelbar durch die Auswirkungen desselben ergeben.[168] Die Beteiligung betroffener Nachbarstaaten erfolgt nach den Grundsätzen der Gegenseitigkeit und Gleichwertigkeit gem. § 15 Abs. 3 S. 2 ROG.

98 Die Einbeziehung der Öffentlichkeit ist dagegen gem. § 15 Abs. 3 S. 3 ROG lediglich fakultativ. Am 30.6.2009 geltendes Landesrecht, das die Öffentlichkeitsbeteiligung zwingend vorsieht oder in das Ermessen der Raumordnungsbehörden stellt, bleibt gem. § 28 Abs. 3 ROG unberührt.[169] Zur rechtzeitigen Konflikterkennung und Erreichung einer gewissen Akzeptanz der Bevölkerung ist eine frühzeitige Öffentlichkeitsbeteiligung häufig ratsam.[170]

99 Ob ein Raumordnungsverfahren durchzuführen ist, hat die zuständige Landesbehörde gem. § 15 Abs. 4 S. 1 ROG innerhalb einer Frist von vier Wochen nach Einreichung der hierfür erforderlichen Unterlagen zu entscheiden.

100 Der Abschluss des Raumordnungsverfahrens hat gem. § 15 Abs. 4 S. 2 ROG innerhalb einer Frist von sechs Monaten nach Vorliegen der vollständigen Unterlagen zu erfolgen. Eine Sanktion

163 Vgl. dazu Spannowsky/Runkel/Goppel/*Spannowsky*, § 15 Rn 44; Bielenberg/Runkel/Spannowsky/*Schmitz*, § 15 Rn 70 und 162 sowie Akademie für Raumforschung und Landesplanung/*Höhnberg*, S. 501, 512 f.

164 Verordnung über die einheitliche Durchführung von Raumordnungsverfahren im gemeinsamen Planungsraum Berlin-Brandenburg (Gemeinsame Raumordnungsverfahrensverordnung – GROVerfV) vom 28.6.2010 (GVBl. S. 406) für das Land Berlin sowie vom 14.7.2010 (GVBl. II Nr. 47 S. 1) für das Land Brandenburg.

165 Cholewa/Dyong/von der Heide/Arenz/*Bäumler*, § 15 ROG Rn 19.

166 Vgl. Art. 25 Abs. 3 BayLplG; § 19 Abs. 3 LplG BW; § 17 Abs. 4 LplG RP; § 6 Abs. 2 SLPG; § 16 Abs. 1 LplG SH; § 3 GROVerfV.

167 Spannowsky/Runkel/Goppel/*Goppel*, § 15 Rn 48 und 49.

168 Spannowsky/Runkel/Goppel/*Goppel*, § 15 Rn 52.

169 Eine Übersicht zu den Regelungen in den einzelnen Bundesländern findet sich bei Spannowsky/Runkel/Goppel/*Goppel*, § 15 Rn 60.

170 *Henning/Lühmann*, UPR 2012, 81, 81.

bei Fristüberschreitung ist jedoch nicht vorgesehen, d.h., es wird weder eine Übereinstimmung mit den Erfordernissen fingiert noch drohen der Behörde Schadensersatzansprüche.[171]

Nach § 16 Abs. 1 UVPG wird eine Umweltverträglichkeitsprüfung bei den nach den §§ 3b oder 3c UVPG UVP-pflichtigen, in Anlage 1 aufgeführten Vorhaben durchgeführt, soweit durch Landesrecht nicht etwas anderes bestimmt ist. Die Umweltverträglichkeitsprüfung umfasst gem. § 16 Abs. 1 UVPG auch die Standortalternativen nach § 15 Abs. 1 S. 3 ROG.[172] 101

6. Bindungswirkung und rechtliche Qualität des Raumordnungsverfahrens

Sind die Ermittlungen und Prüfungen abgeschlossen, endet das Raumordnungsverfahren je nach den im Landesrecht verwendeten Termini mit einer raumordnerischen oder landesplanerischen Beurteilung oder einer landesplanerischen Feststellung.[173] Wie bereits festgestellt, dient die Raumordnung dabei noch nicht der Festlegung des konkreten Trassenverlaufs, beschränkt sich vielmehr in der dargestellten Weise auf die Bestimmung eines Trassenkorridors. Die Breite eines solchen Korridors variiert dabei in der Praxis meist zwischen 400 und 1.000 m.[174] 102

Die Ergebnisse von Raumordnungsverfahren zählen gem. § 3 Abs. 1 Nr. 4 ROG zu den sonstigen Erfordernissen der Raumordnung. Sie sind bei Abwägungs- oder Ermessensentscheidungen sowie sonstigen Entscheidungen öffentlicher Stellen im Genehmigungs- oder Planfeststellungsverfahren nach Maßgabe des § 4 Abs. 1 S. 1 und 2, Abs. 2 ROG zu berücksichtigen.[175] Da die Ergebnisse aber durch die Abwägung überwunden werden können, entfalten sie insoweit nur eine eingeschränkte formalrechtliche Bindungswirkung.[176] Wird beispielsweise im Ergebnis des Raumordnungsverfahrens zu einer geplanten Energiefreileitung ein raumgeordneter Trassenkorridor als vorzugswürdig erachtet, ist der Vorhabensträger an diese Einschätzung nicht gebunden. Weicht er allerdings von diesem Ergebnis ab, läuft er Gefahr, dass die Planfeststellungsbehörde diesen Trassenverlauf als mit den Erfordernissen der Raumordnung unvereinbar einstuft und das Planvorhaben ablehnt.[177] 103

Aus der fehlenden Bindungswirkung zieht das BVerwG in ständiger Rechtsprechung den Schluss, dass es sich bei dem Ergebnis des Raumordnungsverfahrens lediglich um eine behördliche gutachterliche Äußerung handelt, die grundsätzlich keinerlei unmittelbare rechtliche Außenwirkung gegenüber dem Vorhabensträger oder dem Bürger hat und von diesen daher auch nicht vor den Gerichten angegriffen werden kann.[178] Möglich ist allerdings eine Inzidentkontrolle im Rahmen eines verwaltungsgerichtlichen Verfahrens über das Ergebnis des späteren Zulas- 104

171 Cholewa/Dyong/von der Heide/Arenz/*Bäumler*, § 15 ROG Rn 58.
172 Siehe hierzu auch Kap. 8 Rn 152 f.
173 § 18 Abs. 3 LplG BW, § 32 Abs. 3 S. 1 LplG NRW, § 6 Abs. 6 S. 1 SLPG und § 16 Abs. 6 LplG SH: „Raumordnerische Beurteilung"; Art. 25 Abs. 6 S. 2 BayLplG und § 15 Abs. 2 LplG MV; § 7 Abs. 1 S. 1 GROVerfV: „Landesplanerische Beurteilung"; § 11 Abs. 1 NROG: „Landesplanerische Feststellung". Vereinzelt wird auch der Begriff „raumordnerischer Entscheid" verwendet (Cholewa/Dyong/von der Heide/Arenz/*Bäumler*, § 15 Rn 22).
174 So die Angaben bei *Weyer*, Netzausbau in Deutschland. Rechtlicher Rahmen und Handlungsbedarf, Arbeitspapier 05/2011 des Sachverständigenrats zur Begutachtung der gesamtwirtschaftlichen Entwicklung, S. 13, abrufbar unter: http://www.sachverstaendigenrat-wirtschaft.de/publikationen.html. Siehe auch *Weyer/Mann/Schneider*, BMU-Studie Ökologische Auswirkungen von 380-kV-Erdleitungen und HGÜ-Erdleitungen (1.10.2009–31.12.2011), Bd. 4: Bericht der Arbeitsgruppe Recht, S. 80 f., abrufbar unter: http://www.efzn.de/index.php?id=238&no_cache=1&tx_wiwiprojekte_pi4[showUid]=80.
175 Sieder/Zeitler/*Schenk*, § 31 a.F. Rn 247.
176 Danner/Theobald/*Missling*, § 43 EnWG Rn 39; Spannowsky/Runkel/Goppel/*Goppel*, § 15 Rn 21; *Battis*, 2. Teil, IV., 5.
177 *Schiller*, UPR 2009, 245, 252.
178 BVerwG, Urt. v. 3.12.1992 – 4 C 53/89 – NVwZ 1993, 894, 895; Beschl. v. 30.8.1995 – 4 B 86/95 – NVwZ-RR 1996, 67, 67; Urt. v. 16.8.1995 – 11 A 2/95 – NVwZ 1996, 267, 267; Urt. v. 16.3.2006 – 4 A 1075/04 – BVerwGE 125, 116; Beschl. v. 4.6.2008 – 4 BN 12/08 – ZfBR 2008, 592, 592.

sungsverfahrens, soweit das Ergebnis des Raumordnungsverfahrens in demselben Berücksichtigung findet.[179]

105 Aus den bundesrechtlichen Regelungen zum Raumordnungsverfahren lässt sich ferner nicht ein Rechtssatz des Inhalts herleiten, dass ein Planfeststellungsverfahren ohne vorheriges Raumordnungsverfahren unzulässig ist.[180] Denn die Planfeststellungsbehörde prüft in ihrer Entscheidung zu dem Planfeststellungsbeschluss gerade nicht, ob die Durchführung eines Raumordnungsverfahrens notwendig war bzw. gewesen wäre.[181]

106 Konsequenz der Einstufung des Ergebnisses des Raumordnungsverfahrens als gutachterliche Äußerung ist ferner, dass weder der Gemeinde noch dem privaten Drittbetroffenen ein Rechtsanspruch auf Durchführung des Raumordnungsverfahrens zusteht.[182] Dies statuieren einige landesrechtliche Regelungen ausdrücklich.[183]

107 Die Rüge, dass ein Raumordnungsverfahren zu Unrecht nicht durchgeführt worden sei, ist daher in einem verwaltungsgerichtlichen Verfahren wegen Rechtswidrigkeit des Planfeststellungsbeschlusses unbeachtlich.[184]

7. Verhältnis zum Zielabweichungsverfahren

108 Da das Raumordnungsverfahren selbst nicht der Änderung von Zielen der Raumordnung dient, stellt sich die Frage nach den verbleibenden Möglichkeiten im Falle der Feststellung der Raumunverträglichkeit eines Vorhabens. Wenn auch das Ergebnis des Raumordnungsverfahrens lediglich als sonstiges Erfordernis der Raumordnung nach § 3 Abs. 1 Nr. 4 ROG zu berücksichtigen ist, bleibt doch die Bindungswirkung von Zielen der Raumordnung[185] auch nach Durchführung eines Raumordnungsverfahrens bestehen.[186] Für die Fälle einer Kollision mit Zielen der Raumordnung steht allerdings das bereits erwähnte Zielabweichungsverfahren nach § 6 Abs. 2 ROG zur Verfügung.[187]

109 Anders als im Rahmen eines Raumordnungsverfahrens können einem Vorhaben im Einzelfall entgegenstehende Ziele mithilfe des Zielabweichungsverfahrens überwunden werden.[188] Das Raumordnungsverfahren kann damit ggf. den Anlass für die Einleitung eines solchen Verfahrens nach § 6 Abs. 2 ROG bieten, indem es zu dem Ergebnis führt, dass ein Vorhaben wegen Verstoßes gegen ein Ziel der Raumordnung raumunverträglich ist.[189]

179 Spannowsky/Runkel/Goppel/*Goppel*, § 15 Rn 85; Cholewa/Dyong/von der Heide/Arenz/*Bäumler*, § 15 ROG Rn 27; *Ramsauer*, NwVZ 2004, 1041, 1051.
180 BVerwG, Beschl. v. 15.9.1995 – 11 VR 16/95 – NVwZ 1996, 396, 397.
181 VGH Kassel, Urt. v. 28.6.2005 – 12 A 3/05 – BeckRS 2005, 29838.
182 BVerwG, Beschl. v. 21.2.1973 – IV CB 69.72 – DVBl. 1973, 448; Spannowsky/Runkel/Goppel/*Goppel*, § 15 Rn 86.
183 Siehe nur § 15 Abs. 4 S. 3 LplG MV; § 10 Abs. 2 NROG; § 17 Abs. 1 S. 3 LplG RP; § 6 Abs. 1 S. 3 SLPG; § 15 Abs. 3 S. 2 LplG LSA; § 15 Abs. 5 Hs. 2 LplG SH.
184 BVerwG, Beschl. v. 19.5.2005 – 4 VR 2000/05 – NVwZ 2005, 940, 940; OVG Greifswald, Urt. v. 22.3.2012 – 5 K 6/10 – NJOZ 2012, 2033, 2045; Cholewa/Dyong/von der Heide/Arenz/*Bäumler*, § 15 ROG Rn 30.
185 Dazu oben Rn 36 ff.
186 Vgl. BVerwG, Urt. v. 5.11.2009 – 4 C 3/09 – BVerwGE 135, 209, 216.
187 Siehe bereits oben Rn 42. Die Einzelheiten können im Rahmen dieses Beitrags nicht umfassend dargestellt werden; dafür sei auf die einschlägigen Kommentierungen zu § 6 ROG verwiesen, etwa bei Spannowsky/Runkel/Goppel oder Cholewa/Dyong/von der Heide/Arenz.
188 BVerwG, Urt. v. 5.11.2009 – 4 C 3/09 – BVerwGE 135, 209, 216.
189 Bielenberg/Runkel/Spannowsky/*Schmitz*, § 15 ROG Rn 38.

8. Das vereinfachte Raumordnungsverfahren gem. § 16 ROG

§ 16 ROG ermöglicht bei Vorliegen der genannten Voraussetzungen seit seiner Einführung im Jahr 2008 die Durchführung eines sog. verkürzten Raumordnungsverfahrens. 110

Die Beschleunigung des Verfahrens wird hier zum einen dadurch erreicht, dass auf die Beteiligung einzelner öffentlicher Stellen, wie sie § 15 Abs. 3 S. 1 und 2 ROG vorsieht, gem. § 16 S. 1 ROG verzichtet werden kann. Zum anderen beträgt die Frist zum Abschluss des Raumordnungsverfahrens hier gem. § 16 S. 2 ROG statt sechs grundsätzlich nur drei Monate. 111

Voraussetzung zur Durchführung dieses vereinfachten Verfahrens ist jedoch, dass keine anderen Rechtsvorschriften entgegenstehen und die raumbedeutsamen Auswirkungen der Planungen und Maßnahmen gering sind oder die für die Prüfung der Raumverträglichkeit erforderlichen Stellungnahmen schon in einem anderen Verfahren abgegeben wurden (§ 16 S. 1 ROG). 112

VI. Modifizierungen durch das NABEG

Nach § 28 S. 1 NABEG findet für Höchstspannungsleitungen, für die im Bundesnetzplan Trassenkorridore oder Trassen ausgewiesen sind, kein Raumordnungsverfahren statt. Stattdessen regelt das NABEG für diese Leitungen das neue Verfahren der Bundesfachplanung. Davon werden alle wesentlichen Nord-Süd-Verbindungen erfasst, sodass für das Gelingen der Energiewende zentrale Bereiche des Netzausbaus dem raumordnerischen Zugriff durch die Bundesländer entzogen sind.[190] Daher ist künftig genau zu differenzieren, welche Vorhaben in den Anwendungsbereich des NABEG fallen und der Bundesfachplanung unterliegen. 113

1. Anwendungsbereich der Bundesfachplanung

Diesen Anwendungsbereich definiert § 2 Abs. 1 NABEG. Danach gilt das NABEG für die Errichtung oder Änderung von länderübergreifenden oder grenzüberschreitenden Höchstspannungsleitungen sowie Anbindungsleitungen von den Offshore-Windpark-Umspannwerken zu den Netzverknüpfungspunkten an Land, die in einem Gesetz über den Bundesbedarfsplan nach § 12e Abs. 4 S. 1 EnWG als solche gekennzeichnet sind. Nach § 2 Abs. 3 NABEG erstreckt sich der Anwendungsbereich außerdem auf den Neubau von Hochspannungsleitungen mit einer Nennspannung von mindestens 110 kV sowie auf Bahnstromfernleitungen, sofern diese Leitungen zusammen mit einer Höchstspannungsleitung nach § 2 Abs. 1 NABEG auf einem Mehrfachgestänge geführt werden können und die Planung so rechtzeitig beantragt werden kann, dass die Einbeziehung ohne wesentliche Verfahrensverzögerung für die Bundesfachplanung oder Planfeststellung möglich ist. § 2 Abs. 4 NABEG nimmt dagegen vom Anwendungsbereich ausdrücklich Vorhaben aus, die im EnLAG aufgeführt sind.[191] Gleiches gilt nach § 2 Abs. 5 NABEG auch für Leitungsabschnitte, die in den Anwendungsbereich der Seeanlagenverordnung fallen.[192] 114

2. Inhalt der Bundesfachplanung

Im Rahmen der Bundesfachplanung[193] werden nach § 5 Abs. 1 NABEG Trassenalternativen geprüft, Trassenkorridore für die jeweilige Leitung festgelegt und diese auch auf ihre Raumverträglichkeit hin überprüft. So prüft die BNetzA nach § 5 Abs. 1 S. 4 NABEG insbesondere die Überein- 115

190 *Erbguth*, NVwZ 2012, 326, 327.
191 Zum Anwendungsbereich des NABEG siehe auch Kap. 4 Rn 13 ff.
192 Dazu sogleich noch unter Rn 142 f.
193 Näher dazu Kap. 4 Rn 17 ff.

stimmung mit den Erfordernissen der Raumordnung und die Abstimmung mit anderen raumbedeutsamen Planungen und Maßnahmen, wodurch die Planungshoheit der Länder und bereits bestehende Landesplanungen geschützt werden sollen.[194]

116 Die abschließende **Entscheidung** der BNetzA **über die Bundesfachplanung** enthält sodann gem. § 12 Abs. 2 S. 1 NABEG den Verlauf eines raumverträglichen Trassenkorridors und die Länderübergangspunkte, eine Bewertung der Umweltauswirkungen gem. §§ 14k f. UVPG[195] zu diesem Trassenkorridor sowie das Ergebnis der Prüfung von alternativen Trassenkorridoren. Sie ersetzt aber laut § 15 Abs. 3 NABEG ausdrücklich noch nicht die Entscheidung über die Zulassung eines Leitungsbauvorhabens; ihr kommt danach auch **keine unmittelbare Außenwirkung** zu und sie ist lediglich zusammen mit der noch erforderlichen Zulassungsentscheidung anfechtbar.

3. Verhältnis der Bundesfachplanung zu Landesplanungen

117 § 5 Abs. 1 S. 4 NABEG bestimmt auf der einen Seite, dass die BNetzA die Übereinstimmung mit den Erfordernissen der Raumordnung zu prüfen hat. Auf der anderen Seite soll die Bundesfachplanung gem. § 15 Abs. 1 S. 2 NABEG einen grundsätzlichen Vorrang vor Landesplanungen haben. Angesichts dessen ist in der Literatur lebhaft umstritten, wie weit dieser Vorrang im Einzelnen reicht. Diese Frage hat nicht nur Bedeutung für die Vorgaben der Raumordnung, sondern aufgrund des weitgefassten Wortlauts auch gegenüber Landesfachplanungen, insbesondere des Umweltschutzrechts. Dazu zählen beispielsweise Schutzgebietsausweisungen nach Naturschutz- oder Wasserrecht. Auch diesen gegenüber besteht – in dem sogleich noch darzulegenden Umfang – nach § 15 Abs. 1 S. 2 NABEG ein Vorrang der Bundesfachplanung. Etwas anderes muss hier freilich für die europarechtlich determinierten Gebietsausweisungen gelten.[196]

a) Der Umfang des Vorrangs der Bundesfachplanung nach § 15 Abs. 1 S. 2 NABEG

118 Die Beantwortung der Frage, in welchem Umfang die BNetzA an die Vorgaben der Landesplanung gebunden ist, sollte ihren Ausgangspunkt bei einer Analyse des § 15 Abs. 1 S. 2 NABEG nehmen, da die Bundesfachplanungen hiernach, wie bereits erwähnt, einen grundsätzlichen Vorrang vor Landesplanungen haben. Es ist allerdings umstritten, wie weit dieser Vorrang reicht.

119 Hierzu wird im Schrifttum verbreitet die Auffassung vertreten, dass sich die Bundesfachplanung auf dieser Grundlage auch gegenüber bereits bestehenden Landesplanungen und damit auch gegenüber bestehenden Zielen der Raumordnung durchsetze.[197] Dementsprechend hätte nach § 5 Abs. 1 NABEG eine Abwägung stattzufinden, in der die verschiedenen Erfordernisse der Raumordnung lediglich „zu berücksichtigen" seien. Ziele der Raumordnung hätten dabei lediglich ein stärkeres Gewicht als Grundsätze und sonstige Erfordernisse der Raumordnung.[198] Zu-

194 Vgl. die Begründung der übereinstimmenden Gesetzentwürfe der Bundesregierung sowie der Fraktionen der CDU/CSU und FDP vom 6.6.2011, BR-Drucks. 342/11, S. 43 und BT-Drucks. 17/6073, S. 27.

195 Zu der nach § 5 Abs. 2 NABEG erforderlichen Strategischen Umweltprüfung siehe Kap. 8 Rn 23 und 86.

196 Näher zu den Schutzgebieten nach Naturschutz- und Wasserrecht und ihrer Bedeutung für die Planung von Energieleitungen siehe Kap. 10 Rn 81 ff., 139 ff. sowie Rn 265 ff.

197 Vgl. *Appel*, NVwZ 2013, 457, 460 f.; *Moench/Rutloff*, NVwZ 2011, 1040, 1043; Steinbach/*Sangenstedt*, § 7 NABEG Rn 53, § 15 NABEG Rn 26 ff. und 29 f.; Steinbach/*Nebel/Riese*, § 5 NABEG Rn 73; *de Witt/Durinke/Kause*, Rn 186; wohl auch *Durner*, NuR 2012, 369, 374.

198 Steinbach/*Sangenstedt*, § 15 NABEG Rn 29 f.; Steinbach/*Nebel/Riese*, § 5 NABEG Rn 72.

dem wird darauf hingewiesen, dass der Vorrang gem. § 15 Abs. 1 S. 2 NABEG lediglich ein „grundsätzlicher" sei, es also auch danach einer Abwägung im Einzelfall bedürfe.[199]

Diese Auffassung eines Vorrangs der Bundesfachplanung auch gegenüber bereits bestehenden Raumordnungsplänen der Länder ist allerdings im Ergebnis abzulehnen.[200] Zwar ist der Gegenansicht zuzugeben, dass der Wortlaut des § 15 NABEG tatsächlich keine Differenzierung zwischen bestehenden und künftigen Raumordnungsplänen vornimmt, doch scheint die Gesetzesbegründung in dieser Hinsicht recht eindeutig. Auch kann der Verweis auf die Begründung nicht allein mit einem Hinweis auf Änderungen während des Gesetzgebungsverfahrens entkräftet werden. Die Gesetzesbegründung weist an entsprechender Stelle ausdrücklich darauf hin, dass durch § 5 NABEG die Planungshoheit der Länder und bereits bestehende Landesplanungen geschützt werden sollen.[201] Dies spricht wiederum sehr deutlich dafür, dass der **Zweck des § 15 Abs. 1 S. 2 NABEG** allein darin besteht, zu verhindern, dass die Länder im Nachhinein der Bundesfachplanung widersprechende Festsetzungen treffen. 120

Auch die **Begründung der** im Ergebnis übernommenen **Beschlussempfehlung** des Ausschusses für Wirtschaft und Technologie, die ursprünglich für § 15 Abs. 1 NABEG vorgesehene Formulierung „Landesfachplanungen" durch „Landesplanungen" zu ersetzen, lässt nicht darauf schließen, dass damit eine Ausdehnung des Vorrangs der Bundesfachplanung auf bereits bestehende „Landesplanungen" verbunden sein sollte. Denn dort heißt es ausdrücklich: *„So können die Länder in späteren Raumordnungsplänen keine Festlegungen treffen, die der Bundesfachplanung widersprechen."*[202] 121

Zum anderen ergibt sich auch aus der **Systematik des NABEG** selbst, dass ein unbedingter Vorrang auch vor bestehenden Landesplanungen in der Sache nicht gewollt ist. Denn die BNetzA ist, wie bereits erwähnt, nach § 5 Abs. 1 S. 4 NABEG ausdrücklich verpflichtet, die Übereinstimmung mit den Erfordernissen der Raumordnung zu prüfen. Auch damit gibt der Bundesgesetzgeber in der Sache zu erkennen, dass er zwischen bestehenden Planungen und nachfolgenden Planungen differenzieren wollte. Von daher beschränkt sich der in § 15 Abs. 1 S. 2 NABEG angeordnete Vorrang auf spätere Landesplanungen, sodass die Vorschrift bestehende Landesplanungen a priori nicht erfasst.[203] 122

b) Inhalt und Zweck des § 5 Abs. 1 S. 4 NABEG

Damit stellt sich als Nächstes die Frage, wie weit die in § 5 Abs. 1 S. 4 NABEG normierte Verpflichtung reicht. Hier deutet zunächst der Wortlaut „Übereinstimmung" auf eine umfassende, strikte Bindung an die Erfordernisse der Raumordnung hin. Doch ist – insbesondere vor dem Hintergrund der mit dem NABEG verfolgten Beschleunigung des Netzausbaus – tatsächlich nicht davon auszugehen, dass der Gesetzgeber hiermit eine noch weitergehende Bindungswirkung auch für Grundsätze und sonstige Erfordernisse der Raumordnung bezweckt hat, als sie § 4 Abs. 1 S. 1 ROG vorsieht. Eine strikte Beachtenspflicht auch für Grundsätze und sonstige Erfordernisse der Raumordnung wäre auch mit deren Charakter[204] nicht vereinbar.[205] 123

---

199 Steinbach/*Sangenstedt*, § 15 NABEG Rn 31 f. Siehe auch Steinbach/*Nebel*/*Riese*, § 5 NABEG Rn 73.
200 Vgl. auch die in Kap. 4 Rn 25 artikulierten Zweifel an der hier abgelehnten Auslegung des § 15 Abs. 1 S. 2 NABEG.
201 Vgl. die Begründung der übereinstimmenden Gesetzentwürfe der Bundesregierung sowie der Fraktionen der CDU/CSU und FDP vom 6.6.2011, BR-Drucks. 342/11, S. 43 und BT-Drucks. 17/6073, S. 27.
202 BT-Drucks. 17/6366, S. 19.
203 So im Ergebnis auch *Sellner*/*Fellenberg*, NVwZ 2011, 1025, 1031; *Hanusch*/*Einig*/*Peters*/*Schicketanz*, UVP-report 2012, 148, 154.
204 Siehe oben Rn 43 und 48 f.
205 Vgl. dazu Spannowsky/Runkel/Goppel/*Goppel*, § 4 Rn 130 f.

124 Ein bloßes Berücksichtigen aller Erfordernisse und damit auch der Ziele der Raumordnung lässt sich dem Wortlaut allerdings ebenso wenig entnehmen. Darüber gehen einige Stimmen in der Literatur hinweg, indem sie schlicht festhalten, diese Übereinstimmung sei im Wege der Abwägung herzustellen.[206] Es ist zwar richtig, dass die Entscheidung über die Bundesfachplanung in der Tat im Wege einer Abwägung zu treffen ist. Dies bedeutet jedoch nicht, dass allein aus diesem Grund auch bestehende **Ziele** der Raumordnung lediglich im Rahmen der Abwägung zu berücksichtigen und dabei ggf. zu überwinden wären. So ändert beispielsweise auch die Tatsache, dass eine Planfeststellung eine Abwägung erfordert, nichts an der Bindungswirkung von Zielen der Raumordnung für derartige Zulassungsentscheidungen nach § 4 Abs. 1 S. 1 Nr. 3 ROG.

125 Vor diesem Hintergrund ist daran zu erinnern, dass der Zweck des § 5 Abs. 1 S. 4 NABEG unstreitig darin besteht, auch die Raumverträglichkeit der Trassenkorridore zu prüfen, die im Rahmen der Bundesfachplanung bestimmt werden sollen. Insofern soll die Bundesfachplanung zugleich die Aufgabe übernehmen, die ansonsten dem Raumordnungsverfahren nach § 15 ROG zukäme.[207] Aus diesem Grund ordnet § 28 NABEG schließlich an, dass für die von der Bundesfachplanung erfassten Höchstspannungsleitungen, für die im Bundesnetzplan Trassenkorridore oder Trassen ausgewiesen sind, kein Raumordnungsverfahren mehr stattfindet.

c) Vergleich mit der Regelung zum Raumordnungsverfahren

126 Von daher ist es konsequent, dass die Formulierung des § 5 Abs. 1 S. 4 NABEG der des § 15 Abs. 1 S. 2 Hs. 2 ROG über das Raumordnungsverfahren gleicht. Auch im Rahmen eines Raumordnungsverfahrens, das gerade der Sicherung der Festlegungen der Raumordnung dient, sind aber, wie bereits dargelegt, Ziele der Raumordnung strikt zu beachten und lediglich Grundsätze sowie sonstige Erfordernisse der Raumordnung zu berücksichtigen.[208] Zweck des Raumordnungsverfahrens ist es also keineswegs, die Bindungswirkung von Zielen der Raumordnung zu überwinden. Vielmehr dient es gerade deren Verwirklichung und ggf. der Konkretisierung der Ziele[209] und fungiert damit als „Instrument der Plansicherung".[210] Daran vermag der Umstand, dass das Ergebnis des Raumordnungsverfahrens selbst wiederum als sonstiges Erfordernis der Raumordnung gemäß der Definition des § 3 Abs. 1 Nr. 4 ROG lediglich zu berücksichtigen ist, nichts zu ändern.

d) Besonderheiten für öffentliche Stellen des Bundes gem. § 5 ROG

127 § 5 ROG enthält jedoch eine Sonderregelung für raumbedeutsame **Planungen** und Maßnahmen von öffentlichen Stellen **des Bundes**. In diesen Fällen gilt die in § 4 Abs. 1 ROG angeordnete Bindung an Ziele der Raumordnung gem. § 5 Abs. 1 ROG nur, wenn die zuständige Stelle bei Aufstellung des jeweiligen Raumordnungsplans beteiligt worden ist und nicht fristgerecht widersprochen hat. § 5 ROG verbessert damit die Position öffentlicher Stellen des Bundes, deren Planungen bzw. Maßnahmen eigentlich auf Landesebene festgesetzte Ziele der Raumordnung

206 So etwa Steinbach/*Nebel*/*Riese*, § 5 NABEG Rn 57.

207 Vgl. etwa *Erbguth*, NVwZ 2012, 326, 328. Angesichts dessen spricht *Durner*, NuR 2012, 369, 373, von einem energierechtlichen Raumverträglichkeitsverfahren.

208 Siehe oben Rn 84. Ferner Bielenberg/Runkel/Spannowsky/*Schmitz*, § 15 ROG Rn 70; Akademie für Raumforschung und Landesplanung/*Höhnberg*, S. 501, 502.

209 Siehe dazu bereits oben Rn 84. Ferner Cholewa/Dyong/von der Heide/Arenz/*Dyong*, § 4 ROG Rn 6; *Horstmann*, S. 4; *Spiecker*, S. 38 f.

210 Cholewa/Dyong/von der Heide/Arenz/*Bäumler*, § 15 ROG Rn 9.

entgegenstehen würden, von denen sie anderenfalls lediglich im Rahmen eines Zielabweichungsverfahrens nach § 6 Abs. 2 ROG befreit werden könnten.[211] § 5 ROG betrifft lediglich die strenge Bindungswirkung von Zielen der Raumordnung nach § 4 Abs. 1 ROG, nicht die im Übrigen bestehende Berücksichtigungspflicht für Grundsätze und sonstige Erfordernisse der Raumordnung, die dann auch für die Ziele der Raumordnung gilt.

Diese Vorschrift könnte auch auf die Bundesfachplanung anwendbar sein, da auch hier eine öffentliche Stelle des Bundes tätig wird.[212] Es stellt sich aber die Frage, was aus dem Umstand folgt, dass § 5 Abs. 1 NABEG – anders als etwa § 6 Abs. 2 S. 2 LuftVG – nicht bestimmt, dass die §§ 4 und 5 ROG unberührt bleiben. Hieraus wird im Schrifttum teilweise die Konsequenz gezogen, dass die Vorschrift von vornherein nicht anwendbar sei.[213] 128

e) Die Einordnung der Bundesfachplanung in das System der Raumordnung

Zwingend ist das keineswegs. Denn die Bundesfachplanung ist eben nicht nur ein „energierechtliches Raumverträglichkeitsverfahren",[214] sondern vielmehr schon nach der Bezeichnung des Gesetzgebers (auch) eine **Fachplanung** des Bundes. Sie ist aber auch der Sache nach ein fachplanerisches Verfahren,[215] weil die BNetzA darüber hinaus gem. § 5 Abs. 1 S. 3 NABEG – wie auch sonst bei der Fachplanung – zu prüfen hat, ob den festzusetzenden Trassenkorridoren öffentliche oder private Belange entgegenstehen. Dies spricht bereits sehr deutlich dafür, dass es sich bei der Bundesfachplanung **gleichzeitig** um **eine raumbedeutsame Planung**[216] **einer öffentlichen Stelle** i.S.d. § 4 Abs. 1 S. 1 Nr. 1 ROG handelt, weil diese Vorschrift auch und gerade Fachplanungen erfasst.[217] 129

Demgegenüber wird im Schrifttum häufig die Ansicht vertreten, die Bundesfachplanung falle unter § 4 Abs. 2 ROG, weil die Übertragungsnetzbetreiber die Trassenkorridore selbst planten und die BNetzA nur eine Entscheidung über die Zulässigkeit treffe. Darüber hinaus wird angeführt, die Übertragungsnetzbetreiber müssten zunächst gem. § 6 NABEG einen Antrag auf Bundesfachplanung stellen. Schließlich seien sie Vorhabensträger und müssten auch das wirtschaftliche Risiko tragen.[218] 130

Gegen diese Argumentation spricht jedoch, dass es für die Annahme einer Planung oder Maßnahme i.S.d. § 4 Abs. 1 S. 1 Nr. 1 ROG ausreicht, wenn die Planung oder Maßnahme der öffentlichen Stelle tatsächlich zuzurechnen ist. Daher schadet es auch nicht, wenn die Planung – wie hier – auf die Realisierung eines privat errichteten und finanzierten Vorhabens abzielt.[219] Zudem überprüft die **BNetzA** nicht nur die Planungen der Übertragungsnetzbetreiber, sie **muss** vielmehr selbst **in eine Planung eintreten**, um einen raumverträglichen Trassenkorridor zu ermitteln und diesen – mit für die nachfolgende Planfeststellung verbindlicher Wirkung – zu „bestimmen".[220] Aus diesem Grund sind die Prüfungsgegenstände der Bundesfachplanung dann 131

---

211 Zum Zweck der Norm siehe Spannowsky/Runkel/Goppel/*Spannowsky*, § 5 Rn 1ff. und 11.
212 So auch *Appel*, NVwZ 2013, 457, 459.
213 Vgl. *Hanusch/Einig/Peters/Schicketanz*, UVP-report 2012, 148, 154.
214 *Durner*, NuR 2012, 369, 373.
215 So auch Steinbach/*Nebel/Riese*, § 5 NABEG Rn 5.
216 So auch *Willbrand* in diesem Handbuch, Kap. 4 Rn 4.
217 Vgl. etwa *Bartram*, S. 96.
218 Vgl. etwa *Willbrand* in diesem Handbuch, Kap. 4 Rn 8; *Appel*, NVwZ 2013, 457, 458f.; Steinbach/*Nebel/Riese*, § 5 NABEG Rn 72f.; Steinbach/*Sangenstedt*, § 7 NABEG Rn 53.
219 So zu Recht Spannowsky/Runkel/Goppel/*Goppel*, § 4 Rn 38f.; vgl. auch Cholewa/Dyong/von der Heide/Arenz/*Dyong*, § 4 ROG Rn 6.
220 So der Wortlaut des § 5 Abs. 1 S. 1 NABEG.

auch nicht mehr im sich anschließenden Planfeststellungsverfahren zu prüfen, vielmehr werden hier Bewertungen in das Verfahren der Bundesfachplanung verlagert.[221]

132 Die Übertragungsnetzbetreiber haben demgegenüber lediglich die Rolle der Antragsteller inne, die nach § 6 S. 6 Nr. 1 NABEG einen Vorschlag für den Verlauf des Trassenkorridors einzureichen haben[222] und zur Stellung des Antrags von der BNetzA gem. § 6 S. 2 NABEG gar durch Bescheid aufgefordert werden können. Darüber hinaus ist die BNetzA nach § 7 Abs. 3 S. 2 NABEG an den Antrag eines Vorhabensträgers auch nicht gebunden. Angesichts dessen gehen manche Vertreter der Gegenansicht zu Recht davon aus, dass der BNetzA eine **planerische Gestaltungsfreiheit** zukommt.[223] Eine planerische Gestaltungsfreiheit kann es aber nur bei einer echten Planung geben. Daher kann hier auch nicht davon ausgegangen werden, dass es sich um eine Planung der Übertragungsnetzbetreiber handelt; sie ist vielmehr der BNetzA zuzurechnen.

133 Somit sprechen die besseren Argumente dafür, dass es sich bei der Bundesfachplanung um eine raumbedeutsame Planung i.S.d. § 4 Abs. 1 S. 1 Nr. 1 ROG handelt.

f) Konsequenzen der hier vertretenen Ansicht und der Gegenansichten

134 Daraus ergeben sich indessen keine weitergehenden Bindungen als aus § 5 Abs. 1 S. 4 NABEG. Das Gegenteil ist der Fall, weil die Qualifizierung der Bundesfachplanung als raumbedeutsame Planung i.S.v. § 4 Abs. 1 S. 1 Nr. 1 ROG dazu führt, dass zusätzlich § 5 Abs. 1 ROG zur Anwendung kommt.[224] Dies hat nach dem Gesagten zur Folge, dass die Ziele der Raumordnung nur zu beachten sind, wenn die BNetzA bei der Aufstellung des jeweiligen Raumordnungsplans beteiligt worden ist und nicht fristgerecht widersprochen hat. Diese Anforderungen werden hinsichtlich der bei Erlass des NABEG bereits bestehenden landesplanerischen Ziele der Raumordnung mangels Beteiligung der BNetzA bei der Aufstellung der Pläne in der Regel nicht erfüllt sein, sodass nach dieser Vorschrift zumeist doch keine strikte Zielbindung besteht.[225] Dies liegt aber dann allein daran, dass es sich um eine nach § 5 Abs. 1 ROG privilegierte Planung des Bundes handelt.

135 Folgt man hingegen der Ansicht, dass die Bundesfachplanung dem § 4 Abs. 2 ROG unterfällt, dann hätte dies bei konsequenter Subsumtion zur Folge, dass sich die Bindung an die Erfordernisse der Raumordnung nur nach den für diese Entscheidung geltenden Vorschriften und damit allein nach § 5 Abs. 1 S. 4 und § 15 Abs. 1 S. 2 NABEG richtet. Überdies wären bei einer solchen Auslegung bereits die tatbestandlichen Voraussetzungen des § 5 Abs. 1 ROG nicht gegeben, sodass die Vorschrift auch aus diesem Grund nicht anwendbar wäre. Die BNetzA wäre bei dieser Auslegung also strikt gem. § 5 Abs. 1 S. 4 NABEG an die bestehenden Ziele der Raumordnung gebunden. Etwas anderes gölte wegen § 15 Abs. 1 S. 2 NABEG allein bei zeitlich nachfolgenden Zielen der Raumordnung, und zwar unabhängig von einer Beteiligung nach § 5 ROG.

136 Es ist jedoch darauf hinzuweisen, dass auch bei der Annahme einer solchen strikten Bindung der BNetzA noch ein Zielabweichungsverfahren gem. § 6 Abs. 2 ROG[226] in Betracht käme.

---

221 So *Franke*, in: FS Salje, S. 121, 135 ff.

222 Das gleiche Recht steht aber nach § 7 Abs. 3 S. 1 NABEG auch Ländern zu, auf deren Gebiet der Trassenkorridor voraussichtlich verlaufen wird.

223 Vgl. etwa Steinbach/*Nebel*/*Riese*, § 5 NABEG Rn 74.

224 So auch *Appel*, NVwZ 2013, 457, 459.

225 So auch *Appel*, NVwZ 2013, 457, 459. Insofern deckt sich das hier gefundene Ergebnis weitestgehend mit dem in Kap. 4 Rn 26 f. dieses Handbuchs. Unterschiede ergeben sich wegen der hier bejahten Anwendbarkeit des § 5 Abs. 1 ROG dann, wenn die BNetzA tatsächlich bei der Aufstellung oder Fortschreibung des Raumordnungsplans beteiligt wurde und nicht innerhalb einer Frist von zwei Monaten nach Mitteilung des rechtsverbindlichen Ziels widersprochen hat.

226 Siehe dazu bereits oben Rn 42 sowie 108 f.

Dies würde im Hinblick auf die beabsichtigte Beschleunigung des Netzausbaus sicherlich nicht die bevorzugte Lösung darstellen. Doch böte das geltende Recht damit selbst für diesen Fall eine Möglichkeit, einen Trassenkorridor zu realisieren, der aus anderen Gründen eindeutig vorzugswürdig erscheint.

VII. Besonderheiten bei Vorhaben im Bereich der AWZ

Für Vorhaben im Bereich der deutschen AWZ sind ebenfalls einige Besonderheiten zu beachten. Für Energieleitungen in diesem Bereich bestimmt § 2 i.V.m. § 1 Abs. 2 S. 1 Nr. 2 SeeAnlV, dass sie der Planfeststellung bedürfen.[227] Die Seeanlagenverordnung[228] enthält allerdings selbst keine Regelungen zur Trassenfindung und -sicherung. Nach § 10 Abs. 1 SeeAnlV kann das Bundesamt für Seeschifffahrt und Hydrographie zwar Seegebiete für die Errichtung von Infrastrukturen für den Stromtransport im Wege einer Veränderungssperre sichern, sodass in diesen Gebieten bestimmte Anlagen vorübergehend nicht planfestgestellt, plangenehmigt oder genehmigt werden dürfen. Allerdings ist diese Regelung an die Bestimmung des EnWG über den Offshore-Netzplan[229] gebunden und eine entsprechende Veränderungssperre gilt nach § 10 Abs. 2 S. 2 SeeAnlV längstens bis zur Sicherung dieses Offshore-Netzplans durch die Raumordnung.[230] 137

1. Raumordnungspläne für die AWZ

Wie bereits festgestellt, kann der Bund gem. § 17 Abs. 3 ROG Raumordnungspläne für die deutsche AWZ aufstellen.[231] So existieren zwei dieser Raumordnungspläne: einer für die Nordsee und einer für die Ostsee.[232] Dabei sind in diesem Zusammenhang insbesondere die darin enthaltenen Festlegungen zu Seekabeln – in Gestalt entsprechender Zielkorridore – relevant. Nach § 17 Abs. 2a S. 3 und S. 4 EnWG a.F. sollte zudem künftig ein jährlich zu erstellender Offshore-Netzplan ebenfalls Festlegungen zu Trassen für Anbindungsleitungen von Offshore-Anlagen enthalten, die dann auch mittels einer Veränderungssperre gem. § 10 SeeAnlV gesichert werden können. Damit wurde eine Erleichterung der Sicherung solcher Trassen bezweckt, die anderenfalls nur im Wege der Festlegung als Ziel oder Grundsatz der Raumordnung in den entsprechenden Raumordnungsplänen möglich wäre.[233] Die Bestimmung des § 17 Abs. 2a EnWG über den Offshore-Netzplan wurde mittlerweile durch § 17a EnWG ersetzt. 138

227 Siehe dazu Kap. 2 Rn 63 ff. sowie Kap. 10 Rn 283 ff.

228 Verordnung über Anlagen seewärts der Begrenzung des deutschen Küstenmeeres v. 23.1.1997 (BGBl. I S. 57), zuletzt geändert durch Art. 11 des Gesetzes zur Änderung des Umwelt-Rechtsbehelfsgesetzes und anderer umweltrechtlicher Vorschriften vom 21.1.2013 (BGBl. I S. 95).

229 Dazu sogleich unter Rn 139 ff.

230 Vgl. zu dieser Regelung *Büllesfeld/Koch/v. Stackelberg*, ZUR 2012, 274, 278.

231 Siehe oben Rn 22 f. sowie 57.

232 Die Raumordnungspläne für die AWZ in Nord- und Ostsee (Verordnung über die Raumordnung in der deutschen AWZ in der Nordsee (AWZ Nordsee-ROV) v. 21.9.2009 (BGBl. I 2009 S. 3107), Verordnung über die Raumordnung in der deutschen AWZ in der Ostsee (AWZ Ostsee-ROV) v. 10.12.2009 (BGBl. I 2009 S. 3861)) samt zugehöriger Unterlagen sind abrufbar unter: http://www.bsh.de/de/Meeresnutzung/Raumordnung_in_der_AWZ/index.jsp. Kritisch zu den Bewertungen der für diese Raumordnungspläne erstellten Umweltberichte Schumacher/Fischer-Hüftle/*Czybulka*, § 56 Rn 31 ff.

233 Dazu *Büllesfeld/Koch/v. Stackelberg*, ZUR 2012, 274, 278; *Spieth/Uibeleisen*, NVwZ 2012, 321, 325.

2. Der Bundesfachplan Offshore

139 Zur Sicherung von Trassen bzw. Trassenkorridoren im Bereich der AWZ steht seit der letzten Novellierung des EnWG[234] der Bundesfachplan Offshore gem. § 17a EnWG zur Verfügung, der nunmehr der räumlichen Ordnung der verschiedenen Nutzungen in der AWZ dient.[235] Dieser nach § 17a Abs. 1 EnWG jährlich zu erstellende Offshore-Netzplan für die AWZ enthält gem. S. 2 der Vorschrift u.a. Festlegungen zu Trassen und Trassenkorridoren für Anbindungsleitungen von Offshore-Anlagen (Nr. 2), den Orten, an denen die Anbindungsleitungen die Grenze zwischen der AWZ und dem Küstenmeer überschreiten (Nr. 3), Trassen oder Trassenkorridoren für grenzüberschreitende Stromleitungen (Nr. 5) sowie Trassen oder Trassenkorridoren zu oder für mögliche Verbindungen in der Vorschrift genannter Anlagen und Trassen oder Trassenkorridore untereinander.[236]

140 Die Festlegung konkreter Trassen anstelle von Trassenkorridoren für Anbindungsleitungen kommt der Begründung zufolge beispielsweise in Betracht, wenn Gebiete der AWZ bereits für andere Nutzungsarten verplant oder Vorranggebiete für andere Nutzungen ausgewiesen sind.[237]

141 Nach § 17a Abs. 1 S. 3 und 4 EnWG prüft das zuständige Bundesamt für Seeschifffahrt und Hydrographie dabei, ob einer solchen Festlegung überwiegende öffentliche oder private Belange entgegenstehen, insbesondere die Übereinstimmung mit Erfordernissen der Raumordnung und die Abstimmung mit anderen raumbedeutsamen Planungen und Maßnahmen. Schließlich umfasst die Prüfung nach § 17a Abs. 1 S. 4 Nr. 3 EnWG auch ernsthaft in Betracht kommende Alternativen. Die Regelung der Prüfungsgegenstände im Rahmen der Aufstellung des Bundesfachplans Offshore entspricht damit der Bestimmung des § 5 Abs. 1 S. 3, 4 und 5 NABEG über die Bundesfachplanung.[238] Wie die Begründung des Gesetzentwurfs festhält, handelt es sich beim Bundesfachplan Offshore um eine Fachplanung mit Raumverträglichkeitsprüfung.[239] Auch die Regelungen zu den Rechtswirkungen gleichen sich: Nach § 17a Abs. 5 EnWG entfaltet der Bundesfachplan Offshore keine Außenwirkung, ist nicht selbstständig durch Dritte anfechtbar und für nachfolgende Planfeststellungs- und Genehmigungsverfahren nach der Seeanlagenverordnung verbindlich.[240]

3. Abgrenzung der Anwendungsbereiche von NABEG und SeeAnlV

142 Der neue Bundesfachplan Offshore erstreckt sich allein auf den Bereich der AWZ, nicht auch auf den der 12-Seemeilen-Zone; Letztere wiederum unterfällt dem Anwendungsbereich des NABEG und damit der darin geregelten Bundesfachplanung.[241]

143 Das NABEG selbst enthielt ursprünglich keine Regelung dazu, ob Höchstspannungsleitungen im Bereich der deutschen AWZ erfasst werden sollen.[242] Inzwischen bestimmt allerdings § 2 Abs. 5 NABEG ausdrücklich, dass das Gesetz nicht auf Leitungsabschnitte, die in den Anwen-

234 Durch Art. 1 des Dritten Gesetzes zur Neuregelung energiewirtschaftsrechtlicher Vorschriften vom 20.12.2012 (BGBl. I S. 2730).
235 Vgl. die Begründung des Gesetzentwurfs, BT-Drucks. 17/10754, S. 23.
236 Näher zum Bundesfachplan Offshore siehe Kap. 2 Rn 59 ff. sowie Kap. 3 Rn 328 ff.
237 Vgl. die Begründung des Gesetzentwurfs, BT-Drucks. 17/10754, S. 23.
238 So auch ausdrücklich die Begründung des Gesetzentwurfs, BT-Drucks. 17/10754, S. 24. Sie verweist zudem auf die Verordnungen über die Raumordnungspläne des Bundes für die AWZ gem. § 17 Abs. 3 ROG.
239 Begründung des Gesetzentwurfs, BT-Drucks. 17/10754, S. 24.
240 Dem entsprechen für die Bundesfachplanung § 15 Abs. 3 S. 1 und 2 NABEG bzw. § 15 Abs. 1 NABEG.
241 Begründung des Gesetzentwurfs, BT-Drucks. 17/10754, S. 23.
242 Siehe dazu nur *Weyer*, Netzausbau in Deutschland. Rechtlicher Rahmen und Handlungsbedarf, Arbeitspapier 05/2011 des Sachverständigenrats zur Begutachtung der gesamtwirtschaftlichen Entwicklung, S. 27, 31, abrufbar unter: http://www.sachverstaendigenrat-wirtschaft.de/publikationen.html.

dungsbereich der Seeanlagenverordnung fallen, anwendbar ist. Erfasst werden nach § 2 Abs. 1 NABEG demgegenüber die Anbindungsleitungen von den Offshore-Windpark-Umspannwerken zu den Netzverknüpfungspunkten an Land, die in einem Gesetz über den Bundesbedarfsplan nach § 12e Abs. 4 S. 1 EnWG als solche gekennzeichnet sind.

C. Netzplanung und Bauleitplanung

Vorgaben für die Planung und den Ausbau von Energieleitungen können sich neben den unter Ziff. II behandelten raumordnerischen Aspekten auch aus der kommunalen Bauleitplanung und dem (sonstigen) Bauplanungsrecht ergeben. 144

I. Aufgaben, Träger und Instrumente der Bauleitplanung

Nach § 1 Abs. 1 BauGB ist es **Aufgabe der Bauleitplanung**, die bauliche und sonstige Nutzung der Grundstücke in der Gemeinde nach Maßgabe des BauGB vorzubereiten und zu leiten. **Träger der Bauleitplanung** sind die Gemeinden, die nach § 1 Abs. 3 S. 1 BauGB die Bauleitpläne aufzustellen haben, sobald und soweit es für die städtebauliche Entwicklung und Ordnung erforderlich ist.[243] 145

Instrumente der Bauleitplanung sind gem. § 1 Abs. 2 BauGB vor allem der Flächennutzungsplan (vorbereitender Bauleitplan) und der Bebauungsplan (verbindlicher Bauleitplan). Im **Flächennutzungsplan** ist gem. § 5 Abs. 1 S. 1 BauGB für das ganze Gemeindegebiet die sich aus der beabsichtigten städtebaulichen Entwicklung ergebende Art der Bodennutzung nach den voraussehbaren Bedürfnissen der Gemeinde in den Grundzügen darzustellen. Der Flächennutzungsplan fungiert dabei grundsätzlich nur als vorbereitender Bauleitplan, aus dem dann die Bebauungspläne zu entwickeln sind (vgl. § 1 Abs. 2, § 8 Abs. 2 S. 1 BauGB).[244] 146

Erst der **Bebauungsplan** enthält die rechtsverbindlichen Festsetzungen für die städtebauliche Ordnung und bildet die Grundlage für weitere, zum Vollzug des BauGB erforderliche Maßnahmen (vgl. § 8 Abs. 1 S. 2 BauGB). Insbesondere kann die Gemeinde mit dem Erlass eines Bebauungsplans gezielten Einfluss auf die in den §§ 29 ff. BauGB geregelte bauplanungsrechtliche Zulässigkeit eines Vorhabens nehmen. Denn diese richtet sich gem. § 30 BauGB nach dem einschlägigen Bebauungsplan, soweit ein solcher vorhanden ist und Festsetzungen trifft. Dabei sieht § 9 Abs. 1 Nr. 13 BauGB ausdrücklich vor, dass in einem Bebauungsplan die „Führung“ von oberirdischen oder unterirdischen Versorgungsleitungen, und damit auch der Verlauf von Strom- und Gasleitungen, festgesetzt werden kann.[245] 147

II. Die Bedeutung der Bebauungspläne für die Netzplanung

Es ist allerdings zu beachten, dass die §§ 29 ff. BauGB bei planfeststellungs- und plangenehmigungsbedürftigen Maßnahmen des Netzausbaus wegen des sogleich noch näher zu behandelnden „Fachplanungsprivilegs“ nicht unmittelbar anzuwenden sind. **Bedarf der Bau bzw. die Änderung von Energieleitungen keiner Planfeststellung oder Plangenehmigung, dann ist** 148

243 Näher zu den daraus resultierenden Planungsbefugnissen und Planungspflichten Battis/Krautzberger/Löhr/*Krautzberger*, BauGB § 1 Rn 25 ff.
244 Näher dazu Battis/Krautzberger/Löhr/*Löhr*, BauGB, § 8 Rn 2 ff.
245 Näher dazu Schneider/Theobald/*Hermes*, § 7 Rn 120.

das Vorhaben zwar an den bauplanungsrechtlichen Vorgaben der §§ 29 ff. BauGB zu messen.[246] Es ist aber **kein Baugenehmigungsverfahren durchzuführen**, in dem die bauplanungsrechtliche Zulässigkeit des Vorhabens vorab zu prüfen wäre, weil die Landesgesetzgeber Leitungen, die der öffentlichen Versorgung mit Gas und Elektrizität dienen, vom Geltungsbereich der Landesbauordnungen ausgenommen haben.[247] Eine solche Prüfung kann aber in einem Genehmigungsverfahren nach anderen Vorschriften erforderlich werden. Überdies kann die bauplanungsrechtliche Einordnung Auswirkungen auf bestimmte energierechtliche und andere fachrechtliche Beurteilungen haben.

1. Das „Fachplanungsprivileg" (§ 38 BauGB)

149 Das sog. Fachplanungsprivileg ergibt sich aus § 38 S. 1 BauGB. Danach sind die §§ 29–37 BauGB – neben dem hier nicht zu behandelnden Fall öffentlich zugänglicher Abfallbeseitigungsanlagen – auf Planfeststellungs- und Plangenehmigungsverfahren für Vorhaben von überörtlicher Bedeutung nicht anwendbar, wenn die Gemeinde beteiligt wird. Die entsprechenden ortsplanerischen Belange und Anforderungen sind stattdessen nach § 38 S. 1 Hs. 2 BauGB „zu berücksichtigen" und somit **Gegenstand der Abwägung**.[248] Das Fachplanungsprivileg bewirkt also, dass zwingende städtebauliche Zulassungstatbestände in öffentliche Belange umgewandelt werden, die der fachplanerischen Abwägung unterliegen.[249]

150 Der dadurch begründete prinzipielle **Vorrang der Fachplanung** vor den §§ 29–37 BauGB und damit auch vor den Festsetzungen des Bebauungsplans[250] gilt auch für entsprechende Vorhaben im Bereich der Energieleitungen, für die ein Planfeststellungserfordernis besteht.[251] Dabei ist jedoch zu beachten, dass die Vorgaben der Bauleitplanung als wesentliche Belange in die Abwägung einfließen müssen und die Gemeinde zu beteiligen ist.[252]

151 Es muss sich überdies um **Vorhaben von überörtlicher Bedeutung** handeln, d.h., das Vorhaben muss überörtliche Bezüge aufweisen.[253] Dies ist wiederum regelmäßig der Fall, wenn ein Vorhaben das Gebiet von mindestens zwei Gemeinden betrifft.[254] Dagegen würden die §§ 29 ff. BauGB bei einem nur örtlichen Vorhaben volle Geltung beanspruchen, sodass ihre Einhaltung und ggf. auch die Erfüllung von Ausnahme- oder Befreiungstatbeständen zu prüfen wären.[255] **Bei Hoch- und Höchstspannungsleitungen** werden die genannten Voraussetzungen für die Annahme eines Vorhabens von überörtlicher Bedeutung hingegen aufgrund ihrer räumlichen Dimensionen **in aller Regel gegeben** sein.[256]

---

246 Vgl. dazu Kap. 2 Rn 74 f.; ausführlich *Horstmann*, S. 128 ff.

247 Vgl. beispielsweise Art. 1 Abs. 2 Nr. 3 BayBO, § 1 Abs. 2 Nr. 3 BauO NRW, § 1 Abs. 2 Nr. 3 NdsBauO, § 1 Abs. 2 Nr. 3 SächsBO. Entsprechende Regelungen enthalten auch die Bauordnungen der anderen Bundesländer. Notabene: Aufgrund des Ausschlusses vom Anwendungsbereich sind die Bauaufsichtsbehörden auch nicht befugt, im Rahmen der Bauaufsicht gegen baurechtswidrige Leitungsvorhaben einzuschreiten.

248 Vgl. dazu Battis/Krautzberger/*Löhr*, BauGB, § 38 Rn 8; *Leidinger*, S. 349; *Hennig*/*Lühmann*, UPR 2012, 81, 84. Ausführlich zur fachplanerischen Abwägung Kap. 11.

249 Ziekow/*Ziekow*, Rn 607.

250 Battis/Krautzberger/Löhr/*Löhr*, BauGB, § 38 Rn 6 und 7.

251 Battis/Krautzberger/Löhr/*Löhr*, BauGB, § 38 Rn 20.

252 Vgl. BVerwG, Beschl. v. 7.2.2005 – 4 BN 1/05 – NVwZ 2005, 584, 585 f.; *Leidinger*, S. 349.

253 Battis/Krautzberger/Löhr/*Löhr*, BauGB, § 38 Rn 30.

254 BVerwG, Beschl. v. 31.10.2000 – 11 VR 12/00 – NVwZ 2001, 90, 91; Urt. v. 4.5.1988 – 4 C 22/87 – BVerwGE 79, 318 (unter Aufgabe der früheren Rechtsprechung, wonach es auf die überörtliche Zuständigkeit der Planfeststellungsbehörde ankommen sollte).

255 Ziekow/*Ziekow*, Rn 603 und 608.

256 *Hennig*/*Lühmann*, UPR 2012, 81, 84; Danner/Theobald/*Missling*, § 43 EnWG Rn 28.

2. Auswirkungen auf energie- und andere fachrechtliche Beurteilungen

Eine eigenständige Prüfung der bauplanungsrechtlichen Zulässigkeit nach den §§ 29 ff. BauGB kann aber, wie bereits erwähnt, auch bei Energieleitungsvorhaben erforderlich werden, die zwar keiner Planfeststellung oder Plangenehmigung, wohl aber einer Genehmigung nach anderen Vorschriften bedürfen. Dies gilt namentlich dann, wenn für das Vorhaben eine **wasserrechtliche Genehmigung** erforderlich ist, weil es sich um eine Gewässerbenutzung oder eine Anlage in, an, über oder unter oberirdischen Gewässern gem. § 36 S. 2 Nr. 2 WHG handelt.[257] Denn die Erlaubnis und Bewilligung ist gem. § 12 Abs. 1 Nr. 2 WHG auch dann zu versagen, wenn andere Anforderungen nach öffentlich-rechtlichen Vorschriften nicht erfüllt werden. Und zu diesen öffentlich-rechtlichen Vorschriften zählt anerkanntermaßen das Bauplanungsrecht.[258] 152

Die Vorschriften des Bauplanungsrechts können darüber hinaus auch Auswirkungen auf bestimmte energierechtliche und auch auf andere fachrechtliche Beurteilungen haben. So hängt von der bauplanungsrechtlichen Einordnung eines Vorhabens die Anwendbarkeit der (mittelbaren) **Abstandsregelung in § 2 Abs. 2 EnLAG** ab.[259] Denn danach kann die für die Zulassung des Vorhabens zuständige Behörde nur dann verlangen, dass ein in § 2 Abs. 1 EnLAG genanntes Vorhaben als Erdkabel errichtet und betrieben oder geändert wird, wenn die Leitung in einem Abstand von weniger als 400 m zu Wohngebäuden errichtet werden soll, die im Geltungsbereich eines Bebauungsplans oder im unbeplanten Innenbereich i.S.d. § 34 BauGB liegen, falls diese Gebiete vorwiegend dem Wohnen dienen, oder in einem Abstand von weniger als 200 m zu Wohngebäuden errichtet werden soll, die im Außenbereich i.S.d. § 35 BauGB liegen. 153

Die bauplanungsrechtliche Einordnung eines Vorhabens hat überdies mittelbare Auswirkungen auf die **Beurteilung nach dem Naturschutzrecht**. So sind beim Ausbau des Energieleitungsnetzes zwar grundsätzlich die Anforderungen der naturschutzrechtlichen Eingriffsregelung zu beachten.[260] Dies gilt gem. § 18 Abs. 2 BNatSchG jedoch nur für Vorhaben im Außenbereich sowie für Bebauungspläne, soweit sie eine Planfeststellung ersetzen. Soll das Vorhaben hingegen in einem Gebiet realisiert werden, das unter die §§ 30, 33 oder 34 BauGB fällt, so sind die §§ 14–17 BNatSchG nicht anzuwenden. Schließlich bestimmt § 44 Abs. 5 S. 1 BNatSchG, dass die Verbote der Abs. 1 und 2 u.a. bei Vorhaben i.S.d. § 18 Abs. 2 S. 1 BNatSchG, die nach den §§ 30, 33 oder 34 BauGB zulässig sind, nur nach Maßgabe der S. 2 bis 5 gelten.[261] 154

III. Die Bedeutung der Flächennutzungspläne für die Netzplanung

1. Allgemeines

Schaut man sich das Verhältnis zwischen Flächennutzungsplänen und Netzplanung an, so ist zunächst darauf hinzuweisen, dass im Flächennutzungsplan gem. § 5 Abs. 2 Nr. 4 BauGB auch die **Flächen für Hauptleitungen zur Versorgung mit Elektrizität und Gas dargestellt** werden können.[262] Dabei können, falls erforderlich, auch Angaben zur Spannung und zur oberirdischen oder unterirdischen Verlegung gemacht werden.[263] 155

257 Näher dazu in Kap. 10 Rn 254 ff.
258 Vgl. hier nur Giesberts/Reinhardt/*Schendel/Scheier*, § 12 WHG Rn 8.
259 Vgl. dazu bereits Kap. 10 Rn 243.
260 Vgl. ausführlich Kap. 10 Rn 188 ff.
261 Vgl. ausführlich Kap. 10 Rn 163 ff.
262 Vgl. hier nur Battis/Krautzberger/Löhr/*Löhr*, BauGB, § 5 Rn 19; Ernst/Zinkahn/Bielenberg/Krautzberger/*Söfker*, BauGB, § 5 Rn 31.
263 Vgl. Ernst/Zinkahn/Bielenberg/Krautzberger/*Söfker*, BauGB, § 5 Rn 31.

156 Da der Flächennutzungsplan, wie bereits erwähnt, als vorbereitender Bauleitplan gedacht ist, aus dem die Bebauungspläne zu entwickeln sind, haben solche Darstellungen aber grundsätzlich keine **unmittelbare Außenwirkung.**[264] Sie sind daher, anders als die Festsetzungen im Bebauungsplan, nicht unmittelbar für die Netzbetreiber als Vorhabensträger verbindlich. Etwas anderes gilt **nur im (unbeplanten) Außenbereich**. Denn dort liegt eine Beeinträchtigung öffentlicher Belange gem. § 35 Abs. 3 S. 1 Nr. 1 BauGB insbesondere dann vor, wenn das Vorhaben den Darstellungen des Flächennutzungsplans widerspricht. Sieht der Flächennutzungsplan hingegen eine Ausweisung an anderer Stelle vor und entfaltet diese Ausweisung eine Ausschlusswirkung für das übrige Plangebiet, dann ist darin gem. § 35 Abs. 3 S. 3 BauGB sogar **ein entgegenstehender öffentlicher Belang** zu sehen, der in der Regel auch einem Vorhaben entgegengehalten werden kann, das der öffentlichen Versorgung mit Elektrizität oder Gas dient und das als solches nach § 35 Abs. 1 Nr. 3 BauGB privilegiert ist.[265]

157 Die hieraus resultierenden Bindungswirkungen des Flächennutzungsplans kommen bei Energieleitungen jedoch aus den zuvor genannten Gründen[266] nur selten unmittelbar in einem Genehmigungsverfahren zur Anwendung. Es darf aber nicht übersehen werden, dass sich das Fachplanungsprivileg gem. § 38 S. 2 BauGB nicht auf die Bindung nach § 7 BauGB erstreckt; sie bleibt vielmehr unberührt.

2. Die von § 7 BauGB erfassten Planungen

158 § 7 BauGB verpflichtet öffentliche Planungsträger, ihre Planungen unter den dort genannten Voraussetzungen an die Festsetzungen in bestehenden Flächennutzungsplänen anzupassen. Diese Anpassungspflicht ist vor allem **bei der Planfeststellung von Energieleitungen zu beachten**. Denn zum einen sind Planfeststellungsverfahren „Planungen" i.S.d. § 7 BauGB.[267] Zum anderen gehören insbesondere die Träger der von § 38 BauGB erfassten Fachplanungen zu den von der Norm angesprochenen „öffentlichen Planungsträgern" mit der Folge, dass ein Planfeststellungsbeschluss, der gegen § 7 BauGB verstößt, schon aus diesem Grund rechtswidrig ist.[268] Daher spielt es im Ergebnis keine Rolle, dass bei den planfeststellungsbedürftigen Energieleitungen – im Unterschied zu beispielsweise straßenrechtlichen Planfeststellungen – nicht der Staat Vorhabensträger ist, sondern privatrechtliche Rechtssubjekte.

159 Fraglich ist, ob die Anpassungspflicht **auch bei der Bundesfachplanung nach den §§ 4 ff. NABEG** zu beachten ist. Dafür spricht zwar der Umstand, dass zu den „öffentlichen Planungsträgern" i.S.d. § 7 BauGB nicht nur die Träger der von § 38 BauGB erfassten Fachplanungen gezählt werden, sondern ganz allgemein Planungssubjekte der Exekutive, denen gesetzlich das Recht zuerkannt ist, für die Durchführung ihrer Verwaltungszwecke rechtsverbindliche Planungen für raumbedeutsame Maßnahmen durchzuführen.[269] Diese Voraussetzungen sind wegen der in § 15 Abs. 1 S. 1 NABEG angeordneten Bindungswirkung der Bundesfachplanung für die Planfeststellungsverfahren nach den §§ 18 ff. NABEG zu bejahen. Eine dahingehende Erstreckung der Anpassungspflicht scheitert auch nicht an der Regelung des § 15 Abs. 1 S. 2 NABEG, dass Bun-

264 Vgl. hier nur Schneider/Theobald/*Hermes*, § 7 Rn 118.

265 Näher zum Ganzen Schneider/Theobald/*Hermes*, § 7 Rn 118.

266 Siehe oben Rn 148.

267 Ebenso mit Blick auf die Planfeststellungsbeschlüsse de *Witt/Durinke/Kause*, Rn 109.

268 BVerwG, Urt. v. 24.11.2010 – 9 A 13/09 – BVerwGE 138, 226; Battis/Krautzberger/Löhr/*Löhr*, BauGB, § 7 Rn 1; Ernst/Zinkahn/Bielenberg/Krautzberger/*Bielenberg/Runkel*, BauGB, § 7 Rn 4; *Kümper*, UPR 2013, 9, 11; ebenso im Ergebnis Spannowsky/Uechtritz/*Kraft*, § 7 BauGB Rn 5, der dessen ungeachtet meint, in von § 38 BauGB erfassten Zulassungsverfahren werde nicht die Planfeststellungs- bzw. Genehmigungsbehörde, sondern der Planungsträger selbst angesprochen.

269 Vgl. Battis/Krautzberger/Löhr/*Löhr*, § 7 Rn 1; Spannowsky/Uechtritz/*Kraft*, § 7 BauGB Rn 4.

desfachplanungen grundsätzlich Vorrang vor Landesplanungen haben. Hierdurch werden zwar auch kommunale Planungen erfasst, weil die Gemeinden staatsrechtlich den Ländern zugeordnet werden.[270] Die Vorschrift gilt aber nach einer im Schrifttum[271] und auch hier vertretenen Auffassung nur für zeitlich nachfolgende Planungen, nicht aber für bereits bestehende Planungen, deren Beachtung in anderen Vorschriften zwingend angeordnet wird.[272]

Gleichwohl wird eine Bindung der Bundesfachplanung im Ergebnis kaum bestehen, da die 160
BNetzA zumeist nicht an der Aufstellung der bereits bestehenden Flächennutzungspläne beteiligt wurde und die Bundesfachplanung vor zeitlich nachfolgenden Planungen, wie gesagt, grundsätzlich Vorrang hat.

3. Inhalt und Voraussetzungen der Anpassungspflicht gem. § 7 BauGB

Mit Blick auf die sonstigen Planungsträger, zu denen nach dem Gesagten insbesondere die 161
Planfeststellungsbehörden der Länder gehören, ist jedoch zu betonen, dass sich die **Anpassungspflicht** nach § 7 BauGB **auch** und gerade **auf spätere Planungen erstreckt**,[273] sofern die betreffenden Planungsträger nach § 4 BauGB am Verfahren zur Aufstellung des Flächennutzungsplans beteiligt wurden. In diesem Fall haben sie ihre Fachplanungen an die Vorgaben des jeweiligen Flächennutzungsplans anzupassen, sofern sie diesem nicht rechtzeitig nach § 7 S. 2 BauGB widersprochen haben. Auch im Falle eines Widerspruchs bleibt die Pflicht zur Beachtung städtebaulicher Belange im Rahmen der Abwägung bestehen, wenn durch das Vorhaben eine hinreichend bestimmte Planung der Gemeinde nachhaltig gestört wird.[274]

Die Anpassungspflicht **beinhaltet** auf der einen Seite **nicht zwingend eine strikte Bin-** 162
dung an einzelne Darstellungen. Vielmehr ist die sich aus dem Flächennutzungsplan ergebende Grundkonzeption der Gemeinde planerisch fortzuentwickeln.[275] Solange kein solcher Widerspruch gegen die Grundkonzeption vorliegt, sind Abweichungen vom Flächennutzungsplan zulässig, die sich lediglich als „Übergang in eine stärker verdeutlichende Planstufe" darstellen.[276] Daraus resultiert auf der anderen Seite aber **keine Befugnis** der Planfeststellungsbehörde, **eine** im Flächennutzungsplan vorgesehene **Trasse vollständig zu verlegen** oder sonst in nennenswertem Umfang zu verändern.[277]

Ungeschriebene Voraussetzungen der Anpassungspflicht sind, dass der **Flächennutzungs-** 163
plan wirksam ist[278] und die Gemeinde mit der entsprechenden Darstellung im Flächennutzungsplan tatsächlich eine eigene planerische Entscheidung getroffen hat. Dies trifft auf lediglich nachrichtliche Übernahmen in den Plan nicht zu, sodass in Bezug auf solche Inhalte auch die Anpassungspflicht aus § 7 BauGB nicht greift.[279]

---

270 Siehe auch *Kment*, RdE 2011, 341, 344; Steinbach/*Nebel/Riese*, § 5 NABEG Rn 20 und 73; a.A. Kap. 4 Rn 109 und 112 sowie Kap. 13 Rn 101.
271 Vgl. *Sellner/Fellenberg*, NVwZ 2011, 1025, 1031.
272 Ausführlich dazu siehe oben Rn 118 ff.
273 Battis/Krautzberger/Löhr/*Löhr*, BauGB, § 7 Rn 4.
274 Schlichter/Stich/Driehaus/Paetow/*Gaentzsch/Phillip*, § 7 Rn 2 und 17; Ernst/Zinkahn/Bielenberg/Krautzberger/*Bielenberg/Runkel*, BauGB, § 7 Rn 3; Ziekow/*Ziekow*, Rn 601 f.; *Kümper*, UPR 2013, 9, 15.
275 BVerwG, Urt. v. 24.11.2010 – 9 A 13/09 – BVerwGE 138, 226, 233; Ziekow/*Ziekow*, Rn 599; näher dazu auch Ernst/Zinkahn/Bielenberg/Krautzberger/*Bielenberg/Runkel*, BauGB, § 7 Rn 10 sowie *Kümper*, UPR 2013, 9, 13 f.
276 BVerwG, Urt. v. 24.11.2010 – 9 A 13/09 – BVerwGE 138, 226, 233.
277 Vgl. BVerwG, Urt. v. 24.11.2010 – 9 A 13/09 – BVerwGE 138, 226, 233 f., wo die Trasse um mehr als 200 m verschoben wurde.
278 Schlichter/Stich/Driehaus/Paetow/*Gaentzsch/Phillip*, § 7 Rn 6; Ernst/Zinkahn/Bielenberg/Krautzberger/*Bielenberg/Runkel*, BauGB, § 7 Rn 14.
279 Vgl. VGH Kassel, Urt. v. 28.6.2005 – 12 A 3/05 – BeckRS 2005, 29838.

4. Die Möglichkeit eines nachträglichen Widerspruchs

164 In § 7 S. 3–5 BauGB wird geregelt, unter welchen Voraussetzungen bei einer Änderung der Sachlage auch ein **nachträglicher Widerspruch** noch möglich ist. Dies gilt allerdings nur **im Falle einer Änderung der tatsächlichen Umstände**; allein veränderte planerische Vorstellungen und Ziele sind dafür nicht ausreichend.[280] Ausreichend ist auch eine nachträgliche Kenntniserlangung, wenn die entsprechenden Umstände dem Planungsträger zuvor nicht bekannt waren und auch nicht bekannt sein mussten; eine lediglich geänderte Bewertung bereits bekannter Tatsachen reicht dagegen nur dann aus, wenn sie wiederum auf einem nachträglich weiterentwickelten Erkenntnisstand beruht.[281] Weiterhin kommt es nach § 7 S. 3 BauGB darauf an, dass die Veränderung der Sachlage eine abweichende Planung erforderlich macht. Das ist dann der Fall, wenn – eine solche Sachlage bzw. die Kenntnis davon vorausgesetzt – schon zuvor Widerspruch erhoben worden wäre.[282]

165 Bevor ein nachträglicher Widerspruch erklärt wird, ist indessen zunächst zu versuchen, ein **Einvernehmen mit der Gemeinde** herzustellen. Ist dies nicht möglich, so ist der Widerspruch gem. § 7 S. 5 BauGB nur dann zulässig, wenn die für die abweichende Planung geltend gemachten Belange die sich aus dem Flächennutzungsplan ergebenden städtebaulichen Belange nicht nur unwesentlich überwiegen. Damit ist zwar gerade kein „wesentliches" Überwiegen gefordert, doch muss das Überwiegen eindeutig, deutlich bzw. zweifelsfrei sein.[283] Kann dagegen mit der Gemeinde ein Einvernehmen nach § 7 S. 3 BauGB hinsichtlich der Änderung des Flächennutzungsplans hergestellt werden, so muss dann nicht die förmliche Änderung abgewartet werden. Vielmehr genügen für den fehlerfreien Erlass des Planfeststellungsbeschlusses in diesen Fällen der Abschluss der inhaltlichen Abstimmung mit der Gemeinde und die Einleitung des Verfahrens zur entsprechenden Änderung des Flächennutzungsplans durch förmlichen Beschluss des zuständigen Gemeindeorgans.[284]

166 § 7 S. 6 BauGB bestimmt schließlich, dass der Planungsträger einer Gemeinde, die aufgrund einer abweichenden Planung den Flächennutzungsplan oder einen aus ihm entwickelten Bebauungsplan ändern muss, die hierdurch verursachten **Planungskosten ersetzen** muss.

---

i **Praxistipp**

Angesichts der Tatsache, dass das BVerwG im Jahre 2010 die bis dahin wenig beachtete Vorschrift des § 7 BauGB aus ihrem Dornröschenschlaf wachgeküsst[285] und dabei ein Recht des durch die enteignungsrechtliche Vorwirkung eines Planfeststellungsbeschlusses Betroffenen anerkannt hat, einen Planfeststellungsbeschluss auch wegen eines Verstoßes gegen § 7 BauGB anzufechten,[286] sollte vor Einleitung eines Planfeststellungsverfahrens sorgfältig geprüft werden, ob und inwieweit dem Vorhaben möglicherweise Festsetzungen in den einschlägigen Flächennutzungsplänen entgegenstehen.

---

280 BVerwG, Urt. v. 24.11.2010 – 9 A 13/09 – BVerwGE 138, 226, 235 f. Näher zu den Voraussetzungen eines nachträglichen Widerspruchs *Kümper*, UPR 2013, 9, 15 ff.

281 Schlichter/Stich/Driehaus/Paetow/*Gaentzsch*/*Phillip*, § 7 Rn 19; Ernst/Zinkahn/Bielenberg/Krautzberger/*Bielenberg*/*Runkel*, BauGB, § 7 Rn 16.

282 Schlichter/Stich/Driehaus/Paetow/*Gaentzsch*/*Phillip*, § 7 Rn 21.

283 Battis/Krautzberger/Löhr/*Löhr*, BauGB, § 7 Rn 18; Schlichter/Stich/Driehaus/Paetow/*Gaentzsch*/*Phillip*, § 7 Rn 28; Ernst/Zinkahn/Bielenberg/Krautzberger/*Bielenberg*/*Runkel*, BauGB, § 7 Rn 20.

284 So BVerwG, Urt. v. 24.11.2010 – 9 A 13/09 – BVerwGE 138, 226, 235 f.

285 So Spannowsky/Uechtritz/*Kraft*, § 7 BauGB Rn 2.

286 Vgl. BVerwG, Urt. v. 24.11.2010 – 9 A 13/09 – BVerwGE 138, 226.

IV. Netzplanung und abweichende Planungsabsichten der Gemeinde

Existieren auf der Ebene der Bauleitplanung erst Planungsabsichten der Gemeinde, so sind diese **im Rahmen des Planfeststellungsverfahrens ein für die Abwägung relevanter Belang**, sofern diese Planungen bereits hinreichend konkretisiert sind, sodass ihre Verwirklichung weitgehend sicher erwartet werden kann.[287] Schließlich dürfen auch noch nicht derart hinreichend verfestigte kommunale Planungen nicht schlechterdings verhindert werden. Vielmehr ist auch auf sie in der Abwägung Rücksicht zu nehmen.[288] 167

Etwas **anderes gilt** hingegen für die Leitungsvorhaben, **für die** eine **Bundesfachplanung** nach den §§ 4ff. NABEG durchgeführt wird, weil hier unstreitig der in § 15 Abs. 1 S. 2 NABEG angeordnete grundsätzliche Vorrang vor entgegenstehenden Landesplanungen gilt. 168

Im Übrigen ist für das Verhältnis von Bauleitplanung und Fachplanung noch darauf hinzuweisen, dass auch die Aufstellung von Bauleitplänen eine Abwägung der relevanten öffentlichen und privaten Belange gem. § 1 Abs. 7 BauGB erfordert. Dabei sind dann – gewissermaßen umgekehrt – auch fachplanerische Belange in die Abwägung einzubeziehen.[289] 169

---

287 Näher dazu mit Blick auf Fachplanung im Allgemeinen *Ziekow*, Rn 609f. m.w.N. aus der Rechtsprechung. Speziell zur Frage, ab wann ein Flächennutzungsplan die Anpassungspflicht des § 7 BauGB auszulösen vermag und ob ggf. eine gewisse Vorwirkung existiert siehe *Kümper*, UPR 2013, 9, 10.
288 Ziekow/*Ziekow*, Rn 611. Ausführlich zur Abwägung siehe Kap. 11.
289 *Kümper*, UPR 2013, 9, 10.

Kapitel 8
Umweltprüfungen in der Netzplanung

A. Allgemeines*

Angesichts der Tatsache, dass insbesondere von Hoch- und Höchstspannungsleitungen erhebliche Umweltbeeinträchtigungen ausgehen können,[1] sind deren Auswirkungen auf die Umwelt sowohl auf den vorbereitenden Planungsstufen als auch in den konkreten Genehmigungsverfahren im Rahmen von sog. Umweltprüfungen zu ermitteln und darzustellen. 1

I. Zwecke und Arten der Umweltprüfung

Zweck der Umweltprüfung ist es, Umweltauswirkungen integrativ (verfahrensbezogen) und medienübergreifend in effektiver Weise[2] zu ermitteln, zu beschreiben und zu bewerten, damit diese so früh wie möglich berücksichtigt werden können (vgl. § 1 UVPG).[3] Die Umweltprüfung ist damit **ein Verfahrensinstrument zur Entscheidungsvorbereitung und zur frühzeitigen Berücksichtigung von Umweltbelangen** im Dienste der Vorsorge.[4] Dabei sollen auch die Wechselwirkungen zwischen den verschiedenen Schutzgütern in den Blick genommen werden.[5] Insofern zielen die Umweltprüfungen auf einen **integrativen Ansatz** und damit auf einen übermedialen Schutz der Umwelt ab.[6] Darüber hinaus dient die Umweltprüfung dazu, die Informationslage sowie (potenziell) die **Akzeptanz** der am Ende ggf. zugelassenen Vorhaben zu **verbessern.**[7] 2

Allgemein sind **zwei Arten der Umweltprüfung** zu unterscheiden: Als erstes eingeführt wurde die **Umweltverträglichkeitsprüfung (UVP)**, die gem. § 2 Abs. 1 S. 1 UVPG ein unselbstständiger Teil solcher verwaltungsbehördlicher Verfahren ist, die der Entscheidung über die Zulässigkeit von (konkreten) Vorhaben dienen. Später ist dann die **Strategische Umweltprüfung (SUP)** hinzugekommen, die – ebenfalls als unselbstständiger Teil – schon bei der Aufstellung oder Änderung von bestimmten Plänen und Programmen durchzuführen ist, die von einer Behörde, einer Regierung oder im Wege eines Gesetzgebungsverfahrens angenommen werden (vgl. § 2 Abs. 4 S. 1 UVPG). 3

In beiden Fällen folgt aus der fehlenden Selbstständigkeit der Umweltprüfung, dass diese **in ein anderes Verfahren integriert** werden muss („Huckepackverfahren“[8]). Es bedarf also eines sog. **Trägerverfahrens.** Dies ist bei der Strategischen Umweltprüfung das eigentliche Planaufstellungs- bzw. -änderungsverfahren. Bei der Umweltverträglichkeitsprüfung ist das Träger- 4

---

* Der Verfasser dankt seinem wissenschaftlichen Mitarbeiter Manuel Rothe für die wertvollen Vorarbeiten zu diesem Kapitel.

1 Vgl. den zusammenfassenden Überblick bei Schneider/Theobald/*Hermes*, § 7 Rn 20; ausführliche Hinweise hierzu finden sich ferner in Kap. 10 Rn 71ff.

2 Vgl. dazu Landmann/Rohmer/*Sangenstedt*, § 1 UVPG Rn 12ff.

3 *Enders/Krings*, DVBl. 2001, 1242, 1243.

4 Hoppe/Beckmann/*Kment*, Einl. UVPG, Rn 4f. m.w.N.

5 Vgl. § 2 Abs. 1 S. 2 Nr. 4 und Abs. 4 UVPG.

6 Ähnlich etwa *Erbguth/Schlacke*, § 5 Rn 62.

7 Hoppe/Beckmann/*Kment*, Einl. UVPG, Rn 6.

8 So etwa Sondergutachten des Sachverständigenrates für Umweltfragen „Wege zur 100% erneuerbaren Stromversorgung“ v. 18.2.2011, S. 309 Rn 566.

verfahren im hier interessierenden Zusammenhang das Planfeststellungsverfahren und ein ggf. vorausgehendes Raumordnungsverfahren.[9]

II. Europa- und völkerrechtlicher Hintergrund

5 Die heute insoweit geltenden Regelungen des nationalen Rechts sind im Wesentlichen auf Vorgaben der heutigen EU zurückzuführen. Dieser Umstand ist insofern bedeutsam, als dies zur Folge hat, dass die zu den unionsrechtlichen Grundlagen ergangene Rechtsprechung des EuGH aufgrund der **Pflicht zur unionsrechtskonformen Auslegung** auch bei der Auslegung des nationalen Rechts zu beachten ist.[10] Überdies besteht in gerichtlichen Verfahren bei etwaigen Unklarheiten, die in den zugrundeliegenden Richtlinien angelegt sind, die **Möglichkeit einer Vorlage an den EuGH**, die sich unter bestimmten Voraussetzungen zu einer Vorlagepflicht verdichten kann.[11]

6 Die heutige Umweltverträglichkeitsprüfung geht in ihren Grundzügen auf die **RL 85/337/EWG** des Rates vom 27.6.1985 über die Umweltverträglichkeitsprüfung bei bestimmten öffentlichen und privaten Projekten[12] zurück. Dabei wurde zwar der multimediale Ansatz des abzuarbeitenden Prüfungsprogramms als Fortschritt gegenüber dem sektoral geprägten deutschen Anlagenzulassungsrecht gelobt. Dessen ungeachtet haben die Mitgliedstaaten und auch Deutschland die Spielräume, die ihnen die Richtlinie mit Blick auf die Vorhaben des umfangreicheren Katalogs im Anhang II seinerzeit eröffnete, sehr extensiv genutzt.[13]

7 Vor diesem Hintergrund zielte die **UVP-Änderungsrichtlinie 97/11/EG**[14] vor allem auf eine Ausweitung der UVP-pflichtigen Vorhaben und auf eine Einschränkung des Ermessens bei den im Anhang II aufgeführten Vorhaben ab.[15] Erst diese Änderungsrichtlinie führte **eine obligatorische Umweltverträglichkeitsprüfung für den Bau von Hochspannungsfreileitungen** für eine Spannung von 220 kV oder mehr und mit einer Länge von mehr als 15 km ein.[16] Dies nötigte den deutschen Gesetzgeber wiederum dazu, durch das Gesetz vom 27.7.2001[17] ein Genehmigungsverfahren in Gestalt eines Planfeststellungsverfahrens für diese Energieleitungen als Trägerverfahren einzuführen. Darüber hinaus wurde mit der RL 97/11/EG das sog. **Espoo-Übereinkommen** über die Umweltverträglichkeitsprüfung im grenzüberschreitenden Rahmen[18] auf der Ebene des EU-Rechts umgesetzt.

8 Da man auf gemeinschaftsrechtlicher Ebene zu der Überzeugung gelangt war, dass die Umweltprüfung ein wichtiges Werkzeug zur Einbeziehung von Umwelterwägungen sei, zielte die sog. **SUP-Richtlinie 2001/42/EG**[19] darauf ab, ein einheitliches Verfahren zu etablieren, damit

---

9 Siehe unten Rn 151 ff.

10 Vgl. dazu hier nur Berkemann/Halama/*Berkemann*, Einführung, Rn 233 ff.; eine ausführliche Darstellung und Würdigung der zugrunde liegenden Rechtsprechung des EuGH liefert *Brechmann*, S. 46 ff.

11 Vgl. dazu hier nur Berkemann/Halama/*Berkemann*, Einführung, Rn 493 ff.

12 ABl. EG 1985 Nr. L 175 S. 40. Vgl. zur Entstehungsgeschichte *Erbguth/Schink*, Einl. Rn 3 ff.

13 Näher zu diesen gegenläufigen Bewegungen *Schink*, DVBl. 1995, 73 ff.

14 RL 97/11/EG des Rates vom 3.3.1997 zur Änderung der RL 85/337/EWG über die Umweltverträglichkeitsprüfung bei bestimmten öffentlichen und privaten Projekten, ABl. EG 1997 Nr. L 73 S. 5.

15 Näher dazu und zur Umsetzung in Deutschland *Enders/Krings*, DVBl. 2001, 1242 ff.; *Koch/Siebel-Huffmann*, NVwZ 2001, 1081 ff.

16 Vgl. Anhang I, Nr. 20 UVP-Richtlinie i.d.F. der RL 97/11/EG.

17 Gesetz zur Umsetzung der UVP-Änderungsrichtlinie, der IVU-Richtlinie und weiterer EG-Richtlinien vom 27.7.2001, BGBl. I S. 1950.

18 Dessen Text ist u.a. abgedruckt in: BGBl. II 2002 S. 1406.

19 RL 2001/42/EG des Europäischen Parlaments und des Rates vom 27.6.2001 über die Prüfung der Umweltauswirkungen bestimmter Pläne und Programme, ABl. EG Nr. L 197 S. 30.

bereits bei der Ausarbeitung und Annahme bestimmter Pläne und Programme berücksichtigt wird, dass deren Durchführung erhebliche Auswirkungen auf die Umwelt haben kann.[20]

Zwei Jahre später wurde die UVP-Richtlinie ein zweites Mal durch die **RL 2003/35/EG**[21] geändert, die in erster Linie der gemeinschaftsrechtlichen Umsetzung der sog. **Aarhus-Konvention**[22] diente und die zu einer Ausweitung der Öffentlichkeitsbeteiligung und der Klagemöglichkeiten führte. Eine dritte Änderung erfolgte schließlich durch die **RL 2009/31/EG** über die geologische Speicherung von Kohlendioxid.[23] Sämtliche Änderungen wurden zuletzt in der **RL 2011/92/EU**[24] zusammengefasst, sodass nunmehr eine **kodifizierte Fassung der UVP-Richtlinie** vorliegt. 9

Am 26.10.2012 hat die Europäische Kommission einen **Vorschlag zur Änderung der UVP-Richtlinie** vorgelegt,[25] der u.a. darauf abzielt, die Vorschriften über die Vorprüfung („Screening") zu ändern.[26] Ferner soll die Richtlinie um zeitliche Vorgaben für die Durchführung und den Abschluss des UVP-Verfahrens, um eine Begründungspflicht sowie um Mindestanforderungen an die Ex-post-Überwachung ergänzt werden.[27] Hier bleibt der Ausgang des Rechtsetzungsverfahrens abzuwarten. 10

Ferner sollte nicht unerwähnt bleiben, dass die Bundesrepublik Deutschland Vertragspartei des multilateralen **Protokolls über die Strategische Umweltprüfung** zum Übereinkommen über die Umweltverträglichkeitsprüfung **im grenzüberschreitenden Rahmen** von 2003 ist.[28] 11

Schließlich ist darauf hinzuweisen, dass die vor kurzem in Kraft getretene **VO (EU) Nr. 347/2013 zu Leitlinien für die transeuropäische Energieinfrastruktur**[29] auch besondere Vorschriften betreffend die Umweltverträglichkeitsprüfung bei sog. Vorhaben von gemeinsamem Interesse enthält.[30] So fordert Art. 7 Abs. 3 der Verordnung, dass die Vorhaben von gemeinsamem Interesse den höchstmöglichen Status erhalten sollten, den das nationale Recht ggf. vorsieht, und dass diese Vorhaben in den Genehmigungsverfahren, einschließlich der Verfahren zur Prüfung der Umweltverträglichkeit, entsprechend behandelt werden, sofern und soweit eine solche Behandlung in dem für die jeweilige Energieinfrastrukturkategorie geltenden nationalen Recht vorgesehen ist. 12

Darüber hinaus soll die Kommission gem. Art. 7 Abs. 4 der Verordnung bis zum 16.8.2013 unverbindliche Leitlinien veröffentlichen, um die Mitgliedstaaten bei der Festlegung angemessener legislativer und nichtlegislativer Maßnahmen zur Straffung der Umweltverträglichkeits- 13

20 Vgl. den vierten Erwägungsgrund der RL 2001/42/EG.

21 RL 2003/35/EG des Europäischen Parlaments und des Rates vom 26.5.2003 über die Beteiligung der Öffentlichkeit bei der Ausarbeitung bestimmter umweltbezogener Pläne und Programme und zur Änderung der RL 85/337/EWG und RL 96/61/EG des Rates in Bezug auf die Öffentlichkeitsbeteiligung und den Zugang zu Gerichten, ABl. EU 2003 Nr. L 156 S. 17.

22 Übereinkommen über den Zugang zu Informationen, die Öffentlichkeitsbeteiligung an Entscheidungsverfahren und den Zugang zu Gerichten in Umweltangelegenheiten, dieses ist u.a. abgedruckt in: ABl. EU 2005 Nr. L 124 S. 4.

23 ABl. EU 2009 Nr. L 140 S. 114.

24 ABl. EU 2012 Nr. L 26 S. 1.

25 Vgl. KOM (2012) 628 endg.

26 Näher zum Screening unten Rn 102 ff.

27 Eine erste Würdigung des Änderungsvorschlags findet sich in der CEP-Analyse Nr. 09/2013 vom 11.3.2013.

28 Vgl. das Gesetz zu dem Protokoll vom 21.5.2003 über die Strategische Umweltprüfung zum Übereinkommen über die Umweltverträglichkeitsprüfung im grenzüberschreitenden Rahmen (Vertragsgesetz zum SEA-Protokoll) vom 3.6.2006, BGBl. II S. 497.

29 VO (EU) Nr. 347/2013 des Europäischen Parlaments und des Rates vom 17.4.2013 zu Leitlinien für die transeuropäische Energieinfrastruktur und zur Aufhebung der Entscheidung Nr. 1364/2006/EG und zur Änderung der VO (EG) Nr. 713/2009, (EG) Nr. 714/2009 und (EG) Nr. 715/2009, ABl. EU Nr. L 115 S. 39. Die Verordnung ist gem. Art. 24 am 20. Tag nach ihrer Veröffentlichung in Kraft getreten und gilt mit Ausnahme der Art. 14 und 15 ab dem 1.6.2013.

30 Siehe zur Kompetenzgrundlage und zu den weiteren Inhalten der Verordnung Kap. 3 Rn 41 ff. und passim, Kap. 6 Rn 58 f., 99 und 145 ff. sowie Kap. 10 Rn 60 ff. und 124.

prüfungen zu unterstützen und dafür zu sorgen, dass die nach Unionsrecht über Vorhaben von gemeinsamem Interesse vorgeschriebenen Umweltverträglichkeitsprüfungen kohärent durchgeführt werden. Die Mitgliedstaaten müssen dann gem. Art. 7 Abs. 5 der Verordnung unter gebührender Berücksichtigung dieser Leitlinien prüfen, welche Maßnahmen möglich sind, um die Umweltverträglichkeitsprüfungen zu straffen und ihre kohärente Durchführung sicherzustellen, und die Kommission über die entsprechenden Ergebnisse unterrichten. Neun Monate nach Veröffentlichung der Leitlinien sollen die Mitgliedstaaten dann die zuvor ermittelten nichtlegislativen Maßnahmen ergreifen und 24 Monate nach Veröffentlichung der Leitlinien die zuvor ermittelten „Änderungen der gesetzgeberischen Maßnahmen" vornehmen (so Art. 7 Abs. 6 und 7 der Verordnung).

14 Der Ausgang dieses gestuften Verfahrens bleibt abzuwarten. Überdies ist zu berücksichtigen, dass die entsprechenden Maßnahmen zunächst einmal nur für die von der Verordnung erfassten Vorhaben von gemeinsamem Interesse gelten und dass diese Vorhaben erst noch nach Maßgabe der Verordnung festgelegt werden müssen. Aus diesen Gründen kann und soll die Verordnung im Folgenden außen vor bleiben.

III. Die maßgeblichen Rechtsgrundlagen im nationalen Recht

15 Diese völker- und unionsrechtlichen Vorgaben hat der deutsche Gesetzgeber mit Ausnahme der zuletzt genannten Verordnung, die gem. Art. 288 Abs. 2 AEUV unmittelbar in jedem Mitgliedstaat gilt, zunächst und vor allem im **Gesetz über die Umweltverträglichkeitsprüfung (UVPG)** umgesetzt. Hierbei handelt es sich um ein sog. **Stammgesetz,**[31] das gem. §§ 4 und 14e UVPG einerseits nur subsidiär zur Anwendung kommt, andererseits aber ein einheitliches Grundniveau garantieren soll. Aus diesem Grund können sich im hier interessierenden Zusammenhang Vorhaben und Pläne bzw. Programme, bei denen eine Umweltprüfung durchzuführen ist, ebenso wie Modifizierungen des anzuwendenden Verfahrens aus **sämtlichen Vorschriften** ergeben, **die entweder die Planung und Genehmigung von Energieleitungen unmittelbar regeln oder diese zumindest auch zum Gegenstand haben können.**

16 Daneben haben die meisten Länder **Landesgesetze über die Umweltverträglichkeitsprüfung** erlassen.[32] Diese können wegen § 24a UVPG die Verfahrensvorschriften des UVPG nur in äußerst geringem Umfang modifizieren. Darüber hinaus regeln die Landesgesetze die Zuständigkeiten der Landesbehörden. Schließlich können die Länder in ihren UVP-Bestimmungen auf der Grundlage von § 4 S. 2 bzw. § 14e S. 2 UVPG andere als die in den Anlagen 1 und 3 genannten Vorhaben, Pläne und Programme einer UVP- bzw. SUP-Pflicht unterwerfen. Von dieser Möglichkeit haben die Länder aber im hier interessierenden Zusammenhang keinen Gebrauch gemacht. Aus diesen Gründen können die einschlägigen landesrechtlichen Regelungen im Folgenden außen vor bleiben.

17 Schließlich hat die Bundesregierung im Jahre 1995 auf der Grundlage von § 20 UVPG 1990 und § 48 BImSchG eine **Allgemeine Verwaltungsvorschrift zur Ausführung des UVPG (UVP-VwV)**[33] erlassen. Diese Verwaltungsvorschrift enthält neben allgemeinen Regelungen detaillierte Vorgaben zum sog. Scoping nach § 5 UVPG, zur Ermittlung, Beschreibung, Darstellung und Bewertung der Umweltauswirkungen nach den §§ 1, 2 und 11 UVPG sowie zu konkreten Vorhabenarten. Energieversorgungsleitungen gehören nicht dazu.

31 Vgl. hier nur Landmann/Rohmer/*Sangenstedt*, § 1 UVPG Rn 1.
32 Vgl. dazu Berkemann/Halama/*Halama*, Erläuterungen Rn 30 ff.
33 GMBl. 1995 S. 671.

Die UVPVwV ist trotz des qualifizierten Erlassverfahrens nicht als sog. normkonkretisierende Verwaltungsvorschrift[34] zu qualifizieren,[35] weil sie anders als die TA Luft und die TA Lärm nicht der Konkretisierung unbestimmter Rechtsbegriffe dient,[36] sondern nur Kriterien und Verfahren bzw. Grundsätze zu den zuvor genannten Regelungsgegenständen vorgibt (vgl. § 20 UVPG 1990 bzw. § 24 UVPG n.F.). Auch die sonstigen Gründe, die bislang im Schrifttum zur Begründung einer gesteigerten Bindungswirkung entsprechender Verwaltungsvorschriften angeführt werden,[37] sind hier nicht erfüllt. Daher ist die UVPVwV nach allgemeinen Grundsätzen **nur für die zuständigen Behörden**, nicht aber für die Gerichte **verbindlich.**[38] 18

B. Die Strategische Umweltprüfung in der Netzplanung

Auf der ersten Stufe der Netzplanung[39] ist in der Praxis in aller Regel eine Strategische Umweltprüfung durchzuführen. Sie soll daher – entgegen der Paragraphenfolge des UVPG – zuerst behandelt werden. **Übergeordnetes Ziel der Strategischen Umweltprüfung** ist es, vorhabenrelevante planerische Standortentscheidungen umweltspezifisch zu sensibilisieren, da Planungen häufig entscheidende vorhabenbezogene Weichenstellungen vornehmen, die im späteren Zulassungsverfahren nicht mehr oder nur noch erschwert revidierbar sind.[40] 19

I. Die erfassten Planungen

1. Die Pflicht zur Feststellung der SUP-Pflicht

Nach § 14a Abs. 1 UVPG **hat die zuständige**[41] **Behörde frühzeitig zu prüfen und festzustellen,** ob bei der Aufstellung eines Plans oder eines Programms eine Strategische Umweltprüfung durchzuführen ist. Dies ist nach § 14b Abs. 1 UVPG dann der Fall, wenn der Plan oder das Programm entweder in der Anlage 3 Nr. 1 oder aber in der Anlage 3 Nr. 2 aufgeführt ist und für Entscheidungen über die Zulässigkeit von in der Anlage 1 aufgeführten Vorhaben oder von Vorhaben, die nach Landesrecht einer Umweltverträglichkeitsprüfung oder Vorprüfung des Einzelfalls bedürfen, einen Rahmen setzt. 20

Die entsprechende Feststellung ist dann gem. §14a Abs. 2 UVPG, sofern eine Vorprüfung des Einzelfalls nach §14b Abs. 2 oder §14d UVPG vorgenommen worden ist, der Öffentlichkeit nach den Bestimmungen des Bundes und der Länder über den Zugang zu Umweltinformationen zugänglich zu machen; soll eine Strategische Umweltprüfung unterbleiben, ist dies einschließlich der 21

34 Ausführlich zur Entwicklung und grundsätzlichen verfassungsrechtlichen Zulässigkeit solcher Verwaltungsvorschriften *Faßbender*, S. 207 ff.

35 So aber *Mayen*, NVwZ 1996, 319, 326.

36 Vgl. zu diesem Erfordernis BVerwG, Urt. v. 21.6.2001 – 7 C 21/00 – UPR 2001, 448 ff. mit Besprechung von *Faßbender*, UPR 2002, 15 ff.

37 Vgl. zu diesen *Faßbender*, S. 215 ff.

38 Vgl. etwa BVerfG, Beschl. v. 31.5.1988 – 1 BvR 520/83 – BVerfGE 78, 214, Ls. 1: *„Die Gerichte sind bei ihrer Kontrolltätigkeit gegenüber der Verwaltung grundsätzlich nicht an Verwaltungsvorschriften gebunden. Sie sind jedoch befugt, sich einer Gesetzesauslegung, die in einer Verwaltungsvorschrift vertreten wird, aus eigener Überzeugung anzuschließen."*

39 Näher zu den Arten und Stufen der Netzplanung oben Kap. 2.

40 Landmann/Rohmer/*Gärditz*, Vor § 14a UVPG Rn 9; vgl. auch *Stelkens*, NuR 2005, 362, 363.

41 Dies ist hier und auch im Folgenden grundsätzlich die Behörde, die für das Planaufstellungs- oder -änderungsverfahren zuständig ist; vgl. etwa Hoppe/Beckmann/*Leidinger*, § 14a UVPG Rn 21 sowie allgemein *Bundesumweltministerium/Umweltbundesamt*, Leitfaden zur Strategischen Umweltprüfung, 2010, S. 1.

dafür wesentlichen Gründe bekanntzugeben. Die Feststellung ist nicht selbstständig anfechtbar.

2. Pläne der räumlichen Gesamtplanung

22 Das führt im hier interessierenden Kontext dazu, dass eine Strategische Umweltprüfung zwingend **bei den Raumordnungsplanungen** des Bundes für die AWZ,[42] bei den Raumordnungsplanungen der Länder[43] sowie **bei den Bauleitplanungen der Gemeinden**[44] durchzuführen ist. Etwas anderes gilt gem. § 14d S. 2 UVPG nur in den in § 9 Abs. 2 ROG und §§ 13, 13a BauGB genannten Fällen. Diese Planungen können wiederum z.T. erhebliche Auswirkungen auf die Netzplanung haben.[45]

3. Spezifische energiewirtschaftliche Planungen

23 Darüber hinaus ist eine Strategische Umweltprüfung kraft fachgesetzlicher Anordnung **bei der energiewirtschaftlichen Bedarfsplanung**[46] und **bei der Bundesfachplanung nach dem NABEG**[47] durchzuführen. Fraglich ist bzw. war, ob auch bei der Aufstellung des Netzentwicklungsplans der Fernleitungsnetzbetreiber und bei der Aufstellung des Offshore-Netzplans eine Strategische Umweltprüfung durchzuführen ist. Denn für diese Planungen hat der Bundesgesetzgeber – anders als in den zuvor genannten Fällen – (zunächst) keine ausdrückliche Regelung der SUP-Pflicht getroffen.

24 **Mit Blick auf den (früheren) Offshore-Netzplan** ging das BSH, das den Plan gem. § 17 Abs. 2a S. 3 EnWG i.d.F. von 2011 jährlich im Einvernehmen mit der BNetzA und in Abstimmung mit dem Bundesamt für Naturschutz und den Küstenländern für die deutsche AWZ aufzustellen hatte,[48] im Ergebnis zu Recht davon aus, dass hier **eine SUP-Pflicht gegeben** war.[49] Eine solche ergab sich jedenfalls aus § 14b Abs. 2 S. 1 UVPG, da der Offshore-Netzplan gem. § 17 Abs. 2a S. 3 und 4 EnWG a.F. nicht nur die Festlegung der notwendigen Trassen für die Anbindungsleitungen, Standorte für die Konverterplattformen und grenzüberschreitende Stromleitungen enthalten sollte, sondern auch die Offshore-Anlagen identifizieren sollte, die für eine Sammelanbindung nach § 17 Abs. 2a S. 1 EnWG geeignet sind. Dies führt in der Praxis dazu, dass der Entwurf für den Offshore-Netzplan Nordsee einen **Rahmen**[50] **für mehr als 20 Windkraftanlagen** mit einer Gesamthöhe von jeweils mehr als 50 m setzt[51] und damit für ein Vorhaben, das wiederum nach Nr. 1.6.1 der Anlage 1 zum UVPG zwingend einer Umweltverträglichkeitsprüfung zu unterziehen ist.

25 In der Zwischenzeit hat der Gesetzgeber **durch das Dritte Gesetz zur Neuregelung energiewirtschaftsrechtlicher Vorschriften vom 20.12.2012**[52] **klargestellt**, dass für den bisherigen

---

42 Vgl. § 14b Abs. 1 Nr. 1 i.V.m. Nr. 1.6 der Anlage 3 UVPG i.V.m. § 17 Abs. 3 ROG.
43 Vgl. § 14b Abs. 1 Nr. 1 i.V.m. Nr. 1.5 der Anlage 3 UVPG i.V.m. § 8 ROG.
44 Vgl. § 14b Abs. 1 Nr. 1 i.V.m. Nr. 1.8 der Anlage 3 UVPG i.V.m. §§ 6 und 10 BauGB.
45 Siehe näher dazu den Überblick in Kap. 2 Rn 29 ff. und die ausführliche Darstellung in Kap. 7.
46 Vgl. § 12c Abs. 2 EnWG und § 14b Abs. 1 Nr. 1 i.V.m. Nr. 1.10 der Anlage 3 UVPG.
47 Vgl. § 5 Abs. 2 NABEG und § 14b Abs. 1 Nr. 1 i.V.m. Nr. 1.11 der Anlage 3 UVPG.
48 Vgl. dazu oben Kap. 2 Rn 59 und Kap. 3 Rn 329.
49 Vgl. etwa den auf den Internetseiten des BSH abrufbaren Entwurf des Umweltberichts zum Entwurf des Offshore-Netzplans für die deutsche AWZ der Nordsee vom September 2012, wo sich auf S. 4 auch Ausführungen zu den Rechtsgrundlagen finden, mit denen sich der Verfasser im Folgenden auseinandersetzt.
50 Vgl. dazu die Konkretisierung in § 14b Abs. 3 UVPG und dazu sogleich im Text.
51 Selbst wenn der Offshore-Netzplan für die AWZ der Ostsee diese Voraussetzung nicht erfüllt, dürften die Voraussetzungen des § 14b Abs. 2 S. 1 UVPG gleichwohl erfüllt sein, weil die UVP-Pflicht der später zu realisierenden Vorhaben keine zwingende Voraussetzung ist.
52 BGBl. I S. 2730.

Offshore-Netzplan grundsätzlich eine SUP-Pflicht besteht, indem er die Anlage 3 zum UVPG um eine neue Nr. 1.14 ergänzt hat. Dabei ist indessen zu beachten, dass der bisherige Offshore-Netzplan nunmehr zur besseren Abgrenzung vom neu eingeführten Offshore-Netzentwicklungsplan[53] **„Bundesfachplan Offshore"** genannt wird und dass dieser Plan in einem neuen § 17a EnWG eine detaillierte Regelung erfahren hat,[54] auf die noch zurückzukommen sein wird, weil sie das Verfahren nach dem UVPG zumindest partiell modifiziert.[55]

Darüber hinaus hat das dritte Änderungsgesetz dazu geführt, dass sich die für den Bundesbedarfsplan geltende SUP-Pflicht[56] auch auf den **neu eingeführten Offshore-Netzentwicklungsplan** erstreckt.[57] 26

4. Der Netzentwicklungsplan der Fernleitungsnetzbetreiber als Problemfall

Demgegenüber existiert für die **Aufstellung des Netzentwicklungsplans der Fernleitungsnetzbetreiber** weder eine spezialgesetzliche Regelung der SUP-Pflicht, noch wird eine Strategische Umweltprüfung derzeit, soweit ersichtlich, in der Praxis tatsächlich durchgeführt.[58] Das erscheint zumindest **bedenklich**, weil dieser Plan gem. § 15a Abs. 1 S. 2 EnWG alle wirksamen Maßnahmen zur bedarfsgerechten Optimierung, Verstärkung und zum bedarfsgerechten Ausbau des Netzes und zur Gewährleistung der Versorgungssicherheit enthalten muss, die in den nächsten zehn Jahren netztechnisch für einen sicheren und zuverlässigen Netzbetrieb erforderlich sind. Insofern setzt auch dieser Netzentwicklungsplan einen Rahmen für konkrete Leitungsbaumaßnahmen, die wiederum zumindest teilweise nach Nr. 19.2.1 der Anlage 1 zum UVPG zwingend einer Umweltverträglichkeitsprüfung zu unterziehen wären.[59] 27

Dabei reicht es gem. § 14b Abs. 3 UVPG für eine Rahmensetzung aus, wenn der Plan Festlegungen zum Bedarf enthält, die für die Entscheidung über die Zulässigkeit bedeutsam sind. Diese Voraussetzung wird man hier ungeachtet der Tatsache, dass es kein Pendant zu § 12e Abs. 4 EnWG gibt, im Ergebnis bejahen müssen, weil der Aufnahme eines Vorhabens in diesen Netzentwicklungsplan bei der Prüfung der Planrechtfertigung gleichwohl ein herausgehobener Stellenwert zukommt.[60] Dies reicht wiederum für eine Rahmensetzung nach § 14b Abs. 3 UVPG aus.[61] 28

Angesichts dessen ist beim Netzentwicklungsplan der Fernleitungsnetzbetreiber gem. § 14b Abs. 2 S. 1 UVPG eine wirkungsabhängige Strategische Umweltprüfung durchzuführen. Dabei dürfte auf der Hand liegen, dass die nach Maßgabe von § 14b Abs. 4 UVPG durchzuführende Vorprüfung in der Regel zutage fördern würde, dass die in dem Plan aufgeführten Vorhaben, insbesondere dann, wenn sie gem. der Nr. 19.2.1 der Anlage 1 zum UVPG einer Umweltverträglichkeitsprüfung bedürfen, erhebliche Umweltauswirkungen haben. Dies hätte dann wiederum zwingend zur Folge, dass auch bei der Aufstellung dieses Netzentwicklungsplans eine Strategische Umweltprüfung durchzuführen wäre. 29

53 So die Begründung im Gesetzentwurf der Bundesregierung; vgl. BT-Drucks. 17/10754, S. 23.
54 Vgl. dazu oben Kap. 2 Rn 60.
55 Siehe unten Rn 87 ff.
56 Siehe oben Rn 23 mit Fn 46.
57 Näher dazu unten Rn 87 ff.
58 Informationen zur Erstellung des Netzentwicklungsplans der Fernleitungsnetzbetreiber finden sich unter http://www.netzentwicklungsplan-gas.de.
59 Vgl. die Auflistung im Anhang 1 des Änderungsverlangens der BNetzA zum NEP Gas 2012, das ebenfalls unter http://www.netzentwicklungsplan-gas.de abrufbar ist.
60 Vgl. Kap. 10 Rn 26.
61 Vgl. etwa Hoppe/Beckmann/*Leidinger*, § 14b UVPG Rn 39 f.

5. SUP-Pflicht aufgrund einer Verträglichkeitsprüfung

30 Daneben kann sich eine SUP-Pflicht – auch und gerade beim Netzentwicklungsplan der Fernleitungsnetzbetreiber – gem. § 14c S. 1 UVPG daraus ergeben, dass der Plan oder das Programm einer Verträglichkeitsprüfung nach § 36 S. 1 Nr. 2 BNatSchG unterzogen werden muss, weil er einzeln oder im Zusammenwirken mit anderen Projekten oder Plänen geeignet ist, ein Natura 2000-Gebiet erheblich zu beeinträchtigen.[62]

6. Änderungen SUP-pflichtiger Pläne

31 Werden Pläne oder Programme, die nach § 14b Abs. 1 und/oder § 14c UVPG einer SUP-Pflicht unterliegen, geringfügig geändert oder legen sie die Nutzung kleiner Gebiete auf lokaler Ebene fest, so ist gem. § 14d S. 1 UVPG eine Strategische Umweltprüfung grundsätzlich nur dann durchzuführen, wenn eine **Vorprüfung des Einzelfalls** i.S.v. § 14b Abs. 4 UVPG ergibt, dass der Plan oder das Programm voraussichtlich erhebliche Umweltauswirkungen hat. Dabei handelt es sich nur dann um geringfügige Änderungen, wenn sie die Rahmenbedingungen für darauf aufbauende Projektzulassungen entweder nicht oder in Bezug auf zu erwartende Umweltauswirkungen nur in zu vernachlässigendem Umfang ändern.[63] Daraus folgt im Umkehrschluss, dass in allen anderen Fällen eine vollständige Strategische Umweltprüfung durchzuführen ist.

32 Die Regelung des § 14d S. 1 UVPG und damit wohl auch die zu ihr entwickelten Grundsätze gelten kraft ausdrücklicher Anordnung in § 12e Abs. 5 S. 1 EnWG und wegen des allgemeinen Verweises in § 5 Abs. 2 NABEG sowohl für **Änderungen des Bundesbedarfsplans** als auch für **Änderungen von Bundesfachplanungen**. Liegen die Voraussetzungen des § 14d S. 1 UVPG bei einer Bundesfachplanung vor, dann kann diese auf der Grundlage von § 11 NABEG in einem vereinfachten Verfahren durchgeführt werden.

33 Darüber hinaus sind bei Änderungen der Pläne oder Programme auf der Ebene der räumlichen Gesamtplanung gem. § 14d S. 1 UVPG die Sonderregelungen in § 13 BauGB sowie § 9 Abs. 2 ROG zu beachten.

II. Das Verfahren nach dem UVPG

34 Die Durchführung der Strategischen Umweltprüfung richtet sich in den Fällen der Bundesbedarfsplanung und der Bundesfachplanung sowie beim Offshore-Netzplan und beim Netzentwicklungsplan der Fernleitungsnetzbetreiber nach den Vorschriften des UVPG, sofern das Fachrecht keine abweichenden Regelungen enthält.[64] Daher soll im Folgenden das Verfahren der Strategischen Umweltprüfung nach dem UVPG näher dargestellt werden.

1. Festlegung des Untersuchungsrahmens

35 Vor der eigentlichen Durchführung der Strategischen Umweltprüfung hat die zuständige Behörde gem. § 14f Abs. 1 UVPG zunächst den Untersuchungsrahmen sowie den Umfang und den Detaillierungsgrad der in den Umweltbericht aufzunehmenden Angaben festzulegen. Bei diesem

---

62 Näher zu dieser Verträglichkeitsprüfung Kap. 10 Rn 81 ff.

63 Landmann/Rohmer/*Gärditz*, § 14d UVPG Rn 3; ebenso aus unionsrechtlicher Sicht *Pietzcker*/*Fiedler*, DVBl. 2002, 929, 931.

64 So mit Blick auf die Bundesfachplanung ausdrücklich § 5 Abs. 2 NABEG; ebenso mit Blick auf die Bedarfsplanung nach EnWG Steinbach/*Heimann*, § 12c EnWG Rn 10. Beim Offshore-Netzplan und beim Netzentwicklungsplan der Fernleitungsnetzbetreiber ergibt sich dies unmittelbar aus § 14e UVPG.

sog. **Scoping** sind gem. § 14f Abs. 4 UVPG die **Behörden**, deren umwelt- und gesundheitsbezogener Aufgabenbereich durch den Bundesbedarfsplan berührt wird, **zu beteiligen**. Ferner können Sachverständige, betroffene Gemeinden, nach § 14j Abs. 1 UVPG zu beteiligende Behörden, nach § 3 UmwRG anerkannte Umweltvereinigungen und sonstige Dritte hinzugezogen werden. Dadurch soll zusätzlicher Sachverstand rechtzeitig mobilisiert werden.[65]

Der auf diese Weise festzulegende Untersuchungsrahmen entfaltet anerkanntermaßen lediglich **eine verfahrensinterne Bindung** und kann auch insoweit später modifiziert oder gar korrigiert werden, da er keine staatliche Festlegung bewirken, sondern ausschließlich der Orientierung der Planungsbehörde selbst dienen soll.[66] Angesichts dessen besteht entgegen einer im Schrifttum vertretenen Ansicht[67] keine Veranlassung, dass jede spätere Abweichung vom Untersuchungsrahmen im Umweltbericht dokumentiert und begründet wird. 36

In inhaltlicher Hinsicht ist bei der Festlegung des Untersuchungsrahmens zu beachten, dass dieser, wie bereits § 14f Abs. 1 UVPG verdeutlicht, mit dem später zu erstellenden **Umweltbericht** auf das Engste verknüpft ist. Insofern bilden die in § 14g UVPG aufgeführten Inhalte des Umweltberichts gleichsam den **äußeren rechtlichen Rahmen**.[68] Dies hat auf der einen Seite zur Folge, dass grundsätzlich sämtliche Planinhalte einschließlich der erwogenen Alternativen einzubeziehen sind. Auf der anderen Seite können Gesichtspunkte, die für den späteren Umweltbericht erkennbar irrelevant sind, von vornherein außen vor bleiben. 37

Dabei folgt aus der engen Verknüpfung mit dem Umweltbericht, dass auch beim Scoping die Frage im Zentrum steht, welche erheblichen Auswirkungen die Durchführung des Plans oder Programms und der Alternativen auf die in § 2 Abs. 1 S. 2 UVPG genannten Schutzgüter verursachen kann.[69] Im konkreten Fall geht es im hier interessierenden Kontext um **die Auswirkungen der in dem Plan aufgeführten Maßnahmen des Netzausbaus**; diese Vorhaben bilden also den **Untersuchungsgegenstand**. 38

Bei der Ausfüllung dieses Rahmens hat sich die Behörde dann allerdings gem. § 14f Abs. 2 S. 1 UVPG an den **fachrechtlichen Vorschriften** zu orientieren, die für die Entscheidung über die Ausarbeitung, Annahme oder Änderung des Plans oder Programms maßgebend sind. Sie entscheiden somit über Art, Umfang und Detaillierungsgrad der in den Umweltbericht aufzunehmenden Angaben. Jenseits dessen gilt mit Blick auf die **Prüftiefe**, dass diese umso größer sein sollte, je nachteiliger die Umweltauswirkungen sein können und je wichtiger die Planfestlegung für das Erreichen der Ziele des Gesamtplans ist.[70] 39

Ergänzend bestimmt § 14f Abs. 2 S. 2 UVPG, dass zum einen nur Angaben in den Umweltbericht aufgenommen werden müssen, die mit **zumutbarem Aufwand** ermittelt werden können. Diese einfachgesetzliche Konkretisierung des Verhältnismäßigkeitsgrundsatzes muss sich ihrerseits an den Zwecken der Strategischen Umweltprüfung orientieren. Dementsprechend gilt (auch) hier: Je größer die voraussichtlichen Umweltauswirkungen, desto eher sind auch umfangreichere und kostenträchtige Untersuchungen oder Datenerhebungen zumutbar. Dabei ist 40

---

65 Hoppe/Beckmann/*Kment*, § 14f UVPG Rn 41. Deshalb sollte auch der Kreis der am Scoping beteiligten Behörden und Dritten tendenziell weit gezogen werden; so zu Recht *Bundesumweltministerium/Umweltbundesamt*, Leitfaden zur Strategischen Umweltprüfung, Kurzfassung, 2010, S. 1.

66 Hoppe/Beckmann/*Kment*, § 14f UVPG Rn 48; Landmann/Rohmer/*Wulfhorst*, § 14g UVPG Rn 12.

67 Vgl. *Balla*, NuR 2006, 485 f.

68 Landmann/Rohmer/*Gärditz*, § 14f UVPG Rn 2.

69 *Bundesumweltministerium/Umweltbundesamt*, Leitfaden zur Strategischen Umweltprüfung, 2010, S. 11.

70 *Bundesumweltministerium/Umweltbundesamt*, Leitfaden zur Strategischen Umweltprüfung, Kurzfassung, 2010, S. 3.

wiederum zu berücksichtigen, dass im Rahmen gestufter Verfahren nicht entscheidungserhebliche Fragen gem. § 14f Abs. 3 UVPG abgeschichtet werden können.[71]

41 Zum anderen benennt § 14f Abs. 2 S. 2 UVPG einige **allgemeine Methoden und Standards**, die zu berücksichtigen sind: der gegenwärtige Wissensstand, der Behörde bekannte Äußerungen der Öffentlichkeit, allgemein anerkannte Prüfungsmethoden, Inhalt und Detaillierungsgrad des Plans sowie dessen Stellung im Entscheidungsprozess. Diese Vorgaben gelten mittelbar auch für die Festlegung des Untersuchungsrahmens, weil der in Bezug genommene Umweltbericht den Zielhorizont der Untersuchung bildet.[72]

42 Sind Pläne und Programme in einen **mehrstufigen Planungs- und Zulassungsprozess** eingebunden, dann soll nach der **ausdrücklichen Regelung in § 14f Abs. 3 UVPG** zur Vermeidung von Mehrfachprüfungen bei der Festlegung des Untersuchungsrahmens bestimmt werden, auf welcher der Stufen dieses Prozesses bestimmte Umweltauswirkungen schwerpunktmäßig geprüft werden sollen (S. 1). Dabei sind Art und Umfang der Umweltauswirkungen, fachliche Erfordernisse sowie Inhalt und Entscheidungsgegenstand des Plans oder Programms zu berücksichtigen (S. 2). Bei nachfolgenden Plänen und Programmen sowie bei der nachfolgenden Zulassung von Vorhaben, für die der Plan oder das Programm einen Rahmen setzt, soll sich die Umweltprüfung auf zusätzliche oder andere erhebliche Umweltauswirkungen sowie auf erforderliche Aktualisierungen und Vertiefungen beschränken (S. 3).

43 Der dahinter stehende Grundgedanke einer notwendigen **Abschichtung des Prüfungsrahmens**,[73] der auch in der SUP-Richtlinie klar zum Ausdruck kommt,[74] ist gerade **für die mehrstufige Netzplanung von besonderer Bedeutung**. Darauf wird vor allem bei der Würdigung der energiewirtschaftlichen Bedarfsplanung noch zurückzukommen sein.[75]

44 Schließlich ist bereits an dieser Stelle darauf hinzuweisen, dass § 14n UVPG die zuständige Behörde ausdrücklich ermächtigt, **die Strategische Umweltprüfung mit anderen Prüfungen** zur Ermittlung oder Bewertung von Umweltauswirkungen und damit insbesondere mit der bei Natura 2000-Gebieten durchzuführenden Verträglichkeitsprüfung[76] **zu verbinden**. Dies kann vollständig oder bei einzelnen Verfahrensschritten geschehen, sollte aber bereits im Rahmen des Scopings geprüft und mit den jeweils zuständigen Behörden abgesprochen werden.[77]

2. Erarbeitung der Inhalte des Umweltberichts

45 Im Anschluss an die Festlegung des Untersuchungsrahmens sind die Inhalte des Umweltberichts zu erarbeiten. Dieser ist **das zentrale Element der Strategischen Umweltprüfung**,[78] weil er zusammen mit dem Entwurf des Plans oder Programms Gegenstand der anschließenden Behörden- und Öffentlichkeitsbeteiligung ist. Zentraler Inhalt des Umweltberichts wiederum ist gem. § 14g Abs. 1 S. 2 UVPG die Ermittlung, Beschreibung und Bewertung der voraussichtlichen erheblichen Umweltauswirkungen der Durchführung des Plans oder Programms sowie vernünftiger Alternativen. Dies ist die eigentliche Umweltprüfung.

---

71 Landmann/Rohmer/*Gärditz*, § 14f UVPG Rn 10, meint sogar, dass der Vorbehalt des Zumutbaren vor allem durch ein gestuftes Vorgehen im Rahmen der Umweltprüfung umgesetzt werde. Näher zu § 14f Abs. 3 UVPG sogleich im Text.

72 Landmann/Rohmer/*Gärditz*, § 14f UVPG Rn 6.

73 Vgl. hier nur Landmann/Rohmer/*Gärditz*, § 14f UVPG Rn 6.

74 Vgl. Art. 4 Abs. 3 der RL 2001/42/EG.

75 Siehe unten Rn 72, 224 und 230.

76 Vgl. dazu ausführlich Kap. 10 Rn 81 ff.

77 *Bundesumweltministerium/Umweltbundesamt*, Leitfaden zur Strategischen Umweltprüfung, Kurzfassung, 2010, S. 4.

78 Landmann/Rohmer/*Wulfhorst*, § 14g UVPG Rn 1.

a) Allgemeines zu Zeitpunkt, Form und Inhalt

Der Umweltbericht ist **in zeitlicher Hinsicht** gem. § 14g Abs. 1 S. 1 UVPG „**frühzeitig**" zu erstellen. Dies bedeutet einerseits, dass der Umweltbericht den Inhalt der Planung noch beeinflussen können muss. Andererseits sollte die Umweltprüfung nicht in einem Stadium erfolgen, in dem die Planung in wesentlichen Teilen noch völlig unbestimmt ist. Daraus folgt, dass der Umweltbericht im Idealfall zu einem Zeitpunkt zu erstellen ist, zu dem sich Planung und Umweltprüfung noch gegenseitig beeinflussen können.[79] Angesichts dessen ist es sachgerecht und nachgerade vorbildlich, wenn § 12c Abs. 2 EnWG bestimmt, dass der Umweltbericht bereits **während des Verfahrens zur Erstellung des (Offshore-) Netzentwicklungsplans** zu erstellen ist. Denn der durch die BNetzA bestätigte (Offshore-) Netzentwicklungsplan fungiert gem. § 12e Abs. 1 EnWG als Entwurf für den Bundesbedarfsplan, der „an sich" gem. § 14b Abs. 1 Nr. 1 i.V.m. Nr. 1.10 der Anlage 3 UVPG einer SUP-Pflicht unterliegt. 46

Eine bestimmte **Form** wird weder durch die SUP-Richtlinie noch durch das UVPG vorgeschrieben. Allerdings können aus Sinn und Zweck des Umweltberichts bestimmte Formerfordernisse hergeleitet werden. Danach wird man ein **eigenständiges Dokument** mit systematischer Ausarbeitung und Darstellung in geschlossener Form fordern müssen.[80] 47

Die **Gliederung** sollte sich an der Aufzählung in § 14g Abs. 2 S. 1 UVPG orientieren,[81] weil auf diese Weise am ehesten sichergestellt wird, dass der Umweltbericht sämtliche **rechtlich geforderten Inhalte** umfasst. Dabei müssen Dritte gem. § 14g Abs. 2 S. 2 UVPG anhand des Umweltberichts beurteilen können, ob und in welchem Umfang sie von den Umweltauswirkungen des Plans oder Programms betroffen werden können. Hierbei handelt es sich um eine Formulierungsdirektive, die auf eine größtmögliche **Verständlichkeit** abzielt und die für sämtliche Mindestinhalte des Umweltberichts gilt.[82] Schließlich ist dem Umweltbericht eine allgemein verständliche, nichttechnische **Zusammenfassung** beizufügen (§ 14g Abs. 2 S. 3 UVPG). 48

Praxistipp i

Eine fachlich fundierte Darstellung sämtlicher Inhalte des Umweltberichts ist an dieser Stelle aus Raumgründen nicht möglich. Eine solche findet sich zum einen in der einschlägigen Fachliteratur[83] und zum anderen in einem „Leitfaden zur Strategischen Umweltprüfung", der im Auftrag des Umweltbundesamtes erstellt, im März 2010 aktualisiert wurde und der im Internet in einer Kurz- und Langfassung kostenlos heruntergeladen werden kann.[84]

Vor diesem Hintergrund werden im Folgenden nur einige Hinweise zur Ermittlung, Beschreibung und Bewertung der voraussichtlichen erheblichen Umweltauswirkungen der Durchführung des Plans oder Programms sowie vernünftiger Alternativen gegeben, weil diese, wie bereits erwähnt, im Zentrum des Umweltberichts stehen. 49

---

79 Landmann/Rohmer/*Wulfhorst*, § 14g UVPG Rn 23.

80 Diese Voraussetzung ist auch dann gewahrt, wenn der Umweltbericht einen eigenständigen und in sich geschlossenen Abschnitt der Plan- oder Programmbegründung bildet. So etwa auch *Bundesumweltministerium/Umweltbundesamt*, Leitfaden zur Strategischen Umweltprüfung, Kurzfassung, 2010, S. 4. Näher zum Ganzen Hoppe/Beckmann/*Kment*, § 14g UVPG Rn 94.

81 So übereinstimmend *Balla*, NuR 2006, 485, 486; Landmann/Rohmer/*Wulfhorst*, § 14g UVPG Rn 21.

82 Näher dazu Landmann/Rohmer/*Wulfhorst*, § 14g UVPG Rn 65.

83 Hier ist besonders auf die Kommentierungen zu § 14g UVPG hinzuweisen; vgl. etwa Hoppe/Beckmann/*Kment*, § 14g UVPG Rn 15 ff.; Landmann/Rohmer/*Wulfhorst*, § 14g UVPG Rn 24 ff.

84 Vgl. etwa http://www.bmu.de/themen/strategien-bilanzen-gesetze/umweltpruefungen-uvpsup/kurzinfo.

b) Die Umweltauswirkungen der Durchführung

50 Die Ermittlung, Beschreibung und Bewertung der voraussichtlichen erheblichen Umweltauswirkungen der Durchführung des Plans oder Programms erfolgt **bei den umweltbezogenen Schutzgütern** grundsätzlich durch einen **Vergleich des derzeitigen Zustands und der prognostizierten Veränderungen**, die voraussichtlich mit der Umsetzung des Plans oder Programms einhergehen. Von daher erfolgt die Umweltprüfung üblicherweise in zwei Schritten:[85] In einem ersten Schritt sind zunächst gem. § 14g Abs. 2 S. 1 Nr. 3 und 4 UVPG die Merkmale der Umwelt, der derzeitige Umweltzustand, dessen voraussichtliche Entwicklung bei Nichtdurchführung des Plans oder des Programms und die bestehenden für den Plan oder das Programm bedeutsamen Umweltprobleme zu ermitteln und darzustellen. Sodann sind in einem zweiten Schritt gem. § 14g Abs. 2 S. 1 Nr. 5 UVPG die Veränderungen zu prognostizieren, die sich bei der Umsetzung des Plans oder Programms ergeben.

51 **Prüfungsmaßstab** sind die in § 2 Abs. 1 S. 2 Nr. 1–3 UVPG aufgezählten Schutzgüter wie z.B. Tiere, Pflanzen, die biologische Vielfalt, Boden, Wasser, Luft, Landschaft und Kulturgüter sowie die Wechselwirkungen zwischen diesen Schutzgütern (§ 2 Abs. 1 S. 2 Nr. 4 UVPG). Dabei sind auch die gem. § 14g Abs. 2 S. 1 Nr. 2 UVPG im Umweltbericht darzustellenden Ziele des Umweltschutzes zu berücksichtigen. Darzustellen ist auch die Art, wie diese Ziele und sonstige Umwelterwägungen bei der Ausarbeitung des Plans oder des Programms berücksichtigt wurden.

52 Zu den in § 2 Abs. 1 S. 2 Nr. 1 UVPG genannten Schutzgütern zählt aber auch **die menschliche Gesundheit**. Dieses Schutzgut **spielt bei der Netzplanung** und beim Netzausbau ebenfalls **eine entscheidende Rolle**, weil viele Menschen – wie zuletzt die Konsultationen zum Umweltbericht zum Entwurf für den Bundesbedarfsplan gezeigt haben[86] – die Sorge haben, dass die geplanten Höchstspannungsleitungen ihre Gesundheit beeinträchtigen könnten. Dabei ist bereits an dieser Stelle darauf hinzuweisen, dass es namentlich mit Blick auf die Wirkungen elektrischer und magnetischer Felder **spezialgesetzliche Grenzwerte** in der 26. BImSchV gibt,[87] die gem. § 14g Abs. 2 S. 1 Nr. 2 UVPG auch bei der Strategischen Umweltprüfung zu berücksichtigen sind.[88]

53 Im Übrigen gilt für die notwendige Prüftiefe, die Zumutbarkeit der Ermittlungen, die zulässigen Methoden und Standards sowie mit Blick auf die Notwendigkeit einer Abschichtung der Prüfung bei mehrstufigen Planungs- und Zulassungsprozessen im Wesentlichen das, was bereits zum Scoping gesagt wurde.[89]

c) Die Umweltauswirkungen der Alternativen

54 Darüber hinaus ist die zuständige Behörde gem. § 14g Abs. 1 S. 2 UVPG verpflichtet, „vernünftige Alternativen“ zu ermitteln, zu beschreiben und zu bewerten. Dabei ist die Beschränkung auf „vernünftige Alternativen“ Ausdruck des Verhältnismäßigkeitsgrundsatzes. Dies bedeutet freilich nicht, dass nur solche Alternativen geprüft werden müssten, die sich „ernsthaft anbieten“ oder „aufdrängen“. Daher sind die Grundsätze, die die Rechtsprechung zur Alternativenprüfung im Rahmen des planungsrechtlichen Abwägungsgebots entwickelt hat, hier nicht ohne Weiteres übertragbar.[90]

---

85 Vgl. etwa Landmann/Rohmer/*Wulfhorst*, § 14g UVPG Rn 28.
86 Vgl. *BNetzA*, Umweltbericht zum Bundesbedarfsplan-Entwurf 2012, S. 15 ff.
87 Vgl. dazu ausführlich Kap. 10 Rn 230 ff.
88 Hier ist zu berücksichtigen, dass die in der Vorschrift genannten Ziele des Umweltschutzes nicht zwingend umwelt- oder nachhaltigkeitsbezogen sein müssen; so mit Recht Hoppe/Beckmann/*Kment*, § 14g UVPG Rn 41; *Schink*, NuR 2005, 143, 146.
89 Siehe oben Rn 35 ff.
90 So mit Recht Landmann/Rohmer/*Wulfhorst*, § 14g UVPG Rn 34.

Die Beschränkung bewirkt aber wohl eine praktisch bedeutsame **Öffnung für umweltfremde Aspekte**. Demzufolge müssen etwa wirtschaftlich völlig unsinnige Alternativen[91] oder Alternativen, die Vorhaben auf der Zulassungsebene mit unangemessen hohen Kosten belasten würden, nicht näher geprüft werden.[92] Das Gleiche gilt für Alternativen, die den grundlegenden Zielen des Plans oder Programms zuwiderlaufen.[93] Dies folgt nicht zuletzt aus dem in § 14f Abs. 2 S. 1 UVPG angeordneten Vorrang des einschlägigen Fachrechts. Insofern geht es also nicht um Alternativen für den gesamten Plan, sondern um Varianten für einzelne planerische Festsetzungen oder für die in Rede stehende Ausführungsart. 55

Hieraus folgt schließlich, dass die **„Null-Variante"** grundsätzlich kein Aspekt der Alternativenprüfung ist, weil eine Nichtdurchführung der geplanten Vorhaben in der Regel nicht mit den Zielen der Planung in Einklang steht und daher keine „vernünftige Alternative" im zuvor genannten Sinne ist.[94] Dabei darf jedoch nicht übersehen werden, dass die „Null-Variante" gem. § 14g Abs. 2 S. 1 Nr. 3 UVPG ein obligatorischer Bestandteil der Strategischen Umweltprüfung und namentlich bei der durchzuführenden Abwägung zu berücksichtigen ist.[95] 56

3. Behörden- und Öffentlichkeitsbeteiligung

Nach § 14h UVPG hat die zuständige Behörde den Entwurf des Plans oder Programms sowie den Umweltbericht **den Behörden zu übermitteln**, deren umwelt- oder gesundheitsbezogener Aufgabenbereich durch den Plan oder das Programm berührt wird, **und die Stellungnahme dieser Behörden einzuholen**. Dabei soll für die Abgabe der Stellungnahmen eine angemessene Frist von mindestens einem Monat festgesetzt werden. 57

Darüber hinaus müssen der Entwurf des Plans oder Programms, der Umweltbericht sowie weitere Unterlagen, deren Einbeziehung die zuständige Behörde für zweckmäßig hält,[96] gem. § 14i Abs. 2 UVPG frühzeitig für eine angemessene Dauer von **mindestens einem Monat öffentlich ausgelegt werden**. Dabei sind die Auslegungsorte unter Berücksichtigung von Art und Inhalt des Plans oder Programms von der zuständigen Behörde so festzulegen, dass eine wirksame Beteiligung der betroffenen Öffentlichkeit gewährleistet ist. Zur betroffenen Öffentlichkeit zählen gem. § 2 Abs. 6 S. 2 UVPG sämtliche Personen, deren Belange durch den Plan oder das Programm berührt werden, sowie Vereinigungen, deren satzungsmäßiger Aufgabenbereich durch den Plan oder das Programm berührt wird, darunter auch Vereinigungen zur Förderung des Umweltschutzes. 58

Die Auslegung dient in der Sache dazu, **dass sich die betroffene Öffentlichkeit** zu dem Entwurf des Plans oder Programms und zu dem Umweltbericht **äußern kann**. Die zuständige Behörde hat gem. § 14i Abs. 3 S. 2 UVPG für die Äußerung eine **angemessene Frist von mindestens einem Monat** festzusetzen. Wird diese Frist nicht eingehalten, so hat dies – anders als bei der Umweltverträglichkeitsprüfung – **keine materielle Präklusion** zur Folge.[97] 59

Ein **Erörterungstermin** ist bei der Öffentlichkeitsbeteiligung im Rahmen der Strategischen Umweltprüfung nur durchzuführen, soweit Rechtsvorschriften des Bundes dies für bestimmte 60

---

91 Landmann/Rohmer/*Wulfhorst*, § 14g UVPG Rn 36; *Spannowsky*, UPR 2005, 401, 404.

92 *Bundesumweltministerium/Umweltbundesamt*, Leitfaden zur Strategischen Umweltprüfung, Kurzfassung, 2010, S. 8 mit weiteren Beispielen.

93 Hoppe/Beckmann/*Kment*, § 14g UVPG Rn 25; *Spannowsky*, UPR 2005, 401, 405; *Schink*, NuR 2005, 143, 146; *Tausch*, S. 351; einschränkend Landmann/Rohmer/*Wulfhorst*, § 14g UVPG Rn 40.

94 Hoppe/Beckmann/*Kment*, § 14g UVPG Rn 30; *Spannowsky*, UPR 2005, 401, 405; *Tausch*, S. 352.

95 Darauf weist Landmann/Rohmer/*Wulfhorst*, § 14g UVPG Rn 42, zu Recht hin.

96 Hier ist – nicht zuletzt wegen des Verweises in § 14i Abs. 1 UVPG – besonders an die in § 9 Abs. 1b S. 1 Nr. 2 UVPG genannten *„entscheidungserheblichen Berichte und Empfehlungen"* zu denken.

97 Landmann/Rohmer/*Gärditz*, § 14i UVPG Rn 19; *Stüer*, Rn 3038.

Pläne und Programme vorsehen.[98] Eine solche Rechtsvorschrift enthält im hier interessierenden Zusammenhang allein § 10 NABEG.[99]

61 Schließlich ist gem. § 14j i.V.m. §§ 8, 9a UVPG eine **grenzüberschreitende Behörden- und Öffentlichkeitsbeteiligung** durchzuführen, wenn der Plan oder das Programm erhebliche Umweltauswirkungen in einem anderen Staat haben kann.[100]

4. Überprüfung und Berücksichtigung des Umweltberichts

62 Nach Abschluss der Behörden- und Öffentlichkeitsbeteiligung hat die zuständige Behörde gem. § 14k Abs. 1 UVPG die Darstellungen und Bewertungen des Umweltberichts unter Berücksichtigung der ihr nach den §§ 14h–14j UVPG übermittelten Stellungnahmen und Äußerungen zu **überprüfen** (S. 1). Dabei gelten die in § 14g Abs. 3 UVPG bestimmten Maßstäbe (S. 2). Daraus folgt zunächst einmal, dass sich die Behörde inhaltlich mit den Stellungnahmen bzw. Einwendungen auseinandersetzen muss; und damit dieser Vorgang nachvollziehbar ist, muss sie dies auch **schriftlich dokumentieren.**[101]

63 Führt die Überprüfung zu dem Ergebnis, dass der Umweltbericht in nicht nur unwesentlichen Punkten ergänzt werden muss, so stellt sich die Frage, ob eine **erneute Auslegung** erforderlich ist. Dies wird teilweise mit einem Hinweis auf § 14i Abs. 1 i.V.m. § 9 Abs. 1 S. 4 UVPG bejaht.[102] Dagegen spricht bereits, dass die zuletzt genannte Vorschrift nur Anwendung findet, **wenn die planungsrechtlichen Grundlagen geändert werden**. Ändert sich erst durch die Öffentlichkeitsbeteiligung die Beurteilung der Umweltauswirkungen, so findet die Norm keine Anwendung. Hiervon gehen auch § 4a Abs. 3 S. 1 BauGB und § 10 Abs. 1 S. 4 ROG jedenfalls in der Sache aus.[103]

64 Das **Ergebnis** dieser Überprüfung **ist** dann gem. § 14k Abs. 2 UVPG im Verfahren zur Aufstellung oder Änderung des Plans oder Programms **zu berücksichtigen**. Diese Formulierung trifft den Kern in der Tat nicht ganz. Denn es ist nicht das Ergebnis der Überprüfung, das berücksichtigt werden soll, sondern der (überprüfte) Umweltbericht.[104] Dabei macht bereits der Begriff „berücksichtigen" deutlich, dass den Umweltbelangen bei der Entscheidung über den Plan oder das Programm **kein Vorrang** zukommt.[105]

65 Ein solcher Vorrang **kann sich aber aus den fachrechtlichen Vorschriften**, insbesondere des Umweltrechts, **ergeben.**[106] Fehlt es daran, so muss sich die zuständige Behörde, insbesondere in der **Abwägung**, mit den Ergebnissen des (überprüften) Umweltberichts sachlich auseinandersetzen. Dies kann wiederum die Begründungserfordernisse bei einer Überwindung der Umweltbelange deutlich erhöhen. Vor allem hieraus resultiert die erhebliche praktische Bedeutung der Strategischen Umweltprüfung.

---

98 So § 14i Abs. 3 S. 3 UVPG.
99 Näher dazu Kap. 4 Rn 72 ff.
100 Vgl. dazu die instruktiven Berichte in *Spannowsky*.
101 Vgl. etwa Hoppe/Beckmann/*Kment*, § 14g UVPG Rn 6; Landmann/Rohmer/*Wulfhorst*, § 14k UVPG Rn 16 f.
102 *Bundesumweltministerium/Umweltbundesamt*, Leitfaden zur Strategischen Umweltprüfung, 2010, S. 43.
103 Ebenso im Ergebnis Hoppe/Beckmann/*Beckmann*, § 14k UVPG Rn 7; Landmann/Rohmer/*Wulfhorst*, § 14k UVPG Rn 18.
104 *Erbguth/Schubert*, ZUR 2005, 524, 529; Landmann/Rohmer/*Wulfhorst*, § 14k UVPG Rn 19.
105 Näher hierzu und zum Folgenden Hoppe/Beckmann/*Beckmann*, § 14k UVPG Rn 9 ff.; Landmann/Rohmer/*Wulfhorst*, § 14k UVPG Rn 21 ff.
106 Vgl. dazu ausführlich Kap. 10 Rn 66 ff.

5. Bekanntgabe der Entscheidung

Wird der Plan oder das Programm angenommen, so ist **die Annahme** gem. § 14l Abs. 1 S. 1 UVPG öffentlich bekanntzumachen.[107] Dabei sind die in § 14l Abs. 2 UVPG genannten **Informationen zur Einsicht auszulegen.** Auf welche Art und Weise dies alles geschieht, lässt das Gesetz offen. Hier ist zunächst einmal das jeweilige Fachrecht zu konsultieren. Jenseits dessen muss, insbesondere mit Blick auf die Auslegung, gewährleistet sein, dass den öffentlichen Informationsbedürfnissen und der Publizität des Verwaltungshandelns angemessen Rechnung getragen wird.[108] Dabei kann die Regelung in § 74 Abs. 5 VwVfG als Orientierungsmaßstab herangezogen werden.[109] 66

Wird der Plan oder das Programm hingegen **abgelehnt**, so liegt es im Ermessen der Behörde, ob diese Entscheidung öffentlich bekanntgemacht wird (vgl. § 14l Abs. 1 S. 2 UVPG). In diesem Fall können aber Ansprüche auf individuelle Auskunft nach den Umweltinformationsgesetzen des Bundes und der Länder geltend gemacht werden.[110] 67

6. Überwachung

§ 14m Abs. 1 UVPG verpflichtet die zuständige Behörde,[111] die erheblichen Umweltauswirkungen, die sich aus der Durchführung des Plans oder Programms ergeben, zu überwachen, um insbesondere frühzeitig unvorhergesehene nachteilige Auswirkungen zu ermitteln und geeignete Abhilfemaßnahmen ergreifen zu können (S. 1). Die erforderlichen Überwachungsmaßnahmen sind mit der Annahme des Plans oder Programms auf der Grundlage der Angaben **im Umweltbericht festzulegen** (S. 2). Die **Ergebnisse der Überwachung sind** der Öffentlichkeit gem. § 14m Abs. 4 UVPG nach den Vorschriften des Bundes und der Länder über den Zugang zu Umweltinformationen sowie den Behörden, deren umwelt- und gesundheitsbezogener Aufgabenbereich durch den Plan oder das Programm berührt wird, **zugänglich zu machen** und bei einer erneuten Aufstellung oder einer Änderung des Plans oder Programms zu berücksichtigen. Es ist aber zu beachten, dass § 14m UVPG **keine subjektiven Rechte Dritter**, insbesondere der Planbetroffenen, auf Festlegung von (bestimmten) Überwachungsmaßnahmen oder auf Durchführung von (bestimmten) Abhilfemaßnahmen begründet.[112] 68

III. Besonderheiten bei der räumlichen Gesamtplanung

Diese allgemeinen Vorgaben werden bei der räumlichen Gesamtplanung teilweise modifiziert. Diese Modifikationen betreffen indessen im Wesentlichen nur die anzuwendenden Rechtsgrundlagen, das Verfahren und die planungsrechtlichen Besonderheiten, weil das Wesentliche, wie bereits erwähnt, ohnehin durch die SUP-Richtlinie vorgegeben ist.[113] 69

---

107 Bei außenwirksamen Plänen und Programmen ergibt sich diese Pflicht bereits aus dem Publizitätsgebot; vgl. etwa zum Bebauungsplan BVerfGE 65, 283, 291.

108 Landmann/Rohmer/*Gärditz*, § 14l UVPG Rn 3.

109 Vgl. Hoppe/Beckmann/*Wagner*, § 14l UVPG Rn 12ff.

110 Hierauf weist Landmann/Rohmer/*Gärditz*, § 14l UVPG Rn 2, zu Recht hin.

111 Dies ist gem. § 14m Abs. 2 UVPG die für die Strategische Umweltprüfung zuständige Behörde, soweit Rechtsvorschriften des Bundes oder der Länder keine abweichende Zuständigkeit regeln.

112 So auch Hoppe/Beckmann/*Schieferdecker*, § 14m UVPG Rn 52; Landmann/Rohmer/*Gärditz*, § 14k UVPG Rn 11.

113 Vgl. zur SUP-Richtlinie oben Rn 8.

1. Raumordnungspläne

70 Das zuletzt Gesagte gilt namentlich für die **Aufstellung der Raumordnungspläne**. Denn insoweit bestimmt § 16 Abs. 4 UVPG zwar, dass eine hier durchzuführende[114] Strategische Umweltprüfung einschließlich der Überwachung nach den Vorschriften des ROG durchzuführen ist. Schaut man sich dann aber die einschlägigen Regelungen im ROG an,[115] dann ergeben sich gegenüber den zuvor geschilderten allgemeinen Beteiligungs- und sonstigen Verfahrensregeln in den §§ 14f bis 14m UVPG **kaum SUP-spezifische Besonderheiten**, die einer besonderen Erläuterung bedürften.[116]

71 Von daher sind hier vor allem die folgenden **planungsrechtlichen Besonderheiten** zu beachten. Zunächst einmal gibt es wegen § 8 Abs. 1 ROG bereits auf dieser Stufe in den Flächenländern eine **zweistufige Planung**, bestehend aus einem Raumordnungsplan für das Landesgebiet (landesweiter Raumordnungsplan) und Raumordnungsplänen für die Teilräume der Länder (Regionalpläne).[117] Aus § 9 Abs. 1 S. 1 ROG folgt wiederum, dass **auf beiden Stufen eine Strategische Umweltprüfung durchzuführen** ist.

72 Dabei ist auf der einen Seite zu berücksichtigen, dass die Regionalpläne gem. § 8 Abs. 2 S. 1 ROG aus dem Raumordnungsplan für das Landesgebiet zu entwickeln sind. Auf der anderen Seite sind aber auch die Flächennutzungspläne und die Ergebnisse der sonstigen städtebaulichen Planungen entsprechend dem in § 1 Abs. 3 ROG normierten Gegenstromprinzip gem. § 8 Abs. 2 S. 2 ROG bei der Aufstellung der Raumordnungspläne in der Abwägung zu berücksichtigen. Aus diesem Grund ist das auch in § 9 Abs. 3 S. 1 ROG normierte **Gebot einer Abschichtung der Umweltprüfung**[118] hier **besonders zu beachten** – und zwar in beide Richtungen der Planungshierarchie.[119]

2. Bauleitpläne

73 Mit Blick auf die **Strategische Umweltprüfung bei Bauleitplänen** bestimmt § 17 Abs. 2 UVPG im Ausgangspunkt ebenso wie § 16 Abs. 4 UVPG, dass eine etwaig bei der Aufstellung, Änderung oder Ergänzung eines Bauleitplans durchzuführende[120] Strategische Umweltprüfung einschließlich der Überwachung nach den Vorschriften des BauGB durchzuführen ist. Aus diesen Vorschriften[121] ergibt sich jedoch im Vergleich zu den §§ 14f bis 14m UVPG **eine ganze Reihe von Besonderheiten**, die hier ebenfalls aus Raumgründen, aber auch wegen der vergleichsweise geringen Bedeutung der Bauleitpläne für die Netzplanung[122] nicht näher dargestellt werden.[123]

---

114 Vgl. zur Notwendigkeit, bei Raumordnungsplänen eine Strategische Umweltprüfung durchzuführen, oben Rn 22 mit Fn 42 und 43.
115 Hier sind insbesondere die §§ 7 Abs. 2 S. 2, 9, 10 und 11 ROG einschlägig.
116 Ebenso im Ausgangspunkt Hoppe/Beckmann/*Wagner*, § 16 UVPG Rn 114.
117 Näher dazu Kap. 7 Rn 52.
118 Vgl. dazu bereits oben Rn 43.
119 So zutreffend Spannowsky/Runkel/Goppel/*Spannowsky*, § 9 Rn 45–47.
120 Vgl. zur Notwendigkeit, bei Bauleitplänen eine Strategische Umweltprüfung durchzuführen, oben Rn 22 mit Fn 44.
121 Hier sind insbesondere die §§ 2 Abs. 4, 2a, 4a, 4b, 4c, 13 Abs. 3, 13a Abs. 1 S. 2 Nr. 2 und Abs. 3, 214 Abs. 1 S. 1 Nr. 3 BauGB zu beachten.
122 Näher dazu Kap. 7 Rn 144 ff.
123 Einen gelungenen, vergleichsweise kurzen Überblick gibt Landmann/Rohmer/*Gärditz*, Vor § 14a UVPG Rn 17–19; eine ausführliche Schilderung des Ablaufs einer Strategischen Umweltprüfung im Bebauungsplanverfahren findet sich bei Landmann/Rohmer/*Wulfhorst*, § 17 UVPG Rn 13 ff.

IV. Besonderheiten bei der Bedarfsplanung nach EnWG

Die zuvor geschilderten allgemeinen Vorgaben des UVPG werden ferner bei der nach dem EnWG durchzuführenden Bedarfsplanung modifiziert. Diese Modifikationen betreffen indessen erneut im Wesentlichen nur die anzuwendenden Rechtsgrundlagen, das Verfahren und die planungsrechtlichen Besonderheiten, weil die SUP-Richtlinie auch hier zu beachten ist.[124] 74

1. Rechtsgrundlagen und Verfahren

Mit Blick auf die anzuwendenden Rechtsgrundlagen ist zu beachten, dass die Vorschriften des UVPG vor allem durch § 12c Abs. 2 und 3 sowie § 17a Abs. 2 EnWG ergänzt bzw. modifiziert werden. Diese betreffen wiederum die Zuständigkeiten und das Verfahren. Welche Besonderheiten sich daraus für die Durchführung der Strategischen Umweltprüfung beim Netzentwicklungsplan ergeben, wird in diesem Handbuch im **Kapitel über die Bedarfsplanung** näher beschrieben.[125] Darauf sei hier zur Vermeidung von Wiederholungen verwiesen. 75

Angesichts dessen ist hier lediglich zusammenfassend darauf hinzuweisen, dass die für den Bundesbedarfsplan geltende SUP-Pflicht, wie bereits erwähnt, durch das dritte Änderungsgesetz zum EnWG vom 20.12.2012 auf den **neu eingeführten Offshore-Netzentwicklungsplan** erstreckt wurde.[126] Seither basiert der Bundesbedarfsplan nach § 12e Abs. 1 S. 1 EnWG n.F. nicht mehr nur auf dem nach Maßgabe der §§ 12b–12d EnWG erstellten Netzentwicklungsplan (NEP), sondern auch auf dem Offshore-Netzentwicklungsplan. Dieser war gem. § 17b Abs. 1 S. 1 EnWG erstmalig zum 3.3.2013 und damit zusammen mit dem Netzentwicklungsplan 2013 zu erstellen. Dabei muss der Offshore-Netzentwicklungsplan gem. § 17c S. 2 EnWG das in den §§ 12c und 12d EnWG vorgesehene Verfahren durchlaufen und am Ende durch die BNetzA bestätigt werden. 76

Praxistipp
Die entsprechenden Entwürfe zu den Netzentwicklungsplänen werden ebenso wie der weitere Ablauf des Verfahrens im Internet dokumentiert unter http://www.netzentwicklungsplan.de.

Daher ist es konsequent, wenn § 12c Abs. 2 S. 1 EnWG n.F. die Pflicht der BNetzA, frühzeitig während des Aufstellungsverfahrens nach Maßgabe des § 14g UVPG einen Umweltbericht zu erstellen, auf den Offshore-Netzentwicklungsplan erstreckt. Dabei bestimmt § 12c Abs. 2 S. 2 EnWG n.F., dass der Umweltbericht zum Bundesfachplan Offshore nach § 17a Abs. 3 EnWG einzubeziehen ist und dass der Umweltbericht nach S. 1 auf zusätzliche oder andere als im Umweltbericht zum Bundesfachplan Offshore nach § 17a Abs. 3 EnWG enthaltene erhebliche Umweltauswirkungen beschränkt werden kann. Die hierzu erforderlichen Informationen haben die Betreiber von Übertragungsnetzen der Regulierungsbehörde gem. § 12c Abs. 2 S. 3 EnWG n.F. zur Verfügung zu stellen. 77

2. Zur Kritik am Umweltbericht zum Netzentwicklungsplan 2012

In der Zwischenzeit wurde der Netzentwicklungsplan 2012 als erster seiner Art am 26.11.2012 von der BNetzA bestätigt. Gleichzeitig wurde der nach den zuvor genannten Vorschriften zu erstellende Umweltbericht vorgelegt. Dieser Umweltbericht hat bereits im Schrifttum **erste kritische** 78

124 Vgl. zur SUP-Richtlinie oben Rn 8.
125 Vgl. oben Kap. 3 Rn 366 ff.
126 Siehe oben Rn 23 ff.

Stellungnahmen hervorgerufen. Darin wird vor allem kritisiert, dass der Umweltbericht unvollständig sei, weil zum einen Angaben zu den Standorten für notwendige Übertragungstechnologien fehlten.[127] Zum anderen fehle es an der erforderlichen Alternativenprüfung.[128]

79 Diese Einwände werden bereits im Kapitel über die Bedarfsplanung einer kritischen Würdigung unterzogen.[129] Daher ist an dieser Stelle lediglich ergänzend auf Folgendes hinzuweisen: Zunächst einmal ist die Behauptung, die BNetzA habe auf eine **Alternativenprüfung** „verzichtet",[130] so nicht richtig. Denn es wird in anderem Kontext[131] etwa darauf hingewiesen, dass der Bundesbedarfsplan nur die von der BNetzA als „energiewirtschaftlich notwendig" bestätigten Vorhaben enthält[132] und diese in der Begründung des Gesetzentwurfs jeweils kurz – ggf. auch unter Bezugnahme auf die Einordnung als Netzverstärkungsmaßnahme – beschrieben werden.[133] Hier zeigt sich schon, dass eine Berücksichtigung möglicher Alternativen zumindest teilweise **bereits auf der Ebene der Bedarfsdeckung erfolgt** ist.

80 Ein weiterer Beleg für eine entsprechende Alternativenprüfung ist, dass die Übertragungsnetzbetreiber Netzentwicklungspläne für **vier Szenarien** vorgelegt haben, die wiederum unterschiedliche prognostizierte Bedarfe abbildeten. Von diesen Szenarien hat die BNetzA bewusst das Szenario B 2022 ausgewählt, weil es sich gegenüber dem Szenario C 2022 wegen des geringeren Ausbaubedarfs unter Umweltgesichtspunkten als günstigere Variante darstellte. Demgegenüber wurde das Szenario A 2022 nicht als vernünftige Alternative bewertet, da es nach Ansicht der BNetzA nicht die von der Bundesregierung festgelegten Ausbauziele erfüllte.[134] Dies ist plausibel und auch rechtlich nicht zu beanstanden. Schließlich ist daran zu erinnern, dass die BNetzA von den 74 Maßnahmen, die von den Übertragungsnetzbetreibern vorschlagen worden waren, nur 51 bestätigt hat und so beispielsweise die Gesamtlänge der Neubautrassen von rund 3.800 km auf 2.800 km reduziert hat.[135]

81 Von einer **darüber hinausgehenden Alternativenprüfung** durfte die BNetzA in der Tat absehen, weil § 14g Abs. 1 S. 2 UVPG die Verpflichtung zur Durchführung einer Alternativenprüfung auf „vernünftige" Alternativen beschränkt und hierin eine unionsrechtskonforme Ausprägung des Verhältnismäßigkeitsgebots zu sehen ist.[136] Daher ist es rechtlich nicht zu beanstanden, dass die BNetzA erst gar nicht den Versuch unternommen hat, auf der Ebene des Bedarfs und sodann nochmals auf der Ebene der Netzplanung, z.B. durch eine Prüfung von Alternativen zu einzelnen Punktepaaren, weitere Alternativen zu prüfen. Dergleichen wäre nämlich in den wenigen Monaten, die der Behörde zur Verfügung standen, schlicht nicht zu leisten gewesen, zumal wenn man bedenkt, dass der Umweltbericht bereits so einen Gesamtumfang von annähernd 500 Seiten erreicht hat. Hinzu kommt, dass es insoweit auf der einen Seite an validen Kriterien fehlt, welche Alternativen auf welchen Ebenen zu prüfen sein sollen.

82 Auf der anderen Seite sind die **Netzverknüpfungspunkte durch eine Reihe von Faktoren** wie etwa vorhandene Netze und die räumliche Verteilung von Stromerzeugung und -ver-

---

127 So vor allem *Antweiler*, ZNER 2012, 586 ff.
128 So vor allem *Calliess/Dross*, ZUR 2013, 76 ff.; ebenso im Ergebnis *Antweiler*, ZNER 2012, 586, 587 f.
129 Vgl. oben Kap. 3 Rn 384 ff.
130 *Calliess/Dross*, ZUR 2013, 76.
131 Siehe unten Kap. 10 Rn 44.
132 Siehe nur die Begründung, BR-Drucks. 819/12, S. 15.
133 So wird beispielsweise Vorhaben 9 in BR-Drucks. 819/12, S. 22 als *„Netzverstärkung in Form einer Stromkreisauflage/Umbeseilung"* beschrieben. Für weitere Beispiele siehe BR-Drucks. 819/12, S. 23 (Vorhaben 10 und 12), S. 26 (Vorhaben 25) oder S. 27 (Vorhaben 26).
134 Vgl. den im Internet unter http://nvonb.bundesnetzagentur.de/netzausbau/Umweltbericht_zum_Bundesbedarfsplan-Entwurf_2012.pdf abrufbaren „Umweltbericht zum Bundesbedarfsplan-Entwurf", S. 9 f.
135 Vgl. auch FAZ vom 27.11.2012, S. 10.
136 So auch *Calliess/Dross*, ZUR 2013, 76, 77 f. Näher dazu oben Rn 54.

brauch **vorgegeben**. Sie stehen daher nur eingeschränkt zur Disposition der BNetzA. So mag es zwar sein, dass beispielsweise deutlich weniger Netzausbaumaßnahmen erforderlich wären, wenn etwa im Süden der Bundesrepublik Deutschland das Angebot an erneuerbaren Energien in kurzer Zeit erheblich steigen und der Energiebedarf auf der Nachfrageseite durch Maßnahmen der Energieeinsparung kurzfristig gesenkt würde. Der erste Entwurf zum Netzentwicklungsplan 2013 hat aber bereits gezeigt, dass solche Entwicklungen derzeit nicht zu erwarten sind.[137] Sie stellen folglich auch keine „vernünftigen" Alternativen im zuvor beschriebenen Sinne dar. Wer hier anderes fordert,[138] verlangt in der Sache genau das, was § 14g Abs. 1 S. 2 UVPG in zulässiger und sinnvoller Weise verhindern soll: eine Alternativenprüfung „ins Blaue hinein".

Etwas anderes ergibt sich auch nicht aus dem **Sinn und Zweck der Strategischen Umweltprüfung**.[139] Denn die Strategische Umweltprüfung zielt in erster Linie darauf ab, zu verhindern, dass bereits auf vorgelagerten Planungsstufen Entscheidungen getroffen werden, die später nicht mehr revidiert werden können.[140] Diese Gefahr besteht indessen auf der Ebene der Bundesbedarfsplanung nur in sehr eingeschränktem Maße, weil hier lediglich überaus großzügig zugeschnittene Untersuchungsräume zwischen den Netzverknüpfungspunkten abstrakt in den Blick genommen wurden. Demgegenüber werden konkrete Trassenkorridore erst durch die anschließende Bundesfachplanung nach §§ 4 ff. NABEG vorgegeben. 83

Aber auch die der Planung zugrunde gelegten **Netzverknüpfungspunkte** treffen **keine Vorentscheidung zu zusätzlichen Nebenanlagen** wie z.B. Konvertern, die u.U. notwendig sind, um den Gleichstrom aus HGÜ-Leitungen in Wechselstrom umzuwandeln. Diese können also an anderer Stelle errichtet und mit Stichleitungen an die Netzverknüpfungspunkte (z.B. das Umspannwerk) angeschlossen werden.[141] 84

Umgekehrt bestand und besteht **keine** irgendwie geartete **Pflicht** der BNetzA, derartige **Standorte für Nebenanlagen festzulegen**, weil § 14f Abs. 3 UVPG die planenden Behörden, wie bereits erwähnt,[142] berechtigt und verpflichtet, den Prüfungsrahmen abzuschichten. Dies umfasst auch und gerade die Möglichkeit, bestimmte Entscheidungen und Prüfungen späteren Planungsstufen zu überlassen, weil sie erst dort abschließend entschieden werden.[143] Daher vermag auch die insoweit geäußerte Kritik[144] im Ergebnis nicht zu überzeugen. 85

V. Besonderheiten bei der Bundesfachplanung nach NABEG

Besonderheiten sind ferner bei der Bundesfachplanung nach §§ 4 ff. NABEG zu beachten, für die gem. § 5 Abs. 2 NABEG nach den Bestimmungen des UVPG eine Strategische Umweltprüfung 86

---

137 Siehe die unter http://www.netzentwicklungsplan.de/content/netzentwicklungsplan-2013-erster-entwurf abrufbare Zusammenfassung „Neue Netze für neue Energien – NEP und O-NEP 2013: Erläuterungen und Überblick der Ergebnisse", S. 20 und 22 f. Dort wird u.a. festgestellt, dass sich das Gefälle der Erzeugungssalden zwischen der nördlichen und der südlichen Hälfte Deutschlands aufgrund der neuen Annahmen zu den installierten Leistungen der konventionellen und regenerativen Energieträger im Vergleich zum Netzentwicklungsplan 2012 nochmals verschärft habe.

138 So etwa *Calliess/Dross*, ZUR 2013, 76, 78 f.

139 So aber *Calliess/Dross*, ZUR 2013, 76, 78.

140 Näher dazu oben Rn 19. Ebenso im Ausgangspunkt *Calliess/Dross*, ZUR 2013, 76, 78.

141 Vgl. den im Internet unter http://nvonb.bundesnetzagentur.de/netzausbau/Umweltbericht_zum_Bundesbedarfsplan-Entwurf_2012.pdf abrufbaren „Umweltbericht zum Bundesbedarfsplan-Entwurf", S. 11.

142 Siehe oben Rn 42 f.

143 Vgl. *Bundesumweltministerium/Umweltbundesamt*, Leitfaden zur Strategischen Umweltprüfung, 2010, S. 16.

144 Vgl. *Antweiler*, ZNER 2012, 586 ff.

durchzuführen ist. Dabei werden die Vorschriften des UVPG durch die §§ 6 ff. NABEG ergänzt bzw. modifiziert. Welche Besonderheiten sich daraus für die Durchführung der Strategischen Umweltprüfung bei der Bundesfachplanung ergeben, wird in diesem Handbuch im **Kapitel über die Bundesfachplanung** näher beschrieben.[145] Darauf sei hier zur Vermeidung von Wiederholungen verwiesen.

VI. Besonderheiten beim Bundesfachplan Offshore

87 Es wurde bereits erwähnt, dass der Gesetzgeber **durch das Dritte Gesetz zur Neuregelung energiewirtschaftsrechtlicher Vorschriften vom 20.12.2012**[146] **klargestellt** hat, dass für den bisherigen Offshore-Netzplan grundsätzlich eine SUP-Pflicht besteht und dass der nunmehr sog. Bundesfachplan Offshore in einem neuen § 17a EnWG eine detaillierte Regelung erfahren hat, die das Verfahren nach dem UVPG zumindest partiell modifiziert.

88 Nach § 17a Abs. 2 EnWG führt das BSH unverzüglich nach Einleitung des Verfahrens nach Abs. 1 einen **Anhörungstermin** durch, soweit nicht die Voraussetzungen für eine Ausnahme von der Verpflichtung zur Durchführung einer Strategischen Umweltprüfung nach § 14d UVPG vorliegen. In dem Anhörungstermin sollen Gegenstand und Umfang der in § 17a Abs. 1 S. 2 EnWG genannten Festlegungen erörtert werden. Insbesondere soll beraten werden, in welchem Umfang und Detaillierungsgrad Angaben in den Umweltbericht nach § 14g UVPG aufzunehmen sind. Der Anhörungstermin ist zugleich die Besprechung i.S.d. § 14f Abs. 4 S. 2 UVPG. § 7 Abs. 2 NABEG gilt für den Anhörungstermin entsprechend mit der Maßgabe, dass der jeweiligen Ladung geeignete Vorbereitungsunterlagen beizufügen sind und Ladung sowie Übersendung dieser Vorbereitungsunterlagen auch elektronisch erfolgen können. Das BSH legt aufgrund der Ergebnisse des Anhörungstermins einen **Untersuchungsrahmen** für den Bundesfachplan Offshore nach pflichtgemäßem Ermessen fest.[147]

89 § 17a Abs. 3 EnWG verpflichtet das BSH, frühzeitig während des Verfahrens zur Erstellung des Bundesfachplans Offshore einen **Umweltbericht** zu erstellen, der den Anforderungen des § 14g UVPG entsprechen muss.[148] Etwas anderes gilt auch hier nur, soweit die Voraussetzungen für eine Ausnahme von der Verpflichtung zur Durchführung einer Strategischen Umweltprüfung nach § 14d UVPG vorliegen. Die **Betreiber** von Übertragungsnetzen und von Offshore-Anlagen stellen dem BSH die hierzu erforderlichen **Informationen** zur Verfügung.

90 Nach § 17a Abs. 4 S. 1 EnWG hat das BSH die **Behörden- und Öffentlichkeitsbeteiligung** zu dem Entwurf des Bundesfachplans Offshore und des Umweltberichts nach den Bestimmungen des UVPG[149] durchzuführen. Bei Fortschreibung des Bundesfachplans Offshore kann sich die Beteiligung der Öffentlichkeit sowie der Träger öffentlicher Belange indessen auf Änderungen des Bundesfachplans Offshore gegenüber dem Vorjahr beschränken; ein vollständiges Verfahren nach S. 1 muss aber mindestens alle drei Jahre durchgeführt werden. Im Übrigen ist § 12c Abs. 3 EnWG entsprechend anzuwenden.

---

145 Vgl. oben Kap. 4 Rn 55 ff.

146 BGBl. I S. 2730.

147 Vgl. zu § 7 Abs. 2 NABEG sowie zur auch sonst teilweise vergleichbaren Rechtslage bei der Bundesfachplanung nach dem NABEG oben Kap. 4 Rn 45 ff.

148 Vgl. näher zu den Anforderungen des § 14g UVPG oben Rn 45 ff.

149 Vgl. näher zu diesen in den §§ 14h–14j UVPG geregelten Anforderungen oben Rn 57 ff.

C. Die Umweltverträglichkeitsprüfung bei der Genehmigung von Netzbaumaßnahmen

Die **Umweltverträglichkeitsprüfung** unterscheidet sich, wie einleitend erwähnt, von der Strategischen Umweltprüfung dadurch, dass sie nicht bei der Aufstellung oder Änderung von bestimmten Plänen und Programmen ansetzt, sondern **auf der Ebene der Entscheidung über die Zulässigkeit eines (konkreten) Vorhabens.** 91

I. Die erfassten Vorhaben

1. Die Pflicht zur Feststellung der UVP-Pflicht

Dabei hat **die zuständige Behörde**[150] auch hier zunächst gem. § 3a S. 1 UVPG auf der Grundlage geeigneter Angaben zum Vorhaben sowie eigener Informationen unverzüglich festzustellen, ob nach den §§ 3b–3f UVPG für das Vorhaben eine Verpflichtung zur Durchführung einer Umweltverträglichkeitsprüfung besteht. Dies kann auf einen gesonderten Antrag des Vorhabensträgers hin oder anlässlich eines Ersuchens nach § 5 UVPG geschehen. Anderenfalls muss die Behörde auf eigene Initiative nach Beginn des Verfahrens, das der Entscheidung über die Zulässigkeit des Vorhabens dient, und somit nach Antragstellung auf Zulassung über die Pflicht zur Durchführung einer Umweltverträglichkeitsprüfung entscheiden.[151] 92

Diese Feststellung ist, sofern eine Vorprüfung des Einzelfalls nach § 3c UVPG vorgenommen worden ist, gem. § 3a S. 2 UVPG **der Öffentlichkeit** nach den Bestimmungen des Bundes und der Länder über den Zugang zu Umweltinformationen **zugänglich zu machen**; soll eine Umweltverträglichkeitsprüfung unterbleiben, ist dies bekanntzugeben. Unterbleibt eine solche Bekanntgabe, so führt dies nach der Rechtsprechung nicht zur Rechtswidrigkeit der eigentlichen Genehmigungsentscheidung.[152] 93

Mit Blick auf die **gerichtliche Kontrolle** bestimmt § 3a S. 3 UVPG, dass die Feststellung der UVP-Pflicht nicht selbstständig anfechtbar ist. Beruht die Feststellung, dass eine Umweltverträglichkeitsprüfung unterbleiben soll, auf einer Vorprüfung des Einzelfalls nach § 3c UVPG, ist die Einschätzung der zuständigen Behörde in einem gerichtlichen Verfahren betreffend die Entscheidung über die Zulässigkeit des Vorhabens nur darauf zu überprüfen, ob die Vorprüfung entsprechend den Vorgaben von § 3c UVPG durchgeführt worden ist und ob das Ergebnis nachvollziehbar ist (§ 3a S. 4 UVPG). Ist die Behörde diesen Anforderungen nicht gerecht geworden, so folgt daraus, dass eine Umweltverträglichkeitsprüfung hätte durchgeführt werden müssen. Deren Unterbleiben stellt einen Mangel i.S.d. § 4 Abs. 1 S. 1 Nr. 1 UmwRG dar, der von einem Umweltverband gerichtlich geltend gemacht werden kann.[153] 94

Schließlich soll eine zunächst unterbliebene **Vorprüfung** des Einzelfalls nach der Rechtsprechung in entsprechender Anwendung des § 45 Abs. 1 und 2 VwVfG bis zum Abschluss der letzten Tatsacheninstanz des verwaltungsgerichtlichen Verfahrens **nachgeholt werden** kön- 95

150 Dies ist hier und auch im Folgenden grundsätzlich die Behörde, die für das Zulassungsverfahren zuständig ist; vgl. etwa Hoppe/Beckmann/*Dienes*, § 3a UVPG Rn 14. Im hier interessierenden Zusammenhang ist das meist die Planfeststellungsbehörde.

151 Vgl. Landmann/Rohmer/*Sangenstedt*, § 3a UVPG Rn 8.

152 So BVerwG, Urt. v. 20.8.2008 – 4 C 11/07 – ZUR 2009, 25, 28.

153 Vgl. zum Ganzen BVerwG, Urt. v. 20.12.2011 – 9 A 31/10 – ZUR 2012, 303, 306 ff., wo das Gericht die Nachvollziehbarkeit des Ergebnisses der Vorprüfung verneint hat.

nen. Eine solche nachgeholte Vorprüfung führt aber nur dann zu einer Heilung dieses Verfahrensfehlers, wenn die nachgeholte Vorprüfung ergibt, dass das Vorhaben nicht UVP-pflichtig war. Anderenfalls muss die Genehmigung grundsätzlich aufgehoben oder jedenfalls ihre Nichtvollziehbarkeit festgestellt werden.[154]

96 Bei der Feststellung der UVP-Pflicht ist zwischen der Errichtung und dem Betrieb von Leitungsanlagen einerseits (2.) und der Änderung und Erweiterung UVP-pflichtiger Leitungen anderseits (4.) zu unterscheiden. Besondere Vorgaben gelten für die Feststellung der UVP-Pflicht, wenn eine Abschnittsbildung vorgenommen wird (3.). Schließlich sollte nicht unerwähnt bleiben, dass die Frage der UVP-Pflicht auch Auswirkungen auf das eigentliche Genehmigungsverfahren haben kann (5.).

2. Die Errichtung und der Betrieb von Leitungsanlagen

a) Allgemeines

97 Mit Blick auf die Errichtung und den Betrieb von Leitungsanlagen sind nach den §§ 3b und 3c UVPG (wie sonst auch) **drei Kategorien der UVP-Pflichtigkeit** zu unterscheiden:[155]

98 Bei der ersten ergibt sich eine **unbedingte UVP-Pflicht** nach § 3b Abs. 1 UVPG daraus, dass das Vorhaben bestimmte Größen- oder Leistungswerte erreicht oder überschreitet.[156]

99 Bei der zweiten Kategorie besteht eine **UVP-Pflicht** nur **nach allgemeiner Vorprüfung des Einzelfalls**. In diesem Fall ist eine Umweltverträglichkeitsprüfung gem. § 3c S. 1 UVPG dann durchzuführen, wenn das Vorhaben nach Einschätzung der zuständigen Behörde aufgrund überschlägiger Prüfung unter Berücksichtigung der in Anlage 2 aufgeführten Kriterien erhebliche nachteilige Umweltauswirkungen haben kann, die nach § 12 UVPG zu berücksichtigen wären.[157]

100 Drittens kann sich gem. § 3c S. 2 UVPG eine **UVP-Pflicht nach standortbezogener Vorprüfung des Einzelfalls** ergeben, wenn trotz der geringen Größe oder Leistung des Vorhabens nur aufgrund besonderer örtlicher Gegebenheiten gemäß den in der Anlage 2 Nr. 2 aufgeführten Schutzkriterien erhebliche nachteilige Umweltauswirkungen zu erwarten sind.[158]

101 **Entscheidend für die Zuordnung** zu diesen drei Kategorien **ist die Kennzeichnung** der verschiedenen Vorhaben **im Anhang 1**, der in allen drei Fällen nach bestimmten Größen- oder Leistungswerten (sog. Schwellenwerten) differenziert. Danach folgt aus einem „X" in Spalte 1 eine unbedingte UVP-Pflicht, aus einem „A" in Spalte 2 ergibt sich die Notwendigkeit einer allgemeinen Vorprüfung des Einzelfalls und ein „S" in Spalte 2 steht für das Erfordernis einer standortbezogenen Vorprüfung des Einzelfalls.

b) Das „Screening" nach § 3c UVPG

102 Ist danach eine allgemeine oder standortbezogene Vorprüfung des Einzelfalls (ein sog. Screening) vorzunehmen, so kommt es für die UVP-Pflichtigkeit entscheidend darauf an, ob das Vorhaben **erhebliche nachteilige Umweltauswirkungen** haben kann. Dabei geht die herrschende Meinung zu Recht davon aus, dass hier nicht zuletzt wegen des Verweises auf § 12 UVPG eine

154 Näher zum Ganzen BVerwG, Urt. v. 20.8.2008 – 4 C 11/07 – BVerwGE 131, 352 Rn 23 ff. = ZUR 2009, 25, 26 ff. Vgl. auch *Hofmann*, JZ 2012, 701, 709, der in diesem Zusammenhang zu Recht von einer „Wende in der Rechtsprechung" spricht.
155 Vgl. etwa Schneider/Theobald/*Hermes*, § 7 Rn 21.
156 Näher dazu Landmann/Rohmer/*Sangenstedt*, § 3b UVPG Rn 10 ff.
157 Näher dazu Landmann/Rohmer/*Sangenstedt*, § 3c UVPG Rn 7 ff.
158 Näher dazu Landmann/Rohmer/*Sangenstedt*, § 3c UVPG Rn 33 ff.

normative Betrachtung vorzunehmen ist, die sich wiederum vor allem an den materiellen Vorgaben des Fachrechts zu orientieren hat.[159]

Gegen etwaige damit einhergehende Einschränkungen der UVP-pflichtigen Vorhaben ist aus unionsrechtlicher Perspektive nichts zu erinnern,[160] da Art. 4 Abs. 2 UVP-Richtlinie den Mitgliedstaaten ausdrücklich die Möglichkeit gibt, zwischen einer Einzelfallbetrachtung und einer normativen Festlegung der UVP-Pflicht zu wählen oder diese beiden Ansätze miteinander zu kombinieren. Zudem bedeutet dies vor allem bei den hier interessierenden planfeststellungsbedürftigen Energieleitungsvorhaben **nicht**, dass eine Umweltauswirkung **nur dann** als **erheblich** eingestuft werden könnte, **wenn sie nach Fachrecht zur Verweigerung der Genehmigung führen würde.**[161] Denn nach dem fachrechtlichen Abwägungsgebot sind sämtliche Umweltauswirkungen abwägungserheblich und damit auch UVP-rechtlich erheblich, wenn sie mehr als nur geringfügig sind.[162] 103

Darüber hinaus sind beim Screening **weitere**, in § 3c S. 3–6 UVPG normierte **Vorgaben** zu beachten.[163] Dabei genügt die Behörde der in § 3c S. 6 UVPG normierten **Dokumentationspflicht** nach einer aktuellen Entscheidung des BVerwG zu einem EnLAG-Vorhaben bereits dann, wenn die der Vorprüfung zugrunde gelegten Unterlagen, die wesentlichen Prüfschritte und die dabei gewonnenen Erkenntnisse über nachteilige Umweltauswirkungen zumindest grob skizziert im Planfeststellungsbeschluss oder in einem zu den Verwaltungsakten genommenen Dokument niedergelegt sind.[164] 104

c) Die UVP-Pflicht bei Hochspannungsfreileitungen

Die Anlage 1 zum UVPG führt in Nr. 19.1 das Vorhaben „Errichtung und Betrieb einer Hochspannungsfreileitung im Sinne des Energiewirtschaftsgesetzes" auf. Das EnWG verwendet den Begriff der Hochspannungsfreileitung vor allem in § 43 S. 1 Nr. 1 EnWG. Danach bedarf die Errichtung und der Betrieb sowie die Änderung von Hochspannungsfreileitungen, ausgenommen Bahnstromfernleitungen, mit einer Nennspannung von 110 kV oder mehr der Planfeststellung durch die nach Landesrecht zuständige Behörde. 105

Aus dem Verweis auf § 43 S. 1 Nr. 1 EnWG ergibt sich im Umkehrschluss, dass die Errichtung und der Betrieb sowie die Änderung von **Bahnstromfernleitungen** nicht hierunter fällt. Daraus folgt indessen nicht, dass diese keiner UVP-Pflicht unterlägen. Bei diesen ergibt sich die UVP-Pflicht vielmehr aus Nr. 14.7 der Anlage 1 zum UVPG. 106

Bei den sonstigen **Hochspannungsfreileitungen, die der allgemeinen Stromversorgung dienen,**[165] kommt eine UVP-Pflicht sowohl wegen des Verweises auf § 43 S. 1 Nr. 1 EnWG als auch nach Anlage 1 Nr. 19.1 von vornherein nur dann in Betracht, wenn sie mit einer Nennspannung von 110 kV oder mehr betrieben werden. Unterhalb dieser Spannungsebene und damit im Mittel- und Niederspannungsbereich existiert also keine UVP-Pflicht. 107

159 Vgl. etwa BVerwG, Urt. v. 13.12.2007 – 4 C 9/06 – BVerwGE 130, 83 Rn 34 ff.; BVerwG, Urt. v. 20.8.2008 – 4 C 11/07 – BVerwGE 131, 352 Rn 34 (insoweit nicht abgedruckt in ZUR 2009, 25); *Balla/Hartlik/Peters*, UPR 2006, 17, 18; Landmann/Rohmer/*Sangenstedt*, § 3c UVPG Rn 25 ff.

160 So aber Berkemann/Halama/*Halama*, Erläuterungen Rn 54.

161 Hierauf weist Landmann/Rohmer/*Sangenstedt*, § 3c UVPG Rn 27, zu Recht hin.

162 Vgl. BVerwG, Urt. v. 13.12.2007 – 4 C 9/06 – BVerwGE 130, 83 Rn 34; Urt. v. 13.12.2007 – 4 C 5/07 – BVerwGE 132, 123 Rn 32.

163 Näher dazu Landmann/Rohmer/*Sangenstedt*, § 3c UVPG Rn 20 ff. sowie oben Rn 94 zur gerichtlichen Kontrolle.

164 Vgl. BVerwG, Beschl. v. 28.2.2013 – 7 VR 13/12 – Rn 15 (die Entscheidung ist auf der Homepage des BVerwG abrufbar).

165 Vgl. auch die Definition der Energieversorgungsnetze in § 3 Nr. 16 EnWG.

108 Sodann ist bei den Hochspannungsfreileitungen wie folgt zu differenzieren: Geht es um die Errichtung und den Betrieb einer Leitung mit einer Länge von mehr als 15 km und einer Nennspannung von 220 kV oder mehr, so besteht gem. § 3b Abs. 1 UVPG i.V.m. Anlage 1 Nr. 19.1.1 eine **unbedingte UVP-Pflicht**. Dies gilt aus unionsrechtlichen Gründen auch dann, wenn es sich um ein grenzüberschreitendes Projekt handelt, das sich im Hoheitsgebiet eines Mitgliedstaats nur über eine Länge von weniger als 15 km erstreckt.[166]

109 Eine **UVP-Pflicht nach allgemeiner Vorprüfung des Einzelfalls** ist in § 3c S. 1 UVPG i.V.m. Anlage 1 Nr. 19.1.2 und 19.1.3 für den Fall vorgeschrieben, dass die Hochspannungsfreileitung entweder eine Länge von mehr als 15 km und eine Nennspannung von 110 kV bis zu 220 kV oder aber eine Länge von 5 km bis 15 km und eine Nennspannung von 110 kV oder mehr aufweist.

110 Eine **UVP-Pflicht nach standortbezogener Vorprüfung des Einzelfalls** gilt schließlich gem. § 3c S. 2 UVPG i.V.m. Anlage 1 Nr. 19.1.4 für sämtliche Hochspannungsfreileitungen mit einer Länge von weniger als 5 km und einer Nennspannung von 110 kV oder mehr.

d) Die UVP-Pflicht bei Gasversorgungsleitungen

111 Nr. 19.2 der Anlage 1 zum UVPG erfasst das Vorhaben „Errichtung und Betrieb einer Gasversorgungsleitung im Sinne des Energiewirtschaftsgesetzes, ausgenommen Anlagen, die den Bereich eines Werksgeländes nicht überschreiten". Damit verweist die Anlage insbesondere auf § 43 S. 1 Nr. 2 EnWG, der bestimmt, dass die Errichtung und der Betrieb sowie die Änderung von Gasversorgungsleitungen mit einem Durchmesser von mehr als 300 mm der Planfeststellung durch die nach Landesrecht zuständige Behörde bedürfen.

112 Dabei ist zu beachten, dass das EnWG zwar nicht den Begriff der Gasversorgungsleitung, wohl aber den Oberbegriff der **Gasversorgungsnetze in § 3 Nr. 20 EnWG definiert**. Dieser umfasst wiederum die hier besonders interessierenden Fernleitungen, die ihrerseits in § 3 Nr. 19 EnWG definiert werden.

113 Dies führt im Ergebnis dazu, dass vorgelagerte Rohrleitungsnetze i.S.v. § 3 Nr. 39 EnWG und damit auch Leitungen, die dazu dienen, **Gas aus anderen Ländern** zu einem Terminal auf deutschem Hoheitsgebiet zu leiten, nicht als Gasversorgungsnetze i.S.v. § 3 Nr. 20 EnWG anzusehen sind, weil solche vorgelagerten Rohrleitungsnetze in § 3 Nr. 19 EnWG ausdrücklich vom Begriff der Fernleitung ausgenommen werden.[167] Aus diesem Grund findet § 43 S. 1 Nr. 2 EnWG auf solche Gasleitungen keine Anwendung.[168] Sie unterliegen somit auch keiner UVP-Pflicht nach Nr. 19.2 der Anlage 1 zum UVPG. In diesen Fällen kann sich aber eine UVP-Pflicht sowie eine daran anknüpfende Planfeststellungs- oder Genehmigungspflicht aus § 20 UVPG i.V.m. Nr. 19.4 oder 19.5 der Anlage 1 ergeben.[169]

114 Das zuletzt Gesagte gilt schließlich auch für alle sonstigen Gasleitungen, die dem **Befördern von verflüssigten Gasen** dienen und die zwar nicht unter Nr. 19.2, wohl aber unter Nr. 19.4 der Anlage 1 zum UVPG fallen, weil der Vorrang der Nr. 19.2 für Energieanlagen ausdrücklich nur in Nr. 19.5 angeordnet wird.[170]

115 Bei allen anderen Gasversorgungsleitungen ist hinsichtlich der UVP-Pflicht wie folgt zu differenzieren:

---

166 Vgl. EuGH, Urt. v. 10.12.2009 – C-205/08 – NuR 2010, 405 ff.
167 Vgl. dazu bereits oben Kap. 2 Rn 54 f.
168 So auch *Leidinger*, S. 336; *Wolf*, ZUR 2007, 24, 30; a.A. Danner/Theobald/*Missling*, § 43 EnWG Rn 9.
169 So auch *Wolf*, ZUR 2007, 24, 30.
170 So auch Hoppe/Beckmann/*Beckmann*, § 20 UVPG Rn 22; a.A. *Steinberg*/*Wickel*/*Müller*, § 1 Rn 168 mit Fn 457.

Hat eine solche Gasversorgungsleitung eine Länge von mehr als 40 km und einen Durchmesser von mehr als 800 mm, so besteht gem. § 3b Abs. 1 UVPG i.V.m. Anlage 1 Nr. 19.2.1 eine **unbedingte UVP-Pflicht.** 116

Eine **UVP-Pflicht nach allgemeiner Vorprüfung des Einzelfalls** ist in § 3c S. 1 UVPG i.V.m. Anlage 1 Nr. 19.2.2 und 19.2.3 für den Fall vorgeschrieben, dass die Gasversorgungsleitung entweder eine Länge von mehr als 40 km und einen Durchmesser von 300 mm bis zu 800 mm oder aber eine Länge von 5 km bis 40 km und einen Durchmesser von mehr als 300 mm aufweist. 117

Eine **UVP-Pflicht nach standortbezogener Vorprüfung des Einzelfalls** gilt schließlich gem. § 3c S. 2 UVPG i.V.m. Anlage 1 Nr. 19.2.4 für sämtliche Gasversorgungsleitungen mit einer Länge von weniger als 5 km und einem Durchmesser von mehr als 300 mm. 118

e) Die UVP-Pflicht bei Hochspannungsleitungen in der AWZ

Da deutsche Gesetze jenseits der zum deutschen Hoheitsgebiet zählenden Küstengewässer nach herrschender und zutreffender Auffassung einerseits nicht ohne Weiteres anwendbar sind[171] und das UVPG andererseits keine allgemeine Erstreckungsklausel enthält, kann sich eine UVP-Pflicht in der AWZ nicht aus diesem Gesetz ergeben. Vor diesem Hintergrund ordnet § 9 der **Seeanlagenverordnung** (SeeAnlV)[172] an, dass für Anlagen, die in den Geltungsbereich der Verordnung fallen[173] und die nach den §§ 3–3f UVPG einer Umweltverträglichkeitsprüfung bedürfen, eine Umweltverträglichkeitsprüfung nach dem UVPG durchzuführen ist. Daher gelten die im Folgenden skizzierten verfahrensrechtlichen Anforderungen an die Durchführung der Umweltverträglichkeitsprüfung mit geringfügigen Modifikationen[174] auch für die Genehmigung von Hochspannungsleitungen in der AWZ, sofern die hier geschilderten Voraussetzungen für das Vorliegen einer UVP-Pflicht gegeben sind. 119

3. Die UVP-Pflicht bei der Abschnittsbildung

a) Allgemeines

In der Praxis werden bei der Planung und Genehmigung von größeren Infrastrukturvorhaben häufig Abschnitte gebildet. Eine solche Abschnittsbildung **bietet sich insbesondere bei der Realisierung von Höchstspannungsleitungen an,** die über große Strecken verlegt werden sollen. Vor diesem Hintergrund bestimmt § 19 S. 2 NABEG ausdrücklich, dass der Antrag des Vorhabenträgers auf Planfeststellung auf einzelne angemessene Abschnitte der Trasse beschränkt werden kann.[175] In ähnlicher Weise ermächtigt § 5 Abs. 2 S. 1 SeeAnlV die Planfeststellungsbehörde, den Plan in Teilabschnitten festzustellen. 120

Eine solche Abschnittsbildung ist auch jenseits dessen und damit auch bei der Planfeststellung gem. §§ 43 ff. EnWG nach allgemeinem Verwaltungsverfahrensrecht grundsätzlich zulässig und führt in der Sache dazu, dass **für jeden Abschnitt ein eigenes Planfeststellungsverfah-** 121

171 Vgl. etwa Landmann/Rohmer/*Faßbender*, § 3 WHG; *Pfeil/Töpfer*, NordÖR 2011, 373, 374.

172 Verordnung über Anlagen seewärts der Begrenzung des deutschen Küstenmeeres v. 23.1.1997 (BGBl. I S. 57), zuletzt geändert durch Art. 1 der Verordnung zur Neuregelung des Rechts der Zulassung von Seeanlagen seewärts der Begrenzung des deutschen Küstenmeeres v. 15.1.2012 (BGBl. I S. 112). Kritisch zu den mit dieser Verordnung einhergehenden geteilten Zuständigkeiten *Spreen*, NVwZ 2005, 653, 645 f.

173 Hierzu zählen gem. § 1 Abs. 2 Nr. 2 SeeAnlV auch bauliche oder technische Einrichtungen, die der Übertragung von Energie aus Wasser, Strömung und Wind dienen.

174 Näher zu diesen unten Rn 211 ff. Ferner allgemein zur Zulassung nach der SeeAnlV oben Kap. 2 Rn 63 ff.

175 Näher dazu Steinbach/*Nebel*/*Riese*, § 19 NABEG Rn 24 ff.

ren durchzuführen ist.[176] Aus der Perspektive der Umweltverträglichkeitsprüfung ergibt sich hier jedoch die Gefahr, dass durch eine solche Aufteilung des Genehmigungsverfahrens die zuvor genannten Schwellenwerte der Anlage 1 unterlaufen werden könnten. Aus diesem Grund hat die Änderungsrichtlinie 97/11/EG die UVP-Richtlinie u.a. um die Vorgabe ergänzt, dass bei der Schwellenwertbestimmung eine Kumulation mit anderen Projekten zu berücksichtigen ist.[177] Diese Vorgabe wurde – nach Ansicht mancher zu weitgehend[178] – durch die §§ 3b Abs. 2, 3c S. 5 UVPG umgesetzt.

b) Die Ermittlung von „kumulierenden Vorhaben"

122 Laut § 3b Abs. 2 S. 1 UVPG besteht die Verpflichtung zur Durchführung einer Umweltverträglichkeitsprüfung auch, wenn mehrere Vorhaben derselben Art, die gleichzeitig von demselben oder mehreren Trägern verwirklicht werden sollen und in einem engen Zusammenhang stehen (kumulierende Vorhaben), zusammen die maßgeblichen Größen- oder Leistungswerte erreichen oder überschreiten.

aa) Vorhaben derselben Art

123 Erste Voraussetzung ist danach, dass es sich um ein **Vorhaben derselben Art** handelt. Dies ist dann der Fall, wenn die Vorhaben aufgrund vergleichbarer Größen- oder Leistungsmerkmale auf einen einheitlichen Gesamtwert der Kategorien der Anlage 1, Spalte 1 („X") aufsummiert werden können. Davon ist grundsätzlich bei allen Vorhaben der zweiten Ebene der Anlage 1 wie z.B. Nr. 19.1 und 19.2 auszugehen.[179] Daher sind Hochspannungsfreileitungen ebenso wie Gasversorgungsleitungen grundsätzlich als Vorhaben derselben Art und damit als (zu) kumulierende Vorhaben anzusehen.

124 Bei **Hochspannungsfreileitungen** ist allerdings nur die Länge, nicht hingegen die Spannung als Größen- bzw. Leistungsmerkmal aufsummierbar, da die „anliegende" Spannung auch dann gleich bleibt, wenn die Leitung verlängert wird oder zwei Leitungen parallel verlegt werden. Hieraus folgt zum einen, dass eine unbedingte UVP-Pflicht gem. § 3b Abs. 2 S. 1 UVPG von vornherein nur bei Hochspannungsfreileitungen mit einer Nennspannung von 220 kV oder mehr bestehen kann, die zusammen eine Länge von mehr als 15 km ergeben. Zum anderen kommt auch eine Kumulation von „A"- und „S"-Vorhaben auf der Grundlage von § 3c S. 5 UVPG nur bei Leitungen der gleichen Spannungsebene in Betracht.

Beispiel
Auf diese Weise können z.B. zwei 110 kV-Leitungen mit einer Länge von jeweils 3 km, für die jeweils gem. Anlage 1 Nr. 19.1.4 nur eine UVP-Pflicht nach standortbezogener Vorprüfung des Einzelfalls gem. § 3c S. 2 UVPG besteht, zu einem Vorhaben kumuliert werden, für das gem. § 3c S. 1 UVPG i.V.m. Anlage 1 Nr. 19.1.3 eine UVP-Pflicht nach allgemeiner Vorprüfung des Einzelfalls besteht.

---

125 In ähnlicher Weise können mehrere **Gasversorgungsleitungen** nur dann zu einem Vorhaben kumuliert werden, wenn sie den gleichen Durchmesser haben. Dies hat hier zur Folge, dass eine unbedingte UVP-Pflicht gem. § 3b Abs. 2 S. 1 UVPG von vornherein nur bei Gasversorgungslei-

---

176 Näher zur Abschnittsbildung Kap. 5 Rn 90 ff., Kap. 9 Rn 101 ff. und Kap. 11 Rn 65 ff., jeweils m.w.N. aus Literatur und Rechtsprechung.
177 Vgl. nunmehr Art. 4 Abs. 3 i.V.m. Anhang III Nr. 1 lit. b) der RL 2011/92/EU.
178 Vgl. etwa die Kritik von *Enders/Krings*, DVBl. 2001, 1242, 1246 ff.
179 Vgl. Hoppe/Beckmann/*Dienes*, § 3b UVPG Rn 19; Landmann/Rohmer/*Sangenstedt*, § 3b UVPG Rn 26 f.

tungen mit einem Durchmesser von mehr als 800 mm in Betracht kommt, die zusammen eine Länge von mehr als 40 km ergeben.

In allen Fällen ist zu beachten, dass aufgrund der Einschränkung in § 3b Abs. 2 S. 3 UVPG eine **unbedingte UVP-Pflicht** nur durch solche Vorhaben ausgelöst werden kann, die isoliert betrachtet die „S"- oder „A"-Schwelle überschreiten, also für die jeweils eine allgemeine oder standortbezogene Vorprüfung des Einzelfalls erforderlich wäre. Diese Einschränkung gilt bei der Summierung zu „A"- und „S"-Vorhaben nicht, weil § 3c S. 5 UVPG ausdrücklich nur auf § 3b Abs. 2 S. 1 und 2 UVPG verweist.[180] 126

bb) Gleichzeitige Verwirklichung

Zweite Voraussetzung für die Annahme eines kumulierenden Vorhabens ist gem. § 3b Abs. 2 S. 1 UVPG, der ggf. i.V.m. § 3c S. 5 UVPG anzuwenden ist, dass die Vorhaben *„gleichzeitig von demselben oder mehreren Trägern verwirklicht werden sollen"*. Hierzu wird im Schrifttum und teilweise auch in der Rechtsprechung die Ansicht vertreten, dieses Kriterium sei aus Gründen des Bestandschutzes und zur besseren Abgrenzung von § 3b Abs. 3 UVPG **verfahrensbezogen und im Ergebnis eng auszulegen**. § 3b Abs. 2 S. 1 UVPG erfasse daher nur Vorhaben, die noch keinen verfahrensrechtlich verfestigten Status erreicht haben. Ein solcher verfahrensrechtlich verfestigter Status sei dabei bereits dann erreicht, wenn die Behörde entweder förmlich feststellt oder auf andere Weise zu erkennen gibt, dass die Antragsunterlagen vollständig sind. In diesem Fall sei das Vorhaben UVP-rechtlich als bestehendes Vorhaben i.S.v. § 3b Abs. 3 UVPG anzusehen.[181] 127

Diese Auffassung ist **abzulehnen**, weil sie zum einen mit dem Wortlaut des § 3b Abs. 2 S. 1 UVPG nur schwer vereinbar ist.[182] Zum anderen führt eine solche Deutung in der Sache dazu, dass der Vorhabensträger es außerhalb des Anwendungsbereichs des NABEG[183] allein in der Hand hätte, ob bzw. wie die Umweltverträglichkeitsprüfung durchgeführt wird. Dieser Einwand wird auch nicht durch den Hinweis entkräftet, dass auch im Falle einer Zuordnung zu § 3b Abs. 3 UVPG eine Umweltverträglichkeitsprüfung durchgeführt werde und somit lediglich eine Verlagerung der Kumulationsbetrachtung stattfinde.[184] Denn zwischen beiden Kumulationstatbeständen bestehen insofern erhebliche Unterschiede, als im zuletzt genannten Fall für den „an sich" nicht UVP-pflichtigen Teil des Vorhabens zunächst einmal überhaupt keine Umweltverträglichkeitsprüfung durchgeführt wird. Stattdessen werden die Umweltauswirkungen dieses Vorhabensteils gem. § 3b Abs. 3 UVPG erst im Zusammenhang mit dem späteren Vorhaben und damit erst zu einem Zeitpunkt berücksichtigt, zu dem ein Teil des Vorhabens bereits realisiert ist. Dies ist ein nicht unerheblicher qualitativer Unterschied. 128

Von daher ist die Frage, ob die Vorhaben gleichzeitig von demselben oder mehreren Trägern verwirklicht werden sollen, **anhand der tatsächlichen Verhältnisse** und unter besonderer Berücksichtigung der Planungsabsichten **zu beantworten**.[185] Dies hat wiederum zur Folge, dass es auf der einen Seite ausreicht, wenn ein Leitungsbauvorhaben – beispielsweise auf der Ebene der 129

180 Ebenso im Ergebnis Landmann/Rohmer/*Sangenstedt*, § 3c UVPG Rn 40.

181 So Landmann/Rohmer/*Sangenstedt*, § 3b UVPG Rn 18 ff., 25 und 35 ff.; ihm folgend Hoppe/Beckmann/*Dienes*, § 3b UVPG Rn 25; OVG Weimar, Beschl. v. 2.9.2008 – 7 E 367/08 – BeckRS 2009, 30451.

182 So auch *Peters/Balla*, § 3b Rn 7.

183 Hier kann die BNetzA den Vorhabensträger nach Abschluss der Bundesfachplanung auf der Grundlage von § 12 Abs. 2 S. 3 NABEG auffordern, innerhalb einer zu bestimmenden angemessenen Frist den erforderlichen Antrag auf Planfeststellung zu stellen.

184 So aber Landmann/Rohmer/*Sangenstedt*, § 3b UVPG Rn 37 f.

185 In der Sache ebenso *Bunge*, UVP-Report 2001, 234, 235: Man müsse eine „wirtschaftliche" Betrachtungsweise zugrunde legen, nach der die Planung des Vorhabensträgers (oder der Vorhabensträger) maßgeblich ist. In eine

Bedarfsplanung – als einheitliches Vorhaben geplant ist. Ist dies der Fall, dann schadet es auf der anderen Seite nicht, wenn der Antrag auf Planfeststellung für einen Teilabschnitt des Vorhabens erst später gestellt wird.

130 Für eine solche Orientierung an den tatsächlichen Verhältnissen und hier insbesondere an den Planungsabsichten sprechen nicht nur der **Wortlaut** des § 3b Abs. 2 S. 1 UVPG („*verwirklicht werden sollen*"), sondern auch **unionsrechtliche Gründe**. Denn der EuGH hat bereits mehrfach entschieden, dass die UVP-Richtlinie auf eine Gesamtbewertung der Auswirkungen von Projekten auf die Umwelt abzielt.[186] Daher könne beispielsweise der Umstand, dass eine Teilstrecke einer Höchstspannungsleitung, die insgesamt mehr als 15 km lang sein soll, außerhalb des Staatsgebiets des betreffenden Mitgliedstaats liegt, nicht dazu führen, dass die Leitung keiner vorherigen unbedingten UVP-Pflicht unterliegt.

cc) Enger Zusammenhang

131 Dritte Voraussetzung für die Annahme eines kumulierenden Vorhabens ist gem. § 3b Abs. 2 S. 1 UVPG, dass die Vorhaben „*in einem engen Zusammenhang stehen*". Ein enger Zusammenhang ist gem. § 3b Abs. 2 S. 2 UVPG gegeben,

> „*wenn diese Vorhaben*
> 1. *als technische oder sonstige Anlagen auf demselben Betriebs- oder Baugelände liegen und mit gemeinsamen betrieblichen oder baulichen Einrichtungen verbunden sind oder*
> 2. *als sonstige in Natur und Landschaft eingreifende Maßnahmen in einem engen räumlichen Zusammenhang stehen*
>
> *und wenn sie einem vergleichbaren Zweck dienen.*"

132 Die hieraus resultierenden Auslegungsfragen[187] können im hier interessierenden Zusammenhang dahingestellt bleiben, da die Voraussetzungen des § 3b Abs. 2 S. 2 UVPG bei Energieversorgungsleitungen, die im zuvor beschriebenen Sinne gleichzeitig verwirklicht werden sollen, in der Regel unproblematisch gegeben sein werden.

c) Folgen für die Umweltverträglichkeitsprüfung

133 Sind mehrere (Teil-) Vorhaben nach diesen Grundsätzen als kumulierende Vorhaben anzusehen, so sind auch (genehmigungsverfahrensrechtlich) getrennte Vorhaben UVP-rechtlich als ein Vorhaben i.S.d. UVPG zu betrachten.[188]

Praxistipp

Das Vorliegen kumulierender Vorhaben kann dazu führen, dass bei der Durchführung der Umweltverträglichkeitsprüfung verschiedene Genehmigungsbehörden und/oder verschiedene Vorhabensträger beteiligt sind. Dies wird namentlich bei Vorhaben, die unter das NABEG fallen, regelmäßig der Fall sein. Hier ist ein besonderes Verfahrensmanagement gefordert, zumal gesetzliche Regelungen insoweit fehlen. Dabei sollte frühzeitig eine **gemeinsame Umweltverträglichkeitsprüfung für das gesamte Leitungsvorhaben** angestrebt werden.[189] Darauf sollte auch

---

ähnliche Richtung geht die Ansicht von *Peters/Balla*, § 3b Rn 7, die ebenfalls entscheidend auf die Wirklichkeit abstellen. Für sie beginnt die Wirklichkeit aber erst mit dem ersten Spatenstich.

186 Vgl. EuGH, Urt. v. 25.7.2008 – C-142/07 – Slg. 2008, I-6097 Rn 39 m.w.N.; Urt. v. 10.12.2009 – C-205/08 – NuR 2010, 405 Rn 51.

187 Vgl. etwa Landmann/Rohmer/*Sangenstedt*, § 3b UVPG Rn 29 ff.; Hoppe/Beckmann/*Dienes*, § 3b UVPG Rn 29 ff.

188 Vgl. Landmann/Rohmer/*Sangenstedt*, § 3b UVPG Rn 15.

189 Vgl. Landmann/Rohmer/*Sangenstedt*, § 3b UVPG Rn 41.

die BNetzA ggf. hinweisen, wenn sie die Vorhabensträger nach Abschluss der Bundesfachplanung auf der Grundlage von § 12 Abs. 2 S. 3 NABEG auffordert, innerhalb einer zu bestimmenden angemessenen Frist den erforderlichen Antrag auf Planfeststellung zu stellen.

4. Änderungen und Erweiterungen von Leitungsanlagen

Eine UVP-Pflicht kann sich schließlich aus § 3b Abs. 3 und § 3e UVPG ergeben, die bestimmen, dass die Verpflichtung zur Durchführung einer Umweltverträglichkeitsprüfung unter den dort genannten Voraussetzungen auch für die Änderung oder Erweiterung eines Vorhabens besteht. Welche der beiden Vorschriften einschlägig ist, beurteilt sich danach, ob bereits das bestehende Vorhaben, das mitunter auch Grundvorhaben genannt wird, einer UVP-Pflicht unterliegt[190] oder ob sich die UVP-Pflicht erst durch die „nachträgliche Kumulation" mit einem bestehenden Vorhaben ergibt.[191] 134

a) Zum Begriff der Änderung

Mit den Begriffen „Änderung" und „Erweiterung" knüpfen die genannten Vorschriften an die Definitionen in § 2 Abs. 2 Nr. 2 UVPG an, die mit diesen Begriffen einen spezifischen Inhalt verbinden.[192] Die Erweiterung ist hiernach ein Unterfall der Änderung. Darüber hinaus ist zu beachten, dass nach diesen Definitionen nicht sämtliche Modifikationen als relevante Änderungen anzusehen sind. So ist namentlich die **Änderung des Betriebs** nur bei einer technischen Anlage, nicht aber bei den sonstigen Anlagen als Änderungsmodalität erfasst. Dies führt im vorliegenden Zusammenhang aber zu keinen Einschränkungen, da Leitungsanlagen unproblematisch zu den technischen Anlagen im Sinne dieser Vorschrift zählen.[193] Daher wird beispielsweise auch die bloße **Erhöhung der Nennspannung bei einer Hochspannungsfreileitung** erfasst, obwohl man die damit einhergehende Änderung durchaus als eine bloße Änderung des Betriebs einordnen kann. 135

Jenseits dessen ist die Frage, ob eine relevante Änderung vorliegt, **anhand des jeweils einschlägigen Fachrechts zu beurteilen.**[194] Dies ist im hier interessierenden Zusammenhang vor allem § 43 EnWG, der zwar die Änderung von Hochspannungsfreileitungen und Gasversorgungsleitungen ausdrücklich erfasst, den Begriff der Änderung aber nicht definiert. Gleichwohl ist anerkannt, dass eine energiewirtschaftsrechtlich relevante Änderung jedenfalls dann vorliegt, wenn die zu betrachtende Modifikation nicht mehr von der ursprünglichen Genehmigung gedeckt ist.[195] 136

Demgegenüber kommt es im hier interessierenden Zusammenhang **nicht** darauf an, ob es sich um eine **wesentliche oder unwesentliche Änderung** handelt. Denn der erst durch das Gesetz über Maßnahmen zur Beschleunigung des Netzausbaus Elektrizitätsnetze[196] eingefügte § 43f S. 1 EnWG eröffnet zwar ausdrücklich die Möglichkeit, unwesentliche Änderungen oder Erweiterungen anstelle des Planfeststellungsverfahrens durch ein Anzeigeverfahren zuzulassen. Allerdings beurteilt sich die Frage, ob eine Änderung oder Erweiterung unwesentlich ist, gem. § 43f S. 2 EnWG u.a. danach, ob es sich um eine Änderung oder Erweiterung handelt, für die nach 137

190 Dann findet § 3e UVPG Anwendung.
191 Dann findet § 3b Abs. 3 UVPG Anwendung.
192 Landmann/Rohmer/*Sangenstedt*, § 3b UVPG Rn 43 und § 3e UVPG Rn 14.
193 Vgl. Hoppe/Beckmann/*Appold*, § 2 UVPG Rn 76.
194 Vgl. Hoppe/Beckmann/*Appold*, § 2 UVPG Rn 78.
195 Vgl. Danner/Theobald/*Missling*, § 43 EnWG Rn 21; Steinbach/*Nebel*/*Riese*, § 43 EnWG Rn 74; ähnlich aus der Perspektive des UVPG Hoppe/Beckmann/*Appold*, § 2 UVPG Rn 78.
196 Vom 28.7.2011, BGBl. I S. 1690.

dem UVPG eine Umweltverträglichkeitsprüfung durchzuführen ist.[197] Aus diesem Grund würde eine entsprechende Differenzierung notwendigerweise zu Zirkelschlüssen führen.

138 Daher muss es im Ergebnis dabei bleiben, dass **jede Änderung** eines Leitungsvorhabens, **die nicht mehr unmittelbar von der ursprünglichen Genehmigung gedeckt ist**, eine UVP-Pflicht auslösen kann und deshalb dem entsprechenden Prüfungsprogramm zu unterziehen ist. Dies schließt freilich nicht aus, dass eine entsprechende Vorprüfung des Einzelfalls ergibt, dass wegen der geringen Umweltauswirkungen von einer Umweltverträglichkeitsprüfung abgesehen werden kann.

139 **Praktische Beispiele** für die sonach erfassten Änderungen sind der Um-, Aus- oder Rückbau einer Leitung, die Verlegung, Verlängerung oder Verkürzung einer Trasse sowie die Ersetzung einer alten Stromleitung durch eine neue Leitung mit höherer Spannung.[198] Umgekehrt ist die bloße Instandsetzung, die beispielsweise die Ersetzung einer alten Stromleitung umfassen kann, keine relevante Änderung, wenn die Spannung unverändert bleibt.

b) Die UVP-Pflicht nach § 3b Abs. 3 UVPG

140 Nach § 3b Abs. 3 S. 1 UVPG ist dann, wenn der nach der Anlage 1 maßgebende Größen- oder Leistungswert durch die **Änderung oder Erweiterung eines bestehenden bisher nicht UVP-pflichtigen Vorhabens** erstmals erreicht oder überschritten wird, für diese Änderung oder Erweiterung eine Umweltverträglichkeitsprüfung unter Berücksichtigung der Umweltauswirkungen des bestehenden, bisher nicht UVP-pflichtigen Vorhabens durchzuführen. Dabei kommt gem. § 3b Abs. 3 S. 2 UVPG auch eine Kumulation mit bestehenden Vorhaben in Betracht. Bei einem solchen „Hineinwachsen in die UVP-Pflicht“[199] ist Gegenstand der Umweltverträglichkeitsprüfung zwar nur die Änderung selbst, Prüfungsmaßstab sind aber wegen § 3b Abs. 3 S. 1 UVPG die Umweltauswirkungen des gesamten Vorhabens.

141 Diese Vorgaben gelten auf der einen Seite nicht nur für die unbedingt UVP-pflichtigen Vorhaben, sondern aufgrund des Verweises in § 3c S. 5 UVPG auch dann, wenn erst die Summierung von Grundvorhaben und Änderung dazu führt, dass die „S“- oder „A“-Schwelle überschritten wird. Hier ist die nachträgliche Kumulation dann **bei der Vorprüfung entsprechend zu berücksichtigen**.

142 Auf der anderen Seite sind wegen § 3b Abs. 3 S. 3 UVPG **Altvorhaben**, die zwar nach geltender Rechtslage UVP-pflichtig sind, jedoch vor Ablauf der Umsetzungsfrist der pflichtbegründenden EU-Richtlinien realisiert wurden, nicht zu berücksichtigen. Daher bleiben Vorhaben, die zwar bereits nach der RL 85/337/EWG UVP-pflichtig waren, aber bis zum 2.7.1998 realisiert wurden, bei der Kumulation mit nachträglichen Änderungen außen vor. Das Gleiche gilt für Vorhaben, die nach der RL 97/11/EG UVP-pflichtig waren, aber bis zum 14.3.1999 verwirklicht wurden.[200]

c) Die UVP-Pflicht nach § 3e Abs. 1 UVPG

143 Nach § 3e Abs. 1 Nr. 1 UVPG besteht die Verpflichtung zur Durchführung einer Umweltverträglichkeitsprüfung auch für die Änderung oder Erweiterung eines Vorhabens, für das als solches

197 Näher dazu unten Rn 140 ff.

198 So richtig *de Witt/Durinke/Kause*, Rn 52; a.A. mit Blick auf den Abbruch einer Anlage Steinbach/*Nebel/Riese*, § 43 EnWG Rn 75, die zwar darauf hinweisen, dass die Erlaubnispflicht des Abbruchs einer Anlage sachgerecht wäre, eine Erstreckung des Anwendungsbereichs des § 43 EnWG auf diese Fälle aber gleichwohl ablehnen, weil dies angeblich den Wortsinn einer Änderung überspannen würde.

199 *Feldmann*, DVBl. 2001, 589, 596.

200 Vgl. auch die Fristberechnung bei *Enders/Krings*, DVBl. 2001, 1242, 1248 in Fn 50.

bereits eine UVP-Pflicht besteht, **wenn die** in der Anlage 1 für Vorhaben der Spalte 1 angegebenen **Größen- oder Leistungswerte durch die Änderung** oder Erweiterung selbst **erreicht oder überschritten werden**. In diesen Fällen besteht also eine **unbedingte UVP-Pflicht**.

In allen anderen Fällen ist bei der Änderung oder Erweiterung eines Vorhabens, für das als solches bereits eine UVP-Pflicht besteht, gem. § 3e Abs. 1 Nr. 2 UVPG eine **unbedingte Pflicht zur Vorprüfung des Einzelfalls** durchzuführen. Dies folgt zum einen daraus, dass die Vorschrift bewusst nur auf § 3c S. 1 und 3 UVPG, nicht aber auf § 3c S. 2 UVPG verweist. Zum anderen handelt es sich auch insoweit um keine Rechtsgrund-, sondern um eine Rechtsfolgenverweisung.[201] Dies führt in der Sache dazu, dass es keine „Bagatellschwellen" gibt, die die Vorprüfungspflicht „nach unten" begrenzen.[202] 144

Gegenstand der Vorprüfung und der anschließenden Umweltverträglichkeitsprüfung ist unstreitig die Änderung des Vorhabens selbst. Umstritten ist hingegen, inwieweit die Umweltauswirkungen der vorhandenen Anlage zu berücksichtigen sind. Hierzu bestimmt § 3e Abs. 1 Nr. 2 Hs. 2 UVPG, dass in die Vorprüfung auch frühere Änderungen oder Erweiterungen einzubeziehen sind, für die nach der jeweils geltenden Fassung des UVPG keine Umweltverträglichkeitsprüfung durchgeführt worden ist. Daraus und aus dem Wortlaut des § 3e Abs. 1 UVPG, nach dem eine UVP-Pflicht *„auch für die Änderung oder Erweiterung eines Vorhabens"* besteht, wird im Schrifttum mitunter geschlossen, dass das bestehende Vorhaben als solches nicht in die Umweltverträglichkeitsprüfung einzubeziehen sei.[203] 145

Dem kann in der Tat nicht gefolgt werden, weil eine solche Deutung mit dem Sinn und Zweck der Umweltverträglichkeitsprüfung kaum vereinbar wäre[204] und zu einem Wertungswiderspruch zur Regelung des § 3b Abs. 3 UVPG führen würde, der ausdrücklich eine Berücksichtigung der Umweltauswirkungen des bestehenden Vorhabens fordert.[205] Daher sind im Ergebnis auch hier **die durch das bestehende Vorhaben selbst ausgelösten Umweltauswirkungen zu berücksichtigen**, soweit sie nach Durchführung der Änderung oder Erweiterung noch fortbestehen oder gar verstärkt werden.[206] Etwas anderes folgt schließlich nicht aus § 3e Abs. 1 Nr. 2 Hs. 2 UVPG, da sich dieser Teil der Vorschrift zum einen nur auf die Vorprüfung bezieht. Zum anderen soll die Regelung auch insoweit keine Begrenzung, sondern eine Erweiterung des Maßstabs bewirken. Daher erscheint hier ein Umkehrschluss der geschilderten Art verfehlt. 146

5. Folgen der (fehlenden) UVP-Pflicht für das Genehmigungsverfahren

Die Frage, welche Leitungsbauvorhaben im Einzelfall einer UVP-Pflicht unterliegen, wurde nicht zuletzt deshalb im Vorstehenden so ausführlich behandelt, weil deren Beantwortung einen nicht zu unterschätzenden Einfluss auf das Genehmigungsverfahren hat.[207] 147

Zum einen kann der Antragsteller für ein Vorhaben, für das eine Umweltverträglichkeitsprüfung nicht durchzuführen ist, gem. § 43b Nr. 2 S. 1 EnWG beantragen, dass abweichend von § 43b Nr. 1 sowie § 43 S. 1 und 3 EnWG anstelle des Planfeststellungsbeschlusses eine **Plangenehmigung** erteilt wird. Das Gleiche gilt aufgrund des Verweises in § 18 Abs. 3 S. 2 NABEG für 148

201 So auch Landmann/Rohmer/*Sangenstedt*, § 3b UVPG Rn 22; Hoppe/Beckmann/*Dienes*, § 3b UVPG Rn 11.
202 So bereits *Bunge*, UVP-Report 2001, 234, 236 f.
203 Vgl. etwa *Kersting*, UPR 2003, 10, 11; *Schink*, NuR 2004, 81, 87 mit Fn 46, der sich zudem auf die (so nicht richtige) „Tatsache" beruft, dass die Bestimmung nur zur Anwendung komme, wenn für das zu ändernde oder zu erweiternde Vorhaben bereits eine Umweltverträglichkeitsprüfung durchgeführt worden war.
204 Landmann/Rohmer/*Sangenstedt*, § 3b UVPG Rn 23.
205 *Günter*, NuR 2002, 317, 321.
206 Landmann/Rohmer/*Sangenstedt*, § 3b UVPG Rn 23; ebenso im Ergebnis Hoppe/Beckmann/*Dienes*, § 3b UVPG Rn 12.2; *Peters*/*Balla*, § 3e Rn 6.
207 Auf diese Zusammenhänge weist auch *Leidinger*, S. 337 f., zutreffend hin.

die von diesem Gesetz erfassten Vorhaben. Schließlich bestimmt § 5 Abs. 1 SeeAnlV mit Blick auf die von der Verordnung erfassten Seekabel, dass die allgemeine Regelung der Plangenehmigung in § 74 Abs. 6 VwVfG nur dann anzuwenden ist, wenn zusätzlich zu den dort genannten Voraussetzungen für das Vorhaben keine Umweltverträglichkeitsprüfung durchzuführen ist. Die damit eröffnete Möglichkeit, anstelle eines Planfeststellungsverfahrens ein Plangenehmigungsverfahren durchzuführen, hat für den Vorhabensträger insbesondere den Vorteil, dass eine Öffentlichkeitsbeteiligung nicht stattfindet.[208]

149 Zum anderen besteht die bereits durch § 74 Abs. 7 VwVfG eröffnete **Möglichkeit**, in Fällen von unwesentlicher Bedeutung **von einer Planfeststellung und Plangenehmigung abzusehen**, nach den Vorschriften zum Energieleitungsausbau ebenfalls nur dann, wenn nach dem UVPG für das betreffende Vorhaben keine Umweltverträglichkeitsprüfung durchzuführen ist.[209]

II. Das Verfahren und die Wirkungen nach dem UVPG

150 Nach § 4 UVPG richtet sich die Durchführung der Umweltverträglichkeitsprüfung in den Fällen, in denen eine Netzausbaumaßnahme der Planfeststellung bedarf, nach den Vorschriften des UVPG, sofern das Fachrecht keine abweichenden Regelungen enthält. Daher soll im Folgenden zunächst das Verfahren nach dem UVPG dargestellt werden.

1. Das maßgebliche Trägerverfahren

151 Es wurde bereits einleitend darauf hingewiesen, dass die Umweltverträglichkeitsprüfung gem. § 2 Abs. 1 S. 1 UVPG ein unselbstständiger Teil solcher verwaltungsbehördlicher Verfahren ist, die der Entscheidung über die Zulässigkeit von (konkreten) Vorhaben dienen, und daher eines sog. Trägerverfahrens bedarf.[210] Das wichtigste Trägerverfahren, in dessen Rahmen die Umweltverträglichkeitsprüfung durchzuführen ist, ist das **Planfeststellungsverfahren**, das nach den Vorschriften des EnWG, des NABEG, des AEG und der SeeAnlV bei sämtlichen Leitungsvorhaben durchzuführen ist, die nach dem zuvor Gesagten UVP-pflichtig sind.[211]

152 Daneben kommt aber auch auf einer vorhergehenden Stufe das **Raumordnungsverfahren** als Trägerverfahren in Betracht.[212] Denn die Frage, ob ein Vorhaben insbesondere mit den Vorgaben in den einschlägigen Raumordnungsplänen vereinbar ist, soll gem. § 15 Abs. 1 S. 1 ROG i.V.m. § 1 Nr. 14 RoV für Hochspannungsfreileitungen mit einer Nennspannung von mindestens 110 kV und für Gasleitungen mit einem Durchmesser von mehr als 300 mm in einem Raumordnungsverfahren geklärt werden. Etwas anderes gilt allein für die Leitungen nach § 2 Abs. 1 NABEG.[213] Solche Raumordnungsverfahren unterliegen wiederum gem. § 16 Abs. 1 UVPG einer UVP-Pflicht, sofern die Entscheidung über die Zulässigkeit der betreffenden Energieversorgungsleitung ebenfalls nach den zuvor genannten Vorschriften UVP-pflichtig ist.

153 Dabei ist die Umweltverträglichkeitsprüfung gem. § 16 Abs. 1 UVPG **nach dem Planungsstand des jeweiligen Vorhabens**, einschließlich der Standortalternativen nach § 15 Abs. 1 S. 3 ROG, **durchzuführen**, sofern das Landesrecht nicht etwas anderes bestimmt. Vor diesem Hin-

---

208 Näher zu den Voraussetzungen und Folgen eines Plangenehmigungsverfahrens oben Kap. 5 Rn 64 ff.

209 Näher dazu oben Kap. 5 Rn 69 f. Dabei geht es in der Sache vor allem um unwesentliche Änderungen oder Erweiterungen von bestehenden Vorhaben.

210 Siehe oben Rn 4.

211 Vgl. dazu Kap. 2 Rn 44 ff. und Kap. 5 Rn 1 ff.

212 Hierauf weist Schneider/Theobald/*Hermes*, § 7 Rn 29, zu Recht hin.

213 Vgl. näher dazu den Überblick in Kap. 2 Rn 40 ff.

tergrund wird im Schrifttum die Frage diskutiert, ob und inwieweit die Länder die bundesrechtlich vorgeschriebene UVP-Pflichtigkeit des Raumordnungsverfahrens infrage stellen dürfen.[214] Diese Frage kann jedoch letztlich offenbleiben, weil dies bislang kein Bundesland getan hat und dergleichen – auch aus unionsrechtlichen Gründen – nicht zu erwarten steht.[215]

Etwas anderes gilt jedoch für die **verfahrensrechtlichen Anforderungen** an die Durchführung der Umweltverträglichkeitsprüfung. Hier ergeben sich aus der **Gemengelage von UVPG, ROG und landesrechtlichen Sonderregelungen** zahlreiche Besonderheiten, die hier aus Raumgründen nicht nachgezeichnet werden können.[216] Zumindest hingewiesen werden soll aber auf die in § 16 ROG vorgesehene Möglichkeit, unter den dort genannten Voraussetzungen ein vereinfachtes Raumordnungsverfahren durchzuführen. Schließlich stellt § 16 Abs. 3 UVPG losgelöst von Fragen der Prüfung der Umweltverträglichkeit klar, dass das Ergebnis des Raumordnungsverfahrens nur im Rahmen des Rechtsbehelfsverfahrens gegen die nachfolgende Zulassungsentscheidung überprüft werden kann. 154

Aus diesen Gründen konzentrieren sich die nachfolgenden Ausführungen darauf, wie die Umweltverträglichkeitsprüfung in das Planfeststellungsverfahren zu integrieren ist. Dies erscheint auch deshalb gerechtfertigt, weil sich die Frage der Umweltverträglichkeit bei der konkreten Zulassung eines Vorhabens am deutlichsten stellt. Sie steht daher auch im Planfeststellungsverfahren nicht nur im Mittelpunkt der öffentlichen Erörterung, sondern auch der rechtlichen Erwägungen und Abwägungen. Aus diesen Gründen gehen manche sogar davon aus, dass die Umweltverträglichkeitsprüfung mittlerweile **der zentrale Bestandteil eines Planfeststellungsverfahrens** ist.[217] 155

2. Das „Scoping" nach § 5 UVPG

Sofern der Vorhabensträger die zuständige Behörde darum ersucht, ist noch vor Einleitung des Planfeststellungsverfahrens gem. § 5 UVPG ein Verfahren durchzuführen, in dem der Vorhabensträger nach einer Anhörung über die voraussichtlich von ihm beizubringenden Unterlagen für die Umweltverträglichkeitsprüfung unterrichtet und beraten werden soll. 156

a) Zweck und Inhalt

Dieses sog. Scoping[218] ist in der Praxis außerordentlich wichtig, weil es etwaige Zweifel hinsichtlich der gem. § 6 UVPG beizubringenden Unterlagen ausräumen und damit zeitliche Verzögerungen durch Nachforderungen der Behörde verhindern soll.[219] Dies soll durch eine **vorgeschaltete, informelle Abklärung des Untersuchungsrahmens** erreicht werden.[220] Darüber hinaus kann das Scoping dazu dienen, insbesondere in Zweifelsfällen gem. § 3a UVPG frühzeitig eine Klärung herbeizuführen, ob für das betreffende Vorhaben eine Umweltverträglichkeitsprüfung durchzuführen ist. 157

---

214 Vgl. etwa Hoppe/Beckmann/*Wagner*, § 16 UVPG Rn 30 ff.
215 So mit Recht Landmann/Rohmer/*Wulfhorst*, § 16 UVPG Rn 25.
216 Eine Übersicht zu den landesrechtlichen Regelungen sowie eine ausführliche Schilderung der verfahrensrechtlichen Anforderungen an die Durchführung der Umweltverträglichkeitsprüfung findet sich bei Landmann/Rohmer/*Wulfhorst*, § 16 UVPG Rn 27 ff.
217 So zutreffend Steinbach/*Nebel*/*Riese*, § 43 EnWG Rn 90.
218 Gebräuchlich ist auch die Bezeichnung „Unterrichtungsverfahren"; vgl. etwa Landmann/Rohmer/*Beckmann*, § 5 UVPG Rn 2 und passim.
219 Vgl. etwa *Enders*/*Krings*, DVBl. 2001, 1242, 1249; Landmann/Rohmer/*Beckmann*, § 5 UVPG Rn 3 und 9; Schneider/Theobald/*Hermes*, § 7 Rn 33; *Steinberg*/*Wickel*/*Müller*, § 2 Rn 31.
220 *Enders*/*Krings*, DVBl. 2001, 1242, 1249. Vgl. auch Nr. 0.4.1 der UVPVwV.

b) Einleitung des Verfahrens

158 Dementsprechend kann das Scoping gem. § 5 Abs. 1 S. 1 UVPG auch nach Eingang des Genehmigungsantrags auf **Initiative der zuständigen**[221] **Behörde** durchgeführt werden. Dies kommt insbesondere dann in Betracht, wenn der Vorhabensträger Unterlagen eingereicht hat, die für die Umweltverträglichkeitsprüfung unzureichend sind.[222]

159 In der Regel wird das Unterrichtungsverfahren jedoch durch die ebenfalls in § 5 Abs. 1 S. 1 UVPG vorgeschriebene Möglichkeit eingeleitet, dass der **Vorhabensträger** sich noch vor Beginn des Verfahrens, das der Entscheidung über die Zulässigkeit des Vorhabens dient, hier also noch vor dem Antrag auf Planfeststellung, mit einem entsprechenden Ersuchen an die zuständige Behörde wendet. Hierzu muss der Vorhabensträger geeignete Unterlagen bezüglich des geplanten Vorhabens beifügen, die es der zuständigen Behörde und den ggf. zu beteiligenden Behörden ermöglichen, den Untersuchungsrahmen mit dem Träger des Vorhabens zu erörtern.[223]

c) Besprechung

160 Bevor die zuständige Behörde den Vorhabensträger über die voraussichtlich von ihm beizubringenden Unterlagen für die Umweltverträglichkeitsprüfung unterrichtet, muss sie ihm sowie den nach §7 UVPG zu beteiligenden Behörden gem. §5 Abs. 1 S. 2 UVPG Gelegenheit zu einer Besprechung über Inhalt und Umfang der Unterlagen geben.[224] Die Besprechung soll sich auch auf Gegenstand, Umfang und Methoden der Umweltverträglichkeitsprüfung sowie sonstige für die Durchführung der Umweltverträglichkeitsprüfung erhebliche Fragen erstrecken (§5 Abs. 1 S. 3 UVPG). Sachverständige, betroffene Gemeinden, nach § 8 Abs. 1 UVPG zu beteiligende Behörden, nach § 3 UmwRG anerkannte Umweltvereinigungen sowie sonstige Dritte können hinzugezogen werden (§ 5 Abs. 1 S. 4 UVPG). Verfügen die zuständige Behörde oder die zu beteiligende Behörden über Informationen, die für die Beibringung der Unterlagen nach § 6 UVPG zweckdienlich sind, sollen sie diese Informationen dem Träger des Vorhabens zur Verfügung stellen (§ 5 Abs. 1 S. 5 UVPG).[225] Im Übrigen liegt die Gestaltung dieses sog. Scoping-Termins im pflichtgemäßen Ermessen der Behörde.[226]

---

i **Praxistipp**

Die zuständige Behörde sollte bei der Vorbereitung und Durchführung des Scoping-Termins darauf achten, dass das Unterrichtungsverfahren kein Einwendungsverfahren oder gar ein Erörterungstermin ist.[227] Auch eine Rechtsschutzfunktion kommt ihm nicht zu.[228] Die Behörde sollte sich daher **auf das gesetzlich vorgeschriebene Anliegen konzentrieren**, den Untersuchungsrahmen für die nachfolgende Umweltverträglichkeitsprüfung anhand der von dem Vorhaben zu erwartenden Auswirkungen festzulegen, weil anderenfalls die Gefahr besteht, dass sich das Verfahren über mehrere Monate hinzieht.[229] Schließlich sollte die zuvor erwähnte Möglichkeit, Sachverständige und Dritte hinzuzuziehen, nur zu dem gesetzlichen Zweck, und nicht etwa zur Akzeptanzförderung genutzt werden.[230]

---

221 Welche Behörde insoweit zuständig ist, ist umstritten; vgl. etwa *Steinberg/Wickel/Müller*, § 2 Rn 41f.
222 *Enders/Krings*, DVBl. 2001, 1242, 1250; Landmann/Rohmer/*Beckmann*, § 5 UVPG Rn 13.
223 Näher zum Ganzen Landmann/Rohmer/*Beckmann*, § 5 UVPG Rn 9ff.; *Erbguth/Schink*, UVPG, § 5 Rn 8ff.
224 Der Vorhabensträger hat Anspruch auf Durchführung einer Besprechung, muss ihr allerdings nicht beiwohnen; so richtig Landmann/Rohmer/*Beckmann*, § 5 UVPG Rn 14.
225 Dies beinhaltet aber keine Pflicht, entsprechend nachzuforschen; vgl. etwa Landmann/Rohmer/*Beckmann*, § 5 UVPG Rn 29; Hoppe/Beckmann/*Kment*, § 5 UVPG Rn 26.
226 Landmann/Rohmer/*Beckmann*, § 5 UVPG Rn 15.
227 *Steinberg/Wickel/Müller*, § 2 Rn 50.
228 So ausdrücklich BVerwG, Urt. v. 9.11.2006 – 4 A 2001/06 – BVerwGE 127, 95 Rn 26.
229 Vgl. dazu die warnenden Hinweise aus der Praxis von *Mayen*, NVwZ 1996, 319, 321.
230 *Mayen*, NVwZ 1996, 319, 321. Von daher weist Nr. 0.4.6 der UVPVwV zu Recht darauf hin, dass eine Hinzuziehung Sachverständiger oder Dritter nur dann in Betracht kommt, wenn dies für die Klärung des voraussichtlichen Untersuchungsrahmens zweckdienlich ist. Vgl. auch BT-Drucks. 17/11394 S. 49f.

d) Unterrichtung

Die Unterrichtung über die voraussichtlich beizubringenden Unterlagen schließt das Scoping ab. Diese soll schriftlich sowie unter Hinweis auf den voraussichtlichen Untersuchungsrahmen der Umweltverträglichkeitsprüfung und mit Angabe der hierfür maßgeblichen Rechtsgrundlagen erfolgen. Dabei hat die Behörde zu berücksichtigen, dass Angaben nach § 6 Abs. 4 UVPG nur unter den Voraussetzungen der Erforderlichkeit und der Zumutbarkeit verlangt werden können. Ferner soll der für die Durchführung der Umweltverträglichkeitsprüfung voraussichtlich erforderliche Zeitrahmen unter Beachtung fachrechtlich vorgegebener Verfahrensfristen genannt werden.[231] 161

e) Rechtliche Bedeutung

Da das Scoping nur dazu dient, etwaige Zweifel hinsichtlich der gem. § 6 UVPG beizubringenden Unterlagen auszuräumen, und überdies nicht verpflichtend vorgeschrieben ist, **können Dritte** aus einem Verzicht oder etwaigen Unzulänglichkeiten bei der Durchführung des Scopings **nichts zu ihren Gunsten herleiten.**[232] Selbst für den Vorhabensträger ergibt sich **keine Verpflichtung**, die in der Unterrichtung genannten Unterlagen tatsächlich beizubringen.[233] Hierauf muss die Behörde den Träger des Vorhabens in der Unterrichtung hinweisen.[234] Aus diesen Gründen ist die abschließende Unterrichtung ein bloßer Realakt, der überdies gem. § 44a VwGO nicht selbstständig anfechtbar ist.[235] 162

3. Die Vorlagepflicht des Vorhabensträgers nach § 6 UVPG

Laut § 6 Abs. 1 S. 1 UVPG hat der Vorhabensträger die entscheidungserheblichen Unterlagen über die Umweltauswirkungen des Vorhabens der zuständigen Behörde zu Beginn des Verfahrens, in dem die Umweltverträglichkeitsprüfung geprüft wird, und damit zu Beginn des Zulassungsverfahrens, hier also des Planfeststellungsverfahrens, vorzulegen. Dabei **trägt der Vorhabensträger** aufgrund der vorgeschriebenen Mindestinhalte **die Verantwortung** dafür, dass alle Unterlagen, die für die Umweltverträglichkeitsprüfung wesentlich sind, vorgelegt werden. Diese *„Auslagerung von Teilen der Sachverhaltsermittlung auf den Vorhabenträger"*[236] ist als Ausdruck des Verursacherprinzips[237] sachlich gerechtfertigt. 163

a) Zeitpunkt der Vorlage

Dabei sind die erforderlichen Unterlagen gem. § 6 Abs. 1 S. 2 UVPG dann, wenn das Verfahren – wie das Planfeststellungsverfahren bei Energieleitungsvorhaben[238] – einen schriftlichen Antrag des Vorhabensträgers oder die Einreichung eines Plans voraussetzt, so **zeitig vorzulegen**, dass die Unterlagen zusammen mit den übrigen Unterlagen ausgelegt werden können. Daraus folgt, dass die zuständige Behörde **mit der Öffentlichkeitsbeteiligung** nach § 9 UVPG als dem nächs- 164

231 So Nr. 0.4.7 der UVPVwV.
232 Vgl. BVerwG, Urt. v. 9.11.2006 – 4 A 2001/06 – BVerwGE 127, 95 Rn 26.
233 Der Vorhabensträger sollte sich aber dennoch daran halten, weil sich das Verfahren anderenfalls aus den im Folgenden genannten Gründen verzögern könnte.
234 So Nr. 0.4.7 der UVPVwV.
235 Landmann/Rohmer/*Beckmann*, § 5 UVPG Rn 23.
236 *Mayen*, NVwZ 1996, 319, 320.
237 Vgl. etwa Hoppe/Beckmann/*Kment*, § 6 UVPG Rn 2.
238 Siehe §§ 73 Abs. 1 VwVfG, 19 und 21 NABEG; näher dazu Kap. 5 Rn 45 ff.

ten Verfahrensschritt der Umweltverträglichkeitsprüfung so lange **warten** muss, bis alle nach § 6 Abs. 1 S. 1 UVPG entscheidungserheblichen Unterlagen vorliegen, weil nur so i.S.v. § 6 Abs. 3 S. 3 UVPG sichergestellt ist, dass Dritte sich frühzeitig ein Bild davon machen können, ob und in welchem Umfang sie von den Umweltauswirkungen des Vorhabens betroffen werden können.[239]

165 Dies schließt indessen nach der zutreffenden Rechtsprechung des BVerwG keineswegs aus, dass **Mängel der Antragsunterlagen** auch nach Auslegung im weiteren Verfahren durch ergänzende Unterlagen **ausgeglichen werden** können. Denn die öffentliche Bekanntmachung des Vorhabens und das anschließende Verfahren der Behördenbeteiligung und der Anhörung der betroffenen Öffentlichkeit dient gerade dazu, Aufschluss über vom Vorhabensträger nicht erkannte Umweltauswirkungen und Möglichkeiten der Vermeidung oder Verminderung von Umweltauswirkungen sowie Anstöße für weiteren Untersuchungsbedarf zu erlangen.[240]

b) Allgemeines zu Inhalt und Umfang der vorzulegenden Unterlagen

166 Mit Blick auf Inhalt und Umfang der vorzulegenden Unterlagen bestimmt § 6 Abs. 2 S. 1 UVPG allgemein, dass sich diese nach den Rechtsvorschriften bestimmen, die für die Entscheidung über die Zulässigkeit des Vorhabens maßgebend sind. Dieser **Vorrang der fachgesetzlichen Bestimmungen** gilt gem. § 6 Abs. 2 S. 2 UVPG aber nur dann, wenn diese die in § 6 Abs. 3 und 4 UVPG geregelten Vorgaben im Einzelnen festlegen.

167 Dies bedeutet auch hier[241] schon wegen der Planfeststellungsbedürftigkeit der UVP-pflichtigen Energieleitungsvorhaben **nicht**, dass eine Umweltauswirkung **nur dann** als **beachtlich** eingestuft werden könnte, **wenn sie nach Fachrecht unmittelbar für die Erteilung der Genehmigung relevant ist**. Denn nach dem fachrechtlichen Abwägungsgebot sind Umweltauswirkungen bereits dann abwägungserheblich und damit auch UVP-rechtlich beachtlich, wenn sie mehr als nur geringfügig sind.[242] Daher ist es in der Tat sinnvoll, Inhalt und Umfang der vorzulegenden Unterlagen zunächst nach § 6 Abs. 3 und 4 UVPG unabhängig von den fachrechtlichen Regelungen zu bestimmen und dann zu prüfen, ob sich aus dem Fachrecht weitergehende Pflichten ergeben.[243]

168 Dabei ist für die Vorlage als solche **keine bestimmte Form vorgegeben**. Demzufolge können die Unterlagen auch in verschiedenen Dokumenten erfolgen.[244] Gesetzlich gefordert ist allein eine allgemein verständliche, nichttechnische Zusammenfassung der sogleich genannten obligatorischen Mindestinhalte (vgl. § 6 Abs. 3 S. 2 UVPG). Dessen ungeachtet werden in der Praxis häufig freiwillig vom Vorhabensträger extern erstellte „Umweltverträglichkeitsstudien" oder „Umweltverträglichkeitsuntersuchungen" vorgelegt, deren Sinnhaftigkeit freilich umstritten ist.[245]

239 Hoppe/Beckmann/*Kment*, § 6 UVPG Rn 12; ebenso im Ergebnis Schneider/Theobald/*Hermes*, § 7 Rn 34.
240 Vgl. BVerwG, Urt. v. 8.6.1995 – 4 C 4/94 – BVerwGE 98, 339, 358f. Vgl. allgemein zum Rechtsschutz gegen Mängel bei der Umweltverträglichkeitsprüfung unten Kap. 13 Rn 182f., 327 und 333ff.
241 Vgl. zur parallelen Situation beim Screening nach § 3c UVPG oben Rn 102ff.
242 Vgl. BVerwG, Urt. v. 13.12.2007 – 4 C 9/06 – BVerwGE 130, 83 Rn 34; Urt. v. 13.12.2007 – 4 C 5/07 – BVerwGE 132, 123 Rn 32. Auf diese Zusammenhänge weist auch Hoppe/Beckmann/*Kment*, § 6 UVPG Rn 11, zu Recht hin.
243 So richtig *Erbguth/Schink*, EuZW 1990, 531, 534; *Steinberg/Wickel/Müller*, § 2 Rn 62; Schneider/Theobald/*Hermes*, § 7 Rn 34.
244 Vgl. BVerwG, Beschl. v. 10.10.2006 – 9 B 27/05 – NVwZ 2007, 84, 85. Von daher ist es etwas verkürzt dargestellt, wenn Berkemann/Halama/*Halama*, Erläuterungen Rn 8, davon spricht, der Projektträger müsse eine Umweltverträglichkeitsstudie vorlegen.
245 Vgl. dazu Hoppe/Beckmann/*Kment*, § 6 UVPG Rn 14.

c) Obligatorische Mindestinhalte

Die in § 6 Abs. 1 UVPG geforderten Unterlagen müssen erstens gem. § 6 Abs. 3 S. 1 Nr. 1 UVPG eine **Beschreibung des Vorhabens** mit Angaben über Ort, Art und Umfang sowie Bedarf von Grund und Boden enthalten. Dies umfasst auch Angaben zu den Auswirkungen der Durchführung, insbesondere der Errichtung des Vorhabens, auf die maßgeblichen Umweltgüter. Daher sind beispielsweise zeitweiliger Baustellenverkehr oder eine mit der Errichtung einhergehende temporäre Flächen- bzw. Gewässerinanspruchnahme ebenfalls zu berücksichtigen.[246] 169

Zweitens müssen die vorzulegenden Unterlagen gem. § 6 Abs. 3 S. 1 Nr. 2 UVPG eine **Beschreibung der Maßnahmen** enthalten, **mit denen** erhebliche **nachteilige Umweltauswirkungen** des Vorhabens **vermieden, vermindert oder**, soweit möglich, **ausgeglichen werden**, sowie eine Beschreibung der Ersatzmaßnahmen bei nicht ausgleichbaren, aber vorrangigen Eingriffen in Natur und Landschaft. Diese Vorgabe begründet zwar keine entsprechenden Pflichten des Vorhabensträgers, sodass er in diesem Stadium auch noch nicht zwingend einen landschaftspflegerischen Begleitplan vorlegen muss.[247] Da die genannten Vorgaben jedoch nach dem Naturschutzrecht zu beachten sind,[248] sorgt die Vorschrift dafür, dass der Vorhabensträger sich frühzeitig damit beschäftigt, eine eigene Bewertung vornimmt und ggf. entsprechende Maßnahmen anbietet.[249] 170

Drittens müssen die Unterlagen gem. § 6 Abs. 3 S. 1 Nr. 3 UVPG eine **Beschreibung der zu erwartenden erheblichen nachteiligen Umweltauswirkungen** des Vorhabens enthalten. Dabei darf der Vorhabensträger nicht bei einer Emissionsbetrachtung stehen bleiben. Er muss vielmehr konkrete Angaben zu den Folgen der Immissionen für die in § 2 Abs. 1 S. 2 UVPG genannten Schutzgüter machen.[250] Im Übrigen sind gem. § 6 Abs. 3 S. 1 Nr. 3 UVPG der allgemeine Kenntnisstand und die allgemein anerkannten Prüfungsmethoden zu berücksichtigen. Daraus folgt, dass der Vorhabensträger keine Grundlagenforschung betreiben oder alle abstrakt möglichen Umweltauswirkungen ermitteln und beschreiben müsste.[251] Er muss vielmehr nur das ermitteln und beschreiben, was nach dem Stand der in Fachkreisen geführten Diskussionen beachtet werden muss.[252] 171

Viertens müssen die Unterlagen gem. § 6 Abs. 3 S. 1 Nr. 4 UVPG eine **Beschreibung der Umwelt und Angaben zur Bevölkerung** im Einwirkungsbereich des Vorhabens enthalten. Bei der Beschreibung der Umwelt ist der Untersuchungsradius für jedes Umweltmedium gesondert anhand der spezifischen Reichweite der Auswirkungen zu bestimmen.[253] Dabei sind erneut der allgemeine Kenntnisstand und die allgemein anerkannten Prüfungsmethoden in der zuvor genannten Weise zu berücksichtigen. Diese Beschränkung ist ebenso wie der für beide Vorgaben geltende Hinweis auf die Erforderlichkeit und Zumutbarkeit eine Konkretisierung des Übermaßverbots[254] und daher auch hier unionsrechtlich unbedenklich.[255] 172

Schließlich müssen die Unterlagen gem. § 6 Abs. 3 S. 1 Nr. 5 UVPG eine Übersicht über die wichtigsten, vom Träger des Vorhabens geprüften anderweitigen Lösungsmöglichkeiten enthalten. Dabei sind die wesentlichen Auswahlgründe im Hinblick auf die Umweltauswirkungen des 173

---

246 Hoppe/Beckmann/*Kment*, § 6 UVPG Rn 15.
247 So aber *Peters/Balla*, § 6 Rn 8.
248 Vgl. dazu ausführlich Kap. 10 Rn 69 und 181 ff.
249 So richtig Hoppe/Beckmann/*Kment*, § 6 UVPG Rn 16.
250 Hoppe/Beckmann/*Kment*, § 6 UVPG Rn 18.
251 Vgl. BVerwG, Urt. v. 21.3.1996 – 4 C 19/94 – BVerwGE 100, 370, 378 f.
252 Hoppe/Beckmann/*Kment*, § 6 UVPG Rn 19.
253 Hoppe/Beckmann/*Kment*, § 6 UVPG Rn 20.
254 So mit Blick auf § 6 Abs. 3 S. 1 Nr. 3 UVPG Hoppe/Beckmann/*Kment*, § 6 UVPG Rn 19.
255 So auch Hoppe/Beckmann/*Kment*, § 6 UVPG Rn 5; *Steinberg/Wickel/Müller*, § 2 Rn 63; a.A. *Winter*, NuR 1989, 197, 200.

Vorhabens anzugeben. Hierdurch wird **keine selbstständige Pflicht zur Alternativenprüfung** begründet, weil sich diese Vorgabe bewusst und in unionsrechtlich zulässiger Weise nur auf vom Träger des Vorhabens geprüfte Alternativen bezieht.[256] Eine Pflicht zur Alternativenprüfung kann sich zwar aus dem einschlägigen Umweltrecht[257] und bei planfeststellungsbedürftigen Vorhaben auch aus dem Erfordernis der Planrechtfertigung[258] sowie aus dem Abwägungsgebot[259] ergeben. Diese Pflichten treffen indessen nur die zuständigen Behörden, nicht aber private Vorhabensträger.[260]

174 Sämtliche Angaben müssen, wie schon erwähnt, gem. § 6 Abs. 3 S. 2 und 3 UVPG in einer allgemein verständlichen, nichttechnischen **Zusammenfassung** zusammengeführt werden und Dritten die Beurteilung ermöglichen, ob und in welchem Umfang sie von den Umweltauswirkungen des Vorhabens betroffen werden können.

d) Weitergehende Inhalte

175 Darüber hinaus fordert § 6 Abs. 4 UVPG, soweit im hier interessierenden Kontext von Belang, eine Beschreibung der wichtigsten Merkmale der verwendeten technischen Verfahren, eine Beschreibung von Art und Umfang der zu erwartenden Emissionen, der Nutzung und Gestaltung von Wasser, Boden, Natur und Landschaft; Angaben zu sonstigen Folgen des Vorhabens, die zu erheblichen nachteiligen Umweltauswirkungen führen können, sowie Hinweise auf Schwierigkeiten, die bei der Zusammenstellung der Angaben aufgetreten sind, z.B. technische Lücken oder fehlende Kenntnisse.

176 Diese Angaben sind indessen nur vorzulegen, **soweit** sie für die Umweltverträglichkeitsprüfung nach Art des Vorhabens **erforderlich** sind. Dies ist dann der Fall, wenn ohne diese zusätzlichen Angaben die Umweltverträglichkeit des Vorhabens auch unter Berücksichtigung der weiteren Informationen der beteiligten Behörden und der Öffentlichkeit nicht ausreichend ermittelt, dargestellt und bewertet werden könnte.[261] Diese Voraussetzung ist mit Blick auf jede einzelne zusätzliche Angabe zu prüfen und im Streitfall von der Behörde zu beweisen.[262]

4. Die Behörden- und Öffentlichkeitsbeteiligung

177 Wenn die Vollständigkeit der vom Vorhabensträger vorzulegenden Unterlagen feststeht, hat die zuständige Behörde andere Behörden und die Öffentlichkeit nach Maßgabe der §§ 7–9b UVPG zu beteiligen. Diese Behörden- und Öffentlichkeitsbeteiligung ist wiederum **eingebettet in das Anhörungsverfahren**, das nach der allgemeinen Regelung in § 73 VwVfG der erste Verfahrensabschnitt des Planfeststellungsverfahrens ist, an den sich in einem zweiten Verfahrensabschnitt die abschließende Entscheidung über den Planfeststellungsbeschluss anschließt.[263]

---

256 Vgl. BVerwG, Beschl. v. 14.5.1996 – 7 NB 3/95 – BVerwGE 101, 166, 175; Berkemann/Halama/*Halama*, Erläuterungen Rn 55; Hoppe/Beckmann/*Kment*, § 6 UVPG Rn 6 und 21; *Steinberg/Wickel/Müller*, § 2 Rn 63.
257 Vgl. dazu ausführlich Kap. 10 Rn 125 ff. und 177.
258 Vgl. dazu ausführlich Kap. 10 Rn 26 ff.
259 Vgl. dazu ausführlich Kap. 11 Rn 68 ff.
260 So richtig *Groß*, NVwZ 2001, 514, 518.
261 Vgl. etwa Hoppe/Beckmann/*Kment*, § 6 UVPG Rn 24; *Steinberg/Wickel/Müller*, § 2 Rn 64.
262 So richtig Hoppe/Beckmann/*Kment*, § 6 UVPG Rn 23.
263 Vgl. oben Kap. 5 Rn 27.

a) Behördenbeteiligung

Im Einklang damit verpflichtet § 7 S. 1 UVPG die zuständige Behörde[264] in Anlehnung an § 73 Abs. 2 VwVfG die (nationalen) **Behörden, deren umweltbezogener Aufgabenbereich durch das Vorhaben berührt wird,**[265] über das Vorhaben zu unterrichten, ihnen die Unterlagen nach § 6 UVPG zu übermitteln und ihre Stellungnahmen einzuholen. Allerdings bleibt § 7 S. 1 UVPG insofern hinter § 73 Abs. 2 VwVfG zurück, als es an einer Frist für die Unterrichtung und Übermittlung der Unterlagen fehlt.[266] Dessen ungeachtet wird sich die Anhörungsbehörde wegen der allgemeinen Pflicht aus § 10 S. 2 VwVfG, das Verwaltungsverfahren zügig durchzuführen, auch bei der Behördenbeteiligung nach § 7 S. 1 UVPG an dieser zeitlichen Vorgabe zu orientieren haben. 178

Der **Begriff der Behörde** ist in § 1 Abs. 4 VwVfG definiert und umfasst sämtliche Stellen, die Aufgaben der öffentlichen Verwaltung wahrnehmen. Diesem funktionalen Behördenbegriff unterfallen nicht nur sämtliche Behörden im organisationsrechtlichen Sinne auf Bundes-, Landes- und kommunaler Ebene einschließlich der (sonstigen) Körperschaften, Anstalten und Stiftungen des öffentlichen Rechts wie etwa kommunale oder regionale Planungs- oder Wasserverbände, sondern auch Einzelpersonen oder juristische Personen des Privatrechts, die als Beliehene Aufgaben der öffentlichen Verwaltung wahrnehmen.[267] 179

Nicht hierunter fallen Rechtsträger, auf deren Gebiet das Vorhaben realisiert werden soll und die dadurch – so wie manche **Gemeinden oder Landkreise** – lediglich als Grundstückseigentümer betroffen sind. Diese werden aber in der Regel nach § 73 Abs. 3 und 4–7 VwVfG zumindest faktisch beteiligt.[268] 180

Die hiernach beteiligten Behörden müssen wegen des Verweises in § 7 S. 2 UVPG auf § 73 Abs. 3a S. 1 VwVfG ihre **Stellungnahme innerhalb einer** von der Anhörungsbehörde **zu setzenden Frist** abgeben, die drei Monate nicht überschreiten darf. Diese Fristsetzung hat aber keine Präklusion, also keinen Ausschluss verspäteter Stellungnahmen, zur Folge, da § 73 Abs. 3a S. 2 VwVfG seit dem Inkrafttreten von Art. 1 des Gesetzes zur Verbesserung der Öffentlichkeitsbeteiligung und Vereinheitlichung von Planfeststellungsverfahren am 7.6.2013 vorschreibt, dass nach Fristablauf eingehende Stellungnahmen zu berücksichtigen sind, wenn die vorgebrachten Belange der zuständigen Behörde bereits bekannt waren oder wenn sie ihr hätten bekannt sein müssen oder wenn sie für die Rechtmäßigkeit der Entscheidung von Bedeutung sind. Darüber hinaus kann die zuständige Behörde auch jenseits dessen verspätet eingegangene Stellungnahmen nach Zweckmäßigkeitsgesichtspunkten berücksichtigen.[269] 181

Die rechtliche **Wirkung der Stellungnahmen** hängt vom Fachrecht ab. Schreibt dieses ein „Einvernehmen" vor, muss die Stellungnahme beachtet werden. Fordert das Fachrecht hingegen ein „Benehmen" oder Stellungnahmen ohne entsprechende gesetzliche Beachtungspflichten („Fachbeiträge"), dann darf sich die verfahrensleitende Behörde im Rahmen ihr zugewiesener Entscheidungsspielräume (bei entsprechender Begründung) über die Stellungnahme hinwegsetzen.[270] 182

Darüber hinaus ist gem. § 8 UVPG eine **grenzüberschreitende Behördenbeteiligung** durchzuführen, wenn das Vorhaben erhebliche Auswirkungen auf die in § 2 Abs. 1 S. 2 UVPG genann- 183

264 Dies ist auch hier diejenige Behörde, die nach dem jeweiligen Fachplanungsrecht für die Durchführung des Zulassungsverfahrens (dies ist im konkreten Fall das Planfeststellungsverfahren) zuständig ist; vgl. etwa Hoppe/Beckmann/*Wagner*, § 7 UVPG Rn 14.
265 Näher dazu Hoppe/Beckmann/*Wagner*, § 7 UVPG Rn 20 ff.
266 *Erbguth*/*Schink*, § 7 Rn 4.
267 Vgl. hier nur Hoppe/Beckmann/*Wagner*, § 7 UVPG Rn 17.
268 Näher zu den damit zusammenhängenden Problemen *Steinberg*/*Wickel*/*Müller*, § 2 Rn 72 ff.
269 Näher dazu und zur Kritik an der früheren Rechtslage Kap. 9 Rn 213 ff.
270 Näher zum Ganzen Hoppe/Beckmann/*Wagner*, § 7 UVPG Rn 29 f.

ten Umweltgüter in einem anderen Staat haben kann oder ein solcher anderer Staat förmlich um Beteiligung ersucht.[271]

184 Die §§ 7 und 8 UVPG regeln nicht, was gelten soll, **wenn die Vorhabensunterlagen** nach Durchführung der Behördenbeteiligung **geändert werden**. Diese Regelungslücke ist durch eine entsprechende Anwendung des § 73 Abs. 8 S. 1 VwVfG zu schließen.[272] Danach ist den Behörden, die durch den geänderten Plan erstmalig oder stärker als bisher berührt werden, die Änderung mitzuteilen und ihnen Gelegenheit zu Stellungnahmen und Einwendungen innerhalb von zwei Wochen zu geben.

b) Öffentlichkeitsbeteiligung

185 Die in §§ 9 und 9a UVPG geregelte Öffentlichkeitsbeteiligung ist ein in § 2 Abs. 1 S. 3 UVPG besonders hervorgehobener, **unverzichtbarer Bestandteil der Umweltverträglichkeitsprüfung**. Denn sie ist ein wesentlicher Verfahrensschritt bei der Ermittlung der potenziellen Umweltauswirkungen und leistet den entscheidenden Beitrag zur Akzeptanzförderung.[273]

186 Die Öffentlichkeitsbeteiligung gliedert sich in **vier Abschnitte**: öffentliche Bekanntmachung des Vorhabens, öffentliche Auslegung von Unterlagen, Gelegenheit zur Äußerung und Erörterung. Dabei müssen die Bekanntmachung und Auslegung der gesamten Öffentlichkeit zugänglich sein, während sich die anschließende Anhörung gem. § 9 Abs. 1 S. 2 UVPG auf die betroffene Öffentlichkeit beschränken kann.[274]

187 Der **Begriff der Öffentlichkeit** umfasst gem. § 2 Abs. 6 UVPG einzelne oder mehrere natürliche oder juristische Personen sowie deren Vereinigungen. Reduziert er sich hingegen auf die betroffene Öffentlichkeit, dann werden nur noch solche Personen erfasst, deren Belange durch eine behördliche Zulassungsentscheidung berührt werden. Dabei stellt § 2 Abs. 6 S. 2 UVPG ausdrücklich klar, dass zur betroffenen Öffentlichkeit auch Vereinigungen gehören, deren satzungsmäßiger Aufgabenbereich durch eine solche Entscheidung berührt wird, darunter **auch Vereinigungen zur Förderung des Umweltschutzes**. Damit hängt die Beteiligung im Gegensatz zur Beteiligung nach § 63 BNatSchG oder nach § 43a Nr. 2 EnWG nicht von einer Anerkennung ab, sodass im Ergebnis auch nicht anerkannte Umweltschutzvereinigungen nach den §§ 9 und 9a UVPG zu beteiligen sind.[275]

188 Die **gesetzlichen Anforderungen** an die Durchführung der Öffentlichkeitsbeteiligung **ergeben sich** nicht nur aus den §§ 9 und 9a UVPG, sondern aufgrund des Verweises in § 9 Abs. 1 S. 3 UVPG **auch aus § 73 Abs. 3 S. 1, Abs. 4–7 VwVfG.**[276]

aa) Öffentliche Bekanntmachung des Vorhabens

189 So hat die öffentliche Bekanntmachung des Vorhabens gem. § 73 Abs. 5 S. 1 VwVfG in der Weise zu erfolgen, dass die **Gemeinden**, in denen der Plan auszulegen ist,[277] die Auslegung vorher **ortsüblich bekanntmachen**. Damit richtet sich die Art und Weise der Bekanntmachung nach dem jeweils anzuwendenden Orts- bzw. Landesrecht, das in der Regel eine schriftliche Be-

271 Vgl. zu den Einzelheiten Hoppe/Beckmann/*Wagner*, § 8 UVPG Rn 1ff. Eine konzise Zusammenfassung findet sich bei Schneider/Theobald/*Hermes*, § 7 Rn 35.
272 So auch Hoppe/Beckmann/*Wagner*, § 7 UVPG Rn 33.
273 Vgl. zum Ganzen Hoppe/Beckmann/*Wagner*, § 9 UVPG Rn 1 und 6.
274 Vgl. zum Ganzen Hoppe/Beckmann/*Wagner*, § 9 UVPG Rn 24.
275 Näher zum Ganzen *Steinberg/Wickel/Müller*, § 2 Rn 99 ff.
276 Allgemein kritisch hierzu *Erbguth/Schink*, § 9 Rn 8 ff.
277 Vgl. näher dazu Kap. 9 Rn 161 ff.

kanntmachung im lokalen Amtsblatt fordert.[278] Zudem sollen nicht ortsansässige Betroffene, deren Person und Aufenthalt bekannt sind oder sich innerhalb angemessener Frist ermitteln lassen, gem. § 73 Abs. 5 S. 3 VwVfG auf Veranlassung der Anhörungsbehörde von der Auslegung benachrichtigt werden.[279]

Der **Inhalt der Bekanntmachung** richtet sich zum einen nach § 73 Abs. 5 S. 2 VwVfG[280] und 190
zum anderen nach § 9 Abs. 1a UVPG. Darüber hinaus dürfen sich die Gemeinden wegen der weitreichenden Folgen bei ihrem Hinweis nach § 73 Abs. 4 S. 4 VwVfG nicht auf eine Wiedergabe des § 73 Abs. 4 S. 4 VwVfG beschränken. Sie müssen vielmehr ausdrücklich darauf hinweisen, dass nicht rechtzeitig geltend gemachte Einwendungen auch in einem späteren gerichtlichen Verfahren ausgeschlossen sind.[281]

Mit Blick auf den **Zeitpunkt der Bekanntmachung** bestimmt § 73 Abs. 5 S. 1 VwVfG nur 191
noch, dass diese vor der Auslegung zu erfolgen hat. Dies entspricht einer bewussten gesetzgeberischen Entscheidung, da die frühere Vorgabe, dass die Bekanntmachung mindestens eine Woche vor Beginn der Auslegung zu erfolgen hat, im Zuge der Beschleunigungsgesetzgebung von 1996 gestrichen wurde.[282] Dies hat zur Folge, dass es ausreicht, wenn die Bekanntmachung spätestens einen Tag vor der Auslegung erfolgt.[283]

bb) Öffentliche Auslegung von Unterlagen

Die öffentliche Auslegung der einschlägigen Unterlagen **richtet sich grundsätzlich nach § 73** 192
Abs. 3 S. 1 VwVfG mit der Folge, dass der „Plan" grundsätzlich[284] innerhalb von drei Wochen nach Zugang für die Dauer eines Monats in den Gemeinden, in denen sich das Vorhaben auswirkt, zur Einsicht auszulegen ist. Dabei erfasst der Begriff des Plans gem. § 73 Abs. 1 S. 2 VwVfG die Zeichnungen und Erläuterungen, die das Vorhaben, seinen Anlass und die von dem Vorhaben betroffenen Grundstücke und Anlagen erkennen lassen. Von einer solchen Auslegung kann bei der Durchführung einer Umweltverträglichkeitsprüfung auch nicht unter den in § 73 Abs. 3 S. 2 VwVfG genannten Voraussetzungen abgewichen werden, weil § 9 Abs. 1 S. 3 UVPG ausdrücklich aus unionsrechtlichen Gründen nur auf § 73 Abs. 3 S. 1 VwVfG, nicht aber auf S. 2 verweist.[285]

Weitere Anforderungen an die auszulegenden Unterlagen ergeben sich aus **§ 9 Abs. 1b** 193
UVPG. Danach sind über das zuvor Gesagte hinausgehend „zumindest" die Unterlagen nach § 6 UVPG sowie sonstige entscheidungserhebliche Berichte und Empfehlungen, die der zuständigen Behörde zu Beginn des Beteiligungsverfahrens vorgelegen haben, zur Einsicht für die Öffentlichkeit auszulegen (S. 1). Weitere Informationen, die für die Entscheidung über die Zulässigkeit des Vorhabens von Bedeutung sein können und die der zuständigen Behörde erst nach Beginn des Beteiligungsverfahrens vorliegen, sind der Öffentlichkeit nach den Bestimmungen über den Zugang zu Umweltinformationen zugänglich zu machen (S. 2).[286]

---

278 Hoppe/Beckmann/*Wagner*, § 9 UVPG Rn 28; näher dazu *Steinberg/Wickel/Müller*, § 2 Rn 114 ff.
279 Vgl. näher dazu Kap. 9 Rn 172 ff.
280 Vgl. näher dazu Kap. 9 Rn 176 ff.
281 Ebenso im Ergebnis *Steinberg/Wickel/Müller*, § 2 Rn 118.
282 Vgl. Art. 1 des Gesetzes zur Beschleunigung von Genehmigungsverfahren vom 12.9.1996, BGBl. I S. 1354. Aus diesem Grund gibt Hoppe/Beckmann/*Wagner*, § 9 UVPG Rn 30, noch die frühere Rechtslage wieder.
283 So auch Stelkens/Bonk/Sachs/*Bonk/Neumann*, § 73 Rn 46. Die Einwände, die hiergegen von *Steinberg/Wickel/Müller*, § 2 Rn 117, erhoben werden, teilt der Verfasser nicht.
284 Hier können sich kürzere Fristen aus dem einschlägigen Fachrecht ergeben; vgl. unten Rn 231 ff.
285 Vgl. auch *Steinberg/Wickel/Müller*, § 2 Rn 127.
286 Näher dazu Hoppe/Beckmann/*Wagner*, § 9 UVPG Rn 32.

cc) Gelegenheit zur Äußerung mit Präklusionswirkung

194 Nach dem vollumfänglich anwendbaren § 73 Abs. 4 VwVfG kann jeder, dessen Belange berührt werden, bis zwei Wochen nach Ablauf der Auslegungsfrist schriftlich oder zur Niederschrift bei der Anhörungsbehörde oder bei der Gemeinde Einwendungen gegen den Plan erheben (S. 1).[287] Hierbei kann es sich um Belange rechtlicher, wirtschaftlicher oder auch „nur" ideeller Art handeln.[288] **Einwendungsberechtigt** sind aus den zuvor genannten Gründen auch Umweltvereinigungen.[289]

195 Die Beteiligungsmöglichkeit beginnt **in zeitlicher Hinsicht** mit der Auslegung, endet aber erst zwei Wochen nach Beendigung der Auslegungsfrist, damit Betroffene genügend Zeit haben, sich über ihre Bedenken klar zu werden.[290] Diese Frist kann von der Behörde weder verkürzt noch verlängert werden. Es kommt allerdings eine Wiedereinsetzung nach der allgemeinen Regelung des § 32 VwVfG in Betracht.[291]

196 Versäumt ein Einwendungsberechtigter diese Frist und hat eine Wiedereinsetzung keinen Erfolg, so kommt es gem. § 73 Abs. 4 S. 3 VwVfG zu einer **materiellen Präklusion**.[292] Damit sind Belange, die nicht durch eine Einwendung im Planfeststellungsverfahren vorgebracht wurden, später auch von einer gerichtlichen Geltendmachung ausgeschlossen.[293] Etwas anderes gilt nach der genannten Vorschrift nur dann, wenn die Einwendungen auf besonderen privatrechtlichen Titeln wie z.B. vertraglichen Vereinbarungen mit dem Vorhabensträger beruhen.[294]

dd) Erörterung

197 Auch wenn die UVP-Richtlinie keinen Erörterungstermin vorschreibt,[295] ist ein solcher aufgrund des Verweises in § 9 Abs. 1 S. 3 UVPG auf § 73 Abs. 6 und 7 VwVfG nach innerstaatlichem Recht zumindest in Bezug auf UVP-relevante Inhalte obligatorisch durchzuführen.[296]

ee) Grenzüberschreitende Öffentlichkeitsbeteiligung

198 Wenn ein Vorhaben erhebliche Umweltauswirkungen in einem anderen Staat haben kann, kann sich die dortige Öffentlichkeit nach Maßgabe des § 9a UVPG am Verfahren nach § 9 UVPG beteiligen.[297]

c) Die Beteiligung bei Planänderungen

199 Es ist mit Blick auf die Behörden- und Öffentlichkeitsbeteiligung zu klären, was gelten soll, wenn das Vorhaben nach der Auslegung, aber vor Erlass des Planfeststellungsbeschlusses ge-

---

287 Vgl. dazu auch Kap. 9 Rn 216 ff.

288 Vgl. hier nur Hoppe/Beckmann/*Wagner*, § 9 UVPG Rn 34. Allgemein zur Einwendungsbefugnis unten Kap. 9 Rn 217 ff.

289 Siehe oben Rn 186 f.

290 Hoppe/Beckmann/*Wagner*, § 9 UVPG Rn 33. Näher zu Umfang und Grenzen der Einwendungsfrist unten Kap. 9 Rn 227 ff.

291 *Steinberg/Wickel/Müller*, § 2 Rn 131.

292 Mitunter ist im Schrifttum auch von einer „Verwirkungspräklusion" die Rede; vgl. etwa Hoppe/Beckmann/*Wagner*, § 9 UVPG Rn 35.

293 Vgl. dazu auch Kap. 5 Rn 41 ff. sowie ausführlich unten Kap. 9 Rn 237 ff. und Kap. 13 Rn 200 ff. und passim.

294 Näher zum Umfang der Präklusion Stelkens/Bonk/Sachs/*Bonk/Neumann*, § 73 Rn 96–99.

295 Vgl. etwa *Guckelberger*, DÖV 2006, 97, 102; *Dolde*, NVwZ 2006, 857, 864.

296 Vgl. dazu ausführlich unten Kap. 9 Rn 242 ff.

297 Vgl. zu den Einzelheiten Hoppe/Beckmann/*Wagner*, § 9a UVPG Rn 1 ff. Eine kurze Zusammenfassung findet sich bei Schneider/Theobald/*Hermes*, § 7 Rn 36.

ändert werden soll.[298] Hierzu trifft **§ 73 Abs. 8 VwVfG** eine allgemeine Regelung, die zwar wegen des eingeschränkten Verweises in § 9 Abs. 1 S. 3 UVPG formal auf die Durchführung der Umweltverträglichkeitsprüfung keine Anwendung findet. Jenseits dessen ist sie aber in der Regel im Planfeststellungsverfahren anwendbar. Diese allgemeine Regelung **wird** wiederum **durch § 9 Abs. 1 S. 4 UVPG verschärft**, weil hieraus im Umkehrschluss folgt, dass im Falle einer Änderung der nach § 6 UVPG erforderlichen Unterlagen durch den Vorhabensträger eine erneute Öffentlichkeitsbeteiligung durchzuführen ist, wenn dies zu einer geänderten Sachlage führt und in der Folge zusätzliche oder andere erhebliche Umweltauswirkungen zu erwarten sind.[299]

5. Die Darstellung und Bewertung der Umweltauswirkungen

Das UVP-Verfahren schließt gem. §§ 11 und 12 UVPG mit einer zusammenfassenden Darstel- 200
lung und einer hierauf basierenden Bewertung der Umweltauswirkungen ab. Auch hier gibt es Überschneidungen mit den Regelungen zum Planfeststellungsverfahren, weil § 73 Abs. 9 VwVfG bestimmt, dass die Anhörungsbehörde zum Ergebnis des Anhörungsverfahrens eine Stellungnahme abzugeben und diese der Planfeststellungsbehörde zuzuleiten hat. Aus diesem Grund ist denn auch mit Blick auf die **Zuständigkeit streitig**, ob die Anhörungsbehörde in dieser Stellungnahme bei einem Vorhaben, das einer Umweltverträglichkeitsprüfung unterzogen wurde, auch die zusammenfassende Darstellung der Umweltauswirkungen zu erstellen hat.[300]

a) Zusammenfassende Darstellung

Mit Blick auf den **Inhalt** der zusammenfassenden Darstellung sind die detaillierten Anforderun- 201
gen des § 11 UVPG zu beachten.[301] Danach muss die Darstellung auf der Grundlage der nach den §§ 6–9a UVPG erlangten Informationen „erarbeitet" werden. Durch diese Formulierung wird klargestellt, dass sich die zuständige Behörde nicht auf ein „Hintereinander-Abheften" dieser Informationen beschränken darf, sondern das vorhandene Prüfmaterial intellektuell verarbeiten, strukturieren und in geschlossener Form darstellen muss.[302] Ferner betont der Gesetzgeber in § 11 S. 1 und 5 UVPG, dass die Darstellung sich auch auf die Maßnahmen erstrecken muss, mit denen erhebliche nachteilige Umweltauswirkungen vermieden, vermindert oder ausgeglichen werden sollen, einschließlich der Ersatzmaßnahmen bei nicht ausgleichbaren, aber vorrangigen Eingriffen in Natur und Landschaft.[303]

In zeitlicher Hinsicht ist die Darstellung gem. § 11 S. 3 UVPG „möglichst" innerhalb eines 202
Monats nach Abschluss der Erörterung im Beteiligungsverfahren zu erarbeiten. Hierbei handelt es sich entgegen der im Schrifttum meist anzutreffenden Beschreibung nicht um eine „Frist",

298 Instruktiv dazu *Steinberg/Wickel/Müller*, § 2 Rn 163 ff.

299 Näher zu den damit zusammenhängenden Fragen *Hoppenberg/Elgeti*, NuR 2005, 625 ff.; *Steinberg/Müller*, UPR 2007, 1, 4 ff.

300 Näher dazu unten Kap. 9 Rn 306 f., wo die Frage zu Recht im Einklang mit der Rechtsprechung verneint wird mit der Folge, dass die für die Zulassungsentscheidung zuständige Behörde auch für die Erstellung der zusammenfassenden Darstellung der Umweltauswirkungen zuständig ist.

301 Näher dazu Landmann/Rohmer/*Wulfhorst*, § 11 UVPG Rn 11 ff.; Hoppe/Beckmann/*Beckmann*, § 11 UVPG Rn 10 ff.

302 So etwa *Steinberg/Wickel/Müller*, § 2 Rn 158; ähnlich Schneider/Theobald/*Hermes*, § 7 Rn 37; Landmann/Rohmer/*Wulfhorst*, § 11 UVPG Rn 27; *Erbguth/Schink*, § 11 Rn 11. Vgl. auch den Hinweis in BVerwG, Urt. v. 25.1.1996 – 4 C 5/95 – BVerwGE 100, 238, 246, dass die Umweltverträglichkeitsprüfung es ermögliche, *„die Umweltbelange in gebündelter Form herauszuarbeiten"*.

303 Vgl. ausführlich zu dem zugrunde liegenden naturschutzrechtlichen Prüfungsprogramm unten Kap. 10 Rn 188 ff.

sondern um eine zeitliche Richtschnur. Daher besteht denn auch im Ergebnis Übereinstimmung, dass selbst eine sachlich nicht gerechtfertigte Überschreitung dieses zeitlichen Rahmens für die Rechtmäßigkeit des Verfahrens und der Zulassungsentscheidung ohne Bedeutung ist.[304]

b) Bewertung

203 § 12 UVPG verpflichtet die zuständige Behörde ferner, die Umweltauswirkung des Vorhabens auf der Grundlage der zusammenfassenden Darstellung nach § 11 UVPG zu bewerten. **Welche Maßstäbe** sie dabei heranziehen soll, sagt das Gesetz nicht. Aus der UVP-Richtlinie sollen sich diesbezüglich nach ganz herrschender Meinung ebenfalls keine Vorgaben ergeben, da Art. 3 der Richtlinie zwar eine Bewertung fordert, sich aber im Übrigen auf den unergiebigen Hinweis beschränkt, dass dies „in geeigneter Weise" erfolgen soll.[305]

204 Entsprechend disparat sind denn auch die Vorstellungen zur Frage der maßgeblichen Bewertungsmaßstäbe, die hier indessen aus Raumgründen nicht im Einzelnen nachgezeichnet und diskutiert werden können.[306] Wohl unstreitig ist allein, dass die Bewertung zum einen **rein ökologisch** ausgerichtet ist, weil eine Abwägung mit umweltschutzfremden Belangen (erst) bei der sogleich zu behandelnden Berücksichtigungspflicht und somit bei der Entscheidung über die Zulässigkeit des Vorhabens vorzunehmen ist.[307] Zum anderen ist, soweit ersichtlich, allgemein anerkannt, dass die Bewertung **auf das konkrete Vorhaben ausgerichtet** sein soll und somit abstrakte ökologische Fragestellungen außen vor bleiben sollen.[308]

205 Zwingend ist die beschriebene Auslegung der UVP-Richtlinie indessen nicht, weil die **Erwägungsgründe der Richtlinie** ausdrücklich fordern, dass die Umweltauswirkungen mit Rücksicht auf folgende Bestrebungen geprüft werden sollten: die menschliche Gesundheit zu schützen, durch eine Verbesserung der Umweltbedingungen zur Lebensqualität beizutragen, für die Erhaltung der Artenvielfalt zu sorgen und die Reproduktionsfähigkeit des Ökosystems als Grundlage allen Lebens zu erhalten.[309] Diese Bestrebungen können bei einer systematischen und am effet utile der Richtlinie orientierten Auslegung nicht außen vor bleiben. Angesichts dessen spricht manches dafür, dass die verbreitete Forderung nach einer ausschließlichen Orientierung der Bewertung an den umweltbezogenen Tatbestandsmerkmalen der einschlägigen Fachgesetze,[310] die man in der Tat in § 12 UVPG hineinlesen kann,[311] zu kurz greift und daher eine darüber hinausgehende Orientierung am Vorsorgeprinzip[312] sowie eine eigenständige integrative Bewertung[313] angezeigt wäre.

---

304 Vgl. etwa Landmann/Rohmer/*Wulfhorst*, § 11 UVPG Rn 35; Hoppe/Beckmann/*Beckmann*, § 11 UVPG Rn 34.1.

305 Vgl. etwa Berkemann/Halama/*Halama*, Erläuterungen Rn 6; Landmann/Rohmer/*Wulfhorst*, § 12 UVPG Rn 11; Hoppe/Beckmann/*Beckmann*, § 12 UVPG Rn 7. Es ist nicht ganz richtig, wenn insoweit auf BVerwG, Urt. v. 25.1.1996 – 4 C 5/95 – BVerwGE 100, 238, 243, hingewiesen wird, weil das BVerwG sich in dieser Entscheidung explizit nur mit der Berücksichtigung der Umweltverträglichkeitsprüfung im Rahmen des Genehmigungsverfahrens, nicht aber mit der Bewertung der Umweltauswirkungen auseinandersetzt. Die Bewertung ist aber strikt von der Berücksichtigung zu trennen; so richtig *Rat von Sachverständigen für Umweltfragen*, DVBl. 1988, 21, 26.

306 Vgl. etwa Landmann/Rohmer/*Wulfhorst*, § 12 UVPG Rn 21 ff.; Hoppe/Beckmann/*Beckmann*, § 12 UVPG Rn 16 ff.; *Rat von Sachverständigen für Umweltfragen*, DVBl. 1988, 21, 26 f.; *Mayen*, NVwZ 1996, 319, 322 ff.

307 Vgl. etwa *Erbguth/Schink*, § 12 Rn 9; *Erbguth/Schlacke*, § 5 Rn 66; Landmann/Rohmer/*Wulfhorst*, § 12 UVPG Rn 16; Hoppe/Beckmann/*Beckmann*, § 12 UVPG Rn 39–43.

308 Vgl. etwa BVerwG, Urt. v. 25.1.1996 – 4 C 5/95 – BVerwGE 100, 238, 249; Landmann/Rohmer/*Wulfhorst*, § 12 UVPG Rn 17; Hoppe/Beckmann/*Beckmann*, § 12 UVPG Rn 18.

309 So Erwägungsgrund 14 der RL 2011/92/EU.

310 So etwa Schneider/Theobald/*Hermes*, § 7 Rn 38.

311 Obwohl die Formulierung *„nach Maßgabe der geltenden Gesetze"* grammatikalisch eher nur der Berücksichtigung zuzuordnen ist; so richtig Landmann/Rohmer/*Wulfhorst*, § 12 UVPG Rn 21.

312 So auch der *Rat von Sachverständigen für Umweltfragen*, DVBl. 1988, 21, 26.

313 In diese Richtung etwa *Erbguth/Schlacke*, § 5 Rn 70; *Erbguth/Schink*, § 12 Rn 9 ff.; Nr. 0.6.2.1 der UVPVwV.

Ob die UVP-Richtlinie tatsächlich in diesem anspruchsvolleren Sinne auszulegen ist, **müsste** angesichts der Tatsache, dass auch in den anderen Mitgliedstaaten der EU eine zurückhaltende Auslegung vorzuherrschen scheint,[314] zwingend im Wege eines Vorabentscheidungsverfahrens **durch den EuGH geklärt werden**. Solange eine solche Klärung noch aussteht, ist es rechtlich nicht zu beanstanden, wenn sich die zuständige Behörde bei ihrer Bewertung, soweit vorhanden, allein am geltenden materiellen Umweltrecht orientiert. 206

Dabei muss – so oder so – auch hier gelten, dass das UVP-Recht keine **Alternativenprüfung** fordert und daher eine der Bewertung von etwaigen Alternativen nur vorzunehmen ist, soweit eine Alternativenprüfung entweder vom Vorhabensträger aus eigener Initiative durchgeführt wurde oder nach dem einschlägigen Fachrecht gefordert ist.[315] 207

6. Die Wirkungen der Umweltverträglichkeitsprüfung

Diese Bewertung muss die zuständige Behörde gem. § 12 UVPG bei der Entscheidung über die Zulässigkeit des Vorhabens nach Maßgabe der geltenden Gesetze berücksichtigen. Diese **Pflicht zur Berücksichtigung** impliziert jedoch nur, dass sich die Behörde mit den Ergebnissen der Umweltverträglichkeitsprüfung inhaltlich auseinandersetzen muss. Eine irgendwie geartete Verschärfung der umweltbezogenen Vorhaben geht folglich nicht mit der Umweltverträglichkeitsprüfung einher.[316] Dergleichen ist auch unionsrechtlich nicht indiziert, da Art. 8 der UVP-Richtlinie lediglich fordert, dass die Ergebnisse der Anhörungen und die gem. Art. 5, 6 und 7 eingeholten Angaben beim Genehmigungsverfahren zu berücksichtigen sind.[317] 208

Von daher sind die **materiell-rechtlichen Wirkungen** der Umweltverträglichkeitsprüfung in der Tat **eher begrenzt.**[318] Dies ändert aber nichts an der Tatsache, dass der Umweltverträglichkeitsprüfung bei der Planfeststellung eine **überragende praktische Bedeutung** zukommt. Manche gehen, wie bereits erwähnt, trotz der begrenzten materiell-rechtlichen Wirkungen sogar davon aus, dass die Umweltverträglichkeitsprüfung mittlerweile der zentrale Bestandteil eines Planfeststellungsverfahrens ist.[319] Schließlich ist bereits an dieser Stelle darauf hinzuweisen, dass sich die Möglichkeiten der Verwaltungsgerichte, die Nichtdurchführung einer UVP (-Vorprüfung) mit Blick auf die Rechtmäßigkeit des Planfeststellungsbeschlusses unter Hinweis auf § 46 VwVfG für unbeachtlich zu erklären,[320] durch die eingangs erwähnte UVP-Änderungsrichtlinie 2003/35/EG[321] erheblich reduziert haben.[322] 209

7. Bekanntgabe der Entscheidung über das Vorhaben

§ 9 Abs. 2 UVPG verpflichtet die zuständige Behörde schließlich, die auf dieser Basis getroffene Zulässigkeitsentscheidung oder die Ablehnung des Vorhabens in entsprechender Anwendung des § 74 Abs. 5 S. 2 VwVfG öffentlich bekanntzumachen sowie in entsprechender Anwendung 210

314 Vgl. dazu m.w.N. *Breuer*, S. 63ff.
315 So auch Landmann/Rohmer/*Wulfhorst*, § 12 UVPG Rn 34f.; Hoppe/Beckmann/*Beckmann*, § 12 UVPG Rn 44ff.; *Mayen*, NVwZ 1996, 319, 322.
316 Vgl. hier nur BVerwG, Urt. v. 25.1.1996 – 4 C 5/95 – BVerwGE 100, 238, 243; *Rat von Sachverständigen für Umweltfragen*, DVBl. 1988, 21, 27; Landmann/Rohmer/*Wulfhorst*, § 12 UVPG Rn 36f.; Hoppe/Beckmann/*Beckmann*, § 12 UVPG Rn 66ff.; *Erbguth/Schink*, § 12 Rn 22.
317 Vgl. etwa Berkemann/Halama/*Halama*, Erläuterungen Rn 6; Hoppe/Beckmann/*Beckmann*, § 12 UVPG Rn 9.
318 So auch Schneider/Theobald/*Hermes*, § 7 Rn 39.
319 So zutreffend Steinbach/*Nebel/Riese*, § 43 EnWG Rn 90.
320 So noch BVerwG, Urt. v. 25.1.1996 – 4 C 5/95 – BVerwGE 100, 238, 246ff.
321 Siehe oben Rn 9.
322 Siehe ausführlich dazu Kap. 13 Rn 146, 172, 182f., 293 und 303ff.

des § 74 Abs. 4 S. 2 VwVfG den Bescheid mit Begründung und einer Rechtsbehelfsbelehrung zur Einsicht auszulegen.[323]

III. Besonderheiten bei der Planfeststellung von Energieversorgungsleitungen

211 Wie sich im Übrigen aus § 23 NABEG und § 9 SeeAnlV ergibt, sind die zuvor geschilderten Regelungen des UVPG grundsätzlich auch auf die Planfeststellung von Energieversorgungsleitungen anwendbar. Sie werden indessen durch andere Regelungen dieses Gesetzes bzw. dieser Verordnung konkretisiert und teilweise auch modifiziert. Das Gleiche gilt für die Energieversorgungsleitungen, für die eine Planfeststellung nach den §§ 43 ff. EnWG durchzuführen ist.

1. Besonderheiten bei der Planfeststellung nach EnWG

212 Bei den Energieversorgungsleitungen, für die eine Planfeststellung nach § 43 EnWG durchzuführen ist,[324] ergeben sich Modifizierungen vor allem aus §§ 43a und 43b Nr. 1 EnWG.

a) Allgemeine Modifizierungen durch § 43a EnWG

213 Dabei gelten die Modifizierungen, die sich aus § 43a EnWG ergeben, für alle Energieversorgungsleitungen, für die eine Planfeststellung nach § 43 EnWG durchzuführen ist. Sie betreffen vor allem das Anhörungsverfahren nach § 73 VwVfG, dessen Regelungen wiederum, wie dargelegt, in weiten Teilen auch für die Behörden- und Öffentlichkeitsbeteiligung nach dem UVPG gelten.

214 So verweist § 7 S. 2 UVPG mit Blick auf die Behördenbeteiligung auf § 73 Abs. 3a VwVfG. Hier hat das bereits erwähnte Planungsvereinheitlichungsgesetz[325] zu einer gewissen Angleichung der Rechtslage geführt, weil § 43a Nr. 7 S. 4 EnWG ebenfalls vorschreibt, dass die Berücksichtigung verspäteter Stellungnahmen im Ermessen der Anhörungsbehörde steht.

215 Mit Blick auf die **Öffentlichkeitsbeteiligung** ist zunächst klarzustellen, dass sich aus den besonderen Regelungen für anerkannte **Umweltvereinigungen** in § 43a Nr. 2, 3, 6 und 7 EnWG keine nennenswerten Änderungen gegenüber dem UVPG ergeben, weil solche Vereinigungen, wie bereits erwähnt, auch ohne förmliche Anerkennung als Teil der sog. betroffenen Öffentlichkeit zu beteiligen sind.[326]

216 Sodann wurde schon darauf hingewiesen, dass aufgrund des Verweises in § 9 Abs. 1 S. 3 UVPG auf § 73 Abs. 6 und 7 VwVfG bei der Öffentlichkeitsbeteiligung im Rahmen der Umweltverträglichkeitsprüfung grundsätzlich ein Erörterungstermin durchzuführen ist.[327] Bei den Planfeststellungsverfahren nach § 43 EnWG hat die zuständige Behörde aber auf der Grundlage von § 43a Nr. 5 S. 2 EnWG nicht nur, wie früher, die Möglichkeit, **auf einen Erörterungstermin zu verzichten**; sie muss dies unter den dort genannten Voraussetzungen sogar tun.[328]

---

323 Näher dazu Hoppe/Beckmann/*Wagner*, § 9 UVPG Rn 43 f.
324 Vgl. dazu Kap. 2 Rn 5 ff. und 44 ff. sowie Kap. 5 Rn 1 ff.
325 Siehe oben Rn 181.
326 Näher dazu oben Rn 187. Auch aus diesem Grund überzeugt die mit Blick auf diese Regelungen teilweise im Schrifttum geäußerte Kritik (vgl. etwa Danner/Theobald/*Missling*, § 43a EnWG Rn 9) im Ergebnis nicht.
327 Vgl. dazu ausführlich unten Kap. 9 Rn 242 ff.
328 Vgl. Steinbach/*Nebel*/*Riese*, § 43a EnWG Rn 37.

Dies gilt bei sachgerechter Auslegung auch für die Öffentlichkeitsbeteiligung nach § 9 UVPG[329] und erscheint auch **mit Blick auf § 4 S. 1 UVPG unbedenklich**. Denn ein Konflikt mit dieser Vorschrift entsteht nur dann, wenn man den Verweis in § 9 Abs. 1 S. 3 UVPG als einen Mindeststandard deutet, der gem. § 4 S. 1 UVPG nicht unterschritten werden darf.[330] Es erscheint aber bereits verfehlt, § 9 Abs. 1 S. 3 UVPG als in Stein gemeißelte Mindestgarantie anzusehen,[331] weil sich bereits aus § 9 Abs. 3 UVPG ergibt, dass der Gesetzgeber in bestimmten Fällen eine schriftliche Anhörung für ausreichend erachtet. 217

Überdies **kann § 4 S. 1 UVPG** wie jede andere Norm grundsätzlich durch eine speziellere und neuere Norm der gleichen Rangstufe **verdrängt werden**.[332] Zu einem anderen Ergebnis kommt man nur dann, wenn man von der etwas merkwürdigen Annahme ausgeht, die Vorschrift ziele auf eine Selbstbindung des Gesetzgebers, die nur durch eine explizite Änderung des § 4 UVPG aufgehoben werden kann. Das erscheint nicht zuletzt deshalb eher fernliegend, da der Regelungszweck der Norm vor allem darin besteht, trotz der innerstaatlichen Zersplitterung des jeweilig anzuwendenden Zulassungsrechts die europarechtlich gebotenen Anforderungen an jede durchzuführende Umweltverträglichkeitsprüfung sicherzustellen.[333] Dieser Zweck ist hier aber nicht tangiert, da der Erörterungstermin europarechtlich nicht geboten ist.[334] 218

Sodann ist zu beachten, dass die Anhörungsbehörde die in § 43 Nr. 5 S. 3 und 4 EnWG genannten **Fristen zu beachten** hat und mithin verpflichtet ist, die Erörterung innerhalb von drei Monaten abzuschließen und innerhalb eines weiteren Monats ihre Stellungnahme mit den anderen im Gesetz aufgeführten Unterlagen der Planfeststellungsbehörde zuzuleiten. Findet keine Erörterung statt, so hat die Anhörungsbehörde nur sechs Wochen Zeit, um die genannten Unterlagen der Planfeststellungsbehörde zuzuleiten. 219

b) Weitergehende Modifizierungen durch § 43b Nr. 1 EnWG

Weitergehende Modifizierungen des Verfahrens sieht § 43b Nr. 1 EnWG bei der Planfeststellung von EnLAG-Vorhaben und bei Planfeststellungen für Hochspannungsfreileitungen oder Gasversorgungsleitungen i.S.d. § 43 S. 1 EnWG vor, die der Verhinderung oder Beseitigung von Engpässen und somit der Versorgungssicherheit dienen sollen. Bei diesen Vorhaben soll die **Öffentlichkeit** einschließlich der Vereinigungen i.S.v. § 43a Nr. 2 S. 1 EnWG **ausschließlich entsprechend § 9 Abs. 3 UVPG** mit der Maßgabe **einbezogen** werden, dass die Gelegenheit zur Äußerung einschließlich Einwendungen und Stellungnahmen innerhalb eines Monats nach der Einreichung des vollständigen Plans für eine Frist von sechs Wochen zu gewähren ist. Nach dieser Frist eingehende Äußerungen, Einwendungen und Stellungnahmen sind (auch in nachfolgenden Gerichtsverfahren) ausgeschlossen. 220

Diese Vorschrift ist in rechtssystematischer Hinsicht nicht ganz korrekt, weil sie, anders als die Eingangsformel nahelegt, nicht § 74 VwVfG modifiziert, sondern § 73 VwVfG.[335] Demgegenüber sind **europarechtliche Bedenken** gegen die damit einhergehende Beschränkung der Öffentlichkeitsbeteiligung **nicht zu erheben**, da die UVP-Richtlinie, wie erwähnt, weder einen 221

329 So wohl auch Hoppe/Beckmann/*Wagner*, § 9 UVPG Rn 65.

330 So mit Blick auf ein Parallelproblem im immissionsschutzrechtlichen Genehmigungsverfahren *Diekmann*, AbfallR 2009, 133 ff.

331 So aber im Ergebnis *Diekmann*, AbfallR 2009, 133 ff.

332 Ebenso im Ergebnis *Erbguth*/*Schink*, § 4 Rn 7.

333 Vgl. bereits die Gesetzesbegründung zum ursprünglichen UVPG, BT-Drucks. 11/3919, S. 15 und 23; Landmann/Rohmer/*Gallas*, § 4 UVPG Rn 1 und 4.

334 Siehe oben Rn 197; aus dem Schrifttum etwa *Guckelberger*, DÖV 2006, 97, 102; *Dolde*, NVwZ 2006, 857, 864.

335 So zutreffend Steinbach/*Nebel*/*Riese*, § 43b EnWG Rn 19.

Erörterungstermin noch eine öffentliche Auslegung der Antragsunterlagen fordert.[336] Auch mit Blick auf § 4 S. 1 UVPG ist diese Einschränkung aus den zuvor genannten Gründen unproblematisch.

2. Besonderheiten bei der Planfeststellung nach NABEG

222 Bei den Höchstspannungsleitungen, für die eine Planfeststellung nach den §§ 18ff. NABEG durchzuführen ist,[337] sind noch weitergehende Modifizierungen zu beachten, die sich auf alle Stufen der Umweltverträglichkeitsprüfung auswirken.

a) Alternativenprüfung

223 So ergibt sich aus § 19 S. 4 Nr. 1 und 2 NABEG in der Sache eine – nach dem UVPG so gerade nicht bestehende[338] – Pflicht, die „infrage kommenden Alternativen" von Anfang an zu prüfen und bereits in die Antragsunterlagen Erläuterungen zur Auswahl zwischen diesen Alternativen „unter Berücksichtigung der erkennbaren Umweltauswirkungen" aufzunehmen. Angesichts dieses klaren Wortlauts ist es mit einem Fragezeichen zu versehen, wenn es in den Gesetzesmaterialien heißt, die entsprechende Darstellung solle sich *„nur auf punktuelle Alternativen der konkreten Trassenführung beziehen, soweit der Vorhabenträger diese für seinen Antrag in Erwägung gezogen hat"*.[339]

224 Richtig daran ist, dass die **Planfeststellungsbehörde** gem. § 15 Abs. 1 S. 1 NABEG **an den in der Bundesfachplanung festgelegten Trassenkorridor gebunden** ist und dass auf dieser Planungsstufe bereits eine Strategische Umweltprüfung durchgeführt wurde. Aus diesem Grund bestimmt § 23 NABEG, dass sich die Umweltverträglichkeitsprüfung auf zusätzliche oder andere erhebliche Umweltauswirkungen der beantragten Stromleitung beschränken kann. Sie sollte, soweit möglich, sogar darauf beschränkt werden, weil der dahinter stehende Gedanke einer ebenengerechten **Abschichtung der Umweltprüfung** ein übergreifender Grundsatz ist, wie § 14f Abs. 3 S. 3 UVPG belegt.[340]

225 Aus alledem folgt zunächst einmal, dass sich der Antragsteller **auf solche Alternativen beschränken** darf und auch beschränken sollte, die **innerhalb des in der Bundesfachplanung festgelegten Trassenkorridors** liegen. Andere Alternativen kommen auf dieser Planungsstufe nicht mehr i.S.d. § 19 S. 4 Nr. 1 und 2 NABEG infrage.

226 Demgegenüber **kommt es** auf dieser Stufe **nicht auf die Erwägungen des Vorhabensträgers** und hier namentlich nicht darauf **an**, ob und inwieweit er Alternativen für seinen Antrag in Erwägung gezogen hat.[341] Denn der Wortlaut des § 19 S. 4 Nr. 1 und 2 NABEG spricht in augenfälligem Gegensatz zu § 6 Abs. 3 Nr. 5 UVPG gerade nicht nur von den „vom Träger des Vorhabens geprüften" Alternativen, sondern von den „infrage kommenden Alternativen". Daher kommen hier prinzipiell sämtliche Trassenvarianten in Betracht, die innerhalb des in der Bundesfachplanung festgelegten Trassenkorridors liegen. Ob und inwieweit dabei eine Beschränkung auf zusätzliche oder andere erhebliche Umweltauswirkungen i.S.d. § 23 NABEG in Betracht kommt,

336 So aber mit Blick auf eine parallele Regelung im Fernstraßenrecht *Günter*, NuR 2002, 317, 324. Im Ergebnis ebenso wie hier *Schiller*, UPR 2009, 245, 252.
337 Vgl. dazu Kap. 2 Rn 5ff. und 44ff. sowie Kap. 5 Rn 1ff.
338 Siehe oben Rn 207.
339 Vgl. BT-Drucks. 17/6073, S. 28. Ebenso *Appel*, UPR 2011, 406, 414; Steinbach/*Nebel*/*Riese*, § 19 NABEG Rn 19.
340 So auch Steinbach/*Sangenstedt*, § 20 NABEG Rn 17ff. und § 23 NABEG Rn 4.
341 So aber augenscheinlich BT-Drucks. 17/6073, S. 28. Ebenso *Appel*, UPR 2011, 406, 414; Steinbach/*Nebel*/*Riese*, § 19 NABEG Rn 19.

hängt hier wie auch sonst von den konkreten Untersuchungsgegenständen und der tatsächlichen Untersuchungstiefe der vorangegangenen Strategische Umweltprüfung ab, sodass man hier im Einzelfall sehr genau hinschauen muss.[342]

b) Die Antragskonferenz als (über-)obligatorisches Scoping

Die in § 20 NABEG vorgeschriebene Antragskonferenz beruht auf dem in § 5 UVPG geregelten Scoping.[343] Daraus folgt zugleich, dass die Antragskonferenz auch als Besprechung i.S.d. § 5 Abs. 1 S. 2–5 UVPG dient.[344] Dabei geht die Regelung jedoch in mehrfacher Hinsicht über die Vorgaben des UVPG hinaus.[345] Erstens ist die Antragskonferenz gem. § 20 Abs. 1 S. 1 NABEG unabhängig vom Willen des Vorhabenträgers oder der zuständigen Behörde und damit **obligatorisch** durchzuführen.[346] Zweitens ist sie gem. § 20 Abs. 1 S. 2 NABEG **nicht auf Gegenstand, Umfang und Methoden der Umweltverträglichkeitsprüfung beschränkt**, sondern erstreckt sich auf sonstige für die Planfeststellung erhebliche Fragen.[347] 227

Drittens müssen der Vorhabensträger, Vereinigungen sowie die Träger öffentlicher Belange gem. § 20 Abs. 2 S. 1 und 2 NABEG – ggf. elektronisch – zur Antragskonferenz geladen werden. Die **Antragskonferenz ist** viertens gem. § 20 Abs. 2 S. 3 NABEG im Unterschied zum Scoping-Termin **öffentlich**, weshalb die Öffentlichkeit auch zuvor durch Hinweise im amtlichen Verkündungsblatt, auf der Internetseite der Planfeststellungsbehörde und in örtlichen Tageszeitungen informiert werden muss. Fünftens hat die Planfeststellungsbehörde gem. § 20 Abs. 3 NABEG ab Antragstellung **nur zwei Monate Zeit**, auf der Grundlage der Ergebnisse der Antragskonferenz einen Untersuchungsrahmen für die Planfeststellung festzulegen und den erforderlichen Inhalt der nach gem. § 21 NABEG einzureichenden Unterlagen zu bestimmen. 228

Damit beschreitet der Gesetzgeber in der Tat **neue Wege** in Richtung einer frühzeitigen und umfassenden Beteiligung der Öffentlichkeit **im Planfeststellungsverfahren**. Ob die entsprechenden Regelungen jedoch eine Vorbildwirkung haben werden,[348] wird auch davon abhängen, ob und inwieweit hierdurch die vom Gesetzgeber erstrebte[349] Akzeptanzsteigerung bei gleichzeitiger Beschleunigung der Verfahren erreicht werden kann. 229

c) Die Vorlagepflicht des Vorhabenträgers

Bei der Erfüllung der Vorlagepflicht nach § 6 UVPG[350] hat der Vorhabenträger die in § 21 NABEG geregelten Vorgaben zu beachten[351] und damit zwingend die **Ergebnisse der Antragskonferenz zu berücksichtigen** (Abs. 1). Dabei kann die Planfeststellungsbehörde auf der Grundlage von § 21 Abs. 3 NABEG vom Vorhabenträger die Vorlage von Gutachten verlangen oder selbst Gutachten einholen.[352] Mit Blick auf die Inhalte der nach § 6 UVPG vorzulegenden Unterlagen bestimmt § 21 Abs. 4 NABEG, dass der Vorhabenträger nach Maßgabe der §§ 5 und 14f Abs. 3 UVPG 230

---

342 Vgl. auch die erfreulich differenzierten Ausführungen von Steinbach/*Sangenstedt*, § 23 NABEG Rn 5 ff.
343 So ausdrücklich BT-Drucks. 17/6073, S. 28.
344 So richtig Steinbach/*Nebel*/*Sangenstedt*, § 20 NABEG Rn 35.
345 Näher zu diesen oben Rn 156 ff.
346 So auch Steinbach/*Nebel*/*Sangenstedt*, § 20 NABEG Rn 34. Etwas anderes gilt nur im Falle des § 25 NABEG.
347 Instruktiv dazu Steinbach/*Nebel*/*Sangenstedt*, § 20 NABEG Rn 10 ff.
348 So die Prognose von Hoppe/Beckmann/*Wagner*, § 9 UVPG Rn 41.4. Eher skeptisch und unter Hinweis auf die Gefahren *Kment*, RdE 2011, 341, 346.
349 Vgl. BT-Drucks. 17/6073, S. 28.
350 Näher dazu oben Rn 163 ff.
351 Hoppe/Beckmann/*Kment*, § 6 UVPG Rn 9.
352 Näher dazu Steinbach/*Nebel*/*Riese*, § 21 NABEG Rn 24 ff.

auf die in der Bundesfachplanung eingereichten Unterlagen Bezug nehmen soll. Auch dies ist Ausdruck des Gedankens einer **Abschichtung der Umweltprüfung**. Schließlich hat die Planfeststellungsbehörde die eingereichten Unterlagen nach Maßgabe des § 21 Abs. 5 NABEG innerhalb eines Monats nach Eingang auf ihre Vollständigkeit hin zu überprüfen, etwaig fehlende Unterlagen unverzüglich anzufordern und die Vollständigkeit ggf. schriftlich zu bestätigen. Diese **obligatorische und strukturierte Eingangsprüfung** wird zu Recht als ein wesentliches Beschleunigungselement des NABEG-Verfahrens angesehen.[353]

d) Behörden- und Öffentlichkeitsbeteiligung

231 Die anschließend auch nach §§ 6ff. UVPG durchzuführende Behörden- und Öffentlichkeitsbeteiligung[354] wird ebenfalls in einer ganzen Reihe von Punkten modifiziert.[355] So wird die Planfeststellungsbehörde durch § 22 Abs. 1 NABEG verpflichtet, die vollständigen **Unterlagen innerhalb von zwei Wochen** schriftlich oder elektronisch an die Vereinigungen und die Träger öffentlicher Belange **zu übermitteln.**

232 Anschließend fordert die Planfeststellungsbehörde (allein) die **Träger öffentlicher Belange**, einschließlich der Raumordnungsbehörden der Länder, die von dem Vorhaben berührt sind, zur **Stellungnahme** innerhalb einer von ihr zu setzenden **Frist** auf, die drei Monate nicht überschreiten darf (§ 22 Abs. 2 S. 1 NABEG). Diese Stellungnahmen können gem. § 22 Abs. 2 S. 2–4 NABEG schriftlich oder elektronisch abgegeben werden, dürfen sich aber nicht auf Gegenstände der Bundesfachplanung erstrecken, zu denen bereits in der Bundesfachplanung Stellung genommen werden konnte. Nach Ablauf der von der Behörde gesetzten Frist eingehende Stellungnahmen werden nicht mehr berücksichtigt, es sei denn, die vorgebrachten Belange sind für die Rechtmäßigkeit der Entscheidung von Bedeutung. Durch diese Regelungen wird die **Beteiligung der Behörden** und sonstiger Träger öffentlicher Belange[356] **substanziell begrenzt**, um den fortschreitenden Planungs- und Entscheidungsprozess auf den verschiedenen Planungsebenen zu strukturieren und die Prüfung der Planfeststellungsbehörde von überörtlichen Gesichtspunkten der Raumverträglichkeit der Höchstspannungsleitungen freizuhalten.[357]

233 Die **Beteiligung der Vereinigungen** erfolgt – ebenso wie nach UVPG – **zusammen mit der** Beteiligung der (sonstigen) **Öffentlichkeit** auf der Grundlage einer fristgebundenen Auslegung der Unterlagen, die zuvor im amtlichen Verkündungsblatt und über die Internetseite der Planfeststellungsbehörde sowie in den relevanten örtlichen Tageszeitungen öffentlich bekanntzumachen ist (vgl. im Einzelnen § 22 Abs. 3 NABEG). In gleicher Weise ist bekanntzumachen, dass der Plan zeitgleich mit der Auslegung für die Dauer von einem Monat im Internet veröffentlicht wird (vgl. § 22 Abs. 4 NABEG).

234 Anschließend können Personen, deren Belange durch das Vorhaben berührt werden, und Umweltvereinigungen gem. § 22 Abs. 6 NABEG innerhalb von zwei Wochen nach Ablauf der Auslegungsfrist schriftlich bei der Planfeststellungsbehörde oder zur Niederschrift bei einer Auslegungsstelle **Einwendungen** gegen den Plan **erheben.**

235 Bei dieser Regelung fällt zum einen auf, dass die Frage, welche Rechtsfolgen eine Fristversäumnis nach sich zieht, an dieser Stelle nicht geregelt wird. Dies bedeutet jedoch nicht, dass eine **Präklusionsanordnung** vergessen wurde.[358] Denn diese Rechtsfolge ergibt sich im vorlie-

---

353 Näher dazu Steinbach/*Nebel*/*Riese*, § 21 NABEG Rn 52ff.
354 Näher dazu oben Rn 177ff.
355 Vgl. auch Hoppe/Beckmann/*Wagner*, § 7 UVPG Rn 41f. und § 9 UVPG Rn 41.4ff. und 66ff.
356 Näher dazu im hier interessierenden Kontext Steinbach/*Nebel*/*Riese*, § 22 NABEG Rn 20.
357 Vgl. Hoppe/Beckmann/*Wagner*, § 7 UVPG Rn 42.
358 So aber Hoppe/Beckmann/*Wagner*, § 9 UVPG Rn 67.

genden Zusammenhang unproblematisch aus dem Umstand, dass § 18 Abs. 3 S. 2 NABEG u.a. auf § 43a Nr. 7 EnWG verweist.[359]

Zum anderen hat der Gesetzgeber bei der Öffentlichkeitsbeteiligung anders als bei der Beteiligung der Träger öffentlicher Belange **keine Gegenstände vom Einwendungsverfahren ausgeschlossen**, welche die Bundesfachplanung betreffen und zu denen bereits in der Bundesfachplanung Stellung genommen werden konnte.[360] Das erscheint sachgerecht und rechtlich wohl auch zwingend, weil anderenfalls diejenigen ausgeschlossen werden könnten, die sich auf der Ebene der Bundesfachplanung mangels noch nicht feststehender individueller Betroffenheit bewusst zurückgehalten haben. Aus diesem Grund hat der Gesetzgeber in § 9 Abs. 6 S. 3 NABEG ausdrücklich klargestellt, dass die Öffentlichkeitsbeteiligung im Rahmen der Bundesfachplanung die Verfolgung von Rechten im nachfolgenden Zulassungsverfahren unberührt lässt.[361] 236

Ferner sollte mit Blick auf die Öffentlichkeitsbeteiligung nicht unerwähnt bleiben, dass § 22 Abs. 7 NABEG abweichend von § 43a Nr. 5 EnWG ohne Einschränkung die **Durchführung eines Erörterungstermins** anordnet und damit, wenn auch auf Umwegen, den Rechtszustand festschreibt, der nach dem UVPG ohnehin gilt. 237

e) Bekanntmachung des Gesamtergebnisses

Schließlich ist darauf hinzuweisen, dass die zuständige Behörde bei der Erfüllung der in § 9 Abs. 2 UVPG geregelten Pflicht zur Bekanntgabe der Entscheidung über das Vorhaben zusätzlich die besonderen Vorgaben in § 24 Abs. 3 NABEG beachten muss. Dies hat u.a. zur Folge, dass der Planfeststellungsbeschluss zeitgleich mit der Auslegung **im Internet zu veröffentlichen** ist. Dies sorgt auch auf der letzten Verfahrensstufe in begrüßenswerter Weise für eine größtmögliche Transparenz des Verfahrens. 238

3. Besonderheiten bei der Planfeststellung nach SeeAnlV

Wie bereits erwähnt, ordnet § 9 SeeAnlV an, dass für Anlagen, die in den Geltungsbereich der Verordnung fallen und die nach den §§ 3–3f UVPG einer Umweltverträglichkeitsprüfung bedürfen, eine Umweltverträglichkeitsprüfung nach dem UVPG durchzuführen ist.[362] Dabei sind jedoch auch hier gewisse Besonderheiten zu beachten.[363] Die wichtigste ist wohl, dass der Antragsteller, wenn er die zuständige Behörde um ein **Scoping** nach § 5 UVPG[364] ersucht, **besondere**, in § 3 Abs. 2 SeeAnlV aufgeführte, **Angaben machen** und daher insbesondere einen *„nachvollziehbaren Zeit- und Maßnahmenplan für das weitere Verfahren bis zur Inbetriebnahme der Anlage"* vorlegen muss. Dies bringt ihm freilich den Vorteil, dass die Planfeststellungsbehörde später eingehende Ersuche oder Anträge auf Durchführung des Planfeststellungsverfahrens anderer Träger gem. § 3 Abs. 1 SeeAnlV zurückstellen kann. 239

359 Näher dazu Kap. 13 Rn 202.
360 Hoppe/Beckmann/*Wagner*, § 9 UVPG Rn 67.
361 Näher zu diesen Zusammenhängen Kap. 13 Rn 204 f. Vgl. auch *Hofmann*, JZ 2012, 701, 707, der zutreffend darauf hinweist, dass dies auch *„hinsichtlich der zu erreichenden Akzeptanz von Vorteil sein"* dürfte.
362 Siehe oben Rn 119.
363 Näher dazu *Büllesfeld/Koch/v. Stackelberg*, ZUR 2012, 274 ff.; *Spieth/Uibeleisen*, NVwZ 2012, 321 ff.; *Zabel*, NordÖR 2012, 263 ff. Vgl. allgemein zur Zulassung nach der SeeAnlV oben Kap. 2 Rn 63 ff.
364 Näher dazu oben Rn 156 ff.

Kapitel 9
Verwaltungsverfahrensrechtliche Planungsanforderungen

A. Entwicklung des Planfeststellungsrechts

Das VwVfG regelt in den §§ 72 bis 78 das Planfeststellungsverfahren und damit die verwaltungsverfahrensrechtlichen Anforderungen an die Planung und Genehmigung bestimmter Vorhaben. Geregelt werden die **allgemeinen Bestimmungen des Fachplanungsrechts**, die sich im Übrigen in weiteren Fachplanungsgesetzen konkretisieren. Die Fachplanung war von jeher ein Instrument zur Bewältigung der komplexen Anforderungen bei strukturellen Großprojekten, wie beispielsweise der Bau von Eisenbahninfrastruktur und Straßen. 1

Der **Ursprung** der verwaltungsrechtlichen Planfeststellung liegt insoweit auch in der Errichtung der Eisenbahninfrastruktur des 19. Jahrhunderts. Seitdem stehen in der Fachplanung zwei entscheidende Bereiche im Mittelpunkt: 2

- die Genehmigung eines geplanten Vorhabens von erheblicher Bedeutung für das **Gemeinwohl** (in der Regel Infrastrukturmaßnahmen) und
- die damit einhergehende Beeinträchtigung bzw. **Entziehung fremden Grundeigentums** nebst Entschädigungsfragen.

Dabei galt es stets, eine Konzentration verschiedener Einzelzuständigkeiten herbeizuführen und eine **einheitliche Genehmigungspraxis** zu entwickeln. Die eisenbahnrechtliche Planfeststellung wurde in die Reichsgesetzgebung übernommen. In § 37 Abs. 2 Reichsbahngesetz (1924) heißt es:

> *„Die Pläne für den Bau neuer und die Veränderung bestehender Reichseisenbahnanlagen (...) sowie die Pläne für neue Reichsbahnstrecken sind von der Reichsregierung (...) festzustellen."*

Diese eisenbahnrechtlichen Grundlagen wurden im Laufe des 20. Jahrhunderts durch den einsetzenden Autobahnbau fortentwickelt. Im später Reichsautobahngesetz genannten Gesetz über die Errichtung eines Unternehmens „Reichsautobahn" (1933) heißt es in § 8:

> *„Der Generalinspekteur für das deutsche Straßenwesen stellt (...) die Baupläne fest. Die Planfeststellung umfasst die endgültige Entscheidung über alle von der Plangestaltung berührten Interessen."*

Nach dem Zweiten Weltkrieg wurde das Planfeststellungsrecht für Bundesfernstraßen und Eisenbahnen umfassend geregelt. Fernstraßen und Eisenbahnbau waren weiterhin die wichtigsten Anwendungsfälle für Planfeststellungsverfahren. 3

I. Beschleunigung der Planungsverfahren

Das heutige Planfeststellungsrecht ist im Wesentlichen durch die strukturellen Änderungen geprägt, die es seit den 90er Jahren des 20. Jahrhunderts aufgrund einsetzender **Privatisierung** und Bewältigung der Aufgaben der Deutschen Einheit erfahren hat. 4

Seitdem stand insbesondere die Beschleunigung von Planfeststellungsverfahren im Fokus der Gesetzgebung. Es sollte verfahrensrechtlich aber auch hinsichtlich der **gerichtlichen Über-** 5

prüfbarkeit der Planfeststellungsbeschlüsse angepasst werden, wobei die Änderungen der Fachplanungsgesetze letztlich nur langsam in das VwVfG übernommen worden sind.[1]

6 Ein erster Schritt zur Bewältigung der immensen Investitionsmaßnahmen der Infrastruktur nach Wiederherstellung der **Deutschen Einheit** war das Gesetz zur Beschleunigung der Planungen für Verkehrswege in den neuen Ländern sowie im Land Berlin **(Verkehrswegeplanungsbeschleunigungsgesetz)** vom 16.12.1991. Als zeitlich (zunächst Befristung für Verkehrswege und -anlagen bis zum 31.12.1995, für Bundeseisenbahnen bis zum 31.12.1999, letztlich nach Verlängerungen außer Kraft getreten zum 31.12.2006) und örtlich begrenztes (neue Bundesländer sowie Verbindungen zu den nächsten Knotenpunkten des Hauptfernverkehrsnetzes des übrigen Bundesgebiets) **Sonderplanungsrecht** sollten insbesondere die sich in einem desolaten Zustand befindlichen Verkehrswege zwischen den neuen Ländern und dem Bundesgebiet geschaffen werden.[2]

7 Es sah im Wesentlichen die Verankerung bestimmter Fristen sowie die Einführung der **Plangenehmigung** vor. Ferner wurde das gerichtliche Verfahren bei sämtlichen Streitigkeiten hinsichtlich der Planfeststellungs- und Plangenehmigungsverfahren beim BVerwG erst- und letztinstanzlich installiert. Diese Vereinfachungs- und Beschleunigungsregelungen wurden durch das **Planungsvereinfachungsgesetz** vom 17.12.1993 in die Fachplanungsgesetze integriert. Im Wesentlichen haben sich die Instrumentarien der Plangenehmigung, die Straffung des Rechtsschutzes sowie die Möglichkeit einer **vorläufigen Besitzeinweisung** in der Fachplanung durchgesetzt.

8 Diese wurden später durch das Gesetz zur Beschleunigung von Genehmigungsverfahren **(Genehmigungsverfahrensbeschleunigungsgesetz)** vom 12.9.1996 in das VwVfG übernommen, d.h. insbesondere die Plangenehmigung, der Entfall der Planfeststellung bzw. Plangenehmigung in Fällen unwesentlicher Bedeutung, das zeitlich gestraffte Anhörungsverfahren und die eingeschränkte Fehlerbeachtlichkeit wurden ins VwVfG integriert. Damit sind die aus dem Fachplanungsrecht entwickelten und dort erprobten Instrumentarien zur Beschleunigung der Planfeststellungsverfahren in das allgemeine VwVfG übernommen worden, dass damit seine Vorreiterrolle verloren hat.[3]

9 Weitere Regelungen zur Beschleunigung der Planfeststellungsverfahren sind durch das Gesetz zur Beschleunigung von Planungsverfahren für Infrastrukturmaßnahmen vom 9.12.2006 **(Infrastrukturplanungsbeschleunigungsgesetz)** in bestimmte Fachplanungsgesetze eingefügt worden. Damit wurde die zuvor durch das Genehmigungsverfahrensbeschleunigungsgesetz geschaffene Vereinheitlichung der Fachplanung durch eine **Zersplitterung des Verfahrensrechts** wieder beseitigt.[4]

10 Der Gesetzgeber sah sich dennoch hierzu veranlasst mit der Begründung, die bis dato geltenden Vorschriften zur Planung des Baus und der Änderung von Bundesfernstraßen, Betriebsanlagen der Eisenbahn, von Bundeswasserstraßen und Flughäfen würden den Anforderungen, die der am 1.5.2004 wesentlich erweiterte europäische Binnenmarkt an die **Transparenz, Berechenbarkeit und Zügigkeit der Entscheidungsprozesse** in den Verwaltungen des Bundes und der Länder stellt, nicht mehr gerecht. Daher seien weitere Maßnahmen zur **Vereinfachung und Beschleunigung** der Planungsverfahren für die Verkehrsinfrastruktur zu ergreifen.[5]

11 Die Begründung für das Infrastrukturplanungsbeschleunigungsgesetz lohnt einer näheren Betrachtung, zumal die Kritik gerade an der **Verfahrensdauer** bis heute nicht verstummt. Der

---

1 Bader/Ronellenfitsch/*Kämper*, § 72 Rn 24.
2 Knack/Henneke/*Dürr*, Vor § 72 Rn 17; Steinberg/Berg/Klößner, S. 51; *Ronellenfitsch*, DVBl. 1994, 442, 444.
3 Knack/Henneke/*Dürr*, Vor § 72 Rn 23.
4 *Wickel*, UPR 2007, 201; Stelkens/Bonk/Sachs/*Bonk*/*Neumann*, § 72 Rn 22; Knack/Henneke/*Dürr*, Vor § 72 Rn 24.
5 BT-Drucks. 16/54, S. 24.

Gesetzgeber hat inhaltlich zur Beseitigung der ausgemachten Mängel in den Planungsverfahren folgende Kernelemente[6] herausgearbeitet:
- Frühzeitige und effektive Beteiligung anerkannter und sonstiger Umweltschutzvereinigungen durch Einführung formeller und materieller Präklusionsfristen,
- Geltungsdauer von Plänen,
- Möglichkeiten zum Verzicht auf Erörterungstermine,
- Ermittlungserleichterungen gegenüber Grundstücksbetroffenen, die nicht in dem betroffenen Gebiet ansässig sind,
- Vorarbeiten zur Vorbereitung der Baudurchführung,
- Zuständigkeit des BVerwG im ersten und letzten Rechtszug,
- Flexibilisierung des Instruments der Plangenehmigung.

Soweit die verfahrensrechtlichen Belange angesprochen werden, ist zweifelhaft, ob eine lange 12
Verfahrensdauer tatsächlich hierauf zurückzuführen ist. Überzeugender ist die Annahme, dass die stetig wachsende Zahl materiell-rechtlicher Anforderungen eine gewichtige Rolle bei der Verfahrensdauer spielt.[7] Konterkariert wird der Beschleunigungsansatz des Gesetzgebers, wenn man die Regelung zur Geltungsdauer von Planfeststellungsbeschlüssen betrachtet, die nunmehr zehn Jahre plus Verlängerungsoption von weiteren fünf Jahren beträgt. Wenn also 15 Jahre bis zur Realisierung des Vorhabens nach Planfeststellungsbeschluss vergehen können, kann das Verwaltungsverfahren einer zügigen Durchführung nicht entgegenstehen.[8]

In den letzten Jahren sind die Umweltauswirkungen von Großprojekten immer mehr in den 13
Fokus der Öffentlichkeit geraten. Letztlich haben das Gesetz über die Öffentlichkeitsbeteiligung in Umweltangelegenheiten nach der EG-Richtlinie 2003/35/EG **(Öffentlichkeitsbeteiligungsgesetz)** vom 9.12.2006 und das Gesetz über ergänzende Vorschriften zu Rechtsbehelfen in Umweltangelegenheiten nach der EG-Richtlinie 2003/35/EG **(Umweltrechtsbehelfsgesetz)** vom 7.12.2006 die Beteiligungsrechte anerkannter Naturschutzvereine und Umweltschutzvereinigungen gestärkt und die Beteiligung der Öffentlichkeit an umweltrelevanten Maßnahmen statuiert.

II. Kritik an Beschleunigungsforderungen

Das Planfeststellungsverfahren ist ein Genehmigungsverfahren, das bei der Abwicklung von 14
Großbauvorhaben entscheidende zeitliche Vorteile bringen kann. Die Verfahrensbeschleunigung ist der Fachplanung immanent, insbesondere durch die Konzentrations-, Ausschluss- und Enteignungswirkung der Planfeststellung. Sobald die Kritik an **überlangen Verfahrenszeiten** aufflammt,[9] gibt es Bestrebungen, die Fachplanungsverfahren zu überarbeiten. Ein Hauptargument der Beschleunigungsbestrebungen ist dabei stets die **Anpassung des Erörterungstermins.**[10] Nach diesseitiger Praxiserfahrung geht die Diskussion über die Verfahrensdauer in der Planfeststellung an der eigentlichen Problematik vorbei.

Ein wesentlicher Punkt bei der Bewertung der Verfahrensdauer ist die **Handhabung des** 15
Verfahrens durch die Verfahrensbehörden und die dadurch bei vielen Vorhabenträgern ein-

6 BT-Drucks. 16/54, S. 24 bis 28.
7 Stelkens/Bonk/Sachs/*Bonk/Neumann*, § 72 Rn 22.
8 *Wickel*, UPR 2007, 201, 205; Stelkens/Bonk/Sachs/*Bonk/Neumann*, § 72 Rn 22.
9 Umfassende Bestandsaufnahme bei *Krumsiek/Frenzen*, DÖV 1995, 1013; *Stüer*, DVBl. 1997, 326; *Ziekow*, DVBl. 1998, 1101.
10 *Birk*, DVBl. 2012, 1000.

getretene Handhabung, die Behörden weitgehend umfassend zu „bedienen“. Der Antragsteller lässt sich teilweise nicht im Gesetz geforderte Bedingungen für ein Planfeststellungsverfahren diktieren, weil er anderenfalls befürchtet, seine Genehmigung erheblich später als kalkuliert zu erhalten.

16 Das beginnt bereits mit einem Kernelement der Planfeststellung: der **Konzentrationswirkung**. Indem viele vorher zuständige Behörden nunmehr unzuständig werden und die alleinige Zuständigkeit auf die Planfeststellungsbehörde verlagert wird, ist das Verfahren erheblich beschleunigt, da anderenfalls zahlreiche **Einzelgenehmigungen** eingeholt werden müssten. Das funktioniert aber nur, wenn die Verfahrenskonzentration auch stringent eingehalten wird. Die zu beobachtende Tendenz, die anderen Fachbehörden nicht (nur) als Träger öffentlicher Belange am Verfahren zu beteiligen, sondern ihnen weitgehende Verfahrensrechte (Einholen von behördlichem Einvernehmen) einzuräumen, konterkariert die Beschleunigungsmöglichkeiten. Auch werden die Vorhabensträger zuweilen aufgefordert, noch vor der Auslegung sich umfassend mit allen Fachbehörden arrangiert zu haben. Das kann im Einzelfall Sinn machen (insbesondere bei **verfahrenslenkenden Gesprächen** unter Moderation der Planfeststellungsbehörde), führt aber oftmals nur dazu, dass unter erheblichem Zeiteinsatz versucht wird, eine generelle Befriedung im Sinne eines Einvernehmens mit allen Behörden herzustellen.

17 Auch der mittlerweile in der Praxis regelmäßig geforderte **Umfang der Planungsunterlagen** ist contra legem. Das Planfeststellungsrecht sieht verschiedene Verfahrensstufen und Detaillierungsgrade vor. Es mag zwar für die Verfahrensbehörde wünschenswert sein, wenn der Vorhabensträger bereits einen vollständig planfeststellungsfähigen Plan einreicht, rechtlich erforderlich ist dies aber nicht. Auch findet das von einigen Behörden mittlerweile als selbstverständlich empfundene Vorprüfungsverfahren **(Einreichung von Musterunterlagen)** keine Stütze im Gesetz. Es führt lediglich zu einer unnötigen Verfahrensverzögerung. Fehlende Unterlagen können genauso gut während des Verfahrens vom Vorhabensträger nachgereicht werden.

18 In der Praxis immer wieder zu beobachten ist die Tendenz, im Sinne einer **„allgemeinen Öffentlichkeitsbefriedung“** bei der Auslegung weitgehend Rücksicht auf Schulferien zu nehmen. Unter weiterer Berücksichtigung von Behördenabwesenheiten, Auslastungen etc. verengt sich das Zeitfenster für die Planfeststellungsverfahren immer mehr und führt zu einer unnötigen zeitlichen Ausdehnung.

Praxistipp
Der Vorhabensträger sollte pragmatisch aber auch stringent gegenüber der Planfeststellungsbehörde auftreten. Dazu gehört, dass vor Antragstellung die zuständige Behörde über den beabsichtigten Antrag informiert wird, um den zeitlichen und personellen Aufwand abschätzen und einplanen sowie rechtliche Besonderheiten vorab besprechen zu können. Anschließend sollte der Antrag auf Einleitung des Planfeststellungsverfahrens förmlich gestellt werden. Eventuell unterschiedliche Auffassungen hinsichtlich des Planumfangs sind innerhalb der Vollständigkeitsprüfung durch die Anhörungsbehörde zu klären.

19 Natürlich darf auch nicht verkannt werden, dass gerade im Umwelt- und Naturschutzrecht eine gewaltige **Zunahme materieller Anforderungen** auf die Behörden und Vorhabensträger zugekommen ist. Die Bewältigung schwieriger materieller Probleme führt aber in der Regel nicht zu einer Verfahrensverzögerung. Die Vorhabensträger bedienen sich ggf. externer Dienstleister, um die geforderten Stellungnahmen und Ausarbeitungen zu liefern. Auch auf Behördenseite können **Sachverständige zur Unterstützung** eingesetzt werden. So kann z.B. eine Planfeststellungsbehörde einen Rechtsanwalt zur Unterstützung des Verfahrens beauftragen, wenn im Wesentlichen schwierige Rechts- und Verfahrensfragen zu erwarten sind.

20 Weiterhin entscheidend für die lange Verfahrensdauer ist nach diesseitiger Bewertung der Praxis neben der Fülle materiell-rechtlicher Planungsanforderungen auch die **fehlende Ver-**

bindlichkeit der Verfahrensfristen, die **fehlende Sanktionierungsmöglichkeit**[11] und die faktische Entwicklung des Verwaltungsverfahrens als **Instrument der Öffentlichkeitsbeteiligung**. Die Einführung verbindlicher (nicht nur Ordnungsvorschriften) Verfahrensfristen würde das Verfahren deutlicher beschleunigen als der Verzicht auf einen Erörterungstermin. Hier wäre auch der Ansatz des Gesetzgebers für Beschleunigungsmaßnahmen. Allein die Tatsache, dass es keinen festgelegten Rahmen für die Verfassung des Beschlusses gibt, lässt eine sichere Planung der Verfahrenszeiten nicht zu. Auch die mittlerweile durch das PlVereinhG erfolgte weitgehende Abschaffung der Behördenpräklusion trägt nicht zu einer Verfahrensbeschleunigung bei.

Auch ist das Planfeststellungsverfahren (wie man bei Stuttgart 21 bestens beobachten konnte) 21
kein Bürgerbeteiligungsverfahren (s.u.) im Sinne einer mehrheitlichen Abstimmungsentscheidung. Es geht nicht darum, die Bevölkerung auf ein Projekt einzuschwören oder eine generelle Zustimmung zu erhalten. Diese Erkenntnis muss die Behörde aber vor allem auch der Vorhabensträger verinnerlichen, anderenfalls kann das Verfahren ausufern. Das Gesetz jedenfalls lässt den Ausschluss verfristeter Einwendungen sowie die Nichtbeteiligung von Bürgern, deren Belange nicht berührt sind, zu.

Ferner kann in der Praxis alleine die **Stringenz einer Verfahrensführung** über Monate 22
entscheiden. Eine Verfahrensführung, deren vorrangige Aufgabe die Befriedung sämtlicher geäußerter Interessen ist, benötigt eine deutlich längere Verfahrenszeit als eine auf Rechtswahrung im Sinne eines formellen Verwaltungsverfahrens konzentrierte Fachbehörde, die sich von **Öffentlichkeitsströmungen** und **politischen Interessen** unbeeindruckt zeigt. Hier gibt es insbesondere bei den Behörden gravierende Unterschiede, sodass letztlich eine längere oder kürzere Verfahrensdauer oftmals schlichtweg personenabhängig (aufseiten der verfahrensführenden Behörde) ist. Dem ist durch eine Gesetzgebung nur schwerlich abzuhelfen. Letztlich muss sich auch jeder Vorhabensträger selbst fragen, ob seine Vorplanungen, die erarbeiteten Planunterlagen etc. geeignet sind, um das Verfahren zu einem schnellen Abschluss zu bringen. Letztlich verbleibt beim Vorhabensträger das Risiko, zwar eine schnelle Planfeststellung erhalten zu haben, bei der Bauausführung hingegen dem geballten Unmut der Öffentlichkeit ausgesetzt zu sein. Dieser pragmatische Spagat muss gelingen, um zu einem schnellen aber auch durchsetzbaren Baurecht zu gelangen. Die rechtlichen Rahmenbedingungen stehen dem nicht entgegen.

Alles in allem scheint es in der Genehmigungspraxis zwar Optimierungs- und Beschleuni- 23
gungsmöglichkeiten zu geben, jedoch kann in der Regel nicht behauptet werden, die Planfeststellungsverfahren in Deutschland würden de lege lata unverhältnismäßig lange dauern.

III. Planfeststellungsverfahren als Instrument zur Bürgerbeteiligung bei Baugroßvorhaben

Planfeststellungspflichtige Baumaßnahmen, also z.B. Eisenbahninfrastruktur, Fernstraßen, 24
Flughäfen oder Pipelines, sind in der Regel **bauliche Großvorhaben** und werden von einer über den Kreis der originär betroffenen Öffentlichkeit wahrgenommen. Obwohl es sich regelmäßig um Vorhaben handelt, die im öffentlichen Interesse liegen, hat sich in den letzten Jahren eine erhöhte **Verweigerungshaltung** in der Öffentlichkeit herausgebildet. Einzelne oder Interessengruppierungen forcieren eine Diskussion über die Notwendigkeit von Bauprojekten und bemängeln dabei eine fehlende **Bürgerbeteiligung**. Das Planfeststellungsverfahren wird insoweit als Möglichkeit betrachtet, die Interessen der Allgemeinheit zu positionieren. Insoweit gibt es in der

11 *Schneller*, DVBl. 2007, 529, 533: *„Um zumindest die appellative Wirkung von Behördenfristen zu gewährleisten, sollten behördliche Fristversäumnisse im Genehmigungsverfahren systematisch erfasst und – z.B. im Rahmen eines publicityträchtigen Rankings der Bundesländer – bekannt gemacht werden."*

Gesetzgebung Tendenzen, das Planfeststellungsverfahren mit erweiterten Beteiligungsrechten zu versehen, um diesen Forderungen zu entsprechen.

25 Bereits durch das Gesetz über die **Öffentlichkeitsbeteiligung in Umweltangelegenheiten** nach der EG-Richtlinie 2003/35/EG vom 9.12.2006 wurde dieser Ansatz aufgegriffen.[12] Danach ist die Öffentlichkeit zu den Umweltauswirkungen des Vorhabens zu beteiligen. Die betroffene Öffentlichkeit erhält die Gelegenheit zur Äußerung. Ferner wurde im **NABEG** vom 28.7.2011 hieran angeknüpft und bezüglich der Umweltauswirkungen eine Öffentlichkeitsbeteiligung statuiert. Ferner wird die Öffentlichkeit im Rahmen des Planfeststellungsverfahrens über das Vorhaben unterrichtet.[13]

26 Noch weitergehend sind die Regelungen des Gesetzes zur **Verbesserung der Öffentlichkeitsbeteiligung und Vereinheitlichung von Planfeststellungsverfahren** vom 31.5.2013.[14] Das Gesetz basiert auf der Annahme, dass die bestehenden Formen der Öffentlichkeitsbeteiligung im Planfeststellungsverfahren nicht mehr als ausreichend empfunden werden und ein zunehmendes Interesse der Bürger an frühzeitiger Beteiligung und Mitsprache festzustellen sei. Es sieht daher eine **frühe Öffentlichkeitsbeteiligung** vor, um Transparenz zu schaffen und damit die Akzeptanz von Genehmigungs- und Planfeststellungsentscheidungen zu fördern. Rechtstechnisch umgesetzt wurde dies durch eine Erweiterung des § 25 VwVfG, welcher bisher auf Erörterungs- und Beratungsmöglichkeiten vor der Antragstellung zugeschnitten war. Die Regelung sieht vor, dass der Vorhabensträger bei Vorhaben mit wesentlicher Auswirkung auf die Belange einer größeren Anzahl Dritter, die betroffene Öffentlichkeit frühzeitig über die Ziele des Vorhabens, die Mittel, es zu verwirklichen und die voraussichtlichen Auswirkungen des Vorhabens unterrichtet. Das Ergebnis der frühen Öffentlichkeitsbeteiligung soll der Behörde mit Antragstellung mitgeteilt werden.[15]

27 Durch die normierte **frühe Öffentlichkeitsbeteiligung** entfernt sich das Planfeststellungsverfahren noch weiter von einem förmlichen Verwaltungsverfahren hin zu einem transparenten Genehmigungsverfahren unter Einbeziehung weitreichender Interessen. Für viele Vorhabensträger, insbesondere den privatwirtschaftlich organisierten, ist eine frühe Öffentlichkeitsbeteiligung aber kein neuer Ansatz. Auch ist die frühe Öffentlichkeitsbeteiligung in der **Bauleitplanung** bereits bekannt.[16] Oftmals finden **Informationsgespräche** mit Grundeigentümervereinigungen, Interessenverbänden oder mit Behörden bereits im Vorfeld statt. Eine konkrete Unterrichtung der Betroffenen wird schon im Rechtserwerb vorgenommen, der z.T. vor Antragstellung, regelmäßig aber planungsbegleitend durchgeführt wird. Der Vorhabensträger versucht, den Erörterungstermin weitgehend frei von privaten Verweigerungsfällen zu halten und informiert daher im Eigeninteresse frühzeitig.

---

12 *Wulfhorst*, DVBl. 2012, 466 spricht von einer *„spektakulär zu nennenden Öffentlichkeitsbeteiligung"*.

13 *Appel*, UPR 2011, 406, 409; *Moench/Ruttloff*, NVwZ 2011, 1040, 1045.

14 BGBl. I Nr. 26; umfassend: *Krappel/von Süßkind-Schwendi*, UPR 2012, 255; *Stüer*, DVBl. 2013, 700.

15 Gesetz zur Verbesserung der Öffentlichkeitsbeteiligung und Vereinheitlichung von Planfeststellungsverfahren (PlVereinhG), Art. 1 Ziff. 3 lit. b): (...) *„(3) Die Behörde wirkt darauf hin, dass der Träger bei der Planung von Vorhaben, die nicht nur unwesentliche Auswirkungen auf die Belange einer größeren Zahl von Dritten haben können, die betroffene Öffentlichkeit frühzeitig über die Ziele des Vorhabens, die Mittel, es zu verwirklichen, und die voraussichtlichen Auswirkungen des Vorhabens unterrichtet (frühe Öffentlichkeitsbeteiligung). Die frühe Öffentlichkeitsbeteiligung soll möglichst bereits vor Stellung eines Antrags stattfinden. Der betroffenen Öffentlichkeit soll Gelegenheit zur Äußerung und zur Erörterung gegeben werden. Das Ergebnis der vor Antragstellung durchgeführten frühen Öffentlichkeitsbeteiligung soll der Behörde spätestens mit der Antragstellung, im Übrigen unverzüglich mitgeteilt werden. Satz 1 gilt nicht, soweit die betroffene Öffentlichkeit bereits nach anderen Rechtsvorschriften vor der Antragstellung zu beteiligen ist. Beteiligungsrechte nach anderen Rechtsvorschriften bleiben unberührt."*

16 *Grigoleit/Weisensee*, UPR 2011, 401, 403; *Kühling/Wintermeier*, DVBl. 2012, 317.

Bei aller Euphorie und Offenheit gegenüber neuen Formen der Öffentlichkeitsbeteiligung bei Baugroßvorhaben[17] wird unter **verfassungsrechtlichen Gesichtspunkten** kritisch darauf hingewiesen, dass der Planfeststellungsbeschluss für die Betroffenen ein belastender Verwaltungsakt, die Planungsentscheidung ein hoheitlicher Eingriffsakt sei, bei dem sich eine **echte Mitentscheidungsbefugnis der Bürger** mangels eines demokratischen Mandats schlichtweg verbietet.[18] Die weitreichende Öffentlichkeitsbeteiligung wird sich daher im Ergebnis nur im verfassungsrechtlichen Rahmen abspielen können. Entscheidend ist für die Bürger dabei wohl eher die „gefühlte" Einflussmöglichkeit. 28

B. Planfeststellungsverfahren nach dem VwVfG/formelle Voraussetzungen

I. Allgemeines

Das Planfeststellungsverfahren ist ein besonderes, **förmliches Verwaltungsverfahren** zur Zulassung konkreter Vorhaben. In einem einzigen Verfahren werden alle erforderlichen öffentlich-rechtlichen Verfahren konzentriert und einer **einheitlichen Zulassungsentscheidung** zugeführt. Eine Definition des Verfahrens findet sich im VwVfG nicht. Geregelt sind lediglich das Anhörungsverfahren und die Planfeststellung im engeren Sinne, d.h. der Abschluss des Planfeststellungsverfahrens durch Verwaltungsakt (Planfeststellungsbeschluss). Das Planfeststellungsverfahren wird als **Instrument der Zulassung planerischer Vorhaben** durch das Fachplanungsrecht bestimmt und im VwVfG vorausgesetzt. Gegenstand der Fachplanung ist – im Gegensatz zur Gesamtplanung – immer ein einzelnes konkretes Vorhaben und die Frage, wie sich dieses Vorhaben in den flächenbedeutsamen Raum und die Umwelt einfügt.[19] 29

Das Fachplanungsrecht bietet sich an, um gerade **komplexe und raumbedeutsame Maßnahmen** zu genehmigen. Die Fülle von zu betrachtenden Rechtsvorschriften und einzuholenden Genehmigungen würden die Zulassung des Vorhabens, das oftmals im öffentlichen Interesse liegt, deutlich verzögern. Auch bietet die einheitliche Entscheidungsgewalt die Gewähr einer umfassenden Abwägung und Betrachtung aller konfligierender Interessen. 30

1. Wirkung der Planfeststellung

Dem Planfeststellungsbeschluss kommen umfassende Regelungswirkungen zu. Da er viele Einzelentscheidungen zu einer **gesamtheitlichen Entscheidung** zusammenfasst, kommt dem Beschluss Genehmigungs-, Konzentrations-, Gestaltungs- und Duldungswirkung zu. Weiterhin kann er für anschließende Enteignungsverfahren eine Vorwirkung entfalten. 31

a) Genehmigungsfunktion

Die Planfeststellung ist zuerst ein Instrument der **Anlagengenehmigung**. Maßgeblich ist § 75 Abs. 1 VwVfG, der bestimmt, dass durch die Planfeststellung die Zulässigkeit des Vorhabens einschließlich der **Folgemaßnahmen** an anderen Anlagen im Hinblick auf alle von ihm berührten öffentlichen Belange festgestellt wird. 32

---

17 Umfassende Vorschläge bei *Stüer*, UPR 2011, 335; *Groß*, DÖV 2011, 510; *Wulfhorst*, DÖV 2011, 581, 583; *Knauff*, DÖV 2012, 1; zur Mediation in der Planfeststellung: *Siegel*, DVBl. 2012, 1003.
18 *Hien*, UPR 2012, 128, 130.
19 *Steinberg/Berg/Wickel*, § 1 Rn 5.

33 Einige Fachplanungsgesetze erweitern den Anwendungsbereich der Planfeststellung auch auf die **Zulässigkeit des Betriebs** der zu errichtenden Anlage, z.B. §§ 43 EnWG, 9b AtG, also der bestimmungsgemäßen Nutzung der errichteten Anlage, einschließlich **Probebetrieb, Überwachungs- und Unterhaltungsmaßnahmen.**[20] Grundsätzlich können Betriebsregelungen nur in den Planfeststellungsbeschluss aufgenommen werden, wenn es dafür eine Ermächtigungsgrundlage im Fachplanungsrecht gibt.[21]

34 Aus der normierten Planfeststellungspflichtigkeit bestimmter Vorhaben ergibt sich andererseits das Verbot, das Vorhaben ohne einen Planfeststellungsbeschluss zu realisieren. Es handelt sich folglich um ein **präventives Verbot mit Erlaubnisvorbehalt**, welches durch den Planfeststellungsbeschluss aufgehoben wird und dem Vorhabensträger damit ermöglicht, das Vorhaben baulich zu realisieren.[22]

35 Die Genehmigung umfasst auch **notwendige Folgemaßnahmen**. Eine Folgemaßnahme liegt jedoch dann nicht mehr vor, wenn die geplante Maßnahme ihrerseits planfeststellungsbedürftig wäre (Anwendungsfall des § 78 VwVfG) oder nicht vom Vorhabensträger veranlasst wurde.[23]

b) Konzentrationswirkung

36 Neben der Genehmigungswirkung kommt dem Planfeststellungsbeschluss Konzentrationswirkung zu. Andere behördliche Entscheidungen, insbesondere öffentlich-rechtliche Genehmigungen, Verleihungen, Erlaubnisse, Bewilligungen, Zustimmungen und Planfeststellungen sind neben dem Planfeststellungsbeschluss nicht erforderlich. Er beinhaltet somit alle Genehmigungen, die der Vorhabensträger benötigt, um sein (Bau-) Vorhaben zu realisieren.

37 Nach herrschender Meinung umfasst die Konzentrationswirkung nur die sog. **formelle Konzentration**, wonach der Planfeststellungsbeschluss alle für das Vorhaben erforderlichen öffentlich-rechtlichen Genehmigungen ersetzt. Die zuvor zuständigen Behörden sind nunmehr unzuständig, die zuvor einschlägigen Verfahrensvorschriften sind nicht mehr anzuwenden, es besteht eine neue Entscheidungsbefugnis, insbesondere eine einheitliche Entscheidungsbefugnis. Es gilt ausschließlich das Verfahrensrecht des jeweiligen Fachplanungsrechts.[24]

38 Vertreten wird lediglich eine Ausnahme hinsichtlich der **wasserrechtlichen Erlaubnis**. Gestützt auf den Wortlaut des § 14 Abs. 1 WHG a.F. (jetzt § 19 Abs. 1 WHG), wonach bei Planfeststellungen mit Gewässerbenutzung die Planfeststellungsbehörde über die Erlaubnis entscheidet, wird gefolgert, dass neben dem eigentlichen Planfeststellungsbeschluss eine eigene wasserrechtliche Erlaubnis durch die Planfeststellungsbehörde zu erteilen ist.[25] Ferner wird argumentiert, dass § 14 WHG gewährleisten möchte, dass dem Vorbehalt des § 5 WHG a.F. (durch die Änderung und Neufassung in § 13 WHG ändert sich an der Argumentation nichts; die alte Regelung des § 5 Abs. 1 S. 2 WHG wurde ohne materielle Änderung der Rechtslage nicht fortgeführt[26]) Rechnung getragen wird und insofern schnell auf veränderte Umstände reagiert werden kann.[27] Es wird ferner darauf hingewiesen, dass diese Streitfrage nicht nur akademischen Charakter besitzt, da sie letztlich über die Möglichkeiten des Rechtsschutzes entscheidet. Handelt es sich

20 Zum Energierecht: BK-EnR/*Pielow*, § 43 EnWG Rn 14.
21 *Krappel*, DVBl. 2012, 674, 675 zur eisenbahnrechtlichen Planfeststellung und m.w.N.
22 BVerwG, Urt. v. 22.2.1980 – 4 C 24.77 – DÖV 1980, 516.
23 BVerwG, Urt. v. 18.4.1996 – 11 A 86.95 – BVerwGE 101, 73, 78.
24 BVerwG, Urt. v. 26.6.1992 – 4 B 1/92 – NVwZ 1993, 572; Urt. v. 22.3.1985 – 4 C 15.83 – BVerwGE 71, 166; Urt. v. 13.3.2006 – 4 A 1075.04 – BVerwGE 125, 116.
25 BVerwG, Urt. v. 16.3.2006 – 4 A 1075/04 – NVwZ-Beil. 2006, 1, 41.
26 Vgl. BT-Drucks. 16/12275, S. 56 (zu § 13).
27 BVerwG, Urt. v. 16.3.2006 – 4 A 1075/04 – NVwZ-Beil. 2006, 1, 42; Knack/Henneke/*Dürr*, § 75 Rn 15.

um eine **Durchbrechung der formellen Konzentration**, so muss die wasserrechtliche Erlaubnis isoliert als eigenständiger Verwaltungsakt angefochten werden.[28]

Die hierzu vertretenen Meinungen lassen sich hinsichtlich der Konzentrationswirkung auf einen entscheidenden Aspekt reduzieren. Dass die Planfeststellungsbehörde über die wasserrechtlichen Erlaubnisse zuständigkeitshalber entscheidet, dürfte unstreitig sein. Auch dürfte es keine Frage sein, dass die Planfeststellungsbehörde materielles Wasserrecht anzuwenden hat. Im Kern geht es daher um die Frage, ob aus der **besonderen Zuständigkeitsformulierung des § 19 WHG** gefolgert werden kann, dass das wasserrechtliche Genehmigungsverfahren nicht durch das Planfeststellungsverfahren verdrängt wird. 39

Der Zweck des Planfeststellungsverfahrens, eine umfassende und einheitliche Planungsentscheidung zu treffen, legt die Annahme nahe, dass auch erforderliche wasserrechtliche Genehmigungen konzentriert sein müssen. Die Folgerung, dass Ausnahmen hiervon nur zwingend im Planfeststellungsrecht selbst getroffen werden müssen, ist daher logisch.[29] Die Befürworter einer **Durchbrechung der formellen Konzentration** sehen diese Regelung daher gerade im Fachplanungsrecht, hier § 19 Abs. 1 WHG, verankert. 40

Das BVerwG hat klargestellt, dass die **wasserrechtliche Erlaubnis** einen **eigenständigen Entscheidungsbestandteil in der Planfeststellung** darstellt.[30] Das bedeutet, dass die Entscheidung hierüber nicht konzentriert, sondern eigenständig erfolgt.[31] Damit ist die Konzentrationswirkung des Planfeststellungsbeschlusses durch die **speziellere Regelung des Fachplanungsrechts** aber nur dahingehend durchbrochen, dass die wasserrechtliche Genehmigung nach § 19 WHG nicht durch den Planfeststellungsbeschluss ersetzt wird, sondern gesondert zu erteilen ist – einen weiteren Umfang kann man hieraus nicht folgern.[32] Eine umfassende Befreiung von der formellen Konzentrationswirkung findet daher nicht statt. Insofern auf die besondere Bedeutung des **Schutzgutes Wasser** hingewiesen wird, gilt dies gleichermaßen für andere gemeinwohlorientierte Rechtvorschriften und stellt kein entscheidendes Argument dar.[33] Da die wasserrechtlichen Belange umfassend zu berücksichtigen sind, ist die Durchführung zweier Verfahren nicht ökonomisch und rechtlich nicht geboten.[34] 41

Praxistipp
Es empfiehlt sich, die wasserrechtliche Erlaubnis beim Antrag auf Einleitung des Planfeststellungsverfahrens als gesondert zu erteilende Genehmigung zu deklarieren. Damit wird der herrschenden Meinung entsprochen und werden insbesondere Fragen des Rechtsschutzes gegen die Erlaubnis vom Planfeststellungsbeschluss separiert.

Daneben tritt eine **materielle Konzentration** nicht ein, d.h., die Planfeststellungsbehörde hat das materielle Recht im selben Umfang zu beachten, wie die Behörden, deren Entscheidungsbefugnis auf die Planfeststellungsbehörde übergegangen ist.[35] Die hierzu vertretenen Gegenauffassungen berufen sich darauf, dass das Planfeststellungsrecht mittlerweile ein detailliertes Verfahrensrecht besitzt, welches die einzelnen Fachgesetze vollständig verdrängt. Eine nur auf die formelle Konzentration abzielende Betrachtung würde dem **Spezialitätsverhältnis** nicht ent- 42

28 *Steinberg/Wickel/Müller*, S. 154.
29 *Steinberg/Wickel/Müller*, S. 155.
30 BVerwG, Beschl. v. 14.4.2005 – 4VR 1005/04 – NVwZ 2005, 689.
31 Berendes/Frenz/Müggenborg/*Berendes*, § 19 Rn 7; *Ruttloff*, UPR 2012, 328, 334.
32 *Kügel*, S. 62.
33 *Kügel*, S. 63.
34 *Czychowski/Reinhardt*, § 19 Rn 5.
35 BVerwG, Urt. v. 18.5.1990 – 7 C 3/90 – BVerwGE 85, 155 = NVwZ 1991, 362; Urt. v. 27.9.1990 – 4 C 44/87 – BVerwGE 85, 348, 352; Urt. v. 10.2.1978 – 4 C 25/75 – BVerwGE 55, 220, 230; Knack/Henneke/*Dürr*, § 75 Rn 12, 13; *Kopp/Ramsauer*, § 75 Rn 16.

sprechen.[36] Einzelgesetze müssen daraufhin überprüft werden, ob sie zwingende materielle Regelungen enthalten – beispielsweise Planungsleitsätze oder planerische Abwägungsgrundsätze –, welche dann aufgrund einer einheitlichen Planungsentscheidung einer materiellen Konzentration zugänglich wären.[37] Gegen eine materielle Konzentrationswirkung wird insbesondere mit der **fehlenden Kompetenz des Bundesgesetzgebers**, landesrechtliche Hinderungsgründe für ein Vorhaben zur Disposition der Planfeststellungsbehörde zu stellen, argumentiert.[38] Das BVerwG hat in ständiger Rechtsprechung klargestellt, dass sich die Konzentrationswirkung der Planfeststellung in einer **Zuständigkeits-, einer Verfahrens- und einer Entscheidungskonzentration** äußert. Daher habe die Planfeststellungsbehörde das materielle Recht zu beachten, das für die nicht mehr erforderlichen Entscheidungen erheblich ist; strikte Gebote und Verbote kämen auch in der Planfeststellung zur Geltung und ließen sich nicht zu bloßen Abwägungsposten abschmelzen.[39]

43 Dem Planfeststellungsbeschluss kommt demnach formelle Konzentrationswirkung zu; eine materielle Konzentrationswirkung gebührt ihm grundsätzlich nicht, sofern das maßgebliche Fachrecht keine anderslautende Regelung aufweist (z.B. § 38 S. 1 BauGB).[40]

44 Während des Planfeststellungsverfahrens kommt es durchaus zu dem Wunsch des Vorhabensträgers, bestimmte **Erlaubnisse**, die der Konzentrationswirkung unterfallen, **zeitlich bereits vor dem Planfeststellungsbeschluss** zu erhalten. Üblicherweise sind dies naturschutzrechtliche Ausnahmegenehmigungen, die bestimmte Bauzeitenbeschränkungen erfordern. Der Vorhabensträger benötigt z.B. eine Rodungsgenehmigung, um bereits vor Erlass des (in der Regel kurz bevorstehenden) Planfeststellungsbeschlusses Rodungen außerhalb der Brutzeit von dort ansässigen Arten durchführen zu können. Wartet der Vorhabensträger den Beschluss ab und gelangt dabei in die Schonzeit, droht dem Bauprojekt ein längerer Bauverzug.

45 Problematisch ist, wie sich die formelle Konzentration des Planfeststellungsverfahrens hier auswirkt. Denkbar ist, dass die ursprünglich zuständige Fachbehörde eine **Einzelgenehmigung** erlässt. Hierfür fehlt aber im Rahmen eines Planfeststellungsverfahrens die **Zuständigkeit**, sodass diese Erlaubnis formell rechtswidrig wäre. Handelt es sich um eine Genehmigung, die der Konzentrationswirkung unterfällt, bleibt nämlich für die Erteilung der erforderlichen Einzelgenehmigungen die Planfeststellungsbehörde zuständig, da alle öffentlich-rechtlichen Genehmigungen auf sie konzentriert zuständigkeitshalber übergegangen sind. Der Planfeststellungsbehörde hingegen könnte die Ermächtigungsgrundlage fehlen, außerhalb des Planfeststellungsbeschlusses Einzelgenehmigungen zu erteilen, d.h., die Planfeststellungsbehörde wäre nur befugt, im Planfeststellungsbeschluss über alle erforderlichen Genehmigungen zu entscheiden.

46 § 75 Abs. 1 VwVfG stellt klar, dass neben der Planfeststellung andere öffentlich-rechtliche Genehmigungen nicht erforderlich sind. Damit wird zum Ausdruck gebracht, dass die Planfeststellung die **öffentlich-rechtlichen Beziehungen der Beteiligten abschließend regelt** (§ 75 Abs. 1 S. 2 VwVfG). Die Planfeststellungsbehörde ist daher dem Wortlaut nach nicht gehindert, Einzelgenehmigungen im Rahmen der ihr übertragenen Zuständigkeiten zu erlassen. Dies würde aber dem Sinn und Zweck des Planfeststellungsverfahrens, welches auf eine konzentrierte Einzelentscheidung in Form des Planfeststellungsbeschlusses zugeschnitten ist, nicht entsprechen. Insoweit kommt nur ausnahmsweise eine Einzelgenehmigung in Betracht. Diese muss materiell-

36 *Ronellenfitsch*, VerwArch Bd. 80 (1989), S. 92, 95.
37 *Ronellenfitsch*, VerwArch Bd. 80 (1989), S. 92, 95.
38 Knack/Henneke/*Dürr*, § 75 Rn 12.
39 BVerwG, Urt. v. 16.3.2006 – 4 A 1075.04 – BVerwGE 125, 116, 278; Urt. v. 9.11.1984 – 7 C 15.83 – BVerwGE 70, 242, 244; Urt. v. 9.3.1990 – 7 C 21.89 – BVerwGE 85, 44, 46; Urt. v. 27.9.1990 – 4 C 44.87 – BVerwGE 85, 348, 350.
40 BVerwG, Urt. v. 16.3.2006 – 4 A 1075.04 – BVerwGE 125, 116, 278.

rechtlich zulässig sein. Ferner ist eine Abwägung vorzunehmen, ob die begehrte Einzelentscheidung aller Voraussicht nach in absehbarer Zeit im Planfeststellungsbeschluss erlassen worden wäre. Vergleichbare Anhaltspunkte gibt es in der Fachplanung. Nach § 44b Abs. 1a EnWG ist z.B. die **vorzeitige Besitzeinweisung** auch dann möglich, wenn noch kein Planfeststellungsbeschluss vorliegt. In diesem Falle ist der nach dem Verfahrensstand zu erwartende Planfeststellungsbeschluss dem Verfahren zugrunde zu legen. Der Gesetzgeber lässt also eine **Prognose über den Verfahrensverlauf** zu und ermächtigt zu Vorabmaßnahmen. Er kommt damit dem hohen praktischen Bedürfnis nach, besonders dringliche Vorhaben fristgerecht durchzuführen.[41]

Problematisch kann in der Praxis weiterhin der **Umfang der konzentrierten Genehmigungsentscheidungen** sein. Das Gesetz stellt nur auf die Zulassung des Vorhabens ab und regelt, dass hierfür keine anderen Genehmigungen erforderlich sind als der Planfeststellungsbeschluss. Gerade bei großen Infrastrukturprojekten gibt es zahlreiche öffentlich-rechtliche Genehmigungen, die originär, teilweise aber auch nur mittelbar zum eigentlichen Bauvorhaben gehören. Unstreitig gehören alle direkt das Vorhaben betreffenden Genehmigungen zur konzentrierten Planungsentscheidung. Bei nur **mittelbaren Genehmigungen** lässt sich dies diskutieren. Für den Vorhabensträger stellt sich die Frage, ob diese Genehmigungen konzentriert sind und ob er die Sachverhalte in seinen Unterlagen zur Planerstellung einarbeiten muss. Diese Problematik betrifft insbesondere Regelungen zur Bauausführung. Die **Bauausführung** ist grundsätzlich nicht Teil der Baugenehmigung und kann davon getrennt werden. Auch sind die sich dort stellenden Problematiken nicht zwingend raumbedeutsam bzw. abwägungsrelevant. 47

Exemplarisch seien hierfür zwei regelmäßig auftretende Fälle genannt: die **Sondernutzungserlaubnisse nach Straßenrecht** und **Lagerplätze für Baustoffe**. Die von den Vorhabensträgern beauftragten Werkunternehmer müssen regelmäßig öffentliche Straßen benutzen, um die Baustelle des Vorhabens zu erreichen. Bewegen sie sich dabei außerhalb der Straßenwidmung (z.B. wegen einer Überschreitung der Lastbeschränkung), sind hierfür **Sondernutzungserlaubnisse** erforderlich. Unterfielen solche Genehmigungen der **Konzentrationswirkung**, müsste der Vorhabensträger beispielsweise einen Wegeplan unter Darstellung der benötigten Ausnahmegenehmigungen erstellen, die die Planfeststellungsbehörde konzentriert erteilen würde. Die bauliche Zufahrt oder die Anlieferungswege von Baumaterial gehören aber nicht zwingend zum „Vorhaben“ im Sinne der Genehmigungskonzentration. Üblicherweise ist es Aufgabe des Werkunternehmers, im Rahmen seines Auftrags derartige Genehmigungen einzuholen. Das Bauvorhaben kann auch realisiert werden, wenn Umwege gefahren werden oder kleinere Fahrzeuge (oder Hubschrauber) eingesetzt werden müssen. Derartige öffentlich-rechtliche Genehmigungen (außerhalb der Baugenehmigung) im Rahmen der späteren Bauausführung unterfallen insoweit nicht der Konzentrationswirkung. Es ist nicht erforderlich, die Benutzung öffentlicher Straßen als Raumwiderstand zu überwinden oder in eine Gesamtabwägungsentscheidung einzubeziehen. Etwas anderes gilt, wenn gerade die Zufahrtsituation entgegenstehende Rechte anderer tangiert; in diesem Fall kann die Sondernutzungserlaubnis im Planfeststellungsbeschluss konzentriert erteilt werden. 48

Ferner werden regelmäßig Plätze zur **Lagerung von schwerem Baumaterial** benötigt, um die Baustelle zeitgerecht andienen zu können. Auch diese Flächen gehören nicht unmittelbar zum Vorhaben, sondern nur zur Bauabwicklung. Der Vorhabensträger muss diese Flächen nur dann in der Planfeststellung berücksichtigen, wenn hierfür überhaupt eine öffentlich-rechtliche Genehmigung erforderlich ist oder die zwingende Notwendigkeit der Flächenverfügbarkeit einen Zugriff auf fremdes Eigentum unerlässlich erscheinen lassen. Ein Anwendungsfall für das Erfor- 49

41 *Scheidler*, DÖV 2012, 274, 275.

dernis öffentlich-rechtlicher Genehmigungen ist beispielsweise gegeben, wenn die Lagerung von Baustoffen auf den Flächen einen erheblichen Eingriff in Natur- und Landschaft darstellt. In diesem Fall ist die **Verknüpfung zum Bauvorhaben** über die Klammer des Naturschutzrechts (Betrachtung sämtlicher Umweltauswirkungen und übergreifende Kompensation von Eingriffen) so eng, dass eine einheitliche naturschutzrechtliche Betrachtung vorgenommen werden muss. Dies rechtfertigt die Erstreckung der Konzentrationswirkung auf die Genehmigung von Lagerflächen.

50 Im Ergebnis gehören alle Genehmigungen, Erlaubnisse etc. in den konzentrierten Planfeststellungsbeschluss, die für den Bau- und Betrieb (sofern die Betriebsgenehmigung vom Fachplanungsrecht umfasst ist) des Vorhabens erforderlich sind.[42] Nicht unmittelbar zum Bau- oder Betrieb gehörende Genehmigungen sind dann von der Konzentrationswirkung umfasst, wenn sie raumbedeutsam sind und neben der Baugenehmigung abwägungsrelevante Tatbestände beinhalten.

c) Gestaltungswirkung

51 Mit Erlass des Planfeststellungsbeschlusses tritt gegenüber der Allgemeinheit und dem Vorhabensträger Gestaltungswirkung ein, also eine neue **umfassende öffentlich-rechtliche Rechtsbeziehung**. Der Vorhabensträger hat das Recht, den Plan umzusetzen, ist aber verpflichtet, hierbei im Rahmen des genehmigten Plans zu bleiben. Die vom Plan Betroffenen haben die Ge- und Verbote sowie sonstige Einschränkungen ihrer Rechte zu dulden. Gemeinden sollen die Planfeststellungen in ihre Bauleitpläne nachrichtlich übernehmen, §§ 5 Abs. 4 und 9 Abs. 6 BauGB.

d) Enteignungsrechtliche Vorwirkung

52 Die Planfeststellung ergeht **unbeschadet privater Rechte** und trifft insoweit keine privatrechtlichen Rechtsveränderungen. Diese müssen vom Vorhabensträger zivilrechtlich im Wege von **Gestattungsverträgen, Dienstbarkeiten, Grundstückskäufen** etc. eingeholt werden. Die einschlägigen Fachplanungsgesetze konstituieren aber eine enteignungsrechtliche Vorwirkung des Beschlusses, wonach die **Zulässigkeit der Enteignung** bereits festgestellt ist und nur die Entschädigung für den Rechtsverlust einem gesonderten Entschädigungsfestsetzungsverfahren vorbehalten bleibt (z.B. § 45 EnWG, § 71 WHG, § 22 AEG, § 19 FernStrG, § 28 LuftVG, § 44 WaStrG). Das Verwaltungsverfahrensgesetz enthält keine Bestimmung darüber, dass im Planfeststellungsverfahren die Zulässigkeit der Enteignung festgestellt wird, sodass eine enteignungsrechtliche Vorwirkung nicht eintreten soll.[43] Es ist der Gegenmeinung aber insoweit zuzustimmen, dass sich die enteignungsrechtliche Vorwirkung bereits aus der **Gestaltungsfunktion des Planfeststellungsbeschlusses** ergibt und ferner daraus, dass der Gesetzgeber in § 74 Abs. 6 S. 2 VwVfG a.F. zum Ausdruck gebracht hat, dass ausdrücklich nur die Plangenehmigung keine enteignungsrechtliche Vorwirkung haben soll.[44] Der Gesetzgeber hat nun mit Streichung der Vorbehalte in § 74 Abs. 6 VwVfG eine Vereinheitlichung mit den Fachplanungsgesetzen vorgenommen (Art. 1 Nr. 6b)bb) PlVereinhG). Insoweit kommt der (nicht ausschließlich privatnützigen[45]) Planfeststellung enteignungsrechtliche Vorwirkung zu, wenn hierüber im Planfeststellungsbeschluss entsprechend entschieden wurde.

---

42 Stelkens/Bonk/Sachs/*Bonk/Neumann*, § 75 Rn 10.
43 BVerwG, Beschl. v. 21.2.1991 – 4 NB 16/90 – NVwZ 1991, 873; *Kopp/Ramsauer*, § 75 Rn 19; Stelkens/Bonk/Sachs/*Bonk/Neumann*, § 75 Rn 27.
44 Knack/Henneke/*Dürr*, § 75 Rn 18.
45 BGH, Urt. v. 24.10.2003 – V ZR 424/02 – BeckRS 2003, 09908.

Ursprünglich war das Verfahren der Planfeststellung mit der Errichtung öffentlicher Infrastruktur verbunden, wobei Hoheitsträger (die ehemalige DB, Straße) die Genehmigungsverfahren im öffentlichen Interesse initiiert haben.[46] Daneben gibt es Planfeststellungsverfahren für privatrechtlich organisierte Unternehmen, die Leistungen im öffentlichen Interesse erbringen (z.B. Energieversorger) und **ausschließlich privatnützig motivierte Planungen**. Auch die Fachplanungsgesetze unterscheiden insoweit nicht. 53

Gemeinnütziger Planfeststellung ist immanent, dass Gründe des öffentlichen Wohls das Vorhaben motivieren und insoweit der Zugriff auf fremdes Eigentum gerechtfertigt sein kann. Eine privatnützige Planfeststellung kann sich hierauf zunächst nicht berufen. Dennoch erfolgt auch hier eine umfassende planerische Abwägung aller berührten Belange.[47] Sofern hinreichende Gründe für die Zulassung des Vorhabens sprechen, kann es gegen angemessene Entschädigung auch unter Inanspruchnahme fremden Eigentums zugelassen werden, da der Gesetzgeber aus Art. 14 Abs. 1 S. 2 GG gehalten ist, widerstreitende Rechtspositionen einander verhältnismäßig zuzuordnen.[48] 54

e) Duldungs- und Ausschlusswirkung

Der Planfeststellungsbeschluss genießt eine **erhöhte Bestandskraft**, welche durch die **erweiterte**[49] **Duldungswirkung** des § 75 Abs. 2 S. 1 VwVfG zum Ausdruck kommt. Danach sind Ansprüche auf Unterlassung des Vorhabens, auf Beseitigung oder Änderung der Anlagen oder auf Unterlassung ihrer Benutzung ausgeschlossen. 55

Der Eintritt der Duldungswirkung ist ausdrücklich an die **Unanfechtbarkeit** des Planfeststellungsbeschlusses geknüpft. Sie kann daher nicht durch eine **Anordnung der sofortigen Vollziehbarkeit** hergestellt werden.[50] Da die Unanfechtbarkeit gegenüber jedem Betroffenen zu unterschiedlichen Zeitpunkten eintreten kann, ist die Duldungswirkung insoweit im Einzelfall festzustellen. 56

Der Ausschluss bezieht sich auf sämtliche Ansprüche, seien sie öffentlich-rechtlicher oder privatrechtlicher Natur. Entscheidend ist die Einschränkung, dass es sich nur um **Ansprüche gegen das Vorhaben** handelt. Die Duldungswirkung zulasten der Planbetroffenen geht nicht weiter als die Genehmigungswirkung zugunsten des Vorhabensträgers. 57

2. Anwendbarkeit des VwVfG

Die Anwendbarkeit der Vorschriften des VwVfG über die Planfeststellung unterliegt vorab in mehreren Bereichen dem **Grundsatz der Subsidiarität**. 58

In Betracht kommt zunächst nur eine Anwendung bei der Planfeststellung durch **Bundesbehörden**, da anderenfalls bei der Planfeststellung durch Landesbehörden die jeweiligen Verwaltungsverfahrensgesetze der Länder zur Anwendung kommen.[51] Dieser Fall kann in der Darstellung insoweit vernachlässigt werden, als dass die Landesregelungen auf die Bestimmungen des VwVfG verweisen oder weitgehend inhaltsgleiche Regelungen enthalten. 59

---

46 *Schmidt-Preuss*, in: FS Hoppe, S. 1071.

47 BVerwG, Urt. v. 18.5.1990 – 7 C 3/90 – NVwZ 1991, 362.

48 BVerwG, Urt. v. 26.4.2007 – 4 C 12/05 – NVwZ 2007, 1074, 1077.

49 Obermayer/*Kügel*, § 75 Rn 70: Da bereits durch den Erlass des Planfeststellungsbeschlusses die Zulässigkeit des Vorhabens festgestellt wird und damit Drittbetroffenen auch die Duldung auferlegt wird, lässt sich S. 1 nur als eine Vorschrift beurteilen, welche die Duldungswirkung des Planfeststellungsbeschlusses erweitert.

50 *Kopp/Ramsauer*, § 75 Rn 35; Bader/Ronellenfitsch/*Kämper*, § 75 Rn 12; Obermayer/*Kügel*, § 75 Rn 73.

51 Eine abweichende Regelung ergibt sich z.B. aus § 38 KrWG, wonach das VwVfG unmittelbare Anwendung finden soll und damit Landesrecht ausschließt.

60 Ferner haben die Vorschriften des VwVfG über die Planfeststellung **keinen unmittelbaren Anwendungsbereich**, da sie nach § 72 VwVfG nur insoweit gelten, wie ein Planfeststellungsverfahren durch Rechtsvorschrift angeordnet ist. Die Anordnung der Planfeststellung durch eine Rechtsvorschrift ermöglicht auch Regelungen in Verordnungen und Satzungen. Hauptanwendungsfall ist aber die Anordnung eines Planfeststellungsverfahrens durch Gesetz. Durch die Stellung des VwVfG als Auffangrahmen sind die Fachplanungsgesetze vorrangig zu betrachten.

61 Als **Instrument der Vorhabenszulassung** findet sich die Planfeststellung insbesondere im Bereich der Infrastrukturerrichtung.

62 Der **Neubau oder die (wesentliche) Änderung** von verkehrlichen Infrastrukturen bedarf in vielen Fällen eines Planfeststellungsverfahrens. Im Eisenbahnwesen betrifft dies die überwiegende **Eisenbahninfrastruktur**, also die Schienenwege, die betriebsnotwendigen Anlagen und die Bahnstromfernleitungen, § 18 AEG, sowie entsprechend für Magnetschwebebahnen § 1 MBPlG. Im **Straßenwesen** bedarf der Bau oder die Änderung von Bundesfernstraßen nach § 17 FStrG der Planfeststellung. Für **Flughäfen** trifft § 8 LuftVG eine entsprechende Regelung. Für **Bundeswasserstraßen** findet sich diese in § 14 WaStrG.

63 Die Errichtung **atomarer Endlager** bedürfen nach § 9b AtG der Planfeststellung, ebenso die Errichtung, wesentliche Änderung und der Betrieb von Abfalldeponien, § 35 Abs. 2 KrWG.

64 Im Wasserrecht ist der **Gewässerausbau** gem. § 31 Abs. 2 WHG planfeststellungsbedürftig. Bei bergrechtlich relevanten Vorhaben greifen die §§ 57a bis c BBergG.

65 Im **Energierecht** bedürfen die Errichtung, wesentliche Änderung und der Betrieb von Gasleitungen mit einem Durchmesser von mehr als 300 mm und Hochspannungsfreileitungen mit einer Nennspannung von 110 kV oder mehr nach § 43 EnWG der Planfeststellung.[52]

66 In diesem Zusammenhang ist darauf hinzuweisen, dass grundsätzlich **Änderungen des festgestellten Plans** der Durchführung eines erneuten Planfeststellungsverfahrens bedürfen, § 76 Abs. 1 VwVfG.

67 Ein Planfeststellungsverfahren soll auch dann zwingend durchzuführen sein, wenn der terminus technicus „Planfeststellungsverfahren“ ausdrücklich nicht fällt.[53] Insbesondere bei früheren, vor Erlass des VwVfG bereits bestandenen Gesetzen müsse inhaltlich überprüft werden, ob sie dem Regelungsbegriff der Planfeststellung zugeordnet werden können.[54] Ein weiterer Anwendungsfall wird in der Fortwirkung von „DDR-Recht“ oder europäischen Rechtsvorschriften gesehen.[55] Eine Diskussion ist weitgehend obsolet, da es keinen diskutierten oder streitigen Anwendungsfall für ein nicht ausdrücklich geregeltes Planfeststellungsverfahren gibt. Auch der europarechtliche Rahmen würde bei Umsetzung in nationale Gesetzgebung die Anordnung eines Planfeststellungsverfahrens verlangen. Selbst wenn eine Auslegung der europarechtlichen Vorschriften die Durchführung eines nationalen Planfeststellungsverfahrens nahelegen würde (z.B. bei konzentrierter Entscheidung), könnte dieses nur bei direkter Anwendung als Anordnungsvorschrift taugen.

68 Neben den Regelungen über das Planfeststellungsverfahren der §§ 72ff. VwVfG gelten grundsätzlich die **übrigen Vorschriften des VwVfG**, ausgenommen der §§ 51 und 71a bis 71e VwVfG, sofern sich aus ihnen nichts Abweichendes ergibt. Der Ausschluss gilt nicht für das Plangenehmigungsverfahren, da auf dieses die Vorschriften über das Planfeststellungsverfahren nach § 74 Abs. 6 S. 2 VwVfG keine Anwendung finden. Das bedeutet im Einzelnen:

69 Die Vorschriften des ersten Teiles sind auf das Planfeststellungsverfahren weitgehend anwendbar.

52 Ferner: § 2 VersuchsanlG, § 28/41 PBefG, § 41 FlurbG, § 20 UVPG.
53 Obermayer/*Allesch/Häußler*, § 72 Rn 16.
54 *Meyer/Borgs*, § 72 Rn 5.
55 Obermayer/*Allesch/Häußler*, § 72 Rn 16.

Soweit das Fachplanungsrecht keine eindeutige Zuordnung trifft, ergibt sich die **Zuständigkeit der Anhörungs- und Planfeststellungsbehörde** nach § 3 VwVfG.[56] 70

Die allgemeinen **Vorschriften** über das Verwaltungsverfahren im zweiten Teil sind ebenfalls überwiegend auf das Planfeststellungsverfahren anwendbar. 71

Die §§ 17 bis 19 VwVfG sind typischerweise in einem Planfeststellungsverfahren anwendbar, 72 da es sich in aller Regel um Verfahren mit hoher Anzahl einwendungsbefugter Betroffener handelt. Dass die **Vorschriften über Massenverfahren** in der planfeststellungsrechtlichen Praxis wenig Bedeutung finden,[57] ist im Hinblick auf die regelmäßigen Beschleunigungsbestrebungen nicht nachvollziehbar.

Die **Anhörung Beteiligter** nach § 28 VwVfG wird durch die spezielleren Regelungen des § 73 73 VwVfG verdrängt.

Das **Akteneinsichtsrecht** nach § 29 VwVfG wird durch § 72 Abs. 1 Hs. 2 VwVfG dahingehend 74 modifiziert, dass Akteneinsicht nach pflichtgemäßem Ermessen zu gewähren ist. Im Übrigen bezieht sich das Akteneinsichtsrecht nur auf die von der Anhörungs- oder Planfeststellungsbehörde geführten oder beigezogenen Akten.[58]

Die Vorschriften des dritten Teils über den **Verwaltungsakt** sind in einigen Bereichen nur 75 modifiziert oder gar nicht anwendbar.

Die Anwendbarkeit des § 38 VwVfG soll weitgehend ausgeschlossen sein, da dadurch der 76 **Ausübung des planerischen Ermessens** vorgegriffen würde.[59] Der Gesetzgeber hingegen hat durch die Nichterwähnung des § 38 VwVfG im Rahmen des § 72 VwVfG zum Ausdruck gebracht, dass für **Zusicherungen** auch im Planungsverfahren Raum ist.[60] Daher dürften Zusicherungen generell möglich sein (z.B. Zusicherung, Schutzauflagen zu erlassen[61]), sofern sie dem Zweck des Planfeststellungsverfahrens nicht zuwiderlaufen. Unzulässig ist die Zusicherung, einen Planfeststellungsbeschluss zu erlassen.

Die **Bekanntgabe** nach § 41 VwVfG wird von § 74 Abs. 4 und 5 VwVfG verdrängt. Streitig ist, 77 ob die §§ 48, 49 VwVfG über **Rücknahme und Widerruf von Verwaltungsakten** auch für Planfeststellungsbeschlüsse gilt. Die Nichtanwendbarkeit wird darauf gestützt, dass Planfeststellungsbeschlüsse einen **erhöhten Bestandsschutz** genießen, was sich aus dem Ausschluss des § 51 VwVfG und den Sonderregelungen der §§ 76, 77 VwVfG ergebe. Insofern sei eine Änderung der bestandskräftigen Planung nur unter den Voraussetzungen der §§ 76, 77 VwVfG möglich.[62] Dagegen spricht, dass § 72 VwVfG zwar den § 51 VwVfG, ausdrücklich aber nicht die §§ 48, 49 VwVfG ausschließt. Als speziellere Regelungen verdrängen die §§ 76, 77 VwVfG den Anwendungsbereich der §§ 48, 49 VwVfG teilweise. Zu Recht wird aber darauf hingewiesen, dass Fallkonstellationen denkbar sind, bei denen auf §§ 48, 49 VwVfG zurückgegriffen werden muss und das die §§ 76, 77 VwVfG kein geschlossenes System zur Rücknahme bestandskräftiger Planfeststellungsbeschlüsse darstellen, vielmehr nur einzelne regelungsbedürftige Tatbestände aufführen.[63] Das BVerwG hat die Anwendbarkeit der Rücknahme und Widerrufstatbestände insoweit auch bejaht.[64]

Die Regelungen des vierten Teils über den **öffentlich-rechtlichen Vertrag** sind vielfältig 78 anwendbar. Denkbar sind öffentlich-rechtliche Verträge im Naturschutzrecht, z.B. bei Kompen-

---

56 Knack/Henneke/*Dürr*, § 72 Rn 16.
57 Knack/Henneke/*Dürr*, § 72 Rn 19.
58 BVerwG, Beschl. v. 26.8.1998 – 11 VR 4.98 – BeckRS 1998, 30022639.
59 Fehling/Kastner/*Wickel*, § 72 Rn 17; Knack/Henneke/*Dürr*, § 72 Rn 38.
60 Dies soll nach Stelkens/Bonk/Sachs/*Stelkens*, § 38 Rn 88 dann aber nur dann gelten, wenn im Zusicherungsverfahren auch das Abwägungsverfahren vorweggenommen wurde.
61 Stelkens/Bonk/Sachs/*Bonk*/*Neumann*, § 72 Rn 105; Knack/Henneke/*Dürr*, § 72 Rn 27.
62 VGH Mannheim, Urt. v. 12.9.1996 – 8 S 1511/96 – NVwZ-RR 1997, 682, 683; *Grupp*, DVBl. 1990, 81, 87.
63 Stelkens/Bonk/Sachs/*Bonk*/*Neumann*, § 72 Rn 113.
64 BVerwG, Urt. v. 21.5.1997 – 11 C 1/96 – NVwZ 1998, 281, 282.

sationsmaßnahmen. Auch können Einwendungen durch öffentlich-rechtlichen Vertrag erledigt werden, auch wenn dies in der Praxis eine untergeordnete Rolle spielt.[65] Der Planfeststellungsbeschluss kann nicht durch einen öffentlich-rechtlichen Vertrag ersetzt werden.[66]

79 Die Vorschriften des fünften Teils Abschnitt 1 über das **förmliche Verwaltungsverfahren** sind nur insoweit anwendbar, wie auf diese im Planfeststellungsrecht des zweiten Abschnitts Bezug genommen wird. Soweit betrifft dieses die Anwendbarkeit von § 67 Abs. 1 S. 3, Abs. 2 Nr. 1 und 4 und Abs. 3 VwVfG sowie § 68 VwVfG über die Bezugnahme in § 73 Abs. 6 S. 6 VwVfG sowie die §§ 69 und 70 VwVfG über die Bezugnahme in § 74 Abs. 1 S. 2 VwVfG.

80 Die Regelungen im fünften Teil Abschnitt 1a über das **Verfahren einer einheitlichen Stelle** sind im Planfeststellungsverfahren durch § 72 Abs. 1 VwVfG ausdrücklich ausgeschlossen.

81 Die Regelungen des sechsten Teils über das **Rechtsbehelfsverfahren** haben im Planfeststellungsverfahren keinen Anwendungsbereich.

82 Die Vorschriften des siebten Teils über **ehrenamtliche Tätigkeiten und Ausschüsse** sind auf das Planfeststellungsverfahren anwendbar.

83 Aus den Schlussvorschriften des achten Teils ist die Überleitungsvorschrift des § 96 VwVfG und die die Konzentrationswirkung des Planfeststellungsbeschluss auf landesrechtliche Planung ausweitende Vorschrift § 100 Ziff. 2 VwVfG für das Planfeststellungsverfahren relevant.

II. Einleitung des Planfeststellungsverfahrens

84 Der Vorhabensträger hat einen **Anspruch auf Einleitung des Planfeststellungsverfahrens**. Dies gilt nicht, soweit ein Planfeststellungsverfahren nicht durch Rechtsvorschrift angeordnet ist. Die Durchführung eines Planfeststellungsverfahrens ohne anordnende Rechtsvorschrift ist nicht möglich. Ist die Planfeststellung angeordnet, besteht das Verbot, das Vorhaben ohne Planfeststellung durchzuführen (Verbot mit Erlaubnisvorbehalt).[67]

1. Beteiligte

85 Das Planfeststellungsverfahren wird durch den antragstellenden Vorhabensträger und die verfahrensführende Behörde bestimmt.

a) Zuständige Behörde

86 Das VwVfG trifft **keine Zuordnung**, welche **Behörde** für die Durchführung des Planfeststellungsverfahrens **zuständig** ist. Es ist ebenfalls nicht zwingend, dass die Rechtsvorschrift, die die Durchführung des Planfeststellungsverfahrens anordnet, auch die verfahrensführende Behörde (Anhörungsbehörde und Planfeststellungsbehörde) bestimmt. Aus der Wesentlichkeitstheorie des Art. 20 Abs. 3 GG lässt sich nicht ableiten, dass Zuständigkeiten gesetzlich geregelt werden müssen, sodass Zuständigkeitsregelungen auch durch Verwaltungsvorschriften möglich sind.[68]

87 Das VwVfG geht grundsätzlich von einer **Trennung zwischen Anhörungs- und Planfeststellungsbehörde** aus, ordnet dieses aber nicht zwingend an. Die Anhörungsbehörde nimmt dabei ihre Aufgaben in eigener Zuständigkeit wahr.[69] Eine **Identität von Anhörungs- und Plan-**

65 Stelkens/Bonk/Sachs/*Bonk*/*Neumann*, § 72 Rn 120.
66 Stelkens/Bonk/Sachs/*Bonk*/*Neumann*, § 72 Rn 120.
67 BVerwG, Urt. v. 15.1.1982 – 4 C 26/78 – NJW 1982, 1546, 1547.
68 BVerwG, Urt. v. 22.1.2004 – 4 A 32/02 – NVwZ 2004, 722, 725.
69 BVerwG, Urt. v. 19.1.2000 – 11 C 6/99 – NVwZ 2000, 673.

feststellungsbehörde – wie sie teilweise in anderen Fachgesetzen vorgesehen ist – ist nicht ausgeschlossen. Die Unterscheidung zwischen Anhörungs- und Planfeststellungsbehörde sei nicht in einem organisatorischen Sinne zu verstehen und bedeute daher nicht, dass die unterschiedlichen Aufgaben von unterschiedlichen Behörden wahrgenommen werden müssen.[70] Für beide Fallkonstellationen lassen sich Argumente ins Feld führen. Bei einer Trennung von Anhörungs- und Planfeststellungsbehörde kann sich die Anhörungsbehörde auf ihre objektive Stellung konzentrieren und die Interessen der verschiedenen Behörden, deren Zuständigkeiten auf sie verlagert werden, wahrnehmen. Da gerade im Anhörungsverfahren eine umfangreiche Beteiligung der Betroffenen unter Darstellung sämtlicher Belange stattfindet, könnte die Anhörungsbehörde insoweit eine **befriedende Moderationsrolle** spielen, die sich von der Entscheidungsfunktion der Planfeststellungsbehörde unterscheidet. Diese wiederum wäre von dem umfangreichen Stoff der Erörterung befreit und könnte sich als sachkompetente Behörde auf die Entscheidung konzentrieren. Diese Argumentation lässt sich letztlich aber auch umkehren, d.h., gerade die Kenntnis der Planfeststellungsbehörde von allen Argumenten der Erörterung versetzt sie in die Lage, eine ausgeglichene Abwägungsentscheidung zu treffen.

Die Identität von Vorhabensträger und Planfeststellungsbehörde legt die Annahme einer **in- 88
stitutionellen Befangenheit und fehlenden Unparteilichkeit** nahe.[71]

Das BVerwG hat jedoch eine Identität von Vorhabensträger und Planfeststellungsbehörde 89
auch im Hinblick auf das **Rechtsstaatsprinzip** sowie dem **Grundsatz des fairen Verfahrens** nicht ausgeschlossen, auch wenn gesehen wird, dass eine organisatorische Trennung der Funktion des Vorhabensträgers und der Planfeststellungsbehörde die Gefahr des Anscheins fehlender Distanz beseitigen könnte.[72] Eine Trennung von Anhörungs- und Planfeststellungsbehörde mag insoweit zwar geeignet sein, zur Erhöhung der Akzeptanz beizutragen, sie sei aber weder verfassungsrechtlich noch einfachgesetzlich geboten.[73] Es ist dann aber verfahrensrechtlich konsequent, die innere Organisation der Behörde so zu gestalten, dass nicht die mit den Belangen des Vorhabensträgers betreute Verwaltungseinheit auch das Anhörungsverfahren durchführt.[74] Auch zwischen der in der Behörde für die Planung zuständigen Person und dem Verfahrensführer kann Identität bestehen, was nicht **Befangenheit** oder einen Ausschluss nach § 20 Abs. 1 S. 1 VwVfG zur Folge hat.[75] Gegen den Grundsatz des fairen Verfahrens wird nicht verstoßen, wenn der Verfahrensführer seinen Mitarbeitern bestimmte Vorgaben macht.[76]

b) Vorhabensträger

Der Antrag auf Einleitung des Planfeststellungsverfahrens ist vom Träger des Vorhabens zu stel- 90
len. Eine nähere Definition des Begriffs „Vorhabensträger" gibt es nicht. Demnach kann es sich zunächst einmal um jede beteiligungsfähige (§ 11 VwVfG) natürliche oder juristische Person handeln. Insoweit kann jedermann Vorhabensträger sein, der ein Vorhaben für sich oder für fremde Zwecke realisieren möchte.[77]

---

70 BVerwG, Urt. v. 31.1.2002 – 4 A 15/01 – NVwZ 2002, 1103, 1104.
71 *Kopp/Ramsauer*, § 73 Rn 16; Stelkens/Bonk/Sachs/*Bonk/Neumann*, § 74 Rn 7.
72 BVerwG, Beschl. v. 9.4.1987 – 4 B 73/87 – NVwZ 1987, 886; Beschl. v. 24.8.1987 – 4 B 129/87 – NVwZ 1988, 532, 533.
73 BVerwG, Urt. v. 22.1.2004 – 4 A 32/04 – NVwZ 2004, 722, 725.
74 OVG Hamburg, Beschl. v. 23.9.1996 – Bs. III 68/96 – NuR 1997, 453.
75 BVerwG, Beschl. v. 24.8.1987 – 4 B 129.87 – DVBl. 1987, 1267; Urt. v. 5.12.1986 – 4 C 13.85 – BVerwGE 75, 214, 227 = NVwZ 1987, 578, 581.
76 VGH Mannheim, Urt. v. 19.6.1989 – 5 S 3111/87 – NuR 1991, 16.
77 Stelkens/Bonk/Sachs/*Bonk/Neumann*, § 73 Rn 16.

2. Plan

91 Das Planfeststellungsverfahren wird durch **Einreichung des Plans** bei der Anhörungsbehörde zwecks Durchführung des Anhörungsverfahrens eingeleitet, §§ 73 Abs. 1 S. 1 und 22 VwVfG. Nach § 73 Abs. 1 S. 2 VwVfG besteht der Plan aus den **Zeichnungen und Erläuterungen**, die das Vorhaben, seinen Anlass und die vom Vorhaben betroffenen Grundstücke und Anlagen erkennen lassen. Als Plan wird also begrifflich die planzeichnerische Darstellung nebst der Erläuterung des Vorhabens bezeichnet (sog. Erläuterungsbericht).

92 Welchen Umfang der „Plan" haben muss, ist entscheidend für die Einleitung des Anhörungsverfahrens. Es obliegt nämlich der Anhörungsbehörde, die **Vollständigkeit** (arg. § 73 Abs. 2 S. 1 VwVfG) **der eingereichten Planunterlagen** zu prüfen. Im Falle behebbarer Mängel kann der Vorhabensträger zur Nachbesserung aufgefordert werden. Auch kann die Anhörungsbehörde eigene Nachforschungen anstellen. Sie ist hingegen nicht berechtigt, den Antrag auf Einleitung des Planfeststellungsverfahrens aufgrund unvollständiger Unterlagen abzulehnen, kann aber die Durchführung des Anhörungsverfahrens unterlassen. In diesem Fall ist der Antrag der Planfeststellungsbehörde zur Entscheidung vorzulegen.

93 Der **Inhalt des Plans** ist gesetzlich nur grob umschrieben. Eine Konkretisierung ergibt sich aus der Funktion und anderen Rechtsvorschriften. Die Regelung des § 73 Abs. 1 S. 2 VwVfG definiert daher auch nicht die Anforderungen an die inhaltliche Bestimmtheit des Planfeststellungsbeschlusses, sondern nur die Voraussetzungen, unter denen mit der Durchführung des Anhörungsverfahrens, also der Sachverhaltsermittlung, begonnen werden kann.[78]

94 Dem Vorhabensträger wird in der Praxis regelmäßig abgefordert, Planunterlagen mit einem **Höchstgrad an Präzisierung** einzureichen, im Prinzip einen bereits vollständig im Detail planfeststellungsfähigen Antrag vorzulegen. In diesem Zusammenhang hat sich die Vorgehensweise etabliert, zunächst einen sog. **Musterordner** der Behörde vorzulegen. Dieser Musterordner wird dann auf Vollständigkeit geprüft. Nur wenn diese festgestellt wird, kann der Vorhabensträger seinen Antrag auf Einleitung des Verfahrens stellen. Interessant ist in diesem Zusammenhang, dass die Begründung zum Entwurf des Planvereinheitlichungsgesetzes die behördliche Praxis gegenüber den Vorhabensträgern, detaillierte Planungen einzureichen, kritisiert, da damit die Einflussmöglichkeiten der Öffentlichkeit nicht mehr gegeben seien.[79] Diese Kritik wird grundsätzlich geteilt und findet auch keine Stütze im Verwaltungsverfahrensrecht.

95 Eine derartige Vorgehensweise kann aber auch insoweit Vorteile bringen, als im Vorfeld bereits zwischen Vorhabensträger ein Einverständnis über den Inhalt der Antragsunterlagen erzielt werden kann. Problematisch ist dies aber, wenn unnötige Detaillierungen zu einem sehr frühen Verfahrensstadium diskutiert werden und damit den Planungsprozess verlängern. Der Vorhabensträger ist daher oftmals besser beraten, einen **formellen Antrag** zu stellen, um die **Prüfungsfristen** in Gang zu setzen. Eine abweichende Behördenpraxis mag insoweit zwar für eine Verstimmung sorgen, lässt sich in der Regel aber durch seriöse Projektarbeit und zeitgerechte Lieferung erforderlicher Planinformationen im Verfahren beheben.

96 Entscheidend ist bei der **Beurteilung der Vollständigkeit der Antragsunterlagen** der Sinn und Zweck der gesetzlichen Regelung. Das Vorhaben, sein Anlass sowie die betroffenen Grundstücke und Anlagen müssen erkennbar sein. Der Planumfang zur Einleitung des Anhörungsverfahrens ist demnach deutlich weiter gefasst, bzw. verlangt nur eine geringe Detailtiefe. Entscheidend ist, dass die betroffenen Fachbehörden und jeder potenziell vom Plan betroffene

78 VGH Kassel, Beschl. v. 28.8.1986 – 5 TH 3071/84 – NVwZ 1987, 987, 990.

79 BR-Drucks. 171/12, Begründung S. 17; *Stüer*, UPR 2011, 335, 336; zur frühen Öffentlichkeitsbeteiligung in der Bauleitplanung: *Grigoleit/Weisensee*, UPR 2011, 401, 403.

Bürger erkennen kann, von einer Planung betroffen zu sein, um damit in die Lage versetzt zu sein, seine Rechte im Wege einer Einwendung zu wahren.[80] Zu prüfen ist, ob die eingereichten Planunterlagen geeignet sind, dieser sog. **Anstoßfunktion** zu genügen. Letztlich ist dies eine Sache des jeweiligen konkreten Einzelfalls. Typischer Streitfall ist die zeichnerische Darstellung einer Eigentumsbeeinträchtigung z.B. durch einen Trassenverlauf. Es kommt überhaupt nicht auf den exakten Verlauf der Trasse oder auf die maßstäbliche Darstellung an, wenn der Betroffene ohne Weiteres erkennen kann, dass er in seinem Eigentumsrecht beeinträchtigt ist. Lässt sich die Betroffenheit im Einzelfall aber nur durch eine äußerst detaillierte Zeichnung und einen bestimmten Maßstab erkennen, ist dieser Detaillierungsgrad auch zu liefern.[81] Entscheidend ist nur die Erkennbarkeit, vom Plan betroffen zu sein und somit die Möglichkeit zu haben, Belange und Rechtsverletzungen einzuwenden.

Regelungen zur **Bauausführung** sind nicht Gegenstand der Planfeststellung und müssen **97**
daher auch nicht planerisch bei Verfahrenseinleitung oder in der Auslegung dargestellt werden.[82] Bautechnische Regelungen sind in aller Regel kein abwägungsrelevanter Belang, der die Auslage von Detailplänen erforderlich machen würde.[83] Etwas anderes gilt nur, wenn sich gerade aus der Ausführungsplanung erst die Betroffenheit erkennen lässt.[84]

Von den Voraussetzungen zur Einleitung des Planfeststellungsverfahrens bzw. der Anhö- **98**
rung sind die **Bestimmtheitsanforderungen** an den am Ende des Verfahrens zu erlassenden **Planfeststellungsbeschluss** zu unterscheiden. Dieser muss in jeder Hinsicht den erforderlichen Detaillierungsgrad aufweisen, um den Bestimmtheitsanforderungen eines Verwaltungsaktes zu genügen. Letztlich sind gerade Eigentumsbeeinträchtigungen exakt darzustellen.

Das Planfeststellungsrecht geht daher grundsätzlich von einem **work in progress** aus. Der **99**
Vorhabensträger erhält im Laufe des Verfahrens zahlreiche Informationen, insbesondere aus dem Anhörungsverfahren. Ferner kann und muss er seine Planung fortschreiben, um einen abwägungsfehlerfreien Beschluss erhalten zu können. Gerade der teilweise auch fachlich spezialisierte Input durch die Träger öffentlicher Belange macht ein **ständiges Konkretisieren des Plans** erforderlich.

Problematisch ist allerdings die **Abgrenzung zur Planänderung**. Die Konkretisierung der **100**
Planung darf nicht soweit gehen, dass es sich letztlich um eine wesentliche Planänderung handelt. Hierfür wäre dann ein Planänderungsverfahren erforderlich.

3. Einheitliche Planfeststellung/Planfeststellung in Abschnitten

Bei der Planung von größeren Bauwerken, insbesondere Linienbauwerken, stellt sich für den **101**
Vorhabensträger die Frage, ob die Planfeststellung zweckmäßigerweise in **mehrere Abschnitte** unterteilt werden soll. Oftmals wird aber eine abschnittsweise Planfeststellung auch von den Planfeststellungsbehörden gefordert.

Kein Fall der abschnittsweisen Planfeststellung und insoweit auch rechtlich unproblema- **102**
tisch ist die **Aufteilung des Anhörungsverfahrens** auf mehrere Gebietsabschnitte, zumeist aus Gründen der Kapazität bei einer großen Zahl von Einwendern. Dabei handelt es sich um ein einziges Planfeststellungsverfahren, bei dem nur das Anhörungsverfahren aufgeteilt wird.

Ferner ist die abschnittsweise Planfeststellung vom **Entscheidungsvorbehalt** des § 74 **103**
Abs. 3 VwVfG abzugrenzen. Während eine Abschnittsbildung nur auf Antrag des Vorhabensträ-

80 St. Rspr., BVerwG, Beschl. v. 19.5.2005 – 4 VR 2000/05 – NVwZ 2005, 940.
81 BVerwG, Urt. v. 25.3.1988 – 4 C 1/85 – NVwZ 1989, 252.
82 Marschall/*Ronellenfitsch*, § 17a Rn 13.
83 VGH Mannheim, Urt. v. 4.7.1991 – 5 S 84/89 – VBlBW 1991, 453 (Ls. 3).
84 BVerwG, Beschl. v. 26.11.1991 – 7 C 16.89 – UPR 1992, 154.

gers erfolgen darf, kann ein Entscheidungsvorbehalt von Amts wegen ergehen.[85] Beim Entscheidungsvorbehalt wird die Planungsentscheidung nicht aufgeteilt, sondern vielmehr dahingehend getroffen, dass das **Vorhaben auch unter Ausklammerung bestimmter Gründe planfeststellungsfähig** ist. Dies ist grundsätzlich für alle abtrennbaren Regelungsbereiche denkbar, findet aber Grenzen im Abwägungsgebot, wonach eine umfassende Abwägungsentscheidung und Problembewältigung getroffen werden muss.

104 Unter abschnittsweiser Planfeststellung versteht man die Unterteilung eines Vorhabens in **mehrere selbstständige Verfahrensabschnitte**. Jeder Abschnitt erhält dabei ein **eigenes Planfeststellungsverfahren**.

105 Die Unterteilung eines Vorhabens in mehrere Planfeststellungsabschnitte ist grundsätzlich zulässig. Dabei wird unterstellt, dass es die **Komplexität und räumliche Ausdehnung bestimmter Planungsvorhaben** zwingend erfordert, Abschnitte zu bilden. Großräumige Vorhaben – beispielsweise die Bahnneubaustrecke Köln-Rhein/Main – lassen sich kaum in einem einzigen Verfahren abhandeln. Das BVerwG geht daher sogar soweit, die Abschnittsbildung als **Ausprägung des allgemeinen Abwägungsgebots** anzuerkennen.[86]

106 Entscheidend ist, dass die Festlegung von Abschnitten sowie die verfahrensrechtliche Ausgestaltung der Verfahren abwägungsfehlerfrei erfolgt. Jeder einzelne Planungsabschnitt muss dabei den **Erfordernissen des Verfahrensrechts** genügen.

107 Problematisch wird dieser Grundsatz, wenn Abschnitte nicht aus sachlich gebotenen Gründen, sondern aus **institutionellen Zwängen** gewählt werden. Insbesondere größere Linienbauwerke durchlaufen regelmäßig verschiedene Verwaltungsbezirke und Landesgrenzen. Hieraus ergeben sich nicht nur unterschiedliche Behördenzuständigkeiten, sondern auch föderalistische Grenzen, die bewältigt werden müssen.

108 Eine Abschnittsbildung einzig aufgrund von **Verwaltungsgrenzen** innerhalb eines Bundeslandes ohne planerische oder sonstige Rechtfertigung stellt einen Verstoß gegen das Gebot der einheitlichen Abwägungsentscheidung dar. Sinnvollerweise übernimmt die Behörde in einem einzigen Verfahren die Federführung, die den **höheren Sachanteil** des Vorhabens zu bewältigen hat. Im Übrigen lassen sich aus § 78 VwVfG, der auf diesen Fall zwar keine direkte Anwendung findet, rationelle Möglichkeiten entnehmen, wie Zuständigkeitskonflikte zwischen den Behörden zu bewältigen sind (s.u.).

109 Die Bildung von **Planungsabschnitten anhand von Landesgrenzen** ist ferner grundsätzlich möglich und stellt keine per se sachfremde Erwägung dar. Problematisch wird es aber, wenn nur kleine Teilbereiche grenzüberschreitend verlaufen, z.B. eine Pipeline, die 2 km durch Bundesland A führt und anschließend 70 km durch Bundesland B. Hier erscheint es nicht zweckmäßig, Planungsabschnitte zu bilden. Vollends wird diese Problematik potenziert, wenn dann auch noch im Grenzbereich Trassenvarianten zu untersuchen sind, die von jedem Bundesland aus politischen Gründen anders gewichtet werden (in unserem Beispiel verläuft die Variante in Bundesland A durch ein sensibles, regional bedeutendes Wasserschutzgebiet, was Bundesland A vermeiden möchte. Eine Trassenvariante könnte das Gebiet abwägungsfehlerfrei umgehen. Dann wäre aber der Grenzübergang zu Bundesland B festgelegt, wo sich gerade ein hochwertiges Naturschutzgebiet befindet. Würde man dieses mit einer an sich möglichen Trassenvariante umgehen, wäre wieder in Bundesland A das Wasserschutzgebiet betroffen.). Im Ergebnis wäre zumindest im letzten Fall der Grundsatz einer einheitlichen Planungs- und Abwägungsentscheidung gefährdet. Eine einheitliche Planfeststellung würde dann aber erfordern, dass länderübergreifend Verwaltungskompetenzen übertragen werden, z.B. in Form eines **Staatsvertrags** oder **Verwaltungsabkommens**.

---

85 *Ziekow*, § 74 Rn 30.
86 BVerwG, Beschl. v. 5.6.1992 – 4 NB 21.92 – UPR 1992, 348, 349.

Praxistipp
Der Vorhabensträger ist hier gut beraten, bereits zu Beginn der Planungen derartige verfahrensrechtliche Weichenstellungen einzuleiten und entsprechende Anregungen vorzubringen. Wenn der Planungsstand erst einmal einreichungsreif fortgeschritten ist, fehlt in der Regel die Zeit, auf derartige Vereinbarungen hinzuarbeiten. „Erzwingen" kann der Vorhabensträger eine Entscheidung aber erst mit Stellung des Antrages.

Im Übrigen hat das Fachplanungsrecht diese Problematik teilweise aufgegriffen. In § 43b Nr. 2 EnWG (§ 43b Nr. 4 EnWG a.F.) ist beispielsweise geregelt, dass Verfahren zur Planfeststellung oder Plangenehmigung bei Vorhaben, deren Auswirkungen über das Gebiet eines Landes hinausgehen, zwischen den zuständigen Behörden der beteiligten Länder abzustimmen sind. 110

Ist eine abschnittsweise Planfeststellung zulässig, dürfen auch aneinander angrenzende Abschnitte in **verschieden Verfahren** gleichzeitig geplant werden. Dritte haben keinen Anspruch darauf, dass ein Vorhaben in einem einheitlichen Verfahren vollständig und abschließend durch einen einzigen Bescheid entschieden wird.[87] 111

Dabei müssen die Probleme der jeweils **anderen Abschnitte mitbetrachtet** werden und die Ergebnisse miteinander abgestimmt werden, sofern nur eine einheitliche Entscheidung möglich ist (so auch in dem obigen Beispielfall der länderübergreifenden Planfeststellung). Wenn die Verzahnung der Probleme derart hoch ist, dass nur eine **einheitliche Betrachtung** möglich ist, kann die Abschnittsbildung an sich fehlerhaft sein. 112

Es bleibt auch bei mehreren Abschnitten eine **Gesamtplanung eines Gesamtvorhabens**, d.h., Teilabschnitte dürfen nicht ohne Bezug auf die Gesamtplanung gebildet werden.[88] **Einheitliche Sachfragen** dürfen sachgerecht auch nur einheitlich verfahrensrechtlich gelöst werden.[89] 113

Die Bildung von Planfeststellungsabschnitten kann rechtswidrig sein, wenn dadurch der **Rechtsschutz der Betroffenen** in unzulässiger Weise, beispielsweise durch eine übermäßige Parzellierung des Vorhabens, **verkürzt** wird.[90] 114

Die Abschnittsbildung muss als **Teil der Gesamtplanung** das Ergebnis einer planerischen Abwägung sein; eine Rechtsverletzung liegt dann vor, wenn dem Grundsatz der umfassenden Problembewältigung nicht mehr gerecht wurde oder der Abschnitt einer gesamtplanerischen Rechtfertigung entbehrt.[91] Insbesondere muss die Planung in dem jeweiligen Abschnitt dem Einwand standhalten, dass eine andere **Planungsvariante** bei einer auf die Gesamtplanung bezogenen Betrachtung vorzugswürdig sei. Daher ist eine Vorausschau auf die anderen Abschnitte im Sinne eines positiven Gesamturteils zugrunde zu legen.[92] Die prognostizierende Betrachtung der anderen Planungsabschnitte braucht dabei nicht dieselbe Intensität zu haben.[93] Es ist ebenfalls nicht erforderlich, für die anderen Planungsabschnitte eine **vorgezogene Umweltverträglichkeitsprüfung** vorzunehmen, sofern die Prognose gestellt werden kann, dass den nachfolgenden Abschnitten keine von vorneherein unüberwindbaren Hindernisse entgegenstehen.[94] 115

87 BVerwG, Urt. v. 9.9.1988 – 7 C 3/86 – NVwZ 1989, 52, 54.
88 BVerwG, Beschl. v. 5.6.1992 – 4 NB 21/92 – NVwZ 1992, 1093, 1094.
89 BVerwG, Urt. v. 14.9.1987 – 4 B 176, 177, 181.87 – UPR 1988, 70.
90 BVerwG, Beschl. v. 5.6.1992 – 4 NB 21/92 – NVwZ 1992, 1093, 1094.
91 BVerwG, Beschl. v. 29.11.1995 – 11 VR 15.95 – NVwZ 1997, 165; Beschl. v. 5.6.1992 – 4 NB 21/92 – NVwZ 1992, 1093, 1094.
92 BVerwG, Urt. v. 10.4.1997 – 4 C 5.96 – DVBl. 1997, 1115, 1116.
93 BVerwG, Urt. v. 27.10.2000 – 4 A 18/99 – NVwZ 2001, 678.
94 BVerwG, Urt. v. 28.2.1996 – 4 A 27/95 – NVwZ 1996, 1011.

116 Bei der Planung von Fernstraßen soll der Gefahr von möglichen **Planungstoren** mit der Forderung begegnet werden, dass jeder einzelne Planungsabschnitt eine selbstständige Verkehrsbedeutung haben muss, um ggf. auch bei einer Teilrealisierung des Gesamtvorhabens eine Verwendung zu finden.[95] Für den Eisenbahnbau gilt diese Einschränkung nicht, da sich eine **eigenständige Verkehrsfunktion** wegen der geringeren Verknüpfungen im Netz nicht darstellen lässt oder zu überlangen Planungsabschnitten führen würde.[96] Für das Höchstspannungsnetz sollen die Vorgaben der eisenbahnrechtlichen Rechtsprechung übertragbar sein.[97]

117 In der praktischen Anwendung der Grundsätze der Abschnittsbildung besteht ein wesentliches Problem in der Handhabung sog. **Zwangspunkte.** Hierunter versteht man die Festlegung von Tatsachen in einem Planungsabschnitt, welche zwingende Auswirkungen auf einen anderen Planungsabschnitt haben. Dies bedeutet für die Betroffenen, dass in anderen Planungsabschnitten **vollendete Tatsachen** geschaffen werden können, die in den anderen Abschnitten nicht mehr korrigiert werden können bis hin zur **unüberwindbaren Bestandskraft** der anderen Abschnitte.

118 Die Rechtsprechung ist dieser Problematik dahingehend begegnet, dass den von Zwangspunkten in anderen Planungsabschnitten Betroffenen **Mitwirkungsrechte**, beispielsweise Einwendungsbefugnisse zugestanden werden.[98]

119 Um die Einheitlichkeit des Gesamtvorhabens zu dokumentieren und um Planungstorsen (außerhalb des Fernstraßenbaus) zu vermeiden, werden in der Praxis die jeweiligen **Planfeststellungsabschnitte** beispielsweise mit **Klauseln verknüpft**, nach denen mit dem Bau eines Abschnitts erst begonnen werden darf, wenn der angrenzende Abschnitt oder alle anderen Abschnitte ebenfalls planfestgestellt sind.

120 Genaugenommen müsste die Prüfung unzulässiger **Planungstorsen** bereits auf der Stufe der Zulässigkeit der Abschnittsbildung erfolgen. Durch eine Bauverknüpfungsklausel wird diese Problematik ausgeblendet und in die Bauabwicklung verschoben. Das ist rechtlich zwar ungenau, jedoch im Ergebnis nicht angreifbar, da sich keine erheblichen Auswirkungen aus der Verfahrensabwicklung bemerkbar machen können. Insoweit kann hierauf keine begründete Anfechtungsklage gestützt werden.

121 Problematisch sind die **Bauverknüpfungsklauseln** aber hinsichtlich der geltenden Fristen. Die oben dargestellte Rechtsprechung zum **„positiven Gesamturteil"** der in Abschnitten unterteilten Planung bedeutet nicht, dass die Unanfechtbarkeit i.S.d. § 75 Abs. 4 VwVfG erst mit Ablauf der Anfechtungsfrist für den letzten Planungsabschnitt eintritt, da von einer Gesamtplanung im VwVfG nicht die Rede ist und insoweit jeder Verwaltungsakt selbstständig zu betrachten ist. Soweit von dem Verwaltungsakt aber erst Gebrauch gemacht werden darf, wenn andere Planungsabschnitte beschieden sind, beginnt erst in diesem Zeitpunkt die Frist des § 75 Abs. 4 VwVfG zu laufen (sog. innere Wirksamkeit des Verwaltungsakts).[99] Insoweit stellt § 75 Abs. 4 VwVfG für den Fristbeginn nur auf solche Pläne ab, welche die Wirkung der Planfeststellung oder Plangenehmigung zu entfalten vermögen und damit zugleich die Baufreigabe verfügen.

95 BVerwG, Urt. v. 30.1.2008 – 9 A 27/06 – NVwZ 2008, 678, 681.
96 BVerwG, Beschl. v. 30.12.1996 – 11 VR 21/95 – NVwZ-RR 1998, 284, 285; Knack/Henneke/*Dürr*, § 74 Rn 25.
97 *Hennig/Lühmann*, UPR 2012, 81, 85.
98 BVerwG, Urt. v. 21.3.1996 – 4 C 1/95 – NVwZ 1997, 493, 494.
99 *Ehlers*, in: FS Würtenberger, S. 1133; *Ehlers*, in: Liber amoricum Hans-Uwe Erichsen, S. 1 f.; Erichsen/Ehlers/*Ruffert*, § 22 Rn 15 ff.

III. Zusammentreffen mehrerer Vorhaben

§ 78 VwVfG regelt den Fall des Zusammentreffens mehrerer Vorhaben, die jeweils eines eigenen Planfeststellungsverfahrens bedürfen. Soweit nur eine **einheitliche Entscheidung** möglich ist und mindestens für ein Verfahren das Planfeststellungsverfahren bundesrechtlich geregelt ist, findet nur ein Planfeststellungsverfahren unter einheitlicher Zuständigkeit einer Behörde statt. 122

1. Anwendungsbereich

Die Vorschrift des § 78 VwVfG ist gegenüber spezielleren Regelungen des Fachplanungsrechts – beispielsweise § 12a Abs. 4 FStrG – subsidiär. 123

Weiterhin ist der Anwendungsbereich von § 75 VwVfG abzugrenzen, der die Behörde ermächtigt, **Folgemaßnahmen an anderen Anlagen** planfestzustellen. Wenn in diesen Fällen Genehmigungen durch andere Behörden nach nicht konzentrierten Genehmigungstatbeständen mitentschieden werden, stellt es einen **gesetzlich angeordneten Zuständigkeitswechsel** dar.[100] Dies darf insoweit erfolgen, wie es sich um eine notwendige Folge handelt, um die **Funktionsfähigkeit des planfestzustellenden Vorhabens** zu gewährleisten (typischerweise Anpassungsmaßnahmen, Zuwegungsfragen).[101] Die **Veranlassung** liegt dabei immer in dem planfestzustellenden Vorhaben. § 78 VwVfG regelt den Fall, dass zwei selbstständige Verfahren nur in einer einheitlichen Abwägungsentscheidung zu bewältigen sind, wohingegen § 75 VwVfG nur von einem Vorhaben ausgeht, welches Änderungen an einer bestehenden anderen Anlage erfordert.[102] 124

Der Anwendungsbereich des § 78 beschränkt sich daher auf die gleichzeitige oder zumindest teilweise zeitlich überlagernde Planung mehrerer, jeweils selbstständiger Vorhaben. Sie müssen dabei in der Weise zusammentreffen, dass nur eine **einheitliche Planung** möglich ist.[103] Eine **notwendige einheitliche Entscheidung** ist geboten, wenn jeder der Vorhabensträger zur sachgerechten Verwirklichung seines Planungskonzepts darauf angewiesen ist, dass über die Zulassung nur in einem Verfahren entschieden werden kann.[104] Hiervon kann ausgegangen werden, wenn der **Koordinationsbedarf** so groß ist, dass er durch bloße Rücksichtnahme und Abstimmung in getrennten Verfahren nicht mehr bewältigt werden kann.[105] Üblicherweise wird es sich hierbei um parallel geführte Infrastruktur, räumliche Engpässe und Kreuzungsverhältnisse handeln. Eine schlichte Verflechtung materieller Interessen löst noch nicht den geforderten zwingenden Koordinationsbedarf aus.[106] 125

Weil § 78 VwVfG als **Ausdruck des planerischen Gebots der Konfliktbewältigung** verstanden wird, kann die Vorschrift als **Auffangtatbestand** herangezogen werden.[107] Insbesondere die Zuständigkeits- und Verfahrensregeln des § 78 Abs. 2 VwVfG kommen dabei als Konfliktlösungsvorschriften in Betracht. Dies soll beispielsweise der Fall sein, wenn zwei Verfahren nach einheitlichen Rechtsvorschriften aber mit unterschiedlichen Behördenzuständigkeiten abgewickelt werden sollen.[108] 126

---

100 BVerwG, Urt. v. 1.7.1999 – 4 A 27/98 – NVwZ 2000, 316, 318.
101 BVerwG, Urt. v. 1.7.1999 – 4 A 27/98 – NVwZ 2000, 316, 318; Urt. v. 27.10.1999 – 11 A 31/98 – NVwZ 2000, 435.
102 *Gaentzsch*, DVBl. 2012, 129, 130.
103 BVerwG, Beschl. v. 28.11.1995 – 11 VR 38/95 – NVwZ 1996, 389, 390.
104 BVerwG, Beschl. v. 4.8.2004 – 9 VR 13/04 – NVwZ 2004, 1500, 1501.
105 BVerwG, Urt. v. 18.4.1996 – 11 A 86/95 – NVwZ 1996, 901, 903.
106 BVerwG, Beschl. v. 4.8.2004 – 9 VR 13/04 – NVwZ 2004, 1500, 1501.
107 Knack/Henneke/*Dürr*, § 78 Rn 13.
108 *Wegener*, DÖV 1996, 305, 312.

127 Als Gebot der **Konfliktbewältigung** könnte § 78 VwVfG auch zur Anwendung kommen, wenn – wie in der Praxis oftmals bei Linienbauwerken anzutreffen – ein **Planfeststellungsverfahren in mehrere Abschnitte unterteilt** werden soll, nur um unterschiedlichen **Behördenzuständigkeiten** Rechnung zu tragen. Originär müsste diese Problematik bereits auf der Zulässigkeitsebene der Abschnittsbildung bewältigt werden, was regelmäßig aber insofern Probleme schafft, als die Thematik im Rahmen der Antragsüberprüfung (der Vorhabensträger müsste den Antrag auf Einleitung des Planfeststellungsverfahrens bei einer Behörde stellen, die seiner Meinung nach umfassend zuständig ist) behandelt wird. Streitigkeiten hierüber würden die Durchführung des Verfahrens verzögern. Problematisch ist jedoch, ob es sich bei diesen Anwendungsfällen um das Zusammentreffen mehrerer selbstständiger Vorhaben handelt. Dieses wird man im Sinne der Rechtsprechung zur Abschnittsbildung (Gesamtplanung) betrachten müssen. Letztlich ist es dann sachgerecht, i.S.d. § 78 VwVfG ein einziges Planfeststellungsverfahren auch bei unterschiedlichen Behördenzuständigkeiten durchzuführen und dies nicht durch eine in der Sache nicht erforderliche Abschnittsbildung zu unterlaufen.

2. Zuständigkeit und Verfahren

128 Die Zuständigkeit und das Verfahren richten sich nach den Vorschriften über das (dann einzig durchzuführende) Planfeststellungsverfahren, das für diejenige Anlage vorgesehen ist, die einen größeren Teil öffentlich-rechtlicher Beziehungen berührt.[109]

129 Im Zweifelsfall regeln die **Kollisionsnormen** des § 78 Abs. 2 S. 2 VwVfG das Verfahren, welche nur zur Anwendung kommen, wenn sich die in Betracht kommenden Planfeststellungsbehörden (nicht Anhörungsbehörden[110]) nicht einigen können.[111]

130 Wenn für das Verfahren ausschließlich **Bundesbehörden** zuständig sind, so entscheidet im Zweifel die oberste Bundesbehörde oder im Falle der Beteiligung mehrerer oberster Bundesbehörden die Bundesregierung; sind **Bundes- und Landesbehörden** beteiligt, sind die obersten Bundes- und Landesbehörden gehalten, ein Einvernehmen herbeizuführen. Gerichtlich können Streitigkeiten hierüber nach § 50 Abs. 1 Nr. 1 VwGO vor dem BVerwG im ersten und letzten Rechtszuge ausgetragen werden. Liegen die Voraussetzungen des § 78 VwVfG vor und wird im Falle fehlenden Einvernehmens keine Klage erhoben, kann die Durchführung mehrerer Verfahren verfahrensfehlerhaft sein. Es droht das **Risiko der formellen** (unzuständigen Behörde) **Rechtswidrigkeit** und der Anfechtbarkeit aufgrund fehlerhafter Problembewältigung einer zwingend einheitlichen Abwägungsentscheidung.[112]

131 Der Vorhabensträger kann die **Verweisung** seines Antrags auf Einleitung des Planfeststellungsverfahrens an eine andere Behörde mit der Verpflichtungsklage angreifen, da in der Verweisung des Antrags konkludent die Ablehnung des gestellten Antrags verbunden ist.[113]

C. Anhörungsverfahren: Öffentlichkeitsbeteiligung/Erörterungstermin

132 Mit Einleitung des Anhörungsverfahrens wird das bis dato geplante Vorhaben erstmals (zu vorbereitenden Verfahren s.u.) einer breiten Öffentlichkeit zugänglich, insbesondere wenn der **Plan öffentlich ausgelegt** wird.

---

109 VGH Mannheim, Beschl. v. 14.2.2000 – 8 S 2852/99 – NVwZ 2000, 1188; *Haselhoff*, DVBl. 1989, 595, 596.
110 Stelkens/Bonk/Sachs/*Bonk*/*Neumann*, § 78 Rn 20.
111 Knack/Henneke/*Dürr*, § 78 Rn 22.
112 VG Regensburg, Urt. v. 7.2.1983 – 5 K 80 A. 1562 – BayVBl. 1983, 442, 443; Knack/Henneke/*Dürr*, § 78 Rn 27.
113 Knack/Henneke/*Dürr*, § 78 Rn 29.

Das Anhörungsverfahren dient zunächst dem **öffentlichen Interesse**, möglichst umfassend über alle Auswirkungen des geplanten Vorhabens aus unterschiedlichen Blickwinkeln informiert zu werden; hierdurch kann die Planung optimiert werden und zugleich eine **Befriedung divergierender Interessen** bewirkt werden.[114] 133

Die Planfeststellungsbehörde benötigt ein möglichst **vollständiges Material**, um eine sachgerechte und rechtlich haltbare Entscheidung treffen zu können. Neben den schriftlich erhobenen Einwendungen erlangt die Anhörungsbehörde tieferen Einblick in die **Interessen und Belange** der Betroffenen. Durch gezieltes Erörtern kann sie sich den erforderlichen Informationsstand beschaffen, ggf. kann sie weitere Ermittlungen fordern. 134

Letztlich folgt aus dem planfeststellungsrechtlichen Abwägungsgebot der Auftrag, **widerstreitende Interessen** zu einem **sachgerechten Ausgleich** zu bringen. Auch hierzu dient das Anhörungsverfahren, wenn Behörde, Vorhabensträger und Betroffene in den direkten Dialog treten können. 135

Daneben wird durch das Anhörungsverfahren auch **verfassungsrechtlichen Grundsätzen** Rechnung getragen, wonach Grundrechtsschutz weitgehend auch durch die Gestaltung von Verfahren zu bewirken ist und dass die Grundrechte demgemäß nicht nur das gesamte materielle Recht, sondern auch das Verfahrensrecht beeinflussen, sofern dieses für einen effektiven Grundrechtsschutz von Bedeutung ist.[115] 136

Für die Betroffenen ist das **Anhörungsverfahren mehr als die obligatorische Anhörung Beteiligter bei Erlass eines belastenden Verwaltungsakts.** Durch die Ausweitung auf die Belange der Betroffenen ist der Erörterungsrahmen weiter gesteckt, als bei der auf subjektiv-öffentliche Rechte zugeschnittenen Verfahren nach § 28 VwVfG. Auch erfahren die Betroffenen im Erörterungstermin von den Stellungnahmen der Träger öffentlicher Belange und erhalten so ein umfassendes Bild von dem geplanten Vorhaben. 137

I. Planungsvorbereitende Verfahren

Bereits vor Einleitung des Planfeststellungsverfahrens oder aber zeitgleich zum Planfeststellungsverfahren sind **weitere Verfahrensschritte** zu absolvieren. In der Regel fließen die Ergebnisse **vorgelagerter oder vorbereitender Planungen** in den Antrag auf Einleitung des Planfeststellungsverfahrens ein. Jedenfalls müssen die erforderlichen Erkenntnisse der Planfeststellungsbehörde zur Abwägungsentscheidung vorliegen. 138

1. Gesamtplanung, Umweltverträglichkeitsprüfung

Hier ist insbesondere die **überörtliche Gesamtplanung** zu nennen. Das Raumordnungsverfahren stellt dabei den Einstieg in die **Realisierung raumbedeutsamer aber auch öffentlichkeitsrelevanter Vorhaben** dar.[116] Bereits im Raumordnungsverfahren kann der Vorhabensträger Erkenntnisse über Widerstände erhalten, die ihn zu einer optimierten Antragsunterlage im Genehmigungsverfahren verhelfen.[117] 139

Das Raumordnungsverfahren eignet sich auch, eine integrierte – einfache oder qualifizierte – Umweltverträglichkeitsprüfung durchzuführen. 140

114 Stelkens/Bonk/Sachs/*Bonk*/*Neumann*, § 73 Rn 11.
115 BVerfG, Beschl. v. 20.12.1979 – 1 BvR 385/77 – NJW 1980, 759, 763.
116 Zum Verhältnis Planfeststellung – Raumordnung vgl. *Schink*, DÖV 2011, 905.
117 Siehe hierzu oben Kap. 5.

141 Im Übrigen ist jedenfalls nach § 3a UVPG die Feststellung zu treffen, ob für das beantragte Vorhaben die **Durchführung einer Umweltverträglichkeitsprüfung** erforderlich ist. Das Feststellungsverfahren bzw. das folgende **Scoping-Verfahren** nach § 5 UVPG dient dazu, dem Vorhabensträger diejenigen **ökologischen Informationen** zu beschaffen, die für eine sachgerechte Abwägungsentscheidung berücksichtigt werden müssen. Die Umweltverträglichkeitsprüfung ist dabei kein selbstständiges Verwaltungsverfahren, sondern innerhalb der Planfeststellung zu berücksichtigen, § 2 Abs. 1 S. 1 UVPG.

142 Keine vorgelagerte Planungsentscheidung ist das **Linienbestimmungsverfahren** bei bundesfernstraßenrechtlichen Planungen. Nach § 16 FStrG wird die Linienbestimmung einer Bundesfernstraße durch das zuständige Bundesministerium bestimmt. Dabei handelt es sich um die Festlegung der ungefähren Trasse und Festlegung von Anfangs-, End- und wesentlichen Verlaufspunkten. Die konkrete Trasse wird erst in der Planfeststellung ermittelt. Da es sich bei der Linienbestimmung um eine verwaltungsinterne Anweisung handelt, ist sie nicht isoliert angreifbar und keine Rechtmäßigkeitsvoraussetzung der Planfeststellung.

2. Frühe Öffentlichkeitsbeteiligung

143 Aufgrund **des Gesetzes zur Verbesserung der Öffentlichkeitsbeteiligung und Vereinheitlichung von Planfeststellungsverfahren**[118] wurde in § 25 Abs. 3 VwVfG eine *„frühe Öffentlichkeitsbeteiligung“* eingefügt. Danach soll der Vorhabensträger der Behörde bereits mit dem Antrag das Ergebnis der frühen Öffentlichkeitsbeteiligung mitteilen.

144 Die Durchführung einer frühen Öffentlichkeitsbeteiligung ist **subsidiär**, soweit nicht die betroffene Öffentlichkeit nach anderen Rechtsvorschriften vor der Antragstellung zu beteiligen ist.

145 Unklar ist, wie weit der Anwendungsbereich dieser **Subsidiaritätsklausel** zu ziehen ist. Es gibt bereits in Genehmigungsverfahren geregelte Beteiligungsformen, beispielsweise in § 18 ROG, die bei Großvorhaben die Regelungen über eine frühe Öffentlichkeitsbeteiligung aushebeln könnten.[119]

146 Umfasst sind nur solche Vorhaben, die nicht nur unwesentliche Auswirkungen auf die Belange einer größeren Zahl von Dritten haben können. Damit dürften weitestgehend die einer Planfeststellungspflicht unterfallenden Vorhaben angesprochen sein,[120] sofern sie sich nicht nur auf einen kleinen, abgrenzbaren Teil beziehen.

147 Obwohl der Gesetzgeber eine **umfassende Beteiligung der Bürger** an relevanten Genehmigungsverfahren im Blick hat, soll die frühe Öffentlichkeitsbeteiligung (nur) der betroffenen Öffentlichkeit Gelegenheit zur Äußerung und Erörterung geben. Damit deckt sich der Kreis der betroffenen Öffentlichkeit mit denen der einwendungsbefugten Betroffenen.

148 Problematisch ist, dass die frühe Öffentlichkeitsbeteiligung als weitgehend unverbindliche Regelung normiert ist. Dies ist vor allem dem Umstand geschuldet, dass es vor Antragstellung noch **kein Rechtsverhältnis zwischen der Planfeststellungsbehörde und dem Vorhabensträger** gibt. Der Behörde stehen daher mangels Adressaten keine Zwangsmittel zur Verfügung.

149 Ferner sind die **Pflichten und Anforderungen** weder für den Vorhabensträger noch für die Behörde klar geregelt. Dies könnte gerade die Behörde dazu animieren, den Vorhabensträger zu einer frühen Öffentlichkeitsbeteiligung zu drängen, um das vom Gesetz geforderte „Hinwirken“ auf eine frühe Öffentlichkeitsbeteiligung regelmäßig zu erfüllen, auch wenn das Vorhaben vielleicht gar nicht dafür geeignet ist; da sie den Vorhabensträger aber auch nicht zur Durchführung

118 BT-Drucks. 17/9666; BR-Drucks. 171/12; BGBl. I 2013, Nr. 26.
119 *Hertel/Munding*, NJW 2012, 2622, 2633.
120 *Krappel/von Süßkind-Schwendi*, UPR 2012, 255, 256.

der frühen Öffentlichkeitsbeteiligung zwingen kann, wird sie sich später vielleicht dem Vorwurf aussetzen, eine solche nicht nachdrücklich genug gefordert zu haben.[121]

Auf der anderen Seite birgt die frühe Öffentlichkeitsbeteiligung für den Vorhabensträger 150
auch eine Chance. Sie gibt dem Vorhabensträger die Möglichkeit, im Rahmen einer **„gesetzlichen Obliegenheit"** mit einer noch nicht vollständigen Planung auf die betroffene Öffentlichkeit zuzugehen. Der Vorwurf der fehlenden Detaillierung kann in diesem Fall nicht gelten. Der Vorhabensträger hat insoweit die Möglichkeit, Bedenken und Einwendungen der Öffentlichkeit zu erhalten, ohne diese förmlich bearbeiten zu müssen. Dies kann seiner Planung durchaus zugutekommen.

Praxistipp
Eine sehr frühe Beteiligung der Öffentlichkeit, z.B. über Verbände oder Interessenvereinigungen oder im Vorfeld geplanter Wegerechtsbeschaffungsmaßnahmen, führt bei vielen Projekten zu einer erhöhten Akzeptanz, auch wenn sich der konkrete Nutzen für den einzelnen Betroffenen vielleicht nicht verwirklicht. Viele Anmerkungen von Betroffenen lassen sich durch kleinere Planergänzungen oftmals kostenneutral für den Vorhabensträger umsetzen. Es ist sinnvoll, dies bereits vor Antragstellung ermittelt zu haben.

Unklar bleibt, in welcher Form der Vorhabensträger die betroffene Öffentlichkeit unterrichten 151
soll. Da jedenfalls von *„Gelegenheit zur Äußerung und Erörterung"* gesprochen wird, reicht eine bloße Information nicht aus. Der Bürger erwartet bei einer Erörterung den **persönlichen Kontakt zum Vorhabensträger.** Dieser könnte vergleichbar einem Erörterungstermin[122] ablaufen, ohne jedoch die konkrete Abarbeitung von Einwendungen zum Gegenstand zu haben. Üblicherweise wird der Vorhabensträger sein Vorhaben vorstellen und dann in einen Dialog mit den Anwesenden treten. Hierüber wird ein Protokoll erstellt und dem Antrag auf Einleitung des Planfeststellungsverfahrens mit einer entsprechenden Kommentierung eventuell getroffener Maßnahmen beigefügt.

Die Ergebnisse der frühen Öffentlichkeitsbeteiligung haben **keinen Einfluss oder Bin-** 152
dungswirkung auf die weiteren Verfahrensschritte.

II. Einleitung des Anhörungsverfahrens

Nachdem der Träger des Vorhabens den Plan der Anhörungsbehörde zwecks Einleitung des 153
Planfeststellungsverfahrens zugeleitet und diese die Vollständigkeit der Unterlagen festgestellt hat, leitet die Anhörungsbehörde das Anhörungsverfahren ein. Das Anhörungsverfahren besteht aus der Einholung von **Behördenstellungnahmen**, der **öffentlichen Auslegung des Plans**, der Möglichkeit, **Einwendungen** zu erheben, der **Erörterung** der erhobenen Einwendungen und der **Weiterleitung des Ergebnisses an die Planfeststellungsbehörde**.

III. Beteiligungsverfahren

Das Beteiligungsverfahren differenziert zwischen den beteiligten Behörden und denjenigen, 154
deren Belange durch das Vorhaben berührt werden.

121 *Hertel/Munding*, NJW 2012, 2622, 2624.
122 *Kopp/Ramsauer*, § 25 Rn 38 halten die Durchführung eines Erörterungstermins für notwendig und sinnvoll, um einen wirklichen Partizipationseffekt und die Chance einer Akzeptanz zu erreichen.

1. Beteiligung der Behörden

155 Nach § 73 Abs. 2 VwVfG fordert die Anhörungsbehörde innerhalb eines Monats nach Zugang des vollständigen Plans die Behörden, deren Aufgabenbereich durch das Vorhaben berührt werden, auf, Stellung zu nehmen.

156 Hierfür wird den Behörden der Plan übersendet. Die Beteiligung der Behörden ist nicht von der Auslegung der Planunterlagen abhängig. Es ist ausreichend, wenn die **Behörden ihre Betroffenheit erkennen können** (vergleichbar mit der Anstoßfunktion der sonstigen Planbetroffenen). Der Plan braucht daher nur ausschnittsweise übermittelt zu werden, soweit der Funktionsbereich der Behörde tangiert ist. Die betroffenen Behörden können aber jederzeit Einsicht in die vollständigen Planunterlagen nehmen.[123]

157 Die **Stellungnahmemöglichkeit der Behörden** korreliert zunächst mit der formellen Konzentration sämtlicher Genehmigungsbefugnisse auf die Planfeststellungsbehörde. Die nicht mehr zuständigen Behörden können durch die Beteiligung ihre Einflussnahme geltend machen. Die Anhörungsbehörde erhält andererseits so von den fachlich spezialisierten Behörden die notwendigen Informationen.

158 Die Beteiligung der Behörden nach § 73 Abs. 2 VwVfG greift nur insoweit, wie der **eigene Zuständigkeitsbereich der Behörden tangiert** ist, sie also ohne Planfeststellungsverfahren zuständig gewesen wäre. Ferner sind die Behörden zu beteiligen, die nach materiellem Recht in die Entscheidung einzubeziehen wären.

159 **Gebietskörperschaften** können als Behörden am Verfahren beteiligt werden, soweit ihre Aufgaben der öffentlichen Verwaltung berührt sind, aber auch als Privatrechtssubjekte, wenn sie beispielsweise als Eigentümer fiskalischer Flächen betroffen sind. In letzterem Falle greifen die Anhörungsvorschriften nach § 73 Abs. 4 VwVfG.

160 **Privatrechtlich organisierte Unternehmen der Daseinsvorsorge** (DB, Energieversorger etc.) sind keine Behörden, da sie keine Aufgaben der öffentlichen Verwaltung wahrnehmen.

2. Beteiligung der Betroffenen

161 Innerhalb eines Monats nach Zugang des vollständigen Plans veranlasst die Anhörungsbehörde, dass der **Plan in den Gemeinden**, in denen sich das Vorhaben voraussichtlich auswirkt, **ausgelegt wird**, § 73 Abs. 2 VwVfG.

162 Durch ein Abstellen auf „voraussichtliche Auswirkungen" wird betont, dass die Anhörungsbehörde eine Prognoseentscheidung zu treffen hat.

163 Das Vorhaben wirkt sich zunächst überall dort aus, wo **faktisch Grundstücke für die Realisierung des Vorhabens in Anspruch genommen werden**. Es wirkt sich ferner auch da aus, wo **mittelbare Beeinträchtigungen** zu erwarten sind, beispielsweise durch Immissionen. Aus dem Kontext wird deutlich, dass potenziell Betroffene informiert werden sollen. Dabei geht es nicht nur um subjektiv öffentlich-rechtlich Betroffene, sondern um diejenigen, deren Belange berührt sind. Die Anhörungsbehörde wird daher den **Kreis der potenziell Betroffenen** grundsätzlich weit ziehen. Irrelevant ist, ob in einer Gemeinde nur einzelne Personen betroffen sind oder eine Vielzahl. Diesem Umstand kann durch individuelle Bekanntmachung entgegengetreten werden.[124]

---

123 BVerwG, Urt. v. 11.4.1995 – 4 B 81/95 – NVwZ-RR 1997, 212.
124 Knack/Henneke/*Dürr*, § 73 Rn 34.

a) Auslegung des Plans

Der Plan muss in den von der Anhörungsbehörde ermittelten Gemeinden ausgelegt werden. Die Gemeinden sind verpflichtet, die Auslegung innerhalb von drei Wochen (abweichend z.B. § 43a Nr. 1 EnWG, Zwei-Wochen-Frist) zu bewirken. 164

Durch die Auslegung wird einer breiten Öffentlichkeit **rechtliches Gehör** gewährt. Potenziell Betroffene werden über das geplante Vorhaben informiert. Die Auslegung erfüllt insoweit die Funktion, eine eventuelle Betroffenheit erkennen zu können (sog. Anstoßfunktion, s.o.). 165

Nach § 73 Abs. 3 S. 2 VwVfG kann auf eine **Auslegung verzichtet** werden, wenn der Kreis der Betroffenen und die Vereinigungen nach Abs. 4 S. 5 bekannt sind und ihnen innerhalb angemessener Frist Gelegenheit gegeben wird, den Plan einzusehen. 166

Dieser Fall wird regelmäßig bei kleineren, lokal begrenzten Vorhaben in Betracht kommen. Soweit aber eine Umweltverträglichkeitsprüfung durchgeführt wird, kann auf die Auslegung nicht verzichtet werden, da § 9 Abs. 1 S. 3 UVPG ausdrücklich das Beteiligungsverfahren nach § 73 Abs. 3 S. 1 VwVfG vorschreibt. 167

Bekannt sind der Behörde alle Betroffenen, die entweder namentlich bekannt oder aufgrund der Aktenlage objektiv ermittelbar sind, beispielsweise weil es bereits zu einer Korrespondenz gekommen ist oder Registerauszüge vorliegen.[125] 168

Da das Gesetz von einer **angemessenen Frist** spricht, ist jedenfalls eine kürzere Frist als bei der öffentlichen Auslegung möglich. Entscheidend ist, dass die **Funktion der Auslegung nicht unterlaufen** wird und den Betroffenen die Durchsetzung ihrer Rechte nicht erschwert wird; insoweit soll eine minimale Untergrenze von 14 Tagen anzusetzen sein.[126] Die Frist kann aber jedenfalls im Einzelfall divergieren. 169

Inhaltlich sind an die **Mitteilung bei Entfallen der Auslegung** dieselben Anforderungen zu stellen, wie bei der öffentlichen Auslegung. Der Entfall der Auslegung dient lediglich der Vereinfachung des Verfahrens und nicht vorrangig der Beschleunigung. 170

b) Bekanntmachung der Auslegung

Die Gemeinden, in denen der Plan auszulegen ist, haben die Auslegung vorher ortsüblich bekanntzumachen, § 73 Abs. 5 VwVfG. 171

aa) Ortsübliche Bekanntmachung

Was unter ortsüblicher Bekanntmachung zu verstehen ist, bemisst sich primär nach den einschlägigen **Vorschriften des jeweiligen Landes- oder Ortsrechts**.[127] Dies kann beispielsweise die Veröffentlichung in einem amtlichen Bekanntmachungsorgan oder in örtlichen Tageszeitungen sein. Nach § 27a VwVfG soll die Behörde auch eine Veröffentlichung im Internet vornehmen. 172

Nicht ortsansässige Betroffene, deren Person und Aufenthalt bekannt sind oder sich innerhalb angemessener Frist ermitteln lassen, sollen von der Anhörungsbehörde nach § 73 Abs. 5 S. 3 VwVfG individuell über die Auslegung informiert werden. Unterbleibt dies, tritt keine Präklusionswirkung ein. Die Ermittlung von Personen und Aufenthaltsorten ist dann in angemessener Zeit möglich, wenn sich dieses aus dem **Akteninhalt** objektiv ersehen lässt. Insbesondere die grundstücksbezogenen Informationen aus dem Grunderwerbsverzeichnis sind auszuwerten. Auch **subjektives Wissen** einzelner Sachbearbeiter in der Behörde ist zu verwenden.[128] 173

---

125 Kopp/Ramsauer, § 73 Rn 61a.
126 Knack/Henneke/*Dürr*, § 73 Rn 46 mit Hinweis auf Obermayer/*Allesch*/*Häußler*, § 73 Rn 87.
127 BVerwG, Urt. v. 23.4.1997 – 11 A 7/97 – NVwZ 1998, 847, 848.
128 So wohl auch: Stelkens/Bonk/Sachs/*Bonk*/*Neumann*, § 73 Rn 58.

174 Sofern einzelne Fachplanungsgesetze die Behörde von der Ermittlung derartiger Informationen entbunden und die individuelle Bekanntmachung auf solche Betroffene, deren Person und Aufenthalt bekannt sind, z.B. § 43a Nr. 4 EnWG a.F., § 18a Nr. 4 AEG a.F., beschränkt haben, wurde dies durch das PlVereinhG aufgehoben.

175 Unbekannte, nicht ortsansässige Betroffene hingegen, deren Aufenthalt sich nicht in angemessener Zeit ermitteln lässt, müssen demnach die ortsübliche Bekanntmachung gegen sich gelten lassen.

bb) Inhaltliche Anforderungen an die Bekanntmachung

176 Inhaltlich stellt § 73 Abs. 5 S. 2 VwVfG umfassende Regelungen zur Bekanntmachung der Auslegung des Plans auf. Da die Bekanntmachung der Anstoßfunktion gerecht werden muss, ist das **Vorhaben so zu beschreiben**, dass seine **Auswirkungen deutlich werden** und Betroffene ihre Betroffenheit erkennen können.[129] Analog zu den Ausführungen zum Umfang des Plans gilt auch hier zur **Erfüllung der „Anstoßfunktion“**, dass die Auswirkungen des Vorhabens und die Betroffenheit dem Grunde nach erkennbar sein müssen. So reicht es aus, einem Grundstückseigentümer die Information zu geben, dass sein Grundstück für das Vorhaben in Anspruch genommen werden soll. Eine vertiefte Beschreibung des Vorhabens ist zur Wahrung der Anstoßfunktion nicht erforderlich. Andererseits reicht eine **rein abstrakte Darstellung**, die den potenziell Betroffenen ihre eigene Betroffenheit nicht nahelegt, nicht aus.

177 In der Bekanntmachung ist darauf hinzuweisen, wo und in welchem Zeitraum der Plan zur Einsicht ausgelegt ist, § 73 Abs. 5 S. 2 Nr. 1 VwVfG.

178 Danach ist **der Ort der Auslegung exakt mit Adresse** zu bezeichnen. Mit Zeitraum ist die genaue Bezeichnung der **Auslegungsfrist** gemeint. Diese beträgt nach § 73 Abs. 3 S. 1 VwVfG einen Monat. Die Berechnung der Frist bemisst sich nach § 31 Abs. 1 VwVfG i.V.m. §§ 187 Abs. 2, 188 Abs. 2, Alt. 2. BGB, d.h., der erste Tag der Auslegung wird bei der Fristberechnung mitgezählt. Die vom BVerwG vertretene Auffassung, für die Fristberechnung sei § 187 Abs. 1 BGB einschlägig, dürfte durch den Beschluss des Gemeinsamen Senats der obersten Gerichtshöfe obsolet sein. Danach knüpft die Auslegung, anders als die Bekanntmachung, nicht an ein bestimmtes Ereignis oder in den Lauf eines Tages fallenden Zeitpunkt an. Der Begriff der „Auslegung“ beinhaltet danach zwei Komponenten: zum einen den körperlichen Vorgang des Auslegens als Verbringen des Plans an einen Ort sowie den Zeitraum des Verbleibens des Plans, das „Ausliegen“.[130]

Beispiel
Eine beispielsweise am 15.6. erfolgte Auslegung endet folglich am 14.7., worauf wegen der besonderen Folgen einer Fristversäumnis besonders zu achten ist.

---

179 Die genauen Zeiten der Auslegung (beispielsweise **Öffnungszeiten des Auslegungsorts**) sind anzugeben, auch wenn das Gesetz nur von der Angabe des Auslegungszeitraums spricht.

180 In der Bekanntmachung ist weiter darauf hinzuweisen, dass etwaige Einwendungen oder Stellungnahmen von Vereinigungen nach Abs. 4 S. 5 bei den in der Bekanntmachung zu bezeichnenden Stellen innerhalb der Einwendungsfrist vorzubringen sind, § 73 Abs. 5 Nr. 2 VwVfG.

181 Die Bekanntmachung muss auf die **Einwendungsfrist** des § 73 Abs. 4 S. 1 VwVfG hinweisen, wonach diese bis zwei Wochen nach Ablauf der Auslegungsfrist erhoben werden können.

---

129 BVerwG, Urt. v. 23.4.1997 – 11 A 7/97 – NVwZ 1998, 847, 848; VGH Kassel, Urt. v. 7.1.1986 – 2 UE 2855/84 – NVwZ 1986, 680, 681.
130 GmS-OGB, Beschl. v. 6.7.1972 – 2/71 – NJW 1972, 2035, 2036.

Da Einwendungen nach § 73 Abs. 4 VwVfG nur schriftlich oder zur Niederschrift erhoben werden können, ist hierauf ergänzend in der Bekanntmachung hinzuweisen. Selbiges gilt für die Präklusionswirkung, was § 73 Abs. 4 S. 3 VwVfG ausdrücklich erwähnt. Nur ein **ordnungsgemäßer Hinweis auf Form, Frist und Folgen der Fristüberschreitung** erfüllen die Voraussetzungen für den Eintritt der Präklusionswirkung nicht rechtzeitig vorgebrachter Einwendungen.[131]

Ferner ist in der Bekanntmachung nach § 73 Abs. 5 Nr. 3 VwVfG darauf hinzuweisen, dass 182
bei **Ausbleiben eines Beteiligten** im Erörterungstermin auch ohne ihn verhandelt werden kann.

Auch ist nach § 73 Abs. 5 Nr. 4 VwVfG in der Bekanntmachung auf die Möglichkeit hinzu- 183
weisen, **vereinfachte Benachrichtigungs- und Zustellungsformen** zu wählen. Danach können die Personen, die Einwendungen erhoben haben, durch öffentliche Bekanntmachung von dem Erörterungstermin unterrichtet werden. Da dieser Personenkreis bereits formgerecht seine Rechte gewahrt hat, ist die vereinfachte Bekanntmachung ausreichend, weil es diesen Betroffenen zumutbar ist, die öffentlichen Bekanntmachungsformen zu beobachten. Auch kann die Zustellung der Entscheidung über die Einwendungen durch öffentliche Bekanntmachung ersetzt werden, wenn mehr als 50 Benachrichtigungen oder Zustellungen zu bewirken sind, worauf in der Bekanntmachung ausdrücklich hinzuweisen ist.

Letztlich weist § 73 Abs. 7 VwVfG auf die Möglichkeit hin, bereits in der Bekanntmachung 184
zur Planauslegung den Erörterungstermin zu bestimmen.

c) Umfang der Auslegung

Ferner stellt sich die Frage, welchen Umfang der auszulegende Plan haben muss, da die **voll-** 185
ständigen Planungsunterlagen mit sämtlichen Begleitordnern regelmäßig einen immensen Umfang aufweisen.

Die Frage ist relevant, da der nicht vollständige Umfang des ausgelegten Plans häufig heran- 186
gezogen wird, um einen **Verfahrensfehler** zu begründen. Dabei wird auf eine möglichst detaillierte, weitreichende und umfassende Auslegung sämtlicher Unterlagen hingewiesen. Das Gesetz hingegen stellt an die Auslegung keine höheren Anforderungen als an die Einreichung des Plans, d.h., eine **zeichnerische Darstellung nebst Erläuterungsbericht**, die das Vorhaben, seinen Anlass und die von dem Vorhaben betroffenen Grundstücke erkennen lassen, ist erforderlich.

Es ist also nicht erforderlich, bereits mit der Auslegung sämtliche Unterlagen bekanntzuma- 187
chen, die für die Planung oder den Vollzug der Planungen erforderlich sein können.[132] Vielmehr müssen sich die **abwägungsrelevanten Belange** so deutlich ergeben, dass Dritte ihre Betroffenheit von der Planung erkennen können.[133]

Unter diesen Maßstäben ist auch der häufig anzutreffende Streitpunkt über die Auslegung 188
der vom Vorhabensträger oder von der Anhörungsbehörde eingeholten **Gutachten** zu sehen. Dabei ist ausschließlich auf den Zweck der Auslegung abzustellen. Wenn potenziell betroffene Einwender erst durch die Kenntnis der Gutachten in die Lage versetzt werden, ihre Betroffenheit zu erkennen, sind diese zwingend auszulegen. Anderenfalls wäre der Anstoßfunktion nicht genüge getan. Entscheidend ist also, ob die Kenntnis der Gutachten erforderlich ist, um die Betroffenheit erkennen zu können. Das BVerwG vertritt daher regelmäßig die Auffassung, dass nicht alle Unterlagen, die möglicherweise zur umfassenden Beurteilung der Rechtmäßigkeit der Planung erforderlich sind, den potenziell Betroffenen bereits im Stadium der Anhörung durch Aus-

131 Stelkens/Bonk/Sachs/*Bonk/Neumann*, § 73 Rn 54.
132 BVerwG, Urt. v. 5.12.1986 – 4 C 13/85 – NVwZ 1987, 578, 580.
133 BVerwG, Urt. v. 25.3.1988 – 4 C 1/85 – NVwZ 1989, 252.

legung bekanntgemacht werden müssen und die Auslegung sich vielmehr auf die Unterlagen beschränken könne, deren der Einzelne bedarf, um den Grad seiner Betroffenheit abschätzen und sich das Interesse, Einwendungen zu erheben, bewusst machen zu können; ob vom Vorhabensträger eingeholte Gutachten zu diesem **unverzichtbaren Informationsmaterial** gehören, hänge davon ab, ob die mit der Auslegung bezweckte Anstoßwirkung ohne sie in einem wesentlichen Punkt verfehlt wäre.[134]

189 Dies ist beispielsweise anzunehmen, wenn Immissionsgutachten über die Belastung der Nachbarschaft Auskunft geben oder wenn nur durch ein Gutachten geklärt werden kann, ob die Inanspruchnahme eines Grundstücks zum Wohle der Allgemeinheit geboten ist.[135]

190 Auch die **technische Ausführungsplanung** braucht nicht ausgelegt zu werden, weil der Vorhabensträger nicht verpflichtet ist, bereits eine Detailplanung ausgearbeitet zu haben.[136]

Praxistipp
Eine eventuelle Unsicherheit über den Umfang der Unterlagen versuchen Vorhabensträger und Behörden dadurch zu umgehen, dass viele Unterlagen mit dem Hinweis „nur zur Information“ ausgelegt werden. Soweit diese Unterlagen zur Wahrung der Anstoßfunktion erforderlich sind, müssen sie ausgelegt werden. Andererseits gehören alle eingebrachten Unterlagen letztlich zur Planungsentscheidung, sodass eine Differenzierung keinen Sinn macht.

---

191 Mangels einer spezialgesetzlichen Ermächtigungsgrundlage (eine Ausnahme findet sich in § 73 Abs. 1 S. 2 VwVfG BW) ist die **öffentliche Auslegung von personenbezogenen Daten aus Gründen des Datenschutzes unzulässig**. Dies ist insbesondere für betroffene Grundstückseigentümer relevant, die folglich zu **anonymisieren** sind. Praktisch erfolgt dies regelmäßig durch eine Zuweisung von **Schlüsselnummern**.

192 Keinen Verstoß gegen Grundsätze des Datenschutzes oder der informellen Selbstbestimmung stellt hingegen die Ermittlung personenbezogener Daten aus **öffentlichen Registern** dar, da der Vorhabensträger das hierfür erforderliche berechtigte Interesse (z.B. § 12 GBO) nachweisen kann. Dies gilt auch für die Übermittlung personenbezogener Daten der Anhörungsbehörde an den Vorhabensträger, da dieses durch die Vorschriften zum Erörterungstermin umfasst ist.

193 Im Falle der abschnittsweisen Planfeststellung stellt sich die Frage, inwieweit die **Planungsunterlagen der angrenzenden Abschnitte mit ausgelegt werden müssen**. Dies wird insoweit bejaht, als durch die Abschnittsbildung Zwangspunkte für die Folgeabschnitte gesetzt werden.[137] Die Problematik stellt sich genau genommen nicht in der Frage des Umfangs der Auslegung, sondern bei der Feststellung, ob eine Abschnittsbildung rechtlich zulässig ist. Das setzt voraus, dass eine **planerische Gesamtabwägung und Problembewältigung** möglich bleibt und die Planung dem Einwand standhält, eine andere Planungsvariante wäre in Bezug auf die Gesamtplanung vorzugswürdig gewesen.[138] Ist das nicht möglich, kann die Planfeststellung nicht zulässigerweise in Abschnitten realisiert werden.

d) Organisatorische Anforderungen

194 Der **Auslegungsort** muss geeignet sein, um den prognostizierten Kreis der Betroffenen eine angemessene Einsichtnahme zu ermöglichen. Bei einem größeren Kreis sind mehrere Exemplare des Plans vorzuhalten.

---

134 BVerwG, Urt. v. 27.10.2000 – 4 A 18/99 – NVwZ 2001, 673, 674 m.w.N.
135 Knack/Henneke/*Dürr*, § 73 Rn 48.
136 *Storost*, DVBl. 2012, 457.
137 *Kühling/Herrmann*, S. 99.
138 BVerwG, Beschl. v. 21.12.1995 – 11 VR 6/95 – NVwZ 1996, 896, 897.

Die Einsichtnahme der Betroffenen in die ausgelegten Pläne entspricht dem Akteneinsichtsrecht nach § 29 VwVfG. Es besteht kein Anspruch auf Überlassung des Plans an einen Rechtsanwalt in dessen Kanzleiräumlichkeiten.[139] Es ist zulässig, Kopien von den Planunterlagen anzufertigen. 195

Weiterhin ist es ausreichend, wenn die Einsichtnahme während der **Öffnungszeiten für den Publikumsverkehr** erfolgen kann.[140] 196

3. Beteiligung der anerkannten Naturschutzvereine

Die ausdrückliche Beteiligung anerkannter Naturschutzverbände in Planfeststellungsverfahren war im VwVfG nicht vorgesehen, da diese weder dem Behördenbegriff unterfallen, noch ihre Belange berührt werden.[141] Durch das PlVereinhG werden den anerkannten Vereinigungen Stellungnahmerechte eingeräumt, § 74 Abs. 4 S. 3 VwVfG. 197

Eine bis dato normierte explizite **Beteiligung anerkannter Naturschutzvereinigungen in einigen Fachplanungen** (so waren beispielsweise nach § 43a Nr. 2 EnWG oder § 18a Nr. 2 AEG die vom Bund oder Land anerkannten Naturschutzvereinigungen sowie sonstige Vereinigungen, soweit diese sich für den Umweltschutz einsetzen und nach in anderen gesetzlichen Vorschriften zur Einlegung von Rechtsbehelfen in Umweltangelegenheiten vorgesehenen Verfahren anerkannt sind, von der Auslegung des Plans zu benachrichtigen und ihnen Gelegenheit zur Stellungnahme zu geben) ist folglich aufgehoben worden. 198

Die vorgesehenen **Beteiligungen des Fachplanungsrechts** ergänzen die Beteiligungsrechte nach § 63 BNatSchG. Anerkannte Naturschutzvereine müssen nach ihrem Satzungszweck im Schwerpunkt die Ziele des Naturschutzes und der Landschaftspflege fördern. 199

Auch **andere Vereinigungen** sind beteiligungsberechtigt, soweit sie nach § 3 UmwRG anerkannt sind. Sonstige Vereinigungen – insbesondere Bürgerinitiativen – genießen nicht die besonderen Beteiligungsrechte. Ihre Beteiligung richtet sich ausschließlich nach der allgemeinen Vorschrift des § 73 Abs. 4 VwVfG. 200

IV. Stellungnahmen der Behörden

Die Behörden, deren Aufgabenbereich durch das Vorhaben berührt wird, haben nach Aufforderung durch die Anhörungsbehörde die Gelegenheit, Stellung zu nehmen. Diese **Behördenanhörung** ist Teil des Anhörungsverfahrens, läuft jedoch **getrennt von dem Anhörungsverfahren** der sonstigen Betroffenen ab. 201

1. Umfang

Die betroffenen Behörden nehmen zunächst zu den Sachverhalten Stellung, die ihrem originären Aufgabenbereich unterfallen, und prüfen die einschlägige Rechtslage. **Die Behörden nehmen die Funktion ein, die sie formell aufgrund der Konzentrationswirkung an die Planfeststellungsbehörde verloren haben.** Die Planfeststellungsbehörde ist Herrin des Planfeststellungsverfahrens, verfügt aber in der Regel nicht über die ausgewiesene Sachkompetenz in allen vorhabensrelevanten Gebieten. Die Prüfung kommt daher der Planfeststellungsbehörde zugute, die auf eine umfassende fachliche Stellungnahme der Behörden zur Stoffsammlung und 202

139 VGH München, Beschl. v. 21.10.1985 – 8 AE 85 A 2795 – NuR 1987, 270.
140 BVerwG, Urt. v. 13.9.1985 – 4 C 64/80 – NVwZ 1986, 740.
141 *Kopp/Ramsauer*, § 73 Rn 36.

späteren Abwägungsentscheidung angewiesen ist. Die Behörden haben die Gelegenheit, ihre originär betroffenen Aufgabenbereiche darzustellen und somit ihre Beteiligungsrechte zu wahren und den **Zuständigkeitsverlust in der Sache auszugleichen**. Da die Behörden in der Regel keine eigene Klagebefugnis besitzen, kommt diesem Aspekt im Rahmen der Behördenanhörung ein besonderes Gewicht zu.

203 Die Behörden sind im Anhörungsverfahren **nicht Sachwalter allgemeiner öffentlicher Interessen**. Dies gilt insbesondere auch für Gemeinden, die ihr Recht auf kommunale Selbstverwaltung gem. Art. 28 Abs. 2 GG einbringen können, nicht jedoch die allgemeinen Interessen ihrer Bürger. Das schließt nicht aus, dass die Behörden Hinweise und Anregungen ins Verfahren einbringen, welchen Belangen weiter nachgegangen werden sollte.[142] Die verfahrensführende Behörde wird derartige Anregungen in der Regel aufnehmen und verfolgen. Im Sinne einer **umfassenden Konfliktbewältigung** kann das im Einzelfall auch sinnvoll sein. Dies ist jedoch nicht der hauptsächliche Zweck der Behördenanhörung. Systematisch zeigt sich, dass die Behörden beteiligt werden sollen, weil ihr Aufgabenbereich berührt wird. Die Stellungnahmen der Behörden sollten sich daher auf die Prüfung der einschlägigen Vorschriften und Sachverhalte ihres Kompetenzbereichs beschränken. Anderenfalls kommt das Behördenanhörungsverfahren in die Gefahr, auszuufern und die Vorteile des konzentrierten Planfeststellungsverfahrens zu unterlaufen.

204 Der Umfang der Stellungnahme ist nicht näher konkretisiert. Die Behörden sollten ihre **Stellungnahme** aber **substanziiert formulieren**, sodass erkennbar wird, auf welche Belange sie sich beziehen und welche materiellen Rechtsvorschriften berücksichtigt worden sind.[143] Auch wenn die Behörden im Eigeninteresse regelmäßig umfassend Stellung beziehen, sind sie dazu grundsätzlich nicht verpflichtet. Etwas anderes könnte lediglich aus gesetzlichen Bindungen abgeleitet werden, die sich aus der Übertragung der Wahrnehmungspflicht für bestimmte öffentliche Belange ergeben.[144] Eine rechtliche Verpflichtung zur Stellungnahme lässt sich auch nicht aus § 73 Abs. 3a S. 1 VwVfG ableiten,[145] da sich der Regelungsgehalt dieser Vorschrift ausschließlich auf die Frist zur Stellungnahme bezieht.

205 Den behördlichen Stellungnahmen kommt inhaltlich **grundsätzlich keine bindende Wirkung** zu. Die Stellungnahmen gehen in die gesamtplanerische Beurteilung und Abwägung ein. Die **Planfeststellungsbehörde kann sich über die Beurteilungen und Empfehlungen der Behörden hinwegsetzen** oder weitere Recherchen anstellen. Soweit die Behörden auf zwingendes, einer Abwägungsentscheidung nicht zugängliches materielles Recht hinweisen, hat die Planfeststellungsbehörde dieses zu beachten.

206 Die **Stellungnahmen der Behörden müssen nicht in die Offenlage einbezogen werden**. Gleichwohl steht es der Anhörungsbehörde frei, bereits vorliegende Stellungnahmen bekanntzugeben, was anderenfalls im Erörterungstermin zu erfolgen hat. Soweit die Stellungnahmen der Fachbehörden geeignet sind, die Entscheidung maßgeblich zu beeinflussen, kann ein Anspruch auf Einsicht gegeben sein.[146]

2. Frist

207 Die Behörden, deren Aufgabenbereich berührt ist, haben ihre Stellungnahme nach § 73 Abs. 3a S. 1 VwVfG innerhalb einer von der Anhörungsbehörde zu setzenden Frist abzugeben, die drei Monate nicht überschreiten darf.

---

142 Stelkens/Bonk/Sachs/*Bonk*/*Neumann*, § 73 Rn 37.
143 Stelkens/Bonk/Sachs/*Bonk*/*Neumann*, § 73 Rn 37.
144 Fehling/Kastner/*Wickel*, § 73 Rn 34.
145 So aber Obermeyer/*Allesch*/*Häußler*, § 73 Rn 36.
146 EuGH, Urt. v. 17.6.1998 – C 321/96 – EuZW 1998, 470, 471.

Die Vorschrift dient der **stringenten Durchführung des Verfahrens** und soll die beteiligten Behörden anhalten, ihre Stellungnahme zeitgerecht abzuliefern. Der Gesetzgeber hat eine maximale Frist von drei Monaten als ausreichend angesehen, um eine angemessene Stellungnahme auch in umfassenden Planfeststellungsverfahren abzugeben. Ob eine **Verlängerung der Frist** über die Maximalfrist von drei Monaten hinaus möglich ist, wird kontrovers diskutiert. Dabei wird die teilweise praktische Unmöglichkeit einer Stellungnahme innerhalb dieser Frist bei hochkomplexen Genehmigungsvorhaben – beispielsweise Neubau eines Großflughafens, kerntechnische Anlagen u.ä. – argumentativ für eine Verlängerung in besonderen Fällen angeführt.[147] Dagegen spricht der Wortlaut der Vorschrift, der keine Verlängerungsoption vorsieht. 208

In der Praxis bedarf es eigentlich keiner Verlängerungsmöglichkeit der grundsätzlich **ausreichend dimensionierten Stellungnahmefrist** der Behörden. Soweit es sich um komplexe Genehmigungsverfahren handelt, kann im Einzelfall die Bearbeitung an zeitlich machbare Grenzen stoßen. Da die Behörden aber nur auf ihren Aufgabenbereich bezogene – partielle – Stellungnahmen abgeben, erscheint dies durchaus im Rahmen der Fristen möglich zu sein. Entscheidend ist aber, dass der Gesetzgeber mittlerweile die Rechtsfolge der **Behördenpräklusion** weitgehend abgeschafft hat. Da die Anhörungsbehörde ferner bei komplexen Genehmigungsverfahren selber einen längeren Zeitraum zur Vorbereitung der Erörterung benötigt, ist die Drei-Monats-Frist hierdurch bereits faktisch verlängert. Einer ausdrücklichen **Verlängerung der Stellungnahmefrist** bedarf es daher nicht. Der Gesetzgeber hat durch die „weiche" Präklusion hinreichend zum Ausdruck gebracht, dass der **eigentliche Fristablauf erst im Erlass des Beschlusses** zu sehen ist. 209

Es steht im **Ermessen der Anhörungsbehörde, welche Frist sie als angemessen erachtet**. Überdies sind Überschreitungen der Frist zunächst folgenlos. Dies gilt grundsätzlich für die meisten Fristen im Planfeststellungsverfahren, die regelmäßig als **bloße Ordnungsvorschriften** formuliert sind und folglich bei Missachtung keine Verfahrensverstöße begründen. Der Vorhabensträger kann dem allenfalls mit Dienstaufsichtsbeschwerden und ggf. einem schwer bezifferbaren Schadensersatzanspruch nach § 839 BGB begegnen.[148] 210

In der Praxis wird der Vorhabensträger oftmals damit konfrontiert, dass sein Zeitplan für die Durchführung des Planfeststellungsverfahrens dadurch aus den Fugen gerät, weil die Anhörungs- oder Planfeststellungsbehörde nicht bereit ist, klare Fristen zu bestimmen oder weil insbesondere bei den Auslegungs- und Beteiligungsfristen **Rücksicht auf Ferien und Feiertage** genommen wird. Derartige Einschränkungen lassen sich den Verfahrensgesetzen nicht entnehmen. Schulferien, als häufigstes Beispiel, sind kein Hinderungsgrund für eine Auslegung oder Beteiligung. 211

Da den Vorhabensträgern keine zwingenden Instrumentarien zur Verfügung stehen, um die stringente Ausnutzung von Fristen zu wahren, kann allenfalls politischer Druck für den Fall aufgebaut werden, dass das Vorhaben eine positive Resonanz in der Gesellschaft hat. 212

3. Behördenpräklusion

Nach Ablauf der Frist eingehende Stellungnahmen der Behörden, deren Aufgabenbereich berührt ist, werden nach § 73 Abs. 3a S. 2 VwVfG dennoch berücksichtigt, wenn die vorgebrachten Belange der Planfeststellungsbehörde bereits bekannt sind oder hätten ihr bekannt sein müssen oder für die Rechtmäßigkeit der Entscheidung von Bedeutung sind. Im Übrigen können sie berücksichtigt werden. 213

---

147 Knack/Henneke/*Dürr*, § 73 Rn 28.

148 *Schneller*, DVBl. 2007, 533: *„Um zumindest die appellative Wirkung von Behördenfristen zu gewährleisten, sollten behördliche Fristversäumnisse im Genehmigungsverfahren systematisch erfasst und – z.B. im Rahmen eines publicityträchtigen Rankings der Bundesländer – bekannt gemacht werden"*.

214 Die Vorschrift knüpft an die von der Anhörungsbehörde gesetzte Frist zur Stellungnahme an.

215 Ob verspätete, also nach Fristablauf eingehende Stellungnahmen, die nicht nach § 73 Abs. 3a S. 2 Hs. 1 VwVfG beachtlich sind, präkludiert sind, steht im Ermessen der Behörde, § 73 Abs. 3a S. 2 Hs. 2 VwVfG. Dieses Ermessen wurde mit dem PlVereinhG eingefügt und beseitigt die bis dato normierte „echte" Behördenpräklusion. Diese war in der Vergangenheit im Hinblick auf die Gesetzmäßigkeit der Verwaltung gem. Art. 20 Abs. 3 GG verfassungsrechtlich bedenklich, da die Präklusionswirkung auf dem Grundsatz der Verwirkung eigener Rechte beruht, über die der Betroffene frei verfügen kann. Dies traf aber nicht auf die Verwaltung zu, soweit sie öffentliche Belange wahrnahm.[149] Da aber durch die Öffnungsklausel alle Stellungnahmen, die für die Rechtmäßigkeit der Entscheidung von Bedeutung sind, nicht der Präklusion unterfielen, durfte es keinen verfassungsrechtlich bedenklichen Anwendungsfall der Behördenpräklusion gegeben haben. Vordergründig sollte das verfahrensverzögernde Verhalten der beteiligten Behörden durch eine scheinbar zwingende Präklusion sanktioniert werden, tatsächlich ging die Sanktionierung praktisch aber ins Leere.

V. Einwendungen der Betroffenen

216 Nach § 73 Abs. 4 S. 1 VwVfG kann jeder, dessen Belange durch das Vorhaben berührt werden, Einwendungen gegen den Plan erheben. Ferner können Vereinigungen, die aufgrund einer Anerkennung nach anderen Rechtsvorschriften befugt sind, Rechtsbehelfe nach der VwGO gegen die Entscheidung nach § 74 VwVfG einzulegen, Stellungnahmen abgeben, § 73 Abs. 4 S. 5 VwVfG. Für sie gelten die Regelungen über Einwendungen im Anhörungsverfahren entsprechend.

1. Einwendungsbefugnis

217 Der Begriff der „Einwendung" und die damit einhergehende Stellung des „Einwenders" ist eine **eigenständige Terminologie im Planfeststellungs- und Fachplanungsrecht**. Sie ist darüber hinaus nicht innerhalb des VwVfG abgestimmt.[150] Ferner erwähnt das Planfeststellungsrecht neben dem Einwender auch noch den Beteiligten (§ 73 Abs. 5 Nr. 3 VwVfG).

218 Einwendungen im Planfeststellungsverfahren kann derjenige erheben, der dazu befugt ist, weil das Vorhaben seine Belange berührt. Das Planfeststellungsrecht verwendet den allgemeinen **Begriff der „Einwendung" im Zusammenhang mit dem weitreichenden Begriff der „Belange"**, um der Funktion des Anhörungsverfahrens Rechnung zu tragen. Im Anhörungsverfahren soll die Behörde umfassend über das Vorhaben, seine Widerstände, entgegenstehende Interessen u.ä. informiert werden. Betroffene sollen die Möglichkeit erhalten, abwägungsrelevante Informationen in das Verfahren einzubringen, auch wenn diese vielleicht nicht auf subjektiv-öffentlichen Rechtspositionen beruhen. **Subjektiv-öffentliche Rechtspositionen** wären im Rahmen der Klagebefugnis zu überprüfen; eine Beschränkung auf derartige Rechte würde dem Zweck des Anhörungsverfahrens nicht gerecht werden.

219 Unter „Belange" sind daher zunächst alle **für den Einwender relevanten Interessen** zu verstehen. Diese müssen aber im Zusammenhang mit dem Vorhaben stehen und von diesem tangiert sein. Eindeutig fallen alle **subjektiv-öffentlichen Rechtspositionen** hierunter (insbe-

---

149 Stelkens/Bonk/Sachs/*Bonk/Neumann*, § 73 Rn 41; *Steinbeiß-Winkelmann*, DVBl. 1998, 809, 816; *Kopp/Ramsauer*, § 73 Rn 33 halten die Präklusionsklausel für rechtspolitisch verfehlt und im Hinblick auf die Gesetzmäßigkeit problematisch.

150 Knack/Henneke/*Dürr*, § 74 Rn 53.

sondere die Eigentumsgarantie). Auch **mittelbare Auswirkungen** des Vorhabens stellen Belange dar, seien es Immissionen, Zufahrtserschwerungen oder rechtliche Folgen (z.B. Eigentümer wird durch den Bau einer Anlage zum latenten Störer, weil seine zukünftige Betriebsentwicklung jetzt nur noch in Richtung einer bestehenden Wohnbebauung möglich ist). Rein politisch motivierte Äußerungen zum Vorhaben ohne Berührung eigener schutzwürdiger Interessen sind nicht zu berücksichtigen.

Im Übrigen ist einer **weiten Auslegung** grundsätzlich Vorrang einzuräumen. Einer Ausufe- 220
rung der Darstellung unterschiedlicher Interessen (vor allem im Erörterungstermin) kann die Behörde dadurch begegnen, dass sie bestimmte Themenfelder zusammenfasst und durch stringente Handhabung (Kenntnisnahme von Belangen ist ausreichend) die Bearbeitung forciert.

Aufgrund der weiten Begriffsbestimmung ist die **Stellung der Einwender im Verfahren** 221
teilweise umstritten. Dabei geht es um die Frage, ob Einwender neben ihren ausdrücklich geregelten Rechten auch die **sonstigen Beteiligtenrechte** besitzen. Diese Frage hat insbesondere hinsichtlich der den Beteiligten zustehenden Akteneinsichtsmöglichkeiten praktische Bedeutung. Ferner hat die Beteiligtenstellung auch Auswirkungen auf die damit einhergehenden Rechte und Pflichten. So kann beispielsweise ein Beteiligter nicht im Verwaltungsverfahren für die Behörde tätig werden. Auch dürfte durch eine Bejahung des Beteiligtenbegriffes gerade bei Baugroßvorhaben regelmäßig der Anwendungsbereich des § 18 VwVfG eröffnet sein. Sind danach an einem Verwaltungsverfahren mehr als 50 Personen im gleichen Interesse beteiligt, ohne vertreten zu sein, kann die Behörde sie auffordern, innerhalb einer angemessenen Frist einen gemeinsamen Vertreter zu bestellen, wenn sonst die ordnungsgemäße Durchführung des Verwaltungsverfahrens beeinträchtigt wäre.

Somit kommt der Fragestellung, ob **Einwender Beteiligte i.S.d. § 13 VwVfG** sind, Relevanz 222
zu. Die Aufzählung der Beteiligten in § 13 Abs. 1 VwVfG ist eindeutig und schließt Einwender nicht ein. Es kommt daher ausdrücklich nur die Hinzuziehung nach § 13 Abs. 2 VwVfG in Betracht. Dies spricht gegen eine generelle Einbeziehung der Einwender in den Anwendungsbereich des § 13 VwVfG. Klärungsbedürftig ist daher, ob bereits die Erhebung von Einwendungen ausreichend ist, die Beteiligteneigenschaft zu begründen. Dies wird teilweise damit begründet, dass § 74 Abs. 3 S. 1 VwVfG den Kreis der Beteiligten abweichend von § 13 VwVfG auf alle Einwender erweitert habe.[151] Ferner zeige die amtliche Begründung zu § 72 Abs. 1 Hs. 2 VwVfG,[152] welche die Einschränkung des Akteneinsichtsrechts aufgrund der möglichen großen Anzahl von Einwendern als geboten darstellt, dass der Gesetzgeber gerade von einem Akteneinsichtsrecht ausging, welches nur Beteiligten nach § 29 VwVfG zusteht.[153] Auch zeige die Terminologie des Gesetzes, welches in § 73 Abs. 5 Nr. 3 VwVfG vom „Ausbleiben eines Beteiligten" spricht und im Übrigen auch den Vorhabensträger entgegen § 13 VwVfG nicht durchgehend als Antragsteller bezeichnet, dass dem Wortlaut eher eine Bedeutung zukommt, die eine entsprechende Anwendung des Beteiligtenstatus auf Einwender nahelegt.[154]

Das BVerwG hat klargestellt, dass Einwender keine „Nichtbeteiligten" i.S.v. § 44a S. 2 VwGO 223
sind, soweit es um Rechtsbehelfe gegen behördliche Verfahrenshandlungen geht. In diesem Zusammenhang wurde klargestellt, dass Einwender zwar nicht die Voraussetzungen von Beteiligten i.S.v. § 13 VwVfG erfüllen, jedoch im Planfeststellungsverfahren spezielle Beteiligungsmöglichkeiten haben, was nach dem Sinn und Zweck der Regelung des § 44a S. 2 VwGO eine Qualifizierung als „Nichtbeteiligte" ausschließe.[155] Insoweit wird den Einwendern aufgrund ihrer

151 Obermayer/*Allesch*/*Häußler*, § 72 Rn 22.
152 BT-Drucks. 7/910, S. 87.
153 *Ule*/*Laubinger*, § 40 Rn 36.
154 *Ule*/*Laubinger*, § 40 Rn 36.
155 BVerwG, Beschl. v. 21.3.1997 – 11 VR 2/97 – NVwZ-RR 1997, 663, 664.

besonderen Verfahrensrechte im Planfeststellungsverfahren eine **Beteiligtenstellung im weiteren Sinne** zuerkannt; Einwender sind danach also hinsichtlich ihrer Rechte und Pflichten wie Beteiligte zu behandeln, wobei die Verfahrensrechte Vorrang vor den allgemeinen Beteiligungsrechten haben.[156]

2. Form

224 Die Einwendungen gegen den Plan müssen nach § 73 Abs. 4 S. 1 VwVfG **schriftlich oder zur Niederschrift** bei der Anhörungsbehörde oder bei der Gemeinde erhoben werden. Das Gesetz ordnet insoweit die Schriftform an. Unter den Voraussetzungen des § 3a VwVfG sind elektronische Eingaben möglich.

225 Aus der Systematik, insbesondere der Präklusionswirkung, ergeben sich weitere Anforderungen an die Form der Einwendungen. Diese müssen durch die Behörde **konkreten Einwendern zugeordnet** werden können. Dies bedingt, dass die Einwendungen einen eindeutigen Adressaten erkennen lassen. Um eine Gewichtung der geltend gemachten Interessen vornehmen zu können, müssen die Belange zumindest insoweit substanziiert vorgetragen werden, dass die Behörde in der Lage ist, zu erkennen, worin die Beeinträchtigung liegt und welcher Belang aus welchem Grunde von dem Vorhaben berührt wird.

226 In der Praxis von Baugroßvorhaben ist zu beobachten, dass Interessengruppierungen **formularmäßige Einwendungsschriftsätze** verfassen und im Internet bereitstellen. Teilweise handelt es sich um gleichförmige Einwendungen, teilweise auch um komplexe Textbausteine. Eine derartige Vorgehensweise ist nach der weiten Auslegung der Einwendungsbefugnis in der Regel nicht erforderlich, um Rechte zu wahren. Der hierdurch der Öffentlichkeit vermittelte Eindruck, nur professionell gestaltete Einwendungen würden zu einer vollständigen Rechtswahrung führen, trügt. Es ist jedem Betroffenen zuzumuten, zu formulieren, worin er sich beeinträchtigt fühlt. Gerade durch eine **eigene Formulierung** macht sich der Einwender seine eigene Position noch mal kritisch bewusst. Das Übernehmen vorformulierter Einwendungen weckt Begehrlichkeiten, die in der Regel nicht erfüllt werden, auch nicht durch quantitative Wiederholung vorformulierter Belange. Sofern Betroffene aus persönlichen Gründen nicht in der Lage sind, ihre Belange schriftlich zu formulieren, können sie dies zur Niederschrift erklären. Gerade die örtlichen Gemeinden sind behilflich, den Vortrag in eine angemessene Form zu bringen. Die **Erklärung zur Niederschrift** muss aber durch Erstellung einer Urkunde dokumentiert sein. Es ist nicht ausreichend, dass die Gemeinde die mündliche Erklärung des Betroffenen wiederholt.[157]

3. Frist

227 Die Frist zur schriftlichen oder zur Niederschrift erklärten Einwendungserhebung endet zwei Wochen[158] nach Ablauf der Auslegungsfrist. Die zweiwöchige Frist ist im Vergleich zu den sonstigen Stellungnahmefristen sehr kurz bemessen. In Anbetracht der vorhergegangenen Auslegung relativiert sich dieser Zeitraum aber[159] und ist insoweit verfassungsrechtlich unbedenklich.[160]

228 Die **Frist steht nicht im Ermessen der Behörde**. Eine **Verkürzung** der Frist stellt einen **Verfahrensfehler** dar. Auch eine Verlängerung der Frist ist aufgrund des zwingenden Charak-

156 *Kopp/Ramsauer*, § 73 Rn 65; Knack/Henneke/*Dürr*, § 73 Rn 59.
157 VGH Mannheim, Urt. v. 9.11.1990 – 8 S 1431/90 – NVwZ 1991, 1011, 1011/1012.
158 Abweichende Regelung in § 140 IV VwVfG SH.
159 BVerwG, Gerichtsbescheid v. 30.7.1998 – 4 A 1/98 – NVwZ-RR 1999, 162, 163.
160 BVerfG, Beschl. v. 8.7.1982 – 2 BvR 1187/80 – NJW 1982, 2173, 2177.

ters der Vorschrift und der klaren Präklusionsfolge nicht möglich.[161] Faktisch kann die Behörde aber durch Verlängerung der Auslegungsfrist den Zeitraum für Einwendungen erweitern.

Der Lauf der Zwei-Wochen-Frist beginnt um 0 Uhr des dem letzten Auslegungstage folgen- 229
den Tages. Dieser Tag wird bei der Fristberechnung mitgezählt, §§ 31 VwVfG, 187 Abs. 2 S. 1, 188 Abs. 2 BGB.

Normalerweise werden Einwendungen nach der Auslegung bis zum Ablauf der Einwen- 230
dungsfrist erhoben. Der Wortlaut schließt es jedoch nicht aus, dass bereits **vor der Auslegung Einwendungen erhoben werden können**. Die Zulässigkeit derartiger Einwendungen bzw. ihr fristwahrender Charakter ist umstritten.

Im Interesse der Effektivität des Verwaltungsverfahrens sollen **verfrühte Einwendungen** 231
unbeachtlich sein.[162] Die im Erörterungstermin zu behandelnden Einwendungen müssten sich auf einen konkreten Plan beziehen und dürften die Verwaltung nicht mit überflüssigen, in Unkenntnis des Plans vorsorglich erhobenen Einwendungen belasten.[163] Aufgrund der Präklusionswirkung müssten Einwendungen im verfahrensrechtlichen Sinne eindeutig geschieden werden können von **sonstigen kommentierenden und kritischen Eingaben** aus der interessierten oder betroffenen Öffentlichkeit.[164] Auch reichen Einwendungserhebungen in einem anderen Abschnitt oder früheren Verfahren aus Gründen der Rechtssicherheit nicht aus.[165]

Eindeutig ausscheiden kann man **Einwendungen, die bereits vor Einleitung des Planfest-** 232
stellungsverfahrens „ins Blaue hinein" erhoben wurden. Nach Einleitung des Verfahrens erscheint eine differenzierte Betrachtung angezeigt. Nicht jede vor Planauslegung erhobene Einwendung ist generell unsubstanziiert und nicht auf den konkreten Plan bezogen. Oftmals treten die Vorhabensträger mit ihren Planungen an die Betroffenen schon vor der Auslegung heran, insbesondere im Rechtserwerb. Dabei wird den Betroffenen konkret erläutert, wie sie von einem Vorhaben betroffen sind und ggf. welche Möglichkeiten zur Einwendung bestehen. Erheben diese Betroffenen sodann noch vor der Auslegung Einwendungen, so sind diese keineswegs unsubstanziiert oder überflüssig. Auch ist zu bedenken, dass der Inhalt einer Einwendung, also die rein politische Kommentierung ohne konkreten Bezug oder die detaillierte Einwendung, unabhängig vom Verfahrensstand ist, also auch während der Einwendungsfrist erhobene Einwendungen überflüssig sein können. Insoweit wird man auf **den tatsächlichen Inhalt und die Zuordnungsfähigkeit abstellen** müssen. Eine bereits verfrüht eingegangene Einwendung muss daher allen formalen Anforderungen genügen und dem Vorhaben zugeordnet werden können. Ist dies der Fall, spricht nichts dagegen, die Einwendung zur Kenntnis zu nehmen. Etwas anderes gilt hingegen, wenn sich die verfrühte Einwendung in Allgemeinplätzen ohne erkennbaren Bezug erschöpft. In diesem Fall wird sie nicht Teil der zu bearbeitenden Einwendungen. Die Arbeitsbelastung und Effektivität der Verwaltung wird dadurch nicht beeinträchtigt, da eine Bewertung der Einwendungen ohnehin erfolgen muss. Den Zeitpunkt kann die Behörde selbst bestimmen.

Einwendungen oder vergleichbare Erklärungen aus vorgelagerten Verfahren, z.B. aus 233
der Raumordnung, oder aus anderen Verwaltungsverfahren genügen nicht zur Wahrung der Frist. Diese müssen von den Betroffen im Planfeststellungsverfahren fristgerecht erneut vorgetragen werden. Ob eine ausdrückliche Bezugnahme auf Einwendungen vorgelagerter Verfahren zulässig ist, muss im Einzelfall betrachtet werden. Sofern der Akteninhalt der Anhörungsbehörde bekannt ist, dürfte es ein bloßer Formalismus sein, eine Bezugnahme nicht zuzulassen. Muss

---

161 BVerwG, Urt. v. 16.3.1998 – 4 A 31.97 – NuR 1998, 647, 649.
162 Obermayer/*Allesch*/*Häußler*, § 73 Rn 105; BayVGH, Zwischenurt. v. 9.4.1979 – 167 VI 77 – BayVBl. 1979, 625, 626 (Ls. 8).
163 Obermayer/*Allesch*/*Häußler*, § 73 Rn 105.
164 Stelkens/Bonk/Sachs/*Bonk*/*Neumann*, § 73 Rn 78.
165 BVerwG, Urt. v. 23.4.1997 – 11 A 7/97 – NVwZ 1998, 847, 849.

die Anhörungsbehörde erst eigene Recherchen anstellen, um den Inhalt der Einwendung verstehen zu können, würde dies den Rahmen und die Funktion des Verfahrens übersteigen.

Praxistipp
In Zukunft werden voraussichtlich im Zuge der „frühen Öffentlichkeitsbeteiligungen" Unklarheiten bei den Einwendern entstehen. Da keine Bindungswirkung der „frühen Öffentlichkeitsbeteiligung" für das Planfeststellungsverfahren vorgesehen ist, sollte der Vorhabensträger hierauf ausdrücklich im Öffentlichkeitstermin hinweisen.

234 Problematisch sind die häufig anzutreffenden Einwendungen, die Betroffene nicht bei der Anhörungsbehörde oder der Gemeinde, in denen der Plan ausliegt, sondern **bei dem Vorhabensträger selbst einreichen**. In der Praxis leiten die Vorhabensträger derartige Einwendungen regelmäßig einfach an die zuständige Behörde weiter. Unterbleibt dies aber oder lässt sich die Übermittlung einer Einwendung an den Vorhabensträger nicht nachweisen, ist die Frist nicht gewahrt. Der Vorhabensträger ist lediglich Beteiligter am Verfahren, welches ausschließlich in der Führung der Verwaltungsbehörden liegt.

235 Einwendungen, die ein **Rechtsvorgänger** fristgemäß erhoben hat, kann der Rechtsnachfolger für sich gelten lassen.[166] Hat der Rechtsvorgänger die Einwendungsfrist versäumt, gilt dies auch gegen den Rechtsnachfolger.

236 Unter den Voraussetzungen des § 32 VwVfG kann einem Betroffenen **Wiedereinsetzung in die Einwendungsfrist** gewährt werden, wenn er die Fristversäumnis nicht verschuldet hat, da es sich insoweit nicht um eine Ausschlussfrist nach Abs. 5 handelt.[167] Die Wiedereinsetzung ist bis zum Abschluss des Planfeststellungsverfahrens möglich. Eine nach Planfeststellungsbeschluss zu gewährende Wiedereinsetzung ist nur insoweit möglich, als der Betroffene dann im Klageverfahren so gestellt wird, als sei er mit seiner Einwendung nicht präkludiert.[168]

4. Präklusion

237 Mit Ablauf der Einwendungsfrist sind alle Einwendungen ausgeschlossen, die nicht auf **besonderen privatrechtlichen Titeln** beruhen.

238 Somit stellt § 73 Abs. 4 S. 3 VwVfG, welcher durch das Genehmigungsbeschleunigungsgesetz eingefügt wurde, auf die **materielle Präklusion** ab (wie dies in der Fachplanung überwiegend bereits verankert war). Verspätet vorgebrachte Einwendungen werden daher nicht nur im weiteren Verfahren nicht mehr berücksichtigt (formelle Präklusion), sondern können auch (materiell) nicht mehr in einem Klageverfahren vorgebracht werden. Dies ist unabhängig davon zu betrachten, wie schwerwiegend die Folgen für den Betroffenen sind (auch **Ausschluss grundrechtsrelevanter Einwendungen**)[169] und gilt auch hinsichtlich der nicht rechtzeitig gerügten enteignungsrechtlichen Vorwirkung (selbst bei Aktenkundigkeit zivilrechtlicher Verhandlungen).[170]

239 Die Vorschrift begegnet keinen durchgreifenden **verfassungsrechtlichen Bedenken**. Der Gesetzgeber ist nicht gehindert, aus sachgerechten Überlegungen heraus Verfahrensregeln, Formen, Fristen und Substanziierungslasten einzuführen; das Spannungsverhältnis zwischen erforderlichen Infrastrukturmaßnahmen, Bürgerbeteiligung, Informationsaufbereitung und ef-

166 BVerwG, Beschl. v. 30.12.1996 – 11 VR 21/95 – NVwZ-RR 1998, 284, 285.
167 BVerwG, Urt. v. 17.7.1980 – 7 C 101.78 – BVerwGE 60, 297, 309.
168 BVerwG, Gerichtsbescheid v. 30.7.1998 – 4 A 1/98 – NVwZ-RR 1999, 162, 163.
169 BVerwG, Urt. v. 23.4.1997 – 11 A 7/97 – NVwZ 1998, 847, 849.
170 BVerwG, Beschl. v. 13.3.1995 – 11 VR 5.95 – UPR 1995, 269.

fektivem Rechtsschutz kann in legitimer Weise durch Ausschlussfristen, auch im Hinblick auf die Beschleunigung kostenintensiver Verfahren und Vorhaben, geregelt werden.[171]

Die **Präklusionswirkung** greift zunächst, wenn überhaupt keine Einwendungen vorgebracht wurden. Das gilt aber auch für einzelne Belange, die nicht geltend gemacht wurden, obwohl generell Einwendungen vorgebracht wurden. Reine Pauschaleinwendungen ohne subjektiven Bezug sind unsubstanziiert und führen ebenfalls zur Präklusion. Die Planfeststellungsbehörde muss hinreichend erkennen können, in welcher Weise sie bestimmte Belange einer näheren Prüfung unterziehen soll.[172] Dabei ist von Laien auszugehen, d.h., es kann nicht erwartet werden, dass sie ihre Einwendungen wissenschaftlich-technisch oder juristisch substanziiert vortragen.[173] Die Behörde treffen im Einzelfall **Erkundungspflichten**, wenn eine pauschale Einwendung ausreichend Anlass dafür bietet. Werden pauschale Einwendungen im Erörterungstermin nicht konkretisiert, tritt die Präklusionswirkung ein.[174] 240

Wenn sich im Laufe des Verfahrens Einwendungen einvernehmlich erledigen oder im Erörterungstermin zurückgenommen werden, sind diese aufgrund eintretender Präklusion einer späteren Überprüfung im gerichtlichen Verfahren nicht mehr zugänglich. 241

VI. Erörterungstermin

Nach Ablauf der Einwendungsfrist hat die Anhörungsbehörde die **rechtzeitig erhobenen Einwendungen** gegen den Plan und die **Stellungnahmen der Behörden** zu dem Plan mit dem Träger des Vorhabens, den Behörden, den Betroffenen sowie den Personen, die Einwendungen erhoben haben, zu erörtern. Neben der öffentlichen Auslegung ist der Erörterungstermin das zentrale Verfahrenselement des Planfeststellungsverfahrens und stellt die planungsrechtliche Anhörung dar.[175] 242

1. Bekanntmachung

Sofern der Erörterungstermin nicht bereits in der Bekanntmachung der Auslegung des Plans bestimmt worden ist, muss er nach § 73 Abs. 6 S. 2 bis 5 VwVfG bekanntgemacht werden. 243

Die Bekanntgabe des Erörterungstermins hat mindestens eine Woche vorher ortsüblich zu erfolgen. Die **Ortsüblichkeit wird durch das einschlägige Landes- oder Ortsrecht bestimmt.**[176] Die Frist wird teilweise als unangemessen kurz bewertet.[177] Vergleicht man die normalerweise gesetzlich vorgesehenen Fristen, erscheint eine Wochenfrist tatsächlich sehr kurz bemessen. In Anbetracht der Tatsache, dass die betroffenen Behörden, die Einwender und die Stellungnahmeberechtigten direkt zu informieren sind, relativiert sich aber die kurze Frist.[178] Dennoch ist der Zeitraum für eine vernünftige Disposition der Einwender sehr klein und sollte seitens der Anhörungsbehörde etwas großzügiger bemessen werden. 244

Die Bekanntmachung des Erörterungstermins gegenüber den Einwendern kann für den Fall, dass neben den Behörden mehr als 50 Benachrichtigungen vorzunehmen sind, durch **öffent-** 245

171 BVerwG, Urt. v. 24.5.1996 – 4 A 38/95 – NVwZ 1997, 489 mit umfangreichen Nachweisen.
172 BVerwG, Beschl. v. 16.10.2001 – 4 VR 20/01 – NVwZ 2002, 726.
173 BVerwG, Urt. v. 3.3.2004 – 9 A 15/03 – NVwZ 2004, 986, 987.
174 BVerwG, Beschl. v. 9.10.2008 – 9 PKH 2/08 – NVwZ 2009, 55.
175 *Kopp/Ramsauer*, § 73 Rn 98.
176 BVerwG, Urt. v. 23.4.1997 – 11 A 7/97 – NVwZ 1998, 847, 848.
177 Knack/Henneke/*Dürr*, § 73 Rn 85; *Kopp/Ramsauer*, § 73 Rn 102.
178 So auch *Kopp/Ramsauer*, § 73 Rn 102.

liche Bekanntmachung ersetzt werden. Bei der Berechnung der Anzahl kommt es nur auf die erhobenen Einwendungen an, nicht auf die Betroffenen. Gezählt werden also die Einwender (maßgeblich ist nicht die Kopfzahl, sondern die Anzahl der Benachrichtigungen[179]), ohne die Behörden und den Vorhabensträger. Die öffentliche Bekanntmachung wird abweichend von der ortsüblichen Bekanntmachung dadurch bewirkt, dass der Erörterungstermin im **amtlichen Veröffentlichungsblatt** der Anhörungsbehörde und zusätzlich in denjenigen **örtlichen Tageszeitungen** bekanntgemacht wird, die in dem Bereich verbreitet sind, in dem sich das Vorhaben voraussichtlich auswirken wird.

2. Teilnahmeberechtigte

246 Nach § 73 Abs. 6 S. 1 VwVfG hat die Anhörungsbehörde die rechtzeitig erhobenen Einwendungen gegen den Plan und die Stellungnahmen der Behörden und Vereinigungen zu dem Plan mit dem Träger des Vorhabens, den Behörden, den Betroffenen und den Einwendern zu erörtern.

247 Die Anhörungsbehörde ist daher verpflichtet, den **Erörterungstermin vorzubereiten und durchzuführen.**[180] Die weiterhin am Termin Beteiligten haben einen dazu korrelierenden **subjektiv-rechtlichen Teilnahmeanspruch.**[181] Da das Gesetz keine Teilnahmeverpflichtung statuiert, steht es dem Vorhabensträger frei, an dem Erörterungstermin teilzunehmen. In der Praxis ist es äußerst ungewöhnlich, dass ein Vorhabensträger nicht an der Erörterung teilnimmt. Er wird immer versuchen, sein Vorhaben zu verteidigen und die Planfeststellung zeitnahe zu erhalten. Hierzu gehört es auch, ein großes Einvernehmen mit den Betroffenen anzustreben, um eine **reibungslose Projektabwicklung** zu gewährleisten. Nimmt der Vorhabensträger aber nicht an der Erörterung teil, so ist dies verfahrensrechtlich zunächst irrelevant, da kein Anspruch der übrigen Beteiligten auf Erörterung mit dem Vorhabensträger besteht. Die Pflicht zur Durchführung des Anhörungstermins trifft nur die Anhörungsbehörde. Sofern die Anhörungsbehörde aufgrund des Fernbleibens des Vorhabensträgers nicht in der Lage ist, den Sachverhalt ausreichend aufzuklären und Einwendungen hinreichend zu erörtern, wird sie dies so dokumentieren müssen. Sofern dies abwägungs- und entscheidungsrelevant ist, wird die Planfeststellungsbehörde den Planfeststellungsbeschluss nicht erlassen.

248 Die von dem Vorhaben betroffenen **Behörden, die eine Stellungnahme abgegeben haben**, sind berechtigt, am Erörterungstermin teilzunehmen. Dies gilt auch, wenn sie keine Stellungnahme abgegeben haben, jedoch mit der Maßgabe, dass sie keinen Anspruch auf Erörterung haben.[182]

249 Teilnahmeberechtigt sind ferner alle **Einwender**, also diejenigen, die erkennbar eine Einwendung erhoben haben. Im Falle nicht rechtzeitig erhobener Einwendungen oder fehlender Einwendungsbefugnis gilt die Einschränkung, dass kein Anspruch auf Erörterung besteht. Selbiges gilt für die Vereinigungen nach Abs. 4 S. 5.

250 Unabhängig von der Einwendungserhebung dürfen auch **sonstige Betroffene** am Erörterungstermin teilnehmen, ohne jedoch einen Anspruch auf Erörterung zu haben. Dieser weit gefasste Kreis resultiert aus der Einwendungsbefugnis im Falle beeinträchtigter „Belange".

251 Ferner sind **Vertreter der Aufsichtsbehörden und Personen, die bei der Behörde zur Ausbildung beschäftigt sind**, teilnahmeberechtigt, § 73 Abs. 6 S. 6, § 68 Abs. 1 S. 2 VwVfG.

252 Da der Erörterungstermin ein **nicht öffentlicher Termin** ist, sind weitere Personen nicht teilnahmeberechtigt, es sei denn, der Verhandlungsleiter gestattet die Teilnahme im Einver-

---

179 Stelkens/Bonk/Sachs/*Bonk*/*Neumann*, § 73 Rn 116.
180 Obermeyer/*Allesch*/*Häußler*, § 73 Rn 120.
181 Obermeyer/*Allesch*/*Häußler*, § 73 Rn 120.
182 Marschall/*Schroeter*/*Kastner*, § 17 Rn 103.

nehmen mit den Beteiligten. Dies gilt auch für die Teilnahme von **Presse- und Rundfunkvertretern.** Außerhalb einer Einzelfallzulassung im Einvernehmen mit den Beteiligten kann sich ein Teilnahmeanspruch nur aus Art. 5 Abs. 1 S. 2 GG ergeben;[183] insoweit ist eine Abwägung zwischen der Pressefreiheit, dem Schutz der privaten Belange der Einwender und dem Informationsbedürfnis der Öffentlichkeit vorzunehmen.[184]

3. Termin

Für die Durchführung des Erörterungstermins gelten die **Vorschriften über die mündliche Verhandlung im förmlichen Verwaltungsverfahren** entsprechend. Die Anhörungsbehörde schließt die Erörterung innerhalb von drei Monaten nach Ablauf der Einwendungsfrist ab, § 73 Abs. 6 S. 7 VwVfG. Unabhängig davon bleibt eine Fristüberschreitung – mit der Ausnahme möglicher Amtshaftungsansprüche – sanktionslos. 253

a) Entbehrlichkeit/Verzicht

Das Fachplanungsrecht hat aus Gründen der Beschleunigung die Voraussetzungen für den **Verzicht auf Durchführung des Erörterungstermins** verankert (z.B. § 43a Nr. 2 S. 2 EnWG) bzw. den Erörterungstermin zur Disposition der Anhörungsbehörde gestellt (§ 18a Nr. 1 S. 1 AEG). Dies wird hinsichtlich der uneinheitlichen Gesetzessystematik kritisiert. Da § 9 Abs. 1 S. 3 UVPG auf § 73 Abs. 3 S. 1, Abs. 4 bis 7 VwVfG verweist, wäre der Erörterungstermin nach § 73 Abs. 6 VwVfG hiervon umfasst, mit der sinnwidrigen Folge, dass für Belange, die von der Umweltverträglichkeitsprüfung umfasst sind, ein Erörterungstermin abzuhalten wäre.[185] Dem wird entgegengehalten, dass die fachplanungsrechtlichen Vorschriften lex specialis zu § 9 UVPG sind.[186] Inhaltlich wird beklagt, dass ein Verzicht auf den Erörterungstermin gerade das partizipative Element angreift, welches besonders geeignet sei, eine einvernehmliche Lösung konfligierender Interessen herbeizuführen.[187] Auf der anderen Seite mag dies auch ein tradiertes Festhalten an einem Instrumentarium sein, welches sich nicht bewährt hat.[188] 254

Im VwVfG ergibt sich die Möglichkeit eines Verzichts auf Durchführung der Erörterung aus dem in § 73 Abs. 6 S. 6 VwVfG verankerten Verweis auf § 67 Abs. 2 Nr. 1 und 4 VwVfG. Danach kann ohne mündliche Verhandlung entschieden werden, wenn einem solchen Antrag **im Einvernehmen mit allen Beteiligten** in vollem Umfang entsprochen wird oder alle Beteiligten auf sie verzichtet haben. 255

Ein **vollständiger Verzicht auf Durchführung des Erörterungstermins** wird ernsthaft nur in Betracht kommen, wenn der Kreis der Einwendungsberechtigten klein oder in sich abgeschlossen und bekannt ist. Hauptanwendungsfall dürfte in der Praxis sein, dass überhaupt keine Einwendungen erhoben worden sind und die beteiligten Behörden einem Verzicht zugestimmt haben. Angesichts eines **drohenden Verfahrensfehlers bei rechtswidrig unterlassener Anhörung** wird von dem Instrument des Verzichts nur restriktiv Gebrauch gemacht. 256

Es darf ohnehin bezweifelt werden, ob der Verzicht auf den Anhörungstermin zu einer wesentlichen **Verfahrensbeschleunigung** beiträgt. Abgesehen davon, dass gerade der Erörte- 257

183 Zur generellen Thematik: BVerfG, Beschl. v. 19.12.2007 – 1 BvR 620/07 – NJW 2008, 977.
184 Knack/Henneke/*Dürr*, § 68 Rn 10.
185 *Wickel*, UPR 2007, 201, 204.
186 Hoppe/Beckmann/*Wagner*, § 9 Rn 21.
187 *Wickel*, UPR 2007, 201, 204.
188 *Guckelberger*, DÖV 206, 97, 104 der ferner darlegt, dass es weder aus dem Verfassungsrecht noch aus dem Europarecht eine Verpflichtung zur Durchführung eines Erörterungstermins bei komplexen Vorhaben gibt.

rungstermin geeignet ist, ein in der Öffentlichkeit möglicherweise hoch umstrittenes Projekt mit den Betroffenen offen zu erörtern und bei einem Verzicht hierauf dem Bürger nur schwer die Objektivität des Verfahrens zu vermitteln sein wird, sind die Fristen und Durchführungszeiten der Anhörung das geringste Problem in der Planfeststellung. Es gilt eine Bekanntmachungsfrist von einer Woche, der Anhörungstermin ist in der Regel auf einen Tag terminiert (anders bei weiträumigen Großvorhaben, wo es aber auch höchstens einige Tage sind). Der zeitliche Gewinn, also die Beschleunigung, ist allenfalls marginal. Eine **echte Beschleunigung** kann der Gesetzgeber vielmehr dadurch erreichen, dass er die Fristen in der Planfeststellung, die heute überwiegend als reine Ordnungsvorschriften formuliert sind, als verbindliche Fristen ggf. mit Ausschlusswirkung formuliert. Letztlich bleibt es aber zweifelhaft, ob eine echte Sanktionierungsmöglichkeit – allenfalls kommen Amtshaftungsansprüche in Betracht[189] – besteht.

b) Durchführung des Termins/Erörterung

258 Der genaue Ablauf des Erörterungstermins ist im Planfeststellungsrecht nicht gesondert geregelt. Verwiesen wird in § 73 Abs. 6 S. 6 VwVfG auf die **Vorschriften über die mündliche Verhandlung** im förmlichen Verwaltungsverfahren. Es gelten die § 67 Abs. 1 S. 3 VwVfG und § 68 VwVfG entsprechend.

259 Entscheidend für den Ablauf des Erörterungstermins sind somit die Maßgaben des § 68 VwVfG, welcher den Verlauf der mündlichen Verhandlung regelt.

aa) Nichtöffentlichkeit des Termins

260 Der Erörterungstermin ist nach § 68 Abs. 1 S. 1 VwVfG nicht öffentlich, da der Gesetzgeber davon ausging, dass regelmäßig **persönliche Verhältnisse der Beteiligten Gegenstand der Erörterung** sein werden, welches die Nichtöffentlichkeit des Verfahrens rechtfertigen würde.

261 Unter dem Gesichtspunkt, dass es sich bei den planfeststellungsbedürftigen Vorhaben oftmals um **politisch und gesellschaftlich umstrittene Großvorhaben** handelt, wird die Nichtöffentlichkeit des Verfahrens kritisiert. Zum einen wird in der amtlichen Begründung kein hinreichendes Unterscheidungskriterium gesehen, welches eine abweichende Behandlung des Erörterungstermins zu öffentlichen Gerichtsverhandlungen rechtfertigen würde.[190] Ferner bereite die Unterscheidung zwischen teilnahmeberechtigten Beteiligten und ausgeschlossener interessierter Öffentlichkeit große Schwierigkeiten. Letztlich bedürfe es hierfür aufwändiger Einlasskontrollen und angesichts der weitgehenden Einwendungsbefugnis auch schwieriger Abgrenzungsfragen.[191]

262 Die **Kritik an der Nichtöffentlichkeit des Verfahrens** ist nur teilweise berechtigt. Sie unterstellt eine immer wieder dargestellte Prämisse, welche sich durch die gesamte öffentliche Diskussion über Planfeststellungsverfahren (zuletzt sehr medienwirksam bei Stuttgart 21 in Szene gesetzt) zieht, nämlich der Annahme, der Erörterungstermin diene der Beteiligung der interessierten Öffentlichkeit zur Erreichung von Legitimation und Akzeptanz eines Bauvorhabens.[192] Dies ist weder rechtshistorisch noch rechtstechnisch richtig. Im Anhörungstermin trifft die teilnahmeberechtigte „Öffentlichkeit" auf die Genehmigungsbehörde und den Vorhabensträger, um Belange zu erörtern. Da der Kreis der Betroffenen regelmäßig sehr groß ist, erscheint dieser Ter-

---

189 *Schröder*, NuR 207, 380, 381.
190 Fehling/Kastner/*Fehling*, § 68 Rn 5.
191 Fehling/Kastner/*Fehling*, § 68 Rn 5, 6.
192 Z.B. Obermeyer/*Allesch*/*Häußler*, § 73 Rn 119: *„Das Erörterungsverfahren stellt den (...) zentralen Teil der Bürger- und Öffentlichkeitsbeteiligung dar. Der Erörterungstermin dient zwar auch der Vorbereitung des PlfB und der Anhörung der Beteiligten. Dieser Vorbereitungs- und Rechtsschutzzweck steht aber im Hintergrund."*

min wie eine öffentliche Veranstaltung, was er aber nicht ist. Richtig ist aber, dass eine **saubere Abgrenzung der zugelassenen Beteiligten von der nur interessierten Öffentlichkeit** aufwändig ist, da der Kreis der Betroffenen weit gezogen werden kann.[193] Nur letztlich wird die Behörde die Prüfung ohnehin vornehmen müssen, nämlich spätestens dann, wenn sie darüber entscheiden muss, ob eine anwesende Person überhaupt erörterungsberechtigt ist oder wenn es um Fragen der Präklusion geht (hier muss die Behörde feststellen, welche Person konkret mündlichen Sachvortrag liefert, um abzugleichen, ob diese bereits schriftlich innerhalb der Einwendungsfrist vorgetragen hat). Üblicherweise werden zur Überprüfung Eingangskontrollen durchgeführt, indem eine Liste der Einwender ausliegt, in die sich jeder Besucher eintragen muss. Eine detaillierte Personenüberprüfung (Personalausweis etc.) findet oftmals nicht statt. Deutlich mehr Logistik wird bei Erörterungsterminen gefordert, bei denen teilweise bis zu 1.000 Personen erscheinen. Hier können z.B. im Vorfeld des Termins Karten an die Einwender versendet werden, die diese dann gleichzeitig mit einem Ausweisdokument beim Einlass vorzeigen, um einen schnellen Abgleich zu ermöglichen.[194]

Im Ergebnis wird man festhalten müssen, dass sich der **Grundsatz der Nichtöffentlichkeit** 263
in der Praxis nicht stringent durchhalten lässt. So besteht beispielsweise die Möglichkeit, dass teilnahmeberechtigte Personen andere, nichtteilnahmeberechtigte Personen aus Gründen einer Protestsolidarität bevollmächtigen und ihnen damit Zugang zur Erörterung verschaffen. Weiterhin können Bürger noch am Tage der Erörterung Einwendungen erheben, welche zwar präkludiert sind, aber dennoch erörtert werden können, jedenfalls aber eine Terminteilnahme ermöglichen.[195]

Aufgrund der Nichtöffentlichkeit dürfen am Erörterungstermin zunächst nur die **Verfah-** 264
rensbeteiligten teilnehmen. Das sind die Beteiligten nach § 13 VwVfG, die Bevollmächtigten und Beistände nach § 14 VwVfG, die Vertreter von Amts wegen nach § 16 VwVfG sowie die Vertreter nach § 17f VwVfG. Dem Sinn und Zweck der Vorschrift entspricht es, Mitarbeiter der verfahrensführenden Behörde, die als Schriftführer oder Vertreter der Verhandlungsführung agieren sollen, ohne gesonderte Feststellung am Termin teilnehmen zu lassen. Zeugen und Sachverständige sind insoweit teilnahmeberechtigt, als Beweis erhoben werden soll. Die im gerichtlichen Verfahren erforderliche Beweiserheblichkeit und Beschlussfassung muss angesichts der Funktion des Erörterungstermins weit gefasst werden.

Ferner können nach § 68 Abs. 1 S. 2 VwVfG **Vertreter der Aufsichtsbehörden und Perso-** 265
nen, die bei der Behörde zur Ausbildung beschäftigt sind, teilnehmen.

Aufsichtsbehörden sind die Rechts-, Fach- und Dienstaufsichtsbehörden. Anwesenheitsbe- 266
rechtigt sind deren Leiter bzw. Vertreter.[196]

Personen, die bei der Behörde zur **Ausbildung** beschäftigt sind, sind teilnahmeberechtigt, 267
also insbesondere Rechtsreferendare, Auszubildende und Anwärter. Über ihre Teilnahme entscheidet nicht der Versammlungsleiter,[197] sondern der Ausbilder.[198] Der Versammlungsleiter ist auf die Prüfung beschränkt, ob die Voraussetzung „zur Ausbildung zugewiesene Person" zutreffend ist.

Letztlich kann der Verhandlungsleiter nach § 68 Abs. 1 S. 3 VwVfG anderen Personen die 268
Anwesenheit gestatten, wenn kein Beteiligter widerspricht.

---

193 *Stüer/Probstfeld*, DVBl. 2000, 701, 706.

194 *Büllesbach*, DVBl. 1991, 469, 471.

195 *Büllesbach*, DVBl. 1991, 469, 472.

196 Obermayer/*Seegmüller*, § 68 Rn 14.

197 Auch nicht analog § 68 Abs. 1 S. 3: so *Kopp/Ramsauer*, § 68 Rn 5a.

198 Knack/Henneke/*Dürr*, § 68 Rn 9; Stelkens/Bonk/Sachs/*Sachs*, § 68 Rn 10; *Kopp/Ramsauer*, § 68 Rn 5a; nach a.A. soll hierüber der Behördenleiter entscheiden: *Kollmer*, BayVBl. 1995, 449, 450.

269 Die Vorschrift ermöglicht es, letztlich sogar die **vollständige Öffentlichkeit** herzustellen, wenn kein Beteiligter widerspricht.[199] Neben der anwesenden Öffentlichkeit wird sich in der Praxis diese Frage regelmäßig hinsichtlich der **Zulassung der Presse** stellen. Für den Vorhabensträger ist es in diesem Zusammenhang oftmals ärgerlich, wenn die Anhörungsbehörde zwar auf die Nichtöffentlichkeit des Verfahrens hinweist, dann aber den Vorhabensträger mehr oder weniger rhetorisch befragt, ob denn nicht die **anwesende Öffentlichkeit** – jedenfalls aber die Presse – zugelassen werden kann. Der Vorhabensträger wird sich dieser Aufforderung regelmäßig beugen, um nicht in den Verdacht zu geraten, etwas zu verheimlichen. Allein die Pressemeldung, dass ein Vorhabensträger die anwesende Öffentlichkeit oder Presse nicht zugelassen hat, wirkt sich negativ auf das Vorhaben aus. Dadurch wird nicht nur der Grundsatz der Nichtöffentlichkeit gegenüber dem Vorhabensträger konterkariert, sondern auch der Sinn und Zweck gegenüber den anwesenden Betroffenen unterlaufen. Es wird sich nämlich kaum eine Privatperson trauen, der Herstellung der Öffentlichkeit vor allen anderen Beteiligten zu widersprechen.

Praxistipp
Der Vorhabensträger ist daher gut beraten, im Vorfeld der Behörde mitzuteilen, ob er mit der Anwesenheit anderer Personen oder der Presse einverstanden ist und dieses im negativen Falle nicht erörtern möchte.

270 Wenn kein Beteiligter der Zulassung weiterer Personen widerspricht, steht die **Entscheidung im Ermessen des Versammlungsleiters**. Fraglich ist, ob den Betroffenen ein Anspruch auf ermessensfehlerfreie Entscheidung zusteht.

271 Die Frage wird differenziert betrachtet. Soweit es um die Presse geht, soll sich ein Anspruch auf ermessensfehlerfreie Entscheidung aus Art. 5 Abs. 1 S. 2 GG ergeben, jedenfalls bei **Verfahren von allgemeinem Interesse**.[200] Hinsichtlich der sonstigen Öffentlichkeit stellt sich die Frage, ob die Ermessen anordnende Vorschrift auch ein subjektives Recht einräumt, also auch dem Interesse der Öffentlichkeit zu dienen bestimmt ist. Dies lässt sich § 68 Abs. 1 S. 3 VwVfG nicht eindeutig entnehmen und wird dementsprechend kontrovers diskutiert.[201]

272 Verfahrenstechnisch stellt sich die Frage, ob über die **Zulassung weiterer Personen unter Ausschluss der Öffentlichkeit** entschieden werden muss oder ob dieses in Anwesenheit der Betreffenden erfolgen kann. Das OVG Lüneburg sieht in der Erörterung der Frage der Teilnahme weiterer Personen nach Eröffnung der Versammlung mit allen Anwesenden einen Verstoß gegen § 68 Abs. 1 S. 1 VwVfG, da wegen der **Teilnahme beliebiger Dritter** die Erörterung bereits als öffentlich gelte.[202] Dieser Ansicht ist zuzustimmen[203] und bedarf gerade wegen der oftmals weiträumigen Handhabung in der Praxis besondere Erwähnung. Der Erörterungstermin ist grundsätzlich nicht öffentlich. Sobald der Termin eröffnet wird, muss geklärt werden, ob die **Nichtöffentlichkeit gewahrt ist**. Der Verhandlungsführer muss daher zunächst feststellen, ob eine ordnungsgemäße Kontrolle der eingelassenen Personen erfolgt ist. Weiterhin hat er zu ermitteln, ob **nichtzulassungsberechtigte Personen im Verhandlungssaal** sind. Dieses wird er in der Regel durch Nachfrage beim Auditorium tun. Sofern Zweifel bestehen oder bei Hinweisen aus dem Teilnehmerkreis, muss die Teilnahmeberechtigung der anwesenden Personen geprüft werden. Danach sind alle nichtteilnahmeberechtigten Personen des Saals zu verweisen mit dem Hinweis, dass zunächst in nichtöffentlicher Form über ihre Teilnahme entschieden wird.

---

199 Bader/Ronellenfitsch/*Michler*, § 68 Rn 11.
200 Bader/Ronellenfitsch/*Michler*, § 68 Rn 15; Knack/Henneke/*Dürr*, § 68 Rn 10; *Kopp/Ramsauer*, § 68 Rn 6.
201 Ablehnend z.B. *Kopp/Ramsauer*, § 68 Rn 6, bejahend z.B. Stelkens/Bonk/Sachs/*Sachs*, § 68 Rn 13; Bader/Ronellenfitsch/*Michler*, § 68 Rn 17, 18.
202 OVG Lüneburg, Urt. v. 7.1.1999 – 3 K 4464/94 – BeckRS 2005, 21641 (S. 8).
203 A.A. Bader/Ronellenfitsch/*Michel*, § 68 Rn 19 („zu weit gehende Ansicht“).

Soweit bestimmte Personen zur Erörterung vom Versammlungsleiter zugelassen wurden, führt dies nicht dazu, dass der Erörterungstermin nunmehr als öffentlicher Termin anzusehen ist. **Öffentlich ist eine Versammlung nur, wenn beliebige Zuschauer Zutritt haben**; sie wird nicht ohne Weiteres zu einer öffentlichen, wenn bestimmten Personen die Anwesenheit gestattet wird.[204] 273

§ 68 Abs. 1 S. 1 VwVfG ist **zwingendes Recht** und stellt nicht nur eine Ordnungsvorschrift dar. Die Teilnahme von nichtberechtigten Personen an der Erörterung stellt folglich einen Verfahrensfehler dar. Ob dieser beachtlich ist, ist im Rahmen des § 46 VwVfG zu prüfen. 274

bb) Erörterung

Nach § 68 Abs. 2 S. 1 VwVfG hat der **Verhandlungsleiter die Sache mit den Beteiligten zu erörtern**. § 73 Abs. 6 S. 1 VwVfG konkretisiert dies dahingehend, dass die Anhörungsbehörde die rechtzeitig erhobenen Einwendungen gegen den Plan und die Stellungnahmen der Behörden zu dem Plan mit dem Vorhabensträger, den Behörden, den Betroffenen und den Einwendern zu erörtern hat. Die Erörterungspflicht trifft also die Anhörungsbehörde und nicht die sonstigen Beteiligten, insbesondere nicht den Vorhabensträger, welche Adressaten der Erörterung sind. Da der Vorhabensträger, wie oben ausgeführt, nicht verpflichtet ist, an der Erörterung teilzunehmen, ist er natürlich auch nicht verpflichtet, zu erörtern. Dieser Fall ist in der Praxis eher unwahrscheinlich, da der Vorhabensträger gerade durch Präsenz und intensive Erörterung versuchen wird, sein Vorhaben voranzutreiben, um schnellstmöglich den Planfeststellungsbeschluss zu erhalten. Dieses Ziel erreicht er schneller, wenn mit den Einwendern ein Einvernehmen erzielt werden kann. Auf der anderen Seite kann sich der Vorhabensträger insbesondere bei Großvorhaben gegenüber **querulatorisch veranlagten Personen oder Gruppen**, die einen Erörterungstermin zur politischen Demonstration oder Selbstdarstellung missbrauchen wollen, durch Nichterörterung entziehen. Üblicherweise erklärt der Vorhabensträger in diesem Fall, eine Einwendung zur Kenntnis genommen zu haben mit dem Hinweis, man sehe keinen weiteren Erörterungsbedarf. 275

Zur Vorbereitung des Erörterungstermins kann die Anhörungsbehörde dem Vorhabensträger die schriftlich erhobenen Einwendungen zuleiten, damit dieser Stellung nehmen kann.[205] Dieser **Informationsaustausch mit dem Vorhabensträger** hat sich in der Praxis in vielen Bereichen zu einem festen Bestandteil des Verfahrens entwickelt. Dabei bearbeitet der Vorhabensträger die Einwendungen in Form einer **Synopse** und gibt bereits schriftlich Hinweise zu den Einwendungen. Er übernimmt insoweit aus Eigeninteresse die Vorbereitung des Erörterungstermins und liefert der Anhörungsbehörde ein bereits strukturiertes Bild zur weiteren Vorbereitung des Erörterungstermins. Die Betroffenen haben keinen Anspruch auf eine schriftliche Stellungnahme des Vorhabensträgers im Rahmen der Synopsenbearbeitung. Auch können die Einwender nicht verlangen, dass ihre Einwendungen dem privaten Vorhabensträger nur in anonymisierter Form überlassen werden, da nur diejenigen Einwendungen erheben können, die vom Vorhaben berührt werden und insoweit die Einwendungen nicht von den Personen und den damit verbundenen personenbezogenen Daten getrennt werden können.[206] 276

Der **Verhandlungsleiter** ist im VwVfG hinsichtlich der Person und den Qualifikationsvoraussetzungen nicht näher bestimmt. Unstreitig kann es sich beim Verhandlungsleiter also um 277

204 BVerwG, Urt. v. 17.7.1974 – IV C 34.73 – BVerwGE 45, 351, 354.
205 Stelkens/Bonk/Sachs/*Bonk*/*Neumann*, § 73 Rn 120.
206 BVerwG, Beschl. v. 14.8. 2000 – 11 VR 10/00 – NVwZ-RR, 760.

einen Bediensteten der zuständigen Behörde, mithin den Behördenleiter oder einen bestellten Vertreter, handeln.[207]

278 Streitig ist, ob auch **Dritte mit der Verhandlungsführung beauftragt** werden können. Hier wäre insbesondere an einen Mediator zu denken.

279 Hingewiesen wird darauf, dass die **Hinzuziehung Dritter** in Verwaltungsverfahren bereits einige Stützen im geltenden Recht findet, beispielsweise in § 4b BauGB.[208] Dem ist entgegenzuhalten, dass § 4b BauGB keine Verlagerung von Entscheidungskompetenzen im Bauleitplanverfahren ermöglicht, sondern lediglich einzelne Verfahrensschritte – technische Abwicklung – auf Dritte übertragen werden können.[209] Es handelt sich beispielsweise um zivilrechtlich gebundene Unternehmer, die als **Verwaltungshelfer** aus fiskalischen Gründen eingesetzt werden.[210] Eine derartige Übertragung der Verhandlungsführung auf einen Verwaltungshelfer soll grundsätzlich denkbar sein.[211] Da der Verwaltungshelfer unter Weisung der Behörde stünde, wäre allerdings die erforderliche Neutralität als Konfliktmittler gefährdet.[212]

280 Eine Übertragung der Verhandlungsführung auf einen **Verwaltungshelfer** erscheint daher zweifelhaft. Der Verwaltungshelfer dürfte nur an der Entscheidungsvorbereitung und der Ausführung der Entscheidung beteiligt werden, nicht aber an der Verwaltungsentscheidung selbst.[213] Da der Versammlungsleiter aber insbesondere die Entscheidung nach § 68 Abs. 1 S. 3 VwVfG zu treffen hat, kommt allenfalls eine **Beleihung** in Betracht. Diese erfordert aber eine Übertragung der öffentlich-rechtlichen Aufgaben durch oder aufgrund eines Gesetzes,[214] was hier nicht gegeben ist.

281 Eine spezielle Regelung findet sich im hessischen Landesrecht. Nach § 68 Abs. 2 HessVerwVfG kann die Behörde die Verhandlungsleitung einem Dritten übertragen, der ihren Weisungen unterliegt.

282 Der Verhandlungsleiter hingegen ist verpflichtet, die Sache mit den Beteiligten zu erörtern. Die Vorschrift ist an § 104 VwGO angelehnt. Die Erörterung dient der **Klärung des maßgeblichen Sachverhalts und der Gewährung rechtlichen Gehörs.**[215]

283 Im Planfeststellungsverfahren besteht die Besonderheit, dass nur die **schriftlich innerhalb der Einwendungsfrist vorgebrachten Einwendungen erörtert** werden. Die Einwender haben insoweit einen Anspruch auf Erörterung ihrer Einwendung, **nicht** auf **generelle Erörterung** sonstiger projektbezogener Themen. Der Verhandlungsleiter hat nach § 68 Abs. 2 S. 2 VwVfG darauf hinzuwirken, dass unklare Anträge erläutert, sachdienliche Anträge gestellt, ungenügende Angaben ergänzt sowie alle für die Feststellung des Sachverhalts wesentlichen Erklärungen abgegeben werden. Dies verlangt gerade bei großen Planfeststellungsverfahren eine erhebliche Vorbereitung des Erörterungstermins.

284 Um bei **Terminen mit hoher Personenanzahl** sachgerecht rechtliches Gehör bieten zu können, empfiehlt es sich, Themenkomplexe zu bilden sowie Einwendergruppen zusammenzufassen. Der Verhandlungsführer muss für eine ausgewogene Termingestaltung sorgen, die den Grundsätzen eines fairen Verfahrens aber auch der Verfahrensbeschleunigung gerecht wird. Da die Einwender keinen Anspruch darauf haben, bei der Erörterung anderer als die eigenen Belan-

---

207 Fehling/Kastner/*Fehling*, § 68 Rn 15; *Kopp/Ramsauer*, § 68 Rn 9; Bader/Ronellenfitsch/*Michler*, § 68 Rn 25; Knack/Henneke/*Dürr*, § 68 Rn 12.
208 Bader/Ronellenfitsch/*Michler*, § 68 Rn 26.1.
209 Jäde/Dirnberger/Weiss/*Jäde*, § 4b Rn 2.
210 Schrödter/*Schrödter*, § 4b Rn 1.
211 *Kopp/Ramsauer*, § 68 Rn 9.
212 *Siegel*, NuR 2002, 79, 85.
213 Erichsen/Ehlers/*Ehlers*, § 1 Rn 20.
214 Erichsen/Ehlers/*Ehlers*, § 1 Rn 17.
215 Posser/Wolff/*Brüning*, § 104 Rn 1; *Kopp/Ramsauer*, § 68 Rn 10; Bader/Ronellenfitsch/*Michler*, § 68 Rn 28.

ge dauerhaft anwesend zu sein,[216] können auch **Abschichtungen** vorgenommen werden, um die Anhörung zu entfrachten. Es besteht daher auch kein Anspruch der Einwender, dass die Erörterungsverhandlung so angesetzt wird, dass jeder Einwender an ihr außerhalb seiner Arbeitszeit teilnehmen kann.[217]

Fraglich ist, ob der Verhandlungsführer neben der Gewährung rechtlichen Gehörs und der fairen und beschleunigten Verfahrensführung auch die Aufgabe hat, eine **allgemeine Befriedung der Interessen** des Vorhabensträgers, der Träger öffentlicher Belange und der Einwender zu erreichen bzw. darauf hinzuwirken. 285

Vertreten wird, der Erörterungstermin diene in erster Linie dem wechselseitigen Informationsaustausch und dem gütlichen Interessenausgleich (**Verständigungszweck**), indem die Betroffenen die Möglichkeit erhalten, ihre Bedenken zu formulieren, Alternativen vorzuschlagen oder Entschädigungsforderungen zu stellen.[218] Ziel sei es, einen gütlichen **Ausgleich der widersprechenden Interessen herbeizuführen**, indem entweder Beteiligte ihre Einwendungen zurücknehmen oder diesen durch Änderungen des Plans entsprochen wird.[219] Insgesamt sei ein befriedender Ausgleich der Interessen zu finden.[220] 286

Auch bei dieser Fragestellung muss an die Funktion des Planfeststellungsverfahrens erinnert werden, was sich wie ein roter Faden durch die gesamte Diskussion zieht. Das Anhörungsverfahren ist **kein Instrumentarium der Bürgerbeteiligung** im Sinne einer allgemeinen Meinungsbildung. Im grundrechtsrelevanten Bereich (bei Bauvorhaben regelmäßig Art. 14 GG) ist stets ein verhältnismäßiger Ausgleich zwischen Anspruchsgewährung und Rechtsbeeinträchtigung zu finden. Das Verwaltungsverfahrensrecht sieht hierfür aber offenbar das Anhörungsverfahren nicht vor, anderenfalls hätte man es zeitlich zu einem früheren Verfahrensstadium verankern müssen. Da grundsätzlich nur die schriftlich erhobenen Einwendungen (mit Präklusionswirkung versehen) erörtert werden, soll ja offenbar gerade nicht die Möglichkeit eröffnet werden, **allgemeine Interessenserwägungen** anzustellen. Vielmehr sollen stringent konkrete Einwendungen abgearbeitet werden. Nur in diesem rechtlichen Rahmen – auch im Hinblick auf die Beschleunigung der Verfahren – kann sich eine Befriedung der Interessen oder auch **vernünftiger Verwaltungspragmatismus** abspielen. Hierzu wird der Vorhabensträger üblicherweise auch im Eigeninteresse gerne bereit sein und auch pragmatisch Zusagen abgeben, auf die vielleicht kein Rechtsanspruch besteht. In der Praxis wird aber unter dem Deckmantel der Befriedungsfunktion des Anhörungsverfahrens oftmals die **Formalität und Stringenz des Planfeststellungsverfahrens** unterlaufen, indem beispielsweise allgemeine Projekterwägungen, Trassenvarianten, politische Argumente etc. ausführlich erörtert werden. Dies kann im Einzelfall Sinn machen, wenn dadurch anschließend eine höhere Akzeptanz des Projekts erreicht wurde, die dem Vorhabensträger bei der späteren baulichen Umsetzung seines Projekts zugutekommt. Es kann aber auch ein Projekt durch ständige Nachverhandlung, Erörterung sachfremder Themen und Nachforderungen (insbesondere das Einholen von Gutachten) lähmen und verzögern. Es obliegt dem Verhandlungsführer, hier durch angemessene Verfahrensführung den Aufgaben des § 68 Abs. 2 VwVfG gerecht zu werden. 287

Letztlich steht dem **Verhandlungsleiter ein großer Gestaltungsspielraum bei der Durchführung des Erörterungstermins zu**, wobei er versuchen muss, den Termin möglichst zielstrebig zum Abschluss zu bringen (§ 67 Abs. 3 VwVfG) und andererseits allen Beteiligten in ange- 288

216 *Dürr*, VBlBW 1992, 321.
217 VGH Mannheim, Urt. v. 21.10.1988 – 5 S 1088/88 – NVwZ-RR 1998, 354, 355.
218 Obermeyer/*Allesch*/*Häußler*, § 73 Rn 119.
219 *Ule*/*Laubinger*, § 40 Rn 40.
220 Stelkens/Bonk/Sachs/*Bonk*/*Neumann*, § 73 Rn 128.

messener Form rechtliches Gehör gewähren muss.[221] Er kann bestimmte Einwendungen sachlich zusammenfassen und gemeinsam erörtern, z.B. die von vielen Einwendern gleichmäßig vorgebrachte Eigentumsbeeinträchtigung bei einem Bauvorhaben mit weitreichendem Flächenverbrauch. Auch können Einwendungen von der Erörterung ausgeschlossen werden, beispielsweise wenn sich diese ausschließlich auf Fragen der Entschädigungshöhe beziehen. Auch eine Begrenzung der Redezeit kann ein probates Mittel zur Förderung des Erörterungstermins sein.

cc) Ordnung

289 Nach § 68 Abs. 3 VwVfG ist der **Verhandlungsleiter für die Ordnung verantwortlich**. Dem Verhandlungsleiter steht die Ordnungsgewalt zu und umfasst alle Maßnahmen der **„Sitzungspolizei“**.[222]

290 **Abzugrenzen ist die Ordnungsgewalt vom Hausrecht**. Unter dem Begriff „Hausrecht“ wird die den Verwaltungsorganen zustehende Befugnis verstanden, zur Abwehr von Störungen über Zutritt und Verweilen von Besuchern in denjenigen abgeschlossenen Räumen ihrer Herrschaftsgewalt zu bestimmen, die sich im Verwaltungsgebrauch befinden.[223] Daher ist das Hausrecht grundsätzlich weiter gefasst als die Ordnungsgewalt des Verhandlungsleiters, die sich bereits räumlich nur auf den Verhandlungsort bezieht. Störungen außerhalb des Verhandlungsortes können daher nur vom Hausherren als Inhaber des Hausrechts abgewehrt werden.[224]

291 Der Verhandlungsleiter kann nach § 68 Abs. 3 S. 2, 3 VwVfG Personen, die seine Anordnungen nicht befolgen, entfernen lassen und die Verhandlung ohne diese Personen fortsetzen.

292 Es steht insoweit im Ermessen des Verhandlungsleiters, alle verhältnismäßigen Maßnahmen zu treffen, um die Ordnung in der Sitzung aufrechtzuerhalten oder wiederherzustellen und seine Anordnungen durchzusetzen.[225]

293 Als einfache **sitzungspolizeiliche Maßnahme** kann der Versammlungsleiter Ermahnungen und Belehrungen aussprechen, das Wort entziehen und Zwischenrufe unterbinden.[226] Die Anordnung eines Ordnungsgeldes oder Ordnungshaft ist mangels Ermächtigungsgrundlage unzulässig.

294 Als **Ultima Ratio** kann der Verhandlungsleiter **Saalverweise** aussprechen und ggf. mittels polizeilicher Vollstreckungshilfe durchsetzen. Aufgrund der Funktion des Anhörungsverfahrens zur Gewährung rechtlichen Gehörs muss es sich um einen besonders schwerwiegenden Grund der Ordnungsstörung handeln. Auch ein wiederholtes Stören durch Zwischenrufe kann einen Saalverweis rechtfertigen.[227] Im Rahmen der Verhältnismäßigkeit ist dabei zunächst ein nur temporärer Ausschluss von der Sitzung zu prüfen.

295 Lässt sich die Ordnung in der Sitzung auch durch Entfernen störender Personen nicht herstellen, kann der Erörterungstermin durch den Verhandlungsleiter abgebrochen werden. Sie ist

---

221 Stelkens/Bonk/Sachs/*Sachs*, § 68 Rn 23.

222 *Kopp/Ramsauer*, § 68 Rn 18; Bader/Ronellenfitsch/*Michler*, § 68 Rn 32.

223 *Ehlers*, DÖV 1977, 737, 743.

224 Bader/Ronellenfitsch/*Michler*, § 68 Rn 33.

225 Zum Ordnungsrecht in einer Ratssitzung: OVG Münster, Urt. v. 10.9.1982 – 15 A 1223/80 – NVwZ 1983, 485, 486: *„(...) Ordnung in den Sitzungen umfasst nicht nur die den Verfahrensablauf regelnden normativen Bestimmungen der Gemeindeordnung und der kommunalen Satzungen und Geschäftsordnungen, sondern darüber hinaus auch den Gesamtbestand der (...) innerorganisatorischen Verhaltensregeln, die für einen reibungslosen Geschäftsablauf notwendig sind.“*

226 *Büllesbach/Diercks*, DVBl. 1991, 469, 475; Bader/Ronellenfitsch/*Michler*, § 68 Rn 36; *Kopp/Ramsauer*, § 68 Rn 19.

227 BVerwG, Urt. v. 30.1.2002 – 9 A 20/01 – NVwZ 2002, 984, 986.

dann zu einem späteren Zeitpunkt fortzusetzen oder durch schriftliche Anhörung – in der Regel bei weit fortgeschrittener Erörterung – zu beenden.[228]

Aus der schwierigen Stellung des Verhandlungsleiters für eine stringente Verfahrensführung zu sorgen, umfassend rechtliches Gehör zu gewähren und gleichermaßen als neutraler Vermittler widerstreitender Interessen zu agieren, resultieren nicht selten **Befangenheitsanträge gegen den Verhandlungsführer** in Anwendung des § 21 VwVfG. Ein Verhandlungsführer ist befangen, wenn aufgrund objektiver Tatsachen vernünftigerweise nicht ausgeschlossen werden kann, dass er die Sache mit den Parteien nicht unparteiisch oder unbefangen erörtern kann.[229] Gegenüber jedermann muss ein Maß an innerer Distanz und Neutralität gewahrt sein.[230] Die **Darlegung einer Rechtsauffassung** begründet dabei für sich genommen keine Besorgnis der Befangenheit, insbesondere wenn sie der Einführung in den Sach- und Streitstand dient; etwas anderes gilt, wenn die Äußerungen stark unsachlich oder diskriminierend sind.[231] 296

Wird gegen den Versammlungsleiter der Vorwurf der Befangenheit geäußert, so ist dieser nach § 21 Abs. 1 VwVfG verpflichtet, den **Leiter der Behörde** zu unterrichten. Lehnt er hingegen einen gegen sich gerichteten Befangenheitsantrag, der nicht rechtsmissbräuchlich ist, selbst ab, ohne den Behördenleiter zu informieren, kann gerade diese Vorgehensweise die Besorgnis der Befangenheit ihm gegenüber rechtfertigen.[232] 297

dd) Niederschrift

Über den Erörterungstermin ist entsprechend § 68 Abs. 4 S. 1 VwVfG eine Niederschrift zu fertigen. Zur **Abfassung der Niederschrift** bedient sich der Verhandlungsleiter angefertigter Mitschriften oder Mitschnitte auf Tonträgern. Letzteres dürfte mittlerweile der Normalfall sein. Ein Mitschnitt der Erörterung durch den Verhandlungsleiter (der diesen ankündigen muss) ist auch ohne die Zustimmung der Beteiligten – anders bei Mitschnitten der anderen Beteiligten – zulässig.[233] 298

Nach § 68 Abs. 4 S. 2 VwVfG muss die Niederschrift Angaben enthalten über 299
- den Ort und den Tag der Verhandlung,
- den Namen des Verhandlungsleiters, der erschienenen Beteiligten, Zeugen und Sachverständigen,
- den behandelten Verfahrensgegenstand und die gestellten Anträge,
- den wesentlichen Inhalt der Aussagen der Zeugen und Sachverständigen,
- das Ergebnis des Augenscheins.

Neben diesem **vorgeschriebenen Mindestinhalt** kann der Verhandlungsleiter auch weitere Vorgänge dokumentieren, wenn er dies für zielführend hält. Es empfiehlt sich jedenfalls, rechtsverbindliche Erklärungen (z.B. Verzichtserklärungen) und Ordnungsmaßnahmen im Hinblick auf eine gerichtliche Überprüfung sauber zu dokumentieren. 300

Streitig ist, ob die Beteiligten einen Anspruch darauf haben, dass **bestimmte Äußerungen in die Niederschrift aufgenommen** werden. Dies wird teilweise verneint und den Beteiligten 301

228 Stelkens/Bonk/Sachs/*Sachs*, § 68 Rn 31; Bader/Ronellenfitsch/*Michler*, § 68 Rn 40.
229 *Büllesbach/Diercks*, DVBl. 1991, 469, 476.
230 *Wahl*, NVwZ 1990, 426, 432 unter Hinweis auf den „Testfall" bei der seinerzeitigen Bundesbahnplanung, wo Vorhabenträger und Planfeststellungsbehörde identisch waren.
231 BayVGH, Urt. v. 29.12.2011 – 22 N 08.190 – BayVBl. 2012, 500, 501; *Kopp/Ramsauer*, § 21 Rn 14.
232 BayVGH, Urt. v. 29.12.2011 – 22 N 08.190 – BayVBl. 2012, 500, 501.
233 *Stober*, DVBl. 1976, 371, 375; *Kopp/Ramsauer*, § 68 Rn 29; Bader/Ronellenfitsch/*Michler*, § 68 Rn 56.

lediglich die Möglichkeit zugesprochen, die Aufnahme ihrer Äußerungen in die Niederschrift anzuregen.[234] Auch wird vertreten, die Betroffenen könnten beantragen, eine gestraffte Zusammenfassung ihrer Äußerungen aufzunehmen, worüber dann nach pflichtgemäßem Ermessen zu entscheiden sei.[235] Letztlich sollen die Beteiligten bei Vorliegen eines berechtigten Interesses einen **Anspruch auf Niederschrift** ihrer Äußerung haben.[236] § 68 Abs. 4 VwVfG schreibt zwingend die Mindestanforderungen an die Niederschrift vor. Danach sind die gestellten Anträge und der wesentliche Inhalt der Aussagen der Zeugen und Sachverständigen zu protokollieren. In diesem Kontext erscheint es sinnwidrig, die wesentlichen Aussagen der Beteiligten nicht zwingend protokollieren zu müssen, dienen sie doch gleichermaßen hauptsächlich dazu, eine abwägungsfehlerfreie Sachentscheidung treffen zu können und hierfür auf alle wesentlichen Aspekte Zugriff haben zu müssen. Letztlich fließen die protokollierten Stellungnahmen maßgeblich in die **Stellungnahme der Anhörungsbehörde** gegenüber der Planfeststellungsbehörde ein. Insoweit ist der Meinung zuzustimmen, dass die Beteiligten einen Anspruch auf Protokollierung ihrer Äußerungen haben. Bei Versagung können die Beteiligten jedenfalls den – dann zwingend zu protokollierenden – Antrag auf Aufnahme ihrer Äußerung ins Protokoll stellen. Damit wäre der Streit über die Niederschrift überprüfbar dokumentiert.

302 Die **Niederschrift über den Erörterungstermin** ist vom Verhandlungsleiter und dem ggf. hinzugezogenen Schriftführer zu unterzeichnen, § 68 Abs. 4 S. 3 VwVfG. Ferner ermöglicht § 68 Abs. 4 S. 4 VwVfG eine Bezugnahme auf Anlagen (z.B. Teilnehmerliste), welche ausdrücklich in der Niederschrift herzustellen ist.

4. Stellungnahme der Anhörungsbehörde

303 Zum Ergebnis der Anhörung gibt die Anhörungsbehörde eine **Stellungnahme** ab und leitet diese möglichst innerhalb eines Monats nach Abschluss der Erörterung mit dem Plan, den Stellungnahmen der Behörden und Vereinigungen nach Abs. 4 S. 5 sowie den nicht erledigten Einwendungen der Planfeststellungsbehörde zu, § 73 Abs. 9 VwVfG.

304 Durch diese schriftliche Stellungnahme wird das Anhörungsverfahren abgeschlossen. Die Stellungnahme entfällt, wenn Anhörungs- und Planfeststellungsbehörde identisch sind.

305 Die Stellungnahme muss so ausführlich gestaltet sein, dass die **Planfeststellungsbehörde in die Lage versetzt wird, auf dieser Grundlage eine Abwägungsentscheidung zu treffen.**[237] Da der Planfeststellungsbehörde der unmittelbare Eindruck des Erörterungstermins fehlt, kann die Anhörungsbehörde ihre Stellungnahme nicht nur auf die Niederschrift über den Erörterungstermin stützen, sondern muss eine eigene Bewertung und Beurteilung, ggf. alternative Lösungsmöglichkeiten und Erheblichkeitsbewertungen abgeben.[238]

306 Streitig wird die Frage diskutiert, ob die Anhörungsbehörde in ihrer Stellungnahme nach § 73 Abs. 9 VwVfG bei Vorhaben, die einer Umweltverträglichkeitsprüfung unterliegen, auch die **zusammenfassende Darstellung der Umweltauswirkungen** vorzunehmen hat. Nach § 11 UVPG erarbeitet die zuständige Behörde auf Grundlage der Unterlagen des Vorhabensträgers, der behördlichen Stellungnahmen sowie den Äußerungen der betroffenen Öffentlichkeit eine zusammenfassende Darstellung der Umweltauswirkungen des Vorhabens sowie der Maßnahmen, mit denen erhebliche nachteilige Umweltauswirkungen des Vorhabens vermieden, vermindert oder ausgeglichen werden, einschließlich der Ersatzmaßnahmen bei nicht aus-

234 Obermeyer/*Seegmüller*, § 68 Rn 78.
235 Stelkens/Bonk/Sachs/*Sachs*, § 68 Rn 35.
236 *Kopp/Ramsauer*, § 68 Rn 24.
237 Stelkens/Bonk/Sachs/*Bonk/Neumann*, § 73 Rn 139.
238 *Kopp/Ramsauer*, § 73 Rn 125.

gleichbaren, aber vorrangigen Eingriffen in Natur und Landschaft unter Einbeziehung eigener Ermittlungen.

Dieses wird teilweise unter Hinweis auf die besondere **Sachnähe der Anhörungsbehörde** sowie der Verpflichtung zur Vorbereitung der Planungsentscheidung bejaht.[239] Das BVerwG hat diese Frage jedoch zutreffend verneint und darauf verwiesen, dass „zuständige Behörde" für die Darstellung der Umweltauswirkungen die Behörde ist, die für das behördliche Verfahren i.S.d. UVPG zuständig ist, deren unselbstständiger Teil die Umweltverträglichkeitsprüfung ist, also die für die Zulassungsentscheidung zuständige Behörde. Dies ist – bei einem Auseinanderfallen von Anhörungs- und Planfeststellungsbehörde – die Planfeststellungsbehörde, was sich schon daraus ergibt, dass die zusammenfassende Darstellung der Umweltauswirkungen nach § 11 S. 4 UVPG in der Begründung der Entscheidung über die Zulassung eines Vorhabens erfolgen kann, für die einzig die Planfeststellungsbehörde verantwortlich ist.[240] 307

Zu Recht wird darauf hingewiesen, dass damit nicht ausgeschlossen ist, dass die Anhörungsbehörde die zusammenfassende Darstellung die Umweltauswirkungen für die Planfeststellungsbehörde vorbereitet.[241] 308

VII. Planänderungen während des Planfeststellungsverfahrens

Änderungen des Plans können **in jedem Verfahrensstadium** erforderlich werden. Bis zur Auslegung des Plans kann der Vorhabensträger seinen Plan jederzeit modifizieren oder ergänzen. Das VwVfG regelt die Planänderungen im Verfahrensablauf für zwei Abschnitte: **Planänderungen nach Auslegung bis zur Feststellung des Plans** bemessen sich nach § 73 Abs. 8 VwVfG. **Änderungen des Plans nach Erlass des Planfeststellungsbeschlusses bis zur baulichen Fertigstellung des Vorhabens** richten sich nach § 76 VwVfG. Sofern ein zur Planänderung nach § 76 VwVfG gestellter Plan nach erfolgter Auslegung aber vor Erlass des Planänderungsbeschlusses erneut geändert werden soll, ist hierfür § 73 Abs. 8 VwVfG anwendbar, da sich das Änderungsverfahren seinerseits systematisch nach §§ 73 ff. VwVfG richtet und vom Sinn und Zweck das ergänzende Anhörungsverfahren verfahrensrechtlich einschlägig ist. 309

Die hier zu behandelnden Planänderungen beziehen sich nur auf den **Zeitraum nach der Auslegung und vor der Feststellung des Plans.** § 73 Abs. 8 VwVfG regelt diesen Fall dahingehend, dass bei Änderung eines ausgelegten Plans, den Behörden oder Dritten, deren Aufgabenbereich oder Belange erstmalig oder stärker als bisher berührt sind, die Änderung mitzuteilen sowie ihnen Gelegenheit zu Stellungnahmen und Einwendungen innerhalb von zwei Wochen zu geben ist. 310

Das Procedere des **Umgangs mit Planänderungen nach § 73 Abs. 8 VwVfG** stellt daher kein neues Verfahren dar. Vielmehr wird das noch nicht abgeschlossene Anhörungsverfahren modifiziert, wobei sich der später zu erlassende Planfeststellungsbeschluss nur noch auf das geänderte Vorhaben bezieht.[242] 311

§ 73 Abs. 8 VwVfG ist nicht auf Änderungen des ausgelegten Plans anwendbar, wenn die Änderung das **Gesamtkonzept des Vorhabens berührt** und dessen Identität nicht mehr gewahrt ist (Vorhaben, das nach Gegenstand, Art, Größe und Betriebsweise im Wesentlichen andersartig ist).[243] In diesen Fällen ist das Anhörungsverfahren vollständig nachzuholen. 312

---

239 Knack/Henneke/*Dürr*, § 73 Rn 114, 111.
240 BVerwG, Urt. v. 5.3.1997 – 11 A 25/95 – NVwZ 1998, 513, 514.
241 *Kopp/Ramsauer*, § 73 Rn 127.
242 *Keilich*, S. 156 f.
243 BVerwG, Urt. v. 15.1.2004 – 4 A 11/02 – NVwZ 2004, 732, 733.

313 Es handelt sich ferner nicht um eine Planänderung i.S.d. § 73 Abs. 8 VwVfG, wenn **ergänzende oder überarbeitete Unterlagen**, beispielsweise Gutachten, **nachgereicht werden**. Etwas anderes gilt nur dann, wenn gerade hierdurch erstmalig eine Anstoßwirkung erfolgt.

314 Letztlich liegt keine Planänderung vor, wenn das Vorhaben so geändert wird, dass die **Auswirkungen** auf die Belange Dritter oder den Aufgabenbereich beteiligter Behörden **verringert** werden, beispielsweise durch eine Reduktion des Vorhabens.

315 Sofern eine Änderung des Plans i.S.d. Abs. 8 vorliegt, ist ein sog. **ergänzendes Anhörungsverfahren** durchzuführen. Dabei wird den betroffenen Dritten, Behörden oder Vereinigungen nach Abs. 4 S. 5 innerhalb einer zweiwöchigen Frist die Gelegenheit gegeben, zu den Änderungen Stellung zu nehmen bzw. Einwendungen zu erheben.

316 Da es sich um eine **Modifizierung des Anhörungsverfahrens** handelt, muss der geänderte Plan nicht ausgelegt werden. Die Planänderung wird lediglich mitgeteilt, wobei der Plan auf Anforderung zur Verfügung zu stellen ist. Etwas anderes gilt nur, wenn sich die Änderung auf das Gebiet einer anderen Gemeinde voraussichtlich auswirkt, die bisher nicht betroffen war, § 73 Abs. 8 S. 2 VwVfG. In diesem Falle ist der Plan dort auszulegen und zu erörtern. Im Umkehrschluss daraus bedarf es im Übrigen bei der Planänderung keines neuen Erörterungstermins.

317 Die Vorschriften über **Behördenbeteiligung und Einwendungspräklusion** sind im ergänzenden Anhörungsverfahren anwendbar.

318 In der Praxis tun sich Anhörungsbehörden und Vorhabensträger schwer, bei unwesentlichen Planänderungen konsequent nur ein ergänzendes Anhörungsverfahren durchzuführen. Oftmals wird auch eine erneute Auslegung bevorzugt, um „auf der sicheren Seite“ zu sein.

319 Tatsächlich sieht das Gesetz aber vor, dass nur bei wesentlichen – nachteiligen – Planänderungen überhaupt Gelegenheit zur Stellungnahme bzw. Einwendungserhebung gegeben werden muss. Es bedarf keiner Auslegung des geänderten Plans. Trotz Planänderung bedarf es ferner keines erneuten Anhörungsverfahrens, sondern nur eines ergänzenden Anhörungsverfahrens.

Praxistipp
Vorsicht ist aber insoweit geboten, als dass § 73 Abs. 8 VwVfG nur gegenüber denjenigen greift, denen die Planänderung auch mitgeteilt wurde, also nicht gegenüber unbekannten Betroffenen.

D. Formelles Beschlussverfahren

320 Das Planfeststellungsverfahren findet mit der **Feststellung des Plans** seinen verwaltungsverfahrensrechtlichen Abschluss. Diese Planfeststellung im engeren Sinne knüpft an § 73 Abs. 9 VwVfG an, wonach die Anhörungsbehörde zum Ergebnis des Anhörungsverfahrens eine Stellungnahme abgibt und diese innerhalb eines Monats nach Abschluss der Erörterungen der Planfeststellungsbehörde samt Plan, den Stellungnahmen der Behörden und Vereinigungen nach Abs. 4 S. 5 sowie den nicht erledigten Einwendungen zuleitet.

321 Für das **Planfeststellungsverfahren im engeren Sinne** ist nicht mehr die Anhörungsbehörde, sondern ausschließlich die **Planfeststellungsbehörde zuständig** (zur Identität von Anhörungs- und Planfeststellungsbehörde s.o.). Welche Behörde dies im Einzelfall ist, bemisst sich nach den Rechtsvorschriften, die für das fachplanungsrechtliche Verfahren ergangen sind. Sofern mehrere Rechtsgrundlagen in Betracht kommen, sind die mit dem Vorhaben verfolgten Ziele zu betrachten, um die Zuständigkeit zu ermitteln.[244] Ergibt sich, dass ein Vorhaben unterschiedliche Ziele verfolgt, welche **unterschiedliche Behördenzuständigkeiten** begründen,

244 OVG Lüneburg, Beschl. v. 1.12.2004 – 7 LB 44/02 – BeckRS 2005, 26718.

fehlt eine diesen Kompetenzstreit regelnde Norm.[245] Als Auslegungshilfe bietet sich – wie auch bei anderen Abgrenzungsstreitigkeiten innerhalb der Planfeststellung – eine **analoge Anwendung des § 78 VwVfG** an, der auf den höheren Sachanteil abstellt.[246] Der Anwendungsbereich des § 78 VwVfG außerhalb zweier selbstständiger Vorhaben ist aber höchst umstritten. Letztlich würde es auch den Fall nicht lösen, wo ein gewichtigerer Sachanteil nicht festzustellen ist. Insoweit wird – was auch einer vernünftigen praktischen Handhabung für den Vorhabensträger entspricht – vorgeschlagen, dass dem zuerst eingeleiteten Verfahren Vorrang einzuräumen ist, sprich die vom Vorhabensträger angegangene Behörde zuständig ist.[247] Ferner wird pragmatisch vorgeschlagen, dass in diesem Fall die andere „zuständige" Behörde beteiligt werden muss.[248]

I. Feststellung des Plans

Die Planfeststellungsbehörde stellt den Plan fest (**Planfeststellungsbeschluss**). Anstelle des Planfeststellungsbeschlusses kann eine **Plangenehmigung** erteilt werden. In bestimmten Fällen können Planfeststellung und Plangenehmigung entfallen (teilweise wird von einem **Planfreistellungsbeschluss** gesprochen[249]). 322

Bei allen genannten Feststellungen handelt es sich um **Verwaltungsakte i.S.d. § 35 VwVfG**, wobei die konkretisierende Einordnung unterschiedlich bewertet wird,[250] was jedoch zu keinen praxisrelevanten Unterschieden führt.[251] 323

1. Planfeststellung

Da es sich beim Planfeststellungsverfahren um ein förmliches Verwaltungsverfahren handelt, gelten für den Planfeststellungsbeschluss grundsätzlich die Voraussetzungen des § 69 VwVfG – worauf in § 74 Abs. 1 S. 2 VwVfG auch verwiesen wird – mit Ausnahme der spezielleren Bekanntgabevorschriften. 324

Danach ist der Planfeststellungsbeschluss **schriftlich zu erlassen und schriftlich zu begründen**. Auch der Erlass in elektronischer Form ist möglich, soweit er mit einer dauerhaft überprüfbaren qualifizierten elektronischen Signatur versehen ist. 325

Der Planfeststellungsbeschluss ist ein **Verwaltungsakt**, der eine Bescheidung (verfügender Teil mit Nebenbestimmungen), eine Begründung mit Sachverhaltsdarstellung und rechtlicher Würdigung sowie eine Rechtsbehelfsbelehrung enthält.[252] 326

Der Planfeststellungsbeschluss muss den allgemeinen Anforderungen an Verwaltungsakte genügen, insbesondere **inhaltlich hinreichend bestimmt** sein. Die Anforderungen an die inhaltliche Bestimmtheit ergeben sich dabei nicht aus § 73 Abs. 1 S. 2 VwVfG, da diese Vorschrift nur den Verfahrensstand des Anhörungsverfahrens und die damit bezweckte Anstoßfunktion 327

245 Stelkens/Bonk/Sachs/*Bonk*/*Neumann*, § 74 Rn 5.
246 A.A. Stelkens/Bonk/Sachs/*Bonk*/*Neumann*, § 74 Rn 5.
247 OVG Berlin, Beschl. v. 20.10.2000 – 2 S 9/00 – NVwZ-RR 2001, 89, 91.
248 Stelkens/Bonk/Sachs/*Bonk*/*Neumann*, § 74 Rn 5.
249 Obermeyer/*Allesch*/*Häußler*, § 74 Rn 177.
250 Siehe die Auflistung bei Knack/Hennecke/*Dürr*, § 74 Rn 10, jeweils mit Nachweis: Allgemeinverfügung, Bündel von Einzelakten, personaler oder dinglicher Verwaltungsakt, feststellender Verwaltungsakt, Verwaltungsakt mit Mischcharakter und mit Doppelwirkung, Sammelverfügung, qualifizierte Anlagengenehmigung, umfassende Gestaltung multidimensionaler Rechtsverhältnisse oder dingliche Allgemeinverfügung bzw. Gesamtverwaltungsakt.
251 *Fickert*, S. 76; Knack/Henneke/*Dürr*, § 74 Rn 10.
252 Knack/Henneke/*Dürr*, § 74 Rn 31.

regelt.[253] Die **Bestimmtheitskriterien ergeben sich** vielmehr **aus dem materiellen Recht** der von dem Planfeststellungsbeschluss konzentrierten Genehmigungen, die – sofern vom Verfahren konzentriert – detailliert darzustellen sind.[254]

328 Die Einbeziehung der im Verfahren einbezogenen und dem Plan beigefügten Lagepläne, Verzeichnisse, Gutachten etc. genügt dem Bestimmtheitsgebot.[255]

329 Der Planfeststellungsbeschluss bedarf einer Begründung, die nicht zwingend den gesamten Verfahrens- und Diskussionsstand wiederholt, sondern die **wesentlichen Erwägungen der Behörde und die zurückgewiesenen Einwendungen** erläutert. Die Planfeststellungsbehörde hat die wesentlichen tatsächlichen und rechtlichen Gründe aufzuführen, die sie zu ihrer Entscheidung bewogen haben; da die Planfeststellungsbehörde zugleich ihre planerische Gestaltungsfreiheit wahrnimmt, hat sie auch die Erwägungen, die insoweit für sie leitend waren, darzustellen.[256]

330 Insbesondere sind in der Begründung des Planfeststellungsbeschlusses die Zurückweisung sich anbietender oder aufdrängender **Planungsvarianten** abwägend darzustellen.[257]

2. Plangenehmigung

331 Anstelle des Planfeststellungsbeschlusses kann unter bestimmten Voraussetzungen eine Plangenehmigung erteilt werden.

332 Bei der Plangenehmigung handelt es sich um einen **Verwaltungsakt, der nicht im förmlichen Verwaltungsverfahren ergeht**, § 74 Abs. 6 S. 2 Hs. 2 VwVfG. Die Vorschriften über das Planfeststellungsverfahren sind folglich nicht anwendbar, jedoch hat die Plangenehmigung die Rechtswirkungen der Planfeststellung.

333 Dies bedeutet, dass für das Plangenehmigungsverfahren die Vorschriften des Verfahrensrechts zur **Wirksamkeit eines Verwaltungsakts** anwendbar sind, beispielsweise gilt für die Anhörung § 28 VwVfG, für die Bekanntgabe § 41 VwVfG und für die Beteiligung von anerkannten Naturschutzvereinen § 63 BNatSchG.[258] Da § 74 Abs. 2 S. 3 VwVfG nicht anwendbar ist, kommt eine Überwindung von Rechtsbeeinträchtigungen Dritter durch Entschädigung nicht in Betracht.

334 Da die Plangenehmigung ohne das besondere Anhörungsverfahren des Planfeststellungsverfahrens erteilt werden kann, kann bei Vorhaben, für die eine Umweltverträglichkeitsprüfung erforderlich ist, die gesetzlich vorgeschriebene Beteiligung nicht gewahrt werden.

335 Daher hatten die Fachplanungsgesetze auch normiert, dass nur für Vorhaben, bei denen keine Umweltverträglichkeitsprüfung erforderlich ist, eine Plangenehmigung erteilt werden kann. Dies wurde durch das PlVereinhG nunmehr auf das VwVfG verlagert. § 74 Abs. 6 Nr. 3 VwVfG stellt insoweit klar, dass bei Vorhaben, bei denen eine Umweltverträglichkeitsprüfung erforderlich ist, eine Plangenehmigung nicht in Betracht kommt.

336 **Voraussetzung für eine Plangenehmigung** ist, dass es sich zunächst um ein Vorhaben handelt, welches nach Maßgabe des Fachplanungsrechts der Durchführung eines Planfeststellungsverfahrens bedarf. Die Plangenehmigung ergeht **anstelle des Planfeststellungsbeschlusses**, sodass zunächst ein Planfeststellungsverfahren eingeleitet worden sein muss und sich dann für die Planfeststellungsbehörde die Entscheidungsalternative einer Plangenehmigung

253 VGH Kassel, Beschl. v. 28.8.1986 – 5 TH 3071/84 – NVwZ 1987, 987, 990.
254 VGH Kassel, Beschl. v. 28.8.1986 – 5 TH 3071/84 – NVwZ 1987, 987, 991.
255 Knack/Henneke/*Dürr*, § 74 Rn 32.
256 BVerwG, Urt. v. 5.12.1986 – 4 C 13.85 – DVBl. 1987, 573, 584.
257 BVerwG, Urt. v. 30.5.1984 – 4 C 58.81 – DVBl. 1984, 1075; Urt. v. 5.12.1986 – 4 C 13.85 – DVBl. 1987, 573, 584.
258 *Kopp/Ramsauer*, § 74 Rn 168.

ergibt. Der Vorhabensträger hat insoweit einen Anspruch auf ermessensfehlerfreie Entscheidung.

Weiterhin kommt eine Plangenehmigung nur in Betracht, wenn **Rechte anderer nicht beeinträchtigt werden** oder die Betroffenen sich mit der Inanspruchnahme ihres Eigentums oder eines anderen Rechts schriftlich einverstanden erklärt haben und mit den Trägern öffentlicher Belange, deren Aufgabenbereich berührt wird, das Benehmen hergestellt worden ist, § 74 Abs. 6 S. 1 VwVfG. 337

Zunächst bedarf es also der Feststellung, dass Rechte anderer durch das zur Plangenehmigung gestellte Vorhaben nicht beeinträchtigt werden. Der Begriff **„Rechte anderer"** ist enger gefasst als der der „Belange". Er wird identisch in § 74 Abs. 2 S. 2 VwVfG und § 75 Abs. 2 S. 2 VwVfG verwendet. Umfasst sind insbesondere Eigentumsrechte sowie alle subjektiven öffentlichen und privaten Rechte.[259] Die Rechtsprechung versteht unter dem Begriff der Rechtsbeeinträchtigung nur den **direkten Zugriff auf fremde Rechte**, nicht aber die bei jeder raumbeanspruchenden Planung gebotene wertende Einbeziehung der Belange Dritter in die Abwägungsentscheidung.[260] 338

Ferner muss eine **Prognoseentscheidung** getroffen werden, ob die Rechte anderer beeinträchtigt sein können.[261] Für die Feststellung der Beeinträchtigung gibt es **keine Bagatell- oder Zumutbarkeitsgrenze**. Da Rechte der Betroffenen tangiert sind, steht ihnen generell eine rechtliche Abwehrmöglichkeit zu. Somit scheidet eine Plangenehmigung bereits aus, wenn Grundstücke Dritter ohne deren Zustimmung von der Planung berührt sind. 339

Der Anwendungsbereich der Plangenehmigung ist auch dann eröffnet, wenn Rechte anderer nur **unwesentlich** beeinträchtigt sind. 340

Alternativ zur fehlenden Beeinträchtigung der Rechte anderer steht das schriftliche Einverständnis der Betroffenen mit der Inanspruchnahme ihres Eigentums oder eines anderen Rechts. 341

Die schriftliche Erklärung unterliegt den **allgemeinen Auslegungsgrundsätzen**. Es muss für die beurteilende Behörde mit hinreichender Deutlichkeit erkennbar sein, dass die Betroffenen erkannt haben, inwieweit ihre Rechte beeinträchtigt sind und das sie ausdrücklich damit einverstanden sind. Üblicherweise wird es sich dabei um privatrechtliche Gestattungen handeln, die der Vorhabensträger in Vorbereitung zur Plangenehmigung eingeholt hat. Eine notarielle Beurkundung einer solchen Vereinbarung ist wegen § 311b BGB nur dann erforderlich, wenn Grundstücksübertragungen in der Vereinbarung geregelt werden sollen. Außerhalb dieses Anwendungsbereichs ist eine notarielle Form des Einverständnisses nicht erforderlich.[262] 342

Sofern keine Rechtsbeeinträchtigung Betroffener bzw. deren schriftliches Einverständnis vorliegt, bedarf es weiterhin des **Benehmens mit den Trägern öffentlicher Belange**, deren Aufgabenbereich berührt wird. 343

Es handelt sich dabei um die Behördenbeteiligung derjenigen Stellen, die durch die **Konzentrationswirkung** der Planfeststellung unzuständig geworden sind. Da das Gesetz nur die Herstellung des Benehmens und nicht das Einvernehmen fordert, kommt es nur darauf an, die Behörden angemessen beteiligt zu haben.[263] Fristen zur Stellungnahme sind nicht vorgeschrie- 344

259 BVerwG, Urt. v. 22.3.1995 – 11 A 1/95 – NVwZ 1996, 392, 393; Stelkens/Bonk/Sachs/*Bonk*/*Neumann*, § 74 Rn 227.

260 BVerwG, Beschl. v. 24.2.1998 – 4 VR 13/974, A 39/97 – NVwZ 1998, 1178, 1179; Beschl. v. 31.10.2000 – 11 VR 12/00 – NVwZ 2001, 90; OVG Lüneburg, Beschl. v. 24.9.2002 – 7 MS 180/02 – NVwZ-RR 2003, 478, 479; VGH Mannheim, Urt. v. 21.10.1999 – 5 S 2575/98 – NVwZ-RR 2000, 420, 421.

261 *Kopp*/*Ramsauer*, § 74 Rn 164.

262 VGH Mannheim, Urt. v. 6.4.2002 – 8 S 1997/03 – NVwZ-RR 2005, 377, 378.

263 BVerwG, Beschl. v. 31.10.2000 – 11 VR 12/00 – NVwZ 2001, 90, 91; Stelkens/Bonk/Sachs/*Dürr*, § 74 Rn 166; *Kopp*/*Ramsauer*, § 74 Rn 166.

ben. Negative Stellungnahmen der Behörden können im Rahmen der Abwägung überwunden werden und führen nicht zu einer Unzulässigkeit des Plangenehmigungsverfahrens.

345 Liegen alle Voraussetzungen einer Plangenehmigung nach § 74 Abs. 6 S. 1 VwVfG vor, steht die Entscheidung auf Durchführung des Plangenehmigungsverfahrens anstelle des Planfeststellungsverfahrens im Ermessen der Behörde. Die **Ermessenentscheidung hat sich an der gesetzlichen Ratio des Plangenehmigungsverfahrens als Instrument zur Verfahrensbeschleunigung zu orientieren**;[264] der Vorhabensträger hat insoweit einen Anspruch auf hieran ausgerichtete ermessensfehlerfreie Entscheidung.

346 Die Plangenehmigung hat die Rechtswirkung der Planfeststellung, § 74 Abs. 6 S. 2 VwVfG.

347 Dies gilt auch für die enteignungsrechtliche Vorwirkung, was in der Fachplanung bereits verankert war. Die bisherige Abweichung im VwVfG wurde durch das PlVereinhG beseitigt. Das ist zwar insoweit nachvollziehbar, als dass aufgrund der fachgesetzlichen Anordnung eine Vereinheitlichung lediglich die ohnehin überwiegende Rechtssituation abbildet. Auf der anderen Seite kann eine Plangenehmigung nur in Betracht kommen, wenn Rechte anderer nicht beeinträchtigt sind oder diese schriftlich zugestimmt haben. So war es rechtstechnisch eigentlich logisch, die enteignungsrechtliche Vorwirkung nicht auf die Plangenehmigung zu erstrecken, da es sich insoweit nur um Fälle handlen kann, bei denen diese Voraussetzungen nicht vorliegen oder der Vorhabensträger entgegen der Prognose Rechte Dritter benötigt.[265]

3. Entfallen von Planfeststellung und Plangenehmigung, § 74 Abs. 7 VwVfG

348 In Fällen von **unwesentlicher Bedeutung entfallen Planfeststellung und Plangenehmigung**, § 74 Abs. 7 VwVfG. Der Vorhabensträger kann danach das Vorhaben auf eigenes Risiko realisieren. Der Behörde steht hinsichtlich der Entscheidung über den Entfall des Verfahrens kein Ermessen zu. Da es sich um keine Entscheidung der Verwaltungsbehörde handelt, treten auch keine genehmigenden Rechtsfolgen ein.

349 Die Entscheidung der Behörde, kein Planfeststellungs- oder Plangenehmigungsverfahren durchzuführen, kann vom Vorhabensträger gerichtlich überprüft werden.[266]

350 Voraussetzung ist zunächst, dass es sich um ein Vorhaben handelt, bei dem die **Durchführung eines Planfeststellungsverfahrens** dem Grunde nach zwingend **angeordnet** ist.

351 Dennoch kann von der Durchführung eines Planfeststellungs- oder Plangenehmigungsverfahrens abgesehen werden, wenn andere **öffentliche Belange nicht berührt sind oder die behördlichen Entscheidungen vorliegen** und sie dem Plan nicht entgegenstehen und **Rechte anderer nicht beeinflusst werden** oder mit den vom Plan Betroffenen entsprechende Vereinbarungen getroffen worden sind und nicht andere Rechtsvorschriften eine Öffentlichkeitsbeteiligung vorschreiben.

352 Der Begriff **„öffentliche Belange"** ist sehr weit gefasst. Außerdem erweitert die Abstellung auf eine bloße „Berührung" der Belange diese Voraussetzung nochmals. Daher schließt bereits jedwede negative Einwirkung auf einen öffentlichen Belang die Freistellung von der Planfeststellung aus.[267] Sofern behördliche Genehmigungen erforderlich sind, müssen diese – mangels Konzentrationswirkung – eingeholt werden und dürfen dem Plan nicht entgegenstehen.

353 Für private Betroffene wird die – auch hier weit zu verstehende – Beeinflussung auf Rechte begrenzt. Eine Verletzung subjektiver Rechte ist nicht erforderlich. Jede vernünftige in Betracht

---

264 Stelkens/Bonk/Sachs/*Dürr*, § 74 Rn 167.
265 *Kopp/Ramsauer*, § 74 Rn 173.
266 Knack/Henneke/*Dürr*, § 74 Rn 185.
267 Knack/Henneke/*Dürr*, § 74 Rn 181.

kommende **Möglichkeit nachteiliger Auswirkungen auf abwägungsrelevante Rechte anderer**, auch faktischer, indirekter Natur, fällt hierunter.[268]

Sofern eine negative Beeinflussung der Rechte Dritter vorliegt, kann dies durch eine entsprechende Vereinbarung mit den Betroffenen geregelt werden und steht dann nicht mehr dem Entfall der Planfeststellung entgegen. 354

II. Entscheidung über Einwendungen

Im Planfeststellungsbeschluss entscheidet die Planfeststellungsbehörde über die Einwendungen, über die bei der Erörterung vor der Anhörungsbehörde keine Einigung erzielt worden ist, § 74 Abs. 2 S. 1 VwVfG. 355

Eine **Einigung über Einwendungen** ist dann erzielt, wenn der Einwender seine Einwendung ausdrücklich zurückgenommen oder für erledigt erklärt hat. Eine Erledigung liegt auch vor, wenn sich aus den Umständen ergibt, dass die Einwendung in der Sache abgearbeitet wurde, z.B. durch die Zusage des Vorhabensträgers, bestimmte Schutzmaßnahmen zu ergreifen. Nicht erledigt ist eine Einwendung, die der Einwender unter Vorbehalt des Eintritts bestimmter Umstände oder den Erlass von Nebenbestimmungen gestellt hat. In diesem Fall erledigt sich die Einwendung erst mit dem Erlass des Beschlusses, worauf hingewiesen werden muss. 356

Aus der **Pflicht** der Planfeststellungsbehörde, **über alle Einwendungen entscheiden zu müssen**, über die keine Einigung erzielt worden ist, wird abgeleitet, die Behörde müsse auch über unzulässige Einwendungen entscheiden.[269] Andererseits wird auch vertreten, die Behörde müsse nur über rechtzeitig erhobene Einwendungen entscheiden, die sich darüber hinaus auch auf eigene Belange beziehen müssen.[270] 357

Systematisch knüpft die Entscheidung der Planfeststellungsbehörde an das **Ergebnis der Erörterung** durch die Anhörungsbehörde an. Die Anhörungsbehörde hat aber nach § 73 Abs. 6 VwVfG nur die rechtzeitig, also fristgemäß erhobenen Einwendungen zu erörtern. Es liegt dann nahe, dass die Planfeststellungsbehörde auch nur über fristgemäß erhobene Einwendungen entscheiden muss, auch wenn der Wortlaut des § 74 Abs. 2 S. 1 VwVfG diese Einschränkung nicht wiederholt. Jedenfalls gilt dies für eine Entscheidung in der Sache. Formell ist die Frage der Präklusion bzw. des Fristversäumnisses aber justiziabel (aufgrund der daraus folgenden materiellen Präklusion ist das eine Frage der Begründetheit der Klage). Daher hat die Planfeststellungsbehörde im Falle präkludierter Einwendungen die **Gründe für die Präklusion** darzulegen.[271] Kommt die Planfeststellungsbehörde zu dem Ergebnis, es habe kein Fristversäumnis vorgelegen, kann sie eine unterbliebene Anhörung nachholen (oder durch die Anhörungsbehörde nachholen lassen) oder Wiedereinsetzung gewähren.[272] 358

Im Planfeststellungsbeschluss muss über alle zulässigen Einwendungen entschieden werden. Dies bedeutet **nicht**, dass **über jede einzelne Einwendung ausdrücklich entschieden werden** muss. Vielmehr können gleichlautende Einwendungen zusammen behandelt werden. Auch Themenkomplexe können gemeinschaftlich beschieden werden. Es muss hinreichend deutlich werden, über welche Einwendungen positiv oder teilweise positiv entschieden wurde 359

268 VGH Mannheim, Urt. v. 13.4.2000 – 5 S 1136/98 – NVwZ 2001, 101, 103.
269 Obermeyer/*Allesch*/*Häußler*, § 74 Rn 77.
270 Stelkens/Bonk/Sachs/*Bonk*/*Neumann*, § 74 Rn 162.
271 *Ziekow*, § 74 Rn 38.
272 Stelkens/Bonk/Sachs/*Bonk*/*Neumann*, § 74 Rn 163.

und welche abschlägig beurteilt wurden. Die jeweilige Begründung hierfür muss für die Einwender erkennbar sein.[273]

III. Entscheidungsvorbehalte/Schutzauflagen/Entschädigung

360 Nach § 74 Abs. 2 S. 2 VwVfG hat die Planfeststellungsbehörde dem Träger des Vorhabens Vorkehrungen oder die Errichtung und Unterhaltung von Anlagen aufzuerlegen, die zum **Wohle der Allgemeinheit** oder **zur Vermeidung nachteiliger Wirkungen auf Rechte** anderer erforderlich sind. Dabei handelt es sich um Auflagen i.S.d. § 36 Abs. 2 Nr. 4 VwVfG, weshalb regelmäßig von Schutzauflagen gesprochen wird.[274]

361 Es geht dabei um die Beseitigung von **nicht durch Abwägung überwindbarer Nachteile zur Vermeidung unbilliger Härten**. Daher müssen die Schutzauflagen dem Wohl der Allgemeinheit dienen oder unzumutbare Einzelbeeinträchtigungen ausschließen. Sofern in speziellen Regelwerken[275] technische Grenzwerte festgelegt worden sind, ergibt sich daraus die Grenze der Zumutbarkeit.[276]

362 Die Planfeststellungsbehörde kann nicht entscheidungsreife Teile aus dem Planfeststellungsbeschluss ausklammern und unter **Entscheidungsvorbehalt** stellen, § 74 Abs. 3 VwVfG. Dem Träger des Vorhabens ist dabei aufzugeben, noch fehlende oder von der Planfeststellungsbehörde bestimmte Unterlagen rechtzeitig vorzulegen.

363 Der Entscheidungsvorbehalt darf das **Vorhaben inhaltlich nicht modifizieren**; eine inhaltliche Abänderung des Vorhabens kann nur der Vorhabensträger vornehmen.[277]

364 Ebenso darf der **Grundsatz der Konfliktbewältigung** nicht unterlaufen werden.[278] Die Planfeststellungsbehörde muss ohne Abwägungsfehler ausschließen, dass eine Lösung des offengehaltenen Problems durch die bereits getroffenen Festlegungen infrage gestellt wird; ferner dürfen die aufgrund des Vorbehalts ausgeklammerten Belange kein derartig hohes Gewicht besitzen, welches die Planungsentscheidung an sich als unausgewogen erscheinen lässt.[279] Der Entscheidungsvorbehalt setzt insoweit eine Prognose der später zu regelnden Konfliktlage voraus und ist nur zulässig, wenn sich im Zeitpunkt der Entscheidung die für die Lösung dieses anstehenden Konflikts notwendigen Informationen nicht mit vertretbarem Aufwand beschaffen lassen.[280]

365 Ein Vorbehalt darf erlassen werden, wenn eine abschließende Entscheidung nur deshalb nicht möglich ist, weil bestimmte Unterlagen noch fehlen. Die grundsätzliche Entscheidung über die Zulässigkeit des Vorhabens muss aber getroffen sein.

366 Sofern eine **Nebenbestimmung** nach § 36 VwVfG in Betracht kommt, ist diese vorrangig auszusprechen.

367 Nach Vorlegung der fehlenden Unterlagen entscheidet die Planfeststellungsbehörde über den vorbehaltenen Teil durch **Planergänzungsbeschluss**. Dem Grundsatz der einheitlichen Planungsentscheidung wird letztlich dadurch Rechnung getragen, dass der vorbehaltene Ergänzungsbeschluss mit dem Planfeststellungsbeschluss zu einer einheitlichen Entscheidung verbunden wird.[281]

---

273 *Kopp/Ramsauer*, § 74 Rn 93.
274 Knack/Henneke/*Dürr*, § 75 Rn 42 m.w.N.
275 BImSchV, TA-Lärm, TA-Luft, VDI-Richtlinie, DIN-Vorschriften: Knack/Henneke/*Dürr*, § 75 Rn 46.
276 BVerwG, Urt. v. 23.2.2005 – 4 A 4/04 – NVwZ 2005, 803, 807/808.
277 BVerwG, Urt. v. 11.7.2001 – 11 C 14/00 – BVerwGE 114, 364, 371 = NVwZ 2002, 350, 353.
278 BVerwG, Urt. v. 5.3.1997 – 11 A 25/95 – NVwZ 1998, 513, 518.
279 BVerwG, Urt. v. 5.3.1997 – 11 A 25/95 – NVwZ 1998, 513, 518.
280 BVerwG, Beschl. v. 17.12.1985 – 4 B 214/85 – NVwZ 1986, 640.
281 BVerwG, Beschl. v. 22.5.1996 – 4 B 30/95 – NVwZ-RR 1997, 217, 218.

Der Entscheidungsvorbehalt kann sich auch auf die **Anordnung von Schutzvorkehrungen** beziehen. Der Anwendungsbereich wird jedoch in der höchstrichterlichen Rechtsprechung eng skizziert. Nur wenn sich im Zeitpunkt des Planfeststellungsbeschlusses nachteilige Wirkungen weder mit der für eine Anordnung nach § 74 Abs. 2 S. 2 und 3 VwVfG hinreichenden Zuverlässigkeit voraussagen, noch dem Bereich nicht voraussehbarer Wirkungen nach § 75 Abs. 2 S. 2 bis 4 VwVfG zuordnen lassen, kommt ein Entscheidungsvorbehalt über Schutzvorkehrungen in Betracht.[282] Hiergegen wird eingewendet, dass sich in der Praxis viele Einwender durch einen entsprechenden Entscheidungsvorbehalt, dass nachträglich weitere Schutzmaßnahmen ergriffen würden, wenn sich eine zwar unwahrscheinliche, aber gleichwohl nicht ausgeschlossene Beeinträchtigung ergeben sollte, davon abhalten lassen würden, Rechtsmittel gegen den Planfeststellungsbeschluss einzulegen.[283] 368

Soweit Schutzauflagen untunlich oder mit dem Vorhaben unvereinbar sind, so haben die Betroffenen nach § 74 Abs. 2 S. 3 VwVfG einen Anspruch auf angemessene **Entschädigung in Geld**. Hierdurch wird keine generelle Entschädigungspflicht für sämtliche Nachteile statuiert.[284] 369

Voraussetzung für einen Entschädigungsanspruch ist zunächst, dass Schutzauflagen dem Grunde nach erforderlich sind. Diese müssen ferner entweder untunlich oder mit dem Vorhaben unvereinbar sein. 370

Rein sprachlich versteht man unter Untunlichkeit, dass eine Maßnahme unvernünftig oder ungeeignet ist und nicht angeraten werden kann. Juristisch kann man hierin eine Ausprägung des **Verhältnismäßigkeitsgrundsatzes** sehen.[285] Es ist also letztlich eine Abwägung vorzunehmen. Das Verhältnis zwischen Aufwand und Schutzzweck der Auflage ist im Einzelfall zu betrachten.[286] Häufiger Anwendungsfall in der Praxis ist, dass der wirtschaftliche Aufwand in keinem Verhältnis zum erreichbaren Schutzzweck steht. 371

Unvereinbar wäre eine Schutzauflage, die den Zwecken des Vorhabens zuwiderläuft, beispielsweise weil sie die Leistungsfähigkeit eines Vorhabens (z.B. Verkehrsbewältigungskonzept) einschränken. 372

Der originär nur auf Entschädigung ausgerichtete Anspruch nach § 74 Abs. 2 S. 3 VwVfG kann sich auf **einen Anspruch auf Übernahme eines Grundstücks** verdichten, wenn die Beeinträchtigung ein derartiges Gewicht hat, dass eine weitere Nutzung des Grundstücks unzumutbar erscheint.[287] 373

Keine Regelungen enthält das Verwaltungsverfahrensrecht darüber, in welchem **Umfang über den Entschädigungsanspruch** zu entscheiden ist. 374

Einigkeit besteht jedenfalls darüber, dass die Planfeststellungsbehörde über den **Entschädigungsanspruch dem Grunde nach** entscheiden muss.[288] Auch hinsichtlich der Höhe muss die Planfeststellungsbehörde eine Entscheidung treffen, ist hierbei aber nur gehalten, die für die **Bemessung der Anspruchshöhe notwendigen Faktoren** zu bestimmen.[289] 375

282 BVerwG, Urt. v. 22.11.2000 – 11 C 2/00 – NVwZ 2001, 429, 430.
283 Knack/Henneke/*Dürr*, § 74 Rn 23 mit dem Hinweis, dass der Vorhabensträger in der Praxis das Prognoserisiko durch eine entsprechende Zusage übernimmt.
284 BVerwG, Urt. v. 9.11.2006 – 4 A 2001/06 – NVwZ 2007, 445, 458.
285 Knack/Henneke/*Dürr*, § 75 Rn 78 m.w.N.
286 Stelkens/Bonk/Sachs/*Bonk*/*Neumann*, § 74 Rn 193.
287 BVerwG, Urt. v. 9.11.2006 – 4 A 2001/06 – NVwZ 2007, 445, 458.
288 BVerwG, Urt. v. 11.1.2001 – 4 A 13/99 – NVwZ 2001, 1154; Stelkens/Bonk/Sachs/*Bonk*/*Neumann*, § 74 Rn 198; Knack/Henneke/*Dürr*, § 75 Rn 79.
289 BVerwG, Urt. v. 29.1.1991 – 4 C 51/89 – NVwZ-RR 1991, 601, 621.

IV. Zustellung/Auslegung/Bekanntmachung

376 Der Planfeststellungsbeschluss ist dem Träger des Vorhabens, den Vereinigungen, über deren Stellungnahmen entschieden worden ist, den bekannten Betroffenen und denjenigen, über deren Einwendungen entschieden worden ist, zuzustellen. Die **Zustellung ist Wirksamkeitsvoraussetzung** und für das Ingangsetzen der Rechtsbehelfsfrist unabdingbar.[290]

377 Der Vorhabensträger erhält den vollständigen Planfeststellungsbeschluss einschließlich sämtlicher Zeichnungen und sonstiger Planbestandteile übermittelt. Gegenüber den Betroffenen wäre ein solches Vorgehen insbesondere bei Massenverfahren nicht vertretbar.[291] Daher wird den Betroffenen nur der **Textteil des Planfeststellungsbeschlusses** übermittelt.

378 Die Zustellung des Beschlusses richtet sich nach den Maßgaben des Verwaltungszustellungsgesetzes bzw. den Zustellungsgesetzen der Länder.

379 Eine Zustellung des Beschlusses kann bei denjenigen Einwendern unterbleiben, deren Einwendung durch Rücknahme oder Erledigung abgearbeitet wurde. Hier genügt eine formlose Mitteilung nach § 69 Abs. 3 VwVfG.

380 Den bekannten Betroffenen, die keine Einwendungen erhoben haben, ist der Beschluss nicht zuzustellen. Sie können den Beschluss aber einsehen.

381 Neben der Zustellung des Planfeststellungsbeschlusses an Einwender und Vereinigungen, über deren Einwendungen entschieden worden ist, muss der **Planfeststellungsbeschluss in den Gemeinden ausgelegt werden**, § 74 Abs. 4 S. 2 VwVfG. Ausgelegt werden muss der verfügende (s.u.) und begründende Teil nebst Rechtsbehelfsbelehrung.

382 Bei den Gemeinden handelt es sich zunächst um diejenigen, die bereits im Rahmen des Anhörungsverfahrens ausgelegt haben, § 73 Abs. 2 VwVfG und ggf. im Verfahren neu hinzugekommene Gemeinden. Die Auslegungsfrist beträgt zwei Wochen. Ort und Zeit der Auslegung sind ortsüblich bekanntzumachen.

383 Mit dem **Ende der Auslegungsfrist gilt der Beschluss** gegenüber allen übrigen Betroffenen **als zugestellt**, worauf in der Bekanntmachung hinzuweisen ist.

384 Aufgrund des Fristbeginns mit der Auslegung in den Gemeinden kommt es regelmäßig zu **unterschiedlichen Stichtagen** für das Fristende. Der Vorhabensträger sollte darauf hinwirken, dass die Gemeinden möglichst einheitlich auslegen. Im Übrigen gelten die Fristen für die Betroffenen im jeweiligen Gemeindebereich, in dem ausgelegt wurde und nicht die jeweils letzte Frist. Die Bestandskraft des Beschlusses hingegen tritt erst mit Ablauf der letzten Rechtsmittelfrist ein.

385 Sind außer an den Träger des Vorhabens mehr als 50 Zustellungen vorzunehmen, so steht es im Ermessen der Planfeststellungsbehörde, diese durch **öffentliche Bekanntmachung** zu ersetzen.

386 Die öffentliche Bekanntmachung wird dadurch bewirkt, dass der verfügende Teil des Planfeststellungsbeschlusses, die Rechtsbehelfsbelehrung sowie der Hinweis darauf, wann und wo eine Ausfertigung des Planfeststellungsbeschlusses zur Einsicht ausliegt, im **amtlichen Veröffentlichungsblatt** der zuständigen Behörde und in **örtlichen Tageszeitungen** bekanntgemacht werden, die in dem Bereich verbreitet sind, in dem sich das Vorhaben voraussichtlich auswirken wird.

387 Damit wird dem Bürger zur **Ermittlung seiner eigenen Betroffenheit** abverlangt, nach Abschluss des Anhörungsverfahrens die amtlichen Veröffentlichungsorgane oder die örtliche Tageszeitung zur Kenntnis zu nehmen. Diese Vorgehensweise ist verfassungsrechtlich nicht zu

---

290 BVerwG, Urt. v. 5.12.1980 – 4 C 28/77 – DVBl. 1981, 403.
291 BVerwG, Urt. v. 27.5.1983 – 4 C 40, 44, 45/81 – NJW 1984, 188, 190.

beanstanden.[292] Üblicherweise können die Betroffenen den Grad der Rechtsbeeinträchtigung ohnehin nur durch Einsichtnahme in die Pläne und Unterlagen erkennen. Insoweit trifft den Bürger bereits im Verwaltungsverfahren eine dem **Mitwirkungsrecht korrespondierende Mitwirkungslast**. Eine Kenntnisnahme des Planfeststellungsbeschlusses über amtliche Publikationsorgane verlangt dem einzelnen Bürger insoweit nichts Übermäßiges ab.[293]

Der Begriff des **„verfügenden Teils“** des Planfeststellungsbeschlusses ist in diesem Zusammenhang durch die Rechtsprechung konkretisiert worden. Er deckt sich nicht notwendigerweise mit dem, wie er üblicherweise in Planfeststellungsbeschlüssen zur Bezeichnung des Tenors und der Nebenbestimmungen verwendet wird.[294] Vielmehr ist eine Auslegung nach dem Sinn und Zweck der Vorschrift vorzunehmen. Der Gesetzgeber wollte eine Regelung schaffen, die dem Informations- und Rechtsschutzbedürfnis der Betroffenen und dem öffentlichen Interesse an einem effektiven Verfahrensrecht genügt; auch insoweit kommt dem Merkmal der „Anstoßfunktion“ entscheidende Bedeutung zu, d.h., die verfügenden Regelungen des Planfeststellungsbeschlusses müssen umfänglich und inhaltlich so bemessen sein, dass potenziell Betroffene ihre Rechtsbeeinträchtigung erkennen können und veranlasst werden, weitere Informationen einzuholen.[295] 388

V. Zeitliche Geltung des Planfeststellungsbeschlusses

Wird mit der Durchführung des Plans nicht innerhalb von fünf Jahren nach Eintritt der Unanfechtbarkeit begonnen, so tritt er außer Kraft, § 75 Abs. 4 VwVfG. 389

Der Planfeststellungsbeschluss berechtigt den Vorhabensträger zur baulichen Realisierung des planfestgestellten Vorhabens (und zum Betrieb der Anlage, wenn die Betriebsgenehmigung von der Planfeststellung umfasst ist). Es besteht **keine Verpflichtung des Vorhabensträgers, das Vorhaben auch zu realisieren**. Auch ist die Bestandskraft des Beschlusses nicht erforderlich, um mit dem Bau zu beginnen. In diesem Fall trägt der Vorhabensträger aber das Risiko eines Rückbaus für den Fall, dass der Planfeststellungsbeschluss aufgehoben wird. 390

Die Fachplanungsgesetze sehen regelmäßig eine zehnjährige Geltungsfrist vor, die um weitere fünf Jahre verlängerbar ist, § 43c Nr. 1 EnWG, § 17c Nr. 1 FStrG, § 18c Nr. 1 AEG, § 14c Nr. 1 WaStrG. 391

Die Frist des § 75 Abs. 4 VwVfG knüpft ausdrücklich an den **Eintritt der Unanfechtbarkeit** an. Aufgrund der unterschiedlichen Zustellungsmöglichkeiten kann der Ablauf von Rechtsmittelfristen gegenüber den Betroffenen variieren. Bestandskraft tritt erst ein, wenn der Planfeststellungsbeschluss auch gegenüber dem letzten Anfechtungsberechtigten unanfechtbar geworden ist.[296] Sofern Anfechtungsklage erhoben wurde, tritt die Unanfechtbarkeit erst ein, wenn **rechtskräftig über die Klage entschieden** wurde. Die von der Planungsmaßnahme Betroffenen sollen insoweit Rechtsklarheit darüber bekommen, ob und in welchem Zeitraum ein Vorhaben umgesetzt wird. Die Vorschrift verhindert eine reine Vorratsplanung (s.u.). 392

Sobald der Vorhabensträger mit der Durchführung des Plans begonnen hat, ist die Realisierungsfrist des § 75 Abs. 4 VwVfG nicht mehr anwendbar. **Nach Beginn der Durchführung des** 393

---

292 BVerfG (Vorprüfungsausschuss), Beschl. v. 28.11.1984 – 1 BvR 1113/83 – NJW 1985, 729.
293 BVerwG, Urt. v. 27.5.1983 – 4 C 40, 44, 45/81 – NJW 1984, 188, 190.
294 Stelkens/Bonk/Sachs/*Bonk*/*Neumann*, § 74 Rn 217.
295 BVerwG, Urt. v. 27.5.1983 – 4 C 40, 44, 45/81 – NJW 1984, 188, 190.
296 VGH Mannheim, Urt. v. 26.9.2003 – 5 S 1599/02 – NuR 2004, 810, 811 m.w.N.

Plans gibt es keine Frist für den Vorhabensträger mehr, in welcher er das Vorhaben realisieren muss. In diesem Fall gilt nur noch § 77 VwVfG.[297]

394 Aus diesem Grunde kommt der Fragestellung, wann mit der Durchführung des Plans begonnen wurde, große Bedeutung zu. Sie kann darüber entscheiden, ob ein Vorhabensträger sein Baurecht verloren hat oder ob er ein Bauvorhaben auch nach Ablauf von fünf Jahren nach Unanfechtbarkeit noch realisieren darf.

395 Von einem **Beginn der Durchführung des Vorhabens** wird regelmäßig gesprochen, wenn nach außen erkennbar mit Baumaßnahmen begonnen wurde und diese nicht nur zum Schein vorgenommen wurden.[298] Schwieriger gestaltet sich die Bewertung, wenn nur einzelne Maßnahmen, angefangen vom (symbolischen) **ersten Spatenstich** oder kleineren Vorbereitungshandlungen, erkennbar zu verzeichnen sind, bzw. die Maßnahmen nach außen gar nicht erkennbar sind. Hier wird angemerkt, es sei eine planmäßige Tätigkeit von mehr als nur geringfügiger Bedeutung erforderlich, die der Verwirklichung des konkreten Vorhabens diene.[299] Diese Definitionsansätze sind zunächst in der Fachplanung aufgegriffen worden und durch das PlVereinhG nunmehr auch in § 74 Abs. 4 S. 2 VwVfG übernommen worden. Danach gilt als Beginn der Durchführung des Plans jede erstmals nach außen erkennbare Tätigkeit von mehr als nur geringfügiger Bedeutung zur plangemäßen Verwirklichung des Vorhabens; eine spätere Unterbrechung des Vorhabens berührt den Beginn der Durchführung nicht.

396 Es stellen sich also im Wesentlichen zwei Fragen:
- Wann ist der Beginn der Planumsetzung nach außen erkennbar?
- Welche Qualität muss der Umsetzungsakt haben?

397 Das Gesetz gibt insoweit auslegungsfähige Anhaltspunkte. Die Formulierung „**Durchführung des Plans**" kann jedenfalls nicht gleichgesetzt werden mit „Beginn der Bauarbeiten". Durchführung des Planes heißt „Umsetzung" des Planes. Darunter fallen zunächst notwendigerweise alle Maßnahmen, die der **Verwirklichung des Vorhabens** dienen. Auch die Beschaffung einer Finanzierung ist eine Maßnahme zur Verwirklichung des Vorhabens. Es gibt zudem zahlreiche **Vorbereitungshandlungen**, wie z.B. das Verfassen von Leistungsverzeichnissen, Vornahme von Ausschreibungen und Vergabe der Bauleistungen.[300] Selbiges gilt auch für den Grunderwerb in Form von Dienstbarkeitsbeschaffungen oder Eigentumserwerb. So betrachtet wäre der Anwendungsbereich derart groß, dass die Fristbestimmung des § 75 Abs. 4 VwVfG weitgehend ins Leere liefe.

398 Unstreitig wird man festhalten können, dass der **tatsächliche Beginn der Bauarbeiten** eine eindeutige nach außen erkennbare Planumsetzung darstellt. Alle anderen denkbaren Anhaltspunkte sind diskutabel. Hierbei wird man auf den **Sinn und Zweck der Fristbestimmung** maßgeblich zurückgreifen müssen. Durch eine Fristbestimmung soll verhindert werden, dass **Planungen auf Vorrat** beschafft werden, vor dem Hintergrund, dass mit zunehmendem zeitlichen Abstand vom Zeitpunkt der planerischen Entscheidung deren tatsächliche und rechtliche Grundlagen stetig zweifelhafter werden könnten, was im Hinblick auf die enteignungsrechtliche

297 Ein gewisses Korrelat ergibt sich aus den Fachplanungsgesetzen, die den betroffenen Grundeigentümern Rechte auf Einräumen einer Dienstbarkeit und Entschädigung zubilligen, wenn das Vorhaben nicht innerhalb einer bestimmten Frist rechtzeitig umgesetzt wird: vgl. § 44a Abs. 2 EnWG.

298 VGH Mannheim, Urt. v. 26.9.2003 – 5 S 1599/02 – NuR 2004, 810, 811; Bader/Ronellenfitsch/*Kämper*, § 75 Rn 56.

299 VGH Mannheim, Urt. v. 26.9.2003 – 5 S 1599/02 – NuR 2004, 810, 811; OVG Koblenz, Urt. v. 2.10.1984 – 7 A 22/84 – DVBl. 1985, 408, 409; *Kopp/Ramsauer*, § 75 Rn 58; Stelkens/Bonk/Sachs/*Bonk/Neumann*, § 75 Rn 95.

300 *Schütz*, UPR 2002, 172, 174 m.w.N.

Vorwirkung erhebliche Probleme aufwerfen kann.[301] Ferner wird auf die fachplanerisch angeordneten **Veränderungssperren** hingewiesen, welche im Falle zweifelhafter Planumsetzungsabsicht zu erheblicher Rechtsunsicherheit bei den Planbetroffenen führt.[302] Der Vorhabensträger soll also letztlich „gezwungen" werden, sein Vorhaben entweder erkennbar umzusetzen oder es aufzugeben. Im Falle von Umsetzungsmaßnahmen müssen diese auch nachhaltig sein.[303]

Optionsverträge mit Grundeigentümern sind hierfür nicht geeignet, da sie ja durch die Op- 399
tion zum Ausdruck bringen, dass zu diesem Zeitpunkt (noch) keine endgültige Regelung getroffen werden soll. Etwas anders gilt für den **ernsthaften Rechtserwerb**. Da der Vorhabensträger in der Regel aufgrund zivilrechtlicher Vorschriften gehalten ist, nur in Ausübung einer Dienstbarkeit zu bauen (da anderenfalls der Verlust des Eigentums am Bauwerk eintritt), stellt die Einholung dieser Rechte gegenüber den Betroffenen ein klares Signal dar, dass das Vorhaben realisiert wird. Noch deutlicher ist dieses, wenn **Flächen zur Projektrealisierung erworben werden**. Hier setzt der Vorhabensträger seine Investitionsmittel bereits um, welches eine andere Qualität hat, als diese lediglich bereitzustellen (z.B. als Haushaltstitel oder in einem Investitionsplan). Etwas anderes kann auch nicht gelten, wenn der Vorhabensträger mit dem Rechtserwerb bereits während der Planungsphase begonnen hat, es sei denn, die abgeschlossenen Verträge stehen unter einem Vorbehalt oder sind zeitlich befristet.[304]

Zweifelhaft ist, ob die **Durchführung eines Vergabeverfahrens** oder der **Abschluss von** 400
Werkverträgen mit Baufirmen bereits eine Planumsetzung darstellt. In letzterem Fall bindet sich der Vorhabensträger zivilrechtlich. Er kann den Werkvertrag zwar jederzeit kündigen, ist aber zur Zahlung der Vergütung grundsätzlich verpflichtet. Auch wenn die Planbetroffenen derartige Verträge nicht erkennen können, ist dem Sinn und Zweck der Vorschrift genüge getan. Der Vorhabensträger setzt seine Finanzmittel ein und beauftragt Werkunternehmen mit der Realisierung. Das stellt eine Durchführung des Plans dar.[305] Der „Außenwirkung" steht dies nicht entgegen, da durch den Abschluss von Verträgen der Vorhabenträger im Außenverhältnis agiert und somit den Beginn der Durchführung der Planumsetzung dokumentiert. Etwas anderes gilt bei bloßen Vorbereitungshandlungen. Das Vergabeverfahren selbst bindet den Vorhabensträger grundsätzlich nicht, stellt also keine Planumsetzung dar.

Diskutiert wird ferner, ob eine Durchführung des Plans in der **Umsetzung von Maßnah-** 401
men nach dem landschaftspflegerischen Begleitplan (LBP) vor dem Fachplan gesehen werden kann. Dies wird zunächst unter Hinweis auf die nur untergeordneten Kosten dieser Maßnahmen sowie der zuwiderlaufenden Intention des Gesetzgebers, die Planbetroffenen zu schützen, verneint; ferner bestünde die Gefahr, die LBP-Maßnahmen einem anderen Vorhaben im Rahmen eines Öko-Kontos gutzuschreiben.[306] Auf der einen Seite gehört die **Umsetzung von LBP-Maßnahmen** unzweifelhaft zum Vorhaben, was sich bereits darin zeigt, dass die Maßnahmen planfestgestellt werden und ggf. sogar Flächen für derartige Maßnahmen enteignet werden können. Die Umsetzung der Maßnahmen dient also der direkten Umsetzung des Vorhabens und ist nach außen erkennbar. Richtig ist aber auch, dass durch die mögliche Trennung der Maßnahmen vom Vorhaben ein Missbrauch möglich ist und der Vorhabensträger sein Vorhaben

301 BVerwG, Urt. v. 24.11.1989 – 4 C 41.88 – BVerwGE 85, 123, 128/129.

302 *Hermanns*, DÖV 2003, 714, 715.

303 Knack/Henneke/*Dürr*, § 75 Rn 109: *„Nicht ausreichend sind Vorbereitungsmaßnahmen, die wieder rückgängig gemacht werden können (...)."*

304 A.A. *Hermanns*, DÖV 2003, 714, 718, der darauf abstellt, dass es mangels vorhandenen Plans an der planbezogenen Außenwirkung fehlt.

305 Etwas enger *Ehlers*, in: FS Würtenberger, S. 1126, der beim Abschluss von Werkverträgen darauf abstellt, ob der Beginn der Arbeiten festgelegt wurde.

306 *Hermanns*, DÖV 2003, 714, 717.

durch eine LBP-Maßnahme leicht entfristen kann. Die Umsetzung von LBP-Maßnahmen stellt daher nur dann eine Umsetzung des Plans dar, wenn sich die Maßnahme erkennbar auf den Plan bezieht. Dies kann sich z.B. aus Eintragungen im Grundbuch oder aus Besitzeinweisungs- oder Enteignungsbeschlüssen ergeben. Werden LBP-Maßnahmen im Wege der Eigentumsbeschränkung umgesetzt, können diese später nicht mehr frei verwendet werden. Die Betroffenen hätten einen Rückübertragungsanspruch. Sofern LBP-Maßnahmen aber ohne erkennbaren Bezug zum Plan umgesetzt werden, stellt dieses noch keine geeignete Umsetzungsmaßnahme i.S.d. § 75 Abs. 4 VwVfG dar.

402 Das Fachplanungsrecht sieht die Möglichkeit der **Verlängerung des Planfeststellungsbeschlusses** vor (s.o.). Eine entsprechende Möglichkeit der Verlängerung des Planfeststellungsbeschlusses sieht das VwVfG – mit Ausnahme der landesrechtlichen Bestimmung des Art. 75 Abs. 4 BayVwVfG – hingegen nicht vor. Der Vorhabensträger benötigt nach **Ablauf der Fünf-Jahres-Frist** einen neuen Planfeststellungsbeschluss. Wenn die rechtlichen Voraussetzungen vorliegen (was bei kleineren Maßnahmen mit abgrenzbarem Betroffenenkreis denkbar ist) kann ein verkürztes Plangenehmigungsverfahren ausreichen. In der Regel bedarf es aber eines neuen Planfeststellungsverfahrens.

403 Für den **Vorhabensträger besteht nicht die Möglichkeit einer Wiedereinsetzung in den vorigen Stand** nach § 32 VwVfG.[307]

404 Hat der Vorhabensträger von seinem Planfeststellungsbeschluss keinen fristgerechten Gebrauch gemacht, **tritt er außer Kraft**, ohne dass es dazu einer gesonderten Feststellung bedarf. Ein entsprechender feststellender Verwaltungsakt der Planfeststellungsbehörde hätte nur deklaratorischen Charakter.[308] Bei Streitigkeiten über das Außerkrafttreten des Planfeststellungsbeschlusses ist eine hierauf gerichtete Feststellungsklage möglich.

E. Fehlerfolgen/Heilbarkeit

405 Fehler im Verwaltungsverfahren können sich aus dem Anhörungsverfahren oder dem Planfeststellungsverfahren im engeren Sinne ergeben. Soweit der Planfeststellungsbeschluss materiellrechtlich fehlerhaft ist, kann er mit der Anfechtungsklage angegriffen werden, was eine Klagebefugnis nach § 42 Abs. 2 VwGO voraussetzt.[309]

406 Im Anhörungsverfahren stellt sich die Problematik von Form- und Verfahrensfehlern und deren Beachtlichkeit.

I. Fehler im Anhörungsverfahren

407 **Form- und Verfahrensfehler können** aufgrund § 44a VwGO **nicht direkt angefochten werden**, sondern nur im Rahmen der Anfechtungsklage gegen den Planfeststellungsbeschluss.

408 Im Rahmen des Planfeststellungsverfahrens sind zahlreiche Form- und Verfahrensfehler denkbar, die im Einzelfall einer Wesentlichkeitsbewertung unterzogen werden müssen.

409 Häufiger Anwendungsfall sind **Fehler im Zusammenhang mit der öffentlichen Auslegung der Planunterlagen**. Hier kann es vorkommen, dass die Auslegungsfrist zu kurz bemessen ist oder dass keine ordnungsgemäße Bekanntgabe der Auslegung erfolgt ist. Auch sind **Feh-**

---

307 *Kopp/Ramsauer*, § 75 Rn 57; Stelkens/Bonk/Sachs/*Bonk/Neumann*, § 75 Rn 94.
308 Stelkens/BonK/Sachs/*Bonk/Neumann*, § 75 Rn 94.
309 Näheres hierzu in Kap. 12.

ler im Bekanntmachungstext möglich. Dieses setzt sich fort im Erörterungstermin, bei dem Verfahrensfehler durch unterlassene Anhörung entstehen können.[310]

II. Nichtigkeit des Planfeststellungsbeschlusses nach § 44 VwVfG

Als Verwaltungsakt unterliegt der Planfeststellungsbeschluss den **allgemeinen Wirksamkeitsvoraussetzungen** des VwVfG. Nach § 44 Abs. 2 VwVfG ist ein Planfeststellungsbeschluss nichtig, wenn er an einem dort aufgezählten Fehler leidet. Ferner wäre er nichtig, wenn er an einem besonders schwerwiegenden Fehler leidet und dies bei verständiger Würdigung aller in Betracht kommenden Umstände offensichtlich ist, § 44 Abs. 1 VwVfG. 410

Ein besonders schwerer Fehler wird angenommen bei **absoluter rechtlicher Unmöglichkeit oder völliger Unbestimmtheit** des Verwaltungsakts.[311] Im Planfeststellungsverfahren ist ein Fall der Nichtigkeit des Planfeststellungsbeschlusses eher unwahrscheinlich bzw. theoretischer Natur. 411

III. Heilung des Verfahrensfehlers nach § 45 VwVfG

Eine Verletzung von Verfahrens- und Formvorschriften, die nicht zur Nichtigkeit des Planfeststellungsbeschlusses nach § 44 VwVfG führt, ist ferner unter den Voraussetzungen des § 45 VwVfG unbeachtlich. 412

Danach können **Verfahrens- und Formfehler geheilt werden**, beispielsweise indem Mitwirkungshandlungen oder unterbliebene Beteiligungen nachgeholt werden. Die Heilung bewirkenden Handlungen können dabei bis zum Abschluss der letzten Tatsacheninstanz im verwaltungsgerichtlichen Verfahren nachgeholt werden. 413

Die Planfeststellungsbehörde hat also jederzeit die Möglichkeit, Verfahrens- und Formfehler zu beseitigen. Eine Klage gegen den Planfeststellungsbeschluss nur aufgrund der Verletzung von Form- und Verfahrensvorschriften ist in der Regel aussichtslos.[312] 414

IV. Beachtlichkeit von Form- und Verfahrensfehlern nach § 46 VwVfG

Die Aufhebung eines rechtswidrigen aber nicht nichtigen Planfeststellungsbeschlusses kann nach § 46 VwVfG nicht allein deshalb verlangt werden, weil er unter Verletzung von Vorschriften über das Verfahren, die Form und die örtliche Zuständigkeit zustande gekommen ist, wenn offensichtlich ist, dass die Verletzung die Entscheidung in der Sache nicht beeinflusst hat. 415

---

310 Eine umfassende Aufzählung denkbarer Form- und Verfahrensfehler m.w.N. findet sich bei Knack/Henneke/*Dürr*, § 73 Rn 119: ungenügende Auslegungsfrist; ungenügende Bekanntmachung der Auslegung; fehlerhafter Bekanntmachungstext; fehlende Auslegungsorte; fehlende gesonderte Unterrichtung; Nichteinhaltung der Ladungsfrist zum Erörterungstermin; unvollständige Erörterung; Unterlassung der Anhörung im Einzelfall; verweigerte Akteneinsicht; fehlende Auslegung von Gutachten oder Einsichtnahme in diese; unterlassende Behördenbeteiligung; Vorabsprachen zwischen Anhörungs- und Planfeststellungsbehörde und Vorhabensträger; Zitierung nicht einschlägiger Verfahrensvorschriften; unzureichende örtliche Bekanntmachung; irreführende Bezeichnung des Vorhabens; Auslegung von Gutachten.

311 Stelken/Bonk/Sachs/*Sachs*, § 44 Rn 113.

312 Zur Kritik der damit einhergehenden Verletzung der Chancengleichheit und Verfahrensgerechtigkeit siehe *Stüer*, Rn 4336.

416 Entscheidend ist, dass sich die begangene **Verletzung von Form oder Verfahrensvorschriften kausal auf die Entscheidung der Planfeststellungsbehörde konkret ausgewirkt hat**. Eine nur abstrakte Möglichkeit der Auswirkung genügt nicht.[313] Insoweit lässt sich feststellen, dass die Verletzung von Form und Verfahrensvorschriften isoliert betrachtet, nicht zu einer Aufhebung des Planfeststellungsbeschlusses führt.

V. Fehlerbeachtlichkeit und Planergänzungsverfahren nach § 75 Abs. 1a VwVfG

417 Da die Planfeststellungsbehörde im Planfeststellungsverfahren eine **Abwägungsentscheidung** trifft, können sich Verfahrens- und Formfehler auf das Abwägungsergebnis ausgewirkt haben.

418 Nach § 75 Abs. 1a S. 1 VwVfG sind Mängel bei der Abwägung der von dem Vorhaben berührten öffentlichen und privaten Belange nur erheblich, wenn sie **offensichtlich und auf das Abwägungsergebnis von Einfluss gewesen sind**. Bezogen auf die Verletzung von Form- und Verfahrensfehlern regeln die §§ 45, 46 VwVfG bereits diesen Fall abschließend.[314]

419 Relevant bleibt aber § 75 Abs. 1a S. 2 VwVfG, wonach erhebliche Mängel bei der Abwägung oder eine Verletzung von Verfahrens- oder Formvorschriften nur dann zur Aufhebung des Planfeststellungsbeschlusses oder der Plangenehmigung führen, wenn sie **nicht durch Planergänzung oder durch ein ergänzendes Verfahren behoben werden können**. Es handelt sich insoweit um eine Ausprägung des **Grundsatzes der Planerhaltung**.[315]

420 Das Planergänzungsverfahren des § 75 Abs. 1a S. 2 VwVfG kommt daher erst zur Anwendung, wenn es sich um einen erheblichen (materiellen) Fehler in der Abwägung handelt. Die Vorschrift ist entsprechend auf Abwägungsmängel der in der Planfeststellung konzentrierten weiteren Abwägungsentscheidungen anwendbar.[316]

421 § 75 Abs. 1a VwVfG gibt hingegen keine Anhaltspunkte dafür, wie das **Planergänzungsverfahren** tatsächlich **verfahrensrechtlich durchgeführt** werden soll.

422 In früherer Rechtsprechung hatte das BVerwG in der Anwendung des § 76 VwVfG einen wesentlichen Anwendungsfall für die Behebung von Fehlern im Abwägungsprozess gesehen.[317] Dieser Ansatz ist mittlerweile überholt. Vielmehr soll das **Planergänzungsverfahren einen unselbstständigen Teil des einheitlichen Planfeststellungsverfahrens** darstellen.[318] Die Regelungen zur Planergänzung und zum Planergänzungsverfahren sind Ausdruck des allgemeinen Grundsatzes der Planerhaltung und verlangen insoweit nach einem Verfahren der Fehlerbehebung.[319]

423 Das bedeutet in der Praxis, dass die Planfeststellungsbehörde **frei in der Gestaltung des Planergänzungsverfahrens** ist. Inhaltlich ist es erforderlich, den Versuch zu unternehmen, den Abwägungsmangel zu heilen bzw. die zum Abwägungsmangel geführte Unterlassung entsprechend nachzuholen. Welche Verfahrensschritte hierfür erforderlich sind, ist eine Entscheidung im Einzelfall.[320] Besteht der Mangel beispielsweise in einer fehlerhaften naturschutzrechtlichen Abwägung,[321] so ist diese durch die Planfeststellungsbehörde erneut vorzunehmen und die an diesem Verfahrensschritt Beteiligten sind entsprechend einzubeziehen bzw. anzuhören. Inso-

313 BVerwG, Urt. v. 30.5.1984 – 4 C 58/81 – NVwZ 1984, 718, 719.
314 BVerwG, Urt. v. 17.1.2007 – 9C 1/06 – NVwZ 2007, 581, 582.
315 BVerwG, Urt. v. 1.4.2004 – 4C 2.03 – BVerwGE 120, 276, 283; Urt. v. 9.6.2004 – 9 A 11.03 – BVerwGE 121, 72, 80.
316 BVerwG, Urt. v. 17.1.2007 – 9C 1/06 – NVwZ 2007, 581, 582; Urt. v. 27.10.2000 – 4A 18.99 – BVerwGE 112, 140, 165.
317 BVerwG, Beschl. v. 24.10.1991 – 7 B 65.91 – DVBl. 1992, 310, 310/311; *Steinberg/Müller/Wickel*, S. 297.
318 BVerwG, Urt. v. 12.12.1996 – 4 C 19.95 – DVBl. 1997, 714, 715.
319 *Jarass*, DVBl. 1997, 795, 802; Obermayer/*Kügel*, § 75 Rn 64; Knack/Henneke/*Dürr*, § 75 Rn 30.
320 Stelkens/Bonk/Sachs/*Bonk/Neumann*, § 75 Rn 51.
321 Vgl. hierzu: BVerwG, Urt. v. 17.1.2007 – 9 C 1.06 – BVerwGE 128, 76.

weit gelten die allgemeinen Verfahrensvorschriften, d.h., es sind diejenigen zu beteiligen, deren Rechte und Belange tangiert sind. Sofern sich herausstellt, dass auch andere Verfahrensschritte durch den Abwägungsmangel beeinträchtigt wurden, sind auch diese nachzuholen. Die **Planergänzungsentscheidung erfolgt abschließend durch einen eigenen Bescheid**, der allen Betroffenen bekanntgemacht werden muss und mit dem Planfeststellungsbeschluss zu einer einheitlichen Entscheidung verschmilzt.[322] Üblicherweise erfolgt eine Verbindung mit dem ursprünglichen Planfeststellungsbeschlusses in Form eines verbindenden Hinweises (sog. Deckblattverfahren).

Etwas anderes gilt teilweise in der Fachplanung. So sehen die §§ 43d EnWG, 18d AEG, 17d FStrG, 14d WaStrG und 2c MBPlG die Anwendbarkeit des § 76 VwVfG auf die Planergänzungsverfahren vor, obwohl dieser eigentlich auf die Änderung des Vorhabens und nicht auf die Behebung von Abwägungsfehlern gerichtet ist. Von einer Erörterung i.S.d. § 73 Abs. 6 VwVfG und des § 9 Abs. 1 S. 3 UVPG kann abgesehen werden. In der Fachplanung ist bei einem Fehler in der Abwägung also grundsätzlich die Durchführung eines neuen Planfeststellungsverfahrens vorgesehen. 424

F. Aufhebung des Planfeststellungsbeschlusses

Wird ein Vorhaben, mit dessen Durchführung begonnen worden ist, endgültig aufgegeben, so hat die Planfeststellungsbehörde den Planfeststellungsbeschluss aufzuheben, § 77 S. 1 VwVfG. 425

I. Anwendungsbereich

In der Praxis sind mehrere Zeitabschnitte denkbar, in denen ein geplantes Vorhaben vom Vorhabensträger nicht mehr weiter realisiert wird. Hier wird regelmäßig von sog. **steckengebliebenen Vorhaben** gesprochen. 426

Bereits in der **Vorplanungsphase** kann der Vorhabensträger zu dem Ergebnis gelangen, sein Vorhaben nicht realisieren zu können, sei es technisch oder kommerziell. Da noch kein Antrag auf Einleitung eines Planfeststellungsverfahrens gestellt wurde, bedarf es keines Einstellungsbeschlusses. Soweit bereits Rechtsbeeinträchtigungen zu verzeichnen sind – denkbar sind hier nur **Folgen vorbereitender Maßnahmen** wie z.B. Probebohrungen – sind diese zivilrechtlich auszugleichen. 427

Gibt der Vorhabensträger sein Vorhaben nach Einleitung des Planfeststellungsverfahrens aber vor Erlass des Planfeststellungsbeschlusses endgültig auf, wird die Verfahrensbehörde das Verfahren einstellen und keinen Beschluss erlassen. 428

Streitig wird in den Fällen argumentiert, wo der Vorhabensträger von seinem erhaltenen **Planfeststellungsbeschluss keinen Gebrauch macht**. Nach überwiegender Meinung ist der § 77 VwVfG auch auf Planfeststellungsbeschlüsse anwendbar, wenn der Vorhabensträger mit der Durchführung des Vorhabens noch nicht begonnen hat und dieses endgültig aufgibt. Argumentiert wird im Wesentlichen mit dem Sinn und Zweck, dem Bedürfnis nach Rechtsklarheit und der Beseitigung der weitreichenden, insbesondere enteignungsrechtlichen Folgen.[323] Ferner soll sich der Verwaltungsakt ohnehin entweder nach § 75 Abs. 4 VwVfG wegen Zeitablaufs oder nach § 43 Abs. 2 VwVfG auf andere Weise erledigt haben.[324] 429

---

322 Knack/Henneke/*Dürr*, § 75 Rn 30.
323 BVerwG, Urt. v. 11.4.1986 – 4C 53/82 – NVwZ 1986, 834; Beschl. v. 10.11.2004 – 4 B 57/04 – NVwZ 2005, 327, 328; Bader/Ronellenfitsch/*Kämper*, § 77 Rn 1; Stelkens/Bonk/Sachs/*Bonk*/*Neumann*, § 77 Rn 9.
324 Bader/Ronellenfitsch/*Kämper*, § 77 Rn 1; Stelkens/Bonk/Neumann/*Bonk*/*Neumann*, § 77 Rn 8.

430 Hiergegen wird eingewendet, der eindeutige Wortlaut des § 77 S. 1 VwVfG stehe dagegen, da er auf den **Beginn der Durchführung** abstellt. Auch sei ein Bedürfnis für eine Anwendung nicht erkennbar, da Folgenbeseitigungsmaßnahmen nicht zu besorgen seien und sich der Verwaltungsakt ja ohnehin erledigt habe und das dann festzustellen sei.[325]

431 Die Argumente pro und contra übersehen, dass bereits die Feststellung der endgültigen Aufgabe der Vorhabensrealisierung problematisch ist. In der Regel wird der Vorhabensträger nicht öffentlich erklären, sein Vorhaben endgültig aufzugeben. Er wäre insoweit auch schlecht beraten, da er über einen Planfeststellungsbeschluss verfügt, dem ein planfeststellungsfähiges Vorhaben zugrunde liegt, welches zumeist auch noch im öffentlichen Interesse geboten ist. Dieser **Beschluss ist für den Vorhabensträger kommerziell verwertbar**, da ein Planfeststellungsbeschluss als anlagenbezogene Genehmigung grundsätzlich übertragbar und damit auch veräußerbar ist. Sofern der Vorhabensträger seine Vorhabenseinstellung nicht publiziert, ist objektiv nicht feststellbar, dass ein Vorhaben aufgegeben wurde. Der Vorhabensträger kann die volle Realisierungsfrist des § 75 Abs. 4 VwVfG ausschöpfen, ohne dem begründeten Vorwurf ausgesetzt zu sein, keine Realisierungsabsicht zu besitzen. Wenn er diese Frist überschreitet, ohne begonnen zu haben, hat sich der Planfeststellungsbeschluss erledigt. Einer Aufhebung bedarf es dann nicht mehr. Einziger Regelungsfall wäre also die ausdrückliche Erklärung des Vorhabensträgers, das Vorhaben trotz Planfeststellungsbeschlusses nicht realisieren zu wollen. Dies wäre ein **Verzicht auf den Verwaltungsakt**, der sich damit nach § 43 Abs. 2 VwVfG erledigt hätte oder jedenfalls nach § 49 Abs. 2 Nr. 3 VwVfG widerrufen werden könnte. Eine analoge Anwendung des § 77 VwVfG ist daher mangels Regelungslücke ausgeschlossen.

432 Ebenfalls kontrovers wird die Anwendbarkeit des § 77 VwVfG auf bereits fertiggestellte und **nicht mehr in Betrieb befindliche Vorhaben** diskutiert.[326] Auch in diesem Fall steht der ausdrückliche Wortlaut entgegen. Zu Recht wird darauf verwiesen, dass kein vergleichbarer Regelungstatbestand vorliegt, weil mit Fertigstellung und Betrieb der Zweck des Planfeststellungsbeschlusses erreicht worden ist. Die Folgen sind insoweit von den Betroffenen zu dulden. Die Beseitigung der errichteten Anlage erfolgt nach fachspezifischen Stilllegungsvorschriften oder durch ein erneutes Planfeststellungsverfahren.[327]

433 Anwendungsbereich des § 77 VwVfG ist also die **Aufgabe eines bereits mit der Durchführung begonnen Vorhabens**.

434 Neben der ausdrücklich durch den Vorhabensträger erklärten Aufgabe des Vorhabens wird es in der Praxis regelmäßig schwierig sein, aus **objektiven Maßstäben** eine Projektaufgabe herzuleiten, zumal der Vorhabensträger in der Regel versuchen wird, seinen Planfeststellungsbeschluss so lange wie möglich zu retten. Hier wird ein sehr enger Anwendungsbereich vorliegen. Denkbar sind etwa Fallkonstellationen, wo aus tatsächlichen Gegebenheiten eine Umsetzung des Vorhabens nicht mehr denkbar ist, z.B. eine Planfeststellung für eine Eisenbahnweichen- oder Energieleitungsverbindung, bei der das zu verbindende Netz zwischenzeitlich endgültig stillgelegt wurde. In so einem Fall liegen hinreichend objektive Merkmale vor, dass der Vorhabensträger sein Vorhaben aufgegeben hat.

435 Problematischer ist die Frage, wann mit der **Durchführung des Vorhabens begonnen** wurde. Die Fragestellung deckt sich mit § 75 Abs. 4 VwVfG. Insoweit regeln § 75 Abs. 4 VwVfG die Frage, ob nicht mit der Durchführung begonnen wurde, und § 77 VwVfG gleichermaßen, ob mit der Durchführung bereits begonnen wurde.[328]

---

325 Fehling/Kastner/*Wickel*, § 77 Rn 7; Obermayer/*Allesch*/*Häußler*, § 77 Rn 16.
326 Bejahend *Kopp*/*Ramsauer*, § 77 Rn 3.
327 Obermayer/*Allesch*/*Häußler*, § 77 Rn 17.
328 *König*/*Meins*, § 77 Rn 3.

II. Beschluss

Liegen die Voraussetzungen für eine Aufhebung des Planfeststellungsbeschlusses vor, so steht der Planfeststellungsbehörde kein Ermessen zu. Sie ist verpflichtet, eine entsprechende **Aufhebungsverfügung von Amts wegen** zu erlassen. Da die Vorschrift drittschützenden Charakter hat, können die von der Planung Betroffenen einen Anspruch auf Erlass der Aufhebungsverfügung geltend machen.[329] 436

Mit dem Aufhebungsbeschluss sind dem Vorhabensträger die **Beseitigung der Folgen** aufzuerlegen. Diese bestehen nach § 77 S. 2 VwVfG grundsätzlich in der Wiederherstellung des früheren Zustands oder in der Auferlegung anderer geeigneter Maßnahmen. 437

Grundsätzlich wird die Behörde anordnen, dass errichtete Teilbauten rückzubauen sind, beeinträchtigtes Nutzland zu rekultivieren ist etc. Ist dies nicht möglich, kommt eine Entschädigung in Geld in Betracht. Sofern Enteignungen ausgesprochen wurden, besteht ein **Rückenteignungsanspruch**, da sich der Zweck der Enteignung nicht verwirklicht hat.[330] 438

III. Abweichende Kostenpflicht

Die **Kosten der Folgenbeseitigung** treffen grundsätzlich den Vorhabensträger und sind diesem im Aufhebungsbeschluss aufzuerlegen. Eine Abweichung besteht nach § 77 S. 3 VwVfG für den Fall, dass Maßnahmen angeordnet werden, weil nach Abschluss des Planfeststellungsverfahrens auf einem **benachbarten Grundstück Veränderungen** eingetreten sind. Diese Kosten werden dem Nachbargrundstückseigentümer angelastet, sofern sie nicht auf Naturereignissen oder höherer Gewalt beruhen. 439

329 BVerwG, Beschl. v. 10.11.2004 – 4B 57/04 – NVwZ 2005, 327, 328.
330 BVerfG, Beschl. v. 9.12.1997 – 1 BvR 1611/94 – BVerfGE 97, 89, 96.

Kapitel 10
Planrechtfertigung und Planungsleitsätze

A. Allgemeines

Das Erfordernis einer Planrechtfertigung und die Notwendigkeit, die sog. Planungsleitsätze zu beachten, sind **grundlegende Anforderungen des deutschen Planungsrechts**. Sie sind daher nicht nur bei der Planung von Energieleitungen nach den Vorschriften des Energiewirtschaftsrechts, sondern auch bei sonstigen Fachplanungen sowie bei der räumlichen Gesamtplanung zu beachten.[1] Im Fokus der folgenden Darstellung stehen jedoch die Anforderungen, die bei der Planung von Energieleitungen nach den Vorschriften des Energiewirtschaftsrechts zu beachten sind. Nach diesen Vorschriften ist in aller Regel ein Planfeststellungsverfahren durchzuführen.[2] 1

I. Anforderungen an die materielle Rechtmäßigkeit von Planfeststellungsbeschlüssen

Ist für ein Vorhaben ein Planfeststellungsverfahren durchzuführen, so richtet sich das anzu- 2
wendende Verfahren grundsätzlich nach den §§ 72ff. VwVfG. Im Falle eines Planfeststellungserfordernisses nach § 43 S. 1 EnWG sind diese Vorschriften gem. § 43 S. 6 EnWG allerdings nur insoweit anzuwenden, als sich nicht aus den §§ 43a ff. EnWG etwas anderes ergibt. Die §§ 43ff. EnWG gehen den §§ 72ff. VwVfG als speziellere Regelungen vor. Zusätzliche Besonderheiten regelt § 18 Abs. 3 S. 2 NABEG für Leitungen im Anwendungsbereich dieses Gesetzes. Neben den Vorschriften über das Verfahren enthalten die genannten Gesetze jedoch kaum materielle Vorgaben für die Planfeststellung. Die zu erwartenden Änderungen der §§ 43a ff. EnWG durch das von der Bundesregierung geplante Planungsvereinheitlichungsgesetz betreffen ebenfalls allein das Planfeststellungs**verfahren**.[3]

Eine materielle Vorgabe statuiert hingegen § 43 S. 3 EnWG. Danach sind bei der Planfeststel- 3
lung die von dem Vorhaben berührten öffentlichen und privaten Belange im Rahmen der Abwägung zu berücksichtigen. Dieses Abwägungsgebot wiederholt auch § 18 Abs. 3 S. 1 NABEG.[4] Daneben existieren jedoch eine Reihe zwingender materiell-rechtlicher Vorschriften, die **einer Abwägung nicht zugänglich** sind. Solche Vorgaben finden sich insbesondere in umweltrechtlichen Normen, und damit außerhalb von EnWG, EnLAG und NABEG. Insoweit gilt für die Planfeststellung von Energieleitungen nichts anderes als für die Planfeststellung sonstiger Vorhaben. Dort entwickelte, allgemeine Grundsätze lassen sich auch auf die Planung von Energieleitungen übertragen.[5]

Wenngleich im Hinblick auf die Vielzahl der zu berücksichtigenden und auszugleichenden 4
Interessen die planerische Gestaltungsfreiheit charakteristisches Element von Planfeststellungsverfahren ist,[6] so sind doch verschiedene materiell-rechtliche Bindungen zu beachten, deren

1 Vgl. Hoffmann-Riem/Schmidt-Aßmann/Voßkuhle/*Köck*, § 37 Rn 95ff.
2 Vgl. Kap. 2 Rn 44ff. sowie Kap. 5 Rn 1ff. mit einer entsprechenden Übersicht.
3 Vgl. den Gesetzentwurf der Bundesregierung für ein Gesetz zur Verbesserung der Öffentlichkeitsbeteiligung und Vereinheitlichung von Planfeststellungsverfahren (PlVereinhG) vom 30.3.2012, BR-Drucks. 171/12. Zweck dieses Gesetzes ist danach die Rechtsvereinheitlichung. Dieses Ziel soll durch eine Überführung gleichlautender Vorschriften aus verschiedenen Fachgesetzen in das VwVfG erreicht werden, während fachgesetzliche Besonderheiten jedoch erhalten bleiben.
4 Ausführlich zur Abwägung Kap. 11.
5 Vgl. *Schiller*, UPR 2009, 245.
6 Vgl. Ziekow/*Ziekow*, Rn 584.

Einhaltung auch gerichtlich überprüft werden kann.[7] Zwar ist mit der Planfeststellung eine Konzentrationswirkung verbunden, sodass neben dem Planfeststellungsbeschluss keine anderweitigen, sonst ebenfalls erforderlichen Genehmigungen eingeholt werden müssen. Allerdings befreit diese rein verfahrensrechtliche Konzentrationswirkung nicht von bestehenden materiellen Vorgaben.[8] Die danach fortbestehende Bindung an das „sekundäre materielle Recht" umfasst dabei sowohl Vorschriften, die ohne die Konzentrationswirkung der Planfeststellung im Rahmen der dann erforderlichen Genehmigungsverfahren zu prüfen wären, als auch weitere Betreiberpflichten, die unabhängig von einem bestimmten Genehmigungserfordernis zu beachten sind.[9]

5 Das BVerwG hat **die geltenden materiell-rechtlichen Anforderungen an Planfeststellungen** in seiner Rechtsprechung wiederholt herausgestellt.[10] Danach sind zum einen etwaige Bindungen an Planungsentscheidungen auf übergeordneter Ebene zu beachten, die in diesem Handbuch an anderer Stelle ausführlich behandelt werden.[11] Hinzu kommen das Erfordernis der Planrechtfertigung, die Pflicht zur Beachtung der Planungsleitsätze sowie schließlich die Anforderungen des bereits erwähnten Abwägungsgebotes. Dabei ist jedoch zu beachten, dass infolge der diversen Gesetzesänderungen und Maßnahmen zur Beschleunigung des Netzausbaus verschiedene „Varianten" des Planungsverfahrens für Energieleitungen der Hoch- und Höchstspannungsebene existieren.[12] Dies hat z.T. erhebliche Auswirkungen auf die jeweils zu beachtenden materiell-rechtlichen Vorgaben.[13]

II. Der für die Beurteilung maßgebliche Zeitpunkt

6 Der für die Beurteilung der **Rechtmäßigkeit des Planfeststellungsbeschlusses** maßgebliche Zeitpunkt ist der der Entscheidung der Planfeststellungsbehörde, d.h. der Zeitpunkt des Erlasses des Planfeststellungsbeschlusses, nicht der der Einleitung des Planfeststellungsverfahrens.[14] Das Gleiche gilt auch für die Plangenehmigung.[15] Spätere Rechtsänderungen, die einen Rechtsverstoß des Beschlusses entfallen lassen, sind allerdings zu berücksichtigen.[16]

7 Der Zeitpunkt des Erlasses des Planfeststellungsbeschlusses ist auch für die Frage der Erforderlichkeit von **Schutzanordnungen** nach § 74 Abs. 2 S. 2 VwVfG maßgeblich. Geht es hingegen um die Anordnung nachträglicher Auflagen gem. § 75 Abs. 2 S. 2 VwVfG, so muss auf den Zeit-

---

7 Ziekow/*Ziekow*, Rn 585.

8 Vgl. nur Schneider/Theobald/*Hermes*, § 7 Rn 76; Danner/Theobald/*Missling*, § 43 ff. EnWG Rn 26; Danner/Theobald/*Kohls*, XIII. Baurecht, B 1. Planung und Zulassung von Energieanlagen, Rn 151; *Steinberg/Wickel/Müller*, § 3 Rn 18. Die Vorstellung einer materiellen Konzentrationswirkung hat das BVerwG bereits 1984 als überholt bezeichnet – vgl. BVerwG, Urt. v. 9.11.1984 – 7 C 15.83 – UPR 1985, 64. Siehe auch BVerwG, Urt. v. 22.3.1985 – 4 C 73.82 – NuR 1985, 320, 321. Zur Konzentrationswirkung siehe auch Kap. 5 Rn 102 ff.

9 So *Steinberg/Wickel/Müller*, § 3 Rn 16 ff., 19.

10 Grundlegend BVerwG, Urt. v. 14.2.1975 – IV C 21.74 – BVerwGE 48, 56, 59; Urt. v. 7.7.1978 – 4 C 79.76 – BVerwGE 56, 110, 117.

11 Siehe Kap. 7.

12 Vgl. Kap. 2 Rn 4 ff.

13 Dies gilt insbesondere für die Planrechtfertigung, vgl. Rn 9 ff.; und für die Bindung an die Vorgaben der räumlichen Gesamtplanung, vgl. Kap. 7.

14 Siehe nur BVerwG, Beschl. v. 24.5.2012 – 7 VR 4.12 – ZNER 2012, 417, 418 (Rn 19) unter Verweis auf die ständige Rechtsprechung; BVerwG, Urt. v. 12.3.2008 – 9 A 3.06 – NuR 2008, 633, 656; VGH München, Urt. v. 19.6.2012 – 22 A 11.40018, 22 A 11.40019 – ZUR 2012, 574, 575; VGH Mannheim, Beschl. v. 14.11.2011 – 8 S 1281/11 – BeckRS 2011, 56026. So auch *Stüer*, Rn 4315 und Ziekow/*Ziekow*, Rn 585.

15 VGH München, Urt. v. 24.5.2011 – 22 A 10.40049 – BayVBl. 2012, 242, 243.

16 BVerwG, Urt. v. 12.3.2008 – 9 A 3.06 – NuR 2008, 633, 656; Urt. v. 9.7.2008 – 9 A 14.07 – NVwZ 2009, 302, 311.

punkt des Eintritts der jeweiligen, nicht vorausgesehenen Auswirkungen abgestellt werden.[17] Waren die Auswirkungen, bezüglich derer Betroffene Abhilfe verlangen, bereits bei der Planung voraussehbar, so müssen die Betroffenen sich aus diesem Grund direkt gegen den Planfeststellungsbeschluss wenden; sie können nach dessen Unanfechtbarkeit keinen Anspruch auf Schutzvorkehrungen nach § 75 Abs. 2 S. 2 VwVfG geltend machen.[18]

Zu beachten ist schließlich die **begrenzte Geltungsdauer** eines Planfeststellungsbeschlusses: Im Unterschied zur Frist von grundsätzlich fünf Jahren nach § 75 Abs. 4 VwVfG gilt gem. § 43c Nr. 1 EnWG bei Energieleitungen stattdessen eine Frist von zehn Jahren ab Eintritt der Unanfechtbarkeit. Zudem besteht hier eine Verlängerungsmöglichkeit um maximal fünf Jahre.[19] 8

B. Planrechtfertigung

Als eine der materiellen Anforderungen an die Rechtmäßigkeit von Planfeststellungsbeschlüssen ist zunächst die Planrechtfertigung zu prüfen. Der Rechtsprechung zufolge trägt eine hoheitliche Planung ihre Rechtfertigung nicht schon in sich selbst, sondern bedarf einer gesonderten Rechtfertigung. Diese ungeschriebene Voraussetzung wurde vor dem Hintergrund des Verhältnismäßigkeitsgrundsatzes sowie der enteignungsrechtlichen Vorwirkung der Planfeststellung und den aus diesem Grund relevanten Anforderungen des Art. 14 GG[20] durch die Rechtsprechung des BVerwG entwickelt.[21] So forderte die Rechtsprechung eine solche Planrechtfertigung zunächst für die Bauleitplanung, dehnte dieses Erfordernis später jedoch auch auf den Bereich der Fachplanung aus.[22] 9

Die Planrechtfertigung setzt **allgemein** voraus, dass ein konkretes Vorhaben erforderlich ist. Es muss dabei nach den Zielen des jeweils einschlägigen Fachplanungsgesetzes nicht unausweichlich, aber doch *„vernünftigerweise geboten“*[23] bzw. ***„durch vernünftige Gemeinwohlgründe gerechtfertigt“***[24] sein. Das einschlägige Fachgesetz ist im Falle des Energieleitungsaus- 10

---

17 *Stüer*, Rn 4538.

18 Vgl. OVG Bautzen, Beschl. v. 25.1.2012 – 4 A 873/10 – LKV 2012, 133.

19 Ausführlich zur Frage der Geltungsdauer des Planfeststellungsbeschlusses Kap. 9 Rn 389 ff.

20 Vgl. BVerwG, Beschl. v. 21.12.1995 – 11 VR 6/95 – NVwZ 1996, 896, 898. Siehe dazu auch *Schiller*, UPR 2009, 245, 245; Schneider/Theobald/*Hermes*, § 7 Rn 89; *Stüer*, Rn 4367. Die dogmatische Herleitung ist aber nicht unumstritten: Vgl. Ziekow/*Ziekow*, Rn 615 sowie *Müller, P.*, S. 53 ff.

21 Siehe nur BVerwG, Urt. v. 16.3.2006 – 4 A 1001.04 – NVwZ 2006, 1055, 1057 sowie Urt. v. 9.11.2006 – 4 A 2001/06 – NVwZ 2007, 445, 447. Zur Herleitung des Erfordernisses der Planrechtfertigung durch die Rspr. siehe auch *de Witt*, LKV 2006, 5 f. sowie *Müller, P.*, S. 23 ff.

22 In der Literatur ist das Erfordernis einer gesonderten Planrechtfertigung nicht unumstritten: So wird teilweise vertreten, die entsprechenden Probleme ließen sich auch im Rahmen der Abwägung hinreichend abarbeiten. Dafür plädiert *Müller, P.*, der eine eigenständige dogmatische Bedeutung der Planrechtfertigung verneint – siehe nur S. 20, 58 f. und 71 ff. Weitere Nachweise dazu finden sich bei BK-EnR/*Pielow*, § 43 EnWG Rn 58 (in und bei Fn 165). Die Gegenauffassung stellt allerdings darauf ab, dass es gerade kein reines Abwägungsproblem sei, sondern das Erfordernis der Planrechtfertigung bereits eine gewisse Steuerungswirkung für das Verfahren entfalte. Vgl. dazu Ziekow/*Ziekow*, Rn 614 m.w.N.; GDMB/*Greinacher/Ehrmann*, S. 37, 42. Gegen einen Verzicht auf die Prüfung der Planrechtfertigung auch *de Witt*, LKV 2006, 5.

23 BVerwG, Urt. v. 7.7.1978 – 4 C 79.76 – BVerwGE 56, 110, 118 f.; Urt. v. 24.11.1989 – 4 C 41/88 – NVwZ 1990, 860, 862; Beschl. v. 9.9.1996 – 11 VR 31/95 – NVwZ-RR 1997, 210, 210 f.; Urt. v. 8.7.1998 – 11 A 53.97 – UPR 1998, 457; VGH München, Urt. v. 24.5.2011 – 22 A 10.40049 – BayVBl. 2012, 242, 243; VGH Mannheim, Beschl. v. 14.11.2011 – 8 S 1281/11 – BeckRS 2011, 56026. Siehe auch *Stüer*, Rn 4366; Ziekow/*Ziekow*, Rn 613.

24 Vgl. dazu VGH Mannheim, Beschl. v. 14.11.2011 – 8 S 1281/11 – BeckRS 2011, 56026, wobei die Planfeststellung in jenem Fall nicht auf Grundlage eines spezifischen Fachgesetzes, sondern gem. § 20 I UVPG erfolgte. Dazu führt das Gericht aus, dass sich der Bedarf für das Vorhaben auch aus *„Zielen sonstiger gesetzlicher Entscheidungen“* ergeben könne; entscheidend sei die Rechtfertigung des Vorhabens durch Gemeinwohlinteressen, d.h. abwägungsrelevante, für das Vorhaben streitende öffentliche Interessen müssten vorliegen.

baus das EnWG, dessen Ziel gem. § 1 Abs. 1 EnWG *„eine möglichst sichere, preisgünstige, verbraucherfreundliche, effiziente und umweltverträgliche leitungsgebundene Versorgung der Allgemeinheit mit Elektrizität und Gas"* ist. Ein Netzausbauvorhaben muss danach also stets energiewirtschaftlich notwendig, mit den Zielen des § 1 EnWG vereinbar sein.[25]

11 Dies setzt die Erforderlichkeit der konkreten Leitung am geplanten Standort voraus.[26] Wenn auch die Erforderlichkeit des Netzausbaus insgesamt, insbesondere für die Energieleitungen der Hoch- und Höchstspannungsebene, derzeit kaum bestritten wird,[27] so werden doch an dieser Stelle immer wieder **Einwendungen Betroffener** erhoben, die die Erforderlichkeit der geplanten Leitungsbauvorhaben im konkreten Einzelfall infrage stellen.[28] Die Frage der Planrechtfertigung ist dann Gegenstand gerichtlicher Kontrolle, wenn auch im Ergebnis lediglich eine „Plausibilitätskontrolle" vorgenommen werden kann.[29]

12 Insgesamt sind **drei Fälle der fehlenden Planrechtfertigung** anerkannt: Unvereinbarkeit mit den Zielen des jeweiligen Fachgesetzes (hier § 1 EnWG), fehlende tatsächliche Realisierungsabsicht sowie schließlich die fehlende objektive Realisierbarkeit aufgrund unüberwindbarer –

---

25 *Hennig/Lühmann*, UPR 2012, 81, 83; Schneider/Theobald/*Hermes*, § 7 Rn 89. Vgl. auch Thomé-Kozmiensky/Beckmann/*Appel*, S. 211, 220 f. sowie *de Witt*, LKV 2006, 5, 6 mit Nachweisen zur Rspr. Daran ändert auch die Streichung des früher in § 43 EnWG (bzw. der Vorgängervorschrift § 11a Abs. 1 S. 6 EnWG) enthaltenen ausdrücklichen Verweises auf § 1 EnWG nichts – siehe Danner/Theobald/*Missling*, § 43 ff. EnWG Rn 23.

26 *De Witt*, RdE 2006, 141, 144.

27 Allgemein zur Erforderlichkeit des Netzausbaus: Ergebnisse der dena-I-Netzstudie aus dem Jahr 2005, abrufbar unter: http://www.dena.de/publikationen/energiesysteme/dena-netzstudie-i.html sowie der dena-II-Netzstudie von 2010, abrufbar unter: http://www.dena.de/publikationen/erneuerbare/dena-netzstudie-ii-integration-erneuerbarer-energien-in-die-deutsche-stromversorgung-im-zeitraum-2015-2020-mit-ausblick-auf-2025.html; Sondergutachten des Sachverständigenrates für Umweltfragen vom 18.2.2011 „Wege zur 100% erneuerbaren Energieversorgung", BT-Drucks. 17/4890, S. 28, 161 f. („dringend geboten"), 287 f. und 299; Begründung des Gesetzentwurfs der Bundesregierung für ein Gesetz über Maßnahmen zur Beschleunigung des Netzausbaus Elektrizitätsnetze vom 6.6.2011, BR-Drucks. 342/11, S. 1 und insbesondere 35 ff.; Begründung des Gesetzentwurfs der Bundesregierung für ein Gesetz zur Beschleunigung des Ausbaus der Höchstspannungsnetze vom 7.10.2008, BT-Drucks. 16/10491, S. 1; *BNetzA*, Bericht zum Zustand der leitungsgebundenen Energieversorgung im Winter 2011/2012, S. 11 Nr. 9 und 10 sowie insbesondere S. 51 ff. und S. 98 (sowohl im Hinblick auf die Stromnetze als auch auf die Gasnetze), abrufbar unter: http://www.bundesnetzagentur.de/SharedDocs/Downloads/DE/BNetzA/Presse/Berichte/2012/NetzBericht_ZustandWinter11_12pdf.pdf?__blob=publicationFile. Aus der Literatur siehe nur beispielhaft GDMB/*Appel*, S. 55, 57; *Durner*, DVBl. 2011, 853; *Erbguth*, DVBl. 2012, 325; *Scholtka/Helmes*, NJW 2011, 3185, 3188; *Kment*, RdE 2011, 341, 342; *Mikesic/Strauch*, RdE 2011, 347. Eindrucksvoll zur Erforderlichkeit des Netzausbaus vor dem Hintergrund der Energiewende auch *Kurth* in: FAZ vom 16.3.2012, S. 12.

28 So wird immer wieder gefordert, statt des Neubaus von Leitungen solle verstärkt auf Maßnahmen der Netzoptimierung gesetzt werden; so *L. Jarass* in der Öffentlichen Anhörung des Ausschusses für Wirtschaft und Technologie des Deutschen Bundestages vom 15.12.2008, Protokoll Nr. 16/78, S. 27 ff., 33 f. sowie 43 f.; dagegen wandten sich in der Öffentlichen Anhörung des Ausschusses für Wirtschaft und Technologie des Deutschen Bundestages vom 15.12.2008 u.a. *Bischof*, *Neldner* und *Kurth*, vgl. Protokoll Nr. 16/78, S. 7, 9, 30, 34 und 50 f. Vgl. auch die Stellungnahme des Solarenergie-Förderverein Deutschland (SFV) zum Netzentwicklungsplan Strom (NEP) der Übertragungsnetzbetreiber vom 9.7.2012, abrufbar unter: http://www.netzentwicklungsplan.de/content/konsultation-2012. Dieser Stellungnahme zufolge ist der von den Übertragungsnetzbetreibern vorgestellte Ausbaubedarf bei den Übertragungsnetzen betriebswirtschaftlichen Interessen dieser Netzbetreiber geschuldet und nicht zur Erreichung der Ziele der Energiewende erforderlich. Dagegen erkennen andere Stellungnahmen aus dem Kreis der Umweltverbände – bei aller Kritik im Detail und Zweifeln hinsichtlich des Umfangs – doch zumindest einen grundsätzlichen Ausbaubedarf an; vgl. dazu nur die Stellungnahmen der Deutschen Umwelthilfe vom 6.7.2012 und des NABU vom 9.7.2012, ebenfalls abrufbar unter: http://www.netzentwicklungsplan.de/content/konsultation-2012.

29 So *de Witt*, LKV 2006, 5, 9. Ausführlich und m.w.N. zur gerichtlichen Kontrolldichte *Müller, P.*, S. 38 ff. und 75: Er legt dar, dass das BVerwG zwar in ständiger Rechtsprechung von einer vollständigen gerichtlichen Kontrolle der Planrechtfertigung ausgeht, diese aber hinsichtlich einzelner Punkte, namentlich der im Rahmen der Planrechtfertigung erforderlichen Bedarfsprognose, doch lediglich eingeschränkt überprüft wird. Daher nähere die gerichtliche Überprüfung sich im Ergebnis doch einer bloßen Plausibilitätskontrolle an. Näher zur eingeschränkten Kontrolldichte der Bedarfsprognose unten Rn 37 sowie Kap. 13 Rn 60 ff. und 209 ff.

auch finanzieller – Hindernisse.[30] Allerdings ist gerade der letzte Punkt nicht zu weit auszudehnen. So scheitert die Planrechtfertigung eines Vorhabens beispielsweise erst dann an der offensichtlich fehlenden Finanzierbarkeit, wenn dies von vornherein, auch ohne intensive Prüfung erkennbar ist.[31] Auch die Behauptung fehlender Realisierbarkeit ist ggf. genau zu begründen. Den in der Praxis bereits vorgetragenen Einwand der fehlenden Realisierbarkeit aufgrund neu erlassener Entflechtungsvorschriften wies die Rechtsprechung mit dem Hinweis zurück, dass noch die Möglichkeit bestehe, dass ein Rechtsnachfolger des ursprünglichen Antragstellers in die sich aus der Planfeststellung ergebenden Rechte und Pflichten eintreten könne.[32]

Während die Punkte Realisierungsabsicht und objektive Realisierbarkeit eines Vorhabens **13**
auch in Fällen gesetzlicher Bedarfsplanung für die Frage nach der Planrechtfertigung in gleichem Maße relevant bleiben,[33] so trifft dies auf die Prüfung der energiewirtschaftlichen Notwendigkeit nicht zu. In diesem Zusammenhang waren der Erlass des EnLAG sowie die 2011 erfolgten Änderungen des EnWG von wesentlicher Bedeutung, hatten sie doch die Einführung einer gesetzlichen Bedarfsplanung für den Ausbau bestimmter Energieleitungen in Deutschland zur Folge. Daher ist künftig zwischen den von dieser gesetzlichen Bedarfsplanung erfassten und allen übrigen Vorhaben zu differenzieren.

I. Planrechtfertigung durch gesetzliche Bedarfsplanung

Mit dem 2009 erlassenen **EnLAG** verfolgte der Gesetzgeber das Ziel einer Verfahrensbeschleuni- **14**
gung angesichts des für dringend notwendig erachteten Ausbaus im Bereich der Energieleitungen.[34] Als wesentliche Neuerung wurde hiermit eine **gesetzliche Bedarfsplanung für 24 konkrete Leitungsbauvorhaben** eingeführt. Der diese 24 Vorhaben umfassende Bedarfsplan ist dem EnLAG als Anlage beigefügt. § 1 Abs. 2 EnLAG stellt dazu ausdrücklich klar, dass die darin aufgeführten Vorhaben den Zielen des § 1 EnWG entsprechen. Die energiewirtschaftliche Notwendigkeit und der vordringliche Bedarf stehe für diese Vorhaben damit fest und sei für die jeweiligen Planfeststellungs- und Plangenehmigungsverfahren nach den §§ 43ff. EnWG verbindlich.

Für den Ausbau des übrigen Übertragungsnetzes regelt nun **seit 2011 das EnWG** in den **15**
§§ 12aff.[35] ebenfalls eine Form der gesetzlichen Bedarfsplanung. Auf diese Weise wurde der Ansatz des EnLAG auf weitere Anwendungsfälle ausgedehnt.[36] Danach ist durch die Betreiber der Übertragungsnetze gem. § 12a EnWG zunächst ein Szenariorahmen für die Netzentwicklungsplanung zu erstellen, der von der BNetzA genehmigt werden muss.[37] Anschließend haben die Übertragungsnetzbetreiber nach § 12b EnWG einen Netzentwicklungsplan zu erstellen,[38] der

---

30 Ziekow/*Ziekow*, Rn 625; BVerwG, Urt. v. 24.11.1989 – 4 C 41/88 – NVwZ 1990, 860, 861 beschäftigt sich mit den Aspekten fehlende Realisierungsabsicht und fehlende objektive Realisierbarkeit.

31 Ziekow/*Ziekow*, Rn 625.

32 BVerwG, Beschl. v. 22.7.2010 – 7 VR 4/10 – NVwZ 2010, 1486, 1487; die Entscheidung des BVerwG in der Hauptsache, durch Gerichtsbescheid v. 21.9.2010 – 7 A 7/10 – juris.

33 Vgl. BVerwG, Beschl. v. 22.7.2010 – 7 VR 4/10 – NVwZ 2010, 1486, 1487.

34 Zur Bedarfsplanung durch das EnLAG, Schneider/Theobald/*Hermes*, § 7 Rn 44 ff.

35 Die entsprechenden Änderungen des EnWG erfolgten durch Art. 1 des Gesetzes zur Neuregelung energiewirtschaftsrechtlicher Vorschriften vom 26.7.2011 (BGBl. I S. 1554).

36 *Appel*, UPR 2011, 406, 408.

37 Diese Genehmigung erteilte die BNetzA Ende des Jahres 2011, Az. 8121-12/Szenariorahmen 2011, abrufbar unter: http://www.bundesnetzagentur.de/cln_1932/DE/Sachgebiete/ElektrizitaetGas/StromNetzEntwicklung/SzenariorahmenStrom/SzenariorahmenStrom_node.html.

38 Der Entwurf für einen ersten solchen Netzentwicklungsplan ist in der zweiten, überarbeiteten Fassung v. 15.8. 2012 abrufbar unter: http://www.netzentwicklungsplan.de. Die BNetzA hat diesen Netzentwicklungsplan am 25.11.

wiederum gem. § 12c EnWG bestätigt werden muss, bevor er nach § 12e Abs. 1 EnWG als Entwurf für den Bundesbedarfsplan fungiert. Der Bundesbedarfsplan wird sodann laut § 12e Abs. 4 EnWG als Gesetz erlassen.[39]

16 Nach § 12e Abs. 2 S. 3 EnWG entsprechen die im Bundesbedarfsplan aufgeführten Vorhaben den Zielsetzungen des § 1 EnWG. **Damit stellt der Gesetzgeber bereits die energiewirtschaftliche Notwendigkeit dieser Vorhaben fest.** Dies führt auch § 12e Abs. 4 S. 1 EnWG nochmals ausdrücklich aus: *„Mit Erlass des Bundesbedarfsplans durch den Bundesgesetzgeber wird für die darin enthaltenen Vorhaben die energiewirtschaftliche Notwendigkeit und der vordringliche Bedarf festgestellt.“* Diese gesetzliche Feststellung ist, wie § 12e Abs. 4 S. 2 EnWG betont, für die Planfeststellung von Vorhaben nach §§ 43ff. EnWG bzw. §§ 18ff. NABEG verbindlich. Diese Regelung entspricht damit der des § 1 Abs. 2 EnLAG für die dort erfassten Vorhaben.[40] In beiden Fällen erfolgt die Planrechtfertigung durch ausdrückliche gesetzliche Feststellung.

1. Verfassungsrechtliche Zulässigkeit der Legalplanung

17 Die verfassungsrechtliche Zulässigkeit einer Legalplanung hat **das BVerfG** bereits ausdrücklich bejaht.[41] Die damalige Entscheidung betraf das Gesetz über den Bau der Eisenbahnstrecke **„Südumfahrung Stendal“**, eines von 17 als besonders dringlich eingestuften Verkehrsprojekten „Deutsche Einheit“. Das Gericht hielt dieses Investitionsmaßnahmengesetz, das ein Planfeststellungsverfahren für diese Eisenbahnstrecke ersetzte, indem es selbst abschließend über deren Zulassung entschied, im Ergebnis für mit dem Grundgesetz vereinbar und verneinte einen Verstoß gegen Art. 14 Abs. 1 oder Art. 19 Abs. 4 GG.[42] Da staatliche Planung weder allein der Exekutive noch allein der Legislative zuzuordnen sei,[43] könne sie in Form von „Leitentscheidungen“ bereits ihrer Natur nach auch durch Gesetz erfolgen.[44] Selbst die Zulassung konkreter Vorhaben durch Gesetz ist nach dieser Rechtsprechung möglich, sofern besondere Gemeinwohlgründe, beispielsweise eine besondere Eilbedürftigkeit, dies rechtfertigen.[45]

18 Die gesetzliche Bedarfsplanung, wie sie nun sowohl im EnLAG als auch nach § 12e EnWG vorgesehen ist, hat zudem nur **begrenzte Reichweite**. Sie betrifft mit der Planrechtfertigung lediglich eine der materiellen Anforderungen an Planfeststellungsbeschlüsse, trifft aber selbst noch keine abschließende Entscheidung über die Zulassung eines Vorhabens.[46] Sie befreit weder

---

2012 bestätigt. Diese Entscheidung ist abrufbar unter: http://www.netzausbau.de/cln_1931/DE/Bedarfsermittlung/Netzentwicklungsplan/Netzentwicklungsplan_2012/netzentwicklungsplan_2012_node.html.

39 Ein entsprechender Gesetzentwurf der Bundesregierung vom 21.12.2012 liegt mittlerweile vor, siehe BR-Drucks. 819/12. Danach soll das Gesetz über den Bundesbedarfsplan als Art. 1 des Zweiten Gesetzes über Maßnahmen zur Beschleunigung des Netzausbaus Elektrizitätsnetze erlassen werden.

40 Nach derzeitiger Rechtslage bestehen beide Bedarfspläne nebeneinander; für ein „Auslaufen“ des EnLAG-Bedarfsplans und eine künftige Konzentration auf den Bedarfsplan nach EnWG spricht sich die Studie „Ökologische Auswirkungen von 380-kV-Erdleitungen und HGÜ-Erdleitungen“ (1.10.2009–31.12.2011), Bd. 4: Bericht der Arbeitsgruppe Recht, S. 61 aus, abrufbar unter: http://www.efzn.de/index.php?id=238&no_cache=1&tx_wiwiprojekte_pi4[showUid]=80.

41 BVerfG, Beschl. v. 17.7.1996 – 2 BvF 2/93 – BVerfGE 95, 1ff. (‚Südumfahrung Stendal‘). Siehe dazu bereits Kap. 3 Rn 540ff. Vgl. dazu auch *Durner*, DVBl. 2011, 853, 855, der darin nochmals darlegt, dass sich verfassungsrechtliche Bedenken gegen eine gesetzliche Bedarfsplanung zu Recht nicht durchsetzen konnten. Nach wie vor kritisch im Hinblick auf die mit der gesetzlichen Bedarfsplanung einhergehende Einschränkung der Rechtsschutzmöglichkeiten Betroffener dagegen *Holznagel/Nagel*, DVBl. 2010, 669, 673.

42 Vgl. auch BVerfG, Beschl. v. 8.6.1998 – 1 BvR 650/97 u.a. – NVwZ 1998, 1060.

43 BVerfG, Beschl. v. 17.7.1996 – 2 BvF 2/93 – BVerfGE 95, 1, 16 sowie Beschl. v. 8.6.1998 – 1 BvR 650/97 u.a. – NVwZ 1998, 1060, 1061.

44 BVerfG, Beschl. v. 8.6.1998 – 1 BvR 650/97 u.a. – NVwZ 1998, 1060, 1061.

45 BVerfG, Beschl. v. 17.7.1996 – 2 BvF 2/93 – BVerfGE 95, 1, 17.

46 Diesen Unterschied betonte auch das BVerfG, Beschl. v. 19.7.1995 – 2 BvR 2397/94 – NVwZ 1996, 261.

die Behörde vom Erfordernis einer umfassenden Abwägung aller relevanten Belange, einschließlich einer Alternativenprüfung, noch nimmt sie die Festlegung des grundstücksgenauen Trassenverlaufs vorweg, die weiterhin dem Planfeststellungsverfahren vorbehalten bleibt.[47]

Des Weiteren ist auch eine **gerichtliche Prüfung** der gesetzgeberischen Festlegung **nicht komplett ausgeschlossen**. Vielmehr muss ggf. geprüft werden, ob die gesetzliche Bedarfsfeststellung „evident unsachlich" ist, wenn dem Gesetzgeber dabei auch ein weiter Gestaltungs- und Prognosespielraum zusteht.[48] Ein solcher Spielraum wiederum besteht keineswegs nur in den Fällen einer Bedarfsplanung durch Gesetz, sondern ganz allgemein bei entsprechenden Prognoseentscheidungen.[49] 19

2. Bindungswirkung der gesetzlichen Bedarfsplanung

Ist nun danach die gesetzliche Bedarfsplanung grundsätzlich verfassungsrechtlich zulässig, so begründen die Bedarfspläne nach § 1 Abs. 2 EnLAG bzw. § 12e Abs. 4 EnWG **eine unwiderlegliche Vermutung der energiewirtschaftlichen Notwendigkeit**, die auch im gerichtlichen Verfahren grundsätzlich nicht mehr infrage gestellt werden kann. Sie ist sowohl von der Planfeststellungsbehörde wie auch von den Gerichten grundsätzlich als gegeben hinzunehmen und ein Nachweis des Bedarfs für das Vorhaben im Einzelfall ist entbehrlich.[50] 20

Eine Ausnahme von bzw. **Grenze dieser Bindungswirkung** besteht lediglich im Falle der Verfassungswidrigkeit der gesetzlichen Bedarfsfeststellung, wobei das mit der Sache befasste Gericht in einem solchem Fall seine Vorlagepflicht gem. Art. 100 Abs. 1 GG zu beachten hätte bzw. – im Verfahren des vorläufigen Rechtsschutzes – die entsprechende gesetzliche Bedarfsfestlegung außer Acht lassen könnte.[51] Doch hat die Rechtsprechung für die Annahme einer solchen Verfassungswidrigkeit strenge Anforderungen entwickelt. So habe der Gesetzgeber sein Ermessen nur bei einer evident sachwidrigen Feststellung des Bedarfs überschritten, damit allenfalls in Fällen, in denen für das jeweilige Vorhaben offensichtlich kein Bedarf bestehe, jegliche Notwendigkeit fehle.[52] Schließlich gesteht die Rechtsprechung dem Gesetzgeber hier einen weiten Ermessensspielraum zu,[53] dessen Überschreiten beispielsweise bei bloßen Bedenken im Hinblick auf die Wirtschaftlichkeit eines Vorhabens und die gebotene sparsame Verwendung 21

47 BVerfG, Beschl. v. 8.6.1998 – 1 BvR 650/97 u.a. – NVwZ 1998, 1060. Siehe auch *Appel*, UPR 2011, 406, 413.

48 BVerfG, Beschl. v. 8.6.1998 – 1 BvR 650/97 u.a. – NVwZ 1998, 1060f. Dazu sogleich noch unter Rn 21 sowie Kap. 3 Rn 556ff. und Kap. 13 Rn 55ff.

49 BVerfG, Beschl. v. 8.6.1998 – 1 BvR 650/97 u.a. – NVwZ 1998, 1060, 1061.

50 Vgl. nur BVerwG, Beschl. v. 21.12.1995 – 11 VR 6/95 – NVwZ 1996, 896, 898; Beschl. v. 9.9.1996 – 11 VR 31/95 – NVwZ-RR 1997, 210, 211; *Grigoleit/Weisensee*, UPR 2011, 401, 404; *Schiller*, UPR 2009, 245, 246; *Appel*, UPR 2011, 406, 407; Schneider/Theobald/*Hermes*, § 7 Rn 90. Diese Bedarfsplanung betrifft allerdings noch nicht konkrete Details der jeweiligen Trasse; für eine Bedarfsplanung mit höherem Detaillierungsgrad spricht sich daher die BMU-Studie „Ökologische Auswirkungen von 380-kV-Erdleitungen und HGÜ-Erdleitungen" (1.10.2009–31.12.2011), Bd. 4: Bericht der Arbeitsgruppe Recht, S. 53 und 62f. aus, abrufbar unter: http://www.efzn.de/index.php?id=238&no_cache=1&tx_wiwiprojekte_pi4[showUid]=80.

51 BVerwG, Urt. v. 18.5.1995 – 4 C 4.94 – UPR 1995, 391, 393; Beschl. v. 24.5.2012 – 7 VR 4.12 – ZNER 2012, 417, 418 (Rn 22); Urt. v. 17.1.2007 – 9 A 20/05 – NVwZ 2007, 1054, 1057; *Kopp/Schenke*, § 80 Rn 161 m.w.N. Vgl. zu den infrage kommenden Rechtsschutzmöglichkeiten gegenüber der gesetzlichen Bedarfsplanung auch *Appel*, UPR 2011, 406, 413.

52 BVerfG, Beschl. v. 8.6.1998 – 1 BvR 650/97 u.a. – NVwZ 1998, 1060; Urt. v. 18.5.1995 – 4 C 4.94 – UPR 1995, 391, 392f. So zuletzt auch wieder BVerwG, Beschl. v. 24.5.2012 – 7 VR 4.12 – ZNER 2012, 417, 418 (Rn 22). Siehe auch Schneider/Theobald/*Hermes*, § 7 Rn 90; *Moench/Ruttloff*, NVwZ 2011, 1040, 1044.

53 BVerwG, Beschl. v. 21.12.1995 – 11 VR 6/95 – NVwZ 1996, 896, 899 sowie Beschl. v. 9.9.1996 – 11 VR 31/95 – NVwZ-RR 1997, 210, 211.

von Haushaltsmitteln oder bezüglich einer hohen Umweltbelastung noch nicht angenommen werden kann.[54] Teilweise wird in der Literatur bezweifelt, dass es im Bereich des Energieleitungsausbaus überhaupt einen Fall evident unsachlicher Bedarfsfeststellung durch den Gesetzgeber geben könne, da Träger entsprechender Vorhaben Private seien, die wohl in aller Regel nur Vorhaben verwirklichen wollen, für die auch ein entsprechender Bedarf besteht und die sie daher wirtschaftlich betreiben können.[55]

22 Die **Auswahl der 24 EnLAG-Vorhaben** wurde allerdings stark **kritisiert.**[56] Bemängelt wurde neben der Beschränkung auf die Höchstspannungsebene,[57] dass anstelle des Neubaus einiger der in den Bedarfsplan aufgenommenen Vorhaben auch eine Optimierung bestehender Leitungen ausreichend wäre, die Auswahl der Vorhaben dagegen lediglich den Interessen der Betreiber konventioneller Kraftwerke diene.[58] Schließlich wurde auch die Befürchtung geäußert, der Bedarf anderer, nicht in den EnLAG-Bedarfsplan aufgenommener, aber gleichermaßen erforderlicher Vorhaben könnte durch diese Auswahl vernachlässigt werden.[59]

23 Trotz dieser Kritik wird man die gesetzliche Bedarfsplanung des EnLAG in Anbetracht des bestehenden weiten Spielraums **nicht** als **verfassungswidrig** einstufen können.[60] Für die im Bedarfsplan nach § 1 EnLAG aufgeführten Vorhaben hat der Gesetzgeber schließlich in der Gesetzesbegründung den Bedarf für jedes einzelne dieser Vorhaben nochmals konkret begründet. Er hat dabei für die Vorhaben Nr. 1–8 sowie 10 auf die in der dena-I-Netzstudie[61] festgestellte Erforderlichkeit des Ausbaus, für die Vorhaben Nr. 1, 3, 4, 9 und 12 auf die Bedarfsfeststellungen durch die TEN-E-Leitlinien,[62] für die Vorhaben Nr. 11 und 13–24 schließlich auf jeweils näher ausgeführte Einzelerwägungen abgestellt.[63] Diese Begründung dürfte den dargelegten Anforderungen genügen, sodass der Einwand einer „evident unsachlichen" Bedarfsplanung in diesen Fällen nicht erfolgreich vorgebracht werden kann.[64]

54 Siehe BVerwG, Beschl. v. 9.9.1996 – 11 VR 31/95 – NVwZ-RR 1997, 210, 211.

55 Vgl. *Schirmer*, DVBl. 2010, 1349, 1351 f. und allgemein zu diesem Aspekt GDMB/*Greinacher/Ehrmann*, S. 37, 42.

56 Vgl. Schneider/Theobald/*Hermes*, § 7 Rn 47 und 90 sowie Hendler/Marburger/Schröder/*Hermes*, S. 89, 110 f., der fehlende Konsistenz sowie das Fehlen einer eigenen planerischen Entscheidung des Gesetzgebers bemängelt, jedoch im Ergebnis wohl dennoch nicht von einer Überschreitung der Grenzen des gesetzgeberischen Ermessens ausgeht. Einen Grund für die Kritik sehen *Weyer/Mann/Schneider*, BMU-Studie Ökologische Auswirkungen von 380-kV-Erdleitungen und HGÜ-Erdleitungen (1.10.2009–31.12.2011), Bd. 4: Bericht der Arbeitsgruppe Recht, S. 56, abrufbar unter: http://www.efzn.de/index.php?id=238&no_cache=1&tx_wiwiprojekte_pi4[showUid]=80, in der fehlenden Öffentlichkeitsbeteiligung bei der Auswahl der Vorhaben und daraus folgender mangelnder Akzeptanz. Für eine kritische Bewertung des EnLAG im Hinblick auf die Kriterien einer echten Bedarfsplanung siehe auch Kap. 3 Rn 219 ff.

57 *Bischof*, Öffentliche Anhörung des Ausschusses für Wirtschaft und Technologie des Deutschen Bundestages vom 15.12.2008, Protokoll Nr. 16/78, S. 21 f.; Danner/Theobald/*Missling*, Vor §§ 43 ff. EnWG Rn 34.

58 Danner/Theobald/*Missling*, Vor §§ 43 ff. EnWG Rn 32; *L. Jarass* in der Öffentlichen Anhörung des Ausschusses für Wirtschaft und Technologie des Deutschen Bundestages vom 15.12.2008, Protokoll Nr. 16/78, S. 27 ff. Hendler/Marburger/Schröder/*Hermes*, S. 89, 111 spricht vom *„Verdacht [...], dass hier lediglich ‚Anmeldungen' der Netzbetreiber entgegengenommen und in Gesetzesform gegossen wurden"*. Der Kritik wurde allerdings auch in eben der genannten Anhörung, Protokoll Nr. 16/78, schon von verschiedener Seite widersprochen – siehe nur *Neldner*, a.a.O. S. 50 f. sowie *Meller*, a.a.O. S. 55.

59 *Meller*, Öffentliche Anhörung des Ausschusses für Wirtschaft und Technologie des Deutschen Bundestages vom 15.12.2008, Protokoll Nr. 16/78, S. 5.

60 Vgl. Ziekow/*Ziekow*, Rn 620; so auch *Appel*, UPR 2011, 406, 413.

61 Dena-I-Netzstudie aus dem Jahr 2005, abrufbar unter: http://www.dena.de/publikationen/energiesysteme/dena-netzstudie-i.html.

62 Dies betrifft die Leitlinien in ihrer bis 2013 geltenden Fassung. Näher zu den TEN-E-Leitlinien und ihrer Bedeutung für die Planrechtfertigung Rn 52 ff.

63 Siehe Begründung des Gesetzentwurfs der Bundesregierung vom 7.10.2008, BT-Drucks.16/10491, S. 17 f.; zur dena-I-Studie und der Bedeutung der TEN-E-Leitlinien zudem a.a.O. bereits auf S. 9 ff.

64 Siehe auch *Schirmer*, DVBl. 2010, 1349, 1351.

Das **BVerwG** hat diese Auffassung mittlerweile mit der ersten zum EnLAG ergangenen Entscheidung **bestätigt.**[65] Darin stellt das Gericht für die Frage der Planrechtfertigung auf § 1 Abs. 2 EnLAG ab und bestätigt ausdrücklich die auch für Gerichte bindende Feststellung des vordringlichen energiewirtschaftlichen Bedarfs der in den gesetzlichen Bedarfsplan aufgenommenen Vorhaben.[66] Damit begnügt sich das BVerwG allerdings noch nicht, sondern prüft weiterhin, ob die Planrechtfertigung wegen fehlender Realisierungsabsicht oder fehlender objektiver Realisierbarkeit des Vorhabens entfallen ist. Auch dies verneint es jedoch im Ergebnis, sodass der Einwand fehlender Planrechtfertigung auch insoweit erfolglos bleibt.[67] 24

Ebenso entschied das BVerwG jüngst im Verfahren des einstweiligen Rechtsschutzes gegen den Planfeststellungsbeschluss für den **Neubau einer 380 kV-Leitung**:[68] Die Festlegung des gesetzlichen Bedarfsplans sei für Planfeststellungsbehörde und Gericht bindend, solange es sich nicht um eine „evident sachwidrige" Einschätzung des Gesetzgebers handle; dies wiederum sei im zu entscheidenden Verfahren nicht der Fall. Dazu verweist das Gericht insbesondere auf die Bedeutung der geplanten Leitung sowohl im europäischen[69] wie auch im nationalen Rahmen. Im Ergebnis konnte das BVerwG keine evident sachwidrige gesetzliche Bedarfsfeststellung erkennen. Deshalb sah es sich durch die genannten gesetzlichen Bestimmungen gebunden. 25

II. Prüfung der Planrechtfertigung jenseits der gesetzlichen Bedarfsfeststellung

Wenn und soweit die energiewirtschaftliche Notwendigkeit eines Leitungsbauvorhabens nicht bereits durch gesetzliche Bedarfspläne verbindlich festgestellt wird, so ist sie – wie bereits nach der Rechtslage vor Erlass von EnLAG und NABEG und vor Inkrafttreten der Änderungen des EnWG von 2011 – **in jedem Einzelfall** im Rahmen der Planrechtfertigung **zu prüfen**. Dies betrifft zum einen Netzausbaumaßnahmen im Bereich der Übertragungs- und Verteilungsnetze, die gem. § 43 EnWG der Planfeststellung bedürfen und weder Eingang in das EnLAG noch Eingang in den auf der Grundlage des § 12e EnWG erstellten Bundesbedarfsplan gefunden haben.[70] Zum anderen ist die Planrechtfertigung generell bei der Errichtung oder Änderung von Gasversorgungsleitungen mit einem Durchmesser von mehr als 300 mm zu prüfen, weil diese gem. § 43 S. 1 Nr. 1 EnWG ebenfalls der Planfeststellung bedürfen und weil es für den Fernleitungsnetzbereich zwar einen Netzentwicklungsplan gibt (vgl. § 15a EnWG), nicht aber einen verbindlichen Bedarfsplan. 26

Gerade weil es für diese Energieleitungen keine irgendwie geartete allgemeine fachliche Bedarfsplanung auf übergeordneter Ebene gibt und angesichts der Tatsache, dass die Vorhabensträger überdies keine öffentlichen, sondern vielmehr private Stellen sind, kommt der Planrechtfertigung bei der Planung derartiger Leitungen eine **eigenständige Bedeutung** zu.[71] Aus diesem 27

---

65 BVerwG, Beschl. v. 22.7.2010 – 7 VR 4/10 – NVwZ 2010, 1486; die Entscheidung des BVerwG in der Hauptsache, durch Gerichtsbescheid v. 21.9.2010 – 7 A 7/10 – ist bei juris abrufbar.

66 BVerwG, Beschl. v. 22.7.2010 – 7 VR 4/10 – NVwZ 2010, 1486, 1487.

67 BVerwG, Beschl. v. 22.7.2010 – 7 VR 4/10 – NVwZ 2010, 1486, 1487.

68 BVerwG, Beschl. v. 24.5.2012 – 7 VR 4.12 – ZNER 2012, 417, 418 f. (Rn 18 ff.).

69 Das Vorhaben ist in der Entscheidung Nr. 1364/2006/EG („TEN-E-Leitlinien"), Nr. 3.49 des Anhangs III als „Vorhaben von gemeinsamem Interesse" wie auch unter Punkt EL.7 des Anhangs I als Achse für „vorrangige Vorhaben" aufgeführt. Vgl. zu dem Gesamtvorhaben „Südwestkuppelleitung" *Säcker*, dort zur Bedeutung als Vorhaben im Sinne der TEN-E-Leitlinien, insbesondere S. 38.

70 So hält auch die Begründung zum Gesetzentwurf der Bundesregierung für das Bundesbedarfsplangesetz, BR-Drucks. 819/12, S. 16, ausdrücklich fest, dass der Bundesbedarfsplan nicht abschließend und für nicht davon erfasste Vorhaben die energiewirtschaftliche Notwendigkeit ggf. gesondert zu prüfen ist.

71 Schneider/Theobald/*Hermes*, § 7 Rn 91. Ebenso im Ergebnis *Krieglstein*, UPR 2003, 17, 18.

Grund ist die Planfeststellungsbehörde verpflichtet, eine eigenständige Prüfung der energiewirtschaftlichen Notwendigkeit vorzunehmen.[72]

28 Schließlich ist die ebenfalls hierher gehörende **Frage, ob technische Alternativen der Bedarfsdeckung bestehen**, die das Leitungsbauvorhaben erübrigen oder doch reduzieren könnten, **bei allen planfeststellungsbedürftigen Leitungsbauvorhaben** und damit auch bei solchen Leitungsbauvorhaben **zu prüfen**, bei denen der grundsätzliche energiewirtschaftliche Bedarf nach den dargestellten Vorschriften gesetzlich festgestellt wurde.[73]

1. Allgemeine Anforderungen

29 Die Prüfung der Planrechtfertigung hat sich zunächst und vor allem an den gesetzlichen Zielen des § 1 EnWG zu orientieren. Im Vordergrund steht dabei das Anliegen der **Versorgungssicherheit**. Daher ist die energiewirtschaftliche Notwendigkeit zu bejahen, wenn die jeweilige Leitung der Schließung einer bestehenden Versorgungslücke dienen soll, d.h. bei einem gegenwärtig oder künftig – mangels technischer Alternativen – auf keine andere Weise als durch den Bau einer Leitung zu deckenden Energiebedarf im jeweiligen Versorgungsraum.[74] Ein das Vorhaben rechtfertigender Bedarf besteht aber daneben auch, wenn es eine Gefährdung der Versorgungssicherheit verhindert und wiederum keine Alternativen zur Verfügung stehen.

30 Eine solche **Gefährdung** wäre dann anzunehmen, wenn der Ausfall einer Stromleitung oder eines Kraftwerks im jeweiligen Versorgungsraum nicht mehr sicher beherrschbar wäre.[75] Daraus folgt im Umkehrschluss, dass das Netz so geplant werden muss, dass die Netzsicherheit sowohl bei Ausfall als auch bei betrieblicher Abschaltung eines Betriebsmittels gewährleistet bleibt. Hierfür hat sich in der Praxis die Bezeichnung **(n-1)-Kriterium** durchgesetzt.[76]

31 Umgekehrt ist ein energiewirtschaftlicher Bedarf in den Fällen zu verneinen, in denen der Leitungsbau allein Telekommunikationszwecken oder **lediglich der Steigerung der Wettbewerbsfähigkeit oder der Marktanteile** des jeweiligen Energieversorgungsunternehmens dient.[77] Daran vermag die Regelung in § 1 Abs. 2 EnWG nichts zu ändern, weil der Wettbewerb nach dieser Vorschrift gerade durch Mittel der Regulierung der Netze verwirklicht werden soll.[78] Daher kann die Berufung allein auf § 1 Abs. 2 EnWG für sich noch nicht ausreichen, wenn nicht zugleich eines der Ziele gem. § 1 Abs. 1 EnWG verfolgt wird.[79]

32 Für die Beurteilung des energiewirtschaftlichen Bedarfs des Netzausbaus sind neben § 1 EnWG auch **weitere gesetzliche Vorgaben** von Bedeutung:
- die Netzanschluss- und Übertragungspflichten nach § 5 ff. EEG 2012 sowie
- die Pflicht zur Erweiterung der Netzkapazität nach § 9 EEG,

72 Schneider/Theobald/*Hermes*, § 7 Rn 91. So auch BK-EnR/*Pielow*, § 43 EnWG Rn 58.
73 Näher dazu unten Rn 42 ff.
74 BVerwG, Urt. v. 11.7.2002 – 4 C 9/00 – NJW 2003, 230, 233.
75 BVerwG, Urt. v. 11.7.2002 – 4 C 9/00 – NJW 2003, 230, 233. Siehe auch VGH München, Urt. v. 13.2.2003 – 22 A 97.40029 – NVwZ 2003, 1534, 1535 f.
76 Siehe etwa die Grundsätze der Übertragungsnetzbetreiber für die Planung des deutschen Übertragungsnetzes, Stand März 2012, S. 13, abrufbar unter: http://www.netzentwicklungsplan.de/content/dokumentensammlung. Siehe dazu auch Kap. 3 Rn 313.
77 BVerwG, Urt. v. 11.7.2002 – 4 C 9/00 – NJW 2003, 230, 233.
78 *Greinacher*, ZUR 2011, 305, 308; GDMB/*Greinacher/Ehrmann*, S. 37, 42. Ebenso *de Witt/Durinke/Kause*, Rn 85; BK-EnR/*Pielow*, § 43 EnWG Rn 61 ff.
79 A.A. wiederum wohl *Weyer*, ZNER 2009, 210, dem zufolge die energiewirtschaftliche Notwendigkeit eines Vorhabens auch zu bejahen ist, wenn es der Vollendung des Elektrizitätsbinnenmarkts dient. Für das von *Weyer* ebenfalls beispielhaft angeführte Ziel des Umwelt- und Klimaschutzes wiederum kann § 1 Abs. 1 EnWG angeführt werden, der gerade auch von einer umweltverträglichen Energieversorgung spricht, die zudem zunehmend auf erneuerbaren Energien beruhen soll.

- die allgemeine Ausbaupflicht gem. § 11 Abs. 1 EnWG (vgl. dazu auch § 12 Abs. 3 EnWG sowie § 14 EnWG),
- die Netzanschlusspflicht nach § 17 Abs. 1 und 2a EnWG sowie
- die Regelung des Netzzugangs in § 20 EnWG.[80]

Dabei ist zum einen zu beachten, dass sich aus den §§ 11 Abs. 1 S. 1 EnWG, 9 Abs. 3 EEG 2012 **kein Vorrang der Optimierung gegenüber dem Neubau** von Leitungen ergibt.[81] Zum anderen sind – auch in Zeiten der Energiewende – nicht nur die Interessen von EEG-Anlagenbetreibern, sondern auch die Interessen von sonstigen Kraftwerks- und Anlagenbetreibern sowie die Interessen der Netzkunden, Endverbraucher und schließlich der Allgemeinheit in die Betrachtung einzubeziehen und abzuwägen.[82] 33

In räumlicher Hinsicht ist schließlich zu beachten, dass sich die Energieversorgungsziele des EnWG auf den Geltungsbereich des Grundgesetzes beziehen, sodass der Zweck der Versorgungssicherheit von Abnehmern im Ausland die Planrechtfertigung allein nicht zu begründen vermag.[83] 34

2. Anforderungen an die Bedarfsprognose

Zum Nachweis der energiewirtschaftlichen Notwendigkeit hat der Vorhabensträger eine entsprechende Bedarfsprognose vorzulegen, die die Planfeststellungsbehörde sodann prüfen muss. Dabei ist eine Auseinandersetzung mit **Prognosen zur Stromeinspeisung und zum Stromverbrauch, Analysen des zu erwartenden Übertragungsbedarfs sowie mit der bestehenden Netztopologie** erforderlich.[84] Übersteigt diese Beurteilung die Ressourcen und Möglichkeiten der Behörde,[85] so ist ggf. die Einholung eines wissenschaftlichen Gutachtens erforderlich, das freilich auch von den Vorhabensträgern beigebracht werden kann.[86] Ein entsprechendes Gutachten wiederum darf nicht auf willkürlichen Annahmen beruhen, sondern muss wissenschaftlich anerkannten Methoden folgen. Dies wurde in der Vergangenheit beispielsweise für die dena-I-Netzstudie bejaht.[87] 35

Die Notwendigkeit des Ausbaus von Energieleitungen kann auf der Bedarfsseite unter Hinweis auf die Netzanschluss- und Übertragungspflichten nach § 5 ff. EEG 2012 sowie die Pflicht zur Erweiterung der Netzkapazität nach § 9 EEG insbesondere mit **steigenden Einspeisemengen an erneuerbaren Energien** begründet werden. Dabei kann sich der Vorhabensträger auf ein „worst-case-Szenario" zur Spitzenlast der installierten Windleistung berufen, das freilich durch entsprechende Nachweise und Prognosen belegt werden muss.[88] Dabei ist wiederum zu berücksichtigen, dass der Ausbau der bestehenden Hoch- und Höchstspannungsleitungen aus den genannten rechtlichen Gründen den politischen und rechtlichen Vorgaben Rechnung zu tragen 36

---

80 Vgl. dazu *Säcker*, S. 73 ff.
81 Dazu BVerwG, Beschl. v. 24.5.2012 – 7 VR 4.12 – ZNER 2012, 417, 419 (Rn 27).
82 *Säcker*, S. 80 und 107. Vgl. auch *Durner*, DVBl. 2011, 853, 855, der insbesondere die Bedeutung der Regelung des Netzzugangs gem. §§ 20 ff. EnWG in diesem Zusammenhang betont.
83 BVerwG, Urt. v. 11.7.2002 – 4 C 9/00 – NJW 2003, 230, 233; Urt. v. 24.10.2002 – 4 C 7.01 – UPR 2003, 112, 113; Bartsch/Röhling/Salje/Scholz/*Franke*, Kap. 56 Rn 37. Zu grenzüberschreitenden Leitungen innerhalb der EU im Anwendungsbereich der sog. TEN-E-Leitlinien aber sogleich noch unten, Rn 52 ff.
84 *Schneller*, DVBl. 2007, 529, 537; *Säcker*, S. 71 und S. 63 ff. zu den entsprechenden Daten für das konkrete Beispiel der sog. Südwestkuppelleitung.
85 So Schneider/Theobald/*Hermes*, § 7 Rn 91.
86 Dies geschieht wohl auch in der Praxis; vgl. *Greinacher*, ZUR 2011, 305, 308.
87 Vgl. *Säcker*, S. 70 ff.
88 So *Schiller*, UPR 2009, 245, 246 f.

hat, die auf die Verwirklichung der Energiewende abzielen.[89] Zu diesen Vorgaben zählt auch und gerade die Vorgabe in § 1 Abs. 2 EEG 2012, den Anteil erneuerbarer Energien an der Stromversorgung sukzessive von mindestens 35% spätestens bis zum Jahr 2020 auf mindestens 80% spätestens bis zum Jahr 2050 zu erhöhen.

37 Wichtig ist in diesem Kontext, dass die derzeit viel beklagten **Verzögerungen beim Ausbau** von Offshore-Windenergieanlagen die Planrechtfertigung eines Netzausbauvorhabens grundsätzlich nicht entfallen lassen.[90] Denn nach der Rechtsprechung hindern zeitliche Verzögerungen und entsprechende faktische Ungewissheiten allein die Planrechtfertigung noch nicht; vielmehr liegt ein Fall unzulässiger Vorratsplanung erst dann vor, wenn einem weiteren Ausbau innerhalb des gesetzlich vorgesehenen Zeitrahmens für Planfeststellungsbeschlüsse ein entsprechender Realisierungsgrad unter Berücksichtigung der Realisierungsabsicht und der objektiven Realisierbarkeit fehlt.[91] Dabei ist einerseits auf § 43c Nr. 1 EnWG abzustellen, nach dem der Planfeststellungsbeschluss erst dann außer Kraft tritt, wenn mit der Durchführung des Plans nicht innerhalb von zehn Jahren nach Eintritt der Unanfechtbarkeit begonnen wird. Andererseits ist auch beim Ausbau der Offshore-Windenergieanlagen die lange Dauer der Planungsverfahren und der sich ggf. daran anschließenden Gerichtsverfahren zu beachten.

38 Mit der Kontrolle der Rechtmäßigkeit des Planfeststellungsbeschlusses befasste **Gerichte** haben die Planrechtfertigung **von Amts wegen zu prüfen**, doch ist der Prüfungsumfang im Hinblick auf die zugrundeliegende Prognose eingeschränkt.[92] Das BVerwG betont, dass die Beurteilung der energiewirtschaftlichen Notwendigkeit eines Vorhabens mit Wertungen, Prognosen und Abwägungen verbunden sei. Diese habe das Gericht in der Regel als rechtmäßig hinzunehmen, prüfe es doch lediglich das methodisch korrekte Zustandekommen dieser Prognosen und ob diese „in der Sache vernünftig“ sind.[93] Demzufolge ist in der Sache vor allem zu untersuchen, ob die entsprechende Prognose sachgerecht, mittels einer fachspezifischen Methode erarbeitet, der jeweilige Sachverhalt zutreffend ermittelt und das Ergebnis einleuchtend begründet wurde.[94]

3. Anforderungen an die Bedarfsdeckung

39 Besteht ein Energiebedarf, ist in einem zweiten Schritt zu fragen, wie der Bedarf gedeckt werden soll. Im Zentrum steht dabei an dieser Stelle die Frage, ob **technische Alternativen der Bedarfsdeckung** bestehen, die das Leitungsbauvorhaben erübrigen oder doch reduzieren könnten. Diese Frage wird von der Rechtsprechung häufig und in der Sache zu Recht bereits bei der Planrechtfertigung geprüft.[95] Dadurch wird die übliche planungsrechtliche Prüfungsmethodik, nach der die Alternativenprüfung einschließlich der Möglichkeit einer Durchleitung durch be-

---

89 Näher zur Bedeutung des Netzausbaus zur Verwirklichung der Energiewende Sondergutachten des Sachverständigenrates für Umweltfragen „Wege zur 100% erneuerbaren Energieversorgung“ vom 18.2.2011, BT-Drucks. 17/4890, S. 28, 161 f. („dringend geboten“), 287 f. und 299.

90 Ebenso im Ergebnis *Schiller*, UPR 2009, 245, 247.

91 Vgl. BVerwG, Urt. 24.11.1989 – 4 C 41/88 – NVwZ 1990, 860, 861.

92 Vgl. auch Kap. 11 Rn 62 ff. So stellt BVerwG, Urt. v. 11.7.2001 – 11 C 14/00 – NVwZ 2002, 350, 353, einerseits klar, dass es sich bei der Frage der Planrechtfertigung um eine Rechtsfrage handle, die voller gerichtlicher Kontrolle unterliege; das Gericht weist aber andererseits darauf hin, dass die Planrechtfertigung *„praktisch nur bei groben und einigermaßen offensichtlichen Missgriffen [eine] wirksame Schranke der Planungshoheit“* sei. Ferner BVerwG, Urt. v. 24.11.1989 – 4 C 41/88 – NVwZ 1990, 860, 862; Ziekow/*Ziekow*, Rn 626; *Müller, P.*, S. 40.

93 BVerwG, Urt. v. 11.7.2002 – 4 C 9/00 – NJW 2003, 230, 233.

94 BVerwG, Urt. v. 8.7.1998 – 11 A 53/97 – UPR 1998, 457. Vgl. auch BVerwG, Urt. v. 9.11.2006 – 4 A 2001/06 – NVwZ 2007, 445, 448 (schlüssige Darlegung und nachvollziehbare Prognose zur Begründung des Bedarfs).

95 Vgl. etwa BVerwG, Urt. v. 11.7.2002 – 4 C 9/00 – NJW 2003, 230, 233; Beschl. v. 24.5.2012 – 7 VR 4/12 – ZNER 2012, 417, 419 (Rn 23 ff.); VGH München, Urt. v. 24.5.2011 – 22 A 10.40049 – BayVBl. 2012, 242, 243.

reits bestehende Netze anstelle eines Leitungsneubaus („Null-Variante") der Abwägung zuzuordnen ist,[96] in einem wichtigen Punkt modifiziert. Etwas anderes gilt hingegen für die **Trassenführung**, die auch beim Energieleitungsbau ein Problem der Abwägung ist.[97]

Bei der Prüfung von technischen Alternativen der Bedarfsdeckung ist vor allem zu beachten, dass die in Betracht kommenden Alternativen den in § 49 EnWG geregelten Anforderungen an die technische Sicherheit und Zuverlässigkeit der Energieleitungen und damit insbesondere den anerkannten Regeln der Technik genügen müssen. Dies hat wiederum zur Folge, dass die bestehenden Möglichkeiten einer Netzoptimierung durch **Freileitungs- bzw. Temperaturmonitoring** oder einer Netzverstärkung durch den **Einsatz von Hochtemperaturseilen** die Planrechtfertigung nicht infrage zu stellen vermögen, weil diese technischen Alternativen derzeit noch nicht den allgemein anerkannten Regeln der Technik entsprechen.[98] Darüber hinaus ist zu beachten, dass derartige Maßnahmen nicht ohne eine teilweise Abschaltung der betreffenden Leitung durchgeführt werden können und der Zubau von Stromkreisen im Vergleich zur Verstärkung eines vorhandenen Stromkreises ein Vielfaches an Transportkapazität schaffen kann.[99] 40

Demgegenüber kann der Neubau einer Energieleitung in technischer Hinsicht durchaus damit begründet werden, dass eine bereits bestehende, für die Stromversorgung erforderliche Leitung ersetzt werden soll, weil sie, beispielsweise wegen **Materialermüdung**, nicht mehr den technischen Anforderungen genügt[100] oder weil sie nicht länger auf wirtschaftlich vertretbare Weise erhalten werden kann.[101] 41

Bei alledem ist zu beachten, dass die Frage, ob technische Alternativen der Bedarfsdeckung bestehen, die das Leitungsbauvorhaben erübrigen oder doch reduzieren könnten, **bei sämtlichen planfeststellungsbedürftigen Leitungen zu prüfen** ist. Sie stellt sich somit, wie bereits erwähnt, auch bei Leitungsbauvorhaben, bei denen der grundsätzliche energiewirtschaftliche Bedarf nach den dargestellten Vorschriften gesetzlich festgestellt wurde,[102] weil die Bedarfsfeststellung im Wesentlichen nur die Nachfrageseite betrifft. Dies gilt jedenfalls für den Anwendungsbereich des EnLAG. 42

Anders kann sich die Rechtslage bei der gesetzlichen Bedarfsfeststellung nach § 12e EnWG darstellen, soweit dabei bereits eine Berücksichtigung auch der verschiedenen Möglichkeiten der Bedarfsdeckung erfolgt ist. Nach § 12b Abs. 1 S. 2 EnWG enthält der als Grundlage für den Bundesbedarfsplan dienende Netzentwicklungsplan schließlich alle *„Maßnahmen zur bedarfsgerechten Optimierung, Verstärkung und zum Ausbau des Netzes"*.[103] Dementsprechend geht der Entwurf für den Netzentwicklungsplan auch auf technische Möglichkeiten der Optimierung bzw. Verstärkung des bestehenden Netzes ein.[104] Insbesondere wurde *„eine mögliche Erhöhung* 43

96 Vgl. etwa BK-EnR/*Pielow*, § 43 EnWG Rn 71.

97 VGH München, Urt. v. 24.5.2011 – 22 A 10.40049 – BayVBl. 2012, 242, 244.

98 BVerwG, Beschl. v. 24.5.2012 – 7 VR 4.12 – ZNER 2012, 417, 419 (Rn 23ff.). Im Bundesbedarfsplan ist nun im Übrigen ein entsprechendes Pilotprojekt für den Einsatz von Hochtemperaturleiterseilen vorgesehen; vgl. § 2 Abs. 3 BBPlG in der Fassung des Gesetzentwurfs der Bundesregierung vom 19.12.2012, BR-Drucks. 819/12.

99 Vgl. BVerwG, Beschl. v. 24.5.2012 – 7 VR 4.12 – ZNER 2012, 417, 419 (Rn 24).

100 VGH München, Urt. v. 19.6.2012 – 22 A 11.40018, 22 A 11.40019 – ZUR 2012, 574, 576.

101 VGH München, Urt. v. 24.5.2011 – 22 A 10.40049 – BayVBl. 2012, 242, 243.

102 Ebenso im Ergebnis BVerwG, Beschl. v. 24.5.2012 – 7 VR 4.12 – ZNER 2012, 417, 419 (Rn 23ff.), mit Blick auf ein Leitungsbauvorhaben, das unter das EnLAG fällt.

103 Zum sog. NOVA-Prinzip als Planungsgrundsatz siehe bereits Kap. 3 Rn 310ff.

104 Siehe dazu die Ausführungen im 2., überarbeiteten Entwurf vom 15.8.2012, abrufbar unter: http://www.netzentwicklungsplan.de, S. 100, 180 und 182: Danach folgt der Netzentwicklungsplan dem Grundsatz „Netzoptimierung vor Netzverstärkung vor Netzausbau". Die Darstellung der einzelnen Maßnahmen auf den S. 115ff. enthält sowohl Netzausbau- als auch -verstärkungsmaßnahmen. Diese Maßnahmen stellen zudem insgesamt ein aufeinander abgestimmtes Paket dar und seien danach auch nicht beliebig austauschbar; vgl. a.a.O. S. 183. Einzelne Maßnahmen bestehen beispielsweise gerade im Einsatz von Hochtemperaturseilen; vgl. a.a.O. S. 203 und 334. Auch der

der thermischen Übertragungsfähigkeit von Stromkreisen berücksichtigt".[105] Zugleich betont der Entwurf allerdings, dass Optimierungsmaßnahmen wie beispielsweise der Einsatz von Hochtemperaturseilen oder Temperaturmonitoring nur begrenzt einsetzbar bzw. auch nur beschränkt zur Reduzierung des Netzausbaubedarfs heranzuziehen sind.[106]

44 Demgegenüber soll der Bundesbedarfsplan zwar noch keine Entscheidung über die Ausführung als Netzverstärkungs- oder Netzausbaumaßnahme treffen.[107] Andererseits enthält aber der Bundesbedarfsplan doch gerade die von der BNetzA als „energiewirtschaftlich notwendig" bestätigten Vorhaben[108] und beschreibt diese in der Begründung des Gesetzentwurfs jeweils kurz – ggf. auch unter Bezugnahme auf die Einordnung als Netzverstärkungsmaßnahme.[109] So ist insgesamt festzustellen, dass im Rahmen der mehrstufigen Bedarfsplanung auf Bundesebene durchaus bereits eine Berücksichtigung möglicher Alternativen der Bedarfsdeckung erfolgt.[110]

4. Insbesondere: Erdkabel und andere technische Alternativen

45 Angesichts dessen ist es konsequent, die Frage, ob bei einer geplanten Freileitung die Verlegung eines Erdkabels oder die Verwendung von Gleichstrom- statt Drehstromtechnik als die bessere technische Alternative der Bedarfsdeckung anzusehen ist, bereits bei der Planrechtfertigung zu prüfen. Dabei ist im vorliegenden Kontext freilich einzig zu ermitteln, ob es eine den zuvor genannten energiewirtschaftlichen Anforderungen genügende technische Alternative gibt und ob diese ggf. mit Blick auf die Ziele des § 1 EnWG eindeutig vorzugswürdig erscheint. Demgegenüber spielen naturschutzfachliche Gesichtspunkte auf dieser Prüfungsstufe keine Rolle. Diese sind vielmehr im Rahmen der naturschutzrechtlichen Alternativenprüfungen[111] und im Rahmen der Abwägungsentscheidung zu würdigen, wo ebenfalls eine Alternativenprüfung durchzuführen ist.[112]

46 **In technischer Hinsicht** ist zu berücksichtigen, dass Störungen bei Erdkabeln wohl seltener sind, dann aber meist aufwändigere und länger dauernde Reparaturen erfordern.[113] Inwiefern die insgesamt zu erwartende „Lebensdauer" eines Erdkabels hinter der einer Freileitung

---

Bestätigung des Netzentwicklungsplans durch die BNetzA, abrufbar unter: http://www.netzausbau.de/cln_1931/DE/Bedarfsermittlung/Netzentwicklungsplan/Netzentwicklungsplan_2012/netzentwicklungsplan_2012_node.html, können Angaben zur Art der jeweiligen Vorhaben – Netzverstärkung oder Netzausbau – entnommen werden. Vgl. nur a.a.O. die Übersicht auf S. 3 ff. sowie die Ausführungen zu den einzelnen Maßnahmen in den Entscheidungsgründen, beispielsweise S. 186, 190, 198, 247, 262.

105 So ausdrücklich der 2. Entwurf des Netzentwicklungsplans vom 15.8.2012, abrufbar unter: http://www.netzentwicklungsplan.de, S. 90.

106 Vgl. die entsprechenden Hinweise im 2. Entwurf vom 15.8.2012, abrufbar unter: http://www.netzentwicklungsplan.de, insbesondere S. 90 f. und 106. Im Rahmen der Begründung der einzelnen Maßnahmen wurde an verschiedener Stelle ausgeführt, wieso entsprechende Optimierungsmaßnahmen nicht ausreichend seien; vgl. nur a.a.O. S. 196, 320 sowie 351.

107 So ausdrücklich die Begründung des Gesetzentwurfs der Bundesregierung, BR-Drucks. 819/12, S. 15 und 18.

108 Siehe nur die Begründung, BR-Drucks. 819/12, S. 15.

109 So wird beispielsweise Vorhaben 9, BR-Drucks. 819/12, S. 22 als *„Netzverstärkung in Form einer Stromkreisauflage/Umbeseilung"* beschrieben. Für weitere Beispiele siehe BR-Drucks. 819/12, S. 23 (Vorhaben 10 und 12), S. 26 (Vorhaben 25) oder S. 27 (Vorhaben 26).

110 Von daher ist es nicht ganz richtig, wenn *Calliess/Dross*, ZUR 2013, 76 ff., behaupten, die BNetzA habe auf eine Alternativenprüfung verzichtet.

111 Näher zu diesen unten Rn 125 ff. und 177.

112 Naher dazu in Kap. 11 Rn 69 ff.

113 Siehe den Endbericht „Naturschutzfachliche Analyse von küstennahen Stromleitungen", Endbericht v. 21.10.2009, S. 54, abrufbar unter: http://www.bfn.de/fileadmin/MDB/documents/themen/erneuerbareenergien/endbericht_ausbau_stromleitung_kueste.pdf. Ähnlich *Schiller*, UPR 2009, 245, 250, der freilich insoweit von einer höheren Störanfälligkeit spricht.

zurückbleibt, ist noch unklar. Teilweise wird darauf hingewiesen, dass die Lebensdauer von Erdkabeln mit 20 Jahren geringer sei als bei Freileitungen.[114] Demgegenüber weisen andere Stimmen darauf hin, dass die Lebensdauer auf derzeit 40 Jahre geschätzt werde und Möglichkeiten zur technischen Sicherung gegen Schädigungen wie auch eine Weiterentwicklung der Kabeltechnologie und entsprechende Verbesserungen keineswegs ausgeschlossen werden könnten.[115]

Alles dies zeigt, dass es in Deutschland noch an **hinreichenden Erfahrungen** mit der Erd- 47
verkabelung im Bereich der Höchstspannungsleitungen fehlt. Zwar sind Erdkabel heute für den Hochspannungsbereich (110 kV) als Stand der Technik anerkannt und finden auf dieser Ebene vor allem in dicht besiedelten Räumen bereits Verwendung,[116] doch gilt dies derzeit noch nicht für die Höchstspannungsebene. Grundsätzlich kommen aber beide Techniken, sowohl die Ausführung als Freileitung wie auch die Erdverkabelung – und zwar unabhängig von der Frage nach Drehstrom- oder Gleichstromtechnik – auch für Höchstspannungsleitungen in Betracht.[117]

Entscheidend ist aber mit Blick auf die in § 1 Abs. 1 EnWG normierten Ziele, nach denen die 48
Energieversorgung auch kostengünstig sein soll, dass bei einer (Teil-)Erdverkabelung nach ganz herrschender Meinung in der Regel erhebliche **Mehrkosten** anfallen. Diese können laut Bundesregierung zwischen dem 3- und 13-fachen der Kosten für eine Freileitung liegen.[118] Allerdings schwanken auch diese Angaben und es bleibt zu berücksichtigen, dass die Mehrkosten von Fall zu Fall – insbesondere in Abhängigkeit von den jeweiligen geographischen bzw. geologischen Gegebenheiten entlang der gewählten Trasse – unterschiedlich ausfallen können.[119] Dessen ungeachtet ist jedenfalls nach derzeitigem Stand der Dinge und nach der bislang vorliegenden Rechtsprechung[120] davon auszugehen, dass die Entscheidung eines Vorhabensträgers für eine Freileitung und gegen ein Erdkabel wegen der deutlich höheren Kosten jedenfalls im Rahmen der Planrechtfertigung kaum jemals zu beanstanden sein wird.

Neben der Frage einer Erdverkabelung stellt sich zunehmend auch die nach der Verwen- 49
dung von **Gleichstrom- statt Drehstromtechnik**. Die Dreh- oder Wechselstromfreileitung ist

---

114 Vgl. *Schiller*, UPR 2009, 245, 250.

115 So *Kirchner*, Öffentliche Anhörung des Ausschusses für Wirtschaft und Technologie des Deutschen Bundestages vom 15.12.2008, Protokoll Nr. 16/78, S. 17 f. sowie S. 32.

116 Antwort der Bundesregierung auf eine Kleine Anfrage, BT-Drucks. 17/4131, S. 6. Siehe auch *Schulte/Apel*, DVBl. 2011, 862, 863, die darauf hinweisen, dass dies im europäischen Ausland z.T. noch in deutlich stärkerem Maße der Fall ist.

117 BMU-Studie „Ökologische Auswirkungen von 380-kV-Erdleitungen und HGÜ-Erdleitungen" (1.10.2009–31.12.2011), Bd. 1: Zusammenfassung der wesentlichen Ergebnisse, S. 8, abrufbar unter: http://www.efzn.de/index.php?id=238&no_cache=1&tx_wiwiprojekte_pi4[showUid]=80.

118 Antwort der Bundesregierung auf eine Kleine Anfrage, BT-Drucks. 17/4131, S. 4. Dabei sei eventuell noch eine „Kostendämpfung" möglich, wenn die Erdkabeltrasse im Einzelfall kürzer ausfallen könne als die Trasse einer entsprechenden Freileitung.

119 *Neldner*, Öffentliche Anhörung des Ausschusses für Wirtschaft und Technologie des Deutschen Bundestages vom 15.12.2008, Protokoll Nr. 16/78, S. 25, zufolge können die Mehrkosten vom Faktor 3-4 bis zum Faktor 10 und darüber hinaus reichen. Nach a.A. ist lediglich mit dem Faktor 2-5, unter günstigen Voraussetzungen auch nur mit dem Faktor 1,4-3 zu rechnen; so *Kirchner*, Öffentliche Anhörung des Ausschusses für Wirtschaft und Technologie des Deutschen Bundestages vom 15.12.2008, Protokoll Nr. 16/78, S. 31 und 40. Umstritten ist auch, ob die entsprechenden Kosten mit der Zeit noch sinken werden: Dafür *Kirchner*, Öffentliche Anhörung des Ausschusses für Wirtschaft und Technologie des Deutschen Bundestages vom 15.12.2008, Protokoll Nr. 16/78, S. 31; dagegen eher skeptisch *Kurth*, Öffentliche Anhörung des Ausschusses für Wirtschaft und Technologie des Deutschen Bundestages vom 15.12.2008, Protokoll Nr. 16/78, S. 49. Das Forschungs- und Entwicklungsvorhaben im Auftrag des Bundesamtes für Naturschutz, „Naturschutzfachliche Analyse von küstennahen Stromleitungen", Endbericht v. 21.10.2009, abrufbar unter: http://www.bfn.de/fileadmin/MDB/documents/themen/erneuerbareenergien/endbericht_ausbau_stromleitung_kueste.pdf, S. 197 f. errechnet selbst für den Kostenvergleich anhand einer konkreten Trasse Mehrkosten zwischen 25% bis 75%.

120 Vgl. etwa OVG Münster, Beschl. v. 19.3.2008 – 11 B 289/08.AK – NuR 2008, 431, 434; vgl. auch *Schiller*, UPR 2009, 245, 250.

mit einem Anteil von über 99% der Stromkreislänge in der Höchstspannungsebene das in Deutschland am meisten verbreitete Übertragungssystem, während die sog. **HGÜ-Technik (Hochspannungs-Gleichstrom-Übertragungstechnik)** jedenfalls hierzulande eine vergleichsweise neue Technik darstellt.[121] Die HGÜ-Technik weist netztechnisch eine Reihe von Vorteilen auf, gilt aber grundsätzlich als **erheblich kostenintensiver**, da bei der Verwendung dieser Technik noch an beiden Enden der HGÜ-Leitung Stromumrichterstationen errichtet werden müssen, die den Strom von Wechselstrom in Gleichstrom verwandeln und umgekehrt.[122] Daher stellt diese Technik ebenfalls in der Regel keine technische Alternative dar, welche die Planrechtfertigung grundsätzlich infrage stellen könnte.

III. Zugang zu Netzdaten

50 Laut § 12f Abs. 2 EnWG ist die BNetzA verpflichtet, Dritten, die die Fachkunde zur Überprüfung der Netzplanung und ein berechtigtes Interesse nachweisen können sowie die vertrauliche Behandlung der Informationen zusichern oder die Berechtigung zum Umgang mit Verschlusssachen haben, auf Antrag Daten herauszugeben, die für eine Netzberechnung erforderlich sind, insbesondere Informationen zu Impedanzen und Kapazitäten von Leitungen und Transformatoren.

51 Dieser Anspruch auf Zugang zu den einschlägigen Netzdaten besteht gem. § 14 Abs. 1b EnWG auch für den Fall, dass Betreiber von 110 kV-Hochspannungsnetzen Netzentwicklungspläne erstellen.

Praxistipp
Das „berechtigte Interesse“ ist nach den Gesetzesmaterialien auch dann gegeben, wenn ein sachkundiger Dritter durch eine Bürgerinitiative, einen Umweltverband oder einen anderen betroffenen Interessenträger beauftragt wird.[123]

IV. Bedeutung der „TEN-E-Leitlinien“ für die Planrechtfertigung

52 Ungeklärt war bislang, welche Bedeutung der Aufnahme eines Vorhabens in die Entscheidung Nr. 1364/2006/EG zur Festlegung von Leitlinien für die transeuropäischen Energienetze (im Folgenden: TEN-E-Leitlinien)[124] für die Prüfung der Planrechtfertigung zukam. Der Bedarfsplan zum EnLAG beinhaltet zwar einige „Vorhaben von gemeinsamem Interesse“ im Sinne dieser TEN-E-Leitlinien, doch keineswegs alle dort aufgeführten Vorhaben.[125] Daher war umstritten, ob für die übrigen, nicht im Bedarfsplan nach § 1 EnLAG enthaltenen Vorhaben ebenfalls eine unwiderleg-

---

121 Vgl. die BMU-Studie „Ökologische Auswirkungen von 380-kV-Erdleitungen und HGÜ-Erdleitungen“ (1.10.2009–31.12.2011), Bd. 1: Zusammenfassung der wesentlichen Ergebnisse, S. 8 ff., abrufbar unter: http://www.efzn.de/index.php?id=238&no_cache=1&tx_wiwiprojekte_pi4[showUid]=80, dort auch zum Folgenden.
122 Vgl. hier nur Danner/Theobald/*Missling*, § 43 ff. EnWG Rn 12 m.w.N.
123 Vgl. BT-Drucks. 17/6072, S. 70.
124 Entscheidung Nr. 1364/2006/EG des Europäischen Parlaments und des Rates vom 6.9.2006 zur Festlegung von Leitlinien für die transeuropäischen Energienetze und zur Aufhebung der Entscheidung 96/391/EG und der Entscheidung Nr. 1229/2003/EG, ABl. EU Nr. L 262 S. 1. Ausführlich zur Entwicklung der Bedarfsplanung auf europäischer Ebene, dem unionsrechtlichen Rahmen und insbesondere zu den TEN-E-Leitlinien Kap. 3 Rn 22 ff., insbesondere 24 ff. und 115 ff.
125 Näher dazu *de Witt/Durinke/Kause*, Rn 84.

liche Vermutung ihrer energiewirtschaftlichen Notwendigkeit gilt[126] oder ob den TEN-E-Leitlinien – im Unterschied zu den Fällen gesetzlicher Bedarfsfeststellung nach EnLAG und EnWG – lediglich eine „indizielle Wirkung" für die Planrechtfertigung zukommt.[127] Inzwischen ist allerdings zu beachten, dass das Europäische Parlament und der Rat eine neue Verordnung zu Leitlinien für die transeuropäische Energieinfrastruktur[128] erlassen haben und die bisher geltende Entscheidung über die TEN-E-Leitlinien durch Art. 23 die Verordnung zum 1.1.2014 aufgehoben wird. Dennoch soll zunächst die bisher geltende Rechtslage dargestellt und erst anschließend ein kurzer Überblick über die durch diese Verordnung bewirkten Änderungen gegeben werden.

1. Inhalte und Ziele der bisher geltenden TEN-E-Leitlinien

Die noch bis Ende 2013 geltenden TEN-E-Leitlinien weisen in ihren Anhängen neben den er- 53
wähnten „Vorhaben von gemeinsamem Interesse" auch „vorrangige Vorhaben" sowie „Vorhaben von europäischem Interesse" aus. Bestimmte Vorhaben von gemeinsamem Interesse i.S.v. Art. 6 der Entscheidung Nr. 1364/2006/EG gelten nach Art. 7 der Entscheidung als „vorrangige Vorhaben". Dies betrifft nach Art. 7 Abs. 4 Vorhaben mit wesentlichen Auswirkungen auf das Funktionieren des Wettbewerbs im Binnenmarkt, Vorhaben zur Stärkung der Versorgungssicherheit der Gemeinschaft sowie Vorhaben, die zu einer verstärkten Nutzung erneuerbarer Energien führen, sofern sie mit der nachhaltigen Entwicklung vereinbar sind. Schließlich nehmen einige dieser vorrangigen Vorhaben gem. Art. 8 Abs. 1 der Entscheidung Nr. 1364/2006/EG nochmals eine Sonderstellung ein: die sog. Vorhaben von europäischem Interesse. Dabei handelt es sich um grenzüberschreitende Vorhaben oder Vorhaben mit erheblichen Auswirkungen auf die grenzüberschreitenden Übertragungskapazitäten. Während alle vorrangigen Vorhaben – einschließlich der von europäischem Interesse – in Anhang I der Entscheidung aufgeführt werden, enthält Anhang III eine Liste der Vorhaben von gemeinsamem Interesse.

Ziel der Entscheidung Nr. 1364/2006/EG ist es, Grundsätze und Prioritäten für Aktionen der 54
EU zur Förderung des transeuropäischen Energienetzausbaus aufzustellen (vgl. Art. 1 und 3 der Entscheidung). Die Listung der verschiedenen Vorhaben in den Anhängen zur Entscheidung hat damit insbesondere Bedeutung für Fragen der finanziellen Förderung. So regelt Art. 6 Abs. 3 der Entscheidung, unter welchen Voraussetzungen für Vorhaben von gemeinsamem Interesse ein Gemeinschaftszuschuss gewährt werden kann. Dabei haben wiederum nach Art. 7 Abs. 1 der Entscheidung vorrangige Vorhaben nach Anhang I der Entscheidung Vorrang, Vorhaben von europäischem Interesse gem. Art. 8 Abs. 2 der Entscheidung gar „angemessenen Vorrang". Letzteren soll nach Art. 8 Abs. 3 der Entscheidung bei der Auswahl förderungsfähiger Vorhaben besondere Beachtung zukommen.

Zugleich wollen die TEN-E-Leitlinien die Realisierung der Vorhaben jedoch auch beschleu- 55
nigen. Dies wird besonders deutlich bei Vorhaben von europäischem Interesse, weil die Mitgliedstaaten diese nach Art. 9 Abs. 1 der Entscheidung Nr. 1364/2006/EG zügig durchzuführen

126 So etwa Thomé-Kozmiensky/Beckmann/*Appel*, S. 211ff.; *Durner*, DVBl. 2011, 853, 855 (Fn 26); *Schiller*, UPR 2009, 245, 246.

127 So ausdrücklich Schneider/Theobald/*Hermes*, § 7 Rn 90. Ähnlich Bartsch/Röhling/Salje/Scholz/*Franke*, Kap. 56 Rn 37, in und bei Fn 110; *de Witt/Durinke/Kause*, Rn 79. Gleichsinnig mit Blick auf die Entscheidung Nr. 1692/96/EG; Ziekow/*Ziekow*, Rn 628.

128 VO (EU) Nr. 347/2013 des Europäischen Parlaments und des Rates vom 17.4.2013 zu Leitlinien für die transeuropäische Energieinfrastruktur und zur Aufhebung der Entscheidung Nr. 1364/2006/EG und zur Änderung der VO (EG) Nr. 713/2009, (EG) Nr. 714/2009 und (EG) Nr. 715/2009, ABl. EU Nr. L 115 S. 39. Siehe dazu auch Kap. 3 Rn 41 ff.; dort unter Rn 42ff. insbesondere auch zum Streit um die Wahl der Verordnung als Rechtsform. Dazu krit. *Armbrecht*, DVBl. 2013, 479, 482ff.

haben. Nach Art. 6 Abs. 5 der Entscheidung Nr. 1364/2006/EG haben die Mitgliedstaaten aber auch bezüglich der Vorhaben von gemeinsamem Interesse bereits alle erforderlichen Maßnahmen zu ergreifen, um ihre Verwirklichung zu erleichtern und zu beschleunigen. Art. 7 Abs. 2 bestimmt zudem, dass im jeweiligen nationalen Genehmigungsverfahren, d.h. in Deutschland im Planfeststellungsverfahren, für ein vorrangiges Vorhaben die Tatsache der europaweiten Stärkung der Versorgungssicherheit durch das Vorhaben Berücksichtigung finden muss.

2. Wirkung der TEN-E-Leitlinien für die Frage der Planrechtfertigung im Planfeststellungsverfahren

56 Insofern besteht zumindest teilweise durchaus eine Vergleichbarkeit mit den in gesetzlichen Bedarfsplänen aufgeführten Vorhaben, da auch hier die besondere Bedeutung eben dieser Vorhaben bereits durch Rechtsnormen vorgegeben und dies im Planfeststellungs- sowie ggf. im gerichtlichen Verfahren zu berücksichtigen ist. Zwar sind die Mitgliedstaaten grundsätzlich nicht an europäische „Leitlinien" gebunden. Die „TEN-E-Leitlinien" sind jedoch in der Rechtsform einer Entscheidung gem. Art. 249 Abs. 4 EG a.F. ergangen, der jetzt die Form des „Beschlusses" gem. Art. 288 Abs. 4 AEUV entspricht.[129] Die Leitlinien sind damit für die Mitgliedstaaten als Adressaten unmittelbar verbindlich.[130] Von daher ist es verfehlt, wenn die Wirkung der TEN-E-Entscheidung mit völkerrechtlichem „soft law" verglichen wird.[131]

57 Es erscheint indessen geboten, bei der Frage der Bindungswirkung die in der Entscheidung Nr. 1364/2006/EG angelegten Differenzierungen zu berücksichtigen. Dies gilt zum einen für die Unterscheidung zwischen „Vorhaben von gemeinsamem Interesse", „vorrangigen Vorhaben" und „Vorhaben von europäischem Interesse". Denn nur für die zuletzt genannten gilt das strikte Beschleunigungsgebot des Art. 9 Abs. 1 der Entscheidung Nr. 1364/2006/EG, das verletzt wäre, wenn bei einem dieser Vorhaben bereits die Planrechtfertigung auf der Ebene der Mitgliedstaaten infrage gestellt werden könnte. Demgegenüber ist die Pflicht zur Beschleunigung bei den „Vorhaben von gemeinsamem Interesse" in Art. 6 Abs. 5 S. 1 der TEN-E-Entscheidung deutlich zurückhaltender formuliert. Denn danach sind die Mitgliedstaaten nur verpflichtet, die *„von ihnen für erforderlich angesehenen Maßnahmen"* zu treffen.[132] Von daher kann die energiewirtschaftliche Notwendigkeit allein bei den im Anhang I der Entscheidung Nr. 1364/2006/EG aufgeführten „Vorhaben von europäischem Interesse" nicht mehr infrage gestellt werden.

58 Zum anderen ist zu beachten, dass einige der in den Anhängen aufgeführten Vorhaben noch gar nicht hinreichend konkretisiert sind.[133] Dies gilt namentlich für eine Reihe von Vorhaben, die im Anhang III als „Vorhaben von gemeinsamem Interesse" ausgewiesen werden, wie etwa der in Nr. 3.51 genannte *„Ausbau des 380-kV-Netzes in Deutschland für die Anbindung von Offshore-Windkraftanlagen"*. Derartige pauschale Umschreibungen sind also von vornherein nicht geeignet, die Planrechtfertigung abschließend zu begründen.

59 Etwas anders gilt allein für die konkret umschriebenen Vorhaben wie etwa die in Nr. 2.20 des Anhangs III genannte „Verbindungsleitung St. Peter (AT) – Isar (DE)". Bei diesem Vorhaben greift aber der aus Art. 6 Abs. 5 S. 1 der Entscheidung Nr. 1364/2006/EG resultierende Gestaltungsspielraum der Mitgliedstaaten, sodass die Planrechtfertigung hier ebenfalls nur indiziert

129 Vgl. Calliess/Ruffert/*Ruffert*, Art. 288 AEUV Rn 86; Calliess/Ruffert/*Calliess*, Art. 171 AEUV Rn 3f. und Art. 172 AEUV Rn 6; Grabitz/Hilf/Nettesheim/*Lecheler*, Art. 171 AEUV Rn 3.

130 So auch *Säcker*, S. 110. Zur Rechtsnatur der Leitlinien siehe auch Kap. 3 Rn 31ff.

131 So aber *Barchewitz*, S. 71 und 126.

132 Auf diesen Umstand weisen auch *de Witt/Durinke/Kause*, Rn 84, zu Recht hin. Für eine kritische Bewertung der TEN-E-Leitlinien und ihrer Steuerungswirkung siehe auch Kap. 3 Rn 36ff. und 150ff.

133 Ähnlich *de Witt/Durinke/Kause*, Rn 84.

ist. Dies dürfte denn auch der tiefere Grund sein, warum dieses Vorhaben – anders als die konkreten im Anhang I der Entscheidung Nr. 1364/2006/EG aufgeführten „Vorhaben von europäischem Interesse“ – keinen Eingang in das EnLAG gefunden hat.

3. Die neue VO (EU) Nr. 347/2013 zu Leitlinien für die transeuropäische Energieinfrastruktur

Wie bereits erwähnt, ändert sich die Rechtslage nunmehr durch den Erlass einer neuen Verord- 60
nung zu Leitlinien für die transeuropäische Energieinfrastruktur. Nach einem 2011 vorgelegten Verordnungsvorschlag[134] sollten die TEN-E-Leitlinien geändert und dabei u.a. die Differenzierung zwischen Vorhaben von gemeinsamem Interesse, vorrangigen Vorhaben und solchen von europäischem Interesse aufgegeben werden. Nachdem dieser Vorschlag – in leicht veränderter Fassung – realisiert wurde und die Verordnung am 15.5.2013 in Kraft treten wird,[135] ergeben sich daraus weitreichende Auswirkungen auf die Beurteilung der Planrechtfertigung. Ziel der Verordnung ist es, wie Erwägungsgrund Nr. 7 deutlich macht, die Modernisierung der vorhandenen Energieinfrastruktur wie auch die Realisierung neuer Energieinfrastrukturvorhaben zu beschleunigen und so zur Erreichung der energie- und klimapolitischen Ziele der EU ebenso wie zur Gewährleistung der Versorgungssicherheit beizutragen und den Energiebinnenmarkt zu vollenden. Dazu enthält die Verordnung einerseits Bestimmungen, die das Planungs- und Genehmigungsverfahren für bestimmte Energieinfrastrukturvorhaben anbelangen, andererseits auch Regelungen, die die Finanzierung der Vorhaben, die Regulierung und Investitionen betreffen. Insbesondere die Bestimmungen bezüglich der Planung und Genehmigung von Energieleitungsvorhaben sind im vorliegenden Zusammenhang von Interesse.

Eine Liste mit „Vorhaben von gemeinsamem Interesse“ muss zunächst gem. Art. 3 und 4 der 61
Verordnung in Zusammenarbeit der sog. regionalen Gruppen und der Mitgliedstaaten, deren Hoheitsgebiet durch das jeweilige Vorhaben betroffen wird, mit der Kommission erstellt und der Verordnung sodann als Anhang beigefügt werden – dies zum ersten Mal bis zum 30.9.2013, danach regelmäßig aller zwei Jahre (vgl. Art. 3 Abs. 4 der Verordnung).[136] Anschließend gelten für die auf der Unionsliste enthaltenen Vorhaben von gemeinsamem Interesse die besonderen Bestimmungen der Verordnung hinsichtlich der Durchführung solcher Vorhaben und der nationalen Genehmigungsverfahren, die insbesondere durch die Regelungen der Art. 8–10 der Verordnung beschleunigt werden sollen.

Art. 7 Abs. 1 der Verordnung regelt schließlich den Vorrangstatus von Vorhaben von ge- 62
meinsamem Interesse und bestimmt, dass bereits die Annahme der Unionsliste mit den entsprechenden Vorhaben *„für Entscheidungen im Rahmen der Genehmigungsverfahren die Erforderlichkeit dieser Vorhaben in energiepolitischer Hinsicht, unbeschadet des genauen Standorts, der Trassenführung oder der Technologie des Vorhabens [begründet]“*. Art. 7 Abs. 3 der Verordnung hält zudem fest, dass – für den Fall, dass das nationale Recht einen „höchstmöglichen Status“ vor-

---

134 Vorschlag für eine Verordnung des Europäischen Parlaments und des Rates zu Leitlinien für die transeuropäische Energieinfrastruktur und zur Aufhebung der Entscheidung Nr. 1364/2006/EG, KOM(2011) 658 endgültig vom 19.10.2011. Ausführlicher dazu Kap. 3 Rn 41ff.

135 Vgl. Art. 24 der VO (EU) Nr. 347/2013 des Europäischen Parlaments und des Rates vom 17.4.2013 zu Leitlinien für die transeuropäische Energieinfrastruktur und zur Aufhebung der Entscheidung Nr. 1364/2006/EG und zur Änderung der VO (EG) Nr. 713/2009, (EG) Nr. 714/2009 und (EG) Nr. 715/2009, ABl. EU Nr. L 115 S. 39.

136 Während Art. 3 der Verordnung das Verfahren der Aufstellung dieser Unionsliste regelt, enthält Art. 4 inhaltliche Kriterien für die Aufnahme eines Vorhabens als „von gemeinsamem Interesse“. Weitere Vorgaben enthalten die Anhänge II-IV der Verordnung. Nach Art. 4 Abs. 1 müssen die Vorhaben für einen bzw. eines der in Anhang I der Verordnung aufgeführten Energieinfrastrukturkorridore und -gebiete erforderlich, mindestens zwei Mitgliedstaaten betroffen sein sowie der potenzielle Gesamtnutzen des Vorhabens auch langfristig seine Kosten übersteigen. Zu diesen sowie weiteren Voraussetzungen siehe auch Kap. 3 Rn 63ff. sowie *Vogt/Maaß*, RdE 2013, 151, 152ff.

sieht – die Vorhaben von gemeinsamem Interesse diesen Status im Genehmigungs- und im ggf. nach nationalem Recht erforderlichen Raumordnungsverfahren erhalten. Ferner bestimmt Art. 3 Abs. 6 der Verordnung, dass Vorhaben von gemeinsamem Interesse mit ihrer Aufnahme in die Unionsliste auch zu einem *„festen Bestandteil [...] der entsprechenden nationalen Zehnjahresnetzentwicklungspläne nach Artikel 22 der Richtlinien 2009/72/EG und 2009/73/EG und gegebenenfalls anderer betroffener nationaler Infrastrukturpläne“* werden und innerhalb dieser Pläne wiederum „höchstmögliche Priorität“ erhalten.

63 Was aus diesen Bestimmungen für die Planrechtfertigung folgt, wird unterschiedlich beurteilt.[137] So gehen einige Stimmen in der Literatur davon aus, dass damit die Planrechtfertigung bereits vorweggenommen werde.[138] Nach der Gegenansicht ist die Verordnung dagegen auf eine Umsetzung durch die Mitgliedstaaten angelegt, sodass sich daraus für Deutschland nur die Pflicht ergebe, die Vorhaben von gemeinsamem Interesse in den Bundesbedarfsplan aufzunehmen.[139]

64 Hierzu ist auf der einen Seite darauf hinzuweisen, dass die Verordnung wie jede Verordnung der EU gem. Art. 288 Abs. 2 AEUV bereits in allen ihren Teilen verbindlich ist und unmittelbar in jedem Mitgliedstaat gilt. Damit kann die Feststellung der energiepolitischen Erforderlichkeit durch Art. 7 Abs. 1 der Verordnung die Planrechtfertigung im dort genannten Umfang auch bereits unmittelbar begründen. Auf der anderen Seite folgt aber aus Art. 7 Abs. 3 der Verordnung eine darüber hinausgehende Pflicht, den Vorhaben von gemeinsamem Interesse den „höchstmöglichen Status“ einzuräumen, den das nationale Recht vorsieht. Daher ist es in der Tat erforderlich, diese Vorhaben in den Bundesbedarfsplan aufzunehmen und als länderübergreifende sowie grenzüberschreitende Höchstspannungsleitungen zu kennzeichnen, da sie nur dann dem Anwendungsbereich des NABEG unterfallen und somit gem. § 1 S. 3 NABEG *„aus Gründen eines überragenden öffentlichen Interesses erforderlich“* sind.[140]

65 Was die bisher geltende Entscheidung zu den TEN-E-Leitlinien betrifft, so sei nochmals darauf hingewiesen, dass diese Entscheidung Nr. 1364/2006/EG gem. Art. 23 der neuen Verordnung zum 1.1.2014 aufgehoben wird und sich für die von ihr erfassten Vorhaben aus der neuen Verordnung keine Rechte ergeben. Eine Übergangsbestimmung enthält Art. 19 der Verordnung lediglich mit Blick auf bereits gewährte finanzielle Unterstützung.

C. Zwingend zu beachtende Rechtsvorschriften (Planungsleitsätze), insbesondere des Umweltrechts

I. Allgemeines

66 Wie bereits ausgeführt, handelt es sich bei der Konzentrationswirkung der Planfeststellung um eine rein verfahrensrechtliche, sodass daneben bestehende materiell-rechtliche Vorgaben weiterhin zu beachten sind. Dabei sind folgende materiell-rechtliche Anforderungen, wie ebenfalls erwähnt wurde, in der Rechtsprechung[141] und auch in der Literatur[142] anerkannt:

137 Siehe auch die kritische Würdigung in Kap. 3 Rn 81.

138 So etwa mit Blick auf die parallelen Regelungen in Art. 8 Abs. 1 und 2 des VO-Entwurfs *Vogt/Maaß*, RdE 2013, 151, 154.

139 So ebenfalls noch mit Blick auf den VO-Entwurf *Armbrecht*, DVBl. 2013, 479, 482.

140 Ebenso bereits mit Blick auf den VO-Entwurf *Schmitz/Jornitz*, NVwZ 2012, 332, 337.

141 Grundlegend BVerwG, Urt. v. 14.2.1975 – IV C 21.74 – BVerwGE 48, 56, 59; BVerwG, Urt. v. 7.7.1978 – 4 C 79.76 – BVerwGE 56, 110, 117.

142 Vgl. hier nur Danner/Theobald/*Missling*, § 43 ff. EnWG Rn 22 ff.; *Steinberg/Wickel/Müller*, § 3 Rn 3 ff.; *Stüer*, Rn 4358 ff.

- etwaige Bindungen an Planungsentscheidungen auf übergeordneter Ebene,
- das zuvor behandelte Erfordernis der Planrechtfertigung,
- die Pflicht zur Beachtung der Planungsleitsätze sowie schließlich
- die Anforderungen des Abwägungsgebotes.

In diesem Zusammenhang umfasst **der Begriff der „Planungsleitsätze"** alle strikt zu beachtenden Vorschriften aus Fachgesetzen, die nicht im Rahmen der Abwägung überwunden werden können.[143] Dieser Begriff **wird zu Recht kritisiert**, weil er verwirrend ist und im Übrigen dogmatische Brüche hervorruft.[144] Von daher ist es in der Tat zu begrüßen, dass der Begriff der „Planungsleitsätze" mittlerweile in der Rechtsprechung – anders als in der Literatur – kaum noch Verwendung findet und durch klarere Begriffe wie „zwingende Versagungsgründe"[145] oder „striktes Recht"[146] ersetzt wurde.[147] 67

Entscheidend ist freilich, dass gegen solche zwingenden materiell-rechtlichen Vorgaben des auf das Vorhaben anwendbaren Bundes- oder Landesrechts nicht verstoßen werden darf; ein Verstoß macht den Planfeststellungsbeschluss also rechtswidrig.[148] Dabei ist jeweils **durch Auslegung** der Norm **zu ermitteln, ob es sich tatsächlich um eine strikte Vorschrift handelt** oder ob die Bestimmung Vorgaben enthält, die lediglich zu berücksichtigen sind und im Rahmen der Abwägung durch andere Belange auch überwunden werden können.[149] 68

Beim Energieleitungsbau ergeben sich zwingende Vorgaben insbesondere aus dem Umweltrecht. **Im Vordergrund stehen dabei die naturschutzrechtlichen Vorschriften** zum Schutz von Natura 2000-Gebieten, zum Artenschutz und zu den Anforderungen an Eingriffe in Natur und Landschaft. Vor allem mit Blick auf diese Vorgaben wird in der Literatur immer wieder eine „Entschlackung" des anwendbaren materiellen Rechts gefordert, um die Planung von Vorhaben angesichts des hohen Netzausbaubedarfs in Deutschland zu vereinfachen und zu beschleunigen.[150] Doch ist dies angesichts der bestehenden **europarechtlichen Vorgaben** derzeit kaum möglich.[151] Aktuelle Rechtsetzungsvorhaben auf der Ebene der EU streben zwar ebenfalls eine Beschleunigung der Planungsverfahren an, sehen aber gerade keine Absenkung bestehender naturschutzrechtlicher Anforderungen vor.[152] Hier sollte in der Tat stärker als bisher bereits auf EU-Ebene darüber nachgedacht werden, ob eine aus Klimaschutzgründen vordringliche Realisierung der Energiewende nicht partielle und temporäre Abstriche beim Natur- und Artenschutz rechtfertigt oder gar erfordert.[153] 69

---

143 Vgl. hier nur Hoffmann-Riem/Schmidt-Aßmann/Voßkuhle/*Köck*, § 37 Rn 99; Danner/Theobald/*Missling*, § 43 ff. EnWG Rn 22 und 26; *Stüer*, Rn 4368.
144 Näher dazu *Steinberg/Wickel/Müller*, § 3 Rn 11 ff.; Ziekow/*Ziekow*, Rn 635 ff.
145 So BVerwG, Urt. v. 18.5.1990 – 7 C 3.90 – BVerwGE 85, 155 ff.
146 Vgl. etwa BVerwG, Urt. v. 16.3.2006 – 4 A 1075.04 – BVerwGE 125, 116, 172 (Rn 164).
147 *Wahl/Dreier*, NVwZ 1999, 606, 615, begrüßen den „Wechsel der Begrifflichkeit" ebenfalls.
148 Ziekow/*Ziekow*, Rn 638; Schneider/Theobald/*Hermes*, § 7 Rn 95.
149 Ziekow/*Ziekow*, Rn 639 ff.
150 Vgl. etwa Danner/Theobald/*Missling*, Vor §§ 43 ff. EnWG Rn 22, der eine „Optimierung" der entsprechenden Vorschriften für „geboten" hält; ein Abbau am Schutzstandard der jeweils betroffenen Rechtsgüter könne dagegen keinesfalls hingenommen werden.
151 Vgl. nur *Greinacher*, ZUR 2011, 305, 311.
152 Siehe Erwägungsgrund Nr. 24 des Vorschlags für eine Verordnung des Europäischen Parlaments und des Rates zu Leitlinien für die transeuropäische Energieinfrastruktur und zur Aufhebung der Entscheidung Nr. 1364/2006/EG, KOM (2011) 658 endgültig vom 19.10.2011. Auch Art. 8 Abs. 5 dieses Verordnungsvorschlags (i.V.m. Erwägungsgrund Nr. 20) verlangt für die Zulassung eines Vorhabens weiterhin, dass alle Voraussetzungen der einschlägigen Richtlinien erfüllt sind.
153 Ebenso Bundeswirtschaftsminister *Rösler*, der im Sommer 2012 in einem Interview meinte, man müsse mit der EU über die Anforderungen vor allem der FFH- sowie der Vogelschutzrichtlinie sprechen; vgl. FAZ vom 14.6.2012, S. 14.

70 In diesem Zusammenhang ist schließlich darauf hinzuweisen, dass umweltrechtliche Vorschriften nicht nur in Gestalt der strikten Planungsleitsätze von Bedeutung sind, sondern dass Umweltbelange **auch im Rahmen der Abwägung relevant** werden können.[154] Darüber hinaus gelten manche umweltrechtlichen Vorgaben, wie zu zeigen sein wird, nicht nur für die Planfeststellung, sondern auch für **vor- und nachgelagerte Planungsstufen**.[155]

II. Naturschutzrechtliche Vorgaben

1. Allgemeines

a) Rechtsgrundlagen

71 Das deutsche Naturschutzrecht wurde zuletzt durch das am 1.3.2010 in Kraft getretene neue **BNatSchG**[156] umgestaltet. Vorausgegangen war das Scheitern des Versuchs, nach der Änderung der grundgesetzlichen Kompetenzordnung im Jahre 2006 durch die sog. Föderalismusreform I[157] ein Umweltgesetzbuch zu erlassen.[158] Neben dem BNatSchG sind auch die Vorschriften der **entsprechenden Landesgesetze** zu beachten. Seit der erwähnten Grundgesetzänderung besteht für das Naturschutzrecht zwar eine konkurrierende Gesetzgebungskompetenz gem. Art. 74 Abs. 1 Nr. 29 GG, sodass die Länder nach Art. 72 Abs. 1 GG für die Gesetzgebung nur noch dann zuständig sind, solange und soweit der Bund von seiner Gesetzgebungszuständigkeit nicht durch Gesetz Gebrauch gemacht hat. Hier gilt jedoch die Besonderheit, dass die Länder gem. Art. 72 Abs. 3 S. 1 Nr. 2 GG vom BNatSchG abweichende Regelungen treffen können. Vom Abweichungsrecht ausgenommen sind danach allerdings die allgemeinen Grundsätze des Naturschutzes, das Artenschutzrecht sowie das Recht des Meeresnaturschutzes.

72 Zudem bleiben auch die Länder, soweit sie nach diesen verfassungsrechtlichen Bestimmungen zur Gesetzgebung befugt sind, an **europarechtliche Vorgaben** gebunden.[159] Solche Vorgaben ergeben sich im vorliegenden Kontext, wie im Folgenden noch näher darzulegen sein wird, vor allem aus den Bestimmungen der **Vogelschutzrichtlinie**[160] und aus den Bestimmungen der sog. **FFH-Richtlinie**.[161] Dies hat zur Folge, dass auch die deutschen Gerichte in ihren Entscheidungen teilweise unmittelbar auf die Richtlinien und die hierzu ergangene Rechtsprechung des EuGH abstellen.[162]

---

154 Ziekow/*Durner*, Rn 738. Vgl. aus der Rspr. etwa BVerwG, Beschl. v. 21.12.1995 – 11 VR 6/95 – NVwZ 1996, 896, 901, hier für den Fall eines Planfeststellungsverfahrens für den Neubau einer Eisenbahnstrecke; Urt. v. 16.3.2006 – 4 A 1075.04 – BVerwGE 125, 116, 189 ff. (Rn 236 ff.), für den Fall des Flughafens Berlin-Schönefeld. Zur Abwägung ausführlich Kap. 11.

155 Vgl. hier nur Ziekow/*Durner*, Rn 817 ff.

156 Gesetz über Naturschutz und Landschaftspflege (Bundesnaturschutzgesetz – BNatSchG), verkündet als Art. 1 des Gesetzes zur Neuregelung des Rechts des Naturschutzes und der Landschaftspflege vom 29.7.2009 (BGBl. I S. 2542).

157 Gesetz zur Änderung des Grundgesetzes vom 28.8.2006, BGBl. I 2006 S. 2034.

158 Ausführlich zu Hintergrund und Inhalt der Umgestaltung des Naturschutzrechts durch das BNatSchG 2010 Landmann/Rohmer/*Gellermann*, Vor BNatSchG Rn 1 ff.; Lütkes/Ewer/*Lütkes*, Einl. Rn 15 ff.; Schlacke/*Schlacke*/*Krohn*, Einl. Rn 36 ff.; Schumacher/Fischer-Hüftle/*J. Schumacher*/*A. Schumacher*/*Fischer-Hüftle*, Einf. Rn 10 ff.

159 Lütkes/Ewer/*Lütkes*, Einl. Rn 27.

160 RL 2009/147/EG des Europäischen Parlaments und des Rates vom 30.11.2009 über die Erhaltung der wildlebenden Vogelarten (kodifizierte Fassung), ABl. EU Nr. L 20 S. 7. Dabei handelt es sich um die Neufassung der ursprünglichen RL 79/409/EWG des Rates vom 2.4.1979 über die Erhaltung der wildlebenden Vogelarten, ABl. EG Nr. L 103 S. 1.

161 RL 92/43/EWG des Rates vom 21.5.1992 zur Erhaltung der natürlichen Lebensräume sowie der wildlebenden Tiere und Pflanzen, ABl. EG Nr. L 206 S. 7.

162 Vgl. nur BVerwG, Urt. v. 17.1.2007 – 9 A 20/05 – NVwZ 2007, 1054 ff.

b) Die Bedeutung der Zielbestimmung in § 1 BNatSchG

Bereits § 1 BNatSchG, die Bestimmung der Ziele des Naturschutzes und der Landschaftspflege, enthält eine ausdrückliche Bezugnahme auf den Bau von Energieleitungen: Nach § 1 Abs. 5 S. 3 BNatSchG **sollen** u.a. **Energieleitungen *„landschaftsgerecht geführt, gestaltet und*** *so* ***gebündelt werden****, dass die Zerschneidung und die Inanspruchnahme der Landschaft sowie Beeinträchtigungen des Naturhaushalts vermieden oder so gering wie möglich gehalten werden.“* Dies soll dem Ziel des § 1 Abs. 5 S. 1 BNatSchG dienen: der Bewahrung großflächiger, noch weitgehend unzerschnittener Landschaftsräume vor weiterer Zerschneidung.[163] 73

Diese Zielvorschrift des § 1 BNatSchG ist zwar nicht unmittelbar vollziehbar und begründet somit für sich genommen noch keine unmittelbaren Verpflichtungen, stellt jedoch durchaus eine **Auslegungshilfe** für andere Vorschriften des BNatSchG dar.[164] So werden die mit der Zerschneidung bisher weitgehend unzerschnittener Räume verbundene Beeinträchtigung des Landschaftsbilds, Barrierewirkung und Erhöhung des Kollisionsrisikos für betroffene Tiere durch den Bau von Energieleitungen oder sonstigen Vorhaben auch bei der erforderlichen Auseinandersetzung mit den §§ 14 ff. BNatSchG und mit den artenschutzrechtlichen Bestimmungen relevant.[165] 74

c) Zwingende Vorgaben und Berücksichtigungspflichten

Im Planfeststellungsverfahren für den Bau von Energieleitungen, aber auch bei sonstigen Genehmigungsformen sind neben der naturschutzrechtlichen Eingriffsregelung (§§ 13 ff. BNatSchG) sowie den artenschutzrechtlichen Vorschriften (§§ 37 ff. BNatSchG) insbesondere die Bestimmungen zum Schutz bestimmter Teile von Natur und Landschaft (§§ 20 ff. BNatSchG) zu prüfen und zu beachten. Alle diese Vorschriften enthalten also **zwingende Vorgaben**, deren Nichtbeachtung zur Rechtswidrigkeit von Planfeststellungsbeschlüssen führen würde.[166] 75

Keine strikte Beachtens-, sondern lediglich eine **Berücksichtigungspflicht** bei Planungen und Verwaltungsverfahren besteht nach § 9 Abs. 5 S. 1 BNatSchG für die Inhalte der Landschaftsplanung, die damit zwar abwägungsrelevante Belange darstellen, in der Abwägung mit entgegenstehenden Belangen aber überwunden werden können.[167] Kann den Inhalten der Landschaftsplanung nicht Rechnung getragen werden, so ist dies gem. § 9 Abs. 5 S. 3 BNatSchG allerdings zu begründen.[168] Zu berücksichtigen sind diese Inhalte der Landschaftsplanung nach § 9 Abs. 5 S. 2 insbesondere in FFH-Verträglichkeitsprüfungen nach § 34 Abs. 1 BNatSchG und Umweltverträglichkeitsprüfungen;[169] daneben sind sie beispielsweise auch für die Prüfung der naturschutzrechtlichen Eingriffsregelung relevant.[170] Die Landschaftsplanung stellt dabei eine wichtige Grundlage zur Information über die möglichen Auswirkungen von Vorhaben auf die Umwelt dar.[171] 76

---

163 Zu diesem Ziel vgl. Lütkes/Ewer/*Lütkes*, § 1 Rn 67 ff.; Schumacher/Fischer-Hüftle/*J. Schumacher/A. Schumacher/Fischer-Hüftle*, § 1 Rn 154 ff.

164 Lütkes/Ewer/*Lütkes*, § 1 Rn 3; Schumacher/Fischer-Hüftle/*J. Schumacher/A. Schumacher/Fischer-Hüftle*, § 1 Rn 2 f.

165 Vgl. auch Schumacher/Fischer-Hüftle/*J. Schumacher/A. Schumacher/Fischer-Hüftle*, § 1 Rn 162 f.

166 Vgl. Überblick bei *Wahl/Hönig*, NVwZ 2006, 161, 167 f.; Ziekow/*Ziekow*, Rn 640 f.

167 Lütkes/Ewer/*Mengel*, § 9 Rn 84; Schumacher/Fischer-Hüftle/*A. Schumacher/J. Schumacher*, § 9 Rn 71.

168 Dazu Lütkes/Ewer/*Mengel*, § 9 Rn 91; Schumacher/Fischer-Hüftle/*A. Schumacher/J. Schumacher*, § 9 Rn 81.

169 Dazu oben Kap. 8 Rn 91 ff. Speziell zur Bedeutung der Landschaftsplanung für Umweltprüfungen Schumacher/Fischer-Hüftle/*A. Schumacher/J. Schumacher*, § 9 Rn 74 f.

170 Vgl. Lütkes/Ewer/*Mengel*, § 9 Rn 88 f.; Schumacher/Fischer-Hüftle/*A. Schumacher/J. Schumacher*, § 9 Rn 73.

171 Vgl. Schlacke/*Heugel*, Vor zu §§ 8–12 Rn 21 sowie § 9 Rn 25 ff., insbesondere Rn 28; Schumacher/Fischer-Hüftle/*A. Schumacher/J. Schumacher*, § 8 Rn 3 sowie § 9 Rn 72.

d) Der räumliche Anwendungsbereich des BNatSchG und die Besonderheiten in der AWZ

77 Der **räumliche Anwendungsbereich** des BNatSchG erstreckt sich nicht allein auf das deutsche Hoheitsgebiet. Denn namentlich der neue § 56 Abs. 1 BNatSchG betreffend den Meeresnaturschutz gilt nicht nur für die deutschen Küstengewässer, sondern auch für die deutsche **ausschließliche Wirtschaftszone** (AWZ) und den **Festlandsockel.**[172] Insofern folgt das deutsche Naturschutzrecht dem EU-Recht, denn der EuGH hat bereits im Jahre 2005 ausdrücklich bestätigt, dass die FFH- und die Vogelschutzrichtlinie ebenfalls in der AWZ Geltung beanspruchen.[173]

78 Die Erstreckung des Anwendungsbereichs auf die AWZ erfolgt allerdings gem. § 56 Abs. 1 BNatSchG nach Maßgabe des **Seerechtsübereinkommens** der Vereinten Nationen (SRÜ). Nach Art. 57 SRÜ kann sich die AWZ auf eine Breite von bis zu 200 sm von der sog. Basislinie erstrecken. Von dieser Möglichkeit hat die Bundesrepublik Deutschland Gebrauch gemacht.[174] Dabei erstrecken sich die Befugnisse der Anrainerstaaten in der AWZ gem. Art. 58 Abs. 1 SRÜ auch auf die Verlegung unterseeischer Kabel und Rohrleitungen, die den Staaten in Art. 87 Abs. 1 lit. c) SRÜ, vorbehaltlich des Teils VI, auch auf der Hohen See ausdrücklich erlaubt ist.[175]

79 **Von dieser Erstreckung des Anwendungsbereichs ausgenommen** sind nach § 56 Abs. 1 BNatSchG lediglich das Kap. 2 über die Landschaftsplanung. Ferner findet nach § 56 Abs. 3 BNatSchG[176] die Eingriffsregelung des § 15 BNatSchG für die Zeit bis zum 1.1.2017 keine Anwendung auf die Errichtung und den Betrieb von Windkraftanlagen in der deutschen AWZ. Insofern ist allerdings noch unklar, ob diese Ausnahme lediglich den Windpark an sich oder auch dessen Netzanbindung erfasst.[177] In der Literatur wird diesbezüglich eine Differenzierung zwischen windparkinternen Nebenanlagen und Kabeln sowie stromabführenden Kabeln vorgeschlagen.[178] Dies überzeugt in Anbetracht des auf „Windkraftanlagen“ beschränkten Wortlauts der Norm sowie der speziellen, eigenständigen Regelung für die Anbindungsleitungen in § 17 Abs. 2a EnWG.[179] Soweit der Ausschluss des § 56 Abs. 3 BNatSchG nicht eingreift, sind die nachfolgend noch näher zu erläuternden Anforderungen allerdings auch bei der Verlegung von Seekabeln in den genannten Gebieten zu beachten.

80 Schließlich ist in diesem Zusammenhang zu beachten, dass § 57 Abs. 3 BNatSchG einige **Sonderregelungen für die Ausweisung von Schutzgebieten in der AWZ** enthält. Von Bedeutung ist hier vor allem § 57 Abs. 3 Nr. 4 BNatSchG, der die Verlegung unterseeischer Kabel und Rohrleitungen nur nach den Vorschriften des sogleich zu behandelnden § 34 BNatSchG und in Übereinstimmung mit Art. 56 Abs. 3 i.V.m. Art. 79 SRÜ zulässt. Daraus wird in der Sache zu Recht gefolgert, dass die **Verlegung unterseeischer Kabel und Rohrleitungen** in einer Schutzgebietsverordnung nicht generell, sondern **nur nach einer projektbezogenen Verträglichkeitsprüfung verboten** werden darf.[180]

---

172 Dazu Schlacke/*Kieß*, Vor zu §§ 56–58 Rn 1 f. sowie § 56 Rn 1.
173 Vgl. EuGH, Urt. v. 20.10.2005 – C-6/04 – Slg. 2005, I-9056 Rn 117.
174 Näher dazu und zur Einteilung des Meeres nach dem SRÜ Landmann/Rohmer/*Faßbender*, § 3 WHG Rn 31 ff. und 44b ff.
175 Schlacke/*Kieß*, § 56 Rn 19.
176 Hier ist zu beachten, dass § 56 BNatSchG durch Gesetz vom 6.10.2011, BGBl. I 2011 S. 1986, um einen neuen Abs. 2 ergänzt wurde, wodurch der bisherige Abs. 2 zu Abs. 3 geworden ist. Dem tragen die meisten Kommentierungen noch nicht Rechnung.
177 Schumacher/Fischer-Hüftle/*Czybulka*, § 56 Rn 54.
178 Lütkes/Ewer/*Lütkes*, § 56 Rn 14. A.A. Thomé-Kozmiensky/Beckmann/*Appel*, S. 211 ff., 223: Der Windpark sei auf die Netzanbindung angewiesen mit der Folge, dass sich Verzögerungen bei der Netzanbindung auch auf den Windpark selbst auswirken und die Privilegierung des § 56 Abs. 3 BNatSchG entwerten würden.
179 So auch Schlacke/*Kieß*, § 56 Rn 34.
180 So etwa Lütkes/Ewer/*Lütkes*, § 57 Rn 43; Schumacher/Fischer-Hüftle/*Czybulka*, § 57 Rn 95.

2. Schutz der Natura 2000-Gebiete

Der Schutz der Natura 2000-Gebiete stellt die wohl strengste Hürde für die Zulässigkeit von Vorhaben des Energieleitungsbaus dar. 81

a) Unionsrechtliche Grundlagen

Die maßgeblichen Vorgaben gehen auf die **Vogelschutzrichtlinie** und die **FFH-Richtlinie** der EU zurück, durch die ein zusammenhängendes europäisches ökologisches Netz „Natura 2000" geschaffen werden soll (vgl. Art. 3 Abs. 1 der RL 92/43/EG; § 31 BNatSchG).[181] Dabei unterscheiden sich diese beiden Richtlinien im Hinblick auf die von ihnen aufgestellten Anforderungen und Ausnahmemöglichkeiten für die jeweiligen Schutzgebiete. Jedoch wurde das strengere Regime der Vogelschutzrichtlinie dadurch an das Schutzniveau der FFH-Richtlinie angeglichen, dass Art. 3 Abs. 1 UAbs. 2 FFH-Richtlinie die nach Maßgabe der Vogelschutzrichtlinie ausgewiesenen Schutzgebiete kurzerhand zu einem Bestandteil von Natura 2000 erklärt hat.[182] Dies hat zur Folge, dass für die entsprechend ausgewiesenen Vogelschutzgebiete allein die Anforderungen der FFH-Richtlinie gelten.[183] 82

b) Der Schutz potenzieller bzw. faktischer Schutzgebiete

Unterschiede bestehen aber nach der Rechtsprechung des EuGH noch insoweit, als für **faktische Vogelschutzgebiete**, d.h. Gebiete, die noch nicht als Schutzgebiete ausgewiesen wurden, obwohl sie nach ihrem Ausstattungspotenzial zu den zahlen- und flächenmäßig geeignetsten Lebensräumen i.S.d. Art. 4 Abs. 1 der Vogelschutzrichtlinie gehören, weiterhin die strengeren Anforderungen der Vogelschutzrichtlinie gelten.[184] Dies hat zur Folge, dass eine Anwendung von § 34 BNatSchG, insbesondere der Ausnahmeregelung der Abs. 3–5, im Ergebnis ausscheidet.[185] 83

Für **potenzielle FFH-Gebiete**[186] gilt der Rechtsprechung zufolge eine **Schutzverpflichtung** dahingehend, dass sie zumindest nicht nachhaltig beeinträchtigt oder gar zerstört werden dürfen, sodass eine Meldung des Gebiets verhindert würde.[187] Dem ist zwar grundsätzlich (erst recht) Genüge getan, wenn ihnen im Hinblick auf die Erforderlichkeit einer Verträglichkeitsprüfung der gleiche Schutz zukommt wie gemeldeten FFH-Gebieten. Doch wird die damit einhergehende, vom BVerwG bejahte Möglichkeit der ausnahmsweisen Zulässigkeit von Projekten aufgrund einer Abweichungsentscheidung[188] in der Literatur z.T. kritisch bewertet.[189] 84

---

181 Ein Überblick über die FFH-Gebiete in Deutschland findet sich unter: http://www.bfn.de/0316_gebiete.html#c5409.

182 Näher zum Ganzen Ziekow/*Durner*, Rn 771ff.; Berkemann/Halama/*Halama*, Erläuterungen Rn 171.

183 Vgl. beispielsweise EuGH, Urt. v. 13.6.2002 – C-117/00 – NVwZ 2002, 1228, 1230.

184 Vgl. EuGH, Urt. v. 2.8.1993 – C-355/90 – NuR 1994, 521, 522; Urt. v. 18.3.1999 – C-166/97 – NuR 1999, 501, 502; Urt. v. 7.12.2000 – C-374/98 – NVwZ 2001, 549, 550 (Rn 47); Urt. v. 13.12.2007 – C-418/04 – NuR 2008, 101, 109 (Rn 173).

185 Vgl. hier nur Schumacher/Fischer-Hüftle/*J. Schumacher/A. Schumacher*, § 34 Rn 24.

186 Zur Entwicklung dieser Rechtsfigur siehe die Ausführungen bei Landmann/Rohmer/*Gellermann*, Vor §§ 31–36 BNatSchG Rn 18ff. Nach Schlacke/*Möckel*, § 32 Rn 42 vollzieht sich die weitere Anwendung der Figur der potenziellen FFH-Gebiete zum gegenwärtigen Stand allerdings in noch engeren Grenzen, als dies bei den faktischen Vogelschutzgebieten der Fall ist.

187 Vgl. BVerwG, Urt. v. 17.5.2002 – 4 A 28.01 – NuR 2002, 739, 740f.; Urt. v. 22.1.2004 – 4 A 32.02 – NuR 2004, 373, 377; Beschl. v. 31.1.2006 – 4 B 49/05 – NVwZ 2006, 823; näher dazu Landmann/Rohmer/*Gellermann*, Vor §§ 31–36 BNatSchG Rn 21.

188 Vgl. BVerwG, Urt. v. 17.5.2002 – 4 A 28.01 – NuR 2002, 739, 740f.; Beschl. v. 31.1.2006 – 4 B 49/05 – NVwZ 2006, 823, 824.

189 Dazu Landmann/Rohmer/*Gellermann*, Vor §§ 31–36 BNatSchG Rn 20f.

85 Diese und weitere Streitfragen können jedoch zunehmend dahinstehen, da in den letzten Jahren immer mehr Gebiete gemeldet wurden. Aus diesem Grund werden mittlerweile **immer weniger Gebiete** als potenzielle bzw. faktische Schutzgebiete von der Rechtsprechung **anerkannt.**[190]

c) Die maßgeblichen Vorschriften des BNatSchG im Überblick

86 Die Umsetzung der FFH- wie auch der Vogelschutzrichtlinie erfolgte, wenn auch verspätet,[191] im BNatSchG. Die maßgeblichen Vorschriften finden sich in den **§§ 31ff. BNatSchG**. Während sich § 32 BNatSchG mit der Ausweisung entsprechender Schutzgebiete befasst, enthalten die §§ 33 und 34 BNatSchG die einschlägigen Schutzvorschriften für diese Gebiete.

87 **Im Zentrum steht dabei die Vereinbarkeit mit den Anforderungen des § 34 BNatSchG.** Nach § 34 Abs. 1 S. 1 BNatSchG sind Projekte vor ihrer Zulassung und Durchführung auf ihre Verträglichkeit mit den Erhaltungszielen eines Natura 2000-Gebiets zu überprüfen, wenn sie einzeln oder im Zusammenwirken mit anderen Projekten oder Plänen geeignet sind, das Gebiet erheblich zu beeinträchtigen, und nicht unmittelbar der Verwaltung des Gebiets dienen. Das fragliche Projekt ist gem. § 34 Abs. 2 BNatSchG unzulässig, wenn diese Prüfung ergibt, dass es zu eben solchen erheblichen Beeinträchtigungen des Gebiets in seinen für die Erhaltungsziele oder den Schutzzweck maßgeblichen Bestandteilen führen kann. Diese Bewertung muss jedoch nicht das letzte Wort sein. Denn die Abs. 3–5 des § 34 BNatSchG gestatten eine ausnahmsweise Zulassung von gebietsunverträglichen Projekten.

d) Die erfassten „Projekte" und Planungen

88 „Projekte" in diesem Sinne, für die eine FFH-Verträglichkeitsprüfung durchgeführt werden muss, sind sowohl die Errichtung von Anlagen wie auch alle sonstigen Eingriffe in Natur und Landschaft,[192] und damit unzweifelhaft auch **Leitungsbauvorhaben**. Entscheidend ist dabei weniger die Lage als vielmehr die Möglichkeit einer erheblichen Gebietsbeeinträchtigung. Erfasst werden daher **auch** Projekte, die **außerhalb eines Schutzgebiets** verwirklicht werden sollen.[193] Dies kann bei der Planung von Energieleitungen beispielsweise darin begründet liegen, dass benachbarte Schutzgebiete durch Kollisionen von Vögeln mit Trägerseilen beeinträchtigt werden können.[194]

89 Werden Energieleitungen abschnittsweise geplant, sind „Projekte" immer nur die jeweiligen einzelnen **Planungsabschnitte.**[195] Schließlich zählen auch **Offshore-Windkraftanlagen** in der

---

190 Vgl. BVerwG, Urt. v. 14.11.2002 – 4 A 15/02 – NVwZ 2003, 485, 487; Urt. v. 21.6.2006 – 9 A 28/05 – NVwZ 2006, 1161, 1162; Beschl. v. 13.3.2008 – 9 VR 10.07 – NuR 2008, 495, 495f. Dazu auch Landmann/Rohmer/*Gellermann*, Vor §§ 31–36 BNatSchG Rn 15; Schneider/Theobald/*Hermes*, § 7 Rn 72; *Louis*, NuR 2012, 385, 388. Nach Schlacke/*Möckel*, § 32 Rn 35 ist das Problem faktischer Vogelschutzgebiete allerdings nach wie vor relevant und wird es auch weiterhin bleiben. Nach Landmann/Rohmer/*Gellermann*, Vor §§ 31–36 BNatSchG Rn 16, kommen dabei insbesondere Fälle fehlerhafter Gebietsabgrenzung infrage. Völlig außer Acht gelassen werden kann diese Thematik daher nicht, auch wenn die Rechtsprechung diesbezüglich inzwischen restriktiver ist.

191 Näher zu den Umsetzungsdefiziten Ziekow/*Durner*, Rn 781f.

192 Schlacke/*Wolf*, § 34 Rn 3; Schumacher/Fischer-Hüftle/*J. Schumacher*/*A. Schumacher*, § 34 Rn 17.

193 Vgl. hier nur *Erbguth*/*Schlacke*, § 10 Rn 52.

194 *Hennig*/*Lühmann*, UPR 2012, 81, 84; *Kaltenborn*, LKRZ 2010, 321, 325.

195 BVerwG, Urt. v. 12.3.2008 – 9 A 3.06 – NuR 2008, 633, 636 und 657f., wonach das Habitatrecht zwar die Zulässigkeit der Abschnittsbildung nicht infrage stellt, doch andererseits zumindest eine Prognose in Form des *„vorläufigen positiven Gesamturteils"* hinsichtlich der künftigen, weiteren Planungsabschnitte erforderlich ist, das dem Vorhaben insoweit *„keine von vornherein unüberwindlichen Hindernisse entgegenstehen"*. Bestätigt durch BVerwG, Urt. v. 14.4.2010 – 9 A 5.08 – NVwZ 2010, 1225, 1238.

AWZ zu den zu prüfenden „Projekten", weil die Vorschriften des BNatSchG gem. § 56 Abs. 1 BNatSchG – wie bereits dargestellt – grundsätzlich auf die AWZ anwendbar sind.[196]

Darüber hinaus ist zu beachten, dass die **Prüfung** nach den Abs. 1–5 des § 34 BNatSchG gem. § 36 S. 1 Nr. 2 BNatSchG grundsätzlich **auch bei Plänen durchzuführen** ist, **die bei behördlichen Planungen zu beachten oder zu berücksichtigen sind**. Hierzu zählen Bauleitpläne, Raumordnungspläne und auch Entscheidungen im Raumordnungsverfahren. Daran vermag auch § 36 S. 2 BNatSchG nichts zu ändern, da diese Regelung nur dem Umstand Rechnung trägt, dass sich die Pflicht zur Durchführung einer Verträglichkeitsprüfung bei Raumordnungsplänen und Bauleitplänen bereits aus § 7 Abs. 6 ROG bzw. aus § 1a Abs. 4 BauGB ergibt.[197] 90

Dem Grunde nach erfasst werden aber auch der energiewirtschaftliche **Bundesbedarfsplan**, der **Bundesfachplan nach dem NABEG**, der **Bundesfachplan Offshore** und richtigerweise auch der **Netzentwicklungsplan der Fernleitungsnetzbetreiber**. Schließlich ist § 36 S. 1 Nr. 2 BNatSchG vor dem Hintergrund der europarechtlichen Vorgaben[198] weit zu verstehen.[199] Voraussetzung ist danach lediglich, dass die Pläne *„bei behördlichen Entscheidungen zu beachten oder zu berücksichtigen sind"*. Diese Voraussetzung ist sowohl bei dem Bundesbedarfsplan wie auch bei der Bundesfachplanung aufgrund ihrer Bindungswirkung für die nachfolgende Planfeststellung jedenfalls zu bejahen.[200] Dem Netzentwicklungsplan der Fernleitungsnetzbetreiber fehlt es zwar an einer vergleichbaren Verbindlichkeit, doch lässt sich auch insoweit eine Bedeutung für die nachfolgenden Planfeststellungen nicht verneinen.[201] Gleiches gilt schließlich auch für den Bundesfachplan Offshore gem. § 17a EnWG.[202] 91

Allerdings ist zu beachten, dass eine Verträglichkeitsprüfung **nur insoweit** erfolgen kann, **als die Auswirkungen der jeweiligen Planung bereits erkennbar** sind.[203] Auf der Ebene der Bedarfsplanung[204] fehlt es jedoch noch an hinreichend konkreten Festlegungen, wird dabei doch noch keine Entscheidung über die Leitungstrassen getroffen. Die genauen Auswirkungen 92

196 Näher dazu oben Rn 77 ff.

197 Vgl. hier nur Lütkes/Ewer/*Ewer*, § 36 Rn 14. Für das Raumordnungsverfahren wird die Frage der Anwendbarkeit von § 36 S. 1 Nr. 2 BNatSchG jedoch nicht einheitlich beantwortet. Ablehnend dazu *Hennig/Krappel*, UPR 2013, 133, 138 m.w.N. zu beiden Auffassungen.

198 Art. 6 Abs. 3 der FFH-Richtlinie erfasst „Pläne oder Projekte".

199 Siehe Landmann/Rohmer/*Gellermann*, § 36 BNatSchG Rn 5. Zum Begriff der „Pläne" unter Berücksichtigung des Europarechts auch Schlacke/*Möckel*, § 36 Rn 4 und 6 f.

200 So auch Landmann/Rohmer/*Gellermann*, § 36 BNatSchG Rn 6; *Lambrecht*, NuR 2002, 265, 267 ff. allgemein für Bedarfspläne. A.A. zwar *Stüer*, NVwZ 2002, 1164, 1166, für die Bedarfspläne in den Bereichen Straßen und Schiene, allerdings mit der Begründung, dass diese Bedarfspläne nicht aufgrund einer Rechts- oder Verwaltungsvorschrift erstellt werden müssen. Diese Argumentation lässt sich bereits aufgrund der Regelung in § 12e EnWG auf den hier behandelten Bundesbedarfsplan für die Energieversorgungsnetze nicht übertragen. Im Übrigen bejaht auch *Stüer*, NVwZ 2002, 1164, 1167 zumindest eine mittelbare Bindung auch der Bedarfspläne an das materielle Entscheidungsprogramm der FFH-Richtlinie und kommt damit, wie er selbst feststellt, in der Regel zum gleichen Ergebnis. Dass in § 5 Abs. 2 NABEG für die Bundesfachplanung zwar ausdrücklich die Pflicht zur Durchführung einer Strategischen Umweltprüfung, nicht dagegen das Erfordernis einer FFH-Verträglichkeitsprüfung geregelt ist, ändert nichts an diesem Ergebnis, da die Regelung in § 36 S. 1 Nr. 2 BNatSchG insofern ausreichend ist. Insofern etwas missverständlich *Durner*, NuR 2012, 369, 372. Ablehnend zur FFH-Verträglichkeitsprüfung im Rahmen der Bedarfsplanung *Hennig/Krappel*, UPR 2013, 133, 134 f., mit der Begründung, dass durch die Bedarfspläne, die lediglich für Planrechtfertigung und Abwägung von Bedeutung seien und nicht von zwingendem Recht zum Schutz der Natura 2000-Gebiete befreien können, noch keine erhebliche Beeinträchtigung dieser Gebiete drohe. Anders verhält es sich jedoch auch nach *Hennig/Krappel*, UPR 2013, 133, 135 f. zumindest bei der Bundesfachplanung.

201 Siehe dazu bereits oben Rn 26 sowie Kap. 8 Rn 27 ff. zur Frage, ob bei Aufstellung des Netzentwicklungsplans der Fernleitungsnetzbetreiber eine Strategische Umweltprüfung durchzuführen ist.

202 Zur Bedeutung der Pläne für den Offshore-Bereich gem. §§ 17a und 17b EnWG siehe Kap. 2 Rn 59 ff., Kap. 3 Rn 325 ff. sowie Kap. 8 Rn 24 ff.

203 Landmann/Rohmer/*Gellermann*, § 36 BNatSchG Rn 11; Schlacke/*Möckel*, § 36 Rn 11.

204 Ausführlich dazu im Kap. 3.

können in diesem Stadium daher auch noch gar nicht näher beurteilt werden. Allenfalls eine Aussage dazu, wo ggf. ein geschütztes Gebiet liegt und ob dieses möglicherweise beeinträchtigt werden kann, ist auf dieser Ebene möglich.[205] So kommt der Umweltbericht zum Bundesbedarfsplanentwurf zu dem Ergebnis, dass in 21 der vorgesehenen Maßnahmen *„Schutzgebiete des Natura 2000-Netzes innerhalb der Untersuchungsräume [liegen] und [...] einen nicht umgehbaren Bereich [bilden]"*, sodass diese Gebiete *„erheblich beeinträchtigt werden [können]"*.[206] Auch für die übrigen Maßnahmen könne eine solche erhebliche Beeinträchtigung nicht ausgeschlossen werden, da auch bei ihnen jeweils Schutzgebiete innerhalb der Untersuchungsräume liegen.[207]

93 Anders stellt sich die Situation wiederum bei der **Bundesfachplanung**[208] dar. Mit der Entscheidung der BNetzA über die Bundesfachplanung erfolgt gem. § 12 Abs. 2 NABEG die Festlegung eines raumverträglichen Trassenkorridors. Nach § 5 Abs. 1 S. 2 NABEG ist dafür zu prüfen, ob der Verwirklichung des Vorhabens im Trassenkorridor überwiegende öffentliche oder private Belange entgegenstehen. Ferner ist gem. § 5 Abs. 2 NABEG eine Strategische Umweltprüfung durchzuführen.[209] So ist bereits bei der Bestimmung des Trassenkorridors darauf zu achten, dass eine erhebliche Beeinträchtigung von Natura 2000-Gebieten möglichst ausgeschlossen wird. Kann dies nicht ausgeschlossen werden, so ist hier gem. §§ 36 S. 1 i.V.m. § 34 BNatSchG eine Verträglichkeitsprüfung vorzunehmen.[210]

e) Die Verträglichkeitsprüfung

94 Bei der Realisierung konkreter Projekte wie etwa der Planung und dem Bau von Energieleitungen soll der Schutz von Natura 2000-Gebieten, wie bereits erwähnt, vor allem durch die Verträglichkeitsprüfung nach § 34 BNatSchG realisiert werden. Diese hat in zwei Stufen zu erfolgen: In einem ersten Schritt ist gem. § 34 Abs. 1 S. 1 BNatSchG die Verträglichkeit des Projekts mit den Erhaltungszielen eines Natura 2000-Gebiets zu überprüfen. Ergibt diese Verträglichkeitsprüfung, dass das Vorhaben „an sich" nach § 34 Abs. 2 BNatSchG unzulässig ist, so ist in einem zweiten Schritt zu prüfen, ob das Vorhaben ausnahmsweise nach § 34 Abs. 3–5 BNatSchG zugelassen werden kann.

95 Gegenstand dieses Abschnitts ist zunächst die Frage, welche Anforderungen bei der Verträglichkeitsprüfung zu beachten sind.

---

205 Siehe dazu auch Kap. 3 Rn 401 ff. sowie Steinbach/*Heimann*, § 12c EnWG Rn 20. Dies wird auch im Umweltbericht zum Bundesbedarfsplanentwurf, abrufbar unter: http://www.netzausbau.de/cln_1932/DE/Bedarfsermittlung/Netzentwicklungsplan/Netzentwicklungsplan_2012/netzentwicklungsplan_2012_node.html, S. 6 f., S. 24 f. sowie insbesondere S. 42 f. und 68 f., nochmals klargestellt und jeweils auf die erforderlichen Prüfungen auf nachfolgenden Planungsebenen verwiesen. Eindrucksvoll insofern auch die Beschreibung der Festlegung eines Untersuchungsraums auf der Stufe der Bedarfsplanung mithilfe von Ellipsen: Siehe den Umweltbericht zum Bundesbedarfsplanentwurf, S. 33 ff., a.a.O. abrufbar.

206 So der Umweltbericht zum Bundesbedarfsplanentwurf, S. 43, abrufbar unter: http://www.netzausbau.de/cln_1932/DE/Bedarfsermittlung/Netzentwicklungsplan/Netzentwicklungsplan_2012/netzentwicklungsplan_2012_node.html.

207 Umweltbericht zum Bundesbedarfsplanentwurf, S. 43, abrufbar unter: http://www.netzausbau.de/cln_1932/DE/Bedarfsermittlung/Netzentwicklungsplan/Netzentwicklungsplan_2012/netzentwicklungsplan_2012_node.html.

208 Siehe dazu Kap. 4 Rn 30 ff.

209 Dazu Kap. 8 Rn 23 und 86 sowie Steinbach/*Nebel/Riese*, § 5 NABEG Rn 63 ff.

210 So stellt auch der Umweltbericht zum Bundesbedarfsplanentwurf, S. 25, abrufbar unter: http://www.netzausbau.de/cln_1932/DE/Bedarfsermittlung/Netzentwicklungsplan/Netzentwicklungsplan_2012/netzentwicklungsplan_2012_node.html, fest, dass auf der Stufe der Bundesfachplanung eine der FFH-Vorprüfung entsprechende Prüfung vorgenommen werden kann, um an dieser Stelle eine Umgehung etwaiger Natura 2000-Gebiete sicherzustellen oder deren erhebliche Beeinträchtigung auszuschließen. Näher zur Prüfung der FFH-Verträglichkeit im Rahmen der Bundesfachplanung *Hennig/Krappel*, UPR 2013, 133, 136 f.; Steinbach/*Sangenstedt*, § 7 NABEG Rn 90 ff.; Steinbach/*Nebel/Riese*, § 12 NABEG Rn 49 sowie oben Kap. 4 Rn 31. Allgemein zu den Besonderheiten des Prüfungsumfangs bei Plänen nach § 36 S. 1 Nr. 2 BNatSchG siehe auch Schlacke/*Möckel*, § 36 Rn 10 ff.

aa) Das Erfordernis einer Vorprüfung

Aufgrund der Rechtsprechung des EuGH[211] ist im Rahmen des § 34 Abs. 1 BNatSchG zunächst eine sog. Vorprüfung erforderlich, **ob eine erhebliche Beeinträchtigung eines Schutzgebiets offensichtlich ausgeschlossen ist**. Erst im Anschluss daran ist – je nach Ergebnis der Vorprüfung – gem. Art. 6 Abs. 3 der FFH-Richtlinie eine Verträglichkeitsprüfung erforderlich. Nach dieser Norm gilt das Erfordernis der Verträglichkeitsprüfung immerhin nur für solche Pläne und Projekte, *„die ein solches Gebiet [...] erheblich beeinträchtigen könnten"*. Ist eine solche erhebliche Beeinträchtigung dagegen ausgeschlossen, so muss die eigentliche FFH-Verträglichkeitsprüfung nicht mehr stattfinden.[212] 96

Während die Vorprüfung damit der Ermittlung dient, ob eine Gebietsgefährdung objektiv möglich ist,[213] so ist in der sich ggf. anschließenden Verträglichkeitsprüfung sodann der Nachweis zu erbringen, dass eine solche erhebliche Beeinträchtigung tatsächlich nicht erfolgt.[214] Die Richtlinie verlangt weder für dieses **„Screening"** noch für die ggf. folgende Verträglichkeitsprüfung eine bestimmte Form.[215] Für die Vorprüfung sind dem Richtlinientext keine näheren Vorgaben zu entnehmen, wie diese Möglichkeit einer erheblichen Beeinträchtigung festzustellen ist. Dies führt in der Praxis dazu, dass trotz der Unterscheidung von Vorprüfung und eigentlicher Verträglichkeitsprüfung für beide **im Wesentlichen die gleichen Maßstäbe Anwendung** finden.[216] 97

bb) Die allgemeinen Anforderungen an die Verträglichkeitsprüfung

An die eigentliche Verträglichkeitsprüfung legt das BVerwG in seiner Rechtsprechung allerdings einen **strengen Maßstab** an, indem es die positive Feststellung fordert, dass keine erheblichen Beeinträchtigungen vorliegen.[217] Danach dürfen aus wissenschaftlicher Sicht keine vernünftigen Zweifel hinsichtlich des Vorliegens erheblicher Beeinträchtigungen bleiben.[218] Dies erfordert eine Risikoanalyse, -prognose und -bewertung, die den **„besten Stand der Wissenschaft"** berücksichtigt.[219] Dies nachzuweisen obliegt dem Vorhabensträger.[220] 98

---

211 Vgl. EuGH, Urt. v. 7.9.2004 – C-127/02 – NuR 2004, 788, 790; Urt. v. 4.10.2007 – C-179/06 – NuR 2008, 404, 405.

212 Vgl. nur BVerwG, Urt. v. 17.1.2007 – 9 A 20/05 – NVwZ 2007, 1054, 1061; *Storost*, DVBl. 2012, 457, 462; *Frenz*, UPR 2011, 170, 171.

213 Schlacke/*Wolf*, § 34 Rn 6.

214 Vgl. Lütkes/Ewer/*Ewer*, § 34 Rn 15.

215 BVerwG, Urt. v. 14.7.2011 – 9 A 12/10 – NuR 2011, 866, 874; Schumacher/Fischer-Hüftle/*J. Schumacher*/*A. Schumacher*, § 34 Rn 12.

216 Vgl. Schumacher/Fischer-Hüftle/*J. Schumacher*/*A. Schumacher*, § 34 Rn 26 sowie 28. Danach sind einzelne Prüfschritte der Vorprüfung in der eigentlichen Verträglichkeitsprüfung ggf. noch zu vertiefen, etwaige Vermeidungs- und Minderungsmaßnahmen erst in der Verträglichkeitsprüfung zu berücksichtigen.

217 Vgl. etwa BVerwG, Urt. v. 14.7.2011 – 9 A 12/10 – NuR 2011, 866, 871; Beschl. v. 7.2.2011 – 4 B 48.10 – ZfBR 2011, 575, 576; Urt. v. 14.4.2010 – 9 A 5/08 – NVwZ 2010, 1225, 1232. Näher dazu *Hennig/Lühmann*, UPR 2012, 81, 84; *Schiller*, UPR 2009, 245, 249; *Storost*, DVBl. 2012, 457, 462 f.

218 Siehe nur BVerwG, Urt. v. 14.7.2011 – 9 A 12/10 – NuR 2011, 866, 871; Beschl. v. 7.2.2011 – 4 B 48.10 – ZfBR 2011, 575, 576; *Frenz*, UPR 2011, 170, 173; *Storost*, DVBl. 2012, 457, 463.

219 Vgl. BVerwG, Beschl. v. 7.2.2011 – 4 B 48.10 – ZfBR 2011, 575, 576; Urt. v. 14.4.2010 – 9 A 5/08 – NVwZ 2010, 1225, 1230; Urt. v. 12.3.2008 – 9 A 3.06 – NuR 2008, 633, 639; Urt. v. 17.1.2007 – 9 A 20/05 – NVwZ 2007, 1054, 1061.

220 BVerwG, Beschl. v. 7.2.2011 – 4 B 48.10 – ZfBR 2011, 575, 576. Vgl. auch *Storost*, DVBl. 2009, 673, 674 und 675. *Spieth/Appel*, NuR 2009, 669, 670 weisen in diesem Zusammenhang auf die Problematik „übersteigerter Anforderungen" hin.

Praxistipp
Wenngleich das EU-Recht und die deutsche Rechtsprechung keine bestimmte Prüfungsmethodik vorschreiben, empfiehlt es sich, zum Zwecke der besseren Strukturierung auch die **Verträglichkeitsprüfung in zwei Schritten durchzuführen.** Zunächst sollte in einem ersten Schritt eine Erfassung und Bewertung des Bestands der von dem Vorhaben betroffenen und für die Erhaltungsziele maßgeblichen Gebietsbestandteile vorgenommen werden. Anschließend sind in einem zweiten Schritt alle unmittelbaren und mittelbaren Einwirkungen auf diese Gebietsbestandteile zu ermitteln und naturschutzfachlich zu bewerten.[221]

99 Dabei gilt allgemein, dass das Vorgehen bei der Bestimmung und Bewertung der Einwirkungen des Vorhabens auf das Gebiet wie auch bei der Erfassung und Bewertung der Erhaltungsziele **plausibel** sein muss. Dabei ist eine **Prüfung des Lebensraums als Ganzes** ausreichend, soweit dabei die Betroffenheit einzelner Arten bereits „adäquat erfasst" wird; alle nicht „adäquat erfassten" Arten müssen dagegen ggf. speziell untersucht werden.[222] Die Rechtsprechung lässt – unter bestimmten Voraussetzungen – auch die Arbeit mit **Prognosewahrscheinlichkeitseinschätzungen** genügen,[223] doch muss eine entsprechende Kenntlichmachung derselben erfolgen. Voraussetzung ist, dass wissenschaftliche Unsicherheiten über Wirkungszusammenhänge „prägend sind", die nicht ausgeräumt werden können; diese Unsicherheiten können sich dabei auch auf mögliche Schutz- und Kompensationsmaßnahmen beziehen.[224]

100 Das BVerwG berücksichtigt solche **Maßnahmen zur Vermeidung und Verminderung von Beeinträchtigungen** zu Recht bereits bei der Prüfung von Beeinträchtigungen der Erhaltungsziele.[225] Die Rechtsprechung verlangt dann aber ein Schutzkonzept mit einem **„wirksamen Risikomanagement"**, in dessen Rahmen auch eine ggf. erforderliche „Nachjustierung" noch möglich ist.[226] Ein Monitoring ist danach zwar für sich genommen noch nicht ausreichend, die Wirksamkeit dieses Risikomanagements zu begründen, doch handelt es sich jedenfalls um einen notwendigen Bestandteil, ggf. verbunden mit weiteren Maßnahmen.[227]

cc) Die Ermittlung der gebietsbezogenen Erhaltungsziele

101 Ein Vorhaben ist geeignet, das Schutzgebiet erheblich zu beeinträchtigen, wenn eine Gefährdung der Erhaltungsziele des jeweiligen Gebiets droht.[228] Dies bedeutet aber zugleich, dass ein positives Ergebnis der Verträglichkeitsprüfung dann bejaht werden muss, wenn gerade die Erhaltungsziele nicht gefährdet werden, d.h. bei einer Beeinträchtigung lediglich solcher Arten, die im Hinblick auf die Erhaltungsziele des jeweiligen Gebiets nicht maßgeblich sind.[229] Die **ge-**

---

221 So etwa auch *Storost*, DVBl. 2009, 673, 675. Ausführlich dazu und mit einer Liste der für diese Bestandserfassung erforderlichen Inhalte Schumacher/Fischer-Hüftle/*J. Schumacher*/*A. Schumacher*, § 34 Rn 37 ff.
222 BVerwG, Urt. v. 14.4.2010 – 9 A 5/08 – NVwZ 2010, 1225, 1230. Siehe auch *Frenz*, UPR 2011, 170, 173; *Storost*, DVBl. 2009, 673, 677.
223 Vgl. BVerwG, Urt. v. 14.4.2010 – 9 A 5/08 – NVwZ 2010, 1225, 1232 sowie Urt. v. 12.3.2008 – 9 A 3.06 – NuR 2008, 633, 642; Urt. v. 17.1.2007 – 9 A 20/05 – NVwZ 2007, 1054, 1061.
224 *Frenz*, UPR 2011, 170, 173; *Storost*, DVBl. 2009, 673, 677.
225 BVerwG, Urt. v. 17.1.2007 – 9 A 20/05 – NVwZ 2007, 1054, 1060; siehe auch Schlacke/*Wolf*, § 34 Rn 11 f. zur Berücksichtigung von Maßnahmen zur Vermeidung und Verminderung von Beeinträchtigungen.
226 BVerwG, Urt. v. 17.1.2007 – 9 A 20/05 – NVwZ 2007, 1054, 1060; siehe auch Schlacke/*Wolf*, § 34 Rn 12; *Frenz*, UPR 2011, 170, 173; *Storost*, DVBl. 2009, 673, 677.
227 *Frenz*, UPR 2011, 170, 173; *Storost*, DVBl. 2009, 673, 677.
228 Dazu *Frenz*, UPR 2011, 170.
229 Vgl. *Spieth*/*Appel*, NuR 2009, 669, 670. Siehe auch Landmann/Rohmer/*Gellermann*, § 34 BNatSchG Rn 21.

bietsbezogenen Erhaltungsziele bilden also einen **maßgeblichen Bezugspunkt** für die Verträglichkeitsprüfung auf der ersten Stufe.

Ist eine Festsetzung als Schutzgebiet erfolgt, so **ergeben sich** diese Erhaltungsziele gem. 102 § 34 Abs. 1 S. 2 BNatSchG bereits **aus der entsprechenden Schutzgebietsverordnung**, soweit diese Ausweisung selbst den Natura 2000-Erhaltungszielen entspricht; dies gilt freilich dann nicht, wenn die Ausweisung schon älter ist und noch nicht an die Natura 2000-Erhaltungsziele angepasst wurde.[230] Ist dagegen § 34 Abs. 1 S. 2 BNatSchG nicht einschlägig, weil eine Ausweisung als Schutzgebiet nach § 20 Abs. 2 BNatSchG bisher nicht erfolgt ist, so sind für die Prüfung gem. § 34 Abs. 1 S. 1 BNatSchG die Lebensraumtypen und Arten heranzuziehen, die in den **Standard-Datenbögen für die Meldung des Gebiets** als Natura 2000-Gebiet aufgeführt sind.[231] Allerdings dürfen auch insoweit keine Anhaltspunkte vorliegen, dass die Auflistung in diesen Datenbögen falsch oder unvollständig ist.[232]

Maßgeblich ist somit im Ergebnis, ob eine **Beeinträchtigung von Lebensraumtypen des** 103 **Anhangs I der FFH-Richtlinie** oder der darin eingeschlossenen charakteristischen Arten und Arten des Anhangs II der FFH-Richtlinie droht. Diese Lebensraumtypen und Arten, auf deren Schutz das jeweilige Gebiet ausgerichtet ist, sind daher zu ermitteln und entsprechende Risiken zu bewerten.[233]

dd) Der „günstige Erhaltungszustand" als das maßgebliche Bewertungskriterium

Auf der zweiten Stufe sind nach dem Gesagten die Einwirkungen auf die als maßgeblich identifi- 104 zierten Gebietsbestandteile zu ermitteln und vor allem zu bewerten. Entscheidend ist dabei nach dem Gesagten, ob das Vorhaben zu einer erheblichen Beeinträchtigung des Gebiets führt. Dies ist wiederum dann der Fall, wenn der **günstige Erhaltungszustand** der geschützten Lebensräume und Arten beeinträchtigt wird.[234] Hierbei handelt es sich also um **das maßgebliche Bewertungskriterium zur Beurteilung der Erheblichkeit der Beeinträchtigung.**[235] Dabei ist nach der FFH-Richtlinie danach zu differenzieren, ob es in der Sache um den Erhaltungszustand eines natürlichen Lebensraums oder den Erhaltungszustand einer Art geht.

Nach Art. 1 lit. e) der FFH-Richtlinie umfasst **der Erhaltungszustand eines natürlichen** 105 **Lebensraums** die Gesamtheit der Einwirkungen, die den betreffenden Lebensraum und die darin vorkommenden charakteristischen Arten beeinflussen und die sich langfristig auf seine natürliche Verbreitung, seine Struktur und seine Funktionen sowie das Überleben seiner charakteristischen Arten in dem Gebiet auswirken können. Dieser Zustand **ist** nach dieser Regelung **„günstig", wenn**

- sein natürliches Verbreitungsgebiet sowie die Flächen, die er in diesem Gebiet einnimmt, beständig sind oder sich ausdehnen und
- die für seinen langfristigen Fortbestand notwendige Struktur und spezifischen Funktionen bestehen und in absehbarer Zukunft wahrscheinlich weiterbestehen werden und
- der Erhaltungszustand der für diesen Lebensraumtyp charakteristischen Arten i.S.d. Buchstaben i) des Art. 1 der Richtlinie günstig ist.[236]

---

230 *Frenz*, UPR 2011, 170; Schlacke/*Wolf*, § 34 Rn 8.
231 BVerwG, Urt. v. 14.7.2011 – 9 A 12/10 – NuR 2011, 866, 871.
232 *Frenz*, UPR 2011, 170.
233 *Frenz*, UPR 2011, 170.
234 BVerwG, Urt. v. 17.1.2007 – 9 A 20/05 – NVwZ 2007, 1054, 1059, spricht gar davon, dass der günstige Erhaltungszustand allein geeignet sei; siehe auch *Storost*, DVBl. 2009, 673, 675 f.
235 So auch *Frenz*, UPR 2011, 170.
236 Dazu *Storost*, DVBl. 2009, 673, 676.

106 **Der Erhaltungszustand einer Art** nach Art. 1 lit. i) der FFH-Richtlinie wiederum **ist günstig, wenn**
- aufgrund der Daten über die Populationsdynamik der Art anzunehmen ist, dass diese Art ein lebensfähiges Element des natürlichen Lebensraums, dem sie angehört, bildet und langfristig weiterhin bilden wird, und
- wenn das natürliche Verbreitungsgebiet dieser Art weder abnimmt noch in absehbarer Zeit vermutlich abnehmen wird und
- ein genügend großer Lebensraum vorhanden ist und wahrscheinlich weiterhin vorhanden sein wird, um langfristig ein Überleben der Population dieser Art zu sichern.[237]

107 Kommt es auf den günstigen Erhaltungszustand von in Anhang II FFH-Richtlinie aufgeführten Arten an, so sind nur diese, **nicht alle im Gebiet vorhandenen Arten zu erfassen und zu bewerten.**[238] Ein günstiger Erhaltungszustand geschützter Vogelarten und ihrer Lebensräume setzt danach voraus, dass ein Verlust von im jeweiligen Schutzgebiet liegenden Brut-, Nahrungs- oder Rückzugsgebieten ausgeschlossen ist; soweit jedoch der Schutzzweck – zulässigerweise – gerade auf einige bestimmte Erhaltungsziele in einem räumlich abgrenzbaren Teilbereich beschränkt wurde, so dürfen nur diese Ziele durch einen etwaigen Gebietsverlust nicht beeinträchtigt werden.[239]

108 **Bei von Freileitungen betroffenen Vogelschutzgebieten** wird insbesondere auf solche Beeinträchtigungen der Erhaltungsziele einzugehen sein, die auf **Kollisionsgefahren** zurückzuführen sind.[240] Solche Kollisionsgefahren sind darüber hinaus auch aus der Perspektive des Artenschutzes besonders zu beachten und werden daher später noch näher behandelt.[241]

ee) Die notwendige Berücksichtigung von hinzutretenden Belastungen

109 Steht die **Realisierung mehrerer Vorhaben** im Raum, die das betroffene Gebiet zwar – einzeln betrachtet – noch nicht erheblich beeinträchtigen würden, so ist eine Gesamtbetrachtung erforderlich (sog. **Summationsbetrachtung**).[242] Danach sind u.U. selbst noch nicht genehmigte, aber bereits geplante Vorhaben in die Betrachtung einzubeziehen.[243] Der Rechtsprechung zufolge sind in einem solchen Fall maximal so viele Vorhaben zuzulassen, dass die Einhaltung der Erheblichkeitsschwelle insgesamt noch gewährleistet bleibt; eine Auswahl zwischen den verschiedenen, im Gebiet geplanten Vorhaben muss ggf. anhand des Prioritätsprinzips erfolgen, d.h. gemäß der zeitlichen Reihenfolge des Eingangs prüffähiger Anträge bei der zuständigen Behörde.[244] Dabei sind die Vorhabensträger dann zwar nicht zur Vorlage umfassender Daten auch zu den anderen Vorhaben verpflichtet, doch wäre dies möglicherweise in ihrem eigenen Interesse, da mangels

---

237 Näher dazu *Storost*, DVBl. 2009, 673, 676.
238 Dazu *Frenz*, UPR 2011, 170, 170. Siehe auch *Storost*, DVBl. 2009, 673, 676.
239 So *Storost*, DVBl. 2009, 673, 675f.
240 Darauf weist das Forschungs- und Entwicklungsvorhaben im Auftrag des Bundesamtes für Naturschutz, „Naturschutzfachliche Analyse von küstennahen Stromleitungen", Endbericht v. 21.10.2009, S. 264 hin, abrufbar unter: http://www.bfn.de/fileadmin/MDB/documents/themen/erneuerbareenergien/endbericht_ausbau_stromleitung_kueste.pdf.
241 Siehe unten unter Rn 180 ff.
242 Vgl. *Enderle/Thaysen*, UPR 2012, 173, 175. Näher zur Summationswirkung auch Schumacher/Fischer-Hüftle/*J. Schumacher/A. Schumacher*, § 34 Rn 70 ff.
243 BVerwG, Beschl. v. 9.12.2011 – 9 B 44/11 – NuR 2012, 125 stellt allerdings klar, dass dies nur für Pläne und Projekte gilt, deren Auswirkungen bereits hinreichend verlässlich absehbar seien, d.h. grundsätzlich für bereits zugelassene, andere Pläne bzw. Projekte, nicht dagegen, wenn deren Realisierung noch nicht absehbar ist.
244 OVG Münster, Urt. v. 1.12.2011 – 8 D 58/08.AK – BeckRS 2012, 47303.

Verfügbarkeit umfassender Daten eine worst-case-Betrachtung durch die Behörde erfolgt, die für die Vorhabensträger mit größeren Unsicherheiten verbunden sein kann.[245]

Darüber hinaus müssen u.U. auch **Vorbelastungen eines Gebiets** bei der Prüfung berücksichtigt werden.[246] Eine Zusatzbelastung durch das infrage stehende Vorhaben ist danach insbesondere dann erheblich, wenn schon die Vorbelastung die Belastungsgrenze ausgeschöpft oder gar überschritten hat.[247] Dabei betrachtet die Rechtsprechung den sog. **critical load**, d.h. den noch als verträglich anzusehenden Eintrag. Entsprechende naturwissenschaftliche begründete Belastungsgrenzen zeigen an, inwieweit auch langfristig noch keine signifikant schädlichen Effekte zu erwarten sind.[248] 110

ff) Die mögliche Berücksichtigung von Bagatellgrenzen

Umgekehrt kann in dem Fall, in dem die Vorbelastung einen kritischen Grenzwert überschreitet, für die durch das aktuell geplante Vorhaben entstehende Zusatzbelastung eine gewisse **Bagatellschwelle** zu beachten sein.[249] Bei der Bestimmung der Bagatellgrenze handelt es sich um eine naturschutzfachliche Frage, die ggf. durch ein entsprechendes Gutachten zu klären ist.[250] 111

Diese auf Verhältnismäßigkeitserwägungen beruhende Bagatellgrenze ist als **allgemeiner Rechtsgedanke** auf verschiedene Beeinträchtigungen anwendbar, so auch für die Beurteilung direkter Flächenverluste.[251] Für den letztgenannten Fall ist die genaue Bestimmung der Bagatellgrenze jedoch noch nicht geklärt.[252] Herangezogen werden die Ergebnisse eines Forschungsvorhabens im Auftrag des Bundesamtes für Naturschutz,[253] das bestimmte Optimierungswerte festlegt, in Abhängigkeit vom relativen Flächenverlust des jeweiligen Lebensraumtyps, d.h. vom Flächenverlust gegenüber dem Gesamtbestand im jeweiligen FFH-Gebiet: Danach gilt für einen relativen Flächenverlust von unter 0,1% ein Wert von 1.000 m^2, für einen relativen Flächenverlust von unter 0,5% ein Wert von 500 m^2.[254] Dem BVerwG zufolge stellt jedenfalls ein Flächenverlust von ca. 1,5 ha auch unter Würdigung des Einzelfalls keine Bagatelle mehr dar.[255] 112

245 Siehe OVG Münster, Urt. v. 1.12.2011 – 8 D 58/08.AK – BeckRS 2012, 47303; dazu *Enderle/Thaysen*, UPR 2012, 173, 176.

246 Vgl. dazu BVerwG, Beschl. v. 10.11.2009 – 9 B 28/09 – NVwZ 2010, 319.

247 BVerwG, Beschl. v. 10.11.2009 – 9 B 28/09 – NVwZ 2010, 319, 320; ferner *Frenz*, UPR 2011, 170, 171; *Kohls*, NuR 2011, 161, 166.

248 BVerwG, Beschl. v. 10.11.2009 – 9 B 28/09 – NVwZ 2010, 319, 320 wie auch OVG Münster, Urt. v. 1.12.2011 – 8 D 58/08.AK – BeckRS 2012, 47303, das in dieser Entscheidung ebenfalls auf das „critical-loads"-Konzept zurückgegriffen hat. Vgl. dazu auch die Anmerkung von *Enderle/Thaysen*, UPR 2012, 173, 175.

249 Vgl. dazu nur BVerwG, Urt. v. 14.4.2010 – 9 A 5/08 – NVwZ 2010, 1225, 1235ff.; OVG Münster, Urt. v. 1.12.2011 – 8 D 58/08.AK – BeckRS 2012, 47303.

250 BVerwG, Urt. v. 14.4.2010 – 9 A 5/08 – NVwZ 2010, 1225, 1236; Beschl. v. 10.11.2009 – 9 B 28/09 – NVwZ 2010, 319, 320. Vgl. auch OVG Münster, Urt. v. 1.12.2011 – 8 D 58/08.AK – BeckRS 2012, 47303.

251 Vgl. BVerwG, Urt. v. 12.3.2008 – 9 A 3.06 – NuR 2008, 633, 645; Beschl. v. 10.11.2009 – 9 B 28/09 – NVwZ 2010, 319, 320; Urt. v. 14.4.2010 – 9 A 5/08 – NVwZ 2010, 1225, 1236. Kritisch dagegen Berkemann/Halama/*Halama*, Erläuterungen Rn 214.

252 Laut *Kohls*, NuR 2011, 161, 166 ist das BVerwG noch skeptisch gegenüber einer Bagatellschwelle, erkennt die genannten Werte des Endberichts aber als „Orientierungshilfe" an. Siehe dazu BVerwG, Urt. v. 12.3.2008 – 9 A 3.06 – NuR 2008, 633, 645, in dem das Gericht sowohl eine entsprechende Bagatellschwelle als durch den Verhältnismäßigkeitsgrundsatz gebotene Ausnahme ausdrücklich anerkennt, wie auch diese Orientierungshilfe „nach derzeitigem Wissensstand als Entscheidungshilfe" anführt.

253 Fachinformationssystem und Fachkonventionen zur Bestimmung der Erheblichkeit im Rahmen der FFH-VP – Endbericht zum Teil Fachkonventionen, Schlussstand Juni 2007, abrufbar unter: http://www.bfn.de/0316_ffhvp.html.

254 Vgl. dazu *Frenz*, UPR 2011, 170, 171; *Storost*, DVBl. 2009, 673, 676.

255 BVerwG, Urt. v. 12.3.2008 – 9 A 3.06 – NuR 2008, 633, 645.

gg) Die Ermächtigung zum Erlass allgemeiner Verwaltungsvorschriften

113 Aufgrund der in der Praxis nach wie vor bestehenden Unsicherheiten und Unterschiede bei der Durchführung der Verträglichkeitsprüfung hat der deutsche Gesetzgeber – im Rahmen des Gesetzgebungsverfahrens zum NABEG – in das BNatSchG einen neuen § 54 Abs. 11 BNatSchG eingefügt, der eine Ermächtigung der Bundesregierung enthält, allgemeine Verwaltungsvorschriften **zu den Voraussetzungen und Bedingungen der FFH-Verträglichkeit** eines Projekts i.S.v. § 34 Abs. 1 BNatSchG, **zu den Voraussetzungen der Abweichungsentscheidung** nach § 34 Abs. 3 BNatSchG und zu den Maßnahmen i.S.d. § 34 Abs. 5 BNatSchG zu erlassen.[256] Von dieser Ermächtigung hat die Bundesregierung indessen bislang keinen Gebrauch gemacht.

114 **Kritik** an dieser Regelung wurde dahingehend geäußert, dass auch durch entsprechende Verwaltungsvorschriften keine besondere Beeinflussung naturschutzrechtlicher Abwägungsentscheidungen zugunsten der Leitungsvorhaben zu erwarten sei, da auf diesem Wege keine Absenkung der geltenden, europarechtlich vorgegebenen Standards bewirkt werden könne.[257] Diese Kritik ist **nicht berechtigt**, weil eine solche Absenkung naturschutzrechtlicher Vorgaben ausweislich der Gesetzesmaterialien keineswegs beabsichtigt ist, sondern lediglich die Vereinfachung eines bundeseinheitlichen Vollzugs.[258] Ob dies – den bisher noch ausstehenden Erlass der Verwaltungsvorschriften einmal vorausgesetzt – im Ergebnis auch zu einer spürbaren Erleichterung der Planfeststellungsverfahren für den Bau von Energieleitungen beitragen wird, bleibt abzuwarten.[259]

hh) Die Entscheidung der Behörde und deren gerichtliche Kontrolle

115 Wie dem auch sei: Am Ende der Verträglichkeitsprüfung muss eine positive Entscheidung zu der Frage stehen, ob das Vorhaben – ggf. unter Berücksichtigung von Schadensvermeidungs- oder -minderungsmaßnahmen – geeignet ist, das Schutzgebiet erheblich zu beeinträchtigen oder nicht. Kommt es mit Blick auf das Vorhaben zu einer gerichtlichen Auseinandersetzung, dann stellt sich die Frage, in welchem Umfang diese Entscheidung gerichtlich überprüfbar ist.

116 Insoweit wurde bereits erwähnt, dass die Behörde bei ihren Prüfungen nach der Rechtsprechung den „besten Stand der Wissenschaft" berücksichtigen muss.[260] Daher kann die Behörde die Gebietsverträglichkeit nur dann bejahen, wenn **aus wissenschaftlicher Perspektive keine vernünftigen Zweifel** bestehen, dass das Vorhaben nicht zu einer Beeinträchtigung des Schutzgebiets führen wird.[261] Dabei ist der Projektträger zwar gem. § 34 Abs. 1 S. 3 BNatSchG verpflichtet, die für eine solche Prüfung erforderlichen Unterlagen beizubringen. Verbleiben indessen danach Zweifel, dann muss die Behörde **fachlichen Rat einholen** und die Ergebnisse einschließlich etwaig verbleibender fachlicher Kontroversen **dokumentieren.**[262]

117 **Werden diese Standards indessen gewahrt, dann verbleibt der Behörde** etwa bei der Beantwortung der Frage, inwieweit ein Lebensraumtyp im jeweiligen Gebiet zutreffend erfasst

256 *Hennig/Lühmann*, UPR 2012, 81, 84.
257 *Wagner*, DVBl. 2011, 1453, 1457. Ablehnend auch die Empfehlung des Ausschusses für Umwelt, Naturschutz und Reaktorsicherheit zum Gesetzentwurf, BR-Drucks. 394/1/11, S. 3.
258 Begründung des Gesetzentwurfs, BT-Drucks. 17/6073, S. 35. Auch nach Schlacke/*Schütte/Gerbig*, § 54 Rn 42, bleibt – im Hinblick auf die geäußerte Kritik – zunächst der Erlass dieser Verwaltungsvorschriften abzuwarten, da eine Ausgestaltung der Verwaltungsvorschriften denkbar sei, die durchaus noch Raum für die jeweils erforderliche Einzelfallentscheidung lasse.
259 So auch *Weyer*, Netzausbau in Deutschland. Rechtlicher Rahmen und Handlungsbedarf, Arbeitspapier 05/2011 des Sachverständigenrats zur Begutachtung der gesamtwirtschaftlichen Entwicklung, S. 53, abrufbar unter: http://www.sachverstaendigenrat-wirtschaft.de/publikationen.html.
260 Vgl. oben Rn 98.
261 Näher dazu BVerwG, Urt. v. 17.1.2007 – 9 A 20/05 – NVwZ 2007, 1054, 1061 f.
262 Näher dazu BVerwG, Urt. v. 17.1.2007 – 9 A 20/05 – NVwZ 2007, 1054, 1061 f.

wurde und wie der angetroffene Bestand zu bewerten war, **eine Einschätzungsprärogative** mit der Folge, dass die Gerichte sich bei ihrer Prüfung auf die Kontrolle zu beschränken haben, ob die Einschätzung der Behörde stimmig ist.[263]

f) Die Abweichungsentscheidung nach § 34 Abs. 3–5 BNatSchG

Ist ein Vorhaben nach § 34 Abs. 2 BNatSchG aufgrund der festgestellten Gebietsunverträglichkeit eigentlich unzulässig, so besteht nach dem zuvor Gesagten die Möglichkeit einer ausnahmsweisen Zulassung nach den Abs. 3–5 des § 34 BNatSchG. 118

aa) Überblick über die einschlägigen Regelungen

Hierbei ist stets zu berücksichtigen, dass diese Vorschriften die Ausnahmeregelung des Art. 6 Abs. 4 FFH-Richtlinie in deutsches Recht umsetzen. Denn dies hat zur Folge, dass § 34 Abs. 3–5 BNatSchG im Zweifel **unionsrechtsfreundlich auszulegen** ist[264] mit der Folge, dass etwaige Zweifelsfragen unter gebührender Berücksichtigung der Rechtsprechung des EuGH zu entscheiden sind. 119

Voraussetzung für eine Entscheidung nach § 34 Abs. 3 BNatSchG ist dem Gesetzeswortlaut zufolge zunächst **die Notwendigkeit des Vorhabens** aus zwingenden Gründen des überwiegenden öffentlichen Interesses, einschließlich solcher sozialer oder wirtschaftlicher Art. Zudem dürfen **keine zumutbaren Alternativen** bestehen, den mit dem Projekt verfolgten Zweck an anderer Stelle ohne oder mit geringeren Beeinträchtigungen zu erreichen. 120

Können von dem Projekt im Gebiet vorkommende **prioritäre natürliche Lebensraumtypen oder prioritäre Arten** betroffen werden, dann verschärft § 34 Abs. 4 S. 1 BNatSchG die Anforderungen an die zu treffende Abweichungsentscheidung noch. Denn danach können in einem solchen Fall lediglich mit der Gesundheit des Menschen, der öffentlichen Sicherheit, einschließlich der der Verteidigung und des Schutzes der Zivilbevölkerung, oder den maßgeblich günstigen Auswirkungen des Projekts auf die Umwelt in Zusammenhang stehende Gründe eine Ausnahme rechtfertigen. Sonstige Gründe des überwiegenden öffentlichen Interesses gem. § 34 Abs. 3 BNatSchG können nach § 34 Abs. 4 S. 2 BNatSchG nur berücksichtigt werden, wenn die zuständige Behörde zuvor über das BMU eine Stellungnahme der Kommission eingeholt hat. 121

Schließlich verlangt § 34 Abs. 5 BNatSchG, dass für alle Abweichungsentscheidungen nach Abs. 3 oder Abs. 4 die notwendigen Maßnahmen zur Sicherung des Zusammenhangs des Netzes „Natura 2000“ zugelassen oder durchgeführt werden. Dies sind die sog. **Kohärenzsicherungsmaßnahmen** i.S.v. Art. 6 Abs. 4 S. 1 FFH-Richtlinie.[265] 122

Neben den in § 34 Abs. 3–5 BNatSchG ausdrücklich aufgeführten Voraussetzungen ist schließlich auch auf dieser Stufe die **Einhaltung der Anforderungen an die FFH-Verträglichkeitsprüfung** zu fordern.[266] Dies hat wiederum zur Folge, dass etwaige Mängel im Rahmen der Verträglichkeitsprüfung in der Regel auch auf die Entscheidung nach § 34 Abs. 3 bzw. 4 BNatSchG durchschlagen.[267] Dies leuchtet insbesondere dann ein, wenn bei der Verträglich- 123

---

263 Vgl. hier nur *Frenz*, UPR 2011, 170; *Storost*, DVBl. 2009, 673, 675.

264 So etwa BVerwG, Urt. v. 17.1.2007 – 9 A 20/05 – NVwZ 2007, 1054, 1067.

265 Vgl. allgemein dazu *Spieth/Appel*, NuR 2009, 669, 673 ff. Siehe z.B. OVG Berlin-Brandenburg, Beschl. v. 5.7. 2007 – OVG 2 S25.07 – ZUR 2008, 34, 40 ff.

266 *Storost*, DVBl. 2009, 673, 678.

267 Näher dazu BVerwG, Urt. v. 17.1.2007 – 9 A 20/05 – NVwZ 2007, 1054, 1067; Urt. v. 12.3.2008 – 9 A 3.06 – NuR 2008, 633, 648.

keitsprüfung verkannt wurde, dass sich in dem betroffenen Gebiet prioritäre natürliche Lebensraumtypen oder prioritäre Arten befinden.

bb) Keine Modifizierung durch die VO (EU) Nr. 347/2013

124 An diesen Voraussetzungen wird auch die bereits erwähnte VO (EU) Nr. 347/2013 zu Leitlinien für die transeuropäische Energieinfrastruktur[268] nichts ändern. Art. 7 Abs. 8 S. 1 der Verordnung stellt zwar ausdrücklich fest, dass Vorhaben von gemeinsamem Interesse im Sinne dieser Verordnung in energiepolitischer Hinsicht „von öffentlichem Interesse" gem. Art. 6 Abs. 4 FFH-Richtlinie sind, doch können sie der neuen TEN-E-Verordnung zufolge nur dann als Vorhaben von „überwiegendem öffentlichem Interesse" betrachtet und damit ausnahmsweise zugelassen werden, sofern alle in der FFH-Richtlinie vorgesehenen Voraussetzungen erfüllt sind. Dies entspricht auch dem Erwägungsgrund Nr. 28 der TEN-E-Verordnung, der ebenfalls die Erfüllung aller Voraussetzungen der FFH-Richtlinie zur Bedingung einer entsprechenden Ausnahmeentscheidung macht. Schließlich betont Erwägungsgrund Nr. 32 des Vorschlags, dass Abstriche an den geltenden, hohen Umweltschutzstandards nicht beabsichtigt sind und auch Erwägungsgrund Nr. 34 der Verordnung bestätigt, dass geltende Bestimmungen des Europarechts zum Schutze der Umwelt unberührt bleiben.[269] Von daher kann die Verordnung lediglich Einfluss auf die erforderliche Interessenabwägung nehmen sowie – nach Art. 7 Abs. 8 S. 2 der Verordnung – auf den zeitlichen Rahmen für die Einholung der ggf. nach § 34 Abs. 4 S. 2 BNatSchG erforderlichen Stellungnahme der Kommission. Auch die Tatsache, dass die neue TEN-E-Verordnung eine solche Stellungnahme der Kommission keineswegs entbehrlich macht, zeigt, dass die weiteren Vorgaben der FFH-Richtlinie unverändert Gültigkeit beanspruchen.[270]

cc) Alternativenprüfung

125 Zu den Voraussetzungen des § 34 Abs. 3 BNatSchG zählt zum einen die in Nr. 2 genannte Bedingung, dass zumutbare Alternativen, den mit dem Projekt verfolgten Zweck an anderer Stelle ohne oder mit geringeren Beeinträchtigungen zu erreichen, nicht gegeben sind.[271] Hierbei geht es ungeachtet des einschränkenden Wortlauts nicht nur um eine Prüfung von Standortalternativen; zu prüfen sind vielmehr auch Ausführungsalternativen. In Betracht zu ziehen sind bei dieser Alternativenprüfung allerdings **nur technisch mögliche und – auch in finanzieller Hinsicht – nicht unverhältnismäßige Alternativen.**[272] Aus diesem Grund wird man den Vorhabensträger zumindest in der Regel nicht auf die alternative Möglichkeit einer **Erdverkabe-**

---

268 VO (EU) Nr. 347/2013 des Europäischen Parlaments und des Rates vom 17.4.2013 zu Leitlinien für die transeuropäische Energieinfrastruktur und zur Aufhebung der Entscheidung Nr. 1364/2006/EG, und zur Änderung der VO (EG) Nr. 713/2009, (EG) Nr. 714/2009 und (EG) Nr. 715/2009, ABl. EU Nr. L 115 S. 39. Siehe dazu bereits oben Rn 60 ff.

269 Bekräftigt wurde dies auch im Rahmen der Veranstaltung „Rostocker Gespräch zum Infrastrukturrecht" am 18.4.2012 durch *Siefken*, die als Vertreterin der EU-Kommission bei der Veranstaltung zu dem VO-Entwurf referiert hatte: Danach sollten zwar Genehmigungsverfahren verkürzt werden, Umweltstandards jedoch erhalten bleiben. Vgl. die Veranstaltungsberichte von *Wegener*, DVBl. 2012, 955, 956, sowie von *Preuß*, NVwZ 2012, 1014, 1015.

270 Siehe dazu auch *Vogt/Maaß*, RdE 2013, 151, 157, die die Kritik des Ausschusses der Regionen im Hinblick auf unnötige Doppelprüfungen durch die Kommission (vgl. die entsprechende Stellungnahme des Ausschusses der Regionen vom 19.7.2012, insbesondere Nr. 48, ABl. EU Nr. C 277 S. 137) nicht teilen. Der Ausschuss der Regionen (a.a.O.) hatte bereits den Verordnungsvorschlag der Kommission insofern als „ambivalent" bezeichnet, als er nicht auch eine Anpassung der materiellen Standards der FFH-Richtlinie beinhaltete. Vgl. auch die dahingehende Kritik im Kap. 3 Rn 89.

271 Ausführlich dazu *Füßer/Lau*, NuR 2012, 448 ff.

272 Vgl. BVerwG, Urt. v. 17.1.2007 – 9 A 20/05 – NVwZ 2007, 1054, 1071; *Spieth/Appel*, NuR 2009, 669, 673; *Kaltenborn*, LKRZ 2010, 321, 325; *Storost*, DVBl. 2009, 673, 680.

lung[273] verweisen können, weil eine solche Ausführung nach ganz überwiegender Einschätzung mit erheblichen Mehrkosten verbunden ist.[274]

Überdies muss **die Identität des geplanten Vorhabens** gewahrt bleiben. Ist das nicht der Fall, so handelt es sich nicht um eine zumutbare Alternative i.S.d. § 34 Abs. 3 Nr. 2 BNatSchG.[275] Das Gleiche gilt, wenn die infrage stehende Alternative am Alternativstandort ebenfalls erhebliche Beeinträchtigungen der durch die FFH-Richtlinie geschützten oder gar der prioritären Lebensraumtypen bzw. Arten verursachen würde.[276] 126

Schließlich ist zu beachten, dass die in diesem Kontext vorzunehmende Alternativenprüfung von der notwendigen Alternativenprüfung im Rahmen der planerischen Abwägung zu trennen ist, weil die Prüfung nach § 34 Abs. 3 Nr. 2 BNatSchG der Alternativenprüfung im Rahmen der planerischen Abwägung zum einen vorgelagert ist. Zum anderen ist sie anders als die Alternativenprüfung im Rahmen der planerischen Abwägung **vollständig gerichtlich überprüfbar**.[277] 127

dd) Interessenabwägung

Weiterhin ist nach § 34 Abs. 3 Nr. 1 BNatSchG eine Interessenabwägung erforderlich, im Rahmen derer zu prüfen ist, ob die für das Vorhaben sprechenden öffentlichen Gründe zwingend sind und ob sie gegenüber dem Schutz der Natura 2000-Gebiete überwiegen.[278] Dabei ist allgemein zu beachten, dass § 34 Abs. 3 BNatSchG **als Ausnahmevorschrift eng auszulegen** ist.[279] Daher müssen die behaupteten zwingenden Gründe tatsächlich *„nachgewiesen sein und langfristig wirken"*[280] und es muss sich um öffentliche, keine bloß privaten Interessen handeln.[281] 128

Ob die für das Vorhaben sprechenden Gründe des öffentlichen Interesses auch „überwiegende" sind, ist im Wege einer **Abwägung** zu ermitteln. Dabei erfordert eine Ausnahmeentscheidung zugunsten des Vorhabens keine *„Sachzwänge [...], denen niemand ausweichen [kann]"*, sondern lediglich *„ein durch Vernunft und Verantwortungsbewusstsein geleitetes staatliches Handeln"*.[282] Eine **gesetzliche Feststellung** des überragenden öffentlichen Interesses an der Realisierung eines Vorhabens, wie sie der Gesetzgeber in § 1 S. 3 NABEG gerade auch im 129

273 Hier können Untersuchungen für eine ganz konkrete Trasse ergeben, dass die Erdverkabelung aus naturschutzfachlicher Sicht die umweltverträglichere Variante darstellt; vgl. etwa Forschungs- und Entwicklungsvorhaben im Auftrag des Bundesamtes für Naturschutz, „Naturschutzfachliche Analyse von küstennahen Stromleitungen", Endbericht v. 21.10.2009, S. 173, abrufbar unter: http://www.bfn.de/fileadmin/MDB/documents/themen/erneuerbareenergien/endbericht_ausbau_stromleitung_kueste.pdf.

274 So auch *Schiller*, UPR 2009, 245, 249. Näher zu den Kosten oben Rn 48.

275 Vgl. BVerwG, Urt. v. 17.1.2007 – 9 A 20/05 – NVwZ 2007, 1054, 1071. Dazu näher *Spieth/Appel*, NuR 2009, 669, 673 sowie *Storost*, DVBl. 2009, 673, 680.

276 Vgl. *Spieth/Appel*, NuR 2009, 669, 673.

277 Vgl. BVerwG, Urt. v. 12.3.2008 – 9 A 3.06 – NuR 2008, 633, 650; *Spieth/Appel*, NuR 2009, 669, 672; *Storost*, DVBl. 2009, 673, 679.

278 Vgl. Schumacher/Fischer-Hüftle/*J. Schumacher/A. Schumacher*, § 34 Rn 85 und 95. So z.B. ausdrücklich OVG Berlin-Brandenburg, Beschl. v. 5.7.2007 – OVG 2 S25.07 – ZUR 2008, 34, 38.

279 *Storost*, DVBl. 2009, 673, 677.

280 Schneider/Theobald/*Hermes*, § 7 Rn 71. Siehe auch *Spieth/Appel*, NuR 2009, 669, 671; Schumacher/Fischer-Hüftle/*J. Schumacher/A. Schumacher*, § 34 Rn 94. Für das Erfordernis eines langfristigen Interesses auch der Auslegungsleitfaden der Europäischen Kommission zu Art. 6 Abs. 4 der ‚Habitat-Richtlinie' 92/43/EWG vom Januar 2007, S. 9, abrufbar unter: http://ec.europa.eu/environment/nature/natura2000/management/docs/art6/guidance_art6_4_de.pdf.

281 *Spieth/Appel*, NuR 2009, 669, 671; Schneider/Theobald/*Hermes*, § 7 Rn 71. Vgl. dazu Auslegungsleitfaden der Europäischen Kommission zu Art. 6 Abs. 4 der ‚Habitat-Richtlinie' 92/43/EWG vom Januar 2007, S. 8, abrufbar unter: http://ec.europa.eu/environment/nature/natura2000/management/docs/art6/guidance_art6_4_de.pdf.

282 So BVerwG, Urt. v. 12.3.2008 – 9 A 3.06 – NuR 2008, 633, 648; siehe auch *Storost*, DVBl. 2009, 673, 679 m.w.N.

Hinblick auf solche naturschutzrechtlichen Ausnahmeentscheidungen vorgenommen hat,[283] ist dabei zwar in besonderer Weise zu berücksichtigen, vermag aber dennoch die Abwägung im Einzelfall nicht zu ersetzen.[284]

130 Frühere **Stellungnahmen der EU-Kommission** bieten dabei Anhaltspunkte, was als zwingender Grund des öffentlichen Interesses in Betracht kommt. Berücksichtigt wurde danach in der bisherigen Praxis beispielsweise die gemeinschaftliche Bedeutung eines Vorhabens entsprechend der Bestimmungen über transeuropäische Netze – wenn auch im angeführten Beispiel für ein Verkehrsprojekt[285] –, die mit einem Vorhaben verbundenen Vorteile für den Klimaschutz – im von der Kommission genannten Beispiel die Reduktion von Treibhausgasemissionen sowie der Luftverschmutzung –, Beiträge zur Verwirklichung der Ziele der langfristigen deutschen Energiepolitik, insbesondere auch zur Versorgungssicherheit, und schließlich auch Erwägungen wirtschaftlicher und sozialer Art, wie die Schaffung bzw. Erhaltung von Arbeitsplätzen und Wettbewerbsfähigkeit, für die jeweils betroffene Region.[286]

131 Vor diesem Hintergrund sind **Energieleitungsvorhaben** jedenfalls dann in der Regel aus zwingenden Gründen des überwiegenden öffentlichen Interesses notwendig, wenn sie der Beseitigung von nennenswerten Versorgungslücken dienen[287] oder zur Gewährleistung einer sicheren Energieversorgung auch unter veränderten Rahmenbedingungen wie etwa zum Zwecke der Verwirklichung der Energiewende zwingend erforderlich erscheinen. Ein anderes Ergebnis kommt nur dann in Betracht, wenn der Schutz des Natura 2000-Gebiets etwa wegen einer schweren Beeinträchtigung eines für die globale Kohärenz von Natura 2000 überdurchschnittlich bedeutsamen Gebiets überwiegt.[288]

132 Geht es um Energieleitungsvorhaben, die unter den Bedingungen der Energiewende zur Gewährleistung einer sicheren Energieversorgung zwingend erforderlich erscheinen, dann erscheint es unter Hinweis auf **die mit der Energiewende verfolgten, überragend wichtigen Belange des Klimaschutzes** gut vertretbar, diese als „zwingende Gründe des öffentlichen Interesses" einzustufen, die auch eine **Abweichungsentscheidung nach § 34 Abs. 4 S. 1 BNatSchG** rechtfertigen können, weil dort die *„maßgeblichen günstigen Auswirkungen des Projekts auf die Umwelt"* ausdrücklich als denkbares Kriterium genannt werden.[289]

133 **In allen anderen Fällen** werden die strengeren Voraussetzungen des § 34 Abs. 4 S. 1 BNatSchG hingegen durch Energieleitungen wohl kaum erfüllbar sein, sodass hier nur der Weg

---

283 Vgl. Begründung des Gesetzentwurfs, BT-Drucks. 17/6073, S. 23.

284 *Appel*, UPR 2011, 406, 415; *Moench/Ruttloff*, NVwZ 2011, 1040, 1040; *Wagner*, DVBl. 2011, 1453, 1457. Vgl. auch *Storost*, DVBl. 2009, 673, 679, der für ein Beispiel zum Autobahnbau darlegt, dass nach der Rechtsprechung des BVerwG allein die gesetzliche Bedarfsplanung für ein Vorhaben die Abwägung im Einzelfall nicht zu ersetzen vermag. A.A. offenbar Steinbach/*Nebel/Riese*, § 43 EnWG Rn 128, die darauf hinweisen, dass eine dem § 1 S. 3 NABEG vergleichbare Regelung im EnWG fehlt und „daher" von der Behörde im Rahmen der Planfeststellung nach § 43 EnWG eine entsprechende Einzelfallentscheidung zu treffen sei.

285 Vgl. auch *Storost*, DVBl. 2009, 673, 679, der ausführt, dass dies auch in der Rechtsprechung des BVerwG als grundsätzlich zulässiger Abweichungsgrund herangezogen und sodann eben mit dem Integritätsinteresse des betroffenen Gebiets abgewogen wurde.

286 Vgl. die Beispiele im Auslegungsleitfaden der Europäischen Kommission zu Art. 6 Abs. 4 der ‚Habitat-Richtlinie' 92/43/EWG vom Januar 2007, S. 9 f., abrufbar unter: http://ec.europa.eu/environment/nature/natura2000/management/docs/art6/guidance_art6_4_de.pdf.

287 So auch *Kaltenborn*, LKRZ 2010, 321, 325.

288 Vgl. allgemein zu diesen und anderen Kriterien, die bei der Gewichtung zu berücksichtigen sind, BVerwG, Urt. v. 6.7.2009 – 4 C 12.07 – NVwZ 2010, 123, 127 f. Siehe dazu auch Steinbach/*Nebel/Riese*, § 43 EnWG Rn 126 f.

289 Ebenso in der Tendenz, die Frage i.E. aber offen lassend *Kaltenborn*, LKRZ 2010, 321, 325. Das übrige Schrifttum ist hier freilich zurückhaltender und verlangt demgegenüber, dass die jeweiligen Auswirkungen die Umweltsituation unmittelbar verbessern, was bei nur mittelbaren Auswirkungen auf den Klimaschutz nicht der Fall sei; so etwa Schumacher/Fischer-Hüftle/*J. Schumacher/A. Schumacher*, § 34 Rn 99; Schlacke/*Wolf*, § 34 Rn 15.

über die Einholung einer Stellungnahme der Kommission gem. § 34 Abs. 4 S. 2 BNatSchG bleibt; bisher fehlt es dazu noch an Rechtsprechung speziell für den Bereich der Energieleitungen.[290]

Für den **Anwendungsbereich des § 34 Abs. 4 S. 2 BNatSchG** war früher strittig, ob darunter **auch Gründe sozialer oder wirtschaftlicher Art** fallen.[291] Diese Frage ist mittlerweile von der Rechtsprechung in dem Sinne geklärt, dass solche Gründe jedenfalls dann herangezogen werden können, wenn sie zumindest von ähnlichem Gewicht wie die in S. 1 der Vorschrift ausdrücklich genannten sind.[292] Dies wird man mit Blick auf die Versorgung der Allgemeinheit mit Elektrizität in der Regel bejahen können.[293] 134

Mittlerweile ist durch die Formulierung des § 34 Abs. 4 BNatSchG auch klargestellt, dass sein Anwendungsbereich nicht bereits dann eröffnet ist, wenn prioritäre Lebensraumtypen bzw. prioritäre Arten in dem jeweiligen Gebiet vorkommen, sondern nur dann, wenn solche Lebensraumtypen oder Arten auch **tatsächlich von dem Vorhaben betroffen sind**. Dabei liegt eine „Betroffenheit" im Sinne dieser Vorschrift sowohl nach der Systematik von FFH-Richtlinie und BNatSchG als auch nach Sinn und Zweck der Norm nur dann vor, wenn eine „erhebliche Beeinträchtigung" i.S.v. § 34 Abs. 2 BNatSchG gegeben ist.[294] 135

Was die erforderliche **Stellungnahme der Kommission** nach § 34 Abs. 4 S. 2 BNatSchG betrifft, so entfaltet diese zwar dem Wortlaut von BNatSchG und FFH-Richtlinie zufolge keine bindende Wirkung, doch wird sie Behörden im Ergebnis doch in gewisser Weise faktisch binden; eine von der Stellungnahme der Kommission abweichende behördliche Entscheidung erfordert einen besonderen Begründungsaufwand.[295] Bisher jedoch hat dies in der Praxis noch nicht zu besonderen Problemen geführt, da die Stellungnahmen der Kommission bisher kaum einmal ablehnend ausgefallen sind.[296] 136

ee) Kohärenzsicherungsmaßnahmen

Nach § 34 Abs. 5 BNatSchG sind schließlich im Falle einer Abweichungsentscheidung nach den Abs. 3 und 4 **die zur Sicherung des Zusammenhangs des Netzes „Natura 2000" notwendigen Maßnahmen** vorzusehen (sog. Kohärenzsicherungsmaßnahmen); die Kommission ist darüber zu unterrichten. Als eine solche Maßnahme kommt neben der **Wiederherstellung** des beeinträchtigten oder der **Verbesserung** des verbleibenden Lebensraums auch die **Ausweisung eines neuen Schutzgebiets** mit Erhaltungszielen, die denen des beeinträchtigten entsprechen, infrage. Möglich ist auch das Anlegen eines neuen Lebensraumes.[297] 137

---

290 Schneider/Theobald/*Hermes*, § 7 Rn 71. Eher negativ beurteilt die Zulässigkeit von Vorhaben in solchen Fällen auch das Forschungs- und Entwicklungsvorhaben im Auftrag des Bundesamtes für Naturschutz, „Naturschutzfachliche Analyse von küstennahen Stromleitungen", Endbericht v. 21.10.2009, S. 264 f., abrufbar unter: http://www.bfn.de/fileadmin/MDB/documents/themen/erneuerbareenergien/endbericht_ausbau_stromleitung_kueste.pdf.

291 Vgl. dazu Nachweise bei *Spieth/Appel*, NuR 2009, 669, 672.

292 Vgl. dazu BVerwG, Urt. v. 17.1.2007 – 9 A 20/05 – NVwZ 2007, 1054, 1069.

293 So offenbar auch *Kohls*, NuR 2011, 161.

294 Dazu ausführlich *Kohls*, NuR 2011, 161 ff.; ebenso im Ergebnis Schumacher/Fischer-Hüftle/*J. Schumacher/A. Schumacher*, § 34 Rn 96.

295 Nach Schumacher/Fischer-Hüftle/*J. Schumacher/A. Schumacher*, § 34 Rn 103 ist eine Abweichung von der Stellungnahme der Kommission „aus sachlichen Gründen" möglich, doch müssen diese von der Behörde bei ihrer Entscheidung dargelegt werden.

296 Vgl. *Kohls*, NuR 2011, 161, 162 (dort Fn 8).

297 *Storost*, DVBl. 2009, 673, 680. Vgl. auch die Aufzählung möglicher Beispiele bei BVerwG, Urt. v. 12.3.2008 – 9 A 3.06 – NuR 2008, 633, 651 unter Berufung auf den EG-Auslegungsleitfaden zur FFH-Richtlinie.

138 **Art und Umfang dieser Maßnahmen** müssen den jeweiligen Beeinträchtigungen des Gebiets entsprechen.[298] Voraussetzung ist, dass die Maßnahmen auch in einem **räumlichen und zeitlichen Zusammenhang** mit der durch das Vorhaben verursachten Gebietsbeeinträchtigung stehen. Daher muss die Maßnahme einen Ausgleich der Funktion, die das Gebiet für die Verteilung der Lebensräume und Arten hatte und die durch das Vorhaben beeinträchtigt wurde, bewirken; auch darf – bis dieser Ausgleich wirksam wird – noch keine irreversible Beeinträchtigung eines Erhaltungsziels eingetreten sein.[299]

3. Schutzgebiete nach nationalem Recht

139 Naturschutzrechtliche Bestimmungen zum Gebietsschutz sind nicht nur im Falle von FFH- und Vogelschutzgebieten des Netzes Natura 2000 zu beachten. Daneben kommen weitere Ausweisungen und gesetzliche Schutzgebiete nach nationalem Recht in Betracht, die nach Maßgabe von §§ 20 f. BNatSchG ein Netz verbundener Biotope (Biotopverbund) bilden sollen, das mindestens 10% der Fläche eines Landes umfassen soll.

a) Schutzgebiete kraft Erklärung

140 Möglich ist nach § 20 Abs. 2 BNatSchG der Schutz bestimmter Teile von Natur und Landschaft als **Naturschutzgebiet** (§ 23 BNatSchG), als **Nationalpark** oder **Nationales Naturmonument** (§ 24 BNatSchG), **Biosphärenreservat** (§ 25 BNatSchG), **Landschaftsschutzgebiet** (§ 26 BNatSchG), **Naturpark** (§ 27 BNatSchG), **Naturdenkmal** (§ 28 BNatSchG) oder als **geschützter Landschaftsbestandteil** (§ 29 BNatSchG).

141 Die **Ausweisung** als ein geschützter Teil von Natur und Landschaft i.S.d. §§ 23–29 BNatSchG erfolgt durch Erklärung nach § 22 BNatSchG. Dabei werden nach § 22 Abs. 1 S. 2 BNatSchG auch die zur Erreichung des Schutzzwecks notwendigen **Gebote und Verbote** festgelegt. Die Festlegungen dieser Schutzgebietsausweisungen i.V.m. den jeweiligen Bestimmungen der §§ 23ff. BNatSchG sind für die Zulässigkeit von Vorhaben in entsprechend geschützten Gebieten maßgeblich. Daher stellen erst die konkreten Verbote und Gebote im Rahmen der Schutzerklärung unmittelbar geltende Regelungen dar, während das BNatSchG selbst lediglich inhaltliche Vorgaben für die festzulegenden Ge- und Verbote enthält.[300]

142 So sind etwa nach § 23 Abs. 2 S. 1 BNatSchG alle Handlungen, die auch nur zu **Veränderungen** des Naturschutzgebietes oder seiner Bestandteile führen können – *„nach Maßgabe näherer Bestimmungen"* – **grundsätzlich verboten**. Nationale Naturmonumente sind nach § 24 Abs. 4 S. 2 BNatSchG wie Naturschutzgebiete zu schützen, Nationalparks gem. § 24 Abs. 3 BNatSchG grundsätzlich ebenfalls. Ein Veränderungsverbot gilt nach § 28 Abs. 2 BNatSchG schließlich auch für Naturdenkmäler sowie laut § 29 Abs. 2 BNatSchG – mit einer Ausnahme für Bestandsminderungen – für geschützte Landschaftsbestandteile.

143 **In Landschaftsschutzgebieten** sind nach § 26 Abs. 2 BNatSchG Handlungen verboten, die den Charakter des Gebiets verändern oder dem besonderen Schutzzweck zuwiderlaufen. Insofern handelt es sich hierbei um **weniger strenge Anforderungen**, als sie für Naturschutzgebiete gelten, da der Schutz weniger auf den Bestand als auf die Funktion des Gebiets ausgerichtet

298 Schlacke/*Wolf*, § 34 Rn 18.
299 Dazu sowie zum Beurteilungsmaßstab im Hinblick auf die Geeignetheit der Maßnahmen im Einzelnen *Storost*, DVBl. 2009, 673, 680f. Siehe auch BVerwG, Urt. v. 12.3.2008 – 9 A 3.06 – NuR 2008, 633, 651.
300 Näher zu den Einzelheiten und zu den Besonderheiten, die teilweise mit Blick auf das Landesrecht vertreten werden Lütkes/Ewer/*Heugel*, § 22 Rn 16f.

ist.[301] **Biosphärenreservate** sind gem. § 25 Abs. 3 BNatSchG wie Naturschutzgebiete oder Landschaftsschutzgebiete zu schützen.

Für **Naturparks** sieht das Gesetz zwar keine Verbote vor. Stattdessen bestimmt § 27 Abs. 2 BNatSchG, dass Naturparks entsprechend ihren in Abs. 2 beschriebenen Zwecken unter Beachtung der Ziele des Naturschutzes und der Landschaftspflege geplant, gegliedert, erschlossen und weiterentwickelt werden. Allerdings setzt bereits § 27 Abs. 1 Nr. 2 BNatSchG für die Ausweisung eines Naturparks voraus, dass es sich bei dem Gebiet überwiegend um ein Landschafts- oder Naturschutzgebiet handelt, sodass dann auch die für dieses Gebiet festgesetzten Verbote Geltung beanspruchen. Darüber hinaus sind weitere Verbote speziell für die jeweiligen Naturparks möglich.[302] Von daher ist die Behauptung, Energieanlagen, die als solche dem Erholungszweck und der Erschließung des Gebiets zu diesem Zweck dienen, seien in Naturparks zulässig,[303] so pauschal nicht richtig. 144

Im Einzelfall kann jedoch in allen Gebieten nach § 67 BNatSchG **auf Antrag eine Befreiung von den festgelegten Verboten** gewährt werden. Voraussetzung dafür ist gem. § 67 Abs. 1 S. 1 BNatSchG, dass eine solche Befreiung aus Gründen des überwiegenden öffentlichen Interesses, einschließlich solcher sozialer und wirtschaftlicher Art, notwendig ist (Nr. 1) oder die Einhaltung des jeweiligen Verbots eine unzumutbare Belastung darstellen würde und die Abweichung davon mit den Belangen von Naturschutz und Landschaftspflege vereinbar ist (Nr. 2). Insbesondere die Befreiungsregelung des § 67 Abs. 1 S. 1 Nr. 1 BNatSchG kommt im Zusammenhang mit dem Ausbau des Energienetzes in Betracht. Insoweit kann auf die Ausführungen zur Interessenabwägung im Rahmen des § 34 Abs. 3 BNatSchG verwiesen werden.[304] Ebenso ist wie im Rahmen des § 34 Abs. 3 BNatSchG auch hier zu prüfen, ob zumutbare Alternativen zur Verfügung stehen.[305] 145

b) Gesetzlich geschützte Biotope

Von Bedeutung ist schließlich auch der **Schutz von Biotopen** gem. § 30 BNatSchG, die allerdings keiner Ausweisung bedürfen, sondern bereits unmittelbar durch die gesetzliche Regelung geschützt werden.[306] Einen Katalog der geschützten Biotope enthält das BNatSchG in § 30 Abs. 2 S. 1 BNatSchG. Daneben kann auch das Landesrecht weitere Biotoptypen regeln, wie § 30 Abs. 2 S. 2 BNatSchG ausdrücklich festhält. Nach § 30 Abs. 2 S. 1 BNatSchG sind alle Handlungen verboten, die zu einer Zerstörung oder sonstigen erheblichen Beeinträchtigung der Biotope führen können. Ausreichend ist danach bereits die hinreichende Wahrscheinlichkeit solcher Beeinträchtigungen; diese müssen also nicht tatsächlich eingetreten sein.[307] Im Ergebnis bedeutet dies für die erfassten Biotope ein weitgehendes Veränderungsverbot.[308] Diese Vorgaben sind insbesondere **beim Einsatz von Erdkabeln zu beachten**, da davon ausgegangen wird, dass einige Biotope von vornherein nicht für eine Erdverkabelung geeignet sind.[309] 146

---

301 Schneider/Theobald/*Hermes*, § 7 Rn 73.
302 Vgl. Lütkes/Ewer/*Heuge*, § 27 Rn 11.
303 So Schneider/Theobald/*Hermes*, § 7 Rn 73.
304 Zu § 34 Abs. 3 BNatSchG siehe oben Rn 117 ff. Vgl. zur Parallelität der beiden Regime hier nur Lütkes/Ewer/*Heugel*, § 67 Rn 7.
305 Lütkes/Ewer/*Heugel*, § 67 Rn 8.
306 Näher dazu Lütkes/Ewer/*Heugel*, § 30 Rn 3; Schumacher/Fischer-Hüftle/*Kratsch*/*Czybulka*, § 30 Rn 19.
307 Lütkes/Ewer/*Heugel*, § 30 Rn 9; Schumacher/Fischer-Hüftle/*Kratsch*/*Czybulka*, § 30 Rn 28.
308 So Schumacher/Fischer-Hüftle/*Kratsch*/*Czybulka*, § 30 Rn 28.
309 Vgl. die BMU-Studie „Ökologische Auswirkungen von 380-kV-Erdleitungen und HGÜ-Erdleitungen" (1.10. 2009–31.12.2011), Bd. 1: Zusammenfassung der wesentlichen Ergebnisse, S. 6 f., abrufbar unter: http://www.efzn.de/index.php?id=238&no_cache=1&tx_wiwiprojekte_pi4[showUid]=80.

147 § 30 Abs. 3 BNatSchG enthält jedoch eine **Ausnahmevorschrift**, die für hier interessierende Beeinträchtigungen durch den Netzausbau ggf. in Betracht zu ziehen wäre. Danach kann auf Antrag eine Ausnahme zugelassen werden, wenn etwaige Beeinträchtigungen ausgeglichen werden können. Gemeint ist damit ein Ausgleich i.S.v. § 15 Abs. 2 S. 2 BNatSchG.[310] Schließlich besteht auch hier die Möglichkeit einer Befreiung gem. § 67 Abs. 1 S. 1 BNatSchG.[311]

4. Artenschutzrecht

148 **Vogelschutz- und FFH-Richtlinie** entfalten ihre Bedeutung nicht allein im Bereich des Habitatschutzes, sie sind daneben auch für die zu beachtenden artenschutzrechtlichen Bestimmungen maßgeblich. Daneben wird das geltende Artenschutzrecht durch die **Artenschutzverordnung der EU sowie eine Reihe völkerrechtlicher Abkommen** geprägt.[312]

149 Das **BNatSchG** regelt den Artenschutz in den §§ 37 ff. Während die §§ 39 ff. BNatSchG die Vorschriften des allgemeinen Artenschutzes darstellen, sind für die Zulassung von Infrastrukturvorhaben – und so auch für die hier interessierenden Hoch- und Höchstspannungsleitungen – **insbesondere die** in den §§ 44 ff. BNatSchG enthaltenen **Vorgaben des besonderen Artenschutzes zu prüfen.**

150 § 44 BNatSchG unterscheidet dabei zwischen **besonders geschützten Arten sowie streng geschützten Arten** i.S.v. § 7 Abs. 2 S. 1 Nr. 13 bzw. 14 BNatSchG. Danach sind die besonders geschützten Arten den Anhängen A und B der EG-Artenschutzverordnung,[313] Anhang IV der FFH-Richtlinie, der Vogelschutzrichtlinie sowie Anlage 1 der Bundesartenschutzverordnung zu entnehmen. Eine neue Verordnungsermächtigung dazu enthält inzwischen auch § 54 Abs. 1 Nr. 2 BNatSchG.[314] Die streng geschützten Arten wiederum sind die in Anhang A der genannten EG-Artenschutzverordnung, Anhang IV der FFH-Richtlinie sowie einer Rechtsverordnung nach § 54 Abs. 2 BNatSchG aufgeführten besonders geschützten Arten.

151 Die Bestimmungen des Artenschutzrechts sind **flächendeckend anwendbar** und stehen selbstständig neben den Vorschriften des Gebietsschutzes und der naturschutzrechtlichen Eingriffsregelung.[315] Sie sind zudem nach Art. 72 Abs. 3 S. 1 Nr. 2 GG **abweichungsfest** und gelten daher bundesweit einheitlich.[316]

152 Die Verbote des § 39 Abs. 1 BNatSchG erfassen lediglich Eingriffe, die „mutwillig" bzw. „ohne vernünftigen Grund" erfolgen, und bilden damit den für alle wild lebenden Arten geltenden Mindestschutz.[317] Sie stellen für Netzausbauvorhaben keine besondere rechtliche Hürde da.

a) Die Verbote des § 44 Abs. 1 BNatSchG

153 Anders verhält es sich vor allem mit den Anforderungen des § 44 Abs. 1 BNatSchG, die eine strikt zu beachtende und auch nicht im Wege der Abwägung überwindbare Vorgabe darstellen.[318]

---

310 Hierzu wird auf die Ausführungen zum Ausgleich eines naturschutzrechtlichen Eingriffs verwiesen, siehe Rn 190 ff. Näher dazu Schumacher/Fischer-Hüftle/*Kratsch*/*Czybulka*, § 30 Rn 41 ff.
311 Lütkes/Ewer/*Heugel*, § 67 Rn 5.
312 Siehe dazu näher Schlacke/*Schütte*/*Gerbig*, Vor zu §§ 37–55 Rn 4 ff.
313 VO (EG) Nr. 338/97 des Rates v. 9.12.1996 über den Schutz von Exemplaren wildlebender Tier- und Pflanzenarten durch Überwachung des Handels, ABl. EG Nr. L 61 S. 1.
314 Siehe dazu Lütkes/Ewer/*Lütkes*, § 54 Rn 4 und 11 ff.
315 Lütkes/Ewer/*Lütkes*, § 37 Rn 39 f. sowie § 13 Rn 6.
316 Lütkes/Ewer/*Lütkes*, § 37 Rn 31.
317 Schumacher/Fischer-Hüftle/*Kratsch*, § 39 Rn 2.
318 *Beier*/*Geiger*, DVBl. 2011, 399, 399.

aa) Überblick

§ 44 Abs. 1 BNatSchG regelt eine Reihe sog. **Zugriffsverbote für besonders und streng geschützte Arten.** Dazu gehören neben dem Verbot des § 44 Abs. 1 Nr. 1 BNatSchG, wild lebenden Tieren einer der besonders geschützten Arten nachzustellen, sie zu fangen, zu verletzen oder zu töten oder ihre Entwicklungsformen aus der Natur zu entnehmen, zu beschädigen oder zu zerstören, auch das Störungsverbot für streng geschützte Tier- sowie europäische Vogelarten in Nr. 2. Danach ist es verboten, die genannten Arten während ihrer Fortpflanzungs-, Aufzucht-, Mauser-, Überwinterungs- und Wanderungszeiten erheblich zu stören. 154

Zudem werden **Fortpflanzungs- und Ruhestätten besonders geschützter Tierarten** durch § 44 Abs. 1 Nr. 3 BNatSchG vor Entnahme aus der Natur, Beschädigung und Zerstörung geschützt. Das Verbot des § 44 Abs. 1 Nr. 4 BNatSchG schließlich betrifft Pflanzen der besonders geschützten Arten sowie ihre Entwicklungsformen und Standorte, deren Beschädigung und Zerstörung ebenfalls verboten sind. 155

Für die Verwirklichung dieser Verbotstatbestände **kommt es nicht auf subjektive Merkmale an.** Daher werden neben absichtlichen Handlungen auch solche erfasst, die sonst vorsätzlich, fahrlässig oder auch ohne Sorgfaltsverstoß begangen werden.[319] 156

bb) Die für Energieleitungen relevantesten Verbote

Das Hauptaugenmerk liegt vielmehr auf einer möglichen **Verletzung des Tötungsverbots durch Kollisionen von Vögeln mit den Freileitungen.** Gefahr droht den Tieren dabei nicht allein durch die Kollision selbst, sondern auch durch einen damit einhergehenden möglichen Stromschlag.[320] In Betracht kommt zudem eine mögliche **Zerschneidung des Lebensraums** betroffener Arten durch Energieleitungen – sowohl durch Freileitungen wie auch durch Schneisen für eine Erdverkabelung – und daraus folgende Einwirkungen auf die Räuber-Beute-Beziehungen der jeweiligen Tiere.[321] 157

Schließlich ist eine **Verletzung des Störungsverbots, insbesondere während der Bauphase,** zu prüfen.[322] In Betracht kommt dabei eine Verletzung von § 44 Abs. 1 Nr. 2 und auch von Nr. 3 BNatSchG. Allerdings können diese Störungen durch **Bauzeitbeschränkungen** – vor allem während der Brutzeit – und eine ökologische Baubegleitung vermieden werden.[323] Auch werden durch § 44 Abs. 1 Nr. 2 BNatSchG überhaupt **nur erhebliche Störungen erfasst.** Eine solche liegt danach vor, wenn sich durch die Störung der Erhaltungszustand der lokalen Population einer Art verschlechtert.[324] 158

---

319 Lütkes/Ewer/*Heugel*, § 44 Rn 6; Schumacher/Fischer-Hüftle/*Kratsch*, § 44 Rn 9.

320 Dazu zugleich näher unter Rn 180 ff.

321 Schumacher/Fischer-Hüftle/*A. Schumacher*, § 41 Rn 4; Lütkes/Ewer/*Fellenberg*, § 41 Rn 7. Kritisch zur Erfassung der Problematik der Zerschneidung von Lebensräumen durch das Störungsverbot der Nr. 2 *Gellermann*, NuR 2009, 85, 87 (damals noch zur Vorgängervorschrift des § 42 Abs. 1 Nr. 2 BNatSchG).

322 *Storost*, DVBl. 2010, 737, 741.

323 Vgl. OVG Münster, Beschl. v. 19.3.2008 – 11 B 289/08.AK – NuR 2008, 431, 432; *Schiller*, UPR 2009, 245, 250; *Kaltenborn*, LKRZ 2010, 321, 325.

324 Siehe dazu Lütkes/Ewer/*Heugel*, § 44 Rn 13, der darlegt, dass dieser populationsbezogene Ansatz auch im Einklang mit den europarechtlichen Vorgaben in ihrer Auslegung durch die Kommission steht. So auch BVerwG, Urt. v. 12.8.2009 – 9 A 64/07 – NuR 2010, 276, 285; Urt. v. 18.3.2009 – 9 A 39/07 – NVwZ 2010, 44, 53. Kritisch dagegen *Gellermann*, NuR 2009, 85, 87 f. Siehe zu den Einzelheiten auch Schlacke/*Schütte/Gerbig*, § 44 Rn 24 ff., die schließlich im Hinblick auf die Klärung der Europarechtskonformität der deutschen Regelung auf die Erforderlichkeit einer Entscheidung des EuGH verweisen (a.a.O. Rn 28).

cc) Anforderungen an die Bestandsaufnahme

159 Erforderlich ist zunächst eine **Bestandsaufnahme der im betroffenen Gebiet vorhandenen Arten und ihrer Lebensräume**, durch die die Planfeststellungsbehörde Kenntnis über Häufigkeit sowie Verteilung der Arten und ihrer Lebensräume erlangt, sodass sie eine Prüfung der artenschutzrechtlichen Verbotstatbestände im konkreten Fall vornehmen kann.[325] Die Rechtsprechung verlangt dabei *„eine am Maßstab praktischer Vernunft ausgerichtete Prüfung“*.[326]

160 Hierbei werden im Hinblick auf die **Ermittlungsdichte** weniger strenge Anforderungen gestellt als im Falle einer Beeinträchtigung von FFH-Gebieten; auch die FFH-Richtlinie selbst sieht für die artenschutzrechtlichen Bestimmungen kein formalisiertes Prüfverfahren wie für den Habitatschutz vor.[327] Erforderlich ist der Rechtsprechung zufolge allerdings regelmäßig eine Begehung zur Bestandserfassung vor Ort sowie die Auswertung bereits vorhandener Erkenntnisse und Fachliteratur; Untersuchungsumfang und Methodik hängen allerdings von den Umständen des konkreten Einzelfalls ab.[328]

161 Die Arbeit mit **Schlussfolgerungen, Prognosewahrscheinlichkeiten und Schätzungen** ist ebenso wie „worst-case-Betrachtungen“ bei verbleibenden Erkenntnislücken zulässig, sofern dies naturschutzfachlich begründet ist.[329] Schließlich gesteht die Rechtsprechung der Planfeststellungsbehörde hierbei eine **naturschutzfachliche Einschätzungsprärogative** zu mit der Folge, dass ihre Bewertungen nur eingeschränkt daraufhin gerichtlich kontrolliert werden, ob sie im konkreten Fall naturschutzfachlich vertretbar sind und nicht auf unzulänglichen und ungeeigneten Bewertungsverfahren beruhen.[330]

dd) Anforderungen an eine Verletzung des Tötungsverbots

162 Eine Verletzung des Tötungsverbots des § 44 Abs. 1 Nr. 1 BNatSchG ist erst dann anzunehmen, **wenn sich das Tötungsrisiko** aufgrund der Zulassung des Vorhabens – auch unter Berücksichtigung etwaiger Schadensvermeidungs- oder -minderungsmaßnahmen – **in signifikanter Weise erhöht**.[331] Zwar ist das Verbot individuenbezogen ausgestaltet und schützt auch vor Tötungen einzelner Exemplare geschützter Arten, die zwar nicht gewollt,[332] doch als Konsequenz des geplanten Vorhabens unvermeidlich sind. Allerdings kann nicht bereits die Tötung eines einzel-

325 BVerwG, Urt. v. 9.7.2008 – 9 A 14/07 – NVwZ 2009, 302, 306.

326 BVerwG, Urt. v. 12.8.2009 – 9 A 64/07 – NuR 2010, 276, 278; Urt. v. 18.3.2009 – 9 A 39/07 – NVwZ 2010, 44, 47.

327 BVerwG, Urt. v. 9.7.2008 – 9 A 14/07 – NVwZ 2009, 302, 306. Siehe auch *Storost*, DVBl. 2012, 457, 463 f. sowie *Storost*, DVBl. 2010, 737, 740, jeweils m.w.N.

328 BVerwG, Urt. v. 9.7.2008 – 9 A 14/07 – NVwZ 2009, 302, 307. In der Folge konkret für den Bau von Hochspannungsfreileitungen OVG Schleswig, Urt. v. 1.7.2011 – 1 KS 20/10 – NuR 2012, 424, 427; dort u.a. zu im Einzelfall erforderlichen Begehungen zur Erfassung der Arten, Literaturauswertung usw.

329 BVerwG, Urt. v. 12.8.2009 – 9 A 64/07 – NuR 2010, 276, 279; Urt. v. 18.3.2009 – 9 A 39/07 – NVwZ 2010, 44, 48; Urt. v. 9.7.2008 – 9 A 14/07 – NVwZ 2009, 302, 307.

330 BVerwG, Urt. v. 12.8.2009 – 9 A 64/07 – NuR 2010, 276, 279; Urt. v. 18.3.2009 – 9 A 39/07 – NVwZ 2010, 44, 48; Urt. v. 9.7.2008 – 9 A 14/07 – NVwZ 2009, 302, 308; OVG Schleswig, Urt. v. 1.7.2011 – 1 KS 20/10 – NuR 2012, 424, 428. Kritisch dazu Landmann/Rohmer/*Gellermann*, § 44 BNatSchG, Rn 24.

331 BVerwG, Urt. v. 14.7.2011 – 9 A 12/10 – NuR 2011, 866, 875; Urt. v. 12.3.2008 – 9 A 3.06 – NuR 2008, 633, 653; Urt. v. 9.7.2008 – 9 A 14/07 – NVwZ 2009, 302, 311. Siehe auch *Storost*, DVBl. 2010, 737, 741 m.w.N. Zustimmend auch Schlacke/*Schütte*/*Gerbig*, § 44 Rn 15 f.

332 Einen Überblick über die frühere Rechtslage mit der damals bestehenden, jedoch vom EuGH für europarechtswidrig erklärten Ausnahme für nicht absichtlich vorgenommene Beeinträchtigungen der geschützten Arten bieten *Beier*/*Geiger*, DVBl. 2011, 399, 400 f. Die anschließende Neufassung der entsprechenden Vorschriften im BNatSchG kritisieren *Beier*/*Geiger*, DVBl. 2011, 399, 401 ff. als „überobligatorisch“. Zum Tatbestandsmerkmal „absichtlich“ in Art. 12 Abs. 1 lit. a) FFH-Richtlinie und der Rechtsprechung des EuGH dazu siehe auch *Storost*, DVBl. 2010, 737, 739.

nen Exemplars der geschützten Art den Tatbestand des Tötungsverbots verwirklichen, ohne dass dadurch geplanten Vorhaben unverhältnismäßige Hindernisse bereitet würden, da sie dann lediglich noch im Wege einer Ausnahme zugelassen werden könnten. Auch würde dadurch das im Artenschutzrecht bestehende Regel-Ausnahme-Verhältnis faktisch umgekehrt.[333] Die der Behörde durch die Rechtsprechung eingeräumte Einschätzungsprärogative bezieht sich auch auf die Beurteilung der signifikanten Erhöhung des Kollisionsrisikos.[334]

ee) Die Modifizierung der Verbote durch § 44 Abs. 5 BNatSchG

Nach § 44 Abs. 5 S. 1 BNatSchG gelten die Verbote der Abs. 1 und 2 in zwei Fällen nach Maßgabe der nachfolgenden S. 2 bis 5: **bei nach § 15 BNatSchG zulässigen Eingriffen** in Natur und Landschaft[335] **sowie bei Vorhaben nach § 18 Abs. 2 S. 1 BNatSchG**, die nach den §§ 30, 33 oder 34 BauGB zulässig sind. Nach der Rechtsprechung setzt dies allerdings voraus, dass das Vorhaben als Ganzes den Anforderungen des § 15 BNatSchG genügt, insbesondere auch keine Fehler bei der Festsetzung von Kompensationen vorliegen.[336] Dabei wird in den folgenden Sätzen zwischen europarechtlich geschützten und sonstigen besonders geschützten Arten differenziert. Für Letztere liegt in den genannten Fällen nach § 44 Abs. 5 S. 5 BNatSchG gar kein Verstoß gegen die Verbote des § 44 Abs. 1 und 2 BNatSchG vor. Für die Arten, deren Schutz auf europäischen Vorgaben beruht, ist dies dagegen nur unter bestimmten Voraussetzungen der Fall. 163

Nach § 44 Abs. 5 S. 2 BNatSchG liegt **für den Fall der Betroffenheit streng geschützter Arten** ein Verstoß gegen § 44 Abs. 1 Nr. 3 BNatSchG (die Bestimmung zum Schutz der Fortpflanzungs- und Ruhestätten) nur dann nicht vor, soweit die ökologische Funktion der jeweils betroffenen Fortpflanzungs- und Ruhestätten im räumlichen Zusammenhang weiterhin erfüllt wird. Gleiches gilt danach auch für mit der Entnahme, Beschädigung bzw. Zerstörung dieser Fortpflanzungs- und Ruhestätten verbundene unvermeidbare Beeinträchtigungen von Exemplaren dieser Arten i.S.d. § 44 Abs. 1 Nr. 1 BNatSchG. 164

Nach § 44 Abs. 5 S. 3 BNatSchG können in diesem Zusammenhang auch **vorgezogene Ausgleichsmaßnahmen** festgesetzt werden, soweit dies erforderlich ist. Dies kann beispielsweise bei möglichen Störungen der genannten Stätten während der Bauphase in Betracht kommen.[337] Dann können durch entsprechende Bauzeitbeschränkungen und eine ökologische Baubegleitung die Auswirkungen gemindert werden, sodass die ökologische Funktion der betroffenen Fortpflanzungs- und Ruhestätten für die betroffenen Arten erhalten bleibt.[338] Reicht dies nicht aus, können funktionserhaltende oder konfliktmindernde Maßnahmen (sog. CEF-Maßnahmen) getroffen werden, wie beispielsweise die Erweiterung einer Lebensstätte oder Schaffung neuer Stätten mit entsprechender Funktion.[339] 165

333 BVerwG, Urt. v. 9.7.2008 – 9 A 14/07 – NVwZ 2009, 302, 311. Kritisch im Hinblick auf die Begründung des BVerwG *Beier/Geiger*, DVBl. 2011, 399, 404, die darauf hinweisen, dass der EuGH nicht auf die „Signifikanz" abstelle. Im Ergebnis allerdings stimme die deutsche Rechtsprechung mit der des EuGH überein, da auch der EuGH für die Kollisionen im Straßenverkehr das Tötungsverbot nicht als erfüllt betrachte, da er darin keine verbotenen absichtlichen Tötungen sehe. OVG Schleswig, Urt. v. 1.7.2011 – 1 KS 20/10 – NuR 2012, 424, 426 ist dieser Rechtsprechung des BVerwG zum Tötungsverbot gefolgt und hat sie auf den Bau von Hochspannungsfreileitungen übertragen.

334 BVerwG, Urt. v. 14.7.2011 – 9 A 12/10 – NuR 2011, 866, 875.

335 Näher dazu unten Rn 188 ff.

336 BVerwG, Urt. v. 14.7.2011 – 9 A 12/10 – NuR 2011, 866, 878 (noch zur inhaltsgleichen Vorgängernorm § 42 Abs. 5 S. 1 BNatSchG 2007). *Lau*, SächsVBl. 2012, 101, 103, sieht darin eine „beachtliche Aufwertung" der naturschutzrechtlichen Eingriffsregelung.

337 *Schiller*, UPR 2009, 245, 250. Siehe dazu schon oben Rn 158.

338 Schumacher/Fischer-Hüftle/*Kratsch*, § 44 Rn 71.

339 Schumacher/Fischer-Hüftle/*Kratsch*, § 44 Rn 72; Schlacke/*Schütte/Gerbig*, § 44 Rn 56.

166 Solche Maßnahmen müssen sowohl in **räumlich-funktionalem Zusammenhang** zum betroffenen Gebiet als auch so erfolgen, dass zwischen ihrem Erfolg und dem vorzunehmenden Eingriff keine zeitliche Lücke entsteht; weiterhin ist eine Überwachung der Maßnahmen erforderlich.[340] Es muss sichergestellt werden, dass keine Verschlechterung der ökologischen Gesamtsituation im betroffenen Raum und keine Minderung des Fortpflanzungs- bzw. Ruheerfolgs für die betroffenen Tiere eintritt, was wiederum nach den Besonderheiten der jeweiligen Art zu beurteilen ist.[341]

167 Die Regelungen gelten nach § 44 Abs. 5 S. 4 BNatSchG schließlich entsprechend auch für Standorte wild lebender Pflanzen der streng geschützten Art gem. Anhang IV der FFH-Richtlinie.

ff) Die Europarechtskonformität des § 44 Abs. 5 BNatSchG

168 Die Europarechtskonformität des § 44 Abs. 5 BNatSchG **ist nach wie vor umstritten.**[342] Hierzu ist zunächst einmal festzustellen, dass die zugrundeliegenden Vorschriften der FFH-Richtlinie zwar keine dem § 44 Abs. 5 S. 2 BNatSchG entsprechenden Begrenzungen vorsehen. Dessen ungeachtet ist § 44 Abs. 5 S. 2 BNatSchG im Hinblick auf den Schutz der Fortpflanzungs- und Ruhestätten nach § 44 Abs. 1 Nr. 3 BNatSchG jedenfalls dann europarechtskonform, wenn die Lebensstätten einen Verbund bilden, da es nach der FFH-Richtlinie für die Bestimmung dieser Lebensstätten auf die Gesamtheit mehrerer Plätze ankommt und weil überdies die Möglichkeit vorgezogener Ausgleichsmaßnahmen besteht.[343] Demgegenüber verbleiben mit Blick auf das Tötungsverbot nennenswerte europarechtliche Zweifel, sodass insoweit eine klärende Entscheidung des EuGH erforderlich erscheint.[344]

b) Ausnahmemöglichkeiten

169 Wird einer der Verbotstatbestände des § 44 Abs. 1 BNatSchG verwirklicht, so ist in einem zweiten Schritt zu prüfen, ob im konkreten Fall eine Ausnahmemöglichkeit besteht.

aa) Allgemeines

170 Entsprechende Ausnahmeregelungen enthält § 45 Abs. 7 S. 1 BNatSchG, wobei für Vorhaben des Netzausbaus insbesondere Nr. 5 (Zulassung einer Ausnahme aus anderen zwingenden Gründen des überwiegenden öffentlichen Interesses einschließlich solcher sozialer und wirtschaftlicher Art) von Relevanz ist. Die Vorschrift stellt die Zulassung der Ausnahme nach § 45 Abs. 7 S. 1 BNatSchG in das **Ermessen der nach Landesrecht zuständigen Behörde** und belässt dieser damit einen gewissen Spielraum.[345] Allerdings können Ausnahmen nach § 45 Abs. 7 S. 4 BNatSchG auch **allgemein durch Rechtsverordnung** zugelassen werden.

171 **Voraussetzung** ist – neben der entsprechenden Interessenabwägung – gem. § 45 Abs. 7 S. 2 BNatSchG, dass zumutbare Alternativen nicht gegeben sind und dass sich der Erhaltungszustand der Populationen einer Art nicht verschlechtert. Soweit Art. 16 Abs. 1 der FFH-Richtlinie allerdings weitergehende Anforderungen enthält, sind diese zu beachten. Zudem ordnet § 45 Abs. 7 S. 3 BNatSchG die Beachtung der Vorgaben von Art. 16 Abs. 3 FFH-Richtlinie sowie Art. 9

---

340 Schumacher/Fischer-Hüftle/*Kratsch*, § 44 Rn 72 ff.
341 So Schlacke/*Schütte*/*Gerbig*, § 44 Rn 55.
342 Vgl. dazu aus der jüngsten Literatur etwa *Lau*, SächsVBl. 2012, 101, 104 ff.
343 So auch BVerwG, Urt. v. 18.3.2009 – 9 A 39/07 – NVwZ 2010, 44, 51; Urt. v. 14.7.2011 – 9 A 12/10 – NuR 2011, 866, 880 f.; Berkemann/Halama/*Halama*, Erläuterungen Rn 250 ff.
344 So auch Schlacke/*Schütte*/*Gerbig*, § 44 Rn 57.
345 Schneider/Theobald/*Hermes*, § 7 Rn 97.

Abs. 2 Vogelschutzrichtlinie[346] über die für die zugelassenen Ausnahmen erforderlichen und der Kommission in einem Bericht zu übermittelnden Angaben an.

Auch insofern ist zu fragen, ob die Vorschriften des BNatSchG den europarechtlichen Vorgaben entsprechen. Das Problem liegt hier darin, dass eine Ausnahme aus *„anderen zwingenden Gründen des überwiegenden öffentlichen Interesses einschließlich solcher sozialer und wirtschaftlicher Art"* zwar in Art. 16 Abs. 1 lit. c) der FFH-Richtlinie, nicht aber in Art. 9 der Vogelschutzrichtlinie enthalten ist. Gleichwohl wird die **Europarechtskonformität** dieser Ausnahmeregelung **im Ergebnis zu Recht anerkannt**, weil es anderenfalls bei einem Vergleich der Schutzregime von FFH- und Vogelschutzrichtlinie zu nicht hinnehmbaren Wertungswidersprüchen käme.[347] 172

bb) Ausnahmen aus Gründen eines überwiegenden öffentlichen Interesses

Bei der Prüfung der Voraussetzungen des § 45 Abs. 7 S. 1 Nr. 5 BNatSchG erfordert das „überwiegende öffentliche Interesse" der Rechtsprechung zufolge keine *„Sachzwänge, denen niemand ausweichen kann"*, sondern lediglich *„ein durch Vernunft und Verantwortungsbewusstsein geleitetes staatliches Handeln"*.[348] In der vorzunehmenden Abwägung ist auch an dieser Stelle das einem Vorhaben durch Aufnahme in einen nationalen Bedarfsplan zukommende besondere Gewicht zu berücksichtigen.[349] Dass konkret die **Energieversorgung als** solcher, eine Ausnahme **rechtfertigender öffentlicher Belang** in Betracht kommt, wurde von der Rechtsprechung bereits dem Grunde nach **anerkannt.**[350] Allerdings ist im Rahmen einer Abwägungsentscheidung zu prüfen, ob dieses öffentliche Interesse auch im konkreten Fall überwiegt.[351] 173

Die **gesetzliche Feststellung** des „überragenden öffentlichen Interesses" an der Realisierung der im NABEG aufgeführten Vorhaben (§ 1 S. 3 NABEG) wurde vom Gesetzgeber zwar gerade im Hinblick auf Entscheidungen gem. § 45 Abs. 7 S. 1 Nr. 5 BNatSchG getroffen,[352] doch ist an dieser Stelle erneut darauf hinzuweisen, dass allein diese gesetzliche Feststellung die **Abwägung** im Einzelfall dennoch **nicht** zu **ersetzen** vermag.[353] 174

cc) Die (vorübergehende) Umsiedlung geschützter Tierarten

Neben Nr. 5 kann u.U. auch die Ausnahmemöglichkeit des § 45 Abs. 7 S. 1 Nr. 2 (zum Schutz der natürlich vorkommenden Tier- und Pflanzenwelt) oder Nr. 4 BNatSchG in der Variante der maßgeblich günstigen Auswirkungen auf die Umwelt in Betracht kommen. Dies betrifft vor allem Fälle, in denen betroffene Exemplare einer der geschützten Tierarten im Rahmen einer **Schutzmaß-** 175

---

346 Der im aktuellen BNatSchG noch zitierte Art. 9 Abs. 2 der RL 79/409/EWG entspricht Art. 9 Abs. 2 der RL 2009/147/EG, der Neufassung der Vogelschutzrichtlinie.

347 Näher dazu Berkemann/Halama/*Halama*, Erläuterungen Rn 253; Schlacke/*Schütte*/*Gerbig*, § 45 Rn 30 m.w.N.; Landmann/Rohmer/*Gellermann*, § 45 BNatSchG Rn 24.

348 BVerwG, Urt. v. 14.7.2011 – 9 A 12/10 – NuR 2011, 866, 881.

349 Vgl. BVerwG, Urt. v. 14.7.2011 – 9 A 12/10 – NuR 2011, 866, 881, dort für ein Straßenbauvorhaben, für das laut Aufnahme in den Fernstraßenbedarfsplan ein vordringlicher Bedarf bestand und zudem „gravierende Unzulänglichkeiten der gegenwärtigen Verkehrssituation" zu berücksichtigen waren. Zur vergleichbaren Situation im Rahmen der Abweichungsentscheidung gem. § 34 Abs. 3 BNatSchG siehe unter Rn 128 ff.

350 OVG Münster, Beschl. v. 19.3.2008 – 11 B 289/08.AK – NuR 2008, 431, 433 (noch zur Vorgängerregelung in § 43 Abs. 8 BNatSchG 2007).

351 Lütkes/Ewer/*Lütkes*, § 45 Rn 45.

352 Vgl. Begründung des Gesetzentwurfs, BT-Drucks. 17/6073, S. 23.

353 *Appel*, UPR 2011, 406, 415. Kritisch auch *Moench*/*Ruttloff*, NVwZ 2011, 1040, die dieser gesetzlichen Feststellung „keine konstitutive Bedeutung" für die nach BNatSchG zu treffenden Abweichungsentscheidungen beimessen. Vgl. auch *Wagner*, DVBl. 2011, 1453, 1457. Siehe dazu bereits Rn 129 zur vergleichbaren Problematik im Rahmen der Prüfung des § 34 Abs. 3 BNatSchG.

nahme zur Realisierung des geplanten Vorhabens eingesammelt und umgesiedelt werden sollen. Eine solche Umsiedlung kann auch nur vorübergehend für die Zeit der Durchführung der Bauarbeiten erfolgen. Ob in einem solchen Fall der Tatbestand des § 44 Abs. 1 Nr. 1 BNatSchG in der Variante des Fangverbots überhaupt verwirklicht ist, hat das BVerwG zwar offengelassen,[354] doch kann in solchen Fällen in der Regel zumindest eine entsprechende Ausnahme bejaht werden, da das Fangen zum Zwecke der Umsiedlung gerade dem Schutz der betroffenen Tiere dient.[355] Dabei ist zu beachten, dass derartige Umsiedlungsmaßnahmen u.U. in Abhängigkeit von den Lebensgewohnheiten der betroffenen Arten **nur zu bestimmten Zeiten** erfolgen können.

Praxistipp
Sind solche Umsiedlungsmaßnahmen im landschaftspflegerischen Begleitplan zum Planfeststellungsbeschluss vorgesehen und zwingend **vor Beginn der eigentlichen Bauarbeiten** durchzuführen, so kann es im Streit um die Rechtmäßigkeit des Planfeststellungsbeschlusses im Rahmen eines Verfahrens nach § 80 Abs. 5 VwGO zur Vermeidung einer erheblichen Verzögerung des Vorhabens gerechtfertigt sein, zumindest den **Sofortvollzug dieser Umsetzungsmaßnahme** anzuordnen.[356] Voraussetzung ist allerdings neben der zeitlichen Eilbedürftigkeit, dass die Schaffung vollendeter Tatsachen vermieden wird. Deshalb muss für den Fall des erfolgreichen Rechtsschutzes gegen den Planfeststellungsbeschluss eine Rückführung der umgesetzten Tiere an ihre bisherige Lebensstätte möglich bleiben. Schließlich muss durch eine ökologische Baubegleitung sichergestellt werden, dass (sonstige) naturschutzrechtliche Belange durch die Umsetzung nicht dauerhaft beeinträchtigt werden.[357]

dd) Anforderungen an den Erhaltungszustand der Populationen

176 Für die gem. § 45 Abs. 7 S. 2 BNatSchG weiterhin erforderliche Prüfung, ob auch keine Verschlechterung des Erhaltungszustands der Populationen der Art zu besorgen ist, sind nicht speziell die lokal vorhandenen Vorkommen, sondern stattdessen insgesamt alle Populationen in ihrem natürlichen Verbreitungsgebiet zu betrachten. Hier kommt es darauf an, dass gerade diese **Gesamtheit der Populationen** als lebensfähiges Element erhalten bleibt.[358] Insofern räumt die Rechtsprechung der zuständigen Behörde wiederum einen behördlichen Beurteilungsspielraum ein.[359] Ist der Erhaltungszustand der Populationen bereits ungünstig, so steht dies dem BVerwG zufolge einer Zulassung des Vorhabens dann nicht entgegen, wenn er sich zumindest nicht weiter verschlechtern wird. Erst recht gelte dies dann für den Fall, dass das Vorhaben gar positive Auswirkungen auf die jeweiligen Populationen entfalten wird.[360]

ee) Die (auch hier) notwendige Alternativenprüfung

177 Schließlich ist hier – wie bereits nach § 34 Abs. 3 BNatSchG – zu prüfen, ob zumutbare Alternativen gegeben sind. Dies ist zu verneinen, wenn nicht lediglich gewisse Abstriche an den mit der

354 BVerwG, Urt. v. 14.7.2011 – 9 A 12/10 – NuR 2011, 866, 879 lässt dies mit Blick auf die jedenfalls gegebene Erfüllung des Ausnahmetatbestands ausdrücklich dahinstehen.
355 So etwa *Lau*, SächsVBl. 2012, 101, 106, der den Tatbestand des Fangs als erfüllt ansieht.
356 BVerwG, Beschl. v. 30.3.2012 – 9 VR 5/12 – NVwZ 2012, 1053.
357 BVerwG, Beschl. v. 30.3.2012 – 9 VR 5/12 – NVwZ 2012, 1053, 1054.
358 BVerwG, Urt. v. 14.7.2011 – 9 A 12/10 – NuR 2011, 866, 882; Lütkes/Ewer/*Lütkes*, § 45 Rn 56 m.w.N.
359 BVerwG, Urt. v. 14.7.2011 – 9 A 12/10 – NuR 2011, 866, 882.
360 BVerwG, Beschl. v. 1.4.2009 – 4 B 61/08 – NVwZ 2009, 910, 916. Ähnlich EuGH, Urt. v. 14.6.2007 – C-342/05 – NuR 2007, 477, 478: Trotz des Wortlauts von Art. 16 Abs. 1 FFH-Richtlinie seien *„Ausnahmen unter außergewöhnlichen Umständen weiterhin zulässig, wenn hinreichend nachgewiesen ist, dass sie den ungünstigen Erhaltungszustand dieser Populationen nicht verschlechtern oder die Wiederherstellung eines günstigen Erhaltungszustands nicht behindern können.“* Kritisch dagegen *Gellermann*, NuR 2009, 85, 88.

Planung verfolgten Zielen hinzunehmen wären, sondern es sich im Ergebnis um ein anderes Projekt handeln würde.[361] Des Weiteren sind auch bei dieser Alternativenprüfung wieder die mit der infrage kommenden Alternative verbundenen **Kosten zu berücksichtigen**.[362] Eine zumutbare Alternative liegt schließlich auch dann nicht vor, wenn dem Vorhaben am Alternativstandort ebenfalls habitat- oder artenschutzrechtliche Gründe entgegenstehen würden.[363] Diese Alternativenprüfung unterliegt voller gerichtlicher Kontrolle.[364]

c) Die Befreiungsmöglichkeit nach § 67 Abs. 2 BNatSchG

Neben der Ausnahmeregelung in § 45 Abs. 7 BNatSchG kennt das deutsche Recht zudem eine Befreiungsmöglichkeit nach § 67 Abs. 2 BNatSchG. Danach ist eine Befreiung von den Verboten des § 44 BNatSchG auf Antrag möglich, wenn dies im Einzelfall zu einer unzumutbaren Belastung führen würde. Eine **unzumutbare Belastung** in diesem Sinne liegt vor, wenn sie sich in einer Abwägung mit den naturschutzrechtlich geschützten Belangen im Einzelfall als unangemessen erweist.[365] 178

Die **Europarechtskonformität** dieser Befreiungsmöglichkeit wird zu Recht bezweifelt, da eine entsprechende Ausnahme weder in der FFH- noch in der Vogelschutzrichtlinie zu finden ist. Beide Richtlinien sind zudem abschließend, sodass darüber hinaus im Hinblick auf die einheitliche Rechtsanwendung in allen Mitgliedstaaten keine weiteren Ausnahmen geschaffen werden können, auch nicht aus Verhältnismäßigkeitsgründen.[366] Vor diesem Hintergrund bestimmt § 53 Abs. 1 SächsNatSchG mit guten Gründen, dass zu den für die Erteilung einer Befreiung erforderlichen Voraussetzungen die Einhaltung der Vorgaben der Art. 12, 13 und 16 FFH- bzw. Art. 5–7 und 9 Vogelschutzrichtlinie gehört. Auf diese Weise werden nämlich die Bedenken zur Richtlinienkonformität wieder ausgeräumt.[367] 179

Praxistipp i
Wegen der unionsrechtlichen Bedenken sollten die zuständigen Behörden bei der Prüfung einer Befreiung nach § 67 Abs. 2 BNatSchG auch dann auf die Einhaltung der Vorgaben der FFH- und der Vogelschutzrichtlinie achten, wenn das jeweilige Landesrecht dies nicht ausdrücklich vorschreibt.

d) Vogelschutz an Freileitungen

Eine besondere Bedeutung kommt dem Schutz der Vögel vor Freileitungen zu. 180

aa) Die besondere Regelung in § 41 BNatSchG

Eine eigenständige Regelung zum Vogelschutz an Freileitungen enthält § 41 BNatSchG, der allerdings **lediglich für Mittelspannungsleitungen** gilt, d.h. für Leitungen mit einer Spannung zwischen 1 und 60 kV.[368] Die Vorschrift ist somit im Planfeststellungsverfahren für Leitungen der 181

361 BVerwG, Beschl. v. 1.4.2009 – 4 B 61/08 – NVwZ 2009, 910, 917.
362 Schlacke/*Schütte/Gerbig*, § 45 Rn 39. Siehe im Übrigen zur Alternativenprüfung bereits oben Rn 125 ff.
363 Lütkes/Ewer/*Lütkes*, § 45 Rn 49; Schlacke/*Schütte/Gerbig*, § 45 Rn 37.
364 Lütkes/Ewer/*Lütkes*, § 45 Rn 48; Schlacke/*Schütte/Gerbig*, § 45 Rn 35.
365 Lütkes/Ewer/*Heugel*, § 67 Rn 12. Vgl. auch Schlacke/*Sauthoff*, § 67 Rn 22.
366 Berkemann/Halama/*Halama*, Erläuterungen Rn 254; ähnlich Schlacke/*Sauthoff*, § 67 Rn 3 ff. Die Zulässigkeit dieser Befreiung bejaht dagegen Lütkes/Ewer/*Heugel*, § 67 Rn 6.
367 Siehe auch Schlacke/*Sauthoff*, § 67 Rn 3.
368 Lütkes/Ewer/*Fellenberg*, § 41 Rn 3; Schumacher/Fischer-Hüftle/*A. Schumacher*, § 41 Rn 2.

Hoch- und Höchstspannungsebene nicht anwendbar. Zwar besteht ein Kollisionsrisiko grundsätzlich für alle Vogelarten und hinsichtlich Freileitungen aller Spannungsebenen, da diese möglicherweise gar nicht oder erst zu spät als Hindernis erkannt werden, insbesondere bei schlechten Sichtverhältnissen aufgrund des Wetters oder der Tageszeit und verstärkt bei Leitungen, die die Routen von Zugvögeln kreuzen.[369]

182 Doch der Anwendungsbereich von § 41 BNatSchG **umfasst** ausschließlich Mittelspannungsleitungen und **lediglich das Risiko eines Stromschlags**, da gerade diese Leitungen aufgrund ihrer Konstruktion eine besondere Gefahr für einige Großvogelarten, z.B. Greifvögel, Störche, Eulen oder Kraniche, darstellen: Den betroffenen Vogelarten droht im Falle einer Kollision ein Kurzschluss oder Erdschluss durch Überbrückung von Spannungspotenzialen.[370] Demgegenüber ist das Stromschlagrisiko für Vögel bei Berührungen mit Hoch- bzw. Höchstspannungsleitungen geringer, da hier größere Abstände zwischen den stromführenden Leitungen wie auch zwischen diesen und geerdeten Bauteilen bestehen und die betroffenen Vögel bzw. deren Flügelspannweiten daher kleiner sind als die Isolationsabstände an den Leitungen.[371]

183 Nach § 41 S. 1 BNatSchG sind **beim Neubau von Mittelspannungsleitungen** deren Masten und technische Bauteile so zu konstruieren, dass Vögel gegen Stromschlag geschützt werden. Technische Einzelheiten dazu regeln die DIN-EN 50 423-3-4 (VDE 0210-12) sowie die neue VDE-Anwendungsregel VDE-ARN 4210-11 „Vogelschutz an Mittelspannungsfreileitungen".[372] Mögliche Schutzmaßnahmen sind danach die Isolation der von Vögeln besonders häufig angeflogenen Teile der Leitung oder auch eine bestimmte Anordnung der Isolatoren bzw. eine verlängerte Isolationsstrecke.[373]

184 **An bestehenden Masten und technischen Bauteilen** von Mittelspannungsleitungen mit hoher Gefährdung von Vögeln müssen die notwendigen Maßnahmen zur Sicherung gegen Stromschlag gem. § 41 S. 3 BNatSchG bis zum 31.12.2012 durchgeführt werden. Ausgenommen bleiben davon wiederum nach § 41 S. 3 BNatSchG Oberleitungsanlagen der Eisenbahnen, sodass die Vorgaben des § 41 S. 1 BNatSchG hier nur beim Neubau zu beachten sind.[374]

185 Diese speziellen Vorgaben **können** von den zuständigen Behörden auf der Grundlage der 2009 neu eingefügten allgemeinen Ermächtigungsgrundlage des § 3 Abs. 2 BNatSchG durch entsprechende Anordnungen **behördlich durchgesetzt werden.**[375]

---

369 Lütkes/Ewer/*Fellenberg*, § 41 Rn 7; Schumacher/Fischer-Hüftle/*A. Schumacher*, § 41 Rn 2 und 5. Betroffen sind insbesondere Großvogelarten, für Fledermäuse besteht hingegen aufgrund der Ultraschallortung in der Regel kein Kollisionsrisiko; vgl. *Schiller*, UPR 2009, 245, 249. Näher zu dem Kollisionsrisiko, ausgewertet für verschiedene Vogelarten: Forschungs- und Entwicklungsvorhaben im Auftrag des Bundesamtes für Naturschutz, „Naturschutzfachliche Analyse von küstennahen Stromleitungen", Endbericht v. 21.10.2009, S. 106 ff., abrufbar unter: http://www.bfn.de/fileadmin/MDB/documents/themen/erneuerbareenergien/endbericht_ausbau_stromleitung_kueste.pdf.

370 Lütkes/Ewer/*Fellenberg*, § 41 Rn 3.

371 Schumacher/Fischer-Hüftle/*A. Schumacher*, § 41 Rn 2; *Schiller*, UPR 2009, 245, 250; DUH, Forum Netzintegration Erneuerbare Energien. Plan N 2010 – Handlungsempfehlungen an die Politik, S. 74 f., abrufbar unter: http://www.forum-netzintegration.de/123. Siehe auch Lütkes/Ewer/*Fellenberg*, § 41 Rn 4, wonach zudem eine Regelung für das hier ebenfalls nicht erfasste Niederspannungsnetz schon aufgrund der deutlich geringeren Spannung sowie wegen der häufigen Verwendung von Erdkabeln nicht erforderlich sei.

372 Lütkes/Ewer/*Fellenberg*, § 41 Rn 12; DUH, Bilanz zum Plan N 2010 – Handlungsempfehlungen an die Politik des Forums Netzintegration, April 2012, S. 11, abrufbar unter: http://www.forum-netzintegration.de/123.

373 Siehe dazu Lütkes/Ewer/*Fellenberg*, § 41 Rn 11; DUH, Forum Netzintegration Erneuerbare Energien. Plan N 2010 – Handlungsempfehlungen an die Politik, S. 73, abrufbar unter: http://www.forum-netzintegration.de/123.

374 Näher dazu Lütkes/Ewer/*Fellenberg*, § 41 Rn 5 f.

375 Daher geht die Kritik von Schlacke/*Schütte*/*Gerbig*, § 41 Rn 11, es fehle eine Ermächtigung zum Erlass behördlicher Anordnungen zur Durchsetzung der normierten Pflichten, ins Leere.

bb) Vogelschutz bei sonstigen Freileitungen

Da die allgemeine Kollisionsgefahr, wie erwähnt, auch bei Hoch- und Höchstspannungsleitungen von erheblicher Relevanz ist und hier auch die Gefahr von Verbrennungen bestehen kann,[376] muss dem Vogelschutz insoweit im Rahmen der allgemeinen Vorschriften Rechnung getragen werden. Insoweit hat die Rechtsprechung indessen wiederholt festgestellt, dass der Bau einer Freileitung **keine Verletzung des artenschutzrechtlichen Tötungsverbots** darstellt, **wenn** im Planfeststellungsbeschluss vorgesehen wird, dass auf der gesamten Länge der Leitung, jeweils im Abstand von 25–30 m, entsprechende **Markierungen an den Erdseilen angebracht werden**, da in diesem Fall nach naturschutzfachlicher Prognose keine signifikante Erhöhung des Tötungsrisikos durch Kollision von Vögeln mit der Freileitung festgestellt werden kann.[377] Auch kann davon ausgegangen werden, dass sich das Tötungsrisiko für Vögel aufgrund von Kollisionen nicht signifikant erhöhen wird, wenn eine **bereits bestehende Freileitung** an gleicher Stelle ersetzt oder eine neue, parallel verlaufende Leitung gebaut wird.[378] 186

Weitere Maßnahmen zur Minimierung der Kollisionsgefahr können zum einen bei der Wahl des Masttyps ansetzen, weil das entsprechende Risiko bei einer Verwendung von Einebenenmasten geringer ist.[379] Zum anderen wird aus naturschutzfachlicher Perspektive empfohlen, auf das Erdseil, soweit möglich, zu verzichten oder statt einem Seil auf der Mastspitze zwei Erdseile direkt auf der Oberseite der Traverse anzubringen.[380] 187

5. Naturschutzrechtliche Eingriffsregelung

Neben den speziellen habitat- und artenschutzrechtlichen Anforderungen gilt für den Ausbau von Energieleitungen die naturschutzrechtliche Eingriffsregelung.[381] Denn sowohl bei der Errichtung einer Freileitung mit den erforderlichen Masten und Seilen als auch bei der Verlegung von Erdkabeln oder Rohrleitungen handelt es sich in aller Regel um Eingriffe in Natur und Landschaft gem. § 14 Abs. 1 BNatSchG.[382] 188

Das Instrument der Eingriffsregelung ist im System des deutschen Naturschutzrechts **von maßgeblicher Bedeutung.**[383] Die entsprechenden Vorschriften stehen selbstständig neben denen zum Schutz bestimmter Gebiete sowie den Bestimmungen des Artenschutzrechts.[384] Zwar können insbesondere die besonderen Schutzgebiete einen weitergehenden Schutz ge- 189

---

376 Näher dazu DUH, Forum Netzintegration Erneuerbare Energien. Plan N 2010 – Handlungsempfehlungen an die Politik, S. 74 f., abrufbar unter: http://www.forum-netzintegration.de/123.

377 So – mit Blick auf den Neubau einer 110 kV-Freileitung – OVG Schleswig, Urt. v. 1.7.2011 – 1 KS 20/10 – NuR 2012, 424, 426 ff. Detailliert zu den verschiedenen infrage kommenden Markierungen: Forschungs- und Entwicklungsvorhaben im Auftrag des Bundesamtes für Naturschutz, „Naturschutzfachliche Analyse von küstennahen Stromleitungen“, Endbericht v. 21.10.2009, S. 114 ff., abrufbar unter: http://www.bfn.de/fileadmin/MDB/documents/themen/erneuerbareenergien/endbericht_ausbau_stromleitung_kueste.pdf.

378 Vgl. OVG Münster, Beschl. v. 19.3.2008 – 11 B 289/08.AK – NuR 2008, 431, 433; *Kaltenborn*, LKRZ 2010, 321, 325; *Schiller*, UPR 2009, 245, 249.

379 DUH, Forum Netzintegration Erneuerbare Energien. Plan N 2010 – Handlungsempfehlungen an die Politik, S. 75, abrufbar unter: http://www.forum-netzintegration.de/123.

380 Forschungs- und Entwicklungsvorhaben im Auftrag des Bundesamtes für Naturschutz, „Naturschutzfachliche Analyse von küstennahen Stromleitungen“, Endbericht v. 21.10.2009, S. 113, abrufbar unter: http://www.bfn.de/fileadmin/MDB/documents/themen/erneuerbareenergien/endbericht_ausbau_stromleitung_kueste.pdf.

381 Zur Frage der Anwendung für Anbindungsleitungen für Offshore-Windkraftanlagen siehe Rn 79.

382 Vgl. BK-EnR/*Säcker*/*Timmermann*, Einl. I. Rn 61, S. 4332.

383 Siehe nur Lütkes/Ewer/*Lütkes*, § 13 Rn 1; Schlacke/*Koch*, Vor zu §§ 13–19 Rn 3 f. Laut Schumacher/Fischer-Hüftle/*Fischer-Hüftle*, vor §§ 13–19 Rn 1 handelt es sich um „ein Kernstück des Naturschutzrechts“.

384 Lütkes/Ewer/*Lütkes*, § 13 Rn 5 f. und § 15 Rn 4 und 44.

währleisten, als dies allein durch die Eingriffsregelung möglich ist,[385] doch auch die Regelung des § 15 BNatSchG ist im Rahmen des Netzausbaus von erheblicher Bedeutung, vor allem wegen der etwaig erforderlichen Ausgleichs- und Ersatzmaßnahmen oder Kompensationszahlungen.

190 Nach der abweichungsfesten[386] **Grundregelung in § 13 BNatSchG** sind erhebliche Beeinträchtigungen von Natur und Landschaft in erster Linie zu vermeiden, nicht vermeidbare dagegen soweit wie möglich durch Ausgleichs- oder Ersatzmaßnahmen, anderenfalls durch Geldersatz zu kompensieren. § 15 BNatSchG konkretisiert diesen allgemeinen Grundsatz sodann für die „Eingriffe in Natur und Landschaft" gem. § 14 Abs. 1 BNatSchG. Danach gilt für die hier behandelten Leitungen, dass vermeidbare Beeinträchtigungen von Natur und Landschaft gem. § 15 Abs. 1 S. 1 BNatSchG zu unterlassen sind. Sind die Beeinträchtigungen unvermeidbar, so sind sie nach § 15 Abs. 2 S. 1 BNatSchG auszugleichen oder zu ersetzen. Ist auch dies nicht möglich und ergibt eine Abwägung, dass die Belange des Naturschutzes und der Landschaftspflege anderen relevanten Belangen vorgehen, so darf der Eingriff nach § 15 Abs. 5 BNatSchG nicht zugelassen werden. Sind die Belange des Naturschutzes und der Landschaftspflege im Rahmen dieser Abwägung dagegen nicht vorrangig, so ist der Eingriff zulässig, doch muss nach § 15 Abs. 6 BNatSchG Ersatz in Geld geleistet werden.

a) Eingriff in Natur und Landschaft

191 Zunächst ist aber zu prüfen, ob und inwieweit ein Eingriff in Natur und Landschaft vorliegt. Diese Frage darf bei Leitungsvorhaben **nicht pauschal** mit einem Hinweis auf deren schiere Größe oder mit einem Hinweis darauf bejaht werden, dass der Bau von Energieleitungen in den einschlägigen landesrechtlichen Regelungen ausdrücklich als Eingriff im Sinne des Naturschutzrechts eingestuft wird.[387] Gefordert ist vielmehr eine **differenzierte schutzgutbezogene Prü-**

---

385 *Stüer*, Rn 4421.

386 Lütkes/Ewer/*Lütkes*, § 13 Rn 1; *Lau*, NuR 2011, 680, 681 und 684. Einen Überblick über die seit 2010 erlassenen Konkretisierungen und Abweichungen zur bundesrechtlichen Eingriffsregelung im Naturschutzrecht der Länder findet sich bei Schlacke/*Koch*, Vor zu §§ 13–19 Rn 16 ff. sowie § 13 Rn 10 ff. Schließlich bietet Schlacke/*Koch*, § 15 Rn 54 ff. auch einen Überblick über die auf Länderebene existierenden Arbeits- und Vollzugshilfen zur naturschutzrechtlichen Eingriffsregelung.

387 Ausdrücklich als Eingriff betrachtet werden beispielsweise: Errichtung oder wesentliche Änderung von Anlagen, die einem Planfeststellungsverfahren unterliegen sowie das Verlegen oberirdischer und unterirdischer Versorgungs-, Entsorgungs- und Materialtransportleitungen im Außenbereich nach § 10 Abs. 2 Nr. 1 und Nr. 7 BbgNatSchG; die Errichtung und die wesentliche Änderung von Sende- und Leitungsmasten sowie das Verlegen oberirdischer und unterirdischer Leitungen außerhalb des Straßenkörpers im Außenbereich nach § 12 Abs. 1 Nr. 13 NatSchAG M-V; Errichtung oder wesentliche Änderung von Anlagen, die einem Planfeststellungsverfahren unterliegen sowie die Errichtung oder Änderung von Masten sowie Unterstützungen von Freileitungen im Außenbereich § 14 Abs. 1 Nr. 1 und Nr. 9 NatSchGBln; die Errichtung oder wesentliche Änderung oberirdischer Ver- und Entsorgungsleitungen im Außenbereich gem. § 8 Abs. 2 Nr. 4 SächsNatSchG (mit einer Ausnahme für Stromleitungen für Spannungen unter 20 kV); die Verlegung ober- und unterirdischer Leitungen im Außenbereich nach § 4 Abs. 1 Nr. 5 Landschaftsgesetz NRW (mit einer Ausnahme in Abs. 2 Nr. 2 der Norm, wonach die Verlegung von Leitungen im baulichen Außenbereich im Baukörper von Straßen und befestigten Wegen wiederum regelmäßig nicht als Eingriff gilt, soweit dabei angrenzende Bäume nicht erheblich beschädigt werden). Eine andere Formulierung wählt § 20 Abs. 1 S. 2 Nr. 3 NatSchG BW: Danach können insbesondere die Errichtung oder Änderung von Masten sowie Unterstützungen von Freileitungen Eingriffe darstellen. Nach § 6 Abs. 2 Nr. 1 lit. b) ThürNatG gelten Errichtung, Erweiterung, Änderung und Beseitigung von Ver- und Entsorgungsleitungen mit Ausnahme unterirdischer örtlicher Anlagen in der Regel als Eingriff, wenn die vom Vorhaben tatsächlich veränderte Fläche 0,1 ha überschreitet oder besonders geschützte Tier- und Pflanzenarten betroffen sind. Nach § 9 Abs. 4 LNatSchG Rh.-Pf. i.V.m. § 1 Nr. 4 NatLandEingrV gilt das Verlegen von Ver- und Entsorgungsleitungen im Außenbereich ebenfalls in der Regel als Eingriff, solange es sich nicht um einen Fall von § 2 Nr. 3 lit. a) dieser Verordnung handelt. Danach wiederum stellt das Verlegen entsprechender unterirdischer Leitungen in Straßen, Wegen und landwirtschaftlich genutzten Flächen,

fung, weil von Art und Umfang des Eingriffs die weitere Prüfung etwa der erforderlichen Ausgleichs- oder Ersatzmaßnahmen abhängt.[388]

Nach der **Legaldefinition in § 14 Abs. 1 BNatSchG** sind Eingriffe in Natur und Landschaft Veränderungen der Gestalt oder Nutzung von Grundflächen oder Veränderungen des mit der belebten Bodenschicht in Verbindung stehenden Grundwasserspiegels, die die Leistungs- und Funktionsfähigkeit des Naturhaushalts oder das Landschaftsbild erheblich beeinträchtigen können. Ausnahmen von diesem Eingriffsbegriff für bestimmte Fälle der land-, forst- oder fischereiwirtschaftlichen Bodennutzung nach § 14 Abs. 2 und 3 BNatSchG werden in den hier behandelten Sachverhalten nicht relevant. 192

Das Merkmal „Gestalt von Grundflächen" erfasst dabei das äußere Erscheinungsbild der Erdoberfläche einschließlich des Bodens, etwaiger Gewässer, des Pflanzenbestands sowie des Landschaftsreliefs mit den bestehenden baulichen Anlagen und ähnlichen künstlich geschaffenen Werken.[389] Dieses Erscheinungsbild wird bei allen nicht ganz unerheblichen Bauten jeglicher Art verändert – so auch bei den **Arbeiten zur Errichtung der Masten für Freileitungen** und ebenso bei **Erdarbeiten zur Verlegung von Kabeln**, aber ebenfalls bei Waldrodungen, wie sie u.U. für den Leitungsausbau erforderlich werden.[390] Erfasst werden dabei **auch nur vorübergehende Veränderungen**, so auch die Bodenarbeiten bei Verlegung von Erdkabeln, wenngleich der entsprechende Kabelgraben später wieder verfüllt wird.[391] Irrelevant ist insofern, dass das verlegte Kabel später an der Erdoberfläche nicht sichtbar ist, da hierbei dennoch eine Änderung der Nutzung der betroffenen Fläche vorgenommen wird.[392] Auch die Errichtung eines Baus, beispielsweise einer Freileitung mit den erforderlichen Masten und Leiterseilen, auf einer bisher freien Fläche verändert die Nutzung dieser Grundfläche.[393] 193

Werden im Zusammenhang mit dem Betrieb einer Leitung regelmäßige **Unterhaltungsmaßnahmen** erforderlich, so handelt es sich dabei ebenfalls um Folgen des ursprünglichen, mit der Errichtung der Leitung verbundenen Eingriffs, die bereits bei dessen Prüfung mitberücksichtigt werden müssen.[394] 194

Die Frage, ob durch derartige Veränderungen eine erhebliche Beeinträchtigung der Leistungs- und Funktionsfähigkeit des Naturhaushalts oder des Landschaftsbilds möglich ist, erfordert eine Prognose; dabei genügt allerdings bereits eine gewisse Wahrscheinlichkeit des 195

---

mit Ausnahme von nicht intensiv genutztem Dauergrünland und Flurholzflächen in der Regel keinen Eingriff dar. Gleiches gilt im Übrigen nach § 2 Nr. 4 lit. b) NatLandEingrV für die ordnungsgemäße und regelmäßige Instandhaltung von Pflege der Ver- und Entsorgungsleitungen und ihrer Trassen.

388 Eine ausführliche Zusammenstellung möglicher Auswirkungen – getrennt nach den Schutzgütern 1) Mensch, einschließlich der menschlichen Gesundheit, 2) Tiere, Pflanzen und biologische Vielfalt, 3) Boden, 4) Wasser, 5) Luft, Klima, 6) Landschaft sowie 7) Kulturgüter und Sachgüter und jeweils zwischen den verschiedenen Ausführungsvarianten (Freileitung oder Erdkabel, Drehstrom- oder Gleichstromtechnik) differenzierend – findet sich auch im Umweltbericht zum Bundesbedarfsplanentwurf S. 80 ff., abrufbar unter: http://www.netzausbau.de/cln_1932/DE/Bedarfsermittlung/Netzentwicklungsplan/Netzentwicklungsplan_2012/netzentwicklungsplan_2012_node.html.

389 Schlacke/*Prall/Koch*, § 13 Rn 26; Schumacher/Fischer-Hüftle/*Fischer-Hüftle/Czybulka*, § 14 Rn 4 f. und 8.

390 Lütkes/Ewer/*Lütkes*, § 14 Rn 6 f.; Schlacke/*Prall/Koch*, § 13 Rn 27.

391 Schlacke/*Prall/Koch*, § 13 Rn 27.

392 Schumacher/Fischer-Hüftle/*Fischer-Hüftle/Czybulka*, § 14 Rn 4 und 6 (für Erdkabel wie auch für die Verlegung von Leitungen im Meer).

393 Lütkes/Ewer/*Lütkes*, § 14 Rn 9; Schlacke/*Prall/Koch*, § 13 Rn 30.

394 Schumacher/Fischer-Hüftle/*Fischer-Hüftle/Czybulka*, § 14 Rn 15. So sind Betrachtungen zu den möglichen Auswirkungen von durchzuführenden Wartungsarbeiten beispielsweise auch zu Recht in den Umweltbericht zum Bundesbedarfsplanentwurf eingeflossen, abrufbar unter: http://www.netzausbau.de/cln_1932/DE/Bedarfsermittlung/Netzentwicklungsplan/Netzentwicklungsplan_2012/netzentwicklungsplan_2012_node.html. Siehe dort nur die entsprechenden Spalten der Tabelle 12 „Wirkfaktoren und Wirkungspfade der betrachteten Übertragungstechnologien", a.a.O. S. 110 f.

Eintritts dieser Beeinträchtigung.[395] Die Prüfung des Vorliegens eines Eingriffs i.S.d. § 14 BNatSchG erfordert eine **Bewertung der voraussichtlichen Folgen** des Vorhabens unter Berücksichtigung fachwissenschaftlicher Erkenntnisse.[396]

196 Während mit dem „**Naturhaushalt**" ein umfassender Schutz vor allen Auswirkungen auf Boden, Wasser, Luft, Klima, Tier- und Pflanzenwelt und das Wirkungsgefüge zwischen diesen Gütern[397] bewirkt werden soll, werden mit dem „**Landschaftsbild**" ästhetische Funktionen, die äußerlich wahrnehmbaren Erscheinungsformen von Natur und Landschaft geschützt.[398] Eine **Beeinträchtigung** der Leistungs- und Funktionsfähigkeit des Naturhaushalts liegt in jeder Verschlechterung, d.h. negativen Veränderung derselben Merkmale.[399] Die geforderte **Erheblichkeit** einer Beeinträchtigung bedeutet, dass bloße Bagatellfälle nicht erfasst werden.[400] Entscheidend ist insofern die Intensität der Einwirkung auf die Schutzgüter.[401]

197 Dies erfordert eine **Bewertung des konkreten Einzelfalls**, bei der neben Kriterien wie z.B. Dauer der Beeinträchtigung, Schutzbedürftigkeit des betroffenen Naturguts und dessen „standortprägende Wirkung", Regenerationsfähigkeit und Vorbelastung auch die Regelung der Ziele des Naturschutzes und der Landschaftspflege in § 1 BNatSchG herangezogen werden kann.[402] Wann eine erhebliche Beeinträchtigung des Landschaftsbilds vorliegt, hängt der Rechtsprechung zufolge von der **Perspektive eines „aufgeschlossenen Durchschnittsbetrachters"** ab. Es ist darauf abzustellen, was ein aufgeschlossener Beobachter als störend empfindet, ob der jeweilige Eingriff als Fremdkörper mit negativ prägender Wirkung erscheint.[403] Gerade für Freileitungen wird dies regelmäßig bejaht werden müssen und ihr Bau oftmals gerade aus diesem Grund von Betroffenen abgelehnt.[404]

b) Vermeidungsgebot

198 Für Eingriffe in Natur und Landschaft gilt nach §§ 13 S. 1 und 15 Abs. 1 S. 1 BNatSchG in erster Linie ein Vermeidungsgebot: Vermeidbare Beeinträchtigungen von Natur und Landschaft sind danach zu unterlassen. Dabei handelt es sich um eine **zwingend zu beachtende Vorgabe**,[405] die nicht im Rahmen der Abwägung überwunden werden kann.[406] Doch bedeutet dieses Vermeidungsgebot keineswegs ein Verbot des Vorhabens oder auch nur eine Pflicht zur Prüfung von Standortalternativen.[407] Dabei geht es **nicht** um **die Vermeidbarkeit des Vorhabens**, son-

395 Lütkes/Ewer/*Lütkes*, § 14 Rn 13; Schlacke/*Prall*/*Koch*, § 13 Rn 46; Schumacher/Fischer-Hüftle/*Fischer-Hüftle*/*Czybulka*, § 14 Rn 56.
396 *Stüer*, Rn 4401; Schumacher/Fischer-Hüftle/*Fischer-Hüftle*/*Czybulka*, § 14 Rn 26. Ausführlich zu dem Umfang der erforderlichen Sachverhaltsermittlungen sowie der Bewertung der zu erwartenden Beeinträchtigungen siehe auch Schumacher/Fischer-Hüftle/*A. Schumacher*/*Fischer-Hüftle*, § 15 Rn 5 ff.
397 Vgl. die Definition des Naturhaushalts in § 7 Abs. 1 Nr. 2 BNatSchG.
398 Schumacher/Fischer-Hüftle/*Fischer-Hüftle*/*Czybulka*, § 14 Rn 20; Lütkes/Ewer/*Lütkes*, § 14 Rn 20.
399 Schumacher/Fischer-Hüftle/*Fischer-Hüftle*/*Czybulka*, § 14 Rn 27.
400 Schlacke/*Prall*/*Koch*, § 13 Rn 34 und 40.
401 Landmann/Rohmer/*Gellermann*, 14 BNatSchG Rn 16.
402 Vgl. dazu Schlacke/*Prall*/*Koch*, § 13 Rn 41; Schumacher/Fischer-Hüftle/*Fischer-Hüftle*/*Czybulka*, § 14 Rn 28 ff.
403 Siehe nur BVerwG, Urt. v. 27.9.1990 – 4 C 44/87 – NVwZ 1991, 364, 467; Lütkes/Ewer/*Lütkes*, § 14 Rn 20; Schlacke/*Prall*/*Koch*, § 13 Rn 44 f.; Schumacher/Fischer-Hüftle/*Fischer-Hüftle*/*Czybulka*, § 14 Rn 38.
404 Siehe *de Witt*/*Durinke*/*Kause*, Rn 99.
405 Nach verbreiteter, aber abzulehnender Terminologie (siehe oben unter Rn 67) also um einen Planungsleitsatz.
406 Schlacke/*Koch*, § 15 Rn 5; *Stüer*, Rn 4408; *Wahl*/*Hönig*, NVwZ 2006, 161, 168. Vgl. auch BVerwG, Beschl. v. 30.10.1992 – 4 A 4.92 – UPR 1993, 62, 64; Beschl. v. 30.10.1992 – 4 A 4/92 – NVwZ 1993, 565, 568; Beschl. v. 21.12.1995 – 11 VR 6/95 – NVwZ 1996, 896, 899.
407 Lütkes/Ewer/*Lütkes*, § 13 Rn 14 und § 15 Rn 7; Schlacke/*Koch*, § 15 Rn 5; Ziekow/*Durner*, Rn 758 m.w.N. in Fn 81.

dern lediglich um die Vermeidbarkeit der vom Vorhaben ausgehenden Beeinträchtigungen von Natur und Landschaft – allein diese sind zu unterlassen, soweit sie vermieden werden können.[408]

199 Wie § 15 Abs. 1 S. 2 BNatSchG ausdrücklich regelt, sind Beeinträchtigungen dann vermeidbar, wenn zumutbare Alternativen bestehen, mit denen der mit dem Eingriff verfolgte Zweck am gleichen Ort ohne oder mit geringeren Beeinträchtigungen erreicht werden kann. Liegen solche unvermeidbaren Beeinträchtigungen vor, so ist dies nach § 15 Abs. 1 S. 3 BNatSchG zu begründen. Dagegen bleibt die Prüfung etwaiger Alternativtrassen allein dem fachplanerischen Abwägungsgebot überlassen, während im Hinblick auf das Vermeidungsgebot des § 15 Abs. 1 S. 1 BNatSchG lediglich nach einer schonenderen Ausgestaltung des Vorhabens an Ort und Stelle gefragt wird.[409] Die mit dem Vorhaben am geplanten Standort zwangsläufig verbundenen Beeinträchtigungen nimmt das Naturschutzrecht dagegen in diesem Zusammenhang hin.[410]

200 Das Vermeidungsgebot **betrifft** somit **die technische Ausführung des Vorhabens**, speziell beim Netzausbau beispielsweise die Frage nach „landschaftsangepassten" Mastformen, Mastanstrichen oder die bereits erwähnten Schutzmaßnahmen während der Bauphase.[411] Als solche kommen neben Bauzeitbeschränkungen z.B. auch Regelungen zum Erhalt einzelner Bepflanzungen, Einschränkungen des Baufelds, Sicht- und Lärmschutzmaßnahmen in Betracht.[412] Das Naturschutzrecht fordert insofern aber lediglich tatsächlich mögliche und geeignete Maßnahmen; zudem bildet der Verhältnismäßigkeitsgrundsatz – insbesondere im Hinblick auf die mit den Vermeidungsmaßnahmen verbundenen Kosten – eine Grenze.[413]

c) Ausgleichs- und Ersatzmaßnahmen

201 Sind Beeinträchtigungen danach unvermeidbar, so führt dies noch nicht zum Verbot des Vorhabens. Vielmehr sind unvermeidbare Beeinträchtigungen nach § 15 Abs. 2 S. 1 BNatSchG auszugleichen oder zu ersetzen. Seit der Neufassung des BNatSchG im Jahre 2010 bestimmt das Gesetz selbst **keinen Vorrang der Ausgleichs- vor den Ersatzmaßnahmen mehr**. Stattdessen ist nun jeweils im Einzelfall eine Entscheidung zwischen diesen beiden Formen der Kompensation zu treffen und die fachlich geeignetste Form zu wählen.[414] Auch bei der Pflicht zur Kompensation unvermeidbarer Beeinträchtigungen durch Ausgleichs- oder Ersatzmaßnahmen handelt es sich um einen strikt bindenden Rechtssatz.[415]

202 **Ausgeglichen ist eine Beeinträchtigung** nach § 15 Abs. 2 S. 2 BNatSchG, wenn und sobald die beeinträchtigten Funktionen des Naturhaushalts in gleichartiger Weise wiederhergestellt

408 *Stüer*, Rn 4407.

409 *Kaltenborn*, LKRZ 2010, 321, 324; Schumacher/Fischer-Hüftle/*A. Schumacher/Fischer-Hüftle*, § 15 Rn 20. Anders noch BVerwG, Beschl. v. 21.12.1995 – 11 VR 6/95 – NVwZ 1996, 896, 899, allerdings zur damaligen Eingriffsregelung des § 8 BNatSchG a.F., der noch keine dem heutigen § 15 Abs. 1 S. 2 BNatSchG entsprechende Regelung enthielt.

410 BVerwG, Urt. v. 7.3.1997 – 4 C 10.96 – NuR 1997, 404, 406; *Stüer*, Rn 4407; *Wahl/Hönig*, NVwZ 2006, 161, 168.

411 *Kaltenborn*, LKRZ 2010, 321, 324.

412 Diese und weitere Beispiele finden sich bei *Stüer*, Rn 4412. Beispiele für Maßnahmen zur Vermeidung oder zumindest Verringerung der nachteiligen Auswirkungen listet auch der Umweltbericht zum Bundesbedarfsplanentwurf auf, abrufbar unter: http://www.netzausbau.de/cln_1932/DE/Bedarfsermittlung/Netzentwicklungsplan/Netzentwicklungsplan_2012/netzentwicklungsplan_2012_node.html, S. 112 ff.

413 Schumacher/Fischer-Hüftle/*A. Schumacher/Fischer-Hüftle*, § 15 Rn 22 f.

414 Lütkes/Ewer/*Lütkes*, § 13 Rn 2 sowie § 15 Rn 1 und 29; Schlacke/*Koch*, § 15 Rn 22.

415 Bzw. nach verbreiteter, aber abzulehnender Terminologie (siehe oben bei Rn 67) um einen Planungsleitsatz; vgl. BVerwG, Beschl. v. 30.10.1992 – 4 A 4.92 – UPR 1993, 62, 65; Lütkes/Ewer/*Lütkes*, § 15 Rn 11; *Stüer*, Rn 4414; Ziekow/*Durner*, Rn 758.

sind und das Landschaftsbild landschaftsgerecht wiederhergestellt oder neu gestaltet ist. Im Unterschied zur Ersatzmaßnahme kommt es danach hier auf die Wiederherstellung eines gleichartigen Zustands am Ort des Eingriffs an.[416]

203 **Ersetzt ist eine Beeinträchtigung** demgegenüber nach § 15 Abs. 2 S. 3 BNatSchG, wenn und sobald die beeinträchtigten Funktionen des Naturhaushalts in dem betroffenen Naturraum in gleichwertiger Weise hergestellt sind und das Landschaftsbild landschaftsgerecht neu gestaltet ist. Dies bedeutet, dass die Maßnahmen nicht direkt am Eingriffsort erfolgen müssen, vielmehr genügt ein lockerer räumlicher Bezug dazu.[417]

204 Dabei können § 15 Abs. 2 S. 4 BNatSchG zufolge auch **Kohärenzsicherungsmaßnahmen** gem. § 34 Abs. 5 BNatSchG[418] bzw. **vorgezogene Ausgleichsmaßnahmen** gem. § 44 Abs. 5 S. 3 BNatSchG[419] als Ausgleichs- oder Ersatzmaßnahmen anerkannt werden.

205 Die für Ausgleichs- bzw. Ersatzmaßnahmen herangezogenen **Flächen müssen ökologisch noch aufwertungsfähig und -bedürftig sein**, damit ein Ausgleich bzw. Ersatz der beeinträchtigen Funktionen erfolgen und so im Ergebnis wieder eine ausgeglichene Gesamtbilanz hergestellt werden kann.[420] Eine besondere Regelung hierzu trifft § 15 Abs. 3 BNatSchG, wonach für die Inanspruchnahme land- oder forstwirtschaftlich genutzter Flächen für Ausgleichs- und Ersatzmaßnahmen besondere Anforderungen zu beachten sind.

206 Schließlich regelt § 16 BNatSchG die Möglichkeit einer **Anerkennung früherer Maßnahmen** als Ausgleichs- und Ersatzmaßnahmen i.S.v. § 15 Abs. 2 BNatSchG sowie die Bevorratung von Ausgleichs- und Ersatzmaßnahmen mittels Ökokonten, Flächenpools und anderer Maßnahmen.

207 Als **mögliche Ausgleichsmaßnahmen** kommen – je nach den im konkreten Fall zu kompensierenden Beeinträchtigungen – vor allem **bei Beeinträchtigungen des Naturhaushalts** beispielsweise Ersatzanpflanzungen, Ersatzaufforstungen oder das Anlegen von Ersatzbiotopen infrage. Dies hängt im Einzelnen davon ab, welche Maßnahmen die erforderliche funktionale Identität im Hinblick auf die vorliegenden Beeinträchtigungen wahren.[421]

208 Geht es um **Beeinträchtigungen des Landschaftsbilds**, so ist ein Ausgleich anzunehmen, sobald die Veränderung – wiederum aus Sicht des durchschnittlichen Betrachters – nicht mehr als störend empfunden wird.[422] Nicht erforderlich ist hingegen, dass die Veränderung optisch nicht mehr wahrnehmbar ist.[423] Gerade im Fall von Hochspannungsleitungen wird dies aber nur schwer möglich sein, sodass es dann auf die Zulässigkeit des Eingriffs nach § 15 Abs. 5 und 6 BNatSchG ankommt.[424]

209 Eine entsprechende Beeinträchtigung kann u.U. durch den Bau einer Energieleitung allerdings durch die **Beseitigung einer bereits bestehenden Leitung** kompensiert werden. Dies ist jedoch nur möglich, wenn dabei auch ein räumlicher Bezug zur neuen Beeinträchtigung besteht.[425] Dieser räumliche Bezug muss wegen § 16 Abs. 1 Nr. 1 BNatSchG auch dann gewahrt sein,

---

416 Lütkes/Ewer/*Lütkes*, § 15 Rn 1 und 17; Schlacke/*Koch*, § 15 Rn 8 ff.

417 Näher dazu, insbesondere zur Frage der Abgrenzung des entsprechenden „Naturraums" Lütkes/Ewer/*Lütkes*, § 15 Rn 25 ff.; Schlacke/*Koch*, § 15 Rn 18 f.

418 Dazu siehe oben Rn 137 f.

419 Dazu siehe oben Rn 165 f.

420 Schlacke/*Koch*, § 15 Rn 12 und 20; Landmann/Rohmer/*Gellermann*, § 15 BNatSchG Rn 12.

421 Siehe dazu Landmann/Rohmer/*Gellermann*, § 15 BNatSchG Rn 9. Detailliert zu dem speziellen Problem der Ausgleichs- und Ersatzmaßnahmen bei Eingriffen im marinen Bereich Schumacher/Fischer-Hüftle/*Fischer-Hüftle/Czybulka*, § 15 Rn 167 ff.

422 Landmann/Rohmer/*Gellermann*, § 15 BNatSchG Rn 13. Näher zum Ausgleich und Ersatz von Beeinträchtigungen des Landschaftsbilds Schumacher/Fischer-Hüftle/*A. Schumacher/Fischer-Hüftle*, § 15 Rn 50 ff.

423 BVerwG, Urt. v. 27.9.1990 – 4 C 44/87 – NVwZ 1991, 364, 367.

424 Landmann/Rohmer/*Gellermann*, § 15 BNatSchG Rn 37.

425 Zu diesem Beispiel Schumacher/Fischer-Hüftle/*A. Schumacher/Fischer-Hüftle*, § 15 Rn 57. Ein weiteres Beispiel findet sich a.a.O., Rn 58: das Anlegen einer Biotopfläche, die die Leitungstrasse an der Stelle des Mastes kreuzt.

wenn die Kompensationsmaßnahme auf der Grundlage eines sog. Ökokontos zugelassen wurde.[426] Unerheblich ist hingegen, ob die andere Energieleitung „sowieso“ abgebaut worden wäre, solange hierzu keine öffentlich-rechtliche Verpflichtung bestand.[427]

Maßnahmen nach § 15 Abs. 2 BNatSchG müssen vorbehaltlich des § 16 BNatSchG **zeitnah** zum jeweiligen Eingriff erfolgen.[428] Auch § 15 Abs. 5 BNatSchG verlangt einen Ausgleich oder Ersatz „in angemessener Frist“. Weitere Bestimmungen zur Ausführung, Unterhaltung und rechtlichen Sicherung der Ausgleichs- und Ersatzmaßnahmen enthält § 15 Abs. 4 BNatSchG. Bei alledem bildet der Verhältnismäßigkeitsgrundsatz eine Grenze entsprechender Maßnahmen.[429] 210

Die Rechtsprechung fordert schließlich eine auch für das Gericht nachvollziehbare **quantifizierende Bewertung von Eingriff und Kompensation**, die auch verbal-argumentativ erfolgen kann. Die Eingriffs- und Kompensationsbilanz muss im Planfeststellungsbeschluss also offengelegt werden, doch muss dies mangels näherer rechtlicher Vorgaben nicht in Form eines bestimmten, standardisierten Modells erfolgen.[430] Dies schließt jedoch nicht aus, dass die zuständige Behörde auf standardisierte Modelle zurückgreift, wie sie etwa in der Fachliteratur speziell für den Ausgleich von Beeinträchtigungen des Landschaftsbilds durch Freileitungen entwickelt wurden.[431] 211

Im Rahmen dieser rechtlichen Vorgaben ist der zuständigen Behörde bei der Auswahl der Ausgleichs- oder Ersatzmaßnahmen sowie der dafür geeigneten Flächen ein **naturschutzfachlicher Einschätzungsspielraum** zuzugestehen, sodass das Gericht lediglich prüfen kann, ob die entsprechenden Bewertungen naturschutzfachlich vertretbar sind und sich die Behörde auf geeignete Bewertungsverfahren stützt.[432] 212

d) Zulässigkeit eines Eingriffs nach § 15 Abs. 5 und 6 BNatSchG

Können die durch das Vorhaben hervorgerufenen unvermeidbaren Beeinträchtigungen auch **nicht** ausgeglichen oder ersetzt werden, so kommt dennoch eine Zulassung des Eingriffs nach § 15 Abs. 5 und 6 BNatSchG in Betracht. Zwar bestimmt § 15 Abs. 5 BNatSchG, dass ein solcher Eingriff *„[...] nicht zugelassen oder durchgeführt werden [darf]“*, wenn die Belange des Naturschutzes und der Landschaftspflege bei der Abwägung aller Anforderungen an Natur und Landschaft anderen Belangen im Range vorgehen. Daraus folgt aber im Umkehrschluss, wie auch § 15 Abs. 6 S. 1 BNatSchG bestätigt, dass die Belange des Naturschutzes und der Landschaftspflege im Rahmen der **Abwägung** überwunden werden können und das Vorhaben in der Folge zugelassen werden kann. 213

---

426 Vgl. zu einem solchen Fall OVG Schleswig, Urt. v. 1.7.2011 – 1 KS 20/10 – NuR 2012, 424, 429 f. Dort auch zum Folgenden.

427 Dies folgt bei früheren Maßnahmen aus einem Umkehrschluss aus § 16 Abs. 1 Nr. 2 BNatSchG, muss aber auch für eigens aus Anlass des Eingriffs durchgeführte Kompensationsmaßnahmen gelten.

428 Landmann/Rohmer/*Gellermann*, § 15 BNatSchG Rn 11. Näher dazu Schumacher/Fischer-Hüftle/*A. Schumacher/Fischer-Hüftle*, § 15 Rn 77 ff.

429 Schumacher/Fischer-Hüftle/*A. Schumacher/Fischer-Hüftle*, § 15 Rn 30; Landmann/Rohmer/*Gellermann*, § 15 BNatSchG Rn 19.

430 BVerwG, Urt. v. 9.6.2004 – 9 A 11/03 – NVwZ 2004, 1486, Ls. 5 und 1497.

431 Vgl. das im Internet unter http://www.umwelt.nrw.de/naturschutz/pdf/landschaftsbildbewertung_pdf.pdf abrufbare Modell von *Nohl*, Beeinträchtigungen des Landschaftsbildes durch mastenartige Eingriffe, 1993. Hierauf verweist etwa auch *Schiller*, UPR 2009, 245, 248.

432 Vgl. etwa BVerwG, Urt. v. 9.6.2004 – 9 A 11/03 – NVwZ 2004, 1486, Ls. 6 und 1497; Schlacke/*Koch*, § 15 Rn 11 und 20.

214 Rechtsdogmatisch umstritten ist, ob es sich hierbei um eine „echte“ planerische Abwägung oder eine „unechte“, gerichtlich voll überprüfbare nachvollziehende Abwägung handelt.[433] Dieser Meinungsstreit ist mit der Rechtsprechung schon aus Gründen der inneren Stimmigkeit dahingehend zu entscheiden, dass die Entscheidung, ob die Belange des Naturschutzes und der Landschaftspflege im Range vorgehen, im Ergebnis **nur einer eingeschränkten gerichtlichen Kontrolle** unterliegt,[434] weil sie auf vorangegangenen naturschutzrechtlichen Prüfungen aufbaut, die ebenfalls nach dem Vorstehenden nur einer eingeschränkten gerichtlichen Kontrolle unterliegen.[435]

215 Im Rahmen dieser Abwägung wiegen zwar die Belange von Naturschutz und Landschaftspflege umso stärker, je größer das Kompensationsdefizit im konkreten Fall ist; d.h., es kommt darauf an, ob und inwieweit ein Ausgleich oder Ersatz nach § 15 Abs. 2 BNatSchG nicht möglich ist.[436] Allerdings hat das BVerwG ausdrücklich festgestellt, dass selbst **schwere Beeinträchtigungen** des Naturhaushalts und des Landschaftsbilds **in Kauf genommen werden können**, wenn den für das Vorhaben sprechenden Belangen ein größeres Gewicht zukommt.[437] Angesichts dessen kommt in einem solchen Fall auch eine Zulassung in Betracht, wenn die mit einem Netzausbau verfolgten Interessen, etwa wegen der Bedeutung des konkreten Vorhabens für die Versorgungssicherheit und für das Erreichen des Ziels einer klimaverträglichen Energieversorgung, gegenüber den Belangen des Naturschutzes und der Landschaftspflege überwiegen.[438]

216 Wird der Eingriff danach zugelassen, so ist nach § 15 Abs. 6 S. 1 BNatSchG zwingend **Ersatz in Geld** zu leisten. Die näheren Modalitäten, insbesondere die Bemessung dieser Ersatzzahlung bestimmt § 15 Abs. 6 S. 2–7 BNatSchG.

e) Konkretisierende Regelungen

217 Wie die vorstehenden Ausführungen belegen, handelt es sich bei der Prüfung der naturschutzrechtlichen Eingriffsregelung um ein überaus komplexes Prüfungsverfahren. Vor diesem Hintergrund ermächtigt § 15 Abs. 7 BNatSchG das BMU, durch Rechtsverordnung das Nähere zur Kompensation einschließlich der Höhe und des Verfahrens zur Erhebung der Ersatzzahlung zu regeln. Von dieser Ermächtigung hat das Ministerium indessen bislang noch keinen Gebrauch gemacht, sodass derzeit entsprechende landesrechtliche Bestimmungen weiterhin anwendbar sind, soweit sie nicht im Widerspruch zu den abweichungsfesten Regelungen des BNatSchG stehen.[439] Darüber

---

433 Zu diesem Streit siehe Lütkes/Ewer/*Lütkes*, § 15 Rn 67; Schlacke/*Koch*, § 15 Rn 30 ff.; *Lau*, NuR 2011, 762, 769; Landmann/Rohmer/*Gellermann*, § 15 BNatSchG Rn 33; jeweils m.w.N.; Ziekow/*Durner*, Rn 760 wendet sich gegen das Modell einer doppelten Abwägung, da die naturschutzfachliche faktisch in der fachplanerischen Abwägung aufgehe.

434 So BVerwG, Urt. v. 17.1.2007 – 9 C 1/06 – NVwZ 2007, 581, 583 f., in Auseinandersetzung mit der Gegenansicht. Ebenfalls zustimmend Schlacke/*Koch*, § 15 Rn 35.

435 Siehe oben Rn 195 und 211 f.

436 Landmann/Rohmer/*Gellermann*, § 15 BNatSchG Rn 35.

437 Vgl. BVerwG, Urt. v. 31.1.2002 – 4 A 15/01 – NVwZ 2002, 1103, Ls. 6 und 1111, wo das Gericht freilich auch darauf hinweist, dass sich ein weitergehender Schutz von Natur und Landschaft immerhin über Schutzgebietsausweisungen erreichen lässt.

438 Vgl. *Kaltenborn*, LKRZ 2010, 321, 324. Ein Beispiel für die Zulässigkeit einer 110 kV-Freileitung, wobei das Interesse an einer sicheren Energieversorgung die Interessen von Natur und Landschaft im konkreten Fall überwogen hat, stellt auch die Entscheidung des VGH Mannheim, Urt. v. 8.9.1999 – 10 S 1406/98 – NuR 2000, 455, 459 dar. Siehe hier wiederum auch die Rn 128 ff. zu den für das Vorhaben sprechenden Gründen.

439 *Kaltenborn*, LKRZ 2010, 321, 324. Vgl. auch Lütkes/Ewer/*Lütkes*, § 15 Rn 80 ff. sowie Schlacke/*Koch*, § 15 Rn 46 ff., die auch auf bestehende landesrechtliche Regelungen eingehen.

hinaus haben sämtliche Länder Auslegungshilfen und andere Dokumente erstellt, die in der Praxis von erheblicher Bedeutung sind.[440]

Ob und wann der vom BMU im Dezember 2012 vorgelegte **Entwurf einer Bundeskompensationsverordnung**[441] in Kraft treten wird, bleibt noch abzuwarten, insbesondere da gem. § 15 Abs. 7 S. 1 BNatSchG die Zustimmung des Bundesrates erforderlich ist. Ausgehend vom bisher veröffentlichten Entwurf soll die Anwendung der naturschutzrechtlichen Eingriffsregelung durch Konkretisierung und bundeseinheitliche Standardisierung „transparenter und effektiver" gestaltet werden.[442] Auch die Begründung dieses Verordnungsentwurfs nimmt dabei ausdrücklich auf die Herausforderungen der Energiewende und des Netzausbaus Bezug.[443] Neben der Verbesserung der Anwendung der bundesrechtlichen Vorschriften über Ausgleich- und Ersatzmaßnahmen sowie ggf. erforderliche Ersatzzahlungen wird mit der Verordnung auch das Ziel verfolgt, einen Beitrag zur Verringerung der Flächeninanspruchnahme zu leisten. Besonders deutlich wird dies angesichts der Bestimmung in § 2 Abs. 3 S. 3 sowie Abs. 4 und Abs. 5 des Entwurfs zu den allgemeinen Anforderungen an die Kompensation.[444] 218

Die Verordnung soll dem Entwurf zufolge aus fünf Abschnitten bestehen. Hinzu kommen insgesamt sieben Anlagen, die von wesentlicher Bedeutung sind. Nach einer Regelung zum Anwendungsbereich (§ 1) und den allgemeinen Anforderungen an die Kompensation (§ 2) enthält der Verordnungsentwurf zunächst einen Abschnitt über die Ermittlung des Kompensationsbedarfs und konkretisiert, wie der vorhandene Zustand von Natur und Landschaft sowie die durch den Eingriff zu erwartenden Beeinträchtigungen zu bewerten sind. Dazu sind die in den Anlagen enthaltenen Tabellen heranzuziehen. Anschließend regelt die Verordnung dem Entwurf zufolge die Anforderungen an Ausgleich und Ersatz von Beeinträchtigungen. Dabei wird zwischen erheblichen Beeinträchtigungen, bei denen der zuvor vorgenommenen Bewertung zufolge eine besondere Schwere zu erwarten ist, und sonstigen erheblichen Beeinträchtigungen differenziert (vgl. §§ 5 und 6 des Entwurfs). Ist eine besondere Schwere zu erwarten, so soll Ausgleich bzw. Ersatz durch funktionsspezifische Maßnahmen erfolgen, anderenfalls nach dem in der Verordnung geregelten Biotopwertverfahren.[445] Auch hier enthalten die Anlagen zur Verordnung erneut wesentliche Vorgaben. Weitere Bestimmungen der Verordnung (§§ 7 und 8 des Entwurfs) beziehen sich auf die agrarstrukturellen Belange i.S.d. § 15 Abs. 3 BNatSchG sowie die Unterhaltung und rechtliche Sicherung der Ausgleichs- und Ersatzmaßnahmen gem. § 15 Abs. 4 BNatSchG. Der vierte Abschnitt der Verordnung regelt schließlich Voraussetzungen und Höhe der Ersatzzahlungen nach § 15 Abs. 6 BNatSchG, der fünfte und letzte Abschnitt enthält eine Übergangsregelung und die Regelung zum Inkrafttreten der Verordnung. 219

Für den hier untersuchten Netzausbau ist insbesondere auf die Bestimmungen des Verordnungsentwurfs für **Eingriffe in das Landschaftsbild durch Masten** hinzuweisen. Zum einen gilt für Beeinträchtigungen oberhalb von 10 m über der Geländeoberfläche nach § 5 Abs. 2 des Entwurfs eine Sonderregelung im Hinblick auf Ausgleichs- und Ersatzmaßnahmen. Danach ist bei diesen nicht zwischen erheblichen Beeinträchtigungen von besonderer Schwere und sonstigen Beeinträchtigungen zu differenzieren. Vielmehr findet immer § 6 des Entwurfs (Anforderun- 220

440 Vgl. die entsprechenden Übersichten bei Lütkes/Ewer/*Lütkes*, § 15 Rn 83, sowie bei Schlacke/*Koch*, § 15 Rn 59.

441 Der Entwurf ist über die Seite des BMU abrufbar: http://www.bmu.de/service/publikationen/downloads. Nach den dort veröffentlichten Angaben ist dieser Entwurf vom 5.11.2012 auch innerhalb der Bundesregierung noch nicht abschließend abgestimmt und befindet sich noch in der Phase der Anhörung der Bundesländer und Verbände.

442 So die Ausführungen in der Begründung des Entwurfs, S. 1, ebenfalls abrufbar unter: http://www.bmu.de/service/publikationen/downloads.

443 Vgl. S. 2 der Begründung.

444 Siehe dazu insbesondere S. 2 und 6 f. der Begründung.

445 Vgl. S. 2, 8 f. der Begründung.

gen an den Ausgleich und den Ersatz bei erheblichen Beeinträchtigungen von besonderer Schwere) Anwendung.[446] Zum anderen enthält § 9 Abs. 1 S. 3 des Entwurfs eine Regelvermutung dahingehend, dass Beeinträchtigungen des Landschaftsbildes durch Masten und Turmbauten oberhalb von 10 m über der Geländeoberfläche nicht ausgleichbar oder ersetzbar sind und daher in den entsprechenden Fällen eine Ersatzzahlung zu leisten ist.[447]

III. Immissionsschutzrechtliche Vorgaben

221 Strikt zu beachtende Vorgaben (Planungsleitsätze) für Energieleitungen enthält neben dem Naturschutzrecht vor allem das Immissionsschutzrecht. **Prüfungsmaßstab** ist dabei im Ausgangspunkt **§ 22 BImSchG**, weil Energieleitungen zwar unter den in § 43 EnWG genannten Voraussetzungen einer Planfeststellung bedürfen. Sie zählen aber (auch dann) nicht zu den genehmigungsbedürftigen Anlagen i.S.d. § 4 BImSchG.[448] Nicht genehmigungsbedürftige Anlagen sind gem. § 22 Abs. 1 S. 1 BImSchG so zu errichten, dass
- schädliche Umwelteinwirkungen verhindert werden, die nach dem Stand der Technik vermeidbar sind,
- nach dem Stand der Technik unvermeidbare schädliche Umwelteinwirkungen auf ein Mindestmaß beschränkt werden und
- die beim Betrieb der Anlage entstehenden Abfälle ordnungsgemäß beseitigt werden können.

222 **Schädliche Umwelteinwirkungen** wiederum sind gem. § 3 Abs. 1 BImSchG Immissionen, die nach Art, Ausmaß oder Dauer geeignet sind, Gefahren, erhebliche Nachteile oder erhebliche Belästigungen für die Allgemeinheit oder die Nachbarschaft herbeizuführen. Immissionen sind gem. § 3 Abs. 2 BImSchG auf Menschen, Tiere, Pflanzen, Boden, Wasser, Atmosphäre oder Kultur- und sonstige Sachgüter einwirkende Luftverunreinigungen, Geräusche, Erschütterungen, Licht, Wärme, Strahlen und ähnliche Umwelteinwirkungen.

223 **Im Fall der Energieleitungen** stehen zwei Arten von Immissionen im Zentrum, die auch im Folgenden noch näher behandelt werden: Geräuschimmissionen aufgrund der sog. Koronaentladungen und die Einwirkungen elektromagnetischer Felder, die häufig „Elektrosmog" genannt werden. Die Anforderungen, die sich im Hinblick auf diese beiden Umwelteinwirkungen aus § 22 Abs. 1 BImSchG ergeben, werden durch die 26. BImSchV, die Verordnung über elektromagnetische Felder,[449] sowie durch die TA Lärm[450] konkretisiert.[451]

224 Neben den Anforderungen, die § 22 Abs. 1 BImSchG aufstellt, enthält auch **§ 50 BImSchG** Vorgaben für raumbedeutsame Planungen und Maßnahmen (damit auch für Planfeststellun-

---

446 Siehe S. 8 f. der Begründung.

447 Dazu S. 10 der Begründung. So komme nur ausnahmsweise statt einer Ersatzzahlung eine Kompensation durch Rückbau vergleichbarer Anlagen in Betracht.

448 Vgl. BVerwG, Beschl. v. 22.7.2010 – 7 VR 4/10 – NVwZ 2010, 1486, 1487; Thomé-Kozmiensky/Beckmann/*Appel*, S. 211, 222.

449 Sechsundzwanzigste Verordnung zur Durchführung des Bundes-Immissionsschutzgesetzes (Verordnung über elektromagnetische Felder – 26. BImSchV) vom 16.12.1996 (BGBl. I S. 1966). Dazu hat die Bund/Länder-Arbeitsgemeinschaft für Immissionsschutz (LAI) Hinweise zur Durchführung der Verordnung über elektromagnetische Felder beschlossen; siehe den Nachweis bei *Jarass*, § 23 Rn 32; die Hinweise sind zudem abrufbar über http://www.sachsen-anhalt.de/index.php?id=35730.

450 Sechste Allgemeine Verwaltungsvorschrift zum Bundes-Immissionsschutzgesetz (Technische Anleitung zum Schutz gegen Lärm – TA Lärm) vom 26.8.1998 (GMBl. S. 503).

451 Vgl. Thomé-Kozmiensky/Beckmann/*Appel*, S. 211, 22 f. Zur TA Lärm siehe auch *Jarass*, § 48 Rn 26.

gen[452]).[453] Bei den hier betrachteten Energieleitungen wird auch das Kriterium der „Raumbedeutsamkeit"[454] in der Regel erfüllt sein. Damit gilt gem. § 50 S. 1 BImSchG, dass

> *„[...] die für eine bestimmte Nutzung vorgesehenen Flächen einander so zuzuordnen [sind], dass schädliche Umwelteinwirkungen und von schweren Unfällen im Sinne des Art. 3 Nr. 5 der Richtlinie 96/82/EG in Betriebsbereichen hervorgerufene Auswirkungen auf die ausschließlich oder überwiegend dem Wohnen dienenden Gebiete sowie auf sonstige schutzbedürftige Gebiete [...] so weit wie möglich vermieden werden".*

Bei diesem „Trennungsgebot" handelt es sich allerdings nicht um eine strikt zu beachtende Vorgabe im Sinne eines Planungsleitsatzes, sondern um ein sog. Optimierungsgebot[455] bzw. eine **„Abwägungsdirektive"**.[456] Das bedeutet, dass den Belangen des Immissionsschutzes hier im Rahmen der Abwägung zwar kein genereller Vorrang, doch ein besonderes Gewicht eingeräumt wird, das den Abwägungsspielraum entsprechend begrenzt.[457] Aus diesem Grund soll auf § 50 BImSchG an dieser Stelle nicht näher eingegangen werden; vielmehr konzentrieren sich die Ausführungen im Folgenden auf die hier besonders relevanten, konkreten rechtlichen Vorgaben im Hinblick auf elektromagnetische Felder und Entladungsgeräusche.[458] 225

1. Schutz vor Entladungsgeräuschen

Entladungs- bzw. „Koronageräusche" treten nicht ständig und insbesondere nicht an allen Energieleitungen gleichermaßen auf. Betroffen sind **nur Freileitungen**, keine Erdkabel,[459] **und hier nur Drehstromleitungen**. An Gleichstromfreileitungen entstehen also keine Koronaentladungen.[460] Wahrnehmbar sind Schallemissionen der Koronaentladungen einerseits als anhaltendes Knistergeräusch, andererseits auch als tiefer Brummton, der bei Regen lauter wird.[461] Der Koronaeffekt und die damit einhergehenden Geräusche treten vor allem bei nasser Witterung 226

452 Siehe nur *Jarass*, § 50 Rn 1.

453 Zum Verhältnis von § 50 BImSchG zu den anlagenbezogenen Bestimmungen des Immissionsschutzrechts Landmann/Rohmer/*Hansmann/Röckinghausen*, § 50 BImSchG Rn 15. Siehe zu § 50 BImSchG bereits Kap. 3 Rn 352 f., wobei dort zu Recht darauf hingewiesen wird, dass § 50 BImSchG – entgegen einer in der Literatur vertretenen Auffassung – im Rahmen der Bedarfsplanung noch keine Bedeutung zukommen kann.

454 Siehe dazu im Einzelnen *Jarass*, § 50 Rn 4 ff.

455 *Jarass*, § 50 Rn 23; Landmann/Rohmer/*Hansmann/Röckinghausen*, § 50 BImSchG Rn 64.

456 So die jüngere Rechtsprechung – vgl. nur BVerwG, Urt. v. 19.4.2012 – 4 CN 3.11 – ZfBR 2012, 566, 570; Beschl. v. 22.7.2010 – 7 VR 4/10 – NVwZ 2010, 1486, 1489; Urt. v. 13.5.2009 – 9 A 72/07 – NVwZ 2009, 1498, 1503; Urt. v. 28.1.1999 – 4 CN 5-98 – NVwZ 1999, 1222, 1223. Noch zur Bezeichnung als „Optimierungsgebot" siehe dagegen beispielsweise BVerwG, Urt. v. 22.3.1985 – 4 C 73/82 – NJW 1986, 82, 83.

457 *Jarass*, § 50 Rn 23 f.; Landmann/Rohmer/*Hansmann/Röckinghausen*, § 50 BImSchG Rn 49 f. Zur Abwägung allgemein und insbesondere zur Bedeutung von Optimierungsgeboten siehe Kap. 11 Rn 9 und 47 ff.

458 Auch für die Entscheidung BVerwG, Beschl. v. 22.7.2010 – 7 VR 4/10 – NVwZ 2010, 1486, 1489 kam § 50 BImSchG dem Gericht zufolge keine eigenständige Bedeutung mehr zu, da bereits keine schädlichen Umwelteinwirkungen vorlagen. Zu den Anforderungen des § 50 BImSchG sei im Übrigen auf die entsprechenden Ausführungen bei Landmann/Rohmer/*Hansmann/Röckinghausen* sowie *Jarass* verwiesen.

459 Vgl. die Ergebnisse der BMU-Studie „Ökologische Auswirkungen von 380-kV-Erdleitungen und HGÜ-Erdleitungen" (1.10.2009–31.12.2011), Bd. 1: Zusammenfassung der wesentlichen Ergebnisse, S. 7 sowie Bd. 2: Bericht der Arbeitsgruppe Umwelt, S. 59, abrufbar unter: http://www.efzn.de/index.php?id=238&no_cache=1&tx_wiwiprojekte_pi4[showUid]=80.

460 DUH, Forum Netzintegration Erneuerbare Energien. Plan N 2010 – Handlungsempfehlungen an die Politik, S. 75, abrufbar unter: http://www.forum-netzintegration.de/123.

461 Forschungs- und Entwicklungsvorhaben im Auftrag des Bundesamtes für Naturschutz, „Naturschutzfachliche Analyse von küstennahen Stromleitungen", Endbericht v. 21.10.2009, S. 26 f., abrufbar unter: http://www.bfn.de/fileadmin/MDB/documents/themen/erneuerbareenergien/endbericht_ausbau_stromleitung_kueste.pdf.

auf und sind in ihrer Wahrnehmbarkeit darüber hinaus von den jeweiligen Windverhältnissen abhängig.[462] Die Geräusche nehmen mit steigender Spannung zu, hängen dabei aber zusätzlich von der Anordnung der Leiterseile ab: So können die Schallemissionen bei Leitungen der Spannungsebene 380 kV je nach Anordnung der Leiterseile über 50 dB erreichen, während sie bei Leitungen der 110 kV-Ebene in der Regel nicht wahrnehmbar sind.[463] Schließlich nimmt der Koronaeffekt auch bei hohen Temperaturen der Leiterseile (über 80 °C) zu, sodass diese Beeinträchtigungen insbesondere bei der Beurteilung sog. Hochtemperaturseile relevant werden.[464]

227 Die **Vorschriften der TA Lärm** sind gem. deren Nr. 1 Abs. 3 lit. b) aa) auch und gerade bei der Prüfung der Einhaltung des § 22 BImSchG im Rahmen der Prüfung von Anträgen auf öffentlich-rechtliche Zulassung nach anderen Vorschriften zu beachten. Nicht vom Anwendungsbereich der TA Lärm erfasst wird nach deren Nr. 1 lit. f) dagegen etwaiger, im Zuge der Errichtung der Energieleitungen von Baustellen ausgehender Lärm.[465] Mit Blick auf den durch Energieleitungen verursachten Lärm sind die Vorschriften der TA Lärm jedoch ungeachtet der Tatsache, dass es sich „nur" um eine auf der Grundlage von § 48 Abs. 1 BImSchG erlassene Verwaltungsvorschrift handelt, für die Behörden und Gerichte **grundsätzlich verbindlich**.[466]

228 Die TA Lärm enthält in Nr. 6.1 **Immissionsrichtwerte** für Immissionsorte außerhalb von Gebäuden; hinzu kommen in Nr. 6.3 i.V.m. Nr. 7.2 entsprechende Richtwerte für „seltene Ereignisse". Diese Werte **werden in der Regel nicht überschritten**.[467] Im hier regelmäßig betroffenen Außenbereich besteht zudem eine verminderte Schutzwürdigkeit.[468] Schließlich ist wertend Nr. 7.2 TA Lärm zu berücksichtigen, der für seltene Ereignisse eine spezielle Sonderprüfung vorsieht.[469] Aus diesen Gründen stellen Koronageräusche zumeist bereits keine schädliche Umwelteinwirkung i.S.d. § 22 Abs. 1 S. 1 BImSchG dar.[470]

229 Sollte dies ausnahmsweise im Einzelfall anders sein, sind gem. § 22 Abs. 1 S. 1 Nr. 1 BImSchG **Maßnahmen zur Reduzierung** der Koronarentladungen und der damit einhergehenden **Geräuschimmissionen** in Betracht zu ziehen. Infrage kommt neben einer Verringerung der Feldstärke (durch Vergrößerung der Leiterradien oder Verwendung mehrerer Leiter im Bündel) eine

---

462 *Schiller*, UPR 2009, 245, 248.

463 Vgl. das Forschungs- und Entwicklungsvorhaben im Auftrag des Bundesamtes für Naturschutz, „Naturschutzfachliche Analyse von küstennahen Stromleitungen", Endbericht v. 21.10.2009, abrufbar unter: http://www.bfn.de/fileadmin/MDB/documents/themen/erneuerbareenergien/endbericht_ausbau_stromleitung_kueste.pdf, S. 27; hier (S. 25 ff.) findet sich auch eine Erläuterung der Entstehung des Koronaeffekts. Ebenso im Ergebnis *Weidemann/Ruttloff*, DVBl. 2012, 1203, 1204.

464 DUH, Forum Netzintegration Erneuerbare Energien. Plan N 2010 – Handlungsempfehlungen an die Politik, S. 75, abrufbar unter: http://www.forum-netzintegration.de/123.

465 *Stüer*, Rn 4510. Wie bei sonstigen Bauarbeiten, so kommt es auch im Zuge der Errichtung einer Energieleitung gerade in der Bauphase – damit allerdings zeitlich beschränkt – zu Lärm und anderen Emissionen, hervorgerufen u.a. durch die benötigten Baufahrzeuge. So berücksichtigt auch der Umweltbericht zum Bundesbedarfsplanentwurf, abrufbar unter: http://www.netzausbau.de/cln_1932/DE/Bedarfsermittlung/Netzentwicklungsplan/Netzentwicklungsplan_2012/netzentwicklungsplan_2012_node.html, u.a. S. 80, 84 oder 87 f., bereits entsprechende Auswirkungen. Zum Problem des Baustellenlärms und insbesondere zur einschlägigen Verwaltungsvorschrift AVV-Baulärm siehe *Dziallas/Kullick*, NZBau 2011, 544 ff.

466 Vgl. zuletzt BVerwG, Urt. v. 29.8.2007 – 4 C 2/07 – BVerwGE 129, 209 = NVwZ 2008, 76; ausführlich zur dogmatischen Begründung und zu den unionsrechtlichen Zusammenhängen *Faßbender*, S. 75 ff. und 210 ff.

467 So etwa *Schiller*, UPR 2009, 245, 248; Thomé-Kozmiensky/Beckmann/*Appel*, S. 211, 223; aus der Rechtsprechung OVG Schleswig, Urt. v. 1.7.2011 – 1 KS 20/10 – NuR 2012, 424, 433; ausführlich zu den in Betracht kommenden Überschreitungen *Weidemann/Ruttloff*, DVBl. 2012, 1203, 1207.

468 *Schiller*, UPR 2009, 245, 248. Zur Identifizierung der Gebiete im Rahmen der Prüfung der Einhaltung der TA Lärm siehe auch Steinbach/*Nebel/Riese*, § 43 EnWG Rn 159 ff. sowie § 18 NABEG Rn 117 ff.

469 Näher dazu *Weidemann/Ruttloff*, DVBl. 2012, 1203, 1209.

470 Daher missverständlich *de Witt/Durinke/Kause*, Rn 96.

Beschichtung der Leiter, die ein schnelleres Abtrocknen ermöglicht und somit bei nassen Witterungsverhältnissen, bei denen die Geräusche besonders wahrnehmbar sind, Abhilfe schaffen können.[471] Kommt es danach immer noch zu nennenswerten Überschreitungen der einschlägigen Immissionsrichtwerte, so sind die Lärmeinwirkungen gem. § 22 Abs. 1 S. 1 Nr. 2 BImSchG auf ein Mindestmaß zu beschränken.[472]

2. Schutz vor elektromagnetischen Feldern

Wenn es um den Schutz vor elektromagnetischen Feldern geht, ist im Planfeststellungsverfahren in der Regel die Einhaltung der Anforderungen der 26. BImSchV zu prüfen. Es ist aber bis heute umstritten, ob das in dieser Verordnung vorgeschriebene Schutzniveau ausreicht. Ferner stellt sich die Frage, welche Anforderungen jenseits des Anwendungsbereichs der 26. BImSchV gelten sollen. 230

a) Die Anforderungen der 26. BImSchV

Der **Anwendungsbereich** der 26. BImSchV umfasst nach deren § 1 Abs. 1 bestimmte, immissionsschutzrechtlich nicht genehmigungsbedürftige Hoch- und Niederfrequenzanlagen. Zu diesen Niederfrequenzanlagen gehören nach § 1 Abs. 2 Nr. 2 lit. a) auch Freileitungen und Erdkabel mit einer Frequenz von 50 Hz und einer Spannung von 1.000 V und mehr. Solche Werte werden jedoch nur dann erreicht, wenn sie als Dreh- oder Wechselstromleitungen betrieben werden. Demgegenüber werden Gleichstromübertragungsleitungen bislang nicht vom Anwendungsbereich der Verordnung der 26. BImSchV erfasst.[473] 231

Während an **Freileitungen** sowohl elektrische wie auch magnetische Felder zu beachten sind, spielen im Falle einer **Erdverkabelung** lediglich magnetische Felder eine Rolle, weil elektrische Felder der Kabel durch ihre Umhüllung und das Erdreich bereits sehr gut abgeschirmt werden.[474] Magnetische Felder treten dort aber ebenso auf wie unter Freileitungen, nehmen allerdings mit zunehmender Entfernung vom Erdkabel auch schneller ab.[475] Im Übrigen sind die im konkreten Fall auftretenden **Immissionen von unterschiedlichen Faktoren abhängig**, so von der jeweiligen Spannungsebene (Hoch- oder Höchstspannung), der Anordnung der einzel- 232

471 Forschungs- und Entwicklungsvorhaben im Auftrag des Bundesamtes für Naturschutz, „Naturschutzfachliche Analyse von küstennahen Stromleitungen", Endbericht v. 21.10.2009, S. 138, abrufbar unter: http://www.bfn.de/fileadmin/MDB/documents/themen/erneuerbareenergien/endbericht_ausbau_stromleitung_kueste.pdf; BMU-Studie „Ökologische Auswirkungen von 380-kV-Erdleitungen und HGÜ-Erdleitungen" (1.10.2009–31.12.2011), Bd. 2: Bericht der Arbeitsgruppe Umwelt, S. 60, abrufbar unter: http://www.efzn.de/index.php?id=238&no_cache=1&tx_wiwiprojekte_pi4[showUid]=80.

472 Näher dazu *Weidemann/Ruttloff*, DVBl. 2012, 1203, 1209 f.

473 Dazu sogleich Rn 246 ff.

474 Siehe dazu die BMU-Studie „Ökologische Auswirkungen von 380-kV-Erdleitungen und HGÜ-Erdleitungen" (1.10.2009–31.12.2011), Bd. 3: Bericht der Arbeitsgruppe Technik/Ökonomie, S. 229, abrufbar unter: http://www.efzn.de/index.php?id=238&no_cache=1&tx_wiwiprojekte_pi4[showUid]=80 sowie *Geschwentner/Pölzl*, UMID 3/2011, 5, 9. Siehe auch das Forschungs- und Entwicklungsvorhaben im Auftrag des Bundesamtes für Naturschutz, „Naturschutzfachliche Analyse von küstennahen Stromleitungen", Endbericht v. 21.10.2009, S. 52, abrufbar unter: http://www.bfn.de/fileadmin/MDB/documents/themen/erneuerbareenergien/endbericht_ausbau_stromleitung_kueste.pdf.

475 Vgl. *Geschwentner/Pölzl*, UMID 3/2011, 5, 11 sowie die entsprechende Abbildung auf S. 10. Dies belegen auch die Ergebnisse eines im Auftrag des Bundesamtes für Strahlenschutz durchgeführten Forschungsvorhabens: *Neitzke/Osterhoff/Voigt*, Bestimmung und Vergleich der von Erdkabeln und Hochspannungsfreileitungen verursachten Expositionen gegenüber niederfrequenten elektrischen und magnetischen Feldern, 2. korrigierte Auflage 2010, abrufbar unter: http://nbn-resolving.de/urn:nbn:de:0221-201011153619, siehe nur S. 0–4 sowie 64 und 195.

nen Leiter[476] bzw. Erdkabel, der aktuellen Stromlast, dem Abstand von der Leitung, der Masthöhe und dem Durchhang der Leiterseile bzw. der Verlegungstiefe bei Erdkabeln.[477]

233 Die von der Verordnung erfassten Niederfrequenzanlagen unterliegen gem. § 3 S. 1 i.V.m. Anhang 2 der 26. BImSchV bestimmten **Grenzwerten für die elektrische Feldstärke und die magnetische Flussdichte.** Diese Grenzwerte gelten danach für im Einwirkungsbereich der jeweiligen Anlage befindliche Gebäude und Grundstücke, die zum nicht nur vorübergehenden Aufenthalt von Menschen bestimmt sind und beziehen sich auf die höchste Auslastung der Anlagen. Nach dieser Norm sind bei der Prüfung der Werte auch die Immissionen anderer Niederfrequenzanlagen zu berücksichtigen.

234 Im Hinblick auf den **Einwirkungsbereich der Anlage** i.S.d. § 3 Abs. 1 S. 1 der Verordnung enthalten die LAI-Hinweise zur Durchführung der Verordnung[478] nähere Ausführungen, welcher Bereich dabei jeweils zu betrachten ist. Bei einer Freileitung handelt es sich dabei um einen an den äußersten Leiter grenzenden Streifen, dessen Breite von der jeweiligen Spannungsebene abhängt. Er beträgt bei Leitungen der 380 kV-Ebene 20 m, bei Leitungen der 220 kV-Ebene 15 m, bei Leitungen der Ebene 110 kV 10 m, im Falle niedrigerer Spannungsebenen lediglich 5 m. Für Erdkabel ist dagegen auf den Bereich im Radius von 1 m um das Kabel abzustellen.[479] Die in § 3 Abs. 1 S. 1 der 26. BImSchV als Maßstab genannte höchste betriebliche Anlagenauslastung bestimmt sich nach den LAI-Hinweisen nach dem maximalen betrieblichen Dauerstrom und der Nennspannung.[480] Bei den zu berücksichtigenden anderen Niederfrequenzanlagen handelt es sich nicht allein um solche im Anwendungsbereich der 26. BImSchV nach § 1.[481]

235 Bei der Beurteilung außer Acht bleiben nach § 3 S. 2 der 26. BImSchV bestimmte **kurzzeitige oder kleinräumige Grenzwertüberschreitungen**, soweit sich keine Anhaltspunkte für im konkreten Fall doch unzumutbare Belästigungen ergeben. Von dieser Sonderregelung für kurzzeitige oder kleinräumige Grenzwertüberschreitungen sind einige besonders sensible Bereiche wie z.B. Wohnungen, Krankenhäuser oder Schulen gem. § 4 der Verordnung ausgenommen.

236 Schließlich enthält § 8 der Verordnung eine **Ausnahmeregelung**. Danach können auf Antrag auch Ausnahmen von den soeben dargelegten Anforderungen zugelassen werden, soweit nach den Umständen des Einzelfalls keine schädlichen Umwelteinwirkungen zu erwarten sind. Zu beachten sind dabei allerdings insbesondere Art und Dauer der Anlagenauslastung und der Aufenthalt von Personen im Einwirkungsbereich der Anlage.

237 Die Grenzwerte nach Anhang 2 der 26. BImSchV betragen für die hier relevanten 50 Hz-Felder 5 kV/m für die elektrische Feldstärke und 100 µT für die magnetische Flussdichte. Diese **Grenzwerte können** sowohl bei Erdkabeln wie auch bei Freileitungen, insbesondere mit einer entsprechend günstigen Anordnung der Leiterseile bzw. Kabel und Anpassung ihrer Höhe bzw. Verlegungstiefe, **selbst bei maximaler Auslastung in der Regel eingehalten wer-**

476 Dabei gilt für Freileitungen beispielsweise die Dreiecksanordnung wie bei Verwendung des Donaumasts als die in dieser Hinsicht günstigste – vgl. Forschungs- und Entwicklungsvorhaben im Auftrag des Bundesamtes für Naturschutz, „Naturschutzfachliche Analyse von küstennahen Stromleitungen", Endbericht v. 21.10.2009, abrufbar unter: http://www.bfn.de/fileadmin/MDB/documents/themen/erneuerbareenergien/endbericht_ausbau_stromleitung_kueste.pdf, S. 136.

477 Vgl. dazu auch *Geschwentner/Pölzl*, UMID 3/2011, 5, 10; *de Witt/Durinke/Kause*, Rn 97. Eine ausführliche Übersicht über diese Einflussfaktoren findet sich bei *Neitzke/Osterhoff/Voigt*, Bestimmung und Vergleich der von Erdkabeln und Hochspannungsfreileitungen verursachten Expositionen gegenüber niederfrequenten elektrischen und magnetischen Feldern, 2. korrigierte Auflage 2010, abrufbar unter: http://nbn-resolving.de/urn:nbn:de:0221-201011153619, S. 11ff.

478 Siehe oben bei Rn 223.

479 Siehe S. 7, Nr. II.3.1 der LAI-Hinweise zur Durchführung der Verordnung über elektromagnetische Felder.

480 Siehe S. 7, Nr. II.3.3 der LAI-Hinweise zur Durchführung der Verordnung über elektromagnetische Felder.

481 Siehe S. 7f., Nr. II.3.4 der LAI-Hinweise zur Durchführung der Verordnung über elektromagnetische Felder.

den.[482] Unter bestimmten Umständen sind zwar in unmittelbarer Nähe von Freileitungen der 380 kV-Ebene auch Überschreitungen des Grenzwertes für elektrische Felder festgestellt worden.[483] Doch handelt es sich dabei entweder um kurzfristige Überschreitungen bei bestimmten Betriebs- und Witterungsbedingungen oder lediglich kleinräumige Überschreitungen im unmittelbaren Bereich der Leitungstrasse.[484] Darauf weisen auch die LAI-Hinweise zur Durchführung der Verordnung[485] unter Punkt II.3.5. ausdrücklich hin. In diesen Fällen sind daher die Voraussetzungen des § 3 S. 2 der 26. BImSchV zu prüfen und im Ergebnis zu bejahen, da die Überschreitungen den in § 3 S. 2 Nr. 2 genannten Wert nicht erreichen.[486]

b) Der Streit um das Schutzniveau der 26. BImSchV

Werden die entsprechenden Grenzwerte regelmäßig eingehalten und somit die rechtlichen Vorgaben auch erfüllt, wird den Vorhaben doch immer wieder der **Einwand** entgegengehalten, **die Grenzwerte** der 26. BImSchV **seien** mittlerweile **überholt**. Die Rechtsprechung hat dieses Argument **bisher mit guten Gründen zurückgewiesen.**[487] Sie kann sich dazu auf die Angaben der Strahlenschutzkommission des Bundes berufen, wonach die geltenden Grenzwerte nicht zu hoch[488] und bei ihrer Einhaltung in der Regel keine Gefahren zu befürchten seien.[489] 238

---

482 BK-EnR/*Lang*, 26. BImSchV § 3 Rn 6; *Greinacher*, ZUR 2011, 305, 309; *Hennig/Lühmann*, UPR 2012, 81, 84; ebenso *Schiller*, UPR 2009, 245, 248. So auch die Ergebnisse der BMU-Studie „Ökologische Auswirkungen von 380-kV-Erdleitungen und HGÜ-Erdleitungen“ (1.10.2009–31.12.2011), Bd. 1: Zusammenfassung der wesentlichen Ergebnisse, S. 11 sowie Bd. 3: Bericht der Arbeitsgruppe Technik/Ökonomie, S. 257, abrufbar unter: http://www.efzn.de/index.php?id=238&no_cache=1&tx_wiwiprojekte_pi4[showUid]=80. Das Forschungs- und Entwicklungsvorhaben im Auftrag des Bundesamtes für Naturschutz, „Naturschutzfachliche Analyse von küstennahen Stromleitungen“, Endbericht v. 21.10.2009, abrufbar unter: http://www.bfn.de/fileadmin/MDB/documents/themen/erneuerbareenergien/endbericht_ausbau_stromleitung_kueste.pdf, S. 52 zeigt speziell für das Problem der an Erdkabeln entstehenden Felder auf, wie durch entsprechende Anordnung bei Verlegung der Erdkabel nicht nur ein Überschreiten der Grenzwerte verhindert werden kann, sondern durch den Einsatz bestimmter Legierungen bzw. Abschirmungen auch strengere Werte eingehalten werden könnten.

483 Vgl. *Kaltenborn*, LKRZ 2010, 321, 323 sowie *Geschwentner/Pölzl*, UMID 3/2011, 5, 10. Dies zeigt auch die Auflistung der Ergebnisse durchgeführter Messungen und Berechnungen bei *Neitzke/Osterhoff/Voigt*, Bestimmung und Vergleich der von Erdkabeln und Hochspannungsfreileitungen verursachten Expositionen gegenüber niederfrequenten elektrischen und magnetischen Feldern, 2. korrigierte Auflage 2010, abrufbar unter: http://nbn-resolving.de/urn:nbn:de:0221-201011153619, siehe nur S. 64, 195, 319 und 376.

484 Siehe *Neitzke/Osterhoff/Voigt*, Bestimmung und Vergleich der von Erdkabeln und Hochspannungsfreileitungen verursachten Expositionen gegenüber niederfrequenten elektrischen und magnetischen Feldern, 2. korrigierte Auflage 2010, abrufbar unter: http://nbn-resolving.de/urn:nbn:de:0221-201011153619, S. 195 und 376.

485 Siehe oben bei Rn 223.

486 *Neitzke/Osterhoff/Voigt*, Bestimmung und Vergleich der von Erdkabeln und Hochspannungsfreileitungen verursachten Expositionen gegenüber niederfrequenten elektrischen und magnetischen Feldern, 2. korrigierte Auflage 2010, abrufbar unter: http://nbn-resolving.de/urn:nbn:de:0221-201011153619, S. 195.

487 Vgl. BVerfG, Beschl. v. 17.2.1997 – 1 BvR 1658/96 – NJW 1997, 2509 f.; Beschl. v. 28.2.2002 – 1 BvR 1676/01 – NJW 2002, 1638 ff.; Beschl. v. 22.7.2010 – 7 VR 4/10 – NVwZ 2010, 1486, 1487. So in jüngster Zeit auch OVG Schleswig, Urt. v. 1.7.2011 – 1 KS 20/10 – NuR 2012, 424, 433. Ferner OVG Lüneburg, Beschl. v. 19.1.2001 – 1 O 2761/00 – NVwZ 2001, 456, 457, das sich näher mit aktuellen wissenschaftlichen Untersuchungen auseinandersetzt und ebenfalls zu dem Ergebnis kommt, dass nach dem bisherigen Stand der Wissenschaft mangels verlässlicher Erkenntnis die geltenden Grenzwerte noch nicht als überholt anzusehen sind. Zustimmend beispielsweise BK-EnR/*Lang*, 26. BImSchV § 3 Rn 12 f.

488 Vgl. die Empfehlung der Strahlenschutzkommission v. 21./22.2.2008 zum Schutz vor elektrischen und magnetischen Feldern der elektrischen Energieversorgung und -anwendung, abrufbar unter: http://www.ssk.de/SharedDocs/Beratungsergebnisse_PDF/2008/Felder_Energieversorgung.html?nn=2829038, insbesondere S. 3 und 5, wonach keine hinreichenden Gründe, keine belastbaren wissenschaftlichen Erkenntnisse bestünden, die geltenden Grenzwerte zu ändern oder zusätzliche Vorsorgewerte einzuführen. Davon abgesehen wird allerdings empfohlen, unnötige Expositionen zu vermeiden, und ein Handlungsbedarf zumindest speziell im Hinblick auf Personen mit Herzschrittmachern und anderen aktiven Implantaten festgestellt – a.a.O. S. 4 f.

489 BVerwG, Beschl. v. 22.7.2010 – 7 VR 4/10 – NVwZ 2010, 1486, 1487; zustimmend *Greinacher*, ZUR 2011, 305, 309.

239 Auch unter Berücksichtigung der sich aus Art. 2 Abs. 2 S. 1 GG ergebenden Schutzpflicht steht dem Gesetz- und Verordnungsgeber ein weiter Einschätzungs- und Gestaltungsspielraum zu. Dieser ist erst dann überschritten, wenn völlig ungeeignete oder unzulängliche Maßnahmen ergriffen werden.[490] Nach diesen Grundsätzen ist der dem Verordnungsgeber zustehende weite Beurteilungsspielraum nicht überschritten, da gegenwärtig noch keine verlässlichen neuen wissenschaftlichen Erkenntnisse vorliegen und der Staat auch nicht verpflichtet ist, eine Vorsorge „ins Blaue hinein", „gegen rein hypothetische Gefährdungen" zu treffen.[491]

240 Angesichts dessen besteht **aufseiten der** mit der Problematik befassten **Gerichte** derzeit auch **keine Verpflichtung, ein Sachverständigengutachten** zur etwa erforderlichen Änderung der Grenzwerte **einzuholen**. Vielmehr obliegt die Beobachtung der Entwicklung der wissenschaftlichen Erkenntnisse in erster Linie wiederum dem Verordnungsgeber und dessen „Nachbesserungspflicht" ist nach der Rechtsprechung erst dann verletzt, wenn eine ursprünglich rechtmäßige Regelung aufgrund neuer Erkenntnisse oder veränderter Umstände evident untragbar geworden ist.[492] Anders wäre dies allenfalls bei konkreter Vorlage entsprechender gesicherter Erkenntnisse einer anerkannten Stelle im Verfahren zu beurteilen.[493]

241 Diese Rechtsprechung verdient auch deshalb Zustimmung, weil die 26. BImSchV nach ihrem § 6 weitergehende Bestimmungen unberührt lässt und somit **nicht abschließend** ist.[494] Dementsprechend können auch Immissionen unterhalb der Grenzwerte der 26. BImSchV bei der konkreten Leitungsgenehmigung zwar, insbesondere im Rahmen der Abwägung, relevant sein.[495] Dieses Interesse ist aber gering zu werten, da in einer hochtechnisierten Gesellschaft die weit überwiegende Zahl der Menschen auch unter den Bedingungen der Energiewende ein sehr großes Interesse an einer zuverlässigen Stromversorgung hat.

242 Ungeachtet dieser eindeutigen Linie der Rechtsprechung verstummen entsprechende Einwände Betroffener bislang nicht. Hier könnte und sollte eine **Überarbeitung der 26. BImSchV**, in deren Rahmen die bestehenden Grenzwerte an den aktuellen wissenschaftlichen Erkenntnisstand angepasst werden sollen,[496] einen wichtigen Fortschritt auch in Richtung einer stärkeren Akzeptanz des Netzleitungsausbaus bringen.

---

490 Siehe dazu BVerfG, Beschl. v. 17.2.1997 – 1 BvR 1658/96 – NJW 1997, 2509 und Beschl. v. 28.2.2002 – 1 BvR 1676/01 – NJW 2002, 1638, 1639.

491 BVerfG, Beschl. v. 28.2.2002 – 1 BvR 1676/01 – NJW 2002, 1638, 1639; Beschl. v. 24.1.2007 – 1 BvR 382/05 – NVwZ 2007, 805.

492 Siehe dazu insbesondere BVerfG, Beschl. v. 28.2.2002 – 1 BvR 1676/01 – NJW 2002, 1638, 1639 sowie vorgehend OVG Koblenz, Beschl. v. 20.1.2008 – 1 A 10382/01 – NVwZ-RR 2002, 17, 18.

493 Vgl. BVerfG, Beschl. v. 28.2.2002 – 1 BvR 1676/01 – NJW 2002, 1638, 1639.

494 BVerwG, Beschl. v. 22.7.2010 – 7 VR 4/10 – NVwZ 2010, 1486, 1487; *Jarass*, § 23 Rn 34.

495 Vgl. BVerwG, Beschl. v. 22.7.2010 – 7 VR 4/10 – NVwZ 2010, 1486, 1489; VGH München, Urt. v. 19.6.2012 – 22 A 11.40018, 22 A 11.40019 – ZUR 2012, 574, 577; Urt. v. 24.5.2011 – 22 A 10.40049 – BayVBl. 2012, 242, 244 f. So auch *Greinacher*, ZUR 2011, 305, 310. Näher dazu Kap. 11 Rn 20 ff.

496 10-Punkte-Programm des Bundesumweltministers *Altmaier* „Mit neuer Energie" vom 16.8.2012, S. 20, abrufbar unter: http://www.bmUrt.de/strategien_und_bilanzen/doc/49041.php. Ein Entwurf der Bundesregierung zur Änderung der 26. BImSchV liegt inzwischen vor, vgl. BT-Drucks. 17/12372. Danach sollen zum einen der Anwendungsbereich der Verordnung erheblich ausgedehnt sowie die Grenzwerte entsprechend erweitert werden. Der Entwurf unterscheidet zwischen Bestandsanlagen und Neubauten, für die zusätzliche Schutzanforderungen vorgesehen sind, u.a. ein Verbot der Überspannung von Wohngebäuden durch 50 Hz-Niederfrequenzanlagen der Spannungsebene von 220 kV oder mehr. Neu eingeführt werden soll auch eine allgemeine Pflicht zur Minderung der von Niederfrequenzanlagen ausgehenden nichtionisierenden Strahlung bei ihrer Errichtung oder wesentlichen Änderung. Wann und in welcher Form diese Änderungen beschlossen werden, ist allerdings derzeit noch nicht absehbar. Zum gegenwärtigen Zeitpunkt (Mai 2013) haben der gem. §§ 23 Abs. 1 S. 1 Nr. 2 i.V.m. 48b BImSchG zu beteiligende Bundestag und der Bundesrat der Verordnung zugestimmt. Der Bundesrat verlangte in seinem Beschluss vom 3.5.2013, BR-Drucks. 209/13, allerdings geringe Änderungen, sodass nun noch die Zustimmung der Bundesregierung zu die-

In diesem Zusammenhang ist schließlich auch die Forderung zu sehen, das Umfeld von Wohnbebauungen durch feste **Abstandsregelungen** und eine **finanzielle Kompensation** der Betroffenen zu verbessern.[497] Derartige Forderungen konnten sich indessen nur sehr punktuell durchsetzen. Denn bislang enthält allein das EnLAG in § 2 Abs. 2 eine (mittelbare) Abstandsregelung, der zufolge die in Abs. 1 genannten Vorhaben auf Verlangen der für die Zulassung des Vorhabens zuständigen Behörde als Erdkabel zu errichten und zu betreiben oder zu ändern ist, wenn die Leitung in einem Abstand von weniger als 400 m zu Wohngebäuden errichtet werden soll, die im Geltungsbereich eines Bebauungsplans oder im unbeplanten Innenbereich i.S.d. § 34 BauGB liegen, falls diese Gebiete vorwiegend dem Wohnen dienen, oder in einem Abstand von weniger als 200 m zu Wohngebäuden errichtet werden soll, die im Außenbereich i.S.d. § 35 BauGB liegen. 243

c) Der Schutz außerhalb des Anwendungsbereichs der 26. BImSchV

Bei alledem ist freilich zu beachten, dass der Anwendungsbereich der 26. BImSchV in mehrfacher Hinsicht beschränkt ist. Die Grenzwerte gelten nicht für Sachen, Tiere oder Pflanzen, sondern lediglich für den Schutz der menschlichen Gesundheit.[498] Ferner berücksichtigen sie gem. § 1 Abs. 1 S. 3 der 26. BImSchV nicht die Besonderheiten, die bei Personen mit Herzschrittmachern oder anderen elektrisch oder elektronisch betriebenen Implantaten zu beachten sind.[499] Daraus ergeben sich jedoch nahezu gegensätzliche Konsequenzen. Denn während mit Blick auf die Gesundheit von Tieren nach derzeitigem Stand der Wissenschaft davon ausgegangen werden kann, dass hier jedenfalls bei Einhaltung der zum Schutz der menschlichen Gesundheit festgelegten Grenzwerte der 26. BImSchV keine Beeinträchtigungen durch elektromagnetische Felder zu erwarten sind,[500] stellt sich die Lage bei Menschen mit solchen Implantaten grundlegend anders dar. Denn insoweit kann gerade nicht davon ausgegangen werden, dass die in der Verordnung festgelegten Grenzwerte die Anforderungen des § 22 Abs. 1 BImSchG hinreichend konkretisieren. 244

Wenn und soweit es um **Menschen** geht, **die bereits mit einem solchen Implantat versorgt wurden**, geht der Hinweis, dass es Aufgabe der für diese Geräte geltenden Vorschriften – wie beispielsweise des Medizinproduktegesetzes – sei, entsprechende Schutzanforderungen zu normieren,[501] von vornherein ins Leere. Daher ist bei solchen Fallgestaltungen eine **gesonderte Prüfung** erforderlich, die in Anwendung des § 6 der 26. BImSchV dazu führen muss, dass inso- 245

---

sen Änderungen und eine erneute Befassung des Bundestags aussteht. Vgl. zu diesen Verfahrensanforderungen *Jarass*, § 48b Rn 8.

497 Vgl. etwa DUH, Bilanz zum Plan N 2010 – Handlungsempfehlungen an die Politik des Forums Netzintegration, April 2012, S. 12f., abrufbar unter: http://www.forum-netzintegration.de/123. Vgl. auch *Budzinski*, NVwZ 2013, 404, 406f., der sich – hauptsächlich im Hinblick auf die Bestimmungen zum Mobilfunk, aber auch allgemein – kritisch mit der nun vorgesehenen Änderung der 26. BImSchV auseinandersetzt und zusätzlich zu Grenz- und Vorsorgewerten ein umfassendes Schutzkonzept fordert, u.a. mit besonderen Schutzzonen und generellem Kabelvorrang.

498 *Jarass*, § 23 Rn 33.

499 Vgl. BfS, Grundsätze zu den Umweltauswirkungen im Zusammenhang mit elektromagnetischen Feldern und thermischen Auswirkungen der Kabelanbindung von Offshore-Windenergieparks an das Verbundstromnetz, Stand Dezember 2005, S. 11, abrufbar unter: http://nbn-resolving.de/urn:nbn:de:0221-201102045013. Eine entsprechende Erweiterung des Anwendungsbereichs der Verordnung ist auch im Entwurf der Bundesregierung zur Änderung der 26. BImSchV, BT-Drucks. 17/12372 nicht vorgesehen.

500 Vgl. OVG Schleswig, Urt. v. 1.7.2011 – 1 KS 20/10 – NuR 2012, 424, 433.

501 Vgl. dazu auch den 13. Erwägungsgrund der Empfehlung des Rates 1999/519/EG vom 12.7.1999 zur Begrenzung der Exposition der Bevölkerung gegenüber elektromagnetischen Feldern (0 Hz–300 GHz), ABl. EG Nr. L 199 v. 30.7. 1999 S. 59.

weit weitergehende Anforderungen festgelegt werden. Dabei ist nach den Empfehlungen der Strahlenschutzkommission davon auszugehen, dass störende Beeinflussungen von Herzschrittmachern jedenfalls dann ausgeschlossen werden können, wenn die magnetischen Immissionen stationärer elektrischer Feldquellen bei 50 Hz unter 10 μT bzw. in Bereichen, in denen Beiträge zusätzlicher Feldquellen nicht zu erwarten sind, unter 15 μT bleiben.[502]

246 Darüber hinaus gilt die 26. BImSchV ausdrücklich nur für die in § 1 näher bezeichneten Hoch- und Niederfrequenzanlagen. Hierdurch **werden Gleichstromübertragungsleitungen nicht erfasst**, weil bei diesen lediglich ein statisches elektrisches Feld entsteht und die Frequenz daher grundsätzlich 0 beträgt. Der verstärkte Einsatz sog. HGÜ ist jedoch ausdrücklich auch im Netzentwicklungsplan 2012 vorgesehen.[503] Dabei werden insbesondere **Erdkabel mit entsprechender HGÜ-Technik** im Hinblick auf den Schutz vor elektromagnetischen Feldern als die **günstigste Variante** betrachtet.[504] Dessen ungeachtet treten auch an Gleichstromleitungen elektrische und magnetische Felder auf.[505] Daher stellt sich hier das Problem, dass in Deutschland weder für Gleichstrom-Erdkabel noch für Freileitungen dieser Technik gesetzliche Grenzwerte existieren.[506]

247 Die Grenzwerte der 26. BImSchV beruhen auf **Empfehlungen** von IRPA (International Radiation Protection Association – Internationale Strahlenschutzvereinigung) und ICNIRP (International Commission on non-ionizing radiation protection – Internationale Kommission zum Schutz vor nichtionisierender Strahlung), die die Rechtsprechung vor Erlass der Verordnung ebenfalls herangezogen hat.[507] Auch für die HGÜ kann zwar auf Empfehlungen der ICNIRP sowie die EU-Ratsempfehlung 1999/519/EG[508] zurückgegriffen werden,[509] doch werden diese wiederum als uneinheitlich und unvollständig kritisiert. Daher wird von der Strahlenschutzkommission die Festlegung verbindlicher Grenzwerte in Deutschland auch für Gleichstromanlagen empfohlen.[510]

502 Siehe die Empfehlung der Strahlenschutzkommission v. 21./22.2.2008 zum Schutz vor elektrischen und magnetischen Feldern der elektrischen Energieversorgung und -anwendung, S. 4 f., abrufbar unter: http://www.ssk.de/SharedDocs/Beratungsergebnisse_PDF/2008/Felder_Energieversorgung.html?nn=2829038.

503 Vgl. die Bestätigung des Netzentwicklungsplanes durch die BNetzA, abrufbar unter: http://www.netzausbau.de/cln_1932/DE/Bedarfsermittlung/Netzentwicklungsplan/Netzentwicklungsplan_2012/netzentwicklungsplan_2012_node.html.

504 BMU-Studie „Ökologische Auswirkungen von 380-kV-Erdleitungen und HGÜ-Erdleitungen" (1.10.2009–31.12.2011), Bd. 3: Bericht der Arbeitsgruppe Technik/Ökonomie, S. 258, abrufbar unter: http://www.efzn.de/index.php?id=238&no_cache=1&tx_wiwiprojekte_pi4[showUid]=80.

505 Vgl. BfS, Grundsätze zu den Umweltauswirkungen im Zusammenhang mit elektromagnetischen Feldern und thermischen Auswirkungen der Kabelanbindung von Offshore-Windenergieparks an das Verbundstromnetz, Stand Dezember 2005, S. 5 und 16, abrufbar unter: http://nbn-resolving.de/urn:nbn:de:0221-201102045013.

506 Empfehlung der Strahlenschutzkommission v. 21./22.2.2008 zum Schutz vor elektrischen und magnetischen Feldern der elektrischen Energieversorgung und -anwendung, abrufbar unter: http://www.ssk.de/SharedDocs/Beratungsergebnisse_PDF/2008/Felder_Energieversorgung.html?nn=2829038, S. 13. Vgl. auch BMU-Studie „Ökologische Auswirkungen von 380-kV-Erdleitungen und HGÜ-Erdleitungen" (1.10.2009–31.12.2011), Bd. 3: Bericht der Arbeitsgruppe Technik/Ökonomie, S. 230, abrufbar unter: http://www.efzn.de/index.php?id=238&no_cache=1&tx_wiwiprojekte_pi4[showUid]=80, wonach für den Bereich statische Felder lediglich berufsgenossenschaftliche Vorschriften sowie eine die RL 2004/40/EG mit Arbeitnehmerschutzbestimmungen existieren.

507 Bartsch/Röhling/Salje/Scholz/*Franke*, Kap. 56 Rn 57.

508 Empfehlung des Rates vom 12.7.1999 zur Begrenzung der Exposition der Bevölkerung gegenüber elektromagnetischen Feldern (0 Hz – 300 GHz) 1999/519/EG, ABl. EG Nr. L 199 S. 59. Nach dem 10. Erwägungsgrund dieser Ratsempfehlung beruhen die darin aufgeführten Werte auf den Empfehlungen der ICNIRP.

509 Vgl. BfS, Grundsätze zu den Umweltauswirkungen im Zusammenhang mit elektromagnetischen Feldern und thermischen Auswirkungen der Kabelanbindung von Offshore-Windenergieparks an das Verbundstromnetz, Stand Dezember 2005, S. 10, abrufbar unter: http://nbn-resolving.de/urn:nbn:de:0221-201102045013.

510 Empfehlung der Strahlenschutzkommission v. 21./22.2.2008 zum Schutz vor elektrischen und magnetischen Feldern der elektrischen Energieversorgung und -anwendung, S. 5 und 13, abrufbar unter: http://www.ssk.de/SharedDocs/Beratungsergebnisse_PDF/2008/Felder_Energieversorgung.html?nn=2829038.

Dieser Forderung soll nunmehr im Zuge der angekündigten **Überarbeitung der 26. BImSchV** nachgekommen werden.[511] Nach dem Änderungsentwurf sollen *„ortsfeste Anlagen zur Fortleitung, Umspannung und Umrichtung, einschließlich der Schaltfelder, von Gleichstrom mit einer Nennspannung von 2000 Volt oder mehr"* künftig ebenfalls vom Anwendungsbereich der 26. BImSchV erfasst und in einem neuen § 3a einer eigenständigen Regelung zugeführt werden. Danach dürfen solche „Gleichstromanlagen" insbesondere die im Anhang 1a vorgesehenen Grenzwerte der magnetischen Flussdichte nicht überschreiten. Zudem soll die für § 4 der 26. BImSchV geplante Einführung einer allgemeinen Pflicht zur Minderung der von den Anlagen ausgehenden nichtionisierenden Strahlung nach dem Stand der Technik auch für Betreiber von Gleichstromanlagen im Sinne der Verordnung gelten.[512] 248

3. Das Problem der Erderwärmung durch Erdkabel

Weitestgehend unklar ist derzeit auch, welche Anforderungen gelten, wenn es um den **Schutz des Bodens** vor Erderwärmung durch Erdkabel geht. Dies liegt zunächst einmal daran, dass es hier keine untergesetzlichen Konkretisierungen gibt. Das ist vor allem deshalb misslich, weil es bereits bei der Frage der Auswirkungen einer Erwärmung durch Erdkabel große Kenntnislücken und Unsicherheiten gibt.[513] Fakt ist, dass solche Wärmeeinwirkungen nach den einschlägigen Definitionen schädliche Umwelteinwirkungen sind, wenn sie beispielsweise durch Austrocknung des Bodens zu einer erheblichen Beeinträchtigung der Vegetation führen. Derartige schädliche Umwelteinwirkungen müssen durch Verlegung in hinreichend großer Tiefe und durch eine entsprechende Bettung vermieden werden.[514] 249

IV. Wasserrechtliche Vorgaben

Stellen im Rahmen des Energieleitungsausbaus auch vor allem Naturschutzrecht und Immissionsschutzrecht bedeutende – und häufig im Zentrum der Aufmerksamkeit Betroffener – stehende Anforderungen an die Planfeststellung dar, so dürfen doch auch etwaige wasserrechtliche und wasserwegerechtliche Vorgaben nicht außer Acht gelassen werden.[515] Denn namentlich das Wasserrecht enthält eine Reihe zwingend zu beachtender Vorgaben. 250

1. Die wichtigsten Rechtsgrundlagen

Auch für das Wasserrecht besteht seit der Föderalismusreform des Jahres 2006 keine Rahmengesetzgebungskompetenz des Bundes mehr. Stattdessen unterfällt die im Grundgesetz sog. Materie **„Wasserhaushalt"** seit 2006 gem. Art. 74 Abs. 1 Nr. 32 GG ebenso wie der Naturschutz der **konkurrierenden Gesetzgebung des Bundes**. Auf dieser Grundlage hat das Wasserrecht des Bun- 251

511 Siehe dazu den Entwurf der Bundesregierung zur Änderung der 26. BImSchV, BT-Drucks. 17/12372.
512 Vgl. die Begründung zum Entwurf der Bundesregierung, BT-Drucks. 17/12372, S. 10 und 12 f.
513 Vgl. dazu auch die BMU-Studie „Ökologische Auswirkungen von 380-kV-Erdleitungen und HGÜ-Erdleitungen" (1.10.2009–31.12.2011), Bd. 4: Bericht der Arbeitsgruppe Recht, S. 139, abrufbar unter: http://www.efzn.de/index.php?id=238&no_cache=1&tx_wiwiprojekte_pi4[showUid]=80.
514 Vgl. BMU-Studie „Ökologische Auswirkungen von 380-kV-Erdleitungen und HGÜ-Erdleitungen" (1.10.2009–31.12.2011), Bd. 4: Bericht der Arbeitsgruppe Recht, S. 139 ff., abrufbar unter: http://www.efzn.de/index.php?id=238&no_cache=1&tx_wiwiprojekte_pi4[showUid]=80. Aus diesem Grund wird in der Studie zu Recht zumindest die Festlegung eines Vorsorgewerts empfohlen und dessen systematische Verortung diskutiert.
515 Einen kurzen Überblick dazu bieten *de Witt/Durinke/Kause*, Rn 105, der freilich teilweise mit Vorsicht zu genießen ist.

des mit dem am 1.3.2010 in Kraft getretenen neuen WHG eine maßgebliche Neuregelung erfahren. Gleichwohl verbleiben den Ländern hier gewisse Regelungsspielräume. Überdies steht ihnen gem. Art. 72 Abs. 3 S. 1 Nr. 5 GG in diesem Bereich ein Abweichungsrecht zu, von dem lediglich stoff- und anlagenbezogene Regelungen ausgenommen sind.[516]

252 Aus diesen Gründen müssen die **Vorschriften des jeweiligen Landeswasserrechts** stets ergänzend herangezogen werden. Dies ist vor allem dann unabdingbar, wenn es etwa um genehmigungsrechtliche Besonderheiten[517] oder um den Schutz von Hochwasserschutzeinrichtungen geht.[518]

253 Schließlich ist im Rahmen dieses Überblicks über die wichtigsten Rechtsgrundlagen darauf hinzuweisen, dass das Wasserrecht, also WHG und Landeswassergesetze, nach der Rechtsprechung des BVerfG die Materie „Wasser" nur in ihrer Bedeutung für den menschlichen Gebrauch und Verbrauch regelt, also unter dem Gesichtspunkt der „Wasserwirtschaft und der Wasserkultur", nicht hingegen in ihrer Bedeutung als „Wasserstraße" und „Verkehrsweg".[519] Insofern ergibt sich die Kompetenz des Bundes für das sog. Wasserwegerecht – ohne Abweichungsmöglichkeit der Länder – aus Art. 74 Abs. 1 Nr. 21 GG. Auf dieser Grundlage hat der Bund im Jahre 1968 das **Bundeswasserstraßengesetz (WaStrG)** erlassen, das ebenfalls zu beachten ist, wenn eine Energieleitung in, an oder über einer Bundeswasserstraße verlegt werden soll.[520]

2. Wasserrechtliche Genehmigungserfordernisse

254 Aus der Perspektive des Wasserrechts ist vor allem zu prüfen, **welche Handlungen** beim Energieleitungsbau **einer Genehmigung nach WHG und/oder Landeswassergesetz bedürfen**. Denn das WHG unterwirft die Gewässer zwar insgesamt einer öffentlich-rechtlichen Bewirtschaftungsordnung mit der Folge, dass die Grundsätze der Gewässerbewirtschaftung in § 6 WHG von sämtlichen Behörden im Rahmen der von ihnen durchzuführenden Zulassungsverfahren zwingend zu beachten sind.[521] Es macht aber erkennbar einen Unterschied, ob die wasserrechtlichen Vorgaben Gegenstand einer eigenständigen Entscheidung sind und ob die zuständige Wasserbehörde aktiv wird oder nicht.

255 Diese Grundsätze gelten auch im **Verhältnis zum Fachplanungsrecht**, denn § 19 Abs. 1 WHG führt im Falle eines planfeststellungsbedürftigen Vorhabens, das mit einer genehmigungspflichtigen Gewässerbenutzung verbunden ist, zwar nach herrschender und zutreffender Meinung zu einer Zuständigkeits- und Verfahrenskonzentration, nicht aber zu einer Entscheidungskonzentration. Daher tritt die ggf. erforderliche wasserrechtliche Genehmigung dann als rechtlich selbstständiges Element neben die Planfeststellung, wenn auch beide Entscheidungen zusammen in einem Beschluss getroffen werden.[522] Überdies ist die Entscheidung in diesen Fäl-

516 Näher zum Ganzen *Faßbender*, ZUR 2010, 181 ff.

517 Diese können hier nur punktuell gewürdigt werden; näher zu diesen allgemein Landmann/Rohmer/*Pape*, § 9 WHG Rn 94 ff.; mit Blick auf Energieleitungen sind die Ausführungen von *Horstmann*, S. 166 ff., zwar nicht in den normativen Einzelheiten, wohl aber in den Ausgangspunkten und Strukturen weitestgehend noch aktuell.

518 Auf den zuletzt genannten Umstand weisen auch *de Witt/Durinke/Kause*, Rn 105, zutreffend hin. Näher dazu unten Rn 271 f.

519 Vgl. grundlegend BVerfG, Urt. v. 30.10.1963 – 2 BvF 2/60, 2 BvF 1/61, 2 BvF 2/61, 2 BvF 3/61 – BVerfGE 15, 1, 9; ferner Urt. v. 11.4.1967 – 2 BvG 1/62 – BVerfGE 21, 312, 321.

520 Näher dazu unten Rn 273 f.

521 *Czychowski/Reinhardt*, § 6 Rn 14 sowie § 70 Rn 36.

522 Siehe etwa BVerwG, Urt. v. 18.3.2009 – 9 A 39/07 – NVwZ 2010, 44, 46; Urt. v. 16.3.2006 – 4 A 1001.04 – NuR 2006, 766, 768 (beide noch zu § 14 WHG a.F.); ebenso Berendes/Frenz/Müggenborg/*Berendes*, § 19 Rn 6 f.; weitere Nachweise finden sich bei *Czychowski/Reinhardt*, § 19 Rn 5. Siehe zu diesem Problem bereits Kap. 9 Rn 38 ff.

len gem. § 19 Abs. 3 WHG im Einvernehmen, bei Planfeststellungen durch Bundesbehörden im Benehmen mit der zuständigen Wasserbehörde zu treffen.

Nach § 8 Abs. 1 WHG bedürfen namentlich die in § 9 WHG genannten Formen der **Benutzung eines Gewässers** einer wasserrechtlichen Genehmigung. Diese Genehmigung wird in der Regel in Gestalt einer (gehobenen[523]) Erlaubnis oder ausnahmsweise unter den in § 14 WHG genannten Voraussetzungen in Gestalt einer Bewilligung erteilt. 256

In diesem Zusammenhang ist zunächst festzustellen, dass die im Rahmen der **Errichtung bzw. Verlegung einer Leitung** etwaig erforderlichen **Einwirkungen auf das Grundwasser**, insbesondere Grundwasserabsenkungen,[524] in aller Regel keine Gewässerbenutzung i.S.d. § 9 Abs. 2 Nr. 1 WHG darstellen. Denn diese Variante setzt eine nicht nur vorübergehende oder unerhebliche Einwirkung auf das Grundwasser voraus,[525] die bei den mit den Bauarbeiten verbundenen Grundwasserabsenkungen regelmäßig nicht vorliegen.[526] 257

Auch der Benutzungstatbestand des § 9 Abs. 2 Nr. 2 WHG kann im Normalfall von vornherein ausgeschlossen werden. Zwar können die sowohl während der Bauphase als auch in der Folgezeit erforderlichen **Mastanstriche** bei Freileitungen ebenso wie die möglichen **Oxidationen** der Metalllegierungen theoretisch als Maßnahmen angesehen werden, die geeignet sind, dauernd oder in einem nicht nur unerheblichen Ausmaß nachteilige Veränderungen der Wasserbeschaffenheit herbeizuführen. Diese können jedoch durch sachgemäße Ausführung der Anstriche und Verwendung neuer Beschichtungen vermieden werden.[527] 258

Es ist hingegen umstritten, ob es sich beim **Energieleitungsbau selbst** um eine Gewässerbenutzung gem. § 9 Abs. 1 Nr. 4 WHG in der Variante des Einbringens und Einleitens von Stoffen in Gewässer handelt.[528] Dagegen spricht, dass weder eine Auflösung im, noch eine andere erhebliche Verbindung mit dem Wasser erfolgt.[529] Zudem werden Leitungen in der Regel nicht unmittelbar auf dem Gewässergrund verlegt, sie überqueren das Gewässer vielmehr entweder als Freileitung oder sie werden in einem Düker unter dem Gewässerbett verlegt.[530] 259

---

523 Vgl. § 15 WHG und die entsprechenden Regelungen in den Landeswassergesetzen.

524 Dies kann u.U., je nach den konkreten Gegebenheiten vor Ort, der Fall sein: vgl. Forschungs- und Entwicklungsvorhaben im Auftrag des Bundesamtes für Naturschutz, „Naturschutzfachliche Analyse von küstennahen Stromleitungen", Endbericht v. 21.10.2009, S. 41, 89, 90 ff. abrufbar unter: http://www.bfn.de/fileadmin/MDB/documents/themen/erneuerbareenergien/endbericht_ausbau_stromleitung_kueste.pdf sowie BMU-Studie „Ökologische Auswirkungen von 380-kV-Erdleitungen und HGÜ-Erdleitungen" (1.10.2009–31.12.2011), Bd. 2: Bericht der Arbeitsgruppe Umwelt, S. 45 f. sowie 89, abrufbar unter: http://www.efzn.de/index.php?id=238&no_cache=1&tx_wiwiprojekte_pi4[showUid]=80.

525 Landmann/Rohmer/*Pape*, § 9 WHG Rn 67.

526 So etwa *Horstmann*, S. 168 f.; BMU-Studie „Ökologische Auswirkungen von 380-kV-Erdleitungen und HGÜ-Erdleitungen" (1.10.2009–31.12.2011), Bd. 2: Bericht der Arbeitsgruppe Umwelt, S. 46 sowie 89, abrufbar unter: http://www.efzn.de/index.php?id=238&no_cache=1&tx_wiwiprojekte_pi4[showUid]=80.

527 So übereinstimmend OVG Schleswig, Urt. v. 1.7.2011 – 1 KS 20/10 – NuR 2012, 424, 433 f.; Forschungs- und Entwicklungsvorhaben im Auftrag des Bundesamtes für Naturschutz, „Naturschutzfachliche Analyse von küstennahen Stromleitungen", Endbericht v. 21.10.2009, S. 87 und 89, abrufbar unter: http://www.bfn.de/fileadmin/MDB/documents/themen/erneuerbareenergien/endbericht_ausbau_stromleitung_kueste.pdf; BMU-Studie „Ökologische Auswirkungen von 380-kV-Erdleitungen und HGÜ-Erdleitungen" (1.10.2009–31.12.2011), Bd. 2: Bericht der Arbeitsgruppe Umwelt, S. 40 f., 45 ff., 89 f. sowie 91, abrufbar unter: http://www.efzn.de/index.php?id=238&no_cache=1&tx_wiwiprojekte_pi4[showUid]=80.

528 Zum Streitstand siehe *Czychowski/Reinhardt*, § 9 Rn 32; Berendes/Frenz/Müggenborg/*Schmid*, § 9 Rn 40 ff. m.w.N. *Reinhardt* spricht sich gegen eine Einordnung als Gewässerbenutzung aus (vgl. a.a.O. Rn 34 sowie – speziell für das Verlegen von Kabeln im Küstengewässer – Rn 46); ebenso Landmann/Rohmer/*Pape*, § 9 WHG Rn 46 f.

529 Danner/Theobald/*Danner/Theobald*, X. Wegerecht, B 40. Versorgungsleitungen und öffentliche Gewässer, Rn 55. Näher zu diesem Erfordernis *Czychowski/Reinhardt*, § 9 Rn 28; Berendes/Frenz/Müggenborg/*Schmid*, § 9 Rn 43.

530 Danner/Theobald/*Danner/Theobald*, X. Wegerecht, B 40. Versorgungsleitungen und öffentliche Gewässer, Rn 55.

260 Es ist allerdings zu beachten, dass es sich bei Energieleitungen – je nach Lage – um Anlagen in, an, über und unter oberirdischen Gewässern i.S.d. § 36 S. 2 Nr. 2 WHG handelt und dass die meisten **Landeswassergesetze** für solche Anlagen **Genehmigungspflichten** vorsehen. Dabei gibt es wiederum zahlreiche Unterschiede im Detail, die indessen hier aus Raumgründen nicht nachgezeichnet werden können.[531]

3. Allgemeine Anforderungen nach Wasserrecht

261 Anlagen in, an, über und unter oberirdischen Gewässern sind nach § 36 S. 1 WHG so zu errichten, zu betreiben, zu unterhalten und stillzulegen, dass keine schädlichen Gewässerveränderungen zu erwarten sind und die Gewässerunterhaltung nicht mehr erschwert wird, als es den Umständen nach unvermeidbar ist. Eine schädliche Gewässerveränderung ist nach der Legaldefinition in § 3 Nr. 10 WHG dann zu erwarten, wenn die Veränderung entweder das Wohl der Allgemeinheit, insbesondere die öffentliche Wasserversorgung, beeinträchtigt oder, verkürzt gesprochen, gegen wasserrechtliche Vorschriften verstößt.[532]

262 Strikt zu beachtende Vorgaben (Planungsleitsätze) in Bezug auf die **Reinhaltung von** oberirdischen **Gewässern**, Küstengewässern und des Grundwassers enthalten §§ 32, 45 und 48 WHG.[533] Hier gilt mit Blick auf Mastanstriche bei Freileitungen und mögliche Oxidationen das zuvor zu den Benutzungstatbeständen Gesagte entsprechend.[534]

263 **In Bezug auf Gasleitungen** sind vor allem die Regelungen im jeweiligen Abs. 2 der §§ 32, 45 und 48 WHG zu beachten, wonach Gase nur so durch Rohrleitungen befördert werden dürfen, dass eine nachteilige Veränderung der (Grund-) Wasserbeschaffenheit nicht zu besorgen ist. Damit gilt hier zwar im Ausgangspunkt der strenge wasserrechtliche Besorgnisgrundsatz, der in der Regel eine Einzelfallprüfung voraussetzt. Etwas anderes gilt hier jedoch dann, wenn einschlägige konkretisierende Regelungen für typische, besonders gefährliche Fallgruppen eingehalten werden. Denn dann kann grundsätzlich davon ausgegangen werden, dass eine Beeinträchtigung des Wassers nicht zu besorgen ist.[535] Solche Regelungen ergeben sich für die Leitungen der Gasversorgungsnetze aus den **technischen Regeln der Deutschen Vereinigung des Gas- und Wasserfaches e.V.**, zumal bei deren Einhaltung gem. § 49 Abs. 2 S. 1 Nr. 2 EnWG die Einhaltung der allgemein anerkannten Regeln der Technik vermutet wird.[536]

264 Schließlich gelten unabhängig von der Genehmigungsbedürftigkeit und subsidiär gegenüber spezielleren Regelungen des WHG[537] die **allgemeinen Sorgfaltspflichten** des § 5 WHG.[538] Dabei handelt es sich um strikt zu beachtende Vorgaben (Planungsleitsätze).[539] Nach § 5 Abs. 1 WHG bestehen bei Maßnahmen, soweit mit ihnen Einwirkungen auf ein Gewässer verbunden sein können, bestimmte **Sorgfaltspflichten**. Insoweit genügen auch lediglich mittelbare Auswirkungen auf ein Gewässer.[540] So ist insbesondere nach Nr. 1 der Vorschrift eine nachteilige Veränderung der Gewässereigenschaften zu vermeiden. Andere Sorgfaltspflichten betreffen die

531 Näher dazu Danner/Theobald/*Danner/Theobald*, X. Wegerecht, B 40. Versorgungsleitungen und öffentliche Gewässer, Rn 57 ff.; *Czychowski/Reinhardt*, § 36 Rn 14.
532 Näher dazu Landmann/Rohmer/*Faßbender*, § 3 WHG Rn 68 ff.
533 *Czychowski/Reinhardt*, § 70 Rn 36.
534 Siehe oben Rn 258.
535 Näher zum Ganzen m.w.N., auch aus der Rechtsprechung, *Czychowski/Reinhardt*, § 32 Rn 39 ff.
536 Auf diese verweist im vorliegenden Kontext auch Berendes/Frenz/Müggenborg/*Böhme*, § 48 Rn 30.
537 Landmann/Rohmer/*Faßbender*, § 5 WHG Rn 8.
538 *Czychowski/Reinhardt*, § 5 Rn 14.
539 *Czychowski/Reinhart*, § 70 Rn 36.
540 *Czychowski/Reinhardt*, § 5 Rn 15.

sparsame Verwendung des Wassers (Nr. 2), die Leistungsfähigkeit des Wasserhaushalts (Nr. 3) sowie das Vermeiden einer Vergrößerung und Beschleunigung des Wasserabflusses (Nr. 4).

4. Der wasserrechtliche Schutz von besonderen Gebieten

Sodann ist zu beachten, dass das Wasserrecht für manche Gebiete besondere Schutzvorschriften 265 vorsieht. Nach § 51 Abs. 1 S. 1 WHG können unter bestimmten Voraussetzungen zum Wohl der Allgemeinheit durch Rechtsverordnung **Wasserschutzgebiete** festgesetzt werden, um Gewässer im Interesse der derzeit bestehenden oder künftigen öffentlichen Wasserversorgung vor nachteiligen Veränderungen zu schützen (Nr. 1), um das Grundwasser anzureichern (Nr. 2) oder um das schädliche Abfließen von Niederschlagswasser sowie das Abschwemmen und den Eintrag von Bodenbestandteilen, Dünge- oder Pflanzenschutzmitteln in Gewässer zu vermeiden (Nr. 3). In diesen Gebieten – sowie nach § 52 Abs. 3 WHG auch außerhalb, wenn anderenfalls der entsprechende Schutzzweck gefährdet wäre – können gem. § 52 Abs. 1 S. 1 Nr. 1 WHG bestimmte Handlungen verboten oder für nur eingeschränkt zulässig erklärt werden. Eine Befreiungsmöglichkeit besteht ggf. nach § 52 Abs. 1 S. 2 oder 3 WHG. Gleiches gilt nach § 53 Abs. 5 auch zum Schutz von Heilquellen im Sinne dieser Vorschrift.

Bei den Festsetzungen solcher Schutzgebietsverordnungen handelt es sich ebenfalls um 266 **zwingend zu beachtende Vorschriften.**[541] So sind im Falle einer Schutzgebietsverordnung zum Schutz der öffentlichen Wasserversorgung auch bestimmte Bauverbote[542] oder beispielsweise Rodungsverbote bzw. sonstige Vorgaben zur Flächennutzung[543] denkbar, die dann – soweit sie auch die Errichtung von Energieleitungen erfassen – bei der Planfeststellung zu beachten sind. Überdies kann eine Verordnung zum Schutz der öffentlichen Wasserversorgung gegen eine Verlegung als **Erdkabel** sprechen.[544]

Bestimmte Verbote wie etwa das Verbot des Entfernens von standortgerechten Bäumen und 267 Sträuchern bestehen gem. § 38 WHG auch für **Gewässerrandstreifen**. Nach § 38 Abs. 2 WHG bemisst sich der Gewässerrandstreifen ab der Linie des Mittelwasserstands, bei Gewässern mit ausgeprägter Böschungsoberkante ab der Böschungsoberkante. Seine Breite beträgt im Außenbereich 5 m. Insoweit können die Länder jedoch – wie auch zu den jeweils geltenden Beschränkungen – nach § 38 Abs. 3 S. 3 WHG abweichende Regelungen erlassen.[545]

In diesem Zusammenhang ist überdies darauf hinzuweisen, dass es auch **naturschutzrechtliche Bestimmungen** gibt, **die auf den Schutz der Uferbereiche abzielen**: Nach § 61 268 BNatSchG dürfen im Außenbereich an Bundeswasserstraßen, Gewässern erster Ordnung, stehenden Gewässern mit einer Größe von mehr als 1 ha sowie Küstengewässern innerhalb eines bestimmten Bereichs keine bauliche Anlagen errichtet oder wesentlich geändert werden. Dieser Bereich beträgt für die Küstengewässer 150 m von der mittleren Hochwasserlinie an der Nordsee bzw. von der Mittelwasserlinie an der Ostsee; bei den übrigen von der Regelung erfassten Gewässern jeweils 50 m ab der Uferlinie. Dieses **Bauverbot** geht auf entsprechende landesrechtliche Regelungen zurück, die in Umsetzung des § 31 BNatSchG 2002 erlassen wurden, und gilt allein für den Außenbereich sowie für die in der Vorschrift genannten Gewässer. Dabei sieht bereits § 61 Abs. 2 BNatSchG gesetzliche Ausnahmen vor, die im Falle der Nr. 3 zu einer Privilegierung von Bahnstromleitungen führt. Daneben kommt nach § 61 Abs. 3 BNatSchG auch die Erteilung einer Ausnahme im Einzelfall in Betracht. Weitergehende landes-

541 *Czychowski/Reinhardt*, § 70 Rn 36.
542 *Czychowski/Reinhardt*, § 52 Rn 15; Landmann/Rohmer/*Hünnekens*, § 52 WHG Rn 16 und 21.
543 Landmann/Rohmer/*Hünnekens*, § 52 WHG Rn 22.
544 Vgl. VGH München, Urt. v. 19.6.2012 – 22 A 11.40018, 22 A 11.40019 – ZUR 2012, 574, 578, Rn 36.
545 Näher zum Ganzen *Faßbender*, ZUR 2010, 181, 185 f.

rechtliche Bestimmungen bleiben nach § 61 Abs. 1 S. 3 sowie Abs. 2 S. 2 BNatSchG sowohl im Hinblick auf das Bauverbot als auch im Hinblick auf etwaige Ausnahmen unberührt.[546] Jenseits dessen unterliegt die Vorschrift dem Abweichungsrecht der Länder nach Art. 72 Abs. 3 S.1 Nr. 2 GG.[547]

269 Überdies sind auch die **Bestimmungen zum Hochwasserschutz** in die Prüfung einzubeziehen. Insoweit sind vor allem die Verbote des § 78 Abs. 1 WHG zu beachten.[548] Dies führt dazu, dass die Errichtung bzw. Verlegung von Energieleitungen in den nach § 76 WHG festgesetzten Überschwemmungsgebieten gem. § 78 Abs. 1 Nr. 2 WHG grundsätzlich untersagt ist. Denn es ist für die Anwendung des § 78 Abs. 1 Nr. 2 WHG unbeachtlich, dass die Durchführung der Maßnahme nach den Landesbauordnungen – so wie dies bei den Energieleitungen in großem Umfang der Fall ist[549] – keiner Baugenehmigung bedarf.[550]

270 Die zuständige Behörde kann jedoch gem. § 78 Abs. 3 S. 1 WHG abweichend von diesem Verbot die Errichtung oder Erweiterung einer baulichen Anlage im Einzelfall unter den dort genannten, kumulativ geltenden Voraussetzungen zulassen. Dabei können Gesichtspunkte des Hochwasserschutzes auch hier gegen eine Verlegung als **Erdkabel** sprechen.[551] Im Hinblick auf die Errichtung einer Freileitung kann den Anforderungen des § 78 WHG ggf. bereits durch eine Überspannung des Gebiets Rechnung getragen werden.[552]

271 Schließlich wurde bereits darauf hingewiesen, dass das Landesrecht häufig Sonderregelungen zum **Schutz von Hochwasserschutzeinrichtungen** enthält. So schreiben manche Landeswasser-[553] bzw. Deichgesetze[554] und Deich(ver)ordnungen[555] ausdrücklich vor, dass die Verlegung von Leitungen innerhalb der Grenzen von (bestimmten) Hochwasserschutzeinrichtungen der Genehmigung der jeweils zuständigen Behörde bedarf. Mitunter ist es sogar grundsätzlich untersagt, Leitungen im Boden von Hochwasserschutzeinrichtungen zu verlegen.[556] Überdies gilt nicht selten ein grundsätzliches Verbot, Anlagen jeder Art und damit auch Energieleitungen in einer bestimmten Entfernung der landseitigen Grenze von (bestimmten) Hochwasserschutzeinrichtungen zu errichten oder wesentlich zu ändern.[557]

272 In **Hamburg** ist überdies zu beachten, dass die besonderen Vorschriften des Landeswassergesetzes und der Deichordnung nur für die öffentlichen Hochwasserschutzeinrichtungen gelten.

---

546 So sieht etwa § 34 Abs. 2 Nr. 3 SächsNatSchG vor, dass die zuständige Behörde unter den in § 34 Abs. 3 SächsNatSchG genannten Voraussetzungen im Einvernehmen mit der Naturschutzbehörde unter Berücksichtigung der Belange der Raumordnung und Landesplanung Ausnahmen insbesondere für notwendige bauliche Anlagen, die der Energieversorgung dienen, zulassen kann.

547 Schlacke/*Heym*, § 61 Rn 5; Schumacher/Fischer-Hüftle/*Fischer-Hüftle*, § 61 Rn 11.

548 Der – seinerzeit freilich nur rudimentär geregelte – Schutz von Überschwemmungsgebieten wurde zumindest mittelbar relevant im Verfahren des VHG Mannheim, Urt. v. 8.9.1999 – 10 S 1406/98 – NuR 2000, 455, 457 f. Im dortigen Verfahren, in dem es um den Bau einer 110 kV-Freileitung ging, urteilte das Gericht, dass die Alternative einer (Erd-) Verkabelung mit Blick auf das berührte Überschwemmungsgebiet zu Recht abgelehnt wurde.

549 Vgl. die Nachweise bei *Horstmann*, S. 119 ff.

550 So mit Recht *Kotulla*, § 78 Rn 11 und § 36 Rn 6 f.

551 Vgl. VGH Mannheim, Urt. v. 8.9.1999 – 10 S 1406/98 – NuR 2000, 455, 457.

552 Darauf weist bereits der Umweltbericht zum Bundesbedarfsplanentwurf, abrufbar unter: http://www.netzausbau.de/cln_1932/DE/Bedarfsermittlung/Netzentwicklungsplan/Netzentwicklungsplan_2012/netzentwicklungsplan_2012_node.html, S. 26, zu Recht hin.

553 Vgl. etwa § 75 Abs. 1 BremWG.

554 Vgl. etwa § 15 Abs. 1 NDG.

555 Vgl. etwa § 4 Abs. 1 Nr. 1 der Ordnungsbehördlichen Verordnung zum Schutze der Deiche und sonstigen Hochwasserschutzanlagen an den Gewässern erster Ordnung im Regierungsbezirk Düsseldorf – Deichschutzverordnung (DSchVO).

556 Vgl. § 100d Abs. 1 Nr. 6 i.V.m. § 100h SächsWG.

557 Vgl. etwa § 76 BremWG und § 16 NDG.

Daher sind hier mit Blick auf die privaten Hochwasserschutzanlagen die Vorschriften der sog. Polderordnung zu beachten.[558]

Praxistipp
Wenngleich die einschlägigen Vorschriften durchweg die Möglichkeit vorsehen, Ausnahmen von diesen Verboten zuzulassen, sollte der Schutz von Überschwemmungsgebieten und von Hochwasserschutzeinrichtungen bereits bei der Planung der Trassen und ggf. der Maststandorte so berücksichtigt werden, dass Konflikte mit wasserrechtlichen Schutzbereichen von vornherein vermieden werden.

5. Besonderheiten bei Wasserstraßen

Werden Energieleitungen in, über oder unter einer Bundeswasserstraße[559] oder an ihrem Ufer 273
verlegt, dann kann eine **strom- und schifffahrtspolizeiliche Genehmigung** des Wasser- und Schifffahrtsamtes nach § 31 Abs. 1 Nr. 2 WaStrG erforderlich sein.[560] Einer solchen Genehmigung bedarf es aber **nur** dann, **wenn** hierdurch eine **Beeinträchtigung** des für die **Schifffahrt** erforderlichen Zustandes der Bundeswasserstraße oder der Sicherheit und Leichtigkeit des Verkehrs zu erwarten ist. Dies kommt beispielsweise in Betracht, wenn Energieleitungen die Bundeswasserstraße als Freileitung überqueren oder zumindest in den Luftraum darüber hineinragen und hierdurch eine Verschlechterung der Sichtverhältnisse oder Behinderungen von Navigationshilfen zu erwarten sind.[561]

Aber auch in diesem Fall kann die Genehmigung nach § 31 Abs. 5 S. 1 WaStrG nur bei einer 274
zu erwartenden Beeinträchtigung des für die Schifffahrt erforderlichen Zustands der Bundeswasserstraße oder der Sicherheit und Leichtigkeit des Verkehrs versagt werden, wenn die Beeinträchtigung der Bundeswasserstraße als Verkehrsweg durch **Bedingungen oder Auflagen** weder verhütet noch ausgeglichen werden kann. Selbst in diesen Fällen kommt gem. § 31 Abs. 5 S. 2 WaStrG eine Genehmigung ggf. aus Gründen des Wohls der Allgemeinheit in Betracht.[562]

Praxistipp
Für die Beantragung einer strom- und schifffahrtspolizeilichen Genehmigung genügt es gem. § 31 Abs. 2 S. 1 WaStrG, das Vorhaben dem Wasser- und Schifffahrtsamt anzuzeigen. Daher empfiehlt es sich, das Vorhaben selbst dann anzuzeigen, wenn die Genehmigungsbedürftigkeit unsicher erscheint, zumal das Wasser- und Schifffahrtsamt binnen eines Monats nach Eingang der Anzeige reagieren muss, weil anderenfalls gem. § 31 Abs. 2 S. 2 WaStrG davon auszugehen ist, dass das Vorhaben keiner strom- und schifffahrtspolizeilichen Genehmigung bedarf.

V. Sonstige relevante Rechtsvorschriften

Neben den bereits näher dargestellten umweltrechtlichen Anforderungen können sich zwingend 275
zu beachtende materiell-rechtliche Vorgaben für den Ausbau von Energieleitungen auch aus

558 Deren § 17 Abs. 3 regelt etwa, dass die Hochwasserschutzanlagen einschließlich der 5 m breiten Schutzstreifen u.a. von Leitungen freizuhalten sind.
559 Diese werden definiert in § 1 WaStrG. Ausführlich dazu Danner/Theobald/*Danner/Theobald*, X. Wegerecht, B 40. Versorgungsleitungen und öffentliche Gewässer, Rn 19 ff.
560 So auch *de Witt/Durinke/Kause*, Rn 105. Ausführlich dazu Danner/Theobald/*Danner/Theobald*, X. Wegerecht, B 40. Versorgungsleitungen und öffentliche Gewässer, Rn 28 ff.
561 Danner/Theobald/*Danner/Theobald*, X. Wegerecht, B 40. Versorgungsleitungen und öffentliche Gewässer, Rn 32 ff. Weitere Beispiele finden sich bei *Horstmann*, S. 178.
562 Näher zum Ganzen *Horstmann*, S. 178 ff.

anderen Normen ergeben. **Nicht** hierzu gehören die **Anforderungen des Denkmalschutzes**, auch wenn sie mitunter im Schrifttum in diesem Kontext genannt werden.[563] Denn der Bau von Energieleitungen kann zwar sehr wohl in Konflikt mit diesen Anforderungen geraten und gewisse Anpassungen erfordern.[564] Gleichwohl ergeben sich daraus keine zwingenden materiell-rechtlichen Vorgaben, weshalb derartige Konflikte bei einem Planfeststellungsverfahren im Rahmen der Abwägung abzuarbeiten sind.[565]

1. Regelungen zur technischen Sicherheit

276 Zwingende Vorgaben ergeben sich hingegen aus den energierechtlichen Anforderungen an die technische Sicherheit. Hierzu normiert **§ 49 EnWG grundlegende Anforderungen**, die auch für Energieleitungen gelten, da dieser Begriff nach der Legaldefinition in § 3 Nr. 15 EnWG Anlagen zur Fortleitung von Energie einschließt. Laut § 49 Abs. 1 S. 2 EnWG ist die technische Sicherheit, vorbehaltlich sonstiger Rechtsvorschriften, dann gewahrt, wenn die allgemein anerkannten Regeln der Technik beachtet werden. Dies wird wiederum, wie bereits erwähnt, gem. § 49 Abs. 2 EnWG vermutet, wenn die Regelwerke der dort genannten Verbände eingehalten wurden.[566] Zudem enthält § 49 Abs. 4 EnWG eine Verordnungsermächtigung in Bezug auf die Gewährleistung der technischen Sicherheit von Energieanlagen. Eine auf dieser Ermächtigungsgrundlage beruhende Verordnung stellt die **Gashochdruckleitungsverordnung**[567] dar, die für die Errichtung und den Betrieb von Gasleitungen im Sinne des EnWG zu beachten ist. Hinzu kommen sowohl für Gas- wie auch Stromleitungen technische Regeln und DIN-Normen.

2. Anforderungen des Straßen- und Wegerechts

277 Weitere zwingende Vorgaben können sich aus den straßen- und wegerechtlichen Vorschriften des Bundes und der Länder ergeben.[568] Insoweit ist zunächst darauf hinzuweisen, dass der **„Gebrauch" einer Straße** nicht nur dann vorliegt, wenn der Straßenkörper mit seinen Dämmen, Böschungen, Seiten-, Rand- oder Sicherheitsstreifen benutzt wird, sondern auch dann, wenn der Luftraum darüber in Anspruch genommen wird, weil dieser ebenfalls nach den einschlägigen Regelungen zur Straße gehört.[569] Soll eine Energieleitung in, an oder über einer Bundesfernstraße i.S.d. § 1 Abs. 1 und 2 FStrG verlegt werden, so ist das FStrG anwendbar. In allen anderen Fällen ist das Straßengesetz bzw. Straßen- und Wegegesetz[570] des jeweiligen Bundeslandes zugrunde zu legen.

278 Bei der Verlegung von Energieleitungen handelt es sich wegen des fehlenden Verkehrsbezugs um eine **Sondernutzung** mit der Folge, dass die Leitungen den Anforderungen der Sicherheit und Ordnung sowie den anerkannten Regeln der Technik genügen müssen.[571] Obwohl Sondernutzungen allgemein erlaubnispflichtig sind, besteht in der Regel wegen der allenfalls

563 So etwa Schneider/Theobald/*Hermes*, § 7 Rn 100.
564 Vgl. etwa VGH Kassel, Urt. v. 7.1.1986 – 2 UE 2855/84 – NVwZ 1986, 680 ff.; näher zum Ganzen *Horstmann*, S. 301 ff.
565 Vgl. etwa VGH Kassel, Urt. v. 7.1.1986 – 2 UE 2855/84 – NVwZ 1986, 680, 682 f.; *Spannowsky*, ZfBR 2000, 239, 243.
566 Siehe hierzu bereits oben Rn 263.
567 Verordnung über Gashochdruckleitungen v. 18.5.2011 (BGBl. I S. 928).
568 So auch Danner/Theobald/*Missling*, § 43 EnWG Rn 29.
569 Vgl. etwa § 1 Abs. 4 Nr. 2 und 3 FStrG.
570 So lautet etwa die Bezeichnung in Bayern.
571 Vgl. etwa § 8 Abs. 2a S. 1 FStrG, § 18 Abs. 4 S. 1 SächsStrG.

vorübergehenden Beeinträchtigung des Gemeingebrauchs der Straße die Möglichkeit, auf der Grundlage der einschlägigen Sonderregelungen[572] eine entsprechende zivilrechtliche Regelung zur Mitbenutzung der Straße zu treffen.[573] Im Übrigen enthalten die Landesgesetze teilweise Sonderregelungen für die Verlegung von Leitungen.[574]

Schließlich dürfen Hochbauten nicht in bestimmten **Abständen von den jeweiligen Straßen**, die zwischen 15 und 40 m variieren, errichtet werden.[575] Ausnahmen von diesen Verboten dürfen nur zugelassen werden, wenn deren strikte Beachtung im Einzelfall zu einer offenbar nicht beabsichtigten Härte führen würde und die Abweichung mit den öffentlichen Belangen vereinbar ist oder wenn Gründe des Wohls der Allgemeinheit die Abweichungen erfordern.[576] Jenseits dessen gelten in einem Abstand von bis zu 100 m auch für bauliche Anlagen bestimmte Beschränkungen.[577] Diese sog. Anbauverbote bzw. Anbaubeschränkungen gelten im Übrigen nicht nur für bestehende Straßen, sondern auch für geplante Straßen vom Beginn der Auslegung im Planfeststellungsverfahren oder von dem Zeitpunkt an, zu dem den Betroffenen Gelegenheit gegeben wird, den Plan einzusehen.[578] Dabei zählen Hochspannungsmasten unstreitig zu den Hochbauten. Demgegenüber sind Erdkabel nach zutreffender, aber umstrittener Ansicht als bauliche Anlagen im Sinne der einschlägigen Normen anzusehen.[579] 279

3. Anforderungen des Waldschutzes

Des Weiteren können sich aus dem Bundeswaldgesetz sowie den ergänzenden[580] Waldgesetzen der Länder zwingende Anforderungen ergeben.[581] Voraussetzung ist zunächst einmal, dass für die Errichtung der Leitung Wald gerodet und in eine andere Nutzungsart umgewandelt werden muss.[582] Eine solche **Waldumwandlung** bedarf nach allen Vorschriften einer Genehmigung, die u.a. dann versagt werden soll, wenn die Erhaltung des Waldes überwiegend im öffentlichen Interesse liegt.[583] Daraus ergeben sich freilich noch keine zwingenden Anforderungen, da diese Vorgabe im Wege der Abwägung überwunden werden kann. Etwas anderes gilt jedoch dann, wenn das Landesrecht über diese Vorgaben hinausgeht, indem es etwa zwingende Ausgleichsmaßnahmen[584] oder noch weitergehend vorschreibt, dass die Genehmigung zu versagen ist, wenn die Erhaltung des Walds überwiegend im öffentlichen Interesse liegt.[585] 280

Vor diesem Hintergrund ist stets in einem ersten Schritt sorgfältig zu prüfen, ob und ggf. in welchem Umfang eine Waldumwandlung vorliegt. Auch zu dieser Frage ist zunächst **das jewei-** 281

572 Vgl. etwa § 8 Abs. 10 FStrG, § 23 Abs. 1 SächsStrG.
573 Vgl. *de Witt/Durinke/Kause*, Rn 102; Danner/Theobald/*Stahlhut*, X. Wegerecht, B 1. Versorgungsleitungen und öffentliche Wege, Rn 7 ff.
574 Vgl. etwa § 23 Abs. 2 und 3 SächsStrG.
575 Vgl. etwa § 9 Abs. 1 FStrG, § 24 Abs. 1 SächsStrG.
576 Vgl. etwa § 9 Abs. 8 FStrG, § 24 Abs. 9 SächsStrG.
577 Vgl. etwa § 9 Abs. 2–3a FStrG, § 24 Abs. 2–4 SächsStrG.
578 Vgl. etwa § 9 Abs. 4 FStrG, § 24 Abs. 5 SächsStrG.
579 So auch BVerwG, Urt. v. 11.4.1986 – 4 C 42/83 – NVwZ 1986, 836; näher zum Ganzen m.w.N. Danner/Theobald/*Stahlhut*, X. Wegerecht, B 1. Versorgungsleitungen und öffentliche Wege, Rn 35g ff.
580 Vgl. § 5 BWaldG, wonach die Vorschriften zur Erhaltung des Waldes nur „Rahmenvorschriften für die Landesgesetzgebung" enthalten.
581 So auch Schneider/Theobald/*Hermes*, § 7 Rn 100.
582 Zu der von der materiell-rechtlichen Beurteilung zu trennenden verfahrensrechtlichen Frage, ob in einem solchen Fall entsprechende Erlaubnisse bereits zeitlich vor dem Planfeststellungsbeschluss erteilt werden können, siehe Kap. 9 Rn 44 ff.
583 Vgl. § 9 Abs. 1 BWaldG, § 8 Abs. 1 und 2 SächsWaldG.
584 So etwa § 9 Abs. 4 LWaldG BW.
585 So etwa § 8 Abs. 2 S. 2 WaldG LSA.

lige Landesrecht zu **konsultieren**, weil sich hier z.T. ausdrückliche, aber durchaus disparate Bestimmungen für den Bau von Freileitungen finden. So ordnen manche Landesgesetze ausdrücklich an, dass die Vorschriften über die Waldumwandlung ohne Einschränkung für „die Beseitigung des Baumbestandes zur Anlage von Leitungstrassen" gelten.[586] Demgegenüber bestimmen andere Waldgesetze, dass die Anlage von Leitungsschneisen zwar nicht als Waldumwandlung anzusehen ist, aber dennoch der Genehmigung der Forstbehörde bedarf.[587]

282 **Existiert keine ausdrückliche landesrechtliche Regelung**, so ist richtigerweise nur dann vom Vorliegen einer Waldumwandlung auszugehen, wenn der Wald vollständig und dauerhaft gerodet und sodann in eine andere Nutzungsart, z.B. in einen Maststandort umgewandelt wird, weil bloße Wuchsbeschränkungen im Bereich des sog. Sicherungsstreifens schon begrifflich keine Umwandlung im Sinne der einschlägigen Vorschriften darstellen.[588]

4. Spezielle Vorgaben der Seeanlagenverordnung

283 Wie bereits an anderer Stelle ausgeführt,[589] enthält die SeeAnlV[590] besondere Bestimmungen für die **Genehmigung von Seekabeln in der AWZ**[591] der Bundesrepublik Deutschland. Diese unterliegen seit der Novellierung der Verordnung Anfang 2012 nicht mehr nur einer Genehmigungspflicht; sie bedürfen vielmehr nach § 2 Abs. 1 SeeAnlV der Planfeststellung. Zuständige Behörde ist freilich weiterhin das Bundesamt für Seeschifffahrt und Hydrographie (BSH).[592]

284 Damit steht dem BSH, wie auch sonst bei Planfeststellungen, selbst dann ein Planungsermessen zu, wenn alle zwingenden Vorschriften erfüllt sind.[593] Solche zwingenden Vorschriften, die einer Abwägung entzogen sind, normiert die SeeAnlV in ihrem **§ 5 Abs. 6** selbst.[594] Danach darf der Plan nur festgestellt werden, wenn die Sicherheit und Leichtigkeit des Verkehrs und die Sicherheit der Landes- und Bündnisverteidigung nicht beeinträchtigt werden (Nr. 1), Vogelzug und Meeresumwelt nicht gefährdet werden, insbesondere keine Verschmutzung der letzteren zu besorgen ist (Nr. 2) und schließlich auch andere Anforderungen nach der SeeAnlV oder sonstigen öffentlich-rechtlichen Vorschriften erfüllt werden (Nr. 3).

285 Dabei kann eine **Gefährdung der Meeresumwelt** in der Regel ausgeschlossen werden, wenn ein Ausnahme- oder Befreiungstatbestand nach dem BNatSchG erfüllt ist.[595] Ob eine **Beeinträchtigung der Schifffahrt** gegeben ist, wird in der Praxis durch die Wasser- und Schifffahrtsdirektion festgestellt, da diese ihr Einvernehmen zu der Planfeststellung gem. § 8 SeeAnlV nur versagen darf, wenn eine Beeinträchtigung der Sicherheit und Leichtigkeit des Verkehrs zu besorgen ist, die nicht durch Bedingungen oder Auflagen verhütet oder ausgeglichen werden kann. Neu hinzugekommen ist die ausdrückliche Erwähnung der **Sicherheit der Landes- und**

586 So etwa § 8 Abs. 7 Nr. 1 WaldG LSA.

587 So z.B. § 8 Abs. 8 SächsWaldG. Ebenso § 9 Abs. 7 LWaldG BW für den Fall, dass eine Fläche von 1 ha oder mehr betroffen ist.

588 So auch *Schiller*, UPR 2009, 245, 249, mit Nachweisen zur – in diesem Punkt uneinheitlichen – Rechtsprechung.

589 Siehe hierzu Kap. 2 Rn 63 ff.

590 Verordnung über Anlagen seewärts der Begrenzung des deutschen Küstenmeeres v. 23.1.1997 (BGBl. I S. 57), zuletzt geändert durch Art. 1 der Verordnung zur Neuregelung des Rechts der Zulassung von Seeanlagen seewärts der Begrenzung des deutschen Küstenmeeres v. 15.1.2012 (BGBl. I S. 112).

591 Siehe näher zu diesem Begriff und zum völkerrechtlichen Kontext oben Rn 77 f.

592 Siehe § 2 Abs. 2 SeeAnlV.

593 *Spieth/Uibeleisen*, NVwZ 2012, 321, 322.

594 So im Ergebnis übereinstimmend *Büllesfeld/Koch/v. Stackelberg*, ZUR 2012, 274, 277; *Zabel*, NordÖR 2012, 263, 267; *Spieth/Uibeleisen*, NVwZ 2012, 321, 322.

595 *Spieth/Uibeleisen*, NVwZ 2012, 321, 322; *Zabel*, NordÖR 2012, 263, 267.

Bündnisverteidigung, der damit als „Kernbereich der militärischen Belange“ eine besondere Bedeutung zugewiesen wird.[596]

Was schließlich die in § 5 Abs. 6 Nr. 3 SeeAnlV genannten **Anforderungen nach sonstigen öffentlich-rechtlichen Vorschriften** betrifft, sollte dies nicht zu dem Missverständnis verleiten, dass dies zu einer Absenkung der Anforderungen des materiellen Rechts führt. Denn die Planfeststellungsbehörde hat die Vorgaben des materiellen Rechts in demselben Umfang zu beachten, wie die sonst zuständigen Behörden mit der Folge, dass das BSH beispielsweise die bislang vom Bundesamt für Naturschutz geprüften naturschutzrechtlichen Verbote zum Schutz von Natura 2000-Gebieten und zum Schutz von besonders geschützten Arten in gleicher Weise zu beachten hat.[597] Im Übrigen kann also auf die obigen Ausführungen verwiesen werden. 286

596 *Spieth/Uibeleisen*, NVwZ 2012, 321, 322.
597 *Spieth/Uibeleisen*, NVwZ 2012, 321, 322.

Kapitel 11
Abwägung und Alternativenprüfung

A. Abwägung

Das Gebot, alle von einem Vorhaben berührten öffentlichen und privaten Belange unter- und gegeneinander abzuwägen, kennzeichnet das gesamte Planungsrecht – unabhängig davon, ob das jeweilige Fachrecht dies ausdrücklich anordnet. Abwägen ist Kernbestandteil jedweder Planung.[1] Im Rahmen der Netzplanung und des Netzausbaus ist das Abwägungsgebot auf verschiedenen Verfahrensstufen zu beachten; in § 43 S. 3 EnWG und § 18 Abs. 3 S. 1 NABEG ist es ausdrücklich normiert. 1

I. Allgemeines

Als Element des **Rechtsstaatsprinzips** besitzt das Abwägungsgebot Verfassungsrang.[2] Es dient dem verantwortlichen und verhältnismäßigen Ausgleich aller durch das jeweilige Projekt betroffenen, nicht gänzlich unerheblichen Interessen – auch wenn diese nicht zu subjektiv-öffentlichen Rechten verdichtet sind. Die aus ihm abgeleiteten Anforderungen sind zugleich wesentlicher **Inhalt** und **Schranke** der **planerischen Gestaltungsfreiheit**; in dieser bindenden Funktion steuert es auch die richterliche Kontrolle von Planungsentscheidungen und weist eine materiell- wie verfahrensrechtliche Rechtsschutzdimension auf.[3] 2

Eine Besonderheit gilt im klassischen Fachplanungsrecht. Hier wird die planfeststellende Behörde regelmäßig nicht selbst originär planend tätig, sondern überprüft die durch den Vorhabensträger erarbeitete Planung und übernimmt durch Feststellung des Plans die rechtliche Verantwortung. Es handelt sich um eine **nachvollziehende Abwägung** – unabhängig davon, ob der Vorhabensträger ein Privater oder ein Träger öffentlicher Gewalt ist.[4] Stehen dem Vorhaben unter dem Blickwinkel der planerischen Abwägung keine rechtlichen Hindernisse entgegen, besitzt die Planfeststellungsbehörde weder ein eigenständiges Versagungsermessen noch eine von den Entwicklungsvorstellungen des Vorhabensträgers abweichende Planungsbefugnis; schon begrifflich stellt sie den Plan lediglich fest. Das schließt indessen nicht aus, dass sie zur Herbeiführung dessen Feststellungsfähigkeit Ausgleichs- und Ergänzungsregelungen aufnehmen darf, soweit diese nicht zu einer wesentlich anderen Planung, einem **Aliud**, führen.[5] In dieser Befugnis spiegelt sich der Umstand wider, dass planfeststellungsbedürftige Vorhaben regelmäßig (und so insbesondere beim Netzausbau) zumindest auch im Allgemeinwohl erfolgen und deshalb ein öffentliches Interesse an der Feststellungs- und Vollzugsfähigkeit des Plans besteht. 3

---

1 BVerwG, Urt. v. 14.2.1975 – 4 C 21/74 – BVerwGE 48, 56, 63; Urt. v. 11.12.1981 – 4 C 69/78 – BVerwGE 64, 270, 272 f.

2 BVerwG, Urt. v. 23.1.1981 – 4 C 4/78 – BVerwGE 61, 295, 301; Urt. v. 11.12.1981 – 4 C 69/78 – BVerwGE 64, 270, 272 f.; Bader/Ronellenfitsch/*Kämper*, § 74 Rn 68; *Kopp/Ramsauer*, § 74 Rn 51; Stelkens/Bonk/Sachs/*Bonk/Neumann*, § 74 Rn 54.

3 Vgl. Fehling/Kastner/Störmer/*Wickel*, § 74 VwVfG Rn 124 ff.; *Stüer*, Rn 3240; *Kopp/Schenke*, § 114 Rn 34 ff.; *Kopp/Ramsauer*, § 74 Rn 51 ff. Zu den Schranken der planerischen Gestaltungsfreiheit und deren gerichtlichen Überprüfbarkeit vgl. Rn 14 ff. sowie Kap. 13 Rn 188 ff.

4 BVerwG, Beschl. v. 24.9.1997 – 4 VR 21/96 – NVwZ-RR 1998, 297. Ausführlich zur nachvollziehenden Abwägung *Hoppe/Schlarmann/Buchner/Deutsch*, Rn 772 ff.; *Durner*, S. 312 ff.

5 *Hoppe/Schlarmann/Buchner/Deutsch*, Rn 785 ff.; zu Besonderheiten bei der Bundesfachplanung siehe Rn 10.

4 Den von der Planung in ihren Belangen (mehr als geringfügig) Betroffenen steht ebenso wie dem Vorhabensträger ein **„Recht auf gerechte Abwägung“** zu.[6] Dieser vom BVerwG im Bauplanungsrecht entwickelte und sodann auf das Fachplanungsrecht übertragene Anspruch ist – trotz mancher Kritik im Detail[7] – allgemein anerkannt und steuert die Planung sowie deren gerichtliche Überprüfung. Er führt im Ergebnis dazu, dass auch Belange und Interessen unterhalb der Schwelle eines subjektiv-öffentlichen Rechts der richterlichen Abwägungskontrolle zugänglich sind.[8]

5 Umstritten ist, ob der Vorhabensträger darüber hinaus einen **Anspruch auf Planfeststellung** hat, wenn er die Zulassungsvoraussetzungen erfüllt. Während die ältere Auffassung dies verneint,[9] begründet die neuere Literatur aus dem Charakter der lediglich nachvollziehenden Abwägung und dem fehlenden Versagungsermessen der Planfeststellungsbehörde einen Rechtsanspruch auf Vorhabenszulassung.[10] Dieser letztgenannten Ansicht ist insbesondere im hiesigen Kontext beizupflichten. Denn jedenfalls dann, wenn der Planfeststellungsbeschluss zugleich **Unternehmergenehmigung** ist, also die wirtschaftliche – womöglich grundrechtsgarantierte – Betätigungsfreiheit konturiert und insofern auch Kontrollerlaubnis ist, hat der Vorhabensträger einen Rechtsanspruch auf Vorhabenszulassung. Liegen die jeweiligen Tatbestandsvoraussetzungen des Fachrechts vor, besteht mithin ein Feststellungsgebot; der Planfeststellungsbehörde steht kein Entscheidungsspielraum hinsichtlich des „Ob“ (sondern – zur Herstellung der Feststellungsreife – allenfalls bezüglich des „Wie“) zu.[11]

6 Ungeachtet dessen hat der Vorhabensträger ein erhebliches Interesse daran, den rechtlichen Anforderungen des Abwägungsgebots (insbesondere der vollständigen Ermittlung der berührten Belange und deren verhältnismäßige Berücksichtigung) zu entsprechen. Anderenfalls riskiert er mangels Feststellungsfähigkeit die Ablehnung des Plans, Verzögerungen oder die Inanspruchnahme der behördlichen Ergänzungsbefugnis wegen Unvollständigkeit des beigebrachten Abwägungsmaterials.

Praxistipp

Ein Vorhabensträger tut gut daran, sich nicht auf die Behörde, die es „schon richten wird“, zu verlassen. Je umfassender und detailgenauer seine Planung (einschließlich der notwendigen Dokumentation) ist, desto stärker behält er die Steuerung des Planungsgeschehens in der Hand. Dazu gehört insbesondere eine qualitätsgesicherte, nachgerade akribische Zusammenstellung der erforderlichen Unterlagen; in der mangelhaften Aufbereitung des Materials liegt ein Hauptgrund nicht nur für Verzögerungen und eine spätere Angreifbarkeit, sondern auch für einen Steuerungsverlust bei der Projektrealisierung. Die Erfahrung zeigt, dass es sich lohnt, ein internes, fachgebietsübergreifendes „Revisionsteam“ zu bilden, dass (ggf. mit externer Hilfe) die einzureichenden Unterlagen kritisch aus Drittsicht prüft; der dafür zweifellos notwendige Aufwand an Zeit und Geld steht in keinem Verhältnis zu einer nachträglichen Reparatur.

7 Die Anforderungen des Abwägungsgebots beziehen sich sowohl auf den **Abwägungsvorgang** als auch auf das **Abwägungsergebnis**, also auf das Abwägen bei der Planaufstellung wie auf

---

6 BVerwG, Urt. v. 17.12.2009 – 7 A 7/09 – NVwZ 2010, 584, 585; Beschl. v. 16.1.2007 – 9 B 14/06 – NVwZ 2007, 462, 463; Bader/Ronellenfitsch/*Kämper*, § 74 Rn 70 ff.; *Schmidt-Preuß*, DVBl. 1999, 100, 105; Stelkens/Bonk/Sachs/*Bonk/Neumann*, § 74 Rn 272 f.

7 Dazu etwa *Steinberg/Wickel/Müller*, § 6 Rn 75.

8 Zu den Konsequenzen für den Rechtsschutz siehe Kap. 13 Rn 162, 188.

9 BVerwG, Urt. v. 24.11.1994 – 7 C 25/93 – BVerwGE 97, 143, 148 f.; dazu auch Kap. 13 Rn 272 ff.

10 *Hoppe/Schlarmann/Buchner/Deutsch*, Rn 782; Knack/Henneke/*Dürr*, § 74 Rn 13; *Ziekow*, § 74 Rn 9; vgl. auch Stelkens/Bonk/Sachs/*Bonk/Neumann*, § 74 Rn 30; *Krappel*, NuR 2012, 836, 837.

11 Zu den Folgen für den Rechtsschutz siehe noch ausführlich unter Kap. 13 Rn 272 ff.; zu Ansprüchen im Rahmen der Bundesfachplanung siehe unter Kap. 13 Rn 89 ff.

das inhaltliche Abgewogensein des festgestellten Plans.[12] Eine Ausnahme ist lediglich für das Gebot anerkannt, eine Abwägung überhaupt durchzuführen; dies kann sich inhaltlich nur auf den Abwägungsvorgang beziehen.[13] Auch wenn die Notwendigkeit und Praktikabilität einer dementsprechend kumulativen Prüfung in der Literatur kritisch betrachtet wird,[14] hat sich jene Differenzierung in der Praxis durchgesetzt.

Sind im Abwägungsvorgang und/oder im Abwägungsergebnis **Fehler** unterlaufen, so kann der festgestellte Plan u.U. dennoch aufrechterhalten werden: Solange die Mängel nicht erheblich sind oder durch Planergänzung oder ergänzendes Verfahren behoben werden können, führen sie nach dem **Grundsatz der Planerhaltung** etwa gem. § 75 Abs. 1a VwVfG bzw. einer entsprechenden Regelung des Fachrechts, beispielsweise § 43e Abs. 4 EnWG (auf die §§ 15 Abs. 3 S. 3, 18 Abs. 3 S. 2 NABEG verweisen), nicht zur Aufhebung des festgestellten Plans. Zudem sind die allgemeinen Heilungs- und Unbeachtlichkeitsregelungen der §§ 45 bzw. 46 VwVfG zu prüfen.[15] 8

Der Abwägung von vornherein entzogen ist das **zwingende Recht**; es ist strikt zu beachten und kann nicht abwägend überwunden werden.[16] Dagegen sind sog. **Optimierungsgebote** oder sog. Gewichtungsvorgaben abwägungserheblich; sie sind zwar mit einer besonderen Bedeutung zu berücksichtigen, können aber – bei entsprechender Gewichtung gegenläufiger Belange – im Ergebnis zurückgestellt werden.[17] 9

II. Abwägung auf den verschiedenen Ebenen der Netzplanung

Im Kontext der Netzplanung ist – den einzelnen Planungsstufen entsprechend[18] – eine abgeschichtete, **ebenenspezifische Abwägung** vorzunehmen. So ist im Anwendungsbereich des NABEG eine Abwägung bereits auf der Ebene der **Bundesfachplanung** hinsichtlich der Festlegung der Trassenkorridore vorgesehen.[19] Nach § 5 Abs. 1 S. 3 NABEG prüft die BNetzA, ob der Verwirklichung des Vorhabens in einem Trassenkorridor überwiegende öffentliche oder private Belange entgegenstehen. Zudem sind nach S. 4 die Übereinstimmung mit den Erfordernissen der Raumordnung und die Abstimmung mit anderen raumbedeutsamen Planungen und Maßnahmen zu prüfen. Darüber hinaus sind ernsthaft in Betracht kommende Alternativen von Trassenkorridoren Gegenstand der Prüfung (§ 5 Abs. 1 S. 5 NABEG). Zwar ist der Wortlaut – *„prüft"* – nicht eindeutig und markiert – anders als etwa der Terminus *„berücksichtigen"* – nicht schon begriffsnotwendig einen Abwägungsvorgang. Doch gilt im Ausgangspunkt auch hier, dass es sich insoweit zunächst um eine „nachvollziehende Abwägung" handelt. Denn der Vorhabensträger hat in seinem Antrag gem. § 6 NABEG u.a. einen Vorschlag für den Verlauf des Trassenkorridors, einschließlich der Darlegung von Alternativen, zu unterbreiten. Es geht um *„das Vorhaben des Vorhabensträgers"* (vgl. § 3 Abs. 3 i.V.m. § 5 Abs. 1 NABEG); die Bundesfachplanung wird erst durch den Antrag des Vorha- 10

12 BVerwG, Urt. v. 5.7.1974 – 4 C 50/72 – BVerwGE 45, 309, 316; Urt. v. 14.2.1975 – 4 C 21/74 – BVerwGE 48, 56, 64; Urt. v. 26.11.2003 – 9 C 2/03 – NVwZ 2004, 483, 484; Bader/Ronellenfitsch/*Kämper*, § 74 Rn 69; Fehling/Kastner/Störmer/*Wickel*, § 74 VwVfG Rn 152 ff.; *Kopp/Ramsauer*, § 74 Rn 53.
13 BVerwG, Urt. v. 5.7.1974 – 4 C 50/72 – BVerwGE 45, 309, 316; vgl. auch BVerwG, Urt. v. 22.9.2010 – 4 CN 2/10 – NVwZ 2011, 438, 441: Der Abwägungsausfall als Mangel im Abwägungsvorgang kann, muss aber nicht auf das Abwägungsergebnis von Einfluss sein.
14 Vgl. etwa die Darstellung bei Fehling/Kastner/Störmer/*Wickel*, § 74 VwVfG Rn 154 ff.; *Kopp/Ramsauer*, § 74 Rn 54; *Steinberg/Wickel/Müller*, § 3 Rn 119 ff.
15 Dazu ausführlich Kap. 13 Rn 217 ff.
16 Zu den sog. Planungsleitsätzen vgl. im Einzelnen Kap. 10 Rn 66 ff.
17 Dazu Rn 47 ff.
18 Zu diesen Stufungen vgl. bereits Kap. 2 Rn 15 ff.
19 Vgl. dazu Kap. 4 Rn 54 f.; sowie *de Witt/Durinke/Kause*, Rn 179; Steinbach/*Nebel/Riese*, § 5 NABEG Rn 67 ff.

bensträgers ausgelöst (§ 6 S. 1 NABEG). Allerdings bleiben Besonderheiten gegenüber der klassischen Fachplanung zu beachten, zumal die Bundesfachplanung trotz der begrifflichen Nähe keine Fachplanung im engeren Sinne ist.[20] So kann die BNetzA den Vorhabensträger durch Bescheid zur Stellung des Antrags auffordern (§ 6 S. 2 NABEG). Zu dessen Inhalt gehört zudem nur ein „Vorschlag" für den Verlauf des Trassenkorridors; Alternativen sind darzulegen und lediglich Erläuterungen zu ihrer Auswahl zu geben (§ 6 S. 6 Nr. 1 und 2 NABEG). Vor allem aber normiert § 7 Abs. 3 S. 2 NABEG, dass die **BNetzA** an den Vorschlag des Vorhabensträgers **nicht gebunden** ist. Daraus ist die behördliche Befugnis abzuleiten, ggf. auch gänzlich andere als die vorgeschlagenen Trassenkorridore vorzusehen, mithin – anders als im klassischen Fachplanungsrecht – zu einer Aliud-Planung zu kommen.[21] In dem Maße, in welchem die BNetzA davon Gebrauch macht, obliegt ihr die gebotene **Abwägungsleistung originär selbst**.[22]

11 Auf der Ebene der **Planfeststellung** ist das Abwägungserfordernis in § 18 Abs. 3 S. 1 NABEG normiert. Obschon die Einwirkungsmöglichkeiten der Planfeststellungsbehörde[23] auf den Planinhalt stärker als im Rahmen eines normalen Planfeststellungsverfahrens sind (vgl. §§ 20 Abs. 3, 21 Abs. 1 NABEG), fehlt eine § 7 Abs. 3 S. 2 NABEG entsprechende Regelung. Die Bestimmung des Inhalts der vom Vorhabensträger beizubringenden Unterlagen führt nicht dazu, dass die Planfeststellungsbehörde originär selbst planen dürfte.

12 Aus § 12b Abs. 4 EnWG folgt zudem bereits für den der Planung nach dem NABEG vorgelagerten **Netzentwicklungsplan**, dass die ihn erstellenden Übertragungsnetzbetreiber eine Abwägung mit den in Betracht kommenden anderweitigen Planungsmöglichkeiten vorzunehmen haben. Auch hier gilt, dass es trotz der Ermächtigung der Regulierungsbehörde gem. § 12c Abs. 6 EnWG, nähere Bestimmungen zu Inhalt und Verfahren der Erstellung eines Netzentwicklungsplans festzulegen, Aufgabe der Übertragungsnetzbetreiber bleibt, diesen Plan zu erstellen. Die behördliche Befugnis, Änderungen des Entwurfs zu verlangen (§ 12c Abs. 1 S. 2 EnWG), bezieht sich nur auf die Kompetenz, die Übereinstimmung des Netzentwicklungsplans mit den Anforderungen gem. § 12b Abs. 1, 2 und 4 EnWG zu prüfen (§ 12c Abs. 1 S. 1 EnWG).[24] Änderungsforderungen dürfen daher nicht das Ergebnis einer darüber hinausgehenden, substituierenden Abwägung der BNetzA sein.

13 Die Abwägung auf den verschiedenen Planungsstufen dient dem Interessenausgleich in Bezug auf diejenigen Fragen, über die auf der jeweiligen Ebene befunden wird. Dementsprechend sind die **Anforderungen** an die Abwägung auf den höherstufigen Planungsebenen in Korrelation zu ihrem **Regelungsgehalt** beschränkt, soweit sie dem Vorhabensträger und den nachgeordnet entscheidenden Behörden noch Gestaltungs- und Konkretisierungsspielraum belassen.[25] Maßgebliche Bedeutung entfaltet das Abwägungsgebot im Bereich des Netzausbaus daher sowohl auf der Ebene der Bundesfachplanung als insbesondere auch der Planfeststellung.

---

20 Dazu Kap. 4 Rn 1.

21 Dementsprechend hat der Vorhabensträger – anders als in der Planfeststellung – auch keinen Anspruch auf eine bestimmte Bundesfachplanung; er hat aber einen Anspruch auf deren Durchführung, siehe dazu Kap. 13 Rn 89 ff.

22 Allerdings ist die Besonderheit zu berücksichtigen, dass eine Ablehnung des Vorschlags des Vorhabensträgers nicht eine Übernahme der kompletten weiteren Planungsschritte durch die BNetzA zur Folge hat; vielmehr bleibt der Vorhabensträger gem. §§ 8 ff. NABEG weiterhin verpflichtet, die erforderlichen Untersuchungen vorzunehmen und die einschlägigen Unterlagen zu erstellen – allerdings auf Basis eines dann von der BNetzA vorgegebenen Trassenkorridors.

23 Dies kann entweder die BNetzA nach Maßgabe der gem. § 2 Abs. 2 NABEG zu erlassenden Rechtsverordnung oder die ansonsten jeweils zuständige Landesbehörde sein; vgl. Steinbach/*Bourwieg*, § 31 NABEG Rn 1, 10 ff.

24 Vgl. zum Prüfprogramm Steinbach/*Heimann*, § 12c EnWG Rn 4.

25 Das übersieht *Antweiler*, ZNR 2012, 586, 587 ff., wenn er detaillierte Anforderungen an die Netzentwicklungsplanung stellt, die richtigerweise erst auf den nachfolgenden Ebenen der Bundesfachplanung und Planfeststellung relevant werden.

III. Anforderungen an die Abwägungsentscheidung

Die Anforderungen des Abwägungsgebots bilden einen gerichtlich überprüfbaren Rahmen für die Vorhabenkonturierung, der die **planerische Gestaltungsfreiheit** von Vorhabensträger und Behörde **beschränkt**. Über diese Rahmensetzung hinaus ist die Abwägung dagegen gerichtlich nicht kontrollierbar. Insbesondere obliegt es der Abwägungsentscheidung, über die Vorzugswürdigkeit des einen und damit die Zurückstellung eines anderen öffentlichen oder privaten Belangs zu bestimmen. Die darin liegende Bewertung der Belange und ihre Gewichtung gegen- und untereinander ist dem Wesen der Planung als im Kern politische Entscheidung zuzuordnen; sie darf nicht durch eine eigene Abwägung des Gerichts ersetzt, sondern nur auf die Einhaltung ihrer rechtlichen Grenzen hin überprüft werden.[26] 14

1. Abwägungsrelevante Belange

Die durch eine Planung betroffenen Belange sind in ausreichendem Umfang zu ermitteln und in die Abwägung einzustellen.[27] Berührt werden können Interessen von **Privaten, Gemeinden** oder **Umweltvereinigungen** sowie verschiedene **öffentliche Belange**. Dabei ist das Gewicht der privaten Interessen nicht von vornherein geringer als das der öffentlichen Belange. Vielmehr ist *„im Sinne einer gerechten Abwägung zu prüfen, ob sachgerechte, d.h. am gesetzlichen Planungsziel und an den Planungsleitsätzen orientierte und hinreichend gewichtige Gründe es rechtfertigen, den einen Belang hinter den anderen zurücktreten zu lassen.“*[28] 15

Praxistipp

Bei der Zusammenstellung und Berücksichtigung der Belange ist ein großzügiger Maßstab anzulegen. Die Praxiserfahrung zeigt, dass es unklug ist, Vorbringen Dritter zu früh aus der weiteren Betrachtung auszuschließen. Dies gilt nicht nur unter Akzeptanzgesichtspunkten, sondern sollte auch im Interesse einer rechtssicheren Planung beachtet werden.

Im Einzelnen:

a) Private Belange

Abwägungsrelevant sind nicht nur subjektiv-öffentliche Rechte oder gar verfassungsrechtlich geschützte Rechtspositionen, sondern auch **bloße Interessen**.[29] In der Abwägung kann subjektiven Rechten jedoch ein größeres Gewicht zukommen.[30] Unerheblich sind bloße Interessen nur dann, wenn sie objektiv gering oder nicht schutzwürdig sind. Die sachgerechte Ermittlung der nach diesen Maßgaben zu berücksichtigenden Belange ist eine zentrale, aufwändige Planungsleistung. Denn soweit es um das subjektive Recht auf fehlerfreie Abwägung der eigenen Belange 16

---

26 Vgl. BVerwG, Urt. v. 5.12.1986 – 4 C 13/85 – BVerwGE 75, 214, 253 f.; Urt. v. 8.6.1995 – 4 C 4/94 – BVerwGE 98, 339, 349, 353; *Kopp/Schenke*, § 114 Rn 34 ff.; Posser/Wolff/*Decker*, § 114 Rn 36; Sodan/Ziekow/*Wolff*, § 114 Rn 37.
27 Dazu im Folgenden Rn 16 ff.
28 BVerwG, Urt. v. 14.2.1975 – 4 C 21/74 – BVerwGE 48, 56, 67 f.; Urt. v. 20.8.1982 – 4 C 81/79 – BVerwGE 66, 133, 137; vgl. auch bereits BVerwG, Urt. v. 1.11.1974 – 4 C 38/71 – BVerwGE 47, 144, 148.
29 BVerwG, Beschl. v. 9.11.1979 – 4 N 1/78, 4 N 2-4/79 – BVerwGE 59, 87, 101; Urt. v. 28.3.2007 – 9 A 17/06 – NuR 2007, 488, 489; *Kopp/Ramsauer*, § 74 Rn 69 f.; Stelkens/Bonk/Sachs/*Bonk/Neumann*, § 74 Rn 70, § 73 Rn 71.
30 So generell Stelkens/Bonk/Sachs/*Bonk/Neumann*, § 74 Rn 70; subjektive Rechte können etwa aufgrund der Wertungen des Fachplanungsrechts oder des Grundgesetzes im Einzelfall höher zu bewerten sein, vgl. Fehling/Kastner/Störmer/*Wickel*, § 74 VwVfG Rn 145 ff.

geht, ist eine Repräsentation durch lediglich exemplarisch ermittelte andere Betroffene nicht zulässig.[31]

aa) Nachteilig Betroffene

17 In der Abwägung zu Infrastrukturplanungen sind als betroffene private Belange regelmäßig das Eigentumsrecht an Grundstücken gem. **Art. 14 GG** sowie das Recht auf körperliche Unversehrtheit gem. **Art. 2 Abs. 2 GG** zu berücksichtigen. Speziell zum Eigentumsrecht liegt eine detaillierte Kasuistik vor.

18 Eine abwägungsrelevante Betroffenheit des Eigentums ist insbesondere dann gegeben, wenn die Planfeststellung eine spätere Enteignung des Betroffenen bindend zulässt und somit **enteignungsrechtliche Vorwirkung** entfaltet. Diese Wirkung ist der Planfeststellung keineswegs eigen, sondern bedarf der **fachgesetzlichen Anordnung**, wie sie etwa in § 27 Abs. 2 S. 2 NABEG i.V.m. § 45 Abs. 2 EnWG erfolgt ist. Jene Regelungen belegen, dass Eigentumsrechte in der Abwägung überwunden werden können. Selbst wenn andere Planungsvarianten mit geringerer Beeinträchtigung des Eigentums denkbar gewesen wären, ist die Abwägung fehlerfrei, sofern sie das Interesse des Eigentümers, von einer Grundstücksinanspruchnahme verschont zu bleiben, bei der Wahl der Trasse oder etwa der naturschutzfachlich gebotenen Kompensationsflächen berücksichtigt und entsprechend der dem Eigentum in der grundgesetzlichen Ordnung zukommenden hohen Bedeutung gewichtet hat.[32]

19 Bei dieser Gewichtung sind die **Art der Grundstücksbeanspruchung** sowie die der **Grundstücksnutzung** maßgebliche Faktoren. So ist es für die Bewertung der Belange von Bedeutung, ob ein vollständiger Entzug des Grundstücks erfolgt oder dieses nur mit einer Dienstbarkeit belastet wird, im Übrigen aber nutzbar bleibt. Zwar wird auch die zwangsweise Eintragung einer Grunddienstbarkeit als Enteignung gewertet;[33] der zu einem vollständigen Entzug bestehende Unterschied ist bei der Gewichtung der Betroffenheit aber zu beachten. Bei einer Nutzung als Gewerbe- oder als landwirtschaftlicher Betrieb kann eine Existenzgefährdung[34] in Rede stehen, welche das Abwägungsgewicht unter dem Aspekt des eingerichteten und ausgeübten Gewerbebetriebs erhöht. Sofern Ausgleichsmöglichkeiten (etwa eine Bereitstellung von Ersatzland) bestehen, sind diese jedoch zu berücksichtigen.[35]

20 Neben dem (vollständigen oder teilweisen) Entzug des Eigentums kommen als abwägungsrelevante Faktoren auch **sonstige Beeinträchtigungen** des Eigentums in Betracht.

Beispiele
Zu nennen sind insbesondere Beeinträchtigungen durch Immissionen wie Lärm und Luftverunreinigungen,[36] die neben dem Recht auf Eigentum auch das Recht auf körperliche Unversehrtheit betreffen können.[37] Für Hoch- und

31 Vgl. BVerwG, Urt. v. 31.7.2012 – 4 A 7001/11 – juris Rn 32; dort auch zu den Unterschieden zwischen Öffentlichkeitsbeteiligung und Abwägung.
32 BVerwG, Urt. v. 9.11.2000 – 4 A 51/98 – NVwZ 2001, 682, 683; Urt. v. 23.2.2005 – 4 A 1/04 – NVwZ 2005, 810 f.
33 BVerfG, Beschl. v. 10.5.1977 – 1 BvR 514/68 u. 323/69 – BVerfGE 45, 297, 338; Urt. v. 10.3.1980 – 1 BvR 92, 96/71 – BVerfGE 56, 249, 260; Maunz/Dürig/*Papier*, Art. 14 Rn 525; BK-EnR/*Pielow*, § 45 EnWG Rn 13, 15.
34 Vgl. hierzu BVerwG, Beschl. v. 26.6.1990 – 4 B 61/90 – NVwZ 1991, 159 f.
35 BVerwG, Urt. v. 8.6.1995 – 4 C 4/94 – BVerwGE 98, 339, 355 f.; Urt. v. 11.1.2001 – 4 A 13/99 – NVwZ 2001, 1154, 1155.
36 Vgl. BVerwG, Urt. v. 21.5.1976 – 4 C 80/74 – BVerwGE 51, 15, 29 ff.; Urt. v. 16.12.1993 – 4 C 11/93 – NVwZ 1994, 691 f.; Urt. v. 23.11.2005 – 9 A 28/04 – BVerwGE 124, 334, 335 ff.; Urt. v. 9.11.2006 – 4 A 2001/06 – BVerwGE 127, 95, 138 ff.
37 Vgl. BVerwG, Urt. v. 22.5.1987 – 4 C 33-35/83 – BVerwGE 77, 285, 289; Urt. v. 26.5.2004 – 9 A 6/03 – BVerwGE 121, 57, 59; Urt. v. 16.3.2006 – 4 A 1075/04 – BVerwGE 125, 116, 270 ff.

Höchstspannungsleitungen werden in erster Linie Lärmimmissionen von Bedeutung sein. Daneben können nachteilige Veränderungen des Grundstückeigentums auch durch Erschütterungen,[38] Überschwemmungen,[39] Verschattungen[40] oder eine erdrückende Wirkung der Anlage[41] hervorgerufen werden. In Betracht kommen zudem die Verschlechterung von Wegeverbindungen[42] oder die Beseitigung bzw. Veränderung bestehender Grundstückszufahrten.[43] Bloße Wertminderungen sind grundsätzlich nicht zu berücksichtigen; im Falle eines unzumutbaren Wertverlustes hat das BVerwG indes eine relevante Beeinträchtigung anerkannt.[44]

Der Schutz des Art. 14 GG kommt nicht nur Eigentümern der enteignungsbetroffenen Grundstücke, sondern auch **dinglich Berechtigten** sowie (zumindest im Falle einer drohenden Enteignung) **obligatorisch Berechtigten** wie Mietern und Pächtern zu.[45] Ob jene auch bei einer mittelbaren Eigentumsbeeinträchtigung durch Art. 14 GG geschützt werden, ist nicht abschließend geklärt.[46] Da im Rahmen der Abwägung jedoch nicht nur subjektiv-öffentliche Rechte, sondern auch bloße, nicht völlig unerhebliche Interessen erfasst werden müssen, sind auch ihre Belange zu berücksichtigen. Unterschiede können sich aber in der Gewichtung dieser Interessen im Vergleich zu denjenigen betroffener Grundstückseigentümer ergeben. Zudem ist im Rahmen des Rechtsschutzes zu differenzieren.[47] 21

Beeinträchtigungen des Grundeigentums, die nicht in dessen Entzug bestehen, führen zumeist nicht zur Versagung der Planfeststellung. Vielmehr kann ihnen regelmäßig gem. § 74 Abs. 2 S. 2 und 3 VwVfG mit der Anordnung geeigneter **Schutzmaßnahmen** oder, wenn solche nicht möglich sind, mit einer angemessenen **Entschädigung** begegnet werden. Mangels anderweitiger Maßgaben gilt dies auch im Kontext der Planfeststellung gem. § 18 Abs. 3 S. 2 NABEG, § 43b EnWG. Soweit nicht die Ausgewogenheit der Planung insgesamt berührt wird, steht den Betroffenen insofern lediglich ein Anspruch auf Planergänzung zu.[48] Erreichen die Beeinträchtigungen ein derartiges Gewicht, dass eine weitere Nutzung des Grundstücks unzumutbar erscheint, besteht ein **Übernahmeanspruch** des Betroffenen gegenüber dem Vorhabensträger.[49] Sofern es sich nicht lediglich um äußerst geringfügige Belastungen handelt, sind auch Beeinträchtigungen unterhalb der Schwelle erforderlich werdender Schutzmaßnahmen in die Abwägung einzustellen; sie können im Regelfall aber überwunden werden.[50] 22

---

38 Vgl. BVerwG, Urt. v. 31.1.2001 – 11 A 6/00 – NVwZ-RR 2001, 653, 654 f.; Urt. v. 14.11.2001 – 11 A 31/00 – BVerwGE 115, 237, 246 f.

39 Vgl. BVerwG, Urt. v. 11.1.2001 – 4 A 13/99 – NVwZ 2001, 1154, 1160; Urt. v. 22.1.2004 – 4 A 32/02 – NVwZ 2004, 722, 725.

40 Vgl. BVerwG, Urt. v. 23.2.2005 – 4 A 4/04 – BVerwGE 123, 37, 47 f.

41 Die bloße Beeinträchtigung eines bislang freien Blicks auf die Landschaft genügt dafür allerdings nicht, vgl. hierzu BVerwG, Urt. v. 6.6.2002 – 4 A 44/00 – NVwZ 2003, 209, 210.

42 Vgl. BVerwG, Urt. v. 18.12.1987 – 4 C 49/83 – NVwZ 1989, 147 f.; Urt. v. 28.1.2004 – 9 A 27/03 – NVwZ 2004, 990 f.

43 Vgl. BVerwG, Urt. v. 22.6.1979 – 4 C 8/76 – BVerwGE 58, 154, 156 f.

44 Vgl. BVerwG, Urt. v. 16.3.2006 – 4 A 1075/04 – BVerwGE 125, 116, 261 f.; zur Zumutbarkeit des Wertverlusts vgl. BVerwG, Urt. v. 9.2.2005 – 9 A 80/03 – NVwZ-RR 2005, 453, 454.

45 Vgl. BVerfG, Beschl. v. 26.5.1993 – 1 BvR 208/93 – BVerfGE 89, 1, 5 ff.; BVerwG, Urt. v. 1.9.1997 – 4 A 36/96 – BVerwGE 105, 178, 180 ff.; anders noch BVerwG, Urt. v. 27.11.1996 – 11 A 27/96 – NVwZ 1997, 917.

46 Offen gelassen in BVerwG, Urt. v. 1.9.1997 – 4 A 36/96 – BVerwGE 105, 178, 180 f.; vgl. auch *Kühling/Herrmann*, Rn 610 ff.

47 Vgl. dazu Kap. 3 Rn 163 ff.

48 Vgl. BVerwG, Urt. v. 7.7.1978 – 4 C 79/76 u.a. – BVerwGE 56, 110, 133; Beschl. v. 27.1.1988 – 4 B 7/88 – NVwZ 1988, 534, 535; siehe dazu auch Kap. 13 Rn 147.

49 Vgl. BVerwG, Urt. v. 23.2.2005 – 4 A 5/04 – BVerwGE 123, 23, 37; Urt. v. 9.11.2006 – 4 A 2001/06 – BVerwGE 127, 95, 141.

50 Vgl. BVerwG, Beschl. v. 14.9.1987 – 4 B 179, 180/87 – NVwZ 1988, 363 f.; Urt. v. 27.10.1998 – 11 A 1/97 – BVerwGE 107, 313, 322.

23 Sind **Grenzwerte** gesetzlich festgelegt, so hat sich die Behörde an diesen zur Bestimmung der Zumutbarkeitsgrenze, bis zu der noch ohne Schutzvorkehrungen geplant werden kann, zu orientieren.[51] Im Rahmen der Netzplanung und des Netzausbaus können insbesondere die für elektrische und magnetische Feldstärken geltenden Grenzwerte der 26. BImSchV relevant werden. Fehlt es an normierten Grenzwerten, so ist einzelfallbezogen zu entscheiden, ob die Nachteile und Belästigungen dem Betroffenen auch unter Beachtung der Bedeutung des in Rede stehenden Vorhabens billigerweise noch zumutbar sind.[52] Anhaltspunkte können insofern technischen Regelwerken[53] oder Empfehlungen sachverständiger Gremien[54] entnommen werden. Hinsichtlich Lärmbelastungen sind bei Hoch- und Höchstspannungsleitungen die Vorgaben der TA Lärm zu berücksichtigen.[55]

24 Bei der Gewichtung der Belange – insbesondere der Schutzwürdigkeit privater Interessen und der Umwelt – sind auch **Vorbelastungen** durch Einwirkungen anderer Anlagen in der Nachbarschaft einzustellen. Im Hinblick auf Lärmbelästigungen sind bei der Bestimmung der Zumutbarkeitsgrenze schutzmindernd sowohl tatsächliche Lärm-Vorbelastungen als auch „plangegebene" (d.h. aufgrund eines anderen Plans bereits gegebene oder konkret bevorstehende) Vorbelastungen zu berücksichtigen.[56] Schutzvorkehrungen sind allerdings dann zu treffen, wenn und soweit durch die hinzutretenden Lärmimmissionen der Pegel des nunmehr vorhandenen Gesamtgeräusches den früher vorhandenen Lärmpegel in beachtlicher Weise erhöht und gerade in dieser Erhöhung eine zusätzliche und nicht mehr zumutbare Belastung liegt.[57] Von großer Bedeutung ist der Aspekt der Vorbelastung eines Gebiets, nicht zuletzt mit Blick auf die kumulative Wirkung verschiedener Vorhaben und insbesondere auch im Kontext der Verträglichkeitsprüfung nach § 34 BNatSchG.[58]

bb) Vorhabensbegünstigte

25 Zugunsten des Vorhabens sind vor allem die Belange des – häufig und so auch beim Energieleitungsausbau – privatrechtlich organisierten **Vorhabensträgers** zu berücksichtigen. Dies gilt insbesondere in Bezug auf einen bestimmten **Standort bzw. Trassenverlauf** oder eine Variante mit einer geringeren **Kostenbelastung**.[59] Im Rahmen des Netzausbaus wird dies vor allem bei der Berücksichtigung der Alternative der (teureren) Erdverkabelung im Vergleich zur Errichtung von Freileitungen zum Tragen kommen.[60] Allerdings trifft § 43h EnWG die **Sonderregelung**,

---

51 Vgl. BVerwG, Urt. v. 22.5.1987 – 4 C 33-35/83 – BVerwGE 77, 285, 286 f.; Urt. v. 21.3.1996 – 4 C 9/95 – BVerwGE 101, 1, 3 ff.

52 Vgl. BVerwG, Urt. v. 22.3.1985 – 4 C 63/80 – BVerwGE 71, 150, 155.

53 Vgl. BVerwG, Urt. v. 23.2.2005 – 4 A 4/04 – BVerwGE 123, 37, 47.

54 Vgl. BVerwG, Beschl. v. 9.2.1996 – 11 VR 46/95 – NVwZ 1996, 1023, 1024.

55 Vgl. zur TA Lärm und zur 26. BImSchV Kap. 10 Rn 221 ff., Kap. 5 Rn 47 und Kap. 2 Rn 70, 79; zu Koronageräuschen an Höchstspannungsfreileitungen: *Weidemann/Ruttloff*, DVBl. 2012, 1203 ff.

56 BVerwG, Urt. v. 11.11.1983 – 4 C 40, 41/80 – NVwZ 1985, 109, 111; Urt. v. 7.7.1978 – 4 C 79/76 – BVerwGE 56, 110, 131; Urt. v. 14.12.1979 – 4 C 10/77 – BVerwGE 59, 253, 262 f.; vgl. auch bereits BVerwG, Urt. v. 21.5.1976 – 4 C 80/74 – BVerwGE 51, 15, 30 ff.; Bader/Ronellenfitsch/*Kämper*, § 74 Rn 89; Stelkens/Bonk/Sachs/*Bonk/Neumann*, § 74 Rn 89.

57 BVerwG, Urt. v. 21.5.1976 – 4 C 80/74 – BVerwGE 51, 15, 32; gleiches gilt für Belastungen durch Erschütterungen: BVerwG, Urt. v. 15.3.2000 – 11 A 42/97 – BVerwGE 110, 370, 392; zur Überschreitung der „Opfergrenze" und einer Grundrechtsverletzung vgl. Stelkens/Bonk/Sachs/*Bonk/Neumann*, § 74 Rn 90, 92.

58 Vgl. Kap. 10 Rn 71 ff.

59 Bauer/Heckmann/Ruge/Schallbruch/*Reidt/Schiller*, § 74 Rn 46; vgl. auch OVG Schleswig, Urt. v. 1.7.2011 – 1 KS 20/10 – juris Rn 47 ff.; *Greinacher*, ZUR 2011, 305, 309 f.; zum Rechtsschutz vgl. Kap. 13 Rn 254 ff.

60 Vgl. dazu auch im Folgenden Rn 75; zur Diskussion um die „Technikoffenheit" der einschlägigen Planungsgesetze vgl. Kap. 10 Rn 45 ff.

dass **Hochspannungsleitungen** auf neuen Trassen mit einer Nennspannung von 110 kV oder weniger als Erdkabel auszuführen sind, wenn die Gesamtkosten für Errichtung und Betrieb des Erdkabels die Gesamtkosten der technisch vergleichbaren Freileitung nicht um den Faktor 2,75 überschreiten und naturschutzfachliche Belange nicht entgegenstehen. Auf Antrag des Vorhabensträgers kann die Behörde jedoch die Errichtung als Freileitung zulassen, sofern öffentliche Interessen dem nicht zuwiderlaufen. Im Anwendungsbereich der **Höchstspannungsleitungen** nach dem EnLAG besitzt der Vorhabensträger dagegen nicht die Möglichkeit der Geltendmachung einer höheren Kostenbelastung durch eine Erdverkabelung, denn dadurch verursachte Mehrkosten werden gem. § 2 Abs. 4 EnLAG auf alle Übertragungsnetzbetreiber umgelegt,[61] die sie wiederum bei der Ermittlung der Netznutzungsentgelte berücksichtigen können. Durch § 11 Abs. 2 Nr. 14 ARegV wird im Übrigen klargestellt, dass es sich dabei um dauerhaft nicht beeinflussbare Kostenanteile handelt, deren Änderung zu einer Anpassung der Erlösobergrenze **ipso iure** führt (§ 4 Abs. 3 Nr. 2 ARegV). Im NABEG ist eine solche Vorschrift nicht enthalten; eine entsprechende Regelung zur Umlegung der Kosten für Erdkabelvorhaben könnte im Gesetz über den Bundesbedarfsplan gem. § 12e Abs. 4 S. 1 EnWG geschaffen werden. Der vorliegende Entwurf des Bundesbedarfsplangesetzes enthält jedoch keine entsprechende Bestimmung.

Als private Belange berücksichtigungsfähig sind schließlich auch die (nicht lediglich mar- 26
ginal betroffenen) Interessen der jeweiligen gewerblichen **Vorhabennutzer**. Mit Blick auf den Energieleitungsausbau kommen insoweit insbesondere die weiterverteilenden Energieversorgungsunternehmen, aber auch (große) Abnehmer, wie etwa energieintensive Industriebetriebe, infrage.[62] Der einzelne Verbraucher ist dagegen nicht erfasst; er ist jedoch mittelbar über die öffentlichen Belange „Versorgungssicherheit“, „Verbraucherfreundlichkeit“ und „Preiswürdigkeit“ mit seinen Interessen vertreten.[63]

b) Belange von Gemeinden

Der zentrale abwägungserhebliche Belang der Gemeinden ist ihre **kommunale Planungshoheit** 27
gem. Art. 28 Abs. 2 GG. Diese umfasst in materieller Hinsicht das Recht auf Planung und Regelung der Bodennutzung im Gemeindegebiet.[64] Die Anforderungen an die Berücksichtigung der städtebaulichen Planungen richten sich danach, ob es sich um ein Vorhaben von überörtlicher oder bloß örtlicher Bedeutung handelt. Im Kontext des Netzausbaus stehen in aller Regel Erstere in Rede.

Auf **Planfeststellungsverfahren** für Vorhaben von **überörtlicher Bedeutung** sind die 28
§§ 29–37 BauGB gem. § 38 BauGB nicht anwendbar, wenn die Gemeinde beteiligt wird. Maßgeblich sind vielmehr die Regelungen des Fachplanungsrechts. Die städtebaulichen Belange und Planungsvorstellungen der Gemeinde sind dabei allerdings zu berücksichtigen (vgl. § 38 S. 1 Hs. 2 BauGB), also in die Abwägung einzustellen und ihrer Bedeutung entsprechend zu gewichten. Vom **Vorrang der Fachplanung** unberührt bleibt zudem eine Bindung gem. § 7 BauGB (vgl. § 38 S. 2 BauGB). Danach müssen sich – umgekehrt – Planfeststellungen an vorhandene **Flächennutzungspläne** anpassen, wenn die (jeweiligen) Planungsträger in der Bauleitplanung beteiligt wurden und diesen nicht widersprochen haben. Die Darstellungen des Flächennutzungsplans stehen dann nicht mehr zur fachplanerischen Disposition, vielmehr hat sich der

---

61 Vgl. *de Witt/Durinke/Kause*, Rn 130.

62 Vgl. dazu *Steinberg/Wickel/Müller*, § 6 Rn 209 ff.; zum Rechtsschutz vgl. Kap. 13 Rn 278 ff.

63 Zu dieser aggregierten Form der Belangwahrung vgl. BVerwG, Urt. v. 16.3.2006 – 4 A 1075/04 – BVerwGE 125, 116 Rn 82.

64 BVerwG, Urt. v. 11.4.1986 – 4 C 51/3 – BVerwGE 74, 124, 132; Urt. v. 16.12.1988 – 4 C 40/86 – BVerwGE 81, 95, 106; Urt. v. 15.12.1989 – 4 C 36/86 – BVerwGE 84, 209, 214.

Fachplanungsträger seinerseits nach ihnen zu richten. Bei veränderter Sachlage kann gem. § 7 S. 4 BauGB indes nachträglich Widerspruch eingelegt werden.[65] Im Anwendungsbereich des NABEG ist für die **Bundesfachplanung** in § 15 Abs. 1 S. 2 NABEG dagegen ein grundsätzlicher **Vorrang gegenüber Landesplanungen** normiert. Nach zutreffender Auffassung gilt diese Vorrangregelung jedoch wortlautgemäß nur für Landesplanungen, nicht aber für die gemeindliche Bauleitplanung.[66]

29 Für Vorhaben von **örtlicher Bedeutung** sind die §§ 29 ff. BauGB dagegen uneingeschränkt anwendbar; ein genereller Vorrang jedweder Fachplanung besteht insoweit nicht.[67] Im Geltungsgebiet eines Bebauungsplans gilt gem. § 30 BauGB mithin, dass das Vorhaben den Festsetzungen des Plans nicht widersprechen darf. Es besteht aber gem. § 31 BauGB die Möglichkeit, dass der Bebauungsplan selbst Ausnahmen vorsieht oder dass eine Befreiung von den Festsetzungen erteilt wird.[68] Die Zulässigkeit von Vorhaben ist zudem vom gemeindlichen Einvernehmen gem. § 36 BauGB abhängig.[69]

30 Eine **Beeinträchtigung** der gemeindlichen Planungshoheit liegt nicht nur vor, wenn das Vorhaben von einem Bauleitplan abweicht, sondern unter bestimmten Voraussetzungen auch bei einem Abweichen von bloßen **planerischen Vorstellungen** der Gemeinde. Dies setzt voraus, dass das planfestgestellte Vorhaben eine hinreichend konkretisierte Planung der Gemeinde nachhaltig stört, wegen seiner Großräumigkeit wesentliche Teile des Gemeindegebiets einer durchsetzbaren gemeindlichen Planung entzieht oder aber die Funktionsfähigkeit gemeindlicher Einrichtungen in erheblichem Umfang beeinträchtigt.[70] Unerheblich ist, ob die Planung rechtsverbindlich ist; eine erkennbar hinreichend verfestigte Planung wird bereits mit der Auslegung der Planungsunterlagen im Anhörungsverfahren angenommen.[71] Die Gemeinden müssen die Möglichkeit einer solchen Beeinträchtigung ihrer Planungshoheit aufzeigen und den Eingriff in ihre Rechtsposition substanziiert darlegen.[72] Der allgemeine Hinweis auf die Wahrnehmung des öffentlichen Wohls oder die abstrakte Möglichkeit einer (zukünftigen) Beeinträchtigung der Planungshoheit reichen nicht aus.[73] Das Gleiche gilt für das allgemeine Interesse, das Gemeindegebiet von einem Vorhaben der Fachplanung verschont zu halten.[74] Schließlich ist eine **bloße Negativplanung** unzulässig. Eine solche ist anzunehmen, wenn ein Bebauungsplan nicht dem planerischen Willen der Gemeinde entspricht und nur vorgeschoben ist, um eine andere Nut-

---

65 BVerwG, Urt. v. 24.11.2010 – 9 A 13/09 – BVerwGE 138, 226, 230 f.; Spannowsky/Uechtritz/*Kraft*, § 7 Rn 23 ff.; Battis/Krautzberger/Löhr/*Löhr*, § 7 Rn 16 ff.; Ernst/Zinkahn/Bielenberg/Krautzberger/*Bielenberg*/*Runkel*, § 7 Rn 15 ff.; *Kümper*, UPR 2013, 9 ff.; vgl. dazu auch Kap. 7 Rn 164 ff.

66 Dazu ausführlich Kap. 4 Rn 112 ff.; a.A. Steinbach/*Nebel*/*Riese*, § 5 NABEG Rn 73 – allerdings ohne Begründung.

67 BVerwG, Beschl. v. 7.2.2005 – 4 BN 1/05 – NVwZ 2005, 584, 585 f.; Urt. v. 9.11.2000 – 4 A 51/98 – NVwZ 2001, 682, 683; Knack/Henneke/*Dürr*, § 74 Rn 117; Kodal/*Dürr*, Kap. 34 Rn 35.22; vgl. dazu auch Kap. 7 Rn 151.

68 Zu den Voraussetzungen und Grenzen siehe Spannowsky/Uechtritz/*Siegmund*, § 31 Rn 35 ff.; Battis/Krautzberger/Löhr/*Löhr*, § 31 Rn 11 ff.

69 Vgl. dazu im Einzelnen Spannowsky/Uechtritz/*Hofmeister*, § 36 Rn 12 ff.; Ernst/Zinkahn/Bielenberg/Krautzberger/*Söfker*, § 36 Rn 12 ff.

70 BVerwG, Urt. v. 30.5.1984 – 4 C 58/81 – BVerwGE 69, 256, 261 f.; Urt. v. 16.12.1988 – 4 C 40/86 – BVerwGE 81, 95, 106 f.; Urt. v. 15.12.1989 – 4 C 36/86 – BVerwGE 84, 209, 214 f.; Urt. v. 27.3.1992 – 7 C 18/91 – BVerwGE 90, 96, 100; Beschl. v. 18.3.2008 – 9 VR 5/07 – NuR 2008, 502, 503; Beschl. v. 4.8.2008 – 9 VR 12/08 – NVwZ 2008, 1237.

71 So zur Fachplanung ausdrücklich BVerwG, Urt. v. 27.8.1997 – 11 A 18/96 – NVwZ-RR 1998, 290, 292; vgl. auch BVerwG, Urt. v. 21.3.1996 – 4 C 26/94 – BVerwGE 100, 388, 394 f.

72 BVerwG, Urt. v. 30.8.1993 – 7 A 14/93 – NVwZ 1994, 371 ff.; OVG Lüneburg, Beschl. v. 26.9.2006 – 7 ME 93/06 – KommJur 2007, 144.

73 BVerwG, Urt. v. 30.5.1984 – 4 C 58/81 – BVerwGE 69, 256, 261 f.; Urt. v. 1.7.1988 – 4 C 49/86 – BVerwGE 80, 7, 14; VGH München, Urt. v. 9.8.2012 – 8 A 10/40048 – juris Rn 20.

74 BVerwG, Beschl. v. 17.4.2000 – 11 B 19/00 – NVwZ 2001, 88, 89; Urt. v. 12.12.1996 – 4 C 14/95 – NVwZ 1997, 904, 905; *Vallendar*, UPR 2003, 41, 43.

zung zu verhindern;[75] ein Indiz hierfür kann sein, dass sich die Gemeinde erstmals nach Bekanntwerden der Fachplanung zu ihren gegenläufigen Planungsabsichten äußert. Keine unzulässige Negativplanung liegt indes vor, wenn sie sich auf tragfähige Gründe gegen die überörtliche Planung und für eine bewusste Nichtverplanung ihrer Flächen stützen kann.[76] Es kommt somit maßgeblich auf die Begründung und die Zielsetzung der gemeindlichen Planung an. Liegt nach diesen Maßstäben eine Beeinträchtigung der kommunalen Planungshoheit vor, so führt dies allerdings nicht automatisch zur Versagung der Planfeststellung. Vielmehr können auch diese gemeindlichen Belange in der **Abwägung** überwunden werden.[77]

Neben der kommunalen Planungshoheit kann auch die Stellung der Gemeinde als **Eigentümerin** betroffener Grundstücke zu berücksichtigen sein. Der Gemeinde steht zwar nicht der Schutz aus Art. 14 GG, wohl aber derjenige der einfachrechtlichen Eigentumsvorschriften zu. Auch ihre Nutzungsinteressen müssen daher mit dem ihnen zukommenden (wenngleich tendenziell geringeren) Gewicht in die Abwägung eingestellt werden.[78] 31

Zudem kann die Gemeinde als Trägerin **kommunaler Einrichtungen** oder gemeindlicher Ver- und Entsorgung sowie in ihrer **Finanzhoheit** oder ihrem **kommunalen Selbstgestaltungsrecht** betroffen sein.[79] Eine Beeinträchtigung der Finanzhoheit ist relevant, wenn der finanzielle Spielraum der Gemeinde nachhaltig in nicht mehr zu bewältigender und hinzunehmender Weise eingeengt wird.[80] Das kommunale Selbstgestaltungsrecht ist betroffen, wenn berechtigterweise grundlegende Veränderungen des örtlichen Gepräges oder der örtlichen Strukturen geltend gemacht werden können.[81] Gegen die Sichtbarkeit und örtliche Präsenz einer Hochspannungsfreileitung kann sich eine Gemeinde jedoch nicht mit der Begründung wehren, diese bewirke eine erhebliche Beeinträchtigung des Tourismus und damit der gemeindlichen Wirtschaftsstruktur. Sie ist dem BVerwG zufolge bereits nicht befugt, die allgemeinen Auswirkungen eines Vorhabens auf die gemeindliche Wirtschaftsstruktur als eigene Rechtsbeeinträchtigung geltend zu machen; im Übrigen gebe es keine Erkenntnisse, wonach es allein wegen der Sichtbarkeit und örtlichen Präsenz (nur) einer Hochspannungsfreileitung zu einer erheblichen Beeinträchtigung des Tourismus komme.[82] Will eine Gemeinde gleichwohl auf diesen Aspekt abstellen, muss sie ihr dahingehendes Vorbringen entsprechend substanziieren. Die Funktionsfähigkeit gemeindlicher Einrichtungen steht etwa bei der Immissionsbetroffenheit einer Kindertagesstätte oder Schule in Rede. 32

Beeinträchtigungen ihrer **Bürger** – auch als „Kollektiv" – kann die Gemeinde **nicht** geltend machen.[83] Ebenso wenig kann sie sich als Sachwalter des **Umweltschutzes** gerieren.[84] 33

---

75 Vgl. BVerwG, Beschl. v. 18.12.1990 – 4 NB 8/90 – NVwZ 1991, 875; Beschl. v. 16.3.2001 – 4 BN 15/01 – NVwZ-RR 2002, 8; Beschl. v. 15.3.2012 – 4 BN 9/12 – ZfBR 2012, 477.

76 *V. Schwanenflug*, NVwZ 2007, 1351, 1352; *Vallendar*, UPR 2003, 41, 43; vgl. auch Kap. 5 Rn 89.

77 BVerwG, Urt. v. 9.11.2000 – 4 A 51/98 – NVwZ 2001, 682, 683; Stelkens/Bonk/Sachs/*Bonk/Neumann*, § 74 Rn 107.

78 BVerwG, Urt. v. 24.11.1994 – 7 C 25/93 – BVerwGE 97, 143, 151 f.; Urt. v. 12.12.1996 – 4 C 14/95 – NVwZ 1997, 904, 905; Bader/Ronellenfitsch/*Kämper*, § 74 Rn 81.

79 Siehe dazu den Überblick bei *Hoppe/Schlarmann/Buchner/Deutsch*, Rn 599 ff.; *Kirchberg/Boll/Schütz*, NVwZ 2002, 550, 555 f.

80 BVerwG, Urt. v. 18.6.1997 – 11 A 65/95 – NuR 1998, 92; Beschl. v. 18.9.1998 – 4 VR 11/98 – NuR 1999, 631.

81 BVerwG, Urt. v. 18.3.1987 – 7 C 31/85 – BVerwGE 77, 134, 138; Beschl. v. 15.4.1999 – 4 VR 18-98, 4 A 45-98 – NVwZ-RR 1999, 554, 555; Urt. v. 26.2.1999 – 4 A 47/96 – NVwZ 2000, 560, 562; VGH München, Beschl. v. 19.11.1985 – 20 CS 85 A/2304 u.a. – NVwZ 1986, 679, 680; Urt. v. 6.6.1989 – 8 B 87/308 – UPR 1990, 32, 33; VGH Mannheim, Gerichtsbescheid v. 7.4.1997 – 8 S 2550/96 – NVwZ-RR 1998, 219, 220 f.; OVG Koblenz, Beschl. v. 11.6.2010 – 8 B 10618/10 – NVwZ-RR 2010, 735; vgl. im Übrigen zur Klagebefugnis der Gemeinde wegen Beeinträchtigung ihrer Belange Kap. 13 Rn 288 ff.

82 BVerwG, Beschl. v. 24.5.2012 – 7 VR 4/12 – ZUR 2012, 499, 503.

83 Vgl. Knack/Henneke/*Dürr*, § 74 Rn 118; Stelkens/Bonk/Sachs/*Bonk/Neumann*, § 74 Rn 115; Bader/Ronellenfitsch/*Kämper*, § 74 Rn 80.

84 Vgl. BVerwG, Urt. v. 21.3.1996 – 4 C 26/94 – BVerwGE 100, 388, 391; *Kirchberg/Boll/Schütz*, NVwZ 2002, 550, 551.

c) Öffentliche Belange

34 Zahlreiche öffentliche Belange können für oder wider ein Vorhaben oder eine bestimmte Planungsalternative streiten und demgemäß in der Abwägung zu berücksichtigen sein. Dazu gehört zunächst – soweit es sich um Vorhaben zugunsten des Allgemeinwohls handelt – das Interesse an der Verwirklichung des Vorhabens,[85] beispielsweise zur Verbesserung der Infrastruktur. Im Rahmen der Netzplanung und des Netzausbaus obliegt den Vorhabensträgern i.S.d. § 3 Abs. 3 NABEG namentlich die öffentliche Aufgabe des Energietransports, die der Daseinsvorsorge zuzurechnen ist.[86] Dazu gehört auch die Verwirklichung der in § 1 EnWG genannten Ziele, insbesondere die „Sicherheit" und „Preiswürdigkeit" der Energieversorgung.

35 In der Abwägung zu berücksichtigen sind insbesondere **Umweltbelange**, beispielsweise wasserwirtschaftliche, immissionsschutzrechtliche oder naturschutzfachliche Anforderungen.[87] Zur Ermittlung und Bewertung der Umweltbelange ist der Abwägung in aller Regel die Pflicht zur Durchführung einer (Strategischen) **Umwelt(verträglichkeits)prüfung** vorgeschaltet.[88] Umweltrechtliche Belange besitzen zwar – trotz Art. 20a GG – keinen allgemeinen Vorrang vor anderen Interessen;[89] einzelne Vorschriften des Umweltrechts stellen indes oftmals zwingende Vorschriften oder „Optimierungsgebote" dar.[90]

36 Im Kontext der Netzplanung und des Netzausbaus ist auf der Ebene der **Bundesfachplanung** gem. § 5 Abs. 2 NABEG i.V.m. §§ 14e ff. UVPG eine **Strategische Umweltprüfung** durchzuführen. In §§ 7 ff. NABEG finden sich teilweise Sonderregelungen (etwa zur Antragskonferenz), welche auf eine verstärkte Öffentlichkeitsbeteiligung und gesteigerte Akzeptanz zielen. Ein vereinfachtes Verfahren ohne Strategische Umweltprüfung ist unter den Voraussetzungen des § 11 NABEG möglich. In materieller Hinsicht enthält das NABEG – wie auch das UVPG – keine Anforderungen.[91]

37 Auf der Ebene der **Planfeststellung** kann die Umweltverträglichkeitsprüfung aufgrund der bereits im Rahmen der Bundesfachplanung erfolgten Strategischen Umweltprüfung gem. § 23 NABEG auf **zusätzliche oder andere erhebliche Umweltauswirkungen** beschränkt werden. Darin kommt der ebenenspezifische Abschichtungsgedanke zum Ausdruck, wie er auch aus anderen stufenförmigen Planungen bekannt ist (vgl. etwa § 9 Abs. 3 ROG, § 14f Abs. 3 UVPG).[92] Betroffene Umweltbelange können etwa – je nachdem, ob es sich um Erdkabel oder Freileitungen handelt – **Flächenverluste** oder **Funktionsbeeinträchtigungen des Bodens** durch Freihaltung von Bewuchs, Erwärmung, Entwässerung oder auch Verdichtung sein.[93] In der Praxis von großer Bedeutung ist die Betroffenheit von **FFH-Gebieten** – sei es unmittelbar durch Inanspruchnahme entsprechender Flächen oder aber mittelbar aufgrund der Auswirkungen des Vorhabens auf solche Gebiete. Hier ist sicherzustellen, dass eine erhebliche Beeinträchtigung i.S.v. § 34 Abs. 2 BNatSchG ausgeschlossen ist.[94] **Artenschutzrechtliche Belange** können bei Freilei-

---

85 BVerwG, Urt. v. 27.10.2000 – 4 A 18/99 – BVerwGE 112, 140, 154; Stelkens/Bonk/Sachs/*Bonk/Neumann*, § 74 Rn 117; Fehling/Kastner/Störmer/*Wickel*, § 74 VwVfG Rn 135; *Kopp/Ramsauer*, § 74 Rn 68.

86 *De Witt/Durinke/Kause*, Rn 112, 119; vgl. auch allgemein BVerfG, Beschl. v. 20.3.1984 – 1 BvR 28/82 – BVerfGE 66, 248, 258; *Stüer*, Rn 3460; *Wichert*, NVwZ 2009, 876, 878 f.

87 Zu denkbaren Auswirkungen von Hochspannungsleitungen vgl. *de Witt/Durinke/Kause*, Rn 122 ff.

88 Vgl. zur Umweltverträglichkeitsprüfung im Rahmen der Abwägung BVerwG, Urt. v. 18.11.2004 – 4 CN 11/03 – BVerwGE 122, 207, 212; Stelkens/Bonk/Sachs/*Bonk/Neumann*, § 74 Rn 119 ff.; zu Besonderheiten bei der Planfeststellung von Energieversorgungsleistungen Kap. 8 Rn 211 ff.

89 BVerwG, Urt. v. 7.3.1997 – 4 C 10/96 – BVerwGE 104, 144, 148.

90 Dazu Rn 47 ff. sowie ausführlich Kap. 10 Rn 66 ff., 225.

91 Vgl. zum UVPG: BVerwG, Urt. v. 25.1.1996 – 4 C 5/95 – BVerwGE 100, 238, 243 f.; Beschl. v. 14.5.1996 – 7 NB 3/95 – BVerwGE 101, 166, 173.

92 Vgl. dazu Kap. 8 Rn 42 ff. und allgemein *Kment*, BauR 2012, 1867 ff.

93 Ausführlich zu betroffenen Umweltbelangen in der Netzplanung *de Witt/Durinke/Kause*, Rn 122 ff.

94 Vgl. zu den Anforderungen eine FFH-Konformitätsprüfung Kap. 10 Rn 94 ff.

tungen insbesondere aufgrund einer Stromschlaggefahr für Vögel oder im Hinblick auf Störungen des Vogelflugs betroffen sein. Auch Beeinträchtigungen des Landschaftsbildes sind nicht von vornherein auszuschließen.[95] Ebenso ist mit Geräuschemissionen zu rechnen. In bewaldeten Gebieten kann zudem eine Rodung erforderlich werden. Obgleich die jeweils einschlägigen Umweltbelange von Amts wegen zu ermitteln und zu berücksichtigen sind, spielt die Beteiligung von **Umweltvereinigungen** gerade im Kontext des NABEG eine erhebliche Rolle (vgl. §§ 7 Abs. 2, 9 Abs. 6, 20 Abs. 1, 22 Abs. 1 NABEG).[96]

Als öffentlicher Belang kann ferner die Leistungsfähigkeit der **Landwirtschaft** zu berück- 38
sichtigen sein. Die Abgrenzung zu den privaten Belangen ist in diesem Fall nicht immer eindeutig.[97] Von Bedeutung sind nicht zuletzt auch das **Gebot der sparsamen Haushaltsführung** und mithin die Kostenbelastung, sofern öffentliche Gelder eingesetzt werden.[98]

Praxistipp i

Obgleich Vorhabensträger und Behörde von sich aus gehalten sind, die Belange umfassend zu ermitteln und zu bewerten, ist es (nicht zuletzt unter Präklusionsgesichtspunkten) ratsam, die eigene Betroffenheit in den einzelnen Verfahrensschritten in angemessenem Umfang kundzutun. Je pauschaler und unsubstanziierter der eigene Vortrag ist, desto oberflächlicher braucht dessen Behandlung im Abwägungsprozess zu erfolgen.

---

2. Elemente des Abwägungsgebots

Die Abwägung besteht aus vier Stufen: Erforderlich ist, dass Vorhabensträger und Behörde eine 39
Abwägung überhaupt durchführen, in diese alle betroffenen Belange einstellen, deren Bedeutung zutreffend erkennen und schließlich keinen zur objektiven Gewichtigkeit einzelner Belange außer Verhältnis stehenden Ausgleich vornehmen. Dementsprechend sind vier Arten gerichtlich überprüfbarer Fehler der Abwägung anerkannt:

- Ausfall,
- Defizit,
- Fehleinschätzung und
- Disproportionalität.[99]

a) Erforderlichkeit einer Abwägung

Die erste Anforderung des Abwägungsgebots besteht darin, dass eine Abwägung überhaupt 40
stattfinden muss. Auf dieser Stufe kommen in der Praxis seltener Fehler vor. Ein **Abwägungsausfall** kann etwa darin bestehen, dass die Behörde fälschlicherweise von einer gebundenen Entscheidung ausgeht[100] oder eine Entscheidung allein aus politischem Druck trifft,[101] ohne eine eigenverantwortliche (nachvollziehende) Abwägung durchzuführen. Weiterhin kommt ein Abwägungsausfall in Betracht, wenn sich die Behörde schon vor Beginn des Verfahrens durch Zu-

---

95 Vgl. dazu VGH München, Urt. v. 20.11.2012 – 22 A 10/40041 – juris Rn 39 ff.; *de Witt/Durinke/Kause*, Rn 127.
96 Vgl. dazu im Einzelnen Kap. 6 Rn 128 ff., Kap. 9 Rn 192 ff. sowie zum Rechtsschutz Kap. 13 Rn 292 ff.
97 Fehling/Kastner/Störmer/*Wickel*, § 74 VwVfG Rn 135; Knack/Henneke/*Dürr*, § 74 Rn 120.
98 BVerwG, Beschl. v. 30.9.1998 – 4 VR 9-98 – NVwZ-RR 1999, 164; Urt. v. 31.1.2002 – 4 A 15/01 – NVwZ 2002, 1103, 1109; Urt. v. 23.2.2005 – 4 A 4/04 – BVerwGE 123, 37, 44; Knack/Henneke/*Dürr*, § 74 Rn 121.
99 Siehe dazu im Einzelnen Rn 40 ff.
100 BVerwG, Urt. v. 21.3.1986 – 4 C 48/82 – BVerwGE 74, 109, 113.
101 Vgl. BVerwG, Urt. v. 5.12.1986 – 4 C 13/85 – BVerwGE 75, 214, 244 f.; BVerwG, Urt. v. 26.5.1994 – 7 A 21/93 – NVwZ 1994, 1002, 1003; Stelkens/Bonk/Sachs/*Bonk/Neumann*, § 74 Rn 59 (dort auch zu weiteren sachfremden Erwägungen).

sicherungen gem. § 38 VwVfG zulasten einzelner Betroffener gebunden hat, wobei die Möglichkeit der Zusicherung nicht per se ausgeschlossen ist.[102]

41 Kein Abwägungsausfall liegt dagegen vor, wenn die Behörde die Planung des Vorhabensträgers lediglich **abwägend nachvollzieht**, da dies regelmäßig ihrer eigentlichen Aufgabe entspricht.[103] Auch im Fall von behördeninternen Vorentscheidungen oder Weisungen vorgesetzter Behörden gegenüber der Planfeststellungsbehörde kann eine lediglich nachvollziehende Abwägung genügen. Planfeststellungsbeschlüsse unter Zugrundelegung solcher bindender Vorgaben sind aber nur dann zulässig, wenn diese ihrerseits auf einer vollständigen Kenntnis der im Anhörungsverfahren vorgebrachten und erörterten Tatsachen und Einwendungen beruhen, den Anforderungen des Abwägungsgebots entsprechen und demgemäß begründet sind.[104]

42 **Informelle Steuerungsinstrumente** im Vorfeld der eigentlichen Planungsentscheidung sind ebenfalls grundsätzlich zulässig, sofern daraus nicht im Einzelfall entscheidungsrelevante Vorfestlegungen hervorgehen. Um der Gefahr jeder Art von Vorfestlegung der Planfeststellungsbehörde für deren spätere Abwägungsentscheidung vorzubeugen, wird daher eine klare Trennung des Lenkungs- von dem Planfeststellungsverfahren, auf dem die Entscheidung beruht, verlangt.[105] Unzulässig ist es, wenn die verfahrensrechtlich geordneten Entscheidungsebenen nicht mehr getrennt oder einseitig Absprachen über die weitere Verfahrensgestaltung getroffen werden und der Gestaltungsspielraum der Planfeststellungsbehörde von vornherein durch aktive Einflussnahme auf „politischer Ebene" sachwidrig eingeengt wird.[106]

43 Die gebotene Abwägung, insbesondere ihre **Ergebnisoffenheit**, ist vor allem auch im Kontext von Planänderungen sowie bei Planergänzungen und im ergänzenden Verfahren gem. § 75 Abs. 1a VwVfG, § 43e Abs. 4 EnWG[107] zu beachten. Es wäre unzulässig, das bisherige Ergebnis gleichsam als „gesetzt" anzusehen und lediglich nach bestätigenden, nachzuschiebenden Gründen zu suchen.[108] Obgleich im Zusammenhang mit den vorgenannten Verfahren keine vollständig neue Abwägung aller – auch der unveränderten – Belange vorzunehmen ist,[109] so muss doch sorgfältig geprüft und dementsprechend abgewogen werden, ob sich aus den neuen, aktuellen Erkenntnissen Gesichtspunkte ergeben, die zu einem anderen Ergebnis in der Sache selbst führen.

b) Einstellung aller betroffenen Belange in die Abwägung

44 Zweite Anforderung an die Abwägungsentscheidung ist die Ermittlung und Zusammenstellung des **Abwägungsmaterials**. Welche Belange zu berücksichtigen sind, richtet sich nach Gegenstand, Reichweite und Auswirkungen der Planung im konkreten Einzelfall.[110] Der Kreis der von dem Vorhaben berührten öffentlichen und privaten Belange darf dabei nicht eng gezogen werden. Insbesondere sind auch solche Belange einzustellen, auf die sich die Planung nur mittelbar

---

102 BVerwG, Urt. v. 17.1.2007 – 10 C 1/06 – BVerwGE 128, 87, 91; Stelkens/Bonk/Sachs/*Bonk*/*Neumann*, § 74 Rn 57 und *Kopp*/*Ramsauer*, § 74 Rn 58, bezeichnen Zusicherungen daher als problematisch.
103 BVerwG, Beschl. v. 24.9.1997 – 4 VR 21/96 (4 A 47/96) – NVwZ-RR 1998, 297; Fehling/Kastner/Störmer/*Wickel*, § 74 VwVfG Rn 130; ausführlich zur nachvollziehenden Abwägung *Hoppe*/*Schlarmann*/*Buchner*/*Deutsch*, Rn 772 ff.
104 Knack/Henneke/*Dürr*, § 74 Rn 101; Obermayer/*Allesch*/*Häußler*, § 74 Rn 33; Stelkens/Bonk/Sachs/*Bonk*/*Neumann*, § 74 Rn 58.
105 Vgl. BVerwG, Urt. v. 3.3.2011 – 9 A 8/10 – BVerwGE 139, 150, 155.
106 Vgl. BVerwG, Urt. v. 5.12.1986 – 4 C 13/85 – BVerwGE 75, 214, 230.
107 Dazu im Detail noch unter Kap. 12 Rn 117 ff. und Kap. 13 Rn 217 ff.
108 BVerwG, Urt. v. 12.12.1996 – 4 C 19/95 – BVerwGE 102, 358, 365.
109 Das gilt im Übrigen auch für den Aspekt der Planrechtfertigung, vgl. BVerwG, Urt. v. 17.12.2009 – 7 A 7/09 – NVwZ 2010, 584, 586.
110 BVerwG, Beschl. v. 7.12.1988 – 7 B 98/88 – NVwZ-RR 1989, 241; Knack/Henneke/*Dürr*, § 74 Rn 103.

auswirkt.[111] Nicht eingestellt werden müssen Belange, die objektiv gänzlich unbedeutend, nicht erkennbar oder sonst nicht schützenswert sind.[112] Dazu kann beispielsweise das rechtlich nicht geschützte Interesse am Fortbestand einer illegalen Nutzung eines Grundstücks gehören[113] oder etwa rein tatsächlich bestehende Chancen und Vorteile, mit deren Wegfall der Betroffene rechnen muss.[114] Werden Belange, die nach den vorgenannten Grundsätzen zum Abwägungsmaterial rechnen, nicht ermittelt und in die Abwägung eingestellt, so liegt ein **Abwägungsdefizit** vor.

Im Rahmen der Ermittlung der betroffenen Belange besitzen Behörde und Vorhabensträger 45
die Möglichkeit, die vorgetragene Beeinträchtigung eines Betroffenen als wahr zu unterstellen und sie mit dem entsprechenden Gewicht in die Abwägung einzustellen, ohne selbst weiter ermitteln zu müssen; denn den Interessen des Betroffenen ist dadurch hinreichend Rechnung getragen, dass – falls ihm nicht gefolgt wird – in Auseinandersetzung mit seinem Vorbringen gewichtige Gründe dargelegt werden müssen, um die Zurückstellung seiner Belange zu rechtfertigen.[115] Die **Möglichkeit der Wahrunterstellung** besteht allerdings nicht, wenn es um die Grundkonzeption der Planung geht oder die als wahr unterstellte Betroffenheit nachteilige Auswirkungen zugunsten eines anderen Planbetroffenen haben kann.[116]

c) Gewichtung der Belange

Grundsätzlich obliegt die Bewertung der sich in der Abwägung gegenüberstehenden Belange 46
dem Vorhabensträger und der Behörde. Hat der Gesetzgeber bestimmten Interessen jedoch eine besondere Bedeutung verliehen, so dürfen sie in der Abwägung nicht im Widerspruch zu dieser (normativen) Bewertung oder Priorisierung gewichtet werden.[117] Anderenfalls liegt eine **Abwägungsfehleinschätzung** vor.[118] Das Gleiche gilt auch dann, wenn eine Gewichtung der Belange im Widerspruch zu allgemein anerkannten Bewertungsgrundsätzen erfolgt.

Ein besonderes Gewicht kommt hierbei den sog. **Optimierungsgeboten** zu (etwa dem Ge- 47
bot des § 1a Abs. 2 S. 1 BauGB, mit Grund und Boden sparsam umzugehen;[119] dem Trennungsgrundsatz gem. § 50 S. 1 BImSchG,[120] nicht aber dem bestmöglichen Erhalt der Luftqualität gem. § 50 S. 2 BImSchG[121]). Insofern besteht ein erhöhter Rechtfertigungsbedarf.[122] Um sie zu überwinden, sind Interessen von hohem Gewicht erforderlich,[123] nicht jedoch „zwingende" Gegenbelange, da Optimierungsgebote gerade nicht – dem strikten Recht zuzuordnende – Planungsleitsätze

111 BVerwG, Urt. v. 15.4.1977 – 4 C 100/74 – BVerwGE 52, 237, 245.
112 BVerwG, Beschl. v. 9.11.1979 – 4 N 1/78, 4 N 2-4/79 – BVerwGE 59, 87, 102f.; Urt. v. 27.3.1992 – 7 C 18.91 – BVerwGE 90, 96, 101; *Kopp/Ramsauer*, § 74 Rn 60.
113 BVerwG, Beschl. v. 20.10.1993 – 4 B 170/93 – NVwZ-RR 1994, 373; Fehling/Kastner/Störmer/*Wickel*, § 74 VwVfG Rn 134; Obermayer/*Allesch/Häußler*, § 74 Rn 39.
114 BVerwG, Beschl. v. 9.11.1979 – 4 N 1/78, 4 N 2-4/79 – BVerwGE 59, 87, 103; Urt. v. 28.3.2007 – 9 A 17/06 – NuR 2007, 488, 489; Fehling/Kastner/Störmer/*Wickel*, § 74 VwVfG Rn 134; Obermayer/*Allesch/Häußler*, § 74 Rn 33.
115 BVerwG, Urt. v. 23.1.1981 – 4 C 4/78 – BVerwGE 61, 295, 304f.; vgl. auch BVerwG, Urt. v. 11.7.2001 – 11 C 14/00 – NVwZ 2002, 350, 355f.
116 BVerwG, Beschl. v. 5.10.1990 – 4 CB 1/90 – NVwZ-RR 1991, 129, 136f.; Knack/Henneke/*Dürr*, § 74 Rn 104; Fehling/Kastner/Störmer/*Wickel*, § 74 VwVfG Rn 139.
117 Vgl. *Steinberg/Wickel/Müller*, § 3 Rn 126 – „gewichtete Abwägung".
118 Vgl. BVerwG, Urt. v. 22.3.1985 – 4 C 73/82 – BVerwGE 71, 163, 165.
119 Vgl. Battis/Krautzberger/Löhr/*Krautzberger*, § 1a Rn 2ff.; Spannowsky/Uechtritz/*Dirnberger*, § 1a Rn 7ff.
120 Vgl. Kap. 10 Rn 225 und BVerwG, Beschl. v. 29.11.1995 – 11 VR 15/95 – NVwZ 1997, 165, 167; Beschl. v. 4.7.2004 – 4 BN 16/04 – ZfBR 2005, 71.
121 BVerwG, Urt. v. 26.5.2004 – 9 A 6/03 – NVwZ 2004, 1237, 1239.
122 BVerwG, Urt. v. 16.3.2006 – 4 A 1075/04 – BVerwGE 125, 116, 172; Stelkens/Bonk/Sachs/*Bonk/Neumann*, § 74 Rn 67.
123 BVerwG, Beschl. v. 21.8.1990 – 4 B 104/90 – NVwZ 1991, 69, 70; Urt. v. 16.3.2006 – 4 A 1075.04 – BVerwGE 125, 116, 172; Giesberts/Reinhardt/*Tophoven*, § 50 BImSchG Rn 23.

sind.[124] Optimierungsgebote sind dabei durch Regelungen gekennzeichnet, die eine möglichst weitgehende Berücksichtigung bestimmter Belange fordern (z.B. „soweit wie möglich").[125] Sofern sich in der Abwägung zwei zu optimierende Interessen gegenüberstehen, ist die planerische Gestaltungsfreiheit erneut – ohne Gewichtungsvorgabe – eröffnet. Der entstandene Konflikt ist dann unter Berücksichtigung des objektiven Gewichts der einzustellenden Belange im konkreten Einzelfall und des Verhältnismäßigkeitsgrundsatzes im Wege „praktischer Konkordanz" aufzulösen.[126]

48 **§ 1 Abs. 1 EnWG** lässt sich ein solches Optimierungsgebot nicht entnehmen, obwohl dort als Gesetzeszweck eine *„möglichst sichere, preisgünstige, verbraucherfreundliche, effiziente und umweltverträgliche leitungsgebundene Versorgung der Allgemeinheit mit Elektrizität"* benannt wird. Dieser Gesetzeszweck zeichnet sich indes nicht durch die Gewichtung eines einzelnen bestimmten Belanges aus. Die Auflistung einer Vielzahl von nicht näher untereinander gewichteten Zielen hat nicht die Qualität eines gesetzlichen Optimierungsgebots.

49 **§ 1 S. 3 NABEG** hingegen geht sogar über die übliche Abwägungsrelevanz eines Optimierungsgebotes hinaus; denn hinsichtlich des dort genannten besonders gewichtigen Belangs wird vom Gesetzgeber nicht nur eine „möglichst" weitgehende Beachtung gefordert, sondern ein überragendes öffentliches Interesse formuliert (*„Die Realisierung der Stromleitungen, die in den Geltungsbereich dieses Gesetzes fallen, ist aus Gründen eines überragenden öffentlichen Interesses erforderlich."*).[127] Damit ist nicht lediglich die allgemeine Planrechtfertigung adressiert, sondern auch eine Gewichtungsvorgabe für die Abwägung verbunden.[128] Gleichwohl ist der Vorrang auch dieses Belangs nicht absolut, sondern kann im Konflikt mit anderen, besonders gewichtigen Zielen (etwa dem Schutz von FFH-Gebieten) im konkreten Einzelfall zurücktreten.

50 Kein Optimierungsgebot ist dagegen in **§ 5 Abs. 1 S. 3 NABEG** normiert worden. Die Prüfung der BNetzA, ob der Verwirklichung eines Vorhabens in einem Trassenkorridor *„überwiegende öffentliche oder private Belange entgegenstehen"*, ist nicht mit einer Gewichtungsvorgabe verbunden, sondern als ebenenspezifischer Prüfungsmaßstab zu verstehen. Auf der Ebene der Bundesfachplanung kann und soll noch nicht im Detail die Realisierungsfähigkeit eines Vorhabens durchgeprüft werden; vielmehr ist lediglich zu prüfen, ob es schon auf dieser Stufe überwiegende Interessen gibt, die einer Vorhabensverwirklichung von vornherein entgegenstehen, sodass frühzeitig nach Alternativen zu suchen ist.[129]

d) Verhältnismäßigkeit

51 Die letzte Stufe der Abwägung betrifft den **Ausgleich** der einzelnen abwägungserheblichen privaten und öffentlichen Belange unter- und gegeneinander. Dieser darf nicht in einer Weise vorgenommen werden, die zur Gewichtigkeit einzelner Belange außer Verhältnis steht. Ein Fehler auf dieser Stufe führt zur **Abwägungsdisproportionalität**. Mitunter kann die Abgrenzung zur vorherigen Ebene, der jeweiligen Gewichtung der einzelnen Belange, schwierig sein.[130]

---

124 BVerwG, Urt. v. 16.3.2006 – 4 A 1075/04 – BVerwGE 125, 116, 172; Knack/Henneke/*Dürr*, § 74 Rn 134.

125 BVerwG, Urt. v. 22.3.1985 – 4 C 73/82 – BVerwGE 71, 163, 165; Beschl. v. 14.10.1996 – 4 VR 14/96, 4 A 35/96 – juris Rn 21.

126 Dazu Giesberts/Reinhardt/*Tophoven*, § 50 BImSchG Rn 23.5; vgl. auch *Hoppe*, DVBl. 1992, 853, 859 f.

127 Anderer Ansicht Hoppe/Beckmann/*Wagner*, § 16 Rn 107 unter Verweis auf *Moench*/*Ruttloff*, NVwZ 2011, 1040. Die Gegenansicht überdehnt allerdings die Wirkungen eines Optimierungsgebots und gelangt deshalb zu einer unzutreffenden Schlussfolgerung; insbesondere geht es nicht um die Relativierung von Europarecht.

128 Steinbach/*Bourwieg*, § 1 NABEG Rn 3, 18 ff.; de Witt/Scheuten/*de Witt*, § 5 NABEG Rn 9 f., der auch richtig herausstellt, dass die Gewichtungsvorgabe nicht zu einer Beschränkung der verwaltungsgerichtlichen Kontrolle führt.

129 Steinbach/*Nebel*/*Riese*, § 5 NABEG Rn 55 – ohne allerdings die vorstehende Schlussfolgerung zu ziehen.

130 Fehling/Kastner/Störmer/*Wickel*, § 74 VwVfG Rn 145.

52 Insbesondere auf dieser Stufe ist die planerische Gestaltungsfreiheit zu beachten; so liegt Disproportionalität nicht schon dann vor, wenn das Ergebnis der Abwägung auch abweichend hätte ausfallen können. Anders ist dies jedoch, wenn die mit dem geplanten Vorhaben verbundenen Opfer außer Verhältnis zu dem Planungserfolg stehen.[131]

53 Bei planerischen Entscheidungen wird dem Verhältnismäßigkeitsgrundsatz gerade durch die Beachtung der Anforderungen des Abwägungsgebots genüge getan; es bedarf daher daneben regelmäßig keiner gesonderten Prüfung der Verhältnismäßigkeit mehr.[132]

3. Konfliktbewältigung

54 Schon aus dem Wesen der Planung als Abwägungsentscheidung folgt, dass diese grundsätzlich alle vorhabenbedingten Konflikte selbst und vollständig zu regeln hat.[133] In der Planfeststellung – als Planungs- und Zulassungsentscheidung **uno actu** – ist der **Grundsatz der Konfliktbewältigung** noch stärker ausgeprägt als im Bereich des mehrstufig strukturierten Bauplanungsrechts.[134] In der Netzplanung gibt es dagegen durch die verschiedenen Stufungen – Bedarfsplanung, Bundesfachplanung, Planfeststellung – ebenfalls die Notwendigkeit und die damit verbundene Möglichkeit der ebenenspezifischen Konfliktbewältigung.

55 Obgleich damit nur ein Aspekt des Abwägungsgebots adressiert und keine darüber hinausgehenden Anforderungen aufgestellt werden,[135] kann die Verlagerung der Problembewältigung auf andere Verfahren einen Abwägungsfehler in Form einer **Fehlgewichtung** darstellen.[136] Die Grenzen eines zulässigen **Konflikttransfers** sind dann überschritten, wenn *„bereits im Planungsstadium absehbar ist, dass sich der offengelassene Interessenkonflikt auch in einem nachfolgenden Verfahren nicht sachgerecht lösen lassen wird"*.[137] Die entsprechenden Anforderungen sind von der jüngeren Rechtsprechung zunehmend verschärft worden.[138]

56 Eine Durchbrechung des Grundsatzes der umfassenden Problembewältigung stellt die Möglichkeit des **Entscheidungsvorbehalts** gem. § 74 Abs. 3 VwVfG dar.[139] Wegen ihres Ausnahmecharakters ist die Vorschrift eng auszulegen.[140] **Einzelfragen** dürfen einer nachträglichen Entscheidung vorbehalten bleiben, soweit noch **keine abschließende Entscheidung möglich** ist. Bezogen auf den Zeitpunkt der Entscheidung dürfen sich die für die Bewältigung des Problems notwendigen Kenntnisse nicht mit vertretbarem Aufwand beschaffen lassen und das offengehaltene Problem muss so gelöst werden können, dass die bereits getroffenen Feststellungen nicht nachträglich als unausgewogen erscheinen.[141] Ein Vorbehalt setzt mithin voraus, dass über die

---

131 Vgl. BVerwG, Urt. v. 27.10.2000 – 4 A 18/99 – BVerwGE 112, 140, 160; Fehling/Kastner/Störmer/*Wickel*, § 74 VwVfG Rn 148.

132 Vgl. BVerwG, Urt. v. 11.12.1981 – 4 C 69/78 – BVerwGE 64, 270, 273.

133 BVerwG, Urt. v. 7.7.1978 – 4 C 79/76 – BVerwGE 56, 110, 129; Urt. v. 9.3.1979 – 4 C 41/75 – BVerwGE 57, 297, 302; *Steinberg/Wickel/Müller*, § 3 Rn 137; *Kühling/Herrmann*, Rn 406.

134 Dort können die im Rahmen der Planung nicht entschiedenen Konflikte grundsätzlich noch bei der jeweiligen Vorhabensgenehmigung berücksichtigt werden; *Wahl/Dreier*, NVwZ 1999, 606, 619; *Steinberg/Wickel/Müller* § 3 Rn 137; *Pfeifer*, S. 191.

135 Vgl. insoweit BVerwG, Urt. v. 14.2.1975 – 4 C 21/74 – BVerwGE 48, 56, 68; Urt. v. 7.7.1978 – 4 C 79/76 – BVerwGE 56, 110, 124.

136 *Kühling/Herrmann*, Rn 406 f.; vgl. auch *Stüer*, Rn 4317.

137 BVerwG, Beschl. v. 14.7.1994 – 4 NB 25/94 – NVwZ-RR 1995, 130, 131; ähnlich *Wahl/Dreier*, NVwZ 1999, 606, 619.

138 Vgl. OVG Münster, Urt. v. 3.9.2009 – 10 D 121/07/NE – ZUR 2009, 597 ff.

139 BVerwG, Urt. v. 14.11.2001 – 11 A 31/00 – BVerwGE 115, 237, 247 f.; Bader/Ronellenfitsch/*Kämper*, § 74 Rn 118; *Steinberg/Wickel/Müller*, § 3 Rn 137.

140 Vgl. BVerwG, Urt. v. 22.11.2000 – 11 C 2/00 – BVerwGE 112, 221, 224 f.; Bader/Ronellenfitsch/*Kämper*, § 74 Rn 118.

141 BVerwG, Urt. v. 3.3.2011 – 9 A 8/10 – BVerwGE 139, 150, 162; Urt. v. 3.3.2011 – 9 A 8/10 – NVwZ 2011, 1256, 1261; Stelkens/Bonk/Sachs/*Bonk/Neumann*, § 74 Rn 202.

Grundzüge des Plans sachlich entschieden ist.[142] Zudem muss ausgeschlossen sein, dass die spätere Entscheidung über den noch ausgeklammerten Teil Rückwirkungen auf den bereits entschiedenen Teil haben kann. Desgleichen darf eine (spätere) Lösung des offengehaltenen Konflikts durch die bereits getroffenen Festlegungen nicht infrage gestellt werden. Die noch zu regelnde Konfliktlage muss deshalb wenigstens in ihren Umrissen eingeschätzt werden können.[143] Ferner setzt der Vorbehalt voraus, dass sich zwar aufgrund besonderer Umstände bereits die konkrete Möglichkeit von (nachteiligen) Auswirkungen des Vorhabens abzeichnet, ihr Ausmaß sich jedoch noch nicht abschätzen lässt.[144] Das allgemeine Prognoserisiko genügt insofern nicht; es stellt keinen Fall der Unmöglichkeit einer abschließenden Entscheidung dar.[145] Der Vorbehalt muss schließlich **ausdrücklich** und in seinem Umfang präzise in den Beschluss aufgenommen werden.[146] Mangels anderweitiger Maßgaben gilt dies auch bei der Planfeststellung gem. § 18 Abs. 3 S. 2 NABEG, § 43b EnWG.

57 Von dem Vorbehalt nach § 74 Abs. 3 VwVfG zu unterscheiden ist die **Abschnittsbildung**.[147] Sie ist insbesondere bei linienförmigen Vorhaben – also auch im Kontext von Hoch- und Höchstspannungsleitungen – von erheblicher praktischer Bedeutung.[148]

Praxistipp

Die angemessene, ebenenspezifische Konfliktbewältigung bereitet in der Praxis erhebliche Schwierigkeiten. Es ist dringend davor zu warnen, sich als Vorhabensträger oder Behörde anstehenden Problemen nicht zu stellen, sondern diese – ohne weitere Befassung – auf die nächsten Ebenen zu verweisen. Jedwede Verlagerung muss gut begründet sein; es muss insbesondere nachgewiesen werden, dass der jeweilige Konflikt auf den nachgelagerten Planungsstufen auch wirklich bewältigt werden kann.

4. Prognose

58 Im Hinblick auf die mit Großvorhaben verbundene langfristige Bedarfs- und Kapazitätsentwicklung[149] und die nachhaltigen Auswirkungen auf private wie öffentliche Belange gewinnt die **Zulässigkeit von Prognosen** besondere Relevanz.[150] Prognosen sind Wahrscheinlichkeitsurteile über den Eintritt eines Ereignisses oder die Entwicklung eines Sachverhalts in absehbarer Zukunft.[151]

---

142 BVerwG, Urt. v. 5.3.1997 – 11 A 25/95 – BVerwGE 104, 123; *Kopp/Ramsauer*, § 74 Rn 134; Fehling/Kastner/Störmer/*Wickel*, § 74 VwVfG Rn 62.

143 Vgl. BVerwG, Urt. v. 5.3.1997 – 11 A 25/95 – BVerwGE 104, 123; OVG Lüneburg, Urt. v. 17.3.2010 – 7 KS 174/06 – ZfW 2010, 225, 232; *Stüer*, Rn 4317; Stelkens/Bonk/Sachs/*Bonk/Neumann*, § 74 Rn 202.

144 BVerwG, Urt. v. 22.11.2000 – 11 C 2/00 – BVerwGE 112, 221; vgl. auch BVerwG, Urt. v. 24.9.2003 – 9 A 69/02 – NVwZ 2004, 340, 343; Stelkens/Bonk/Sachs/*Bonk/Neumann*, § 74 Rn 200.

145 Vgl. BVerwG, Urt. v. 22.11.2000 – 11 C 2/00 – BVerwGE 112, 221, 226; Fehling/Kastner/Störmer/*Wickel*, § 74 VwVfG Rn 61.

146 BVerwG, Urt. v. 23.1.1981 – 4 C 68/78 – BVerwGE 61, 307, 311; *Kopp/Ramsauer*, § 74 Rn 133; *Ziekow*, § 74 Rn 55.

147 *Steinberg/Wickel/Müller*, § 3 Rn 137; Stelkens/Bonk/Sachs/*Bonk/Neumann*, § 74 Rn 199 sowie § 73 Rn 23 ff. explizit zu selbiger; *Kopp/Ramsauer*, § 74 Rn 130 m.z.w.N. in Fn 137.

148 Siehe dazu sogleich Rn 65 ff.

149 Vgl. dazu Kap. 10 Rn 35 ff. und *Kühling/Herrmann*, Rn 284.

150 Nachweise aus der Praxis dazu etwa bei Stelkens/Bonk/Sachs/*Bonk/Neumann*, § 74 Rn 49; ähnlich *Kühling/Herrmann*, Rn 363.

151 Vgl. *Hoppe/Schlarmann/Buchner/Deutsch*, Rn 921; vgl. zur Wahl des Prognosezeitraums: BVerwG, Urt. v. 21.3.1996 – 4 A 10/95 – NVwZ 1996, 1006, 1007; *Steinberg/Wickel/Müller*, § 3 Rn 174.

a) Erforderlichkeit einer Prognose

Keiner behördlichen Prognose bedarf es, wenn der zukünftige Sachverhalt oder die fragliche Entwicklung bereits mit **Bindungswirkung** normiert sind,[152] wie dies etwa bezüglich des **Bedarfs** durch den **Bundesbedarfsplan** gem. § 12e Abs. 4 EnWG der Fall ist.[153] Ab Inkrafttreten des ersten Bundesbedarfsplangesetzes ist hinsichtlich der darin enthaltenen Vorhaben kein Raum für eine eigene Prognoseentscheidung der Behörde; sie ist an dessen Festlegungen gebunden.[154] Eine abschließende Entscheidung über die Zulässigkeit des Vorhabens wird hierdurch freilich nicht vorweggenommen; vielmehr ist mit der Aufnahme in den Bedarfsplan nur über eine der tatbestandlichen Zulassungsvoraussetzungen entschieden.[155] 59

Die dahinter stehende Prognoseentscheidung ist gerichtlich nur eingeschränkt dahingehend überprüfbar, ob der Gesetzgeber mit der Bedarfsfeststellung seinen **Gestaltungsspielraum überschritten** hat.[156] Davon kann nur dann ausgegangen werden, wenn die Bedarfsplanung **evident sachwidrig** ist[157] – etwa weil es für die Aufnahme eines Vorhabens in den Bedarfsplan im Hinblick auf bestehende oder zukünftige Belastungen an jeglicher Notwendigkeit fehlte oder sich die Verhältnisse seit der Bedarfsentscheidung so grundlegend geändert haben, dass das angestrebte Planungsziel unter keinen Umständen auch nur annähernd erreicht werden kann.[158] 60

Auch in einem solchen Fall darf die Planfeststellungsbehörde das Bedarfsplangesetz indes nicht einfach unangewendet lassen, sondern ist nur zur Remonstration berechtigt.[159] In einem gerichtlichen Verfahren ist eine Vorlage nach Art. 100 Abs. 1 GG geboten.[160] 61

b) Anforderungen und gerichtliche Kontrolldichte

Die **Anforderungen** an Prognosen sind durch die Rechtsprechung dahingehend konkretisiert worden, dass sie nach einer **geeigneten fachspezifischen Methode**[161] durchzuführen sind und der **Sachverhalt zutreffend** zu ermitteln sowie das **Ergebnis einleuchtend** zu begründen ist.[162] Ferner muss die mit jeder Prognose verbundene Ungewissheit künftiger Entwicklungen in einem 62

---

152 Dazu *Steinberg/Wickel/Müller*, § 3 Rn 170 ff.

153 Vgl. Kap. 3 Rn 533 ff.; *Grigoleit/Weisensee*, UPR 2011, 401, 404; *Moench/Ruttloff*, NVwZ 2011, 1040, 1042; *Appel*, UPR 2011, 406, 408.

154 *Grigoleit/Weisensee*, UPR 2011, 401, 404; *Appel*, UPR 2011, 406, 408; *Moench/Ruttloff*, NVwZ 2011, 1040, 1042.

155 Vgl. BVerwG, Urt. v. 9.7.2009 – 4 C 12/07 – BVerwGE 100, 134, 166.

156 BVerwG, Urt. v. 12.3.2008 – 9 A 3/06 – BVerwGE 130, 299, 318; Urt. v. 27.11.1996 – 11 A 99/95 – LKV 1997, 213, 214; vgl. BVerfG, Beschl. v. 8.6.1998 – 1 BvR 650/97 u.a. – NVwZ 1998, 1060.

157 BVerwG, Beschl. v. 24.5.2012 – 7 VR 4/12 – ZUR 2012, 499.

158 Vgl. BVerwG, Urt. v. 12.3.2008 – 9 A 3/06 – BVerwGE 130, 299.

159 Jarass/Pieroth/*Jarass*, Art. 20 Rn 36, 39 ff.; Mangoldt/Klein/Starck/*Sommermann*, Art. 20 Rn 257; a.A. für Grenzfälle wohl BVerfG, Urt. v. 21.2.1960 – 1 BvR 314/60 – BVerfGE 12, 180, 186; in diese Richtung auch Dreier/*Schulze-Fielitz*, Art. 20 Rn 98; siehe näher Maunz/Dürig/*Herzog*/*Grzeszick*, Art. 20 IV Rn 49.

160 *Steinberg/Wickel/Müller*, § 3 Rn 170; Kap. 13 Rn 55 ff.

161 Insoweit stehen Vorhabensträger und Behörde ein Beurteilungsspielraum zu: BVerwG, Urt. v. 18.3.2009 – 9 A 39/07 – BVerwGE 133, 239, 274; *Steinberg/Wickel/Müller*, § 3 Rn 173; strenger (Überprüfung der Wahl einer geeigneten fachspezifischen Methode) noch BVerwG, Urt. v. 8.7.1998 – 11 A 53/97 – BVerwGE 107, 142, 146; *Kühling/Herrmann*, Rn 365. Hiervon ausgenommen sind freilich Fälle, in denen die Methodenwahl normiert ist (etwa nach RAS-Q), vgl. dazu *Steinberg/Wickel/Müller*, § 3 Rn 177.

162 Vgl. BVerwG, Urt. v. 13.10.2011 – 4 A 4001/10 – BVerwGE 141, 1, 10; Urt. v. 13.10.2011 – 4 A 4001/10 – BVerwGE 72, 282, 286; Urt. v. 5.12.1986 – 4 C 13/85 – BVerwGE 75, 214, 234; Urt. v. 29.1.1991 – 4 C 51/89 – BVerwGE 87, 332, 355. Vgl. BVerwG, Urt. v. 8.7.1998 – 11 A 53/97 – BVerwGE 107, 142, 146; Beschl. v. 5.10.1990 – 4 CB 1/90 – NVwZ-RR 1991, 129, 131; Urt. v. 8.7.1998 – 11 A 53/97 – BVerwGE 107, 142, 146; Beschl. v. 5.10.1990 – 4 CB 1/90 – NVwZ-RR 1991, 129, 131.

angemessenen Verhältnis zu den Eingriffen stehen, die mit ihr gerechtfertigt werden sollen.[163] An den gleichen Anforderungen müssen sich auch Prognosegutachten, die sich zu zukünftigen Entwicklungen verhalten, messen lassen.[164] Die **gerichtliche Kontrolldichte** von Prognoseentscheidungen ist entsprechend **begrenzt.**[165] Das Gericht überprüft allein die Einhaltung der skizzierten Anforderungen; es entwickelt keine eigene Prognose.[166]

63 Mangels gesetzlicher Vorgaben ist die Wahl des **Prognosezeitraums** im jeweiligen Einzelfall mit Blick auf das konkrete Vorhaben zu bestimmen; er ist insoweit einer gerichtlichen Überprüfung unterworfen, als sich insbesondere aus dem Gebot der Konfliktbewältigung und der Schwere des zu rechtfertigenden Eingriffs **Unter- und Obergrenzen** ergeben können.[167] Ein unter dem Aspekt der Konfliktbewältigung unsachgemäß kurzer Prognosezeitraum wird etwa angenommen, wenn dieser auf eine Zeitspanne beschränkt wird, für die verlässlich abzusehen ist, dass das Vorhaben noch nicht in Betrieb genommen sein wird.[168] Eine Obergrenze kann sich insbesondere aus der Schwere des durch die Abwägungsentscheidung zu rechtfertigenden Eingriffs ergeben, denn die mit zunehmendem Zeitraum steigende Ungewissheit in Bezug auf künftige Entwicklungen muss noch in einem **angemessenen Verhältnis** zum jeweiligen Eingriff stehen.[169]

64 Hingegen ist es **nicht Aufgabe des Gerichts**, das Ergebnis einer sachgerecht erarbeiteten Prognose daraufhin zu überprüfen, ob die prognostizierte Entwicklung mit Sicherheit bzw. größerer oder geringerer Wahrscheinlichkeit eintreten wird. Genauso wenig ist maßgeblich, ob die Prognose durch die spätere tatsächliche Entwicklung im Wesentlichen bestätigt oder aber widerlegt worden ist;[170] allerdings kann in einer (erheblichen) Diskrepanz ein Indiz für eine nicht sachgemäße Prognoseerstellung, also eine schon anfängliche Fehlerhaftigkeit, liegen.[171] Eine extreme Abweichung zwischen tatsächlicher Entwicklung und zutreffend aufgestellter Prognose kann schließlich zur Funktionslosigkeit und infolgedessen zur Rechtswidrigkeit des Planfeststellungsbeschlusses führen.[172]

---

i **Praxistipp**

Zieht sich eine Projektrealisierung (durch welche Umstände auch immer) deutlich länger als ursprünglich angenommen hin, sollte – zunächst nur intern – an einer Aktualisierung der Prognose und ihrer Grundlagen gearbeitet werden. Auch wenn diese im Ergebnis nicht zwingend vorgelegt werden muss, kann damit einer unliebsamen Überraschung am Ende (mit erheblichem Zeitverlust) entgegengewirkt werden.

---

163 BVerwG, Urt. v. 8.7.1998 – 11 A 53/97 – BVerwGE 107, 142.
164 OVG NRW, Urt. v. 6.6.2005 – 10 D 148/04 – NVwZ 2005, 1201, 1203 (bestätigt durch BVerwG, Beschl. v. 28.12. 2005 – 4 BN 41/05 – NVwZ 2006, 458); *Hoppe/Schlarmann/Buchner/Deutsch*, Rn 924.
165 BVerwG, Beschl. v. 5.10.1990 – 4 CB 1/90 – NVwZ-RR 1991, 129, 131; Urt. v. 5.12.1986 – 4 C 13/85 – NVwZ 1987, 578, 583; *Steinberg/Wickel/Müller*, § 3 Rn 173.
166 *Kühling/Herrmann*, Rn 365; allgemein dazu schon oben Rn 65 ff. Das gilt auch für „Aktualisierungen“, wenn also im Zeitpunkt der gerichtlichen Entscheidung bereits eine Diskrepanz zwischen prognostizierter und tatsächlicher Entwicklung ersichtlich ist (*Hoppe/Schlarmann/Buchner/Deutsch*, Rn 923).
167 Vgl. BVerwG, Urt. v. 21.3.1996 – 4 A 10/95 – NVwZ 1996, 1006, 1007; *Steinberg/Wickel/Müller* § 3 Rn 174.
168 Vgl. BVerwG, Beschl. v. 25.5.2005 – 9 B 41/04 – juris Rn 24.
169 Vgl. BVerwG, Urt. v. 21.3.1996 – 4 A 10/95 – NVwZ 1996, 1006, 1007.
170 Vgl. BVerwG, Urt. v. 7.7.1978 – 4 C 79/76 u.a. – BVerwGE 56, 110, 122; Urt. v. 8.7.1998 – 11 A 53/97 – BVerwGE 107, 142, 146; Knack/Henneke/*Dürr*, § 74 Rn 89.
171 BVerwG, Urt. v. 7.7.1978 – 4 C 79/76 u.a. – BVerwGE 56, 110, 122; *Hoppe/Schlarmann/Buchner/Deutsch*, Rn 924.
172 BVerwG, Urt. v. 7.7.1978 – 4 C 79/76 – BVerwGE 56, 110, 122. Entsprechend zum Bebauungsplan BVerwG, Urt. v. 29.4.1977 – 4 C 39/75 – BVerwGE 54, 5, 9; *Steinberg/Wickel/Müller*, § 3 Rn 176.

5. Abschnittsbildung

Im Kontext der Abwägung und angesichts des grundsätzlichen Verbots eines Konflikttransfers kommt der **Zulässigkeit einer abschnittsweisen Planung** bei linienförmigen Vorhaben wie Hoch- oder Höchstspannungsleitungen besondere Bedeutung zu. Eine Abschnittsbildung kann hier aus Gründen der Praktikabilität, Effektivität und Überschaubarkeit sachgemäß sein.[173] Die **Anforderungen** werden durch den Grundsatz umfassender Problembewältigung gesteuert;[174] die Teilplanung darf sich nicht so weit verselbstständigen, dass durch die Gesamtplanung ausgelöste Probleme unbewältigt bleiben.[175] Eine einheitliche Planungskonzeption muss weiterhin gewährleistet sein.[176] Daher haben sich Vorhabensträger und Behörde bereits im Rahmen des ersten Abschnitts ein ***„vorläufiges positives Gesamturteil"***[177] zu bilden; hinsichtlich der nachfolgenden Abschnitte ist – im Sinne einer summarischen Prüfung[178] – die Prognose ausreichend, dass der Verwirklichung des (Gesamt-) Vorhabens keine von vornherein unüberwindbaren Hindernisse entgegenstehen.[179] Die abschnittsweise Planung darf nicht zu einer vermeidbaren Verkürzung des Abwägungsspielraums für spätere Abschnitte führen.[180] Die Problematik einer abschnittsweisen Feststellung liegt in der möglichen Verkürzung des **Rechtsschutzes** durch Schaffung sog. **Zwangspunkte**, d.h. der Festlegung von verbindlichen Ausgangspunkten für den nachfolgenden Verlauf durch die Planfeststellung vorhergehender Abschnitte.[181] 65

In §§ 5 Abs. 3, 6 S. 4 NABEG wird die Möglichkeit der Planung in einzelnen Abschnitten für die **Bundesfachplanung** ausdrücklich angesprochen. Danach kann der Vorhabenträger einen entsprechend begrenzten Antrag stellen; die BNetzA darf die Planung – auch ohne einen solchen Antrag – in einzelnen Abschnitten der Trassenkorridore durchführen. Im Rahmen der **Planfeststellung** kann sich der Antrag des Vorhabenträgers gem. § 19 S. 2 NABEG ebenfalls zunächst auf einzelne angemessene Abschnitte der Trasse beschränken; eine Begrenzung von Amts wegen ist hier nicht vorgesehen. 66

Ob für die Errichtung von Hochspannungsfreileitungen der im Fernstraßenrecht entwickelte Grundsatz gilt, dass jedem Planungsabschnitt eine **eigenständige Funktion** zukommen muss, die auch bei Nichtverwirklichung der Folgeabschnitte sinnvoll bestehen bleibt, ist höchstrichterlich noch nicht geklärt.[182] Es handelt sich indessen nicht um einen **per se** für alle linienförmigen Vorhaben geltenden Grundsatz. Vielmehr besteht dieses Erfordernis etwa im Eisenbahnrecht nicht, da das Eisenbahnnetz weniger engmaschig ist und regelmäßig „in einem Stück" geplant wird.[183] Auch für den Neubau von Hochspannungsfreileitungen erscheint es zutreffend, keine eigenständige Funktion jedes Abschnitts zu fordern.[184] Hierfür spricht insbesondere, dass auf höherstufigen Ebenen der Netzplanung bereits durchgehende Trassenkorridore geplant werden, innerhalb derer der endgültige Verlauf in der Planfeststellung festzulegen ist. Die Gefahr der Planung eines einzelnen, unabhängig vom Netz bestehenden zwecklosen Abschnitts („Pla- 67

173 BVerwG, Urt. v. 14.10.1996 – 4 VR 14/96 (4 A 35/96) – Buchholz 407.4 § 17 FStrG Nr. 123.
174 Vgl. BVerwG, Beschl. v. 24.5.2012 – 7 VR 4/12 – ZUR 2012, 499, 502.
175 BVerwG, Urt. v. 10.4.1997 – 4 C 5/96 – NVwZ 1998, 508, 510.
176 Vgl. BVerwG, Beschl. v. 5.12.2008 – 9 B 28/08 – NVwZ 2009, 320, 322.
177 BVerwG, Urt. v. 10.4.1997 – 4 C 5/96 – NVwZ 1998, 508; *Wahl/Dreier*, NVwZ 1999, 606, 619.
178 Vgl. BVerwG, Beschl. v. 24.5.2012 – 7 VR 4/12 – ZUR 2012, 499, 502.
179 BVerwG, Urt. v. 10.4.1997 – 4 C 5/96 – BVerwGE 104, 236, 243; Urt. v. 30.1.2008 – 9 A 27/06 – NVwZ 2008, 678, 681.
180 BVerwG, Urt. v. 10.4.1997 – 4 C 5/96 – NVwZ 1998, 508.
181 Vgl. Knack/Henneke/*Dürr*, § 74 Rn 27; ausführlich zum Rechtsschutz Kap. 13 Rn 190 ff.
182 Offengelassen in BVerwG, Beschl. v. 22.7.2010 – 7 VR 4/10 – ZUR 2010, 533, 535; Beschl. v. 2.11.1992 – 4 B 205/92 – NVwZ 1993, 887, 889.
183 BVerwG, Beschl. v. 21.12.1995 – 11 VR 6/95 – NVwZ 1996, 896, 897; Beschl. v. 30.12.1996 – 11 VR 21/95 – NVwZ-RR 1998, 284, 285.
184 *Naujoks*, DVBl. 2010, 1450, 1451; *de Witt/Durinke/Kause*, Rn 148; vgl. auch *Greinacher*, ZUR 2011, 305, 309.

nungstorso“[185]) dürfte daher gering sein. Auch hinsichtlich des Kriteriums der Engmaschigkeit ist das Energieleitungsnetz nicht mit dem Fernstraßennetz vergleichbar.[186] Ein solches Erfordernis würde nicht zuletzt die angestrebte Beschleunigung des Netzausbaus konterkarieren.

Praxistipp
Die Entscheidung, Abschnitte zu bilden, muss gut überlegt werden. Zwar gibt es nachvollziehbare Gründe, die für eine entsprechende Abschnittsbildung sprechen. Die Erfahrung zeigt jedoch, dass der Entlastungseffekt wegen der notwendigen Berücksichtigung des weiteren Verlaufs (Zwangspunkte) und des vorläufig positiven Gesamturteils nicht so groß ausfällt wie erhofft und dafür eine größere Fehleranfälligkeit wegen der Schnittstellenthemen entsteht.

B. Trassenwahl und Alternativenprüfung

68 Ein wesentlicher Teil der Abwägung ist die Wahl der räumlichen Lage eines Vorhabens, bei den linienförmigen Vorhaben mithin die **Trassenwahl**. Diese erfolgt häufig in mehreren Stufen: Auf höheren Planungsebenen wie dem Raumordnungsverfahren, der Linienbestimmung oder – im Bereich des NABEG – der Bundesfachplanung[187] werden Trassenkorridore bestimmt. Der detaillierte, kleinräumige Streckenverlauf des Vorhabens wird auf der nachgelagerten Stufe, im Planfeststellungsverfahren, geprüft und festgelegt. Die Festlegung der Trassenkorridore im Anwendungsbereich des NABEG als Teil der Bundesfachplanung ergibt sich aus §§ 5 Abs. 1, 12 Abs. 2 NABEG. Bereits der Antrag des Vorhabensträgers muss einen Vorschlag für den beabsichtigten Verlauf des Trassenkorridors sowie eine Darlegung zu infrage kommenden Alternativen enthalten; auch Erläuterungen zur Auswahl zwischen ihnen unter Berücksichtigung der erkennbaren Umweltauswirkungen sind gem. § 6 S. 6 Nr. 1 und 2 NABEG notwendiger Bestandteil des Antrags. Das Gleiche gilt gem. § 19 S. 4 Nr. 1 und 2 NABEG grundsätzlich auch für die sich anschließende Planfeststellung. Allerdings sind Vorhabensträger und Behörde auf dieser Ebene an die Vorgaben der höheren Planungsstufe hinsichtlich des Trassenkorridors gebunden. So sieht § 15 Abs. 1 NABEG für Energieleitungen eine Bindung an die Entscheidung der Bundesfachplanung gem. § 12 NABEG ausdrücklich vor. Die Planfeststellung – auch wenn sie gem. § 2 Abs. 2 NABEG i.V.m. der noch zu erlassenden Rechtsverordnung ebenfalls von der BNetzA durchgeführt wird – darf daher nicht von der Vorgabe des Trassenkorridors abweichen. Erweist sich in der Detailplanung, dass der vorgegebene Trassenkorridor nicht zu halten ist, bedarf es insoweit einer neuen Bundesfachplanung, also einer neuen Bestimmung des Trassenkorridors; eine „Heilung“ durch Planfeststellungsbeschluss ist ausgeschlossen. Ob diese Kehrseite der Bindungswirkung mit Blick auf die erhofften Beschleunigungseffekte tatsächlich so beabsichtigt war, erscheint zweifelhaft, die Rechtslage ist allerdings eindeutig.

69 Sowohl bei der Festlegung des Trassenkorridors als auch im Rahmen der konkreten Trassenwahl sind jeweils ernsthaft in Betracht kommende **Alternativlösungen** als Teil des Abwägungsmaterials mit der ihnen objektiv zukommenden Bedeutung in die vergleichende Prüfung der von den möglichen Varianten jeweils berührten öffentlichen und privaten Belange unter Einschluss des Gesichtspunkts der Umweltverträglichkeit einzubeziehen.[188] Räumlicher Umfang

185 Bader/Ronellenfitsch/*Kämper*, § 74 Rn 27; *Kopp/Ramsauer*, § 74 Rn 130; Stelkens/Bonk/Sachs/*Bonk/Neumann*, § 73 Rn 24; *Stüer*, Rn 3336; BVerwG, Beschl. v. 22.7.2010 – 7 VR 4/10 – ZUR 2010, 533, juris Rn 28.
186 Bader/Ronellenfitsch/*Kämper*, § 74 Rn 27; Johlen/Oerder/*Kämper*, § 19 Rn 106; vgl. *de Witt/Durinke/Kause*, Rn 148.
187 Vgl. dazu Kap. 4 Rn 1 ff.
188 Vgl. BVerwG, Urt. v. 25.1.1996 – 4 C 5/95 – BVerwGE 100, 238, 249; Urt. v. 9.6.2004 – 9 A 11/03 – NVwZ 2004, 1486, 1491 f.; *Steinberg/Wickel/Müller*, § 3 Rn 179.

und Detaillierungsgrad sind dabei von der jeweiligen Planungsebene abhängig. Aufgrund der Bindung an höherstufige Planungen entfallen auf nachgeordneten Planungsebenen (z.B. der Planfeststellung) von vornherein solche Varianten als abwägungsrelevante Alternative, die den vorgesteckten Rahmen verlassen.[189] Abwägungsmängel der höheren Planungsstufe können infolgedessen auf die nachfolgende Ebene „durchschlagen".[190] Bei Energieleitungen kann auch hinsichtlich der Art der Leitung eine Alternativenprüfung geboten sein, etwa ob und inwieweit die Planungsziele durch eine Freileitung oder eine Erdverkabelung effektiver und zugleich schonender verwirklicht werden können.[191] Sofern keine spezifischen Vorgaben geregelt sind, sind die Ausbaugesetze „technikoffen".[192]

Die Alternativenprüfung im Rahmen einer Fachplanung erfolgt **abgeschichtet:**[193] Auf Grundlage erster grober Bewertungskriterien wird zunächst eine gestufte Vorauswahl getroffen, in deren Rahmen diejenigen Planungsalternativen aus der weiteren Betrachtung ausgeschieden werden, die sich als wenig realistisch erweisen. Diese Vorgehensweise entlastet das Planungsverfahren und kommt der Klarheit des Abwägungsprozesses zugute. Eine exakte Ermittlung ist in dieser Phase des Zusammenstellens des Abwägungsmaterials noch nicht erforderlich. Das jeweilige Tatsachenmaterial muss nur so genau und vollständig ermittelt worden sein, dass es jene erste Vorauswahl zulässt.[194] Vorhabensträger und Planungsbehörde sind demnach nur so weit zur Untersuchung von Alternativtrassen verpflichtet, wie es für eine sachgerechte Entscheidung und zweckmäßige Gestaltung des Verfahrens erforderlich ist. Ihnen obliegt bei der Wahl und Gewichtung der herangezogenen Bewertungskriterien ein planerischer Gestaltungsspielraum.[195] Stellt sich später heraus, dass die verworfene Lösung ebenfalls mit guten Gründen vertretbar gewesen wäre, folgt daraus nicht ohne Weiteres ein Abwägungsmangel. Die Verwerfung einer Planungsalternative auf der Ebene dieser **Grobanalyse** ist erst dann abwägungsfehlerhaft, wenn sich diese Lösung unter Berücksichtigung aller abwägungserheblichen Belange als eindeutig vorzugswürdig – weil für öffentliche und private Belange insgesamt schonender – hätte aufdrängen müssen.[196] Neue Entwicklungen in tatsächlicher oder rechtlicher Hinsicht können die Wiederaufnahme von bereits im Rahmen der Grobanalyse ausgeschiedenen Planungsvarianten in den Abwägungsprozess bedingen und nachträgliche Ermittlungen erforderlich machen.[197] Mangels entgegenstehender Anhaltspunkte gelten diese Grundsätze auch für die Bundesfachplanung. 70

Als mögliche Alternative ist regelmäßig auch die sog. **Null-Variante** zu berücksichtigen, also die Möglichkeit, von der Planung vollständig Abstand zu nehmen; insbesondere ist zu prüfen, ob unüberwindliche Belange zu dieser Variante nötigen.[198] Die Notwendigkeit jener Betrachtung entfällt nicht schon dann, wenn das Vorhaben in einen gesetzlichen Bedarfsplan aufge- 71

189 Vgl. BVerwG, Beschl. v. 20.12.1988 – 7 NB 2/88 – BVerwGE 81, 128, 136.
190 *Appel*, UPR 2011, 406, 413 f.; *Sellner/Fellenberg*, NVwZ 2011, 1025, 1031 f.; vgl. BVerwG, Urt. v. 10.4.1997 – 4 C 5/96 – BVerwGE 104, 236, 252 ff.
191 Vgl. *Greinacher*, ZUR 2011, 305, 310; dazu auch Rn 75 sowie Kap. 10 Rn 125, 146.
192 Vgl. dazu Kap. 10 Rn 45 ff.; zu den Pilotprojekten für die HGÜ-Technik vgl. Kap. 3 Rn 456 ff. sowie Kap. 10 Rn 49.
193 Vgl. dazu übergreifend *Heidmann*, S. 41 ff.
194 BVerwG, Beschl. v. 26.6.1992 – 4 B 1 – 11/92 – NVwZ 1993, 572, 574; Beschl. v. 29.11.1995 – 11 VR 15/95 – NVwZ 1997, 165, 167; *Steinberg/Wickel/Müller*, § 3 Rn 180.
195 BVerwG, Beschl. v. 29.11.1995 – 11 VR 15/95 – NVwZ 1997, 165, 167.
196 BVerwG, Urt. v. 25.1.1996 – 4 C 5/95 – BVerwGE 100, 238, 250; Beschl. v. 14.5.1996 – 7 NB 3/95 – BVerwGE 101, 166, 173 f.; Beschl. v. 24.9.1997 – 4 VR 21/96 (4 A 47/96) – NVwZ-RR 1998, 297, 297; Urt. v. 12.8.2009 – 9 A 64/07 – BVerwGE 134, 308, 332; *Kühling/Herrmann*, Rn 369.
197 BVerwG, Urt. v. 24.11.2010 – 9 A 13/09 – BVerwGE 138, 226, 240 f.
198 BVerwG, Urt. v. 10.4.1997 – 4 C 5/86 – BVerwGE 104, 236, 249 f.; vgl. auch BVerwG, Urt. v. 24.11.2010 – 9 A 13/09 – BVerwGE 138, 226, 241; *Kühling/Herrmann*, Rn 369; *Steinberg/Wickel/Müller*, § 3 Rn 181.

nommen wurde.[199] Sie stellt sich indes dann nicht mehr, wenn **„zwingende Gründe des überwiegenden öffentlichen Interesses“** für das Vorhaben streiten.[200] Ein solches Interesse ist für Vorhaben im Anwendungsbereich des NABEG (§ 1 S. 3 NABEG) und des EnLAG (§ 1 Abs. 2 S. 2 EnWG) fixiert. Für sie kann daher im Regelfall von der Betrachtung der „Null-Variante“ abgesehen werden.

72 Die gebotene **Analysetiefe** hängt vornehmlich vom Grad der Beeinträchtigung öffentlicher und privater Belange ab. Die Anforderungen an die Alternativenprüfung sind umso höher, je schwerwiegender die potenzielle Beeinträchtigung ist. Allenfalls bei außerordentlich starken Belastungen sind auch Alternativen, die sich nicht auf den ersten Blick anbieten oder aufdrängen, zu berücksichtigen.[201] Wird eine Trassenvariante aufgrund der bereits gewonnenen Erkenntnisse als Alternativtrasse ausgeschieden, ist konsequenterweise ihre weitere Untersuchung – auch für die förmliche Umweltverträglichkeitsprüfung oder die Strategische Umweltprüfung – nicht veranlasst.[202] Die Anzahl der Varianten kann so schrittweise reduziert werden, während die Untersuchungstiefe intensiviert wird.[203] Sich ernsthaft anbietende Alternativlösungen müssen in die Abwägung einbezogen werden und mit der ihnen objektiv zukommenden Bedeutung in die vergleichende Prüfung der von den möglichen Alternativen jeweils berührten öffentlichen und privaten Belange Eingang finden. Schließlich darf die Bevorzugung einer bestimmten Lösung (als Ergebnis der Abwägung) nicht auf einer Bewertung beruhen, die zur objektiven Gewichtigkeit der von den möglichen Alternativen betroffenen Planung außer Verhältnis steht.[204]

73 Im Rahmen der **Abwägung** zwischen mehreren Trassenvarianten können insbesondere naturschutzfachliche, landesplanerische, verkehrs-, struktur- und energiepolitische Zielsetzungen als öffentliche Belange berücksichtigt werden.[205] Beispielsweise wurden folgende Kriterien für oder gegen eine Alternativlösung in der Rechtsprechung anerkannt:

- Umweltbelange, insbesondere der Schutz von Natur und Landschaft,[206]
- geologisch-technische Schwierigkeiten einer anderen Trassierung,[207]
- Lärmbelastungen[208] sowie
- Belange der Verknüpfung des Netzes.[209]

Auch Kostengesichtspunkte dürfen als ein Abwägungsbelang unter mehreren berücksichtigt werden.[210]

74 Für linienförmige Vorhaben kommt insbesondere dem **Prinzip der Trassenbündelung** eine besondere Bedeutung zu. Dieses umfasst sowohl geplante als auch bereits vorhandene Leitun-

---

199 BVerwG, Urt. v. 24.11.2010 – 9 A 13/09 – BVerwGE 138, 226, 241; Urt. v. 26.3.1998 – 4 A 7/97 – LKV 1999, 26, 27.
200 BVerwG, Urt. v. 17.1.2007 – 9 A 20/05 – NVwZ 2007, 1054 (Ls. 20), 1071.
201 Vgl. BVerwG, Urt. v. 14.11.2002 – 4 A 15/02 – BVerwGE 117, 149, 160; *Steinberg/Wickel/Müller*, § 3 Rn 180, 184.
202 BVerwG, Urt. v. 25.1.1996 – 4 C 5/95 – BVerwGE 100, 238, 250; Urt. v. 14.11.2002 – 4 A 15/02 – BVerwGE 117, 149, 160; Urt. v. 9.6.2004 – 9 A 11/03 – NVwZ 2004, 1486, 1491 f.
203 *Hoppe/Schlarmann/Buchner/Deutsch*, Rn 919.
204 BVerwG, Beschl. v. 20.12.1988 – 7 NB 2/88 – BVerwGE 81, 128, 136 f.; Beschl. v. 14.5.1996 – 7 NB 3/95 – BVerwGE 101, 166, 173.
205 BVerwG, Urt. v. 13.5.2009 – 9 A 72/07 – BVerwGE 134, 45, 53.
206 BVerwG, Urt. v. 12.12.1996 – 4 C 29/94 – BVerwGE 102, 331, 348; Urt. v. 14.11.2002 – 4 A 15.02 – BVerwGE 117, 149, 160 f.; Urt. v. 9.6.2004 – 9 A 11/03 – NVwZ 2004, 1486, 1491.
207 BVerwG, Urt. v. 22.3.1985 – 4 C 73/82 – BVerwGE 71, 163, 166.
208 BVerwG, Urt. v. 14.11.2002 – 4 A 15/02 – BVerwGE 117, 149, 161 f.; Urt. v. 9.6.2004 – 9 A 11/03 – NVwZ 2004, 1486, 1491; Urt. v. 3.3.2011 – 9 A 8/10 – BVerwGE 139, 150, 156.
209 Im Rahmen der fernstraßenrechtlichen Planung BVerwG, Urt. v. 27.10.2000 – 4 A 18/99 – BVerwGE 112, 140, 151 f.; Urt. v. 9.6.2004 – 9 A 11/03 – NVwZ 2004, 1486, 1491.
210 BVerwG, Urt. v. 22.3.1985 – 4 C 73/82 – BVerwGE 71, 163, 166; Urt. v. 31.1.2002 – 4 A 15/01 – NVwZ 2002, 1103, 1109; Urt. v. 9.6.2004 – 9 A 11/03 – NVwZ 2004, 1486, 1491; *Stüer*, Rn 4287.

gen und Infrastrukturtrassen (Straßen etc.). Die Bündelung bei der Planung und Realisierung mehrerer Leitungsvorhaben innerhalb einer Planungstrasse führt dazu, dass die verursachten Beeinträchtigungen für private und öffentliche Belange – schon beim Bau der Vorhaben – so gering wie möglich gehalten werden können. Bei der Realisierung verschiedener Leitungen, die eine Region durchqueren, drängt sich daher regelmäßig eine Parallelführung der Leitungen als diejenige Trassenvariante auf, die Natur und Landschaft am wenigsten belastet.[211] Eine Konzentration auf das Bündelungsprinzip bei der Auswahl der Trasse ist demgemäß erst dann vorwerfbar, wenn sich eine getrennte Trassenführung – ausnahmsweise – aufdrängen musste, weil sie sich unter noch geringeren Opfern an entgegenstehenden öffentlichen und privaten Belangen verwirklichen ließe als die Parallelführung.[212]

Die Alternative der **Erdverkabelung** zu Energiefreileitungen kann meist schon auf der Ebene der Grobprüfung ausgeschieden werden. Vorgebracht wird zwar, dass die Erdverkabelung einen geringeren Eingriff in Natur und Landschaft darstelle, was indes angesichts der damit im Einzelfall möglicherweise ebenfalls verbundenen Beeinträchtigungen der Natur (Austrocknung des Bodens, Verhinderung tiefwurzelnder Pflanzen) und auch der Landwirtschaft (Erntebeeinträchtigungen) jedenfalls in dieser Allgemeinheit fraglich ist. Ein relevanter Faktor bei der Abwägung der beiden Alternativen dürfte aber regelmäßig die Sicherheit der Stromversorgung im Hinblick auf das Risiko der Versorgungsunterbrechung durch technische Fehler oder sonstige Übertragungsschwierigkeiten sein. So sind zwar Freileitungen tendenziell fehleranfälliger als Erdkabelleitungen; jedoch sind Fehler bei Freileitungen leichter und schneller zu beheben, sodass im Schadensfalle eine kürzere Unterbrechung der Stromversorgung zu erwarten stünde als bei Erdkabeln.[213] Unabhängig davon rechtfertigen jedenfalls regelmäßig die deutlich höheren Kosten und fehlenden technischen Erfahrungen im Höchstspannungsbereich, die Erdverkabelung bereits auf der Ebene der Grobprüfung auszuscheiden.[214] Dies gilt indes nicht, wenn im Bundesbedarfsplan nach § 12b Abs. 1 S. 3 Nr. 3a EnWG ein Vorhaben als Pilotprojekt für eine Erdverkabelung gem. § 2 EnLAG ausgewiesen ist. Auch im Anwendungsbereich des § 43h EnWG kann die Kostenbelastung nicht als Belang gegen die Erdverkabelungsalternative angeführt werden. Die Regelung sieht vor, dass Hochspannungsleitungen auf neuen Trassen mit einer Nennspannung von 110 kV oder weniger als Erdkabel auszuführen sind, soweit die Gesamtkosten für Errichtung und Betrieb des Erdkabels die Gesamtkosten der technisch vergleichbaren Freileitung um den Faktor 2,75 nicht überschreiten und naturschutzfachliche Belange nicht entgegenstehen (etwa eine geringere Eingriffsintensität wegen der Bündelungsmöglichkeit mit einer bereits bestehenden Freileitung). Die Behörde kann allerdings auf Antrag des Vorhabensträgers die Errichtung als Freileitung zulassen, wenn öffentliche Interessen nicht entgegenstehen. Im Anwendungsbereich des EnLAG besteht ebenfalls nicht die Möglichkeit der Geltendmachung einer höheren Kostenbelastung durch eine Erdverkabelung, denn die dadurch verursachten Mehrkosten werden gem. § 2 Abs. 4 EnLAG auf alle Übertragungsnetzbetreiber umgelegt,[215] die sie wiederum bei der Ermittlung der Netznutzungsentgelte berücksichtigen können. Durch § 11 75

211 BVerwG, Beschl. v. 15.9.1995 – 11 VR 16/95 – NVwZ 1996, 396, 397; OVG Münster, Urt. v. 9.1.2004 – 11 D 116/02 – juris Rn 43; vgl. auch BVerwG, Beschl. v. 22.7.2010 – 7 VR 4/10 – NVwZ 2010, 1486, 1488.

212 BVerwG, Beschl. v. 15.9.1995 – 11 VR 16/95 – NVwZ 1996, 396, 397.

213 Vgl. Kap. 10 Rn 45 ff.; *de Witt/Durinke/Kause*, Rn 145; Studie des BMU vom 20.6.2011, „Ausbau elektrischer Netze mit Kabel oder Freileitung unter besonderer Berücksichtigung der Einspeisung Erneuerbarer Energien", S. 1 f., verfügbar unter http://www.erneuerbare-energien.de/fileadmin/ee-import/files/pdfs/allgemein/application/pdf/studie_netzausbau_bf.pdf; siehe zu diesem Unterschied zwischen Erdkabeln und Freileitungen auch die Studie des BMU vom 31.12.2011 „Ökologische Auswirkungen von 380-kV-Erdleitungen und HGÜ-Erdleitungen", S. 9, verfügbar unter http://d-nb.info/1020733411/34.

214 Vgl. *Schneller*, DVBl. 2007, 529, 534 f.; *Greinacher*, ZUR 2011, 305, 310.

215 Siehe auch *de Witt/Durinke/Kause*, Rn 130.

Abs. 2 Nr. 14 ARegV wird im Übrigen klargestellt, dass es sich dabei um dauerhaft nicht beeinflussbare Kostenanteile handelt, deren Änderung zu einer Anpassung der Erlösobergrenze **ipso iure** führt (§ 4 Abs. 3 Nr. 2 ARegV).

76 Von der dargestellten Alternativenprüfung und ihren Prüfungsanforderungen zu unterscheiden sind fachrechtsspezifisch vorgeschriebene Alternativüberlegungen, die anderen Maßstäben folgen. Dazu gehört insbesondere die Alternativenprüfung im FFH-Recht gem. § 34 Abs. 3 Nr. 2 BNatSchG.[216]

---

i **Praxistipp**

Die Trassenwahl, einschließlich der entsprechenden Alternativenprüfung, wird einer der zentralen Gesichtspunkte der zu erwartenden Auseinandersetzungen sein; dies gilt sowohl für den groß- wie für den kleinräumigen Leitungsverlauf. Von daher ist es geboten, diesen Teil der Planung mit größter Sorgfalt anzugehen und insbesondere die von der Rechtsprechung konturierten Möglichkeiten aber auch Grenzen des gestuften Vorgehens bei der Auswahl von Trassen und der Abschichtung von Alternativen strikt zu beachten.

---

216 Vgl. dazu Kap. 10 Rn 125 ff.

Kapitel 12
Planumsetzung

A. Einführung

Aus der Sicht des Vorhabensträgers beginnt die Umsetzungs- bzw. Realisierungsphase bereits deutlich vor Abschluss des Planfeststellungsverfahrens. Es gilt, die Ausführungsplanung ebenso wie die Werkverträge mit den Unternehmern so vorzubereiten, dass möglichst im Zeitpunkt des Wirksamwerdens der „Baugenehmigung" reibungslos mit der Umsetzung des Vorhabens begonnen werden kann. Auch die für die Umsetzung des Vorhabens erforderlichen Wegerechte müssen zur Verfügung stehen. Bereits diese beiden Punkte sind bei komplexen, liniengebundenen Vorhaben ein nicht zu unterschätzendes Projekt. Hinzu kommt, dass sich häufig erst im Rahmen der konkreten Auseinandersetzung mit der eigentlichen Umsetzung des Vorhabens oder im Rahmen von nach Erlass des Planfeststellungsbeschlusses angestrengten verwaltungsgerichtlichen (Eil-)Verfahren Probleme zeigen, die im Rahmen der bisherigen Planung nicht hinreichend berücksichtigt worden sind und ebenso zügige wie zielorientierte Maßnahmen erfordern. Nicht selten entscheidet eine sorgfältig vorbereitete und strukturierte Umsetzungsphase über Erfolg oder Misserfolg eines Projekts. 1

B. Voraussetzungen der Planumsetzung

Die Durchführung von Baumaßnahmen zur Umsetzung eines planfeststellungspflichtigen Vorhabens setzt regelmäßig einen Planfeststellungsbeschluss bzw. eine Plangenehmigung voraus. Die Auseinandersetzung mit Fragen der **Planumsetzung** setzt daher ein Verständnis dessen voraus, was in rechtlicher Hinsicht unter **Planumsetzung** zu verstehen ist und welche **rechtlichen Voraussetzungen** hierfür mindestens vorliegen müssen. 2

I. Abgrenzung zwischen Planumsetzung und Vorarbeiten

Die **Umsetzung** eines planfestgestellten Vorhabens unterliegt anderen rechtlichen Vorgaben, als dies für bloße **Vorarbeiten** der Fall ist. Die Durchführung von Vorarbeiten ist im Verhältnis zur eigentlichen Planumsetzung **privilegiert**. Zur Durchführung von Vorarbeiten kann auf fremde Grundstücke zugegriffen werden, ohne dass bereits die Vorhabensgenehmigung vorliegen muss. Sofern und soweit allerdings bereits die Durchführung der Vorarbeiten öffentlich-rechtliche Erlaubnisse nach anderen Gesetzen (z.B. BNatSchG, WHG) erfordern, müssen diese ggf. separat eingeholt werden. Von der Umsetzung eines Plans sind danach Vorarbeiten i.S.d. § 44 EnWG abzugrenzen. 3

Nach § 18 Abs. 1 S. 3 NABEG, § 44 Abs. 1 EnWG haben Grundstücksberechtigte zur **Vorbereitung der Planung** und zur Vorbereitung der **Baudurchführung** die **notwendigen** Vermessungs-, Boden- und Grundwasseruntersuchungen ebenso wie sonstige Vorarbeiten und Maßnahmen in der Vorbereitungsphase der Planung für eine Hochspannungsfreileitung nach dem EnWG bzw. NABEG zu dulden. 4

Diese Duldungspflicht folgt unmittelbar aus dem Gesetz, ermächtigt aber nicht zu eigenmächtigem Handeln.[1] Im Falle der Weigerung des Betroffenen ist daher eine Umsetzung entwe- 5

1 BK-EnR/*Pielow*, § 44 EnWG Rn 14.

der im Wege einer Duldungsverfügung durch die zuständige Behörde auf der Grundlage des § 44 Abs. 1 S. EnWG oder eine Durchsetzung auf dem Zivilrechtsweg notwendig.[2] Die betroffenen Grundstückseigentümer und Nutzungsberechtigten sind nach Maßgabe des § 44 Abs. 2 EnWG mindestens zwei Wochen vor Beginn der Arbeiten zu informieren.

6 In **sachlicher Hinsicht** erfasst § 44 EnWG sämtliche Maßnahmen, die für das Zusammenstellen des Abwägungsmaterials erforderlich sind. Mit der Ausdehnung des sachlichen Anwendungsbereichs auch auf die **Vorbereitung der Baudurchführung** mit dem **Gesetz zur Beschleunigung von Planungsverfahren für Infrastrukturvorhaben (InfraStrPlanVBeschlG)**[3] hat sich auch die früher in Rechtsprechung und Literatur umstrittene Frage, in welchem Umfang Arbeiten zur Erstellung der Ausschreibungsunterlagen und der Ausführungsplanung auf der Grundlage des § 44 EnWG vorangetrieben werden können, erledigt. Auch diese Maßnahmen können nunmehr grundsätzlich auch auf der Grundlage des § 44 EnWG umgesetzt werden.[4] Keine Vorarbeiten i.S.d. § 44 EnWG sind demgegenüber Maßnahmen, die unmittelbar der **eigentlichen Umsetzung** des Vorhabens, wie beispielsweise der Gehölzeinschlag, das Abschieben von Mutterboden oder die Kampfmittelsondierung, dienen. Abgrenzungskriterium ist ein erforderlicher funktionaler Zusammenhang mit dem Zulassungsverfahren nach § 43 EnWG.[5] Die Regelung des § 44 EnWG dient nämlich in erster Linie dazu, die Voraussetzungen für eine sachgerechte Abwägungsentscheidung zu schaffen.

7 Die aus § 44 EnWG folgende **Duldungspflicht** erfasst in jedem Fall **zeitlich** den gesamten Zeitraum **bis zum Erlass** des Planfeststellungsbeschlusses oder im Falle einer beabsichtigten Planänderung auch bis zum Erlass dieses Planänderungsbeschlusses.[6] Das Einreichen der Pläne bzw. die Offenlage stellt keine Zäsur dar.[7] Arbeiten zur Erstellung der Ausführungsplanung und Ausschreibungsunterlagen sind bis zu diesem Zeitpunkt noch von § 44 EnWG erfasst. Die Rechtsprechung weist in diesem Zusammenhang darauf hin, dass sich auch aus Ausführungsplanungen durchaus noch abwägungsrelevante Erkenntnisse ergeben könnten.[8]

8 Bis zur Modifikation des § 44 EnWG durch das InfraStrPlanVBeschlG war in Rechtsprechung und Literatur umstritten, ob der Anwendungsbereich des § 44 EnWG (bzw. der in anderen Fachplanungsgesetzen existierenden Parallelvorschriften) in **zeitlicher Hinsicht** auf den Zeitraum bis zum Erlass eines Planfeststellungsbeschlusses beschränkt ist.[9] Die Annahme einer zeitlichen Beschränkung wurde trotz fehlender unmittelbarer Anhaltspunkte im Gesetzeswortlaut aus der **ratio legis** abgeleitet. Die Vorschrift des § 44 EnWG zielt ebenso wie die Parallelvorschriften des § 17 AEG bzw. § 16a FStrG in erster Linie darauf ab, störungsfrei die für die planerische Abwägungsentscheidung notwendigen Informationen sammeln zu können. Mit Abschluss des förmlichen Planungsverfahrens wurde daher der zeitliche Anwendungsbereich der Vorschrift als beendet angesehen. Vorarbeiten, die der Erarbeitung der Ausführungsplanung und/oder Ausschreibungsunterlagen nach Abschluss des Genehmigungsverfahrens dienen, konnten nach dieser Auffassung daher nicht unmittelbar auf Grundlage des § 44 EnWG durchgesetzt werden.[10]

9 Mit der Erweiterung des sachlichen Anwendungsbereichs auch auf **Bauvorbereitungsarbeiten** besteht für ein entsprechend enges Verständnis der Norm kein Raum mehr. Arbeiten, die

2 BK-EnR/*Pielow*, § 44 EnWG Rn 14; Britz/Hellermann/Hermes/*Hermes*, § 44 Rn 17.
3 Gesetz zur Beschleunigung von Planungsverfahren für Infrastrukturvorhaben v. 9.12.2006 (BGBl. I S. 2833; ber. 2007 I S. 691).
4 Vgl. BVerwG, Beschl. v. 9.10.2012 – 7 VR 10/12 – juris-Dokumentation Rn 6, 14 ff.
5 Danner/Theobald/*Missling*, § 44 EnWG Rn 13.
6 Britz/Hellermann/Hermes/*Hermes*, § 44 Rn 2; Ziekow/*Kirchberg*, Rn 60; BK-EnR/*Pielow*, § 44 EnWG Rn 3.
7 Danner/Theobald/*Missling*, § 44 EnWG Rn 14.
8 BVerwG, Beschl. v. 17.8.2002 – VR 9/02 – juris-Dokumentation.
9 Vgl. zum Streitstand instruktiv Britz/Hellermann/Hermes/*Hermes*, § 44 Rn 8 ff.
10 Britz/Hellermann/Hermes/*Hermes*, § 44 Rn 13.

dem oben beschriebenen sachlichen Anwendungsbereich der Vorschrift unterfallen, können zeitlich sowohl vor als auch nach Erlass des Planfeststellungsbeschlusses auf der Grundlage von § 44 EnWG durchgeführt werden.[11]

Praxistipp
Die Planung des Vorhabens ist zur Vermeidung von Konflikten möglichst so zu steuern, dass bereits vor Erlass des Planfeststellungsbeschlusses auf der Grundlage des § 44 EnWG auch die für die Ausführung notwendigen Informationen gesammelt werden können. Hierdurch können etwaige Umsetzungsschwierigkeiten und spätere Änderungsplanungen vermieden werden.

II. Voraussetzungen der Planumsetzung

Die **Errichtung**, der **Betrieb** sowie die **Änderung** einer **Hoch**- bzw. **Höchstspannungsfreileitung** mit einer Nennspannung von **mehr als 110 kV** bedürfen gem. § 43 Nr. 1 EnWG der Planfeststellung. Gleiches gilt gem. § 43 Nr. 3 EnWG für Hochspannungsleitungen, die zur Netzanbindung von Offshore-Anlagen i.S.d. § 3 Nr. 9 EEG vom 25.10.2008 im Küstenmeer als Seekabel und landeinwärts als Freileitung oder Erdkabel bis zu dem technisch und wirtschaftlich günstigsten Verknüpfungspunkt des nächsten Übertragungs- oder Verteilnetzes verlegt werden sollen, gem. § 43 Nr. 4 EnWG für grenzüberschreitende Gleichstromhochspannungsleitungen, die nicht unter § 43 Nr. 3 EnWG fallen und die im Küstenmeer als Seekabel verlegt werden sollen, sowie deren Fortführung landeinwärts als Freileitung oder Erdkabel bis zu dem technisch und wirtschaftlich günstigsten Verknüpfungspunkt des nächsten Übertragungs- oder Verteilnetzes. 10

Erfordert ein Vorhaben nicht die Durchführung einer Umweltverträglichkeitsprüfung, kann auf Antrag des Vorhabensträgers auf ein Planfeststellungsverfahren verzichtet und mit einer Plangenehmigung gearbeitet werden, § 43b Nr. 2 EnWG. Planfeststellungsbedürftig sind gem. § 18 Abs. 1 NABEG auch Vorhaben gem. § 2 Abs. 1 NABEG, also die Errichtung oder Änderung von länder- oder grenzüberschreitenden Höchstspannungsleitungen, die in einem Gesetz über dem Bedarfsplan nach § 12e Abs. 4 S. 1 EnWG als solche gekennzeichnet sind.[12] 11

1. Bekanntgabe

Planfeststellung und Plangenehmigung sind **Verwaltungsakte**.[13] Die Umsetzung eines Planfeststellungsbeschlusses bzw. einer Plangenehmigung setzt daher zunächst dessen Wirksamkeit voraus, § 43 VwVfG. Notwendig ist hierzu die **Bekanntgabe** des betreffenden Verwaltungsaktes. Für energierechtliche Planfeststellungsbeschlüsse und Plangenehmigungen verweist § 43b EnWG auf § 74 VwVfG und modifiziert die dort getroffenen allgemeinen Regelungen u.a. zur Bekanntgabe weiter. Nach § 43b Nr. 5 EnWG sind der Planfeststellungsbeschluss und die Plangenehmigung dem Träger des Vorhabens, den Einwendern, über deren Einwendungen entschieden worden ist sowie Vereinigungen, über deren Stellungnahme im Rahmen der Genehmigungen entschieden worden ist, unter Beifügung einer Rechtsbehelfsbelehrung zuzustellen. Diese Regelung ist im Vergleich zu § 74 Abs. 4 S. 1 VwVfG **enger**, weil eine Zustellung nur an Einwender und Vereinigungen (§ 43a Nr. 2 VwVfG), über deren Einwendungen und Stellungnahme entschieden worden ist, nicht aber an alle bekannten Betroffenen vorgeschrieben wird. 12

11 Vgl. BVerwG, Beschl. v. 9.10.2012 – 7 VR 10/12 – juris Rn 14 ff.
12 Wegen der Einzelheiten wird auf die ausführlichen Ausführungen in Kap. 5 Rn 1 ff. dieses Werkes verwiesen.
13 Kopp/*Rammsauer*, § 74 Rn 8.

Die Zustellung hat nach den Vorschriften der Verwaltungszustellungsgesetze der Länder zu erfolgen.[14] Sind mehr als 50 Zustellungen vorzunehmen, können diese – trotz der Regelung des § 43b Nr. 5 EnWG – durch öffentliche Bekanntmachungen ersetzt werden.

13 Das NABEG enthält für auf seiner Grundlage ergangener Planfeststellungsbeschlüsse in § 24 Abs. 2 NABEG eine von § 43b Nr. 5 EnWG abweichende und gem. § 18 Abs. 3 S. 2 NABEG vorgehende Regelung. Anders als das EnWG sieht das NABEG eine Zustellung auch an die bekannten Betroffenen vor. Über die Hintergründe kann den Gesetzesmaterialien nichts entnommen werden.[15] Praktische Relevanz wird diese Regelung vermutlich nicht haben. Aufgrund der Dimension von Energieleitungsvorhaben werden im Regelfall mehr als 50 Zustellungen vorzunehmen sein. § 24 Abs. 2 S. 2 NABEG stellt insoweit durch den Hinweis auf § 74 Abs. 5 VwVfG klar, dass in diesem Fall die Zustellungen durch öffentliche Bekanntmachung ersetzt werden können.

14 Die skizzierten Regelungen über die Bekanntgabe von Planfeststellungsbeschlüssen und Plangenehmigungen können dazu führen, dass die Genehmigungen gegenüber unterschiedlichen Betroffenen und/oder dem Vorhabensträger zu **verschiedenen Zeiten** wirksam werden. Nach § 74 Abs. 5 S. 3 VwVfG gilt der Planfeststellungsbeschluss bzw. die Plangenehmigung nämlich erst mit dem Ende der Auslegungsfrist als zugestellt. Die Auslegung hat gem. §§ 74 Abs. 5 S. 2, 74, Abs. 4 S. 2 VwVfG in den Gemeinden zu erfolgen, in denen sich das Vorhaben auswirkt. Stromtrassen werden häufig mehrere Gemeindegebiete überspannen. Für Betroffene in unterschiedlichen Gemeinden kann daher die öffentliche Bekanntgabe und damit die Wirksamkeit der Genehmigung und die damit verbundenen Rechtswirkungen (insbesondere zur Genehmigungswirkung wird auf Kap. 9 Rn 32 verwiesen) zu **unterschiedlichen Zeitpunkten** eintreten. Dies kann im Einzelfall einen nicht unerheblichen Einfluss auf den Zeitpunkt haben, zu dem die Genehmigung ausgenutzt werden kann.

15 Gegenüber dem Vorhabensträger gilt die Pflicht zur **individuellen Zustellung**.[16] Die Rechtsbehelfsfristen richten sich in diesem Fall nach der Individualzustellung.[17] Danach kann der Planfeststellungsbeschluss im Verhältnis zum Antragsteller im Zweifel mehr als zwei Wochen früher als gegenüber den sonstigen vom Vorhaben Betroffenen Wirksamkeit zeitigen.

Praxistipp
Die möglicherweise unterschiedlichen Zeitpunkte, zu denen ein Planfeststellungsbeschluss bzw. eine Plangenehmigung Rechtswirksamkeit erlangen kann, sind bei der Ausführungsplanung und Vergabe zu berücksichtigen.

2. Vollziehbarkeit

16 Die Planumsetzung setzt neben der Bekanntgabe der jeweiligen Genehmigung voraus, dass der Planfeststellungsbeschluss bzw. die Plangenehmigung **vollziehbar** sind. Energierechtliche Planfeststellungsbeschlüsse, die auf der Grundlage des EnWG erlassen worden sind, sind gem. § 43e EnWG kraft Gesetzes sofort vollziehbar. Dies gilt für auf der Grundlage des NABEG erlassene Planfeststellungsbeschlüsse ebenfalls. Zwar enthält das NABEG keine dem § 43e EnWG korrespondierende Vorschrift. Nach § 18 Abs. 3 S. 2 NABEG gelten für das Planfeststellungsverfahren und daran anknüpfende Verfahren des NABEG die Bestimmung im Fünften Teil des EnWG entsprechend. Die Regelung des § 43e EnWG, die sich mit den Rechtswirkungen von Anfechtungsklagen gegen Planfeststellungsbeschlüsse beschäftigt, enthält zumindest eine Regelung über ein an ein Planfeststellungsverfahren anknüpfendes Verfahren – nämlich ein Gerichtsver-

14 Britz/Hellermann/Hermes/*Hermes*, § 43 Rn 20.
15 BT-Drucks. 17/6249.
16 Kopp/*Rammsauer*, § 74 Rn 148, Knack/Henneke/*Dürr*, § 74 Rn 45.
17 Kopp/*Rammsauer*, § 74 Rn 148, Knack/Henneke/*Dürr*, § 74 Rn 53.

fahren, das die Überprüfung der Rechtmäßigkeit der getroffenen Planungsentscheidung zum Gegenstand hat. Damit gilt die Regelung für Planfeststellungsbeschlüsse gem. § 18 NABEG entsprechend.

Etwaige Klagen gegen entsprechende Genehmigungen hindern daher den Vollzug der Planfeststellungsbeschlüsse nicht. Anders ist dies im Falle eines erfolgreichen Eilantrages gem. § 80 Abs. 5 VwGO. Eine solche Entscheidung wirkt allerdings nur **inter partes** und lässt die Vollziehbarkeit des Planfeststellungsbeschlusses im Verhältnis zu den anderen von dem Vorhaben Betroffenen grundsätzlich unberührt.[18] Möglicherweise kommt eine Aussetzungsentscheidung anderen von dem Vorhaben betroffenen allerdings als Rechtsreflex zugute.[19] 17

Dies gilt auch dann, wenn einzelne Kläger in einem Klageverfahren (teilweise) erfolgreich sein sollten und das Gericht die Nichtvollziehbarkeit des Planfeststellungsbeschlusses bzw. der Plangenehmigung feststellen sollte. Auch eine solche Entscheidung hat keine rechtsgestaltende Wirkung. Sie wirkt ebenfalls lediglich **inter partes.**[20] 18

Insgesamt nicht mehr umgesetzt werden kann der Planfeststellungsbeschluss erst dann, wenn er durch ein Gericht endgültig und unanfechtbar aufgehoben worden ist. 19

Die **Zeitplanung** bei Infrastrukturvorhaben ist oft eng. Die Genehmigungsentscheidungen enthalten häufig mit Blick auf den Natur- und Artenschutz verschiedene Regelungen zu Bauzeitenbeschränkungen. Der Holzeinschlag außerhalb des Walds ist regelmäßig nur zwischen dem 30.9. und dem 28.2. zulässig (§ 39 Abs. 5 BNatSchG). Aus den genannten Gründen ist es daher für einen reibungslosen Bauablauf wichtig, die zeitkritischen Arbeiten rechtzeitig beginnen und abschließen zu können. 20

Die Zeitplanung für die Umsetzung insbesondere von in der Öffentlichkeit umstrittenen Vorhaben sollte auch die Möglichkeit von gerichtlichen **Zwischenverfügungen** berücksichtigen. Wird von einem Kläger ein gerichtlicher Eilantrag auf Außervollzugsetzung der Genehmigung gestellt, also auf Baustopp, hat das Gericht die Möglichkeit durch Zwischenverfügungen zu verhindern, dass bis zum Ende des gerichtlichen Eilverfahrens vollendete Tatsachen geschaffen werden. Obwohl Zwischenverfügungen in der VwGO nicht normiert sind, leitet die Rechtsprechung ihre Erforderlichkeit aus dem Grundsatz der Effektivität des Rechtsschutzes (Art. 19 Abs. 4 GG) ab.[21] 21

Die Schaffung von vollendeten Tatsachen kann beispielsweise dann drohen, wenn für die Herstellung eines Leitungsvorhabens eine Immobilie abgebrochen werden muss oder der Eingriff in einen ökologisch besonders wertvollen und allenfalls mit großem Zeitaufwand wieder rekonstruierbaren Schutzbereich (etwa in einen sehr alten Waldbestand) droht. In der Praxis versuchen die Gerichte solche Zwischenverfügungen dadurch zu vermeiden, dass sie von den Verfahrensbeteiligten zeitlich befristete Erklärungen über den einstweiligen Verzicht auf Ausnutzung der vorliegenden Genehmigungen auf den klägerischen Grundstücken abfordern. Ob und inwieweit man auf einen entsprechenden Vorschlag des Gerichts eingeht, hängt vom Einzelfall ab. Bei der Entscheidung sollte allerdings berücksichtigt werden, dass Zwischenverfügungen bzw. Hängebeschlüsse in Rechtsprechung und Literatur teilweise als **prozessleitende Verfügungen** bewertet werden, die noch keine die Instanz abschließende Sachentscheidung enthalten und aus diesem Grund als grundsätzlich unanfechtbar bewertet werden.[22] Oft lässt sich der 22

---

18 *Kopp/Schenke*, § 80 Rn 172 m.w.N. aus der Rspr.; Sodan/Ziekow/*Puttler*, § 80 Rn 171.
19 BVerwG, Beschl. v. 27.1.1982 – 4 ER 401/81 – juris Rn 14 ff.
20 A.A. offenbar OVG Münster, Beschl. v. 3.11.2010 – 11 B 1594/10 – n.v.; BVerwG, Beschl. v. 4.7.2012 – 9 VR 6/12 – NVwZ 2012, 1126,
21 *Kopp/Schenke*, § 80 Rn 170 m.w.N. aus Rspr. und Literatur.
22 VGH Kassel, Beschl. v. 23.8.1994 – 1 TG 2086/94 – NVwZ-RR 1995, 302; OVG Berlin, Beschl. v. 3.2.1998 – 8 S 184.97 – NVwZ-RR 1999, 212; Posser/Wolff/*Kuhla*, § 123 Rn 171; a.A. *Kopp/Schenke*, § 80 Rn 170 sowie § 146 Rn 11.

Bauablauf so gestalten, dass zumindest die Folgen eines zeitweisen Verzichts auf die Ausnutzbarkeit der Genehmigung kompensiert werden können.

III. Vorliegen der Wegerechte

23 Neben einer in materieller Hinsicht **„vollziehbaren Baugenehmigung"** erfordert die Umsetzung eines Leitungsvorhabens auch das Vorliegen der hierfür erforderlichen **Wegerechte**. Energieleitungen werden regelmäßig (überwiegend) auf fremden Flächen errichtet. Die unterschiedlichen öffentlich-rechtlichen Genehmigungen vermitteln die zivilrechtliche Berechtigung zur Inanspruchnahme der fremden Flächen nicht unmittelbar.

24 Der Erwerb der Wegerechte kann grundsätzlich **privatrechtlich/konsensual** auf der Grundlage von Verträgen oder **öffentlich-rechtlich/zwangsweise** im Wege eines Besitzeinweisungs- und/oder Enteignungsverfahrens erfolgen.

Praxistipp
Der mit dem Einwerben und der Verwaltung der Wegerechte verbundene Zeitaufwand darf nicht unterschätzt werden. Insbesondere bei absehbar umstrittenen Vorhaben empfiehlt sich frühzeitig eine professionelle kommunikative Begleitung des Projekts.

C. Erwerb der Wegerechte

25 Der Erwerb der für die Umsetzung von leitungsgebundenen Vorhaben erforderlichen Wegerechte kann entweder **freihändig** oder **zwangsweise** im Wege der vorzeitigen Besitzeinweisung und Enteignung erfolgen.

I. Freihändiger Erwerb

26 Beim **freihändigen Erwerb** für den Bau und Betrieb eines planfestgestellten Infrastrukturvorhabens unterscheidet man zwischen Vereinbarungen zwischen Vorhabensträger und Eigentümer, die die Grundstücksinanspruchnahme in diesem Verhältnis dauerhaft und abschließend regeln (**Gestattungsvereinbarung**) und Vereinbarungen zwischen einem Eigentümer und/oder Nutzungsberechtigten, die die Inanspruchnahme lediglich vorläufig und vorübergehend regeln und im Verhältnis zum Eigentümer einen Teil der an sich regelungsbedürftigen Fragen lassen (**Bauerlaubnis/Besitzüberlassungsvereinbarung**).

1. Gestattungsvereinbarung

27 Eine **Gestattungsvereinbarung** erlaubt dem Vorhabensträger die Inanspruchnahme von in der Vereinbarung näher bestimmten Grundstücks(teil)flächen zu den ebenfalls in der Vereinbarung im Einzelnen beschriebenen Zwecken. Sie regelt schuldrechtlich den Verbotsverzicht sowie den Verzicht auf das Durchsetzen von Unterlassungsansprüchen des Rechteinhabers gegenüber dem Begünstigten.

a) Inhalt einer Gestattungsvereinbarung

28 Eine Gestattungsvereinbarung ist ein **gegenseitiger Vertrag**. Kern einer solchen Vereinbarung ist die Einräumung der für die Umsetzung eines Infrastrukturvorhabens erforderlichen Rechte

an einem Grundstück und das dafür zu leistende Entgelt. Je nach Ausgestaltung der Vereinbarung kann diese den Besitzübergang an den betreffenden Flächen unmittelbar herbeiführen oder lediglich einen schuldrechtlichen Anspruch auf Überlassung der Flächen gewähren.[23]

Der genaue Inhalt desjenigen, was der Grundstückseigentümer dem Betreiber gestatten 29
muss, setzt sich jeweils aus den dem Vorhaben zugrunde liegenden **planfestgestellten bzw. genehmigten Plänen** zusammen. Diese sollten bezogen auf jedes Grundstück vor Abschluss der Vereinbarung noch einmal eingesehen werden, um sicherzustellen, dass die Vereinbarung die reibungslose Umsetzung des Vorhabens ermöglicht.

Die vertragliche Herbeiführung eines Besitzwechsels kommt gem. § 854 Abs. 2 BGB aller- 30
dings nur dann in Fällen des **offenen Besitzes** in Betracht, wenn der Vorhabensträger also in der Lage ist, die tatsächliche Gewalt über die betreffenden Flächen ohne Weiteres auszuüben.[24] Hochspannungsfreileitungen verlaufen überwiegend außerhalb geschlossener Ortslagen, sodass diese Voraussetzung häufig gegeben sein wird.

Die unmittelbare Herbeiführung des Besitzwechsels gem. § 854 Abs. 2 BGB ist für den Vor- 31
habensträger wesentlich günstiger. Ihm stehen in diesem Fall nämlich gegenüber einem später ggf. abschlussreuig gewordenen Grundstückseigentümer unmittelbar aus dem Besitzrecht folgende Abwehransprüche (§§ 861, 862 BGB) zu. Diese können ggf. im Wege des **einstweiligen Rechtsschutzes** durchgesetzt werden. Zwar werden die strengen Voraussetzungen einer Regelungsverfügung gem. § 940 ZPO (u.a. erforderlich zur Abwendung wesentlicher Nachteile oder zur Verhinderung drohender Gewalt) regelmäßig nicht darstellbar sein. Nach § 935 ZPO kann aber ferner in Bezug auf einen materiell-rechtlichen Anspruch des Verfügungsklägers eine **einstweilige Leistungsverfügung** ergehen, die ausnahmsweise über § 935 ZPO hinaus nicht nur zur Sicherung, sondern auch zur Erfüllung des Anspruchs führen kann. Eine einstweilige Verfügung kommt in einem solchen Fall ohne besonderen Verfügungsgrund bzw. dessen Glaubhaftmachung aus.[25] Es entspricht nämlich dem rechtspolitischen Ziel der Besitzschutzansprüche, dem bisherigen Besitzer die Möglichkeit einer zügigen gerichtlichen Durchsetzung der Wiedereinräumung des Besitzes zu geben, wenn er sich selbst nicht helfen kann oder will.[26]

Einer Gestattungsvereinbarung kommt **keine dingliche Wirkung** zu. Dies bedeutet, dass 32
sie im Falle eines Eigentumswechsels für den Vorhabensträger wertlos ist. Schuldrechtlich vereinbarte Rechtsnachfolgeklauseln helfen in der Regel allenfalls mittelbar weiter, weil sie im Verhältnis zwischen Vorhabensträger und neuem Eigentümer keine Wirkung zeitigen. Sie motivieren allenfalls den aus dem ursprünglichen Gestattungsvertrag Verpflichteten, zur Vermeidung von Schadensersatzansprüchen die Übertragung der Vereinbarung auf den neuen Grundstückseigentümer vorzunehmen. Geht der Verpflichtete entsprechend vor, stellt sie in diesem Zusammenhang schuldrechtlich das für den Wechsel des Gläubigers erforderliche Einverständnis des Schuldners (Vorhabensträger) zu dem Gläubigerwechsel dar.

Aus diesem Grund ist es dringend zu empfehlen, die schuldrechtliche Gestattung über eine 33
beschränkte persönliche Dienstbarkeit auch dinglich abzusichern.

Praxistipp

Eingeworbene Grunddienstbarkeiten sollten unmittelbar zur Eintragung gelangen, um Nachteile aus etwaigen Eigentumswechseln zwischen Abschluss des Gestattungsvertrags und Antrag auf Eintragung zu vermeiden.

---

23 *Büchs*, Rn 1788.
24 MüKo-BGB/*Joost*, § 854 Rn 4 und 35; Palandt/*Bassenge*, § 854 Rn 11 m.w.N; *Schuller*, DVBl. 1967, 279.
25 Palandt/*Bassenge*, § 862 Rn 12 m.w.N. aus Rspr. und Literatur.
26 MüKo-BGB/*Joost*, § 861 Rn 1 und 15.

34 Sollte der Eigentümer nach Abschluss des Gestattungsvertrags die Eintragung der Dienstbarkeit, zu der er sich in seinem Gestattungsvertrag verpflichtet hat, nicht mehr vollziehen, kann die im Gestattungsvertrag übernommene Verpflichtung zur Eintragung der Dienstbarkeit **gerichtlich durchgesetzt** werden. Die Eintragung erfolgt dann letztlich im Wege der Zwangsvollstreckung. Bei dieser Vorgehensweise ist sorgfältig auf eine Vollstreckbarkeit des Klageantrages zu achten. Das Urteil ersetzt in diesem Fall die Bewilligung, § 19 GBO. Sollte das Grundbuchamt nach erfolgreichem Prozess die Eintragung verweigern, wäre dieser Fehler nur schwer und zeitaufwändig zu korrigieren.

35 Im Rahmen der Verhandlungen zum Abschluss eines Gestattungsvertrags ist sorgfältig darauf zu achten, dass die Vereinbarungen mit den tatsächlich verfügungsbefugten Personen abgeschlossen werden, also beispielsweise dem Grundstückseigentümer persönlich oder einem durch ordnungsgemäße Vollmacht legitimierten Dritten. In der Praxis kommt es nicht selten vor, dass sich die **Eigentumssituation** während der Verhandlungen **verändert**, beispielweise Grundbesitz aus dem Privatvermögen des Eigentümers in eine Gesellschaft eingebracht wird o.ä. Um auszuschließen, den Vertrag mit dem falschen Vertragspartner abgeschlossen zu haben, sollte unmittelbar vor Abschluss des Vertrags nochmals Einsicht in das Grundbuch genommen werden. Sind im Grundbuch Auflassungsvormerkungen eingetragen, ist Vorsicht geboten. Es kann sich in dieser Konstellation empfehlen, den **Vormerkungsberechtigten** mit in die Verhandlungen und den Vertrag einzubinden. Es ist sicherzustellen, dass die Eintragung der Dienstbarkeit – ggf. mittels einer Rangrücktrittserklärung – im Range vor der Vormerkung erfolgt, um eine relative Unwirksamkeit der Dienstbarkeit zu vermeiden.

36 Das Einwerben der Wegerechte beginnt häufig zu einem frühen Zeitpunkt vor Erlass des Planfeststellungsbeschlusses. Der **konkrete Trassenverlauf** steht in diesen Fällen noch nicht in allen Einzelheiten fest. Damit nicht in jedem Fall einer veränderten Planung ggf. bereits vorliegende Gestattungsvereinbarungen nachverhandelt werden müssen, empfiehlt sich, bei der Ausgestaltung des Vertrages darauf zu achten, dass dem Vorhabensträger eine gewisse **Flexibilität** hinsichtlich der Art und Weise der Grundstücksinanspruchnahme eingeräumt wird. Dies kann dadurch geschehen, dass die Gestattung auf das gesamte Grundstück bezogen und die Ausübungsstelle **nicht konkret** mit einem Plan fixiert wird, sondern lediglich eine Bestimmung des Vorhabens und der abstrakten Zwecke, für die die Gestattung gelten soll, vorgenommen wird.

37 Sofern und soweit dies im Einzelfall verhandelt werden kann, empfiehlt sich aus Gründen der Rechtssicherheit, den Umstand der **freien Wahl der Ausübungsstelle** auch deutlich und offen zu formulieren. Sofern das für die Inanspruchnahme des Grundstücks zu leistende Entgelt von dem Verlauf der Trasse über das Grundstück bzw. der in Anspruch genommenen Fläche abhängt, kann eine Entgeltzahlung nach Aufmaß bzw. eine Nachberechnung vereinbart werden. Auf diese Weise können spätere Auseinandersetzungen über den Umfang der Gestattung und die Rechtswirksamkeit der getroffenen Vereinbarungen wirksam vermieden werden.

38 Steht der für die Umsetzung des Vorhabens erforderliche **Ausübungsbereich** fest oder ist eine freie Wahl der Ausübungsstelle nicht verhandelbar, kann die Konkretisierung der für das Vorhaben benötigten Teilflächen durch Bezugnahme auf einen **Lageplan** erfolgen. Dieser Plan sollte entweder physisch mit der Vertragsurkunde **verbunden** oder im Vertrag so eindeutig beschrieben werden, dass eine Auseinandersetzung über den genauen Inhalt des getroffenen Gestattungsvertrages möglichst vermieden wird. Inhaltlich kann auch bei einer **beschränkten persönlichen Dienstbarkeit** die Ausübungsstelle der konkreten Inanspruchnahme überlassen werden. Dies ist mit dem sachenrechtlichen Bestimmtheitsgrundsatz vereinbar.[27] Ob dies im Ein-

27 Palandt/*Bassenge*, § 1018 Rn 7; BGH, Urt. v. 3.5.2002 – V ZR 17/01 – juris Rn 17.

zelfall sinnvoll ist, bedarf nicht zuletzt mit Blick auf die sehr lange Laufzeit von Grunddienstbarkeiten der sorgfältigen Prüfung.

Neben der Regelung über die Gestattung der Grundstücksinanspruchnahme und die Verpflichtung zur Eintragung und zur Bewilligung einer Grunddienstbarkeit enthalten die Gestattungsverträge regelmäßig Regelungen zur Höhe der für die Grundstücksinanspruchnahme zu leistenden Entschädigung. Hierbei wird regelmäßig zwischen der Entschädigung, die für die **unmittelbare Grundstücksinanspruchnahme** zu zahlen ist, und der Entschädigung für die mit dem Vorhaben **verbundenen** sonstigen **Beeinträchtigungen** (z.B. Aufwuchsentschädigung/Ertragsverlust während der Bauzeit etc.) unterschieden. 39

Auch wenn zum Ausgleich der **dauernden Grundstücksinanspruchnahme** regelmäßig wiederkehrende Zahlungen wie bei Miet-/Pachtverträgen denkbar sind, hat sich in der Praxis eine **einmalige Ausgleichszahlung** durchgesetzt. Grundsätzlich ist der für die Grundstückinanspruchnahme zu leistende Entschädigungsbetrag zwischen Parteien **frei verhandelbar.** Mit Blick auf die für energierechtliche Vorhaben grundsätzlich gegebene Möglichkeit der Enteignung (§ 45 EnWG i.V.m. § 18 Abs. 3 S. 2 NABEG) orientiert sich die Entschädigung regelmäßig an der für die Grundstücksinanspruchnahme zu leistenden **Enteignungsentschädigung.** 40

Die **Enteignungsentschädigung** orientiert sich an dem Wert, den das betroffene Grundstück aufgrund der Belastung mit der Leitung und der Eintragung der Grunddienstbarkeit verliert (vgl. u.a. § 93 BauGB). Sie hängt daher einerseits von der Qualität der in Anspruch zu nehmenden Flächen und andererseits von Art und Umfang der Flächeninanspruchnahme (In wieweit wird die Nutzbarkeit der Flächen zukünftig eingeschränkt?) ab. Für die konkrete Ermittlung eines Entschädigungsbetrags gibt es dabei **verschiedene Ansätze.** Denkbar ist einerseits die Entschädigung eines bestimmten Prozentsatzes des Werts des Gesamtgrundstücks. In Betracht kommt auch eine Entschädigung, die sich lediglich auf die Fläche bezieht, die von dem Vorhaben tatsächlich überspannt bzw. mit dem Schutzstreifen belastet ist. Für die Überspannung von landwirtschaftlich genutzten Grundstücken mit Freileitungen geht die bisherige Praxis davon aus, dass eine Entschädigung zwischen 10% und 20% des Bodenwerts der mit dem Schutzstreifen belasteten Fläche angemessen ist.[28] Die tradierte Entschädigungspraxis, die von den Gerichten im Wesentlichen akzeptiert wird, steht zunehmend in der Kritik. In der Literatur mehren sich Stimmen, die eine Entschädigungsberechnung nicht ausgehend vom Bodenwert vornehmen wollen, sondern – in etwa so, wie es für Windkraftanlagen gängige Praxis ist – orientiert an dem **wirtschaftlichen Interesse** des Vorhabensträgers, die fremden Grundstücke in Anspruch zu nehmen.[29] Diese Vorgehensweise mag aus Sicht der betroffenen Grundstückseigentümer wünschenswert sein, entspricht aber für solche Hochspannungsfreileitungen, zu deren Gunsten enteignet werden kann, nicht den verfassungsrechtlichen Vorgaben. 41

Die **Angemessenheit** der für die dauerhafte Grundstücksinanspruchnahme zu leistenden Entschädigung ist eine Voraussetzung für ein erfolgreiches Enteignungsverfahren. Aus diesem Grund sollten die wertmäßigen Auswirkungen des geplanten Vorhabens auf den Grundbesitz sachverständig ermittelt und Grundlage des Entschädigungsangebots werden. In der Praxis hat es sich gerade bei landwirtschaftlichen Flächen bewährt, ausgehend von den durch die Gutachterausschüsse veröffentlichten Bodenrichtwertkatalogen der Entschädigungsberechnung einen solchen Wert zugrunde zu legen, der sich am oberen Ende der für die betreffende Region **üblichen Bodenwerte** für vergleichbare Flächen orientiert, und diesen großzügig aufzurunden. Das Entschädigungsangebot sollte zusätzlich mit dem Hinweis übersandt werden, dass man über 42

28 Aust/Jacobs/Pasternak/*Pasternak*, Rn 175; OLG Hamm, Urt. v. 11.3.1982 – 22 U 81/81 – NVwZ 1982, 394; OLG Celle, Urt. v. 12.10.1979 – 4 U (Baul) 82/79 – juris; OLG Celle, Urt. v. 1.9.1978 – 4 U 58/79 – juris.
29 Vgl. *Haarstrich*, Topagrar 2010, 34; *Holznagel*, DÖV, 2010, 847.

Einzelheiten der Entschädigungsberechnung noch sprechen kann. Auf diese Weise signalisiert der Vorhabensträger Verhandlungsbereitschaft und verhindert, dass der angebotene Entschädigungsbetrag als fixiert angesehen wird. Zu einem angemessenen Entschädigungsangebot gehört auch die Übernahme der mit dem Vertragsschluss und dessen Umsetzung verbundenen Kosten (Notar und Grundbuch). Auch die Übernahme der Kosten einer anwaltlichen Vertretung des Betroffenen auf der Grundlage der gesetzlichen Gebühren sollte angeboten werden. Ein angemessenes Entschädigungsangebot muss nämlich alle Posten enthalten, die der Betroffene im Falle eines Enteignungsbeschlusses auch fordern könnte.[30] Hierzu gehören regelmäßig auch die Kosten einer anwaltlichen Vertretung.[31]

43 Die Bemessung der Entschädigung für die **vorhabenbedingten Beeinträchtigungen** erfolgt in der Praxis nach den einschlägigen Entschädigungsrichtlinien der Landwirtschaftskammern. Nur in Sonderfällen kann es erforderlich werden, die Höhe der Entschädigung konkret sachverständig zu ermitteln. Im Zeitpunkt des Vertragsschlusses können regelmäßig konkrete Beträge noch nicht angesetzt werden. Im Vertrag werden daher die Entschädigungsmodalitäten insoweit nur abstrakt vereinbart.

44 Aus der Sicht des Vorhabensträgers besteht **kein Bedarf** für weitergehende Regelungen. In der Praxis versuchen die betroffenen Grundstückseigentümer in den Gestattungsverträgen allerdings für sie günstige Regelungen u.a. zum **Schadensersatz** und der **Beweislast** (Beweiserleichterungen/Umkehr der Beweislast), aber auch zu Art und Weise der Grundstücksnutzung zu vereinbaren. Ob und ggf. in welchem Umfang sich der Vorhabensträger darauf einlassen kann und möchte, ist eine Frage des Einzelfalls und vermag pauschal nicht beantwortet zu werden. Regelungen, die über die gesetzlichen Haftungsvoraussetzungen hinausgehen, sollten allerdings in jedem Fall mit den jeweiligen **Haftpflichtversicherern** abgestimmt werden, um Deckungslücken zu vermeiden. Projektversicherungen übernehmen in Fällen, in denen die Haftung im Vergleich zur gesetzlichen Ausgangslage modifiziert worden ist, häufig keine Haftung.

45 Verhandlungen über Regelungen zur **Haftung** des Vorhabensträgers setzen zumindest einen groben Überblick über die Rechtlage im Falle eines planfestgestellten Vorhabens voraus: Für Schäden, die bei Umsetzung des Vorhabens durch Fehlverhalten der handelnden Personen (z.B. Führer einer Baumaschine beschädigt versehentlich eine Immobilie) entstehen, haftet der Vorhabensträger selbst in der Regel nicht. Unmittelbare deliktische Ansprüche gegen den Vorhabensträger scheitern an dem Fehlen einer Handlung durch den Vorhabensträger. Verletzungen von Verkehrssicherungspflichten sind schwierig nachzuweisen. Für Handlungen der von ihm mit dem Bau Beauftragten kann sich der Vorhabensträger regelmäßig exkulpieren (§ 831 BGB). Für Schäden, die nur mittelbar im Zusammenhang mit der Realisierung des Vorhabens stehen (z.B. Risse durch baubedingte Vibrationen), haftet der Vorhabensträger in der Regel auch nicht. Deliktische Ansprüche scheitern aus den vorstehenden Gründen. Im Übrigen enthält das Fachplanungsrecht in § 74 Abs. 2 und § 75 Abs. 1 VwVfG abschließende Sonderregelungen für den Umgang mit vorhabenbedingten Beeinträchtigungen.[32] Raum für verschuldensunabhängige Ausgleichsansprüche – gleich aus welchem Rechtsgrund – ist daher grundsätzlich nicht.

46 Der Abschluss eines Gestattungsvertrags kann dazu führen, dass einem Grundstücksbetroffenen auch ohne besondere Regelung die **Klagebefugnis fehlt**. Auch ohne dass die Parteien einen Rechtsmittelverzicht und/oder die Rücknahme etwaiger Einwendungen gegen ein Planungsvorhaben erklärt haben, kann die Klagebefugnis trotz an sich vorhandener schützenswerter Rechtsposition fehlen, wenn eine Klage als unzulässige Rechtsausübung zu bewerten ist.[33]

30 Aust/Jacobs/Pasternak/*Pasternak*, Rn 12 m.w.N.
31 Aust/Jacobs/Pasternak/*Pasternak*, Rn 844 ff. m.w.N.
32 Vgl. BGH, Urt. v. 30.10.2009 – V ZR 17/09 – juris.
33 Vgl. OVG Mecklenburg-Vorpommern, Urt. v. 22.3.2012 – 5 K 6/10 – juris Rn 106 ff.

Da es sich insoweit letztlich allerdings um eine Einzelfallentscheidung handelt, die von Wertungen abhängt, sollte in einen Gestattungsvertrag möglichst auch die Rücknahme etwaiger Einwendungen gegenüber der Planfeststellungsbehörde erklärt und sichergestellt werden, dass die Erklärungen der Behörde auch zugehen.

b) Form

Ein Gestattungsvertrag bedarf **keiner besonderen Form**. Zur Vermeidung von Beweisproblemen und zur Vorbereitung von einem etwaigen Enteignungs- und/oder Besitzeinweisungsverfahren empfiehlt sich allerdings in jedem Fall das **schriftliche Abfassen** der getroffenen Vereinbarung und die Dokumentation der Verhandlungen. Dies gilt auch für eine Vereinbarung, mit der sich der Grundstückseigentümer zur Übernahme einer beschränkten persönlichen Grunddienstbarkeit verpflichtet.[34] In diesem Fall bedarf lediglich die Unterzeichnung der Eintragungsbewilligung selbst mit Blick auf § 29 GBO der **notariellen Beglaubigung**. 47

Je nach Art und Weise der Anbahnung des Abschlusses eines Gestattungsvertrags kann es sich dabei um ein **Haustürgeschäft** i.S.d. § 312 BGB oder um einen **Fernabsatzvertrag** i.S.d. § 312b BGB mit den daran anknüpfenden Rechtsfolgen (Widerrufsrecht für Vertragspartner) handeln. 48

Der Vertrag zwischen einem Netzbetreiber und einem Grundstückseigentümer – sofern dieser Verbraucher i.S.d. BGB ist – ist ein **entgeltlicher Vertrag** gem. § 312 BGB (Haustürgeschäft). Er regelt nämlich für einen bestimmten Zeitraum den Besitz an einer Grundstücksteilfläche bzw. erlaubt die Inanspruchnahme eines Grundstücks gegen Zahlung einer Ausgleichsleistung. Er ist seinem Wesen nach mit einem **Miet- bzw. Pachtvertrag** zumindest vergleichbar. Dass Miet-/Pachtverträge vom sachlichen Anwendungsbereich des § 312 BGB erfasst sind, ist allgemein anerkannt.[35] Der Begriff der „entgeltlichen Leistung" ist bewusst weit gewählt.[36] 49

Sofern ein Gestattungsvertrag im Einzelfall ausschließlich unter Verwendung von **Fernkommunikationsmitteln** – hierzu zählen auch gewöhnliche Briefsendungen – zustande kommt, können auch die Regelungen über Fernabsatzverträge einschlägig sein. Verträge über die Gebrauchsüberlassung von Sachen – insbesondere der Mietvertrag – sind als Verträge über die Erbringung von Dienstleistungen i.S.d. § 312b BGB zu qualifizieren. Sachen im Sinne der Verbraucherschutzvorschriften können auch Immobilien sein (vgl. argumentum e contrario § 312b Abs. 3 Nr. 4 BGB). Der Vertragsgegenstand eines Gestattungsvertrags kann als Dienstleistung gesehen werden, weil ein bereits erfolgter Gebrauch seiner Beschaffenheit nach – ebenso wie bei Miet- und Pachtverträgen, die als Dienstleistungen angesehen werden – nicht zurückgegeben werden kann.[37] 50

Der Abschluss eines Gestattungsvertrags wird typischerweise durch ein mit dem Anwerben von Wegerechten spezialisiertes Büro zumindest vorbereitet. Dabei werden die Grundstückseigentümer bzw. Bewirtschafter in einem ersten Schritt systematisch angeschrieben. Mit diesem Anschreiben wird ihnen ein **Vertragsangebot** unterbreitet, das die Regelung der Inanspruchnahme der für das Vorhaben benötigten Grundstücksteilflächen gegen Zahlung einer Ausgleichsleistung regelt. Diese Vorgehensweise unterfällt noch nicht den Regelungen des § 312 BGB, weil es insoweit an einer typischen Haustürsituation („Überrumpelungstatbestand") i.S.d. Gesetzes fehlt. Es handelt sich dabei allerdings um eine dem Fernabsatzrecht unterfallende Art und Weise der Anbahnung des Vertragsschlusses. 51

---

34 Vgl. Palandt/*Bassenge*, § 311b Rn 7.
35 Jauernig/*Jauernig*, § 312 Rn 6; Bamberger/Roth/*Ann*/*Maume*, § 312 Rn 8.
36 Palandt/*Heinrichs*, § 312 Rn 33.
37 Vgl. MüKo-BGB/*Wendehorst*, § 312b Rn 34; Jauernig/*Jauernig*, § 312 Rn 6.

52 Sofern es auf rein schriftlichem Wege noch nicht zum Abschluss eines Vertrags zwischen dem Vorhabensträger und dem Grundstückseigentümer kommt, schließt sich üblicherweise regelmäßig ein Besuch von Vertretern des Vorhabensträgers bzw. des Wegerechtsbüros bei dem betroffenen Grundstückseigentümer in dessen Privaträumen an. Spätestens jetzt liegt – unabhängig vom vorherigen schriftlichen Angebot – ein Haustürgeschäft i.S.d. § 312 BGB vor.

53 Aus diesem Grund empfiehlt sich aus Gründen der Rechtssicherheit, das Angebot zum Abschluss eines Gestattungsvertrags im Regelfall von Anfang an mit einer ordnungsgemäßen **Widerrufsbelehrung** zu versehen.[38]

54 Unterbleibt eine Belehrung des Verbrauchers über das ihm zustehende Widerrufsrecht, kann eine Vereinbarung, die den Regelungen über das Haustürgeschäft unterfällt, gem. § 355 Abs. 2 S. 2 BGB **dauerhaft** widerrufen werden. Die Betreiber von Hochspannungsfernleitungen sind für einen rechtssicheren Betrieb auf die ungestörte Ausnutzung einmal eingeworbener Wegerechte angewiesen. Aus diesem Grund sollten Vereinbarungen, deren rechtlicher Bestand zweifelhaft ist, möglichst vermieden werden.

c) Muster einer Gestattungsvereinbarung

55 Die nachfolgend beschriebene Gestattungsvereinbarung regelt lediglich das unbedingte Minimum dessen, was der Vorhabensträger mit dem Grundstückseigentümer vereinbaren muss, um dauerhaft die Berechtigung zu erhalten, auf den vertragsgegenständlichen Grundstücken eine Hochspannungsfreileitung zu errichten und zu betreiben. Die Gestattung ist inhaltlich auf den Bereich des **Schutzstreifens** beschränkt. Sollte während der Baumaßnahme eine noch größere Grundstücksfläche als Arbeitsstreifenfläche benötigt werden, kann hierüber entweder eine separate Vereinbarung abgeschlossen oder das Vertragsmuster um eine entsprechende Regelung für den Arbeitsstreifenbereich erweitert werden. In der Praxis findet man häufig **Formularverträge**, die die Gestattung der Inanspruchnahme und die dingliche Sicherung auf das gesamte Grundstück beziehen und lediglich die Flächen, die für die Anlage benötigt werden, einschränkend bestimmen. Die Verwendung entsprechender Vertragsmuster mag aus der Sicht der Vorhabensträger zu der komfortablen rechtlichen Situation führen, beispielsweise für Unterhaltungsarbeiten das gesamte Grundstück betreten zu dürfen. Zu beachten ist allerdings, dass der Planfeststellungsbeschluss entsprechend **weite Inanspruchnahmemöglichkeiten** regelmäßig nicht vorgeben wird. Im Falle von gescheiterten Vertragsverhandlungen und einem sich dann anschließenden Enteignungsverfahren können mit entsprechenden Vertragsangeboten ordnungsgemäße Verhandlungen über das Einwerben der Rechte zu angemessenen Konditionen **nicht dokumentiert** werden, weil der Vertrag letztlich mehr Rechte verlangt, als der Betroffene herausgeben müsste. Das Vertragsangebot wäre insoweit als nicht angemessen zu bewerten.

Vertragsmuster

Gestattungsvertrag

zwischen

Eigentümer (alle im Grundbuch vermerkten Eigentümer mit vollständigem Namen und ladungsfähiger Anschrift).

– im Folgenden: „Eigentümer" –

und

Vorhabensträger mit vollständigem Namen und ladungsfähiger Anschrift unter Hinweis auf die Vertretungsverhältnisse

– im Folgenden: „Betreiber" –

---

38 Vertragsmuster für eine sauber formulierte Widerrufsregelung nebst Belehrung finden sich u.a. bei Palandt/*Heinrichs*, Anhang zu § 355.

Vorbemerkung

Der Betreiber plant, baut und betreibt Höchstspannungsfreileitungen. Mit der durch den Planfeststellungsbeschluss der Bezirksregierung ... vom ... (Aktenzeichen) genehmigten Hochspannungsfreileitung von ... nach ... tangiert der Betreiber u.a. Grundbesitz des Eigentümers. Zur Regelung der Rechtsbeziehungen der Parteien im Hinblick auf die Gestattung des Vorhabens treffen die Parteien die folgende Vereinbarung.

§ 1
Vertragsgegenstand

1. Der Eigentümer ist im Grundbuch von ... Blatt ... für das Grundstück Gemarkung ..., Flur ..., Flurstück ..., groß ... m^2 (postalische Anschrift) entsprechend eingetragen.
2. Der Eigentümer gestattet dem Betreiber unwiderruflich, das vorbezeichnete Grundstück im Bereich der im als Anlage 1 beigefügten Lageplan, der Bestandteil dieser Vereinbarung ist, mit dem Buchstaben A-B-C-D-A markierten, ca. ... m^2 großen Teilfläche, für den Bau und die dauerhafte Belassung sowie die Unterhaltung, Änderung und Erneuerung einer Hochspannungsfreileitung sowie für deren Betrieb in Anspruch zu nehmen.
3. Im betreffenden Grundstücksbereich ist das Anpflanzen von Bäumen sowie das Errichten von Gebäuden mit einer Firsthöhe von mehr als ... m über der Geländeoberkante (... über NN) nicht zulässig.

§ 2
Dingliche Sicherung

Zur dinglichen Sicherung der dem Betreiber nach § 1 dieses Vertrages eingeräumten Befugnis bestellt der Grundstückseigentümer an dem vorgenannten Grundstück eine beschränkte persönliche Dienstbarkeit nach Maßgabe der diesem Vertrag als **Anlage 2** beigefügten Eintragungsbewilligung. Der Grundstückseigentümer verpflichtet sich, dafür Sorge zu tragen, dass die genannte Dienstbarkeit an rangbereiter Stelle eingetragen wird.

§ 3
Entschädigung

Der Betreiber zahlt dem Grundstückseigentümer für die Inanspruchnahme des Grundstückes und die Eintragung der Dienstbarkeit gem. den §§ 1 und 2 eine einmalige Entschädigung i.H.v.

... € (in Worten: ... Euro)

Dieser Betrag wird einen Monat nach Eingang der Nachricht des Notars über die Eintragung der Dienstbarkeit im Grundbuch zur Zahlung fällig. Die Zahlung ist zu leisten auf ein von dem Grundstückseigentümer noch zu benennendes Konto.

§ 4
Besitzüberlassung

Der Grundstückseigentümer erklärt sich damit einverstanden, dass der Betreiber das Grundstück bereits mit dem heutigen Tage nach Maßgabe dieses Vertrages in Anspruch nehmen darf.

§ 5
Schlussvorschriften

Der Grundstückseigentümer versichert, dass der Ausübung der in §§ 1 und 2 bezeichneten Gestattung und der Dienstbarkeit nach Maßgabe der diesem Vertrag als Anlage 2 beigefügten Eintragungsbewilligung Rechte Dritter nicht entgegenstehen.
Der Eigentümer verpflichtet sich, sämtliche in dieser Vereinbarung übernommenen Rechte und Pflichten im Fall der Übertragung des Eigentums auf einen Dritten diesem mit der Maßgabe weiterzugeben, im Falle einer weiteren Übertragung des Eigentums entsprechend zu verfahren.
Nebenabreden bestehen nicht. Änderungen dieser Vereinbarung bedürfen der Schriftform; das gilt auch für die Abänderung dieser Schriftformklausel.
Sollte eine der vorstehenden Regelungen unwirksam sei, so berührt dies nicht die Wirksamkeit der übrigen Regelungen. Die Parteien werden sich bemühen, die unwirksame Regelung durch eine solche Regelung zu ersetzen, die dem wirtschaftlichen Interesse der Parteien am nächsten kommt.

____________________ ____________________

Eigentümer Betreiber

Vertragsmuster

Eintragungsbewilligung

§ 1

Der Eigentümer des im Grundbuch des Amtsgerichtes ... von ..., Blatt ..., eingetragenen Grundbesitzes, Gemarkung ..., Flur ..., Flurstück ... (genaue Bezeichnung, postalische Anschrift und Größe) bewilligt an dem vorgenannten Grundbesitz zur dinglichen Sicherung der mit dieser Eintragungsbewilligung als Anlage 1 beigefügten Gestattungsvereinbarung eingeräumten Befugnisse eine beschränkte persönliche Dienstbarkeit zugunsten der im Handelsregister des Amtsgerichtes ..., unter HRB ... eingetragenen

Betreibergesellschaft

mit Sitz in ... mit folgendem Inhalt:

1. Die [Betreibergesellschaft] ist berechtigt, das Grundstück Gemarkung ..., Flur ..., Flurstück ... (genaue Grundstücksbezeichnung, postalische Anschrift, Größe) nach Maßgabe des als Anlage 2 beiliegenden Lageplans unwiderruflich für den Bau, die dauerhafte Belassung sowie die Unterhaltung, Änderungen und Erneuerungen von Anlagen einer Hochspannungsfreileitung sowie für deren Betrieb zu nutzen. Der als Anlage 2 beigefügte Lageplan ist Inhalt der Dienstbarkeit.
2. Der Grundstückseigentümer unterlässt auf dem vorbezeichneten Grundstück jegliche Maßnahmen oder Nutzungen, die die Hochspannungsfreileitung bzw. deren Betrieb beeinträchtigen oder gefährden könnten. Bauliche Anlagen dürfen eine Höhe von ... m über NN im Bereich der belasteten Grundstücksteilfläche nicht überschreiten.

§ 2

Der beglaubigende Notar ist berechtigt, Anträge aus dieser Urkunde auch getrennt und eingeschränkt zu stellen und sie in gleicher Weise zurückzunehmen. Er ist bevollmächtigt, alle verfahrensrechtlichen Erklärungen, die zum Vollzug der Urkunde erforderlich sind, abzugeben.

________________ ________________

Eigentümer Betreiber

56 Zu beachten ist, dass eine beschränkte persönliche Dienstbarkeit gem. § 1092 BGB ohne besondere Vereinbarung im Grundsatz **nicht übertragbar** ist. Anders ist dies allerdings dann, wenn eine beschränkte persönliche Dienstbarkeit einer juristischen Person oder einer rechtsfähigen Personengesellschaft – wie dies im Falle von Hochspannungsleitungen regelmäßig der Fall sein dürfte – zusteht. In diesem Fall richtet sich die Übertragbarkeit auch ohne besondere Vereinbarung gem. § 1092 Abs. 2 BGB nach den §§ 1059a bis 1059d BGB entsprechend. Danach kann die beschränkte persönliche Dienstbarkeit im Falle der Gesamtrechtsnachfolge ebenso übertragen werden, als wenn das gesamte Unternehmen oder jedenfalls der Teil eines solchen übertragen wird. **Unternehmensteil** in diesem Sinne ist eine organisatorisch wirtschaftliche Einheit, die ein selbstständiges Wirtschaften ermöglicht.[39] Sollte dies im Einzelfall nicht ausreichen, empfiehlt sich, die Übertragbarkeit der beschränkten persönlichen Dienstbarkeit auf einen Dritten unmittelbar im Vertrag zu vereinbaren.

57 Sollte für die Errichtung der Freileitung neben dem mit der vorliegenden Gestattungsvereinbarung geregelten Schutzstreifen auf dem betreffenden Grundstück auch noch zumindest vorrübergehend die Zurverfügungstellung eines Arbeitsstreifens ermöglichen, so kann auch dies in der Gestattungsvereinbarung – sinnvollerweise in einem separaten Paragraphen – geregelt werden. Alternativ kann insoweit auch eine separate Bauerlaubnis nach Maßgabe des folgenden Abschnitts dieses Handbuchs vereinbart werden.

39 Palandt/*Bassenge*, § 1059a Rn 1.

d) Rechtsnatur

Die rechtliche Einordnung eines Gestattungsvertrags in das System der Vertragstypen des BGB ist nicht unumstritten, aber für die Frage der Kündbarkeit und der Laufzeit einer solchen Vereinbarung nicht unerheblich. Teile der Rechtsprechung qualifizieren entsprechende Vereinbarungen insbesondere im Falle einer für die Gestattung vereinbarten Gegenleistung als **Mietverträge.**[40] Die zwischenzeitlich herrschende Auffassung geht davon aus, dass Gestattungsvereinbarungen rechtsdogmatisch als **Leihverträge** anzusehen sind.[41] 58

Die rechtliche Einordnung einer Gestattungsvereinbarung als Leihvertrag führt dazu, dass die Regelungen über die zeitlichen Höchstgrenzen von Mietverträgen (§ 571 BGB) auf die Gestattungsvereinbarung **keine Anwendung** findet. Enthält ein Gestattungsvertrag – wie dies üblich ist – keine Bestimmung zu der vorgesehenen Laufzeit, so ist der „Entleiher" (Vorhabensträger) verpflichtet, das zur Verfügung gestellte Grundstück zurückzugeben, wenn er es zu dem Zweck, der sich aus dem Vertrag ergibt, nicht mehr benötigt. Im Falle von Gestattungsvereinbarungen für Leitungsnetze wäre das erst dann der Fall, wenn das Grundstück nicht mehr für den im Vertrag vorgesehenen Zweck benötigt würde.[42] 59

2. Besitzüberlassungsvereinbarungen

a) Inhalt einer Besitzüberlassungsvereinbarung

Anders als eine Gestattungsvereinbarung regelt eine Besitzüberlassungsvereinbarung bzw. Bauerlaubnis lediglich einen **Ausschnitt** der für die Umsetzung des Vorhabens zu regelnden Punkte. Sie werden regelmäßig mit einem Bewirtschafter/Pächter von Flächen abgeschlossen, mit dem eine abschließende Regelung über die Grundstücksinanspruchnahme nicht getroffen werden kann. Denkbar ist der Abschluss einer entsprechenden Vereinbarung auch mit dem Eigentümer, wenn dieser zwar die Bauarbeiten nicht behindern möchte, aber eine abschließende Vereinbarung – etwa mit Blick auf offene Entschädigungsfragen – nicht verhandelt werden konnte. 60

Zentraler Regelungsgehalt einer Besitzüberlassungsvereinbarung ist die **vorläufige Vermittlung** der für die Umsetzung des Bauvorhabens des Vorhabensträgers notwendigen Besitzrechte an dem Grundstück des Eigentümers. Im Bereich des Leitungsbaus wird regelmäßig der Besitz an denjenigen Flächen, die für die Errichtung der Leitung (Arbeitsstreifenfläche) erforderlich sind, eingeräumt. Sofern neben der bloßen Flächeninanspruchnahme noch weitere Aspekte – wie beispielsweise der Abbruch von baulichen Anlagen o.ä. – zu regeln sind, sollte auch dies **unmittelbar und ausdrücklich** in der Besitzüberlassungsvereinbarung geregelt werden. 61

Offen bleibt regelmäßig die Frage der für die dauerhafte Grundstücksinanspruchnahme zu leistenden Entschädigung; Grund für den Abschluss einer Besitzüberlassungsvereinbarung ist häufig, dass sich die Parteien hierüber nicht einigen können. Aus diesem Grund enthält die Besitzüberlassungsvereinbarung eine Regelung, wonach einerseits Einigkeit darüber herrscht, dass für die Grundstücksinanspruchnahme eine Entschädigung zu leisten ist, anderseits die Höhe der Entschädigung später – ggf. in einem sich anschließenden Enteignungsverfahren oder auf andere Weise – geklärt werden soll. 62

Sofern es ohnehin nicht nur um Flächen geht, die vorübergehend in Anspruch genommen werden sollen (Arbeitsstreifenflächen), fehlt eine Regelung zur dauerhaften Absicherung der dem Vorhabensträger eingeräumten Rechte im Verhältnis zu etwaigen Rechtsnachfolgern oder 63

---

40 BGH, Urt. v. 8.7.1993 – III ZR 146/92 – DNotZ 1994, 172, 174.
41 KG Berlin, Urt. v. 16.5.2002 – 8 V 7764/00 – juris Rn 5; VG Berlin, Urt. v. 19.8.2009 – 1 A 207.08 – BeckRS 2009, 39, 441; BGH, Urt. v. 17.3.1994 – III ZR 10.93 – DVBl. 1995, 102; *Schapp*, NJW 1976, 1092.
42 *Schapp*, NJW 1976, 1092.

Dritten, die ein Nutzungsrecht an dem betreffenden Grundstück erwerben (beschränkte persönliche Dienstbarkeit).

64 Darüber hinausgehende Regelungen braucht eine Besitzüberlassungsvereinbarung nicht zu enthalten. Das Angebot zum Abschluss einer vorzeitigen Besitzüberlassungsvereinbarung bzw. einer Bauerlaubnis unter Vorbehalt sämtlicher Entschädigungsansprüche, die dem betroffenen Grundstückseigentümer und/oder Nutzungsberechtigten mit Blick auf die Grundstücksinanspruchnahme zur Umsetzung des Vorhabens zustehen könnten, ist eine der Tatbestandsvoraussetzungen zur Umsetzung des Vorhabens im Wege der vorzeitigen Besitzeinweisung. Die zwangsweise Grundstücksinanspruchnahme soll lediglich das **letzte Mittel** sein. Aus diesem Grund sollen die Parteien vorher den Versuch einer gütlichen Einigung unternommen haben.

65 Die Besitzüberlassungsvereinbarung bzw. Bauerlaubnis muss – wenn sie die Voraussetzung für eine vorzeitige Besitzeinweisung schaffen soll – so beschaffen sein, dass sie nicht mehr regelt, als was Gegenstand des Besitzeinweisungsbeschlusses wäre, den sie ersetzen soll. Darüber hinausgehende Regelungen – etwa zur Haftung des Vorhabenträgers für Schäden – braucht die Vereinbarung nicht zu enthalten. Insoweit ist es dem Betroffenen zuzumuten, sich auf die gesetzlichen Vorschriften zu verlassen.

b) Form

66 Besondere Formvorschriften für eine Besitzüberlassungsvereinbarung/Bauerlaubnis **bestehen nicht**. Um späteren Auseinandersetzungen über den Inhalt und die Reichweite einer getroffenen Vereinbarung zu vermeiden, empfiehlt sich aber die Schriftform. Verhandlungen über den Abschluss einer vorzeitigen Besitzeinweisung sollten im Übrigen bereits deshalb schriftlich dokumentiert werden, weil diese eine **Tatbestandsvoraussetzung** für die Durchführung eines Besitzeinweisungsverfahren sind und das Vorliegen der Voraussetzungen eines Besitzeinweisungsbeschlusses durch den Antragssteller nachzuweisen ist.

c) Geltungsdauer

67 Die Frage der Dauer der Wirksamkeit einer Besitzüberlassungsvereinbarung stellt sich einerseits im Hinblick auf **Eigentumswechsel** und andererseits auf den **Projektstatus**.

68 Einer Besitzüberlassungs-/Bauerlaubnisvereinbarung kommt **keine dingliche Wirkung** zu. Sofern und soweit es zu einem Eigentumswechsel kommt, erlischt die durch die Besitzüberlassungsvereinbarung vermittelte Rechtswirkung. Sofern durch die Besitzüberlassungsvereinbarung der Besitz bereits unmittelbar übertragen wurde, mangelt es im Verhältnis zu dem neuen Eigentümer an einem Recht zum Besitz. Es ist der Abschluss einer neuen Besitzüberlassungsvereinbarung erforderlich.

69 Wird lediglich der Pächter/Bewirtschafter bei gleichem Eigentümer ausgewechselt, so erwirbt dieser von vornherein nur eigeschränkten Besitz.

70 In zeitlicher Hinsicht sind die Wirkungen einer Besitzüberlassungsvereinbarung in solche Bereiche des Grundstücks **problematisch**, die nach den dem Vorhaben zugrunde liegenden Planungen nicht dauerhaft, sondern lediglich vorübergehend während der Bauausführung in Anspruch genommen werden sollten (Arbeitsstreifen). Häufig wird in Besitzüberlassungsvereinbarungen zwischen dem dauerhaft überlassenen **Schutzstreifenbereich** und dem lediglich vorübergehend – bis zum endgültigen Abschluss der Bauarbeiten – zur Verfügung gestellten **Arbeitsstreifenbereich** unterschieden.

71 Sowohl aus der Sicht des Vorhabensträgers als auch aus der Sicht des betroffenen Grundstückseigentümers empfiehlt sich insbesondere bei **länger andauernden Bauvorhaben** eine klare und eindeutige Kommunikation in Ansehung der zu Besitz überlassenen Flächen. Auf vertraglicher Grundlage eingeräumte Rechte können auf gleiche Art und Weise auch wieder aufge-

hoben werden. **Steht** eine Baustelle etwa längere Zeit – wegen laufender Gerichtsverfahren oder Umplanungen – **still** und sind die in Anspruch genommenen Flächen bereits vielleicht rekultiviert und den Betroffenen zur Nutzung wieder zu Verfügung gestellt worden, ist darauf zu achten, dass diese Vorgehensweise nicht als endgültiger Verzicht oder als einvernehmliche Aufhebung von einmal bereits eingeräumten Rechten zu bewerten ist. In entsprechenden Fällen ist eine klare, eindeutige und im Idealfall **schriftliche Kommunikation** mit den Parteien erforderlich. Nur auf diese Weise kann vermieden werden, dass hinsichtlich der zeitlichen Wirkungen der Besitzüberlassungsvereinbarungen zu einem späteren Zeitpunkt Streitigkeiten entstehen.

d) Vertragsmuster

Das nachfolgende Vertragsmuster regelt die typischen Eckpunkte einer Besitzüberlassungsver- 72
einbarung bzw. Bauerlaubnis. Auf der Grundlage eines solchen Angebotes kann – wenn eine Vereinbarung nicht zustande gekommen ist – das vorzeitige Besitzeinweisungsverfahren durchgeführt werden.

Vertragsmuster

Besitzüberlassungsvereinbarung

zwischen

Eigentümer/Besitzer/Pächter (vollständiger Name des Eigentümers/Besitzers mit ladungsfähiger Anschrift)

– im Folgenden: „Berechtigte" –

und

Vorhabensträger (Name des Vorhabensträgers nebst ladungsfähiger Anschrift und Adresse unter Angabe der Vertretungsverhältnisse)

– im Folgenden: „Betreiber" –

Vorbemerkung

Der Betreiber ist Bauherr der neuen Hochspannungsleitung von ... nach ... . Diese Hochspannungsleitung wird oberirdisch über ..., ..., ... bis nach ... verlaufen. Der Berechtigte ist im Grundbuch von ... als Eigentümer des Grundstückes Gemarkung ..., Flur ..., Flurstück ..., groß ... m² (postalische Anschrift), eingetragen (Alternativ: Pächter der vorbezeichneten Fläche). Der rechtskräftige Planfeststellungsbeschluss der Bezirksregierung ... (Aktenzeichen ...) sieht vor, u.a. das vorbezeichnete Grundstück auf einer Teilfläche von ca. ... m² für den Bau, die dauerhafte Belassung sowie die Unterhaltung, Änderung, Erneuerung und den Betrieb der neu zu errichtenden Hochspannungsleitung in Anspruch zu nehmen. Zur Vermeidung eines vorzeitigen Besitzeinweisungsverfahrens gem. § 44b EnWG schließen die Parteien folgende Vereinbarung:

§ 1

Der Berechtigte gestattet dem Betreiber unwiderruflich, die auf dem beigefügten Lageplan, der Bestandteil dieses Vertrages ist, mit den Buchstaben A-B-C-D-A markierten ca. ... m² große Teilfläche aus dem Grundstück Gemarkung ..., Flur ..., Flurstück ..., für den Bau, die dauerhafte Überlassung sowie die Unterhaltung, Änderung oder Erneuerung einer Hochspannungsfreileitung sowie deren Betrieb in Anspruch zu nehmen.
Der Eigentümer unterlässt auf dem vorbezeichneten Grundbesitz jegliche Maßnahmen und Nutzungen, die die noch zu errichtende Hochspannungsfreileitung beeinträchtigen oder gefährden könnten.
Gleiches gilt für die im Zusammenhang mit der Errichtung und dem Betrieb der Hochspannungsfreileitung erforderlichen Bauarbeiten.

§ 2

Die Ausübung der in § 1 dieser Vereinbarung geregelten Rechte kann der Betreiber auch ganz oder teilweise einem Dritten überlassen.

§ 3

Alle mit diesem Vertrag und seiner Durchführung verbundenen Kosten gehen zulasten des Betreibers.

§ 4

Die Parteien sind sich einig, dass für die vorzeitige Inanspruchnahme des Grundstückes nach Maßgabe dieser Vereinbarung eine angemessene Entschädigung zu leisten ist. Hierüber werden die Parteien weiter verhandeln. Der Betreiber behält sich sämtliche Entschädigungsansprüche vor.

§ 5

Der Berechtigte verpflichtet sich, die in §§ 1 und 2 übernommenen Verpflichtungen im Falle der Übertragung oder Überlassung des Eigentums/der Besitzrechte an einen Dritten die Übertragung mit der Maßgabe vorzunehmen, dass bei jeder weiteren Übertragung entsprechend verfahren wird.
Nebenabreden zu dieser Vereinbarung bestehen nicht. Änderungen dieser Vereinbarung bedürfen der Schriftform. Dies gilt auch für die Abänderung der Schriftformklausel.
Sollte eine der vorstehenden Regelungen unwirksam sei, so berührt dies nicht die Wirksamkeit der übrigen Regelungen. Die Parteien werden sich bemühen, die unwirksame Regelung durch eine solche Regelung zu ersetzen, die dem wirtschaftlichen Interesse der Parteien am nächsten kommt.

__________________ __________________

Eigentümer Betreiber

II. Zwangsweiser Grunderwerb

73 Für den **zwangsweisen Erwerb** der für die Umsetzung von Leitungsvorhaben erforderlichen Flächen steht dem Vorhabensträger gem. § 45 EnWG die Möglichkeit der **Enteignung** bzw. gem. § 44b EnWG die Möglichkeit zu **einer vorzeitigen Besitzeinweisung** zur Verfügung. Die gleichen Möglichkeiten bestehen gem. §§ 27 ff. NABEG auch für Vorhaben, die auf der Grundlage des NABEG genehmigt worden sind. Zusätzlich ermöglicht § 27 Abs. 2 NABEG auch, ein **vorzeitiges** Enteignungsverfahren durchzuführen.

1. Enteignungsverfahren

74 Das **Enteignungsverfahren** ist weder im EnWG noch im NABEG geregelt. Nach § 45 Abs. 3 EnWG wird das Enteignungsverfahren durch das Landesrecht geregelt. Die Bundesländer verfügen hierzu über individuelle Enteignungsgesetze, die sich allerdings im Kern sehr ähnlich sind.

a) Voraussetzungen

75 Die Voraussetzungen eines Enteignungsverfahrens nach dem EnWG und dem NABEG sind im Wesentlichen gleich. Während allerdings das EnWG zumindest einen vollziehbaren Planfeststellungsbeschluss voraussetzt, ermöglicht das NABEG die Durchführung eines Enteignungsverfahrens bereits **nach Abschluss des Anhörungsverfahrens** und damit **bevor** der Planfeststellungsbeschluss überhaupt vorliegt (§ 27 Abs. 2 NABEG). Dem Enteignungsverfahren soll dabei der nach dem Verfahrensstand zu erwartende Planfeststellungsbeschluss zugrunde gelegt werden.

76 Diese auf den ersten Blick recht eindeutig klingende Regelung kann im Einzelfall **schwierige Prognoseentscheidungen** aufseiten der Behörde erforderlich machen. Aus diesem Grund wird die parallele Regelung in § 44b EnWG für Besitzeinweisungsverfahren in der Literatur kritisch bewertet.[43] Nicht zuletzt unter dem Eindruck von Einwendungen, die die beantragte Tras-

43 Rosin/Pohlmann/Gentzsch/Metzenthin/Böwing/*Engel*, § 44b Rn 21 ff.

senführung in Zweifel ziehen, ist die Planfeststellungsbehörde im Rahmen des Verfahrens gehalten, die beantragte Trasse zu überprüfen. Im Rahmen dieser Prüfung kann sich herausstellen, dass eine andere Trasse, als die seitens des Vorhabenträgers beantragte, vorzugswürdig ist. Insbesondere in einem frühen Verfahrensstadium nach dem Erörterungstermin kann es für die Enteignungsbehörde mitunter sehr schwierig werden, den tatsächlich planfestzustellenden Trassenverlauf zu prognostizieren. Mit zunehmender Verfahrensdauer wird dies natürlich einfacher.

Die Ermittlungsanforderungen im Rahmen des Enteignungsverfahrens sollten indes **nicht überspannt** werden. Die Behörde ist regelmäßig auf der sicheren Seite, wenn sie – solange keine konkreten Anhaltspunkte für eine notwendige Trassenänderung offensichtlich sind – die Antragstrasse dem vorzeitigen Enteignungsverfahren zugrunde legt. Das Risiko, dass das Verfahren aufgrund einer späteren Planänderung nochmals wiederholt werden muss, liegt allein beim Vorhabensträger. Dieser wird bereits von sich aus das Verfahren nur für diejenigen Bereiche einer Trasse betreiben, an denen er möglichst festhalten will. 77

Die Regelung über die vorzeitige Enteignung gem. § 27 Abs. 2 NABEG ermöglicht es dem Vorhabensträger, bereits sehr früh zumindest in denjenigen Bereichen Enteignungsanträge zu stellen, in denen sich aus dem Verlauf des Erörterungstermins kein Änderungsbedarf der Trassierung mehr ergibt. Selbstverständlich kann der Enteignungsbeschluss erst dann umgesetzt werden, wenn das Ergebnis durch den Planfeststellungsbeschluss bestätigt wird. Aus diesem Grund ist der Enteignungsbeschluss mit einer **aufschiebenden Bedingung** zu erlassen. Durchgreifende verfassungsrechtliche Bedenken bestehen insoweit nicht. Die eigentliche Umsetzung des Vorhabens bzw. der damit verbundene Eingriff in das Grundeigentum kann auch im Falle einer vorzeitigen Enteignung naturgemäß erst erfolgen, wenn die eigentliche Vorhabensgenehmigung vorliegt und die Bedingung damit eingetreten ist. Selbst die vorgezogene Durchführung einzelner Maßnahmen – wie etwa des Gehölzeinschlags o.ä. – ist nicht zu befürchten. Einerseits fehlt es insoweit mangels Eintritts der Bedingung an der Berechtigung zur Grundstücksinanspruchnahme. Andererseits können aufgrund der Konzentrationswirkung des Genehmigungsverfahrens einzelne Aspekte des Genehmigungsverfahrens ohnehin nicht aus dem Genehmigungsvorgang herausgelöst und Gegenstand separater Genehmigungsentscheidungen werden. 78

Die Regelung des § 27 Abs. 2 NABEG zur vorzeitigen Enteignung hat damit vor allem **verfahrensrechtliche und logistische Bedeutung**: Mit Blick auf die in § 27 Abs. 1 NABEG ebenso wie in § 44b EnWG enthaltene Regelung zur vorvorzeitigen Besitzeinweisung (dazu weiter unten unter Rn 100ff.) ist es dem Vorhabensträger möglich, mit nur einem einzigen kombinierten Antrag auf Besitzeinweisung und Enteignung die fehlenden Rechte in einem schlanken und kompakten Verfahren zu erlangen. Dies ist insbesondere logistisch ein großer Vorteil, weil das ansonsten notwendige zumindest doppelte Abfassen von Besitzeinweisung und Enteignungsantrag sowie die doppelte Terminwahrnehmung erspart werden kann. Daneben kann die ansonsten fruchtlos verstreichende Zeit zwischen dem Abschluss des Erörterungstermins und dem Erlass der Genehmigungsentscheidung effektiv genutzt werden. Die aus der Sicht des Vorhabensträger unglückliche Trennung zwischen Genehmigungsentscheidung auf der einen Seite und Verfahren zur Erlangung der Zugriffsrechte auf im Eigentum Dritter stehender Grundstücke wird etwas relativiert. 79

Werden die Anträge gut vorbereitet, ist damit ein **erheblicher Zeitgewinn** für den Vorhabensträger verbunden. Daneben erhöht ein Enteignungsantrag auch den Druck auf die verfahrensbeteiligten Grundstückseigentümer, sich noch einmal näher mit einer einvernehmlichen Regelung auseinanderzusetzen. Es wird nämlich zu einem sehr frühen Zeitpunkt signalisiert, dass die endgültige Grundstücksinanspruchnahme nicht mehr zu vermeiden ist. 80

Die Regelung des § 27 Abs. 2 NABEG enthält für den Fall, dass sich der der Enteignung zugrunde liegende Planfeststellungsbeschluss wider Erwarten doch geändert hat, die **Ermächtigungsgrundlage** zur Abänderung eines bereits vorliegenden Enteignungsbeschlusses. 81

82 Daneben muss der **Planfeststellungsbeschluss vollziehbar** sein, der Antragsteller muss sich nachweislich ernsthaft bemüht haben, das **Grundstück zu angemessenen Bedingungen freihändig zu erwerben**, und glaubhaft machen, dass das Grundstück innerhalb angemessener Frist zu dem **vorgesehenen Zweck verwendet** werden wird.

83 Die Beachtung des Verhandlungsangebots muss für jedes einzelne Grundstück nachgewiesen werden. Sie müssen zeitlich und sachlich mit einem nach Ablehnung des Angebots gestellten Enteignungsantrag und dem dadurch eingeleiteten Enteignungsverfahren zusammenhängen.[44] In einem etwaigen Rechtsbehelfsverfahren ist die Frage, ob ein Angebot angemessen gewesen ist oder ob der Eigentümer eine Haltung einnimmt, die die Abgabe eines Angebots als überflüssig erscheinen lässt, vom Tatrichter nach dem Stand der letzten mündlichen Verhandlung zu beurteilen. Der Antragsteller muss sich ernsthaft um den freihändigen Grunderwerb bemüht haben. Es müssen also überhaupt wirtschaftlich **sachgerechte Verhandlungen** durchgeführt worden sein. Ein einmaliges Angebot kann genügen, wenn abzusehen ist, dass weiteres Verhandeln zwecklos ist oder wenn der Eigentümer der Enteignung völlig ablehnend gegenübersteht.[45]

84 Angemessen ist ein Angebot dann, wenn es Beträge für den durch die Enteignung antretenden Rechtsverlust und für andere durch die Enteignung eintretende **Vermögensnachteile** einschließlich einer Verzinsung umfasst. Die Höhe des Angebots braucht dabei nur in etwa und nicht genau der späteren Enteignungsentschädigung zu entsprechen. Es kommt letztlich auf die **Vertretbarkeit** des Angebots an. Die Verwertbarkeit ist vor allem dann anzunehmen, wenn sich das Angebot auf entsprechende Ermittlungen stützt.[46]

85 Weitere Voraussetzung einer Enteignung ist, dass der Antragsteller glaubhaft macht, das Grundstück innerhalb angemessener Frist zum vorgesehenen Zweck nutzen zu wollen. Wann eine Frist angemessen ist, kann nicht allgemein, sondern nur mit Blick auf den **Einzelfall** bestimmt werden. Das Vorhaben muss nicht innerhalb der Frist beendet sein. Ausreichend ist, wenn innerhalb der Frist mit der Zweckverwirklichung begonnen wird. Die erforderlichen Mittel müssen allerdings hierfür zur Verfügung stehen. Für die Glaubhaftmachung der zukünftigen Verwendung genügt die Darlegung **gegenwärtiger Tatsachen**.[47]

b) Verfahren

86 Ein Enteignungsverfahren ist ein **förmliches Verwaltungsverfahren** i.S.d. VwVfG. Es setzt einen **Antrag** voraus. Üblicherweise stimmt der Vorhabensträger den konkreten Enteignungsantrag vor förmlicher Antragstellung mit der Enteignungsbehörde in den Grundzügen ab. Dies dient einem flüssigen Ablauf des Verfahrens.

87 Zuständig für die Durchführung eines Enteignungsverfahrens ist für ein Vorhaben, das auf der Grundlage des EnWG umgesetzt wird, die nach **dem jeweiligen Landesrecht** zuständige **Enteignungsbehörde**. Dies sind für gewöhnlich die Vertretungen der Landesregierungen (Bezirksregierungen, Landesbergämter, Regierungspräsidien etc.). Dies ergibt sich unmittelbar aus § 45 Abs. 3 EnWG, der für das Verfahren auf die jeweiligen landesrechtlichen Regelungen verweist.

88 Für Planfeststellungsbeschlüsse aus dem Anwendungsbereich des NABEG wird teilweise vertreten, die **Zuständigkeit** ergebe sich aus **§ 31 NABEG**.[48] Die Anwendung des § 31 NABEG

44 Vgl. *Molodovsky/Bernstorff*, Art. 3 Rn 4.2.
45 Vgl. *Molodovsky/Bernstorff*, Art. 3 Rn 4.2.1; BGH, Urt. v. 27.6.1966 – III ZR 202/65 – NJW 1966, 2012; Urt. v. 8.5.1980 – III ZR 27/77 – NJW 1980, 2814; Urt. v. 16.12.1982 – III ZR 123/81 – BauR 1983, 249.
46 Vgl. *Molodovsky/Bernstorff*, Art. 3 Rn 4.2.2.
47 Vgl. *Molodovsky/Bernstorff*, Art. 3 Rn 4.3.
48 Vgl. Steinbach/*Nebel/Riese*, § 27 NABEG Rn 18.

auch auf Enteignungsverfahren hätte – solange keine Übertragung der Zuständigkeit für Aufgaben aus dem 3. Abschnitt per Rechtsverordnung gem. § 2 Abs. 2 NABEG erfolgt ist – die Folge, dass die nach Landesrecht für den Erlass des Planfeststellungsbeschlusses zuständigen Behörden auch für das **Enteignungsverfahren** zuständig wären. In der Regel handelt es sich dabei allerdings um die gleichen Behörden, die nach allgemeinen landesrechtlichen Vorschriften für die Durchführung von Enteignungsverfahren zuständig sind. Auch wenn die vorgenannte Auffassung für sich vor allem Zweckmäßigkeitsgesichtspunkte in Anspruch nehmen kann, spricht Überwiegendes dafür, dass die Regelung des § 31 NABEG Enteignungsverfahren überhaupt nicht erfasst. Dies ergibt sich einerseits unmittelbar aus § 27 NABEG, der für die Durchführung von Enteignungsverfahren in vollem Umfang auf die maßgeblichen Vorschriften des EnWG verweist und diese lediglich in für die Zuständigkeit nicht relevanten Teilbereichen modifiziert. Andererseits ergibt sich auch aus § 2 NABEG, dass sich die Ermächtigung zum Erlass von zuständigkeitsregelnden Rechtsverordnungen nur auf Planfeststellungsverfahren bezieht. Daher gilt auch für vorzeitige Enteignungsverfahren nach dem NABEG die für entsprechende Verfahren nach dem EnWG geltende Zuständigkeitsregelung. Die Regelung des § 27 Abs. 2 NABEG bestimmt nämlich, dass für Enteignungsverfahren die Vorschrift des § 45 EnWG mit der Modifikation angewendet werden soll, dass der Planfeststellungbeschluss in der zum maßgeblichen Zeitpunkt zu erwartenden Fassung zugrunde gelegt werden soll. Danach ist § 45 EnWG und damit auch § 45 Abs. 3 EnWG auch für Enteignungsverfahren nach dem NABEG anwendbar.[49]

Dem **Antrag** auf Durchführung eines Enteignungsverfahrens sind sämtliche für die Beurtei- 89
lung des Vorhabens und die Bearbeitung des Enteignungsantrags erforderlichen Unterlagen beizufügen. Hierzu gehören regelmäßig zumindest der Textteil des **Planfeststellungsbeschlusses** bzw. der **Plangenehmigung** nebst kurzer Beschreibung des Vorhabens in der Antragsschrift, den Gegenstand der Enteignung betreffende Auszüge aus dem **Grunderwerbsverzeichnis**, die maßgeblichen planfestgestellten **Lagepläne**, aktuelle **Grundbuch- und Katasterunterlagen** sowie die **Dokumentation** der vor der Enteignung durchzuführenden **Verhandlung** zwischen dem Vorhabenträger und dem von der Enteignung Betroffenen sowie eine ausführliche **Darlegung der Berechnung der angebotenen Entschädigung** mit den hierfür notwendigen Nachweisen (z.B. Auszüge aus den entsprechenden Grundstücksmarktberichten o.ä.).

Des Weiteren soll der Antrag den **Namen** der zu beteiligenden Personen sowie deren 90
ladungsfähige Anschrift – soweit möglich – enthalten. Kommt eine Ermittlung durch den Vorhabensträger bzw. Antragsteller nicht in Betracht, ermitteln die Behörden dies üblicherweise von Amts wegen. Dass eine Ermittlung nicht möglich war, sollte im Antrag kenntlich gemacht werden.

Im Rahmen eines Enteignungsverfahrens werden regelmäßig der **Antragsteller**, die **Eigen-** 91
tümer und diejenigen, für die ein Recht an dem Grundstück oder an einem das Grundstück belastenden Rechtes ist, ggf. auch die Inhaber von nicht im Grundbuch eingetragenen Rechten (altrechtliche Dienstbarkeiten) und schließlich auch die **Gemeinde** beteiligt. Dem Antrag sollte also von vornherein eine ausreichende Anzahl von Exemplaren für alle zu beteiligenden Personen beigefügt werden.

Die Ladung hat mit einer **ausreichenden Vorlauffrist** zu erfolgen. Die Frist beträgt regel- 92
mäßig einen Monat. Die Einleitung eines Enteignungsverfahrens ist ferner unter Bezeichnung des betroffenen Grundstücks sowie des Termins zur mündlichen Verhandlung ortsüblich öffentlich bekanntzumachen.

49 Vgl. *de Witt/Durinke/Kause*, Rn 197; *Scheidler*, UPR 2012, 247, 249. Anders auch Kap. 13 Rn 387 unter Rückgriff auf § 31 NABEG.

93 Mit der öffentlichen Bekanntmachung der Einleitung der Enteignung ist eine **Verfügungs- und Veränderungssperre** verbunden. Mit Wirksamwerden dieser Verfügungs- und Veränderungssperre dürfen unterschiedliche, in den jeweiligen Enteignungsgesetzen der Länder im Einzelnen aufgeführte Maßnahmen nur noch mit Zustimmung der Enteignungsbehörde durchgeführt werden. Hierzu zählen beispielsweise Verfügungen über das Grundstück, die Dritten Rechte zur Nutzung oder Bebauung des Grundstücks einräumen, sowie erhebliche Veränderungen der Erdoberfläche des Grundstücks. Auf diese Weise sollen das Vorhaben erschwerende oder die Entschädigung beeinflussende Maßnahmen möglichst unterbunden werden.

94 Des Weiteren wird die Einleitung des Enteignungsverfahrens auch dem Grundbuchamt mitgeteilt. In das Grundbuch wird ein **Enteignungsvermerk** eingetragen. Der Rechtsverkehr erhält auf diese Weise eine verlässliche Information bezüglich eines anhängigen Enteignungsverfahrens.[50] Einerseits werden Erwerber von Grundstücken vor Fehldispositionen geschützt. Andererseits ist so sichergestellt, dass die Beachtung der Genehmigungspflicht gewährleistet ist.

95 Über den Enteignungsantrag wird **mündlich verhandelt**. Die mündliche Verhandlung ähnelt ihrer Struktur nach einer mündlichen Verhandlung in einem gerichtlichen Verfahren, ist aber weniger förmlich. Die Landesenteignungsgesetze erwarten von der Enteignungsbehörde, dass die mündliche Verhandlung möglichst so vorbereitet wird, dass das Enteignungsverfahren im Rahmen eines einzigen Termins abgewickelt werden kann. Zu diesem Zweck hat die Enteignungsbehörde die Möglichkeit, Sachverständigengutachten etwa zur Höhe der Entschädigung einzuholen. Im Rahmen der mündlichen Verhandlung versucht die Behörde, eine gütliche Einigung mit den Parteien herbeizuführen. Das ordnungsgemäß **protokollierte Ergebnis** einer mündlichen Verhandlung steht in seinen Rechtswirkungen einem Enteignungsbeschluss gleich.

96 Grundlage eines Enteignungsverfahrens auf der Grundlage des EnWG ist der das Vorhaben genehmigende Planfeststellungsbeschluss. Diesem kommt **enteignungsrechtliche Vorwirkung** zu. Das bedeutet, dass sich die jeweiligen Enteignungsbehörden nicht mehr mit der Frage auseinanderzusetzen haben, ob das Vorhaben dem **Wohl der Allgemeinheit** dient.[51] Nicht mehr geprüft zu werden braucht – entgegen teilweise anderslautender Stimmen in der Literatur[52] – auch die Frage, ob das Ziel der Enteignung nicht auf andere zumutbare Weise erreicht werden kann. Zwar sehen die Planungen häufig großzügige Arbeitsstreifen bzw. Baustelleneinrichtungsflächen vor. Ob diese Flächen in vollem Umfang tatsächlich im Rahmen der Umsetzung des Vorhabens benötigt werden, ist allerdings bereits auf der Ebene der Planfeststellung zu prüfen. Sind die entsprechenden Planungen planfestgestellt, sind diese Pläne oder Weiteres einer Enteignung zugrunde zu legen und für die Behörde in vollem Umfang bindend.

c) Rechtsfolge

97 Das Enteignungsverfahren endet durch einen **Enteignungsbeschluss**. Sofern sich die Parteien nicht zumindest über die Belastung des Grundstücks bzw. den Eigentumsübergang geeinigt haben, entscheidet die Enteignungsbehörde sowohl über **die Enteignung als solche** als auch über die hierfür zu leistende **Entschädigung**. Haben sich die Parteien im Rahmen des Enteignungsverfahrens teilweise – hinsichtlich der Inanspruchnahme oder Belastung des Grundstücks – geeinigt, so entscheidet die Behörde lediglich über die Höhe der hierfür zu leistenden Entschädigung.

98 Der das Enteignungsverfahren abschließende Beschluss kann sowohl dem Grunde als auch der Höhe nach **angefochten** werden. Mit Blick auf Art. 14 Abs. 3 S. 4 GG findet das Verfahren zur

50 Vgl. zur parallelen Regelung im BauGB: Schrödter/*Breuer*, § 108 Rn 10 ff.
51 Britz/Hellermann/Hermes/*Hermes*, § 45 Rn 27; BK-EnR/*Pielow*, § 45 EnWG Rn 18 ff.
52 Müller/Schulz/*Kromer*, § 19 Rn 28.

Höhe der Entschädigung vor den Landgerichten – Kammer für Baulandsachen – statt. Wird der Enteignungsbeschluss dem Grunde nach vor den Verwaltungsgerichten angefochten, prüfen die Gerichte lediglich das Vorliegen der formellen und materiellen Voraussetzungen des Enteignungsbeschlusses. Die grundsätzliche Zulässigkeit einer Enteignung steht mit Blick auf die enteignungsrechtliche Vorwirkung von energierechtlichen Planfeststellungsbeschlüssen nach dem EnWG bzw. dem NABEG nicht mehr zur Debatte.

Der Enteignungsbeschluss selbst ermöglicht die Grundstücksinanspruchnahme noch nicht. 99
Der Enteignungsbeschluss erfordert eine Umsetzung durch die **Ausführungsanordnung**. Erst nach Umsetzung der Ausführungsanordnung kann das Grundstück nach Maßgabe des Enteignungsbeschlusses in Anspruch genommen werden. Die Ausführungsanordnung kann erst nach Bestandskraft des Enteignungsbeschlusses ergehen. Dies kann allerdings – je nach Konfliktpotenzial des Vorhabens und der Bereitschaft der Betroffenen, sich gerichtlich auseinanderzusetzen – einen sehr langen Zeitraum in Anspruch nehmen. Sie ist nämlich ebenfalls anfechtbar. Mit dem Ausführungsbeschluss sind gleichzeitig auch die Wirkungen einer **vorzeitigen Besitzeinweisung** verbunden.

2. Vorzeitige Besitzeinweisung

Enteignungsverfahren können, bis sie wirksam die Berechtigung zur Inanspruchnahme der zu 100
enteignenden Flächen ermöglichen, einen **sehr langen Zeitraum** in Anspruch nehmen. Aus diesem Grund hat der Gesetzgeber das Institut der vorzeitigen Besitzeinweisung geschaffen. Sie ermöglicht es dem Vorhabensträger, deutlich zügiger in den Genuss der Inanspruchnahme der für das Vorhaben erforderlichen Grundstücksflächen zu kommen. Sowohl das EnWG (§ 44b) als auch das NABEG (§ 27 Abs. 1) ermöglichen neben einer gewöhnlichen vorzeitigen Besitzeinweisung die Durchführung eines solchen Verfahrens bereits vor endgültigem Erlass eines Planfeststellungsbeschlusses (vorvorzeitige Besitzeinweisung).

a) Voraussetzungen

Die Voraussetzungen einer vorzeitigen Besitzeinweisung sowohl nach dem EnWG als auch nach 101
dem NABEG sind **abschließend** in § 44b EnWG geregelt; der Erfüllung weiterer Voraussetzungen bedarf es auch dann nicht, wenn die in den landesrechtlichen Enteignungsgesetzen separat geregelten vorzeitigen Besitzeinweisungsverfahren darüber hinausgehende Verfahrensvoraussetzungen vorgeben.

Voraussetzung ist zunächst das Vorliegen eines **vollziehbaren Planfeststellungsbeschlus-** 102
ses. Soweit dieser noch nicht vorliegt, ermöglicht sowohl § 44b Abs. 1a EnWG als auch § 27 Abs. 1 NABEG die Durchführung eines **vorzeitigen Besitzeinweisungsverfahrens** auf der Grundlage eines nach Abschluss des Erörterungstermins voraussichtlich zu erwartenden Planfeststellungsbeschlusses. Insoweit gelten die Ausführungen zur vorzeitigen Enteignung (vgl. Rn 75 ff.) entsprechend.

Weitere – an sich selbstverständliche – Voraussetzung ist, dass der Vorhabensträger nur die 103
Einweisung in denjenigen Besitz begehrt, der für den Bau, die Änderung oder einer Betriebsänderung einer Hochspannungsleitung auch **tatsächlich erforderlich** ist. Insoweit ist – wie auch im Rahmen eines Enteignungsverfahrens – der Planfeststellungsbeschluss zugrunde zu legen.[53]

Der Vorhabensträger muss sich schließlich **vergeblich** um den **freihändigen Erwerb** der 104
Wegerechte auf der Grundlage einer Vereinbarung über die vorzeitige Besitzüberlassung unter

---

53 Britz/Hellermann/Hermes/*Hermes*, § 44b Rn 6; BK-EnR/*Pielow*, § 44b EnWG Rn 5.

Vorbehalt sämtlicher Entschädigungsansprüche bemüht haben. In diesem Zusammenhang ist darauf zu achten, dass der Vorhabensträger zumindest ein Angebot unterbreitet, das inhaltlich nicht mehr regelt als dasjenige, was Gegenstand eines vorzeitigen Besitzeinweisungsbeschlusses sein könnte. Anderenfalls besteht nämlich die Gefahr, ein für den Betroffenen unzumutbares Angebot zu unterbreiten, dass dieser nicht annehmen muss.

105 Schließlich muss der **sofortige Beginn der Bauarbeiten geboten** – also dringlich – sein. Es ist Sache des Vorhabensträgers, die Dringlichkeit der Maßnahme schlüssig darzulegen. Der sofortige Beginn der Bauarbeiten ist geboten, wenn das Interesse der **Allgemeinheit** an dem sofortigen Beginn der Ausführung des Vorhabens das Interesse des Betroffenen, von einer Inanspruchnahme seiner Grundstücke bis zum Abschluss eines Enteignungsverfahrens verschont zu bleiben, nachweisbar überwiegt.[54] Geboten in diesem Sinne ist die Ausführung einer Maßnahme dann, wenn es im **Interesse der Allgemeinheit** – und nicht in erster Linie im Interesse des Vorhabensträger – nicht hingenommen werden kann, dass mit der Ausführung bis zum Abschluss des Enteignungsverfahrens gewartet werden muss. Ein Abwarten kann dann nicht hingenommen werden, wenn die sofortige Ausführung der Maßnahme bei Abwägung der Belange der Allgemeinheit und des Betroffenen unumgänglich ist, um die Gesamtheit der Bürger oder eine Vielzahl von Personen gegen wesentliche Nachteile zu schützen oder um ihnen wesentliche Vorteile zu erhalten, die verlorengingen, wenn die Maßnahme zu einem späteren Zeitpunkt ausgeführt werden würde. Das öffentliche Interesse an der kurzfristigen Umsetzung der Maßnahme muss also **so schwer** wiegen, dass für den Fall des Abwartens eines regulären Enteignungsverfahrens **erhebliche Nachteile** drohen. Erforderlich ist demgemäß ein besonderes öffentliches Interesse, das über dasjenige am Erlass des Planfeststellungsbeschlusses und seiner sofortigen Vollziehbarkeit hinausgeht. Letztlich wird ein unter einem **zeitlichen Blickwinkel** gesteigertes öffentliches Interesse gefordert, das gerade auch durch die vorzeitige Besitzeinweisung gewahrt werden kann und muss. Dabei verlangt das Merkmal der Dringlichkeit allerdings nicht, dass das Vorhaben sinnvoll schlechterdings ausschließlich sofort verwirklicht werden kann und in diesem Sinne zeitlich engen Bindungen unterliegt. In zeitlicher Hinsicht ist insoweit entscheidend, wie sich die Durchführung eines regulären Enteignungsverfahrens, das bis zum Vorliegen der Ausführungsanordnung leicht mehrere Jahre in Anspruch nehmen kann, auf die mit Vorhaben verbundenen Aspekte auswirkt.

106 Hochspannungsleitungen werden regelmäßig als linienförmige Bauwerke errichtet. Bereits das Erfordernis eines in sich geschlossenen Bauablaufs führt zu gewissen zeitlichen Bindungen. Diese sind für sich genommen allerdings nicht von Bedeutung für das Wohl der Allgemeinheit. Bei Hochspannungsleitungen bietet es sich daher auch an, die energiewirtschaftlichen Zielsetzungen und die Bedeutungen für die Energieversorgung auch in zeitlicher Hinsicht in der Argumentation fruchtbar zu machen. Dies wird insbesondere dann gelten, wenn das Vorhaben, für dessen Umsetzung eine vorzeitige Besitzeinweisung beantragt wird, im Netzentwicklungsplan gem. § 12b Abs. 1 S. 1 Nr. 1 EnWG als vordringliche Maßnahme zur Sicherung der Energieversorgung für die nächsten drei Jahre aufgeführt ist. Erfahrungsgemäß sind die Behörden und Gerichte jedenfalls bei Vorhaben der Daseinsvorsorge **weniger kritisch**.

b) Verfahren

107 Sowohl für ein Besitzeinweisungsverfahren nach dem EnWG als auch für ein solches auf der Grundlage des § 27 Abs. 1 NABEG gelten kraft Verweisung die verfahrensrechtlichen Regelungen

54 Marschall/*Schroeter*/*Kastner*, § 18 f. Rn 8; BayVGH, Urt. v. 11.9.2002 – 8 A 02.40028 – NVwZ-RR 2003, 256; ThürOLG, Beschl. v. 27.11.2007 – B IW 490/07 – juris.

des § 44 EnWG. Sofern und soweit die verfahrensrechtlichen Regelungen des EnWG Lücken enthalten, sind die jeweiligen landesrechtlichen Vorschriften über die Besitzeinweisung aus den jeweiligen Enteignungsgesetzen bzw. das allgemeine Verwaltungsverfahrensrecht heranzuziehen.

Hinsichtlich der Zuständigkeit für die Durchführung eines vorzeitigen Besitzeinweisungs- 108
verfahrens gelten die Ausführungen zum Enteignungsverfahren entsprechend (vgl. Rn 87).

Auch ein Besitzeinweisungsverfahren setzt in jedem Fall einen **Antrag** voraus. Die formel- 109
len Anforderungen an einen Besitzanweisungsantrag decken sich im Wesentlichen mit denen eines Enteignungsantrags.

Laut § 44 Abs. 2 EnWG hat die Enteignungsbehörde **binnen sechs Wochen** nach Anbringen 110
des vollständigen Antrags mündlich zu verhandeln. Die Ladung der Verfahrensbeteiligten muss mit einem Vorlauf von mindestens **drei Wochen** erfolgen. Die Ladungsfristen berechnen sich kraft der Verweisung des § 31 VwVfG nach den §§ 187 ff. BGB. Die bedeutet, dass für den Fristlauf der Tag der Zustellung **nicht mitzurechnen** ist.[55] Erfolgt die Zustellung der Ladung beispielsweise am 9., endet die Ladungsfrist mit Ablauf des 31. Die mündliche Verhandlung kann spätestens am 1. des Folgemonats durchgeführt werden.

Der Beschluss über eine vorzeitige Besitzeinweisung ist sowohl dem Antragsteller als auch 111
den betroffenen Grundstückseigentümern bzw. Bewirtschaftern binnen einer Frist von **zwei Wochen** nach Schluss der mündlichen Verhandlung zuzustellen. In diesem Beschluss ist der Zeitpunkt des Besitzübergangs genau zu bezeichnen. In der Praxis wird – unter Rechtsschutzgesichtspunkten – verlangt, dass zwischen der Zustellung des Beschlusses bei dem Betroffenen und dem Eintritt der Wirkungen der Besitzeinweisung mindestens drei Tage liegen müssen.[56]

Die Ladungs-, Verhandlungs- und Beschlussfristen sind **grundsätzlich zwingend**. Sie die- 112
nen einerseits dem Schutz des Betroffenen (Ladungsfrist) und andererseits den Interessen des Vorhabensträgers einer zügigen Durchführung des Vorhabens (Verhandlungs- und Beschlussfrist). Aus diesem Grund stehen die Fristen grundsätzlich zur Disposition jeweils desjenigen, zu dessen Schutz sie zu dienen bestimmt sind.[57] Während eine Verletzung der Ladungsfristen zur Aufhebung des Beschlusses führen kann, bleibt eine Verletzung der Verhandlungs- und Beschlussfristen grundsätzlich sanktionslos, können im Einzelfall allerdings Amtshaftungsansprüche nach sich ziehen.[58]

Die **strengen Verfahrensfristen** können die Enteignungsbehörden vor schwierige Aufga- 113
ben stellen, die gerade mit Blick auf den um sich greifenden Personalabbau in der öffentlichen Verwaltung im Einzelfall bei einer Vielzahl von Verfahren nur noch schwer oder gar nicht mehr lösbar sind. Aus diesem Grund hat sich in der Praxis die Übung herausgebildet, rechtzeitig im Vorfeld einer Maßnahme Abstimmungen über den Zeitpunkt, den Umfang der anstehenden Besitzeinweisungsverfahren und dem Zeitplan des Vorhabensträgers mit der Behörde abzustimmen. Häufig können die Behörden bei rechtzeitigen Abstimmungen zusätzliche Kapazitäten für Spitzenzeiten schaffen.

c) Rechtsfolgen

Die Rechtsfolgen eines vorzeitigen Besitzeinweisungsbeschlusses ergeben sich unmittelbar aus 114
§ 24 Abs. 2 S. 2 EnWG. Der Besitzeinweisungsbeschluss selbst führt den **Besitzwechsel** herbei, soweit er sich aus dem Tenor des Beschlusses ergibt. Dem ursprünglichen Besitzer wird der Be-

55 *Kopp/Ramsauer*, § 31 Rn 16.
56 Vgl. zur fernstraßenrechtlichen Parallelvorschrift: Müller/Schulz/*Kromer*, § 18f Rn 28.
57 Vgl. *Scheidler*, GewArch 2010, 97, 98.
58 Vgl. zur fernstraßenrechtlichen Parallelvorschrift: Müller/Schulz/*Kromer*, § 18f Rn 25.

sitz daher nur insoweit entzogen, soweit der Besitz der Umsetzung des Vorhabens entgegensteht.

115 Der Besitzeinweisungsbeschluss gem. § 44b EnWG ist kraft Gesetzes **sofort vollziehbar**. Rechtsmittel haben daher keine aufschiebende Wirkung. Die von dem Vorhaben Betroffenen haben die Möglichkeit, mit einem Antrag gem. § 80 Abs. 5 VwGO die aufschiebende Wirkung einer Klage anordnen zu lassen. Ein entsprechender Antrag ist – anders als dies sonst üblich ist – allerdings nur innerhalb von **einem Monat** nach Zustellung des Beschlusses zulässig.

D. Umsetzung

116 Liegen die skizzierten Voraussetzungen (vollziehbare „Baugenehmigung" und Wegerechte) vor, kann mit der eigentlichen Umsetzung des Vorhabens begonnen werden. Zur Vermeidung von Störungen im Bauablauf empfiehlt sich einerseits die **sorgfältige Verwaltung der Wegerechte** und andererseits auch darauf zu achten, dass die **Vorgaben der Planung** in jeder Hinsicht möglichst genau eingehalten werden. Der Planfeststellungsbeschluss ermächtigt nur zu einer **plangemäßen Umsetzung** des Vorhabens.

E. Änderung des planfestgestellten Vorhabens vor Fertigstellung

I. Planänderungen – Anlass und Ursachen

117 Wie bei vielen Infrastrukturverfahren, die großräumig über weite Strecken und ggf. auch über die Grenzen einzelner Bundesländer realisiert werden sollen, sind insbesondere Energieanlagen noch während der Umsetzungsphase, also vor Fertigstellung, von erheblichen, aber auch unwesentlichen Änderungen betroffen, da auch die beste Planfeststellung nicht alle technischen und rechtlichen Aspekte und Belange von vornherein regeln kann. Hierdurch ergeben sich notwendige bzw. zweckmäßige Änderungen während der Durchführung des Vorhabens. In all diesen Fällen stellt sich die Frage, ob und unter welchen Voraussetzungen die Planänderungen einer Genehmigung nach dem einschlägigen Fachplanungsrecht zugeführt werden müssen.

118 Bei **Hochspannungsleitungen i.S.d. § 43 S. 1 EnWG** und länder- oder grenzüberschreitenden **Höchstspannungsleitungen i.S.d. § 2 Abs. 1 S. 1 NABEG** sind für Planänderungen vor Fertigstellung des planfestgestellten Vorhabens mangels abweichender Regelungen die Regelungen der § 43 S. 5 und § 43d EnWG i.V.m. § 76 VwVfG anwendbar. Für Höchstspannungsleitungen i.S.d. § 2 Abs. 2 S. 1 NABEG folgt dies aus § 18 Abs. 3 S. 2 NABEG. Dies bedeutet, dass sowohl für die **Planergänzung und das ergänzende Verfahren** als auch für die **Planänderungen vor Fertigstellung** des Vorhabens § 76 VwVfG mit der Maßgabe gilt, dass im Fall des § 76 Abs. 1 VwVfG von einer Erörterung i.S.d. § 73 Abs. 6 VwVfG und des § 9 Abs. 1 S. 3 UVPG abgesehen werden kann.

119 Der Anwendung des § 76 VwVfG mit seinen maßgeblichen Verfahrensregelungen steht auch nicht – im Hinblick auf die Planänderungen von unwesentlicher Bedeutung – die Regelungen des § 43f EnWG und § 25 NABEG entgegen. Der § 43f EnWG und § 25 NABEG modifizieren nicht die maßgeblichen Verfahrensregeln des § 76 VwVfG im Hinblick auf die Handhabung von unwesentlichen Planänderungen. § 43f EnwG und § 25 NABEG sind nur auf unwesentliche Änderungen **bereits bestehender Energieanlagen** anwendbar. Wie bei der gleichlautenden Regelung des § 43f EnWG enthält die Gesetzesbegründung zum § 25 NABEG eine Bezugnahme des Gesetzgebers auf die allgemeine Regelung des § 74 Abs. 7 VwVfG, wonach unter bestimmten Voraussetzungen Planfeststellungen und Plangenehmigungen entbehrlich sein können. Die Regelung des § 43f EnWG modifiziert § 74 Abs. 7 VwVfG zunächst dahingehend, dass der Vorhabensträger

in jedem Fall gezwungen ist, auch unwesentliche Änderungen an seiner Anlage gegenüber der Behörde anzuzeigen. Ziel des Gesetzes ist es offenbar, dem Vorhabensträger die Entscheidung über die Frage der Wesentlichkeit einer Änderung abzunehmen und auf diese Weise die Kontroll- und Überwachungsmöglichkeiten der Behörde nicht zuletzt unter Sicherheitsgesichtspunkten zu wahren.[59] Hierfür spricht auch, dass die Regelung des § 74 Abs. 7 VwVfG in erster Linie die Änderung bereits bestehender Anlagen und nicht die Änderung einer Planfeststellung vor Fertigstellung vor Auge hatte. In verschiedenen anderen Fachplanungsgesetzen gibt es mit § 74 Abs. 7 VwVfG bzw. § 43f EnWG und § 25 NABEG vergleichbare Regelungen. Dies betrifft u.a. § 28 Abs. 2 PBefG und § 8 Abs. 3 LuftVG. Die Regelung des § 43f EnWG ist im Übrigen im Gesetz systematisch getrennt von § 43d EnWG angeordnet. Die Regelung des § 43d EnWG erfasst ausweislich der Überschrift nur Änderungen an einem Planfeststellungsbeschluss bzw. einer Plangenehmigung vor Fertigstellung des Vorhabens. Die Regelung des § 43d EnWG ist danach gesetzessystematisch auch innerhalb des Regelungszusammenhangs des EnWG **lex specialis** zu § 43f EnWG.

Die Regelung des § 43d EnWG verweist schließlich für Planänderungen vor Fertigstellung 120
des Vorhabens vollständig auf § 76 VwVfG. Dieser Verweis in § 43d EnWG wäre auch nicht erforderlich, wenn jedenfalls unwesentliche Planänderungen vor Fertigstellung des Vorhabens auf der Grundlage des § 43f EnWG bearbeitet werden müssten.

II. Arten der Planänderung

1. Wesentliche/unwesentliche Planänderungen

§ 43d EnWG i.V.m. § 76 VwVfG gehen bei der Planänderung vor Fertigstellung des Vorhabens 121
davon aus, dass eine Planänderung immer dann vorliegt, wenn nachträgliche **Änderungen am festgesetzten Teil des Planfeststellungsbeschlusses** vorgenommen werden sollen. Eine bloße Änderung der Begründung reicht nicht aus. Unerheblich ist es, ob es sich um eine Erweiterung, eine Verkleinerung oder eine echte Veränderung des Vorhabens handelt.[60]

Für den Begriff der Planänderung ist dabei unerheblich, aus welchem Grund und zu wel- 122
chem Zeitpunkt die Änderungen eines bereits erlassenen Planes erfolgen sollen.

In diesem Sinne handelt es sich um eine **Änderung des Vorhabens** im Sinne der vorge- 123
nannten Vorschriften nur, wenn die **Identität des Vorhabens gewahrt** bleibt, d.h. das Konzept des Vorhabens in seinen Grundzügen erhalten bleibt. Das ursprüngliche Vorhaben darf daher nach Art, Größe, Gegenstand und Betriebsweise nicht durch ein wesentlich andersartiges Vorhaben ersetzt werden. Bei dem Vorhaben, das verändert werden soll, darf es sich also letztendlich nicht um ein Aliud handeln.

Beispielsweise geht die Identität des Vorhabens verloren, wenn eine bestehende Abfallde- 124
ponie um mehr als die doppelte Fläche erweitert werden oder anstelle einer Autobahn künftig nur eine Bundesstraße errichtet werden soll.[61]

Ferner muss die **Änderung vor Fertigstellung des Vorhabens** erfolgen. Das Vorhaben ist 125
fertiggestellt, wenn es entsprechend dem festgestellten Plan errichtet wurde. Auf die Unanfechtbarkeit kommt es nicht an.[62] In diesem Zusammenhang ist noch nicht die Frage geklärt, ob für die Frage der Fertigstellung auf die bauliche Veränderung der Anlage abgestellt werden soll oder ob hierzu auch die Inbetriebnahme der Anlage gehören muss, sodass auch noch während eines Pro-

59 Vgl. BT-Drucks. 17/6073 S. 34.
60 Vgl. *Kopp/Ramsauer*, § 76 Rn 5.
61 Vgl. BVerwG, Beschl. v. 24.10.1991 – 7 B 65/91 – und Urt. v. 11.4.1986 – 4 C 53/82 –.
62 Vgl. BVerwG, Urt. v. 20.10.1989 – 4 C 12.87 – BVerwGE, 84, 31, 33; Urt. v. 14.9.1992 – 4 C 38/89 – DVBl. 1993, 155; *Kopp/Ramsauer*, § 76 Rn 11.

belaufs ein förmliches Änderungsverfahren nach § 43d EnWG i.V.m. § 76 VwVfG durchzuführen ist. Der Wortlaut der Fertigstellung spricht mehr für die Annahme, dass eine bloße bauliche Veränderung ausreichen muss. Anderenfalls hätte der Gesetzgeber die Inbetriebnahme des planfestgestellten Vorhabens zur Voraussetzung gemacht.[63] Betreffen die Änderungen ein bereits fertiggestelltes Vorhaben im vorgenannten Sinne, müssen die Änderungen im Grundsatz wie ein neues Vorhaben behandelt werden, auch wenn es um Änderungen planfestgestellter Vorhaben geht. Dies gilt jedenfalls, sofern keine speziellen Vorschriften des Fachplanungsgesetzes etwas anders vorsehen. Fehlt es an solchen Regelungen, wird ein neues Planfeststellungsverfahren erforderlich.

126 Nach den hier maßgeblichen Vorschriften ist eine solche Sonderregelung – wie oben bereits erwähnt – mit § 43f EnWG und § 25 NABEG vorhanden, sodass unter den dort genannten Voraussetzungen für **Änderungen von unwesentlicher Bedeutung an bestehenden Anlagen** statt eines Planfeststellungsverfahrens ein Anzeigeverfahren ausreicht.

127 Soll vor Fertigstellung des Vorhabens der festgestellte Plan geändert werden, bedarf es gem. § 76 Abs. 1 VwVfG i.V.m. § 43d EnWG – wegen Erheblichkeit einer **wesentlichen Änderung** für die Rechte Planbetroffener – grundsätzlich der Durchführung eines neuen Planfeststellungsverfahrens. Nur bei Planänderungen von unwesentlicher Bedeutung kann die Planfeststellungsbehörde gem. § 76 Abs. 2 VwVfG von einem (solchen) neuen Planfeststellungsverfahren absehen (und auch nur), wenn die Belange anderer nicht berührt werden oder wenn die Betroffenen der Änderung zugestimmt haben; ob die Voraussetzungen des zuletzt genannten Absatzes vorliegen, ist dabei gerichtlich voll überprüfbar.[64]

128 Eine solche Änderung von unwesentlicher Bedeutung liegt daher nur vor, wenn die Konzeption des Vorhabens, d.h. das Plangefüge, in seinen Grundzügen unberührt bleibt. Eine Änderung muss daher den Abwägungsvorgang und Abwägungsergebnis nach Struktur und Inhalt berühren, also die Frage sachgerechter Zielsetzung und Abwägung im Sinne der Gesamtplanung erneut aufwerfen können, wenn sie als wesentlich anzusehen sind. Wesentlich ist eine Änderung vor allem dann, wenn sie das Vorhaben insgesamt zur Disposition stellen kann. Von unwesentlicher Bedeutung ist eine Änderung dagegen dann, wenn die mit der Planung verfolgten Zielsetzungen unberührt bleiben und wenn die Änderung die bereits getroffene Abwägung aller einzustellenden Belange in ihrer Struktur unberührt lässt. Dies wird stets der Fall sein, wenn Umfang und Zweck des Vorhabens unverändert bleiben und wenn zusätzliche belastende Auswirkungen von „einigem" Gewicht sowohl auf die Umgebung als auch hinsichtlich der Belange einzelner auszuschließen sind.[65]

129 Wesentlich ist eine Änderung ferner dann, wenn das planfestgestellte Vorhaben „sein Gesicht verändert", wenn der Charakter bzw. eine Konzeption teilweise erheblich anders ausgestaltet wird und wenn das Vorhaben verstärkt rechtlich geschützte Nachbarinteressen beeinträchtigt – gemessen an Art. 12 Abs. 2 S. 1 und Art. 14 Abs. 1 GG und bezogen auf die Auswirkungen der Änderung.[66]

130 Insbesondere ist (bereits dann) von einer **Wesentlichkeit** auszugehen, wenn die Änderung nach Art und Umfang geeignet erscheint, die in den Genehmigungsvoraussetzungen ausgesprochenen Sicherheitsaspekte zu berühren; dies ist bereits dann gegeben, wenn die Änderung **Anlass zu einer erneuten Prüfung** gibt, weil sie mehr als nur offensichtlich unerhebliche Auswir-

63 Vgl. Ziekow/*Fischer*, Rn 525.
64 Vgl. *Kopp/Ramsauer*, § 76 Rn 25.
65 Vgl. BVerwG, Urt. v. 20.10.1989 – 4 C 12/87 – BVerwGE, 84, 31; Urt. v. 21.8.1996 – 11 C 9.95 – BVerwGE 101, 347; Stelkens/Bonk/Sachs/*Bonk/Neumann*, § 76 Rn 18 f.; BVerwG, Urt. v. 20.10.1989 – 4 C 12/87 – juris-Dokumentation, Rn 26 f.
66 Vgl. BVerwG, Urt. v. 16.12.1988 – 4 C 40/86 – BVerwGE 81, 95 = juris-Dokumentation (Änderung der Planung des militärischen Hubschrauberlandeplatzes Minden).

kungen auf das Sicherheitsniveau haben kann.[67] Eine Planung ist daher wesentlich, wenn die Zielsetzung des Vorhabens und die Abwägung der unterschiedlichen Belange nochmals erfolgen müssen. Dies ist der Fall, wenn sich Umfang und Zweck des Vorhabens ändern und zusätzlich belastende Auswirkungen für Betroffene oder die Umwelt zu erwarten sind. Die Anforderungen an die vorgenannten zusätzlichen Belastungen von „einigem Gewicht" sind wegen des Gebots des effektiven Rechtsschutzes daher als gering zu betrachten. Das Indiz der möglichen Betroffenheit Dritter verliert aber an Gewicht, wenn die Betroffenen einverstanden sind. Im Zweifelfall ist daher von einer wesentlichen Änderung auszugehen.

Eine unwesentliche Änderung des planfestgestellten Vorhabens dürfte daher mit der **Anordnung von Schutzauflagen** nach § 75 Abs. 2 S. 2 VwVfG in der Regel vorliegen, da die Ausgewogenheit der Gesamtplanung nicht berührt wird und hiermit positive Auswirkungen verbunden sind. Das Gleiche gilt für sonstige Planergänzungen oder kleine räumliche Verschiebungen baulicher Anlagen oder Veränderungen in ihrer Erscheinungsform. 131

Die Behörde hat daher zu prüfen, ob und inwieweit die beabsichtigte Änderung bereits entschiedene Fragen der Planung erneut aufwirft. Ein bloßes Änderungsverfahren ist daher gem. § 43d EnWG i.V.m. § 76 VwVfG unzulässig, wenn die beabsichtigte Änderung des Vorhabens die ursprüngliche Gesamtkonzeption oder wesentliche Teile des Planinhalts infrage stellt, und zwar insbesondere im Hinblick auf die Planrechtfertigung für die Anlage, die Auswirkungen auf das Gemeinwohl und die Rechte des Betroffenen.[68] 132

Die weitere verfahrensrechtliche Behandlung von Planänderungen hängt gem. § 76 VwVfG i.V.m. § 43d EnWG davon ab, ob es sich bei den Planänderungen um wesentliche oder unwesentliche Planänderungen handelt. Bei der Beurteilung dieser Frage ist zunächst von dem Grundsatz auszugehen, dass gem. § 76 Abs. 1 VwVfG i.V.m. § 43d EnWG ein neues Planfeststellungsverfahren als förmliches Verfahren notwendig ist, wenn der planfestgestellte Plan noch vor Fertigstellung des Vorhabens geändert werden soll. 133

Praxistipp
Zur Vermeidung zeit- und kostenintensiver Planänderungsverfahren vor Fertigstellung ist dem Vorhabensträger dringend zu raten, bereits vor Erlass des Planfeststellungsbeschlusses durch eine intensive Grundlagenermittlung spätere Planänderungen soweit wie möglich zu vermeiden.

2. Unwesentliche Planänderungen

a) Verfahren

Die Entscheidung, im Fall von unwesentlichen Änderungen von einem Planfeststellungsverfahren abzusehen, hängt von den nachfolgenden Voraussetzungen ab: Eine unwesentliche Änderung setzt gem. § 43 S. 5 EnWG i.V.m. § 76 Abs. 2 VwVfG voraus, dass von der Änderung keine Rechte Dritter berührt werden oder dass die Betroffenen zugestimmt haben. Eine Berührung der Belange Dritter kommt in Betracht, wenn diese erstmalig von der Änderung, z.B. durch eine Erweiterung, betroffen sein würden oder wenn sie von der Änderung, stärker als in der ursprünglichen Planfeststellung vorgesehen, beeinträchtigt werden. Die Zustimmung Betroffener genügt darüber hinaus nur, wenn sie ausdrücklich in schriftlicher Form oder mündlich zu Protokoll erklärt wird und wenn sicher ist, dass weitere Personen nicht betroffen sein können. 134

Selbst wenn die Voraussetzungen für die Annahme einer unwesentlichen Änderung i.S.d. § 76 Abs. 2 VwVfG gegeben sind, steht es im Ermessen der Planfeststellungsbehörde, ob sie von dieser 135

67 Vgl. BVerwG, Urt. v. 21.8.1996 – 11 C 9/95 – BVerwGE 101, 347 = juris-Dokumentation (zu § 7 AtG).
68 Vgl. *Kopp/Ramsauer*, § 76 Rn 7.

Möglichkeit Gebrauch machen möchte. Die Planfeststellungsbehörde ist daher nicht verpflichtet, von einem förmlichen Änderungsplanfeststellungsverfahren abzusehen. Die Planfeststellungsbehörde ist jedoch berechtigt, ein vereinfachtes Planänderungsverfahren nach § 76 Abs. 3 VwVfG durchzuführen. Verzichtet die Planfeststellungsbehörde auf ein förmliches Planänderungsverfahren, liegt ein „einfacher Verwaltungsakt" vor. Er enthält dann die Feststellung, dass die Änderung nur von unwesentlicher Bedeutung ist, für die kein Planfeststellungsverfahren durchgeführt werden muss. Ferner enthält er aber auch die Zulassung des Vorhabens selbst. Auf der Grundlage dieses Verwaltungsakts darf der Vorhabensträger nunmehr das Vorhaben oder weitere behördliche Entscheidungen in geänderter Form realisieren.

136 Wenn die Planfeststellungsbehörde sich trotz Annahme einer Änderung von unwesentlicher Bedeutung dafür entscheidet, ein Planänderungsverfahren durchzuführen, dann besteht die Möglichkeit, gem. § 76 Abs. 3 VwVfG dieses ohne Anhörungsverfahren und ohne die Bekanntgabe des Planfeststellungsbeschlusses durchzuführen. Das gilt auch dann, wenn bei einer unwesentlichen Planänderung die Planänderung Belange Dritter berührt und nicht alle Betroffenen zugestimmt haben. Dies werden in der Praxis die meisten Fälle sein, sodass das vereinfachte Verfahren gem. § 76 Abs. 3 VwVfG ganz erhebliche praktische Bedeutung hat.

137 Wenn auf die Auslegung des Planentwurfs und die Durchführung des Erörterungstermins nebst Bekanntgabe verzichtet wird, ist jedoch zumindest eine Beteiligung von Trägern öffentlicher Belange oder sogar privater Betroffener notwendig, um das erforderliche Abwägungsmaterial zusammenzustellen. Nachteilig betroffene Private sind dann wie bei einer Planänderung gem. § 73 Abs. 8 VwVfG individuell anzuhören.

138 Ergeht ein Änderungsplanfeststellungsbeschluss im vereinfachten Verfahren, muss er den allgemeinen Anforderungen des § 74 VwVfG entsprechen. Die unterschiedlichen Belange sind ordnungsgemäß abzuwägen, die Entscheidung ist mit Begründung zuzustellen. Lediglich bei mehr als 50 Zustellungen kann eine öffentliche Bekanntmachung erfolgen.[69]

b) Auswirkungen auf den Bauablauf – Auswirkungen auf Wegerechte/ Gestattungsvereinbarungen, Besitzeinweisung

139 Im Fall von unwesentlichen Planänderungen, bei denen entweder überhaupt kein Planänderungsverfahren oder nur ein vereinfachtes Planfeststellungsentwurfsverfahren durchgeführt wird, sind deren Auswirkungen auf bereits bestehende zivilrechtliche Erlaubnisse zur Umsetzung des planfestgestellten Vorhabens auf Fremdgrundstücken zu untersuchen.

140 Hierbei geht es insbesondere um die Frage, ob vorhandene Gestattungsvereinbarungen, Bauerlaubnisse, Besitzeinweisungen und Enteignungsbeschlüsse noch ausreichen, Rechtsgrundlage für die Durchführung der erforderlichen Baumaßnahmen zu sein. Viele Grundstückseigentümer haben mit den Vorhabensträgern im Vorhinein – teilweise vor Erlass des ursprünglichen Planfeststellungsbeschlusses – entsprechende Gestattungsvereinbarungen und Bauerlaubnisse abgeschlossen. Ferner haben sich die betroffenen Grundstückseigentümer in vielen Fällen zur Belastung ihres Grundstücks mit einer den Bau und den Betrieb der Leitung absichernden Grunddienstbarkeit verpflichtet. In den vorgenannten Vereinbarungen sind nicht selten Lagepläne in Bezug genommen, die festlegen, an welcher Stelle die Anlage auf dem betroffenen Grundstück realisiert werden soll.

141 In den Bereichen der Trasse, in denen ein freihändiger Erwerb für den Vorhabensträger nicht möglich war, müssen ggf. die in einem förmlichen Besitzeinweisungs- und Enteignungs-

69 Vgl. zum Verfahren *Kopp/Ramsauer*, § 76 Rn 32 ff.

verfahren erfolgten Besitzeinweisungs- und Enteignungsbeschlüsse auf entsprechenden Antrag des Vorhabensträgers noch einmal geändert werden.

Bezogen auf unwesentliche Änderungen des Vorhabens im o.g. Sinne sollte dies in jedem Einzelfall überprüft werden. Denn nicht jede unwesentliche Veränderung in der Ausführung des Vorhabens führt automatisch zu einem Erfordernis, die für die Grundstücksinanspruchnahme vorliegenden Grundstücksvereinbarungen (Gestattungsvereinbarung und Bauerlaubnis) zu verändern. Daher muss in jedem Einzelfall geprüft werden, ob und ggf. in welchem Umfang diese nach wie vor geeignet sind, die erforderlichen Rechte für die Ausführung des – geänderten – Bauvorhabens für den Vorhabensträger zu vermitteln. Geringfügige Lageabweichungen auf Grundstücken, die bereits mit einer Grunddienstbarkeit zugunsten des Vorhabensträgers belastet sind, dürften für die Berechtigung, die Grundstücke für das geänderte Vorhaben in Anspruch zu nehmen, grundsätzlich dann unerheblich sein, wenn weder die Gestattungsvereinbarung noch die Grunddienstbarkeit eine bestimmte Ausübungsstelle auf dem Grundstück – etwa durch konkrete Bezugnahme auf einen Lageplan – bestimmt und die Lage der Leitung auf dem Grundstück auch nicht zur Geschäftsgrundlage der Vereinbarung geworden ist. 142

Ist eine konkrete Ausübungsstelle definiert worden, bezieht sich die Berechtigung zum Betrieb der planfestgestellten Anlage in der Regel nur auf das konkret Vereinbarte. Eine Anpassung der Vereinbarung bzw. der Ausübungsstelle ist dann durch eine Ergänzung der bisherigen privatrechtlichen Vereinbarung (Gestattungsvereinbarung und Bauerlaubnis) erforderlich. Aber auch in Konstellationen, in denen eine konkrete Ausübungsstelle nicht vereinbart worden ist, kann nicht ausgeschlossen werden, dass dem betroffenen Grundstückseigentümer in bestimmten Fällen ein Recht zum Rücktritt bzw. zur Anpassung der Gestattungsvereinbarung zustehen kann. Problematisch ist insoweit die Konstellation, dass sich die Lage der planfestgestellten Anlage gegenüber der ursprünglichen Planung erheblich verändert hat. Eine in diesem Sinne erhebliche Veränderung ist dann anzunehmen, wenn sich die Qualität der Grundstücksinanspruchnahme gegenüber der ursprünglichen Planung zuungunsten des Grundstückseigentümers verändert hat. Eine nachteilig veränderte Betroffenheit wird beispielsweise dann vorliegen, wenn die Leitung spürbar näher an eine auf dem Grundstück vorhandene Wohnbebauung heranrückt, die Bewirtschaftung des Grundstücks gegenüber der ursprünglichen Planung stärker behindert oder die Verwertbarkeit des Grundstücks für zukünftige Vorhaben gegenüber der ursprünglichen Planung erheblich erschwert wird. In den vorgenannten Fällen wird man im Ergebnis jedoch dann nicht mehr von einer unwesentlichen Änderung sprechen können. 143

Bei **vorherigen Besitzeinweisungen** ist im Fall von unwesentlichen Änderungen ebenfalls zu prüfen, ob der bereits ergangene Besitzeinweisungsbeschluss trotz der Planänderung noch eine hinreichende Rechtsgrundlage für die – zwangsweise – Inanspruchnahme der Grundstücke für den Vollzug des Planfeststellungsbeschlusses sein kann. 144

Nach den maßgeblichen landesrechtlichen Regelungen zur Besitzeinweisung darf der in den Besitz eingewiesene Vorhabensträger auf dem Grundstück das von ihm im Antrag bezeichnete Bauvorhaben ausführen und die erforderlichen Maßnahmen treffen (vgl. z.B. § 38 Abs. 1 S. 2 EEG NRW). Nicht jede Veränderung des Vorhabens führt daher zu einer relevanten Veränderung des Vorhabens, für das in den Besitz eingewiesen worden ist. Das Vorhaben, für welches die Besitzeinweisung erfolgt, wird durch den Planfeststellungsbeschluss definiert. Aus diesem Grunde führt eine Veränderung des Planfeststellungsbeschlusses nur dann zu einer Veränderung des Vorhabens, wenn sich aufgrund der Änderung des Planfeststellungsbeschlusses die Identität des Vorhabens ändert. Dies ist der Fall, wenn sich die Grundkonzeption des Vorhabens verändert.[70] 145

70 Vgl. *Ziekow*, § 76 Rn 3.

146 Grundsätzlich regelt ein Besitzeinweisungsbeschluss lediglich die Übertragung der **tatsächlichen Sachherrschaft** von dem bisherigen Besitzer auf den Vorhabensträger. Welche Maßnahmen im Einzelnen auf den betreffenden Flächen unternommen werden dürfen, ergibt sich aus dem Planfeststellungsbeschluss.[71] In einem Besitzeinweisungsbeschluss können die Besitzbefugnisse des Vorhabensträgers allerdings im Einzelnen beschrieben und bemessen werden. Dies führt dazu, dass der Besitzverlust des Betroffenen dadurch in entsprechender Weise beschränkt wird.[72]

147 Es können durchaus Besitzeinweisungsbeschlüsse existieren, die die Besitzbefugnisse durch Bezugnahme auf **Erwerbspläne** und **Schnittzeichnungen** sowohl vertikal als auch horizontal beschränken. Daneben können aber auch Besitzeinweisungsbeschlüsse existieren, die lediglich über eine Besitzeinweisung in durch Grunderwerbspläne konkretisierte Grundstücksteilflächen verfügen. Bezogen auf die jeweils betroffenen Grundstücke ist also konkret zu ermitteln, auf welchen Grundstücken und welchen Nutzungsbefugnissen die Besitzeinweisung konkret erfolgt ist. Erst dann lässt sich feststellen, ob die planfestgestellten Änderungen noch vom bisherigen Besitzeinweisungsbeschluss gedeckt sind.

3. Wesentliche Änderungen

a) Verfahren

148 Im Fall von wesentlichen Änderungen vor Fertigstellung muss gem. § 43 S. 5 und § 43d EnWG i.V.m. § 76 Abs. 1 VwVfG ein neues, förmliches Planfeststellungsverfahren durchgeführt werden, wobei abweichend von § 73 Abs. 6 VwVfG und § 9 Abs. 1 S. 3 UVPG (Gesetz über die Umweltverträglichkeitsprüfung) auf den sonst notwendigen Erörterungstermin verzichtet werden kann. Das Gleiche gilt für die Planergänzung und das ergänzende Verfahren i.S.d. § 75 Abs. 1a S. 2 VwVfG, wenn hiermit eine wesentliche Änderung der planfestgestellten Anlage verbunden ist.

149 Werden die wesentlichen Planänderungen durch den Planfeststellungsänderungsbeschluss genehmigt, **verschmelzen** der ursprüngliche Planfeststellungsbeschluss und der Änderungsbeschluss zu einer **rechtlichen Einheit**. Soweit der ursprüngliche Beschluss durch den neuen Beschluss ganz oder zum Teil geändert wird, bedarf es keiner förmlichen Aufhebung des ursprünglichen Planfeststellungsbeschlusses. Der aufgrund des Änderungsverfahrens ergehende neue Beschluss trifft eine Entscheidung darüber, ob und inwieweit der ursprüngliche Beschluss weiter bestehen und gelten soll. Im Ergebnis handelt es sich nach Abschluss des Änderungsverfahrens nur um einen einzigen Plan in der durch den Planfeststellungsbeschluss erreichten Gestalt.[73]

150 Der Planänderungsbeschluss unterliegt in rechtlicher Hinsicht wie der ursprüngliche Beschluss den Erfordernissen des **Abwägungsgebots**, wobei es nicht erforderlich ist, für die beabsichtigte Änderung des Vorhabens eine selbstständige Rechtfertigung darzulegen; denn es handelt sich auch bei der wesentlichen Änderung nicht um die Aufstellung eines neuen Plans.

b) Auswirkungen auf den Bauablauf – Auswirkungen auf Wegerechte/Gestattungsvereinbarungen/Besitzeinweisung

151 Auch bei wesentlichen Änderungen muss – wie die obigen Ausführungen unter Rn 21 ff. zeigen – in jedem Einzelfall geprüft werden, ob auch nach Erlass des Planfeststellungsänderungsbe-

71 Vgl. LG Hannover, Beschl. v. 9.9.2011 – 43 U 14/11 S 11 –.
72 Vgl. *Molodovsky/Bernstorff*, Art. 39 Rn 8.2.4.
73 Vgl. BVerwG, Urt. v. 23.1.1981 – 4 C 68/78 – BVerwGE 61, 307, 309; *Kopp/Ramsauer*, § 76 Rn 23.

schlusses die zivilrechtlichen Erlaubnisse aus ggf. vorhandenen Gestattungsvereinbarungen und Besitzeinweisungen noch vorliegen, um das so geändert festgestellte Vorhaben weiter umsetzen zu können. Um insoweit auch in zeitlicher Hinsicht rechtzeitig den weiteren Bauablauf vorauszuplanen, ist darauf hinzuweisen, dass § 44b EnWG nach seiner Novellierung bereits während des Ablaufs des Planfeststellungsänderungsverfahrens die Möglichkeit für den Projektträger einräumt, vor Erlass des Änderungsbeschlusses Besitzeinweisungen zu beantragen, die jedoch erst nach Erlass des Änderungsbeschlusses wirksam werden können.

III. Rechtsschutzfragen

Die Entscheidung der Planfeststellungsbehörde, bei einer unwesentlichen Änderung des Vorha- 152
bens vor Fertigstellung von einem Planfeststellungsbeschluss abzusehen, **ist ein anfechtbarer Verwaltungsakt**, der gerichtlich angegriffen werden kann. Denn die Entscheidung enthält zugleich die Anordnung über die Zulässigkeit des insoweit geänderten Vorhabens.

Werden demgegenüber unwesentliche Änderungen, die die Planfeststellungsbehörde in ei- 153
nem – wenn auch reduzierten – Planfeststellungsänderungsverfahren genehmigt, können auch diese Änderungen gerichtlich angegriffen werden. Das Gleiche gilt für den Fall, dass wesentliche Änderungen in einem Planfeststellungsverfahren gem. § 43d i.V.m. § 76 Abs.1 VwVfG zugelassen werden. In diesen Fällen ergeben sich die Voraussetzungen für eine Klageerhebung in formeller Hinsicht aus § 43e EnWG. Ferner wird sich ein Kläger gegen den Planfeststellungsänderungsbeschluss nur zur Wehr setzen können, wenn er geltend machen kann, gerade durch den Änderungsbeschluss in seinen Rechten verletzt zu sein. Diese Anforderung führt dazu, dass der Änderungsbeschluss nur noch insoweit angefochten werden kann, als durch die Planänderung für den Betroffenen eine erstmalige oder zusätzliche Beeinträchtigung entsteht.[74] Erfolgreich anfechten kann der Kläger den Planfeststellungsänderungsbeschluss im Übrigen nur, wenn dieser rechtswidrig ist und ihn in seinen Rechten tatsächlich verletzt. Für die Klagerechte der anerkannten Naturschutzverbände gelten die Regelungen in §§ 63f. BNatSchG bzw. die entsprechenden landesrechtlichen Regelungen sowie die Regelungen des URG.

74 Vgl. *Kopp/Ramsauer*, § 76 Rn 40.

Kapitel 13
Rechtsschutz

Netzplanung und Netzausbau in Zeiten der „Energiewende" ist eine gesamtgesellschaftliche Aufgabe ungeahnten Ausmaßes, die mannigfaltige rechtsschutzrelevante Aspekte betrifft. Die gesetzlich vorgesehene Verfahrensstufung – Bundesbedarfsplanung, Bundesfachplanung, Planfeststellung – mit ihren z.T. erstmals geschaffenen Instrumenten und Schnittstellen führt zu zahlreichen neuen Fragestellungen, aber auch zu einer spezifischen Neubewertung schon bislang existenter Rechtsschutzkonstellationen. Dies beginnt mit den ausdifferenzierten Mitwirkungspflichten der Übertragungsnetzbetreiber bei der Bundesbedarfsplanung und deren Inanspruchnahme für die Bundesfachplanung und gilt ebenso für die sich anschließenden Planfeststellungsverfahren; insofern wird eine – dem Fachplanungsrecht bislang fremde – Rechtsschutzdimension im Verhältnis Planfeststellungsbehörde zum Vorhabensträger begründet. 1

Daneben stellen sich aber auch Rechtsschutzfragen, die durch die vielschichtigen Betroffenheiten Einzelner (z.B. Privater und Gemeinden) oder die Interessen anerkannter Vereinigungen hervorgerufen werden, die sich gegen eine bestimmte Planung bzw. ein konkretes Vorhaben zur Wehr setzen. Auch hier bewirken die „neuen" Instrumente der Bedarfsplanung und der Bundesfachplanung nicht nur eine – rechtsschutzrelevante – Abschichtung des Prüfungsumfangs im Planfeststellungsverfahren, sondern werfen darüber hinaus ganz neue Rechtsschutzfragen auf. Zudem ist der Versuch des Gesetzgebers, durch die Einräumung vielstufiger Beteiligungsrechte Akzeptanz zu schaffen, von großer Praxisferne geprägt und wird seinen Zweck, langwierige Rechtsschutzverfahren durch (frühzeitige) Einbindung in die Planungsprozesse zu verhindern, mit Sicherheit verfehlen. Niemand, der je an einem Erörterungstermin zu einem infrastrukturellen Großprojekt teilnahm, wird dem Glauben anhängen können, dass mehr Beteiligungsmöglichkeiten zu größerem Rechtsfrieden führen. Ganz im Gegenteil steht zu befürchten, dass die Gewährung einer derart umfangreichen Mitwirkung das Missverständnis eines Mitentscheidungsrechts hervorrufen wird; dies wiederum wird nicht nur zu mehr Klagen, sondern vor allem auch zu einer erhöhten Frustration führen. 2

Auch der vom Gesetzgeber vorgesehene weitestgehende Ausschluss von Rechtsbehelfen gegen die Bundesbedarfs- und Bundesfachplanung bei gleichzeitiger Konzentration der Rechtsschutzmöglichkeiten auf die Ebene der Entscheidung über die konkrete Ausbaumaßnahme wird seinen Zweck, zu einer Beschleunigung des Netzausbaus beizutragen, deutlich verfehlen; auch hier ist ein gegenläufiger Effekt zu erwarten. Schließlich sind die Neuerungen im Umweltrechtsbehelfsgesetz zu bedenken, die gerade bei der Netzplanung Wirksamkeit entfalten und die keineswegs nur für Umweltvereinigungen, sondern auch für Individualpersonen und Gemeinden von Bedeutung sind. Dies alles ist am Verfassungsgebot effektiven Rechtsschutzes gem. Art. 19 Abs. 4 GG zu spiegeln. Es wird sich zeigen, dass dessen Anforderungen nicht durchgängig beachtet worden sind. 3

Den Stufen des Planungs- und Realisierungsprozesses folgend ist das Rechtsschutzkapitel in die Abschnitte Bedarfsplanung, Bundesfachplanung, Planfeststellung, Besitzeinweisung und Enteignung, Bußgelder sowie Vollstreckungsmaßnahmen unterteilt und behandelt dann jeweils die Rechtsschutzmöglichkeiten der einzelnen Beteiligten. 4

A. Rechtsschutz im Rahmen der Bedarfsplanung

Das NABEG findet nur auf solche länder- oder grenzüberschreitende Höchstspannungsleitungen sowie Anbindungsleitungen von den Offshore-Windpark-Umspannwerken zu den Netzverknüpfungspunkten an Land Anwendung, die in einem Gesetz über den Bundesbedarfsplan nach § 12e Abs. 4 S. 1 EnWG als solche gekennzeichnet sind. Das Gesetz über den Bundesbedarfsplan be- 5 ruht auf der Bedarfsplanung nach §§ 12aff. EnWG. Diese schafft in einem **gestuften Verfahren**, das von der Erarbeitung eines Szenariorahmens bis zur Entscheidung des Bundesgesetzgebers über den Bundesbedarfsplan reicht, die Grundlage für die sich anschließende Bundesfachplanung nach §§ 4ff. NABEG.[1] Zudem wird mit Erlass des Bundesbedarfsplans durch den Bundesgesetzgeber – mit Bindungswirkung für die nachfolgenden Planfeststellungsverfahren – der vordringliche Bedarf und die energiewirtschaftliche Notwendigkeit der erfassten Vorhaben **ipso iure** festgestellt (§ 12e Abs. 4 EnWG). Neben der Inzidentkontrolle bei der Prüfung von Planfeststellungsbeschlüssen kommt im Grundsatz auch Rechtsschutz im Rahmen der Bedarfsplanung selbst infrage. Den einzelnen Stufen folgend stellen sich im Kern folgende Rechtsschutzthemen:

I. Szenariorahmen gem. § 12a EnWG

6 Der Szenariorahmen nach § 12a EnWG ist die Grundlage für den nationalen Netzentwicklungsplan nach §§ 12bf. EnWG. Er umfasst drei Entwicklungspfade, die für die nächsten zehn Jahre die Bandbreite wahrscheinlicher Entwicklungen im Rahmen der mittel- und langfristigen energiepolitischen Ziele der Bundesregierung abdecken (§ 12a Abs. 1 S. 2 EnWG); eines der Szenarien muss die wahrscheinliche Entwicklung für die nächsten 20 Jahre darstellen. Er ist jährlich gemeinsam von den **Betreibern der Übertragungsnetze** zu erarbeiten (§ 12a Abs. 1 S. 1 EnWG) und anschließend unter Berücksichtigung der Ergebnisse der Öffentlichkeitsbeteiligung von der BNetzA zu genehmigen (§ 12a Abs. 3 EnWG).[2]

1. Erstellung

7 Die Übertragungsnetzbetreiber sind verpflichtet, den gemeinsamen Szenariorahmen jährlich zu erarbeiten (§ 12a Abs. 1 S. 1 EnWG). Wird diese Verpflichtung verletzt, kann die BNetzA nach **§ 65 Abs. 2 EnWG Maßnahmen** zu deren Einhaltung anordnen. Obgleich § 12a Abs. 1 EnWG eine **gemeinsame Pflicht** der Übertragungsnetzbetreiber begründet, ist die BNetzA bei Anordnungen nach § 65 Abs. 2 EnWG nicht von der Prüfung befreit, welcher Übertragungsnetzbetreiber die Nichteinhaltung der Verpflichtung nach § 12a Abs. 1 S. 1 EnWG zu verantworten hat. Abgesehen von dem wohl eher seltenen Fall des Kollektivversagens aller verpflichteten Übertragungsnetzbetreiber, kann die Anordnung nur gegen einen **konkreten Verursacher** des Gesetzesverstoßes ergehen. Dies ergibt sich bereits aus dem Wortlaut des § 65 Abs. 2 EnWG. Danach kann die BNetzA Maßnahmen zur Einhaltung der Verpflichtungen nach dem EnWG anordnen, wenn ein Unternehmen oder eine Vereinigung von Unternehmen diesen Verpflichtungen nicht nachkommt. Anknüpfungspunkt für die Anordnungsbefugnis der BNetzA ist mithin stets ein **individuelles Fehlverhalten**. Das Gesetz kennt **keine Kollektivverantwortung** oder „Gesamtschuld". Die Übertragungsnetzbetreiber sind im Übrigen auch keine Vereinigung von Unternehmen i.S.d. § 65 Abs. 2 EnWG.[3] Zwar muss eine solche Vereinigung keine bestimmte Rechtsform haben. Notwendig ist aber ein gewisses Maß an gemeinschaftlicher Organisation,[4] sodass von einem Zusam-

---

1 Vgl. im Einzelnen oben Kap. 3 Rn 225ff. und zum Rechtsschutz im Rahmen der Bundesfachplanung sogleich unter Rn 63ff.

2 Vgl. im Einzelnen oben Kap. 3 Rn 251ff.

3 Für die entsprechende Begriffsbestimmung kann auf die Auslegung des gleichlautenden Terminus in § 1 GWB rekurriert werden, vgl. Danner/Theobald/*Theobald*/*Werk*, § 65 EnWG Rn 17; BK-EnR/*Paul*, § 65 EnWG Rn 19.

4 BGH, Urt. v. 11.12.1997 – WuW/E DE-R 17, 18 – „*Europapokalheimspiele*" – WRP 1998, 188; Immenga/Mestmäcker/*Zimmer*, §1 GWB Rn75; Langen/Bunte/*Bunte*, §1 GWB Rn31; Loewenheim/Meessen/Riesenkampff/*Nordemann*, §1 Rn37.

menschluss von Unternehmen ausgegangen werden kann.[5] Die beteiligten Unternehmen müssen die Möglichkeit haben, auf die Geschäftspolitik der angeschlossenen Unternehmen Einfluss auszuüben.[6] Daran fehlt es hier. Die Übertragungsnetzbetreiber sind selbstständige Unternehmen, die lediglich gleichlaufende gesetzliche Pflichten haben; eine gegenseitige Einflussnahmemöglichkeit besteht dagegen nicht.

Die angeordneten Maßnahmen können von dem betroffenen Übertragungsnetzbetreiber mit der **Beschwerde** nach §§ 75ff. EnWG angefochten werden.[7] Dem Rechtsschutzbegehren steht § 44a VwGO nicht entgegen, da die BNetzA ihre Anordnungen nach § 94 EnWG i.V.m. dem VwVG vollstrecken kann (§ 44a S. 2 VwGO).[8] Die Erfolgsaussichten dieses Rechtsbehelfs hängen – sofern nicht die behördliche Anordnung spezifische Fehler aufweist – im Kern von der Verfassungsmäßigkeit der Verpflichtung zur Erstellung des Szenariorahmens nach § 12a EnWG ab. Die Beschwerde kann folglich nur dann Erfolg haben, wenn jene Pflichtenstellung gegen Grundrechte der Übertragungsnetzbetreiber verstößt oder sonst verfassungswidrig ist. Angesichts eines von Gesetzes wegen bestehenden überragenden öffentlichen Interesses an der Realisierung der Stromleitungen, die in den Anwendungsbereich des NABEG fallen (§ 1 NABEG), scheidet eine (Grund-) Rechtsverletzung der Übertragungsnetzbetreiber – insbesondere ihrer Berufsfreiheit (Art. 12 GG) – im Ergebnis aus.[9] Zwar werden sie durch die Regelungskonzepte der §§ 12aff. EnWG und des NABEG in erheblichem Umfang ihrer Freiheit beraubt, selbst über durchzuführende Investitionen zu entscheiden. Ihre mit diesen Regelungen einhergehenden Verpflichtungen verlassen insofern zunehmend den Ansatz eines marktwirtschaftlichen, wettbewerblichen Agierens und steuern auf ein planwirtschaftliches System zu.[10] Eine solche **Indienstnahme** ist allerdings nicht **per se** verfassungswidrig. Private können – in den durch ihre **Berufsfreiheit** konturierten Grenzen – zur Sicherstellung von Gemeinwohlbelangen herangezogen werden.[11] Die hiesige Indienststellung erfolgt nach Auffassung des Gesetzgebers in Erfüllung einer *„im gesamtstaatlichen Interesse liegenden Aufgabe."*[12] Zudem ist die Sicherstellung der Energieversorgung (nicht zuletzt durch die Errichtung von Transportleitungen) eine öffentliche Aufgabe von größter Bedeutung.[13] Schließlich können das **Umweltstaatsprinzip** (Art. 20a GG) und die im Sozialstaatsprinzip zu verortende **Versorgungssicherheit** (Art. 20 Abs. 3 GG) eine Inpflichtnahme legitimieren.[14] Der zweifellos gegebene Eingriff in die berufsrechtliche Gewährleistungsgarantie stützt sich daher auf Gründe des öffentlichen Wohls. Der Gesetzgeber geht sogar von einem **überragenden öffentlichen Interesse** aus, was selbst eine objektive Berufswahlregelung rechtfertigen könnte.[15] Die notwendige Angemessenheit der Indienstnahme gerade der Übertragungsnetzbetreiber ergibt sich aus deren Möglichkeit, die Kosten des Netzausbaus bei 8

---

5 Danner/Theobald/*Theobald*/*Werk*, § 65 EnWG Rn 18.
6 Immenga/Mestmäcker/*Zimmer*, § 1 GWB Rn 75.
7 Zur Beschwerde nach §§ 75ff. EnWG im Detail, vgl. Rn 42ff.
8 Vgl. Rn 29 zur Anwendbarkeit der Vorschrift im Beschwerdeverfahren und Rn 410ff. zum Rechtsschutz gegen die Vollstreckung.
9 Zu deren Grundrechtsfähigkeit im Einzelnen Rn 255f.
10 *Kment*, RdE 2011, 341, 344; dem zustimmend auch *Durner*, NuR 2012, 369, 376.
11 BVerfG, Urt. v. 2.3.2010 – 1 BvR 256, 263, 586/08 – BVerfGE 125, 260, 361; Beschl. v. 18.11.2003 – 1 BvR 302/96 – BVerfGE 109, 64, 85f.; Beschl. v. 16.3.1971 – 1 BvR 52, 665, 667, 754/66 – BVerfGE 31, 292, 312; vgl. auch *Glaser*, DVBl. 2012, 1283, 1286.
12 BT-Drucks. 17/6073, S. 33.
13 BVerfGE 66, 248, 258.
14 *Glaser*, DVBl. 2012, 1283, 1286; vgl. dazu und zur Vereinbarkeit mit Unionsgrundrechten auch Kap. 3 Rn 494f.
15 Zu den Anforderungen an die Rechtfertigung von Eingriffen in die Berufsfreiheit, insbesondere bei einer Indienststellung Privater zur Erfüllung öffentlicher Aufgaben, vgl. BVerfG, Urt. v. 2.3.2010 – 1 BvR 256, 263, 586/08 – BVerfGE 125, 260, 358ff.; Beschl. v. 18.11.2003 – 1 BvR 302/96 – BVerfGE 109, 64, 84ff.; Beschl. v. 16.3.1971 – 1 BvR 52, 665, 667, 754/66 – BVerfGE 31, 292, 312ff.

der Ermittlung der Netzentgelte zu berücksichtigen (§§ 21 Abs. 2, 24 Abs. Nr. 4 EnWG, § 23 Abs. 1 S. 1 und 3 ARegV). Soweit dadurch keine vollständige Kostenumlage ermöglicht wird, kann die Angemessenheit der Inpflichtnahme gewahrt werden, wenn im Einzelfall die Grenze der wirtschaftlichen Zumutbarkeit und Leistungsfähigkeit nicht überschritten wird.[16] Die maßgebliche Schwelle ist bei der vergleichsweise geringen Belastung durch die Pflicht zur Mitwirkung an der Bedarfsplanung nach §§ 12aff. EnWG noch nicht erreicht. Anders kann dies im Hinblick auf die in der Bundesfachplanung und Planfeststellung nach dem NABEG bestehenden konkreten Antrags- und sich anschließenden Ausbaupflichten der Übertragungsnetzbetreiber zu beurteilen sein. Es ist dann jeweils im Einzelfall zu prüfen, ob die konkreten Pflichten das Maß des Angemessenen überschreiten.[17] Dem steht nicht entgegen, dass ein die Berufsausübung regelndes Gesetz nicht schon dann verfassungswidrig ist, wenn es Einzelne aus der Gruppe der Adressaten unangemessen belastet, sondern erst wenn es bei einer größeren Betroffenengruppe das Übermaßverbot verletzt.[18] Denn die ggf. notwendige behördliche Durchsetzung der Mitwirkungspflichten der Übertragungsnetzbetreiber (z.B. mittels Anordnungen nach §§ 6 S. 2, 12 Abs. 2 S. 2 NABEG) erfolgt durch einzelfallabhängige Verwaltungsakte der BNetzA, die ihrerseits verhältnismäßig sein müssen. Selbst wenn also – wofür in der Gesamtschau vieles spricht – die grundsätzliche Indienstnahme der Übertragungsnetzbetreiber verhältnismäßig ist, wird dadurch die einzelfallgeprägte Kontrolle der Durchsetzung dieser Verpflichtung nicht vorentschieden.

9 Käme das Beschwerdegericht – das OLG Düsseldorf[19] – gleichwohl zum Ergebnis, dass die verpflichtende Erstellung des Szenariorahmens verfassungswidrig ist, müsste es ein Vorlageverfahren nach Art. 100 Abs. 1 S. 1 GG einleiten. Eine eigene Verwerfungskompetenz hat das Gericht nicht.[20] Eine Verfassungsbeschwerde gegen die gesetzliche Verpflichtung ist (inzwischen) schon deshalb ausgeschlossen, weil die Jahresfrist gem. § 93 Abs. 3 BVerfGG abgelaufen ist; ob die Norm die Anforderungen an eine *„selbst, gegenwärtige und unmittelbare Betroffenheit“*[21] erfüllt, kann deshalb offenbleiben.[22]

2. Genehmigung

a) Rechtsnatur der Genehmigung nach § 12a Abs. 3 EnWG

10 Ob und inwieweit Rechtsschutz im Zusammenhang mit der **Genehmigung des Szenariorahmens** nach § 12a Abs. 3 EnWG besteht, hängt maßgeblich von deren Rechtsnatur ab.

11 Die Genehmigung des Szenariorahmens ist ein **Verwaltungsakt** gem. § 35 VwVfG. Die dafür vor allem notwendige unmittelbare Außenwirkung ergibt sich daraus, dass nur der genehmigte Szenariorahmen Grundlage für einen von den Übertragungsnetzbetreibern vorzulegenden Netzentwicklungsplan sein kann. Erst mit der Genehmigung wird der Szenariorahmen für die sich anschließende Erstellung und Vorlage des Entwurfs eines Netzentwicklungsplans durch die Übertragungsnetzbetreiber gem. § 12b Abs. 1 S. 1 EnWG verbindlich. Die Rechtsfolgensetzung

16 *Glaser*, DVBl. 2012, 1283, 1287; vgl. auch *Durner*, NuR 2012, 369, 376.

17 Vgl. dazu auch Kap. 4 Rn 44 und 5 Rn 31.

18 BVerfG, Urt. v. 2.3.2010 – 1 BvR 256, 263, 586/08 – BVerfGE 125, 260, 362; Beschl. v. 16.3.1971 – 1 BvR 52, 665, 667, 754/66 – BVerfGE 31, 292, 316.

19 Über die Beschwerde entscheidet ausschließlich das für den Sitz der BNetzA (Bonn) zuständige OLG (§ 75 Abs. 4 S. 1 EnWG). Obwohl Bonn als Sitzort im Zuständigkeitsbezirk des OLG Köln liegt, ist das OLG Düsseldorf gem. § 2 Kartellsachen-Konzentrations-VO zuständig. Hierbei handelt es sich um eine abdrängende Sonderzuweisung vom Verwaltungsrechtsweg nach § 40 Abs. 1 S. 1 VwGO, vgl. Fehling/Ruffert/*Schneider*, § 22 Rn 6.

20 Vgl. Art. 100 Abs. 1 GG; dazu Jarass/Pieroth/*Pieroth*, Art. 100 Rn 2; Dreier/*Wieland*, Art. 100 Rn 6; Mangoldt/Klein/Starck/*Jan-R. Sieckmann*, Art. 100 Rn 2; Münch/Kunig/*Meyer*, Art. 100 Rn 4.

21 Vgl. dazu *Schlaich/Korioth*, Rn 231.

22 Zur Möglichkeit der Vollstreckung der Anordnung der BNetzA nach § 94 EnWG, vgl. Rn 410 ff.

und damit der Regelungscharakter folgen mithin aus der Bestätigung des vorgelegten Entwurfs, ggf. unter Festlegung von Änderungen, die sich insbesondere aus der Öffentlichkeitsbeteiligung ergeben können.[23] Insbesondere handelt es sich nicht lediglich um einen unselbstständigen Teil des Verfahrens zur Erarbeitung und Bestätigung des Netzentwicklungsplans.[24] Denn die Genehmigung ist eine **abschließende Entscheidung** zur Festlegung des Szenariorahmens. Mit ihr sind alle anderen Szenarien als die genehmigten ausgeschlossen.[25] Da der Adressatenkreis im Zeitpunkt der Entscheidung der BNetzA feststeht – alle (vier) Übertragungsnetzbetreiber[26] –, ist nicht von einer personenbezogenen Allgemeinverfügung, sondern von einem Sammel-Verwaltungsakt auszugehen.[27]

Dass die BNetzA der Genehmigung – wie geschehen[28] – Nebenbestimmungen beifügen darf, 12
folgt aus §§ 1 Abs. 1 Nr. 1, 36 Abs. 1 VwVfG,[29] die zugleich deren Zulässigkeitsgrenzen bestimmen. Da der Regulierungsbehörde nach dem Wortlaut des § 12a Abs. 3 EnWG („genehmigt") hinsichtlich des „Ob" der Genehmigung **kein Ermessen** eingeräumt wird, hat sie den Szenariorahmen – unter Berücksichtigung der Ergebnisse der Öffentlichkeitsbeteiligung (§ 12a Abs. 3 Hs. 2 EnWG) – zu genehmigen, wenn er den Anforderungen des § 12a EnWG entspricht. In diesem Fall haben die Übertragungsnetzbetreiber einen Anspruch auf die Genehmigung. Demzufolge dürfen ihr nach § 36 Abs. 1 VwVfG nur dann Nebenbestimmungen beigefügt werden, wenn dies durch Rechtsvorschrift zugelassen ist oder wenn sie sicherstellen sollen, dass die gesetzlichen Voraussetzungen des Verwaltungsakts erfüllt sind.[30] Da die BNetzA *„unter Berücksichtigung der Ergebnisse der Öffentlichkeitsbeteiligung"* genehmigt, steht ihr für die Genehmigungsentscheidung regelmäßig eine darauf zurückzuführende und durch sie begrenzte Abweichungsbefugnis von dem vorgelegten Szenariorahmen zu. **A maiore ad minus** kann sie dementsprechend nach pflichtgemäßer Abwägung („Berücksichtigung") Nebenbestimmungen vorsehen, welche auf die Öffentlichkeitsbeteiligung zurückgehen; davon unabhängig jedoch nur, wenn diese die Genehmigungsfähigkeit sicherstellen sollen.

b) Beschwerde (§ 75 EnWG)

Gegen Entscheidungen der BNetzA ist die Beschwerde zulässig (§ 75 Abs. 1 S. 1 EnWG). Entschei- 13
dungen nach dieser Vorschrift sind alle Handlungen der Regulierungsbehörde, die verfahrensbeendigend nach außen wirken.[31] Darunter fallen vor allem auch Verwaltungsakte.[32] Die BNetzA ist im hiesigen Kontext – anders als etwa im Bereich der Bundesfachplanung nach §§ 4 ff. NABEG – als Regulierungsbehörde tätig, da § 12a EnWG zu Teil 3 „Regulierung des Netzbetriebs" gehört. Eine Entscheidung i.S.d. § 75 Abs. 1 EnWG ist folglich auch die als Verwaltungsakt ergehende Ge-

23 Steinbach/*Heimann*, § 12a EnWG Rn 35.
24 Vgl. nur §§ 4, 23a, 29 EnWG; Steinbach/*Heimann*, § 12a EnWG Rn 32.
25 Steinbach/*Heimann*, §12a EnWG Rn 32.
26 Vgl. etwa *BNetzA*, Genehmigung des Szenariorahmens zum NEP 2012, Az. 8121-12/Szenariorahmen 2011, S. 1 (http://www.netzausbau.de).
27 Zur Abgrenzung zwischen Sammel-Verwaltungsakt und personenbezogener Allgemeinverfügung, *Kopp/Ramsauer*, § 35 Rn 163; im Zweifel ist von einem Einzel-Verwaltungsakt und nicht von einer Allgemeinverfügung auszugehen, Stelkens/Bonk/Sachs/*Stelkens*, § 35 Rn 287.
28 *BNetzA*, Genehmigung des Szenariorahmens zum NEP 2012, Az. 8121-12/Szenariorahmen 2011, S. 3, 84 ff. (http://www.netzausbau.de).
29 Steinbach/*Heimann*, § 12a EnWG Rn 35.
30 *Kopp/Ramsauer*, § 36 Rn 41 ff.; Fehling/Kastner/Störmer/*Störmer*, § 36 VwVfG Rn 69; Knack/Henneke/*Henneke*, § 36 Rn 18; Stelkens/Bonk/Sachs/*Stelkens*, § 36 Rn 115 ff.
31 Danner/Theobald/*Gussone*, § 75 EnWG Rn 7.
32 *Salje*, § 75 Rn 12; Britz/Hellermann/Hermes/*Hanebeck*, § 75 Rn 3.

nehmigung des Szenariorahmens.[33] Auch hier steht § 44a VwGO der Anfechtbarkeit nicht entgegen.[34]

aa) Anfechtungs- und Verpflichtungsbeschwerde

14 Nach § 75 EnWG kommen im Grundsatz sowohl eine Anfechtungs- als auch eine Verpflichtungsbeschwerde infrage. Die **Anfechtungsbeschwerde** zielt ausschließlich auf die Beseitigung der Entscheidung ab.[35] Im Regelfall wird sie dem Begehren der Übertragungsnetzbetreiber jedoch nicht entsprechen, da deren Interesse – sofern der Szenariorahmen vorgelegt wurde – auf dessen Genehmigung gerichtet sein dürfte. Grundsätzlich in Betracht kommt sie jedoch im Falle eines Rechtsbehelfs von Dritten (Privaten, Vereinigungen, Gemeinden etc.), die sich gegen die Genehmigung des Szenariorahmens wenden. Demgegenüber ist die **Verpflichtungsbeschwerde** – neben der (inzidenten) Aufhebung der ablehnenden Entscheidung – auf den Erlass der Genehmigung gerichtet.[36]

15 Sind der Genehmigung der BNetzA Nebenbestimmungen beigefügt, kommt deren **isolierte Anfechtung** dann – allerdings auch nur dann – infrage, wenn die Entscheidung sinnvoller- und rechtmäßigerweise auch ohne sie bestehen bleiben könnte.[37] Auf den Charakter der Nebenbestimmung kommt es nach zutreffender Auffassung nicht an.[38] Anderenfalls ist Verpflichtungsbeschwerde mit dem Ziel einer Genehmigung ohne (belastende) Nebenbestimmungen zu erheben. Ein Verpflichtungsantrag ist auch dann nicht ausgeschlossen, wenn er im Vergleich zum reinen Kassationsbegehren weitergehenden Rechtsschutz verschafft.[39]

bb) Beschwerdebefugnis

16 Die **Beschwerde** steht nach § 75 Abs. 2 EnWG den am Verfahren vor der BNetzA **Beteiligten** (§ 66 Abs. 2 EnWG) zu. Bereits die formale Verfahrensbeteiligung begründet die Beschwerdebefugnis.[40] Auf die Geltendmachung einer eigenen Rechtsverletzung kommt es – anders als bei § 42 Abs. 2 VwGO – nicht an.[41] Um den Kreis der Anfechtungsberechtigten gleichwohl sinnvoll zu begrenzen, wird jedoch über die bloße Verfahrensbeteiligung hinaus gefordert, dass der Anfechtende ein besonderes Rechtsschutzbedürfnis geltend machen kann.[42] Dieses ist gegeben, wenn er durch die Entscheidung **formell beschwert** ist.[43] Das wiederum ist der Fall, wenn sie hinter

---

33 *Franke*, in: FS Salje, S. 129; Steinbach/*Heimann*, § 12a EnWG Rn 38. Auch die BNetzA geht von einer Entscheidung i.S.d. § 75 EnWG aus, vgl. *BNetzA*, Genehmigung des Szenariorahmens zum NEP 2012, Az. 8121-12/Szenariorahmen 2011, 87 (http://www.netzausbau.de).
34 Vgl. dazu bereits Rn 8 und des Weiteren noch Rn 29 und Rn 410 ff. zum Rechtsschutz gegen die Vollstreckung.
35 Danner/Theobald/*Gussone*, § 75 EnWG Rn 25; *Salje*, § 75 Rn 9.
36 Danner/Theobald/*Gussone*, § 75 EnWG Rn 26; BK-EnR/*Stockmann*, § 75 EnWG Rn 10; Britz/Hellermann/Hermes/*Hanebeck*, § 75 Rn 8.
37 Vgl. dazu im Einzelnen BVerwG, Urt. v. 22.11.2000 – 11 C 2/00 – BVerwGE 112, 221, 224; Fehling/Kastner/Störmer/*Störmer*, § 36 VwVfG Rn 88; Knack/Henneke/*Henneke*, § 36 Rn 54.
38 BVerwG, Urt. v. 13.12.2000 – 6 C 5/00 – NVwZ 2001, 919, 920; Urt. v. 22.11.2000 – 11 C 2/00 – NVwZ 2011, 429 (Ls. 1); Urt. v. 10.7.1980 – 3 C 136/79 – VerwRspr 1981, 409, 413; *Kopp/Schenke*, § 42 Rn 22; Posser/Wolff/*Schmidt-Kötters*, § 42 Rn 30 m.w.N.
39 BVerwG, Urt. v. 13.12.2000 – 6 C 5/00 – NVwZ 2001, 919, 920.
40 BK-EnR/*Stockmann*, § 75 EnWG Rn 6; für den entsprechenden Bereich des GWB: Wiedemann/*Werner*, § 54 Rn 17; Immenga/Mestmäcker/*Schmidt*, § 63 Rn 21.
41 Britz/Hellermann/Hermes/*Hanebeck*, § 75 Rn 4, 7; *Salje*, § 75 Rn 24; BK-EnR/*Stockmann*, § 75 EnWG Rn 6.
42 Danner/Theobald/*Gussone*, § 75 EnWG Rn 17; Britz/Hellermann/Hermes/*Hanebeck*, § 75 Rn 6.
43 BK-EnR/*Stockmann*, § 75 EnWG Rn 8.

dessen Antrag oder seinem mit dem Verfahren verfolgten Ziel zurückbleibt.[44] Ist eine Verfahrensbeteiligung im Falle einer notwendigen Beiladung[45] unterblieben und droht eine Verletzung subjektiver Rechte des Betroffenen, besteht die Beschwerdebefugnis auch ohne formelle Beschwer und ohne formale Beteiligung am Verfahren.[46]

Nach diesen Maßstäben ist die Beschwerdebefugnis eines **Dritten** (sei es eine Gemeinde, ein Privater oder eine Vereinigung) gegen die Genehmigung des Szenariorahmens nach § 12a Abs. 3 EnWG gegeben, wenn er am Verfahren nach § 66 Abs. 2 EnWG beteiligt wurde. Mangelt es daran, wird sie im Regelfall fehlen. Denn wegen des hohen Abstraktionsgrads des Szenariorahmens besteht regelmäßig keine unmittelbare Betroffenheit.[47] 17

Anderes gilt für die **Übertragungsnetzbetreiber**: Bereits aufgrund ihrer Adressatenstellung können sie – sofern der genehmigte vom vorgelegten Szenariorahmen abweicht – gegen die (teilablehnende) Genehmigung vorgehen.[48] Wird die Genehmigung etwa mit belastenden, selbstständig anfechtbaren Nebenbestimmungen versehen, kommt die **Anfechtungsbeschwerde** mit dem Ziel einer Beseitigung jener Regelung in Betracht. 18

Wird die Genehmigung demgegenüber (ganz oder teilweise) abgelehnt oder generell verweigert, können sich die Übertragungsnetzbetreiber mit der **Verpflichtungsbeschwerde** nach § 75 Abs. 3 S. 1 EnWG wehren. Der dafür erforderliche **Rechtsanspruch** auf Erlass einer Entscheidung[49] besteht, da der Behörde hinsichtlich des „Ob" der Genehmigung **kein Ermessen** eingeräumt ist. Entspricht der Szenariorahmen den Anforderungen des § 12a Abs. 1 EnWG, hat sie ihn – ggf. unter Berücksichtigung der Ergebnisse der Öffentlichkeitsbeteiligung in abgeänderter Form – zu genehmigen.[50] Daraus können die Übertragungsnetzbetreiber einen eigenen Anspruch auf Genehmigung ableiten. Der Gesetzgeber geht zu Recht davon aus, dass sich aus der Öffentlichkeitsbeteiligung keine Erkenntnisse ergeben können, welche die Erstellung eines Szenariorahmens generell ausschließen könnten.[51] 19

cc) Begründetheit

Die Beschwerdeentscheidung richtet sich nach § 83 EnWG. Hält das Gericht die Entscheidung der Regulierungsbehörde für unzulässig oder unbegründet – also rechtswidrig –, so hebt es sie im Rahmen der Anfechtungsbeschwerde auf (§ 83 Abs. 2 S. 1 EnWG). Ist die Entscheidung teilbar, kommt auch eine Teilaufhebung – beschränkt auf den rechtswidrigen Teil – in Betracht.[52] Anders als im Verwaltungsprozess (vgl. § 113 Abs. 1 S. 1 VwGO) ist es nicht erforderlich, dass die rechtswidrige Entscheidung den Beschwerdeführer auch in eigenen Rechten verletzt.[53] Hält das Gericht die Ablehnung oder Unterlassung der Entscheidung für rechtswidrig, so spricht es auf die Beschwerde hin die Verpflichtung der Regulierungsbehörde aus, die beantragte Entscheidung vorzunehmen (§ 83 Abs. 4 EnWG). 20

Der gesetzliche Rahmen gibt wenig Anhaltspunkte für die gerichtlichen Entscheidungskriterien. Die formalen Voraussetzungen des Szenariorahmens nach § 12a Abs. 1 EnWG sind un- 21

---

44 Danner/Theobald/*Gussone*, § 75 EnWG Rn 17; BK-EnR/*Stockmann*, § 75 EnWG Rn 8.
45 Dazu BK-EnR/*Paul*, § 66 EnWG Rn 23; Britz/Hellermann/Hermes/*Hanebeck*, § 66 Rn 12.
46 BK-EnR/*Stockmann*, § 75 EnWG Rn 6; *Salje*, § 75 Rn 26.
47 Steinbach/*Heimann*, § 12a EnWG Rn 39.
48 Steinbach/*Heimann*, § 12a EnWG Rn 38.
49 Britz/Hellermann/Hermes/*Hanebeck*, § 75 Rn 10; BK-EnR/*Stockmann*, § 75 EnWG Rn 10.
50 Vgl. oben Rn 11 f.
51 Vgl. den Wortlaut des § 12a Abs. 3 EnWG: „genehmigt" statt „entscheidet über".
52 Britz/Hellermann/Hermes/*Hanebeck*, § 83 Rn 9; BK-EnR/*Stockmann*, § 83 EnWG Rn 11; Danner/Theobald/*Gussone*, § 83 EnWG Rn 21.
53 Vgl. dazu BK-EnR/*Stockmann*, § 75 EnWG Rn 6; Britz/Hellermann/Hermes/*Hanebeck*, § 75 Rn 4.

schwer zu erfüllen. Streitig könnte – insbesondere unter Berücksichtigung der Ergebnisse aus der Öffentlichkeitsbeteiligung – dagegen sein, wie und mit welchem Gewicht einzelne Aspekte zu würdigen sind. Dies gilt insbesondere im Hinblick auf die unbestimmten Rechtsbegriffe in § 12a Abs. 1 EnWG („wahrscheinliche Entwicklungen", „angemessene Annahmen"). Sofern diese jedoch in vertretbarer Weise durch die **Übertragungsnetzbetreiber ausgefüllt** werden, besteht für eine Verweigerung der Genehmigung durch die BNetzA im Grundsatz kein Raum. Sie hat insbesondere **keinen** eigenständigen **Beurteilungsspielraum**; ihre Entscheidung unterliegt voller gerichtlicher Kontrolle.[54] Dementsprechend wäre auch eine Genehmigung, welche – etwa auf der Grundlage der Öffentlichkeitsbeteiligung – die (weiterhin) vertretbaren Annahmen der Übertragungsnetzbetreiber ohne Sachgrund überspielt, ebenfalls rechtswidrig. Nur wenn sich die dem Szenariorahmen der Übertragungsnetzbetreiber zugrundeliegenden Annahmen als unvertretbar erwiesen, besäße die BNetzA eine Korrektur- und Abänderungsbefugnis. Diesem Regel-/Ausnahmeverhältnis kommt umso mehr Bedeutung zu, als der **genehmigte** Szenariorahmen die Grundlage für die weiteren – von den Übertragungsnetzbetreibern in eigener Verantwortung und auf eigene Kosten zu erstellenden – Planungen bildet und ihnen damit eine bestimmte Planungsvorgabe oktroyiert. Aus der Stufung der Planung ergibt sich daher zugleich eine **Rollen- und Zuständigkeitsverteilung** zwischen Übertragungsnetzbetreibern und Regulierungsbehörde, wonach der grundsätzliche Ausfüllungsvorrang bei Ersteren liegt.

c) Einstweiliger Rechtsschutz

22 Eine Beschwerde nach § 75 EnWG hat – außer bei Anordnung zur Durchsetzung der Unbundling-Verpflichtungen nach §§ 7, 8 EnWG – **keine aufschiebende Wirkung** (§ 76 Abs. 1 EnWG).[55] Die Genehmigung der BNetzA nach § 12a Abs. 3 EnWG ist somit von den Übertragungsnetzbetreibern bereits mit deren Bekanntgabe – ungeachtet einer ggf. eingelegten Beschwerde – unmittelbar zu beachten, etwa bei der Vorbereitung des Netzentwicklungsplans nach § 12b Abs. 1 EnWG. Die zeitliche Komponente erfährt zusätzliche Brisanz, da der Netzentwicklungsplan jährlich bis zum 3. März der BNetzA vorzulegen ist (§ 12b Abs. 1 S. 1 EnWG). Folglich werden die Übertragungsnetzbetreiber die Möglichkeiten einstweiligen Rechtsschutzes sorgfältig prüfen müssen, wenn sie sich bereits auf der Ebene des Szenariorahmens wehren und die bindende Wirkung der Genehmigung für die Erstellung des Netzentwicklungsplans angreifen wollen.

23 Als einstweiliges Rechtsschutzbegehren kommen hier ausschließlich Anträge auf **Aussetzung der Vollziehung** an die Behörde (§ 77 Abs. 3 S. 2 und 3 EnWG) und/oder auf **Anordnung der aufschiebenden Wirkung** an das Beschwerdegericht (§ 77 Abs. 3 S. 4 EnWG) infrage. Demgegenüber ist ein Antrag auf Wiederherstellung der aufschiebenden Wirkung nach § 77 Abs. 3 S. 1 EnWG ausgeschlossen. Denn dieser betrifft nur die Fälle, in denen der Sofortvollzug gesondert durch die Regulierungsbehörde nach § 77 Abs. 1 EnWG angeordnet wurde und sich nicht bereits aus § 76 Abs. 1 EnWG ergibt.[56]

---

54 Unbestimmte Rechtsbegriffe führen im Regelfall nicht zu einem Beurteilungsspielraum; sie unterliegen der vollen richterlichen Kontrolle (vgl. BVerfG, Beschl. v. 11.5.2011 – 1 BvR 857/07 – NVwZ 2011, 1062, 1064; *Maurer*, § 7 Rn 35). Nur wenn sich aus der Auslegung des Gesetzes etwas anderes ergibt, ist die richterliche Kognition entsprechend eingeschränkt; dafür ist im hiesigen Kontext indes nichts ersichtlich.

55 Britz/Hellermann/Hermes/*Hanebeck*, § 76 Rn 1 f.; BK-EnR/*Stockmann*, § 76 EnWG Rn 1; *Salje*, § 76 Rn 2; *Antweiler/Nieberding*, NJW 2005, 3673, 3675.

56 *Salje*, § 77 Rn 12; Britz/Hellermann/Hermes/*Hanebeck*, § 77 Rn 2.

aa) Aussetzung der Vollziehung durch die BNetzA

Die BNetzA **kann** – ohne dass weitere Voraussetzungen erfüllt sein müssten – die Vollziehung 24
aussetzen (§ 77 Abs. 3 S. 2 EnWG). Ein Antrag ist hierfür nicht erforderlich, die Behörde kann von Amts wegen tätig werden.[57] Sie entscheidet dabei nach pflichtgemäßem Ermessen.[58] Die BNetzA **soll** die Vollziehung aussetzen, wenn die Voraussetzungen des § 77 Abs. 3 S. 1 Nr. 3 EnWG (unbillige, nicht durch überwiegende öffentliche Interessen gebotene Härte für den Betroffenen) vorliegen. Das Ermessen der BNetzA ist dabei dahingehend eingeschränkt, dass die Nichtaussetzung trotz unbilliger Härte **gesondert zu begründen** ist.[59] Unbillige Härten sind bei atypischen Abweichungen vom Regelfall gegeben, in denen besondere Gründe für die Abweichung sprechen. Erforderlich ist ein schwerwiegender, nicht wieder gut zu machender Nachteil,[60] der seinerseits nicht mit überwiegenden öffentlichen Interessen gerechtfertigt werden kann. Derartige Härten sind im Kontext der Genehmigung des Szenariorahmens nur in Ausnahmefällen vorstellbar. Die Ergebnisse dieses frühen Planungsstadiums werden im Regelfall noch keine unmittelbare Belastung der Übertragungsnetzbetreiber bewirken, welche die hohen Anforderungen an eine unbillige Härte erfüllen können.

bb) Gerichtliche Anordnung der aufschiebenden Wirkung

Das Beschwerdegericht kann nach § 77 Abs. 3 S. 4 EnWG auf Antrag die aufschiebende Wirkung 25
anordnen, wenn die Voraussetzungen des § 77 Abs. 3 S. 1 Nr. 2 (ernstliche Zweifel an der Richtigkeit der Verfügung) oder Nr. 3 (unbillige, nicht durch überwiegende öffentliche Interessen gebotene Härte für den Betroffenen) EnWG vorliegen. Ungeachtet der auf eine richterliche Ermessensentscheidung hindeutenden Formulierung des Gesetzes („kann"), trifft das Gericht eine gebundene Entscheidung; ihm steht kein Ermessen zu.[61] Liegen die Voraussetzungen nach § 77 Abs. 3 S. 1 Nr. 2 oder 3 EnWG vor, ist die aufschiebende Wirkung anzuordnen, auch eine weitere Interessenabwägung findet nicht statt. Bedeutung hat dies insbesondere beim Vorliegen des Aussetzungsgrundes nach Nr. 2 (ernstliche Zweifel an der Richtigkeit der Verfügung). Solche ernstlichen Zweifel können tatsächlicher oder rechtlicher Art sein. Sie bestehen, wenn nach Einschätzung des Gerichts die Aufhebung der angefochtenen Verfügung überwiegend wahrscheinlich ist. Nicht ausreichend ist daher, wenn die Rechtslage lediglich offen ist.[62] Zu den gerichtlichen Prüfkriterien für die Rechtmäßigkeitskontrolle der Genehmigung nach § 12a Abs. 3 EnWG gilt das oben Gesagte.[63]

II. Netzentwicklungsplan

Der auf Grundlage des Szenariorahmens jährlich von den **Betreibern der Übertragungsnetze** 26
unter Berücksichtigung der Ergebnisse einer Öffentlichkeitsbeteiligung zu erarbeitende Netz-

---

57 Britz/Hellermann/Hermes/*Hanebeck*, § 77 Rn 6; Danner/Theobald/*Gussone*, § 77 EnWG Rn 3; *Salje*, § 77 Rn 9.
58 Britz/Hellermann/Hermes/*Hanebeck*, § 77 Rn 7 f.; BK-EnR/*Stockmann*, § 77 EnWG Rn 5; Danner/Theobald/*Gussone*, § 77 EnWG Rn 3.
59 *Salje*, § 77 Rn 18; Britz/Hellermann/Hermes/*Hanebeck*, § 77 Rn 9.
60 OLG München, Beschl. v. 22.2.2007 – Kart. 02/06 – ZNER 2007, 62, 63; OLG Düsseldorf, Beschl. v. 21.7.2006 – VI-3 Kart. 289/06 (V) – ZNER 2006, 258, 263; Britz/Hellermann/Hermes/*Hanebeck*, § 77 Rn 17.
61 OLG Stuttgart, Beschl. v. 9.11.2006 – 205 EnWG 1/06 – ZNER 2006, 344, 346; OLG Düsseldorf, Beschl. v. 30.8. 2006 – VI-3 Kart 295/06 (V) – juris Rn 10; Immenga/Mestmäcker/*Schmidt*, § 65 GWB Rn 11; Britz/Hellermann/Hermes/*Hanebeck*, § 77 Rn 17.
62 OLG Düsseldorf, Beschl. v. 30.8.2006 – VI-3 Kart 295/06 (V) – juris Rn 10; Immenga/Mestmäcker/*Schmidt*, § 65 GWB Rn 13; *Salje*, § 77 Rn 77. Zu den Voraussetzungen für § 77 Abs. 3 S. 1 Nr. 3 EnWG, vgl. Rn 24 f.
63 Vgl. Rn 20 f.

entwicklungsplan ist der BNetzA zur Bestätigung vorzulegen (§ 12b EnWG). Nach Prüfung der Anforderungen des § 12b EnWG und Erstellung eines Umweltberichts wird er durch die BNetzA unter Berücksichtigung des Ergebnisses einer (weiteren) Behörden- und Öffentlichkeitsbeteiligung bestätigt. Er ist gleichzeitig Grundlage für den **Entwurf des Bundesbedarfsplangesetzes** durch das Bundeskabinett. Der Netzentwicklungsplan muss deshalb insbesondere alle wirksamen Maßnahmen zur bedarfsgerechten Optimierung, Verstärkung und zum Ausbau des Netzes enthalten, die in den nächsten zehn Jahren für einen sicheren und zuverlässigen Netzbetrieb erforderlich sind (§ 12b Abs. 1 S. 2 EnWG). Ferner beinhaltet er alle Netzausbaumaßnahmen, die in den nächsten drei Jahren ab Feststellung des Netzentwicklungsplans durch die Regulierungsbehörde für einen sicheren und zuverlässigen Netzbetrieb erforderlich sind (§ 12b Abs. 1 S. 3 EnWG).[64]

27 Die Erstellung und die abschließende Bestätigung des Netzentwicklungsplans bergen zahlreiche rechtsschutzrelevante Aspekte. Rechtsschutzbegehren können insbesondere auslösen

- die Festlegung näherer Bestimmungen zu Inhalt und Verfahren der Erstellung des Netzentwicklungsplans (§ 12c Abs. 6 EnWG)
- die Verpflichtung der Übertragungsnetzbetreiber zur Erstellung und Vorlage des Entwurfs eines gemeinsamen nationalen Netzentwicklungsplans zur Bestätigung durch die BNetzA (§ 12b EnWG)
- das Verlangen von Änderungen zum Entwurf des Netzentwicklungsplans (§ 12c Abs. 1 S. 2, Abs. 5 EnWG)
- die (ggf. mit Nebenbestimmungen versehene) Bestätigung des Netzentwicklungsplans (§ 12c Abs. 4 S. 1 EnWG)
- die Bestimmung des Vorhabensverantwortlichen (§ 12c Abs. 4 S. 3 EnWG).

1. Festlegungen (§ 12c Abs. 6 EnWG)

28 Die BNetzA kann nähere Bestimmungen zu Inhalt und Verfahren der Erstellung des Netzentwicklungsplans sowie zur Ausgestaltung des nach §§ 12c Abs. 3, 12a Abs. 2, 12b Abs. 3 durchzuführenden Verfahrens zur Beteiligung der Öffentlichkeit **festlegen** (§ 12c Abs. 6 EnWG). Es handelt es sich bei der Festlegung nach § 12c Abs. 6 EnWG um einen Verwaltungsakt in Form einer **Allgemeinverfügung** nach § 35 S. 2 VwVfG. Anders als bei der Genehmigung nach § 12a Abs. 3 EnWG richtet sich die behördliche Entscheidung hier nicht an einen feststehenden, sondern an den lediglich bestimmbaren Adressatenkreis derjenigen, die den Netzentwicklungsplan erstellen oder an der Öffentlichkeitsbeteiligung teilnehmen. Sie hat zudem unmittelbare Rechtswirkung nach außen, indem sie rechtsverbindliche Vorgaben zu Inhalt und Verfahren der Erstellung des Netzentwicklungsplans setzt.

29 Gerichtlicher Rechtsschutz gegen die Festlegung kann über die **Beschwerde nach § 75 EnWG** erlangt werden.[65] Dem Rechtsschutzbegehren steht **§ 44a VwGO**, der als Rechtsgedanke des allgemeinen Verfahrensrechts auch im Beschwerdeverfahren nach §§ 75 ff. EnWG zu beachten ist,[66] nicht entgegen. Denn § 44a VwGO gilt von vornherein nur für Verfahrenshandlungen **innerhalb** desselben Verwaltungsverfahrens.[67] Selbst wenn man entgegen der hiesigen Auffassung die Festlegung nach § 12c Abs. 6 EnWG als reine Verfahrenshandlung verstehen wollte, so würde die Ausgestaltung des Verfahrens gleichwohl in einem **originären**, der eigentlichen Netzplanung

64 Vgl. im Einzelnen oben Kap. 3 Rn 302 ff.
65 Steinbach/*Heimann*, § 12c EnWG Rn 53; zu Einzelheiten vgl. oben Rn 13 ff.
66 OLG Düsseldorf, Beschl. v. 26.9.2008 – VI-3 Kart 38/08 (V) – RdE 2009, 382.
67 *Kopp/Schenke*, § 44a Rn 4a; Posser/Wolff/*Posser*, § 44a Rn 14.

vorgelagerten **Verwaltungsverfahren** festgelegt, dessen Ergebnisse auch für zukünftige Verfahren zur Erstellung der jährlichen Netzentwicklungsplanungen verbindlich sein sollen.[68]

Die Beschwerde ist begründet, wenn die jeweilige Festlegung nach § 12c Abs. 6 EnWG rechtswidrig ist; auf eine Verletzung subjektiv-öffentlicher Rechte kommt es auch hier nicht an. Die BNetzA wird daher insbesondere beachten müssen, dass die von Gesetzes wegen bestehenden Beteiligungsrechte im Rahmen der Erstellung des Netzentwicklungsplans sowie in den Verfahren nach §§ 12c Abs. 3, 12a Abs. 2 und 12b Abs. 3 EnWG nicht beschränkt werden. Hinsichtlich des Inhalts muss sie sich an die Maßgaben des § 12b Abs. 1 und 2 EnWG halten. Sie darf diese konkretisieren, nicht aber modifizieren oder auch nur ergänzen, da die gesetzliche Regelung insoweit abschließend ist; denn die Inhaltsanforderungen in § 12b Abs. 1 EnWG sind nicht als Regelbeispiele ausgestaltet, sondern enumerativ aufgelistet. 30

2. Vorlage des Entwurfs (§ 12b EnWG)

Die Übertragungsnetzbetreiber sind nach § 12b Abs. 1 EnWG **verpflichtet**, der Regulierungsbehörde jährlich zum 3. März auf der Grundlage des Szenariorahmens einen gemeinsamen nationalen Netzentwicklungsplan zur Bestätigung vorzulegen. Die zwingenden Bestandteile des Netzentwicklungsplans ergeben sich abschließend aus § 12b EnWG.[69] Der Netzentwicklungsplan ist unverzüglich, d.h. ohne schuldhaftes Zögern,[70] vorzulegen (§ 12b Abs. 5 EnWG). Eine Verletzung dieser Pflicht ist eine **Ordnungswidrigkeit** (§ 95 Abs. 1 Nr. 3b EnWG).[71] 31

Kommen die Übertragungsnetzbetreiber dieser gesetzlichen Verpflichtung **überhaupt nicht** nach, kann die Regulierungsbehörde – verursacherindividualisiert[72] – nach § 65 Abs. 2 EnWG vollstreckbare (§ 94 EnWG) Maßnahmen zu deren Einhaltung anordnen.[73] Diese können von den Übertragungsnetzbetreibern mit der Beschwerde nach §§ 75 ff. EnWG (ggf. mit Eilrechtsschutz) angefochten werden. Da die Verpflichtung zur Erstellung des Netzentwicklungsplans auf einer gesetzlichen Regelung beruht, hängen die Erfolgsaussichten der Beschwerde – vorbehaltlich spezifischer Einzelregelungen der BNetzA, die über die schlichte Umsetzung des Gesetzes hinausgehen – im Kern von der Verfassungsmäßigkeit der Verpflichtung nach § 12b EnWG ab. Auch für diese Indienststellung gilt das zuvor Gesagte entsprechend.[74] 32

Dem Rechtsschutzbegehren steht § 44a VwGO nicht entgegen. Denn der Ausschluss der selbstständigen Anfechtung gilt nicht für vollstreckbare Handlungen (§ 44a S. 2 VwGO). Da die BNetzA ihre Anordnungen nach § 94 EnWG i.V.m. dem VwVG vollstrecken kann, bleibt es bei der Anfechtungsmöglichkeit.[75] 33

3. Änderungsverlangen (§ 12c Abs. 1 S. 2, Abs. 5 EnWG)

Die BNetzA kann gem. § 12c Abs. 1 S. 2 EnWG Änderungen des Entwurfs durch die Übertragungsnetzbetreiber verlangen. Der geänderte Netzentwicklungsplan ist der BNetzA sodann er- 34

68 Die Verfahrensabläufe sollen an gemachte Erfahrungen angepasst sowie eine effiziente und effektive Ausgestaltung des Verfahrens gewährleistet werden, vgl. BT-Drucks. 17/6072, S. 69.
69 Dazu im Einzelnen Kap. 3 Rn 302 ff.
70 Steinbach/*Heimann*, § 12b EnWG Rn 17.
71 Zu den Einspruchsmöglichkeiten, vgl. Rn 407 ff.
72 Vgl. dazu oben Rn 7.
73 Ist der Entwurf des Netzentwicklungsplans dagegen unvollständig oder unzureichend, muss die Behörde nach § 12c Abs. 1 S. 2 EnWG vorgehen, dazu sogleich unter Rn 36.
74 Vgl. dazu oben Rn 8.
75 Vgl. Rn 410 ff. zum Rechtsschutz gegen die Vollstreckung.

neut unverzüglich vorzulegen (§ 12c Abs. 5 EnWG). Eine Verletzung dieser Pflicht ist ebenfalls eine **Ordnungswidrigkeit** (§ 95 Abs. 1 Nr. 3b EnWG).

35 Das Änderungsverlangen nach § 12c Abs. 1 S. 2 EnWG ist ein (belastender) **Verwaltungsakt** nach § 35 VwVfG und eine Entscheidung i.S.d. § 73 EnWG. Der gerichtliche Rechtsschutz richtet sich folglich nach §§ 75ff. EnWG;[76] richtiger Rechtsbehelf ist die **Anfechtungsbeschwerde**. Da die Entscheidung der BNetzA sofort vollziehbar ist (vgl. § 76 Abs. 1 EnWG[77]), kommt ggf. einstweiliger Rechtsschutz gem. § 77 EnWG in Betracht.[78] Handelt ein Übertragungsnetzbetreiber dieser Anordnung zuwider, erfüllt er den Tatbestand einer Ordnungswidrigkeit (§ 95 Abs. 1 Nr. 3 lit. a) EnWG).[79] Der Anfechtbarkeitsausschluss des § 44a VwGO greift wegen der selbstständigen Vollstreckbarkeit auch hier nicht.

36 Die Beschwerde ist begründet, wenn das Änderungsverlangen rechtswidrig ist. Die BNetzA kann von den Übertragungsnetzbetreibern nicht mehr verlangen, als diese nach dem Gesetz zu leisten verpflichtet sind. Da die Regulierungsbehörde nach § 12c Abs. 1 S. 1 EnWG die Übereinstimmung des Entwurfs mit den Anforderungen nach § 12b Abs. 1, 2 und 4 EnWG prüft, kann auch nur deren Verletzung ein Änderungsverlangen tragen. Zwar sind einzelne zwingende Bestandteile des Netzentwicklungsplans durch unbestimmte Rechtsbegriffe gekennzeichnet („bedarfsgerechte Optimierung", „erforderlich", „in besonderer Weise Rechnung zu tragen", „Abwägung mit den geprüften, in Betracht kommenden anderweitigen Planungsmöglichkeiten"). Dies führt jedoch nicht zu einer originären, eigenständigen Gestaltungskompetenz der BNetzA. Ihr steht kein Beurteilungsspielraum und lediglich eine Befugnis zur **nachvollziehenden Abwägung** zu;[80] nur in dem dadurch gezogenen Rahmen können Änderungsverlangen Bestand haben. Dies gilt auch dann, wenn sie im Wege der – nicht ausgeschlossenen – Ersatzvornahme vorgeht. Die Änderung i.S.d. § 12c Abs. 1 S. 2 EnWG ist keine unvertretbare, höchstpersönliche Handlung der Übertragungsnetzbetreiber, da sie auch von einem Dritten, z.B. der BNetzA selbst, vorgenommen werden könnte.

4. Bestätigung (§ 12c Abs. 4 EnWG)

37 Nach § 12c Abs. 4 EnWG bestätigt die BNetzA den jährlichen Netzentwicklungsplan unter Berücksichtigung des Ergebnisses der Behörden- und Öffentlichkeitsbeteiligung mit bindender Wirkung für die Übertragungsnetzbetreiber. Die Bestätigung nach § 12c Abs. 4 EnWG ist ein **Verwaltungsakt.**[81] Durch die ausdrückliche Verbindlicherklärung gegenüber den Übertragungsnetzbetreibern erhält die Bestätigung eine unmittelbare Rechtswirkung nach außen. Durch den bestätigten Netzentwicklungsplan wird die allgemeine Pflicht nach § 11 Abs. 1 S. 1 EnWG zur bedarfsgerechten Bereitstellung und zum Ausbau des Übertragungsnetzes konkretisiert. Die Realisierung einer in einem Netzentwicklungsplan vorgesehenen Investition kann zudem nach § 65 Abs. 2a EnWG explizit gefordert werden.[82]

38 Demgegenüber sieht das Gesetz eine **Ablehnung** des (ggf. geänderten) Netzentwicklungsplans oder eine generelle Verweigerung der Bestätigung **nicht** vor. Auch insoweit hat der Gesetzgeber in § 12c Abs. 4 EnWG nicht lediglich eine „Entscheidung über" den vorgelegten Netzentwicklungsplan normiert, sondern – als einzige Entscheidungsvariante – dessen Bestätigung,

---

76 Allgemein zur Beschwerde siehe Rn 13ff.
77 Vgl. dazu oben Rn 22.
78 Britz/Hellermann/Hermes/*Hanebeck*, § 76 Rn 1.
79 Vergleich zur Einspruchsmöglichkeit insoweit Rn 407ff.
80 Vgl. Kap. 11 Rn 3ff.
81 Steinbach/*Heimann*, § 12c EnWG Rn 49.
82 Dazu auch *Appel*, UPR 2011, 406, 412; *Salje*, RdE 2012, 359, 361f.

wenngleich unter Berücksichtigung der Ergebnisse der Behörden- und Öffentlichkeitsbeteiligung. Daraus ist konsequent zu schließen, dass eine Ablehnung/Verweigerung kein statthafter Entscheidungsinhalt für die BNetzA ist. Ist sie mit der Vorlage nicht einverstanden, hat sie gem. § 12 Abs. 1 S. 2 EnWG Änderungen zu verlangen (siehe dazu oben Ziff. 3.) oder kann – soweit dies vom Ergebnis der Beteiligungsverfahren gedeckt bzw. zur Herstellung der Genehmigungsfähigkeit geboten ist – die Bestätigung mit Nebenbestimmungen versehen. Eine darüber hinausgehende Ablehnung/Verweigerung ist dagegen unzulässig. Das hat Konsequenzen auch für den Rechtsschutz.

a) Anfechtbarkeit

Nach § 12c Abs. 4 S. 2 EnWG ist die **Bestätigung nicht – selbstständig – durch Dritte anfecht-** 39
bar. Für Dritte ist mithin bereits die isolierte Klagbarkeit ausgeschlossen.[83] Wer „Dritter" ist, bestimmt sich durch eine Negativabgrenzung. Keine Dritten sind die Übertragungsnetzbetreiber; sie sind vielmehr die Adressaten der Bestätigung.[84] Ebenfalls ist die BNetzA – auch in ihrer Eigenschaft als Planfeststellungsbehörde (vgl. § 2 Abs. 2 NABEG) trotz funktionaler Differenzierung zu ihrer Rolle als Regulierungsbehörde – nicht Dritter. Dritte i.S.d. § 12c Abs. 4 S. 2 EnWG sind demzufolge alle anderen, d.h. Private, Vereinigungen, Kommunen, Länder und ihre (Planfeststellungs-) Behörden. Gegen den gesetzlichen Ausschluss der Anfechtbarkeit zulasten der Dritten bestehen keine verfassungsrechtlichen Bedenken,[85] auch nicht mit Blick auf Art. 19 Abs. 4 GG. Die Rechtsschutzgarantie ist nicht verletzt, wenn Dritte durch die Bestätigung entweder (noch) nicht in eigenen Rechten betroffen sind[86] oder eine im Einzelfall doch gegebene Betroffenheit im weiteren Planungsverlauf geltend machen können.

So liegt es hier: Die Bestätigung des Netzentwicklungsplans findet auf einer noch groben 40
Planungsebene statt, bei der eine konkrete Betroffenheit Dritter in aller Regel nicht auszumachen ist.[87] Sollte dennoch ausnahmsweise eine Betroffenheit gegeben sein – was nur im Falle einer durch den Netzentwicklungsplan unausweichlich vorgegebenen Beeinträchtigung eigener Rechte infrage kommt –, könnte diese (in den Grenzen der jeweils geltenden Prozessvoraussetzungen) im Wege des Rechtsschutzes gegen das Bundesbedarfsplangesetz nach § 12e Abs. 4 EnWG oder im Rahmen eines Vorgehens gegen den entsprechenden Planfeststellungsbeschluss geltend gemacht werden; denn ausgeschlossen ist nur die selbstständige Anfechtung, nicht jedoch eine Inzidentprüfung.[88]

Im Umkehrschluss zur ausdrücklichen gesetzlichen Fokussierung auf Dritte ergibt sich für 41
die **Übertragungsnetzbetreiber**, dass ihnen unmittelbar gerichtlicher Rechtsschutz offensteht.[89] Der erste von der BNetzA bestätigte Netzentwicklungsplan zeigt bereits, dass die Abweichungen vom Entwurf der Übertragungsnetzbetreiber gravierend sein können; denn danach wurden nur 51 von den 74 vorgeschlagenen Vorhaben bestätigt.[90]

83 Zum Inzidentrechtsschutz vgl. Rn 59.
84 *Glaser*, DVBl. 2012, 1283, 1287; *Moench/Ruttloff*, NVwZ 2011, 1040, 1042.
85 Vgl. *de Witt/Durinke/Kause*, Rn 19.
86 So *Moench/Ruttloff*, NVwZ 2011, 1040, 1042.
87 Steinbach/*Heimann*, § 12c EnWG Rn 49; *Appel*, UPR 2011, 406, 412.
88 Dazu sogleich unter Rn 59.
89 Steinbach/*Heimann*, § 12c EnWG Rn 49; *Callies/Dross*, JZ 2012, 1002, 1006; *Appel*, UPR 2011, 406, 412; *Salje*, RdE 2012, 359, 361.
90 *BNetzA*, Bestätigung Netzentwicklungsplan Strom 2012, 25.11.2012, S. 3 ff. (http://www.netzausbau.de). Die Vorhaben wurden *„noch nicht"* bestätigt. Die Vorhabensträger *„bleiben aufgefordert, die Erforderlichkeit dieser Maßnahmen in künftigen Netzentwicklungsplänen zu untersuchen und gegebenenfalls neu darzulegen."*

b) Beschwerde (§ 75 EnWG)

42 Richtiger Rechtsbehelf ist – da die Bestätigung des Netzentwicklungsplans eine Entscheidung der Regulierungsbehörde i.S.d. § 75 Abs. 1 EnWG ist – wiederum die **Beschwerde gem. § 75 EnWG.**[91] Die statthafte Beschwerdeart richtet sich nach dem Beschwerdebegehren der allein beschwerdebefugten Übertragungsnetzbetreiber. Erreichen sie ihr Ziel schon mit der bloßen (teilweisen) Beseitigung des angefochtenen Verwaltungsakts oder/und seiner Nebenbestimmungen, haben sie mit der Anfechtungsbeschwerde vorzugehen; verfolgen sie den Erlass eines (inhaltlich geänderten) Verwaltungsakts, ist die Verpflichtungsbeschwerde der statthafte Rechtsbehelf. Insoweit ist zu unterscheiden, ob sich die Übertragungsnetzbetreiber gegen die (ihrer Auffassung nach) rechtswidrige Bestätigung wenden und deren (teilweise) Kassation anstreben oder eine inhaltliche Änderung der erteilten Bestätigung – etwa die Aufnahme nicht bestätigter Projekte – begehren. Im ersten Fall wäre die Anfechtungs-, im zweiten die Verpflichtungsbeschwerde einschlägig. Zu beachten ist dabei, dass sich die Frage, ob der Rechtsschutzsuchende sein Rechtsschutzziel schon mit der reinen Aufhebung des Verwaltungsakts erreicht, nach dem **materiellen Recht** bestimmt,[92] das den inhaltlichen Rahmen des Rechtsschutzbegehrens konturiert.

aa) Anfechtungsbeschwerde

43 Sofern der ursprüngliche Entwurf bestätigt wurde, dürfte es schon **tatsächlich** an einem Anfechtungsbedürfnis der Übertragungsnetzbetreiber fehlen. Denn ihr Entwurf ist ohne Modifikationen akzeptiert worden. Jedenfalls stünde einer Anfechtungsbeschwerde das **fehlende Rechtsschutzbedürfnis** entgegen. Denn wenn die BNetzA bestätigt, was die Übertragungsnetzbetreiber vorlegen, ist nicht ersichtlich, dass diese ein geschütztes Interesse an der Aufhebung eben jener Entscheidung geltend machen können. Die Übertragungsnetzbetreiber handelten vielmehr **widersprüchlich**, wenn sie einerseits einen bestimmten Entwurf vorlegen und andererseits dessen unveränderte Bestätigung anfechten wollten (**venire contra factum proprium**[93]). Etwas anderes gälte nur, wenn man entgegen der hier vertretenen Auffassung den vorgenannten Stufen der Planerstellung keine rechtsmittelfähige Verwaltungsaktqualität beimessen würde. Dann wäre jedenfalls auf der jetzigen Ebene eine Rechtsschutzmöglichkeit zu eröffnen; der Vorwurf widersprüchlichen Verhaltens wäre bei jenem Verständnis unberechtigt. Gleiches gilt, wenn die BNetzA ihrer Bestätigung einen nach § 12c Abs. 1 S. 2 EnWG von den Übertragungsnetzbetreibern geänderten Entwurf zugrunde legt. Denn auch dann handelt es sich um einen Entwurf der Übertragungsnetzbetreiber. Sofern sie rechtliche Bedenken gegen das Änderungsverlangen haben, ist bereits dieses anzugreifen.[94]

44 Bestätigt die BNetzA den vorgelegten Entwurf von sich aus mit Abweichungen, d.h. inhaltlichen Änderungen etwa *„unter Berücksichtigung der Ergebnisse der Behörden- und Öffentlichkeitsbeteiligung“* (§ 12c Abs. 4 S. 1 EnWG),[95] bestünde zwar grundsätzlich eine (Anfechtungs-) Beschwerdebefugnis der Übertragungsnetzbetreiber als Beteiligte des Verfahrens (§ 75 Abs. 2 EnWG). Allerdings ist ihr durch den materiellen Regelungsrahmen der §§ 11 ff. EnWG konturiertes Rechtsschutzbegehren dann nicht (nur) auf die (teilweise) Kassation der behördlichen Entscheidung, sondern auf die Bestätigung des eigenen Entwurfs gerichtet. Denn das materielle Recht verpflichtet die Übertragungsnetzbetreiber, ein sicheres, zuverlässiges und leistungsfähi-

91 *Franke*, in: FS Salje, S. 129; Steinbach/*Heimann*, § 12c EnWG Rn 49.
92 Schoch/Schneider/Bier/*Pietzcker*, § 42 Abs. 1 Rn 5.
93 Vgl. BVerwG, Beschl. v. 23.1.1992 – 4 NB 2/90 – NVwZ 1992, 974, 975.
94 Vgl. dazu bereits oben Rn 35 ff.
95 Zum Prüfungsrahmen der BNetzA vgl. im Einzelnen Kap. 3 Rn 413 ff.

ges Netz zu betreiben und dieses im Rahmen der wirtschaftlichen Zumutbarkeit zu verstärken und auszubauen (§ 11 Abs. 1 S. 1 EnWG). Sie haben zudem durch entsprechende Übertragungskapazität und die Zuverlässigkeit ihres Netzes zur Versorgungssicherheit beizutragen (§ 12 Abs. 3 S. 1 EnWG). Diese – aus dem Status als Übertragungsnetzbetreiber folgenden – Pflichten hat der Gesetzgeber durch die Mitwirkungsverpflichtung nach §§ 12aff. EnWG konkretisiert, u.a. hinsichtlich der Vorlage des Entwurfs des Netzentwicklungsplans. Der notwendigen Pflichterfüllung würde es jedoch nicht gerecht, wenn ein Rechtsschutzbegehren schlicht auf die Beseitigung einer rechtswidrigen Bestätigung gerichtet sein könnte. Die reine Kassation trägt zur Pflichterfüllung nichts bei. Notwendig ist vielmehr der Erlass einer rechtmäßigen Bestätigung, die wiederum Voraussetzung für die weiteren Schritte der Bundesbedarfsplanung als Vorstufe des – von den Übertragungsnetzbetreibern durchzuführenden – Netzausbaus nach dem NABEG ist. Wenden sie sich also gegen die von der BNetzA vorgenommenen inhaltlichen Änderungen ihres Entwurfs, verfolgen sie insbesondere ihren ursprünglichen Entwurf weiter, müssen sie im Wege der Verpflichtungsbeschwerde vorgehen (dazu sogleich). Denn ihr durch das materielle Recht konturiertes Rechtsschutzbegehren ist dann davon geprägt, den Erlass eines inhaltlich veränderten Verwaltungsakts zu erreichen.[96]

Eine Anfechtungsbeschwerde kommt deshalb nur dann in Betracht, wenn (nach den zuvor skizzierten Grundsätzen[97]) eine isolierte Anfechtung einer Nebenbestimmung statthaft ist (zur Investitionsbestimmung gem. § 12c Abs. 4 S. 3 EnWG siehe sogleich unter Ziff. 5., Rn 48ff.). 45

bb) Verpflichtungsbeschwerde

Für das Begehren der Übertragungsnetzbetreiber auf den Erlass der Bestätigung an sich oder eines anderen Inhalts ist danach die Verpflichtungsbeschwerde statthaft, die bei fehlender Spruchreife ggf. auf einen Bescheidungsbeschluss gerichtet ist.[98] Der für die Beschwerdebefugnis notwendige grundsätzliche Anspruch auf den Erlass der Bestätigung (§ 75 Abs. 3 S. 1 EnWG) folgt aus der Inpflichtnahme der Übertragungsnetzbetreiber für das staatliche Ziel des Netzausbaus. Wenn ihnen einerseits umfangreiche Verpflichtungen zur Realisierung dieser öffentlichen Aufgabe auferlegt werden, folgt daraus andererseits, dass sie vom Staat die nur von diesem zu leistende, notwendige Mitwirkung bei der Erfüllung dieser Pflichten verlangen können. 46

Die Verpflichtungsbeschwerde ist begründet, wenn die Versagung der beantragten Bestätigung rechtswidrig war. Dies ist insbesondere dann der Fall, wenn die BNetzA einen bestätigungsfähigen Entwurf abgelehnt oder – im Falle seiner Modifikation – ihre Gestaltungskompetenz überschreitet.[99] 47

5. Investitionsbestimmung (§ 12c Abs. 4 S. 3 EnWG)

Die BNetzA kann ferner bestimmen, welcher Übertragungsnetzbetreiber für die Durchführung einer im Netzentwicklungsplan enthaltenen Maßnahme verantwortlich ist (§ 12c Abs. 4 S. 3 EnWG). Hierbei handelt es sich um einen **Verwaltungsakt** i.S.v. § 35 S. 1 VwVfG, gegen den die Anfechtungsbeschwerde gem. §§ 75ff. EnWG statthaft ist. Unabhängig davon, ob diese Bestimmung eine Verfahrenshandlung nach § 44a VwGO ist, steht dies ihrer Anfechtung nicht entgegen. Denn die der BNetzA nach § 65 Abs. 2a EnWG eingeräumten Handlungsoptionen sind als Vollstreckung i.S.d. § 44a S. 2 VwGO zu qualifizieren. 48

---

96 Vgl. zur Abgrenzung der Anfechtungs- von der Verpflichtungssituation, Rn 14 f.
97 Vgl. dazu Rn 15.
98 Britz/Hellermann/Hermes/*Hanebeck*, § 83 Rn 11; Danner/Theobald/*Gussone*, § 75 EnWG Rn 28.
99 Zur Gestaltungskompetenz der BNetzA vgl. im Einzelnen Kap. 3 Rn 413ff.

49 Ob die Bestimmung des Investitionsverpflichteten ein eigenständiger Verwaltungsakt neben der Bestätigung des Netzentwicklungsplans nach S. 1 oder eine Teilregelung innerhalb derselben ist, folgt nicht eindeutig aus dem Gesetz. Insbesondere der Wortlaut der Norm gibt keinen klaren Anhaltspunkt. So spricht S. 3 nicht etwa davon, dass die Bestimmung **in** oder **im Rahmen** der Bestätigung erfolgt. Vielmehr begründet er die Befugnis zur Investitionsbestimmung – dem Wortlaut nach – losgelöst von der Bestätigung. Gegen die isolierte Regelungsmöglichkeit spricht jedoch der Gesetzeszweck – der auf den effektiven und effizienten Vollzug des Netzentwicklungsplans gerichtet ist[100] – und die enge thematische wie gesetzessystematische Verknüpfung beider Handlungsbefugnisse. Angesichts der unklaren Regelung wird man indessen getrennte Regelungen jedenfalls nicht von vornherein ausschließen können.

50 Wenn die Investitionsbestimmung mit der Bestätigung verbunden wird, müsste letztere angefochten werden, **soweit** sie erstere enthält. Diese isolierte Anfechtung wäre zulässig, da die Bestätigung auch ohne die Investitionsbestimmung grundsätzlich rechtmäßig bestehen kann. Ergeht sie demgegenüber als originäre Verfügung, müsste sie direkt angegriffen werden.

51 Die Beschwerde ist erfolgreich, wenn die Bestimmung des Investitionsverpflichteten rechtswidrig ist. Deren materielle Rechtmäßigkeit erfordert zumindest die Einhaltung des Verhältnismäßigkeitsprinzips im Rahmen der von Art. 12 GG geschützten Berufsfreiheit der Übertragungsnetzbetreiber, des Grundsatzes der Systemgerechtigkeit und des Gleichheitsgrundsatzes gem. Art. 3 GG.[101] Angesichts des überragenden öffentlichen Interesses am Stromleitungsausbau (§ 1 NABEG), das geeignet ist, eine grundsätzlich umfassende Inpflichtnahme zu rechtfertigen,[102] wird nur in atypischen Ausnahmefällen (etwa wenn die individuellen Verhältnisse des betroffenen Übertragungsnetzbetreibers es als sehr unsicher erscheinen lassen, dass die jeweilige Ausbaunahme (zügig) durchgeführt werden kann) von der Rechtswidrigkeit auszugehen sein. Dabei ist auch zu beachten, dass das Berufsbild der Übertragungsnetzbetreiber von vornherein konstitutiv durch Pflichten zur Sicherung der zuverlässigen Elektrizitätsversorgung geprägt ist (§ 12 Abs. 1 EnWG).

6. Investitionsaufforderung (§ 65 Abs. 2a EnWG)

52 Die BNetzA kann den Übertragungsnetzbetreiber nach § 65 Abs. 2a EnWG zur Durchführung einer im Netzentwicklungsplan vorgesehenen Investition auffordern, wenn diese aus anderen als zwingenden, von ihm nicht zu beeinflussenden Gründen innerhalb von drei Jahren nach Eintritt der Verbindlichkeit nicht durchgeführt wurde.[103] Bei dieser Aufforderung handelt es sich um eine Entscheidung der BNetzA nach § 75 EnWG, die mit der Anfechtungsbeschwerde anfochten werden kann. Die gerichtliche Kontrolle ist jedoch insoweit beschränkt, als dass nur das Vorliegen jener Gründe geprüft wird. Steht demgegenüber auch die Frage der Aufnahme eines bestimmten Vorhabens in den Netzentwicklungsplan in Rede, muss die Bestätigung des Netzentwicklungsplans oder – dem vorgelagert – ein Änderungsverlangen der BNetzA angefochten werden.[104] Unterbleibt dies, wird die Bestätigung des Netzentwicklungsplans bestandskräftig und entfaltet insoweit Bindungswirkung für das Vorliegen der Anordnungsvoraussetzungen nach § 65 Abs. 2a EnWG.[105] Eine Inzidentprüfung findet dann nicht statt.

---

100 Vgl. Kap. 3 Rn 489.
101 *Moench/Ruttloff*, NVwZ 2011, 1040, 1042.
102 Vgl. oben Rn 8.
103 Vgl. dazu im Einzelnen Kap. 3 Rn 491 ff.; *Glaser*, DVBl. 2012, 1283, 1285 ff.
104 Dazu im Einzelnen oben Rn 34 ff.
105 *Glaser*, DVBl. 2012, 1283, 1287; vgl. auch Kap. 3 Rn 498.

III. Rechtsschutz gegen den Entwurf des Bundesbedarfsplans

Keine Rechtsschutzmöglichkeiten der Übertragungsnetzbetreiber bestehen gegen die Übermittlung des Netzentwicklungsplans durch die BNetzA an die Bundesregierung als Entwurf des Bundesbedarfsplans nach § 12e Abs. 1 S. 1 EnWG. Hierbei handelt es sich lediglich um einen Zwischenschritt, welcher der Bestätigung des Netzentwicklungsplans durch die BNetzA nachgelagert und der Vorlage des Entwurfs des Bundesbedarfsplans durch die Bundesregierung an den Bundesgesetzgeber vorgelagert ist. Er vermittelt keine rechtliche Betroffenheit, die ein Rechtsschutzbegehren tragen könnte. 53

Anders verhält es sich jedoch, wenn die BNetzA ihrer Verpflichtung nach § 12e Abs. 1 S. 1 EnWG zur Übermittlung des Netzentwicklungsplans nicht (rechtzeitig) nachkommt. Als Kehrseite der staatlichen Inpflichtnahme der Übertragungsnetzbetreiber für die Bundesbedarfsplanung haben diese ihrerseits einen Anspruch auf ordnungsgemäße staatliche Mitwirkung,[106] der – da es sich bei der Übermittlung des Netzentwicklungsplans nicht um einen Verwaltungsakt handelt – ggf. mit einer Leistungsklage verfolgt werden kann.[107] Er ist jedoch auf die rechtzeitige Vorlage des Netzentwicklungsplans durch die BNetzA an den Bundesgesetzgeber beschränkt. Diese hat *„mindestens alle drei Jahre"* zu erfolgen (§ 12e Abs. 1 S. 1 EnWG), wobei wesentliche Änderungen des jährlichen Netzentwicklungsplans der Übertragungsnetzbetreiber – der von der BNetzA daraufhin zu prüfen ist, ob Änderungen des Bundesbedarfsplans notwendig sind[108] – dazu führen, dass die Vorlage auch während einer laufenden Drei-Jahres-Frist zu erfolgen hat.[109] Die Aufnahme bestimmter Vorhaben in den Netzentwicklungsplan kann von den Übertragungsnetzbetreibern so jedoch nicht geltend gemacht werden. Hierfür müsste mit einer auf eine bestimmte Bestätigung des jährlichen Netzentwicklungsplans nach § 12c Abs. 4 EnWG gerichteten Verpflichtungsbeschwerde vorgegangen werden.[110] 54

IV. Rechtsschutz gegen das Bundesbedarfsplangesetz

Das Bundesbedarfsplangesetz nach § 12e Abs. 4 S. 1 EnWG bildet den Abschluss des Bedarfsplanungsprozesses. Es wird vom Bundesgesetzgeber auf Grundlage des von der Bundesregierung vorgelegten Entwurfs des Bedarfsplans (siehe dazu unter III., Rn 26) erlassen und stellt die energiewirtschaftliche Notwendigkeit sowie den vordringlichen Bedarf für die darin enthaltenen Vorhaben verbindlich fest (§ 12e Abs. 4 S. 2 EnWG).[111] Als **förmliches Bundesgesetz**[112] bindet das Bundesbedarfsplangesetz auch die Gerichte. 55

1. Unmittelbarer und mittelbarer Rechtsschutz

Direkter Rechtsschutz gegen das Gesetz selbst kommt nur in bundesverfassungsgerichtlichen Verfahren infrage. 56

106 Vgl. bereits oben Rn 8.
107 Dem Klagebegehren steht § 44a VwGO nicht entgegen, da das gerichtliche Vorgehen gerade auf eine Beschleunigung des Verfahrens gerichtet ist, vgl. im Einzelnen Rn 93, 271.
108 BT-Drucks. 17/6072, S. 69.
109 Steinbach/*Heimann*, § 12e EnWG Rn 6.
110 Vgl. dazu im Einzelnen Rn 46 f.
111 Gleiches gilt für die in den Bedarfsplan nach § 1 EnLAG aufgenommenen Vorhaben (§ 1 Abs. 2 EnLAG).
112 Vgl. BT-Drucks. 17/6072, S. 69; *Appel*, UPR 2011, 406, 413.

57 Eine **Individualverfassungsbeschwerde** nach Art. 93 Abs. 1 Nr. 4a GG i.V.m. §§ 13 Nr. 8a, 90 ff. BVerfGG gegen das Bundesbedarfsplangesetz wird jedoch bereits an den Zulässigkeitsvoraussetzungen scheitern. Denn die dafür notwendige unmittelbare Betroffenheit der Beschwerdeführer[113] setzt voraus, dass die jeweilige gesetzliche Regelung *„bereits jetzt spürbare Rechtsfolgen mit sich bringt"*[114] und die Beschwerdeführer schon durch das angegriffene Gesetz selbst, ohne dass es einer weiteren Umsetzung bedürfte, belastet sind.[115] Daran fehlt es beim Bundesbedarfsplangesetz, das seinerseits „nur" die energiewirtschaftliche Notwendigkeit sowie den vordringlichen Bedarf für die darin enthaltenen Vorhaben feststellt. Insbesondere findet noch keine Trassen- oder Trassenkorridorfestlegung statt; lediglich – nicht parzellenscharfe – Anfangs- und Endpunkte werden benannt (vgl. § 1 Abs. 2 S. 2 E-BBPlG: „Netzverknüpfungspunkte").[116] Unmittelbare Wirkungen zeitigen demgegenüber erst die nachgelagerten Planungsstufen. Insbesondere fehlt es der Bundesbedarfsplanung an einer enteignungsrechtlichen Vorwirkung.[117] Im Ergebnis wird eine Individualverfassungsbeschwerde mangels unmittelbarer Betroffenheit der Beschwerdeführer in aller Regel bereits **unzulässig** sein.[118]

58 Eine prinzipale verfassungsrechtliche Prüfung des Bundesbedarfsplangesetzes kann des Weiteren im Rahmen eines **abstrakten Normenkontrollverfahrens** nach Art. 93 Abs. 1 Nr. 2 GG i.V.m. §§ 13 Nr. 6, 76 ff. BVerfGG erfolgen. Antragsberechtigt sind die Bundesregierung, eine Landesregierung und ein Viertel der Mitglieder des Bundestags. Die Antragsteller müssen keine subjektive Rechtsverletzung geltend machen. Ausreichend – aber auch notwendig – sind vielmehr „Meinungsverschiedenheiten oder Zweifel" über die Vereinbarkeit des Gesetzes mit dem Grundgesetz.[119] Kommt das BVerfG zu der Überzeugung, dass das Bundesbedarfsplangesetz mit dem Grundgesetz unvereinbar ist, erklärt es das Gesetz für **nichtig** (§ 78 S. 1 BVerfGG).[120]

59 Mittelbarer Rechtsschutz gegen das Bundesbedarfsplangesetz besteht durch dessen **inzidente Prüfung** in einem gerichtlichen Verfahren über ein planfestgestelltes Vorhaben, das im Bedarfsplan enthalten ist.[121] Aufgrund der Rechtsnatur als formelles Gesetz und seiner Bindungswirkung auch für die Gerichte kann das Bundesbedarfsplangesetz indes nicht bereits im fachgerichtlichen Verfahren selbst verworfen werden. Kommt das erkennende Gericht bei seiner Prüfung zu dem Ergebnis, dass mit der Aufnahme eines Vorhabens in den Bedarfsplan die Grenzen des gesetzgeberischen Ermessens überschritten sind, hat es die Frage der Verfassungsmäßigkeit dem BVerfG zur Entscheidung vorzulegen;[122] gleiches gilt, wenn es aufgrund formeller Mängel des Gesetzes von dessen Verfassungswidrigkeit überzeugt ist. In dem dann einzuleitenden **konkreten Normenkontrollverfahren** nach Art. 100 Abs. 1 S. 1 GG i.V.m. §§ 13 Nr. 11, 80 ff. BVerfGG entscheidet (allein) das BVerfG über die Verfassungsmäßigkeit des Gesetzes.[123]

---

113 Vgl. dazu *Lechner/Zuck*, BVerfGG, § 90 Rn 128 ff.

114 BVerfG, Beschl. v. 15.10.2008 – 2 BvR 236, 237/08 – BVerfGE 122, 63, 78; Jarass/Pieroth/*Pieroth*, Art. 93 GG Rn 56.

115 Maunz/Schmidt-Bleibtreu/Klein/Bethge/*Bethge*, § 91 BVerfGG Rn 46.

116 Nach der Ausschussempfehlung soll in § 1 Abs. 2 BBPlG zudem geregelt werden, dass die Verlagerung der Anfangs- und Endpunkte im Rahmen der Bundesfachplanung und der Planfeststellung möglich ist (vgl. BR-Drucks. 819/1/12, S. 1 f.); *Franke*, in: FS Salje, S. 131; zum Stand der Gesetzgebung vgl. Kap. 1 Rn 84.

117 Eine solche ergibt sich keineswegs aus „dem Wesen der Planung", sondern muss ausdrücklich gesetzlich angeordnet sein. Daran fehlt es hier. Für den Bedarfsplan nach § 1 FStrAbG: BVerwG, Urt. v. 8.6.1995 – 4 C 4/94 – NVwZ 1996, 381, 383 f.

118 *De Witt/Durinke/Kause*, Rn 26; *Appel*, UPR 2011, 406, 413.

119 Vgl. dazu Epping/Hillgruber/*Morgenthaler*, Art. 93 Rn 27; Mangoldt/Klein/Starck/*Voßkuhle*, Art. 93 Rn 116; Schmidt-Bleibtreu/Hofmann/Hopfauf/*Hopfauf*, Art. 93 Rn 104; Dreier/*Wieland*, Art. 93 Rn 59.

120 Vgl. zu den Entscheidungskriterien und Tenorierungsalternativen: *Lechner/Zuck*, § 78 BVerfGG Rn 2 ff.

121 *Callies/Dross*, ZUR 2013, 76, 80; *Steinberg/Wickel/Müller*, § 7 Rn 103.

122 Vgl. zur Bedarfsplanung BVerwG, Urt. v. 8.6.1995 – 4 C 4/94 – NVwZ 1996, 381 (Ls. 2).

123 Zu den Tenorierungsmöglichkeiten vgl. Maunz/Dürig/*Maunz*, Art. 93 Rn 31 ff.

2. Rechtmäßigkeit der gesetzlichen Bedarfsplanung

Dem Gesetzgeber steht bei der Bedarfsfestlegung ein **weiter Gestaltungs- und Prognosespielraum** zu Gebote.[124] Abgesehen von der Prüfung auf formelle Mängel des Bedarfsplangesetzes ist dessen verfassungsrechtliche Kontrolle mithin auf eine Überschreitung dieses gesetzgeberischen Spielraums beschränkt.[125] Eine solche Überschreitung ist nur bei einer **evident unsachlichen** Bedarfsfeststellung gegeben,[126] *„wenn es also für das Vorhaben offenkundig keinerlei Bedarf gibt, der die Annahme des Gesetzgebers rechtfertigen könnte"*.[127] Diese Voraussetzung wird jedoch regelmäßig nicht erfüllt sein. Denn der so konturierte Entscheidungsrahmen vermittelt dem Gesetzgeber ein denkbar großes Maß an Flexibilität, das nur in seltenen Ausnahmefällen überschritten sein dürfte. Dies gilt umso mehr, als in der höchstrichterlichen Judikatur die Bedeutung eines Prognosespielraums für den Gesetzgeber regelmäßig hervorgehoben wird.[128] Auch die bisherige bundesverwaltungsgerichtliche Judikatur zu den Vorhaben nach § 1 EnLAG bestätigt diesen Ansatz. Das Gericht hat in drei Verfahren (zu verschiedenen Vorhaben) keine Bedenken gegen die Bedarfsfeststellung nach § 1 EnLAG geäußert.[129] Vor diesem Hintergrund bestehen gegen die Verfassungsmäßigkeit auch des aktuellen Entwurfs des Bedarfsplangesetzes keine Bedenken.[130] Dieser nimmt ausführlich auf die differenzierten Ausführungen der BNetzA in der Bestätigung des Netzentwicklungsplans[131] Bezug und enthält zudem eine eigene Begründung des jeweiligen Bedarfs.[132] Stützte sich der Bundesgesetzgeber darauf, wäre eine evidente Unsachlichkeit der Bedarfsfeststellung ausgeschlossen. 60

Die Bundesregierung, die den Entwurf des Bundesbedarfsplans ins Parlament einbringt (§ 12e Abs. 1 S. 2 EnWG), ist ihrerseits nicht an den bestätigten Netzentwicklungsplan gebunden, obwohl dieser zugleich der Entwurf für einen Bundesbedarfsplan ist (§ 12e Abs. 1 S. 1 EnWG). Denn dabei handelt es sich um einen **Gesetzentwurf der Bundesregierung** in Ausübung des ihr durch Art. 76 Abs. 1 GG gewährleisteten **Gesetzesinitiativrechts**, das durch § 12e Abs. 1 EnWG nicht eingeschränkt werden kann. Folglich kann sie mit ihrem Gesetzentwurf auch von der Vorlage der BNetzA abweichen.[133] Die Übertragungsnetzbetreiber haben keinen Rechtsschutz gegen die Einbringung des Gesetzentwurfs durch die Bundesregierung – weder bei Identität mit dem Netzentwicklungsplan noch bei etwaig vorgenommenen Änderungen. 61

Selbst eine Beschwerde der Übertragungsnetzbetreiber gegen die Bestätigung des Netzentwicklungsplans nach § 12c Abs. 4 EnWG[134] hindert die Bundesregierung weder daran, dem Gesetzgeber den Entwurf des Bundesbedarfsplans in der bestätigten noch in einer modifizierten Fassung vorzulegen. Sie kann sich vielmehr auch insoweit auf ihr eigenes Gesetzesinitiativrecht nach Art. 76 Abs. 1 GG berufen. Sofern der besondere Bedarf ausreichend begründet werden kann, hat selbst ein Erfolg des Rechtsschutzbegehrens gegen die Bestätigung des Netzentwicklungsplans keine unmittelbaren Auswirkungen auf die Rechtmäßigkeit einer abweichenden 62

---

124 Für die Festlegung des Verkehrsbedarfs: BVerfG, Beschl. v. 8.6.1998 – 1 BvR 650/97, 1 BvR 830/98 – NVwZ 1998, 1060.
125 Vgl. auch Kap. 3 Rn 559 ff. und Kap. 10 Rn 17 ff.
126 BVerfG, Beschl. v. 8.6.1998 – 1 BvR 650/97 – NVwZ 1998, 1060.
127 BVerwG, Urt. v. 9.6.2010 – 9 A 20/08 – NVwZ 2011, 177, 179; Urt. v. 19.5.1998 – 4 C 11/96 – NVwZ 1999, 528, 529.
128 BVerfG, Beschl. v. 8.6.1998 – 1 BvR 650/97 – NVwZ 1998, 1060, 1060 f.; BVerwG, Beschl. v. 30.12.1996 – 11 VR 21/95 – NVwZ-RR 1998, 284, 286.
129 BVerwG, Beschl. v. 22.7.2010 – 7 VR 4/10 – NVwZ 2010, 1486; Beschl. v. 24.5.2012 – 7 VR 4/12 – ZUR 2012, 499, 501; Beschl. v. 28.2.2013 – 7 VR 13/12 – BeckRS 2013, 48426 Rn 17. Vgl. auch Kap. 10 Rn 23 ff.
130 BT-Drucks. 17/12638.
131 *BNetzA*, Bestätigung Netzentwicklungsplan Strom 2012, 25.11.2012, S. 3 ff. (http://www.netzausbau.de).
132 BT-Drucks. 17/12638, S. 18 ff.
133 Vgl. auch Kap. 3 Rn 523 f.
134 Vgl. dazu Rn 37 ff.

gesetzlichen Bedarfsfeststellung. Auch in diesem Fall kommt es allein darauf an, ob die **gesetzliche** Bedarfsfeststellung den verfassungsrechtlichen Anforderungen an die Einschätzungsprärogative des Gesetzgebers genügt und im Ergebnis nicht „evident unsachlich" ist. Gleiches gilt im Grundsatz sogar dann, wenn die Bestätigung erfolgreich gerade im Hinblick auf die Bedarfsfeststellung für ein bestimmtes Vorhaben angefochten wird. Auch dann ist allein maßgeblich, ob der Bedarf so begründet werden kann, dass nicht von einer **evident unsachlichen** Bedarfsfeststellung auszugehen ist. Der gerichtliche Erfolg des Vorgehens gegen die Bestätigung der Bedarfsfeststellung hat jedoch eine nicht zu vernachlässigende Indizwirkung für das objektive Fehlen des Bedarfs (und der damit einhergehenden mangelnden Begründbarkeit auf der gesetzgeberischen Entscheidung). Präjudizierende Wirkung kommt dem – schon mangels **inter omnes**-Wirkung der Entscheidung – aber nicht zu, zumal die Prüfmaßstäbe divergieren.

B. Rechtsschutz im Rahmen der Bundesfachplanung

63 In der Bundesfachplanung nach §§ 4 ff. NABEG[135] werden für die im Bundesbedarfsplangesetz als länder- oder grenzüberschreitend gekennzeichneten Höchstspannungsleitungen und Anbindungsleitungen von den Offshore-Windpark-Umspannwerken zu den Netzverknüpfungspunkten an Land **Trassenkorridore** bestimmt, die Grundlage für die nachfolgenden Planfeststellungsverfahren sind (§ 4 NABEG). Dabei prüft die BNetzA, ob der Verwirklichung eines Vorhabens in einem Trassenkorridor überwiegende öffentliche oder private Belange entgegenstehen.[136] Sie kontrolliert insbesondere die Übereinstimmung mit den Erfordernissen der Raumordnung. Gegenstand der Bundesfachplanung sind auch ernsthaft in Betracht kommende Alternativen von Trassenkorridoren (§ 5 Abs. 1 NABEG). Zudem ist eine Strategische Umweltprüfung durchzuführen (§ 5 Abs. 2 NABEG). Die BNetzA ist zur Abschnittsbildung auch dann befugt, wenn der Vorhabensträger keinen entsprechenden Antrag gestellt hat (§ 5 Abs. 3 NABEG). Nach einer Empfehlung der Gesetzesbegründung sollen die Trassenkorridore in der Bundesfachplanung eine Breite von 500 m bis 1.000 m aufweisen.[137] Hierbei handelt es sich jedoch nicht um eine verbindliche Vorgabe; die BNetzA kann grundsätzlich auch schmalere und breitere Trassenkorridore festlegen.

64 Die Bundesfachplanung beginnt mit einem Antrag des Vorhabensträgers, der dazu mit einem – vollstreckbaren (§ 34 NABEG) – Bescheid der BNetzA aufgefordert werden kann (§ 6 S. 1 und 2 NABEG). Dieser Antrag muss u.a. Vorschläge zum beabsichtigten Trassenverlauf und Darlegungen zu infrage kommenden Alternativen sowie eine Erläuterung zur Alternativenauswahl enthalten (§ 6 S. 6 NABEG). Im Anschluss wird unverzüglich eine Antragskonferenz durchgeführt, in der Gegenstand und Umfang der für die Trassenkorridore vorzunehmenden Bundesfachplanung erörtert werden sollen (§ 7 Abs. 1 NABEG). Betroffene Länder können Vorschläge für deren beabsichtigten Verlauf machen und infrage kommende Alternativen darlegen. Die BNetzA ist jedoch weder an den Antrag des Vorhabensträgers noch an die Vorschläge der Länder gebunden (§ 7 Abs. 3 NABEG). Aufgrund der Ergebnisse der Antragskonferenz legt die BNetzA den Untersuchungsrahmen für die Bundesfachplanung nach pflichtgemäßem Ermessen fest (§ 7 Abs. 4 NABEG). Der Vorhabensträger ist sodann verpflichtet, der BNetzA die für die raumordnerische Beurteilung und die Strategische Umweltprüfung erforderlichen Unterlagen innerhalb einer von der BNetzA bestimmten angemessenen Frist vorzulegen (§ 8 S. 1 NABEG). Kommt der

135 Dazu im Einzelnen Kap. 4.
136 Vgl. zur Einstufung als ebenenspezifischer Prüfungsmaßstab Kap. 11 Rn 10, 50 und Kap. 4 Rn 18.
137 BT-Drucks. 17/6073, S. 19.

Vorhabensträger dieser Pflicht vorsätzlich oder leichtfertig nicht nach, begeht er eine Ordnungswidrigkeit (§ 33 Abs. 1 Nr. 1 NABEG). Spätestens zwei Wochen nach Eingang der vollständigen Unterlagen beginnt die Behörden- und Öffentlichkeitsbeteiligung (§ 9 Abs. 1 NABEG). Die Bundesfachplanung ist schließlich sechs Monate nach Vorliegen der vollständigen Unterlagen bei der BNetzA mit deren Entscheidung über die Bundesfachplanung abzuschließen (§ 12 Abs. 1 NABEG). Diese Entscheidung besteht aus der Darstellung des Verlaufs eines raumverträglichen Trassenkorridors sowie der Länderübergangspunkte und einer Bewertung sowie zusammenfassenden Erklärung der Umweltauswirkungen des Trassenkorridors (§ 12 Abs. 2 NABEG). Sie ist für die Planfeststellungsverfahren verbindlich (§ 15 Abs. 1 S. 1 NABEG) und hat grundsätzlich Vorrang vor Landesplanungen (§ 15 Abs. 1 S. 2 NABEG). Gleichwohl entfaltet sie von Gesetzes wegen keine unmittelbare Außenwirkung und kann nur im Rahmen eines Rechtsbehelfsverfahrens gegen die Zulassungsentscheidung der jeweiligen Ausbaumaßnahme überprüft werden (§ 15 Abs. 3 NABEG). Die durch die Bundesfachplanung bestimmten Trassenkorridore werden in den Bundesnetzplan aufgenommen (§ 17 NABEG). Mit Abschluss der Bundesfachplanung kann die BNetzA grundsätzlich Veränderungssperren erlassen (§ 16 NABEG).

Die vorstehend kursorisch beschriebene Bundesfachplanung gibt Anlass zu zahlreichen 65
rechtsschutzrelevanten Fragen. Dies gilt insbesondere für
- die Aufforderung zur Antragstellung nach § 6 S. 2 NABEG;
- die Festlegung des Untersuchungsrahmens und die Bestimmung der vorzulegenden Unterlagen nach § 7 Abs. 4 NABEG sowie die Festsetzung der angemessenen Frist zur Vorlage der notwendigen Unterlagen nach § 8 NABEG;
- die Frage eines durchsetzbaren Anspruchs auf Durchführung und Abschluss der Bundesfachplanung einschließlich der Zulässigkeit ihrer Beschränkung auf Abschnitte der Trassenkorridore nach § 5 Abs. 3 NABEG;
- die alleinige Überprüfbarkeit der Entscheidung nach § 12 NABEG im Rechtsbehelfsverfahren gegen die Zulassungsentscheidung für die jeweilige Ausbaumaßnahme (§ 15 Abs. 3 S. 2 NABEG);
- den grundsätzlichen Vorrang der Bundesfachplanungen vor Landesplanungen;
- die Rechtmäßigkeit von Veränderungssperren nach § 16 NABEG.

I. Aufforderung zur Antragstellung

Stellt der Vorhabensträger keinen Antrag auf Einleitung der Bundesfachplanung, kann die 66
BNetzA gem. § 6 S. 2 NABEG die nach §§ 11, 12 EnWG Verpflichteten durch Bescheid auffordern, innerhalb einer angemessenen Frist den erforderlichen Antrag zu stellen. Diese Aufforderung ist ein belastender **Verwaltungsakt** i.S.d. § 35 VwVfG,[138] da den verpflichteten Vorhabensträgern die Möglichkeit genommen wird, frei und eigenverantwortlich über Art und Zeitpunkt der Einleitung des durchzuführenden Vorhabens zu entscheiden. Die BNetzA kann die Aufforderung nach § 34 NABEG vollstrecken. Einem gegen sie gerichteten Rechtsschutzbegehren steht § 44a VwGO daher nicht entgegen;[139] denn dieser schließt die Anfechtbarkeit vollstreckbarer Verfahrenshandlungen nicht aus (§ 44a S. 2 VwGO).

---

138 So auch de Witt/Scheuten/*Durinke*, § 6 Rn 12; *Beckmann*, VR 2011, 365, 367; Steinbach/*Nebel/Riese*, § 6 NABEG Rn 54; wohl auch *Appel*, ER 2012, 3, 10, der § 12 Abs. 2 S. 3 NABEG als Verwaltungsakt einordnet und § 6 Abs. 1 S. 2 NABEG als Parallelregelung ansieht.
139 *Beckmann*, VR 2011, 365, 367.

1. Rechtsweg und zuständiges Gericht

67 Für Klagen gegen die Aufforderung nach § 6 S. 2 NABEG ist nach § 40 Abs. 1 S. 1 VwGO der **Verwaltungsrechtsweg** eröffnet. Eine abdrängende Sonderzuweisung besteht nicht. Insbesondere ist die Entscheidung nicht dem für den Sitz der BNetzA zuständigen OLG Düsseldorf[140] nach § 75 Abs. 4 EnWG zugewiesen. Hierfür fehlt es bereits an einer Verweisung auf die entsprechenden Regelungen des EnWG, wie sie etwa § 18 Abs. 3 NABEG für die Bestimmungen über das Planfeststellungsverfahren nach §§ 43ff. EnWG vorsieht. Zudem handelt es sich bei der Entscheidung nach § 6 S. 2 NABEG nicht um regulierungsbehördliches, sondern quasi-fachplanerisches Verwaltungshandeln,[141] sodass auch keine beschwerdefähige Entscheidung i.S.d. § 75 Abs. 1 EnWG gegeben ist. Denn eine Entscheidung im Sinne der Vorschrift betrifft nur den Abschluss des regulierungsbehördlichen Verwaltungshandelns nach den Vorschriften des EnWG.[142] Hier handelt die BNetzA jedoch im Regelungsbereich des NABEG.

68 Sachlich und örtlich zuständig ist **de lege lata** das **VG Köln** (§§ 45, 52 Nr. 2 VwGO). Es besteht gegenwärtig keine erstinstanzliche Zuständigkeit des OVG oder des BVerwG. Zwar sind die OVG nach § 48 Abs. 1 Nr. 4 VwGO zuständig für sämtliche Streitigkeiten, die *„Planfeststellungsverfahren für die Errichtung und den Betrieb oder die Änderung von Hochspannungsleitungen mit einer Nennspannung von 110 Kilovolt oder mehr [...]“* betreffen. Die Bundesfachplanung ist jedoch gerade kein Planfeststellungsverfahren.[143] Ebenso wenig kann momentan eine Zuständigkeit des OVG nach § 48 Abs. 1 S. 2 VwGO begründet werden. Denn die Aufforderung nach § 6 S. 2 NABEG ist Teil der Bundesfachplanung und keine Genehmigung anstelle einer Planfeststellung oder eine sonstige für das Vorhaben erforderliche Genehmigung. Zudem ist zurzeit keine erstinstanzliche Zuständigkeit des BVerwG gegeben. Zwar entscheidet dieses nach § 50 Abs. 1 Nr. 6 VwGO über *„sämtliche Streitigkeiten, die Planfeststellungsverfahren und Plangenehmigungsverfahren für Vorhaben betreffen, die in [...] dem Energieleitungsausbaugesetz bezeichnet sind“*. Jedoch fehlt es im hiesigen Kontext bereits an einem Vorhaben, das im EnLAG bezeichnet ist; außerdem geht es nicht um Planfeststellungsverfahren.

69 Daran wird sich auch – anders als zunächst zu erwarten war – **de lege ferenda** nichts ändern. Der Gesetzgeber beabsichtigte zwar, mit dem Bundesbedarfsplangesetz nach § 12e Abs. 4 EnWG die Grundlage für eine erst- und letztinstanzliche Zuständigkeit des BVerwG für konkrete Höchstspannungsleitungen zu schaffen.[144] Da die Bundesfachplanung eine Planungsgrundlage dieser Vorhaben ist, wäre es konsequent gewesen, die bundesverwaltungsgerichtliche Zuständigkeit auch auf Fragen der Bundesfachplanung zu erstrecken (zumal deren Ergebnis inzident im Verfahren über den Planfeststellungsbeschluss kontrolliert wird). Dem ist der Gesetzgeber jedoch nicht gefolgt: Nach § 4 E-BBPlG[145] ist für die in den Bundesbedarfsplan aufgenommenen Vorhaben § 50 Abs. 1 Nr. 6 VwGO anzuwenden, der eine erst- und letztinstanzliche Zuständigkeit des BVerwG nur für solche Streitigkeiten anordnet, die Planfeststellungs- und Plangenehmigungsverfahren betreffen. Darunter fällt die Bundesfachplanung nicht. Für die mit ihr zusammenhängenden Fragestellungen bleibt es daher bei der allgemeinen Zuständigkeitsregelung nach §§ 45, 52 Nr. 2 VwGO. Nur die Rechtsstreitigkeiten über Planfeststellungs- und Plangenehmigungsverfahren werden nach § 4 E-BBPlG dem BVerwG zugewiesen.[146] Rechtspolitisch ist zu empfehlen, dies zu ändern, da anderenfalls der Beschleunigungseffekt gefährdet wird.

140 Vgl. oben Rn 9.
141 Vgl. *Appel*, ER 2012, 3, 10.
142 Danner/Theobald/*Gussone*, § 75 EnWG Rn 7.
143 Vgl. oben Kap. 4 Rn 1ff.
144 BT-Drucks. 17/6073, S. 2.
145 BT-Drucks. 17/12638, S. 7; vgl. zum Stand des Gesetzgebungsverfahrens Kap. 1 Rn 84.
146 BT-Drucks. 17/12638, S. 17f.

2. Richtige Klageart und Vorverfahren

Statthafte Klageart gegen die Aufforderung nach § 6 S. 2 NABEG ist die **Anfechtungsklage**. Vor 70
ihrer Erhebung ist ein **Vorverfahren** nach § 68 VwGO durchzuführen.[147] Dieses ist nicht nach § 68 Abs. 1 S. 2 VwGO entbehrlich. Die Bundesfachplanung ist **kein förmliches Verwaltungsverfahren** nach §§ 63ff. VwVfG, sodass das Vorverfahren nicht nach § 70 VwVfG ausgeschlossen ist. Zudem ist die BNetzA **keine oberste Bundesbehörde** i.S.d. § 68 Abs. 1 S. 2 Nr. 1 VwGO, sondern eine selbstständige Bundesoberbehörde im Geschäftsbereich des BMWi (§ 1 S. 2 BEGTPG); Bundesoberbehörden fallen jedoch nicht unter § 68 Abs. 1 S. 2 Nr. 1 VwGO.[148] Vor Erlass der Aufforderung ist der Übertragungsnetzbetreiber gem. § 28 Abs. 1 VwVfG anzuhören.

3. Begründetheit

Die Anfechtungsklage ist begründet, wenn die Aufforderung rechtswidrig ist und den Kläger in 71
seinen Rechten verletzt (§ 113 Abs. 1 S. 1 VwGO).

Angesichts der allgemeinen verfassungsrechtlichen Rechtfertigung der Inpflichtnahme der 72
Übertragungsnetzbetreiber wird sich die Rechtswidrigkeit der Aufforderung zur Antragstellung nur aus einer individuellen Unverhältnismäßigkeit ergeben können. Insoweit gelten die gleichen Grundsätze wie der Inpflichtnahme der Übertragungsnetzbetreiber im Rahmen der Bundesbedarfsplanung.[149]

Der Vorhabensträger kann nach § 6 S. 4 NABEG den Antrag auf Bundesfachplanung *„auf* 73
einzelne angemessene Abschnitte" beschränken. Die Unverhältnismäßigkeit der Aufforderung zur Antragstellung kann sich daher zunächst daraus ergeben, dass die BNetzA die Antragstellung für einen weiteren Trassenabschnitt verlangt, der von dem Vorhabensträger berechtigterweise vom Antrag ausgenommen wurde. Ist diese Beschränkung des Antrags sachlich gerechtfertigt, da sie auf nachvollziehbaren, nicht willkürlichen Erwägungen beruht und der individuellen Leistungsfähigkeit des betroffenen Vorhabensträgers entspricht, ist sie von der BNetzA zu akzeptieren. Insoweit werden bei einer objektiven Angemessenheit der Abschnittsauswahl durch den Vorhabensträger keine Gründe bestehen, welche die Ablehnung seiner Wahl rechtfertigen. Nur wenn auch im Falle der Einbeziehung weiterer Abschnitte die notwendige Zweck-Mittel-Relation noch gewahrt würde, kann die BNetzA die Antragstellung für weitere Abschnitte verlangen. Dies ist Ausdruck des Verhältnismäßigkeitsprinzips, das die Grenze der zulässigen Indienstnahme der Übertragungsnetzbetreiber markiert.[150] Da die BNetzA nicht an den Antrag des Vorhabensträgers gebunden ist (§ 7 Abs. 3 S. 2 NABEG), kann sie zudem ihre eigene Abschnittsauswahl anstelle derjenigen des Vorhabensträgers setzen. Die Einbeziehung weiterer Abschnitte – über die bereits vom Vorhabensträger beantragten hinaus – kann sie jedoch nur verlangen, wenn dadurch die Grenzen der individuellen Leistungsfähigkeit des Vorhabensträgers nicht überschritten werden.

Zudem muss die dem betroffenen Übertragungsnetzbetreiber für die Antragstellung einge- 74
räumte Frist angemessen, d.h. verhältnismäßig i.e.S. sein. Welche Frist „angemessen" ist, definiert das Gesetz nicht.[151] Eine schematische Lösung verbietet sich. Maßgeblich sind vielmehr die Umstände des Einzelfalls. Bei der Beurteilung der Angemessenheit ist insbesondere der spezifi-

---

147 Steinbach/*Nebel*/*Riese*, § 6 NABEG Rn 52; de Witt/Scheuten/*Durinke*, § 6 Rn 17. Die Entbehrlichkeit des Vorverfahrens nach § 110 Abs. 1 JustG NRW gilt nur für Verwaltungsverfahren, für die das Land zuständig ist.

148 *Kopp*/*Schenke*, § 68 Rn 19; Schoch/Schneider/Bier/*Dolde*/*Porsch*, § 68 Rn 15.

149 Dazu oben Rn 8.

150 Ungenau insoweit Steinbach/*Nebel*/*Riese*, § 6 NABEG Rn 48f., die die Bedeutung der individuellen Verhältnismäßigkeit nicht in Rechnung stellen und die sachliche Rechtfertigung der Abschnittsbildung nur an objektiven Kriterien (Umfang des Vorhabens, Konfliktbelastung) messen.

151 *Callies*/*Dross*, JZ 2012, 1002, 1006.

sche, durch den konkret in Rede stehenden Trassenkorridor bedingte Aufwand zu beachten. Es liegt auf der Hand, dass verschiedene Korridore unterschiedlichen Vorbereitungsaufwand verursachen. Des Weiteren kommt es darauf an, ob es dem Adressaten nach vernünftiger Betrachtung möglich ist, die erforderlichen Unterlagen mit der gebotenen Sorgfalt innerhalb der gesetzten Frist zusammenzustellen und der BNetzA vorzulegen. Entscheidend sind dabei die **subjektiven Möglichkeiten** des jeweiligen Vorhabenträgers; irrelevant ist, ob ein anderer als der Betroffene die Zusammenstellung schneller erledigen könnte. Zu beachten ist jedoch, dass bereits der Status als Übertragungsnetzbetreiber Pflichten begründend wirkt (vgl. §§ 11, 12 EnWG). Der betroffene Übertragungsnetzbetreiber wird die Fristsetzung deshalb nicht mit der allgemeinen Erwägung angreifen können, die Antragstellung überfordere die bei ihm vorhandenen (personellen oder finanziellen) Kapazitäten. Nicht ausgeschlossen ist jedoch die Berufung auf im Einzelfall bestehende Engpässe, welche die Antragstellung in einer bestimmten Frist ausschließen und in außergewöhnlichen Umständen begründet sind (z.B. Personal- und Kapitalbindung infolge von Notfällen, krankheitsbedingter Ausfälle, besonderer und gleichfalls dringlicher anderweitiger Investitionsbedarf etc.).

75 Bei der Fristsetzung ist nach alledem regelmäßig ein **eher großzügiger Maßstab** anzulegen. Denn zum einen ist die nicht rechtzeitige Vorlage der Unterlagen gem. § 33 Nr. Abs. 1 Nr. 1 NABEG eine Ordnungswidrigkeit, was schon für sich genommen verbietet, eine zu ambitionierte Fristsetzung vorzusehen. Zum anderen kann die Zusammenstellung der erforderlichen Unterlagen ein überaus komplexer Vorgang sein, der dem durch Bescheid – also gegen seinen Willen – zur Antragstellung verpflichteten Vorhabenträger ein hohes Maß an Aufwand abfordert. Der insoweit gebotenen großzügigen Fristbemessung steht nicht die allgemeine Beschleunigungsintention des NABEG entgegen. Denn wenn die Vorhabenträger schon gegen ihren Willen zur Beteiligung an der Bundesfachplanung und der sich anschließenden Planfeststellung verpflichtet werden (vgl. §§ 6 S. 2, 12 Abs. 2 S. 2 NABEG), so muss ihnen zumindest die Möglichkeit offenstehen, ihre Aufgabe mit der gebotenen Sorgfalt in angemessener Zeit zu erledigen.

II. Untersuchungsrahmen und erforderliche Unterlagen

76 Die BNetzA legt aufgrund der Ergebnisse der Antragskonferenz nach pflichtgemäßem Ermessen einen Untersuchungsrahmen für die Bundesfachplanung fest und bestimmt den erforderlichen Inhalt der Unterlagen, die von dem Vorhabenträger für die raumordnerische Beurteilung und die Strategische Umweltprüfung der Trassenkorridore vorzulegen sind (§ 7 Abs. 4 NABEG). Der Vorhabenträger ist sodann verpflichtet, diese Dokumente innerhalb einer von der BNetzA festzusetzenden angemessenen Frist vorzulegen (§ 8 NABEG). Beide Teilschritte können Rechtsschutzbegehren des Vorhabenträgers (aber etwa auch von Umweltvereinigungen) auslösen:

1. Festlegung des Rahmens und Bestimmung des Inhalts

77 Sowohl die Festlegung des Untersuchungsrahmens als auch die Bestimmung des erforderlichen Inhalts der nach § 8 NABEG einzureichenden Unterlagen sind verfahrensleitende **Verwaltungsakte**. Die dafür vor allem notwendige unmittelbare Außenwirkung und der Regelungscharakter ergeben sich daraus, dass die Festlegungen mit bindender Wirkung für den Antragsteller erfolgen, der sie im weiteren Verfahren zu beachten hat (vgl. nur § 8 S. 1 NABEG). Es handelt sich auch nicht um bloße Verfahrensrealakte.[152] Der insoweit angestellte Vergleich

152 So aber Steinbach/*Sangenstedt*, § 7 NABEG Rn 142 und de Witt/Scheuten/*Durinke*, § 7 Rn 38, § 8 Rn 4.

zur Festlegung des Untersuchungsrahmens nach § 14f UVPG und der Unterrichtung nach § 5 UVPG trägt nicht. Denn während diese in der Tat lediglich verfahrensleitende Funktion und – hinsichtlich ersterer – mangels Adressaten keine Außenwirkung[153] sowie – hinsichtlich zweiterer – mangels Verbindlichkeit keinen Regelungscharakter[154] haben, sind die Festlegung und Bestimmung nach § 7 Abs. 4 NABEG an den betroffenen Übertragungsnetzbetreiber gerichtet und für diesen verbindlich (vgl. § 8 S. 1 NABEG). Dementsprechend ist er vor Festlegung auch anzuhören (§ 28 VwVfG).

Für die Anfechtung der Maßnahmen nach § 7 Abs. 4 NABEG ist der Verwaltungsrechtsweg nach § 40 Abs. 1 S. 1 VwGO eröffnet.[155] Zuständig ist das VG Köln (§§ 45, 52 Nr. 2 VwGO).[156] Richtige Klageart ist die **Anfechtungsklage**. Vor Erhebung der Klage ist ein **Vorverfahren** durchzuführen. Dieses ist hier ebenso wenig wie bei einer Klage gegen die Aufforderung zur Antragstellung nach § 6 S. 2 NABEG ausgeschlossen.[157] 78

Dem Rechtsschutzbegehren steht § 44a S. 1 VwGO nicht entgegen. Zwar können auch Verwaltungsakte behördliche Verfahrenshandlungen i.S.d. § 44a VwGO sein,[158] deren isolierte Anfechtbarkeit grundsätzlich ausgeschlossen ist. Jedoch setzt dieser Ausschluss voraus, dass Rechtsbehelfe gegen die in Rede stehende behördliche Verfahrenshandlung gleichzeitig mit den gegen die (abschließende) Sachentscheidung zulässigen Rechtsbehelfen geltend gemacht werden können. Denn der Ausschluss ist nur dann mit dem Gebot effektiven Rechtsschutzes (Art. 19 Abs. 4 GG) vereinbar, wenn die mit der Verfahrenshandlung einhergehenden Belastungen durch ein Obsiegen im Hauptsacheverfahren beseitigt werden können.[159] Daran fehlt es, wenn die Sachentscheidung selbst nicht angreifbar ist.[160] So liegt es hier: Die das Verfahren der Bundesfachplanung abschließende Entscheidung der BNetzA nach § 12 NABEG ist gerade nicht isoliert überprüfbar (§ 15 Abs. 3 S. 2 NABEG).[161] Dem kann auch nicht die Möglichkeit ihrer Inzidentkontrolle im Verfahren über die Zulassung des konkreten Ausbauvorhabens entgegengehalten werden. Die Sachentscheidung i.S.d. § 44a S. 1 VwGO ist die Entscheidung, die das **konkrete Verwaltungsverfahren** abschließt, in dem die Verfahrenshandlung vorgenommen wurde.[162] Da die Bundesfachplanung nach §§ 4 ff. NABEG und die Planfeststellung nach §§ 18 ff. NABEG unterschiedliche Verwaltungsverfahren sind, trägt ein Verweis auf die Anfechtbarkeit des Planfeststellungsbeschlusses nicht. 79

Die Anfechtungsklage ist begründet, soweit die Festlegung und die Bestimmung der BNetzA nach § 7 Abs. 4 NABEG rechtswidrig sind und der Kläger dadurch in seinen Rechten verletzt ist. Da beide Entscheidungen im pflichtgemäßen Ermessen stehen,[163] erstreckt sich die richterliche Kognition insoweit jedoch „nur“ auf die Überprüfung einer rechtmäßigen Ermessensausübung.[164] 80

---

153 Hoppe/Beckmann/*Kment*, § 14f Rn 48; Landmann/Rohmer/*Gärditz*, § 14f UVPG Rn 2.
154 Hoppe/Beckmann/*Kment*, § 5 Rn 25; Landmann/Rohmer/*Beckmann*, § 5 UVPG Rn 23.
155 Vgl. im Einzelnen oben Rn 67.
156 Vgl. oben Rn 68 f.
157 Vgl. dazu oben Rn 70.
158 Schoch/Schneider/Bier/*Stelkens*, § 44a Rn 16; *Kopp/Schenke*, § 44a Rn 3; Posser/Wolff/*Posser*, § 44a Rn 18.1.
159 *Kopp/Schenke*, § 44a Rn 8.
160 Posser/Wolff/*Posser*, § 44a Rn 8, 24; *Kopp/Schenke*, § 44a VwGO Rn 9; Sodan/Ziekow/*Ziekow*, § 44a Rn 26; OVG Berlin, Beschl. v. 6.3.1996 – 8 S 295/95 – DtZ 1996, 252, 253.
161 Dazu noch Rn 94 ff.
162 Schoch/Schneider/Bier/*Stelkens*, § 44a Rn 13; vgl. auch Posser/Wolff/*Posser*, § 44a Rn 8: Nicht erfasst sind Verfahrenshandlungen außerhalb des Verwaltungsverfahrens.
163 Ungeachtet der missverständlichen Formulierung des § 7 Abs. 4 NABEG entscheidet die BNetzA auch bei der Bestimmung der vorzulegenden Unterlagen – und nicht nur bei der Festlegung des Untersuchungsrahmens – nach pflichtgemäßem Ermessen, vgl. auch Steinbach/*Sangenstedt*, § 7 NABEG Rn 143.
164 Zur Ermessensfehlerlehre vgl. *Kopp/Ramsauer*, § 40 VwVfG Rn 58 ff.; Posser/Wolff/*Decker*, § 113 Rn 13 ff.

81 Da Widerspruch und Anfechtungsklage aufschiebende Wirkung haben (§ 80 Abs. 1 VwGO),[165] wird die BNetzA regelmäßig die Anordnung des Sofortvollzugs nach § 80 Abs. 2 Nr. 4 VwGO in Erwägung ziehen. Dagegen könnte der betroffene Vorhabensträger im Wege des einstweiligen Rechtsschutzes nach § 80 Abs. 5 VwGO mit einem Antrag auf Wiederherstellung der aufschiebenden Wirkung vorgehen. Dieser Antrag hat bereits aus formalen Gründen Erfolg, wenn das besondere Interesse am Sofortvollzug nicht den Anforderungen des § 80 Abs. 3 VwGO entsprechend begründet wurde. Hiernach müsste die BNetzA ein über das allgemeine Erlassinteresse hinausgehendes **besonderes Vollzugsinteresse** geltend machen und schriftlich begründen. Das Gericht wägt des Weiteren im Rahmen einer **materiell-akzessorischen Interessenabwägung** das Suspensivinteresse gegen das Vollzugsinteresse ab. Überwiegen die Erfolgsaussichten in der Hauptsache, überwiegt auch das Suspensivinteresse regelmäßig. Ist demgegenüber ein Unterliegen in der Hauptsache wahrscheinlich, wird das Vollzugsinteresse stärker zu gewichten sein. Bei offenen Erfolgsaussichten ist grundsätzlich eine reine Interessenabwägung vorzunehmen.[166]

2. Fristsetzung zur Vorlage der erforderlichen Unterlagen

82 Der Vorhabensträger hat die für die raumordnerische Beurteilung und die Strategische Umweltprüfung **erforderlichen Unterlagen**, deren Inhalt von der BNetzA nach § 7 Abs. 4 NABEG bestimmt wurde, innerhalb einer von der BNetzA festzusetzenden **angemessenen Frist** vorzulegen (§ 8 S. 1 NABEG). Hierbei handelt es sich nicht um eine bloße (Mitwirkungs-) Obliegenheit des Vorhabensträgers, sondern um eine – bis zur Fristsetzung der BNetzA nach § 8 S. 1 NABEG – **abstrakte Rechtspflicht**,[167] die durch Fristsetzung konkret wird. Der Vorhabensträger muss die erforderlichen Unterlagen bis Fristablauf vorlegen.[168] Die Fristsetzung begründet folglich unmittelbare Rechtswirkung nach außen. Aufgrund ihrer verpflichtungskonkretisierenden Wirkung zulasten des betroffenen Vorhabensträgers ist sie und die damit einhergehende Konkretisierung der Pflicht zur Vorlage der erforderlichen Unterlagen ein **Verwaltungsakt** i.S.d. § 35 S. 1 VwVfG.[169]

83 Auch für die Anfechtung der Fristsetzung nach § 8 S. 1 NABEG ist der Verwaltungsrechtsweg nach § 40 Abs. 1 S. 1 VwGO eröffnet.[170] Zuständig ist das VG Köln (§§ 45, 52 Nr. 2 VwGO).[171] Als Adressat der Fristsetzung ist der von der Vorlagepflicht betroffene Vorhabensträger klagebefugt. Richtige Klageart ist wiederum die **Anfechtungsklage**. Vor Erhebung der Klage ist ebenfalls ein **Vorverfahren** durchzuführen.

84 Dem Rechtsschutzbegehren steht § 44a VwGO nicht entgegen. Auch wenn es sich bei der Fristsetzung um eine behördliche Verfahrenshandlung handelte, wäre ihre Anfechtung zumindest nach § 44a S. 2 VwGO nicht ausgeschlossen. Denn die BNetzA kann ihre Anordnungen – und so auch die Fristsetzung nach § 8 S. 1 NABEG – nach den für die Vollstreckung von Verwaltungsmaßnahmen geltenden Vorschriften durchsetzen (§ 34 NABEG).

85 Die Angemessenheit der Fristsetzung unterliegt der uneingeschränkten richterlichen Kontrolle. Ob die jeweilige Frist insofern ausreicht, ist auch hier **einzelfallabhängig**. Es gelten die gleichen Grundsätze wie bei der Fristsetzung im Falle einer Verpflichtung zur Antragstellung

165 Zu den Wirkungen des Suspensiveffekts vgl. im Einzelnen unter Rn 86.
166 Zu den Entscheidungskriterien, vgl. *Kopp/Schenke*, § 80 Rn 152 ff.; Posser/Wolff/*Gersdorf*, § 80 Rn 177 ff.
167 Steinbach/*Nebel/Riese*, § 8 NABEG Rn 4.
168 Die leichtfertige oder vorsätzliche Nichtvorlage bis Fristablauf ist eine bußgeldbewehrte Ordnungswidrigkeit (§ 33 Abs. 1 NABEG).
169 *Beckmann*, VR 2011, 365, 367; a.A. de Witt/Scheuten/*Durinke*, § 8 Rn 4.
170 Vgl. im Einzelnen oben Rn 67.
171 Vgl. oben Rn 68.

nach § 6 S. 2 NABEG. Die Fristsetzung wird hier im Übrigen umso großzügiger sein müssen, je stärker Alternativvorschläge nach § 7 Abs. 3 NABEG bei der Festlegung des Untersuchungsrahmens berücksichtigt wurden, die noch nicht Gegenstand des ursprünglichen Antrags des Vorhabensträgers waren.[172]

Widerspruch und Klage gegen die Fristsetzung haben nach § 80 Abs. 1 VwGO **aufschiebende Wirkung**. Während der aufschiebenden Wirkung ist zumindest die Vollziehbarkeit des angefochtenen Verwaltungsakts **gehemmt**.[173] In dem angefochtenen Verwaltungsakt enthaltene Handlungsbefehle müssen ebenso wenig befolgt wie Handlungsfristen beachtet werden.[174] Für die Anfechtung der Fristsetzung nach § 8 S. 1 NABEG hat dies zur Konsequenz, dass die dort gesetzte – nach den Grundsätzen der aufschiebenden Wirkung nicht zu beachtende – Frist im Laufe eines Rechtsbehelfsverfahrens ablaufen kann, ohne dass der Kläger wirksam zur Vorlage der erforderlichen Unterlagen nach § 8 S. 1 NABEG verpflichtet war. **Obsiegt der Kläger** mit seiner Klage, weil die Fristsetzung dem Angemessenheitserfordernis nicht entsprach, wird die BNetzA in jedem Fall einen neuen Verwaltungsakt mit angemessener Fristsetzung zur Vorlage der erforderlichen Unterlagen erlassen müssen. **Verliert der Kläger** jedoch, stellt sich die Frage, binnen welcher Frist die Unterlagen vorzulegen sind. Richtigerweise ist dabei unter Rückgriff auf die allgemeinen Grundsätze der aufschiebenden Wirkung davon auszugehen, dass die abgelaufene Frist **neu festzusetzen** ist.[175] Denn wegen des Suspensiveffekts musste der Kläger die gesetzte Frist nicht beachten. Es würde Sinn und Zweck der aufschiebenden Wirkung sowie dem durch sie vermittelten Rechtsschutz entgegenstehen, wenn er verpflichtet wäre, die Handlungspflicht zur Vorlage der erforderlichen Unterlagen entweder sofort (wenn die ursprüngliche Frist während des gerichtlichen Verfahrens bereits abgelaufen ist) oder in einer etwaig verbleibenden Restfrist vorzulegen. Die von der BNetzA neu festzusetzende Frist wird dabei im Regelfall der durch das Gericht bestätigten entsprechen. Anderenfalls liefe die Behörde Gefahr, dass durch ein weiteres Rechtsschutzverfahren gegen die (verkürzte) Fristsetzung eine neuerliche Verzögerung der Bundesfachplanung einträte. Bei identischer Fristsetzung erlässt die BNetzA eine **wiederholende Verfügung**. Ein dagegen erhobener Rechtsbehelf wäre wegen § 121 VwGO offensichtlich unzulässig – ihm stünde die materielle Rechtskraft der gerichtlichen Entscheidung über die ursprüngliche Fristsetzung entgegen[176] – und würde dementsprechend keine aufschiebende Wirkung entfalten. 86

Die Implikationen der aufschiebenden Wirkung nach § 80 Abs. 1 VwGO könnte die BNetzA wiederum nur verhindern, indem die Fristsetzung zur Vorlage der erforderlichen Unterlagen nach § 80 Abs. 2 Nr. 4 VwGO für **sofort vollziehbar** erklärt wird. Auch dagegen könnte der betroffene Vorhabensträger einen **Antrag auf Wiederherstellung der aufschiebenden Wirkung** nach § 80 Abs. 5 VwGO stellen.[177] 87

3. Keine Klagen Dritter auf Vorlage der Unterlagen

Die Dritten im Rahmen der Antragskonferenz nach § 7 Abs. 2 NABEG zustehenden Beteiligungsrechte begründen keinen Anspruch gegen die Behörde auf Einschreiten gegen den Vorhabens- 88

172 Steinbach/*Nebel/Riese*, § 8 NABEG Rn 6.
173 Vgl. zu den verschiedenen Ansichten über die Auswirkungen der aufschiebenden Wirkung, *Kopp/Schenke*, § 80 Rn 22 ff.; Schoch/Schneider/Bier/*Schoch*, § 80 VwGO Rn 88 ff.
174 *Kopp/Schenke*, § 80 Rn 36; Sodann/Ziekow/*Puttler*, § 80 Rn 51; *Erichsen/Klenke*, DÖV 1976, 833, 840.
175 BVerwG, Urt. v. 16.10.1979 – 1 C 20/75 – NJW 1980, 2033; VGH Mannheim, Beschl. v. 30.1.1987 – A 13 S 517/86 – NVwZ 1987, 625, 626; *Kopp/Schenke*, § 80 Rn 36; Sodann/Ziekow/*Puttler*, § 80 Rn 51.
176 Vgl. Posser/Wolff/*Lindner*, § 121 Rn 16 f.; *Kopp/Schenke*, § 121 Rn 10; Fehling/Kastner/Störmer/*Unruh*, § 121 VwGO Rn 8.
177 Vgl. dazu im Einzelnen Rn 81.

träger, um die Vorlage der erforderlichen Unterlagen nach § 8 NABEG zu erreichen. Die Ladung zur Antragskonferenz und deren Öffentlichkeit sollen lediglich eine angemessene Partizipation bei der Festlegung des Untersuchungsrahmens gewährleisten. Klagbare Rechte hinsichtlich der Unterlagenvorlage folgen daraus nicht.

III. Anspruch des Vorhabensträgers auf Durchführung und Abschluss der Bundesfachplanung

89 Als Kehrseite der staatlichen Inpflichtnahme für den Netzausbau[178] haben die Übertragungsnetzbetreiber einen Anspruch auf ordnungsgemäße Durchführung und Abschluss der Bundesfachplanung.[179] Letzterer ist jedoch angesichts der Abweichungsbefugnis der BNetzA vom Antrag des betroffenen Vorhabensträgers nach § 7 Abs. 3 S. 2 NABEG sowie des der BNetzA zustehenden Abwägungsspielraums nicht auf einen bestimmten Entscheidungsinhalt gerichtet.[180]

90 Der Anspruch auf ordnungsgemäße Durchführung der Bundesfachplanung bezieht sich insbesondere auf die gesetzeskonforme und zügige Abarbeitung der einzelnen Verfahrensschritte. Dabei ist allerdings die Befugnis der BNetzA zur eigeninitiativen Abschnittsbildung nach § 5 Abs. 3 NABEG zu beachten. Danach darf die Bundesfachplanung auch ohne entsprechenden Antrag abschnittsweise durchgeführt werden, worüber die BNetzA nach pflichtgemäßem Ermessen zu entscheiden hat. Der dahinter stehende Gedanke des Gesetzgebers ist, dass sich eine Abschnittsbildung bei besonders umfangreichen Vorhaben sowie in den Fällen anbietet, in denen die Verwirklichung bestimmter Abschnitte besonders dringlich oder besonders konfliktbelastet ist.[181] Zwar widerspricht dieser Ansatz dem sonstigen Fachplanungsrecht, das eine Abschnittsbildung nur mit Einverständnis des Vorhabensträgers zulässt.[182] Er unterstreicht jedoch die auch in §§ 6 S. 2, 12 Abs. 2 S. 3 NABEG zum Ausdruck gebrachte Stellung der BNetzA in der Bundesfachplanung. Der Anspruch des Vorhabensträgers auf Durchführung der Bundesfachplanung für den gesamten Trassenkorridor ist daher auf eine ermessensfehlerfreie Entscheidung beschränkt.

91 Im Rahmen seines Anspruchs auf ordnungsgemäßes Verfahren hat der Vorhabensträger auch einen Anspruch auf ermessensfehlerfreie Entscheidung der BNetzA („kann") über die Durchführung der Bundesfachplanung in einem vereinfachten Verfahren nach § 11 NABEG.[183]

92 Der Anspruch des Vorhabensträgers auf eine (nicht: eine bestimmte) Entscheidung in der Sache, also auf den Abschluss der Bundesfachplanung, reicht nicht weiter als die korrespondierenden Verpflichtungen der BNetzA. Da diese die Bundesfachplanung binnen sechs Monaten nach Vorliegen der vollständigen Unterlagen abzuschließen hat (§ 12 Abs. 1 NABEG), steht auch dem Vorhabensträger „nur" ein Anspruch auf Verfahrensabschluss innerhalb dieser Frist zur Seite.

93 Richtige Klageart für die gerichtliche Verfolgung eines Anspruchs auf Durchführung und Abschluss der Bundesfachplanung ist die allgemeine Leistungsklage. Der Vorrang der Verpflichtungsklage steht ihr nicht entgegen, da die Entscheidung über die Bundesfachplanung nach § 12 NABEG kein Verwaltungsakt ist.[184] Auch § 44a VwGO schließt die Leistungsklage nicht aus. Zwar handelt es sich bei den einzelnen Verfahrensschritten im Rahmen der Bundesfachplanung um Verfahrenshandlungen. Der Rechtsbehelfsausschluss kommt jedoch dann nicht zum Tragen, wenn die abschließende Sachentscheidung ihrerseits – wie hier (vgl. § 15 Abs. 3 S. 2 NABEG) –

178 Vgl. dazu Rn 8.
179 Zur Situation beim Planfeststellungsverfahren, vgl. Rn 270 ff.
180 Zum bei der Bundesfachplanung bestehenden Abwägungsspielraum der BNetzA, vgl. Kap. 11 Rn 10.
181 BT-Drucks. 17/6073, S. 24.
182 Vgl. *Ziekow*, § 74 Rn 30 m.w.N.; Steinbach/*Nebel*/*Riese*, § 12 NABEG Rn 66.
183 Vgl. dazu Steinbach/*Nebel*/*Riese*, § 11 NABEG Rn 12 ff.
184 Vgl. Rn 94.

nicht anfechtbar ist oder wenn der Betroffene gerade deswegen Rechtsschutz sucht, um eine Verfahrensverzögerung zu vermeiden.[185]

IV. Rechtsschutz gegen die abschließende Entscheidung über die Bundesfachplanung gem. § 12 NABEG

1. Allgemeine Grundsätze

Die abschließende **Entscheidung** der BNetzA über die Bundesfachplanung nach § 12 NABEG hat von Gesetzes wegen **keine unmittelbare Außenwirkung**; sie ersetzt auch nicht die Entscheidung über die Zulässigkeit der Ausbaumaßnahme (§ 15 Abs. 3 S. 1 NABEG). Bindungswirkung entfaltet sie nach § 15 Abs. 1 S. 1 NABEG allerdings für die sich anschließenden Planfeststellungsverfahren nach §§ 18 ff. NABEG.[186] Der Gesetzgeber misst ihr – als *„fachplanerisches Verfahren **sui generis**"*[187] – lediglich verwaltungsinternen Charakter zu. Die Feststellung fehlender Außenwirkung in § 15 Abs. 3 S. 1 NABEG habe deswegen nur deklaratorischen Charakter.[188] Dem wird entgegengehalten, dass es sich bei der Entscheidung um einen Verwaltungsakt handele, da sie für das anschließende Planfeststellungsverfahren bindend wirke und die BNetzA berechtigt sei, den Vorhabensträger nach § 12 Abs. 2 S. 3 NABEG zu dessen Einleitung zu verpflichten.[189] Dies überzeugt jedoch nicht. Verwaltungsinterne Bindungen für das Planfeststellungsverfahren sind kein Indiz für eine unmittelbare Außenrichtung. So fehlt diese etwa auch bei Linienführungsbestimmungen nach § 16 FStrG, obwohl sie für die Planungsbehörde bindende Wirkung haben.[190] Auch aus der Möglichkeit, den Vorhabensträger zur Antragstellung nach § 12 Abs. 2 S. 3 NABEG zu verpflichten, ergibt sich nichts anderes. Denn nur diese Aufforderung zur Antragstellung erzeugt ihm gegenüber unmittelbare Außenwirkung. Zwar kann die Aufforderung erst nach „Abschluss der Bundesfachplanung" ergehen;[191] dies bedeutet jedoch nicht, dass auch die entsprechende Entscheidung der BNetzA unmittelbare Außenwirkung hat. Es wird vielmehr lediglich ein inhaltlicher und zeitlicher Anknüpfungspunkt für die Aufforderung gesetzt. Im Übrigen ist es für den Rechtsschutz auch nicht entscheidend, da eine gesonderte Anfechtbarkeit der Entscheidung – selbst wenn es sich um einen Verwaltungsakt handelte – wegen § 15 Abs. 3 S. 2 NABEG ungeachtet ihrer Rechtsnatur ausgeschlossen ist. 94

Die Entscheidung der BNetzA nach § 12 NABEG kann nur im Rahmen des **Rechtsbehelfsverfahrens gegen die Zulassungsentscheidung** für die jeweilige Ausbaumaßnahme überprüft werden (§ 15 Abs. 3 S. 2 NABEG). Dieser Rechtsmittelausschluss geht einher mit der gesetzgeberischen Klarstellung, dass auch durch die Einbeziehung der Öffentlichkeit in die Bundesfachplanung keine Rechtsansprüche begründet werden (§ 9 Abs. 6 S. 3 NABEG).[192] Der so konturierte Regelungsrahmen lässt auf einen **umfassenden Rechtsmittelausschluss** im Hinblick auf die 95

185 Vgl. im Einzelnen Rn 272.
186 *Appel*, ER 2012, 3, 4; *Callies/Dross*, JZ 2012, 1002, 1007; *Wagner*, DVBl. 2011, 1453, 1457; *Erbguth*, NVwZ 2012, 326, 331.
187 BT-Drucks. 17/6073, S. 19.
188 BT-Drucks. 17/6073, S. 27; allerdings ist die Begründung unsauber und missglückt; sie passt auch nicht zum Normtext („Ergebnisse" statt „Entscheidung"; „Bundesfachplanung" statt „Entscheidung"); zur Rechtsnatur der Entscheidung auch Kap. 4 Rn 105 ff.
189 *Storm/Bunge*, Kz. 0540, Lfg. 1/12, S. 44 (Abschnitt 4.2.2.6); de Witt/Scheuten/*de Witt*, § 15 Rn 28, 52 f.
190 *Kopp/Ramsauer*, § 35 Rn 132; BVerwG, Urt. v. 26.6.1981 – 4 C 5/78 – BVerwGE 62, 342, 343 f.; Urt. v. 25.2.1972 – VII C 20/71 – BVerwGE 39, 345, 348.
191 Vgl. hierzu unten Rn 258 ff.
192 *Beckmann*, VR 2011, 365, 365 f.

Entscheidung der BNetzA nach § 12 NABEG schließen. Lediglich den davon **betroffenen Ländern** wird nach § 14 NABEG die Möglichkeit eingeräumt, nach Übermittlung der Entscheidung der BNetzA Einwendungen zu erheben. Allerdings beschränkt sich die daraus folgende Verpflichtung der Behörde darauf, innerhalb eines Monats Stellung zu nehmen (§ 14 S. 3 NABEG). Die Rechtmäßigkeit der Entscheidung über die Bundesfachplanung soll indes allein auf der letzten Planungsstufe, dem Planfeststellungsverfahren, überprüft werden (§ 15 Abs. 3 S. 1 NABEG). Hieraus folgt eine Pflicht des dann erkennenden Gerichts zur **Inzidentkontrolle der Entscheidung** über die Bundesfachplanung.[193]

96 Allerdings ist zwischen der „**Entscheidung nach § 12 NABEG**" über die Bundesfachplanung und der „**Bundesfachplanung**" selbst zu **differenzieren.** Ist mit ersterer der formelle Akt als Abschluss des „Planungsverfahrens sui generis" gemeint, betrifft zweitere dessen sachmaterielles Ergebnis, die Planung selbst. Dementsprechend unterscheidet § 15 Abs. 1 NABEG zwischen der „Entscheidung nach § 12" in S. 1 und den „Bundesfachplanungen" in S. 2; letztere haben grundsätzlich Vorrang vor Landesplanungen. Darin liegt keineswegs nur ein Verwaltungsinternum, sondern eine außenwirksame Vorrangregelung, die eine kompetenzielle Rangordnung – Bundesrecht vor Landesrecht – normiert. Die Bundesfachplanung geht danach insbesondere der raumordnerischen Landesplanung vor.[194] Die in § 15 Abs. 3 NABEG adressierte fehlende Außenwirkung und der angeordnete prinzipale Rechtsschutzausschluss gelten deshalb nicht für die Vorrangregelung des § 15 Abs. 1 S. 2 NABEG, da sie sich wortlautgemäß nur auf die „Entscheidung nach § 12" nicht aber auf die Bundesfachplanung(en) selbst bezieht.[195]

2. Zulässigkeit des Rechtsbehelfsausschlusses

97 Ob der vom Gesetzgeber vorgesehene Ausschluss jeglicher Rechtsbehelfe gegen die Entscheidung der BNetzA nach § 12 NABEG einer rechtlichen Prüfung standhält, hängt von seiner Vereinbarkeit mit den verfassungsrechtlichen Anforderungen und insbesondere davon ab, ob diese Entscheidung (ungeachtet der fehlenden Verwaltungsaktqualität[196]) eine wehrfähige Betroffenheit verursacht. Im Ergebnis ist die Vereinbarkeit mit dem Gebot des effektiven Rechtsschutzes zu bejahen.[197] Wie ausgeführt, bezieht sich dieser Ausschluss nicht auf die Bundesfachplanung als solche, sondern nur auf die Entscheidung über sie.

a) Rechtsbehelfe Privater

98 Die Rechtsschutzgarantie gem. **Art. 19 Abs. 4 GG** vermittelt keine materiellen Individualrechtspositionen, sondern setzt diese voraus; sie ist eine formell-verfahrensrechtliche Ergänzung bestehender Individualrechte.[198] Sie kommt nur zum Tragen, wenn eine Verletzung in Rechten bereits gegeben ist.[199]

---

193 Zur Inzidentkontrolle bei der Prüfung einer Veränderungssperre nach § 16 NABEG, vgl. Rn 124 ff.

194 Vgl. auch Steinbach/*Sangenstedt*, § 15 NABEG Rn 24 ff. Die ursprünglich vorgesehene Beschränkung auf Landes*fach*planungen ist im Gesetz gewordenen Text nicht mehr enthalten. Wie der Vergleich mit § 16 Abs. 3 S. 3 FStrG („Orts- und Landesplanungen") zeigt, erstreckt sich die Vorrangregelung des § 15 Abs. 1 S. 2 NABEG jedoch nicht auf Ortsplanungen (also kommunale Bauleitpläne); vgl. dazu noch *Durner*, NuR 2012, 369, 374.

195 Zu den Folgen dieser Differenzierung vgl. im Einzelnen noch Rn 105 ff.

196 Vgl. dazu Rn 94.

197 So auch Steinbach/*Sangenstedt*, § 15 NABEG Rn 34; *Appel*, UPR 2011, 406, 413; *Durner*, DVBl. 2011, 853, 861 sowie NuR 2012, 369, 372; *Erbguth*, DVBl. 2012, 325, 327 f.; *Schmidt/Jorntiz*, NVwZ 2012, 332, 335; *Sellner/Fellenberg*, NVwZ 2011, 1025, 1031 f.

198 *Erbguth*, DVBl. 2012, 325, 327; Epping/Hillgruber/*Enders*, Art. 19 Rn 51.

199 Vgl. nur Jarass/Pieroth/*Jarass*, Art. 19 Rn 36.

Die Festlegung von Trassenkorridoren und Länderübergangspunkten kann zwar die Grundrechte aus Art. 14 GG, Art. 12 GG und Art. 2 Abs. 2 S. 1 GG betreffen. Bei einer angenommenen Breite der Trassenkorridore in der Bundesfachplanung von 500 m bis 1.000 m[200] ist jedoch regelmäßig der genaue Umfang einer etwaigen individuellen Betroffenheit und einer damit ggf. einhergehenden subjektiven Rechtsverletzung noch nicht abschließend zu bewerten.[201] Zwar mag das anders zu beurteilen sein, wenn keine Ausführung des durch die Bundesfachplanung festgelegten Trassenkorridors möglich ist, ohne dass der jeweilige Grundstückeigentümer nicht betroffen wäre.[202] Es liegt indessen auch dann im Ermessen des Gesetzgebers, sich bei mehrstufigen Verwaltungsverfahren gegen einen „ebenenspezifischen" Rechtsschutz zu entscheiden und stattdessen ein auf der letzten Stufe konzentriertes Rechtsschutzsystem zu wählen.[203] Denn Art. 19 Abs. 4 GG fordert keinen „bestimmten" Rechtsweg, sondern dass die beeinträchtigende hoheitliche Maßnahme in „irgendeinem" gerichtlichen Verfahren effektiv überprüft werden kann.[204] Da die Ergebnisse der Bundesfachplanung im Rechtsbehelfsverfahren gegen die konkrete Zulassungsentscheidung für ein Vorhaben überprüft werden können (§ 15 Abs. 3 S. 2 NABEG), sind diese Anforderungen gewahrt. Ob ein auf die letzte Planungsstufe konzentriertes Rechtsschutzsystem dem Beschleunigungszweck des NABEG[205] wirklich dienlich ist, erscheint zwar fraglich. Denn wenn sich erst nach Jahren der Planung und des Gerichtsverfahrens herausstellt, dass (durchgreifende) Fehler auf der Ebene der Bundesfachplanung gemacht worden sind, kann die ggf. notwendige Aufrollung zahlreicher Verfahrensschritte und Prüfungen sehr viel mehr Zeit in Anspruch nehmen, als wenn frühzeitig ein gerichtliches Stoppsignal gesetzt worden wäre; zu einer „Hemmung" der weiteren Schritte im Planfeststellungsverfahren während einer gerichtlichen Auseinandersetzung über die Bundesfachplanung hätte es keineswegs kommen müssen, da diese bei entsprechender gesetzlicher Ausgestaltung ohne Weiteres hätten eingeleitet und bearbeitet werden können. Dies sind jedoch rechtspolitische Überlegungen, die an der Verfassungskonformität des zurzeit gewählten Konzepts nichts ändern. 99

b) Rechtsbehelfe von Kommunen

Kommunen können sich als juristische Personen des öffentlichen Rechts nicht auf Art. 19 Abs. 4 GG berufen.[206] Ihnen steht jedoch ein Recht auf effektiven Rechtsschutz aus Art. 28 Abs. 2 GG 100

---

200 BT-Drucks. 17/6073, S. 19. Zur fehlenden Verbindlichkeit dieser Empfehlung der Gesetzesbegründung, vgl. Kap. 4 Rn 17.
201 *Appel*, UPR 2011, 406, 413; *Sellner/Fellenberg*, NVwZ 2011, 1025, 1031. Zum abfallrechtlichen Planungsverfahren BVerwG, Beschl. v. 20.12.1988 – 7 NB 2/88 – BVerwGE 81, 128 (Ls. 3): Danach besteht eine Antragsbefugnis i.S.v. § 47 Abs. 2 S. 1 VwGO gegen die Standortfestlegungen des Plans, die *„sachlich und räumlich so konkretisiert sind, dass sich bereits auf dieser Planungsstufe ein negatives Betroffensein in rechtlich geschützten Interessen für den Fall der Verwirklichung des Vorhabens absehen lässt"*.
202 *Moench/Ruttloff*, NVwZ 2011, 1040, 1043.
203 BVerwG, Urt. v. 26.6.1981 – 4 C 5/78 – BVerwGE 62, 342, 347 ff.; so wohl auch BVerwG, Urt. v. 5.12.1986 – 4 C 13/85 – DVBl. 1987, 573, 582; allgemein *Steinberg/Wickel/Müller*, § 7 Rn 20 ff mit Gegenstimmen; *Erbguth*, DVBl. 2012, 325, 327 f.; *Appel*, ER 2012, 3, 7; Steinbach/*Sangenstedt*, § 15 NABEG Rn 34; *Schmitz/Jornitz*, NVwZ 2012, 332, 335; *Sellner/Fellenberg*, NVwZ 2011, 1025, 1031 f.; *de Witt/Durinke/Kause*, Rn 177 und 188; *Durner*, DVBl. 2011, 853, 861; a.A. *Moench/Ruttloff*, NVwZ 2011, 1040, 1043.
204 BVerfG, Beschl. v. 27.10.1999 – 1 BvR 385/90 – BVerfGE 101, 106, 123; Beschl. v. 14.5.1985 – 2 BvR 397/82 u.a. – BVerfGE 70, 35, 56; Beschl. v. 27.7.1971 – 2 BvR 443/70 – BVerfGE 31, 364, 368; Mangoldt/Klein/Starck/*Huber*, Art. 19 Rn 451; HStR/*Papier*, Bd. VIII, § 177 Rn 57, 88; Dreier/*Schulze-Fielitz*, Art. 19 IV Rn 90.
205 Vgl. dazu Kap. 1 Rn 3 ff.
206 BVerfG, Beschl. v. 8.7.1982 – 2 BvR 1187/80 – BVerfGE 61, 82, 101 ff.; Beschl. v. 7.6.1977 – 1 BvR 108, 424/73, 226/74 – BVerfGE 45, 63, 78; vgl. dazu auch Mangoldt/Klein/Starck/*Huber*, Art. 19 Rn 383; Schmidt-Bleibtreu/Hofmann/Hopfauf/*Hofmann*, Art. 19 Rn 22; Epping/Hillgruber/*Enders*, Art. 19 Rn 45 f.

i.V.m. dem allgemeinen Justizgewährungsanspruch zu.[207] Einen Anspruch auf ein bestimmtes Rechtsschutzverfahren haben sie dagegen – ebenso wie Private – nicht. Der Gesetzgeber kann auch hier den „ebenenspezifischen Rechtsschutz“ ausschließen, ohne das Recht auf effektiven Rechtsschutz zu verletzen.

101 Vor diesem Hintergrund bestehen auch gegen den Ausschluss von gemeindlichen Rechtsbehelfen gegen die Entscheidung nach § 12 NABEG keine Bedenken.[208] Zwar hat eine Gemeinde unter dem Gesichtspunkt ihrer kommunalen Planungshoheit u.a. dann eine wehrfähige, in die Abwägung einzubeziehende Rechtsposition gegen fremde Fachplanungen, wenn diese eigene hinreichend bestimmte Planungen nachhaltig stört.[209] Eine solche nachhaltige Störung ist durch die nur verwaltungsintern wirkende und lediglich für das Planfeststellungsverfahren verbindliche Bundesfachplanung allein jedoch ausgeschlossen.[210] Anderes ergibt sich auf Ebene der Gemeinden auch nicht aus der Vorrangregelung des § 15 Abs. 1 S. 2 NABEG. Diese erstreckt sich nicht auf kommunale (Orts-) Planungen, sondern nur auf Landesplanungen.[211] Das ergibt sich zunächst aus dem Wortlaut, der nur Landesplanungen dem (grundsätzlichen) Vorrang der Bundesfachplanung(en) unterwirft. Kommunale Ortsplanungen sind jedoch von vornherein keine Planungen eines Landes. Nichts anderes ergibt sich auch daraus, dass die Gemeinden staatsorganisationsrechtlich Teil der Länder sind.[212] Denn in ihren Planungen ist die aus der **kommunalen Selbstverwaltungsgarantie** (Art. 28 Abs. 2 GG) folgende Planungshoheit verkörpert. Sie agieren dabei gerade nicht als Teil der (Länder-) Staatsverwaltung, sondern aus eigenem Recht (Art. 28 Abs. 2 GG). Zudem sollte durch § 15 Abs. 1 S. 2 NABEG gesichert werden, dass *„die Länder die Ergebnisse der Bundesfachplanung als verbindlich hinnehmen.“*[213] Die Gemeinden als Träger der kommunalen Bauleitplanung sind somit nach dem erklärten Willen des Gesetzgebers gerade kein Adressat der Vorrangregelung. Dies wird auch durch die Begründung der im Rahmen des Gesetzgebungsverfahrens vorgenommenen Änderung des Wortlauts von „Landesfachplanungen“ zu „Landesplanungen“ bestätigt. Es sollte insoweit sichergestellt werden, dass *„die Länder [...] keine Festlegungen treffen, die der Bundesfachplanung widersprechen.“*[214] Schließlich zeigt auch der systematische Vergleich des § 15 Abs. 1 S. 2 NABEG mit § 16 Abs. 3 S. 3 FStrG, der insoweit als Muster diente,[215] dass Ortsplanungen der Vorrangregelung des § 15 Abs. 1 S. 2 NABEG nicht unterfallen sollten. Denn § 16 Abs. 3 S. 3 FStrG sieht einen Vorrang der Bundesfachplanung übergreifend hinsichtlich „Orts- und Landesplanungen“ ausdrücklich vor.[216] Das ist bei § 15 Abs. 1 S. 2 NABEG hingegen nicht der Fall.

102 Ein gemeindliches Recht auf Eröffnung des Rechtswegs gegen die Entscheidung über die Bundesfachplanung kann mithin nicht – auch nicht über eine in der Literatur[217] erwogene **Feststellungsklage** nach § 43 VwGO – begründet werden. Denn § 15 Abs. 3 S. 2 NABEG schließt nicht nur die Anfechtbarkeit, sondern insgesamt die isolierte Überprüfbarkeit der Entscheidung der BNetzA nach § 12 NABEG aus und verlagert sie in das Rechtsbehelfsverfahren gegen die Zulas-

---

207 Vgl. BVerwG, Urt. v. 14.4.2000 – 4 C 5/99 – NVwZ 2000, 1048, 1049; *Appel*, ER 2012, 3, 8; Epping/Hillgruber/*Hellermann*, Art. 28 Rn 57; Sachs/*Nierhaus*, Art. 28 Rn 45.
208 *Schmitz/Jornitz*, NVwZ 2012, 332, 335; *Appel*, ER 2012, 3, 8 f.
209 Vgl. BVerwG, Beschl. v. 5.12.2002 – 9 VR 14/02 – NVwZ 2003, 207 f.; dazu im Einzelnen Kap. 11 Rn 27 ff.
210 *Appel*, ER 2012, 3, 9.
211 Vgl. auch Kap. 4 Rn 108 ff. und oben Rn 96.
212 BVerfG, Urt. v. 27.5.1992 – 2 BvF 1, 2/88, 1/89, 1/90 – BVerfGE 86, 148, 215; Epping/Hillgruber/*Hellermann*, Art. 28 Rn 21.
213 BT-Drucks. 17/6073, S. 27.
214 BT-Drucks. 17/6366, S. 19.
215 BT-Drucks. 17/6366, S. 19.
216 Vgl. dazu Marschall/*Ronellenfitsch*, § 16 Rn 67; Müller/Schulz/*Schmidt*, § 16 Rn 55.
217 Vgl. *Sellner/Fellenberg*, NVwZ 2011, 1025, 1032.

sungsentscheidung für die Ausbaumaßnahme. Da auch in einer Feststellungssituation eine Überprüfung der Entscheidung stattfindet, gilt der Rechtsbehelfsausschluss insoweit ebenso.

c) Rechtsbehelfe von Vorhabensträgern

Keine Bedenken bestehen auch für den Rechtsbehelfsausschluss zulasten der Vorhabensträger. 103
Ihr Anspruch auf effektiven Rechtsschutz nach Art. 19 Abs. 4 GG[218] ist nicht verletzt. Auch ihnen gegenüber zeitigt die Bundesfachplanung keine unmittelbare Außenwirkung. Sie entfaltet als verwaltungsinternes Ergebnis einer vorgelagerten Planungsstufe nur Verbindlichkeit im Planfeststellungsverfahren (§ 15 Abs. 1 S. 1 NABEG). Da zugunsten der Vorhabensträger in dessen Verlauf hinreichend Gelegenheit besteht, eine Inzidentkontrolle der Bundesfachplanung herbeizuführen, scheidet eine rechtswidrige Rechtsschutzverkürzung aus. Zudem haben sie, wie gezeigt, im Rahmen der Bedarfsplanung vielfache Rechtsschutzmöglichkeiten.

d) Rechtsbehelfe von Umweltvereinigungen

Nichts anderes gilt im Ergebnis auch für Umweltvereinigungen.[219] Dem steht insbesondere nicht 104
die jüngste Judikatur des EuGH zu deren Klagerechten (das sog. Trianel-Urteil) entgegen.[220] Dieses Judikat betraf lediglich die Umsetzung des Art. 10a UVP-Richtlinie[221] durch § 2 Abs. 1 Nr. 1 UmwRG in deutsches Recht, der wiederum nur die Eröffnung von Rechtsbehelfen von Umweltvereinigungen gegen **Vorhabenentscheidungen** fordert. Demgegenüber handelt es sich bei der Bundesfachplanung um eine verwaltungsinterne **Planungsentscheidung**.[222] Überdies verhält sich das Trianel-Urteil nicht zur Frage, in welchem Verfahrensstadium Projekte i.S.d. UVP-Richtlinie angefochten werden können; diese Entscheidung ist vielmehr dem Gestaltungsspielraum der Mitgliedstaaten überantwortet (vgl. Art. 11 Abs. 2 UVP-Richtlinie). Da auch Umweltvereinigungen Rechtsschutz gegen den abschließenden Planfeststellungsbeschluss offensteht,[223] bestehen keine Bedenken gegen den Rechtsbehelfsausschluss hinsichtlich der Entscheidung über die Bundesfachplanung.[224]

e) Rechtsbehelfe der betroffenen Länder

aa) Gegen die Entscheidung der BNetzA nach § 12 NABEG

Der gesetzliche Ausschluss von Rechtsbehelfen gegen die Entscheidung über die Bundesfach- 105
planung gilt nach dem – insoweit einschränkungslosen – Wortlaut des Gesetzes auch für die Länder.[225] Ihnen steht insofern lediglich die als reines **Petitionsrecht** ausgestaltete Möglichkeit offen, begründete Einwendungen gegen die Entscheidung der BNetzA nach § 12 NABEG zu erheben (§ 14 S. 1 NABEG). Damit geht jedoch keine Verpflichtung der BNetzA einher, ihre Entschei-

---

218 Zu deren Grundrechtfähigkeit im Detail oben Rn 255 f.
219 Vgl. dazu im Einzelnen Rn 305 ff.
220 EuGH, Urt. v. 12.5.2011 – C-115/09 – NVwZ 2011, 801. Dazu *Sellner/Fellenberg*, NVwZ 2011, 1025, 1032; *Schmitz/Jornitz*, NVwZ 2012, 332, 335.
221 RL 85/337/EWG des Rates vom 27.6.1985 über die Umweltverträglichkeitsprüfung bei bestimmten öffentlichen und privaten Projekten in der durch die RL 2003/35/EG des Europäischen Parlaments und des Rates vom 26.5.2003 geänderten Fassung.
222 *Sellner/Fellenberg*, NVwZ 2011, 1025, 1032; *Appel*, ER 2012, 3, 10.
223 Dazu oben Rn 305 ff.
224 *Schmidt*, ZUR 2012, 210, 214; *Appel*, ER 2012, 3, 10; *Sellner/Fellenberg*, NVwZ 2011, 1025, 1032; *Schmitz/Jornitz*, NVwZ 2012, 332, 335; a.A. *Moench/Ruttloff*, NVwZ 2011, 1040, 1043.
225 *Appel*, ER 2012, 3, 7 f.; *Schmitz/Jornitz*, NVwZ 2012, 332, 335; *Sellner/Fellenberg*, NVwZ 2011, 1025, 1032.

dung auf Grundlage der erhobenen Einwendungen zu ändern oder auch nur zu überdenken. Sie ist lediglich gehalten, zu den Einwendungen Stellung zu nehmen (§ 14 S. 1 NABEG). Soweit die Gesetzesbegründung davon ausgeht, aufgrund der Stellungnahmepflicht müsse die BNetzA *„ihre Entscheidung im Lichte etwaiger Einwendungen erneut prüfen und rechtfertigen“*,[226] so ist dies vom Gesetzeswortlaut nicht gedeckt. Denn dort ist lediglich die Pflicht verankert, zu den erhobenen Einwendungen *„Stellung zu nehmen“*. „Stellungnahme“ bedeutet indes keine Pflicht zur (Rechts-) Kontrolle der eigenen Entscheidung; es steht vielmehr im Ermessen der BNetzA, wie sie die Einwendungen inhaltlich aufgreift.[227] Die als stumpfes Schwert[228] ausgestaltete Einwendungsbefugnis nach § 14 NABEG begründet folglich keine Rechtsschutzmöglichkeiten der Länder im Hinblick auf die Entscheidung der BNetzA nach § 12 NABEG. Selbst wenn man in der ordnungsgemäßen Durchführung des „Einwendungsverfahrens“ einen justiziablen Akt sehen wollte, ergäbe sich nichts anderes. Die gerichtliche Überprüfung wäre dann auf die Kontrolle der Durchführung des Einwendungsverfahrens beschränkt, die Rechtmäßigkeit der Entscheidung nach § 12 NABEG jedoch kein Verfahrensgegenstand.

106 Die betroffenen Länder können den Rechtsbehelfsausschluss nicht unter Verweis auf eine eigene Rechtsweggewährleistung angreifen. Art. 19 Abs. 4 GG gilt für sie ohnehin nicht. Ebenso wenig haben sie ein allgemeines Kontrollrecht über die Ordnungsmäßigkeit des Gesetzesvollzugs durch die bundeseigene Verwaltung.[229]

107 Den Ländern stehen auch keine weitergehenden Klagerechte zu. Diese sind vielmehr umfassend durch § 15 Abs. 3 S. 2 NABEG ausgeschlossen. Dies gilt insbesondere für den in der Literatur[230] erwogenen Bund-Länder-Streit nach § 50 Abs. 1 Nr. 1 VwGO. Selbst wenn man davon ausgehen wollte, § 50 Abs. 1 Nr. 1 VwGO sei bei einem Streit zwischen einem betroffenen Bundesland und dem Bund über die **Entscheidung der BNetzA nach § 12 NABEG** einschlägig,[231] wäre er durch § 15 Abs. 3 S. 2 NABEG wirksam ausgeschlossen. Es ist kein Grund ersichtlich, warum die gesetzliche Regelung in § 15 Abs. 3 S. 2 NABEG insoweit keine Gültigkeit im Verhältnis zwischen dem Bund und einem Bundesland entfalten sollte.

bb) Gegen den sachmateriellen Gehalt der Bundesfachplanung

108 Rechtsbehelfe der Länder gegen den sachmateriellen Inhalt der Bundesfachplanung, d.h. die Planung an sich und nicht die formale Entscheidung der BNetzA nach § 12 NABEG, sind durch § 15 Abs. 3 S. 2 NABEG jedoch **nicht ausgeschlossen**. Damit ist es den Ländern im Grundsatz nicht verwehrt, unter Rekurs auf den durch § 15 Abs. 1 S. 2 NABEG angeordneten – zudem lediglich grundsätzlichen – Vorrang eine rechtswidrige Beeinträchtigung ihrer eigenen Landesplanungen gerichtlich geltend zu machen.

109 Dieses Verständnis kann sich nicht nur auf den Wortlaut des § 15 Abs. 3 S. 2 NABEG stützen, der lediglich die Überprüfbarkeit der Entscheidung nach § 12 NABEG, nicht aber die Kontrolle des sachmateriellen Inhalts der Bundesfachplanung in allen denkbaren Konstellationen beschränkt. Es wird auch dadurch bestätigt, dass den von der konkreten Ausbaumaßnahme betroffenen Ländern **ansonsten kein Rechtsschutz** zu Gebote stünde. Denn grundsätzlich führt we-

---

226 BT-Drucks. 17/6073, S. 27.
227 Steinbach/*Bourwieg*, § 14 NABEG Rn 10; *Appel*, ER 2012, 3, 7.
228 *Erbguth*, NVwZ 2012, 326, 327: „zahnlose Einwendungsbefugnis“ der Länder.
229 BVerwG, Urt. v. 29.4.1993 – 7 A 2/92 – NVwZ 1993, 890.
230 *Moench/Ruttloff*, NVwZ 2011, 1040, 1043; Hoppe/Beckmann/*Wagner*, § 16 Rn 110, wobei jeweils nicht klar ist, ob sich der Bund-Länder-Streit auf die Entscheidung der BNetzA nach § 12 NABEG oder das „Einwendungsverfahren“ nach § 14 NABEG beziehen soll. Für Letzteres ist der Rechtsschutz nicht ausgeschlossen.
231 Ablehnend *Appel*, ER 2012, 3, 8; vgl. im Einzelnen Rn 110.

der die Verletzung von Landesrecht noch von bloßen Länderkompetenzen zu einer Betroffenheit subjektiv-öffentlicher Rechte, die Voraussetzung für die Klagebefugnis gegen einen – auf Grundlage der Bundesfachplanung erlassenen – Planfeststellungsbeschluss ist.[232] Den durch die konkrete Ausbaumaßnahme i.S.d. § 15 Abs. 3 S. 2 NABEG betroffenen Ländern wäre mithin jede Rechtsschutzmöglichkeit genommen, würde man ihnen nicht eine Rechtsbehelfsmöglichkeit zumindest gegen die Bundesfachplanung an sich, d.h. ihren sachmateriellen Gehalt, zugestehen.

Statthaft wäre insoweit eine **Feststellungsklage** nach § 43 VwGO mit dem Feststellungs- 110
begehren, dass ein Vorrang nach § 15 Abs. 1 S. 2 NABEG im konkreten Fall nicht besteht, da die Bundesfachplanung rechtswidrig ist und damit der Landesplanung gerade nicht vorgeht. Die Zuständigkeit für dieses Verfahren liegt nach **§ 50 Abs. 1 Nr. 1 VwGO** beim BVerwG.[233] Die in dieser Konstellation gegen einen verwaltungsgerichtlichen Bund-Länder-Streit vorgebrachten Argumente[234] tragen nicht. Der Bund-Länder-Streit ist eröffnet bei Streitigkeiten mit föderativem Einschlag.[235] Dieser ist insbesondere dann gegeben, wenn es um die Abgrenzung gegenseitiger Hoheitsbefugnisse geht[236] bzw. der Verfahrensgegenstand durch die Eigenart der Bund-Länder-Beziehung geprägt ist.[237] Die Grundlage der Streitfrage muss im föderativen Bund-Länder-Verhältnis zu finden sein[238] und sich dadurch ihrem Gegenstand nach *„landläufigen Verwaltungsstreitigkeiten entziehen."*[239] Richtig ist zwar, dass es daran fehlt, wenn lediglich eine Verwaltungsentscheidung des Bundes angegriffen wird.[240] Deswegen ist es auch vertretbar, die Entscheidung der BNetzA nach § 12 NABEG nicht dem Bund-Länder-Streit nach § 50 Abs. 1 Nr. 1 VwGO zuzuweisen. Hier geht es jedoch gerade nicht um diese Entscheidung, sondern um den Vorrang der Bundesfachplanungen vor den Landesplanungen, mithin gerade um die Reichweite und Ausgestaltung der jeweiligen planerischen Kompetenzen. Der zwischen Bundes- und Landeskompetenzen dezidiert differenzierende planungsrechtliche Regelungsrahmen spiegelt die jeweiligen Kompetenzabgrenzungen zwischen Bund und Ländern wider. Der Streit über den sachmateriellen Inhalt der Bundesfachplanung betrifft somit gleichsam im Kern die Eigenart der Bund-Länder-Beziehung, nicht zuletzt da durch die Vorrangregelung – entgegen dem in § 5 Abs. 1 ROG vorgesehenen Verfahren – auch die Raumordnungsziele der Länder überwunden werden können.[241]

Bei seiner Entscheidung hat das BVerwG allerdings die Heilungsmöglichkeit nach §§ 15 111
Abs. 3 S. 3 NABEG, 43e Abs. 4 EnWG zu beachten.[242]

232 Vgl. im Einzelnen Rn 281 ff.
233 Vgl. *Moench/Ruttloff*, NVwZ 2011, 1040, 1043; Hoppe/Beckmann/*Wagner*, § 16 Rn 110.
234 Vgl. insbesondere *Appel*, ER 2012, 3, 8.
235 BVerwG, Urt. v. 28.5.1980 – 7 A 2/79 – BVerwGE 60, 162, 173; VGH München, Urt. v. 26.1.1993 – 12 B 90/2923 – NVwZ 1993, 794; *Kopp/Schenke*, § 50 Rn 3; Schoch/Schneider/Bier/*Bier*, § 50 Rn 7; Gärditz/*Scheidler*, § 50 Rn 6; Posser/Wolff/*Berstermann*, § 50 Rn 5.
236 BVerwG, Beschl. v. 13.8.1999 – 2 VR 1/99 – DVBl. 2000, 487, 488; Beschl. v. 1.7.2004 – 7 VR 1/04 – NVwZ 2004, 1124; Beschl. v. 19.3.2008 – 7 A 4/07 – NVwZ 2008, 696; *Kopp/Schenke*, § 50 Rn 3; Schoch/Schneider/Bier/*Bier*, § 50 Rn 7.
237 BVerwG, Urt. v. 28.5.1980 – 7 A 2/79 – BVerwGE 60, 162, 173; Beschl. v. 12.12.2002 – 3 A 1/02 – BVerwGE 117, 244; Beschl. v. 1.7.2004 – 7 VR 1/04 – NVwZ 2004, 1124; Gärditz/*Scheidler*, § 50 Rn 6; Sodan/Ziekow/*Ziekow*, § 50 Rn 6.
238 Posser/Wolff/*Berstermann*, § 50 Rn 5; vgl. auch BVerwG NVwZ 2004, 1124 f.
239 BVerwG, Urt. v. 28.5.1980 – 7 A 2/79 – BVerwGE 60, 162, 173; Urt. v. 30.7.1976 – IV A 1/75 – NJW 1977, 163; *Kopp/Schenke*, § 50 Rn 3; Gärditz/*Scheidler*, § 50 Rn 6.
240 Hierauf rekurriert insbesondere *Appel*, ER 2012, 3, 8.
241 Steinbach/*Sangenstedt*, § 15 NABEG Rn 26 ff.
242 Vgl. dazu im Einzelnen Rn 217 ff.

V. Veränderungssperre nach § 16 NABEG

112 Mit Abschluss der Bundesfachplanung oder nachträglich kann die BNetzA für einzelne Abschnitte der Trassenkorridore Veränderungssperren erlassen, soweit für diese Leitungen ein vordringlicher Bedarf im Sinne des Bundesbedarfs festgestellt wird (§ 16 Abs. 1 S. 1 NABEG). Die Veränderungssperre bewirkt, dass weder Vorhaben oder baulichen Anlagen, die der Realisierung der jeweiligen Stromleitung entgegenstehen, verwirklicht noch sonstige erhebliche oder wertsteigernde Veränderungen vorgenommen werden dürfen (§ 16 Abs. 1 S. 2 NABEG). Sie ist auf einen Zeitraum von fünf Jahren zu befristen. Die BNetzA kann diese Frist einmalig um weitere fünf Jahre verlängern (§ 16 Abs. 1 S. 4 NABEG). Wird die vorgesehene Ausbaumaßnahme anderweitig verwirklicht oder endgültig aufgegeben, ist die Veränderungssperre aufzuheben. Stehen ihr überwiegende Belange von Betroffenen entgegen, ist sie auf Antrag aufzuheben (§ 16 Abs. 2 NABEG). Eine Entschädigung zugunsten der von der Veränderungssperre Betroffenen sieht das Gesetz ebenso wenig vor wie Regelungen zum Bestandsschutz.

113 Veränderungssperren nach § 16 NABEG sind **Allgemeinverfügungen** i.S.d. § 35 S. 2 VwVfG.[243] Der Gesetzgeber hat sich insoweit für eine andere Handlungsform entschieden als etwa in § 44a EnWG, wo die Veränderungssperre **ipso iure** eintritt,[244] oder in § 16 BauGB, wo sie als Satzung beschlossen werden muss. Dagegen bestehen jedoch **keine Bedenken**. Sachlicher Anknüpfungspunkt der Veränderungssperren nach § 16 NABEG sind die betroffenen Grundstücke und die dort vorhandenen oder geplanten baulichen Anlagen. Die Implikationen der Veränderungssperre sind von jedem Grundstückseigentümer oder sonstig Berechtigten zu beachten. Es handelt sich somit um eine sachbezogene Allgemeinverfügung i.S.d. § 35 S. 2 Alt. 2 VwVfG. Der notwendigen sachbezogenen Konkretheit steht nicht entgegen, dass sich Veränderungssperren nach § 16 NABEG typischerweise auf mehr als ein Grundstück beziehen werden. Vielmehr ist davon auszugehen, dass alle infrage kommenden Grundstücke durch ein „Bündel" sachbezogener Allgemeinverfügungen einer Veränderungssperre unterworfen werden.[245] Zudem ermächtigt § 16 NABEG die BNetzA zum Erlass von – im Plural formuliert – Veränderungssperren. Auch der Gesetzeswortlaut geht mithin davon aus, dass die BNetzA durch eine Vielzahl sachbezogener Allgemeinverfügungen handeln kann.

1. Anfechtungsklage gegen die Veränderungssperre

114 Für Klagen gegen den Erlass einer Veränderungssperre ist der Verwaltungsrechtsweg nach § 40 Abs. 1 VwGO eröffnet. Gleiches gilt, wenn die Verlängerung einer Veränderungssperre nach § 16 Abs. 1 S. 3 NABEG angefochten wird.[246]

a) Zulässigkeit

115 Statthafte Rechtsschutzform eines von der Veränderungssperre nach § 16 NABEG Betroffenen ist eine **Anfechtungsklage** nach § 42 Abs. 1 VwGO. Die Klagebefugnis ergibt sich aus der Adressatenstellung. Da sich die Implikationen der Veränderungssperre nach § 16 Abs. 2 NABEG unterschiedslos an die jeweiligen Eigentümer und die sonstig Berechtigten richten, sind auch lediglich obligatorisch Befugte – sofern sie eine Betroffenheit darlegen können – klagebefugt. Zudem können Gemeinden eine Beeinträchtigung in ihrer kommunalen Planungshoheit geltend ma-

243 Steinbach/*Nebel*/*Riese*, § 16 NABEG Rn 18; *Sellner*/*Fellenberg*, NVwZ 2011, 1025, 1031 (dort Fn 62).
244 Ebenso in § 9a FStrG, § 8a LuftVG, § 28a PBefG, § 7 SpurVerkErprG, § 15 WaStrG, §19 AEG, § 4 MBPlG.
245 Steinbach/*Nebel*/*Riese*, § 16 NABEG Rn 19.
246 Dazu unten Rn 136.

chen, wenn sie nachvollziehbar und konkret darlegen, dass die Veränderungssperre eine hinreichend verfestigte Planungsabsicht aushöhlt, wesentliche Teile des Gemeindegebiets der kommunalen Planung entzieht oder die Funktionsfähigkeit kommunaler Einrichtungen erheblich stört.[247] Dies kann nicht von vornherein ausgeschlossen werden, da die Veränderungssperre u.a. jegliche wertsteigernde Veränderung am Grundstück verbietet (§ 16 Abs. 1 S. 2 Nr. 2 NABEG), wozu auch bauliche Tätigkeiten in Umsetzung gemeindlicher Bauleitplanung zählen.[248]

Eine Klage ist nicht wegen § 15 Abs. 3 S. 2 NABEG ausgeschlossen. Die Vorschrift gilt nur für Entscheidungen gem. § 12 NABEG,[249] nicht aber für Veränderungssperren nach § 16 NABEG. Hätte der Gesetzgeber anderes gewollt, hätte er dies unschwer regeln können und müssen. 116

Vor Klageerhebung ist ein **Vorverfahren** durchzuführen.[250] **De lege lata** ist das VG Köln das zuständige Gericht.[251] Aufgrund der Möglichkeit, einen Antrag auf Aufhebung der Veränderungssperre zu stellen, könnte erwogen werden, eine solche Antragstellung als notwendigen Teil eines besonderen Rechtsschutzbedürfnisses oder sogar als Zugangsvoraussetzung zu verlangen. Dies ist jedoch abzulehnen. Denn der Antrag nach § 16 Abs. 2 NABEG betrifft nur die bereits **bestandskräftig gewordene** Veränderungssperre. Demgegenüber soll mit der Anfechtungsklage gerade erst der Eintritt der Bestandskraft verhindert werden.[252] 117

Widerspruch und Anfechtungsklage haben gem. § 80 Abs. 1 S. 1 VwGO aufschiebende Wirkung; eine gesetzliche Sonderregelung besteht nicht. Die BNetzA kann allerdings nach Maßgabe des § 80 Abs. 2 Nr. 4, Abs. 3 VwGO Sofortvollzug anordnen. 118

b) Begründetheit

Die Anfechtungsklage ist begründet, wenn die angefochtene Veränderungssperre rechtswidrig ist und den Kläger in seinen Rechten verletzt. Sofern eine Gemeinde als Klägerin auftritt, muss sie durch die rechtswidrige Veränderungssperre in ihrer kommunalen Rechtsstellung verletzt sein.[253] 119

aa) Verfassungsmäßigkeit der Befugnisnorm

Die Rechtswidrigkeit der Veränderungssperre könnte sich zunächst aus einer **Verfassungswidrigkeit der ihr zugrundeliegenden Befugnisnorm**, d.h. § 16 NABEG selbst, ergeben. Denn ein Verwaltungsakt, der auf rechtswidriger Grundlage ergeht, ist selbst rechtswidrig.[254] Insoweit ist zunächst zu beachten, dass aufgrund der Rechtsnatur des § 16 NABEG als formelles Gesetz keine Verwerfungskompetenz des erkennenden Gerichts besteht. Kommt es im Rahmen seiner Rechtskontrolle zu dem Ergebnis, dass ein Verstoß gegen Verfassungsrecht gegeben ist, hat es das Ver- 120

247 BVerwG, Urt. v. 27.3.1992 – 7 C 18/91 – NVwZ 1993, 364, 365; Beschl. v. 5.11.2002 – 9 VR 14/02 – NVwZ 2003, 207, 208; Urt. v. 15.12.1989 – 4 C 36/89 – NVwZ 1990, 464, 465.

248 Für eine Betroffenheit der Gemeinden auch *Appel*, ER 2012, 3, 9; dagegen Steinbach/*Nebel*/*Riese*, § 16 NABEG Rn 73.

249 Dazu im Einzelnen Rn 108 ff.

250 Vgl. oben Rn 70.

251 Vgl. oben Rn 67 ff.

252 Umgekehrt wäre ein innerhalb der Widerspruchsfrist erhobener Aufhebungsantrag als Widerspruch zu verstehen, da eine Rücknahme (oder ein Widerruf) eines Verwaltungsakts erst nach dessen Bestandskraft infrage kommt, vgl. BVerwG, Urt. v. 12.12.2001 – 8 C 17/01 – NJW 2002, 1137 (Ls. 2), 1140; *Kopp/Ramsauer*, § 48 Rn 35. Nichts anderes gilt für einen Antrag auf Aufhebung nach § 16 Abs. 2 NABEG.

253 Zu den Kriterien Rn 296 ff.

254 Schoch/Schneider/Bier/*Gerhardt*, § 113 Rn 20; Posser/Wolff/*Decker*, § 113 Rn 13; zu beachten bleibt allerdings § 79 BVerfGG.

fahren auszusetzen und eine konkrete Normenkontrolle nach Art. 100 Abs. 1 S. 1 GG einzuleiten.[255]

121 Die Veränderungssperre nach § 16 NABEG ist eine Inhalts- und Schrankenbestimmung i.S.d. **Art. 14 Abs. 1 S. 2 GG**, die ihrerseits insbesondere verhältnismäßig sein muss.[256] Diese Anforderung ist erfüllt, wenn bei einer Gesamtabwägung zwischen der Schwere und Tragweite des Eingriffs einerseits und dem Gewicht sowie der Dringlichkeit der ihn rechtfertigenden Gründe andererseits die Grenze der Zumutbarkeit der Eigentumsbeschränkung nicht verletzt ist.[257] Kompensatorische Vorkehrungen – z.B. Härtefallregelungen – können dabei dazu dienen, ansonsten unverhältnismäßige Inhalts- und Schrankenbestimmungen zu legitimieren.[258] Die Bestandsgarantie des Art. 14 Abs. 1 GG verlangt dabei, dass der Gesetzgeber „in erster Linie" Maßnahmen vorsieht – etwa Übergangsvorschriften oder Ausnahme- und Befreiungsregelungen –, die eine unverhältnismäßige Belastung des Eigentums real vermeiden.[259] Erst nachrangig ist an eine Wertgarantie, also einen finanziellen Ausgleich, zu denken.

122 Zweifel an der Verhältnismäßigkeit des § 16 NABEG als Inhalts- und Schrankenbestimmung nach Art. 14 Abs. 1 S. 2 GG bestehen wegen des völligen Fehlens von Bestandsschutz- und Entschädigungsregelungen. Hierbei handelt es sich nicht um ein gesetzgeberisches Versehen. Vielmehr wurde darauf bewusst verzichtet,[260] sodass die Annahme einer planwidrigen Regelungslücke mit der Folge einer analogen Anwendung anderer Bestandsschutz- und Entschädigungsregelungen für Veränderungssperren (z.B. §§ 44a EnWG, 9a FStrG, 15 WaStrG, 8a LuftVG, 19 AEG) ausgeschlossen ist.[261] Eine unverhältnismäßige Eigentumsbeeinträchtigung soll allein durch die Möglichkeit, die Veränderungssperre nach § 16 Abs. 2 NABEG von Amts wegen oder auf Antrag aufzuheben, vermieden werden. Daran bestehen jedoch starke **verfassungsrechtliche Zweifel**. Denn die einzige Voraussetzung für die Anordnung der Veränderungssperre nach § 16 Abs. 1 NABEG ist das Bestehen eines vordringlichen Bedarfs, der seinerseits Ausdruck des öffentlichen Interesses an der Eigentumsbeschränkung ist. Auf der Anordnungsebene des § 16 Abs. 1 NABEG gibt es jedoch keinen Anhaltspunkt, um den Interessen des betroffenen Eigentümers Rechnung zu tragen. Dieser ist vielmehr auf die Aufhebung der bereits erlassenen (!) Veränderungssperre nach § 16 Abs. 2 NABEG verwiesen. Eine reale Vermeidung der unverhältnismäßigen Eigentumsbeeinträchtigung wird dadurch nicht erreicht; sie könnte allenfalls im Nachhinein wieder beseitigt werden.

123 Angesichts dessen und im Hinblick auf die einschneidenden Wirkungen der Veränderungssperre nach § 16 Abs. 1 NABEG, die baulichen Maßnahmen weitestgehend ausschließt, wäre eine

---

255 Dazu bereits Rn 59 (hinsichtlich des Bundesbedarfsplangesetzes).

256 BVerfG, Beschl. v. 15.9.2011 – 1 BvR 2232/10 – NVwZ 2012, 429, 430; Beschl. v. 8.7.71 – 1 BvR 766/66 – BVerfGE 31, 275; Beschl. v. 14.7.1981 – 1 BvL 24/78 – BVerfGE 58, 137; Beschl. v. 8.10.1985 – 1 BvL 17, 19/83 – BVerfGE 70, 278; Beschl. v. 12.3.1986 – 1 BvL 81/79 – BVerfGE 72, 66; Schmidt-Bleibtreu/Hofmann/Hopfauf/*Hofmann*, Art. 14 Rn 38; Dreier/*Wieland*, Art. 14 Rn 126; Epping/Hillgruber/*Axer*, Art. 14 Rn 89.

257 BVerfG, Beschl. v. 7.7.1971 – 1 BvR 765/66 – BVerfGE 31, 229, 243; Beschl. v. 18.7.2005 – 2 BvF 2/01 – BVerfGE 113, 167, 260; Beschl. v. 26.2.2008 – 2 BvR 392/07 – BVerfGE 120, 224, 241; vgl. auch BVerfG, Beschl. v. 19.7.2000 – 1 BvR 539/96 – BVerfGE 102, 197, 220; Urt. v. 15.1.2002 – 1 BvR 1783/99 – BVerfGE 104, 337, 349; Beschl. v. 9.1.1991 – 1 BvR 929/89 – NJW 1991, 1807, 1808; Jarass/Pieroth/*Jarass*, Art. 20 Rn 86.

258 BVerfG, Beschl. v. 15.9.2011 – 1 BvR 2232/10 – NVwZ 2012, 429, 430; Beschl. v. 14.7.1981 – 1 BvL 24/78 – NJW 1982, 633; Beschl. v. 30.11.1988 – 1 BvR 1301/84 – NJW 1989, 1271; Beschl. v. 9.1.1991 – 1 BvR 929/89 – NJW 1991, 1807; Beschl. v. 2.3.1999 – 1 BvL 7/91 – NJW 1999, 2877.

259 BVerfG, Beschl. v. 15.9.2011 – 1 BvR 2232/10 – NVwZ 2012, 429, 430; Beschl. v. 2.3.1999 – 1 BvL 7/91 – BVerfGE 100, 226, 245.

260 In BT-Drucks. 17/6249, S. 14 weist der Bundesrat darauf hin, dass Bestandsschutz- und Entschädigungsregelungen notwendig sein könnten. Die Bundesregierung hatte eine Prüfung zugesagt, vgl. BT-Drucks. 17/6249, S. 18, jedoch wurden keine Änderungen vorgenommen.

261 Steinbach/*Nebel*/*Riese*, § 16 NABEG Rn 57.

allein am Wortlaut des § 16 Abs. 1 NABEG orientierte Auslegung der Befugnisnorm **nicht mit** der Bestandsgarantie der Eigentumsgewährleistung nach **Art. 14 Abs. 1 GG vereinbar**. § 16 Abs. 1 NABEG ist vielmehr **verfassungskonform** dahingehend auszulegen, dass die Gründe, die zur Aufhebung der Veränderungssperre nach § 16 Abs. 2 NABEG führen, als **negative Tatbestandsmerkmale** bereits bei Erlass der Veränderungssperre zu beachten sind. Eine Veränderungssperre darf danach zum einen nicht ergehen, wenn die vorgesehene Ausbaumaßnahme anderweitig verwirklicht oder endgültig aufgegeben wurde (§ 16 Abs. 2 S. 1 NABEG); denn dann fehlt es am Allgemeinwohlbezug der eigentumsbeschränkenden Maßnahme. Zum anderen – und das ist im Erlasszeitpunkt der wichtigste Fall – ist sie ausgeschlossen, wenn überwiegende Belange von Betroffenen entgegenstehen (§ 16 Abs. 2 S. 2 NABEG). Würde die Veränderungssperre in diesem Fall gleichwohl erlassen, wäre die Grenze der Zumutbarkeit der Eigentumsbeschränkung verletzt. Deshalb ist schon beim Erlass eine dies berücksichtigende Abwägung zu treffen, die insbesondere auch bedenken muss, dass Entschädigungs- und Bestandsschutzregelungen fehlen. Nur mit diesem Verständnis ist die Norm verfassungsgemäß.

Praxistipp
Die BNetzA tut gut daran, diese Abwägungsleistung bereits beim Erlass einer Veränderungssperre zu erbringen. Unterlässt sie dies oder erfolgt die gebotene Abwägung fehlerhaft, können Betroffene (einschließlich Gemeinden) diesen Aspekt in ihrer Klagebegründung vorbringen.

bb) Rechtswidrigkeit der Bundesfachplanung

Die gerichtliche Kontrolle der Veränderungssperre nach § 16 Abs. 1 NABEG erstreckt sich – ent- 124
gegen § 15 Abs. 3 S. 2 NABEG, der insoweit verfassungskonform auszulegen ist – auch auf die Prüfung der Rechtmäßigkeit der Bundesfachplanung. Dies ergibt sich zunächst daraus, dass der Erlass einer Veränderungssperre erst nach Abschluss der Bundesfachplanung zulässig ist (§ 16 Abs. 1 S. 1 NABEG). Eine rechtmäßige Veränderungssperre setzt damit die abgeschlossene und rechtmäßige Bundesfachplanung voraus. Sofern der Gesetzgeber nichts Abweichendes regelt (wie etwa bei der Bestandskraft von Verwaltungsakten oder in § 79 BVerfGG), ist – dem Rechtsstaatsprinzip des Art. 20 GG folgend – die Rechtmäßigkeit eines Hoheitsakts stets Voraussetzung dafür, dass er Grundlage für weitere staatliche Eingriffsmaßnahmen sein darf.[262] Des Weiteren stehen einer Veränderungssperre, die auf einer rechtswidrigen Bundesfachplanung beruht, regelmäßig überwiegende Belange von Betroffenen i.S.d. § 16 Abs. 2 S. 1 NABEG entgegen, die von der BNetzA aufgrund der notwendigen verfassungskonformen Auslegung des § 16 NABEG als negative Tatbestandsmerkmale bereits bei Erlass der Veränderungssperre zu beachten sind. Denn die Betroffenenbelange werden sich regelmäßig gegen das in der Möglichkeit der Veränderungssperre verkörperte öffentliche Interesse an einer Beschleunigung und Förderung des Netzausbaus durchsetzen, wenn die Bundesfachplanung als eine der zentralen planerischen Grundlagen des Netzausbaus rechtswidrig ist.

Der danach erforderlichen **Inzidentprüfung der Bundesfachplanung** kann § 15 Abs. 3 S. 2 125
NABEG nicht entgegengehalten werden. Dieser ist vielmehr verfassungskonform dahingehend auszulegen, dass sich die Beschränkung der Überprüfung der Bundesfachplanungsentscheidung auf das Rechtsbehelfsverfahren gegen die Zulassung der konkreten Ausbaumaßnahme nicht auf das Verfahren gegen die Veränderungssperre erstreckt. Ein davon abweichendes Ver-

262 Vgl. BVerfG, Beschl. v. 23.5.1967 – 2 BvR 534/62 – BVerfGE 22, 21, 26 f.; BVerwG, Urt. v. 18.9.1970 – VII C 53/69 – BVerwGE 36, 119, 120; Erichsen/Ehlers/*Ruffert*, § 21 Rn 27; *Maurer*, § 10 Rn 15; Posser/Wolff/*Decker*, § 113 Rn 11; *Kopp/Ramsauer*, § 35 Rn 21 ff.; Bader/Ronellenfitsch/*Wolff*/*Brink*, § 35 Rn 54 ff.

ständnis wäre mit der grundgesetzlichen Gewährleistung effektiven Rechtsschutzes (Art. 19 Abs. 4 GG) nicht vereinbar. Zwar liegt es im Ermessen des Gesetzgebers, sich bei mehrstufigen Verwaltungsverfahren gegen einen „ebenenspezifischen" Rechtsschutz zu entscheiden und stattdessen ein auf der letzten Stufe konzentriertes Rechtsschutzsystem zu wählen.[263] Denn Art. 19 Abs. 4 GG fordert keinen bestimmten Rechtsweg, sondern lediglich, dass die beeinträchtigende hoheitliche Maßnahme in „irgendeinem" gerichtlichen Verfahren effektiv überprüft werden kann.[264] Daher begegnet es grundsätzlich auch keinen durchgreifenden Bedenken, für die Ergebnisse der Bundesfachplanung kein originäres Rechtsbehelfsverfahren vorzusehen und ihre gerichtliche Kontrolle in das Verfahren gegen die konkrete Zulassungsentscheidung für ein Ausbauvorhaben zu verschieben.[265]

126 Die notwendige **effektive Überprüfung** der hoheitlichen Maßnahme wäre aber dann nicht mehr gewährleistet, wenn man den ebenenspezifischen Rechtsbehelfsausschluss nach § 15 Abs. 3 S. 2 NABEG auch auf die **Inzidentprüfung der Bundesfachplanung** bei der Kontrolle einer Veränderungssperre erstrecken würde. Denn zwischen der – den Einzelnen belastenden – Entscheidung über die Veränderungssperre und der Entscheidung im Rechtsbehelfsverfahren gegen die konkrete Ausbaumaßnahme wird regelmäßig ein substanzieller Zeitablauf von mehreren Jahren liegen. In dieser Zwischenzeit wäre der Einzelne darauf verwiesen, die unmittelbaren Belastungen einer Veränderungssperre zu dulden (vgl. § 16 Abs. 1 S. 2 Nr. 1 und 2 NABEG), obwohl sie – wegen der Bezugnahme auf eine rechtswidrige Bundesfachplanung – rechtswidrig sind. Bereits das lässt die Gewährung einer effektiven – d.h. wirkungsvollen, rechtssichernden – Überprüfung der hoheitlichen Entscheidung sehr zweifelhaft erscheinen. Vor allem aber ist nicht gewährleistet, dass jeder durch die Veränderungssperre Betroffene verwaltungsprozessual befugt ist, auch ein Rechtsbehelfsverfahren gegen die konkrete Ausbaumaßnahme zu führen. Denn die Veränderungssperre kann im Bereich der Trassenkorridore erlassen werden, die – bei einer avisierten Breite von 500 m bis 1.000 m – regelmäßig einen deutlich größeren Raum als die endgültige Leitungstrasse einnehmen werden. Es ist deswegen überaus naheliegend (und wird der Regelfall sein), dass sich der Trassenkorridor auch auf Grundstücke erstreckt, die durch die Leitungstrasse später nicht in Anspruch genommen werden. Dem durch die Bundesfachplanung mit der damit einhergehenden Trassenkorridorfestlegung abstrakt Betroffenen wäre es verwehrt, gegen die Ausbaumaßnahme vorzugehen, wenn diese sein Grundstück letztlich gar nicht in Anspruch nimmt; mangels eigener Rechtsbetroffenheit fehlte es an der Klagebefugnis; sein Klagebegehren wäre unzulässig. Es bestünde dann durchaus die realistische Gefahr, dass der durch die Bundesfachplanung abstrakt und durch die auf deren Grundlage erlassene Veränderungssperre **konkret Betroffene gar keinen Rechtsbehelf** geltend machen könnte. Dies führte dann nicht nur zu der vom Gesetzgeber gewollten und in § 15 Abs. 3 S. 2 NABEG (zulässig) vorgesehenen Konzentration der Rechtsmittel auf das Rechtsbehelfsverfahren gegen die konkrete Ausbaumaßnahme, sondern zu einem **völligen Rechtsschutzausfall**. Diese Rechtsschutzverweigerung – trotz erheblicher Beeinträchtigungen, die mit einer Veränderungssperre einhergehen können – wäre mit der grundgesetzlichen Gewährleistung effektiven Rechtsschutzes nach Art. 19 Abs. 4 GG unvereinbar.

263 BVerwG, Urt. v. 26.6.1981 – 4 C 5/78 – BVerwGE 62, 342, 347 ff.; so wohl auch BVerwG, Urt. v. 5.12.1986 – 4 C 13/85 – DVBl. 1987, 573, 582; allgemein *Steinberg/Wickel/Müller*, § 7 Rn 20 ff. mit Gegenstimmen; *Erbguth*, DVBl. 2012, 325, 327 f.; *Appel*, ER 2012, 3, 7; Steinbach/*Sangenstedt*, § 15 NABEG Rn 34; *Schmitz/Jornitz*, NVwZ 2012, 332, 335; *Sellner/Fellenberg*, NVwZ 2011, 1025, 1031 f.; *de Witt/Durinke/Kause*, Rn 177 und 188; *Durner*, DVBl. 2011, 853, 861; a.A. *Moench/Ruttloff*, NVwZ 2011, 1040, 1043.

264 BVerfG, Beschl. v. 27.10.1999 – 1 BvR 385/90 – BVerfGE 101, 106, 123; Beschl. v. 14.5.1985 – 2 BvR 397/82 u.a. – BVerfGE 70, 35, 56; Beschl. v. 27.7.1971 – 2 BvR 443/70 – BVerfGE 31, 364, 368; Mangoldt/Klein/Starck/*Huber*, Art. 19 Rn 451; HStR/*Papier*, Bd. VIII, § 177 Rn 57, 88; Dreier/*Schulze-Fielitz*, Art. 19 Abs. 4 Rn 90.

265 Vgl. dazu bereits oben Rn 99.

cc) Einfachgesetzliche Rechtswidrigkeit

Zudem kann sich die Rechtswidrigkeit der Veränderungssperre aus der Nichtbeachtung der einfachgesetzlichen Anforderungen des § 16 NABEG ergeben. Insoweit ist zunächst zu beachten, dass die Entscheidung im **Ermessen der BNetzA** steht („kann").[266] Einschlägig ist daher insbesondere die allgemeine Ermessensfehlerlehre.[267] Zudem darf eine Veränderungssperre frühestens **mit Abschluss** der Bundesfachplanung erlassen werden und ist auf **fünf Jahre** zu befristen (§ 16 Abs. 1 NABEG). Vor Abschluss der Bundesfachplanung erlassene oder unbefristete Veränderungssperren können somit nicht auf § 16 NABEG gestützt werden; sie wären rechtswidrig. Die BNetzA kann Veränderungssperren *„für einzelne Abschnitte der Trassenkorridore"* festsetzen (§ 16 Abs. 1 S. 1 NABEG). Ein **Abschnitt** in diesem Sinne muss nicht notwendigerweise die gesamte Länge oder Breite des Trassenkorridors einnehmen. Möglich ist vielmehr auch, dass sich die Veränderungssperre nur auf einen **Ausschnitt** des Korridors erstreckt, also insbesondere nicht die volle Breite von bis zu 1.000 m[268] erfasst. Dies kann vor dem Hintergrund des Verhältnismäßigkeitsprinzips sogar geboten sein, da nicht auszuschließen ist, dass für einen Ausschnitt des jeweiligen Abschnitts eine Veränderungssperre gerechtfertigt ist, für einen anderen dagegen nicht. 127

Aus der Abschnittsbezogenheit der Regelung in § 16 Abs. 1 S. 1 NABEG wird in der Literatur gefolgert, dass eine Veränderungssperre nicht für den gesamten Trassenkorridor angeordnet werden kann, sondern nur für Abschnitte desselben.[269] Das ist im Grundsatz richtig, da es sich bei der Veränderungssperre nach § 16 NABEG um eine sachbezogene – an das jeweils betroffene Grundstück anknüpfende – Allgemeinverfügung handelt und ein einzelnes Grundstück nicht den gesamten Trassenkorridor ausfüllen wird. Das schließt jedoch nicht aus, ein Bündel von Allgemeinverfügungen zu erlassen, das mehrere Grundstücke betrifft.[270] Ebenso wenig schließt § 16 Abs. 1 S. 1 NABEG aus, dieses „Bündel" so umfassend zu gestalten, dass die zahlreichen Allgemeinverfügungen, die in einer Veränderungssperre gebündelt werden, den **gesamten Trassenkorridor** betreffen. Insbesondere ergibt sich nichts anderes aus dem Wortlaut des § 16 Abs. 1 S. 1 NABEG, der auf *„einzelne Abschnitte der Trassenkorridore"* rekurriert. Dadurch wird lediglich deutlich gemacht, dass sich die Veränderungssperren nicht auf den gesamten Korridor erstrecken müssen, sondern auf einzelne Abschnitte beschränkt werden können. Dieses Ergebnis wird im Übrigen dadurch bestätigt, dass die BNetzA zum Erlass von Veränderungssperren (Plural) befugt ist. Es ist somit zumindest möglich, mehrere Veränderungssperren zu erlassen, die jeweils für sich genommen ein Bündel von Allgemeinverfügungen enthalten und sich in ihrer Summe auf den gesamten Trassenkorridor erstrecken. Wenn sich die Implikationen der Veränderungssperre damit schließlich doch auf den gesamten Trassenkorridor erstrecken lassen, ist nicht einsichtig, warum diese Wirkung nicht auch durch (formal gesehen) eine Veränderungssperre erreichbar sein sollte. 128

Eine Veränderungssperre darf des Weiteren nur angeordnet werden, wenn für die jeweilige Leitung, die in dem betroffenen Trassenkorridor errichtet werden soll, ein **vordringlicher Bedarf** im Sinne des „Bundesbedarfs" festgestellt wird (§ 16 Abs. 1 S. 1 Hs. 2 NABEG). Ungeachtet der unglücklichen Formulierung („Bundesbedarf" statt „in dem Bundesbedarfsplan aufgeführt") sind damit die Leitungen gemeint, die durch das Bundesbedarfsplangesetz nach § 12e Abs. 4 EnWG in den Bundesbedarfsplan aufgenommen worden sind.[271] 129

---

266 Steinbach/*Nebel/Riese*, § 16 NABEG Rn 69.
267 Vgl. dazu Rn 80.
268 Vgl. BT-Drucks. 17/6073, S. 19. Die Breitenvorgabe von bis zu 1.000 m hat jedoch nur empfehlenden Charakter. Sie kann über- und unterschritten werden, vgl. Kap. 4 Rn 17 und oben Rn 99.
269 Steinbach/*Nebel/Riese*, § 16 NABEG Rn 11 ff.
270 Vgl. dazu oben Rn 113.
271 Steinbach/*Nebel/Riese*, § 16 NABEG Rn 31 ff.; de Witt/Scheuten/*Durinke*, § 16 Rn 9.

130 Nach den Grundsätzen der vorstehend konturierten verfassungskonformen Auslegung hat die BNetzA zudem die als negative Tatbestandsmerkmale zu verstehenden Aufhebungsgründe nach § 16 Abs. 2 NABEG bei ihrer Entscheidung über die Veränderungssperre zu beachten.

131 Wird eine Verlängerung der Veränderungssperre nach § 16 Abs. 1 S. 4 NABEG angefochten, ist die Rechtmäßigkeitskontrolle des Gerichts grundsätzlich auf die Prüfung der diesbezüglichen **Ermessensausübung** der BNetzA („kann“) sowie darauf beschränkt, ob es sich um eine **erstmalige Verlängerung** um maximal **fünf Jahre** handelt. Sonstige Erlassvoraussetzungen für die Veränderungssperre hat das Gericht nicht zu prüfen. Diese sind vielmehr – wenn die ursprüngliche Veränderungssperre nicht erfolgreich angefochten wurde – in Bestandskraft erwachsen. Da das etwaige Fehlen der **Aufhebungsgründe** nach § 16 Abs. 2 NABEG von der BNetzA nach den vorstehend erläuterten Maßgaben im Rahmen ihrer Ermessensausübung zu berücksichtigen ist[272] und sich solche Gründe laufend neu ergeben können, wird die Ermessensentscheidung der BNetzA über die Verlängerung der Veränderungssperre vom Gericht insbesondere dahingehend geprüft, ob eine hinreichende Berücksichtigung etwaiger Aufhebungsgründe stattgefunden hat. Fehlt es daran, ist die Verlängerungsentscheidung ermessensfehlerhaft und rechtswidrig.

Praxistipp

Angesichts der vielfältigen und schwerwiegenden Bedenken, die gegen § 16 NABEG bestehen, ist der BNetzA anzuraten, vom Instrument der Veränderungssperre nur zurückhaltend Gebrauch zu machen und im Bedarfsfall deutlich umfassender zu prüfen, als es der Normtext nahelegt.

2. Verpflichtungsklage auf Aufhebung der Veränderungssperre

132 Auch für die Klage eines Adressaten einer Veränderungssperre nach § 16 NABEG gegen die Ablehnung seines Antrags auf deren Aufhebung ist der Verwaltungsrechtsweg nach § 40 Abs. 1 VwGO gegeben.

133 Die Aufhebung der Veränderungssperre ist ebenso wie diese selbst ein **Verwaltungsakt.**[273] Richtige Klageart ist daher (nach Durchführung des Vorverfahrens) eine auf die Aufhebung gerichtete **Verpflichtungsklage**. Klagebefugt sind die durch die Veränderungssperre Betroffenen, die nach § 16 Abs. 2 S. 2 NABEG berechtigt sind, einen Aufhebungsantrag zu stellen. Dies können Private oder Gemeinden sein. Eine darüber hinausgehende Klagebefugnis sonstiger Dritter ist abzulehnen. Insbesondere können **Umweltvereinigungen** eine solche nicht aus § 2 UmwRG herleiten. Denn die Entscheidung über die Aufhebung einer Veränderungssperre ist ebenso wenig eine Entscheidung, für die eine Umweltverträglichkeitsprüfung durchzuführen ist (§ 1 Abs. 1 S. 1 Nr. 1 UmwRG), wie eine Genehmigung etc. i.S.d. § 1 Abs. 1 S. 1 Nr. 2 UmwRG.[274]

134 Die Verpflichtungsklage ist begründet, wenn die Ablehnung der Aufhebung rechtswidrig war und der Kläger dadurch in seinen Rechten verletzt ist (§ 113 Abs. 5 VwGO). Die Klage ist daher jedenfalls erfolgreich, wenn der Veränderungssperre entweder überwiegende Belange von Betroffenen entgegenstehen (§ 16 Abs. 2 S. 2 NABEG) oder wenn das Ausbauvorhaben endgültig aufgegeben oder bereits anderweitig verwirklicht ist (§ 16 Abs. 2 S. 1 NABEG). Denn in beiden Fällen hat die BNetzA dann die Veränderungssperre aufzuheben. Weitere zur Aufhebung führende Ermessensfehler sind im Einzelfall denkbar.

272 Vgl. Rn 123.

273 *Actus contrarius*, vgl. dazu *Maurer*, § 10 Rn 7b; Bader/Ronellenfitsch/*Wolff*/*Brink*, § 35 Rn 102.1; für die Verwaltungsaktqualität der Rücknahme eines Verwaltungsakts vgl. BVerwG, Urt. v. 23.9.2004 – 2 C 37/03 – NVwZ-RR 2005, 343 und Stelkens/Bonk/Sachs/*Sachs*, § 48 Rn 242.

274 Zu den weiteren Zulässigkeitsvoraussetzungen vgl. oben zur Anfechtungsklage Rn 115ff.

Ob **überwiegende Belange** von Betroffenen **entgegenstehen**, unterliegt der uneingeschränkten richterlichen Kontrolle. Es handelt sich hierbei um unbestimmte Rechtsbegriffe, deren behördliche Ausfüllung das Gericht umfassend überprüft.[275] Der Kläger muss jedoch zwei Hürden meistern: Es reicht nicht aus, wenn seine Belange nach einer Abwägung mit den öffentlichen, für die Veränderungssperre streitenden Interessen überwiegen. Zusätzlich erforderlich ist, dass diese überwiegenden Belange der Veränderungssperre entgegenstehen, d.h., die Verfolgung der überwiegenden Belange durch den Betroffenen wegen der Veränderungssperre unmöglich gemacht oder wesentlich erschwert würde.[276] In der Sache können Belange der Betroffenen das im **überragenden öffentlichen Interesse** stehende Ziel des Leitungsausbaus (§ 1 NABEG) allenfalls dann überwiegen, wenn die Wahrnehmung eigener Rechte durch die Veränderungssperre in unverhältnismäßiger Weise ausgeschlossen wird. Auch unter Verweis auf das überragende öffentliche Interesse ist indessen keine pauschalierende Betrachtung zulasten der Betroffenen zulässig. Ein unangemessener Ausschluss eigener Rechte könnte etwa dann anzunehmen sein, wenn eine bauliche Anlage, an der wegen der Veränderungssperre keinerlei wertsteigernde Maßnahmen durchgeführt werden dürfen, dringend und zur Erhaltung der Nutzungsfähigkeit sanierungsbedürftig ist. In diesem Fall entfiele die Nutzungsmöglichkeit ohne die Umsetzung der gerade ausgeschlossenen Maßnahmen völlig. Könnte sich das Nutzungsinteresse des Betroffenen selbst dann nicht durchsetzen – die Veränderungssperre also aufgehoben oder entsprechend eingeschränkt werden –, wäre zwingend eine Entschädigung für den dadurch eintretenden Rechtsverlust geboten.[277] Da diese fehlt, muss sich das private Interesse in einem solchen Fall durchsetzen. 135

3. Verpflichtungsklage auf Erlass/Verlängerung der Veränderungssperre

Da die Veränderungssperre auch dem Schutz des Vorhabenträgers dient, dessen Vorhaben nicht unnötig erschwert werden soll, hat dieser einen **Anspruch auf ermessensfehlerfreie Entscheidung** über den Erlass und die Verlängerung einer Veränderungssperre gegen die BNetzA.[278] Wird die Veränderungssperre durch die BNetzA verwehrt, kann er seinen Anspruch mit einer Verpflichtungsklage – regelmäßig in Form der Bescheidungsklage (§ 113 Abs. 5 VwGO) – weiterverfolgen.[279] Abgesehen von Ausnahmefällen, in denen zulasten der BNetzA eine Ermessenreduzierung auf Null[280] anzunehmen ist und deswegen ein Anspruch des Vorhabenträgers auf Erlass der Veränderungssperre besteht, ist das Gericht bei seiner Kontrolle des behördlichen Handelns auf die Prüfung von Ermessensfehlern beschränkt. 136

275 Vgl. zu § 14 Abs. 2 S. 1 BauGB: Ernst/Zinkahn/Bielenberg/Krautzberger/*Stock*, § 14 Rn 99; allgemein zur grundsätzlich unbeschränkten gerichtlichen Überprüfung unbestimmter Rechtsbegriffe: BVerwG, Urt. v. 22.8.1985 – 3 C 49/84 – BVerwGE 72, 73, 77; *Wolff/Bachof/Stober/Kluth*, § 31 Rn 8.

276 Zur umgekehrten Situation bei § 14 Abs. 1 BauGB, wo entgegenstehende überwiegende öffentliche Belange Ausnahmen von der Veränderungssperre nach § 14 Abs. 1 BauGB ausschließen, vgl. Spannowsky/Uechtritz/*Hornmann*, § 14 Rn 77; Battis/Krautzberger/Löhr/*Krautzberger*, § 14 Rn 19.

277 Zum Fehlen von Entschädigungs- und Bestandsschutzregelungen, vgl. oben Rn 120 ff.

278 Steinbach/*Nebel*/*Riese*, § 16 NABEG Rn 69.

279 Zu den weiteren Zulässigkeitsvoraussetzungen vgl. oben Rn 115 ff.

280 Vgl. dazu BVerwG, Beschl. v. 17.10.2012 – 8 B 47/12 – NVwZ-RR 2013, 97, 99; Urt. v. 9.5.2012 – 6 C 3/11 – NVwZ 2012, 1547, 1554 f.; Urt. v. 20.10.2004 – 1 C 15/03 – NVwZ 2005, 462, 463; *Kopp/Ramsauer*, § 40 Rn 30 ff.; Stelkens/Bonk/Sachs/*Sachs*, § 40 Rn 56.

C. Rechtsschutz im Rahmen der Planfeststellung

137 Planfeststellungsverfahren können Anlass zu mannigfaltigen Rechtsschutzbegehren geben. Die dabei maßgeblichen rechtlichen Dimensionen hängen davon ab, ob der Rechtsschutzsuchende für oder gegen das Vorhaben streitet. Das Lager der Vorhabensgegner, also die – vermeintlich oder tatsächlich – von der Planung in ihrem Rechtskreis negativ betroffenen **Privaten, Umweltvereinigungen** oder **Gemeinden**, richtet sich regelmäßig gegen die Planung an sich oder begehrt – als Minus zur Planaufhebung – den Erlass von Schutzauflagen. Der Kreis der Vorhabenbefürworter, der sich typischerweise aus dem **Vorhabensträger** selbst und **potenziellen Nutzern** des Vorhabens zusammensetzt, wird demgegenüber die zügige Zulassung des Vorhabens verfolgen oder sich gegen – aus ihrer Sicht zu weitgehende – Schutzauflagen wenden. Bei Planfeststellungen für länder- und grenzüberschreitende Höchstspannungsleitungen nach dem Regelungsregime des NABEG sowie für sonstige Höchstspannungsleitungen nach den Vorgaben des EnWG (i.V.m. mit dem EnLAG) sind des Weiteren die Interessen der **betroffenen Länder** relevant; insbesondere eine fehlende oder (aus Ländersicht) nicht hinreichende Berücksichtigung von Länderinteressen bei der Planung kann Anlass für Rechtsschutzbegehren geben. Dies gilt umso mehr, als im Bereich der Netzplanung nach dem NABEG für bestimmte Leitungen, die durch Rechtsverordnung der Bundesregierung mit Zustimmung des Bundesrats festgelegt werden, eine Zuständigkeit der BNetzA als Planfeststellungsbehörde vorgesehen ist (§ 2 Abs. 2 NABEG).[281]

138 Dieselbe potenzielle Konfliktlage ist bei Plangenehmigungsverfahren gegeben. Für die Plangenehmigung enthält das NABEG keine besonderen Vorgaben. Sie wird lediglich als mögliche behördliche Entscheidung vorausgesetzt (vgl. § 25 S. 6 NABEG). Durch den Verweis in § 18 Abs. 3 NABEG gelten indes die Regelungen des EnWG zur Plangenehmigung entsprechend, einschließlich der Besonderheiten, die in § 43b EnWG gegenüber den ansonsten geltenden Vorschriften des VwVfG zur Plangenehmigung normiert sind.[282]

139 Neben den Schutz der jeweiligen Belange im Planungsverfahren selbst tritt – ausschließlich – gerichtlicher Rechtsschutz. Ein Vorverfahren findet hier nicht statt (§ 18 Abs. 3 S. 2 NABEG, § 43b EnWG, §§ 74 Abs. 1 S. 2, 70 VwVfG, § 68 Abs. 1 S. 2 Var. 1 VwGO).[283] Das gilt auch im Falle einer gem. § 18 Abs. 3 S. 2 NABEG, § 43d S. 1 EnWG, § 76 Abs. 2 VwVfG zulässigen (vereinfachten) Planänderung,[284] obgleich diese kein förmliches Verwaltungsverfahren ist[285] und der von der Planung Betroffene dabei keine umfassende, den Beteiligungsrechten im förmlichen Planfeststellungsverfahren vergleichbare formale Rechtsstellung innehat.[286] Die Entbehrlichkeit eines Vorverfahrens folgt daraus, dass der Planänderungsbescheid dem Ausgangsbescheid „an-

281 Vgl. dazu Rn 173 ff.

282 Vgl. hierzu im Einzelnen Kap. 5 Rn 64 ff. Insbesondere ist die Plangenehmigung auf Antrag des Vorhabensträgers gem. § 43b Nr. 2 EnWG anstelle des Planfeststellungsbeschlusses für ein Vorhaben zu erteilen, wenn für das Vorhaben eine Umweltverträglichkeitsprüfung nicht erforderlich ist. Im Unterschied zu § 74 Abs. 6 VwVfG besitzt die Behörde in diesem Fall keinen Ermessensspielraum. Der Vorhabensträger hat dann bezüglich der Wahl der Verfahrensart einen Anspruch auf Durchführung des Plangenehmigungsverfahrens.

283 Vgl. nur de Witt/Scheuten/*Drygalla-Hein*, § 24 Rn 386; Hoppenberg/de Witt/*Johlen*, L Rn 180; Obermayer/*Allesch/Häußler*, § 76 Rn 43; *Steinberg/Wickel/Müller*, § 6 Rn 262; zu notwendigen Vorverfahren im Kontext der Bundesfachplanung vgl. oben Rn 70, 78, 83, 117.

284 Zum Verhältnis zwischen Planänderung nach § 76 VwVfG und vereinfachtem Verfahren für unwesentliche Änderungen nach § 25 NABEG vgl. Kap. 12 Rn 117 ff.

285 Vgl. Obermayer/*Allesch/Häußler*, § 76 Rn 24 ff.; Knack/Henneke/*Dürr*, § 76 Rn 33; BVerwG, Urt. v. 23.1.1981 – 4 C 68/78 – BVerwGE 61, 307, 309 ff.

286 Stelkens/Bonk/Sachs/*Bonk/Neumann*, § 76 Rn 28; *Hüting/Hopp*, UPR 2003, 1, 8; Bader/Ronellenfitsch/*Kämper*, § 76 Rn 17; Obermayer/*Allesch/Häußler*, § 76 Rn 43; Knack/Henneke/*Dürr*, § 76 Rn 33; Fehling/Kastner/Störmer/*Wickel*, § 76 VwVfG Rn 27, 32; a.A. *Kopp/Ramsauer*, § 76 Rn 40 ohne Begründung.

wächst" und mit diesem zu einer Einheit verschmilzt.[287] In der Sache ist dies auch deshalb gerechtfertigt, weil zu den Voraussetzungen eines vereinfachten Planänderungsverfahrens gerade gehört, dass die Belange anderer nicht berührt werden oder die Betroffenen der Änderung zugestimmt haben (vgl. § 76 Abs. 2 VwVfG).

I. Rechtsschutz Privater

Rechtsschutzverfahren Privater gegen einen Planfeststellungsbeschluss sind die am häufigsten anzutreffende Rechtsschutzkonstellation. 140

1. Rechtsschutzziele, richtige Klageart und Streitgegenstand

a) Kassation und Planerhaltung

Auch wenn das Interesse des betroffenen Privaten typischerweise auf die vollständige Aufhebung des Planfeststellungsbeschlusses gerichtet sein wird, ist eine solche gerichtliche Kassation in der Praxis keineswegs die regelmäßige Rechtsfolge. Denn nicht jeder im Gerichtsverfahren festgestellte Fehler des Planfeststellungsbeschlusses führt zu dessen Aufhebung. Damit wird dem **Grundsatz der Planerhaltung** Rechnung getragen, der – ursprünglich auf Richterrecht beruhend[288] – in den planungsrelevanten Fachgesetzen[289] sowie allgemein in § 75 Abs. 1a VwVfG verankert ist. Er gilt auch für Planfeststellungsbeschlüsse nach §§ 18 ff. NABEG. Insbesondere im Falle erheblicher Mängel der Abwägung oder einer Verletzung von Verfahrens- und Formvorschriften kommt eine Aufhebung des Planfeststellungsbeschlusses nur dann infrage, wenn die Mängel nicht durch eine Planänderung oder ein ergänzendes Verfahren behoben werden können (§ 18 Abs. 3 S. 2 NABEG, §§ 43c, 43e Abs. 4 EnWG).[290] Durch die Möglichkeit der Fehlerheilung soll vermieden werden, dass lediglich aufgrund von Mängeln, die ohne Bedeutung für das Entscheidungsergebnis sind, ein Plan aufgehoben und das umfangreiche und zeitintensive Verfahren insgesamt erneut durchgeführt werden muss.[291] Können die Fehler behoben werden, beschränkt sich das Gericht daher auf die Feststellung der Rechtswidrigkeit und Nichtvollziehbarkeit des Beschlusses bis zur Behebung der Mängel.[292] Von vornherein nicht auf die Aufhebung des Planfeststellungsbeschlusses gerichtet ist schließlich das Begehren, ergänzende Schutzauflagen vorzusehen. 141

b) Rechtliches Vorgehen wegen Verfahrensartfehlern

Wird für das konkrete Vorhaben das falsche Verfahren gewählt, liegt also ein Verfahrensartfehler vor (z.B. eine Plangenehmigung oder nur eine Anzeige statt eines Planfeststellungsbeschlusses), liegt darin **kein absoluter Verfahrensfehler**, der automatisch zur Kassation der 142

287 Vgl. dazu Rn 152.
288 Vgl. BVerwG, Urt. v. 7.9.1979 – 4 C 7/77 – DVBl. 1980, 230, 232; Urt. v. 30.5.1984 – 4 C 58/81 – BVerwGE 69, 256, 269 f.; Urt. v. 21.3.1986 – 4 C 48/82 – BVerwGE 74, 109, 113; ausführlich auch *Gaentzsch*, UPR 2001, 201 ff.
289 Vgl. etwa § 17e Abs. 6 FStrG, § 18e Abs. 6 AEG, § 14e Abs. 6 WaStrG, § 2d Abs. 4 MBPlG, § 29 Abs. 8 PBefG und § 10 Abs. 8 LuftVG.
290 Vgl. dazu unten Rn 218 ff.
291 Fehling/Kastner/Störmer/*Wickel*, § 75 VwVfG Rn 42; *Gaentzsch*, DVBl. 2000, 741, 742 f.; Stelkens/Bonk/Sachs/*Bonk*/*Neumann*, § 75 Rn 35 („Verfahrensbeschleunigung").
292 Vgl. BVerwG, Urt. v. 21.3.1996 – 4 C 19/94 – BVerwGE 100, 370, 372; Urt. v. 27.1.2000 – 4 C 2/99 – NVwZ 2000, 1171; Knack/Henneke/*Dürr*, § 75 Rn 33; *Ziekow*, § 74 Rn 19; *Kopp*/*Schenke*, § 113 Rn 6, 108; Obermayer/*Kügel*, § 75 Rn 67; Stelkens/Bonk/Sachs/*Bonk*/*Neumann*, § 75 Rn 54.

Entscheidung führen würde. Vielmehr ist für den Klageerfolg eine materielle Rechtsverletzung des Klägers notwendig,[293] die jedoch nicht bereits in der Wahl einer falschen Verfahrensart allein begründet ist. Denn durch die Vorschriften über das Planfeststellungsverfahren werden dem Bürger keine subjektiven Rechte auf dessen Durchführung eingeräumt.[294] Vielmehr kann auch eine verfahrensfehlerhaft zustande gekommene Entscheidung taugliche Grundlage für einen Eingriff sein.[295] Das gilt allerdings nur dann, wenn sich die materiellen Prüfprogramme des richtigen und des zu Unrecht gewählten Verfahrens im Wesentlichen entsprechen. Die Wahl der Verfahrensart ist gem. § 44a VwGO regelmäßig nicht isoliert anfechtbar, sondern wird im Anfechtungsverfahren gegen die (verfahrensfehlerhaft getroffene) Entscheidung inzident geprüft.[296]

143 An einem gleichlaufenden Prüfprogramm wird es jedoch regelmäßig fehlen, wenn lediglich ein Anzeigeverfahren nach § 25 NABEG für eine unwesentliche Änderung oder Erweiterung durchgeführt wurde, obwohl ein Planfeststellungsverfahren notwendig gewesen wäre. Das Anzeigeverfahren nach § 25 NABEG ist – ebenso wie das entsprechende Verfahren nach § 43f EnWG – nur für unwesentliche Änderungen bestehender Anlagen einschlägig. Soll demgegenüber vor Fertigstellung eines Vorhabens der festgestellte Plan geändert werden, ist von vornherein nach § 43d EnWG, § 76 VwVfG vorzugehen.[297] Da der Weg über § 25 NABEG gerade voraussetzt, dass keine Pflicht zur Umweltverträglichkeitsprüfung besteht (§ 25 Nr. 1 NABEG), die bei einem Planfeststellungsverfahren nach §§ 18 ff. NABEG dagegen durchzuführen ist, fehlt es an einem gleichlaufenden Prüfprogramm. Wird mithin statt der notwendigen Planfeststellung nur ein Anzeigeverfahren durchgeführt, hat die Klage eines Betroffenen in aller Regel schon deswegen Erfolg, weil die Auswirkungen des Vorhabens nicht ordnungsgemäß ermittelt und beurteilt worden sein dürften.[298]

144 Führen zulassungsbedürftige Vorhaben, die ohne jegliche Genehmigung durchgeführt werden (**Schwarzbau**), zu einer Betroffenheit der Rechte Dritter, ist regelmäßig auch eine Verletzung dieser Rechte anzunehmen. Denn ohne die rechtfertigende Wirkung einer Zulassungsentscheidung ist jede Beeinträchtigung der Rechte Dritter rechtswidrig.[299] Gegen den Schwarzbau bestehen Unterlassungs- und ggf. auch Beseitigungsansprüche, die klageweise durchgesetzt werden können. So kann z.B. der Eigentümer eines Grundstücks nach § 1004 Abs. 1 BGB die Beseitigung einer Eigentumsstörung (die Inanspruchnahme seines Grundstücks für den Schwarzbau) und die Unterlassung künftiger Beeinträchtigungen verlangen. Eine Duldungspflicht (§ 1004 Abs. 2 BGB) besteht mangels rechtfertigender Wirkung einer (hier fehlenden) öffentlich-rechtlichen Gestattung nicht.

---

293 BVerwG, Urt. v. 20.12.2000 – 11 A 7/00 – NVwZ-RR 2001, 360; Beschl. v. 5.3.1999 – 4 A 7/98, 4 AR 3/98 – NVwZ-RR 1999, 556.

294 BVerwG, Urt. v. 22.2.1980 – 4 C 24/77 – NJW 1981, 239 ff.; Urt. v. 15.1.1982 – 4 C 26/78 – BVerwGE 64, 325, 331.

295 Stelkens/Bonk/Sachs/*Bonk/Neumann*, § 73 Rn 146 ff.; *Steinberg/Wickel/Müller*, § 6 Rn 6; Fehling/Kastner/Störmer/*Wickel*, § 73 VwVfG Rn 261 ff.; BVerwG, Urt. v. 22.2.1980 – 4 C 44/76 – DVBl. 1980, 996, 998.

296 *Kopp/Ramsauer*, § 74 Rn 174; Stelkens/Bonk/Sachs/*Bonk/Neumann*, § 74 Rn 254. Der Vorhabensträger selbst kann jedoch einen Anspruch auf Durchführungen des „einfacheren" Verfahrens geltend machen, vgl. dazu Rn 275.

297 Vgl. im Einzelnen Kap. 12 Rn 121 ff.

298 Ob davon eine Ausnahme für den Fall gemacht werden kann, dass gleichwohl der Sache nach eine (nicht formalisierte) Umweltverträglichkeitsprüfung nebst Beteiligung durchgeführt wurde, ist nach den Umständen des Einzelfalls zu entscheiden.

299 BVerwG, Urt. v. 22.2.1980 – 4 C 44/76 – DVBl. 1980, 996, 998; Beschl. v. 26.6.2000 – 11 VR 8/00 – NVwZ 2001, 89, 90; *Steinberg/Wickel/Müller*, § 6 Rn 6.

c) Klagen gegen den Planfeststellungsbeschluss

Ist das Rechtsschutzbegehren auf die **Aufhebung des Planfeststellungsbeschlusses** gerichtet, muss der Kläger – da Planfeststellungsbeschlüsse Verwaltungsakte sind[300] – mit einer Anfechtungsklage nach § 42 Abs. 1 Var. 1 VwGO vorgehen. Nach den allgemeinen Grundsätzen ist diese begründet, wenn der angegriffene Verwaltungsakt rechtswidrig und der Kläger dadurch in seinen Rechten verletzt ist (§ 113 Abs. 1 S. 1 VwGO). Allerdings hat das Gericht bei seiner Entscheidung den skizzierten Grundsatz der Planerhaltung zu beachten. Regelmäßig ist deswegen in dem klägerischen Kassationsantrag der Antrag enthalten, die Rechtswidrigkeit und Nichtvollziehbarkeit des Planfeststellungsbeschlusses festzustellen.[301] Kommt es im Ergebnis zu diesem Tenor, ist die Klage im Übrigen (mit der Kostenfolge des § 155 Abs. 1 VwGO) abzuweisen. Für den Kläger, der die fehlenden Erfolgsaussichten für eine vollständige Kassation erkennt, stellt sich deshalb die Frage, ob er nicht direkt – statt der Anfechtungsklage – eine Feststellungsklage gem. § 43 VwGO erhebt; sie wäre der Sache nach lediglich auf die Feststellung der Rechtswidrigkeit und Nichtvollziehbarkeit des Planfeststellungsbeschlusses gerichtet. Gegen die Zulässigkeit einer Feststellungsklage spricht jedoch der Grundsatz der Subsidiarität (§ 43 Abs. 2 VwGO). Zudem ist fraglich, ob ein Gericht einen zwischenzeitlich bestandskräftig gewordenen Verwaltungsakt – die Feststellungsklage hindert die Bestandskraft nicht, dafür ist gem. § 80 Abs. 1 VwGO eine Anfechtung erforderlich – für nicht vollziehbar erklären kann. Richtigerweise ist deswegen von einer **in einen Feststellungsantrag gewandeten Anfechtungsklage** auszugehen, die – ungeachtet des auf Feststellung gerichteten Klageantrags – hinsichtlich der Zulässigkeitskriterien den Anforderungen des **§ 42 VwGO** unterliegt.[302] Indem der Kläger – neben der Feststellung der Rechtswidrigkeit – den Ausspruch der Nichtvollziehbarkeit begehrt, verfolgt er ein – statthaftes und nach Maßgabe des § 42 VwGO zulässiges – Gestaltungsbegehren. Beschränkt er seinen Antrag jedoch auf die Feststellung der Rechtswidrigkeit ohne Ausspruch der Nichtvollziehbarkeit, handelt es sich um reines Feststellungsbegehren, das (wegen Subsidiarität) unzulässig ist.[303] 145

Praxistipp
Der Kläger sollte sich im Vorfeld einer Klageerhebung exakt überlegen, worauf sein Rechtsschutzziel gerichtet sein soll. Keinesfalls ist „erst einmal" Anfechtungsklage zu erheben; denn eine spätere Beschränkung des Klageantrags kann – mit Kostentragungspflicht – als (teilweise) Klagerücknahme gewertet werden.

Ein Privatkläger kann seine Klage auch auf **§ 4 Abs. 1 i.V.m. Abs. 3 UmwRG** stützen und die Verletzung eines Verfahrensrechts durch die Nichtdurchführung einer UVP (-Vorprüfung) rügen. Das entbindet ihn allerdings nicht von den üblichen Zulässigkeitsanforderungen, insbesondere der Klagebefugnis.[304] Mit § 4 Abs. 3 UmwRG ist keine UVP-Interessentenklage eingeführt worden (was auch unionsrechtlich nicht geboten wäre). Ähnlich § 47 VwGO wird vielmehr lediglich der Umfang der gerichtlichen Begründetheitsprüfung gegenüber derjenigen der Klagebefugnis ausgeweitet. 146

300 Vgl. BVerwG, Urt. v. 3.6.1971 – 4 C 64/70 – BVerwGE 38, 152, 156; Knack/Henneke/*Dürr*, § 74 Rn 10; Stelkens/Bonk/Sachs/*Bonk/Neumann*, § 74 Rn 19 ff.; *Ziekow*, § 74 Rn 10; Obermayer/*Allesch/Häußler*, § 74 Rn 62.

301 Vgl. BVerwG, Urt. v. 9.6.2004 – 9 A 11/03 – NVwZ 2004, 1486, 1487; Urt. v. 27.1.2000 – 4 C 2/99 – NVwZ 2000, 1171; *Kopp/Schenke*, § 113 VwGO Rn 6, 108; Stelkens/Bonk/Sachs/*Bonk/Neumann*, § 75 Rn 54; *Steinberg/Wickel/Müller*, § 6 Rn 261.

302 *Gaentzsch*, DVBl. 2000, 741, 747; Stelkens/Bonk/Sachs/*Bonk/Neumann*, § 75 Rn 53; OVG Greifswald, Urt. v. 22.3.2012 – 5 K 6/10 – NJOZ 2012, 2033, 2040.

303 OVG Greifswald, Urt. v. 22.3.2012 – 5 K 6/10 – NJOZ 2012, 2033, 2040.

304 Vgl. dazu BVerwG, Urt. v. 20.12.2011 – 9 A 30/10 – NVwZ 2012, 573, 575 sowie Rn 161; zur Frage, ob der Fehlerkatalog des § 4 Abs. 1 UmwRG hinreichend ist, vgl. Rn 342 ff. (dort auch zum Vorlagebeschluss des BVerwG).

147 Gleichfalls im Grundsatz keinen Anspruch auf Planaufhebung begründet das gänzliche oder teilweise Fehlen ausreichender **Schutzauflagen.** In diesen Fällen ist der Kläger auf eine Verpflichtungsklage verwiesen, mit der er die – im Wege einer Planergänzung vorzusehenden – Schutzauflagen begehrt.[305] Etwas anderes gilt nur dann, wenn das Fehlen der Schutzauflagen und die damit einhergehenden Defizite des zum Schutz der Nachbarschaft entwickelten Konzepts des Planungsträgers so schwer wiegen, dass die Ausgewogenheit der Planung insgesamt infrage gestellt wird. Dann kommt eine (zumindest teilweise) Planaufhebung infrage.[306] Auch nachträgliche Schutzauflagen nach § 18 Abs. 3 S. 2 NABEG, § 43c EnWG, § 75 Abs. 2 VwVfG kann der Kläger mit einer Verpflichtungsklage geltend machen.[307]

d) Klagen gegen Planänderungen

148 Wird ein bestehender Planfeststellungsbeschluss durch eine **Planänderung** modifiziert, zeitigt diese Änderung auch Auswirkungen auf die Rechtsschutzmöglichkeiten des jeweiligen Klägers. Für das verwaltungsprozessuale Vorgehen kommt es darauf an, ob

- bereits vor Erlass des Änderungsbeschlusses gegen den Ausgangsbeschluss Klage erhoben wurde,
- erstmals gegen den Änderungsbeschluss vorgegangen wird oder
- wegen der Änderung nunmehr der gesamte Bescheid Streitgegenstand ist.

149 Hat der Kläger bereits gegen den **ursprünglichen Planfeststellungsbeschluss** Anfechtungsklage erhoben, so ist das weitere prozessuale Vorgehen durch das besondere Zusammenwirken zwischen diesem und dem Planänderungsbeschluss geprägt. Es ist dadurch gekennzeichnet, dass der festgestellte Plan und die nachträglich erfolgten Änderungen zu einem **einheitlichen Plan** in der durch den Änderungsbeschluss erreichten Gestalt[308] verschmelzen. Die Änderung wächst dem ursprünglichen Beschluss an.[309] Obschon also der geänderte Plan im Entstehungsvorgang auf mehreren separaten Beschlüssen beruht, muss sich der Kläger im Prozess gegen eine einheitliche Planungsentscheidung zur Wehr setzen.[310] Prozessual kann der Kläger die Einbeziehung des Änderungsbeschlusses in das laufende Verfahren durch eine – regelmäßig sachdienliche – **Änderung der bereits anhängigen Klage** gem. § 91 VwGO erreichen.[311] Er bean-

---

305 BVerwG, Urt. v. 7.7.1978 – 4 C 79/76 u.a. – BVerwGE 56, 110, 133; Urt. v. 21.2.1992 – 7 C 11/91 – BVerwGE 90, 42, 53; Urt. v. 18.4.1996 – 11 A 86/95 – BVerwGE 110, 73, 85; Urt. v. 23.11.2005 – 9 A 28/04 – NVwZ 2006, 331, 332; *Steinberg/Wickel/Müller*, § 6 Rn 220.

306 BVerwG, Urt. v. 7.7.1978 – 4 C 79/76 u.a. – BVerwGE 56, 110, 111; Urt. v. 20.10.1989 – 4 C 12/87 – BVerwGE 84, 31; Urt. v. 18.4.1996 – 11 A 86/95 – BVerwGE 101, 73; Beschl. v. 12.11.1992 – 7 ER 300/92 – NVwZ 1993, 266, 267.

307 BVerwG, 29.1.1991 – 4 C 51/89 – BVerwGE 87, 332, 345ff.; Urt. 5.3.1997 – 11 A 25/95 – NVwZ 1998, 513, 517; Knack/Henneke/*Dürr*, § 75 Rn 65; Fehling/Kastner/Störmer/*Wickel*, § 75 VwVfG Rn 119; *Steinberg/Wickel/Müller*, § 6 Rn 231.

308 Grundlegend BVerwG, Urt. v. 23.1.1981 – 4 C 68/78 – BVerwGE 61, 307, 309.

309 BVerwG, Beschl. v. 28.7.1993 – 7 B 49/93 – Buchholz 316 § 76 VwVfG Nr. 8, S. 7 f.; OVG Münster, Urt. v. 18.1. 2013 – 11 D 70/09.AK – DVBl. 2013, 374; Urt. v. 18.3.2009 – 9 A 31/07 – NVwZ 2010, 63, 64; Urt. v. 9.6.2010 – 9 A 25/09 – NVwZ 2011, 175, 176; Bader/Ronellenfitsch/*Kämper*, § 76 Rn 8; Fehling/Kastner/Störmer/*Wickel*, § 76 VwVfG Rn 21; Knack/Henneke/*Dürr*, § 76 Rn 25; Stelkens/Bonk/Sachs/*Bonk*/*Neumann*, § 76 Rn 15.

310 BVerwG, Urt. v. 18.3.2009 – 9 A 31/07 – NVwZ 2010, 63, 64; Urt. v. 17.12.2009 – 7 A 7/09 – NVwZ 2010, 584, 586; vgl. auch BVerwG, Urt. v. 23.1.1981 – 4 C 68/78 – BVerwGE 61, 307, 309: „*Von dieser verwaltungsverfahrensrechtlichen Beurteilung muss notwendigerweise auch in prozessualer Hinsicht ausgegangen werden. Gegenstand der Klagen kann daher allein der ursprüngliche Planfeststellungsbeschluss in der Gestalt sein, die er durch den ergänzenden Planfeststellungsbeschluss gefunden hat.*"

311 Vgl. BVerwG, Beschl. v. 20.12.1991 – 4 C 25/90 – BeckRS 1991, 07007 Rn 17; vgl. auch OVG Hamburg, Beschl. v. 21.11.2005 – 2 Bs 19/05 – NVwZ 2006, 1076, 1078; Obermayer/*Allesch*/*Häußler*, § 76 Rn 50.

tragt, den Planfeststellungsbeschluss in der Gestalt des Änderungsbescheids aufzuheben, sollte die Änderung nicht gerade Abhilfe geschafft haben. Demgegenüber führte die ausdrückliche Aufrechterhaltung der Anfechtungsklage in ihrer ursprünglichen Gestalt jedenfalls bei wesentlichen Änderungen der originären Planfeststellung zu einem Wegfall des Rechtsschutzinteresses, da hinsichtlich dieses Beschlusses prozessuale Erledigung eingetreten ist.[312] Allerdings hat die neuere bundesverwaltungsgerichtliche Judikatur entschieden, dass – solange nicht ausdrücklich anderes erklärt wird – von dem Grundsatz auszugehen ist, wonach ein Kläger sich auch gegen Änderungsbescheide wehre; eine explizite Einbeziehung des Änderungsbescheids – insbesondere innerhalb der Monatsfrist des § 74 Abs. 1 VwGO – ist danach im laufenden gerichtlichen Verfahren bis zur mündlichen Verhandlung nicht geboten.[313]

Praxistipp
Ein Kläger tut gut daran, sein Rechtsschutzbegehren ausdrücklich zu kennzeichnen und nicht auf dessen Auslegung durch das Gericht zu vertrauen. Im Zweifel sollte deshalb innerhalb der Monatsfrist eine Einbeziehung erfolgen.

Fehlt es an einer Klage gegen den ursprünglichen Planfeststellungsbeschluss, kann sich der Kläger grundsätzlich entweder auf ein prozessuales Vorgehen gegen die Planänderung beschränken oder – in bestimmten Konstellationen – den Planfeststellungsbeschluss und die Änderung (d.h. den Ursprungsbeschluss in Gestalt des Änderungsbeschlusses) anfechten: 150

Der Kläger kann **isoliert gegen den Planänderungsbeschluss** vorgehen, weil die inhaltliche „Verschmelzung" der Beschlüsse nicht zugleich ihre prozessuale Überlagerung bewirkt.[314] Sieht sich der Kläger demnach nur durch die nachträglich erfolgte Planänderung in seinen Rechten verletzt, steht es ihm offen, sich auch nur gegen diese mit einer Anfechtungsklage zu wehren.[315] Dem steht eine zwischenzeitlich eingetretene Bestandskraft des ursprünglichen Planfeststellungsbeschlusses nicht entgegen. Zwar beseitigt die inhaltliche Verschmelzung zu einer einheitlichen Planungsentscheidung die eingetretene Bestandskraft nicht, dennoch ist der **Planänderungsbeschluss isoliert anfechtbar**, wenn gerade die Änderung zu einer relevanten Betroffenheit führt.[316] Der Kläger muss dann darlegen, dass ihn die Planänderung „erstmals, anders oder noch stärker beeinträchtigt" als der ursprüngliche Planfeststellungsbeschluss.[317] Entscheidend ist, inwieweit die Verletzung der klägerischen Rechte gerade in dem durch den 151

312 So BVerwG, Urt. v. 18.3.2009 – 9 A 31/07 – NVwZ 2010, 63, 64; Urt. v. 9.6.2010 – 9 A 25/09 – NVwZ 2011, 175, 176; siehe auch BVerwG, Urt. v. 21.2.1992 – 7 C 11/91 – BVerwGE 90, 42, 50 ff.; OVG Münster, Urt. v. 18.1.2013 – 11 D 70/09.AK – DVBl. 2013, 374.

313 BVerwG, Urt. v. 18.3.2009 – 9 A 31/07 – NVwZ 2010, 63, 64 f.

314 Vgl. BVerwG, Urt. v. 14.9.1992 – 4 C 34-38/89 – BVerwGE 91, 17, 19; VGH München, Beschl. v. 15.3.1988 – 8 CS 88/00196 – NVwZ 1989, 685; Knack/Henneke/*Dürr*, § 76 Rn 26; Stelkens/Bonk/Sachs/*Bonk/Neumann*, § 76 Rn 16; Fehling/Kastner/Störmer/*Wickel*, § 76 VwVfG Rn 22.

315 So z.B. in BVerwG, Urt. v. 17.12.2009 – 7 A 7/09 – NVwZ 2010, 584, 585 f.; *Bell/Hermann*, NVwZ 2004, 288, 289; *Hüting/Hopp*, UPR 2003, 1, 8 f. Eine Feststellungsklage bzw. allgemeine Leistungsklage ist demgegenüber nur ausnahmsweise zulässig, etwa wenn die Planfeststellungsbehörde die Vorhabenänderung lediglich aufgrund eines internen Aktenvermerks zugelassen und keinen gesonderten Änderungsbeschluss erlassen hat und es deswegen an einem Verwaltungsakt fehlt (vgl. BVerwG, Urt. v. 15.1.1982 – 4 C 26/78 – BVerwGE 64, 325, 328; Obermayer/*Allesch/Häußler*, § 76 Rn 42).

316 VGH München, Beschl. v. 15.3.1988 – 8 CS 88/00196 – NVwZ 1989, 685; Stelkens/Bonk/Sachs/*Bonk/Neumann*, § 76 Rn 16.

317 BVerwG, Beschl. v. 17.9.2004 – 9 VR 3/04 – NVwZ 2005, 330, 331; Urt. v. 19.12.2007 – 9 A 22/06 – NVwZ 2008, 561, 562; OVG Koblenz, Urt. v. 9.6.2005 – 1 C 12018/04 – NVwZ-RR 2006, 385, 386; VGH Mannheim, Urt. v. 15.10.1985 – 10 S 822/82 – NVwZ 1986, 663, 664; *Hüting/Hopp*, UPR 2003, 1, 8 f.

Änderungsbescheid „neu Hinzugekommenem“ begründet ist.[318] Beschränkt sich die Belastung des Klägers auf das Maß, das bereits durch die ursprüngliche Planfeststellung vermittelt wurde, bewirkt die Planänderung keine neue Betroffenheit. Eine isolierte Anfechtung der Änderung wäre dann ausgeschlossen; ist die ursprüngliche Planfeststellung – die möglicherweise zu einer Rechtsverletzung des Klägers geführt hat – bereits bestandskräftig geworden, steht dem Kläger folglich kein weiterer Rechtsschutz zu.[319]

152 Geht der Kläger gegen den **Planfeststellungsbeschluss in Gestalt des Änderungsbeschlusses** vor, ist dahingehend zu differenzieren, ob er bereits durch den ursprünglichen Beschluss in seinen Rechten beeinträchtigt war oder sich diese Situation erst durch den Änderungsbeschluss ergeben hat. Bestand eine Rechtsbeeinträchtigung bereits durch den Ausgangsbeschluss, gilt das vorstehend zur isolierten Anfechtung der Planänderung Gesagte. Nur soweit die Änderung eine zusätzliche Belastung vermittelt, ist eine Anfechtungsmöglichkeit eröffnet. Beeinträchtigungen, die bereits durch den ursprünglichen Beschluss vermittelt wurden, können das Rechtsschutzbegehren nicht tragen. Vermittelt die Planänderung jedoch erstmals eine Beeinträchtigung des Klägers (etwa aufgrund von Trassenverschiebungen), ist dieser nicht darauf beschränkt, lediglich die durch die Planänderung bewirkten Beeinträchtigungen geltend zu machen. Er kann vielmehr gegen die gesamte Planung vorgehen.[320] Denn für den Kläger bestand mangels Betroffenheit weder Grund noch Berechtigung, sich gegen die Festlegungen des ursprünglichen Planfeststellungsbeschlusses zu wenden. Ihm gegenüber ist deshalb der ursprüngliche Regelungsgehalt des Ausgangsbeschlusses (unabhängig von der seinerzeitigen Klagefrist) ebenso wenig bestandskräftig geworden, wie sein sachliches Vorbringen präkludiert ist.

e) Verfahrensfehler in der Planfeststellung

153 Die isolierte Geltendmachung von Verfahrensfehlern in der Planfeststellung ist durch § 44a VwGO weitgehend ausgeschlossen.[321] Danach können Mängel bei behördlichen Verfahrenshandlungen nicht gesondert, sondern nur im Kontext eines Vorgehens gegen die spätere Sachentscheidung (oder deren Unterlassen) gerügt werden. Das erfasst auch auf das UmwRG gestützte Rügen Privater. Anderes gilt nur, wenn die in Rede stehende Verfahrenshandlung selbstständig vollstreckbar ist (§ 44a S. 2 VwGO).

f) Geltung des § 4a UmwRG

154 Hervorzuheben ist, dass die Anforderungen des § 4a UmwRG nicht nur für Vereinigungen, sondern auch bei gerichtlichen Rechtsbehelfen von Beteiligten nach § 61 Nr. 1 und 2 VwGO gelten (§ 4a Abs. 4 UmwRG). Sie sind somit für alle Rechtsbehelfe von Individualklägern anwendbar, sofern und soweit der Anwendungsbereich des UmwRG nach § 1 UmwRG eröffnet ist. Daraus folgt eine nicht unerhebliche **Verschärfung** der Anforderungen an erfolgreiche Rechtsbehelfe.

---

318 BVerwG, Beschl. v. 17.9.2004 – 9 VR 3/04 – NVwZ 2005, 330, 331 f.; VGH München, Beschl. v. 15.3.1988 – 8 CS 88/00196 – NVwZ 1989, 685; Obermayer/*Allesch*/*Häußler*, § 76 Rn 44; *Kopp*/*Ramsauer*, § 76 Rn 41.

319 Vgl. nur BVerwG, Beschl. v. 17.9.2004 – 9 VR 3/04 – NVwZ 2005, 330, 331; OVG Koblenz, Urt. v. 9.6.2005 – 1 C 12018/04 – NVwZ-RR 2006, 385, 386.

320 BVerwG, Urt. 9.6.2010 – 9 A 25/09 – NVwZ 2011, 175, 177; noch offengelassen in BVerwG, Beschl. v. 17.9.2004 – 9 VR 3/04 – NVwZ 2005, 330, 331; a.A. OVG Koblenz, Urt. v. 9.6.2005 – 1 C 12018/04 – NVwZ-RR 2006, 385, 386, wenn die Ergänzung einen abtrennbaren Teil der Gesamt-Planfeststellung bildet.

321 BVerwG, Beschl. v. 17.9.2004 – 9 VR 3/04 – NVwZ 2005, 330, 331; Schoch/Schneider/Bier/*Stelkens*, § 44a Rn 17; Sodan/Ziekow/*Ziekow*, § 44a Rn 28; *Kopp*/*Schenke*, § 44a Rn 3; Posser/Wolff/*Posser*, § 44a Rn 12 ff.; zu den Ausnahmen zugunsten des Vorhabensträgers, vgl. im Einzelnen Rn 265, 270 f.

Auch wenn durchaus bezweifelt werden kann, ob eine derart weitreichende – sich auf alle Individualrechtsbehelfe gegen Vorhaben i.S.d. § 1 Abs. 1 UmwRG auswirkende – Rechtsänderung nicht besser in der VwGO hätte erfolgen sollen, ist der Gesetzeswortlaut eindeutig: Die Maßgaben zur Anwendung der VwGO nach § 4a UmwRG (und insbesondere der strenge Prüfungsmaßstab nach Abs. 3) gelten im **gesamten Anwendungsbereich des UmwRG**, der wiederum durch Rechtsbehelfe gegen bestimmte Entscheidungen und Genehmigungen i.S.d. § 1 UmwRG definiert wird.

Angesichts des klar konturierten gesetzlichen Regelungsrahmens scheidet eine Beschränkung der strengen Anforderungen nach § 4a UmwRG auf die Rüge von Umweltbelangen und die Beibehaltung des hergebrachten Maßstabs für sonstige (z.B. Eigentums-)Belange aus. Dagegen spricht schon der eindeutige Gesetzeswortlaut. Zudem würde ein Auseinanderfallen der Prüfungsmaßstäbe (je nachdem, ob Umwelt- oder sonstige Belange gerügt werden) zu nicht unerheblichen Anwendungs- und Abgrenzungsproblemen führen. Vor allem aber entspricht das hiesige Verständnis dem klaren Willen des Gesetzgebers: Im Rahmen des Gesetzgebungsverfahrens wurde vonseiten des Bundesrats zu der geplanten Einfügung des § 4a UmwRG bemerkt, es sei nicht nachvollziehbar, dass *„bei der Genehmigung von aus umweltrechtlicher Sicht relevanten Anlagen strengere prozessrechtliche Maßstäbe als sonst gelten sollen. Die Anforderungen des § 4a sollen sowohl bei Klagen von Umweltverbänden als auch bei Individualklagen anwendbar sein. Dies würde z.B. dazu führen, dass für Individualklagen in immissionsschutzrechtlichen Genehmigungsverfahren strengere prozessrechtliche Regelungen gelten als bei Individualklagen gegen Genehmigungsentscheidungen in formlosen Verfahren.“*[322] 155

Der Bundesrat hat damit auf den Kern des Problems hingewiesen: § 4a UmwRG beansprucht Geltung für alle Entscheidungen, die dem Anwendungsbereich des UmwRG unterfallen. Für sie gelten damit **strengere Anforderungen** als für die sonstigen Verfahren. Desungeachtet ist die Bundesregierung den Bedenken des Bundesrats entgegengetreten und hat unter Verweis auf die Tragfähigkeit des in § 4a UmwRG zum Ausdruck kommenden Kompromisses zwischen der notwendigen Erweiterung der umweltrechtlichen Verbandsklage und den konfligierenden Belangen (insbesondere den wirtschaftlichen Interessen deutscher Unternehmen und dem Allgemeininteresse an zukunftsorientierten Strukturentwicklungen) eine Änderung des Entwurfs abgelehnt.[323] Damit hat sie die Verschärfung der Anforderungen durch § 4a UmwRG nicht nur in ihrem Gesetzentwurf vorgeschlagen, sondern seine weitreichende Geltung auch sehenden Auges – gleichsam auf Nachfrage – bestätigt. Dadurch ist ausgeschlossen, dem Gesetzgeber eine andere als die im Gesetzeswortlaut zum Ausdruck kommende Regelungsabsicht zu unterstellen. 156

Das hiesige Verständnis der Regelungsimplikationen des UmwRG wird im Übrigen auch durch die Judikatur des BVerwG gestützt. Im Kontext einer Individualklage gegen planfeststellungsrechtliche Änderungsregelungen hat das Gericht judiziert, dass die – mit § 4a Abs. 4 UmwRG wortlautgleiche – Anordnung der Geltung des § 4 Abs. 1 UmwRG für Rechtsbehelfe der Beteiligten in § 4 Abs. 3 UmwRG nicht zu einer Änderung der Zulässigkeitskriterien eines Rechtsbehelfs führt, sondern allein Auswirkung auf die **Prüfung der Begründetheit** einer – zulässigen – Klage hat.[324] Das BVerwG bestätigt damit, dass die Regelungen des UmwRG – und dabei vor allem die besonderen Prüfungsmaßstäbe – anzuwenden sind, wenn der Anwendungsbereich des Gesetzes eröffnet ist und die Klage des Beteiligten nach den allgemeinen Grundsätzen zulässig ist. Dies gilt nach dem Vorgesagten auch für § 4a UmwRG.[325] 157

---

322 BT-Drucks. 17/10957, S. 26.
323 BT-Drucks. 17/10957, S. 30.
324 Vgl. BVerwG, Urt. v. 20.12.2011 – 9 A 30/10 – NVwZ 2012, 573, 575.
325 Zu den Konsequenzen im Einzelnen vgl. Rn 244.

2. Rechtsweg und Zuständigkeit

158 Die Klage eines Privaten gegen einen Planfeststellungsbeschluss ist eine öffentlich-rechtliche Streitigkeit nichtverfassungsrechtlicher Art, für die nach § 40 Abs. 1 S. 1 VwGO der Verwaltungsrechtsweg eröffnet ist.

159 Die sachliche Zuständigkeit für Klagen gegen einen Planfeststellungsbeschluss für ein im EnLAG bezeichnetes Vorhaben liegt nach § 1 Abs. 3 EnLAG i.V.m. **§ 50 Abs. 1 Nr. 6 VwGO** beim **BVerwG.**[326] Es handelt sich dabei um eine **erst- und letztinstanzliche Zuständigkeit**, die der Beschleunigung der Planungsverfahren dient.[327] Der Gesetzgeber hatte von Anfang an eine solche bundesverwaltungsgerichtliche Zuständigkeit auch für Höchstspannungsleitungen nach dem NABEG beabsichtigt; sie sollte im Bundesbedarfsplangesetz nach § 12e Abs. 4 EnWG geregelt werden. Demgemäß sieht § 4 E-BBPlG[328] für die in den Bundesbedarfsplan aufgenommenen Vorhaben ebenfalls vor, dass § 50 Abs. 1 Nr. 6 VwGO anzuwenden ist. Gegen die Zuständigkeit des BVerwG bestehen keine durchgreifenden rechtlichen Bedenken. Zwar ist das BVerwG grundsätzlich ein Rechtsmittelgericht. Ausnahmen davon sind jedoch nach bundesverfassungsgerichtlicher Judikatur zulässig, wenn sie aus **sachlichen Gründen** gerechtfertigt sind.[329] Das ist insbesondere der Fall, wenn Streitigkeiten in Rede stehen, für die ein gesamtstaatliches Interesse an einer raschen Entscheidung besteht. Zum anderen darf *„die Zuweisung an den obersten Gerichtshof [...] quantitativ und qualitativ nach ihrem Anteil an der gesamten Geschäftslast des Gerichts“* nicht von der Ausnahme zur Regel werden und den Gerichten der Länder – in planungsrechtlichen Angelegenheiten – nicht die substanzielle Zuständigkeit für raumbezogene Planungen entziehen. Aufgrund der politischen Dimension hat der Gesetzgeber einen weiten Einschätzungsspielraum, der erst bei offensichtlichen Fehlern und evidenter Unsachlichkeit überschritten wird. Weist der Gesetzgeber Rechtsstreitigkeiten nicht abstrakt, sondern – wie hier – unter Auflistung konkreter Vorhaben einem obersten Gerichtshof zu, muss für jedes Einzelprojekt ein sachlicher Grund bestehen.[330]

160 Die Zuweisung der Verfahren über die in den Bundesbedarfsplan aufgenommenen Vorhaben an das BVerwG ist nach diesen Maßstäben sachlich begründet. Der sachliche Grund für die ausschließliche Zuständigkeit besteht in der überragenden gesamtstaatlichen Bedeutung einer sicheren Energieversorgung.[331] Deren Gefährdung ist angesichts der eingeleiteten Energiewende nicht ausgeschlossen, wenn ein beschleunigter Ausbau der Übertragungsnetze unterbleibt.[332] Zwar ist diese Energiewende in ihrer Dringlichkeit auf den überstürzten und in der Sache nicht gerechtfertigten Ausstieg aus der Kernenergie zurückzuführen. Dies ändert jedoch nichts an dem skizzierten Befund, dass es ohne beschleunigten Ausbau zu einer Gefährdung der sicheren Energieversorgung kommen könnte, was durch das NABEG gerade verhindert werden soll.[333] Auch ist nicht ersichtlich, dass den Gerichten der Länder keine ausreichende Zuständigkeit für raumbedeutsame Planungen verbliebe. Eine Überschreitung des weiten ge-

---

326 Vgl. dazu BVerwG, Beschl. v. 9.10.2012 – 7 VR 10/12 – BeckRS 2012, 58383; Beschl. v. 28.12.2013 – 7 VR 13/12 – BeckRS 2013, 48426 Rn 6.

327 BT-Drucks. 16/54, S. 1; BVerwG, Beschl. v. 12.6.2007 – 7 VR 1/07 – NVwZ 2007, 1095, 1096; Beschl. v. 9.10.2012 – 7 VR 10/12 – BeckRS 2012, 58383.

328 BT-Drucks. 17/12638, S. 7.

329 BVerfG, Beschl. v. 10.6.1958 – 2 BvF 1/56 – BVerfGE 8, 174, 178 und 181; BVerwG, Urt. v. 22.1.2004 – 4 A 32/02 – NVwZ 2004, 722, 722 f.; Urt. v. 9.7.2008 – 9 A 14/07 – BVerwGE 131, 274 Rn 31 f.

330 BVerwG, Urt. v. 9.7.2008 – 9 A 14/07 – BVerwGE 131, 274 Rn 32 f.

331 Steinbach/*Heimann*, § 12e EnWG Rn 40.

332 BT-Drucks. 17/6073, S. 17 ff.; *Appel*, UPR 2011, 406, 414.

333 Vgl. nur BT-Drucks. 17/6073, S. 1; § 1 NABEG.

setzgeberischen Einschätzungsspielraums ist daher nicht gegeben.[334] Im Übrigen bestehen auch keine verfassungsrechtlichen Bedenken im Hinblick auf Art. 19 Abs. 4 GG, da dieser keinen Instanzenzug gewährleistet.[335]

Von der Zuständigkeit des BVerwG umfasst sind alle Streitigkeiten, die einen **unmittelbaren Bezug** zu konkreten Planfeststellungsverfahren oder Plangenehmigungen für die relevanten Vorhaben aufweisen. Der Zuständigkeit des BVerwG unterliegen somit auch alle Klagen betreffend solcher Maßnahmen, die der Vorbereitung eines späteren Planfeststellungs- oder Plangenehmigungsverfahrens dienen, welche einen Ausschnitt der in einem laufenden Planfeststellungsverfahren zu lösenden Probleme darstellen, oder Streitigkeiten darüber, ob bestimmten Baumaßnahmen ein Planfeststellungs- oder Plangenehmigungsverfahren hätte vorausgehen müssen.[336] Nicht erfasst sind jedoch Auseinandersetzungen über nachträgliche Schutzauflagen[337] sowie solche um Ansprüche auf Auskunft über planfeststellungspflichtige Vorhaben, die auf das Umweltinformationsgesetz gestützt sind.[338] Durchgreifende rechtliche Bedenken gegen die Zuständigkeit des BVerwG, etwa vor dem Hintergrund der Beschränkung des Rechtsschutzsuchenden auf nur eine Instanz oder die für ein Revisionsgericht wesensuntypischen Tatsachenfeststellungen (einschließlich Beweisaufnahmen), bestehen letztlich nicht.[339] Die mit der alleinigen Zuständigkeit des BVerwG ermöglichte und beabsichtigte Straffung der gerichtlichen Verfahren zur Beschleunigung wirtschaftlich notwendiger Infrastrukturmaßnamen[340] sowie die damit einhergehende Vermeidung divergierender Instanzenrechtsprechung[341] rechtfertigen die Verkürzung des Rechtsweges. Allerdings bleibt als (zunächst rechtspolitisches) Monitum zu beachten, dass das BVerwG mit Blick auf seine weiteren Aufgaben als Revisionsgericht personell wie sachlich in den Stand gesetzt bleibt, diese zusätzlichen Belastungen in angemessener Zeit auch verarbeiten zu können; die erweiterte Zuständigkeit darf nicht zu einer Verletzung effektiven Rechtsschutzes in allen (anderen) Verfahren führen. 161

3. Klagebefugnis

a) Grundsätze

Die Klagebefugnis eines Privaten, der sich gegen einen Planfeststellungsbeschluss wendet, setzt nach § 42 Abs. 2 VwGO die Geltendmachung einer eigenen Rechtsverletzung durch den Bescheid 162

334 I.E. ebenso *Appel*, UPR 2011, 406, 414; Steinbach/*Heimann*, § 12e EnWG Rn 40 ff.; kritisch zur Zulässigkeit der erstinstanzlichen Zuständigkeit des BVerwG im Zusammenhang mit § 1 Abs. 3 EnLAG i.V.m. § 50 Abs. 1 Nr. 6 VwGO: *Holznagel*/*Nagel*, DVBl. 2010, 669, 672; *Schirmer*, DVBl. 2012, 1349, 1357.

335 BVerfG, Beschl. v. 18.12.1962 – 2 BvR 569/62 – BVerfGE 15, 275, 280; Beschl. des Plenums v. 30.4.2003 – 1 PBvU 1/02 – BVerfGE 107, 395, 403 ff.; Jarass/Pieroth/*Jarass*, Art. 19 Rn 45.

336 BVerwG, Beschl. v. 1.7.1993 – 7 ER 308/93 – NVwZ 1994, 368, 369; Beschl. v. 21.1.1994 – 7 VR 12/93 – NVwZ 1994, 370; Beschl. v. 7.7.1995 – 11 VR 11/95 – NVwZ 1996, 393; Beschl. v. 9.10.2012 – 7 VR 10/12 – BeckRS 2012, 58383.

337 BVerwG, Beschl. v. 15.6.2011 – 7 VR 8/11 – juris Rn 7; Beschl. v. 18.5.2000 – 11 A 6/99 – NVwZ 2000, 1168, 1169; Urt. v. 10.8.2000 – 4 A 11/99 – NVwZ 2001, 206, 208; *Kopp*/*Schenke*, § 50 Rn 8b; Fehling/Kastner/Störmer/*Unruh*, § 50 VwGO Rn 15; Schoch/Schneider/Bier/*Bier*, § 50 Rn 12b; Sodan/Ziekow/*Ziekow*, § 50 Rn 16c.

338 BVerwG, Beschl. v. 12.6.2007 – 7 VR 1/07 – NVwZ 2007, 1095 ff.; Beschl. v. 12.5.2011 – 9 A 12/11 – BeckRS 51872; Posser/Wolff/*Berstermann*, § 50 Rn 9a; Schoch/Schneider/Bier/*Bier*, § 50 Rn 12b; Sodan/Ziekow/*Ziekow*, § 50 Rn 16c; Fehling/Kastner/Störmer/*Unruh*, § 50 VwGO Rn 15; *Scheidler*, DVBl. 2011, 466, 471.

339 BVerwG, Urt. v. 22.1.2004 – 4 A 32/02 – BVerwGE 120, 87, 92 ff.; Urt. v. 9.7.2008 – 9 A 14/07 – NuR 2009, 112; Schoch/Schneider/Bier/*Bier*, § 50 Rn 4; Fehling/Kastner/Störmer/*Unruh*, § 50 VwGO Rn 15; kritisch *Paetow*, NVwZ 2007, 36 ff.; *Steinberg*/*Wickel*/*Müller*, § 6 Rn 273 ff.; Eyermann/*Kraft*, § 50 Rn 17.

340 BT-Drucks. 16/10491, S. 19; BT-Drucks. 10/171, S. 7; Schoch/Schneider/Bier/*Bier*/*Panzer*, § 48 Rn 3; *Meyer-Ladewig*, NJW 1985, 1985, 1987; *Scheidler*, UPR 2011, 379, 379 f.; Sodan/Ziekow/*Ziekow*, § 48 Rn 3.

341 BT-Drucks. 16/10491, S. 19; BT-Drucks. 10/171, S. 9; *Scheidler*, UPR 2011, 379, 380.

voraus. Nichts anderes ergibt sich aus der Berechtigung, Einwendungen im Rahmen des Planfeststellungsverfahrens zu erheben (vgl. etwa § 22 Abs. 6 NABEG, § 73 Abs. 4 VwVfG).[342] Auch der nach verfahrensrechtlichen Regelungen bereits mit dem Vorbringen bloßer Belange Einwendungsbefugte muss im Falle eines klageweisen Vorgehens gegen den Planfeststellungsbeschluss grundsätzlich eine Verletzung eigener Rechte geltend machen. Das gilt auch im Kontext des § 4 UmwRG.[343] Eine Einschränkung erfährt dieser Grundsatz in der Sache allerdings dadurch, dass die Rechtsprechung ein „Recht auf gerechte Abwägung" anerkennt, wonach auch bloße Belange rügefähig werden, wenn es sich um mehr als nur geringfügig betroffene schutzwürdige Interessen handelt.[344] Nach dem **Schutznormgedanken** müssen die Rechte, auf deren Verletzung sich der Kläger beruft, ausschließlich oder zumindest auch dem Schutz seiner Individualinteressen dienen.[345] Daher ist z.B. die Berufung auf öffentliche Belange, die im Planfeststellungsverfahren relevant sind, für einen Privaten grundsätzlich ausgeschlossen. Eine Norm dient dem Schutz des Einzelnen, wenn sie geeignet und bestimmt ist, nicht nur die Öffentlichkeit, sondern auch einen bestimmten Kreis Privater zu schützen,[346] und der jeweilige Kläger in diesen Schutzbereich einbezogen ist. Insoweit gilt der allgemeine Grundsatz des Ausschlusses der Popularklage[347] auch bei Klagen gegen Planfeststellungsbeschlüsse.[348] Keine berufungsfähigen Rechte sind objektive Rechtsnormen, die keinen subjektiv-rechtlichen Gehalt haben. Dies gilt insbesondere für das Staatsziel Umweltschutz, dem zwar nach Art. 20a GG Verfassungsrang zukommt, das aber keine subjektiven Rechte vermittelt.[349] Ebenso wenig gibt es ein allgemeines Recht auf Umweltschutz,[350] auch nicht vermittelt über § 4 Abs. 3 UmwRG.

163 Von der Beschränkung auf die Geltendmachung einer eigenen Rechtsverletzung ausgenommen sind allerdings die von einer **enteignungsrechtlichen Vorwirkung** des Planfeststellungsbeschlusses Betroffenen. Eine solche Vorwirkung liegt immer dann vor, wenn bereits der Planfeststellungsbeschluss **präjudizielle, bindende Wirkung** für die Zulässigkeit einer (späteren) Enteignung im Rahmen der Durchführung des Vorhabens hat. Sie ist regelmäßig bei Planfeststellungsverfahren für Infrastrukturvorhaben gegeben[351] und auch für Planfeststellungen nach dem NABEG (§ 27 NABEG), dem EnWG (§§ 44bf. EnWG) und für auf deren Grundlage erteil-

---

342 *Hoppe/Schlarmann/Buchner/Deutsch*, § 16 Rn 524; Fehling/Kastner/Störmer/*Wickel*, § 74 VwVfG Rn 241; Stelkens/Bonk/Sachs/*Bonk/Neumann*, § 74 Rn 271.

343 Vgl. BVerwG, Urt. v. 20.12.2011 – 9 A 30/10 – NVwZ 2012, 573, 575, wonach auch § 4 Abs. 3 i.V.m. Abs. 1 UmwRG nichts an diesem Erfordernis ändert.

344 *Kopp/Schenke*, § 42 Rn 112; Schoch/Schneider/Bier/*Wahl/Schütz*, § 42 Abs. 2 Rn 252ff.; *Steinberg/Wickel/Müller*, § 6 Rn 73ff.; *Redeker/von Oertzen*, § 42 Rn 113; Fehling/Kastner/Störmer/*Sennekamp*, § 42 VwGO Rn 151; dazu bereits Kap. 11 Rn 4.

345 St. Rspr., vgl. nur BVerwG, Urt. v. 15.11.1985 – 8 C 43/83 – BVerwGE 72, 226, 229f.; Urt. v. 6.10.1989 – 4 C 14/87 – BVerwGE 82, 343, 344; Urt. v. 17.6.1993 – 3 C 3/89 – BVerwGE 92, 313, 317; *Kopp/Schenke*, § 42 VwGO Rn 83; Sodan/Ziekow/*Sodan*, § 42 VwGO Rn 388; Fehling/Kastner/Störmer/*Sennekamp*, § 42 VwGO Rn 50.

346 BVerwG, Urt. v. 16.3.1989 – 4 C 36/85 – BVerwGE 81, 329, 334; Beschl. v. 6.5.2008 – 9 B 64/07 – NVwZ 2008, 795, 795; siehe auch *Steinberg/Wickel/Müller*, § 6 Rn 52.

347 Vgl. dazu BVerwG, Urt. v. 6.10.1964 – V C 58/63 – BVerwGE 19, 269, 271; Posser/Wolff/*Schmidt-Kötters*, § 42 Rn 109; Schoch/Schneider/Bier/*Wahl/Schütz*, § 42 Abs. 2 Rn 7; *Kopp/Schenke*, § 42 Rn 59; Sodan/Ziekow/*Sodan*, § 42 Rn 365.

348 Ausnahmen bestehen lediglich zugunsten von nach § 3 UmwRG anerkannten Vereinigungen, die unter bestimmten Voraussetzungen auch ohne Geltendmachung einer eigenen Rechtsverletzung klagebefugt sind (vgl. dazu Rn 320ff.).

349 Vgl. BVerfG, Beschl. v. 10.5.2001 – 1 BvR 481/01 u. 1 BvR 518/01 – NVwZ 2001, 1148, 1149; Beschl. v. 19.12.1997 – 8 B 234/97 – NVwZ 1998, 1080, 1081; Sachs/*Murswiek*, Art. 20a Rn 73; Mangoldt/Klein/Starck/*Epiney*, Art. 20a Rn 37.

350 BVerwG, Urt. v. 29.7.1977 – 4 C 51/75 – BVerwGE 54, 211, 219; *Steinberg/Wickel/Müller*, § 6 Rn 48; *Redeker/von Oertzen*, § 42 Rn 122.

351 Vgl. § 19 Abs. 2 FStrG; § 22 Abs. 2 AEG; § 7 Abs. 2 MBPlG; § 30 PBefG.

te Plangenehmigungen (§ 18 Abs. 3 S. 2 NABEG i.V.m. §§ 43b Nr. 3, 45 Abs. 2 EnWG) gesetzlich angeordnet.[352] Im Anwendungsbereich des NABEG ist dies gem. § 27 Abs. 2 i.V.m. § 45 Abs. 2 EnWG sogar noch weiter vorverlagert. Danach kann der Vorhabensträger verlangen, dass schon nach Durchführung des Anhörungsverfahrens ein vorzeitiges Enteignungsverfahren durchgeführt wird. Bereits der nach dem jeweiligen Verfahrensstand lediglich zu erwartende Planfeststellungsbeschluss entscheidet dann über die Zulässigkeit der vorzeitigen Enteignung.[353] Da Enteignungen jedoch nur zum Wohle der Allgemeinheit zulässig sind (Art. 14 Abs. 3 S. 1 GG), muss die rechtliche Grundlage der Enteignung nicht nur im Hinblick auf drittschützende Normen, sondern auch objektiv-rechtlich im Einklang mit dem anwendbaren Recht sein. Damit korrespondiert ein grundsätzlicher Anspruch des Einzelnen darauf, von einer Enteignung verschont zu bleiben, die nicht dem Wohl der Allgemeinheit dient. Daran fehlt es jedoch bei einer Enteignung auf rechtswidriger Grundlage. Der Enteignungsbetroffene kann daher im Ausgangspunkt – entgegen der üblichen verwaltungsprozessualen Dogmatik – nicht nur Verletzungen seiner subjektiven Rechte, sondern auch objektive Rechtsverstöße, beispielsweise gegen Normen des Naturschutzrechts rügen. Ihm steht im Grundsatz ein „**Vollüberprüfungsanspruch**" zu.[354] Die damit einhergehende umfassende Rügebefugnis gilt auch für obligatorisch Berechtigte wie Mieter und Pächter,[355] da sie sich insoweit ebenfalls auf den Schutz durch Art. 14 Abs. 1 GG berufen können.[356]

Diese aus der enteignungsrechtlichen Vorwirkung hergeleitete weitreichende Rechtsschutzgewährung unterliegt jedoch mehreren **Beschränkungen**: Zunächst muss nach ständiger Rechtsprechung[357] zwischen dem Rechtsverstoß und der Inanspruchnahme des Eigentums ein **Kausalitätsverhältnis** bestehen. *„Rechtsfehler, die sich hinwegdenken lassen, ohne dass sich an der Grundstücksinanspruchnahme etwas ändern würde, scheiden als Anknüpfungspunkt für eine etwaige Rechtsverletzung von vornherein aus."*[358] Es muss die konkrete Möglichkeit bestehen, dass die Planungsbehörde ohne den Fehler anders entschieden hätte.[359] Dies muss vom Kläger dargelegt werden; nur wenn die Kausalität auch ohne klägerische Darlegung naheliegt, muss das Gericht dem eigeninitiativ nachgehen.[360] Der Amtsermittlungsgrundsatz nach § 86 VwGO verpflichtet das Gericht nicht, jede auch nur abstrakt denkbare Konstellation aufzuklären. Ebenso wenig muss es jeder Behauptung „ins Blaue hinein" folgen. Das Gericht muss jedoch immer den gesamten Abwägungsvorgang betrachten. So hat es auch zu prüfen, ob ein für sich genom- 164

---

352 Insoweit weicht das Planverfahrensrecht nach dem NABEG und dem EnWG von den Bestimmungen des VwVfG (§ 74 Abs. 6 S. 2) ab.

353 Vgl. Kap. 12 Rn 73 ff. zu § 27 NABEG.

354 Maßgebend *Weyreuther*, DÖV 1977, 419, 425; inzwischen st. Rspr. und wohl allgemeine Meinung; vgl. nur BVerwG, Urt. v. 18.3.1983 – 4 C 80/79 – BVerwGE 67, 74, 76 ff.; Urt. v. 21.3.1986 – 4 C 48/82 – BVerwGE 74, 109, 110 f.; Urt. v. 18.12.1987 – 4 C 9/86 – BVerwGE 78, 347, 355; Urt. v. 16.3.2006 – 4 A 1075/04 – BVerwGE 125, 116, 278; Urt. v. 30.1.2008 – 9 A 27/06 – NVwZ 2008, 678, 679; Urt. v. 9.6.2010 – 9 A 20/08 – NVwZ 2011, 177, 178.

355 BVerwG, Urt. v. 1.9.1997 – 4 A 36/96 – BVerwGE 105, 178, 180 ff.; anders noch BVerwG, Urt. v. 27.11.1996 – 11 A 27/96 – NVwZ 1997, 917.

356 BVerfG, Beschl. v. 26.5.1993 – 1 BvR 208/93 – BVerfGE 89, 1, 5 ff.; BVerwG, Urt. v. 1.9.1997 – 4 A 36/96 – BVerwGE 105, 178, 180.

357 Vgl. nur BVerwG, Urt. v. 21.3.1996 – 4 C 19/94 – BVerwGE 100, 370, 382; Urt. v. 16.3.2006 – 4 A 1075/04 – BVerwGE 125, 116, 299; Urt. v. 12.8.2009 – 9 A 64/07 – BVerwGE 134, 308, 310 f.; Urt. v. 20.4.2005 – 9 A 56/04 – NVwZ 2005, 949, 953.

358 St. Rspr., vgl. nur BVerwG, Urt. v. 16.3.2006 – 4 A 1075/04 – BVerwGE 125, 116, 299; Urt. v. 20.4.2005 – 9 A 56/04 – NVwZ 2005, 949, 953; Beschl. v. 17.9.2004 – 9 VR 3/04 – NVwZ 2005, 330, 331; Urt. v. 21.3.1996 – 4 C 19/94 – BVerwGE 100, 370, 382 f.; kritisch *Gassner*, DVBl. 2011, 214, 216.

359 BVerwG, Urt. v. 12.8.2009 – 9 A 64/07 – BVerwGE 134, 308, 311; Urt. v. 28.2.1996 – 4 A 27/95 – NVwZ 1996, 1011; Beschl. v. 5.10.1990 – 4 B 249/89 – NVwZ-RR 1991, 118, 127; Urt. v. 30.5.1984 – 4 C 58/81 – BVerwGE 69, 256, 270; Urt. v. 21.3.1986 – 4 C 48/82 – BVerwGE 74, 109, 113; vgl. auch *Rubel*, DVBl. 2013, 469, 475.

360 BVerwG, Urt. v. 28.2.1996 – 4 A 27/95 – NVwZ 1996, 1011, 1012.

men ergebnisirrelevanter Fehler auf der nächsten Abwägungsstufe einen weiteren (Folge-) Fehler verursacht, dem seinerseits Ergebnisrelevanz zukommt.[361]

165 Die Aufhebung des Planfeststellungsbeschlusses oder die Feststellung seiner Rechtswidrigkeit und Nichtvollziehbarkeit scheiden zudem aus, wenn der geltend gemachte Rechtsfehler für die Eigentumsbetroffenheit des Klägers aus tatsächlichen oder rechtlichen Gründen nicht erheblich ist.[362] **Unerheblich** im Sinne der höchstrichterlichen Judikatur sind z.B. Belange von lediglich örtlicher Bedeutung, die das klägerische Grundstück gar nicht berühren.[363] Auch Aspekten, die durch eine schlichte Planergänzung zu beheben sind, fehlt die Erheblichkeit.[364]

166 Darüber hinaus führt die aus Art. 14 Abs. 3 GG hergeleitete erweiterte Rügebefugnis nicht dazu, dass per se jedweder Rechtsmangel geltend gemacht werden darf. Denn der in dieser grundgesetzlichen Norm verankerte Grundsatz der **Gesetzmäßigkeit** der Enteignung ist **nicht** mit einem allgemeinen **Rechtmäßigkeitserfordernis** gleichzusetzen. Er besagt lediglich, dass es dem Gesetzgeber – und nicht der Verwaltung – vorbehalten ist, zu bestimmen, für welche Vorhaben unter welchen Voraussetzungen und für welche Zwecke eine Enteignung zulässig sein soll. Liegt eine gesetzgeberische Zweckbestimmung vor, so genügt die Enteignung dem Gesetzmäßigkeitsprinzip des Art. 14 Abs. 3 S. 2 GG unabhängig davon, ob im Einzelfall die einfachgesetzlichen Voraussetzungen erfüllt sind. Um dem Wohl der Allgemeinheit zu entsprechen, reicht es nicht aus, dass sich für das Vorhaben irgendein Allgemeininteresse ins Feld führen lässt. Nur ein im Verhältnis zu anderen Interessen überwiegendes qualifiziertes öffentliches Interesse ist geeignet, den Zugriff auf privates Eigentum zu rechtfertigen. Dies wiederum hängt vom Ergebnis einer Gesamtabwägung aller Gemeinwohlgesichtspunkte ab. Weist im Rahmen der Gesamtschau nicht jeder beliebige öffentliche Belang die für das Wohl der Allgemeinheit erforderlichen Qualifikationsmerkmale auf, *„so kann umgekehrt auch nicht jeder beliebige Gesichtspunkt, der in der Abwägung als Negativposten erscheint, für sich genommen die Gemeinwohleignung ausschließen. Nicht jedes übergangene oder unbewertete öffentliche Interesse ist von solchem Gewicht, dass es in der nach Art. 14 Abs. 3 Satz 1 GG gebotenen Gesamtbilanz zu Lasten des Enteignungsvorhabens durchschlägt.“*[365]

167 Da sich auch die Enteignungsbetroffenen nicht zum Sachwalter fremder Interessen aufschwingen dürfen,[366] ist ihnen ferner die Berufung auf **Rechte**, die anderen Rechtsinhabern **zur eigenverantwortlichen Wahrnehmung** zugewiesen sind, verwehrt.[367] So ist etwa der Vortrag, Dritte seien über das Ausmaß ihrer tatsächlichen und rechtlichen Betroffenheit getäuscht worden, ebenso unerheblich[368] wie sonstige Beteiligungsfehler zulasten Dritter, weil ein solcher Fehler *„weder die Gemeinwohldienlichkeit des Vorhabens in Frage stellt noch in anderer Weise die Rechtssphäre des Kl. berührt“*.[369]

361 BVerwG, Urt. v. 24.11.2011 – 9 A 23/10 – NVwZ 2012, 557, 565; *Rubel*, DVBl. 2013, 469, 475.
362 BVerwG, Urt. v. 12.8.2009 – 9 A 64/07 – BVerwGE 134, 308, 310 f.; Urt. v. 9.6.2010 – 9 A 20/08 – NVwZ 2011, 177, 178 f.; vgl. auch BVerwG, Urt. v. 16.3.2006 – 4 A 1075/04 – BVerwGE 125, 116, 299.
363 BVerwG, Beschl. v. 5.10.1990 – 4 B 249/89 – NVwZ-RR 1991, 118, 127; Beschl. v. 10.10.1995 – 11 B 100/95 – NVwZ-RR 1997, 336.
364 BVerwG, Urt. v. 16.3.2006 – 4 A 1075/04 – BVerwGE 125, 116, 299; Urt. v. 9.7.2008 – 9 A 14/07 – BVerwGE 131, 274, 313; vgl. auch BVerwG, Urt. v. 28.2.1996 – 4 A 27/95 – NVwZ 1996, 1011, 1012; zu beiden Beispielen BVerwG, Urt. v. 12.8.2009 – 9 A 64/07 – BVerwGE 134, 308, 311.
365 BVerwG, Urt. v. 16.3.2006 – 4 A 1075/04 – BVerwGE 125, 116, 298 f.
366 BVerwG, Urt. v. 19.5.2005 – 4 VR 2000/05 – NVwZ 2005, 940; *Rubel*, DVBl. 2013, 469, 475; *Steinberg/Wickel/Müller*, § 6 Rn 53.
367 BVerwG, Urt. v. 3.3.2011 – 9 A 8/10 – BVerwGE 139, 150, 181.
368 BVerwG, Urt. v. 19.5.2005 – 4 VR 2000/05 – NVwZ 2005, 940.
369 BVerwG, Urt. v. 18.3.2009 – 9 A 39/07 – NVwZ 2010, 44, 47; *Steinberg/Wickel/Müller*, § 6 Rn 53.

Schließlich ist die weitreichende Rechtsschutzgewährung im Falle des **Erwerbs von Sperrgrundstücken** zur Begründung der umfassenden Rügefähigkeit beschränkt. Zwar ist es grundsätzlich unerheblich, aus welchen Gründen ein Kläger das Eigentum an einem Grundstück erworben hat. Wird ein Grundstück aber lediglich erworben, um – gestützt auf die Eigentümerstellung – die formalen Voraussetzungen für eine anderenfalls nicht mögliche Prozessführung gegen ein bestimmtes Vorhaben zu schaffen und nicht, um die mit ihm verbundenen Gebrauchsmöglichkeiten auszuüben, ist von rechtsmissbräuchlichem Handeln auszugehen. In diesem Fall lässt sich die Klagebefugnis nicht mit dem Hinweis auf Art. 14 Abs. 3 GG und die enteignungsrechtliche Vorwirkung begründen. 168

Praxistipp
Die von einer enteignungsrechtlichen Vorwirkung Betroffenen sollten die skizzierten Beschränkungen bereits bei ihrem Klagevortrag bedenken und entsprechende Ausführungen dazu machen; zumindest sollten sie nicht so vortragen, dass dadurch die Einschlägigkeit eines der genannten Ansätze evident wird. i

b) Verletzung drittschützender Normen

Als drittschützende Normen, auf deren Verletzung sich der Kläger berufen kann, kommen sowohl formelle als auch materielle Bestimmungen infrage. Während Erstere das Zustandekommen des Planfeststellungsbeschlusses betreffen, regeln Letztere seine inhaltliche Konturierung. Eine direkte Berufung auf die Verletzung von Grundrechten scheidet im Regelfall aus, da es dem Gesetzgeber obliegt, eine einfachrechtliche Ausgestaltung des Grundrechtsschutzes vorzunehmen, die den maßgeblichen Schutzhorizont definiert.[370] Dafür kommen z.B. umweltrechtliche Bestimmungen zum Schutz der Nachbarschaft vor Immissionen infrage, die ihrerseits das Maß des von einem Nachbarn Hinzunehmenden definieren.[371] Es handelt sich dabei um einfachrechtliche Konkretisierungen des Rechts auf körperliche Unversehrtheit (Art. 2 Abs. 2 S. 1 GG) und der Eigentumsgarantie (Art. 14 Abs. 1 GG), wobei Letztere nur mittelbar und nicht in Form einer Enteignung betroffen ist.[372] Daneben ist eine unmittelbare Berufung auf die betroffenen Grundrechte selbst nur in Ausnahmefällen möglich, etwa dann, wenn die einfachgesetzliche Konkretisierung gänzlich fehlt.[373] Gleiches gilt, wenn die einfachgesetzliche Ausgestaltung dem grundrechtlich konturierten Schutzniveau nicht genügen sollte.[374] 169

Wird die Klagebefugnis an eine mittelbare Beeinträchtigung der Eigentumsgarantie bzw. an diese konkretisierende Normen geknüpft, so ist zweifelhaft, ob den Eigentümern neben den dinglich Berechtigten auch die lediglich obligatorisch Berechtigten wie Mieter und Pächter gleichgestellt sind. Zwar wurden sie vom BVerwG unter Rückgriff auf die bundesverfassungsgerichtliche Judikatur[375] in den Kreis der aufgrund der enteignungsrechtlichen Vorwirkung Klage- 170

370 Posser/Wolff/*Schmidt-Kötters*, § 42 Rn 192; *Kopp/Schenke*, § 42 Rn 121; Maunz/Düring/*Schmidt-Aßmann*, Art. 19 Abs. 4 Rn 122, 125; *Steinberg/Wickel/Müller*, § 6 Rn 51; a.A. Schoch/Schneider/Bier/*Wahl/Schütz*, § 42 Abs. 2 Rn 61f.

371 Vgl. dazu etwa BVerwG, Beschl. v. 22.7.2010 – 7 VR 4/10 – NVwZ 2010, 1486, 1487.

372 Vgl. *Gaentzsch*, in: FS Schlichter, S. 521f.; *Sauthoff*, BauR 2000, 195, 212f.; *Steinberg*, in: FS Schlichter, S. 600ff.

373 Vgl. nur *Kühling/Herrmann*, Rn 608f.; Sodan/Ziekow/*Sodan*, § 42 Rn 395ff.; *Hufen*, § 14 Rn 83ff., vgl. auch BVerwG, Urt. v. 6.4.2000 – 3 C 6/99 – DVBl. 2000, 1614, 1615.

374 Vgl. BVerfG, Beschl. v. 14.1.1981 – 1 BvR 612/72 – BVerfGE 56, 54, 80ff.; Beschl. v. 26.1.1988 – 1 BvR 1561/82 – BVerfGE 77, 381, 404; *Steinberg/Wickel/Müller*, § 6 Rn 54. Vor einer unmittelbaren Berufung auf Grundrechte ist allerdings zunächst eine verfassungskonforme Auslegung des einfachgesetzlichen Rechts im Lichte der Grundrechte geboten (sog. norminterne Wirkung der Grundrechte), vgl. Sodan/Ziekow/*Sodan*, § 42 Rn 395ff.

375 BVerfG, Beschl. v. 26.5.1993 – 1 BvR 208/93 – BVerfGE 89, 1, 5ff.

befugten aufgenommen;[376] fraglich erscheint jedoch, ob sie auch sonstige aus dem Eigentumsgrundrecht des Art. 14 Abs. 1 GG folgende Rechte geltend machen können. Denn ihre Rechtsposition ist auf das durch eine privatrechtliche Vereinbarung und den dafür bestehenden zivilrechtlichen Rahmen eingeräumte Maß beschränkt. Das BVerwG ist mit einer vollständigen Anerkennung der Klagebefugnis lediglich obligatorisch Berechtigter dementsprechend zurückhaltend,[377] hat indessen einzelfallbezogen auch einem Pächter die Klagebefugnis zugesprochen.[378] Richtigerweise ist eine Klagebefugnis erst dann anzuerkennen, wenn der Besitz des obligatorisch Berechtigten **rechtlich selbstständig** betroffen ist.[379] Dies ist der Fall, wenn durch eine Enteignung des Grundeigentums die Grundlage für die obligatorische Beziehung entfällt und das Besitzrecht inhaltsleer wird.[380] Demgegenüber können gesundheitliche Gefahren unabhängig von einer Eigentümerstellung geltend gemacht werden.[381] Gerade die Vorschriften des Immissionsschutzrechts sind nicht auf dinglich Berechtigte begrenzt, sondern schützen alle Personen, die sich über einen längeren Zeitraum im Einwirkungsbereich der Anlage aufhalten.[382]

aa) Verfahrensrechtliche Regelungen

171 Die Nichteinhaltung verfahrensrechtlicher Bestimmungen, z.B. hinsichtlich der Beteiligung und Mitwirkung Dritter, ist eine Verletzung drittschützender Normen, wenn sich der Fehler materiell zulasten des Betroffenen ausgewirkt haben kann.[383] Es reicht für sich genommen grundsätzlich also nicht, dass die Verfahrensvorschrift selbst drittschützend ist; vielmehr muss ein Kausalzusammenhang zu einer materiellen Rechtsbetroffenheit des Klägers bestehen.[384] Dafür genügt, dass die – allerdings konkrete – **Möglichkeit einer anderweitigen Entscheidung** der Planungsbehörde ohne den Verfahrensfehler besteht.[385] Demgemäß wird den Regelungen über die Behördenzuständigkeit, die Befangenheit und die Mitwirkung Dritter drittschützender Charakter beigemessen.[386] Die Berufung auf einen Verfahrensartfehler allein vermittelt dem Kläger im Re-

---

376 Vgl. oben Rn 163; vgl. auch BVerwG, Urt. v. 1.9.1997 – 4 A 36/96 – BVerwGE 105, 178, 180 f.; *Kopp/Schenke*, § 42 Rn 112; Fehling/Kastner/Störmer/*Sennekamp*, § 42 VwGO Rn 151.

377 Offenlassend BVerwG, Urt. v. 1.9.1997 – 4 A 36/96 – BVerwGE 105, 178, 180 f.; siehe dazu auch *Kühling/Herrmann*, Rn 610 ff.; vgl. auch BVerwG, Beschl. v. 28.11.1995 – 11 VR 38/05 – NVwZ 1996, 389.

378 BVerwG, Urt. v. 21.6.2006 – 9 A 28/05 – NVwZ 2006, 1161.

379 *Steinberg/Wickel/Müller*, § 6 Rn 45.

380 Schoch/Schneider/Bier/*Wahl/Schütz*, § 42 Abs. 2 Rn 263; vgl. auch BVerwG, Urt. v. 4.3.1983 – 4 C 74/80 – NVwZ 1983, 672, 673.

381 OVG Münster, Urt. v. 19.9.1983 – 4 A 10/99 – NVwZ 1984, 385, 386; VGH Mannheim, Urt. v. 17.5.1984 – 5 S 668/84 – NVwZ 1984, 525 f.; Schoch/Schneider/Bier/*Wahl/Schütz*, § 42 Rn 264; *Kopp/Schenke*, § 42 Rn 128; Obermayer/*Allesch/Häußler*, § 74 Rn 214; *Steinberg/Wickel/Müller*, § 6 Rn 47.

382 BVerwG, Urt. v. 22.10.1982 – 7 C 50/78 – NJW 1983, 1507, 1508; BGH, Urt. v. 14.10.1994 – 5 ZR 76/93 – NJW 1995, 132, 134; *Jarass*, BImSchG, § 3 Rn 35; *Kühling/Herrmann*, Rn 613.

383 BVerwG, Urt. v. 22.10.1982 – 7 C 50/78 – NJW 1983, 1507, 1508; Urt. v. 17.12.1986 – 7 C 29/85 – BVerwGE 75, 285, 291; Urt. v. 28.2.1996 – 4 A 27/95 – NVwZ 1996, 1011, 1012; Urt. v. 20.5.1998 – 11 C 3/97 – NVwZ 1999, 67; Beschl. v. 12.7.1993 – 7 B 114/92 – NVwZ-RR 1994, 14 f.; Schoch/Schneider/Bier/*Wahl/Schütz*, § 42 Abs. 2 Rn 74; *Kopp/Schenke*, § 42 Rn 95; Sodan/Ziekow/*Wolff*, § 113 Rn 39; *Hoppe/Schlarmann/Buchner/Deutsch*, Rn 426, 608; Fehling/Kastner/Störmer/*Wickel*, § 74 VwVfG Rn 264; *Steinberg*, in: FS Schlichter, S. 612 ff.

384 BVerwG, Urt. v. 30.5.1984 – 4 C 58/81 – BVerwGE 69, 256, 269; Beschl. v. 23.2.1994 – 4 B 35/94 – NVwZ 1994, 688, 689 f.; Beschl. v. 30.8.1995 – 4 B 185/95 – NVwZ-RR 1996, 253; Urt. v. 28.2.1996 – 4 A 27/95 – NVwZ 1996, 1011, 1012; Fehling/Kastner/Störmer/*Wickel*, § 74 VwVfG Rn 264.

385 BVerwG, Beschl. v. 23.2.1994 – 4 B 35/94 – NVwZ 1994, 688, 689 f.; Urt. v. 28.2.1996 – 4 A 27/95 – NVwZ 1996, 1011, 1012; Schoch/Schneider/Bier/*Wahl/Schütz*, § 42 Abs. 2 Rn 74.

386 Zu den Beteiligungsrechten: BVerfG, Beschl. v. 20.12.1979 – 1 BvR 385/77 – BVerfGE 53, 30 ff.; BVerwG, Urt. v. 5.12.1986 – 4 C 13/85 – BVerwGE 75, 214, 224 ff.; Urt. v. 21.4.1999 – 11 A 50/97 – NVwZ-RR 1999, 725, 726; vgl. zur örtlichen Zuständigkeit BVerwG, Beschl. v. 6.5.2008 – 9 B 64/07 – NVwZ 2008, 795; zu den Befangenheitsregelun-

gelfall keine Klagebefugnis.[387] Er muss vielmehr auch dann die Verletzung seiner materiellen Rechte geltend machen. Denn ein Kläger kann die Einhaltung von Verfahrensvorschriften regelmäßig nicht um ihrer selbst willen verlangen. Maßgeblich bleibt allein eine eigene Rechtsverletzung.[388]

Eine Ausnahme vom Kausalitätserfordernis und dementsprechenden Durchschlag auf mate- 172
riell-rechtliche Positionen wird bei den sog. **absoluten Verfahrensrechten** anerkannt. Dabei handelt es sich um selbstständig durchsetzbare verfahrensrechtliche Rechtspositionen, die unabhängig vom materiellen Recht bestehen.[389] Entscheidend für die Annahme solcher absoluten Verfahrensrechte ist deren Zielrichtung und Schutzzweck.[390] Sie bestehen nur in Ausnahmefällen.[391] Ob etwa § 4 Abs. 1 i.V.m. Abs. 3 UmwRG[392] ein absolutes Verfahrensrecht zugunsten Privater gewährt, ist umstritten.[393] Für die erfolgreiche Rüge des Fehlens einer UVP-(Vor-)Prüfung ist nach zutreffender Auffassung jedenfalls die Zulässigkeit des Begehrens erforderlich, die nach den allgemeinen verwaltungsprozessrechtlichen Grundsätzen zu beurteilen ist, also insbesondere die Darlegung der Möglichkeit einer eigenen Rechtsverletzung erfordert.[394] Das NABEG selbst begründet jedoch keine absoluten Verfahrensrechte. Im Einzelnen:

(1) Zuständigkeit der BNetzA

Die Bundesregierung ist nach § 2 Abs. 2 NABEG ermächtigt, in einer Rechtsverordnung mit Zu- 173
stimmung des Bundesrates festzulegen, dass Planfeststellungsverfahren für die Errichtung oder Änderung von länderübergreifenden oder grenzüberschreitenden Höchstspannungsleitungen (sowie Offshore-Anbindungsleitungen) nach §§ 18 ff. NABEG von der BNetzA durchgeführt werden. Ob und inwieweit diese Verordnungsermächtigung den grundgesetzlichen Anforderungen der Art. 87 Abs. 3 S. 1 und 80 Abs. 1 S. 2 GG entspricht, ist umstritten.[395] Sollte sie mit den grundgesetzlichen Vorgaben unvereinbar sein, wäre auch ein auf Grundlage einer Rechtsverordnung nach § 2 Abs. 2 NABEG von der BNetzA erlassener Planfeststellungsbeschluss formell rechtswidrig. Die BNetzA würde außerhalb ihrer (rechtmäßig eingeräumten) Kompetenzen tätig werden. Da dann ein Handeln der unzuständigen Behörde gegeben wäre, könnte sich ein Kläger auf diesen Verstoß auch berufen. Im Ergebnis sprechen jedoch die besseren Gründe für die **Zulässig-**

---

gen vgl. Stelkens/Bonk/Sachs/*Bonk/Schmitz*, § 20 Rn 1, 27; BVerwG, Urt. v. 30.5.1984 – 4 C 58/81 – BVerwGE 69, 256, 266 ff.; vgl. zum Ganzen Meyer/*Borgs*, vor § 20 Rn 9, *Steinberg/Wickel/Müller*, § 6 Rn 57.

387 Vgl. dazu oben Rn 142 ff.

388 BVerwG, Urt. v. 5.10.1990 – 7 C 55 u. 56/89 – BVerwGE 85, 368, 373 ff.; Beschl. v. 5.3.1999 – 4 A 7/98 – NVwZ-RR 1999, 556; Urt. v. 20.12.2000 – 11 A 7/00 – NVwZ-RR 2001, 360.

389 BVerwG, Urt. v. 15.1.1982 – 4 C 26/78 – BVerwGE 64, 325, 331 f.; Urt. v. 22.2.1980 – 4 C 24/77 – DVBl. 1980, 996, 997; Schoch/Schneider/Bier/*Wahl/Schütz*, § 42 Abs. 2 Rn 73; Sodan/Ziekow/*Wolff*, § 42 Rn 40; *Kopp/Schenke*, § 42 Rn 95; Fehling/Kastner/Störmer/*Wickel*, § 74 VwVfG Rn 266.

390 BVerwG, Urt. v. 15.1.1982 – 4 C 26/78 – BVerwGE 64, 325, 331 f.; Urt. v. 22.2.1980 – 4 C 24/77 – DVBl. 1980, 996, 997; Schoch/Schneider/Bier/*Wahl/Schütz*, § 42 Rn 73.

391 Schoch/Schneider/Bier/*Wahl/Schütz*, § 42 Abs. 2 Rn 73; Sodan/Ziekow/*Wolff*, § 42 Rn 40; *Kopp/Schenke*, § 42 Rn 95.

392 Dazu im Einzelnen Rn 331 ff.

393 Vgl. dazu BVerwG, Vorlagebeschl. v. 10.1.2012 – 7 C 20/11 – NVwZ 2012, 448 (Vorlagefrage 3); Fehling/Kastner/Störmer/*Wickel*, § 74 VwVfG Rn 266; Hoppe/Beckmann/*Kment*, § 4 UmwRG Rn 17; *Ogorek*, NVwZ 2010, 401, 402; *Ziekow*, NVwZ 2007, 259, 264 ff.; *Kment*, NVwZ 2012, 481, 482 f.; *Steinberg/Wickel/Müller*, § 6 Rn 11 ff.; Stelkens/Bonk/Sachs/*Bonk/Neumann*, § 73 Rn 151; *Appel*, NVwZ 2010, 473, 476 f.

394 BVerwG, Urt. v. 20.12.2011 – 9 A 30/10 – NVwZ 2012, 573, 575: Keine UVP-Interessentenklage, sondern lediglich Erweiterung der Begründetheitsprüfung ähnlich § 47 VwGO.

395 Vgl. *Appel/Eding*, NVwZ 2012, 343, 343 ff.; *Callies/Dross*, JZ 2012, 1002, 1009; *Durner*, DVBl. 2011, 853, 857; *Erbguth*, 2012, 326, 330 f.; *Grigoleit/Weisensee*, UPR 2011, 401, 402 f.; *Moench/Ruttloff*, NVwZ 2011, 1040, 1041; *Sellner/Fellenberg*, NVwZ 2011, 1025, 1032.

keit der Kompetenzübertragung auf die BNetzA auf der Grundlage einer Rechtsverordnung nach § 2 Abs. 2 NABEG.

174 Ein Verstoß gegen Art. 87 Abs. 3 S. 1 GG und den darin enthaltenen **institutionellen Gesetzesvorbehalt**[396] ist zu verneinen. Dieser fordert, dass der Gesetzgeber selbst entscheiden soll, welche konkreten Aufgaben auf eine Bundesoberbehörde übertragen werden.[397] Dies könnte hier fraglich sein, weil die eigentliche Kompetenzzuweisung an die BNetzA durch eine Rechtsverordnung erfolgen soll. Das ist jedoch dann ausreichend, wenn *„die wichtigsten Fragen der Einrichtung, insbesondere betreffend die Errichtung und den Aufgabenkreis der agierenden Organisationseinheiten, in einem Parlamentsgesetz geregelt sind"*.[398] Diese Anforderung ist erfüllt. In § 2 Abs. 2 NABEG wird der Aufgabenkreis der BNetzA, die Durchführung bestimmter Planfeststellungsverfahren geregelt. Dass die konkrete Auswahl der Verfahren und Kriterien zur Durchführung der Auswahlentscheidung im NABEG selbst fehlen, ist unschädlich. Denn diese Bestimmung muss nicht notwendig durch ein formelles Gesetz erfolgen.[399] Dem Schutzbedürfnis der Länder vor einer Kompetenzaushöhlung wird zudem durch die nach § 2 Abs. 2 NABEG erforderliche Zustimmung des Bundesrates Rechnung getragen.[400] Ferner handelt der Bundesgesetzgeber im Rahmen seiner **Gesetzgebungskompetenz**, auch wenn Einzelheiten umstritten sind.[401]

175 Schließlich wird die BNetzA bei der Planfeststellung gem. §§ 18 ff. NABEG – nach der gegenwärtigen Konzeption ihrer Aufgabenwahrnehmung – als **selbstständige Bundesoberbehörde** tätig. Insoweit fordert die bundesverfassungsgerichtliche Judikatur für die rechtmäßige Inanspruchnahme der Kompetenz nach Art. 87 Abs. 3 S. 1 GG, dass die jeweilige Bundesbehörde *„nur für Aufgaben errichtet werden (darf), die der Sache nach für das ganze Bundesgebiet von einer Oberbehörde ohne Mittel- und Unterbau und ohne Inanspruchnahme von Verwaltungsbehörden der Länder – außer für reine Amtshilfe – wahrgenommen werden können"*.[402] Die Aufgabe muss zentral erledigt werden können.[403] Der Erfüllung dieser Anforderungen steht zunächst nicht entgegen, dass die auf die Bundesebene übertragene Aufgabe bisher in der Länderverwaltungskompetenz lag. Der Bund kann auch solche Aufgaben einer Bundesbehörde zuweisen. Ansonsten würde der Anwendungsbereich des Art. 87 Abs. 3 S. 1 GG letztlich leerlaufen.[404] Auch im Hinblick auf das Zentralitätserfordernis bestehen keine durchgreifenden Bedenken. Dies gilt schon hinsichtlich der Zuständigkeit für die Bundesfachplanung, bei der die länder- und grenzüberschreitende Trassenplanung ein bundesweit einheitliches Vorgehen erfordert.[405] Auch für

---

396 Vgl. Mangoldt/Klein/Starck/*Burgi*, Art. 87 Rn 95; Maunz/Dürig/*Ibler*, Art. 87 Rn 240.

397 Dreier/*Hermes*, Art. 87 Rn 71; *Grigoleit/Weisensee*, UPR 2011, 401, 402.

398 Mangoldt/Klein/Starck/*Burgi*, Art. 87 Rn 95; Dreier/*Hermes*, Art. 87 Rn 83 f.; Sachs/*Sachs*, Art. 87 Rn 72.

399 *Erbguth*, NVwZ 2012, 326, 330 (Fn 72); *Appel/Eding*, NVwZ 2012, 343, 345.

400 *Appel/Eding*, NVwZ 2012, 343, 344 f.; Dreier/*Hermes*, Art. 87 Rn 71.

401 Dazu werden im Wesentlichen drei Ansichten vertreten: Die Gesetzgebungskompetenz ergibt sich aus dem Kompetenztitel für das Recht der Wirtschaft gem. Art. 74 Nr. 11 GG (Energiewirtschaft) (vgl. *Appel*, UPR 2011, 406, 410 f. mit Diskussion zu Art. 74 Nr. 31 GG (Raumordnung) als Kompetenztitel; *Callies/Dross*, JZ 2012, 1002, 1008; *Schmitz/Jornitz*, NVwZ 2012, 332, 334; kritisch: *Grigoleit/Weisensee*, UPR 2011, 401, 402), dem Kompetenztitel für die Raumordnung gem. Art. 74 Nr. 31 GG (vgl. *Moench/Ruttloff*, NVwZ 2011, 1040, 1041; *Erbguth*, NVwZ 2012, 326, 328 ff. betreffend die Bundesfachplanung) oder die ungeschriebene Raumordnungskompetenz kraft Natur der Sache für den Gesamtraum (vgl. *Durner*, DVBl. 2011, 853, 855 f.; bestätigend *Durner*, NuR 2012, 369, 373 f.; *Wagner*, DVBl. 2011, 1453, 1456; allgemein dazu *Mikesic/Strauch*, RdE 2011, 347, 348 ff.).

402 BVerfG, Beschl. v. 3.4.2004 – 1 BvF 3/92 – BVerfGE 110, 33, 49.

403 BVerfG, Beschl. v. 12.11.2008 – 1 BvR 2456/06 – DVBl. 2009, 642, 645; Epping/Hillgruber/*Suerbaum*, Art. 87 Rn 28; Hömig/*Hömig*, Art. 87 Rn 12; Sachs/*Sachs*, Art. 87 Rn 64f; Dreier/*Hermes*, Art. 87 Rn 85.

404 Richtig *Appel*, UPR 2011, 406, 411; a.A. *Durner*, DVBl. 2011, 853, 857; *Erbguth*, NVwZ 2012, 326, 330 bzgl. der Planfeststellung.

405 *Grigoleit/Weisensee*, UPR 2011, 401, 402; *Appel*, UPR 2011, 406, 412; *Callies/Dross*, JZ 2012, 1002, 1009; *Moench/Ruttloff*, NVwZ 2011, 1040, 1041; *Erbguth*, NVwZ 2012, 326, 330 f.; *Durner*, NuR 2012, 369, 376, jedoch nicht über Art. 87

die sich anschließenden Planfeststellungsverfahren ist keine andere Würdigung angezeigt. Zudem legt der regelmäßig **per definitionem** länder- oder grenzüberschreitende Charakter der Leitungen ein bundeseinheitliches Vorgehen nahe. Zwar könnte man vertreten, dass die Kapazitäten der BNetzA bei der Planfeststellung einzelner Streckenabschnitte wegen der Notwendigkeit konkreter Ermittlungen vor Ort schnell erschöpft und einer Bundesoberbehörde ohne (organisatorischen) Verwaltungsunterbau unmöglich seien.[406] Allerdings ist insoweit keine pauschalierende Betrachtung angezeigt.[407] Entscheidend ist vielmehr, ob die tatsächliche Aufgabenerfüllung durch die BNetzA – nach Erlass der Verordnung gem. § 2 Abs. 2 NABEG – den Anforderungen des Art. 87 Abs. 3 S. 1 GG gerecht wird.[408] Allenfalls dann, wenn durch die Rechtsverordnung derart viele Verfahren auf die BNetzA übertragen werden würden, dass eine unzulängliche Bearbeitung von vornherein absehbar ist, läge eine verfassungswidrige Zuständigkeitsbegründung vor. Diese Grenze ist bei den im Entwurf des Bundesbedarfsplangesetzes[409] genannten Vorhaben nicht überschritten. Außerdem schließt Art. 87 Abs. 3 S. 1 GG nicht die punktuelle Zusammenarbeit der BNetzA mit anderen Bundes- oder Länderbehörden aus. Amtshilfe bleibt zulässig.[410]

Auch eine Verletzung der Anforderungen des Art. 80 Abs. 1 S. 2 GG liegt nicht vor.[411] Eine 176
unzulässige „Inkraftsetzungsermächtigung" scheidet aus, da mit der Verordnungsermächtigung keine Entscheidung über das Ob der Anwendung des NABEG in die Hände des Verordnungsgebers gelegt wird.[412] Auch Bedenken hinsichtlich der Wahrung des Bestimmtheitsgrundsatzes greifen nicht durch. Dem steht insbesondere nicht entgegen, dass der Verordnungsgeber erst in der Verordnung nach § 2 Abs. 2 NABEG die Leitungen definiert, für die das Planfeststellungsverfahren durch die BNetzA durchgeführt wird. Insoweit ergibt sich schon aus der Beschränkung des NABEG auf länder- und grenzüberschreitende Höchstspannungsleitungen sowie Offshore-Anbindungen eine hinreichend klare Umschreibung des verordnungsrechtlichen Rahmens. Dass insoweit konkrete gesetzliche Kriterien zur Auswahl der Leitungen fehlen und gewisse Spielräume verbleiben, schadet nicht. Denn der Anwendungsbereich des NABEG und der zugrundeliegende Gesetzeszweck der Verfahrensbeschleunigung beim Ausbau der Höchstspannungsübertragungsnetze genügen als hinreichende Handlungsmaximen.[413]

(2) Beteiligungsrechte Dritter

Beteiligungsrechte Dritter im Planfeststellungsverfahren sind subjektive Verfahrensrechte. Sie 177
dienen – neben der Informationssammlung für die Behörde – dem (vorgelagerten) Rechtsschutz der Betroffenen.[414] Hieraus folgt jedoch nicht automatisch die Klagebefugnis eines entsprechend

---

Abs. 3 S. 1 GG, sondern über die Verwaltungsbefugnisse des Bundes aufgrund der ungeschriebenen Raumordnungskompetenz des Bundes für den Gesamtraum; *Durner*, DVBl. 2011, 853, 857 f.

406 So *Durner*, DVBl. 2011, 853, 857 f.; *Moench/Ruttloff*, NVwZ 2011, 1040, 1041; kritisch *Erbguth*, NVwZ 2012, 326, 330.

407 Angesichts der begrenzten Anzahl der Genehmigungsverfahren für Kernbrennstoffzwischenlagern ist z.B. die Verfassungswidrigkeit der Zuständigkeit des Bundesamts für Strahlenschutz dafür verneint worden, vgl. BVerfG, Beschl. v. 12.11.2008 – 1 BvR 2456/06 – NVwZ 2009, 171, 175.

408 So auch *Appel*, UPR 2011, 406, 412; *Sellner/Fellenberg*, NVwZ 2011, 1025, 1032; a.A. *Durner*, NuR 2012, 369, 376: *„Gegenstand der Überprüfung nach Art. 87 Abs. 3 Satz 1 GG kann [...] nur das übertragende Gesetz sein und nicht dessen faktischer Vollzug"*.

409 BR-Drucks. 819/12.

410 Vgl. nur BVerfG, Beschl. v. 12.11.2008 – 1 BvR 2456/06 – NVwZ 2009, 171, 174; zur Zuständigkeit der BNetzA auch *Franke*, in: FS Salje, S. 138; *Krappel*, DVBl. 2013, 551.

411 Sofern man mit Teilen der Literatur Art. 87 Abs. 3 S. 1 GG als *lex specialis* zu Art. 80 GG versteht, erübrigt sich die Diskussion (vgl. dazu *Appel*, NVwZ 2012, 343, 346 (Fn 39)).

412 *Appel/Eding*, NVwZ 2012, 343, 346.

413 *Appel/Eding*, NVwZ 2012, 343 346 f.; a.A. *Grigoleit/Weisensee*, UPR 2011, 401, 403.

414 *Hoppe/Schlarmann/Buchner/Deutsch*, § 16 Rn 607.

zu beteiligenden Dritten gegen den späteren Planfeststellungsbeschluss. Erforderlich dafür ist vielmehr, dass sich der gerügte Verfahrensfehler auf seine materiell-rechtliche Position ausgewirkt haben kann.[415] Eine Ausnahme gilt nur bei den sog. absoluten Verfahrensrechten, deren Verletzung grundsätzlich zu einem Kassationsanspruch ohne (kausales) Durchschlagen auf materiell-rechtliche Rechtpositionen führt.[416] Der Kläger kann zudem nur eine Verletzung seiner eigenen Verfahrensrechte geltend machen; es ist ihm verwehrt, die Verletzung der Beteiligungsrechte Dritter oder der Öffentlichkeit zu rügen.[417] Insofern kann er insbesondere auch nicht einen Abwägungsfehler mit der Behauptung geltend machen, seine Belange seien nicht hinreichend gewichtet worden, weil sie um diejenigen Dritter hätten „verstärkt" werden müssen, die in die gleiche Richtung zielen.

178 Das NABEG sieht Beteiligungsrechte privater Dritter sowohl im Rahmen der Bundesfachplanung als auch der Planfeststellung vor. In beiden Verfahren findet zunächst eine öffentliche Antragskonferenz statt (§§ 7 Abs. 2 S. 3, 20 Abs. 2 S. 3 NABEG). Zudem ist jeweils die Öffentlichkeitsbeteiligung vorgeschrieben (§§ 9, 22 NABEG). Da die Bundesfachplanung von privaten Dritten nur gemeinsam mit der Zulassungsentscheidung über die konkrete Ausbaumaßnahme angegriffen werden kann (§ 15 Abs. 3 S. 2 NABEG),[418] ist die Einhaltung der auf dieser Ebene maßgeblichen Beteiligungsvorschriften im Klageverfahren gegen den Planfeststellungsbeschluss nach §§ 18 ff. NABEG grundsätzlich überprüfungsfähig. Insoweit gilt:

179 Eine relevante Rechtsverletzung eines Privatklägers im Hinblick auf die jeweilige Durchführung der **Antragskonferenz** scheidet in aller Regel aus. Diese soll als Partizipationsmöglichkeit im frühestmöglichen Stadium zu mehr „Verfahrenstransparenz, Akzeptanz und Befriedung"[419] beitragen. Die zuvor lediglich im Rahmen der Umweltprüfung bestehenden Beteiligungsmöglichkeiten wurden dadurch auf den gesamten Verfahrensgegenstand der Antragskonferenzen gem. §§ 7 und 20 NABEG ausgedehnt.[420] Gleichwohl folgt daraus kein drittschützender Charakter. Denn private Dritte sind nicht „geborene" Beteiligte der Antragskonferenzen und werden zu diesen auch nicht geladen. Ihre Mitwirkungsmöglichkeit beschränkt sich darauf, dass die Antragskonferenzen öffentlich sind und dies entsprechend bekanntzumachen ist (vgl. §§ 7 Abs. 2 S. 2, 20 Abs. 2 S. 3 NABEG). Eine spezifische, für die Antragskonferenzen konstitutive Rolle kommt dem Einzelnen nicht zu. Demgemäß ist auch für die Regelungen zur Einbeziehung Dritter bei der Festlegung des Untersuchungsrahmens gem. § 14f Abs. 4 S. 3 UVPG oder § 5 S. 4 UVPG anerkannt, dass sie keine Rechtsschutzfunktionen haben.[421] Eine relevante Verletzung könnte sich nur dann ergeben, wenn die Antragskonferenzen gesetzwidrig nicht öffentlich wären oder die Unterrichtung unterblieben bzw. irreführend erfolgte. Nach der allgemeinen Judikatur zur Beachtlichkeit von Verfahrensfehlern müsste ein Betroffener dann allerdings darlegen,

- dass er gerade aufgrund dieses Fehlers seine Beteiligungsmöglichkeit nicht wahrnehmen konnte,
- was er inhaltlich vorgebracht hätte, wenn er ordnungsgemäß beteiligt worden wäre, und

---

415 Vgl. dazu bereits Rn 17.

416 Vgl. dazu bereits Rn 172.

417 BVerwG, Beschl. v. 28.5.1985 – 7 B 116/85 – NVwZ 1985, 745; *Steinberg/Wickel/Müller*, § 6 Rn 58; zu Besonderheiten bei Enteignungsbetroffenen vgl. oben Rn 162 ff.

418 Dazu im Einzelnen Rn 97 ff.

419 BT-Drucks. 17/6073, S. 25 und 28.

420 *Kment*, RdE 2011, 341, 345.

421 Allgemein zum Rechtsschutz gegen Scoping-Verfahren im UVPG: *Steinberg/Wickel/Müller*, § 6 Rn 64; *Kühling/Herrmann*, Rn 498; zu § 14f Abs. 4 S. 2 UVPG: Hoppe/Beckmann/*Kment*, § 14f UVPG Rn 46; *Peters/Balla*, § 14f UVPG Rn 26; Landmann/Rohmer/*Gärditz*, § 14f UVPG Rn 17; zu § 5 S. 4 UVPG: BVerwG, Urt. v. 9.11.2006 – 4 A 2001/06 – BVerwGE 127, 95, 96 und 100.

– wie dies die Entscheidung in seinem Sinne beeinflusst hätte (insbesondere mit Blick auf das womöglich inhaltsgleich von anderen Vorgebrachte).[422]

Gelingt ihm dies, was in der praktischen Erfahrung eine Ausnahme darstellt, könnte er den Verfahrensfehler (nach den allgemeinen Regelungen) geltend machen, wenn eine eigene materielle Rechtsbetroffenheit[423] oder – im Falle der enteignungsrechtlichen Vorwirkung – eine eigentumsrelevante Wirkung des Fehlers[424] vorliegt.

Unter diesen Voraussetzungen kann auch eine Verletzung der jeweiligen Beteiligungsrechte **180**
eines Dritten im Rahmen der **Öffentlichkeitsbeteiligung** (§§ 9, 22 NABEG) eine Verletzung eigener Rechte begründen. Nichts anderes folgt aus § 9 Abs. 6 S. 2 Hs. 1 NABEG. Zwar spricht dieser im Gegensatz zu § 22 Abs. 6 NABEG davon, dass Rechtsansprüche durch die Einbeziehung der Öffentlichkeit nicht begründet werden, jedoch handelt es sich dabei nicht um einen Rechtsschutzausschluss gegen die Verletzung von Beteiligungsrechten. Vielmehr kommt durch § 9 Abs. 6 S. 2 Hs. 2 NABEG zum Ausdruck, dass Verfahrensfehler erst bei einer gerichtlichen Kontrolle des Planfeststellungsverfahrens einer richterlichen Prüfung unterliegen sollen.

Verfahrensfehler schlagen im Übrigen nur dann auf das Planfeststellungsverfahren durch, **181**
wenn sie gem. §§ 15 Abs. 3 S. 3, 18 Abs. 3 S. 2 NABEG i.V.m. § 43e Abs. 4 EnWG offensichtlich sind, Einfluss auf das Abwägungsergebnis haben und nicht durch Planergänzung oder durch ergänzendes Verfahren behoben werden können; auch die §§ 45, 46 VwVfG bleiben anwendbar.[425]

(3) UVPG

Für die Leitungen i.S.d. § 2 Abs. 1 NABEG ist in der Bundesfachplanung nach § 5 Abs. 2 NABEG **182**
eine Strategische Umweltprüfung, im Planfeststellungsverfahren nach § 23 NABEG, §§ 3 Abs. 1, 3b Abs. 1 UVPG i.V.m. Nr. 19.1.1 der Anlage 1 UVPG eine Umweltverträglichkeitsprüfung durchzuführen. Letztere kann wegen der bereits in der Bundesfachplanung durchgeführten Strategischen Umweltprüfung auf zusätzliche oder andere erhebliche Umweltauswirkungen der beantragten Stromleitung beschränkt werden (§ 23 NABEG).[426]

Ob Verstöße gegen Verfahrensvorschriften des UVPG von Dritten geltend gemacht werden **183**
können, hängt davon ob, ob die in Rede stehende Norm Drittschutz vermittelt.[427] Zumindest das vollständige Unterlassen der Umweltverträglichkeitsprüfung und der Vorprüfung kann nach § 4 Abs. 1 i.V.m. Abs. 3 UVPG klageweise geltend gemacht werden.[428] War die Umweltverträglichkeitsprüfung lediglich fehlerhaft, ist zusätzlich erforderlich, dass dieser Fehler auch Auswirkungen auf das Entscheidungsergebnis hatte.[429] Es muss die konkrete Möglichkeit bestehen, dass die Behörde nach ordnungsgemäßer Durchführung einer Umweltverträglichkeitsprüfung anders

---

422 Vgl. dazu Rn 171.

423 BVerwG, Urt. v. 22.12.1980 – 7 C 84/78 – BVerwGE 61, 256, 271; Urt. v. 17.12.1986 – 7 C 29/85 – BVerwGE 75, 285, 291; Urt. v. 21.8.1996 – 11 C 9/95 – NVwZ 1997, 161, 165; Urt. v. 22.1.1997 – 11 C 7/95 – BVerwGE 104, 36, 54; VGH Mannheim, Beschl. v. 25.9.2012 – 10 S 731/12 – BeckRS 2012, 57802; Schoch/Schneider/Bier/*Wahl/Schütz*, § 42 Abs. 2 Rn 74.

424 Vgl. BVerwG, Urt. v. 16.3.2006 – 4 A 1075/04 – BVerwGE 125, 116, 299.

425 Vgl. dazu im Detail noch Rn 217 ff.

426 Vgl. im Einzelnen Kap. 8 Rn 211 ff.

427 *Steinberg/Wickel/Müller*, § 6 Rn 61; *Erbguth/Schink*, Einl. Rn 124; wohl auch Schoch/Schneider/Bier/*Wahl/Schütz*, § 42 Abs. 2 Rn 214.

428 Vgl. dazu bereits Rn 172.

429 BVerwG, Urt. v. 8.6.1995 – 4 C 4/94 – BVerwGE 98, 339, 362; Urt. v. 25.1.1996 – 4 C 5/95 – BVerwGE 100, 238, 250; Urt. v. 18.11.2004 – 4 CN 11/03 – BVerwGE 122, 207, 213; Urt. v. 13.12.2007 – 4 C 9/06 – NVwZ 2008, 563, 567; Urt. v. 16.10.2008 – 4 C 5/07 – NVwZ 2009, 459, 463; Urt. v. 24.11.2011 – 9 A 23/10 – NVwZ 2012, 557, 558. Vgl. zum Vorlagebeschluss des BVerwG noch Rn 337 ff.

entschieden hätte.[430] Davon ist jedenfalls dann auszugehen, wenn durch die Unterlassung der Umweltverträglichkeitsprüfung der Öffentlichkeit die Möglichkeit genommen wurde, sich zu dem Vorhaben zu äußern.[431] Die von dem Vorhaben Betroffenen können dann im Rahmen ihres Anspruchs auf gerechte Abwägung geltend machen, dass ihre Belange durch die Unterlassung fehlerhaft ermittelt wurden.[432]

(4) ROG

184 Ein Raumordnungsverfahren ist für Planfeststellungsverfahren nach §§ 18 ff. NABEG nicht durchzuführen (§ 28 NABEG). Die Frage relevanter Verfahrensfehler stellt sich daher insoweit nicht. Die in der Bundesfachplanung nach § 5 Abs. 1 S. 4 NABEG durchzuführende Prüfung der Übereinstimmung mit den Erfordernissen der Raumordnung sowie der Abstimmung mit anderen raumbedeutsamen Planungen und Maßnahmen vermittelt ebenso wenig Individualschutz wie die Vorrangregelung zu § 15 Abs. 1 S. 2 NABEG. Insofern kommt eine relevante Verletzung eigener Rechte nicht infrage.

bb) Planrechtfertigung

185 Drittschützend und damit durch private Betroffene rügefähig ist die **Planrechtfertigung** hinsichtlich der Frage, ob für das geplante Vorhaben ein Bedarf besteht. Ob die damit verfolgten öffentlichen Interessen auch den Anforderungen des Art. 14 Abs. 3 GG genügen, namentlich das Gemeinwohlerfordernis ausfüllen, kann dagegen nur von den Enteignungsbetroffenen gerügt werden.[433] Für eine richterliche Überprüfung der Planrechtfertigung ist zudem nur eingeschränkt Raum, wenn der Bedarf des Vorhabens bereits **gesetzlich festgelegt** wurde, da dies auch für das gerichtliche Verfahren grundsätzlich verbindlich ist.[434] Das gilt gerade für Planfeststellungsverfahren nach dem NABEG und dem EnLAG. Der vom Gesetzgeber beschlossene Bundesbedarfsplan und das EnLAG stellen für die darin enthaltenen Vorhaben die energiewirtschaftliche Notwendigkeit und den vordringlichen Bedarf mit Bindungswirkung für Planfeststellungsverfahren nach §§ 18 ff. NABEG bzw. §§ 43 ff. EnWG fest. Gegen diese gesetzlichen Festlegungen bestehen Rechtsschutzmöglichkeiten nur im Rahmen der Individualverfassungsbeschwerde gegen das Gesetz oder der konkreten Normenkontrolle.[435] Nur wenn für das jeweilige Vorhaben jegliche Notwendigkeit fehlt und die gesetzliche Feststellung des Bedarfs evident unsachlich ist, kommt eine Überschreitung des gesetzgeberischen Gestaltungsspielraums bei der Aufnahme eines Vorhabens in einen Bedarfsplan infrage.[436] Davon kann allen-

---

430 BVerwG, Urt. v. 8.6.1995 – 4 C 4/94 – BVerwGE 98, 339, 362; Urt. v. 25.1.1996 – 4 C 5/95 – BVerwGE 100, 238, 250; Urt. v. 18.11.2004 – 4 CN 11/03 – BVerwGE 122, 207, 213; Urt. v. 13.12.2007 – 4 C 9/06 – NVwZ 2008, 563, 567; Urt. v. 16.10.2008 – 4 C 5/07 – NVwZ 2009, 459, 463; Urt. v. 24.11.2011 – 9 A 23/10 – NVwZ 2012, 557, 558.
431 BVerwG, Urt. v. 13.12.2007 – 4 C 9/06 – NVwZ 2008, 563, 567; Urt. v. 16.10.2008 – 4 C 5/07 – NVwZ 2009, 459, 463.
432 BVerwG, Urt. v. 13.12.2007 – 4 C 9/06 – NVwZ 2008, 563, 567; Urt. v. 16.10.2008 – 4 C 5/07 – NVwZ 2009, 459, 463.
433 BVerwG, Urt. v. 9.11.2006 – 4 A 2001/06 – NVwZ 2007, 445, 447; so schon *de Witt*, LKV 2006, 5 ff.; vgl. auch BVerwG, Urt. v. 4.4.2012 – 4 C 8/09 – BeckRS 55664 Rn 575; offenlassend noch BVerwG, Beschl. v. 19.5.2005 – 4 VR 2000/05 – NVwZ 2005, 940, 941.
434 BVerwG, Urt. v. 9.6.2004 – 9 A 11/03 – NVwZ 2004, 1486, 1489; Urt. v. 14.7.2011 – 9 A 14/10 – NVwZ 2012, 180, 181; Beschl. v. 24.5.2012 – 7 VR 4/12 – ZUR 2012, 499, 501.
435 Vgl. dazu Rn 55 ff. und *Appel*, UPR 2011, 406, 413.
436 BVerfG, Beschl. v. 8.6.1998 – 1 BvR 650/97 – NVwZ 1998, 1060 f.; Beschl. v. 16.1.2007 – 9 B 14/06 – NVwZ 2007, 462, 463; Beschl. v. 24.5.2012 – 7 VR 4/12 – ZUR 2012, 499, 501 f.; Urt. v. 8.6.1995 – 4 C 4/94 – BVerwGE 98, 339, 346 f. bei einem Fehlen „jeglicher Notwendigkeit"; *Steinberg/Wickel/Müller*, § 7 Rn 103.

falls in seltenen Ausnahmefällen ausgegangen werden. Angesichts der ausführlichen Begründungen für die einzelnen Leitungsvorhaben ist eine „evidente Unsachlichkeit" – zumindest für die Vorhaben im Entwurf des Bundesbedarfsplangesetzes (E-BBPlG) – durchgängig zu verneinen.[437]

Änderungen des Netzentwicklungsplans im Rahmen seiner jährlichen Fortschreibung und **186** die damit ggf. verbundene Nichtbestätigung der Erforderlichkeit einer konkreten – in das Bundesbedarfsplangesetz aufgenommenen – Ausbaumaßnahme lassen den gesetzlich festgelegten Bedarf nicht gleichsam automatisch entfallen. Eine evident unsachliche Bedarfsfeststellung ist bei einer Änderung des ihr zugrunde liegenden Sachverhalts vielmehr nur dann anzunehmen, wenn sich die Verhältnisse seit der Bedarfsentscheidung so grundlegend gewandelt haben, *„dass das angestrebte Planungsziel unter keinen Umständen auch nur annähernd erreicht werden könnte."*[438] Das ist jedenfalls nicht offensichtlich der Fall, wenn ein bestimmtes Vorhaben in einem fortgeschriebenen Netzentwicklungsplan nicht bestätigt wird. Vielmehr müssen auch dann die konkreten Umstände des Einzelfalls betrachtet und gewürdigt werden, um zu ermitteln, ob das Erreichen des Planungsziels ausgeschlossen ist.

Ein starkes Indiz für die Planrechtfertigung – wenngleich der gesetzlichen Bedarfsfeststel- **187** lung nicht gleichzusetzen – ist die Aufnahme des Vorhabens in einen nach § 12c Abs. 4 EnWG bestätigten Netzentwicklungsplan, dessen Inhalt jedoch noch nicht in einem Bundesbedarfsplangesetz Niederschlag gefunden hat. Dieses Szenario kann dadurch auftreten, dass der jährlich vorzulegende und zu bestätigende (§§ 12b Abs. 1, 12c Abs. 4 EnWG) Netzentwicklungsplan lediglich „mindestens alle drei Jahre" der Bundesregierung als Entwurf für einen Bundesbedarfsplan zu übermitteln ist (§ 12e Abs. 1 EnWG). Es ist daher nicht fernliegend, dass ein bestimmtes Vorhaben zwar sowohl von den Übertragungsnetzbetreibern als auch der BNetzA als bedarfsgerecht eingestuft, im Bundesbedarfsplangesetz aber allein wegen der dargestellten zeitlichen Abfolge noch nicht verankert ist. Die für die Annahme der Planrechtfertigung notwendige objektive Erforderlichkeit des Vorhabens wird dann nur mit großem Aufwand in Abrede gestellt werden können. Denn für sie spricht nicht nur die Aufnahme in den Netzentwicklungsplan durch die Übertragungsnetzbetreiber, sondern auch und vor allem dessen Bestätigung durch die BNetzA nach der aufwändigen und umfassenden Prüfung nach § 12c Abs. 1 EnWG sowie der Öffentlichkeitsbeteiligung gem. § 12c Abs. 3 EnWG.

cc) Abwägungsgebot

Ebenfalls im Grundsatz drittschützend ist das planungsrechtliche **Abwägungsgebot.**[439] Der pri- **188** vate Drittbetroffene kann daher rügen, seine **eigenen Belange** seien nicht hinreichend – auch in Abwägung mit gegenläufigen Belangen – berücksichtigt worden. Rügefähig sind insoweit alle nachteilig betroffenen Belange, die mehr als geringfügig, schutzwürdig und erkennbar sind.[440] Insofern ist die Rügefähigkeit nicht auf Rechte beschränkt, sondern umfasst – vermittelt über das Recht auf gerechte Abwägung – auch unterhalb der Rechtsqualität bloße Belange und Interessen.[441] Eine umfassend fehlerfreie Abwägung in jeder Hinsicht, d.h. auch die Berücksichti-

437 Vgl. dazu auch Rn 60.
438 BVerwG, Urt. v. 12.3.2008 – 9 A 3/06 – BVerwGE 130, 299, 317.
439 Vgl. im Einzelnen dazu auch Kap. 11 Rn 2ff.
440 BVerwG, Beschl. v. 9.11.1979 – 4 N 1/78, 4 N 2/79, 4 N 3/79, 4 N 4/79 – BVerwGE 59, 87, 103; Beschl. v. 14.9.1987 – 4 B 179, 180/87 – NVwZ 1988, 363; Urt. v. 4.5.1988 – 4 C 2/85 – NVwZ 1989, 151; Urt. v. 27.4.1990 – 4 C 18/88 – NVwZ 1990, 1165f.
441 Kritisch zu dieser Rechtsprechung *Steinberg/Wickel/Müller*, § 6 Rn 75.

gung objektiven Rechts oder subjektiver Belange anderer in der Abwägung, kann der Drittbetroffene hingegen nicht verlangen.[442]

(1) Bindungswirkung der Bundesfachplanung

189 Für Planfeststellungsverfahren nach §§ 18 ff. NABEG ist die strikte Bindungswirkung der Bundesfachplanung nach § 15 Abs. 1 NABEG zu beachten. Soweit bereits auf jener Ebene gem. § 5 Abs. 1 S. 3 NABEG die für und wider das Vorhaben streitenden Belange abgewogen worden sind, ist auch das Ergebnis dieser Abwägung für das anschließende Planfeststellungsverfahren verbindlich (§ 15 Abs. 1 S. 1 NABEG). Dadurch droht jedoch keine Rechtsschutzverkürzung zulasten der Betroffenen: Zwar kommt der Entscheidung der BNetzA über die Bundesfachplanung keine Außenwirkung zu; sie ist auch nicht isoliert, sondern nur im Rahmen des Rechtsbehelfsverfahrens gegen die Zulassungsentscheidung selbst überprüfbar (§ 15 Abs. 3 NABEG). Diese Inzidentkontrollmöglichkeit gewährleistet aber hinreichenden Rechtsschutz, da die Einhaltung des Abwägungsgebots insgesamt der richterlichen Kontrolle unterliegt.[443] Denn ein Fehler bei der Abwägung im Rahmen der Bundesfachplanung infiziert – wird ihm nicht schon auf dieser Ebene gem. § 15 Abs. 3 S. 3 abgeholfen – auch den Planfeststellungsbeschluss. Im Planfeststellungsverfahren können Fehler der Bundesfachplanung im Übrigen nicht geheilt werden.[444] Dies ergibt sich schon daraus, dass es sich bei der Planfeststellung und der Bundesfachplanung um verschiedene Planungsverfahren handelt. Die zur Heilung führenden Schritte (ergänzendes Verfahren oder Planergänzung) müssen in demjenigen Verfahren durchgeführt werden, dessen abschließende Entscheidung geheilt werden soll. Auch die im gesetzlichen Ausgangspunkt unterschiedliche Behördenzuständigkeit für die Bundesfachplanung (BNetzA) und die Planfeststellung (Länderbehörden) spricht gegen die Ebenen übergreifende Heilbarkeit. Nichts anderes folgt aus dem Umstand, dass die BNetzA – in den Grenzen einer Verordnung nach § 2 Abs. 2 NABEG – auch für die Planfeststellung grenz- und länderüberschreitender Leitungen i.S.d. § 2 Abs. 1 NABEG zuständig werden kann. Denn dies ändert an den unterschiedlichen Verfahrensebenen nichts; die BNetzA wird insoweit in unterschiedlichen Funktionen tätig.

(2) Abschnittsbildung und Zwangspunkte

190 Besondere Anforderungen für den Abwägungsvorgang bestehen im Falle der abschnittsweisen Planung, die in § 19 S. 2 NABEG ausdrücklich ermöglicht wird.[445] Danach kann der Antrag des Vorhabensträgers auf Durchführung des Planfeststellungsverfahrens zunächst auf einzelne **angemessene** Trassenabschnitte beschränkt werden. Dem Vorhabensträger wird dadurch die Möglichkeit eingeräumt, die Planfeststellung für ein Vorhaben auf verschiedene Verfahren aufzuteilen. Die der Aufteilung zugrunde liegenden Kriterien müssen jedoch – wie in der Gesetzesbegründung ausdrücklich hervorgehoben wird – sachgerecht sein.[446]

191 Die – auch ohne die gesetzliche Klarstellung in § 19 S. 2 NABEG – grundsätzlich bestehende Möglichkeit, bei linienförmigen Vorhaben eine abschnittsweise Planung vorzunehmen, ist Aus-

---

442 Grundlegend BVerwG, Urt. v. 14.2.1975 – IV C 21/74 – BVerwGE 48, 56, 65 ff.; vgl. auch BVerwG, Urt. v. 26.6.1981 – 4 C 5/78 – BVerwGE 62, 342, 348; Beschl. v. 16.1.2007 – 9 B 14/06 – NVwZ 2007, 462, 464; OVG Lüneburg, Urt. v. 19.1.2011 – 7 KS 161/08 – NVwZ-RR 2011, 934, 935; Stelkens/Bonk/Sachs/*Bonk/Neumann*, § 74 Rn 272; kritisch z.B. *Kühling/Herrmann*, Rn 616 ff.; *Steinberg/Wickel/Müller*, § 6 Rn 76 ff.

443 Vgl. dazu oben Rn 97 ff.; *Appel*, ER 2012, 3, 5 f.

444 Vgl. im Einzelnen Kap. 4 Rn 106.

445 Vgl. dazu auch oben Rn 73.

446 BT-Drucks. 17/6073, S. 28.

prägung der **planerischen Gestaltungsfreiheit** und ein Instrument der planerischen Problembewältigung.[447] Sinn und Zweck der Abschnittsbildung liegen in der Praktikabilität, Effektivität und Überschaubarkeit einer abschnittsweisen Planung.[448] Dritte haben deshalb grundsätzlich kein Recht darauf, dass über die Zulassung eines Vorhabens insgesamt, vollständig und abschließend in einem einzigen Bescheid entschieden wird.[449] Grenzen unterliegt die abschnittsweise Planung aber insoweit, wie auch die planerische Gestaltungsfreiheit selbst beschränkt ist. Insbesondere muss der Gesamtplanung eine **einheitliche Planungskonzeption** zugrunde liegen und die Abschnittsbildung an sich sachgemäß sein.[450] Diese Forderung wird im NABEG dadurch aufgegriffen, dass lediglich eine Beschränkung auf **angemessene** Abschnitte zulässig ist.[451] Zudem muss die Abschnittsbildung den Anforderungen des Abwägungsgebotes genügen, einschließlich insbesondere der Erreichbarkeit der dargestellten Zwecke.[452] Eine Abschnittsplanung ist daher unzulässig, wenn von der Gesamtplanung ausgelöste Probleme voraussichtlich unbewältigt bleiben. Im Hinblick auf den Zweck einer praktikablen und effektiven Planung ist eine Vorausschau auf nachfolgende Abschnitte nach Art eines **„vorläufigen positiven Gesamturteils“** ausreichend aber auch erforderlich. Eine Prognose für die nachfolgenden Abschnitte muss ergeben, dass der Verwirklichung des Vorhabens keine **von vornherein unüberwindlichen Hindernisse** entgegenstehen.[453]

Auch wenn der Rechtsschutz der Betroffenen durch die Abschnittsbildung nicht verkürzt 192
werden darf,[454] ist doch zu beachten, dass insbesondere die für die Zulässigkeit der Abschnittsbildung erforderliche einheitliche Planungskonzeption nicht der Begründung subjektiver Rechte, sondern der **Verhinderung eines Planungstorsos** dient.[455] Nach der höchstrichterlichen Judikatur kann eine Abschnittsbildung Dritte jedoch in ihren Rechten verletzen, *„wenn sie deren durch Art. 19 Abs. 4 GG gewährleisteten Rechtsschutz faktisch unmöglich macht oder dazu führt, dass die abschnittsweise Planfeststellung dem Grundsatz umfassender Problembewältigung nicht gerecht werden kann, oder wenn ein dadurch gebildeter Streckenabschnitt der eigenen sachlichen Rechtfertigung vor dem Hintergrund der Gesamtplanung entbehrt.“*[456] Diese Konfliktlage wird insbesondere dann virulent, wenn eine Abschnittsplanung **Zwangspunkte** setzt, die zu faktischen Vorgaben für nachfolgende Planungen führen.[457] In diesen Fällen sind die Implikationen der abschnittsweisen Planungsentscheidung auf nachfolgende Planungen zu berücksichtigen, sodass auch die Belange Dritter, die von der Folgeplanung erkennbar betroffen sind, in die Abwä-

447 Vgl. nur BVerwG, Urt. 21.3.1996 – 4 C 19/94 – NVwZ 1996, 1016, 1021; *Steinberg/Wickel/Müller*, § 3 Rn 88; *Hoppe/Schlarmann/Buchner/Deutsch*, Rn 1038; *Stüer*, Rn 4288.

448 BVerwG, Urt. v. 14.10.1996 – 4 VR 14/96 (4 A 35/96) – Buchholz 407.4 § 17 FStrG Nr. 123.

449 BVerwG, Urt. v. 9.9.1988 – 7 C 3/86 – BVerwGE 80, 207, 215; Gerichtsbescheid v. 3.7.1996 – 11 A 64/95 – NVwZ 1997, 391, 392; Beschl. v. 22.7.2010 – 7 VR 4/10 – ZUR 2010, 533, 535.

450 BVerwG, Beschl. v. 5.6.1992 – 4 NB 21/52 – NVwZ 1992, 1093, 1094; Beschl. v. 2.11.1992 – 4 B 205/92 – DVBl. 1993, 161, 162; *Steinberg/Wickel/Müller*, § 3 Rn 89; *Hoppe/Schlarmann/Buchner/Deutsch*, Rn 1038; *Kühling/Herrmann*, Rn 258.

451 Vgl. dazu BT-Drucks. 17/6073, S. 28.

452 Vgl. BVerwG, Beschl. v. 5.6.1992 – 4 NB 21/52 – NVwZ 1992, 1093, 1094; Beschl. v. 5.12.2008 – 9 B 28/08 – NVwZ 2009, 320, 322.

453 BVerwG, Urt. v. 10.4.1997 – 4 C 5/96 – BVerwGE 104, 236, 243; Urt. v. 30.1.2008 – 9 A 27/06 – NVwZ 2008, 678, 681; Beschl. v. 5.12.2008 – 9 B 28/08 – NVwZ 2009, 320, 322; dazu im Einzelnen Kap. 11 Rn 65 ff.

454 BVerwG, Beschl. v. 5.6.1992 – 4 NB 21/52 – NVwZ 1992, 1093, 1094; Beschl. v. 26.6.1992 – 4 B 1-11/92 – NVwZ 1993, 572; *Stüer*, Rn 4288; *Hoppe/Schlarmann/Buchner/Deutsch*, Rn 1038; *Kühling/Herrmann*, Rn 751.

455 *Steinberg/Wickel/Müller*, § 3 Rn 91 unter Verweis auf BVerwG, Urt. v. 26.10.2005 – 9 A 34/04 – BeckRS 2005, 31496 Rn 33; *Stüer*, Rn 1633; *Kühling/Herrmann*, Rn 259.

456 BVerwG, Gerichtsbescheid v. 3.7.1996 – 11 A 64/95 – NVwZ 1997, 391, 392; Beschl. v. 22.7.2010 – 7 VR 4/10 – ZUR 2010, 533, 535.

457 *Hoppe/Schlarmann/Buchner/Deutsch*, Rn 1036 f.; *Kühling/Herrmann*, Rn 750.

gung der Ausgangsplanung einzustellen sind.[458] Diese weitergehende Abwägungsverpflichtung beim Setzen der Zwangspunkte geht einher mit erweiterten Rechtsschutzmöglichkeiten der Betroffenen. Auch wer erst durch den nachfolgenden weiteren Ausbau in seinen Rechten betroffen ist, kann – soweit die geltend gemachten Rechtsfehler für das Setzen des Zwangspunktes kausal sind[459] – gegen die vorlaufende Planung vorgehen.[460] Rechtsschutz steht damit auch demjenigen zu, dessen Rechte unmittelbar erst durch den weiteren Ausbau des Vorhabens betroffen werden.[461] Dadurch wird der künftig notwendig Rechtsbetroffene zur Sicherung seines effektiven Rechtsschutzes vor der Schaffung vollendeter Tatsachen bewahrt.[462] Erforderlich ist dabei jedoch, dass die Betroffenheit tatsächlich zwangsläufig ist.[463]

193 Diese Rechtsschutzeröffnung geht einher mit Obliegenheiten des potenziellen Klägers zur Rechtsschutzwahrung, die ihre Grundlage in den **Präklusionsvorschriften** haben. Einwendungen, die nach Ablauf der Einwendungsfrist erhoben werden, sind danach ausgeschlossen (§§ 22 Abs. 6 S. 1, 18 Abs. 3 S. 2 NABEG, 43a Nr. 7 EnWG). Das bedeutet zunächst, dass ein durch Zwangspunkte im nachfolgenden Trassenverlauf Betroffener bereits in demjenigen Verfahrensabschnitt, der diesen Zwangspunkt setzt, alle Einwendungen zu seiner Rechtsstellung vorbringen muss.[464] Gleichsam als Kehrseite dazu, dass er gegen Zwangspunkte schon zu einem Zeitpunkt vorgehen darf, wo er noch nicht unmittelbar betroffen ist, legt ihm die Rechtsordnung die **Obliegenheit** auf, dies zur Rechtswahrung dann auch tun zu müssen.[465] Das setzt sich in den nachfolgenden Verfahren fort. Selbst wenn der Betroffene in vorangegangenen Verfahrensabschnitten Einwendungen erhoben hat, entbindet ihn das nicht davon, diese Einwendungen zur Wahrung seiner Rechte in dem sich anschließenden weiteren Planungsverfahren **erneut** (rechtzeitig) vorzubringen, sofern diese eine unmittelbare Betroffenheit vermitteln. Das gilt auch dann, wenn die Einwendungen sachlich vollständig identisch sind. Die Betroffenen müssen mithin in allen Abschnitten, die zu einer Betroffenheit führen können, ihren Rechten durch sachliches Gegenvorbringen Geltung verschaffen, um eine materielle Präklusion zu verhindern.[466] Denn aufgrund der formalen Selbstständigkeit der für jeden einzelnen Abschnitt durchzuführenden Planfeststellungen können Einwendungen, die in früheren Verfahren erhoben wurden, aus Gründen der Rechtssicherheit des künftigen Plans nicht zugleich als auch in nachfolgenden Verfahren erhoben angesehen werden.[467] Erhebt der Be-

---

458 *Hoppe/Schlarmann/Buchner/Deutsch*, Rn 1039; *Kühling/Herrmann*, Rn 751.

459 BVerwG, Urt. v. 21.3.1996 – 4 C 1/95 – NVwZ 1997, 493, 494; *Hoppe/Schlarmann/Buchner/Deutsch*, Rn 1040; Fehling/Kastner/Störmer/*Wickel*, § 74 VwVfG Rn 276; Obermayer/*Allesch/Häußler*, § 74 Rn 222.

460 BVerwG, Beschl. v. 26.6.1992 – 4 B 1-11/92 – NVwZ 1993, 572; Urt. v. 21.3.1996 – 4 C 1/95 – NVwZ 1997, 493, 494; Beschl. v. 14.7.2005 – 9 VR 23/04 – BeckRS 2005, 28565; *Hoppe/Schlarmann/Buchner/Deutsch*, Rn 1040; *Kühling/Herrmann*, Rn 750; *Kopp/Schenke*, § 42 Rn 53, 112; Fehling/Kastner/Störmer/*Wickel*, § 74 VwVfG Rn 276; Schoch/Schneider/Bier/*Wahl/Schütz*, § 42 Abs. 2 Rn 260.

461 BVerwG, Urt. v. 25.1.2012 – 9 A 6/10 – NVwZ 2012, 567, 569; Urt. v. 26.6.1981 – 4 C 5/78 – BVerwGE 62, 342, 352 ff.; Urt. v. 6.12.1985 – 4 C 59/82 – BVerwGE 72, 282, 288 f.; Beschl. v. 26.6.1992 – 4 B 1-11/92 – NVwZ 1993, 572, 573; Fehling/Kastner/Störmer/*Wickel*, § 74 VwVfG Rn 276; *Stüer*, Rn 4289.

462 BVerwG, Urt. v. 25.1.2012 – 9 A 6/10 – NVwZ 2012, 567, 569; Beschl. v. 1.7.2003 – 4 VR 1/03 – BeckRS 2003, 23613.

463 Vgl. BVerwG, Beschl. v. 2.11.1992 – 4 B 205/92 – DVBl. 1993, 161, 162; Urt. v. 24.5.1996 – 4 A 16/95 – NVwZ 1997, 491, 492; Beschl. v. 1.7.2003 – 4 VR 1/03 – BeckRS 2003, 23613; Urt. v. 24.3.2004 – 9 A 34/03 – juris Rn 19; Beschl. v. 14.7.2005 – 9 VR 32/04 – BeckRS 2005, 28571; VGH München, Urt. v. 24.11.2010 – 8 A 10/40025 – juris Rn 25; VGH Mannheim, Urt. v. 15.10.1990 – 5 S 197/90 – NVwZ-RR 1991, 399.

464 Vgl. dazu BVerwG, Urt. v. 23.4.1997 – 11 A 7/97 – BVerwGE 104, 337, 343; Gerichtsbescheid v. 3.7.1996 – 11 A 64/95 – NVwZ 1997, 391, 393; vgl. auch *Stüer*, Rn 4293.

465 Kritisch dazu mit Blick auf einen „unbedarften Dritten" *Steinberg/Wickel/Müller*, § 6 Rn 86.

466 Vgl. *Stüer*, Rn 4293.

467 BVerwG, Gerichtsbescheid v. 3.7.1996 – 11 A 64/95 – NVwZ 1997, 391, 393; Urt. v. 23.4.1997 – 11 A 7/97 – BVerwGE 104, 337, 343; *Stüer*, Rn 4293.

troffene in den nachfolgenden Verfahren also keine Einwendung mehr, tritt materielle Präklusion ein.

4. Fristen

Für die **Erhebung der Klage** gilt die **allgemeine Fristenregelung** des § 74 Abs. 1 S. 2 VwGO, der zufolge die Anfechtungsklage gegen den Planfeststellungsbeschluss innerhalb **eines Monats** ab Bekanntgabe des Verwaltungsakts erhoben werden muss. Die Anforderungen an die Bekanntgabe eines Planfeststellungsbeschlusses gegenüber den bekannten Betroffenen und denjenigen, über deren Einwendungen entschieden worden ist, richten sich nach § 24 Abs. 2 NABEG i.V.m. § 74 Abs. 5 VwVfG. Zusätzlich muss eine obligatorische öffentliche Bekanntgabe des Planfeststellungsbeschlusses gem. § 24 Abs. 3 NABEG i.V.m. § 22 Abs. 3 NABEG und § 43a Nr. 1 EnWG vorgenommen werden. Der Durchführung eines Vorverfahrens bedarf es gem. § 74 Abs. 1 S. 2 i.V.m. § 70 Abs. 1 VwVfG und § 68 Abs. 1 S. 2 Var. 1 VwGO nicht.[468] 194

Sofern der Betroffene sich schon vor Erlass des Planänderungsbeschlusses gegen den ursprünglichen Planfeststellungsbeschluss mit einer Klage zur Wehr gesetzt hat, gelten aufgrund der inhaltlichen „Verschmelzung" von Planfeststellungs- und Planänderungsbeschluss[469] Besonderheiten auch hinsichtlich der Klagefrist nach § 74 Abs. 1 S. 2 VwGO. Dem BVerwG zufolge findet diese Vorschrift keine Anwendung auf die nachträgliche Einbeziehung der Planänderung in das Klagebegehren.[470] Diese unterschiedliche Beurteilung ergibt sich aus Sinn und Zweck des § 74 Abs. 1 S. 2 VwGO, dessen vorrangiges Ziel es ist, vor Klageerhebung über den Eintritt der Bestandskraft des Verwaltungsakts bestehende Unsicherheiten in zeitlicher Hinsicht zu begrenzen.[471] Angesichts jener teleologischen Erwägungen dürfte es freilich sachgerecht erscheinen, die Suspendierung des § 74 Abs. 1 S. 2 VwGO auf die Fälle zu beschränken, in denen die Regelungsbestandteile des ursprünglichen Planfeststellungsbeschlusses und der Änderung in inhaltlicher Hinsicht nicht teilbar sind.[472] Ergibt sich dagegen erst aus dem Änderungsbeschluss eine Rechtsbetroffenheit und entscheidet sich der erstmals Betroffene zur Klage, ist die Monatsfrist zur Vermeidung der Bestandskraft zu beachten. 195

Besonderheiten gelten ebenfalls im Hinblick auf die **Angabe von Tatsachen und Beweismitteln**: Für die Planfeststellungsbeschlüsse gem. § 24 NABEG ist hierfür spezialgesetzlich gem. § 18 Abs. 3 S. 2 NABEG i.V.m. § 43e Abs. 3 S. 1 EnWG eine Frist von **sechs Wochen** vorgesehen. Die Frist beginnt mit dem Zeitpunkt der Klageerhebung zu laufen.[473] Nach § 43e Abs. 3 S. 2 EnWG gilt bei einem Versäumen der Sechs-Wochen-Frist § 87b Abs. 3 VwGO entsprechend. Danach kann das Gericht Erklärungen und Beweismittel zurückweisen und ohne weitere Ermittlungen entscheiden, wenn 196

1. ihre Zulassung nach der freien Überzeugung des Gerichts die Erledigung des Rechtsstreits verzögern würde,
2. der Beteiligte die Verspätung nicht genügend entschuldigt und
3. der Beteiligte über die Folgen einer Fristversäumung belehrt worden ist.

---

468 Vgl. dazu Rn 139.
469 Vgl. nur BVerwG, Urt. v. 18.3.2009 – 9 A 31/07 – NVwZ 2010, 63, 64; vgl. dazu auch Rn 151 f.
470 BVerwG, Urt. v. 18.3.2009 – 9 A 31/07 – NVwZ 2010, 63, 64; dazu tendierend bereits BVerwG, Urt. v. 30.10.1997 – 3 C 35/96 – BVerwGE 105, 288, 296 f.
471 Vgl. BVerwG, Urt. v. 18.3.2009 – 9 A 31/07 – NVwZ 2010, 63.
472 So auch BVerwG, Urt. v. 18.3.2009 – 9 A 31/07 – NVwZ 2010, 63.
473 BVerwG, Urt. v. 30.8.1993 – 7 A 14/93 – NVwZ 1994, 371, 372; VGH Mannheim, Urt. v. 17.11.1995 – 5 S 334/95 – NVwZ-RR 1997, 85; *Kley*, in: FS Schlichter, S. 639 f.; Knack/Henneke/*Dürr*, § 74 Rn 62; Britz/Hellermann/Hermes/*Hermes*, § 43e Rn 4.

Dies gilt nur dann nicht, wenn es mit geringem Aufwand möglich ist, den Sachverhalt auch ohne Mitwirkung des Beteiligten zu ermitteln.[474] Eine Erledigung des Rechtsstreits verzögert sich in Anlehnung an die Rechtsprechung des BGH zu § 296 Abs. 1 ZPO, wenn der Prozess bei Zulassung des verspäteten Vorbringens länger dauern würde als bei dessen Zurückweisung.[475] Ob der Rechtsstreit bei rechtzeitigem Vorbringen ebenso lange gedauert hätte, ist nach Ansicht des BVerwG unerheblich, es sei denn, dies wäre offenkundig.[476]

197 Die Einführung einer **Klagebegründungsfrist** von sechs Wochen für Rechtsbehelfe gegen Entscheidungen i.S.d. § 1 Abs. 1 UmwRG (wozu auch Planfeststellungsbeschlüsse gem. NABEG gehören)[477] ändert an der Anwendung der Fristenregelung des § 43e Abs. 3 EnWG nichts. Denn § 4a Abs. 1 UmwRG, der über Abs. 4 auch für Individualkläger gilt, enthält nur Maßgaben zur Anwendung der VwGO. Bestehende spezialgesetzliche Regelungen bleiben unberührt.

198 Spezialgesetzliche Fristen gilt es außerdem im einstweiligen Rechtsschutzverfahren hinsichtlich eines etwaigen Antrags auf Anordnung der aufschiebenden Wirkung zu beachten.[478]

5. Gerichtlicher Prüfungsmaßstab

199 Eine erfolgreiche Klage gegen einen Planfeststellungsbeschluss setzt im Regelfall voraus, dass der Beschluss rechtswidrig ist und den Kläger in seinen Rechten verletzt. Werden Schutzauflagen begehrt, muss deren Verweigerung rechtsverletzend sein. Lediglich der von der enteignungsrechtlichen Vorwirkung des Planfeststellungsbeschlusses Betroffene ist nicht auf das Bestehen einer eigenen Rechtsverletzung angewiesen, sondern besitzt grundsätzlich einen Vollüberprüfungsanspruch.[479] Die gerichtliche Prüfung der Planfeststellung ist in allen Varianten – also auch für den Enteignungsbetroffenen[480] – dahingehend beschränkt, dass präkludiertes Vorbringen nicht berücksichtigt wird. Zudem ist die gerichtliche Kontrolldichte maßgeblich durch die Besonderheiten planerischer Entscheidungen und die damit einhergehenden Planungs-, Prognose- und Beurteilungsspielräume beeinflusst. Im Einzelnen:

a) Präklusion

200 Präklusionsvorschriften dienen der Rechtssicherheit und Verfahrensbeschleunigung. Sie verlangen von den Betroffenen, ihre Bedenken gegen das Vorhaben rechtzeitig – nicht zu früh, nicht zu spät – vorzubringen.[481] Das Abwarten bis zum Abschluss des Verwaltungsverfahrens oder gar bis zur Fertigstellung des Vorhabens kann ebenso zum Rechtsverlust führen wie eine verfrühte Geltendmachung außerhalb des jeweils einschlägigen Verfahrensabschnitts.

---

474 Zum Ausschluss verspäteten Tatsachenvorbringens ausführlich *Kley*, in: FS Schlichter, S. 643 ff.

475 BVerwG, Urt. v. 18.2.1998 – 11 A 6/97 – NVwZ-RR 1998, 592 ff.; Schoch/Schneider/Bier/*Ortloff/Riese*, § 87b Rn 38; Sodan/Ziekow/*Schmid*, § 87b Rn 14; Posser/Wolff/*Brink*, § 87b Rn 17; *Kopp/Schenke*, § 87b Rn 11; Fehling/Kastner/Störmer/*Porz*, § 87b VwGO Rn 6.

476 BVerwG, Urt. v. 18.2.1998 – 11 A 6/97 – NVwZ-RR 1998, 592 ff. Zu weitgehend Britz/Hellermann/Hermes/*Hermes*, § 43e Rn 4, der eine Verzögerung regelmäßig ablehnt, da gegen Planfeststellungsbeschlüsse gerichtete Klageverfahren immer aufwändig (und zeitintensiv) seien.

477 Das UmwRG ist auf Vorhaben nach § 2 Abs. 1 NABEG anwendbar (§ 1 Abs. 1 S. 1 Nr. 1 lit. a) UmwRG i.V.m. § 3 Abs. 1 S. 1, § 3b Abs. 1 UVPG i.V.m. Nr. 19.1 der Anlage 1 des UVPG); dazu im Einzelnen noch unter Rn 311 ff.

478 Dazu unten Rn 240.

479 Vgl. dazu und zu den Grenzen dieses Anspruchs oben Rn 163 ff.

480 BVerwG, Beschl. v. 12.2.1996 – 4 A 38/95 – NVwZ 1997, 171, 172; *Hoppe/Schlarmann/Buchner/Deutsch*, § 3 Rn 246; *Stüer*, Rn 4234, 4237 f.; zu den besonderen Anforderungen an die Einwendungen hinsichtlich einer enteignungsrechtlichen Vorwirkung ausführlich VGH Mannheim, Urt. v. 9.10.2000 – 5 S 1883/99 – DVBl. 2001, 405 = juris Rn 38 ff.

481 BVerwG, Urt. v. 23.4.1997 – 11 A 7/97 – BVerwGE 104, 337, 343; *Brandt*, NVwZ 1997, 233.

aa) Allgemeine Grundsätze

Im verwaltungsgerichtlichen Verfahren eines Privaten gegen einen Planfeststellungsbeschluss nach §§ 18 ff. NABEG kann der aufgrund Präklusion eingetretene Ausschluss der Rügefähigkeit auf zwei Ebenen Bedeutung entfalten: 201

Zunächst kommt dies für die im **Planfeststellungsverfahren** zu erhebenden Einwendungen infrage. Insoweit kann nach § 22 Abs. 6 NABEG jede **Person**, deren **Belange** durch das Vorhaben **berührt** werden, innerhalb von zwei Wochen nach Ablauf der Auslegungsfrist gem. § 22 Abs. 3 S. 1 NABEG schriftlich bei der Planfeststellungsbehörde oder zur Niederschrift bei einer Auslegungsstelle Einwendungen gegen den Plan erheben. Einwendungen sind sachliches, auf die Verhinderung oder Modifizierung des beantragten Vorhabens zielendes Gegenvorbringen.[482] Zwar enthält § 22 Abs. 6 NABEG selbst keine Präklusionsregel. Aufgrund der Verweisung in § 18 Abs. 3 NABEG auf die Verfahrensregelungen in Teil 5 des EnWG ist jedoch die **Präklusionsregel des § 43a Nr. 7 EnWG** anwendbar. Keine Unstimmigkeit ergibt sich daraus, dass Einwendungen nach § 22 Abs. 6 NABEG innerhalb von zwei Wochen nach Ablauf der Auslegungsfrist vorzubringen sind, wohingegen § 43a Nr. 7 EnWG Einwendungen (ohne weitere Zwischenfrist) nach Ablauf der Einwendungsfrist ausschließt. Denn die Einwendungsfrist i.S.d. § 43a Nr. 7 EnWG endet mit Ablauf der zweiwöchigen Frist nach § 22 Abs. 6 NABEG. Einwendungen gegen den Plan sind nach deren Ablauf ausgeschlossen. Demgegenüber sind vor Beginn der zweiwöchigen Frist erhobene Einwendungen rechtzeitig, sofern sie während der Auslegung vorgebracht werden.[483] Die „Einwendungsfrist“ umfasst mithin grundsätzlich den Auslegungszeitraum und die sich anschließende Zwei-Wochen-Frist.[484] Dies gilt auch für die Einwendungsfrist i.S.d. § 43a Nr. 7 EnWG. Unwirksam sind jedoch vor Beginn der Auslegung erhobene Einwendungen.[485] Nicht rechtzeitig erhobene Einwendungen können auch im Erörterungstermin nicht wirksam nachgeholt werden. Anders als nach § 73 Abs. 4 VwVfG sind nach Ablauf der Einwendungsfrist auch solche Einwendungen ausgeschlossen, die auf besonderen privatrechtlichen Titeln beruhen.[486] 202

Es handelt sich hierbei um eine **materielle Präklusion**, die auch für das gerichtliche Verfahren gilt.[487] Der Einwendungsausschluss steht nicht zur Disposition der Behörde; sie kann die Einwendungsfrist weder verlängern, noch auf die Präklusionswirkung verzichten.[488] Eine sachliche Überprüfung präkludierten Vorbringens durch das Gericht ist nicht statthaft; eine auf präkludiertes Vorbringen gestützte Klage ist unbegründet.[489] Die Regelung der materiellen 203

482 BVerwG, Urt. v. 24.7.2008 – 4 A 3001/07 – BVerwGE 131, 316, 325; Urt. v. 17.7.1980 – 7 C 101/78 – BVerwGE 60, 297; Stelkens/Bonk/Sachs/*Bonk/Neumann*, § 73 Rn 82; *Kopp/Ramsauer*, § 73 Rn 81.

483 Stelkens/Bonk/Sachs/*Bonk/Neumann*, § 73 Rn 77 f.; Knack/Hennecke/*Dürr*, § 73 Rn 63; *Kopp/Ramsauer*, § 73 Rn 88; *Jarass*, BImSchG, § 10 Rn 74; Fehling/Kastner/*Wickel*, § 73 VwVfG Rn 82; a.A. Landmann/Rohmer/*Dietlein*, § 10 BImSchG Rn 150.

484 So ausdrücklich *Nolte*, jurisPR-BVerwG 17/2005 Anm. 1, zur Einwendungsfrist von zwei Wochen nach § 73 Abs. 4 S. 1 VwVfG.

485 BVerwG, Beschl. v. 1.4.2005 – 9 VR 6/05 – juris Rn 5; Urt. v. 23.4.1997 – 11 A 7/97 – NVwZ 1998, 847, 849; OVG Greifswald, Urt. v. 22.3.2012 – 5 K 6/10 – NJOZ 2012, 2033, 2049. Sofern dort Einwendungen vor Beginn der Einwendungsfrist ausgeschlossen werden, ist wiederum zu beachten, dass sich diese aus der Zwei-Wochen-Frist und der Auslegungsfrist zusammensetzt, vgl. *Nolte*, jurisPR-BVerwG 17/2005 Anm. 1 zu BVerwG, Beschl. v. 1.4.2005 – 9 VR 6/05 –; so auch Stelkens/Bonk/Sachs/*Bonk/Neumann*, § 73 Rn 78.

486 Steinbach/*Nebel/Riese*, § 43a EnWG Rn 62; a.A. de Witt/Scheuten/*Wiesendahl*, § 22 Rn 74.

487 OVG Greifswald, Urt. v. 22.3.2012 – 5 K 6/10 – NJOZ 2012, 2033, 2049; vgl. BVerwG, Urt. v. 27.10.1998 – 11 A 1/97 – BVerwGE 107, 313, 321; Beschl. v. 28.12.2011 – 9 B 59/11 – NVwZ-RR 2012, 261; Steinbach/*Nebel/Riese*, § 43a EnWG Rn 58 ff.

488 BVerwG, Urt. v. 18.9.1995 – 11 VR 7/95 – NVwZ 1996, 399, 400; Gerichtsbescheid v. 30.7.1998 – 4 A 1-98 – NVwZ-RR 1999, 162 f.; Stelkens/Bonk/Sachs/*Bonk/Neumann*, § 73 Rn 89.

489 Vgl. BVerwG, Urt. v. 22.9.2004 – 9 A 59/03 – NVwZ 2005, 218, 219; Stelkens/Bonk/Sachs/*Bonk/Neumann*, § 73 Rn 88.

Präklusion ist verfassungsrechtlich undenklich, solange der gerichtliche Rechtsschutz nicht vereitelt oder in unzumutbarer und nicht mehr zu rechtfertigender Weise erschwert wird. Die betroffene Partei muss im Verwaltungsverfahren ausreichend Gelegenheit erhalten haben, sich zur Sache zu äußern.[490] Dem trägt die Möglichkeit, Einwendungen im Planfeststellungsverfahren nach § 22 Abs. 6 NABEG zu erheben, hinreichend Rechnung; die Regelung hat vor Art. 19 Abs. 4 GG Bestand.

204 Daneben sind zudem Präklusionsvorschriften zu beachten, welche die **Bundesfachplanung** nach §§ 4ff. NABEG betreffen. Denn diese hat keine unmittelbare Außenwirkung und ist nicht isoliert, sondern nur im Rahmen des Rechtsbehelfsverfahrens gegen die jeweilige Ausbaumaßnahme anfechtbar (§ 15 Abs. 3 S. 2 NABEG). Angriffe gegen die Bundesfachplanung werden deswegen im Verfahren gegen den konkreten Planfeststellungsbeschluss geprüft. Für die Einwendungen Privater gegen die Bundesfachplanung bestimmt § 9 Abs. 6 S. 1 NABEG, dass sich **jedermann** zu den beabsichtigten Trassenkorridoren äußern kann. Die Geltendmachung der Berührung eigener Belange, wie sie nach § 22 Abs. 6 NABEG im Planfeststellungsverfahren gefordert wird, ist nicht notwendig.[491] Die Auslegungsfrist beträgt einen Monat nach Ablauf der Veröffentlichungsfrist; die Äußerungen sind schriftlich oder zur Niederschrift bei einer Auslegungsstelle zu erheben. Nach § 9 Abs. 6 S. 2 NABEG soll für diese Jedermann-Einwendungen § 9 Abs. 2 S. 3 NABEG entsprechend gelten. Danach werden nach Fristablauf eingehende Stellungnahmen nicht mehr berücksichtigt, es sei denn, die vorgebrachten Belange sind für die Rechtmäßigkeit der Bundesfachplanung von Bedeutung. Bei dem § 73 Abs. 3a S. 2 VwVfG nachgebildeten § 9 Abs. 2 S. 3 NABEG handelt es sich um eine **formelle Präklusionsregel**.[492] Der Einwendungsausschluss bezieht sich deshalb nur auf das Verfahren der Bundesfachplanung.

205 Im Ergebnis sind in der Bundesfachplanung und den sich anschließenden Planfeststellungsverfahren mithin **unterschiedliche Präklusionsregeln** vorgesehen. Während in der Bundesfachplanung für private Einwender lediglich eine formelle Präklusion gilt, droht ihnen im Planfeststellungsverfahren die – sich auf anschließende gerichtliche Verfahren erstreckende – materielle Präklusion. Dieser Unterschied rechtfertigt sich angesichts der Grobmaschigkeit der Bundesfachplanung, in der „lediglich" ca. 500 bis 1.000 m breite Trassenkorridore festgelegt werden. Diese Grobplanung wird regelmäßig nicht mit der notwendigen Sicherheit erkennen lassen, ob durch das avisierte Vorhaben tatsächlich eine Betroffenheit eigener Rechte verursacht wird.[493] Der potenziell Betroffene wäre im Falle einer materiellen Präklusion gehalten, ein zwangsläufig noch allgemeines Vorbringen zur Grundlage seiner Einwendungen zu machen. Da im Zeitpunkt der Bundesfachplanung indes noch nicht einmal feststeht, ob es überhaupt zu den – befürchteten – negativen Auswirkungen des Vorhabens kommt, ist die Abwägung auf eine generelle Bewertung der absehbaren, allgemeinen Interessenkonflikte beschränkt.[494] In einer solchen Konstellation sind die einschneidenden Wirkungen einer materiellen Präklusion nicht zu rechtfertigen. Einwendungen, welche die Bundesfachplanung betreffen, können mithin **ohne Einschränkung** auch im sich anschließenden Planfeststellungsverfahren für das jeweilige konkrete Vorhaben vorgebracht werden. Dieses Ergebnis wird durch § 9 Abs. 6 S. 3 NABEG bestätigt, wonach aufgrund der Beteiligung der Öffentlichkeit an der Bundesfachplanung keine Rechtsansprüche begründet werden; umgekehrt ist es dann aber auch konsequent, daraus keine (dauerhaft präkludierende) Obliegenheit zur Erhebung von Einwendungen abzuleiten. Werden die

490 Vgl. BVerfG, Beschl. v. 8.7.1982 – 2 BvR 1187/80 – BVerfGE 61, 82, 109ff.; Beschl. v. 30.1.1985 – 1 BvR 876/84 – BVerfGE 69, 145, 148f.; Beschl. v. 5.5.1987 – 1 BvR 903/85 – BVerfGE 75, 302, 315.
491 Hoppe/Beckmann/*Wagner*, § 14i Rn 38.
492 Vgl. dazu Kap. 4 Rn 70 sowie *Hofmann*, JZ 2012, 701, 707; vgl. auch de Witt/Scheuten/*Wiesendahl*, § 22 Rn 59.
493 *Appel*, ER 2012, 3, 6f.
494 Vgl. dazu im Einzelnen Kap. 4.

Einwendungen allerdings auch im anschließenden Planfeststellungsverfahren nicht erhoben, droht die materielle Präklusion nach §§ 22 Abs. 6, 18 Abs. 3 NABEG, 43a Nr. 7 EnWG.

bb) Voraussetzungen

Präklusion kann nur dann eintreten, wenn in der **Bekanntmachung** der Auslegung oder bei der Bekanntgabe der Einwendungsfrist ein entsprechender Hinweis auf die Präklusionswirkung nach § 18 Abs. 3, § 43a Nr. 7 S. 3 EnWG erteilt wurde.[495] Die Bekanntmachung muss zudem formell wie materiell fehlerfrei sein und den Anforderungen des § 22 Abs. 3 NABEG entsprechen.[496] Dies gilt auch für Einwendungen, die erst nachträglich entstanden sind, z.B. im Rahmen eines Planergänzungsverfahrens.[497] Der in einem solchen Verfahren erstmalig Betroffene ist nur dann präkludiert, wenn ihm Gelegenheit zur Einsichtnahme nicht nur in die der Planergänzung zugrunde liegenden Unterlagen, sondern auch in die ursprünglichen Planunterlagen gewährt wurde und er auf die Möglichkeit, Einwendungen auch insoweit zu erheben, hingewiesen worden ist.[498] 206

cc) Ausschluss

Um eine Präklusion auszuschließen, müssen die erhobenen Einwendungen **hinreichend substanziiert** vorgebracht werden.[499] Der Einwendende muss angeben, welches seiner Rechtsgüter er als gefährdet sieht und wodurch er sich beeinträchtigt fühlt.[500] Die Behörde muss erkennen können, inwiefern aus Sicht des Einwendenden Bedenken gegen die Planfeststellung bestehen könnten und in welcher Weise sie bestimmte Belange einer näheren Betrachtung unterziehen soll.[501] Dargelegt werden muss insbesondere auch die **individuelle Betroffenheit** des Einwenders, falls nicht – wie bei § 9 Abs. 6 NABEG – eine Jedermann-Einwendungsmöglichkeit in Rede steht; der bloße Verweis auf die ähnliche Betroffenheit anderer Personen und deren Begründung oder Unterlagen genügt nicht.[502] Die lediglich pauschale Benennung des betroffenen Rechtsgutes führt daher auch nur zu einer pauschalen Prüfung seiner Betroffenheit.[503] Bezieht sich der Einwender beispielsweise auf die Beeinträchtigung seines Eigentums, so muss er die gefährdete Eigentumsposition konkret bezeichnen, soll seine Betroffenheit nicht nur pauschal geprüft wer- 207

---

495 Allgemein zur Hinweispflicht BVerwG, Beschl. v. 17.10.2005 – 7 BN 1/05 – NVwZ 2006, 85, 86; speziell zum NABEG: Steinbach/*Nebel*/*Riese*, § 43a NABEG Rn 61.

496 Für § 73 Abs. 5 VwVfG: *Kopp*/*Ramsauer*, § 73 Rn 93; Obermayer/*Allesch*/*Häußler*, § 73 Rn 111.

497 *Kopp*/*Ramsauer*, § 73 Rn 94; Obermayer/*Allesch*/*Häußler*, § 73 Rn 110; *Ziekow*, § 73 Rn 55.

498 BVerwG, Urt. v. 9.6.2010 – 9 A 25/09 – NVwZ 2011, 175 ff.; vgl. im Übrigen auch oben zur Klagebefugnis bei Planänderungen, Rn 148 ff.

499 Fehling/Kastner/Störmer/*Wickel*, § 73 VwVfG Rn 89 ff.; *Kopp*/*Ramsauer*, § 73 Rn 85; Obermayer/*Allesch*/*Häußler*, § 73 Rn 97; *Ziekow*, § 73 Rn 49; Stelkens/Bonk/Sachs/Bonk/*Neumann*, § 73 Rn 82; Bader/Ronellenfitsch/*Kämper*, § 73 Rn 49.

500 BVerwG, Urt. v. 17.7.1980 – 7 C 101/78 – BVerwGE 60, 297, 311; VGH München, Urt. v. 21.12.1999 – 20 A 99/40023 – NuR 2000, 582, 583. Zur übergreifenden Geltung der Anforderungen im Fachplanungsrecht vgl. BVerwG, Beschl. v. 28.7.2006 – 3 B 3/06 – NVwZ-RR 2006, 759, 760.

501 BVerwG, Beschl. v. 12.2.1996 – 4 A 38/95 – NVwZ 1997, 171, 172; Urt. v. 21.6.2006 – 9 A 28/05 – BVerwGE 126, 166, 172; Urt. v. 30.1.2008 – 9 A 27/06 – NVwZ 2008, 678, 679; Urt. v. 24.7.2008 – 4 A 3001/07 – BVerwGE 131, 316, 325.

502 BVerwG, Urt. v. 9.11.2006 – 4 A 2001/06 – BVerwGE 127, 95, 136; VGH Mannheim, Urt. v. 22.3.1996 – 8 S 3060/95 – NVwZ-RR 1997, 88, 89; Stelkens/Bonk/Sachs/*Bonk*/*Neumann*, § 73 Rn 92.

503 BVerwG, Urt. v. 17.7.1980 – 7 C 101/78 – BVerwGE 60, 297, 311; als st. Rspr. gekennzeichnet in BVerwG, Beschl. v. 25.1.2005 – 9 B 38/04 – NVwZ 2004, 447, 448; siehe auch Stelkens/Bonk/Sachs/Bonk/Neumann, § 73 Rn 82; Obermayer/*Allesch*/*Häußler*, § 73 Rn 107; vgl. *Ziekow*, § 73 Rn 49.

den.[504] Gleiches gilt für die Benennung des betroffenen Naturgutes bei der Geltendmachung von Belangen des Naturschutzes (Landschaftsbild, konkreter Bestandteil der Tier- oder Pflanzenwelt, Naturhaushalt) durch einen mit enteignungsrechtlicher Vorwirkung Betroffenen;[505] ein **schlichter Verweis** auf die aus **Art. 14 Abs. 3 GG** folgende umfassende Rügebefugnis genügt insofern **nicht**, was auch für Aspekte der (fehlenden) Planrechtfertigung oder der (angeblichen) Verfassungswidrigkeit des zugrundeliegenden Bedarfsgesetzes gilt. Unter Berücksichtigung der typischerweise kurzen Frist zur Erhebung von Einwendungen dürfen jedoch keine überzogenen Anforderungen an den Einwender gestellt werden. Nicht erforderlich sind daher vertiefende Ausführungen, die wissenschaftlich-technischen Sachverstand erfordern.[506] Ebenso wenig ist eine Begründung oder rechtlich detaillierte Qualifizierung des tatsächlichen Vorbringens durch den Privateinwender zu verlangen. Vielmehr gehört es zu den Pflichten der Behörde, die notwendigen rechtlichen Schlüsse aus dem Tatsachenvorbringen zu ziehen.[507] Nach Ablauf der Einwendungsfrist ist kein neuer Sachverhaltsvortrag und kein Vorbringen weiterer Rechtsgutbeeinträchtigungen mehr möglich. Zulässig ist indes, auf einen rechtzeitig vorgetragenen Sachverhalt weitere rechtliche Einwände zu stützen.[508]

Praxistipp
Wer sich in seiner Einwendung nur auf eine Eigentumsbeeinträchtigung bezogen hat, ist nach Ablauf der Einwendungsfrist mit der Geltendmachung des Schutzes von Natur und Landschaft präkludiert. Gleiches gilt, wenn der Einwender nur eine bestimmte Beeinträchtigung (beispielsweise Lärm) geltend macht und im Klageverfahren weitere Beeinträchtigungen vorträgt, etwa durch Luftverunreinigungen. Auch derjenige, der sich in seiner Einwendung auf die Beeinträchtigung eines bestimmten Grundstücks bezogen hat, kann im Klageverfahren nicht Nachteile für ein anderes Grundstück rügen. Es ist deshalb anzuraten, sich sehr genau über die Möglichkeiten und Grenzen der eigenen Rechtsposition klarzuwerden und dann entsprechend substanziiert vorzutragen.

208 Ist ein Grundstückseigentümer präkludiert, so gilt die Präklusion auch für seinen **Rechtsnachfolger**.[509] Umgekehrt kann sich ein Grundstückserwerber auf die fristgerecht erhobenen Einwendungen seines Rechtsvorgängers berufen und muss nicht erneut eigene Einwendungen erheben.[510] Hat der Betroffene die Einwendungsfrist unverschuldet versäumt oder handelt es sich um eine ungewöhnliche Härte, ist unter den Voraussetzungen des § 32 VwVfG Wiedereinsetzung in den vorigen Stand denkbar.[511] Der Betroffene ist dann hinsichtlich seines rechtzeitigen Klagevorbringens im gerichtlichen Verfahren so zu stellen, wie er stünde, wenn er nicht präkludiert wäre.[512]

---

504 BVerwG, Urt. v. 17.7.1980 – 7 C 101/78 – BVerwGE 60, 297, 311.
505 BVerwG, Urt. v. 30.1.2008 – 9 A 27/06 – NVwZ 2008, 678, 679 f.; zur umfassenden Rügebefugnis des mit enteignungsrechtlicher Vorwirkung Betroffenen Rn 163 ff.
506 BVerwG, Urt. v. 3.3.2004 – 9 A 15/03 – NVwZ 2004, 986, 987; Urt. v. 30.1.2008 – 9 A 27/06 – NVwZ 2008, 678, 679 f.
507 BVerwG, Urt. v. 21.6.2006 – 9 A 28/05 – BVerwGE 126, 166, 172; Urt. v. 24.7.2008 – 4 A 3001/07 – BVerwGE 131, 316, 325.
508 Stelkens/Bonk/Sachs/*Bonk/Neumann*, § 73 Rn 97; *Kopp/Ramsauer*, § 73 Rn 91; Obermayer/*Allesch/Häußler*, § 73 Rn 106; *Niehues*, in: FS Schlichter, S. 619, 626 f.
509 BVerwG, Urt. v. 17.7.1980 – 7 C 101/78 – BVerwGE 60, 297, 315; Beschl. v. 27.10.1997 – 11 VR 4/97 – NuR 1998, 603 f.; Stelkens/Bonk/Sachs/*Bonk/Neumann*, § 73 Rn 92; Obermayer/*Allesch/Häußler*, § 73 Rn 117; *Ziekow*, § 73 Rn 55; Fehling/Kastner/Störmer/*Wickel*, § 73 VwVfG Rn 86; *Kopp/Ramsauer*, § 73 Rn 94.
510 BVerwG, Beschl. v. 12.11.1992 – 7 ER 300/92 – NVwZ 1993, 266, 267; Beschl. v. 30.12.1996 – 11 VR 21/95 – NVwZ-RR 1998, 284, 285; Obermayer/*Allesch/Häußler*, § 73 Rn 117; *Ziekow*, § 73 Rn 55; *Kopp/Ramsauer*, § 73 Rn 94.
511 BVerwG, Urt. v. 17.7.1980 – 7 C 101/78 – BVerwGE 60, 297, 309; Gerichtsbescheid v. 3.7.1996 – 11 A 64/95 – NVwZ 1997, 391, 393; Stelkens/Bonk/Sachs/*Bonk/Neumann*, § 73 Rn 94; die Fallgruppe der ungewöhnlichen Härten ablehnend, sonst aber zustimmend Knack/Hennecke/*Dürr*, § 73 Rn 75.
512 BVerwG, Gerichtsbescheid v. 30.7.1998 – 4 A 1/98 – NVwZ-RR 1999, 162, 163; Knack/Hennecke/*Dürr*, § 72 Rn 75.

Beispiel
Eine unverschuldete Fristversäumnis kann etwa dann vorliegen, wenn der Kläger durch eine Behörde irrtümlich in den Glauben versetzt wurde, er könne auch noch nach Ablauf der Einwendungsfrist ohne Präklusionsgefahr Einwendungen erheben.

b) Beschränkungen der gerichtlichen Kontrolldichte

Die gerichtliche Kontrolldichte ist bei der Überprüfung von Planungsentscheidungen beschränkt. Dies ergibt sich aus Planungs-, Prognose- und sonstigen Beurteilungsspielräumen. Im Planfeststellungsrecht sind diese **Einschätzungsprärogativen** in unterschiedlicher Ausgestaltung anzutreffen.[513] 209

aa) Fachplanerische Gestaltungsfreiheit

Wesensmerkmal jedweder Planung ist die damit verbundene **Gestaltungsfreiheit** hinsichtlich der Vorhabensverwirklichung. Vorhabensträger und Behörde besitzen im Rahmen ihrer Planung erhebliche Spielräume. Die gerichtliche Kontrolle beschränkt sich auf bestimmte Grenzen, denen die planerische Gestaltungsfreiheit unterliegt. Solche Begrenzungen können sich in mehrfacher Hinsicht ergeben:[514] 210
- Bindung an übergeordnete Planungsstufen,
- Bindung an Planungsleitsätze und
- Erfordernis der Planrechtfertigung.

Diese Grundsätze gelten auch für Planfeststellungen nach §§ 18 ff. NABEG.

(1) Bindung an übergeordnete Planungsstufen

Die planerische Gestaltungsfreiheit ist zunächst durch ihre Bindung an übergeordnete Planungsstufen eingeschränkt. Im Bereich der Planfeststellung nach §§ 18 ff. NABEG ist insbesondere die Verbindlichkeit der Entscheidung über die Bundesfachplanung zu beachten (§ 15 Abs. 1 S. 1 NABEG). Auch die Vorgaben der räumlichen Gesamtplanung und der Bedarfsplanung limitieren die planerische Gestaltungsfreiheit.[515] 211

(2) Bindung an Planungsleitsätze

Auch **Planungsleitsätze**[516] schränken die planerische Gestaltungsfreiheit ein. Darunter versteht die bundesverwaltungsgerichtliche Judikatur strikt zu beachtendes, der Abwägung nicht zugängliches Recht.[517] Die Einhaltung dieser Ge- oder Verbote ist gerichtlich voll überprüfbar. Planungsleitsätze entfalten allerdings nicht automatisch **Drittschutz**. Ob eine Vorschrift des zwingenden Rechts subjektive Rechte verleiht, ist durch Auslegung zu ermitteln. Ist die Norm danach 212

513 Zu den Implikationen des § 4 Abs. 2 UmwRG für Bebauungspläne vgl. Rn 348.
514 Vgl. BVerwG, Urt. v. 14.2.1975 – IV C 21/74 – BVerwGE 48, 56, 59; vgl. auch Urt. v. 7.7.1978 – 4 C 79/76 – BVerwGE 56, 110, 117; *Steinberg/Wickel/Müller*, § 3 Rn 3.
515 Vgl. dazu im Einzelnen Kap. 2 und Kap. 7 Rn 36 ff.
516 Vgl. dazu oben Kap. 10 Rn 66 ff.
517 BVerwG, Urt. v. 22.3.1985 – 4 C 73/82 – BVerwGE 71, 163, 165; vgl. die Darstellung der Rechtsprechung des BVerwG bei *Steinberg/Wickel/Müller*, § 3 Rn 11 ff.

nicht drittschützend, können nicht-enteignungsrechtlich betroffene Private die Verletzung dieser Vorschriften nicht rügen; die von der enteignungsrechtlichen Vorwirkung Betroffenen sind dagegen grundsätzlich auch insoweit rügebefugt.[518]

(3) Erfordernis der Planrechtfertigung

213 Darüber hinaus ist die fachplanerische Gestaltungsfreiheit durch das Erfordernis der Planrechtfertigung begrenzt.[519] Die Planung muss zur Erfüllung des Gemeinwohlzwecks zwar nicht zwingend, aber doch objektiv erforderlich, d.h. „vernünftigerweise geboten" sein.[520] Ein gesondertes Rechtfertigungsbedürfnis im Planfeststellungsverfahren entfällt, wenn die Planrechtfertigung bereits kraft Gesetzes feststeht. So liegt es im Bereich der Verfahren nach § 18 NABEG, wo die Planrechtfertigung mit dem Gesetz über den Bedarfsplan festgestellt wird (vgl. § 12e Abs. 4 EnWG). Ein starkes Indiz für die Planrechtfertigung ist die Berücksichtigung des Vorhabens in einem nach § 12c Abs. 4 EnWG bestätigten Netzentwicklungsplan, selbst wenn sich dessen Inhalt noch nicht in einem Bundesbedarfsplangesetz niederschlägt.[521]

bb) Prognosespielräume

214 Haben Vorhabensträger und Behörde – wie im Rahmen der Infrastrukturplanung häufig – eine **Prognoseentscheidung** zu treffen, wird ihnen ebenfalls ein Entscheidungsspielraum zugebilligt, welcher der gerichtlichen Überprüfung nur beschränkt zugänglich ist.[522] Die Überprüfbarkeit orientiert sich an den allgemeinen Maßstäben für Entscheidungen mit Beurteilungsspielraum,[523] ist aber für Prognoseentscheidungen noch konkretisiert worden: Überprüfbar sind insbesondere die zutreffende und vollständige **Ermittlung des Sachverhalts**, die Wahl einer geeigneten **fachspezifischen Methode** und eine nachvollziehbare **Begründung des Ergebnisses.**[524] Die Einschätzung über den möglichen Verlauf der (künftigen) Entwicklung ist nur auf erkennbare Fehlerhaftigkeit hin überprüfbar.[525] Ob die Prognose durch die spätere tatsächliche Entwicklung mehr oder weniger bestätigt oder widerlegt wird, ist dagegen der richterlichen Kontrolle entzogen.[526] Signifikante Abweichungen zwischen dem Prognostizierten und dem tatsächlich Eingetretenen können allerdings ein Indiz für eine bereits ursprünglich fehlerhafte Prognose sein. Ebenso wenig ist das Gericht befugt, eine eigene Prognose anstelle derjenigen der Behörde zu entwickeln.[527] Liegt kein Prognosefehler vor, so ist das Prognoseergebnis vom Gericht vielmehr als voraussichtlich eintretende Tatsache hinzunehmen.[528]

---

518 Zur Rügebefugnis von Enteignungsbetroffenen, Rn 163 ff.
519 Zur Planrechtfertigung, vgl. Kap. 10 Rn 9 ff.
520 BVerwG, Urt. v. 7.7.1978 – 4 C 79/76 – BVerwGE 56, 110, 118 f.; Urt. v. 22.3.1985 – 4 C 15/83 – BVerwGE 71, 166, 168; Urt. v. 24.11.1989 – 4 C 41/88 – BVerwGE 84, 123, 130.
521 Vgl. dazu Kap. 10 Rn 15 ff. und oben Rn 185 ff.
522 Vgl. zur Prognoseentscheidung im Einzelnen Kap. 11 Rn 58 ff.
523 Vgl. dazu *Kopp/Schenke*, § 114 Rn 28; Bader/Ronellenfitsch/*Aschke*, § 40 Rn 133.
524 BVerfG, Beschl. v. 16.12.1992 – 1 BvR 167/87 – BVerfGE 88, 40, 60 f.; BVerwG, Urt. v. 5.12.1986 – 4 C 13/85 – BVerwGE 75, 214, 234; Urt. v. 8.7.1998 – 11 A 53/97 – BVerwGE 107, 142, 146; Urt. v. 20.4.2005 – 4 C 18/03 – BVerwGE 123, 261, 275; zu Verkehrsprognosen vgl. auch *Rubel*, DVBl. 2013, 469, 470 unter Verweis auf BVerwG, Urt. v. 30.5.2012 – 9 A 35/10 – NVwZ 2013, 147, 149.
525 BVerwG, Urt. v. 27.11.1981 – 7 C 57/79 – BVerwGE 64, 238, 242; Urt. v. 15.4.1988 – 7 C 94/86 – BVerwGE 79, 208, 213.
526 BVerwG, Urt. v. 7.7.1978 – 4 V 79/76 – BVerwGE 56, 110, 121 f.; Urt. v. 8.7.1998 – 11 A 53/97 – BVerwGE 107, 142, 146.
527 BVerwG, Urt. v. 29.1.1991 – 4 C 51/89 – BVerwGE 87, 332, 355; Urt. v. 8.7.1998 – 11 A 53/97 – BVerwGE 107, 142, 146.
528 BVerwG, Urt. v. 9.7.2008 – 9 A 14/07 – juris Rn 65; Urt. v. 6.12.1985 – 4 C 59/82 – NJW 1986, 1508, 1509; *Kopp/Schenke*, § 114 Rn 37a; Bader/Funke-Kaiser/Stuhlfauth/von Albedyll/*Stuhlfauth*, § 114 Rn 38; Sodan/Ziekow/*Wolff*, § 114 Rn 323.

cc) Fachspezifische Beurteilungsspielräume

Gerichtlich nur eingeschränkt überprüfbare Beurteilungsspielräume der Exekutive können sich außerdem aus dem materiellen Fachrecht ergeben. Dies gilt nach der bundesverwaltungsgerichtlichen Judikatur insbesondere hinsichtlich naturschutzrechtlicher Aspekte. Dazu gehören etwa die naturschutzrechtliche Abwägung,[529] die Standortwahl von artenschutzrechtlichen Ausgleichsmaßnahmen[530] sowie die Gebietsabgrenzung von FFH-Gebieten.[531] Diese von der Rechtsprechung entwickelten Grundsätze sind nunmehr auch kodifiziert worden. § 4a Abs. 2 UmwRG sieht eine entsprechende Beschränkung der gerichtlichen Kontrolldichte vor, die nach dessen Abs. 4 auch auf Rechtsbehelfe von Beteiligten nach § 61 Nr. 1 VwGO (natürliche und juristische Personen) anwendbar ist. Danach beschränkt das Gericht – soweit der Verwaltungsbehörde bei der Anwendung umweltrechtlicher Vorschriften eine Beurteilungsermächtigung eingeräumt ist – die Überprüfung der behördlichen Entscheidung darauf, ob der Sachverhalt vollständig und zutreffend erfasst wurde, die Verfahrensregeln und die rechtlichen Bewertungsgrundsätze eingehalten wurden, das anzuwendende Recht verkannt wurde oder sachfremde Erwägungen vorliegen.[532] 215

dd) Anforderungen des Abwägungsgebots

Kernstück des Planfeststellungsverfahrens ist die **Abwägung** aller relevanten Belange.[533] In der Bewertung des Abwägungsmaterials ist Vorhabensträger und Behörde ein weiter Beurteilungsspielraum zuzugestehen, der ebenfalls nur eingeschränkt gerichtlich überprüfbar ist. Dabei unterliegen sie allerdings den aus dem Rechtsstaatsprinzip abgeleiteten Anforderungen des Abwägungsgebots, deren Einhaltung gerichtlich voll überprüfbar ist. Der richterlichen Kontrolle unterliegt danach, ob ein Abwägungsausfall, ein -defizit, eine -fehleinschätzung oder eine -disproportionalität gegeben ist.[534] 216

6. Gerichtliche Entscheidung

a) Grundsätze

Der Erfolg des klägerischen Rechtsschutzbegehrens setzt voraus, dass der angegriffene Planfeststellungsbeschluss rechtswidrig ist und den Kläger in seinen Rechten verletzt (§ 113 Abs. 1 S. 1 VwGO). Die daran üblicherweise verwaltungsprozessual geknüpfte Folge der Aufhebung des Verwaltungsakts ist bei einem Vorgehen gegen einen Planfeststellungsbeschluss indes keineswegs mehr die Regel. Vielmehr wird der Kassationsanspruch aus Gründen der Verfahrensökonomie beschränkt. So führen nach dem **Grundsatz der Planerhaltung** selbst erhebliche Mängel bei der Abwägung, ebenso wie die Verletzung von Verfahrens- und Formvorschriften, nur dann zur Aufhebung des Planfeststellungsbeschlusses, wenn sie nicht durch Planergänzung oder ein ergänzendes Verfahren behoben werden können (§§ 15 Abs. 3 S. 3, 18 Abs. 3 NABEG, § 43e Abs. 4 EnWG). Anderenfalls werden lediglich die Rechtswidrigkeit und Nichtvollziehbarkeit des Planfeststellungsbeschlusses festgestellt.[535] Zudem bleiben die allgemeinen Vorschriften der §§ 45, 46 VwVfG zu beachten. Im Einzelnen: 217

---

529 BVerwG, Urt. v. 27.9.1990 – 4 C 44/87 – BVerwGE 85, 348, 363 f.; Urt. v. 17.1.2007 – 9 C 1/06 – BVerwGE 128, 76, 83.
530 BVerwG, Urt. v. 19.5.2010 – 9 A 20/08 – NuR 2010, 870, 873.
531 BVerwG, Urt. v. 14.4.2010 – 9 A 5/08 – ZUR 2010, 478, 480.
532 Vgl. dazu im Einzelnen Rn 351 ff.
533 Dazu im Einzelnen oben Rn 188 ff. und Kap. 11.
534 Vgl. dazu ausführlich Kap. 11 Rn 39 ff.
535 Gleiches gilt wegen § 15 Abs. 3 S. 3 NABEG auch für die Bundesfachplanung.

aa) Anwendungsvoraussetzungen des § 43e Abs. 4 EnWG

218 Im Gleichklang zum – insoweit wortgleichen – § 75 Abs. 1a VwVfG sind vom **Anwendungsbereich** des § 43e Abs. 4 EnWG nicht nur klassische Abwägungsmängel erfasst, sondern auch sonstige materiell-rechtliche Fehler.[536] Abwägungsmängel stellen daher nur einen besonders relevanten Fall der Fehler i.S.d. § 43e Abs. 4 EnWG dar. Entsprechend stellt § 43e Abs. 4 EnWG auf „Mängel **bei der** Abwägung" und nicht etwa auf „Mängel **der** Abwägung" ab. In diesem Sinne hat auch die Rechtsprechung die Anwendbarkeit der Vorschrift auf Verstöße gegen zwingendes – im Rahmen der Abwägung nicht überwindbares – Recht bestätigt.[537] Form- und Verfahrensfehler werden vom Anwendungsbereich des § 43e Abs. 4 EnWG ausdrücklich miterfasst; der über die Einbeziehung solcher formaler Mängel in § 75 Abs. 1a VwVfG geführte Streit[538] ist für diese Norm folglich ohne Bedeutung.

219 § 43e Abs. 4 EnWG knüpft seine Regelungen zur Planerhaltung an das Vorliegen **erheblicher Mängel**. Unerhebliche Mängel führen von vornherein nicht zur Aufhebung des Planfeststellungsbeschlusses. Erheblich ist ein Fehler nach dieser Vorschrift, wenn der Mangel offensichtlich und auf das Abwägungsergebnis von Einfluss gewesen ist. Diese Legaldefinition entspricht derjenigen in § 214 Abs. 3 S. 2 Hs. 2 BauGB, § 75 Abs. 1a VwVfG und § 17e Abs. 6 FStrG, deren Voraussetzungen jeweils nach identischen Maßstäben zu beurteilen sind.[539] Es ist kein durchgreifender Grund ersichtlich, diese Maßstäbe nicht auch für die Auslegung des § 43e Abs. 4 EnWG heranzuziehen.

220 Danach kann **offensichtlich** nur sein, was zur äußeren Seite des Abwägungsvorgangs gehört, wenn also aus objektiv erfassbaren Sachumständen die Mangelhaftigkeit der Abwägung erkennbar ist. Dazu gehören beispielsweise Fehler und Irrtümer bei der Zusammenstellung und Aufbereitung des Abwägungsmaterials, im Rahmen der Erfassung und Einstellung der wesentlichen Belange in die Abwägung sowie bei deren Gewichtung, die sich ohne Weiteres aus Verfahrensakten, den Planunterlagen oder sonstigen Dokumenten ergeben.[540] Umgekehrt lässt sich aus einer Lücke in den Aufstellungsunterlagen nicht zwangsläufig ein offensichtlicher Abwägungsmangel ableiten. Selbst wenn eine abwägende Befassung mit bestimmten Aspekten nicht ausdrücklich in der Planbegründung oder sonstigen Unterlagen dokumentiert ist, kann sich die Planungsbehörde mit diesen Umständen auseinandergesetzt haben. Erforderlich ist deshalb vielmehr, dass *„konkrete Umstände positiv und klar auf einen solchen Mangel hindeuten"*.[541] Die innere Seite des Abwägungsvorgangs – etwa Motive oder sonstige Überlegungen von Vorhabensträger oder Behörde – kann hingegen nicht offensichtlich sein.[542] Offensichtlich bedeutet nach der einschlägigen Judikatur dagegen nicht „evident", gleichsam „auf der Stirn geschrieben". Vielmehr kann diese Qualifizierung auch das Ergebnis einer intensiveren Prüfung und sogar einer gerichtlichen Beweiserhebung sein.[543] Diese Rechtsprechung erscheint mit Blick auf

---

536 BVerwG, Urt. v. 27.10.2000 – 4 A 18/99 – BVerwGE 112, 140, 164 f.; Urt. v. 17.5.2002 – 4 A 28/01 – BVerwGE 116, 254, 268; Urt. 1.4.2004 – 4 C 2/03 – BVerwGE 120, 276, 283 f.; Urt. v. 17.1.2007 – 9 C 1/06 – BVerwGE 128, 76, 78 ff.; Stelkens/Bonk/Sachs/*Bonk*/*Neumann*, § 75 Rn 37 f.; Knack/Henneke/*Dürr*, § 75 Rn 27; Fehling/Kastner/Störmer/*Wickel*, § 75 VwVfG Rn 52.

537 BVerwG, Urt. v. 27.10.2000 – 4 A 18/99 – BVerwGE 112, 140, 164 f.; Urt. v. 17.5.2002 – 4 A 28/01 – BVerwGE 116, 254, 268; Urt. v. 9.6.2004 – 9 A 11/03 – BVerwGE 121, 72, 80 f.; kritisch aber *Palme*, NVwZ 2006, 909, 911.

538 Dagegen die Rechtsprechung, vgl. etwa BVerwG, Urt. v. 17.1.2007 – 9 C 1/06 – BVerwGE 128, 76, 79; Beschl. v. 6.5.2008 – 9 B 64/07 – NVwZ 2008, 795, 796, dafür Teile der Literatur, vgl. etwa Stelkens/Bonk/Sachs/*Bonk*/*Neumann*, § 75 Rn 38; Knack/Henneke/*Dürr*, § 75 Rn 27.

539 BVerwG, Beschl. v. 16.8.1995 – 4 B 92/95 – NVwZ-RR 1996, 68 f.

540 BVerwG, Urt. v. 21.8.1981 – 4 C 57/80 – BVerwGE 64, 33, 38; Beschl. v. 15.5.1996 – 11 VR 3/96 – NVwZ-RR 1996, 557, 559; Beschl. v. 26.8.1998 – 11 VR 4/98 – NVwZ 1999, 535, 538.

541 BVerwG, Beschl. v. 29.1.1992 – 4 NB 22/90 – NVwZ 1992, 662, 663.

542 BVerwG, Urt. v. 21.8.1981 – 4 C 57/80 – BVerwGE 64, 33, 38.

543 BVerwG, Urt. v. 21.8.1981 – 4 C 57/80 – BVerwGE 64, 33, 38; *Kopp*/*Ramsauer*, § 75 Rn 16; Fehling/Kastner/Störmer/*Wickel*, § 75 VwVfG Rn 46; vgl. auch Battis/Krautzberger/Löhr/*Battis*, BauGB, § 214 Rn 21.

den Wortlaut der Norm zwar mindestens zweifelhaft, ist für die Praxis aber zugrunde zu legen.

Für die **Ergebnisrelevanz** des Mangels ist die konkrete Möglichkeit erforderlich, dass Vorhabensträger und Planungsbehörde ohne den Fehler **anders** entschieden hätten. Dies ist etwa dann der Fall, wenn sich entsprechende Anhaltspunkte aus den Planungsunterlagen oder aus sonst erkennbaren oder naheliegenden Umständen dafür ergeben, dass der Fehler von Einfluss auf das Ergebnis gewesen ist.[544] Die bloß abstrakte Möglichkeit, dass ohne den fraglichen Mangel anders geplant worden wäre, reicht nicht aus. Nicht erforderlich ist jedoch eine überwiegende Wahrscheinlichkeit oder gar die positive Nachweisbarkeit einer anderen Entscheidung. 221

Eine Aufhebung des Planfeststellungsbeschlusses kommt selbst bei einem danach erheblichen Mangel wegen des in § 43e Abs. 4 EnWG kodifizierten Grundsatzes der Planerhaltung nur dann infrage, wenn der jeweilige Fehler nicht durch eine Planergänzung oder ein ergänzendes Verfahren **geheilt** werden kann. Die **Planergänzung** ist eine inhaltliche Änderung des Planfeststellungsbeschlusses; klassischer Anwendungsfall ist die Aufnahme weiterer Regelungen (etwa Schutzvorkehrungen), die für eine fehlerfreie Planung erforderlich sind.[545] Demgegenüber steht bei dem **ergänzenden Verfahren** weniger der Inhalt des Beschlusses als die Heilung von formellen Fehlern im Fokus, indem fehlende oder fehlerhafte Verfahrensschritte – beispielsweise der Öffentlichkeitsbeteiligung oder im Abwägungsvorgang – nachgeholt werden.[546] Ergeben sich durch diese nachgeholten Verfahrensschritte keine neuen abwägungsrelevanten Erkenntnisse oder aufgrund der Würdigung des vervollständigten Abwägungsmaterials keine Notwendigkeit für ein anderes Ergebnis, kann der Planfeststellungsbeschluss unverändert bestehen bleiben. 222

§ 43e Abs. 4 S. 2 EnWG eröffnet die Möglichkeit der Planergänzung oder eines ergänzenden Verfahrens sowohl für Planfeststellungsbeschlüsse als auch für Plangenehmigungen. Liegt der erhebliche Fehler jedoch gleichsam in der Wahl der Plangenehmigung als Verfahrensart, so scheidet wegen der in diesem Verfahren beschränkten Beteiligungsrechte ein Rückgriff auf die Instrumente der Planerhaltung zumindest dann aus, wenn es für eine effektive Beteiligung am Verfahren bereits an Unterlagen fehlte, die nur bei der im Rahmen des Planfeststellungsverfahrens durchzuführenden Umweltverträglichkeitsprüfung erstellt und ausgewertet werden.[547] 223

Sowohl das Planänderungs- als auch das ergänzende Verfahren werden nach § 18 Abs. 3 NABEG, § 43d EnWG als Verfahren gem. § 76 VwVfG durchgeführt (wobei auch im Falle des § 76 Abs. 1 VwVfG von einer Erörterung nach § 73 Abs. 6 VwVfG und § 9 Abs. 1 S. 3 UVPG abgesehen werden kann). Der für „gewöhnliche" Planfeststellungsverfahren nach den §§ 72ff. VwVfG geführte Streit über die Anwendbarkeit des § 76 VwVfG[548] ist folglich für Planfeststellungsverfahren nach dem NABEG irrelevant. 224

544 BVerwG, Urt. v. 21.8.1981 – 4 C 57/80 – BVerwGE 64, 33, 38 ff.; Beschl. v. 20.1.1995 – 4 NB 43/93 – NVwZ 1995, 692, 693; Urt. v. 28.2.1996 – 4 A 27/95 – NVwZ 1996, 1011, 1012; Urt. v. 21.3.1996 – 4 C 19/94 – BVerwGE 100, 370, 379 f.; Stelkens/Bonk/Sachs/*Bonk/Neumann*, § 75 Rn 41.

545 Bader/Ronellenfitsch/*Kämper*, § 75 Rn 23, 29; Fehling/Kastner/Störmer/*Wickel*, § 75 VwVfG Rn 54; Stelkens/Bonk/Sachs/*Bonk/Neumann*, § 75 Rn 43, 46 ff.; Knack/Henneke/*Dürr*, § 75 Rn 28 f.

546 Stelkens/Bonk/Sachs/*Bonk/Neumann*, § 75 Rn 43, 48 ff.; Knack/Henneke/*Dürr*, § 75 Rn 31; Fehling/Kastner/Störmer/*Wickel*, § 75 VwVfG Rn 58; Bader/Ronellenfitsch/*Kämper*, § 75 Rn 31; *Jarass*, DVBl. 1997, 795, 801; vgl. auch BVerwG, Beschl. v. 5.12.2008 – 9 B 28/08 – NVwZ 2009, 320, 322.

547 BVerwG, Urt. v. 7.12.2006 – 4 C 16/04 – NVwZ 2007, 576, 577; *Steinberg/Wickel/Müller*, § 6 Rn 21; zu Verfahrensartfehlern allgemein siehe Rn 142 ff.

548 Für die Planergänzung wird auf § 76 VwVfG zurückgegriffen, BVerwG, Urt. v. 16.3.2006 – 4 A 1075/04 – BVerwGE 125, 116, 212; Urt. v. 9.11.2006 – 4 A 2001/06 – BVerwGE 127, 95, 118. Zustimmend Stelkens/Bonk/Sachs/*Bonk/Neumann*, § 75 Rn 47; kritisch Knack/Henneke/*Dürr*, § 75 Rn 30. Für das ergänzende Verfahren wird ein eigenständiges Verfahren zur Fehlerbehebung angenommen, in dem das *„ursprüngliche Verfahren wiederholt (wird), soweit es den festgestellten Abwägungsfehler betrifft"*, Stelkens/Bonk/Sachs/*Bonk/Neumann*, § 75 Rn 51; *Kopp/Ramsauer*, § 75 Rn 18b; Fehling/Kastner/Störmer/*Wickel*, § 75 VwVfG Rn 560.

225 Ergeht am Ende einer Planergänzung oder eines ergänzenden Verfahrens ein **Änderungsbeschluss** (respektive bei der Plangenehmigung ein Änderungsbescheid), wird bereits durch dessen Erlass die **Heilung bewirkt**. Einer gerichtlichen Bestätigung bedarf es dazu nicht. Kommt die Planfeststellungsbehörde im Rahmen eines ergänzenden Verfahrens zu dem Ergebnis, dass es keiner Änderung des Planfeststellungsbeschlusses bedarf, so hat sie dies in einem eigenständigen **Bescheid** mitzuteilen;[549] auch durch diese behördliche Verlautbarung erfolgt die Heilung unmittelbar ohne Mitwirkung des Gerichts. Halten die Kläger die Fehlerbehebung für misslungen (weil ihrerseits fehlerhaft oder unvollständig), so können sie erneut gegen den (vermeintlich) „geheilten" Planfeststellungsbeschluss klagen. Dabei sind sie aber auf Mängel der Planergänzung oder des ergänzenden Verfahrens beschränkt.[550] Haben die Kläger gegen das Feststellungsurteil Rechtsmittel eingelegt,[551] können sie auch die Heilung im weiteren Instanzenzug zur gerichtlichen Überprüfung stellen. Diejenigen, die den ursprünglichen Planfeststellungsbeschluss nicht angefochten haben, können sich gegen den Änderungsbeschluss demgegenüber nur wehren, wenn sie durch diesen erstmalig in ihren subjektiven Rechten betroffen sind.

bb) §§ 45, 46 VwVfG

226 Nach § 43e Abs. 4 S. 2 Hs. 2 EnWG bleiben die §§ 45, 46 VwVfG und entsprechende landesrechtliche Bestimmungen unberührt. Da § 43e Abs. 4 S. 2 EnWG ausdrücklich Form- und Verfahrensfehler einbezieht, stellt sich die Frage nach dem Verhältnis dieser Vorschriften zueinander.

227 § 43e Abs. 4 S. 2 EnWG normiert die – sich am Grundsatz der Planerhaltung orientierenden – Folgen erheblicher Mängel. Sowohl bei der Planerhaltung als auch bei **§ 45 VwVfG** geht es um die Heilung von Fehlern. Die allgemeine verwaltungsverfahrensrechtliche Vorschrift setzt allerdings zu einem deutlich früheren Zeitpunkt an. In § 45 VwVfG ist die Nachholung des Versäumten **vor** der gerichtlichen Entscheidung adressiert, während die Regelungen zur Planerhaltung **nach** der Befassung durch das Gericht ansetzen. Greift also § 45 VwVfG ein, befindet das Gericht über einen nunmehr rechtmäßigen Verwaltungsakt.[552] Eines Rückgriffs auf § 43e Abs. 4 EnWG bedarf es dann nicht mehr.

228 **§ 46 VwVfG** zielt – wie die Regelungen zur Planerhaltung – aus verfahrensökonomischen Gründen auf die Erhaltung eines fehlerhaften Verwaltungsakts ab. Anders als bei § 45 VwVfG wird nicht die Rechtmäßigkeit des hoheitlichen Handelns (wieder-)hergestellt, sondern – wie bei den Regeln zur Planerhaltung – im Falle eines unbeachtlichen Fehlers der Kassationsanspruch eines Betroffenen ausgeschlossen. Voraussetzung dafür ist die Offensichtlichkeit des Umstandes, dass die Fehlerhaftigkeit die Entscheidung in der Sache nicht beeinflusst hat. Auch wenn die Formulierungen von § 43e Abs. 4 EnWG und § 46 VwVfG spiegelbildlich aufgebaut sind (nach § 46 VwVfG Unbeachtlichkeit des Mangels bei offensichtlicher Nichtbeeinflussung; nach § 43e Abs. 4 S. 1 EnWG Erheblichkeit des Mangels, wenn offensichtlich und ergebnisbeeinflussend), verwenden beide Normen vergleichbare Maßstäbe; das gilt nach herrschender Meinung auch für die inhaltliche Konturierung des Offensichtlichkeitsmerkmals.[553] In ihrem Anwen-

---

549 Fehling/Kastner/Störmer/*Wickel*, § 75 VwVfG Rn 61; Bader/Ronellenfitsch/*Kämper*, § 75 Rn 33; Obermayer/*Kügel*, § 75 Rn 63; Knack/Henneke/*Dürr*, § 75 Rn 32, 30; Stelkens/Bonk/Sachs/*Bonk*/*Neumann*, § 75 Rn 50.

550 BVerwG, Beschl. v. 4.7.2012 – 9 VR 6/12 – NVwZ 2012, 1126, 1127; Beschl. v. 17.9.2004 – 9 VR 3/04 – NVwZ 2005, 330; Fehling/Kastner/Störmer/*Wickel*, § 75 VwVfG Rn 62; *Jarass*, DVBl. 1997, 795, 799.

551 Soweit gem. § 50 Abs. 1 Nr. 6 VwGO das BVerwG für Streitigkeiten über die entsprechenden Planfeststellungsverfahren erst- und zugleich letztinstanzlich zuständig ist, ist dieses Szenario indes ausgeschlossen.

552 Zu den konkreten Rechtswirkungen einer Nachholung von Verfahrenshandlungen vgl. Stelkens/Bonk/Sachs/*Sachs*, § 45 Rn 21 ff.; *Kopp*/*Ramsauer*, § 45 Rn 12 ff.; Fehling/Kastner/Störmer/*Schwarz* § 54 VwVfG Rn 12 ff.

553 Vgl. *Kopp*/*Ramsauer*, § 46 Rn 36.

dungsbereich kollidieren sie indessen nicht. Zwar adressiert § 43e Abs. 4 S. 2 EnWG neben Mängeln der Abwägung auch die Verletzung von Verfahrens- und Formvorschriften. Dies bezieht sich jedoch nur darauf, ob der jeweilige Verfahrens- oder Formfehler behebbar ist. Vorab zu klären ist aber, ob es sich überhaupt um einen relevanten Fehler handelt. Hierfür gibt § 46 VwVfG den Prüfungsrahmen vor. Liegt ein an dessen Maßstäben gemessener beachtlicher oder erheblicher Mangel vor, kommen die Planerhaltungsgrundsätze des § 43e Abs. 4 S. 2 EnWG zum Tragen.

cc) Entscheidungsvarianten

Aus der Struktur des § 43e Abs. 4 EnWG resultieren verschiedene Möglichkeiten der **gerichtlichen Entscheidung**: Erstens kann das Gericht die **Klage** vollständig **abweisen**, wenn kein Mangel vorliegt, der Fehler geheilt (§ 45 VwVfG) oder unbeachtlich bzw. unerheblich (§ 46 VwVfG; § 43e Abs. 4 S. 1 EnWG) ist. Das Vorhaben darf dann entsprechend den Vorgaben des Planfeststellungsbeschlusses verwirklicht werden. Rechtskraft entfaltet das Urteil gem. § 121 VwGO allerdings nur **inter partes**; das kann bedeutsam werden, wenn der Planfeststellungsbeschluss nicht beteiligten Dritten gegenüber noch keine Bestandskraft erlangt hat und sie diesen daher eventuell noch anfechten können.[554] 229

Zweitens kann das Gericht ein **Feststellungsurteil** hinsichtlich der Rechtswidrigkeit und Nichtvollziehbarkeit des Planfeststellungsbeschlusses (unter Klageabweisung im Übrigen) erlassen, wenn der Fehler zwar erheblich, aber in einem ergänzenden Verfahren oder durch Planergänzung gem. § 43e Abs. 4 S. 2 EnWG behebbar ist.[555] Um dem damit verbundenen teilweisen Unterliegen zu entgehen, besteht für den Kläger auch die Möglichkeit, unter den Zulässigkeitsvoraussetzungen von § 42 VwGO direkt auf Feststellung der Rechtswidrigkeit und Nichtvollziehbarkeit des Planfeststellungsbeschlusses zu klagen, sofern er selbst von der Behebbarkeit der von ihm gerügten Mängel ausgeht.[556] Es handelt sich dabei um eine in einen Feststellungsantrag gewandete Anfechtungsklage.[557] 230

Dritte Entscheidungsmöglichkeit des Gerichts ist die **Kassation des Planfeststellungsbeschlusses**, wenn es einen schweren, nicht mehr i.S.d. § 43e Abs. 4 EnWG behebbaren Fehler und eine darauf begründete Rechtsverletzung des Klägers feststellt. Diese Rechtsfolge ist bei absoluten Verfahrensfehlern jedoch nicht zwingend. Es kommt auch insoweit darauf an, ob der jeweilige Fehler behebbar ist. Dies ist insbesondere dann sehr zweifelhaft, wenn abzusehen ist, dass die Heilung des Verfahrensfehlers (z.B. die Nachholung eines bislang unterlassenen Verfahrensschritts) Informationen liefert, welche die Gesamtkonzeption der Planung tangieren.[558] 231

Das Fehlerfolgensystem ist mithin gestuft, wobei die am wenigsten in das planfestgestellte Vorhaben eingreifende Rechtsfolge, die gleichwohl eine ausreichende Fehlerbehebung sicherstellt, ausgesprochen werden soll. 232

Geht es schließlich viertens (lediglich) um den Erlass noch fehlender **Schutzvorkehrungen**, kann ein Kläger nach vorheriger Antragstellung an die Planfeststellungsbehörde Verpflichtungsklage erheben.[559] Ohne entsprechenden (ggf. auch hilfsweisen) Verpflichtungsantrag vermag das Gericht gegenüber der Planfeststellungsbehörde indessen keine unmittelbare Verurteilung zur 233

554 *Hoppe/Schlarmann/Buchner/Deutsch*, Rn 750.
555 BVerwG, Urt. v. 21.3.1996 – 4 C 19/94 – BVerwGE 100, 370, 372; Urt. v. 1.4.2004 – 4 C 2/03 – BVerwGE 120, 276, 283.
556 *Gaentzsch*, DVBl. 2000, 741, 747; Stelkens/Bonk/Sachs/*Bonk/Neumann*, § 75 Rn 53.
557 Vgl. im Einzelnen oben Rn 145.
558 Vgl. *Kopp/Schenke*, § 75 Rn 29; *Steinberg/Wickel/Müller*, § 6 Rn 303.
559 BVerwG, Urt. v. 7.7.1978 – 4 C 79/76 – BVerwGE 56, 110, 132 f.; Urt. v. 22.3.1985 – 4 C 63/80 – BVerwGE 71, 150 ff.; Urt. v. 18.4.1996 – 11 A 86/95 – BVerwGE 101, 73, 84 f.

Ergänzung des Planfeststellungsbeschlusses auszusprechen.[560] Die Tenorierung ist nicht etwa als „Minus“ in einem Anfechtungsantrag enthalten, sondern stellt dazu ein **Aliud** dar.

b) Bedeutung der Entscheidung nach § 12 NABEG

234 Wegen der Verbindlichkeit der Entscheidung der BNetzA nach § 12 NABEG über die Bundesfachplanung für Planfeststellungsverfahren nach §§ 18 ff. NABEG (§ 15 Abs. 1 S. 2 NABEG) sowie der alleinigen Möglichkeit, sie im Rahmen des Rechtsbehelfsverfahrens gegen die Zulassung der konkreten Ausbaumaßnahme zu überprüfen (§ 15 Abs. 3 S. 2 NABEG), ist deren Rechtmäßigkeit von zentraler Bedeutung auch für die gerichtliche Kontrolle des Planfeststellungsbeschlusses. Die Rechtswidrigkeit der Entscheidung nach § 12 NABEG infiziert den Planfeststellungsbeschluss, der – sofern er auf einer rechtswidrigen Bundesfachplanung beruht – seinerseits **ipso iure** rechtswidrig ist.

235 Leidet die Bundesfachplanung lediglich an einem behebbaren Mangel, beschränkt sich das Gericht wiederum auf die Feststellung der Rechtswidrigkeit und Nichtvollziehbarkeit des Planfeststellungsbeschlusses (nicht der Bundesfachplanung; diese ist nicht unmittelbarer Klagegegenstand, sondern nur inzident zu prüfen). Mit der Einführung des § 15 Abs. 3 S. 3 NABEG durch das „Dritte Gesetz zur Neuregelung energiewirtschaftlicher Vorschriften“[561] ist nunmehr klargestellt, dass die Planerhaltungsregelungen des § 43e Abs. 4 EnWG auch auf die Bundesfachplanung anwendbar sind. Behebbare Mängel der Bundesfachplanung können mithin in einem ergänzenden Verfahren oder einer Planergänzung – auf der Ebene der Bundesfachplanung – geheilt werden. Handelte es sich bei der fehlerhaften Bundesfachplanung um den einzigen Mangel der Planfeststellung, heilen die Planergänzung bzw. das ergänzende Verfahren der Bundesfachplanung dann auch den Mangel der Planfeststellung. Diese Neuregelung war notwendig, weil Fehler auf der Stufe der Bundesfachplanung schon wegen der im Kern unterschiedlichen Behördenzuständigkeiten und Verfahrensgestaltungen nicht durch eine Nachholung auf der Ebene der Planfeststellung hätten geheilt werden können.[562]

7. Rechtsmittel

236 Soweit das BVerwG – wie gegenwärtig in § 4 E-BBPlG vorgesehen[563] – erstinstanzlich für Klageverfahren gegen Planfeststellungsbeschlüsse nach dem NABEG zuständig sein wird, stehen gegen dessen Entscheidung keine ordentlichen Rechtsbehelfe zur Verfügung. Möglich wäre dann allein eine Urteilsverfassungsbeschwerde nach Art. 93 Abs. 1 Nr. 4a GG i.V.m. §§ 13 Nr. 8a, 90 ff. BVerfGG. Anderenfalls gälte wegen der erstinstanzlichen Zuständigkeit des OVG/VGH gem. § 48 Abs. 1 Nr. 4 VwGO das allgemeine Revisionsrecht.

8. Vorläufiger Rechtsschutz

237 Planfeststellungsbeschlüsse nach §§ 18 ff. NABEG sind von Gesetzes wegen sofort vollziehbar; eine Anfechtungsklage gegen den Beschluss hat keine aufschiebende Wirkung (§ 18 Abs. 3 NABEG, 43e Abs. 1 EnWG). Gleiches gilt für Plangenehmigungen. Ein rechtsschutzsuchender Privater wird da-

560 *Gaentzsch*, DVBl. 2000, 741, 748. Zu den Grenzen der behördlichen Reaktion auf die Rechtswidrigkeitsfeststellung vgl. BVerwG, Urt. v. 21.3.1996 – 4 C 19/94 – NVwZ 1996, 1016, 1017; Stelkens/Bonk/Sachs/*Bonk/Neumann*, § 75 Rn 56 f.; Fehling/Kastner/Störmer/*Wickel*, § 75 VwVfG Rn 50 ff.

561 Gesetz vom 20.12.2012 (BGBl. I S. 2730).

562 Das übersieht Steinbach/*Sangenstedt*, § 15 Rn 41 ff.; zutreffend dagegen Kap. 4 Rn 106.

563 Vgl. oben Rn 159.

her häufig die Möglichkeit vorläufigen Rechtsschutzes in Erwägung ziehen müssen, um einen Vollzug des Planfeststellungsbeschlusses vor Eintritt seiner Bestandskraft zu verhindern.

Die Auswahl der dem Klägerbegehren entsprechenden Rechtsschutzvariante korrespondiert mit den Entscheidungsalternativen des Gerichts in der Hauptsache.[564] Begehrt der Kläger im Falle eines nicht behebbaren Fehlers des Planfeststellungsbescheids die Aufhebung des Beschlusses oder verlangt er – als im Aufhebungsantrag enthaltenes Minus[565] – die Feststellung dessen Rechtswidrigkeit und Nichtvollziehbarkeit, kommt ein **Antrag auf Anordnung der aufschiebenden Wirkung** nach § 80 Abs. 5 VwGO infrage.[566] Dieser dient der Herbeiführung der Suspensivwirkung der Anfechtungsklage, die dem gesetzlichen Regelfall des § 80 Abs. 1 VwGO entspricht. Das gilt auch bei direkter Erhebung einer auf jene Tenorierung zielenden Feststellungsklage; da diese nur unter den Voraussetzungen der Anfechtungsklage zulässig ist, erscheint es konsequent, die Parallelität auch beim einstweiligen Rechtsschutz fortzuführen. 238

Praxistipp

Bei einer besonderen Eilbedürftigkeit kann ein sog. Hängebeschluss beantragt werden. Dabei entscheiden die Berufsrichter – ggf. aber auch der Vorsitzende oder der Berichterstatter allein – über die Aussetzung der Vollziehung bis zu einer Entscheidung des Gerichts über den Antrag auf Anordnung der aufschiebenden Wirkung. Um diese „einstweilige“ Entscheidung im vorläufigen Rechtsschutzverfahren zu rechtfertigen, darf effektiver Rechtsschutz anderweitig nicht erlangbar sein. Es muss ein besonderes Bedürfnis zur Verhinderung vollendeter, irreparabler Tatsachen vorgetragen werden, das die Zwischenentscheidung rechtfertigt. Eine Prüfung der Erfolgsaussichten in der Hauptsache oder eine Folgenabwägung analog § 32 BVerfGG findet in diesem Stadium, das gesetzlich nicht weiter determiniert ist, in aller Regel nicht statt.

Ist das Begehren des Klägers – etwa bei der Geltendmachung eines Anspruchs auf Schutzauflagen – auf eine Planergänzung gerichtet, muss er in der Hauptsache im Wege der Verpflichtungsklage vorgehen. Einstweiliger Rechtsschutz wäre dann nach § 123 VwGO im Wege des Antrags auf Erlass einer einstweiligen Anordnung zu suchen.

a) Anordnung der aufschiebenden Wirkung

aa) Formelle Kriterien des Antrags

Der Antrag eines Dritten auf Anordnung der aufschiebenden Wirkung nach §§ 80a Abs. 3, 80 Abs. 5 VwGO ist im Wesentlichen an die gleichen Sachentscheidungsvoraussetzungen geknüpft wie die als Rechtsbehelf in der Hauptsache einzulegende Anfechtungsklage.[567] Dies gilt namentlich für die **Antragsbefugnis**, die an den gleichen Kriterien wie die Klagebefugnis zu messen ist.[568] Der Antrag ist bereits **vor** Einlegung der Anfechtungsklage zulässig.[569] Die gerichtliche Zuständigkeit im Verfahren nach §§ 80a Abs. 3, 80 Abs. 5 VwGO richtet sich nach der Zuständigkeit des **Gerichts der Hauptsache**.[570] Wird die vom Gesetzgeber geplante[571] erstinstanzliche Zu- 239

564 Dazu oben Rn 140 ff.

565 Vgl. BVerwG, Urt. v. 21.3.1996 – 4 C 19/94 – BVerwGE 100, 370, 372; VGH Mannheim, Beschl. v. 7.5.1998 – 5 S 1060/98 – NVwZ 1999, 550; *Henke*, UPR 1999, 51, 56 f.; *Steinberg/Wickel/Müller*, § 6 Rn 255.

566 Auf den isolierten Feststellungsantrag wird § 80 Abs. 5 VwGO entsprechend angewandt, BVerwG, Beschl. v. 9.9.1996 – 11 VR 31/95 – NVwZ-RR 1997, 210 ff.; Beschl. v. 1.4.1998 – 11 VR 13/97 – NVwZ 1998, 1070 f.

567 Schoch/Schneider/Bier/*Schoch*, § 80a Rn 67, § 80 Rn 451 ff.; Fehling/Kastner/Störmer/*Bostedt*, § 80a VwGO Rn 27, § 80 VwGO Rn 125 ff.

568 BVerwG, Urt. v. 30.10.1992 – 4 A 4/92 – NVwZ 1993, 565, 566; Posser/Wolff/*Gersdorf*, Beck-OK VwGO, § 80 Rn 162.

569 *Kopp/Schenke*, § 80a Rn 20; Sodan/Ziekow/*Puttler*, § 80a Rn 15; strenger insofern Schoch/Schneider/Bier/*Schoch*, § 80a Rn 68a.

570 Posser/Wolff/*Gersdorf*, Beck-OK VwGO, § 80 Rn 140; Sodan/Ziekow/*Puttler*, § 80a Rn 14, § 80 Rn 114.

571 BT-Drucks. 17/6073, S. 2.

ständigkeit des BVerwG für Klagen gegen Planfeststellungsbeschlüsse nach §§ 18 ff. NABEG Gesetz, ist das **BVerwG** auch für einstweilige Rechtsschutzverfahren zuständig.

240 Der Antrag auf Anordnung der aufschiebenden Wirkung kann nur **innerhalb eines Monats** nach der Zustellung des Planfeststellungsbeschlusses oder der Plangenehmigung **gestellt und begründet** werden (§ 18 Abs. 3 NABEG, § 43e Abs. 1 S. 2 EnWG). Hierauf ist in der Rechtsbehelfsbelehrung hinzuweisen. Ist diese fehlerhaft, gilt die Jahresfrist nach § 58 Abs. 2 VwGO (§ 18 Abs. 3 NABEG, § 43e Abs. 1 S. 3 und 4 EnWG). Treten später Tatsachen ein, welche die Anordnung der aufschiebenden Wirkung rechtfertigen, so kann der Beschwerte einen darauf gestützten Antrag innerhalb eines Monats stellen und begründen. Die Frist beginnt mit Kenntniserlangung durch den Beschwerten (§ 18 Abs. 3 NABEG, § 43e Abs. 2 EnWG). Beide Fristen sind **Ausschlussfristen**,[572] deren Versäumung zur Unzulässigkeit des Antrags führt.[573] Bei einer Fristversäumnis ohne Verschulden kann indes grundsätzlich eine Wiedereinsetzung in den vorigen Stand infrage kommen.[574] Die kurze Fristbemessung ist für vergleichbare Regelungen[575] vom BVerwG zu Recht nicht beanstandet worden.[576]

241 Der Vorhabensträger, dessen Projekt mit dem angegriffenen Beschluss planfestgestellt wurde, ist zu dem Verfahren notwendig beizuladen (§ 65 Abs. 2 VwGO). Ihm ist rechtliches Gehör zu gewähren.[577] Die Anhörung darf nur dann unterbleiben, wenn dies zum Schutz gewichtiger Interessen zwingend notwendig ist.[578]

bb) Begründetheit des Antrags

242 Das Gericht trifft bei einem Antrag nach §§ 80a Abs. 3, 80 Abs. 5 VwGO eine eigene Ermessensentscheidung. Im Rahmen der dabei anzustellenden Abwägung des Suspensivinteresses des Antragstellers gegen das Vollzugsinteresse führt das Gericht eine **summarische Prüfung** der Erfolgsaussichten in der Hauptsache durch.[579] Die gerichtliche Entscheidung im Eilverfahren hat sich an den Prozessaussichten „vorrangig auszurichten", da die Entscheidung über die Gewährung vorläufigen Rechtsschutzes vor allem die Funktion hat, die materielle Rechtsposition in der Hauptsache zu sichern.[580] Dieser Grundsatz wird durch den **gesetzlichen Ausschluss der aufschiebenden Wirkung** gem. § 43e Abs. 1 EnWG keineswegs vollständig abgelöst. Auch in diesem Falle ist vielmehr eine summarische Prüfung der Erfolgsaussichten in der Hauptsache vorzunehmen, welche in die – durch die gesetzgeberische Wertung wenn auch nicht präjudizierte, so doch vorstrukturierte[581] – Interessenabwägung einfließt. Die summarische Prüfung hat umso eingehender zu sein, je mehr die angegriffene Maßnahme **Unabänderliches** bewirken

572 *Hoppe/Schlarmann/Buchner/Deutsch*, § 22 Rn 1232; Steinbach/*Nebel/Riese*, § 43a EnWG Rn 26; Danner/Theobald/*Missling*, § 43e EnWG Rn 10.

573 BVerwG, Beschl. v. 12.4.2005 – 9 VR 41/04 – NVwZ 2005, 943, 944; Beschl. v. 18.11.1996 – 11 VR 2/96 – NVwZ 1997, 993.

574 BVerwG, Beschl. v. 18.11.1996 – 11 VR 2/96 – NVwZ 1997, 993; Schoch/Schneider/Bier/*Schoch*, § 60 Rn 5; Sodan/Ziekow/*Czybulka*, § 60, Rn 22.

575 Z.B. § 20 Abs. 5 S. 2 AEG a.F., § 5 II 2 VerkPBG, § 17 Abs. 6a S. 2 FStrG.

576 BVerwG, Beschl. v. 12.4.2005 – 9 VR 41/04 – NVwZ 2005, 943, 944; Beschl. v. 18.11.1996 – 11 VR 2/96 – NVwZ 1997, 993, 994, kritisch dagegen Teile der Literatur, vgl. *Steinberg/Wickel/Müller*, § 6 Rn 240 ff.

577 *Kopp/Schenke*, § 80a Rn 20, § 80 Rn 124; Sodan/Ziekow/*Puttler*, § 80a Rn 22; *Redeker*, BauR 1991, 525, 529.

578 BVerfG, Urt. v. 3.11.1983 – 2 BvR 348/83 – BVerfGE 65, 233; VGH Mannheim, Beschl. v. 1.3.1999 – 13 S 819/98 – DVBl. 1999, 1002; HStR/*Knemeyer*, Bd. VIII, § 178 Rn 34; *Kopp/Schenke*, § 80a Rn 20, § 80 Rn 124.

579 BVerwG, Beschl. v. 22.7.2010 – 7 VR 4/10 – NVwZ 2010, 1486; *Kopp/Schenke*, § 80 Rn 158; Sodan/Ziekow/*Puttler*, § 80 Rn 137; § 80a Rn 31.

580 BVerwG, Beschl. v. 14.4.2005 – 4 VR 1005/04 – NVwZ 2005, 689, 690; Sodan/Ziekow/*Puttler*, § 80 Rn 137.

581 BVerwG, Beschl. v. 14.4.2005 – 4 VR 1005/04 – NVwZ 2005, 689, 690.

kann.[582] Insbesondere in Fällen, in denen – wie bei der erst- und letztinstanzlichen Zuständigkeit des BVerwG – die jeweilige gerichtliche Entscheidung mit keinem Rechtsmittel mehr angegriffen werden kann, ist eine **eingehende Prüfung** geboten.[583] Hierbei kommt weder der Verfahrensdauer noch dem Bescheidumfang Indizwirkung für die Rechtmäßigkeit des Planfeststellungsbeschlusses zu.[584]

Ergibt die summarische Prüfung, dass die Hauptsache voraussichtlich **erfolglos** bleiben wird, ist die Anordnung der aufschiebenden Wirkung regelmäßig nicht geboten.[585] Der umgekehrte Fall, dass die Hauptsache voraussichtlich **erfolgreich** sein wird, wird differenziert beurteilt. Während einerseits darauf verwiesen wird, dass am Vollzug rechtswidriger Verwaltungsakte kein öffentliches Interesse bestehen könne,[586] wird andererseits in Anlehnung an die Regelung des § 80 Abs. 4 S. 3 VwGO darauf hingewiesen, dass im Fall gesetzlich angeordneten Sofortvollzugs trotz selbst ernstlicher Rechtmäßigkeitszweifel ein überragendes öffentliches Vollzugsinteresse gegeben sein könne.[587] Das Vorliegen eines solchen Ausnahmefalls sei durch Auslegung des Gesetzeszwecks und durch Abwägung der beteiligten Interessen zu ermitteln.[588] Für letztere Ansicht spricht, dass sie eine Berücksichtigung der Gründe erlaubt, aufgrund derer die gesetzliche Anordnung des Sofortvollzugs ergangen ist. Dabei kann durchaus als Regelfall davon ausgegangen werden, dass der Vollzug eines offensichtlich rechtswidrigen Verwaltungsakts dem öffentlichen Interesse zumeist widerspricht. Anders kann dies jedoch dann zu beurteilen sein, wenn ein Planfeststellungsbeschluss an lediglich unerheblichen oder behebbaren Mängeln leidet. 243

Gestützt wird dieses Verständnis durch die Neuregelung des Umweltrechtsbehelfsgesetzes.[589] Nach **§ 4a Abs. 3 UmwRG** ist § 80 Abs. 5 VwGO mit der Maßgabe anzuwenden, *„dass das Gericht der Hauptsache die aufschiebende Wirkung ganz oder teilweise anordnen oder wiederherstellen kann, wenn im Rahmen einer Gesamtabwägung ernstliche Zweifel an der Rechtmäßigkeit des Verwaltungsakts bestehen"*. Der Gesetzgeber nimmt damit Bezug auf die bereits bestehende Regelung des § 80 Abs. 4 S. 3 VwGO,[590] geht mit der Neuregelung aber noch **darüber hinaus**. Während bei Ersterer die Aussetzung der Vollziehung bei ernstlichen Zweifeln an der Rechtmäßigkeit des Verwaltungsakts erfolgen „soll", „kann" das Gericht nach § 4a Abs. 3 UmwRG die Vollziehung aussetzen. Die gesetzgeberische Entscheidung enthält danach eine doppelte Wertung: Zum einen gilt bei der Anwendung von § 80 Abs. 5 VwGO nicht die allgemeine Interessenabwägung, sondern die – verschärfte – Anforderung der **„ernstlichen Zweifel"**. Zum anderen ist daraus zu folgern, dass die Aufrechterhaltung der Vollziehbarkeit selbst bei Vorliegen ernstlicher Zweifel an der Rechtmäßigkeit nicht nur in Ausnahmefällen erfolgen kann, sondern das Gericht in seiner eigenen Ermessensentscheidung – auf Grundlage der durchzuführenden Gesamtinteressenabwägung – insoweit frei ist. Bei dieser Abwägung ist neben der Schwere der Eingriffsfolgen insbesondere auch die gesetzliche Vorprägung zu berücksichtigen. 244

582 BVerfG, Beschl. v. 24.2.2009 – 1 BvR 165/09 – NVwZ 2009, 581, 583; Beschl. v. 14.5.1985 – 1 BvR 233, 341/81 – BVerfGE 69, 315, 363 f.

583 BVerfG, Beschl. v. 24.2.2009 – 1 BvR 165/09 – NVwZ 2009, 581, 583.

584 BVerwG, Beschl. v. 16.10.2012 – 7 VR 7/12 – juris Rn 3; *Rubel*, DVBl. 2013, 469, 478.

585 BVerwG, Beschl. v. 22.7.2010 – 7 VR 4/10 – NVwZ 2010, 1486; Beschl. v. 30.9.2008 – 7 VR 1/08 – juris, Rn 6; Beschl. v. 19.5.2005 – 4 VR 2000/05 – NVwZ 2005, 940; *Steinberg/Wickel/Müller*, § 6 Rn 243.

586 BVerwG, Beschl. v. 25.3.1993 – 1 ER 301/92 – NJW 1993, 3213; Beschl. v. 21.4.1995 – 1 VR 9/94 – NJW 1995, 2505; *Hoppe/Schlarmann/Buchner/Deutsch*, § 22 Rn 1236.

587 Sodan/Ziekow/*Puttler*, § 80 Rn 150; vgl. auch VGH München, Beschl. v. 13.6.1978 – Nr. 22 X/78 – NJW 1978, 2469, 2470; gegen eine Analogie zu § 80 Abs. 4 S. 3 VwGO, *Debus*, NVwZ 2006, 49, 50 m.w.N.

588 Sodan/Ziekow/*Puttler*, § 80 Rn 150. Vgl. auch OVG Münster, Beschl. v. 24.2.1970 – VIII B 924/69 – DÖV 1971, 103.

589 Vgl. BT-Drucks. 17/10957.

590 BT-Drucks. 17/10957, S. 18.

245 Der strenge Prüfungsmaßstab des § 4a Abs. 3 UmwRG gilt auch bei gerichtlichen Rechtsbehelfen von Beteiligten nach § 61 Nr. 1 und 2 VwGO (§ 4a Abs. 4 UmwRG). Er ist somit für alle Rechtsbehelfe dieser Beteiligten – insbesondere auch der Individualkläger – anwendbar, sofern und soweit der **Anwendungsbereich des UmwRG** nach § 1 UmwRG eröffnet ist. Daraus folgt eine nicht unerhebliche Verschärfung der Anforderungen an einen erfolgreichen Antrag nach § 80 Abs. 5 VwGO. Auch wenn durchaus bezweifelt werden kann, ob eine derart weitreichende – sich auf alle Individualrechtsbehelfe gegen Vorhaben i.S.d. § 1 Abs. 1 UmwRG auswirkende – Rechtsänderung nicht besser in der VwGO hätte erfolgen sollen, ist der Gesetzeswortlaut eindeutig: Die Maßgaben zur Anwendung der VwGO nach § 4a UmwRG (und insbesondere der strenge Prüfungsmaßstab nach Abs. 3) gelten im gesamten Anwendungsbereich des UmwRG, der wiederum durch Rechtsbehelfe gegen bestimmte Entscheidungen und Genehmigungen i.S.d. § 1 UmwRG definiert wird.[591] Das bedeutet im Ergebnis: Eine Anordnung der aufschiebenden Wirkung gegen die Planfeststellung eines NABEG-Vorhabens kommt nur in **Ausnahmefällen** in Betracht. Für die Aufrechterhaltung des Sofortvollzugs sprechen

- der qualifizierte Maßstab der ernstlichen Zweifel,
- die auch dann bestehende Ermessensentscheidung des Gerichts (statt einer Soll-Vorgabe) und
- die gesetzliche Vorprägung.

246 Sind die Erfolgsaussichten in der Hauptsache schließlich **offen**, ist zu differenzieren: Im Anwendungsbereich des § 4a UmwRG ist der Antrag dann abzulehnen, weil es an ernstlichen Zweifeln gerade fehlt. In anderen Konstellationen gilt, dass das Gericht im Normalfall die widerstreitenden Interessen **unabhängig vom voraussichtlichen Ergebnis** des Hauptsacheverfahrens gegeneinander abzuwägen hat.[592] Dabei ist die gesetzliche Anordnung des Sofortvollzugs des § 43e Abs. 1 EnWG zu beachten. Diese führt zwar nicht dazu, dass das Vollzugsinteresse generell und gleichsam automatisch das Suspensivinteresse überwiegt. Wenngleich die Abwägung nicht präjudiziert ist, so ist sie aber doch vorstrukturiert.[593] Sie entbindet die Planfeststellungsbehörde nicht nur von der Pflicht nach § 80 Abs. 2 Nr. 4 VwGO, die Anordnung des Sofortvollzugs gesondert zu begründen, sondern trägt vielmehr auch dem öffentlichen Interesse Rechnung, schon auf gesetzgeberischer Ebene zur beschleunigten Umsetzung von Planungsentscheidungen beizutragen.[594] Auf Grundlage der in § 80 Abs. 2 Nr. 3 VwGO vorgesehenen Möglichkeit einer Umkehrung des Regel-Ausnahme-Verhältnisses nach § 80 Abs. 1 VwGO durch den Gesetzgeber wird dabei im Bereich des Netzausbaus mittels Beschleunigung der Planungsverfahren namentlich dem öffentlichen Interesse an einer zuverlässigen Energieversorgung gedient. Auch wenn dies nicht die Notwendigkeit einer gesonderten Interessenabwägung entfallen lässt, verschiebt sich doch *„nach Maßgabe des jeweiligen Regelungszusammenhanges in mehr oder minder starkem Maße die Darlegungslast des Ast., der vorläufigen Rechtsschutz begehrt.“*[595] Gleichwohl bleibt entscheidend, ob im Einzelfall dem Interesse des Antragstellers am Schutz vor belastenden vollendeten Tatsachen aufgrund eines möglicherweise rechtswidrigen Verwaltungsakts oder dem Interesse der Behörde an der Durchführung der mit dem Verwaltungsakt zugelassenen Maßnahme auch vor einer abschließenden gerichtlichen Prüfung seiner Rechtmäßigkeit höheres Gewicht

591 Vgl. im Einzelnen Rn 154 ff., zum Anwendungsbeispiel des UmwRG Rn 303 ff.

592 BVerwG, Beschl. v. 14.4.2005 – 4 VR 1005/04 – NVwZ 2005, 689, 690.

593 BVerwG, Beschl. v. 14.4.2005 – 4 VR 1005/04 – NVwZ 2005, 689, 690.

594 BVerwG, Beschl. v. 14.4.2005 – 4 VR 1005/04 – NVwZ 2005, 689, 690; Danner/Theobald/*Missling*, § 43e EnWG Rn 9; Schoch/Schneider/Bier/*Schoch*, § 80 Rn 156.

595 BVerwG, Beschl. v. 14.4.2005 – 4 VR 1005/04 – NVwZ 2005, 689, 690; OVG Berlin-Brandenburg, Beschl. v. 14.9.2012 – 10 S 29/12 – juris Rn 3; Beschl. v. 28. 9. 2012 – 10 S 21/12 – LKV 2012, 566, 567.

beizumessen ist.[596] Der Rechtsschutzanspruch schlägt umso stärker zu Buche und darf umso weniger zurückstehen, je schwerer die dem Einzelnen auferlegte Belastung wiegt und je mehr die Maßnahmen der Verwaltung Unabänderliches bewirken.

Gegen das gesetzlich determinierte Vollzugsinteresse muss der jeweilige Antragsteller mithin Erwägungen vorbringen, die es rechtfertigen, den vom Gesetzgeber im Rahmen seines Gestaltungsermessens als Regelfall normierten Ausschluss des Suspensiveffekts zu überlagern. Er trägt die **Darlegungslast** für schwerwiegende und unabänderliche Belastungen. Der Antragsteller muss zunächst schwerwiegende Beeinträchtigungen vortragen, um das besondere gesetzliche Vollzugsinteresse erst einmal **auszugleichen**. Damit das „Pendel" zu seinen Gunsten ausschlägt, muss er darüber hinaus weitere irreversible Belastungen vortragen, die das Überwiegen seiner Interessen tragen. Seine Darlegungslast ist somit **ungleich höher** als diejenige der Behörde. Anders als im Bereich der Flughafenplanung oder dem Straßenbau ist der Vortrag solcher Belastungen nicht allein mit den sich durch das Vorhaben ergebenden baulichen Maßnahmen und Veränderungen erfüllt. Denn bei der Errichtung von Stromleitungsnetzen kommt es typischerweise weitaus seltener zu tatsächlich irreversiblen Veränderungen. In aller Regel werden allein die Belange Privater deshalb nicht ausreichend sein, um sich gegenüber der gesetzlichen Vorprägung im einstweiligen Rechtsschutz durchzusetzen.[597] 247

cc) Ende/Änderung der aufschiebenden Wirkung

Die durch das Gericht angeordnete aufschiebende Wirkung endet nach § 80b Abs. 1 S. 1 VwGO mit der Unanfechtbarkeit oder, wenn die Anfechtungsklage im ersten Rechtszug abgewiesen worden ist, drei Monate nach Ablauf der gesetzlichen Begründungsfrist des gegen die abweisende Entscheidung gegebenen Rechtsmittels. Bei einer erstinstanzlichen Zuständigkeit des BVerwG tritt mangels Rechtsmittelfähigkeit bereits mit Verkündung des klageabweisenden Urteils (nicht erst mit Zustellung der Entscheidungsgründe) Unanfechtbarkeit ein, sodass auch eine von diesem Gericht selbst angeordnete aufschiebende Wirkung **ipso iure** endet. 248

Das Gericht der Hauptsache kann des Weiteren die Beschlüsse nach § 80 Abs. 5 VwGO jederzeit ändern oder aufheben (§ 80 Abs. 7 S. 1 VwGO). Ein Beteiligter kann eine neue Entscheidung jedoch nur im Fall veränderter oder im ursprünglichen Verfahren unverschuldet nicht geltend gemachter Umstände verlangen (§ 80 Abs. 7 S. 2 VwGO). Der Maßstab für Entscheidung gem. § 80 Abs. 7 VwGO entspricht dem zuvor im Rahmen des § 80 Abs. 5 VwGO skizzierten. 249

b) Erlass einer einstweiligen Anordnung

Ist das Begehren des Klägers in der Hauptsache auf eine Verpflichtung der Behörde gerichtet, kann einstweiliger Rechtsschutz nur nach § 123 VwGO durch den Erlass einer Regelungs- oder einer Sicherungsanordnung verfolgt werden.[598] Erstere dient der (vorläufigen) Erweiterung einer Rechtsposition, Zweitere der Sicherung des Status quo.[599] 250

Bei der Entscheidung über den Erlass einer einstweiligen Anordnung hat das erkennende Gericht das grundsätzliche Verbot der **endgültigen Vorwegnahme der Hauptsache** zu beach- 251

596 BVerwG, Beschl. v. 22.7.2010 – 7 VR 4/10 – NVwZ 2010, 1486; Beschl. v. 21.7.1994 – 4 VR 1.94 – BVerwGE 96, 239, 240; Fehling/Kastner/Störmer/*Bostedt*, § 80 VwGO Rn 156.

597 Zu kommunalen und umweltfachlichen Belangen siehe sogleich, Rn 287 ff. und Rn 297 ff.

598 Posser/Wolff/*Kuhla*, § 123 Rn 11; Schoch/Schneider/Bier/*Schoch*, § 123 Rn 26; Fehling/Kastner/Störmer/*Bostedt*, § 123 VwGO Rn 13.

599 *Kopp/Schenke*, § 123 Rn 6; dazu auch Sodan/Ziekow/*Puttler*, § 80 Rn 42.

ten.[600] Dadurch wird jedoch keineswegs ausgeschlossen, dass die Hauptsache **vorläufig** vorweggenommen wird.[601] Vielmehr ist mit jeder Entscheidung im einstweiligen Rechtsschutz eine zumindest vorläufige Vorwegnahme regelmäßig verbunden.[602] Richtigerweise ist das Verbot der Vorwegnahme der Hauptsache dahingehend zu verstehen, dass diese (im Regelfall) **nicht endgültig** sein darf, also auf den Zeitraum bis zur Entscheidung in der Hauptsache beschränkt werden muss.[603]

252 Eine **Regelungsanordnung** kommt insbesondere bei einem auf (zusätzliche) Schutzauflagen gerichteten Begehren infrage.[604] Der dafür erforderliche Anordnungsgrund besteht jedoch nur dann, wenn die Schutzmaßnahme nicht noch später ohne technische Probleme realisiert werden kann[605] oder wenn dem Antragsteller bei Nichterlass unzumutbare[606] oder irreparable Nachteile[607] drohen.

253 Eine **Sicherungsanordnung** kommt in Betracht, wenn ein Vorhaben ohne den nach §§ 18 ff. NABEG erforderlichen Planfeststellungsbeschluss verwirklicht wird.[608] Voraussetzung ist jedoch, dass die Baumaßnahmen selbst eine unmittelbare Verletzung subjektiver Rechte hervorrufen.[609] Bei einem privaten Vorhabenträger – wie dies hier bei den vier Übertragungsnetzbetreibern durchgängig der Fall ist – ist das gegen die Behörde gerichtete Rechtsschutzbegehren auf Einschreiten gegen den jeweiligen Vorhabenträger gerichtet.[610] Neben dem einstweiligen verwaltungsgerichtlichen Rechtsschutz kann regelmäßig auch einstweiliger zivilgerichtlicher Rechtsschutz wegen eines Anspruchs aus § 1004 BGB gegen den Vorhabenträger geltend gemacht werden, solange die Ausschlusswirkung des Planfeststellungsbeschlusses gem. § 75 Abs. 2 S. 1 VwVfG wegen dessen fehlender Unanfechtbarkeit noch nicht eingetreten ist.[611] Der Antragsteller hat zu beachten, dass er nach § 123 Abs. 3 VwGO i.V.m. § 945 ZPO gegenüber dem Antragsgegner – nicht aber einem (auch notwendig) Beigeladenen[612] – grundsätzlich schadensersatzpflichtig ist, wenn sich die einstweilige Anordnung im Nachhinein als von Anfang an ungerechtfertigt erweist. Antragsgegner im Verwaltungsprozess ist indes nicht der private Vorhabenträger, sondern die – meist nicht materiell geschädigte – zuständige Behörde. Das Haftungsrisiko des Antragstellers ist deshalb überschaubar. Geht er dagegen parallel auf Grundlage seines zivilrechtlichen Abwehranspruchs nach § 1004 BGB direkt gegen den privaten Vorhabenträger vor, besteht insoweit durchaus ein reales Haftungspotenzial.

---

600 BVerwG, Beschl. v. 17.10.1967 – I WB 43/67 – DÖV 1967, 831; VGH Mannheim, Beschl. v. 27.2.1992 – 9 S 505/92 – NVwZ-RR 1992, 419, 420; Beschl. v. 20.9.1994 – 9 S 687/94 – DVBl. 1995, 160 f.; VGH München, Beschl. v. 12.7.1993 – 20 CE 93/1589 – NJW 1994, 2308; OVG Berlin, Beschl. v. 11.3.1991 – 2 S 1/91 – NVwZ 1991, 1198; Fehling/Kastner/Störmer/*Bostedt*, § 123 VwGO Rn 82 f.; Sodan/Ziekow/*Puttler*, § 123 Rn 102 f.

601 Schoch/Schneider/Bier/*Schoch*, § 123 Rn 146 ff.; *Kopp/Schenke*, § 123 Rn 14; Sodan/Ziekow/*Puttler*, § 123 Rn 104 f.; Posser/Wolff/*Kuhla*, § 123 Rn 154 ff.; *Hong*, NVwZ 2012, 468, 469.

602 *Hong*, NVwZ 2012, 468, 469.

603 *Hong*, NVwZ 2012, 468, 469.

604 *Hoppe/Schlarmann/Buchner/Deutsch*, § 25 Rn 1247; *Stüer*, Rn 4870.

605 BVerwG, Beschl. v. 10.1.1996 – 11 VR 19/95 – NVwZ 1997, 274, 275; *Kuhla*, NVwZ 2002, 542, 549.

606 VGH Mannheim, Beschl. v. 20.11.2001 – 9 S 1572/01 – NVwZ-RR 2002, 507; *Kopp/Schenke*, § 123 Rn 26; Sodan/Ziekow/*Puttler*, § 123 Rn 80.

607 Sodan/Ziekow/*Puttler*, § 123 Rn 81; *Hoppe/Schlarmann/Buchner/Deutsch*, § 25 Rn 1247.

608 Vgl. VGH München, Beschl. v. 29.7.1992 – 20 CE 92/1553 – NVwZ-RR 1993, 177; Beschl. v. 20.10.2003 – 8 AE 03/40047 – NVwZ-RR 2004, 240; *Hoppe/Schlarmann/Buchner/Deutsch*, § 25 Rn 1248.

609 BVerwG, Beschl v. 21.1.1994 – 7 VR 12/93 – NVwZ 1994, 370; Beschl. v. 26.6.2000 – 11 VR 8/00 – NVwZ 2001, 89; *Stüer*, Rn 4412; *Kuhla*, NVwZ 2002, 542, 549; *Hoppe/Schlarmann/Buchner/Deutsch*, § 25 Rn 1248.

610 Schoch/Schneider/Bier/*Schoch*, § 123 Rn 54; *Hoppe/Schlarmann/Buchner/Deutsch*, § 25 Rn 1248; Kopp/Ramsauer, VwVfG, § 75 Rn 11.

611 *Hoppe/Schlarmann/Buchner/Deutsch*, § 25 Rn 1248.

612 Sodan/Ziekow/*Puttler*, § 123 Rn 147; *Kopp/Schenke*, § 123 Rn 44; Posser/Wolff/*Kuhla*, § 123 Rn 187.

II. Rechtsschutz des Vorhabensträgers

Obschon die bisherige Judikatur im Zusammenhang mit planfeststellungsrelevanten Fragestellungen maßgeblich von Sachverhalten geprägt ist, in denen Dritte (Private, Gemeinden, Vereinigungen) gegen ein bestimmtes Projekt vorgehen,[613] gewinnen Rechtsschutzbegehren der Vorhabensträger im Zusammenhang mit der Realisierung seines Vorhabens zunehmend an Bedeutung. Dies ist nicht nur ihrem originären Interesse an einer effizienten Durchführung der Planungsverfahren geschuldet; es liegt auch daran, dass die Übertragungsnetzbetreiber von der BNetzA im Bereich der Netzplanung zur Verfahrenseinleitung und vielfältigen Mitwirkung im Verfahren verpflichtet werden können (vgl. nur §§ 12 Abs. 2 S. 3, 21 Abs. 3 S. 1 NABEG). 254

Die Bandbreite und Reichweite der Rechtsschutzoptionen hängt maßgeblich davon ab, ob ein hoheitlicher oder ein privater Vorhabensträger die Planfeststellung verfolgt. **Hoheitlichen Vorhabensträgern** steht dabei von vornherein kein Rechtsschutz zu, wenn sie zum selben Rechtsträger wie die Zulassungsbehörde gehören. Denn dann bestehen in ihrem Verhältnis nur verwaltungsinterne Rechtsbeziehungen, jedoch keine klagbaren Rechte.[614] Zudem drohte ein unzulässiger In-sich-Prozess.[615] Doch auch wenn der hoheitliche Vorhabensträger einem anderen Rechtsträger zuzuordnen ist als die Zulassungsbehörde, bestehen nicht automatisch klagbare Rechte.[616] Denn das Rechtsverhältnis verschiedener Hoheitsträger untereinander ist durch Kompetenzen, nicht aber durch subjektive Rechtspositionen geprägt.[617] Anders verhält es sich indessen bei kommunalen Vorhabensträgern, die sich auf die Rechte aus Art. 28 Abs. 2 S. 1 GG – auch klageweise – berufen können.[618] Für **privatrechtlich organisierte** Vorhabensträger ist zu unterscheiden, ob diese überwiegend in privater oder öffentlicher Hand stehen. Erstere können sich im Verwaltungsstreitverfahren auf durchsetzbare subjektive Rechte, insbesondere auf Grundrechte, berufen.[619] Demgegenüber ist privatrechtlich organisierten Vorhabensträgern im (überwiegenden) Eigentum der öffentlichen Hand die Berufung auf Grundrechte (nicht aber auf sonstige Rechte) verwehrt, soweit sie öffentliche Aufgaben wahrnehmen.[620] Dazu zählt nach der Rechtsprechung auch die Energieversorgung, einschließlich der Schaffung der für die eigentliche Versorgung notwendigen Infrastruktur.[621] 255

Vorhabensträger im Bereich des Netzausbaus nach dem NABEG können nur die Übertragungsnetzbetreiber sein (§ 3 Abs. 3 NABEG). Das sind gegenwärtig die Amprion GmbH, die TenneT TSO GmbH, die 50Hertz Transmission GmBH und die TransnetBW GmbH.[622] Während die ersten drei Gesellschaften in privater Hand stehen und sich somit unzweifelhaft (auch) auf 256

613 Vgl. dazu Rn 137, 140 ff.

614 *Kühling/Herrmann*, Rn 691; *Steinberg/Wickel/Müller*, § 6 Rn 189.

615 Auf eine Einzelbetrachtung abstellend, ob der Vorhabensträger eigene Rechte geltend machen kann: BVerwG, Urt. v. 6.11.1991 – 8 C 10/90 – NJW 1992, 927; Schoch/Schneider/Bier/*Wahl/Schütz*, § 42 Abs. 2 Rn 102; *Kopp/Schenke*, § 63 Rn 7.

616 Ziekow/*Schütz*, Rn 995; *Steinberg/Wickel/Müller*, § 6 Rn 190.

617 Vgl. BVerfG, Beschl. v. 20.2.1986 – 1 BvR 859/81 – NJW 1987, 2501, 2502; Maunz/Düring/*Remmert*, Art. 19 Abs. 3 Rn 45.

618 Vgl. Schoch/Schneider/Bier/*Wahl/Schütz*, § 42 Abs. 2 Rn 104 ff.; Sodan/Ziekow/*Sodan*, § 42 Rn 430 ff.; *Kopp/Schenke*, § 42 Rn 138 ff.

619 Vgl. dazu Kap. 6 Rn 3 ff.

620 BVerfG, Beschl. v. 18.5.2009 – 1 BvR 1731/05 – NVwZ 2009, 1282 f.; Beschl. v. 14.3.2006 – 1 BvR 2087, 2111/03 – BVerfGE 115, 205, 227 f.; Jarass/Pieroth/*Jarass*, Art. 19 Rn 18; *Steinberg/Wickel/Müller*, § 6 Rn 196; allgemein zu gemischtwirtschaftlichen Unternehmen und diesbezüglichen Anforderungen für eine Grundrechtsfähigkeit Maunz/Dürig/*Remmert*, Art. 19 Abs. 3 Rn 65 ff.

621 BVerfG, Beschl. v. 18.5.2009 – 1 BvR 1731/05 – NVwZ 2009, 1282, 1283; Beschl. v. 10.9.2008 – 1 BvR 1914/02 – WM 2009, 422, 423 ff.

622 Stand Juli 2013.

Grundrechte berufen können, ist dies bei der TransnetBW GmbH zumindest zweifelhaft. Denn diese ist eine Tochter der EnBW AG, die wiederum mehrheitlich von der öffentlichen Hand gehalten wird.[623] Da ihre Tätigkeit im Rahmen des Netzausbaus die Erfüllung einer öffentlichen Aufgabe ist, kann sie sich nach den Kriterien der Rechtsprechung insofern nicht auf Grundrechte berufen. Soweit die einschlägigen Gesetze dagegen einfach-rechtliche Rechtspositionen gewähren, stehen diese auch den im Eigentum der öffentlichen Hand befindlichen Vorhabensträger zu.

1. Rechtsschutzkonstellationen

257 Die Rechtsschutzalternativen hängen vom jeweiligen Verfahrensstadium ab. Der früheste Anknüpfungspunkt für ein Rechtsschutzverlangen des Vorhabensträgers im Bereich des Planfeststellungsverfahrens nach dem NABEG ist die Aufforderung der BNetzA, innerhalb einer zu bestimmenden angemessenen Frist den erforderlichen Antrag auf Planfeststellung zu stellen (§ 12 Abs. 2 S. 3 NABEG).[624] Während des – mit einem freiwilligen oder erzwungenen Antrag – eingeleiteten Verfahrens ist insbesondere der Anspruch des Vorhabensträgers auf Abschluss und ordnungsgemäße Durchführung eines fehlerfreien Verfahrens zu beachten.[625] Dieser ist facettenreich ausgestaltet und betrifft im Bereich des NABEG vornehmlich

- die unverzügliche Durchführung der Antragskonferenz (§ 20 Abs. 1 NABEG),
- die fristgemäße Festlegung des Untersuchungsrahmens und die Bestimmung des erforderlichen Unterlageninhalts (§ 20 Abs. 3 NABEG),
- das Einreichen des Plans und etwaiger Gutachten nach § 21 Abs. 1 und 3 NABEG,
- den Anspruch auf Vollständigkeitsprüfung und Bestätigung (§ 21 Abs. 5 NABEG),
- eine etwaige abweichende Bestimmung von Trassenkorridoren und Alternativen,
- den Streit um abschnittsweise Planung gegen den Willen des Vorhabensträgers und umgekehrt,
- den Anspruch auf Durchführung des Anhörungsverfahrens (§ 22 NABEG) und des Erörterungstermins (§ 22 Abs. 7 NABEG),
- die Möglichkeit eines Anzeigeverfahrens nach § 25 NABEG bei unwesentlichen Änderungen oder Erweiterungen,
- den Anspruch auf Entscheidung über den Planfeststellungsantrag.[626]

2. Vor Beginn des Planfeststellungsverfahrens

258 Gegen die Aufforderung der BNetzA zur Antragstellung gem. § 12 Abs. 2 S. 3 NABEG, die ein Verwaltungsakt nach § 35 S. 1 VwVfG ist,[627] ist die **Anfechtungsklage** statthaft. Dem Rechtsschutzbegehren steht § 44a S. 1 VwGO nicht entgegen, da der Verwaltungsakt nach den Regelungen des VwVG vollstreckbar ist (§ 34 S. 1 NABEG).[628]

259 Die Verpflichtung zur Antragstellung ist rechtswidrig, wenn der Vorhabensträger selbst bereits einen **ordnungsgemäßen Antrag** nach § 19 NABEG gestellt hat. Hierbei muss der Vorha-

---

623 Vgl. http://www.transnetbw.de.
624 Vgl. dazu auch Kap. 5 Rn 31.
625 Zum Anspruch siehe auch Rn 89 ff. und sogleich unter Rn 271.
626 Zu den Rechtsfragen im Kontext von (vorzeitiger) Besitzeinweisung und Enteignung (vgl. § 27 NABEG) vgl. im Einzelnen Rn 386 ff.
627 *Appel*, ER 2012, 3, 19; *Beckmann*, VR 2011, 365, 367; Steinbach/*Nebel*/*Riese*, § 12 NABEG Rn 86 f. und § 6 NABEG Rn 54.
628 Dass in § 34 S. 1 NABEG auf § 12 Abs. 2 S. 2 NABEG rekurriert wird, dürfte ein Redaktionsversehen sein; sinnvoll ist der Verweis nur auf S. 3.

bensträger die Anforderungen nach § 19 S. 3 und 4 NABEG und die dort geforderten Inhalte beachten. Der Vorhabensträger hat zudem das Recht, die Planung zunächst auf einzelne **angemessene Trassenabschnitte** zu beschränken (§ 19 S. 2 NABEG). Dabei handelt es sich um einen Ausfluss des Verhältnismäßigkeitsprinzips; insoweit ist hier besonders die atypische Belastung des Vorhabensträgers als inpflichtgenommener Privater zu beachten.[629] Die BNetzA hat kein Recht, eigene Erwägungen zur Abschnittsbildung anstelle derjenigen des Vorhabensträgers zu setzen; entscheidet dieser sich für eine bestimmte **angemessene Abschnittsbildung**, hat die Behörde das hinzunehmen. Eine dem § 7 Abs. 3 S. 2 NABEG entsprechende Regelung fehlt im Planfeststellungsrecht.

Gleiches gilt für die Auswahl der **konkreten Ausbauvorhaben** (oder Teilen davon), die der Vorhabensträger nach eigenem Ermessen zum Gegenstand seines Antrags nach § 19 S. 1 NABEG machen kann. Da in der Bundesbedarfsplanung keine Unterscheidung hinsichtlich der Dringlichkeit einzelner Trassen getroffen wird, ist im Grundsatz von einem gleich dringlichen Bedarf für alle erfassten Trassen auszugehen. Entscheidet sich der Vorhabensträger, bestimmte Trassen (-abschnitte) prioritär in Angriff zu nehmen, ist das von der BNetzA zu akzeptieren. Dies gilt erst recht dann, wenn die zur Verfügung stehenden Mittel des Vorhabensträgers durch von ihm selbst beantragte Ausbaumaßnahmen derart in Anspruch genommen werden, dass eine darüber hinausgehende Inpflichtnahme durch die BNetzA unverhältnismäßig wäre. 260

Die Aufforderung zur Antragstellung kann auch dann rechtswidrig sein, wenn es sich bei dem jeweiligen Vorhaben nur um eine **unwesentliche Änderung oder Erweiterung** nach § 25 NABEG handelt. Die Entscheidung, ob ein Verfahren nach dieser Norm durchgeführt wird, steht im Ermessen der Behörde („kann").[630] Der Vorhabensträger hat aber einen Anspruch auf **ermessensfehlerfreie Entscheidung** über die Durchführung dieses wesentlich weniger aufwändigen Verfahrens und muss sich nicht pauschal auf ein Planfeststellungs- oder Plangenehmigungsverfahren verweisen lassen.[631] Im Übrigen wäre eine Entscheidung, trotz Vorliegens der Voraussetzungen des § 25 NABEG ein Planfeststellungsverfahren durchzuführen, in aller Regel **ermessenfehlerhaft**. Denn das Anzeigeverfahren beschleunigt gerade die Realisierung der Maßnahme sowohl im öffentlichen (§ 1 NABEG) als auch im privaten Interesse. Da definitionsgemäß auch keine Beeinträchtigung der Rechte Dritter in Rede stehen darf (§ 25 S. 2 Nr. 3 NABEG), ist ein aufwändigeres Verfahren nach pflichtgemäßem Ermessen in aller Regel nicht zu rechtfertigen. Einen unmittelbaren Anspruch auf Durchführung eines Plangenehmigungsverfahrens hat der Vorhabensträger, wenn die Voraussetzungen der §§ 18 Abs. 3 NABEG, 43b Nr. 2 S. 1 EnWG vorliegen. Denn danach „ist" auf Antrag des Vorhabensträgers eine Plangenehmigung zu erteilen, wenn keine UVP-Pflicht besteht; die zuständige Behörde hat hier kein Ermessen. Wiederum nur auf ermessensfehlerfreie Entscheidung gerichtet ist der Anspruch des Vorhabensträgers dagegen dann, wenn Rechte anderer nur unwesentlich beeinträchtigt werden (§ 43b Nr. 2 S. 2 EnWG); in diesem Fall „kann" eine Plangenehmigung erteilt werden. 261

Zu den weiteren (materiell-verfassungsrechtlichen) Entscheidungskriterien, insbesondere hinsichtlich der grundsätzlichen Zulässigkeit der Indienststellung, gilt das oben zur Antragstellung im Rahmen der Bundesfachplanung nach § 6 S. 2 NABEG und der Mitwirkungspflicht bei der Bundesbedarfsplanung Gesagte entsprechend.[632] 262

629 Vgl. dazu oben Rn 8, 73.

630 Zur insoweit vergleichbaren Regelung im VwVfG vgl. *Kopp/Ramsauer*, § 76 Rn 13; Knack/Henneke/*Dürr*, § 76 Rn 33; Stelkens/Bonk/Sachs/*Bonk/Neumann*, § 76 Rn 23.

631 Vgl. zum ähnlich gelagerten Verhältnis zwischen Planfeststellung und Plangenehmigung, *Steinberg/Wickel/Müller*, § 6 Rn 205; *Müller, H.*, S. 325 ff.

632 Vgl. Rn 8, 73.

3. Während des Planfeststellungsverfahrens

263 Der Vorhabensträger hat einen **Anspruch auf Durchführung** eines fehlerfreien Planfeststellungsverfahrens.[633] Dies umfasst auch einen Anspruch gegen die Behörde, die notwendigen Verfahrensschritte tatsächlich einzuleiten und durchzuführen. Insoweit ist zwischen **verfahrensleitenden Maßnahmen** der Behörde und im Verwaltungsverfahren zu erlassenden **Verwaltungsakten** zu unterscheiden.

a) Verfahrensleitende Maßnahmen

264 Im Rahmen ihrer gesetzlichen Verpflichtungen als verfahrensführende Behörde sind u.a. folgende Schritte zu unternehmen

- die unverzügliche Durchführung der Antragskonferenz (§ 20 Abs. 1 NABEG),
- die fristgemäße Festlegung des Untersuchungsrahmens und die Bestimmung des erforderlichen Unterlageninhalts (§ 20 Abs. 3 NABEG) und
- die ordnungsgemäße Durchführung des Anhörungsverfahrens (§ 22 NABEG) sowie des Erörterungstermins (§ 22 Abs. 7 NABEG).

265 Kommt sie diesen Pflichten nicht oder nicht rechtzeitig nach, droht eine signifikante Verfahrensverzögerung, die bis zum Verfahrensstillstand und zur Nichtentscheidung in der Sache reichen kann. Fraglich ist deshalb, ob der Vorhabensträger – trotz § 44a VwGO, der die isolierte Anfechtung von Verfahrenshandlungen grundsätzlich ausschließt – auf Vornahme der Verfahrensschritte klagen kann. Das ist zu **bejahen**. Zwar kommen als Verfahrenshandlungen i.S.v. § 44a VwGO auch Unterlassungen in Betracht.[634] § 44a VwGO hat indessen den allgemein anerkannten Zweck, Verfahrensverzögerungen zu vermeiden.[635] Unter Berücksichtigung von Art. 19 Abs. 4 GG ist ein Ausschluss i.S.v. § 44a VwGO deshalb nur dann berechtigt, wenn der durch die (unterlassene) Verfahrenshandlung in seinen Rechten Beeinträchtigte effektiven verwaltungsgerichtlichen Rechtsschutz gegen die abschließende Sachentscheidung beanspruchen kann.[636] Steht ein solcher Rechtsschutz in absehbarer Zeit indes nicht zur Verfügung – etwa weil die Behörde hat erkennen lassen, dass sie bis auf Weiteres keine Sachentscheidung trifft, oder wenn das bisherige Verhalten der Behörde sogar auf eine Verfahrensverzögerung hin angelegt ist[637] –, ist § 44a VwGO teleologisch zu reduzieren;[638] er ist nur dann einschlägig, wenn tatsächlich eine Verzögerung des Genehmigungsverfahrens droht,[639] nicht aber wenn gerade umgekehrt einer Verfahrensverzögerung durch die Behörde entgegengewirkt werden soll. Anderenfalls würde die Vorschrift ein rechtswidriges Verhalten der Behörde sanktionieren, was jedoch nicht dessen Sinn und Zweck entspricht.[640]

266 Der Vorhabensträger muss deshalb nicht Untätigkeitsklage nach § 75 VwGO in Form eines Bescheidungsanspruchs gegen die Unterlassung der späteren Sachentscheidung erheben, sondern

---

633 BVerwG, Urt. v. 24.11.1994 – 7 C 25/93 – BVerwGE 97, 143, 149; OVG NRW, Urt. v. 18.8.1994 – 20 AK 21/87 – NWVBl. 1995, 97 f.; VGH Mannheim, Urt. v. 13.4.2000 – 5 S 1136/97 – NVwZ 2001, 101, 102 f.; *Kopp/Ramsauer*, § 72 Rn 17; *Kühling/Herrmann*, Rn 689 f.; Stelkens/Bonk/Sachs/*Bonk/Neumann*, § 73 Rn 23; *Steinberg/Wickel/Müller*, § 6 Rn 205.

634 Posser/Wolff/*Posser*, § 44a Rn 13; *Kopp/Schenke*, § 44a Rn 3; VG Köln, Beschl. v. 2.5.1978 – 2 L 445/78 – NJW 1978, 1397; wohl Fehling/Kastner/Störmer/*Terhechte*, § 44a VwGO Rn 11.

635 Vgl. nur Schoch/Schneider/Bier/*Stelkens*, § 44a Rn 3 f.; Sodan/Ziekow/*Ziekow*, § 44a Rn 3.

636 Sodan/Ziekow/*Ziekow*, § 44a Rn 21.

637 OVG Koblenz, Beschl. v. 11.12.1996 – 7 B 13243/96 – NJW 1997, 2342.

638 I.E. VGH München, Urt. v. 5.9.1989 – 25 B 88/01631 – NVwZ 1990, 775, 777; OVG Koblenz, Beschl. v. 11.12.1996 – 7 B 13243/96 – NJW 1997, 2342.

639 *Jarass*, BImSchG, § 10 Rn 131.

640 Schoch/Schneider/Bier/*Stelkens*, § 44a Rn 4; Sodan/Ziekow/*Ziekow*, § 44a Rn 40; Posser/Wolff/*Posser*, § 44a Rn 13.1.

kann direkt eine **Leistungsklage** auf Vornahme des (jeweils) ausstehenden Verfahrensschritts anhängig machen. Diese Leistungsklage ist rechtsschutzintensiver und prozessökonomischer als die Verpflichtungsklage auf Sachentscheidung, sodass insofern keine Nachrangigkeit besteht.

b) Verwaltungsakte

Im Zuge des Planfeststellungsverfahrens nach §§ 18 ff. NABEG sind von der Behörde ggf. mehrere Verwaltungsakte zu erlassen, die jeweils unterschiedliche Rechtsschutzfragen hervorrufen. 267

aa) Vollständiges Einreichen des Plans und der Unterlagen

Der Vorhabensträger ist nach § 21 Abs. 1 NABEG verpflichtet, den auf Grundlage der Ergebnisse der Antragskonferenz bearbeiteten Plan bei der Planfeststellungsbehörde einzureichen.[641] Die Behörde kann zudem die Vorlage von Gutachten verlangen (§ 21 Abs. 3 NABEG). Sie prüft nachfolgend (binnen eines Monats) die eingereichten Unterlagen auf Vollständigkeit (§ 21 Abs. 5 S. 1 NABEG). Ist das Ergebnis negativ, hat sie den Vorhabensträger **unverzüglich aufzufordern**, die Unterlagen innerhalb einer angemessenen Frist zu ergänzen (§ 21 Abs. 5 S. 3 NABEG). 268

Die Aufforderung nach **§ 21 Abs. 5 S. 3 NABEG** ist ein Verwaltungsakt,[642] der mit unmittelbarer Außenwirkung Pflichten des Vorhabensträgers begründet. Auch wenn sie dem Wortlaut nach nur ergehen kann, wenn unvollständige Unterlagen eingereicht werden, wird man § 21 Abs. 5 S. 3 NABEG auch dann – **a maiore ad minus** – für einschlägig halten müssen, wenn der Vorhabensträger überhaupt keine Unterlagen einreicht. Denn anderenfalls wäre ein Vorhabensträger, der sich seiner gesetzlichen Verpflichtung völlig verweigert, gegenüber demjenigen privilegiert, der ihr zumindest teilweise nachkommt. Ersterer müsste „lediglich" ein Bußgeld bis zu 100.000 € (§ 33 Abs. 2 NABEG) in Kauf nehmen, könnte aber gegen diese „Ablasszahlung" die gesamte weitere Netzplanung torpedieren. Letzterer wäre demgegenüber Verwaltungszwangsmaßnahmen ausgesetzt (§ 34 NABEG) und hätte ein – ggf. mehrfach zu verhängendes – Zwangsgeld von bis zu je 250.000 € zu erwarten. Zwar bestehen gegen die analoge Anwendung von (Eingriffs-) Befugnisnormen nicht unerhebliche Bedenken,[643] doch dringen diese angesichts der gewichtigen Bedeutung des Netzausbaus (§ 1 NABEG) hier nicht durch. Zudem bewirkt die Anwendung der Befugnisnorm aufgrund des Erst-recht-Schlusses keine zusätzliche Belastung des Betroffenen. Denn wenn dieser schon wegen nur unvollständiger Unterlagen verpflichtet werden kann, vermittelt die Heranziehung wegen deren völligen Fehlens (mithin bei „absoluter Unvollständigkeit") keinen weitergehenden Rechtseingriff. Dieser wäre aber Voraussetzung, um eine unzulässige Analogie annehmen zu können. 269

Als Adressat der Aufforderung nach § 21 Abs. 5 S. 3 NABEG ist der betroffene Vorhabensträger klagebefugt. Sein Klagebegehren ist auf die **Anfechtung der Aufforderung** gerichtet, da es regelmäßig dem Interesse des Vorhabensträgers entsprechen wird, dass er nicht mehr und keine anderen Unterlagen einreichen muss, als er bereits vorgelegt hat. Das Anfechtungsbegehren ist nicht durch § 44a VwGO ausgeschlossen, da die Aufforderung der BNetzA vollstreckbar ist (§ 34 NABEG). Die **richterliche Kontrolle** erstreckt sich dabei auch auf die Prüfung, ob die Festlegung des Untersuchungsrahmens und die Bestimmung der erforderlichen Unterlageninhalte 270

641 Die nicht richtige Einreichung ist eine Ordnungswidrigkeit, § 33 Abs. 1 Nr. 3 NABEG, vgl. dazu und den Einspruchsmöglichkeiten Rn 407 ff.

642 *Beckmann*, VR 2012, 365, 367; Steinbach/*Nebel*/*Riese*, § 21 NABEG Rn 64.

643 Vgl. dazu Bader/Ronellenfitsch/*Wolff*/*Brink*, § 35 Rn 66.1; Stelkens/Bonk/Sachs/*Stelkens*, § 35 Rn 28 f.; vgl. auch BVerwG, Urt. v. 27.11.2002 – 6 A 4/02 – NVwZ 2003, 986, 988, das eine analoge Anwendung auf Grundlage verfassungskonformer Auslegung ausdrücklich billigt, und BVerfG, Beschl. v. 3.7.2003 – 1 BvR 238/01 – NJW 2003, 2520.

nach § 20 Abs. 3 NABEG rechtmäßig ist.[644] Ebenso prüft das Gericht die Rechtmäßigkeit einer ggf. vorgenommenen Abweichung von den Vorschlägen des Vorhabensträgers nach § 19 S. 4 Nr. 1 NABEG und der Nachforderung von Gutachten nach § 21 Abs. 3 NABEG dahingehend, ob die BNetzA die Grenzen ihrer **nachvollziehenden Abwägung** eingehalten hat.[645] Die Gutachtenanforderung ist zumindest dann rechtswidrig, wenn sie über den – nur im Einzelfall zu bestimmenden – **erforderlichen Unterlageninhalt** nach § 20 Abs. 3 NABEG hinausgeht. Hinsichtlich der Angemessenheit der Fristsetzung gilt das oben Gesagte.[646]

bb) Anspruch auf Vollständigkeitsprüfung und Bestätigung

271 Nach Abschluss der Vollständigkeitsprüfung **hat** die BNetzA dem Vorhabensträger die Vollständigkeit der Unterlagen zu bestätigen (§ 21 Abs. 5 S. 4 NABEG). Hierbei handelt es sich um eine gebundene Entscheidung; der BNetzA kommt kein Ermessen zu. Erteilt sie ungeachtet der Vollständigkeit der Unterlagen keine Bescheinigung, kann der Vorhabensträger – nach einer entsprechenden Antragstellung und der Ablehnung des Begehrs – mit der Verpflichtungsklage dagegen vorgehen. Diese ist auch nicht durch § 44a VwGO ausgeschlossen. Mit der Bestätigung wird festgestellt, dass keine weiteren Unterlagen nach § 21 NABEG einzureichen sind. Da diese (bindende) Feststellung über das Verwaltungsverfahren hinaus wirkt – sie schließt den objektiven Tatbestand der Ordnungswidrigkeit nach § 33 Abs. 1 Nr. 3 OWiG aus –, handelt es sich nicht lediglich um eine Verfahrenshandlung nach § 44a VwGO.

4. Anspruch auf antragsgemäße Planfeststellung

272 Aus dem Anspruch auf ordnungsgemäße Durchführung des Planfeststellungsverfahrens folgt zunächst auch ein gerichtlich – im Wege der Verpflichtungs-, ggf. als Bescheidungsklage (§ 113 Abs. 5 S. 2 VwGO) – durchsetzbarer Anspruch auf eine **abschließende Entscheidung** des Verfahrens.

273 Bei einer (vollständigen oder teilweisen) **Antragsablehnung** kann der Vorhabensträger seinen Anspruch auf Planfeststellung weiterverfolgen. Da sein Antrag nur dann abgelehnt werden darf, wenn mit der Zulassung zwingende Rechtssätze verletzt würden oder ihr Maßgaben des Abwägungsgebots entgegenstehen und die Zulassungsfähigkeit auch nicht durch Schutzauflagen hergestellt werden kann,[647] besteht ein **Anspruch auf Zulassung**, wenn es an diesen Versagungsgründen fehlt.[648] Der Vorhabensträger kann diesen Anspruch – bei Vorliegen der entsprechenden Voraussetzungen – im Wege der Verpflichtungsklage (und nicht nur mit einem Bescheidungsantrag) verfolgen.

274 Statthafte Klageart gegen belastende **Schutzauflagen** ist die Anfechtungsklage.[649] Irrelevant ist dabei, ob sie dem Planfeststellungsbeschluss zeitgleich bei- oder nachträglich hinzuge-

---

644 Vgl. zum Parallelfall im Bereich der Bundesfachplanung oben Rn 77.
645 Vgl. dazu Kap. 11 Rn 3, 40 ff. und oben Rn 36.
646 Vgl. zum Parallelfall im Bereich der Bundesfachplanung oben Rn 82.
647 *Kopp/Ramsauer*, § 72 Rn 41; *Ziekow*, § 73 Rn 6; *Steinberg/Wickel/Müller*, § 6 Rn 204.
648 BVerwG, Urt. v. 24.11.1994 – 7 C 25/93 – BVerwGE 97, 143, 149; VGH Mannheim, Urt. v. 13.4.2000 – 5 S 1136/97 – NVwZ 2001, 101, 102 f.; *Steinberg/Wickel/Müller*, § 6 Rn 204; *Ziekow*, § 73 Rn 6; wohl auch *Kopp/Ramsauer*, § 72 Rn 41; Fehling/Kastner/Störmer/*Wickel*, § 72 VwVfG Rn 34; Obermayer/*Allesch/Häußler*, § 72 Rn 51; Ziekow/*Schütz*, Rn 998.
649 Vgl. nur BVerwG, Urt. v. 1.9.1999 – 11 A 2/98 – NVwZ 2000, 68; Urt. v. 22.11.2000 – 11 C 2/00 – BVerwGE 112, 221, 224; Urt. v. 22.11.2000 – 11 A 4/00 – NVwZ 2001, 562, 563; Stelkens/Bonk/Sachs/*Bonk/Neumann*, § 74 Rn 266; Knack/Henneke/*Dürr*, § 75 Rn 64, 95; *Kopp/Ramsauer*, § 75 Rn 38; Fehling/Kastner/Störmer/*Wickel*, § 75 VwVfG Rn 120; allgemein zu Rechtsschutzmöglichkeiten gegen Nebenbestimmungen, *Maurer*, § 12 Rn 22 ff.; Erichsen/Ehlers/*Ruffert*, § 23 Rn 16 ff.

fügt wurden. Ihre isolierte Anfechtung setzt jedoch voraus, dass der Planfeststellungsbeschluss ohne sie rechtmäßig und sinnvoll bestehen bleiben kann.[650] Daran fehlt es, wenn die verfügte Schutzauflage das Gesamtkonzept der Planung berührt[651] oder zur Wahrung von Rechten Dritter zwingend erforderlich ist.[652] Möchte sich der Vorhabensträger in diesem Fall gegen die Schutzauflagen zur Wehr setzen, muss er eine Verpflichtungsklage auf Erlass der Planfeststellung ohne die Schutzauflagen erheben.[653]

Sind von einem Gericht im Rahmen eines Rechtsbehelfsverfahrens gegen den Planfeststellungsbeschluss erkannte Mängel heilbar, hat der Vorhabensträger einen Anspruch auf die Durchführung eines **ergänzenden Verfahrens** oder einer **Planergänzung** (§ 18 Abs. 3 NABEG i.V.m. § 43e Abs. 4 EnWG). Diesen Anspruch kann er ebenfalls im Wege der Verpflichtungsklage durchsetzen. 275

Gegen eine (teilweise) nachträgliche **Aufhebung** des Planfeststellungsbeschlusses ist eine isolierte **Anfechtungsklage** statthaft.[654] 276

5. Zuständiges Gericht

Hinsichtlich der instanziellen Zuständigkeit des BVerwG nach § 4 E-BBPlG i.V.m. § 50 Abs. 1 Nr. 6 VwGO bzw. des OVG gilt das oben für Klagen Dritter Gesagte entsprechend.[655] Insbesondere haben auch die **Mitwirkungspflichten des Vorhabensträgers** nach §§ 18 ff. NABEG einen unmittelbaren Bezug zu dem konkreten Planfeststellungsverfahren, da sie der Vorbereitung eines späteren Planfeststellungs- oder Plangenehmigungsverfahrens dienen und einen Ausschnitt aus den in einem Planfeststellungsverfahren zu lösenden Problemen darstellen, sodass sie § 50 Abs. 1 Nr. 6 VwGO unterfallen. 277

III. Rechtsschutz der Vorhabennutzer

Rechtsschutzmöglichkeiten gegen planfeststellungsbehördliche Maßnahmen kommen in der Regel nur zugunsten **gewerblicher Vorhabennutzer** (Energieversorger, große Abnehmer) infrage. Dazu gehören insbesondere Energieversorgungsunternehmen, die eine Anbindung an Höchstspannungsleitungen benötigen, u.a. auch die nachgelagerten Netzbetreiber. Einen Anspruch auf Erteilung des Planfeststellungsbeschlusses haben sie jedoch nicht, auch nicht aus Art. 12 GG oder Art. 14 GG. Art. 14 GG ist nicht zukunftsbezogen, sondern sichert nur das bereits Erworbene.[656] In Abgrenzung dazu schützt Art. 12 GG zwar den Erwerb, verleiht aber kein Leis- 278

650 *Steinberg/Wickel/Müller*, § 6 Rn 206; Obermayer/*Allesch/Häußler*, § 74 Rn 196; Knack/Henneke/*Dürr*, § 75 Rn 64; *Kopp/Ramsauer*, § 75 Rn 38.

651 *Steinberg/Wickel/Müller*, § 6 Rn 206 m.w.N.; *Kopp/Ramsauer*, § 75 Rn 38; vgl. auch Knack/Henneke/*Dürr*, § 75 Rn 64; zum spiegelbildlichen Anspruch Dritter „nur" auf Schutzvorkehrungen, statt auf Aufhebung BVerwG, Urt. v. 7.7.1978 – 4 C 79/76 – BVerwGE 56, 110, 133.

652 *Steinberg/Wickel/Müller*, § 6 Rn 206 m.w.N.; vgl. auch Knack/Henneke/*Dürr*, § 75 Rn 64; zum „spiegelbildlichen" Anspruch Dritter „nur" auf Schutzvorkehrungen, statt auf Aufhebung BVerwG, Urt. v. 7.7.1978 – 4 C 79/76 – BVerwGE 56, 110, 133.

653 *Steinberg/Wickel/Müller*, § 6 Rn 206 m.w.N.; *Kopp/Ramsauer*, § 75 Rn 38; vgl. auch Knack/Henneke/*Dürr*, § 75 Rn 64.

654 Vgl. zur Anfechtungsklage gegen eine Aufhebung gem. § 77 VwVfG: Fehling/Kastner/Störmer/*Wickel*, § 77 VwVfG Rn 27; Obermayer/*Allesch/Häußler*, § 77 Rn 44; Stelkens/Bonk/Sachs/*Bonk/Neumann*, § 77 Rn 13.

655 Vgl. Rn 159 ff.

656 BVerfG, Beschl. v. 16.3.1971 – 1 BvR 52, 665, 667, 754/66 – BVerfGE 30, 292, 335 – NJW 1971, 1255, 1260; auch die umstrittene Einbeziehung des Rechts am eingerichteten und ausgeübten Gewerbebetrieb ändert an dieser Garantiefunktion von Art. 14 GG nichts, Maunz/Dürig/*Papier*, Art. 14 Rn 222.

tungsrecht auf Erweiterung vorhandener oder Schaffung neuer Kapazitäten.[657] Auch eine **notwendige Beiladung** gewerblicher Nutzer nach § 65 Abs. 2 VwGO im Rahmen einer Verpflichtungsklage des Vorhabensträgers auf Erteilung des Planfeststellungsbeschlusses kommt nicht in Betracht. Da gewerbliche Vorhabennutzer als Dritte durch den Erlass eines Planfeststellungsbeschlusses nicht unmittelbar in ihren Rechten berührt werden, fehlt es an der dafür notwendigen, auf sie bezogenen (mittelbaren) Gestaltungswirkung eines solchen Urteils.[658] In Betracht kommt jedoch eine **einfache Beiladung** nach § 65 Abs. 1 VwGO. Dafür reicht es aus, wenn ein rechtliches Interesse des gewerblichen Nutzers berührt wird, d.h., durch das Urteil künftig möglicherweise verbessert oder verschlechtert wird. Die rechtliche Position kann dabei auch **zivilrechtlicher Natur** sein, also etwa in bereits abgeschlossenen Lieferverträgen bestehen.[659] Das rechtliche Interesse muss schon im Zeitpunkt der etwaigen Beiladung vorliegen.[660] Ein Anspruch auf einfache Beiladung besteht jedoch nicht; sie steht vielmehr im Ermessen des Gerichts.[661] Dass vor diesem Hintergrund ein potenzieller Nutzer von Höchstspannungsleitungen i.S.d. § 2 Abs. 1 NABEG eine Beiladung erreichen kann, ist nicht ausgeschlossen. Dies ist vor allem für solche Energieversorgungsunternehmen denkbar, die ihrerseits erhebliche Investitionen zur Steigerung der eigenen Energieerzeugungskapazitäten tätigen, deren Amortisation eine entsprechende Abnahmeinfrastruktur erfordert.

279 Erwägen die gewerblichen Vorhabennutzer demgegenüber ein eigenes klageweises Vorgehen, sind sie darauf beschränkt, die ihre **Vorhabennutzung einschränkenden Maßnahmen** anzugreifen.[662] Dies umfasst die Abwehr nachträglicher Auflagen, (teilweise) Planaufhebungen und sonstige Planungsentscheidungen, die zu Nutzungseinschränkungen führen.[663] Statthafte Klageart ist dann die **Anfechtungsklage**. Bei nachträglichen Einschränkungen des Leitungs(aus)baus und damit der Vorhabennutzung kann die **Berufsfreiheit** (Art. 12 Abs. 1 GG) oder die **Eigentumsfreiheit** (Art. 14 Abs. 1 GG) der gewerblichen Vorhabennutzer beeinträchtigt sein.[664] Ferner kommt eine mögliche Verletzung des **Rechts auf gerechte Abwägung** in Betracht.[665] Ein

657 OVG Berlin, Urt. v. 24.11.2005 – 12 A 3.05 – juris Rn 54; *Sellner/Reidt*, NVwZ 2004, 1168, 1170; Dreier/*Wielandt*, Art. 12 Rn 172 ff.; offengelassen noch vom BVerfG, Urt. v. 18.7.1972 – 1 BvL 32/70 u. 25/71 – BVerfGE 33, 303, 332 ff.

658 Sodan/Ziekow/*Czybulka*, § 65 Rn 137 ff.; Posser/Wolff/*Kintz*, § 65 Rn 16; vgl. auch Schoch/Schneider/Bier/*Bier*, § 65 Rn 24f; Eyermann/*Schmidt*, § 65 Rn 17.

659 BVerwG, Urt. v. 12.3.1987 – 3 C 2/87 – BVerwGE 77, 102 = NVwZ 1987, 970, 971, vgl. bereits BVerwG, Urt. v. 16.9.1981 – 8 C 12/81 – BVerwGE 64, 67 = NJW 1982, 951, 952; *Kopp/Schenke*, § 65 Rn 9; Schoch/Schneider/Bier/*Bier*, § 65 Rn 11 f.; einschränkend Eyermann/*Schmidt*, § 65 Rn 11 und Bader/Funke-Kaiser/Stuhlfauth/von Albedyll/*von Albedyll*, § 65 Rn 10: keine bloß tatsächlichen wirtschaftlichen Interessen; dazu näher Fehling/Kastner/Störmer/*Porz*, § 65 VwGO Rn 5.

660 OVG Bremen, Beschl. v. 8.11.2001 – 1 D 299/01 – Nord ÖR 2002, 64; Schoch/Schneider/Bier/*Bier*, § 65 Rn 12; Bader/Funke-Kaiser/Stuhlfauth/von Albedyll/*von Albedyll*, § 65 Rn 10; Sodan/Ziekow/*Czybulka*, § 65 Rn 78.

661 BVerwG, Urt. v. 22.1.1971 – 7 C 42/70 – BVerwGE 37, 116 f.; Beschl. v. 29.10.1997, 11 A 17/97, juris Rn 1 ff.; OVG Magdeburg, Beschl. v. 17.9.2007 – 4 O 241/07 – juris Rn 3 ff.; *Kopp/Schenke*, § 65 Rn 13; Posser/Wolff/*Kintz*, § 65 Rn 8; Eyermann/*Schmidt*, § 65 Rn 5; zum Beschwerdeverfahren bei einer abgelehnten einfachen Beiladung siehe Sodan/Ziekow/*Czybulka*, § 65 Rn 169.

662 *Steinberg/Wickel/Müller*, § 6 Rn 210.

663 Vgl. BVerwG, Beschl. v. 1.11.2007 – 4 VR 3000/07 – juris Rn 9; *Steinberg/Wickel/Müller*, § 6 Rn 212; Posser/Wolff/*Schmidt-Kötters*, § 42 Rn 73 ff.

664 Siehe etwa OVG Berlin, Urt. v. 12.2.2007 – 12 A 2/05 – juris Rn 72 f.; *Steinberg/Wickel/Müller*, § 6 Rn 213 f.; zum auch den obligatorisch Berechtigten umfassenden Eigentümerbegriff des Art. 14 GG siehe Maunz/Dürig/*Papier*, Art. 14 Rn 201; zum Schutz der Nutzung der Eigentumsposition durch Art. 14 GG BVerfG, Beschl. v. 25.3.1993 – 1 BvR 345/83 – BVerfGE 88, 366, 377; *Jarass/Pieroth*, Art. 14 Rn 18.

665 BVerwG, Beschl. v. 1.11.2007 – 4 VR 3000/07 – juris Rn 14, 19; Urt. v. 26.7.1989 – 4 C 35/88 – juris Rn 18; *Steinberg/Wickel/Müller*, § 6 Rn 215; siehe grundsätzlich Bader/Ronellenfitsch/*Kämper*, § 74 Rn 70; Stelkens/Bonk/Sachs/*Bonk/Neumann*, § 74 Rn 272 f.

schutzwürdiges abwägungserhebliches Einzelinteresse wird insbesondere anzunehmen sein, wenn die nachträglichen Einschränkungen den Betrieb aufgrund seiner durch Investitionen und Ausrichtung verfestigten Bindung an den konkreten Standort ernsthaft gefährden würden.[666] Zu den Entscheidungsmöglichkeiten und der gerichtlichen Kontrolldichte gilt das oben Gesagte entsprechend.[667]

Der **nicht-gewerbliche** Stromverbraucher kann sich dagegen weder auf Art. 14 Abs. 1 GG noch auf Art. 12 Abs. 1 GG berufen. Ein im Rahmen der behördlichen Entscheidungen abwägungserheblicher Belang wird grundsätzlich nur durch die Gesamtheit der Interessen der privaten Nutzer, nicht aber eines Einzelnen von ihnen begründet.[668] Zu ihren Gunsten kommt somit in aller Regel nicht einmal eine einfache Beiladung infrage. 280

IV. Rechtsschutz der Länder

1. Einfachgerichtlicher Rechtsschutz

Auch Länder sind gegen einen Planfeststellungsbeschluss nicht generell rechtsschutzlos gestellt. Gerichtlicher Rechtsschutz scheidet lediglich dann von vornherein aus, wenn der angegriffene Planfeststellungsbeschluss von einer Behörde des klagenden Landes erlassen wurde. Ansonsten wäre ein unzulässiger In-sich-Prozess gegeben.[669] 281

Für Klagen der Länder gelten die allgemeinen Grundsätze. Insbesondere ist die Geltendmachung einer möglichen **Verletzung eigener Rechte** zur Begründung der Klagebefugnis notwendig. Als solche kommen jedoch im Regelfall nur einfachgesetzliche Rechte, insbesondere Eigentumsrechte in Betracht.[670] Darüber hinaus wurden vom BVerwG wehrfähige Rechte der Länder als Träger der Straßenbaulast anerkannt.[671] Zudem hat die BNetzA im Planfeststellungsverfahren zwar die landesrechtlichen Regelungen und Kompetenzen zu beachten sowie die sich daraus ergebenden Belange in die Abwägung mit einzubeziehen.[672] Aus bloßen Kompetenzen ergeben sich jedoch für die Länder keine subjektiv-öffentlichen Rechte, die eine Klagebefugnis begründen könnten. Ebenso wenig führt die Verletzung von Landesrecht zur Betroffenheit subjektiv-öffentlicher Rechte eines Landes.[673] 282

Die im NABEG vorgesehenen Mitwirkungsmöglichkeiten der Länder räumen diesen auch **keine absoluten Verfahrensrechte** ein, die zur Klagebefugnis führen. Ein dem Erfordernis der Einvernehmenserteilung nach § 14 Abs. 3 S. 1 WaStrG, dem das BVerwG den Charakter eines absoluten Verfahrensrechts zuspricht,[674] vergleichbares Element kennt das NABEG gerade nicht. 283

666 BVerwG, Urt. v. 26.7.1989 – 4 C 35/88 – juris Rn 21; VGH Mannheim, Urt. v. 28.11.1994 – 8 S 2412/94 – juris Rn 24f; *Steinberg/Wickel/Müller*, § 6 Rn 215.

667 Vgl. dazu Rn 217 ff.

668 *Steinberg/Wickel/Müller*, § 6 Rn 209, vgl. BVerwG, Urt. v. 16.3.2006 – 4 A 1075/04 – juris Rn 82.

669 *Hoppe/Schlarmann/Buchner/Deutsch*, Rn 590. Vgl. auch die entsprechende Diskussion zum Rechtsschutz hoheitlicher Vorhabensträger, dazu Rn 255 f.

670 *Steinberg/Wickel/Müller*, § 6 Rn 218.

671 BVerwG, Urt. v. 9.6.1999 – 11 A 8/98 – LKV 2000, 39, 40; anders aber für die naturschutzrechtliche Beteiligung der Länder, BVerwG, Urt. v. 29.4.1993 – 7 A 2/92 – NVwZ 1993, 890.

672 Vgl. BVerwG, Urt. v. 14.4.1989 – 4 C 31/88 – BVerwGE 82, 17.

673 Vgl. zur Ablehnung der Klagebefugnis aus Landesdenkmalschutzrecht BVerwG, Urt. v. 7.1.1992 – 7 B 153/91 – NVwZ-RR 1992, 457; zur Ablehnung einer Klagebefugnis sowohl aus eigener Vollzugshoheit als auch naturschutzrechtlichem Mitwirkungsrecht BVerwG, Urt. v. 14.4.1989 – 4 C 31/88 – NVwZ 1990, 561 ff.; vgl. auch Schoch/Schneider/Bier/*Schmidt-Aßmann/Schenk*, Einl. Rn 18; Schoch/Schneider/Bier/*Wahl*, Vorb. § 42 Abs. 2 Rn 118 ff.; a.A. *Hoppe/Schlarmann/Buchner/Deutsch*, Rn 593.

674 Zu § 14 Abs. 3 S. 1 WaStrG als absolutes Verfahrensrecht BVerwG, Urt. v. 17.4.2002 – 9 A 24/01 – NVwZ 2002, 1239, 1242.

Insbesondere ergibt sich dies nicht aus dem in der Bundesfachplanung nach § 14 NABEG vorgesehenen Einwendungsrecht der Länder. Dabei handelt es sich lediglich um ein reines Petitionsrecht.[675] Schließlich begründet auch § 15 Abs. 1 S. 2 NABEG keine Klagebefugnis. Eine daraus etwaig folgende Kompetenzverletzung führt nicht zur Betroffenheit eines subjektiv-öffentlichen Rechts der Länder.

284 Die vorstehend skizzierten Rechtsschutzoptionen der Länder führen zu dem Befund, dass – abgesehen von dem nur ausnahmsweise gegebenen Fall der Verletzung eigener Rechte – einfachgerichtlicher Rechtsschutz gegen den Planfeststellungsbeschluss **weitgehend ausgeschlossen** ist. Dies begegnet nicht unerheblichen Bedenken, insbesondere vor dem Hintergrund, dass die Bundesfachplanung (als eine der Voraussetzungen der Planfeststellung) nach § 15 Abs. 3 S. 2 NABEG nur im Rahmen eines Rechtsbehelfs gegen die konkrete Ausbaumaßnahme überprüfbar ist und nach § 15 Abs. 1 S. 2 NABEG grundsätzlich Vorrang vor Landesplanungen hat. Den Ländern ist auf dieser Grundlage – ungeachtet der Unüberwindbarkeit der Bundesfachplanung durch Landesplanung und der bloßen Pflicht zur Berücksichtigung der Erfordernisse der Raumordnung der Länder im Rahmen der Bundesfachplanung (§ 4 Abs. 2 ROG)[676] – weitestgehend die Möglichkeit genommen, die Bundesfachplanung und die auf ihrer Grundlage ergangenen Planfeststellungsbeschlüsse einer gerichtlichen Kontrolle zuzuführen. Dieser Widerspruch (Fehlen des Klagerechts einerseits, Überlagerung der eigenen Planungen andererseits) ist jedoch dadurch aufzulösen, dass man den Ländern zumindest gegen den **sachmateriellen Gehalt der Bundesfachplanung** ein Klagerecht einräumt. Statthaft ist insoweit eine Feststellungsklage nach § 43 VwGO mit dem Begehren, dass ein Vorrang der Bundesfachplanung im konkreten Fall nicht besteht. Sachlich zuständig ist nach § 50 Abs. 1 Nr. 1 VwGO das BVerwG.[677]

2. Verfassungsgerichtlicher Rechtsschutz

285 Sofern ein Land den durch § 15 Abs. 1 S. 2 NABEG angeordneten grundsätzlichen Vorrang der Bundesfachplanung vor Landesplanungen angreifen möchte,[678] ist es dafür auf das verfassungsgerichtliche Verfahren, insbesondere einen Bund-Länder-Streit nach Art. 93 Abs. 1 GG, §§ 13 Nr. 7, 68 ff. BVerfGG zu verweisen. Der in § 32 NABEG vorgesehene Bundesfachplanungsbeirat könnte eine etwaige Kompetenzverletzung der Länder im Übrigen nicht heilen. Zwar sichert der Beirat den Ländern – allein schon wegen ihres Beteiligungsrechts und der Beratungsfunktion des Beirats – zumindest eingeschränkte Mitwirkungsrechte. Jedoch ist der Beirat gegenüber der BNetzA nicht weisungsbefugt; ihm stehen nur Informationsrechte zu. Die Kompetenzen und Interessen der Länder können zwar vorgetragen, aber nicht durchgesetzt werden.

286 Einzelne Länder können zudem gegen die nach § 2 Abs. 2 NABEG vorgesehene Rechtsverordnung vorgehen. Dies gilt ungeachtet dessen, dass der Bundesrat der Verordnung zustimmen muss. Statthaft ist sowohl ein Bund-Länder-Streit nach Art. 93 Abs. 1 GG, §§ 13 Nr. 7, 68 ff. BVerfGG[679] als auch eine abstrakte Normenkontrolle nach Art. 93 Abs. 1 Nr. 2 GG, §§ 13 Nr. 6, 76 Abs. 1 BVerfGG.[680] Ein Spezialitätsverhältnis besteht zwischen diesen beiden Möglichkeiten

675 Vgl. oben Rn 105.

676 Vgl. im Detail Kap. 4 Rn 7 ff.

677 Vgl. im Einzelnen oben Rn 110.

678 Vgl. dazu Kap. 4 Rn 24 ff.

679 Grundsätzlich zur Möglichkeit eines Bund-Länder-Streits aus Anlass exekutiver Maßnahmen Mangoldt/Klein/Starck/*Voßkuhle*, Art. 93 Rn 139; *Lechner/Zuck*, vor § 68 Rn 3 ff.; *Lenz/Hansel*, § 68 Rn 4.

680 Maunz/Schmidt-Bleibtreu/Klein/Bethge/*Rozek*, § 76 Rn 25; siehe auch *Lechner/Zuck*, § 76 Rn 3.

nicht.[681] Jedoch dürfte die Zuständigkeitsübertragung auf die BNetzA in dem Maß, das gegenwärtig vorgesehen ist, keinen Verfassungsverstoß begründen.[682]

V. Rechtsschutz der Gemeinden

Betroffenen Gemeinden steht ebenso wie Privaten grundsätzlich Rechtsschutz gegen Planfest- 287
stellungsbeschlüsse zu. Sind sie in eigenen Rechten verletzt, können auch sie (grundsätzlich) die Aufhebung eines Planfeststellungsbeschlusses, als Minus dazu die Erklärung seiner Rechtswidrigkeit und Nichtvollziehbarkeit, sowie (zusätzliche) Schutzauflagen verlangen.[683] Im Einzelnen:

1. Klagebefugnis

Gemeinden kommt im Klageverfahren keine privilegierte Stellung zu. Sie können sich weder 288
zum Sachwalter des Allgemeinwohls, privater (Kollektiv-) Interessen oder des Umweltschutzes gerieren,[684] noch *„als Kontrolleur der zur Wahrung öffentlicher Belange jeweils berufenen staatlichen Behörde"* betätigen.[685] Zur Begründung ihrer Klagebefugnis ist vielmehr die Geltendmachung einer **Verletzung eigener Rechte** notwendig. Welche Rechtspositionen dies vermitteln können, hat das BVerwG in einer Reihe von Entscheidungen für das allgemeine Planfeststellungsrecht und insbesondere auch das Infrastrukturplanungsrecht herausgearbeitet.[686] Diese Grundsätze gelten auch für gemeindliche Klagen gegen Planfeststellungsbeschlüsse nach §§ 18 ff. NABEG.

a) Verletzung der kommunalen Selbstverwaltungsgarantie

Gemeinden können in gerichtlichen Verfahren die aus der Gewährleistung ihrer **kommunalen** 289
Selbstverwaltung nach Art. 28 Abs. 2 S. 1 GG sowie den entsprechenden landesverfassungsrechtlichen Regelungen folgenden Rechte geltend machen. Darunter fällt namentlich die **kommunale Planungshoheit**. Darüber hinaus können weitere Aspekte, wie etwa die kommunale **Finanzhoheit**, die Funktionsfähigkeit **kommunaler Einrichtungen** und das **kommunale Selbstgestaltungsrecht** als Ausfluss der Selbstverwaltungsgarantie schutzfähige Rechtspositionen begründen; sie sind jedoch nur eingeschränkt rügefähig.[687] So muss die Gemeinde für die Beeinträchtigung ihrer Finanzhoheit darlegen, dass der finanzielle Spielraum der Gemeinde

---

681 Grundsätzlich BVerfG, Urt. v. 5.4.1952 – 2 BvH 1/52 – BVerfGE 1, 208, 219 ff.; Maunz/Schmidt-Bleibtreu/Klein/Bethge/*Rozek*, § 76 Rn 94, 97; *Detterbeck*, S. 414 f.

682 Zur verfassungsrechtlichen Zulässigkeit der Zuständigkeitsübertragung auf die BNetzA nach § 2 Abs. 2, vgl. oben Rn 173 ff.

683 Vgl. oben Rn 140 ff.

684 BVerwG, Beschl. v. 15.4.1999 – 4 VR 18/98, 4 A 45/98 – NVwZ-RR 1999, 554 f.; vgl. auch BVerwG, Urt. v. 15.12. 1989 – 4 C 36/86 – NVwZ 1990, 464, 465; VGH Mannheim, Beschl. v. 17.5.1999 – 10 S 2948/98 – NVwZ-RR 1999, 631 f.; VGH München, Beschl. v. 19.11.1985 – 20 CS 85 A.2304 u.a. – NVwZ 1986, 679; OVG Koblenz, Urt. v. 3.6.1986 – 7 A II 2/85 – NVwZ 1987, 71.

685 BVerwG, Beschl. v. 15.4.1999 – 4 VR 18/98, 4 A 45/98 – NVwZ-RR 1999, 554 f.; vgl. auch BVerwG, Urt. v. 21.3. 1996 – 4 C 26/94 – NVwZ 1997, 169, 171; Urt. v. 26.2.1999 – 4 A 47/96 – NVwZ 2000, 560; Urt. v. 11.1.2001 – 4 A 12/99 – NVwZ 2001, 1160, 1161; Beschl. v. 18.3.2008 – 9 VR 5/07 – NuR 2008, 502, 504.

686 Vgl. dazu Rn 289 ff.

687 Siehe dazu den Überblick bei *Hoppe/Schlarmann/Buchner/Deutsch*, Rn 599 ff.; *Kirchberg/Boll/Schütz*, NVwZ 2002, 550, 555 f.

nachhaltig in nicht mehr zu bewältigender und hinzunehmender Weise eingeengt wird.[688] Eine Beeinträchtigung der Funktionsfähigkeit kommunaler Einrichtungen kommt nur bei unzumutbaren Immissionen infrage.[689] Die Rügebefugnis wegen einer Verletzung des kommunalen Selbstgestaltungsrechts setzt durch das Vorhaben verursachte grundlegende Veränderungen des örtlichen Gepräges oder der örtlichen Strukturen voraus.[690]

290 In den weitaus meisten Fällen wird indessen eine Betroffenheit der **kommunalen Planungshoheit** in Rede stehen. Diese vermittelt eine wehrfähige Rechtsposition, wenn durch das planfestgestellte Vorhaben eine **hinreichend konkrete und verfestigte eigene Planung** nachhaltig gestört wird oder das Vorhaben wegen seiner Großräumigkeit wesentliche Teile des Gemeindegebiets einer durchsetzbaren kommunalen Planung entzieht.[691] Je höher der Konkretisierungsgrad gemeindlicher Planungen oder Planungsabsichten ist und je schwerer diese durch das Vorhaben beeinträchtigt werden, desto stärker ist die Rechtsposition der Kommunen.[692] Allerdings ist ein Vorhaben, dem eine hinreichend konkrete und verfestigte gemeindliche Planung gegenübersteht, keinesfalls automatisch rechtswidrig. Vielmehr können auch diese gemeindlichen Belange in der Abwägung überwunden werden.[693]

b) Nur eingeschränkte Berufung auf Eigentumsrechte

291 Als juristische Person des öffentlichen Rechts kann eine Gemeinde **keine Verletzung von Grundrechten** geltend machen.[694] Selbst wenn das gemeindliche Eigentum durch ein Planfeststellungsverfahren betroffen ist, kann sich die Gemeinde daher nicht auf die durch Art. 14 Abs. 1 und 3 GG vermittelten Rechte berufen.[695] Nicht ausgeschlossen wird dadurch aber der Rückgriff auf den **einfachgesetzlichen Eigentumsschutz**.[696] So müssen etwa auch gemeindliche Nutzungsinteressen mit dem ihnen zukommenden Gewicht im Planfeststellungsverfahren berücksichtigt werden.[697]

---

688 BVerwG, Urt. v. 18.6.1997 – 11 A 65/95 – NuR 1998, 92; Beschl. v. 18.9.1998 – 4 VR 11/98 – NuR 1999, 631.
689 *Steinberg/Wickel/Müller*, § 6 Rn 128; *Vallendar*, UPR 2003, 41, 42.
690 BVerwG, Urt. v. 18.3.1987 – BVerwG 7 C 31/85 – BVerwGE 77, 134, 138; Beschl. v. 15.4.1999 – 4 VR 18/98, 4 A 45/98 – NVwZ-RR 1999, 554, 555; VGH München, Beschl. v. 19.11.1985 – 20 CS 85 A.2304 u.a. – NVwZ 1986, 679, 680; Urt. v. 6.6.1989 – 8 B 87/308 – UPR 1990, 32, 33; VGH Mannheim, Gerichtsbeschl. v. 7.4.1997 – 8 S 2550/96 – NVwZ-RR 1998, 219, 220 f.; OVG Koblenz, Beschl. v. 11.6.2010 – 8 B 10618/10 – NVwZ-RR 2010, 735; vgl. auch BVerwG, Urt. v. 26.2.1999 – 4 A 47/96 – NVwZ 2000, 560, 562.
691 BVerwG, Urt. v. 30.5.1984 – 4 C 58/81 – BVerwGE 69, 256, 261 f.; Urt. v. 16.12.1988 – 4 C 40/86 – BVerwGE 81, 95, 106 f.; Urt. v. 15.12.1989 – 4 C 36/86 – BVerwGE 84, 209, 214 f.; Urt. v. 27.3.1992 – 7 C 18/91 – BVerwGE 90, 96, 100; Beschl. v. 15.4.1999 – 4 VR 18/98, 4 A 45/98 – NVwZ-RR 1999, 554, 555; Urt. v. 27.3.1992 – 7 C 18/91 – NVwZ 1993, 364, 365; Beschl. v. 18.3.2008 – 9 VR 5/07 – NuR 2008, 502, 503; Beschl. v. 4.8.2008 – 9 VR 12/08 – NVwZ 2008, 1237; ausführlich *Hoppe/Schlarmann/Buchner/Deutsch*, Rn 594 ff.; *Kirchberg/Boll/Schütz*, NVwZ 2002, 550, 552 ff.; *Kühling/Herrmann*, Rn 661 ff.; BVerwG, Beschl. v. 28.2.2013 – 7 VR 13/12 – BeckRS 2013, 48426 Rn 23.
692 BVerwG, Beschl. v. 2.8.2006 – 9 B 9/06 – NVwZ 2006, 1290.
693 BVerwG, Urt. v. 9.11.2000 – 4 A 51/98 – NVwZ 2001, 682, 683; Stelkens/Bonk/Sachs/*Bonk/Neumann*, § 74 Rn 107. Vgl. dazu auch Kap. 11 Rn 30.
694 BVerfG, Beschl. v. 21.2.2008 – 1 BvR 1987/07 – NVwZ 2008, 778; Beschl. v. 2.5.1967 – 1 BvR 578/63 – BVerfGE 21, 362, 369 ff.; Beschl. v. 31.10.1984 – 1 BvR 35/82 u.a. – BVerfGE 68, 193, 205 ff.; Beschl. v. 29.5.2007 – 2 BvR 695/07 – NVwZ 2007, 1176.
695 St. Rspr., vgl. BVerfG, Beschl. v. 8.7.1982 – 2 BvR 1187/80 – BVerfGE 61, 82, 100 ff.; BVerwG, Urt. v. 27.3.1992 – 7 C 18/91 – BVerwGE 90, 96, 101; Urt. v. 11.1.2001 – 4 A 12/99 – NVwZ 2001, 1160, 1161; Urt. v 21.3.1996 – 4 C 26/94 – NVwZ 1997, 169, 170; Beschl. v. 13.3.1995 – 11 VR 2/95 – NVwZ 1995, 905; Beschl. v. 28.2.2013 – 7 VR 13/12 – BeckRS 2013, 48426 Rn 7.
696 BVerwG, Beschl. v. 28.2.2013 – 7 VR 13/12 – BeckRS 2013, 48426 Rn 7; Beschl. v. 13.3.1995 – 11 VR 2/95 – NVwZ 1995, 905; *Steinberg/Wickel/Müller*, § 6 Rn 138.
697 BVerwG, Urt. v. 24.11.1994 – 7 C 25.93 – BVerwGE 97, 143, 151 f.; Urt. v. 12.12. 1996 – 4 C 14/95 – NVwZ 1997, 904, 905; Bader/Ronellenfitsch/*Kämper*, § 74 Rn 81; vgl. dazu auch Kap. 11 Rn 31.

Anders als die von einer enteignungsrechtlichen Vorwirkung des Planfeststellungsbeschlusses betroffenen Privaten können Gemeinden aus ihrem (einfachgesetzlichen) Eigentumsrecht jedoch keinen Anspruch auf eine Überprüfung des Planfeststellungsbeschlusses auch im Hinblick auf öffentliche (und damit nicht drittschützende) Belange herleiten. Denn dieser über den allgemeinen Gewährleistungsgehalt drittschützender Normen hinausgehende Anspruch auf die Prüfung objektiv-rechtlicher Aspekte hat seine Grundlage in Art. 14 GG, der Gemeinden indes gerade keine Rechte verleiht. Er kann auch nicht unter Berufung auf die kommunale Selbstverwaltungsgarantie begründet werden.[698] 292

c) Verletzung von Verfahrensrechten

Die Rüge der Verletzung von Verfahrensvorschriften ist Gemeinden ebenso wie auch drittbetroffenen Privaten nur dann möglich, wenn sich die Verletzung auf die materiell-rechtliche Position ausgewirkt hat.[699] Ein (teil-) absolutes Verfahrensrecht steht den Gemeinden nur aus § 4 Abs. 1 i.V.m. Abs. 3 UmwRG im Falle einer unterbliebenen und nicht nachgeholten UVP (-Vorprüfung) zu, wenn die weiterhin geltenden Zulassungshürden übersprungen sind.[700] 293

d) Stellung als Träger öffentlicher Belange

Von den so konturierten Rechten der Gemeinden ist ihre Stellung als Träger öffentlicher Belange zu differenzieren. Als solcher stehen ihr als **Behörde** zwar besondere Beteiligungsrechte zu (vgl. etwa §§ 7 Abs. 2, 9 Abs. 2, 20 Abs. 1, 22 Abs. 2 NABEG), indem die Möglichkeit zur Stellungnahme eingeräumt wird.[701] Klagbare Rechte werden dadurch jedoch nicht begründet. Denn die **Behördenbeteiligung** erfolgt im öffentlichen Interesse. Sie dient maßgeblich der Information der Planfeststellungsbehörde[702] und soll dazu beitragen, dass eine sachgerechte Entscheidungsgrundlage geschaffen wird, welche die Prüfung aller durch das Vorhaben betroffenen Belange im Verfahren ermöglicht. Da die Anhörung der Betroffenen und die der Behörden verschiedene Verfahrensabschnitte sind,[703] muss eine Gemeinde, die als Betroffene Einwendungen gegen das Vorhaben aufgrund eigener Rechte erheben will, diese – wie alle anderen Betroffenen auch – im Rahmen des Einwendungsverfahrens vorbringen.[704] Fehlt es daran, ist eine Klage der Gemeinde gegen das Vorhaben wegen der Präklusionswirkung ausgeschlossen.[705] 294

Praxistipp

Gemeinden tun zur Vermeidung von Missverständnissen und entsprechenden Rechtsnachteilen gut daran, genau zu kennzeichnen, in welcher Eigenschaft sie tätig werden. Insoweit empfehlen sich auch getrennte Schreiben für (behördliche) Stellungnahmen und (kommunale) Einwendungen.

698 BVerwG, Urt. v. 11.1.2001 – 4 A 12/99 – NVwZ 2001, 1160, 1161; Beschl. v. 5.11.2002 – 9 VR 14/02 – NVwZ 2003, 207, 209; so auch *Ogorek*, NVwZ 2010, 401, 403; BVerwG, Beschl. v. 28.2.2013 – 7 VR 13/12 – BeckRS 2013, 48426 Rn 10.

699 BVerwG, Beschl. v. 5.11.2002 – 9 VR 14/02 – NVwZ 2003, 207, 209; *Steinberg/Wickel/Müller*, § 6 Rn 135.

700 Vgl. dazu Rn 156 ff. (insbesondere Rn 159); die maßgebliche Entscheidung BVerwG, Urt. v. 20.12.2011 – 9 A 30/10 – NVwZ 2012, 573, 575 ist wegen der Gleichbehandlung von Gemeinde und Einzelnem in § 4 Abs. 3 UmwRG übertragbar.

701 Vgl. Stelkens/Bonk/Sachs/*Bonk/Neumann*, § 73 Rn 32 ff.; Fehling/Kastner/Störmer/*Wickel*, § 73 VwVfG Rn 26 f.; *Kopp/Ramsauer*, § 73 Rn 33 f.

702 Fehling/Kastner/Störmer/*Wickel*, § 73 VwVfG Rn 27.

703 BVerwG, Beschl. v. 18.9.1995 – 11 VR 7/95 – NVwZ 1996, 399, 400.

704 BVerwG, Urt. v. 17.3.2005 – 4 A 18/04 – NVwZ 2005, 811, 812; Urt. v. 12.2.1997 – 11 A 62/95 – NVwZ 1997, 997; Beschl. v. 13.3.1995 – 11 VR 2/95 – NVwZ 1995, 905; Beschl. v. 28.2.2013 – 7 VR 13/12 – BeckRS 2013, 48426 Rn 12; kritisch zu dieser Rechtsprechung: Fehling/Kastner/Störmer/*Wickel*, § 73 VwVfG Rn 46 f.

705 BVerwG, Beschl. v. 18.9.1995 – 11 VR 7/95 – NVwZ 1996, 399, 400; Beschl. v. 28.2.2013 – 7 VR 13/12 – BeckRS 2013, 48426 Rn 11 f.

2. Prüfungsmaßstab und Entscheidung

295 Die gerichtliche Kontrolldichte ist bei Klagen einer Gemeinde im Grundsatz ebenso konturiert wie bei nichtenteignungsrechtlich betroffenen Privaten.[706] Insbesondere können auch Einwendungen von Gemeinden **präkludiert** sein.[707]

296 Die gerichtliche Überprüfung eines Planfeststellungsbeschlusses beschränkt sich bei gemeindlichen Klagen nicht auf die Untersuchung, ob Abwägungsfehler vorliegen,[708] sondern erstreckt sich grundsätzlich auch auf eine **Kontrolle der Planrechtfertigung** (nicht dagegen auf eine allgemeine Rechtmäßigkeit).[709] Dies ergibt sich aus der subjektiven Rechtsstellung, die durch Art. 28 Abs. 2 S. 1 GG mit der Gewährleistung der **kommunalen Selbstverwaltung** verbunden ist. Danach müssen Eingriffe in die kommunale Selbstverwaltung verhältnismäßig sein. Daran fehlt es bei Vorhaben, „die den Zielsetzungen des jeweiligen Fachplanungsrechts nicht entsprechen oder auf unüberwindbare rechtliche oder tatsächliche Hindernisse stoßen und deshalb nicht realisierbar" sind,[710] denen also die Planrechtfertigung fehlt. Bei Planfeststellungsbeschlüssen nach §§ 18 ff. NABEG ist insoweit allerdings zu beachten, dass sich die Bedarfsfeststellung aus dem Bundesbedarfsplangesetz ergibt (§ 12e Abs. 4 EnWG). Daran ist das erkennende Gericht gebunden. Hält es sie im Einzelfall wegen einer Überschreitung des hierbei geltenden gesetzgeberischen Ermessens für verfassungswidrig, hat es die Entscheidung des BVerfG einzuholen.[711]

VI. Rechtsschutz von anerkannten Vereinigungen

297 Von zentraler Bedeutung für die gerichtliche Kontrolle von Infrastrukturvorhaben sind die umweltverbandlichen Rechtsschutzmöglichkeiten von anerkannten Vereinigungen, die sich bereits in der Vergangenheit als sehr wirksames Instrumentarium erwiesen haben und aktuell nochmals erheblich ausgeweitet worden sind. Der EuGH hat mit Urteil vom 12.5.2011 (Rs. C-115/09[712] – „Trianel-Urteil") entschieden, dass die ursprüngliche Beschränkung der Rügebefugnis von anerkannten Vereinigungen auf drittschützende Normen in § 2 Abs. 1 Nr. 1 UmwRG a.F. unionsrechtswidrig war. Nach Art. 10a Abs. 3 S. 3 der UVP-Richtlinie[713] (jetzt: Art. 11 Abs. 3 S. 3 UVP-Richtlinie[714]) erstreckt sich die Rügebefugnis danach vielmehr auf alle nationalen Rechtsvorschriften, die dem Umweltschutz dienen und aus dem Unionsrecht hervorgegangen sind.

298 Die Bundesregierung hat die im Hinblick auf die bisherige Schutznormakzessorietät erforderlich gewordene Novellierung des UmwRG zum Anlass genommen, weitere Anpassungen vorzusehen. Ihr Gesetzentwurf ist in der Ausschussfassung[715] am 21.1.2013 vom Bundestag ange-

---

706 Dazu oben Rn 199 ff.
707 Vgl. dazu Kap. 9.
708 Vgl. dazu Kap. 11 Rn 27 ff.
709 BVerwG, Urt. v. 16.3.2006 – 4 A 1001/04 – NVwZ 2006, 1055, 1058; Beschl. v. 26.3.2007 – 7 B 73/06 – NVwZ 2007, 833, 835; *Steinberg/Wickel/Müller*, § 6 Rn 142. Zur Planrechtfertigung vgl. auch Kap. 10 Rn 9 ff.
710 BVerwG, Urt. v. 16.3.2006 – 4 A 1001/04 – NVwZ 2006, 1055, 1058.
711 Vgl. im Einzelnen oben 55 ff.
712 EuGH, Urt. v. 12.5.2011 – C-115/09 – NVwZ 2011, 801, 803; dazu *Leidinger*, NVwZ 2011, 1345, 1346; *Kment*, NVwZ 2012, 481; *Durner/Paus*, NuR 2012, 325.
713 RL 85/337/EWG des Rates vom 27.7.1985 über die Umweltverträglichkeitsprüfung bei bestimmten öffentlichen und privaten Projekten.
714 RL 2011/92/EU des Europäischen Parlaments und des Rates vom 13.12.2011 über die Umweltverträglichkeitsprüfung bei bestimmten öffentlichen und privaten Projekten.
715 BT-Drucks. 17/10957, 17/11393.

nommen und als „Gesetz zur Änderung des Umweltrechtsbehelfsgesetzes und anderer umweltrechtlicher Vorschriften" am 28.1.2013 im Bundesgesetzblatt verkündet worden.[716]

1. Rechtsbehelfe gemäß UmwRG

Im Zentrum des Rechtsschutzes von Umweltvereinigungen steht das UmwRG. Es geht weit sowohl über die bisherigen nationalen Regelungen (wie die altruistische Vereinsklage im BNatSchG) als auch die europäischen Vorgaben hinaus. Für den Netzausbau – wie für das Gelingen der „Energiewende" insgesamt – kommt den Umweltvereinigungen eine entscheidende Rolle zu; viel wird davon abhängen, wie sie von den ihnen von Gesetzes wegen zustehenden Rechten Gebrauch machen werden. 299

a) Allgemeines

Bevor auf Details zu den Rechtsschutzmöglichkeiten des UmwRG eingegangen wird, sind einige allgemeine Rahmenbedingungen der verbandlichen Klagerechte zu klären. Im Einzelnen: 300

aa) Anerkennung von Vereinigungen (§ 3 UmwRG)

Die Rechtsbehelfe gem. UmwRG stehen grundsätzlich nur Vereinigungen zu,[717] die gem. § 3 Abs. 1 UmwRG anerkannt wurden.[718] Die Anerkennung entfaltet **Tatbestandswirkung**; ob die Voraussetzungen des § 3 Abs. 1 UmwRG vorlagen respektive zum Zeitpunkt der Entscheidung über Klage- oder Mitwirkungsrechte der Vereinigung noch gegeben sind, unterliegt keiner (Inzident-) Prüfung durch das Gericht.[719] 301

Eine **noch nicht anerkannte Vereinigung** kann einen Rechtsbehelf nach § 2 Abs. 1 UmwRG bereits während des laufenden Anerkennungsverfahrens unter den Voraussetzungen des § 2 Abs. 2 UmwRG einlegen; in diesem Fall ist deren Vorliegen vom Gericht (bzw. der Widerspruchsbehörde) zu prüfen. Maßgeblich ist der Zeitpunkt der Einlegung des Rechtsbehelfs. Nach § 2 Abs. 2 S. 1 Nr. 3, S. 2 UmwRG greift die Sonderbestimmung jedoch nicht, wenn die inländische Vereinigung es zu verantworten hat, dass das Verfahren noch nicht abgeschlossen werden konnte, etwa weil sie trotz jahrelanger Existenz erst parallel zur Einlegung des Rechtsbehelfs einen Antrag auf Anerkennung gestellt hat.[720] Die Bestandskraft einer die Anerkennung versagenden Entscheidung führt gem. § 2 Abs. 2 S. 3 UmwRG zur Unzulässigkeit des Rechtsbehelfs. 302

---

716 BGBl. I 2013 S. 95; in Kraft getreten am 29.11.2013.

717 Nach § 4 Abs. 3 UmwRG gelten die Abs. 1 und 2 dieser Norm jedoch für Rechtsbehelfe von Beteiligten nach § 61 Nr. 1 und Nr. 2 VwGO entsprechend.

718 Der Antragsteller kann gegen die Versagung der Anerkennung (Verpflichtungs-) Klage bzw. Widerspruch erheben. Eilrechtsschutz scheidet hingegen wegen Vorwegnahme der Hauptsache und der Regelung in § 2 Abs. 2 UmwRG aus. Vorhabensträger können sich jedenfalls im Fall einer rechtsmissbräuchlichen Antragstellung einer Vereinigung gegen eine zu Unrecht erfolgte Anerkennung im Wege der (Anfechtungs-) Klage unter Berufung auf ihre Grundrechte aus Art. 2, 12 und 14 GG wehren; dies ist ungeachtet der Frage zulässig, ob den Anerkennungsvoraussetzungen des § 3 UmwRG ihrerseits eine drittschützende Wirkung zukommt (vgl. ablehnend Hoppe/Beckmann/*Schieferdecker*, § 3 UmwRG Rn 85); die vom BVerwG im Kontext des rechtsmissbräuchlichen Erwerbs von Sperrgrundstücken entwickelten Grundsätze (vgl. zuletzt BVerwG, Urt. v. 25.1.2012 – 9 A 6/10 – UPR 2012, 304) sind unter Wertungsgesichtspunkten entsprechend heranzuziehen. Vgl. hierzu unten Rn 385.

719 Vgl. Hoppe/Beckmann/*Schieferdecker*, § 3 UmwRG Rn 68; die Möglichkeit einer Rücknahme bzw. eines Widerrufs gem. §§ 48, 49 VwVfG bleibt hiervon unberührt: vgl. BR-Drucks. 278/09, S. 248 zur a.F.

720 Vgl. zu diesem Beispiel BT-Drucks. 16/2495, S. 12.

bb) Anwendungsbereich und Verhältnis zu § 64 BNatSchG

303 Der Anwendungsbereich des UmwRG ist für Rechtsbehelfe gegen **Entscheidungen i.S.v. § 2 Abs. 3 UVPG** über die Zulässigkeit von Vorhaben eröffnet, für die nach dem UVPG, der Verordnung über die Umweltverträglichkeitsprüfung bergbaurechtlicher Vorhaben oder nach landesrechtlichen Vorschriften eine **UVP-Pflicht** bestehen **kann** (§ 1 Abs. 1 S. 1 Nr. 1 UmwRG). Ferner fallen die in Nr. 2 aufgezählten Gestattungen in den Anwendungsbereich, insbesondere also Genehmigungen von Anlagen i.S.d. Spalte 1 der 4. BImSchV sowie Entscheidungen gem. Umweltschadensgesetz (§ 1 Abs. 1 S. 1 Nr. 3 UmwRG).

304 **Entscheidungen** i.S.d. § 2 Abs. 3 Nr. 1 UVPG sind in einem Verwaltungsverfahren getroffene behördliche Regelungen über die Zulässigkeit von Vorhaben (mit Ausnahme von Anzeigeverfahren), insbesondere auch Planfeststellungsbeschlüsse und Plangenehmigungen. Daneben werden gem. § 2 Abs. 3 Nr. 2 UVPG Linienbestimmungen und Entscheidungen in vorgelagerten Verfahren nach §§ 15, 16 Abs. 1 bis 3 UVPG erfasst; darüber hinaus Bebauungspläne, welche die Zulässigkeit von UVP-pflichtigen Vorhaben begründen sollen oder eine Planfeststellung ersetzen (§ 2 Abs. 3 Nr. 3 UVPG). Insofern genügt, dass in diesen vorgelagerten Verfahren bereits über Teilaspekte der Zulässigkeit von Vorhaben entschieden wird.[721] **Keine Prüfungsgegenstände** sind hingegen sonstige Bebauungspläne sowie Pläne und Programme, für die (lediglich) eine SUP-Pflicht besteht.[722]

305 Der **Planfeststellungsbeschluss** gem. § 24 NABEG stellt danach (ebenso wie die Plangenehmigung) einen angreifbaren Rechtsakt dar. Gegen die Entscheidungen der BNetzA auf den Ebenen der **Bedarfsplanung** und der **Bundesfachplanung** steht Vereinigungen dagegen **kein Rechtsbehelf** zu, da jene Planungen schon nicht dem Anwendungsbereich des UmwRG unterfallen. Die Trianel-Entscheidung gebietet insofern keine abweichende Beurteilung.[723] Bei der Bundesfachplanung handelt es sich um einen Plan i.S.d. SUP-Richtlinie.[724] Den Zugang zu einem Gericht für die Überprüfung von Plänen regelt die UVP-Richtlinie nicht.[725] Eine dem Art. 10a der UVP-Richtlinie (jetzt: Art. 11 UVP-Richtlinie) vergleichbare Regelung enthält die SUP-Richtlinie ihrerseits jedoch nicht. Überdies verhält sich die Trianel-Entscheidung nicht zur Frage, in welchem Verfahrensstadium Projekte i.S.d. UVP-Richtlinie angefochten werden können; diese Entscheidung ist vielmehr dem Gestaltungsspielraum der Mitgliedstaaten überantwortet (vgl. Art. 11 Abs. 2 UVP-Richtlinie). Das Gleiche gilt für die Bedarfsplanung; der in § 12c Abs. 2 EnWG adressierte Umweltbericht entspricht, wie der Verweis auf § 14g UVPG belegt, lediglich dem einer Strategischen Umweltprüfung.

306 Nach § 1 Abs. 1 S. 2 UmwRG kann eine Vereinigung auch das **Unterlassen** einer – umweltrechtsbehelfsfähigen – Entscheidung rügen.[726] Der Anwendungsbereich ist sowohl dann eröffnet, wenn fehlerhaft keine behördliche Zulassungsentscheidung getroffen wurde, als auch im Falle einer Entscheidung, die – anders als gesetzlich vorgeschrieben – nicht in der Form einer umweltrechtsbehelfsfähigen Maßnahme i.S.d. § 1 Abs. 1 S. 1 UmwRG ergangen ist (wie etwa bei einem zu Unrecht erfolgten bloßen Anzeigeverfahren[727]). Damit wird einer Umgehung der Beteiligungs- und Klagerechte entgegengewirkt.

---

721 Vgl. Hoppe/Beckmann/*Schieferdecker*, § 14 UmwRG Rn 18.

722 Vgl. *Kment*, NVwZ 2007, 274, 275.

723 So aber *Moench/Ruttloff*, NVwZ 2011, 1040, 1043.

724 RL 2001/42/EG des Europäischen Parlaments und des Rates v. 27.6.2001 über die Prüfung der Umweltauswirkungen bestimmter Pläne und Programme.

725 Vgl. BVerwG, Beschl. v. 15.6.2009 – 4 BN 10/09 – NVwZ 2009, 1226, 1227.

726 Vgl. zur Klageart Rn 309.

727 Erfolgte jedoch vor der durch Bescheid getroffenen Entscheidung über die Nichterforderlichkeit einer Planfeststellung eine ausführliche Beteiligung der Vereinigung unter Einsichtsgewährung in alle relevanten Unterlagen,

Eine Zulassungsentscheidung ist jedoch dann **kein zulässiger Streitgegenstand**, wenn sie aufgrund einer Entscheidung in einem verwaltungsgerichtlichen Streitverfahren erlassen worden ist (§ 1 Abs. 1 S. 4 UmwRG: sog. **Zweitrechtsbehelfsverbot**). Damit sollen Doppelprüfungen vermieden werden;[728] zugleich wird die materielle Rechtskraft der vorangegangenen gerichtlichen Entscheidung dahingehend ergänzt, dass die Bindungswirkung auf andere an ihr nicht beteiligte Vereinigungen ausgedehnt wird.[729] 307

Das **Verhältnis** der Vereinsklage nach UmwRG zur naturschutzrechtlichen Verbandsklage gem. § 64 BNatSchG wird in § 1 Abs. 3 UmwRG dahingehend geregelt, dass die **Klage gem. UmwRG** gegen **Planfeststellungsverfahren**, die § 1 Abs. 1 S. 1 Nr. 1 oder Nr. 2 UmwRG unterfallen, der naturschutzrechtlichen Verbandsklage **vorgeht**. Für die erfassten **Planfeststellungsbeschlüsse** ist die naturschutzrechtliche Verbandsklage mithin nicht anwendbar; entsprechend bestimmt die Neufassung des § 64 Abs. 1 BNatSchG, dass § 1 Abs. 3 UmwRG vorrangig zu beachten ist.[730] Hinsichtlich des Planfeststellungsbeschlusses gem. § 24 NABEG wird daher vorrangig die Vereinsklage gem. UmwRG einschlägig sein. Für die Rechtsbehelfe gem. **BNatSchG** verbleibt insbesondere dann ein Anwendungsbereich, wenn im Bundes- oder Landesrecht für ein Vorhaben zwar eine Planfeststellung vorgeschrieben ist, für das Vorhaben aber **nicht** zugleich auch eine **UVP-Pflicht oder UVP-Vorprüfungspflicht** besteht. Anwendbar bleibt das BNatSchG ferner, wenn eine **Plangenehmigung** nach § 63 Abs. 1 Nr. 4 BNatSchG oder § 63 Abs. 2 Nr. 7 BNatSchG in Rede steht[731] sowie in den übrigen Fällen des Abs. 1, insbesondere also auch bei von Nr. 2 erfassten Genehmigungen von Anlagen i.S.d. Spalte 1 der 4. BImSchV. Kommt mangels Einschlägigkeit der Abgrenzungsregel des § 1 Abs. 3 UmwRG ein Rechtsbehelf sowohl gem. UmwRG wie auch BNatSchG in Betracht, ist von einem **gleichrangigen Nebeneinander** der Rechtsbehelfe auszugehen; **Naturschutzvereinigungen** können eine bestimmte Rüge mithin nebeneinander auf beide Verbandsklagearten stützen, soweit deren Voraussetzungen gleichermaßen erfüllt sind.[732] Es besteht nach zutreffender Auffassung insbesondere keine Spezialität der naturschutzrechtlichen Vereinsklage. 308

cc) Klagearten und Fristen

Auch im Rahmen der verbandlichen Rechtsbehelfe steht die **Anfechtungsklage** im Zentrum. Einschlägig können ferner die **Verpflichtungsklage**, etwa auf Anordnung von Schutzauflagen,[733] oder auch der **Feststellungsantrag**, gerichtet auf Feststellung der Rechtswidrigkeit und Nichtvollziehbarkeit des Planfeststellungsbeschlusses, sein.[734] Nichts anderes gilt bei der **Unterlassung** einer Entscheidung i.S.d. § 1 Abs. 1 UmwRG. Eine Vereinigung kann auch dann Anfech- 309

kann die anschließende Klage der Vereinigung gegen diesen Bescheid mangels Rechtsschutzbedürfnisses im Einzelfall unzulässig sein, vgl. VGH Baden-Württemberg, Urt. v. 1.2.1996 – 8 S 1961/95 – NVwZ 1997, 594.

728 Vgl. BT-Drucks. 16/2495, S. 11 und zu § 61 BNatSchG 2002 vgl. BT-Drucks. 14/6878, S. 114.

729 Vgl. Landmann/Rohmer/*Fellenberg*/*Schiller*, § 1 UmwRG Rn 58 f.

730 Eine parallele Anwendung beider Gesetze kommt in solchen Fällen aber beispielsweise in Betracht, wenn eine erteilte naturschutzrechtliche Befreiung ausnahmsweise nicht bereits in der Zulassung für das Vorhaben konzentriert, sondern durch eine separate Entscheidung erfolgt ist und nun gegen beide Entscheidungen Rechtsbehelfe eingelegt werden sollen. § 1 Abs. 3 UmwRG steht nicht entgegen, vgl. zu diesem Fall die Gesetzesbegründung, BT-Drucks. 17/10957, S. 15.

731 Vgl. hierzu die Stellungnahme des Bundesrates, BT-Drucks. 17/10957, S. 25.

732 Vgl. VG Halle, Urt. v. 28.8.2012 – 4 A 51/10 – juris Rn 304 (nicht abgedruckt in ZUR 2013, 109); OVG Bremen, Urt. 4.6.2009 – 1 A 7/09 – juris Rn 71; VGH München, Urt. v. 23.6.2009 – 8 A 08.40001 – NJOZ 2010, 562 f.; *Meitz*, ZUR 2010, 563, 567; a.A. VG Bremen, Urt. v. 29.11.2007 – 5 K 565/07 – juris Rn 17 noch unter Hinweis auf die Gesetzesbegründung zur ersten Fassung des UmwRG, vgl. BT-Drucks. 16/2495, S. 11.

733 Vgl. *Stüer*, Rn 4759.

734 Vgl. dazu bereits Rn 145 sowie *Steinberg*/*Wickel*/*Müller*, § 6 Rn 168.

tungsklage, Verpflichtungsklage auf Einschreiten gegen die Durchführung des Vorhabens oder aber – subsidiär – Feststellungsklage erheben.[735] Hier gilt im Kern dasselbe wie bei Verfahrensartfehlern.[736] Ferner kann eine anerkannte Vereinigung zur Durchsetzung ihrer Beteiligungs- und Mitwirkungsrechte während des laufenden Verwaltungsverfahrens die von der Rechtsprechung entwickelte **Partizipationserzwingungsklage** als allgemeine Leistungsklage erheben.[737]

310 **Rechtsbehelfsfristen** sind grundsätzlich die Monatsfristen der §§ 70 Abs. 1, 74 Abs. 1 VwGO. Allerdings ist zusätzlich § 2 Abs. 4 UmwRG zu beachten. Widerspruch oder Klage müssen danach binnen eines Jahres erhoben werden, nachdem die Vereinigung von einer ihr nicht bekannt gegebenen und auch nicht öffentlich bekannt gemachten Entscheidung Kenntnis erlangt hat oder hätte erlangen können. Dies gilt entsprechend, wenn eine Entscheidung entgegen geltenden Rechtsvorschriften nicht getroffen worden ist und die Vereinigung von diesem Umstand Kenntnis erlangt oder hätte erlangen können. Für Bebauungspläne wird in S. 3 auf § 47 Abs. 2 S. 1 VwGO verwiesen.

b) Verbandsklage gem. § 2 UmwRG

311 Laut § 2 UmwRG können anerkannte Vereinigungen gegen eine Entscheidung (oder ihr Unterlassen) Rechtsbehelfe nach Maßgabe der VwGO einlegen, wenn sie eine Verletzung von dem Umweltschutz dienenden Rechtsvorschriften geltend machen und die weiteren Voraussetzungen des § 2 Abs. 1 Nr. 1 bis Nr. 3 UmwRG erfüllt sind. Nicht länger erforderlich ist, dass sie eine Verletzung (generell) drittschützender Normen rügen.

aa) Zulässigkeit (§ 2 Abs. 1 UmwRG)

(1) Rügefähige Normen (Nr. 1)

312 Nach der Novellierung des UmwRG können anerkannte Vereinigungen geltend machen, dass eine Entscheidung (oder ihr Unterlassen) Rechtsvorschriften widerspricht, die dem **Umweltschutz dienen** und für die Entscheidung von **Bedeutung** sein **können**.

313 Die Rügebefugnis ist damit **nicht** länger auf die Verletzung **drittschützender Normen beschränkt**; der Gesetzgeber hat den früheren Passus des § 2 Abs. 1 Nr. 1 UmwRG a.F. *„Rechte Einzelner begründen"* in Umsetzung des Trianel-Urteils gestrichen und sich gegen eine Beschränkung auf unionsbasierte Umweltvorschriften entschieden. Diese sog. große Lösung wird in der Gesetzesbegründung mit der Zielsetzung legitimiert, eine lückenlose 1:1-Umsetzung nicht nur von Art. 10a der UVP-Richtlinie (jetzt: Art. 11 der UVP-Richtlinie), sondern auch von Art. 9 Abs. 2 des UNECE-Aarhus-Übereinkommens zu gewährleisten.[738] Die im Vorfeld der Novellierung unter Praktikabilitätsgesichtspunkten befürchteten Abgrenzungsschwierigkeiten zwischen rein nationalen Umweltvorschriften einerseits und unionsrechtlich determinierten Umweltvorgaben andererseits werden damit ausbleiben.[739]

---

735 Hierbei würde es sich um eine in einen Feststellungsantrag gewandete Anfechtungsklage handeln, die – ungeachtet des auf Feststellung gerichteten Klageantrags – hinsichtlich der Zulässigkeitskriterien den Anforderungen des § 42 VwGO unterliegt, vgl. dazu oben Rn 147. Ungenau ist insoweit die Gesetzesbegründung (BT-Drucks. 16/2495, S. 10), die für Unterlassungen vornehmlich auf die Feststellungsklage abstellt, da Aufsichtsmaßnahmen nicht vom Anwendungsbereich des Gesetzes erfasst seien (abgesehen von § 17 Abs. 1a BImSchG i.V.m. §§ 1 Abs. 1 S. 1 Nr. 2, S. 2 UmwRG). Da jedoch nicht jede Unterlassung eine Aufsichtsmaßnahme betrifft, greift dieser Ansatz zu kurz.

736 Vgl. dazu oben Rn 142ff.

737 Vgl. hierzu ausführlich Rn 384.

738 Vgl. BT-Drucks. 17/10957, S. 16.

739 Vgl. zur Vorzugswürdigkeit der sog. großen Lösung u.a. auch *Kment*, UPR 2013, 41, 44.

Gerügt werden können folglich sämtliche objektive Rechtsvorschriften, die dem Umweltschutz dienen. Der Begriff des **Umweltschutzes** ist hierbei weit auszulegen;[740] einen **dienenden** Regelungszweck hat die Norm, wenn sie den Umweltschutz zumindest mittelbar fördert, indem sie jedenfalls „auch" auf den Umweltschutz zielt.[741] Insofern wird in der Praxis ein großzügiger Maßstab angelegt. Im Anwendungsbereich des UmwRG rügefähig ist z.B. auch ein Verstoß gegen das **Planungserfordernis,**[742] ferner **Vorsorgenormen** und etwa das **(fach-) planerische Abwägungsgebot**, soweit die fehlerhafte Behandlung von Belangen des Umweltschutzes geltend gemacht wird.[743] Einwände gegen die **Planrechtfertigung** sowie Vorschriften des **Raumordnungsrechts** können hingegen in der Regel **nicht** geltend gemacht werden, weil im Allgemeinen keine Rechtsvorschriften in Rede stehen, die zumindest auch den Belangen des Umweltschutzes zu dienen bestimmt sind.[744] 314

Darüber hinaus können Vereinigungen Rechtsschutz nach § 2 UmwRG suchen, wenn sie die Verletzung von **umweltbezogenem Verfahrensrecht**, insbesondere also Verstöße gegen das **UVPG** – als reinem Verfahrensrecht[745] –, geltend machen. Während dies nach der alten Gesetzeslage mit Blick auf das Erfordernis einer drittschützenden Norm noch zweifelhaft gewesen sein mag, so greifen diese Bedenken nach der Novellierung des § 2 UmwRG nicht länger. Auch der Regelungsgehalt des § 4 UmwRG steht dem nicht entgegen.[746] Dessen amtliche Überschrift – *„Fehler bei der Anwendung von Verfahrensvorschriften"* – ist nicht dahingehend zu verstehen, dass hier die allein rügefähigen Verfahrensfehler abschließend aufgezählt würden. Ebenso wenig kann unterstellt werden, dass der Gesetzgeber ausschließlich die dort genannten Verfahrensfehler mit UVPG-Bezug als rügefähig verstanden wissen wollte. § 4 UmwRG stellt vielmehr (lediglich) insofern eine abschließende Sonderregelung dar, als nur die hier genannten Verfahrensfehler mit UVPG-Bezug als **absolute Verfahrensfehler** qualifiziert werden.[747] Entsprechend müssen anderweitige Verfahrensfehler für die Begründetheit des Rechtsbehelfs entscheidungsrelevant sein; die besondere Fehlerfolgenregelung des § 4 UmwRG greift bei ihnen nicht.[748] 315

Dies deckt sich mit dem weiteren Erfordernis der Nr. 1, wonach die als verletzt gerügte Umweltschutzvorschrift für die konkrete Entscheidung von **Bedeutung sein können** muss. Hierbei handelt es sich um ein Kriterium, mit dem Bagatellfälle und solche, in denen eine Relevanz der Vorschrift für die Entscheidung von vornherein ausgeschlossen ist, der Überprüfung entzogen werden sollen.[749] Für die Zulässigkeit des Rechtsbehelfs genügt es daher, wenn eine **Entschei-** 316

740 Vgl. Landmann/Rohmer/*Fellenberg/Schiller*, § 2 UmwRG Rn 12.

741 BVerwG, Urt. v. 10.10.2012 – 9 A 18/11 – juris Rn 12; vgl. hierzu auch die frühere Gesetzesbegründung, BT-Drucks. 16/2495, S. 12; Hoppe/Beckmann/*Kment*, § 2 UmwRG Rn 6.

742 Jedenfalls soweit ein Bebauungsplan für die Zulässigkeit eines UVP-pflichtigen Vorhabens in Rede steht; vgl. OVG Münster, Urt. v. 12.6.2012 – 8 D 38/08.AK – ZfBR 2012, 768, 772.

743 Vgl. zur naturschutzrechtlichen Verbandsklage BVerwG, Urt. v. 19.5.1998 – 4 A 9/97 – BVerwGE 107, 1, 6; zur Fachplanung OVG Koblenz, Urt. v. 8.7.2009 – 8 C 10399/08 – NuR 2009, 882, 883; vgl. auch Landmann/Rohmer/*Fellenberg/Schiller*, § 2 UmwRG Rn 16 mit weiteren Beispielen und Rn 28.

744 Vgl. BVerwG, Urt. v. 10.10.2012 – 9 A 18/11 – juris Rn 18; vgl. zur Planrechtfertigung im Kontext einer naturschutzrechtlichen Verbandsklage BVerwG, Beschl. v. 1.4.2005 – 9 VR 7/05 – NuR 2005, 709, 710; Beschl. v. 1.7.2003 – 4 VR 1/03, 4 A 1/03 – juris Rn 7f.; OVG Lüneburg, Beschl. v. 5.3.2008 – 7 MS 114/07 – NuR 2008, 265, 267; vgl. zum Raumordnungsrecht im Kontext einer naturschutzrechtlichen Verbandsklage VGH Kassel, Urt. v. 17.6.2008 – 11 C 1975/07 – juris Rn 62f.

745 Vgl. BVerwG, Beschl. v. 10.10.2006 – B 9 27/05 – UPR 2007, 33, 34; Urt. v. 21.3.1996 – 4 C 19/94 – BVerwGE 100, 370, 376.

746 So aber Hoppe/Beckmann/*Kment*, § 2 UmwRG Rn 8 zu § 2 UmwRG a.F.

747 Vgl. hierzu ausführlich unter Rn 333ff.

748 Vgl. Landmann/Rohmer/*Fellenberg/Schiller*, § 2 UmwRG Rn 10, 32.

749 Vgl. Hoppe/Beckmann/*Kment*, § 2 UmwRG Rn 9.

dungsrelevanz des geltend gemachten Rechtsverstoßes zumindest **möglich**,[750] also nicht **per se** ausgeschlossen ist.[751]

(2) Betroffenheit im satzungsmäßigen Aufgabenbereich (Nr. 2)

317 Neben der Verletzung einer rügefähigen und jedenfalls möglicherweise entscheidungsrelevanten Norm muss die Vereinigung zudem geltend machen, in ihrem satzungsmäßigen Aufgabenbereich betroffen zu sein. Zwischen der mit dem Rechtsbehelf angegriffenen Entscheidung und dem satzungsmäßigen Aufgabenbereich muss ein **Zusammenhang** bestehen.[752] Die Aufgaben der Vereinigung müssen in ihrer Satzung mithin näher umschrieben sein.[753] Umstritten ist, welche Anforderungen an die **Formulierung des Satzungszwecks** zu stellen sind. Ein zu allgemein gehaltener satzungsmäßiger Aufgabenbereich (z.B. „umfassender Schutz der Umwelt") reicht nach zutreffender Auffassung nicht aus.[754] Anderenfalls wäre es allein dem Verband überlassen, durch einen möglichst weit gefassten, letztlich undifferenzierten Aufgabenbereich die Voraussetzung des § 2 Abs. 1 Nr. 2 UmwRG zu umgehen. Zwar mag eine solche Umgehung auch dergestalt möglich sein, dass sämtliche Schutzgüter des Umweltrechts in der Satzung umfassend aufgeführt werden.[755] Nur weil eine weitere Umgehungsmöglichkeit nicht von vornherein auszuschließen ist, macht dies die Forderung nach hinreichend konkret formulierten Satzungszwecken aber nicht hinfällig. Anderenfalls entfiele jegliche zulässigkeitsbeschränkende Wirkung des § 2 Abs. 1 Nr. 2 UmwRG, denn einer Vereinigung könnte schwerlich ein fehlender Bezug zum jeweiligen Prüfungsgegenstand entgegengehalten werden, wenn allgemein ein Bezug zum „Schutz der Umwelt" ausreichend wäre. Schließlich ist auch für die Anerkennung eine differenzierte Bezeichnung des satzungsmäßigen Aufgabenbereichs erforderlich; insbesondere ist anzugeben, ob die Ziele des Naturschutzes und der Landschaftspflege gefördert werden (vgl. § 3 Abs. 1 S. 3 UmwRG); eine entsprechend differenzierte Formulierung bereits des Satzungszwecks stellt daher keine unsachgemäße Forderung dar.

(3) Mitwirkung als Sachurteilsvoraussetzung (Nr. 3)

318 Nach § 2 Abs. 1 Nr. 3 UmwRG setzt die Zulässigkeit der Klage schließlich voraus, dass die Vereinigung im konkreten Fall zur **Mitwirkung berechtigt** war und dieses Recht gemäß den jeweils relevanten Normen zur **Äußerung** genutzt hat oder ihr – entgegen den geltenden Rechtsvorschriften – **keine Gelegenheit** hierzu gegeben wurde. Anders als bei Nr. 1 und Nr. 2 muss die Voraussetzung **objektiv** gegeben sein; ein bloßes Behaupten genügt nicht. Die Darlegungslast liegt bei der Vereinigung.[756]

319 Maßgeblich sind die jeweiligen Vorgaben des einschlägigen **Verwaltungsverfahrens- und Fachrechts**, beispielsweise hinsichtlich etwaiger Äußerungs- und **Einwendungsfristen**.[757] Im Kontext des Planfeststellungsverfahrens gem. §§ 18 ff. NABEG ist die Einwendungsfrist des § 22 Abs. 6 NABEG zu beachten; (anerkannte) Vereinigungen müssen ihre Stellungnahmen danach

---

750 Vgl. hierzu BT-Drucks. 16/2495, S. 12.
751 Vgl. dazu auch Rn 228 zur Diskussion im Rahmen der Anwendung des § 46 VwVfG.
752 Vgl. BT-Drucks. 16/2495, S. 12.
753 Vgl. *Beckmann/Wittmann*, UPR 2008, 421, 425; Hoppe/Beckmann/*Kment*, § 2 UmwRG Rn 10.
754 Vgl. VG Kassel, Beschl. v. 24.6.2008 – 7 G 1527/07 – amtl. Umdruck S. 15 f., zitiert nach *Beckmann/Wittmann*, UPR 2008, 421, 425; a.A. Hoppe/Beckmann/*Kment*, § 2 UmwRG Rn 10; *Schrödter*, LKV 2008, 391, 395.
755 So Hoppe/Beckmann/*Kment*, § 2 UmwRG Rn 10.
756 Vgl. Landmann/Rohmer/*Fellenberg/Schiller*, § 2 UmwRG Rn 38.
757 Vgl. BT-Drucks. 16/2495, S. 12.

innerhalb von zwei Wochen nach Ablauf der Auslegungsfrist – gem. Abs. 3 S. 1 schriftlich – bei der Planfeststellungsbehörde oder zur Niederschrift bei einer Auslegungsstelle erheben.

Äußert sich die Vereinigung trotz ordnungsgemäß eingeräumter Beteiligungsmöglichkeit **nicht** oder (insgesamt) **nicht fristgerecht**, so ist ihr Rechtsbehelf **unzulässig**,[758] die Vereinigung insgesamt präkludiert. Die Regelung steht in engem Zusammenhang mit der zur **Unbegründetheit** führenden **materiellen Präklusionsvorschrift des § 2 Abs. 3 UmwRG**.[759] Dieser ist dann einschlägig, wenn die Äußerung der Vereinigung nicht den einschlägigen Anforderungen an einen präklusionshindernden Vortrag genügte oder aber eine nur thematisch begrenzte Äußerung erfolgte, einzelne Belange also nicht adressiert wurden und nun präkludiert sind.[760] 320

In der Bekanntmachung des Vorhabens muss **kein** rechtlicher **Hinweis** auf die eintretende Rechtsfolge der Präklusion enthalten sein.[761] Der Anstoßfunktion ist genügt, wenn der Vereinigung Inhalt und Ort des Vorhabens mitgeteilt werden. Enthält jedoch das **Fachplanungsrecht** Vorschriften zur Präklusion speziell von Vereinigungen, die dem § 2 Abs. 3 S. 1 Nr. 3 UmwRG als **leges speciales** vorgehen,[762] kann sich eine Hinweispflicht aus diesen Bestimmungen ergeben (vgl. beispielsweise § 43a Nr. 7 S. 2 und 3 EnWG). 321

Praxistipp
Angesichts der unterschiedlichen Auffassungen ist anzuraten, einen solchen Hinweis aufzunehmen.

Wurde der Vereinigung entgegen einer gesetzlichen Verpflichtung zur Beteiligung **keine Gelegenheit** hierzu eingeräumt, so steht dies einer ordnungsgemäßen Äußerung gleich; irrelevant ist, ob die Vereinigung sich geäußert hätte und hatte. Für die Behörde besteht keine Möglichkeit des Gegenbeweises.[763] 322

bb) Begründetheit (§ 2 Abs. 5 UmwRG) und Präklusion (§ 2 Abs. 3 UmwRG)

Die Voraussetzungen, unter denen der Rechtsbehelf begründet ist, sind in § 2 Abs. 5 UmwRG geregelt; dieser verdrängt § 113 Abs. 1 und 5 VwGO, soweit dort für die Begründetheit die Verletzung eigener Rechte gefordert wird. 323

(1) Gerichtlicher Prüfungsumfang

Rechtsbehelfe sind danach begründet, soweit die Entscheidung (oder deren Unterlassen) gegen Rechtsvorschriften verstößt, die dem **Umweltschutz dienen** und für die **Entscheidung von Bedeutung** sind. 324

Es muss ein objektiver Verstoß gegen **umweltschützende Vorschriften**[764] vorliegen. Eine Ausweitung des Prüfungsumfangs auf sämtliche Normen erfolgte durch die Novellierung des 325

---

758 Vgl. OVG NRW, Urt. v. 12.6.2012 – 8 D 38/08.AK – juris Rn 100 f.; Urt. v. 1.12.2011 – 8 D 58/08.AK – juris Rn 121 f.; VGH Baden-Württemberg, Urt. v. 20.7.2011 – 10 S 2102/09 – ZUR 2011, 600, 602; VG Halle, Urt. v. 28.8.2012 – 4 A 51/10 – ZUR 2013, 109, 110; Landmann/Rohmer/*Fellenberg/Schiller*, § 2 UmwRG Rn 37.

759 Näher hierzu Rn 323 ff.

760 Vgl. OVG NRW, Urt. v. 1.12.2011 – 8 D 58/08.AK – juris Rn 120 f. und Rn 185 f.; Landmann/Rohmer/*Fellenberg/Schiller*, § 2 UmwRG Rn 37, 60.

761 Vgl. Landmann/Rohmer/*Fellenberg/Schiller*, § 2 UmwRG Rn 55; a.A. Hoppe/Beckmann/*Kment*, § 2 UmwRG Rn 12, der einen Hinweis auf die Präklusionswirkung und die einzuhaltenden Fristen fordert.

762 Vgl. Landmann/Rohmer/*Fellenberg/Schiller*, § 2 UmwRG Rn 61.

763 Vgl. Landmann/Rohmer/*Fellenberg/Schiller*, § 2 UmwRG Rn 43.

764 Für die Einzelheiten wird auf die obigen Ausführungen zu den rügefähigen Normen verwiesen, vgl. Rn 312 ff.

UmwRG nicht; eine Verletzung drittschützender Bestimmungen ist jedoch nicht länger erforderlich. Die verletzte Umweltschutzvorschrift muss weiter für die Zulassungsentscheidung von **Bedeutung**, also entscheidungsrelevant sein.[765] Stehen Verfahrensfehler in Rede, so handelt es sich folglich im Rahmen des § 2 UmwRG – anders als im Kontext von § 4 UmwRG[766] – um **relative Verfahrensfehler**; sie verhelfen dem Klagebegehren nur dann zum Erfolg, wenn sie sich auf die Entscheidung ausgewirkt haben.

326 Ferner muss der Verstoß solche Belange des Umweltschutzes berühren, die zu den Zielen gehören, welche die Vereinigung nach ihrer **Satzung** fördert. Zwischen dem satzungsmäßigen Aufgabenbereich und der mit dem Rechtsbehelf angegriffenen Entscheidung muss ein sachlicher wie räumlicher **Kausalzusammenhang** bestehen.[767] Schließlich muss bei dem konkreten Vorhaben tatsächlich eine Pflicht zur Durchführung einer Umweltverträglichkeitsprüfung bestehen (§ 2 Abs. 5 S. 2 UmwRG).

327 Für die Fälle, in denen eine **Bauleitplanung** Trägerverfahren für die Umweltverträglichkeitsprüfung ist, enthält § 2 Abs. 5 S. 1 Nr. 2 UmwRG eine Spezialvorschrift; danach müssen die Festsetzungen des Bebauungsplans gegen Rechtsvorschriften verstoßen, die dem **Umweltschutz dienen**. Im Zuge der Novellierung ist auch hier das Erfordernis eines Verstoßes gegen drittschützende Normen entfallen; zudem bedarf es im Kontext der Nr. 2 **keiner Entscheidungsrelevanz** des Verstoßes. Einen Zusammenhang mit den **Satzungszielen** der Vereinigung muss der Prüfungsgegenstand jedoch gleichwohl aufweisen. Das Gericht überprüft ausschließlich die Festsetzungen des Bebauungsplans, welche die Zulässigkeit eines UVP-pflichtigen Vorhabens begründen und erklärt dieses ggf. für unwirksam; es überprüft hingegen nicht die anderweitigen Regelungen. Ungeachtet dieses **beschränkten Prüfungsumfangs** wird regelmäßig nicht nur eine Teilnichtigkeit des Planwerks in Betracht kommen, da der verbleibende Plan in dieser Form – ohne wirksame zulässigkeitsbegründende Festsetzungen – in der Regel nicht mehr dem Willen des Plangebers entsprechen dürfte und schwerlich die städtebauliche Ordnung gewährleisten wird („Torso").[768] Dies muss aber im jeweiligen Einzelfall geprüft werden.

(2) Materielle Präklusion (§ 2 Abs. 3 UmwRG)

328 Nach § 2 Abs. 3 UmwRG ist eine Vereinigung, die im Verfahren nach § 1 Abs. 1 UmwRG Gelegenheit zur Äußerung hatte, im Rechtsbehelfsverfahren mit allen Einwendungen ausgeschlossen, die sie in diesem Verfahren nicht oder nach den geltenden Rechtsvorschriften nicht rechtzeitig geltend gemacht hat, aber hätte geltend machen können. In Abgrenzung zum bereits zur Unzulässigkeit des Rechtsbehelfs führenden Einwendungsausschluss gem. § 2 Abs. 1 Nr. 3 UmwRG ist die **materielle Präklusion** gem. § 2 Abs. 3 UmwRG dann einschlägig, wenn die Äußerung der Vereinigung **nicht** den einschlägigen Anforderungen an einen **präklusionshindernden Vortrag** genügte oder aber eine nur **thematisch begrenzte Äußerung** erfolgte, einzelne Belange also nicht adressiert wurden und nun präkludiert sind.[769]

329 Die zur Präklusionsvorschrift des § 61 Abs. 3 BNatSchG a.F. entwickelten Grundsätze zur **Spezifizierung von Einwendungen** sind auf die Regelung des § 2 Abs. 3 UmwRG uneinge-

765 Vgl. Hoppe/Beckmann/*Kment*, § 2 UmwRG Rn 9.

766 Dazu noch Rn 331 ff.

767 Für die Details ist auf die Darlegungen zur Betroffenheit im satzungsmäßigen Aufgabenbereich zu verweisen, vgl. Rn 317.

768 Vgl. hingegen Hoppe/Beckmann/*Kment*, § 2 UmwRG Rn 19, wonach im Regelfall nur eine Teilnichtigkeit in Betracht komme.

769 Vgl. OVG NRW, Urt. v. 1.12.2011 – 8 D 58/08.AK – juris Rn 185 ff.; Landmann/Rohmer/*Fellenberg/Schiller*, § 2 UmwRG Rn 56.

schränkt übertragbar. Die Anforderungen sind durch die Rechtsprechung für Einwendungen von Vereinigungen und Privaten in Abhängigkeit von den unterschiedlichen Funktionen der Betroffenen- und der Verbändebeteiligung differenzierend bestimmt worden.[770] Letztere dient der Mobilisierung natur- und umweltschutzfachlichen Sachverstands;[771] daher obliegt den Vereinigungen auch eine Mitwirkungslast. Zugleich soll der von der Entscheidung Begünstigte vor einem überraschenden Prozessvortrag geschützt werden.[772] Ausgehend von diesen Zielen der Einbeziehung von Sachkunde und der Rechtssicherheit zugunsten des Begünstigten muss eine Vereinigung in ihren Einwendungen konkrete Angaben dazu machen, welches **Schutzgut** durch ein Vorhaben betroffen wird und welche **Beeinträchtigungen** ihm drohen.[773] Zudem muss in der Regel auch die **räumliche Zuordnung** eines Vorkommens oder einer Beeinträchtigung spezifiziert werden. Die Substanziierungslast hängt von den im Genehmigungsverfahren vorgelegten Unterlagen ab: Je umfangreicher und intensiver die vom Vorhabensträger bereits geleistete Begutachtungen und fachlichen Bewertungen in den Planunterlagen ausgearbeitet sind, desto intensiver muss grundsätzlich auch die Auseinandersetzung mit dem vorhandenen Material ausfallen.[774] Das Vorbringen muss sich differenziert und fachlich fundiert auf das vorhandene Material sowie den erreichten Untersuchungsgegenstand beziehen.[775] Nicht erforderlich ist hingegen eine zutreffende rechtliche Beurteilung.[776] Bei Privaten sind die Anforderungen dagegen geringer.

Praxistipp i

Vorhabensträger und Zulassungsbehörde tun gut daran, bereits von sich aus alle erforderlichen Umweltbelange ausführlich – und durchaus großzügig – zu ermitteln und zu bewerten; es sollte nicht auf die Einlassungen der Verbände gewartet werden, da eine (dann ggf. erstmalig einzuleitende) Ermittlung gerade der FFH- und artenschutzrechtlichen Belange sehr zeitaufwändig sein kann.

Der in § 2 Abs. 3 UmwRG geregelte Einwendungsausschluss ist **unionsrechtskonform**.[777] Der EuGH hat die Festsetzung angemessener Ausschlussfristen hinsichtlich der Einlegung von Rechtsbehelfen als Anwendungsfall des grundlegenden Prinzips der Rechtssicherheit für zulässig erachtet.[778] Diese Aussagen sind auf die ebenfalls der Rechtssicherheit dienende Einwendungspräklusion übertragbar; das Einwendungsrecht kommt insofern einem vorgezogenen Rechtsschutz gleich.[779] 330

770 Vgl. BVerwG, Urt. v. 29.9.2011 – 7 C 21/09 – juris Rn 34.
771 Vgl. BVerwG, Urt. v. 27.2.2003 – 4 A 59/01 – BVerwGE 118, 15, 17.
772 Vgl. BVerwG, Urt. v. 22.1.2004 – 4 A 4/03 – NVwZ 2004, 861, 863; Urt. v. 14.7.2011 – 9 A 12/10 – BVerwGE 140, 149, 152.
773 Dazu etwa VGH München, Beschl. v. 19.4.2011 – 8 ZB 10/129 – NuR 2011, 587, 588.
774 Vgl. BVerwG, Urt. v. 29.9.2011 – 7 C 21/09 – juris Rn 35.
775 BVerwG, Urt. v. 9.8.2010 – 9 B 10/10 – juris Rn 8; Urt. v. 29.9.2011 – 7 C 21/09 – NVwZ 2012, 176, 178; *Rubel*, DVBl. 2013, 469, 476.
776 Vgl. BVerwG, Urt. v. 22.1.2004 – 4 A 4/03 – NVwZ 2004, 861, 863; Urt. v. 14.7.2011 – 9 A 12/10 – BVerwGE 140, 149, 152 f.
777 BVerwG, Urt. v. 29.9.2011 – 7 C 21/09 – juris Rn 31; Beschl. v. 11.11.2009 – 4 B 57/09 – NuR 2010, 339 f.; Urt. v. 29.9.2011 – 7 C 21/09 – NVwZ 2012, 176, 177; für eine Vereinbarkeit mit Unionsrecht auch *Steinberg/Wickel/Müller*, § 6 Rn 184; kritisch *Bunge*, ZUR 2010, 20, 24; vgl. auch zur Präklusionsregel des § 17a Nr. 7 S. 2 FStrG BVerwG, Urt. v. 14.7.2011 – 9 A 12/10 – BVerwGE 140, 149, 154 ff.
778 Vgl. EuGH, Urt. v. 16.5.2000 – C-78/98 – Slg. 2000, I-3201 Rn 33.
779 BVerwG, Urt. v. 29.9.2011 – 7 C 21/09 – juris Rn 32.

c) Verbandsklage gem. § 4 i.V.m. § 2 UmwRG

331 § 4 UmwRG trifft eine besondere Fehlerfolgenregelung für die Begründetheitsprüfung.[780] Die in Abs. 1 Nr. 1 und Nr. 2 genannten Verfahrensverstöße bei UVP-relevanten Vorhaben werden für Umweltvereinigungen als **absolute Verfahrensrechte** ausgestaltet;[781] abweichend von der allgemeinen Fehlerfolgenregelung des § 46 VwVfG und der hieran anknüpfenden Kausalitätsrechtsprechung kann die **Aufhebung der Entscheidung gem. § 1 Abs. 1 S. 1 Nr. 1 UmwRG**[782] verlangt werden, ohne dass es darauf ankommt, ob diese Verfahrensfehler die Sachentscheidung beeinflusst haben können.[783]

aa) Zulässigkeit

332 Die Zulässigkeitsvoraussetzungen des **§ 2 Abs. 1 UmwRG** bleiben von § 4 UmwRG unberührt; insoweit wird auf die dortigen Ausführungen verwiesen. Das in § 2 Abs. 1 S. 1 Nr. 1 geregelte Erfordernis der möglichen **Entscheidungsrelevanz** des gerügten Verstoßes ist jedoch **ohne Bedeutung**, da eine (potenzielle) Kausalität in den von § 4 UmwRG geregelten Fällen gerade nicht gefordert und daher auch im Rahmen der Zulässigkeit nicht darzulegen ist.[784] Umstritten ist, ob das **Mitwirkungserfordernis** und die **materielle Präklusionsregelung** des § 2 Abs. 1 Nr. 3, Abs. 3 UmwRG im Kontext des § 4 UmwRG Anwendung finden. Nach zutreffender Ansicht ist dies der Fall.[785] § 4 UmwRG trifft eine besondere Fehlerfolgenregelung für die Begründetheitsprüfung, die jeweiligen Zulässigkeitsanforderungen bleiben indes unberührt. Selbst wenn darin eine Ungleichbehandlung gegenüber anderen Klägern liegen sollte, deren Rechtsbehelfe nicht den Anforderungen des § 2 Abs. 1 Nr. 3, Abs. 3 UmwRG unterliegen, so fordert dies keine andere Beurteilung; denn an die Mitwirkung von Vereinigungen dürfen sehr wohl andere Anforderungen gestellt werden als etwa an Individualkläger, die ihrerseits besonderen Regelungen unterliegen.[786]

bb) Begründetheit

(1) Nichtdurchführung einer erforderlichen Umweltverträglichkeitsprüfung oder Vorprüfung

333 § 4 Abs. 1 S. 1 UmwRG knüpft die Fehlerfolge der **Aufhebung** der Zulassungsentscheidung an das **vollständige Fehlen** einer **erforderlichen Umweltverträglichkeitsprüfung** (Nr. 1) oder an das vollständige Fehlen einer **erforderlichen Vorprüfung** des Einzelfalls über die UVP-Pflichtigkeit (Nr. 2).

334 Im Zuge der Novellierung wurde dem Fall der Nichtdurchführung einer **Umweltverträglichkeitsprüfung** der Fall gleichgestellt, dass eine **durchgeführte Vorprüfung des Einzelfalls** über die UVP-Pflichtigkeit **nicht** dem Maßstab von **§ 3a S. 4 UVPG** genügt (§ 4 Abs. 1 S. 2 UmwRG). Ausweislich der Gesetzesbegründung soll es sich lediglich um eine Klarstellung handeln.[787] Soweit diese Konstellation in der Rechtsprechung bislang als nicht von § 4 Abs. 1 S. 1 UmwRG a.F. erfasst angesehen worden war,[788] verkenne dies, dass es im Kontext der Nr. 1 allein

---

780 Vgl. BVerwG, Urt. v. 20.12.2011 – 9 A 30/10 – juris Rn 21.
781 Vgl. *Steinberg/Wickel/Müller*, § 6 Rn 12, 183 m.w.N.; a.A. *Appel*, NVwZ 2010, 473, 476 f.
782 Die in Nr. 2 aufgezählten Gestattungen sind von § 4 UmwRG hingegen nicht erfasst.
783 Vgl. OVG Lüneburg, Urt. v. 8.5.2012 – 12 KS 5/10 – ZUR 2012, 562, 563; zur Bedeutung für Individualkläger und Gemeinden vgl. Rn 157 und Rn 293.
784 So zutreffend Landmann/Rohmer/*Fellenberg/Schiller*, § 4 UmwRG Rn 26.
785 Vgl. Landmann/Rohmer/*Fellenberg/Schiller*, § 4 UmwRG Rn 27; a.A. Hoppe/Beckmann/*Kment*, § 4 UmwRG Rn 9.
786 Vgl. Landmann/Rohmer/*Fellenberg/Schiller*, § 4 UmwRG Rn 27, § 2 UmwRG Rn 56.
787 Vgl. BT-Drucks. 17/10957, S. 17.
788 Vgl. HessVGH, Urt. v. 24.9.2008 – 6 C 1600/07 – juris Rn 55; Urt. v. 16.9.2009 – 6 C 1005/08 – juris Rn 89.

darauf ankomme, ob eine nach dem UVPG **erforderliche Umweltverträglichkeitsprüfung nicht durchgeführt** worden sei. Ihr Unterbleiben könne sowohl auf der Nichtanwendung als auch auf der fehlerhaften Anwendung von Vorschriften beruhen, die das Bestehen einer UVP-Pflicht regeln. Auch das BVerwG hatte im Vorfeld dieser Kodifizierung bereits entschieden, dass es der Konstellation des § 4 Abs. 1 S. 1 Nr. 1 UmwRG unterfällt, wenn sich das Ergebnis der Vorprüfung, erhebliche nachteilige Umweltauswirkungen seien nicht zu besorgen, als nicht nachvollziehbar erweist.[789]

Bloße Fehler einer durchgeführten **Umweltverträglichkeitsprüfung** respektive andere Fälle wesentlicher wie unwesentlicher Verfahrensfehler unterfallen hingegen nicht der besonderen Fehlerfolgenregelung des § 4 UmwRG;[790] insofern verbleibt es bei der Anwendung von §§ 45, 46 VwVfG bzw. den spezielleren Rechtsvorschriften, die für die Entscheidung über die Zulässigkeit des Vorhabens maßgebend sind.[791] 335

Die Begründetheitsprüfung beschränkt sich damit auf die Prüfung, ob einer der **abschließend** genannten **Verfahrensfehler** vorliegt und ob die Entscheidung **satzungsmäßig erfasste Belange** des Umweltschutzes berührt.[792] 336

(2) Vorlagebeschluss

Die Beschränkung des § 4 UmwRG auf lediglich zwei Fehler ist Gegenstand eines aktuellen Vorlagebeschlusses des 7. Senats des BVerwG zum EuGH.[793] Im Wege der Vorabentscheidung ist u.a. die Frage vorgelegt worden, ob die Mitgliedstaaten verpflichtet gewesen sind, die Anwendbarkeit der im Hinblick auf die Anfechtung der verfahrensrechtlichen Rechtmäßigkeit einer Entscheidung zur Umsetzung von Art. 10a der UVP-Richtlinie ergangenen Vorschriften des nationalen Rechts auch auf den Fall einer **zwar durchgeführten, aber fehlerhaften Umweltverträglichkeitsprüfung** zu erstrecken. Sollte dies zutreffen, so wird sinngemäß weiter gefragt, ob der Erfolg einer gerichtlichen Anfechtung und die Aufhebung der Entscheidung im Lichte des Art. 10a der UVP-Richtlinie an die Voraussetzung geknüpft werden können, dass nach den Umständen des Falls die konkrete Möglichkeit besteht, dass die angegriffene Entscheidung **ohne den Verfahrensfehler anders ausgefallen wäre**, und ob durch den Verfahrensfehler zudem dem Kläger zustehende **materielle Rechtspositionen betroffen** oder ob Verfahrensfehler in weiterem Umfang beachtlich sein müssen. Sollte Letzteres der Fall sein, stellte sich die Frage nach den sodann an Verfahrensfehler zu stellenden **inhaltlichen Anforderungen**. 337

Die Begründung der aufgeworfenen Vorlagefragen ist nicht frei von Rechtsirrtum. Zwar beschränkt sich § 4 Abs. 1 UmwRG – und damit dessen besondere Fehlerfolgenregelung – auf lediglich zwei Fehler; dies bedeutet aber nicht, dass andere Verfahrensfehler unbeachtlich wären. Insbesondere wird die Anfechtbarkeit einer Entscheidung wegen anderweitiger Verfahrensmängel nach Maßgabe des **§ 46 VwVfG** hierdurch (entgegen der etwas irreführenden gesetzlichen Überschrift des § 4 UmwRG) nicht ausgeschlossen;[794] einschlägig ist vielmehr § 2 UmwRG. Die unionsrechtlich gebotene Anfechtbarkeit von Entscheidungen, welche sonstige wesentliche oder auch unwesentliche Verfahrensanforderungen missachten, ist aber auch bei Geltung des § 46 VwVfG und der darauf bezogenen Kausalitätsrechtsprechung gegeben; eine **Ausgestaltung als absolutes Verfahrensrecht fordert das Unionsrecht nicht**. Die in Art. 10a Abs. 1 UVP-Richtlinie (jetzt: 338

789 Vgl. BVerwG, Urt. v. 20.12.2011 – 9 A 31/10 – NVwZ 2012, 575, 579.
790 Vgl. zum aktuellen Vorlagebeschluss des BVerwG zum EuGH im Anschluss unter Rn 337 ff.
791 Vgl. BT-Drucks. 17/10957, S. 17 unter Verweis auf BT-Drucks. 16/2495, S. 14.
792 Vgl. Hoppe/Beckmann/*Kment*, § 4 UmwRG Rn 11; Landmann/Rohmer/*Fellenberg*/*Schiller*, § 4 UmwRG Rn 29.
793 BVerwG, Beschl. v. 10.1.2012 – 7 C 20/11 – NVwZ 2012, 448 ff.; vgl. hierzu auch *Kment*, NVwZ 2012, 481.
794 Das UmwRG schließt die Anwendung des § 46 VwVfG nicht aus, vgl. auch *Rubel*, DVBl. 2013, 469, 475.

Art. 11 Abs. 1 UVP-Richtlinie) geforderte Überprüfbarkeit von Entscheidungen in materiell- wie verfahrensrechtlicher Hinsicht wird mithin nicht nur durch § 4 UmwRG, sondern auch durch § 2 UmwRG, § 46 VwVfG sichergestellt. Das deutsche Recht sieht folglich eine weitergehende Beachtlichkeit von Verfahrensfehlern vor, als es die Vorlagefragen, die § 46 VwVfG nicht einmal erwähnen, suggerieren. § 4 UmwRG ist deshalb bereits in seiner jetzigen Fassung **unionsrechtskonform**; einer Korrektur bedarf es nicht. Fraglich könnte allenfalls sein, ob § 46 VwVfG oder/und die Kausalitätsrechtsprechung des BVerwG unionsrechtskonform – etwa nach Maßgabe der vom EuGH vorgenommenen Differenzierung zwischen wesentlichen und unwesentlichen Verfahrensfehlern – auszulegen sind. Diese Frage ist aber nicht gestellt worden,[795] sodass der Vorlagebeschluss zu den dortigen Fragen 2 und 3 mangels Entscheidungserheblichkeit unzulässig ist.

(3) Nachholung, Heilung und Aussetzung des gerichtlichen Verfahrens

339 Die Aufhebung der Zulassungsentscheidung als Fehlerfolge setzt weiter voraus, dass der gerügte Mangel i.S.d. § 4 Abs. 1 S. 1 Nr. 1 und Nr. 2 UmwRG **nicht nachgeholt** bzw. **geheilt** worden ist (nicht: „werden kann"); es kommt also – anders als etwa bei § 75 Abs. 1a S. 2 VwVfG, § 43e Abs. 4 S. 2 EnWG – nicht lediglich auf die Möglichkeit zur Nachholung/Heilung an – sondern deren **Durchführung**. § 4 Abs. 1 nimmt dabei die nach anderen Regelungen möglichen Heilungsvorschriften in Bezug.

340 Eine fehlerhaft unterlassene **Vorprüfung des Einzelfalls** gem. § 3c UVPG kann in entsprechender Anwendung des § 45 Abs. 2 VwVfG bis zum Abschluss der letzten Tatsacheninstanz des verwaltungsgerichtlichen Verfahrens **nachgeholt** werden;[796] die Anwendbarkeit dieser Vorschrift ist ausdrücklich vorgesehen (§ 4 Abs. 1 S. 2 UmwRG). Wurde eine dem Maßstab des § 3a S. 4 UVPG nicht genügende Vorprüfung durchgeführt, so gilt Entsprechendes. Der mit der Vorprüfung verfolgte Zweck, über die Erforderlichkeit einer Umweltverträglichkeitsprüfung zu entscheiden, kann auch zu diesem Zeitpunkt noch erreicht werden. Das weitere Schicksal der Entscheidung soll dann von dem Ergebnis der nachgeholten Vorprüfung abhängen: Kommt diese zu dem Schluss, dass das Vorhaben **keiner Umweltverträglichkeitsprüfung** bedarf, so ist die **Fehlerkorrektur** abgeschlossen; das Genehmigungsverfahren muss nicht neu durchgeführt werden.[797] Ergibt die nachgeholte Vorprüfung hingegen, dass eine **Umweltverträglichkeitsprüfung erforderlich** war, so soll sie nach dem BVerwG[798] und Teilen der Literatur[799] **in der Regel** im gerichtlichen Verfahren **nicht nachgeholt** werden können; die Genehmigung müsste grundsätzlich aufgehoben werden. Zur Begründung wird angeführt, die Vorprüfung habe eine andere Funktion als die **Umweltverträglichkeitsprüfung**; Letztere stelle eine frühzeitige, auf die Umweltbelange zentrierte Vorabprüfung unter Ausschluss sonstiger, für oder gegen das Vorhaben streitender Belange dar, die unter Beteiligung der Öffentlichkeit zu erfolgen habe und deren Ergebnis bei der Entscheidung zu berücksichtigen sei.[800] Diese Verfahrensschritte würden ihrer Bedeutung und Funktion beraubt, könnte eine Umweltverträglichkeitsprüfung noch im gerichtlichen Verfahren nachgeholt werden.[801]

---

795 Auf diese Differenzierungsmöglichkeit, die vom 7. Senat nicht aufgegriffen wurde, weist auch *Rubel* (DVBl. 2013, 469, 475) hin.
796 Vgl. BVerwG, Urt. v. 20.8.2008 – 4 C 11/07 – BVerwGE 131, 325.
797 Vgl. BVerwG, Urt. v. 20.8.2008 – 4 C 11/07 – BVerwGE 131, 352, 360; *Ziekow*, NVwZ 2007, 259, 265; *Kment*, NVwZ 2007, 274, 277.
798 Vgl. BVerwG, Urt. v. 20.8.2008 – 4 C 11/07 – BVerwGE 131, 352, 360 – allerdings als nicht entscheidungstragendes *obiter dictum*.
799 Vgl. Hoppe/Beckmann/*Kment*, § 4 UmwRG Rn 16.
800 Vgl. BVerwG, Urt. v. 20.8.2008 – 4 C 11/07 – BVerwGE 131, 352, 360 f.
801 Vgl. Hoppe/Beckmann/*Kment*, § 4 UmwRG Rn 16.

Diese Sichtweise ist schon deshalb nicht überzeugend, weil § 4 Abs. 1 S. 1 UmwRG ausweislich seines **Wortlauts** von der Möglichkeit einer Nachholung auch der Umweltverträglichkeitsprüfung ausgeht und § 45 Abs. 2 VwVfG unterschiedslos für anwendbar erklärt. Der Gesetzgeber hat an diesem Wortlaut in Kenntnis der abweichenden Auffassung in Literatur und Rechtsprechung festgehalten und ihn auch im Rahmen der Novellierung des § 4 UmwRG nicht geändert. Die aktuelle Gesetzesbegründung zu § 4 UmwRG verhält sich zu dieser Frage nicht; es hätte aber jedenfalls nahegelegen, hierzu etwas zu sagen, wenn die Nachholung der Umweltverträglichkeitsprüfung entgegen dem Wortlaut gar nicht möglich sein sollte.[802] Angesichts dieses klaren Gesetzestexts ist es der Verwaltungsgerichtsbarkeit aber verwehrt, schlicht von der fehlenden Nachholbarkeit einer unterlassenen Umweltverträglichkeitsprüfung auszugehen. § 4 Abs. 1 UmwRG setzt diese Möglichkeit voraus; sein eindeutiger Wortlaut ist keiner abweichenden Auslegung zugänglich. 341

Die Argumentation ist darüber hinaus aber auch deshalb nicht tragfähig, weil die **Nachholung der Umweltverträglichkeitsprüfung** nach der Rechtsprechung jedenfalls in einem fachrechtlich vorgesehenen **ergänzenden Verfahren** möglich ist.[803] Der fachplanungsrechtliche Grundsatz der Planerhaltung geht der allgemeinen Fehlerfolgenregelung nach § 113 Abs. 1 S. 1 VwGO i.V.m. § 4 Abs. 1 S. 1 UmwRG vor.[804] Weil Heilungsmöglichkeiten in einem ergänzenden Verfahren verbleiben (§ 43e Abs. 4 EnWG, § 75 Abs. 1a S. 2 VwVfG, § 214 Abs. 4 BauGB), rechtfertigt der Verfahrensmangel einer fehlerhaft unterbliebenen Umweltverträglichkeitsprüfung nicht die Aufhebung, sondern nur die Feststellung der Rechtswidrigkeit und Nichtvollziehbarkeit der Entscheidung. Im Kontext des NABEG kann eine fehlerhaft unterlassene Umweltverträglichkeitsprüfung mithin im ergänzenden Verfahren nachgeholt werden (§ 18 Abs. 3 NABEG i.V.m. § 43e Abs. 4 EnWG). 342

Die Anwendung dieser Heilungsregelungen hat das BVerwG zutreffend als mit dem **Unionsrecht** vereinbar angesehen; auch unter Berücksichtigung der Rechtsprechung des EuGH zum Erfordernis der Durchführung einer Umweltverträglichkeitsprüfung **vor** Zulassungsentscheidungen bestünden insofern keine Zweifel.[805] Nach Art. 2 Abs. 1 UVP-Richtlinie haben die Mitgliedstaaten zu gewährleisten, dass Projekte, bei denen mit erheblichen Auswirkungen auf die Umwelt zu rechnen ist, „vor Erteilung der Genehmigung“ einer Umweltverträglichkeitsprüfung zu unterziehen sind.[806] Prüfungen, die erst **nach** der Zulassungsentscheidung erfolgen, sind danach grundsätzlich unbeachtlich. Das Unionsrecht steht aber nationalen Vorschriften, die unter bestimmten Umständen die Legalisierung gemeinschaftsrechtswidriger Vorgänge oder Handlungen zulassen, dann nicht entgegen, wenn hierdurch **nicht** die Möglichkeit eröffnet wird, es zu **umgehen** oder es nicht anzuwenden, und die eingeräumte **Möglichkeit der Legalisierung** die **Ausnahme** bleibt.[807] In diesem Kontext hat der EuGH ausdrücklich auch die Möglichkeit der Nachholung einer Umweltverträglichkeitsprüfung angesprochen: Die zuständigen Behörden seien gehalten, die erforderlichen Maßnahmen zu treffen, um im Rahmen der Verfahrensautonomie der Mitgliedstaaten das Fehlen einer Umweltverträglichkeitsprüfung auszugleichen, beispielsweise durch die Rücknahme oder *„die Aussetzung einer bereits erteilten Genehmigung zu dem Zweck, eine Umweltverträglichkeitsprüfung des in Rede stehenden Projekts i.S.d.* 343

802 Soweit in der früheren Gesetzesbegründung nur die Nachholung einer unterlassenen Vorprüfung erwähnt wird, geschieht dies explizit nur „beispielsweise“, vgl. BT-Drucks. 16/2495, S. 14.

803 Vgl. BVerwG, Urt. v. 20.12.2011 – 9 A 31/10 – NVwZ 2012, 575, 578.

804 Spezielle Fehlerfolgen aus Gründen der Planerhaltung (Planergänzung oder planergänzendes Verfahren) sind nicht ausgeschlossen, vgl. *Rubel*, DVBl. 2013, 469, 463 f. (Fn 57).

805 Vgl. BVerwG, Urt. v. 20.12.2011 – 9 A 31/10 – NVwZ 2012, 575, 578.

806 Vgl. EuGH, Urt. v. 3.7.2008 – Rs C-215/06 – Slg. 2008, I-4911 Rn 49

807 Vgl. EuGH, Urt. v. 3.7.2008 – Rs C-215/06 – Slg. 2008, I-4911 Rn 57.

Richtlinie 85/337 durchzuführen".[808] Die Nachholung der Umweltverträglichkeitsprüfung begegnet demzufolge keinen unionsrechtlichen Bedenken, wenn hierdurch nicht die Möglichkeit eröffnet wird, das Unionsrecht zu umgehen oder nicht anzuwenden, und wenn die nachträgliche Legalisierung die Ausnahme bleibt.

344 Diese Voraussetzungen sind nach dem BVerwG jedenfalls im Fall des **ergänzenden Verfahrens** erfüllt: Die gerichtliche Feststellung der Rechtswidrigkeit und Nichtvollziehbarkeit stellt sicher, dass die **Zulassungsentscheidung nicht ausgeführt** werden darf, bevor die unterbliebene Umweltverträglichkeitsprüfung nachgeholt und die in ihrem Rahmen getroffenen Feststellungen und Bewertungen der Umweltauswirkungen des Vorhabens in einer erneuten Zulassungsentscheidung gewürdigt worden sind. Diese Würdigung muss **ergebnisoffen** erfolgen und ist wiederum mit **Rechtsbehelfen angreifbar.** Eine Umgehung oder Nichtanwendung der Regelungen über die Umweltverträglichkeitsprüfung wird dadurch verhindert. Die nachträgliche Fehlerbehebung bleibt zudem die **Ausnahme**, weil die §§ 3a ff. UVPG gewährleisten, dass im Regelfall frühzeitig vor der Zulassungsentscheidung die UVP-Pflichtigkeit eines Vorhabens ermittelt und dementsprechend dessen Umweltverträglichkeit rechtzeitig geprüft wird.[809]

345 Für **Fachplanungsentscheidungen** folgt hieraus aber auch, dass eine fehlerhaft unterlassene Umweltverträglichkeitsprüfung auch bereits **während eines anhängigen gerichtlichen Verfahrens** nachgeholt werden kann, soweit im konkreten Fall den vom EuGH dargelegten Voraussetzungen genügt wird. Um zu gewährleisten, dass die Planungsentscheidung bis zum Abschluss des Verfahrens nicht vollzogen und damit das Unionsrecht umgangen wird, kann etwa eine Aussetzung der Vollziehung erfolgen oder aber eine entsprechende verbindliche Erklärung vom Vorhabenträger abgegeben werden.[810] Auch diese nachträgliche Fehlerbehebung während des gerichtlichen Verfahrens (nicht: „im" gerichtlichen Verfahren) bleibt angesichts der §§ 3a ff. UVPG die Ausnahme.

346 Darüber hinaus ist damit aber auch bei **gebundenen Entscheidungen** eine Nachholung der Umweltverträglichkeitsprüfung **während des gerichtlichen Verfahrens** möglich; die als **obiter dictum** vom BVerwG geäußerte Sichtweise überzeugt nicht. Die Genehmigungsbehörde kann die Umweltverträglichkeitsprüfung gem. § 45 Abs. 2 VwVfG als „Herrin des Verfahrens" bis zum **Abschluss** der letzten Tatsacheninstanz des verwaltungsgerichtlichen Verfahrens nachholen. Auch diese Nachholung der Umweltverträglichkeitsprüfung begegnet keinen unionsrechtlichen Bedenken, soweit den vom EuGH aufgestellten Voraussetzungen Rechnung getragen wird. Eine Umgehung der Regelungen zur Umweltverträglichkeitsprüfung im Sinne der Rechtsprechung des EuGH kann aber auch bei gebundenen Entscheidungen dadurch ausgeschlossen werden, dass im Wege der **Aussetzung der Vollziehung** oder infolge einer entsprechenden **verbindlichen Erklärung des Vorhabenträgers** sichergestellt ist, dass die Genehmigung (zumindest in ihrem den Betrieb zulassenden Teil) nicht vollzogen wird, bevor die Umweltverträglichkeitsprüfung nachgeholt und die in ihrem Rahmen getroffenen Feststellungen und Bewertungen der Umweltauswirkungen des Vorhabens in einer erneuten **ergebnisoffenen** und wiederum mit **Rechtsbehelfen angreifbaren** Zulassungsentscheidung gewürdigt worden sind. Angesichts der §§ 3a ff. UVPG bleibt auch sie die **Ausnahme.** Bei gebundenen Entscheidungen muss die Nachholung der Umweltverträglichkeitsprüfung jedoch **zwingend** bis zum Abschluss des verwaltungsgerichtlichen Verfahrens erfolgen; anderenfalls führt der Verfahrensmangel der fehlerhaft unterbliebenen Umweltverträglichkeitsprüfung zur Aufhebung der Entscheidung. Eine spätere Nachholung scheidet mangels Möglichkeit eines ergänzenden Verfahrens nach

808 Vgl. EuGH, Urt. v. 7.1.2004 – Rs C-201/02 – Slg. 2004, I-723 Rn 65.
809 Vgl. BVerwG, Urt. v. 20.12.2011 – 9 A 31/10 – NVwZ 2012, 575, 578.
810 So auch Landmann/Rohmer/*Fellenberg/Schiller*, § 4 UmwRG Rn 21.

Maßgabe des skizzierten Feststellungstenors auf Basis der gegenwärtigen Judikatur aus; ob sich die Rechtsprechung zu einer richterrechtlichen Weiterentwicklung der Tenorierungspraxis entschließt (wie seinerzeit im Planfeststellungsrecht), liegt angesichts des Umstands, dass Großprojekte auch nach gebundenen Entscheidungen zu genehmigen sind, zwar nahe, ist aber zur Zeit nicht abzusehen. Auch der Gesetzgeber macht bedauerlicherweise keine Anstalten, sich dieses für den Industriestandort Deutschland wichtigen Themas, etwa durch eine Änderung im BImSchG oder der VwGO, anzunehmen.

Insofern ist de lege lata zu beachten, dass der Vorhabensträger **keinen Anspruch** auf **Aussetzung des Verfahrens** bis zur Nachholung der Umweltverträglichkeitsprüfung hat; das Gericht kann grundsätzlich eine Entscheidung treffen, noch bevor die Zulassungsbehörde die Umweltverträglichkeitsprüfung einschließlich der Öffentlichkeitsbeteiligung ordnungsgemäß nachholen konnte.[811] Die Möglichkeit einer Aussetzung des gerichtlichen Verfahrens zur Heilung eines Verfahrensfehlers bleibt zwar gem. § 4 Abs. 1 S. 2 Hs. 2 UmwRG „unberührt". Ausweislich der Gesetzesbegründung wollte der Gesetzgeber bei Einführung dieser Norm – entgegen dem missglückten Wortlaut „unberührt" – klarstellen, dass die **Möglichkeit der Aussetzung** des gerichtlichen Verfahrens auch nach Streichung des § 94 S. 2 VwGO a.F. weiterhin bestehen soll.[812] Insofern besteht aber keine Pflicht des Gerichts; ob eine Aussetzung des Verfahrens zur Fehlerheilung erfolgt, liegt vielmehr im **richterlichen Ermessen**. Im Rahmen der pflichtgemäßen Ermessensausübung sind die konkreten **Umstände des Einzelfalls abzuwägen**; hierbei kann beispielsweise zu berücksichtigen sein, wie lange der Rechtsstreit schon anhängig ist, ob das Verfahren bereits zuvor ausgesetzt wurde, ob der ordnungsgemäße Abschluss der nachgeholten Umweltverträglichkeitsprüfung unmittelbar bevorsteht bzw. wann mit einer abschließenden Beurteilung der Umweltverträglichkeit zu rechnen ist.[813] Bei dieser Abwägung ist einerseits dem Justizgewährungsanspruch des Klägers Rechnung zu tragen; andererseits besteht aber nach dem Rechtsstaatsprinzip kein verfassungskräftiger Anspruch auf Aufhebung einer rechtswidrigen Entscheidung, sondern einzig ein Anspruch auf rechtmäßiges Verwaltungshandeln; wenn dies im Laufe eines Rechtsbehelfsverfahrens herbeigeführt wird, ist dem Justizgewährungsanspruch des Einzelnen hinreichend genüge getan. Wenngleich die Aussetzung zum Zwecke der Fehlerheilung vor diesem Hintergrund nicht selten geboten sein mag, so wird von ihr in der gerichtlichen Praxis gleichwohl nur zurückhaltend Gebrauch gemacht. 347

Praxistipp i

Ist eine Umweltverträglichkeitsprüfung oder Vorprüfung fehlerhaft unterlassen worden, so sollten Vorhabenträger und Zulassungsbehörde bereits den Zeitraum etwaiger Widerspruchsverfahren zu deren Nachholung nutzen; in jedem Fall ist so früh wie möglich mit der Nachholung zu beginnen, um die Umweltverträglichkeitsprüfung/Vorprüfung zumindest während des gerichtlichen Verfahrens ordnungsgemäß abschließen und die Aufhebung der Entscheidung auf diesem Wege verhindern zu können.

(4) UVP-pflichtige Bebauungspläne (§ 4 Abs. 2 UmwRG)

§ 4 Abs. 2 UmwRG trifft eine **Sonderregelung** für Beschlüsse i.S.d. § 2 Abs. 3 Nr. 3 UVPG, d.h. für Satzungen gem. § 10 BauGB über die Aufstellung, Änderung oder Ergänzung von Bebauungsplänen, durch welche die Zulässigkeit von bestimmten UVP-pflichtigen Vorhaben begründet 348

811 Vgl. OVG Sachsen-Anhalt, Urt. v. 25.4.2012 – 2 L 192/09 – juris Rn 78; OVG Münster, Urt. v. 12.6.2012 – 8 D 38/08.AK – ZfBR 2012, 768, 779.

812 Vgl. BT-Drucks. 16/2495, S. 14; a.A. Landmann/Rohmer/*Fellenberg/Schiller*, § 4 UmwRG Rn 24, wonach die Regelung infolge einer Inkongruenz zwischen Regelungsziel, Wortlaut und Begründungserwägungen leerlaufe.

813 Vgl. OVG Münster, Urt. v. 12.6.2012 – 8 D 38/08.AK – ZfBR 2012, 768, 779.

werden soll, sowie hinsichtlich planfeststellungsersetzender Bebauungspläne für derartige Vorhaben. Abweichend von der Fehlerfolge des Abs. 1 gelten die **Planerhaltungsvorschriften** der §§ 214, 215 BauGB, die diesbezüglichen Überleitungsvorschriften des BauGB sowie die einschlägigen landesrechtlichen Vorschriften. Die Unanwendbarkeit des Abs. 1 hat zur Folge, dass die dort für die Fälle einer fehlenden Umweltverträglichkeitsprüfung/Vorprüfung bestimmte Erweiterung des Rechtsschutzes bei Bebauungsplänen nicht gilt; es bleibt vielmehr bei den allgemeinen Regeln des BauGB.

d) Besondere Maßgaben zur Anwendung der VwGO (§ 4a UmwRG)

349 Bei der Geltendmachung der Verbandsklagerechte sind ferner gewisse, von der VwGO abweichende Besonderheiten gem. § 4a UmwRG zu beachten:

aa) Klagebegründungsfrist (§ 4a Abs. 1 UmwRG)

350 § 4a Abs. 1 UmwRG sieht eine **Klagebegründungfrist** von sechs Wochen vor. Der Fristlauf beginnt mit der Klageerhebung[814] – nicht mit Ablauf der Monatsfrist – und kann auf Antrag durch das Gericht verlängert werden. Später vorgebrachte Tatsachen oder Beweismittel kann das Gericht nach seinem Ermessen entsprechend § 87b Abs. 3 VwGO zurückweisen. Dieser Verweis soll sich ausweislich der Gesetzesbegründung jedoch nicht auf dessen Nr. 3 erstrecken, sodass eine Belehrung über mögliche Folgen einer Fristversäumung nicht erforderlich wäre.[815] Diese Ansicht ist jedoch nicht Gesetz geworden; für einen Ausschluss einzelner Bestimmungen gibt der Normtext nichts her. Da ein Gesetz „klüger als der Gesetzgeber" sein kann, muss damit gerechnet werden, dass die Gerichte eine entsprechende **Belehrung** fordern werden.

i **Praxistipp**
Vor dem Hintergrund der geschilderten Divergenz zwischen Gesetzestext und -begründung ist anzuraten, in der Rechtsmittelbelehrung auf die Anforderung des § 4a UmwRG ausdrücklich hinzuweisen, um es nicht auf diese Streitfrage ankommen zu lassen.

bb) Beurteilungsermächtigung (§ 4a Abs. 2 UmwRG)

351 Soweit bei der Anwendung umweltrechtlicher Vorschriften behördliche Beurteilungsspielräume bestehen, ist die gerichtliche Kontrolldichte gem. § 4a Abs. 2 UmwRG auf die Prüfung beschränkt, ob der Sachverhalt vollständig und zutreffend erfasst wurde (Nr. 1), die Verfahrensregeln und die rechtlichen Bewertungsgrundsätze eingehalten wurden (Nr. 2), das anzuwendende Recht verkannt wurde (Nr. 3) und ob sachfremde Erwägungen vorliegen (Nr. 4).

352 Ausweislich der Gesetzesbegründung soll damit **keine Änderung** der anerkannten Grundsätze über die gerichtliche Prüftiefe bei Bestehen eines Beurteilungsspielraums verbunden sein. Auch der neue Begriff der „Beurteilungsermächtigung" knüpfe lediglich an die zur Begründung von Beurteilungsspielräumen herrschende sog. normative Ermächtigungslehre an, bedeute aber keine sachliche Abweichung von dem in Rechtsprechung und Literatur verwendeten Begriff des Beurteilungsspielraums.[816] Allerdings sind **Zweifel** an der bloßen Kodifizierung der bereits praktizierten Rechtsprechung angezeigt. Zum einen steht dem der Wortlaut des § 4a Abs. 2 UmwRG

---

814 Vgl. etwa zur Frist des § 5 Abs. 3 VerkPBG: BVerwG, Urt. v. 18.2.1998 – 11 A 6/97 – NVwZ-RR 1998, 592; Urt. v. 30.8.1993 – 7 A 14/93 – NVwZ 1994, 371; auch Steinbach/*Nebel*/*Riese*, § 43e EnWG Rn 19.
815 Vgl. BT-Drucks. 17/10957, S. 17 f.
816 Vgl. BT-Drucks. 17/10957, S. 18.

entgegen, wonach die Gerichte auf eine Prüfung beschränkt sind, ob das anzuwendende Recht „verkannt" wurde. Dies legt nahe, dass die Gerichte nur noch bei **groben Verstößen** eingreifen dürfen.[817] Damit erfolgt eine weitergehende Einschränkung gerichtlicher Nachprüfungsbefugnisse, denn bislang spricht das BVerwG im Kontext von Beurteilungsspielräumen von einer gerichtlichen Überprüfung, ob die Behörde von einem richtigen Verständnis des anzuwendenden Gesetzesbegriffs ausgegangen ist.[818] Auch die systematische Stellung der Regelung im UmwRG und der Bezug auf die „Anwendung umweltrechtlicher Vorschriften" stützt die Annahme, dass nicht lediglich eine allgemeingültige gesetzliche Fixierung der bereits praktizierten Rechtsprechung erfolgt, sondern ein **speziell** für Klagen nach dem UmwRG geltender **Kontrollmaßstab** eingeführt worden ist.[819]

cc) Maßstab im vorläufigen Rechtsschutz (§ 4a Abs. 3 UmwRG)

Im Kontext des **Eilrechtsschutzes** ist zudem § 4a Abs. 3 UmwRG zu beachten, wonach die An- 353
ordnung oder Wiederherstellung der aufschiebenden Wirkung gem. § 80 Abs. 5 VwGO durch das Gericht nur dann erfolgen darf, wenn im Rahmen einer Gesamtabwägung **ernstliche Zweifel** an der Rechtmäßigkeit des Verwaltungsakts bestehen. Es kommt also nicht zu einer allgemeinen Abwägung der widerstreitenden Interessen, sondern zur Anwendung des Maßstabs des § 80 Abs. 4 S. 3 VwGO.[820] Der Gesetzgeber geht mit der Neuregelung aber noch darüber hinaus. Während bei § 80 Abs. 4 S. 3 VwGO die Aussetzung der Vollziehung bei ernstlichen Zweifeln an der Rechtmäßigkeit des Verwaltungsakts erfolgen „soll", „kann" das Gericht nach § 4a Abs. 3 UmwRG die Vollziehung aussetzen. Die gesetzgeberische Entscheidung enthält danach eine doppelte Wertung: Zum einen gilt bei der Anwendung von § 80 Abs. 5 VwGO nicht die allgemeine Interessenabwägung, sondern die – verschärfte – Anforderung der „ernstlichen Zweifel". Zum anderen ist daraus zu folgern, dass die Aufrechterhaltung der Vollziehbarkeit selbst bei Vorliegen ernstlicher Zweifel an der Rechtmäßigkeit nicht nur in Ausnahmefällen erfolgen kann, sondern das Gericht in seiner eigenen Ermessensentscheidung – auf Grundlage der durchzuführenden Gesamtinteressenabwägung – insoweit frei ist. Ausweislich der Gesetzesbegründung soll diese Modifizierung des gerichtlichen Prüfungsmaßstabs dazu dienen, einen Ausgleich zwischen der umweltschützenden Zielsetzung von Verbandsklagen einerseits und den Belangen der von solchen Klagen Betroffenen andererseits zu gewährleisten.[821] Damit erhält die (vorläufige) Vollziehbarkeit der angegriffenen Entscheidung einen gewissen Vorrang gegenüber Drittrechtsbehelfen; dies liegt insbesondere auch im Interesse des beschleunigten Netzausbaus.

2. Naturschutzrechtliche Vereinsklage

Die naturschutzrechtliche Vereinsklage gem. § 64 BNatSchG wurde auf Bundesebene mit der 354
Novelle des BNatSchG im Jahre 2002 eingeführt. Bis zur Novellierung des UmwRG infolge des Trianel-Urteils des EuGH war sie als einzig echte „altruistische" Vereins- bzw. Verbandsklage von besonderer Bedeutung. Auch nach Inkrafttreten des „Gesetzes zur Änderung des Umweltrechtsbehelfsgesetzes und anderer umweltrechtlicher Vorschriften" verbleibt ihr ein Anwendungsbereich; § 64 Abs. 1 BNatSchG ist gem. § 1 Abs. 3 UmwRG (nur) dann nicht anwendbar,

817 Vgl. *Michler*, NuR 2013, 22, 23 f.
818 Vgl. BVerwG, Urt. v. 16.5.2007 – 3 C 8/06 – juris Rn 38.
819 Vgl. dazu auch die Stellungnahme des Bundesrates, BT-Drucks. 17/10957, S. 27; *Michler*, NuR 2013, 22, 23 f.; a.A. *Kment*, UPR 2013, 41, 45.
820 Vgl. dazu oben Rn 242 ff.
821 Vgl. BT-Drucks. 17/10957, S. 18.

soweit in Planfeststellungsverfahren, die § 1 Abs. 1 S. 1 Nr. 1 oder Nr. 2 UmwRG unterfallen, Rechtsbehelfe nach dem UmwRG eröffnet sind.[822]

a) Anerkannte Naturschutzvereinigung (§ 63 Abs. 1 BNatSchG)

355 Rechtsbehelfe gem. § 64 BNatSchG stehen **anerkannten Naturschutzvereinigungen** zu. Diese stellen eine Teilmenge der anerkannten Umweltvereinigungen i.S.d. § 3 UmwRG dar.[823] Nach der Legaldefinition in § 63 Abs. 1 BNatSchG sind sie solche Vereinigungen, die nach ihrem satzungsgemäßen Aufgabenbereich im Schwerpunkt die Ziele des **Naturschutzes** und der **Landschaftspflege fördern** und nach § 3 UmwRG **anerkannt** sind. Ob dies der Fall ist, ist aus dem Anerkennungsbescheid unmittelbar ersichtlich, da die Förderung dieser Ziele gem. § 3 Abs. 1 S. 2 Hs. 2 UmwRG explizit anzugeben ist.

356 Die Anerkennung erfolgt durch den **Bund**, sofern es sich um eine ausländische Vereinigung oder eine inländische Vereinigung handelt, deren Tätigkeitsbereich über das Gebiet eines Bundeslandes hinausgeht. Sie ergeht im Einvernehmen mit dem **Bundesamt für Naturschutz**. Die Anerkennung inländischer Vereinigungen mit Tätigkeit in nur einem Bundesland wird durch die zuständige Behörde des **Landes** ausgesprochen, in dem die Vereinigung tätig ist (§ 3 Abs. 3 UmwRG). Eine Beschränkung der rechtsbehelfsbefugten Vereinigungen resultiert insofern daraus, dass § 63 Abs. 2 BNatSchG die Mitwirkungsbefugnis der von den Ländern anerkannten Naturschutzvereinigungen auf solche begrenzt, die „nach ihrer Satzung **landesweit tätig**" sind. Aufgrund der Bezugnahme der Klagerechte auf die Mitwirkungsrechte sind rein **regional** tätige **Naturschutzvereinigungen** in der Konsequenz **nicht rechtsbehelfsbefugt**.[824]

b) Rechtsbehelfsgegenstände

357 Angreifbar sind Entscheidungen nach § 63 Abs. 1 Nr. 2 bis 4 und Abs. 2 Nr. 5 bis 7 BNatSchG (§ 64 Abs. 1 BNatSchG). Damit werden die Entscheidungsverfahren in Bezug genommen, in denen anerkannten Naturschutzvereinigungen **Mitwirkungsrechte gem. § 63 BNatSchG** gewährt werden. Mit der naturschutzrechtlichen Vereinsklage können daher naturschutzrechtliche Befreiungen, mit Eingriffen in Natur und Landschaft einhergehende Planfeststellungen sowie Plangenehmigungen, bei denen eine Öffentlichkeitsbeteiligung vorgesehen ist, einer gerichtlichen Kontrolle zugeführt werden. Es erfolgt jedoch **keine umfassende Inbezugnahme** der Mitwirkungsrechte; **ausgeklammert** sind Verordnungen auf Bundes- und Landesebene (§ 63 Abs. 1 Nr. 1, Abs. 2 Nr. 1 BNatSchG), Programme und Pläne nach § 10 und § 11 (§ 63 Abs. 2 Nr. 2 BNatSchG), Pläne gem. § 36 S. 1 Nr. 2 (§ 63 Abs. 2 Nr. 3 BNatSchG) sowie Programme zur Wiederansiedlung von Tieren und Pflanzen (§ 63 Abs. 2 Nr. 4 BNatSchG):

aa) Befreiungen von Schutzgebietsregelungen (§ 63 Abs. 1 Nr. 2, Abs. 2 Nr. 5 BNatSchG)

358 Des Weiteren angreifbar sind **Befreiungen** von Geboten und Verboten zum Schutz von Gebieten nach § 63 Abs. 1 Nr. 2 und Abs. 2 Nr. 5 BNatSchG. Damit sind nicht sämtliche im Naturschutzrecht einschlägigen Befreiungsentscheidungen zulässige Rechtsbehelfsgegenstände: Von den auf **Bundesebene** anerkannten Naturschutzvereinigungen können Befreiungen von Ge- und Verboten zum Schutz von geschützten **Meeresgebieten** i.S.d. § 57 Abs. 2 BNatSchG angegriffen

822 Vgl. dazu oben Rn 303 ff.
823 Vgl. Frenz/Müggenborg/*Heselhaus*, § 64 Rn 45.
824 Vgl. Frenz/Müggenborg/*Heselhaus*, § 64 Rn 21.

werden. Für auf **Landesebene** anerkannte Naturschutzvereinigungen kommen Befreiungsentscheidungen hinsichtlich der in § 63 Abs. 2 Nr. 5 BNatSchG **gelisteten Schutzgebiete** als Gegenstand des Rechtsbehelfs in Betracht. Erfasst sind Schutzgebiete i.S.d. § 32 Abs. 2 BNatSchG, Natura 2000-Gebiete (§ 7 Abs. 1 Nr. 8 BNatSchG), Naturschutzgebiete (§ 23 BNatSchG), Nationalparks und Nationale Naturmonumente (§ 24 BNatSchG) sowie Biosphärenreservate (§ 25 BNatSchG). **Nicht** erfasst werden hingegen Befreiungen von den **artenschutzrechtlichen Ge- und Verboten**[825] sowie Befreiungen von den Schutzbestimmungen eines **Landschaftsschutzgebiets** (§ 26 BNatSchG). Durch die Einbeziehung der Natura 2000-Gebiete können praktisch aber auch solche Areale in den Anwendungsbereich des § 64 BNatSchG fallen, denen in weiten Teilen lediglich der Status eines Landschaftsschutzgebiets zuerkannt wurde.[826] Auch im Falle einer **Konzentrationswirkung**, d.h., wenn die Befreiungen *„durch eine andere Entscheidung eingeschlossen oder ersetzt werden"* (§ 63 Abs. 1 Nr. 2 a.E., Abs. 2 Nr. 5 a.E. BNatSchG), handelt es sich um – insoweit – angreifbare Entscheidungen.

bb) Planfeststellungsverfahren (§ 63 Abs. 1 Nr. 3, Abs. 2 Nr. 6 BNatSchG)

Die Rechtsbehelfe können sich weiter gegen die in § 63 Abs. 1 Nr. 3, Abs. 2 Nr. 6 BNatSchG aufgeführten **Planfeststellungen** richten. Voraussetzung ist, dass es sich um Vorhaben handelt, die mit **Eingriffen in Natur und Landschaft** verbunden sind, was in aller Regel der Fall ist. 359

Auf **Bundesebene** anerkannte Naturschutzvereinigungen können sich insofern gegen Planfeststellungsverfahren wenden, die von **Bundesbehörden** oder im Bereich der **Ausschließlichen Wirtschaftszone** und des **Festlandsockels** von **Landesbehörden** durchgeführt werden. Erfasst werden beispielsweise Planfeststellungsbeschlüsse, mit denen der Bau oder die Änderung von Schienenwegen (§ 18 AEG) oder der Neu- oder Ausbau von Bundeswasserstraßen (§ 14 WaStrG) zugelassen werden. Auch Planfeststellungsbeschlüsse der BNetzA gem. § 2 Abs. 2 NABEG i.V.m. der noch zu erlassenden Rechtsverordnung gehören dazu. 360

Auf **Landesebene** anerkannte Naturschutzvereinigungen können sich sowohl gegen Planfeststellungen von **Landes-** wie **Bundesbehörden** wenden; die frühere Beschränkung auf Landesbehörden ist entfallen. Voraussetzung ist aber, dass es sich um Vorhaben **im Gebiet des anerkennenden Landes** handelt (§ 63 Abs. 2 Nr. 6 BNatSchG). Ausgeschlossen wird damit, dass die in einem bestimmten Land anerkannte Naturschutzvereinigung gegen Vorhaben in einem anderen Bundesland klagen kann.[827] Die ihr erteilte Anerkennung – und in der Folge die von ihr angreifbaren Vorhaben – unterliegen insofern einer räumlichen Begrenzung. 361

cc) Plangenehmigungen (§ 63 Abs. 1 Nr. 4, Abs. 2 Nr. 7 BNatSchG)

Zulässige Rechtsbehelfsgegenstände sind schließlich Plangenehmigungen, sofern sie eine **Planfeststellung ersetzen** und eine **Öffentlichkeitsbeteiligung** vorgesehen ist (§ 63 Abs. 1 Nr. 4, Abs. 2 Nr. 7 BNatSchG). Zudem muss das Vorhaben auch hier mit **Eingriffen in Natur und Landschaft** einhergehen. Die praktischen Auswirkungen der Einbeziehung der Plangenehmigungen in den Kreis der Rechtsbehelfsgegenstände sind damit im Kontext des NABEG begrenzt, weil eine Ersetzung der Planfeststellung durch eine Plangenehmigung bei diesen UVP-pflichtigen Vorhaben unzulässig ist (vgl. § 18 Abs. 3 NABEG, § 43b Nr. 2 EnWG). 362

---

825 Vgl. VGH München, Urt. v. 17.3.2008 – 14 BV 05.3079 – NuR 2008, 668; Landmann/Rohmer/*Gellermann*, § 64 BNatSchG Rn 8; Frenz/Müggenborg/*Heselhaus*, § 64 Rn 13; Schlacke/*Schlacke*, § 64 Rn 28.

826 Vgl. Landmann/Rohmer/*Gellermann*, § 64 BNatSchG Rn 10.

827 Vgl. OVG Bremen, Urt. v. 4.6.2009 – 1 A 7/09 – ZUR 2010, 42; *Meitz*, ZUR 2010, 563, 566; Frenz/Müggenborg/*Heselhaus*, § 64 Rn 20.

363 Hat die Behörde zu Unrecht eine Plangenehmigung durchgeführt, so ist die anerkannte Vereinigung berechtigt, gegen diese vorzugehen; eine Umgehung der Beteiligungsrechte wird damit verhindert.[828]

c) Klagearten

364 § 64 Abs. 1 BNatSchG verweist auf die „Rechtsbehelfe nach Maßgabe der Verwaltungsgerichtsordnung", sodass sämtliche dort geregelten Klagen, Rechtsmittel und sonstigen Rechtsbehelfe in Betracht kommen. Praktisch von besonderer Bedeutung wird auch hier die Anfechtungsklage gegen die in § 64 Abs. 1 BNatSchG in Bezug genommenen Entscheidungen sein; wie im Kontext der Vereinsklage nach UmwRG können jedoch auch andere Klagearten einschlägig sein.[829]

d) Besondere Sachurteilsvoraussetzungen (§ 64 Abs. 1 Nr. 1 bis Nr. 3 BNatSchG)

365 § 64 Abs. 1 Nr. 1 bis Nr. 3 BNatSchG enthält besondere Sachurteilsvoraussetzungen, die zusätzlich zu den sich aus der VwGO für den jeweils einschlägigen Rechtsbehelf ergebenden Zulässigkeitsvoraussetzungen erfüllt sein müssen.

aa) Rügefähige Normen (Abs. 1 Nr. 1)

366 Die Vereinigungen müssen zunächst geltend machen, dass die Entscheidung Rechtsvorschriften widerspricht, die bei ihrem Erlass zu beachten und zumindest auch den **Belangen des Naturschutzes** und der **Landschaftspflege** zu dienen bestimmt sind. Damit ist eine umfassende gerichtliche Prüfung der von einer Vereinigung angegriffenen Entscheidung ausgeschlossen; die Kontrolle beschränkt sich vielmehr auf die Überprüfung der Vereinbarkeit mit jenen Bestimmungen, die einen entsprechenden naturschutzrechtlichen Bezug aufweisen.[830] Die Rechtswidrigkeit der in § 64 BNatSchG erfassten Entscheidungen kann dabei grundsätzlich sowohl in **verfahrensrechtlicher** wie in **materiell-rechtlicher Hinsicht** überprüft werden. Weder ist eine Verletzung in eigenen Rechten noch die Geltendmachung drittschützender Normen erforderlich.

367 Zu den rügefähigen Vorschriften zählen zunächst die in Abs. 1 Nr. 1 aufgeführten **spezifisch naturschutzrechtlichen Vorschriften**, d.h. das BNatSchG, aufgrund dessen erlassene Rechtsverordnungen oder fortgeltende Vorschriften sowie das Naturschutzrecht der Länder. Ferner werden – jenseits des Naturschutzrechts im engeren Sinne – sämtliche Rechtsvorschriften erfasst, die den geforderten **Bezug zum Naturschutz und der Landschaftspflege** aufweisen.[831] Dazu zählen beispielsweise Teile der einschlägigen **Fachgesetze**, insbesondere des UVPG, des BImSchG, des WHG und des WaStrG.[832] Erfasst werden ferner auch Vorschriften des **Unionsrechts**, etwa Normen der IED-Richtlinie, der Wasserrahmen-Richtlinie, der FFH-Richtlinie oder der Vogelschutz-Richtlinie.[833] Weisen **normkonkretisierende Verwaltungsvorschriften** einen spezifischen Bezug zum Naturschutz auf, so sind auch diese rügefähig.[834]

---

828 Vgl. Schlacke/*Schlacke*, § 64 Rn 33.
829 Vgl. hierzu bereits Rn 309.
830 Vgl. BVerwG, Beschl. v. 23.11.2007 – 9 B 38/07 – NuR 2008, 176, 177.
831 Vgl. BVerwG, Urt. v. 19.3.2003 – 9 A 33/02 – NVwZ 2003, 1120f.
832 Vgl. Frenz/Müggenborg/*Heselhaus*, § 64 Rn 27; Landmann/Rohmer/*Gellermann*, § 64 BNatSchG Rn 17; Schlacke/*Schlacke*, § 64 Rn 39.
833 Vgl. BVerwG, Urt. v. 17.5.2002 – 4 A 28/01 – NuR 2002, 739, 740; Urt. v. 19.5.1998 – 4 A 9/97 – BVerwGE 107, 1; Schlacke/*Schlacke*, § 64 Rn 39.
834 Vgl. OVG Schleswig, Urt. v. 15.2.2001 – 4 L 92/99 – NuR 2003, 308, 309f.

Eine Verletzung des **planerischen Abwägungsgebots** ist ebenfalls rügefähig; in Bezug darauf hat die Rechtsprechung in Anlehnung an die Abwägungsfehlerlehre einen speziellen **Prüfkanon** für naturschutzrechtliche Vereinsklagen entwickelt. Danach ist zur Überprüfung gestellt, ob (1.) eine Abwägung hinsichtlich der naturschutzrechtlichen Belange überhaupt stattgefunden hat, ob (2.) in diese an naturschutzrechtlichen Belangen eingestellt wurden, was nach Lage der Dinge einzustellen war, ob (3.) die Bedeutung der betroffenen naturschutzrechtlichen Belange zutreffend erkannt und ob (4.) der Ausgleich zwischen den von der Planung berührten öffentlichen und privaten Belangen in einer Weise vorgenommen worden ist, der *„zur objektiven Gewichtigkeit der naturschutzrechtlichen Belange nicht außer Verhältnis steht"*.[835] **Nicht überprüfbar** sind hingegen solche Mängel, die sich auf die **anderen**, mit den naturschutzrechtlichen Interessen abzuwägenden **Belange** – auch öffentlicher Natur – beziehen.[836] Dies sind beispielsweise der Verkehrsbedarf, Lärmauswirkungen, Verkehrsimmissionen, wirtschaftliche Auswirkungen sowie Belange der Denkmalpflege.[837] Ausnahmen von diesem **beschränkten verwaltungsgerichtlichen Kontrollumfang** bestehen allenfalls dann, wenn es sich um einen Fall erkennbar vorgeschobener Gründe oder missbräuchlicher Abwägung handelt,[838] also von vornherein offensichtlich sachfremde Kriterien angelegt wurden. 368

Nicht rügefähig ist grundsätzlich das Fehlen der **Planrechtfertigung**.[839] Desgleichen werden Vorschriften des **Raumordnungsrechts** von der Rügebefugnis nicht umfasst, weil keine Rechtsvorschriften in Rede stehen, die zumindest auch den Belangen des Naturschutzes und der Landschaftspflege zu dienen bestimmt sind.[840] 369

Form- und Verfahrensvorschriften sind dann rügefähig, wenn sie zumindest auch den **Belangen des Naturschutzes** und der **Landschaftspflege** zu dienen bestimmt sind, beispielsweise auf das Einbringen naturschutzfachlichen Sachverstands zielen.[841] Zur Aufhebung der Entscheidung führen sie indes lediglich, wenn sie sich in der Sachentscheidung niedergeschlagen haben (§ 46 VwVfG); sie sind also keine absoluten Verfahrensrechte. 370

bb) Berührung des satzungsmäßigen Aufgaben- und Tätigkeitsbereichs (Abs. 1 Nr. 2)

Die Vereinigung muss ferner in ihrem satzungsmäßigen Aufgaben- und Tätigkeitsbereich, soweit sich die Anerkennung darauf bezieht, berührt sein (§ 64 Abs. 1 Nr. 2 BNatSchG). Diese Voraussetzung korrespondiert mit der Anerkennungsvoraussetzung gem. § 3 Abs. 2 S. 3 UmwRG; sie verknüpft Mitwirkungs- und Klagerechte. 371

cc) Mitwirkung im Verwaltungsverfahren und Präklusion (Abs. 1 Nr. 3)

Schließlich muss die Vereinigung **im konkreten Fall** zur **Mitwirkung** an der Entscheidung nach § 63 Abs. 1 Nr. 2 bis Nr. 4 oder Abs. 2 Nr. 5 bis Nr. 7 BNatSchG **berechtigt** gewesen sein und sich **in der Sache geäußert** haben. Damit wird eine Akzessorietät des naturschutzrechtlichen Rechtsbehelfs zu den Mitwirkungsrechten in § 63 BNatSchG begründet, die einen doppelten 372

835 BVerwG, Urt. v. 19.5.1998 – 4 A 9/97 – BVerwGE 107, 1, 6 f.
836 Vgl. kritisch hierzu Frenz/Müggenborg/*Heselhaus*, § 64 Rn 30 m.w.N.
837 Vgl. zu diesen Beispielen Schlacke/*Schlacke*, § 64 Rn 58.
838 Vgl. BVerwG, Urt. v. 19.5.1998 – 4 A 9.97 – BVerwGE 107, 1, 6 f.; VGH Kassel, Beschl. v. 23.10.2002 – 2 Q 1668/02 – NuR 2003, 292, 294.
839 Vgl. BVerwG, Beschl. v. 1.4.2005 – 9 VR 7/05 – NuR 2005, 709, 710; Beschl. v. 1.7.2003 – 4 VR 1/03 – juris Rn 7 f.; OVG Lüneburg, Beschl. v. 5.3.2008 – 7 MS 114/07 – NuR 2008, 265, 267.
840 VGH Kassel, Urt. v. 17.6.2008 – 11 C 1975/07 – juris Rn 62 f.; Schlacke/*Schlacke*, § 64 Rn 39.
841 Vgl. Schlacke/*Schlacke*, § 64 Rn 40.

Zweck verfolgt: Zum einen soll die Vereinigung frühzeitig ihren **Sachverstand** und ihre speziellen Kenntnisse in das Verfahren einbringen; zum anderen wird der Vorhabensträger vor einem **„Überraschungsangriff"** in einem nachfolgenden Gerichtsverfahren geschützt.[842] Als Kehrseite der substanziellen Anhörung der Vereinigung wird von ihr eine **substanzielle Mitwirkung** durch Tatsachenvortrag oder Argumente gefordert.[843]

373 Hat die mitwirkungsberechtigte Vereinigung von der ihr eingeräumten Gelegenheit zur Äußerung **keinen Gebrauch** gemacht, so ist ihr Rechtsbehelf **unzulässig (Präklusion).**[844] Hiervon zu unterscheiden ist die zur **Unbegründetheit** führende materielle Präklusionsvorschrift des **§ 2 Abs. 3 UmwRG**, die nach Maßgabe von § 64 Abs. 2 BNatSchG auch bei Rechtsbehelfen von anerkannten Naturschutzvereinigungen Anwendung findet.[845]

374 Wurde der Vereinigung während des Verwaltungsverfahrens fehlerhaft **keine Gelegenheit** zur Äußerung gegeben, so ist die Klage auch ohne Äußerung zulässig (§ 64 Abs. 1 Nr. 3 a.E. BNatSchG). Im Zweifel trifft die Behörde die Nachweispflicht, dass sie der Vereinigung die Möglichkeit zur Stellungnahme und Einsicht eröffnet hat und damit ihrer Pflicht zur Beteiligung gem. § 63 BNatSchG nachgekommen ist.[846] Stützt sich der Rechtsbehelf auf die fehlerhaft unterlassene Beteiligung, so hat er indes nur dann Erfolg, wenn sich dieser **Verfahrensfehler** in der Sachentscheidung niedergeschlagen hat (relativer Verfahrensfehler, § 46 VwVfG).[847]

dd) Fristen und Zweitrechtsbehelfsverbot (§ 64 Abs. 2 BNatSchG, § 2 Abs. 4 S. 1 UmwRG, § 1 Abs. 1 S. 4 UmwRG)

375 Hat die Vereinigung **keine Kenntnis** von der Entscheidung erlangt – sei es durch individuelle oder öffentliche Bekanntmachung – so muss der Widerspruch bzw. die Klage **binnen eines Jahrs** erhoben werden (§ 64 Abs. 2 BNatSchG i.V.m. § 2 Abs. 4 S. 1 UmwRG). Anderenfalls gelten die gesetzlichen Monatsfristen. Zudem gilt auch im Rahmen der naturschutzrechtlichen Vereinsklage das sog. **Zweitrechtsbehelfsverbot** (§ 1 Abs. 1 S. 4 UmwRG).[848]

e) Begründetheit

376 Die Voraussetzungen, unter denen der naturschutzrechtliche Rechtsbehelf begründet ist, hängen von der **jeweiligen Rechtsbehelfsart** ab, wobei eine Verletzung in eigenen Rechten in jedem Fall entbehrlich ist (§ 64 Abs. 1 BNatSchG).

aa) Prüfungsmaßstab und -umfang

377 Die rügefähigen Vorschriften beschränken den Kontrollumfang: Maßstab der gerichtlichen Kontrolle sind nur diejenigen Normen, die einen ausreichenden **naturschutzrechtlichen Bezug** i.S.d. § 64 Abs. 1 Nr. 1 BNatSchG aufweisen; es findet **keine Vollkontrolle** der Prüfgegenstände statt.[849]

---

842 Vgl. BT-Drucks. 14/6378, S. 62.
843 Vgl. Frenz/Müggenborg/*Heselhaus*, § 64 Rn 33; Schlacke/*Schlacke*, § 64 Rn 42; de Witt/Scheuten/*Drygalla-Hein*, § 24 Rn 404.
844 Schlacke/*Schlacke*, § 64 Rn 44.
845 Vgl. im Anschluss Rn 378; vgl. ferner *Steinberg/Wickel/Müller*, § 2 Rn 135 ff.
846 Vgl. Frenz/Müggenborg/*Heselhaus*, § 64 Rn 34.
847 Vgl. Rn 234.
848 Vgl. hierzu bereits Rn 315.
849 BVerwG, Beschl. v. 23.11.2007 – 9 B 38/07 – NuR 2008, 176, 177 (zur Vorgängernorm des § 61 BNatSchG); kritisch Schlacke/*Schlacke*, § 64 Rn 60.

bb) Materielle Präklusion (§ 64 Abs. 2 BNatSchG i.V.m. § 2 Abs. 3 UmwRG)

In engem Zusammenhang mit der Sachurteilsvoraussetzung der Mitwirkung im Verwaltungsverfahren gem. § 64 Abs. 1 Nr. 3 BNatSchG steht die **materielle Präklusionsvorschrift** des **§ 2 Abs. 3 UmwRG**, der über § 64 Abs. 2 BNatSchG für die naturschutzrechtliche Vereinsklage entsprechend gilt. Insofern wird auf die Ausführungen im Kontext der Rechtsbehelfe gem. UmwRG verwiesen.[850] 378

cc) Verfahrensfehler

Form- und Verfahrensvorschriften sind nur dann rügefähig – und damit Gegenstand der gerichtlichen Überprüfung –, wenn sie zumindest auch den **Belangen des Naturschutzes** und der **Landschaftspflege** zu dienen bestimmt sind. Das ist beispielsweise bei einer Verletzung der **Mitwirkungsrechte** der Vereinigung gem. § 63 BNatSchG der Fall. Nach Einführung der Verbandsklage im Jahre 2002 behandelt die Rechtsprechung diese Mitwirkungsrechte jedoch nicht länger als absolute, sondern nur noch als **relative Verfahrensrechte**; einschlägig ist daher – wie bei sonstigen naturschutzbezogenen Form- und Verfahrensfehlern auch – § 46 VwVfG. Ein Verfahrensfehler ist folglich unbeachtlich, wenn offensichtlich ist, dass die Verletzung die Sachentscheidung nicht beeinflusst hat. Nach der Rechtsprechung liegt ein derartiger Kausalzusammenhang zwischen Fehler und Sachentscheidung vor, *„wenn nach den Umständen des jeweiligen Falles die konkrete Möglichkeit besteht, dass ohne den angenommenen Verfahrensmangel die Entscheidung anders ausgefallen wäre“* (sog. **Kausalitätsrechtsprechung**).[851] Die konkrete Möglichkeit einer anderen Entscheidung ist aber nur dann in Betracht zu ziehen, wenn sich aufgrund erkennbarer und naheliegender Umstände die Möglichkeit abzeichnet, dass bei fehlerfreier Durchführung des Verfahrens die Entscheidung anders ausgefallen wäre.[852] 379

Entsprechend muss die Naturschutzvereinigung im gerichtlichen Verfahren die Erheblichkeit der Nichtbeteiligung etwa für das Planfeststellungsergebnis darlegen, d.h., die konkrete Möglichkeit aufzeigen, dass der Planfeststellungsbeschluss bei einer rechtzeitigen und ordnungsgemäßen Beteiligung der Vereinigung im Ergebnis anders ausgefallen wäre.[853] 380

3. „Uneigentliche“ Vereinsklagen

Neben den Rechtsbehelfen gem. UmwRG und der „altruistischen“ Vereinsklage gem. §§ 63, 64 BNatSchG stehen anerkannten Vereinigungen die allgemeinen Rechtsbehelfe zur gerichtlichen Kontrolle von Infrastrukturvorhaben offen, wenn sie eine **Verletzung in eigenen Rechten** geltend machen können (sog. uneigentliche Vereinsklagen).[854] 381

a) Verletzung der Mitwirkungsrechte

Steht die Verletzung der verbandlichen Mitwirkungsrechte in Rede, so ist zu differenzieren, ob das Verwaltungsverfahren bereits abgeschlossen ist oder noch andauert: 382

---

850 Vgl. Rn 323 ff.
851 Vgl. BVerwG, Urt. v. 30.5.1984 – 4 C 58/81 – BVerwGE 69, 256, 269 f.; Urt. v. 25.1.1996 – 4 C 5/95 – BVerwGE 100, 238, 250.
852 Vgl. BVerwG, Urt. v. 18.11.2004 – 4 CN 11/03 – BVerwGE 122, 207, 213.
853 Vgl. BVerwG, Urt. v. 9.6.2004 – 9 A 11/03 – NVwZ 2004, 1486, 1488 f.
854 So *Ziekow*, VerwArch 2000, 484 f.; vgl. auch Schlacke/*Schlacke*, § 64 Rn 34.

aa) Anfechtung der Sachentscheidung

383 Ist das Verwaltungsverfahren **abgeschlossen** und wurde die Vereinigung nicht oder nicht in der gebotenen Weise beteiligt, so kann sie die unter Verletzung ihres Beteiligungsrechts erlassene Sachentscheidung einer gerichtlichen Überprüfung zuführen. Diese beschränkt sich darauf, ob eine an sich erforderliche Beteiligung zu Unrecht unterblieben oder in unzureichender Weise durchgeführt worden ist. Vor Einführung des naturschutzrechtlichen Rechtsbehelfs auf Bundesebene wurden die Mitwirkungsrechte von der Rechtsprechung noch als „absolute Verfahrensrechte" eingestuft; nach Einführung des § 64 BNatSchG findet hingegen § 46 VwVfG Anwendung, wenn die Vereinigung zugleich über ein selbstständiges Klagerecht gem. § 64 BNatSchG verfügt und dementsprechend nicht mehr allein auf die Geltendmachung einer Verletzung ihrer Mitwirkungsrechte angewiesen ist.[855] Angesichts dessen erscheint es fraglich, ob für die **sog. partizipatorische Verbandsklage** überhaupt noch ein Anwendungsbereich verbleibt, denn die Verletzung der Mitwirkungsrechte gem. § 63 BNatSchG kann gem. § 64 Abs. 1 Nr. 1 BNatSchG gerügt werden; es handelt sich regelmäßig um Verstöße gegen das Naturschutzrecht.[856]

bb) Partizipationserzwingungsklage

384 Ist das Verfahren noch **nicht abgeschlossen** und die Vereinigung entgegen § 63 BNatSchG bislang nicht ordnungsgemäß beteiligt worden, so kann sie ihre Mitwirkungsrechte im Wege der sog. **Partizipationserzwingungsklage** gerichtlich erzwingen; einschlägig ist die allgemeine **Leistungsklage**,[857] regelmäßig in Verbindung mit einem Antrag auf Erlass einer einstweiligen Anordnung (§ 123 VwGO). Der auf Beteiligung gerichteten Klage kommt auch nach Einführung der Vereinsklage gem. § 64 BNatSchG ein selbstständiger Anwendungsbereich zu.[858] § 44a VwGO steht dem nicht entgegen, denn dieser erfasst nach seiner Zielrichtung nicht die Konstellation der Erzwingung des Beteiligungsrechts.[859]

b) Klagebefugnis aus sog. Sperrgrundstücken

385 Erwirbt die Vereinigung Grundeigentum, um eine rechtsbehelfsfähige Entscheidung unter Berufung auf ihr Eigentum angreifen zu können, so steht dieser Beweggrund der Zulässigkeit des Rechtsbehelfs respektive der Rügebefugnis der Vereinigung nicht **per se** entgegen.[860] Eine Grenze wird von der Rechtsprechung aber dann gezogen, wenn die Eigentümerstellung an dem „Sperrgrundstück" nicht schutzwürdig ist, weil sie **rechtsmissbräuchlich** begründet wurde. Der Vorwurf der **unzulässigen Rechtsausübung** im Sinne einer Umgehung des Gesetzes ist gerechtfertigt, wenn das Grundeigentum nur deshalb erworben wurde, um die Voraussetzungen für eine Prozessführung zu schaffen, die nach dem Rechtsschutzsystem der VwGO einem Eigentümer vorbehalten ist,[861] der Erwerb mithin allein als Mittel dient, um eine Interessenklage im Gewand der Verletztenklage erheben zu können. Davon ist dann auszugehen, wenn die konkreten Umstände ohne Weiteres erkennen lassen, dass an der erworbenen Rechtsstellung kein über

855 Vgl. BVerwG, Urt. v. 31.1.2002 – 4 A 15/01 – juris Rn 20 f. zu § 29 BNatSchG a.F.
856 So auch Schlacke/*Schlacke*, § 63 Rn 73.
857 Vgl. BVerwG, Urt. v. 31.10.1990 – 4 C 7/88 – NVwZ 1991, 162, 164 f.; vgl. *Hoppe/Schlarmann/Buchner/Deutsch*, Rn 563.
858 Vgl. BT-Drucks. 14/6378, S. 61; Frenz/Müggenborg/*Heselhaus*, § 64 Rn 47.
859 Vgl. Schlacke/*Schlacke*, § 63 Rn 74; a.A. *Steinberg/Wickel/Müller*, § 6 Rn 159.
860 Vgl. BVerwG, Urt. v. 25.1.2012 – 9 A 6/10 – NVwZ 2012, 567, 568; Urt. v. 27.10.2000 – 4 A 10/99 – BVerwGE 112, 135, 137.
861 Vgl. BVerwG, Urt. v. 25.1.2012 – 9 A 6/10 – NVwZ 2012, 567, 568; Urt. v. 12.6.1985 – 4 C 40/83 – BVerwGE 72, 15, 16; Urt. v. 27.10.2000 – 4 A 10/99 – BVerwGE 112, 135, 137.

das Führen eines beabsichtigten Rechtsstreits hinausgehendes Interesse besteht. Dies kann selbst dann der Fall sein, wenn Volleigentum und nicht nur eine „formale Hülle" erworben wurde. Die mit dieser Rechtsprechung verbundenen Einschränkungen der Klagemöglichkeiten von Grundstückseigentümern finden ihren Grund in der durch die Rechtsweggarantie des Art. 19 Abs. 4 GG vorgegebenen subjektiv-rechtlichen Konzeption des Rechtsschutzes gegen die öffentliche Gewalt.[862]

D. Rechtsschutz im Zusammenhang mit vorzeitiger Besitzeinweisung und Enteignung

Die rechtsschutzrelevanten Fragen im Kontext der vorzeitigen Besitzeinweisung und Enteignung 386
nach § 27 NABEG[863] betreffen zwei streng zu unterscheidende Konstellationen: Zum einen kann die Rechtmäßigkeit des jeweiligen Beschlusses über die Besitzeinweisung oder Enteignung an sich in Streit stehen; dafür ist der Verwaltungsrechtsweg eröffnet. Zum anderen können Entschädigungsfragen Gegenstand des Rechtsstreits sein; die Entscheidung darüber obliegt den ordentlichen Gerichten.

Die **Zuständigkeit** für die Durchführung der vorzeitigen Besitzeinweisung und Enteignung 387
nach § 27 NABEG liegt bei der **BNetzA**. Dies ergibt sich aus § 31 NABEG: Danach nehmen die BNetzA und – nach Maßgabe des § 31 Abs. 2 NABEG – die zuständigen Landesbehörden die Aufgaben nach dem NABEG wahr (§ 31 Abs. 1 NABEG). Insofern obliegt den nach Landesrecht zuständigen Behörden die Durchführung des Planfeststellungsverfahrens für Vorhaben im Anwendungsbereich des Gesetzes, die nicht durch eine Rechtsverordnung nach § 2 Abs. 2 NABEG auf die BNetzA übertragen worden sind (§ 31 Abs. 2 NABEG). Hieraus ergibt sich eine allgemeine Zuständigkeit der BNetzA für alle Aufgaben nach dem NABEG als Grundregel. Als Ausnahme davon sind die Landesbehörden für die Durchführung der Planfeststellungsverfahren zuständig, soweit diese für ein konkretes Vorhaben nicht auf die BNetzA übertragen wurde. Da die Verfahren der vorzeitigen Besitzeinweisung und Enteignung kein Teil des eigentlichen Planfeststellungsverfahrens sind, gilt für sie die allgemeine Zuständigkeitsgrundregel, nach der die Verfahrensdurchführung in den Aufgaben- und Kompetenzbereich der BNetzA fällt. Nichts anderes ergibt sich aus den Verweisungen auf § 44b EnWG (für die vorzeitige Besitzeinweisung) und § 45 EnWG (für die vorzeitige Enteignung) in § 27 NABEG. Zwar sind im Anwendungsbereich des EnWG die Landesbehörden für die vorzeitige Besitzeinweisung und Enteignung zuständig.[864] Diese Zuständigkeitsregelung überlagert jedoch nicht diejenige des § 31 NABEG. Denn die Verweisung in § 27 NABEG bewirkt lediglich die Anwendung der verfahrens- und materiell-rechtlichen Voraussetzungen nach §§ 44b, 45 EnWG. Hätte der Gesetzgeber auch die jeweiligen Zuständigkeitsregelungen für anwendbar erklären wollen, wäre eine klare Abweichung von der allgemeinen Zuständigkeitsregel des § 31 NABEG notwendig gewesen. Daran fehlt es jedoch.[865]

---

862 Vgl. BVerwG, Urt. v. 25.1.2012 – 9 A 6/10 – NVwZ 2012, 567, 568.

863 Zu den materiellen und verfahrensrechtlichen Anforderungen im Einzelnen, vgl. Kap. 12 Rn 73 ff.

864 Danner/Theobald/*Missling*, § 44b EnWG Rn 12; Danner/Theobald/*Theobald*, § 45 EnWG Rn 48; Steinbach/*Nebel/Riese*, § 44b EnWG Rn 27.

865 A.A. ohne weitere Begründung für eine Zuständigkeit der Länderbehörden auch für die vorzeitige Besitzeinweisung und Enteignung nach § 27 NABEG, *de Witt/Durinke/Kause*, Rn 197; *Scheidler*, UPR 2012, 247, 249. Ungenau Steinbach/*Nebel/Riese*, § 27 NABEG Rn 18, die für die Zuständigkeit danach differenzieren, ob ein Vorhaben durch Rechtsverordnung auf die BNetzA übertragen wurde. Anders auch Kap. 12 Rn 87 f., 108 unter Rückgriff auf die Verweisung auf §§ 44b, 45 EnWG.

I. Vorzeitige Besitzeinweisung (§ 27 Abs. 1 NABEG)

388 Mit der vorzeitigen Besitzeinweisung soll der **Vorhabensträger** in die Lage versetzt werden, ohne Durchführung eines – ggf. sehr zeitintensiven – Enteignungsverfahrens Zugriff auf die für sein Vorhaben notwendigen Flächen zu erhalten.[866] Sein Rechtsschutzbegehren ist daher regelmäßig auf die **Durchführung** eines vorzeitigen Besitzeinweisungsverfahrens und den Erlass eines entsprechenden Besitzeinweisungsbeschlusses gerichtet. Die Rechtsschutzbegehren der von einem Besitzeinweisungsverfahren **Betroffenen** (Eigentümer, Mieter, Pächter etc.) werden demgegenüber im Regelfall auf die Abwehr der Inanspruchnahme ihrer Flächen für das Vorhaben, d.h. die Anfechtung des Besitzeinweisungsbeschlusses, gerichtet sein.

1. Zulässigkeitsfragen

389 Für Klagen gegen den als Verwaltungsakt ergehenden[867] Besitzeinweisungsbeschluss ist der **Verwaltungsrechtsweg** eröffnet. Es handelt sich dabei um eine öffentlich-rechtliche Streitigkeit i.S.d. § 40 Abs. 1 S. 1 VwGO; abdrängende Sonderzuweisungen sind nicht ersichtlich.[868] Instanziell ist grundsätzlich das VG zuständig, bei Landesregelungen i.S.d. § 48 Abs. 1 S. 3 VwGO die OVG für landesrechtlich geregelte Besitzeinweisungen.[869] Eine generelle Zuständigkeit des OVG nach § 48 Abs. 1 S. 1 und 2 VwGO besteht nicht. Der Beschluss über die Besitzeinweisung ist keine Genehmigung oder Erlaubnis im Sinne dieser Vorschrift. An dieser instanziellen Zuständigkeit ändert sich auch dann nichts, wenn § 4 E-BBPlG[870] Gesetz wird und die Anwendung des § 50 Abs. 1 Nr. 6 VwGO für die in den Bundesbedarfsplan aufgenommenen Vorhaben vorgeschrieben wird. Denn bei der vorzeitigen Besitzeinweisung handelt es sich in Abgrenzung zur Planfeststellung um ein selbstständiges Rechtsinstitut mit eigenständiger Regelung.[871] Der Streit über die Rechtmäßigkeit der vorzeitigen Besitzeinweisung ist daher keine Streitigkeit, die das Planfeststellungsverfahren betrifft. Streitigkeiten über die durch Beschluss festzusetzende Art und Höhe der Entschädigung (vgl. § 27 Abs. 1 NABEG, § 44b Abs. 5 S. 2 EnWG) unterfallen demgegenüber der Zuständigkeit der ordentlichen Gerichte.

390 Begehrt der **Vorhabensträger** die Einleitung eines vorzeitigen Besitzeinweisungsverfahrens und den Beschluss über die vorzeitige Besitzeinweisung, hat er mit der Verpflichtungsklage vorzugehen. Gleiches gilt, wenn die Behörde ihrer Verpflichtung nach § 27 Abs. 1 S. 4 NABEG nicht nachkommt, das vorzeitige Besitzeinweisungsverfahren zu ergänzen („ist ... zu ergänzen"), sofern das Ergebnis des Besitzeinweisungsbeschlusses durch die Planfeststellung nicht bestätigt wird.[872] Richtet sich ein **Betroffener** gegen den Besitzeinweisungsbeschluss, ist die Anfechtungsklage statthaft. Eine Wiedereinweisung in den Besitz gem. § 27 Abs. 1 S. 2 NABEG i.V.m.

---

866 Vgl. *Kment*, NVwZ 2012, 1134, 1135; *Scheidler*, NuR 2012, 247, 248 f.; Steinbach/*Nebel*/*Riese*, § 44b EnWG Rn 7 ff.; *Scheidler*, RdE 2013, 107, 108.

867 Es handelt sich um einen Verwaltungsakt mit Doppelwirkung, vgl. *Kment*, NVwZ 2012, 1134, 1137; Steinbach/*Nebel*/*Riese*, § 27 NABEG Rn 30; *Scheidler*, NuR 2012, 247, 250; Danner/Theobald/*Missling*, § 44b EnWG Rn 20.

868 de Witt/Scheuten/*Rude*/*Wichert*, § 27 Rn 78; Danner/Theobald/*Missling*, § 44b EnWG Rn 28; a.A. Britz/Hellermann/Hermes/*Hermes*, § 44b Rn 19, der diesbezüglich auf die Vorgaben des jeweiligen Landesenteignungsrechts abstellt. Vgl. zu § 18f FStrG auch Aust/Jacobs/Pasternak/*Aust*, Rn 113. Eine abdrängende Sonderzuweisung enthält z.B. § 9 Abs. 3 VerkPBG, der auf die §§ 217 ff. BauGB verweist, dazu BVerwG, Beschl. v. 1.4.1999 – 4 B 26/99 – NVwZ-RR 1999, 485; Beschl. v. 30.3.2000 – 4 B 23/00 – DVBl. 2000, 1462; *Stüer*, Rn 4798.

869 Die Zuständigkeit der OVG ergibt sich für bundesgesetzlich geregelte Besitzeinweisungen nicht aus § 48 Abs. 1 S. 3 VwGO, vgl. Sodan/Ziekow/*Ziekow*, § 48 Rn 32; *Kopp*/*Schenke*, § 48 Rn 13a.

870 BT-Drucks. 17/3258.

871 OVG Weimar, Beschl. v. 11.3.1999 – 2 EO 1247/98 – NVwZ-RR 1999, 488.

872 Die Behörde hat dann einen neuen Besitzeinweisungsbeschluss zu erlassen, der dem Inhalt des Planfeststellungsbeschlusses Rechnung trägt, vgl. Steinbach/*Nebel*/*Riese*, § 27 NABEG Rn 43.

§ 44b Abs. 6 S. 1 EnWG kann er mit einer Verpflichtungsklage geltend machen. Der Vorhabensträger wiederum kann sich dagegen mit einer Anfechtungsklage wehren.

Die **Klagebefugnis** eines von dem vorzeitigen Besitzeinweisungsbeschluss Betroffenen ist nicht deswegen zweifelhaft, weil der Beschluss nach § 27 Abs. 1 S. 3 NABEG mit der aufschiebenden Bedingung erlassen wird, dass sein Ergebnis durch den Planfeststellungsbeschluss bestätigt wird. Von dieser aufschiebenden Bedingung bleibt seine äußere Wirksamkeit unberührt,[873] die bereits mit seiner Bekanntgabe entsteht (§ 43 Abs. 1 VwVfG). Sie bedeutet Bindung des Betroffenen an den Verwaltungsakt und ist allein entscheidend für die Eröffnung der Möglichkeit, Rechtsbehelfe einzulegen. Dies gilt auch dann, wenn die eigentliche regelnde Wirkung des Verwaltungsakts erst später einsetzt.[874] Der durch den Besitzeinweisungsbeschluss Betroffene kann (und muss) daher schon nach dessen Bekanntgabe gegen diesen gerichtlich vorgehen, obwohl der Beschluss aufgrund der aufschiebenden Bedingung erst mit deren Eintritt, folglich mit Erlass des (ihn bestätigenden) Planfeststellungsbeschlusses vollziehbar wird. 391

Die Durchführung des **Vorverfahrens** nach § 68 VwGO ist nicht entbehrlich. Es ist insbesondere nicht nach § 70 VwVfG ausgeschlossen. Dieser findet auf Besitzeinweisungs- und Enteignungsbeschlüsse keine Anwendung.[875] Die von der Entscheidung Drittbetroffenen (Vorhabensträger oder Adressat der vorzeitigen Besitzeinweisung) sind – da es sich um einen Verwaltungsakt mit Doppelwirkung handelt[876] – zu dem Verfahren **notwendig beizuladen.**[877] 392

2. Prüfmaßstab und Entscheidung

Der gerichtliche Prüfmaßstab bei einer Anfechtung des **Besitzeinweisungsbeschlusses** beschränkt sich auf die Kontrolle der formellen und materiellen Voraussetzungen für die Anordnung der vorläufigen Besitzeinweisung nach § 27 Abs. 1 NABEG i.V.m. § 44b Abs. 1 S. 1 EnWG. Das sind insbesondere die Orientierung an einem zu erwartenden Planfeststellungsbeschluss, die Gebotenheit des sofortigen Beginns von Bauarbeiten und die Wahrung der Verhältnismäßigkeit durch das vergebliche Bemühen des Vorhabenträgers, den Besitz durch eine Vereinbarung mit dem Besitzer oder Eigentümer zu erlangen.[878] Keine Voraussetzung ist dagegen die Rechtmäßigkeit des zu erwartenden Planfeststellungsbeschlusses selbst, der auch nicht inzident überprüft wird.[879] 393

Wird vor den ordentlichen Gerichten Art und Höhe der Entschädigung angegriffen, prüft das Gericht deren Angemessenheit. 394

Praxistipp
Der Rechtsschutz suchende Betroffene muss daher sorgfältig prüfen, worin sein Rechtsschutzziel liegt. Für die Entscheidung über die Höhe der Entschädigung sind immer die ordentlichen Gerichte zuständig.

---

873 Steinbach/*Nebel*/*Riese*, § 27 NABEG Rn 39, 66.
874 *Kopp*/*Ramsauer*, § 43 Rn 5; Bader/Ronellenfitsch/*Schemmer*, § 43 Rn 10 f.; Fehling/Kastner/Störmer/*Schwarz*, § 43 VwVfG Rn 8; Schoch/Schneider/Bier/*Pietzcker*, § 42 Abs. 1 Rn 20; Eyermann/*Happ*, § 42 Rn 11, 13.
875 Danner/Theobald/*Missling*, § 44b EnWG Rn 30, siehe auch OVG Weimar, Beschl. v. 11.3.1999 – 2 EO 1247/98 – NVwZ-RR 1999, 488, 489.
876 Vgl. oben Rn 389 (dort in Fn 867).
877 Schoch/Schneider/Bier/*Bier*, § 65 Rn 19, 22; *Kopp*/*Schenke*, § 65 Rn 17 f.; *Redeker*/*v. Oertzen*, § 65 Rn 9; Fehling/Kastner/Störmer/*Porz*, § 65 VwGO Rn 9; Danner/Theobald/*Missling*, § 44b EnWG Rn 26.
878 *Scheidler*, NuR 2012, 247, 251 f.; vgl. dazu im Einzelnen Kap. 12 Rn 101 ff.
879 BVerwG, Beschl. v. 1.4.1999 – 4 B 26/99 – NVwZ-RR 1999, 485, 486; OVG Weimar, Beschl. v. 11.3.1999 – 2 EO 1247/98 – NVwZ-RR 1999, 488, 490; Danner/Theobald/*Missling*, § 44b EnWG Rn 33; BK-EnR/*Pielow*, § 44b EnWG Rn 17.

3. Vorläufiger Rechtsschutz

395 Nach § 27 Abs. 1 S. 2 NABEG i.V.m. § 44b Abs. 7 S. 1 EnWG hat ein Rechtsbehelf gegen eine vorzeitige Besitzeinweisung keine aufschiebende Wirkung.[880] Vorläufiger Rechtsschutz kann jedoch über einen Antrag auf Anordnung der aufschiebenden Wirkung gem. § 80 Abs. 5 S. 1 Var. 1 VwGO erreicht werden.[881] Insofern ist zu beachten, dass der vorzeitigen Besitzeinweisung nach § 27 Abs. 1 NABEG zwar bereits vor Erlass des Planfeststellungsbeschlusses äußere Wirksamkeit zukommt und daher angefochten werden kann. Sie ist in diesem Zeitraum aber aufschiebend bedingt und damit ohnehin noch nicht vollziehbar.[882] Tatsächliche Bedeutung kommt dem vorläufigen Rechtsschutz daher erst für die Phase ab Erlass des Planfeststellungsbeschlusses zu.[883] Desungeachtet muss der Antrag auf vorläufigen Rechtsschutz aufgrund der gesetzlichen Konturierung seiner Zulässigkeitsvoraussetzungen bereits zuvor gestellt werden: § 27 Abs. 1 S. 2 NABEG verweist auf § 44b Abs. 7 S. 2 EnWG, nach dem der Antrag auf Anordnung der aufschiebenden Wirkung nach § 80 Abs. 5 S. 1 VwGO nur innerhalb **eines Monats** nach der Zustellung des Besitzeinweisungsbeschlusses gestellt und begründet werden kann. Diese Frist zwingt dazu, den Antrag in einem Zeitraum zu stellen, in dem dies nach dem gerade Dargelegten – mangels Vollziehbarkeit des Beschlusses – eigentlich (noch) nicht nötig wäre.

i **Praxistipp**
Auch wenn zumindest zweifelhaft ist, ob diese Anforderung zweckmäßig ist, muss dem insoweit eindeutigen Gesetzeswortlaut Folge geleistet werden, um die Zulässigkeit des eigenen Rechtsbehelfs nicht zu gefährden.

II. Vorzeitige Enteignung (§ 27 Abs. 2 NABEG)

396 Anders als die vorzeitige Besitzeinweisung knüpft die vorzeitige Enteignung nicht lediglich an den Besitz an, sondern erstreckt sich auch auf dingliche und obligatorische Rechtspositionen.[884] Um eine *„Simultaneität von Planungsverfahren und Enteignungsverfahren“*[885] zu erreichen, verlagert sie den Zeitpunkt des Enteignungsverfahrens vor.[886] Vorzeitig ist daher nicht die Enteignung, sondern das Verfahren.[887]

397 Gegen die Möglichkeit der vorzeitigen Enteignung nach § 27 Abs. 2 NABEG werden – insbesondere im Hinblick auf die grundgesetzliche Eigentumsgewährleistung – verfassungsrechtliche Bedenken geltend gemacht. Insbesondere soll die vorzeitige Enteignung nicht erforderlich sein, da mit dem Instrumentarium der vorzeitigen Besitzeinweisung nach § 27 Abs. 1 NABEG eine hinreichende Gestaltungsmöglichkeit bestünde, um eine schnelle Durchführung des Vorhabens zu gewährleisten.[888] Zudem wird bezweifelt, dass sie zur Erfüllung öffentlicher Aufgaben – dem beschleunigten Netzausbau – notwendig sei.[889] Eine Vorhaben begünstigende Enteignung erfor-

---

880 Steinbach/*Nebel/Riese*, § 27 NABEG Rn 33.
881 *Scheidler*, NuR 2012, 247, 251.
882 Allgemein dazu Bader/Ronellenfitsch/*Schemmer*, § 43 Rn 11 f.
883 Siehe Steinbach/*Nebel/Riese*, § 44b EnWG Rn 66 f.
884 BK-EnR/*Pielow*, § 45 EnWG Rn 16.
885 BT-Drucks. 17/6073, S. 30 f.
886 *Kment*, NVwZ 2012, 1134, 1137.
887 Steinbach/*Nebel/Riese*, § 27 NABEG Rn 51.
888 *Moench/Ruttloff*, NVwZ 2011, 1040, 1044 f.; *Durner*, NuR 2012, 369, 377 hält eine vorzeitige Enteignung nur für verhältnismäßig, sofern *„im konkreten Einzelfall tatsächlich projektbezogene Gründe“* für sie sprechen, d.h., insbesondere eine vorzeitige Besitzeinweisung kein milderes Mittel gleicher Eignung ist; insofern ausreichende projektbezogene Gründe nennt er allerdings nicht.
889 *Moench/Ruttloff*, NVwZ 2011, 1040, 1045.

dere des Weiteren regelmäßig einen vollziehbaren Planfeststellungsbeschluss, der das gesetzlich definierte Gemeinwohl konkretisiert.[890] Diese Erwägungen **überzeugen** im Ergebnis jedoch **nicht**. Durch die in § 27 Abs. 2 S. 3 NABEG vorgesehene aufschiebende Bedingung wird sichergestellt, dass der finale Enteignungserfolg erst mit der Bestätigung des Enteignungsbeschlusses durch den Planfeststellungsbeschluss eintritt.[891] Zudem sind die rechtlichen Wirkungen einer vorzeitigen Besitzeinweisung von denen einer vorzeitigen Enteignung sorgfältig zu unterscheiden. Während Erstere lediglich ein Besitzrecht einräumt, erstreckt sich Zweitere auf die Übertragung des Eigentums. Der Enteignungsbeschluss vermittelt dem Vorhabenträger folglich eine ungleich stärkere Rechtsposition als die reine Besitzeinweisung. Vor dem Hintergrund der weiten Einschätzungsprärogative des Gesetzgebers ist es auch nicht fernliegend, zu Beschleunigungszwecken das Verfahren der vorzeitigen Enteignung vorzusehen, um bestenfalls zusammen mit dem Planfeststellungsbeschluss zu einem Verfahrensabschluss zu kommen.[892] Schließlich wird auch die Junktimklausel gem. Art. 14 Abs. 3 GG durch die Verweisung von § 27 Abs. 2 S. 2 NABEG i.V.m. § 45 EnWG beachtet.[893] Im Übrigen bestehen auch keine durchgreifenden Zweifel an der Gemeinwohlbindung der Enteignung bei Vorhaben im Anwendungsbereich des NABEG (vgl. § 1 S. 3 NABEG).[894]

Die Rechtsschutzziele der Betroffenen und des Vorhabensträgers im Bereich der vorzeitigen 398
Enteignung entsprechen im Wesentlichen denen bei der vorzeitigen Besitzeinweisung.[895] Zusätzlich ist jedoch zu beachten, dass zur Umsetzung eines Enteignungsbeschlusses eine **Ausführungsanordnung** erforderlich ist,[896] die erst nach der Unanfechtbarkeit des Enteignungsbeschlusses ergehen kann. Einerseits können Betroffene mit der Anfechtungsklage gegen sie vorgehen, andererseits können Vorhabenträger deren Erlass von der zuständigen Behörde verlangen und dieses Ziel mit einer der Verpflichtungsklagen verfolgen.

1. Zulässigkeitsfragen

Auch für Klagen gegen bzw. auf einen Enteignungsbeschluss oder eine Ausführungsanordnung 399
ist der **Verwaltungsrechtsweg** eröffnet, soweit sich das Begehren nicht auf die Höhe einer zu leistenden Entschädigung bezieht.[897] Erstinstanzlich zuständig ist das **VG**.[898] Für Rechtstreitigkeiten über die **Höhe der Entschädigung** ist der ordentliche Rechtsweg gegeben (Art. 14 Abs. 3 S. 4 GG).[899] Sachlich zuständig ist die Kammer für Baulandsachen des LG.[900] Fehlt die im Sinne eines „Vorschaltverfahrens" notwendige Entscheidung der Behörde über die Entschädigung vollkommen, muss der Betroffene – bevor er ggf. vor den ordentlichen Gerichten die Entschä-

---

890 Vgl. *de Witt/Durinke/Kause*, Rn 197.
891 *Durner*, NuR 2012, 369, 377; *Kment*, NVwZ 2012, 1134, 1138; siehe auch Kap. 12 Rn 78.
892 *Kment*, NVwZ 2012, 1134, 1138.
893 *Moench/Ruttloff*, NVwZ 2011, 1040, 1045.
894 Vgl. zur sonst üblichen Diskussion Britz/Hellermann/Hermes/*Hermes*, § 45 Rn 14 ff.; *Wichert*, NVwZ 2009, 876, 878 f.; *Salje*, § 45 Rn 12 ff.
895 Dazu oben Rn 388.
896 BK-EnR/*Pielow*, § 45 EnWG Rn 30; *Scheidler*, NuR 2012, 247, 250; Steinbach/*Nebel/Riese*, § 45 EnWG Rn 32; vgl. auch Kap. 12 Rn 99.
897 Vgl. VGH München: Urt. v. 23.9.2009 – 8 B 08/2947 – juris Rn 53 ff.
898 Vgl. oben Rn 389; a.A. VGH Mannheim, Beschl. v. 20.12.1999 – 10 S 2699/99 – RdE 2000, 150 f.; Britz/Hellermann/Hermes/*Hermes*, § 45 Rn 48, die das OVG nach § 48 Abs. 1 Nr. 4, Abs. 1 S. 2 VwGO für zuständig halten. Dabei wird jedoch verkannt, dass ein Enteignungsbeschluss keine Erlaubnis oder Genehmigung im Sinne der Vorschrift ist.
899 Britz/Hellermann/Hermes/*Hermes*, § 44b Rn 21, § 45 Rn 48; BK-EnR/*Pielow*, § 44b EnWG Rn 17, § 45 EnWG Rn 40; *Salje*, § 45 Rn 62.
900 BGH, Beschl. v. 24.10.1991 – 3 ZR 96/90 – NVwZ-RR 1992, 393, zu der Parallelregelung in § 18f FStrG.

digungshöhe angreift – zunächst diese Entscheidung im Wege der Untätigkeitsklage erzwingen.[901]

400 Der Enteignungsbeschluss und die Ausführungsanordnung sind Verwaltungsakte. Sie sind gerichtlich mit einer Anfechtungsklage[902] anzugreifen bzw. mit der Verpflichtungsklage einzufordern.[903] Klagebefugt sind einerseits die dinglich oder obligatorisch Berechtigten[904] und andererseits die Vorhabensträger. Auch solange der Enteignungsbeschluss noch unter der aufschiebenden Bedingung der Bestätigung durch den Planfeststellungsbeschluss steht (§ 27 Abs. 2 S. 3 NABEG), ist er bereits tauglicher Klagegegenstand. Insofern – wie auch hinsichtlich der weiteren Zulässigkeitsvoraussetzungen – gilt das oben zum Besitzeinweisungsbeschluss Gesagte entsprechend.[905]

2. Prüfmaßstab und Entscheidung

401 Die gerichtliche Kontrolle beschränkt sich auf die Überprüfung der Rechtmäßigkeit des Enteignungsbeschlusses (und der Ausführungsanordnung).[906] Maßgeblich sind insoweit die Vorgaben des § 45 EnWG und die Enteignungsgesetze der Länder (§ 27 Abs. 2 NABEG, § 45 Abs. 2 EnWG). Die Flächeninanspruchnahme muss dabei insbesondere für die Vorhabendurchführung erforderlich sein.[907] Die Zulässigkeit der Enteignung an sich ergibt sich jedoch bereits aus der enteignungsrechtlichen Vorwirkung des Planfeststellungsbeschlusses (§ 27 Abs. 2 NABEG i.V.m. § 45 Abs. 2 EnWG), der selbst nicht Prüfungsgegenstand ist.[908] Er ist daher von der gerichtlichen Kontrolle nicht umfasst.

402 Wird die Art oder Höhe der Entschädigung der gerichtlichen Prüfung unterworfen, entscheidet das LG über die Angemessenheit der festgesetzten Entschädigung.

E. Rechtsschutz gegen Bußgelder nach § 33 NABEG

403 In § 33 Abs. 1 NABEG werden insgesamt vier Tatbestände formuliert, deren Verwirklichung Ordnungswidrigkeiten sind. Die Ordnungswidrigkeit kann jeweils mit einer Geldbuße bis zu 100.000 € geahndet werden (§ 33 Abs. 2 NABEG), bei lediglich leichtfertigem Handeln bis zu 50.000 € (§ 17 Abs. 2 OWiG).

I. Ordnungswidrigkeitstatbestände

404 Die **objektiven** Ordnungswidrigkeitstatbestände des § 33 Abs. 1 NABEG unterscheiden zwischen der Nichteinhaltung von Mitwirkungspflichten (Nr. 1 und 3) sowie genehmigungslosem Handeln (Nr. 2 und 4). Nach **§ 33 Abs. 1 Nr. 1 NABEG** handelt ordnungswidrig, wer entgegen § 8 S. 1 NABEG eine Unterlage nicht richtig vorlegt. Dabei handelt es sich um die für die raumordnerische Beurteilung und die Strategische Umweltprüfung der Trassenkorridore erforderlichen Dokumen-

901 Vgl. BGH, Beschl. v. 24.10.1991 – 3 ZR 96/90 – NVwZ-RR 1992, 393, zu der Parallelregelung in § 18f FStrG.
902 Vgl. hierzu Kap. 12 Rn 98.
903 BK-EnR/*Pielow*, § 45 EnWG Rn 37.
904 BK-EnR/*Pielow*, § 45 EnWG Rn 38.
905 Vgl. Rn 389 ff.
906 Vgl. Kap. 12 Rn 98.
907 BK-EnR/*Pielow*, § 45 EnWG Rn 38; vgl. zum Verfahren im Einzelnen Kap. 12 Rn 75 ff.
908 *Salje*, § 45 Rn 59; BK-EnR/*Pielow*, § 45 EnWG Rn 38.

te. Ihr Inhalt wird von der BNetzA nach pflichtgemäßem Ermessen bestimmt (§ 7 Abs. 4 NABEG). Da nur solche Unterlagen „nicht richtig" vorgelegt werden können, die überhaupt vorgelegt werden mussten, deren Inhaltsbestimmung nach § 7 Abs. 4 NABEG also rechtmäßig war, ist der objektive Tatbestand nach Nr. 1 nicht erfüllt, wenn die Festlegung und Bestimmung der BNetzA rechtswidrig sind. Für die Erfüllung des Tatbestands reicht es mithin nicht aus, dass die Unterlagen an sich nicht rechtzeitig vorgelegt wurden; erforderlich ist vielmehr, dass die jeweiligen Materialien rechtmäßig von der BNetzA gefordert werden konnten. Nicht erfüllt ist der Tatbestand zudem, wenn gar keine Unterlagen vorgelegt wurden. Dieses Ergebnis mag überraschen; der Wortlaut ist indes eindeutig, eine „analoge" Anwendung kommt im Ordnungswidrigkeitenrecht nicht in Betracht (vgl. § 3 OWiG).[909]

Die Pflicht zur Vorlage von Unterlagen kann im Wege der Verwaltungsvollstreckung (mit Zwangsgeld statt Bußgeld) durchgesetzt werden.[910] Ordnungswidrig handelt jedoch nach **§ 33 Abs. 1 Nr. 3 NABEG** auch, wer entgegen § 21 Abs. 1 NABEG einen dort genannten Plan nicht richtig einreicht. Insoweit gilt das eben Gesagte entsprechend. Der objektive Tatbestand der Ordnungswidrigkeit ist nur dann erfüllt, wenn zum einen der bearbeitete Plan (vgl. dazu § 20 Abs. 3 NABEG) nicht richtig eingereicht wurde und zum anderen die an ihn gestellten Anforderungen rechtmäßig sind. Des Weiteren erfüllen die Errichtung, der Betrieb und die Änderung einer Leitung ohne festgestellten Plan nach § 18 Abs. 1 NABEG sowie die Vornahme einer unwesentlichen Änderung oder Erweiterung ohne Zulassung nach § 25 S. 6 NABEG objektive Ordnungswidrigkeitstatbestände (**§ 33 Abs. 1 Nr. 2 bzw. 4 NABEG**). 405

Durch § 33 Abs. 1 NABEG wird vorsätzliches und leichtfertiges Handeln pönalisiert. Leichtfertigkeit meint grobe Fahrlässigkeit, die wiederum eine besondere Gleichgültigkeit oder grobe Unachtsamkeit voraussetzt.[911] Hieran wird es im Regelfall fehlen, wenn ein Vorhabensträger aufgrund fundierter **fachlich-gutachterlicher Beratung** davon ausgeht, dass eine Pflicht zur Vorlage der Unterlagen oder des Plans nicht besteht (Nr. 1 und Nr. 3) oder Änderungen etc. vorgenommen werden dürfen (Nr. 2 und 4). Für das Vorsatzdelikt liegt dann regelmäßig die Annahme eines unvermeidbaren Verbotsirrtums nahe (§ 11 Abs. 2 OWiG).[912] 406

II. Rechtsschutz

Gegen den Bußgeldbescheid nach § 33 NABEG ist der **Einspruch** statthaft (§ 67 OWiG). Einspruchsbefugt ist nur der **Betroffene**. Der Einspruch ist binnen zwei Wochen nach Zustellung schriftlich oder zur Niederschrift bei der Verwaltungsbehörde (der BNetzA, vgl. § 33 NABEG i.V.m. § 36 Abs. 1 Nr. 1 OWiG) einzulegen. Zuständiges Gericht ist das Amtsgericht am Sitzort der Behörde (§ 68 Abs. 1 OWiG), hier das Amtsgericht Bonn, das durch Urteil (§ 71 Abs. 1 OWiG i.V.m. § 260 StPO) oder – wenn die Beteiligten nicht widersprechen oder wenn der Betroffene freigesprochen wird – durch Beschluss (§ 72 Abs. 1 OWiG) entscheidet. Eine Zuständigkeit des OLG nach § 98 EnWG ist nicht gegeben, da Bußgeldsachen nach § 33 NABEG keine Ordnungswidrigkeiten nach § 95 EnWG sind. Nur dann wäre das OLG zuständig. 407

---

909 Göhler/*König*, § 3 Rn 9; KK-OWiG/*Rogall*, § 3 Rn 51; *Bohnert*, § 3 Rn 10; vgl. auch de Witt/Scheuten/*Wiesendahl*, § 33 Rn 8.
910 Vgl. dazu oben Rn 269.
911 BGH, Beschl. v. 20.5.2010 – 5 StR 138/10 – NStZ-RR 2010, 311; Urt. v. 17.7.1997 – 1 StR 791/96 – NJW 1997, 3323, 3326; Urt. v. 10.12.1965 – 1 StR 327/65 – NJW 1966, 673, 674; Göhler/*König*, § 10 Rn 20; KK-OWiG/*Rengier*, § 10 Rn 49.
912 BGH, Beschl. v. 6.10.1988 – 1 StR 395/88 – NJW 1989, 409, 410; OLG Bremen, Beschl. v. 2.3.1981 – Ss (B) 120/80 – NStZ 1981, 265; Göhler/*König*, § 11 Rn 26b; KK-OWiG/*Rengier*, § 11 Rn 76.

408 Im Rahmen seiner Entscheidungsfindung hat das Gericht den Sachverhalt erschöpfend aufzuklären und rechtlich zu würdigen.[913] Es prüft das Vorliegen aller objektiven und subjektiven Tatbestandsmerkmale. Es kommt somit regelmäßig zu einer Inzidentkontrolle der durch die jeweiligen objektiven Tatbestände vorgesehenen Merkmale (richtige Unterlagenvorlage, genehmigungslose Errichtung etc.). Dies kann zu der Situation führen, dass im Bußgeldverfahren zu prüfen ist, ob der Untersuchungsrahmen nach §§ 7 Abs. 4, 20 Abs. 3 NABEG richtig festgelegt wurde[914] oder ob ein bestimmtes Vorhaben planfeststellungsbedürftig ist. Fehlt es an der Erfüllung des objektiven oder subjektiven Tatbestands, hat das Gericht freizusprechen.

409 Gegen das Urteil des Gerichts ist nach Maßgabe des § 79 OWiG die **Rechtsbeschwerde** statthaft. Über diese entscheidet das OLG Köln.

F. Rechtsschutz gegen Vollstreckungsmaßnahmen

410 Anordnungen der BNetzA können nach den für die Vollstreckung von Verwaltungsmaßnahmen geltenden Vorschriften durchgesetzt werden (§ 94 S. 1 EnWG, § 34 S. 1 NABEG). Dabei handelt es sich um einen Verweis auf das Vollstreckungsgesetz des Bundes oder – im Falle des § 34 S. 1 NABEG – auf die Vollstreckungsgesetze der Länder, sofern die Länder für die Planfeststellungsverfahren zuständig sind.[915]

411 Gegen die Androhung eines Zwangsmittels sind die Rechtsmittel gegeben, die gegen den zu vollstreckenden Grundverwaltungsakt zulässig sind (§ 18 Abs. 1 S. 1 VwVG). Auch wenn § 18 VwVG ausdrücklich nur das Rechtsmittel gegen die Androhung regelt, können alle drei Stufen des Vollstreckungsverfahrens (Androhung, Festsetzung und Anwendung des Zwangsmittels) grundsätzlich isoliert angefochten werden. Ist die Androhung mit dem zugrunde liegenden Verwaltungsakt verbunden (§ 13 Abs. 2 VwVG), erstreckt sich der Rechtsbehelf gegen den Grundverwaltungsakt regelmäßig zugleich auf die Androhung. Umgekehrt bezieht sich ein (gesondertes) Rechtsmittel gegen die Androhung auch auf den Grundverwaltungsakt, soweit dieser nicht bereits Gegenstand eines (eigenständigen) Rechtsbehelfs ist (§ 18 Abs. 1 S. 2 VwVG).[916] Der Betroffene kann sein Rechtsmittel allerdings auch auf die Vollstreckungsandrohung beschränken und den Grundverwaltungsakt unbeanstandet lassen.

412 Ist der zu vollstreckende Grundverwaltungsakt jedoch bereits unanfechtbar geworden, wird dessen Rechtmäßigkeit im Rahmen eines Rechtsbehelfs gegen die jeweilige Vollstreckungsmaßnahme nicht mehr geprüft. Der Betroffene muss mithin in erster Linie den Grundverwaltungsakt anfechten, um eine eigene Belastung zu vermeiden. Versäumt er das, kann er die Androhung nur insoweit anfechten, als eine Rechtsverletzung gerade durch diese selbst behauptet wird (§ 18 Abs. 1 S. 3 VwVG). Dies gilt auch dann, wenn der (unanfechtbar gewordene) Grundverwaltungsakt rechtswidrig ist; nur im Nichtigkeitsfall ist dessen Vollstreckung ausgeschlossen.[917]

---

913 Göhler/*Seitz*, § 71 Rn 40a.

914 Vgl. dazu oben Rn 77 ff., 269.

915 Vgl. nur BK-EnR/*Staebe*, § 94 EnWG Rn 1; Steinbach/*Bourwieg*, § 34 NABEG Rn 3; zur Zuständigkeitsübertragung auf die BNetzA durch eine Rechtsverordnung nach § 2 Abs. 2 NABEG, vgl. Rn 173 ff. Zur vereinfachten Darstellung wird im Folgenden nur auf das VwVG des Bundes Bezug genommen.

916 VGH München, Urt. v. 19.3.1981 – 22 B 80 A 989 – NJW 1982, 460, zur entsprechenden Regelung in Art. 38 I S. 2 Bay VwZVG; *Engelhardt/App*, § 18 Rn 5; *Sadler*, § 18 VwVG Rn 2; Fehling/Kastner/Störmer/*Lemke*, § 18 VwVG Rn 3.

917 Vgl. BVerwG, Urt. v. 16.12.2004 – 1 C 30/03 – NVwZ 2005, 819, 819 f.; Urt. v. 13.4.1984 – 4 C 31/81 – NJW 1984, 2591, 2592; BK-EnR/*Staebe*, § 94 EnWG Rn 3; *Sadler*, § 18 VwVG Rn 6; *Engelhardt/App*, § 18 VwVG Rn 6.

Gegen Vollstreckungsmaßnahmen nach § 94 EnWG i.V.m. dem VwVG ist die **Beschwerde gem. § 75 EnWG** statthaft. Zuständig ist das OLG Düsseldorf.[918] Dies betrifft insbesondere Anordnungen der BNetzA im Kontext der Bedarfsplanung.[919] Vollstreckungsmaßnahmen nach § 34 NABEG i.V.m. dem VwVG können mit **Widerspruch und Anfechtungsklage** angegriffen werden. Insoweit ist der Verwaltungsrechtsweg nach § 40 Abs. 1 S. 1 VwGO eröffnet.[920] Für Vollstreckungsmaßnahmen im Rahmen der Bundesfachplanung ist das VG Köln zuständig.[921] Für die Durchsetzung der Mitwirkungspflichten des Vorhabenträgers im Planfeststellungsverfahren nach §§ 18 ff. NABEG ist das OVG oder – sofern § 4 E-BBPlG unverändert Gesetz wird – das BVerwG nach § 50 Abs. 1 Nr. 6 VwGO zuständig.[922] 413

Der **gerichtliche Kontrollmaßstab** bei einer Beschwerde gegen Vollstreckungsakte nach § 94 EnWG i.V.m. dem VwVG ergibt sich aus § 83 Abs. 2 S. 1 EnWG; der jeweilige Vollstreckungsakt muss rechtmäßig sein.[923] Die Begründetheit eines Rechtsmittels gegen Vollstreckungsmaßnahmen nach § 34 NABEG richtet sich nach § 113 Abs. 1 S. 1 VwGO. Danach muss für den Erfolg des Rechtsmittels neben die Rechtswidrigkeit der Vollstreckungsmaßnahme eine eigene Rechtsverletzung des Anfechtenden treten. 414

Erstreckt sich das jeweilige Rechtmittel auch auf den Grundverwaltungsakt, führt bereits dessen Rechtswidrigkeit zur Rechtswidrigkeit auch der Vollstreckungsmaßnahme. Ist der Grundverwaltungsakt dagegen rechtmäßig, kann sich der Erfolg des Rechtsmittels nur aus der Rechtswidrigkeit der Vollstreckungsmaßnahme selbst ergeben. Eine rechtmäßige Vollstreckung setzt nach § 6 Abs. 1 VwVG zunächst voraus, dass der zu vollstreckende Grundverwaltungsakt unanfechtbar, sein sofortiger Vollzug angeordnet oder das gegen ihn statthafte Rechtsmittel keine aufschiebende Wirkung besitzt. Zudem muss das Vollstreckungsmittel für sich gesehen rechtmäßig sein. Insoweit zählt § 9 VwVG die zulässigen Zwangsmittel abschließend auf (Ersatzvornahme, Zwangsgeld und unmittelbarer Zwang). Die **Wahl des Zwangsmittels** richtet sich maßgeblich danach, ob die in der Anordnung gebotene Handlung vertretbar oder unvertretbar ist.[924] Bei unvertretbaren Handlungen ist die Behörde auf die Anordnung eines Zwangsgeldes beschränkt (§ 11 Abs. 1 S. 1 VwVG). Demgegenüber erfolgt die Vollstreckung vertretbarer Handlungen in erster Linie durch die Ersatzvornahme (§ 10 VwVG). Ist diese jedoch untunlich, kann ein Zwangsgeld verhängt werden (§ 11 Abs. 1 S. 2 VwVG). Das Zwangsgeld darf nicht in unangemessener Höhe festgesetzt werden. Insbesondere ist der jeweilige durch das Gesetz vorgegebene Zwangsgeldrahmen zu beachten. Insoweit enthalten sowohl § 94 EnWG (bis zu 10 Mio. €) als auch § 34 NABEG (bis zu 250.000 €) deutliche Abweichungen vom allgemeinen Rahmen des § 11 Abs. 3 VwVG (maximal 1.022,58 €). 415

Ob eine Handlung **vertretbar** ist und damit auch durch andere Zwangsmittel als das Zwangsgeld vollstreckt werden kann, richtet sich danach, ob sie ohne Inhaltsänderung auch von einem Dritten anstelle des Pflichtigen vorgenommen werden kann. Für die Abgrenzung vertretbarer und unvertretbarer Handlungen im Kontext der Netzplanung (und des Netzausbaus) ist insbesondere entscheidend, ob die Übertragungsnetzbetreiber als geborene Vorhabenträger im Einzelfall einen Wissensvorsprung haben (etwa über die Netztopologie und die vorhandenen 416

---

918 Vgl. oben Rn 9.

919 Vgl. im Einzelnen dazu Rn 28 ff.

920 Steinbach/*Bourwieg*, § 34 NABEG Rn 13. Allgemein zum Verwaltungsrechtsweg bei Verwaltungsvollstreckungsmaßnahmen *App/Wettlaufer*, § 41 Rn 6; *Kopp/Schenke*, § 167 Rn 14.

921 Vgl. Rn 67 ff.

922 Vgl. im Einzelnen oben Rn 277.

923 BK-EnR/*Staebe*, § 83 EnWG Rn 9; Britz/Hellermann/Hermes/*Hanebeck*, § 83 Rn 9.

924 *Engelhardt/App*, § 9 Rn 1; Fehling/Kastner/Störmer/*Lemke*, § 9 VwVG Rn 4; VGH Mannheim, Beschl. v. 19.7.1996 – 5 S 1883/96 – NVwZ-RR 1997, 765.

Betriebsmittel[925]), der es ausschließt, dass die jeweilige Handlung auch von Dritten durchgeführt werden kann. Vor diesem Hintergrund wird man davon ausgehen können, dass es sich bei der Erstellung des Szenariorahmens (§ 12a EnWG) und des Netzentwicklungsplans (§ 12b EnWG) sowie der Stellung verfahrenseinleitender Anträge für die Bundesfachplanung und das Planfeststellungsverfahren (vgl. §§ 6 S. 2, 12 Abs. 2 S. 3 NABEG) um unvertretbare Handlungen handelt. Demgegenüber sind z.B. Änderungen des Netzentwicklungsplanentwurfs (§ 12c Abs. 1 S. 2 EnWG) und die Vorlage der erforderlichen Unterlagen für die raumordnerische Beurteilung sowie die Strategische Umweltprüfung im Rahmen der Bundesfachplanung (§ 8 S. 1 NABEG) und der ergänzten Unterlagen nach § 21 Abs. 5 NABEG im Rahmen des Planfeststellungsverfahrens vertretbare Handlungen.

925 Steinbach/*Bourwieg*, § 34 NABEG Rn 12.

Stichwortverzeichnis

Die Zahlen und Buchstaben in Fettdruck beziehen sich auf die Kapitel des Werkes, die Ziffern beziehen sich auf die Randnummern innerhalb der Kapitel.

O

R